U0194866

实验动物疫病学

田克恭 贺争鸣 刘群 顾小雪 主编

中国农业出版社

内容提要

本书由我国从事实验动物学、兽医学、医学领域的专家学者，结合各自的研究工作，参考大量国内外文献撰写而成，是一部全面系统论述实验动物疫病的专著。

全书分为五篇，共118章。第一篇为绪论，较系统地叙述了实验动物疫病的概念、分类、发生原因、流行特征、流行趋势、危害、防控对策和实验动物的质量等级、标准以及相应的疫病检测技术，阐明了防控实验动物疫病的重要意义；第二篇至第五篇分别论述了实验动物病毒病112种、细菌病55种、真菌病13种、寄生虫病86种，共计266种，基本涵盖了目前世界上已知的主要实验动物疫病。每种疫病均从疫病发生与分布、病原学、流行病学、临床症状、病理变化、诊断、防治、对公共卫生的影响和对实验研究的影响等方面进行了详细阐述。书中内容翔实新颖，既保留了学科的传统内容，又反映了国内外学术研究的最新进展，是集理论性、实用性、专业性与普及性为一体的大型参考书。

本书既有理论性，又具有实践性，可供从事实验动物学研究和质量评价、动物和人的传染病和寄生虫病研究与教学以及生物制品研究与生产的专业人员参考使用。

编写人员名单

主　　编　田克恭　贺争鸣　刘群　顾小雪

副 主 编　遇秀玲　翟新验　孙明　范薇　巩薇　付瑞　代解杰　蔡建平　肖璐　吴佳俊　范运峰　曲萍　王立林　薛青红　邢进

编写人员（以姓名拼音为序）

白玉　蔡建平　陈曦　陈汉忠　陈立超　陈西钊
陈小云　迟立超　代解杰　丁家波　范薇　范方玲
范文平　范运峰　冯洁　冯向辉　冯育芳　付瑞
高家红　高正琴　巩薇　顾小雪　郭连香　韩伟
韩雪　罕园园　郝攀　贺争鸣　胡建华　黄璋琼
江勤芳　蒋玉文　康凯　康静静　亢文华　匡德宣
雷涛　李波　李安兴　李保文　李文生　李晓波
栗景蕊　梁春南　林金杏　刘晶　刘群　刘家森
刘巧荣　刘颖昳　卢胜明　陆彩霞　马磊　马良
马开利　马永缨　毛开荣　倪丽菊　彭刚　乔明明
曲萍　曲连东　饶芝绫　任文陟　荣荣　萨晓婴
山丹　申屠芬琴　时长军　隋丽华　孙明　孙晓梅
陶凌云　田克恭　汪昭贤　王芳　王辉　王吉
王静　王庄　王立林　王文广　王晓英　魏财文
魏晓峰　吴佳俊　夏放　夏应菊　肖璐　邢进
邢明　徐娟　许晓婧　薛青红　杨谷　杨道玉
杨利峰　杨玲焰　尹良宏　遇秀玲　袁文　原霖
翟新验　张丽　张钰　张龙现　张淼洁　赵婷
赵德明　赵化阳　周洁　周向梅　訾占超

序

实验动物被誉为生命科学研究中的“活天平”和“活试剂”，在人类疾病模型、食品药品风险评估与安全评价、环境保护和动物医学等研究中发挥着不可替代的作用。进入21世纪，随着世界范围内以生物工程、微电子技术、新材料和新能源为代表的高新技术的飞速发展，实验动物的应用价值更广泛地与诸多领域的科学实验研究紧密联系在一起，成为现代科学技术的重要组成部分，对提高国民健康水平、推动科学研究创新发展均具有重要意义。

当前，世界各国普遍重视实验动物资源，其质量和应用程度已经成为衡量一个国家和地区科学技术水平高低的重要标志之一，发达国家竞相将实验动物作为战略资源进行大规模投入。实验动物疫病是影响实验动物质量和动物试验结果真实可靠的重要因素之一，因此，做好实验动物疫病防控是确保实验动物质量的先决条件。自20世纪80年代以来，我国实验动物科学得到较快发展，在实验动物传染病和寄生虫病的净化、控制、质量检测方面积累了一定的科研成果和实践经验，也具备了相应的技术人员队伍条件，加之1992年出版的《实验动物病毒性疾病》一书至今已出版20多年，《实验动物疫病学》的出版正是适应了实验动物学科发展的需求，意义重大。

田克恭研究员和贺争鸣研究员组织国内多个单位百余位兽医学、实验动物学、医学领域的专家，从实验动物生产者、研究者和使用者的不同角度共同编写完成了《实验动物疫病学》一书。作者在保留传统理论、方法与技术的基础上，归纳总结了国内外最新研究成果，并融入了编者的实践与经验，从疫病发生与分布、病原学、流行病学、临床症状、病理变化、诊断、防治等方面，对266种实验动物疫病逐一进行了详细阐述，为实验动物微生物和寄生虫的控制与监测提供了理论指导；同时从对公共卫生的影响和对实验研究的影响、自然感染和试验感染的不同临床表现等方面，阐明了实验动物疫病对实验研究的干扰和潜在影响，以及实验动物作为人或其他动物人工感染模型的可行性。该书结构严谨、层次清晰、叙述精练、内容翔实，是一部全面系统论述实验动物疫病的专著。

我相信，该书对我国从事实验动物学研究和质量评价、人和动物传染病和寄生虫病研究与教学以及生物制品研究与生产的专业人员具有很好的理论和实践指导意义。

中国工程院副院长、院士 

2014年7月

前言

实验动物是生命科学研究的基础和支撑条件，在国民经济建设和高新技术发展等方面起着至关重要的作用。实验动物科学发展程度已成为衡量一个国家或地区科学技术水平和创新能力高低的重要标志之一。

自20世纪80年代以来，我国实验动物科学得到较快发展，实验动物种质资源不断增加，质量水平明显提高，在实验动物疫病防控和质量检测方面做了大量工作，但实验动物疫病防控仍是实验动物质量控制最重要也是最棘手的问题之一。实验动物发生疫病，一方面引起动物质量下降和大批死亡，造成生产停止，导致科研工作不能正常进行，同时还可能对实验产生干扰，影响研究结果的准确性和可靠性；另一方面，某些人兽共患实验动物疫病会严重威胁从事实验动物科研和生产人员的健康，也可能造成动物源性生物技术药物的污染，影响人和动物的用药安全。因此，编写一部系统介绍实验动物传染病和寄生虫病的专著，既是保障实验动物和动物试验质量的需要，也是填补国内该学科领域专著空白的需要。

参考国内外业已出版的实验动物疫病著作，根据多年来在实验动物微生物学和寄生虫学研究与检测、实验动物质量控制等方面积累的科研成果和实践经验，本书的编写着重突出以下三个特点：一是全面性，实验动物种类立足已列入国家标准的小鼠、大鼠、豚鼠、地鼠、兔、犬、猴，兼顾尚无国家标准的沙鼠、树鼩、猫、雪貂和实验用鱼；实验动物疫病种类立足已列入国家标准的普通级、清洁级和SPF级实验动物的病毒病、细菌病、真菌病和寄生虫病，兼顾未列入国家标准、但对实验动物健康和动物试验结果可能具有潜在影响的疫病。二是系统性，首先，按照病毒、细菌、真菌、寄生虫四大类病原各成一篇进行编排；其次，每一篇按照病原的分类地位各成一章进行编排，每一章再按照每种疫病各成一节进行编排。力求从全书目录的编排即可了解相似疫病之间的关系，便于相互参考和借鉴。三是延伸性，既强调病原感染对实验动物本身的影响，也突出对实验研究的干扰和对公共卫生的影响；既关注普通环境下自然感染时的临床表现，也考虑屏障环境下人工感染时的感染途径和临床表现；既阐明标准检测方法和新方法、普检方法和验证方法的关系，也反映国内外新技术、新方法的研究进展。

全书共分五篇，第一篇为绪论，第二篇至第五篇分别论述了实验动物病毒病112种、细菌病55种、真菌病13种、寄生虫病86种，共计266种。每一篇均采用以科为基本单元分章编排的国际公认最新分类体系，每一章则以疫病为单元按照权威分类体系逐节论述。具体地讲，实验动物病毒病以dsDNA病毒、ssDNA病毒、dsDNA RT病毒、ssRNA RT病毒、

dsRNA病毒、(一)ssRNA病毒、(十)ssRNA病毒及朊病毒为顺序，从章到节按照国际病毒分类委员会(International Committee on Taxonomy of Viruses，ICTV)第九次报告(2011年)系统编排；实验动物细菌病依据《伯吉氏系统细菌学手册》第二版(2012年)(Bergey's Manual of Systematic Bacteriology，2nd Edition，2012)编排，科的分类以16S rRNA寡核苷酸编目为主要依据，同时兼顾表型分析，属内以第一个为代表种、其他按照英文名称首字母顺序的方式逐个疫病编排；实验动物真菌病以《真菌字典》(Ainsworth & Bisby's Dictionary of the Fungi)第十版(2008年)为依据，同时兼顾Ainsworth(1973年)分类系统，以科为基本分类单元，分单科、多科和未分科真菌所致疫病三部分叙述；实验动物寄生虫病部分以原虫、吸虫、绦虫、线虫、棘头虫和外寄生虫的顺序进行编排，原虫、吸虫、绦虫和线虫部分采用了与病毒、细菌和真菌相同的编排方法，以科为基本单元分章编排。棘头虫和外寄生虫的分类比较复杂，未以科为章，而是将棘头虫在一章内编排，外寄生虫部分则按通常的原则以螨、蜱、舌形虫、蚤、虱等不同内容各成一章。

本书由田克恭、贺争鸣于2010年12月开始构思，召集刘群、遇秀玲、范薇、顾小雪讨论商定了书名，编写了实验动物种类、疫病种类和结构框架，并由田克恭和贺争鸣负责提出病毒病的编写目录和编写体例，由范薇、遇秀玲负责提出细菌病、真菌病的编写目录和编写体例，由刘群负责提出寄生虫病的编写目录和编写体例。2011年8月，田克恭、贺争鸣召集中国动物疫病预防控制中心、中国食品药品检定研究院、中国农业大学、军事医学科学院实验动物中心、中国兽医药品监察所、上海实验动物研究中心、中国医学科学院医学生物学研究所、浙江省医学科学院、成都生物制品研究所、吉林大学、广东省实验动物监测所、中国农业科学院哈尔滨兽医研究所、北京市药品检验所、北京维通利华实验动物技术有限公司、苏州西山生物技术有限公司、中国农业出版社等单位的专家共同启动了本书的编写工作，同时根据全书目录进行人员分工，提出了编写要求和进度安排，提供了以猴B病毒感染、嗜肺巴斯德菌病和弓形虫病为样板的编写体例。

2012年全书初稿完成后，田克恭、贺争鸣、刘群、顾小雪进行了认真的整理和补充，并交由各章节作者进一步修改完善。2013年，修改完成后，田克恭、贺争鸣、顾小雪对传染病部分，刘群对寄生虫病部分进行了全面的整理和进一步的补充。参加本书编写的作者共114人，在此对为本书付出辛勤劳动的所有作者表示衷心感谢！在本书编写过程中，中国工程院副院长旭日干院士自始至终关心、鼓励、支持该书的编写并欣然作序，在此表示衷心感谢！

鉴于本书是国内第一部全面介绍实验动物疫病学的专著，涉及的疫病种类、数量较多，限于编者水平有限，加之参考文献浩如烟海，科技发展日新月异，书中难免存在遗漏、不妥和错误之处，恳请业内专家和读者批评指正！

田克恭

2014年7月

目录

第二篇 实验动物病毒性疾病

第三篇 实验动物细菌性疾病

第四篇　实验动物真菌性疾病

第五篇　实验动物寄生虫病

第一篇

绪　论

第一章
实验动物疫病

众所周知，实验动物是研究生命科学的基础和重要支撑，也是生物医学研究的重要手段。实验动物被誉为“活的精密仪器”和“生命试剂”，我们探索生命的起源，揭开遗传的奥秘，攻克癌症的堡垒，研究各种疾病与衰老的机理都必须借助于实验动物，实验动物被广泛应用于生物、医药、化工、农业、畜牧、环保、军工、外贸、商检、航空航天等领域，因此，实验动物对人类的文明与进步起到了重要的推动作用。实验动物质量会直接影响到科学试验结果的可靠性和准确性、影响许多领域课题研究成果的确立和课题质量水平的高低、关系着产品的质量和人民群众的身体健康。因此，必须重视实验动物遗传控制、环境控制、微生物和寄生虫控制以及营养控制对试验结果等的影响，尤其是微生物和寄生虫等实验动物疫病的预防与控制，显得尤为紧迫和重要。

第一节　实验动物疫病的概念与分类

实验动物多来源于野生动物或是家畜，通过定向培育形成不同的品种和品系。由于实验动物常采取群体饲养，且又有各自不同的易感病原，因此极易造成疫病的暴发和流行。

一、实验动物疫病的概念

尽管实验动物是根据科学研究需要而在实验室条件下，有目的、有计划地进行人工驯养繁殖和科学培育而成的动物，但实验动物毕竟是来源于野生动物或是家畜。因此，实验动物既有野生动物的一些特点，如不同程度地带有细菌、病毒和寄生虫等；又有一些实验动物自身的特点，如生物学特性明确、遗传背景清楚、表型均一、对刺激敏感和反应一致等。

实验动物疫病，是指病原微生物沿着一定的途径侵入实验动物体内，在其机体内生长繁殖，破坏了实验动物体的正常生理功能而引起发病，并能把病原体传给其他同类健康动物，引起同样的疾病。包括传染病和寄生虫病，由真菌、细菌和病毒等病原微生物引起，具有一定的潜伏期和临床表现，且具有传染性的疾病，叫做传染病。由寄生虫寄生在实验动物体一定部位而引起的疾病，叫做寄生虫病。

该致病因子是活的病原微生物或寄生虫，且侵入另一种易感动物体内的是同一种病原体，经过一定的潜伏期后才发病，而且具有一些相似的临床症状，并具有传染性。

二、实验动物疫病的分类

实验动物常常携带多种病原微生物，且有各自不同的易感病原微生物。国内外报道的实验动物的微生物种类包括细菌、病毒和真菌，已达二百多种。实验动物感染病原微生物后，有的可引起实验动物发病，表现临床症状和病理改变，甚至发生死亡；有的在实验动物体内呈隐性感染，常不引起死亡，但可影响动物自身的稳定性和反应性，使它们的生理、生化及免疫学指标发生改变；有的病原宿主广泛，属于人兽共患性病原，可同时引起人和动物的疫病，更具有危险性。

根据实验动物传染病对其自然宿主、人和其他动物的致病性、干扰生物医学研究、污染肿瘤移植物和生物制剂的严重程度，以及实验动物科学自身研究的需要，可将感染实验动物的疫病分为下面几个类型。

（一）对自然宿主、人和其他动物均有较强致病性的实验动物疫病

引起此类实验动物疫病的病原属于人兽共患病病原，例如，狂犬病病毒、淋巴细胞脉络丛脑膜炎病毒、沙门菌、志贺菌、结核分支杆菌、致病皮肤真菌以及弓形虫等。

（二）对自然宿主致病性强的实验动物疫病

常引起实验动物疫病的暴发流行，甚至毁灭整个实验动物群。引起此类实验动物疫病的病原有鼠痘病毒、兔出血症病毒、多杀巴斯德菌、鼠棒状杆菌、泰泽氏菌等。

（三）对自然宿主致病性弱，但可传染给人引起致死性感染的实验动物疫病

此类实验动物疫病的病原对自然宿主实验动物的致病能力非常弱小，但是却可以传染给从事实验动物科研和生产的人员，严重影响人的健康，甚至危及人的生命。例如，猴疱疹病毒（B病毒）、肾综合征出血热病毒等。

（四）对自然宿主无致病性，但可引起其他动物致死性感染的实验动物疫病

此类实验动物疫病的病原对自然宿主实验动物无致病能力，但是却可以传染给其他动物，造成其他动物发病、死亡。例如，松鼠猴疱疹病毒感染绒猴，可引起绒猴产生致死性淋巴瘤。

（五）对自然宿主有一定致病性的实验动物疫病

一旦自然宿主感染此类实验动物疫病的病原，可引起此类疫病在实验动物群体中的流行，影响动物的健康，并对研究工作产生严重的干扰。例如，小鼠肝炎病毒、仙台病毒、鼠支原体等。如实验动物小鼠感染仙台病毒，能够抑制淋巴细胞的转化。

（六）对自然宿主、人和其他动物均无明显致病性的实验动物疫病

此类实验动物疫病的病原对自然宿主实验动物、人以及其他动物都没有明显的致病能力，但是此类病原却可以污染生物制品、肿瘤移植物和细胞培养物等，例如，鸡白血病病毒、猴病毒40等。

（田克恭　翟新验）

参考文献

孙靖．1999. 实验动物学讲义［M］．北京：北京市实验动物管理办公室：73-74.

陶元清．2005. 实验动物微生物学质量控制及效果观察［J］．青海畜牧兽医杂志，35（4）：20.

田克恭．1992. 实验动物病毒性疾病［M］．北京：农业出版社：1-2.

吴端生，张健．2007. 现代实验动物学技术［M］．北京：化学工业出版社：196-202.

夏咸柱，高宏伟，华育平．2011. 野生动物疫病学［M］．北京：高等教育出版社：42-47.

第二节　实验动物疫病发生的主要原因

实验动物无论是饲养在隔离系统、屏障系统或是开放系统中，都不可避免地会受到各种细菌、病毒和寄生虫的侵袭，带有细菌、病毒和寄生虫并感染某些疫病。管理不善、动物自身特性等都可以导致实验动物疫病的发生。

一、管理因素

严格、科学的实验动物饲养、管理是培育生产高质量、标准化的实验动物和确保获得准确的动物试验结果的重要条件。影响实验动物疫病发生的管理因素，主要有隔离检疫失当、健康检查失实、免疫接种和效果评价失效、饲养观察失位、兽医监护失职等。

（一）隔离检疫失当

目前有些科研和生产单位所用的实验动物，有一部分来自市场和个体商贩，这些动物质量有好有坏、良莠不齐，而且在转移和运输过程中动物可能处于应激状态，或受到病原微生物的感染。因此，对

这些动物必须按照微生物学、寄生虫学和病理学的检测程序进行隔离和检疫。在检疫期间要按兽医学的要求对实验动物的健康状况进行评价，然后才能用于生产和试验。

来源渠道混乱、遗传背景不清、微生物污染不明的动物，目前仍然部分地应用于生产和试验中，没有实施严格的隔离检疫，一方面这些动物群可能会暴发疫病，另一方面也可因隐性感染而严重威胁这些动物的健康。

（二）健康检查失实

国家明确规定，实验动物要定期进行细菌、病毒和寄生虫监测。但并没有将一些血液生化指标和组织病理学指标纳入质量管理的范围，因而虽然这些动物的质量符合微生物学与寄生虫学国家标准，但实际上体内可能存在未知的病原微生物感染或其他潜在的病变。这主要表现在同一批实验动物的某些生化指标上，对照组也常出现批量异常；在组织学检查上，对照组也常出现一些主要脏器（如肺脏、肝脏等）的背景资料的异常。甚或有些生产单位没有按照规定进行监测，没有达到微生物与寄生虫质量控制和遗传等级的国家标准，为了出售实验动物，可能会出具合格的质量监测报告。

（三）免疫接种和效果评价失效

免疫接种可以增强实验动物的正常抵抗力和产生特异性免疫力，降低实验动物群体的易感性，是预防动物发生疫病直接、有效的措施。通过对动物疫病免疫效果的评价，可以科学地评价免疫的成败。在实施免疫接种时，要根据抗体检测结果制定适合的、科学的免疫程序，确定最佳免疫时间，从而保证获得最佳的免疫效果。如果没有及时对动物疫病抗体进行监测，在动物机体特异性抗体处于高水平时接种疫苗，会人为削弱疫苗对动物的免疫保护效果；另一方面，在动物机体特异性抗体降至保护水平之下时进行免疫，又会造成人为的免疫空白期，从而增加发生疫情的风险。

（四）饲养观察失位

实验动物对饲养条件的要求比家畜、家禽严格，有其特殊性。在实验动物饲养管理过程中，同样需要进行日常观察。

实验动物的环境控制、营养控制都有严格的国家标准，但在日常饲养管理过程中还存在许多问题。有些实验动物饲养在屏障设施内，没有注意观察各个环境参数的变化情况，也没有做好相应的记录，影响了实验动物的正常生长，进而降低了机体的抵抗力。实验动物舍内或是笼内应该避免潮湿，保持干燥清洁，每日清洗笼内与舍内地面上的粪尿，定期进行环境和饲养笼具的消毒，如果疏于管理，就会增加动物感染疫病的机会。另外，实验动物的精神状态、采食量、饮水情况、粪便排泄状况等都反映了其机体健康状态，平时一定要注意观察，发现异常，应该立即隔离饲养观察。如果不及时隔离淘汰患病动物，势必造成疫情的扩散。

（五）兽医监护失职

实验动物整个饲养周期中，兽医承担的责任和任务是非常艰巨的。兽医的职责在于监督实验动物饲养管理的各方面，并且为其提供一个综合而全面的兽医保健。兽医的职责涵盖了很多领域，动物健康监测是其中非常重要的一个方面，包括动物的日常健康状态观察、健康监测以及疫病监测。①兽医应该指导兽医助理或动物饲养员进行日常健康观察，观察指标包括动物的姿势和体态、行动、采食和饮水状态、毛色和表皮状况、眼鼻口腔及其分泌物、呼吸指标以及粪便和尿液的量、色、味等。②兽医应该实施动物健康监测，包括患病动物的隔离和检疫，新引入动物的健康检查以及使其适应环境。③兽医应该实施动物疫病监测，定期检测动物群体中常见病原体，通常使用哨兵动物来检测病原体。如果兽医没有很好地履行职责，没有及时发现隐患，则会造成动物疫病的发生。

二、动物因素

实验动物应用十分广泛，包括免疫缺陷实验动物、自发性动物模型实验动物等，由于免疫缺陷性、动物自身生物学特性等因素，同样可以引起实验动物疫病的发生。

（一）免疫缺陷性

世界各国相继培育出一系列免疫缺陷动物，从啮齿类扩展到马和牛等大型哺乳类动物；从单一的T淋巴细胞免疫缺陷到几种免疫细胞联合缺陷，如T细胞和NK细胞、T细胞和B细胞免疫缺陷动物。这类动物免疫力低下，在饲养环境等发生变化时，即可诱导发病。

（二）动物自身生物学特性

实验动物是未经任何人工处置，在自然条件下自然发生或是由于基因突变的异常表现，通过遗传育种保留下来了的动物模型。自发性动物模型实验动物在一定程度上排除了人为的因素，更接近于人类疾病，如实验动物心脏病的加拿大犬、自发性糖尿病的地鼠等。此类疾病模型的实验动物饲养条件要求高，抵抗力低，易引起动物患病。

（翟新验　田克恭）

参考文献

崔淑芳．2007．实验动物学［M］．第3版．上海：第二军医大学出版社：204－221．
夏咸柱，高宏伟，华育平．2011．野生动物疫病学［M］．北京：高等教育出版社：42－47．
徐百万．2010．动物疫病监测技术手册［M］．北京：中国农业出版社：1－8．
余思义，张金明，张燕，等．2001．SPF级实验动物生产管理技术要点［J］．中国实验动物学杂志，11（3）：158－161．
周艳，王建飞．2010．实验动物的兽医保健［J］．实验动物与比较医学，30（5）：393－396．

第三节　实验动物疫病流行的特征

实验动物疫病流行过程，也就是从实验动物个体感染发病，到在实验动物群体中发生、发展的过程。实验动物疫病流行有其自身的基本特征、基本条件和临床特征。

一、实验动物疫病的基本特征

实验动物疫病同其他动物疫病一样，具有以下几个基本特征。

1. 病原体　每一种实验动物疫病都有其特异的病原体，疫病种类不同，病原体也不同。如小鼠肝炎是由小鼠肝炎病毒感染引起的，大鼠涎泪腺炎是由大鼠涎泪腺炎病毒感染引起的。

2. 传染性　由患病实验动物体内排出的病原体侵入另一有易感性的健康动物体内，并能引起同样症状的疫病，称为实验动物疫病的传染性。

3. 流行性　于一定时间内在实验动物群体中蔓延扩散，当条件适宜时，同一种疫病在一定时间内、某一地区的易感实验动物群体中蔓延散播，形成流行，称为实验动物疫病的流行性。

4. 免疫性　在一般情况下，实验动物耐过疫病后，同样能够产生特异性反应，使机体在一定时间内或是终生不再感染此种疫病。

二、实验动物疫病流行的基本条件

病原体从已经受感染的实验动物体内排出，在外界环境中停留，经过一定的传播途径，侵入新的易感动物而形成新的感染。由此可见，实验动物疫病在实验动物群中的传播，必须具备传染源、传播途径和易感动物三个基本环节。缺少其中任何一个环节，新的传染病都不可能发生，也不可能构成疫病在实验动物群中的流行。

（一）传染源

传染源是指实验动物机体内有病原体寄居、生长、繁殖，并能将病原体排出体外的实验动物。传染源就是受感染的实验动物，包括发生疫病的实验动物和带毒或是带菌的实验动物。

实验动物遭受感染后，一般表现为患病和携带病原两种状态，因此传染源分为：①患病实验动物，即处于不同发病期的实验动物，特别是处于前驱期和症状明显期的患病实验动物是非常重要的传染源，此时所排出的病原体数量大、次数多、传染性强。②病原携带者，指外表无症状但携带并排出病原体的实验动物。一般可分为潜伏期病原携带者、恢复期病原携带者和健康病原携带者。病原携带者所排出的病原体数量不及发病实验动物，但因为缺乏症状不易被察觉，有时也会成为重要的传染源。

（二）传播途径

病原体由传染源排出后，经过一定的方式再侵入其他易感实验动物所经的途径，称为传播途径。通常分为水平传播和垂直传播。

1. 水平传播　水平传播是指实验动物群体中互相传播。传播途径包括消化道或是皮肤黏膜创伤等，例如，布鲁菌病常由配种造成直接感染，仙台病毒常经呼吸道感染，沙门菌则常经消化道感染。水平传播在传播方式上又可以分为直接接触传播和间接接触传播。

（1）直接接触传播　是指病原体不通过任何媒介，健康动物和患病动物直接接触（交配、舔咬等）而引起的感染。以直接接触为主要传播方式的实验动物疫病并不多，如狂犬病病毒、猴B病毒、D型反转录病毒及猴免疫缺陷病毒等。

直接接触传播的实验动物疫病，其流行特点是一个接着一个地发生，形成明显的链锁状，这种方式使疫病的传播受到限制，一般不易造成广泛的流行。

（2）间接接触传播　是指在外界环境因素的参与下，病原体通过传播媒介使易感动物发生传染的方式。传播媒介可能是生物，也可能是无生命的物体。

1）非生物性传播媒介　主要包括：①经过空气（飞沫、尘埃）传播。空气不适合于任何病原体生存，但空气可作为传染的媒介物，它可以作为病原体在一定时间内暂时存留的环境。所有的呼吸道实验动物疫病主要是通过飞沫而传播。②经过饲料和水等传播。以消化道为侵入门户的实验动物疫病，其传播媒介主要是污染的饲料和水。传染源的分泌物、排出物和患病实验动物的尸体，及其流出物污染的饲料、饲槽、垫料、笼具、器具、水瓶、水碗，或是某些被污染的管理用具、车船、实验动物设施等传给易感动物。

2）生物性传播媒介　主要包括：①节肢动物。如苍蝇、蟑螂、蚊、蚤、螨、虱和蜱等，它们主要是通过在患病和健康实验动物间的刺、螫、吸血而散播病原体。②野生动物。尤其是野生啮齿类动物，常携带各种病原微生物。一类是本身对病原体具有易感性，在受感染后再传染给实验动物；另一类是本身对该病原体无易感性，但可机械地传播疫病。③实验动物本身。从外部购入的实验动物，尤其是普通级实验动物，未经严格检疫和隔离。④饲养人员和兽医工作者。在工作中，如不注意遵守卫生防疫制度，消毒不严时，容易传播病原微生物。有些人兽共患的实验动物疫病，如结核病、布鲁菌病、肾综合征出血热等，人也可以作为传染源，将疫病传染给实验动物。

2. 垂直传播　垂直传播是指由雌性实验动物通过卵巢、子宫将病原体传染给胎儿。经卵细胞传到下一代的病原体，有淋巴细胞脉络丛脑膜炎病毒、鸡白血病病毒；经胎盘感染的有支原体、细小病毒等。

（1）经胎盘传播　受感染的怀孕实验动物经胎盘血流传播病原体感染胎儿，称为胎盘传播。例如细小病毒感染、伪狂犬病、布鲁菌病、钩端螺旋体病等。

（2）经卵传播　由携带有病原体的卵细胞发育而使胚胎受感染，称为经卵传播。主要见于禽类，如禽白血病、禽脑脊髓炎、鸡白痢等。

（3）经产道传播　病原体经怀孕实验动物阴道通过子宫颈口到达绒毛膜或是胎盘引起胎儿感染，或是胎儿从无菌的羊膜腔穿出而暴露于严重污染的产道时，胎儿经皮肤、呼吸道、消化道感染母体的病原体，如大肠杆菌、葡萄球菌、链球菌等。

（三）易感动物

易感动物是指对某一传染病病原体没有抵抗力而敏感的实验动物。病原微生物或是寄生虫只有侵入对其有易感性的实验动物机体才能引起疫病的发生。实验动物对某一病原体易感性的高低，不仅与病原体的种类和毒力强弱有关，而且也与实验动物的遗传特征和特异的免疫状态有关。不同种类的实验动物，对于一种病原体表现的临床反应有很大的差异；同一品种不同品系的实验动物，对疫病的抵抗力具有遗传性差异；不同年龄的动物，对某些疫病的易感性有所不同。

三、实验动物疫病流行的临床特征

大多数实验动物疫病都具有该种疫病特征性的典型症状，以及一定的潜伏期和疫病发生、发展、转归的过程。

（一）疫病发展的阶段性

实验动物疫病的发生、发展是病原微生物与实验动物机体相互斗争的过程。当病原微生物进入具有高度免疫力的机体时，不能繁殖，并迅速被宿主的防御机能所歼灭。但当实验动物机体抵抗力弱、病原微生物毒力强时，机体不能抵抗病原的侵袭，实验动物就会发病。实验动物疫病病程通常表现为下面几个阶段。

1. 潜伏期 潜伏期是指病原体侵入机体并进行繁殖时起，直到首发临诊症状开始出现为止的一段时间。

（1）不同传染病其潜伏期长短各异，短至数小时，长至数月乃至数年。急性传染病的潜伏期差异范围较小；慢性传染病潜伏期差异大、不规则。

（2）同一种动物疫病，各个患病动物的潜伏期长短也不尽相同。同一传染病潜伏期短，疫病经过严重；潜伏期长，病程轻缓。

（3）处于潜伏期中的动物是动物疫病传染、散播的主要来源。

推算潜伏期对动物疫病的诊断与检疫具有非常重要的意义。

2. 前驱期 前驱期是动物疫病的征兆阶段，指潜伏期末至发病期前，出现某些临床表现的短暂时间。其特点是临诊症状开始表现出来，但疫病的特征性症状仍不明显，仅可察觉出一般的症状，如体温升高、食欲减退、精神异常等。各种传染病和各个病例的前驱期长短不一，通常只有数小时至一两天。

3. 发病期（症状明显期） 发病期是指各种动物疫病的特有症状和体征，随病程发展陆续出现的时期，也就是症状明显期。症状由轻而重、由少而多，逐渐或迅速达高峰。该阶段动物疫病很多代表性的特征性症状相继出现，在诊断时比较容易识别。

4. 转归期（恢复期） 转归期是指病原体完全或基本被消灭，免疫力提高，病变修复，临床症状陆续消失的时间，也称为恢复期。实验动物表现为痊愈恢复或出现死亡。

（1）恢复 动物体抵抗力得到改进和增强，则机体逐步恢复健康，表现为临诊症状逐渐消退，体内的病理变化逐渐减弱，正常的生理机能逐步恢复。

（2）死亡 病原体的致病性能增强或动物体的抵抗力减退，则传染过程以动物死亡为转归。

（二）不同临床类型

动物疫病病原感染实验动物后，可以呈现出不同的临床类型。临床类型有助于诊断、判断病情变化及疫病转归等。

1. 根据起病缓急及病程长短

（1）最急性感染 病程短促，动物常在数小时或一天内突然死亡，症状和病变不明显，常见于动物疫病的流行初期。如兔病毒性出血症等。

（2）急性感染 病程较短，自几天至二三周不等，并伴有明显的典型症状。如鼠痘等。

（3）亚急性感染 临诊表现不如急性那么明显，病程稍长，和急性相比是一种比较缓和的类型。如疹块型猪丹毒等。

（4）慢性感染 病程发展缓慢，常在1个月以上，临诊症状常不明显甚至不表现出来，如慢性猪气喘病等。

2. 根据临诊症状

（1）显性感染　表现出该种动物疫病所特有的、明显的临诊症状的感染过程。如禽流感等。

（2）隐性感染　在感染后不呈现任何临诊症状而呈隐蔽经过。能排出病原体，一般只能用实验室方法才能检查出来。机体抵抗力降低时可转化为显性感染。如成年大鼠感染大鼠细小病毒等。

（3）一过型感染　开始症状较轻，特征症状未见出现即行恢复。如猴肉瘤病毒40感染等。

（4）顿挫型　开始时症状表现较重，与急性病例相似，但特征性症状尚未出现即迅速消退恢复健康。是病程缩短而没有表现该病主要症状的轻病例，一般出现在动物疫病流行后期。

（5）温和型　临诊表现比较轻缓。如猫轮状病毒感染等。

3. 根据病情特点

（1）典型感染　在感染过程中表现出该病的特征性，即有代表性的临诊症状。如嗜神经速发型新城疫病毒株感染鸡所引起的症状等。

（2）非典型感染　表现或轻或重的临诊症状，与典型症状不同。如大鼠冠状病毒感染等。

4. 根据感染部位

（1）局部感染　由于动物机体的抵抗力较强，而侵入的病原微生物毒力较弱或数量较少，病原微生物被局限在一定部位生长繁殖，并引起一定病变。如化脓创伤。

（2）全身感染　病原体及其毒素进入血液循环乃至扩散至全身，可出现下面几种形式。

1）毒血症（Toxemia）　病原体在局部繁殖，所产生的内毒素与外毒素进入血液循环，使动物全身出现中毒症状。例如破伤风、羊肠毒血症等。

2）菌血症（Bacteremia）　病原菌在感染部位生长繁殖，不断入血但只作短暂停留，并不出现明显的临床症状。如布鲁菌病等。

3）病毒血症（Viremia）　病毒在感染部位生长繁殖，不断入血但只作短暂停留，并不出现明显的临床症状。如口蹄疫、猪传染性水疱病等。

4）败血症（Septicemia）　病原菌在局部生长繁殖，不断侵入血液循环并继续繁殖，产生毒素，引起全身出现明显中毒症状及其他组织器官明显损伤的临床症状。如猪瘟、鸡新城疫等。

5）脓毒血症（Pyemia）　病原体由血流扩散到达某一或几个组织器官内繁殖，使之损害，形成迁徙性化脓性病灶。如化脓性细菌引起的败血症等。

（三）特殊的临床表现

实验动物感染不同病原后，还可以表现为发热、炎症、皮疹、血液生理生化指标的改变等。

1. 发热及热型　发热为动物疫病的共同临床表现，然而，不同的动物疫病其热度与热型又不尽相同。

（1）按热度高低　可呈现低热、中度热、高热和超高热。

（2）按热型　分为稽留热，如伤寒；弛张热，如伤寒缓解期，败血症以及化脓性感染性疫病；间歇热，如猫泛白细胞减少症；波状热，如布鲁菌病；消耗热，多见于结核病。

2. 皮疹　皮疹也是动物疫病的特征之一。不同传染病有不同的疹形，包括斑疹、丘疹、痘疹、瘀点、疱疹、脓疱疹等。皮疹出现的日期、部位、出疹顺序、皮疹的数目等，各种传染病不完全相同。常见出疹性动物疫病有鼠痘、猴痘、斑疹伤寒、伤寒、流行性脑脊髓炎、肾综合征出血热、败血症等。

3. 血液生理生化指标的改变　动物病原微生物、寄生虫感染实验动物后，可以引起实验动物血液生理、生化指标的变化。如豚鼠白血病、鸡传染性贫血、猴获得性免疫缺陷综合征等动物疫病。

（翟新验　田克恭）

参考文献

黄竹林，周建波．2007．人畜共患传染病的流行病学特征［J］．中国热带医学，7（6）：1002－1004．

孙靖．1999．实验动物学讲义［M］．北京：北京市实验动物管理办公室，73－74．

陶元清.2005.实验动物微生物学质量控制及效果观察［J］.青海畜牧兽医杂志，35（4）：20.
田克恭.1992.实验动物病毒性疾病［M］.北京：农业出版社，1-2.
吴端生，张健.2007.现代实验动物学技术［M］.北京：化学工业出版社，196-202.
夏咸柱，高宏伟，华育平.2011.野生动物疫病学［M］.北京：高等教育出版社，42-47.
赵月峨，王淑兰，史套兴.2008.新发传染病出现的机制和影响因素［J］.解放军预防医学杂志，26（3）：157-159.
Fevre E M，de Bronsvoort B M C，Hamilton K A，et al. 2006. Animal movements and the spread of infectious diseases［J］. Trends Microbiology，14（3）：125-131.

第四节　实验动物疫病的发生与流行

实验动物疫病流行的过程就是从实验动物个体感染发病，发展到实验动物群体发病的过程，也就是疫病在实验动物群体中发生、发展的全过程。

一、实验动物疫病的发生

实验动物疫病的一个基本特征是能够在动物之间经过一定的传播途径互相感染，病原微生物侵入动物机体，并在一定的部位生长繁殖，从而引起机体一系列的病理反应，即为感染。病原体从已受感染的动物（传染源）排出后，经过一定的传播途径，侵入其他易感机体而形成新的感染，并不断发生、发展的过程称为流行过程。

可见，实验动物疫病之所以能够流行必须具备三个基本条件或环节：传染源、传播途径和易感动物。传染病的流行依赖于这三个基本环节的连接和延续，任何一个环节的变化都可能影响传染病的流行和消长。

二、影响实验动物疫病流行的因素

实验动物疫病流行过程中的三个环节——传染源、传播途径和易感动物相互连接和作用，通常受到自然因素、社会因素、饲养管理等因素的影响和制约。

（一）自然因素

影响传染病流行的自然因素也称为环境因素，主要包括气候和地理因素。自然因素通过作用于传染源，即感染或携带病原体的动物；传播媒介，即蜱、蚊及土壤等；易感动物，即没有抵抗力或抵抗力低下的动物而影响传染病的流行。

1. 温度、阳光等因素　温度和阳光直接影响着病原体在自然界中的存活时间。病原微生物一般耐低温，而不耐高温和阳光直射。因此，在阳光充足的夏季，由患病或感染动物排到外界环境中的病原微生物存活时间相对缩短，使动物疫病扩散和流行的机会大大减少。

2. 环境因素　环境因素对传播媒介的影响非常明显。在气温高的夏季，吸血昆虫大量滋生繁殖，以蚊子为传播媒介的传染病，如流行性乙型脑炎的感染情况增多；禽痘在夏秋季节的流行也与蚊子为传播媒介有关。在洪水泛滥季节，地面上动物的粪尿及被病原体污染的土壤被冲刷进河塘湖泊，造成水源污染，使一些以土壤和水为传播媒介的传染病，如钩端螺旋体病、炭疽等极易流行。温度降低、湿度增加，有利于气源性感染的发生，因此，鸡传染性支气管炎等动物呼吸道疫病在冬季发病率明显增高。

3. 季节和气候变化　季节和气候改变同样会引起动物抵抗力的改变，如当寒冷潮湿时，动物易受凉、呼吸道黏膜的屏障作用降低，呼吸道疫病容易流行。例如，喘气病的隐性病猪病情恶化，出现频繁咳嗽等临床症状。反之，在干燥、温暖的季节，猪的病情减轻、咳嗽减少。在高温条件下，动物肠道的杀菌作用降低，肠道传染病增多。

（二）社会环境因素

社会环境因素即社会因素，主要包括政治经济制度、生产力、文化与科学技术水平、兽医相关法律法规的制定与贯彻执行情况等。

近年来布鲁菌病、结核病、狂犬病等一些过去在一定程度上得到控制的疫病又卷土重来，另外，周边国家动物疫情的影响，以及一些新的动物疫病的暴发与流行，很大程度上受到了社会因素的影响。社会因素既可能是促进动物疫病广泛流行的原因，又可以是有效消灭和控制疫病流行的关键。

随着社会进步，畜禽及其产品贸易往来频繁，动物疫病种类增多，增加了动物疫病流行的机会。另外，我国在一定程度上存在着兽医法律法规不能得到贯彻执行的现状，缺乏法律约束和长远的防疫规划，动物疫病一旦发生不能及时做到快速诊断、疫情上报及采取最初的控制措施，使动物疫病的防治错失了最佳时机。发生动物疫病时，应严格采取就地扑灭、销毁疫源地的措施，但在实际生产中某些地方该措施并没有彻底执行，以至于一旦发生动物疫病便迅速扩大、蔓延流行。

（三）饲养管理因素

饲养管理因素主要包括饲养场场址选择、畜舍设计、规划布局、通风设施、垫料种类、畜舍的小气候（微气候）、饲养管理制度、卫生防疫制度及工作人员素质等因素，这些密切关系到科学饲养管理技术和卫生防疫制度能否实施，当发生疫情时能否迅速切断和消灭传染病流行过程的三个基本环节，阻止传染病的流行和蔓延。

三、实验动物疫病的流行趋势

随着实验动物管理的逐步规范，实验动物福利的大力推进，实验动物设施设备的先进适用，实验动物监测技术的日臻完善，实验动物从业人员防疫意识的逐渐增强，以及国家对实验动物监管的力度加大，使得实验动物的健康状况日益呈现良好发展的态势，加之实验动物防控措施的广泛采用，实验动物疫病一定会得到很好的控制。

（翟新验　田克恭）

参考文献

孙靖．1999．实验动物学讲义［M］．北京：北京市实验动物管理办公室：73－74．

陶元清．2005．实验动物微生物学质量控制及效果观察［J］．青海畜牧兽医杂志，35（4）：20．

田克恭．1992．实验动物病毒性疾病［M］．北京：农业出版社：1－2．

吴端生，张健．2007．现代实验动物学技术［M］．北京：化学工业出版社：196－202．

夏咸柱，高宏伟，华育平．2011．野生动物疫病学［M］．北京：高等教育出版社：42－47．

第五节　实验动物疫病的影响

实验动物虽是经过人工驯养繁殖、科学培育而成的动物，但其对理化因素的刺激和病原体较为敏感，由于被人为地集中饲养管理，在整个饲养周期，即包括出生、成长和繁育期间，实验动物的食、宿和排泄等均固定于一定的空间内，加之其饲养密度大、数量多、繁殖快等特点，以及不同的实验动物又有各自不同的易感病原，包括很多烈性传染病，因此极易造成疫病的发生和流行。实验动物发生疫病，一方面不会引起大批实验动物的死亡和质量下降，造成生产停止，导致科研工作不能正常进行。另一方面，某些实验动物疫病可干扰试验结果，影响科研的准确性和可靠性，甚至得出错误的结论。再有某些人兽共患的实验动物疫病给接触实验动物的人员带来严重后果。

一、对动物生产的影响

目前在我国实验动物群中，人兽共患病原菌基本得到了控制，条件性致病菌对动物的影响更为严重，严重影响动物自身的生产性能。

实验动物一旦感染传染病，尤其是一些烈性传染病，如鼠痘、兔病毒性出血症，可导致动物的全军覆没，造成巨大的经济损失。

妊娠母鼠感染仙台病毒会严重影响胎儿的发育，增加新生乳鼠的死亡率，妊娠4～5天的大鼠感染后，会造成胚胎的吸收；妊娠11～12天的大鼠感染后，会造成妊娠期延长，并使产后24h内新生乳鼠死亡率升高。另外，仙台病毒对着床前的受精卵及早期胚胎具有亲嗜性，可造成胚胎死亡。

猴感染猴D型反转录病毒和猴免疫缺陷病毒，会导致猴获得性免疫缺陷综合征，即猴艾滋病。猴表现发热、贫血、下痢、低蛋白症，淋巴细胞、中性粒细胞、血小板减少，全身淋巴结肿大，体液和细胞免疫功能低下。猴体质下降，机体逐渐失去抵抗力，易发病，甚至死亡。

寄生虫在动物体内生长、发育、繁殖都需要宿主提供蛋白质、矿物质、维生素等必要的营养。由于寄生虫种类、数量、寄生部位的不同，对动物的影响各不相同。例如，蛔虫寄生在动物小肠内，以半消化物质为食，掠夺宿主大量营养并致使动物出现体重下降、精神不振、消瘦、发育缓慢等一系列营养不良症状。而螨、虱等体外寄生虫从动物皮下组织中吸血，钩虫有不断移位吸血的习惯，久而久之均可造成动物慢性贫血。

二、对科学研究的影响

19世纪末，Friedrich用豚鼠做试验研究白喉杆菌，开创了抗毒素治疗的时代。20世纪60年代初，美国农业部家禽研究所Narary首先研究出马立克氏病疫苗，它是人类战胜肿瘤性疫病的第一株疫苗。1960年，美国Jackson实验室的George博士在研究近交系小鼠间肿瘤移植时，发现成功的移植与一个组织相容性基因（Major histocompatibility complex，MHC）有关，从而为人类的器官移植奠定了基础。2009年10月英国报道，一个国际联合医药团队成功地在老鼠身上进行全球首例子宫移植手术，可望在不久的将来进行人体子宫移植试验。另外新发传染病病原体的确认、致病机制的研究、治疗方案的评价、药物和疫苗的筛选评价等均离不开标准的动物模型。

实验动物感染了病毒、细菌或寄生虫，即使幸而存活，但会成为隐性感染者，通常动物可继续生存、生长、繁殖。虽然这些动物外观正常，但一旦用于实验，将会造成各种指标的错误，干扰试验结果的准确性、规律性。1986年国内某单位在上海购买了一批Wistar大鼠做亚急性毒性试验，试验进行到1.5个月时发生大鼠鼠痘，试验被迫中止。鼠痘病毒、肝炎病毒及巨细胞病毒感染小鼠等，可严重改变动物的免疫功能，使实验动物失去在免疫学中的应用价值，如果作为制品的效检、安检使用，不能正确反应制品的质量。现以小鼠肝炎病毒为例，说明实验动物疫病对科学研究的影响。

近交系小鼠，一方面，个体具有相同的遗传组成和遗传特性，对试验反应极为一致，只需使用少量的小鼠，即可得到非常规律的试验结果；另一方面，个体间组织相容性抗原一致，异体移植都产生排斥反应，是细胞和肿瘤移植试验中最为理想的材料。可一旦小鼠感染了小鼠肝炎病毒：①可引起小鼠致死性肝炎、脑炎和肠炎，常在鼠群中呈现隐性感染，而无明显的临床症状，但与某些微生物发生混合感染时，或在试验条件的刺激下常会暴发疫病。②改变机体的各种免疫应答参数，例如急性感染时，可增加或是抑制小鼠的抗体应答反应；慢性感染时，可显著降低小鼠血清中免疫球蛋白的水平；影响吞噬细胞的数目、吞噬活性和杀伤肿瘤细胞活性。③会使许多酶系统发生改变，增高某些肝酶活性，降低另一些肝酶活性。④如果裸鼠感染，可严重影响肿瘤免疫学的研究。

三、对人类健康的影响

实验动物工作者在科学研究中避免不了和各种实验动物打交道，而实验动物质量不合格，感染人兽共患病原体，在实验动物间造成疫病发生和流行，不仅影响实验动物的正常繁殖和试验结果的准确性，也可能传染给从事实验动物工作的饲养者和试验人员，威胁到人的健康和生命。

人感染淋巴细胞性脉络丛脑膜炎病毒，可引起流感样症状或是脑膜炎。另外，该病毒可在B淋巴细胞、T淋巴细胞和巨噬细胞中大量复制，从而抑制体液免疫和细胞免疫应答。

1984年国内曾发生过大鼠肾综合征出血热病毒传染给人的事故；韩国和日本在1981—1983年，也曾先后发生过多起大鼠肾综合征出血热病毒传给接触动物的工作人员，使其发病死亡的情况；2001年6

月，正当我国申请奥林匹克运动会的关键时刻，北京发生了外表健康但携带肾综合征出血热病毒实验动物感染科教人员的严重事件，对公众健康和社会稳定产生了很大影响。

2003年5—6月，云南省部分高校和研究所的实验大鼠中发生汉坦病毒流行，并导致人群感染和发病。

2010年，东北农业大学学生在用羊进行现场教学试验时，由于选购试验用动物时，没有详细了解其背景，导致28人感染布鲁菌病，有可能影响生育能力和劳动能力。

四、对医药生物技术产品质量的影响

实验动物作为人类的替身，在药品、生物制品、保健食品及健康相关产品安全性评价的研究、生产、药效试验等方面发挥巨大作用。我们日常生活中的食品、保健品的安全评价多需要通过动物试验来佐证。如果实验动物质量不合格将会带来不可设想的后果。

生产中使用的动物源性材料复杂，直接影响生物制品的质量。以禽病为例，众所周知，有很多病是垂直传播的，如大肠杆菌病、沙门菌病、白血病、传染性贫血、支原体病等，都可以通过种蛋进行传播。有报道，对不同厂家的109批禽苗的检测结果查出支原体污染苗有75批，占68.7%；其中鸡胚苗75批中有55批、细胞苗31批中有20批污染了支原体。在禽苗生产中，如污染支原体，会导致鸡胚过早死亡，病毒滴度下降；使用污染的疫苗免疫接种鸡将会引起支原体病流行。因此，实验动物及其动物源性材料是直接影响生物制品质量的最重要因素。

小鼠感染乳酸脱氢酶病毒通常不引起临床症状，但可污染生物材料和移植肿瘤，抑制细胞免疫应答；刺激干扰素产生和激活杀伤性T细胞活性；延缓同种异体移植的排斥，抑制移植物对宿主的反应，影响机体的免疫功能。

（翟新验　田克恭）

参考文献

陈顺乐，褚芳．2008．提高实验动物质量　加大监督检测管理力度［J］．实验动物科学，25（1）：42-44.
褚芳，黄雪梅，徐丽英，等．2010．江西省实验动物突发重大疫情应急预案的制定［C］．华东地区第十一届实验动物科学学术交流会论文集：248-255.
崔淑芳．2007．实验动物学［M］．第3版．上海：第二军医大学出版社：51-62.
李厚达．2003．实验动物学［M］．第2版．北京：中国农业出版社：5-8.
孙靖．1999．实验动物学讲义［M］．北京：北京市实验动物管理办公室：83-89.
田克恭．1992．实验动物病毒性疾病［M］．北京：农业出版社：76-83.
吴必武．2011．实验动物在兽用生物制品生产和检验中的重要作用［J］．云南畜牧兽医（5）：36-37.
张海林，董兴齐，张云智．2006．一起实验动物型肾综合征出血热流行的调查研究［J］．地方病通报，21（5）：17-21.
张树庸．2010．从2009年生命科学研究的实例看实验动物的作用［J］．实验动物科学，27（6）：51-54.
朱莱伟，朱宏伟．实验动物在兽医生物制品生产和检验中的重要作用［J］．中国畜牧兽医学会生物制品学分会第九次学术研讨会：606.

第六节　实验动物疫病的预防与控制

随着生物学、兽医学、医学、药学等诸多学科的不断发展，促进了实验动物科学日新月异的发展，对实验动物的要求越来越高，既要求遗传背景明确，又要求实验动物健康无病，所以对实验动物细菌、病毒及寄生虫病的净化程度要求也越高，因此，实验动物疫病的预防与控制尤为重要。

一、实验动物疫病的预防

随着人类的进步和社会的发展，实验动物越来越受到世界各国的广泛重视，实验动物对各国的国民

经济建设和高新技术的发展起到了至关重要的作用。实验动物的发展和应用程度也是衡量一个国家和地区科学技术水平高低的重要标志之一。影响实验动物质量的重要因素之一就是实验动物疫病，做好实验动物疫病的预防与控制是确保实验动物质量的先决条件。

实验动物是生命科学和医学科研的基础和重要的支撑条件，为此，预防与控制实验动物疫病意义深远。①实验动物作为研究材料和药物质量控制中“活的精密仪器”，起到了其他手段不可替代的作用；而且，整体实验动物或动物组织细胞还用作药物生产的“工厂”和原材料，在生物技术药物事业发展和保证人民健康方面发挥着重要作用。②实验动物对科学技术相关领域，例如，轻工业与食品工业、国防和军事科学、环境卫生等方面有极其重大的推动作用。③实验动物在农业和畜牧兽医科学发展中的作用更是不可估量，在我国动物疫病防控技术研究中应用非常广泛，有效地控制了重大动物疫病的发生，保障了畜牧业健康持续发展。④可以保证实验动物科研、生产等相关人员的健康和生命安全，避免他们感染肾综合征出血热、狂犬病、禽流感、弓形虫病、布鲁菌病等人兽共患病，提高人口健康素质，乃至保障经济国防建设和社会稳定。

二、实验动物疫病的控制

实验动物疫病的预防与控制需要遵循消灭传染源、切断传播途径和保护易感动物的原则。消灭传染源通常采取扑杀感染动物的办法；切断传播途径通常采取隔离、封锁、消毒、消灭媒介生物、检疫等措施；保护易感动物包括了隔离、疫苗免疫、消毒等措施。只要做好消灭传染源、切断传播途径和保护易感动物任何一方面的工作，都能够有效控制实验动物疫病的发生，确保实验动物的健康。

（一）提高管理水平和饲养环境质量

实验动物饲养管理中，要严格控制人流、物流，坚持日常卫生消毒，保证消毒质量。笼具实行全进全出制，避免交叉污染。做好设施内外的传染源控制，消灭设施周围环境的野鼠、昆虫，特别是做好饲料、饮水和垫料的管理，经常检查空气过滤器运行情况，切断存在的任何疫病传播途径。

实验动物的易感性控制主要是加强外界环境条件的控制，避免动物受到应激，保持设施内小气候稳定，保证饲料营养，控制设施内和单个笼内动物的密度，勤换垫料等以保持良好的卫生条件。

（二）严格隔离管理，培育健康种群

对引入的实验动物，必须进行隔离检疫，确定无传染病，以防止交叉感染。隔离观察时间：小鼠、大鼠、豚鼠、兔 3～7 天，犬、猫 20～30 天，灵长类动物 90 天以上。为补充种源或开发新品种而捕捉的野生动物，必须在当地进行隔离检疫，并取得动物检疫部门出具的证明。野生动物运抵实验动物饲养处所，需经再次检疫，方可进入实验动物饲育室。

采取自繁自养、多级保种，提高自我更新能力。建立严格的繁殖制度，例如，近交系、远交群、突变系等实验动物都必须根据其不同要求，严格执行相应的繁殖制度。

（三）定期进行微生物学监测

按照实验动物微生物控制国际标准、行业标准以及企业标准定期进行实验动物微生物检测，以了解动物的健康状况及是否存在隐性感染，及早发现患病或可疑实验动物，立即隔离或是扑杀。

（四）免疫接种，提高实验动物防病能力

对必须进行预防接种的实验动物，应当根据实验要求或者按照《家畜家禽防疫条例》的有关规定，进行预防接种，但用作生物制品原料的实验动物除外。

（五）采取无害化处理措施，以避免形成污染源

实验动物患病死亡的，应当及时查明原因，妥善处理，并记录在案。实验动物患有某种疫病，视情况必须立即分别予以销毁或者隔离治疗。对可能被传染的实验动物，进行紧急预防接种，对饲育室内外可能被污染的区域采取严格的消毒措施，采取紧急预防措施，防止疫病蔓延。

动物尸体、淘汰动物、污染垫料等要按照《实验动物管理条例》、《医疗废物管理条例》、《医疗卫生机构医疗废物管理办法》等国家有关法令规定，妥善处理，不乱扔乱放，以免形成污染源，避免交叉

感染。

（六）严格实验动物饲养人员管理

抓好实验动物工作，人是关键因素。《实验动物许可证管理办法》明确规定，申请实验动物许可证，应“具有保证正常生产和保证动物质量的专业技术人员、熟练的技术工人及检测人员”、“有经过专业培训的实验动物饲养和动物实验人员”。一定要增强实验动物饲养人员和管理人员防病防疫的意识和责任感，严格执行卫生防疫制度及有关操作规程。同时，饲养管理人员应定期进行体检，防止人兽共患病的交叉污染。

（翟新验　田克恭）

参考文献

陈洪岩，夏长友，张永江．2002．实验动物疾病的预防、控制和治疗简况［J］．畜牧兽医科技信息，18（3）：10－11．

陈继明．2008．重大动物疫病监测指南［M］．北京：中国农业科学技术出版社：19．

陈丽雄，王俊斌，赵远，等．2009．浅谈规模化养猴场的消毒措施［J］．实验动物科学与管理，26（4）：45－46．

陈顺乐，褚芳．2008．提高实验动物质量加大监督检测管理力度［J］．实验动物科学与管理，25（1）：42－43，48．

贺争鸣．2002．实验动物在生物技术药物生产中的应用［J］．实验动物科学与管理，19（4）：35－37．

李纪平，钱学敏．2003．SPF猪规模化生产的防疫措施［J］．中国兽医杂志，39（5）：60－61．

陶元清．2005．实验动物微生物学质量控制及效果观察［J］．青海畜牧兽医杂志，35（4）：20．

王钢．2006．养兔场疫病防制措施［J］．畜牧兽医科技信息，9：77－78．

翁顺太，郑立峰，蔡武卫，等．2007．实验动物的废弃物管理［J］．海峡预防医学杂志，13（6）：106－107．

徐增年，刘福英，李兴琴，等．2010．河北省实验动物从业人员现状及教育培训对策［J］．实验动物科学与管理，27（5）：59－61．

颜淑芹，杨树萍，姜媛丽，等．2004．实验动物管理与产品质量［J］．实验动物科学与管理，21（3）：63－64．

曾治君．2010．实验动物发展现状及趋势［C］．华北地区第十一届实验动物科学学术交流会论文集：226－232．

张金明．SPF级实验动物设施运行过程中的微生物控制［C］．第五届中南地区实验动物科技交流会：7－9．

郑长生，詹纯列，王娇，等．2009．浅谈实验动物饲料对实验动物质量的影响［J］．实验动物科学与管理，26（5）：62－63．

朱安民，李龙秀，黄俊杰．2008．动物疫病防控的思考和建议［J］．中国畜禽种业，19－20．

祝继原，刘娣，杨少成，等．2009．提高实验动物质量的综合措施［J］．现代农业科技，312：238－239．

第二章
实验动物质量与检测技术

第一节　实验动物质量等级与标准

实验动物标准是对实验动物质量控制和检测方法提出的技术法规，涉及实验动物生产、使用、检测、管理及监督等各个方面。实验动物标准从微生物学、寄生虫学、遗传学、病理学、营养学和环境设施的角度，对实验动物质量和相关支撑保障条件作出了具体规定，其目的就是保证实验动物质量合格和动物试验结果真实可靠。因此说，实验动物国家、行业和地方标准的提出，对开展实验动物及其相关条件的监测与控制，保证实验动物和动物试验质量具有十分重要的意义。

一、实验动物质量等级

实验动物生产的顺利进行和动物试验结果的可靠性与其健康状况有着直接关系。因此，必须对影响其健康的各种病原体实施监控。根据对病原微生物和寄生虫的控制程度，我国将实验动物划分为四个等级：普通级动物（Conventional animal）、清洁级动物（Clean animal）、无特定病原体级动物（Specific pathogen free animal，SPF）和无菌级动物（Germ free animal，GF）。见表 2-1-1。

表 2-1-1　实验动物等级设定

动物	等级设定			
小鼠	/	清洁级	SPF 级	无菌级
大鼠	/	清洁级	SPF 级	无菌级
地鼠	普通级	清洁级	SPF 级	无菌级
豚鼠	普通级	清洁级	SPF 级	无菌级
兔	普通级	清洁级	SPF 级	无菌级
犬	普通级	/	SPF 级	/
猴	普通级	/	SPF 级	/
鸡	/	/	SPF 级	/
小型猪*	普通级	清洁级	SPF 级	/
实验用鱼**	普通级	/	SPF 级	/
树鼩***	普通级	/	SPF 级	/

* 北京市地方标准；** 云南省地方标准；*** 北京市地方标准（待发布）。其他为国家标准。

（一）普通级动物

普通级实验动物要求不携带所规定的人兽共患病和动物烈性传染病的微生物和寄生虫。

该等级动物是质量控制要求最低的实验动物，饲养在普通环境。为了保证实验动物生产和动物试验的正常进行，保证动物试验结果的可靠性，在普通级动物饲养管理中必须采取一定的措施，如饲料、垫料的消毒，动物检疫，饮用水要符合城市饮水卫生标准，要有防野鼠的设备，环境和笼器具定期消毒灭菌等。

在我国实验动物质量标准中，小鼠和大鼠不设普通级，豚鼠、地鼠、兔、犬和猴设有普通级标准。

（二）清洁级动物

在普通级动物要求排除的病原微生物和寄生虫基础上，还要求排除对动物危害大和对科学研究干扰大的病原微生物和寄生虫。

该等级动物饲养在屏障环境，所用饲料、垫料、饮水和笼器具均需经过严格的消毒处理，饮水也可经过有效的过滤和酸化处理后，用于动物饲养。饲养管理人员和实验人员在屏障环境进行有关操作，必须穿戴灭菌的工作服、口罩和帽子。

由于清洁级动物比普通级动物控制程度严格，受病原微生物和寄生虫感染的机会少，因此，试验结果重复性好，可用于长期试验和疫苗等生物制品的生产。

清洁级小鼠和大鼠是该类实验动物的最低级别，也是目前国内应用最多的标准等级动物。豚鼠、地鼠和兔设有清洁级等级标准，犬和猴不设清洁级。

（三）无特定病原体动物

无特定病原体（SPF）动物除了清洁级动物要排除的病原微生物和寄生虫外，还要求不携带主要潜在感染或条件致病以及对科学试验干扰大的病原微生物和寄生虫。

该等级动物饲养在屏障环境或隔离环境，对所用物品的要求与清洁级动物相同。隔离环境一般用于SPF级实验动物的保种，进入隔离环境的空气、动物饮用水、垫料、饲料和设备均应达到无菌要求。

有两点值得注意：

（1）世界各国（或各个生产企业）根据本国实验动物发展水平、病原微生物和寄生虫感染谱的不同，制定各自的SPF级实验动物质量标准，要求差别较大。

（2）对SPF这一概念理解不同。有些学者认为，SPF是一个相对概念，作为一个等级标准可能会引起混乱，即使某一动物仅排除了某一特定病原微生物或寄生虫，也可称之为无特定病原体（即没有这一种病原微生物或寄生虫）动物；另外一些学者认为，SPF可以作为一个等级标准，但需要明确SPF动物应该排除的病原微生物和寄生虫，只有这样才能确保SPF动物质量。

因此，在研究工作和国际学术交流中，应该注意科学合理地使用SPF动物这一概念。由于SPF动物质量标准高，排除了一些对试验干扰大的病原微生物和寄生虫，因此，试验结果准确、可靠。可用于实验动物核心群保种、长期动物试验和生物制品生产。

（四）无菌动物

无菌动物是指利用现有的检测技术，在动物体内外的任何部位，均不能检出任何活的微生物和寄生虫的动物。

该等级动物饲养在隔离环境。进入隔离环境的空气、动物饮水、垫料、饲料和设备均应达到无菌要求。动物和物料的动态传递须经特殊的传递系统，该系统既能保证与环境的绝对隔离，又能满足转运动物时保持内环境一致。

需要指出的，根据研究的需要，经人工接种将某种（或两种及两种以上）已知菌或动物生存必需菌（益生菌）引进无菌动物体内，对这种携带已知微生物的动物称悉生动物。悉生动物是在无菌动物的基础上获得的，因此，一般将其划为无菌动物这一等级。根据接种的菌种数，可分为单菌、双菌、三菌和多菌悉生动物。

无菌动物是实验动物质量控制的最高级别，一般作为保种用动物或特殊研究需要的动物。小鼠、大鼠、豚鼠、地鼠和兔设有无菌动物这一等级标准，而犬和猴不设这一等级标准。

通过对实验动物携带病原微生物和寄生虫的控制，并达到标准化要求，不仅是实验动物自身健康的需要，更是实验动物作为科学研究工具和手段的基本条件之一。需要指出的是：随着生命科学的发展，对实验动物质量将提出新的更高要求，因此，实验动物质量标准和等级划分也将会随之不断变化和完善。

二、实验动物质量标准

我国实验动物标准的研究、制定和发布实施，是伴随着实验动物工作全面开展及其水平不断提升而呈现的一个从无到有、再到逐步完善的发展过程。1990 年以前，以北京、上海等地区的医学、生物制品研究和兽医教研等单位为主，基于我国生命科学迅猛发展对实验动物所需数量和质量要求不断提高，开展了国外、国内情况调研，参照国外相关标准和监测方法，初步建立了实验动物微生物、寄生虫、遗传、营养和环境质量检测方法，并应用于实际工作，为制定我国实验动物标准奠定了基础。同时，也推进了我国实验动物标准体系的稳步发展。

（一）国家标准

1. 哺乳类实验动物质量标准 1994 年，国家质量技术监督局（现国家质量监督检验检疫总局）首次发布了实验动物的国家标准，包括实验动物质量和检测方法标准 47 项，涵盖了微生物、寄生虫、遗传、营养、环境 5 个方面。2001 年，在全面修订和补充完善的基础上，颁布了第二版国家标准，共 83 项。

2008 年和 2010 年，先后两次对国家标准进行了部分修订，分别于 2008 年和 2011 年发布实施。目前执行的实验动物国家标准有 2001 年、2008 年和 2011 年共三版国家标准。

现行有效的国家标准目录见表 2-1-2。不同等级的小鼠、大鼠、豚鼠、地鼠、兔、犬和猴的病原微生物和寄生虫检测项目见表 2-1-3 至表 2-1-9。

表 2-1-2 实验动物国家标准

标准编号	标准名称	实施日期
GB 14922.1—2001	实验动物 寄生虫学等级及监测	2002-05-01
GB 14922.2—2011	实验动物 微生物学等级及监测	2011-11-01
GB 14923—2010	实验动物 哺乳类实验动物的遗传质量控制	2011-10-01
GB 14924.1—2001	实验动物 配合饲料通用质量要求	2002-05-01
GB 14924.2—2001	实验动物 配合饲料卫生标准	2002-05-01
GB 14924.3—2010	实验动物 配合饲料营养成分	2011-10-01
GB 14924.9—2001	实验动物 配合饲料常规营养成分的测定	2002-05-01
GB 14924.10—2001	实验动物 配合饲料氨基酸的测定	2002-05-01
GB 14924.11—2001	实验动物 配合饲料维生素的测定	2002-05-01
GB 14924.12—2001	实验动物 配合饲料矿物质和微量元素的测定	2002-05-01
GB 14925—2010	实验动物 环境及设施	2011-10-01
GB/T 14926.1—2001	实验动物 沙门菌检测方法	2002-05-01
GB/T 14926.3—2001	实验动物 耶尔森菌检测方法	2002-05-01
GB/T 14926.4—2001	实验动物 皮肤病原真菌检测方法	2002-05-01
GB/T 14926.5—2001	实验动物 多杀巴斯德杆菌检测方法	2002-05-01
GB/T 14926.6—2001	实验动物 支气管鲍特杆菌检测方法	2002-05-01
GB/T 14926.8—2001	实验动物 支原体检测方法	2002-05-01
GB/T 14926.9—2001	实验动物 鼠棒状杆菌检测方法	2002-05-01
GB/T 14926.10—2008	实验动物 泰泽病原体检测方法	2009-03-01
GB/T 14926.11—2001	实验动物 大肠埃希菌 0115a，c：K（B）检测方法	2002-05-01
GB/T 14926.12—2001	实验动物 嗜肺巴斯德杆菌检测方法	2002-05-01
GB/T 14926.13—2001	实验动物 肺炎克雷伯杆菌检测方法	2002-05-01
GB/T 14926.14—2001	实验动物 金黄色葡萄球菌检测方法	2002-05-01

（续）

标准编号	标准名称	实施日期
GB/T 14926.15—2001	实验动物　肺炎链球菌检测方法	2002-05-01
GB/T 14926.16—2001	实验动物　乙型溶血性链球菌检测方法	2002-05-01
GB/T 14926.17—2001	实验动物　绿脓杆菌检测方法	2002-05-01
GB/T 14926.18—2001	实验动物　淋巴细胞脉络丛脑膜炎病毒检测方法	2002-05-01
GB/T 14926.19—2001	实验动物　汉坦病毒检测方法	2002-05-01
GB/T 14926.20—2001	实验动物　鼠痘病毒检测方法	2002-05-01
GB/T 14926.21—2008	实验动物　兔出血症病毒检测方法	2009-03-01
GB/T 14926.22—2001	实验动物　小鼠肝炎病毒检测方法	2002-05-01
GB/T 14926.23—2001	实验动物　仙台病毒检测方法	2002-05-01
GB/T 14926.24—2001	实验动物　小鼠肺炎病毒检测方法	2002-05-01
GB/T 14926.25—2001	实验动物　呼肠孤病毒Ⅲ型检测方法	2002-05-01
GB/T 14926.26—2001	实验动物　小鼠脑脊髓炎病毒检测方法	2002-05-01
GB/T 14926.27—2001	实验动物　小鼠腺病毒检测方法	2002-05-01
GB/T 14926.28—2001	实验动物　小鼠细小病毒检测方法	2002-05-01
GB/T 14926.29—2001	实验动物　多瘤病毒检测方法	2002-05-01
GB/T 14926.30—2001	实验动物　兔轮状病毒检测方法	2002-05-01
GB/T 14926.31—2001	实验动物　大鼠细小病毒（KRV 和 H-1 株）检测方法	2002-05-01
GB/T 14926.32—2001	实验动物　大鼠冠状病毒/延泪腺炎病毒检测方法	2002-05-01
GB/T 14926.41—2001	实验动物　无菌动物生活环境及粪便标本的检测方法	2002-05-01
GB/T 14926.42—2001	实验动物　细菌学检测 标本采集	2002-05-01
GB/T 14926.43—2001	实验动物　细菌学检测 染色法、培养基和试剂	2002-05-01
GB/T 14926.44—2001	实验动物　念珠状链杆菌检测方法	2002-05-01
GB/T 14926.45—2001	实验动物　布鲁杆菌检测方法	2002-05-01
GB/T 14926.46—2008	实验动物　钩端螺旋体检测方法	2009-03-01
GB/T 14926.47—2008	实验动物　志贺菌检测方法	2009-03-01
GB/T 14926.48—2001	实验动物　结核分枝杆菌检测方法	2002-05-01
GB/T 14926.49—2001	实验动物　空肠弯曲杆菌检测方法	2002-05-01
GB/T 14926.50—2001	实验动物　酶联免疫吸附试验	2002-05-01
GB/T 14926.51—2001	实验动物　免疫酶试验	2002-05-01
GB/T 14926.52—2001	实验动物　免疫荧光试验	2002-05-01
GB/T 14926.53—2001	实验动物　血凝试验	2002-05-01
GB/T 14926.54—2001	实验动物　血凝抑制试验	2002-05-01
GB/T 14926.55—2001	实验动物　免疫酶组织化学法	2002-05-01
GB/T 14926.56—2008	实验动物　狂犬病病毒检测方法	2009-03-01
GB/T 14926.57—2008	实验动物　犬细小病毒检测方法	2009-03-01
GB/T 14926.58—2008	实验动物　传染性犬肝炎病毒检测方法	2009-03-01
GB/T 14926.59—2001	实验动物　犬瘟热病毒检测方法	2002-05-01
GB/T 14926.6—2001	实验动物　支气管鲍特杆菌检测方法	2002-05-01
GB/T 14926.60—2001	实验动物　猕猴疱疹病毒Ⅰ型（B病毒）检测方法	2002-05-01
GB/T 14926.61—2001	实验动物　猴逆转 D 型病毒检测方法	2002-05-01
GB/T 14926.62—2001	实验动物　猴免疫缺陷病毒检测方法	2002-05-01
GB/T 14926.63—2001	实验动物　猴 T 淋巴细胞趋向性病毒Ⅰ型检测方法	2002-05-01
GB/T 14926.64—2001	实验动物　猴痘病毒检测方法	2002-05-01
GB/T 14927.1—2008	实验动物　近交系小鼠、大鼠生化标记检测法	2009-03-01

（续）

标准编号	标准名称	实施日期
GB/T 14927.2—2008	实验动物　近交系小鼠、大鼠免疫标记检测法	2009-03-01
GB/T 18448.1—2001	实验动物　体外寄生虫检测方法	2002-05-01
GB/T 18448.2—2008	实验动物　弓形虫检测方法	2009-03-01
GB/T 18448.3—2001	实验动物　兔脑原虫检测方法	2002-05-01
GB/T 18448.4—2001	实验动物　卡氏肺孢子虫检测方法	2002-05-01
GB/T 18448.5—2001	实验动物　艾美耳球虫检测方法	2002-05-01
GB/T 18448.6—2001	实验动物　蠕虫检测方法	2002-05-01
GB/T 18448.7—2001	实验动物　疟原虫检测方法	2002-05-01
GB/T 18448.8—2001	实验动物　犬恶丝虫检测方法	2002-05-01
GB/T 18448.9—2001	实验动物　肠道溶组织内阿米巴检测方法	2002-05-01
GB/T 18448.10—2001	实验动物　肠道鞭毛虫和纤毛虫检测方法	2002-05-01

表 2-1-3　小鼠病原微生物和寄生虫检测项目

动物等级			病原微生物和寄生虫	检测项目类型
无菌动物	无特定病原体动物	清洁动物	沙门菌 *Salmonella* spp.	●
			假结核耶尔森菌 *Yersinia pseudotuberculosis*	○
			小肠结肠炎耶尔森菌 *Yersinia enterocolitica*	○
			皮肤病原真菌 Pathogenic dermal fungi	○
			念珠状链杆菌 *Streptobacillus moniliformis*	○
			支原体 *Mycoplasma* spp.	●
			鼠棒状杆菌 *Corynebacterium kutscheri*	●
			泰泽病原体 Tyzzer's organism	●
			大肠埃希菌 O115a，C，K（B） *Escherichia coli* O115a，C，K（B）	○
			淋巴细胞脉络丛脑膜炎病毒 Lymphocytic choriomeningitis virus（LCMV）	○
			汉坦病毒 Hantavirus（HV）	○
			鼠痘病毒 Ectromelia virus（Ect.）	●
			小鼠肝炎病毒 Mouse hepatitis virus（MHV）	●
			仙台病毒 Sendai virus（SV）	●
			体外寄生虫（节肢动物）Ectoparasites	●
			弓形虫 *Toxoplasma gondii*	●
			兔脑原虫 *Encephalitozoon cuniculi*	○
			卡氏肺孢子虫 *Pneumocystis carinii*	○
			全部蠕虫 All helminths	●
			嗜肺巴斯德杆菌 *Pasteurella pneumotropica*	●
			肺炎克雷伯杆菌 *Klebsiella pneumoniae*	●
			金黄色葡萄球菌 *Staphylococcus aureus*	●
			肺炎链球菌 *Streptococcus pneumoniae*	○
			乙型溶血性链球菌 *β-hemolyticstreptococcus*	○
			绿脓杆菌 *Pseudomonas aeruginosa*	●
			小鼠肺炎病毒 Pneumonia virus of mice（PVM）	●
			呼肠孤病毒Ⅲ型 Reovirus type Ⅲ（Reo-3）	●
			小鼠细小病毒 Minute virus of mice（MVM）	●
			小鼠脑脊髓炎病毒 Theiler's mouse encephalomyelitis virus（TEMV）	○
			小鼠腺病毒 Mouse adenovirus（Mad）	○
			多瘤病毒 Polyoma virus（POLY）	○
			鞭毛虫 Flagellates	●
			纤毛虫 Ciliates	●
			无任何可查到的细菌、病毒、寄生虫	●

注：●必须检测项目，要求阴性；○必要时检测项目，要求阴性。

表 2-1-4　大鼠病原微生物和寄生虫检测项目

动物等级			病原微生物和寄生虫	检测项目类型
无菌动物	无特定病原体动物	清洁动物	沙门菌 *Salmonella* spp.	●
			假结核耶尔森菌 *Yersinia pseudotuberculosis*	○
			小肠结肠炎耶尔森菌 *Yersinia enterocolitica*	○
			皮肤病原真菌 Pathogenic dermal fungi	○
			念珠状链杆菌 *Streptobacillus moniliformis*	○
			支气管鲍特杆菌 *Bordetella bronchiseptica*	●
			支原体 *Mycoplasma* spp.	●
			鼠棒状杆菌 *Corynebacterium kutscheri*	●
			泰泽病原体 Tyzzer's organism	●
			汉坦病毒 Hantavirus（HV）	●
			仙台病毒 Sendai virus（SV）	●
			体外寄生虫（节肢动物）Ectoparasites	●
			弓形虫 *Toxoplasma gondii*	●
			兔脑原虫 *Encephalitozoon cuniculi*	○
			卡氏肺孢子虫 *Pneumocystis carinii*	○
			全部蠕虫 All Helminths	●
			嗜肺巴斯德杆菌 *Pasteurella pneumotropica*	●
			肺炎克雷伯杆菌 *Klebsiella pneumoniae*	●
			金黄色葡萄球菌 *Staphylococcus aureus*	●
			肺炎链球菌 *Streptococcus pneumoniae*	○
			乙型溶血性链球菌 *β-hemolyticstreptococcus*	○
			绿脓杆菌 *Pseudomonas aeruginosa*	●
			小鼠肺炎病毒 Pneumonia virus of mice（PVM）	●
			呼肠孤病毒Ⅲ型 Reovirus type Ⅲ（Reo-3）	●
			大鼠细小病毒 RV 株 Rat parvovirus（KRV）	●
			大鼠细小病毒 H-1 株 Rat parvovirus（H-1）	●
			大鼠冠状病毒/大鼠涎泪腺病毒 Rat coronavirus（RCV）/Sialodacryoadenitis virus（SDAV）	●
			鞭毛虫 Flagellates	●
			纤毛虫 Ciliates	●
			无任何可查到的细菌、病毒、寄生虫	●

注：●必须检测项目，要求阴性；○必要时检测项目，要求阴性。

表 2-1-5 豚鼠病原微生物和寄生虫检测项目

动物等级				病原微生物和寄生虫	检测项目类型
无菌动物	无特定病原体动物	清洁动物	普通动物	沙门菌 *Salmonella* spp.	●
				假结核耶尔森菌 *Yersinia pseudotuberculosis*	○
				小肠结肠炎耶尔森菌 *Yersinia enterocolitica*	○
				皮肤病原真菌 Pathogenic dermal fungi	○
				念珠状链杆菌 *Streptobacillus moniliformis*	○
				淋巴细胞脉络丛脑膜炎病毒 Lymphocytic choriomeningitis virus（LCMV）	●
				体外寄生虫（节肢动物）Ectoparasites	●
				弓形虫 *Toxoplasma gondii*	●
				多杀巴斯德杆菌 *Pasteurella multocida*	●
				支气管鲍特杆菌 *Bordetella bronchiseptica*	●
				泰泽病原体 Tyzzer's organism	●
				仙台病毒 Sendai virus（SV）	●
				兔脑原虫 *Encephalitozoon cuniculi*	○
				全部蠕虫 All Helminths	●
				嗜肺巴斯德杆菌 *Pasteurella pneumotropica*	●
				肺炎克雷伯杆菌 *Klebsiella pneumoniae*	●
				金黄色葡萄球菌 *Staphylococcus aureus*	●
				肺炎链球菌 *Streptococcus pneumoniae*	○
				乙型溶血性链球菌 *β-hemolyticstreptococcus*	●
				绿脓杆菌 *Pseudomonas aeruginosa*	●
				小鼠肺炎病毒 Pneumonia virus of mice（PVM）	●
				呼肠孤病毒Ⅲ型 Reovirus type Ⅲ（Reo-3）	●
				鞭毛虫 Flagellates	●
				纤毛虫 Ciliates	●
				无任何可查到的细菌、病毒、寄生虫	

注：●必须检测项目，要求阴性；○必要时检测项目，要求阴性。

表 2-1-6　地鼠病原微生物和寄生虫检测项目

动物等级				病原微生物和寄生虫	检测项目类型
无菌动物	无特定病原体动物	清洁动物	普通动物	沙门菌 *Salmonella* spp.	●
				假结核耶尔森菌 *Yersinia pseudotuberculosis*	○
				小肠结肠炎耶尔森菌 *Yersinia enterocolitica*	○
				皮肤病原真菌 Pathogenic dermal fungi	○
				念珠状链杆菌 *Streptobacillus moniliformis*	○
				淋巴细胞脉络丛脑膜炎病毒 Lymphocytic choriomeningitis virus（LCMV）	●
				体外寄生虫（节肢动物）Ectoparasites	●
				弓形虫 *Toxoplasma gondii*	●
				多杀巴斯德杆菌 *Pasteurella multocida*	●
				支气管鲍特杆菌 *Bordetella bronchiseptica*	●
				泰泽病原体 Tyzzer's organism	●
				仙台病毒 Sendai virus（SV）	●
				爱美耳球虫 *Eimeria* spp.	○
				全部蠕虫 All Helminths	●
				嗜肺巴斯德杆菌 *Pasteurella pneumotropica*	●
				肺炎克雷伯杆菌 *Klebsiella pneumoniae*	●
				金黄色葡萄球菌 *Staphylococcus aureus*	●
				肺炎链球菌 *Streptococcus pneumoniae*	○
				乙型溶血性链球菌 *β-hemolyticstreptococcus*	○
				绿脓杆菌 *Pseudomonas aeruginosa*	●
				小鼠肺炎病毒 Pneumonia virus of mice（PVM）	●
				呼肠孤病毒Ⅲ型 Reovirus type Ⅲ（Reo-3）	●
				鞭毛虫 Flagellates	●
				无任何可查到的细菌、病毒、寄生虫	

注：●必须检测项目，要求阴性；○必要时检测项目，要求阴性。

表 2-1-7　兔病原微生物和寄生虫检测项目

动物等级				病原微生物和寄生虫	检测项目类型
无菌动物	无特定病原体动物	清洁动物	普通动物	沙门菌 *Salmonella* spp.	●
				假结核耶尔森菌 *Yersinia pseudotuberculosis*	○
				小肠结肠炎耶尔森菌 *Yersinia enterocolitica*	○
				皮肤病原真菌 Pathogenic dermal fungi	○
				兔出血症 Rabbit hemorrhagic disease virus（RHDV）	▲
				体外寄生虫（节肢动物）Ectoparasites	●
				弓形虫 *Toxoplasma gondii*	●
				多杀巴斯德杆菌 *Pasteurella multocida*	●
				泰泽病原体 Tyzzer's organism	●
				兔出血症病毒 Rabbit hemorrhagic disease virus（RHDV）	●
				兔脑原虫 *Encephalitozoon cuniculi*	○
				爱美耳球虫 *Eimeria* spp.	○
				卡氏肺孢子虫 *Pneumocystis carinii*	●
				全部蠕虫 All Helminths	●
				嗜肺巴斯德杆菌 *Pasteurella pneumotropica*	●
				肺炎克雷伯杆菌 *Klebsiella pneumoniae*	●
				金黄色葡萄球菌 *Staphylococcus aureus*	●
				肺炎链球菌 *Streptococcus pneumoniae*	○
				乙型溶血性链球菌 β-*hemolyticstreptococcus*	○
				绿脓杆菌 *Pseudomonas aeruginosa*	●
				仙台病毒 Sendai virus（SV）	●
				轮状病毒 Rotavirus（RRV）	●
				鞭毛虫 *Flagellates*	●
				无任何可查到的细菌、病毒、寄生虫	

注：●必须检测项目，要求阴性；○必要时检测项目，要求阴性；▲必须检测项目，可以免疫。

表 2-1-8 犬病原微生物和寄生虫检测项目

动物等级		病原菌、病毒、寄生虫	检测项目类型
无特定病原体动物	普通动物	沙门菌 *Salmonella* spp.	●
		皮肤病原真菌 Pathogenic dermal fungi	●
		布鲁菌 *Brucella* spp.	●
		钩端螺旋体 *Leptospira* spp.	△
		狂犬病病毒 Rabies virus（RV）	▲
		犬细小病毒 Canine parvovirus（CPV）	▲
		犬瘟热病毒 Canine distemper virus（CDV）	▲
		传染性犬肝炎病毒 Infectious canine hepatitis virus（ICHV）	▲
		体外寄生虫（节肢动物）Ectoparasites	●
		弓形虫 *Toxoplasma gondii*	●
		钩端螺旋体 *Leptospira* spp.	●
		小肠结肠炎耶尔森菌 *Yersinia enterocolitica*	○
		空肠弯曲杆菌 *Campylobacter jejuni*	○
		狂犬病病毒 Rabies virus（RV）	●
		犬细小病毒 Canine parvovirus（CPV）	●
		犬瘟热病毒 Canine distemper virus（CDV）	●
		传染性犬肝炎病毒 Infectious canine hepatitis virus（ICHV）	●
		全部蠕虫 All helminths	●
		溶组织内阿米巴 *Entamoeba* spp.	○
		鞭毛虫 *Flagellates*	●

注：●必须检测项目，要求阴性；○必要时检测项目，要求阴性；▲必须检测项目，要求免疫；△必要时检测项目，可以免疫。

表 2-1-9 猴病原微生物和寄生虫检测项目

动物等级		病原菌、病毒、寄生虫	检测项目类型
无特定病原体动物	普通动物	沙门菌 *Salmonella* spp.	●
		皮肤病原真菌 Pathogenic dermal fungi	●
		志贺菌 *Shigella* spp.	●
		结核分枝杆菌 *Mycobacterium tuberculosis*	●
		猕猴疱疹病毒Ⅰ型（B病毒）Cercopithecine herpesvirus Type 1（BV）	●
		体外寄生虫（节肢动物）Ectoparasites	●
		弓形虫 *Toxoplasma gondii*	●
		小肠结肠炎耶尔森菌 *Yersinia enterocolitica*	○
		空肠弯曲杆菌 *Campylobacter jejuni*	○
		猴逆转D型病毒 Simian retrovirus D（SRV）	●
		猴免疫缺陷病毒 Simian immunodeficiency virus（SIV）	●
		猴T细胞趋向性病毒Ⅰ型 Simian T lymphotropic virus Type 1（STLV-1）	●
		猴痘病毒 Simian pox virus（SPV）	●
		全部蠕虫 All helminths	●
		溶组织内阿米巴 *Entamoeba* spp.	●
		疟原虫 *Plasmodium* spp.	●
		鞭毛虫 *Flagellates*	●

注：●必须检测项目，要求阴性；○必要时检测项目，要求阴性。

2. 禽类实验动物质量标准 1999年，国家质量技术监督局（现国家质量监督检验检疫总局）发布了《SPF鸡微生物学监测》（GB/T 17998—1999）。经补充修订后，于2008年12月31日由国家质量监督检验检疫总局和中国国家标准化管理委员会联合发布，见表2-1-10。本标准规定了SPF鸡和SPF鸡蛋（胚）需要监测的微生物种类及检测方法。本标准适用于SPF鸡和SPF鸡蛋（胚）的微生物学控制。SPF 鸡的微生物学监测项目及其方法见表 2-1-11。

表 2-1-10　SPF 鸡国家标准

标准编号	标准名称	实施日期
GB/T 17999.1—2008	第 1 部分：SFP 鸡　微生物监测总则	2009-05-01
GB/T 17999.2—2008	第 2 部分：SFP 鸡　红细胞凝集抑制试验	2009-05-01
GB/T 17999.3—2008	第 3 部分：SPF 鸡　血清中和试验	2009-05-01
GB/T 17999.4—2008	第 4 部分：SPF 鸡　血清平板凝集试验	2009-05-01
GB/T 17999.5—2008	第 5 部分：SPF 鸡　琼脂扩散试验	2009-05-01
GB/T 17999.6—2008	第 6 部分：SPF 鸡　酶联免疫吸附试验	2009-05-01
GB/T 17999.7—2008	第 7 部分：SPF 鸡　胚敏感试验	2009-05-01
GB/T 17999.8—2008	第 8 部分：SPF 鸡　鸡白痢沙门氏菌检验	2009-05-01
GB/T 17999.9—2008	第 9 部分：SPF 鸡　试管凝集试验	2009-05-01
GB/T 17999.10—2008	第 10 部分：SPF 鸡　间接免疫荧光试验	2009-05-01

表 2-1-11　SPF 鸡的微生物学监测项目及其方法

序号	病原微生物	方法	要求
1	鸡白痢沙门菌（*Salmonella pullorum*）	SPA IA TA	●
2	副鸡嗜血杆菌（*Haemophilusparagallinarum*）	CO SPA IA ELISA	●
3	多杀性巴氏杆菌（*Pasteurella multocida*）	CO AGP IA	○
4	鸡毒支原体（*Mycoplasma gallisepticum*）	SPA HI ELISA	●
5	滑液囊支原体（*Mycoplasma synoviae*）	SPA HI ELISA	●
6	禽流感病毒（Avian influenza virus）	AGP HI ELISART-PCR	●
7	新城疫病毒（Newcastle disease virus）	HI ELISA	●
8	传染性支气管炎病毒（Infectious bronchitis virus）	ELISA SN AGP HI	●
9	传染性喉气管炎病毒（Infectious laryngotracheitis virus）	ELISA AGP SN	●
10	传染性法氏囊病病毒（Infectious bursal disease virus）	AGP ELISA SN	●
11	淋巴白血病病毒（Lymphoid leukosis virus）	ELISA	●
12	网状内皮增生症病毒（Reticuloendotheliosis virus）	ELISA AGP	●
13	马立克氏病毒（Marek's disease virus）	AGP	●
14	鸡传染性贫血病毒（Chicken infectious anaemia virus）	ELISA IFA PCR	●
15	禽呼肠孤病毒（病毒性关节炎）（Avian reovirus）	AGP ELISA	●
16	禽脑脊髓炎病毒（Avian encephalomyelitis virus）	ELISA AGP EST SN	●
17	禽腺病毒Ⅰ群（Avian adenovirus group Ⅰ）	AGP	●
18	禽腺病毒Ⅲ群（EDS）（Avian adenovirus group Ⅲ）	HI ELISA	●
19	禽痘病毒（Fowl pox virus）	CO AGP	●

注 1：表中排在第一位的检测方法为首选方法。

注 2：●必须检测项目，要求阴性；O 必要检测项目，要求阴性。

注 3：SPA-血清平板凝集试验，EST-胚敏感试验；IA-病原体分离；SN-血清中和试验；AGP-琼脂扩散试验；HI-血凝抑制试验；IFA-间接免疫荧光试验；ELISA-酶联免疫吸附试验；TA-试管凝集试验；CO-临床观察；RT-PCR-反转录-聚合酶链式反应；PCR-聚合酶链式反应。

注 4：副鸡嗜血杆菌的检测方法见 NY/T538—2002；多杀性巴氏杆菌的检测方法见 NY/T563—2002；禽流感病毒 RT-PCR 检测方法见 NY/T774—2004；鸡传染性贫血病毒的 PCR 检测方法见 NY/T1187—2006。

2008 年 11 月 21 日，由国家质量监督检验检疫总局和中国国家标准化管理委员会联合发布了《产蛋后备鸡、产蛋鸡、肉用仔鸡配合饲料》(GB/T5916—2008)，并于2009年2月1日实施。本标准规定了产蛋后备鸡、产蛋鸡、肉用仔鸡配合饲料的质量指标、试验方法、检验规则、判定规则以及标签、包装、运输和贮存的要求。本标准适用于产蛋后备鸡、产蛋鸡、肉用仔鸡的配合饲料，不适用于种鸡及地方品种鸡各阶段的配合饲料要求。

虽然该标准不是针对实验用SPF鸡专门制定的，但在实际工作中，饲料生产厂家和质量检测部门均参考本标准，用于SPF鸡配合饲料的生产和质量控制。值得注意的是，该标准所规定的技术指标是配合饲料营养成分的最低要求，有些指标并不完全适合SPF鸡的饲养繁殖，这是在工作中应予注意的。

3. 其他相关国家标准　为完善实验动物标准体系，规范实验动物工作的科学监管，住房和城乡建设部、国家质量监督检验检疫总局和中国国家标准化管理委员会从设施建筑和生物安全角度先后发布了与实验动物相关的技术规范和技术标准，其适用范围和主要内容见表2-1-12。

表2-1-12　其他相关国家标准

标准名称及编号	适用范围	主要内容
实验动物设施建筑技术规范(GB 50447—2008)	适用于新建、改建、扩建的实验动物设施的设计、施工、工程检测和工程验收	规定了实验动物设施的设计、施工、检测和验收等方面满足环境保护和实验动物饲养环境的要求
医疗器械生物学评价　第2部分：动物保护要求(GB 16886.2—2000)	适用于在脊椎动物体上的试验	规定了生物学实验中动物使用的最低要求
实验室生物安全通用要求(GB 19489—2008)	适用于涉及生物因子操作的实验室	规定了不同生物安全防护级别实验室的设施、设备和安全管理的基本要求。其中，针对与感染动物饲养相关的实验室活动，规定了对实验室内动物饲养设施和环境的基本要求
生物安全实验室建筑技术规范(GB 50346—2004)	适用于微生物学、生物医学、动物试验、基因重组以及生物制品等使用的新建、改建、扩建的生物安全实验室的设计、施工和验收	规定了生物安全实验室设计、施工和验收方面满足实验室生物安全防护的通用要求

(二) 行业标准

根据行业特点和使用实验动物的特殊要求，国家林业局和卫生部发布了有关标准，见表2-1-13。

表2-1-13　实验动物行业标准

标准名称及编号	适用范围	主要内容
猕猴属实验动物人工饲养繁育技术及管理标准(LY/T 1784—2008)	适用于猕猴属实验动物的人工饲养繁育和科研试验	规定了猕猴属实验动物人工饲养繁育、设施环境及质量控制的技术要求
微生物和生物医学实验室生物安全通用准则(WS 233—2002)	适用于疾病预防控制机构、医疗保健、科研机构	本标准规定了微生物和生物医学实验室生物安全防护的基本原则、实验室的分级、各级实验室的基本要求

(三) 地方标准

上海市、广西壮族自治区、江苏省、云南省和北京市质量技术监督部门，先后发布了尚无国家标准规定、但在科学研究中已广泛应用的实验用小型猪、实验树鼩及其实验动物笼器具的质量控制标准，以保证实验动物质量和动物试验结果的准确性，规范实验动物和笼器具的质量管理。见表2-1-14。

表2-1-14　实验动物地方标准

标准名称及编号	适用范围	主要内容
上海市实验动物　实验用小型猪(DB 31/T240—2001)	适用于生物医学试验、生物制品和人体器官移植等用途各类实验用小型猪的遗传分类，微生物学和寄生虫学检查，饲养，环境设施	规定了实验用小型猪的遗传分类和繁殖方法，微生物学、寄生虫学和饲料质量要求与检查方法，环境条件与设施的技术要求，垫料、饮水、圈舍和笼具的要求

（续）

标准名称及编号	适用范围	主要内容
广西壮族自治区实验动物　小型猪（DB 45/T546—2008）	适用于实验用小型猪	规定了实验小型猪的遗传分类和繁殖方法，微生物学和寄生虫学要求、配合饲料质量要求、环境条件与设施质量要求，以及它们的检测方法
猕猴属动物饲养管理规范（DB 44/T 348—2006）	适用于广东省所辖区域内各行业猕猴属动物的人工繁育、生产、试验等	规定了猕猴属动物人工繁育、生产及环境条件和设施的技术要求，同时规定了猕猴属动物的饲养种类、饲养管理和质量控制要求及动物的检验、检疫方法
实验动物笼器具　塑料笼箱（DB 32/T 967—2006） 实验动物笼器具　金属笼箱（DB 32/T968—2006） 实验动物笼器具　笼架（DB 32/T 969—2006） 实验动物笼器具　层流架（DB 32/T 970—2006） 实验动物笼器具　饮水瓶（DB 32/T 971—2006） 实验动物笼器具　独立通风笼盒（IVC）（DB 32/T 972—2006） 实验动物笼器具　隔离器（DB 32/T1215—2008） 实验动物笼器具　代谢笼（DB 32/T1216—2008）	适用于以不同材料制成的实验动物笼器具	规定了塑料笼箱、金属笼箱、笼架、层流架、饮水瓶、独立通风笼盒（IVC）、代谢笼、隔离器等实验动物笼器具的质量要求，以及试验方法、检验规则、标志、包装、运输、贮存
实验树鼩　第1部分：微生物学等级及监测（DB 53/T328.1—2010） 实验树鼩　第2部分：寄生虫学等级及监测（DB 53/T328.2—2010） 实验树鼩　第3部分：遗传质量控制（DB 53/T328.3—2010） 实验树鼩　第4部分：配合饲料（DB 53/T328.4—2010） 实验树鼩　第5部分：环境及设施（DB 53/T328.3—2010）	适用于实验树鼩微生物学、寄生虫学等级分类、封闭群树鼩遗传质量控制，饲料质量和实验树鼩生产、使用的环境及设施，以及与设施所涉及的施工、验收、日常的监督管理	规定了实验树鼩的微生物学和寄生虫学等级和监测，遗传分类、封闭群的繁殖方法和遗传质量监测，配合饲料的质量要求、试验方法、检验规则、标志、包装、运输和贮存等要求，环境条件与设施的技术要求，废水、废弃物及动物尸体处理，笼具、垫料、饮水，运输，检测方法和检测报告等要求
实验用小型猪　第1部分：微生物学等级及监测（DB 11/T 828.1—2011） 实验用小型猪　第2部分：寄生虫学等级及监测（DB 11/T 828.2—2011） 实验用小型猪　第3部分：遗传质量控制（DB 11/T 828.3—2011） 实验用小型猪　第4部分：病理学诊断规范（DB 11/T 828.4—2011） 实验用小型猪　第5部分：配合饲料（DB 11/T 828.5—2011） 实验用小型猪　第6部分：环境及设施（DB 11/T 828.6—2011）	适用于实验用小型猪微生物学、寄生虫学等级分类和监测；近交系和封闭群的遗传质量控制；病理学诊断；配合饲料质量控制；以及设施建设与环境条件控制	规定了实验用小型猪的微生物学和寄生虫学等级和监测，遗传分类、近交系和封闭群的繁殖方法及遗传质量监测，病理学检查内容和方法，配合饲料的质量要求和卫生要求，设施和环境条件技术要求等，以及垫料、饮水、笼具和运输的原则要求

三、现行标准存在的主要问题

经过近二十年的不懈努力，初步形成了以国家标准、行业标准和地方标准为核心、有机结合和内容互补、基本适应不同研究领域和科学监管需要的实验动物标准体系，为指导实验动物的规范化生产、依法公正的行政许可管理和科学严谨的质量评价提供了技术依据。但是，实验动物标准的缺位，标准“不标准”和标准在实验动物管理工作中局部“失效”等问题应引起注意，否则将会给实验动物学科自身发展和科学研究工作带来严重影响。

（一）标准的标准化程度有待提高

因同一类标准修订的不同步和修订工作的疏忽，不同版本标准之间出现混乱，造成标准的“标而不准”。例如，GB 14922.2—2011 要求普通级实验犬接种 4 种病毒疫苗，并以抗体水平作为评价实验犬质量是否合格的指标。在狂犬病病毒检测方法（GB/T 14926.56—2008）、犬细小病毒检测方法（GB/T 14926.57—2008）和传染性犬肝炎病毒检测方法（GB/T 14926.58—2008）标准中，基础级（即普通级）犬合格标准为群体免疫抗体合格率≥70%以上；而在没有修订的犬瘟热病毒检测方法（GB/T 14926.59—2001）标准中，普通级犬合格标准是群体免疫抗体合格率 100%。等级称谓的异样和合格判定标准不统一，不仅使得标准的标准化大打折扣，而且还给标准的执行造成漏洞。

（二）标准内容有待充实和完善

在品种上，国家标准主要规定了常用实验动物的质量标准，行业标准和地方标准主要对尚无国家标准的小型猪、树鼩等动物质量作出规定，提出了实验动物笼具的技术指标要求。除此之外，已应用于科学研究和生物制品生产的长爪沙鼠、猫、水生实验动物（如稀有鮈鲫、剑尾鱼、斑马鱼）、东方田鼠、羊等实验用动物还没有标准，对其质量无法开展评价，也无法实施监管工作。

在检测项目方面，对作为生物制品生产基质的实验动物来讲，动物源性病毒控制要求还偏低，乙型脑炎病毒、猴泡沫病毒、SV40 病毒、SV5 病毒等均未纳入国家标准，给利用这些动物组织或细胞生产的生物制品带来安全隐患。

垫料和动物饮用水等是保证实验动物质量的关键因素，也是管理的重点，而目前对垫料和饮用水的规定仅作为“配角”列在环境设施标准中，内容不完善，也缺乏力度。

（三）与国际先进标准的衔接力度有待加强

标准设定的检测项目相对滞后，一些新发现的、国外已实施常规监测的病原微生物（如 Norwalk 病毒和螺杆菌等）还没有作为控制参数纳入标准，致使对从国外引进实验动物可能存在的这些病原体无法实施监控，见表 2-1-15。已有迹象表明，这些病原体在我国实验动物中已有感染。我国实验动物标准在对不同病原体监测的动物选择、检测方式、检测周期设定、血清处理等方面还需进一步探讨，使其更加科学、规范、可行。与此同时，应加强实验动物病理学研究，制定更加全面、客观和科学评价实验动物质量的病理学诊断技术规范。

表 2-1-15 国内外实验小鼠病原微生物和寄生虫检测项目的比较

检测项目	FELASA**	Jackson Lab. **	ICLAS**	CIEA**	Charles River**	中国
鼠痘病毒	√	√	√	√	√	√
汉坦病毒		√	√	√	√	√
淋巴细胞脉络丛脑膜炎病毒	√	√	√	√	√	√
小鼠肝炎病毒	√	√	√	√	√	√
仙台病毒	√		√	√	√	√
呼肠孤病毒Ⅲ型	√	√		√	√	√
鼠脑脊髓炎病毒	√	√		√	√	√
小鼠肺炎病毒	√	√	√	√	√	√
小鼠腺病毒（FL 和 K87 株）	√	√		√	√	√
小鼠细小病毒	√	√		√	√	√
多瘤病毒		√		√	√	√

（续）

检测项目	FELASA**	Jackson Lab. **	ICLAS**	CIEA**	Charles River**	中国
小鼠微小病毒	√	√	√	√	√	
小鼠轮状病毒	√	√		√	√	
小鼠巨细胞病毒	√	√		√	√	
K 病毒		√		√	√	
乳酸脱氢酶升高病毒		√		√	√	
小鼠诺瓦克病毒		√	√	√	√	
小鼠胸腺病毒		√			√	
脑心肌炎病毒						
汉城病毒						
希望山病毒						
沙门菌	√	√		√		√
假结核耶尔森菌						√
小肠结肠炎耶尔森菌						√
皮肤癣菌				√		√
念珠状链球菌	√	√				√
支气管鲍特杆菌		√	√	√		√
支原体	√	√	√	√	√	√
鼠棒状杆菌	√	√		√		√
泰泽菌	√	√		√	√	√
大肠埃希菌						√
嗜肺巴斯德杆菌	√	√	√	√		√
肺炎克雷伯杆菌		√				√
金黄色葡萄球菌		√	√	√		√
肺炎链球菌	√	√		√		√
β溶血性链球菌（非 D 群）	√					√
绿脓杆菌				√		√
啮齿类柠檬酸杆菌	√	√	√	√		
牛棒状杆菌		√	√			
猪霍乱沙门菌			√			
肝螺杆菌	√	√	√			
CAR 杆菌		√		√	√	
胆汁螺杆菌				√		
欣氏鲍特杆菌				√		
鼠放线杆菌			√			
其他的克雷伯菌		√				
肺孢子菌		√				
假单胞菌		√				
蚤，皮螨，虱，毛囊螨	*	√		*		*
弓形虫					√	√

（续）

检测项目	FELASA**	Jackson Lab. **	ICLAS**	CIEA**	Charles River**	中国
兔脑原虫	*	√		*	√	√
非致病性原生动物（如毛滴虫）	*	√		*		√
条件致病原生动物（如贾第虫，鞭毛虫）	*	√		*		√
蛲虫，蛔虫，绦虫	*	√		√		*
卡氏肺孢子虫	*			√	√	√
病理检查	√				√	

*注明：笼统提出检测体内外寄生虫；**FELASA：Federation of European Laboratory Animal Science Associations（欧洲实验动物科学学会联合会）；Jackson Lab.：Jackson Laboratory（美国杰克逊实验室）；ICLAS：International Council for Laboratory Animal Science（国际实验动物科学理事会）；CIEA：Central Institute of Experiment Animal（日本实验动物中央研究所）；Charles River：美国查理斯河公司。

（四）检测新技术方法的采用度有待提高

虽然自1994年标准第一次发布后已经修订了三次，对各种微生物均提出一种或多种检测方法，但对具有一定检测难度的病原微生物，仍停留在使用已有的基本方法，而作为主流技术的新型血清学和分子检测方法则很少。由于缺乏基础性研究，技术储备薄弱，使得国家标准规定的一些检测方法缺乏可操作性。

四、实验动物新资源的质量控制要点

（一）质量标准化研究的迫切性

资源动物的开发与标准化是实验动物学科发展的重要内容。国家科技主管部门高度重视，在几代实验动物科技工作者的不懈努力下，我国在实验动物新资源研究、开发以及保存与利用方面取得很大成绩，一些资源动物的实验动物化工作有突破，使一些具有不同生物学特性的动物模型在生物学研究和生物医药研发中得以应用。但是，我们亦应清醒地认识到，在实验动物种质资源建设整体水平方面与发达国家以及我国生命科学发展的需要相比还存在较大差距。因此，在国家层面制定完善的发展规划，充分利用并合理配置相关资源，加大对实验动物新资源开发的支持和标准化工作的力度尤为重要。

目前，实验动物新资源质量标准主要存在两方面问题：①标准的标准化和可行性。上海、广西和北京先后发布了实验用小型猪地方标准，在等级设定和病原体控制要求等方面差别较大，在目前许可证由各省、自治区、直辖市科技厅（科委）发放和管理的情况下，将直接影响推广使用。另外，树鼩标准的发布改变了树鼩无标准的状态，但因缺乏前期研究基础和技术储备，使得标准的可行性存在较大问题。②无标可依，无准可言。2003年，全国水产原良种审定委员会经审查认定剑尾鱼（RR-B系）为我国首个水生实验动物品系，可用于水环境监测、水产药物安全性评价、化妆品毒性检测和动物疾病模型[农业部第348号公告公布（GS01003—2003)]，但至今还没有官方发布的质量控制标准。长爪沙鼠、灰仓鼠等虽已作为“实验用动物”用于各项研究，也因标准滞后而影响动物质量的标准化和动物试验研究结果的可靠性，制约着这些资源动物难以作为实验动物在生命科学研究中推广应用。

因此，在建立种质资源保存与供应基地的基础上，尽快开展“实验用动物”质量标准和技术规范的研究，严格规范其生产、供应和使用，使其纳入实验动物行政许可监管范围，已成为目前亟须解决的问题。

（二）质量控制要点的考虑

（1）实验动物新资源的开发往往来自野生动物、水生动物以及家养动物等。因动物种属间隔远，生物学特性差异大，充分考虑各自特点是研究制定标准首先应考虑的技术要点。如水生动物的特殊生活环境，家养动物的体形大，灵长类动物人工繁育种群遗传控制等。

（2）根据动物种属或品种特性，制定种质资源保存与饲养管理规范，以及标准操作规程，为建立资源基地和标准化种群提供科学依据。

(3) 制定生物学特性数据化表达技术规范和数据测定操作规程，开展包括生理生化、免疫、解剖等基础数据的测定。在此基础上建立数据库，推动实验动物新资源共享利用。

(4) 根据使用的要求，制定动物质量和相关条件的控制标准（包括微生物、寄生虫、遗传、病理、饲料和环境等标准），以及各项参数的检测技术标准，为质量检测和总体评价提供科学依据。

（贺争鸣）

第二节　实验动物微生物和寄生虫检测技术

一、国外实验动物微生物和寄生虫检测技术

目前，还未见有世界上其他国家发布的国家标准，但是，一些国际组织和机构制定的实验动物病原微生物和寄生虫监测计划和检测项目，以及确定的检测方法，在其科学性、合理性和可行性方面达到较高水准，并被许多国家和机构所采用。

（一）血清学检测技术

由于该方法简便快速、对仪器设备要求不高、测定成本低等优点，国外通常采用血清学方法用于实验动物病原微生物的常规检测。方法主要包括多重免疫荧光试验（MFIA）、酶联免疫吸附试验（ELISA）、间接免疫荧光试验（IFA）、血凝抑制试验（HAI）、血液酶化学分析（Serum chemical analysis of lactate dehydrogenase，乳酸脱氢酶血液生化分析）等方法。根据检测项目和检测方法本身的特点，依不同检测方法对各种病毒检测的敏感性和精确性而选择使用，有些实验室将检测方法分为初筛方法和确证方法。以 Charles River 对小鼠和大鼠病原微生物检测为例，初筛检测多选用 MFIA 或 ELISA，确证检测多选用 IFA、HAI 和 PCR 等方法。对用初筛方法检测为阳性或可疑结果的样品，再用确证方法进行复试。见表 2-2-1 和表 2-2-2。

表 2-2-1　实验小鼠病原微生物检测方法（Charles River）

病原微生物	方法	
	初筛方法	确证方法
小鼠痘病毒（Ectromelia virus，ECT）	MFIA/ELISA	IFA
汉坦病毒（Hantaan virus，HANT）	MFIA/ELISA	IFA
淋巴细胞性脉络丛脑膜炎病毒（Lymphocytic choriomeningitis virus，LCMV）	MFIA/ELISA	IFA
乳酸脱氢酶升高病毒（Lactic dehydrogenase elevating virus，LDHV）	酶分析方法	PCR
小鼠轮状病毒（Epizootic diarrhea of infant mice，EDIM）	MFIA/ELISA	IFA
小鼠细小病毒（Minute virus of mice，MVM）	MFIA/ELISA	IFA，HAI
小鼠微小病毒（Mouse parvovirus，MPV）	MFIA/ELISA	IFA
小鼠腺病毒 FL 株（Mouse adenovirus，MAV1）	MFIA/ELISA	IFA
小鼠腺病毒 K87 株（Mouse adenovirus，MAV2）	MFIA/ELISA	IFA
小鼠巨细胞病毒（Mouse cytomegalovirus，MCMV）	MFIA/ELISA	IFA
小鼠肝炎病（Mouse hepatitis virus，MHV）	MFIA/ELISA	IFA
小鼠 K 病毒（Mouse pneumonitis virus，K）	MFIA/ELISA	IFA
小鼠胸腺病毒（Mouse thymic virus，MTV）	MFIA/ELISA	IFA
小鼠诺沃克类病毒（Mouse norovirus，MNV）	IFA	PCR
小鼠肺炎病毒（Pneumonia virus of mouse，PVM）	MFIA/ELISA	IFA，HAI
呼肠孤病毒Ⅲ（Respiratory enteric orphan Ⅲ，REO3）	MFIA/ELISA	IFA，HAI
仙台病毒（Sendai virus，SEN）	MFIA/ELISA	IFA，HAI

（续）

病原微生物	方法	
	初筛方法	确证方法
多瘤病毒（Polyoma virus，POLY）	MFIA/ELISA	IFA
脑脊髓炎病毒（Encephalomyelitis virus，GD7）	MFIA/ELISA	IFA
CAR杆菌（Cilia-associated respiratory bacillus，CARB）	MFIA/ELISA	IFA
兔脑原虫（*Encephalitozoon cuniculi*，ECUN）	MFIA/ELISA	IFA
肺支原体（*Mycoplasma pulmonis*，MPUL）	MFIA/ELISA	IFA，PCR

表2-2-2　实验大鼠病原微生物检测方法（Charles River）

病原微生物	方法	
	初筛方法	确证方法
汉坦病毒（Hantaan virus，HANT）	MFIA/ELISA	IFA
大鼠细小病毒RV株（Kilham's rat virus，KRV）	MFIA/ELISA	IFA，HAI
淋巴细胞性脉络丛脑膜炎病毒（Lymphocytic choriomeningitis virus，LCMV）	MFIA/ELISA	IFA
小鼠腺病毒（Mouse adenovirus，FL株/K87株）	MFIA/ELISA	IFA
小鼠肺炎病毒（Pneumonia virus of mouse，PVM）	MFIA/ELISA	IFA，HAI
大鼠微小病毒（Rat minute virus，RMV）	MFIA/ELISA	IFA
大鼠细小病毒（Rat parvovirus，RPV）	MFIA/ELISA	IFA
大鼠脑脊髓炎病毒（Rat theilovirus，RTV）	MFIA/ELISA	IFA
呼肠孤病毒Ⅲ（Respiratory enteric prphan Ⅲ，REO3）	MFIA/ELISA	IFA，HAI
仙台病毒（Sendai virus，SEN）	MFIA/ELISA	IFA，HAI
唾液眼泪腺炎病毒（Sialodacryoadenitis virus，SDAV）	MFIA/ELISA	IFA
大鼠细小病毒H-1株（Toolan's H-1 parvovirus，H-1）	MFIA/ELISA	IFA
大鼠冠状病毒（Rat coronavirus，RCV）	MFIA/ELISA	IFA
CAR杆菌（Cilia-associated respiratory bacillus，CARB）	MFIA/ELISA	IFA
兔脑原虫（*Encephalitozoon cuniculi*，ECUN）	MFIA/ELISA	IFA
肺支原体（*Mycoplasma pulmonis*，MPUL）	MFIA/ELISA	IFA，PCR

（二）病原学检测技术

实验动物细菌学和寄生虫学检测主要以病原学检测为主。

1. 细菌学检测　一般从上呼吸道（咽或气管）、肠道（盲肠内容物或粪便）和生殖器（阴茎或阴道）取样，采用分离培养的方法进行检测。由于样品中含有许多非致病性细菌，因此，同时使用选择性培养基和非选择性培养基更有利于分离出不易生长的细菌。对于一些生长条件比较严格的细菌，需要选用营养成分更为丰富的培养基用于分离，以免漏检。此外，还应注意培养条件，使用琼脂培养基分离细菌应放置在有氧条件下。对于一些细菌的分离，还应考虑在培养环境中补充CO_2或形成微氧环境，以有利于细菌生长，提高细菌分离的可能性。分子生物学方法可用于细菌鉴定。值得注意的是：①在有些情况下，适用于人源性或兽源性病原菌分离的培养基并不一定适用于实验动物细菌的分离培养和鉴定，如巴斯德菌科的细菌和柠檬酸杆菌；②由于细菌抗原结构复杂，因此，相对于病毒检测，细菌的血清学方法往往存在较高的假阳性结果的风险。

2. 寄生虫学检测　包括体内和体外寄生虫检查。可通过直接检查动物皮毛，或取肠道内容物和粪便进行显微镜检查，判定被检动物是否存在体内和体外寄生虫感染。应该指出的是，随着年龄的增长，老年动物抵抗寄生虫感染的能力会有所提高，因此不适于作为检测对象。血清学方法也可用于寄生虫（如小孢子虫）的检测，但所得结果需要用其他方法进一步确证。

（三）病理学诊断技术

影响实验动物健康的因素众多，除了病原微生物和寄生虫感染外，动物生活环境中的化学物质，饲料、垫料和空气中的有害物质，甚至噪声和光照都可能引发动物健康问题。病理学检查是判断动物健康状况的重要手段，国外实验动物质量检测实验室都将病理学检查放在实验动物健康监测的首位。如Charles River，可按照客户的要求提供多种形式的病理诊断和组织学评价服务，检品可以是活体动物、固定处理的组织、石蜡块或组织切片，按照要求开展常规或特殊尸检程序，比如，动物全身灌注，收集冷冻组织用于RNA分析等。此外还可提供组织处理，制备组织切片和/或常规和特殊染色技术。

病理学检查包括解剖病理学检查和组织病理学检查，在推荐的FELASA检查啮齿类和兔类实验动物健康项目中，要求进行全面的常规剖检，以检查可能存在的异常。检查内容包括皮肤、口腔颌面部、唾液腺（仅限于大鼠）、呼吸系统、主动脉（兔）、心、肝、脾、肾上腺、肾脏、胃肠道、泌尿生殖道（包括睾丸）和淋巴结。发现组织和器官的病理改变，则需进一步进行组织病理学和微生物学检查。利用免疫组织化学和分子生物学技术，可以找出感染的原因。

（四）分子诊断学技术

分子诊断学是以分子生物学理论为基础，利用分子生物学的技术和方法来研究机体内源性或外源性生物分子和生物分子体系的存在、结构及表达调控的变化，为疾病的预防、诊断、治疗和转归提供信息和依据。其主要特点是：①直接以疾病基因为探查对象，属于病因学诊断，对基因的检测结果不仅具有描述性，更具有准确性；②可准确诊断疾病的基因型变异、基因表型异常以及由外源性基因侵入引起的疾病。以PCR技术为基础，衍生出许多分子诊断方法，与以前多采用的微生物学、免疫学和血液学等相关检测手段相比较，分子诊断方法具有快速、适用性强、灵敏性和特异性高等特点，实现了对微生物感染的早期和准确的病因诊断。

在美国和日本等一些实验动物科学发展水平较高的国家，实验动物质量检测机构都有各自的标准体系和检测系统。由于没有国家标准对检测方法的规定，不存在技术方法在实施法定检验时的限制，为一些新的、更具灵敏性、特异性、快速准确的检测方法应用于实际检测提供了条件。与我国相比较，国外在使用实验动物病原微生物和寄生虫检测方法方面具有更多的灵活性，一些分子诊断学技术已广泛应用于实验动物质量的评价和病原感染的快速诊断。见表2-2-3和表2-2-4。

表2-2-3 小鼠健康监测/检疫的取样和PCR检测类别

病原体类别	病原体	活体取样*	肠道感染分析项目	流行性分析项目	常规监测项目	FELASA推荐项目**	常规监测项目＋
寄生虫	螨虫***	皮毛拭子		●	●	●	●
	蛲虫***	粪便	●	●	●	●	●
	隐孢子虫				●	●	●
	贾滴虫属				●	●	●
	鼠旋核鞭毛虫				●	●	●
病毒	肝炎病毒***	粪便	●	●	●	●	●
	细小病毒		●	●	●	●	●
	轮状病毒		●	●	●	●	●
	诺沃克病毒		●	●	●	●	●
	脑脊髓炎病毒		●	●	●	●	●
	腺病毒					●	●

（续）

病原体类别	病原体	活体取样*	肠道感染分析项目	流行性分析项目	常规监测项目	FELASA推荐项目**	常规监测项目+
细菌/真菌	CAR 杆菌	口腔拭子			●	●	●
	卡氏肺孢子菌	肺****			●	●	●
	牛棒状杆菌	皮肤拭子			●	●	●
	螺杆菌***	粪便	●	●	●	●	●
	嗜肺巴氏杆菌		●	●	●	●	●
	鼠类柠檬酸杆菌				●	●	●
	鼠棒状杆菌				●	●	●
	肺炎支原体				●	●	●
	沙门菌				●	●	●
	念珠状链杆菌				●	●	●
	β溶血性链球菌（B 群）				●	●	●
	金黄色葡萄球菌					●	●
	泰泽氏菌					●	●
	β溶血性链球菌（C 群）					●	●
	β溶血性链球菌（G 群）					●	●
	肺炎链球菌					●	●
	支气管鲍特杆菌						●
	弯曲杆菌属						●
	产酸克雷伯杆菌						●
	肺炎克雷伯杆菌						●
	绿脓杆菌						●
	木糖葡萄球菌						●

* 对死亡动物样品的采集，应咨询检测实验室；** 推荐的项目与 FELASA 一致，可以选择其他检测方法（如血清学试验）进行全面筛查；*** 对于阳性结果，要鉴定到种；**** 死亡动物的肺可用于检测。

表 2-2-4　大鼠健康监测/检疫的取样和 PCR 检测类别

病原体类别	病原体	活体取样*	肠道感染分析项目	流行性分析项目	常规监测项目	FELASA推荐项目**	常规监测项目+
寄生虫	螨虫***	皮毛拭子		●	●	●	●
	蛲虫***	粪便	●	●	●	●	●
	贾滴虫属				●	●	●
	鼠旋核鞭毛虫					●	●
病毒	冠状病毒	粪便	●	●	●	●	●
	细小病毒***		●	●	●	●	●
	Theiles 样病毒		●	●	●		●
	小鼠腺病毒			●		●	●

（续）

病原体类别	病原体	活体取样*	肠道感染分析项目	流行性分析项目	常规监测项目	FELASA推荐项目**	常规监测项目+
细菌/真菌	CAR杆菌	口腔拭子			●		●
	卡氏肺孢子菌	肺****		●	●		●
	螺杆菌***	粪便	●	●	●	●	●
	嗜肺巴氏杆菌		●	●	●	●	●
	鼠棒状杆菌				●	●	●
	肺炎支原体				●	●	●
	沙门菌				●	●	●
	念珠状链杆菌				●	●	●
	β溶血性链球菌（B群）				●	●	●
	金黄色葡萄球菌				●		●
	支气管鲍特杆菌					●	●
	泰泽氏菌					●	●
	β溶血性链球菌（C群）					●	●
	β溶血性链球菌（G群）					●	●
	肺炎链球菌					●	●
	弯曲杆菌属						●
	产酸克雷伯杆菌						●
	肺炎克雷伯杆菌						●
	绿脓杆菌						●
	木糖葡萄球菌						●

*对死亡动物样品的采集，应咨询检测试验室；**推荐的项目与FELASA一致，可以选择其他检测方法（如血清学试验）进行全面筛查；***对于阳性结果，要鉴定到种；****死亡动物的肺可用于检测。

除上述两个表中提到的检测项目外，小鼠脑心肌炎病毒、豚鼠腺病毒、豚鼠巨细胞病毒、汉坦病毒、汉城病毒、K病毒、乳酸脱氢酶升高病毒、Ljungen病毒、淋巴细胞脉络丛脑膜炎病毒、小鼠巨细胞病毒、小鼠胸腺病毒、小鼠鼠痘病毒、小鼠肺炎病毒、大鼠巨细胞病毒、大鼠轮状病毒、呼肠孤病毒3型、仙台病毒，以及小孢子菌、弓形虫、劳森菌（*Lawsonia intracellularis*）等病原微生物和寄生虫，均建立有PCR检测方法，用于早期感染的病因检查。

除检测方法外，国外在实验动物质量监测方面还有一些值得我们关注和借鉴的经验，比如，待检样品的混合。依据检测程序和检测项目，在咨询检测实验室后，客户可以将样品（如粪便）进行混合，实验室操作程序也允许将从多个样品（如粪便、口腔拭子、皮肤拭子）中提取的遗传物质（核酸）进行混合后进行PCR检测。在检测项目方面，检测实验室规定有不同组合供客户选择，也可按照客户提出的要求对特殊项目进行单独检测，提高了检测成本与检测效果的性价比。在检测频率方面，FELASA推荐每个季度至少检测一次，同时指出，根据具体条件和实际需要，对一些易造成种群感染的病原微生物和寄生虫可增加检测频率（表2-2-5）。对发病和死亡的动物必须进行尸检，其检查结果可以提示增加取样数量和检测频率。在按照常规检测所规定的项目进行检查的基础上，还应该增加检测指标。

表 2-2-5　FELASA 推荐的健康监测频率

病原体	检测项目					检测频率
	小鼠	大鼠	地鼠	豚鼠	兔	
病毒	小鼠肝炎病毒、小鼠轮状病毒、小鼠微小病毒、小鼠细小病毒、小鼠肺炎病毒、仙台病毒、鼠脑脊髓炎病毒	大鼠 K 病毒、小鼠细小病毒、H-1 病毒、小鼠肺炎病毒、仙台病毒、大鼠冠状病毒	淋巴细胞脉络丛脑膜炎病毒、仙台病毒	豚鼠腺病毒、仙台病毒	兔出血热病毒、兔轮状病毒	每 3 个月检测 1 次
病毒	鼠痘病毒、淋巴细胞脉络丛脑膜炎病毒、小鼠腺病毒（FL 株）、小鼠腺病毒（K87 株）、小鼠巨细胞病毒、呼肠孤病毒 3	汉坦病毒、小鼠腺病毒（FL 株）、小鼠腺病毒（K87 株）、呼肠孤病毒 3		豚鼠巨细胞病毒		每年检测 1 次
细菌真菌	啮齿类柠檬酸杆菌、泰泽菌、鼠棒状杆菌、支原体、巴斯德杆菌、沙门菌、β 溶血性链球菌（非 D 群）、肺炎链球菌	支气管鲍特杆菌、泰泽菌、鼠棒状杆菌、支原体、巴斯德杆菌、沙门菌、念珠状链球菌、β 溶血性链球菌（非 D 群）、肺炎链球菌	泰泽菌、巴斯德杆菌、沙门菌	支气管鲍特杆菌、鹦鹉热衣原体、鼠棒状杆菌、皮肤癣菌、巴斯德杆菌、沙门菌、念珠状支原体、β 溶血性链球菌（非 D 群）、肺炎链球菌、假结核耶尔森菌	支气管鲍特杆菌、泰泽菌、皮肤癣菌、多杀巴斯德、其他的巴斯德、沙门菌	每 3 个月检测 1 次
细菌真菌	螺杆菌、念珠状链球菌	螺杆菌	鼠棒状杆菌、螺杆菌	泰泽菌		每年检测 1 次
寄生虫	体内寄生虫，体外寄生虫	体内寄生虫，体外寄生虫	体内寄生虫，体外寄生虫	体内寄生虫、体外寄生虫、小孢子虫	体内寄生虫、体外寄生虫、小孢子虫	每 3 个月检测 1 次
寄生虫			小孢子虫			每年检测 1 次
病理检查	+	+	+	+	+	每 3 个月检测 1 次

二、我国实验动物微生物和寄生虫检测技术

我国以推荐标准的形式规定了实验动物微生物和寄生虫检测方法。检验检测机构采用标准规定的检测方法，开展实验动物微生物和寄生虫检测工作，为质量评价、监督管理和行政许可提供技术支撑。

（一）血清学检测技术

依据等级标准对实验动物进行微生物和寄生虫检测，以评价被检实验动物群体是否符合等级标准要求，而非针对动物个体进行健康检查或疾病诊断。因此，选择感染性指标（如抗体），采用血清学检测技术进行检查，是实验动物微生物和寄生虫的主要检测方法。

常用血清学检测方法涉及抗体检测和抗原检测两大类。

1. 检测抗体的方法　主要包括酶联免疫吸附试验（ELISA）、间接免疫荧光试验（IFA）、酶免疫试验（EIA）、血凝抑制试验（HI）、血清平板凝集试验（SPA）、胚敏感试验（EST，适用于 SPF 鸡感染禽脑脊髓炎病毒后的抗体监测）、血清中和试验（SN）、琼脂扩散试验（AGP）、试管凝集试验（TA）、变态反应（结核菌素检查）等。主要通过检测有无抗体存在回顾性评价实验动物是否发生过感染。这些方法既可用于检测实验动物发生自然感染后产生的特异性抗体，也可用于检测人工免疫接种动物后个体

抗体效价的检测与群体免疫效果评价。

2. 检测抗原的方法 主要包括血凝试验（HA）、试管凝集试验（TA，布鲁菌）、琼脂扩散试验（AGP，马立克病病毒）等。

上述两类方法在本质上没有严格区分，采用已知抗体或已知抗原同样可以利用上述检测抗体或检测抗原的方法检测抗原或抗体。这些常规血清学检测方法的特点是稳定、操作简便，适用于大批量检品的快速筛检，对实验室设备要求不高，已成为实验动物微生物和寄生虫检测的主流技术。

（二）病原学检测技术

实验动物细菌和寄生虫的检测主要以病原学检测为主，即病原菌分离培养和寄生虫形态学的显微镜检查。各种病原菌的分离和鉴定方法不尽相同，对发病动物主要对病变的各组织和脏器做细菌分离培养检查；而隐性感染或正常动物的常规检测，主要采用刮取皮屑、取气管分泌物或鼻咽分泌物及肠内容物做细菌培养检查。对不能在培养基上生长的细菌（如泰泽菌），可采取组织压片、镜检的方法检查。检查寄生虫一般采用直接涂片、检查虫体或虫卵。此外，也有一些血清学方法用于细菌和寄生虫检测，实际使用中效果较好。

（三）病理学诊断技术

病理学诊断是评价实验动物质量最为全面和准确的技术，通过组织形态学是否发生改变和改变的程度，并附加其他方法，可以诊断出包括生物因素、物理因素或化学因素等引起的实验动物质量不符合等级要求的状态。由于病理学诊断的复杂性和难于标准化，至今我国还没有实验动物病理学国家标准或技术规范，病理学检查在实验动物健康监测和质量评价中的作用还未得到充分的发挥。

2011 年，由北京市质量技术监督局批准的《实验用小型猪　第 4 部分：病理学诊断规范》（DB11/T 828.4—2011 是我国目前唯一的实验动物病理学诊断技术规范。该规范设定了临床病理学和解剖病理学两阶段的结果判定，并结合血液学的检查，提出了动物健康评价的标准。这是国内首次提出的实验动物病理诊断标准，是第一个实验用小型猪病理学诊断规范，填补了我国实验动物已有标准中病理诊断标准的空白。制定病理学诊断规范的意义在于：摆脱了以往完全依赖微生物学和寄生虫学标准判定实验动物是否健康的状态，通过生物学因素、物理因素和化学因素等多方面因素的综合考虑，判定动物健康与否，这是实验动物健康标准的一大突破，对那些通过形态学进行结果判定的检验检测工作（如药物安全性评价）尤为重要，也是间接评价实验动物生活环境、管理水平的综合性标准。

（四）分子诊断学技术

随着分子生物学理论、技术和方法不断被应用于临床医学，分子诊断学在实验动物微生物和寄生虫检测及检测技术的完善等方面也发挥着愈来愈重要的作用。分子诊断直接以病原体基因为探查对象，属于病因学诊断，对病原体基因的检测结果不仅具有描述性，更具有准确性。在目前执行的国家标准和地方标准中，已有一些检测项目引入了分子生物学检测方法，主要包括弓形虫、兔出血症病毒、禽流感病毒、鸡传染性贫血病毒、猪链球菌、日本乙型脑炎病毒、猪圆环病毒、猪水疱病病毒、口蹄疫病毒等的检测。

自 1985 年 PCR 技术创建以来，已衍生出诊断病原体核酸的许多分子诊断方法，包括巢式 PCR、RT-PCR、多重 PCR、荧光 PCR、基因芯片以及多种形式的恒温扩增技术（核酸扩增技术、转录酶扩增技术、滚环扩增技术、链置换扩增技术、环恒温扩增技术、解链酶扩增技术等）。这些技术的发展显著提高了常规 PCR 技术的灵敏性和特异性，实现了定性和定量分析，简化了对仪器设备的需求，缩短了检测周期。有些方法还可用于现场检测，已在一些突发和重大疫病的快速检验和鉴别诊断中得到应用。

相对于分子诊断学发展来讲，现用于实验动物病原检测的分子诊断技术还非常有限，标准规定的病原检测项目少，新的技术方法采用还很不够。从丰富和完善实验动物质量检测技术、提高检测结果对实验动物质量评价的技术支撑和建设突发重大疫病应急技术体系的角度，还有许多工作需要去做。随着分子诊断技术操作自动化程度的不断提高，仪器设备价格和检测成本的下降，其在实验动物质量检测中的应用只是时间问题。

三、我国实验动物微生物和寄生虫检测技术存在的主要问题

（一）检测试剂标准化程度有待提高

检测试剂的标准化是实验动物微生物和寄生虫检测方法标准化的基础和前提条件，直接关系到检测的准确性和可靠性。由于我国实验动物质量检测工作经历了一个从无到有、多头并进、无序建设到逐步规范的过程，因而留下了一些发展过程中难以克服的缺陷。如检测试剂制备用菌毒株来源不明，纯度不清楚；所用细胞或培养基不标准，制备工艺和质控标准各不相同；实验室条件和技术水平相差较大，以致由多个检测实验室制备的诊断试剂的质量存在较大差异，严重制约着检测试剂的标准化。这些都影响了检测方法质量水平的提高，使我国实验动物质量检测工作的准确性和可靠性受到质疑。为推进检测试剂的标准化，应在引进国际标准菌毒株及确认国内流行株的基础上，建立实验室质控标准和科学规范、具有可行性的SOP，使用标准品控制工艺流程中每一个环节的产品，制备标准化程度高的检测试剂，为检测方法的标准化打下基础。

（二）检测方法适用性有待完善

国家标准自1994年第一次发布后已经过两次修订，对规定须控制的病原微生物和寄生虫均提出一种或多种检测方法，但对具有一定难度的病原微生物检测技术，仅停留在引用已有的传统检测方法，满足常规检测，致使某些检测方法的可操作性较差。①血清学检测方法虽然具有操作简便、对实验室设备要求不高、适用于大批量检品检测、便于推广使用等优点，但受多种因素影响，易出现抗原、抗体构象改变或因试剂纯度不够引起交叉反应，导致假阴性或假阳性结果；②一些方法只能作为一种初步的检测手段，要进一步确诊，还必须进行确证检测，这一点在国家标准中还没有体现出来；③随着疫苗的使用，严重限制了血清学检测方法在某些重大疾病诊断中的应用；④对人兽共患病和重大传染病的动物病原，除规定常规检测所使用的血清学检测方法之外，还应该规定病原学或病原分子诊断技术，以在疾病发生早期即能快速检出病原，保证相关人员和动物种群的安全，也是国家标准需要完善的内容。

（三）检测方法的研究有待加强

根据实验动物国家标准，应进一步加强病原微生物和寄生虫现有检测方法的标准化研究，加大针对检测关键技术和共用技术的基础性研究，提高检测方法的特异性、灵敏性和重复性。加强系列化检测试剂（盒）的研发，便于推广使用，满足检测工作的需求。同时，还应注重包括建立对新开发实验动物，如树鼩、灰仓鼠、沙鼠、斑马鱼等新资源质量检测方法的研究，建立新方法的验证程序，进行科学严谨的验证方法研究，为新资源标准的制定与应用做好技术储备。

应关注国外实验动物质量检测新技术的发展趋势，为提升实验动物质量评价水平和对重大疫病预警和风险防范水平，研究适于实验动物病原体的快速检测方法。

（四）检测试剂的注册管理

在国家科技主管部门的支持下，多个检测实验室开展检测试剂研发与检测方法标准化研究，并用于实验动物质量评价。但是，试剂制备和检测方法的标准化研究还都停留在实验室阶段，未能大面积推广应用；在诊断试剂管理方面，还不符合国家有关管理办法和注册要求，使检测试剂的合法性、法定性和质量水平受到质疑，直接影响了检测工作的严肃性和检测结果的可靠性。虽然检测试剂注册管理异常复杂，需要较长时间和大量经费，但这是检测试剂发展的必然出路，也是检测技术人员要为之奋斗的目标。

（贺争鸣）

第三节　检测技术在实验动物质量评价和疫病防控中的作用

一、检测是评价实验动物质量的技术手段

质量标准化是实验动物的基本属性，也是实验动物得以应用的基本前提，实验动物质量与生命科学

等领域研究工作的质量和水平有着密切的内在关系。《实验动物质量管理办法》（国科发财字［1997］593号）规定，“全国实行统一的实验动物质量管理”“实验动物生产与使用，实行许可证制度。实验动物生产和使用单位，必须取得许可证。”

质量管理是实验动物行政许可管理的核心，是实施行政许可管理的切入点。在质量管理中，国家标准是依法管理的科学依据，许可证制度是依法管理的主要措施，检测技术则是国家标准得以落实、许可证制度得以实施的支撑条件。实践证明，通过实施许可认证制度这一模式，有力推动了实验动物管理工作和管理水平的可持续发展。因此，在加强实验动物质量监管和保障体系整体建设的同时，强化检测方法标准化，开展新型检测技术研发和关键检测技术的研究，对全面提升检测能力和水平，发挥检测工作对实验动物质量评价、行政许可和技术监督管理的支撑保障作用具有十分重要的现实意义。

同时，检测技术水平的提高和检测工作的实施，对掌握实验动物健康情况和病原体的流行情况，防止饲养人员和试验人员在与动物接触的过程中受到感染，保证试验结果的可靠性和准确性，以及保证动物源性生物技术药物免受污染和人民用药安全，同样具有十分重要的意义。

二、检测是确证实验动物疫病病因的技术手段

对实验动物从业人员和社会公众健康与生命安全，以及实验动物生产、教学、科研和检定工作造成或可能造成严重危害的突发性事件，属于实验动物突发重大事件。其中，疫病是最有可能发生的突发重大事件。利用各种检测技术，通过检测工作，可以了解动物疾病流行现状、危害程度、风险因子和发展趋势，早期识别疫病的暴发和流行，分析不明原因的动物疫病发生原因。这些都为实验动物疫病的防控提供了重要的决策依据，有利于确定疫病防控工作的重点领域、关键环节和主要任务，探寻有效的疫病防控措施。

同时，利用检测技术对经过免疫的动物群体进行检测，客观评价免疫效果，评估免疫措施对预防和控制疫病的发生是否有效，免疫接种是否产生不良反应。因此说，检测技术也是评估疫病防控效果的重要手段，是检测体系的核心和运行载体。

三、检测是防控国外实验动物疫病传入的技术手段

为保证实验动物种子资源的数量和质量，每年我国有关单位都要从国外引进新的实验动物品种（品系），同时也出口一些实验动物。国内各研究机构之间的动物资源交流也呈上升趋势。如何防止在引进动物的过程中将动物疫病和生物灾害带入我国，避免将国内的动物疫病扩散到国外，并防止疾病在国内各省市之间的传播，也是实验动物管理工作的一项重要任务。

实验动物检疫的目的是防止检疫性动物疫病在不同国家（或地区）的传播。在《中华人民共和国进境动物一、二类传染病、寄生虫名录》和《一、二、三类动物疫病病种名录》（中华人民共和国农业部，第1125号）中分别列出了我国出入境时各种动物及动物制品（如动物血液、精液及胚胎等）应该检疫的疾病，包括了对人和动物危害严重、需要采取强制性措施予以控制的疫病；或是多发常见的、可能造成重大经济损失的动物疫病；或对社会经济和公共卫生具有影响、并对动物和相关产品国际贸易具有明显影响的疫病，其中包括了实验动物微生物学和寄生虫学等级标准中所规定的一些疾病，如犬瘟热、狂犬病、细小病毒病、新城疫、禽流感、兔病毒性出血病、钩端螺旋体病、弓形虫病等。

利用检测技术对进出口的实验动物进行检疫，可以在第一时间发现可能存在的疫病，达到控制疫病传入（或传出）和扩散的目的。动物检疫作为一项技术行政措施，技术含量较高，这要求动物检疫必须规范化和标准化，具有严格的科学性。动物检疫标准、检疫操作的SOP和检疫结果的判定分析，都必须建立在科学的基础之上，做到客观公正、准确无误。因此，按照实验动物质量标准和国际组织对国际贸易中每种动物疫病的诊断技术作出的规定，加强检测技术的先进性和标准化水平，为我国动物疫病防控奠定良好的技术基础。

四、检测技术通过应用而显示出学术价值

利用检测技术定期对实验动物进行检测，能够在最大程度上阐述动物健康状况、疫病流行现状、危害程度、风险因子、流行规律和发展趋势，能够阐述病原的多样性、变异和分布，能够为多方面的深入研究提供线索，也能够为实验动物质量检测技术研究提出方向，因此具有重要的学术价值。

（贺争鸣）

参考文献

本藤良．2006. 猿猴疱疹B病毒感染［J］．日本医学介绍，27（9）：398.

陈继明．2008. 重大动物疫病监测指南［M］．北京：中国农业科学技术出版社：5－7.

杜民，姜海燕．2007. 金免疫层析试条定量测试原理及应用［M］．北京：科学出版社：17－31.

贺争鸣，陈洪岩，巩薇，等．2008. 实验动物质量控制［M］．北京：中国标准出版社：294－345.

贺争鸣，李根平．2011. 建立和完善全国实验动物质量抽查检验的新机制［J］．实验动物科学，28（4）：43－45.

贺争鸣，李根平．2009. 试论我国实验动物质量监测网络建设与发展策略［J］．实验动物与比较医学，29（3）：137－141.

贺争鸣，魏强，孙德明，等．2009. 实验动物标准化发展策略［M］．北京：中国科学技术出版社：46－70.

贺争鸣．2011. 试论建立实验动物标准的评估机制［J］．实验动物与比较医学，31（1）：1－4.

贺争鸣．2010. 我国资源动物的实验动物化潜力与展望［J］．中国比较医学杂志，20（3）：1－7.

吕建新，尹一兵．2010. 分子诊断学［M］．第2版．北京：中国医药科技出版社：1－4.

倪灿荣，马大烈，戴益民．2006. 免疫组织化学实验技术及应用［M］．北京：化学工业出版社：65－80.

潘为庆，汤林华．2004. 分子寄生虫学［M］．上海：上海科学技术出版社：20－25.

庞万勇，贺争鸣，何诚，等．2011. 实验鼠群的健康监测管理［J］．中国比较医学杂志，21（10－11）：87－93.

唐秋艳，王云龙，陈兴业．2009. 免疫诊断试剂实用技术［M］．北京：海军出版社：204－221.

田克恭，倪建强，顾小雪，等．2010. 动物疫病实验室诊断技术研究现状及发展趋势［J］．当代畜牧，1（增刊）：90－101.

田克恭．1991. 实验动物病毒性疾病［M］．北京：农业出版社：1－21.

严杰，钱利生，余传霖．2005. 临床医学分子细菌学［M］．北京：人民卫生出版社：3－11.

杨敬，战大伟．2004. 人和猴的B病毒感染［J］．实验动物科学与管理，21（1）：29－34.

Kathleen R Pritchett－corning，Janice Cosentino，Charles B Clifford. 2009. Contemporary prevalence of infectious agents in Laboratory mice and rats［J］. Laboratory Animal，43：165－173.

Smith A L，Black D H，Eberle R. 1998. Molecular evidence for distinct genotypes of monkey B virus（Herpesvirus simiae）which are related to the macaque host species［J］. J Virol，72：9224－9232.

W. Nicklas（Convenor），P. Baneux，R. Boot，et al. 2002. Recommendations for the health monitoring of rodent and rabbit colonies［J］. Laboratory Animals，36：20－42.

第二篇

实验动物病毒性疾病

第三章
痘病毒科病毒所致疾病

第一节 小鼠痘
(Mouse pox)

鼠痘（Mouse pox）是由鼠痘病毒引起的实验小鼠的一种烈性传染病。本病多呈暴发性流行，致死率较高，常造成全群淘汰，危害极大。临床表现以四肢、尾和头部肿胀、溃烂、坏死甚至脚趾脱落为特征，故又称脱脚病（Ectromelia）。

一、发生与分布

Marchal 等（1930）首先在英国报道本病。Barnard 等（1931）用紫外显微镜证实鼠痘病毒形态、大小与牛痘菌病毒相似。Burnet 等（1946）用血凝试验证明鼠痘病毒与牛痘苗病毒在抗原性上关系密切。

该病最早流行于欧洲和亚洲的一些国家，澳大利亚未见流行。美国曾报道几次较严重的暴发流行，1979—1980 年，先后在美国国立卫生研究院（NIH）及五个州的 8 个单位流行，造成很大的经济损失。

我国汤飞凡等（1951）首次报道了北京中央生物制品研究所发生该病的情况。近年来，许小珊等（1983）、王家驹等（1985）、汤家铭等（1988）、皇甫在等（1989）、王玉玺等（1990）均报道了我国不同地区的鼠痘流行情况，并进行了病原的分离和鉴定。吴惠英等（1986）、徐蓓等（1989）对全国各地鼠群进行血清学流行病学调查，证实鼠痘在我国鼠群中呈散发性流行。目前本病广泛存在于世界各国，尤以英国、德国、美国、法国最为严重，在我国至今仍时有发生。

二、病　　原

1. 分类地位 鼠痘病毒（*Mouse pox virus*，MPV）在分类上属痘病毒科（Poxviridae）、脊索动物痘病毒亚科（Chordopoxvirinae）、正痘病毒属（*Orthopoxvirus*）。该病毒与痘苗病毒在抗原性上密切相关，但采用中和试验和血凝抑制试验可加以区别。只有 1 个血清型，世界各国分离到多种毒株，目前公认的毒株有 Hampstead 毒株（英国）、莫斯科毒株（苏联）和 Ichihashi 毒株（日本）等。

2. 形态学基本特征与培养特性 鼠痘病毒的核酸型为双股 DNA，病毒粒子呈卵圆形或砖形，直径 170～250nm，其中心为 DNA 和蛋白质组成的类核体，呈哑铃状，中间凹陷，两侧各有一侧体。外面为由磷脂、胆固醇和蛋白质组成的囊膜。在电镜负染标本中，其中心为稠密的细丝状物，常呈 S 形。衣壳呈桑葚状或绒线团状，囊膜表面由 8～15nm 宽的管状蛋白质缠绕着。

鼠痘病毒可在 Hela 细胞、人羊膜细胞、L 细胞、鼠胚成纤维细胞、鸡胚成纤维细胞、原件或传代仓鼠肾细胞上增殖并可产生蚀斑，有时形成巨细胞。也可在鸡胚绒毛尿囊膜上生长，并产生白色痘疱。最适孵化温度 33～35℃，病毒存在于整个鸡胚和胚液中。

3. 理化特性 鼠痘病毒对乙醚和脱氧胆酸盐有抵抗力，可耐受 1%石炭酸达 500 之久，0.01%甲醛 48h、60℃ 1h、pH3 以下 1h 均可灭活；对次氯酸盐和紫外线敏感，−70℃或冻干状态下可存活数年。

4. 分子生物学 鼠痘病毒基因组很大，长度 180～200kb，编码 200 多种不同的蛋白。基因组具有较长的末端倒置重复序列（ITRs），约为 5kb。病毒的 ITRs 结构可能与其繁殖方式有关。研究表明，有些鼠痘病毒蛋白编码基因变异较大，因此在对病鼠材料进行检测或分子病毒学鉴定时应选择高度保守的蛋白基因。14ku 膜蛋白基因高度保守，不同鼠痘病毒分离株的核苷酸同源性可达 98%以上。

三、流行病学

1. 传染来源 本病的传染源主要是病鼠和隐性带毒鼠。

2. 传播途径 本病经皮肤病灶和粪尿向外排毒，污染周围环境。病毒可经皮肤伤口侵入机体，也可经呼吸道或消化道感染。被感染的动物 10 天后，皮肤损伤部位出现特征性病变，便开始排毒。康复小鼠可经粪便排毒长达 116 天。饲养人员、蚊子、苍蝇、螨、蟑螂等可能是本病的机械传播者。皮下、皮内、肌肉、口腔、腹腔、鼻内、角膜、脑内等途径接种均可获得成功。Mims（1969）、Schwanger 等（1975）用致弱的 MPV Hampstead 鸡胚毒株经皮内感染妊娠母鼠，其胎盘中广泛存在鼠痘病毒并感染胎儿。已感染的胎儿或在子宫内死亡，或生下后不久死亡，用荧光抗体染色证明，病毒在其体内广泛存在。这给流行鼠痘的鼠群通过剖腹产净化种群带来困难。

3. 易感动物

（1）自然宿主 该病的自然宿主为小鼠，不同品系小鼠的易感性差异很大。Briody 等（1956）报道，DBA、A、C_3H 等品系最为易感，MA/Nd、$C_{57}BL$、AKR 和 MA 等品系很少发生死亡。崔忠道（1986）报道，比较易感的品系有 A、DBA、CBA、C_3H 和 BALB/c，$C_{57}BL$ 品系对本病的抵抗力强，呈隐性感染，是主要的潜在疫源。Groppel 等（1962）在德国检查了 3 个属的野生小鼠，证实姬鼠属中有鼠痘病毒感染。Raplan 等（1980）发现在英国野外捕捉的田鼠和林鼠血清中含有鼠痘病毒补体结合抗体。因此，应严格控制野生小鼠进入动物房内。

（2）实验动物 Burnet 等（1936）报道用鼠痘病毒大剂量鼻内接种大鼠，病毒可在嗅球部黏膜细胞中增殖。豚鼠经足部跖面和角膜接种均可感染，腹腔内大剂量接种可产生循环抗体（Paschen，1936）。兔和仓鼠对鼠痘病毒有抵抗力。

（3）易感人群 目前还没有人感染鼠痘病毒引起局部或全身反应的报道。

4. 流行特征 该病一年四季均可发生，饲养管理不当（如营养不良、忽冷忽热、拥挤、潮湿、长途运输等）、卫生消毒、隔离检疫制度不严等因素都会促使本病的发生。近年来，由于肿瘤的接种移植、病毒的传代，易将鼠痘病毒直接接种给小鼠。鼠痘病毒主要潜伏在小鼠肝脏的枯否氏细胞、脾脏、肠系膜淋巴结内，引起隐性感染，小鼠不表现临床症状，但病毒能够持续留存在体内并繁殖，少量病毒通过排泄物长期向外排出，成为感染源。华沙兽医学院报道，鼠痘病毒潜伏在脾脏的树枝状细胞内，并在巨噬细胞中形成慢性迁延性感染。

四、临床症状

1. 动物的临床表现 临床上分为 3 种病型。①急性型：多见于初次发生此病的鼠群，病鼠被毛粗乱无光，食欲废绝，常于 4～12h 死亡。急性期未死亡小鼠可转为慢性型。②亚急性型：（皮肤型）病鼠口鼻及脸部肿胀、破溃。一侧或两侧眼睛流泪，用手分开眼睑，可见角膜溃疡、穿孔，眼球下陷。四肢及尾部肿胀，出现红疹或痘疹，并有浆液性渗出物，触之敏感，尤以脚掌为甚。随后患处结痂，由于血液供应中断而发生坏疽，1～2 天坏疽部脱落，病鼠不愿行走或拖地而行。孕鼠流产，一般在数天内死亡或逐渐恢复。③慢性型：见于本病流行后期，病鼠从表面看，死亡率和发病率下降，偶尔有皮肤型病鼠出现。育成鼠生长发育缓慢，生产率下降，种母鼠第 1 胎尚可，第 2 胎产仔数明显减少，很少再生第 3 胎。

1949 年，北京中央生物制品研究所鼠群流行鼠痘时，从淘汰处死或病死的 563 只小鼠统计结果，152 只小鼠体内外无任何病变，占 28.8%；临床有症状者，尾肿的占 13.1%，断尾的占 5%，脚肿的占 4.97%，断肢的占 1.77%，背、嘴、眼肿胀、溃烂者占 2.29%。

然而，小鼠感染鼠痘常常为无临床症状的隐性感染，雌性小鼠死亡率上升和死亡率下降是隐性感染的一种表现，成为主要的潜在疫源，对实验动物和动物试验造成的危害更为严重。

2. 人的临床表现　Naglers (1944) 曾给两人通过皮肤划痕接种鼠痘病毒，这两人均于第 2 天出现一个小丘疹，其中一人于第 4 天稍稍变成水疱样，于第 8 天消失。

五、病理变化

1. 大体解剖观察　鼠痘的病变广泛分布于病鼠的各组织器官中，其中以脾、肝、淋巴结与皮肤的病变最重。皮肤见病鼠鼻面部肿胀，眼睑炎，结膜炎。尾部皮肤表面出现小结节或红肿、溃疡糜烂，最后坏死脱落。急性病例脾缩小，病程较长者肿大 2～3 倍。脾表面散在大小不等的灰白色或淡黄色坏死灶，严重者呈融合性块状或全脾坏死。肝肿大，表面散在大小不等的灰白色或淡黄色坏死灶，外观呈花斑状，严重者整个肝脏坏死。胆囊多数空虚，个别充满污绿色胆汁。肾肿大，皮质与髓质界限模糊。小肠内有少量内容物或空虚，部分病例肠黏膜可见出血。

2. 组织病理学观察　皮肤丘疹部表皮均有局限性增生并伴有上皮细胞肥大和空泡变性，皮下组织水肿、充血、坏死，局限性或弥漫性炎性细胞浸润，其中以淋巴细胞和单核细胞为主。病变区周围表皮上皮细胞胞质内可见嗜酸性包涵体，多呈圆形或椭圆形，大小不等，周围多有亮晕。皮肤表皮细胞质内的嗜酸性包涵体是鼠痘的特征性病变。脾依轻重不同，可见局灶性、融合性、弥漫性坏死，坏死早期始于滤泡，其内淋巴细胞崩解成碎片，随后坏死迅速向红髓扩展，形成大片凝固性坏死。肝见肝细胞变性、坏死，胞质呈溶解状态，胞核肿大、碎裂。肝坏死通常缺乏炎性反应，此为鼠痘肝坏死的特点，另一特点是在变性、坏死灶内或边缘的肝细胞胞质中，可见嗜酸性包涵体。肾见肾小管上皮细胞颗粒变性，管腔狭窄；肾上皮细胞核淡染，个别破裂、坏死；肾小体血管球上皮细胞肿胀，小球与小球囊的间隙变小、出血。脑见神经细胞溶解、皱缩、坏死，周围小胶质细胞浸润。血管内皮细胞肿胀，血管周围小胶质细胞浸润，形成"管套"，表现为非化脓性脑炎的特征性变化。心见心肌纤维颗粒变性。关于鼠痘病毒抗原的表达形式，孙衍庆等 (1989) 采用免疫酶组织化学 PAP 技术研究表明，在肝组织中，鼠痘病毒抗原以 3 种形式存在于肝细胞胞质中。

(1) 包涵体型　即在胞质内可见粗细不等的阳性反应物质聚集成致密的棕色团块，大小不一，多呈圆形或椭圆形，位于细胞的一侧，多数细胞内含 1～2 个包涵体。

(2) 全浆型　即粗细不等的阳性反应物质在胞质中弥漫分布，充满整个胞质。

(3) 混合型　即在同一个肝细胞胞浆内即有弥漫性分布的抗原物质（全浆型），也有包涵体存在。

六、诊　断

本病的主要特征为头面部肿胀、睑缘炎、脚肿、断尾或脱脚，可依临床症状做出初步诊断，确诊需进行病毒分离与鉴定。一旦在显微镜下找到特征性包涵体，在电镜下观察到痘病毒颗粒，即可做出诊断。此种诊断是可靠的、特异的。病理诊断与血清抗体测定的结果不一定成相关关系。

1. 病毒分离与鉴定　传统、经典的抗原检测方法是组织病理和电镜检查。取病鼠的肝、脾、淋巴结和皮肤病灶材料做电镜检查，可见病毒粒子，为明显的嗜酸性胞浆包涵体及痘病毒颗粒。唐婕等 (2007) 应用负染色法，包括制样时间在内，在 10min 左右可做出诊断，而且样品中的污染因子均可一次性被检出。

取病鼠肝、脾、淋巴结、皮肤等病变组织制成悬液接种 L 细胞、Vero 细胞或鸡胚成纤维细胞等进行病毒分离。也可接种鸡胚绒毛尿囊膜，48h 出现痘斑。取病鼠肝、脾或淋巴结悬液接种裸鼠或 BALB/c 小鼠，小鼠出现典型的鼠痘病征，再做病理检查和病毒分离。也可用痂皮物质进行琼扩试验、免疫荧光或免疫酶试验，检查组织细胞内的病毒抗原。

张伟浩等 (2002) 制备了一 株分泌高效价抗新分离的鼠痘病毒单克隆抗体，具有高度特异性、纯一性和稳定的亲和力，应用于抗原检测可克服多抗存在的缺点。试验已证明，单克隆抗体检测抗原时，可大大提高反应的特异性。直接法具有简单易行、不需特殊仪器判读结果等优点。有学者认为，直接法不使用第二抗体，放大效应小，因而特异性高、稳定性好，适用于现场应用。

2. 血清学试验 抗体的检查方法常用血清学检测，可检出过去感染过鼠痘或近期感染而幸存的动物。因为鼠痘病毒是一种典型的正痘病毒，与牛痘病毒有交叉抗原，因此通常用牛痘病毒替代鼠痘病毒作为抗原进行抗体检测。常用的血清学方法有血凝抑制试验、ELISA、免疫荧光试验、免疫酶试验等。

血凝抑制试验简易快速，且对接种过疫苗的小鼠血清呈现阳性反应。一般1∶20血清稀释度阳性可判为阳性。但敏感性不高，现多不采用。免疫荧光试验特异性、敏感性高，特别对无明显临床症状的动物更适宜。但需特殊设备，不适用于大批量标本的检查，可验证其他方法的准确性。玻片免疫酶法目前应用广泛，操作简便、快速，可检测大批量标本。酶联免疫吸附试验近年来应用广泛，具有快速、简便、敏感的特点，可列为首选的血清学方法。缺点是能产生抗DNA抗体的小鼠血清会出现假阳性，且不能鉴别痘苗病毒免疫抗体和鼠痘病毒感染所产生的抗体。也有用酶标SPA染色法和免疫组化法检测鼠痘的报道。

3. 组织病理学诊断 皮肤原发病灶发生的同一天即可见到继发性皮疹，少数局部表皮增生，核浓染，外绕有空泡，表皮细胞中含有大量胞浆内包涵体，随后很快产生大量坏死，并伴有广泛的真皮水肿和淋巴细胞浸润，丘疹转成溃疡并附着痂皮。急性致死性小鼠痘病例中，肝、脾有特征性病灶。肝脏的感染首先在肝管的壁细胞中出现，随后整个肝实质出现许多散在的坏死灶。脾脏的早期变化是滤泡的成淋巴细胞增生、红髓髓窦充血以及局部坏死，淋巴滤泡破碎，随着坏死的发展，红髓和白髓转变成内皮样细胞。

4. 分子生物学诊断 由于隐性感染的小鼠没有明显的临床症状，血清中的抗体水平较低，目前的血清学抗体检测方法一般不易检出，而抗原出现的时间比抗体要早，所以很多国内外学者应用PCR对鼠痘病毒进行检测。此方法反应灵敏，可检出0.1pg鼠痘病毒基因，对诊断小鼠隐性感染是一种敏感有效的检测方法。但该方法对实验室仪器设备有一定要求。

七、防治措施

1. 治疗 目前关于临床治疗鼠痘特效药的报道很少。Trentin等（1957）、Briody（1959）研究用痘苗病毒免疫接种的方法控制感染群中的鼠痘流行。王家驹等（1996）用分离到的毒株制成灭活疫苗，通过接种孕鼠来保护仔鼠，可以达到较高的保护率。

然而，实验小鼠的生产和应用是规模化的，接种疫苗和使用药物不适于实际工作，同时疫苗和药物对科研试验结果有不可预计的影响，因此应通过严格管理来控制鼠痘的发生。

2. 预防 鼠痘的控制流行，首先应建立严格的饲养管理、卫生消毒和操作规程。饲养室严禁外人随意进出，防止野鼠侵入及蚊蝇飞入。坚持自繁自养，如需从外单位购入小鼠，必须隔离检疫，确无该病，方可混群。遇有可疑病例应立即报告主管部门和使用部门。同时对鼠群进行检疫，停止流动，及时送检标本，尽快做出诊断。

确诊后，对流行严重、鼠群又可重建、不影响生产和试验者，可采取全群淘汰，房舍用具彻底消毒的措施重建鼠群。对与发病鼠群有接触或邻近的鼠群，应严格检查。对流行不严重，特别是有价值的品系，可采取分别处理的办法。对血清学检查阳性的小鼠和外观不健康的小鼠可以处死，将鼠群尽量缩小。然后进行痘苗病毒的免疫。鼠房暂时隔离，加强消毒措施，对动物严密观察，减少动物的流动。

八、公共卫生影响

急性型病例小鼠突然死亡，造成试验中断；慢性型病例出现全身症状，使试验结果混乱，且污染环境，使病毒广泛传播，严重影响科研工作。隐性感染小鼠，没有临床症状，许多因素可以激活鼠痘病毒而使鼠痘流行，如实验性结核、X射线、各种化学毒素、组织移植、肿瘤、阉割和运输等。大剂量的内毒素或切除脾脏，可改变吞噬细胞的反应，降低吞噬细胞的功能，而增加机体对鼠痘病毒的易感性。

美国曾报道几次严重的暴发流行。1979—1980年，先后在美国国立卫生研究院（NIH）及五个州的8个单位流行，造成很大的经济损失。我国多次发生鼠痘对试验研究产生干扰的事件。1960年山东省某单位在分离麻疹病毒时被鼠痘病毒混淆。1963年卫生部生物制品检定所在进行双波热病毒及乙脑死毒疫苗的安全试验中，受鼠痘病毒的干扰。1978年，云南省28株疑为乙脑病毒的材料，经检定其中21株为鼠痘病毒；同年，广东省在登革热病毒分离中受到鼠痘病毒的干扰。北京某单位繁育场曾于1982年、1990年两次暴发鼠痘流行，1982年为潜在感染引发急性发病，感染车间小鼠被淘汰，1990年为急性暴发流行，14个群体小鼠全部被淘汰，经济损失83万元人民币。近年来，随着实验动物等级标准的提高，鼠痘已在全国范围内得到控制，但在个别单位仍有散发性流行和隐性感染，应进一步采取措施，彻底根除。

（巩薇　贺争鸣　田克恭）

我国已颁布的相关标准

GB/T 14926.20—2001　实验动物　鼠痘病毒检测方法

参考文献

安学芳，刘峰松，方明刚，等．2003. 鼠痘病毒的分离鉴定及感染性研究［J］. 中国病毒学，18（6）：563-565.

安学芳，刘峰松，王汉，等．2004. KM小鼠一起鼠痘的发病及其流行特点［J］. 上海实验动物科学，24（4）：228-229.

贺争鸣，范文平，卫礼，等．1998. 鼠痘感染的诊断及鉴定方法的研究［J］. 实验动物科学与管理，15（4）：14-16.

侯云德．1990. 分子病毒学［M］. 北京：学苑出版社：19-72.

李嘉荣，钱琴，来永禄，等．2000. 鼠痘病毒潜伏感染的研究［J］. 上海实验动物科学，20（2）：82-85.

孙兆雯．1994. 鼠痘病理诊断及分析［J］. 中国实验动物学报，2（2）：88-92.

汤军，黄引贤．1994. 鼠痘3种血清学诊断方法的初步探讨［J］. 实验动物科学与管理，11（1）：292-311.

唐婕，陈铁桥，李六金，等．2007. 应用电镜技术检测小鼠鼠痘病毒［J］. 中国比较医学杂志，17（2）：105-106.

田克恭，遇秀玲，张永清．1991. 实验动物病毒性疾病［M］. 北京：农业出版社：22-30.

王珑，刘艳．1999. 鼠痘的流行病学及预防和控制［J］. 中国实验动物学杂志，9（4）：246-249.

吴小闲，洪瑞珍，蒋虹，等．1996. 鼠痘（小鼠传染性脱脚病）的流行形式和实验室诊断［J］. 中国实验动物学杂志，6（2）：65-59.

杨松涛，夏咸柱，乔军，等．2007. 鼠痘病毒CC强毒株的分离与鉴定［J］. 中国病原生物学杂志，2（1）：4-7.

殷震，刘景华．1997. 动物病毒学［M］. 第2版．北京：科学出版社：939-985.

应贤平，钱琴，屈霞琴，等．2000. 实验小鼠痘病毒感染检测分析［J］. 中国实验动物学杂志，10（2）：69-73.

张伟浩，唐竹萍，仇镇宁，等．2002. 鼠痘病毒单克隆抗体杂交瘤细胞株的建株及初步鉴定［J］. 南京医科大学学报，22（1）：59-60.

赵雅静，宁磊，于凤刚，等．1998. 小鼠痘病毒的聚合酶链反应检测法［J］. 上海实验动物科学，18（2）：88-90.

Henry L，Foster J，David Small，James G. FOX. 1988. 实验小鼠疾病［M］. 北京农业大学实验动物研究所，译．北京：北京农业大学出版社：299-317.

Chen N，Danila M I，Feng Z，et al. 2003. The genomic sequence of ectro mliavirus，the causative agent of mousepox［J］. Virology，317（1）：165-186.

Fenner F. 1981. Mousepox（infectious ectromelia）：past，present，and future［J］. Lab Anim Sci，31（5）：553-559.

G D Wallace，R M Buller，H C Morse. 1985. Genetic Determinants of Resistance to Ectromelia（Mousepox）Virus-Induced Mortality［J］. Virology，3（55）：890-891.

Marennikova S S，Ladnyj I D，Ogorodinikova Z I，et al. 1978. Identification and study of a poxvirus isolated from wild rodents in Turkmenia［J］. ArchVirol，56（1-2）：71-14.

Neubauer H，Pfeffer M，Meyer H. 199. Specific detection of mousepox virus by polymerase chain reaction［J］. Lab Anim，31（3）：201-205.

第二节 兔 痘
(Rabbit pox)

兔痘（Rabbit pox）是由兔痘病毒引起兔的一种急性、高度接触性传染病，临床表现以散在或全身的皮肤丘疹为特征，有时伴有坏死及出血。丘疹有时会发生于口咽部、呼吸道、脾脏及肝脏。兔痘病毒与痘苗疫苗株极为相似，并且由于接种痘苗的家兔易使同窝家兔发生接触感染，所以有人认为兔痘是兔群早先接种痘苗的结果，或者说兔痘病毒是痘苗疫苗株的兔体适应株。

一、发生与分布

1930—1933年，美国纽约州Rockefeller医学研究所的实验兔群中先后发生3次同样的高致死性疾病，Greene等对此进行了报道，证实其病原为痘病毒。1941年Jansen报道荷兰Utrecht大学的实验兔群中也发生类似疾病，并称之为“兔瘟（Rabbit plague）”，但其并无皮肤病变，所以又称“无痘斑（Pockless）”兔痘。随后，在欧洲和美国相继有发病报道，并皆与荷兰Utrecht大学发生的类似。

该病仅见于实验兔群中，野生兔群中未见发病报道。而且，自19世纪60年代以后再无此病暴发的报道。目前，针对兔痘病毒的试验研究仍在进行，大多是基于Utrecht株。

二、病 原

1. 分类地位 兔痘病毒（*Rabbit pox virus*，RPV）在分类上属痘病毒科（Poxviridae）、脊索动物痘病毒亚科（Chordopoxvirinae）、正痘病毒属（*Orthopoxvirus*）。

2. 形态学基本特征与培养特性 病毒粒子呈卵圆形或砖形，有囊膜，大小为200～300nm，病兔的肝、脾、肺、生殖腺、血液、尿液和眼鼻分泌物中均含有病毒。

兔痘病毒可在多种动物的细胞培养物中增殖，包括兔肾细胞、牛胚肾细胞、鼠肾细胞、仓鼠肾细胞和Hela细胞等。可产生细胞病变，病变细胞胞浆内可见嗜酸性包涵体。兔痘病毒在鸡胚中生长的温度上限为41℃，易在11～13日龄的鸡胚绒毛尿囊膜上生长，并产生明显的痘斑。痘斑多见出血，但也常见大小不一的白色混浊痘斑；也曾分离到不产生痘斑的变异株。

Rockefeller株可以凝集鸡的红细胞，但“无痘斑”的Utrecht株不能凝集鸡的红细胞。

3. 理化特性 兔痘病毒对乙醚和脱氧胆酸盐有抵抗力，保存于－70℃稳定。对氯仿较敏感，易被氧化物或含巯基化合物所破坏。在生理盐水中，60℃ 10min即可被灭活。

4. 分子生物学 兔痘病毒为大双链DNA病毒，Li等（2005）的研究表明兔痘病毒的基因组与痘苗疫苗株极其相似，但不同的是痘苗疫苗株缺乏一个与痘病毒的毒力有关的719bp片段及三个基因。

三、流行病学

1. 传染来源 传染来源主要是病兔。

2. 传播途径 兔痘病毒传播非常迅速，可经各种途径使家兔感染发病。主要通过病兔鼻分泌物经空气传播或通过被污染的饲料和饮水经消化道感染，以及接触污染的兔笼或用具而感染。本病在感染群中传播非常迅速，康复兔不带毒。节肢昆虫在此病的发生中不起作用。

3. 易感动物

（1）自然宿主 兔痘病毒只感染兔，不同品种兔的易感性不同，但各种年龄的兔均易感。妊娠或哺乳雌兔以及幼年兔死亡率高。本病没有野外发生的报道。

（2）实验动物 皮肤划痕接种可使犊牛发生痘疹；脑内接种小鼠，可引起死亡。

（3）易感人群 该病毒不感染人类。

四、临床症状

1. Rockefeller 株感染　该病潜伏期 3～5 天，但也可能长达 10 天以上。

早期的典型临床症状是体温明显增高，病兔感染后 2～3 天体温可达 41℃。而且，鼻腔有多量分泌物，呼吸困难，极度衰弱和畏光。同时，病兔出现共济失调或麻痹；全身淋巴结肿大、硬化，特别是腘淋巴结和腹股沟淋巴结，病变常伴随整个病程。皮肤病变通常在发病 5 天后出现，开始为红色斑块，随后发展成丘疹，丘疹可长成直径约 10mm 的结节，这些结节最终干涸而成痂皮。痘病变可能不规则分布于全身，但最常发生于耳、唇、口腔和鼻腔黏膜、眼睑部皮肤、躯干和阴囊皮肤，也常见于肛门和肛门周围。

临床症状包括脸部和口腔水肿，硬腭和牙龈局灶坏死，以及急性、脓性结膜炎和角膜溃疡，严重病例可见皮肤出血。雄兔常见严重的睾丸炎和阴囊水肿，在包皮和尿道也可见丘疹。雌兔外阴也有类似病变。当有明显水肿时，雌雄兔都可发生尿潴留。

该毒株可引起超急性病例，死前只出现发热和厌食，偶尔发生眼睑炎，但超急性病例并不常见。

2. Utrecht 株感染　“无痘斑”型兔痘多呈超急性，不出现红斑和其他皮肤病变。在荷兰第一次暴发时，有的兔在感染后 7 天内即死亡，只表现厌食、发热等症状。在美国第一次发生的“无痘斑”病例，兔在感染后 7～10 天死亡，表现轻度发热、结膜炎和腹泻。

五、病理变化

1. 大体解剖观察　皮肤病变最为明显，可见局部丘疹，严重时可见伴有坏死和出血的融合性皮肤病变；同时在口腔、上呼吸道、肺、脾和肝等器官也出现丘疹；在口腔和其他天然孔常见水肿。腹膜和网膜可见局部丘疹。肝脏肿大，肝实质中可见许多灰白色结节，并伴有小的局灶性坏死，胆囊可见小的结节。脾脏中度肿大，偶见局部的结节或小的坏死区。肺脏布满小的半透明或灰白色结节，早期病例还可见局部坏死区。睾丸、卵巢和子宫常布满灰白色结节并发生水肿，睾丸可见坏死区。淋巴结、肾上腺、甲状腺、副甲状腺可见局部病变。

“无痘斑”型病例，唇部可见几个痘斑，经剃毛的兔偶见皮肤病变。主要病变包括胸膜炎，肝脏病灶性坏死，脾脏肿大，睾丸水肿和出血，偶尔在肺脏可见小的白色结节。

2. 组织病理学观察　在皮肤和其他组织器官可见丘疹或结节。典型结节的组织学结构由坏死的中央区和单核细胞浸润的边缘区组成，邻近组织水肿，大量单核细胞浸润，偶见出血。血管内皮明显肿胀，进而血管阻塞，这可能是造成坏死的原因。肺脏可见局部结节和扩散的肺炎区，肺炎的特点是血管周围的单核细胞和中性粒细胞浸润。脾脏充血，明显扩张的血窦内可见单核细胞。许多病例，脾小体可见水肿坏死。淋巴结和其他淋巴组织（如淋巴集结可见水肿和坏死）。骨髓出血、坏死、单核细胞浸润。肝实质呈局灶性或扩散性变性、坏死，甚至累及整个肝脏。睾丸可见明显的局灶性坏死和水肿。肾上腺、子宫、甲状腺、胸腺和唾液腺也可见坏死灶。

在兔痘病变中未见痘病毒感染所特有的胞浆内包涵体。肾上腺和性腺细胞胞浆内可见弥漫型包涵体。

六、诊　　断

该病根据临床症状和特征性病理变化可做出初步诊断。确诊可取病变组织进行荧光抗体检查，或进行病毒分离与鉴定。用可疑病料接种鸡胚绒毛尿囊膜或兔和鼠源细胞培养物分离病毒。新分离的病毒可用免疫荧光试验、血凝抑制试验或交叉保护试验进行鉴定。交叉保护试验中，牛痘苗疫苗株免疫的兔具有很强的抵抗力，而非免疫兔死亡率较高。

七、防治措施

1. 治疗　自然或人工感染后的家兔具有坚强的免疫性，不仅对兔痘病毒具有抵抗力，而且也对痘苗疫苗株的皮内或划痕接种呈现一定的免疫力。目前尚无兔痘疫苗的生产供应。但在疫情严重的兔群，可以试用痘苗进行紧急预防接种，可使家兔产生对兔痘的部分免疫力。

2. 预防 由于引起本病暴发的病毒来源一直没有确定，因此控制措施无从着手。

（白玉 卢胜明 贺争鸣 田克恭）

参考文献

田克恭．1991．实验动物病毒性疾病［M］．北京：农业出版社：177－180.

Christensen L R，Bond E，Matanic B. 1967. "Pock－less" rabbit pox［J］．Lab Anim Care，17（3）：281－296.

Dean H Percy，Stephen W Barthold. 2007. Rabbit pox［M］．Third edition. Blackwell Publishing：258－259.

Greene H S N. 1933. A pandemic of rabbit－pox［J］．Proc Soc. Exp. Biol. Med.，30：892－894.

Greene H S N. 1934. Rabbit pox：Ⅰ. Clinical manifestations and course of disease［J］．J Exp. Med.，60（4）：427－440.

Greene H S N. 1934. Rabbit pox：Ⅱ. Pathology of the epidemic disease［J］．J Exp. Med.，60（4）：441－455.

Greene H S N. 1935a. Rabbit pox：Ⅲ. Report of an epidemic with especial reference to epidemiological factors［J］．J Exp. Med.，61（6）：807－831.

Greene H S N. 1935b. Rabbit pox：Ⅳ. Susceptibility as a function of constitutional factors［J］．J Exp. Med.，62（3）：305－329.

Hu C K，Rosahn P D，Pearce L. 1936. Studies on the etiology of rabbit pox：Ⅲ. Tests of the relation of rabbit pox virus to other viruses by crossed inoculation and exposure experiments［J］．J Exp. Med.，63（3）：353－378.

Jansen J Todliche. 1941. infektionen von kanichen durch einfiltrierbares virus［J］．Zbl Bakt Parasit Infekt. 148：65－68.

Li G，Chen N，Roper R L，et al. 2005. Complete codingsequences of the rabbitpox virus genome［J］．J Gen Virol. 86：2969－2977.

Nalca A，Nichols D K. 2011. Rabbitpox：a model of airborne transmission of smallpox［J］．J Gen Virol.，92：31－35.

Nichols D K，Nalca A，Roy C J. 2006. Pathology of aerosolizedrabbitpox virus infection in rabbits［J］．Vet Pathol. 43：831.

Pearce L，Rosahn P D，Hu C K. 1936a. Studies on the etiology of rabbit pox. Ⅰ. Isolation of a filterable agent. Its pathogenic properties［J］．J Exp. Med.，63（2）：241－258.

Pearce L，Rosahn P D，Hu C K. 1936b. Studies on the etiology of rabbit pox. Ⅴ. Studies on species susceptibility to rabbit pox virus［J］．J Exp Med.，63（4）：491－507.

Rosahn P D，Hu C K. 1935. Rabbit pox. Report of an epidemic［J］．J Exp. Med.，62（3）：331－347.

Rosahn P D，Pearce L，Hu C K. 1936a. Studies on the etiology of rabbit pox. Ⅱ. Clinical characteristics of the experimentally induced disease［J］．J Exp. Med.，63（2）：259－276.

Rosahn P D，Hu C K.，Pearce L. 1936b. Studies on the etiology of rabbit pox. Ⅳ. Tests on the relation of rabbit pox virus to other viruses by serum neutralization experiments［J］．J Exp. Med.，63（3）：379－396.

Thomas G. 1970. Sampling rabbit pox aerosols of natural origin［J］．J Hyg（Lond），68：511－517.

第三节 猫牛痘病毒感染 (Feline cowpox virus infection)

猫牛痘病毒感染（Feline cowpox virus infection）是由牛痘病毒引起猫及其他猫科动物的病毒性传染病。猫感染后皮肤出现小结块，少数病例会出现口腔溃疡、系统性疾病或坏死性肺炎。致命的猫牛痘病毒感染常与猫的免疫缺陷病毒（*Feline immunodeficiency virus*）感染有关。牛痘病毒可感染牛、啮齿类动物、猫及人，目前除俄罗斯部分地区外，牛或常与牛接触的农场主已很少感染牛痘；啮齿类动物和猫发生该病的报道却逐渐增多，人通过接触猫或宠物鼠而感染的报道也有增多的趋势。

一、发生与分布

Marrenikova 等（1977）、Baxby 等（1979）分别报道了莫斯科动物园和英国动物园的狮子、穿山甲、猎豹等猫科动物感染牛痘病毒。Thomsett（1978）首次报道了猫感染牛痘。1985年在荷兰首次有猫牛痘感染人的记录。在英格兰的猫体内分离的牛痘病毒基因组与该区域的牛和其从业者分离到的牛痘病毒基因组密切相关。Marrenikova等（1977）指出，猫科动物感染牛痘病毒死亡率较高。

牛痘病毒最初主要侵害母牛乳头及乳房部皮肤，但在过去的30年中，已很少从牛群中分离到牛痘病毒，而家猫和动物园里狮子、穿山甲、猎豹等猫科动物常被诊断出牛痘病毒（Bennett等，2008）。牛痘病毒也可感染大象、灵长类和宠物鼠。实验条件下可感染兔、豚鼠、小鼠和猴。

我国还没有本病的报道。

二、病　　原

1. 分类地位　猫牛痘病毒（*Cowpox virus*，CPXV）属痘病毒科（Poxviridae）、脊索动物痘病毒亚科（Chordopoxvirinae）、正痘病毒属（*Orthopoxvirus*）成员。牛痘病毒在抗原性上与同属成员痘苗病毒和天花病毒极为相似。它们之间的微小抗原差异（有人认为仅是量上的差别）可用交叉补体结合试验、琼脂扩散试验和抗体吸收试验检出中和试验的特异性更高。

2. 形态学基本特征与培养特性　猫牛痘病毒具有痘病毒的典型形态。以水疱液制作的涂片，经姬姆萨染色，可以见到成熟的病毒粒子（原生小体），应用镀银法染色效果更好。病毒颗粒均呈砖形，长220～450nm、宽140～260nm、厚140～260nm。病毒粒子由1个核心和2个侧体组成，外层为双层的脂蛋白包膜。牛痘病毒中央为一个两面凹陷的核心，两个侧体分别位于凹陷内。核心是由DNA和蛋白质组成的核蛋白复合体。紧贴于核心周围的是一层栅栏状的核心膜。核心和侧体一起，由脂蛋白性表面膜包围，其细胞质中含有大量的A型嗜酸性粒细胞。

牛痘病毒可在鸡胚绒毛尿囊膜上良好生长，并产生出血性痘斑，这是病毒侵害中胚层组织损伤毛细血管内皮细胞的结果。大量感染时，鸡胚可能死亡。但在40℃以上的温度中不能产生出血性痘斑。近年来多次发现引起白色痘斑的突变株。牛痘病毒可以在许多种类的组织培养细胞中生长，于鸡胚细胞以及人胚肾和牛胚肾等细胞培养物内形成蚀斑、合胞体和细胞膨胀等细胞病变。

3. 理化特性　牛痘病毒能在室温下耐受干燥几个月。于干燥条件下，可耐100℃ 5～10min；但在潮湿条件下，60℃ 10min即可将其破坏。对常用消毒剂具有较强的抵抗力，但50%酒精和0.01mol/L四氧化锰可在1h内使其灭活。于－70℃中可存活许多年；保存于50%甘油中的痘病毒，可在0℃以下温度中存活3～4年。

牛痘病毒具有血凝素，可以凝集火鸡的红细胞，但其效价较低。

牛痘病毒是一种有包膜的双链DNA病毒，分子量大，基因组约为230 kb。可感染多种组织，其整合率低，可供短期的基因表达。牛痘苗病毒具有可感染静息期细胞、基因不整合在宿主染色体上、外源基因整体容量大等特点。

三、流行病学

1. 传染来源　野生啮齿类是牛痘病毒的主要宿主，猫科动物、动物园里的动物和人是偶然宿主。

2. 传播途径　一般牛痘病毒感染通常与抑制免疫力状况有关，感染了细小病毒、FIV和FeLV的猫，更易感染牛痘病毒。猫通过咬伤、捕杀野生啮齿类，而在偶然的情况下感染牛痘病毒。

3. 易感动物

（1）自然宿主　牛痘病毒在自然界条件下只侵害母牛乳头及乳房部皮肤，可感染狮子、穿山甲、猎豹、家猫等猫科动物，也可感染大象、灵长类和宠物鼠。实验条件下可感染兔、豚鼠、小鼠和猴。

（2）易感人群　人感染牛痘病毒较为罕见，人通过与感染猫和宠物鼠亲密接触而被感染，因此，感染者多为动物饲养人员、兽医及宠物饲养者。

4. 流行特征　野生啮齿动物是牛痘病毒的贮存宿主（Schulze C等，2007），猫感染牛痘病毒与猎捕野生啮齿类相关（Philipp K等2010），在德国的一项血清学研究显示，在调查的2 173只猫中血清阳性率为 2%（Czerny C. P 等，1996）。当地啮齿动物普遍带有的牛痘病毒是猫感染牛痘病毒的原因。大部分猫科牛痘病毒感染发生在夏末（Pfeffer M 等，2002），因为在夏末和秋季啮齿类动物数量最多。

人可通过与感染牛痘病毒的猫或宠物鼠的亲密接触而被感染。小孩、免疫功能不全或过敏性皮炎患者最易感。近年来人感染牛痘病毒有上升趋势，原因是近些年忽略了正痘病毒属的免疫及人与宠物的亲密接触。

四、临床症状

1. 动物的临床表现 猫感染牛痘病毒一般表现为皮肤损害，为丘疹、疱、脓疱、溃疡、瘢痕的病变过程。皮肤型病初表现瘙痒，数日后形成界限清晰、光亮、充血的无毛区，严重者则发生溃疡或结痂，甚至局部化脓。少数患病动物眼睛可见脓性分泌物及结膜炎，嘴唇黏膜皮肤结合部出现病变，上述病变通常在 28～35 天后恢复。期间病猫若继发细菌感染会加重病情，表现精神沉郁、食欲下降等症状（田克恭等，1991）。

猫一般感染牛痘病毒通常与抑制免疫力状况相关（Vanessa H 等，2011）。广义的猫牛痘病毒感染会伴随免疫抑制，如继发细小病毒、猫免疫缺陷病毒、猫白血病病毒及细菌感染。有的猫感染牛痘病毒后还会出现与 FHV-1 相似的面部皮炎、口腔溃疡。

猫牛痘病毒感染偶尔存在没有典型皮肤损伤的情况下，发生肺部致死性坏死（Schoniger S 等，2007）。

2. 人的临床表现 牛痘在人的潜伏期一般为 4～14 天。最初，观察到的症状像流感。传染性通常持续 3 周左右。牛痘病毒感染主要表现为皮肤损伤，患处皮肤出现中心出血性坏死、周围溃疡，并可见离心排列浆液性囊泡和大泡。在感染期间有些患者出现严重的淋巴腺炎及水肿，发热，咽喉痛，咳嗽，头疼，不适或失眠等症状。一般病程从数天到数月不等。经治疗，患处开始结痂，之后缓慢愈合。焦痂脱落后仍会留下溃疡性的疤痕。

五、病理变化

1. 大体解剖观察 猫面部出现深层的坏死性皮炎，舌部有多处溃疡，腋窝淋巴结略有肿大，脾脏中度弥散性淋巴增生。

2. 组织病理学观察 猫皮肤组织病理学检查，以中性粒细胞标定全层表皮坏死。周围的表皮增生并伴有皮肤棘层松解，表皮气球样变性及上皮细胞囊泡。多重的角质化细胞包涵不同大小 A 型嗜酸性胞质包涵体。同样，舌头出现溃疡性炎症坏死，表皮增生、上皮细胞气球样变性及 a 型包涵体。肝脏、胰腺、下颌淋巴结及胸腺出现从中度到重度、多病灶的坏死性炎症。此外，脾、腋窝淋巴结和骨髓表现中度的、弥漫性淋巴增生。肺部出现中度的多病灶间质淋巴浆细胞肺炎。肠和肺淋巴结、气管、心脏、子宫、胃、小肠、大肠、大脑、小脑、脑干、脊髓、甲状腺和肾上腺无病理表现。

六、诊　　断

该病可根据流行病学资料（被猫咬伤、抓伤与猫接触史）和临床症状做出初步诊断。但发生该病时常会误诊为肉芽肿、肿瘤而被忽视。确诊需结合实验室检查。

1. 病毒分离与鉴定 牛痘病毒分离培养方法是，对患处皮肤样本进行无菌处理后，用非洲绿猴肾细胞系 MA104 培养病毒，电镜观察细胞培养物中的病毒形态，病毒颗粒呈砖形，成熟的病毒颗粒直径约 300nm，在角质化细胞的细胞质中检测到典型两面凹的核心，具有痘病毒粒子特征。分离的病毒可通过 PCR 进一步鉴定。

2. 电镜检查 电子显微镜能通过原生皮肤活体、水疱液和病灶性结痂快速诊断牛痘病毒感染。牛痘病毒有包膜、砖形，成熟的病毒颗粒直径约 300nm，在角质化细胞的细胞质中检测到典型两面凹的核心，具有痘病毒粒子特征。但该方法不能区分牛痘病毒、天花病毒和软疣。

3. 免疫组织化学诊断　组织病理检查，固定猫组织样品，用石蜡包埋，苏木精和曙红染色。样品具有典型的组织病理学特征，坏死、嗜酸性的皮炎，胞浆含有大量的嗜酸性 ATI（A 型）包涵体，ATIS 被视为牛痘病毒感染的特殊诊断标志。PCR 验证表明，其准确率接近 100%。

4. 分子生物学诊断　PCR 或荧光定量 PCR 等分子生物学方法均可用于该病的诊断，14kD 融合蛋白或生成血凝素基因的全部开放阅读框可作为靶基因。

七、防治措施

1. 治疗　对病猫应精心护理，应用广谱抗生素以防继发感染。脱水严重时需补液。尽管可的松及醋酸甲地孕酮类药物常用于猫皮肤病的治疗，但疑似牛痘病毒感染时应禁用。也有研究认为，牛痘病毒的免疫反应可能造成健康组织的附带损害。因此，轻微的减弱免疫反应可减少皮肤坏死和持续性淋巴结病变。口服糖皮质激素和其他免疫抑制剂药物可用于疾病后期阶段的治疗。目前还没有批准的抗痘病毒药物。西多韦福适用于艾滋病引起的 CMV 视网膜炎，试验表明其对牛痘抗病毒疗效，因而被考虑治疗各种疫苗接种并发症。由于存在严重的副作用，因此在严格的医疗监督下才可使用。

2. 预防　猫牛痘病毒感染对猫的重要性还不明确，该病在猫的隐性感染可能更为常见。近年来，人由于和感染了牛痘病毒的猫和宠物鼠亲密接触而被感染的报道逐渐增多，因此猫和宠物鼠对其主人具有潜在的威胁。所以宠物的主人应做好预防措施。幼儿、皮肤病患者和异位皮肤病患者有进一步发展成牛痘病毒感染的危险。家猫被认为通过狩猎野生啮齿动物直接接触被感染，应设置一个用于预防的小房间，以防止人与感染牛痘病毒的猫接触而被传染。此外，一些常与易感动物接触的饲养管理人员、临床兽医和研究人员的自身防护很重要。尽管空气不传播牛痘病毒，但病毒粒子可通过其他偶然的接触而扩散。接触猫时尽量避免被咬伤或者抓伤，避免裸露的皮肤与患病猫的任何分泌物或组织接触。

八、公共卫生影响

牛痘病毒感染目前在国外的人和猫中有增多的趋势，我国还没有该病发生的报道。但近年来随着宠物猫和宠物鼠数量的增多，增加了该病对人和猫的健康存在的潜在威胁，且该病临床上很容易误诊为肉芽肿或肿瘤而耽误治疗，应引起宠物饲养者和医护人员的重视。

（迟立超　孙明　肖璐　田克恭）

参考文献

田克恭．1991．实验动物病毒性疾病［M］．北京：农业出版社：231－232.

殷震，刘景华．1997．动物病毒学［M］．第 2 版．北京：科学出版社：939－946.

Bernd B, Kristof F, Karl F R, et al. 2008. Cowpox infection transmitted from a domestic cat [J]. J. JDDG., 6: 210-213.

Bonnekoh B, Falk K, Reckling K F, Kenklies S, et al. 2008. Cowpox infection transmitted from a domestic cat [J]. J Dtsch Dermatol Ges., 6: 210-213.

Boulanger D, Crouch A, Brochier B, et al. 1996. Serological survey for orthopoxvirus infection of wild mammals in areas where a recombinant rabies virus is used to vaccinate foxes [J]. J. Vet. Rec., 138: 247-249.

Chantrey J, Meyer H, Baxby D, Begon M, et al. 1999. Cowpox: reservoir hosts and geographic range [J]. J. Epidemiol. Infect., 122: 455-460.

Czerny C P, Eis-Hübinger AM, Mayr A, et al. 1991. Animal poxviruses transmitted from cat to man: current event with lethal end [J]. J Zentralbl Veterinarmed B., 38: 421-431.

Feuerstein B, Jürgens M, Schnetz E, et al. 2000. Cowpox and catpox infection. 2 Clinical case reports [J]. J. Hautarzt., 51: 852-856.

Hemmer C J, Littmann M, Lobermann M, et al. 2010. Human cowpox virus infection acquiredfrom a circus elephant in Germany [J]. Int. J. Infect. Dis., 14: 338-340.

Hilde H, Malachy I O, Øivind N, et al. 2009. Comparison and phylogenetic analysis of cowpox viruses isolated from cats and humans in Fennoscandia [J]. J. Arch. Virol., 154: 1293-1302.

Pfeffer M, Pfleghaar S, Vonbomhard D, et al. 2002. Retrospective investigation of feline cowpox in Germany [J]. J The Veterinary Record, 12: 50-51.

Philipp K, Wolf V, Linda D, et al. 2010. Genetic diversity of feline cowpox virus, Germany 2000-2008 [J]. J Veterinary Microbiology, 141: 282-288.

Sandra V, Miklós S, Katharina G, et al. 2011. The Munich Outbreak of Cutaneous Cowpox Infection: Transmission by Infected Pet Rats [J]. J. Acta. Derm. Venereol., 92: 1-6.

Schaudien D, Meyer H, Grunwald D, Janssen H, Wohlsein P. 2007. Concurrent infection of a cat with cowpox virus and feline parvovirus [J]. J Comp. Pathol., 137: 151-154.

Schulze C, Alex M, Schirrmeier H, et al. 2007. Generalized fatal Cowpox virus infection in a cat with transmission to a human contact case [J]. J Zoonoses Public Health., 54: 31-37.

Steinborn A, Essbauer S, Marsch WCh. 2003. Human cowpox/catpox infection. A potentially unrecognized disease [J]. J. Dtsch. Med. Wochenschr., 128: 607-610.

Vanessa H, Peter W, Dorothea G, et al. 2011. Poxvirus infection in a cat with presumptive human Transmission [J]. J Veterinary Dermatology., 22: 220-224.

Wienecke R, Wolff H, Schaller M, et al. 2000. Cowpox virus infection in an 11-year-old girl [J]. J. Am. Acad. Dermatol., 42: 892-894.

Wollenberg A, Engler R. 2004. Smallpox, vaccination and adverse reactions to smallpox [J]. Curr. Opin. Allergy. Clin. Immunol., 4: 27-275.

第四节 猴 痘
(Monkey pox)

猴痘（Monkey pox）由猴痘病毒所致，是一种罕见的动物病毒性传染病。见于非洲中西部热带雨林地区中的猴类，也可感染其他动物，偶可使人遭受感染，其临床表现类似天花，但死亡率和传染性较天花小，死亡率1%～10%。猴痘呈世界性分布，但主要存在于非洲中西部热带雨林地区。目前我国尚未有猴痘感染和感染人的确切报道。

一、发生与分布

猴痘病毒最初由 Von magnus 等于 1958 年在丹麦哥本哈根血清研究所饲养的食蟹猴体内首次分离到，因发病首见于猴故称猴痘。猴痘主要存在于非洲中西部热带雨林地区的猴类，北美、欧洲和亚洲的非人灵长类动物也多次发生猴痘病毒感染，因此猴痘基本上呈世界性分布。

当时接触病猴的人都不发病，因为接种的天花疫苗对人群起了保护作用，在天花疫苗持续接种的情况下，该病并未对人造成威胁。直到 1970 年 Equateur 等人在刚果发现首例人感染猴痘病毒的病例并分离到病毒，才意识到猴痘是一种地方性人兽共患传染病。此后 26 年在中西非洲陆续发现患者 500 余例，2003 年美国中西部三个州威斯康星州、印第安纳州、伊利诺伊州先后发生人猴痘暴发并已播散至 7 个州。西半球首次暴发猴痘意味着对人具有感染力和致病性的猴痘病毒已经从非洲扩散开，并蔓延到北美洲。因此，在天花消灭之后，猴痘病毒成为人痘病毒中监测和研究的重点。

目前，我国尚未见有灵长类动物感染猴痘病毒和人感染猴痘病毒发病的报道，但吴小闲等（1990）报道我国猴群中猴痘病毒抗体阳性率为 3.74%。猴痘病毒的自然宿主主要是灵长类动物和啮齿类动物，随着全球交往日益频繁，加之动物源性传染病控制的复杂性，病毒及易跨洲传播，造成大范围的流行。我国面临猴痘从国外传入的威胁，因此，也很重视对恒河猴猴痘病毒的检疫，并建立了相关的检测方法。

二、病 原

1. 分类地位 猴痘病毒（*Monkey pox virus*）在分类上属痘病毒科（Poxviridae）、脊索动物痘病毒亚科（Chordopoxvirinae）、正痘病毒属（*Orthopoxvirus*），与天花病毒同属于正痘病毒。

2. 形态学基本特征与培养特性 猴痘病毒呈砖形或卵圆形，大小为（220～450）nm×（140～260）nm，由哑铃状核心、球状侧体和囊膜组成。哑铃状核心主要由双链DNA核蛋白组成，囊膜主要由磷脂、胆固醇和蛋白质组成，病毒外膜蛋白可使病毒逃避宿主的免疫防御系统。传统负染时其核心如哑铃形，中间凹陷，两侧各有一个侧体，双层外膜包裹核心。1999年低温电镜学显示不同形态，球形核心被外膜包裹，不存在侧体，可能由于负染脱水作用所致。

猴痘病毒可在Hela、Vero、BSC21、RK213及人胚肺和肾等细胞中培养生长，导致细胞病变，细胞圆形化、颗粒状、变性等病变比天花病毒快，产生的空斑比痘苗和牛痘病毒小。所有毒株均可在鸡胚绒毛尿囊膜上生长，产生类似天花病毒引起的细小痘疱病变。兔接种猴痘病毒仅产生皮肤病变及角膜炎，而小鼠脑内接种猴痘病毒可发生脑炎。

3. 理化特性 猴痘病毒在体外生活力很强，对乙酸有抵抗力，对阳光、紫外线、热、乙醇、高锰酸钾、十二烷基磺酸钠、苯酚、氯仿等均敏感。56℃ 30min可完全灭活，冻干毒株4℃可保存180天，长期保存可置于－70℃。脱氧胆酸盐、二硫苏糖醇和氯化钠可使病毒结构破坏而丧失活性。

4. 分子生物学 猴痘病毒的基因组为线状双链DNA，全长196～858bp，两端形成单链发卡样结构。G+C含量为33%，经Hind Ⅲ内切酶降解的痘病毒，可获得20个核酸片段。病毒体以蛋白质为主（90%），含有100多种多肽及10多种酶类。基因组可编码病毒复制时所需的多种酶类，故病毒可独立进行复制。

三、流行病学

1. 传染来源 该病的主要传染源是栖息于热带雨林的猴子、感染的啮齿动物或其他哺乳动物和猴痘病人。传播猴痘的啮齿类动物除了土拨鼠外，还有冈比亚硕鼠、树松鼠、条纹松鼠、条纹老鼠、睡鼠。兔、扫尾豪猪和穿山甲也是传染源。

2. 传播途径 猴痘病毒可直接在猴群内传播，通过咬伤、抓伤、密切接触等感染健康猴。接触被病猴污染过的物品也可传染给土拨鼠、松鼠和其他啮齿类动物。

人感染猴痘病毒主要是通过直接接触感染动物的感染性血液、体液、猴痘病损引起。传播途径包括：被感染动物咬伤、抓伤而直接接触了感染动物的组织或体液；人体已经存在的皮肤创伤和黏膜损伤沾染了感染动物的血液和体液；猴痘还可以通过直接接触病毒污染的物品，如衣服和被褥传播；食入猴肉和松鼠肉。本病一般由动物传染给人，但也可以在人与人之间传播，传播媒介主要是血液和体液。人与人之间通过长时间近距离飞沫传播，空气中的悬浮颗粒也能传播。世界卫生组织（WHO）及权威们对整个20世纪80年代的病例做了研究，人与人之间的传播率为28%。该病可经传代传染，但目前所见尚未超过4代。接种过天花疫苗的人群可产生对猴痘病毒一定程度的交叉免疫力。

3. 易感动物

（1）自然宿主 猴痘病毒的自然宿主大多数学者认为是猴，主要分布在中西非洲热带雨林地区。感染的食蟹猴、恒河猴、啮齿类动物或其他哺乳动物是猴痘病毒的贮存宿主。

（2）实验动物 在实验动物中，2003年报道家兔会感染猴痘病毒，是由于与一只携带病毒的土拨鼠共同饲养而被感染。另外，松鼠、豪猪、穿山甲、大鼠、小鼠等其他啮齿类动物有不同程度易感性。

（3）易感人群 人对猴痘病毒普遍易感，儿童居多。主要感染小于15岁的人群，特别是10岁以下者（86%），多为与啮齿类动物密切接触和未接种过牛痘疫苗的儿童、动物饲养人员、实验研究人员、宠物商店店员和宠物爱好者。接种牛痘者具有一定的免疫力，感染猴痘病毒后可以产生免疫抵抗。

4. 流行特征 猴痘病毒主要发生于中西非洲的热带雨林、居民稀少的地区。全年散发，6～8月份为发病高峰期，与降水量大和人群户外活动增加，如农忙和狩猎等有关。

目前已从5种猴检出猴痘病毒抗体，其中食蟹猴和猕猴感染率最高。1979年美国亚特兰大疾病控制中心实验室从非洲条纹松鼠检出猴痘病毒抗体，1985年WHO流行病学调查队在刚果从一只正在发疹的非洲条纹松鼠分离到猴痘病毒，随后采用放射免疫吸附试验从非洲条纹松鼠和西非向日松鼠检出猴痘病毒抗体，阳性率分别为20.4%和16%。调查发现人群30%的人中有自然猴痘抗体，未接种天花疫苗的接触者，亚临床感染率为18%，继发率高，几乎是接触者的8倍多；已接种天花疫苗的接触者，隐性感染率为28%，即使发病症状也轻微，痘疱数量少。2003年4月9日美国从非洲进口的800只小哺乳动物中，有1只冈比亚巨鼠、2只条纹松鼠和3只榛睡鼠（*Muscardinusavellanarius*）被猴痘病毒感染，并且传染给共同饲养的草原土拨鼠宠物而导致人感染。其中有1只携带病毒的土拨鼠感染了9例确诊病人、9例疑似病人和1只家兔，被称为超级传染源。有1例医务工作者接触患者发病，这是美国境内首例猴痘在人与人之间传播的报道。截至当年6月18日，全美共报告猴痘病例92例，大部分患者与草原土拨鼠或其他被猴痘病毒感染的动物接触后发病。

四、临床症状

1. 动物的临床表现 自然条件下，猴子感染表现两种病型。①急性型，仅见于食蟹猴。特征是面部水肿并向颈部延伸，最终窒息而死亡。同时全身各部位皮肤出现皮疹，口腔黏膜溃疡。②丘疹型，仅在面部和四肢皮肤出现丘疹。起初散在，直径1～4mm，化脓后流出灰色脓汁，丘疹周围发红，多在7～10天内消退，瘢痕组织愈合，严重者可导致死亡。

实验条件下，经皮内、肌内或静脉途径接种猴痘病毒，猴表现发热，约持续7天，8～10天后皮肤出现痘疹，病毒血症从4～6天开始，持续到痘疹破溃后4～5天。

2. 人的临床表现 人感染猴痘病毒与天花相似，故有天花样疾病（smallpox-like illness）之称。潜伏期7～14天，病死率1%～10%，比天花病死率低（天花30%），但儿童病死率可高达17%。起病急骤，表现为发热、乏力、头痛、肌痛、背痛、淋巴结肿大。1～4天后出现天花样皮疹，1～2天即可遍布全身，极易误诊为天花。皮疹最早出现于前额、头面部和四肢，呈离心性分布，手足心也可见皮疹。人猴痘病的传染性在出疹的第1周最强，典型的人猴痘皮疹特点：开始为直径2～5mm的红色斑丘疹，数小时后形成圆形丘疹，该丘疹坚实，触之较硬，可遍及全身。约1周形成疱疹，内含浆液，继续发展形成脓疱疹，中心凸起，周围红晕；2周左右中心萎陷，周围隆起，周围红晕更浓既而结痂，然后脱落，留下无色素沉着的瘢痕。病程中无出血性皮疹。由于猴痘出疹快，故其疹型大小相似。典型的人猴痘的痘疱主要集中于脸部、手臂及腿、手掌和足底、口腔黏膜，舌和生殖器也可累及，呈离心分布。依皮肤损害程度分类，轻型占91.2%～13%（皮损少于25处），中型占31.3%～8%（皮损25～99处），重型占49%～59.5%（皮损100处以上）。猴痘病人另一显著特点是，发疹前1～2天约90%的猴痘患者伴有单侧或双侧淋巴结肿大，可出现于下颌、颈部、耳后、腋下、腹股沟等部位，尤其多见于颈部和腹股沟淋巴结，且左侧较右侧突出，这点可与天花相鉴别。

在接种过天花疫苗的患者中，猴痘皮损较轻且呈多形性，约53%的患者有淋巴结肿大，无1例死亡。接种天花疫苗的保护率为85%。

五、病理变化

1. 大体解剖观察 自然感染猴的皮肤表面可见散在天花样痘疹，消退期可见瘢痕组织。通常病变处于同一阶段。人工感染猴4天后皮肤表面可见小斑疹，周围有少量渗出物，并迅速发展为丘疹和水泡。6～7天后形成脓疱，脓疱顶上形成凹陷，之后干燥结痂，痂皮脱落后形成瘢痕。肺呈现支气管肺炎变化，脾、淋巴结等淋巴器官肿胀、坏死，切面可见灰白色小灶。

2. 组织病理学观察 表皮增生肥厚，生发层特别是棘细胞层细胞水泡变性，细胞肿大呈海绵状，内含大量液体，有时变成一个大空泡或扩大的液化性多室的空腔。痘疹部细胞间充满浆液。疱疹下部细胞损伤明显，可延至真皮层。脓疱液中混有大量中性粒细胞。在变性、坏死的基底细胞层细胞和棘细胞层细胞浆内可见大小不等的嗜酸性包涵体。形成痂皮后，充血及皮下水肿消退，上皮组织再生。有时基底细胞层细胞和棘细胞层细胞表现为凝固性坏死，不出现脓疱病变。肺组织也可发生痘疹样变化。病变常从支气管、细支气管和肺间质开始，并有淋巴样细胞浸润和肺泡上皮的增生和化生。痘疹病灶内的肺泡上皮呈立方形或菱形，向肺泡腔内凸出。病灶部支气管黏膜上皮增生，呈乳头状向管腔内突出，增生的上皮细胞间浸润的巨噬细胞胞浆内可见圆形嗜酸性包涵体。淋巴组织可见淋巴小结生发中心坏死。部分病例可见脑组织脱髓鞘病变或睾丸组织局灶性坏死。

六、诊　断

该病可根据流行病学资料（接触过进口的有或没有临床病症的哺乳动物类宠物，但该哺乳动物类宠物曾接触过人或哺乳动物类宠物猴痘病例、被猴咬伤、抓伤、与猴接触史）和临床症状做出初步诊断，确诊需结合实验室检查。

鉴于猴痘原来局限于非洲，目前在我国卫生行政部门未能确定该病的传染病等级情况下，实验室防护应参照天花进行。进行病原检测应进入生物安全水平三级实验室，其他项目检测也应在指定的专业实验室进行。

1. 病毒分离与鉴定　猴痘病毒分离培养是诊断感染的标准方法。分离病毒时可将病变部位的水泡液无菌处理后接种兔（猴）肾细胞或鸡胚绒毛尿囊膜，并将分离物做成悬液于电镜下观察病毒颗粒的形态。鸡胚绒毛尿囊膜接种含该病毒材料可产生天花样痘斑，镜检可见嗜酸性痘样包涵体；在兔（猴）肾细胞上可以产生细胞病变，兔皮内接种含该病毒的材料可出现体温升高和特征性出血性猴痘病损。可疑病料经皮肤或角膜划痕接种 2 日龄仔兔后 36～72h，皮肤上可出现特异性痘疹，角膜浑浊，角膜细胞内可见包涵体，仔兔 5～7 天后死亡。剖检肝脏可见灰白色斑点，肾出血。新生乳鼠脑内接钟可引起致死性脑炎，并于接种后 4 天内死亡。

2. 血清学试验　猴痘病毒可通过中和试验鉴别，急性和恢复期血清抗体 4 倍升高可用于猴痘病毒感染的诊断。当只有一份临床标本时，很难或不可能做出临床诊断。由于猴痘病毒与痘病毒之间存在抗原交叉，因此该试验的特异性不够，对早期诊断帮助不大，常用于流行病学调查。

血凝抑制试验：猴痘病毒与痘病毒属均具有血凝素，可通过鸡红细胞黏附和聚集检测。病人血清对红细胞黏附和聚集的抑制可作为痘病毒感染的辅助诊断。但该试验特异性不够，需结合临床考虑。试验患者出现阳性结果较中和试验为早，临床可用于提供较早期感染的信息。以上两种试验如取材时间合适，其预测价值可达 50%～95%。但因其特异性不够，不能用于确诊，多用于回顾性鉴别痘病毒感染。也可用 ELISA 检测血清中猴痘病毒特异性抗体（IgM）。

3. 组织病理学诊断　表皮增生肥厚，生发层特别是棘细胞层细胞水泡变性，细胞肿大呈海绵状，内含大量液体，有时变成一个大空泡或扩大的液化性多室的空腔。痘疹部细胞间充满浆液。疱疹下部细胞损伤明显，可延至真皮层。脓疱液中混有大量中性粒细胞。在变性、坏死的基底细胞层细胞和棘细胞层细胞胞浆内可见大小不等的嗜酸性包涵体。形成痂皮后，充血及皮下水肿消退，上皮组织再生。有时基底细胞层细胞和棘细胞层细胞表现为凝固性坏死，不出现脓疱病变。肺组织也可发生痘疹样变化。病变常从支气管、细支气管和肺间质开始，并有淋巴样细胞浸润和肺泡上皮的增生和化生。痘疹病灶内的肺泡上皮呈立方形或菱形，向肺泡腔内凸出。病灶部支气管黏膜上皮增生，呈乳头状向管腔内突出，增生的上皮细胞间浸润的巨噬细胞胞浆内可见圆形嗜酸性包涵体。淋巴组织可见淋巴小结生发中心坏死。部分病例可见脑组织脱髓鞘病变或睾丸组织局灶性坏死。

4. 分子生物学诊断　PCR 方法：以 ATI 蛋白（Atype inclusion body protein）和 HA 蛋白（hemagglutinin protein）基因的基因组 DNA 序列为基础，通过不同扩增片段大小的检测和/或扩增片段经限制性内切酶酶切后不同长度片段来鉴别猴痘病毒。有的先区分痘病毒属，然后再确认猴痘病毒；有的根据特异性序列直接检测猴痘病毒。

周为民等（2006）参照国外相关文献设计了正痘病毒通用型、天花和猴痘病毒特异的核酸扩增引物及荧光标记探针，制备了相应的模板或模拟样本，建立可用于天花、猴痘病毒感染鉴别诊断的荧光实时定量 PCR 方法。

七、防治措施

1. 治疗 目前对猴痘尚无特效疗法。主要采用对症支持治疗和护理。注意休息，补充水分和营养，加强护理，保持眼、鼻、口腔及皮肤清洁。防止并发症，可用抗生素预防继发性感染。猴痘病程为 2～4 周，患者应严格隔离至痘痂脱净。临床医师在预防方面要注意，接触发疹患者时要做好个人防护，包括戴口罩、戴手套、认真洗手等。发现可疑病例要迅速隔离患者，立即上报，接触者要进行医学观察。

据美国学者研究显示，猴痘病毒对广谱抗病毒药物——西多福韦（Cidofovir）敏感，但有明显毒性，仅用于严重猴痘感染者的治疗。近期美国布法罗大学科学家宣布找到 11 种抑制痘病毒复制的新方法，人工合成低聚核苷酸，其作用能够刺激痘病毒早期基因表达提前终止，合成的信使 RNA 分子因此比通常情况下要短，结果病毒蛋白质无法正常生成，使病毒复制受到抑制，为开发治疗天花和猴痘等传染病的药物提供了新线索。牛痘免疫球蛋白目前尚待证明其是否有效。

中医中药治疗。中国医药几千年积累了治疗痘症的经验，痘症属热毒，可加强该方面的研究，相信中医药对治疗猴痘会获得较好疗效。

2. 预防 目前对野生猴或其他野生动物尚无有效的预防措施。对捕获猴或自繁猴可人工接种痘苗病毒预防该病的发生。我国目前尚未有猴痘病毒感染的报道，但为了预防该病的发生，要做好以下工作：

（1）严格控制传染源 对患病的动物及患者（疑似和确诊患者）进行严格的隔离，隔离至完全脱痂或发病后 14 天；隔离观察密切接触者，观察时间为 21 天。对感染的动物进行严格的处理，患者分泌物、痰液、血液、渗出物应严格消毒后处理。

（2）切断传播途径 对来自非洲和美国的所有啮齿类动物严格检疫，防止病毒传入。对与患者或患病动物密切接触者就地隔离治疗。禁止个人饲养、捕捉和食用野生动物，更严禁作为宠物饲养。

（3）预防接种 接种天花疫苗可以保护人和动物免受猴痘病毒感染。据报道，接种天花疫苗能够让大约 85%的人对猴痘病毒产生免疫力。但是，接钟情况表明天花疫苗还存在一些副作用，可以引起极少数人发生心肌炎或心瓣膜炎。因此，美国疾病预防与控制中心（CDC）建议，除研究猴痘暴发或照顾感染病人或动物的人群，或者与猴痘患者和感染动物有密切接触人群，对灵长类中心饲养管理人员和研究人员，应当接种天花疫苗外，一般人群不推荐接种天花疫苗。接触猴子的检疫人员或兽医，应警惕感染猴痘的危险性，并需要采取预防措施。若与猴子接触的工作人员出现皮肤病变，应及时确诊和治疗。目前，正在对一些新的亚单位疫苗和减毒天花疫苗对猴痘病毒感染的保护作用进行研究，并取得了一定的成效。

八、公共卫生影响

最初报道（1958）猴及其他易感动物感染猴痘病毒仅在中西非洲的热带雨林地区出现，但此后，世界上发生了多次猴痘疫情的暴发，猴痘已经从最初的中西非洲地区扩散开，并蔓延到北美洲。相关研究表明，该病存在人与人之间的相互传播，传播率达 28%，人感染猴痘病毒后临床表现类似天花，病死率最高可达 17%。至今已有 500 多例人感染猴痘的报道，绝大多数病例是由于人接触患病猴或患病的易感动物而感染发病，一部分是由于人与人之间近距离的飞沫传播而感染。因此，加强易感动物饲养管理人员、临床兽医和研究人员的自身防护至关重要。

（陆彩霞 代解杰 田克恭）

参考文献

郭强，杜焕旺，李志刚．2009. 猴痘现代自然疫源性传染病［M］．北京：内蒙古科学技术出版社：127－130.
刘国华，许汴利．2007. 急性与新发传染病［M］．北京：中国科学技术出版社：112－117.
刘建中，关淳，秦琳，王凝岚．2003 猴痘的流行现状及口岸控制策略［J］．口岸卫生控制，8（5）：25－31.
刘永渠．2004. 关于人类猴痘［J］．浙江临床医学，6（12）：1025－1026.
田克恭．1991. 实验动物病毒性疾病［M］．北京：农业出版社：364－369.
张正，岳志红．2003 猴痘病毒研究进展［J］．中华检验医学杂志，26（8）：511－514.
Jessica R Weaver，Sruart N Isaacs. 2008Monkeypox virus and insights into its immunomodulatory［J］．Proteins Immunol. Rev.，225：96－113.
Patrick R Murray，Ellen Jo Baron，Michael A Pfaller，et al. 1999. Mannual of clinical microbiology［M］．8th. Washington DC：American Society for Microbiology：1583－1591.

第五节　兔黏液瘤病
(Rabbit myxomatosis)

兔黏液瘤病（Rabbit myxomatosis）是由兔黏液瘤病毒引起兔的一种高度接触性、致死性的传染性疾病。病兔的全身皮下、特别是颜面部和天然孔周围皮下可见广泛分布的肿瘤样肿胀，因切开肿瘤时从切面流出黏液蛋白样渗出物而得名。

一、发生与分布

1898 年，兔黏液瘤病毒最早在乌拉圭的蒙得维亚被发现。该病主要分布在南美的巴西、阿根廷、哥伦比亚和巴拿马等国家；之后传到欧洲的法国、比利时、德国和荷兰，并越过英吉利海峡传到英国；其中澳大利亚和美国尤为严重。目前世界上已有 56 个国家和地区发生过该病。

二、病　　原

1. 分类地位　兔黏液瘤病毒（*Rabbit myxomatosis virus*，RMV）在分类上属于痘病毒科（Poxviridae）、脊索动物痘病毒亚科（Chordopoxvirinae）、野兔痘病毒属（*Leporipoxvirus*）成员。该病毒包括几个不同毒株，具有代表性的是南美毒株和美国加州毒株；毒力最强的毒株，如标准实验室毒株、洛桑毒株和加利福尼亚毒株，可引起 90%以上的死亡率；毒力最弱的毒株，如神经黏液毒株和诺丁汉毒株，所造成的死亡率不超过 30%，各毒株间的毒力和抗原性互有差异，这与病毒基因组大小有关。到目前为止，黏液瘤病毒只发现一个血清型。

2. 形态学基本特征与培养特性　兔黏液瘤病毒为双链 DNA 病毒，病毒颗粒呈砖形，直径为 230～280nm，厚度 75nm，病毒基因组长度约 163kb。其具有痘病毒的典型特点，在被感染细胞的细胞质内进行复制和装配。

黏液瘤病毒能在 10～12 日龄鸡胚绒毛尿囊膜上生长，并常于接种后 4～6 天产生痘斑。痘斑的大小因病毒株的不同而有区别，南美毒株产生的痘斑大，加州毒株产生的痘斑小。常用鸡胚绒毛尿囊膜上的痘斑计数法进行病毒滴定。

黏液瘤病毒还可在多种组织培养细胞内增殖，并产生以形成胞浆内包涵体和核内空泡为特征的细胞病变。用来增殖病毒的细胞包括兔的肾、心、睾丸、胚胎成纤维细胞，豚鼠、仓鼠、大鼠胚胎肾细胞，鸡胚成纤维细胞和人羊膜细胞。但以兔肾、兔心和兔皮肤等细胞最好，因为其敏感性和病毒产量均高。兔肾原代细胞感染病毒 48h 后，可出现典型的痘病毒细胞病变：细胞融合形成合胞体，染色质呈嗜碱性凝集；有时出现呈散在性分布的嗜酸性细胞浆包涵体；感染细胞变圆、萎缩和核浓缩，进而溶解脱壁，在细胞单层上出现直径约 3mm 的蚀斑，甚至单层完全脱落。而在其他细胞中，仅日龄很小的大鼠细胞能够支持病毒生长，豚鼠细胞也常需要适应1～2代，才具有较高的病毒产量和产生比较规律的细胞病变。

3. 理化特性 该病毒对乙醚敏感，但能抵抗去氧胆酸盐，这是黏液瘤病毒独特的性质，因为其他痘病毒对乙醚和去氧胆酸盐的敏感性是一致的。兔黏液瘤病毒对石炭酸、硼酸、升汞和高锰酸钾有较强的抵抗力，但用0.5%～2.0%的福尔马林可在1h内使其灭活。

三、流行病学

1. 传染来源 家兔和野兔是兔黏液瘤病毒的主要来源；带毒兔的排泄物接触、污染过有病毒的饲料、饮水和用具，也会造成其他动物感染病毒。

2. 传播途径 在自然界，最主要的传播方式是通过节肢动物媒介，如跳蚤、蚊子、虱子、苍蝇和螨类等吸血昆虫；其中蚊子和兔蚤是兔黏液瘤病毒的主要传播媒介；兔黏液瘤病毒在媒介昆虫的体内并不繁殖，仅起单纯的机械传播作用。

3. 流行特征 兔黏液瘤病毒流行没有严格的季节性，在不同地区的流行有差异，但夏秋季为发病高峰季节，每8～10年流行一次。由于该病是高度接触性传染病，具有高度的宿主特异性，人和其他动物不易感，只引起兔科动物发病，所以一旦发生，往往迅速传播，病情严重时死亡率可达100%。环境温度明显影响兔黏液瘤病的发病，环境温度高引起皮肤和直肠温度升高而使疾病减轻，但很少有继发性病损。曾经报道，野兔感染不完全弱化病毒的死亡率，夏天为30%，冬天为86%～100%。

四、临床症状

兔黏液瘤病毒的致病力存在比较大的差异，不同地区的毒株在各种品系的兔临床表现也不同。南美较强的毒株感染家兔3～4天后，病兔身体各天然孔周围及面部皮下水肿是其主要特征。例如，眼的炎症，眼睑肿胀，结膜流出大量分泌物，最初呈浆液性，但迅速变为脓性，病眼于1～2天即因肿胀而不能睁开；口、鼻和肛门、外生殖器也可见到炎症和水肿，并常见有黏液脓性分泌物。头部肿大，死前出现惊厥，死亡一般在感染后8～15天。毒力较弱的南美毒株或澳大利亚毒株，兔的临床表现为轻度水肿，眼和鼻有少量分泌物，界限比较明显的肿块，症状较轻，死亡率低。

美国加利福尼亚毒株引起兔的病变，主要临床症状有两种类型：①最急性型。感染后发病最为迅速，7天可能导致死亡，其主要表现是嗜睡、眼睑水肿、食欲不振和发热，临死前大脑抑制。②急性型。出现症状后7～15天内死亡，死前症状较为明显，感染加利福尼亚毒株的病兔6～7天后眼睑水肿；头部和脸部肿胀，包括嘴、鼻、眼睛和耳朵；肛门周围和生殖器出现红肿；严重时会造成失明并伴有发热；在易感兔群，90%兔可能死在这一阶段。

澳大利亚最典型的兔黏液瘤病毒株是Mose分离作为“标准实验室株”的原始南美株。兔感染该毒株3～7天后，全身出现肿瘤。眼睛病变为黏液脓性结膜炎导致双目闭合；常有黏液脓性鼻分泌物，耳根、会阴、外生殖器和口唇等部位明显水肿；10天后硬性突起的肿块分布于全身；感染后8～15天痉挛而死亡，在易感兔的死亡率为100%。

兔感染欧洲毒力较强的“洛桑”兔黏液瘤病毒后，死亡率高达100%。临床表现与南美毒株不同：欧洲兔黏液瘤病毒的特征是以迅速增生的、大的、隆起的肿块为特征，7天后肿块通常呈紫色至黑色，10天后破溃，渗出多量液体。肿块可遍布全身，但体部少见，头部和面部明显水肿。

五、病理变化

1. 大体解剖观察 病兔死后最明显的变化是皮肤上特征性肿瘤结节和皮下胶冻样浸润，颜面部和全身天然孔皮下充血、肿胀及脓性结膜炎和鼻漏。单纯黏液瘤病毒感染的病例，内脏变化主要表现肺肿大、充血，淋巴结肿大、出血，胃肠浆膜下、肠壁、腹膜下、胸腺、心内外膜有出血点，脾正常或增大，肝可呈花斑状或含有黄色斑点。

2. 组织病理学观察　皮肤肿瘤的表面细胞核固缩，胞质呈空泡状，真皮深层有大量黏液瘤细胞，呈星形、菱形或多角形，细胞核呈圆形、椭圆形或棒状，核膜较厚，染色质较粗，染色普遍较深，胞浆经伊红染色呈现淡红染，细胞质姬姆萨染色可见粉红色至紫红色的包涵物，上皮层变厚、细胞肿胀、增生及明显坏死，细胞出现空泡核和胞质包涵体。

六、诊　　断

根据该病临床特征、结合流行病学可做出初步诊断，确诊需进行实验室检验。送实验室病毒分离的标本，活体组织和死后采集的病料都可；活体采集样品是在肿瘤形成期采集，采集数量不低于2～3个部位；死后样品包括皮肤、肺脏、肾脏、睾丸、肿大淋巴结等，这些组织需要用干冰保存，最好在24h内送检。病理采集标本用10%的福尔马林保存送检（不能冷冻），血清学检查可采集3份以上感染14天以后兔的血清。

细胞培养分离病毒病料接种兔肾原代细胞或PK13传代细胞单层，24～48h后，出现典型的痘病毒细胞病变：细胞融合形成合胞体，染色质呈嗜碱性凝集。有时出现嗜伊红的细胞浆包涵体，呈散在性分布。感染细胞变圆、萎缩和核浓缩，溶解脱壁，甚至单层完全脱落。

可应用血清中和试验、琼脂扩散试验、免疫荧光抗体试验、补体结合反应和酶联免疫吸附试验等方法检测。

病理组织学诊断采取病变组织，用10%中性甲醛溶液固定、石蜡包埋、切片、HE染色后，光镜观察可见黏液瘤细胞及病变部皮肤上皮细胞胞浆内包涵体，这是组织病理学诊断黏液瘤病的重要佐证。

七、防治措施

对该病目前无特效的治疗方法，主要以预防为主。

控制节肢动物如跳蚤、蚊子、虱子、苍蝇和螨类等吸血昆虫，兔舍应防止昆虫进入，定期使用杀虫剂消除周围节肢动物媒介，昆虫控制程序能使感染的风险降到最低；严防野兔进入饲养场等。给兔接种疫苗，国外一般使用的疫苗有Shope氏纤维瘤病毒疫苗，预防注射3周龄以上的兔，保护期1年，免疫保护率达90%以上。在接种时及接种后4、6和10天使用可的松（50 ng/只）以提高免疫力。

对发病兔群首先采取病、健分离，严格封锁、隔离。对病兔采取无害化处理。对所有兔舍、用具、兔场道路等彻底消毒。对没有兔黏液瘤病毒的国家和地区，严禁从发病区域引进兔和相关兔产品。为了禁止患有该病的兔和带毒动物进入，必须进行严格的隔离检疫。同时，加强运输工具的消毒处理，建立完善的监控及预防措施。

（彭刚　卢胜明　贺争鸣　田克恭）

参考文献

蔡宝祥．2001．家畜传染病学［M］．第4版．北京：中国农业出版社：373-375．
蒋金书．1991．兔病学［M］．北京：北京农业大学出版社：92-97．
李增光．1990．兔黏液瘤病的诊断及防制［J］．中国动物检疫（6）：56-59．
田克恭．1991．实验动物病毒性疾病［M］．北京：农业出版社：373-380．
殷震，刘景华．1997．动物病毒学［M］．第2版．北京：科学出版社：966-969．
张敬友，张常印，李超美，等．1998．兔黏液瘤病诊断方法的研究［J］．中国兽药杂志（3）：77-79．
朱其太．2002．兔黏液瘤病［J］．中国动物检疫，19（4）：42-44．

第六节　兔纤维瘤病
（Rabbit fibromatosis）

兔纤维瘤病（Rabbit fibromatosis）是由兔纤维瘤病毒引起兔的一种良性肿瘤病。其病毒抗原性与多发性黏液瘤病毒、野兔和松鼠纤维瘤病毒相关，具有一定程度的交叉反应。发病动物主要以皮下结缔组织增生，形成暂时性的良性肿瘤为特征。

一、发生与分布

1932 年 Shope 首次报道了在美国新泽西州棉尾兔中发生的纤维瘤，因此该病毒也称为 Shope 病毒（*Shope virus*）。他用这种肿瘤的细胞悬液或滤液接种棉尾兔和欧洲兔，结果均发生局部纤维瘤。以后，在美国的其他几个州和加拿大也有该病的报道。Herman 等调查发现美国马里兰州 50%以上的野生棉尾兔体内存在兔纤维瘤病毒抗原或抗体。在密歇根州，1950—1960 年 Rose Lake 野生动物研究中心健康检查中发现，170 只兔有 19 只有肿瘤生长，最终 8 只确诊为兔纤维瘤病毒感染。

过去认为该病只是在野生棉尾兔呈地方性流行的良性疾病，对养兔业和实验兔影响不大。但在 1971 年，Joiner 报道美国得克萨斯州一个商品兔场的兔群中暴发纤维瘤病，感染率很高，并有 2 只新生兔死亡。所以，在野兔群流行该病的地区，对养兔业有一定的威胁。

二、病　　原

兔纤维瘤病毒（*Rabbit fibroma virus*，RFV）在分类上属痘病毒科（Poxviridae）、脊索动物痘病毒亚科（Chordopoxviridae）、野兔痘病毒属（*Leporipoxvirus*）。病毒粒子大小 200～240nm，形态与牛痘苗病毒和兔黏液瘤病毒相似。不同病毒株的毒力有差异，Smith 研究表明，IA 株毒力最弱，Shope 分离的 Boerlage 株毒力最强。兔纤维瘤病毒与兔黏液瘤病毒、野兔纤维瘤病毒之间具有密切的抗原关系。通过交叉免疫试验、病毒复活试验和微量沉淀试验均证实兔纤维瘤病毒与兔黏液瘤病毒有共同的抗原成分。感染兔纤维瘤病毒的兔在肿瘤消退后，可抵抗兔纤维瘤病毒的再感染和兔黏液瘤病毒感染。如把兔黏液瘤病毒加热灭活，与兔纤维瘤病毒活毒混合注入兔体，结果仍可引起典型的病变，其原因是，已灭活的兔黏液瘤病毒的核酸核心被合并到兔纤维瘤病毒的蛋白质衣壳上；这些保留了兔纤维瘤病毒遗传编码的“杂交”病毒粒子，可在兔体内复制出黏液瘤病。此外，兔纤维瘤病毒与兔Ⅲ型疱疹病毒、Samliki 森林病毒以及 Murray 山谷脑炎病毒之间均可发生干扰现象。

兔纤维瘤病毒对乙醚敏感，低温条件下可长期保存。病毒仅存在于病兔的肿瘤组织中，血液、内脏器官和分泌物或排泄物中不含病毒。棉尾兔肿瘤中高滴度病毒维持时间长（至少 77 天），而家兔肿瘤内的病毒在接种后 7～9 天含量最高，肿瘤发生退化时消失。

兔纤维瘤病毒可在鸡胚绒毛尿囊上增殖，但不产生或产生很小的痘斑。病毒可在大鼠、豚鼠和人的细胞培养物中以及原代或继代兔肾细胞上增殖，并产生细胞病变。

三、流行病学

在自然条件下，该病仅发生于兔，尤其是野生棉尾兔，家兔也可发生。密歇根州自然资源部研究发现，幼龄兔更易感，在新生兔可引起全身症状和致死性感染。东方棉尾兔是兔纤维瘤病毒的自然宿主。欧洲兔和雪鞋野兔对兔纤维瘤病毒易感，但欧洲野兔有抵抗力。人工接种大鼠、豚鼠、小鼠和鸡不发病。将兔纤维瘤病毒兔肾细胞培养物接种于仓鼠颊袋内，可产生肿瘤。用肿瘤组织滤液接种兔睾丸可引起规律性肿瘤发生，皮下和肌肉接种未必都能成功，腹腔内和脑内接种无效。病毒培养在白尾棕色兔睾丸细胞中，胞浆内形成病毒包涵体。

该病的自然传播方式尚不清楚。试验表明病毒可在被感染的棉尾兔表皮中存在 150～300 天，这为节肢动物传播病毒提供了可能性。在实验条件下，蚊、蚤、臭虫可作为兔纤维瘤病毒的传播媒介，试验表明蚊子吸食发病动物的肿瘤病灶后，5 周内均可通过叮咬感染易感动物。兔纤维瘤病毒不能经直接接触传播或经胎盘垂直传播。

四、临床症状

东方棉尾兔自然发生纤维瘤时，在四肢、口鼻及眼睛周围均可见肿瘤生长，全身可出现 1～10 个甚至更多数量的肿瘤。肿瘤呈圆形、隆起、质度坚硬、粉红色；一般直径较小，约 25mm，最大可达到 70mm，厚度 10～20mm。肿瘤位于皮下，与下层组织不相连，可以移动。肿瘤可持续存在数月甚至 1 年。

欧洲兔临床症状与棉尾兔相似，但欧洲兔肿瘤的消退要比棉尾兔更慢。人工接种新生欧洲兔，常可引起全身致死性感染。Hurst 曾描述过成年欧洲兔的全身性感染，但多数情况下仅产生局部的良性肿瘤。

2007 年 Kelle 等发现 7 岁的家兔因兔纤维瘤病毒引起的角膜炎和自发白内障的病例。

五、病理变化

1. 大体解剖观察　可见皮下组织轻度增厚，随后发展为分界明显的柔软肿块。肿瘤随体积增大硬度增加。发病部位肿瘤大小 40～60mm，厚 20mm。可持续存在数月。新生棉尾兔人工感染兔纤维瘤病毒，可发生死亡。但在自然条件下，多呈良性经过。欧洲兔试验感染兔纤维瘤病毒所表现的大体病变与棉尾兔相同，但其肿瘤消退较快。

2. 组织病理学观察　棉尾兔病初表现为急性炎症反应，随后局部成纤维细胞增生，并伴有单核细胞和中性粒细胞浸润。肿瘤由纺锤形或多边形的有丰富胞浆的结缔组织细胞构成，处于有丝分裂的细胞较少，许多细胞有痘病毒感染所特有的大的胞浆内包涵体。肿瘤周围血管有单核细胞形成的管套，肿瘤基部大量淋巴细胞聚集。肿瘤表面的表皮可发生变性，其后发生上皮与肿瘤的坏死和腐离。但在许多病例，肿瘤的退化不伴有上皮的腐离。肿瘤的消退通常在出现肿瘤后 60 天内完成。

Andremes 发现兔纤维瘤病毒的一个突变株可引起更明显的局部炎症，而增生病变较轻。

六、诊　　断

根据发病情况，可通过临床症状做出初步诊断，判断肿瘤的大小、形状及外观有助于该病的诊断。为确认是否兔纤维瘤病毒所致，要进行组织病理学检查。如果肿瘤未遭外伤破坏，兔纤维瘤病毒病灶组织病理学特征是病灶处有大量单一纺锤形连接性组织细胞（Connective tissue cell），且无炎症细胞存在。但要注意与黏液瘤病相区别，由于棉尾兔发生的纤维瘤病可能与黏液瘤病相似，可用肿瘤滤液皮下接种青年欧洲兔进行鉴别。

确诊可将病变材料接种细胞培养物或鸡胚进行病毒分离，新分离株可采用中和试验进行鉴定。

七、防治措施

尽管兔纤维瘤病毒多在北美某些地区暴发，但一般不是棉尾兔的主要致死因素之一。该病对家兔危害不大，因而不受重视。但在野兔群中流行该病的地区，家兔也可发病，因此采取控制措施非常重要。开放饲养兔群中有效的预防措施是控制传播媒介，切断传播途径，减少疾病发生。

兔纤维瘤病毒愈后的兔，不仅可以抵抗该病毒的再感染，而且对兔黏液瘤病毒有较强的抵抗力。目前，世界各国多借用兔纤维瘤病毒对兔黏液瘤病进行免疫，并且以兔纤维瘤病毒抗原诊断黏液瘤病。因而，被检出的阳性兔中，除黏液瘤外，也有纤维瘤的某些病例混杂其中。对此，一律视为“黏液瘤阳性”，统一处理，较为妥当。

八、公共卫生影响

感染兔纤维瘤病毒的兔的病变只局限于皮肤肿瘤病变，且在屠宰过程中脱皮即可去除，一般认为胴体仍可食用。人接触食用兔纤维瘤病毒感染兔并不被感染，因此兔纤维瘤病毒不具有重要的公共卫生意义。

（赵化阳　卢胜明　贺争鸣　田克恭）

参考文献

蒋金书．1991．兔病学［M］．北京：北京农业大学出版社：189 - 191.

田克恭．1991．实验动物病毒性疾病［M］．北京：农业出版社：188 - 191.

Andrewes C H. 1936. A change in rabbit fibroma virus suggesting mutation：experiments on domestic rabbits ［J］．J. Exp. Med.，63（2）：157 - 172.

http：//www. michigan. gov/dnr/0，4570，7 - 153 - 10370 _ 12150 _ 12220 - 27256，00. html.

Hurst E W. 1964. The effect of cortisone and of 6 - Mercaptopurine on the Shope fibroma ［J］．J. Pathol. Bacteriol.，87：29 - 37.

Joiner G N，Jardine J H，Gleiser C A. 1971. An epizootic of shope fibromatosis in a commercial rabbitry ［J］．J. Am. Vet. Med. Assoc.，159（11）：1583 - 1587.

Keller R L，Hendrix D V，Greenacre C，etc.，2007. Shope fibroma virus keratitis and spontaneous cataracts in a domestic rabbit ［J］．Vet. Ophthalmol.，10（3）：190 - 195.

Shope R E. 1932. A transmissible tumor - like condition in rabbits ［J］．J. Exp. Med.，56（6）：793 - 802.

Smith M H. 1952. The Berry - Dedrick transformation of fibroma into myxoma in the rabbit ［J］．Ann. N. Y. Acad. Sci.，54（6）：1141 - 1152.

第七节　野兔纤维瘤病
(Hare fibromatosis)

野兔纤维瘤病（Hare fibromatosis）是由野兔纤维瘤病毒引起欧洲野兔的一种肿瘤病。

一、发生与分布

野兔纤维瘤病首次被详细报道是在意大利（1959）和法国（1960）。Leinati（1961）证明该病的病原是一种与兔黏液瘤病毒（RMV）相关的痘病毒。然而，早在纤维瘤病毒引入欧洲（1952）前就有许多相关的病例报道。例如，1909 年德国人 Dungern 和 Coca 描述了一种被称为“野兔肉瘤（hare sarcoma)”的野兔皮肤结节性疾病，可能就是野兔纤维瘤病。

野兔纤维瘤病毒感染自从 1964 年起就再无病例报道。然而，在 2001 年的意大利又出现该病的流行，并且与 1959 年首次报道该病时为同一地区。

该病仅发生于欧洲，自然条件下感染欧洲野兔。

二、病　　原

野兔纤维瘤病毒（*Hare fibromatosis virus*，HFV）在分类上属痘病毒科（Poxviridae）、脊索动物痘病毒亚科（Chordopoxviridae）、野兔痘病毒属（*Leporipoxvirus*）。通过蚀斑中和试验和交叉保护试验表明，野兔纤维瘤病毒与兔黏液瘤病毒、兔纤维瘤病毒具有交叉抗原关系。用琼脂扩散试验证明，相对于兔黏液瘤病毒，野兔纤维瘤病毒与兔纤维瘤病毒有更多的共同抗原。用兔黏液瘤病毒免疫的欧洲野兔，可完全抵抗野兔纤维瘤病毒；而用野兔纤维瘤病毒免疫的兔，再经过人工感染兔黏液瘤病毒，则可出现症状，但不引起死亡。

三、流行病学

野兔纤维瘤病的发生有明显的季节性，春末和秋季为发病季节。

1. 传染来源　传染来源主要是患病野兔，被感染野兔通常可带毒一个多月。

2. 传播途径　一般通过直接接触感染，但是节肢动物的机械传播也可能发生传染。

3. 易感动物　自然条件下，该病仅发生于欧洲野兔。欧洲家兔对野兔纤维瘤病毒易感染，但未见自然发病的报道。啮齿类动物或其他兔科动物是否可作为该病的宿主仍需进一步研究。

四、临床症状

欧洲野兔发病时，在皮肤尤其是腿部、脸部、眼睑和耳周围可见大量直径 1～3cm 的结节。结节初期为红灰色，随后发白、变干。感染 4～6 周后，这些结节逐渐变小，有时会自动脱落，可见干痂及出血性瘢痕。大多数野兔会自己痊愈。

成年欧洲兔感染野兔纤维瘤病毒引起很小的纤维瘤，但在新生兔形成大的纤维瘤，很像兔纤维瘤病的病变。

五、病理变化

野兔纤维瘤病的大体病变和组织学病变与兔纤维瘤病相似。

1. 大体解剖观察　通常在唇部形成宽 3cm、长 4～5cm 的结节状肿胀。

2. 组织病理学观察　皮下组织可见局部性成纤维瘤细胞结节。真皮层中可见成纤维细胞样细胞，细胞大而圆，且有可能呈星形；细胞核大而染色深，且细胞浆内可见 PAS 染色（Periodic Acid - Schiff stain）阳性颗粒。纤维瘤内可见大量浆细胞、淋巴细胞及多核巨细胞浸润。

六、诊　　断

野兔纤维瘤病通常根据临床病理学辅以组织病理学观察，进行诊断。确诊可将病变材料接种兔肾细胞或鸡胚绒毛尿囊膜分离病毒，新分离物可用琼脂扩散试验进行血清学鉴定。

七、防治措施

严格监控新引进野兔的健康状况，长期监测“接收种群”，以防止该病的散布。

（赵化阳　卢胜明　贺争鸣　田克恭）

参考文献

蒋金书．1991．兔病学［M］．北京：北京农业大学出版社：189 - 191．

田克恭．1991．实验动物病毒性疾病［M］．北京：农业出版社：191 - 192．

E S Williams，I K Barker．2001．Infectious Diseases of Wild Mammals［M］．Third Edition．Ames：Iowa State University Press．

Grilli G，Piccirillo A，et al．2003．Re - emergence of fibromatosis in farmed game hares (Lepus europaeus) in Italy［J］．Vet Rec．，153 (5)：152 - 153．

第八节　亚巴猴肿瘤病毒感染
(Yaba monkey tumor virus infection)

亚巴猴肿瘤病毒感染（Yaba monkey tumor virus infection）由亚巴猴肿瘤病毒所致，引起灵长类动物和人的良性组织细胞瘤。多数情况下呈良性经过，并可自愈。亚巴猴肿瘤病毒在非洲呈地方性流行，我国目前尚未见有该病报道。

一、发生与分布

亚巴猴肿瘤病毒最初于 1956 年出现在尼日利亚拉各斯附近亚巴城一家医学研究院饲养的印度恒河猴中，Bearcroft 等首次从被感染的猕猴中分离出该病毒，之后又在捕获的狒狒和试验感染的兔中分离出该病毒。该病毒主要在非洲流行，除恒河猴外，食蟹猴、红面猴和非洲长尾猴也易感。

1963年Grace和Mirand报道了一例实验室技术人员感染亚巴猴肿瘤病毒的病例，但目前为止，我国尚未见人和猴感染亚巴猴肿瘤病毒而发病的报道。

二、病　　原

1. 分类地位　亚巴猴肿瘤病毒（*Yaba monkey tumor virus*，YMTV）在分类上属痘病毒科（Poxviridae）、脊索动物痘病毒亚科（Chordopoxrinae）、牙塔痘病毒属（*Yatapoxvirus*）。亚巴猴肿瘤病毒与塔纳病毒有血清学交叉反应和交叉保护性免疫反应。

2. 形态学基本特征与培养特性　亚巴猴肿瘤病毒粒子呈卵圆形、砖形，大小300nm×250nm×200nm。形态学上与痘苗病毒相似，但血清学上未发现与其他痘病毒有关。亚巴猴肿瘤病毒可在原代羊膜细胞和原代恒河猴肾细胞、长尾猴肾细胞和食蟹猴肾细胞上增殖，并产生细胞病变，细胞肿大、变圆，细胞浆内可见特征性嗜酸性包涵体，在鸡胚和Hela细胞未见细胞病变。病毒存在于细胞浆内，在细胞与细胞之间直接播散。在原代和第一、第二传代培养中均可见这种细胞病变。但随后的传代培养中细胞病变发生变化，形成多核细胞并伴随大量细胞液泡。猴肾细胞第一到第三代传代培养物感染恒河猴和食蟹猴后可形成典型的肿瘤，但后续的传代培养物接种后不能形成肿瘤。这可能与高代次培养后细胞病变发生变化有关。亚巴猴肿瘤病毒接种食蟹猴肾细胞24h后开始生长，72h后达到病毒复制生长高峰。感染3h后病毒DNA即开始合成，8h达到高峰。感染细胞4天后DNA开始包被，在受染细胞胞浆中合成RNA，感染后6h合成7～10S RNA，12h后7～10S RNA和4S RNA合成达到高峰，24h后14～15S RNA开始合成。杂交显示mRNA合成出现在感染后11～13h，随后在21～23h出现一个高峰。

亚巴猴肿瘤病毒还可在BSC-1、LLC-MK2和MA-104等传代细胞以及10～11日龄的鸡胚绒毛尿囊膜上生长，病毒传代后，对猴的致病性显著降低。

3. 理化特性　亚巴猴肿瘤病毒对乙醚敏感，无血凝特性。

4. 分子生物学　亚巴猴肿瘤病毒的基因组为146kb，G+C含量33%，编码至少140个开放阅读框。其基因组与类亚巴病病毒在核酸水平上有75%的同源性。该病毒DNA的Tm值在82.8℃左右，在氯化铯中的浮力密度为1.695g/mL。基因组与猴痘同源性少于10%，与牛痘病毒无抗原关系。用不同限制性内切酶裂解亚巴猴肿瘤病毒DNA显示其分子量，发现BamHⅠ为97.6×10^6，EcoRⅠ为93.9×10^6，SalⅠ为94.9×10^6，HindⅢ为94.3×10^6。亚巴猴肿瘤病毒DNA的平均分子量为95.3×10^6。病毒粒子蛋白通过聚丙烯酰胺凝胶电泳分析发现，其含有37个多肽，这些多肽分子量为10 000～220 000。

三、流行病学

1. 传染来源　病猴和隐性带毒猴是该病重要的传染来源。

2. 传播途径　目前还未有明确的传播途径，直接接触患病动物可能是传播途径之一。在自然情况下，该病毒可能通过吸血昆虫传播。在实验室里，通过纹身针和外科手术器械也可能引发感染。

人感染亚巴猴肿瘤病毒主要是通过直接接触病猴。传播途径包括：被感染猴咬伤、抓伤而直接接触了猴的组织或体液；人体已经存在的创口沾染了猴的唾液或被猴肾细胞培养物污染。间接感染包括被污染的笼具刮伤、尖锐物体刺伤等，抓猴前未采取物理或化学保定措施，猴的饲养笼舍未使用保护性措施，均是导致工作人员感染亚巴猴肿瘤病毒的影响因素。

3. 易感动物

（1）自然宿主　亚巴猴肿瘤病毒的自然宿主为非洲长尾猴。恒河猴、食蟹猴、狒狒等也有自然发病的报道。

（2）实验动物　豚鼠、仓鼠、大鼠、小鼠、犬和猫对亚巴猴肿瘤病毒不易感，任何途径接种均不产生肿瘤。通过皮下注射肿瘤混悬液只感染恒河猴、非洲长尾猴，不感染白颈白眉猴和赤猴。Janet等报道接种家兔可出现直径 2cm 的深红色结节，24～48h 生长到最大并持续症状 10 天左右，随后慢慢自愈。接种鸡胚绒毛尿囊膜，可偶然看到白色病变，但传代后不会出现病变。

(3) 易感人群　人对亚巴猴肿瘤病毒普遍易感，但感染具有职业性，感染者多为动物饲养人员和实验研究人员。

4. 流行特征　不同年龄、性别的猴均可感染亚巴猴肿瘤病毒。Tsuchiya 等报道食蟹猴中亚巴猴肿瘤病毒抗体阳性率 19.9%，非洲绿猴中抗体阳性率高达 76.4%。而 Downie 报道（1974）亚巴猴肿瘤病毒抗体只在非洲和马来西亚猴中有，在印度恒河猴和新大陆猴中没有抗体。迄今为止只有 Grace 和 Mirand 1963 年报道了一例实验室技术人员感染该病毒，带有很强的职业性。目前我国还未有人感染该病的报道。

四、临床症状

1. 动物的临床表现　猴发病初期，仅在皮肤产生单个散在的肿瘤。随着病情发展，沿四肢远端和背侧面的淋巴管出现大量皮下肿瘤，面部和耳部也可发生，但在躯干部位不产生肿瘤。病初病变为小丘疹、发红，之后迅速生长，突出于皮肤表面，侵入真皮，几周后形成直径 2～4cm 的肿瘤，28～42 天后开始退化，42～84 天后自愈，病变部位由肉芽组织修复。若肿瘤被擦破，则形成溃疡，感染后化脓溃烂形成脓肿，需采取治疗措施。感染动物在发病初期并未表现临床不适和消瘦，只在肿瘤化脓时才表现出临床不适。

给猴皮内注射无菌过滤的不同稀释度肿瘤悬浮液，接种 5 天后可在感染部位形成明显的红色结节，几周后结节直径达 4～6cm。肿瘤坚硬、白色、表面湿润，易于切开。腋下和腹股沟可见到增生的淋巴结。食蟹猴与恒河猴的感染症状类似，接种两只非洲黑长尾猴 11 天后出现病变，但肿瘤物扁平，其直径 2～3cm。1 周后开始恢复，1 个月后彻底自愈。

DVM 等（2000）报道一只在坦桑尼亚捕获的 2～3 岁的雄性狒狒，在隔离饲养过程中发现其右眉毛、右手腕和右膝盖处长了肿瘤。肿瘤位于皮下、坚硬、活动度良好，大小在（2.5～3）cm×（1.5～5）cm、厚 1cm。大体上未看到炎细胞浸润皮肤，动物未表现出不适。血清学检查发现高磷酸血症和血清碱性磷酸酶升高，血液学检查发现单核细胞增多。尸检发现右膝末端有轻微的肌肉萎缩，肿瘤不与皮肤粘连，也未浸润皮肤。腋下淋巴结肿大、坚硬，直径 1cm。所有的肿瘤物都浸润结缔组织而止于肌肉组织下。切开肿瘤表面，可见切面呈白色或粉色，有坏死灶。其他器官尸检正常。组织学检查，肿瘤深深浸入皮下，无包膜，界限清楚，有的细胞浆中含有一个或多个小的形状不规则的嗜酸性包涵体，中心坏死，伴随中性粒细胞、淋巴细胞和巨噬细胞浸润，多核巨细胞分散在炎症外周。免疫组化显示这些细胞起源于间叶组织而非巨噬细胞起源。从肿瘤组织中可分离到亚巴猴肿瘤病毒。

2. 人的临床表现　人感染该病毒 5～7 天后，可在感染局部皮肤上产生小结节，主要感染皮下间叶细胞，肿瘤主要长在面部和四肢，直径 2～4cm。

五、病理变化

1. 大体解剖观察　可见肿瘤附着于皮下，周围无包膜包裹。肿瘤切面坚实，白色或微红色。局部淋巴结肿大，内脏器官未见肿瘤转移灶。

2. 组织病理学观察　亚巴猴肿瘤病毒所致肿瘤为组织细胞瘤，由多角形大细胞组成。在细胞浆内可见一个或数个大小 1～5μm 的形状不规则的嗜酸性包涵体。病变部位可见中等程度的炎性细胞浸润。

3. 超微结构观察　亚巴猴肿瘤病毒同其他痘病毒在细胞中的复制方式相同，但速度较慢。肿瘤细胞的胞浆为病毒的复制场所，在肿瘤形成的不同时期，其胞浆内均可见嗜酸性包涵体，胞核结构不发生改变。

六、诊　　断

该病可根据流行病学资料（被猴咬伤、抓伤、与猴接触史）和临床症状做出初步诊断，确诊需结合实验室检查。

1. 病毒分离与鉴定 亚巴猴肿瘤病毒的分离培养是诊断感染的标准方法。肿瘤物活检或用棉拭子取咬伤部位或抓伤部位的样本，无菌处理后接种猴肾细胞，37℃培养14～21天，电镜观察细胞培养物中的病毒形态。

2. 血清学试验 猴感染该病毒后可产生补体结合抗体，可采用补体结合试验测定血清抗体效价，为临床诊断提供血清学依据。

3. 组织病理学诊断 细胞变大和多形化，细胞核增大，核仁明显；核染色质稀疏，病变多集中于核膜附近。胞浆中含有一个或多个致密小体，一般聚集在核附近，部分细胞显示只有颗粒状物体。HE染色显示核附近的包涵体染色致密，微粉色或微紫色；而颗粒状物体微嗜酸性。磷乌酸苏木素（PTAH）染色显示包涵体和颗粒物呈蓝紫色，类似核染色质。接种部位的淋巴结生发中心增生，骨髓单核细胞增生，伴行大量浆细胞出现。脾生发中心增生，红髓出现大量单核细胞。中枢神经系统、呼吸系统、心血管系统和生殖系统均未有病变。

4. 分子生物学诊断 PCR和核酸杂交技术已成功应用于无症状及感染病人的快速诊断。

七、防治措施

1. 治疗 该病可自愈，只在肿瘤表面破损、感染后化脓溃烂形成脓肿才需要采取治疗措施。

2. 预防 猴群一旦发病，应加强护理，隔离病猴，同时做好饲养管理人员的自身防护，防止人被感染。

八、公共卫生影响

亚巴猴肿瘤病毒对自然宿主只产生温和的局部损伤，疾病可自愈，目前感染人的病例很少有报道，但也要加强猴的饲养管理，做好饲养人员、临床兽医和研究人员的自身防护。

（陆彩霞　代解杰　田克恭）

参考文献

田克恭．1991. 实验动物病毒性疾病［M］．北京：农业出版社：369－671.

A W Downie. 1974. Serological evidence of infection with Tana and Yaba pox viruses among several species of mnonkey［J］. The Journal of Hygiene，72（2）：245－250.

Anet S F，Nzven J A，Armstronq C H，et al. 1961. Subcutaneous "Growths" In Monkeys Produced By a Poxvirus［J］. The Journal of Pathology and Bacteriology，81（1）：1－4.

Craig R，Hiroko Amano，Brunetti，et al. 2003. Complete Genomic Sequence and Comparative Analysis of the Tumorigenic Poxvirus Yaba Monkey Tumor［J］. Virus Journal of Virology，77（24）：13335－13347.

D Kilpatrick，H Rouhandeh. 1987. The analysis of Yaba monkey tumor virus DNA［J］. Virus Research，7（2）：151－157.

H. Rouhandeh，M L Rouhandeh. 1973. Nucleic Acid Synthesis in Cytoplasm of Yaba Monkey Tumor Virus－Infected Cells［J］. Journal of Virology，12：1407－1413.

Joellen Schielke，Jennifer Kalishman，Denny Liggitt，etal. 2002. What is Your Diagnosis?：Multifocal Subcutaneous Tumors in a Young Male Baboon the American Association for Laboratory Animal［J］. Science，41（6）：26－29.

W G C Bearcroft. 1958. An Outbreak of Subcutaneous Tumours in Rhesus Monkeys［J］. Nature，7（19）：195－196.

第四章
疱疹病毒科病毒所致疾病

第一节　猴B病毒感染
(Simian B virus infection)

B病毒（*B virus*），国际病毒分类委员会将其称为猕猴疱疹病毒Ⅰ型（*Cercopithecine herpesvirus* 1，CeHV-1），又称猴疱疹病毒（*Herpesvirus simiae*）、疱疹B病毒（*Herpes B virus*）、猴B病毒（*Mongkey B virus*）、B疱疹病毒（*Herpesvirus B*），由Sabin等（1934）首次从被外观健康的恒河猴咬伤手指而患脑炎的病人脑和脾脏中分离到。猴是B病毒的自然宿主，感染率可达10%～60%，多数情况下呈良性经过，仅在口腔黏膜出现疱疹和溃疡，之后病毒可长期潜伏在呼吸道和/或泌尿生殖器官附近的神经节，也可长期潜伏在组织器官内，产生B病毒抗体。非人灵长类疱疹病毒共35种，其中只有B病毒对人致病。人感染主要表现脑脊髓炎症状，多数病人发生死亡。B病毒呈世界性分布，主要存在于亚洲。目前我国尚未有感染人的确切报道。

一、发生与分布

猴B病毒感染（Simian B virus infection）最初于1932年出现在美国，美国人W.B.在处理一只看似健康的恒河猴（*Macaca mulatta*）时不慎被咬伤手指，15天后出现进行性脑脊髓炎而死亡。后来由Sabin等（1934）从该病人的组织样本中分离到致病性病毒，因而取病患的名字，定名为B病毒。B病毒主要存在于亚洲尤其是印度的恒河猴群中，在印度野生猴群感染率可高达70%，台湾猴、日本猕猴、帽猴和食蟹猴也可自然感染，非洲绿猴和爪哇猴在实验条件下可感染发病。因此，B病毒呈世界性分布，饲养或使用恒河猴的国家都非常重视B病毒的检疫。

目前，我国尚未见有人感染B病毒而发病的报道，但赵玫等（1988）、许文汉等（1990），田克恭等（1991）经血清流行病学调查表明，我国猕猴群中B病毒相关抗体阳性率分别为12.89%、34.5%和20.77%。1997年田克恭从我国患口腔溃疡的猕猴口腔病灶中分离鉴定了一株B病毒，建立了鉴别B病毒、人单纯疱疹病毒1型（HSV-1）、人单纯疱疹病毒2型（HSV-2）和非洲绿猴疱疹病毒（SA8病毒）的PCR方法，以及以B病毒为抗原建立了检测猴群中B病毒抗体的ELISA方法和玻片免疫酶方法，制定了我国实验猴B病毒检测国家标准，使我国在猴B病毒研究领域居国际领先水平。

二、病　　原

1. 分类地位　B病毒在分类上属疱疹病毒科（Herpesviridae）、α疱疹病毒亚科（Alphaherpesvlrinae）、单纯疱疹病毒属（*Simplexvirus*）。B病毒只有1个血清型，抗原性稳定，不易发生变异。它与人单纯疱疹病毒1型（HSV-1）、人单纯疱疹病毒2型（HSV-2）和非洲绿猴疱疹病毒（SA8）具有密切的抗原关系。由于B病毒可引起人的致死性感染，因此，在实际检测中常以HSV-1作为抗原。Waton等（1967）经琼脂扩散试验证实三者之间具有共同的群特异性抗原，且B病毒与HSV-1具有共同的结构抗原，但三者并非完全等同。B病毒免疫血清可以完全中和HSV-1抗原，但HSV-1免疫血清却不能中和B病毒，只有在制备高效价免疫血清时方有交叉免疫保护作用。

Katz等（1986）使用去垢剂溶解的感染细胞作抗原，以结合生物素的蛋白A以及碱性磷酸酶标记的亲和素作试剂，建立了快速酶联免疫吸附试验检测HSV-1、B病毒和SA 8抗体，用3种抗原分别作简单竞争试验，便可区分这三种病毒抗体。他们检查了13份人血清，除3份阴性外其余均是HSV-1抗体；33份恒河猴血清，其中27份为B病毒抗体，仅1份为HSV-1抗体；7份非洲绿猴血清除2份阴性外，其余均是SA 8抗体。由此可见，在猴与人接触当中，虽然也可感染HSV-1，产生HSV-1抗体，但由于疱疹病毒具有宿主特异性，相互感染是很局限的，因此实际检测中虽是以HSV-1作抗原，但仍然可以认为所检出的B病毒相关抗体大多数是由于B病毒感染引起的。当然，用B病毒作抗原，其敏感性和特异性都是最高的。

2. 形态学基本特征与培养特性 B病毒粒子呈球形，直径180～200nm，主要由髓芯、衣壳和囊膜组成。髓芯由DNA和蛋白质缠绕而成；衣壳为正二十面体，内含162个壳微粒，主要成分为多肽；囊膜由脂质和糖蛋白组成，在病毒粒子周围形成具有环状突起的吸附器，有助于侵入易感细胞。基因组为双股线状DNA，长约162kb，分为长独特区（UL）和短独特区（US）。就目前掌握的资料来看，UL上有糖蛋白基因gC、gB和胸苷激酶基因tk；US具有13个开放阅读框，US1～US12和US8.5。B病毒具有不同基因型。

B病毒可在原代猴、兔、猪、犬和猫肾细胞，鸡胚绒毛尿囊膜细胞以及Vero细胞、Hela细胞、KB细胞和Hep-2细胞上良好增殖，其中以兔肾细胞最为易感。B病毒在猴肾细胞上形成许多散在坏死灶，病变细胞相互融合成多核巨细胞；在兔肾细胞上细胞变圆、坏死、脱落；在鸡胚绒毛尿囊膜细胞、兔肾细胞、原代猴肾细胞以及Vero细胞上均可形成大小不一的空斑和嗜酸性核内包涵体。B病毒也可在鸡胚绒毛尿囊膜上生长，形成痘斑。

3. 理化特性 B病毒对乙醚、脱氧胆酸盐、氯仿等脂溶剂敏感。某些酶类如胰蛋白酶、碱性磷酸酶、磷脂酶C和链霉蛋白酶等均可使病毒囊膜变性，从而阻止病毒吸附与侵入易感细胞。B病毒对热敏感，50℃ 30min可将其杀灭。X射线和紫外线对其有杀灭作用。长期保存需置于－70℃冰箱中。

4. 分子生物学 B病毒（E2490株）基因组全长156 789 bp，G+C含量为74.5%，具有α疱疹病毒全部的基因组结构特征。通过测克隆的基因组末端序列确定了基因组的第一个和末位残基，由于oriL和oriS区的串联重复基因组含6个DNA复制区。所有B病毒的复制起始区都有一94bp回文序列的核心元件，含有预测的两个起始区结合蛋白（OBP）结合位点：boxⅠ和boxⅢ。在鉴定出的74个基因中，其编码蛋白除一个外均发现与已知的人单纯疱疹病毒蛋白有序列同源性。B病毒和人单纯疱疹病毒蛋白氨基酸一致性从26.6%（US5）到87.7%（US15）不等。B病毒缺乏人单纯疱疹病毒γ34.5基因的同源物，后者编码一种神经毒性因子，从猕猴和被感染的人分离出的两个病毒株也证实了这个基因的缺失。

B病毒与HSV-1、HSV-2基因组间存在两个主要差异。其一是B病毒R_S区含有另外的1.5kb序列，此序列位于S末端和ICP4基因同源基因之间。其二是B病毒R_L区比人单纯疱疹病毒的短，且与人单纯疱疹病毒ICPO侧翼区无序列同源性。

三、流行病学

1. 传染来源 病猴和隐性带毒猴是该病重要的传染来源，病毒间歇性地从这些动物的唾液、尿液和精液中排毒，污染饲料、饮水和用具，造成周围动物感染。

2. 传播途径 B病毒感染的特征是潜伏性与复发性。急性感染时，病毒可直接在猴群内传播，通过咬伤、抓伤、密切接触等感染健康猴。随后病毒可长期潜伏在病猴上呼吸道和/或泌尿生殖器官附近的神经节，也可长期潜伏在组织器官内。Zwartouw等（1984）试验证实，生殖器官B病毒分离率高于口腔，性交是病毒传播的主要途径。因此，性成熟以后的猴大多B病毒抗体阳性，而仔猴、幼猴则很少有抗体。

人感染B病毒主要是通过直接接触猴的感染性唾液或组织培养物。传播途径包括：被感染猴咬伤、抓伤而直接接触了猴的组织或体液；人体已经存在的创口沾染了猴的唾液或被猴肾细胞培养物污染；以及吸入含有感染性气溶胶的污染空气；或黏膜受到污染物飞溅感染。间接感染包括被污染的笼具刮伤、尖锐物体刺伤等，捕猴前未采取物理或化学保定措施，猴的饲养笼舍未使用保护性措施，均是导致工作人员感染B病毒的影响因素。此外，报道过1例人与人之间的传播病例。感染过单纯疱疹病毒者可以产生对B病毒一定程度的交叉免疫力。

3. 易感动物

（1）自然宿主　B病毒的自然宿主为恒河猴，帽猴、食蟹猴、台湾猴、日本猕猴、红面猴等也有自然发病的报道，主要分布在亚洲。DiGiacomo等（1972）报道野生猴B病毒抗体阳性率为80.0%，自繁猴仅为3.0%；王晓明等（1989）报道野生猴为52.5%，自繁猴为10.0%，这可能与野生猴呈群居生活，直接接触频繁有关。自繁猴生活环境控制严格，单笼饲养，相互间传染的可能性降低，故抗体阳性率明显低于野生猴。

（2）实验动物　在实验动物中，家兔对B病毒最易感，任何途径接种均可感染发病。病兔表现感觉过敏、斜颈、呼吸困难、流涎、眼鼻分泌物增多、结膜炎和角膜混浊等症状，多在7～12天内死亡。小于21日龄的乳鼠也具有易感性，感染小鼠接种部位会出现皮肤坏死、溃疡等皮肤损伤，并可引起上行性脑脊髓炎，临床特征和病理变化与人感染相似。B病毒感染与毒株及剂量有关，一旦引起临床病理变化，不管是哪种毒株，最终临床症状都是相同的。另外，大鼠、豚鼠和鸡均有不同程度的易感性。

（3）易感人群　人对B病毒普遍易感，但感染具有职业性，感染者多为动物饲养人员和实验研究人员。

4. 流行特征　B病毒感染多发于阴雨潮湿季节。对人工繁殖场而言，建场时间长短、地理环境、猴的来源和场内的卫生防疫制度等因素与B病毒的感染率密切相关。

不同年龄、性别的猴均可感染B病毒。王晓明（1989）、田克恭等（1991）试验证实雌雄猴之间易感性无差异；但随年龄增长，B病毒抗体阳性率呈上升趋势。Orcutt等（1976）报道幼龄猴为12.0%、青年猴为37.0%、老龄猴为73.0%；田克恭等（1991）报道2岁以下猴为6.38%、2～5岁猴为44.62%、5岁以上猴为83.33%；Weigler BJ等（1990）报道大于2.5岁捕获的成年猕猴其抗体阳性率可达80%～100%，而小于2.5岁的未成年猴抗体阳性率大约20%。表明不同年龄猴B病毒感染率明显不同。人感染该病多为散发，带有职业性。

四、临床症状

1. 动物的临床表现　恒河猴感染B病毒潜伏期不定，短至1～2天，长至几周、甚至数年。由于B病毒在恒河猴中已很好适应，因此大多数只引起轻微口部病变，感染猴外观无明显不适，饮食正常，容易被人们所忽略。

猴发病初期在舌表面和口腔黏膜与皮肤交界的口唇部出现小疱疹，疱疹很快破裂，形成溃疡，表面覆盖纤维素性、坏死性痂皮，常在7～14天自愈，不留瘢痕。除口黏膜外，皮肤也易出现水疱和溃疡。病猴鼻内有少量黏液或脓性分泌物，常并发结膜炎和腹泻。偶见口腔内有细菌和真菌的继发感染。在疾病早期，用棉拭子从疱疹或溃疡面取材进行组织培养，可分离到B病毒。通过PCR可检测到生殖器感染，并可从生殖器黏膜及骶交感神经培养物中分离到病毒，但生殖器不表现任何损伤。

食蟹猴感染情况与恒河猴相似。红面猴常表现结膜炎、感冒样症状和昏睡。从肝、肺等脏器可分离到B病毒。

J. W. Ritchey等（2005）报道，采用B病毒人工感染BALB/c小鼠，接种部位表皮会出现坏死、溃疡、结痂及皮炎症状，其背根神经节及腰脊髓出现明显炎症，通过免疫组织化学方法可检测到B病毒抗原。

2. 人的临床表现 尽管人感染B病毒的概率比较低，但是如不进行抗病毒治疗其致死率可高达70%以上。疾病的发生、发展与感染暴露部位及病毒量有关。Smith AL（1998）等研究认为，不同猕猴品种分离到的B病毒毒株存在差异，恒河猴中分离到的B病毒对人的致病性要高于从其他猕猴体内分离到的B病毒。人B病毒感染与猴的临床表现截然不同，一旦发病则病情严重，主要表现为上行性脊髓炎或脑脊髓炎及严重的神经损伤。潜伏期2天至5周，大多数为5～21天。病初被咬局部疼痛、发红、肿胀，出现疱疹，有渗出物，并出现普通流感症状，发热、肌肉疼痛、疲乏、头疼，其他症状还包括淋巴腺炎、淋巴管炎、恶心呕吐、腹部疼痛、打嗝；当病毒感染中枢神经系统脑及脊髓时就会出现进行性神经症状，如感觉过敏、共济失调、复视双重影像以及上行性松弛性麻痹；当病毒侵入到中枢神经系统则是不良预兆，即使通过抗病毒及支持治疗，大多数病人还是会死亡。死亡原因大多是由上行性麻痹引起的呼吸衰竭所致。病程数天至数周。幸存者多留有严重的后遗症。

五、病理变化

1. 大体解剖观察 猴感染B病毒后，在舌表面和口腔黏膜与皮肤交界的口唇部可见大小不等的疱疹，破裂后形成溃疡，表面覆盖着纤维素性、坏死性痂皮。唇缘的痂皮呈褐色，干燥而致密；在口腔内侧呈灰黄色，与周围组织界限明显。

2. 组织病理学观察 疱疹部位的上皮细胞可见空泡变性和坏死，并见核内包涵体。在多核的上皮细胞、巨噬细胞以及血管内皮细胞均可见嗜酸性核内包涵体。肝实质细胞灶性坏死，汇管区血管周围可见白细胞和单核细胞浸润。在中枢神经系统，可见神经细胞坏死和胶质细胞增多及轻度的血管周围淋巴细胞管套。神经胶质细胞和神经元中可见核内包涵体。病灶最常见于三叉神经降支、面神经和听神经的起始部。

六、诊　　断

B病毒属生物安全水平三级病原，因此，有关B病毒的研究工作必须在BSL-3级实验室进行。对该病可根据流行病学资料（被猴咬伤、抓伤、与猴接触史）和临床症状做出初步诊断，确诊需结合实验室检查。

1. 病毒分离与鉴定 B病毒分离培养是诊断感染的标准方法。用棉拭子取急性发病期猴口腔疱疹或溃疡部位的渗出液，或取脑脊髓液、咬伤部位或抓伤部位的样本，无菌处理后接种兔肾细胞、Vero细胞或HeLa细胞，37℃培养3～4天，电镜观察细胞培养物中的病毒形态，也可采用免疫荧光技术或免疫酶技术检查细胞培养物中的病毒抗原。

2. 血清学试验 中和试验是检查B病毒相关抗体的最常用方法，也是被公认的方法。但该方法复杂费时，不适用于大批量样品的检查。吴小闲等（1989）以中和试验为基础，建立了酶联免疫吸附试验和玻片免疫酶法，经比较两种方法均比中和试验敏感快速，适用于大批量样品的检查和口岸检疫。但由于B病毒、SA8病毒和HSV-1之间具有密切的抗原关系，给3种病毒的鉴别带来困难，用上述血清学方法检查抗体亦难以区分抗体的来源。

Tanabayashi等人将B病毒gD基因克隆表达获得具有抗原活性的重组gD及其衍生物，用放射免疫沉淀法，后又表达缺失跨膜区及细胞内区的分泌性gD，用于斑点印迹法检测，均取得良好的效果。Ludmila等人从构建的B病毒gD表位库中筛选出一个高度保守、位于gD C端的免疫优势表位（gD 362-370），但并不存在于HSV-1或HSV-2 gD中。利用该表位合成的多肽抗原能有效鉴别诊断出人或猴血清中的抗体是B病毒抗体还是人单纯疱疹病毒抗体。

3. 组织病理学诊断 疱疹部位的上皮细胞可见空泡变性和坏死，并见核内包涵体。在多核上皮细胞、巨噬细胞以及血管内皮细胞均可见嗜酸性核内包涵体。肝实质细胞灶性坏死，汇管区血管周围可见白细胞和单核细胞浸润。在中枢神经系统，可见神经细胞坏死、胶质细胞增多及轻度的血管周围淋巴细胞管套。神经胶质细胞和神经元中可见核内包涵体。病灶最常见于三叉神经降支、面神经和听神经的起始部。

4. 分子生物学诊断 PCR和核酸杂交技术已成功应用于无症状及感染病人的快速诊断。

七、防治措施

1. 治疗 对该病目前尚无特效治疗方法，主要采取支持疗法和对症处理。有人报道类固醇治疗有一定疗效。抗病毒制剂如无环鸟苷（Acyclovir）、更昔洛韦（Ganciclovir）等当前被推荐使用。

人一旦疑似感染B病毒，应口服大剂量无环鸟苷一个疗程（每次800mg，每天5次，持续3周）用作紧急预防。对于出现症状者，应在感染后24h内进行治疗，静脉滴注无环鸟苷每千克体重10～15mg，每天3次，应注意水分及给药速度以免对肾脏造成损害，另外还需监测血液中肌氨酸酐浓度并适时调整剂量。以后口服无环鸟苷800mg，每天5次，直到血清学试验阴性或病毒培养阴性。由于临床上此类病例尚少，相关经验还有待积累，故口服无环鸟苷的疗程持续时间还未确定。使用无环鸟苷会引起肾功能不全和神经系统症状等副作用，应当注意。若病患给药期间病况继续恶化，则需改用静脉注射更昔洛韦。对于神经系统已被侵害的患者，建议静脉注射更昔洛韦每千克体重5mg，每天2次，但是应仔细评估疗效及该药物对骨髓抑制的毒性。药物剂量应根据肾功能而做调整，并严密监测白细胞及血小板浓度。感染早期使用无环鸟苷及更昔洛韦能增加病患的存活率，但对于已发展成为脑脊髓炎的病人效果有限，其临床疗效还有待进一步积累经验。对于正在接受治疗的病人，应对其血液及体液采取严格的隔离措施，因为治疗期间病毒仍可从病人的口腔及皮肤上分离出来，所以治疗期间应全程隔离。

2. 预防 恒河猴是B病毒的自然宿主，具有很高的感染率，且随年龄增长抗体阳性率呈上升趋势，因此应实行单笼饲养，定期检疫，淘汰阳性猴，逐步建立无B病毒猴群。随着实验动物科学的发展，应坚持以自繁为主，对野外捕获的野生猴应视为B病毒感染者，严格隔离检疫，确认为B病毒阴性者方可用于研究。美国制定了“猴管理人员预防猴疱疹病毒（B病毒）的准则”，国内各猕猴繁育场可参照执行。其主要内容包括：

（1）只有当猕猴无B病毒感染，并能确保维持在无B病毒状态时，方可用于研究。

（2）只有来源清楚、档案材料齐全时，猕猴才可用于研究目的。

（3）因为病毒扩散具有周期性，可在无肉眼可见损伤的情况下发生。因此，所有不能确定是否感染B病毒的猕猴均应视为感染者。

（4）猕猴管理人员从笼中抓取动物时必须戴长臂胶皮手套，严禁直接用手捕捉或抓取。

（5）接触动物的人员，包括兽医和科研人员，应在保定方法和使用防护衣物方面得到训练，避免被咬伤和抓伤。

（6）所有因猕猴或其笼具造成的咬伤或擦伤均可能污染猕猴分泌物而造成B病毒感染，类似事件应立即向动物主管人员报告并记录备案。表层损伤可适当清洗，不需进一步治疗。人单纯疱疹病毒能在暴露后的5min内进入感觉神经末梢，B病毒感染速度似乎与其相当，如存在潜在感染的可能，应迅速彻底清洁伤口或者暴露部位，对于非黏膜表面的咬伤、抓伤、刺伤，用肥皂或者清洁剂清洗至少15min，黏膜表面应用消毒的生理盐水或者流水清洗至少15min，立即清洗能洗去并灭活伤口部位的病毒，随后应请门诊医师处理，并随时注意伤口附近的皮肤和神经有无异常病症。当疑似B病毒感染时，应进行诊断性研究，并采用无环鸟苷等抗病毒药物进行治疗。

避免游客靠近猴子，以防被猴咬伤或者抓伤。避免裸露的皮肤与猴的任何分泌物或组织接触。对原因不明的有口腔溃疡的猴应及时处理。已知病患住院应采取防护措施，对其血液及体液进行隔离。

八、公共卫生影响

猴感染B病毒非常普遍，初次感染症状与人感染人单纯疱疹病毒相似，B病毒对自然宿主只产生温和的局部损伤，但人感染B病毒后死亡率高达70%，且幸存者也预后不良，多存在神经后遗症。至今已有40多例人感染B病毒的报道，绝大多数病例是由于人接触猴或猴分泌物而感染发病。因此，加强猴饲养管理人员、临床兽医和研究人员的自身防护至关重要。

（田克恭　贺争鸣　肖璐）

我国已颁布的相关标准

GB/T 14926.60—2001　实验动物　猕猴疱疹病毒Ⅰ型（B病毒）检测方法

SN/T 1177—2003　猴B病毒相关抗体检测方法

参考文献

本藤良.2006. 猿猴疱疹B病毒感染［J］. 日本医学介绍，27（9）：398.

蔺会云，遇秀玲，田克恭. 2000. 猴B病毒研究进展［J］. 实验动物科学与管理，17（2）：38-44.

田克恭. 1991. 实验动物病毒性疾病［M］. 北京：农业出版社：373-380.

杨敬，战大伟. 2004. 人河猴的B病毒感染［J］. 实验动物科学与管理，21（1）：29-34.

刘克州，陈智. 2002. 人类病毒性疾病［M］. 北京：人民卫生出版社：447-451.

俞东征. 2009. 人兽共患传染病学［M］. 北京：科学出版社：1044-1054.

Chika Oya，Yoshitsugu Ochiai，Yojiro Taniuchi，et al. 2004. Specific Detection and Identification of Herpes B Virus by a PCR-Microplate Hybridization Assay［J］. J. Clin. Microbiol.，42：1869-1874.

Cohen J I，Davenport D S，Stewart J A，et al. 2002. Recommendations for prevention of and therapy for exposure to B virus (Cercopithecine herpesvirus 1)［J］. Clin. Infect. Dis.，35：1191-1203.

Hirano M，Nakamura S，Okada M，et al. 2000. Rapid discrimination of monkey B virus from human herpes simplex viruses by PCR in the presence of betaine［J］. J Clin Microbiol.，38（3）：1255-1257.

Huff J L，Eberle R，Capitanio J，et al. 2003. Differential detection of mucosal B virus and rhesus cytomegalovirus in rhesus macaques［J］. J. Gen. Virol.，84：83-92.

J W Ritchey，M E Payton，R Eberle. 2005. Clinicopathological Characterization of Monkey B Virus (Cercopithecine Herpesvirus 1) Infection in Mice［J］. J. Comp. Path.，132：202-217.

Jennifer L. Huff，Peter A. Barry. 2003. B-Virus (Cercopithecine herpesvirus 1) Infection in Humans and Macaques：Potential for Zoonotic Disease［J］. Emerging Infectious Diseases，9（2）：246-250.

Perelygina L，Patrusheva I，Hombaiah S，et al. 2005. Production of herpes B virus recombinant glycoproteins and evaluation of their diagnostic potential［J］. J Clin Microbiol，43（2）：620-628.

Perelygina L，Zhu L，Zurkuhlen H，et al. 2003. Complete sequence and comparative analysis of the genome of herpes B virus (Cercopithecine herpesvirus 1) from a rhesus monkey［J］. J Virol. ，77（11）：6167-6177.

Perelygina L，Zurkuhlen H，Patrusheva I，et al. 2002. Identification of a herpes B virus-specific glycoprotein d immunodominantepitope recognized by natural and foreign hosts［J］. J Infect Dis.，186（4）：453-461.

Perelygina L，Patrusheva I，Manes N，et al. 2003. Quantitative real-time PCR for detection of monkey B virus (Cercopithecine herpesvirus 1) in clinical samples［J］. J. Virol. Methods.，109（2）：245-251.

Slomka M J，D W G Brown，J P Clewley，et al. 1993. Polymerase chain reaction for detection of herpesvirus simiae (B virus) in clinical specimens［J］. Arch. Virol.，131：89-99.

Smith A L，Black D H，Eberle R. 1998. Molecular evidence for distinct genotypes of monkey B virus (Herpesvirus simiae) which are related to the macaque host species［J］. J Virol.，72：9224-9232.

Tanabayashi K，Mukai R，Yamada A. 2001. Detection of B virus antibody in monkey sera using glycoprotein D expresssd in mammalian cells［J］. J Clin Microbiol，39（9）：3025-3030.

第二节　猴SA8病毒感染
(Simian agent 8 virus infection)

猴SA8病毒感染（Simian agent 8 virus infection）由非洲绿猴感染猴疱疹病毒2型（*Cercopithecineherpes virus* 2，俗称SA8病毒）所致，大多数原发感染为隐性，偶尔发现感染动物口腔黏膜出现疱疹和溃疡。目前，尚未发现该病毒感染人或其他灵长类实验动物而造成疾病。

一、发生与分布

1958年Malherbe和Harvin首次从非洲绿猴（*Chlorocebus aethiops*）的神经组织分离到该病毒（B264毒株），并命名为猴因子8（Simian agent 8，SA8）；之后，Gary等（1972）在非洲绿猴的口腔溃疡部位也分离到SA8病毒。至今对该病毒自然感染的发生与分布仍了解甚微，仅Plesker等（2002）报道过在德国PEI研究所灵长类动物中心人工养殖的100多只非洲绿猴中，有15%的动物血清抗SA8病毒抗体阳性，但存在该病毒的非洲绿猴养殖场或灵长类动物中心均未报道过由于猴SA8病毒感染造成疾病暴发流行。

Malherbe（1969），Kalter（1978）和Levin（1988）等在狒狒体内分离到多株相关的病毒，其血清学鉴定为SA8病毒。Hull等（1973）和Kalter等（1971）通过血清学调查发现，非洲多个猴群中普遍存在猴SA8病毒抗体阳性，从而认为SA8病毒在非洲狒狒种群中存在自然感染。但是，近来的研究证明狒狒感染的是与SA8病毒非常相近、且与之存在血清学交叉反应的狒狒疱疹病毒2型（Herpesvirus papio 2，HVP2）。

二、病　　原

1. 分类地位　SA8病毒（Simian agent 8 virus，SA8）又称猴因子8、猴疱疹病毒2型（Cercopithecineherpes virus 2）、非洲绿猴疱疹病毒，属于疱疹病毒科（Herpesviridae）、α疱疹病毒亚科（Alphaherpesvirinae）、单纯疱疹病毒属（Simplexvirus）。SA8病毒与B病毒、狒狒疱疹病毒2型及人类单纯疱疹病毒1型和2型在基因组及抗原性方面具有高度相似性，同归纳于单纯病毒属（Simplexvirus）。

2. 形态学基本特征与培养特性　SA8病毒具有疱疹病毒的特征性形态和结构，是有包膜的双链DNA病毒。电镜下核衣壳与包膜间有一层显著的、形态不对称的基质，由病毒非结构蛋白聚集而成。

SA8病毒宿主细胞范围广，可在非洲绿猴肾细胞（Vero、CV1）和猴MDCK细胞中培养分离。感染细胞可见核内包涵体和多核巨细胞。

3. 理化特性　SA8病毒不耐热，50℃加热30min可将其灭活；病毒对酸碱敏感，强酸强碱均可杀灭病毒；脂溶剂可破坏该病毒包膜，使病毒失去毒力；另外漂白水、紫外线、X射线、高压灭菌等均对其有杀灭作用。病毒长期保存需置于含10%血清的培养基中，在−70℃或液氮中保存。

4. 分子生物学　Tyler等于2005年已确定了SA8病毒（B264株）全基因组序列，GenBank登录号为AY714813。该基因组全长为150 715 bp，具有α疱疹病毒的基因组结构特征，G+C含量为76%，在灵长类动物单纯疱疹病毒中含量最高。基因组主要由2个相互连接的长独特片段（UL）和短独特片段（US）区组成，UL和US间通过长反向重复序列（long inverted repeats，RL）和短反向重复序列（short inverted repeats，RS）相串联。DNA长短片段间可形成4种异构体，基因结构属E型。UL区具有58个开放阅读框，为UL1～UL56和UL26.5、UL49.5；US区有13个开放阅读框，为US1～US12和US8.5。猴SA8病毒与B病毒、单纯疱疹病毒在基因组序列上同源性很高，与B病毒的基因组序列同源性为83.3%，与单纯疱疹病毒1型和单纯疱疹病毒2型的同源性分别为64.1%和68.8%，但单纯疱疹病毒1型和单纯疱疹病毒2型的起源明显与SA8和B病毒的起源不同。与单纯疱疹病毒基因组不同，SA8病毒和B病毒都缺少编码神经毒基因的RL1开放阅读框。

三、流行病学

1. 传染来源　SA8病毒感染的非洲绿猴是主要传染源。

2. 传播途径　SA8病毒传播方式还不清楚，一般认为主要是水平传播，通过母婴传播或性传播的可能性较小。由于有感染性的病毒能在潮湿的环境中存活数小时，因而SA8病毒可通过污染物而间接传播。

3. 易感动物

（1）自然宿主　SA8 病毒的自然宿主为非洲绿猴，至今尚未发现其他实验动物自然感染该病毒。

（2）实验动物　Malherbe 和 Harwin（1958）将最初分离的 SA8 病毒毒株经皮内注射接种到兔体内可造成中枢神经系统感染，部分出现瘫痪，严重者导致死亡。与其相反，Ritchey 等（2002）报道小鼠肌内注射接种 SA8 病毒（B264 株）后不产生任何组织病理损伤，没有任何感染症状，体内也检测不到病毒抗原；但接种狒狒疱疹病毒 2 型到小鼠则导致严重的神经系统感染。这种感染性差异是由于宿主的感受性不同、还是由于毒株反复传代后侵袭力下降造成，有待进一步研究。

（3）易感人群　至今尚无 SA8 病毒感染人或对人有致病性的报道。

4. 流行特征　以往绝大多数关于 SA8 病毒的报道均与狒狒的感染有关，但现在认识到感染狒狒的病毒实际是狒狒疱疹病毒 2 型，而确切关于 SA8 病毒感染的报道却很少，因此对该病毒感染的流行状况还缺乏认识。一般认为 SA8 病毒感染在其自然宿主即非洲绿猴群中很普遍，Plesker 等（2002）报道血清抗体阳性率约 15%。

四、临床症状

绝大多数 SA8 病毒感染的非洲绿猴呈无症状带毒者，偶有发病者仅出现口腔黏膜损伤。临床表现为多发性大小不一的丘疹、疱疹及溃疡，分布于唇部、舌体、颊部和齿龈，病程 3 周左右，痊愈后不留疤痕。与 B 病毒等猴疱疹病毒感染一样，动物原发感染痊愈后，病毒潜伏于感觉神经节内，往往在应激状态下会再次复发。

五、病理变化

动物在首次感染或复发时，嘴唇或口腔黏膜出现疱疹和疱疹溃破形成的溃疡，损伤部位不涉及生殖器，尚无组织病理学方面的观察资料。

六、诊　　断

由于 SA8 病毒与疱疹病毒亚科的其他成员人单纯疱疹病毒 1 型、人单纯疱疹病毒 2 型、B 病毒、狒狒疱疹病毒 2 型基因同源性高，存在抗体交叉反应，目前对 SA8 病毒的确诊主要是采用分子生物学方法，其他诊断方法阳性者需用限制性内切酶法加以确认。

1. 病毒分离与鉴定　当观察到宿主口唇出现疱疹而又怀疑是疱疹病毒感染时，可用皮试针或棉签采集疱疹液，接种于非洲绿猴肾细胞（Vero），于 37℃、5.0% CO_2 环境中培养，每天观察细胞病变，当出现细胞病变后，收集感染细胞，采用限制性内切酶法进行确认。

2. 血清学试验　用间接免疫荧光试验（IFA）、酶联免疫吸附试验（ELISA）和血清中和试验可初步对疱疹病毒感染做出诊断，但是由于 SA8 病毒与单纯疱疹病毒、B 病毒和狒狒疱疹病毒 2 型存在交叉反应，至今无法通过血清学方法来进行区分。但这些病毒各有其特异的自然宿主，非洲绿猴不易感 B 病毒或狒狒疱疹病毒 2 型，因此可使用任何单纯疱疹病毒抗原对非洲绿猴进行检测，若血清学抗体阳性便可初诊为 SA8 病毒感染。

3. 组织病理学诊断　SA8 病毒感染发病出现皮肤黏膜损害时，可刮取表皮坏死组织镜检，结合免疫组化法，若检测到 SA8 病毒抗原即有诊断意义。

4. 分子生物学诊断　提取病毒 DNA，利用限制性内切酶法对 α 疱疹病毒亚科的成员进行区分，是至今最常用的有效鉴别诊断方法。Darla 等（1997）针对 SA8 病毒的 gB 基因设计引物，用 PCR 方法结合限制性内切酶法，区分 α 疱疹病毒亚科的成员，可特异性检测出 SA8 病毒，且敏感性高。

七、防治措施

1. 治疗　动物感染 SA8 病毒出现临床症状者，应采用单笼隔离饲养，皮损局部可用 10% 氯乙啶擦洗创口；伴发细菌感染者可每天每千克体重肌内注射 10 000 U 普鲁卡因青霉素 G，直至损伤消失痊愈。

2. 预防　SA8 病毒具有潜伏性，因此通过反复检疫，及时隔离血清学阳性动物，可以防止群体中动物通过直接或间接接触而造成传播。

八、公共卫生影响

SA8 病毒属 BSL-2 病原体，自然宿主感染通常不致病，也没有传染给人或其他实验动物的确切报道。因此，该病毒未列入实验动物必须排除的病原体。

（杨玲焰　时长军　田克恭）

我国已颁布的相关标准　无。

参考文献

Black D H，Eberle R. 1997. Detection and differentiation of primate α-herpesviruses by PCR [J] . VetDiagnInvest. ，9 (3)：225-231.

Borchers K，Ludwig H. 1991. Simian agent 8a herpes simplex-like monkey virus [J] . CompImmunMicrobiol InfectDis.，14 (2)：125-132.

Eberle R，Black D H，Lipper S. 1995. Herpesvirus papio 2，an SA8-1ike-herpesvirus of baboons [J] . Arch Virol.，140 (3)：529-545.

Hilliard J K，Black D，Eberle R. 1989. Simian alphaherpesviruses and their relation to the human herpes simplex viruses [J] . Arch Virol.，109 (1-2)：83-102.

Hull R N. 1973. The herpesviruses：The simian herpesviruses [M] . Kaplan A S (ed) . New York：Academic Press：389-426.

Kalter S S，Heberling R L. 1971. Comparative virology of primates [J] . Bacteriol Rev.，35 (3)：310-364.

Kalter S S，Weiss S A，Heberling R L，et al. 1978. The isolation of herpesvirus from the trigeminal ganglia of normal baboons (Papio cynocephalus) [J] . Lab Anim Sci.，28 (6)：705-709.

Katz D，Shi W，Krug P W，et al. 2002. Antibody cross-reactivity of alphaherpesviruses as mirrored in naturally infected primates [J] . Arch Virol.，147 (5)：929-941.

Levin J L，Hilliard J K，Lipper S L，et al. 1988. A naturally occurring epizootic of simian agent 8 in the baboon [J] . Lab Anim Sci.，38 (4)：394-397.

Malherbe H，Arwin R，Ulrich M. 1963. The cytopathic effects of Vervet monkey viruses [J] . S Afr Med J.，37：407-411.

Martino M A，Hubbard G B，Butler T M. 1998. Clinical disease associated with simian agent 8 infection in the Baboon [J] . Lab Anim Sci.，48 (1)：18-22.

Plesker R，Coulibaly C A. 2002. Simian agent 8-infection in a group of African green monkeys (Chlorocebus Aethiops) [J] . PrimRep.，63：27-31.

Ritchey J W，Ealey K A，Payton M E，et al. 2002. Comparative pathology of infections with Baboon and African green monkey α-herpesviruses in Mice [J] . J Comp Path.，127 (2-3)：150-161.

Takano J，Narita T，Fujimoto K，et al. 2001. Detection of B virus infection in cynomolgus monkeys by ELISA using simian agent 8 as alternative antigen [J] . Exp Anim.，50 (4)：345-347.

Tyler S D，Peters G A，Severini A. 2005. Complete genome sequence of cercopithecine herpesvirus 2 (SA8) and comparison with other simplexviruses [J] . Virology，331 (2)：429-440.

Veit M，Sott C，Borchers K，et al. 1993. Structure，function，and intracellular localization of glycoprotein B of herpesvirus simian agent 8 expressed in insect and mammalian cells [J] . Arch Virol.，133 (3-4)：335-347.

Veit M，Ponimaskin E，Baiborodin S. 1996. Intracellularcompartmentalization of the glycoprotein B of herpesvirus simian agent 8 expressed with a baculovirus vector in insect cells [J] . Arch Virol.，141 (10)：2009-2017.

第三节 猫病毒性鼻气管炎
(Feline viral rhinotracheitis)

猫病毒性鼻气管炎（Feline viral rhinotracheitis）是猫疱疹病毒Ⅰ型引起猫及猫科动物的一种急性、高度接触性上呼吸道疾病。该病以角膜炎、结膜炎、上呼吸道感染和妊娠猫流产为特征，主要侵害仔猫，发病率可达100%，死亡率约50%，成年猫感染后不死亡。该病是猫主要的呼吸道疾病之一。

一、发生与分布

Crandell等（1957）首次从患有呼吸道疾病的仔猫体内分离到猫疱疹病毒Ⅰ型。1970年Plummer等从感染猫疱疹病毒Ⅰ型3个月的6只猫中发现猫疱疹病毒Ⅰ型，随后日本、加拿大、英国、荷兰、瑞士和匈牙利等国家和地区相继分离到该病毒。目前猫疱疹病毒Ⅰ型已分布于世界各国，有的猫群中感染率高达97%。

近年来我国也发现和分离到了猫疱疹病毒Ⅰ型，王文利（2004）等在农业部兽医诊断中心确诊了1例猫疱疹病毒Ⅰ型阳性病例。屈哲等（2007 ）从天津、北京的流浪猫中分离到一株猫疱疹病毒Ⅰ型，并建立了针对猫疱疹病毒Ⅰ型TK基因片段的特异性PCR诊断方法。杜艳（2009）等检测的28例临床疑似样本中有25份为阳性，表明该病在我国已普遍存在。

二、病　　原

1. 分类地位　猫疱疹病毒Ⅰ型（*Feline herpesvirus type* 1，FHV-1）又称猫病毒性鼻气管炎病毒，在分类上属疱疹病毒科（Herpesviridae）、α疱疹病毒亚科（Alphaherpesvlrinae）、水痘病毒属（*Varicellovirus*）。

猫疱疹病毒Ⅰ型仅有1个血清型。中和试验表明，它与猫泛白细胞减少症病毒、传染性牛鼻气管炎病毒、伪狂犬病病毒、猫嵌状病毒及人单纯疱疹病毒均无交叉反应；补体结合试验表明，猫疱疹病毒和猫嵌状病毒及人腺病毒间也无抗原关系。Fabricant等（1974）分离到与猫疱疹病毒Ⅰ型血清学特征不同的另1种猫疱疹病毒，称为猫疱疹病毒Ⅱ型（FHV-2），可引起猫的尿结石。

2. 形态学基本特征与培养特性　该病毒粒子由核心、衣壳和囊膜组成，核心由双股DNA与蛋白质缠绕而成，病毒衣壳为立体对称的正二十面体，外观呈六角形，由162个互相连接呈放射状排列且有中空轴孔的壳粒构成。位于细胞核内的病毒粒子直径约148nm，胞浆内和释放到细胞外的完整病毒粒子直径126～167nm，细胞外约164nm。

猫疱疹病毒Ⅰ型能在猫源细胞系内复制，包括原代细胞、传代细胞和肾脏、胸腺、舌、肺、T淋巴细胞、神经纤维肉瘤等细胞系，除兔肾细胞外，不在其他非猫源细胞系复制增殖。病毒接种细胞后增殖迅速，2～6天在显微镜下可见散在病灶，细胞变圆，胞质呈线状，呈葡萄串状，有的细胞融合产生多核巨细胞，核内可见大量椭圆形嗜酸性包涵体。通常情况下出现细胞病变后36～48 h，细胞全部脱落，接种后2～4天可收获病毒，最高滴度可达10^5～10^7 $TCID_{50}$/mL。琼脂覆盖层下可形成病毒蚀斑。此外，猫疱疹病毒Ⅰ型不感染鸡胚及鸡胚成纤维细胞，可感染人、猴和牛源细胞，形成包涵体，但难以传代。

3. 理化特性　猫疱疹病毒Ⅰ型对外界环境抵抗力较弱，对酸、热和乙醚、氯仿等脂溶剂敏感，离开宿主后只能存活数天。甲醛和酚易将其灭活。在－60℃条件下可存活180天，56℃ 5min、37℃ 3h灭活。在潮湿环境中，最多能存活18h，在干燥的环境中存活不超过12h，在气溶胶中也很不稳定。

4. 分子生物学　猫疱疹病毒Ⅰ型的基因组是双股线性DNA，全长约134 kb，其中G+C含量约占50%。由独特的长区段（UL）和短区段（US）及位于US两侧的末端重复序列（TRs）与内部重复序列（IRs）所组成，即形成了UL—IRs—US—TRs结构。猫疱疹病毒Ⅰ型含有78个开放阅读框，编码

74 种蛋白质。在 UL 区包含 UL 1～UL 56、V1、V32、CIRC 共 64 种基因，在 US 区包含 US2～US8 共 7 种基因，TRs 和 IRs 由 US1、US10、ICP4 组成。2010 年，Tai 等完成了猫疱疹病毒Ⅰ型的全基因组序列测定。

疱疹病毒的囊膜是从高尔基体跨膜区的囊泡上的细胞内膜中获得的。含有病毒编码的蛋白质，多数经糖基化修饰形成糖蛋白。这些糖蛋白在病毒感染细胞时，是病毒与细胞间互相作用的重要因子，同时也是动物机体免疫系统识别的主要靶抗原。根据疱疹病毒蛋白质的命名法，将猫疱疹病毒Ⅰ型发现的 11 种糖蛋白统一命名为 gB、gC、gD、gE、gG、gH、gI、gK、gL、gM 和 gN，其中，至少 gI 和 gE 是病毒复制非必需的。该病毒的大部分糖蛋白是细胞免疫和体液免疫的主要靶标，也是预防和治疗机体感染的亚单位疫苗或 DNA 疫苗的候选基因。

三、流行病学

1. 传染来源　猫疱疹病毒Ⅰ型主要传染源是患病动物和带毒动物。急性感染期的猫是主要传染源，潜伏期的猫也可排毒。猫发病初期，可通过分泌物排毒 14 天。且几乎所有临床康复或耐过猫都是危险传染源，它们长期带毒，对疾病的流行起重要作用。某些应激因素如发情、分娩、运输等，可使病毒活化，但带毒猫在应激作用下并不立即排毒，而是有一个 4～11 天（平均 7.2 天）的滞后期，排毒期通常持续 1～13 天（平均 6.5 天），期间表现流泪、打喷嚏等临床症状。

2. 传播途径　该病以直接接触、间接接触和垂直传播三种方式传播。直接接触主要发生在同群个体之间，猫疱疹病毒Ⅰ型经眼、鼻、口分泌物排出，可在 1 m 范围内发生飞沫传播；哺乳期排毒易使仔猫感染，仔猫是否发病取决于其母源抗体水平。间接接触主要通过媒介物带毒传播，如污染的住房、饲喂的食物、器皿和人员。孕猫感染后可能发生垂直感染并致胎儿死亡。此外，发情期猫亦可因交配感染。

3. 易感动物

（1）自然宿主　猫疱疹病毒Ⅰ型具有高度的种属特异性，仅感染猫科动物，主要宿主是家猫，有时也感染其他猫科动物如印度豹、美洲狮，对其他异种动物及鸡胚不致病。

（2）实验动物　该病尚无实验动物感染模型。

（3）易感人群　迄今为止，没有证据表明该病可传播给人。

4. 流行特征　猫疱疹病毒Ⅰ型只感染猫及猫科动物，主要侵害幼猫。

四、临床症状

猫疱疹病毒Ⅰ型在略低于正常体温的环境中复制增殖最快，因此，猫疱疹病毒Ⅰ型感染局限于眼、口、上呼吸道等浅表组织。实验室和自然感染早期表现精神沉郁、打喷嚏、食欲不振、发热、流涎等症状。可见结膜炎、角膜炎、球结膜水肿等症状，眼角、鼻腔有分泌物流出，并慢慢变成黏脓性物质，在鼻腔和眼睑外侧形成结痂，严重时引起呼吸困难、咳嗽。猫疱疹病毒Ⅰ型易引起严重的上呼吸道感染，潜伏期 2～6 天或更长，但病毒滴度较低。有时出现原发性肺炎和病毒血症，最终导致死亡。角膜炎为猫疱疹病毒Ⅰ型感染的示病症状，其典型病变是严重的树枝状溃疡，继发细菌感染时可使溃疡加深，甚至角膜穿孔，在溃疡修复过程中形成的结缔组织，使角膜和结膜粘连，感染进一步扩散，导致全眼球炎，造成永久性失明。

猫疱疹病毒Ⅰ型感染偶尔可引起口腔溃疡、面部皮炎或神经症状。猫疱疹病毒Ⅰ型还可引起仔猫或体质虚弱的猫轻微的病毒性肺炎。该病毒感染还可能引起孕猫流产，临床病例中还有引起怀孕母猫的流产的可能。但用无特定病原体（Specific pathogen free，SPF）猫研究猫疱疹病毒Ⅰ型感染机制时，在病情严重的妊娠猫中没有发现一例流产病例。因此临床上看见的，可能是继发疾病对机体的影响造成的，而不是猫疱疹病毒Ⅰ型感染的直接结果。仔猫感染时易引起鼻甲损害，表现为鼻甲及表膜充血、溃疡甚至扭曲变形。由于正常的解剖学改变及角膜防御机制破坏，易引起慢性细菌感染，导致慢性鼻窦炎。

五、病理变化

1. 大体解剖观察 该病病变主要在上呼吸道。病初鼻腔和鼻甲骨黏膜呈弥漫性充血，喉头和气管也出现类似变化。

2. 组织病理学观察 较严重病例，鼻腔、鼻甲骨黏膜坏死，眼结膜、扁桃体、会厌软骨、喉头、气管、支气管甚至细支气管的部分黏膜上皮也出现局灶性坏死，坏死区上皮细胞中可见大量的嗜酸性核内包涵体。对于全身性感染的仔猫，血管周围局部坏死区域的细胞可见嗜酸性核内包涵体。由于细菌的继发感染，自然病例有时也可出现肺炎变化。慢性病例可见鼻窦炎。对于有下呼吸道症状的病猫，可见间质性肺炎及支气管和细支气管周围组织坏死，有时可见气管炎及细支气管炎的病变。有些病猫，支气管、细支气管及肺泡间隔上皮可见无炎症性坏死。除一般病猫可见鼻甲骨吸收的变化外，还发现无菌猫感染猫疱疹病毒Ⅰ型时可见骨质溶解。

六、诊　　断

该病可根据流行病学资料和临床症状做出初步诊断，但该病与猫鼻结膜炎、猫传染性泛白细胞减少症和猫肺炎临床表现相似，需结合实验室检查才可确诊。

1. 病毒分离与鉴定 猫疱疹病毒Ⅰ型分离培养是诊断感染的标准方法。在临床使用抗生素和抗病毒药物前的急性发热期，以灭菌棉拭子在鼻咽、喉头和结膜部取样，低温保存，放入含有一定浓度抗生素的营养液内；挤压后将拭子取出，4℃感作2～4h；接种猫肧肾原代或传代细胞，37℃孵育2h；更换维持液，逐日观察有无细胞病变，必要时盲传3代。将细胞及培养液经处理后，用猫疱疹病毒Ⅰ型免疫血清进行中和试验或荧光抗体染色，鉴定是否分离出病毒。

病毒分离是最准确有效的诊断方法，但耗时长，由于没有固定的标准，其敏感性和特异性在各实验室间有差异。急性感染猫疱疹病毒Ⅰ型时，很容易从结膜、鼻、咽拭子和脱落物中分离出病毒，肺组织也有很好的分离率；慢性感染时，分离较为困难。

2. 血清学试验 通过ELISA、中和试验可检测血清、脑脊髓液中的猫疱疹病毒Ⅰ型抗体，血清学方法不能区分疫苗免疫抗体和野毒感染抗体。因此，血清中抗体含量通常不能作为有效的诊断猫疱疹病毒Ⅰ型感染的指标。

3. 组织病理学诊断 通过病理组织学检查观察到的呼吸道黏膜细胞核内嗜酸性包涵体，对疾病诊断有一定参考价值。但临床症状和病理解剖学病变都是非特异性的，因此该方法不能区分猫疱疹病毒Ⅰ型与其他呼吸道传染病，不能作为猫疱疹病毒Ⅰ型感染的确诊依据。

4. 分子生物学诊断 PCR能检测基因组特定靶标基因，能够检测疾病各个时期的病毒分泌情况，比病毒分离、间接免疫荧光试验更敏感。结膜、角膜、口咽、脱落的角膜、玻璃体、角膜坏死灶、血液均可作为检测样品，根据高度保守的TK基因、gD基因设计引物，通过PCR检测猫疱疹病毒Ⅰ型。实时荧光定量PCR可测定病毒含量，如果在眼、鼻分泌物中病毒含量较高则表示病毒处于活跃复制期；如果分泌物中病毒含量低则可能处于隐性感染阶段。此外，实时荧光定量PCR还可用于抗病毒药物对猫疱疹病毒Ⅰ型的药敏试验。

七、防治措施

1. 治疗 目前尚缺乏特效药。据报道，5-碘脱氧尿嘧啶核苷可用以治疗猫疱疹病毒Ⅰ型感染引起的溃疡性角膜炎。某些人工合成的核苷类药物具有抗疱疹病毒感染的功能。

应用广谱抗生素可有效地防止细菌继发感染，防止后遗症的发生。必要时从鼻咽、喉头等取样进行药敏试验。口腔损害和病程长的病猫，可口服或肌内注射维生素A。结膜炎可每天多次用10%磺醋酰胺钠、1%氯霉素或0.5%新霉素眼膏涂擦，但不宜使用含皮质类固醇的眼膏。

患猫需早期隔离，隔离舍保持恒温，最好保持21℃左右。如有脱水，可口服或皮下注射等渗葡萄糖盐水，每天50～100mL，每天2次，为增进食欲，可给予少量香味食物，如鱼、肝、瘦肉等，有利于患猫康复。

2. 预防　猫疱疹病毒Ⅰ型免疫性不强，持续时间较短。也有人认为，尽管某些病猫发病21天后仍缺乏中和抗体，但康复后患猫150天仍具有部分免疫力，此时接种病毒，仅表现轻微临床症状。

临床应用的猫疱疹病毒Ⅰ型疫苗有多种类型，且多与猫冠状病毒疫苗联合使用，有时，也与猫泛白细胞减少症及猫肺炎（衣原体引起）疫苗联合应用。如经肠道外给药改良MLV活疫苗和有免疫佐剂的灭活疫苗，各类型的疫苗都能诱导没接触过病毒的猫群产生一定的保护力。一般在猫63～84日龄时首免，以后每隔180天加强免疫一次。应用猫疱疹病毒Ⅰ型疫苗免疫的时间间隔很重要，延长免疫间隔是一种趋势。用改良的猫疱疹病毒Ⅰ型活疫苗或灭活疫苗免疫后，大部分猫不受疾病干扰。免疫间隔增长时抗体保护水平降低。免疫效率从初次免疫后的95%下降到7.5年后的52%，延长免疫间隔是猫疱疹病毒Ⅰ型疫苗一个重要研究方向。

带毒母猫不宜再作种用，因为分娩常是促进带毒母猫排出病毒的应激因素之一，从而造成新生仔猫的感染。但值得注意的是并非所有表现慢性呼吸道症状的猫都是疱疹病毒带毒者。

加强饲养管理是预防本病的根本措施。平时应尽量减少应激因素，将猫饲养于通风良好的环境中。新引进猫或仔猫应至少隔离观察14天方能混群饲养。由于部分带毒母猫难以查出，因而哺乳仔猫提早断乳（28日龄）有利于该病的预防。运输过程中的猫，应将每只笼具隔开一定距离，以防猫与猫之间的直接接触。此外，减少每个猫群的数量和密度，加强饲养人员的个人卫生都对该病预防有一定作用。

八、公共卫生影响

该病目前还没有可传播给人的证据。但尚不能排除高剂量病毒通过伤口等途径感染人的可能，因此仍然有必要加强宠物主人、饲养管理人员、临床兽医和研究人员的自身防护。

（张丽　孙明　肖璐　田克恭）

我国已颁布的相关标准

无。

参考文献

杜艳．2009．猫鼻气管炎病毒油乳剂灭活疫苗的实验研究［D］．北京：中国农业大学．

侯加法．2004．小动物疾病学［M］．北京：中国农业出版社：130－105．

李六金，李成．2001．猫鼻气管炎病毒、杯状病毒、泛白细胞减少症病毒的分离及其形态学观察［J］．中国预防兽医学报，23（5）：341－345．

利凯，徐彤，刘朗，等．2005．猫上呼吸道感染性疾病的诊疗［J］．中国兽医杂志，41（3）：37－38．

屈哲．2008．猫疱疹病毒Ⅰ型的分离鉴定及PCR检测方法的建立和应用［D］．北京：中国农业大学．

王文利，张玉仙，等．2006．猫病毒性鼻气管炎的诊断［J］．中国兽医杂志，42（2）：46．

殷震，刘景华．1997．动物病毒学［M］．第2版．北京：科学出版社：331－336．

张硕．2010．猫疱疹病毒Ⅰ型的分离、鉴定及gD基因的原核表达［D］．北京：中国农业大学．

Crandell R A，Maurer F D．1958．Isolation of a feline virus associated with intranuclear inclusion bodies．Proc Soc Exptl Biol．Med．97487－97490．

Crandell RA，1973．Feline viral rhinotracheitis（FVR）［J］．Adv．Vet．Sci．Comp．ed，17：201－224．

Fujita K，Maeda K，Yokoyama N，et al．1998．In vitro recombination of feline herpesvirus type 1［J］．Arch Virol，143：25－34．

Grail A，Harbour D A，and Chia W．1991．Restriction endonuclease mapping of the genome of feline herpesvirus type 1［J］．Arch．Virol，116：209－220．

Hoover E A，Rohovsky M W，Griesemer R A．1970．Experimental feline viral rhinotracheitis in the germfree cat［J］．Am．

J. Pathol，58：269 - 282.
Maeda K，Horimoto T，Norimine J，et al. 1992. Identification and neucleotide sequence of a gene in feline herpesvirus type 1 homologous to the herpes simplex virus gene encoding the glycoprotein B [J]. Arch. Virol，127：387 - 397.
Maeda K，Yokoyama N，Fujita K，et al. 1997. Identification and characterization of the feline herpesvirus type 1 glycoprotein C gene [J]. Virus Genes，14：105 - 109.
Maggs DJ，Clarke H E. 2004. In vitro efficacy of ganciclovir，cidofovir，penciclovir，foscarnet，idoxuridine，and acyclovir against feline herpesvirus type - 1 [J]. Am. J. Vet. Res，65：399 - 403.
Povey R C，Koonse H，Hays M B，1980. Immunogenicity and safety of an inactivated vaccine for the prevention of rhinotracheitis，caliciviral disease，and panleukopenia in cats [J]. J. Am. Vet. Med. Assoc，177：347 - 350.
Roizman B，Carmichael L E，Deinhardt F，et al. 1982. Herpesviridae：definition，provisional nomenclature and taxonomy [J]. Intervirology，16：201 - 221.
Rota P A，Maes P K and Ruyechan W T. 1986. Physical characterization of the genome of feline herpesvirus - 1 [J]. Virology，154：168 - 179.
S H Sheldon Tai，Masahiro Niikura，Hans H Cheng，2010. Complete genomic sequence and an infectious BAC clone of feline herpesvirus - 1 (FHV - 1) [J]. Virology，401：215 - 227.
Sussman M D，Maes R K，Kruger J M，et al. 1995. A feline herpesvirus - 1 recombinant with deletion in the genes for glycoproteins gI and gE is effective as a vaccine for feline thinotracheitis [J]. Virology，214：12 - 20.

第四节　猫尿石症
(Feline urolithiasis)

猫尿石症（Feline urolithiasis）是一种多病因的泌尿系统疾病，其中猫疱疹病毒Ⅱ型可能为重要的致病因素。

一、发生与分布

猫尿石症由 Rich（1969）在美国首次报道。Fabricant 等（1974）进一步研究认为，猫嵌状病毒、猫合胞病毒和猫疱疹病毒Ⅱ型常可从自然病例分离到；猫疱疹病毒Ⅱ型可能是其主要病因。目前，该病广泛分布于美国和欧洲的许多地区。我国有该病报道，但尚未分离到猫疱疹病毒Ⅱ型的报道。

二、病　　原

1. 分类地位　猫疱疹病毒Ⅱ型（*Feline herpesvirus* 2，FHV - 2）在分类上属疱疹病毒科（Herpesviridae）、α 疱疹病毒亚科（Alphaherpesvlrinae）、水痘病毒属（*Varicellovirus*）。猫疱疹病毒Ⅱ型可被同源血清所中和，但与猫疱疹病毒Ⅰ型及其他各种动物疱疹病毒之间均无交叉抗原关系。

2. 形态学基本特征与培养特性　该病毒粒子呈球形，由核心、衣壳和囊膜组成，核心由双股 DNA 与蛋白质缠绕而成，病毒衣壳为立体对称的正二十面体，外观呈六角形。病毒粒子直径约 115nm。

猫疱疹病毒Ⅱ型可在猫肾、心、膀胱等细胞培养物中增殖，常可出现细胞增大、转化，核染色质浓缩和网化等病变，胞核内可见不同于猫疱疹病毒Ⅰ型的包涵体。但受感染的细胞不换液可维持数月而不脱落。

猫疱疹病毒Ⅱ型可产生几种类型的细胞内和细胞外化学结晶，并在组织培养细胞中形成“尿石”，这是猫疱疹病毒Ⅱ型的特有现象。经鉴定，胆固醇是细胞培养物中的结晶之一。

3. 理化特性　猫疱疹病毒Ⅱ型对外界环境抵抗力较弱，对酸、热和乙醚、氯仿等脂溶剂敏感。乙醚和氯仿可迅速将其灭活。

4. 分子生物学　猫疱疹病毒Ⅱ型的基因组是双股线性 DNA，到目前为止，其基因组结构及序列尚不清楚，推测其具有与其他疱疹病毒类似的特征与结构。

三、流行病学

1. 传染来源　病猫是该病重要的传染来源，病毒从病猫排出，污染环境，造成周围动物感染。

2. 传播途径　猫疱疹病毒Ⅱ型可在猫群中水平传播，病猫尿液可长期向外排毒。有证据表明，猫疱疹病毒Ⅱ型可在妊娠母猫卵巢中持续存在，并将病毒通过胎盘垂直传递给胎儿。

3. 易感动物

（1）自然宿主　猫尿石症是一种多病因的泌尿系统疾病，多数研究认为，猫疱疹病毒Ⅱ型是该病病因。此外，犬在临床上也有尿石症，但没有分离到相关病毒。

（2）实验动物　该病尚无实验动物感染模型。

（3）易感人群　迄今为止，没有证据表明该病可传播给人。

4. 流行特征　该病一年四季均可发生，但以寒冷季节发病率较高，康复猫常可复发。

四、临床症状

1. 动物的临床表现　该病常以急性形式出现。尿道常被结石堵塞，其成分为三磷酸镁铵。由于堵塞而产生尿潴留和尿毒症。严重病例，可导致膀胱破裂或氮血症，最终死亡。公猫因去势及其长而窄的尿道，更易造成结石，因此，发病率比母猫高。

2. 人的临床表现　迄今为止，尚没有人感染该病毒的报道。

五、病理变化

大体解剖观察　病猫尿道常被结石堵塞，而产生尿潴留和尿毒症。

六、诊　　断

该病可根据典型临床症状做出初步诊断，确诊需结合实验室检查。

1. 病毒分离与鉴定　猫疱疹病毒Ⅱ型极难用细胞分离，因此从临床病例中很难分离到该病毒。

2. 血清学试验　目前尚无该病的血清学诊断方法。

3. 分子生物学诊断　PCR可用于该病的快速诊断。

七、防治措施

1. 治疗　目前对该病尚无特效治疗方法，主要采取支持疗法和对症处理。

2. 预防　猫尿石症病因复杂，故应采取综合预防措施。目前，在国外该病是兽医界的一个难题。随着我国实验动物科学的发展和伴侣动物数量的增加，人们对该病会日趋重视。

（张丽　孙明　肖璐　田克恭）

我国已颁布的相关标准

无。

参考文献

Fabricant C G. 1980. Viruses associated with diseases of the urinary tract [J]. Vet Clin North Am Small Anim Pract, 9 (4): 631-644.

Fabricant C G. 1977. Herpesvirus-induced urolithiasis in specific-pathogen-free male cats [J]. Am J Vet Res., 38 (11): 1837-1842.

Fabricant C G. 1979. Herpesvirus induced feline urolithiasis a review [J]. Comp Immunol Microbiol Infect Dis., 1 (3): 121-134.

Fabricant C G. 1981. Serological responses to the cell associated herpesvirus and the manx calicivirus of SPF male cats with herpesvirus-induced urolithiasis [J]. Cornell Vet., 71 (1): 59-68.

Fabricant C G. 1984. The feline urologic syndrome induced by infection with a cell - associated herpesvirus [J]. Vet Clin North Am Small Anim Pract, 14 (3): 493 - 502.

Martens J G, McConnell S, Swanson C L. 1984. The role of infectious agents in naturally occurring feline urologic syndrome [J]. Vet Clin North Am Small Anim Pract, 14 (3): 503 - 511.

第五节 犬疱疹病毒感染
(Canine herpesvirus infection)

犬疱疹病毒感染（Canine herpesvirus infection）是由犬疱疹病毒引起犬的一种高度接触性传染病。幼犬以全身出血或局灶性坏死为特征。成年犬主要为隐性感染或以呼吸道、生殖道的炎症为特征。该病是1～2周新生仔犬死亡的重要原因之一，同时也因母犬繁殖障碍而给养犬业造成严重的经济损失。

一、发生与分布

Carmichael等（1964）首次描述了新生幼犬的一种急性、不发热的致死性疾病。起初认为可能是由支原体引起的。但随后Carmichael等（1965）在美国、Stewart等（1965）在英国均从病犬分离到犬疱疹病毒。Binn等（1967）、Karpas等（1968）、Wright等（1970）从患呼吸道的犬分离到犬疱疹病毒；Motohashi等（1966）、Appel等（1969）从与CDV合并感染的犬分离到犬疱疹病毒；Kakuk等（1969）从患恶性淋巴腺瘤的犬分离到犬疱疹病毒；Stewart等（1965）从剖腹产胎儿和自然分娩的幼犬也发现犬疱疹病毒感染；Poste等（1970）从患外生殖器囊肿的雌雄犬均分离到犬疱疹病毒。犬疱疹病毒呈世界性分布，普遍存在于美国、法国、德国、瑞士、不列颠群岛、日本、澳大利亚、挪威和南非等国家或地区。1995年我国因从境外引进观赏犬而首次暴发该病，发病犬场幼犬发病率50%、死亡率100%。范泉水等人从这次发病病例中分离到犬疱疹病毒。

二、病　原

1. 分类地位　犬疱疹病毒（*Canine herpesvirus*，CHV）在分类上属疱疹病毒目（Herpesvirales）、疱疹病毒科（Herpesviridae）、α疱疹病毒亚科（Alphaherpesvirinae）、水痘病毒属（*Varicellovirus*）。

犬疱疹病毒只有1个血清型，但从不同地区、不同病型分离的毒株可能存在毒力的差异。Poste等（1971）从发生流产不育和死胎的病犬分离到1株犬疱疹病毒，经Carmichael等研究证实是犬疱疹病毒的一个毒力较强的变种。犬疱疹病毒与其他疱疹病毒如牛鼻气管炎病毒、马鼻肺炎病毒、猫鼻气管炎病毒和鸡喉气管炎病毒等均不存在交叉抗原关系，但与人单纯疱疹病毒之间存在轻度的交叉抗原关系。

2. 形态学基本特征与培养特性　犬疱疹病毒具有疱疹病毒所共有的形态特征，核衣壳为正二十面体，有囊膜。位于细胞核内未成熟无囊膜的病毒粒子直径90～100nm，胞浆内成熟带囊膜的病毒粒子直径115～175nm。

犬疱疹病毒可在犬源组织培养细胞中良好增殖，其中以犬胎肾和新生犬肾细胞最为易感。犬疱疹病毒最适增殖温度为35～37℃，在犬肾细胞中，接毒12～16h即可出现细胞病变。初期呈局灶性细胞圆缩、变暗，逐渐向周围扩展，随后由灶状中心部开始脱落。这些细胞中偶尔可见模糊不清的嗜酸性核内包涵体。但更为典型的核内变化是染色质溶解并形成嗜碱性核蛋白体，这些蛋白体在靠近核膜处数量最多。

3. 理化特性　犬疱疹病毒对外界环境抵抗力较弱，对酸、热和乙醚、氯仿等脂溶剂敏感。甲醛和酚易将其灭活，56℃ 5～10min、37℃ 22h或4℃ 1年均可灭活，在−70℃仅可保存数月。pH6.5～7.6条件下稳定，但在pH4.5以下30min即失去感染性。

犬疱疹病毒囊膜表面无血凝素，不凝集人和动物的红细胞。

4. 分子生物学　通过对不同犬疱疹病毒毒株的抗原进行比较，可知犬疱疹病毒只有一个血清型。

但是，迄今为止，犬疱疹病毒的基因组结构尚不清楚，因为到目前为止，还没有获得犬疱疹病毒全部基因组信息，只有少数几个基因已经完成测序工作。已经完成的限制性图谱分析、核酸杂交及序列测定结果表明，犬疱疹病毒与猫疱疹病毒Ⅰ型（FHV-1）、phocid 疱疹病毒Ⅰ型、马疱疹病毒Ⅰ型和Ⅳ型的同源性较高。

三、流行病学

1. 传染来源　病犬和康复犬是该病重要的传染源。病犬通过唾液、鼻汁、尿液向外排毒，康复犬也可长期向外排毒，成为不易察觉的重要疫源。排出的病毒污染环境而造成周围健康动物感染。

2. 传播途径　该病传播途径为呼吸道、消化道和生殖道。新生幼犬也可经胎盘感染。病毒首先侵入鼻黏膜上皮和扁桃体，随后通过血液中的巨噬细胞和其他白细胞使病毒扩散至全身。病毒的增殖部位包括血管、脾、肝和淋巴结的网状内皮细胞，肝、肺、肾、脾和肾上腺的间质，肠道固有层以及脑膜和脑。

3. 易感动物

（1）自然宿主　犬疱疹病毒仅感染犬。犬对犬疱疹病毒的易感性与年龄有关，1～2 周新生仔犬最易感，死亡率可达100%。3～4 周以上的幼犬和成年犬感染犬疱疹病毒仅有轻微的呼吸道症状。但母犬感染犬疱疹病毒能造成繁殖障碍。

（2）实验动物　新生幼犬对犬疱疹病毒敏感，能复制出该病典型症状。7 日龄仔犬接种犬疱疹病毒后，临床表现为呼吸困难、腹疼，于接种后第 3 天开始发病，发病第 2 天、第 3 天死亡，剖检可见实质脏器出现坏死灶，胸腹腔出现血样浆液积留。用犬疱疹病毒人工感染 35 日龄的犬，病毒可在上呼吸道中持续存在 21 天，在其他脏器中可低水平带毒相当长时间。

（3）易感人群　迄今为止，尚无犬疱疹病毒感染人的报道。

4. 流行特征　该病的发生与犬的年龄有密切关系。小于 14 日龄幼犬的体温偏低，恰好处于犬疱疹病毒的最适增殖温度，因此，易感性最高，常可造成致死性感染。大于 14 日龄的犬逐渐形成完整的体温调节系统，因此致病性显著降低。母源抗体水平也是影响新生幼犬感染的重要因素。抗体阴性母犬所生幼犬感染犬疱疹病毒后可导致严重的致死性感染；相反，由血清抗体阳性母犬哺乳的幼犬感染后症状不明显。

四、临床症状

1. 动物的临床表现　自然感染潜伏期 4～6 天，人工感染潜伏期 3～8 天，对小于 21 日龄的新生幼犬可引起致死性感染。初期病犬痴呆、抑郁、厌食、软弱无力、呼吸困难、压迫腹部有痛感、排黄色稀粪。值得注意的是尽管病犬嚎叫、不安、颤抖，但体温不升高。有的病犬表现鼻炎症状，浆液性鼻漏，鼻黏膜表面广泛性斑点状出血。皮肤病变以红色丘疹为特征，主要见于腹股沟、母犬的阴门和阴道以及公犬的包皮和口腔。病犬最终丧失知觉，角弓反张，癫痫。病犬多在临床症状出现后 24～48h 内死亡。康复犬有的表现永久性神经症状，如运动失调、失明等。

21～35 日龄的犬主要表现流鼻涕、打喷嚏、干咳等上呼吸道症状，大约持续 14 天，症状较轻。如发生混合感染，则可引起致死性肺炎。

母犬的生殖道感染以阴道黏膜弥漫性小泡状病变为特征。妊娠母犬可造成流产和死胎。公犬可见阴茎和包皮病变，分泌物增多。

此外，在新生幼犬也可导致视网膜发育异常、白内障等眼部疾患。

2. 人的临床表现　迄今为止，尚无犬疱疹病毒感染人的报道。

五、病理变化

1. 大体解剖观察　新生幼犬的致死性感染以实质器官，尤其是肝、肾、肺的弥漫性出血、坏死为特征。胸腹腔内可见浆液—黏液性渗出液。肺充血、水肿，肺门淋巴小结肿大；脾充血、肿大；肠黏膜表面点状出血。偶尔可见黄疸和非化脓性脑炎。

2. 组织病理学观察 以肺、肝、肾、脾、小肠和脑的广泛性坏死和细胞浸润为特征。在阴道、包皮和口腔等部位的皮肤可见上皮细胞变性引起的大小不等的小泡，结果导致皮肤棘细胞层松解。胃、胰、肾上腺、视网膜、网膜、心肌病变较为轻微。妊娠母犬的子宫和胎盘可见多种形式的坏死性病变。

康复犬中枢神经系统的组织学病变以非化脓性神经节细胞炎和脑膜脑炎为特征。肉芽肿性脑炎的特征是在大脑干和大脑皮质血管周围有大量炎性细胞浸润。

3. 血液学变化 用犬疱疹病毒人工感染初生幼犬后6～11天血小板明显减少；有的犬4～11天中性粒细胞增加。丙氨酸转氨酶活性增加是该病引起肝脏受损的标志。

六、诊　　断

该病可根据流行病学资料和临床症状做出初步诊断，确诊需结合实验室检查。

1. 病毒分离与鉴定 急性感染期病犬肾上腺、肾、肺、脾和肝等多种实质器官中可分离到犬疱疹病毒。康复犬或老龄犬，犬疱疹病毒通常仅存在于口腔黏膜、上呼吸道和外生殖道，不易分离成功。

犬疱疹病毒可在原代犬肾细胞和猫肾细胞（F81）上良好增殖。最适培养温度为35～37℃。急性期，可取眼结膜刮取物、鼻腔分泌物和咽部及溃疡部组织，用猫源细胞进行病原分离。虽然血液中能发现病毒，但血液材料不宜用于组织培养。将病料接种猫肾细胞系（F81），吸附1h后，换成细胞维持液，培养3～5天，每天观察细胞是否出现病变（细胞圆缩、脱落）。若未出现病变，在接种后3～5天进行细胞传代。连续传6代后，未出现病变者视为阴性。对出现病变的细胞，进一步采用电镜观察、免疫荧光试验或中和试验进行鉴定。

2. 血清学试验 血清中和试验可作为回顾性诊断和流行病学调查的手段。Carmichael等（1970）报道，预先向病毒液中加入适量豚鼠血清（补体），然后再加到稀释好的血清样品内，可使被检血清的中和抗体效价提高2～8倍。

3. 组织病理学诊断 对死亡幼犬立即剖检，可见肝、肾、肺和脾等表面有直径1～2mm的灰白色坏死灶和出血点，肺和肾尤为明显。部分犬胸腹腔内有带血的浆液样液体；肾皮质有散在坏死灶，包膜下有出血点；肠黏膜点状出血，腹系膜淋巴结肿大、出血；肺水肿明显，支气管充满红色泡沫样浆液。

病理组织学观察见各器官都有灶样坏死和出血变化，坏死灶周围的细胞内有嗜酸性核内包涵体，大脑呈坏死性脑炎变化，可见神经胶质细胞凝集和淋巴细胞环形囊聚。

4. 分子生物学诊断 分子生物学检测具有高度的灵敏性和特异性，目前已有多位学者针对gB、TK等基因设计引物建立了该病的PCR或巢式PCR诊断方法。P. D. Burr等（1996）用建立的PCR方法检测不同犬组织，患犬的腰荐神经节、扁桃、腮腺、肝脏可检测到犬疱疹病毒，血液中检测不到。

七、防治措施

1. 治疗 对新生幼犬急性全身性感染尚无特效治疗措施。流行期间给幼犬腹腔注射1～2mL高免血清可减少死亡。提高环境温度对病犬康复有利。对于出现上呼吸道症状的幼犬，主要应用广谱抗生素防止继发感染；用柴胡、大叶青和利巴韦林等药物进行抗病毒疗法；应用地塞米松等糖皮质激素抑制炎症发展。病重犬应进行输液和支持疗法。

2. 预防 到目前为止，我国尚无商品化犬疱疹病毒疫苗。Engels等（1982）研制出一种灭活苗，可使多数免疫犬的中和抗体滴度增加4倍，但不能提供长期保护，且程序繁杂，难以推广应用。自然感染康复母犬和人工感染耐过母犬均能产生中和抗体，当其抗体效价在1∶4以上时，其新生幼犬在人工感染后既不呈现临床症状，也不发生死亡，表现出明显的抵抗性。由此推断，给妊娠母犬接种疫苗是预防本病的有效方法，这样可通过母源抗体使仔犬受到保护。但急待解决的问题是尽快研制出有效的疫苗。因为尚无商品化疫苗，所以对该病主要采取一般的综合防控措施。应特别注意的是，不能从经常发生呼吸道疾病的犬舍和饲养场引进幼犬。

（张丽 孙明 田克恭）

我国已颁布的相关标准

无。

参考文献

Anvik O. 1991. Clinical considerations of canine herpesvirus infection [J]. Vet Med, 86 (4): 394-403.

Appel M J, Mcnegus M, Parsonson I M, et al. 1969. Pathogenesis of canine herpesvirus in specitic-pathogen-tree dogs: 5-to 12-week-old pups [J]. Am J Vet Res, 30 (12): 2067-2073.

Buonavoglia C, Martella V. 2007. Canine respiratory viruses [J]. Vet Res., 38 (2): 355-373.

Engels M, Suter M, Ruckstuhl B. 1979. Detection of the canine herpesvirus in a case of whelp death [J]. SchweizArch Tierbeilkd, 121 (12): 649-654.

Evermann J F. 1989. Diagnosis of canine herpetic infections, in Kirk RW, Bonagura JD (eds): Current Veterinary Therapy X [J]. Philadelphia, WB Saunders: 1313-1316.

Hashimoto A, Hirai K, Okada K, et al. 1979. Pathology ot the placenta and newborn pups with suspected intrauterme infection of canine herpesvirus [J]. Am J Vet Res, 40 (9): 1236-1240.

Okuda Y, Hashimoto A, Yamaguchi T, et al. 1993. Repeated canine herpesvirus (CHV) reactivation in dogs by an immunosuppressive drug [J]. Cornell Vet, 83 (4): 291-302.

P D Burr, M E M Campel, L Nicolson, et al. 1996. Detection of Canine Herpesvirus 1 in a wide range of tissues using the polymerase chain reaction [J]. Veterinary Microbiology, 53 (3-4): 227-237.

Poste G, King N. 1971. Isolation ot a herpesvirus from the canine genital tract: Association with infertility, abortion, and stillbirths [J]. Vet Rec, 88 (9): 229-233.

Poulet H, Guigal P M, Soulier M, et al. 2001. Protection of puppies against canine herpesvirus by vaccination of the dams [J]. Vet Ree, 148 (22): 691-695.

Rijsewijk F A, Luiten E J, Daus FJ, et al. 1999. Prevalence ot antibodies against canine herpesvirus 1 in dogs in The Netherlands in 1997-1998 [J]. Vet Microbiol, 65 (1): 1-7.

Ronsse V, Verstegen J, Onclin K, et al. 2002. Seroprevalence of canine herpesvirus-1 in the Belgian dog population in 2000 [J]. Refrod Dottiest Anim, 37 (5): 299-304.

第六节 猴水痘病毒感染
(Simian varicella virus infection)

猴水痘病毒感染（Simian varicella virus infection）是一种自然发生在旧世界猴（Old World primates，又称旧大陆猴）的发疹性急性传染性疾病，由猴水痘病毒感染引起。常用作实验动物的非人灵长类包括非洲绿猴、亚洲的猕猴（又称恒河猴）和食蟹猴均易感。原发猴水痘病毒感染临床表现及病理机制与人水痘相似，临床上以发热和皮肤黏膜分批出现迅速发展的斑疹、丘疹、疱疹与结痂为特征，又称猴水痘（Simian varicella）。猴水痘为自限性疾病，多数动物病程 3 周左右自愈。但部分动物感染后迅速发展为出血性疱疹，合并肝炎、肺炎和严重全身症状，预后差，死亡率可高达 75%。与大多数疱疹病毒一样，猴水痘病毒原发感染自愈后，病毒不能被机体彻底清除而长期潜伏在中枢神经节内，转为潜伏感染。

当动物处于应激状态或免疫力下降时，潜伏的猴水痘病毒可以被激活、增殖而导致猴水痘复发。与人水痘带状疱疹病毒（*Varicella-zoster virus*，VZV）不同，猴水痘病毒感染复发的临床表现与原发感染相似，呈轻微全身症状和全身分布的皮疹；而人水痘带状疱疹病毒感染呈现为按神经节分布的带状疱疹，并伴有剧痛。猴水痘病毒感染呈全球性分布，主要感染非洲和亚洲的旧世界猴，其种属特异性强，目前尚未有感染人或其他实验动物的确切报道。

一、发生与分布

在过去的半个世纪，全球已有十多起猴水痘在非人灵长类动物中心或实验室暴发的报道，有近千只动物感染发病，近两成动物死亡。首次发现该病是1966年在英国利物浦大学医学院，该院动物中心从肯尼亚内罗毕（Nairobi）新引进的5只非洲绿猴中有两只发生猴水痘，并迅速传播使原有的7只绿猴也发病，表现为发热、疱疹并累及到内脏器官。9只感染的动物中有5只在出疹后的两天内死亡（死亡率高达56%），其他暴露的7只动物被全部处死，以制止流行的扩散。次年美国的Glaxo实验室从尼日利亚和乍得引进57只非洲赤猴，关在同一间检疫房检疫，其中有8只动物在检疫的第5～8周暴发猴水痘而死亡；疾病扩散到隔壁检疫房，造成该检疫房内的48只赤猴中19只感染发病，其中12只动物死亡。为阻止流行扩散，其他已感染或暴露动物均被处死。

1968—2005年，美国的6个国家非人灵长类动物中心或大学的实验动物中心先后报道了九起猴水痘暴发，累及149只赤猴、50多只食蟹猴和20只豚尾猴感染，死亡率分别为47%、8%和45%。被感染而死亡的非人灵长类动物还包括13只绿猴和3只猕猴。猕猴感染猴水痘后大多数症状较轻，例如，2001年在美国伯明翰大学动物中心暴发猴水痘病毒流行，75只猕猴中仅11只先后发生全身多处红色皮疹、少量疱疹，皮疹于3周内消退，且仅1只动物出现严重感染症状而被处死，大多数动物没有其他临床表现。最近一次猴水痘暴发是2005年发生在美国华盛顿国家灵长类动物中心的豚尾猴，虽然只有2只动物发病，但被暴露的动物中有50%发生血清抗猴水痘病毒抗体转阳，提示发生了隐性原发感染。

在亚洲，日本的Tsukuba非人灵长类动物中心于1989年出现大规模猴水痘暴发，有111只食蟹猴发病，其中46只病死或因病情严重被处死（死亡率高达41%）。目前我国猴场或动物中心虽没有猴水痘暴发的相关报道，但据我们对国内部分养殖场的不完全统计，在人工养殖的成年食蟹猴和猕猴中，猴水痘病毒相关抗体阳性率在22%左右，这与美国华盛顿国家灵长类动物中心于2005年调查的该中心猴群中猴水痘病毒血清阳性率（20%）一致。

二、病　　原

1. 分类　猴水痘病毒（*Simian varicella virus*，SVV）在国际病毒分类委员会（ICTV）第八次报告（2005年）中分类为猕猴疱疹病毒Ⅸ型（*Cercopithecine herpeovirus* 9，CeHV-9），属疱疹病毒科（Herpesviridae）、α疱疹病毒亚科（Alphaherpesvirinae）、水痘病毒属（*Varicellovirus*）。猴水痘病毒与人水痘带状疱疹病毒同属，两者具有密切的抗原关系。迄今为止有很多猴水痘病毒毒株被分离的报道，起初认为各分离株是不同的病毒并以分离地命名，但后来进一步研究表明这些分离株都属于同一血清型。

2. 形态学基本特征与培养特性　猴水痘病毒具有典型疱疹病毒的形态和结构特征，病毒粒子直径为170～200nm，包括含有病毒双链DNA基因组的髓芯，其外为对称二十面体核衣壳，衣壳表面裹有双层脂质的囊膜。

猴水痘病毒可在多种细胞内生长，通常用非洲绿猴肾细胞，如Vero和BSC-1细胞来分离培养该病毒。与人水痘带状疱疹病毒一样，猴水痘病毒感染的培养细胞产生明显的细胞病变，表现为胞体变圆、肿胀，并与邻近细胞融合形成特征性的多核巨细胞，最终感染的细胞溶解凋亡。由于对细胞溶酶体酶敏感，病毒颗粒常在胞浆中被裂解，因而释放于培养液中的有感染力的病毒较少（$10^{2\sim4}$ pfu/mL），所以病毒传代培养时多采用感染的细胞，而不是选取培养悬液中的病毒。通过在−70℃或液氮中冻存猴水痘病毒感染细胞的方式来保存病毒。

3. 理化特性　猴水痘病毒对高温和低pH不稳定，湿热50℃或干燥90℃ 30min即可灭活，在pH6.2～7.8范围内有感染性，超出此范围即丧失感染性。该病毒的最外层囊膜为脂质结构，因此对乙醚、氯仿等脂溶剂特别敏感，易被常用消毒剂灭活。病毒在−70℃或液氮中稳定，可长期保存。

4. 分子生物学　猴水痘病毒基因组为一线性DNA分子，Delta株全基因组序列已被完整测序

(Acc. NO：AF275348)。基因组全长124 784bp，G+C含量为40.4%。基因组由共价连接的两个2片段组成，长片段（L）和短片段（S），长度分别为100kb和20kb。短片段S由中间的独特短序列（US，4 904bp）和两端的反相重复序列（RS，7 557bp）构成，后者位于US左侧并与L连接的称为内重复序列（IRS），位于US右侧的称为末端重复序列（TRS）。长片段L也包括一个中间的独特长序列（UL，104 120bp）和两端非常短的（8bp）反相重复序列，分别为位于左侧的末端重复序列（TRL）和右侧与S连接的内重复序列（IRL）。基因组L与S片段可通过两种方向连接，因此猴水痘病毒基因组存在两种异构体，但他们在生物学功能上没有差异。

基因组有74个开放阅读框架（ORF），其中包括71个独特基因，另外三个ORF（69、70和71）是重复序列。通过感染的Vero细胞的表达，猴水痘病毒基因编码的蛋白均已被确认。一般认为绝大多数猴水痘病毒蛋白的特性和功能与其相关的人带状疱疹病毒相同，两者之间主要差异在基因组左侧末端，如ORF A仅存在于猴水痘病毒基因组，而ORF-2仅存在于人带状疱疹病毒基因组，这个差异可能决定了两个病毒的种属特异性。猴水痘病毒由30种不同的蛋白组成，大小16～200kDa，至少有6种糖蛋白（46～115kD）分布于囊膜表面，猴水痘病毒的抗原蛋白与人带状疱疹病毒抗原蛋白有广泛的交叉反应。

三、流行病学

1. 传染来源　猴水痘病毒具有高度的传染性，处于原发感染急性期和潜伏感染复发期的病猴是主要传染来源。该病毒存在于患病动物的血液、疱疹的浆液和口腔分泌物中，传染期一般从皮疹出现前1～2天到疱疹完全结痂为止，免疫功能低下的动物均可能在整个病程中有传染性。

该病的暴发通常是由于血清抗猴水痘病毒抗体阳性的潜伏感染动物复发排毒，传染给同群体的易感动物而引发。在运输、环境改变、放射线照射或使用免疫抑制剂等应激状态下，潜伏在感觉神经节内的猴水痘病毒常发生复燃，并间歇性地从动物体液内排出，造成周围动物感染。

2. 传播途径　猴水痘病毒自然传播途径主要是通过呼吸道吸入带有病毒的飞沫，但直接接触患病动物的皮损或黏膜疱疹溃破的地方也有可能传染。原发感染或潜伏感染复发时，皮肤和黏膜疱疹内含有大量病毒，可从破损的疱疹液和口腔黏液中分离出猴水痘病毒。

3. 易感动物

（1）自然宿主　猴水痘病毒的自然宿主还不清楚，关于该病毒感染在野外猴群中流行状况的资料很少。虽然该病毒最初是在非洲绿猴体内发现，但不认为它是猴水痘病毒的自然宿主。有人认为猕猴属动物可能是其自然宿主，但据一项血清流行病学研究显示，在马来西亚新野捕的食蟹猴中猴水痘病毒抗体阳性率仅0.8%，提示猴水痘病毒在野外旧世界猴的自然感染率并不高。人工养殖环境下，主要是非洲的赤猴和绿猴，亚洲的食蟹猴、猕猴和豚尾猴有自然感染的报道。

（2）实验动物　在实验条件下，非洲绿猴、亚洲的食蟹猴和猕猴均可人工感染猴水痘病毒而发生猴水痘，但目前还没有非人灵长类动物以外的其他实验动物能感染该病毒的报道。

非洲绿猴经气管内接种猴水痘病毒3天后开始出现病毒血症，第5天血液中病毒载量达到高峰，第11天左右病毒在血液中被清除。皮疹是发生在病毒血症之后，接种7～10天后开始出现，首先发生在腹股沟部，2天左右扩散至全身。皮疹分批出现，开始呈红色斑点，渐变为隆起的丘疹、疱疹，因此发病动物身上可同时观察到三种形态的皮损。疱疹还可出现在口腔黏膜、舌体等部位。皮损在接种的12天左右达到高峰，14天左右开始结痂，最终痊愈。接种猴水痘病毒后6～7天，肝、肺、脾、肾上腺、肾、淋巴结、骨髓和神经节内均可检测到猴水痘病毒特异性抗原及基因组核酸，肝炎和肺炎也发生在皮疹高峰时期，提示病毒从血液途径扩散到全身。抗猴水痘病毒特异性抗体出现在接种12天左右，与皮损恢复进程相平行。实验猕猴经支气管内接种猴水痘病毒后，表现的病理及临床特征与人水痘很相似。动物被人工感染后出现病毒血症、皮肤及黏膜疱疹，2周达到高峰，3周后皮疹痊愈，2个月后病毒仅存在于神经节内，表现为典型的潜伏感染。

（3）易感人群　至今还没有证据表明猴水痘病毒能够感染人，可能因为绝大多数人都曾感染过人带状疱疹病毒，因而对猴水痘病毒有免疫预防作用而不易感，或者由于猴水痘病毒种属特异性强，无法感染人。

4. 流行特征　猴水痘病毒感染在野生猴群中发生率较低。在人工繁殖和饲养环境，猴水痘常自然发生，呈个别散发、小规模流行或暴发流行。据报道，野外的亚洲食蟹猴猴水痘病毒抗体阳性率<1%，但野捕动物人工饲养3个月后抗体阳性率迅速上升到40%。这显示在拥挤的人工饲养环境中猴水痘病毒传播很快，环境改变的应激反应促使潜伏感染的猴水痘病毒复燃，造成该病毒暴发性扩散。

虽然非洲和亚洲的旧世界猴均易感，但感染的严重程度随动物种属而不同。如赤猴感染往往伴有严重的肝炎和肺炎，死亡率最高（高达74%）；食蟹猴也容易发生重度猴水痘病毒感染。猕猴的易感性似乎较低，即使感染也多表现为症状较轻的自限性感染。

四、临床症状

1. 原发感染　易感动物初次发生猴水痘病毒感染可为隐性感染，仅表现为血清抗体转阳；但大部分原发感染表现为猴水痘疾病，临床上以发热和皮肤及黏膜分批出现迅速发展的斑疹、丘疹、疱疹与结痂为特征。猴水痘病毒自然感染在非洲和亚洲旧世界猴的潜伏期是1～2周，发病初期首先是在腹股沟部出现皮疹，伴有局部皮肤充血。充血性皮疹迅速蔓延至全身，包括面部、胸腹部和四肢，但不累及掌心、足底部皮肤和坐骨胼胝部皮肤。皮疹分批出现，不同阶段的皮疹表现为2～4mm大小的红斑、斑丘疹和疱疹，口唇、口腔、牙龈和舌部也可出现疱疹。皮疹在病程第11～13天达到高峰，第14～18天开始消退，皮损结痂自愈后不留疤痕。

急性感染期间动物可伴有不同程度的全身症状和体征，包括中度发热、厌食、倦怠、血清转氨酶增高。部分感染动物皮疹较局限，全身症状也不明显，不易被察觉。少数原发感染没有任何临床表现，仅表现为血清抗猴水痘病毒抗体转阳。重症猴水痘则表现为全身出血性疱疹，常伴发肝炎和肺炎，死亡率很高。感染严重程度与猴舍条件及环境因素没有相关性，但免疫功能被抑制的动物原发感染常表现为重症感染。出现出血性疱疹常是预后差、死亡率高的重症猴水痘的先兆，严重的肺炎和肝炎常是致死性并发症。

虽然猴水痘病毒原发感染可能引发重症猴水痘而导致动物死亡，但多数动物感染3周后，随着体内免疫系统清除血液和皮肤等组织中的病毒而完全恢复，不留后遗症。恢复健康的动物所产生的免疫力可抵御新的外源性猴水痘病毒感染，但是原发感染的病毒仍潜伏在中枢神经系统的感觉神经节内，在宿主免疫力下降的情况下潜伏病毒可发生复燃而导致再发感染和疾病。

2. 复燃　同其他疱疹病毒感染一样，猴水痘病毒原发感染动物产生免疫力后，将血液、皮肤等器官中的病毒清除而临床痊愈。但部分猴水痘病毒仍在三叉神经和脊神经节内持续潜伏，没有病毒复制，外周血中检测不到该病毒，也不表现任何临床症状。

当动物处于应激（如运输、环境改变）或免疫抑制状态（如接收辐射照射，使用免疫抑制剂），潜伏状态的猴水痘病毒基因组重新复制，产生感染性病毒颗粒并进入血液循环，播散到皮肤而出现全身性皮疹。病毒复燃的动物也可能不出现皮疹而呈隐性感染。无论呈显性还是隐性感染，复燃的动物都可将感染性病毒传播给其他易感动物，是重要的传染源。事实上，文献报道的猴水痘暴发大多数是由于个别潜伏感染动物复燃而造成的传播。

猴水痘病毒潜伏到神经节细胞的途径和时间还不清楚，皮肤疱疹中含有大量病毒，病毒可能通过感觉神经末梢逆行到神经节中的神经元而潜伏，也可能是在病毒血症期间，病毒随血液扩散到全身器官，包括神经节。事实上，在猴水痘病毒感染在第6天临床出疹之前，神经节中即可检测到猴水痘病毒基因组核酸。即便部分动物发生隐性感染，不出现皮肤疱疹，猴水痘病毒同样可在神经节内潜伏，提示病毒可能是通过血液扩散到神经系统。

五、病理变化

猴水痘病毒原发感染起于上呼吸道上皮细胞，病毒迅速进入血液循环（大约感染的第3天）造成持续约1周的病毒血症，并经血液广泛播散到皮肤、黏膜、肝、脾和淋巴结，造成局部炎症病理改变，严重者还可累及食管、消化道、肾脏、肾上腺、骨髓等组织器官。

1. 大体解剖观察　患猴水痘动物的体表可见无数呈向心性分布的、隆起的、单个或合并的疱疹，疱液为浅黄色，溃破后可形成溃疡，伴有出血者则表现为出血性疱疹。在皮肤和黏膜交界处，疱疹较肥大、不透明、易溃破。口腔的颊囊、齿龈、硬腭、咽部、舌均可出现严重的黏膜损伤，表面溃疡。黏膜溃疡还见于消化道，包括食管、胃、小肠和大肠，肠腔内可见明显的凝血块。重症者心外膜、肝脾包膜、肾上腺皮质呈现多灶瘀点和瘀斑样出血；肝、脾包膜下出现多发0.5～1mm大小的浅色坏死灶；淋巴结可肿大、出血；所有组织都可伴有广泛水肿；肺脏呈实质性变，表面苍白并伴有许多1～4mm大小的隆起的斑块。

2. 组织病理学观察　在显微镜下，疱疹部位组织刮片或切片存在上皮细胞变性、坏死和表皮各层细胞分离及真皮层水肿，并见疱疹病毒感染的标志性改变——嗜酸性核内包涵体和多核巨细胞（合胞体）。在肺部，轻者可见水肿，重者可见多发性炎症、充血、出血，肺泡壁坏死和增厚及纤维色素沉着。肝组织可见多个小灶性出血，肝细胞气泡样变性和坏死，伴有中性粒细胞浸润。感染的肺泡壁细胞及肝细胞内可见特征性核内包涵体。猴水痘病毒感染可广泛累及其他器官组织，包括从口腔到小肠的消化道黏膜、肾、肾上腺、脾、淋巴结等，呈现炎症和出血等组织病理改变。急性感染动物的这些组织中可检测到猴水痘病毒抗原和核酸。

六、诊　　断

猴水痘是经空气传播的高度传染性疾病，及时诊断和有效隔离是控制病毒传播扩散、防止暴发流行的关键。临床上根据皮疹的特征，如分批出现的斑疹、丘疹和疱疹，呈以腹部为主的向心性分布，可做出初步诊断，但需注意与其他发疹性疾病相鉴别，如麻疹、B病毒感染等。确诊需要依据实验室检测结果。

1. 病毒分离与鉴定　通过培养病毒分离病原体是验证猴水痘病毒急性感染和研究暴发流行病原学的理想手段。无论是原发感染还是复燃病例，取新鲜疱疹内的液体接种于培养的单层Vero细胞，通常可分离到猴水痘病毒。但从发病动物外周血中分离病毒的成功率很低，这是因为急性感染时病毒血症持续时间短暂，当感染动物全身出现皮疹时，病毒往往已从外周血中消失。采样可用无菌皮试针头吸取疱疹内液体或用无菌棉签擦拭新破溃的疱疹部位的渗出液。对已因感染死亡或处死的动物，也可取肺、肝、脾等组织培养分离病原体。若接种细胞出现典型的细胞病变，如多核巨细胞和核内包涵体，提示疱疹类病毒感染。进一步鉴定是否为猴水痘病毒感染则需使用免疫荧光试验检测猴水痘病毒特异性抗原或PCR等分子生物学技术检测猴水痘病毒基因组核酸。病毒分离的缺点是敏感性低和耗时长，通常需1～2周时间来分离和检测病毒。因此，细胞培养方法可用来验证诊断，而不是快速确诊猴水痘病毒感染的手段。

2. 血清学试验　用血清学试验检测猴水痘病毒相关抗体是经济、实用、可靠的实验室诊断方法，既可以用于急性感染动物的快速诊断，也可以用于潜伏感染动物的筛查。多种试验方法，包括中和试验、酶联免疫吸附试验和免疫荧光试验均可用于检测血清中的IgG和IgM，检测到抗猴水痘病毒特异性抗体被认为是猴水痘病毒原发感染或潜伏感染的主要指征。但目前市场上尚没有猴水痘病毒商业试剂盒供客户选择，客户只能将血清样本送至已建立检测方法的可靠参照实验室进行诊断。

抗猴水痘病毒特异性IgM抗体在感染早期（大约感染后第5天）可检测到，出疹时（大约第12天）达到高峰，然后抗体水平逐渐下降，一般在感染第40天左右转阴性。特异性IgM抗体阳性表示原发感染。抗猴水痘病毒IgG抗体在感染的第10天即可在血清中检测到，1周左右达到高峰，然后血清中维持较高水平至少达 3 个月。中和试验被公认为是检测猴水痘病毒相关抗体的最可靠方法，中和抗体在病毒血症结束后出现（约感染第 10 天），恢复早期（感染后第 21～28 天）抗体梯度可增高 4～16 倍，在感染 4 个月后仍然能够检测到中和抗体。猴水痘病毒潜伏感染动物的血清抗猴水痘病毒 IgG 抗体检测一般为阳性。

3. 组织病理学诊断 对于猴水痘病毒急性感染或潜伏感染复燃的病例，用免疫组化方法检测组织样本中、特别是容易采集的皮肤疱疹样本中猴水痘病毒特异性抗原，是快速可靠的实验室诊断手段。采样方法是局部消毒后用无菌手术刀片轻轻刮取疱疹，将疱液和表皮组织涂在玻片上，晾干后，用福尔马林固定送检。对于病死或治疗无效后处死的动物应进行尸体剖检，并采集病变皮肤、肺、肝、脾、脊神经节等样本送检。组织样本镜检发现的猴水痘病毒的特征性病理改变，如多核巨细胞或核内包涵体，可辅助临床诊断；免疫组化显示猴水痘病毒抗原阳性者，可确诊为猴水痘病毒感染。

4. 分子生物学诊断 用分子诊断技术检测临床样本中猴水痘病毒基因组核酸，特别是目前广泛应用的实时荧光定量 PCR 方法，具有快速、特异、高度敏感等优势，是猴水痘病毒急性感染的首选实验室诊断手段。猴水痘病毒感染动物病毒血症期的外周血淋巴细胞和皮肤疱疹样本中，均可检测到猴水痘病毒 DNA。可采集 0.5mL 全血置于 EDTA 或 ACD 抗凝管内，或用无菌棉签采集疱疹液，或取皮损处痂皮送检，8h 内可确诊是否为猴水痘病毒感染。其他分子生物学手段包括核酸杂交（Southern Blot）和原位杂交技术，也可检测到感染组织中猴水痘病毒 DNA，但操作程序较烦琐、耗时，很少用于实验室诊断。猴水痘病毒与人带状疱疹病毒存在抗原交叉性，因此免疫学方法不能鉴别这两种病原体感染，必须用分子生物学诊断技术来鉴别诊断。

用 PCR 方法检测潜伏期动物是否活动排毒比较困难，因为排毒是间歇性的，只有伴发临床症状，如出现皮疹的动物才容易检测到病毒核酸。因此，筛查猴水痘病毒携带者的首选方法是血清学方法检测抗猴水痘病毒抗体。

七、防治措施

1. 治疗 对于急性猴水痘病毒感染动物应及时隔离、加强护理、使用非激素类消炎药物及其他支持疗法，对于症状较重者应选用下列抗病毒药物治疗：

（1）李立夫定（Sorivudine，BV-araU） 本品为胸腺嘧啶核苷的代谢颉颃剂，可抑制病毒 DNA 合成，从而具有抗疱疹病毒的作用。用于猴水痘病毒感染猴，每天每千克体重肌内注射 10mg，可大大降低死亡率。

（2）阿昔洛韦（Acyclovir） 为一种合成的嘌呤核苷类似物，是抗疱疹病毒的一线药物，对治疗猴水痘也有效。但猴水痘病毒对其的敏感性仅是人带状疱疹的 1/10，人单纯疱疹病毒的 1/30，因此须用较大剂量才有效。口服吸收差，一般采用肌内注射，每天每千克体重 100mg，连续 10 天可减轻病毒血症、皮疹和肝炎。

（3）2′-氟-5-乙基阿拉伯糖基尿嘧啶（FEAU） 口服或静脉注射每天每千克体重 1mg，连续 10 天，可有效控制病毒血症和阻止发疹，曾被用于猴水痘暴发流行的治疗，可有效控制病毒扩散。与重组人 β 干扰素结合使用，效果更佳。

2. 预防 猴水痘是危害非人灵长类实验动物健康的重要传染性疾病，猕猴和食蟹猴均易感。虽然猴水痘病毒尚未列入国家实验动物标准中特定病毒控制范围，但该病毒传染性强，在人工饲养环境中极易传播，容易造成暴发流行。因此，实验猴养殖场和动物中心应高度重视对猴水痘的预防和检疫工作。具体措施包括：

（1）人工饲养的猕猴和食蟹猴猴水痘病毒潜伏感染率较高，而运输和环境改变等应激反应易造成感染复燃，因此对新引进的动物一定要严隔离检疫 1～3 个月，防止因猴水痘病毒复燃动物排毒，传染给其他易感动物。

（2）实验猴养殖场和动物中心内一旦发现有发疹性疾病，应及时隔离患病动物，并立刻采样送有检验资质和能力的病毒参照实验室检验确诊。

（3）对有可能影响动物免疫力的试验，如辐射、器官移植、艾滋病模型及抗肿瘤药物试验等，应选择使用猴水痘病毒阴性动物，试验中应严格与其他动物隔离。

（4）有条件的养殖场应终止引进新种源，将猴水痘病毒列入常规检疫计划，培育不携带猴水痘病毒的 SPF 级动物，彻底清除猴水痘病毒感染。

八、公共卫生影响

猴水痘病毒有高度的种属特异性，仅部分绿猴属和猕猴属动物易感，至今没有感染人或其他动物的报道。猴水痘病毒的生物学特性和致病机理与人水痘带状疱疹病毒很相似，用猴水痘病毒人工感染猕猴是研究人水痘带状疱疹病毒的重要动物模型，广泛应用于研究人水痘带状疱疹病毒潜伏感染和复燃的机制、疫苗和新药研发等方面。

（时长军 荣荣）

我国已颁布的相关标准

无。

参考文献

Arvin A，Campadelli - Fiume G，Mocarski E，et al. 2007. Human Herpesviruses：Biology，Therapy，and Immunoprophylaxis [M]. Cambridge：CambridgeUniversityPress.

Blakely G A. 1973. A varicella - like disease in macaque monkeys [J]. J Infect Dis.，127 (6)：617 - 625.

Gray W L. 2003. Pathogenesis of simian varicella virus [J]. J Med Virol.，70：S4 - 8.

Gray W L. 2008. Simian varicella in old world monkeys [J]. Comp Med.，58：(1)：22 - 30.

Gray W L. 2004. Simian varicella：a model for human varicella - zoster virus infections [J]. Rev Med Virol.，14 (6)：363 -381.

Gray W L. 2010. Simian varicella virus：molecular virology [J]. Curr Top Microbiol Immunol.，342：291 - 308.

Hukkanen R R，Gillen M，Grant R，et al. 2009. Simian varicella virus in pigtailed macaques (Macaca nemestrina)：clinical，pathologic，and virologic features [J]. Comp Med.，59 (5)：482 - 487.

Katz D，Shi W，Krug P W，et al. 2002. Antibody cross - reactivity of alphaherpesviruses as mirrored in naturally infected primates [J]. Arch Virol.，147 (5)：929 - 941.

Kolappaswamy K，Mahalingam R，Traina - Dorge V，et al. 2007. Disseminated simian varicella virus infection in an irradiated rhesus macaque (Macaca mulatta) [J]. J Virol.，81 (1)：411 - 415.

Mahalingam R，Messaoudi I，Gilden D. 2010. Varicella - zoster virus pathogenesis [J]. Curr Top Microbiol Immunol，342：309 - 321.

Mahalingam R，Traina - Dorge V，Wellish M，et al. 2002. Naturally acquired simian varicella virus infection in African green monkeys [J]. J Virol.，76 (17)：8548 - 8550.

Messaoudi I，Barron A，Wellish M，et al. 2009. Simian varicella virus infection of rhesus macaques recapitulates essential features of varicella zoster virus infection in humans [J]. PLoS Pathog.，5 (11)：1 - 14.

Simmons J H. 2010. Herpesvirus infections of laboratory macaques [J]. J Immunotoxicol.，7 (2)：102 - 113.

Soike KF. 1992. SimianVaricella Virus Infection inAfrican and Asian Monkeys [J]. Ann N Y Acad Sci.，653：323 - 333.

第七节 恒河猴巨细胞病毒感染 (Rhesus monkey cytomegalovirus infection)

恒河猴巨细胞病毒是疱疹病毒组双链 DNA 病毒，一种致病性很低的机会性感染因子。恒河猴（Macaca mulatta，又称猕猴 Rhesus monkey）是恒河猴巨细胞病毒的唯一宿主，人或其他动物都不易感。无论是在野生还是在人工养殖环境，猕猴发生恒河猴巨细胞病毒感染非常普遍，多于哺乳时期后天自然获得。免疫功能正常的猕猴，初次发生恒河猴巨细胞病毒感染一般呈隐性感染，不表现任何临床症状，但病毒不能被机体彻底清除，转为持续性潜伏感染状态，并可通过唾液、尿液等持续排毒。当感染发生在一些免疫力低下的特殊猕猴群体（如伴发猴艾滋病或器官移植后等），无论是初次感染或潜伏感染复燃均可引发全身播散型感染，称为恒河猴巨细胞病毒病，严重者可导致死亡。至今还没有恒河猴巨细胞病毒先天性自然感染的报道。

一、发生与分布

有关恒河猴巨细胞病毒感染（Rhesus monkey cytomegalovirus infection）的文献报道最早出现在1929年，Steward和Rhoads从脊髓灰质炎病毒感染的猕猴鼻腔组织中观察到巨细胞病毒感染的特征性病理改变，即核内包涵体（Inclusion bodies），并且多数被检动物都存在这种病理损害，但不伴有任何炎症反应。Covell于1931年进一步发现核内包涵体广泛存在于健康猕猴的上皮组织；1935年Cowdry和Scott发现这种病理损害可能是一种低致病性的病毒感染所致，而且这种病毒可以引发持续潜伏感染，在一定条件下潜伏病毒可以复燃而造成病理损害。

直到1968年，美国学者Asher等首次从印度猕猴的尿液中分离到第一株恒河猴巨细胞病毒（68-1株），之后美国数个非人灵长类动物中心相继分离到多株恒河猴巨细胞病毒（21 252株、22 659株和180.92株）。病原体的成功培养分离为血清学检测、病原学和病理机制的研究提供了重要基础。1990年我国学者吴小闲等首次从中国猕猴外周血淋巴细胞中分离得到猴巨细胞病毒（SCMV S10株），并建立了血清学检测方法，证实我国猕猴群中也普遍存在恒河猴巨细胞病毒感染。目前，恒河猴巨细胞病毒已成为国际上研究最广泛和认识最深入的猴巨细胞病毒。不同毒株间基因组核苷酸序列具有97%以上的同源性，并有共同抗原，因此在临床检测上可以不受毒株型别的影响。

恒河猴巨细胞病毒感染在猕猴群中非常普遍，呈世界性分布。在美国加利福尼亚州国家灵长类动物中心，人工养殖的普通级猕猴群中血清抗恒河猴巨细胞病毒抗体阳性率几乎达100 %；南美巴西的FIOCRUZ猴场的猕猴感染率亦为95%～100%。恒河猴巨细胞病毒在野生猴群中感染率也非常高，例如，活动在东南亚寺庙内的野生印度猕猴中血清抗恒河猴巨细胞病毒抗体阳性率近95%；在中国，施慧君等1992年用血清学方法调查来自我国不同地区95只成年野生猕猴，表明恒河猴巨细胞病毒感染率为91.35% 。

二、病　　原

巨细胞病毒（*Cytomegalovirus*，CMV）主要侵犯上皮细胞，由于被感染的组织细胞增大，并具有巨大的核内包涵体，故而命名为巨细胞病毒。巨细胞病毒是疱疹病毒科中最大、结构也最复杂的病毒。像其他疱疹病毒一样，巨细胞病毒具有疱疹病毒科病毒的基本特性，包括典型的疱疹病毒形态、双链DNA结构及能够在宿主细胞内持续潜伏等。巨细胞病毒还具备β疱疹病毒亚科独有的特征，如对唾液腺体的趋向性，组织培养时生长缓慢及明显的宿主种属特异性。

1. 分类地位 恒河猴巨细胞病毒（*Rhesus monkey cytomegalovirus*，RhCMV）又称猕猴巨细胞病毒，ICTV新命名为猕猴疱疹病毒Ⅲ型（*Macacine herpesvirus* 3，McHV-3），旧名为猴疱疹病毒Ⅷ型（*Cercopithecine herpesvirus* 8，CeHV-8），在分类上属疱疹病毒科（Herpesviridae）、β疱疹病毒亚科（Betaherpesvirinae）、巨细胞病毒属（*Cytomegalo*）。同属还包括人巨细胞病毒（*Human cytomegalovirus*，HCMV），又名人疱疹病毒Ⅴ型（*Human herpesvirus* 5，HHV-5）；非洲绿猴巨细胞病毒（*African green monkey cytomegalovirus*，AgmCMV），又名猴疱疹病毒Ⅴ型（*Cercopithecine herpesvirus* 5，CeHV-5）；黑猩猩巨细胞病毒（*Chimpanzee cytomegalovirus*，ChCMV），又名*Panine herpesvirus* 2，PnHV-2。

每种巨细胞病毒都与其自然宿主共同进化，并且相互间存在遗传差异。因此，属内不同的巨细胞病毒只能自然感染同种属宿主，即人巨细胞病毒只感染人，而恒河猴巨细胞病毒只感染猕猴，相互间不发生交叉感染。不同巨细胞病毒的免疫反应也有一定程度的种属特异性，如人与恒河猴巨细胞病毒仅存在单向交叉抗原，即人巨细胞病毒抗原可与猕猴血清抗恒河猴巨细胞病毒抗体发生部分免疫反应，而人血清只能与其同源病毒抗原反应，用恒河猴巨细胞病毒抗原无法检测出人血清中抗巨细胞病毒抗体，但能检测出食蟹猴血清中抗巨细胞病毒抗体。

2. 形态学基本特征与培养特性　恒河猴巨细胞病毒颗粒与人巨细胞病毒大小一样，直径为220～230nm，比其他巨细胞病毒略大，由三部分组成：髓芯、衣壳和囊膜。髓芯呈球状，直径约50nm，外包衣壳，病毒衣壳直径为100～110nm，为二十面对称体，含有162个壳微粒，最外层为囊膜。电镜下病毒颗粒形态常由于衣壳及外层囊膜的不规整而呈现多形性；病毒颗粒另一个形态特征是存在相对丰富的“致密体”，即病毒颗粒囊膜内没有结构的高电子密度物质。有经验的技术人员在扫描电镜下一般能够将巨细胞病毒与其他疱疹病毒相鉴别。

该病毒对培养细胞有较低的种属特异性，能在人和多种猴纤维母细胞中生长，这与人巨细胞病毒不同，后者仅能在人胚胎纤维母细胞中增殖。虽然原代猕猴成纤维细胞最适合其复制，恒河猴巨细胞病毒在猕猴、非洲绿猴及人的胚胎成纤维细胞株（如MA101、MA105、MA117、MA121、WI38和MRC-5）中都能生长，并表现为特征性的细胞病变。

恒河猴巨细胞病毒在培养的细胞中增殖缓慢，复制周期长，初次分离培养需5～81天才出现特征性的细胞病变，但传代培养往往仅需3天即出现。细胞病变特点是在光学显微镜下见到受感染细胞变圆、逐渐增大，胞浆和核内出现嗜酸性包涵体。核内包涵体直径8～10μm，占核中央区的大部分，用苏木精染色呈紫红色，其周围有一个境界分明的亮圈与核膜分离，类似猫头鹰眼，因而称为“猫头鹰眼细胞”，这种细胞具有形态学诊断意义。

3. 理化特性　恒河猴巨细胞病毒具有疱疹病毒的一般理化特性，对外界抵抗力差，在热和酸性环境不稳定，pH<5、或置于56℃ 30min、或紫外线照射5min即可被充分灭活，10%的漂白粉可使其感染性明显降低。对脂溶剂也非常敏感，暴露于冷氯仿（4℃）10min可被充分灭活。恒河猴巨细胞病毒能耐受寒冷，保存在−80℃～−60℃能保留其感染性，但对冻融不稳定。保存病毒时，应将其迅速冰冻，保存于−80℃或液氮中，可保存3年。感染了病毒的细胞悬液，保存时需加入10%血清及10% DMSO，置−80℃或液氮中保存。

4. 分子生物学　恒河猴巨细胞病毒为双链线性DNA病毒，其中两株恒河猴巨细胞病毒（68.1株和180.92株）的完整基因组序列已分别被Hansen等（2003）和Rivailler等（2006）分析测定（AY186194、DQ120516），而后者的基因组序列因应用了更好的基因测定方法和有了更可靠的人巨细胞病毒基因组资料被注释得更确切。恒河猴巨细胞病毒基因组全长约220 kb（68.1株221 459bp；180.92株215 678bp），约260个开放阅读框架（Open reading frame，ORF）（68.1株和180.92株分别有260个ORF和258个ORF），G+C含量为49%，均匀分布于全基因组。两株基因组核苷酸序列总体一致性为97%，ORF编码的氨基酸序列一致性为97%。这两株病毒基因组间最明显的差异是：除了具有共同的ORF外，还具有各自特有的ORF，即有10个ORF只存在于68.1株，而另8个ORF仅存于180.92株。

恒河猴巨细胞病毒不仅在感染持续性和致病机制方面与人巨细胞病毒很相似，两者基因组的DNA序列和编码的蛋白质也非常相近。与人巨细胞病毒相似，恒河猴巨细胞病毒基因组分为两个区：短独特序列（US）和长独特序列（UL）。但US和UL的两侧不像人巨细胞病毒那样各有一个反向重复序列，因此其基因组DNA分子不存在异构体，而人巨细胞病毒则存在四个异构形式。两株恒河猴巨细胞病毒的基因组都缺失与人巨细胞病毒基因组相对应的ULb’片段，这可能是分离株在体外培养传代过程中丢失了这段基因，因为恒河猴巨细胞病毒野毒株有完整的ULb’基因片段。

大多数恒河猴巨细胞病毒的ORF都对应于人巨细胞病毒基因组的相应ORF，其中138个（60%）ORF所编码的蛋白与已知的人巨细胞病毒蛋白同源，小部分ORF编码恒河猴巨细胞病毒特有的基因，这些ORF可能与种属特异性有关。在恒河猴巨细胞病毒与人巨细胞病毒间，高度保守的ORF所编码的核心蛋白，其氨基酸序列一致性为50%～82%；存在明显属间差异的β疱疹病毒特异性蛋白（β蛋白），其氨基酸序列一致性仅27%～69%；而其他β疱疹病毒没有的灵长类巨细胞病毒特异性蛋白，其氨基酸序列一致性<29%～39%。

恒河猴巨细胞病毒的基因分为IE（即刻早期）、E（早期）和L（晚期）三类，这些基因连锁调控、相继表达，编码200余种蛋白或多肽。序列分析显示恒河猴巨细胞病毒基因组含有与人巨细胞病毒同源的四个IE基因，他们在感染后0～2h内被转录合成IE蛋白，因此IE抗原在感染后1h即可在胞核内检测到。IE基因产物激活早期基因的启动子，因而早期抗原在感染后2～4h出现，为一组酶和调控因子。晚期抗原在感染后6～24h内表达，为病毒结构蛋白，如gB、gH等。这些不同期表达的蛋白，可作为检验巨细胞病毒存在的主要抗原依据。

恒河猴巨细胞病毒基因组编码21种糖蛋白，包括与人巨细胞病毒同源的gB（Rh89）、gH（Rh104）、gL（Rh147）、gM（Rh138）、gN（Rh102）和gO（Rh103）。糖蛋白B（gB）是包膜上的重要成分，参与病毒与宿主细胞膜的吸附、穿透和胞间扩散，也是宿主免疫反应产生中和抗体的主要目标抗原，免疫显性表位位于该蛋白的膜外部分。gB基因在恒河猴巨细胞病毒不同病毒株间几无变异，在恒河猴巨细胞病毒与人巨细胞病毒间有60%同源性。从恒河猴巨细胞病毒感染的第2～3周开始，血清中可检到抗恒河猴巨细胞病毒gB抗体，后者与人巨细胞病毒gB抗原有部分交叉反应。恒河猴巨细胞病毒磷蛋白65（pp65）是宿主细胞免疫反应的主要目标，有两个同源蛋白pp65-1和pp65-2，分别由两个开放阅读框架（Rhl11和Rhl12）编码，与人巨细胞病毒的UL83基因编码的磷蛋白65同源。

三、流行病学

1. 传染来源 感染了恒河猴巨细胞病毒的猕猴，无论是表现为恒河猴巨细胞病毒病或是无症状的隐性和潜伏感染者，都是重要传染源。猕猴在未成年时经历恒河猴巨细胞病毒原发感染后呈持续感染状态，病毒持续存在于这些动物的许多组织内，他们可长期或间歇地自唾液、尿液和乳液中排出病毒。Asher等（1974）用病毒分离培养的方法揭示在未成年时经历恒河猴巨细胞病毒感染的10只猕猴，其中8只在4年后仍从尿液中排毒，这些动物的15份尿样中有11份分离到恒河猴巨细胞病毒，阳性率为73.3%。Huff等（2003）用实时荧光定量PCR的方法证明恒河猴巨细胞病毒常从健康动物的口腔中排出，64.3%交配期动物的口腔拭子采样中检到恒河猴巨细胞病毒基因组DNA，部分动物外生殖器拭子样本同时也呈阳性。据报道在人约13%的母亲，其初乳和乳汁中有巨细胞病毒排出。

2. 传播途径 恒河猴巨细胞病毒的传播途径目前尚不十分清楚，病毒可能通过哺乳期母猴乳汁或唾液水平传播给幼猴；或从尿液等体液排出的病毒污染饲料、饮水和周围环境，新生幼仔通过与阳性父母接触或经口摄入而被感染。猕猴在2.5～3岁时才达到性成熟，而几乎所有这个年龄的动物，其血清抗恒河猴巨细胞病毒抗体均已转阳，因此性传播并不是该病毒传播的重要途径。

目前还没有资料证明恒河猴巨细胞病毒能够通过胎盘发生垂直传播，亦没有文献报道自发流产的胎猴或新生猴，因垂直感染巨细胞病毒而呈现特征性的组织病理学变化或临床表现。而人类，若妊娠后发生人巨细胞病毒原发感染，有40%～50%的女性会垂直传播给胎儿，造成10%～15%胎儿发病。恒河猴巨细胞病毒病毒血症仅出现于原发感染的早期，病毒经血液扩散至全身组织器官；恒河猴巨细胞病毒也能够进入胎盘并穿过胎盘屏障，而且胎猴神经系统对恒河猴巨细胞病毒也很敏感。但是在非SPF级猴群中，几乎所有母猴性成熟前都已自然感染过恒河猴巨细胞病毒；而人常发生妊娠期巨细胞病毒原发感染，病毒可通过胎盘侵袭胎儿引起先天性感染。事实上，人巨细胞病毒抗体阳性的女性妊娠后发生胎儿宫内感染的概率小于0.5%。因此，即便恒河猴中存在母婴垂直传播，先天感染的病例也会极为罕见（≤1%）。

3. 易感动物

（1）自然宿主 猕猴是恒河猴巨细胞病毒的唯一自然宿主。巨细胞病毒具有严格的种属特异性，从不同种属的灵长类动物分离到的巨细胞病毒毒株甚至不能感染非常相近种属的宿主，如恒河猴巨细胞病毒不能感染人或同猕猴属的食蟹猴。

（2）实验动物 除自然宿主外，其他实验动物对恒河猴巨细胞病毒都不易感。实验条件下给猕猴人工接种恒河猴巨细胞病毒也可以引发感染，并且在发病机制、免疫反应和临床表现等方面与人巨细胞病毒感染相似。将恒河猴巨细胞病毒人工接种到家兔体内则不能引起感染，但其他与恒河猴相近的种属能否在实验条件下被人工感染还有待进一步研究。

4. 流行特征 恒河猴巨细胞病毒感染在猕猴群中非常广泛，呈世界性分布，无论是在野生自然环境还是人工养殖场所，感染率都很高。在野生猕猴群中，不同地区的恒河猴巨细胞病毒感染率似有所差别，如血清学调查显示，我国源于河南和广西的猕猴恒河猴巨细胞病毒抗体阳性率分别为97%和93%；而贵州地区的猴群，恒河猴巨细胞病毒抗体阳性率仅为75%。在人工饲养条件下，血清流行病学调查显示，不同地区或不同性别猕猴的感染率没有明显差异，多数动物在幼年期即获得感染，随着年龄的增长血清抗体阳性率增高。Vogel等人（1994）报道美国加利福尼亚州国家灵长类动物中心在开展SPF实验猴项目之前，人工养殖的猕猴群中6个月的幼仔恒河猴巨细胞病毒感染率为50%，到1岁时几乎为100%；而在2月龄时仅低于4%的幼仔体内存在抗恒河猴巨细胞病毒IgM抗体，该项调查表明，绝大多数动物是在哺乳期时发生恒河猴巨细胞病毒感染的。

恒河猴巨细胞病毒感染在猴群中传播很快，与阳性动物接触数日即可被感染，数月内未成年猴即可全部感染上恒河猴巨细胞病毒。如果将新生猴与其父母及其他恒河猴巨细胞病毒阳性猴隔离饲养，仔猴血清抗恒河猴巨细胞病毒抗体阳性率则大大降低。20多年前，美国国家灵长类动物中心开始建立不带B病毒的SPF猴时，为防止直接或间接接触B病毒阳性动物，仔猴出生时就立刻隔离进行人工喂养，这些动物成年后不仅保持了B病毒阴性，也没有被恒河猴巨细胞病毒感染。

四、临床症状

恒河猴巨细胞病毒是致病力很弱的机会性致病因子。具有正常免疫能力的猕猴，无论是通过自然传染或试验性人工接种感染，出现原发感染或再发感染，均表现为隐性或亚临床型感染，即没有任何临床感染症状或体征。但是，对于免疫功能被抑制或尚未健全的动物，如伴发猴艾滋病、使用免疫抑制剂或胎儿，恒河猴巨细胞病毒则具有高度致病性，感染会造成广泛的病理损害和严重的临床表现，甚至可导致死亡。

1. 原发感染 没有感染过恒河猴巨细胞病毒的宿主通常在1岁前自然暴露于恒河猴巨细胞病毒阳性动物后，病毒可能从消化道和/或呼吸道黏膜侵入体内，或在实验条件下被人工接种而初次发生恒河猴巨细胞病毒感染称原发感染。原发感染的潜伏期较短，病毒在侵入局部复制增殖后数天进入血液，形成短暂的病毒血症（病程第1～2周），并通过血液循环迅速播散到全身组织器官（第2～4周）。具有正常免疫功能的宿主初次感染恒河猴巨细胞病毒后，机体会迅速产生特异的抗病毒免疫反应，能有效控制病毒感染造成的病理损伤，不导致疾病，因而不表现任何感染症状或体征。通过静脉内注射接种恒河猴巨细胞病毒而发生原发感染的猕猴，在第2～8周可能出现短暂的血液学变化，如淋巴细胞、单核细胞和中性粒细胞增高，但经口腔接种的动物则不发生血液学改变。

原发感染后，宿主很快产生抗恒河猴巨细胞病毒的特异性免疫反应。试验感染恒河猴巨细胞病毒的猕猴都能产生抗恒河猴巨细胞病毒抗体：IgM于病毒接种后第1～2周开始可以检测到，第4～8周即从血液中消失；IgG在接种感染第2～4周开始产生，并持续逐步增强3～6个月；中和抗体产生的动力学与其他特异性免疫反应一致。针对恒河猴巨细胞病毒IE1、IE2、pp65等抗原的特异性细胞免疫反应，从试验感染后的第2周开始即可以检测到，通常先于抗体免疫反应，并随着时间的推移而增大。

自然感染恒河猴巨细胞病毒的早期，在宿主血液中可检到抗病毒特异性抗体的同时，也可从血液和组织中PCR扩增到病毒DNA。病毒倾向于侵犯腮腺和颌下腺，同时已有病毒经口腔和生殖器排出，棉拭子采样这些部位可检测到病毒DNA。随着宿主特异性免疫力的增强，感染动物血液内病毒DNA拷贝数逐步下降。据Lockridge等（1999）研究观察，经静脉或经口人工接种恒河猴巨细胞病毒后，动物感染第5～7天时血液中病毒DNA拷贝数达到高峰，随后血液中病毒量随着抗恒河猴巨细胞病毒IgM的出现开始逐渐下降，大部分动物在感染3周后血液中已检测不到病毒DNA，但少部分动物血液中会持续存在少量病毒DNA，直至感染的第11周才完全消失。经静脉人工接种感染的动物从第2～4周开始，全身多个组织器官中可以检测到病毒DNA，包括脾脏、淋巴结、肾脏、骨髓和肝脏等，但唯一在所有感染动物体内都能检测到病毒的器官是脾脏。

2. 持续潜伏性感染 即使免疫功能正常的宿主发生恒河猴巨细胞病毒原发感染后，机体免疫系统也不能彻底清除体内病毒，病毒在靶组织内可能不再复制而进入潜伏状态，或持续存在少量病毒复制，而形成终身的持续性感染。这些持续性感染的动物虽然不表现任何感染相关的症状和体征，但可长久、持续地从它们的唾液、尿液等体液中检测到病毒，为健康排毒者，是重要的恒河猴巨细胞病毒感染传染源。原发感染早期出现的病毒血症被清除后，潜伏或持续性感染的动物血液中一般检测不到病毒DNA。

3. 再发感染 潜伏在宿主体内的病毒可被重新激活而复制增殖，造成感染复发；也可通过自然传染或人工接种外源性不同毒株或更大剂量的同株病毒再次侵入宿主体内，并在宿主体内复制造成再发感染。实验猴因器官移植导致的巨细胞病毒再发感染偶有发生，但通常发生在非恒河猴个体中。

4. 恒河猴巨细胞病毒病 恒河猴巨细胞病毒对于猕猴胎儿和伴发猴免疫缺陷病毒或猴D型逆转录病毒感染（猴艾滋病）的猕猴是高度致病性的。这些免疫功能不健全或被抑制的动物一旦感染恒河猴巨细胞病毒，常发展为恒河猴巨细胞病毒病，出现严重病毒感染的症状和体征，其病理机制和临床表现与人艾滋病患者伴发人巨细胞病毒感染或先天性宫内感染几乎一样。

虽然最早发现恒河猴巨细胞病毒病是在一组自然感染了猴D型逆转录病毒而发生猴艾滋病的动物，但更多有关此病的资料来源于研究猴艾滋病的猴免疫缺陷病毒人工感染模型。30%～50%的恒河猴巨细胞病毒潜伏或持续感染的猕猴，在人工感染猴免疫缺陷病毒后会发展为恒河猴巨细胞病毒病。与猴免疫缺陷病毒感染后没有发生恒河猴巨细胞病毒病者相比，这些动物表现出活动性恒河猴巨细胞病毒感染和严重的艾滋病症状和体征：如血液中恒河猴巨细胞病毒载量常高于每毫升1 000拷贝，抗恒河猴巨细胞病毒抗体和恒河猴巨细胞病毒特异性$CD8^+$和$CD4^+$淋巴细胞都下降至基础值的50%以下；一般检测不到抗猴免疫缺陷病毒抗体。猴免疫缺陷病毒的病毒血症随病程而加重，血液中猴免疫缺陷病毒载量可比没有恒河猴巨细胞病毒病的动物高100倍以上，寿命明显比对照组短，严重者短期内发生死亡。组织病理学检查显示，广泛恒河猴巨细胞病毒感染的特征性组织病理学改变。

美国加利福尼亚州大学戴维斯分校Barry研究组发现（2003），当两组人工原发感染恒河猴巨细胞病毒的未成年（6～11月龄）猕猴分别于2周或11周后再接种感染猴免疫缺陷病毒，表现出完全不同的结果。间隔2周的动物组都表现微弱的抗恒河猴巨细胞病毒和抗猴免疫缺陷病毒抗体反应，很快死于猴艾滋病和恒河猴巨细胞病毒病，伴有严重的恒河猴巨细胞病毒感染造成的组织病理学改变，血液和组织中恒河猴巨细胞病毒DNA明显增高。相反，间隔11周的动物组仅有1例发生猴艾滋病，但没有动物发生恒河猴巨细胞病毒病或死亡，都产生很强的抗恒河猴巨细胞病毒和抗猴免疫缺陷病毒抗体反应，血液和组织中恒河猴巨细胞病毒DNA拷贝数也很低，也未见任何恒河猴巨细胞病毒感染造成的组织病理学改变。此结果表明：宿主抵抗恒河猴巨细胞病毒的免疫反应主要产生在感染的第2～11周；猴免疫缺陷病毒与恒河猴巨细胞病毒合并感染有协同作用，即猴免疫缺陷病毒感染抑制宿主免疫系统，导致恒河猴巨细胞病毒原发感染发展成恒河猴巨细胞病毒病；恒河猴巨细胞病毒感染也促发并加重猴免疫缺陷病毒感染引起的猴艾滋病。

药物抑制宿主免疫系统也可诱发恒河猴巨细胞病毒病。例如，在使用抗CD-40或MHC-Ⅱ的单克隆抗体治疗猕猴异体肾移植的排斥反应时，同时抑制了宿主抗恒河猴巨细胞病毒的免疫力，导致术前恒河猴巨细胞病毒抗体阴性的动物，在接受了阳性动物的肾脏后发生原发性恒河猴巨细胞病毒病。患病动物表现出萎靡、体重减轻、腹泻等症状，动物病死或因病重而处死后尸体剖检发现胸腔积液和肺部多处出血，组织病理学检查发现广泛的恒河猴巨细胞病毒感染。

虽然目前还没有自然发生先天性恒河猴巨细胞病毒感染的报道，但试验研究证明，恒河猴巨细胞病毒对出生前的猕猴胎儿是高度致病性的。人工接种恒河猴巨细胞病毒到子宫内可以引起不同妊娠期的胎猴先天性感染，并且导致严重的疾病。London 等首先报道（1986），人工接种恒河猴巨细胞病毒到 25 只妊娠早中期猕猴的羊膜腔或胎猴颅内，其中 16 只新生猴出现不同程度的中枢神经系统异常：包括脑室扩大、软脑膜炎症、脑实质萎缩和神经组织包涵体样病变，大多数动物胎盘也存在炎症性病变。所有接种胎儿都产生了抗恒河猴巨细胞病毒抗体，但胎儿血清中抗体滴度与其病变程度呈负相关：即抗体滴度越低者病变越严重，相反抗体滴度高的胎儿则表现正常发育状态，说明胎儿的免疫反应决定了恒河猴巨细胞病毒感染是否致病。Barry（1998）研究组通过胎儿腹腔穿刺注入恒河猴巨细胞病毒（68 - 1 株或 21 252 株）的方法，人工感染了 4 只妊娠早中期的胎猴，至妊娠晚期时手术取出胎儿发现，其中 3 只发生了严重的恒河猴巨细胞病毒病，主要表现为生长迟缓、神经系统发育异常、肝粘连、脾肿大等。组织病理学检查发现多种组织细胞内存在包涵体、恒河猴巨细胞病毒特异性抗原和病毒 DNA。恒河猴巨细胞病毒在胎儿造成的这种播散性感染进一步说明，在没有免疫抵抗力的情况下，恒河猴巨细胞病毒感染可导致严重的恒河猴巨细胞病毒病。

五、病理变化

1. 大体解剖观察　恒河猴巨细胞病毒感染但不伴有临床表现的动物，肉眼观察通常没有任何组织或器官病理异常。相反，对于恒河猴巨细胞病毒病的动物，尸体剖检可见多脏器广泛的炎症改变，如肿胀、出血、坏死和钙化等。试验性先天性恒河猴巨细胞病毒感染的新生猴，主要表现为中枢神经系统发育异常，如脑室扩大、大脑表面无脑回和脑实质萎缩。

2. 组织病理学　恒河猴巨细胞病毒自然感染的主要病理特征是，受感染的细胞体积增大成巨细胞，胞质内出现直径为 2～4μm 的嗜碱性或双嗜性包涵体，核中央出现直径为 4～10μm 的嗜酸性包涵体。没有临床表现的恒河猴巨细胞病毒感染，尽管早期报道多数猕猴尸检时观察到巨细胞和核内包涵体，但现在这种特征性组织病理学变化却很少能见到，这可能与现代实验猴养殖环境和健康状况的改善有关。对于实验条件下急性恒河猴巨细胞病毒原发感染的动物，Lockridge 等（1999）观察到最显著的组织病理学改变是脾、淋巴结、扁桃体和消化道等多种组织中，出现淋巴滤泡增生和脾脏及扁桃体内中性粒细胞浸润等炎症反应；免疫组化显示尽管多种组织内存在病毒 DNA，只有脾脏组织表达恒河猴巨细胞病毒抗原（IE1）。感染动物的所有组织内均未见巨细胞或包涵体。

在许多猴免疫缺陷病毒或猴 D 型逆转录病毒感染的恒河猴，组织病理学检查可发现合并有弥散性恒河猴巨细胞病毒感染的病理变化。病变侵及多种组织和器官，胃肠道、脑、肺、淋巴结、肝、脾、睾丸、神经、血管等。显微镜检恒河猴巨细胞病毒感染的组织，可见巨细胞、核内包涵体和中性粒细胞及淋巴细胞浸润等炎症反应，免疫组化显示恒河猴巨细胞病毒抗原（IE1）阳性。

人工感染导致的先天性恒河猴巨细胞病毒病，组织病理学检查可见胎儿神经组织存在胞浆内和核内包涵体，而且包涵体细胞中恒河猴巨细胞病毒抗原（IE1）阳性。其他病理改变包括胶质细胞增生、软脑膜慢性炎症、脑组织退行性变和脑室周围钙化；胎盘病变包括蜕膜炎症、梗死、钙化、玻璃样变和淋巴细胞浸润等。

六、诊　　断

猕猴发生恒河猴巨细胞病毒自然感染很普遍，而且健康动物感染基本都是隐性的，不表现任何临床症状和体征，诊断完全依靠实验室检查，包括病毒分离培养、血清抗体检测、抗原检测及病毒核酸分子生物学检测。恒河猴巨细胞病毒是个机会性感染因子，在宿主免疫力被抑制时，会发生活动性感染而导致严重的恒河猴巨细胞病毒病。因此，在建立猴艾滋病模型或器官移植时，若猕猴出现或有明显加重的感染症状和体征，应考虑伴发恒河猴巨细胞病毒病，需选择下列实验室检查以进一步确诊。

1. 病毒分离与鉴定　病毒培养分离是病原学诊断的“金标准”，是可靠、特异的方法，也是发现新毒株的唯一手段。各种体液和组织匀浆均可进行病毒分离，常通过采集尿液、棉拭子采集唾液或尸检时取肝和脾等组织，将上述样本接种到猕猴或非洲绿猴胚胎成纤维母细胞培养 24h 后，若经特殊染色可见包涵体，则具有形态学诊断意义。通常需培养 1～4 周才能观察到特征性细胞病变，但初步结果也可通过免疫荧光法或免疫酶技术检测病毒抗原，或用分子生物学方法（如 PCR）检测病毒 DNA 等途径来进行鉴定。

病毒分离阳性表明有活动性恒河猴巨细胞病毒感染，但病毒分离阴性不能排除感染，因为原发感染的潜伏期或没有排毒的潜伏感染的动物样本常无法分离到病毒。且由于该方法耗时长、对技术要求高、敏感性局限，不适合作为早期诊断或流行病监测的常规检验手段。

2. 血清学试验 检测宿主血清中抗恒河猴巨细胞病毒特异性抗体，主要是 IgG 和 IgM，可用于感染后的确诊、流行病学调查、猴艾滋病模型和器官移植试验时动物筛选。但当宿主处于免疫抑制状态时，有可能检测不到抗体。IgM 抗体是原发感染或活动性感染的标志，在原发感染第 1～2 周开始从血液中出现，第 4～8 周即消失；再发感染时常再现，但其水平一般低于原发感染时。检测阳性则说明有活动性恒河猴巨细胞病毒感染。IgM 不能通过胎盘，故在幼猴血清中检测到恒河猴巨细胞病毒特异性 IgM 抗体，表明是活动性原发感染。抗恒河猴巨细胞病毒 IgG 抗体自原发感染第 2～4 周开始出现，可终身持续存在，观察到该抗体转阳是诊断原发感染的可靠指标。所有抗恒河猴巨细胞病毒 IgG 抗体阳性的猕猴都表示感染过恒河猴巨细胞病毒，也是病毒在体内潜伏的标志，但 6 月龄以下幼猴血清中可存在母源性 IgG 抗体。潜伏感染状态被激活后特异 IgG 抗体滴度会升高，当双份血清中抗恒河猴巨细胞病毒 IgG 抗体滴度升高 4 倍或以上者，则提示为活动性感染（再发感染）。

常用的血清学方法包括以下几种，其中酶联免疫吸附试验最常用。

（1）间接 ELISA 是检测血清中抗恒河猴巨细胞病毒抗体的标准方法，其敏感性和特异性都很高。用 ELISA 方法检测 lgM 抗体和 lgG 抗体，分别适用于活动性感染（原发或再发）的诊断和血清流行病学调查。因缺乏商业试剂盒，通常各实验室使用自己的恒河猴巨细胞病毒分离株感染培养细胞，制成粗提抗原包被微孔板，并建立 ELISA 试验，但相互检测结果的一致性还有待比对核查。目前有趋势改用基因重组抗原，如恒河猴巨细胞病毒 gB，替代传统的全病毒抗原。我国学者施慧君、吴小闲等用从猕猴体内分离的猴巨细胞病毒作抗原，建立了免疫酶、免疫荧光和 ELISA 血清抗体检测方法，其中 ELISA 方法检测恒河猴巨细胞病毒感染最为敏感。他们还发现用人巨细胞病毒抗原包被微孔板，检测猴抗恒河猴巨细胞病毒 IgG 抗体敏感性要比用恒河猴巨细胞病毒抗原低。因此，市场上现有的人巨细胞病毒 ELISA 商业试剂盒，不适合用于检测恒河猴巨细胞病毒感染。

（2）中和试验 用于检测血清中抗恒河猴巨细胞病毒中和抗体的滴度。该方法较复杂费时，但 ELISA 检测血清抗体的结果与抗恒河猴巨细胞病毒中和抗体效价的相关性差，不能反映样品中和抗体效价的真实水平，因此不能替代中和试验。当潜伏感染状态被激发后 IgG 抗体滴度升高，用中和试验比较不同期采集的双份血清，二者抗体滴度升高 4 倍或以上者，提示为恒河猴巨细胞病毒活动性再发感染。

（3）间接免疫荧光试验 是用感染了恒河猴巨细胞病毒的培养细胞直接固定在玻片或培养皿上作抗原，用来检测血清中抗体，再用荧光素标记的二抗作显示，具有快速、敏感、特异的特点。该方法的缺点是抗原保存要求高，判断有一定的主观性，极易产生假阳性，因此仅用作其他方法（如 ELISA）的辅助验证检测。

（4）免疫印迹法 是将高分辨的凝胶电泳和高灵敏度的免疫固相检测这两种方法相结合，定性检测血清中抗恒河猴巨细胞病毒 IgG 抗体，较 ELISA 法具有更高的特异性，常用作 ELISA 弱阳性或可疑样本的复证检测。

3. 组织病理学诊断 采集动物尿液或唾液等经离心沉淀后涂片，也可取材于活检或尸检组织，以姬姆萨或细胞涂片巴氏（Papanicolaou）染色后镜检细胞病变，若观察到巨大细胞及核内或胞浆内嗜酸性包涵体，可做出初步诊断。但在没有临床表现的恒河猴巨细胞病毒感染，这种特征性组织病理学变化现在很少能见到，因此镜检无巨细胞包涵体也不能排除诊断。目前把组织病理学和免疫组化方法相结合，检查脾、胃肠道、淋巴结、肝等组织内是否表达恒河猴巨细胞病毒抗原（IE1），使检测的敏感性和特异性提高。通常使用单克隆抗体免疫荧光试验或酶联免疫试验，方法简单可靠，试剂也已商品化。

4. 分子生物学诊断　现代分子生物学技术主要使用各种 PCR 方法检测唾液、口腔拭子、尿液和血液标本中病毒 DNA，阳性可以确诊恒河猴巨细胞病毒感染。孙晓梅等率先建立了针对恒河猴巨细胞病毒基因组中比较保守的 Rh85 基因序列的巢式 PCR 方法，有较高的敏感性和特异性。但常规 PCR 方法扩增的产物，电泳时多使用有致癌性的溴化乙啶，且易造成对模板的污染而出现假阳性，已逐渐被实时荧光定量 PCR（Realtime PCR）所替代。美国学者 Barry 等于 2002 年首先设计了针对恒河猴巨细胞病毒 gB 基因（UL55）的引物和探针，建立了 Realtime PCR 检测血液和组织中病毒载量的方法，敏感性可达到检出反应体系中 1～10 个拷贝数的模板，且需要的标本量也很少。外周血中的白细胞及血浆、血清均可用于恒河猴巨细胞病毒的 PCR 检测，但使用血浆或血清可能更敏感，避免了白细胞数量对检测的影响。通常以每毫升血浆中 1 000 个拷贝的恒河猴巨细胞病毒基因组 DNA 为病毒载量阈值，低于此阈值者为低病毒载量，反之为高病毒载量。

自然暴露于恒河猴巨细胞病毒的动物，通常是在特异性抗体出现的最早阶段从其血液中可以检测到病毒 DNA。而人工经口或经静脉接种感染的动物，血液中病毒载量一般在接种后第 7 天达高峰，与抗恒河猴巨细胞病毒 IgM 同步出现，之后病毒载量逐步下降，部分动物在感染第 3 周时血液中病毒即消失；有些动物清除病毒较慢，可维持低病毒载量达 11 周之久。人工接种恒河猴巨细胞病毒的第 2 周，感染动物的口腔或外生殖器拭子样本中即可以检测到恒河猴巨细胞病毒 DNA。初始病毒血症一旦被宿主免疫系统清除后，即使存在持续潜伏感染，血液中也很少再能检测到病毒 DNA。因此，血液中恒河猴巨细胞病毒核酸检测的应用仅限于原发感染的确诊，不适用于猴群流行病学筛查或健康监测。

七、防治措施

1. 治疗　免疫功能正常的宿主感染恒河猴巨细胞病毒后不表现任何临床症状，无需治疗。对于免疫力低下的特殊动物所发生的全身播散型感染，目前尚无有效治疗方法，必要时可采取对症处理和支持疗法。

2. 预防　恒河猴巨细胞病毒虽致病性很低，也未列入国家实验动物标准中特定病原体控制范围，但当宿主免疫力不全时会导致严重的恒河猴巨细胞病毒病，甚至引起死亡。21 世纪以来，恒河猴巨细胞病毒感染已迅速成为生物医药界研究人巨细胞病毒的重要模型，而猕猴是恒河猴巨细胞病毒的唯一宿主，越来越多的实验室寻求恒河猴巨细胞病毒阴性猕猴，开展人巨细胞病毒相关的免疫机理研究、新药开发和疫苗研制等项目。因此，预防恒河猴巨细胞病毒感染，养殖生物医药研究需要的恒河猴巨细胞病毒阴性实验猴显得日趋重要。

普通猕猴群中恒河猴巨细胞病毒感染率非常高，达到性成熟时的猴几乎都已被感染。幼猴感染可能是通过哺乳期母猴乳汁或阳性动物唾液、尿液等体液水平传播获得。因此，预防只能通过早期隔离的方法。事实上大约半数刚离乳的幼猴（6 月龄）还没有发生恒河猴巨细胞病毒感染，若用血清学检测方法筛选出这些恒河猴巨细胞病毒阴性的动物，按传统 SPF 程序将他们在独立区域进行单笼隔离饲养，并定期进行血清学监测，及时淘汰个别恒河猴巨细胞病毒抗体转阳的动物，可有效预防其发生恒河猴巨细胞病毒感染。若将新出生的幼猴立即与父母及其他阳性动物完全隔离，在独立的区域进行群体人工喂养，无需单笼隔离，他们成年后可组成恒河猴巨细胞病毒阴性繁殖种群，所生育的后代即为不携带恒河猴巨细胞病毒的 SPF 级动物。美国加利福尼亚州大学戴维斯分校的国家灵长类动物中心正是利用这种预防隔离的手段，在建立传统 SPF（即无 B 病毒、猴免疫缺陷病毒、猴 T 淋巴细胞白血病病毒和猴 D 型逆转录病毒）猕猴繁殖群的基础上，已率先成功培育了数百只不携带恒河猴巨细胞病毒的广义 SPF 猕猴群，为生物医药研发，特别是针对人巨细胞病毒的相关研究，提供了至关重要的非人灵长类动物来源。

八、公共卫生影响

与B病毒不同，恒河猴巨细胞病毒不感染人或其他动物，对饲养或使用猕猴的人群不会构成任何生物危害。但恒河猴巨细胞病毒是个机会致病因子，在免疫功能不全的动物可导致多种组织器官的病理改变，从而对试验研究产生严重干扰。因此，对于有可能影响动物免疫系统的相关试验研究，应选择恒河猴巨细胞病毒阴性动物，并采取严密隔离措施，防止他们在试验过程中直接或间接暴露于恒河猴巨细胞病毒阳性动物。

（时长军）

我国已颁布的相关标准

无。

参考文献

黄璋琼，叶尤松，江勤芳，等．2007. 猕猴巨细胞病毒（RhCMV）nested PCR检测方法的建立与初步应用［J］．四川动物，26（4）：800-803.

施慧君，吴小闲，蒋虹，等．1992. 猴巨细胞病毒血清学监测方法的建立和应用［J］．中国兽医杂志，18（1）：14-16.

Agumava A A，Chikobava M G，Lapin B A. 2010. Development of PCR test systemfor detecting primate betaherpesvirinae［J］. Mol Genet Microbiol Virol. ，25（3）：132-135.

Arvin A，Campadelli-Fiume G，Mocarski E，et al. 2007. Human Herpesviruses：Biology，Therapy，andImmunoprophylaxis［M］．Cambridge：Cambridge University Press：1051-1075.

Barry P A，Strelow L. 2008. Development of breeding populations of rhesus macaques（Macaca mulatta）that are specific pathogen-free for rhesus cytomegalovirus［J］．CompMed. ，58（1）：43-46.

Hansen S G，Strelow L I，Franchi D C，et al. 2003. Complete sequence and genomic analysis of rhesus cytomegalovirus［J］．J Virol. ，77（12）：6620-6636.

Huff J L，Eberle R，Capitanio J，et al. 2003. Differential detection of B virus and rhesuscytomegalovirus in rhesus macaques［J］. J Gen Virol. ，84：83-92.

Kravitz R H，Sciabica K S，Kiho Cho，et al. 1997. Cloning and characterization ofrhesus cytomegalovirus glycoprotein B［J］. J GenVirol. ，78：2009-2013.

Lockridge K M，Sequar G，Zhou S S，et al. 1999. Pathogenesis of experimental rhesus cytomegalovirus infection［J］．J Virol. ，73（11）：9576-9583.

Powers C，Früh K. 2008. Rhesus CMV and emerging animal model for human CMV［J］．Med Microbiol Immunol. ，197（2）：109-115.

Rivailler P，Kaur A，Johnson R P，et al. 2006. Genomic sequence of rhesus cytomegalovirus 180. 92：insights intothe coding potential of rhesus cytomegalovirus［J］．J Virol. ，80（8）：4179-4182.

Sequar G，Britt WJ，Lakeman F D，et al. 2002. Experimental coinfectionof rhesus macaques with rhesus cytomegalovirus and simian immunodeficiency virus：pathogenesis［J］．J Virol. ，76（15）：7661-7671.

Yue Y J，Zhou S S，Barry P A. 2003. Antibody responses torhesuscytomegalovirusglycoprotein B in naturally infected rhesusmacaques［J］．J Gen Virol. ，84：3371-3379.

第八节　小鼠巨细胞病毒感染
(Mouse cytomegalovirus infection)

巨细胞病毒是一群可引起持续性感染的病毒，在人群中感染普遍，其感染率在发达国家为40%～50%，在发展中国家可达90%以上，对免疫功能低下者例如器官或骨髓移植患者、新生儿及老年患者危害甚大，为一种全身性感染，常引起多器官损害，故深受关注。在啮齿类动物中，大鼠、小鼠、豚鼠和仓鼠等均可感染巨细胞病毒。实验小鼠很少有自然感染，野生小鼠中普遍存在。由于小鼠巨细胞病毒和人巨细胞病毒基因同源性高，感染生物学和发病机理高度类似，小鼠巨细胞病毒的试验感染模型可重复出人巨细胞病毒引起的各种人类疾病，所以，小鼠巨细胞病毒感染（Mouse cytomegalovirus infection）小鼠常作为人感染人巨细胞病毒的动物模型，基于该原因对小鼠巨细胞病毒的研究相对较多。

一、发生与分布

Mccordock（1936）首次发现小鼠巨细胞病毒，Smith（1954）在小鼠胚胎上将该病毒成功地进行了复制与传代，由此，人们认识到小鼠巨细胞病毒同人巨细胞病毒一样，是一种引起胚胎感染的病原。小鼠巨细胞病毒具有广泛的组织倾向性，高浓度生长在小鼠唾液腺、免疫受损小鼠肝脏和脾脏中。通过动物间咬伤传播，野生小鼠中感染非常普遍，感染率达 90%。在英格兰几个地点捕捉的 154 只野生小家鼠（*Mus domesticus*），小鼠巨细胞病毒血清抗体阳性率为 79%；在东南澳大利亚 14 个地点捕捉的 267 只野生小家鼠，血清抗体阳性率为 99%。实验小鼠一旦被感染，则可向外排毒，在眼泪、唾液和尿液中含有病毒，并可垂直传递给下一代。自然感染器官为唾液腺，自然感染没有可见的临床症状，颌下腺是主要的损伤器官，其他唾液腺很少感染。多数情况下表现为隐性感染，当某些条件促使潜伏感染的病毒激活时，则可引起严重疾病，甚至死亡。

二、病　　原

1. 分类地位　小鼠巨细胞病毒在分类上属疱疹病毒科、β-疱疹病毒亚科、鼠巨细胞病毒属。根据宿主范围、复制周期长短和对不同细胞的感染性将疱疹病毒科进一步分成三个亚科：α-疱疹病毒亚科、β-疱疹病毒亚科和 γ-疱疹病毒亚科。α-疱疹病毒亚科宿主范围广、复制周期较短和感染感觉神经中枢的神经元细胞；与 α-疱疹病毒亚科病毒相比，β-疱疹病毒亚科病毒有着苛刻的宿主选择（种特异性）和长的复制周期，主要的代表是巨细胞病毒，被感染的细胞经常变大（巨细胞），出现核内和胞浆内的包涵体（猫头鹰眼样），除鼠类巨细胞病毒和人巨细胞病毒外，人疱疹病毒 6 型和 7 型（HHV-6、HHV-7）也是这个亚科的成员；γ-疱疹病毒亚科病毒也有苛刻的宿主选择，复制周期长短随感染宿主不同而不同，该亚科病毒易感染淋巴细胞。

2. 形态学基本特征与培养特性　所有疱疹病毒科成员保持相同的形态结构，成熟的病毒粒子直径 120～300nm，由 4 种结构构成：核、衣壳、内膜和囊膜。病毒核由线性、双链 DNA 构成，外部由蛋白质支架状基质包围。核外部是衣壳，由 12 个五聚体和 150 个六聚体的壳微体组成，排列成二十面体对称蛋白壳，直径 100～110nm。核和衣壳组成核衣壳。内膜包裹着核衣壳，内膜是由 20～30 种不同蛋白质组成的非结晶状电子致密基质。衣壳和内膜被脂质双分子层包围，脂质双分子层来源于宿主细胞。病毒编码的钉状糖蛋白嵌入脂质双分子层中。这些糖蛋白使的病毒和宿主细胞受体结合，在病毒进入细胞时引起病毒粒子和宿主细胞膜的融合。

在人巨细胞病毒感染期间，除装配完整的病毒粒子外，也构建非感染性不完整病毒颗粒。这些非感染性不完整病毒颗粒被称为“致密体”，存在于感染细胞的细胞质中，它们没有病毒 DNA 和衣壳，主要由病毒内膜蛋白 pp65 组成。也组装有衣壳、无病毒 DNA 的非感染性不完整病毒颗粒。与人巨细胞病毒相比，小鼠巨细胞病毒不产生“致密体”，但是病毒粒子带有多重衣壳。

小鼠巨细胞病毒可在小鼠胚胎成纤维细胞上迅速增殖，但其毒力随培养代数的增加而下降。接种后 24～48h 出现细胞病变，病变细胞呈圆形，折光性增强，随后形成蚀斑。在体外细胞培养上，小鼠巨细胞病毒的形态特征是出现多衣壳病毒粒子，即囊膜内包含有 2～20 个以上的衣壳，这一现象在其他疱疹病毒中还未曾见到。在进行性感染期间，细胞核和细胞浆肿大，形成所谓的巨细胞，最后导致细胞死亡。小鼠巨细胞病毒也能在其他细胞培养物中生长，如 BSC-1 细胞、BHK-21 细胞、原代兔肾细胞等。在 WI-38 细胞上能部分复制，并引起细胞病变。

3. 理化特性　小鼠巨细胞病毒在蔗糖中的浮密度为 1.20g/cm^3，对乙醚、甲醛、热敏感，对酸稳定，在−70℃可长期保存。

4. 分子生物学 疱疹病毒科病毒为线性双股DNA，长度110～241kb，最短为VZV110kb，最长为人巨细胞病毒241kb，编码容量达到200个蛋白质。小鼠巨细胞病毒DNA长度230kb，含170个基因，其中78个与人巨细胞病毒有同源性，小鼠巨细胞病毒是与人巨细胞病毒关系最近的病毒。巨细胞病毒与其他疱疹病毒一样，具有一个长的独特区（UL）和短独特区（US）。UL和US的相连处及两端均为DNA重复序列。UL约115×10^3kD，约占16%。UL两端的两个反向重复序列约占90%，US两端的两个反向重复序列约占2%。由于UL及US可以两种方向存在，则巨细胞病毒DNA具有4种分子异构型，但除人巨细胞病毒及鼠巨细胞病毒外，其他动物的巨细胞病毒无异构型存在。

人巨细胞病毒和小鼠巨细胞病毒像所有疱疹病毒科成员一样复制周期被严格调控。巨细胞病毒首先吸附在细胞表面，病毒糖蛋白和相应的细胞表面受体相互作用，导致病毒外膜和宿主细胞膜的融合，接着病毒核衣壳进入宿主细胞质内。人巨细胞病毒可能携带20种病毒蛋白，gB、gH、gL、gM和gN 5个糖蛋白是疱疹病毒科的保守成分。疱疹病毒在接触和进入阶段表现出广泛的细胞倾向性。病毒进入后，核衣壳被转移至核孔，病毒DNA从核孔释放入核内并发生环化。病毒基因表达的调控方式为串联方式，分为三个时期：即刻早期（IE）、早期（E）和晚期（L）基因表达。即刻早期基因表达在病毒基因组刚进入细胞就开始了。因即刻早期（IE）表达基因的转录不更新，所以需要合成病毒蛋白。转录的模板来源于上一次感染，被病毒内膜蛋白带入新的宿主。即刻早期蛋白控制早期基因表达的诱导。早期基因激活主要发生在转录平面，表达的蛋白用于病毒基因组的复制。DNA复制的开始为晚期基因表达的开始。这一时期主要表达感染结构蛋白，这些结构蛋白或是病毒粒子的成分，或是参与病毒的组装。DNA复制出带多个基因组的多联体DNA中间体，在衣壳组装过程中被分割成单个基因组。核衣壳在细胞的内核膜上与一系列内膜蛋白结合。核衣壳的释放是一个复杂的过程，学者间对核衣壳从细胞核内释出和囊膜的获得的机理还有争论。单一囊膜理论认为病毒包膜相当于细胞外核膜，在衣壳从细胞核内释出时期已经获得。脱落－再获得理论认为，病毒核衣壳的第一次囊膜是在穿过细胞内核膜时获得的，接下来病毒粒子与细胞核外核膜或内质网的外膜融合，由此脱下首次囊膜。没有囊膜的核衣壳被释放在细胞质中，在细胞质中装配内膜蛋白，然后进入高尔基体内。第二次包膜获得发生在进入高尔基体之后，之后高尔基体形成包裹病毒的小泡，该小泡穿越细胞质到达细胞膜，通过胞吐作用将成熟病毒粒子释放到细胞外。

目前已对小鼠巨细胞病毒粒子的组成成分和相应功能有一定的了解，表4-8-1为小鼠巨细胞病毒与疱疹病毒科其他成员在病毒粒子的组成成分和相应功能方面同源性的比较。

表4-8-1 小鼠巨细胞病毒与疱疹病毒科其他成员在病毒粒子的组成成分和相应功能方面同源性的比较（Popa，2010）

基因产品		同源性		功能
MCMV	HSV-1	β-（HCMV）	γ-（EBV）	
M115	UL1（gL）	Yes（UL115）	Yes（BKRF2）	包膜
No	UL4	No	No	?
M104	UL6（Portal）	Yes（UL104）	Yes（BBRF1）	DNA包装
M103	UL7	Yes（UL103）	Yes（BBRF2）	内膜
M100	UL10（gM）	Yes（UL100）	Yes（BBRF3）	包膜
M99	UL11	Yes（UL99）	Yes（BBLF1）	内膜
M97	UL13（VPK）	Yes（UL97）	Yes（BGLF4）	内膜
M95	UL14	Yes（UL95）	Yes（BGLF3）	内膜
M89	UL15（TER1）	Yes（UL89）	Yes（BGRF1/BDRF1）	DNA包装
M94	UL16	Yes（UL94）	Yes（BGLF2）	内膜
M93	UL17（CTTP）	Yes（UL93）	Yes（BGLF1）	DNA包装
M46	UL18（TRI2）	Yes（UL46）	Yes（BORF1）	衣壳
M86	UL19（MCP）	Yes（UL86）	Yes（BCLF1?）	衣壳

（续）

基因产品	同源性			功能
MCMV	HSV-1	β-（HCMV）	γ-（EBV）	
No	UL20	No	No	包膜?
M87	UL21	Yes（UL87）	Yes（BCRF1）	内膜
M75	UL22（gH）	Yes（UL75）	Yes（BXLF2）	包膜
M76	UL24	Yes（UL76）	Yes?	内膜
M77	UL25（PCP）	Yes（UL77）	Yes（BVRF1）	DNA 包装
M80	UL26（prePR）	Yes（UL80）	Yes（BVRF2/ECRF3）	衣壳
M80.5	UL26.5（pAP）	Yes（UL80.5）	Yes（EC-RF3A）	衣壳
M55	UL27（gB）	Yes（hUL55）	Yes（BALF4）	包膜
M56	UL28（TER2）	Yes（UL56）	Yes（BALF3）	DNA 包装
M53	UL31	Yes（UL53）	Yes（BFLF2）	出细胞核
M52	UL32（CTNP）	Yes（UL52）	Yes（BFLF1）	DNA 包装
M51	UL33	Yes（UL51）	Yes（Putative ORF）	DNA 包装
M50	UL34	Yes（UL50）	Yes（BFRF1）	出细胞核
M48.2	UL35（SCP）	Yes（UL48/49）	No	衣壳
M48	UL36（VP1/2；LTP）	Yes（UL48）	Yes（BPLF1）	内膜
M47	UL37（LTPbp）	Yes（UL47）	Yes（BOLF1）	内膜
M46	UL38（TRI1）	Yes（UL46）	Yes（BORF1）	衣壳
No	UL41	No	No	内膜
No	UL43	No	Yes（BMRF2）	包膜?
No	UL44（gC）	No	No	包膜
No	UL45	No	No	包膜
No	UL46（VP11/12）	No	No	内膜
No	UL47（VP13/14）	No	No	内膜
No	UL48（VP16）	No	No	内膜
M49	UL49（VP22）	Yes（UL49）	Yes（BFRF2）	内膜
M71	UL51	Yes（UL71）	Yes（BSRF1）	内膜
No	UL53（gK）	No	No	包膜
M69	UL54（ICP27）	Yes（UL69）	Yes（BMLF1/EB2）	内膜?
No	UL56	No	No	内膜?
No	US2	No	No	内膜
No	US3	No	No	内膜
No	US4（gG）	No	No	包膜
No	US5（gJ）	No	No	包膜?
No	US6（gD）	No	No	包膜
No	US7（gI）	No	No	包膜
No	US8（gE）	No	No	包膜
No	US9	No	No	包膜
No	US10	No	No	内膜
No	US11	No	No	内膜

?：表示在病毒粒子/亚结构中是否存在还不十分明确。

三、流行病学

1. 传染来源　小鼠巨细胞病毒具有严格的种属特异性，野生小鼠是该病毒的主要来源，但是该病毒对实验小鼠中的感染不是很普遍。

2. 传播途径 野生小鼠的小鼠巨细胞病毒感染率高，但多数情况下表现为隐性感染，没有可见的临床症状，当某些条件促使潜伏感染的病毒激活时，则可引起严重疾病，甚至死亡。一般通过动物间咬伤和垂直传播，感染小鼠可通过唾液、泪液和尿液向外排毒。

3. 易感动物 小鼠是小鼠巨细胞病毒的自然宿主，巨细胞病毒具有严格的种属特异性，该病毒一般不感染小鼠的外其他动物种。该病毒对实验小鼠的感染不是很普遍，感受性与品系、鼠龄、免疫功能有关。科研人员目前已经发现 20 多个小鼠基因参与对小鼠巨细胞病毒天生免疫反应，如 TLRs、Ly49H、IFN - γ 等，这些基因的缺失或突变会导致小鼠对小鼠巨细胞病毒易感。

小鼠巨细胞病毒对小鼠的毒力随年龄增长而递减，新生乳鼠特别敏感，腹腔接种小于 1 000 感染单位的小鼠巨细胞病毒即可使 7 日龄内的小鼠 100%死亡。各种途径接种均可感染，但症状表现有所不同。经静脉接种，小剂量即可引起病变；经颅内接种，新生乳鼠出现坏死性脑炎，而断乳小鼠呈现亚临床性脑炎；腹腔内或颅腔内接种新生乳鼠，小鼠巨细胞病毒可在多种组织器官中大量增殖，感染小鼠 3～8 天死亡，除非感染量很低，否则能耐过的小鼠很少。

小鼠对小鼠巨细胞病毒易感性与其遗传抵抗力有关。Chalmer 等（1977、1979）比较了 C3H（H - 2k）、CBA（H - 2k）、BALBK（H - 2a）、C57BL（H - 2b）、DK 黑 Simpson 和 PH1 小鼠，其中 C3H 和 CBA 小鼠对腹腔接种致死量病毒有一定的抵抗力，而其他品系相对易感。同重组小鼠品系进行的研究证明，H - 2k 上有两个位点决定抵抗力。

4. 流行特征 潜伏性的小鼠巨细胞病毒感染也可经胎盘感染胎鼠，在小鼠精细胞中曾分离到病毒，提示该病毒也可能经生殖细胞或生殖细胞内感染性的病毒基因而传播。

四、临床症状

自然感染小鼠多呈亚临床过程，病毒潜伏在免疫功能健全的小鼠体内。人工感染小鼠只出现一过性呆滞、弓背、被毛逆立等症状，感染乳鼠则可根据接种途径不同而出现呼吸道症状、神经症状或突然死亡。28 日龄小鼠在急性感染过程中出现血小板减少症。感染经免疫抑制的小鼠会导致致命疾病，如肺炎、肝炎或肾上腺皮质炎症。

五、病理变化

1. 大体解剖观察 感染宿主以后，病毒通过血液中吞噬细胞扩散至整个有机体。巨细胞病毒能在不同器官的上皮细胞和内皮细胞中复制，这些器官包括肾脏、唾液腺、肝脏、肾上腺皮质、肺、肠、心脏、骨髓和脾脏。在无临床症状的急性感染后，巨细胞病毒在宿主身上终生存在。自然感染组织损害仅局限于唾液腺，试验性感染会影响小鼠的免疫系统、生殖系统和造血系统。外部和内部压力因素或免疫抑制可重新激活病毒。携带病毒基因组的细胞可能是单核细胞—巨噬细胞系统的未分化的树突细胞和骨髓前体细胞。

2. 组织病理学观察 因自然感染鼠多呈亚临床过程，其病理学方面的资料报道很少，研究较多的是人工感染或经处理后感染的新生乳鼠及成年小鼠的病理变化。大剂量接种或经过免疫抑制剂处理过的小鼠接种病毒，肺脏发生广泛性间质性肺炎，在血管中出现感染和非感染性单核细胞，正常肺结构被大量的组织细胞和蛋白样渗出物所浸没，在细胞内可见包涵体。新生乳鼠肌组织可出现一种独特的病理变化，主要表现为横纹肌和棕色脂肪上有局灶性坏死，感染后 56 天，心肌可见活动性炎症病灶。小鼠巨细胞病毒引起的肝炎依毒株和小鼠品系不同而异。较易感的 C57BL 小鼠，炎性细胞有规律地出现在肝门区和肝实质区；抵抗力较强的 CBA 小鼠，在包涵体细胞周围无炎性细胞反应，而炎性细胞集中在肝门区。大剂量感染鼠可见脾坏死。严重的脾坏死仅见于断乳或成年小鼠，新生乳鼠即使脾脏中的病毒滴度很高，也见不到这种现象。给用免疫抑制剂处理过的小鼠接种病毒后，可见到急性肾小球肾炎。肾小球上皮细胞核内可见嗜酸性包涵体，小球毛细血管袢细胞呈嗜酸性且增厚，基底膜上皮细胞增生，小球硬化。颅内接种新生乳鼠引起坏死性脑炎。唾液腺的腺上皮细胞中，可见巨大化的细胞及嗜酸性核内包涵体。包涵体形态不一，周围有一清晰的不着色晕圈与核膜分开。血液学变化见血小板减少，在急性感染期，有短暂的白细胞增多和轻微的贫血现象。

六、诊　　断

1. 病毒分离与鉴定　取感染动物的唾液腺或脾脏制成匀浆，接种继代小鼠胚成纤维细胞或3T3细胞，接种后24～48h出现细胞病变，细胞呈圆形，折光性强。之后，单层细胞上的这些病灶溶解形成蚀斑，并同周围细胞分离。病灶被具有特征性的肿大细胞所包围，肿大细胞内可见形态不规则、外周有一不着色"晕"的核内包涵体，染色体边集。这种特殊的细胞病变，可作为鉴定是否为小鼠巨细胞病毒的依据。电镜结果可见胞浆内有较多空泡、脂滴，线粒体肿胀、嵴断裂、空泡变性，板层状高尔基复合体明显增多，内质网明显扩张，胞核内见较多病毒颗粒。

2. 血清学试验　小鼠巨细胞病毒感染的血清学诊断方法有ELISA、间接免疫荧光试验和MFIA（Multiplexed fluorometric immuno assay）法。

3. 组织病理学诊断　临床上，可取患鼠的脏器，通过组织病理学方法，检查特异性病毒包涵体，做出回顾性诊断。

4. 分子生物学诊断　PCR法和原位杂交技术是检测小鼠巨细胞病毒抗原的主要方法。

七、防治措施

1. 治疗　发生小鼠巨细胞病毒感染实验动物时，应扑杀所有动物以更新种群。因为是垂直传播，在去除病原体的净化技术中，胚胎移植比子宫摘除剖腹产更有效。

用细胞传代制备的小鼠巨细胞病毒弱毒苗免疫能抵抗强毒的攻击，然而，这些受保护的小鼠会长期受到内源性疫苗毒的影响。灭活苗不产生保护。高免血清的效果不甚理想。

2. 预防　对该病毒的血清抗体检测应作为常规健康监测的一部分，因为该病毒对实验小鼠中的感染不是很普遍，检测频率应根据具体情况而定。

八、公共卫生影响

实验小鼠自然感染小鼠巨细胞病毒并不表现出以任何明显的方式干扰研究。小鼠巨细胞病毒感染的小鼠通常是作为人巨细胞病毒感染的动物模型研究。

1. 先天性感染模型　现已明确，人巨细胞病毒主要表现为隐性感染，并可垂直传播。从理论上讲，这种垂直传播可经生殖细胞、胎盘、宫颈分泌细胞、母乳、母亲唾液等途径传播。为确切阐明人巨细胞病毒的垂直传播机理，人们试图选用小鼠建立感染模型，但研究中发现小鼠巨细胞病毒可能仅以一种非感染形式存在于生殖细胞内，并随之进入胚胎组织，且小鼠的胎盘有多层滋养细胞，形成较强的屏障，可阻碍病毒的通过，故作为宫内感染模型迄今为止尚未成功，但作为模型研究小鼠巨细胞病毒的致畸作用仍有一定价值。Basker等发现，小鼠巨细胞病毒对鼠胚的发育有直接致畸作用。如在胚胎植入前把微量病毒注入子宫内膜腔，随着胚鼠的发育就会出现先天性畸形，表现为中线裂、腭裂、鼻腔增大、中线颅面神经管合缝不全及脑形态异常等，在胚鼠和胎盘组织中可重新分离出小鼠巨细胞病毒和检出病毒特异性DNA。他们认为，小鼠巨细胞病毒能否引起胚胎畸形，取决于感染时胚胎发育阶段。如果在胚胎发育期即器官形成阶段，则完全可能形成畸形。

2. 潜伏感染和激活的模型　巨细胞病毒感染的特点之一是通常以潜伏感染的形式存在于自然宿主中，并可在某些条件下被激活，再一次引起全身性感染。潜伏感染是指用通常的病毒学方法不能分离到病毒，但病毒的基因确实存在于某些组织中。这表明病毒与宿主之间处于平衡状态，一旦这种平衡被破坏，病毒大量增殖则发展成显性感染。

小鼠巨细胞病毒感染小鼠有3个不同的病理阶段，第1阶段为急性期，病毒感染造成组织损伤，甚至引起死亡，此期病毒可存在于全身各组织器官。第2阶段为慢性期，由第1阶段转变而来，此期大多数器官内病毒被消除，但在唾液腺和肾脏中病毒仍可持续存在数月甚至1年以上。第3阶段为潜伏感染期，此期唾液腺和肾脏也分离不到病毒，但用核酸分子杂交技术却能测出特异性病毒DNA存在于多种组织细胞内。许多学者的研究证明，潜伏感染的细胞包括B淋巴细胞、T淋巴细胞、腹腔巨噬细胞和骨骼细胞等，依潜伏感染被激活的类型不同分为两种。一种限于B细胞，需要与同种异体成纤维细胞共同培养而激活；另一种不限于B细胞，也包括其他多种细胞，通过注射抗淋巴细胞血清、可的松或输血等可使潜伏病毒激活。这给人们一个重要启示，人临床上巨细胞病毒感染常发生在反复多次输血、器官移植或免疫抑制剂治疗后的情况，可能不是由于血液制品中含有病毒或外源性病毒感染，而是由于内源性潜伏病毒的激活。

尽管目前人们对人巨细胞病毒潜伏与激活的确切机理尚不清楚，但已观察到小鼠巨细胞病毒的几种现象可能有助于阐明这种机理。

（1）细胞增殖周期　小鼠巨细胞病毒的增殖发生在细胞分裂阶段，当细胞处于静止状态时，如细胞停留在G0期，则感染性病毒产量显著下降，可能形成潜伏状态；促使细胞分裂时，小鼠巨细胞病毒就可能被激活。Dutko等发现，小鼠巨细胞病毒在未分化细胞系中不能形成生产性感染，是由于没有完整的病毒RNA转录和蛋白质转译。这种病毒DNA→RNA转录的阻断，可能是由RNA剪接的缺陷所致。

（2）体内内分泌激素的改变　妊娠时，体内内分泌激素的变化可促使病毒增殖。当在感染小鼠巨细胞病毒的鼠胚成纤维细胞培养物中加入2%孕鼠血清时，病毒产量要比含有2%正常鼠血清的培养基高3～4倍；含2%牛血清培养基中加入雌激素、孕激素和皮质激素时，也有类似结果。这可能是妊娠时巨细胞病毒易被激活而导致胎儿先天感染的重要原因。

（3）免疫功能异常　当给予环磷酰胺、可的松等免疫抑制剂，造成免疫功能低下时，可激活巨细胞病毒，其作用机理尚未搞清。

3. 小鼠巨细胞病毒感染的免疫抑制现象　小鼠巨细胞病毒与人巨细胞病毒同样具有广泛的免疫抑制作用，两者极为相似。感染小鼠巨细胞病毒后，细胞免疫和体液免疫均可受到抑制。

（1）对抗体形成的抑制作用。在小鼠巨细胞病毒感染的急性期，抗体应答能力显著抑制。

（2）脾细胞对非特异性促有丝分裂素的反应能力下降，其特点为发生在病毒复制的高峰之前、先于感染的临床症状和病理改变、不是由于淋巴细胞的破坏所致、与脾脏的病变无关、一般可在数天内恢复正常。

（3）抑制同种异体的移植排斥反应。包括跨越弱的H-Y组织相容性屏障和强的H-2组织相容性屏障，使移植皮片的存活期延长，但随着感染小鼠巨细胞病毒小鼠的恢复，皮片最终仍将被排斥。

（4）抑制干扰素的产生。

（5）抑制T杀伤细胞的功能。

上述由小鼠巨细胞病毒感染所致的免疫抑制均发生在感染后7天内，特别是感染后3～5天，一般不超过21天。持续感染小鼠则不再产生免疫抑制。

关于巨细胞病毒的免疫抑制机理人们知之甚少。多数学者认为免疫抑制是由病毒感染的间接作用所致，即小鼠巨细胞病毒进入机体，作用于具有黏附能力的细胞亚群（主要是巨噬细胞），使后者活化，从而分泌一种抑制因子，抑制T和B淋巴细胞的功能。

4. 巨细胞病毒感染的遗传易感性　人基因的杂合度高，因此，对巨细胞病毒的遗传易感性研究甚为困难。而近交系小鼠的遗传背景清楚，对小鼠巨细胞病毒的遗传易感性较易研究。现有的研究结果表明，对小鼠巨细胞病毒是抵抗还是易感，受主要组织相容性H-2复合体的控制。研究者们为研究H-2单倍型对抵抗或易感的作用，用BALB/c同类系小鼠来观察它们对小鼠巨细胞病毒感染的反应。结果，在BALB/c小鼠H-2b、H-2d、H-2g和H-2k4种同类系中，只有H-2k单倍型是抵抗型，b和d单倍型则与易感性有关。对小鼠巨细胞病毒易感与抵抗与否，除了表现为感染后的死亡率外，也与体内总病毒滴度有关。在BALB/c同类系小鼠H-2k单倍型体内各脏器中，病毒滴度低于H-2b或H-2d

单倍型，但它们的抗体水平却没有差异。

（范文平　贺争鸣　田克恭）

参考文献

田克恭.1991. 实验动物病毒性疾病［M］. 北京：农业出版社：30－37.

Becker S D，M Bennett，J P Stewart，et al. 2007. Serological survey of virus infection among wild house mice（Mus domesticus）in the UK［J］. Laboratory Animals，41（2）：229－238.

Beutler B，K Crozat，J A Koziol，et al. 2005. Genetic dissection of innate immunity to infection：the mouse cytomegalovirus model［J］. Current Opinion in Immunology，17：36－43.

Booth T W，A A Scalzo，C Carrello，et al. 1993. Molecular and biologicalcharacterization of new strains of murinecytomegalovirus isolated from wild mice［J］. Arch. Virol.，132：209－220.

Chong K T，and C A Mims. 1981. Murine cytomegalovirus particle types in relation to sources of virus and pathogenicity［J］. J. Gen. Virol.，57：415－419.

Dohner K，and B Sodeik. 2004. The role of the cytoplasm during viral infection［J］. Curr. Top. Microbiol. Immunol.，285：67－108.

Gershon A A，D L Sherman，Z Zhu，et al. 1994. Intracellular transport of newly synthesized varicella－zoster virus：final envelopment in the trans－Golgi network［J］. J. Virol.，68：6372－6390.

Leuzinger H，U Ziegler，E M Schraner，et al. 2005. Herpes simplex virus type 1 envelopment follows two diverse pathways［J］. J. Virol.，79：13047－13059.

Mettenleiter T C. 2002. Herpesvirus assembly and egress［J］. J. Virol.，76：1537－1547.

Mettenleiter T C. 2004. Budding events in herpesvirus morphogenesis［J］. Virus Res.，106：167－180.

Mettenleiter T C. 2006. Letter to the editor. The egress of herpesviruses from cells：the unanswered questions［J］. J. Virol.，80：6716－6719.

Mocarski E S，G W Kemble J. M Lyle，et al. 1996. A deletion mutant in the human cytomegalovirus gene encoding IE1（491aa）is replication defective due to a failure in autoregulation［J］. Proc. Natl. Acad. Sci. U. S. A.，94：11321－11326.

Popa M. 2010. Genetic analysis of the mouse cytomegalovirus nuclear egress complex［D］. Dissertation，Fakultät für Biologie，Ludwig－MaximiliansUniversity，Munich，Germany. edoc. ub. uni－muenchen. de/12961/1/

Skepper J N，A Whiteley，H Browne，et al. 2001. Herpes simplex virus nucleocapsids mature to progeny virions by an envelopement－deenvelopement－reenvelopement pathway［J］. J. Virol.，75：5697－5702.

Smith A L，G R Singleton，G M Hansen，et al. 1993. A serologic survey forviruses and Mycoplasma pulmonis among wild house mice（Mus domesticus）in southeasternAustralia［J］. J. Wildlife Diseases，29：219－229.

Smith G A，and L W Enquist. 2002. Break ins and break outs：viral interactions with the cytoskeleton of Mammalian cells［J］. Annu. Rev. Cell Dev. Biol.，18：135－161.

Welte M A. 2004. Bidirectional transport along microtubules［J］. Curr. Biol.，14：R525－537.

Wild P，M Engels，C Senn，et al. 2005. Impairment of nuclear pores in bovine herpesvirus 1－infected MDBK cells［J］. J. Virol.，79：1071－1083.

第九节　小鼠疱疹病毒感染
（Mouse herpesvirus infection）

小鼠疱疹病毒最初从野生啮齿动物体内分离到，由于该病原感染特点与人丙型疱疹病毒感染相似，因而广受重视。

一、发生与分布

1980年，科研人员从捷克斯洛伐克不同地区捕获的野生棕背和黑线姬鼠体内分离到小鼠疱疹病毒，野生小林姬鼠也是其自然宿主。小鼠疱疹病毒感染（Mouse herpesvirus infection）在野生小鼠中广泛存在，且呈地区流行性。

小鼠疱疹病毒主要通过呼吸道感染小鼠，从而导致白细胞增多、淋巴细胞相对比例变化并伴随非典型性单核细胞的出现，引发急性的单核细胞增多症样综合征。在隐性感染时，小鼠疱疹病毒一直存在于宿主B淋巴细胞和巨噬细胞中，导致宿主终身带毒。目前小鼠疱疹病毒感染主要用于人丙型疱疹病毒感染的发病机制研究，人丙型疱疹病毒的感染会导致一系列严重疾病，包括B细胞淋巴瘤和卡波济氏肉瘤等。

二、病　原

1. 分类地位　小鼠疱疹病毒（*Mouse herpesvirus*）在分类上属疱疹病毒科、丙型疱疹病毒亚科、蛛猴疱疹病毒属，迄今已分离到7种病毒株，包括MHV-Šum、MHV-60、MHV-68、MHV-72、MHV-76和MHV-4556等。其中以MHV-68的研究最多。

2. 形态学基本特征与培养特性　小鼠疱疹病毒为双链DNA病毒，分子量为（80～150）×10^6，病毒为二十面体结构，直径为120～150nm，有核衣壳包裹。实验室研究证实，该病毒在小鼠、鸡、兔、仓鼠、貂、猪、猴和人的纤维原细胞或上皮细胞中能稳定复制。病毒在含7%小牛血清、0.3%谷氨酰胺和抗生素的Eagle Basal Medium（EBM）培养的Vero细胞上进行感染后，可见明显的细胞病变。

3. 分子生物学　与甲型疱疹病毒、乙型疱疹病毒相比，丙型疱疹病毒在核衣壳的糖蛋白H和糖蛋白L结构上存在差异，而这种受体参与了病毒的细胞间转染。糖蛋白H有两种构象，糖蛋白L是一种保证糖蛋白H保持正确构象的伴侣蛋白。当疱疹病毒缺失糖蛋白L时，糖蛋白H发生错误折叠，甲型或乙型疱疹病毒缺失糖蛋白L，它们不具传染性；但当小鼠疱疹病毒MHV-68缺乏糖蛋白L时，它仍具备传染性，但不能结合成纤维细胞和上皮细胞。

表面受体糖蛋白150（gp150）帮助MHV-68结合到B细胞上。MHV-68编码gp150的开放阅读框M7是EB病毒膜抗原gp350/220的同源基因。但与EB病毒相比，MHV-68与卡波济氏肉瘤相关疱疹病毒（KSHV）更接近，因为KSHV的K8.1与MHV-68的gp150同源。MHV-68与MHV-72亲缘关系非常近，它们在开放阅读框M7仅存在5个基因位点、4个密码子的差异。

三、流行病学

1. 传染来源　主要传染来源为野生小鼠。

2. 传播途径　该病毒主要通过呼吸道感染，病毒经气道进入小鼠肺脏后，可随血液循环分布到肝脏、脾脏、肾和心肌等全身各组织器官。小鼠疱疹病毒还能透过血乳屏障进入雌鼠乳腺组织，并经哺乳过程导致幼仔感染。

3. 易感动物　其主要易感动物为小鼠，尚无其他动物自然感染或人工感染的报道。

（1）自然宿主　该病毒最初从野生的棕背和黑线姬鼠体内分离到，野生小林姬鼠也是其自然宿主，但在欧鼠（*Clethrionomys glareolus*）和黑田鼠（*Microtus agrestis*）体内未发现病毒感染，有研究认为该病毒存在地区流行性。

（2）实验动物　多数封闭群和近交系（如BALB/c、C57BL/6等）小鼠均可引起急性和慢性感染，引起的感染特征与人EB病毒感染极为相似。因此，小鼠感染模型常用于EB病毒感染机制和治疗手段的研究。

（3）易感人群　所有接触者均可能导致隐性感染，调查发现，有4.5%的社会普通人群和更多的从事小鼠疱疹病毒小鼠感染研究的实验室人员血清ELISA检测和病毒中和试验结果呈阳性。

4. 流行特征　该病毒呈地方流行性。

四、临床症状

1. 动物的临床表现　临床上，动物常呈现隐性感染，无可见的临床表现。

2. 人的临床表现　该病原主要感染野生及实验小鼠，目前无人遭受感染的临床报道，但可呈现隐性感染，特别是从事小鼠疱疹病毒模型制作的工作人员。

五、病理变化

1. 大体解剖观察　感染动物脾脏肿大，部分皮下肉眼可见肿瘤。

2. 组织病理学观察　组织病理诊断可见淋巴细胞性淋巴细胞瘤、淋巴母细胞淋巴瘤等多种肿瘤细胞病变。

六、诊　　断

1. 病毒分离与鉴定　可用棉签收集细胞或体液，并置于培养基中。病毒培养是小鼠疱疹病毒鉴定的最有效手段，病毒分离可选择 Vero 细胞株培养，培养基为含 7%小牛血清、0.3%谷氨酰胺和抗生素的 Eagle Basal Medium（EBM），或选择 BHK-21 细胞系用含 10%胎牛血清的 DEM 培养基。病毒培养后可见明显细胞病变，电镜鉴定需采用抗 gp150 特异性抗体标记。

2. 血清学试验　血清学试验主要包括 ELISA、病毒中和试验和免疫荧光试验等。研究证实，在小鼠疱疹病毒血清学诊断方法中，与病毒中和试验和免疫荧光试验相比，ELISA 法会出现 4 倍于阳性样本量的假阳性结果，原因在于小鼠疱疹病毒和 EBV（*Epstein-barr virus*）等病毒存在相似抗原，从而导致非特异性的交叉反应。

3. 组织病理学诊断　感染动物的淋巴结、脾脏、发生肿瘤的皮下组织等组织脏器经福尔马林固定，制备 5～7μm 病理切片后，经苏木精胶原染色、三色胶原染色和黏膜多糖伊红染色。免疫组织化学染色可选择 CD45 单抗鉴定白细胞趋化。

4. 分子生物学诊断　小鼠疱疹病毒编码一种特异的跨膜壳糖蛋白 gp150，根据该基因设计巢式 PCR 相应上下游引物。具体如下：第一次 PCR 上游引物为：5’-GTAGGATCCGTGAGAGTGTA-CACA AAGACGC-3’，下游引物为：5’-GGAGAATTCTCCTTTGGTTCA-3’，产物大小为 501bp。第二次 PCR 上游引物为：5’-CACCTCAGAACCAACTTC-3’，下游引物为：5’-GTATCTGATGTGTCAGCAG-3’，产物大小为 368bp。

（萨晓婴　田克恭）

参考文献

Hricova M, Mistrikova J. 2007. Murine gammaherpesvirus 68 serum antibodies in general human population [J]. Actavirologica, 51 (4): 283-287.

J P Stewart, N J Janjua, S D Pepper, et al. 1996. Identification and characterization of murine gammaherpesvirus 68 gp150: a virion membrane glycoprotein [J]. J. Virol. 70 (6): 3528.

J Rajhani, M K Údelova. 2005. Murine herpesvirus pathogenesis: a model for the analysis of molecular mechanisms of human gamma herpesvirus infections [J]. Acta Microbiologicaet Immunologica Hungarica, 52 (1): 41-71.

第十节　兔疱疹病毒感染
(Rabbit herpesvirus infection)

兔疱疹病毒感染（Rabbit herpesvirus infection）是由兔疱疹病毒引起的一种潜伏性、慢性传染性疾病。兔疱疹病毒在自然条件下，多呈隐性感染，人工感染家兔可使皮肤出现斑疹和水疱。兔疱疹病毒也称兔Ⅲ型病毒（*Virus* Ⅲ *of Rabbits*）。

一、发生与分布

Rivers 等（1923）在研究鸡瘟病原时首次分离到兔Ⅲ型病毒，并误认为是鸡痘的病原。后来，他们发现20只没有接种病毒的兔中有4只存在中和抗体；同时用鸡痘感染病例的康复血清，不能中和新分离的病毒，才知该病毒是兔自身的一种病毒。Miller等（1924）在研究风湿热病原时，从连续传代的正常兔睾丸组织中也分离到相似的病毒。Doerr（1928）在瑞士、Mclartney等（1932）在苏格兰也分别分离到兔Ⅲ型病毒。Nesburn（1969）从原代兔肾细胞中分离到一种病毒，并命名为兔疱疹病毒。通过对兔Ⅲ型病毒和新分离物的毒株进行比较确认，兔疱疹病毒V与兔Ⅲ型病毒为同一病毒。

二、病　原

兔疱疹病毒（*Rabbit herpesvirus*，RHV）在分类上属疱疹病毒科、丙型疱疹病毒亚科、蛛猴疱疹病毒属。其形态结构、理化特性、所致细胞病变均具有典型疱疹病毒的特征。该病毒为球形，直径150～170nm，核心直径48～60nm。其宿主为兔。55℃，10min可钝化病毒，病毒对乙醚敏感，－70℃中可长期保存。宿主细胞的细胞核内只观察到病毒核衣壳，而在细胞质及细胞外有带囊膜的成熟粒子。兔疱疹病毒用兔肾细胞培养最好，可在兔的原代和传代细胞上增殖，也可在兔胎儿、肺、唾液腺、睾丸、RK-13、SIRC、非洲grivet猴肾细胞等细胞株中增殖。

三、流行病学

兔疱疹病毒自然感染的流行情况尚不清楚。Rivers等（1923）在调查中发现20只兔中有4只存在兔疱疹病毒抗体。进一步对200只兔进行抗体检测，抗体阳性率达15%。Andrewes（1928）发现英格兰377只实验兔中，369只对兔疱疹病毒易感。Topacio等（1932）发现美国马里兰州76只被试兔中，13只对兔疱疹病毒产生免疫力。我国尚未见有该病报道。

兔疱疹病毒往往以潜伏形式存在于体内，可达数年或终生。当遇到适宜条件时，病毒重新激活，激发明显临床症状的复发性感染。

四、临床症状

在文献报道中，兔疱疹病毒均分离自外观健康兔，未见有家兔自然感染兔疱疹病毒的病例。实验条件下，皮内接种兔疱疹病毒，4～7天接种部位可见明显的红斑，红斑通常在14天内消失。人工感染兔出现全身性反应，病兔表现厌食、腹泻、消瘦、体温升高及皮肤丘疹、心肌炎或角膜炎症等症状。Topacio等（1932）报道角膜划痕接种兔疱疹病毒，可使角膜细胞肿胀和水泡变性。睾丸内接种可引起急性睾丸炎并伴有体温升高。

五、病理变化

大体解剖观察，试验感染兔未见损伤。组织病理学观察，可见睾丸、皮肤和角膜水肿，大量单核细胞浸润。在角膜上皮、睾丸间质细胞和皮肤内皮细胞中可见疱疹病毒典型的大的嗜酸性核内包涵体。Pearce（1960）将兔疱疹病毒注入兔心脏内，可引起严重的心肌炎，并可见典型的核内包涵体。

（付瑞　梁春南　贺争鸣）

参考文献

高丰，贺文琦．2010．动物疾病病理诊断学［M］．北京：科学出版社：250．
牛宏舜，于善谦，乐云仙，等．1992．病毒手册［M］．上海：复旦大学出版社：821．
田克恭．1991．实验动物病毒性疾病［M］．北京：农业出版社：195-196．

第十一节　棉尾兔疱疹病毒感染
(Cottontail rabbit herpesvirus infection)

棉尾兔疱疹病毒（*Cottontail herpesvirus*，CtHV）是从棉尾兔原代肾细胞培养物中分离的。人工感染可使棉尾兔产生持续性低滴度的病毒血症和淋巴样组织增生。

一、发生与分布

Hinze（1968）从用外观健康的断乳棉尾兔制备的原代肾细胞培养物中首次分离到棉尾兔疱疹病毒。培养 14 天后在细胞单层上可见局灶性细胞病变。Renquist 等（1972）从患有上呼吸道疾病的欧洲兔的鼻腔中分离到一种病毒，根据已知的特性，认为它可能属于疱疹病毒。如果属实，这就是棉尾兔疱疹病毒感染（Cottontail rabbit herpesvirus infection）的首例报道。从野生的棉尾兔（wild cottontail rabbit）分离出一种疱疹病毒（*Herpers virus sylvilagus*），近年来认为它是疱疹病毒科中一个独立的成员。将其注射给刚断奶的棉尾兔，可诱发淋巴系统弥漫性增生，有时伴发产生恶性淋巴瘤。该病毒在动物体内与细胞的关系尚待进一步阐明。

二、病　　原

1. 分类地位　棉尾兔疱疹病毒也称森林野兔疱疹病毒（*Herpesvirus sylvilagus*）。为 DNA 肿瘤病毒，在分类上属疱疹病毒科、丙型疱疹病毒亚科、蛛猴疱疹病毒属。

2. 形态学基本特征与培养特性　在体外组织培养中，棉尾兔疱疹病毒可在棉尾兔和家兔细胞培养物中良好增殖，但不能在人、猴、仓鼠和小鼠的细胞培养物中增殖，也不能在鸡胚中生长。感染兔的白细胞经过培养后，可以产生病毒颗粒。Hinze（1970）研究证实棉尾兔疱疹病毒与家兔疱疹病毒无抗原性关系。

3. 理化特性　棉尾兔疱疹病毒具有疱疹病毒的物理、化学和生物学特性。感染的靶细胞是淋巴样细胞，可引起淋巴增生。疱疹病毒感染的宿主范围广泛，可感染人和其他脊椎动物，主要侵犯外胚层来源的组织，包括皮肤、黏膜和神经组织。感染部位和引起的疾病多种多样，并有潜伏感染的趋向。

4. 分子生物学　棉尾兔原代肾细胞培养物中分离出的棉尾兔疱疹病毒，经电子显微镜检查及限制性酶切位点分析，基因组长约 150 000 碱基对，平均 G+C 含量为 45%，由两个特殊的碱基序列区域组成（分别长 54kb 和 47kb），有长 925bp 的重复序列，重复序列数量可变。中部重复序列与末端重复序列极性相反，这两个特定区域均为倒置重复序列。重复子的核酸序列是确定的。病毒 DNA 末端精确定位于这个序列区域。棉尾兔疱疹病毒包含与其他疱疹病毒剪切包装信号的相似性的元件。

棉尾兔疱疹病毒基因组中定位了 ApaⅠ、BamHⅠ 及 PvuⅡ限制性内切核酸酶位点。根据基因组结构的特性：重复性 DNA 和可逆的片段的存在，通过分析重叠的黏粒克隆，可分析出 150kb 的 DNA 图谱。

三、流行病学

棉尾兔疱疹病毒的传播与季节更替、宿主性别及年龄有关。冬春季感染率最高，大于 4 月龄雄兔比幼兔及同龄雌兔感染率要高，雄兔比雌兔感染率高，成年雄兔比幼年雄兔感染率高，雌兔感染率与年龄无关。

四、临床症状

通过皮下、皮内或腹腔途径给棉尾兔接种该病毒，可引起持续性低滴度的病毒血症，甚至终生带毒。持续感染的病兔白细胞和淋巴细胞显著增多，淋巴细胞数约占 95%，而正常兔为 50%～60%。多次试图感染新西兰白兔未获成功。所有已获得的证据表明，只有美洲棉尾兔对棉尾兔疱疹病毒易感。

五、病理变化

试验感染棉尾兔后 42～56 天，各组织器官可见大量处于不同发育阶段的未成熟的淋巴细胞浸润。这种试验性淋巴细胞反应表现为良性淋巴细胞增生或恶性淋巴瘤。

六、诊　　断

目前，对该病毒的检测方法尚缺乏深入研究。从感染组织中分离出病毒，用于直接电镜检查，仍然是检测该病毒的手段。该法操作简便，可直接观察到棉尾兔疱疹病毒颗粒，结果可靠。

七、防治措施

家兔疱疹病毒和棉尾兔疱疹病毒都具有以临床感染状态长期存在于宿主体内的能力。这种感染的存在，如果不被认识，必将对试验结果产生严重干扰，特别是对于可能激发隐性病毒感染的试验。因此必须采取有效措施，避免兔群感染这两种病毒。

（栗景蕊　贺争鸣）

参考文献

C Cajean - feroldi，M Laithier，T Foulon，et al. 1988. DNA - binding Proteins Induced by the Cottontail Rabbit Herpesvirus CTHV [J]. J. Gen. Virol.，69：2277 - 2289.

C Cajean - feroldi，M Laithier. 1995. Partial characterization of two serologically related DNA - binding proteins specified by the cottontail rabbit herpesvirus CTHV [J]. Arch Virol.，140：1493 - 1501.

Howard S Lewis，Harry C Hinze. 1976. Epidemiology of herpesvirus sylvilagus infection in cottontail rabbits [J]. Journal of Wildlife Disease.，12：482 - 485.

第十二节　小鼠胸腺疱疹病毒感染
(Mouse thymic herpesvirus infection)

小鼠胸腺疱疹病毒感染（Mouse thymic herpesvirus infection）在实验鼠群中呈地方性流行。急性感染的新生乳鼠主要表现T淋巴细胞衰竭、胸腺坏死和免疫抑制。成年小鼠感染无临床症状，但可长期向外排毒。

一、发生与分布

Rowe等（1961）在研究小鼠乳房肿瘤时首次分离到小鼠胸腺病毒。Parker等（1973）根据形态特征将其归属于疱疹病毒。Croos等（1973、1979）成功地从实验小鼠分离到小鼠胸腺病毒，证实小鼠胸腺病毒在实验鼠群中呈地方性流行。由于它可明显抑制来自胸腺的T细胞介导的多种免疫功能，严重干扰试验结果，因此引起人们的极大关注。Becker等（2006）对英国西北部的小鼠中包括小鼠胸腺病毒在内的13种病毒抗体进行调查显示，小鼠胸腺病毒在野生小鼠中的阳性率高达78%（25/32），感染率远高于动物捕获后在饲养场所繁殖的F1代4%（2/47）。目前，我国尚未见有小鼠胸腺病毒的研究报道。

二、病　　原

1. 分类地位　小鼠胸腺病毒（*Mouse thymic herpsvirus*）也称小鼠胸腺坏死病毒，在分类上属疱疹病毒科、鮰鱼疱疹病毒属，核酸型为双股线状DNA。Parker等（1973）描述了感染胸膜细胞的小鼠胸腺病毒的形态特征，核内病毒粒子直径约100nm，胞浆内病毒粒子直径约135nm。小鼠胸腺病毒对热和乙醚敏感，在感染的淋巴细胞中可见核内包涵体。

目前，在实验小鼠群自然发生感染的疱疹病毒，包括小鼠胸腺病毒和鼠巨细胞病毒。两者可导致完全不同的疾病，并可通过血清学和生物学方面的特性加以区别。到目前为止，小鼠胸腺病毒尚不能在体外细胞培养中生长，而鼠巨细胞病毒对3T3等细胞非常易感。

2. 形态学基本特征与培养特性 该病毒衣壳为二十面体，无包膜直径为 95～110nm，有包膜直径为 125～165nm。病毒颗粒的核心通常为 74nm×45nm 的椭圆结构，在病毒感染细胞未出现核染色质附着，但细胞核内出现大量丝状结构聚集，直径约 10nm，细胞质中也偶然出现这种丝状结构，目前丝状结构的作用尚不清楚。

三、流行病学

1. 传染来源 小鼠胸腺病毒感染较大年龄的小鼠后不产生胸腺坏死，也无任何临床症状，为隐性感染，但病毒可在唾液腺长期存在并向外排毒，因而是主要的传染源。

2. 传播途径 小鼠胸腺病毒主要通过口鼻途径感染，在感染小鼠的唾液腺和唾液中常有大量的病毒存在，并向外排毒，排毒时间为 180 天或更长，甚至终生带毒，从而增加了传播的机会。病毒能否垂直传播尚未证实。从流行情况看，水平传播是本病主要的传播方式。Pierre 等试验发现，密切接触及母鼠哺乳均可导致感染，而经胎盘未发现传播。

3. 易感动物

（1）自然宿主 所有品系的小鼠都对小鼠胸腺病毒易感，然而一些品系在感染 7 天后出现最严重的胸腺坏死，另一些出现在 10～14 天。

（2）实验动物 该病毒可在感染 10 天后的胸腺中分离得到，最高滴度出现在 5～7 天。病毒感染不到 5 天大的乳鼠，可导致胸腺细胞大量坏死。病毒也感染唾液腺并长期存在。新生鼠感染小鼠胸腺病毒后不产生体液免疫反应。成年鼠在感染的第 7 天产生抗体，并且抗体会存在数月之久。

人工感染多采用腹腔接种。为探索与自然感染相似的人工感染途径，Morse（1989）经腹腔和口鼻途径分别感染新生乳鼠，结果两种途径感染均可导致胸腺坏死，但口鼻途径接种的感染率较低，约 20%～67%。因此认为小鼠胸腺病毒所致胸腺坏死以及对淋巴细胞的亲嗜性与接种途径无关。

4. 流行特征 Cross 等（1973、1979）研究证实实验小鼠和野生小鼠均可感染小鼠胸腺病毒，感染率高达 25%，野生小鼠可能是小鼠胸腺病毒重要的自然疫源地。Becker 等（2006）调查了英格兰西北部的 103 只野鼠和 51 只人工饲养小鼠，发现小鼠胸腺病毒的感染率高达 78%，并且野鼠的感染率明显高于饲养小鼠。野鼠经饲养 6 个月后感染率与刚抓获的野鼠无区别。小鼠胸腺病毒感染与小鼠的年龄有关，胸腺坏死只发生于新生乳鼠，尤其是 10 日龄以内的小鼠，原因可能是新生乳鼠未成熟的淋巴细胞对小鼠胸腺病毒较为易感，随着淋巴细胞成熟，易感性降低；也可能是由于改变 T 淋巴细胞的表面抗原所致。较大年龄的小鼠感染后，小鼠胸腺病毒可在唾液腺中长期存在，而无明显的胸腺坏死。慢性感染动物临床表现正常。在实验小鼠中，所有小鼠品系均易感，但不同品系小鼠感染后胸腺坏死的严重程度有所不同（Rowe 等，1961；Cross，1979）。

四、临床症状

小鼠胸腺病毒感染新生小鼠可导致小鼠出现自身免疫性疾病，如胃炎、卵巢炎、胰腺炎等，并产生自身免疫性抗体。自身免疫性疾病的产生有明显的品系差异，而小鼠胸腺病毒感染出生 7 天及以后小鼠并不产生自身免疫性疾病。小鼠胸腺病毒感染诱发自身免疫疾病小鼠，可作为研究病毒感染诱发人自身免疫性疾病的良好模型。

自然感染和人工感染小鼠胸腺病毒，小鼠均不发生死亡。经腹腔接种 10 日龄以内的乳鼠，可导致胸腺大面积坏死。接种后 3～7 天出现病毒血症，病毒大量存在于胸腺中，第 7 天滴度最高，之后迅速下降。人工感染的新生乳鼠耐过后一段时间内，血液中仍可检出病毒抗原，表明病毒血症可长期保持。

五、病理变化

1. 大体解剖观察 小鼠胸腺病毒只侵害哺乳小鼠，引起非致死性胸腺坏死，坏死还可发生于淋巴结和脾脏，也可引起其他器官和组织的自身免疫性损伤，产生病变。

2. 组织病理学观察 病毒感染后7～10天胸腺的髓质区首先出现坏死，随后扩展到皮质区，胸腺细胞内可见核内包涵体，被膜下聚集大量成纤维样胸腺细胞。最严重的坏死阶段是感染后12～14天，在疾病恢复期胸腺有肉芽肿形成。

新生乳鼠感染小鼠胸腺病毒可引起机体免疫应答的某些变化。在急性感染期间，脾细胞对T淋巴细胞促有丝分裂素和异源细胞的反应性明显下降。受损的淋巴细胞主要为T淋巴细胞，其中以辅助性T细胞为主，其次为细胞毒性T细胞。Guignard等（1989）用小鼠胸腺病毒经腹腔感染新生乳鼠，第4、7、14、28、56和84天分别用抗CD4和抗CD8单克隆抗体进行检查，在第7天和第14天，$CD4^+8^+$细胞和$CD4^+8^-$细胞百分比明显降低，同时$CD4^-8^+$细胞百分比明显上升。在第28天和第56天其百分比均重新恢复正常。结果表明小鼠胸腺病毒对$CD4^+$T细胞（辅助性T细胞）具有亲嗜性。$CD4^-8^+$T细胞（抑制性T细胞）百分比增加也与小鼠胸腺病毒感染有关。

小鼠胸腺病毒感染新生小鼠导致自身免疫性胃炎，HE染色和免疫组化染色，镜下可见单核细胞浸润胃黏膜，并破坏胃壁细胞和主细胞。研究表明，小鼠胸腺病毒的感染能够改变胸腺免疫清除机制或通过破坏$CD25^+CD4^+$细胞，从而诱导自身反应性$CD4^+$T细胞的产生活化，造成自身组织器官的免疫损坏；同时研究证实，将来自正常小鼠的$CD25^+CD4^+$细胞接种发生自身免疫病的同品系小鼠，能够阻止疾病的发展。

六、诊　断

1. 生物学试验 也称感染性试验，是目前检查小鼠胸腺病毒的经典方法。所取样本为感染小鼠的唾液腺匀浆或新鲜的口腔拭子。所用缓冲液中需加入一定量的蛋白质。棉拭子在使用之前需事先沾湿，唾液腺或其他组织制成10%～20%的匀浆。所有样本均在4℃保存，不宜冰冻。试验时可将处理的样本经腹腔接种新生乳鼠，每只小鼠接种0.05～0.1mL，然后将乳鼠放回母鼠身边。感染后10～14天检查小鼠胸腺有无病变。如小鼠胸腺发生坏死，则为阳性。如一窝中仅有1～2只乳鼠发病，则应重复检查一次。试验时最好选用BALB/c或NIH品系进行。如有必要可进行组织病理学检查，观察胸腺中是否有异常淋巴细胞或病毒包涵体存在。通过免疫荧光试验检查胸腺中的小鼠胸腺病毒抗原，可提高检查的敏感性。Prattis等（1990）采用竞争性酶联免疫吸附试验，可检查出急性感染小鼠胸腺内的病毒抗原，检查的最小剂量达每份标本16ID50。Morse（1990）采用小鼠抗体产生试验检查小鼠胸腺病毒抗原，并与常规的感染性试验相比较，结果表明两者具有良好的相关性。

2. 血清学试验 主要包括免疫荧光试验、小鼠中和试验、补体结合试验和酶联免疫吸附试验等，尽管小鼠胸腺病毒与鼠巨细胞病毒流行病学特征很相似，但在免疫荧光、补体结合和中和试验等血清学反应中并不产生交叉反应。由于成年小鼠是无症状感染，血清学试验简便、快速、经济且敏感性高，可用于鼠群的大规模血清学筛查。Lussier等（1988）建立了小鼠胸腺病毒的ELISA检测技术，Morse（1990）对该方法进行改进，优化了各反应体系，提高了方法的特异性和可重复性。

乳鼠感染小鼠胸腺病毒后不能刺激机体产生抗体，因此新生乳鼠感染后血清抗体为阴性，限制了血清学试验的应用。同时小鼠胸腺病毒目前尚不能在体外细胞培养中生长，影响了试验研究的进一步开展。因此，采取可疑小鼠的唾液腺匀浆和唾液进行感染性试验，仍是目前最可靠的诊断方法。

由于感染性试验操作比较复杂烦琐，Morse比较了感染性试验和抗体产生试验（MAP）的敏感性，结果表明抗体产生试验敏感性比感染性试验稍低，但操作较为简便，认为可作为替代感染性试验的潜在方法，用于人用杂交瘤生物制品等的检测。

3. 组织病理学诊断 电镜下观察轻度的坏死与细胞器的损伤有关，在胸腺上皮细胞出现线粒体和高尔基体损伤，重度坏死可见上皮细胞和胸腺细胞的细胞核损伤，细胞质颗粒化，同时细胞器消失，随后出现细胞核退化和细胞聚集。损伤出现在胸腺的髓质区和皮质区。感染细胞出现衣壳相关的管状结构，负染色观察可见病毒核心出现半透明或电子密度不同区域。

七、防治措施

小鼠胸腺病毒与鼠巨细胞病毒是自然感染小鼠的唯一两种疱疹病毒，均能引起唾液腺慢性、进行性感染，并可同时感染一个宿主。因此，小鼠胸腺病毒的预防控制措施，可参考鼠巨细胞病毒的有关方案进行。

（李晓波　贺争鸣）

参考文献

Gilles Lussire. 1991. 小鼠胸腺病毒［J］. 上海实验动物科学，11（1）：52－53.

Beverly A Wood，Werner Dutz，Cross Sue S. 1981. Neonatal infection with mouse thymic virus：spleen andlymph node necrosis［J］. J. Gen. Virol.，57，：139－147.

Cohen P L，S S Cross，D E Mosier. 1975. Immunologic effects ofneonatal infectionwith mouse thymic virus［J］. J Immunol.，115：706 .

Cross SS，Parker J C，Rowe W P，et al. 1979. Biology of mouse thymic virus，aherpesvirus of mice，and the antigenic relationship to mouse cytomegalovirus［J］. Infect. Immun.，26：1186－1195.

Cross S S，Herbert C Morse III，Richard Asofsky. 1976. Neonatal infectio with mouse thymic virus：differential effects on T cells mediating the graft－versus－host reaction［J］. J Immunol.，117：635－638.

John C Parker，Mina L Vernon，Sue S Cross. 1973. Classification of mouse thymic virus as a herpesvirus［J］. Infection and Immunity，2（7）：305－308.

Lussier G，Guenette D，Shek W R，et al. 1988. Detection of antibodies to mousethymic virus by enzyme－linked immunosorbent assay［J］. Can. J. Vet. Res.，52：236－238.

Morse S S，Valinsky J E. 1989. Mouse thymic virus（MTLV）：a mammalian herpesvirus cytolyticfor $CD4^+$（$L3T4^+$）T lymphocytes［J］. J. Exp. Med.，169：591－596.

Morse S S. 1990. Comparative sensitivity of infectivity assay andmouse antibody production（MAP）test fordetection of mouse thymic virus（MTLV）［J］. J Virol Methods，28：15－24.

Morse S S. 1990. Critical factors in an enzyme immunoassay（ELISA）for antibodies to mouse thymicvirus［J］. Lab. Anim.，24：313－320.

Morse S S. 1987. Mouse thymic necrosis virus：a novel murine lymphotropic agent［J］. Lab. Anim. Sci.，37：717－725.

Morse S S. 1988. Mouse thymic virus（MTLV；murid herpesvirus 3）infection in athymic nude mice：evidence for a T lymphocyte requirement［J］. Virology，163：255－258.

R Athanassious，R Alain，G Lussier. 1990. Electron microscopy of mouse thymic virus［J］. Arch Virol.，113：143－150.

Rina Guignard，Edouard F Potworowski，Gilles Lussier. 1989. Mouse thymic virus－mediatedimmunosuppression：association with decreased Helper Tcellsand increased suppressor T cells［J］. Viral Immuno.，2：215－220.

Rowe W P，Capps W I. 1961. A new mouse virus causing necrosis of the thymus in newbornmice［J］. J. Exp. Med.，113：831－844.

S D Becker，M Bennett，J P Stewart，et al. 2007. Serological survey of virus infection among wildhouse mice（Mus domesticus）in the UK［J］. Lab Anima.，41：229－238.

St－Pierre Y，Potworowski E F，Lussier G. 1987. Transmission of mouse thymic virus［J］. J. Gen. Virol.，68：1173－1176.

第十三节　豚鼠巨细胞病毒感染
（Guinea pig cytomegalovirus infection）

豚鼠巨细胞病毒感染（Guinea pig cytomegalovirus infection）是豚鼠巨细胞病毒引起豚鼠的隐性感染，感染豚鼠唾液腺导管及肾曲小管细胞时，细胞核内均可见嗜酸性核内包涵体。豚鼠胎盘与人胎盘在解剖学上非常相似，而且豚鼠巨细胞病毒和人巨细胞病毒（HCMN）在感染特征和致病机理上也有类似之处。因此，豚鼠巨细胞病毒感染现多用于研究人先天性巨细胞病毒感染或肾移植后巨细胞病毒感染的动物模型。

一、发生与分布

Jaekson（1920）首次发现在豚鼠唾液腺导管上皮细胞的胞核和胞浆内存在包涵体，Cole 等（1926）证实病因为巨细胞病毒，并命名为豚鼠巨细胞病毒。Hartley 等（1957）用豚鼠胚细胞从感染豚鼠的唾液腺分离到豚鼠巨细胞病毒。Hsiung 等（1975—1979）对不同批次商品豚鼠中自然发生的豚鼠巨细胞病毒的感染率进行了调查，发现不同来源动物的抗体阳性率有所不同，占 8%～50%。由于人和豚鼠的胎盘在结构上相似——均由单层滋养层组成，同时因为豚鼠的妊娠期较长，使得人巨细胞病毒和豚鼠巨细胞病毒的感染特征和致病性相似。因此，近年来国外的研究兴趣主要集中在用豚鼠建立豚鼠巨细胞病毒在母婴间传播的动物模型。

二、病　　原

1. 分类地位　豚鼠巨细胞病毒（*Guinea pig cytomegalovirus*，GPCMV）也称豚鼠唾液腺病毒，在分类上属疱疹病毒科、乙型疱疹病毒亚科属未定。

2. 形态学基本特征与培养特性　该病毒核酸型为双股 DNA。病毒粒子呈球形，直径 100～150nm，为二十面体立体对称。外有囊膜，囊膜内核衣壳含有由 162 个蛋白亚单位组成的壳粒。每个壳粒宽约 9nm、深约 12.5nm，其中央腔的直径约 75nm。

用组织培养方法分离病毒较为困难，但连续传代后可明显适应。豚鼠巨细胞病毒在豚鼠胚细胞上可迅速增殖，并产生细胞病变；在豚鼠肾脏细胞上可存在 8～10 天，但不产生明显的细胞病变；兔肾脏细胞对豚鼠巨细胞病毒不易感。当培养基中加入 0.1U 肝素时，豚鼠巨细胞病毒感染滴度降低 10 倍，抑制作用随肝素浓度的增加而增加。但对高浓度病毒，并不出现完全的抑制作用。此外，抑制过程发生在病毒吸附和穿入之前的细胞表面，当病毒吸附后则不产生抑制作用。电镜观察，在感染细胞的核内包涵体中可见一些管状结构。

3. 理化特性　豚鼠巨细胞病毒对乙醚、温度、反复冻融相对稳定，在－70℃可长期保存。

三、流行病学

1. 传染来源　豚鼠巨细胞病毒感染广泛存在于实验用鼠和宠物鼠中，用补体结合试验可检测豚鼠巨细胞病毒的抗体滴度。血清学调查证实，小于 28 日龄的豚鼠体内存在母源抗体。

2. 传播途径　豚鼠巨细胞病毒可通过唾液和尿液传播，也可通过胎盘垂直传播。多呈慢性持续性感染，人工感染后 21～70 天，可持续从唾液腺和胰脏中检出高滴度的感染性病毒。

3. 易感动物　豚鼠巨细胞病毒具有严格的种属特异性，人工感染兔、大鼠、猫、犬、鸡、小鼠、仓鼠和恒河猴均未获成功。

四、临床症状

自然感染的潜伏期不明确，实验条件下经腹腔内接种豚鼠巨细胞病毒后 2～4 天，可从血液中检出病毒，14 天血液中出现中和抗体。豚鼠巨细胞病毒感染免疫活性的豚鼠，通常很少表现明显的临床症状，但会出现一些非特异性症状，包括体重减少、被毛凌乱、轻微的淋巴结病等。如果感染妊娠母鼠，特别是妊娠晚期，将会导致胎儿的死亡、矮小、先天性精神失常、耳聋。人工感染 2 日龄内豚鼠，出现智力成长缓慢，体重明显比正常组小。感染 7 日龄以上豚鼠，没有明显临床症状。

五、病理变化

1. 大体解剖观察　感染豚鼠脾脏充血、肿大；唾液腺肿大；胸腺发育受阻、重量减轻。

2. 组织病理学观察 急性期病例可见单核细胞增多症及贫血，中性粒细胞减少，淋巴细胞增多。唾液腺导管细胞变性，导管细胞核内可见嗜酸性包涵体；导管周围大量单核细胞和淋巴细胞浸润。脾脏存在灶状出血，网状内皮细胞增生，中性粒细胞浸润，脾小结增大。胸腺T细胞减少。颈淋巴结淋巴窦扩张，淋巴液瘀滞。淋巴结B细胞依赖区内生发中心扩张，T细胞依赖区小动脉周围鞘活化。肺可见间质性肺炎病变。肾脏近曲小管和远曲小管的上皮细胞中，可见大量嗜酸性核内包涵体和少量嗜酸性胞浆包涵体。

3. 超微结构观察 电镜下豚鼠巨细胞病毒感染的豚鼠胚细胞中，通常可以看到致密小体和病毒粒子，大部分细胞外颗粒由致密小体组成。豚鼠巨细胞病毒引起的细胞核内包涵体呈嗜酸性着染，其大小不同，多呈肾形，外围可见清晰的晕圈。

六、诊　　断

豚鼠巨细胞病毒多呈隐性感染，不表现明显的临床症状。

1. 病毒分离与鉴定 将感染豚鼠唾液腺组织接种豚鼠胚和豚鼠肾细胞，可分离到病毒。病变细胞可见核内包涵体。电镜下在包涵体中可看到一些管状结构。皮下接种豚鼠巨细胞病毒的豚鼠唾液腺、脾、肺、肝、肾、胸腺、脑等器官，经免疫荧光检查，在细胞核及胞浆内均可见豚鼠巨细胞病毒抗原存在。

2. 血清学试验 豚鼠巨细胞病毒不产生免疫耐受，所以抗体的存在与否，是鉴定是否感染的一个很好标准，可以通过ELISA、流式荧光试验（MFIA）或免疫荧光试验来检测鼠群的感染情况。

3. 组织病理学诊断 组织病理学观察唾液腺导管细胞及肾曲管上皮细胞核内可见嗜酸性包涵体，包涵体大小不同，多呈肾形，通常其外观可见一清晰的晕圈，经姬姆萨染色后更易观察。

七、防治措施

1. 治疗 巨细胞病毒能在宿主体内持续生存，目前没有有效的治疗方法。

2. 预防 高压高温、消毒剂、去污剂和干燥的环境可以有效地使巨细胞病毒失去活性。母鼠感染时间是胎鼠发生感染的重要因素。当母鼠感染发生在妊娠后期时，宫内感染率较高，但危害较小；当母鼠感染发生在妊娠早期时，虽然宫内传播的机会较小，但胎鼠一旦发生感染，病毒则存在于多个组织器官中，危害较大。母鼠的免疫力对胎鼠有保护作用。

Bia等（1980）研究了免疫接种对母鼠及胎鼠巨细胞病毒感染的预防效果。他们分别用豚鼠巨细胞病毒强毒株、减毒活疫苗、无感染性的囊膜抗原以及抗血清给豚鼠免疫接种，然后用强毒株攻击。免疫接种后，全部动物均产生中和抗体。先前接种减毒活疫苗或强毒株的动物能抵抗强毒株的攻击，其病毒血症和死亡的发生率明显降低。经减毒活疫苗、囊膜抗原以及抗血清免疫后的妊娠母鼠，其胎鼠均受到保护，在强毒株攻击后未发生先天性感染，提示豚鼠巨细胞病毒减毒活疫苗和无感染性的亚单位疫苗有助于改善母鼠和胎鼠的原发性感染过程，这对人巨细胞病毒在母婴间传播及其预防的研究具有重要的参考价值。

八、对试验研究的影响

人巨细胞病毒先天性感染的动物模型：在巨细胞病毒的先天性感染研究中，应用豚鼠作为模型最受重视。因为妊娠豚鼠感染豚鼠巨细胞病毒后，很容易通过胎盘感染胎鼠。Kumar等用豚鼠巨细胞病毒感染15只妊娠后期的豚鼠，其中6只所生子代中至少有1只以上感染豚鼠巨细胞病毒。这6只平均产仔数为3.1只，少于正常每窝产仔数（4.3只）。全部58只胎鼠中，12%获得先天性感染。在母鼠妊娠期内的任何时期，其胎鼠均可受到感染，但在妊娠晚期感染者其子代中的病毒分离率（47%～58%）高于妊娠早期，所生死胎数（47%）也高于妊娠早期或中期（各为11%和3%）。在妊娠豚鼠感染后14天内，便可从胎鼠或新生鼠中分离出豚鼠巨细胞病毒，此后病毒逐渐在子代中消失，唾液腺内的病毒则可持续到出生后 98 天。在妊娠时持续感染的豚鼠唾液内病毒滴度显著增高，这是出垂直传播的一条重要途径。

母鼠的免疫状态是决定胎鼠感染的一个重要因素，无特异性抗体的妊娠豚鼠对豚鼠巨细胞病毒易感，其子代可获得先天性感染；而有特异性抗体的妊娠豚鼠对豚鼠巨细胞病毒有抵抗力，其子代较少发生先天性感染，且病毒仅局限于个别器官中。

豚鼠与人的胎盘在结构上非常相似，均只有一层滋养细胞，有利于巨细胞病毒的通过而造成先天性感染。因此，豚鼠巨细胞病毒是研究人巨细胞病毒先天性感染的良好的动物模型。但是，由于豚鼠胚胎器官形成快，当豚鼠巨细胞病毒通过胎盘感染时，其器官发育已经完成，而致畸作用主要发生在器官形成阶段。因此，豚鼠巨细胞病毒不能作为人巨细胞病毒感染所致胎儿先天性畸形的动物模型。

（陈立超　卢胜明　贺争鸣　田克恭）

参考文献

田克恭．1991．实验动物病毒性疾病［M］．北京：农业出版社：159－162.

Baker D G. 2003. Natural Pathogens of Laboratory Animals：Their effects on research［M］. Washington，D.C.：ASM Press.

Brave F J，Bourne N，Schleiss M R，et al. 2003. An animal model of neonatal cytomegalovirus infection［J］. Antiviral Res，60（1）：41－49.

Fox J G，Anderson L C，Lowe F M，et al. 2002. Laboratory Animal Medicine［M］. 2nd ed. San Diego：Academic Press.

Griffith B P，Lavallee J T. 1986. Inbred guinea pig model of intrauterine infection with cytomegalovirus［J］. Am J Pathol，122（1）：112－119.

Kumar M L，Nankervis G A. 1978. Experimental congenital infection with cytomegalovirus：a guinea pig model［J］. J Infect Dis，138：650－654.

Percy D H，Barthold S W. 2007. Pathology of Laboratory Rodents and Rabbits［M］. Ames：Iowa State University Press.

第十四节　豚鼠疱疹病毒感染
(Guinea pig herpesvirus infection)

豚鼠疱疹病毒感染是由豚鼠类疱疹病毒（*Guinea pig herpes－like virus*）所致，多呈隐性感染。在特定条件下，可被活化而引起具有特征性的疾病症候群。它可能成为研究人的持续性慢病毒感染或病毒诱生肿瘤性疾病的动物模型。

一、发生与分布

Hsiung 等（1969）在从事慢病毒感染的研究中首次分离到豚鼠类疱疹病毒。该病毒最初是从白血病品系 2 型豚鼠的自发衰退的肾细胞培养物中分离出来的，随后从非白血病品系 2 型豚鼠的血液和各种器官中获得了相同的病毒，其后从其他品系的豚鼠中也分离到豚鼠类疱疹病毒。

二、病　　原

1. 分类地位　豚鼠类疱疹病毒（*Guinea pig herpes－like virus*，GPHLV）在分类上属疱疹病毒科（Herpesviridae）、乙型疱疹病毒亚科（Caviidherpesvirus type 2），属未定。

2. 形态学基本特征与培养特性　电镜下可见退化的组织培养细胞中含有大量未成熟的病毒粒子，细胞外仅见成熟的、有囊膜的病毒粒子，病毒粒子直径 100～160nm，呈二十面体立体对称。

豚鼠类疱疹病毒可在豚鼠胚胎细胞和兔肾脏细胞中良好增殖。在豚鼠类疱疹病毒感染的豚鼠细胞的核内包涵体中，看不到豚鼠巨细胞病毒感染时出现的管状结构；在豚鼠类疱疹病毒感染的豚鼠细胞中常可看到包有囊膜的病毒粒子。

Fong 等（1973）发现，从白血病和非白血病豚鼠中分离的豚鼠类疱疹病毒毒株能使培养的仓鼠胚胎细胞发生转化。Michalski 等（1976）发现，用经过反复培养的转化细胞系接种仓鼠，可导致肿瘤形成。这种肿瘤具有血管样肉瘤和纤维肉瘤的特征。然而，直接对仓鼠接种豚鼠类疱疹病毒，不能诱发肿瘤形成。

3. 理化特性 豚鼠类疱疹病毒对乙醚敏感，不耐酸。

4. 分子生物学 Nayak（1971）研究认为，豚鼠类疱疹病毒只含有一种 DNA，浮力密度为 1.716g/cm^3。随后，Huang（1974）从未经克隆的病毒感染的培养物中制备出两种主要的豚鼠类疱疹病毒 DNA 群体——约 80%的病毒 DNA，浮力密度为 1.716g/cm^3，仅含有一小部分病毒基因组；而 20%的 DNA，浮力密度为 1.705g/cm^3，含有全部基因组序列。相反，从感染低感染量克隆病毒的细胞中获得的 80%病毒 DNA 是完整的，而其他 20%为缺陷型，并含有大量重复序列。这些结果提示，豚鼠类疱疹病毒在豚鼠胚胎细胞上的生长具有缺陷性。

另外，豚鼠类疱疹病毒和豚鼠巨细胞病毒之间缺乏遗传相关性。DNA-DNA 的重相关动态分析得出两者之间没有可测的同源性；而且，限制性内切酶 XbaI 所切的病毒 DNA 片段类型表明，豚鼠类疱疹病毒和豚鼠巨细胞病毒显著不同。在豚鼠胚胎细胞上应用细胞病变抑制试验或蚀斑减少中和试验，均未能测出这两种疱疹病毒之间有任何抗原关系。而交叉中和试验表明，豚鼠类疱疹病毒和豚鼠巨细胞病毒在抗原上同已知的人和其他动物的疱疹病毒也不相同。

三、流行病学

1. 传染来源 豚鼠类疱疹病毒具有种属特异性，主要传染来源为患病豚鼠；猫和小鼠可产生微弱抗体，但查不到病毒。

2. 传播途径 实验条件下，各种途径接种均可感染，接种后 14 天，可从感染豚鼠的血液中检出中和抗体，并以低水平持续存在。豚鼠类疱疹病毒感染一旦建立，在感染豚鼠的一生中都可从血液中检出病毒，并伴有低水平的抗病毒中和抗体。豚鼠类疱疹病毒也可通过胎盘传递，给妊娠豚鼠接种病毒的剂量越小，从胎儿重新获得病毒的间隔期则越长。

3. 易感动物

（1）自然宿主 豚鼠、尤其是近交系的老龄豚鼠普遍感染豚鼠类疱疹病毒。Hsiung（1975）发现大多数 6～12 月龄的近交品系 2 型和 13 型豚鼠持续感染豚鼠类疱疹病毒；相比而言，随机繁育的 Hartley 品系豚鼠自然感染豚鼠类疱疹病毒的概率相对较小。有研究表明，近交品系 2 型和 Hartley 品系豚鼠杂交，其后代的感染率与近交品系 2 型相似。Lam（1971）等的研究表明该病毒广泛分布于血液和各种组织中，其中脾脏中的病毒含量最高。

（2）实验动物 Hsiung（1971）等报道，试验感染 Hartley 品系豚鼠类疱疹病毒后，可从包括白细胞、骨髓、脾脏、肝脏、肺脏、肾脏、唾液腺、大脑等在内的多种组织中获得病毒。

Lam（1971）等发现给兔试验感染豚鼠类疱疹病毒后，不论接种途径如何，皆可迅速地产生抗体反应。尽管在抗体产生前就可分离到感染性病毒，但是病毒在兔组织内的持续性仍较难阐述。

大鼠和小鼠接种豚鼠类疱疹病毒后，产生很小（可忽略）的抗体反应，并且不能从动物体内分离到病毒。

试验感染仓鼠的研究表明，仓鼠并非豚鼠类疱疹病毒感染的适宜宿主。

（3）易感人群 尚未有豚鼠类疱疹病毒感染人的确切报道。

四、临床症状

豚鼠类疱疹病毒自然感染一般无临床症状，多呈隐性感染。人工感染豚鼠也不出现临床症状。

五、病理变化

自然感染和人工感染豚鼠类疱疹病毒的豚鼠均见不到任何病变及核内包涵体，但可在白细胞以及骨髓、脾、肺、肝、肾、唾液腺、脑等组织器官中检测到病毒抗原。在退化的组织细胞培养物中可见核内包涵体。

六、诊　　断

由于豚鼠类疱疹病毒在形态上与豚鼠巨细胞病毒相似，确诊时可通过以下几点加以鉴别。

1. 病毒分离与鉴定

（1）兔肾脏细胞对豚鼠类疱疹病毒易感，而对豚鼠巨细胞病毒不易感。

（2）豚鼠巨细胞病毒感染的豚鼠细胞，在核内包涵体中可以看到一些管状结构，而豚鼠类疱疹病毒感染的豚鼠细胞中未发现。豚鼠类疱疹病毒感染的豚鼠细胞大的空泡中可看到包有囊膜的病毒粒子，而豚鼠巨细胞病毒感染的细胞中很少看到。

（3）在培养液中加入少量肝素时，豚鼠巨细胞病毒的感染滴度下降10倍，而豚鼠类疱疹病毒的感染滴度不下降。抑制作用随肝素浓度的增加而增加。

（4）经豚鼠巨细胞病毒感染的豚鼠，在唾液腺导管细胞核内很容易发现嗜酸性核内包涵体，而豚鼠类疱疹病毒感染的豚鼠在任何时期均看不到核内包涵体，其引起的包涵体只能在退化的细胞培养物中见到。

（5）豚鼠巨细胞病毒感染的豚鼠能从尿中分离到病毒，而豚鼠类疱疹病毒感染的豚鼠则不能从尿中分离到病毒。

2. 血清学试验 用豚鼠巨细胞病毒接种动物可刺激机体产生高滴度的中和抗体；而用豚鼠类疱疹病毒接种动物，出现终生白细胞潜伏感染，并伴有低水平的中和抗体。

七、防治措施

目前对该病尚无有效的控制方法。可通过淘汰豚鼠类疱疹病毒抗体阳性鼠来净化种群。

八、可行性研究

人疱疹病毒（Epstein - Barr virus，EBV）感染的动物模型——豚鼠类疱疹病毒最有意义的特征之一，是它同宿主细胞在体内和体外的相互作用关系。感染豚鼠的白细胞用免疫荧光试验查不出细胞内病毒抗原，用光镜和电镜也查不出核内包涵体和病毒粒子，但是病毒基因组是在这些白细胞中存在的。携带豚鼠类疱疹病毒的豚鼠白细胞与携带人疱疹病毒的人白细胞相似，两者在体内均检不出病毒抗原，但在体外培养后均可显现出来。两者都与肿瘤疾病相关联，但是都没能确定为允许宿主产生肿瘤性疾病的病因。当在体外培养时，豚鼠类疱疹病毒与人疱疹病毒相比，可能属于更可溶的病毒。上述特性提示豚鼠类疱疹病毒可能成为研究人疱疹病毒感染的动物模型。

（白玉　卢胜明　贺争鸣　田克恭）

参考文献

蔡保健．1979. 豚鼠类疱疹病毒的电子显微镜观察［J］. 微生物学报，19（2）：220 - 221.

田克恭．1991. 实验动物病毒性疾病［M］. 北京：农业出版社：163 - 165.

严玉辰，李福琛，刘学礼，等．1981. 豚鼠潜在的类疱疹病毒的研究［J］. 中国医学科学院学报，3（1）：53 - 55.

Booss J，G D Hsiung. 1971. Herpes - like virus of the guinea pig：propagation in brain tissue of guinea pigs and mice［J］. J. Infect. Dis，123：284 - 291.

Connelly B L，Keller G L. 1987. Epizootic guinea pig herpes - like virus infection in a breeding colony［J］. Intervirology,

28 (1): 8-13.

Cuendet J, Bonifas V H. 1975. A latent guinea pig herpes-like virus: isolation and envelopment [J]. J Gen Virol, 28 (2): 199-206.

Fong C K, Tenser R B. 1973. Ultrastructural studies of the envelopment and release of guinea pig herpes-like virus in cultured cells [J]. Viroglogy, 52: 468-477.

Hsiung G D, L S Kaplow. 1969. Herpes-likevirus isolated from spontaneously degenerated tissueculture derived from leukemia-susceptible guineapigs [J]. Virol, 3: 355-357.

Hsiung G D, L S Kaplow. 1971. Herpesvirus infection of guinea pigs. I. Isolation, characterization and pathogenicity [J]. Am. J. Epidemiol., 93: 298-307.

Hsiung G D, Tenser R B, Fong C K. 1976. Comparison of guinea pig cytomegalovirus and guinea pig herpes-like virus: growth characteristics and antigentic relationship [J]. Infect Immun, 13 (3): 926-933.

Hsiung G D. 1975. Natural history of herpes and C-type virus infections and their possible relation to viral oncogenesis [J]. An animal model. Prog. Med. Virol., 21: 58-71.

Huang A S, Palma E L, Hewlett Norma, et al. 1974. Pseudotype formation between enveloped RNA and DNA viruses [J]. Nature, 252: 743-745.

Lam K M, Hsiung G D. 1971. Herpesvirus infection of guinea pigs. II. Transplacental transmission [J]. Am. J. Epidemiol., 93: 308-313.

Michalski F J, Fong C K, Hsiung G D, et al. 1976. Induction of tumors by a guinea pig herpesvirus-transformed hamster cell line [J]. J Natl Cancer Inst, 56 (6): 1165-1170.

Nayak D P. 1971. Isolation and characterization of a herpesvirus from leukemic guinea pigs [J]. Proc. Soc. Exp. Biol. Med., 8: 579-588.

Tenser R B, Hsiung G D. 1976. Comparison of guinea pig cytomegalovirus and guinea pig herpes-like virus: pathogenesis and persistence in experimentally infected animals [J]. Infect. Immun., 37: 508-517.

第十五节 树鼩疱疹病毒感染
(Tree shrew herpesvirus infection)

疱疹病毒（*Herpesvirus*）广泛存在于动物界，系统进化分析表明，疱疹病毒的宿主范围一般很窄，能在特异宿主中建立终生感染，并与其共同进化。但是，这种种属特异性正在改变，少数病毒已具有一定跨种间传播能力。疱疹病毒与其各自固定宿主之间存在一种长期的共存和共进化关系，病毒宿主范围较窄，所以，这类人兽共患病例很少，还不足以引起人们的广泛关注，但其潜在危害不容忽视。

目前，关于树鼩疱疹病毒感染（Tupaia herpesvirus infection）的报道较少，本节对树鼩疱疹病毒做一简单介绍。

一、发生与分布

疱疹病毒分布范围广泛，不仅传染人，还传染许多动物（哺乳类、鸟类、爬行类、鱼类和两栖类等）。至今已发现 9 种疱疹病毒科病毒感染人，分别是人单纯疱疹病毒 1 型和 2 型，带状疱疹病毒，EB 病毒，人巨细胞病毒，人疱疹病毒 6A、6B、7 型，卡波肌肉瘤相关病毒。

目前已发现 3 种疱疹病毒科感染树鼩，分别是单纯疱疹病毒 1 型、2 型（HSV-1、2）和树鼩疱疹病毒（*Tupaia herpesvirus*，THV）。Mirkovic（1970）报道，从树鼩肺组织中分离出树鼩疱疹病毒命名为 THV-1，随后，Darai 实验室已从树鼩恶性淋巴瘤组织、脱落的肺脏组织及树鼩脾脏组织中分离出 6 株树鼩疱疹病毒，分别命名为 THV-2、THV-3、THV-4、THV-5、THV-6 和 THV-7。这 7 株树鼩疱疹病毒通过限制性内切酶图谱分析，分为 5 个基因型。

吴小闲（1983）从健康树鼩肛拭子、咽拭子及肝脏、肺脏、肾脏中分离出 28 株树鼩疱疹病毒，其中咽拭子检出率为 47.3%，肾细胞培养物带毒率达 50%。

Darai 实验室分离到 THV－2 和 THV－3 两株病毒的树鼩从泰国引进，吴小闲分离到疱疹病毒的树鼩来自中国云南。从地域分布推断，均属中缅树鼩。我国王新兴（2011）和韩建保（2011）通过人单纯疱疹病毒抗体 ELISA 试剂盒检测，均在树鼩血清中检测到单纯疱疹病毒 1 型、2 型抗体。

二、病　原

1. 分类地位　疱疹病毒为中小双链 DNA 病毒，已确定的约有 100 多种。疱疹病毒可以分为三个亚科，即 α、β、r 亚科。α 疱疹病毒亚科宿主广泛，病毒复制周期短，在细胞培养中病毒感染过程迅速，此亚科的代表病毒为单纯疱疹病毒 1 型、2 型（HSV－1、2）和带状疱疹病毒。β 疱疹病毒亚科宿主范围很窄，病毒复制周期很长，在细胞培养中病毒感染的过程进展缓慢，被感染的细胞变得肿大，病毒可以在分泌腺、淋巴滤泡细胞、肾脏和其他组织潜伏存在。此亚科的代表病毒为巨细胞病毒。r 疱疹病毒亚科感染的靶细胞是淋巴细胞，此亚科的代表病毒为 EB 病毒。

树鼩疱疹病毒（*Tupaia herpesvirus*，THV）在分类上属疱疹病毒科（Herpesviridae）、β 疱疹病毒亚科（Betaherpesvirinae），属未定。Darai 实验室通过测定 THV－2 高度保守基因簇 DNA 聚合酶基因（DPOL）、糖蛋白 B 基因（gB）、蛋白加工运输蛋白基因（DPOL）、DNA 结合蛋白基因（DNBI）序列，通过序列比对，发现树鼩疱疹病毒与灵长类和啮齿类巨细胞病毒最为接近。我国吴小闲（1983）分离出的 28 株树鼩疱疹病毒经鉴定仅为 1 个血清型，与人单纯疱疹病毒 1 型（HSV－1）、人单纯疱疹病毒 2 型（HSV－2）无抗原交叉反应。

2. 形态学基本特征与培养特性　在感染树鼩疱疹病毒的细胞核内，有大量由衣壳和核心组成的核衣壳。偶尔可见无核心的空衣壳。细胞质中有完整的病毒颗粒，也有无包膜核衣壳。有单个存在的，也有被胞质空泡包绕的，甚至有在一个空泡中包绕着多个病毒的情况。

树鼩疱疹病毒呈球形，完整病毒由核心、衣壳、被膜及囊膜组成，核心含双股 DNA。电镜下可见，树鼩疱疹病毒裸病毒衣壳直径约 100nm，细胞外疱疹病毒颗粒包被着小小的表面突起。可观察到高致密病毒包膜，有些病毒包膜内含有数个病毒颗粒，这些病毒包膜直径 200～350nm。

树鼩疱疹病毒可在多种细胞中增殖。最敏感的细胞为树鼩胚胎成纤维细胞，此外树鼩疱疹病毒可致兔肾细胞、人成纤维细胞、绒猴成纤维细胞的细胞病变。

吴小闲（1983）选取树鼩胚细胞分离培养树鼩疱疹病毒至敏感细胞病变时，细胞肿大、变圆，结成团状，与人单纯疱疹病毒病变时相似。

树鼩疱疹病毒感染树鼩胚细胞后，电镜下可见树鼩胚细胞出现不同程度的病变。细胞核肿胀发空，线粒体肿胀，粗面内质网扩大。核内出现微管样结构，成束状排列。

3. 理化特性　树鼩疱疹病毒不耐酸、不耐醚，5－碘去氧核苷可抑制其生长。

4. 分子生物学　树鼩疱疹病毒为线型双链 DNA 病毒，2001 年 Darai 实验室完成 THV－2 全基因序列测序，基因全长 195 857bp，G+C 含量 66.5%。末端基因及保守区基因富含 G+C。编码区包含 158 个阅读框架（ORFs），这 158 个阅读框架分散在双链 DNA 上。67% 的 ORFs 编码已知的疱疹病毒蛋白。

三、流行病学

1. 传染来源　通过病毒分离表明，大部分树鼩携带或感染树鼩疱疹病毒。发病树鼩及携带病毒的树鼩为主要传染源。树鼩的肛拭子、咽拭子，健康树鼩肝细胞、肺细胞、肾细胞、脾脏均能分离出病毒。说明，树鼩疱疹病毒可通过唾液、粪便、尿液传染给周围动物。

2. 传播途径　树鼩感染疱疹病毒可由唾液、粪便、尿液排出病毒，可持续排毒数周至几年，传播途径多种多样。树鼩感染疱疹病毒后，可长期携带也可发病。健康树鼩肛拭子、咽拭子、肝脏、肺脏、肾脏、脾脏中能分离出病毒。说明树鼩疱疹病毒感染树鼩后，病毒可潜伏在肝脏、肺脏、肾脏、脾脏，并可通过唾液、粪便、尿液排出。树鼩疱疹病毒静脉接种成年树鼩后，树鼩全部死亡。说明，病毒可通过血液传播。在我国吴小闲（1983）报道，饲养1周内树鼩疱疹病毒分离率与血清中和抗体的阳性率分别为29.4%和32.5%，比饲养1周以上者（分别为61.9%和70%）低。说明，树鼩可通过与带毒树鼩密切接触、抓伤、咬伤感染，带毒物（唾液、粪便、尿液）通过污染饮水、饲料及周围其他物品传染动物。

3. 易感动物

（1）自然宿主　树鼩疱疹病毒由树鼩体内分离得到，将病毒接种不同实验动物大鼠、小鼠、仓鼠等，这些动物均没有临床症状，病毒亦未在这些动物体内复制。提示树鼩很可能是树鼩疱疹病毒的自然宿主。

（2）实验动物　将树鼩疱疹病毒接种大鼠、小鼠、仓鼠等不同实验动物，这些动物均没有临床症状，但接种新西兰兔，人单纯疱疹病毒仅在兔脾脏中复制，在兔脾脏细胞中复制释放，导致所有兔脾脏细胞消散。树鼩疱疹病毒静脉接种成年树鼩后，树鼩全部死亡。但树鼩疱疹病毒腹腔接种成年树鼩后，大部分树鼩存活。经蚀斑试验检测动物组织及全血后，病毒主要存在于肺、脾、肾。

（3）易感人群　β亚科疱疹病毒宿主范围很窄，目前，尚无树鼩疱疹病毒感染人的相关报道。

4. 流行特征　树鼩疱疹病毒感染率极高，无明显的季节性特征，亦无明显的地域差别。

四、临床症状

疱疹病毒主要侵犯外胚层来源的组织，包括皮肤、黏膜和神经组织。感染部位和引起的疾病多种多样，并有潜伏感染的趋向。大多数树鼩感染树鼩疱疹病毒后，健康状况良好。树鼩疱疹病毒具有一定的致癌性。THV-2、THV-3在树鼩恶性淋巴瘤组织、淋巴肉瘤组织中分离得到，将人单纯疱疹病毒感染新西兰兔，可诱发胸腺增值及胸腺瘤。

五、病理变化

1. 大体解剖观察　树鼩疱疹病毒感染幼兔、成年兔及豚鼠，动物大体解剖检查均无特殊发现。树鼩疱疹病毒感染树鼩，可见肺炎性坏死。

2. 组织病理学观察　树鼩疱疹病毒感染幼兔、成年兔及豚鼠，淋巴结病理切片检查，兔淋巴结无增生现象，豚鼠淋巴结仅见轻度增生。

六、诊　　断

1. 病毒分离与鉴定　病毒分离培养是当今明确诊断疱疹病毒感染的可靠依据。可采集病变部位刮取物、咽拭子、肛拭子、尿液等标本，接种树鼩胚胎成纤维细胞株及其他传代细胞株如Vero、BHK等，经24～48h后，细胞出现肿胀、变圆、细胞融合等病变。也可采集病变组织进行免疫组化检测，检测病毒在病变组织中的分布情况。

2. 血清学检测　采集树鼩血清进行中和试验、补体结合试验、ELISA等试验，通过血清学检测可以检测出IgG、IgM抗体，也可以检测出抗原。

3. 分子生物学诊断　可采集病变部位刮取物、病变组织、咽拭子、肛拭子、尿液、血液等标本，提取总DNA，设计树鼩疱疹病毒特异引物进行PCR或实时定量PCR，进行定性定量检测。也可采集病变组织，设计特异荧光探针，进行核酸探针检测。

七、防治措施

1. 治疗　树鼩疱疹病毒感染树鼩后，大多数树鼩健康状况良好，尚无相关治疗方案报道。

2. 预防　树鼩小笼单独饲养，尽量避免树鼩通过抓伤、咬伤、亲密接触等感染树鼩疱疹病毒。及时清扫树鼩排泄物，尽量避免带毒排泄物污染饮水、食物及周围其他物品，减少树鼩通过此途径感染。虽然目前尚无人感染树鼩疱疹病毒的报道，但由于树鼩疱疹病毒与树鼩之间存在着长期的共存与共进化关系，其潜在危害不容忽视。饲养人员、研究人员、兽医等接触树鼩者应注意采取防护措施，尽量避免接触到树鼩疱疹病毒。

八、对实验研究的影响

目前虽然没发现树鼩疱疹病毒自然感染其他种群动物。但将树鼩疱疹病毒接种新西兰兔，可诱发胸腺增殖及胸腺瘤；树鼩疱疹病毒也可使树鼩产生恶性淋巴瘤，说明其具有一定的致癌特性。此外，接种树鼩疱疹病毒的树鼩可检测到肺炎性坏死。由此可见，树鼩疱疹病毒可影响树鼩健康，从而干扰试验结果。

（徐娟　代解杰）

参考文献

韩建保，张高红，段勇，等．2011. 中缅树鼩自然感染六种病毒的血清流行病学［J］．动物学研究杂志，32（1）：11-16.

黄祯祥．1990. 医学病毒学基础及实验技术［M］．北京：科学出版社：814-815.

刘晔，张守峰，张菲，等．2010. 疱疹病毒与人兽共患病［J］．中国人兽共患病学报，26（8）：776-778.

王新兴，李婧潇，王文广，等．2011. 野生中缅树鼩病毒携带情况的初步调查［J］．动物学研究杂志，32（1）：66-69.

吴小贤，唐恩华，张新生，等．1983. 树鼩疱疹病毒Ⅰ的研究：病毒的分离，生物学性状和血清学研究［J］．中华微生物学和免疫学研究杂志，3（1）：33-36.

G Darai，H G. koch. 1982. Tree shrew（tupaia）herpesviruses［C］．17th international congress on herpes virus of man and animal，52：39-52.

Hans-Georg，Hajo Deliu. 1985. Molecular cloning and physical Mapping of the Tupaia Herpesvirus Genome［J］．Journal of virology，56（2）：86-95.

Michael Albrecht，Gholamreza Darai. 1985. Analysis of the Genomic Termini of Tupaia Herpesvirus DNA by Restiction Mapping and Nucleotida Sequencing［J］．Virus Research，56（2）：466-474.

Udo B，Gholamreza D. 2001. Analysis and Characterization of the Complete Genome of Tupaia（Tree Shrew）Herpesvirus［J］．Journal of virology，75（10）：4854-4870.

Udo Bahr，Christoph，Springfeld. 1999. Structural organization of conserved gene cluster of Tupaia herpesvirus encoding the DNA polymerase，glycoprotein B，a probable processsing and transport protein，and the major DNA binding protein［J］．Virus Research，60：123-136.

Udo BaHr，Edda Tobiasch. 2001. Structural organization and analysis of the viral terminase gene locus of tupaia herpesvirus［J］．Virus Research，74：27-38.

第五章
腺病毒科病毒所致疾病

第一节　小鼠腺病毒1型感染
(Mouse adenovirus 1 infection)

小鼠腺病毒感染（Mouse adenovirus 1 infection）在小鼠群中多呈隐性，带毒和排毒时间较长，是影响小鼠健康的重要因素之一。小鼠腺病毒有两个血清型，即FL株和K87株，前者常引起哺乳小鼠的致死性感染，成年小鼠呈全身性感染，累及棕色脂肪、心肌、肾上腺、唾液腺和肾脏等组织器官；后者常造成肠道局部的非致死性感染。由于小鼠腺病毒可在小鼠、肿瘤细胞及其他材料间交替传递，从而对有关的试验研究产生严重干扰。

一、发生与分布

Hartley和Rowe（1960）在组织培养细胞中进行小鼠白血病病毒传代时首次分离到小鼠腺病毒，称为FL株，即小鼠腺病毒1型（MAV-1）。随后在实验小鼠和野生小鼠中均有发现。Hashimoto等（1966）从外观健康的DK1杂交小鼠粪便中分离到另一株小鼠腺病毒，称为K87株，即小鼠腺病毒2型（MAV-2）。在以小鼠腺病毒为检测对象的研究报道显示，野生小鼠和实验小鼠均有不同程度感染。Becker等（2007）在英格兰几个地点捕捉的154只野生小家鼠，小鼠腺病毒血清抗体阳性率为68%。在美国的实验小鼠中，小鼠腺病毒（MAV-1与MAV-2）在SPF种群的血清阳性率为2%，非SPF种群的血清阳性率为8%。

二、病　　原

1. 分类地位　小鼠腺病毒1型（*Mouse adenovirus* 1，MAV-1）在分类上属腺病毒科（Adenoviridae）、哺乳动物腺病毒属（*Mastadenovirus*）。MAV-1和MAV-2是小鼠腺病毒的两个血清型，两型之间存在单向交叉反应。抗MAV-1血清与MAV-1和MAV-2抗原都会发生中和反应，但是抗MAV-2血清仅与MAV-2抗原发生中和反应。MAV-1与人腺病毒不发生交叉反应。

2. 形态学基本特征与培养特性　MAV-1形态学和其他生物学特征都体现出一个典型的腺病毒特征，核酸型为双股DNA，病毒粒子直径65～80nm，呈二十面体等轴对称，纤突长29nm，没有包膜。基因组约31.5kb，与人腺病毒基因组相似。

小鼠腺病毒可在原代鼠胚成纤维细胞、原代鼠肾细胞、CMT-93鼠直肠癌细胞以及L929传代细胞中生长，并产生细胞病变。MAV-1是内皮取向的病毒，小鼠脑微脉管内皮细胞（MBMECs）是其天然的感染细胞。病毒从细胞中释放到培养基中效率很高，每个细胞的生产量约为1 000 $TCID_{50}$。

MAV-1感染L929细胞后最早20h能观察到DNA的合成，MOI（multiplicity of infection）为10。在感染3T6细胞和小鼠脑微脉管内皮细胞（MBMECs）36～48h后可观察到病毒滴度明显增加。接种细胞36～48h后MOI为5时能观察到细胞病变，与其他腺病毒类似，感染细胞聚集，变得有折光性，最后从培养板上脱落。

3. 理化特性 MAV-1和MAV-2表现出不同的热耐受性，MAV-2在56℃条件下5～15min可完全失活，而MAV-1在同样温度下2h后仍能检测到感染活性。小鼠腺病毒在36℃以下较稳定，-70℃可长期保存；其耐酸、抗乙醚、对胰蛋白酶敏感。氯化铯中浮密度为1.34g/mL。不具有血凝素和毒素样活性。羟基脲、胞嘧啶、阿拉伯糖苷可抑制病毒DNA的合成。

4. 分子生物学 腺病毒壳体含有三种主要的蛋白：六聚体（Ⅱ）、五聚体基底（Ⅲ）和纤突（Ⅳ），还有多种其他的辅助蛋白Ⅵ、Ⅷ、Ⅸ、Ⅲa和IVa2等。腺病毒基因组是一个线性的双链DNA，其5'端与一种末端蛋白（TP）共价结合，5'端上还具有末端反向重复序列（ITRs)。病毒DNA与核心蛋白VII和一个称为mu的小肽紧密结合。另一种蛋白V包被在DNA-蛋白复合物上，并且通过蛋白VI为DNA-蛋白复合物和病毒壳体间提供了结构上的联系。病毒含有一种病毒自身编码的蛋白酶，这种蛋白酶对于加工某些结构蛋白从而产生成熟的具有感染性的病毒是必需的。人腺病毒已知有几十种，研究得最详细是Ad2。

MAV-1在基因组和病毒结构上类似于腺病毒科其他成员，MAV-1DNA序列全长30 944bp，与人腺病毒［从34 125 bp（Ad12）到36 001 bp（Ad1)］类似。基因组包括E1、E3、E4和主要后期启动子（major late promoter，MLP)。MAV-1的许多开放阅读框与Ad2和Ad5相同。人腺病毒和动物腺病毒在基因组上的重要不同在早期转录区E3（early region 3)。MAV-1的E3蛋白与其他任何已知的蛋白没有同源性。

三、流行病学

1. 传染来源 小鼠是MAV-1的自然宿主。小鼠所携带的病毒可在小鼠、肿瘤细胞及其他材料间交替传递。

2. 传播途径 MAV-1通过接触尿液、粪便或鼻腔分泌物直接传播；实验小鼠在笼具内经粪便和尿液接触传播。在感染后14天，尿液中出现病毒，并可持续存在2年。试验感染的小鼠可将病毒传染给同窝饲养的健康小鼠，但对同室饲养的其他小鼠没有影响。

3. 易感动物

(1) 自然宿主 小鼠是MAV-1的自然宿主，未见野生小鼠MAV-1具体感染率的报道。

(2) 实验动物 实验小鼠对MAV-1的感染率较低。Hartley等（1960）曾对7个鼠群进行了检查，仅在2个鼠群中发现有自然感染。同时还发现，自然发生地方性流行时，120～150日龄以下的小鼠查不到血清抗体。Parker等（1966）调查表明，小鼠腺病毒在小鼠群中的感染率较低（15%)，且仅限于普通小鼠群，无菌小鼠和SPF小鼠群中未检出阳性鼠。Trentin等（1966）检测了741只普通小鼠，小鼠腺病毒抗体阳性率为15%。贺争鸣等（1988）报道国内普通小鼠群中小鼠腺病毒抗体阳性率为4%，虽然感染程度不严重，但感染小鼠可长期向外排毒。Jocoby等曾报道在大鼠中检出小鼠腺病毒的补体结合抗体，但感染大鼠不表现任何症状，也未分离到病毒。

(3) 易感人群 腺病毒的感染具有种属特异性，MAV-1不能感染人。

4. 流行特征 MAV-1感染能引起小鼠哺乳幼仔或免疫缺陷动物发病和死亡，即使很低的剂量，对于哺乳期幼鼠也是致命的。小鼠14～27日龄段，随日龄增长病毒对机体的损害迅速降低。MAV-1感染成年小鼠导致疾病和死亡依赖于病毒剂量和小鼠品系。研究显示MAV-1在某些品系的成年鼠中可引起严重疾病，如SJL/J、C57BL/6、DBA和CD-1；有的品系却有抵抗力，如BALB/c、C3H/HeJ、129/J。SJL/J小鼠是最易感的品系，LD_{50}为10～3.2 PFU。易感品系和有抵抗力品系的F1代有中等程度的感受性。用病毒感染易感动物，动物表现出渐进性的瘫痪，在感染第4～6天动物突发性死亡。Peter等（1999）研究发现MAV-1感染易感品系（C57BL/6）后细胞趋化因子（IP-10/crg-2、MCP-1、MIP-1α、MIP-1β、RANTES）和它们的受体在中枢神经系统和肾脏中有大量表达。相反，感染MAV-1的抵抗品系（BALB/c）小鼠细胞趋化因子的表达被显著抑制，仅有MIP-2在中枢神经系统表达。

SJL/J 小鼠脑中病毒量高于 C3H/HeJ 小鼠脑中病毒量，说明脑中病毒量与感受性相关。对 C3H/HeJ 小鼠进行亚致死剂量的辐射照射，变得易感，表明免疫系统参与对 MAV-1 复制的控制。

自然杀伤细胞并不是控制 MAV-1 感染小鼠脑中病毒复制所必需的。

四、临床症状

MAV-1 在小鼠中可引起急性和持续的感染。患病鼠表现弓背、被毛凌乱、腹部呼吸至轻微共济失调、反射亢进、后部瘫痪、神经性疾病等症状，这些症状与小鼠脑脊髓炎相关。MAV-1 是内皮取向的病毒，侵害脑微脉管内皮细胞，感染小鼠表现出神经性症状，如震颤、突然性发作、共济失调和瘫痪。

用 MAV-1 接种乳裸鼠，可造成十二指肠出血和致死性消耗性疾病。用病毒感染易感动物，动物表现出渐进性的瘫痪，在感染第 4～6 天动物突发性死亡。

五、病理变化

1. 大体解剖观察　MAV-1 主要侵害小鼠的内皮细胞和单核—巨噬细胞系统细胞，肾脏和脑是主要的靶器官，累及棕色脂肪、心肌、肾上腺、唾液腺和肾、心、肝、脾、肺等组织器官，表现全身性病变。MAV-1 在某些小鼠中可引起致命的出血性脑病，发病与病毒侵害脑血管内皮细胞的程度有关，引起脉管系统坏疽、栓塞、出血，小鼠在 4～6 天内死亡。组织病理分析，有大面积的点状出血，中枢神经系统内相关区域出现梗死，肾脏内部出现细胞溶解灶。

2. 组织病理学观察　MAV-1 感染小鼠后坏死灶和细胞核内包涵体出现在不同器官中（褐色脂肪、心肌层、肾上腺等）。组织病理学观察可见脂肪组织灶性坏死。肝灶性坏死，坏死灶内可见中性粒细胞和淋巴细胞浸润，感染细胞核内可见包涵体。肝细胞双核和巨核细胞增多，巨核细胞的核比普通肝细胞核大 2～3 倍，枯否氏细胞和内皮细胞较活跃。新生乳鼠可见心肌炎和心内膜炎，病毒可侵入瓣膜组织细胞并在其中复制。脾、淋巴结生发中心可见少数淋巴母细胞变性、消失，有残留的核碎片和少数淋巴细胞浸润。MAV-1 接种裸鼠，其十二指肠绒毛和隐窝的内皮和黏膜细胞核内可见包涵体。自然感染裸鼠在十二指肠、空肠或回肠黏膜细胞内，可见双嗜性包涵体。超微结构观察，感染细胞核内可见直径约 80nm 的病毒粒子，部分呈晶格排列。

脑组织病理检查表现出血管损伤，如纤维蛋白原出现在血管周围间隙，和炎症如水肿及炎症细胞聚集在血管壁上。免疫组织化学和超微结构分析，中枢神经系统的微脉管系统是病毒在脑内复制的主要场所。病毒感染中枢神经系统的内皮细胞导致细胞溶解酶直接损害血管结构，形成血栓。在易感动物的其他组织，MAV-1 也表现出对内皮细胞的倾向性，但是这些区域的感染与大量的病毒复制无关。对感染小鼠组织中病毒 E1A mRNA 表达的分析显示，MAV-1 E1A 在脑和脊髓中表达水平最高，肾脏、肺脏和心脏次之。

六、诊　　断

1. 病毒分离与鉴定　可用原代仔细胞培养为从感染小鼠的肾、脾、棕色脂肪、胸腺和淋巴结等组织器官中分离病毒，5～10 天产生细胞病变。

用长成单层的 L-细胞做蚀斑试验。蚀斑的直径 0.3～0.4mm。由于蚀斑中的细胞几乎 100%死亡，镜检时，蚀斑的边缘十分清晰。

2. 血清学试验　血清学方法可检查感染后血液中产生的特异性抗体，但由于 MAV-1 和 MAV-2 两型间存在单向交叉抗原关系，故需用两型病毒分别做抗原，但在实践中多数诊断实验室采用联合抗原检测。常用的方法有补体结合试验、中和试验、玻片免疫酶法、免疫荧光试验和酶联免疫吸附试验等。

3. 组织病理学诊断　受侵害的组织有坏死灶形成，在肾小管、肾上腺皮质、肾脏、肠、脑、唾液腺和心肌等组织的感染细胞中可观察到 A 型核内包涵体。

4. 分子生物学诊断 动物源性材料的广泛使用，使得鼠源性病毒检测不仅局限于对动物本身的检测，抗体产生试验和乳鼠生物检测费时费力且与3R精神相悖，所以PCR诊断方法的研究和使用非常广泛。国际上有多家公司销售商业化的小鼠腺病毒（MAV-1和MAV-2）PCR诊断试剂，可检测小鼠/大鼠的小鼠腺病毒感染。

七、防治措施

子宫切除术或胚胎移植是根除小鼠腺病毒的有效方法。

八、对实验研究的影响

腺病毒的感染具有种属特异性，人腺病毒不感染动物，可利用MAV-1感染小鼠，通过控制病毒突变株和基因突变小鼠来研究腺病毒感染自然宿主的机理。腺病毒具有高效传递和表达基因的能力，所以作为载体广泛用于基因治疗和疫苗生产领域中。

MAV-1感染实验小鼠可对试验研究造成影响，相关文献报道有：可导致巨噬细胞释放IL-12出现暂时性增加，在持续感染期间对大肠杆菌性肾盂肾炎的感受性增加，可显著加重小鼠患羊痒病的临床进程，导致血脑屏障机能障碍，干扰用腺病毒作为基因载体的研究。

（范文平 贺争鸣 田克恭）

我国已颁布的相关标准

GB/T 14926.27—2001 实验动物 小鼠腺病毒检测方法

参考文献

田克恭.1991. 实验动物病毒性疾病［M］. 北京：农业出版社：41-45.

Beard C W, and K R Spindler. 1996. Analysis of early region 3 mutants of mouse adenovirus type 1 ［J］. J. Virol., 70: 5867-5874.

Becker S D, M Bennett, J P Stewart, et al. 2007. Serological survey of virus infection among wild house mice (Mus domesticus) in the UK ［J］. Laboratory Animals, 41 (2): 229-238.

Cauthen A N, C C Brown, K R Spindler. 1999. In vitro and in vivo characterization of a mouse adenovirus type 1 early region 3 mutant ［J］. J. Virol., 73: 8640-8646.

Coutelier J P, J van Broeck, S F Wolf. 1995. Interleukin-12 gene expression after viral infectionin the mouse ［J］. J. Virol., 69: 1955-1958.

Dragulev B P, S Sira, M G AbouHaidar, et al. 1991. Sequence analysis of putative E3 and fiber genomic regions of two strains of canine adenovirus type 1 ［J］. Virology, 183: 298-305.

Ehresmann D E, Hogan R N. 1986. Acceleration of scrapie disease in mice by anadenovirus ［J］. Intervirol., 25: 103-110.

Fang L 2004. Molecular mechanisms of mouse adenovirus type 1 pathogenesis ［D］. ATHENS, GA, The University of Georgia, December 9-17 http: //hdl. handle. net/10724/7852.

Fox J G, M T Davisson, F W Quimby, et al. 2007. The Mouse in Biomedical Research ［M］. 2nd ed. Volume Ⅱ Diseases. Academic Press: 51.

Ginder D R. 1964. Increased susceptibility of mice infected with mouseadenovirus to Escherichia coli-induced pyelonephritis ［J］. J Exp Med., 120: 1117-1128.

L E Gralinski, S LAshley, S D Dixon, et al. 2009. Mouse adenovirus type 1-induced breakdown of the blood-brain barrier ［J］. J Virol., 83 (18): 9398-9410.

Guida J D, G Fejer, L A Pirofski, et al. 1995. Mouse adenovirustype 1 causes a fatal hemorrhagic encephalomyelitis in adult C57BL/6 but not inBALB/c mice ［J］. J. Virol., 69: 7674-7681.

Jacoby R O, J R Lindsey. 1998. Risks of infection among laboratory rats and mice at major biomedical research institutions ［J］. ILAR J., 39: 266-271.

Kring S C, C S King, K R Spindler. 1995. Susceptibilityand signs associated with mouse adenovirus type 1infection of adult outbred swiss mice [J]. J Virol, 69: 8084 - 8088.

Raviprakash K S, A Grunhaus, M A El Kholy, et al. 1989. The mouse adenovirus type 1 contains an unusual E3 region [J]. J. Virol., 63: 5455 - 5458.

Smith A L, D F Winograd, T G Burrage. 1986. Comparative biological characterization of mouse adenovirus strains FL and K 87 and seroprevalence in laboratory rodents [J]. Archives of Virology, 91 (3): 233 - 246.

Spindler K R, L Fang, M L Moore, et al. 2001. SJL/J mice are highly susceptible to infection by mouse adenovirus type 1 [J]. J. Virol., 75: 12039 - 12046.

Welton A R, L E Gralinski, K R Spindler. 2008. Mouse adenovirus type 1 infection of natural killer cell - deficient mice [J]. Virology, 373 (1): 163 - 170.

Wigand R, H Gelderblom, and M Özel. 1977. Biological and biophysical characteristics of mouse adenovirus, strain FL [J]. Arch. Virol., 54 (1 - 2): 131 - 142.

Ying B, K Smith, and K R Spindler. 1998. Mouse adenovirus type 1 early region 1Ais dispensable for growth in cultured fibroblasts [J]. J. Virol., 72: 6325 - 6331.

第二节 小鼠腺病毒 2 型感染 (Mouse adenovirus 2 infection)

国际病毒分类委员会（2000）将小鼠腺病毒分为两个型，MAV - 1 和 MAV - 2。MAV - 1 是 Hartley 和 Rowe（1960）在组织培养细胞中进行小鼠白血病病毒（MuLV）传代时首次分离到的，MAV - 2 是 Hashimoto 等于 1966 年在日本从健康小鼠粪便中分离出来。Mad - 2 具有严格的组织取向性，自然感染和试验感染 Mad - 2 并不引起明显的损害。在现代小鼠种群中的低致病性和低感染率，使得小鼠腺病毒不受人们重视。但是，免疫缺陷小鼠是小鼠腺病毒自然感染和引发损耗性疾病的潜在宿主，而免疫缺陷小鼠的使用量逐渐增加。另外，病毒通过和遗传修饰小鼠基因互换的方式，可以很容易地传播和再次出现。

一、发生与分布

日本学者 Hashimoto 等（1966）从外观健康的 DK1 近交系小鼠粪便中分离到 1 株小鼠腺病毒，称为 K87 株，即小鼠腺病毒 2 型（MAV - 2）。之后在野生小鼠和其他实验小鼠中也发现小鼠腺病毒 2 型感染（Mouse adenovirus 2 infection）。在东南澳大利亚 14 个地点捕捉的 267 只野生小家鼠 MAV - 2 血清抗体阳性率为 37%。在其他以小鼠腺病毒（MAV - 1 与 MAV - 2）为检测对象的报道显示，野生小鼠和实验小鼠均有不同程度感染。在英格兰几个地点捕捉的 154 只野生小家鼠，小鼠腺病毒血清抗体阳性率为 68%。Trentin 等（1966）检测了 741 只普通实验小鼠，小鼠腺病毒抗体阳性率为 15%。贺争鸣等（1988）报道国内普通小鼠群中小鼠腺病毒抗体阳性率为 4%。在美国的实验小鼠中，小鼠腺病毒（MAV - 1 与 MAV - 2）在 SPF 种群的血清阳性率为 2%，非 SPF 种群的血清阳性率为 8%。其他国家学者也有关于实验小鼠类似水平阳性率的报道。

二、病　　原

1. 分类地位　小鼠腺病毒 2 型（*Mouse adenovirus* 2，MAV - 2）在分类上属腺病毒科（Adenoviridae）、哺乳动物腺病毒属（*Mastadenovirus*）。MAV - 2 和 MAV - 1 两型之间存在单向交叉反应，抗 MAV - 1 血清与 MAV - 1 和 MAV - 2 抗原都会发生中和反应，但是抗 MAV - 2 血清仅与 MAV - 2 抗原发生中和反应。通过分析 MAV - 2 和 4 个腺病毒属蛋白的氨基酸序列，发现小鼠腺病毒拥有一个共同的祖先，它们可能是哺乳动物腺病毒的第一个分支，是这一病毒属最古老的成员。

2. 形态学基本特征与培养特性　电子显微镜观察显示，MAV - 2 病毒粒子在宿主细胞核中呈结晶状排列，为二十面体结构，直径约 75 mμ，由 252 个衣壳蛋白亚单位组成，没有囊膜。

MAV-2 可导致小鼠肾细胞出现细胞病变，不导致猴肾细胞、FL 和 HeLa 细胞病变。与 MAV-1 相比，MAV-1 能在 L929 鼠成纤维细胞和 CMT-93 鼠直肠癌细胞中生长，MAV-2 只能在 CMT-93 细胞中生长，MAV-1 增殖的子代病毒大部分从宿主细胞中释放出来，而 MAV-2 大多与宿主细胞结合。

3. 理化特性 小鼠腺病毒（MAV-1 与 MAV-2）在 37℃的液态培养基中稳定。MAV-2 在 56℃条件下 5～15min 可完全失活，而 MAV-1 在同样温度下 2h 后仍能检测到感染活性。两病毒在干燥状态下能稳定 14 天，MAV-1 的存活能力更多依赖于病毒稀释液中蛋白质的存在。MAV-2 对乙醚有抵抗力。5-溴-2'-脱氧尿苷可以抑制 MAV-2 病毒复制，胸腺嘧啶脱氧核苷可以逆转这种抑制效应。

4. 分子生物学 MAV-2 基因组的碱基数量为 35 203bp，大于 MAV-1 基因组 30 944bp 的长度。通过限制性内切酶 BglII、ClaI、EcoRI、HindII 和 SphI 对 MAV-2 的 DNA 进行分析，MAV-2 和 MAV-1 DNA 分子在内切酶切点及数量上有很大不同。无论 MAV-2 还是 MAV-1 与人腺病毒 2 型（HAd-2）在 DNA 重叠区有同源性，该区用于编码病毒结构蛋白，这也是小鼠腺病毒与人腺病毒抗原类似的原因。

国际病毒分类委员会（International Committee on Taxonomy of Virus）2000 年将小鼠腺病毒分为两个型，但目前也有人认为小鼠腺病毒由于组织取向性和病理学不同存在 3 个型。MAV-2 基因组长度比其他两型长，主要由于 MAV-2 的基因和开放阅读框（ORFs）较大，当然在早区 E1、E3 和 E4 的 ORFs 数量上与其他两型也有不同。MAV-2 E1B 的 19K 蛋白类似物基因编码 330 个氨基酸，几乎是哺乳动物腺病毒属的其他成员的 2 倍。相应地，只有 19K 蛋白的 N 末端的一半（155 个氨基酸）有同源区。12.5K 蛋白类似物基因位于 MAV-2 的 E3 区，MAV-1 和 MAV-3 却不是，MAV-2 的 E3 区的未知功能部分是特有的。MAV-2 的 E4 区包括 3 个 ORFs，一个类似于人腺病毒（AdVs）的 34K 基因；另两个开放阅读框是特有的，与 MAV-1 或 MAV-3 的 E4 区的任何一个开放阅读框没有同源性。

三、流行病学

1. 传染来源 与 MAV-1 相比，MAV-2 感染小鼠具有严格的组织取向性，病毒侵害宿主的肠上皮细胞，在肠道之外的其他器官没有观察到病毒存在。免疫功能健全的小鼠感染后至少 3 周后经粪便排毒，排毒仅持续几周。用 MAV-2 经口服感染 4 周龄的近交系 DK1 小鼠，病毒在粪便中存在至少 3 周时间，在感染后 1～2 周时间内粪便中病毒滴度最高。感染 7 周龄的小鼠后，粪便排毒仅持续 1 周时间。当排毒消失后，再经口接种病毒，粪便中不会出现再次排毒。免疫缺陷小鼠排毒时间更长，给 BALB/c 裸鼠口服 MAV-2，病毒在肠道中持续增殖 6 周后被抑制，宿主获得了抵抗力。不过，这种抵抗力是暂时的，病毒在宿主体内长时间保持增殖和被抑制反复的状态。小鼠鼠龄的增加与病毒被首次抑制后恢复增殖的发生率有关。无论在病毒增殖期还是在抑制期，在 BALB/c 裸鼠血清、肠壁或肠内容物中检测不到中和抗体。

2. 传播途径 小鼠腺病毒 2 型通过消化道传播。

3. 易感动物 小鼠是 MAV-2 的自然宿主。小鼠腺病毒对实验小鼠种群的感染率低于野生小鼠。MAV-2 不感染人。

经口服感染小鼠腺病毒（MAV-1 与 MAV-2）发现，离乳的远交系小鼠对 MAV-2 的易感性比对 MAV-1 的易感性小 500 倍。小鼠对 MAV-2 的感受性具有年龄依赖性，而不是宿主基因型依赖性。

血清流行病学数据表明，与小鼠腺病毒抗原相关的病毒在实验大鼠中比实验小鼠中更普遍，这些感染大鼠的病毒与感染小鼠的病毒并不相同。Takakura 等（1986）用补体结合试验检测，比较小鼠腺病毒在小鼠和大鼠中的感染率，所有 8 只小鼠腺病毒阳性血清（来自 3 个动物设施）只与 MAV-2 抗原反应，53 只大鼠阳性血清中，43 只仅与 MAV-2 抗原反应，6 只仅与 MAV-1 抗原反应，4 只与 MAV-1 和 MAV-2 两种抗原都反应。但是至今还没有确认是否存在大鼠腺病毒。

Gibson 等（1990）调查了美国的所有大型供应商生产的商业叙利亚仓鼠（*Mesocricetus auratus*）（来自 10 个种群），在16～24 日龄的叙利亚仓鼠肠上皮细胞内发现典型的腺病毒特征的细胞核内包涵体，电子显微镜显示在肠上皮细胞核内存在大量典型腺病毒样的病毒粒子。用间接荧光抗体试验，血清抗体和 MAV-2 发生反应，但没有发现与腺病毒相关的临床疾病。

四、临床症状

MAV-2 经各种途径感染哺乳小鼠和成年小鼠均不引起死亡，仅能从肠道和粪便中分离到病毒。感染哺乳幼鼠可引起动物发育不全、体型矮小；感染成年小鼠没有临床症状。

五、病理变化

1. 大体解剖观察 MAV-2 自然感染或试验感染一般不引起小鼠明显的组织器官损害，仅见肠道黏膜有轻微炎症。也有报道 MAV-2 与小鼠幼仔和成年鼠腹泻有关。

2. 组织病理学观察 MAV-2 感染小鼠无明显组织学改变。在无临床症状的小鼠肠上皮细胞中能观察到大量的嗜碱性细胞核内包涵体，从包涵体的电子显微形态判断，呈现腺病毒特征。

六、诊　　断

1. 病毒分离与鉴定 取感染小鼠的粪便、小肠壁或小肠内容物，无菌处理后接种 CMT-93 细胞，2～3 周后提取病毒。电镜观察细胞培养物中的病毒形态，病毒呈现典型的腺病毒形态，用血清学和分子生物学方法鉴定病毒。

2. 血清学试验 流式荧光试验、ELISA 和免疫荧光试验均可诊断小鼠或大鼠的腺病毒感染。多数诊断实验室采用 MAV-1 和 MAV-2 联合抗原检测。MAV-1 抗原与 MAV-2 血清抗体并不发生反应。

3. 组织病理学诊断 MAV-2 仅侵害宿主肠道，自然或试验性感染小鼠在肠（特别是回肠和盲肠）上皮细胞产生细胞核内包涵体。MAV-2 和 MAV-1 都有一个突出的特征，就是 A 型细胞核内包涵体。大鼠试验性感染 MAV-2 未见组织损伤。

4. 分子生物学诊断 动物源性材料的广泛使用使得鼠源性病毒检测广泛开展，从而也促进了相关病毒分子生物学诊断技术的快速发展。目前使用最为广泛的 PCR 方法是凝胶 PCR（gel-based PCR）和实时 PCR（real-time PCR），实时 PCR 是通过荧光标记、实时记录 DNA 扩增的量，省去了扩增后的凝胶电泳并能防止污染，实时 PCR 比凝胶 PCR 更快速。对一些病毒的检测实时 PCR 比凝胶 PCR 更敏感，但对于小鼠腺病毒的检测二者敏感性相差不大。

七、防治措施

小鼠腺病毒对实验小鼠种群的感染率低，将该病毒从种群中去除相对容易，子宫摘除或胚胎移植均可实现，屏障环境对防止污染有效。

八、对实验研究的影响

MAV-2 感染小鼠可作为研究人腺病毒感染过程和免疫机理的模型，因为 MAV-2 的组织取向性与人腺病毒类似。

腺病毒载体具有高效传递和表达基因的能力（尤其是在体外），所以小鼠腺病毒作为基因载体被广泛研究。

小鼠腺病毒对研究影响的报道较少，自然感染小鼠腺病毒可以干扰用腺病毒作为基因载体的研究。

（范文平　贺争鸣）

我国已颁布的相关标准

GB/T 14926.27—2001　实验动物　小鼠腺病毒检测方法

参考文献

Becker S D, M Bennett, J P Stewart, et al. 2007. Serological survey of virus infection among wild house mice (Mus domesticus) in the UK [J]. Laboratory Animals, 41 (2): 229-238.

Blank W A, K S Henderson, L A White. 2004. Virus PCR assay panels: an alternative to the mouse antibody production test [J]. Lab. Animal., 33 (2): 26-32.

Gibson S V, A A Rottinghaus, J E Wagner, et al. 1990. Naturally acquired enteric adenovirus infection in Syrian hamsters (Mesocricetus auratus) [J]. Am J Vet Res, 51: 143-147.

Hashimoto K, T Sugiyama, S Saski. 1966. An adenovirus isolated from the feces of mice. I. Isolation and identification [J]. Jpn. J. Microbiol., 10: 115-125.

Hedrich H J, Gillian R Bullock. 2004. The laboratory mouse [M]. Elsevier Academic Press, London, UK; California, USA: 365-366.

Hemmi S, M Z Vidovszky, J Ruminska, et al. 2011. Genomic and phylogenetic analyses of murine adenovirus 2 [J]. Virus Research, 160 (1-2): 128-135.

Jacoby R O, and J R Lindsey. 1998. Risks of infection among laboratory rats and mice at major biomedical research institutions [J]. ILAR J., 39: 266-271.

Jacques C, B D'Amours, C Hamelin. 1994. Genetic relationship between mouse adenovirus-2 (strain K87) and human adenovirus-2 [J]. FEMS Microbiology Letters: 7-11.

Klempa B, D H Kruger, B Auste, et al. 2009. A novel cardiotropic murine adenovirus representing a distinct species of mastadenoviruses [J]. Journal of Virology, 83 (11): 5749-5759.

Luethans T N, J E Wagner. 1983. A naturally occurring intestinal mouse adenovirus infection associated with negative serologic findings [J]. Lab. Anim. Sci., 33: 270-272.

Lussier G, A L Smith, D Guénette, et al. 1987. Serological relationship between mouse adenovirus strains FL and K87 [J]. Lab. Anim. Sci., 37: 55-57.

Mahabir E, M Brielmeier, J Schmidt. 2007. Microbiological control of murine viruses in biological materials: methodology and comparative sensitivityA review [J]. Scand. J. Lab. Anim. Sci., 34 (1): 47-58.

Smith A L, and S W Barthold. 1987. Factors influencing susceptibility of laboratory rodents to infection with mouse adenovirus strains K 87 and FL [J]. Arch. Virol., 95: 143-148.

Smith A L, G R Singleton, G M Hansen, et al. 1993. A serologic survey forviruses and Mycoplasma pulmonis among wild house mice (Mus domesticus) in southeasternAustralia [J]. J. Wildlife Diseases, 29: 219-229.

Smith A L, D F Winograd, T G Burrage. 1986. Comparative biological characterization of mouse adenovirus strains FL and K 87 and seroprevalence in laboratory rodents [J]. Archives of Virology, 91 (3): 233-246.

Takakura A, T Itoh, N Kagiyama, et al. 1986. A comparison of two antigen strains of each of mouse hepatitis virus and mouse adenovirus for detection of complement fixation antibody in mouse and rat sera [J]. Jikken Dobutsu, 35 (4): 475-578.

Umehara K, M Hirakawa, K Hashimoto. 1984. Fluctuation of antiviral resistance in the intestinal tracts of nude mice infected with a mouse adenovirus [J]. Microbiol Immunol., 28 (6): 679-690.

第三节　豚鼠腺病毒1型感染
(Guinea pig adenovirus 1 infection)

一、发生与分布

1981年豚鼠腺病毒在德国首次被描述并通过试验复制该疾病，在美国、澳大利亚、英国和瑞士等地也有散发的报道。Nicole Butz等通过采集感染豚鼠的鼻黏液，应用PCR技术检测到豚鼠腺病毒，表明该病毒能引起短暂、临床不明显的上呼吸道感染，感染后病毒转移至肺部，引发的豚鼠支气管炎坏死是一种自发性多遗传因子的疾病，并具有低发病率、高死亡率和分布广泛的特点。组织病理学方法可鉴定豚鼠腺病毒（*Guinea pig adenovirus*，GPAdV），但到目前为止该病毒仍无法进行体外培养。这种病毒能引起动物的支气管炎和死亡，可从动物肺部观察到腺病毒样包裹体。豚鼠腺病毒1型感染（Guinea pig adenovirus 1 infection）的低发生率和缺少体外培养方法的缺点已经严重阻碍了对豚鼠腺病毒的进一步研究和治疗方法的发展。

二、病　　原

1. 分类地位　豚鼠腺病1型（*Guinea pig adenovirus* 1）在分类学上属腺病毒科（Adenoviridae）、哺乳动物腺病毒属（*Mastadenovirus*）。

2. 形态学基本特征与培养特性　腺病毒没有囊膜，核衣壳的直径为70～80nm，呈二十面体立体对称。为线状的双股DNA。DNA以非共价相连方式组成腺病毒，不含脂质。纤突蛋白和某些非蛋白结构均系糖基化蛋白。所有报道的腺病毒有一个相同的基因组结构，病毒的衣壳由252个病毒壳微体排列成对称的二十面体结构。在252个病毒壳微体中，由240个病毒壳微体形成六邻体，构成二十面体的20个面以及棱的大部分，六邻体包括了形状、亚属和种类的归属特征。这些壳粒呈棱柱状，宽7nm、长11nm。六邻体基因表现出3种不同的片段，一个可变的中间片段和两个侧面的高保守区域片段。另外12个是五邻体，分别位于二十面体的12个顶上。五邻体由宽约7nm的基部和由基部向外伸出的纤突组成。纤突直径2nm，长10～31nm，随腺病毒类型不同而不同。纤突顶端为一个4nm直径的球形物，这是病毒感染细胞时结合于细胞受体的部分，在感染核内的病毒粒子经常排列成结晶状。各种动物的腺病毒形态基本相同。

3. 理化特征　腺病毒对酸的抵抗力较强，故能通过胃肠道而继续保持活性。许多腺病毒就是从人和动物的粪便中分离获得的。由于没有脂质囊膜，对乙醚、氯仿有抵抗力，但在丙酮中不稳定。腺病毒在冷冻环境下保存非常稳定，于4℃存活70天，22～23℃存活14天，36℃存活7天；在50℃经10～20min或56℃经2.5～5min可以灭活。腺病毒对酸稳定，适宜pH 6～9，能耐pH 3～5，pH在2以下和10以上均不稳定。

4. 分子生物学　病毒粒子的核心由多肽Ⅴ、多肽Ⅶ，每个核心含有1 070个多肽Ⅶ和180个多肽Ⅴ，两者均富含精氨酸、色氨酸。核心上的另一多肽仅4kDa，其精确位置和功能尚不清楚。

三、流行病学

1. 自然宿主　豚鼠。

2. 实验动物　豚鼠腺病毒只感染豚鼠，一种动物的腺病毒一般不感染异种动物。

四、临床症状

1998年Garya. Eckhoff等发现感染豚鼠腺病毒的两种不同症状，豚鼠可能致死但无任何临床症状，或导致呼吸困难、急促等临床表现。

五、病理变化

1. 大体解剖观察　感染腺病毒的豚鼠中，所有肺的颅叶和肺门区域有明显的固结现象，在某些案例中尾侧的肺叶也存在部分肺实变，其余的肺组织有较明显的肺气肿，并伴随瘀斑，偶见适度的胸腔积水、血胸、轻微的腹水以及在脾脏有严重的增生隆起，豚鼠腹股沟淋巴结也有隆起现象。

2. 组织病理学观察　在坏死的支气管炎和毛细支气管炎的支气管上皮细胞可发现嗜碱性的核内包裹体（即腺病毒）。用苏木精—署红染色死亡豚鼠的肺组织，可见脱落的内层上皮细胞，细支气管腔被细胞碎片和核碎片堵塞，其中掺杂着退化的白细胞和纤维蛋白。周边薄壁组织充满着炎症性的细胞渗入到肺泡的间质组织中。

高倍镜下可以看出细支气管脱落的上皮细胞中包含有大量的腺病毒包裹体。少量的腺病毒包裹体在未受损的内层上皮细胞中。肺内充满着光亮、分散的渗入肺泡组织的炎症细胞，主要是淋巴细胞、少量的血浆细胞、巨噬细胞和中性粒细胞。

3. 超微结构观察 由10%福尔马林固定病变肺组织，以2%四氧化锇再固定，树脂包裹后超薄切片，以乙酸铀和柠檬酸铅染色，在电子显微镜下观察。可发现六菱形的病毒颗粒，直径65～70nm，这些病毒颗粒可以在脱落的细支气管上皮细胞的核内和细胞质内观察到，病毒颗粒呈六菱形或立方体形晶格排列。

六、诊　　断

PCR可用于检测豚鼠腺病毒感染。

七、对实验研究的影响

腺病毒在豚鼠中可能引起无临床表现的隐形感染，能影响试验结果。

（萨晓婴　田克恭）

参考文献

Eckhoff Gary A, Mann Peter, Gaillard Elias T, et al. 1998. Naturally Developing Virus - Induced Lethal Pneumonia in Two Guinea Pigs (Caviaporcellus) [J]. Journal of the American Association for Laboratory Animal Science, 37 (1): 54 -57.

Hankenson F Claire, Wathen Asheley, Eaton Kathryn A, et al. 2010. Guinea Pig Adenovirus Infection Does Not Inhibit Cochlear Transfection with Human Adenoviral Vectors in a Model of Hearing Loss [J]. Comparative Medicine, 60 (2): 130 - 135.

Susanne Naumann, I Kunstyr, Ina Langer, et al. 1981. Lethal pneumonia in guineapigs associated with a virus [J]. Laboratory Animals, 15: 235 - 242.

第四节　传染性犬肝炎
(Infectious canine hepatitis)

传染性犬肝炎（Infectious canine hepatitis，ICH）是由犬腺病毒Ⅰ型引起犬等动物的一种急性败血性传染病。主要发生于犬，也可见于其他犬科、鼬科、熊科动物。在犬主要表现肝炎和循环障碍，在狐狸、熊则表现为脑炎。犬腺病毒Ⅰ型与犬腺病毒Ⅱ型不同，后者引起犬的呼吸道疾病和幼犬肠炎。

一、发生与分布

1947年Rubarth首次确认传染性犬肝炎。1959年，Kgpsenberg分离获得病毒，并证明传染性犬肝炎与狐狸脑炎系由同一腺病毒引起，称为犬腺病毒Ⅰ型（CAV-1）。传染性犬肝炎呈世界性分布，普遍存在于英国、丹麦、挪威、澳大利亚、加拿大和美国等国家。Decaro N报道，意大利在2001—2006年就暴发了4次犬传染性肝炎。血清学调查和病毒分离发现，该病不仅广泛存在于家养的犬、狐狸中，而且广泛流行于世界范围内的野生狐狸、熊、郊狼和浣熊等动物中。

从流行情况来看，该病在我国存在已久。1984年夏咸柱等首次分离获得该病毒，并命名为A-8301株。随后，哈尔滨、上海、昆明等地相继分离获得病毒，说明犬腺病毒Ⅰ型感染在我国比较普遍。钟志宏等（1989）从患脑炎的狐狸中分离到了犬腺病毒Ⅰ型，即狐狸脑炎病毒；范泉水等（1992）从死亡幼熊中也分离到该病毒。

二、病　　原

1. 分类地位 犬腺病毒Ⅰ型（*Canine adenovirus* type 1，CAV-1）又称犬传染性肝炎病毒、狐脑

炎病毒、罗巴斯病病毒，在分类上属腺病毒科（Adenoviridae）、哺乳动物腺病毒属（*Mastadenovirus*）。

2. 形态特征 犬腺病毒Ⅰ型与其他哺乳动物腺病毒相似，呈二十面体立体对称，直径 70～90nm，有衣壳，无囊膜。衣壳由 252 个壳粒组成，其中 240 个为六邻体，构成二十面体的 20 个面和棱的大部分；另外 12 个为五邻体，位于 12 个面的 12 个顶上。每个五邻体又各自从基底部向外伸出一根如电视接收天线的纤突。纤突长 25～27nm，在纤突顶端又各有一个称为顶球的球状物，这是病毒感染细胞时结合细胞受体的部分，病毒的血凝素也存在于此。衣壳内由双股 DNA 组成的病毒核心，直径 40～50nm，分子量（1.98～2.48）$\times 10^7$u。

3. 理化特性与培养特性 犬腺病毒包括犬腺病毒Ⅰ型和犬腺病毒Ⅱ型两型。两型具有共同的补体结合抗原，但其生化特性和核酸同源性不同。应用血凝抑制试验和中和试验可以将其加以区别。李宝林等（1987）用聚乙二醇提纯犬腺病毒Ⅰ型后，测定其完整病毒粒子和不完整病毒粒子的浮密度分别为 1.336g/cm^3 和 1.30g/cm^3，沉降系数分别为 747s 和 285s。用聚丙烯酰胺凝胶电泳分析病毒蛋白，含 11 种多肽，分别为六邻体（分子量 11 408u）、五邻体（7 738u）、结构蛋白（6 944u）、纤突（6 349u）、核心蛋白（5 754u）、六邻体结合蛋白（5 357u）、五邻体结合蛋白（2 678u）、衣壳蛋白（2 381u）和其他 3 种功能不详的小蛋白，分子量分别为 1 786u、1 587u 和 1 289u。国内分离的 A-8301 强毒株与国外疫苗株在蛋白电泳图谱、各蛋白分子量以及病毒粒子浮密度等方面存在明显差异。

犬腺病毒Ⅰ型对乙醚、氯仿有抵抗力。在 pH 3～9 条件下可存活，最适 pH 6.0～8.5。在 4℃可存活 270 天，室温下存活 70～91 天，37℃存活 29 天。56℃ 30min 仍具有感染性。病犬肝、血清和尿液中的病毒，20℃可存活 3 天。碘酚和氢氧化钠对该病毒消毒效果明显。

犬腺病毒Ⅰ型能凝集人 O 型、豚鼠和鸡的红细胞，最适稀释液为 0.01mol/L、pH 7.2 的磷酸盐缓冲液（PBS），最适作用温度和时间为 4℃ 60～90min。犬腺病毒Ⅰ型不凝集大鼠、小鼠、猪、犬、绵羊、马、牛和兔的红细胞。

Cabasso 等（1954）首次用犬原代肾细胞培养犬腺病毒Ⅰ型获得成功。随后更多学者证明犬腺病毒Ⅰ型也可在猪、雪貂、豚鼠、浣熊的肾和睾丸细胞上增殖。细胞病变为增大、变圆、变亮，聚集成葡萄串状。犬腺病毒Ⅰ型对内皮细胞和肝细胞有亲和力，可在肝实质细胞和内皮细胞产生核内包涵体。包涵体起初细小、嗜酸性，随后增大，多变为嗜碱性（Bonn，1958；Emery 等，1958）。

4. 分子生物学 犬腺病毒同其他腺病毒一样，其基因组为单分子的线状双链 DNA 结构，长 30～31kb。在 DNA 分子两端存在末端倒置重复（ITR），重复的次数和长短因病毒型和株的不同而异，并且与病毒传代次数有关。末端倒置重复在病毒的复制过程中有重要作用。基因组 5’端连接有末端蛋白（TP），末端蛋白与腺病毒的感染有关，带有末端蛋白的病毒 DNA 其感染能力提高 100 倍。根据功能和表达时间的不同可将基因组分成多个转录单元，早期表达的 E1、E2、E3 和 E4 对病毒的基因表达、病毒复制及病毒对宿主细胞功能的调节有重要作用；后期表达的区域编码病毒的大部分结构蛋白。Mark D（1997）测定了犬腺病毒Ⅰ型 RI261 株的全基因序列，与人腺病毒 2、5、12、40 同源性很高，RI261 基因全长 30 536bp，比人腺病毒小（Ad2 全长为 45 937bp），主要原因是犬腺病毒Ⅰ型的 ORF 和 E3 区相对较短。RI261 与人腺病毒的 E2 和 L 基因高度同源，而编码与宿主相互作用的 E1、E3、E4 基因同源性低。

三、流行病学

1. 传染来源 病犬和康复犬是传染性犬肝炎的主要传染来源。康复犬尿中排毒可达 180～270 天，是造成其他犬感染的重要疫源。

2. 传播途径 传染性犬肝炎主要是通过直接接触病犬（唾液、呼吸道分泌物、尿、粪）和接触污染的用具而传播，也可发生胎内感染造成新生幼犬死亡（Assal 等，1978）。

经多种途径人工感染幼犬均可引起发病。Hamilton 等（1966）给犬口腔接种犬腺病毒Ⅰ型强毒引起传染性肝炎；Swango 等（1970）经腹腔和口腔—呼吸道接种均引起典型症状；Carmicheal（1965）

经眼内、静脉和皮下感染犬，均导致虹膜睫状体炎和角膜混浊；Wright 等（1971）、Danskin（1973）分别经气雾感染幼犬，表现肺炎、流鼻涕等呼吸道症状；Curtis 等（1981）皮下接种也获得感染发病。

3. 易感动物

（1）自然宿主　传染性犬肝炎主要感染犬和狐狸，山狗、狼、浣熊、黑熊等也有感染的报告。Randall L（2004）对 1984—2000 年期间美国阿拉斯加和加拿大育空的狼进行血清学调查，犬腺病毒Ⅰ型抗体阳性率高于 84%，并有轻微增长的趋势，但该病没有引起调查地区狼的数量的减少。郑海发等（1992）对我国不同地区的 8 个养狐狸场中狐狸脑炎的发病情况进行了调查，发病率为 16.3%，死亡率为 9.7%，不同狐种的发病率从高到低依次是彩狐、银狐、蓝狐。血清学调查显示，野生灰狐狸有 9%～86%（Riley，2004）犬腺病毒Ⅰ型抗体呈阳性，但临床发病的极为少见。2007 年 Richord W. Gerhold 报道了首例灰狐狸感染犬腺病毒Ⅰ型发病的病例。

（2）实验动物　大剂量接种可使豚鼠感染。雪貂、猫、兔和大鼠等实验动物不感染。犬不分年龄、性别、品种均可发病，但 1 岁以内的幼犬多发。幼犬死亡率高，可达 25%～40%。成年犬很少出现临床症状。

四、临床症状

1. 发病机理　自然感染主要经消化道感染。病毒通过扁桃体和小肠上皮经由淋巴和血液而广泛散播。肝实质细胞和多种组织器官的血管内皮细胞是病毒定位和损害的主要靶细胞。肝脏是受损害的首要部位，常发生变性、坏死等退行性变化或慢性肝炎变化。病毒可在肾脏长期存在，开始局限于肾小球血管内皮，导致蛋白尿，随后出现在肾小管上皮，引起局灶性间质性肾炎。在疾病的急性发热期，病毒可侵入眼而引起虹膜睫状体炎和角膜水肿。

2. 动物的临床表现　传染性犬肝炎自然感染潜伏期 6～9 天。最急性病例，在呕吐、腹痛和腹泻等症状出现后数小时内死亡。急性型病例，患犬怕冷，体温升高（39.4～41.1℃），精神抑郁，食欲废绝，渴欲增加，呕吐，腹泻，粪中带血。黄疸在急性病例不常见。亚急性病例症状较轻微，咽炎和喉炎可致扁桃体肿大；颈淋巴结发炎可致头颈部水肿。特征性症状是角膜水肿，即“蓝眼”病。角膜水肿的病犬表现眼睑痉挛、羞明和浆液性眼分泌物。角膜混浊通常由边缘向中心扩展。眼疼痛反射通常在角膜完全混浊后逐渐减弱，但若发展为青光眼或角膜穿孔则重新加剧。若无并发症，角膜混浊从边缘向中心逐渐自行消退。慢性病例多发于老疫区或疫病流行后期，多不死亡，可以自愈。

D. Caudell（2005）报道，9 只拉布拉多幼犬出现运动失调和失明的严重中枢神经系统疾病，通过免疫组织化学、病毒分离及细胞培养物 PCR 确定为犬传染性肝炎，其脑干的多病灶出血与 Green（1933）描述的狐狸脑炎相似。这种犬感染犬腺病毒Ⅰ型后出现中枢神经损害的病例非常少见，具体原因还不清楚。

五、病理变化

1. 大体解剖观察　犬腺病毒Ⅰ型感染主要表现全身性败血症变化。在实质器官、浆膜、黏膜上可见大小、数量不等的出血斑点。浅表淋巴结和颈部皮下组织水肿、出血，腹腔内充满清亮—浅红色液体。肝肿大、呈斑驳状，表面有纤维素附着。胆囊壁水肿、增厚，呈灰白色、半透明，胆囊浆膜被覆纤维素性渗出物，胆囊的变化具有诊断意义。脾肿大、充血。肾出血，皮质区坏死。肺实变。肠系膜淋巴结肿大、充血。中脑和脑干后部可见出血，常呈两侧对称性。

2. 组织病理学观察　急性病例肝细胞广泛性坏死，小叶内病变细胞与正常细胞分界明显，严重病例整个肝小叶发生凝固性坏死。核内包涵体最早见于枯否氏细胞，随后见于肝实质细胞。亚急性和慢性病例肝脏可见散在性肝细胞坏死，间质组织中有大量中性粒细胞、单核细胞和浆细胞浸润。犬腺病毒Ⅰ型引起的轻微炎症反应导致门区周围单核细胞浸润、纤维化，最终导致肝硬化。胆囊上皮细胞完整，黏膜下层水肿。肾包涵体最早见于肾小球毛细血管内皮细胞，随后见于肾小管上皮细胞，间质组织中大量中性粒细胞和单核细胞浸润，纤维化。淋巴器官（包括淋巴结、扁桃体和脾脏）可见充血，淋巴滤泡中心坏死，核内包涵体存在于血管内皮细胞。肺泡壁增厚，支气管周围淋巴细胞聚集。实变区的肺泡中充盈红细胞、纤维素和渗出液。肠道浆膜层出血，黏膜层和黏膜下层水肿。脑组织小血管周围可见淋巴细胞形成的管套。脑膜血管腔内，肿胀脱落的内皮细胞中含有核内包涵体。眼睛以肉芽肿性虹膜睫状体炎为特征，并伴随有角膜内皮损伤和角膜水肿；虹膜及睫状体血管充血，炎性细胞浸润。

3. 超微结构观察　最明显的变化见于血管内皮细胞。最初胞浆肿胀、空泡化，堵塞血管腔。随后核仁变圆、固缩。在内脏和胃壁上皮细胞也可见相似变化。

核内包涵体的中心部位为相互连接在一起的病毒粒子，多呈结晶状排列。病毒通过核膜进入胞浆，当细胞崩解时，成熟的病毒粒子释放到细胞外。

4. 血液学变化　在疾病早期，蛋白尿和胆红素尿反映了肾和肝的损伤。当肝实质广泛损伤时，丙氨酸转氨酶（ALT）、天冬氨酸转氨酶（AST）、碱性磷酸酶（ALP）、乳酸脱氢酶（LDH）等血清酶活性增高。发病早期白细胞减少，包括淋巴细胞减少和中性粒细胞减少，随后无并发症的康复犬可发生中性粒细胞减少和淋巴细胞增多。在病毒感染期间可见弥散性血管内凝血，血小板数量明显减少，凝血酶原时间（PT）、凝血酶时间（TT）和激活凝血激酶时间（APTT）延长。Ⅷ因子活性降低，纤维蛋白原降解产物增加。血清蛋白变化的特征是人工感染后7天，α-球蛋白增加，随后γ-球蛋白增加，21天达高峰。球蛋白的增加与中和抗体滴度成正相关。

六、诊　　断

传染性犬肝炎早期症状与犬瘟热等疾病相似，有时还与这些疾病混合发生。因此，根据流行病学、临床症状和病理变化仅可做出初步诊断。特异性诊断必须进行病毒分离鉴定和血清学诊断。

1. 病毒分离　可采取病犬血液、扁桃体或肝、脾等材料处理后接种犬肾原代细胞或传代细胞，随后可用血凝抑制试验或免疫荧光试验检测细胞培养物中的病毒抗原。

2. 血凝和血凝抑制试验　急性或亚急性传染性犬肝炎病犬肝脏中含有大量病毒粒子。夏咸柱等（1990）根据犬腺病毒Ⅰ型可凝集人O型红细胞，且此种凝集作用既可被犬腺病毒Ⅰ型血清所抑制，也可被犬腺病毒Ⅱ型血清所增强的原理，建立了传染性犬肝炎血清学诊断方法。该法既可通过病料中血凝抗原的检测用于急性病例的临床诊断，也可通过血清中血凝抑制抗体检查用于免疫力测定和流行病学调查。

其他诊断方法包括免疫荧光试验、琼脂扩散试验、补体结合试验、中和试验和酶联免疫吸附试验等。可依据各自的实验条件建立上述诊断方法。

近年来，很多学者做了分子生物学诊断方面的研究。Hu RL（2001）建立了区分犬腺病毒Ⅰ型和犬腺病毒Ⅱ型的PCR检测方法，可通过扩增片段大小区分犬腺病毒Ⅰ型和犬腺病毒Ⅱ型。王雷等在E3保守区域设计引物，建立了可区分犬腺病毒Ⅰ型强、弱毒株的PCR检测方法，强、弱毒株扩增片段分别为569bp和244bp。

七、防治措施

1. 治疗　在病初发热期，可用高免血清进行治疗以抑制病毒扩散。然而，一旦出现明显的临床症状，由于已经产生广泛的组织病变，即使应用大剂量高免血清也很少有效。在轻型病例，采取静脉补液等支持疗法或对症疗法，有助于病犬康复。可用抗生素或磺胺类药物防止细菌继发感染。

2. 预防与控制　加强饲养管理和环境卫生消毒，防止病毒传入。坚持自繁自养，如需从外地购入动物，必须隔离检疫，合格后方可混群。一旦发病，需立即控制疫情发展。应特别注意，康复期病犬仍可向外排毒，不能与健康犬合群。

关于免疫接种，国外已成功地应用甲醛灭活疫苗和弱毒疫苗进行免疫接种。灭活疫苗多采用犬肾细胞培养物制备；弱毒疫苗是经犬肾细胞传代后，再经猪肾细胞驯化减毒，进一步稳定后制备而成。一般在63日龄时进行第一次接种，在105日龄时再接种一次，之后每隔180天接种一次。目前多与犬瘟热弱毒疫苗、钩端螺旋体苗等制成多价苗联合使用。Wright等（1974）研究表明，犬腺病毒Ⅰ型和犬腺病毒Ⅱ型弱毒可以产生交叉免疫反应，Appel等（1973）试验证实，犬鼻内或肌肉接种犬腺病毒Ⅱ型弱毒不发病，静脉接种犬腺病毒Ⅰ型强毒获得保护；Cornwell等（1982）报道，用犬腺病毒Ⅰ型和犬腺病毒Ⅱ型两型弱毒对犬所提供的免疫力基本相似。由于犬腺病毒Ⅰ型弱毒有时可致角膜混浊，因此建议用犬腺病毒Ⅱ型进行免疫接种。我国夏咸柱等（1988）已研制出犬腺病毒Ⅱ型弱毒苗，经试验证实对犬、狐的腺病毒感染具有很强的免疫保护作用。

八、对实验研究的影响

犬传染性肝炎对犬尤其是1年内的幼犬有严重危害，能引起犬的肝、胆、肾、淋巴器官的病变，还能引起感染犬的血象变化，如白细胞和血小板减少等。可对相关试验数据造成误差。此外，大剂量接种可使豚鼠感染，以豚鼠作为实验动物时也存在潜在的影响。

（冯向辉　孙明　肖璐　田克恭）

参考文献

范泉水，齐桂凤，乔贵林，等．1992. 熊脑炎病毒的分离鉴定［J］．国畜禽传染病，66（5）：1-2.

王雷，夏咸柱，卫广森，等．2002. 用PCR技术鉴定犬传染性肝炎病毒强、弱毒株的研究［J］．畜牧与兽医，34（2）：10-12.

郑海发，聂金珍，吴威，等．1992. 狐狸脑炎流行病学调查［J］．特产研究（1）：29-30.

D Caudell，A W Confer，R W Fulton，et al. 2005. Diagnosis of Infectious Canine Hepatitis Virus（CAV-1）Infection in Puppies with Encephalopathy［J］．Journal of Veterinary Diagnostic Investigation，17：58-61.

Decaro N，Campolo M，Elia G，et al. 2007. Infectious canine hepatitis：an " old" disease reemerging in Italy［J］．Department of Animal Health and Well-being，83（2）：269-273.

Hu R L，Huang G，Qiu W，et al. 2001. Detection and differentiation of CAV-1 and CAV-2 by polymerase chain reaction［J］．Vet Res Commun. 25（1）：77-84.

Katherine W，Mc Fadden，Susan E et al. 2005. A Serological and Fecal Parasitologic Survey of the Critically Endangered Pygmy Raccoon（Procyon pygmaeus）［J］．Journal of Wildlife Diseases，41（3）：615-617.

Mark D，Morrison，David E，et al. 1997．Complete DNA sequence of canine adenovirus type 1［J］．Journal of General Virology，78：873-878.

Randall L，Zarnke，Jay M，et al. 2004. Serologic survey for selected disease agents in wolves（canis lupus）feomalaska and the yukon territory，1984-2000［J］．Journal of Wildlife Diseases，40（4）：632-638.

Riley S P D，J FOLEY. 2004. Exposure to feline and canine pathogens in bobcats and gray foxes in urban and rural zones of a national park in California［J］．Journal of Wildlife Diseases，40：11-22.

Thompson H，O'Keeffe A M，Lewis J C，et al. 2010. Infectious canine hepatitis in red foxes（Vulpes vulpes）in the United Kingdom［J］．The Veterinary record，166（4）：111-114.

第五节　犬腺病毒2型感染
(Canine adenovirus type 2 infection)

犬腺病毒2型感染（Canine adenovirus type 2 infection）可引起犬的传染性喉气管炎，临床表现持续高热、咳嗽、浆液—黏液性鼻漏、扁桃体炎、喉气管炎和肺炎。犬腺病毒2型还是引起幼犬腹泻的病原之一。

一、发生与分布

Ditchfield等（1962）在加拿大从暴发喉气管炎的病犬中首次分离到犬腺病毒2型，代表株为多伦多 A26/21 株。之后，从患有肺炎、支气管炎、扁桃体炎等呼吸道病的病犬也分离到犬腺病毒 2 型（Binn 等，1967；Appel，1970；Assaf 等，1978）。Danskin 等（1973），Tham KM 等（1998）也从患有呼吸道症状的幼犬分离到犬腺病毒 2 型，并指出只有在 8～10 月份才能从气管样本中分离到犬腺病毒 2 型，而在 5～7 月份只能分离到犬腺病毒 1 型。Hamelin 等（1986）、Macartney 等（1988）从患有腹泻的幼犬肠内容物中也分离到犬腺病毒 2 型，并认为犬腺病毒 2 型可能是引起肠道疾患的一种新病原。近几年研究发现（Damian M，2005），犬腺病毒 2 型的感染情况在墨西哥等一些国家有上升的趋势。

在我国，范泉水等（1999）从沈阳地区一只患肠炎犬的粪便中首次分离到犬腺病毒 2 型，定名为 CAV-2-SY 株，通过人工感染试验确定为一株犬腺病毒 2 型强毒，之后在延边地区的犬肺中（夏咸柱，2000）、南昌的犬粪中（朱文静，2001）、北京的病犬血液中（付少才，2004）及长春的犬子宫中（张洋，2008）相继分离到犬腺病毒 2 型。从多地分离到犬腺病毒 2 型的情况结合临床病例报告表明，该病在我国广泛存在。

二、病　　原

1. 分类地位　犬腺病毒 2 型（*Canine adenpvirus* type 2，CAV-2）又名犬传染性喉气管炎病毒，与犬腺病毒 1 型（CAV-1）同属腺病毒科（Adenoviridae）、哺乳动物腺病毒属（*Mastadenovirus*）。犬腺病毒 2 型在毒力、可溶性抗原结构、细胞感染范围以及红细胞凝集范围方面与犬腺病毒 1 型有些差别，但免疫过犬腺病毒 2 型（A-26）的犬，却可有效产生对犬传染性肝炎强毒的免疫力。

2. 形态学特征与培养特性　犬腺病毒 2 型的形态特征与犬腺病毒 1 型基本一致，但犬腺病毒 2 型表面的纤突较犬腺病毒 1 型略长，达 35～37nm（Yamaaoto，1968）。

犬腺病毒 2 型可在犬肾原代细胞、犬肾上皮细胞和犬肾传代细胞（MDCK）上良好增殖，但不能在猫肾细胞上增殖。在 MDCK 细胞上产生的细胞病变为细胞肿大、变圆、脱落，呈“葡萄串状”，被认为是犬腺病毒 2 型的特征性病变。

3. 理化特性　犬腺病毒 2 型的理化特性同犬腺病毒 1 型。

4. 分子生物学　犬腺病毒 2 型代表株多伦多 A26/61 的基因组大小为 31 323bp，与犬腺病毒 1 型的同源性为 89%，基因组分区与犬腺病毒 1 型相似，在 DNA 分子两端存在末端倒置重复序列（ITR），不同型或毒株的 ITRs 长度略有不同，犬腺病毒 1 型 Woc-4 株的为 160bp，犬腺病毒 2 型的 Toronto 株为 197bp。犬腺病毒 1 型和犬腺病毒 2 型的 E1 区同源性为 75%。根据功能和表达时间的不同可将基因组分成多个转录单元，早期表达的 E1、E2、E3 和 E4 对病毒的基因表达、病毒复制及病毒对宿主细胞功能的调节有重要作用。后期表达的区域编码病毒的大部分结构蛋白。犬腺病毒 2 型 E1 区截至 E1B 的第一个蛋白的末端编码区为止比犬腺病毒 1 型的长 153bp。E3 区是犬腺病毒复制的非必须区，但 E3 区的基因产物在体内具有抑制宿主免疫防御的作用。犬腺病毒 1 型和犬腺病毒 2 型的 E3 两侧的基因高度同源，但 E3 区存在明显区别，表现在犬腺病毒 2 型的 E3 区比犬腺病毒 1 型长 500bp。

三、流行病学

1. 传染来源　病犬和病狐是主要的传染源，易感动物感染后一般长期带毒。因此，该病一经发生很难根除。

2. 传播途径　传播途径主演是经呼吸道和消化道传染，病犬和带毒犬通过唾液、粪、尿等分泌物和排泄物排出的病毒污染环境、饲料和用具等，犬通过舔食、呼吸感染。康复后带毒的犬是本病最危险的传染来源，尿中排毒可达 6～9 个月。

3. 易感动物

（1）自然宿主　犬腺病毒 2 型主要感染各种年龄的犬和狐。该病常见于幼犬、幼狐，尤其是刚断奶的幼犬和幼狐发病率和病死率都较高。其他动物如狼、黑熊、极地熊、海象和北海狮等的体内均能发现犬腺病毒2型的抗体。

(2) 试验动物　人工接种可使豚鼠发生试验感染。鸡胚及其他常用试验动物不感染犬腺病毒。

(3) 易感人群　犬腺病毒不会对人的健康造成影响，但有研究认为，人特别是兽医及饲养管理人员血清中犬腺病毒2型抗体阳性率较高，可能成为犬腺病毒2型的传播者。

四、临床症状

犬腺病毒2型自然感染潜伏期为5～6天，人工感染潜伏期为3天。主要表现持续性发热。病犬主要表现为持续6～7天的刺耳干咳或致死性肺炎。其他症状包括抑郁、不食、呼吸困难、肌肉震颤和浆液—黏液性鼻漏。依轻重不同，还可表现扁桃体炎、喉气管炎和肺炎等症状。犬腺病毒2型还可引起幼犬腹泻，粪便稀软，混有黏液。

五、病理变化

1. 大体解剖观察　犬腺病毒2型感染的病理变化主要见于呼吸道，肺膨胀不全、充血，有各种程度的实变区，与周围正常组织分界明显；支气管充血、水肿，支气管周围淋巴小结充血、出血；肠道病变表现肠炎，肠系膜淋巴结充血。

2. 组织病理学观察　在病犬支气管上皮细胞、肺泡隔细胞和鼻甲上皮细胞可见核内包涵体。肠炎型在小肠黏膜上皮细胞中可见核内包涵体。

人工感染犬腺病毒2型的症状表现与接种途径有关。Fairehild等（1969）肌肉接种仅表现轻度发热、不适及食欲缺乏。Swango等（1970）经腹腔接种或口腔—呼吸道接种，犬的症状为轻度发热、抑郁和浆液—黏液性鼻漏。Cornell等（1982）经气溶胶感染症状较重，表现呼吸道窘迫、咳嗽和扁桃体炎。

2009年张洋从国内一病犬子宫中分离到CC071株犬腺病毒2型，并认为该株病毒可能为犬腺病毒组织亲嗜性上发生改变的新的变异株。该毒株的致病性有待进一步研究。

六、诊　　断

根据流行病学、临床症状和病理变化可做出初步诊断。确诊须依靠病毒分离、鉴定，血清学和分子生物学等实验室诊断方法。

1. 病毒的分离鉴定　采取病犬气管内分泌物或扁桃体、颈部淋巴结，经处理后接种于原代或传代犬肾细胞，之后可用血凝抑制试验或免疫荧光试验检测细胞培养物中的病毒抗原

2. 血清学诊断　血清学诊断可用中和试验（SN）、血凝抑制试验、ELISA等方法。中和试验因具有敏感、特异、稳定等特点而成为犬腺病毒标准抗体检测方法，但对试验条件和操作人员要求较高。

犬腺病毒1型能凝集人O型和豚鼠的红细胞，而犬腺病毒2型只能凝集豚鼠的红细胞，利用这一特性，可以将两型犬腺病毒区分开来。

葛艳华（2010）用浓缩纯化的犬腺病毒2型抗原初步建立了犬腺病毒的ELISA诊断方法，并证实用于犬腺病毒2型的抗体检测具有良好的敏感性和特异性，该方法对犬腺病毒1型的检测效果还有待进一步证实。

3. 分子生物学诊断　目前针对犬腺病毒2型的分子生物学诊断研究较少，Hu RL（2001）建立了区分犬腺病毒1型和犬腺病毒2型的PCR检测方法；王雷等建立了犬腺病毒、犬细小病毒多重PCR检测方法，可同时检测犬腺病毒1型、犬腺病毒2型和犬细小病毒三种病毒。

七、防治措施

1. 治疗　目前国内还没有犬腺病毒2型的高免血清，一般采用镇咳、祛痰、补充电解质和葡萄糖等对症治疗方法。

2. 预防与控制 该病的预防主要有加强饲养管理和环境卫生消毒，坚持自繁自养，康复期病犬要隔离饲养半年以上以及定期免疫等措施。

目前国内外应用最广泛的为犬腺病毒1型和犬腺病毒2型弱毒苗，犬腺病毒2型与犬腺病毒1型有交叉保护性，免疫犬腺病毒2型弱毒苗的犬能有效对犬腺病毒1型产生免疫力，同时可以避免免疫犬腺病毒1型苗造成对犬肾和眼的损伤。在实际工作中常与犬瘟热、犬副流感和犬细小病毒性肠炎弱毒株制成联合疫苗，研究证实，几个弱毒之间不存在免疫干扰的现象。

八、对试验研究的影响

本病主要对试验犬尤其是幼犬的呼吸道，肠道有明显的影响，以犬为试验动物时应注意防止本病的发生。

（冯向辉 孙明 肖璐 田克恭）

参考文献

常国权．1992. 犬传染性喉气管炎［J］. 中国畜禽传染病（4)：64-65.

范泉水，夏咸柱，黄耕．1999. 犬Ⅱ型腺病毒的分离与鉴定［J］. 中国兽医科技，29（11)：28-29.

付少才，陈万荣，尚太成．2004. 犬传染性喉气管炎病毒的分离鉴定［J］. 中国兽医学报，24（1)：4-5.

葛艳华，姜骞，刘家森，等．2010. 犬腺病毒2型抗原的制备及间接ELISA的建立［J］. 实验动物科学，27（5)：40-43.

王雷，夏咸柱，卫广森，等．2003. 犬腺病毒、犬细小病毒联合PCR方法的建立与应用［J］. 病毒学报，19（3)：262-266.

夏咸柱，范泉水，胡桂学，等．2000. 犬Ⅱ型腺病毒自然弱毒株的分离与鉴定［J］. 中国兽药杂志，34（3)：1-4.

张洋，袁子国，姜秋杰．2008. 犬2型腺病毒的分离鉴定及初步特性分析［J］. 军事医学科学院院刊，32（6)：541-544.

朱文静，叶俊华，范泉水，等．2001. 犬传染性喉气管炎病毒南昌株的分离鉴定［J］. 中国养犬杂志，12（1)：14-17.

Damian M, Morales E, Salas G, et al. 2005, Immunohistochemical detection of antigens of distemper, adenoviru and para-influenza viruses in domestic ogs with pneumonia [J]. J Comp Pathol., 133: 289-293.

Gill M, Srinivas J, Morozov I, et al. 2004. Three-year duration of immunity for canine distemper, adenovirus, and parvovirus after vaccination with a multivalent canine vaccine [J]. International Journal of Applied Research in Veterinary Medicine, 2 (4): 227-234.

Hu R L, Huang G, Qiu W. et al. 2001. Detection and differentiation of CAV-1 and CAV-2 by polymerase chain reaction [J]. Vet Res Commun., 25 (1): 77-84.

Tham K M, Horner G W, Hunter R. 1998. Isolation and identification of canine adenovirus type-2 the upper respiratory tract of a dog [J]. NZ Vet J., 46 (3): 102-105.

Thierry Bru, Sara Salinas, Eric J Kremer. 2010. An Update on Canine Adenovirus Type 2 and Its Vectors [J]. Viruses, 2: 2134-2153.

第六节 猴腺病毒感染
(Simian adenovirus infection)

猴腺病毒感染（Simian adenovirus infection）可引起肺炎、咽炎、肠胃炎、结膜炎等，以粪口途径传播为主，主要感染猕猴、长尾猴、非洲绿猴、黑猩猩和狒狒等灵长类动物。猴腺病毒是猴类呼吸道和消化道的常在病毒之一。有学者认为猴腺病毒感染有严格的种属特异性，也有报道认为在非人灵长类种间可能普遍发生交叉传播。猴腺病毒能够感染人，一株红伶猴腺病毒成功地在人A549肺腺癌细胞系中分离培养。猴腺病毒与人腺病毒亲缘关系很近，具有共同的可溶性补体结合抗原，猴腺病毒的某些毒株引起幼猴肺炎等呼吸道疾病，感染引起的临床症状也相似，是人腺病毒研究的理想模型。

一、发生与分布

猴腺病毒是一种双链DNA无包膜病毒，Hull（1956）等人在美国用猴肾细胞制造和检定小儿麻痹症疫苗时，首次分离获得。1957年，在南非（阿扎尼亚）用非洲绿猴肾细胞制造小儿麻痹症疫苗时也分离获得类似病毒。目前已从猕猴、长尾猴、非洲绿猴、松鼠猴、黑猩猩和狒狒等6种灵长目动物中分离到29个血清型（SAdV-1～29），包括SV1、SV11、SV15、SV17、SV20、SV23、SV25、SV30、SV31、SV32、SV33、SV34、SV36、SV37、SV38、S3、S10、V340、C1、C2、SA7、SA17、SA18、Pan5、Pan6、Pan7、SqM-1、SqM-2、AA153等。其中在猴的呼吸道中常见SV1、SV11、SV15、SV17，SV23和SV32等血清型；在消化道中常见SV20、SV23、SV30、SV31、SV32、SV33和SV36等血清型；在猕猴肾细胞培养物中常见SV1、SV11、SV15、SV17、SV23、SV25和SV37等血清型。

未发现腺病毒感染人体之前，已有多家实验室报道，新、旧大陆猴血清调查发现有腺病毒的抗体，且猴腺病毒在猩猩种群中高度流行，与人腺病毒有十分相近的亲缘关系，同源性分析证实猿猴中的腺病毒为HAdV B，HAdV C和HAdV E成员，各型别成员间基因组序列的高度相似性，也暗示了一些腺病毒种类在人和非人灵长类动物间感染的可能。2009年5月，加利福尼亚国家灵长类中心的一个封闭猴场中饲养的红伶猴暴发了急性肺炎和肝炎，病毒芯片及随后的基因组序列测定结果表明为一株不属于HAdV A～G的新型腺病毒，命名为红伶猴腺病毒（Titi monkey adenovirus，TMAdV）。同时，临床和血清学证据证明此病毒也感染了中心一名研究者及其家人，首次证实了猴腺病毒在物种间传染的可能。此株感染红伶猴并且能在人中交叉感染的红伶猴腺病毒经基因组测序证实为一个独立的亚群，与在GenBank中已知的95株腺病毒全基因组序列比对发现，红伶猴腺病毒与SAdV-3，SAdV-18和SAdV-21最为相似，有54.0%～56.3%的相似性，与HAdV D型最为相似，有54.3%～55.1%的相似性。

目前感染猕猴、食蟹猴的主要为HAdV-G、SAdV-A亚群，据文献报道腹泻猴粪便样本中，腺病毒抗原阳性约占21%，PCR阳性占46%；也有调查显示新鲜粪便中，猴腺病毒PCR阳性率高达67%。血清学检测我国云南某地区野生成年猕猴猴群中，抗体阳性率甚至高达80.8%。非人灵长类中腺病毒的高感染率表明可利用非人灵长类作为腺病毒感染动力学研究的模型，并用于检测腺病毒疫苗临床前的有效性和安全性。此外，在猴源性生物制品的检定中猴腺病毒污染应引起关注。

二、病　原

1. 分类地位　早期对猴腺病毒（*Simian adenovirus*，SAdV）的基因组学研究很少，直到近年来替代载体系统的发展，人们才对非人灵长类腺病毒的研究兴趣日趋浓厚。SAdV-21～25、SAdV-1、SAdV-3、SAdV-7等毒株相继被测序，并解析了其基因组结构。SAdV-1（34 450bp）与SAdV-3（34 425bp）大小相似，比HAdV-40（34 214bp）、HAdV-12（341 25bp）大，这四种病毒在灵长类腺病毒的巨大基因组中以基因组最小为特征。系统发生分析表明，感染黑猩猩、大猩猩的猴腺病毒和HAdV-B\E亚群高度同源而与感染猕猴等旧大陆猴的猴腺病毒（它们看起来与HAdV-A\F亚群关系较近）进化发生距离较远。有报道认为感染猕猴的猴腺病毒为灵长类腺病毒进化早期的分支，可能与人腺病毒有共同祖先。利用Megalign软件比对5种旧大陆猴猴腺病毒六邻体一段序列，建立进化树中有两个较大的分支，一簇为SAdV-1、7、20，代表HAdV-G\F亚群，另一簇为SAdV-3、6，代表SAdV-A亚群。目前感染猕猴、食蟹猴的主要为HAdV-G、SAdV-A亚群。

2. 形态学基本特征与培养特性　电镜下，猴腺病毒呈二十面体球形，无囊膜，直径70～80nm，衣壳外有宽2nm，长10～31nm的纤维突起，内含线状双链DNA和核心蛋白形成的髓芯。衣壳由252个壳粒组成，这些壳粒呈棱柱状排列在三角形的面上，每边六个，其中240个为六邻体，12个为五邻体基底。每个五邻体基底上结合着一根纤维突起，纤维顶端的球形区在感染细胞时与细胞受体结合。病毒粒子在感染细胞核内常呈晶格状排列。

经补体结合试验证实猴腺病毒具有腺病毒科成员共有的抗原成分。经交叉中和试验可将其分为不同的血清型，其中SV15与SV17、SV27与SV31、SV1与SV34、SV33与SV34、SV33与SV38等之间均有一定的交叉抗原关系。Rapoza等人根据猴腺病毒的血凝特性将其划分为4级（表5-6-1）。

表5-6-1　SAdV的血凝特性及分组

血凝特性	组别	血清型
在4℃及37℃仅能凝集猕猴红细胞	Ⅰ	SV38、SqM-1、C1
在4℃凝集猕猴和豚鼠的红细胞	Ⅱ	SV15、SV17、SV23、SV27、SV31、SV32、SV37、V340
在37℃对猫红细胞不完全凝集	Ⅲ	SV1、SV11、SV20、SV25、SV30、SV33、SV34、SV38、C2
完全不凝集猫、猕猴或豚鼠红细胞	Ⅳ	SA7

表5-6-1中Ⅲ组病毒除SV11、SV25、SV30外，在4℃也能凝集猕猴及豚鼠红细胞，所有病毒除SV25、SV30外，在4℃凝集猫红细胞也不完全。

将猴腺病毒人工接种新生仓鼠，其中SV20、SV33、SV34、SV37、SV38和SA7可以诱生网状细胞瘤，SA7、SA17、SA18可诱生淋巴肉瘤，SV1、SV11、SV23和SV25也具有肿瘤原性。Gilden等（1968）依据肿瘤抗原交叉反应试验把可引起肿瘤的猴腺病毒分为3组。第1组包括SV1、SV11、SV25、SV33和SV38；第2组包括SV20、SV23和SV30；第3组仅有SA7。

猴腺病毒可在原代和传代猴肾细胞上增殖，并产生特征性细胞病变，细胞变圆、折光性增强、呈葡萄串状。在人源细胞培养物中，只有SV1、SV11、SV25、SV33和SV34等血清型可以生长。

根据猴腺病毒对不同动物红细胞的凝集性能，可分为4个亚型。亚型Ⅰ的特征是能在4℃和37℃凝集猕猴的红细胞，但不凝集其他动物的红细胞；亚型Ⅱ能在4℃凝集大白鼠、猕猴和豚鼠的红细胞，但不能在37℃凝集猴和豚鼠的红细胞；亚型Ⅲ和Ⅳ包括其他没有血凝性能或血凝不完全的血清型。

猴腺病毒具有比较严格的宿主动物范围，一般仅感染同种动物，在组织培养细胞中，也以猴来源的细胞最为敏感，上皮样细胞似乎比纤维样细胞更为敏感。故猴腺病毒在猴肾原代细胞中以及各种来源的猴肾继代或传代细胞以及Vero、LLC、MK2、ATCCCL-7、BSV1、BSC1等传代细胞中增殖，SV1、SV2、SV11、SV25、SV33、SV34和能够感染人的红伶猴腺病毒等毒株还能在人的细胞内增殖。感染细胞的病变特征为变圆、折光性增强，并形成葡萄串样团聚块，细胞核内具有许多小的嗜酸性包涵体，细胞病变出现于接毒后3～4天。

3. 理化特性　腺病毒对理化因素抵抗力较强，对脂溶剂及胰酶等不敏感，对酸和温度耐受范围较大，温室中可存活10天以上。腺病毒耐酸及蛋白酶、胆汁的作用，故能通过胃肠道而继续保持活性，许多腺病毒就是从人和动物的粪便中获得的，这为口服腺病毒载体的研制提供了方便。该病毒无囊膜，对有机溶剂不敏感，但在丙酮中不稳定；适宜pH为5～6，pH在2以下或10以上均不稳定；在－20℃时可长期存活，紫外线照射30min、56℃30min可被灭活。

4. 分子生物学　猴腺病毒是双链DNA病毒，其基因组大小差异较大，其中猕猴腺病毒较小，约34kb；而黑猩猩腺病毒较大，约36kb，与人的相近。猴腺病毒具有哺乳动物腺病毒属的一般基因组特征，两端为40～200bp的末端反向重复序列（ITR），内部分为5个早期转录单位（E1A、E1B、E2、E3和E4）、两个即早期转录单位（pIX和Iva2）以及一个晚期转录单位（L1～L5）。此外，病毒基因组中还存在一个或两个VA-RNA基因。VA-RNA基因数量、E3和E4区在不同腺病毒亚群间变化较大。多数猕猴腺病毒有一个VA-RNA基因，而猩猩腺病毒有两个。

末端反向重复序列长度不一，因不同株型而异，是病毒DNA复制起始子和一些顺式激活序列所在区域。基因组左端载有包装信号，末端反向重复序列和包装信号是腺病毒基因组复制和病毒包装必不可少的顺式作用元件。5'端有共价结合的末端蛋白（TP），可作为引物启始病毒基因组的复制，且与病毒的感染有关，含末端蛋白的DNA感染性可提高100倍。发生在病毒复制前的转录称为早期转录，表达大量早期蛋白来调整细胞状态，为病毒复制提供有利微环境（主要涉及 E1A、E1B 产物功能），抑制宿主细胞抗病毒的防御体系（以 E3 和 VA - RNA 为主），并激活晚期启动子表达结构蛋白，为病毒组装和成熟做准备。复制后，晚期基因由主要晚期启动子起始，转录出长达 20kb 的原初转录物，后根据腺苷酰化位点的差异，经过剪切加工最终形成 18 种不同的 mRNA。根据剪切方式和终止位点的不同，可分为 5 组：L1（52K、pIIIa）；L2（III、pⅦ、V）；L3（pVI、hexon、protease）；L4（100K、33K、pVIII）和 L5（Fiber1、Fiber2）。SAdV - 1 有两个 Fiber 基因与 HAdV40 \ 41 相似，而 SAdV - 3 只有 1 个。

晚期基因编码病毒包装所需结构蛋白，基因结构较稳定。其中 hexon 基因部分序列进化上高度保守，常被用于系统进化发生分析，也是 PCR 检测引物设计的常用序列。此外，pol、DBP、ptp 基因进化上也比较保守。

三、流行病学

1. 传染来源 目前已从猕猴、长尾猴、非洲绿猴、松鼠猴、黑猩猩、狒狒和红伶猴等多种灵长类动物中分离到猴腺病毒。各种年龄、性别的猴均可感染 SAdV，其中围产期母猴及新生仔猴最为易感。病猴和隐性带病猴是该病重要的传染来源。

2. 传播途径 在自然条件下，感染猴多呈隐性感染，无临床症状，也不向外排毒。由于长途运输、环境条件改变等应激因素的存在，隐性带病猴被诱发，从唾液、眼分泌物、尿液和粪便中排毒，由于直接接触或污染饲料、饮水和用具，造成周围动物感染。

3. 易感动物

（1）自然宿主 猕猴、长尾猴、非洲绿猴、松鼠猴、黑猩猩和狒狒等多种灵长类动物。

（2）实验动物 人腺病毒无敏感动物，也不能在鸡胚中生长，但能在来源于人的多种细胞培养中增值，引起明显的细胞病变。因此猴腺病毒的某些毒株引起幼猴肺炎等呼吸道疾病，感染引起的临床症状也相似，是人腺病毒研究的理想模型。人腺病毒也通常作为诱发小鼠、田鼠肉瘤和淋巴瘤的诱发剂。

利用猴腺病毒（SA7）、猴腺病毒的基因组 DNA 及 DNA 片段均能使豚鼠、小鼠等诱发肿瘤，具有肿瘤原性的毒株大多属于血凝第Ⅲ亚型。接种新生仓鼠，可以试验性地引起肿瘤的有 SV20、SV23、SV34、SV37 和 SV38 等毒株，SV20 对新生小鼠也有肿瘤原性，SA7 还能使新生大鼠发生肿瘤，SV1 对仓鼠有致瘤性。SV20 接种乳仓鼠肾细胞，SA7 接种仓鼠、小鼠和大鼠细胞，均能引起细胞恶性变。与人的腺病毒相反，肿瘤原性猴病毒的 G+C 含量一般高于或相似于非肿瘤原性毒株。Gilden 等（1968）根据肿瘤抗原交叉反应，将引起肿瘤的病毒分为 3 组。第 1 组包括 SV1、SV11、SV25、SV33 和 SV38；第 2 组包括 SV20、SV23 和 SV30；第 3 组仅含 SA7。

（3）易感人群 TMAdV 的发现，证实了猴腺病毒能够感染人类和猴类，提示直接接触或间接接触病猴的人员皆有可能易感，猴腺病毒作为一种潜在的物种间交叉感染源而被密切监测，高危感染者多为动物饲养人员和试验研究人员。

4. 流行特征 通常人腺病毒感染在冬末、春天和初夏有一个小高峰。各种年龄、性别的猴均可感染猴腺病毒，其中围产期母猴及新生仔猴最为易感，至今尚未见猴腺病毒感染季节性的报道。猴腺病毒可能感染猴小肠上皮细胞，造成慢性感染并由肠道持续向外排毒，而人腺病毒则被抑制在很低的水平。另外，在感染 SIV 的长尾猴中猴腺病毒的检出率明显提高，SIV - SAdV 协同感染在 SIV 阳性猴中很普遍。相似的报道也出现在人中，免疫不完全的人群 HAdV 的检出率更高。

目前已从猕猴、长尾猴、非洲绿猴、松鼠猴、黑猩猩和狒狒等多种灵长类动物中分离到 SAV。各种年龄、性别的猴均可感染 SAV，其中围产期母猴及新生仔猴最为易感。在自然条件下，感染猴多呈隐性感染，无临床症状，也不向外排毒。由于长途运输等环境条件剧烈改变等应激因素的影响，感染猴常向外排毒，传播方式主要是通过粪—口传播，初期经直接接触或经呼吸道感染周围健康猴，造成病毒扩散。有研究报道，SAV 的某些毒株可引起幼猴肺炎等呼吸道疾患，少数对动物有致癌作用。

1999年有研究报道，通过玻片免疫酶法检测，云南省野生猕猴病毒血清抗体调查结果表明，189只检测猴中猴腺病毒阳性猴为157只，感染率达83.1%，这表明以呼吸道传播为主的猴腺病毒在猴群中可能高度流行，与众所周知的野生猕猴在生活环境改变后，易患腹泻和肺炎有关。对云南文山壮族苗族自治州、思茅地区和临沧地区野生猕猴的病毒血清流行病学调查表明，猴腺病毒抗体阳性率无地区差异；对不同年龄野生猕猴病毒血清抗体的调查结果表明，成年猴病毒抗体阳性率明显高于未成年猴，这很可能由于病毒通过接触传播，成年动物生活史较长，接触病原的机会较多，被感染的机会也多。

四、临床症状

1. 动物的临床表现 自然条件下，猴腺病毒感染多无临床表现，但有的血清型可能引起上呼吸道疾患、肺炎、结膜炎及肝炎。Valerio（1971）报道SV11可导致30日龄仔猴的坏死性肺炎；Espana等（1974）报道SV15和SV32可使幼猴发生结膜炎、鼻漏和肺炎；Boyce等（1978）、Umemuva等（1985）均证实SV11可以诱发肺炎，猴感染腺病毒后初始的临床表现为呼吸频率增加，在病程的后3天发展为咳嗽，呼吸急促，抗生素及氧气治疗无效。有的猴由于播散性血管内凝血而引发皮下血肿，并出现带血腹泻、脱水、低蛋白血症、皮下水肿、贫血和抑郁。并认为可能成为研究人腺病毒性肺炎的良好动物模型。

实验条件下，Heath等（1965）用SA17经鼻内接种非洲绿猴后产生呼吸道症状，并向外排毒，经血凝抑制试验和中和试验检查发现，血液中抗体水平明显升高。Kim等（1967）经鼻内接种V340可引起动物死亡，剖检可见典型肝肠炎变化，并从实质器官和眼、肠内容物中分离到病毒。Hull等（1958）用SV17、SV23、SV27、SV34和SV37经脑内接种猕猴，在脑膜和脉络丛均可引起病理损伤，所有感染猴脑组织中均可重新分离到病毒。1974年，首次发现腺病毒感染能够导致幼年猕猴胰腺炎，4年后研究者发现从坏死的炎症胰腺中分离的SAdV31能够导致相似的胰腺炎症状。从此之后，腺病毒性胰腺炎在很多实验室中发现，其症状为1周的急性病毒血症、抑郁、厌食，但无胰腺炎的腹部疼痛和呕吐等典型症状。

2. 人的临床表现 2011年，加利福尼亚国家灵长类研究中心（CNPRC）首次报道猴腺病毒对人的感染，在该中心暴发红伶猴腺病毒感染的同时，密切接触猴群的研究人员出现了急性呼吸道疾患，持续4周之久，且血清检测TMAdV为阳性。同时，此研究人员的家庭成员，未接触发病猴群，仍然出现了相似的临床症状，血清检测为阳性。由于此病毒在红伶猴中致死率高达83%，因此，很可能红伶猴并非此病毒的天然宿主。

腺病毒感染主要引起人呼吸道和咽部疾患，病毒型不同所引起的临床症状各不相同，不同年龄组对腺病毒血清型的易感性和所患疾病也有所不同。腺病毒感染的潜伏期是2～14天。儿童中最常见的临床表现是咽扁桃腺炎、上呼吸道感染、肺炎、胃肠炎和出血性膀胱炎。表现呼吸道症状（肺炎、鼻炎）最多，其他还有结膜炎、急性中耳炎。常见有持续高热，约10%的患儿有热性惊厥。少见有皮肤表现，如过敏性紫癜样皮疹。腺病毒2型所致的呼吸道感染的婴儿可有病毒血症。腺病毒40和41型是在引起胃肠道炎症的病毒中位居第二，仅次于轮状病毒。

新生儿期的腺病毒肺炎比其他病毒肺炎更严重。腺病毒3、7、19、21、30型感染伴随呼吸道症状的同时有严重的全身症状。新生儿期的症状包括食欲降低、发热或体温不升、发绀、乏力、呼吸暂停、心动过缓、肝脾肿大、惊厥和意识障碍，死亡率7.5%。肺炎综合征时除呼吸道症状外可伴有败血症样表现。肺外的表现也有报道，腺病毒7型可波及多个脏器，昏迷，肝脾肿大、出血，心肌炎。小于5岁的儿童，腺病毒肺炎的死亡率高达20%。腺病毒3，7型还可引发咽结膜炎，发病急，发热38℃以上，出现咽炎、鼻炎、眼结膜炎及颈淋巴结炎。球结膜及睑结膜可见颗粒状突起、红肿，常为单侧，双侧者常一侧较重。症状延续1～2周，无后遗症。一般不伴有支气管炎及肺炎。

由腺病毒11、21型还可引起出血性膀胱炎，男孩多见，无明显季节性，表现血尿、尿频、尿急及排尿困难，肉眼血尿3～7天，镜下血尿可持续2周左右。其他如婴儿腹泻、心包炎、慢性间质性纤维化、风疹样疾病及先天性畸形，发现与腺病毒感染有关。有报道器官移植及免疫缺陷者腺病毒感染后，除引起呼吸道、泌尿道感染，还可致脑炎等中枢神经系统感染。

成人常见的临床表现为呼吸道感染，常见非典型肺炎的表现，可有发热、咳嗽、咽痛、流涕、肺部啰音。X线胸片显示间质性肺炎改变，多为单侧，下肺野较多见，可发生少量胸膜渗出。病程常为自限性（1～2周），罕见继发细菌感染或致死病例。流行性角膜结膜炎多由8、19型腺病毒引起，其他型只为散发病例。多通过污染的公用毛巾，污染的手、眼药水等传播，潜伏期3～24天，起病隐匿，多累及双眼，表现眼刺激症状和分泌物增多，可持续1～4周。角膜损伤可持续数月，少见失明，常见家庭中传播。

五、病理变化

1. 大体解剖观察 新生猴感染腺病毒后，多见肺部损伤，肺充血、出血、实变，呈浅黄色或暗灰色；少数可见肝部表面有直径1mm的白色坏死点，以及黄疸、十二指肠黏膜可见数个直径5mm的溃疡灶。成年猴感染腺病毒的病变更加多变，通常表现腺病毒肺炎伴随肺部暗黑色充血和出血点以及前腹侧肺实变；有时可见多灶性肾上腺出血及皮下血肿，同时在血管周围组织可见血栓及化脓，也会出现腹水、胸水。

腺病毒感染导致的胰腺炎中，剖检观察大体一致，均为增大的、脆性的、结节的及变色的肿瘤胰腺，坏死的胰腺通常从十二指肠延伸到左肾部位，且与肾脏及附近的组织粘连，无明显腹膜炎和腹部脂肪坏死症状。

2. 组织病理学观察 感染从上呼吸道开始，气管上皮有广泛的破坏，黏膜发生溃疡，被覆纤维蛋白性膜，支气管和肺泡上皮细胞变性、坏死。防御功能降低，容易招致细菌感染。单纯病毒性肺炎引起间质性肺炎，肺泡间隔有大单核细胞浸润。肺泡水肿，被覆含血浆蛋白和纤维蛋白的透明膜，使肺泡弥膜距离增厚。肺炎可为局灶性或广泛弥漫性，甚至实变。肺泡细胞和巨噬细胞内可见病毒包涵体。细支气管内有渗出物。病变吸收后可留有纤维化甚至结节性钙化。

少数气管和支气管可见核内包涵体和坏死，病变细胞中可见双嗜性核内包涵体，其中以嗜碱性包涵体居多。通常肺部可见肺泡间质性肺炎、肺泡细胞增生、纤维蛋白水肿、化脓性肺炎。胰腺、肝脏、胃、淋巴组织均有可能出现核内包涵体。在黏膜的某些区域中可见上皮细胞坏死，在坏死细胞中可见核内包涵体，黏膜下腺偶见成簇的坏死上皮细胞。在肺泡壁和水肿的间质结缔组织间可见少量淋巴细胞核浆细胞浸润。肝实质细胞、胆管上皮细胞变性、坏死，坏死细胞胞核内可见包涵体。能在细支气管的严重实质坏死区域见到细胞碎片的存在，核内包涵体的数量与坏死的严重程度呈正相关。

腺病毒胰腺炎中，多形核白细胞浸润、坏死，使胰腺部分或全部被破坏。典型的坏死腺泡细胞中出现核内嗜碱性或两染性的包涵体，少数为坏死细胞含有包涵体。胰导管上皮细胞变性、坏死，管腔内有细胞碎片，管腔周围单核细胞浸润。小肠黏膜固有层可见少量淀粉样物质沉淀。

3. 超微结构观察 肺病变区的上皮细胞中可见大量病毒粒子，多数位于胞核内，少数位于胞质内，病毒粒子呈六角形，直径68～80nm。其他变化包括细胞膜溶解、内质网池肿胀、空泡化和线粒体肿胀。

六、诊　　断

传统猴腺病毒的检测方法是收集标本进行病原分离培养，应用凝集抑制、免疫荧光、放射免疫、限制性内切酶分析等方法，不仅费时费力，其结果准确性也不高。目前还没有检测猴腺病毒的ELISA商业化试剂盒，为了研究非人灵长类中腺病毒的感染流行情况，检测人肠道腺病毒（HAdV-40/41）的ELISA试剂盒被应用于研究，并首次在狒狒、长尾猴中检测到腺病毒，感染率分别为52.9%和48.9%。ELISA简便、快捷，提高了检测的准确性。但猴腺病毒与人腺病毒的抗原结构和免疫应答不尽相同且血清型多，因此可能漏检。目前，国内外建立了一系列高敏感度的对人腺病毒的检测方法和分型方法，如Nested-PCR、荧光定量PCR、多重PCR等，这对检测动物猴腺病毒感染情况以及分析猴源性生物制品（如减毒活疫苗）的猴腺病毒污染情况具有一定的借鉴意义。

1. 病毒分离与鉴定 腺病毒分离培养是诊断感染的标准方法。病毒分离可采集咽喉分泌物或粪便，无菌处理后接种原代猕猴肾细胞或非洲绿猴肾细胞，以及 LLC、MK2、BSV1、Vero 等传代细胞，37℃培养 3～4 天，电镜观察细胞培养物中的病毒形态，也可采用免疫荧光技术、免疫酶技术或现在比较通用的 PCR 方法检查细胞培养物中的病毒抗原或病毒 DNA。

2. 血清学试验 猴腺病毒常引起猴的隐性感染，无法从临床上予以诊断。若怀疑猴群有腺病毒感染时，可用棉拭子采集咽喉分泌物或粪便，经处理后接种原代恒河猴肾细胞和非洲绿猴肾细胞，在细胞培养物中的细胞病变呈葡萄串状，可以做出初步诊断。确诊需采用中和试验和血凝抑制试验鉴定其血清型。猴腺病毒血清型非常多，且相互间存在交叉反应，常规免疫血清不易区分，一般实验室难以完成，目前常采用 PCR 技术检测。

3. 组织病理学诊断 大多数病例起病时或起病不久即有持续性高热，经抗生素治疗无效。自第 3～6 天出现嗜睡、萎靡等神经症状，嗜睡有时与烦躁交替出现；肝肿大显著，以后易见心力衰竭、惊厥等合并症。上述症状提示腺病毒肺炎不但涉及呼吸道，其他系统也受影响；肺部体征出现较迟，一般在第 3～5 天以后方出现湿性啰音，病变面积逐渐增大。白细胞总数较低，中性粒细胞不超过 70%，中性粒细胞的碱性磷酸酶及四唑氮蓝染色较化脓性细菌感染时数值明显低下，但如并发化脓性细菌感染则又上升；X 线检查肺部可有较大片状阴影，以左下肺最多见。

肺泡细胞和巨噬细胞内可见病毒包涵体，腺病毒感染特征性包涵体特点为居于核内、均质毛玻璃状、双嗜性。未查见这种特征性细胞病理改变就很难诊断。其他病毒（CMV、人乳头状瘤病毒、HSV、VZV）也易被误诊为腺病毒包涵体。

4. 分子生物学诊断 在最近的一些研究中，为了更精确地检测猴腺病毒的流行情况运用了 PCR 技术。K. Banyai 等人特异性针对 hexon 保守序列设计引物，扩增产物大小约 300bp，并通过测序和系统进化分析扩增片段描述了一些猴腺病毒的分子生物学特征。结果表明在中国一个大的灵长类栖息地发现了不寻常的高流行率和猴腺病毒基因的多样性，并分离了一些新的猴腺病毒毒株，是否代表新的猴腺病毒亚群需进一步确定。而 Soumitra Roy 等人特异性针对 pol 保守序列设计了嵌套引物，用于特异性诊断由肠道脱落的猴腺病毒，提高了敏感度，检出率高达 67% ，比一般 PCR 检出率高。国外文献报道中，还应用了透射电子显微、免疫荧光检测、核酸杂交等技术，检测多肽Ⅲ的五聚物，与三聚体纤维蛋白结合形成五邻体复合物，封闭衣壳上的 12 个顶点，具有群特异性。首先，纤维蛋白的球形区与细胞受体结合使病毒黏附到细胞上，再通过五邻体基底与细胞表面整合蛋白的相互作用，触发细胞膜通透性使病毒内化进入宿主细胞。

七、防治措施

1. 治疗 目前尚无有效治疗方法。但已证实一些药物在体外试验中有效，大部分为腺病毒 DNA 聚合酶靶向核酸或靶向核酸类似物。利巴韦林和 Cidofovir 在部分临床研究中有效，但疗效不一。此外，还有一些病毒蛋白开发作为潜在的抗病毒靶点。现在治疗的主要方法还是对症下药，防止继发感染。

2. 预防 猴腺病毒可以感染多种猴类，具有很高的死亡率。因此对试验用猴应实行单笼饲养，定期检疫，淘汰阳性猴，逐步建立无腺病毒猴群。随着实验动物科学的发展，应坚持以自繁为主，对野外捕获的猴应视为感染者，严格隔离检疫，确认为腺病毒阴性者方可用于研究。

（1）只有当猕猴无腺病毒感染，并能确保维持在无腺病毒状态时，方可用于研究。

（2）只有来源清楚、档案材料齐全时，猕猴才可用于研究目的。

（3）因为病毒扩散具有周期性，可在无肉眼可见损伤的情况下发生。因此，所有不能确定是否感染腺病毒的猕猴均应视为感染者。

（4）猕猴管理人员从笼中抓取动物时必须戴长臂胶皮手套，严禁直接用手捕捉或抓取。

（5）接触动物的人员，包括兽医和科研人员，应熟悉猴保定方法并正确使用防护衣物，避免被咬伤和抓伤。

（6）所有因猕猴或其笼具造成的咬伤或抓伤均可能污染猕猴分泌物而造成腺病毒感染，发生类似事件应立即向动物主管人员报告并记录备案。有表层损伤时，应迅速彻底清洁伤口或者暴露部位，对于非黏膜表面的咬伤、抓伤、刺伤，用肥皂或者清洁剂清洗至少15min，黏膜表面应用消毒的生理盐水或者流水清洗至少15min。立即清洗能洗去并灭活伤口部位的病毒，随后应请门诊医师处理，并随时注意伤口附近的皮肤和神经有无异常。

八、公共卫生影响

2009年首次发现猴腺病毒能够从猴传染给人，并且在跨物种传染后还能在人与人之间传播，尽管研究人员认为目前它在人群中的传播能力不强，不必担心会引发大规模的传染病疫情，但由于此病毒在红伶猴中的致死率极高，可能有其他的动物作为其天然宿主，因此提示，猴腺病毒作为一种潜在的物种间交叉感染源应对其进行密切监测，同时应密切监测动物饲养人员和实验研究人员等高危感染人群。

（罕园园　代解杰　田克恭）

参考文献

戴志红，谢磊，赵耘.2007. 腺病毒的生物学特性［J］. 中国兽药杂志（41）：36-39.

田克恭. 1991. 实验动物病毒性疾病［M］. 北京：农业出版社：382-386.

张荣建，贺争鸣.2011. 猴腺病毒研究进展［J］. 中国比较医学杂志，21（6）：71-74.

Eunice C Chen，Shigeo Yagi，Kristi R. 2011. Cross-Species Transmission of a Novel Adenovirus Associated with a Fulminant Pneumonia Outbreak in a New World Monkey Colony［J］. Plos. Pathog.，7（7）：2155-2158.

J T Boyce，W E Giddens，M Valerio. 1978. Simian Adenoviral Pneumonia［J］. American Journal of Pathology，91：259-276.

Kidd A H，Garwicz D，Oberg M. 1995. Human and simian adenoviruses：Phylogenetic Inferences from Analysis of VA-RNA Genes［J］. Virology，207：32-45.

Kim C S，Sueltenfuss E A，Kalter S. 2002. Isolation and characterization of simian adenoviruses isolated in association with an outbreak of pneumoenteritis in vervet monkeys［J］. Adenoviruses and vervet pnevmonitis：292-300.

Kobler H，Regenfuss P. 1971. A simple technique for orotracheal intubation in the rabbit［J］. Gesamte. Exp. Med.，154：325-327.

Morgan T J，Glowaski M M. 2007. Teaching a new method of rabbit intubation［J］. J Am Assoc Lab Anim Sci，46：32-36.

O'Roark T S，Wilson R P. 1995. Use of the BAAM Mark VI for blind oral intubation in the rabbit［J］. Contemp. Top. Lab. Anim. Sci.，34：87-89.

Russell W C，2009. Adenoviruses：update on structure and function［J］. Journal of General Virology，90：1-20.

Schuyt H C，Leene W. 1977. An improved method of tracheal intubation in the rabbit［J］. Lab. Anim. Sci.，27：690-693.

Schuyt H C，Leene W. 1997. An improved method in rabbit intubation and thymectomy［J］. Eur. Surg. Res.，10：362-372.

Soumitra R，Guangping G，David S C，et al. 2004. Complete nucleotide sequences and genome organization of four chimpanzee adenoviruses［J］. Virology，324：361-372.

Stephens Devalle J M. 2009. Successful management of rabbit anesthesia through the use of nasotracheal intubation［J］. J. Am. Assoc. Lab. Anim. Sci.，48：166-170.

Yuhuan W，Xinming T，Charles H，et al. 2007. Detection of viral agents in fecal specimens of monkeys with diarrhea［J］. J. Med. Primatol.，36：101-107.

第六章
多瘤病毒科病毒所致疾病

第一节　小鼠多瘤病毒感染
(Mouse polyomavirus infection)

多瘤病毒感染（Mouse polyomavirus infection）可引起实验小鼠和野生小鼠的地方性流行，在自然条件下多呈隐性感染。人工感染可使小鼠、大鼠、豚鼠、仓鼠、兔和雪貂等动物产生各种肿瘤。

一、发生与分布

Cross 等（1953）在进行白血病研究时，发现将小鼠白血病组织悬液接种新生乳鼠可发生单侧或双侧腮腺肿瘤，与白血病的体征完全不同。进一步的研究证实，这种病变是由多瘤病毒引起的。Dulbecco 等（1960）、Vogt 等（1960、1962）在小鼠和仓鼠细胞上研究了与多瘤病毒释放有关的转化细胞，证实多瘤病毒具有明显的细胞转化作用。

在美国、日本以及欧洲等国家和地区，均曾有实验鼠群和野生鼠群存在多瘤病毒感染的报道。美国、德国、加拿大等国家规定实验小鼠必须排除多瘤病毒。贺争鸣等（1990）报道，在我国普通小鼠群中多瘤病毒抗体阳性率为 39.3%～41.2%。近年来小鼠多瘤病毒在实验动物中自然感染现象极其少见。

二、病　　原

1. 分类地位　多瘤病毒（*Polyomavirus*）在分类上属乳多空病毒科（Papovaviridae）、多瘤病毒属（*Polymavirus*）。核酸型为双股 DNA，病毒 DNA 具有感染性和细胞转化作用。根据病毒对宿主细胞唾液酸连接的特异性和病毒的毒力和传播程度，小鼠多瘤病毒（*Mouse polyomavirus*）分为两型：小噬斑型（small plaque，SP）和大噬斑型（large plaque，LP）。SP 型毒力较小，与不分枝的末端 α2，3 结构和分枝的二唾液酸结构结合；LP 型毒力较大，病毒也能辨识末端唾液酸的两种结构，但病毒对分枝结构的亲和力远低于不分枝结构。

2. 形态学基本特征与培养特性　病毒粒子呈圆形，直径约 45nm，形成于细胞核内，常呈结晶状排列，也可见长丝状。无囊膜，核衣壳由 72 个向右歪斜排列的壳粒构成。

多瘤病毒可在小鼠和其他啮齿类动物的组织培养细胞内增殖，包括原代和继代细胞。它与易感细胞的关系有两种类型：①在“允许”性细胞内发生溶细胞性感染，感染细胞死亡，形成蚀斑，产生新的感染性病毒粒子，这些细胞包括次代小鼠胚细胞、原代小鼠肾细胞、3T3、3T6、BSC－1、CV－1 和 Vero 细胞等。②在“非允许”性细胞内，只引起顿挫型感染，细胞不死亡，但常可导致细胞转化，这些细胞包括次代仓鼠胚细胞、次代大鼠胚细胞和 BHK－21 细胞等。转化细胞培养物内很难发现病毒，但 Fogel 等（1970）经紫外线照射或用丝裂霉素 C，成功地诱使转化细胞合成完整的病毒粒子。

多瘤病毒可使“非允许”性鼠细胞发生转化，在单层细胞上形成转化灶，或者具有在琼脂或甲基纤维素中生长的能力。转化细胞有两种，一种称为稳定转化，它可形成较少的大克隆；另一种称为流产转化，它形成较多的小克隆。后者传 4～6 代后，细胞恢复正常。流产转化的原因是无基因整合。细胞转化在一定条件下可以逆转，即重新获得正常细胞的特征，其原因可能有 3 种：①整合的病毒基因发生了改变，特别是由于重组而引起缺失；②整合基因的切除和丢失；③细胞基因的改变。

3. 理化特性 多瘤病毒在自然界中或动物房内的散播取决于病毒在尘埃和垫料中的生存能力。该病毒在自然环境中具有较高的稳定性，在组织悬浮液中能存活 2 个月以上，病毒能承受反复冷冻—融化过程、乙醚、70℃ 3h、0.5%的福尔马林。冻干或在 50%甘油中长期保存的病毒对动物仍有致瘤作用。对乙醚、胰酶、核糖核酸酶和脱氧核糖核酸酶具有抵抗力。2%石炭酸、50%乙醇处理可使其血凝作用下降，10%氯化苄烷胺和 95%乙醇碘溶液可破坏其血凝能力和抗原性。许多化合物，如嘌呤霉素、放线菌素 D 等可抑制其 DNA 和蛋白质的合成。紫外线、γ 射线、亚硝酸、β-丙内酯和 P32 均可破坏病毒的增殖能力而保留其使易感细胞转化的作用。

血凝作用是多瘤病毒的一个比较稳定的特性，在 4℃ pH 5.4～8.4 条件下，可凝集多种动物的红细胞，尤以豚鼠红细胞最为敏感。60℃ 30min 可降低其血凝滴度。在－70℃、－20℃和 4℃条件下保存 56 天血凝滴度无明显变化。

4. 分子生物学 小鼠多瘤病毒是一个小的 DNA 病毒，是乳头多瘤空泡病毒科中一个高致瘤性成员。二十面体多瘤病毒衣壳由 72 个五聚体组成 3 个结构蛋白，这些蛋白在病毒感染的后期合成。双链共价闭合环状 DNA，基因组根据病毒 DNA 不同的表达时期分为早晚两部分。在多瘤病毒感染早期有 3 种蛋白，即大 T 蛋白（LT），在核内；中 T 蛋白（MT），与细胞膜相结合；小 T 蛋白（ST），在胞质和核内。ST、MT、LT 触发生长信号通道，促使病毒复制和基因转录。通过触发一系列宿主的蛋白激酶，MT 蛋白负责启动和维持细胞变态和肿瘤诱导。在感染晚期有 4 种蛋白，其中 3 种在病毒粒子内，VP1（45 kD）为主要衣壳蛋白，占病毒总蛋白的 75%，蚀斑形成和血凝作用与 VP1 有关；研究表明 VP1 的特征在受体辨识过程中起重要作用，VP1 的多态性是病毒致病性的主要决定因素。VP2（35 kDa）和 VP3（23 kDa）为次要衣壳蛋白，VP2 或 VP3 的一个分子位于每个五聚体的中央，构成病毒粒子二十面体表面的 12 个五角形壳粒。第 4 种蛋白（Agno - protein），编译 mRNA 的先导序列，较小，呈碱性，可能参与病毒粒子的装配。

VP1 VP2 和 VP3 以重叠方式编码，VP3 的基因序列完全嵌入 VP2 的 C 端。RNA 分子选择性的黏合产生六个转录子分别编码 3 个早期非结构 T 蛋白和 3 个后期病毒衣壳蛋白（VP）。

多瘤病毒体外细胞感染后发生 3 种细胞病理学变化类型，如此推断体内感染也有如此病变。

第一种类型称为裂解性感染，感染细胞不发生转化，而是死亡。多瘤病毒在“允许”性细胞内复制包括两个时期：早期和晚期，在早期，合成病毒和细胞蛋白，引导细胞从细胞周期的 G0 或 G1 期进入到 S 期；在晚期，病毒和细胞 DNA 展开复制，合成病毒结构蛋白，组装成熟病毒粒子。感染导致嗜酸性两染的细胞核内包涵体产生和细胞死亡。

第二种类型是一个短暂的未完成的细胞转化类型。来源于非啮齿类动物的细胞能被多瘤病毒感染，但是“不允许”病毒复制。在早期，病毒和细胞蛋白的合成诱导细胞进入细胞周期的 S 期，但是由于病毒和细胞酶的不协调性导致不能合成病毒 DNA，病毒不能复制，细胞溶解也不会发生。随着早期病毒和细胞蛋白的合成，感染细胞持续转化，但是细胞持续转化稀释了病毒 DNA，最后细胞又恢复到正常状态。

第三种类型引起细胞的永久性的转化感染。像某些腺病毒和乳头瘤病毒感染过程一样，多瘤病毒也能整合进入宿主细胞 DNA 中，引起永久性的转化感染。多瘤病毒整合在宿主细胞 DNA 中，在病毒自身启动子作用下，使得本来属于早期的蛋白转变成持续性表达。这种情况下，病毒的整个基因组和晚期结构基因整合在病毒启动子顺序的上游，使得这些基因无法转录，仅仅能表达病毒的早期基因，病毒无法复制。

多瘤病毒编码 3 个早期蛋白：小 T 蛋白（ST）、中 T 蛋白（MT）、大 T 蛋白（LT）。培养的啮齿类细胞仅能表达大 T 蛋白，变得能在极少或没有血清的培养液中永久生长，但是这样的细胞还不能称为完全的转化表现型，因为它们接种裸鼠后并不能形成肿瘤。细胞恶性表现型的产生需要多瘤病毒的中

T蛋白和大T蛋白同时出现。病毒的大T蛋白是一种核DNA连接蛋白，在促进病毒和DNA转录中发挥重要作用。病毒DNA整合在宿主细胞基因组中，仅允许细胞DNA复制，不允许病毒DNA复制，迫使细胞持续不断地分化。中T蛋白是一种膜连接蛋白，与src相互作用，src是一个正常细胞主要致癌基因产物，带酪氨酸激酶活性。中T蛋白与src的相互作用可使这种致癌蛋白的酶活性增加50倍以上，这为细胞转化的第二步提供了条件。小T蛋白也在促进细胞完全转化中发挥作用，不过这有待于进一步确证。

三、流行病学

1. 传染来源　小鼠多瘤病毒来自野生小鼠，小鼠感染通常很少表现出临床症状，所以许多动物是隐性携带者。被病毒污染的饲料、垫料、肿瘤和其他生物材料是实验动物感染病原的重要来源。病毒具有很强的传染能力，从感染动物的唾液、尿液、粪便等机体排出物中排毒。在一个动物设施中，病毒可快速在动物笼间、相邻房间传播，也可经胎盘垂直传播。

2. 传播途径　多瘤病毒主要通过呼吸道传播。试验证实，将健康小鼠和感染小鼠混合饲养，一段时间后75%的健康小鼠产生血凝抑制抗体。另外，病毒可随粪尿和乳汁等机体排出物排出，因其具有很强的抵抗力，能在外界环境中长期存活，从而严重污染鼠窝和空气，因此乳鼠常在出生后数小时内遭受感染，成为最主要的带毒和排毒者。McCance等人证实，在小鼠妊娠的任何时期，如果被多瘤病毒感染都可造成垂直传播，而在妊娠5～10天，垂直传播最为严重。实验条件下经皮下、肌内、腹腔、脊髓、脑内、气管、子宫、心脏和唾液腺等途径接种小鼠均可产生肿瘤。

3. 易感动物　小鼠多瘤病毒的自然宿主是小鼠（*Mus musculus*），自然条件下，只有小鼠（包括实验小鼠和野生小鼠）可感染该病毒。对美国纽约和马里兰州7个区域的野生小鼠的血清抗体进行调查发现，一些区域未检测出抗体阳性，另一些区域检测出较高的抗体阳性率，不同区域的抗体阳性率从0～100%。实验小鼠中也有不同程度的感染。

小鼠以外的非实验动物没有发现多瘤病毒抗体，在美国的14种野生啮齿类动物的444份血清中，未发现小鼠多瘤病毒抗体阳性；在美国的8种野生和驯养的高等哺乳类动物中，也未发现小鼠多瘤病毒抗体阳性。生活在纽约地区的小鼠多瘤病毒的自然疫区中的大鼠、猫和人中未检出小鼠多瘤病毒抗体。美国其他许多地区的人血清也未检出小鼠多瘤病毒抗体。

人工感染仓鼠、大鼠、雪貂、豚鼠和兔均获得成功。

小鼠多瘤病毒在大的实验小鼠种群和野生小鼠种群的感染一般不引起自发性肿瘤，但是与感染小鼠群密切接触的其他啮齿类动物比小鼠自身危险更大。比如，鼻内接种小鼠多瘤病毒的仓鼠体内很快产生肿瘤，且抵抗力不随日龄增长而增长；和感染小鼠同处一室的仓鼠个体体内由多瘤病毒诱发的肿瘤明显增多。

4. 流行特征　对不同区域的野生小鼠调查发现，小鼠多瘤病毒感染具有地区性。同一区域的感染率在3～6个月内呈稳定状态。

年龄是小鼠抵抗力的重要因素。以肿瘤抽提液人工接种1日龄以内的新生乳鼠，多数可诱发肿瘤；但以同样方式接种1～5日龄新生乳鼠，肿瘤发生率明显降低；接种17～21日龄幼鼠，极少发生肿瘤。如果新生动物感染过该病毒，则动物对该病毒的后天感染具有抵抗力。

新生小鼠接种后，病毒增殖速度非常快，7～10天后达到最高水平，几乎所有器官都表现出病毒高滴度水平，以肾脏和唾液腺为最高。病毒滴度到达峰值后缓慢下降，接种30天后出现快速下降。抗体在接种10天后出现，第20～30天左右达到高峰。

小鼠品系也与易感性有关，大多数实验小鼠品系具有抵抗力。裸鼠、C3H、CBA、AK和AKR等品系最易感，SWR、RFM、DB/1、StoLi和C58BL等品系次之，C57BL的抵抗力最强。

实验感染哺乳期幼仓鼠在感染4～6天后体内病毒滴度急剧下降，到第20天后组织不再具有感染性。而试验感染刚断奶的幼小鼠，感染210天后仍可在唾液腺中检测到病毒。

研究证明T细胞在抵抗多瘤病毒诱导的肿瘤中起作用。缺乏T细胞的小鼠，如新生后经胸腺切除的小鼠、胸腺发育缺陷小鼠（如裸鼠）、抗体介导的T细胞衰竭后的小鼠，对多瘤病毒诱导肿瘤的感受性显著增加。尽管抗多瘤病毒体液反应中和感染病毒，可能限制了病毒的扩散范围，但是抗病毒抗体对肿瘤产生不起作用。

四、临床症状

自然条件下，小鼠感染多瘤病毒呈隐性感染或亚临床感染。成年小鼠由于具备有效的免疫反应，可预防变异细胞增殖和肿瘤形成。对于新生乳鼠，由于免疫反应拖延很长时间，以至变异细胞大量增殖，故不能有效地预防肿瘤的产生。有时母源抗体水平较高的新生乳鼠可以预防感染。试验感染，有的小鼠表现生长停滞、个体矮小、脑积水等症状，有的眼睛发生急性炎症，最终导致角膜浑浊。

病毒能诱导裸鼠和免疫功能受损小鼠肿瘤的形成、瘫痪和身体损耗。

该病毒除能引起新生和哺乳幼鼠多种肿瘤外，还可引起大鼠、豚鼠、仓鼠、兔、雪貂等动物产生肿瘤，包括唾液腺、乳腺、皮肤、肾脏、胸腺、甲状腺、血管、骨、软骨的上皮细胞瘤和肌肉瘤。

五、病理变化

1. 大体解剖观察 小鼠经常出现肿瘤的部位是唾液腺和腮腺，肾、皮下组织、乳腺、肾上腺、骨骼、软骨、血管及甲状腺也可发生恶性肿瘤。1～3日龄仓鼠感染后，在肾、肝、心、肺、胸腺、胃肠道和大脑等部位可发生肿瘤，大多数肿瘤在感染后30～60天出现。切除胸腺的大鼠在接触感染后可产生肿瘤。豚鼠接种后1年内，在接种部位可产生大的肿瘤。接种新生仔兔，常可使其形成多发性纤维瘤，但多自行消失，发生转移性纤维肉瘤者极少。

2. 组织病理学观察 小鼠多瘤病毒在自然宿主小鼠中具有异常广泛的组织倾向性，可引起超过30种源于间叶细胞和上皮细胞的不同细胞肿瘤。自然感染小鼠没有明显的临床症状。试验接种未感染的小鼠幼仔，病毒传播速度很快，在不同组织中产生溶解性损伤。免疫缺陷小鼠即使在成年感染也表现出类似的症状。

六、诊　　断

1. 病毒分离与鉴定 由于多瘤病毒在鼠群中发生隐性感染，因此主要应用乳鼠或新生仓鼠的接种试验，根据肿瘤形成情况进行判定；或通过小鼠抗体生成试验，检测特异性抗体的产生；也可将可疑动物的肝、肾、唾液腺等脏器悬液接种小鼠胚细胞，接种后观察7～14天，并用豚鼠红细胞测定有无特异性血凝素。

2. 血清学试验 小鼠多瘤病毒感染后发展很快，具有高免疫原性和高病毒滴度，抗体具有保护作用。用ELISA、免疫荧光试验、流式荧光试验均可检测病毒抗体。

随着实验动物管理技术和水平的提高，近年来小鼠多瘤病毒在实验动物中自然感染极其罕见，所以对于实验动物阳性血清学结果的判断应慎重，即很可能是假阳性。在终止试验之前一定重新检测以确定动物是否真正感染。

3. 组织病理学诊断 如果未感染小鼠在出生几小时内感染该病毒，青年小鼠体内有数量较多的肿瘤产生，则提示可能是小鼠多瘤病毒感染。病毒也能诱导裸鼠和免疫功能受损小鼠肿瘤的形成、瘫痪和身体损耗。

小鼠多瘤病毒与人多瘤病毒感染自然宿主的机理类似，肾脏是小鼠和人多瘤病毒的主要靶器官，常使用小鼠多瘤病毒感染小鼠作为人多瘤病毒感染的动物模型，新生小鼠（非成年）的肾脏对多瘤病毒的感受性高，易形成持续性感染。下列描述是人多瘤病毒肾病的组织学特征，供参考。

人多瘤病毒肾病的组织学特征包括肾小管上皮细胞核内病毒包涵体、肾小管上皮细胞灶性坏死以及大量炎性细胞浸润，常含有大量的浆细胞。包涵体通常是无定形的、嗜碱性毛玻璃样。超微结构为类结晶排列的病毒颗粒。多瘤病毒肾病的组织学改变可分三期：

A期：可见局灶性小管上皮细胞T蛋白染色阳性，而病毒包涵体的细胞病理改变有限，无广泛的坏死和炎性浸润，此阶段不大可能出现明显的肾功能损害。

B期：可见广泛的多灶性弥散性的细胞病理学改变，坏死伴有炎性反应，并出现了间质纤维化的初步征象。浸润的炎症细胞包括多形核细胞、单核细胞和浆细胞，分布方式多样。

C期：可见肾间质纤维化、疤痕甚至钙化，肾小管细胞变平、萎缩，但此时受BK病毒感染的细胞较前一期少见。诊断可用如下方法：①肾活检标本的特征性病理变化；②免疫组化和利用特异的BKV DNA探针进行原位杂交，在肾活检标本中检出BKV；③光学显微镜下从尿液标本中寻找"诱饵细胞"（细胞核中出现BKV包涵体的尿路上皮细胞）；④染色后尿样的电镜检查（多瘤病毒因为其特征性的颗粒大小而能够被鉴别）；⑤定量测定尿液标本中BK病毒VP1蛋白的mRNA，可能为BK病毒显著感染较为特异性的诊断方法，因为只有BK病毒DNA开始复制后，才会有VP1蛋白表达。

4. 分子生物学诊断　血清学检测存在一些不足，特别是对裸鼠和免疫功能受损小鼠的检测。而且新生小鼠由于母源抗体残存使得检测结果不易确定。分子生物学诊断方法能弥补这些缺陷，具有高敏感性和特异性的特点。Northern blot 和 Southern blot 是定性检测组织RNA和DNA的传统方法。PCR法可快速、敏感地检测目的基因片段，特别是近年来，实时定量PCR（real-time quantitative PCR，RQ-PCR）用于小鼠多瘤病毒DNA的检测。

Zhang等（2005）用实时定量PCR检测小鼠多瘤病毒DNA，敏感性高于7-log的动态范围最小可检测到10拷贝。在BALB/c孕鼠妊娠后期腹腔接种小鼠多瘤病毒，用RQ-PCR检测幼鼠机体组织，出生后第7天，4个组织（唾液腺、肾脏、肝脏、脾脏）中病毒含量达到最高，到14日龄和21日龄时病毒含量下降到低水平，每103个细胞中含有200万～500万个病毒拷贝。动物个体之间存在显著差异，67%的后代在一个或多个组织样本中检测到病毒，86%的母鼠表现出了垂直传播。出现垂直传播的阳性窝中，感染仔鼠从14%～83%，每1 000胚胎细胞含有5-25 417个病毒拷贝。

七、防治措施

多瘤病毒对外界环境因素的抵抗力很强，可在垫料、干草和小鼠接触过的地方以及空气尘埃中长期存在，因此，应定期对实验动物饲养环境和器具进行消毒。空气传播是多瘤病毒最主要的传播方式，应注意保持鼠舍的空气清洁。野生小鼠中普遍存在多瘤病毒抗体，应采取严密措施，防止野生小鼠进入实验动物房舍。多瘤病毒可通过胎盘垂直传播，因此，采用剖腹产技术净化鼠群时应特别注意。由于该病毒极低的发生率，可定期但不一定很频繁地对现存动物和新近的检疫期动物进行血清学检查。

多瘤病毒可污染动物产品，所以细胞系、可转移肿瘤和其他生物制品在接种动物之前应该通过PCR或MAP试验（小鼠抗体产生试验）检测多瘤病毒。因多瘤病毒广泛用于肿瘤研究，所以在研究过程中一定要采取相应措施，防止该病毒在实验动物设施中的传播。

在作为人多瘤病毒感染模型的研究中发现，γ-干扰素（IFN-γ）是宿主防御小鼠多瘤病毒感染和肿瘤发生的重要成分。IFN-γ可显著降低小鼠多瘤病毒在多个器官中的病毒水平。

八、对实验研究的影响

小鼠多瘤病毒作为实验系统广泛用于肿瘤研究。

1. 人唾液腺多形性腺瘤的动物模型　Iamey等（1982）经颈部皮下途径将多瘤病毒接种CFLP远交系小鼠的新生乳鼠，成功地建立了人唾液腺多形性腺瘤的动物模型。多瘤病毒诱发肿瘤的年龄依赖性十分明显，24h以内出生的新生乳鼠肿瘤诱发率达30%～70%，出生3天后接种则很少诱发多形性腺瘤。诱发至少为84天，出现双侧颈部肿胀，肿块形成。肿瘤在15～35天内生长很快，从而导致气管受压。光镜检查可见肿瘤由肌上皮岛及不同形态的腺管上皮细胞构成，间质疏松，含黏液样基质，肿瘤有纤维包膜，可见分裂相。电镜检查可见肌上皮细胞呈长梭形，核呈卵圆形，胞质内有肌原纤维并可见桥粒，在瘤细胞核内可见病毒粒子。小鼠多形性腺瘤发病缓慢，呈进行性生长，不发生转移，组织图像与人多形性腺瘤相似，不同点在于小鼠的肿瘤呈多灶性生长，类似人的复发性多形性腺瘤。因此，该模型提供了研究人多形性腺瘤的良好模型，可供研究环境、遗传及免疫等因素对肿瘤形成的影响作用。

2. 抗多瘤病毒的药物研究模型 人多瘤病毒与免疫系统受损病人发病相关，包括人免疫缺陷病毒携带者或艾滋病病人、骨髓和肾脏移植患者，由于自体免疫和炎症而接受免疫调节剂的病人。为研究有效的抗多瘤病毒的药物和宿主对多瘤病毒相关疾病感受性强弱的决定因素，Wilson 等（2011）使用小鼠多瘤病毒感染小鼠作为动物模型，证明了γ-干扰素（IFN-γ）是宿主防御小鼠多瘤病毒感染和肿瘤发生的重要成分。在永生化和初级细胞中，γ-干扰素减少了病毒蛋白的表达，削弱了病毒的复制。在病毒感染期，缺失γ-干扰素受体的小鼠（IFN-γR－/－）体内保持较高的病毒含量，对病毒诱发肿瘤敏感。这种体内较高的病毒含量与小鼠多瘤病毒特异性 CD8＋ T 细胞反应缺陷无关。使用小鼠多瘤病毒急性感染肾转移模型发现，IFN-γR－/－小鼠肾脏比 IFN-γ受体野生型小鼠包含较高水平的病毒含量。IFN-γ可显著降低病毒在多个器官中的病毒水平，包括肾脏——小鼠和人多瘤病毒的主要靶器官。

3. 对试验的影响 自然感染免疫功能健全的成年小鼠，未见有干扰试验的报道。感染未流行过小鼠多瘤病毒种群中的新生小鼠，会导致感染小鼠体内多个部位产生肿瘤，会干扰试验研究和缩短动物寿命。被动免疫可保护新生小鼠免受流行在种群中的多瘤病毒感染。

（范文平　贺争鸣　田克恭）

我国已颁布的相关标准

GB/T 14926.29—2001　实验动物　多瘤病毒检测方法

参考文献

田克恭.1991. 实验动物病毒性疾病［M］. 北京：农业出版社：45-50.

Ahsan N. 2006. Polyomaviruses and human diseases［M］. Georgetown，T. X.：Springer Science＋Business Media：61-62.

Barouch D H，S C Harrison. 1994. Interactions among the majorand minor coat proteins of polyomavirus［J］. Journal of Virology，68：3982-3989.

Bauer P H，R T Bronson，S C Fung，et al. 1995. Genetic and structural analysis of a virulence determinant in polyomavirus VP1［J］. J Virol，69：7925-7931.

Charles River Laboratories International，Inc. 2009. Polyoma Viruses-Technical Sheet［EB/OL］. www. criver. com.

Demengeot J，J Jacquemier，M Torrente，et al. 1990. Pattern of polyomavirus replication from infection until tumor formation in the organs of athymic nu/nu mice［J］. J. Virol.，64：5633-5639.

Dilworth S M. 1995. Polyoma virus middle T antigen：meddler or mimic?［J］Trends Microbiol，3：31-35.

Eckhart W. 1990. Polyomavirinae and Their Replication. In B. N. Fields and D. M. Knipe（eds.），Virology［M］. 2nd ed. Raven Press，New York：1593-1607.

Freund R，A Sotkinov，R T Bronson，et al. 1992. Polyoma virus middle T is essential for virus replication and persistence as well as for tumor induction in mice［J］. Virology，191：716-723.

Jones T C，R D Hunt，N W King. 1997. Veterinary pathology［M］. Sixth edition. Williams and Wilkins，Baltimore，. Hardback：105-106.

Rowe W P. 1961. Theepidemiology of mouse polyoma virus infection［J］. Bacteriol Rev.，25：18-31.

Szomolanyi-Tsuda E，R M Welsh. 1996. T cell-independent antibody-mediated clearance of polyoma virus in T cell-deficient mice［J］. J. Exp. Med.，183：403-411.

Wilson J J，E Lin，C D Pack，et al. 2011. Gamma interferon controls mouse polyomavirus infection In Vivo［J］. The Journal of Virology，85（19）：10126-10134.

Zhang S，A L McNees，J S Butel. 2005. Quantification of vertical transmission of Murine polyoma virus by real-time quantitative PCR［J］. J Gen Virol.，86（10）：2721-2729.

第二节　小鼠K病毒感染
(Mouse K virus infection)

一、发生与分布

小鼠嗜肺病毒是Kilham于1953年分离出来的。他在研究C3H雌性小鼠"Bittner乳汁因素"（乳腺瘤病毒）时，将成年C3H小鼠肝、脾和乳腺浸出物，接种到1日龄Swiss小鼠脑内；12日后，从1只有呼吸困难和肺实变的小鼠肺中收获材料，再采取脑内接种1日龄Swiss小鼠的方式进行继代；小鼠嗜肺病毒就从这些材料中分离出来。

根据血清学检查表明，小鼠嗜肺病毒不同程度地存在于各国的实验小鼠群中，美国、加拿大、德国与澳洲都曾报告有过小鼠嗜肺病毒感染。目前，小鼠嗜肺病毒已成为各国实验动物机构的监测对象。

二、病　　原

1. 分类地位　小鼠嗜肺病毒（*Murine pneumotropic virus*，MPtV）过去多被称为小鼠K病毒（*Mouse K virus*）、小鼠K乳多空病毒（*Mouse K papovavirus*）或小鼠肺炎病毒（*Mouse pneumonitis virus*），在2000年以前隶属于乳多空病毒科（Papovaviridae）的多瘤病毒属（*Polyomavirus*）。2000年，国际病毒分类委员会（International Committee on Taxonomy of Viruses，ICTV）在其第七次报告中取消了乳多空病毒科（Papovaviridae），同时设立乳头瘤病毒科（Papillomaviridae）和多瘤病毒科（Polymaviridae），小鼠嗜肺病毒归属多瘤病毒科唯一的多瘤病毒属（*Polyomavirus*）。2011年，Johne提到多瘤病毒科（Polyomaviridae）增设为三个属，分别是*Orthopolyomavirus*（属）、*Wukipolyomavirus*（属）和*Avipolyomavirus*（属）。而小鼠嗜肺病毒归属于*Orthopolyomavirus*（属）。

小鼠嗜肺病毒要区别于小鼠肺炎病毒（*Murine pneumonia virus*），后者归属于副黏病毒科（Paramyxoviridae）、肺炎病毒属（*Pneumovirus*）。

2. 形态学基本特征　小鼠嗜肺病毒为双股DNA病毒，没有囊膜，结构比较简单。病毒粒子为球形，呈典型的20面立体对称，直径为35～45nm，氯化铯中的浮密度为134g/cm^3。衣壳由72个中空壳粒组成，壳粒歪斜排列，每个壳粒的直径为5～8nm。衣壳内含有高度缠绕的环状双股DNA，与组蛋白结合构成核心。

3. 理化特性　小鼠嗜肺病毒在室温下可稳定存在16天，60℃可耐受30min；室温下可抵抗20%乙醚30min，低温时可抵抗18h；对酸稳定；在50%甘油缓冲溶液中或冰冻以及冻干条件下稳定。

小鼠嗜肺病毒具有血凝性，37℃或4℃下均可凝集绵羊红细胞（4℃时红细胞沉降率最好），4℃亦可凝集犬红细胞，特异性抗体可抑制病毒对上述两种红细胞的凝集反应。从小鼠嗜肺病毒感染小鼠的肝、肺匀浆悬液中可以得到红细胞凝集素，其中肝悬液中红细胞凝集素的含量最为丰富。加热60℃并持续30min，可增加肺组织悬液中红细胞凝集素的活性。用2.5%胰酶消化肝、肺组织匀浆悬浮液，也可增加红细胞凝集素滴度。

4. 分子生物学　小鼠嗜肺病毒基因组中G+C含量较低，仅为40%～50%。病毒DNA的分子量为(3～5)×10^6，约占病毒粒子总重的10%～13%。病毒粒子含6～9种多肽，低分子量成分为细胞组蛋白。病毒粒子含有3个结构蛋白和2个非结构蛋白。结构蛋白称之为VP1、VP2和VP3，非结构蛋白为大T（LT）抗原和小T（ST）抗原。小鼠嗜肺病毒缺少中T（MT）抗原，这一点和多瘤病毒不同。有研究表明，使用一种巨细胞病毒作为启动子，小鼠嗜肺病毒大T抗原在共同转染的质粒中表达时，病毒DNA可以在美国国立卫生研究院（NIH）所建立的小鼠胚胎成纤维细胞系3T3细胞中复制，而且体内获取的小鼠嗜肺病毒增强子突变体可以增加病毒DNA的复制。

三、流行病学

1. 传染来源　除去人工接种的实验动物之外，小鼠嗜肺病毒通常来源于野生小鼠。

2. 传播途径 在人类认识小鼠嗜肺病毒的过程中，试验证明 C3H 小鼠感染小鼠嗜肺病毒后，乳腺、肺、肝、脾、肾可检测到大量病毒，同时脑、唾液、肠内容物、血液及尿中也检测到少量小鼠嗜肺病毒存在。由于尿液和肠内容物可携带病毒，尿气雾和粪便似乎是小鼠嗜肺病毒传播的一种途径。美国 Charles River 实验室在其宣传材料中也提到小鼠嗜肺病毒主要是通过摄食污染的粪便进行传播的。由于小鼠嗜肺病毒离开宿主后可以稳定存在一段时间，污染的食物、垫料和水都可能成为传播途径。同时因为血液中含有病毒，通过媒介昆虫与体表寄生虫传播小鼠嗜肺病毒的可能性亦不能被忽视。

3. 易感动物

（1）自然宿主 野生小鼠是小鼠嗜肺病毒的自然宿主。自然条件下，野生小鼠群中小鼠嗜肺病毒感染几乎全部是隐性的，因为感染过小鼠嗜肺病毒的母鼠会把自身抗体通过乳汁传给子代，仔鼠这种获得性被动免疫可以帮助其渡过早期的致死性感染，因此新生鼠很少出现死亡。小鼠嗜肺病毒感染后的小鼠，断乳后会表现出一种慢性感染的亚临床症状，会有少量病毒经尿液、粪便或唾液排出体外达几周之久。这种周而复始的循环感染模式，导致一个感染鼠群中会存在不同年龄的小鼠同时被感染的现象。

（2）实验动物 在实验动物中，小鼠嗜肺病毒自然感染的现象极为罕见。就小鼠嗜肺病毒而言，实验小鼠是唯一的已知宿主。因此当大鼠、豚鼠、地鼠等其他啮齿类动物与小鼠在同一个房间内饲养时，他们不会对小鼠造成潜在威胁。

4. 流行特征 新生鼠感染小鼠嗜肺病毒后可引起间质性肺炎，成年鼠感染呈隐性带毒，影响免疫系统的功能，激发鼠肝炎病毒的致病性，污染生物材料和移植肿瘤等。病毒感染后，要在靶细胞核内增殖，首先病毒粒子与宿主细胞受体结合，然后以吞饮的方式进入到细胞核内，抑制宿主细胞酶类，刺激细胞 DNA 合成，病毒 DNA 进行早期与晚期表达，在核内包装为成熟的病毒粒子。

小鼠感染后，器官中小鼠嗜肺病毒滴度快速上升，于死亡前达到最高值。颅内接种是制备感染性病毒与血清学抗原时最常应用的方法，取已感染小鼠肝肺匀浆混合物 0.03mL 接种健康小鼠，感染 8 天后小鼠半数死亡（LD_{50}）的感染滴度约为 10^8。而脑、肠、血液、脾、肾及唾液比肝和肺的病毒量低，同样接种量的情况下小鼠半数死亡（LD_{50}）的感染滴度为 $10^1 \sim 10^7$。

Margolis 等表明小鼠嗜肺病毒专门在肺内皮细胞中复制，从而导致新生小鼠严重的间质性肺炎。而 Greenlee 报告，不仅试验中感染小鼠的许多肺泡中充满干酪样物质，而且应用免疫荧光抗体方法检出，该病毒还存在于肝窦内皮细胞中，病毒数与肺内皮中见到的相类似，他提出肝是肺以外病毒复制的一个主要部位，他同时还确定病毒抗原广泛分布于内皮细胞、网状内皮甚至脑内。Greenlee 在 1994 年的研究表明，新生鼠原发感染小鼠嗜肺病毒初期，病毒主要在肺、肝和脾等脏器的血管内皮细胞中大量复制，而感染后期病毒复制主要集中在肾小管内皮细胞。Tegerstedt 等在 2003 年的研究结果也表明，小鼠嗜肺病毒具有感染多种靶细胞的能力。

四、临床症状

小鼠嗜肺病毒感染新生鼠后 6～15 天可引起小鼠肺炎，小鼠可呈现暴发性的呼吸困难或个体死亡。大于 18 日龄的小鼠感染小鼠嗜肺病毒后一般不出现临床症状。无胸腺裸鼠感染小鼠嗜肺病毒时，通常不表现临床症状，也检测不到与病毒相关的 IgG 抗体，但是可以检测到低水平表达的 IgM 抗体。将小鼠嗜肺病毒感染后的裸小鼠脾细胞移植到新生仔鼠体内，可以明显降低仔鼠感染小鼠嗜肺病毒时的死亡率，这种保护作用随着仔鼠体内 B 淋巴细胞的逐渐耗竭而减低，这表明 B 淋巴细胞在免疫缺陷鼠感染嗜肺病毒后的恢复中意义重大。

五、病理变化

1. 大体解剖观察 新生仔鼠接种小鼠嗜肺病毒后，肺部大体病变在接种后 3 天即可出现，包括点状出血、充血、水肿、肺萎陷和胸水过多等症状，而且这些变化随时间延长逐渐加重。趋向死亡的小鼠，肺呈现深梅红色，并伴有实质性病变。

2. 组织病理学观察　如果6～15日龄的小鼠或者免疫缺陷小鼠表现出间质性肺炎的特征，就可以怀疑是否有小鼠嗜肺病毒感染。最明显的组织学变化体现在肺部小血管内皮细胞，这些细胞特征性核肿大，核内有Feulgen染色阳性包涵体。包涵体可有多个，用H.E染色呈双染性或嗜碱性。Gleiser和Heek曾见到1只感染后存活15天的小鼠，尽管血管外周有淋巴细胞和浆细胞显著浸润，但小鼠嗜肺病毒没有在血管及细支气管外周规则地形成淋巴样结节。

六、诊　　断

免疫功能正常的成年小鼠自然状态下感染小鼠嗜肺病毒，对试验研究一般不会带来影响。如果6～15日龄的小鼠或者免疫缺陷小鼠呈现出间质性肺炎的特征，就可以怀疑是否有小鼠嗜肺病毒感染。

1. 病毒分离与鉴定　小鼠嗜肺病毒分离较为简便，一般采取接种新生乳鼠的方法，取8日龄以内的乳鼠1～3只，可以采用各种途径接种病毒，但颅内接种最为敏感。分离病毒时，常用乳鼠混合内脏匀浆、澄清后的悬浮液。病毒分离后不需要盲目传代培养，诊断鉴定可用肝、肺悬浮液中是否含有绵羊红细胞凝集素，并用小鼠嗜肺病毒参考血清的特异性血凝抑制试验来判断。

除直接接种乳鼠收获抗原外，亦可通过接种离乳鼠获得。通过小鼠抗体产生试验（MAP）中，离乳鼠血清中出现补体反应或血凝抑制抗体来判断小鼠嗜肺病毒感染，虽然特异性较高，但比脑内接种乳鼠的敏感性仍然差10～100倍。

2. 检测方法　检测小鼠嗜肺病毒的方法随着检测手段的更新而不断完善。最初研究者使用血清学方法中的血凝抑制试验检测小鼠嗜肺病毒，但有时不够敏感。补体结合试验比血凝抑制试验敏感，且与中和试验结果呈正相关。但补体结合试验需要从感染小鼠肝组织中提取抗原，试验比较复杂，而中和试验也不够简便和快速。Greenlee用免疫荧光法从感染小鼠嗜肺病毒的小鼠肺细胞中检出小鼠嗜肺病毒抗原，因而建议用小鼠嗜肺病毒感染的小鼠肺或肺冰冻切片作为靶细胞，用免疫荧光法检查小鼠嗜肺病毒抗体。涂新明等从小鼠嗜肺病毒感染的实验小鼠肝脏中获得含丰富小鼠嗜肺病毒抗原的靶细胞，建立了酶免疫法检查小鼠嗜肺病毒抗体。用此法检查小鼠嗜肺病毒试验感染的10只SPF级小鼠和171只普遍级小鼠的嗜肺病毒抗体，与血凝抑制试验作对比，结果表明酶免疫法较血凝抑制试验敏感，有实际使用价值。

由于小鼠嗜肺病毒感染存在慢性、潜在、发病率低和病后抗体水平低的特点，因此，为确诊小鼠嗜肺病毒在鼠群中的感染，使用灵敏度较高的ELISA、免疫荧光试验或聚合酶链式反应（PCR）更利于病原或抗体的检出。2007年以来，美国Charles River实验室提出的多通道免疫荧光检测技术，使得小鼠嗜肺病毒的检测更为便捷和高效。

近年来随着全球实验动物的管理逐步规范，实验小鼠受到小鼠嗜肺病毒感染的现象正逐步减少甚至十分罕见。因此日常监测过程中，如果血清学呈现阳性结果，给人的感觉更像是一种假阳性。此时，为了不影响正在进行的研究，建议对小鼠种群采取措施之前再重新检测一次。

七、防治措施

因为野生小鼠是小鼠嗜肺病毒的自然宿主，因此实验动物生产和使用单位在饲养小鼠时，必须有完善的防控野鼠的措施屏障，避免鼠群感染小鼠嗜肺病毒。建议定期对繁育的小鼠进行检测，对新引进的小鼠加强隔离检疫。强化工作人员相关培训，增强人员防疫意识。定期消毒动物饲养设施，对小鼠接触的物料进行高压灭菌或辐照灭菌，这些均可以降低感染小鼠嗜肺病毒的风险。

要消除实验小鼠种群中小鼠嗜肺病毒感染，一般采用剖腹产净化的方法，并且采取体外受精、胚胎移植等措施都可以去除小鼠嗜肺病毒感染。

（尹良宏　卢胜明　贺争鸣　田克恭）

参考文献

涂新明，蒋虹，曲丽荣，等．1991. 小鼠K病毒抗体的酶免疫法监测［J］．上海实验动物科学，11（4）：238-239.

F Mokhtarian, KV Shah. 1983. Pathogenesis of K papovavirus infection in athymic nude mice [J]. Infect. Immun., 41: 434-436.

Greenlee J E. 1981. Effect of host age on experimental K virus infection in mice [J]. Infect Immun., 33: 297-303.

Greenlee J E, Clawson S H, Phelps R C, et al. 1994. Distribution of K-papovavirus in infected newborn mice [J]. J Comp Pathol, 111: 259-268.

Greenlee J E. 1979. Pathogenesis of K virus infection in newborn mice [J]. Infection and Immunity, 26: 705-713.

Johne R, Buck C B, Allander T, et al. 2011. Taxonomical developments in the family Polyomaviridae [J]. Arch Virol, 156 (9): 1627-1634.

K Tegerstedt, K Andreasson, Vlastos A, et al. 2003. Murine pneumotropic virus VP1 virus-like particles (VLPs) bind to several cell types independent of sialic acid residues and do not serologically cross react with murine polyomavirus VP1 VLPs [J]. J Gen Virol, 84: 3443-3452.

Kilham L, Murphy H W. 1953. A pneumotropic virus isolated from C3H mice carrying the Bittner milk agent [J]. Proc. Soc. Exp. Biol. Med., 82: 133-137.

Margolis G, Jacobs L R, Kilham L. 1976. Oxygen tension and the selective tropism of K-virus for mouse pulmonary endothelium [J]. Am. Rev. Respir. Dis., 114: 45-51.

Van Regenmorte, Fauquet C M., Dave H L Bishop, et al. 2000. Virus Taxonomy. Seventh Report of the International Committee on Taxonomy of Viruses [M]. New York, San Diego: Academic Press.

Zhang S, Magnusson G. 2001. Kilham polyomavirus: activation of gene expression and DNA replication in mouse fibroblast cells by an enhancer substitution [J]. J Virol, 75: 10015-10023.

Zhang S, Magnusson G. 2003. Cellular mobile genetic elements in the regulatory region of the pneumotropic mouse polyomavirus genome: structure and function in viral gene expression and DNA replication [J]. J Virol, 77: 3477-3486.

第三节 小鼠亲肺病毒感染
(Mouse pneumotropic virus infection)

一、发生与分布

该病毒于1953年由Kilham和Murphy在C_3H小鼠中首先被发现，经不同方式接种乳鼠后，均引起致死性肺炎。年长的乳鼠对这种病毒的抵抗力要强一些，但接种到成年小鼠体内没有明显的疾病症状。目前，该病毒的特异性中和抗体已能在兔体内生产。初始感染时，小鼠亲肺病毒在肺脏、肝脏和脾的导管上皮细胞中复制，之后的病毒持续期主要在肾小管中被发现。根据体内研究，小鼠亲肺病毒的细胞趋向性主要限制在导管上皮细胞和肾小管，但其感染细胞类型的更广泛些。2001年Zhang、Magnusson等研究表明小鼠亲肺病毒的调控区影响了细胞的趋性，病毒转录增强子的片段替代了调控区域，对病毒DNA在细胞中的复制产生了积极的影响，而MPtV在细胞中是不能复制的。更进一步的研究证明，小鼠亲肺病毒的大T抗原是通过一个巨细胞病毒的启动子共转染质粒来表达，病毒DNA可以在NIH3T3细胞中复制。2003年zhang和Magnusson发现小鼠亲肺病毒增强子的体内缺失突变也可以增强病毒的复制。

二、病　　原

1. 分类地位 小鼠亲肺病毒（*Mouse pneumotropic virus*，MPtV）又称基勒姆多瘤病毒（*Kilhampolyomavirus*），是在小鼠中发现的第二种多瘤病毒属病毒。在分类学上属于多瘤病毒科（Polyomaviridae）、多瘤病毒属（*Polyomavirus*）。

2. 形态学基本特征与培养特性 小鼠亲肺病毒是较小的、非外膜的双链DNA病毒。

3. 分子生物学 小鼠亲肺病毒的基因组结构由4 754bp的圆形双链DNA组成，这种病毒包括了5种主要的蛋白质：2种非结构蛋白（大的T抗原和小的T抗原）和3种结构蛋白（VP1、VP2和VP3）。多瘤病毒都是小分子量DNA病毒，基因组只包括两种启动子（早启动子和晚启动子）来启动mRNA的合成，启动子侧面结合的控制区包括DNA复制的起始端、结合细胞转录因子和调节病毒基因表达及复制的增强子序列。多瘤病毒通过胞吞的方式进入细胞，然后与一个未知的表面受体结合，最后在细胞核内发生病毒的脱衣壳。增强子和早启动子被宿主的转录结构所识别，在大部分组织培养的细胞系中 AP1 作为重要的转录因子和 c-ets 家族表达出来。前体 mRNA 通过剪接产生重叠的三种转录物，分别是大 T 抗原、中 T 抗原和小 T 抗原。小鼠亲肺病毒缺乏编码第二种非结构抗原的基因，即缺乏中 T 抗原，其病毒编码的蛋白氨基酸序列与其他相关的小鼠多瘤病毒致癌性一样，与人多瘤病毒编码的蛋白质有疏远性。小鼠亲肺病毒的基因组伴随增强子在大 T 抗原的存在下并不复制，也不会在多种小鼠细胞系中表达它的后续基因。但是，将小鼠亲肺病毒的增强子片段替代为相应的多瘤病毒基因片段时，可增强病毒在小鼠成纤维细胞中的扩增能力。

三、流行病学

1. 传染来源 多瘤病毒属病毒可通过宿主的粪便和尿液排出体外，这些废物间接接触到生肉、牛奶或其他饮食可以传播给人。

2. 传播途径 广泛分布的病毒宿主不仅可以通过粪便和尿液等废物无意地传播给人，也可以通过未煮熟的或生的肉类、牛奶和日用品的消耗，通过气雾剂或其他日常饮食的准备过程传播给人。病毒也可以通过对宠物和畜牧动物的直接接触传播。

3. 易感动物

（1）自然宿主 大部分动物感染多瘤病毒属病毒都具有种属特异性，并且终身持续感染，该病毒的自然宿主为小鼠。

（2）实验动物 小鼠。

四、临床症状

小鼠亲肺病毒与其他哺乳动物多瘤病毒相反，可以引起严重的疾病。小鼠亲肺病毒在新生小鼠体内可引起致命性的间质性肺炎，在成年动物体内诱发不明显的持续感染。该病毒可以引起新生小鼠间质性肺炎并伴有高致死率。与其他哺乳类多瘤病毒感染相比，这种病毒的独特性表现在病毒复制只在肝脏、肺脏和脾的导管上皮细胞。在具有免疫能力的小鼠中，小鼠亲肺病毒引起无症状的持续感染。相比于初始感染，病毒主要在肾脏被检测出。小鼠亲肺病毒存在单一组织趋向性和偶然的疾病发生能力，病毒只在导管上皮细胞中复制并能够引起致命的肺部感染性疾病。

（萨晓婴 田克恭）

参考文献

Greenlee J E，Clawson S H，Phelps R C，et al. 1994. Distribution of K - papovavirus in infected newborn mice [J]. J Comp Pathol，111：259 - 268.

K Tegerstedt，K Andreasson，A Vlastos，et al. 2003. Murine pneumotropic virus VP1 virus - like particles（VLPs）bind to several cell types independent of sialic acid residues and do not serologically cross react with murine polyomavirus VP1 VLPs [J]. Journal of General Virology，84：3443 - 3452.

Marcos Pe′rez - Losada，Ryan G Christensen，David A McClellan，et al. 2006. Comparing phylogenetic codivergence between polyomaviruses and their hosts [J]. Journal of Virology：5663 - 5669.

Michele M Fluck，Sandra Z Haslam. 1996. Mammary tumors induced by polyomavirus [J]. Breast Cancer Research and Treatment，39：45 - 56.

第四节 无胸腺大鼠多瘤病毒感染
(Athymic rat polyomavirus infection)

一、发生与分布

无胸腺大鼠多瘤病毒感染（Athymic rat polyomavirus infection）在 1984 年由 J. M. Ward 等第一次

发现，他们在32只无胸腺大鼠中发现了一种消耗病，这些大鼠患有耳下腺涎腺炎并在导管和腺泡上皮细胞中发现了核内包涵体。其他一些常见的损伤有支气管炎、细支气管炎、中等的细菌性肺炎以及鼻炎和哈氏淋巴腺炎等。

二、病　　原

1. 分类地位　无胸腺大鼠多瘤病毒（*Athymic rat polyomavirus*，Rat-PyV）在分类上属多瘤病毒科（Polyomaviridae）、多瘤病毒属（*Polyomavirus*）。

2. 形态学基本特征与培养特性　该病毒颗粒直径约45nm，常在耳下腺上皮细胞的核内发现，呈结晶状排列。多瘤病毒属病毒的衣壳呈裸露二十四面体，由72个五聚体颗粒组成，核内呈超螺旋双链DNA结构，其基因组分子量约3.2×10^6，5 000bp，由12%病毒粒子组成，核苷酸序列与其他多瘤病毒属病毒相似。

三、流行病学

自然宿主为无胸腺大鼠。

四、临床症状

无胸腺大鼠耳下腺受损。

五、病理变化

1. 组织病理学观察　无胸腺大鼠耳下腺涎腺炎在上皮细胞和隆起的淋巴细胞发炎部位发现有核内包涵体。有苏木精和曙红染色可以看到上皮组织内腺体的萎缩情况。

2. 超微结构观察　在电子显微镜下观察耳下腺上皮细胞中的病毒颗粒，平均直径约45nm，大量的病毒颗粒以结晶状排列在已感染的上皮组织核内和变性的或坏死的细胞质内，常常可观察到它们在细胞核内以矩阵的形式排列。

六、诊　　断

无胸腺大鼠多瘤病毒的检测是利用亲和素生物素—过氧化物酶复合物与SV40病毒（多瘤病毒家族多瘤病毒种的特异性抗原）的抗体，对耳下腺上皮细胞和肺、哈氏腺的上皮细胞中的核内包涵体进行检查。该病毒颗粒不与小鼠多瘤病毒、小鼠K病毒、牛乳头病毒等抗原发生交叉反应，说明这种病毒属于多瘤病毒种的B病毒群。该病毒的平均大小和此病毒在裸鼠体内引起的相关疾病都与多瘤病毒种群的病毒相似。

（萨晓婴　田克恭）

参考文献

HaraldzurHausen. 2008. Novel human polyomaviruses—Re - emergence of a well known virus family as possible human carcinogens [J] . Int. J. Cancer: 123: 247 - 250.

J M Ward, A Lock, M J Collins J R , et al. 1984. Papovaviralsialoadenitis in athymic nude rats [J] . Laboratory Animals, 18: 84 - 89.

NasimulAhsan, Keerti V Shah. 2002. Polyomaviruses: An Overview [J] . Graft, 5: 9 - 18.

第五节　地鼠多瘤病毒感染
(Hamster polyomavirus infection)

地鼠多瘤病毒感染（Hamster polyomavirus infection）是由地鼠感染地鼠多瘤病毒所致，它是地鼠一种自然发生的、高度传染性病毒疾病。它能引发传染性淋巴瘤，是幼龄地鼠的一种高死亡率流行病，主要临床表现为毛囊器官的角质化皮肤肿瘤，或呈亚临床感染。

一、发生与分布

Graffi 等在 1967 年首次报道地鼠多瘤病毒，在德国柏林布赫叙利亚地鼠种群中呈水平感染，分离自叙利亚地鼠自然发生的毛囊上皮瘤的角化上皮细胞核中。在实验地鼠和宠物地鼠中均发现有地鼠多瘤病毒感染。在美国和欧洲曾有关于叙利亚地鼠和欧洲地鼠感染地鼠多瘤病毒的报道，但其感染的来源没有确定。Simmons 等在 2001 年首次报道宠物叙利亚地鼠感染地鼠多瘤病毒。

二、病　　原

1. 分类地位　地鼠多瘤病毒（*Hamster polyomavirus*）在分类学上属于乳多空病毒科、多瘤病毒属。地鼠多瘤病毒能感染未分化的角质化细胞和淋巴细胞，能够引起地鼠乳头状瘤样皮肤损伤，与乳多空病毒特征相似，因而曾被错误地分类为乳头瘤病毒属，误称为地鼠乳头瘤病毒。但是两者的靶组织嗜性不同，乳头瘤病毒感染滤泡间细胞表皮角质细胞，而地鼠多瘤病毒感染毛囊角质化细胞。并且，地鼠多瘤病毒基因组序列和基因结构的特征表明，其属于多瘤病毒属。地鼠多瘤病毒与小鼠多瘤病毒的生物学特征非常相似，但在地鼠身上也有其独有的特征，特别是其致癌作用。

2. 形态学基本特征　地鼠多瘤病毒颗粒无囊膜，直径约 40nm，呈典型的多瘤病毒二十面体结构的球形颗粒。地鼠多瘤病毒基因是由双股 DNA 和组蛋白形成的一个单一的闭合环状分子。双股 DNA 含有 5 366 个碱基对，稍大于小鼠多瘤病毒 DNA 的 5 292 个碱基对和猿猴空泡病毒 DNA 的 5 243 个碱基对，显示出与小鼠多瘤和亲淋巴的乳多空病毒的序列同源性。没有发现地鼠多瘤和几种人类及动物乳头瘤病毒之间存在 DNA 序列同源性。地鼠多瘤病毒在结构和生物学上与小鼠多瘤病毒非常相似，但也存在明显差异，地鼠多瘤病毒分子量为 27.5×10^{6}，沉降系数为 223S，浮力密度为 1.340g/mL，这些特征属性在小鼠多瘤病毒和猿猴空泡病毒范围内。然而，地鼠多瘤病毒衣壳的对称为 T=7 左旋，不同于猿猴空泡病毒和小鼠多瘤病毒，猿猴空泡病毒和小鼠多瘤病毒为 T=7 右旋。

3. 理化特性　血凝作用是多瘤病毒一个比较稳定的特性，在 4℃ pH5.4～8.4 条件下，可凝集多种动物的红细胞，尤以豚鼠红细胞最为敏感；40℃时能凝集豚鼠或人 O 型红细胞；温度降到 37℃时，病毒可从红细胞上洗脱下来。该病毒具有很强的耐热性，60℃加热 30min，致癌作用不受影响。对乙醚、胰酶、DNA 酶、RNA 酶以及一些化学消毒剂都有抵抗力。2%石炭酸、50%乙醇处理可使其凝血作用下降；10%氯化苄烷胺和 95%乙醇碘溶液可破坏其凝血能力和抗原性。嘌呤毒素、放线菌素 D 等化合物可抑制其 DNA 和蛋白质的合成。紫外线、γ 射线、亚硝酸、β-丙内酯和 P^{32} 均可破坏病毒的增殖能力而保留其使易感细胞转化的作用。

4. 分子生物学　地鼠多瘤病毒基因结构与小鼠多瘤病毒非常相似，其基因分为早期和晚期转录单位，转录一个被非编码区分隔的 DNA 相反链，表明其基因序列大概与病毒基因组转录和复制的顺式调控有关。地鼠多瘤病毒与小鼠多瘤病毒遗传物理图谱的结构相似性证实了其早期形态学和生物化学的数据，并提供了作为多瘤病毒的分类学基础。

早期转录包括小 T 抗原、中 T 抗原和大 T 抗原。T 抗原单独作用或参与调节病毒基因组的复制，晚期转录单位的激活，早期启动子的自动调节。另外，T 抗原也与多瘤病毒属诱发肿瘤有关。多瘤病毒属中仅有小鼠多瘤病毒和地鼠多瘤病毒能产生中 T 抗原。小鼠多瘤病毒中 T 抗原与病毒转化有关。但最近地鼠多瘤病毒在体外的研究表明，小 T 抗原和中 T 抗原之间的协同作用对培养 F111 大鼠细胞的转化是必需的。晚期编码区编码病毒衣壳结构蛋白质，包括主要的衣壳蛋白 VP1、VP2 和 VP3。这三种衣壳蛋白由不同的读码系统翻译，重叠超过 32 个碱基对。VP1 的 N 末端氨基酸序列携带一个赖氨酸—精氨酸—赖氨酸基序。地鼠多瘤病毒衣壳蛋白的氨基酸同源性与小鼠多瘤病毒的各不相同，VP1 同源性为 65.5%，VP3 同源性为 45.4%，VP2 同源性为 44.6%。地鼠多瘤病毒 VP1 和其他多瘤病毒有很高的氨基酸同源性，也反应出其与抗 SV40 和 JCV-VP1 兔血清的交叉反应性。

地鼠多瘤病毒感染的发病机制类似小鼠多瘤病毒。多瘤病毒感染动物时，它吸附到细胞的表面，通过内吞作用进入细胞，被运到细胞核内发生病毒脱壳。一旦在被感染细胞的细胞核中，多瘤病毒通过早期蛋白的转录和翻译开始复制，包括 T 系抗原。当多瘤病毒感染“允许”性细胞，病毒开始一个裂解性复制周期，导致被感染细胞裂解和完整的病毒体释放。当多瘤病毒感染“非允许”性细胞，基因组的整合或游离扩增与后期的编码区非随机性缺失的发生，导致细胞的病毒转化成肿瘤。

三、流行病学

1. 传染源 患病地鼠和隐性带毒地鼠是本病主要的传染源。感染地鼠排出的尿液中含有病毒，若带有病毒的尿液污染饲料、饮水和用具，可引起其他地鼠发生感染。

2. 传播途径 地鼠多瘤病毒呈水平传播，主要通过感染地鼠排出的尿液污染环境而传播。地鼠多瘤病毒的 DNA 存在于肾小管上皮细胞中，从肾小管上皮细胞中脱落的病毒为感染性病毒进入尿液提供了一个极好的机会。感染多瘤病毒的地鼠，其肾脏中的病毒颗粒被释放进入尿液，并且呈持久性病毒尿症。Simmons 等指出在角质化细胞中存在地鼠多瘤病毒体，表明该病毒可能会通过形成坏死组织传播或理毛或撕咬行为转移感染细胞。受感染的肠上皮细胞释放病毒，可能是病毒脱落的另一个途径。地鼠是食粪啮齿类动物，因此其排出的粪便可能是病毒传播的一个自然途径。但尚需进一步研究来证实这些有关地鼠多瘤病毒在地鼠之间传播的观点。

3. 易感动物 地鼠多瘤病毒的自然宿主是地鼠。实验动物和宠物叙利亚地鼠及欧洲地鼠均能感染地鼠多瘤病毒。东欧的实验叙利亚地鼠感染可能与野生欧洲地鼠和实验室叙利亚地鼠混养有关。地鼠多瘤病毒的生物学特征与其他大多数的多瘤病毒相似，最初多系统细胞溶解感染，在免疫缺陷动物诱发肿瘤和慢性感染，并不断从尿液中排出病毒，这使地鼠在所有年龄阶段均易感染病毒和易引发肿瘤。

4. 流行特征 地鼠多瘤病毒最初分离自德国一个叙利亚地鼠种群自发性皮肤肿瘤，多达 10%的 3 月龄地鼠有多发性毛囊肿瘤。将皮肤上皮瘤中获取的病毒体注射到新生地鼠，引起淋巴瘤和白血病发生，这些新生地鼠来自于德国波茨坦一个单独的、未受感染和无肿瘤的繁殖种群。这些肿瘤发生的潜伏期短（4～8 周）、发病率高（30%～80%）。

地鼠感染地鼠多瘤病毒可以形成淋巴瘤和毛囊上皮瘤，其他类型的肿瘤还没有被发现。当第一次引进繁殖地鼠时，可能会导致地鼠多瘤病毒淋巴瘤的流行，在 4～30 周龄的地鼠之间的发病率高达 80%，这是地鼠多瘤病毒感染的一个诊断性特征，因为淋巴瘤通常发病率非常低，且只发生在老龄地鼠上。一旦出现地方性流行，淋巴瘤发病率会下降到较低的水平，由于青年地鼠感染后可能产生抗体，从而病毒仅感染老龄地鼠，这有利于抵御致癌作用。感染的老龄地鼠无临床症状，但尿液中长期有病毒存在。感染地鼠也可能出现发病数量不等的上皮瘤，通常发生在脸颊部，但也可能出现在身体的任何地方。往往地方流行性感染的地鼠，比动物流行性感染的地鼠形成地鼠多瘤病毒皮肤肿瘤的发病率更高。虽然上皮瘤含有传染性病毒，但他们不是病毒传播的途径，病毒主要通过尿液传染。作为典型的多瘤病毒，地鼠多瘤病毒可以通过病毒复制使感染细胞溶解或转化没有病毒复制的细胞。虽然淋巴瘤未含有传染性地鼠多瘤病毒，但可在它们的基因组中检测到地鼠多瘤病毒核酸。另外，在地鼠多瘤病毒上皮瘤中，角质化上皮细胞有地鼠多瘤病毒复制，这类似乳头瘤病毒。小鼠多瘤病毒在小鼠体内可引起类似病毒复制的皮肤肿瘤，但与小鼠不同，地鼠在新生儿时期及自然感染条件下对这种病毒（和其他 DNA 病毒）的致癌作用很敏感。

四、临床特征和病理变化

皮肤肿瘤主要发生在脸颊、头颈部和背部皮肤，也经常发生在眼睛和外耳，很少发生在腹部皮肤和脚。肿瘤通常以小结开始，损伤逐渐扩大，形成多发性融合并渗透到皮肤内，充满皮肤和肌肉间的皮下空间。组织学上肿瘤由毛根上皮细胞增殖形成，产生角质化的、囊肿样肿块，有时包含黑色素。基底细胞层出现许多有丝分裂图像。在分化的角质层有大量病毒颗粒，但基底层和棘细胞层的增殖细胞中缺乏病毒颗粒。病毒生产周期的完成和皮肤上皮瘤的晚期分化之间的紧密联系明显表明是乳头瘤病毒感染，暗示细胞环境能以相同的方式影响病毒周期。然而，这两种病状不同在于各病毒的自然靶细胞，即地鼠多瘤病毒为毛囊角质化细胞，乳头瘤病毒为滤泡间上皮角质细胞。

发生淋巴瘤的地鼠体型瘦小，大多腹部有肿块。淋巴瘤通常生长在除连接脾以外的肠系膜上，但它们也可能出现在腋窝和颈部淋巴结节。肝、肾、胸腺和其他器官也可以发生。它们通常是淋巴样的，曾经被描述为成红细胞型、网状细胞肉性瘤和骨髓型。淋巴肿瘤呈不定的分化，通常是不成熟的，虽然有时他们有类浆细胞的特征。腹部淋巴瘤具有B细胞标记物，胸腺淋巴瘤具有T细胞标记物。肠系膜肿瘤，包括肠壁和淋巴结，呈现中央区坏死。也常见肝血窦有淋巴瘤样细胞浸润。感染地鼠的皮肤上也可出现多数结节性肿块，这些病变包括毛发上皮瘤的角化滤泡结构。

五、诊　断

淋巴肿瘤在地鼠比较少见，如果发生通常出现在老龄地鼠。感染地鼠出现淋巴瘤的年龄在4～30周龄，这是地鼠多瘤病毒感染的一个诊断性特征。用电子显微镜通常不能观察到淋巴肿瘤中的地鼠多瘤病毒，除非有地鼠多瘤病毒存在，否则很难在地鼠身上发现毛发上皮瘤。如果有地鼠多瘤病毒存在，可观察到角化上皮细胞核中的地鼠多瘤病毒晶体。对地鼠多瘤病毒使用血清学检测方法是无效的。但可用PCR对感染地鼠的病毒进行确定性诊断，原位PCR可进一步显示出患病地鼠组织内地鼠多瘤病毒的分布。鉴别诊断包括传染性回肠增生（可能引起回肠末端肿大）、自发的淋巴肿瘤和皮肤损伤，如蠕形螨毛囊炎。

六、防治措施

鉴于地鼠多瘤病毒从感染地鼠的尿液中排出，并对外界环境因素的抵抗力很强，能在垫料、饲料、空气、尘埃以及和地鼠接触过的地方长期存在，因此应购买无地鼠多瘤病毒感染的地鼠，并应定期对实验动物饲养环境和器具进行消毒，注意保持地鼠笼舍的清洁，定期检查地鼠群。饲养人员不得接触地鼠多瘤病毒污染的动物，未经确认无地鼠多瘤病毒感染的动物不能入群。一旦发现污染，应立即销毁全群地鼠，并对设施和环境进行彻底消毒。

七、对实验研究的影响

多瘤病毒能抑制水疱性口炎病毒、脑心肌炎病毒、疱疹病毒、牛痘病毒、伪狂犬病毒等微生物的繁殖，某些致癌株还能诱生干扰素。因此，多瘤病毒的污染会严重干扰试验结果的准确性。

（夏放　范方玲　田克恭）

参考文献

娄成民.2003.实验动物质量管理标准与检验检测技术使用手册［M］.贵阳：贵州科技出版社：700-701.

田克恭.1991.实验动物病毒性疾病［M］.北京：农业出版社：45-50.

Courtneidge S A，Goutebroze L，Cartwright A，et al. 1991. Identification and characterization of the hamster polyomavirus middle T antigen［J］. J Virol.，65：3301-3308.

Dean H Percy，Stephen W Barthold. 1993. Pathology of Laboratory Rodents and Rabbits［M］. Ames，Iowa State University Press：115-136.

Dean H Percy，Stephen W Barthold. 2007. Pathology of Laboratory Rodents and Rabbits［M］. Third Edition. LOWA：Blackwell Publishing：181-183.

Delmas V，Bastien C，Scherneck S，et al. 1985. A newmember of thepolyomavirus family：the hamster papovavirus. Complete nucleotide sequence and transformation properties［J］. EMBO J，4：1279-1286.

Goutebroze L，Feunteun J. 1992. Transformation by hamster polyomavirus：identification and functional analysis of the early genes［J］. J Virol，66：2495-2504.

Graffi A, Schramm T, Graffi I, et al. 1968. Virus - associated skin tumors of the Syrian hamster: preliminary note [J]. J Natl Cancer Inst., 40: 867 - 873.

Graffi A, Bender E, Graffi I, et al. 1968. Uber zwei neue Virustumoren beim Goldhamster [M]. In Die heutige Stellung der Morphologiein Biologie und Medizin. Berlin, Akademie - Verlag: 127 - 140.

Graffi A, Bender E, Schramm T, et al. 1969. Induction of transmissible lymphomas in Syrian hamsters by application of DNA from viral hamster papovavirus - induced tumors and by cell - free filtrates from human tumors [J]. Med. Sci, 64: 1172 - 1175.

Luis P. Villarreal. 1989. Common mechanisms of transformation by small DNA tumor viruses [M]. Washington DC: American Society for Microbi Press: 225 - 238.

Murphy F, Fauquet C, Bishop D, et al. 1995. Virus Taxonomy - The Classification and Nomenclature of Viruses: Sixth Report of the International Committee on Taxonomy of Viruses [M]. Springer - Verlag Wien, New York.

N James Maclachlan, Edward J Dubovi. 2010. Fenner's Veterinary Virology [M]. Fourth Edition. London: Academic Press: 223.

Scherneck S, Delmas V, Vogel F, et al. 1987. Induction of lymphomas by the hamster papovavirus correlates with massive replication of nonrandomly deleted extrachromosomal viral genomes [J]. J Virol, 61: 3992 - 3998.

Siegfried Scherneck, Rainer Ulrich, Jean Feunteun. 2001. The Hamster Polyomavirus - a Brief Review of Recent Knowledge [J]. Virus Genes, 22 (1): 93 - 101.

Simmons J H, Riley L K, Franklin C L, et al. 2001. Hamster Polyomavirus Infection in a Pet Syrian Hamster (Mesocricetusauratus) [J]. Veterinary Pathology, 38: 441 - 446.

Vogel F, Rhode K, Scherneck S, et al. 1986. The hamster papovavirus: evolutionary relationships with other polyomaviruses [J]. Virology, 154: 335 - 343.

Zur Hausen H, Gissmann L. 1979. Lymphotropic papovavirusesisolated from African green monkey and human cells [J]. Med Microbiol Immunol, 167: 137 - 153.

第六节　兔肾空泡病毒感染
(Rabbit kidney vacuolating virus infections)

一、发生与分布

Hartley 等（1964）从一只患乳头状瘤的棉尾兔的原代肾细胞培养物中分离到一种病毒，这种病毒在细胞培养上引起明显的空泡性细胞病变，因此称之为兔肾空泡病毒。这是首次发现兔肾空泡病毒感染(Rabbit kidney vacuolating virus infection)。

二、病　　原

1. 分类地位　兔肾空泡病毒（*Rabbit kidney vacuolating virus*）与 RPmV 相似但又有所不同。用兔肾空泡病毒接种兔不引起乳头状瘤，也不产生抗 RPmV 抗体。兔肾空泡病毒稍小于乳头瘤病毒属的病毒，在大小、形态和 DNA 组成上与多瘤病毒相近。目前在分类上将其归属于乳多空病毒科、多瘤病毒属。

2. 形态学基本特征与培养特性　兔肾空泡病毒的超微结构显示，病毒粒子直径 40～45nm，72 个壳粒向右倾斜，排列为二十面立体对称结构。病毒颗粒包括致密的 38μm 核心和外壳，外壳外径约 47μm，由直径为 50A 的衣壳蛋白组成。

病毒于家兔和棉尾兔肾细胞培养物中引起胞质空泡化，与猿猴空泡病毒引起的绿猴肾细胞培养物的胞质空泡化相似。在单层细胞上产生蚀斑。其他动物细胞不感染。

3. 理化特性　该病毒抵抗力较强，可在 4℃存活好几个月。60℃ 30min 不能使其灭活。能耐乙醚、2%石炭酸和 50%乙醇，且不易被福尔马林灭活。病毒- DNA 能抵抗 1mol/L NaOH，能在 100℃存活 30min 以上。

4. 分子生物学　兔肾空泡病毒为 DNA 病毒。病毒衣壳内为高度缠绕的双股环状 DNA，相对分子质量为 3 000 000，其中 G+C 含量为 43%，介于乳头瘤病毒（G+C 含量 48%）与猿猴空泡病毒（G+C 含量 41%）之间。病毒基因组分为早期区、晚期区及调控区。调控区位于早期区和晚期区之间。基因转录由调控区开始向两个方向进行。早期区主要编码大 T 抗原和小 T 抗原。早期基因产物的主要作用是参与病毒 DNA 复制和激活晚期转录以及早期启动子反馈调节与病毒的有效装配，晚期区主要编码病毒衣壳蛋白 VP1、VP2 和 VP3。其中 VP1 是构成衣壳的主要蛋白，且其核苷酸顺序在多瘤病毒之间也是最为保守的。调控区含有病毒 DNA 复制的起点（ori）以及早、晚期基因启动子、增强子和多个大 T 抗原结合位点。

三、流行病学

兔肾空泡病毒对家兔、棉尾兔和其他种动物均无致病性。各种途径接种新生兔和成年兔均无发病迹象。在美国得克萨斯州和马里兰州的野生棉尾兔中发现兔肾空泡病毒抗体，但家兔中尚未检出抗体。

兔肾空泡病毒可能是棉尾兔的一种很常见的只引起隐性感染的非致病性病毒。

该病毒是家兔和野兔的隐性感染病毒，接种家兔皮肤不能诱导肿瘤产生，其他动物不被感染。

四、临床症状

兔肾空泡病毒可能是棉尾兔的一种很常见的只引起隐性感染的非致病性病毒。

五、病理变化

病毒于家兔和棉尾兔肾细胞培养物中引起胞质空泡化，与猿猴空泡病毒引起的绿猴肾细胞培养物的胞质空泡化相似。

六、诊　　断

1. 病毒分离与鉴定　该病毒于家兔和棉尾兔肾细胞培养物中引起胞质空泡化，在单层细胞上产生蚀斑。

2. 血清学试验　兔肾空泡病毒于 4℃和 20℃凝集豚鼠红细胞。在免疫学上与兔乳头瘤病毒完全不同。

七、防治措施

该病毒是家兔和野兔的隐性感染病毒，接种家兔皮肤不能诱导肿瘤产生，其他动物不感染。

（付瑞　梁春南　贺争鸣）

参考文献

殷震，刘景华．1997．动物病毒学［M］．第 2 版．北京：科学出版社．

L V Crawford，E A C Follett．1967．A Study of Rabbit Kidney Vacuolating Virus and its DNA［J］．J. Gen. Virol.：19-24.

Velma C Chambers，Shyyuan Hsia，Yohei Ito．1966．Rabbit Kidney Vacuolating Virus：Ultrastructural Studies［J］．Virology，29（1）：32-43.

Yohei Ito，Shyuan Hsia，Charles A Evans．1966．Rabbit Kidney Vacuolating Virus：Extraction of infectious［J］．Virology，29（1）：26-31.

第七节　猴肉瘤病毒 40 感染
(Simian sarcoma virus 40 infection)

猴肉瘤病毒是在人和猴中都发现的致瘤病毒。在猴体内主要呈隐性感染，长期潜伏在猴肾细胞中，常造成猴肾细胞培养物的污染，影响用猴肾细胞生产的生物制品的质量，使疫苗废弃，造成经济损失。

一、发生与分布

Sweet 等（1960）在猕猴肾细胞培养物中首次分离到猴肉瘤病毒，之后在人和猴中都有发现。人工接种大鼠、豚鼠和兔未见肿瘤产生，但脑内接种新生仓鼠可产生室管膜瘤。Talash 等（1969）人工感染新生猴未见肿瘤产生。

完整的病毒基因组由 Walter Fiers 和他的团队（1978）在比利时根特大学测序。该病毒在猕猴中是休眠而不引起症状的，在野外很多猕猴种群均有发现，极少造成疾病。然而，具有免疫缺陷，如受猴免疫缺陷病毒感染的猴中，猴肉瘤病毒 40 感染（Simian sarcoma virus 40 infection）表现得非常像人的 JC 和 BK 多瘤病毒，造成肾脏疾病，有时是类似于进行性多灶性白质脑病的脱髓鞘疾病。在其他物种，尤其是仓鼠，猴肉瘤病毒引起多种肿瘤，通常是肉瘤。在大鼠，这种致瘤的猴肉瘤病毒大 T 抗原被用来建立关于原始神经外胚层瘤和成神经管细胞瘤的脑肿瘤模型。

二、病　　原

1. 分类地位　猴肉瘤病毒（Simian vacuolating virus 40 或 Simian virus 40，SV_{40}）又称猴空泡病毒，由于其在受感染的非洲绿猴肾细胞所产生的异常数量的液泡而得名。该病毒在分类上属于多瘤病毒科（Polyomaviridae）、多瘤病毒属（*Polymavirus*），是 DNA 肿瘤病毒的原型代表，标准参考株SV40-776 含 5 243 个核苷酸。不同分离株 bp 数略有差异，至今已发现多种猴肉瘤病毒变异体，具有明显的遗传异质性，主要的基因变异发生在两个病毒基因组区域：非编码调控区和 T 抗原基因的 C 末端处（T-ag-C）。在人肿瘤相关序列中频繁检测出 T-ag-C 处的变异，这排除了实验室污染的可能，且 T-ag-C 序列在组织培养传代中相对稳定，而猴肉瘤病毒的调控区域却经常包含大的片段插入、删除或复制以及重排。

2. 形态学基本特征与培养特性　猴肉瘤病毒粒子呈圆形，直径 30～40nm，呈二十面体，有一个共价闭环的双链 DNA 基因组，全长 5 244bp，无囊膜，有 62 个核壳粒亚单位。病毒基因组含有大约等长的早期基因和晚期基因，分别编码早期蛋白和晚期蛋白。早期蛋白有两种，大 T 抗原（T-Ag）和小 t 抗原（t-Ag）；晚期蛋白主要有 VP1、VP2 和 VP3 三种衣壳蛋白。猴肉瘤病毒对酸、热、乙醚、甲醛均有较强的抵抗力，在 1mol/L 的双价离子盐中（如 $MgCl_2$），加热到 50℃可将其灭活，病毒在室温下可长期存活。该病毒大小很适于基因操作，同时它也是第一个完成基因组 DNA 全序列分析的动物病毒。

猴肉瘤病毒特别易感染的组织是猴的肾脏，因此可在各种灵长类动物细胞，如猕猴、爪哇猴原代肾细胞及人源细胞中生长增殖，但不产生细胞病变；在绿猴传代细胞，如 Vero、BSC-1 和 LLC-MK2 细胞中可良好增殖，并产生明显的细胞病变，胞核染色质边集，胞质空泡化，在细胞单层上形成空斑。猴肉瘤病毒在 Vero 细胞中繁殖很快，第 3 天时主要表现为与正常细胞相比折光性降低，细胞略微变大，细胞与细胞之间的紧密程度降低；第 4 天时，显示出特征性的病变，表现为病变细胞急剧圆缩，在显微镜下可见簇状聚集在一起或漂浮在溶液中，同时有一些病变细胞被拉长或膨胀形成拉网状，分布于聚集细胞周围；到第 7 天时细胞已完全场变，弥散于溶液中。

3. 理化特性　猴肉瘤病毒耐酸、耐乙醚，较耐热，可置 1mol/L $MgCl_2$ 液内 50℃加温 3～15min 完全灭活，1∶2 000～1∶4 000 福尔马林内 36℃ 3～7 天大部灭活，对 β-丙内酯耐受。

4. 分子生物学　目前猴肉瘤病毒的结构、基因组核苷酸序列分析、基因定位及其复制的各种蛋白质都已清楚。病毒基因组以 EcoR1 内切酶切点作为 0 点分成 100 等分，Ori 点是 DNA 双向复制的起始点。病毒基因组内的早期编码进程是逆时钟方向，在病毒 DNA 自制前，编码的蛋白质（大 T、小 t 抗原）与诱发宿主细胞的转化有关；晚期编码区进程为顺时针方向，是在病毒 DNA 复制开始以后，编码的蛋白质为三种病毒壳体蛋白 VP1、VP2 和 CP3，这些蛋白是病毒的结构蛋白，不参与细胞的转化过程。

猴肉瘤病毒有其特有的生命周期，根据病毒感染作用的不同效应，可将其寄主细胞分成三种不同的类型。病毒在感染 CV-1 和 AGMK 猿猴细胞后，产生感染性的病毒颗粒，并使寄主细胞裂解，我们称这种感染效应为裂解感染，称猿猴细胞为受纳细胞。但如果感染的是啮齿动物（通常是仓鼠和小鼠）细胞，就不会产生感染性颗粒，此时病毒基因组整合到寄主细胞的染色体上，细胞被转化，也就是说发生了癌变，我们称这种啮齿动物细胞为猴肉瘤病毒的非受纳细胞。人体细胞是猴肉瘤病毒的半受纳细胞，因为同病毒接触的人体细胞中，只有1%～2%会产生感染性的病毒；在极少数的病例中，病毒会整合到人体细胞基因组上，从而使细胞转化。猴肉瘤病毒对猿猴细胞的裂解感染可分成三个不同的时相。在该病毒感染寄主细胞之后，有一段长达 8～12h 的潜伏期，在这期间，病毒颗粒脱去蛋白质外壳，同时 DNA 逐渐转移到寄主细胞内；紧接着 4h 为早期时相，此时发生早期 mRNA 和早期蛋白质的合成，并出现病毒诱导寄主细胞 DNA 合成的继发作用；在这以后的 36h 为晚期时相，进行病毒 DNA、晚期 mRNA 和晚期蛋白质的合成，并在高潮时发生病毒颗粒组装。大约在感染的第 3 天，细胞裂解，平均每个细胞可释放出 10^5 个病毒颗粒。

同其他病毒不同，猴肉瘤病毒 DNA 同除了 H1 之外的所有寄主细胞组蛋白（H4、H2a、H2b 和 H3）相结合。这些蛋白使病毒 DNA 分子紧缩成真核染色质所特有的念珠状核小体，这种结构称为微型染色体。感染之后的病毒基因组，输送到细胞核内进行转录和复制。如同大多数的病毒一样，该病毒基因组表达的时间顺序是相当严格的，据此可将其区分为早期表达区和晚期表达区。围绕在猴肉瘤病毒 DNA 复制起点周围约 400bp 的 DNA 区段，作用十分重要，现在已经弄清紧挨这个区段的 DNA 序列是调节早期和晚期初级转录本合成的控制信号，早期转录本的合成，就是由位于这个区段内的由一对 72 核苷酸序列串联而成的强化因子序列激活的。

猴肉瘤病毒基因组表达的一个重要特点是，它的 RNA 剪辑模式非常复杂。通过不同的剪辑途径，早期初级转录本加工成 2 种不同的早期 mRNA；而晚期的初级转录本加工成 3 种不同的晚期 mRNA。这 2 种早期 mRNA 分别编码大 T 抗原和小 t 抗原。晚期转录本按照其特定的沉降系数，可分为 16S、18S 和 19S 三种 mRNA，他们分别编码 VP1、VP3 和 VP2 病毒蛋白质。其中 18S 和 19S 两种 mRNA 具有一段相同的编码序列，因此，由它们指导合成的两种蛋白质也具有一段相同的氨基酸序列。然而令人惊讶的是，VP1 编码区同 VP2 和 VP3 是以不同的转译结构形式彼此交叠的。

T 抗原的功能是控制病毒基因组的复制，一旦细胞中累积了足够数量的 T 抗原，DNA 的复制便开始启动；同时由于 T 抗原合成是能够进行自身调节的，因此此时早期的转录本也就随之减少。当 DNA 复制开始之后，病毒基因组的晚期区段也就开始表达，转录合成出编码病毒外壳蛋白质的 mRNA。早期与晚期转录按相反的方向进行，而且早期和晚期转录的启动子及复制起点，全部位于一段长 350bp 的 DNA 非编码区段内。在猴肉瘤病毒感染周期邻近结束时，寄主细胞便发生裂解，并在单层细胞上形成空斑或感染中心。在非受纳细胞内，感染病毒只有早期区段得到表达，随后病毒的基因组便整合到寄主细胞的染色体基因组上，这种整合是一种非特异的过程，它可能是通过发生非常规的重组，随机地整合到寄主染色体的不同部位上，而且在病毒基因组的任何部位均可发生交换作用。如果早期区段没有被破坏，那么 T 抗原的持续合成将诱发寄主细胞转化的表型。

最新的研究发现，猴肉瘤病毒小 t 抗原能通过破坏磷酸酶 2A（PP2A）的功能帮助细胞转送，但是其中的机理至今并不清楚。研究人员对其核心结构域与人 PP2A scaffolding 亚基结合结晶结构进行了分析，发现 ST 核心结构域的一个新锌指结构，能与 PP2A 中的 HEAT3-6 重复的保守 ridge 结构相互作用。

进一步研究还发现小 t 抗原与 PP2A 核心酶的结合亲和性比调节亚基 B’（也称为 PR61 或 B56）低，因此 ST 不能有效体外替换 B’。这些研究数据表明 ST 也许主要行使着抑制 PP2A 核心酶的磷酸酶活性的功能，除此之外还可以调节 PP2A 全酶的组装。

三、流行病学

1. 传染来源 亚洲猿类特别是恒河猴是猴肉瘤病毒的天然宿主，尤其是在群体笼养条件下，猴群间可相互传播。国外有研究报道，在刚捕获的野生猴中，几乎没有猴肉瘤病毒的感染，而在大笼内群体饲养了一段时间之后，猴肉瘤病毒的感染率可上升到10％。感染病毒可导致猴体急性病变或大多数状态下呈长期带毒状态，病毒可通过尿液排出体外，极有可能在宿主间播散。易感宿主可通过口腔、呼吸道、皮下途径感染。

2. 传播途径 试验性感染结果说明，猴肉瘤病毒可经过静脉、鼻腔、皮下、胃内途径感染猕猴。1周后所有动物自粪中排出病毒，至少持续3周，尿内偶见病毒。猴肉瘤病毒自然感染猴，通常表现为良性，并在易感猴肾建立持续感染状态，带毒水平可能很低，但猴感染后可产生病毒血症和病毒尿，病毒可通过尿液排出体外，易感宿主可通过口腔、呼吸道、皮下途径感染。

3. 易感动物

（1）自然宿主　亚洲猿类特别是猕猴是猴肉瘤病毒的天然宿主，人、狒狒和新生仓鼠也可被感染。猴肉瘤病毒呈世界范围性分布，其中生长于印度和越南等地的猕猴广泛存在病毒抗体。而非洲绿猴感染率较低，中和抗体检测结果说明，密切接触的群养猴的抗体阳性率及水平明显高于野生和笼养猴。捕获野生猴后在远离其他猴群的露天大笼饲养，无抗体转阳现象。

（2）实验动物　猴肉瘤病毒人工接种大鼠、豚鼠和兔未见肿瘤产生，但脑内接种新生仓鼠可产生室管膜瘤。Talash等人工感染新生猴未见肿瘤产生。Dupuy等利用人抗凝血酶Ⅲ基因和猴肉瘤病毒T抗原序列构建的外源DNA，注入C57B/6J雄性小鼠胚胎中，建立转基因小鼠肝癌模型来研究肿瘤血管生成和组织因子（TF）表达情况。研究发现，肝癌中有明显异常的血管生成，在腺瘤阶段，即有肝窦状隙的增殖、改造和动脉化；有些窦状隙中可发现具有内皮细胞表型的肝细胞植入，提示局部血管生成的模式。此模型可作为抗肿瘤药物筛选的研究。

最早有望作为猴肉瘤病毒诱导肿瘤模型之一的，是新生仓鼠动物模型。有报告表明，猴肉瘤病毒接种点不同可使新生仓鼠长出纤维肉瘤、室管膜瘤和间皮瘤。此外，若干这种产生在接种点的肿瘤能够转移到远处。

（3）易感人群　Morris等（1967）研究证实经鼻腔接种猴肉瘤病毒可使人产生呼吸道亚临床感染，22/35例受试人员产生病毒抗体。儿童感染后，可向外排毒达28天。虽然猴肉瘤病毒可在人源细胞上增殖，但不转化人细胞，对人无致癌性。与猕猴或猴肉瘤病毒长期密切接触的饲养员和工作人员体内皆发现中和抗体，为易感人群。

4. 流行特征 自然条件下，猴多呈隐性感染，不致瘤，无明显季节性。血清学调查发现，猴肉瘤病毒呈世界性分布，其中生长于印度和越南等地的猕猴广泛存在病毒抗体，而非洲绿猴感染率较低。赵玫等报道，我国猕猴中猴肉瘤病毒检出率为11.16％，抗体阳性率高达73.84％，表明该病毒在我国猴群中广泛存在。张新生等对14个不同来源猴群401份血清猴肉瘤病毒中和抗体检测结果说明，密切接触的群养猴的抗体阳性率及水平明显高于野生和笼养猴：猴岛群养猴为100％，几何平均滴度（GMT）等于或大于56.23；猴园群养猴为80.74％，GMT为88.72；成都病毒所大笼群养猴为73.52％，GMT36.30；野生猴为32.14％，GMT2.75；露天大笼群养猴（非流动性）为35％，GMT2.85；小笼饲养猴（稍有流动）为50.00％，GMT10.72。猴龄、饲养地区与猴肉瘤病毒的传播无明显关系，而卫生、消毒、通风、光照、隔离条件、猴群密度、流动频率等因素却有明显影响。单只猴分笼隔离检疫7～8个月，定期检测抗体，结果表明中和抗体可维持8个月以上，但GMT从88.72降为22.65。与猕猴或猴肉瘤病毒长期密切接触的实验人员体内皆发现中和抗体，GMT值在接触猴及猴肉瘤病毒者为207.13，饲养员为98.36，说明人群因接触病毒或感染猴而受感染。

四、临床症状

1. 动物的临床表现 猴肉瘤病毒在非人灵长类的易感宿主中是一种自然感染，绝大多数感染是良性的，无病理表现或临床症状，仅可刺激机体产生抗体。但越来越多的证据表明，免疫受损的非人灵长类动物感染猴肉瘤病毒后可能会致病，且出现恶性肿瘤。有报告，用化学法在猕猴体内进行免疫破坏，或是用灵长类的免疫缺陷病毒预先感染动物可导致免疫破坏，并出现猴肉瘤病毒诱导的进行性多病灶脑白质病，一种脱髓鞘疾病以及星形细胞瘤。

猴感染猴肉瘤病毒是无任何临床症状或病理损伤，仅可刺激机体产生抗体。病毒主要存在于猴肾组织中，也存在于脾、肺、子宫、胎儿或乳汁中。

2. 人的临床表现　猴肉瘤病毒能感染各种人体细胞，尽管起初认为是部分允许宿主，但在使用或未使用受污染的脊髓灰质炎疫苗的个体身上，都检测到了病毒的中和抗体。在若干人体肿瘤，包括间皮瘤、骨肉瘤和室管膜瘤中都检测到了猴肉瘤病毒DNA和肿瘤蛋白Tag。虽然证据在不断增加，但是该病毒感染在癌症发展中的作用尚有争议。值得注意的是，大量恶性胸膜间皮瘤（MPM）患者的肿瘤细胞中含有猴肉瘤病毒序列，包含那些编码Tag的序列，试验也证明猴肉瘤病毒能结合在人体肿瘤抑制基因产物P53和pRb上。总之，无论用外科手术还是采取化疗都难以对付恶性胸膜间皮瘤，对于这种病，除现行疗法外尚无别的方法。因此，许多证据都支持猴肉瘤病毒在人体恶性肿瘤中的可能作用，以及将Tag用作病毒编码的肿瘤特异抗原，去开发治疗人体癌症，如恶性胸膜间皮瘤等的主动免疫疗法。

猴肉瘤病毒的致瘤功能，主要由病毒两种早期基因产物大T抗原（TAg）和小t抗原（tAg）来介导。T抗原编码基因完全可以自行引起培养细胞发生恶性转化，而且高浓度的T抗原也可以诱导啮齿类动物发生肿瘤。但t抗原的编码基因并不能单独引起培养细胞发生恶性转化，也不能以大剂量的t抗原蛋白诱导啮齿类动物的肿瘤，只是以直接或间接的方式在一定程度上增强猴肉瘤病毒T抗原的恶性转化功能。T抗原的转化作用位点区定位于其末端序列的105～114的氨基酸残基的范围。T抗原的这一区与另外两种DNA肿瘤病毒转化作用蛋白，即腺病毒的E1A和人乳头瘤病毒的E7蛋白之间具有广泛的同源性。T抗原编码基因是猴肉瘤病毒基因组中主要的病毒癌基因。关于该病毒癌基因，即T抗原的编码基因引起正常细胞恶性转化的机制到目前为止并没有完全研究清楚。目前的研究资料表明，猴肉瘤病毒T抗原与肿瘤抑制基因p53和pRB之间的相互作用，以及T抗原与细胞周期的异常调节的作用，可能是SV_{40}基因组中病毒癌基因蛋白T抗原使正常细胞发生恶性转化的重要机制。

五、病理变化

猴肉瘤病毒感染猴之后一般无任何临床症状和病理表现，但有报道称，免疫受损的非人灵长类动物感染猴肉瘤病毒后可能会致病，且出现恶性肿瘤。用化学法在猕猴体内进行免疫破坏，或是用灵长类的免疫缺陷病毒预先感染动物可导致免疫破坏，并出现猴肉瘤病毒诱导的进行性多病灶脑白质病，一种脱髓鞘疾病以及星形细胞瘤。

1. 大体解剖观察　病灶主要位于脑和脊髓的白质内，呈弥散分布。大脑半球大体正常，部分人有脑回轻度萎缩及脑沟增宽；切面可见大小不等的软化坏死灶和边缘清楚的灰色斑块，以侧脑室周围和小脑多见。

2. 组织病理学观察　显微镜检查：早期病灶区髓鞘崩解，局部水肿，血管周围有淋巴细胞、浆细胞浸润等炎症反应；中期随髓鞘崩解产物被吞噬细胞逐渐清除，形成斑点状软化坏死灶，可见格子细胞形成和轴索消失；晚期病灶区有胶质细胞与星形细胞增生，网状与胶原纤维增生，形成边界清楚的灰色斑块，直径一般为0.1～4.5cm。病灶可新旧并存。重症、晚期患者可见脑室扩大、脑回变平、脑沟增宽和脊髓变细等脑脊髓萎缩改变。偶尔MS可伴有胶质瘤，肿瘤起源于多发硬化的斑块。

六、诊　　断

一般情况下，猴感染猴肉瘤病毒后可刺激机体产生抗体。

1. 病毒分离与鉴定　猴肉瘤病毒主要存在于猴肾组织中，也可存在于脾、肺、子宫、胎儿或乳汁中，可取上述材料接种Vero细胞或BSC-1细胞分离病毒，37℃培养3～4天，电镜观察细胞培养物中的病毒形态。也可采用免疫荧光试验、中和试验、补体结合试验等血清学方法，检测猴群中有无猴肉瘤病毒抗体以确定感染。

2. 血清学试验 用猴肉瘤病毒-776标准株感染的Vero细胞，待50%～75%细胞病变时，将细胞吹下，滴入48孔微孔载玻片，吹干，冷丙酮固定，－20℃保存备用。刘馨等曾比较实用血清学的方法对57份猕猴外周学血样品中猴肉瘤病毒st抗原DNA的携带情况及抗体滴度进行分析，发现当血清抗体低于或等于1：80时，有35%（12/34）的样品检测到猴肉瘤病毒st抗原基因；在血清抗体滴度高于1：80时，st抗原基因的检出率仅为8%（2/23）。χ^2检验，$P<0.05$，即抗体滴度在1：80以下与1：80以上时，st抗原的携带率有显著差异。SV40抗体阳性率与st抗原基因的阳性率之间存在相关性，$P<0.05$。

3. 组织病理学诊断 在同时感染免疫缺陷疾病或免疫受到破坏的猴中，能够发生肿瘤，多见猴肉瘤病毒诱导的进行性多病灶脑白质病，一种脱髓鞘疾病以及星形细胞瘤。

显微镜检查：早期病灶区髓鞘崩解，局部水肿，血管周围有淋巴细胞、浆细胞浸润等炎症反应；中期随髓鞘崩解产物被吞噬细胞逐渐清除，形成斑点状软化坏死灶，可见格子细胞形成和轴索消失；晚期病灶区有胶质细胞与星形细胞增生，网状与胶原纤维增生，形成边界清楚的灰色斑块，直径一般为0.1～4.5cm。病灶可新旧并存。重症、晚期患者可见脑室扩大、脑回变平、脑沟增宽和脊髓变细等脑脊髓萎缩改变。偶尔MS可伴胶质瘤，肿瘤起源于多发硬化的斑块。

4. 分子生物学诊断 PCR和核酸杂交技术已成功应用于无症状及感染病人的快速诊断。检测的基因主要位于T抗原，从而可以直接从血液中检测出猴肉瘤病毒的存在，条件也几经优化，现在已经建立了成熟的从血液及组织中检测出猴肉瘤病毒的PCR和核酸杂交方法。

七、防治措施

1. 治疗 尚无有效治疗措施。

2. 预防 猴肉瘤病毒广泛存在于猴群中，目前尚无有效的预防控制措施。有人证实猴肉瘤病毒疫苗可有效控制猴群感染，在实际工作中可以试用。

用于制备猴肾细胞的猴应严格检疫，猴肉瘤病毒阴性猴方可用于生产人用疫苗。疫苗出售之前应检查其中有无猴肉瘤病毒感染，如有污染应立即废弃，避免造成人的感染。

八、公共卫生影响

猴感染猴肉瘤病毒非常常见，近年来对其能够诱导人肿瘤发生的相关研究比较多，争议也较多，但普遍认为与多种肿瘤的发生有很大的相关性。因此做好疫苗检疫工作，防止猴肉瘤病毒污染的疫苗出现，是自猴肉瘤病毒发现以来人们非常重视的问题。

（罕园园 代解杰 田克恭）

参考文献

刘馨，杨涛，洪超，等. 2003. 猴病毒SV40的灭活及鉴定［J］. 动物医学进展，24（6）：86-88.

田克恭. 1992. 实验动物病毒性疾病［M］. 北京：农业出版社：386-389.

C A Holmberg，D H Gribble，K K Takemoto，et al. 1977. Isolation of Simian Virus 40 from Rhesus Monkeys（Macaca mulatta）with Spontaneous Progressive Multifocal Leukoencephalopathy［J］. J. Infect. Dis.，136（4）：593-596.

E T Clayson，R WCompans. 1988. Entry of simian virus 40 is restricted to apical surfaces of polarized epithelial cells［J］. Mol. Cell. Biol.，8（8）：3391-3396.

Janet S Butel，John A Lednicky. 1999. Cell and Molecular Biology of Simian Virus 40：Implications for Human Infections and Disease［J］. J. Natl. Cancer. Inst.，91（2）：119-134.

John P Hurley，Petr O Ilyinskii，Christopher J. Horvath，et al. 1997. A malignant astrocytoma containing simian virus 40 DNA in a macaque infected with simian immunodeficiency virus［J］. Journal of Medical Primatology，26（3）：172-

180.

Paola Rizzo，Maurizio Bocchetta，Amy Powers，et al. 2011. SV40 and the pathogenesis of mesothelioma [J]. Seminars in cancer biology，11 (1)：63-71.

Yongna Xing，Zhu Li，Yu Chen，et al. 2008. Structural Mechanism of Demethylation and Inaction of Protein Phosphatase 2A [J]. Cell，133：154-163.

Zac H，Forsman，John A. 2004. Phylogenetic Analysis of Polyomavirus Simian Virus 40 from Monkeys and Humans Reveals Genetic Variation [J]. J. Virol.，78 (17)：9306-9315.

第八节 猴病毒 12 感染
(Simian virus 12 infection)

猴病毒 12 感染（Simian virus 12 infection）是豚尾狒狒感染猴病毒 12 所致，目前尚未发现对宿主有致病性，临床上表现为潜伏感染。

一、发生与分布

猴病毒 12 最初于 1963 年 Malherbe 等人从非洲绿猴肾原代细胞培养物中分离出来，因为同猴肉瘤病毒一样，感染细胞形成嗜碱性核内包涵体，病毒形态类似其他多瘤病毒，而被命名为猴因子 12（Simian agent 12，SA12）。随后的研究发现（Valis 等，1977），非洲绿猴并不是猴因子 12 的自然宿主，其自然宿主是广泛分布于非洲大陆的豚尾狒狒（*Chacama baboon*）；野生和野捕豚尾狒狒的感染率分别为 58%和 77%，且生活在同一地区的野生和野捕非洲绿猴的血清中也存在抗猴因子 12 病毒中和抗体，阳性率分别为 12%和 8%。Braun 等（1980 年）发现人工饲养环境中，其他实验灵长类动物也可能存在猴因子 12 病毒感染：通过对 517 份旧世界猴血清样本检测发现，66%的狒狒、24%的赤猴和非洲绿猴、8%的猕猴及 2%的大猩猩血清中抗猴因子 12 病毒中和抗体均呈阳性。但是，这些血清学结果尚未得到其他检测方法，如病原体分离或 PCR 检测猴因子 12 病毒基因组核酸等方法的验证。因缺乏广泛的血清流行病学调查资料，该病毒感染在其他地区的分布还不清楚。

二、病 原

1. 分类地位 猴病毒 12（*Simian virus* 12）又称狒狒多瘤病毒 1 型（*Baboon polymavirus* 1，BaPy-1）、猴因子 12（Simian agent 12，SA12）、多瘤病毒狒狒 1 型（*Polyomavirus papionis* 1）等，在分类上属多瘤病毒科（Polyomaviridae）、多瘤病毒属（*Polyomavirus*），是一种双链 DNA 病毒。该属除猴因子 12 病毒外，还包括其他猴多瘤病毒，如狒狒多瘤病毒 2 型（BaPy-2）、猴空泡病毒（SV40）、非洲绿猴多瘤病毒（AgmPyV），及人多瘤病毒，如 JC 病毒和 BK 病毒。

2. 形态学基本特征与培养特性 猴因子 12 病毒颗粒呈球形，直径为 44～45 nm，无包膜。衣壳为正二十面体，由 72 个壳粒构成。基因组 DNA 呈环状、双链超螺旋结构，G+C 含量 40%～48%。

猴病毒 12 可在原代或早期传代的猕猴肾细胞及猴肾细胞株（如 BSC-1、CV-1）上良好增殖，接种病毒 3～4 天后可观察到细胞病变，感染细胞特征性改变是胞核显著增大，8～10 天后可致全部培养细胞变性。病变细胞可相互融合成巨核细胞，但很少见到细胞质空泡样病变。

3. 理化特性 猴病毒 12 对外界有很强的抵抗力，耐酸、醚和乙醇，不易被福尔马林灭活，4℃下可存活数月。

4. 分子生物学 猴病毒 12 基因组序列已被全部测定（Genebank 序号为 AY614708 和 DQ435829），全长 5 230bp，具有多瘤病毒基因组的典型结构特征。基因组由调控区（regulatory region）、早期基因区（early region）和晚期基因区（later region）组成，调控区包含早期转录启动子、病毒 DNA 复制起始区、晚期转录启动子及转录增强子等序列。早期基因编码两种肿瘤抗原（T 抗原）：位于核内的大 T

抗原（LT）及位于核内和胞质内的小 t 抗原（st）。大 T 抗原在病毒复制过程中起到关键作用，通过结合到 DNA 复制起始区，促进病毒 DNA 合成；小 t 抗原能激活宿主细胞的多个信号系统，从而刺激宿主细胞增殖，与狒病毒 12 的致瘤性相关。晚期基因编码 4 种蛋白：VP1、VP2 及 VP3 为病毒衣壳的结构蛋白，其中 VP1 为主要的衣壳蛋白，具有中和抗体的抗原决定簇，介导血凝活性，并能与细胞受体结合；第 4 种蛋白的功能尚未明确。

三、流行病学

对狒病毒 12 感染的流行病学至今仍未全面了解，目前已有的流行病学资料显示，该病毒感染在非洲狒狒中普遍存在，主要引起无临床表现的隐性感染。

1. 传染来源 潜伏感染者（带毒者）为主要传染源。病毒间歇性地从这些动物的尿液中排出，污染饲料、饮水和用具，造成周围动物感染。

2. 传播途径 狒病毒 12 的确切传播途径和感染机制尚不清楚，一般认为多瘤病毒主要是通过宿主间水平传播。感染可能发生在早期，通过直接接触或间接接触被狒病毒 12 污染的物品而感染，产生短暂的病毒血症并导致病毒尿，随后病毒潜伏在肾脏、淋巴结等组织中。

3. 易感动物

（1）自然宿主　狒病毒 12 的自然宿主是广泛分布于非洲大陆的豚尾狒狒，目前尚未发现狒病毒 12 感染对宿主有致病性。血清流行病调查资料显示生活在同地区的其他非洲旧世界猴，如非洲绿猴、赤猴及大猩猩等的血清中也存在抗狒病毒 12 的中和抗体，但这些动物是否存在狒病毒 12 自然感染尚有待进一步的研究。

（2）实验动物　多瘤病毒具有较强的种属特异性，至今还没有关于狒病毒 12 感染其他实验动物的报道。但狒病毒 12 可以体外感染并转化仓鼠肾细胞，将转化的肾细胞接种到新生仓鼠体内可导致多种恶性肿瘤。

（3）易感人群　狒病毒 12 和人多瘤病毒 BK 病毒关系密切，与非人灵长类实验动物密切接触的工作人员有被感染的可能性。Braun 等（1980）在对 13 位密切接触非人灵长类实验动物的工作人员进行血清学筛查时发现，有一例为狒病毒 12 中和抗体阳性，提示该病毒存在跨种属传播的可能性。

四、临床症状

狒病毒 12 感染通常呈亚临床状态，即不表现任何症状，但不可排除狒病毒 12 对免疫抑制或缺陷动物有致病性。

五、病理变化

狒病毒 12 在宿主体内主要感染肾细胞。虽然其在体外培养可导致非自然宿主（如仓鼠）肾细胞病变，并转化感染细胞和诱发肿瘤，但至今未发现该病毒对自然宿主有致病性，没有任何狒病毒 12 感染造成动物组织病理改变的报道。

六、诊　　断

可通过病毒分离、中和抗体检测及病毒 DNA 检测来诊断狒病毒 12 感染。

1. 病毒分离与鉴定 病毒分离培养是确诊狒病毒 12 感染的一种有效方法。在无菌状态下采集尿液或肾组织标本，接种于 BSC-1 或 CV-1 细胞培养 8 天后，可通过电镜观察细胞培养物中的病毒形态、或采用免疫荧光技术检查细胞培养物中的病毒抗原、或通过 PCR 检测狒病毒 12 DNA 等方法进行确认。但病毒分离培养耗时长、敏感性不高，仅适用于病原学研究。

2. 血清学试验 传统的凝血试验和中和试验是检测狒病毒 12 相关抗体的主要方法，ELISA 检测抗狒病毒 12 抗体的方法尚未建立。灵长类动物的各种多瘤病毒（如 SV40，BK 病毒，JC 病毒和狒病毒

12）之间关系密切，抗原有交叉性，因此单用血清学方法检测抗体难以将各种多瘤病毒感染区分开来。

3. 组织病理学诊断 猴病毒12感染不致病，故组织病理学诊断不适用。

4. 分子生物学诊断 已建立（Paul等，2005）实时定量PCR技术检测猴病毒12感染的方法，根据编码大T抗原基因和VP2、VP3基因区设计的特异性引物可以将猴病毒12与其他多瘤病毒相鉴别。该方法具有灵敏度高、耗时短、特异性强等优点，样本可采集动物尿液或肾脏组织，但目前还没有实际应用于感染动物诊断的报道。

七、防治措施

猴病毒12感染动物呈健康带毒者，无需治疗。该病原体尚未列入实验动物控制或排除之列，除特殊实验需要，一般不作防疫要求。

八、公共卫生影响

由于猴病毒12和BK病毒具有高度同源性，不排除猴病毒12感染人的可能性，因此与猴密切接触的人群应该意识到猴病毒12暴露的危害。猴病毒12能诱导动物产生肿瘤，可用于建立动物肿瘤模型。

（杨谷 时长军）

我国已颁布的相关标准

无。

参考文献

Braun L, Kalter S S, Yakovelva L A, et al. 1980. Neutralizing antibodies to simian papovavirus SA12 in Old World primate in Laboratory colonies: high prevalence in baboons [J] . J Med Primatol. , 9 (4): 240 - 246.

Cantalupo P, Doering A, Sullivan C S, et al. 2005. Complete nucleotide sequence of polyomavirus SA12 [J] . J Virol. , 79 (20): 13094 - 13104.

Carter J J, Madeleine M M, Wipf G C, et al. 2003. Lack of serologic evidence for prevalentsimian virus 40 infection in humans [J] . J Natl Cancer Inst. , 95 (20): 1522 - 1530.

Gardner S D, Knowles W A, Hand J F, et al. 1989. Characterization of a new polyomavirus (Polymovavirus papionis - 2) isolated from baboon kidney cell culture [J] . ArchVirol. , 105 (3 - 4): 223 - 233.

Grandboulan N, Tournier P, Wicker R, et al. 1963. An electronmicroscopic study of the development of SV40 virus [J] . J Ceff Biol. , 17: 423 - 441.

Lecatsas G, Malherbe H H, Strickland - Chotmley M. 1977. Electronmicroscopical characterization of simian papovavirus SA12 [J] . J Med Microbiol. , 10 (4): 477 - 478.

Malherbe H, Harwin R, Ulrich M. 1963. The cytopathic effects of Vervet monkey viruses [J] . S Afr Med J. , 37: 407 - 411.

Minor P, Pipkin P, Jarzebek Z, et al. 2003. Studies of neutralizing antibodies to SV40 in human sera [J] . J Med Virol. , 70 (3): 490 - 495.

Shah K V, Ozer H L, Ghazey H N, et al. 1977. Common structural antigen of papovaviruses of the simian virus 40 - polyoma subgroup [J] . J Virol. , 21 (1): 179 - 186.

Valis J D, Strandberg J D, Shah K V. 1979. Transformation of hamster kidney cells by simian papovavirus SA12 [J] . Proc Spc Exp Biol Med. , 160 (2): 208 - 212.

Valis J D, Newell N, Reissig M, et al. 1977. Characterization of SA12 as a simian virus 40 - related papovavirus of chacma baboons [J] . Infect Immun. , 18 (1): 247 - 252.

Viscidi R P, Rollison D E, Viscidi E, et al. 2003. Serological cross - reactivitiesbetween antibodies to simian virus 40, BK virus, and JC virus assessed byvirus - like - particle - based enzyme immunoassays [J] . ClinDiagn Lab Immunol. , 10 (2): 278 - 285.

第七章
乳头瘤病毒科病毒所致疾病

第一节 恒河猴乳头瘤病毒1型感染
(Rhesus monkey papillomavirus 1 infection)

一、发生与分布

恒河猴乳头瘤病毒1型（*Rhesus monkey papillomavirus* 1，RhPV-1）是1988年由Kloster等首先从一只患阴茎癌的雄性恒河猴（*Maccaca mulatta*）身上分离到的。1990年Ostrow等也用分子生物学和病理学方法从其他患有类似疾病的恒河猴身上检测到该病毒。

恒河猴乳头瘤病毒Ⅰ型感染（Rhesus monkey papillomavirus 1 infection）恒河猴后可致感染黏膜上产生乳头状瘤，即俗称的"疣"，这一比例约35%；并有一小部分发展为癌症，该数据尚无定论。有报道用30只母猴和1只诊断为阴茎癌且有恒河猴乳头瘤病毒Ⅰ型感染的动物放在同一群体中，最终有两只母猴分别患鳞状上皮细胞癌和子宫内膜腺癌。也有一些动物感染恒河猴乳头瘤病毒Ⅰ型后并无临床表现，在该文献中29%的动物被检出恒河猴乳头瘤病毒Ⅰ型DNA，但没有任何临床症状，而且组织病理学等检测也为阴性。这在人群中也有类似的情况，即能检出人乳头瘤病毒DNA，但是无临床症状，出现所谓的"隐性感染"的比例约为23%。出现"隐性感染"的机制尚不明确，因为疾病的发展和遗传因素、免疫功能、其他病毒的感染、环境因素等诸多因素都有密切联系。

所见报道中恒河猴多来自印度、印度尼西亚，也有一小部分来自中国及远东地区，结果显示各地的恒河猴均可感染恒河猴乳头瘤病毒Ⅰ型。未见我国关于恒河猴乳头瘤病毒Ⅰ型感染情况的报道。

二、病　　原

1. 分类地位 从20世纪60年代到2000年，乳头瘤病毒和多瘤病毒一直被划分在乳多空病毒科（Papovaviridae）中，2000年国际病毒分类委员会（International Comittee on Taxonomy of Viruses，ICTV）正式批准取消乳多空病毒科，设立了乳头瘤病毒科（Papillomaviridae）和多瘤病毒科（Polymaviridae），乳头瘤病毒科中有30个属，包括来自多种哺乳动物和鸟类的乳头瘤病毒。恒河猴乳头瘤病毒Ⅰ型即属于乳头瘤病毒科、α-乳头瘤病毒属（*Alphapapillomavirus*）。恒河猴乳头瘤病毒是第一个也是仅有的一个被ICTV定义为"种（Species）"的灵长类动物乳头瘤病毒，根据其L1基因序列一共划分出了13种恒河猴乳头瘤病毒，除了恒河猴乳头瘤病毒Ⅰ型，还有RhPV-a，RhPV-b，RhPV-c，RhPV-d，RhPV-e，RhPV-f，RhPV-g，RhPV-h，RhPV-i，RhPV-j，RhPV-k，RhPV-m。相信随着研究的深入，还会有更多的恒河猴乳头瘤病毒被发现。

乳头瘤病毒的α-、β-、γ-三个属中包括了几乎所有的人乳头瘤病毒，其中易致恶性肿瘤的高危亚型人乳头瘤病毒16型、人乳头瘤病毒18型都属于α乳头瘤病毒属，恒河猴乳头瘤病毒也属于α乳头瘤病毒属。同一个属内的乳头瘤病毒一般拥有相似的生物学特性，α乳头瘤病毒最大的共同特性是该类病毒都是"生殖道—黏膜"乳头瘤病毒，因为它们通常只感染生殖道和其他黏膜。

2. 形态学基本特征与培养特性 恒河猴乳头瘤病毒是双链DNA无包膜病毒，从形态学上看，该病毒很小，直径只有 55nm，呈正二十面体状，病毒衣壳由 72 个五聚体衣壳体组成，每个衣壳体由 L1 和 L2 两种蛋白组成，其中 L1 是主要结构蛋白，占病毒总重量的 80%；L2 是次要结构蛋白。衣壳体由蜂窝状组蛋白缔结联合成衣壳，病毒的 DNA 就包裹在其中。

恒河猴乳头瘤病毒Ⅰ型无法直接进行体外培养，但将恒河猴乳头瘤病毒Ⅰ型的 DNA 克隆到 pUC19 质粒的 BamHI 酶切位点，制成质粒载体，无论是否配合地塞米松，恒河猴乳头瘤病毒Ⅰ型 DNA 都可以转化大鼠婴肾细胞（Baby rat kidney cell，BRK）。

3. 分子生物学 恒河猴乳头瘤病毒Ⅰ型和人乳头瘤病毒基因组很相似，是双链闭环小 DNA 病毒，包含约 8 000bp，包含早期基因区（E）、晚期基因区（L）和长控制区（LCR）三个部分。早期基因区可以编码 E1、E2、E3、E4、E5、E6、E7 等早期蛋白，其功能与病毒的复制、转录、翻译调控和细胞转化有关，其中 E6 和 E7 是主要的致癌基因；晚期基因区可以编码主要衣壳蛋白（L1）和次要衣壳蛋白（L2）；长控制区含有基因组 DNA 复制起点和基因表达所必需的控制元件，调控病毒基因的转录复制。

三、流行病学

1. 传染来源 恒河猴乳头瘤病毒Ⅰ型的患病动物和携带病毒的动物是最主要的传染来源。该病毒广泛存在于感染动物的生殖道黏膜、病灶部位，也可转移到神经节。

2. 传播途径 恒河猴乳头瘤病毒Ⅰ型主要通过性接触传播，也可以通过接触感染部位或污染的器具传播，母体感染后可以通过产道传染给下一代。感染通常是局部的，不通过血流扩散。

1990 年，Ostrow 等人将 1 只患阴茎癌且伴随恒河猴乳头瘤病毒Ⅰ型感染并已转移到淋巴结的公猴和 30 只母猴及另 1 只公猴置于一个群体中，最终，与这只公猴有过性接触的母猴中的 71%都出现了恒河猴乳头瘤病毒Ⅰ型感染的临床症状、组织病理学检测阳性和/或分子生物学检测阳性结果。其中 1 只动物诊断为子宫颈鳞状细胞癌，另 1 只诊断为宫颈内膜腺癌，另外还有 11 只（35%）有低级别的疣，伴随不同程度的病变和/或醋酸白试验阳性。该试验组中的另 1 只公猴也被确定为恒河猴乳头瘤病毒Ⅰ型阳性。而对照组中的 11 只动物（包括有交配行为的 4 只和无交配史的 7 只）均未发现感染恒河猴乳头瘤病毒Ⅰ型的病理组织学、分子生物学证据，也未有任何临床症状。这一研究充分证明了性传播是恒河猴乳头瘤病毒Ⅰ型的主要传播途径。

3. 易感动物

（1）自然宿主 多种哺乳动物和鸟类都会感染乳头瘤病毒，但不同动物的乳头瘤病毒有较强的种属特异性，目前尚未发现哪种乳头瘤病毒同时以人和其他动物作为宿主，尚无任何一种人乳头瘤病毒感染动物或动物乳头瘤病毒感染人的报道。恒河猴乳头瘤病毒Ⅰ型也不例外，仅以恒河猴为宿主。

（2）实验动物 未见用恒河猴乳头瘤病毒Ⅰ型感染实验动物的报道。

（3）易感人群 由于恒河猴乳头瘤病毒Ⅰ型具有较强的种属特异性，未见感染人或其他动物的报道。

4. 流行特征 恒河猴乳头瘤病毒Ⅰ型在来自多个不同实验室和/或科研机构的恒河猴种群中均有检出。1995 年在 Ostrow 等人的另一项研究中，对数个恒河猴种群做了回顾性研究，发现用血清学方法检测不同种群动物的恒河猴乳头瘤病毒Ⅰ型阳性率在 38%～62%；用分子生物学方法检测这些动物的组织样本中的恒河猴乳头瘤病毒Ⅰ型 DNA ，阳性率在 10%～46%，具体如下。

第一组 58 只动物，从野外捕获后一直单笼饲养的动物血清学检测结果显示 38%的动物是恒河猴乳头瘤病毒Ⅰ型阳性，这是所检测的 4 个种群中阳性率最低的一组；第二组 50 只动物生活在可以自由交配的种群中，血清学检测结果显示 44%的动物是阳性；第三组 48 只动物，也生活在可以自由交配的种群中，血清学检测显示有 52%的动物是阳性，其中 44 只用分子生物学方法检测后只有 4 只是 PCR 和血清学同时阳性，其余均为 PCR 阴性；第四组 13 只动物，也生活在允许交配的群体中，有 62%是血清学检测阳性，分子生物学检测发现 46%为两种方法都为阳性、另有 2 个仅检测到恒河猴乳头瘤病毒Ⅰ

型DNA，还有3只血清学反应阳性、PCR阴性，不论是血清学方法还是PCR方法，这一种群的恒河猴乳头瘤病毒Ⅰ型阳性率都是所检测的四组中阳性率最高的。

综合以上数据以及Ostrow 1990年的研究数据可以得出结论，恒河猴的性生活史和恒河猴乳头瘤病毒Ⅰ型感染率密切相关，这是恒河猴乳头瘤病毒Ⅰ型在猴群中感染情况最显著的特点。单一恒河猴乳头瘤病毒Ⅰ型感染和多重恒河猴乳头瘤病毒感染均有报道，而恒河猴乳头瘤病毒的持续性感染是生殖道疾病的关键病因，这和人乳头瘤病毒在人群中的感染情况是相似的。

四、临床症状

恒河猴乳头瘤病毒Ⅰ型感染恒河猴后如不能被及时清除或伴随其他病毒发生持续感染会出现不同程度的病变，产生乳头状瘤，这是最常见的症状。此外还会出现不典型增生，和/或醋酸白试验阳性，病情得不到控制还会继续演变成更高级别的上皮内瘤变，甚至发展成为宫颈癌、阴茎癌等恶性肿瘤。但是也有约29%的动物感染恒河猴乳头瘤病毒Ⅰ型后不会出现任何症状。

五、病理变化

1. 大体解剖观察 恒河猴乳头瘤病毒Ⅰ型感染猕猴后有可能在临床上并无任何病理变化，但如果发生持续感染也有的会由良性生殖道疣慢慢发展成为上皮内瘤变甚至发展成阴茎癌、宫颈癌等恶性肿瘤。

2. 病理组织学观察 感染恒河猴乳头瘤病毒Ⅰ型并发生病变后，病理组织学检测时通常表现为基底细胞和副基粒细胞数量增加、出现凹空细胞、细胞核非典型性扩大，细胞分化不良、排列紊乱、有丝分裂增加、不典型增生；宫颈活检的组织切片中还可能会发现核异型性、灶性浸润、分化良好的鳞状细胞癌等。

六、诊　　断

恒河猴乳头瘤病毒感染的诊断主要有血清学、分子生物学和病理组织学诊断方法。

1. 血清学试验 20世纪50年代随着免疫学的发展，在血清中也可检测到一些抗体，作为宫颈癌诊断与治疗的标志物。可应用重组技术表达抗原检测人血清中相应的人乳头瘤病毒抗体，或用抗原免疫动物制备免疫血清或单克隆抗体检测组织或局部黏液中人乳头瘤病毒抗原。恒河猴乳头瘤病毒Ⅰ型的血清学检测也是建立在这个基础上的。可以利用基因重组技术表达需要的抗原蛋白，用于检测相应的恒河猴乳头瘤病毒Ⅰ型抗体，常用的基因有E2、E4、E7、L1和L2。血清学方法中的ELISA比较简单，而且成本低，试验周期短，适合于大规模的筛查，阳性和可疑样本常用蛋白印迹技术确证。但血清学用于恒河猴乳头瘤病毒Ⅰ型的检测也有其局限性，表现在以下几个方面：

（1）多数感染过乳头瘤病毒的动物均有可能在血清中出现抗体，抗体在体内持续时间较长，有的达数年，抗体阳性并不表示有恒河猴乳头瘤病毒Ⅰ型感染。这一原因造成了大量的假阳性，体现为血清学检测阳性，PCR方法却无法检测到恒河猴乳头瘤病毒Ⅰ型DNA；

（2）由于机体对病毒感染产生免疫应答有一定的迟滞性，所以血清学检测对无免疫应答者和潜伏期感染者会产生漏检；

（3）恒河猴乳头瘤病毒Ⅰ型感染后并不一定能产生血清学可检测到水平的免疫应答，这可能会造成漏检；

（4）目前的技术还不能区别那些会和恒河猴乳头瘤病毒的抗原发生交叉反应的非乳头瘤病毒抗体，所以会导致出现假阳性结果。

2. 分子生物学诊断 目前，分子生物学方法在人乳头瘤病毒检测中已被广泛应用，主要包括PCR和核酸分子杂交技术。

PCR方法不仅是目前最灵敏的检测方法，也是检测病毒感染最直接的方法，且PCR相对简单、省时，标本来源不受限制，故而是目前恒河猴乳头瘤病毒Ⅰ型检测中最常用的方法。针对恒河猴乳头瘤病毒Ⅰ型的L1、L2、E6、E7等多个基因都有引物被设计使用。PCR方法也有其固有的缺陷，比如其高灵敏度带来的假阳性，另外，样本采集、处理不当极易造成病毒DNA丢失，这在人乳头瘤病毒的检测中已被证实，发生这种情况只有通过重新取样才能得到纠正。

另外，核酸杂交检测方法也是常用的检测手段之一，主要包括原位杂交法、核酸印迹法等。原位杂交法首先将恒河猴乳头瘤病毒Ⅰ型探针和待检样本中的恒河猴乳头瘤病毒Ⅰ型双链DNA变性为单链，然后使探针与样本中的恒河猴乳头瘤病毒Ⅰ型杂交，达到检测目的。其优点是利于病理学分析，但杂交链的稳定性不高，在杂交过程中可能有部分探针单链复性，使杂交率降低，影响检出率。核酸印迹法适用于恒河猴乳头瘤病毒分型等早期研究，但必须为新鲜组织标本且操作复杂。

3. 组织病理学诊断 组织病理学诊断在人乳头瘤病毒临床诊断中是最常用的检测方法之一，是确定诊断和治疗的金标准。在恒河猴乳头瘤病毒Ⅰ型的诊断上，组织病理学诊断也同样适用。

恒河猴乳头瘤病毒Ⅰ型病毒的检测常常是几种方法结合使用，因为单独使用任何一种方法都容易造成误判和/或漏检。

七、防治措施

由于乳头瘤病毒较强的种属特异性，种间传播难以实现，因而恒河猴乳头瘤病毒Ⅰ型本身并不会对人体健康造成威胁。感染了恒河猴乳头瘤病毒Ⅰ型的恒河猴，可以作为良好的模型用于人乳头瘤病毒所致疾病的相关研究。

在恒河猴野生种群和繁殖种群中，对恒河猴乳头瘤病毒Ⅰ型并没有很好的防治措施，但是对于实验用猴，单笼饲养或将不同性别的动物隔离饲养不失为切断病毒传播途径、降低感染率的好方法。

八、公共卫生影响

宫颈癌是女性常见恶性肿瘤之一，在全球范围内每年约有40多万女性死于宫颈癌。宫颈癌虽然可怕，但也是可防可治的，因为流行病学和基础研究已经证实人乳头瘤病毒的持续感染是CIN和宫颈癌的主要病因，99.8%的宫颈癌都合并人乳头瘤病毒感染。美国FDA 2006年批准了人乳头瘤病毒疫苗上市，但是在远期效果等方面还存在许多亟待研究的课题。而且，除了宫颈癌，人乳头瘤病毒和生殖器疣等多种类型的病变都有关系。

目前，人乳头瘤病毒所引起的一系列疾病需要有一个有意义的模型用于预防、治疗研究。恒河猴乳头瘤病毒Ⅰ型和人的致癌高危型人乳头瘤病毒16型、人乳头瘤病毒18型不仅都属于α-乳头瘤病毒属，而且它们的性传播特性、隐性感染、由良性肿瘤到恶性肿瘤的演变过程等各个方面都是一样的。因此，感染恒河猴乳头瘤病毒Ⅰ型的动物将会是一种用于乳头瘤病毒高危亚型致癌研究的良好模型。在人乳头瘤病毒这个庞大的病毒军团中，亲缘关系较近的病毒常常表现为相似的病理病变。例如，人乳头瘤病毒16型就和同样是在子宫癌样本中发现的人乳头瘤病毒31型、人乳头瘤病毒33型、人乳头瘤病毒35型亲缘关系较近，而且，发生多重感染的几率达到23%左右。与之相对应的，恒河猴乳头瘤病毒Ⅰ型是在阴茎癌组织中分离得到的，同时又和其他四种恒河猴乳头瘤病毒（RhPV-a、RhPV-b、RhPV-d和RhPV-e）亲缘关系最近，如果我们将这五种恒河猴乳头瘤病毒作为一个“组合”，建立生殖道恶性肿瘤病变模型并用于人乳头瘤病毒感染的疫苗研究、免疫学研究和药物研究，可能意义更大。目前的问题是，自发感染恒河猴乳头瘤病毒Ⅰ型并发展成为生殖道恶性肿瘤的动物数量十分稀少，不能作为有效的模型投入使用。

（郭连香 时长军）

我国已颁布的相关标准

无。

参考文献

冯杏娟．2011. 妇女宫颈高危型 HPV 感染情况调查［J］．保健医学研究与实践，8（3）：12.

赖年钰，喻矗，牟江涛．2011. 人乳头瘤病毒检测研究进展［J］．重庆医学，40（30）：3105－3107.

王奔，熊正爱．2011. HPV 预防性疫苗的现状及研究进展［J］．广东医学，32（4）：530－533.

Chan SY，Bernard HU，Ratterree M，et al. 1997. Genomic diversity and evolution of papillomaviruses in rhesus monkeys［J］. Journal of virology，71（7）：4938－4943.

Ostrow RS，Coughlin SM，McGlennen TC，et al. 1995. Serological and molecular evidence of rhesus papillomavirus type 1 infections in tissues from geographically distinct institutions［J］. Journal of General Virology，76（Pt2）：293－299.

Ostrow RS，McGlennen RC，Shaver MK，et al. 1990. Arhesus monkey model for sexual transmission of apapillomavirus isolated from asqumous cell carcinoma［J］．Proc. Natl. Acad. Sci. USA. ，87（20）：8170－8174.

Ruiz W，McClements WL，Jansen KU，et al. 2005. Kinetics and isotype profile of antibody responses in rhesus macaques induced following vaccination with HPV 6，11，16 and 18 L1－virus－like particles formulated with or without Merck aluminum adjuvant［J］. Journal of Immune Based Therapies and Vaccines，3（1）：2.

Schneider JF，RonaldC，McGlennen KVL，et al. 1991. Rhesus Papilloma virus Type1Cooperates with Activatedrasin Transforming Primary Epithelial Rat Cells Independent of Dexamethasone［J］．Journal of Virology，65（5）：3354－3358.

Wood CE，Chen ZG，Cline JM，et al. 2007. Characterization and experimental transmission of anoncogenic papillomavirus in female macaques［J］. Journal of Virology，81（12）：6339－6345.

第二节　棉尾兔乳头瘤病毒感染
（Cottontail rabbit papillomavirus infection）

兔乳头瘤病是由兔乳头瘤病毒引起兔的一种传染性肿瘤病。

一、发生与分布

1933 年，Shope 证明美国中西部野兔（棉尾兔，Cottontail rabbit）颈、肩和腹部皮肤上的肿瘤是由病毒引起的，确认了棉尾兔乳头瘤病毒感染（Cottontail rabbit papillomavirus infection）。将肿瘤滤液涂擦于棉尾兔和家兔的划破皮肤上，很易导致肿瘤。但将肿瘤滤液直接注入兔体肌肉或黏膜下，却不导致肿瘤。接种小鼠、大鼠、豚鼠、猫、犬、猪和山羊，不能引起人工感染。

Shope 等（1993）在美国中西部地区首次报道该病。他们发现野生棉尾兔的皮肤上长有疣样肿瘤，并证实该病的病原是一种病毒。过去一直认为本病只是棉尾兔的一种自发性良性疾病。Hagen（1966）报道在美国加利福尼亚州南部家兔群中也有暴发。Rous 等（1935）发现兔乳头瘤病毒不仅引起良性乳头状瘤，而且也引起恶性肿瘤，这种恶性肿瘤经组织学观察证实为鳞状细胞癌。此后许多研究者用兔乳头瘤病毒作为模型，研究病毒在人和动物癌症病因中所起的作用。目前本病主要流行于美国佛罗里达州和加利福尼亚州。我国尚未见有报道。

二、病　　原

1. 分类地位　兔乳头瘤病毒（*Rabbit papillomavirus*，RPmV）是第一个分离成功的乳头状瘤病毒，在分类上属乳头瘤病毒科、κ 乳头瘤病毒属。

2. 形态学基本特征与培养特性　兔乳头瘤病毒核酸型为双股环状 DNA。病毒粒子直径约 53nm，呈二十面体立体对称。病毒最早出现于核仁，随之也见于核的其他部分。纯化病毒在凝胶电脉上显示 5 条带，其主要多肽的分子量为 59 520u，构成 48％的病毒蛋白。

病毒壳粒向左歪斜排列，内含环状双股 DNA。衣壳大多呈二十面立体对称，但也有呈丝状的。不凝集动物红细胞。

兔乳头瘤病毒不能在鸡胚和组织培养细胞内增殖。家兔皮肤细胞可以吸附病毒，但不出现任何变化。将其注入仓鼠颊囊，可使其发生肿瘤。Shiratori 等由肿瘤组织建立了一株传代细胞系。应用免疫荧光技术，可以清楚地见到胞质内的乳头状瘤病毒。

兔乳头瘤病毒只感染上皮细胞，在体外可转化兔上皮细胞 Sf1Ep，首先使细胞生长加快，然后发生形态改变。将细胞培养物接种裸鼠不产生肿瘤。兔乳头瘤病毒在正常情况下不转化小鼠 NIH3T3 细胞，然而缺失 L2 基因 5'端 300bp 片段后却可转化 NIH3T3 细胞，将转化细胞注射裸鼠后可产生肿瘤，说明 L25'端具有抑制转化的作用。兔乳头瘤病毒 DNA 具有感染性，可产生成熟病毒粒子，并导致肿瘤。而将 CRPV 裸 DNA 注射到家兔，不产生感染性病毒粒子却可诱发肿瘤。兔乳头瘤病毒诱导产生的乳头状瘤一般可在 3 个月左右自行消退；在感染后 8～15 个月棉尾兔乳头状瘤却有高达 25%的恶化性可能，在家兔这一比例更高一些。这一特性使兔乳头瘤病毒成为研究肿瘤发生中乳头状瘤病毒作用的良好模型。

Schmitt A 等发现高致病性兔乳头瘤病毒最初的靶器官为角质层毛发滤泡干细胞。

Weiner CM 等在对野生雌性棉尾兔进行病理剖检和死亡鉴定中发现，该兔感染兔乳头瘤病毒，组织化学方法确定乳头状瘤抗原，电子显微镜发现在表皮 Langerhans 细胞中发现病毒粒子，提示该病毒引起的新致病机制。

3. 理化特性　病毒可在 50%甘油中存活 20 年之久。RPmV 对热和 X 射线的抵抗力较强，70℃ 30min 才可灭活。能完全抵抗乙醚。在低温的 50%甘油中可长期保存。可用氟碳或甲醇沉淀纯化病毒。

4. 分子生物学　兔乳头瘤病毒基因组包括 7 个早期基因（E1、E2、E4、E5、E6、E7、E8）和 2 个晚期基因（L1、L2）。E6 和 E7 是原癌基因，在体外可转化 NIH3T3 细胞，也是形成乳头状瘤的必要条件。Ganzenmueller T 等发现 E7 蛋白可使正常兔角质上皮细胞永生化，并降低 pRb 水平；而 E6 参与协助细胞的永生化但不降低 P53，也不结合 E6AP。Sonja Jeckel 等发现将 E2 反式结构域功能性保守氨基酸位点突变后，感染病毒后 6 周内肿瘤未被诱导产生；突变 37 号或 73 号氨基酸位点，则复制完整转录缺失；突变 39 号位点，则复制缺失转录完整。2 个小型乳头状瘤在注射突变 E2 173A 后显著变小，并不再生长。这说明 E2 反式结构域的保守性在兔乳头瘤病毒诱导肿瘤产生和生长发挥中有重要作用。Han R 等发现 E5 和 E8 促进 BALB/c 3T3 A31 细胞增殖，改变细胞周期，确认是原癌基因，具有微弱的转化细胞功能。

三、流行病学

1. 传染来源　感染了乳头瘤病毒的兔是本病的传染源。

2. 传播途径　自然条件下可能经直接接触传播。已经证明，吸血昆虫可以引起试验性传播，但很可能不发生于自然状态。将病毒涂擦于家兔的划破皮肤上，也可使其发生感染。

3. 易感动物

（1）自然宿主　棉尾兔是兔乳头瘤病毒的自然宿主。

（2）实验动物　将病毒涂擦于家兔的划破皮肤上，可使其发生感染，形成比较鲜嫩多肉的淡红色或烟灰色生长物，隆起或扁平、干燥或多汁。乳头状瘤多自行消退，但也经常恶性变。在肿瘤中极难发现病毒。

（3）易感人群　家兔也有易感性，但很少自然发生，至少只有一次报道。犬、猪、羊、大鼠、小鼠、豚鼠和人不易感。大鼠胚皮肤有易感性，接种后可产生典型的乳头瘤。Shope（1935）用兔乳头瘤病毒感染家兔皮肤可产生肿瘤，并能连续传代，但无感染性病毒产生。

4. 流行特征　Shope 曾将兔乳头瘤病毒提供给前苏联。病毒在前苏联传代适应几年后，可以容易地在家兔中传代，而且在家兔的乳头瘤中显然也产生了感染性病毒。在美国，乳头瘤的发生地区较狭窄

（中西部），多年来未向其他地区广泛传播。有人认为，这可能与发病地区存在有利于病毒成熟的微量元素有关。

四、临床症状

1. 动物的临床表现 野生棉尾兔乳头状瘤的特征是在颈、肩和腹部有角样疣状物。病初在感染部位呈现红色隆起，逐渐长成圆形、表面粗糙的典型乳头状瘤，进一步发展成大的、角化的触角样物。约35%自然感染兔的乳头状瘤病变在感染后180天内消失。过去认为兔乳头瘤病毒只引起暂时的乳头状瘤，但后来发现自然感染棉尾兔的乳头状瘤可变为恶性鳞状细胞癌。这种现象在自然发生和试验感染的棉尾兔中均有一定的发生率。Syuerton等（1950）发现经兔乳头瘤病毒感染的棉尾兔，180天后约75%发展为癌病变。

Hagen（1966）描述了家兔自然暴发本病的临床症状。乳头状瘤最常见于眼睑和耳部。肿物角化完全，表面不规则，经常裂开；下面手感肉样，呈粉红色，侧面观有条纹。随病变老化、体积增大，进一步角化，手感变硬；切面有一粉红色肉样芯，容易被兔抓掉或人处理时碰掉，留下一个不出血的表面，通常不发生并发症，可自行愈合。

Rous等（1935）首次发现兔乳头瘤病毒的恶性潜能，他们用乳头状瘤组织经肌肉接种家兔，结果发生浸润性生长的肿瘤，经组织学鉴定为鳞状细胞癌。Syuerton（1952）指出试验感染的家兔180天后有75%发生癌变。

2. 人的临床表现 高度宿主特异性是乳头瘤病毒的一般性质，尚未发现人感染兔乳头瘤病毒的报道。

五、病理变化

1. 大体解剖观察 兔乳头状瘤自然发生于北美的棉尾兔，呈细长的黑色或灰色角质疣状物，隆起或扁平、干燥或多汁。

2. 组织病理学观察 乳头状瘤的组织结构由过度增生的表皮和结缔组织构成。表皮增厚，细胞层数增多，表层角化，但细胞排列整齐、基底膜完整。伴随表皮增生而长入的结缔组织构成乳头状瘤的芯，主要成分为纤维和血管。发生癌变的肿瘤，表皮细胞排列紊乱，增生的上皮细胞在基底部呈浸润性生长，可见上皮细胞侵入间质内，呈巢状或条索状。

六、诊　　断

临床上根据皮肤肿瘤的特点，较易做出诊断。确诊可进行组织病理学检查。有条件可采用电镜技术和免疫荧光技术检查角化组织中的病毒粒子和病毒抗原，也可用中和试验进行血清学诊断。

临床上主要根据病变特征进行诊断。必要时可作病理学和电镜检查以及感染性试验。应用肿瘤粗提物制成乳剂给兔免疫注射，可促使乳头状瘤消退。L1蛋白疫苗可诱导产生中和抗体，保护兔不发生乳头状瘤，也可预防潜伏感染，但是不保护被乳头瘤病毒DNA诱导的肿瘤发生。L1蛋白的保护作用必须是全长非变性的；L2蛋白可作为药物应用，促进肿瘤的消退。

1. 病毒分离与鉴定 可采用电镜技术和免疫荧光技术检查角化组织中的病毒粒子和病毒抗原。兔乳头瘤病毒只感染上皮细胞。

2. 血清学试验 兔乳头瘤病毒只发现一个抗原型，病后恢复兔的血清呈现中和抗体的活性。家兔的乳头状瘤不含成熟病毒粒子，但在将其作为抗原腹腔注射健康家兔时却可使其产生抵抗病毒感染的抗体。这种抗体对牛、犬、猫和人的乳头瘤病毒没有交叉免疫性。

经免疫荧光试验证明，兔乳头瘤病毒抗原位于皮肤的角质透明蛋白和角质化层中。兔乳头瘤病毒只有1个血清型，与人、牛、猫、犬乳头状瘤闭关的和兔口腔乳头状瘤病毒之间均无交叉抗原关系。兔乳头瘤病毒可在兔皮肤细胞培养、新生兔器官培养和兔胚皮肤培养中增殖，可见明显的细胞增生，但无游离病毒产生。一些研究人员在体外成功地培养了棉尾兔乳头状瘤细胞，经免疫荧光试验检测到病毒抗原，但这种细胞感染兔。兔乳头瘤病毒可通过皮内接种棉尾兔连续传几代，肌肉接种不发病。

3. 组织病理学诊断　乳头状瘤的组织结构由过度增生的表皮和结缔组织构成。表皮增厚，细胞层数增多，表层角化，但细胞排列整齐、基底膜完整。伴随表皮增生而长入的结缔组织构成乳头状瘤的芯，主要成分为纤维和血管。发生癌变的肿瘤，表皮细胞排列紊乱，增生的上皮细胞在基底部呈浸润性生长，可见上皮细胞侵入间质内，呈巢状或条索状。

4. 分子生物学诊断　棉尾兔乳头瘤病毒的 L1 蛋白是其主要衣壳蛋白，在病毒感染过程中，L1 蛋白对可感染病毒颗粒的组装是必需的，目前的分子生物学诊断方法主要是针对该病毒 L1 蛋白基因序列的检测。

七、防治措施

1. 治疗　目前尚无良好的治疗方法。

2. 预防　最初本病仅发生于棉尾兔，未引起重视。后来，有人报道家兔也可自然感染，采取控制措施则非常必要。在本病流行地区，消灭和控制节肢动物是行之有效的方法。也可通过腹腔接种甘油化兔乳头状瘤悬液进行免疫预防。

八、公共卫生影响

20 世纪 30 年代，Shope 发现了棉尾兔乳头瘤病毒。他的研究让乳头状瘤患者受益匪浅，充当了研究人乳头瘤病毒的模型。人乳头瘤病毒疫苗便是利用这种病毒模型研究成功的。此外，这种病毒也被用于研究抗病毒疗法。

（付瑞　田克恭）

参考文献

仇素英 . 1998. 人类乳头瘤病毒及其子宫颈癌关系的研究进展 [J] . 病毒学杂志，2：111 - 117.

田克恭 . 1992. 实验动物病毒性疾病 [M] . 北京：农业出版社 .

Breitburd F，Salmon J，Orth G，et al. 1997. The rabbit viral skin papillomas and carcinomas：a model for the immunogenetics of HPV - associated carcinogenesis [J] . Clin Dermatol.，15（2）：237 - 247.

Ganzenmueller T，Matthaei M，Muench P. 2008. The E7 protein of the cottontail rabbit papillomavirus immortalizes normal rabbitkeratinocytes and reduces pRb levels，while E6 cooperates in immortalization but neither degrades p53 nor binds E6AP [J] . Virology，372（2）：313 - 324.

Han R，Cladel N M，Reed C A，et al. 1998. Characterization of transformation function of cottontail rabbit papillomavirus E5and E8 genes [J] . Virology，251（2）：253 - 263.

Lee R G，Vecchiotti M A，Heaphy J，et al. 2010. Photodynamic therapy of cottontail rabbit papillomavirus - induced papillomas in a severe combined immunodeficient mouse xenograft system [J] . Laryngoscope，120（3）：618 - 624.

Schmitt A，Rochat A，Zeltner R，et al. 1996. The primary target cells of the high - risk cottontail rabbit papillonavirus colocalize with hair follicle stem cells [J] . J Virol.，70（3）：1912 - 1922.

Sonja Jeckel，Evamaria Huber，Frank Stubenrauch，et al. 2002. A Transactivator Function of Cottontail Rabbit Papillomavirus E2Is Essential for Tumor Induction in Rabbits [J] . JOURNAL OF VIROLOGY，76（22）：11209 - 11215 .

Weiner C M，Rosenbaum M D，Fox K. 2010. Cottontail rabbit papillomavirus in Langerhans cells in Sylvilagus spp [J] . J Vet Diagn Invest.，22（3）：451 - 454.

第三节　兔口腔乳头瘤病毒感染
(Rabbit oral papillomavirus infection)

兔口腔乳头瘤病毒感染（Rabbit oral papillomavirus infection）是由兔口腔乳头瘤病毒引起兔的一

种良性口腔肿瘤病。

一、发生与分布

Parson 等（1936）首次报道本病。他们调查了美国纽约州的几个兔场，17%兔的口腔中有小的乳头状瘤，研究表明本病是家兔一种独立的病毒性疾病。Weisbroth 等（1970）再次报道纽约州的几个兔场自然暴发本病。在英格兰、荷兰、墨西哥等国的家兔群中也有发生。我国尚未见有本病报道。

二、病　　原

1. 分类地位　兔口腔乳头瘤病毒（*Rabbit oral papillomavirus*）在分类上属乳多空病毒科、κ乳头瘤病毒属。

2. 形态学基本特征与培养特性　兔口腔乳头瘤病毒为二十面体，直径 50～52nm。细胞培养未获成功。

3. 理化特性　兔口腔乳头瘤病毒对热稳定，65℃30min 不降低活性；冷冻保存的组织可长期保留其活性；50%甘油中的组织于 4℃保存 2 年，致病性不降低。病毒复制在核内进行。兔口腔乳头瘤病毒在免疫学上不同于兔乳头瘤病毒。

三、流行病学

1. 传染来源　兔口腔乳头瘤病毒只感染兔，其自然宿主为兔（主要是纽约的 Metropolitan 品种）。

2. 传播途径　直接接触为主要传播方式。病毒以潜伏状态存在于兔的口腔中，过度粗糙的食物、咬合不正的牙齿或其他口腔刺激物损伤口腔黏膜，易使病毒侵入而发病。

3. 易感动物　主要发生于家兔，常呈散发。

4. 流行特征　Weisbroth 等（1970）注意到该病多发于 14～126 日龄的兔，其他年龄的兔不发生。有既往病史的母兔所生仔兔的肿瘤发生率（11.8%）比无既往病史的母兔所生仔兔的肿瘤发生率（1.3%）高得多。

四、临床症状

肿瘤主要生长在舌的前腹侧至舌系带和靠近舌旁的口腔黏膜以及齿槽黏膜上，为散在的多个白色生长物。早期无蒂，后期出现皱褶或有蒂，最终发生溃疡。肿瘤直径 5mm、高 4mm。肿瘤常在数周内消失，也可持续存在 1～2 年。本病多呈良性经过，对兔生长无影响。Sundberg（1985）发现美国两个地区的新西兰兔群中，31%的兔患有口腔乳头状瘤。用乳头状瘤制备成匀浆，接种于兔和仓鼠。结果用兔乳头状瘤匀浆接种兔的后腹面都发生典型乳头状瘤，上皮增生，其下有纤维血管柄状结构，但从阴部和眼结膜接种后不发病；无论正常仓鼠皮肤匀浆或由兔口腔乳头状瘤诱发的仓鼠乳头状瘤匀浆均不能使兔发生乳头状瘤病变；兔口腔乳头状瘤匀浆能诱发新生仓鼠乳头状瘤。

感染病毒后经过 2～4 周的潜伏期，诱发典型的无色素的乳头状瘤。瘤有粗大的基部和穹顶的外形。再经过 3～9 个月缓慢的生长成熟，形成有肉柄的、表面粗糙交叠成菜花状的团块，其大小为 4～6nm。

五、病理变化

1. 大体解剖观察　兔自发性口腔乳头状瘤通常发生于舌下，偶然发生在齿龈上，罕有发生在口腔底部。肿瘤为小而灰白色、无蒂或有蒂的结节，常为多发性。肿瘤偶尔可以较大，有时直径达 5mm、高达 4mm，表面呈花椰菜状。

2. 组织病理学观察　表现为典型的乳头状瘤病变，上皮细胞增生，胞质空泡化，皮下为伴随长入的纤维脉管束。有时可见嗜碱性核内包涵体，多局限在表皮的一窄层细胞中。电镜下可见呈晶格排列的病毒粒子，直径约 40mm。Sundberg 等（1985）研究表明，病变主要为表皮增生，棘细胞层细胞核较大、卵圆形，染色质边集，核中央有一嗜碱性核内包涵体。该包涵体经 PAP 染色对乳头状瘤病毒抗原呈阳性反应，从而证实了在电镜超微结构中发现的“乳头状瘤病毒主要是以核内包涵体形式存在”的观点。

六、诊　　断

临床上根据典型的病变即可做出诊断；根据口腔花椰菜状乳头状瘤及增生的生发层细胞内含有核内包涵体即可做出初步诊断。该病病变只发生于口腔黏膜，不发生于皮肤，可与兔乳头状瘤区别。

七、防治措施

无特异性预防措施。康复兔对再感染有抵抗力。

（贺争鸣　田克恭）

参考文献

J. G. 福克斯，B. J. 科恩，F. M. 洛编著 . 1991. 实验动物医学［M］. 萧佩衡，刘瑞三，崔忠道，等，译 . 北京：农业出版社：270 - 281.
高丰，贺文琦 . 2010. 动物疾病病理诊断学［M］. 北京：科学出版社：249.
牛宏舜，于善谦，乐云仙，等 . 1992. 病毒手册［M］. 上海：复旦大学出版社：649 - 650.
田克恭 . 1991. 实验动物病毒性疾病［M］. 北京：农业出版社：200 - 202.

第四节　猫乳头瘤病毒感染
(Feline papillomavirus infection)

猫乳头瘤病毒感染（Feline papillomavirus infection）由猫感染乳头瘤病毒所致，临床上引起皮肤增生和口腔黏膜病变。该病毒感染具有很高的种特异性，仅在自然宿主和相关宿主引发鳞状上皮瘤或纤维乳头瘤，有时可发生恶性变。

一、发生与分布

乳头瘤病毒是人类最早发现和认识的肿瘤病毒。早在 1894 年即发现寻常疣可通过接种在人与人之间传播。1933 年首先从美国棉尾兔的乳头瘤组织中分离鉴定了乳头瘤病毒。之后发现乳头瘤病毒普遍存在于多种哺乳动物和鸟类的皮肤或黏膜的良性肿瘤中，有时导致恶性变。

二、病　　原

1. 分类地位　乳头瘤病毒（*Feline papillomavirus*）分类于乳多空病毒科，目前形成一个独立的属λ乳头瘤病毒属。

2. 形态学基本特征与培养特性　乳头瘤病毒无囊膜，呈二十面体等轴对称，直径 50～55nm。完整病毒在氯化铯中浮密度为 1.34g/mL，不含核酸的空壳颗粒浮密度为 1.22g/mL，240～300S。病毒衣壳由 72 个非对称排列的子粒构成，T＝7，子粒直径 5～8nm。衣壳内含有 1 分子高度缠绕的环状双链 DNA，与细胞组蛋白结合成似宿主染色体的复合体。病毒基因组有 7～8kb，分子量为 5×10^{6} Da，占病毒重量 12%，G+C 含量 40%～50%。

乳头瘤病毒至今尚不能组织培养。

3. 理化特性　病毒对酸、醚、热和干燥等外界因素有较强抵抗力。

4. 分子生物学　病毒的遗传信息来自于双链 DNA 的其中一条链，基因组成依次为三部分：早期转录区（4.5kb）、晚期转录区（2.5kb）和上游调节区或称长控制区、非编码区（1kb）。早期转录区至今发现有 9 个开放阅读框组成：依次为 E6、E7、E1、(E8)、E2、E4、(E3)、E5、E9，功能涉及 DNA 复制、转录、调节和细胞转化等。研究表明，E6 和 E7 主要与转化细胞有关，E7 还参与调节基因的拷贝数；E1 涉及 DNA 复制；E2 编码一种早期区的反式激活因子，控制病毒基因表达并具有辅助 E1、E6 和 E7 的功能；E4 为锌结合蛋白，可能与病毒的成熟有关；E5 能够通过与生长因子受体结合使细胞转化；E9 也有微弱的转化能力；E8、E3 功能未明。晚期区编码病毒的衣壳蛋白 L1 和 L2，L1 占病毒总蛋白量的 80%，是病毒衣壳的主要成分，L2 仅占 L1+ L2 的 8%，功能未明。上游调节区是乳头瘤病毒基因组中变异较大的一个区段，甚至在密切相关的型别之间也有一定差异。病毒 DNA 复制和 RNA 转录的起始部位就位于上游调节区内，其中的 DNA 重复序列可以增强基因转录，有可能影响病毒的致病性。

三、流行病学

1. 传染源 病猫或隐性带毒猫是该病的主要传染源，病毒经直接接触传播，皮肤或黏膜损伤常为病毒感染的重要因素。

2. 传播途径 猫乳头瘤病毒主要通过直接接触传播。密切接触、皮肤擦伤后感染、垂直传播、自身接种（通过抓搔传染到身体的其他部位）和病毒污染物传播也是比较常见的传播途径。

3. 易感动物

(1) 自然宿主 迄今为止，在几乎所有脊椎动物中均发现有乳头瘤病毒感染，包括猫乳头瘤病毒、牛乳头瘤病毒、兔乳头瘤病毒、马乳头瘤病毒、人乳头瘤病毒、鹿乳头瘤病毒、猴乳头瘤病毒以及绵羊、山羊、仓鼠和禽类等的乳头瘤病毒。

(2) 实验动物 在实验动物中，犬、猫、兔对乳头瘤病毒易感。2011 年，J. P. Sundberg 等检测了 50 只患有乳头状瘤或纤维乳头状瘤的病猫，通过免疫组化方法确诊其中 20 只属于乳头瘤病毒感染。

4. 流行特征 猫乳头瘤病毒感染的病例报道很少。50 个疑似病例中，通过免疫荧光检测方法确诊了其中 20 个是由乳头瘤病毒感染，导致猫皮肤增生和口腔黏膜病变。

四、临床症状

自然条件下，猫的乳头瘤病毒感染主要引起口腔病变，在舌腹表面长有很多稍凸起、粉色、柔软、小椭圆形的口腔乳头状瘤。雪豹的病变主要在舌背面和口腔黏膜。家猫和雪豹患皮肤乳头状瘤的表现为皮肤粗糙，长出鳞片，形成油腻的斑块，斑块直径 3～5mm。

五、病理变化

组织学上表现鳞状表皮从异常到异型的一组病理损害，主要特点为鳞状表皮增生及表皮鳞状细胞的改变，如增生、极性丧失、角化不良和不同程度的核异型性。寻常疣表皮有乳头瘤性增生和角化过度，间有角化不全，棘层和粒层内有大量的空泡化细胞，核内充满嗜碱性的病毒包涵体，电镜下可见大量的病毒颗粒。跖疣类似寻常疣，但角质层更为增厚。扁平疣有角化过度和棘层增厚，但无乳头瘤样增生，粒层均匀增厚，角质层呈网状外观，增厚的棘层上部有许多空泡化细胞。生殖器疣中的尖锐湿疣，即乳头型湿疣，上皮和间质增生明显，呈指状突起，乳头中央有结缔组织茎，鳞状上皮角化不良，细胞核明显增大，核周胞质呈中空现象，棘皮细胞增生并有过度角化。

鳞状上皮增生在皮肤表面形成乳头状突起。肿瘤为单发或多发，表面常有角化，易恶变为皮肤癌。阴茎乳头状瘤极易癌变为乳头状鳞状细胞癌。

六、诊　　断

临床上一般依靠临床特征即可对乳头瘤病毒感染进行诊断，必要时可制取活组织切片进行组织病理学检查，或用电镜检查病毒粒子以及感染性试验。目前 PCR 技术已用于乳头瘤病毒的快速诊断。

七、防治措施

乳头瘤病毒感染的免疫预防在实际应用中不常见，有报道在本病多发地区曾用肿瘤组织灭活乳剂进行防治，但效果并不确实。自然康复动物一般可维持 1～2 年对再感染的免疫性。目前已探索研制乳头瘤病毒的基因工程多肽疫苗进行免疫试验，证实乳头瘤病毒的衣壳蛋白 L1 和 L2 可诱导产生中和抗体，可保护机体免受感染，病毒的早期基因 E1、E2、E6、E7 产物与细胞免疫有一定的相关性。

八、公共卫生影响

由于乳头瘤病毒至今尚不能组织培养，加上过去一直认为乳头瘤病毒只是在动物或人引起疣，对畜牧业和人体健康不会构成严重危害，因此，对乳头瘤病毒的研究未受到应有的重视。近年来随着基因工程及有关现代技术的建立和应用，乳头瘤病毒的分子生物学及致病机理研究得以不断深入，研究发现：①乳头瘤病毒在人类和动物中广泛传播，与人和动物的肿瘤发生密切相关，是研究癌变过程的理想模型。②由于乳头瘤病毒对干扰素及其他抗病毒药物十分敏感，病毒抗原免疫后可以抵抗再感染，因此，对与病毒有关疾病的防治具有现实意义。

（任文陟）

参考文献

吴宝成，张红星．1997. 动物的乳头瘤病毒研究进展［J］．广西农业大学学报，1（16）：39－44.

Carney H C, England J J, Hodgin E C, et al. 1990. Papillomavirus infection of aged Persian cats. [J] . J. Vet. Diagn. Invest. , 2: 294－299.

Egberink H F, Berrocal A, Bax H A D, et al. 1992. Papillomavirus associatedskin lesions in a cat seropositive for feline immunodeficiencyvirus [J] . Vet. Microbiol. , 31: 117－125.

England J J, Reed D E. 1980. Negative contrast electron microscopictechniques for diagnosis of viruses of veterinaryimportance [J] . Cornell. Vet. , 70: 125－136.

GrossT L, Ihrke P J, Walder E J. 1992. Veterinary Dermatopathology. A Macroscopic and Microscopic Evaluation of Canine and Feline Skin Disease [M] . Mosby YearBook, St. Louis, MO: 520.

Haycox C L, Kim S, Fleckman P, et al. 1999. Trichodysplasia spinulosa－anewly described folliculocentric viral infection in an immunocompromisedhost [J] . J. Invest. Dermatol, 4 (3): 268－271.

Jenson A B, Jenson M C, Cowsert L, et al. 1997. Multiplicity of uses of monoclonal antibodies thatdefine papillomavirus linear immunodominant epitopes [J] . Immunol. Res. , 16: 115－119.

Jenson A B, Lancaster W D. 1991. Human papillomaviruses. In: Textbook of Human Virology [M] . 2nd ed. Mosby Year Book, St. Louis, MO: 947－969.

LeClerc S M, Clark E G, Haines D M. 1997. Papillomavirus infectionin association with feline cutaneous squamouscell carcinoma in situ [J] . Proc. Am. Assoc. Vet. Derm/Am. Coll. Vet. Derm. , 13: 125－126.

LeNet J L, Orth G, Sundberg J P, et al. 1997. Multiple pigmentedcutaneous papules associated with a novel caninepapillomavirus in an immunosuppressed dog [J] . Vet. Pathol. , 34: 8－14.

Lim P, Jenson A B, Cowsert L, et al. 1990. Distribution and specific identification ofpapillomavirus major capsid protein epitopes by immunohistochemistryand epitope scanning of synthetic peptides [J] . J. Infect. Dis. , 162: 1263－1269.

Lozano－Alarcon F, Lewis TP II, Clark EG, et al. 1992. Persistent papillomavirusinfection in a cat [J] . Vet. Pathol. , 29: 428.

Majewski S, Jablonska S, Orth G. 1996. Epidermodysplasiaverruciformis as a model for HPV－related oncogenesis. In: Human Papillomavirus Infections in Dermatovenereology [M] . Gross G, vonKrogh G, CRCPress, Boca Raton, FL: 131－150.

Martland M F, Fowler S, Poulton G J, et al. 1983. Pox virusinfection of a domestic cat [J] . Vet. Rec. , 112: 171－172.

O' Brien S J, Roelke M E, Marker L, et al. 1985. Genetic basis for species vulnerability in the cheetah [J] . Science,

227：1428－1434.

O' Brien S J，Wienberg J，Lyons L A. 1997. Comparative genomics：lessons from cats [J]. Trends. Genet.，13：393－399.

Scott D W. 1984. Feline dermatology 1972 － 1982：introspectiveretrospections [J]. J. Am. Anim. Hosp. Assoc.，20：537－564.

Southern E M. 1975. Detection of specific sequences among DNA fragments separated by gel electrophoresis [J]. J. Mol. Biol.，98：503－517.

Sundberg J P. 1987. Papillomavirus infections in animals. In：Papillomaviruses and Human Disease [M]. Syrjanen K，Gissmann L，Koss L，Springer－Verlag，Heidelberg，Germany：40－103.

Sundberg J P，Chiodini R J，Nielsen S W. 1985. Transmission of the white－tailed deer cutaneous fibroma [J]. Am. J. Vet. Res.，46 (5)：1150－1154.

Sundberg J P，Junge R E，Lancaster W D. 1984. Immunoperoxidaselocalization of papillomaviruses in hyperplastic andneoplastic epithelial lesions of animals [J]. Am. J. Vet. Res.，45：1441－1446.

Sundberg J P，Montali R J，Bush M，et al. 1996. Papillomavirus－associated focal oral hyperplasia in wild andcaptive asian lions (Panthera leo persica) [J]. J. Zoo. Wildl. Med.，27：61－70.

Sundberg J P，O' Banion M K. 1989. Animal papillomavirusesassociated with malignant tumors [J]. Adv. Viral. Oncol.，8：55－71.

Sundberg J P，Smith E K，Herron A J，et al. 1994. Involvement of canine oral papillomavirusin generalized oral and cutaneous verrucosisin a Chinese Shar Pei dog [J]. Vet. Pathol.，31：183－187.

Sundberg J P，Van Ranst M，Burk R D，et al. 1996. Thenonhuman (animal) papillomaviruses：host range，epitopeconservation，and molecular diversity [M]. In：HumanPapillomavirus Infections in Dermatology and Venereology，ed. Gross G，vonKrogh G，CRC Press，Boca Raton，FL：47－68.

Sundberg J P，Van Ranst M，Montali R，et al. 2000. Feline Papillomas and Papillomaviruses [J]. Vet. Pathol.，37：1－10.

Sundberg J P，Williams E S，Hill D，et al. 1985. Detection of papillomaviruses in cutaneous fibromasof white－tailed and mule deer [J]. Am. J. Vet. Res.，46 (5)：1145－1149.

Syrjanen S M. 1987. Human papillomavirus infections in theoral cavity [M]. In：Papillomaviruses and Human Disease，ed. Syrjanen K，Gissmann L，Koss LG，Springer－Verlag，Berlin，Germany：104－137.

Syrjanen S M. 1997. HPV－related squamous cell tumors of theairways and esophagus：epidemiology and malignant potential [M]. In：Human Papillomavirus Infections in Dermatovenereology，ed. Gross G，vonKrogh G，CRC Press，Boca Raton，FL：181－199.

Van Ranst M，Fuse A，Fiten P，et al. 1992. Human papillomavirus type 13 andpygmy chimpanzee papillomavirus type 1：comparison ofthe genome organizations [J]. Virology，190：587－596.

第五节　犬口腔乳头瘤病毒感染
(Canine oral papillomavirus infection)

犬口腔乳头状瘤病毒感染（Canine oral papillomavirus infection）是由犬口腔乳头状瘤病毒引起犬和犬科动物的一种高度接触性传染病。该病以口腔内大量乳头瘤为特征。通常在唇部出现菜花状疣状物，可能传播到颊黏膜、舌、上腭和咽等部位。该病无性别和品种差异，幼犬最为易感，是一种自限性疾病，一般不会引起犬只的死亡。

一、发生与分布

该病最早报道于 1898 年，Penberthy 描述了幼犬中一次口腔乳头状瘤的地方性流行，全群 40 只幼犬发病 37 只。Findlay (1930) 证实该病由病毒所致。Chamber 等（1959）成功地用无细胞滤液复制出临床病例。该病呈世界性分布，我国犬群中有散发病例。

二、病　　原

1. 分类地位　犬口腔乳头瘤病毒（*Canine oral papillomavirus*，COPV）在分类上属乳头瘤病毒科（Papillomaviridae）、λ乳头瘤病毒属（*Lambdapapillomavirus*）。

2. 形态学基本特征与培养特性　犬口腔乳头瘤病毒粒子呈圆形，直径40～53nm，内含双股、轮卷状DNA，由8 607对碱基组成。病毒粒子中心为一核心，其外为衣壳，衣壳由72个呈非对称排列的壳粒组成。

3. 理化特性　犬口腔乳头瘤病毒的氯化铯浮密度为1.34g/cm^3。该病毒是无包膜病毒，在环境中相当稳定，4～8℃可存活63天，37℃可存活6h，加热至45～80℃ 60min可破坏其感染性。犬口腔乳头瘤病毒对乙醚和酸有抵抗力，对热抵抗力不强，58℃ 30min即可灭活。在50%甘油中可长期存活。

4. 分子生物学　犬口腔乳头瘤病毒基因组的克隆和序列显示，该病毒是由8 607对碱基组成的双链DNA病毒，是迄今为止最长的乳头瘤病毒序列。基因组由早期基因区（E区）、晚期基因区（L区）和非编码区（NCR）组成。除位于早期基因区和晚期基因区之间的独特的功能未知的非编码区外，犬口腔乳头瘤病毒与其他乳头瘤病毒很相似。E区包含了E1、E2、E4、E5、E6和E7基因，L区包括L1与L2基因。E1和E2在基因组复制中发挥作用；E5、E6和E7基因控制细胞生长和最大化病毒DNA复制的细胞周期；E4基因的功能未知，可能参与部分病毒DNA复制或是感染细胞中病毒粒子的释放。L1与L2基因形成病毒衣壳并装配病毒DNA。

乳头瘤病毒是以其宿主范围和核酸的相关性进行分类的，血清学在分类上不起重要作用。乳头瘤病毒的命名以其自然宿主而定，其宿主范围总是很局限，所以必须靠它们之间基因序列的相关性再进一步分为型和亚型。基因分型的原则是以50%的同源性为界限，如果新发现的乳头瘤病毒与已知的乳头瘤病毒之间核酸杂交率超过50%即可被认定。假如两株病毒只有几个酶切位点上的差别，则被称为变异株。

三、流行病学

1. 传染来源　患病犬是该病的主要传染源。

2. 传播途径　直接接触为该病主要传播方式，也可通过污染物和昆虫间接传播。M′Faydean等（1898）用肿瘤抽提液涂擦健康犬的颊部黏膜，可使犬发病，表明犬口腔乳头瘤病毒可通过破损的口、舌黏膜造成感染。

3. 易感动物

（1）自然宿主　各种年龄、性别、品种的犬均可感染，但幼犬易感性高，成年犬由于有较强免疫力，一般不会发生病毒性感染的乳头状瘤，而发生的多是非病毒性乳头状肿瘤，与自身肿瘤免疫机制有关。患有免疫抑制性疾病或使用免疫抑制药物，特别对于成年犬，是造成口腔乳头状瘤的诱因。

（2）实验动物　乳头状瘤病在实验动物群体中暴发会影响到25%的动物。有时导致的损伤会使动物不再适合研究使用而必需对其实施安乐死。将犬口腔乳头瘤病毒人工感染猫、小鼠、大鼠、豚鼠、兔和猴均不发病。

（3）易感人群　乳头瘤病毒具有严格的种属特异性和组织特异性。犬口腔乳头瘤病毒不感染人。

四、临床症状

该病的潜伏期为4～8周，出现的肿瘤可持续存在1～5个月，之后多数可自行消退。人工感染潜伏期通常27～56天。从肿瘤出现到消退的时间为28～147天（Chambers等，1959）。肿瘤自发性消退后幼犬对再感染有抵抗力（Konishi等，1972）。

该病主要发生于1岁以下的幼犬，常侵害口腔黏膜、唇缘、硬腭、软腭、舌、咽和会厌。牙龈、声门和喉部不受侵害。其最嗜部位为口腔黏膜，其次为眼睛，再次为口、鼻周围皮肤。

口腔乳头状瘤最初光滑、白色，从数个到大量不等，突起于口、唇等部位，常呈不对称分布。随后变得粗糙，呈菜花样，上有白色、纤维样刺突，并逐步向颊、舌、腭和咽部扩散。面积增大时可导致瘤体损伤出血，有时可以看到有淡红色血样唾液从嘴角淌下。如继发感染时，口内恶臭，咀嚼困难，流涎，严重时甚至不能进食。

五、病理变化

增生组织呈小叶状，大小不等，周围有完整的结缔组织包膜，表皮角化。每个小叶同样拥有完整的角化包膜，小叶中央可看到部分坏死细胞，小叶中央空洞的管腔为具有血管的纤维结缔组织轴。细胞体积较大，胞质丰富，核圆形或椭圆形，染色质较丰富。复层扁平上皮细胞围绕管腔呈圆周样整齐排列，层次分明，在颗粒层和棘细胞层出现大量中空细胞。

六、诊　　断

根据流行特点和典型的临床症状可以做出临床诊断。确诊可进行包涵体检查，也可进行病毒的分离和鉴定。口腔乳头状瘤可在冷冻切除时进行活体组织检查。此外，还可以通过 PCR 或原位杂交等分子生物学方法进行该病的诊断，病毒的 E6、E7、L1 基因片段均可通过 PCR 方法进行体外扩增。

七、防治措施

1. 治疗　口腔乳头状瘤为自限性疾病，患病动物多数于数周至数月内自然康复，治疗仅局限于有继发感染的病例。当乳头状瘤过度生长，影响犬的采食和呼吸时，必须进行合理治疗。

（1）外科手术　单个乳头状瘤可进行冷冻切除或电切除。若肿瘤已呈弥漫性生长，则不能采取手术切除，对结膜和眼睑的乳头状瘤施行冷冻切除非常有效。手术时应选这乳头状瘤成熟后或者发生溃疡和出血时进行，否则可能会刺激乳头状瘤的生长和复发。手术期间应精心护理，以防病毒扩散至周围皮肤组织（Bonney 等，1980）。

（2）化学治疗　Calvet（1982）对患口腔乳头状瘤 180～360 天的犬进行全面化学治疗获得成功。肿瘤在化疗后 21 天开始退化，42～49 天后完全消失。可口服或注射病毒唑、阿昔洛韦、泛昔洛韦，但临床上疗效一般。长春新碱静脉滴注，每 2～3 周一个疗程。化疗不适用于种犬。

2. 预防　发现患病动物应及时隔离，病犬用过的器具应彻底消毒。患病犬康复后血清中出现中和抗体，具有抵抗再感染能力。曾推荐使用自体疫苗治疗口腔乳头状瘤，但 Calvert（1982）用自体疫苗治疗发病 150～300 天的病犬无效。在实验条件下，对 14～28 日龄幼犬皮下或肌内注射含佐剂的犬口腔乳头瘤病毒制剂较口腔黏膜接种效果为好。

八、公共卫生影响

人乳头瘤病毒（*Human papillomavirus*，HPV）可分为引起良性增生病变的低危型和与人多种组织恶性肿瘤（如宫颈癌、口腔癌、食管癌等）密切相关的高危型。长期以来，人乳头瘤病毒天然来源非常有限，有严格的种属特异性，目前尚无有效的体外细胞培养扩增病毒体系，以及难以进行人体模型试验等，使人们对人乳头瘤病毒的研究受到很大限制。人乳头瘤病毒不能感染动物，但动物乳头瘤病毒与人乳头瘤病毒在病理学及免疫学方面又具有极大的相似性，因此动物实验只能选取以实验动物为天然宿主的乳头瘤病毒，其中犬口腔乳头瘤病毒为研究嗜黏膜乳头瘤病毒感染提供了很好的动物模型，可用于追踪病毒从感染到恢复的全过程，成为开发兽类和人类疫苗的独一无二、高度相关的动物模型。

（王芳　孙明　肖璐　田克恭）

参考文献

宋建明，孙向乐，王一理，等．2002. 一种直接评价 HPV16L1 抗体活性的新方法［J］．中国免疫学杂志，18：169－171.

唐娜，龚一，董军．2010. 10 例犬乳头状瘤的临床诊断与治疗体会［J］．中国兽医杂志，46（1）：74－76.

田克恭．1992. 实验动物病毒性疾病［M］．北京：农业出版社：302－305.

Cohn M L，Ghim S J，Newsome，J.，et al. 1997. COPV－specific T cell and antibody responses ininfected and vaccinated dogs［C］. 16th International Papillomavirus Conference，Universityof Siena，Italy：350.

Delius H，Van－Ranst M A，Jenson A B，et al. 1994. Canine oral papillomavirus genomic sequence：a unique 1·5－kb interveningsequence between the E2 and L2 open reading frames［J］. Virology，204：447－452.

Doorbar J，Foo C，Coleman N，et al. 1997. Characterization of eventsduring the late stages of HPV16 infection in vivo using high－affinity syntheticFabs to E4［J］. Virology，238：40－52.

Ji－Young Yhee，Byung－Joon Kwon，Jong－Hyuk Kim，et al. 2010. Characterization of canine oral papillomavirus by histopathological andgenetic analysis inKorea［J］. Journal of veterinary science，11（1）：21－25.

Masterson P J，Stanley M A，Lewis A P，et al. 1998. A C－terminal helicase domain of the human papillomavirus E1 protein binds E2 andthe DNA polymerase alpha－primase p68 subunit［J］. Journal of Virology，72：7407－7419.

P K Nicholls，M A Stanley. 1999. Canine Papillomavirus－A Centenary Review［J］. Journal of Comparative Pathology，120：219－233.

Zhou J，Sun X Y，Louis，K. ，et al. 1994. Interaction of humanpapillomavirus（HPV）type 16 capsid proteins with HPV DNA requires an intactL2 N－terminal sequence［J］. Journal of Virology，68：619－625.

第八章
细小病毒科病毒所致疾病

第一节　小鼠微小病毒感染
(Infection of minute virus of mice)

小鼠微小病毒感染（Infection of minute virus of mice）是由小鼠微小病毒引起的一种具有高度传染性、广泛存在于实验小鼠和野生小鼠群中的疾病。在大多数普通小鼠群中呈地方性流行。同时也是白血病病毒种毒和连续移植小鼠肿瘤的一种极常见的污染物。

一、发生与分布

小鼠微小病毒是一种细小病毒，最初由 Crawford（1966）从被污染的小鼠腺病毒种毒中首次分离并鉴定。之后 Parker 等（1970）从 1 只 40 日龄的 Swiss 小鼠的肾组织中分离到小鼠微小病毒 890 毒株。他们还从被污染的白血病病毒种毒和可移植的肿瘤中分离到多株小鼠微小病毒。Bonnard 等（1976）从可移植的小鼠淋巴瘤分离到小鼠微小病毒（i）毒株。Nettleton 等（1980）从污染的牛血清中分离到小鼠微小病毒 C2 - 7 毒株。小鼠微小病毒在世界范围内广泛存在，在欧洲、美国、加拿大和澳大利亚等国家和地区，小鼠微小病毒在实验鼠群中的感染率均居前四位。在我国，普通小鼠群中小鼠微小病毒感染也相当普遍，吴惠英等（1990）采用血凝抑制试验证实，我国普通小鼠群中小鼠微小病毒抗体阳性率为 69.6%。

二、病　　原

1. 分类地位　小鼠微小病毒（*Murine virus of mice*，MVM）在分类上属细小病毒科（Parvoviridae）、细小病毒属（*Parvovirus*）。核酸为单链线形 DNA，相对分子质量为 1 480 000。

2. 形态学基本特征与培养特性　小鼠微小病毒核衣壳为等轴立体对称的二十面体，无囊膜，直径 20～25nm。在细胞培养物中可产生 3 类不同密度的病毒粒子，较致密的病毒粒子是感染性病毒，在氯化铯中浮密度为 1.41～1.46g/cm³；第 2 类是空壳病毒，浮密度为 1.32g/cm³；第 3 类为缺陷病毒，浮密度为 1.33～1.39g/cm³。小鼠微小病毒完整病毒粒子和缺陷病毒粒子中含有 3 种结构蛋白，即 A（分子量 82 634u）、B（分子量 64 301u）和 C（分子量 60 909u）；空壳病毒粒子仅含有 A、B 两种多肽。

小鼠微小病毒只有 1 个血清型，Cross 等（1972）采用血凝抑制试验和补体结合试验证实，小鼠微小病毒与 Kilham’s 大鼠病毒（KRV）和 Tootan 病毒（H - 1）之间无交叉抗原关系。

小鼠微小病毒可在生长旺盛的大鼠胚细胞和小鼠胚细胞中生长，培养 7～13 天可出现细胞病变，并产生血凝素。另外，大鼠脑胶质瘤细胞 C - 6 和人胚肾细胞（NBK）也可用于小鼠微小病毒的培养。

3. 理化特性　小鼠微小病毒对外界环境因素具有强大的抵抗力，能耐受脂溶剂和较高温度的处理而不丧失其感染性。对乙醚、氯仿、醇类和脱氧胆酸盐有抵抗力，极耐干燥。

小鼠微小病毒可凝集多种哺乳动物的红细胞，其中对豚鼠红细胞凝集作用最好。作用条件为 pH6.8～8.5，温度 4～37℃。

4. 分子生物学 小鼠微小病毒核酸型为单股线状 DNA，分子量为 1.49×10^6u。小鼠微小病毒的衣壳由 VP1（83kD）、VP2（64kD）和 VP3（60kD）三个蛋白组合而成。VP2 是组成衣壳的主要蛋白，VP2 蛋白自身就可以形成二十面体的病毒衣壳，但仅有 VP2 的小鼠微小病毒不具有感染性。但是，当每 60 个病毒粒子中含有 9 个 VP1 分子时，病毒就可以具有感染力。VP3 蛋白仅存在于含有 DNA 的完整病毒粒子中，在其他与完整病毒粒子具有相同形态和免疫活性的空病毒颗粒、自组装的 VP2 蛋白以及重组病毒颗粒中都没有 VP3 蛋白。

三、流行病学

1. 传染来源 实验小鼠和野生小鼠是小鼠微小病毒的自然宿主，实验条件下可感染大鼠和仓鼠。不同年龄和品系的小鼠抗体阳性率有所差异，大于 84 日龄的动物的抗体阳性率较 14～42 日龄动物明显升高。不同品系小鼠中，C57BL/6 感染率最高，其次为 BALB/c、BALB/c - nu、NIH、SSB 和昆明小鼠。

2. 传播途径 小鼠微小病毒主要通过带毒小鼠的粪便和尿液向外排毒，易感小鼠经直接或间接接触而感染。也可经胎盘垂直传播。但其不能通过空气传播。

由于小鼠微小病毒分布广泛，在小鼠群中呈地方性流行，又极易在分裂旺盛的细胞中生长，因此，经常污染肿瘤细胞系和经小鼠传代的白血病病毒种毒。

3. 易感动物

（1）自然宿主　实验小鼠和野生小鼠是小鼠微小病毒的自然宿主。

（2）实验动物　小鼠微小病毒在实验条件下可感染大鼠和仓鼠。在实验条件下，经颅内或腹腔接种新生乳鼠多不引起死亡，但生长发育迟缓，病毒大量存在于脑、肠和尿液中。Smith（1983）用小鼠微小病毒（Crawford 株）经腹腔接种 21 日龄小鼠，早期即表现抗体阳转，并可从肾、肠和脾中重新分离到病毒。妊娠母鼠感染小鼠微小病毒，病毒可在母体胎盘和胎儿体内大量复制，但不引起组织学改变。试验感染新生大鼠可形成病毒血症，脑、肝、小肠和尿液中可检出病毒。感染鼠脑室管膜、脉络膜轻度坏死，坏死细胞可见核内包涵体。

4. 流行特征 小鼠微小病毒在小鼠中普遍存在。通过检测 HAI 抗体表明随动物年龄的不同，小鼠微小病毒的感染率存在明显差异。从 2 周龄到 6～8 周龄的小鼠，由于受到母源抗体的保护，小鼠微小病毒抗体阳性数量下降，而 12 周龄小鼠抗体阳性率可达 90%～100%。

直接接触以及粪尿污染均可使该病毒在感染动物和易感动物之间传播。但该病不能通过空气传播。

另外，小鼠微小病毒在肿瘤细胞系和经过小鼠传代的白血病病毒种毒中普遍存在。

四、临床症状

在自然条件下，实验小鼠感染小鼠微小病毒不表现任何症状，但带毒时间长，病毒在小鼠体内广泛分布。初生乳鼠可受母源抗体的保护，60～90 天后被动保护力减弱，小鼠对小鼠微小病毒的易感性增强。实验条件下，大鼠呈亚临床感染。哺乳仓鼠接种小鼠微小病毒，5～8 天内发病，病鼠发育迟缓、个体矮小。有的仓鼠小剂量感染小鼠微小病毒可以耐过，临床表现先天愚型。

五、病理变化

1. 大体解剖观察 大体剖检观察无明显的病理改变。初生小鼠接触暴露时，偶尔发生小脑的损害。成年小鼠感染可引起病毒血症，但未发现病理改变。病毒也可在胎儿组织中复制而不引起病变。

2. 组织病理学观察 人工感染的小鼠，组织病理学观察可见小脑外层生发层坏死，在感染部位可见细胞核内包涵体。人工感染哺乳大鼠的病理损伤局限于室管膜和脉络膜，在病灶部位可见典型的细胞核内包涵体和细胞溶解现象。

六、诊　　断

1. 病毒分离与鉴定　本病广泛存在于小鼠群中，对可疑病例，可将病料接种生长旺盛的原代大鼠胚或小鼠胚细胞，观察细胞病变，并通过血凝试验或免疫荧光试验鉴定新分离毒株。采用大鼠脑胶质瘤C-6细胞，可以从脾脏、肾脏、小肠和其他组织中分离出小鼠微小病毒。

2. 血清学试验　在实际工作中，主要通过血清学方法检测鼠群中的小鼠微小病毒抗体，以确定鼠群是否被小鼠微小病毒污染。常用方法包括血凝抑制试验、免疫荧光试验、玻片免疫酶法和酶联免疫吸附试验等。采用小鼠抗体生成试验也能够检测出病毒。

七、防治措施

小鼠微小病毒感染是实验小鼠较为重要的病毒病之一。小鼠微小病毒分布广泛，对外界环境因素抵抗力强，因此应加强饲料、垫料、用具和周围环境的消毒措施，建立无小鼠微小病毒感染的鼠群。一旦发现感染，应立即淘汰感染群，重新引种，建立新种群。对珍贵品系可选择血清学阴性的种鼠剖腹取胎，结合屏障隔离措施，净化种群。

野生小鼠中小鼠微小病毒感染率也很高，是重要的自然疫源地，因此，消灭野鼠，严防野鼠进入动物房是非常重要的预防措施。

八、对实验研究的影响

小鼠微小病毒与KRV、H-1等病毒是一群抗癌谱广、具有高度抗癌特异性的病毒。研究表明其对肝癌、胃癌、肺癌、肉瘤等多种肿瘤均具有明显的杀伤作用，目前，欧美各国正在集中精力深入研究它们的抗癌机理，以便为肿瘤的防治开辟新的途径。

另一方面，小鼠微小病毒在实验小鼠中广泛存在，并且是连续移植肿瘤和白血病病毒每株的常见污染物，因此在使用小鼠从事肿瘤学方面的研究时，应特别注意，否则将会严重地影响试验结果。

（付瑞　李保文　贺争鸣　田克恭）

参考文献

牛宏舜，于善谦，乐云仙，等．1992. 病毒手册［M］．上海：复旦大学出版社：442.

田克恭．1992. 实验动物病毒性疾病［M］．北京：农业出版社：53-57.

Henry L Foster，J David Small，James G Fox．1988. 实验小鼠疾病［M］．北京农业大学实验动物研究所，译．北京：北京农业大学出版社：461-491.

J. G. 福克斯，B. J. 科恩，F. M. 洛．1991. 实验动物医学［M］．萧佩衡，刘瑞三，崔忠道，等，译．北京：中国农业出版社：89-90.

Barbel Kaufmann，Alberto Lopez-Bueno，Mauricio G Mateu，et al. 2007. Minute Virus of Mice，a Parvovirus，in Complex with the Fab Fragment of a Neutralizing Monoclonal Antibody［J］．J Virol.，81：9851-9858.

Eun-Young Choi，Ann E Newman，Lisa Burger，et al. 2005. Replication of Minute Virus of Mice DNA Is Critically Dependent on Accumulated Levels of NS2［J］．J Virol，79：12375-12381.

第二节　小鼠细小病毒1型感染
(Mouse parvovirus 1 infection)

在细小病毒属中，小鼠主要对两种病毒易感：小鼠微小病毒和小鼠细小病毒。小鼠细小病毒是近期发现的存在于实验小鼠体内的一种重要病原体，是细小病毒属的一种非外膜的双链DNA病毒。这种病毒有三种血清型，只有一种被鉴定出来，即小鼠细小病毒1型（MVP-1）。小鼠细小病毒1型使体内淋巴T细胞的克隆增殖被细胞的溶解活性所抑制，说明小鼠感染小鼠细小病毒1型后可能改变其免疫应答反应。其他啮齿类动物细小病毒也表现出使宿主体内体外淋巴细胞活性改变的特性。小鼠细小病毒是典型的无症状病毒，可引起T淋巴细胞功能紊乱，并改变移植模式和肿瘤排斥作用，该病毒的检测和受感染实验小鼠群体的病原清除极为困难。

一、发生与分布

小鼠细小病毒-1也被称为孤儿细小病毒（MOPV-1），细小病毒的增殖只能在处于有丝分裂状态下的细胞中进行，主要侵害动物快速分化或分裂迅速的组织：如妊娠母鼠的胎盘、胎儿，幼鼠的肠上皮细胞以及骨髓等，从而引起胎儿流产、死胎、小鼠肠炎以及与骨髓病相关的疾病（如白细胞减少），这是细小病毒的重要特征。小鼠细小病毒1型感染（Mouse parvovirus 1 infection）存在于开放饲养的实验小鼠群中，呈隐性感染，在某些条件下，可诱发此病，以致影响试验结果。由于呈隐性感染时无临床症状，也无病理形态学的改变，很难分离到病毒，一般用血清学检验的方法检测病毒。细小病毒属病毒仍然是小鼠群落和生物制品中存在最普遍的病毒。

二、病　　原

1. 分类地位　小鼠细小病毒（*Mouse parvovirus*，MPV）在分类学上属细小病毒科（Parvoviridae）、细小病毒亚科（Parvovirinae）、细小病毒属（*Parvovirus*）。小鼠细小病毒有三种血清型（MPV-1、MPV-2、MPV-3），目前只分离鉴定出一种病原体（MPV-1）。它与小鼠微小病毒有相似的非组织蛋白结构，血清学试验中它们可能发生交叉反应。

2. 形态学基本特征与培养特性　小鼠细小病毒无囊膜，不含脂质和糖类，结构坚实紧密。细小病毒属病毒虽能自行复制，无需辅助病毒的帮助，但能否增殖还取决于细胞的生理状态，它最适合于在具有旺盛增殖能力并处在有丝分裂过程中的增殖细胞。试验研究证明，细小病毒属的基因组是在感染细胞的染色体复制开始以后才在细胞核内合成的，说明本属病毒的复制能力有缺陷。为此，当体外进行病毒培养传代时，不能等到细胞形成单层后才接种病毒，必须在细胞培养的同时或最迟在24h内接种病毒，这样才能达到良好增殖目的。鉴于本属病毒具有潜伏存在于组织细胞中的特点，当进行病毒的初代分离培养时，除按常规方法用易感细胞进行分离培养外，还常用病料组织进行自体细胞培养，这种方法既能提高病毒的分离率，又能避免外来病毒的混入。

3. 理化特征　细小病毒属感染能力在80℃加热2 h和40℃恒温60天后仍保持活性，细小病毒属有抗干旱、在pH 2～11条件下均能存活以及抗氯仿、乙醚和酒精的特性，感染性和凝血性都不受上述条件影响。可用于灭活细小病毒的有效消毒剂有福尔马林、β-丙内酯、氨水和氧化剂等。

4. 分子生物学　分子分析表明小鼠细小病毒和先前已发现的其他鼠类细小病毒属病毒不同，小鼠细小病毒和小鼠微小病毒在一些基本的特征中存在相似性，包括复制中间体、基因组大小和NS蛋白。但是，它们的核衣壳基因存在显著的差异，基因组区域具有重要的细小病毒趋性。小鼠细小病毒感染的L3细胞的复制中DNA具有与小鼠微小病毒感染细胞相同的中间体结构，包括dRF、mRF和双链DNA。

三、流行病学

1. 传染来源　细小病毒属需要寄生在快速分裂的细胞（皮肤、淋巴器官等）生存。病毒通过尿液、粪便和呼吸道排出，在外界环境中的持久性和稳定性很高，易接触传染。

2. 传播途径　此类病毒为高接触传染病毒，感染后排出病毒的时间不确定。可直接接触感染病毒，但病毒传播表现的特征没有完善。已感染的动物通过尿液、粪便和口鼻分泌物排出病毒，尿液和粪便是最普遍的传播途径。被污染的鼠类生物制品也容易引发感染。病毒能够在外界环境中持续存在，接触过已感染动物的粪便、尿液和其他材料很容易被感染，暴露到野外的小鼠或实验室小鼠易发生病毒感染的大暴发。

3. 易感动物　野外小家鼠和实验用小鼠。

（1）自然宿主　小家鼠和实验用小鼠是小鼠细小病毒-1和小鼠微小病毒的自然宿主。

（2）实验动物　实验用小鼠。

4. 流行特征　小鼠细小病毒-1不引起临床症状和组织病理学损伤。

四、临床症状

1. 动物的临床表现　自然感染小鼠细小病毒-1的小鼠，通常不表现临床症状和病理学特征，甚至在免疫缺陷小鼠中也不表现临床症状。病毒在胰脏、小肠、淋巴器官和肝脏中复制几周的时间，随尿液、粪便或口鼻分泌物排出。生长期胎儿和初生幼鼠试验性感染小鼠微小病毒将引发多种器官损伤小鼠微小病毒相对于小鼠细小病毒对造血细胞产生更多的致病性。小鼠细小病毒对动物不产生组织损伤。小鼠微小病毒和小鼠细小病毒都偏好攻击淋巴组织，并能够在动物体内改变T淋巴细胞的功能，或引起肿瘤移植排斥反应，从而影响相关试验研究的进行。

2. 人的临床表现　小鼠细小病毒1型不引起临床症状和组织病理学损伤。

五、病理变化

小鼠细小病毒1型不引起临床症状和组织病理学损伤。

六、诊　　断

1. 病毒分离与鉴定　由于小鼠呈隐性感染时无临床症状，也无病理形态学的改变，很难分离到该病毒。

2. 血清学试验　诊断一般使用血清学试验，使用MFIA™/ELISA、免疫荧光试验或者ELISA和免疫荧光试验两种方法结合使用。在免疫荧光试验中，由于小鼠微小病毒和小鼠细小病毒的病毒体有相似的非组织蛋白结构，它们可能发生交叉反应。

3. 分子生物学诊断　PCR分析技术是一项最直接的检测手段，可用于检测小鼠中小鼠微小病毒和小鼠细小病毒的感染，可以直接检测细小病毒属的小鼠组织和细胞系的DNA。可采集组织和粪便或肠系膜淋巴结以及脾脏、组织培养细胞或肿瘤移植细胞进行诊断。

七、防治措施

1. 处置（治疗）　对于已感染的小鼠，根据其价值和是否有替换它们的可行性来决定处理方案，建议彻底扑杀。

2. 预防　细小病毒科常常感染动物生物制品，并干扰肿瘤、细胞系等。在细胞系或可移植细胞和其他一些生物制品移种入动物之前，应该做PCR测试或者小鼠体内抗体检测。野外的小鼠也可能存在病毒感染。按时对实验动物做血清学检测，并隔离处在检疫期的外来动物。如果有病毒感染的动物被检测出来，应该及时采取措施防止病毒通过物件和动物间接触传染。应特别注意小鼠细小病毒-1在外界环境中具有持久存在性和稳定性的特点，对于直接接触动物的材料建议使用高压灭菌法或低温杀菌法等方法灭菌后使用。动物房饲养动物可使用含过滤盖的笼具以防止病毒传播，尽量减少人为的移动，并严格管理和照料动物。病毒可在通风系统的尘埃和碎片处存活，在打扫动物房和试验区域的时候不能忽略这些区域。

八、公共卫生影响

细小病毒科病毒对试验研究有相似的影响。在免疫学研究中，它们可以干扰淋巴细胞促有丝分裂反应的调节，干扰腹水的产生，这将导致隐性的淋巴细胞感染，从而干扰到体液免疫抗体的作用范围。小鼠细小病毒（MPV-1）可引发宿主的免疫抑制反应，从而影响传染病研究和细胞生物学的研究。通过引起免疫功能的紊乱，从而改变皮肤移植排斥反应的模式。

（萨晓婴）

参考文献

B A Bauer, L K Riley. 2006. Antemortem detection of mouse parvovirus and mice minute virus by polymerase chain reaction (PCR) of faecal samples [J]. Laboratory Animals, 40: 144-152.

David G Besselsen, Cynthia L. 1995. Besch-Williford, David J. Pintel, Craig L. Franklin, Reuel R. Hook, JR., and Lela K. Riley. Detection of Newly Recognized Rodent Parvoviruses by PCR [J]. Journal of Clinical Microbiology, 33 (11): 2859-2863.

LJ Ball-Goodrich, E Johnson. 1994. Molecular characterization of a newly recognized mouse parvovirus [J]. Journal of virology, 68 (10): 6476-6486.

第三节 大鼠微小病毒感染
(Rat minute virus infection)

一、发生与分布

大鼠微小病毒（RMV）有三个变种 RMV-1-a、RMV-1-b 和 RMV-1-c。

二、病　　原

1. 分类地位 大鼠微小病毒（*Rat minute virus*，RMV）在分类上属细小病毒科（Parvoviridae）、细小病毒亚科（Parvovirinae）、细小病毒属（*Parvovirus*）。

2. 形态学基本特征与培养特性 RMV-1 病毒无囊膜，不含脂质和糖类，结构坚实紧密。目前仍无法实现 RMV-1 的体内培养，动物的试验性感染体系也正处于研究中。

3. 理化特征 细小病毒属感染能力在 80℃加热 2 h 和 40℃恒温 60 天后仍保持活性，细小病毒属有抗干旱、抗 pH 2～11、抗氯仿、抗乙醚、抗酒精的特性，感染性和凝血性不受上述条件影响。可用于灭活细小病毒的有效消毒剂有福尔马林、β-丙内酯、氨水和氧化剂等。

4. 分子生物学 细小病毒基因组的 5’和 3’末端都有回文对称序列，这些回文结构与细菌的复制相关。啮齿类细小病毒的基因编码两种非结构蛋白 NS-1、NS-2 及三种衣壳蛋白 VP-1、VP-2 和 VP-3。NS 蛋白参与基因的转录和病毒的复制，在不同的啮齿类细小病毒中都是非常保守的，而 VP 蛋白在不同种类的细小病毒中则表现出很大的异质性。

与其他啮齿类细小病毒的核苷酸和蛋白质序列相比较，RMV-1 三个变种 RMV-1-a、RMV-1-b和 RMV-1-c 有相同的基因结构，如启动子、剪接区域和转录起始密码和转录终止密码。RMV-1 病毒与其他啮齿类细小病毒之间在核苷酸和蛋白质序列方面既存在相似性，又存在显著的差异性。RMV-1 与 KRV 和 H-1 病毒比较，具有衣壳蛋白类较低的氨基酸相似率（77%～83%）。

三、流行病学

1. 传染来源 已感染的动物通过尿液、粪便和口鼻分泌物排出病毒，口鼻分泌物和粪便是最普遍的传播方式。

2. 传播途径 由于大鼠微小病毒能够在感染动物体内长时间潜伏，并且在外界环境中具有较长的稳定性，能够抵抗非氧化类消毒剂，因此在实验大鼠和野外大鼠的病毒感染中都比较普遍。病毒由宿主的尿液、粪便和呼吸系统排出，主要通过粪便和口鼻分泌物接触传染。野外大鼠或已感染大鼠以及已被病毒污染的鼠类生物制品也是病毒传播的源头。已污染的食物和垫料也可能是病毒传播的一种途径，但目前还未被证实。

3. 易感动物 大鼠微小病毒在实验用大鼠和野外大鼠的病毒感染中比较常见，它们是该病毒的自然宿主。

四、临床症状

自然感染大鼠微小病毒的大鼠，通常不表现临床症状和组织病理学损伤特征。大鼠微小病毒趋向于快速分裂的细胞，特别是淋巴组织。

五、病理变化

自然感染大鼠微小病毒的大鼠，通常不表现临床症状和组织病理学损伤特征。

六、诊　　断

1. 血清学试验 大鼠微小病毒的诊断一般使用血清学试验，使用 MFIA™/ELISA 法或 IFA 法进行诊断。

2. 分子生物学诊断 通过 PCR 对动物组织和粪便进行检测，一般用肠系膜淋巴结和脾脏组织做 PCR 分析，也可在组织培养细胞和可以治肿瘤细胞中分析检测。RMV-1 的致病性鲜为人知，因为此病毒体内培养系统还没有完善，也没有试验性感染的研究开展。在自然感染的大鼠中，用 PCR 方法在淋巴组织中能够检测到 RMV-1。这表明 RMV-1 和其他细小病毒一样可以感染大鼠淋巴组织，并在感染期间干扰宿主免疫调节作用。

Wan 等从四种不同地理环境中的大鼠种群中，检测出 RMV-1 有三种基因型相近的相关变种，即 RMV-1-a～c。RMV-1 的变种相比于其他啮齿类病毒在 NS 区域存在高核苷酸同一性，而在 VP 区域则有所不同。因此，设计出在 VP 基因区域的寡核苷酸启动子（3582F 和 4427R）来特异地扩大 RMV-1DNA。用 RMV-1 启动子组合，在三种变种中的一段 DNA 片段（843bp）被放大，从而实现检测并提高检测的灵敏度。Wan 等在 2006 年发展了两种主要的 PCR 检测方法来特异性检测大鼠细小病毒和大鼠微小病毒，这两种 PCR 技术对于大鼠体内大鼠细小病毒和大鼠微小病毒的检测具有高灵敏性、特异性和快速分析的特点。这些技术也可以用于检测细胞系和其他生物样品中的大鼠细小病毒和大鼠微小病毒。在这项研究中开发的大鼠微小病毒 PCR 启动子，可以特异地检测病毒 VP 基因（843bp）区域的三种亚型，从而区分于其他啮齿类动物的细小病毒属病毒，包括 RPV-1a。

七、防治措施

1. 处置（治疗） 对于已感染的动物，根据动物的价值和是否有替换它们的可行性来决定处理方案，建议彻底清除动物。由于潜在的病毒传播可能通过胎盘或血清，新生鼠必须经过严格的质量检测直到证实无病毒感染存在才能解除隔离。

2. 预防 MPV 常常感染动物生物制品，所以对肿瘤、细胞系和各种传染病的检测是非常必要的。在细胞系或可移植细胞和其他一些生物制品移种入动物之前，应该做 PCR 测试或者大鼠体内抗体检验（RAP）。野外大鼠可作为病毒的传染源。按时对动物做血清学检测，并隔离处在检疫期的外来动物。如果有病毒感染的动物被检测出来，应该及时采取措施防止病毒通过物件和动物间接触传染。病毒在外界环境中的持久性和稳定性应当作为首要考虑因素。

八、对实验研究的影响

感染大鼠微小病毒不会引起动物的临床症状，但可影响动物的免疫系统，使获得肿瘤的概率减少，改变机体免疫反应，诱导细胞因子表达，可能引起肝细胞坏死。感染大鼠微小病毒也将影响胚胎和胎儿发育。目前，使用感染大鼠微小病毒-1 的大鼠进行试验研究带来的潜在影响还有待研究。

（萨晓婴）

参考文献

C-H Wan, B A Bauer, D J Pintel, et al. 2006. Detection of rat parvovirus type 1 and rat minute virus type 1 by polymerase chain reaction [J]. Laboratory Animals, 40: 63-69.

Cho-Hua Wan, Maria Soderlund-Venermo, David J Pinte, et al. 2002. Molecular characterization of three newly recognized rat parvoviruses [J]. Journal of General Virology, 83: 2075-2083.

第四节　大鼠细小病毒1型感染
(Rat parvovirus 1 infection)

一般所指的大鼠细小病毒（*Rat parvovirus*，RPV）包括RPV-1、RV（KRV）、H-1三个血清型，每个血清型包含多个分离株。本节专门对大鼠细小病毒1型（RPV-1）感染进行论述，与RV（KRV）和H-1相比，RPV-1感染大鼠并不表现任何临床症状和组织损害。但是，RPV-1可污染肿瘤移植物、细胞系和环境，对试验研究产生干扰。

一、发生与分布

目前已知感染大鼠的细小病毒有3个血清型。RPV-1是三个血清型中最晚被发现的一个（Ball-Goodrich等，1998），从自然感染的大鼠体内分离出来。在1983—1984年科学家们就在大鼠和小鼠中发现一种不同于已知细小病毒的另一种病毒的血清学证据，当时被称为"*Orphan parvovirus*"。Ueno等（1996）也分离出一株类似病毒，被称作"*Rat orphan parvovirus*"。后来，在深入研究的基础上将该病毒命名为小鼠细小病毒和大鼠细小病毒。大鼠细小病毒的其他2个血清型中的第一个是大鼠病毒（*Rat virus*，RV），也称为Kilham大鼠病毒（KRV），由Kilham和Olivier于1959年从大鼠的可转移肿瘤中分离出来。第二个血清型由Toolan（1960）从经大鼠传代的人肿瘤细胞系（HEP-1）分离得到，通常称为H-1病毒，又称Toolan病毒。

此外，Wan等（2002）证实了被推断为是第四个血清型的3个病毒株，命名为大鼠微小病毒（*minute virus of rat*，RMV）。在基因组和氨基酸顺序上，KRV、H-1、RMV三者关系相近，RPV与之存在显著差异。细小病毒感染实验大鼠比较普遍，可能会干扰使用大鼠的相关研究。检测和排除细小病毒应列入最优先事项。

Ueno等（1998）连续几年对实验小鼠和大鼠的"*Orphan parvovirus*"（OPV）进行调查发现，OPV（即MPV）极少感染小鼠，OPV（即RPV）在大鼠普遍存在（阳性率13%～22%）。

二、病　　原

1. 分类地位　RPV-1属细小病毒科（Parvoviridae）、细小病毒属（*Parvovirus*）。大鼠细小病毒包括RPV-1、RV（KRV）、H-1三个血清型，每个血清型包含多个分离株。

2. 形态学基本特征与培养特性　细小病毒属于小病毒，病毒粒子为立体对称的二十面体，直径18～23nm，为单链负链DNA病毒，无囊膜，基因组约5kb。

RPV-1可在人类胚胎肾细胞（324K细胞）上良好生长，接种细胞4天后，出现了细胞病变，到第5天免疫染色观察到超过50%的细胞呈现病毒阳性。RPV-1在NRK细胞中不易生长，很少观察到病毒阳性细胞。

3. 理化特性　细小病毒DNA占整个病毒粒子重量的25%～34%，沉淀系数为23～27s。细小病毒对外界理化因素的抵抗力非常强，对热抵抗力强，80℃ 2h后、40℃60天以上、室温1年后仍有感染活性。-40℃可保存180天以上。细小病毒可抵抗干燥、氯仿、乙醚、酒精，在pH1～12范围内可存活。在氯化铯中的浮密度为1.40 g/cm^3。室温下可被紫外线灭活，但对超声波、RNA酶、DNA酶、木瓜蛋白酶、胰岛素类有抵抗力，这些特点有助于从感染的细胞培养物中提纯病毒。感染RPV-1后，宿主淋巴组织中数月可检测到病毒DNA的存在。

4. 分子生物学 细小病毒的复制发生在宿主细胞功能表达的S期。病毒感染是否导致病毒生产性复制与宿主细胞所处的生长和分化状态有关，因为病毒复制需要细胞因子的参加，这些细胞因子仅在细胞分化和分裂时表达，所以自主复制型细小病毒喜好有丝分裂活性细胞，并产生致病性。细小病毒能导致胎儿或幼龄动物严重感染，因为胎儿或幼龄动物体内存在丰富的有丝分裂活性细胞，病毒能杀死这些细胞使宿主致病。致病性感染在成年动物中极少发生，因为成年动物体内处于分化中的细胞较少。

感染开始时病毒粒子和细胞受体结合，细胞内吞作用使受体内化，然后病毒转移至细胞核内，在细胞核内复制和装配，在细胞凋亡或细胞溶解期间释出。最近的体内研究证明，病毒复制可能并不导致不可逆转性细胞溶解。

与小鼠细小病毒一样，大鼠细小病毒能够自主复制，不需要其他辅助病毒。自主复制型细小病毒基因组由5kb左右的单链DNA组成，具有与病毒复制相关的回文序列。基因组包括2个大的和几个小的开放阅读框，编码2个非结构蛋白（NS）和2个衣壳蛋白（VP)。2个非结构调控蛋白NS1和NS2参与转录和复制，氨基酸序列在啮齿类细小病毒中是高度保守的，在三个血清型间存在交叉反应。2个衣壳蛋白VP1和VP2具有血清型特异性，VP2是主要的衣壳蛋白，其基因序列位于VP1基因序列区内。第三个衣壳蛋白VP3由VP2裂解产生，出现在成熟病毒粒子上的数量不同。

分析病毒DNA序列，RPV-1与其他自主复制型细小病毒的同源性分别为：RV-UMass 74%、H-1 72%、MPV-1a和MVMi 72%、CPV 66%。NS1氨基酸序列上RPV-1与H-1、MPV-1a和MVMi有约82%的同源性，与CPV有80%的同源性。NS2氨基酸序列上RPV-1与H-1有66%的同源性，而RV-UMass与H-1有98%的同源性。RPV-1的VP1蛋白与其他自主复制型细小病毒的同源性分别为：RV-UMass 69.4%、H-1 64.7%、MVMi 65.6%、MPV-1a 66.9%、CPV 58.6%、PPV 55.7%。

三、流行病学

1. 传染来源 大鼠细小病毒普遍存在于实验大鼠、野生大鼠和环境中。感染动物从尿液、粪便、口鼻分泌物中排毒，其中粪便和口鼻分泌物是病毒传播的主要污染物。污染的仪器、生物材料和鼠源性生物制品是病原的主要来源，接触野生大鼠或感染的实验大鼠也是感染病毒的途径。污染的饲料和垫料是可能的传染源，但是还没有确证。

2. 传播途径 大部分基于Kilham大鼠病毒（*Kilham rat virus*，KRV）的研究结果表明，病毒具有很强的传染性，通过接触已感染动物或污染的灰尘粒子传播。KRV、RPV-1病毒感染肾小管上皮细胞后会在尿液中排毒。KRV感染肠黏膜后会在粪便中排毒，但肠道不是该病毒的主要靶组织。RPV-1主要感染肠道，尽管其侵袭部位为黏膜固有层，是否经粪便排毒还没有定论。自然感染是通过吸入和/或食入病毒或病毒污染物。动物出生前通过母体感染不是主要途径，这一感染途径要求大剂量的病毒和/或KRV、H-1的强毒株。

3. 易感动物 大鼠（*Rattus norvegicus*）是已知的KRV、H-1、RPV-1仅有的自然宿主。未见RPV-1对大鼠品系感受性差异的报道。RPV-1不感染人，也不感染小鼠。

4. 流行特征 细小病毒对环境因素抵抗能力强，病毒能在通风系统的灰尘和碎片中存活下来，经常污染动物源性材料，所以肿瘤、细胞系、传染性病料等生物性材料是潜在的传染源。

RPV-1具有器官趋向性，病毒在有丝分裂活跃的组织中复制，如胃肠道、淋巴细胞、肿瘤、亲淋巴细胞，喜欢侵蚀大鼠的内皮和淋巴组织。从感染动物的淋巴结、小肠、肾脏、脾脏等器官可检测到RPV-1。即使RPV-1感染幼鼠和严重免疫受损的大鼠，也未发现临床症状，未见病理学和组织学损伤。

四、临床症状

无论RPV-1自然感染还是试验性感染，即使幼鼠和严重免疫受损的大鼠，也没有观察到明显临床症状。

五、病理变化

RPV-1自然感染或试验性感染（腹腔注射、口服）不同日龄大鼠后，动物均未见病理学和组织学损伤。

腹腔接种和口服病毒给2日龄的F344大鼠，通过原位杂交技术在接种后第7天检测到病毒在脑、肺、心脏、胸腺、淋巴结、脾脏、肝脏、肾脏和肠中的存在。接种后第10天和第20天，所有大鼠被检测出RPV-1抗体阳性。所有动物没有观察到组织损伤。内皮感染主要表现在肠黏膜固有层、肺泡、肝内血管和肝窦、肾小球簇、间质血管上。尽管对毛细血管有广泛的感染，没有发现出血和坏疽的证据。肠和血管平滑肌、心脏肌纤维、肝细胞、肾卷曲小管等组织内显示出不同程度的病毒DNA阳性。

口服感染4周龄的F344大鼠，感染后第7天肾脏中检测出感染性病毒，感染后第20天脾脏和肺脏中检测出感染性病毒。感染后第5天阳性细胞最多的组织是肠系膜淋巴结和小肠黏膜固有层，但是肠上皮细胞中几乎没有。感染后第5天在肺脏、脑、肝脏、肾脏中出现毛细血管内皮感染。感染后第7天小肠黏膜固有层、淋巴结、脾脏中的阳性细胞数量达到最高。淋巴组织的特征是集中在脾脏的红髓和动脉周围的淋巴鞘，以及脾脏和淋巴结的生发中心，与KRV和MPV的感染方式一致。血清转化发生在感染后第7天，阳性细胞在其他组织中很少出现。

将LGL白血病细胞腹腔接种到F344大鼠，3周后腹腔注射大鼠细小病毒感染的肾匀浆液和RV-UMass病毒，接种病毒后第1周和第2周，在腹部和胸腺肿瘤内、血管内皮内用原位杂交探针检测到两种病毒的存在，但是大鼠细小病毒感染细胞的信号比大鼠病毒感染细胞的信号弱。带瘤大鼠感染RV-UMass病毒会引起肝坏死并发症，带瘤大鼠接种大鼠细小病毒肾匀浆液不会引起肝坏死并发症。

六、诊　　断

1. 病毒分离与鉴定　取感染动物或可疑动物的脾脏、肺、肾脏，将这些组织切成小块在烧瓶中培养，生长晕汇合后将培养物冻融3次，取上清液接种324K细胞，6天后如果观察不到典型的细胞病变，用磷酸缓冲液清洗3遍，用冷的丙酮固定，使用大鼠阳性血清进行间接免疫荧光染色，检测病毒抗原。

用大鼠细小病毒感染的大鼠肿瘤匀浆液分别接种NRK和324K细胞，4天后，NRK细胞中很少观察到病毒阳性细胞；相反，324K细胞出现了细胞病变，到第5天免疫染色观察到超过50%的细胞呈现病毒阳性。收获324K细胞，将细胞溶解液再次接种324K细胞，收获更高滴度的病毒原液。通过HAI法和抗体中和试验能鉴别大鼠细小病毒，抗大鼠细小病毒血清不抑制豚鼠红细胞凝集，而抗KRV或H-1血清能抑制豚鼠红细胞凝集。抗大鼠细小病毒血清能中和RPV-1的感染性，不能中和RV-UMass株的感染性。抗KRV血清能中和RV-UMass的感染性，不能中和RPV-1的感染性。

2. 血清学试验　大鼠细小病毒感染一般使用血清学方法检测，如流式荧光试验、ELISA或免疫荧光试验法。可通过对病毒结构抗原（VP）的检测实现对每个大鼠细小病毒血清型的特异性检测，通过检测非结构抗原（NS）实现对大鼠细小病毒的共性检测。

实际工作中通常对实验大鼠细小病毒三个血清型合并检测，使用的抗原为每个血清型抗原加上共同抗原NS-1。流式荧光试验或ELISA结果阳性或可疑时，使用免疫荧光试验作为后续检测方法。

3. 组织病理学诊断　RPV-1感染大鼠后没有病理学和组织学损伤，可用免疫组化方法检测动物的肾脏和淋巴结。

4. 分子生物学诊断　PCR可以检测株型特异性片段（VP2），也可检测共性片段（NS1）。

可以通过PCR法检测组织或粪便。检测组织一般取肠系膜淋巴结或脾脏，也可用PCR法检测组织培养细胞和肿瘤细胞。

细胞系、可转移肿瘤和其他生物制品在接种动物前要用PCR法检测或做大鼠抗体生成试验（RAP）。

七、防治措施

细小病毒经常污染动物源性材料，所以，对肿瘤、细胞系、传染性病料一定要定期进行检测。细胞系、可转移肿瘤和其他生物制品在接种动物前要用PCR法检测或做大鼠抗体生成试验（RAP）。野生大鼠是细小病毒感染的主要来源，防止野生啮齿类动物接触实验动物设施，对设施内动物定期检测，对新进动物进行检疫。

一旦诊断出动物感染细小病毒，应立即采取措施阻止病毒通过材料或接触在动物间传播。对于感染动物，要根据动物的价值采取相应的处理措施。一般来说，应将同一饲养单元的所有动物处死，彻底清洁消毒饲养间，重新引进动物。采用子宫切除术和胚胎移植是去除细小病毒的有效方法。该病毒存在通过胎盘和精液传播的可能性，对感染动物的后代应采取严格的检疫措施，直到确证没有该病毒的感染。病毒能在通风系统的灰尘和碎片中存活下来，这些往往是清洁动物设施和实验区域被忽视的地方，要引起注意。工作人员家中不能饲养啮齿类宠物。

八、对实验研究的影响

RPV-1对试验研究干扰的相关报道比较少，以下描述中包含的有关小鼠细小病毒的研究也可供参考。

免疫学方面，在IL-2或抗原的刺激下，小鼠细小病毒能抑制CD8+和CD4+T细胞系的增殖；但是在混合淋巴细胞培养中并不抑制细胞毒T细胞的产生。小鼠细小病毒感染后能降低T细胞溶细胞的能力。小鼠细小病毒能降低肾脏和腘淋巴结的淋巴细胞增殖率，提高系膜淋巴结细胞的增殖反应。小鼠细小病毒感染后能增强T细胞介导的对异源皮肤移植物的排斥反应，引起对同系动物皮肤移植物的排斥。RPV-1感染可以改变动物的免疫功能。

细胞生物学方面，会污染细胞系，感染可转移肿瘤。

肿瘤学方面，小鼠细小病毒能加强肌体对肿瘤移植物（同种异基因）的排斥反应。RPV-1可污染可转移白血病细胞。RPV-1感染带肿瘤的大鼠可引起轻微疾病（肝、脾肿大），或推迟临床症状和白血病出现的时间。

（范文平　贺争鸣　田克恭）

我国已颁布的相关标准

GB/T 14926.31—2001　实验动物　大鼠细小病毒（KRV和H-1株）检测方法

参考文献

Ball-Goodrich L J, E. Johnson. 1994. Molecular characterization of a newly recognizedmouse parvovirus [J]. J. Virol., 68: 6476-6486.

Ball-Goodrich L J, S E Leland, E A Johnson, et al. 1998. Ratparvovirus type 1: the prototype for a new rodent parvovirus serogroup [J]. J. Virol., 72: 3289-3299.

Jacoby R O, L J Ball-Goodrich, D G Besselsen, et al. 1996. Rodent parvovirus infections [J]. Lab. Anim. Sci., 46: 370-380.

Jacoby R O, E A Johnson, F X Paturzo, et al. 2000. Persistent rat virus infection in smooth muscle of euthymic and athymic rats [J]. J. Virol., 74 (24): 11841-11848.

McKisic M D, D W Lancki, G Otto, et al. 1993. Identification and propagation of a putative immunosuppressiveorphan parvovirus in cloned T cells [J]. J. Immunol., 150: 419-428.

McKisic M D, F X Paturzo, A L Smith. 1996. Mouse parvovirus infection potentiatesrejection of tumor allografts and modulates T cell effector function [J]. T ransplantation, 61: 292-299.

McKisic M D, J D Macy, M L Delano, et al. 1998. Mouse parvovirus infection potentiates allogeneic skin graft rejection and inducessyngeneic graft rejection [J]. T ransplantation, 65: 1436-1446.

Shek W R, F X Paturzo, E A Johnson, et al. 1998. Characterizationof mouse parvovirus infection among BALB/c mice from an enzootically infectedcolony [J]. Lab. Anim. Sci., 48: 294-297.

Ueno Y, M Iwama, T Ohshima, et al. 1998. Prevalence of "orphan" parvovirus infections in mice and rats [J]. Exp. Anim., 47 (3): 207-210.

Ueno Y, F Sugiyama, and K Yagami. 1996. Detection and in vivo transmission of rat orphan parvovirus (ROPV) [J]. Lab. Anim., 30: 114-119.

第五节　Kilham大鼠病毒感染 (Kilham rat virus infection)

目前发现的大鼠细小病毒包括RPV-1、RV（KRV）、H-1三个血清型，每个血清型包含多个分离株。本节专门对Kilham大鼠病毒（*Kilham rat virus*，KRV）感染进行论述，KRV是对实验大鼠危害最为严重的病毒之一。自然感染成年大鼠多无临床症状，免疫抑制等因素可激发本病。种鼠群感染后繁殖率下降。哺乳幼鼠感染后表现发育不良、黄疸、运动失调等症状。KRV还可污染可移植肿瘤和细胞系，对试验研究产生严重干扰。

一、发生与分布

Kilham等（1959）从患肿瘤的大鼠体内首次分离到大鼠细小病毒，通常称为Kilham大鼠病毒（KRV），KRV是大鼠细小病毒的第一个血清型。Toolan（1960）从经大鼠传代的人肿瘤细胞系（HEP-1）分离到第2株大鼠细小病毒，通常称为H-1病毒，又称Toolan病毒，为大鼠细小病毒的第二个血清型。Ball-Goodrich等（1998）从自然感染的大鼠体内分离出第三个血清型RPV-1。

血清流行病学调查表明，Kilham大鼠病毒感染（Kilham rat virus infection）呈世界性分布。Gannon等（1980）调查了英国的20个实验大鼠群，60%的种群存在感染，KRV感染阳性种群中抗体总阳性率达81%，76%的种群个体阳性率达到80%以上。吴小闲等（1990）调查表明，在我国普通大鼠群中KRV和H-1病毒的抗体阳性率分别为64.70%和50.98%，表明普遍存在KRV和H-1病毒感染。Cagliada等（2010）用HAI法检测了阿根廷国内20个普通级实验大鼠群，血清抗体阳性率为27.8%～75%。

二、病　　原

1. 分类地位　KRV在分类上属细小病毒科（Parvoviridae）、细小病毒属（*Parvovirus*）。大鼠细小病毒包括RPV-1、RV（KRV）、H-1三个血清型，每个血清型包含多个分离株。

2. 形态学基本特征与培养特性　核酸型为单股DNA。病毒粒子直径18～30nm，分子量6.55×10^6，核衣壳表面有32个壳粒。在氯化铯中的浮密度为1.40g/cm^3。

细小病毒为非缺损病毒，其复制不需要辅助病毒的参与，但具有细小病毒的一般特性，在有丝分裂旺盛的细胞内复制，对老的细胞培养物不易感。KRV和H-1能在大鼠原代胚胎细胞和C6大鼠神经胶质细胞中生长；在原代仓鼠胚细胞上生长较差。KRV毒株不能在小鼠、鸡、牛和人源细胞中生长，H-1毒株可在大鼠、仓鼠、猴和人源细胞中生长。KRV也能在其他一些细胞系如324K（人类胚胎肾细胞）、BHK21（地鼠肾细胞）、BHK35细胞和AT细胞中复制。H-1能在大鼠肾瘤细胞中增殖，RPV-1能在324K细胞中复制。通常，病毒感染原代大鼠胚细胞后6～12h采用免疫荧光法可检出病毒抗原，48h可检出具有感染性的病毒和血凝素，7～10天可产生细胞病变，HE染色可见典型核内包涵体和细胞坏死。感染后7～21天产生高滴度的血凝素。感染动力学和细胞病变的严重性与病毒分离株型、病毒剂量和细胞培养基的影响程度有关。高浓度的病毒接种量能导致12h内病毒在细胞核内复制，几天内产生细胞病变；低浓度的病毒接种量在1周或更长时间内对细胞不产生可观察的影响。处于分化中的细胞对病毒感染和复制更敏感。

3. 理化特性 细小病毒在环境中普遍存在并保持稳定。80℃ 2h后、40℃ 60天以上细小病毒仍有感染活性。细小病毒可抵抗干燥、氯仿、乙醚、酒精，在pH2～11范围内可存活。不同毒株对温度和pH的敏感性略有差异。室温下可被紫外线灭活，但对超声波、RNA聚合酶、DNA聚合酶、胰酶、木瓜蛋白酶、糜蛋白酶等有抵抗力，利用此特性可从感染细胞培养物中提纯病毒。

大鼠细小病毒所有毒株在4℃、25℃和37℃条件下均可凝集豚鼠红细胞，不同毒株对其他动物红细胞的凝集作用有所不同，可据此鉴定不同的毒株。

4. 分子生物学 细小病毒是小的（18～23nm）单链负链DNA病毒，无囊膜，基因组约5kb。病毒复制需要细胞因子的参加，这些细胞因子仅在细胞分化和分裂时表达。

大鼠细小病毒能够自主复制，不需要其他辅助病毒。基因组具有与病毒复制相关的回文序列，包括2个大的和几个小的开放阅读框，编码2个非结构蛋白（NS1和NS2）和2个衣壳蛋白（VP）。NS1和NS2蛋白参与转录和复制，在啮齿类细小病毒中是高度保守的。VP（VP1、VP2和VP3）蛋白具有血清型特异性。VP2是主要衣壳蛋白，其基因序列位于VP1基因序列区内。第三个衣壳蛋白VP3由VP2裂解产生，出现在成熟病毒粒子上的数量不同。

在基因组和氨基酸顺序上，KRV与H-1、RMV（大鼠微小病毒）关系相近，与RPV-1存在显著差异。KRV与啮齿类其他细小病毒的核酸同源性分别为：H-1 89.7%，HaPV（地鼠细小病毒）80.5%，MPV（小鼠细小病毒）80.8%，MMV（小鼠微小病毒）81.0%，RPV-1a（大鼠细小病毒1型）72.7%，RMV-1a（大鼠微小病毒）90.9%，RMV-1b 90.9%，RMV-1c 90.5%。KRV与啮齿类其他细小病毒NS1氨基酸的类似性分别为：H-1 98.4%，HaPV 93.9%，MPV 93.8%，MMV 93.9%，RPV-1a 85.4%，RMV-1a 99.3%，RMV-1b 98.7%，RMV-1c 99.9%。KRV与啮齿类其他细小病毒NS2 N末端氨基酸的类似性分别为：H-1 94.5%，HaPV 85.2%，MPV 84.1%，MMV 84.1%，RPV-1a 67.4%，RMV-1a 100.0%，RMV-1b 95.6%，RMV-1c 98.9%。KRV与啮齿类其他细小病毒VP1 N末端氨基酸的类似性分别为：H-1 93.8%，HaPV 89.8%，MPV 90.7%，MMV 89.3%，RPV-1a 79.8%，RMV-1a 97.6%，RMV-1b 97.9%，RMV-1c 97.9%。KRV与啮齿类其他细小病毒VP2氨基酸的类似性分别为：H-1 81.7%，HaPV 72.5%，MPV 72.5%，MMV 75.1%，RPV-1a 69.7%，RMV-1a 79.5%，RMV-1b 79.5%，RMV-1c 79.3%。

分析病毒DNA序列，KRV的RV-UMass株与RPV-1的同源性为74%。RV-UMass的NS1氨基酸序列与H-1有99%的同源性，与MVMi（小鼠微小病毒的一个变异株）和MPV-1a有91.6%的同源性；RV-UMass的NS2氨基酸序列与H-1有98%的同源性。RV-UMass的VP1蛋白与H-1的同源性最高，达到81.6%；与其他自主复制型细小病毒的同源性分别为：MVMi 75.2%，MPV-1a 74.2%，PPV（猪细小病毒）59.7%，CPV（犬细小病毒）58.8%，RPV-1 69.4%。

自主复制型细小病毒的复制要求宿主细胞功能表达在S期。病毒感染是否导致病毒生产性复制与宿主细胞所处的生长和分化状态有关。自主复制型细小病毒喜好有丝分裂活性细胞，并使其致病。细小病毒能导致胎儿或幼龄动物严重感染，因为胎儿或幼龄动物体内存在丰富的有丝分裂活性细胞，病毒能杀死这些细胞使宿主致病。致病性感染在成年动物中极少发生，因为成年动物体内处于分化中的细胞较少。

三、流行病学

1. 传染来源 大鼠是KRV的自然宿主，病毒在实验大鼠和野生大鼠中普遍存在。大鼠细小病毒呈世界性分布，Robey等（1968）、Kilham（1966）试验证实，实验大鼠和野生大鼠群中普遍存在KRV和H-1病毒感染。Robinson等（1971）对200只大鼠进行血清流行病学检查，发现49日龄大鼠中，40%血清抗体阳性，210日龄时67%大鼠血清中存在抗KRV抗体。Gannon等（1980）调查了英国的20个实验大鼠群，60%的种群存在KRV感染，感染阳性种群中抗体总阳性率达81%，76%的感染阳性种群个体阳性率达到80%以上。表明KRV在大鼠群中广泛存在，具有很强的传染性，种群中动物一旦感染，病毒会持续感染动物并长期存在。

2. 传播途径　病毒长期存在于感染动物体内和环境中，对环境条件具有很强的抵抗力。感染动物从尿液、粪便、口鼻分泌物、乳汁中排毒，其中粪便和口鼻分泌物是病毒传播的主要污染物。污染的仪器和动物源性材料（如可移植肿瘤、细胞系、传染性病料、生物制品等）也是病原的来源。接触野生大鼠或感染的实验大鼠也是感染病毒的途径。污染的饲料和垫料是可能的传染源，但是还没有确证。

KRV通过消化道和呼吸道途径水平传播，也可垂直传播，呼吸道途径不是典型的传播方式。Kilham等（1969）给妊娠11天的母鼠经口腔接种KRV，母鼠未见临床症状，但病毒可经胎盘垂直传递，并造成胎儿致死性感染。他们同时发现，KRV广泛存在于母鼠的组织器官中，并形成病毒血症，由此导致胎盘感染。相反，H-1毒株经口腔接种妊娠母鼠不能引起胎儿死亡，表明H-1毒株在大鼠群中主要以水平方式传播。Lipton等（1973）经胃内接种KRV的HER毒株可造成病毒血症，从感染大鼠的小肠、肺、肝、脾、脑和肾等组织器官中可检出病毒抗原。病毒可从粪便排出达12天之久，但不经尿液排毒。Kilham等（1966）证实妊娠后期感染KRV的母鼠经乳汁排毒；产后1天感染母鼠24h内乳汁中即可含有病毒，并持续排毒12天。

Robey等（1968）从5只体内存在KRV抗体的外观健康大鼠分离到病毒，表明在大鼠群中存在病毒的持续性隐性感染。感染鼠可通过粪便长期向外排毒，污染饲料、饮水和周围环境，并重新感染易感动物，造成KRV在鼠群中持续存在。

3. 易感动物　大鼠（野生大鼠和实验大鼠，Rattus norvegicus）是已知的KRV、H-1、RPV-1仅有的自然宿主。KRV能试验性感染地鼠和其他动物如多乳鼠类（Mastomys）。KRV也可试验感染新生猫。H-1毒株具有更广泛的宿主范围，实验条件下还可感染恒河猴和人。

4. 流行特征　成年大鼠自然感染细小病毒通常无临床症状。临床症状的发生率与病毒株型、病毒剂量、宿主日龄和暴露途径有关。无品系感受性差异。自然感染后，病毒在大鼠体内长期存在。试验性感染幼鼠和青年鼠后，会导致持续性感染。对T细胞缺陷大鼠造成持续性感染。

KRV的持续性感染依赖于大鼠日龄和/或免疫功能状态，首次感染动物的日龄越小，疾病持续时间越长。KRV自然和试验性感染大鼠胚胎和幼仔会引起高致病性感染，成年大鼠首次感染会导致动物阴囊出血、身体脂肪减少和淋巴结充血。接种KRV妊娠大鼠，会导致不育和胚胎吸收。H-1试验性感染大鼠引起的机体损伤与KRV感染后的表现类似，RPV-1试验性感染大鼠幼仔不会产生临床病症。

大鼠细小病毒对快速分化的细胞具有趋向性，特别是淋巴组织。生产1周后，母鼠和仔鼠对细小病毒感染引起的临床疾病产生抵抗力，这种抵抗力产生的原因是病毒靶组织有丝分裂活动减弱和出生后免疫功能增强。

四、临床症状

孕鼠感染细小病毒致病性血清型会导致部分或全部胎儿死亡，孕鼠在其他方面临床表现正常。妊娠后期或出生几天内感染病毒，会导致仔鼠严重或致命疾病，特别是肝脏和中枢神经系统大量出血和坏疽。感染仔鼠的症状包括共济失调、黄疸和腹泻，或突然性死亡。急性发病后存活的大鼠表现运动减少，或因慢性肝炎和进行性肝纤维化而死亡。KRV在接种6日龄大鼠后可引起持续性感染。出生1周后的幼大鼠感染病毒后很少表现临床症状，也有刚断乳大鼠和免疫功能受抑制的成年大鼠出现致命性出血损害的报道。

Kilham等（1966）经试验感染证明KRV对孕鼠和未孕鼠均有很强的传染性，并可从脏器组织、乳汁和粪便中分离到病毒。妊娠早期接种，病毒可通过胎盘感染胎儿，引起胎儿死亡和畸形；妊娠晚期接种，可引起新生乳鼠小脑损伤和肝炎；经腹腔或脑内接种新生乳鼠也可引起脑和肝脏的病变，感染鼠多在8天内死亡。

成年大鼠感染多呈隐性经过，无临床症状，但若遇免疫抑制、机体抵抗力下降，也可产生临床症状。有自然感染导致死亡的报道。Jonas 等（1977）报道，在成年 SD 大鼠中一次暴发性流行，病鼠表现被毛逆立、脱水和阴囊发绀等症状，150 只大鼠中死亡 32 只，并从死亡鼠体内分离到 KRV。

地鼠试验性感染会导致小脑发育不全、共济失调、出现先天愚型缺陷症状和地鼠齿根膜疾病。

五、病理变化

1. 大体解剖观察 KRV 和 H-1 对胎儿或幼龄大鼠具有高致病性。致病性感染可引起动物肝脏、中枢神经系统、淋巴系统和其他组织严重损害。内皮感染引起出血和栓塞，特别是发生在大脑和脊髓。HER 毒株（KRV 的一个株型）经脑内接种哺乳幼大鼠可产生出血性脑脊髓病，经腹腔接种服用环磷酰胺的青年大鼠也可诱发该病。

2. 组织病理学观察 KRV 嗜好有丝分裂旺盛的细胞，如小于 14 日龄的乳大鼠的肝细胞和小脑外胚层细胞，在这些细胞内可见核内包涵体。小脑病变以小脑外胚层有丝分裂旺盛的细胞内的核内包涵体和坏死为特征。

肝脏也是 KRV 主要侵袭的器官，感染早期肝细胞内可见核内包涵体，枯否氏细胞、胆管上皮细胞、血管内皮细胞和结缔组织细胞内也可见少量包涵体，细胞病变以核固缩、胞质嗜酸性、空泡变性、最终细胞崩解为特征。人工感染 24h 肝细胞内可见包涵体，并持续存在 21 天。其持续时间长短与肝细胞有丝分裂活动有关。Ruffolo 等（1966）支持这一观点，并将肝脏坏死和修复的过程分为三期：一期为巨细胞形成；二期为胆管增生，肝小叶结构腺瘤样变化，紫癜肝；三期为坏死后基质萎陷、纤维化和小结增生。

断乳大鼠自然感染 KRV，睾丸和附睾可见出血、坏死和血栓形成，临床表现阴囊发绀。出血性病变可能是由于病毒损伤血管壁所致，在小血管的血管内皮细胞中可见包涵体。

六、诊　　断

1. 病毒分离与鉴定 动物发病早期血液中含有病毒，胎儿、胎盘、造血组织、胃肠道和小脑等也含有高滴度的病毒，可将上述材料接种大鼠胚胎细胞、大鼠肾瘤细胞或无 KRV 感染的大鼠。细胞培养物可进行血凝素和细胞病变检查；接种阳性材料的大鼠可检测 KRV 抗体。单层细胞上形成噬斑后，用受体破坏酶处理感染细胞，氯化铯密度梯度离心提纯病毒。病毒分离物可用抗 KRV 免疫血清做血凝抑制试验进行鉴定。

2. 血清学试验 大鼠细小病毒感染的血清学检测方法有：流式荧光试验（Multiplexed fluorometric immuno assay，MFIA）、ELISA 或免疫荧光试验法。通常将大鼠细小病毒三个血清型合并检测，使用的抗原为每个血清型抗原加上共同抗原 NS1，流式荧光试验或 ELISA 结果阳性或可疑时使用免疫荧光试验作为后续检测方法。使用病毒结构抗原（VP）可实现对每个细小病毒的特异性检测。

血凝抑制试验（HAI）虽然敏感性和特异性不是最好，但是简单、易操作，且与大鼠细小病毒其他血清型没有交叉反应，也是常用的血清学方法。

3. 组织病理学诊断 发病动物呈现多发病灶：大脑和小脑局部组织病态软化，睾丸、附睾凝结性坏疽，肝脏灶性坏死。内皮细胞和巨核细胞受损。新生儿小脑发育不全、肝炎、黄疸。流产、胎儿吸收、不育。阴囊出血、附睾纤维蛋白渗出。小脑外胚层细胞、肝细胞、肝脏枯否氏细胞、胆管上皮细胞、血管内皮细胞和结缔组织细胞、睾丸和附睾小血管的内皮细胞中可见包涵体。

4. 分子生物学诊断 PCR 可以检测特异性片段（VP2），也可检测共性片段（NS1）。对病毒结构抗原（VP）检测可实现对每个细小病毒的特异性检测，检测非结构抗原（NS）实现对细小病毒的共性检测。可以通过 PCR 检测组织或粪便。检测的组织一般取肠系膜淋巴结、肝脏、肺脏或脾脏。PCR 也用于对细胞系、可转移肿瘤和其他生物制品的检测。

七、防治措施

对于感染动物，要根据动物的价值采取相应的处理措施。一般情况下，应将同一饲养单元的所有动物处死，彻底清洁消毒饲养间，重新引进动物。研究证实抗病毒抗体并不能清除病毒感染。

KRV 可水平传播，也可垂直传播，采用子宫切除术和胚胎移植法净化鼠群时要注意用无感染的孕鼠，幼鼠需经无 KRV 的母鼠哺乳，断乳后抗体检查阴性者方可留作种用。

细小病毒在环境中普遍存在并保持稳定，病毒能在通风系统的灰尘和碎片中存活下来，这些往往是清洁动物设施和实验区域被忽视的方面，因此预防控制非常困难。细小病毒经常污染动物源性材料，所以，对肿瘤、细胞系、传染性病料一定要定期进行检测。实验动物设施要有防止野生啮齿类动物进入的措施。设施内动物应定期检测，对新进动物进行检疫。工作人员家中不能饲养啮齿类宠物。

八、对实验研究的影响

大鼠感染 KRV 可抑制机体的细胞免疫功能，造成机体免疫反应改变。T 和 B 淋巴细胞感染，会抑制不同淋巴细胞的功能，刺激针对胰腺抗原自身反应 T 细胞的活性。病毒使能正常抵抗自体反应性糖尿病的大鼠品系对该疾病变的敏感，改变细胞毒淋巴细胞活性，降低淋巴细胞发育能力，抑制 T 细胞功能的多样化。刺激干扰素生成。

人可污染肿瘤移植物和细胞系，通过污染肿瘤的移植又使受体鼠感染而散播病毒；另外，KRV 可通过胎盘垂直感染胎儿，引起孕鼠流产或引起胎儿发育畸形、胚胎死亡和吸收，是研究畸形形成学的良好动物模型。

KRV 可抑制莫洛尼氏白血病毒诱导白血病。体外试验中抑制大鼠肾细胞的脂质形成。在动脉上皮中增加白细胞的黏合度。试验感染存活的地鼠正常生长发育被抑制，出现类似先天愚型缺陷的症状。

KRV 感染引起的坏疽为其他病原体的感染提供了条件。感染大鼠受到试验应激或免疫抑制剂作用时会激发疾病，甚至导致死亡，严重影响试验研究的正常进行。

（范文平　贺争鸣　田克恭）

我国已颁布的相关标准

GB/T 14926.31—2001　实验动物　大鼠细小病毒（KRV 和 H-1 株）检测方法

参考文献

田克恭 . 1992. 实验动物病毒性疾病［M］. 北京：农业出版社：126-132.

Ball-Goodrich L J, S E Leland, E A Johnson, et al. 1998. Ratparvovirus type 1: the prototype for a new rodent parvovirus serogroup［J］. J Virol., 72: 3289-3299.

Ball-Goodrich L, F Paturzo, E Johnson, et al. 2002. Immune responses to the major capsid protein during parvovirus infection of rats［J］. J Virol., 76 (19): 10044-10049.

Bergs V V. 1969. Rat virus-mediated suppression of leukemia induction by Moloneyvirus in rats［J］. Cancer Res., 29: 1669-1672.

Brown D W, R M Welsh, A A Like. 1993. Infection of peripancreatic lymphnodes but not islets precedes Kilham rat virus-induced diabetes in BB/W or rats［J］. J. Virol., 67: 5873-5878.

Cagliada M P, C Carbone, M A Ayala, et al. 2010. Prevalence of antibodies against Kilham virus inexperimental rat colonies of Argentina［J］. Revista Argentina de Microbiologìa, 42: 27-29.

Coleman G L, R O Jacoby, P N Bhatt, et al. 1983. Naturallyoccuring lethal parvovirus infection of juvenile and young-adult rats［J］. Vet. Pathol., 20: 49-56.

Darrigrand, A A, S B Singh, C M Lang. 1984. Effects of Kilham rat virus onnatural killer cell-mediated cytotoxicity in Brown Norway and W istar Furth rats［J］. AmJ. Vet. Res., 45: 200-202.

Ellerman K E, C A Richards, D L Guberski, et al. 1996. Kilhamrat triggers T-cell-dependent autoimmune diabetes in multiple strains of rats［J］. Diabetes, 45: 557-562.

Gabaldon M, C Capdevila, A Zuniga. 1992. Effect of spontaneous pathologyand thrombin on leukocyte adhesion to rat aortic endothelium［J］. Atherosclerosis, 93: 217-228.

Gaertner D J, R O Jacoby, E A Johnson, et al. 1995. Persistent rat virus infection in juvenile athymic rats and its modul-

ation by antiserum [J]. Lab. Anim. Sci., 45: 249-253.
Gannon J, P Carthew. 1980. Prevalence of indigenous viruses in laboratory animal coloniesin the United Kingdom 1978-1979 [J]. Laboratory Animals, 14: 309-311.
Jacoby R O, L Ball-Goodrich. 1995. Parvovirus infections of mice and rats [J]. Sem. Virol., 6: 329-337.
Jacoby R O, E A Johnson, F X Paturzo, et al. 1991. Persistent rat parvovirus infection in individually housed rats [J]. Arch. Virol., 117: 193-205.
Kilham L. 1961. Rat virus (RV) in hamsters [J]. Proc. Soc. Exp. Biol. Med., 106: 825-829.
Kilham L, G Margolis. 1964. Cerebellar ataxia in hamsters inoculated with ratvirus [J]. Science, 143: 1047-1048.
Kilham L, G Margolis. 1965. Cerebellar disease in cats induced by inoculationof rat virus [J]. Science, 148: 244-246.
Kilham L, G Margolis. 1966. Spontaneous hepatitis and cerebellar 'hypoplasia' in suckling rats due to congenital infections with rat viruses [J]. Am. J. Pathol., 49: 457-475.
Kilham L, C E Buckler, V. H. Ferm, et al. 1968. Production of interferonduring rat virus infection [J]. Proc. Soc. Exp. Biol. Med., 129: 274-278.
Paturzo F X, R O Jacoby, P N Bhatt, et al. 1987. Persistence of rat virus in seropositive rats as detected by explant culture [J]. Arch. Virol., 95: 137-142.
Rabson A S, L Kilham, R L Kirschstein. 1961. Intranuclear inclusions in Rattus (Mastomys) natalensis infected with rat virus [J]. J. Natl. Cancer Inst., 27: 1217-1223.
Schuster G S, G B Caughman, N L O' Dell. 1991. Altered lipid metabolism inparvovirus-infected cells [J]. Microbios, 66: 134-155.
Stubbs M, D L Guberski, A A Like. 1994. Preservation of GLUT 2 expressionin islet beta cells of Kilham rat virus (KRV)-infected diabetes-resistant BB/W or rats [J]. Diabetologia, 37: 1186-1194.
Suckow M A, S H Wiesbroth, C L Franklin. 2006. The Laboratory Rat [M]. 2nd. ed. Academic Press, New York: 428.
Wan C.-H., M Soderlund-Venermo, D. J. Pintel, et al. 2002. Molecular characterization of three newly recognized rat-Parvoviruses [J]. Journal of General Virology, 83: 2075-2083.

第六节 地鼠细小病毒感染
(Hamster parvovirus infection)

地鼠细小病毒感染（Hamster parvovirus infection）是由地鼠细小病毒感染地鼠引起的一种自然发生的、具有高死亡率的传染性病毒性疾病。它能引起地鼠发育不全，导致牙齿和面部畸形，切齿畸形和脱落，以及新生地鼠的死亡。

一、发生与分布

曾经有个叙利亚地鼠繁殖种群发生了一种发育不全、牙齿脱落、高死亡率的动物流行病，这种流行病局限于哺乳和断奶地鼠。Gibson 等从该地鼠种群中的一只地鼠身上分离出一个新的细小病毒，即地鼠细小病毒。Besselsen D. 成功地将这个分离株在体外进行培养，用地鼠细小病毒试验性感染新生地鼠，并复制出了在最初疾病暴发过程中观察到的症状。

二、病　　原

1. 分类地位　地鼠细小病毒（*Hamster parvovirus*）在分类上属细小病毒科、细小病毒属。

2. 形态学基本特征　地鼠细小病毒是小的（15～28nm）无囊膜的二十面体病毒，壳体化一个单双链 DNA 基因组长度大约 5 kb。壳体化大部分负链 DNA（约 93%），由大约等量的正股和负股 DNA 包裹。细小病毒的 DNA 约占整个病毒粒子重量的 25%～34%，分子量为（1.4～1.7）$\times 10^6$ Da。

3. 理化特性　细小病毒对外界理化因素的抵抗力非常强。细小病毒几乎都有凝集红细胞的特性，血凝和血凝抑制试验是鉴定该病毒和诊断该病的方法。

M. Söderlund - Venermo 等报道，地鼠细小病毒能感染大鼠 RN 细胞与 BHK 细胞（BHK 细胞是地鼠细小病毒的有效宿主）；人 NB324K 细胞在感染地鼠细小病毒后可以观察到病毒复制。M. Söderlund - Venermo 等没有检测到地鼠细小病毒能有效感染小鼠细胞系。

4. 分子生物学　地鼠细小病毒和标准啮齿类动物细小病毒（MVM，H-1，KRV）的基因组 DNA 序列比对结果表明，这些病毒都有一个共同的遗传结构，保护启动子区、剪接子、翻译起始和终止密码子。这些基因区域的功能就是识别地鼠细小病毒产生的蛋白质（相当于特征明显的标准细小病毒产生的蛋白质）。地鼠细小病毒的有些特点与其他自主性细小病毒类似，包括单链 DNA 基因组大小约 5kb，通过双链 DNA 介质复制而不需要辅助病毒的支持，大部分负链 DNA 壳体化，以及凝集红细胞的能力。

地鼠细小病毒代表了啮齿动物细小病毒（MVM，H-1，KRV）的一个不同的血清型，它的负链 DNA 约 93%壳体化。相比之下，标准啮齿动物细小病毒其负链 DNA 99%壳体化。在全部核苷酸序列和 VP1 氨基酸序列中，地鼠细小病毒最类似 MPV（小鼠细小病毒变种）分离株，但在 NS1 蛋白氨基酸序列中最相似于 MVM（c）（小鼠微小病毒的一个变种）。与标准的啮齿动物细小病毒 LuIII（一个不确定宿主来源的自主性细小病毒）比较，地鼠细小病毒 VP1 在氨基酸序列上与 LuIII VP1 最相似。地鼠细小病毒基因组与 MPV-1 的核苷酸相似性达 94.5%，与 LuIII 病毒的核苷酸相似性达 88.5%，与 MVMp（prototypic strains of MVM）的核苷酸相似性达 87%，和大鼠细小病毒及 H-1 病毒的核苷酸相似性达 80%。地鼠细小病毒衣壳显示了重要氨基酸组成与 MVM 相比之间的差异；地鼠细小病毒 VP1 与 MVMp 有 76.7%氨基酸相同，和 MVMi（immunosuppressive strains of MVM）有 76.2%相同。总的来说，这些研究结果表明，地鼠细小病毒是一种接近 MPV 的不同的病毒，相比以前有特征性的细小病毒，地鼠细小病毒在非结构编码区域上与 MVM 最相似，但在衣壳编码区与 LuIII 最相似。

三、流行病学

患病地鼠和隐性带毒地鼠是该病重要的传染源。

虽然地鼠细小病毒最初分离自叙利亚地鼠，但叙利亚地鼠是否是这种病毒的天然宿主值得商榷。啮齿动物细小病毒（MVM，H-1，KRV）通常感染其自然宿主小鼠和大鼠引起亚临床感染，临床症状不明显。但将他们接种到胎儿或新生的叙利亚地鼠时可引起临床疾病。LuIII 病毒接种到新生地鼠时同样引起临床疾病。在这些试验性感染中观察到的临床症状（如牙齿脱落或变色，面部的骨骼畸形，腹泻，发育障碍，共济失调和死亡），以及大体病变和组织病变与那些感染地鼠细小病毒的地鼠表现出的症状相似。这些结果表明，地鼠很可能是地鼠细小病毒的一个特殊宿主，其他啮齿类动物可能作为地鼠细小病毒的贮存宿主。但该论点尚缺乏相应的证据支持。

地鼠细小病毒最初分离自 20 年前一个大型商业化叙利亚地鼠种群，在哺乳和刚断奶的地鼠间发病率和死亡率接近 100%。感染地鼠表现出半球形头部，身体滚圆，睾丸异常小，门齿变色、畸形或缺失。

四、临床特征和病理变化

感染地鼠表现出半球形头部，身体滚圆，睾丸异常小，门齿变色、畸形或缺失和高死亡率。观察到的病理变化包括门牙牙釉质发育不全、牙周炎、化脓矿化和牙髓出血。其他病理变化包括多灶性大脑矿化和睾丸萎缩，曲细精管细胞灶性坏死和矿化。类似的疾病与死亡率在人工接种分离毒株的 SPF 新生地鼠可观察到。

新生地鼠接种低剂量的地鼠细小病毒生存到至少 6 周龄，表现为门齿和睾丸病变，与地鼠细小病毒感染初期观察到的症状相同。新生地鼠接种高剂量的地鼠细小病毒均出现致命的出血性疾病，一般在接种后 7～8 天感染肾脏、胃肠道、睾丸或子宫和大脑。组织病变是血管中的血栓形成和内皮细胞中的嗜碱性核内包涵体，表明出血性疾病的发病机制是血栓形成，由于病毒感染内皮细胞并发缺血性坏死。

五、诊　　断

血清学检测不能常规监测地鼠细小病毒感染。病理组织学可用于诊断急性地鼠细小病毒感染。病毒分离一直被认为是病毒感染检测的“黄金标准”，但该方法成本费用较高和时间较长。对于地鼠细小病毒生物材料污染的检测，目前主要依赖病毒分离或鼠抗体产生测试。在接种后 3～4 周收集小鼠血清，采用血清学分析方法。鉴于现有诊断方法的局限性，需要一个快速、直接检测地鼠细小病毒感染的方法。PCR 检测提供了一个快速、特异、敏感的方法。

六、防治措施

为防止地鼠细小病毒感染，应购买无地鼠多瘤病毒的地鼠。并应定期对实验动物饲养环境和器具进行消毒，注意保持地鼠笼舍的清洁，定期检查地鼠种群。饲养人员不得接触地鼠细小病毒污染动物，未经确认无地鼠细小病毒的动物不能入群。一旦发现污染，应立即销毁全群地鼠，并对设施及环境进行彻底消毒。

七、对实验研究的影响

啮齿动物细小病毒频繁污染物实验室动物和细胞培养物。这些病毒通过许多方式严重威胁生物医学研究，如抑制肿瘤、加速移植排斥反应、诱导干扰素产生和改变淋巴细胞增殖和活性。

（范方玲　夏放）

参考文献

Bates R C，Snyder C E，Banerjee P T，et al. 1984. Autonomous parvovirus LuIII encapsidates equal amounts of plus and minus DNA strands [J]. Journal of Virology，49：319 - 324.

Besselsen D G，Gibson S V，Besch - Williford C L，et al. 1999. Natural and experimentally induced infection ofSyrian hamsters with a newly recognized parvovirus [J]. Lab AnimSci，49：308 - 312.

Besselsen D G，Pintel D J，Purdy G A，et al. 1996. Molecular characterization of newly recognized rodent parvoviruses [J]. Journal of General Virology，77：899 - 991.

Brownstein D G，Smith A L，Jacoby R O，et al. 1991. Pathogenesis of infection with a virulent allotropicvariant of minute virus of mice and regulation by host genotype [J]. Lab Invest，65：357 - 364.

David G Besselsen，Cynthia L Besch - Williford，David J Pintel，et al. 1995. Detection of Newly Recognized Rodent Parvoviruses by PCR [J]. Journal of Clinical Microbiology，33 (11)：2859 - 2863.

Dean H Percy，Stephen W Barthold. 2007. Pathology of Laboratory Rodents and Rabbits [M]. Third Edition. LOWA：Blackwell Publishing：181.

Gibson S V，Rottinghaus A A，Wagner J E. 1983. Mortality in weanling hamsters associated with tooth loss [J]. Laboratory Animal Science，33：497.

Hallauer C，Kronauer G，Siegl G. 1971. Parvoviruses ascontaminants of permanent cell lines. I. Virus isolations from 1960 -1970 [J]. Archiv fuXr die Gesamte Virusforschung，35：80 - 90.

Jacoby R O，Ball - Goodrich L J，Besselsen D G，et al. 1996. Rodent parvovirus infections [J]. Laboratory Animal Science，46：370 - 380.

Kilham L，Margolis G. 1964. Cerebellar ataxia in hamsters inoculatedwith rat virus [J]. Science，143：1047 - 1048.

Kilham L，Margolis G. 1970. Pathogenicity of minute virus ofmice (MVM) for rats，mice，and hamsters [J]. Proc Soc Exp Biol Med，133：1447 - 1452.

Kilham L. 1960. Mongolism associated with rat virus (RV) infectionin hamsters [J]. Virology，13：141 - 143.

Kilham L. 1961. Rat virus (RV) infections in hamsters [J]. Proc Soc ExpBiol Med，106：825 - 829.

M Söderlund - Venermo，Lela K Riley，David J. 2001. Pintel. Construction and initial characterization of an infectious plasmid clone of a newly identified hamster parvovirus [J]. Journal of General Virology，82：919 - 927.

Rachel D Christie，Emily C Marcus，April M Wagner，et al. 2010. Experimental Infection of Mice with Hamster Parvovirus：Evidence for Interspecies Transmission of Mouse Parvovirus 3 ［J］. Comparative Medicine，60（2）：123－129.

Soike K F，Iatropoulis M，Siegl G. 1976. Infection of newborn andfetal hamsters induced by inoculation of LuIII parvovirus ［J］. Arch Virol，51：235－241.

Tattersall P，Cotmore S F. 1986. The rodent parvoviruses. In Viraland Mycoplasmal Infections of Laboratory Rodents：Effects on BiomedicalResearch ［M］. Edited by P. N. Bhatt，R. O. Jacoby，H. C. Morse，III & A. E. New. Orlando，FL：Academic Press；305－348.

Toolan H W. 1960. Experimental production of mongoloid hamsters ［J］. Science，131：1446－1448.

第七节 兔细小病毒感染
（Lapine parvovirus infection）

一、发生与分布

1977 年，Matsunaga 在进行疱疹病毒感染试验时，从兔粪便中分离出兔细小病毒，并进行了有关特性的研究。世界各地许多兔血清中有兔细小病毒的血凝抑制抗体，说明兔细小病毒感染（Lapine parvovirus infection）广泛存在于实验兔中，但还没有其他从兔粪便或组织中分离出兔细小病毒的报道。Metcalf JB 通过免疫荧光和血凝抑制实验检测商品化兔血清的阳性率为 75%。

二、病　　原

1. 分类地位　兔细小病毒（*Lapine parvovirus*，LPV）在 1981 年被国际病毒命名委员会确定为细小病毒科、细小病毒属的一员。

2. 形态学基本特征与培养特性　兔细小病毒粒子无囊膜，直径 18～26nm，二十面立体对称，衣壳约由 32 个长 3～4nm 的壳粒构成。病毒粒子在氯化铯溶液中的浮密度较大，为 1.41～1.44g/mL，4℃沉降系数为 137S。立体对称的衣壳包围着一个分子的单股线性 DNA，电镜下直径为 27～28nm。核酸的相对分子质量为（1.5～2.0）$\times 10^6$；碱基中 G+C 的含量占核酸总量的 41%～53%。

病毒可在兔肾细胞、RK－13 和 PL－33 兔细胞系中增殖，病毒增殖后，RK－13 和 PL－33 细胞表现出中度细胞病变。

兔细小病毒 F－7－9 株在 RK 细胞原代培养和第二代细胞培养中敏感性低，但在 RK 细胞培养的第 8～30 代敏感性很高，是原代及第二代培养的 10 000 倍。F－7－9 可以在兔细胞株 RK－13、RL－33 复制，引起中度细胞病变，但 F－7－9 不在 HeLa 细胞中复制。

3. 理化特性　兔细小病毒对外界理化学因素的抵抗力非常强。低温长期存放其感染性不发生明显变化，对乙醚、氯仿、醇类和去氧胆酸盐有抵抗力，无论其感染性和血凝活性都不受影响。F－7－9 抗氯仿和酸，56℃ 60min 或 60℃ 30min，其感染性不降低。

4. 分子生物学　Y. Matsunaga 等对兔细小病毒 F－7－9 株病毒粒子进行聚丙烯酰胺凝胶电泳分析，包括 3 个结构性多肽，A 肽（分子量 96 000）、B 肽（分子量 85 000）和 C 肽（分子量 75 000）。C 肽在纯化步骤被胰酶切割成较小一点的多肽 C’。C 肽和 C’ 肽占总病毒蛋白的 87%，A 肽占 4%，B 肽占 9%。兔细小病毒感染 RK 细胞后 15h 出现 C 肽，18h 出现 A 肽和 B 肽，44h 后尚未发现 C’ 肽。除结构性多肽，在感染性细胞中仍存在非结构性多肽（E、F、G）。E（分子量 49 000）存在于细胞浆中，推测是细胞内蛋白；F（分子量 25 000）和 G（分子量 22 000）似乎是病毒编码蛋白，可与抗兔细小病毒免疫球蛋白抗体发生沉淀反应。

三、流行病学

1. 传染来源　感染了细小病毒的家兔是该病的主要传染源。

2. 传播途径 兔细小病毒能通过胎盘传染给胎儿，形成垂直传播。

3. 易感动物

（1）自然宿主 兔细小病毒只在兔群中隐性感染，可伴有一些轻微的临床表现。

（2）实验动物 接种1日龄仔兔，在感染14天以后，能够从粪便中分离到兔细小病毒。感染8天以后兔体开始产生血凝抑制抗体，到第42天时抗体滴度达5/2。

（3）易感人群 目前尚未有兔细小病毒感染人的报道。

4. 流行特征 在日本的商品化兔群，大约有60%的兔有抗兔细小病毒抗体。John 1989年报道，在美国的兔群中大约有75%的兔受到该病毒的感染，并产生一定滴度的抗体。

四、临床症状

1. 动物的临床表现 用$10^{3.5}$和$10^{6.5}$ $TCID_{50}$病毒悬液口服和静脉接种1月龄幼兔，临床症状温和，接种兔蜷缩在笼角，食欲减退，小肠呈现中度卡他性肠炎病变，但无腹泻。

目前认为该病毒只在兔群中隐性感染，可伴有一些轻微的临床表现，如精神不振、厌食。没有特异性的致病作用。

2. 人的临床表现 目前，尚无人感染兔细小病毒的报道。

五、病理变化

兔细小病毒自然感染家兔后基本无临床症状，试验感染家兔可见轻微肠炎症状。

六、诊　　断

1. 病毒分离与鉴定 Y. Matsunaga等在47份粪便样本和8份全血样本中分离，在RK细胞上培养得到兔细小病毒（F-7-9株和F-7-11株）。F-7-9和F-7-11可引起相同的细胞病变。抗F-7-9株豚鼠血清可以中和F-7-11株。

2. 血清学试验 兔细小病毒可凝集人O型、豚鼠和非洲绿猴的红细胞。对人O型红细胞凝集性最强。

兔人工感染兔细小病毒后8～14天，可从其血清中检测到血凝抑制抗体，但中和抗体产生较迟。

Y. Matsunaga等对90份商品化兔血清进行F-7-9株检测，42只兔血清细小病毒阳性，阳性率为46.7%，血凝抑制抗体滴度为1∶256。

Metcalf JB通过免疫荧光和血凝抑制试验检测商品化兔血清的阳性率为75%。

七、防治措施

由于兔细小病毒仅具有很低的致病力，一般分离自健康兔的肠道。试验感染动物也仅有轻微的症状，因此未见有对该病毒采取防治措施的报道。

八、对实验研究的影响

由于细小病毒常常具有抑制宿主肿瘤形成的能力，不仅能抑制自发的肿瘤，还能有效地抑制试验诱发的肿瘤。利用家兔进行肿瘤试验时要特别注意兔细小病毒的感染而导致试验结果的误差。

（付瑞　李保文　田克恭）

参考文献

田克恭．1991. 实验动物病毒性疾病［M］．北京：农业出版社：373-380.

殷震，刘景华．1997. 动物病毒学［M］．第2版．北京：科学出版社．

Metcalf J B, Lederman M, Stout E R, et al. 1989. Natural parvovirus infection in laboratory rabbits [J]. Am J Vet Res,

50 (7): 1048 - 1051.

Y Matsunaga, S Matsuno. 1983. Structure and Nonstructure Proteins of a Rabbit Parvivirus [J]. Journal of virology, 45 (2): 627 - 633.

Y Matsunaga, S Matsuno, J Mukoyma, et al. 1977. Isolation and Characterization of a Parvovirus of Rabbits [J]. Infection and Immunity, 18 (2): 495 - 500.

第八节　猫泛白细胞减少症 (Feline panleucopenia)

猫泛白细胞减少症（Feline panleucopenia）又称猫瘟热（Feline distemper）、猫传染性肠炎（Feline infectious enteritis），是由猫泛白细胞减少症病毒引起的猫及猫科动物特别是幼龄猫的一种急性、致死性、高度接触性传染病。临床表现以高热、呕吐、腹泻、食欲缺乏、精神沉郁及循环血流中白细胞减少为主要特征。该病毒分布于世界各地，在欧洲和北美地区被认为是猫主要的传染病之一，猫泛白细胞减少症病毒还侵袭虎、豹、狮等猫科、鼬科、浣熊科动物，其对经济动物养殖和野生动物保护构成极大威胁。

一、发生与分布

猫泛白细胞减少症最初由欧美学者于20世纪30年代发现，Bolin（1957）和Johnson（1964）分别从猫及豹的病例中分离到病毒。该病广泛分布于世界各地，日本、美国、加拿大等美洲和欧洲国家猫科动物猫泛白细胞减少症病毒抗体有较高的阳性率，Goto等（1981）检测的1973—1979年的226份猫血清样品，病毒抗体（H I18）阳性率为58%（130/226）（Goto等，1981）；PaulMurphy等（1994）调查的美国加利福尼亚州1987—1990年的58份美洲狮血清，病毒抗体阳性率93%（54/58）（PaulMurphy等，1994）；Roelke等（1993）检测1978—1991年38份野生佛罗里达豹（Felis concolor coryi）血清病毒抗体的阳性率为78%（Roelke等，1993）。该病在欧洲和北美被认为是猫最重要的传染病。

我国安徽、河南、江苏、山东、北京、四川、河北、浙江、湖北、陕西、山西等地均有该病的发生。西安、齐齐哈尔和杭州等动物园的猫科动物也有该病的报道。张振兴等（1984）首次从国内自然病例分离到1株猫泛白细胞减少症病毒，定名为FNF-8株。范泉水等（1992）、苏洁等（2007）分别在猫体内分离到该病毒，邱薇等（2000）、杨松涛等（2007）分别在虎体内分离到猫泛白细胞减少症病毒。

二、病　　原

1. 分类地位　猫泛白细胞减少症病毒（*Feline panleukopenia virus*，FPV）属于细小病毒科（Parvoviridae）、细小病毒亚科（Parvovirinae）、细小病毒属（*Parvovirus*）。该病毒仅有1个血清型，且与水貂肠炎病毒、犬细小病毒有密切的抗原关系。猫泛白细胞减少症病毒能感染水貂，猫泛白细胞减少症病毒疫苗也能使貂获得对水貂肠炎病毒的保护作用，但水貂肠炎病毒不能使猫致病。Osterhaus等（1980）研究表明，在血凝抑制试验、免疫电镜、免疫荧光和血清中和试验中均观察到猫泛白细胞减少症病毒与犬细小病毒间的交叉反应。猫泛白细胞减少症病毒疫苗免疫犬能获得对犬细小病毒感染的保护作用。

Mochizuki等（1989）应用由FPV-TU_1毒株制备的多克隆抗体及其猫泛白细胞减少症病毒和犬细小病毒制备的4种单克隆抗体，对猫泛白细胞减少症病毒、犬细小病毒、MEV进行的病毒交叉中和试验及血凝抑制试验表明，受试猫泛白细胞减少症病毒毒株间具有高度的抗原相关性。但用其中1株单克隆抗体进行的血凝抑制试验及病毒中和试验表明，FPV-TU_1毒株与其他14株猫泛白细胞减少症病毒抗原性有所不同；MEV-Abashiri毒株与猫泛白细胞减少症病毒无抗原性差异。

猫泛白细胞减少症病毒是目前食肉兽细小病毒中感染范围最宽、致病性最强的一种，是食肉兽细小病毒中的主要病毒之一。

2. 形态学基本特征与培养特性 猫泛白细胞减少症病毒粒子呈二十面体立体对称，无囊膜，直径约20nm，核衣壳由32个壳粒组成，每个壳粒3～4nm。核酸类型为单股DNA，分子量（1.49～2.18）$\times 10^6$u。氯化铯中的浮密度为1.38～1.46g/cm^3。

猫泛白细胞减少症病毒不能在鸡胚组织中增殖，而能在多种猫源细胞如猫肾、肺、睾丸、骨髓、淋巴结、脾、心、膈肌、肾上腺及肠组织细胞培养物中增殖。此外，该病毒还能在水貂和雪貂组织细胞内增殖。猫泛白细胞减少症病毒与细小病毒属其他成员一样，对有丝分裂旺盛的细胞具有选择性亲和力，在细胞培养尚未长成单层之前（一般可在细胞培养2～3h后）接种病毒，有利于病毒增殖。感染猫泛白细胞减少症病毒的细胞一般不产生肉眼可见病变，经HE或Giemsa染色镜检方能见细胞核仁肿大及Cowdry A型核内包涵体等变化。但有的细胞可出现细胞病变。不同毒株、接毒浓度、细胞种类及其他接毒条件可能影响细胞病变的出现与否及其严重程度。在细胞培养中必须避免支原体的污染，因为支原体容易抑制猫泛白细胞减少症病毒的生长。另据Johnson（1967）报道，多种动物如犊牛、绵羊、猪、马、犬的血清中含有抑制猫泛白细胞减少症病毒增殖和产生细胞病变的耐热因子，从而影响病毒培养物的毒价及细胞病变的出现。

猫泛白细胞减少症病毒血凝性较弱，仅能在4℃条件下凝集猴和猪的红细胞。在22℃可以洗脱，血细胞凝集作用能被特异血清所抑制。

3. 理化特性 猫泛白细胞减少症病毒对乙醚、氯仿、胰蛋白酶、0.5%石炭酸及pH3.0的酸性环境具有一定抵抗力。50℃ 1h即可灭活。在低温或甘油缓冲液内能长期保持感染性。0.2%甲醛处理24h即可失活。次氯酸对其有杀灭作用。

4. 分子生物学 猫泛白细胞减少症病毒为单股DNA病毒，基因组全长约5 094bp，基因组含有两个开放阅读框架（ORF），第一个ORF由基因组左半部分构成，编码非结构蛋白NS1和NS2；第二个ORF位于基因的右半部分，编码VP1和VP2两种结构蛋白，其中VP2为主要结构蛋白，是病毒衣壳的主要成分，暴露在衣壳蛋白表面，为猫泛白细胞减少症病毒的主要免疫保护性抗原蛋白，能诱导机体产生中和抗体。两个ORF分别有自己的启动子，非结构蛋白和结构蛋白的mRNA终止于共同的Poly（A）末端，且通过mRNA的可变剪接形成不同的翻译模板。基因组末端有发卡结构是猫泛白细胞减少症病毒的一个显著的特点，该结构对病毒复制有重要作用。

三、流行病学

1. 传染来源 患病动物及康复后排毒期动物的分泌物和排泄物是主要传染源。另外，潜伏期和发病初期动物的血液也具有传染性。

2. 传播途径 自然条件下可通过直接接触及间接接触而传播。处于病毒血症期的感染动物，可从粪、尿、呕吐物及各种分泌物排出大量病毒，污染饮食、器具及周围环境而经口传播。康复猫和水貂可长期排毒达1年之久。除水平传播外，妊娠母猫可通过胎盘垂直传播给胎儿。另外，由于病毒感染后病毒血症时间可达7天。吸血昆虫（如跳蚤、虱子、螨等）可能也具有机械性传播作用。

3. 易感动物

（1）自然宿主 猫泛白细胞减少症病毒除感染家猫外，还可感染其他大多数猫科动物（山猫、豹猫、野猫、豹、虎、狮）及部分鼬科（水貂、雪貂、臭鼬）和浣熊科（长吻浣熊、浣熊、蜜熊、小熊猫）动物。各种年龄的猫均可感染。由于种群的免疫状况不同，发病率和死亡率的变化相当大。母源抗体通过初乳可使初生猫受到保护。1岁以下的幼猫较易感，发病率可达83.5%，死亡率为50%～60%，最高达90%。成年猫也可感染，但常无临床症状。

（2）实验动物 常见实验动物对猫泛白细胞减少症病毒均不易感，虽然用该病毒疫苗免疫犬能获得对犬细小病毒感染的保护作用，但目前还没出现过犬感染猫泛白细胞减少症病毒的病例。

（3）易感人群 目前尚未见有人感染猫泛白细胞减少症病毒的情况发生。

4. 流行特征 该病流行特点为冬末至春季，尤其母猫繁育季节多发，12月份至次年3月份的发病率占全年的55.8%，尤以3月份发病率最高，呈散发或地方流行。1岁以内的幼猫多发，发病率达83.5%，随年龄增长发病率降低，成年猫感染常无临床症状。全窝发病也较多见。因饲养条件急剧改变、长途运输或来源不同的猫混杂饲养等不良因素影响，可能引起急性暴发性流行。

四、临床症状

猫泛白细胞减少症根据临诊表现可分为最急性、急性、亚急性和隐性4个类型。①最急性型。病猫常突然倒毙，不表现临床症状，往往误认为中毒。②急性型。表现非典型症状，常在24h内死亡，幼猫多呈急性发病。临床常见该病主要为亚急性型，病程7天左右，表现典型临床症状。第一次发热体温高达40℃以上，约持续24h降至常温；再经2～3天重新上升，体温达40℃，呈复相热型。随着第2次发热，患猫频繁呕吐，初为无色黏液，后为含泡沫的黄绿色黏液；水样腹泻，严重的粪中带血。由于呕吐和腹泻，迅速脱水。患猫精神沉郁、衰弱、伏卧，头置于两前肢之间，被毛粗乱，第三眼睑突出，眼鼻流出脓性分泌物。③亚急性型。6月龄以上的猫大多呈亚急性临床。妊娠母猫感染后可发生胚胎吸收、死胎、流产、早产或产出小脑发育不全的畸形胎儿，出生的仔猫表现共济失调等神经症状。

猫泛白细胞减少症病毒感染后也有造成视网膜异常的病例。典型血液学变化是第2相发热后白细胞数迅速减少，由正常时血液白细胞15～20×10^6/L降至8×10^6/L以下，且以淋巴细胞和中性粒细胞减少为主，严重者血液涂片中很难找到白细胞，故称猫泛白细胞减少症。一般认为，血液白细胞减少程度标志着疾病的严重程度。血液白细胞数目5×10^6/L以下时表示重症，2×10^6/L以下时往往预后不良。某些病猫，病程可达7天以上，具有耐过的可能。

水貂发病时肠炎症状更加明显，其他症状与猫相似。

五、病理变化

1. 大体解剖观察　病猫被毛粗乱，口腔和会阴部有分泌物，眼球下陷，皮下组织干燥，部分病例消瘦、脱水。胃肠道空虚，整个胃肠道黏膜有不同程度的充血、水肿及黏液纤维素渗出物所覆盖。其中以空肠的病变最为突出，肠壁常呈乳胶管状，肠腔内有灰红色或黄绿色纤维素性、坏死性假膜或纤维素条索，呈现明显的出血性肠炎病变。肠系膜淋巴结肿大，切面湿润，呈灰红、白相间的大理石样花纹，或呈一致的鲜红色或暗红色。肝、肾等实质器官瘀血变性。胆囊充盈，胆汁黏稠。脾脏出血，肺充血、出血、水肿。多数病例长骨红骨髓变成液状或半液状，完全失去正常硬度，可作为泛白细胞减少症确诊的依据。

2. 组织病理学观察　具有诊断意义的组织病变为疾病初期的小肠黏膜上皮细胞、肝细胞、肾小管上皮细胞、大脑皮层锥体细胞、淋巴窦上皮细胞和骨髓细胞中，均可见从嗜酸性发展到嗜碱性的核内包涵体，但存活3～4天的病猫包涵体可能消失。小肠黏膜及肠腺上皮细胞坏死，肠淋巴滤泡、淋巴结及脾脏滤泡内的网状内皮细胞增生及淋巴细胞数量减少，骨髓细胞破坏、消失。

六、诊　　断

根据突发双相型高热、呕吐、腹泻、脱水，明显的白细胞减少等明显临床症状，结合上述出血性肠炎的病理剖解变化等特征，可以做出初步诊断。进一步确诊需实验室检验。

1. 病毒分离与鉴定　通常用猫肾原代、传代细胞或雪貂、水貂肾细胞从病死猫科动物肝脏、脾脏或粪便中分离猫泛白细胞减少症病毒，也可从猫外周血单核细胞中分离猫泛白细胞减少症病毒。病猫腹泻物的采集应在发病后4天内进行，此时腹泻物中尚未出现局部抗体，易于分离病毒。一般来说，猫泛白细胞减少症病毒对分裂期的细胞具有较高的亲和力，所以在分离时采用同步接毒的方式可获得较高的分离成功率。通常在接毒后37℃培养4～5天即可观察到细胞病变；如病变不明显，可继续盲传2～3代。也可用刚死或扑杀病猫的肾脏或睾丸等脏器，无菌剪碎，用胰酶消化后直接进行原代培养，一般盲传2～3代，可观察到细胞病变。但有报道发现，用于细胞培养的犊牛血清中含有某些热稳定物质，56℃灭活30min不能使之分解，因此可能干扰猫泛白细胞减少症病毒的生长，有时导致产毒量明显下降。

2. 血凝试验与血凝抑制试验 血凝试验简便、经济、适用，可迅速检出粪便提取物和细胞培养物中的猫泛白细胞减少症病毒。方法是：用0.015 mol/L pH 6.5的PBS液将经氯仿处理的粪便提取物或细胞培养液在V形微量血凝板上连续2倍稀释，加新鲜或醛化的猪或猴红细胞液，于4℃静置1 h后即可判定。为检查后期粪便中出现的IgM等抗体以及被此种抗体凝集失去血凝活性的抗原，可加2-巯基乙醇（2-ME）处理，同时用特异性血清做血凝抑制试验，通常将血凝抑制试验效价≥1∶80判为病原阳性，血凝抑制试验效价≥1∶8判为抗体阳性。在发病动物猫泛白细胞减少症病毒特异性抗体检测时，通常将病毒细胞培养物冻融3次后（血凝试验效价≥1∶1 024），用生理盐水稀释成8个血凝单位，进行病毒血凝抑制试验，如发病后比发病前抗体效价升高4倍以上，可诊断为猫泛白细胞减少症病毒感染。

血凝试验虽然灵敏、简单和经济，但需常备有敏感性较高的红细胞；血凝效价低时，还需用血凝抑制试验进行监测等。用福尔马林处理红细胞可延长其保存期，使血凝试验更标准化。

3. 胶体金快速检测 利用快速免疫层析测定原理，采用双抗体夹心法，将硝酸纤维素膜作为包被载体，胶体金作为标记载体，在试纸条上进行抗原抗体反应，建立了检测猫瘟热病毒的胶体金免疫层析法，可以快速检测出猫瘟热病毒。胶体金免疫层析试纸诊断方法操作简便，敏感性较高，不需复杂仪器设备，结果出现快，可实现快速诊断，尤其适于基层工作者。

4. 电镜与免疫电镜检查 病猫粪便、肝脏和肠黏膜中含有较多的病毒，可用上述病料的提取物负染后直接进行电镜观察。当病料匀浆上清液对猪或猴红细胞的血凝效价在1∶16以上时，在电镜下可观察到大量直径约20 nm的散在球形病毒粒子，有一部分为空心粒子。若加抗猫泛白细胞减少症病毒高免血清进行免疫电镜观察，可有效提高病毒的检出率，在电镜下可观察到聚集成堆的二十面立体对称的病毒粒子存在。在有大量病毒粒子存在的特殊情况下，电镜检查技术具有快速以及能发现未知病原体的优点，但因敏感性不高，又存在不能区别形态类似的不同病毒和需要操作大量样本的缺点，限制了这一方法的应用。

5. ELISA Mildbrand等（1984）应用单克隆抗体建立了一种用于检测粪便中猫泛白细胞减少症病毒抗原的双抗体ELISA，该试验对病毒血凝蛋白是特异性的，可经15 min温育后检出仅为1.5ng的病毒。应用针对猫泛白细胞减少症病毒抗原上2个抗原决定簇的单克隆抗体，可使试样和酶结合抗体同时加入，因而大大简化了试验操作程序，其试验结果可用肉眼判定，不需要专用仪器。临床试验表明，ELISA试验结果与血凝效价之间的符合率为95%。采用双抗体夹心法可以检测病料中的猫泛白细胞减少症病毒抗原。间接ELISA和Dot-ELISA法可检测感染猫血清中的猫泛白细胞减少症病毒特异性抗体。此法敏感性较高，但操作比较烦琐。

6. PCR Schunck等（1995）建立起检测猫泛白细胞减少症病毒的PCR方法。该方法能直接从猫或犬粪便中特异性地扩增出病毒DNA片段，最低检出量为10个病毒粒子基因组DNA，其敏感性是电镜检测的10～100倍。该法快速、简便、敏感，使之成为猫泛白细胞减少症病毒常规诊断的替代方法。刘维全等（2001）根据食肉兽细小病毒核苷酸序列高度同源的特点，设计合成了1对通用引物，以犬细小病毒、猫泛白细胞减少症病毒和MEV细胞培养物为DNA模板，进行PCR扩增，结果均得到600bp的核酸片段。通过对多份临床样品的检测，证明此法具有很高的特异性和敏感性。乔军等（2001）根据GenBank中已经发表的猫泛白细胞减少症病毒基因组序列，选择VP2基因的保守序列设计合成了1对特异性引物，建立了检测其病毒特异性核酸的PCR方法，可从猫泛白细胞减少症病毒血凝效价为1∶128的脾脏匀浆上清10^{-5}稀释液中扩增出目的带。

7. 核酸探针检测 随着分子生物学技术的发展，新的诊断技术也不断引入到猫泛白细胞减少症病毒的诊断中。重组DNA技术制备的病毒探针已用于猫泛白细胞减少症病毒核酸杂交诊断中，是既快速又敏感的检测方法。该技术不依赖于病毒分离与鉴定，而是直接检测猫泛白细胞减少症病毒基因片段，具有很高的特异性。然而，应用非放射性探针从临床样品尤其是粪便中查出核酸的技术仍有待于改进。

8. 琼脂扩散试验 利用琼脂扩散试验可用已知的猫泛白细胞减少症病毒抗体检测病料中的抗原成

分，也可用已知的猫泛白细胞减少症病毒抗原检测发病猫血清中的抗体效价，但此法的敏感性比血凝试验和血凝抑制试验低。

9. 荧光抗体染色技术 在荧光显微镜下，利用FITC标记的抗猫泛白细胞减少症病毒荧光抗体可直接检测病死猫肝、脾脏触片或其他脏器切片中的病毒抗原；也可用FITC标记的抗体以双抗体夹心法检测病料中的猫泛白细胞减少症病毒。

七、防治措施

猫泛白细胞减少症分布广、致病性强，是危害家养、圈养、野生和经济猫科动物的主要传染源，每年造成巨大经济损失。由于该病排毒期长，又具有急性高度接触传染性，且目前尚无特效治疗药物，因此，搞好日常环境卫生，进行科学免疫，正确处理患病动物，是预防控制该病流行的有效措施。

1. 治疗 猫泛白细胞减少症病毒感染的特点是病程短、恶化迅速，对该病目前尚无特效治疗药物，只能采取对症治疗。对轻症病例，尤其在发病初期，应在隔离条件下进行治疗。常用的治疗方法是在早期大剂量注射高免血清（每千克体重0.5～1.0mL），同时进行强心、补液、抗菌、消炎、抗休克等中西医结合对症治疗。注意保暖、禁食等护理。输液量应根据病情特别是脱水的程度而定，通常在5%糖盐水中加维生素C、ATP、抗生素及抗病毒药物等，分上、下午两次静脉滴注，一般每千克体重50mL左右。其中各类抗菌药物对猫细小病毒是无任何治疗作用的，主要用以预防继发感染。此外，可采用一些辅助疗法，如给以止血药、呕吐严重的可肌内注射爱茂儿（654-2）等。用口服补液盐（NaCl 3.5g，$NaHCO_3$ 2.5g，KCl 1.5g，葡萄糖20g，加水100mL）深部灌肠或任其自饮，对纠正酸中毒、电解质紊乱和脱水，可收到显著效果。实践证明在腹泻期间停喂牛奶、鸡蛋、肉类等高脂肪、高蛋白质食物，有利于减轻胃肠负担，提高治愈率。

2. 预防 猫泛白细胞减少症病毒的免疫程序是在出生49～70日龄的幼猫进行首次免疫接种，84日龄时进行第2次免疫。为加强免疫效果，可在112日龄时进行第3次免疫接种。不加佐剂的疫苗可通过注射、滴鼻或点眼的形式接种。以后每年进行一次。对于未吃初乳的幼猫，28日龄以下不宜应用活疫苗接种，可先接种高免血清（每千克体重2mL），间隔一定时间后再按上述免疫程序进行预防接种，推荐疫苗的注射部位在猫右肩下侧。利用气溶胶原理进行喷雾免疫也是有效可行的。有研究结果表明，猫泛白细胞减少症病毒弱毒疫苗可通过胎盘垂直传播，引起胎猫的小脑发育不全，同时，幼猫血清中的母源抗体会干扰弱毒疫苗的免疫应答，使其免疫效力下降，因此弱毒疫苗不能用于妊娠母猫，故建议妊娠猫使用灭活疫苗。

目前国外已经研制并使用猫泛白细胞减少症—猫鼻气管炎—猫嵌状病毒病三联疫苗，免疫试验证明，可使机体同时获得对3种传染病的免疫力，且病毒之间不存在相互干扰。猫泛白细胞减少症—流感—狂犬病三联疫苗也有较好的免疫效果。

除进行免疫接种预防本病外，平时应搞好猫舍卫生，定期消毒。发现病猫要及时隔离饲养，对假定健康猫要进行紧急预防接种或注射高免血清，对发病场所进行彻底消毒。对于新引进的猫，必须经免疫接种并观察60天后，方可混群饲养。在猫泛白细胞减少症病毒感染流行季节，要注意猫的饮食、卫生和保暖，增强抵抗力。免疫时，要严格按免疫程序进行，并注意疫苗的合理运输、保存和使用。

（许晓婧 孙明 肖璐 田克恭）

参考文献

陈朝喜，袁天梅，师志海．2007. 猫瘟热的诊断与防治［J］．动物医院（2）：55-56.

亢文华，赵凤龙，郝霖雨，等．2008. 猫泛白细胞减少症病毒的分离与鉴定［J］．中国畜牧兽医，35（10）：89-92.

亢文华，赵凤龙，郝霖雨，等．2008. 猫泛白细胞减少症的研究进展［J］．中国畜牧兽医，35（8）：112-116.

李明观，姚小兵，计娟华，等．2011. 猫泛白细胞减少症的诊治与预防［J］．中国畜禽种业（9）：115.

卢旺银．2010. 甘肃省猫泛白细胞减少症流行现状调查［J］．畜牧与兽医，42（3）：104-105.

邱微，夏咸柱，范泉水，等．2000. 桂林老虎猫瘟热病毒的分离鉴定［J］．中国预防兽医学报（4）：249-251.
苏洁，姜骞，李慕瑶，等．2007. 猫泛白细胞减少症病毒 FPLV/XJ-1 的分离鉴定［J］．中国比较医学杂志（8）：56.
田丽红，华育平．2010. 虎源猫泛白细胞减少症病毒 VP2 基因的原核表达及其抗原特性［J］．中国兽医学报，30（5）：602-606.
田丽红，华育平．2010. 虎源猫泛白细胞减少症病毒 VP2 基因主要抗原表位区的原核表达和蛋白纯化［J］．东北林业大学学报，38（6）：97-100.
辛光洁，王威，孙连志．2010. 猫泛白细胞减少症病毒的血凝及血凝抑制试验检测［J］．吉林畜牧兽医，31（6）：9-10，12.
燕永彬，孙静，艾有为，等．2011. 猫瘟热病毒胶体金快速检测试纸的研究［J］．经济动物学报，15（2）：82-84，87.
杨松涛，王立刚，戈锐，等．2007. 虎源猫泛白细胞减少症病毒的分离鉴定［J］．兽类学报，27（2）：170-174.

第九节　犬细小病毒感染
(Canine parvovirus infection)

犬细小病毒感染（Canine parvovirus infection）又称犬传染性肠炎或犬病毒性肠炎，是由犬细小病毒引起犬的一种急性、接触性、致死性传染病。临床表现以急性出血性肠炎和非化脓性心肌炎为特征。该病一年四季均可发生，不同年龄、性别及品种的犬均易感，但多发于幼犬。以发病急、病程短、传染性强、死亡率高为主要特点。发病犬的症状多为剧烈呕吐、腹泻、排出恶臭的粪便并伴有白细胞大量减少等症状，死亡率高达 20%～100%，是对犬威胁最大的传染病之一。

一、发生与分布

1977 年 Eugster 等在美国首先从 1 只患有出血性肠炎的病犬粪便中，用电镜观察到类似猫细小病毒样颗粒。1978 年，几乎同时在美国、欧洲和澳大利亚分离获得犬细小病毒。之后该病多次发生于美国、澳大利亚、英国、法国、意大利、比利时、新西兰、南非、日本、泰国、加拿大、墨西哥等国家和地区。血清学调查显示，犬细小病毒阳性血清在欧洲最早可以追溯到 1974—1976 年；在美国、加拿大、日本和澳大利亚可以追溯到 1978 年。1967 年 Binn 等人从健康犬粪便中分离到的犬极细小病毒（*Minute virus of canine*，MVC）CPV-1，但其并不是严格意义上的犬细小病毒，通常说的犬细小病毒是指犬细小病毒 2 型（CPV-2）。该病呈世界性分布。

在我国，梁士哲等于 1982 首次报道了类似犬细小病毒感染性肠炎，次年，徐汉坤等正式报道了该病的流行，并已分离获得多株病毒。该病广泛流行于华北、东北、华南、西南、华东等地区。近年来，随着我国工作犬（军犬、警犬、导盲犬等）、实验用犬和宠物犬饲养量的大幅增加，犬细小病毒感染也日趋严重，给养业犬带来了重大的经济损失，成为危害养犬业的重大疫病之一。

迄今为止，CPV-2 被公认只有一个血清型，但毒株间的抗原性有差异，这种差异称之为抗原漂移。犬细小病毒（CPV）通过抗原漂移产生的突变株有：CPV-2、CPV-2a、CPV-2b 和 CPV-2c。1979—1982 年变异株 CPV-2a 有在基因型上逐渐取代 CPV-2 的趋势。1984 年随着单克隆抗体技术的兴起，通过犬细小病毒特异性单克隆抗体筛选到新的变异株 CPV-2b。1996 年 CPV-2c 出现在德国，循环 4 年后才在意大利出现，并快速扩散到其他很多地区。目前，犬细小病毒在亚洲和澳大利亚主要以 CPV-2a 为主，北美洲主要以 CPV-2b 和 CPV-2c 为主，南美洲除巴西外主要以 CPV-2c 为主，在欧洲的意大利、葡萄牙、西班牙和德国主要是 CPV-2c，英国、匈牙利和罗马尼亚等国家还没有出现 CPV-2c。我国以 CPV-2a 为主，CPV-2b 有逐年增多的趋势。2010 年，张仁舟等首次检测到 CPV-2c。

二、病　　原

1. 分类地位　犬细小病毒（*Canine parvovirus*，CPV）在分类上属细小病毒科（Parvoviridae）、细小病毒亚科（Parvovirinae）、细小病毒属（*Parvovirus*）。犬细小病毒在遗传学和抗原性上与犬极细小病毒（MVC）无关。犬细小病毒只有一个血清型（CPV－2），不同毒株间抗原性有所差异，出现了CPV－2a、CPV－2b、CPV－2c三个抗原亚型，并通过不断的抗原漂移产生新的突变株。结构和功能研究表明，衣壳上的纤突决定着细胞向性、宿主范围和进化。这些区域氨基酸残基的变化是导致犬细小病毒毒株抗原漂移的主要原因。

犬细小病毒在抗原性上与猫泛白细胞减少症病毒（*Feline panleukopenia virus*，FPV）、水貂肠炎病毒（*Mink enteritis virus*，MEV）和浣熊细小病毒（*Raccoon parvovirus*，RPV）密切相关。Parrish等（1981）运用单克隆抗体技术证明犬细小病毒与猫泛白细胞减少症病毒、水貂肠炎病毒之间存在着抗原性差异。刘士英等（1988）应用血凝抑制试验和对流免疫电泳对我国分离的水貂肠炎病毒、犬细小病毒、豹细小病毒（LPV）和貉细小病毒（RPV）进行了抗原性比较研究，表明4种细小病毒在抗原性上密切相关。鉴于此，最早把猫泛白细胞减少症病毒和水貂肠炎病毒用于犬预防犬细小病毒流行。猫泛白细胞减少症病毒灭活苗在美国和欧洲曾广泛使用。

2. 形态学基本特征与培养特性　犬细小病毒粒子呈圆形，直径为20～22nm，呈二十面体立体对称，无囊膜，病毒衣壳由32个长3～4nm的壳粒组成。电镜下观察，病毒颗粒的外观呈圆形或六边形。核酸由单股DNA组成，并包含在核衣壳二十面体内。

犬细小病毒的DNA复制发生在细胞核内，其复制过程出现在细胞的S期。在体外进行病毒培养传代时，必须在细胞培养的同时或24h内接种病毒，才能达到使病毒增殖的目的。与多数细小病毒不同，犬细小病毒可在多种细胞培养物中生长。例如，原代和次代猫胎肾细胞及犬胎肠、肾、脾、胸腺细胞等，貂肺细胞系（CCL－64）、熊唾液腺细胞、牛睾丸细胞、牛胎肺细胞等也可使犬细小病毒生长。FK－81（猫肾细胞）、MDCK（犬肾细胞）和CRFK（猫肾细胞）细胞较适合于犬细小病毒的增殖，犬细小病毒增殖后可引起FK－81和CRFK细胞脱落、崩解和破碎等明显细胞病变。犬细小病毒在MDCK中病变不明显，有时出现圆缩或形成核内包涵体。值得一提的是犬的一种细胞系（A－72）对分离野外病料中的犬细小病毒特别有效。A－72细胞系是由一例犬皮下瘤定型的，已连续保持成纤维细胞形态达135代以上，对几种犬的病毒都有易感性。人工分离犬细小病毒初代即可出现细胞病变。但由于其来源于肿瘤组织，故不适用于制备和生产疫苗。

3. 理化特性　Burtonboy等（1979）用氯化铯密度梯度离心发现，死犬肠内容物中有3种病毒粒子。第1种粒子（排空壳膜）浮密度为1.34g/cm^3，第2种为1.38g/cm^3（排空和饱满壳膜共存），第3种为1.43g/cm^3（有完全壳膜的病毒粒子）。余兴龙（1990）经聚丙烯酰胺凝胶电泳分析犬细小病毒含有3种结构多肽VP1、VP2和VP3，3种结构多肽均可激发小鼠产生犬细小病毒中和抗体，且3种多肽之间具有协同作用，但其免疫原性远不如完整的犬细小病毒粒子。

犬细小病毒对多种理化因素和常用消毒剂有较强的抵抗力。在4～10℃存活180天，37℃存活14天，56℃存活24h，80℃存活15min。在室温下保存90天感染性仅轻度下降，在粪便中可存活数月至数年。戊巴比妥（pEB）处理1h不影响其活力。甲醛、次氯酸钠、β-丙内酯、羟胺、氧化剂和紫外线均可将其灭活。

犬细小病毒在4℃条件下可凝集恒河猴、猪、仓鼠、猫和马的红细胞，对其他动物如犬、豚鼠、羊等的红细胞不发生凝集作用，其血凝性经福尔马林灭活后几乎不变。这一特性可作为病毒鉴定的参考指标。Johnson等（1979）报道在25℃条件下，犬细小病毒也可凝集猪和恒河猴的红细胞。猫泛白细胞减少症病毒和水貂肠炎病毒也能凝集恒河猴、猪的红细胞，但不能凝集猫的红细胞。犬细小病毒对猴和猫红细胞，无论是凝集特性还是凝集条件均与猫泛白细胞减少症病毒和水貂肠炎病毒不同，由此可区别犬细小病毒与猫泛白细胞减少症病毒。

4. 分子生物学　犬细小病毒基因组全长5 323bp，其长度会因基因组5'端非编码区约60bp的重复片段的插入或缺失而导致略有不同，核酸由单股DNA组成，约占整个病毒粒子重量的25%～34%，相对分子质量（1.4～1.7）×10^6，沉淀系数为23～72S。基因组包括2个开放阅读框（ORF），3'端ORF编码非结构蛋白（668个氨基酸），即早期转录的调节蛋白（NS1和NS2蛋白）；5'端ORF编码结构蛋白（722 个氨基酸），即晚期转录的病毒衣壳蛋白（VP1 和 VP2）。整个编码区基因是互相重叠的，结构基因和非结构基因各有一套早期启动子和晚期启动子。通过选择性剪切 mRNA 前体形成不同的翻译模版，终止于共同的 Poly（A）末端。

三、流行病学

1. 传染来源 病犬是该病主要的传染来源。感染后 7～14 天可通过粪便向外排毒，粪便中的病毒滴度常达 109TCID$_{50}$/g。急性发病期，呕吐物和唾液中也含有病毒。虽然曾提示病毒血症期间尿液可能排毒，但从未从肾脏分离到病毒。康复犬仍可长期通过粪便向外排毒，污染饲料、饮水、食具及周边环境。无症状的带毒犬也是重要的传染源。病犬通常在感染后 7～8 天粪便排毒达到高峰，10～11 天时急剧下降。符兆英等（1989）检测了犬细小病毒人工感染幼犬的粪便排毒情况，结果发现经肌肉或静脉途径接种，粪便开始排毒时间为接种后 1～3 天，排毒持续时间为 4～6 天，注射病毒量大者排毒开始早，但排毒量和持续时间不与注射量成正相关。周光兴等（1987）认为用犬细小病毒强毒的提纯物或较纯的病毒悬液感染易获成功。

2. 传播途径 一般认为该病的传染途径是消化道，易感动物主要由直接或间接接触被犬细小病毒污染的饲料、饮水、食具及周边环境而感染。有证据表明，人、苍蝇和蟑螂等都可成为犬细小病毒的机械携带者。

该病发生没有明显的季节性。一般夏、秋季节多发。天气寒冷、气温骤变、卫生条件差及并发感染，均可加重病情和增加死亡率。犬细小病毒感染发病急、死亡率高，常呈暴发性流行。

3. 易感动物

（1）自然宿主 犬是主要的自然宿主，偶尔也可见于貂、狐、狼等其他犬科和鼠鼬科动物。随着病毒抗原漂移的不断发生，病毒已经可以感染猫、小熊、貉等动物。犬细小病毒对不同年龄、性别、品种的犬均有易感性，尤以幼犬的易感性高，其中又以断奶前后的幼犬最为易感。

（2）实验动物 常以 6～8 周龄比格犬作为犬细小病毒的实验动物。可通过口服、滴鼻或点眼途径感染，接种的第 2 天即可从犬粪便中检测到病毒。第 3 天开始出现呕吐、腹泻等临床症状。有报道犬细小病毒可引起水貂严重肠炎，家猫对试验性犬细小病毒感染有易感性，但临床症状不明显。豚鼠、仓鼠、小鼠等实验动物不感染。

4. 流行特征 犬细小病毒一年四季均可发生，但以冬春季多发。天气寒冷、气温骤变、饲养密度过高、拥挤、有并发感染等，均可加重病情和增加死亡率。该病一旦发生，很难彻底清除。

犬感染犬细小病毒发病急、死亡率高，常呈暴发性流行。不同年龄、性别、品种的犬均可感染，但以刚断乳至 90 日龄的犬较多发，病情也较严重，尤其是新生幼犬，有时呈现非化脓性心肌炎而突然死亡。纯种犬比杂种犬和土种犬易感性高。

四、临床症状

犬细小病毒感染的潜伏期根据动物机体的自身免疫力和病毒感染剂量的不同而不同，一般为 7～14 天，病毒侵入机体后的初始两天，机体不表现临床症状，5～7 天后表现病毒血症。临床上，单纯的犬细小病毒感染症状较轻，而犬细小病毒与细菌混合感染，以及引发继发感染的临床症状要明显很多。有 3 种临床症状：肠炎型、心肌炎型和慢性型。但主要以肠炎型和心肌炎型两种症状多见。同一患病动物一般表现为一种典型症状。

肠炎型：多发于 2～4 月龄的幼龄犬，主要是 3～6 月龄的幼犬发病。自然感染潜伏期 7～14 天，人工感染 3～4 天。病初可见体温升高，病程分早、中、晚期。早期多数患病犬体温高达 40～42℃，病犬抑郁、厌食、呕吐，呕吐物清亮、胆汁样或为带血的黏状液体。发病 1～2 天后开始腹泻，起初粪便较稀，呈灰色或灰黄色。发病后 3～4 天随病情发展进入中期，表现为食欲废绝、呕吐频繁、腹泻加剧，粪便多呈咖啡色或酱色，有时带血，血便带有特殊的腥臭。发病后期（胃肠道症状出现后 24～48h），病犬表现脱水严重、眼球萎陷、鼻镜干燥、毛发粗乱、体重减轻等症状。粪便中含血量较少则表明病情较轻，恢复的可能性较大。尽管采取治疗措施，但仍表现严重胃肠道症状的病犬由于内毒素中毒和弥散性血管内凝血，病情迅速恶化，最终昏迷而死亡。病程通常1～2天。致死率达40%～50%。整个病程5～7天。多数病犬扁桃体和头颈部皮下淋巴结肿大，有的病犬口腔内可见小疱。在呕吐和腹泻后数日，由于胃酸倒流入鼻腔，导致黏液性鼻漏。

心肌炎型：又称急性型，多见于缺乏母源抗体的4～6周龄幼犬，常无先兆性症候，或仅表现轻度腹泻，继而突然衰弱，呼吸困难，脉搏快而弱，心脏听诊出现杂音，心电图发生病理性改变。病程一般不超过24h，患病动物表现为急性心力衰竭，常因来不及诊断和治疗就死亡，致死率为60%～100%。目前，由于高水平的群体免疫，心肌炎型很少了。

慢性型：主要见于成年犬、家养犬或注射过犬细小病毒疫苗的犬，主要表现为精神沉郁、食欲锐减甚至废绝，频繁呕吐与腹泻。

此外，犬的犬细小病毒感染可以引起免疫抑制。犬细小病毒亚临床感染可能与犬瘟热疫苗免疫失败有关。Ducatelle等（1981）、Rottman等（1981）也报道了犬细小病毒与CDV的合并感染。在犬细小病毒感染犬，犬血巴尔通氏体病发生率增加，与免疫抑制和脾脏切除有关（Gretillat，1981）。

五、病理变化

1. 大体解剖观察

（1）肠炎型　自然死亡犬极度脱水、消瘦，腹部卷缩，眼球下陷，可视黏膜苍白。眼角部有灰白色黏稠分泌物。肛门周围附有血样稀便或从肛门流出血便。有的病犬从口、鼻流出乳白色水样黏液。血液黏稠、呈暗紫色。小肠以空肠和回肠病变最为严重，内含酱油色恶臭分泌物，肠壁增厚，黏膜下水肿。黏膜弥漫性或局灶性充血，有的呈斑点状或弥漫性出血。大肠内容物稀软，酱油色，恶臭，黏膜肿胀，表面散在针尖大出血点。结肠肠系膜淋巴结肿胀、充血。肝肿大，色泽红紫，散在淡黄色病灶，切面流出多量暗紫色不凝血液。胆囊高度扩张，充盈大量黄绿色胆汁，黏膜光滑。肾多不肿大，呈灰黄色。脾有的肿大，被膜下有黑紫色出血性梗死灶。心包积液，心肌呈黄红色变性。肺呈局灶性肺水肿。咽背、下颌和纵隔淋巴结肿胀、充血。胸腺实质缩小，周围脂肪组织胶样萎缩。膈肌呈现斑点状出血。

（2）心肌炎型　肺脏水肿，局部充血、出血，呈斑驳状。心脏扩张，左侧房室松弛，心肌和心内膜可见非化脓性坏死灶，心肌纤维变性、坏死，可见出血性斑纹。

2. 组织病理学观察

（1）肠炎型　病变主要见于肠道、淋巴结、胸腺和膈肌。肠道病变最严重部位是空肠和回肠。黏膜上皮部分脱落，未脱落的细胞着色模糊。细胞界限不清，核浓染。隐窝高度扩张，腔内充满坏死细胞碎片，隐窝上皮不同程度坏死脱落，有的未脱落上皮细胞核内可见包涵体，多呈圆形、边缘整齐，包涵体周围有一亮圈或部分透明区域。固有层充血、出血，淋巴细胞浸润。肝细胞索结构混乱，肝细胞严重脂肪变性，窦状隙高度瘀血，血细胞黏集成瘀滞状态。心肌灶状出血，少数肌纤维坏死。膈肌灶状出血，肌原纤维排列疏松。胸腺皮质细胞减少，胸腺小体玻璃样变，间质疏松水肿。肾小管上皮颗粒变性。

（2）心肌炎型　心肌纤维灶性缺失，炎性细胞浸润，其中以淋巴细胞和单核细胞为主。在肿大的心肌细胞内有数量、大小不等的包涵体。

3. 超微结构观察　病犬隐窝上皮细胞线粒体高度肿胀，嵴减少、断裂；基质颗粒消失；粗面内质网轻度扩张；扁囊、微泡和大泡数目增多；核仁体积增大，靠近核膜。

4. 血液学变化　肠炎型主要表现白细胞减少，尤其是淋巴细胞减少。因胃肠道黏膜受损，蛋白质缺失，造成低蛋白症，尤其是低白蛋白症。心肌炎型病犬表现天冬氨酸转氨酶（AST）、乳酸脱氢酶（LDH）、肌酸酐磷酸激酶（CPK）活性增高。

六、诊　　断

根据临床症状，结合流行病学特征和病理变化可以做出初步诊断。林至刚等（1988）认为临床上使用X机对犬细小病毒感染的诊断和合理的病情处理具有参考意义。确诊尚需进行实验室诊断。

1. 病毒分离与鉴定 将病犬粪便材料无菌处理后接种MDCK、FK81、CRFK等易感细胞。犬细小病毒属自主性细小病毒，复制时需要细胞分裂期产生的一种或多种细胞功能。因此，必须将含毒样品加入胰蛋白酶消化的新鲜细胞悬液中同步培养。37℃培养4～5天，电镜观察细胞培养物中的病毒形态。也可采用电镜和免疫电镜观察细胞培养物中的病毒抗原。

另外，患犬病初粪便、肠黏膜中含有较多的犬细小病毒粒子，因此可用电镜负染观察犬细小病毒粒子。为与非致病性犬微小病毒（MVC）和犬腺联病毒（CAAV）相区别，可于粪液中加适量犬细小病毒阳性血清，进行免疫电镜观察。

2. 免疫学诊断方法 国内外已建立的用于检测犬细小病毒抗体的免疫学诊断技术包括琼脂扩散试验、对流免疫电泳、血凝试验、血凝抑制试验、血清中和试验、免疫荧光试验、间接免疫荧光试验、ELISA、免疫层析法等。但由于犬细小病毒与猫泛白细胞减少症病毒和水貂肠炎病毒三者之间能发生交叉血清学反应，因此在实际应用中这类技术常受到限制。

建立在琼脂扩散基础上的解离法对流免疫电泳通过物理振荡方法，改变免疫复合物所处电解质溶液的pH及温度，解离免疫复合物而使犬细小病毒及Anti-CPV分开，从而达到检测Anti-CPV的目的。

血凝和血凝抑制试验是一种简单快速的诊断粪便和组织样品中病毒的方法。CPV-2可凝集猪、恒河猴和猫的红细胞，由于猪的红细胞容易获得，且血凝模式稳定，所以通常选用猪血红细胞用于CPV-2的血凝和血凝抑制试验，在发病后期，由于IgM等抗体的出现，使犬细小病毒抗原失去血凝性，此时可以用二巯基乙醇（2-ME）处理再进行检测。血凝和血凝抑制试验灵敏度高、操作简单，但需要常备用新鲜的敏感血红细胞。送检粪样倍数低时，含有非特异性凝集素，还需做血凝抑制试验加以验证。有时为了确认反应的特异性，应使用添加了犬细小病毒抗血清或单抗的粪样提取物再次进行血凝试验。

免疫荧光试验和间接免疫荧光试验主要用于检测犬细小病毒抗原和抗体，还可用于检测犬细小病毒在细胞中的增殖特性和规律。此法简便、快速、检出率高，但被检病料来源有一定的局限性，主要用于犬死后的检测。

ELISA是依靠抗原—抗体之间的相互结合的作用，使待测抗原或抗体与固定在固相载体（如微量反应板、硝酸纤维素膜、乳胶或金颗粒等）上的特异性抗体或抗原进行反应。该方法方便快捷、费用低廉，适于在基层推广。目前，国内外已经建立了多种ELISA用于鉴定犬细小病毒。Mildbrand（1984）等研制针对CPV-2上两个抗原决定簇的单克隆抗体，这两种抗体在结合抗原时互不干扰，用于双抗体夹心ELISA检测粪便中的CPV-2抗原，可检测最低1.5ng的病毒，与血凝试验的总符合率在95%以上。Rimmelzwaan（1990）等应用CPV-2 McAbsH-1和H-2株建立了双抗体夹心法，该方法的操作步骤与Mildbrand等的方法相似，试验结果更佳。我国田克恭等（1994）应用单克隆抗体和多克隆抗体制成的双抗体夹心ELISA诊断试剂盒，可在30min内检出样品中的CPV-2抗原。

3. 组织病理学诊断 针对肠炎型自然死亡病例，主要查看肠道。剖检可见病犬脱水、可视黏膜苍白、腹腔积液。病变主要局限于空肠和回肠。肠道黏膜暗红色，坏死、脱落，绒毛萎缩；肠腔扩张，内容物水样，一般混有血液和黏液；肠系膜淋巴结充血、出血、肿胀。组织学变化为肠黏膜上皮变性、坏死、脱落，偶见上皮细胞内包涵体；绒毛萎缩，隐窝肿大，充满炎性渗出物；肠腺体消失或扩张。

心肌炎型病变局限于心脏和肺脏。心脏扩张，心房和心室内有瘀血块，心肌和心内膜有非化脓性坏死灶；肺脏水肿，局灶性充血、出血。组织学变化可见心肌纤维变性、坏死，受损的心肌中常见核内包涵体。

4. 分子生物学诊断 随着分子生物学技术的发展，PCR及其相关技术也被用于犬细小病毒的快速诊断。试验证明，从粪样中检测犬细小病毒时，PCR与用犬肾细胞系（MDCK）分离病毒的敏感性相同，比血凝与血凝抑制试验、ELISA等敏感、可靠，可分辨野毒感染和疫苗免疫，2～4h即可检测出病毒核酸。PCR还可作为培养细胞检测病毒生长动态的一种灵敏、快速的方法。目前用于犬细小病毒检测的PCR包括套式PCR、降落PCR、原位PCR、特异性等位PCR、实时PCR等。套式PCR改良了原来的PCR方法，提高了反应的敏感性。经外侧引物扩增的片段再经内侧引物扩增，这样经二次PCR放大，基因拷贝数可以达到1 011～1 013个/g（单PCR基因拷贝数是106～109个/g）。刘忠华等利用PCR技术首次研制出犬细小病毒的PCR诊断试剂盒，使用该试剂盒能特异性地扩增含有犬细小病毒的样品，且能检出痕量的犬细小病毒DNA。将该方法同血凝试验和ELISA方法比较，对109份样品进行检测，显示其具有特异、灵敏等优点，适合于对早期感染犬细小病毒的宠物犬进行诊断。核酸探针技术如MGB探针技术敏感性高，不受病毒活力的影响，可检出呈免疫复合状态的病毒粒子，对犬细小病毒感染早期、中期和晚期均有较好的检出率，且能区别疫苗毒和野毒。此外，核酸杂交技术及原位杂交法在犬细小病毒临床检测上也已得到了广泛应用。

七、防治措施

1. 治疗 犬细小病毒感染发病快、病程短，目前尚无特异性治疗方法。临床上主要采用对症治疗、特异性疗法及支持疗法。

在对症治疗方面，段自方等（1983）、林至刚等（1986）提出的治疗原则是严格控制进食，特别是高蛋白性饲料，以免增加胃肠道负担。输液可根据犬体液量占犬体重60%及犬的脱水情况，按病犬的累积损失量、继续损失量和生理消耗量的总和，推算1天的补液总量。液体中应含2份生理盐水、3份葡萄糖、1份碳酸氢钠，也可适量加入抗生素（氨苄青霉素、庆大霉素或卡那霉素）、维生素C、维生素B_1等一同输入。止泻可用合霉素或链霉素内服，每天1～2次。腹泻停止后，要及时内服胃蛋白酶、乳酶生等，以调整胃肠机能，恢复食欲。止血可肌内注射维生素K 4mL，每天2次，连用2～3天。止吐可肌内注射0.25%盐酸氯丙嗪2mL或氢化可的松3～5mL，每天2次。

陈世铭等（1985）利用“犬痢汤”治疗犬细小病毒性肠炎，疗效显著。方剂组成为黄连10g、黄芩15g、黄檗15g、苍术10g、山药15g、栀子15g、地榆（生熟各半）30g、半夏15g、竹茹15g、枳壳10g、木香10g、当归8g、白芍15g、黄芪15g、甘草8g，水煎3次，煎液1 200mL，体重5kg以下的犬用100～200mL，5～10kg的犬用200～300mL，10～13kg的犬用300～400mL，经口插胃管投服，日服3次。犬痢汤在消除胃肠道炎症，降低体温，减慢心率，促进白细胞总数回升，胃肠道止血等方面有明显的治疗作用。

特异性治疗是指使用特异性抗体进行治疗。临床研究表明，犬细小病毒单克隆抗体效果较好，试验证明在足量注射犬细小病毒单克隆抗体8h后，收集粪便电镜下观察，有连片的病毒颗粒。关于高免血清的治疗效果，报道不一。普遍认为，在发病早期胃肠道症状较轻时，使用高免血清治疗效果显著。Ishihashi等（1983）将高免血清静脉注射自然发病犬和人工感染犬，取得良好的治疗效果。给犬注射足量的高免血清可以预防犬细小病毒感染的流行。另外，还可使用干扰素和免疫球蛋白以提高病犬免疫力。

支持疗法方面，患犬细小病毒的病犬，清理胃肠道尤其重要，胃肠道脱落物是细菌繁殖的最佳场所，不及时清理，易发生脱水性和中毒性休克。另外，对病犬应强心，咖啡因1mL每天2次肌内注射。补液，5%糖盐水250～500mL，加复合维生素B注射液2mL、维生素C0.01～0.1g静脉注射，每天2次。

2. 预防与控制 控制犬细小病毒的根本措施是免疫预防。由于该病发病急，故应及时采取综合性防疫措施。日常注意犬群卫生，定期对犬舍进行消毒，发现病犬及时隔离饲养，同时对健康犬进行紧急预防接种或注射高免血清。犬舍及用具等用2%～4%火碱水或10%～20%漂白粉液反复消毒。无治愈可能的犬应尽早扑杀，焚烧深埋。

试验证实，血凝抑制抗体效价高于1∶80的犬可以耐受强毒的攻击。金淮等（1988）认为，犬细小病毒母源抗体可通过胎盘和初乳传递给幼犬。新生幼犬7天内母源抗体血凝抑制效价为1∶128～1∶256，42天时降为1∶8～1∶32。当幼犬母源抗体低于1∶10时，95%以上的犬对犬细小病毒弱毒疫苗产生免疫应答，接种后2天即产生抗体，接种后14天血凝抑制效价可达1∶2 560，并能维持至少2年的保护性滴度（1∶80）。母源抗体为1∶20的幼犬，只有50%产生保护性抗体。因此，在确定最佳免疫程序时，必须考虑母源抗体的水平。

目前用于预防犬细小病毒病的疫苗有异源灭活苗、异源弱毒苗、同源灭活苗和同源弱毒苗4类。James等研究发现，犬细小病毒与FPV、MEV有67%的同源基因，鉴于此，最早把FPV和MEV用于预防犬细小病毒流行。FPV灭活苗在美国和欧洲曾广泛使用。1982年，Chalifour报道用FPV弱毒苗用于9周龄左右的幼犬，保护率可达80%～90%。我国王辛等（1989）利用猪红细胞吸附释放犬细小病毒的特性，制备了灭活疫苗，对6只60～90日龄幼犬进行免疫后血凝抑制效价为1∶80，第2次免疫后血凝抑制效价≥160，140天后仍维持在1∶160以上，攻毒后全部得到保护。近年来，许多学者致力于犬细小病毒弱毒疫苗的研究。Carmichael等（1981）用CPV-780916弱毒株给犬皮下接种，4天后即可产生高滴度抗体，5～6天后可达1∶10240，其保护力可维持1年以上。我国夏咸柱等（1989）从貉分离到1株细小病毒，经猫肾传代细胞F81系培养增殖后，制成犬细小病毒弱毒苗。该苗对断乳幼犬的最佳免疫剂量为5×103～8 $TCID_{50}$，注苗后14天即可获得免疫力，血清中血凝抑制抗体效价1∶32即可抵抗犬细小病毒强毒感染，免疫期1年。该苗对母源抗体干扰有较强的抵抗力，母源抗体1∶32的幼犬，100%可对该苗产生免疫应答。为了减少接种程序，目前多倾向于使用联苗。美国采用犬细小病毒、CDV、CAV-1、CAV-2、CPIV和犬钩端螺旋体六联苗，我国多使用CDV、犬细小病毒、CAV-1、CPIV和狂犬病病毒五联苗。

近年来由于抗原变异株的不断出现，旧型疫苗（CPV-2型）还能不能完全抵抗犬细小病毒不同变异株，成为一个争执的问题。许多学者认为旧型犬细小病毒疫苗仍能抵抗目前田间流行的变异株，如某些CPV-2型疫苗能抵抗新型变异株的感染，某些FPV疫苗能保护猫免受CPV-2b的感染；其他的研究者则认为，CPV-2型疫苗对同源的病毒株有效，而对于变异株的保护力则明显下降，故对已经按计划接种疫苗的犬仍可能感染新的变异株甚至引起死亡，例如，迄今为止，大部分CPV-2c的暴发发生于成年犬，且均接受免疫包括每年的加强免疫。

八、公共卫生影响

犬感染犬细小病毒非常普遍，其临床症状与犬瘟热相似均表现沉郁、高热、腹泻、呕吐等症状。另外，肠炎性犬瘟热、犬冠状病毒病、轮状病毒感染，以及某些细菌、寄生虫感染和急性胰腺炎也常呈肠炎综合征，故鉴别诊断十分重要，否则，难以做到正确施治。犬细小病毒感染率和死亡率高达70%～100%，对宠物、警犬以及其他养犬业造成较大的经济损失，故应提前预防、及时治疗，做好饲养管理、消毒、隔离以及适当捕杀等。

犬细小病毒属于动物B类传染病，研究犬细小病毒的科研机构也应做好各种防范措施，避免向外传毒散毒。

（刘巧荣　孙明　肖璐　田克恭）

我国已颁布的相关标准

GB/T 14926.57—2008　实验动物　犬细小病毒检测方法

GB T 27533—2011　犬细小病毒病诊断技术

参考文献

绍伟娟，谢建云，胡建华，等．2006. 犬细小病毒核酸诊断方法的建立和应用［J］．中国比较医学杂志，16（1）：9-11.
夏咸柱，高宏伟，华育平．2011. 野生动物疫病学［M］．北京：高等教育出版社：536-540.
殷震，刘震华．1997. 动物病毒学［M］．第2版．北京：科学出版社：1104-1130.
张仁舟，杨松涛，冯昊，等．2010. 中国国内首次检测到犬细小病毒CPV-2c［J］．中国病原微生物学杂志，5（4）：246-249.

Buonavoglia C, Martella V, Pratelli A, et al. 2001. Evidence for evolution of canine parvovirus type-2 inItaly [J]. J. Gen. Virol., 82: 1555-1560.

Calderon M G, Mattion N, Bucafusco D, et al. 2009. Molecular characterization of canine parvovirus strains in Argentina: Detection of the pathogenic variant CPV2c in vaccinated dogs [J]. J. Virol. Methods, 159: 141-145.

Chalmers W S K, Truyen U, Greenwood N M, et al. 1999. Efficacy of feline panleukopenia vaccine to prevent infection with an isolate of CPV2b obtained from a cat [J]. Vet. Microbiol., 69: 41-45.

Cho H S, Kang J L, Park N Y. 2006. Detection of canine parvovirus in fecal samples using loop mediated isot hermal amplification [J]. J Vet Diagn Invest, 18 (1): 81-84.

Clegg S R, Coyne K P, Parker J, et al. 2011. Molecular epidemiology and phylogeny reveal complex spatial dynamics in areas where canine parvovirus is endemic [J]. J, Virol., 85: 7892-7899.

Decaro N, Campolo M C. 2005. Maternally-derived antibodies in pups and protection from canine parvovirus infection [J]. Biologicals, 33: 261-267.

Decaro N, Desario C, Addie D D, et al. 2007a. Molecular epidemiology of canine parvovirus, Europe [J]. Emerg. Infect. Dis., 13: 1222-1224.

Decaro N, Desario C, Lucente M S, et al. 2008. Specific identification of feline panleukopenia virus and its rapid differentiation from canine parvoviruses using minor groove binder probes [J]. J. Virol. Methods, 147: 67-71.

Decaro N, Elia G, Martella V, et al. 2005. A real-time PCR assay for rapid detection and quantitation of canine parvovirus type 2 DNA in the feces of dogs [J]. Vet. Microbiol., 105: 19-28.

Elia G, Cavalli A, Cirone F, et al. 2005. Antibody levels and protection to canine parvovirus type 2 [J]. J Vet Med, 52: 320-322.

Hong C, Decaro N, Desario C, et al. 2007. Occurrence of canine parvovirus type 2c in the United States [J]. J. Vet. Diagn. Invest., 19: 535-539.

Kapil S, Cooper E, Lamm C, et al. 2007. Canine parvovirus types 2c and 2b circulating in North American dogs in 2006 and 2007 [J]. J. Clin. Microbiol., 45: 4044-4047.

Lakshmanan N. 2006. Three-year rabies duration of immunity in dogs following vaccination with a core combination vaccine distemper virus, canine adenovirus type-1, canine parvovirus, and rabies virus [J]. Vet Ther, 7 (3): 223-231.

Meers J, Kyaw-Tanner M, Bensink Z, et al. 2007. Genetic analysis of canine parvovirus from dogs in Australia [J]. Aust. Vet. J., 85: 392-396.

Nandi S, Chidri S, Kumar M, et al. 2010. Occurrence of canine parvovirus type 2c in the dogs with haemorrhagic enteritis in India [J]. Res. Vet. Sci., 88: 169-171.

Nicola Decaro, Canio Buonavoglia. 2012. Canine parvovirus-A review of epidemiological and diagnostic aspects, with emphasis on type 2c [J]. Veterinary Microbiology, 155 (1): 1-12.

Pereira C A, E S Leal, E L Durigon. 2007. Selective regimen shift and demographic growth increase associated with the emergence of high-fitness variants of canine parvovirus [J]. Infect Genet Evol., 7 (3): 399-409.

Yule T D, Roth M B, Dreier K, et al. 1997. Canine parvovirus vaccine elicits protection from the inflammatory and clinical consequences of the disease [J]. Vaccine, 15: 720-729.

第十节　猴细小病毒感染
(Simian parvovirus infection)

猴细小病毒是从严重贫血的食蟹猴分离出的一种细小病毒，猴细小病毒感染（Simian parvovirus infection）猴子的临床表现与人感染人细小病毒 B19 的临床表现有许多相似性。

一、发生与分布

细小病毒是 1992 年医学院比较医学临床研究中心的 Bowman Grey，从一群患贫血症的食蟹猴血清中，采用人细小病毒 B19 探针用 DNA 斑点杂交法进行检测，并用免疫电镜观察到病毒颗粒。该中心饲养有 1 000 多只猕猴属动物，其中主要是食蟹猴，用于动脉粥样硬化症和骨质疏松症的研究。目前，猴细小病毒已相继从食蟹猴、豚尾猴、恒河猴中分离到。

二、病　　原

1. 分类地位 猴细小病毒（Simian parvovirus spv）在分类上属细小病毒科（*Parvoviridae*），是目前动物病毒中最小最简单的一类单链线状 DNA 病毒，它包括两个亚科，即细小病毒亚科（*Parvovirinae*）和浓核病毒亚科（*Densovirinae*）。细小病毒亚科宿主为脊椎动物；浓核病毒亚科感染节肢动物，主要是昆虫。其中细小病毒亚科包括 3 个属：细小病毒属（*Parvovirus*），代表种为小鼠细小病毒（*minute virus of mice*）；依赖病毒属（*Dependovirus*），代表种是腺联病毒 2 型（*Adeno-associated virus* 2，AAV2）；红细胞病毒属（*Erythrovirus*），代表种为人细小病毒 B19（Human parvovirus B19）。细小病毒亚科成员主要感染温血动物，其宿主包括禽类、人和哺乳动物。猴细小病毒属红细胞病毒属，与人细小病毒 B19 特点最为近似。

2. 形态学基本特征与培养特性 细小病毒是动物病毒中最小最简单的一类单链线状 DNA 病毒，无包膜，直径 20～26nm，呈二十面体。大部分有 3 个衣壳蛋白（60～80K），后者氨基酸有重叠，较大分子量的一种在 NH2 端有附加的氨基酸。毒粒内含有单分子的单链 DNA，分子量为 1.5MDa（约 5kb）。具有感染性的毒粒为 110S，而缺少 DNA 的毒粒为 65S，在氯化铯中的浮密度为 1.39～1.42g/mL。

猴细小病毒具有红细胞嗜性，可以在体内外感染人骨髓单核细胞，但目前文献报道中尚未查见体外培养模型。参考犬细小病毒，目前通常用 MDCK 和 FB1 等传代细胞分离培养病毒。病毒在 FB1 细胞上有明显的细胞病变，表现为细胞脱落、崩解和碎片，在 MDCK 细胞上的细胞病变不明显，有时出现细胞圆缩，并常形成核内包涵体。

3. 理化特性 该病毒的理化特性未见明确报道，参照本科病毒和猪细小病毒及犬细小病毒的特点，可知其对外界理化因素有很强的抵抗力，对热有强大抵抗力，56℃ 30min 不影响其感染性和血凝活性，70℃ 2h 仍不使其丧失感染性和血凝活性，但是 80℃ 5min 可使其丧失感染性和血凝活性。对脂溶剂（如乙醚、氯仿等）有抵抗力；对酸、甲醛蒸气和紫外线均有一定的抵抗力。但是在 0.5%漂白粉或氢氧化钠溶液中 5min 即可被杀死。对不同动物红细胞凝集试验有不同反应。

4. 分子生物学 猴细小病毒为单链 DNA，核苷酸 5 600bp，在低浓度盐溶液中可形成双链 DNA。该属病毒颗粒内的线状 DNA 分子的 5’端和 3’端有发夹结构。细小病毒属大多数成员的成熟病毒粒子内含有负链 DNA，但其他成员则掺有 1%～50%的正链 DNA。大多数成员有血凝素，对不同红细胞有不同的凝血活性。

猴细小病毒具有两个开放阅读框（ORF），分别编码病毒的结构蛋白 VP1 和 VP2，非结构蛋白 NS1 和 NS2。细小病毒的复制和转录发生在感染细胞的核内，其基因组 DNA 复制依赖于细胞 DNA 聚合酶和蛋白因子，通常自主细小病毒只有当宿主细胞进入 S 期时才能进行复制，而在静止细胞中细小病毒不能进行自我复制。病毒在核内繁殖，可以独立复制。病毒的繁殖依赖于宿主细胞的某些功能，在细胞的 S 期繁殖良好，形成核内包涵体。

细小病毒的 DNA 复制发生在细胞核内，其复制过程出现于细胞周期的 S 期：这是因为细小病毒 DNA 复制完全依赖于宿主 DNA 聚合酶及其复制体系。利用 DNA 聚合酶抑制剂处理宿主细胞，发现细小病毒 DNA 在宿主细胞内不能进行复制。现在已经证实细小病毒 DNA 复制既可利用宿主 DNA 聚合酶 α，也可使用宿主 DNA 聚合酶 δ，在宿主 DNA 聚合酶的作用下，其病毒（如 MMV）DNA 以滚发夹（rolling hairpin）模式进行复制，它通过自身 DNA 末端回文序列所形成的反转回折 3’端作为引物，起始 DNA 合成。

目前对细小病毒的蛋白合成调控机制了解甚少，也许起初合成的病毒蛋白是非结构蛋白，这是因为非结构蛋白的转录本要比结构蛋白的转录本出现得早，而且一个或两个结构蛋白负责对细小病毒的基因表达行使调控作用。NS-1 和 NS-2 在翻译合成后均产生磷酸化，而外壳蛋白则在 N 端形成乙酰基化，但 VP－2 在翻译后还可进行磷酸化，当这些外壳蛋白在昆虫细胞中合成时，它们能够自我组装形成病毒粒子。

三、流行病学

1. 传染来源　隐性感染动物（病毒携带者）和患病动物是重要的传染源，传染物主要是已感染动物的分泌物、排泄物、污染物以及病死动物的尸体。

2. 传播途径　该病通过直接接触和间接接触感染。通过消化道感染是主要的感染途径。在犬类，病犬的唾液、大小便及呕吐物中含有大量的病毒。病犬康复后还可从粪便中长时间排毒。因此，未经严格处理的病犬分泌物、排泄物及病死犬的尸体都是危险的传染源。流行病学研究显示，细小病毒通常呈水平传播，传播的主要方式是通过呼吸道吸入污染物。

3. 易感动物

（1）自然宿主　通常认为猕猴属动物中的食蟹猴、豚尾猴和恒河猴是猴细小病毒的自然宿主。对其他猴类感染细小病毒的情况尚缺乏明确的调查研究资料。猕猴属动物细小病毒抗体阳性率为20%～50%。

（2）实验动物　通过静脉注射或滴注鼻腔接种猴细小病毒可感染食蟹猴，导致短暂的病毒血症，血清阳转后病毒血症逐渐减弱，并伴随网状细胞减少。临床上典型的改变发生在骨髓红细胞系。试验感染怀孕的食蟹猴，可导致胎儿水肿和死亡。在食蟹猴和豚尾猴试验感染 SHIV 动物模型的研究中，可从患贫血症的动物中检测到与人细小病毒 B19 同源性很高的细小病毒。

（3）易感人群　猴细小病毒与人细小病毒 B19 类似，猴细小病毒可以在体内外感染人骨髓单核细胞，理论上有可能感染人，因此被一些学者列为潜在的人兽共患病之一。但至今未见由猴传染至人的病例报告。

4. 流行特征　一项研究表明，大约 50%的食蟹猴和 35%的恒河猴可检测到猴细小病毒 VP2 抗体。在恒河猴中用人细小病毒 B19 VP1 酶联免疫检测抗体发现，随着动物年龄的增加，感染比例上升，感染率可以从 4 岁的 6%到 14～19 岁的 19%。对有免疫力的动物来说，初次感染的典型表现为隐性感染，有抗猴细小病毒抗体的动物能抵抗二次感染。猕猴属动物估计感染率在 20%～50%。在异体心脏移植动物试验中有高达 50%的动物出现猴细小病毒病毒血症，5 只血清阴性的猴子在接受阳性猴心脏移植手术后全部出现了血清阳转和病毒血症，其中 3 只死于贫血。说明猴细小病毒疾病的暴发可能与器官移植过程中免疫抑制治疗、药物毒性试验和外科手术后遗症有关。

四、临床症状

1. 动物的临床表现　动物通常表现为潜在感染，其临床症状多不明显或温和，一般情况下表现为轻微发热，少数动物长期慢性贫血；在接受免疫抑制治疗加重再生障碍性贫血时，可导致重度贫血而死亡。

2. 人的临床表现　纵然猴细小病毒可在体外感染人骨髓红细胞并进行复制，而且其与人细小病毒 B19 在生物学特性上十分接近，被一些学者考虑作为人兽共患病的潜在致病因子，但到目前为止还未见人感染猴细小病毒的确切报道。

五、病理变化

1. 大体解剖观察　常见动物呈隐性感染，早期无临床症状，仅有温和发热过程和一过性病毒血症以及贫血症状，体质虚弱，面色常苍白。也有动物因慢性或严重再生障碍性贫血而死亡。目前文献中未见大体解剖肉眼可查见的明显的特别异常的有关报道。

2. 组织病理学观察　猴细小病毒感染的组织病理学变化罕见报道。但在妊娠猪细小病毒感染中可出现固有膜深层和子宫内膜区域出现单核细胞聚集，导致胎猪出现组织病理变化，引起胎儿的细胞浸润，在胎儿的大脑、脊髓和眼结膜有浆细胞和淋巴细胞形成的血管套。但是子宫的病变更加明显，猪感染细小病毒后妊娠早期的胎儿免疫力低下，感染后可以出现较多肉眼变化，包括不同程度的发育不良，偶尔可见充血和血液渗入组织内，伴随体腔内浆液性渗出物的瘀积，出现瘀血、水肿和出血，胎儿死亡后随着逐渐变成黑色，体液被重吸收后，呈现“木乃伊化”。由于病毒和病毒抗原大量分布于感染的胚胎组织，死亡胎儿的镜下病变主要是多数组织和血管广泛的细胞坏死。

六、诊　断

1. 病毒分离与鉴定　目前已知猴细小病毒体外可感染人骨髓红细胞，但未见可用于病毒的分离方法的详细报道。

2. 血清学试验　利用猴细小病毒与人细小病毒 B19 病毒蛋白存在的交叉反应，运用免疫印迹法可从猴血清中检测猴体内抗体的存在。猴细小病毒特异性抗体也可用特异性区域的 VP1 捕获蛋白采用 ELISA 方法进行检测。血凝和血凝抑制试验是检测细小病毒的常规实验室方法，操作简便、快速和灵敏，但准确性与稳定性与反应的温度、pH、缓冲体系等多种因素密切相关。推荐可在适宜的条件下（pH 7.0、0.02mol/L PBS、0.75%猪红细胞、0.5%兔血清、4℃，猪红细胞以 1∶1 阿氏液抗凝）采用血凝和血凝抑制试验检测猴细小病毒血清抗体。

3. 组织病理学诊断　人细小病毒 B19 通过 HE 染色可在骨髓红细胞核内见到病毒包涵体，感染的细胞核巨大、呈球形。但猴细小病毒似未见确切报道。

4. 分子生物学诊断　用蛋白印迹法利用人细小病毒 B19 蛋白可从猴血清中检测猴细小病毒 VP2 蛋白。用免疫电镜可观察到病毒粒子，同时运用 PCR 方法检测细小病毒特异性 DNA 片段，均可用于细小病毒感染的分子生物学诊断。

七、防治措施

该病目前未见明确有效的治疗方法的报道。一般情况下，动物多为潜伏感染，无相应临床症状，无需治疗。但对临床上严重贫血的患病动物或因接受免疫抑制治疗导致严重贫血的实验动物可采用输血方式进行治疗。一般性治疗可参照病毒感染的治疗方式，采用补液等支持疗法和抗病毒方法进行治疗。

在灵长类动物中尚未见可用于预防的兽用疫苗或药物的相关文献报道。对灵长类患病动物和病毒携带动物进行及时有效隔离，建立阴性动物种群是预防该病的根本方法。一旦有患病动物发生，其环境、笼舍、器具及污染物参照犬细小病毒和猪细小病毒的预防处理方法，可应用 2%～4%烧碱、1%福尔马林、0.5%过氧乙酸或 5%～6%次氯酸钠反复消毒处理。

八、公共卫生影响

猴细小病毒与人细小病毒 B19 十分接近，细小病毒又是引起再生障碍性贫血和导致胎儿水肿死亡流产的原因之一。在一项研究中用蛋白印迹法检测工作人员血清猴细小病毒 VP2 蛋白后显示与接触猴细小病毒阳性动物有关，但尚未排除与人细小病毒 B19 的交叉反应。虽然目前尚未见猴细小病毒感染人的报道，但鉴于以上特性仍需注意防范，同时有待于进一步的研究。

（高家红　代解杰）

参考文献

陈军，卢洪洲．2008. 人类细小病毒感染研究进展［J］．诊断学理论与实践，7（4）：454-456.

侯云德．1990. 分子病毒学［M］．北京：学苑出版社：237-246.

靳小霞，孙兆增，曾林，等．2011. 猴源细小病毒血凝和血凝抑制试验的优化与应用［J］．中国实验动物学报，9（6）：472-477.

李昌文，仇华吉，童光志．2004. 猪细小病毒研究进展［J］．动物医学进展，25（1）：36-38.

刘正稳，Kelvin E Brown，楚雍烈. 2004. 猴细小病毒 VP2 的克隆、表达和鉴定［J］. 西安交通大学学报（医学版），25（2）：111-117.
宋桂强，龙贵伟，廖金，等. 2007. 犬细小病毒的研究进展［J］. 中国畜牧兽医，34（3）：98-100.
Anderson M J，Higgins P G，Davis L R，et al. 1985. Experimental parvoviral infection in humans［J］J. Infec. t Dis.，152（2）：257-265.
Brown K E，Young N S. 1997. The simian parvoviruses［J］. Rev. Med. Virol.，7：211-218.
Brown K E，S W Green，M G O Sullivan，et al. 1995. Cloning and sequencing of the simian parvovirus genome［J］. Virology.，210：314-322.
Brown K E，Z Liu，G Gallinella，et al. 2004. Simian parvovirus（SPV）infection：a potential zoonosis［J］. J. Infect. Dis.，190：1900-1907.
Green S W，Malkovska I，O' Sullivan M G，et al. 2000. Rhesus and pig-tailed macaque parvoviruses：identification of two new members of the erythrovirus genus in monkeys［J］. Virology，269：105-112.
Heegaard E D，Brown K E. 2002. Human parvovirus B19［J］. Clin. Micro. biol. Rev.，15：485-505.
Kapil Vashisht，Kay S Faaberg，Amanda L Aber，et al. 2004. Splice Function Map of Simian Parvovirus Transcripts［J］. J. Virol.，78（20）：10911-10919.
Liu Z，Qiu J，Cheng F，et al. 2004. Comparison of the transcription profile of Simianparvovirus with that of the human erythrovirusB19 reveals a numberof unique features［J］. J. Virol.，78：12929-12939.
O' Sullivan M G，D C Anderson，J D Fikes，et al. 1994. Identification of a novel simian parvovirus in cynomolgus monkeys with severe anemia：A paradigm of human B19 parvovirus infection［J］. J. Clin. Investig.，93：1571-1576.
O' Sullivan M G，D K Anderson，J A Goodrich，et al. 1997. Experimental infection of cynomolgus monkeys with simian parvovirus［J］. J. Virol.，71：4517-4521.
O' Sullivan M G，D K Anderson，J E Lund，et al. 1996. Clinical and epidemiological features ofsimian parvovirus infection in cynomolgus macaques with severe anemia［J］. Lab. Anim. Sci.，46：291-297.
O' Sullivan M G，Veille J C，Block W A，et al. 2004. Hydropsfetalis induced by simian parvovirus［J］. Presented at the17th Annual Meeting of the American Society for Virology：235-238.
Schroder C，Pfeiffer S，Wu G，et al. 2006. Simian parvovirus infection in cynomolgus monkey heart transplant recipients causes deathrelated to severeanemia［J］. Transplantation，81：1165-1170.

第十一节 犬腺联病毒感染
(Canine adeno-associated virus infection)

犬腺联病毒是从犬肝炎病毒培养物中分离得到，很多日本犬的血清中含有抗体。其致病性目前尚不清楚。

一、病 原

1. 分类地位 犬腺联病毒（*Canine adeno-associated virus*）在分类上属于细小病毒科（Parvoviridae）、细小病毒亚科（Parvovirinae）、依赖病毒属（*Dependovrius*）。

2. 形态学基本特征与培养特性 犬腺联病毒与该科内其他病毒具有共同的形态结构特征。无囊膜，直径 18～26nm，二十面体对称，衣壳约由 32 个长 3～4nm 的壳粒构成。病毒粒子在氯化铯溶液中的浮密度较大，为 1.39～1.42g/cm^3。立体对称的衣壳包围着一个分子的单股线状 DNA。核酸的分子量为（1.5～2.0）×10^6。碱基中 G+C 的含量占核酸总量的 41%～53%。该科病毒的一个突出特点是对外界因素有强大的抵抗力，能耐受脂溶剂和较高温度的处理而不丧失其感染性。

病毒在细胞核内增殖，因其基因组不完备，所以必须依赖于一种辅助病毒（腺病毒或疱疹病毒）为其应答反应提供基础，才能复制出有感染性的后代。

二、在实验研究中的应用

腺联病毒（AAV）是一类可以整合于人基因组中但并不引起病变的病毒。由于它的这种特性，使之成为基因治疗的潜在载体。最初，腺联病毒作为基因转移载体用于新霉素碱性磷酸转移酶（neomycin phosphotransferase，NEO）基因和CAT基因，并将其转移到人的培养细胞中。随后，AAV作为载体应用于许多方面：如用重组的腺联病毒编码人免疫缺陷病毒（HIV）反义表达单位，在人$CD4^+$淋巴细胞中可以抑制艾滋病病毒的复制；以腺联病毒作为呼吸上皮和造血系统的靶向载体等。此外，腺联病毒作为载体在血红蛋白病和免疫缺陷病等疾病的基因治疗上有广泛应用，作为一种病毒载体所具有的特点使其具有良好的应用前景。

（白玉　卢胜明　贺争鸣）

参考文献

袁勇，刘红涛．1995. 基因治疗的新载体——腺联病毒［J］．生物学通报，30（7）：4-5.
张洪勇，金宁一．2003．细小病毒基因工程载体的研究进展［J］．中国兽医学报，23（4）：415-416.
Smith KO，Gehle WD. 1967. Replication of an adeno-associated virus in canine and human cells with infectious canine hepatitis virus as a "helper"［J］．J Virol，1（3）：648-649.

第九章
圆环病毒科病毒所致疾病

TTV 感染
(Torque teno virus infection)

一、发生与分布

病毒性肝炎因其感染人群广泛、分型复杂等原因已成为众所周知的严重公共卫生问题。目前，除公认的甲、乙、丙、丁、戊型肝炎外，仍然有相当比例的急、慢性输血后肝炎，散发性、暴发性肝炎病因不明，统称为非甲-戊型肝炎。1995 年发现庚型肝炎病毒（HGV），1997 年日本科学家 Nishizawa T 等首次从输血后发生急性感染的非甲 2 庚型肝炎病人血清中克隆到一个 500 bp 的 DNA 片段（N22），证实其与输血后肝炎高度相关，并把该基因片段可能代表的病毒以病人姓氏缩写命名为 TTV（*Torque Teno virus*，TTV），因 TTV 与经输血传播病毒（*Transfusion transmitted virus*，TTV）巧合，因此，该病毒又称输血传播病毒。1998 年 6 月中国军事医学科学院首次分离出中国株 TTV。

TTV 在自然界各种动物中广泛存在，从低等的哺乳动物直到人均已检测到其感染。TTV 能感染人、灵长类（包括黑猩猩、类人猿、猴子）和家养动物（包括猪、牛、羊、狗、鸡、猫）以及其他动物，已经证实可通过血液和血液制品传播，并且能在粪便、唾液、胆汁、乳汁内检测到病毒。TTV 普遍存在、极易发生遗传变异、广泛的组织嗜性并能引起持续感染，某些基因型（如基因 1 型）可能具有潜在致病性。许多研究已经证实 TTV 在肝外组织内复制，已在骨髓、淋巴结、肌肉、甲状腺、肺脏、肝脏、脾脏、胰腺和肾脏内定量检出 TTV - DNA。组织内的 TTV DNA 含量比血清中高 300 倍，其中滴度最高的是骨髓、肺脏、脾脏和肝脏。

1. 人的 TTV 感染　TTV 感染（Torque teno virus infection）呈全球性分布，人群中感染率很高，据各国对不同人群 TTV 感染的流行病学调查，一般人群的阳性率多在 10 %以上。用 U TR2PCR 检测，欧美等发达国家正常献血者的感染率为 33%～76%，亚洲、非洲和南美洲等正常献血者的感染率为 90%～100%。TTV 在自发炎症性肌病、癌症和红斑狼疮患者体内含毒量很高，婴幼儿发生急性呼吸道感染时病毒复制呈现活跃状态。病毒定居和复制地点是外周血单核细胞（PBMCs）和骨髓细胞。

2. 动物的 TTV 感染　部分灵长类动物对 TTV 感染也比较敏感。日本 Okamoto 等报道，在黑猩猩、猴及日本短尾猿也发现了 TTV，分别进行了其 DNA 序列研究，具有相似的两个 ORF1 和 ORF2 开放读码框架，在非编码区具有两组相同的 15 个核苷酸序列，为进一步研究 TTV 的特性及演变关系提供了依据。Inami 报告从非洲西部产的黑猩猩上也发现 TTV，核苷酸序列研究，同样有 ORF1 及 ORF2 两个开放读码框，种系生物分析证实与人 TTV 有明显区别，取名为 S - TTV，从而提示代表了一种像 TTV 一样的新 TTV。

Noppornpanth S 等采用 PCR 方法对 67 头长臂猿的血清样品进行了 TTV 病原学检测，结果检出 9 头阳性，阳性率为 13. 4%。对其中 6 头阳性样品进行了基因测序和遗传发生树分析，结果表明长臂猿的 TTV 与泰国人群中的 TTV 高度同源，而与黑猩猩 TTV 毒株的亲缘关系遥远。Cat roxo M H B 等采用套式 PCR 2U TR 对巴西的灵长类动物的 TTV 感染状况进行了研究。结果从 75 只卷尾猴中检出

TTV 阳性 4 只，阳性率为 5. 3%；5 只褐吼猴中检出阳性 2 只，阳性率 40%；5 只黑吼猴中检出阳性 1 只，阳性率 20%；19 只黑耳狨猴中检出阳性 2 只，阳性率 5. 2%；25 只狨猴中检出阳性 1 只，阳性率 4%；5 只松鼠猴中检出阳性 1 只，阳性率 20%；4 只金头狮面狨中检出阳性 1 只，阳性率 25%。

至今为止，在猪体内有两种明显不同的 TTV 基因型被证实，分别是基因 1 型和基因 2 型（ TTV1 和 TTV2），但迄今其与猪任何已知疾病无明显关联。猪 TTV 的两种基因型已经在猪血清、血浆、精液、粪便、鼻腔和直肠棉拭中被检测到。TTV 在猪群中广泛传播，粪—口途径被认为是病毒传播的主要途径。Segales J 等对 1985—2005 年从 99 个不同农场采集的 162 份血清进行了 TTV 追溯调查，采用 PCR 和基因序列分析技术检测猪群中 TTV 感染和分型情况，结果在所有检测年份均检出 TTV，生产母猪 TTV1 感染率 34. 2%，肉猪为 30. 9%；TTV2 感染率分别为 46. 6%和 62. 8%；TTV1 和 TTV2 共感染则分别为 19. 8%和 24. 5%。血清的 TTV 追溯调查表明，TTV1 和 TTV2 至少在 1985 年就已经在西班牙猪场存在，几乎每年都发现有阳性病例，母猪的感染率略高于保育/育肥猪群，然而系统进化分析显示随着时间的推移，两种病毒基因型的比例无显著变化。TakacsM 等对匈牙利 82 头成年猪和 44 头断奶仔猪进行了 TTV 检测，结果检出的阳性率分别为 30%和 73%。McKe2own N E 等对来自 5 个国家 6 个地区的猪源 TTV 毒株进行了序列分析。经 PCR 检测，来自于不同地区的猪血清样品总阳性率 66.2% (102/154)，其中美国 33%、泰国 40%、加拿大安大略省 46%、中国 80%、韩国 85%、西班牙 90%、加拿大魁北克和萨斯喀彻温省 100%。对其中的 40 份 TTV 分离毒株进行基因测序，不同地区 TTV 毒株相互间核酸序列同源性达 86%～100%，与日本 TTV 原始毒株 sd2TTV31 同源性达 90%～97%。MartelliF 等采用 PCR 对意大利 10 个猪场的 179 头健康猪血样进行 TTV 检测，结果从 8 个猪场检出 40 份阳性，阳性率 24%，其中育肥肉猪群阳性率高达 40.1%，分娩 2 育肥猪群阳性率为 11%。育肥肉猪群中，断奶保育猪阳性率 57.4%，而育肥猪 22.9%。Martinez L 等对欧洲野猪中的 TTV 感染状况进行了调查，采用套式 PCR 方法，对来自于西班牙不同地区、不同管理方式、不同性别和年龄的 178 头野猪血样进行了 TTV 检测，结果总阳性率为 84%，其中 TTV1 和 TTV2 阳性率分别为 58%和 66%，TTV2 阳性集中在篱笆圈养野猪、仔猪和母猪。经基因测序，表明野猪 TTV 与家猪 TTV 高度同源。Kekarainen T 等采用套式 PCR 对公猪精液和血清样品进行了 TTV 检测，结果血清中阳性率为 74%，而精液中阳性率为 72%。TTV 感染精液在质量、数量等参数上未见异常，但 TTV 高阳性率精液通过性接触有助于病毒传播，不过尚无证据表明 TTV 对母猪生殖道的影响。Kekarainen T 等采用 PCR 方法，对西班牙感染断奶仔猪多系统衰竭综合征（PMWS）的猪群和未感染断奶仔猪多系统衰竭综合征的猪群血样进行了 TTV 检测，结果断奶仔猪多系统衰竭综合征感染猪群的 TTV 阳性率为 97%，而未感染猪群为 78%，但 TTV 是否在断奶仔猪多系统衰竭综合征中起了协同作用尚不清楚。其中 TTV2 阳性率差异悬殊，分别为 97%和 72%，而 TTV1 阳性率无显著差异。BrassardJ 等采用分子生物学手段对加拿大牛的 TTV 感染状况进行了调查，经 PCR 测定，证实牛群血清样品中 TTV 阳性率为 1.1%。

二、病　　原

1. 分类地位　TTV 是一种无囊膜的单股环状负链的球形 DNA 病毒，目前归类于圆环病毒科 (Circoviridae)、指环病毒属（ Anellovirus)，直径为 30～32 nm，在蔗糖中浮力密度为 1. 26g/ cm^3，在氯化铯中浮力密度为 1. 31～1. 35g/cm^3。TTV 基因组长 3. 6～3. 8 kb，由 3 852 个碱基组成，分为编码区和非编码区（UTR）两部分，非编码区特定区域内核酸序列十分保守，此区域可能与病毒的复制及蛋白质的表达有关。TTV 编码区由 6 个开放阅读框架（ORF1～ORF6）组成，其中 ORF1 和 ORF2 相对研究得已经比较清楚，ORF1 位于该基因组的 589～2 898 位核苷酸，编码 770 个氨基酸，具高度亲水性；ORF2 位于 107～712 位核苷酸，编码 202 个氨基酸，可能为病毒的非结构蛋白。

2. 形态学基本特征与培养特性　TTV 是无囊膜的球形病毒，直径为 30～32 nm，目前还没有合适的体外培养系统。

3. 理化特性　Makoto Mayumi 等证实，TTV 对 DNase I 敏感，抗 RNase A，TTV DNA 在蔗糖中浮密度为 1.26g/cm^3，在氯化铯中的浮密度为 1.31～1.35g/cm^3，均高于乙型肝炎病毒的浮密度。TTV 感染者血清 TTV DNA 滴度为 50～50 000 拷贝/mL，比其他一些经血传播的 DNA 病毒，如乙型肝炎病毒及微小病毒 B19 低。采用病毒灭活程序可使凝血因子中 TTV DNA 的检出率下降，用巴氏消毒法比化学消毒法灭活效果更显著。

4. 分子生物学　TTV 基因组为单股环状负链 DNA，长 3.6～3.8 kb，由 3 852 个碱基组成，分为编码区和非编码区（U TR）两部分，非编码区特定区域内核酸序列十分保守，此区域可能与病毒的复制及蛋白质的表达有关。TTV 编码区由 6 个开放阅读框架（ORF1～ORF6）组成，其中 ORF1 和 ORF2 相对研究得已经比较清楚，ORF1 位于该基因组的 589～2 898 位核苷酸，编码 770 个氨基酸，具高度亲水性；ORF2 位于 107～712 位核苷酸，编码 202 个氨基酸，可能为病毒的非结构蛋白。

TTV 基因组 DNA 呈高度的异质性，不同国家以及同一国家不同地区的 TTV 阳性检出率呈现显著差异。有学者根据 ORF1 的全核酸序列差异，将不同的变异株分为 5 大基因群 39 种基因型，其中基因 1 型最具优势。经遗传发生树分析，16 个病毒基因型间存在 30%的核苷酸序列差异。虽然 TTV 各基因群间核苷酸异质性大于 30%～40%，但是不同基因群的基因组基本结构却十分保守。

三、流行病学

1. 传播途径　TTV 主要经血液传播，暴露血液的人群（如职业供血员、静脉药瘾者、血液透析和输血病人等）TTV DNA 阳性率明显高于一般人群。TTV 的性传播可能不起主要作用。TTV 不仅可以通过输血传播，而且还可以通过母婴垂直传播。郑氏等对 1 例感染 TTV 的孕妇引产的胎儿的血液进行检测，发现 TTV DNA 阳性，经过 DNA 测序，与母体感染的 TTV 一致，在国内首次确证了 TTV 的宫内母婴传播现象。TTV 的传播不仅限于输血、血液制品和母婴传播，日常生活接触极有可能是 TTV 传播的重要途径，是造成人群高比例携带的原因。

2. 易感动物

（1）实验动物　Tawara A 等将取自于 TTV 急性感染病人的血清和粪便上清液，以静脉注射途径接种 2 只黑猩猩，采用 PCR 试验检测 TTV 感染状况，结果接种 0. 5 mL 血清的黑猩猩于接种后 5～15 周检出 TTV 阳性，于 12～13 周达到峰值；接种 1mL 粪便上清液的黑猩猩于接种后 7～19 周检出 TTV 阳性，于 14～16 周达到峰值。Xiao H 等采用 DNA 探针技术对 5 只人工感染 TTV 的恒河猴的组织样品进行了检测，结果从所有试验猴的肝脏、小肠和骨髓中均检出 TTV 阳性，其他组织未检出。Luo K 等将 TTV 感染病人的粪便过滤液分别以口服途径和静脉注射途径各接种 3 只恒河猴，采用 PCR 方法检测血样和粪便的 TTV 感染状况，结果静脉注射组于接种后 4～7 天产生病毒血症，而口服组为 7～10 天，粪便排毒时间与病毒血症大致相同。

我国军事医学科学院的王海涛用猕猴感染 TTV DNA，虽然猕猴肝炎症状不明显，但感染 6 个月后，从处死的猕猴体内分离到了 TTV 病毒株。广西谢志春等用 TTV 感染成年树鼩，结果 50%（2/4）血清 ALT 异常升高，肝组织有炎症表现，同时血清及肝组织均检出了 TTV DNA，故认为，树鼩对 TTV 敏感，有望成为 TTV 的动物模型。范薇等用恒河猴研究认为：其自身无 TTV 的自然感染，试验感染 TTV 的成功率为 40%，可作为 TTV 研究的动物模型。

ViazovS O 等将携有 TTV DNA 的人混合血清以静脉注射途径接种鼠，然后每 10 天观察并采集血样和不同组织器官，以 PCR 方法检测 TTV 核酸。接种 20 天后在试验鼠的血样、肝脏、肾脏和其他器官均能检出病毒，并能持续 80 天病毒阳性。结果表明，鼠具有感染 TTV 的可能性。

（2）易感人群　从现有资料分析显示，TTV 呈全球分布，不分民族、性别，人群普遍易感。

3. 流行特征　现有资料表明，TTV 分布甚为广泛。尽管各国对不同类型肝炎患者、高危人群、普通人群的研究结果有所不同，但都认为 TTV 感染率较高。如 Okamato 对慢性非甲非戊型肝炎、暴发性非甲非戊型肝炎、慢性肝炎、肝硬化、肝癌、血友病患者及静脉毒瘾者、供血员的 TTV 检出率分别为 46%、47%、47%、48%、39%、46%、40%和 12%。英国慢性肝病、自限性丙型肝炎病毒感染者及正常人群血清 TTV DNA 阳性率分别为 25%、12%和 10%。我国普通人群、职业供血员、静脉毒瘾者及非甲非庚型肝炎患者血清 TTV DNA 阳性率分别为 7. 8%、9%、42%和 48%，在乙型与丙型肝炎患者分别为 22%和 27%。

四、临床症状

目前无确切依据证实 TTV 感染与人和动物的特定疾病间存在明显关联，不少学者认为 TTV 无致病性，是因为 TTV 和宿主之间的相互适应需要很长时间，或者是 TTV 缺乏特异性细胞受体结合位点，因此将 TTV 称为“无害病毒”或“天真的旁观病毒”。

TTV 在肝炎病人的肝病进程中起了怎样的作用，目前尚未有确切依据。绝大多数 TTV 感染者都表现为无症状的携带者，无明显的肝炎生化值改变，肝穿刺活检亦无明显病理变化。由于流行病学、临床资料及动物试验均不支持 TTV 的致病作用，因此有学者提出 TTV 可能为人体的“正常病毒群”，在一定的条件下对人有益无害。

五、病理变化

陈永鹏等报道，44 例不明原因肝炎患者血清中检出 TTV，对 3 例肝活检显示肝细胞轻度肿胀，气球样变，散在灶状坏死，可见汇管区单核细胞浸润。郎振力等报道，对 11 例单纯 TTV 感染的临床病理检查：TTV 主要定位于肝细胞核内，发现肝细胞浆疏松化，嗜酸性变，凋亡小体或灶性坏死病变，有不同程度的肝功能异常，对部分病例随访 1 年，肝功能及病理仍有异常，支持 TTV 感染具有嗜肝性及致病性。2000 年国内学者还发现 TTV 存在于小肠上皮细胞并在其细胞中复制。Deng 等报道，TTV 复制不仅在肝脏，也在其他组织，如咽组织或唾液腺。西班牙 Lopez - Alcorocho 等报道，在外周血单核细胞（PBMC）中也能检出 TTV ，TTV 主要在肝脏中复制，也能感染外周血单核细胞，血清 TTV 滴度不但与肝有关，还与 PBMC 有关。Moriyama 等报道，对 180 例合并或不合并 TTV 感染的慢性丙肝或肝硬化病人进行肝组织检查结果，TTV 阳性率为 34. 4%（64/ 180），TTV 阳性病人与 TTV 阴性病人比较，除部分病例有不规则的肝细胞再生外无其他明显区别，同时发现肝硬化达 4 级合并 TTV 阳性病例肝细胞不规则再生程度明显高于 TTV 阴性的病例，TTV 可能对丙肝引起肝硬化达 4 级的病人，有使肝细胞癌变的危险因素。然而，也有学者报道 TTV 无致病性，Naoumov 等报道，大多数 TTV 病例肝脏无明显生化或组织学改变，从而认为 TTV 可能与 HGV 相似是一种与疾病无关的人类病毒。张军等报道，对闽南地区各型肝炎患者、义务献血员和肝癌患者 480 例检测，TTV 阳性率 23. 96%，各型肝炎患者 TTV 占 23. 34% ，肝癌患者 TTV 为 23. 90% ，健康者 TTV 为 24. 8% ，义务献血员 TTV 为 30% ，均无明显差别，未见 TTV 感染与肝炎的明显相关性。因此，可以肯定 TTV 存在于肝、血液、乳汁、唾液、粪便中，并在肝、外周单核细胞、小肠上皮细胞中复制，是否还存在于其他脏器、体液及其他复制场所，尚需要进一步扩大研究范围。

六、诊　　断

1. 病毒分离与鉴定　目前还没有明确的 TTV 培养分离体系。

2. 血清学试验　血清 PCR 虽然是检测 TTV 感染的主要手段，但 PCR 受实验条件、费用高、假阳性率高等因素的限制，不宜推广。而且，检测 DNA 只能反映病毒血症时期的感染，而不能反映人群中 TTV 感染全貌，即不能反映 TTV 的感染谱，且无法判断机体对病毒的免疫，对既往感染也无能为力。Catherine 等第一个报道了 TTV 的血清学检测方法，可弥补 PCR 法的缺点。利用 TTV ORF1 的 C2 末端序列构建 TTV 重组蛋白，通过免疫印迹法来检测人血清中 TTV 的抗体。随后，国内学者在此基础上以原核表达的 TTV ORF2 蛋白为抗原，建立了 EL ISA，该方法简便，提高了 TTV 检测的稳定性和重复性，适用于大规模血清流行病学调查。但由于 TTV 具有高度基因变异性，不同基因亚型抗体间存在交叉反应，所以结果与基因分型并不完全一致。用它对基因变异进行分析时准确率较低，不能完全反映体内基因变异情况。而且可因不同基因表达产物而敏感性不同。为降低 EL ISA 的漏检率，可能需要更广泛的抗原包被。有些核酸阳性者因病毒量较少，不足以刺激免疫系统发生免疫应答而产生抗体；或因为感染时间较短尚未产生抗体均可造成 EL ISA 结果与 PCR 检测结果不一致。

3. 组织病理学诊断　Naoumov 对 24 例血清 TTV DNA 阳性者进行肝功能和肝组织学检查，结果 14 例肝功能正常（58%），其中有 10 例无明显肝损害表现，其中 4 例无炎性表现，6 例有轻微的汇管区炎症，但没有界面肝炎的表现。骆抗先等对一起肠道传播的疑为 TTV 引起的流行中的患者进行临床和病理研究，认为此型肝炎与甲型、戊型肝炎明显不同，其特点是：症状轻，黄疸罕见，部分病人血小板轻微降低，以单项 AL T 轻、中度增高为主要表现，肝组织象见肝细胞肿胀、淋巴细胞浸润、散在点状坏死和个别的坏死灶。肝组织学以汇管区炎和反应炎为主。

4. 分子生物学诊断　TTV DNA 的检测主要依赖 PCR 技术。PCR 方法检测的特异性非常高，可作为 TTV 检测的金指标，但仍然存在漏检率。PCR 引物的位置和 DNA 提取效果对其检验结果影响极大。1997 年，日本学者 Nishizawa 等根据 N22 基因序列首次将巢式聚合酶链反应（nested - PCR）用于检测 TTV。N22 PCR 引物位于核酸序列高度变异的 ORF1 区中，只能检测到以 TA278 为代表的第 1 基因群的变异株，其结果不能反映人群实际的感染水平。利用 ORF2 上游核酸序列相当保守的非编码区（Unt ranslated region，UTR）建立的 U TRPCR 则可检测目前已知不同的基因群及基因型的变异株，其检出率大大高于用 N22 PCR 所得的结果。这也能解释为什么许多文献报道中同一地区 TTV 感染率相差甚远。最近，有学者将核酸自动抽提技术 MagNA Pure LC system 和实时荧光 PCR 技术结合起来可相对定量检测血清中的 TTV 病毒水平，此方法快速简便（总共只需 3h 左右），降低了人工操作带来的污染，提高了 PCR 扩增的特异性和检测灵敏度，能定量、动态观察 TTV 的水平变化，适宜于临床样本中 TTV 的常规检测。

七、防治措施

松本尚志对 36 例重叠感染 TTV 丙型慢性肝炎患者行 α2 干扰素（α2IFN）治疗，发现 IFN 治疗后 TTV 比 HCV 的持续阴转率高，考虑可能与其血中浓度较 HCV 低有关，虽然疗效良好者多系 TTV 低水平者（$<2.0\times10^3$ 拷贝/mL），但低水平病例亦有无效者，故亦考虑如 HCV 一样，IFN 敏感性也可能与 TTV 基因型有关。有报道，拉米夫定对 TTV 感染有一定疗效。该研究共纳入 23 例慢性乙型肝炎患者，其中 15 例 TTV 阳性，所有患者均接受拉米夫定每天 100mg，疗程至少持续 5 年，治疗期间 88.1%患者 TTV2DNA 转阴。有关 TTV 治疗的报道不多，尚有待于临床资料的进一步累积。

（李晓波）

参考文献

姜海燕，关伟君，蒋宏伟. 2007. TTV 病毒的研究现状 [J]. 中国社区医师，10：4.

李俊，时建立，刘洋，等. 2011. 山东省猪群 TTV 感染情况及分子流行病学分析 [J]. 中国动物检疫，28 (1)：65-67.

李阳，肖洁. 2006. TTV 检测方法研究进展 [J]. 重庆医学，35 (18)：1718-1720.

罗红林，刁仁联，朱阳泉，等. 2007. ELISA 和 PCR 两种方法检测 TTV 感染的结果比较 [J]. 实用医技杂志，14 (32)：4452-4453.

孙泉云，李凯航，鞠龚讷. 2009. 上海地区猪和奶牛血清中 TTV (Torque Teno virus) 感染的检测 [J]. 中国动物传染病学报，17 (2) ：78-81.

孙泉云，沈素芳，汤赛冬，等. 2009. Torque Teno 病毒感染研究进展 [J]. 动物医学进展，30 (5)：90-93.

肖红，骆抗先，胡章勇，等. 2001. TTV 在恒河猴实验感染的初步研究 [J]. 解放军医学杂志，26 (6)：435-437.

杨和平，李永录．2001. TTV 流行病学和致病性的研究进展 [J]．解放军预防医学杂志，19 (6)：456 -458.
叶巍，熊思东．2001. TTV 的分子生物学特性及其致病性研究进展 [J]．国外医学分子生物学分册，23 (2)：109 -111.
周祖木．2002. TTV 母婴传播研究进展 [J]．微生物学免疫学进展，30 (3)：71 - 72.
Anne - Lie BlomstrÖm，Sándor Belák，Caroline Fossumc，et al. 2010. Studies of porcine circovirus type 2，porcine boca - like virus and torque teno virusindicate the presence of multiple viral infections in postweaning multisystemicwasting syndrome pigs [J]．Virus Research，152：59 - 64.
Bozidar Savic，Vesna Milicevic，Jovan Bojkovski. 2010. Detection rates of the swine torque teno viruses (TTVs)，porcine circovirus type 2 (PCV2) and hepatitis E virus (HEV) in the livers of pigs with hepatitis [J]．Vet Res Commun.，34：641 - 648.
C X Zhu，T L Shan，L Cui，et al. 2011. Molecular detection and sequence analysis of feline Torque teno virus (TTV) in China [J]．Virus Research，156：13 - 16.
D Yzebe，S Xueref，D Baratin，et al. 2002. TT virus [J]．Panminerva Med.，44：167 -177.
F Maggi，M Bendinelli. 2009. Immunobiology of the Torque Teno Virusesand Other Anelloviruses. *TT Viruses*：*The Still Elusive Human Pathogens* [M]．Springer Verlag Berlin Heidelberg：65 - 90.
H Okamoto. 2009. History of Discoveries and Pathogenicityof TT Viruses. *TT Viruses*：*The Still Elusive Human Pathogens* [M]．Springer Verlag BerlinHeidelberg：1 - 20.
H Okamoto. 2009. TT Viruses in Animals. *TT Viruses*：*The Still Elusive Human Pathogens* [M]．Springer Verlag Berlin Heidelberg：35 - 52.
J Brassard，M - J Gagne′，A Houde，et al. 2009. Development of a real - time TaqMan PCR assay for thedetection of porcine and bovine Torque teno virus [J]．Journal of Applied Microbiology，108：2191 - 2198.
J - P Allain，I Thomas，S Sauleda. 2002. Nucleic acid testing for emerging viral infections [J]．Transfusion Medicine，12：275 - 283.
L Kakkola，K Hedman，J Qiu，et al. 2009. *TT Viruses*：*The Still Elusive Human Pathogens* [M]．Springer Verlag Berlin Heidelberg：53 - 64.
L Martínez - Guinó，T Kekarainen，J Maldonado，et al. 2010. Torque teno sus virus (TTV) detection in aborted andslaughterhouse collected fetuses [J]．Theriogenology，74：277 - 281.
Linda Scobie，Yasuhiro Takeuchi. 2009. Porcine endogenous retrovirus and other virusesin xenotransplantation [J]．Current Opinion in Organ Transplantation，14：175 - 179.
Mauro Bendinelli，Mauro Pistello，Fabrizio Maggi，et al. 2001. Molecular Properties，Biology，and Clinical Implications of TT Virus，a Recently Identified Widespread Infectious Agent of Humans [J]．CLINICAL MICROBIOLOGY，14 (1)：98 - 113.
Nikolai V Naoumov. 2000. TT virus - highly prevalent，but still in search of a disease [J]．Journal of Hepatology，33：157 - 159.
P Biagini. 2009. Classification of TTV and Related Viruses (Anelloviruses)．*TT Viruses*：*The Still Elusive Human Pathogens* [M]．Springer Verlag Berlin Heidelberg：21 - 33.
Peter Simmonds. 2002. TT virus infection：a novel virus - host relationship [J]．J. Med. Microbiol，51：455 - 458.
Priya Abraham. 2005. TT viruses：How much do we know? [J]．Indian J Med Res.，122：7 - 10.
Ritterbusch G A，Rocha C A，Mores N，et al. 2011. Natural co - infection of torque teno virus and porcine circovirus 2 in the reproductive apparatus ofswine [J]．Res. Vet. Sci.，92 (3)：519 - 523.
S Hino A A. 2009. Prasetyo. Relationship of Torque Teno Virus to ChickenAnemia Virus. *TT Viruses*：*The Still Elusive Human Pathogens* [M]．Springer Verlag Berlin Heidelberg：117 - 130.
Shigeo Hino，Hironori Miyata. 2007. Torque teno virus (TTV)：current status [J]．Rev. Med. Virol.，17：45 - 57.
Sung - seok Lee，Sunwoo Sunyoung，Hokyung Jung. 2010. Quantitative detection of porcine Torque teno virus in Porcine circovirus - 2 - negative andPorcine circovirus - associated disease - affected pigs [J]．J Vet Diagn Invest.，22：261 -264.
Tuija Kekarainen，Joaquim Segale′s. 2009. Torque teno virus infection in the pig and its potential role as a modelof human

infection [J]. The Veterinary Journal, 180: 163 - 168.

Y W Huang, B A Dryman, K K Harrall, et al. 2010. Development of SYBR green - based real - time PCR and duplex nested PCR assaysfor quantitation and differential detection of species - or type - specific porcineTorque teno viruses [J]. Journal of Virological Methods, 170: 140 - 146.

Zhu C X, Cui L, Shan T L, et al. 2010. Porcine torque teno virus infections in China [J]. Journal of Clinical Virology, 48: 296 - 298.

第十章
反转录病毒科病毒所致疾病

第一节　小鼠乳腺瘤
(Murine mammary tumor)

小鼠乳腺瘤（Murine mammary tumor）是由小鼠乳腺瘤病毒引起的发生于小鼠乳腺的肿瘤性疾病。根据其组织学特征，可分为腺癌、腺角化癌和癌肉瘤等类型。它是目前研究最为广泛的肿瘤之一。

一、发生与分布

1936年Bittner首次从小鼠分离到小鼠乳腺瘤病毒，之后分离到的毒株包括Muhlbock株、Van Leeuwehock株、Nandi（NIV）株和Timmermans株等，目前我国尚未见有小鼠乳腺瘤病毒的研究报道。

现有研究发现小鼠乳腺瘤病毒不仅存在于小鼠，还出现在其他物种，报道在人及恒河猴、猫、犬、马等动物中均发现与小鼠乳腺瘤病毒核酸序列高度同源的序列。

Rongey等（1973，1975）用电镜法检测野生小鼠中小鼠乳腺瘤病毒的感染情况，结果60%（25/43）的雌性小鼠乳腺组织中存在小鼠乳腺瘤病毒，58%（7/12）的乳汁中含有小鼠乳腺瘤病毒，而脾脏中未观察到小鼠乳腺瘤病毒存在（0/35）；22%（6/27）孕鼠颌下腺样本中检测到小鼠乳腺瘤病毒，而未孕雌鼠（0/7）和正常雄性（0/14）小鼠中未发现小鼠乳腺瘤病毒颗粒。

Faedo等（2007）对2003—2004年在澳大利亚西北部捕获的野生小鼠的唾液腺和乳腺样本进行检测，结果显示小鼠乳腺瘤病毒env基因在唾液腺和乳腺的检出率分别是97%（60/62）和100%（19/19），在该地区呈地方流行，感染率并无年龄、性别差异，与美国、欧洲分离株及人小鼠乳腺瘤病毒样序列比较差异不大。

内生性小鼠乳腺瘤病毒前病毒在世界各地野生小鼠中广泛存在，美国、摩洛哥、捷克、丹麦和西班牙等国家和地区均有报道。Imai等（1994）报道了亚洲地区野生小鼠小鼠乳腺瘤病毒的感染情况，捕获的小鼠来自亚洲的八个地区，包括印度尼西亚、马来西亚、韩国、日本及我国的台湾、上海、北京和嘉峪关等地，对捕获的小鼠近亲繁殖几代后用Souther blot杂交技术检测小鼠中的内源性小鼠乳腺瘤病毒前病毒，结果表明印度尼西亚、马来西亚和我国台湾的小鼠繁殖的后代中存在包含env，gag-pol和LTR序列的小鼠乳腺瘤病毒前病毒，而韩国、日本和中国小鼠后代中存在不完整的小鼠乳腺瘤病毒前病毒，并发现两个分别来自我国台湾（Cas-Hmi/2）和嘉峪关（Sub-Jyg/2）的子代小鼠品系中完全不含有小鼠乳腺瘤病毒前病毒。

二、病　　原

1. 分类地位　小鼠乳腺瘤病毒（*Murine mammary tumor virus*，MMTV）在分类上属反转录病毒科、正反转录病毒亚科、乙型反转录病毒属。

2. 形态学基本特征与培养特性　电镜下，成熟的B型粒子呈球形，直径100～105nm，具有偏心的电子致密的类核体，类核体直径约 35nm，由一层薄膜包围着。病毒粒子的外部囊膜为双层结构。这种粒子的形态是小鼠乳腺瘤病毒的典型形态。A 型粒子及 B 型粒子的前身，为具有双层膜的圈状粒子，直径 65～75nm，中心透明。成堆或分散地存在于细胞浆中。

小鼠乳腺瘤病毒体外培养较为困难，但从乳腺肿瘤获得的继代细胞培养物，在其细胞内含有前病毒 DNA，并可在一定条件下产生完整病毒。

3. 理化特性　在乳汁或感染鼠组织提取物中存在的小鼠乳腺瘤病毒可被胰酶或 56℃ 30min 灭活。病毒在－20℃以下可长期保存。

4. 分子生物学　小鼠乳腺瘤病毒是一典型的逆转录病毒，含 8.5kb 的 RNA 基因组。在逆转录过程中，前病毒 DNA 末端两侧各产生一个 LTR（long termimal repeat），在 LTR 之间，外壳抗原（gag）、蛋白酶（protease）、多聚酶（pol）和衣壳蛋白（env）由 DNA 序列作稍微的交叠后编码而成。在 5'-LTR 的 U5 区，可启动 mRNA 的转录，全段的 mRNA 翻译出 gag 蛋白、蛋白酶和 pol，这些蛋白质由 3 个不同的 RF（reading frame）及两个 FS（frame shifts）编码。蛋白酶和 pol 都在一些 gag-多聚蛋白的 COO—末端区域内。RF 在柄环结构或 ψ 结上的不同拼接而频繁的发生变化，若与 gag 蛋白表达量相比，该变化使蛋白酶表达量下降为原来的 1/4、pol 酶下降为 1/20 倍。Env 蛋白从 3.6kb mRNA 中翻译而来，该 mRNA 与全长 RNA 在同一位点上启动，但已拼接出 gag 蛋白、蛋白酶和 pol 区域。小鼠乳腺瘤病毒 LTR 的 U3 区比别的逆转录病毒要长得多，它包含一个转录调节元件的复合位点，其中有类固醇激素反应元件。小鼠乳腺瘤病毒的 3'-LTR 有一个 ORF，其 5'-LTR 端在不同的 RF 中与 env 基因 3'末端相互交叠，且编码超抗原。

5. 致病机理　国外研究已证实，小鼠乳腺瘤病毒本身并不具有致癌基因，但是它可以嵌入已知的原癌基因从而导致增量调节和肿瘤的发生。且小鼠乳腺瘤病毒在乳腺癌中表达受到激素水平过高的影响，雌激素和孕激素均可激活病毒转录。

三、流行病学

1. 传染来源　感染小鼠乳腺瘤病毒的母鼠可通过含毒乳汁将病毒传给后代，是小鼠乳腺瘤病毒的主要传染源。

2. 传播途径　通过含病毒的乳汁传播可产生有效的感染，病毒在乳汁中的含量高达 10^{10}～10^{12} 拷贝/mL。也有通过咬伤进行传播的报道，病毒是否能够经过精液传播还不清楚。最近有关人和猴感染小鼠乳腺瘤病毒的情况也有报道。

3. 易感动物

（1）自然宿主　小鼠乳腺瘤病毒自然宿主是小鼠，包括野生小鼠和实验小鼠均有较高的感染率。

（2）易感人群　1971 年，Moore 等在人乳汁中发现了与小鼠乳腺瘤病毒形态相似的病毒颗粒。同年，schlom 等证实该病毒颗粒具备 RNA 依赖的 DNA 多聚酶活性，即提示该病毒颗粒可能是一种具备致癌作用的逆转录病毒。

1995 年，纽约 Mount Sina 医学院研究小组的 WangY. 等通过对与小鼠乳腺瘤病毒相似的基因序列的研究，用 PCR 方法证实了一段 660bp 且与小鼠乳腺瘤病毒具有 95%以上相似性的基因序列。这段序列与小鼠乳腺瘤病毒 env 基因序列具有 95%～98%的相似性，而与 HERVs 等已知的人逆转录病毒序列以及其他人类病毒的基因序列的相似性＜18%。通过在新鲜或冰冻人乳腺癌组织标本的 DNA 中检测该序列和在石蜡切片中检测 660bp 中的 250bp 基因序列发现，660bp 序列存在于 38.5%（121/314）的乳腺癌标本中，250bp 序列也在 39.7%（60/151）的乳腺癌石蜡切片标本中被检测到，而在正常乳腺组织、其他正常器官组织以及其他肿瘤组织中几乎未发现阳性结果。1998 年，为了进一步研究此序列的意义以及它与乳腺癌发病的关系，逆转录 PCR（RT-PCR）技术被应用于研究该序列在乳腺肿瘤、正常乳腺组织以及乳腺癌细胞系中表达与否。结果证实，66%的阳性序列的乳腺肿瘤中检测到与 660bp 序列对应的 mRNA，在正常乳腺组织和阴性序列的肿瘤中结果相反；而 254bp 序列在所有阳性序列的乳腺肿瘤细胞系中都有所表达。这项研究说明了该序列并非无功能，而其表达的产物可能与乳腺癌的发生存在着重要联系。2001 年，该学院的 Melaba 等用同样的方法对同一个体的乳腺癌标本以及正常乳腺组织进行研究，结果表明该序列存在于 30%的乳腺癌样本中，而仅存在于不到 1%（1/106）的正常组织中。从而进一步证实了该序列并非来自于上一代的遗传，而是来自于外源性的途径。2003 年，澳大利亚新南威尔士大学的 Ford 等通过 PCR 技术，在澳大利亚白种妇女的乳腺癌样本中发现达 42%的样本小鼠乳腺瘤病毒基因序列表达阳性，与之相比，只有不到 2%的正常乳房组织样本存在该序列。随后，相继有该序列在其他国家人群中阳性率的报道。2004 年，罗婷对 20 例中国乳腺癌组织进行了该序列的检测，结果显示 2 例阳性结果，阳性率为 10%，随后又在 83 例乳腺浸润性导管癌组织标本中检测到 12 例小鼠乳腺瘤病毒序列阳性。

在对不同地区野生小鼠种群的研究中发现，*Mus domesticus*（一种野生小鼠种群）的分布区，人乳腺癌的发病率也相对于其他野生小鼠分布区高，Ford（2004）和 Johal（2011）先后报道从健康哺乳期妇女乳汁中检测到小鼠乳腺瘤病毒样序列，在与人接触密切的动物犬和猫中也发现了小鼠乳腺瘤病毒样序列，这些都从侧面说明人乳腺癌中的小鼠乳腺瘤病毒序列有可能来自外界的感染。

虽然从未有非常直接的证据证明人乳腺癌中肿瘤病毒的存在，但随着小鼠乳腺瘤病毒序列阳性率报道的逐渐增多，关于其作用机制、作用特点以及与各类乳腺癌相关指标之间的关系的研究也逐步成为研究的新重点。

4. 流行特征 小鼠乳腺瘤病毒存在于乳腺瘤发病率高的小鼠品系，即“高癌系”小鼠的组织中，特别是在乳房组织和乳汁中大量存在。病毒在乳腺中增殖并经乳汁排出。成年母鼠可长期带毒，但乳腺瘤的发生率取决于小鼠的品系、年龄以及激素对乳腺的刺激等因素。乳鼠在经口或非肠道途径注入病毒时，均可被感染，多于 180 天至 2 年发生肿瘤。成年鼠对该病毒有一定的抵抗力。带毒雄鼠精液中含有病毒，可通过交配将病毒传递给母鼠。血清学试验表明，同笼饲养的新生小鼠之间可发生水平感染。

当哺乳小鼠吸吮“高癌系”母鼠的乳汁时，常可发生感染。鼠胚在子宫内通常不发生感染。如果以剖腹产方式将胚胎从子宫内取出，交给“低癌系”母鼠哺乳，即使发生肿瘤，其发病率也较低；反之，将“低癌系”的新生乳鼠交给“高癌系”的母鼠哺育，发病率明显提高。

应用化学致癌剂处理某些原本认为没有小鼠乳腺瘤病毒的小鼠，常可诱导产生具有高致癌性的小鼠乳腺瘤病毒。由此推测，某些小鼠的遗传基因中含有以“前病毒”形式存在的小鼠乳腺瘤病毒。在正常条件下，前病毒的转录可能处于抑制状态，而致癌药的使用可引起短暂的或永久的去抑制，使病毒得以增殖。

四、病理变化

1. 大体解剖观察 由于雌鼠的乳腺分布广泛，从颈部至下腹部，以及大半个背部都有乳腺，因此，肿瘤在体表各处的皮下组织中都可发生。肿瘤呈圆形、卵圆形或粗糙的结节状，分界明显，与周围组织易分离，切面呈灰白色、质软，可见充满血液的囊腔，肿瘤中央常发生坏死。

2. 组织病理学观察 Dunn 等人根据组织学特征将小鼠乳腺瘤分为腺癌、腺角化癌和癌肉瘤等几种病型。

（1）腺癌 A 型 曾用名乳腺腺瘤、腺泡状癌、小导管癌等。它由一致的小的腺泡或腺管所构成，在腺泡或腺管腔内覆盖着单层立方上皮细胞。这种肿瘤易转移、易接种，并可长期保持腺瘤样形态。此型是 C3H 品系小鼠接种小鼠乳腺瘤病毒后出现的特征性肿瘤。

（2）腺癌 B 型 曾用名单纯癌、乳头状囊腺癌、导管内癌、易变性肿瘤等。它由不同排列的腺上皮所构成，以形态多样化为特征。可见类似 A 型的病变，也有充满血液的囊肿，腔内有乳头状突出的细胞。有的肿瘤细胞排列成不规则的条索状、管状或薄片状，而不出现腺体结构，此乃恶性化的一种表现。

（3）腺角化癌 曾用名角化乳腺肿瘤、腺鳞状癌、腺类癌等。任何一种类型的乳腺癌都有复层扁平上皮细胞的病变，但只有这种改变占 1/4 以上时，才可确诊为腺角化癌。

（4）癌肉瘤　曾用名未分化癌、混合癌、菱形细胞结构癌等。此型肿瘤是在不规则的上皮细胞癌巢之间，混杂着类似纤维母细胞样的纺锤形细胞。这两种成分都有很多核分裂相。此型肿瘤多由碳氢化合物类的致癌物质所引起。

五、诊　断

根据大体剖检变化和特征性组织学变化可以做出初步诊断。确诊可进行病毒的分离与鉴定。

1. 病毒分离与鉴定　小鼠乳腺瘤病毒体外培养较为困难，但从乳腺肿瘤获得的继代细胞培养物，在其细胞内含有前病毒 DNA，并可在一定条件下产生完整病毒。

2. 血清学试验　采用小鼠乳腺瘤病毒 gp52/36 多克隆抗体的免疫组化技术，可检测小鼠乳腺瘤病毒包膜蛋白，但特异性较差。

3. 组织病理学诊断　Dunn 等人根据组织学特征将小鼠乳腺瘤分为腺癌、腺角化癌和癌肉瘤等几种病型。

（1）腺癌 A 型　曾用名乳腺腺瘤、腺泡状癌、小导管癌等。它由一致的小的腺泡或腺管所构成，在腺泡或腺管腔内覆盖着单层立方上皮细胞。这种肿瘤易转移、易接种，并可长期保持腺瘤样形态。此型是 C3H 品系小鼠接种小鼠乳腺瘤病毒后出现的特征性肿瘤。

（2）腺癌 B 型　曾用名单纯癌、乳头状囊腺癌、导管内癌、易变性肿瘤等。它由不同排列的腺上皮所构成，以形态多样化为特征。可见类似 A 型的病变，也有充满血液的囊肿，腔内有乳头状突出的细胞。有的肿瘤细胞排列成不规则的条索状、管状或薄片状，而不出现腺体结构，此乃恶性化的一种表现。

（3）腺角化癌　曾用名角化乳腺肿瘤、腺鳞状癌、腺类癌等。任何一种类型的乳腺癌都有复层扁平上皮细胞的病变，但只有这种改变占 1/4 以上时，才可确诊为腺角化癌。

（4）癌肉瘤　曾用名未分化癌、混合癌、菱形细胞结构癌等。此型肿瘤是在不规则的上皮细胞癌巢之间，混杂着类似纤维母细胞样的纺锤形细胞。这两种成分都有很多核分裂相。此型肿瘤多由碳氢化合物类的致癌物质所引起。

4. 分子生物学诊断　现在普遍应用 PCR、RT-PCR 等技术检测组织样本中的小鼠乳腺瘤病毒序列。也有人采用原位 PCR 技术检测小鼠乳腺瘤病毒序列在组织细胞中的分布。

六、防治措施

乳腺癌的治疗有很多方法可以选择，包括手术、放疗、激素治疗、抗癌药物和中草药等，但目前疗效最满意的仍然是早期手术。其他各种方法作为手术的辅助疗法可以提高生存率或在手术不能治疗时采用。

（李晓波　贺争鸣　田克恭）

参考文献

窦桂荣，林炳水，栾淑芝．TA1 和 TA2 系小鼠乳腺肿瘤组织学分型［J］．上海实验动物科学，1988，8（3）：179-180.

Acha-Orbea H，D Finke，A Attinger，et al. 1999. Interplaysbetween mouse mammary tumor virus and the cellular andhumoral immune response［J］. Immunol Rev.，168：287-303.

Akio Matsuzawa，Hideki Nakano，Takayuki Yoshimoto，et al. 1995. Biology of mouse mammary tumor virus（MMTV）［J］. Cancer Letters，90：3-11.

Antoinette C. van der Kuyl. 2011. Characterization of a Full-Length Endogenous Beta-Retrovirus，EqERV-Beta1，in the Genome of the Horse（Equus caballus）［J］. Viruses，3：620-628.

Bittner J J. 1936. Some possible effects of nursing onthe mammary tumor incidence in mice［J］. Science，84：162-169.

Callahan. R.，G. H. SMITH. 2000. MMTVinducedmammary tumorigenesis：Gene discovery，progression to malignancy

and cellularpathways [J]. Oncogene, 19: 992 - 1001.
D Gallahan, L A D' Hoostelaere, M Potter. 1986. Endogenous MMTV proviralgenomes in feral Mus musculus domesticus [J]. Current Topics in Microbiology & Immunology, 127: 362 - 370.
Edith C Kordon. 2008. MMTV - induced Pregnancy - dependent Mammary Tumors: Early History and New Perspectives [J]. J Mammary Gland Biol Neoplasia, 13: 289 - 297.
Hans Acha - Orbea, Alexander N Shakhov, Daniela Finke. 2007. Immune response to MMTV infection [J]. Frontiers in Bioscience, 12: 1594 - 1609.
Harpreet Johal, Caroline Ford, Wendy Glenn, et al. 2011. Mouse mammary tumor like virus sequences in breast milkfrom healthy lactating women [J]. Breast Cancer Res Treat., 129: 149 - 155.
Luther S A, H Acha - Orbea. 1997. Mouse mammary tumorvirus: immunological interplays between virus and host [J]. Adv Immunol., 65: 139 - 243.
Margaret Faedo, Lyn A Hinds, Grant R Singleton, et al. 2007. Prevalence of mouse mammary tumor virus (MMTV) in wild house mice (mus musculis) in southeastern Australia [J]. Journal of Wildlife Diseases, 43 (4): 668 - 674.
Michael J Irwin, Nicholas R J Gascoigne. 1993. Interplay between superantigens and the immune system [J]. Journal of Leukocyte Biology, 54: 495 - 503.
Mohmmad Motamedifar, Morteza Saki, Abbas Ghaderi. 2012. Lack of Association of Mouse Mammary Tumor Virus - Like Sequences in IranianBreast Cancer Patients [J]. Med Princ Pract., 21: 244 - 248.
Robert Callahan, Gilbert H Smith. 2008. Common Integration Sites for MMTV in Viral Induced Mouse Mammary Tumors [J]. J Mammary Gland Biol Neoplasia, 13 (3): 309 - 321.
Shunsuke Imai, Masaaki Okumoto, Mineko Iwai, et al. 1994. Distribution of Mouse Mammary Tumor Virus in Asian Wild Mice [J]. JOURNAL OF VIROLOGY, 68: 3437 - 3442.
Susan R Ross. 2008. MMTV infectious cycle and the contribution of virus - encodedproteins to transformation of mammary tissue [J]. J Mammary Gland Biol Neoplasia, 13 (3): 299 - 307.
Susan R Ross. 2010. Mouse Mammary Tumor Virus Molecular Biology and Oncogenesis [J]. Viruses, 2: 2000 - 2012.
Szabo S, A M Haislip, V Traina - Dorge, et al. 2005. Human, rhesus macaque, and felinesequences highly similar to mouse mammary tumor virus sequences [J]. Microsc. Res. Tech., 68: 209 - 221.
Tsubura A, Inaba M, Imai S, et al. 1988. Intervention of T - cells intransportation of mouse mammary tumor virus (milk factor) to mammary gland cells in vivo [J]. Cancer Res., 48: 6555 - 6559.
Wei - Li Hsu, Hsing - Yi Lin, Shyan - Song Chiou, et al. 2010. Mouse Mammary Tumor Virus - Like Nucleotide Sequences in Canine and Feline Mammary Tumors [J]. Journal of Clinical Microbiology, 48: 4354 - 4362.

第二节 猴反转录病毒感染
(Simian retrovirus infection)

猴反转录病毒感染（Simian retrovirus infection）是由外源性猴反转录病毒第 1、2、3、4、5、6 或 7 型所引起。随着宿主种类的不同、病毒型别的不同以及各种环境因素的影响，感染症状可能轻微至无任何病症，或严重到产生致命性的猴获得性免疫缺陷综合征（Simian acquired immunodeficiency syndrome，SAIDS）。病毒的传播途径主要是直接接触病毒污染物。虽然有猴反转录病毒从猴传染到人的病例，但却无法证实是否会引发任何人的疾病。

一、发生与分布

猴反转录病毒可分为内源性和外源性两种。

内源性猴反转录病毒是指部分或是全部的反转录病毒基因序列在很早以前就嵌入了宿主生殖细胞的基因组，而成为宿主的“内源性前病毒”。这些长久稳定地存在于宿主细胞内的内源性病毒基因序列会持续地遗传给后代，但是因为一些基因的突变，可能会导致某些基因的功能缺陷而无法制造出完整的病毒颗粒。若内源性反转录病毒的基因序列可以表现出完整的病毒蛋白，具有感染性或非感染性的病毒颗粒就可能被制造出来，这类病毒包括在长尾叶猴（langur）中发现的叶猴病毒（*Langur virus*，LV），在狒狒（baboon）中发现的猴内源性反转录病毒（*Simian endogenous retrovirus*，SERV），以及在松鼠猴（squirrel monkey）中发现的松鼠猴反转录病毒（*Squirrel monkey retrovirus*，SMRV）。

外源性猴反转录病毒的原型最早于1970年在一恒河猴的乳腺肿瘤电子显微镜切片中发现，并被命名为*Mason-Pfizer monkey virus*（MPMV，SRV-3）。此名源自于被感染的猴是被饲养在Mason Research Institute（Worcester，Massachusetts，USA），而由Pfizer pharmaceutical company提供经费资助。之后陆续发现其他猴反转录病毒，广泛地分布在亚洲的各种旧世界猴及印度的长尾叶猴中（表10-2-1）。此外，猴反转录病毒抗体也曾经在西非的旧世界猴（*Miopithecus talapoin*）中检测到。

二、病　原

1. 分类地位　猴反转录病毒（*Simian retrovirus*，SRV）最先被称为猴获得性免疫缺陷反转录病毒（*Simian acquired immunodeficiency retrovirus*），但若根据反转录病毒的形态来分类，又被称为猴D型反转录病毒（*Simian D retrovirus*，SDRV或*Simian retrovirus* type D，SRV/D）。

外源性猴反转录病毒属于反转录病毒科（Retroviridae）、正反转录病毒亚科（Orthoretrovirinae）、乙型反转录病毒属（*Betaretrovirus*）。根据其中和抗体的型别，猴反转录病毒可分为1、2、3、4、5型。依分子生物学基因组序列，则发现还有第6、7型。不同的猴反转录病毒型别还可再细分为不同的分离株。

内源性猴反转录病毒和外源性猴反转录病毒同属于乙型反转录病毒属，其中包括叶猴病毒（*Langur virus*）和松鼠猴反转录病毒（*Squirrel monkey retrovirus*）。

2. 形态学基本特征与培养特性　反转录病毒的颗粒若依髓芯的形态来分类，可分为A、B、C、D四型。猴反转录病毒形成的早期，未成熟的病毒颗粒在释出细胞前及刚释出细胞的阶段，其髓芯呈A型的形态（髓芯内电子密集成油炸甜圈饼形状，中心为电子透明的空间），直径约90nm。成熟的病毒颗粒髓芯则转变成圆柱形的D型形态，直径约125nm，内含病毒的60～70S RNA基因组。病毒的基因组是由两个序列相同的正链线状RNA所组成。病毒的最外层是由脂质构成的囊膜，其上嵌有病毒糖蛋白的突起（gp70和gp20）。囊膜内侧是由蛋白P10构成的基质，以及由蛋白P24（或称为P27）构成的二十面体衣壳蛋白。

猴反转录病毒可培养在各种源于猴或人的T细胞（如HUT78、H9、CEM-SS、MT-4、SubT-1等）、B细胞（如Raji）、单核细胞（如K562）、巨噬细胞、成纤维细胞（fibroblast）和上皮细胞（如A549）。尤其是当培养在Raji细胞中（源自人的B细胞淋巴瘤），猴反转录病毒会引起细胞融合，因此该细胞株可用来分离病毒。猴反转录病毒亦可培养在其他的动物细胞，如马的表皮细胞（E. Derm/NBL-6/ATCC CCL-57）、貂的肺细胞（Mv 1 Lu/NBL-7/ATCC CCL-64）、犬的胸腺细胞和鼠NIH/3T3细胞。

3. 理化特性　猴反转录病毒的浮力密度为1.16g/mL，高速离心（100 000g×90min）所产生的流体力学强度足以把病毒颗粒表面的糖蛋白突起gp70从病毒中剥离，致使病毒丧失感染力。使用0.1％洗涤剂、氯仿、苯酚、1％漂白水、70％酒精、加热60min、紫外线、高压灭菌器等，皆可将病毒灭活。病毒置于含有10％血清的培养液，并存放在－70℃可长期保存。

4. 分子生物学　猴反转录病毒第1、2、3、4型的全部基因组序列已被完整测定，第5、6、7型的基因组序列到目前为止只有部分被确定。所有的猴反转录病毒都有类似的基因组特征结构，全长约8 kb，其左右两末端具有长末端重复序列（long terminal repeat，LTR），中间则有gag、prt（pro）、pol和env四个基因。

（1）gag基因：编码产生前体蛋白后被蛋白酶切成六个结构蛋白，包括P4/P6、P14（nucleocapsid、NC、核蛋白体）、P10（matrix、MA、基质）、PP16/PP18/PP24（与病毒的出芽和基因组组装有关的磷蛋白 phosphoprotein)、P24/P27（capsid、CA、衣壳）和 P12。

（2）prt 基因：可能与 gag、pol 基因联合编码产生一前体融合蛋白，最终形成蛋白酶（PR），用于裂解 gag 基因编码的前体蛋白。

（3）pol 基因：可能与 gag、prt（pro）基因联合编码产生一个融合蛋白，并由蛋白酶裂解成为两个小蛋白：逆转录酶（reverse transcriptase，RT，具 DNA polymerase 和 RNase H 的活性）和整合酶（integrase，IN）。

（4）env 基因：先编码产生一前驱糖蛋白，之后被蛋白酶切成两个蛋白：gp70（surface protein，SU）和 gp20（transmembrane protein，TM）。病毒利用 gp70 识别细胞表面的受体，因此 gp70 决定宿主对病毒的感受性，其基因序列在猴反转录病毒的各型别中差异最大，并与病毒中和抗体的产生和病毒抑制宿主免疫反应的功能相关。gp20 与病毒穿透细胞膜而进入细胞有关。

三、流行病学

1. 传染来源 猴反转录病毒广泛存在于病猴或是健康带毒者的淋巴细胞和非淋巴细胞（如上皮细胞）内，因此除了血液之外，其他体液如唾液、脑脊髓液、泪液、尿液、乳汁等都有可能是传染的来源。

2. 传播途径 猴反转录病毒的水平传播途径可经由咬伤、抓伤或猴与猴之间的性接触而直接接触到含有病毒颗粒的体液（主要是血液或唾液）。妊娠母猴若感染了猴反转录病毒，病毒可经胎盘或是因剖腹产而垂直传染给胎猴，母猴感染也可经哺乳传染给小猴。间接接触被病毒污染的仪器设备（如刺青纹身的针头、照护牙齿的工具、灌胃的管子等），亦可造成传染。

猴反转录病毒经由猴传染给人的案例并不多。据 Lerche 等人（2001）对北美 13 个机构的调查，因为职业性照顾猴子而属于高危险人群的 231 位受检者中，仅有 2 人确认曾经被猴反转录病毒感染而产生了抗体。但是从这 2 人的体内并没有分离出猴反转录病毒，其 PCR 检查结果也是阴性，也无任何和猴反转录病毒相关的疾病发生。因此，并无证据显示猴反转录病毒在人体内能够造成持续性的感染，且实际的传染途径亦不清楚。

在实验室内培养的细胞株，很容易被猴反转录病毒所污染，如一些 HeLa 细胞所衍生的细胞株，以及 HBL-100 细胞株（源于人的乳腺上皮细胞），都曾经发现被猴反转录病毒所污染。在松鼠猴、叶猴和狒狒的细胞中，完整的内源性猴反转录病毒颗粒曾被分离出来。

3. 易感动物

（1）自然宿主 外源性猴反转录病毒的自然宿主包括各种亚洲猕猴和印度的长尾叶猴（表 10-2-1）。

表 10-2-1 外源性猴反转录病毒型别在旧世界猴中的分布

宿主学名	宿主普通名	SRV-1	SRV-2	SRV-3	SRV-4	SRV-5	SRV-6	SRV-7
Macaca fascicularis	食蟹猕猴		√		√			
Macaca mulatta	恒河猴	√	√	√		√		√
Macaca arctoides	红面短尾猴	√	√					
Macaca cyclopis	台湾猕猴	√						
Macaca nemestrina	南方豚尾猕猴		√					
Macaca radiata	冠毛猕猴	√						
Macaca tonkeana	通金猕猴	√						
Macaca nigra	黑冠猕猴		√					
Macaca fuscata	日本猕猴		√		√			
Semnopithecus entellus	长尾叶猴						√	√

（2）实验动物　猴反转录病毒可经接种血液或任何一种含病毒颗粒的体液感染实验用猕猴。除猕猴外，其他的实验用动物对猴反转录病毒的感受性并不清楚。

（3）易感人群　照顾猕猴的饲养管理人员和实验室的研究人员，可因接触到病猴或实验室内培养的病毒而被感染。

4. 流行特征　猴反转录病毒第 2 型最常感染食蟹猴和南方豚尾猕猴，猴反转录病毒第 3 型和第 1 型最常感染恒河猴，猴反转录病毒第 4 型则最常感染食蟹猴，而仅在恒河猴中发现猴反转录病毒第 5 型。外源性猴反转录病毒的感染率在人工饲养的猕猴中并不恒定，最高阳性率有时可能超过 50%。病毒的感染率通常和猴来源的地域和饲养管理方式有直接的关系，例如，位于毛里求斯的食蟹猴，迄今还未曾有被猴反转录病毒感染的案例报道。

四、临床症状

1. 动物的临床表现　猴反转录病毒感染的临床表现可归纳为以下几种情况：

（1）表现为临床疾病，如严重的获得性免疫缺陷综合征、腹膜后或皮下纤维瘤病、持续性的淋巴结肿大等。病毒在动物体内持续存在，动物对病毒可能产生抗体，也可能无抗体产生。

（2）动物被感染后从疾病状态进入复原状态，并有抗体产生。但病毒仍可短暂性地存在于动物体内。

（3）病毒在动物体内进入潜伏期，但有可能复发。病毒可间断地被检测到。

（4）动物无任何临床疾病，属于健康的带病毒者。但病毒仍在动物体内持续存在，并释放病毒颗粒至血液或体液中。动物对病毒可能产生抗体也可能没有抗体产生。

猴获得性免疫缺陷综合征通常是由猴反转录病毒第 1、2、3 型感染猕猴所引起，不同的病毒株感染不同的猕猴种类而引起猴获得性免疫缺陷综合征所需的时间长短不一，疾病的严重性也不一致。严重的猴获得性免疫缺陷综合征通常发生在恒河猴身上，发生在食蟹猴的概率则比较少。其致病机制并不清楚，动物可能在感染病毒后进入潜伏期而没有任何症状，经很长的一段时间之后才发病。典型感染的特征是广泛性的淋巴结肿大，并可见不成熟的 $CD4^+$、$CD8^+$ T 淋巴细胞。人工将猴反转录病毒 2 型接种到恒河猴体内所出现的临床表现包括：感染后 1～2 周可见脾肿大，外周血中出现不正常的单核细胞；感染后第 7 周出现贫血；感染后第 8 周出现机会性感染；第 10 周出现中性粒细胞减少症；第 12 周出现持续性腹泻；第 15～17 周出现体重减轻，淋巴细胞减少，骨髓增生；1 年之后出现皮下纤维肉瘤（Subcutaneous fibrosarcoma，SF）和腹膜后纤维瘤病（Retroperitoneal fibromatosis，RF）。

肿瘤病变是另一个与猴反转录病毒相关的疾病。恒河猴因感染猴反转录病毒第 1 型和第 2 型而发生获得性免疫缺陷综合征后，在其肢体、躯干和脸部的皮下组织可发现皮下纤维肉瘤，这种肿瘤和人的卡波西氏肉瘤（Kaposi sarcoma）非常类似。腹膜后纤维瘤病通常与猴反转录病毒第 2 型的感染有关，是纤维组织过度增生所致。

猕猴感染猴反转录病毒也可能完全不表现任何症状，而且可长期保持健康状态，如食蟹猴感染猴反转录病毒第 4 型后，迄今尚没有任何与猴反转录病毒相关疾病发生的报道。但是，当猴反转录病毒第 4 型感染日本猕猴时，据 Cyranoski（2010）和 Yoshikawa（2010）等人的报道，其病症包括血小板减少、白细胞数降低、厌食、昏睡、皮肤苍白以及多处器官（鼻、肺、肠等）出血等。

2. 人的临床表现　经确诊曾经被猴反转录病毒第 2 型感染的 2 人并无任何临床症状。虽然他们能产生抗猴反转录病毒第 2 型的中和抗体，但在其血液中并没有分离培养出病毒，利用 PCR 检测也呈阴性。因此推测即便感染了猴反转录病毒，人体应能有效地控制病毒的感染。另外，虽然 Bohannon 等人（1991）曾经报道从一位艾滋病人的 B 细胞淋巴瘤中分离出猴反转录病毒，且从病人的骨髓及血液中分别检测到猴反转录病毒的基因序列及抗猴反转录病毒的抗体，但该病人并没有任何与非人灵长类动物接触的历史，所以被感染的途径尚不清楚。其他疾病，如乳腺癌和精神分裂症，也曾有报道显示在这些病人的样本中发现有猴反转录病毒，但是无法证实猴反转录病毒感染与这些疾病有直接的关系。

五、病理变化

1. 大体解剖观察 猴反转录病毒感染的猕猴可能在临床上无任何表现，但也可能发展成高度致死性的猴获得性免疫缺陷综合征。长期受猴反转录病毒感染的动物常伴有慢性肠炎的发生。感染动物通常体形较小，在回盲交界处的肠系膜和邻近肠管的淋巴结内可见到纤维化的结节增生，这些纤维化的组织有时会延伸到腹股沟管或入侵到横膈膜而延伸至胸腔内；纤维化的肿瘤亦可在胃肠道里发现；另外，在皮下组织局部和口腔内也曾发现有纤维肉瘤存在。动物常因猴获得性免疫缺陷综合征而并发机会性感染，常见的有巨细胞病毒感染、念珠菌感染、肠道隐孢子虫病、坏死性牙龈炎和口腔炎等。

2. 组织病理学观察 最常见的组织病理学变化是在肾、胰、胸腺髓质、骨髓和脑等器官内出现淋巴细胞浸润，少部分可出现在生殖器官和周围神经组织。此外，常见病变还包括淋巴结及脾脏的淋巴组织增生和淋巴细胞数目减少。在急性感染期时，通常可见严重的全血细胞减少、骨髓细胞增生但细胞成熟的过程停止、淋巴组织增生而造成淋巴结肿大。当疾病进入末期，淋巴结内的淋巴细胞数目降低并伴随有铁血黄素沉着症。其他的病变还包括：十二指肠和空肠的杯状细胞增生、肠绒毛萎缩、肠炎、肾小球肾炎、精囊炎、前列腺炎、感染性心内膜炎、动脉炎、动脉粥样硬化、血栓、支气管炎、皮肤炎和淋巴瘤等。

六、诊　　断

猴反转录病毒感染可通过使用血清学和病毒分子生物学等技术进行诊断。由于病毒感染可处于不同的阶段以及宿主的免疫反应可有所不同，因此实验室诊断有必要同时采用血清学技术检测病毒抗体和病毒分子生物学技术检测病毒相结合的方法。试验结果的判读可以分为以下几种情况：①抗猴反转录病毒的抗体和病毒本身同时可以在检体中检测到，这类动物确诊为阳性。②抗猴反转录病毒的抗体可以检测到，但病毒本身无法检测到。这样的情况常出现在曾经被感染，而病毒已被动物体内的抗体所中和清除。带病毒者可能健康无任何病症。但当病毒由潜伏状态被激活，病毒就有可能被检测到。③抗猴反转录病毒的抗体无法被检测到，但病毒本身可以被检测到。这种情况表示感染者无法产生抗体以清除体内的病毒，因而呈长期持续感染的状态。动物可能是健康无任何病症的带病毒者，也可能表现为临床疾病。

1. 抗体检查 常用于猴反转录病毒抗体筛检的方法包括 ELISA、斑点免疫试验、多重微珠免疫试验（multiplex microbead immunoassay，MMIA）等。若抗体筛检出现阳性，蛋白印迹和间接免疫荧光抗体试验等特异性较高的方法可以用于帮助排除假阳性的筛查结果。猴反转录病毒 1、2、3、4、5 型间的抗体可产生交叉反应，中和试验可用于确认动物是被哪一型的猴反转录病毒所感染。

2. 分子生物学检查 PCR 方法可以用于针对前病毒 DNA（病毒的基因组以双链 DNA 的形式嵌入宿主细胞的染色体基因组上）检测猴反转录病毒特定的型别或同时检测 1、2、3、4、5 各型。用于 PCR 检测的样本通常来源于外周血单核细胞，亦可采用病变的组织或淋巴结；反转录 PCR 方法可用于检测存在于血液、唾液、尿液、粪便等样本中的病毒 RNA 基因组。

3. 病毒分离 猴反转录病毒可通过从感染动物的全血中分离出外周血单核细胞，与 Raji 细胞株（源于人的 B 细胞）共同培养，并通过观察猴反转录病毒引起的细胞融合来判断是否有病毒存在。

4. 其他检查 通过将动物或人的全血输入实验用猕猴体内，可以证实该动物或人体内是否存在感染性的病毒。另外，组织切片若观察到可疑的病变，可通过免疫组化染色法，采用抗病毒的单株或多株抗体来直接检测病毒的存在。

七、防治措施

人感染猴反转录病毒后并无明显的临床表现，但为了预防病毒由动物传染给人或动物和动物之间的相互传染，定期对动物进行病毒抗体和PCR检测，及时将阳性动物移除，可以避免无病症的带病毒者传染给其他健康动物。有待进一步地研发猴反转录病毒疫苗虽然已有福尔马林病毒灭活（猴反转录病毒第1型）疫苗，以及用牛痘病毒载体表达猴反转录病毒（第1、2、3型）的外膜糖蛋白疫苗被研发，但这些疫苗是否能提供猴反转录病毒1～5型间的交叉保护能力仍不清楚，且利用牛痘病毒载体制作的疫苗是否会干扰其他的研究数据也还有待进一步的研究。

八、公共卫生影响

目前有2例人感染猴反转录病毒的案例，感染原因可能与他们长期从事照顾猕猴的工作有关。所以，因职业需要而直接接触猕猴的饲养管理人员或是有机会接触病毒的实验室工作人员，都应采取至少第二级的生物安全防护措施以防止直接接触病毒。

猴反转录病毒感染可能对试验研究数据造成的干扰包括：动物的发病率和死亡率增高，因而导致实际可用的试验数据减少；此外，猴反转录病毒感染造成的组织病变和血液数据方面的不正常，可能会与毒性测试物所造成的影响相互混淆。其他可能产生的一些干扰还包括细胞因子、细胞表面标记和化学参数的改变等。

（饶芝绫 时长军）

我国已颁布的相关标准

无。

参考文献

Bohannon R C, Donehower L A, Ford R J. 1991. Isolation of a type D retrovirus from B - cell lymphomas of a patient with AIDS [J]. J Virol., 65 (11): 5663 - 5672.

Brody B A, Hunter E, Kluge J D, et al. 1992. Protein of macaques against infection with simian type D retrovirus (SRV - 1) by immunization with recombinant vaccinia virus expressing the envelope glycoproteins of either SRV - 1 or Mason - Pfizer monkey virus (SRV - 3) [J]. J Virol., 66 (6): 3950 - 3954.

Chopra H C, Mason M M. 1970. A new virus in a spontaneous mammary tumor of a rhesus monkey [J]. Cancer Res., 30 (8): 2081 - 2086.

Cyranoski D. 2010. Japanese monkey deaths puzzle [J]. Nature, 466 (7304): 302 - 303.

Grant R F, Windsor S K, Malinak C J, et al. 2006. Genetic variability of the envelope gene of Type D simian retrovirus - 2 (SRV - 2) subtypes associated with SAIDS - related retroperitoneal fibromatosis in different macaque species [J]. Virol J., 3: 11.

Guzman R E, Kerlin R L, Zimmerman T E. 1999. Histologic lesions in cynomolgus monkeys (Macaca fascicularis) naturally infected with simian retrovirus type D: comparison of seropositive, virus - positive, and uninfected animals [J]. Toxicol Pathol., 27 (6): 672 - 677.

Hu S L, Zarling J M, Chinn J, et al. 1989. Protection of macaques against simian AIDS by immunization with a recombinant vaccinia virus expressing the envelope glycoproteins of simian type D retrovirus [J]. Proc Natl Acad Sci USA., 86 (18): 7213 - 7217.

Lerche N W, Osborn K G. 2003. Simian retrovirus infections: potential confounding variables in primate toxicology studies [J]. Toxicol Pathol., l: 103 - 110.

Lerche N W, Switzer W M, Yee J L, et al. 2001. Evidence of infection with simian type D retrovirus in persons occupationally exposed to nonhuman primates [J]. J Virol., 75 (4): 1783 - 1789.

Li B, Axthelm M K, Machida C A. 2000. Simian retrovirus serogroup 5: partial gag - prt sequence and viral RNA distribution in an infected rhesus macaque [J]. Virus Genes, 21: 241 - 248.

Marracci G H, Avery N A, Shiigi S M, et al. 1999. Molecular cloning and cell - specific growth characterization of polymorphic variants of type D serogroup 2 simian retroviruses [J]. Virology, 261: 43 - 58.

Nandi J S, Bhavalkar - Potdar V, Tikute S, et al. 2000. A novel type D simian retrovirus naturally infecting the Indian Han-

uman langur (Semnopithecus entellus) [J]. Virology, 277: 6-13.
Nandi J S, Van Dooren S, Chhangani A, et al. 2006. New simian beta retroviruses from rhesus monkeys (Macaca mulatta) and langurs (Semnopithecus entellus) from Rajasthan, India [J]. Virus Genes, 33: 107-116.
Power M D, Marx P A, Bryant M L, et al. 1986. Nucleotide sequence of SRV-1, a type D simian acquired immune deficiency syndrome retrovirus [J]. Science, 231: 1567-1572.
Schroder M A, Fisk S K, Lerche N W. 2000. Eradication of simian retrovirus type D from a colony of cynomolgus, rhesus, and stump-tailed macaques by using serial testing and removal [J]. Contemp Top Lab Anim Sci., 39 (4): 16-23.
Smith G C, Heberling R L, Helmke R J, et al. 1977. Oncornavirus-like particles in squirrel monkey (Saimiri sciureus) placenta and placenta culture [J]. J Natl Cancer Inst., 59 (3): 975-979.
Sonigo P, Barker C, Hunter E, et al. 1986. Nucleotide sequence of Mason-Pfizer monkey virus: an immunosuppressive D-type retrovirus [J]. Cell, 45: 375-385.
Todaro G J, Benveniste R E, Sherr C J, et al. 1978. Isolation and characterization of a new type D retrovirus from the asian primate, Presbytis obscurus (spectacled langur) [J]. Virology, 84 (1): 189-194.
Voevodin A F, Marx Jr P A. 2009. Simian Virology [M]. First edition. Ames, Iowa: Wiley-Blackwell, 172-173.
White J A, Todd P A, Rosenthal A N, et al. 2009. Development of a generic real-time PCR assay for simultaneous detection of proviral DNA of simian Betaretrovirus serotypes 1, 2, 3, 4 and 5 and secondary uniplex assays for specific serotype identification [J]. J Virol Methods., 162 (1-2): 148-154.
Yoshikawa Y. 2010. Report concerning the cause investigation of the Japanese macaque blood platelet decrease symptom (in Japanese) [R]. Primate Research Institute Kyoto University, http://www.pri.kyoto-u.ac.jp/pub/press/20101111/index-j.html.
Zao C L, Armstrong K, Tomanek L, et al. 2010. The complete genome and genetic characteristics of SRV-4 isolated from cynomolgus monkeys (Macaca fascicularis) [J]. Virology, 405: 390-396.

第三节 小鼠白血病
(Mouse leukemia)

小鼠白血病（Mouse leukemia）是由小鼠白血病病毒引起的以淋巴、造血系统细胞肿瘤化为特征的一种恶性肿瘤病。小鼠、野鼠易感，通过生殖细胞垂直传播，也可经呼吸道、消化道传播。因受小鼠基因型的控制，其变异株具有定向选择性，靶细胞为胸腺、脾脏、淋巴结、骨髓和肝脏等。

一、发生与分布

Gross（1951）将 AKR 近交系小鼠自发性白血病组织的无细胞滤液注射给 C3H 乳鼠，分离到一株可连续传代的小鼠白血病病毒，并确认是 AKR 和其他高敏品系小鼠自发性淋巴瘤的致病因子。此后，许多学者相继分离出多株小鼠白血病病毒毒株。目前已报道有 30 余个毒株。用病鼠组织的无细胞提取液或提纯病毒注射新生乳鼠，可诱发 T 淋巴细胞白血病（Gross-MuLV、Moloney-MuLV 和 L6565-MuLV 等）、B 淋巴细胞白血病（如 Abelson-MuLV）、粒细胞白血病（如 Graffi-MuLV）以及红白血病、成红细胞增生症（如 Rauscher-MuLV 和 Friend-MuLV）等。

我国小鼠白血病病毒研究工作，以及与国际公认的小鼠白血病（Mo-MuLV）标准株的比较，见本节（六）T-S-Z 小鼠白血病系统的研究。

二、病　　原

1. 分类地位 小鼠白血病病毒（*Mouse leukemia virus*，MuLV）在分类上属反转录病毒科、正反转录病毒亚科、丙型反转录病毒属。为单链 RNA 病毒。小鼠白血病病毒的所有毒株具有共同的群特异抗原，存在于病毒粒子的核心内。亚群特异的抗原分为 G 和 FMR 两种，存在于细胞膜上或以可溶形式存在于病鼠的血浆中。型特异抗原有 5 种，存在于病毒粒子的囊膜上。

根据中和试验结果可将小鼠白血病病毒分为三个型。一型包括 Gross 株；二型又分为 A、B 和 C 3 个亚型，Friend 株为 A 亚型，Moloney 株为 B 亚型；Rauscher 株为 C 亚型；三型包括 Buffett 株。根据宿主细胞上受体的不同（即小鼠白血病病毒对不同宿主感染范围的差异），主要分为单嗜性、异嗜性、双嗜性和多嗜性。

2. 形态学基本特征与培养特性　病毒粒子呈圆形，直径 70～120nm，核心直径约 68nm。在蔗糖中的浮密度为 1.16～1.18g/mL，氯化铯中为 1.16～1.21g/mL。郑葆芬等（1981）在超速离心法分离的 L6565 白血病病毒的超薄切片中，见到直径约 70nm 的椭圆形病毒粒子，其中有的粒子中心部分电子密度低，呈透亮区；而另一种粒子中心部分电子密度高，呈深黑色。在凝胶层析法分离的小鼠 L6565 白血病病毒的超薄切片中，可见直径 70～90nm 的椭圆形病毒粒子，外壳有明显的双层结构，两层间距约 5nm，粒子中间部分略呈透亮。在小鼠 L6565 白血病病毒的悬滴法负染样品中可见直径约 90nm 的病毒粒子。小鼠白血病病毒具有 2～3 层同心性的囊膜。在感染细胞胞浆的空泡内及细胞间隙中可见两种类型的病毒粒子，具有 3 层膜而无核心的是未成熟的病毒粒子。成熟病毒在胞膜上以出芽方式释放，也可在空泡膜上出芽，因此，在感染细胞的胞浆空泡中常可发现病毒粒子的聚集。

小鼠白血病病毒多数毒株可在小鼠和大鼠的细胞培养物内良好增殖，通常不产生细胞病变，成熟的病毒粒子大量释放到组织培养液内。Gross 株可在小鼠胚细胞及正常大鼠胚胎胸腺细胞中生长。Moloney 株可在小鼠脾细胞中生长。Friend 株和 Rauscher 株体外培养较为困难，但能在小鼠的某些传代细胞系中生长，产生细胞病变，偶尔引起细胞转化。程立（1986）SRS 腹水瘤的无细胞提取液感染体外培养的小鼠 NIH/3T3 细胞，建立可传递的、感染 SRS 白血病病毒（SRSV）的细胞株，命名为 SRSV/3T3。电镜下可见 A 型和 C 型病毒颗粒，XC 合胞斑点检测和逆转录酶活性测定均为阳性，Southern 印迹杂交可检测到 SRSV 前病毒 DNA 的存在。感染 SRSV 的细胞形态变圆，并出现集落性生长。SRSV/3T3 细胞的无细胞抽提物接种 BALB/c 裸鼠可诱发小鼠产生白血病，表明 SRSV/3T3 感染细胞已被转化成具有恶性细胞的特征。

利用异嗜性小鼠白血病病毒，通过单纯脂质体转染 COS27 细胞，在感染性 DNA 转染后 72h 的 COS27 细胞的胞浆内可见大小为 110～150nm 呈球形的病毒颗粒，内部为一电子致密核心，周围有包膜。

3. 理化特性　病毒颗粒对脂溶剂、乙醚、去垢剂敏感。对热敏感，50℃ 30min 即可使病毒灭活。存在于滤过液中的病毒，37℃ 7～12h，感染性无明显变化；24～48h 感染性明显降低；72h 后感染性完全丧失。－20℃180 天感染性无明显降低。对紫外线和 X 射线有抵抗力。

4. 分子生物学　包膜糖蛋白由穿膜蛋白和表面糖蛋白共同组成，与病毒进入细胞有关。包膜内为病毒核心，含有蛋白质及 RNA 基因组。每个病毒颗粒含有两条相同的单链 RNA，5’端有甲基帽结构，3’端有多聚腺苷酸尾，长度为 7～10kb。分为非编码区和编码区，后者的基因序列排列为 5’-gag-pro-pol-env-3’，gag 基因编码核心蛋白（包括基质蛋白、衣壳和核壳）；pro 基因编码蛋白酶；pol 基因编码逆转录酶和整合酶；env 基因编码包膜蛋白。不同病毒的 pro 基因有的单独形成一个开放阅读框（ORF），有的则与 gag 基因或 pol 基因一起形成一个开放阅读框。

在 pol 基因表达产物，即以 RNA 为模板进行 DNA 合成的逆转录酶的作用下合成病毒 DNA。在宿主细胞中，通过前病毒 DNA 的中间过程，病毒完成复制。其过程包括：①病毒进入细胞，逆转录成前病毒，整合入宿主细胞染色体。②在宿主 RNA 多聚酶Ⅱ催化下完成病毒 RNA 的合成，经剪接、加工，进行蛋白质的合成。③蛋白质与 RNA 组装成病毒颗粒并释放。

张红等（1989）将从 SRSV/3T3 细胞提取的前病毒 DNA 经电泳纯化和 BamHI 酶消化后，以同一酶解的 PBR322 做载体进行重组，获得一有 5.0kb SRSV 前病毒 DNA 片段插入的重组质粒（pSF_{11}）。在此基础上李赤波（1993）应用 Xbal 酶切 pSF_{11}，经系列技术处理后得到一个 3.4kb 的片段，用 PCR 扩增，继而得到另一个前病毒 DNA 插入的重组质粒（pSF_{12}）。pSF_{11} 和 pSF_{12} 构成 SRSV 完整的基因克隆。

季文琴等（1990）报道，将 SRSV RNA 在逆转录酶和多聚酶Ⅰ作用下合成双链 DNA（ds-DNA），进而构建成 SRSV 前病毒 cDNA 基因库。

陈晓红等（1992）应用 DNA 重组技术，将 pSF_{11} 3’-LTR（2.55kb，含 U_3 区）片段与 Mo-MuLV 基因组连接，得到一个 Mo-MuLV 3’-LTR 为 SRSV 基因组相应片段取代的重组病毒（MSV）。动物试验表明，原来不诱发小鼠粒细胞性白血病和无中枢神经系统症状的 Mo-MuLV，其相应片段被 SRSV 3’-LTR 取代后，具有了上述的致病特点。说明 SRSV 的 U_3 区在小鼠白血病致病过程中起重要作用。

Zhang 等将 proIL-18 基因修饰的 L1210 细胞（Lp18）和 IL-1beta 转化酶（ICE）基因修饰 L1210（LpICE）细胞皮下种植到白血病小鼠体内，观察到联合应用 Lp18 和 LpICE 后自然杀伤细胞的细胞毒作用和细胞毒 T 细胞（CTL）活性增强。试验表明，IL-18 基因是治疗淋巴瘤和淋巴细胞白血病的有用候选基因。

5. 小鼠白血病病毒的致瘤性 致瘤性逆转录病毒可分为两组：①一组以 Rous 肉瘤病毒（RSV）为代表，带有癌基因，感染动物后，导致动物迅速致瘤。但这类病毒在宿主细胞中不能自身复制，需要辅助病毒的参与才能复制。因此为复制缺陷性病毒。②另外一组病毒如小鼠白血病病毒，则不带有癌基因，能自身复制，为复制非缺陷性病毒。此类病毒的致瘤需要经过一个长潜伏期，即经过许多反应过程后，才产生肿瘤。

逆转录病毒诱导肿瘤形成和细胞转化与癌基因有关，但是两组病毒致瘤的机制是不同的。本身不带有癌基因的逆转录病毒（如小鼠白血病病毒），在逆转录酶的作用下，逆转录成 cDNA 的前病毒，在整合入宿主细胞 DNA 时，正好插在宿主细胞原癌基因（c-onc，是指正常细胞中固有存在的基因，它们在正常情况下处于相对静止状态，其表达受到严格的时空控制）附近，其中病毒 DNA 末端 LTR 含有的启动子和增强子，将原处于静止状态的原癌基因的“开关”打开，转变为活化的癌基因，过度表达或不正常表达，从而导致细胞恶变。这类病毒又称为顺式激活逆转录病毒（Cis-activating retroviruses）。由于前病毒 DNA 插入，激活不同的原癌基因，而诱发不同类型的肿瘤。也有另外一种情况，就是通过病毒基因组编码的调节蛋白反式激活一个或几个细胞基因包括癌基因表达，从而实现诱发细胞转化和癌变。这类病毒又称为反式激活逆转录病毒（*Trans-activating retrovirus*）。

携带有细胞来源癌基因的逆转录病毒又称为转导性逆转录病毒，其所携带的癌基因称为病毒癌基因或传导癌基因。见表 10-3-1。与正常细胞的癌基因相比较，病毒癌基因往往在一端或两端出现萎缩，甚至在编码序列中还存在有点突变或缺失突变。由于转导性逆转录病毒基因组在同细胞基因序列交换的过程中，经常发生病毒的基因序列丢失，因此，除了劳氏肉瘤病毒（*Rous sarcoma virus*，RSV）之外，几乎所有的转导性逆转录病毒在获得细胞癌基因的同时，也伴随有病毒基因组编码序列的缺失或出现病毒与细胞基因编码序列的融合。然而，病毒所缺失的序列对病毒的复制通常是必要的，所以转导性逆转录病毒多为缺失性转化病毒，它们在细胞内只有在辅助病毒的协助下，才能进行复制。但是这些病毒一旦感染成功，往往诱发宿主形成肿瘤的时间短、转化效率高（高达100%），有的病毒在动物体内甚至仅需几天的潜伏期就可诱发肿瘤的发生，故转导性逆转录病毒又称为急性转化病毒。

上述三类逆转录病毒致癌特性的比较，见表 10-3-1 和表 10-3-2。

6. T-S-Z 小鼠白血病系统的研究 我国在小鼠白血病病毒方面的研究始于 20 世纪 60 年代初。天津（T）、上海（S）和遵义（Z）等地在开展这项工作中，相继建立了 T683、L6565、L615、L7212 等多株小鼠白血病。这几株小鼠白血病都来源于 KM 小鼠自发性淋巴细胞性白血病，在病因和致病力方面存在着密切的内在关系，组成了我国特有的试验小鼠白血病系统。取天津、上海和遵义三地汉语拼音的第 1 个字母命名为 T-S-Z 小鼠白血病系统。这是我国在试验性白血病及其病毒生物学特性方面研究的最为深入细致的试验系统。

表 10-3-1　转导性逆转录病毒携带的癌基因*

病毒癌基因	逆转录病毒	病毒癌蛋白	细胞同源产物
mpl	小鼠骨髓增殖白血病病毒	$P31^{env\text{-}mpl}$	红细胞生成素受体家族
H-ras	Harvey 小鼠肉瘤病毒	$P21^{ras}$	GTPase
K-ras	Kirsten 小鼠肉瘤病毒	$P21^{ras}$	GTPase
abl	Abelson 小鼠白血病病毒（A-MuLV）	$P160^{gag\text{-}abl}$	信号转导
mos	Moloney 小鼠肉瘤病毒（Mo-MSV）	$P37^{env\text{-}mos}$	生殖细胞成熟所需
raf	MSV-3611	$P75^{gag\text{-}raf}$	信号转导

*引自文献 9。

表 10-3-2　三类逆转录病毒致癌特性的比较*

病　毒	肿瘤潜伏期	肿瘤形成效率	癌变效应基因	基因组缺损状况	细胞转化
转导性逆转录病毒	短（数天）	高（使动物100%形成肿瘤）	病毒基因组携带有来源细胞的癌基因	其基因组为病毒和细胞基因杂合体，有病毒基因序列缺失，复制需要辅助病毒	+
顺式激活逆转录病毒	中等（数周或数月）	中至高	前病毒通过插入宿主基因组中激活细胞癌基因表达	基因组保持完整，复制不需要辅助病毒	—
反式激活逆转录病毒	长（数月或数年）	非常低(>5%)	病毒编码的调节蛋白反式激活细胞癌基因及其相关基因表达	基因组保持完整，复制不需要辅助病毒	—

*引自文献 9。

宋玉华等（1984）对第 76 代 T638 的 30 只 KM 新生乳鼠进行研究，白血病发生率为 84.7%。L6565 引起白血病的潜伏期约为 2 个月，发病率最高可达 100%。将第 31 代 L6565 白血病小鼠的胸腺制成细胞悬液，注射 KM 小鼠腹腔，建立了一株腹水型瘤株，移植发病率为 100%。将腹水瘤接种于皮下，可生长为实体瘤。根据细胞形态和 Foot 嗜银纤维染色，诊断为网状细胞，并将该瘤株命名为上海网状细胞肉瘤（Shanghai reticulum sarcoma，SRS）。瘤细胞超薄切片电镜下可观察到胞浆内的 A 型和 C 型颗粒。应用多种淋巴细胞分化抗原的 McAb 结合免疫荧光检测表明，SRS 细胞系相当于早期的 T 淋巴细胞。

郑葆芬（1981）分离到 1 株小鼠 L6565 淋巴细胞型白血病病毒，周金涛等（1983）从 SRS 腹水上清液和瘤细胞中分离了白血病病毒，并测定其逆转录酶活性，证实为 C 型 RNA 肿瘤病毒。

张雷等（1988）和吕彪（1992）也相继应用 L6565 和 L783 小鼠白血病病毒在体外建立了 L6565-B_1 和 L783V/3T3 两个细胞系。电镜下均可观察到细胞内含有 A 型和 C 型病毒颗粒，XC 合胞试验为阳性。上述两株感染小鼠白血病病毒的细胞系和 SRSV/3T3 细胞系的建立，为获得大量病毒，开展病毒基因组结构和功能比较以及发病机理的研究提供了有利条件。

在小鼠白血病病毒蛋白组分研究中发现，我国分离到的小鼠白血病病毒的各株病毒均含有 P10、P12、P15、P30、gp45 和 gp70 蛋白成分，与国外分离的各株病毒蛋白组分基本一致。钟德刚等人（1987）利用 SDS-PAGE 和双向肽谱法，对 SRSV 与国际公认的小鼠白血病（Mo-MuLV）标准株进行了比较。分析结果表明，P10、P12、P15 和 gp70 与 Mo-MuLV 蛋白具有相同的迁移率，说明两株病毒的这些蛋白质在分子量方面没有大的区别。但 SRSV P30 的迁移速度比 Mo-MuLV P30 快。两株病毒 P30 双向多肽图谱显示除有 14 个斑点是两者共有的外，SRSV P30 独自有 3 个斑点，Mo-MuLV P30 独自有 5 个斑点，反映出它们在一级结构上存在明显的差异。杨轶群等（1989）发现 SRSV P30 电泳速度也较 AKR-MuLV 的 P30 快，且氨基酸组成分析表明前者缺乏甲硫氨酸，后者未检出组氨酸。

一般P30是比较保守的蛋白质，通过P30的电泳图谱可以反映小鼠白血病病毒蛋白结构的变化。殷莲华等人（1993）的试验进一步证实了上述试验结果，同时发现我国T-S-Z系统中的小鼠白血病病毒都含有明显的gp45，含量仅次于P30。而在Mo-MuLV未观察到明显的gp45存在，说明我国T-S-Z系统中的小鼠白血病病毒与国外的Mo-MuLV之间亲缘关系较远，是具有自身独特特性的白血病病毒株。

三、流行病学

1. 小鼠白血病病毒在小鼠中的流行与传播 不同品系小鼠对小鼠白血病病毒的易感性差异很大，大多数近交系小鼠对该病毒较为易感。其易感程度由几个基因所控制，其中最主要的是Fv-1基因。小鼠对小鼠白血病病毒的易感性随年龄增长而降低，成年小鼠发病率低，潜伏期长。经研究证实，Gross株可经卵垂直传递，并可经乳汁传递；Friend株可经母乳传递；Moloney株可经子宫传递；也可经母乳传递；Rauscher株不易经子宫和乳汁传递，可经气溶胶传给健康小鼠。

此外，不同毒株致病特点是不一样的。SRSV除了可引起Mo-MuLV淋巴瘤或淋巴细胞性白血病之外，还可诱发小鼠粒细胞性白血病、红白血病，并有偏瘫或后肢瘫痪等中枢神经系统症状。见表10-3-3。

表10-3-3 Mo-MuLV、MSV和SRSV对瑞士小鼠（NIH）的致病性*

病毒株	发生疾病			平均潜伏期（周）
	淋巴细胞性恶性肿瘤	粒细胞性白血病	中枢神经系统异常	
Mo-MuLV	9/9（100%）	0/9	0/9	15.4
MSV**	8/10（80%）	1/10（10%）	5/10（50%）	24.3
SRSV	7/8（87%）	1/8（12%）	2/8（25%）	27.5

*引自参考文献18；**在SRSV的U3区引入Mo-MuLV所获得的重组病毒（命名为MSV）。

2. 小鼠白血病病毒在杂交瘤细胞中的污染 骨髓瘤细胞系、杂交瘤细胞及其培养上清液和腹水中常见A型和/或C型病毒。Bartal用电镜检查抗人结缔组织McAb杂交瘤细胞株时，发现两株细胞内质网中有病毒颗粒，随后检查了用于融合的小鼠骨髓瘤细胞和其他几株杂交瘤细胞株，均发现有病毒颗粒。Rudlph等和Renau等分别报道了在X63Ag8.653细胞及其融合的杂交瘤细胞中发现C型病毒。Stavrou等用神经胶质瘤细胞免疫BALB/c小鼠，取其脾细胞与小鼠骨髓瘤细胞融合，结果在所有的杂交瘤细胞株中均观察到小鼠白血病病毒颗粒，一部分在内质网中，并观察到病毒成熟后以出芽方式出胞，质膜外侧也有大量的C型病毒。继而又检查了小鼠骨髓瘤细胞，发现有大量的病毒颗粒，而BALB/c小鼠脾细胞中没有。Lyon等镜检了30多株骨髓瘤细胞系和杂交瘤细胞，几乎所有细胞株都有C型病毒。在人×鼠骨髓瘤细胞系中，同样也污染有小鼠白血病病毒。梁喆等观察了3株人×鼠骨髓瘤细胞和3株人—（人×鼠-SHM-D33）杂交瘤细胞，均发现有A型病毒，细胞感染率为24%～68%不等，而正常人外周血淋巴细胞和B95.8细胞系中均未见有病毒颗粒。

Weiss详细地研究了小鼠白血病病毒对人源性细胞的感染能力。在12株NS-1细胞与BALB/C小鼠脾细胞融合的杂交瘤细胞中，有8株查出外源性病毒，对人胚成纤维细胞7605L有感染性，2株是单嗜性与异嗜性混合型。虽然至今未见有人感染小鼠白血病病毒的报道，但组织培养证实，人源性细胞对某些逆转录病毒是敏感的。因此，对利用单抗制品治疗疾病时可能存在的潜在危害性，应引起人们的高度重视，特别是人源性细胞与小鼠白血病病毒发生重组的可能性。

四、临床症状

患鼠精神沉郁，食欲减退，结膜苍白，贫血。时而腹泻，腹部增大，产生腹水或肿瘤硬结。呼吸急促，双眼突出。胸腔形成肿瘤，胸水增多。体表淋巴结肿胀，白细胞异常增多。最后因衰竭而死亡。

五、病理变化

1. 大体解剖观察 引起的病变因毒株的不同而有区别，归纳起来主要有以下几种：①胸腺型；②脾型；③淋巴型；④肝、脾、胸腺混合型。将 Gross 株经 C_3H 小鼠多次传代后获得的高毒力 A 系病毒接种 1～14 日龄的 C_3H 或 $C_{57}BL/6$ 小鼠，90～120 天后即可产生白血病。患鼠发生胸腺肿瘤，肝、脾肿大，腹股沟和腋下淋巴结以及肠系膜淋巴结发生肿瘤，一般在发病 7～21 天内死亡。将 Friend 株接种 21～28 日龄 DBA/2 小鼠后数周，感染鼠肝、脾进行性肿大，病程延续 60～90 天，患鼠终因出血和脾破裂而死亡，或在数月后因白血病而死亡。人工接种哺乳大鼠，可发生淋巴性、干细胞性或髓细胞性白血病，并常发生胸腺肿瘤和多发性淋巴肉瘤。Rauscher 株接种小鼠可发生成红细胞性增生性变化，肝、脾肿大，病情迅速发展，多于 60～90 天内死亡。有时可在 21～28 日龄以内小鼠和哺乳大鼠引起具有胸腺肿瘤和全身性淋巴肉瘤的淋巴性白血病。

小鼠接种 SRS 腹水瘤细胞后第 3 天和第 6 天时，肿瘤逐渐长大隆起，但表面皮毛光滑，解剖时可见局部肿瘤呈片状或块状生长，无明显包膜存在。第 9 天时，肿瘤进一步长大，个别瘤块中心出现小的坏死后形成液化囊腔。随着时间的延长，这种现象更为明显，第 18 天时已有 40%病鼠死亡。肝脾的均数在第 3 天分别为 1.48g/只和 0.10g/只，第 18 天时可相应增加到 2.39 g/只和 0.38g/只。小鼠白血病病毒 Friend 株人工感染 BALB/c 小鼠和 KM 小鼠，可引起脾肿大，各鼠系脾指数与正常鼠脾指数差异有统计学意义（$P<0.01$）。

2. 组织病理学观察 在 L6565 型病毒淋巴细胞性白血病试验感染小鼠模型中，可见胸腺、淋巴结和脾组织大多为均匀一致的白血病细胞所浸润，正常结构完全消失，其肝、肾、肺、心等组织都有程度不等的白血病细胞浸润。

在 SRS 腹水瘤白血病试验感染小鼠模型中，每只小鼠右腋皮下接种腹水瘤 5×10^6 个瘤细胞，在接种后 18 天内，肝、脾、肾和胸腺未见浸润性生长。从第 9 天开始，淋巴结生发中心有扩大现象。局部皮下肿瘤组织，在接种后第 3 天可见到在结缔组织、脂肪组织间有广泛瘤细胞浸润，毛细血管丰富。第 6 天时瘤细胞呈片状生长，生长旺盛，分裂相易见，瘤细胞间血供良好。第 9 天时，瘤细胞的中央部分有小部分坏死区域出现。第 12 天后瘤细胞坏死增加，坏死区呈均匀一致的伊红染色，有些部分形成液化囊腔。肿瘤组织周围未见有纤维包膜形成。

六、诊　断

1. 病毒分离与鉴定 利用蔗糖密度梯度离心法或分子筛凝胶层析法分离纯化小鼠白血病病毒，电镜观察形态进行鉴定。可见到直径为 70nm 左右的椭圆形病毒颗粒，其中有的颗粒中心部分电子密度小，呈透亮区；而另一种颗粒中心部分电子密度大，呈深黑色。也可采用病鼠肝、脾、胸腺和淋巴结的超薄切片及无细胞提取液进行病毒观察。根据形态结构和病毒衣壳在细胞内的位置，可分为 A 型、B 型、C 型和 D 型。迄今所分离的大多数逆转录病毒属 C 型病毒。

也可在蔗糖等密度离心提纯病毒后，经 SDS - PAGE 测定小鼠白血病病毒蛋白分子量。见表 10 - 3 - 4。

表 10 - 3 - 4 不同 MuLV 蛋白质的分子量测定*

分离株	MuLV	不同分离株病毒蛋白分子量				
国内	SRS - MuLV	p12	p15	p30	gp45	gp70
	L783 - MuLV	—	p15	p30	gp45	gp70
	L6565 - MuLV	p12	p15	p30	gp45	gp70
	L615K - MuLV	p12	p15	p30	gp45	gp80
国外	Mo - MuLV	—	p15	p30	—	gp70

* 参考文献 17。

2. 逆转录酶活性测定 自1970年Temin和Baltimore等分别在Rous肉瘤病毒和Rauscher MuLV的毒粒中发现逆转录酶（reverse transcriptase RT）以来，多种RT活性测定方法被迅速建立和发展起来，用于逆转录病毒的定性或定量检测。概括起来主要有三类。

（1）同位素法 根据逆转录酶在模板、引物、dNTP、二价离子（Mg^{2+}或Mn^{2+}）等存在的条件下，可将RNA逆转录为cDNA的原理，通过测定逆转录产物cDNA中^{3}H-dTTP或^{32}P-dTTP的掺入量来反映RT活性。

（2）ELISA法 是将逆转录与免疫学方法结合起来测定RT活性的一种方法。将非同位素物质（如地高辛）标记的dUTP（dig-dUTP）和生物素标记的dUTP掺入到逆转录产物中，利用生物素与链霉亲和素（streptavidin，SA）的作用，将cDNA结合到SA包被的微孔板上，加入酶标的抗地高辛抗体及底物显色，以dig-dUTP的掺入量反应RT活性。

（3）PCR法 以某些病毒的异聚体RNA为模板，加入特异性引物、dNTP、待测样品RNasin、缓冲液等成分进行逆转录，^{32}P标记的寡核苷酸探针对逆转录产物cDNA经扩增后进行固相杂交，通过检测cDNA量来反映RT活性。用地高辛代替同位素标记探针建立的以PCR为基础的非同位素逆转录酶活性测定方法（PBRT），无放射性危害，不需对检品进行复杂处理，可直接检测细胞培养上清液中的逆转录酶活性，在实际检测中获得良好的效果。

3. 血清学试验

（1）小鼠抗体产生试验+ELISA 将待检品处理后接种SPF小鼠，10天后加强接种一次，2周后取血，采用间接ELISA法检测是否有小鼠白血病病毒特异性抗体。

（2）荧光免疫法 将待检细胞或组织制成细胞涂片或冷冻切片，利用小鼠白血病病毒的McAb-FITC直接检测是否存在小鼠白血病病毒抗原。此方法快速、简便、特异性好，在实际应用中获得良好的结果。

4. X-C合胞试验 X-C细胞是一种经Rous肉瘤病毒（RSV）Prague株感染的大鼠肿瘤细胞。当接触到感染了小鼠白血病病毒的细胞后，会出现多核巨细胞，即合胞现象。经Giemsa染色后，在低倍镜下可以看到特异的多核巨细胞，提示被测定的细胞内有小鼠白血病病毒存在。合胞数量与病毒数量成正比。

5. 分子生物学诊断 从克隆菌株中提取含有小鼠白血病病毒基因组片段的质粒DNA，经酶切电泳、同位素标记特异性的DNA片段制成DNA探针，应用Southern blot或斑点杂交，直接检测感染细胞中存在游离的前病毒DNA。

用光敏生物素标记从重组质粒pSF11中回收5kb小鼠白血病病毒DNA片段制备探针，采用斑点杂交法检测待检样品中的小鼠白血病病毒。

七、防治措施

根据实际情况制定监测方案，发现可疑患鼠立即淘汰，对环境进行全面、彻底消毒。已有报道证明：在实验小鼠染色体中常有逆转录病毒的相关核酸序列存在，特别是在某些近交系小鼠中更为普遍。因此，在当前对我国小鼠种群携带小鼠白血病病毒不甚了解的情况下，对用于杂交瘤腹水制备的小鼠种群进行检测，或应用SPF级小鼠，这对将包括小鼠白血病病毒在内的鼠源性病毒污染的可能性降到最低点是非常必要的。

八、公共卫生影响

骨髓瘤细胞是许多杂交瘤细胞污染小鼠白血病病毒的主要来源已被证实。因此，在开展杂交瘤细胞建株工作之前，应对骨髓瘤细胞进行选择和检测，确认无污染后再使用。这对防止抗肿瘤单抗药物的小鼠白血病病毒V污染，保证临床肿瘤治疗的病毒安全性至关重要。

建立小鼠白血病模型，研究人类白血病的细胞分子生物学特性、生化免疫特征、病理生理改变、发病机制以及药物治疗和预后具有重要意义。在建立模型和模型保存的过程中，应注意生物安全问题。

（贺争鸣　田克恭　肖璐）

参考文献

陈德威．1993．啮齿类试验动物疾病学［M］．北京：北京农业大学出版社：197－204.

褚建新，李肇玫．1989．615 近交系小鼠及其在实验肿瘤研究中的应用［M］．北京：人民卫生出版社：104－139.

高齐瑜．1994．比较医学［M］．北京：北京农业大学出版社：202－207.

何家靖，杨兆丽，林燕芳，等．2011．Friend 鼠白血病病毒对 BALB/c 小鼠和 KM 小鼠的影响［J］．浙江中西医结合杂志，21（9）：605－607.

贺争鸣，刘佐民，卫礼．1994．应用光敏生物素标记探针检测杂交瘤细胞中小鼠白血病病毒［J］．中国生物制品学杂志，7（2）：70－72.

贺争鸣，卫礼，吴慧英．1995．分泌抗小鼠白血病病毒（MuLV）单克隆抗体杂交瘤的建株、初步鉴定和应用［J］．单克隆抗体通讯，11（3－4）：84.

贺争鸣．1994．浅谈体内诊断和治疗用单抗制品中鼠源性病毒检测的重要性［J］．单克隆抗体通讯，10（2）：76.

李其翔．1987．SRS 病毒游离前病毒的检测及 SRS 病毒 RNA 的鉴定［J］．生物化学与生物物理学报，19（2）：87.

李长卿．1993．经济动物、野生动物、观赏动物、伴侣动物疾病诊疗大全［M］．兰州：甘肃民族出版社：664.

梁吉吉．1991．人-（人-鼠）及人-鼠杂交瘤中 A 型逆转录病毒的观察［J］．上海免疫学杂志，11（5）：271.

田克恭．1991．实验动物病毒性疾病［M］．北京：农业出版社：108－112.

王宇，陈小贝，凌虹．2002．异嗜性小鼠白血病病毒感染性 DNA 转染 COS27 细胞后形成病毒颗粒的电镜观察［J］．哈尔滨医科大学学报，36（2）：121－122.

徐耀先，周晓峰，刘立德．2000．分子病毒学［M］．武汉：湖北科学技术出版社：401－418.

殷莲华，季文琴，程立．1993．T－S－Z 系统 MuLV 与 MO－MuLV 蛋白的比较研究［J］．上海医科大学学报，20（4）：277－280.

殷震，刘景华．1997．动物病毒学［M］．第 2 版．北京：科学出版社：855－861.

郑葆芬，单易非，陈伟俊．1981．小鼠白血病病毒的分离鉴定［J］．上海第一医学院学报，8（1）：1－5.

郑葆芬．1996．白血病病毒、艾滋病病毒、癌基因［M］．上海：上海医科大学出版社：11－53.

周晓燕，邹琳．2011．白血病小鼠模型的建立与应用现状［J］．分子诊断与治疗杂志，3（3）：212－217.

Zhang B，Wu K F，Lin Y M，et al．2004．Gene transfer of proIL－18and IL－beta convert ing enzyme c DNA induces potent antitumor effects in L1210 cells［J］．Leukemia，18（4）：817－825.

第四节　豚鼠白血病
（Guinea pig leukemia）

豚鼠白血病（Guinea pig leukemia，GPL）是由豚鼠白血病病毒引起的肿瘤性疾病。该病在许多方面与人白血病相似，因此，可能成为研究人白血病的良好的动物模型。

一、发生与分布

Congdon 等（1954）首次报道了豚鼠的自发性白血病，并通过在两个近交系豚鼠连续传代分离到豚鼠白血病病毒。据报道，豚鼠白血病发病率较低，约 3%，这可能与豚鼠生命周期较短有关。目前我国尚未见有豚鼠白血病病毒的研究报道。

二、病　　原

豚鼠白血病病毒（*Guinea pig leukemia virus*，GPLV）在分类上属反录病毒科、正反转录病毒亚科、丙型反转录病毒属。病毒粒子直径 80～100nm。未成熟病毒粒子具有 1 个电子致密的衣壳和 1 个较厚的囊膜，主要存在于内质网池中；成熟病毒粒子通过内质网膜出芽释出，主要存在于细胞间质中。

豚鼠白血病病毒对乙醚、丙酮、脱氧胆酸盐、甲醛、紫外线和X射线敏感，对胰酶有抵抗力。56℃ 30min可使之灭活，－90℃保存150天感染性不变。

三、流行病学

将患白血病的豚鼠的细胞悬液人工接种易感豚鼠可造成传播。但接种无细胞滤液未获成功。另外，妊娠母鼠也可经胎盘将豚鼠白血病病毒传递给胎儿。

四、临床症状

自然病例，病鼠初期表现被毛粗乱、黏膜苍白、反应迟钝等症状，濒死期体表淋巴结和肠系膜淋巴结明显肿大，外周血中白细胞数达25～250×10^6/L，血小板减少。实验条件下，经豚鼠脾细胞连续传代的豚鼠白血病病毒接种豚鼠，14～21天后100％发病和死亡。最初在接种部位形成小而硬的皮下肿瘤，随后体积逐渐增大。接种5～10天后，外周血中白细胞数达25～50×10^6/L，并伴有贫血。

五、病理变化

大体解剖观察可见淋巴结显著肿大，肝、脾肿大。组织病理学检查脾脏、肠系膜淋巴结和骨髓均受到严重侵害，病变部位尤其是血管周围可见大量成淋巴细胞浸润。

六、诊　　断

根据临床症状和病理变化可以做出初步诊断。确诊需进行病毒分离鉴定和血清学试验。

七、防治措施

目前对该病尚无有效的预防和控制措施。可通过常规检测逐渐淘汰带毒动物，建立无豚鼠白血病病毒种群。豚鼠白血病与人白血病有许多相似之处，如淋巴细胞数量急骤增高、多种组织器官的持续性浸润等，提示该病可能成为研究人白血病的良好的动物模型。

（肖璐　田克恭）

参考文献

田克恭．1992．实验动物病毒性疾病［M］．北京：农业出版社．

第五节　猫白血病

(Feline leukemia)

猫白血病是由猫白血病病毒（*Feline leukemia virus*）引起猫的一种常见自然感染性传染病。可引起猫的造血系统功能衰退、免疫缺陷或肿瘤。猫白血病病毒主要感染家猫及小型猫科动物，该病呈世界范围分布。约60％的猫感染猫白血病病毒后短时间内产生高滴度的中和抗体，30％的猫出现持续性感染而后因免疫抑制出现继发感染。猫白血病病毒（FeLV）与猫免疫缺陷病（FIV）及人免疫缺陷病毒（AIDS）属同系，人们将猫白血病病毒与猫免疫缺陷病毒引起的疾病均称为猫获得性免疫缺陷综合征，即猫艾滋病（FAIDS）。该病不仅在兽医临床上有一定的研究价值，还可以作为研究人肿瘤或艾滋病的动物模型

一、发生与分布

1964年Jarrett等在猫体内发现一种与淋巴肉瘤相关的病毒粒子，该病毒粒子和鼠白血病病毒在结

构方面有着显著的相似性。1967 年 Thomas G. Kawakami 等从自发感染及试验性感染白血病的患猫的血浆中检测并分离出特有的"C"型病毒粒子，即猫白血病病毒。

猫白血病病毒呈世界性分布，是引起猫严重疾病和死亡的主要原因之一。美国大约 2.3%的猫感染猫白血病病毒。

二、病　原

1. 分类地位 猫白血病病毒（*Feline leukemia virus*，FeLV）在分类上属反转录病毒科（Retroviridae）、正反转录病毒亚科（Orthoretrovirinae）、丙型反转录病毒属（*Gammaretrovirus*）。

根据病毒与细胞表面受体的特异性，可将猫白血病病毒分为 FeLV - A、FeLV - B、FeLV - C 和 FeLV - T 4 个亚型（Chandtip 等，2005）。仅 FeLV - A 具有传染性和传播性，FeLV - B、FeLV - C 和 FeLV - T 由已感染 FeLV - A 的患猫内源基因变异和重组形成。FeLV - B 通常与恶性肿瘤相关，特别是淋巴瘤和白血病。FeLV - C 能引起感染动物严重的再生障碍性贫血。猫感染 FeLV - C 后发生严重的纯红再生障碍性贫血（简称纯红再障），与人纯红再障相似，表现为重度贫血，红细胞比容仅为 4%～15%，网织红细胞缺乏，骨髓红系增生明显低下，血清红细胞生成素（Epo）水平增高。FeLV - T 对 T 淋巴细胞有高度溶解性，会引起严重的免疫抑制。

2. 形态学基本特征与培养特性 猫白血病病毒粒子切面呈圆形或椭圆形，直径 90～110nm，由单股 RNA 及核心蛋白构成的类核体位于病毒粒子中央，含有反转录酶。类核体被衣壳包围，最外层为囊膜，其上有许多糖蛋白构成的纤突。当病毒进入机体或在体内复制时，囊膜表面的抗原成分可刺激机体产生中和抗体。猫白血病病毒为完全病毒，遗传信息存在于病毒 RNA 上，可不依赖于其他病毒完成自身的复制过程。

猫白血病病毒可在猫、人、犬、猪和牛源细胞上增殖，不能在小鼠、大鼠和鸡源细胞上增殖；其宿主范围与亚群有关，FeLV - A 仅能在猫源细胞上增殖；FeLV - B 的宿主范围最广，在人源细胞上比在猫源细胞上更易增值。一般认为猫白血病病毒的宿主范围决定于猫白血病病毒的囊膜抗原及细胞表面的猫白血病病毒受体。

3. 理化特性 在干燥的条件下，猫白血病病毒在宿主体外存活不超过几小时。猫白血病病毒的病毒囊膜对消毒剂、肥皂、加热和干燥敏感；对乙醚和脱氧胆酸盐敏感，56℃30min 可使之灭活。常用消毒剂及酸性环境（pH4.5 以下）也能使之灭活。对紫外线有一定抵抗力。在湿润的室温环境中，猫白血病病毒能保持几天到几周的感染性。

4. 分子生物学 猫白血病病毒的基因图与小鼠白血病病毒相似。病毒基因组结构特点为：病毒两端是长末端基因重复序列（LTR），具有转录起始信号，在 RNA 加工和调节其装入病毒颗粒中发挥重要作用。LTR 由 U3、R 和 U5 三个区域组成。其中 U3 包含强化因子和启动因子，是病毒基因表达的关键。病毒基因组含有 3 个编码结构蛋白的基因，即 gag、pol 和 env。其中，gag 基因编码结构蛋白；pol 基因编码逆转录酶；env 基因编码病毒糖蛋白。3 个基因按 5’ - gag - pol - env - 3’ 次序排列。

env 基因编码的糖蛋白包括病毒膜表面糖蛋白亚单位（surfaceglyeoprotein，SU）和跨膜蛋白亚单位（transmembrane，TM）。SU 控制受体的识别和病毒感染，其包含 3 个区域，即受体结合区（receptor-binding domain，RBD）、富含脯氨酸区（praline-richregion，PRR）和碳末端区（carboxy terminal C domain，Cdom，也称第二受体结合区）。

猫白血病病毒感染首先需要宿主细胞表面受体识别。不同亚型通过不同受体识别感染细胞。其中，FeLV - A 是通过 FeTHTRl 受体（Mendoza 等，2006），其持续性感染导致包膜基因变异，形成新的病毒亚型，后者需要新的受体识别。如 FeLV - C 来源于 FeLV - A 包膜基因的点突变，感染细胞需要 FLVCR（feline leukemia virus creceptor）受体（Quigley 等，2000，2004）；FeLV - B 是由 FeLV - A 内源基因重组形成，其识别需要跨膜磷酸盐传递蛋白 FePit 1 或 FePit 2 作为受体（Ander - son 等，2001）；FeLV - T 感染需要 FePit 1 受体和可溶性辅助因子 FeLIX，后者是猫白血病病毒内源基因表达产物，其结构与受体结合区很相似（Heather 等，2007）。

三、流行病学

1. 传染来源 唾液是猫白血病病毒最有效的传染源，病毒血症的猫在唾液、血液、鼻液、粪便、乳汁和尿液等体液中释放多倍于体液的传染性病毒。约 1%～2%看似健康的流浪猫其实已经到了病毒血症阶段，这些猫可能充当了猫白血病病毒的主要贮藏宿主。处于潜伏期的猫也可通过唾液排出高滴度的病毒，每毫升唾液可含 10^4～10^5 个病毒粒子。

2. 传播途径 猫白血病病毒在猫群中传播的主要方式是水平传播，病毒通过呼吸道和消化道传播。典型的猫白血病病毒感染是猫共同生活时通过口鼻途径的感染，猫在社交活动中分享食物和水、相互舔舐、同室居住以及相互撕咬都可导致感染。一般认为，在自然条件下，消化道传播比呼吸道传播更易进行。除水平传播外，也可垂直传播，妊娠母猫可经子宫感染胎儿。

3. 易感动物

（1）自然宿主 猫白血病病毒主要引起猫的感染，死于肿瘤的猫中约 33%是由猫白血病病毒所致。

（2）实验动物 试验性感染猫白血病病毒的所有新生小猫和大多数 2 月龄的猫会发生渐进性猫白血病病毒感染，但仅有 15%的 4 月龄或是更大月龄的猫感染猫白血病病毒。

（3）易感人群 猫白血病病毒不传染人，对人健康没有威胁。但其可在人源细胞上复制。

4. 流行特征 在过去的 20 年，由于对猫白血病病毒进行了广泛的检测以及疫苗的研发应用，猫白血病病毒感染的发病率在降低。

性别、年龄、生活方式和健康状况等特性能用于评估猫白血病病毒的感染风险，在养猫较多的家庭或者居民区猫感染猫白血病病毒的概率更大，雄性猫比雌性猫更易感，幼猫较成年猫更为易感，室外猫比室内猫感染的风险更大。在 2004 年的一项研究中，检测的 18 000 多只猫中 2.3%为猫白血病病毒阳性。兽医临床检测的猫的检出率（2.9%）高于动物收容所的猫（1.5%），允许到户外的宠物猫的检出率（3.6%）高于严格在室内活动的宠物猫（1.5%）。患病猫比健康猫的感染率高，患病野猫感染率最高（15.2%），其次是允许出门的患病宠物猫（7.3%）。相反，健康野猫的阳性率（1.0%）比健康的允许到户外的宠物猫的阳性率（2.6%）较低或相似。

四、临床症状

猫白血病病毒感染猫后可以引起多种疾病，疾病的严重程度往往与猫白血病病毒亚型、感染时间、猫的年龄及免疫状态等有关。患病猫会出现：

（1）体重减轻

（2）发热。

（3）免疫缺陷和感染 猫白血病病毒会降低免疫系统的效力导致猫对细菌、真菌、原生生物和其他病毒感染的敏感性增高。例如，猫白血病病毒感染猫患猫传染性腹膜炎（FIP）较为普遍。在一些猫中，猫白血病病毒感染首先的征象是继发口腔的细菌感染，继发性的皮肤或呼吸道感染也会发生。

（4）贫血 猫白血病病毒常常影响骨髓中的细胞，因此，很多猫白血病病毒感染猫患有非再生性贫血。

（5）免疫介导性疾病 大量的猫白血病病毒抗原与猫的抗体联合形成复合物，沉积在肾、血管或关节中。

（6）生殖问题 猫白血病病毒感染常常与猫的不孕症相关。流产、死产和胎儿吸收在感染猫白血病病毒的母猫中普遍出现。新生小猫死亡综合征可能是胎儿或新生小猫感染猫白血病病毒引起的。

（7）胃肠疾病 猫白血病病毒会引起胃和肠的癌症。肠壁的变化会造成厌食、呕吐、腹泻和体重减轻。寄生虫和细菌异常增殖，并造成猫白血病病毒感染猫的腹泻。

（8）神经性疾病 在猫白血病病毒感染猫中可见癫痫、失明、麻痹、行为改变和共济失调（平衡丧失）。这些症状可能是由猫白血病病毒或是免疫抑制的动物常常发生的寄生虫（弓形虫）和真菌（猫隐球菌）造成的。

（9）血小板异常　在猫白血病病毒感染猫中有时发生血小板数量的减少（血小板减少症）或是血小板功能障碍。

（10）淋巴结病　腹部或其他部位的淋巴结常常增大。

（11）癌症　大约30%感染猫白血病病毒的猫会发展罹患癌症。通常以淋巴细胞或红细胞的肿瘤形式出现，包括淋巴肉瘤、淋巴性白血病、骨髓性白血病和红血病性骨髓症。但不是所有感染白血病病毒的猫都会发展成为白血病或淋巴肉瘤，不是所有的白血病和淋巴肉瘤都是由猫白血病病毒引起。

（12）呼吸道和眼的问题　猫会表现出上呼吸道疾病的症状，特别是流鼻涕。也可见眼部流出液体。

（13）口腔疾病　口腔生疮和口腔（口炎）、齿龈（齿龈炎）的感染也常见。

五、病理变化

由于本病症状多种多样，病理变化也较复杂。

1. 大体解剖观察　剖检可见脾、肝和淋巴肿大；肠系膜淋巴结、淋巴集结、胃肠道壁及肝、脾和肾有淋巴浸润，有的胸腔内充满肿瘤。

宁章勇等（2004）在对一只急性淋巴型白血病患猫剖检时发现患猫腹膜、消化道、膈肌、肾脏、肝脏、脾脏和胰腺表面存在弥散性出血，以片状出血为主，同时有密集的点状出血和小血肿。

2. 组织病理学观察　淋巴结发生肿瘤时，常可在病理切片中看到正常淋巴组织被大量含有核仁的淋巴细胞代替。病变波及骨髓、外周血液时，也可见到大量成淋巴细胞浸润。胸腺淋巴瘤时，剖检可见胸腔有大量积液，涂片检查可见到大量未成熟淋巴细胞。

宁章勇等（2004）认为猫的急性白血病在病理组织学上以淋巴样细胞浸润为特征，淋巴样瘤细胞呈圆形或椭圆形，有病理性核分裂相，是该病的病理诊断特征。

六、诊　　断

根据临床症状、全身检查、病理变化可以做出初步诊断。确诊需进行血清学和病毒学检查。预防猫白血病病毒的免疫一般不会影响检测，因为猫白血病病毒检测的是抗原而不是抗体。预防接种后立即采血可能会有可检测出的疫苗自身的猫白血病病毒抗原，因此诊断用样品应在猫白血病病毒疫苗给药之前采集。

1. 病毒分离与鉴定　猫白血病病毒的分离可采用病猫淋巴组织或血液淋巴细胞与猫的淋巴细胞系或成纤维细胞系共同培养的方法进行。随后检测培养液中反转录酶的活性，电镜观察病毒粒子的形态结构，并采用免疫学方法进一步鉴定。

2. 血清学试验　猫白血病病毒的常规诊断检查依赖于在大多数感染猫中大量产生的核心病毒抗原p27的检测。在临床检测中，常用试剂盒检测外周血液中的可溶性循环抗原。在检测的初期，血清或血浆比全血检测的结果更可靠。然而，随着检测技术的提高，抗凝全血也成为适于检测的样品。抗原检测不应使用泪液或唾液。可溶性抗原检测能在病毒血症最初的早期阶段检测到感染。大部分猫在病毒暴露的30天内都会检测到可溶性抗原阳性。然而，在一些患猫中抗原血症的发展非常不确定并且持续时间相当长。当可溶性抗原检测的结果为阴性时，新近的感染不可排除，至少在最近一次潜在暴露30天后应复检。小猫可以在任何时候进行检测，被动获得的母源抗体不会干扰病毒抗原的检测。因母源传染感染的小猫可能在出生后数周至数月都检测不到阳性。

可用血液的间接免疫荧光抗体试验（IFA）或是骨髓穿刺涂片检测感染的血细胞中的病毒p27抗原。骨髓受到感染继发病毒血症时间接免疫荧光抗体试验才能检测到感染。间接免疫荧光抗体试验假阴性结果可能发生在白细胞减少的猫中。退行性感染的患猫和抵御了骨髓感染的猫，间接免疫荧光抗体试验检测结果也为阴性。假阳性结果还可能发生在涂片太厚、本底荧光高和检测的准备和读片人经验不足时。

因为阳性检测结果的影响很大，推荐进行确认性检测，特别假阳性结果可能性较高的低感染风险和无症状患猫。由于检测的高敏感性和感染的低流行性（高阴性预测值），阴性检查的结果高度可靠。

阳性检查试验的确认有几种选择。病毒培养是鉴定渐进性猫白血病病毒感染的金标准。一些猫可能只是暂时性的抗原血症，可溶性抗原检测时可能转变为阴性状态（退行性感染）。血液和骨髓的阳性间接免疫荧光抗体试验检测显示患猫可能保持持续性抗原血症。

当可溶性抗原检测和/或间接免疫荧光抗体试验检测不一致时会出现不一致的抗原检测结果，会使患猫真实的猫白血病病毒感染阶段的确定很困难。在大多数病例中，这样的患猫实际是被感染了。不一致的结果可能是由于感染阶段、宿主反应的变化性或是检测的技术问题。通过此后 60 天内和每年两种检测方法的重复检测，直到检测结果一致。直到状况澄清，结果不一致的患猫最好被认为对其他猫是潜在的感染源。

3. 分子生物学诊断 PCR 检测已广泛用于猫白血病病毒的诊断。在最适宜的条件下，实时荧光 PCR 是检测猫白血病病毒最敏感的方法，并能帮助解决血清学检测方法得到的结果不一致的问题。PCR 可以检测病毒 RNA 或细胞相关 DNA（前病毒），也能检测血液、骨髓和组织。唾液的 PCR 检测显示出与血液抗原检测较高的相关性。最近使用实时 PCR 技术的研究表明，5%～10%的可溶性抗原检测猫白血病病毒阴性的患猫通过 PCR 检测都是猫白血病病毒阳性（退行性感染）。

七、防治措施

1. 治疗

（1）隔离病猫

（2）化学疗法 对患淋巴瘤的猫需使用不同的药物进行治疗，常用的药物有苯丁酸氮芥（Chlorambucil）、长春新碱—放线菌素 D—环磷酰胺（Cyclophosphamide）、阿霉素（Doxorubicin）、左旋天冬酯胺酸酶（L - asparaginase）、甲胺碟呤（Methotrexate）、泼尼松或强的松龙、长春新碱（Vincristine）、长春花碱（Vinblastine）等。

（3）输血 很多猫白血病病毒相关疾病伴发非再生性贫血，全血的输入有助于稳定病情以进一步诊断，也是其他治疗方式的辅助。另外，阳性抗体的转移降低了猫白血病病毒抗原血症的水平。

（4）辅助治疗 可使用干扰素、免疫调节剂等药物，详见表 10 - 5 - 1。

表 10 - 5 - 1 用于治疗 FLV 感染的药物

药物	类别	在自然感染猫中的对照试验
醋孟南（Acemannan）	免疫调节剂	无报道试验
卡介苗（Bacille Calmette - Guérin）	免疫调节剂	无报道试验
牛乳铁蛋白（Bovine lactoferrin）	免疫调节剂	无报道试验
去羟肌苷（Didanosine）	抗病毒药	无报道试验
乙胺嗪（Diethylcarbamazine）	免疫调节剂	无报道试验
猫 ω 干扰素	抗病毒药、免疫调节剂	无报道试验
左咪唑（Levamisole）	免疫调节剂	无报道试验
T 细胞免疫调节剂	免疫调节剂	无报道试验
PIND - AVI，PIND - ORF	免疫调节剂	与安慰剂相比无影响
痤疱丙酸杆菌（Propionibacterium acnes）	免疫调节剂	无报道试验
人重组干扰素 α	抗病毒药、免疫调节剂	与安慰剂相比无影响
黏质沙雷菌（Serratia marcescens）	免疫调节剂	无报道试验
葡萄球菌蛋白 A	免疫调节剂	与安慰剂相比无影响
苏拉明（Suramin）	抗病毒药	无报道试验
齐多夫定（Zidovudine）	抗病毒药	提高口炎评分，降低 p27 抗原血症

（5）对症治疗 呕吐、腹泻导致脱水的进行补液，同时还可进行止吐止痢，用苯海拉明、次硝酸铋、鞣酸蛋白、活性炭等。贫血者可使用硫酸亚铁、维生素 B_{12}、叶酸等治疗。

2. 预防 感染猫的鉴别和隔离是最有效的预防新的猫白血病病毒感染的方法。猫群中引进新成员时，必须进行猫白血病病毒检疫，确认无猫白血病病毒感染后方可混群饲养。

目前商用猫白血病病毒疫苗包括含佐剂的灭活疫苗、不含佐剂的灭活疫苗以及重组 gp70 蛋白疫苗。猫白血病病毒疫苗尽管能预防各种程度的渐进性感染，但并不能防止感染。在猫白血病病毒疫苗的注射部位有可能会导致肉瘤的生长。

八、公共卫生影响

猫白血病病毒所致猫艾滋病与人的艾滋病在病理损伤、感染过程中病毒的潜伏与活化、疾病发展的阶段性和有序性等方面极其相似，许多学者强调猫艾滋病可作为研究人免疫缺陷病毒所致免疫缺陷机制的动物模型。

FeLV-B 变异株具有比其他毒株更强的免疫抑制作用，而一些毒株（如非变异的 FeLV-B、FeLV-A）致病作用较弱或缺乏致病作用。将具有强烈免疫抑制作用的猫白血病病毒变异株与低致病作用猫白血病病毒毒株的基因核苷酸序列进行对比分析，将弄清对免疫抑制形成起决定作用的关键核苷酸序列，从而有利于研究反转录病毒诱导免疫缺陷的机制和研究有效的疫苗。

Quigley 等（2000）利用猫和人细胞逆转录病毒表达文库，克隆了人类猫白血病 C 亚类病毒受体（feline leukemia virussubgroup creceptor，FLVCR），并定位于 1 号染色体长臂（1q31）。研究表明人 FLVCR 广泛表达于 $CD34^{+}$ 造血干/组细胞、造血细胞及其他人的组织和细胞系。新近发现 FLVCR 具有输出血红素的重要功能，并由此参与红系生成的调节。

（王芳 孙明 肖璐 田克恭）

参考文献

刘俊，曹科文，熊瑞华．2007. 猫白血病诊断及防制作者［J］．畜牧兽医科技信息（2）：82-83.

吕晓萍，郑琪，邵悦，等．2010. 猫白血病病毒分子致病机制研究进展［J］．中国畜牧兽医，37（3）：189-191.

宁章勇，赵德明，夏兆飞，等．2004. 猫急性淋巴白血病的病理学观察［J］．中国兽医杂志，40（9）：25-29.

田克恭．1992. 实验动物病毒性疾病［M］．北京：农业出版社：259-265.

翁善钢．2012. 浅谈猫白血病［J］．中国牧业通讯（3）：88-89.

朱易萍．2005. 人类猫白血病病毒受体的研究进展综述［J］．国外医学输血及血液学分册，28（4）：295-297.

Anderson M M，Lauring A S，Robertson S，et al. 2001. Feline Pit2 functions as a receptor for subgroupB feline leukemia viruses［J］. J Virol，75（22）：10563-10572.

Chandtip Chandhasin，Patricia N Coan，Ivona Pandrea，et al. 2005. Unique Long Terminal Repeat and Surface Glycoprotein Gene Sequences of Feline Leukemia Virus as Determinants of Disease Outcome［J］. Journal of virology，79（9）：5278-5287.

Gary D Norsworthy，Mitchell A Crystal，Sharon Fooshee Grace，et al. 2011. The Feline Patient［M］. Fourth Edition. USA：Blackwell Publishing Ltd：184-186.

Hesther H C，Maria M A，Julie O. 2007. Feline leukemia virus Tentryis dependent on both expression levels and specific interactions between cofactor andreceptor［J］. Virology，359（1）：170-178.

Julie Levy，Cynda Crawford，Katrin Hartmann，et al. 2008. 2008 American Association of Feline Practitioners' feline retrovirus management guidelines［J］. Journal of Feline Medicine and Surgery，10：300-316.

QuigleyJ G，Burns C C，Abkowitz，et al. 2000. Cloningof the cellularreceptorfor feline leukemia virussubgroups（FeLV-C），aretrovirus that induces red allaplasia［J］. Blood，95（3）：1093-1099.

Thomas G Kawakami，Gordon H Theilen，Donald L Dungworth，et al. 1967. "C"-Type Viral Particles in Plasma of Cats with Feline Leukemia［J］. Science，3804（158）：1049-1050.

Uigley J G，Yang Z，Worthington M T，et al. 2004. Identification ofahumanhemeexporterthat is essential forerythropoiesis

[J]. Cell, 118 (6): 757-766.
W F H Jarrett, E M Crawford, W B Martin, et al. 1964. A Virus-like Particle associated with Leukæmia (Lymphosarcoma) [J]. Nature, 202: 567-568.

第六节 小鼠肉瘤
(Murine sarcoma)

小鼠肉瘤（Murine sarcoma）是由小鼠肉瘤病毒引起的肿瘤性疾病。小鼠肉瘤病毒是一种缺陷性病毒，其增殖需要小鼠肉瘤病毒的辅助。

肉瘤病毒属于致癌RNA病毒引起肉瘤的病毒的总称。在体内引起非上皮性实体肿瘤（肉瘤），而在细胞培养系中转化为成纤维细胞。自劳斯（P. Rous）于1911年从鸡的可移植性肿瘤（劳斯肉瘤）中分离到病原病毒以来，在禽类中所分离到的许多肉瘤病毒均称Rous肉瘤病毒（*Rous' sarcoma virus*，RSV），或称为禽类肉瘤病毒（*Avian sarcoma virus*，ASV）。在小鼠中从小鼠白血病病毒的材料里以各种方式所分离到的病毒，都称为小鼠肉瘤病毒（*Murine sarcoma virus*，MSV）。此外，还分离到猫肉瘤病毒（*Feline sarcoma virus*，FeSV）。据报道从猴等其他动物中也分离到此类病毒。在这些病毒中有具备独立机能的完整病毒；但也有许多在遗传上缺少病毒增殖所必需的某些机能，而要借助于白血病病毒或内生病毒的不完整病毒。已知禽类肉瘤病毒既有细胞的转化作用，又有决定其生存的遗传信息。还认为在其他肉瘤病毒中也具备类似的遗传信息。

一、发生与分布

Harvey（1964）首次在小鼠发现小鼠肉瘤病毒。之后发现的毒株包括Moloney株、Kirsten株和FBK株等。目前我国对MuSV的研究报道很少见。

二、病　　原

1. 分类地位　小鼠肉瘤病毒（*Murine sarcoma virus*，MSV）在分类上属反转录病毒科、正反转录病毒亚科、丙型反转录病毒属。

2. 形态学基本特征与培养特性　小鼠肉瘤病毒呈圆形，直径100～150nm；病毒从细胞上以出芽方式释放到细胞外。小鼠肉瘤病毒具有粒子内部的群特异抗原和位于囊膜表面的型特异抗原。由于已知的所有小鼠肉瘤病毒毒株均是囊膜基因缺陷的，因此，它们均是使用“辅助病毒”的囊膜成分，从而可与该“辅助病毒”的抗血清发生中和反应。

小鼠肉瘤病毒可在正常鼠的胚胎细胞内增殖，并在接毒层使细胞发生特征性变化。MSV可转化小鼠胚胎成纤维细胞和3T3传代细胞，从而在单层细胞培养物内形成转化细胞灶，或在半固体培养基中悬浮培养的细胞培养物中形成转化细胞的集落。被转化了的细胞是非产毒性的，即不能产生感染性病毒粒子。感染性病毒的增殖需要有来自小鼠、仓鼠、大鼠或猫的“辅助性”白血病病毒的存在。鼠胚细胞发生小鼠肉瘤病毒和MuLV的双重感染时，某些细胞被小鼠肉瘤病毒转化，培养物内同时产生MuLV和小鼠肉瘤病毒。小鼠肉瘤病毒也可在大鼠、仓鼠的胚胎细胞中增殖，并使细胞发生转化。

3. 理化特性　小鼠肉瘤病毒对乙醚敏感。对热敏感，56℃ 30min即可灭活。在－60℃条件下，至少存活60天，－70℃可存活2年，但滴度略有下降。

4. 分子生物学　在啮齿动物已经分离出多株肉瘤病毒，在分离出的病毒基因组内证明有onc序列存在，表现为abl、mos和ras三种肿瘤基因。近年来研究证实，ras基因与人的肿瘤发生有密切关系。1966年Moloney用Mo-MuLV注射BALB/c小鼠诱发了肉瘤，并分离出肉瘤病毒（Mo-MSV），这是一种复制缺失性病毒，能使小鼠产生纤维肉瘤，在体外转化成纤维细胞。Mo-MSV基因组内有mos基因，编码产物为P37mos。1970年Abelson等应用Mo-MuLV注射事先经强的松龙处理过的BALB/c

小鼠，分离出 Abl-MuLV。这也是一种缺失性 RNA 肿瘤病毒，诱发小鼠产生前 B 细胞白血病和淋巴瘤，并使成纤维细胞发生转化，其基因组内有 abl 肿瘤基因，编码产物为 P120，具有蛋白激酶活性。Harvey（1964）和 Kirsten（1967）分别应用 Mo-MuLV 和 Kirsten-MuLV 病毒注射大鼠而相应地分离了 Harvey 瘤病毒（Ha-MSV）和 Kirsten 肉瘤病毒（Ki-MSV），两者皆可诱发小鼠产生红白血病和淋巴瘤，并可在体外转化小鼠的细胞。Ha-MSV 和 Ki-MSV 的基因组内皆有 ras 肿瘤基因，其编码产物是分子量为 21 000Da 的 P21ras。1981 年 Anderson 等从 BALB/c 近交系小鼠分离到一株肉瘤病毒——BALB-MSV，也证明有转化基因，称为 bas 基因，后者与 Ha-MSV 的 ras 基因的序列极为相似。因此，Ha-MSV、Ki-MSV 和 BALB-MSV 等病毒基因组内皆有 ras 基因，都是复制缺失型但能转化细胞的一组病毒。

三、流行病学

小鼠肉瘤病毒可感染小鼠、大鼠和仓鼠。幼龄小鼠比成年小鼠易感。可用移植肿瘤细胞的方法将肿瘤移植于同品系动物。

四、临床症状

新生乳鼠大剂量接种，潜伏期 9～12 天。接种 21 天后，可在接种部位及其周围的皮下组织中产生坚实的固形肿瘤，以及囊状的血管瘤。固形肿瘤由多形性或纺锤形细胞构成，侵入周围组织。囊状肿瘤由许多充满血细胞及碎片的窦组成。发生肿瘤的同时，脾脏因成红细胞增生而肿大，存活 56 天以上的被接种小鼠和大鼠，有时发生淋巴细胞性白血病。但仓鼠不发生成红细胞增生性及淋巴细胞性白血病。

小鼠肉瘤病毒诱导成年小鼠的肿瘤快速生长，有成红细胞增生症。大鼠对小鼠肉瘤病毒不敏感，新生动物接种病毒可发展为横纹肌肉瘤，此肿瘤不是原发瘤，类似恶性肿瘤：即经过很长的潜伏期，快速生长，局部淋巴结及肺转移。在所有的小鼠肿瘤中，可检测到未整合的线性小鼠肉瘤病毒前病毒。

大鼠病变的最初阶段已经有淋巴结及肺部转移，说明肿瘤是在转移中逐渐定位。由于没有在大鼠肿瘤中检测到小鼠肉瘤病毒特异性 DNA 序列，显然，小鼠肉瘤病毒与大鼠横纹肌肉瘤的形成无关。

肌内联合注射组蛋白和小鼠肉瘤病毒可明显增强其致瘤性。同时，干扰了肿瘤的自然退化，使肿瘤加速长大，导致小鼠死亡，缩短了肿瘤形成的潜伏期，存活的动物也易产生肿瘤转移。

五、病理变化

1. 大体解剖观察　小鼠肉瘤病毒感染小鼠产生的固形肿瘤由多形性或纺锤形细胞构成，侵入周围组织。囊状肿瘤由许多充满血细胞及碎片的窦组成。发生肿瘤的同时，脾脏因成红细胞增生而肿大。

2. 组织病理学观察　电镜下，病毒颗粒附着在瘤细胞表面，瘤组织大片坏死，坏死周边部有炎细胞浸润，并可见凋亡小体。Ⅱ、Ⅲ组瘤体逐渐减小，有 2 只Ⅱ组小鼠瘤块完全消失，生存期延长。其他脏器无明显病理改变。

六、诊　　断

1. 病毒分离与鉴定　根据大体解剖和组织学检查可以做出初步诊断。确诊可采用电镜技术观察感染组织内的病毒粒子。

2. 血清学试验　Thomas 等（1989）采用酶联免疫吸附试验，检查人工感染鼠血清中的小鼠肉瘤病毒抗体滴度，取得了令人满意的结果。

3. 组织病理学诊断　肉瘤病毒可用其转化细胞的能力大小来进行定量测定。在转化了的细胞中，既有能产生具感染力的肉瘤病毒细胞（prod-ucer cell），又有产生缺陷型肉瘤病毒细胞（劳斯肉瘤病毒 NP 细胞）。另外，肉瘤病毒既能产生无再次感染能力的白血病病毒细胞，也能产生有感染能力的肉瘤病毒细胞（小鼠肉瘤病毒 NP 细胞或 S+L 细胞）。

七、防治措施

1. 治疗 病毒免疫治疗各种肿瘤的试验研究在我国已经有许多报道，采用流感病毒 PR8 株治疗小鼠肉瘤 S180 腹水瘤，治疗率达 60%～80%。病毒感染肿瘤细胞使之表面抗原带有该病毒抗原，从而增强了肿瘤细胞的抗原性，激活机体免疫系统，达到治疗目的。新城疫病毒治疗小鼠肉瘤 S180 腹水瘤也有较好的疗效。放线菌酮可以逆转由鼠肉瘤病毒及化学致癌剂转化的人细胞。

病毒与环磷酰胺联合治疗小鼠 S180，疗效比单用病毒提高 30%，比单用环磷酰胺亦有提高，其原因是环磷酰胺可增强病毒繁殖，促进病毒抗原在肿瘤细胞表面的表达，从而改变其形态，抑制其生长。

小鼠肉瘤病毒可诱导 3T3/NIH 细胞形成合胞体，但这一作用有赖于蛋白合成。因此，应用小鼠干扰素可以降低合胞体细胞的形成率，且具有延迟作用。

2. 预防 目前，有报道新城疫病毒疫苗对小鼠 S180 肉瘤细胞有较强的杀伤作用，可抑制肿瘤的生长，且安全性好。

（栗景蕊　贺争鸣）

参考文献

曹建彪，李燕，赵书云，等．1996. 新城鸡瘟病毒治疗肉瘤 180 小鼠的实验研究［J］．齐鲁肿瘤杂志，3（1）：29－31.

姜勇男．1994. 病毒免疫治疗老年 S180 腹水瘤的研究［J］．延边医学院学报，17（2）：81.

陆虹、李燕、黄敏，等．1994. 病毒感染后的实验小鼠对植入的肿瘤细胞抑制作用实验研究［J］．中国微生态学杂志，6（4）：14.

宁安红，黄敏，吴天靖，等．1996. 副流感病毒治疗小鼠腹水型肝癌、小鼠肉瘤 S180 腹水瘤的实验研究［J］．大连医科大学报，81（3）：166－167.

Cassel W A，Murray D R. 1992. A ten year follow－upon stage 2 malignant melanoma patients teasted postsurgically with Newcastle disease virus oncolysate［J］．Med Oncol Tumor Pharmacother，9（4）：169.

第七节　猫 肉 瘤
(Feline sarcoma)

肉瘤是由间充质连接组织生成的一组肿瘤，这些组织包括纤维组织（纤维肉瘤和黏液肉瘤）、神经鞘（神经纤维瘤、恶性神经鞘瘤和血管外皮瘤）、骨骼肌（横纹肌肉瘤）、平滑肌（平滑肌肉瘤）、骨骼（骨肉瘤、软骨肉瘤、多叶性骨软骨肉瘤）、脂肪（脂肪肉瘤和浸润性脂肪瘤）、淋巴组织（淋巴管肉瘤）、脉管组织（血管肉瘤）、滑膜组织（滑膜细胞肉瘤）、纤维组织细胞组织（恶性纤维组织细胞瘤和恶性组织细胞病）等。除注射部位的肉瘤和猫肉瘤病毒（*Feline sarcoma virus*，FeSV）引起的肉瘤外，大部分肉瘤有未知的潜在病因。本文主要介绍猫肉瘤病毒引起的肉瘤。

猫肉瘤（Feline sarcoma）不常见，在任何年龄都可发生，更易在老年猫中出现。猫肉瘤病毒引起的肉瘤通常发生在不到 3 岁的猫中，没有品种和性别的倾向。猫肉瘤病毒为缺陷性病毒，只有在猫白血病病毒的辅助下才能在宿主细胞中复制。

一、发生与分布

从自然发生的肿瘤中已分离鉴定了几株猫肉瘤病毒，其中研究最为广泛的有 3 个毒株，即 ST 毒株（Snyder 等，1973）、GA 毒株（Gardner 等，1970）和 McDonough 毒株（McDonugh 等，1971）。我国尚未见有猫肉瘤病毒的研究报道。

二、病　　原

猫肉瘤病毒（*Feline sarcoma virus*，FeSV）在分类上属反转录病毒科（Retroviridae）、正反转录

病毒亚科（Orthoretrovirinae）、γ反转录病毒属（*Gammaretrovirus*）复制缺陷病毒亚群。猫肉瘤病毒的形态特征及理化特性与猫白血病病毒（FeLV）相似，抗原性上无差别。猫肉瘤病毒的复制必须依赖猫白血病病毒的辅助，分离到的猫肉瘤病毒中，几乎都同时含有猫白血病病毒，比例约为猫肉瘤病毒：猫白血病病毒＝1∶100～1 000。

猫肉瘤病毒含有1个猫白血病病毒没有的基因，在ST和GA毒株中称为猫内源性序列（fes），在McDonugh毒株中称为猫McDonugh序列（fms）。这些序列与没有感染的宿主细胞的序列密切相关，而与其他任何内源性病毒的基因组明显不同。

三、流行病学

从自然感染发病的猫纤维肉瘤病例可分离到猫肉瘤病毒。猫肉瘤病毒宿主范围较宽，自然条件下可使胎猫和1日龄仔猫、胎犬和1日龄仔犬、新生兔、胎绵羊和狨等产生肉瘤。

年龄较小的仔猫接种猫肉瘤病毒数日内可发生死亡。若接种42～56日龄的猫，则可在21～70天内在接种部位产生肿瘤。猫肉瘤病毒引起的自发性纤维肉瘤比猫白血病病毒引起的白血病少见得多。

四、临床症状

猫肉瘤病毒引起的多发性纤维肉瘤生长较快，在皮肤表面或皮下可触摸到多个结节，这些结节在局部扩张后，可转移至肺和其他部位。试验感染猫肉瘤病毒除引起纤维瘤外，GA毒株还可产生黑色素瘤，表明猫肉瘤病毒可转化外胚层和中胚层细胞。

五、病理变化

猫肉瘤病毒所致纤维肉瘤呈灰白色、小叶状，有时可见坏死灶或出血。组织学检查可见病变的成纤维细胞交织成束，细胞呈圆形、纺锤形或多形性。猫感染猫肉瘤病毒和猫白血病病毒的异同见表10-7-1。

表10-7-1 猫感染FeLV和FsSV的异同点

项　目	猫白血病	猫肉瘤病毒感染
病原	FeLV	FeSV
病毒粒子内是否含癌基因	无	有
致病性	可单独致病	需FeLV辅助
易感动物	各种年龄猫	多为青年猫
病理学变化	淋巴网状内皮系统受损	纤维肉瘤
对猫的威胁	严重	较轻

六、诊　　断

通过临床症状可对猫肉瘤进行初步诊断，确诊需结合组织病理学和分子生物学方法。由于猫肉瘤有多种致病因素，实际研究中通过PCR等方法很少从患肿瘤病猫检测到猫肉瘤病毒。Cullen（2002）用建立的PCR方法对患眼睛肿瘤的病猫进行猫白血病病毒和猫肉瘤病毒检测后，认为两种病原均不是猫眼睛肿瘤的致病因素。

七、防治措施

目前对该病尚无有效的预防和控制措施。若纤维肉瘤生长得非常大，可用外科手术方法切除肿瘤。采用化学疗法、免疫疗法和放射疗法均未获成功。

（王芳　孙明　肖璐　田克恭）

参考文献

田克恭．1992，实验动物病毒性疾病［M］．北京：农业出版社：265－267.

Cullen，Haines，Jackson，et al. 1998. The use of immunohistochemistry and the polymera－se chain reaction for detection of feline leukemia virus and feline sarcoma virus and feline sarcoma virus in six cause of feline ocular sarcoma［J］．Vet Ophthalmol，1（4）：189－193.

Gary D Norsworthy，Mitchell A Crystal，Sharon Fooshee Grace，et al. 2011. The Feline Patient［M］．Fourth Edition. USA：Blackwell Publishing Ltd，：475－477.

第八节 猴肉瘤
(Simian sarcoma)

猴肉瘤病毒在自然界普遍分布，动物的致瘤作用非常广泛，结构和形态基本相似，多呈圆形或类圆形，成熟的病毒颗粒有一个密度较深的核心，由核衣壳所包围。

一、发生与分布

1971年，Lauren等首次发现猴肉瘤病毒，将此病毒确定为猴肿瘤的原因，具备了以下条件：①感染此病毒的机体比未感染此病毒的机体的肿瘤发生率高，且病毒感染在肿瘤发生之前；②肿瘤细胞内存在病毒颗粒或病毒抗原或血清内存在该病毒抗体；③此病毒可在体外使细胞转化，在体内使细胞癌变；④应用此病毒制成疫苗做预防注射可明显降低肿瘤发生率，甚至预防肿瘤发生。猴肉瘤（Simian sarcoma）与猴淋巴瘤以及肉瘤的发生有关，表现为供体从外界环境水平感染。

二、病　　原

1. 分类地位 猴肉瘤病毒（*Simian sarcoma virus*，SSV）在分类上属于反转录病毒科、反转录病毒亚科的丙型RNA型致瘤病毒。成熟病毒从细胞内以芽生方式到细胞外，能诱发动物产生白血病和肉瘤。按RNA肿瘤病毒的生物学分类，猴肉瘤病毒属于外源性病毒，指机体多为从环境中水平感染，多来自恶性肿瘤；也可感染生殖细胞转为垂直传播。呈急性诱发，潜伏期较短（3～4周）。在感染细胞中复制，不引起细胞死亡；在体外可使细胞发生转化，为缺陷型病毒，需要辅助病毒才能复制出完整的病毒颗粒。

2. 形态学基本特征与培养特性 猴肉瘤病毒为球形，有包膜，表面有刺突（与病毒的吸附和穿入有关），成熟的病毒颗粒有一个电子密度较深的核心，由核衣壳所包围。基因组为单正链RNA双体结构。病毒体含逆转录酶。具有gag基因（主要结构核心蛋白基因），负责编码病毒结构蛋白；pol基因（聚合酶基因），负责编码依赖RNA的DNA聚合酶，即逆转录酶RT；env基因（被膜基因），编码病毒颗粒被膜的糖蛋白三个结构基因。病毒增殖的突出特点是在复制病毒RNA时要通过DNA复制中间型，并与宿主细胞的染色体整合。同时，在位置靠近基因组的3’端，有一个C区域，一般认为不编码病毒的结构蛋白，但携带有启动子和对转录有调节作用。猴肉瘤病毒还携带有附加的基因，为具有诱发肿瘤能力的癌基因，称作sis基因。病毒能在细胞培养中生长，并能转化非允许性细胞。

3. 理化特性 致瘤性RNA病毒的化学组成基本相似，皆含有60％～70％蛋白质、30％～40％脂类、1％～2.5％核酸和2％～4％碳水化合物（主要为糖蛋白）。蔗糖密度梯度为1.16～1.18g/mL，氯化铯密度为1.16～1.21g/mL。对脂溶剂、去污剂和56℃加热30min敏感，而对紫外线和X射线高度耐受。可被酸（pH4.5）和福尔马林（1∶4 000）灭活。可保存于－70℃或更低的低温中。

用酚提取法获得的病毒RNA主要为60～70S和4～5S及少量的28S、18S和7S，均为单股RNA。60～70S RNA是B型和C型病毒颗粒核酸的主要成分，分子量（1～2）$\times 10^7$Da，呈聚集结构，能被加热或DMSO处理使氢链断裂而降解。4～5S RNA 为 tRNA，可能在转录酶作用下作为引物合成DNA。在纯化的RNA肿瘤病毒中含有多种酶，具特别意义的是一种DNA多聚酶。这种酶在体外或体内均能转录病毒的RNA为DNA，故称依赖RNA的DNA多聚酶，即逆转录酶。不同动物的RNA肿瘤病毒的逆转录酶大小不同。免疫学研究结果表明B型病毒与C型病毒的逆转录酶之间无交叉抗原性。Ⅰ型人T细胞白血病病毒的逆转录酶分子量为10SD，其抗血清与其他动物的RNA肿瘤病毒的逆转录酶无交叉反应。逆转录酶曾被认为是RNA肿瘤病毒特有的。近来的研究发现，无致瘤作用的绵羊Visna病毒和进行性胸膜肺炎病毒也含有逆转录酶。

4. 分子生物学　RNA肿瘤病毒具有逆转录病毒科基因组的基本结构，即3个基本基因，gag基因、pol基因和env基因，编码病毒结构蛋白，方向是5'端→3'端。基因编码主要的结构蛋白，称核心蛋白基因或组抗原基因，首先编码成前体蛋白，经剪接成核心蛋白。小鼠白血病病毒gag基因产物为p10、p12、p15和p30。pol基因编码逆转录酶。eMI，基因编码病毒颗粒外膜的糖蛋白。这3个基因携带病毒复制的全部遗传信息。C型肿瘤病毒还含有癌基因（onc），它并非病毒复制所必须，但能引起细胞转化。RNA肿瘤病毒的复制是在逆转录酶作用下，首先以病毒RNA为模板合成DNA互补链，然后以其核酸酶H活性去除RNA/DNA分子中RNA链，逆转录酶再以DNA为模板合成另一条DNA互补链。其整合酶活性，将双链DNA整合进入细胞。

RNA肿瘤病毒以前病毒DNA形式整合到宿主细胞基因组内，并传递其遗传信息，完成病毒复制周期，即经过RNA逆转录、翻译、包装，最终产生病毒颗粒。外源性RNA肿瘤病毒感染宿主细胞，病毒复制但不引起宿主细胞的死亡；有些RNA肿瘤病毒可引起细胞转化。

RNA肿瘤病毒在宿主细胞能否增殖，与病毒和细胞的性质有关。如小鼠白血病病毒感染细胞有3种情况，①嗜己性病毒，只能在原来小鼠的宿主细胞内复制；②嗜异性病毒，不能在原来小鼠的细胞内复制，但能在其他动物细胞内复制；③双嗜性病毒，即在上述两种情况下均能在细胞内复制。

三、流行病学

1. 传染来源　灵长类动物造血系统肿瘤可表现为淋巴肉瘤、急性淋巴细胞白血病和粒细胞白血病等。1972年Kawakami首先分离出长臂猿白血病病毒（GaLV），现已从世界不同地区分离到不同的毒株，形成一组共同的病毒如GaLV-SF、GaLV-SEATO和GaLV-VH等。从Woolly猴肉瘤分离出的SiSV也属于这组病毒。猴肉瘤病毒包括两种病毒，即能进行复制的病毒SSAV和复制缺陷、但能使成纤维细胞转化的病毒（SiSV），称SSAV/SiSV，用其接种绒猴，能诱发肉瘤。GaLV和SSAV/SiSV均为外源性RNA肿瘤病毒。

2. 传播途径　病毒可通过唾液、血液和彼此间相互接触水平传播，大多数感染动物有持续的病毒血症并产生抗体。同时，猴肉瘤病毒能将其基因导入宿主染色体，这类病毒能很好地适应其宿主，定居在宿主细胞的染色体DNA中。病毒遗传信息通过胚胎细胞垂直传给下一代。这些病毒中至少含有一个病毒基因。

3. 易感动物

（1）自然宿主　猿猴是猴肉瘤病毒的天然宿主，病毒在自然宿主中引起肿瘤。

（2）实验动物　猴肉瘤病毒基因组内有onc基因，对相应的宿主有致瘤作用，但病毒基因组中的复制基因缺失，致使转化的肉瘤细胞不产生具感染性的子代病毒颗粒。若用白血病病毒再感染细胞，这种复制能力缺失的肉瘤病毒基因可以得到拯救，而产生具感染性的肉瘤病毒颗粒。其子代病毒包括被拯救的肉瘤病毒和作为辅助病毒的白血病病毒，前者具有肉瘤病毒的基因组，却带有白血病病毒的外壳。这种病毒又称表型混合型病毒。肉瘤病毒基因的拯救可以超越种属界限，例如，猫白血病病毒可作为小鼠肉瘤病毒基因的辅助病毒，被拯救的病毒具有辅助病毒决定的宿主范围。

（3）易感人群　由于猿猴与人的亲缘关系，许多人的病原都可以在猿猴体内得以复制，因而猴肉瘤病毒对人感染的可能性很大。而猿猴白血病病毒对人感染的可能性最大。1969－1981年，美国加利福尼亚州州立大学野外饲养的恒河猴中有4只发生以全身淋巴结肿大、条件性致病菌感染、慢性消瘦、较高病死率以及个别动物出现类似卡波济氏肉瘤皮肤损害为特征的疾病流行。从患猴体内分离到一株反转录病毒，经比较与人艾滋病病毒各项指标均基本类同。London等1985年用可疑患类艾滋病的恒河猴组织浸液接种正常猴，7～14周出现类似卡波济氏肉瘤斑状皮损伤，一些动物在20～21周时死亡。尸检发现猴极度消瘦，脾肿大，伴有全身浅表性淋巴结病变，肠系膜淋巴腺及胸腺明显萎缩。这些事实说明猴类也存在着类艾滋病流行。从非洲中部的绿猴体内分离到一株反转录病毒STLv-1，它与HTLv-血病毒非常相似，该病毒接种恒河猴可产生类艾滋病，而绿猴接种同一种病毒通常不发病，但产生一个明显的抗体应答。因此，有人估计引起人艾滋病的HTLV-1可能是STLV一般的突变株，目前流行的艾滋病的动物源株系在非洲中部感染给人以后开始在世界各地流行。因此，与猕猴或猴肉瘤病毒长期密切接触的饲养员和工作人员为易感人群。

4. 流行特征 病毒RNA在其携带逆转录酶的作用下成为病毒的cDNA，整合至宿主细胞DNA，病毒基因组中前病毒末端重复顺序的转录激活作用，使得包含病毒的癌基因高度表达，病毒癌基因产物作用下导致细胞恶性转化，因此猴肉瘤病毒感染一般呈急性致瘤，潜伏期短。

四、临床症状

1. 动物的临床表现 动物局部疼痛和肿胀或伴有局部皮肤红、热，关节积液，肢体或关节活动疼痛和受限等。全身可出现低热、消瘦、精神不适及相关部位功能障碍。

2. 人的临床表现 该类RNA致瘤病毒在人体中引起感染的称作人T细胞白血病病毒（HTLV），同样引起人的白血病和淋巴瘤，具体临床表现如下。

（1）健康带病毒状态 在成人T细胞白血病/淋巴瘤（ATL）高发区人群中可测出HTLV-Ⅰ抗体从HTLV-Ⅰ抗体阳性的淋巴细胞培养中分离出的HTLV可达95%～98%，因而抗体阳性均为HTLV携带者。每年从这些携带者发展为ALT约1/103。

（2）成人T细胞白血病/淋巴瘤（ATL过去称ATLL） 主要由HTLV-Ⅰ所引起。根据临床表现，Shimoyama将其分为4个亚型。①隐袭性（smouldering）ATL：其特征为异常T细胞占外周血中正常淋巴细胞总数的5%或稍多些，并伴有皮肤损害，偶可累及肺部。但无高钙血症淋巴结病或内脏损害。血清LDH水平可有升高。此型进展较慢，常可延续数年。②慢性ATL：其特征为淋巴细胞绝对数增多（4×10^9/L以上），并伴有T淋巴细胞增多症（超过3.5×10^9/L），血清LDH升高达正常值2倍。且有淋巴结病、肝脾肿大、皮肤及肺部受损等表现。无高钙血症、腹水及胸腔积液，或中枢神经系统骨或胃肠道受损的存在健康搜索。本型患者平均存活时间是24个月。③淋巴瘤性ATL：无淋巴细胞增多的淋巴结病鹈。必须有组织病理学证实为淋巴瘤。此型平均存活约10个月。④急性ATL：包括一些留下来http：//www.huoguan.com的及有白血病或伴有血液中有白血病细胞的高度非霍奇金淋巴瘤表现的患者中发生。常见有高钙血症、溶解性骨损伤和内脏损害。可以从隐袭性或慢性期病程中任何阶段转变为急性型。本型预后差，平均存活期只有6.2个月。

（3）多毛细胞/巨粒细胞白血病 与HTLV-Ⅱ相关。常以发热、贫血及脾肿大为其特征。同时伴有脾功能亢进、门脉高压及腹水等，外周血及骨髓可找到多毛细胞并有高水平的TNF-α等。

（4）中枢神经系统损害 多见于40～50AHTLV-Ⅰ感染者，可表现软脑膜病变症状，如脑膜刺激症状、神智改变等；脊髓病变症状，如下肢无力、趾端麻木或感觉丧失及下肢强直性瘫痪等。

五、病理变化

猴肉瘤病毒感染猴之后，一般出现肉瘤，瘤体位于皮下或肌肉，身体各部均可发生。瘤体多为单发，也有多发，大小不定，表面光滑无根，推之可移，皮色不变。

1. 大体解剖观察 据报道，猴肉瘤病毒转染血管平滑肌细胞可使其异常增生和细胞脂肪堆积，提示动脉粥样硬化可能是一种血管平滑肌细胞的良性肿瘤。

2. 组织病理学观察 中枢神经系统肿瘤生长于脑实质内、颅底处、脑室内或在蛛网膜下腔。肿瘤本身及瘤周水肿、肿瘤卒中等常破坏脑组织的结构与功能。因此，肿瘤所产生的临床症状取决于肿瘤的部位、肿瘤的生长方式及肿瘤的生长速度。由于脑组织、脑血管及脑脊液在一定时间内可通过代偿机制维持稳定的颅内压，因此相同体积的肿瘤生长迅速的较生长缓慢的更易出现颅高压症状。神经系统肿瘤可对脑组织产生压迫、浸润或破坏，从而使脑组织缺血、缺氧。同时，肿瘤细胞可与正常脑组织争夺营养物质，改变代谢递质与电解质的细胞内浓度。而且，细胞因子与自由基的扩散改变神经细胞的微环境，均可破坏神经元与神经胶质的功能，以致出现神经功能缺损现象或异常兴奋现象而引起癫痫发作。随着瘤体的不断增大，肿瘤对脑组织压迫不断加重，肿瘤周围脑组织水肿及（或）脑脊液循环受阻，使脑组织顺应性下降，Monroe - Kellie 代偿机制破坏，使颅内压增高。其次，肿瘤对脑组织的浸润、包绕及压迫又可使肿瘤阻塞脑血管，引起静脉瘀血扩张，产生脑组织代谢性障碍，脑血管自动调节功能破坏，使颅内压进一步升高。此外，当肿瘤长入脑室内，或自外部压迫脑室，或肿瘤异常分泌大量脑脊液，如脉络丛乳头状瘤，亦可影响脑脊液的产生与吸收平衡。肿瘤可阻断脑脊液通路，肿瘤出血或坏死碎片可妨碍蛛网膜颗粒对 CSF 的吸收，导致脑室系统扩大及脑积水，加重颅高压。

六、诊　　断

PCR 和核酸杂交技术已成功应用于无症状及感染病人的快速诊断。检测的基因主要位于 gag、pol、env 和 onc 基因，从而可以直接从血液中检测出猴肉瘤病毒的存在。试验条件几经优化，现在已经建立了成熟的从血液及组织中检测出病毒的 PCR 和核酸杂交方法，包括 Southern 杂交法、原位杂交、酶联免疫吸附检测癌蛋白试验，免疫组化染色检测癌蛋白，以及 PCR 及 PCR 延伸的 PCR - RFLP、PCR - SSCP、PCR - southern blot 等相关技术。

七、防治措施

1. 治疗 对该病尚无有效治疗措施。

2. 预防 猴肉瘤病毒广泛存在于猴群中，目前尚无有效的预防控制措施。

八、公共卫生影响

猴肉瘤病毒能够诱导灵长类动物包括人肿瘤的发生，普遍认为猴肉瘤病毒与多种肿瘤的发生有很大的相关性，因此做好疫苗检疫工作，防止污染出现，是自病毒发现以来都非常重视的问题。

（军园园　代解杰）

参考文献

程立．1986．逆转录病毒与人类白血病病毒研究的进展［J］．中国病理生理杂志，2（3）：179 - 182．

黄海波．1988．浅谈动物白血病病毒感染人的可能性［J］．中国人兽共患病杂志，4（5）：52 - 54．

张友会．1993．现代肿瘤学（基础部分）［M］．北京：北京医科大学出版社．

周良辅．2001．现代神经外科学［M］．上海：复旦大学出版社．

第九节　猴嗜 T 淋巴病毒感染
(Simian T - lymphotropic virus infection)

猴嗜 T -淋巴病毒感染（Simian T - lymphotropic virus infection）是由非人灵长类动物感染猴嗜 T -淋巴病毒（STLV）所致。该病毒是 RNA 病毒，有三个血清型：其中猴嗜 T -淋巴病毒 1 型自然感染分布广泛，呈世界性：非洲和亚洲的多种非人灵长类动物易感，野外或人工养殖的非洲绿猴、狒狒、食蟹猴、猕猴（又称恒河猴）和猿猴都有较高的感染率；而猴嗜 T -淋巴病毒 2 型和猴嗜 T -淋巴病毒 3 型感染则局限于部分非洲非人灵长类动物。猴嗜T-淋巴病毒主要经血液传播，也可能存在性接触及母婴传播，感染后呈长期潜伏状态，通常无临床症状。极少数猴嗜T-淋巴病毒1型感染动物发生类似人的T淋巴细胞白血病和淋巴瘤。猴嗜T-淋巴病毒1型是一种重要的影响实验猴的反转录病毒，是无特定病原体（SPF）猴必须排除的病毒之一。

一、发生与分布

猴嗜T-淋巴病毒感染最早发现于1982年，Miyoshi等在日本猕猴血清中检测到了人嗜T-淋巴病毒（Human T-lymphotropic virus，HTLV）相关抗体的存在，提示非人灵长类动物中存在与人嗜T-淋巴病毒相似的病毒，并将其命名为猴嗜T-淋巴病毒1型。之后发现猴嗜T-淋巴病毒1型可自然感染多种不同种属的非人灵长类动物，约40多种亚洲和非洲国家的旧世界猴和猿猴中存在猴嗜T-淋巴病毒1型感染（表10-9-1），欧洲的地中海猕猴中也存在猴嗜T-淋巴病毒1型感染。但从未在南美洲的新世界猴中发现过猴嗜T-淋巴病毒1型自然感染。血清学调查进一步发现多种旧世界猴（无论是野生还是人工养殖的）均存在较高的感染率，包括常用作实验动物的非洲绿猴、赤猴、狒狒、食蟹猴、猕猴等。猴嗜T-淋巴病毒1型感染呈全球分布，但自然感染在非洲非人灵长类动物远比亚洲常见。例如，非洲80%的成年敏白眉猴、23%的乌白眉猴、24%～47%的非洲绿猴、33%的狒狒和47.5%的黑猩猩中存在猴嗜T-淋巴病毒1型感染，而我国野生猕猴感染率仅为8.8%～11.1%。

表10-9-1 STLV在NHPs中感染分布表

中文名	英文名	学名	STLV-1	STLV-2	STLV-3
		亚洲NHP			
猕猴	Rhesus monkey	*Macaca mulatta*	√		
食蟹猴	Cynomolgus monkey	*Macaca fascicularis*	√		
豚尾猴	Pig-tailed macaque	*Macaca nemestrina*	√		
红面短尾猴	Stump-tail macaque	*Macaca arctoides*	√		
日本猕猴	Japanese macaque	*Macaca fuscata*	√		
台湾猕猴	Rock macaque	*Macaca cyclopis*	√		
斯里兰卡猕猴	Toque macaque	*Macaca sinica*	√		
灰肢猕猴	Moor macaque	*Macaca maura*	√		
黑冠猕猴	Celebes macaque	*Macaca nigra*	√		
冠毛猕猴	Bonnet macaque	*Macaca radiate*	√		
浅黑猕猴	Gorontalo macaque	*Macaca nigrescens*	√		
褐猩猩	Brown gorilla	*Pongo pygmaeus*	√		
		非洲NHP			
非洲绿猴	African green monkey	*Cercopithecus*	√		
赤猴	Patas monkey	*Erythrocebus patas*	√		
山魈	Mandrill	*Mandrillus sphinx*	√		
白眉猴	Mangabey	*Cercocebus*	√		√
长尾猴	Guenon	*Cercopithecus*	√		√
狒狒	Baboons	*Papio*	√		√
倭黑猩猩	Bonobos	*Pan paniscus*	√	√	√
黑猩猩	Common chimpanzee	*Pan troglodytes*	√		
大猩猩	Gorilla	*Gorilla gorilla*	√		

猴嗜T-淋巴病毒2型是由Giri等（1994）和Liu等（1994）几乎同时但分别从人工饲养在比利时一家动物园和美国Yerkes国家灵长类动物中心的非洲倭黑猩猩（*Pan paniscus*）体内发现并分离。直到2011年，Ahuka-Mundeke等证实分布在刚果的野生非洲倭黑猩猩也存在猴嗜T-淋巴病毒2型自然感染。但迄今未再发现猴嗜T-淋巴病毒2型自然感染其他宿主。Chen等（1994）曾报道在源于中美洲巴拿马的蜘蛛猴（*Ateles fusciceps*）中发现“猴嗜T-淋巴病毒2型”感染，血清学检验9只饲养在美国动物园的蜘蛛猴有5只抗猴嗜T-淋巴病毒2型抗体阳性，但该报道未得到进一步证实，也未再发现其他任何一种新世界猴感染猴嗜T-淋巴病毒。

猴嗜T-淋巴病毒3型（STLV-L/PH-969）是由比利时研究人员Goubau等（1994）首先从一只野外捕获的非洲狒狒（*Papio hamadryas*）血液中首次分离出的（PH-969），之后发现分布于非洲的多种野生灵长类动物存在猴嗜T-淋巴病毒3型感染。除狒狒外，非洲东部的白眉猴（*Cercocebus*又称白睑猴）、中部的长尾猴（*Cercopithecus*）和刚果的倭黑猩猩也存在猴嗜T-淋巴病毒3型自然感染，并分离出多个病毒株（CTO-604、CTO-602、PPAF3、CNI-227和CNI-217）。猴嗜T-淋巴病毒3型感染率在狒狒、白眉猴和长尾猴中分别为50%、7.7%～13.9%和1%～3.9%。在同一种群中，甚至是同一动物个体内，会出现猴嗜T-淋巴病毒1型和猴嗜T-淋巴病毒3型同时感染，Sintasath等（2009）和Liegeois等（2008）报道在长尾猴（*C. nictitans*）和白眉猴（*C. agilis*，Agilis Mangabeys）猴群中，检测到猴嗜T-淋巴病毒1型和猴嗜T-淋巴病毒3型两种病毒；Courgnaud等（2004）曾发现埃塞俄比亚的白眉猴同时感染猴嗜T-淋巴病毒1型和猴嗜T-淋巴病毒3型两种病毒。但至今尚未发现亚洲非人灵长类动物中存在猴嗜T-淋巴病毒3型感染。

二、病　　原

1. 分类地位　猴嗜T-淋巴病毒（*Simian T-lymphotropic virus*，STLV），又称猴T淋巴细胞趋向性病毒，在病毒分类中归属反转录病毒科、正反转录病毒亚科、丁（δ）型反转录病毒属。根据基因组及血清学反应可分为3个型，即猴嗜T-淋巴病毒1型、猴嗜T-淋巴病毒2型和猴嗜T-淋巴病毒3型，分别对应于人嗜T-淋巴病毒四个型中的1～3型，且两者有密切的抗原关系。在血清学检测中，商品化的人嗜T-淋巴病毒抗原广泛应用于猴嗜T-淋巴病毒感染动物的检验。

猴嗜T-淋巴病毒1型迄今已发现了8个亚型（A～H），分别对应于人嗜T-淋巴病毒1型的各种亚型，其中A型是呈全球分布的主要类型，其他亚型都分布在非洲。猴嗜T-淋巴病毒2型仅有一个亚型，目前已从捕获的不同族群倭黑猩猩分离出2个毒株，分别为PP1664和PanP。猴嗜T-淋巴病毒3型广泛分布于非洲各地区的非人灵长类动物中，有4个亚型：分别分布在非洲东部（A型）、非洲的西部和中部（B型）及非洲西部（C型、D型）。猴嗜T-淋巴病毒不同亚型之间的基因组差异很小，核酸同源性基本都在90%以上，其变异性主要与地域相关而非取决于其宿主种类。

2. 形态学基本特征与培养特性　形态学上，所有灵长类嗜T-淋巴病毒都一样。猴嗜T-淋巴病毒电镜下呈球形颗粒，直径约100nm，由单股RNA、核蛋白及围绕在外面的二十面体蛋白衣壳组成。蛋白衣壳含有P18和P24两种结构蛋白，直径约50nm。最外层为病毒囊膜，其表面嵌有糖蛋白（gp21和gp46）。

对猴嗜T-淋巴病毒的体外培养和生物学特性了解甚少。总体讲，游离的猴嗜T-淋巴病毒颗粒几乎不能感染细胞，必须用感染的T-淋巴细胞在白细胞介素-2存在的条件下与猕猴或人外周血T-淋巴细胞共同培养，通过细胞—细胞间的连接，病毒蛋白和基因组RNA进入被感染细胞后，通过反转录酶使病毒RNA逆转录为前病毒DNA，并在宿主细胞染色体的许多位点整合，使受染T细胞增生转化成永生细胞。猴嗜T-淋巴病毒2型可以感染倭黑猩猩和人T-淋巴细胞及BJAB细胞系，并在其中复制增殖，但不像人嗜T-淋巴病毒那样形成合胞体。

3. 理化特性　猴嗜T-淋巴病毒抵抗力不强，常用的脂溶剂和有机溶剂，如洗涤剂、氯仿、苯酚、75%酒精等，均可以破坏该病毒的包膜，灭活病毒。猴嗜T-淋巴病毒对热敏感，巴斯德湿热灭活法可将存在于血浆中的该病毒灭活。另外1%漂白水、紫外线、X射线、高压灭菌等均对其有杀灭作用。猴嗜T-淋巴病毒在低温下稳定，培养液中的病毒加入20%胎牛血清置于−70℃冰箱内，可长期保存其感染力。

4. 分子生物学 猴嗜T-淋巴病毒属逆转录病毒，基因组为RNA且含有逆转录酶，是致瘤性RNA病毒。猴嗜T-淋巴病毒1～3型的全基因组序列均已被确定，前病毒基因组全长大约为9 kb，具有逆转录病毒的典型结构和保守的开放阅读框（Open reading frame，ORF）。其前病毒基因组排列依次为：5’-LTR-gag-pro-pol-env-pX-LTR-3’。gag基因、pol基因、pro基因和env基因为编码区的结构基因；pX基因包括tax基因和rex基因，为两个调节基因；相邻开放阅读框之间存在部分重叠；长末端重复序列（LTR）位于基因组两端。gag基因编码病毒的结构蛋白，包括位于病毒囊膜内面的衣壳蛋白p19、核衣壳蛋白p24和核酸结合蛋白p15；pol基因编码逆转录酶、核糖核酸酶和整合酶；pro基因编码病毒蛋白酶；env基因编码囊膜糖蛋白gp46和跨膜糖蛋白gp21；tax基因编码一种反式激活因子p40tax，一方面激活LTR，促进病毒基因的转录，另一方面激活宿主细胞白细胞介素-2及其受体的基因，发挥促细胞生长作用；rex基因可表达两种对病毒结构基因有调节作用的蛋白，p27rex和p21X。

多株猴嗜T-淋巴病毒1型的全基因组已被测序：包括分离自日本猕猴的Mto-TE，红面短尾猴的Mar-marc，非洲坦塔罗斯绿猴的Cta-Tan90（GenBank Acc No. 分别为Z46900、AY590142、AF074966/NC-00858）。猴嗜T-淋巴病毒2型两个分离株基因组序列均已被确定，两株间同源性达93%，与猴嗜T-淋巴病毒1型相似度为60%～65%，与人嗜T-淋巴病毒2型为75%。猴嗜T-淋巴病毒3型与猴嗜T-淋巴病毒1型和猴嗜T-淋巴病毒2型相似度为62%～63%，与人嗜T-淋巴病毒3型同源性达87%～99%。猴嗜T-淋巴病毒的Tax和Gag蛋白是最保守的，不同血清型间相似度分别可达90%；而LTR、Pro、Rex蛋白是高度变异的，变异率分别为26%～29%、21%～24%和28%～31%。因此可根据不同需要，针对不同的基因序列设计引物用于猴嗜T-淋巴病毒的诊断和分型。

猴嗜T-淋巴病毒与人嗜T-淋巴病毒一样，是高度依赖于细胞的病毒，传播感染需要细胞间直接接触，病毒通过胞间"病毒突触"进入被感染细胞。在细胞内，其RNA基因组在反转录酶作用下形成前病毒DNA，并可在宿主细胞染色体的多处位点整合，使受染T细胞转化。当宿主细胞分裂增殖时，前病毒DNA也随着宿主细胞的DNA而复制。这种病毒增殖特性决定了该类病毒基因组的高度稳定性，因为DNA复制时，DNA多聚酶发生错误的概率很低。灵长类嗜T-淋巴病毒既不含有病毒癌基因，其原病毒DNA也不优先插入和整合在细胞癌基因附近，但可以通过病毒基因组编码的P40tax调节蛋白，反式激活与细胞增殖相关的基因表达，从而引起受感染细胞无限增殖而诱发癌症的发生。

三、流行病学

1. 传染来源 猴嗜T-淋巴病毒隐性感染和发病的旧大陆猴及猿是该病毒的传染源。灵长类动物感染猴嗜T-淋巴病毒，通常会终生携带，但偶有致病。这些健康携带者仅表现为血清抗猴嗜T-淋巴病毒抗体阳性，没有任何感染症状，通常不引起重视或被发现，是灵长类实验动物重要的传染源。自然传播主要发生在性成熟的动物，年龄越大的动物体内病毒载量往往越高，可能更具有传染性。无论是在野外还是在人工饲养环境，灵长类动物不同种属间可发生猴嗜T-淋巴病毒传播，也可以由感染动物传播给人，但未见人与人之间传播的报道。

2. 传播途径 猴嗜T-淋巴病毒的自然传播方式主要是血液传播，也存在母婴传播的可能性。该病毒在宿主体内主要感染$CD4^+$T淋巴细胞，传播由细胞介导，即需要带病毒的T-淋巴细胞从传染源身上进入健康动物体内，与受体T-淋巴细胞直接接触进入而感染，游离的病毒颗粒没有感染性。而动物的精液、乳汁等体液中也会存在少量淋巴细胞，因此猴嗜T-淋巴病毒自然传播媒介是感染动物的血液、精液、乳汁等。病毒进入被感染细胞后，病毒RNA逆转录为cDNA，整合入宿主细胞基因组中，并长期存在于感染细胞内。

通过胎盘、产道或哺乳的母婴间垂直传播是人感染人嗜T-淋巴病毒的主要途径，但在非人灵长类动物中则概率很低。据报道，人工饲养的成年狒狒猴嗜 T-淋巴病毒 1 型感染率可高达 80%，而未成年者仅 4%；猴嗜 T 淋巴病毒阳性的母黑猩猩生产的 79 个子代中，断乳时检测抗猴嗜 T-淋巴病毒抗体均为阴性。

虽然猴嗜 T-淋巴病毒感染通常发生在动物性成熟之后，但性接触似乎不是动物感染猴嗜 T-淋巴病毒的主要传播途径。d' Offay 等（2007）报道狒狒中 70%的猴嗜 T-淋巴病毒 1 型感染是通过雌性与雌性间的接触发生的，因为性成熟后的母狒狒间常会发生血性撕打和咬伤，感染的淋巴细胞可随血液经口腔黏膜或伤口进入健康动物体内，因而造成猴嗜 T-淋巴病毒在母狒狒间传播。

猴嗜 T-淋巴病毒可在灵长类动物不同种属间传播，主要是通过动物间攻击或猎食行为而感染。例如，非洲黑猩猩在野外经常猎食猴嗜 T-淋巴病毒易感的长尾猴，从非洲科特迪瓦的泰国家森林公园中的黑猩猩分离到的猴嗜 T-淋巴病毒 1 型，与存在于该地区的白鼻长尾猴所携带的猴嗜 T-淋巴病毒 1 型的基因序列非常相近，证明猎食可导致不同种属间猴嗜 T-淋巴病毒的传播。猎食感染猴嗜 T-淋巴病毒的灵长类动物也是人感染该病毒的主要途径。猴嗜 T-淋巴病毒 1 型感染也可通过医源性传播，如输血治疗。与人嗜 T-淋巴病毒和猴免疫缺陷病毒一样，人主要是在捕猎、屠宰、肉食或接触带毒动物过程中，因损伤的皮肤或黏膜接触了感染性血液或体液而被猴嗜 T-淋巴病毒感染。

3. 易感动物

(1) 自然宿主 总体讲，虽然该病毒分布于不同地区的不同型、亚型或不同株有其较窄的自然宿主范围，但生活在亚洲和非洲的野旧世界猴及类人猿（apes）都可能是猴嗜 T-淋巴病毒的自然宿主。猴嗜 T-淋巴病毒 1 型的自然感染分布广泛，几乎所有的旧大陆猴和类人猿，无论是源于亚洲或是非洲，包括常用作实验动物的食蟹猴、猕猴、豚尾猴、非洲绿猴、长尾猴、白眉猴、狒狒和猩猩等，都可自然感染该型病毒，感染率通常在 5%～50%，但在人工饲养环境中可能更高。猴嗜 T-淋巴病毒 2 型的宿主范围还不清楚，倭黑猩猩是唯一已知的自然感染该型病毒的动物，野生族群中感染率很低，虽然有报道人工饲养的野捕蜘蛛猴中存在较高的“猴嗜 T-淋巴病毒 2 型感染率”，但蜘蛛猴是否为猴嗜 T-淋巴病毒 2 型的自然宿主，尚有待进一步确证，至今未发现其他新世界猴自然感染猴嗜 T-淋巴病毒。猴嗜 T-淋巴病毒 3 型的自然感染局限于部分非洲大陆的旧世界猴，如阿拉伯狒狒、几内亚狒狒、白眉猴和部分长尾猴。倭黑猩猩不仅可以自然感染猴嗜 T-淋巴病毒 2 型，也可自然感染猴嗜 T-淋巴病毒 1 型和猴嗜 T-淋巴病毒 3 型，但都不常见。PCR 方法检测刚果野生倭黑猩猩的粪便样本，发现猴嗜 T-淋巴病毒核酸阳性率仅 1.1%。血清流行病学调查未发现橄榄狒狒、非洲绿猴、赤猴、山魈、黑猩猩及大猩猩等存在猴嗜 T-淋巴病毒 3 型的自然感染（表 10-10-1）。

(2) 实验动物 在实验用动物中，猴嗜 T-淋巴病毒 2 型可通过实验室接种感染的人淋巴细胞传染给新西兰白兔和亚洲的豚尾猴。接种 1 个月后感染动物血液中可检测到抗猴嗜 T-淋巴病毒 2 型抗体，感染呈持续状态，但不致病。人工感染猴嗜 T-淋巴病毒 2 型的豚尾猴具有传染性，通过输血可传染给猕猴，后者也呈持续隐性感染。没有文献报道这种试验感染猴嗜 T-淋巴病毒能诱发淋巴瘤，其他实验用动物对猴嗜 T-淋巴病毒的易感性还不清楚。

(3) 易感人群 猴嗜 T-淋巴病毒 1 型可感染人的 $CD4^+$ T 淋巴细胞，与非人灵长类动物密切接触的人存在感染猴嗜 T-淋巴病毒的风险，如长期捕猎非人灵长类动物的猎人、屠宰和肉食野生猴子的人群以及饲养宠物猴的家庭，都是易感人群。Wolfe 等（2005）对非洲中部的 930 位易感人群进行流行病学调查，发现 10.4%的人血清中存在抗灵长类嗜 T-淋巴病毒抗体，其中 13 人 PCR 检测到病毒核酸，DNA 序列分析发现与猴嗜 T-淋巴病毒 1 型同源性高于 97%，证实长期暴露于猴嗜 T-淋巴病毒感染动物的人有可能被传染。但迄今未见猴饲养人员和以猴嗜 T-淋巴病毒为研究对象的实验人员等发生猴嗜 T-淋巴病毒感染的报道。

4. 流行特征 猴嗜 T-淋巴病毒感染在亚洲和非洲旧世界猴及类人猿中广泛流行，不同年龄和性别的野生或人工养殖猴均可被感染。猴嗜 T-淋巴病毒各型自然感染与地理分布密切相关，如猴嗜 T-淋巴病毒 1 型 A 亚型呈全球分布，猴嗜 T-淋巴病毒 1 型 B～H 型主要分布于非洲，猴嗜 T-淋巴病毒 2

型仅见于非洲刚果，猴嗜T-淋巴病毒3型也广泛分布于非洲各地区。

猴嗜T-淋巴病毒1型在不同种属的非人灵长类实验动物中自然感染率差异很大（0～80%不等），非洲旧世界猴的自然感染率远比亚洲旧世界猴高。血清流行病学研究显示，非洲Delft和IPR人工养殖的非洲绿猴血清阳性率为15%～23%；美国几个国家灵长类动物中心人工养殖的乌白眉猴和狒狒猴嗜T-淋巴病毒1型感染率分别为33%～56%和31%～60%，而猕猴群中血清阳性率仅为3%～12%。我国人工养殖的猕猴和食蟹猴感染率分别为2.7%～15.9%和5.4%～14.9%。

猴嗜T-淋巴病毒1型感染率随着年龄的增长而显著增高。Hayami等（1984，1985）报道日本猕猴的猴嗜T-淋巴病毒1型抗体阳性率在4岁前约为10%，而在10～14岁的阳性率约为50%；李绍东等（2000）对537只野外捕获的猕猴的调查显示，10岁以下猕猴的猴嗜T-淋巴病毒1型抗体阳性率为6.2%，10岁以上为15.5%；饶军华等（2004）报道，我国人工饲养的猕猴和食蟹猴中，2岁以下的幼年猴感染率分别为0和2.9%，3～5岁的亚成年猴为10.7%和7.9%，超过12岁感染率分别为33.3%和55.6%。非洲旧世界猴山魈也是猴嗜T-淋巴病毒1型易感动物，其感染率在1～4岁为0，5～10岁为12.9%，11～15岁为18.1%，16岁以上者高达33.3%。这种随着年龄的增长，非人灵长类动物猴嗜T-淋巴病毒的血清抗体阳性率呈增长的趋势，一方面是由于该病毒传播依赖于细胞传递，因此传染性不强；另一方面猴嗜T-淋巴病毒在体内有很长的潜伏期，有些感染动物PCR检测阳性，而血清抗体在43个月后才转阳。

对猴嗜T-淋巴病毒1型病毒，雌猴普遍比雄猴易感：李绍东等（2000）对946只恒河猴的调查显示，雌猴的猴嗜T-淋巴病毒1型抗体阳性率为17.5%，而雄猴为5%；摩尔猕猴中雌猴的猴嗜T-淋巴病毒1型抗体阳性率为32%，雄猴阳性率为20%；日本猕猴雌猴的猴嗜T-淋巴病毒1型抗体阳性率为43%，雄猴抗体阳性率为35%。Jean等（2007）用PCR方法对饲养了4年的大猩猩进行了猴嗜T-淋巴病毒1型病毒核酸检测，发现176只大猩猩中54只感染了猴嗜T-淋巴病毒1型病毒，其中91%的病毒感染者是雌性。不同性别间的流行差异可能与传播途径有关。

猴嗜T-淋巴病毒感染流行的另一重要特征是可导致恶性淋巴瘤暴发，并且可能与灵长类动物不同种属间猴嗜T-淋巴病毒传播有关。1967年，苏联Sukhumi灵长类动物中心的狒狒发生了最大规模的淋巴瘤暴发，其致病因子并不是猴嗜T-淋巴病毒的狒狒亚型，而是印度猕猴亚型，后者也存在于越南猕猴。而该中心常规大批从越南进口猕猴，导致该中心的狒狒被传染上印度猕猴亚型猴嗜T-淋巴病毒1型病毒。正是这种不同种属间的传染导致了300多只狒狒发生淋巴瘤而死亡。另一次发生在美国德克萨斯州的国家灵长类动物中心（Southwest Foundation），淋巴瘤暴发可能也是由于不同种的狒狒间传播不同亚型猴嗜T-淋巴病毒1型病毒所致。分子种系发育分析发现猴嗜T-淋巴病毒1型和猴嗜T-淋巴病毒3型不同毒株之间的基因变异性较小，变异性主要取决于地理分布而与非人灵长类动物宿主种类无关，这就使得猴嗜T-淋巴病毒在非人灵长类动物不同种属间容易传播。该病毒似乎感染非自然宿主的易感动物时致瘤性增强，容易导致感染细胞恶变。

四、临床症状

1. 动物的临床表现 猴嗜T-淋巴病毒感染的特征是潜伏性，绝大多数灵长类动物感染猴嗜T-淋巴病毒不会导致疾病，而成为健康携带者。感染动物没有任何临床症状，仅表现为血液中存在感染性猴嗜T-淋巴病毒、宿主T-淋巴细胞基因组内有融入的前病毒DNA，且血清抗体转阳。

仅少数自然感染猴嗜T-淋巴病毒1型的非洲绿猴、狒狒和大猩猩在经过一段较长时间的潜伏期后，发展成为T细胞恶性淋巴瘤，症状和人嗜T-淋巴病毒1型引起的成人T细胞白血病的特征相似，主要表现为消瘦、全身乏力、呼吸困难和全身淋巴结肿大。

迄今未见猴嗜T-淋巴病毒1型感染的亚洲旧世界猴，或猴嗜T-淋巴病毒2型和猴嗜T-淋巴病毒3型感染猴中发生相关病症的报道。

2. 人的临床表现 人感染猴嗜T-淋巴病毒也不表现任何临床症状，仅表现为血清抗体转阳的病毒携带者。

五、病理变化

1. 大体解剖观察 与人感染人嗜 T-淋巴病毒 1 型相似，发生 T 细胞恶性淋巴瘤的猴嗜 T-淋巴病毒 1 型感染动物，可见淋巴结、肝、脾肿大及皮肤病变。

2. 组织病理学观察 T 细胞淋巴瘤是淋巴系统恶性增殖性疾病，其病变主要发生在外周血淋巴细胞，多形核淋巴细胞是该病特征之一。淋巴结、骨髓、皮肤活检可见淋巴瘤细胞浸润。猴嗜 T-淋巴病毒主要感染 $CD4^+$ T 淋巴细胞，通过检测 T 细胞标记 CD3 或 CD25 和 B 细胞标记 CD20 抗原可确认肿瘤细胞是否为 T 细胞源性。

六、诊　　断

猴嗜 T-淋巴病毒感染，特别是猕猴属的实验灵长类动物，几乎都是亚临床的隐性潜伏感染，诊断完全依赖于实验室检验。最实用、可靠的实验诊断猴嗜 T-淋巴病毒感染的方法，是将血清学抗体检测与 PCR 病毒抗原检测相结合。市场上用于人人嗜 T-淋巴病毒感染检验的人嗜 T-淋巴病毒Ⅰ/Ⅱ酶联免疫（EIA）和蛋白印迹（Western blot）商业试剂盒，也广泛应用于猴嗜 T-淋巴病毒感染的检测。Lerche 等（2003）制定的猴嗜 T-淋巴病毒检测流程，已经成功应用于 SPF 猴群的建立与维护（图 10-9-1）。

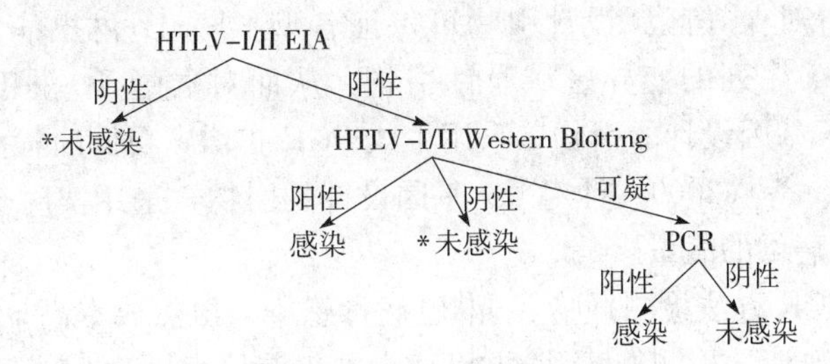

图 10-9-1 猴嗜 T-淋巴病毒诊断流程

＊未感染：采用抗体检测，需要采集两个时间点的样本，连续 2 次抗体检测均为阴性者，方可判为阴性；仅在一个时间点抗体检测为阴性和可疑样本，需要用 PCR 方法进行最终确认。HTLV：human T lymphotrophic virus；EIA：enzyme immunoassay；PCR：Polymerase Chain Reaction。

1. 病毒分离与鉴定 猴嗜 T-淋巴病毒分离是通过采集感染动物的全血（肝素抗凝），用淋巴细胞分离液 Ficoll 分离出外周血单核细胞（PBMC），在含白介素-2 和聚凝胺的营养液中，与植物凝集素刺激的人脐带血淋巴细胞共培养 3～6 周。若病毒处于增殖期，可用电镜观察到病毒颗粒，并可在培养上清液中检测出逆转录酶的活性，也可用免疫血清或单克隆抗体鉴定病毒抗原。但是，病毒感染细胞后以原病毒 cDNA 的形式整合在宿主基因组中，往往在培养液中或病变的细胞中不易检测到病毒颗粒，这使得病毒分离存在局限性，成功率低。而且此法耗时长，增加了检测人员接触病毒的风险，一般不作为常规诊断方法。

2. 血清学试验 动物体内存在特异性抗猴嗜 T-淋巴病毒抗体是该病毒感染的一个可靠标志。猴嗜 T-淋巴病毒的抗原性和人嗜 T-淋巴病毒极为相似，因此常用人嗜 T-淋巴病毒抗原来检测灵长类动物血浆或血清中猴嗜 T-淋巴病毒的抗体。常用血清学抗体检测方法包括：间接免疫荧光试验、斑点免疫试验、ELISA 及蛋白印迹试验等。商业化的人嗜 T-淋巴病毒Ⅰ/Ⅱ ELISA 和蛋白印迹成品试剂盒，可直接应用于猴嗜 T-淋巴病毒的抗体检测。斑点免疫试验和酶联免疫吸附试验方法有较高的灵敏度和特异性，操作方便，适用于猴群的大规模检测，但阳性或可疑样本需采用蛋白印迹试验法进一步确认，后者特异性和敏感性更高。我国国标（GB/T 14926.63—2001）制定的间接免疫荧光试验方法检测猴嗜T-淋巴病毒 1 型感染，也具有较高的敏感性和特异性，适用于小样本检测或复证，但不适合大规模筛查。

值得注意的是，猕猴等宿主从感染猴嗜 T-淋巴病毒到产生特异性抗体的时间可从几个月至几年不等，因此用血清学方法检测时，应考虑到该病毒感染具有潜伏性的特点。为防止漏检，需采集 2 个或以上时间点的血清样本（间隔时间一般为 6 个月），连续 2 次抗体阴性者方可诊断为阴性。另外，源于非洲的灵长类动物发生猴嗜 T-淋巴病毒 3 型感染时，用人嗜 T-淋巴病毒Ⅰ/Ⅱ蛋白印迹试剂盒检测，往往呈猴嗜 T-淋巴病毒 2 型抗体阳性或可疑结果，必要时需用 PCR 方法确认。

近年来，蛋白芯片技术，包括以玻片为载体的固相芯片或以微球为载体的液相芯片，在欧美少数实验室被成功应用于实验动物血清学检测。这种新技术的优势在于高通量，一次可检测包括猴嗜 T-淋巴病毒等多项病毒的不同抗体，而且血清用量少，自动化程度高。但芯片检测需要特殊设备和试剂，技术要求高，仅适合有条件的专业检验机构使用。相反，成熟的传统斑点免疫试验也能同时检测 SPF 实验动物要求的多项病毒，且不需特殊设备，特别是免疫梳（梳式斑点免疫试验）试剂盒，操作简易，更适合基层推广应用。

3. 组织病理学诊断 对怀疑由猴嗜 T-淋巴病毒 1 型感染发展成 T 细胞恶性淋巴瘤的动物可做组织病理检测，检查到外周血淋巴肿瘤细胞，且细胞表型为 CD3 或 CD25 阳性，结合血清中猴嗜 T-淋巴病毒 1 型抗体阳性方能诊断。

4. 分子生物学诊断 用分子生物学技术，在外周血单核细胞中检测猴嗜 T-淋巴病毒前病毒 DNA，是诊断该病毒感染的最直接证据，最常用的方法是套式或实时定量 PCR。采集动物的抗凝全血，提取 DNA 作为扩增模板。根据不同的检测目的，选择猴嗜 T-淋巴病毒前病毒基因组的不同区域作为目的基因，设计不同的引物。针对保守区域设计引物可保证各型猴嗜 T-淋巴病毒均被检测出；亦可针对 LTR、env、gag、pol 和 tax 序列的变异区域设计引物，从而对猴嗜 T-淋巴病毒进行分型。如 Vandamme 等（1997）针对 tax 基因设计的引物，采用巢式 PCR 扩增，可同时检测猴嗜 T-淋巴病毒的 3 个型，并进行分型。Souquière 等（2009）针对 tax 基因设计的引物，采用实时荧光定量 PCR 方法，可检测猴嗜 T-淋巴病毒 1 型前病毒的载量。

相对于血清学检测，PCR 方法检测猴嗜 T-淋巴病毒感染，虽然成本高，但更加敏感、可靠。据我们观察，与 PCR 法相比，血清学检测猴嗜 T-淋巴病毒感染漏检率可达 5%，主要是由于潜伏感染动物不产生抗体或抗体水平过低造成。因此，对猴嗜 T-淋巴病毒感染不能单独采用一种方法进行诊断，表 10-9-2 是猴嗜 T-淋巴病毒感染常用诊断方法的比较，可根据实际条件，合理选择搭配，从而保证诊断结果的准确性。

表 10-9-2 STLV 常用诊断方法比较

方法	样本类型	适用范围	优 点	缺 点
DIA	血清/血浆	诊断或筛查	操作简便，不需特殊设备，可同时检测多种病毒，高通量，成本适中	定性分析，结果判读有主观性，不可分型
蛋白芯片	血清/血浆	大样本筛查	样本用量少，可同时检测多种病毒，高通量，可分型	成本高，需特殊设备，存在漏检
ELISA	血清/血浆	诊断或筛查	操作简单，有商业试剂盒，成本适中	存在假阴性和假阳性，不可分型
IFA	血清/血浆	小样本确认	比 ELISA 敏感、特异	结果判读有主观性，不可分型
WB	血清/血浆	小样本确认	有商业试剂盒，特异性高，可分型	成本高，存在漏检
PCR	EDTA 抗凝全血	小样本确认	特异，灵敏，可分型	成本高，对实验要求高，易出现假阳性
病毒分离	肝素抗凝全血	试验研究	获得病原体用于后续试验研究	成本高，成功率低，危险性大，耗时长

七、防治措施

1. 治疗 目前对该病尚无有效的治疗药物和方法。

2. 预防 虽然猴嗜 T-淋巴病毒感染基本不致病，但我国实验动物国家标准中规定猴嗜 T-淋巴病毒 1 型是 SPF 级实验猴必须排除的病毒之一，新药临床前毒理、代谢和药效等试验也基本都采用没有猴嗜 T-淋巴病毒感染的动物。实验猴是猴嗜 T-淋巴病毒的自然宿主，我国各养殖场普遍存在猴嗜 T-淋巴病毒 1 型感染，感染率随年龄增长而逐步上升，而且是终身性。因此，对实验猴繁育场和实验猴动物中心的猴群应常规开展血清学普检，及时发现并隔离猴嗜 T-淋巴病毒感染猴，切断其传播途径，预防猴嗜 T-淋巴病毒感染，并逐步建立不携带猴嗜 T-淋巴病毒的 SPF 猴，应用于生物医药试验。针对我国实际流行状况，具体猴嗜 T-淋巴病毒筛查与控制的措施包括：

（1）普通级实验猴繁育种群及育成猴所有成员，需每年进行 1～2 次猴嗜 T-淋巴病毒 1 型血清学筛查，及时剔除感染动物。

（2）普通级种群生育的幼猴在离乳前需进行一次猴嗜 T-淋巴病毒血清学筛查，离乳后应单笼或按血清抗体状态配对饲养检疫 1～6 个月，期间至少进行 1～2 次猴嗜 T-淋巴病毒血清学筛查，再按血清抗体状态分栏群体饲养。有猴嗜 T-淋巴病毒阳性接触史的离乳猴应该在分栏前用 PCR 方法筛查一次，防止存在潜伏感染漏检。

（3）对 SPF 级动物，即由阴性种群繁育的子代同时明确没有阳性接触史，每年必须进行一次猴嗜 T-淋巴病毒筛查，确保 SPF 状态。

（4）尽可能做到种群封闭，减少传染机会。若向 SPF 级动物群体中引入新个体，或者与新个体有直接接触，群体中的这些动物在 6～8 周后需要检测猴嗜 T-淋巴病毒。未经过检疫的动物应视为感染动物，其排泄物、尿液、眼泪和血液都可能是传染源，凡与这些体液接触的动物均视为潜在暴露对象，需要进行排查。

八、公共卫生影响

非人灵长类动物与人类最接近，被广泛应用于免疫、病理、药物临床前研究、人的疾病模型及疫苗研究等领域。①猴嗜 T-淋巴病毒感染对研究用非人灵长类动物的影响是值得关注的，如猴嗜 T-淋巴病毒感染会使动物细胞因子或血液学方面发生改变，增加动物发病率或死亡率等，这些都将影响试验数据的判读；②由于猴嗜 T-淋巴病毒主要侵染宿主的免疫系统，因此猴嗜 T-淋巴病毒感染对人免疫缺陷病毒动物模型的建立及抗人免疫缺陷病毒药物和疫苗的研发等都可能产生影响；③同时猴嗜 T-淋巴病毒在非人灵长类动物种群间容易传播，且大多为隐性感染，常由于未观察到临床症状而被忽视，因此非人灵长类动物应用于研究前，运用血清学和 PCR 检测方法对其进行筛查鉴别是十分必要的。

另外，大量数据显示人嗜 T-淋巴病毒可能起源于猴嗜 T-淋巴病毒，因此加强猴饲养管理人员、临床兽医和研究人员的自身防护至关重要，以非人灵长类动物为捕猎对象的捕猎者必须严格做好防护。通过对猴嗜 T-淋巴病毒的控制预防，可以很好地减少新型猴嗜 T-淋巴病毒的出现及人新型病毒性疾病的发生，从而保障公共安全、动物健康及用于生物医药研究的实验猴的质量。

（杨玲焰　时长军）

我国已颁布的相关标准

GB/T14926.63—2001　实验动物　猴 T-淋巴细胞趋向性病毒 1 型检测方法

参考文献

李绍东，周亚敏，段幸生. 2000. 恒河猴 STLV-1 血清抗体流行病学研究［J］. 中国实验动物学报，8（4）：246-250.

饶军华，刘晓明，金石军，等. 2004. 猕猴、食蟹猴群中 STLV-1 病毒感染状况的研究［J］. 实验动物科学与管理，21（4）：25-26.

石晓. 2007. 饲养食蟹猴和恒河猴 4 种常见病毒的感染情况研究［D］. 广州：中山大学.

朱林，韩建保，张喜鹤，等. 2012. 人工饲养中国猕猴中 SRV、STLV 和 BV 的流行病学调查［J］. 动物学研究，33（1）：49-54.

Chen Y M, Jang Y J, Kanki P J, et al. 1994. Isolation and Characterization of Simian T-Cell Leukemia Virus Type II from New World Monkeys［J］. J Virol.，68（2）：1149-1157.

Courgnaud V, Van Dooren S, Liegeois F, et al. 2004. Simian T - cell leukemia virus (STLV) infection in wild primate populations in Cameroon: Evidence for dual STLV type 1 and type 3 infection in agile mangabeys (Cercocebus agilis) [J] . J Virol. , 78 (9): 4700 - 4709.

D' Offay J M, Eberle R, Sucol Y, et a1. 2007. Transmission Dynamics of Simian T - lymphotropic Virus Type 1 (STLV1) in a Baboon Breeding Colony: Predominance of Female - to - female Transmission [J] . Comp Med. , 57 (1): 105 - 114.

Franchini G, Reitz M S Jr. 1994. Phylogenesis and genetic complexity of the nonhuman primate Retroviridae [J] . AIDS Res Hum Retroviruses, 10 (9): 1047 - 1060.

Giri A, Markham P, Digilio L, et al. 1994. Isolation of a novel simian T - cell lymphotropic virus from Pan paniscus that is distantly related to the human T - cell leukemia/lymphotropic virus types I and II [J] . J Virol. , 68 (12): 8392 - 8395.

Goubau P, Van B M, Vandamme A M, et al. 1994. A primate T - lymphotropic virus, PTLV - L, different from human T - lymphotropic viruses types I and II, in a wild - caught baboon (Papio hamadryas) [J] . Proc Natl Acad Sci. , 91 (7): 2848 - 2852.

Hayami M, Ohta Y, Hattori T, et al. 1985. Detection of antibodies to human T - lymphotropic virus type in various non - human primates [J] . Jpn J Exp Med. , 55 (6): 251 - 255.

Hayami M, Komuro A, Nozawa K, et al. 1984. Prevalence of antibody to adult T cell leukemia virus - associated antigens in Japanese monkey and other non - human primates [J] . Int J Cancer, 33 (2): 179 - 183.

Lerche N W, Osborn K G. 2003. Simian Retrovirus Infections: Potential Confounding Variables in Primate Toxicology Studies [J] . Toxicol Pathol. , 31: 103 - 110.

Lerche N W. 2010. Simian retroviruses: Infection and disease - implications for immunotoxicology research in primates [J] . J Immunotoxicol. , 7 (2): 93 - 101.

Liegeois F, Lafay B, Switzer W M, et a1. 2008. Identification and molecular characterization of new STLV - 1 and STLV - 3 strains in wild - caught nonhuman primates in Cameroon [J] . Virology, 371: 405 - 417.

Meertens L, Gessain A. 2003. Divergent simian T - cell lymphotropic virus type 3 (STLV - 3) in wild - caught Papio hamadryas papio from Senegal: widespread distribution ofSTLV - 3 in Africa [J] . J Virol. , 77: 782 - 789.

Miyoshi I, Yoshimoto S, Fujishita M, et al. 1982. Natural adult T - cell leukemia virus infection in Japanese monkeys [J] . Lancet, 2 (8299): 658 - 663.

Morton W R, Agy M B, Capuano S V, et al. Specific Pathogen - Free Macaques: Definition, History, and Current Production [J] . ILAR, 2008. 49 (2): 137 - 144.

Sandra J, Claudia H, Heinz E, et a1. 2010. Diversity of STLV - 1 strains in wild chimpanzees (Pan troglodytes verus) from cote Ivoire [J] . Virus Res. , 150 (1 - 2): 143 - 147.

Sintasath D M, Wolfe N D, Lebreton M, et al. 2009 (a) . Simian T - lymphotropic virus diversity among nonhuman primates, Cameroon [J] . Emerg Infect Dis. , 15 (2): 175 - 184.

Sintasath D M, Wolfe N D, Zheng H Q, et al. 2009 (b) . Genetic characterization of the complete genome of a highly divergent simian T lymphotropic virus (STLV) type 3 from a wild Cercopithecus mona monkey [J] . Retrovirology, 6: 97 - 114.

Souquière S, Mouinga - Ondemé A, Makuwa M, et al. 2009. Dynamic interaction between STLV - 1 proviral load and T - cell response during chronic infection and after immunosuppression in non - human primates [J] . PLoS One, 4 (6): e6050.

Vandamme A M, Laethem K V, Liu H F, et al. 1997. Use of a Generic Polymerase Chain Reaction Assay Detecting Human T - Lymphotropic Virus (HTLV) Types I, II and Divergent Simian Strains in the Evaluation of Individuals With Indeterminate HTLV Serology [J] . J Med Virol. , 52 (1): 1 - 7.

Vandamme A M, Liu H F, Van B, et al. 1996. The presence of a divergent T - lymphotropic virus in a wild - caught pygmy chimpanzee (Pan paniscus) supports an African origin for the human T - lymphotropic/simian T - lymphotropic group of viruses [J] . J Gen Virol. , 77 (5): 1089 - 1099.

Wolfe N D, Heneine W, Carr J K, et al. 2005. Emergence of unique primate T - lymphotropic viruses among central African bushmeat hunters [J] . Proc Natl Acad Sci. , 102 (22): 7994 - 7999 .

第十节　猫免疫缺陷病毒感染
(Feline immunodeficiency virus infection)

猫免疫缺陷病毒感染（Feline immunodeficiency virus infection）是由猫免疫缺陷病毒引起猫类的以免疫功能低下、消瘦、严重的牙龈炎、口腔炎和神经系统紊乱以及容易继发感染为特征的慢性接触性传染病。该病发病机理和临床症状与艾滋病相似，故又称猫艾滋病（Feline acquired immune deficiency syndrome，FAIDS)。

一、发生与分布

Pederson 等（1987）在研究猫的慢性和反复感染以及萎缩症时首次分离获得该病毒。1988 年，Yamamoto 等将该病毒命名为猫免疫缺陷病毒。追溯性血清学调查发现猫免疫缺陷病毒至少在 1966 年就已经存在于猫群中，只是近年才被人们所认识。我国尚未见有该病的研究报道，但采自广东地区猫的血清样本，经美国 Pederson 证实存在猫免疫缺陷病毒抗体，并从病猫体内分离到猫免疫缺陷病毒。

根据不同区域序列的差异分离出猫免疫缺陷病毒（A～E）5 个亚型，5 个亚型呈明显的地域性。在美国西部和欧洲发现猫免疫缺陷病毒 A 型，B 型分布在日本、美国的中部和东部，而 C 型是在加利福尼亚和哥伦比亚发现的，D 型和 E 型曾在日本和阿根廷有过报道。

二、病　　原

1. 分类地位　猫免疫缺陷病毒（*Feline immunodeficiency virus*，FIV）又称猫嗜 T 淋巴细胞病毒（*Feline T-cell lymphotropic virus*，FTLV），是逆转录病毒科（Retroviridae）、慢病毒属（*Lentivirus*）、猫慢病毒群（*Feline lentivirus* group）中的唯一成员。

2. 形态学基本特征与培养特性　猫免疫缺陷病毒粒子呈圆形或椭圆形，直径 105～125nm。核酸型为单股 RNA，其基因长度为 9.5kb，具反转病毒 gag-pol-env 基因结构。具有很短的囊膜纤突，病毒核心由锥形壳围绕一个电子致密的偏心拟核构成，在核心壳和病毒外膜内侧的颗粒状物之间有一多边的电子疏松间隙。

猫免疫缺陷病毒可在 ConA，IL-2 作用下的猫原代血液单核细胞、胸腺细胞、脾细胞、脑组织中的星形胶质细胞、巨噬细胞和猫成 T 淋巴母细胞系如 FL74、3201、MYA-1 和 Fe-1039 等细胞上生长增殖。这些细胞系对猫免疫缺陷病毒的易感性存在差异。Tochilura 等（1990）研究发现 Petaluma 株猫免疫缺陷病毒可以感染 3201 细胞；Willett 等（1991）发现英国分享的猫免疫缺陷病毒 Glasgow-8 株可感染 3201 细胞。某些毒株也可在其他细胞上生长，如猫成纤维细胞系 Crfk 和 fewf、Hela、猴 Cos 和 Vero 细胞、MDCK 细胞、RK13 细胞和 Sac 源细胞等。但不能在非淋巴结细胞系，如猫粘连细胞系 Fc-wf4 和 Fc9 细胞上增殖。

3. 理化特性　该病毒的浮力密度为 1.15g/cm^3。对热、脂溶剂（如氯仿）、去污剂和甲醛敏感，蛋白酶能够去除病毒粒子表面的部分糖蛋白，载脂蛋白 B m-RNA 编码的催化多肽 APOBEC3（A3）中的 feA3C 和 feA3HC，能够有效地抑制猫免疫缺陷病毒的传染性。但其对紫外线的抵抗力相当强。

4. 分子生物学　目前已经测定出几株猫免疫缺陷病毒全部或部分基因组核苷酸序列，前病毒 DNA 基因组长约 9 500bp，长末端重复序列为 355bp。其基因组中的 3 个主要开放阅读框（ORF）为：组特异性抗原基因（*gag*）、多聚酶基因（pol）和囊膜基因（env）。*gag* 基因编码核心蛋白前体。*pol* 基因编码水解酶、脱氧尿苷三磷酸酶、反转录酶（RT）和整合酶（IN)。*env* 基因编码糖基化的表面糖蛋白（SU）和跨膜蛋白（TM)。这 3 个基因对猫免疫缺陷病毒早期复制有重要的作用。此外猫免疫缺陷病毒还含有几个类似人免疫缺陷病毒的小 ORF，编码调节因子，在猫免疫缺陷病毒的复制过程和发病机理方面都起着关键作用。基因组中在相当于人 *tat* 基因的位置上，猫免疫缺陷病毒基因组中有一个称作"A"的小ORF。ORF A是前病毒DNA基因组长末端重复序列的一个重要的转录激活因子，ORF A可能是几个帮助病毒复制功能的一个衔接分子。最近的研究表明，ORF A可能具有类似于人免疫缺陷病毒辅助蛋白的多重功能，缺乏ORF A的猫免疫缺陷病毒在体内外复制都会减弱。

三、流行病学

1. 传染来源 猫免疫缺陷病毒主要在患病猫的血清、血浆和唾液中，其中唾液中的含量最高。

2. 传播途径 猫免疫缺陷病毒主要通过水平传播，如共用食槽、水槽、互相撕咬。而经性交、胎盘、吮乳感染传播极为少见。感染猫与健康猫彼此打斗咬伤后感染猫免疫缺陷病毒是其主要传播途径。处于急性感染期的母猫可将病毒传染给自己的仔猫，但并不多见。过去认为慢性感染的母猫不会将病毒传给自己的后代，但Mary P等（2003）试验证明，在慢性感染的母猫初乳中也含有猫免疫缺陷病毒并可以传染给自己的后代。Weaver C等（2005）研究表明，猫免疫缺陷病毒易使妊娠母猫流产，这主要与胎盘中Th1型细胞因子增加有关。尽管感染公猫的精子中携带猫免疫缺陷病毒，但很少经交配传染。

3. 易感动物 猫是猫免疫缺陷病毒的主要宿主。该病毒还可以感染很多其他猫科动物，但只有猫才表现出临床症状，其他动物呈阴性感染。用猫免疫缺陷病毒的结构蛋白作抗原检测血清，从苏格兰野猫、北美和欧洲动物园中的大猫、猫科其他动物如非洲狮、美洲虎和佛罗里达豹等血清中检出相应的抗体。而与感染猫密切接触并经常被咬的饲养和研究人员均未检出抗体。在实验条件下，猫免疫缺陷病毒不感染鼠、犬、绵羊和人的淋巴细胞。说明猫免疫缺陷病毒与其他慢病毒一样，具有高度的宿主专一性，可能只感染猫科动物，而不会在其他动物间流行。

4. 流行特征 猫免疫缺陷病毒的发生和流行呈世界性分布。全球有2％～25％的家猫感染，感染率最高的是日本和澳大利亚，感染率最低的是美国和欧洲。在流行地区的猫群，猫免疫缺陷病毒的阳性率在1％～12％，在高危猫群中可高达15％～30％。猫免疫缺陷病毒感染具有性别差异，公猫的感染率大约是母猫的2倍。群养家猫高于独养家猫，流浪猫和野猫明显高于家养猫，而做过绝育手术的猫感染率较低。数月与19岁的猫均可能感染猫免疫缺陷病毒，但感染率最高的为5～6岁以上的成年猫。

四、临床症状

1. 动物的临床表现 猫免疫缺陷病毒感染后的常见症状有发热、慢性口腔炎、严重齿龈炎、慢性上呼吸道病、贫血、慢性皮肤现、慢性腹泻和神经症状等。在感染的后期常伴有严重消瘦和全身性淋巴结病等艾滋病症状。猫免疫缺陷病毒感染后的神经系统疾病主要表现为动作和感觉异常，如瞳孔反应迟缓、正常反射减退、脸部痉挛、睡眠紊乱等。还可引起眼部疾病，如前眼色素层炎、青光眼或角膜炎等。感染猫由于免疫功能低下，常常导致其他病原体侵袭而发生继发感染，如细菌和细小病毒感染引起的肠炎或腹泻，疱疹病毒和/或杯状病毒感染引起的上呼吸道感染，真菌感染引起的皮肤病以及寄生虫病等。

患猫病情复杂而多样，感染猫临床症状可分为三期。

（1）急性期 该期典型表现包括淋巴腺病变、发热和萎靡不振，可能发生腹泻或贫血症状，持续2～9个月。多数患猫可康复，部分发生皮肤、肠道的局部性细菌感染乃至菌血症，由于此时尚未出现免疫缺陷症，因此用抗生素治疗有效。

（2）潜伏期 随着急性期的消失，通常可见轻微的淋巴腺病变，患猫外观正常，不完全康复也不会在数周或数月内重新出现症状，这些猫通常抗体阳性，在其血液、唾液中极易分离到病毒，并且是终生带毒。此时血液学检查会发现有白细胞减少和不同程度的贫血症状，这预示着免疫缺陷综合征的出现。

（3）慢性期 表现为免疫缺陷综合征，出现不同程度的病毒血症，慢性口腔炎、牙龈炎和牙周炎，慢性腹泻，顽固性上呼吸道感染，不明原因发热，神经症状如精神异常、痴呆、抽搐等，随着感染的不断加重，最终导致动物死亡。

五、病理变化

依症状表现不同可见不同的病理变化过程。结肠可见亚急性多发性溃疡病灶，在盲肠和结肠可见肉穿肿，空肠可见浅表炎症。淋巴结滤泡增多，发育异常、呈不对称状，并渗入周围皮质区，副皮质区明显萎缩。脾脏红髓、肝窦、肺泡、肾及脑组织可见大量未成熟单核细胞浸润。

六、诊　　断

根据流行病学特征、临床症状、病理变化可做出初步诊断，确诊需结合实验室检测。

1. 病毒分离与鉴定　猫外周血淋巴细胞经 5μg/mL 的刀豆蛋白 A（Con A）刺激后培养于含人 IL-2（100u/mL）的 RPMI 培养液中，然后加入被检病猫血液样品制备的血沉棕黄色层，37℃培养，一般在 14 天后培养细胞出现细胞病变，分离的病毒可通过电镜观察、PCR 等方法进一步鉴定。

2. 血清学试验　在猫免疫缺陷病毒感染 14 天后出现血清抗体。抗体产生与病毒感染具有较好的相关性。免疫荧光试验、免疫印迹法、酶联免疫吸附试验均可用于检测抗体，其中免疫荧光试验、免疫印迹法可同时检查几种病毒蛋白的抗体，而采用酶联免疫吸附试验检出抗体的时间要比免疫荧光试验早 7 天以上，且滴度高。由于目前 ELISA 检测法的特异性已经得到很大改进，因而应用较多。但应注意感染猫血清并不总是呈阳性，有些猫在感染后数月至 1 年才出现抗体，有些病猫由于免疫抑制和极度衰弱发生抗体阳性。

3. 分子生物学诊断　1999 年，Pedrsen 等建立了 PCR 技术用来检测组织中猫免疫缺陷病毒 DNA，该方法特异性强，可作为猫免疫缺陷病毒的定性检测方法。

4. 其他诊断方法　通过实验室检测白细胞是否持续性减少（特别是淋巴细胞和中性粒细胞减少）、贫血及蛋白血症等也可用于诊断，而 $CD4^+$ 细胞计数及 $CD4^+$ / $CD8^+$ 比例的检查可作为诊断和判断预后的辅助方法。

七、防治措施

1. 治疗　目前对免疫缺陷病尚无有效的治疗方法，对患猫治疗时通常是为了控制继发细菌感染。使用腺嘧啶脱氧核酸可减少病毒的复制，且常常可提高患猫的生活质量。使用反转录酶抑制剂叠氮胸苷（AZT）（5 mg/ kg）治疗后，猫免疫缺陷病毒感染猫的一般临床症状如胃炎、眼色素层炎及腹泻等会明显改善。在使用 AZT 时，应监测机体是否出现贫血、血细胞减少和肝中毒等症状，并根据需要调整剂量。

Pedretti E（2006）等试验证明，给感染猫免疫缺陷病毒的猫口服小剂量 α 干扰素（每天每千克体重 10IU），可以明显延长患猫的生命，改善其机体功能，可有效防止 $CD4^+$ 细胞在机体中数量的减少，并且使 $CD8^+$ 细胞数量增加减慢。Craig B（2008）等试验证明，给感染猫免疫缺陷病毒的猫口服抗氧化剂超化物歧化酶可以使 $CD4^+$/$CD8^+$ 细胞比例显著增加，说明抗氧化药物对治疗该病也有一定作用。

2002 年，首先由 Fort Dodge Animal Health 公司生产用于预防猫艾滋病的疫苗，被美国农业部批准进行商业生产和兽医应用。此次获准的疫苗是由分别来源于北美和亚洲的属于两个不同型的猫免疫缺陷病毒分离株组成的灭活疫苗。对其有效性的研究表明，猫接受 3 个剂量的疫苗免疫，1 年后对不同猫免疫缺陷病毒株的攻击保护率为 67%，保护期至少可达 1 年。其他公司也研发了包含有猫免疫缺陷病毒辅助蛋白 Rev、ORF A 和外膜蛋白重组体加佐剂的亚单位疫苗，并已证明可以起到免疫保护作用。

2. 预防　控制猫免疫缺陷病传播的最有效的方法是隔离病猫。减少健康猫在室外的时间，宠物猫单养或小群喂养，对猫的住处和食具要保洁消毒。防止与流浪猫接触和互咬、打斗是减少感染的最好方法。引进猫应进行猫免疫缺陷病毒感染检测，在条件允许时，进行隔离饲养并检测是否存在猫免疫缺陷病毒抗体，只有抗体阴性猫才可领养。如发现猫免疫缺陷病毒血清阳性猫最好将其隔离饲养，并且不能用作种猫。

八、公共卫生影响

猫免疫缺陷病毒对于猫是一种致命的病毒，对人无害，目前还未发现猫接触或咬伤人而感染的病例。此外，由于猫免疫缺陷病毒所致猫艾滋病与人免疫缺陷病毒所致人艾滋病非常相似，因此，猫免疫缺陷病毒感染是研究人艾滋病的良好的动物模型，对研究人艾滋病有积极的意义。

（迟立超　孙明　肖璐　田克恭）

参考文献

胡晓东，师志海，贾坤，等．2009．猫免疫缺陷病的诊断及防制［J］．中国兽医杂志，45（4）：57－58.

李乐，苗海生，李华春．2007．猫免疫缺陷病毒在医学中的应用［J］．动物医学进展，28（增）：48－51.

李孝欣，陆承平．1992．艾滋病的动物模型——猫免疫缺陷病毒病［J］．动物检疫，9（1）：29－30.

刘爵，甘孟侯．1993．猫免疫缺陷病毒感染［J］．辽宁畜牧兽医（6）：36－38.

欧阳志明．1995．猫免疫缺陷病毒研究进展［J］．中国动物检疫，12（1）：23－25.

魏成威，王洪伟，刘本君，等．2010．猫免疫缺陷病的研究进展［J］．黑龙江畜牧兽医（7）：42－43.

于力．1992．猫免疫缺陷病毒和猫艾滋病［J］．国际流行病学传染病学杂志（4）：166－170.

朱其太．1994．猫免疫缺陷综合征［J］．甘肃畜牧兽医，24（6）：22－25.

Beatty J A, Willett B J, Gault E A, et al. 1996. A longitudinal study of feline immunodeficiency virus - specific cytotoxic T lymphocytes in experimentally infected cats, using antigen - specific induction [J]. J. Virol., 70 (9): 6199 - 6206.

Biek R, Rodrigo A G, Holley D, et al. 2003. Epidemiology, Genetic Diversity, and Evolution of Endemic Feline Immunodeficiency Virus in a Population of Wild Cougars [J]. J. Virol., 77 (17): 9578 - 9589.

Flynn J N, Beatty J A, Cannon C A, et al. 1995. Involvement of gag - and env - specific cytotoxic T lymphocytes in protective immunity to feline immunodeficiency virus [J]. AIDS. Res. Hum. Retroviruses., 11 (9): 1107 - 1113.

Flynn J N, Cannon C A, Beatty J A, et al. 1994. Induction of feline immunodeficiency virus - specific cytotoxic T cells in vivo with carrier - free synthetic peptide [J]. J. Virol., 68 (9): 5835 - 5844.

Flynn J N, Pistello M, Isola P, et al. 2005. Adoptive immunotherapy of feline immunodeficiency virus with autologous ex vivo - stimulated lymphoid cells modulates virus and T - cell subsets in blood [J]. Clin. Diagn. Lab. Immunol., 12 (6): 736 - 745.

Huisman W, Karlas J A, Siebelink K H, et al. 1998. Feline immunodeficiency virus subunit vaccines that induce virus neutralising antibodies but no protection against challenge infection [J]. Vaccine. 16 (2 - 3): 181 - 187.

Little S, Bienzle D, Carioto L, et al. 2011. Feline leukemia virus and feline immunodeficiency virus in Canada: Recommendations for testing and management [J]. the Canadian Veterinary Medical Association, 52 (8): 849 - 855.

Madhu Ravi, Gary A Wobeser, et al. 2010. Naturally acquired feline immunodeficiency virus (FIV) infection in cats from western Canada: Prevalence, disease associations, and survival analysis [J]. the Canadian Veterinary Medical Association, 51 (3): 271 - 276.

Manrique M L, Celma C C, González S A, et al. 2003. Mutational analysis of the feline immunodeficiency virus matrix protein [J]. Virus. Res., 76 (1): 103 - 113.

Novak J M, Crawford P C, Kolenda - Roberts H M, et al. 2007. Viral Gene Expression and Provirus load of Orf - A defective FIV in Lymphoid Tissues and Lymphocyte subpopulations of Neonatal Cats During Acute and Chronic infections [J]. Virus. Res., 130 (1 - 2): 110 - 120.

Osterhaus A D, Tijhaar E, Huisman R C, et al. 1996. Accelerated viremia in cats vaccinated with recombinant vaccinia virus expressing envelope glycoprotein of feline immunodeficiency virus [J]. AIDS Res Hum Retroviruses, 12 (5): 437 - 441.

Rimmelzwaan G F, Siebelink K H, Huisman R C, et al. 1994. Removal of the cleavage site of recombinant feline immunodeficiency virus envelope protein facilitates incorporation of the surface glycoprotein in immune - stimulating complexes [J]. J. Gen. Virol., 75 (8): 2097 - 2102.

Roelke M E, Brown M A, Troyer J L, et al. 2009. Pathological manifestations of feline immunodeficiency virus (FIV) in-

fection in wild africanlions [J]. Virology, 390 (1): 1-12.
Siebelink K H, Tijhaar E, Huisman R C, et al. 1995. Enhancement of feline immunodeficiency virus infection after immunization with envelope glycoprotein subunit vaccines [J]. J. Virol., 69 (6): 3704-1311.
Stephens E B, Butfiloski E J, Monck E. 1992. Analysis of the amino terminal presequence of the feline immunodeficiency virus glycoprotein: effect of deletions on the intracellular transport of gp95 [J]. Virology, 90 (2): 569-578.
Thompson J, MacMillan M, Boegler K, et al. 2011. Pathogenicity and Rapid Growth Kinetics of Feline Immunodeficiency Virus Are Linked to 3' Elements [J]. PLoS. One., 6 (8): e24 020.
Wang R F, Mullins J I. 1995. Mammalian cell/vaccinia virus expression vectors with increased stability of retroviral sequences in Escherichia coli: production of feline immunodeficiency virus envelope protein [J]. Gene, 153 (2): 197-202.
Wojcik J. 1995. Expression of feline immunodeficiency virus (FIV) gag gene in vaccinia virus vector [J]. Acta. Microbiol. Pol., 44 (2): 191-196.

第十一节 猴免疫缺陷病毒感染 (Simian immunodeficiency virus infection)

猴免疫缺陷病毒感染（Simian immunodeficiency virus infection）是由灵长类动物感染猴免疫缺陷病毒所致。猴免疫缺陷病毒的自然宿主是非洲灵长类动物，如白顶白眉猴（*Sooty mangabey*，*Cercocebus atys*）及非洲绿猴（African green monkey，*Chlorocebus aethiops*）等。野生非洲灵长类动物的猴免疫缺陷病毒感染率较高，约10%～60%，病毒可在其自然宿主体内长期潜伏，很少导致疾病发生。然而，亚洲灵长类动物及生活在美洲大陆的灵长类动物是猴免疫缺陷病毒的非自然宿主。野生非自然宿主中并不存在猴免疫缺陷病毒的自然感染；试验感染非自然宿主，如恒河猴（*Macaca mulatta*，又称猕猴）或食蟹猴（*Macaca fascicularis*），病毒可破坏宿主的免疫系统，最终导致猴获得性免疫缺陷综合征（Simian acquired immunodeficiency syndrome，SAIDS）。

一、发生与分布

1969年在美国戴维斯市的加利福尼亚州国家灵长类动物研究中心（CRPRC）所圈养的猴群中出现淋巴瘤暴发。几年后，该中心所饲养的红面短尾猴（*Macaca arctoides*）中再次暴发类似的疾病。患病猴多死于淋巴瘤和免疫缺陷而引起的机会性感染。当时并没有意识到这两次疾病暴发属于传染病的局部传播，传染源是自然感染猴免疫缺陷病毒。由于将猴免疫缺陷病毒潜伏感染的白顶白眉猴与恒河猴及红面短尾猴在户外混合饲养，导致后者被感染而发病。幸存的病毒携带猴被送往新英格兰国家灵长类动物研究中心（NERPRC）及Yerkes国家灵长类动物研究中心，将病毒传染给那里的动物。直到1983年，在发现人获得性免疫缺陷综合征（艾滋病，AIDS）后，人们才意识到猴群中存在类似的传染性疾病，并于1985年在新英格兰国家灵长类动物研究中心从感染猴中首次分离出致病性病毒，为保持与人免疫缺陷病毒（*Human immunodeficiency virus*，HIV）命名一致，而取名为猴免疫缺陷病毒。

猴免疫缺陷病毒的潜伏感染普遍存在于非洲灵长类动物种群中，野生非洲绿猴、白顶白眉猴、长尾猴和山魈的感染率可高达60%。一般认为黑猩猩的自然感染率极低，但最近有研究表明，非洲野生黑猩猩的感染率可达10%。猴免疫缺陷病毒可在非洲灵长类动物体内长期存在，并不引起疾病，是猴免疫缺陷病毒感染的主要传染来源。因此，饲养或使用非洲灵长类动物的国家都非常重视猴免疫缺陷病毒的检疫。亚洲猴种及新世界猴种中并不存在猴免疫缺陷病毒的自然感染，但亚洲猕猴（Macaca），如恒河猴、食蟹猴、豚尾猕猴及红面短尾猴在实验条件下可感染发病，因此常作为人免疫缺陷综合征的动物模型。

二、病　　原

1. 分类地位　猴免疫缺陷病毒（*Simian immunodeficiency virus*，SIV）在分类上属逆转录病毒科

(Retroviridae)、慢病毒属（*Lentivirus*）。慢病毒可分为5组，分别为感染灵长类动物的慢病毒（包括SIV和HIV），感染猫科动物的慢病毒（猫免疫缺陷病毒，FIV），感染马科动物的慢病毒（马传染性贫血病毒，EIAV），感染羊的慢病毒（羊关节脑炎病毒，即*maedi visna virus*，MVV）和感染牛的慢病毒（牛免疫缺陷病毒，BIV）。慢病毒具有独特的病毒形态，成熟的病毒颗粒通常有一个圆锥形或杆状核衣壳。慢病毒的病毒基因组亦相对复杂，除结构基因外（gag、pol和env），还包含许多调节基因（如vif、rev、tat等）。所有慢病毒感染都具有潜伏期相对较长的特点，因而得名慢病毒。

根据宿主的物种和病毒基因组的序列，猴免疫缺陷病毒可被进一步划分为6个病毒群，即来源于长尾猴属的SIVsyk病毒群，来源于白眉猴属的SIVsmm病毒群，来源于非洲绿猴属的SIVagm病毒群，来源于山魈属的SIVmnd病毒群，来源于疣猴属的SIVcol病毒群，以及来源于黑猩猩的SIVcpz病毒群。某些SIV系可跨种属甚至跨物种传播。如在野生狒狒（Papio）和赤猴（*Erythrocebus patas*）体内可检测到SIVagm病毒；有证据表明，人免疫缺陷病毒是猴免疫缺陷病毒跨物种传播而感染人的结果：HIV-1（人免疫缺陷病毒1型）起源于SIVcpz的跨物种传播，而HIV-2（人免疫缺陷病毒2型）起源于SIVsmm的跨物种传播。因此，猴免疫缺陷病毒和人免疫缺陷病毒，尤其HIV-2，有密切的抗原关系：SIVsmm病毒免疫血清可识别HIV-2的包膜抗原及HIV-1的核心抗原，SIVmnd病毒免疫血清与HIV-2的核心抗原产生血清学交叉反应，SIVcpz病毒免疫血清几乎可以识别所有的HIV-1抗原。

2. 形态学基本特征与培养特性 猴免疫缺陷病毒颗粒为球形，直径为80～100nm，主要由核壳体、衣壳、基质和包膜组成。核壳体由病毒基因组和蛋白质缠绕而成。衣壳为圆锥体，其宽的一端直径为40～60nm，窄的一端直径约20nm，主要成分为蛋白质。包膜由脂质和糖蛋白组成，包膜表面有均匀分布的刺突，有助于病毒吸附和侵入易感细胞。病毒基因组为正链RNA二倍体，每条RNA链长约9.2 kb。病毒基因组RNA具有mRNA的特点：在其5’顶端有m7G5’ppp5’Gmp帽序列，在其3’末端有约200 bp的poly（A）尾序列。所有病毒基因组均包含gag、pol、env 3个结构基因及tat、rev、nef、vif、vpr 5个调节基因，根据是否包含另外2个调节基因vpu和vpx，病毒基因组可被分为不同基因型。

猴免疫缺陷病毒可在培养的猴巨噬细胞内生长，亦可在人T淋巴细胞株（如HuT78、HT、CEMx174）内及原代培养的人或猴外周血单核细胞内增殖。猴免疫缺陷病毒主要嗜$CD4^+$淋巴细胞，因此尚未在B淋巴细胞株（如Raji细胞）内成功增殖。被该病毒感染的细胞可相互融合形成多核巨细胞，病变细胞最终会逐渐死亡。

3. 理化特性 猴免疫缺陷病毒的抵抗力不强，病毒颗粒对加热、去垢剂、脂溶剂及甲醛敏感。56℃ 30min可将其灭活；蒸汽高压灭菌20min可杀灭病毒颗粒；在10%漂白粉液、0.5%次氯酸钠、50%乙醇、35%异丙醇、0.3%双氧水、0.5%来苏儿等消毒液中，室温10min便可被完全灭活。但紫外线照射不会影响猴免疫缺陷病毒颗粒的传染性。

4. 分子生物学 猴免疫缺陷病毒基因组为两条相同的正链RNA，通过5’端互补的核苷酸序列相连而形成二倍体。每条病毒基因组RNA两端有相同的重复序列（5’-R/3’-R），两端重复序列内侧是猴免疫缺陷病毒特有序列，分别为U5和U3。U5下游是一段长18个核苷酸的引物结合位点(PBS)，宿主细胞内的tRNA作为引物与核苷酸的引物结合位点结合后，可启动猴免疫缺陷病毒基因组RNA的逆转录而形成前病毒双链DNA。前病毒DNA与病毒基因组RNA序列不完全一致：病毒基因组RNA两端分别为5’-R-U5-3’及5’-U3-R-3’序列；而前病毒DNA两端为相同的长末端重复序列（LTR），其序列为5’-U3-R-U5-3’。5’-LTR和3’-LTR之间含有gag、pol、env 3个结构基因和tat、rev、nef、vif、vpr 5个调节基因。根据是否包含另外2个调节基因vpu和vpx，猴免疫缺陷病毒基因组可分为3种基因型：①SIVagm、SIVmnd-1、SIVlhoest、SIVcol等病毒基因组仅包含5个调节基因，即tat、rev、nef、vif、vpr；②SIVcpz/HIV-1等病毒基因组除上述5个调节基因外，还包含vpu，但不包含vpx；③SIVsm/HIV-2等病毒基因组除上述5个调节基因外，还包含vpx，但不包含 vpu。

猴免疫缺陷病毒基因组的 3 个结构基因中，*gag* 基因与 5'-LTR 相邻，位于 5'-LTR 下游。gag 基因编码组特异性抗原，其编码的 p55 前体蛋白经裂解形成 3 个病毒结构蛋白：基质蛋白（MA，又称膜相关蛋白）、衣壳蛋白（CA）及核壳体蛋白（NC）。p55 前体蛋白裂解还可产生另一蛋白，即 p6 蛋白。

pol 基因位于 gag 基因下游，负责编码猴免疫缺陷病毒的功能酶蛋白，包括蛋白酶、逆转录酶、RNA 酶 H 及整合酶。

env 基因在 pol 基因下游，其编码的 p160 前体蛋白经裂解形成两个包膜糖蛋白：表面糖蛋白（SU，gp120）及跨膜糖蛋白（TM，gp41）。表面糖蛋白（gp120）和跨膜糖蛋白（gp41）经非共价键相关联，并在病毒表面形成三体结构，参与介导猴免疫缺陷病毒进入宿主细胞：首先 gp120 与宿主细胞表面受体结合，然后 gp41 介导病毒包膜与宿主胞膜的融合。包膜糖蛋白（gp120 和 gp41）含有中和抗体的识别位点。由于 env 基因编码的产物直接与宿主免疫系统接触，因此 env 基因是猴免疫缺陷病毒基因组内最易发生变异的基因。

猴免疫缺陷病毒基因组的调节基因通常位于 env 基因的上游或下游，有些与 env 基因相重叠。这些基因编码的产物对调节病毒基因组的表达及复制有着重要的意义。

三、流行病学

1. 传染来源　健康带病毒的非洲猴和人工饲养感染的亚洲猕猴是该病重要的传染来源，病毒可从这些动物的血液、唾液、精液及阴道分泌物中排出，通过动物的皮肤创伤，或生殖道、直肠、消化道及眼结膜等黏膜途径而感染周围动物。

2. 传播途径　猴免疫缺陷病毒主要通过咬伤、抓伤、性接触等途径感染健康猴，也可通过母—婴传播，但母—婴传播的概率较低。目前尚不知仔猴是在母体子宫内被感染，还是在分娩时或通过哺乳被感染。埃塞俄比亚 Awash 国家公园的野生非洲长尾猴中，猴免疫缺陷病毒感染在生育期母猴中普遍存在，而在性成熟前的母猴中几乎未发现感染；猴免疫缺陷病毒感染也只在性成熟的公猴中存在。这些研究结果表明，猴免疫缺陷病毒的主要传播途径为性传播，猴之间的攻击性斗殴可能是病毒传播的另一重要途径。

在美国，曾有两列猴免疫缺陷病毒感染人的病例报道。其中一例是猴场工作人员被病毒感染血污染的针头刺伤后，体内出现抗猴免疫缺陷病毒抗体，但未能从该病人血内分离出猴免疫缺陷病毒，也无法检测到前病毒 DNA。将病人血接种到猕猴体内未能引起该猕猴猴免疫缺陷病毒感染，且病人抗体滴度在 3～5 个月后逐渐下降，所有数据表明该病人体内无猴免疫缺陷病毒持续感染。另外一例为实验室工作人员，长期接触猴免疫缺陷病毒感染动物血标本并从事病毒培养工作，该病人体内抗猴免疫缺陷病毒抗体持续阳性，病人血内可分离出能在培养的人外周血单核细胞内增殖的猴免疫缺陷病毒并扩增出病毒基因序列，但病人血未能感染被接种的猕猴，且病人无任何免疫缺陷的表现。因此，人存在通过直接接触感染猴的血液或病毒培养物而感染猴免疫缺陷病毒的可能性。

3. 易感动物

（1）自然宿主　猴免疫缺陷病毒的自然宿主为非洲猿类及非洲猴类。至少有 30 种非洲猿猴可被猴免疫缺陷病毒自然感染，其中包括非洲绿猴、白眉猴、山魈、狒狒、长尾猴及黑猩猩等。猴免疫缺陷病毒在野生自然宿主群内的感染率较高：在猕猴亚科的不同猴种群中，生活在撒哈拉以南非洲地区的野生非洲绿猴的感染率为 40%～50%；非洲塞拉利昂地区的野生白眉猴的感染率为 25%～60%；非洲加蓬地区的野生山魈的感染率可高达 76%。非洲野生长尾猴的感染率也较高，尔氏长尾猴的感染率约为 57%，白喉长尾猴的感染率为 28%～59%，蓝猴的感染率约为 64%；在疣猴亚科的不同猴种群中，感染率为 28%～46%；而在非洲猿类中，只有生活在中部非洲的两个黑猩猩亚种可被猴免疫缺陷病毒感染，且感染率明显低于非洲猴类。猴免疫缺陷病毒在其自然宿主体内并不致病，因此非洲猿猴成为其自然栖息地内猴免疫缺陷病毒的主要来源，并有跨物种传染给包括人在内的其他物种的潜在可能性。

（2）实验动物　亚洲猴种是猴免疫缺陷病毒的非自然宿主，野生非自然宿主中并不存在猴免疫缺陷病毒感染。实验感染亚洲猕猴，如恒河猴、食蟹猴、豚尾猕猴或红面短尾猴，可导致疾病发生。病猴可逐渐丧失 $CD4^{+}T$ 细胞并发生条件致病菌感染。绝大多数猴免疫缺陷病毒感染猴可在 6～12 个月内发展为猴免疫缺陷综合征而死亡。其临床表现及血液学变化均与人艾滋病患者相似，因此常作为人免疫缺陷综合征的动物模型。但值得注意的是，不同亚洲猴种对特定的猴免疫缺陷病毒株的易感性并不完全相同：SIV smm 可感染不同亚洲猴种并导致猴免疫缺陷综合征；SIV agm、SIV lhoest 和 SIV sun 均只能感染豚尾猕猴并致病；而 SIV mnd-2，SIV rcm 或 SIV agm 只能在恒河猴体内急性增殖，然后被宿主迅速从体内清除。

另外，只有黑猩猩在实验条件下可被人免疫缺陷病毒 1 型（HIV-1）感染，且在黑猩猩体内增殖的人免疫缺陷病毒 1 型具有潜在的致病性。但与人感染人免疫缺陷病毒 1 型不同，黑猩猩感染人免疫缺陷病毒 1 型后极少发展到免疫缺陷综合征。

（3）易感人群　猴免疫缺陷病毒感染通常限制在其宿主种群范围内，但有些猴免疫缺陷病毒可在不同猴种群间跨种属传播，并可跨物种传染给人。美国 1992 年的一次调查显示，472 位研究人员中，有 3 位（0.6%）体内检测出特异性抗猴免疫缺陷病毒和人免疫缺陷病毒 2 型抗体，但无一患病。猴免疫缺陷病毒感染者多为直接接触感染动物血液、感染组织或病毒培养物的动物饲养人员和研究人员。另外，在非洲地区参与狩猎、屠宰及饲养灵长类动物的人员和有可能接触生的猴免疫缺陷病毒感染肉类的人员也是高危人群。

4. 流行特征　猴免疫缺陷病毒的自然感染仅存在于非洲起源的物种中，且每个猴种都有其独特的猴免疫缺陷病毒系，因此，猴免疫缺陷病毒系的地理分布与其宿主猴种的分布相一致：SIV agm 普遍存在于非洲包括西部、中部、东部及南部等大部分地区；SIV smm 则普遍存在于西部非洲国家，包括从塞内加尔的卡萨芒斯河以南到可特迪瓦的萨桑德拉河的地区；SIV cpz 仅存在于中部非洲的西部地区，包括加蓬、喀麦隆及刚果民主共和国等国家。

目前，尚未发现亚洲猴种及新世界猴种在其野生栖息地内自然感染猴免疫缺陷病毒的证据。但在 20 世纪 70 年代，美国加利福尼亚州国家灵长类动物研究中心及图兰国家灵长类动物研究中心在建立苦鲁病和麻风病动物模型时，将非洲白眉猴的猴免疫缺陷病毒感染组织移植到恒河猴体内，导致猴免疫缺陷病毒感染在这两个研究中心户外放养的亚洲猕猴群内暴发流行，幸存的亚洲猕猴被送往美国其他国家灵长类动物研究中心，导致猴免疫缺陷病毒在各研究中心所饲养的猕猴群中传播。但迄今为止，亚洲猕猴的猴免疫缺陷病毒感染仅存在于人工饲养的实验猴群中。

不同年龄、性别的猴均可感染猴免疫缺陷病毒，但成年猴的感染率远高于未成年猴，提示猴免疫缺陷病毒主要是通过性接触及成年公猴之间争斗而引起的咬伤和抓伤等途径在猴群中传播。

四、临床症状

1. 动物的临床症状　猴免疫缺陷病毒在其自然宿主，即非洲灵长类动物体内可正常增殖，因此感染常导致自然宿主体内病毒载量升高，但不表现任何临床症状，且获得性免疫缺陷的发生也十分罕见，这可能由于自然宿主感染猴免疫缺陷病毒的潜伏期很长，往往超过动物的正常寿命所致。

试验感染亚洲猕猴（猴免疫缺陷病毒的非自然宿主），尤其是恒河猴，可导致典型的免疫缺陷综合征的临床表现，因而常作为动物模型被广泛用于人艾滋病的研究。常用于感染动物模型的猴免疫缺陷病毒系为 SIVmac、SIV b670 及 SHIV。SIV mac 和 SIV b670 均起源于非洲白眉猴的猴免疫缺陷病毒株感染恒河猴并在后者体内传代，而猴人免疫缺陷病毒是合成的猴免疫缺陷病毒与人免疫缺陷病毒的杂交病毒，所有这些病毒均可通过血液、口腔、生殖道、直肠黏膜或胎盘等途径感染亚洲猕猴并可在感染动物体内致病。

亚洲猕猴感染猴免疫缺陷病毒后，有些可表现为急性发病（多为印度恒河猴），感染动物在 3～6 个月内发展为免疫缺陷综合征而死亡；有些感染动物则表现为慢性发病（多为中国恒河猴），于感染 1 年后开始出现免疫缺陷综合征；而有少数感染动物则长期不发病，可抑制病毒感染长达6年。

猴免疫缺陷病毒感染的发病过程可分为3期：第一期为急性期，病程相对较短，主要表现为病毒血症，并随着机体免疫系统产生特异性抗猴免疫缺陷病毒抗体及针对猴免疫缺陷病毒的细胞毒性T淋巴细胞，宿主体内的病毒量开始逐渐下降；随着体内病毒量的下降及抗体滴度的增加，病程进入第二期。第二期为无症状期，不同动物的无症状期持续时间不同，有些动物偶尔可有症状轻微的疾病发作。第三期为慢性进行性发病期，感染动物最终死于免疫抑制及条件感染。

猴免疫缺陷病毒感染亚洲猕猴后，病毒主要在宿主血液或肠黏膜中的$CD4^+$ T淋巴细胞内增殖，因此猴免疫缺陷病毒感染的特征性表现为血液内$CD4^+$ T细胞数目逐渐下降，最终导致宿主免疫系统被彻底破坏而引发免疫缺陷综合征。感染动物早期临床表现为全身淋巴结肿大和皮肤红斑疹，并伴有脾脏肿大、持续发热、持续顽固性腹泻、体重下降（>10%）、严重的坏死性牙龈炎或胃肠炎、贫血、中性粒细胞减少、外周血内有异常大的单核细胞；巨细胞肺炎及脑膜炎也可在感染早期出现，随着病情进展，感染动物逐渐出现免疫缺陷的表现，如并发卡氏肺孢菌感染、结核分枝杆菌感染、隐孢子虫感染或念珠菌感染等条件致病菌感染；或并发病毒感染，如巨细胞病毒感染、腺病毒感染等。感染动物还可并发非霍奇金淋巴瘤（non-Hodgkin's lymphoma）、伯基特氏样淋巴瘤（Burkitt's-like lymphoma）、免疫母细胞淋巴瘤或弥散性大细胞淋巴瘤等恶性肿瘤。感染猴最终可由于条件感染、败血症、恶病质、坏死性小肠炎等而死亡。

2. 人的临床表现 人感染猴免疫缺陷病毒的概率很低。美国曾发生两例研究人员被猴免疫缺陷病毒意外感染的事件，其中一例感染者体内猴免疫缺陷病毒被机体清除；另一例感染者表现为持续无症状感染，且从病人体内分离出的病毒由于其基因组在不同部位存在缺失而无法在猕猴体内复制。这表明，猴免疫缺陷病毒在人体内仅具有极低的致病性，且跨物种传播的猴免疫缺陷病毒必须经过适应性进化，才能有效地在人体内复制，从而导致宿主免疫抑制和疾病流行。目前，尚没有人被猴或黑猩猩感染而发展为艾滋病的证据。

五、病理变化

1. 大体解剖观察 猴免疫缺陷病毒感染猴最突出的大体病理变化是全身淋巴结肿大及皮肤红斑疹，红斑皮疹经常出现在头颈部、下腹部、腹股沟和腋窝区域，且存在的时间较短。此外，感染动物还表现体重下降、胃肠炎、肝炎、肝脾肿大、肺炎、间质性肾炎、口腔溃疡、皮肤结节、脓肿等。感染猴可伴发B细胞淋巴瘤。25%～50%的感染动物可伴发亚急性脑炎，表现为炎症遍布整个大脑，通常多见于大脑白质和脊髓灰质。

2. 组织病理学观察 感染猴的血液学变化表现为贫血、中性粒细胞减少、单核粒细胞增多及淋巴细胞比率增加。感染猴的血红蛋白含量在6.1～11.7g/dL；中性粒细胞数<2 000个/μL；单核细胞的绝对数量增加，且多为胞质内含有空泡的未成熟的大单核细胞。

猴免疫缺陷病毒感染在组织学上最突出的变化也在淋巴组织。淋巴组织病变可表现为两种形式：①持续性淋巴结肿大；②随着病情的发展，淋巴结肿大消退并逐渐萎缩，整个萎缩过程经历滤泡增生、滤泡衰竭伴随皮质增生、皮质萎缩等阶段。在疾病的晚期，脾脏和淋巴结的皮质被组织细胞取代，甚至仅残存网状结构。胸腺皮质明显萎缩，胸腺小体有轻微破坏。骨髓则可表现为增生。所有猴免疫缺陷病毒感染猴均伴发非特异性肠炎，表现为肠黏膜固有层内有中度炎性单核细胞浸入及肠黏膜腺体隐窝内有小脓肿存在。猴免疫缺陷病毒感染引发的脑膜炎的组织学改变表现为脑实质及脑膜内有大量泡沫状巨噬细胞及少量多核巨细胞在血管周围聚集，并可在这些细胞内检测到猴免疫缺陷病毒抗原，受累的血管扩张，血管内皮细胞增生、肥大。此外，有些感染动物的脾脏皮质小结、胰腺胰岛及小肠黏膜内可见散在淀粉样病变。

六、诊　　断

猴免疫缺陷病毒是生物安全水平二级病原，有关猴免疫缺陷病毒的研究工作必须在生物安全水平二级或 BSL-2/3（即 BSL-2 级设施内执行 BSL-3 级操作程序）实验室内进行。猴免疫缺陷病毒感染的诊断除了根据流行病学资料（如接触史）和临床检查外，还需结合实验室检查。

1. 样本收集 野生猿猴的样本收集非常困难，因此研究人员通常通过以下方式来估算非洲灵长类动物的猴免疫缺陷病毒感染率：①检测动物园及研究机构所饲养的灵长类动物的血液；②在其自然栖息地内，检测作为宠物饲养的灵长类动物的血液；③检测非洲市场内出售的死亡灵长类动物及其肉类；④检测野外或捕获灵长类动物的尿液和粪便。其中，血清学检测是检测猴免疫缺陷病毒感染的金标准。

2. 病毒分离与鉴定 分离出猴免疫缺陷病毒是确诊感染的方法之一。利用猴免疫缺陷病毒可在原代培养的人外周血单核细胞（PBMC）及人 T 淋巴细胞株内增殖的特性，将经肝素抗凝的动物全血，通过密度梯度离心的方法分离出外周血单核细胞，然后与分离的人外周血单核细胞或人 T 淋巴细胞株（如 CEMx174 细胞）共同培养，阳性样本可于 2～3 周后观察到猴免疫缺陷病毒在培养细胞内增殖所致的细胞病变，即多核巨细胞（合胞体）形成；也可采用免疫酶技术或逆转录酶活性试验，检查释放到细胞培养液内的病毒颗粒。

3. 血清学试验 猴免疫缺陷病毒通常在宿主体内持续存在，导致宿主不断产生抗病毒抗体。因此，利用血清学技术检测血液内抗病毒抗体，被广泛用于猴免疫缺陷病毒感染的诊断。常用的血清学技术包括 ELISA、蛋白印迹试验、间接免疫荧光试验、红细胞凝集试验、补体结合试验及中和试验等。在实际检测工作中最常用的是 ELISA 和蛋白印迹试验，这两种方法所用的抗原均可来源于病毒裂解液、重组病毒蛋白或合成的多肽抗原。目前，市场上有很多敏感性、特异性均很高的 ELISA 和蛋白印迹试验试剂盒可供选用。

4. 组织病理学诊断 感染动物早期可出现腋窝及腹股沟淋巴结肿大，组织切片表现为淋巴结滤泡及副皮质区增生。随着病情进展，肿大的淋巴结逐渐萎缩，组织学表现为乳白色柔软的淋巴结，淋巴滤泡逐渐消失，同时副皮质区内的细胞消失，皮质区被组织细胞取代。感染动物早期出现的皮肤红斑疹，病理学检查表现为血管周围单核细胞浸润，主要为 $CD8^+$ 淋巴细胞和自然杀伤细胞。猴免疫缺陷病毒感染所致的非特异性肠炎，组织学检查表现为肠黏膜固有层内有中度炎性单核细胞浸入及肠黏膜腺体隐窝内有小脓肿存在。

5. 分子生物学诊断 利用 PCR/RT-PCR 及实时荧光定量 PCR/RT-PCR 技术检测动物血内猴免疫缺陷病毒 DNA/RNA，是一种快速、敏感（理论上可检测出一个猴免疫缺陷病毒基因组）、特异（假阳性少）和可靠的检测猴免疫缺陷病毒感染的方法，已被广泛用于实际检测工作中。

七、防治措施

1. 治疗 由于猴免疫缺陷病毒的增殖特性而使对猴免疫缺陷病毒感染的治疗变得十分复杂：①猴免疫缺陷病毒基因组的突变率比较高，因此病毒在宿主体内可迅速出现耐药病毒变种；②猴免疫缺陷病毒可通过将其前病毒 DNA 整合至宿主基因组内而长期潜伏于宿主细胞中，且潜伏的病毒可随时被激活而复制，所以通过疫苗或抗病毒药物清除所有潜伏感染的细胞变得极为困难。目前有几种抗病毒药物，如 AZT（3’-azido-3’-deoxythymidine）、ddC（2’，3’-dideoxycytidine）、ddA（2’，3’-didexyoadenosine）、PMPA（R-9-2-phosphonylmethoxypropyl adenine）在体外有抗猴免疫缺陷病毒的作用。其中 PMPA 有很强的抗病毒活性，因此被广泛用于治疗猴免疫缺陷病毒感染的研究。Tsai 等研究显示，实验猴在接种猴免疫缺陷病毒前 48h 或接种后 24h 内接受持续 4 周的 PMPA 治疗后，可防止猴免疫缺陷病毒感染的发生；但如果推后治疗开始的时间或缩短治疗周期，都将显著降低 PMPA 治疗的有效性；然而即便已发生猴免疫缺陷病毒感染，早期 PMPA 治疗可明显降低试验猴体内的病毒含量，延长其生存期。

2. 预防 目前尚没有安全有效的疫苗可用于控制猴免疫缺陷病毒在非洲野生猴群中的传播。因此，对于从非洲国家等疫区引进的猴必须采取隔离、严格检疫、淘汰阳性猴等措施，预防猴免疫缺陷病毒感染的传播。研究表明，经阴道给予抗病毒药物如 PMPA 或杀菌剂如 N-9（nonoxonyl-9），同时结合特异性抗体治疗也可有效预防猴免疫缺陷病毒感染实验动物。由于猴免疫缺陷病毒有感染人的潜在可能性，因此凡有可能接触感染动物血液、组织、培养物及感染器具的实验室工作人员及养殖场工人，均应使用个人防护衣物，如手套、口罩、防护眼镜及防护工作服等。

八、公共卫生影响

亚洲猕猴感染猴免疫缺陷病毒后可引发一系列类似人艾滋病的临床表现及免疫学变化，包括持续性淋巴结肿大、$CD4^+$ T 淋巴细胞消失、体重下降、机会性感染等。目前，猴免疫缺陷病毒感染亚洲猕猴的动物模型被广泛应用于研究人免疫缺陷病毒感染的发病机理、免疫学改变、疫苗评估及抗病毒治疗的评价等方面。

（荣荣　时长军　田克恭）

我国已颁布的相关标准

GB/T 14926.62—2001　实验动物　猴免疫缺陷病毒检测方法

参考文献

Apetrei C, Kaur A, Lerche N W, et al. 2005. Molecular epidemiology of simian immunodeficiency virus SIVsm in U. S. primate centers unravels the origin of SIVmac and SIVstm [J]. JVirol. , 79 (4): 2631 - 2636.

Bosingera S E, Jacquelinb B A, Beneckec A, et al. 2012. Systems biology of natural simian immunodeficiency virus infections [J]. Curr Opin HIV AIDS, 7 (1): 71 - 78.

Centers for Disease Control (CDC). 1992. Anonymous survey for simian immunodeficiency virus (SIV) seropositivity in SIV - laboratory researchers—United States, 1992 [R]. MMWR Morb Mortal Wkly Rep. , 41 (43): 814 - 815.

Chen Z, Telfier P, Gettie A, et al. 1996. Genetic characterization of new West African simian immunodeficiency virus SIVsm: geographic clustering of household - derived SIV strains with human immunodeficiency virus type 2 subtypes and genetically diverse viruses from a single feral sooty mangabey troop [J]. J Virol. , 70 (6): 3617 - 3627.

Coffin J M, Hughes S H, Varmus H E. 1997. Retroviruses [M]. Cold Spring Harbor (NY): Cold Spring Harbor Laboratory Press: 587 - 636.

Fultz P N, Anderson D C. 1990. The biology and immunopathology of simianimmunodeficiency virus infection [J]. Curr Opin Immunol. , 2 (3): 403 - 408.

Gardner M B. 1996. The history of simian AIDS [J]. JMed Primatol. , 25 (3): 148 - 157.

Gardner M B. 2003. Simian AIDS: an historical perspective [J]. J Med Primatol. , 32 (4 - 5): 180 - 186.

Hahn B H, Shaw G M, Cock K M D, et al. 2000. AIDS as a zoonosis: scientific and public health implications [J]. Science, 287 (5453): 607 - 614.

Hendry R M, Wells M A, Phelan M A, et al. 1986. Antibodies to simian immunodeficiency virus in African - green monkeys in Africa1957 - 62 [J]. Lancet, 2 (8504): 455.

Hirsch V M, Dapolito G, Goeken R, et al. 1995. Phylogeny and natural history of theprimate lentiviruses, SIV and HIV [J]. CurrOpin Genet & Dev. , 5 (6): 798 - 806.

Keele B F, Van Heuverswyn F, Li Y, et al. 2006. Chimpanzee reservoirs of pandemic and non - pandemic HIV - 1 [J]. Science, 313 (5786): 523 - 526.

Khabbaz R F, Rowe T, Murphey - Corb M, et al. 1992. Simian immunodeficiency virus needle stick accident in a laboratory worker [J]. Lancet, 340 (8814): 271 - 273.

Khabbaz R F, Heneine W, George J R, et al. 1994. Brief report: infection of a laboratory worker with simianimmunodeficiency virus [J]. N Eng Med. , 330 (3): 172 - 177.

Knipe D M, Howley P M, Griffin D E, et al. 2007. Fields Virology [M]. Fifth Edition. Philadelphia: Lippincott Williams & Wilkins: 2 215 - 2 243.

Lairmore M D, Kaplan J E, Daniel M D, et al. 1989. Guidelines to prevent simian immunodeficiencyvirusinfection in laboratory workers and animal handlers [J]. J Med Primatol. , 18 (3 - 4): 167 - 174.

Luciw P A, Shaw K E S, Unger R E, et al. 1992. Genetic and biological comparisons of pathogenic and nonpathogenic mo-

lecular clones of simian immunodeficiency virus (SIVMAC) [J]. AIDS Res Humretroviuses, 8 (3): 395-402.
Marx P A, Apetrei C, Drucker E. 2004. AIDS as a zoonosis? Confusion over theorigin of the virus and the origin of the epidemics [J]. JMed Primatol., 33 (5-6): 220-226.
McClure M O. 1991. The simian immunodeficiency viruses [J]. Molec. Aspects Med., 12 (4): 247-253.
Pandrea I, Sodora D L, Silvestri G, et al. 2008. Into the wild: simian immunodeficiency virus (SIV) infection in natural hosts [J]. Trends Immunol., 29 (9): 419-428.
Peeters M, Janssens W, Fransen K, et al. 1994. Isolation of simian immunodeficiency viruses from twosooty mangabeys in Côte d'Ivoire: virological and genetic characterization and relationship to other HIV Type 2 andSIVsm/mac strains [J]. AIDS Res Humretroviuses, 10 (10): 1289-1294.
Santiago M L, Range F, Keele B F, et al. Simian immunodeficiency virus infection in free-ranging sooty mangabeys (Cercocebus atys atys) from the Taï Forest, Côte d'Ivoire: implications for the origin of epidemic human immunodeficiency virus type 2 [J]. J Virol., 2005.79 (19): 12515-12527.
Voevodin A F, Marx P A. 2009. Simian Virology [M]. First Edition. USA: Wiley-Blackwell: 419-432.

第十二节　猫泡沫病毒感染
(Feline foamy virus infection)

猫泡沫病毒感染（Feline foamy virus infection）可能与猫的多种疾病有关，从患呼吸道感染、尿结石症、猫传染性腹膜炎和肿瘤等疾病的猫体内都曾分离到病毒。但自然宿主猫和人工感染猫均不产生临床症状，因此，其临床意义尚不清楚，但其在作为疫苗载体的研究与应用上有一定价值。

一、发生与分布

猫泡沫病毒在全世界广泛分布。Hackett 等（1970）在美国首次分离到猫泡沫病毒，并证明在美国猫群中普遍存在；在英国，Jarrett 等（1974）、Graskell 等（1979）调查表明，猫群感染率为 20%～30%，而在世界其他地区感染率较低。Nakamura 等（2000）发现在越南北部及南部家猫和豹猫中也已存在猫泡沫病毒感染。Bleiholder 等（2011）调查发现猫泡沫病毒在家猫中的阳性率为 30%～80%。目前，我国尚未见有该病报道。

二、病　　原

1. 分类地位　猫泡沫病毒（*Feline foamy virus*，FeFV）又称猫合胞体病毒，因可引起细胞培养物的泡沫样变性并使其形成合胞体而得名。猫泡沫病毒过去曾归属于副黏病毒科、肺病毒属。目前，将其正式归属于逆转录病毒科（Retroviridae）、泡沫反转录病毒亚科（Spumaretrovirinae）、泡沫病毒属（*Spumavirus*）。泡沫病毒（FV）属二聚线型 RNA 病毒，是迄今发现的基因组最长的反转录病毒。因其感染细胞后可诱导产生类似泡沫的大量空泡、多核细胞而得名。泡沫病毒已从多种动物分离到，并常与 RNA 肿瘤病毒（如 FeLV）同时获得。这些病毒携带有 C 型 RNA 致瘤病毒及维斯纳-梅迪病毒常有的 RNA 聚合酶及依赖 RNA 的 DNA 聚合酶（反转录酶），能使其 RNA 反转录成 DNA，再并入宿主细胞的 DNA 序列中，而且感染性的病毒粒子具有细胞结合性。然而，与肿瘤病毒不同的是，泡沫病毒不具有病原性，目前仍无临床意义，只是在研究或疫苗生产时应避免猫泡沫病毒污染。

泡沫病毒基因表达调控有许多不同于其他反转录病毒的独有特点：如 Gag 蛋白的表达不像其他反转录病毒一样产生 Gag-Pol 前体，而是直接由剪接的 mRNA 翻译产生；其反式激活因子（Tas）不仅对自身长末端重复序列（LTR）行使功能，而且能激活慢病毒的基因表达；尤为突出的是，在其结构基因 Gag 和 Env 中存在内部启动子（IP），从而使泡沫病毒基因表达调控的研究成为反转录病毒研究的热点之一。

目前已报道猫泡沫病毒有 2 种血清型，类 FUV7 型和类 F17/951 型。血清型特异性中和反应与

Env 蛋白表面区域的序列有关。

2. 形态学基本特征与培养特性 裸露病毒粒子直径约 45nm，具有电子疏松的中心。病毒通过细胞膜出芽释放时，获得带有纤突的蛋白质外壳，病毒粒子直径则达 110nm。在大小上，该病毒与猫白血病病毒粒子相当，但猫泡沫病毒可在细胞浆中形成“核”状结构，缺乏 C 型颗粒，病毒粒子表面有纤突，猫白血病病毒粒子则没有。有人发现，同时感染两种病毒的细胞培养物内，病毒碎片及正常病毒往往同时存在，这一点在利用电镜鉴别病毒时尤其要注意。

猫泡沫病毒感染猫后处于潜伏状态。虽然猫全身各组织器官均可检出病毒，但病毒只从口咽部排出。感染猫血液中病毒含量较高。从猫体内分离病毒时，通常需要盲传几代才产生明显的细胞病变。将分离到的病毒接种猫，不引起任何疾病。

猫泡沫病毒能在来自猫、犬、鸡、马、猪、猴和人的细胞培养物中增殖，以猫肾细胞培养最为主要。大多数毒株可在这些细胞培养物上产生典型的细胞融合现象而出现合胞体细胞，这些细胞核的数目可多达 80 以上。培养 7～10 天病毒滴度最高，有的则在 10～14 天病毒滴度最高。猫泡沫病毒经常在出现自发性变性的细胞培养物内被发现。

另外，病毒分离时，直接用病料组织进行细胞培养更易成功。

3. 理化特性 猫泡沫病毒对乙醚、氯仿、热和酸敏感，对可见光亦敏感，但对紫外线的抵抗力高于其他反转录病毒。

大部分猫泡沫病毒的分离物不能吸附或凝集猫、鸡、豚鼠或人 O 型红细胞。Riggs 等（1969）采用血清中和试验检查了 10 株病毒，其中 7 株抗原性相似，1 株明显不同，其他 2 株不能肯定。

4. 分子生物学 猫泡沫病毒为有囊膜的单股正链 RNA 病毒，基因组单体长度为 11～12kb。两端为长末端重复序列（LTR），5’ LTR 后依次有 Gag、Pol 和 Env 三个结构基因，分别编码病毒壳蛋白、逆转录酶、囊膜糖蛋白 3 种结构蛋白。病毒壳蛋白和囊膜糖蛋白的相互作用是装配和增殖感染性病毒粒子必需的。Env 与 3’ LTR 之间为 Bel 1、Bel 2 和 Bet，Bel 1 和 Bel 2 编码自身的反式激活因子（Tas）。Tas 是病毒复制所必需的蛋白，通过与 LTR 区的多个顺式调节元件相互作用调节基因的表达。Bel 1 基因是病毒复制的最基本基因。Bet 基因 N 端与 Bel 1 下游重合，包含了整个 Bel 2 基因。在病毒复制过程中，Bet 基因突变后导致猫泡沫病毒颗粒释放减少，病毒滴度明显降低。Bet 蛋白可抑制 APOBEC3 抗反转录病毒的活性。

泡沫病毒的 Pol 和 Env 基因比较保守，Gag 和非结构基因的核苷酸序列变化较大。与灵长类泡沫病毒相比，猫泡沫病毒的 Gag 基因较短。

猫泡沫病毒可在猫体内保持持续感染，其分子基础就是完整的病毒基因复制插入细胞染色体 DNA 中。与灵长类泡沫病毒不同，猫泡沫病毒的 DNA 循环不进入细胞核。猫泡沫病毒含有能维持病毒处于隐藏或潜伏状态的基因，从而避免在面对抗病毒的免疫应答中被消除。

猫泡沫病毒在作为疫苗载体的研究与应用上有一定价值。Schwantes 等（2003）构建了编码猫流感病毒（FCV）特定片段的 FeFV - FCV 载体，可在宿主体内产生强烈特异性体液免疫应答。但 German 等研究发现经过 6 个月的感染，猫的临床表现正常，但肺脏和肾脏出现了组织病理学变化。因此认为应进一步调查猫泡沫病毒是否真为非致病性，而这也是开发猫泡沫病毒作为基因传递载体前所要考虑的问题。

三、流行病学

1. 传染来源 猫泡沫病毒感染猫可长期甚至终生带毒，病毒可从口腔分泌物及尿液排出。

2. 传播途径 猫泡沫病毒的传播方式包括垂直传播和水平传播。从胎儿及进行子宫切除术时得到的卵细胞培养物中可获得猫泡沫病毒（Hackett 等，1970；Jarrett 等，1974）。猫泡沫病毒感染母猫所生的仔猫中有 25%～50%可在出生时即检出病毒。由于该病毒存在于带毒猫的口腔分泌物及尿液中，故通过口鼻途径传播的方式可能占主导地位。经观察发现，1 岁以前的猫感染率较低，1 岁后猫泡沫病毒阳性率迅速上升，4 岁时阳性率可高达 50%，说明接触感染是一种主要传播方式。此外，猫泡沫病毒还可通过猫之间的撕咬传播。

3. 易感动物

（1）自然宿主　泡沫病毒广泛分布于灵长类的猿、猴等及非灵长类的牛、猫等，人感染泡沫病毒较少。猫泡沫病毒除在家猫中普遍存在，也存在于野猫如草原斑猫、豹猫等中。如 Daniels 等（1999）调查苏格兰野猫感染情况时发现，50 只野猫中有 33%为猫泡沫病毒阳性。Winkler 等（1999）对家猫和野猫猫泡沫病毒感染情况经行调查比较，并对其传播途径进行了推断。Nakamura 等（2000）调查发现猫泡沫病毒同时存在于越南南部和北部的家猫及豹猫体内。

（2）实验动物　泡沫病毒试验感染实验动物如兔和小鼠，均引起良性感染。猫泡沫病毒人工感染猫没有临床症状。Alke 等（2000）用分离毒株 FUV 持续感染猫，2～3 周可在猫外周血粒性白细胞和咽喉样本中检出猫泡沫病毒，即使在感染早期产生了中和抗体，猫泡沫病毒仍持续存在于猫体内。

（3）易感人群　迄今未见有猫泡沫病毒感染人的报道。Butera 等（2000）对常与猫接触并存在暴露风险的兽医工作者进行了血清学和分子生物学检测，所有被检人员体内均没有猫泡沫病毒或其抗体，但猫泡沫病毒可在人细胞中复制而不被清除。因此，猫仍然有将猫泡沫病毒传染给人的潜在可能。

4. 流行特征　最近调查发现，猫泡沫病毒感染率随着年龄的增大而逐渐提高，9 岁以上的成年猫血清阳性率超过 70%。猫泡沫病毒在雌性家猫和雄性家猫中的感染率无明显差异，而在野猫中，雌性感染率明显高于雄性。

四、临床症状

尽管猫泡沫病毒已从患多种疾病的病猫组织中分离到，但试验感染猫未能发病，故被认为不具有临床意义。猫泡沫病毒可能和其他病毒如猫免疫缺损病毒（FeIV）共同感染，从而表现慢性进行性多发性关节炎、关节肿胀、步态僵硬，淋巴结肿大。

五、病理变化

1. 大体解剖观察　无明显临床症状。

2. 组织病理学观察　部分病猫关节液异常：中性粒细胞和大单核细胞的数量增多。

六、诊　　断

1. 病毒分离与鉴定　对猫泡沫病毒感染猫的不同组织进行培养，均能分离到猫泡沫病毒。通常取外周血白细胞或淋巴结细胞培养。猫泡沫病毒可成功感染来自猫、犬、鸡、人和蝙蝠的不同细胞系，常用来源于猫肾细胞的 CRFK 细胞系来培养病毒，观察细胞病变。Phung 等（2003）建立了绿色荧光蛋白（GFP）细胞系用于定量检测猫泡沫病毒。此方法检测病毒滴度比 CRFK 细胞病变方法更高，而且滴度达到稳定的时间也更短（前者只需 3～4 天，后者需要 6～8 天）。

2. 血清学试验　血清学检查包括琼脂凝胶免疫扩散试验、间接免疫荧光抗体试验，ELISA、免疫印迹、血清中和试验等。Winkler 等（1997）报道了一种快速检测猫泡沫病毒抗体的抗生物素捕获 ELISA，该方法特异性较强，376 份血清中仅 6 份非特异性反应（1.6%），与其他方法检测结果 100%符合，说明该方法敏感性好。Winkler 等（1998）用血清中和试验区分出类 FUV7 序列的反应群和类 F17/951 序列的反应群。Alke 等（2000）研究猫泡沫病毒感染猫体内体液免疫应答和病毒复制时，使用免疫印迹和放射免疫沉淀试验方法检测抗猫泡沫病毒蛋白的抗体。Weikel 等（2003）用抗 Gag、Bel 1和 Bet 蛋白的 3 个抗血清，运用免疫组化方法检测试验感染猫组织切片中的猫泡沫病毒，发现仅 Bet 抗血清可检测出病毒特异性蛋白。Phung 等（2005）使用猫泡沫病毒感染猫血清鉴定病毒的 Env 基因型与中和反应抗原性的关系，并制备了特异性中和 FUV 型猫泡沫病毒的单克隆抗体用于免疫沉淀试验，而且单抗对 FUV 型 Env 抗原表位的亲和力明显高于 F17 型。Romen 等（2006）分别建立了检测抗Gag蛋白、Env蛋白和Bet蛋白的ELISA方法，检测99份瑞士动物医院猫血清，三者抗体阳性率分别为36%、25%和19%，且Env抗体和Bet阳性血清同样为Gag阳性血清。

3. 组织病理学诊断　部分病猫关节液异常：中性粒细胞和大单核细胞的数量增多。

4. 分子生物学诊断　用PCR方法检测猫泡沫病毒具有高度的灵敏性和特异性。Winkler等（1998）根据猫泡沫病毒两种血清型基因组的区别，设计群特异性引物开发了可区分血清型的PCR，用此PCR检测未发现两种血清型病毒同时存在的双重感染。Kidney等（2002）从福尔马林混合石蜡包埋的猫疫苗免疫位点肉瘤组织中提取猫泡沫病毒的DNA，并用PCR方法检测。

七、防治措施

1. 治疗　对猫泡沫病毒无治疗方法，但对免疫抑制治疗有短暂反应。

2. 预防　由于目前认为该病临床意义不大，故没必要采取治疗措施，只是在建立SPF猫群时，应考虑对猫泡沫病毒进行监测。此外，试验人员或饲养员在处理病猫时应采取防护措施，减少潜在性暴露和直接接触。

（申屠芬琴　孙明　肖璐　田克恭）

参考文献

田克恭．1991．实验动物病毒性疾病［M］．北京：农业出版社：272-274.

殷震，刘景华．1997．动物病毒学［M］．第2版．北京：科学出版社：933-935.

Alke A, Schwantes A, Kido K, et al. 2001. The bet gene of feline foamy virus is required for virus replication [J]. Virology, 287 (2): 310-210.

Alke A, Schwantes A, Zemba M, et al. 2000. Characterization of the humoral immune response and virus replication in cats experimentally infected with feline foamy virus [J]. Virology, 275 (1): 170-176.

Bleiholder A, Muhle M, Hechler T, et al. 2011. Pattern of seroreactivity against feline foamy virus proteins in domestic cats from Germany [J]. Vet. Immunol. Immunopathol., 143 (3-4): 292-300.

Butera S T, Brown J, Callahan M E, et al. 2000. Survey of veterinary conference attendees for evidence of zoonotic infection by feline retroviruses [J]. J. Am. Vet. Med. Assoc., 217 (10): 1475-1479.

Daniels M J, Golder M C, Jarrett O, et al. 1999. Feline viruses in wildcats from Scotland [J]. J. Wildl. Dis., 35 (1): 121-124.

German A C, Harbour D A, Helps C R, et al. 2008. Is feline foamy virus really apathogenic? [J]. Vet. Immunol. Immunopathol., 123 (1-2): 114-118.

Kidney B A, Haines D M, Ellis J A, et al. 2002. Evaluation of formalin-fixed paraffin-embedded tissues from feline vaccine site-associated sarcomas for feline foamy virus DNA [J]. Am. J. Vet. Res., 63 (1): 60-63.

Lochelt M, Romen F, Bastone P, et al. 2005. The antiretroviral activity of APOBEC3 is inhibited by the foamy virus accessory Bet protein [J]. Proc. Natl. Acad. Sci. U. S. A., 102 (22): 7982-7987.

Muhle M, Bleiholder A, Kolb S, et al. 2011. Immunological properties of the transmembrane envelope protein of the feline foamy virus and its use for serological screening [J]. Virology, 412 (2): 333-340.

Nakamura K, Miyazawa T, Ikeda Y, et al. 2000. Contrastive prevalence of feline retrovirus infections between northern and southern Vietnam [J]. J. Vet. Med. Sci., 62 (8): 921-923.

Phung H T, Ikeda Y, Miyazawa T, et al. 2001. Genetic analyses of feline foamy virus isolates from domestic and wild feline species in geographically distinct areas [J]. Virus. Res., 76 (2): 171-181.

Phung H T, Tohya Y, Miyazawa T, et al. 2005. Characterization of Env antigenicity of feline foamy virus (FeFV) using FeFV-infected cat sera and a monoclonal antibody [J]. Vet. Microbiol., 106 (3-4): 201-207.

Phung H T, Tohya Y, Shimojima M, et al. 2003. Establishment of a GFP-based indicator cell line to quantitate feline foamy virus [J]. J. Virol. Methods, 109 (2): 125-131.

Rethwilm A. 1996. Unexpected replication pathways of foamy viruses [J]. J. Acquir. Immune. Defic. Syndr. Hum. Retrovirol., 13 (Suppl 1): S248-253.

Romen F, Pawlita M, Sehr P, et al. 2006. Antibodies against Gag are diagnostic markers for feline foamy virus infections while Env and Bet reactivity is undetectable in a substantial fraction of infected cats [J]. Virology, 345 (2): 502-508.

Schwantes A, Truyen U, Weikel J, et al. 2003. Application of chimeric feline foamy virus-based retroviral vectors for the induction of antiviral immunity in cats [J]. J. Virol., 77 (14): 7830-7842.

Weikel J, Lochelt M, Truyen U. 2003. Demonstration of feline foamy virus in experimentally infected cats by immunohistochemistry [J]. J. Vet. Med. A. Physiol. Pathol. Clin. Med., 50 (8): 415-417.

Winkler I G, Flugel R M, Lochelt M, et al. 1998. Detection and molecular characterisation of feline foamy virus serotypes in naturally infected cats [J]. Virology, 247 (2): 144-151.

Winkler I G, Lochelt M, Flower R L. 1999. Epidemiology of feline foamy virus and feline immunodeficiency virus infections in domestic and feral cats: a seroepidemiological study [J]. J. Clin. Microbiol., 37 (9): 2848-2851.

Winkler I G, Lochelt M, Levesque J P, et al. 1997. A rapid streptavidin-capture ELISA specific for the detection of antibodies to feline foamy virus [J]. J. Immunol. Methods, 207 (1): 69-77.

第十三节　猴泡沫病毒感染
(Simian foamy virus infection)

猴泡沫病毒感染（Simian foamy virus infection）由猴泡沫病毒引起，非人灵长类动物包括旧大陆猴及新大陆猴是猴泡沫病毒的天然宿主，主要包括猩猩、狒狒、非洲绿猴、猕猴、食蟹猴、爪哇猴、蜘蛛猴。受感染动物通过体液、血液和组织进行传播。感染猴泡沫病毒后的人及非人灵长类动物无明显的临床症状，泡沫病毒的致病性研究多年来一直受到各国学者的关注，它虽能使培养的细胞产生空泡状病变，但其对机体致病性至今仍不明确。越来越多的调查显示与非人灵长类动物有密切接触史的人员以及职业暴露者感染率不断增加，并证实人感染猴泡沫病毒后虽为隐性状态，但存在着潜在的危害。猴泡沫病毒在自然界分布广泛，并能在非人灵长类动物和人之间交叉传播。

一、发生与分布

1954 年，Enders 和 Peebles 首次发现培养的猴肾细胞产生泡沫样病变而将其命名为泡沫病毒（*Foamy virus*，FV）。人泡沫病毒感染是 Achong 于 1971 年首次从一名肯尼亚鼻咽癌病人的培养细胞中分离得到，经系统发生研究发现这株病毒源于东非黑猩猩 SFVcpz，这株病毒现在被命名为泡沫病毒原型株。分子生物学证据支持猴泡沫病毒伴随非人灵长类动物的发生和演变至少已有 3 000 万年的历史了。

大量研究证实泡沫病毒感染动物后，宿主虽有免疫应答，能引起动物低水平持续感染，直至终生，但不表现任何病理损伤，迄今该病毒是否引发人某种疾病还不能确定。最早由于从鼻咽癌、亚急性甲状腺炎和眼突甲状腺肿病人体内分离出泡沫病毒，曾一度激发人们探寻泡沫病毒与疾病之间的相关性，但最终包括动物试验数据还是证明了上述结果。

很多非人灵长类动物是猴泡沫病毒的天然宿主，理论上说只要有非人灵长类动物存在的地方，都可能有猴泡沫病毒的分布。自然界中该病毒的分布以非洲、东南亚、美洲为主。

二、病　　原

1. 分类地位　猴泡沫病毒（*Simian foamy virus*，SFV）在分类上属于逆转录病毒科（Retroviridae）、泡沫反转录病毒亚科（Spumaretrovirinae）、泡沫病毒属（*Spumavirus*）。泡沫病毒可分为 11 个不同的血清型。1-3、9 和 10 型可从旧大陆猴中获得，4 和 6 型可从新大陆猴中获得，11 型可从猩猩及大猩猩中获得。感染猕猴的主要是 1 型猴泡沫病毒（SFV-1），从台湾猴和非洲绿猴中分离到 SFV-2，从非洲绿猴中分离到 SFV-3。

2. 形态学基本特征与培养特性　猴泡沫病毒呈球形，二十面体结构，有囊膜，直径 100～140 nm，内含直径 30～50 nm 的核芯，病毒粒子外的囊膜上有 5～15 nm 放射状纤突。泡沫病毒感染培养细胞尤其是成纤维细胞后，可以诱发内质网水肿和细胞质空泡化，并形成特征性的泡沫状合胞体。传统上泡沫病毒的滴定利用了这一特征，是通过检测泡沫病毒感染后宿主细胞所形成的合胞体病灶蚀斑进行的。泡沫病毒可感染来自不同种类的不同类型的细胞系，有着广泛的细胞嗜性和宿主范围。

3. 理化特性 猴泡沫病毒的浮密度为 1.16g/cm^3，对氯仿、乙醚敏感，在 pH 3.0 或 56℃ 30min 可丧失活性。猴泡沫病毒无血凝活性，不能凝集非洲绿猴、绵羊、兔和人的红细胞。

4. 分子生物学 猴泡沫病毒为单股正链 RNA 病毒，是迄今发现的基因组最长的逆转录病毒。SFV-1、SFV-3 基因组 RNA 分别为 11.52 kb 和 11.62 kb，前病毒 cDNA 为 12～13kb，并具有复杂的基因结构。基因组两端为 5'、3' 长末端重复序列（LTR），也是逆转录病毒中最长的，长度为 1 305～1 760bp。中间部分是逆转录病毒共有的 gag、pol、env 3 个结构基因，从 5' 端到 3' 端以 gag-pol-env 二聚体形式装配在病毒粒子中。其中 Pol 编码逆转录酶，Gag 编码病毒壳蛋白，Env 编码囊膜糖蛋白。SFV-1、SFV-3 在调节基因编码区有 2 个开放阅读框架（ORF），SFVCPZ 有 3 个 ORF。

此外，在基因组 3'区还存在几个附属基因调控基因编码区，他们位于 env 与 3' LTR 之间，编码自身的反式激活因子，称为 bel 基因（包括 bel-1、bel-2、bel-3 和 bel），Bel-1 与泡沫病毒转录的起始位点相关，它编码 36kD 的转录活化因子蛋白，可产生在泡沫病毒启动子指导下的转录作用。已研究确定了 Bel-1 调节基因是病毒复制的最基本基因。猴泡沫病毒的反式激活因子被命名为 Taf。在第一次国际泡沫病毒会议中把 Taf 和 Bel-1 等泡沫病毒的反式激活因子推荐定义为泡沫病毒反式激活因子 Tas（Trans-activator of spumavirus）。反式激活因子具有复杂的调控机制及相互作用形式。深入研究发现，泡沫病毒的基因表达调控有许多不同于其他反转录病毒的独有特点：如 gag 蛋白的表达不似其他反转录病毒一样产生 gag2 pol 前体，而是直接由一剪接的 mRNA 翻译产生；Tas 不仅对自身 LTR 行使功能，而且能激活慢病毒的基因表达；而尤为突出的是，在其结构基因 gag 和 env 中存在内部启动子。内部启动子的存在使泡沫病毒的基因表达调控比其他反转录病毒更显复杂，同时使泡沫病毒基因表达调控的研究成为反转录病毒研究的热点之一。

由于泡沫病毒具有独特的感染机制和感染动物机体后不致病的特点，因此近几年来越来越多的研究者，对开发泡沫病毒作为目的基因的转移载体并用于基因治疗产生了浓厚的兴趣，对其分子的基础研究也逐步增多，但还有很多分子机理未认识。

三、流行病学

1. 传染来源 被感染的非人灵长类动物的唾液中猴泡沫病毒含量很高，即口咽分泌物是病毒复制的重要部位。病毒从这些动物的体液包括唾液、血液、尿液、分泌物飞溅排出，污染饲料、饮水和笼器具，造成周围的动物感染。由于猴泡沫病毒具有物种之间交叉传播的特性，因此，人的传染主要来自被动物咬伤、抓伤。

2. 传播途径 带有猴泡沫病毒的非人灵长类动物主要通过体液，包括唾液、血液，尤其唾液是导致病毒在猴—猴、猴—人间传播的重要途径。群养青年猴为追逐性伙伴互相撕咬造成严重咬伤使病毒在猴群中传播。人通过被非人灵长类动物咬伤、抓伤而造成感染。狒狒可以通过性传播或（和）母婴传播。因献血前不进行猴泡沫病毒的筛查，所以也存在感染猴泡沫病毒的供血者通过输血方式造成人—人之间传播。

3. 易感动物

（1）自然宿主 猩猩、狒狒、非洲绿猴、猕猴、爪哇猴、蜘蛛猴是猴泡沫病毒的自然宿主。猴泡沫病毒主要分布在非洲、东南亚、美洲。夏机良等（2010）调查人工饲养的 115 只食蟹猴种群中，猴泡沫病毒感染率为 65.2%，而 78 只猕猴种群中猴泡沫病毒感染率为 60.5%。Augustin（2010）对西非的狒狒（mandrills）种群调查显示，野生猴泡沫病毒血清阳性率 60%，而在半自然养殖条件下却高达 83%。在自然界中越高等的灵长类动物如大猩猩和黑猩猩，感染率明显高于猕猴。

（2）实验动物　猴泡沫病毒宿主范围广泛，能试验性感染小鼠、兔、猕猴，并通过这些感染试验进行病毒生物学特性、传播、临床效果的研究。

（3）易感人群　非人灵长类动物狩猎者、各灵长类实验动物养殖中心和动物园的工作人员属于易感人群，凡与非人灵长类动物有直接接触或处于其自然环境中的工作人员，都会因职业暴露比如被动物咬伤、抓伤、刺伤而遭受感染。

2008年，美国疾病预防与控制中心的Switzer报道了猴泡沫病毒与人免疫缺陷病毒-1型联合感染的病例。近两年研究发现人免疫缺陷病毒阳性人群也是猴泡沫病毒的易感者。

4. 流行特征　在非人灵长类猴群中，猴泡沫病毒的流行特征是感染率随动物年龄的增长而升高，特别是从幼龄到青少年年龄段感染率迅速上升，猕猴大约在2A阶段，狒狒约在4A阶段；成年猴和老龄猴感染率最高。同时，不同的国家、不同地域、不同灵长类饲养中心报道的感染程度各不相同，猴泡沫病毒的流行明显具有地域性及不同的养殖方式。在野外非人灵长类动物种群中，猴泡沫病毒的流行范围从44%～100%不等。圈养的动物的感染率较高，为80%～100%。圈养动物感染率高的原因可能是因为饲养过程中增加了猴和猴密切接触的机会而产生了交叉感染，另外是缺乏严格的饲养管理规范。

在北美和欧洲人群中，非人灵长类动物研究机构和动物园中工作的人员SFV的感染率为1%～6%；在东南亚国家为1.2%～2.6%；在中西非，与野生非人灵长类动物的血液、体液有过接触史的人群感染率为0.34%～1%；而在非洲的喀麦隆，被非人灵长类动物严重咬伤的狩猎者，其感染率达3.6%～24.1%，即被猕猴咬伤的为3.6%，被大猩猩和黑猩猩咬伤的高达24.1%。

四、临床症状

1. 动物的临床症状　猴泡沫病毒感染后，宿主虽有免疫应答，但迄今为止未见感染动物出现任何临床症状的报道。试验性感染研究发现只会使机体产生短暂的免疫抑制。90年代初，从人泡沫病毒转基因小鼠的研究发现人泡沫病毒能引起动物神经系统退行性疾病；但另一项研究报道则显示，以1.5×10^6 ID_{50}剂量人泡沫病毒试验性感染新西兰兔，经长达5年的监测观察，未发现任何组织病理损伤，血液数量和形态无改变。

2. 人的临床症状　由于人感染猴泡沫病毒后处于低水平表达但长期潜伏，据2007年的文献报道有长达26年之久的带毒记载，但无明显的临床症状；仅少部分人群发生轻微的嗜酸性粒细胞减少症。

五、诊　　断

1. 病毒分离与鉴定　能够从被感染动物的许多组织中分离得到SFV。采用SFV血清阳性个体首先分离外周血淋巴细胞（PBLs），与等量的犬胸腺细胞（Cf2Th），或金黄地鼠肾细胞（BHK_{21}）、或Mus-dunni细胞共培养。每3～4天测定一次合抱体细胞病变以及反转录酶活性，当50%的细胞发生病变时加胰蛋白酶处理，提取DNA，用PCR方法筛查鉴定SFVint序列。

2. 血清学试验　主要有免疫荧光试验、中和抗体试验。一般检测人和动物血清抗SFV Gag蛋白的IgG水平被认为是诊断猴泡沫病毒感染的指标，同时作为一种常规方法用于猴泡沫病毒的调查研究中，但由于猴泡沫病毒感染人体后常呈低水平或持续性感染状态，因此猴泡沫病毒抗体血清学检测方法难以完全反映机体的带毒情况。

3. 分子生物学诊断　猴泡沫病毒的鉴定诊断多采用分子生物学方法。目前国内外主要采用Nested-PCR、RT-nested PCR、Western-blot。猴泡沫病毒感染人体的病毒载量在$10^{1\sim10}$ copys，但高载量的个体很少。

六、防治措施

1. 治疗　叠氮胸苷（AZT）是一种逆转录酶抑制剂，作为治疗人免疫缺陷病毒感染者和艾滋病患者联合用药的基准药物，同样能够抑制泡沫病毒。

2. 预防

（1）动物的预防　对人工饲养非人灵长类动物种群进行科学、规范的饲养管理，是预防猴泡沫病毒在猴群中传播的唯一途径。饲养管理主要采取的措施：①定期对猴群进行病毒筛查，采取有效隔离措施，建立猴泡沫病毒阴性的动物种群。②采取措施，减少或预防青少年猴之间打架、撕咬。③对笼器具进行定期更换、清洗、消毒，对饲养区域定期清洁、消毒。

（2）人群预防　猴泡沫病毒感染主要针对与非人灵长类动物有直接或间接接触的高危人群。主要预防措施：①从事非人灵长类动物试验的研究人员、饲养人员应加强生物安全意识，严格按规范操作，防止职业暴露；②所有操作过程必须小心执行，防止动物唾液、体液和血液等溅出物进入人体眼鼻口部和伤口部；尤其是抓取、保定和采集动物样品时，操作人员必须佩戴个人防护设备，或给予动物麻醉，以防被动物咬伤；③必须小心处理被感染的尖锐物品和废弃物；④培养物、组织、体液等样品必须放置在防漏容器内收集、处理、贮存、运输，试验结束后要进行无害化处理；⑤减少对野生非人灵长类动物的猎捕行为；⑥一旦发生职业暴露应立即进入应急处理程序。

七、公共卫生影响

虽然猴泡沫病毒感染的动物或人迄今未发现有明显的临床症状，但是近年来发现它能够与 HIV-1 联合感染并具有相同的细胞和组织嗜性，可加快 HIV-1 带毒者病情的发生和发展，造成潜在的公共健康隐患，应引起人们重视。人类应该吸取历史的经验和教训，如今肆虐全球、严重危害人类健康的逆转录病毒人免疫缺陷病毒最初就源于非人灵长类动物，很短的时间就完成了从动物到人的传播和演变。另一个逆转录病毒人 T 淋巴细胞白血病病毒Ⅰ型（HTLV-1）也是同样的案例，最初也源于非人灵长类动物。而像猴泡沫病毒这样一个逆转录病毒，本身也具有自身的特性，我们应该提早研究、及早预防，以防类似情况的发生。

此外，针对猴来源的生物制品需要加强安全性检测，建立猴泡沫病毒及其他病原的高灵敏度检测方法，防止病毒通过疫苗接种途径传播给人，以确保公共卫生安全。

（孙晓梅　代解杰）

参考文献

栗景蕊，贺争鸣．2009. 猴泡沫病毒研究进展［J］．实验动物科学，26（1）：41-44.

夏机良，王涛，季芳．2010. 巢式 PCR 检测食蟹猴和猕猴中 SRV 和 SFV［J］．中国比较医学杂志，20（7）：40-43.

Achong B G, Mansell P W, Epstein M A, et al. 1971. An unusual virus in cultures from a human nasopharyngeal carcinoma［J］. Natl. Cancer Inst., 46: 299-307.

Ali S B, Manuel N, Marie-Lou G, et al. 1997. Long-Term Persistent Infection of Domestic Rabbits by the Human Foamy Virus［J］. Viro. l, 228: 263-268.

Antoine G, Sara C. 2008. Emergence of simian foamy viruses in humans: facts and unanswered questions［J］. Future Virol., 3（1）: 71-81.

Arifa S K. 2009. Simian foamy virus infection and humans: prevalence and management［J］. Expert Rev. Anti Infect. Ther., 7（5）: 569-580.

Augustin M O, Edouard B, Mélanie C. et al. 2010. Two distinct variants of simian foamy virus in naturally infected mandrills (Mandrillus sphinx) and cross-species transmission to humans［J］. Retrovirology., 7: 105-107.

Enders J F, Peebles T C. 1954. Propagation in tissue cultures of cytopathogenic agents from patients with measles［J］. Proc. Soc. Exp. Biol. Med., 86: 277-286.

James E C, Jr, Roumiana S B, William M S, et al. 2005. Mucosal and systemic antibody responses in humans infected with simian foamy virus［J］. J. Virol., 79（20）: 13186-131891.

Murray S M, Linial M L. 2006. Foamy virus infection in primates［J］. J. Med. Primatol., 35: 225-235.

Ndongmo C B, Pieniazek D, Holberg-Petersen M, et al. 2006. HIV genetic diversity in Cameroon: Possible public health importance［J］. AIDS Res. Hum. Retroviruses., 22: 812-816.

Roumiana S B, William M S, Thomas J S, et al. 2007. Clinical and virological characterization of persistent human infection with simian foamy viruses [J]. AIDS Res. Hum. Retroviruses., 23 (11): 330-337.
Switzer W M, Bhullar V, Shanmugam V, et al. 2004. Frequent simian foamy virus infection in persons occupationally exposed to nonhuman primates [J]. J. Virol., 78 (6): 2780-2789.
Switzer W M, Garcia A D, Yang C. et al. 2008. Coinfection with HIV-1 and simian foamy virus in West Central Africans [J]. J. Infect. Dis., 197: 1389-1393.

第十一章 呼肠病毒科病毒所致疾病

第一节 小鼠呼肠病毒3型感染 (Mouse reovirus type 3 infection)

小鼠呼肠病毒3型感染（Mouse reovirus type 3 infection）的临床表现以油性被毛效应和脂肪性下痢为特征。病理变化主要表现肝炎、脑炎和胰腺炎，它可使感染动物免疫功能发生改变，严重干扰动物试验，是实验小鼠较重要的病毒病之一。

一、发生与分布

Reo-3首次从一个表现咳嗽、发热、呕吐、扁桃体肥大和双侧性支气管肺炎症状的澳大利亚儿童的粪便中分离到呼肠病毒3型（Stanley等，1953）。之后，从各种动物多次分离到该病毒。Hartley等（1961）和Cook（1963）证实呼肠病毒3型可感染小鼠，Stanley（1974、1977）对呼肠病毒3型所致疾病做了详细的综述。

吴惠英等（1986）报道，我国普通小鼠群中，Reo-3抗体阳性率为7.9%～34.4%，证实该病毒在实验鼠群中广泛存在。王吉等（2008年）经过对2003—2007年我国实验小鼠连续5年的血清学流行病学调查结果显示，我国普通级、清洁级和SPF小鼠群中呼肠病毒3型感染情况，较19世纪80年代，均得到了良好控制，5年平均感染率为0.25%。呼肠病毒3型也能感染人、马、牛、仓鼠、大鼠等多种哺乳动物。

二、病　　原

1. 分类地位　小鼠呼肠病毒3型（*Mouse reovirus* type 3，Reo-3）在分类上属呼肠病毒科（Reoviridae）、正呼肠孤病毒属（*Orthoreovirus*），核酸型为双股RNA。

哺乳动物呼肠病毒分为3个血清型：Reo-1、Reo-2和Reo-3。3个型具有共同的补体结合抗原，但用中和试验和血凝抑制试验可以鉴别。Gomatos等（1962）报道呼肠病毒3型可凝集公牛的红细胞，但1型和2型不能凝集。呼肠病毒3型血凝素可被非特异性物质抑制，如正常小鼠、兔和大鼠的血清，也可被霍乱滤液抑制。

2. 形态学基本特征与培养特性　病毒粒子直径60～76nm，正二十面体立体对称。病毒粒子无囊膜，有1个核心，1个内侧壳，1个外侧壳。

呼肠病毒3型可在原代恒河猴、猫、猪、犬肾细胞上增殖，也可在L细胞、BHK-21细胞、FL细胞、BS-C-1细胞和KB细胞等传代细胞上增殖，7～14天可见特征性细胞病变和嗜酸性胞浆内包涵体。用胰酶或其他蛋白水解酶，如无花果蛋白酶、番木瓜酶、胃蛋白酶、链霉蛋白酶处理可提高病毒滴度，原因可能是酶类可加速病毒从一个细胞向另一个细胞转移。

3. 理化特性　呼肠病毒3型经56℃ 2h或60℃ 30min仍可存活，对过氧化氢、10%苯酚、0.3%甲醛或20%来苏儿有抵抗力，乙酸处理不受影响。氯仿不影响其感染力，但可破坏其血凝素。在pH

2.2～8.0的环境中稳定。Wallis等（1964）发现Mg^{2+}在50℃可提高病毒的滴度，在2mol/L $MgCl_2$中5～15min可使感染滴度增加4～8倍，原因可能是Mg^{2+}可使无活性的病毒粒子产生活性。

4. 分子生物学 病毒基因组是分节段双股RNA（dsRNA），全基因组分为L（L1、L2、L3）、M（M1、M2、M3）、S（S1、S2、S3、S4）3组共10个节段基因，共编码11种蛋白，其中8种结构蛋白、3种非结构蛋白。每个RNA片段编码的多肽都是特征性的。Weiner等（1978）认为S1片段和型特异性有关，这些片段编码组成的多肽，决定着病毒粒子的血凝性质。

三、流行病学

1. 传染来源 感染动物的粪便、鼻咽渗出液、尿液是小鼠呼肠病毒3型感染的主要传染源。

2. 传播途径 呼肠病毒3型可通过消化道和呼吸道等途径水平传播。

3. 易感动物

（1）自然宿主 呼肠病毒3型具有广泛的宿主范围，如人、猴、牛、犬、鸡等，另外还从猪、马、羊、兔、有袋动物和爬行动物中检出其病毒抗体。

（2）实验动物 小鼠、地鼠、豚鼠、鸡均易感。小鼠发生感染时，急性病例主要见于新生乳鼠和断乳小鼠，慢性病例则见于28日龄以上的小鼠。小鼠不同品系之间易感性略有差异，吴惠英等（1986）报道NIH小鼠的抗体阳性率为36.4%，分别比昆明小鼠和BALB/c小鼠高3.6倍和7.4倍。

目前尚未见有大鼠自然感染呼肠病毒3型的报道，但Collins等（1977）、Bhatt（1977）采用血凝抑制试验均从大鼠体内检出病毒抗体。经脑内或腹腔接种乳大鼠可引起脑炎症状；腹腔接种妊娠大鼠可形成病毒血症，胎儿表现一过性非致死性感染；但经子宫内接种妊娠大鼠可引起流产和死胎。

（3）易感人群 2岁以下的儿童。

4. 流行特征 Parker等（1965）分别从警醒伊蚊和致卷库蚊分离到两株呼肠病毒3型，McCrea等（1968）也证实尖音库蚊体内有病毒存在。因此，蚊子传播可能是呼肠病毒3型呈全球性感染的原因。

四、临床症状

1. 动物的临床表现 呼肠病毒3型试验感染和自然病例临床表现相同。Stanley等（1953）经新生乳鼠腹腔接种病毒48h后肝脏中可见病毒粒子，随后发现于中枢神经系统。Kundin等（1966）经皮下接种新生乳鼠，病毒抗原可在大脑、脊髓、脑膜、肝、胰腺、脾、淋巴结和血管中检查到。Papadimitriou（1967）经脑内接种新生乳鼠，病毒最早出现于毛细血管内皮细胞，随后见于神经元。

自然条件下，急性病例主要见于新生乳鼠和断乳小鼠，主要表现脂肪性下痢、黄疸、消瘦、脱毛、结膜炎、油样毛皮、运动失调，后期表现震颤和麻痹。慢性病例多见于成年小鼠。

2. 人的临床表现 人感染呼肠病毒3型通常无明显临床症状。婴幼儿感染出现易怒、食欲下降、呕吐、尖锐的哭泣、体温升高、心率加快、呼吸窘迫，胸部和心脏检查多是正常的，腹部柔软而无压痛性，昏睡，正常颅神经、肌肉、反射，病人出现短暂腹胀，水样腹泻等肠炎或脑膜脑炎症状。严重腹泻患者，有时导致脱水死亡。

五、病理变化

1. 大体解剖观察 大体解剖观察可见肝肿大、色暗，心外膜可见小的环状病灶，肺偶见出血，脑充血。小肠扩张，内容物呈柠檬色。慢性病例可见消瘦、黄疸，油性被毛效应或脱毛区，肝、脾轻度肿大，腹膜充血，有时可见渗出液。

2. 组织病理学观察 Walter等（1963）经口腔感染新生乳鼠，4天肝脏可见单核细胞聚集，7天肝细胞肿大3～4倍，枯否氏细胞增生，14天坏死细胞溶解，坏死灶周围细胞机化。胰腺在感染后3天胞浆空泡化，10～14天整个胰腺发生坏死。心脏感染后7天可见左心室乳头肌变性、坏死，并伴有水肿和巨噬细胞浸润。肺可见散在性出血、水肿。中枢神经系统在感染后9天神经元变性，10天血管管套现象明显，脑膜有中性粒细胞浸润。14 天脑炎病变加重并广泛蔓延，在坏死区域内有小出血点。胃肠道固有膜淋巴管扩张。

六、诊 断

1. 病毒分离与鉴定 病毒分离可取病鼠的粪便，口、鼻分泌物，血、尿、尸检脏器组织等，接种敏感细胞进行。观察细胞培养物的特征性病变，结合免疫荧光试验予以鉴定。

2. 血清学试验 血清学诊断以前通常采用血凝抑制试验和中和试验。近年来，在检测中多采用酶联免疫吸附试验、免疫荧光试验和玻片免疫酶法，其中一种方法检查为阳性者，可用本方法重试，或改用另一方法验证，以保证检测结果的准确性。

3. 组织病理学诊断 油性被毛效应和脂肪性下痢是呼肠病毒 3 型感染的特征症状，结合黄疸、消瘦等症状和组织病理学检查可以做出初步诊断。

4. 分子生物学诊断 PCR 和核酸杂交技术已成功应用于无症状及感染病人的快速诊断。

七、防治措施

1. 治疗 根据患者临床表现肠炎或脑膜脑炎等症状，对症治疗。

2. 预防 在小鼠、地鼠、豚鼠群中，使用屏障系统有助于预防感染的蔓延。剖腹取胎是控制和净化鼠群中呼肠病毒 3 型感染的重要措施。呼肠病毒 3 型可通过蚊子等昆虫传播，因此应严格采取隔离措施，保持房舍的内环境稳定。人也可感染呼肠病毒 3 型，应随时注意饲养人员可能将该病毒传递给实验动物，如有条件可定期检查饲养人员的该病毒血清抗体。冬春季节呼肠病毒 3 型容易在开放饲养鼠群中流行，尤其是近交系小鼠，如 NIH 小鼠对该病毒较为敏感，易在流行季节患病，应加强防治。

八、公共卫生影响

呼肠病毒 3 型感染小鼠可产生肝炎、脑炎、胰腺炎等症状，使试验研究中断，造成人力、物力的极大浪费。小鼠感染呼肠病毒 3 型可使体内胰淀粉酶、脂肪酶活性降低，胰蛋白酶活性升高；也可破坏胰岛的 β 细胞，造成胰岛素分泌减少，产生类似糖尿病的代谢和病理改变。呼肠病毒 3 型在宿主对环境致癌物的应答中也有重要作用，可起免疫刺激作用。小鼠在暴露于呼肠病毒 3 型的情况下，摄入氨基甲酸乙酯后，肺腺瘤的发生率明显下降。该病毒还显著地影响 1，3 -双氯乙基-亚硝脲（BCNU）对移植 FL_4 淋巴瘤细胞的试验模型的治疗价值。当用呼肠病毒 3 型保护小鼠抵抗 A - 10 小鼠乳腺瘤时，也有相似的结果。

（王吉 贺争鸣 田克恭）

我国已颁布的相关标准

GB/T 14925—2001 实验动物 小鼠呼肠孤病毒Ⅲ型（Reo 3）ELISA 检测方法

《中华人民共和国药典》（2010 版） 三部（附录Ⅻ H） 鼠源性病毒检查法

参考文献

常继涛，李鑫，张亚科，等．2008. 犊牛腹泻粪样中牛呼肠孤病毒的分离鉴定［J］．中国预防兽医学报，30（9）：711-715.

侯丽波，佟魏，谢军芳，等．2010. 小鼠呼肠孤病毒Ⅲ型标准化血清制备及 ELISA 检测方法的建立［J］．中国比较医学杂志，20（8）：60 - 64.

冷雪梅，胡建华，高诚，等．2008. 呼肠孤病毒 3 型 S1 基因的原核表达及间接 ELISA 检测方法的建立［J］．中国兽医科学，38（7）：582 - 586.

田克恭．1992. 实验动物病毒性疾病［M］．北京：农业出版社：83 - 88.

王吉，卫礼，巩薇，等．2008. 2003—2007 年我国实验小鼠病毒抗体检测结果与分析［J］．实验动物与比较医学，28（6）：394 - 396.

王吉，卫礼，岳秉飞，等. 2011. 呼肠孤病毒Ⅲ型免疫荧光检测方法的建立及初步应用［J］. 中国医学比较杂志，21（8）：1-4.

王军志，贺争鸣，岳秉飞，等. 2002. 生物技术药物研究开发和质量控制［M］. 北京：科学出版社：325-334.

赵亚力，孙衍庆，周捷，等. 2001. 外源3型呼肠孤病毒污染原代地鼠肾细胞的光镜及电镜诊断［J］. 中国生物制品学杂志，14（1）：33-35.

Boehme K W, Guglielmi K M, Dermody T S. 2009. Reovirus nonstructural protein sigma1s is required for establishment of viremia and systemic dissemination［J］. Proc Natl Acad Sci U S A, 106（47）：19986-19991.

Chappell J D, Gunn V L, Wetzel J D, et al. 1997. Mutations in type 3 reovirus that determine binding to sialic acid are contained in the fibrous tail domain of viral attachment protein σ1［J］. J Virol, 71：1834-1841.

Clarke P, Beckham J D, Leser J S, et al. 2009. Fas-mediated apoptotic signaling in the mouse brain following reovirus infection［J］. J Virol, 83（12）：6161-6170.

Goody R J, Hoyt C C, Tyler K L. 2005. Reovirus infection of the CNS enhances iNOS expression in areas of virus-induced injury［J］. Exp Neurol., 195（2）：379-390.

J Denise Wetzel, Erik S Barton, James D Chappell, et al. 2006. Reovirus Delays Diabetes Onset but Does Not Prevent Insulitis in Nonobese Diabetic Mice［J］. J Virol, 80（6）：3078-3082.

Kenneth L Tyler, Erik S Barton, Maria L Ibach, et al. 2004. Isolation and Molecular Characterization of a Novel Type 3 Reovirus from a Child with Meningitis［J］. Journal of Infectious Diseases, 189（9）：1664-1675.

Kraft V, Meyer B. 1990. Seromonitoring in small laboratory animal colonies. A five year survey：1984-1988［J］. Z Versuchstierkd, 33（1）：29-35.

Michael R Roner, Bradley G Steele. 2007. Features of the mammalian orthoreovirus 3 Dearingl1 single-stranded RNA that direct packaging and serotype restriction. Journal of General Virology, 88, 3401-3412.

Su Y P, Su B S, Shien J H, et al. 2006. The sequence and phylogenetic analysis of avian reovirus genome segments M1, M2, and M3 encoding the minor core protein muA, the major outer capsid protein muB, and the nonstructural protein muNS［J］. J Virol Methods, 133（2）：146-157.

Tardieu M, Powers M L, Weiner H L, et al. 1983. Age-dependent susceptibility to reovirus type 3 encephalitis：role of viral and host factors［J］. Ann Neurol, 13：602-607.

Tyler K L, Barton E S, Ibach M L, et al. 2004. Isolation and molecular characterization of a novel type 3 reovirus from a child with meningitis［J］. J Infect Dis., 189（9）：1664-1675.

Uchiyama A, Besselsen D G. 2003. Detection of Reovirus type 3 by use of fluorogenic nuclease reverse transcriptase polymerase chain reaction［J］. Lab Anim., 37（4）：352-359.

Virgin H W, Bassel-Duby R, Fields B N, et al. 1988. Antibody protects against lethal infection with the neurally spreading reovirus type 3（Dearing）［J］. J Virol, 62：4594-4604.

Wright M H, Cera L M, Sarich N A, et al. 2004. Reverse transcription-polymerase chain reaction detection and nucleic acid sequence confirmation of reovirus infection in laboratory mice with discordant serologic indirect immunofluorescence assay and enzyme-linked immunosorbent assay results［J］. Comp Med., 54（4）：410-417.

第二节 猫呼肠病毒感染
(Feline reovirus infection)

猫呼肠病毒感染（Feline reovirus infection）是由呼肠病毒引起猫症状轻微的上呼吸道疾患，临床表现鼻炎、结膜炎和齿龈炎。

一、发生与分布

呼肠病毒最早是1954年从儿童粪便中分离的。Scott等（1968）从疑似猫泛白细胞减少症的病例中分离到Reo-3病毒。Csiza等（1971）也从猫体内分离到3株Reo-3病毒。Hong（1970）从猫肿瘤细胞培养物中分离到3株呼肠病毒，并经血凝试验证明属Reo-1病毒。Scott等（1970）、Hong（1970）

调查表明，在美国约70%的猫为Reo-1病毒抗体阳性，50%为Reo-3病毒抗体阳性。欧洲12%的猫Reo-1病毒抗体阳性，17%及70%的猫分别为Reo-2及Reo-3抗体阳性（Lazarowicz，1977）。

猫呼肠病毒感染呈世界性分布，我国尚未见有该病报道。

二、病　　原

1. 分类地位　猫呼肠孤病毒（*Feline reovirus*）分类上属呼肠孤病毒科（Reoviridae）、正呼肠孤病毒属（*Orthoreovirus*）。依据中和试验和血凝抑制试验可将哺乳动物呼肠病毒分为3个血清型：血清1型（T1L，Long）、血清2型（T2J，Jone）和血清3型（T3D，Dearing）。S1基因编码的σ1蛋白决定病毒中和作用以及血凝特性，因此通过对S1基因进行序列分析可确定毒株的血清型。3个血清型之间同源性非常高，在啮齿类动物、马、牛、绵羊、犬、猫体内都能分离到，其中牛、犬以1型为主，马、绵羊、猫以3型为主，而人主要感染血清1型和血清3型。呼肠孤病毒感染哺乳动物宿主具有广泛性，几乎每种哺乳动物都能检测到血凝抑制抗体或中和抗体。

2. 形态学基本特征与培养特性　电镜负染观察，呼肠孤病毒为5 3 2立体对称的二十面体球形颗粒，病毒粒子直径约75nm，由92个壳粒组成，成熟病毒无囊膜。呼肠孤病毒衣壳划分为2层或3层，但其内部结构层没有绝对的界限。

猫呼肠孤病毒可在不同种类动物的敏感细胞上进行培养。除了猫肾原代细胞，用恒河猴或绿猴肾和豚鼠脑、肺原代细胞繁殖分离，还可以在传代细胞系，L2、LLCMK2和BHK-21细胞上培养。L2、BHK-21细胞感染在48h后可见细胞病变。猫肾原代细胞、恒河猴或绿猴肾原代细胞及LLCMK2传代细胞系接种后4～5天可见细胞病变。豚鼠原代细胞培养呼肠病毒，会使一小部分细胞产生核旁胞质内含物，但未产生易辨别的单层病变。细胞内含物通常不完全包围细胞核，但着色可见。

3. 理化特性　猫呼肠病毒耐酸、乙醚、氯仿，用1mol/L $MgCl_2$滴定无损耗。病毒对热稳定，56℃加热30min病毒滴度无明显改变。

4. 分子生物学　该病毒基因组由10条双链RNA组成，根据大小分为3个群，即L1、L2、L3三个大基因节段，M1、M2、M3三个中基因节段和S1、S2、S3、S4四个小基因节段。基因组全长约23.5 kb。大多数融合型呼肠孤病毒基因组的片断都为单个可延伸开放阅读框架，侧面分别插有5’和3’非编码区，5’末端非编码区为15～18个核苷酸，而3’末端为35～73个核苷酸。除了BRV S2基因片段外，同源基因的开放阅读框都为编码大小相似的片断。BRV S2基因比相应的其他病毒基因相对要长50～70个核苷酸，并且含有最短的3’非翻译区，因而其主要的外在蛋白要比相应的其他病毒的同源蛋白要多30个氨基酸。序列分析表明呼肠孤病毒S群基因的5’末端6～8个核苷酸和3’末端5～9个核苷酸完全保守。10个基因节段共编码11种蛋白，其中8种为结构蛋白、3种为非结构蛋白。

三、流行病学

1. 传染来源　呼肠病毒感染的动物是该病的主要传染源，病毒通过这些动物的排泄物和分泌物污染环境，造成周围动物的感染。

2. 传播途径　该病毒能在易感猫之间迅速传播，与病猫饲养于同一房舍中的易感猫很容易被传染，这种接触传染方式是目前所知的唯一途径。

3. 易感动物

（1）自然宿主　呼肠病毒的宿主极为广泛，除了可以从猫体内分离到病毒，也可以从鼠、犬、猪、马、牛、羊、绵羊、貂、猕猴、长尾猴、黑猩猩、狒狒、蛇、禽类、昆虫和蝙蝠等体内分离到。

（2）实验动物　猫呼肠病毒的研究常用小鼠作为实验动物。小鼠接种病毒后，常见症状为黄疸、运动失调、油性被毛、生长发育迟缓，甚至死亡。在小鼠中病毒被认为是泛向的。stanley等（1953）观察到在新生小鼠腹腔接种48 h后可在肝脏中发现病毒，其后发现在中枢神经系统中的滴度也很高，并伴有细胞和血浆病毒血症。Kundin等（1966）在经皮下接种后濒死的乳鼠体内，用免疫荧光试验来确定呼肠孤3型病毒抗原的位置。抗原可在大脑、脊髓、脑膜、肝、胰腺、脾、淋巴结和血管中发现。Wainer等（1980）确定S1基因片段（它可编码病毒血凝素）对病毒与淋巴细胞和神经元细胞相连结起作用。猫呼肠病毒感染与毒株及剂量有关。除小鼠外，大鼠、豚鼠、地鼠也易感呼肠病毒。

（3）易感人群　目前，尚未有猫呼肠病毒感染人的报道。

4. 流行特征　血清学证据表明，猫呼肠病毒感染非常普遍，该病毒能在易感猫之间迅速传播，其传播方式是通过直接接触而感染发病，但发病率尚不清楚。此外，Reo-1及Reo-3病毒在猫及人群中的广泛分布，而Csiza（1974）通过免疫扩散试验证明猫呼肠病毒和人Reo-3病毒具有相同的抗原决定簇，因此提示呼肠病毒在人与动物之间存在相互传播的可能性。

四、临床症状

1. 动物的临床表现　Reo-3病毒试验感染猫时仅产生温和症状，表现为结膜炎、畏光、浆液性流泪、齿龈炎、精神沉郁。但并不表现发热、厌食及白细胞增多，某些病猫的眼分泌物可呈黏液脓性。与病猫密切接触的猫，常在4～19天出现症状，并持续1～29天不等。Hong（1970）报道，新生仔猫接种Reo-1病毒时，饲养条件较差的可在2天内死亡。

2. 人的临床表现　尚未有关于人感染猫呼肠孤病毒的临床表现的报道。

五、病理变化

猫呼肠病毒感染易与其他呼吸道疾病混淆。呼肠病毒对猫的致病性尚不清楚，但所致疾病一般较温和、病程短，主要以眼部病状为主，鼻分泌物增多，但此症状往往与其他呼吸道感染有关。

六、诊　断

1. 病毒分离与鉴定　LLCMK2和BHK-21可用于猫呼肠病毒的分离培养。病毒分离时要注意呼肠病毒感染的细胞在未染色时可能在10天内仍观察不到病变。进行病毒分离以做出阳性诊断前，最好进行盲传。当细胞出现细胞病变后，通过电镜观察细胞培养物中的病毒形态，也可采用血清中和试验（SN）、血凝抑制试验（HI）或琼脂扩散试验等方法检测细胞培养物中的病毒抗原。

2. 血清学试验

（1）血凝和血凝抑制试验　采集健康人O型、A型、B型及AB型血和SPF鸡，实验用普通级牛、大鼠、豚鼠的血液，按常规方法于4℃、室温、37℃条件下分别进行红细胞凝集试验，测定红细胞凝集价，以及抗猫呼肠病毒的血清对人O型红细胞的血凝抑制价。

（2）中和试验　是鉴定相应抗体最常应用的方法。中和试验具有较高的特异性，结果易于判定，适于作大批量试验，近年来得到了广泛的应用。

（3）间接ELISA　冷雪梅等（2008）以原核表达的重组蛋白SR-δ1作为包被抗原，初步建立的Reo-3的ELISA检测方法，具有良好的特异性和敏感性。

3. 分子生物学诊断　L1基因节段是编码呼肠孤病毒RNA依赖RNA聚合酶的基因，在呼肠孤病毒的整个基因组中最为保守，是建立呼肠病毒分子生物学诊断方法的理想靶基因。

七、防治措施

目前尚无有效的疫苗可用于预防接种。由于该病毒可能主要存在于粪便中，此外，在饮用水、贮存水、未处理的污水中的分离率也很高，所以平时要注意对环境进行彻底的清洗和消毒。

八、公共卫生影响

目前尚未有关于猫呼肠病毒感染人的报道，但有研究表明猫呼肠病毒与人Reo-3病毒存在相同的抗原表位、紧密的血清学关系，因此存在猫与人相互传播的潜在风险。所以加强猫群呼肠病毒的检测，深入研究猫呼肠病毒的发病机制、传播途径、临床诊断、治疗措施，加快疫苗研制，对控制猫呼肠病毒的传播、扩散，并研究其对人的潜在危险具有重要的意义。

（迟立超　孙明　肖璐　田克恭）

参考文献

曾智勇，郭万柱，徐志文，等．2007. 仔猪腹泻样中猪呼肠孤病毒的分离鉴定［J］．畜牧兽医学报，38（6）：574-578.
常继涛，李鑫，张亚科，等．2008. 犊牛腹泻粪样中牛呼肠孤病毒的分离鉴定［J］．中国预防兽医学报，9：711-715.
方勤，朱作言，等．2003. 呼肠孤病毒结构与功能进展［J］．病毒学报，19（4）：381-384.
高芳銮，范国成，谢荔岩，等．2008. 呼肠孤病毒科的系统发育分析［J］．激光生物学报，17（4）：486-490.
郎淑慧，吕秀华，朱荫耕．细胞培养中污染呼肠孤病毒电镜观察［J］．北京实验动物科学，8（4）：20-21.
朗书惠，贺争鸣，吴惠英，等．1998. 呼肠孤病毒感染不同免疫功能状态小鼠的病理组织学研究［J］．实验动物科学与管理，15（3）：54.
冷雪梅，胡建华，高诚，等．2008. 呼肠孤病毒3型S1基因的原核表达及间接ELISA检测方法的建立［J］．中国兽医科学，38（07）：582-586.
孟轲音，杜林峰，涂长春，等．2010. 蝙蝠呼肠孤病毒感染BHK-21和Vero-E6细胞形态发生的比较观察［J］．中国病原生物学杂志，5（2）：84-85.
冉旭华，邵昱昊，韩宗玺，等．2007. 犬蝠源呼肠病毒的分离与鉴定［J］．中国农业科学，40（8）：1795-1801.
田克恭．1991. 实验动物病毒性疾病［M］．北京：农业出版社：254-256.
王吉，卫礼，岳秉，等，2011. 呼肠孤病毒Ⅲ型免疫荧光检测方法的建立及初步应用［J］．中国比较医学杂志（8）：1-4.
夏咸柱，高宏伟，华育平．2011. 野生动物疫病学［M］．北京：高等教育出版社：169-177.
殷震，刘景华．1997. 动物病毒学［M］．第2版．北京：科学出版社：538-544.
张云，刘明，欧阳岁东，等．2004. 正呼肠孤病毒及其分类学依据研究进展［J］．动物医学进展，25（6）：46-49.
Csiza C K. 1974. Characterization and Serotyping of Three Feline Reovirus Isolates［J］. Infect Immun.，9（1）：159-166.
Sturm R T，Lang G H，Mitchell W R，et al. 1980. Prevalence of Reovirus 1，2 and 3 Antibodies in Ontario Racehorses［J］. Can Vet J.，21（7）：206-209.

第三节　犬呼肠孤病毒感染
（Canine reovirus infection）

犬呼肠孤病毒感染（Canine reovirus infection）是由呼肠孤病毒引起犬的一种呼吸道传染病。临床表现为发热、咳嗽和上呼吸道炎症。多数情况下症状轻微，采取合理的对症治疗措施，病犬可以康复。

一、发生与分布

1953年，研究者首次从一健康儿童的肠道中分离到呼肠孤病毒，之后分别从猫、犬、猪、牛、羊等多种动物体内分离到该病毒。呼肠孤病毒分Reo-1、Reo-2、Reo-3三个血清型，Lou等（1963）、Binn等（1977）分别从表现呼吸道症状的病犬体内分离到Reo-1和Reo-2，kokubu等（1993）、Dacaro N等（2005）分别从有明显腹泻症状的犬粪中分离到Reo-3。血清流行病学调查也表明，在健康犬和患病犬体内广泛存在1～3型哺乳动物呼肠孤病毒抗体。

在国内，沈咏舟等（1999）从病犬的肺中分离到一株Reo-3，并对北京地区某实验动物中心的73份犬血清进行了调查，结果3月龄以上犬的抗体阳性率为100%，2月龄犬的阳性率为0，表明我国成年犬的血清抗体阳性率很高。周珍辉等（2008）从有呼吸道症状的病犬血液中分离到一株1型犬呼肠孤病毒。

二、病　　原

1. 分类地位　犬呼肠孤病毒（*Canine reovirus*）即哺乳动物呼肠孤病毒（MRV），在分类上属呼肠孤病毒科（Reoviridae）、正呼肠孤病毒属（*Orthoreovirus*）成员。该属成员还有禽呼肠孤病毒（ARV）、内尔森海湾病毒（NBV）和狒狒呼肠孤病毒（BRV）。经血清中和试验和血凝抑制试验证实，哺乳动物呼肠孤病毒可分为3个血清型。呼肠孤病毒2型可进一步分为4个亚型。这些血清型与禽呼肠孤病毒没有血清学关系。奇怪的是，哺乳动物呼肠孤病毒竟与三叶草的伤瘤病毒具有一个共同的抗原成分，而且这种植物病毒与哺乳动物的呼肠孤病毒具有同样的形态结构以及双股RNA构型。

2. 形态学特征与基本特性 病毒粒子呈圆形，二十面体立体对称，经分级滤膜过滤法测定其直径约70nm，负染后电镜观察直径60～80nm，由双层衣壳组成，外衣壳由92个圆柱状空心的壳粒组成，壳粒长10nm、宽8nm，空心直径4nm。

呼肠孤病毒可在多种动物细胞培养物中增殖，包括原代猴肾、猫肾、犬肾、牛肾、Hela、KB、FL等细胞。Binn等（1977）将病犬直肠和喉部材料处理后接种原代犬肾细胞，分离出2株MRV-2病毒。细胞病变在7天时出现，传代后可在4天时出现。呼肠孤病毒引起的细胞病变形成缓慢，感染细胞呈颗粒状，从瓶壁上脱落下来。经HE染色在感染细胞中可见嗜酸性沿核周围排列的胞浆内包涵体。电镜下可在包涵体内看到完全和不完全的病毒粒子，这些病毒粒子通常呈结晶状排列，并常连接于胞浆内的梭形微管上。感染细胞最后崩解，病毒释放于细胞外。

3. 理化特性 呼肠孤病毒在pH 2.2～9.0条件下稳定，对热相对稳定，对脱氧胆酸盐、乙醚、氯仿具有很强的抵抗力。在室温条件下，能耐1%H_2O_2、0.3%甲醛、5%来苏儿和1%石炭酸1h。过碘酸盐可迅速杀死呼肠孤病毒。

哺乳动物呼肠孤病毒能凝集人O型红细胞。血凝素与感染性病毒粒子有关，其成分是外壳上的δ1表面多肽。人O型红细胞在pH 6～8，4～37℃条件下均可发生凝集。血凝素对温度的稳定性以2型为好、1型次之、3型最差，保存温度以21℃合适。56℃迅速破坏血凝活性。用胰蛋白酶处理可提高1型病毒的血凝滴度，2型无影响，3型则下降。

4. 分子生物学 呼肠孤病毒基因组是分节段的双股RNA，全基因组分为L（L1、L2、L3）、M（M 1、M2、M3）和S（S1、S2、S3、S4）3组共10个节段。由S1基因编码的σ1蛋白是决定病毒中和作用及血凝性的蛋白，所以目前通常对S1基因进行序列分析确定毒株的血清型。呼肠孤病毒S1基因变动较大，血清1型与血清2型毒株S1基因间的同源性有30%～50%，而血清3型呼肠孤病毒的S1基因与1型和2型的同源性仅为6%～10%。除S1基因之外，其他9个基因节段在血清1型与血清3型存在较高的同源性。L1基因节段是编码呼肠孤病毒的RNA聚合酶的基因，在呼肠孤病毒的整个基因组中是最保守的。

病毒的外壳蛋白由λ2（L2）、μ1（M2）（多数为断裂的片段μ1N和μ1C）、δ1（S1）和δ3（S4）组成。其中λ2具有胍基转移酶的功能；μ1与转录激活有关；δ1具有细胞吸附、血凝素和血清型决定簇的作用；δ3可与dsRNA结合，具有转录后翻译功能。

病毒的内衣壳蛋白分别由λ3（L1）、λ1（L3）、μ2（M1）和σ2（S2）组成，λ3具有RNA-依赖的RNA聚合酶活性；λ1可与dsRN A结合，有ATP酶活性；目前还不清楚μ2蛋白的功能；σ2负责与dsRNA结合。哺乳动物呼肠孤病毒的非结构蛋白由μNS（M3）、δ1s（S1）和δNS（S3）组成，目前仅知道δNS可与dsRNA结合，其他两个非结构蛋白的功能还不清楚。

三、流行病学

1. 传染来源 呼肠孤病毒感染犬是该病的主要传染源，病毒通过其排泄物和分泌物污染环境，造成周围动物的感染。

2. 传播途径 从感染动物的粪、尿、鼻分泌物和血液中均可分离到病毒，表明病毒大量存在于排泄物和分泌物中，可污染周围环境，通过消化道、呼吸道等途径造成健康动物的感染。用呼肠孤病毒人工感染幼犬，7天后血液中呼肠孤病毒抗体滴度开始上升，6～24天均可从感染犬体内分离到病毒，表明犬可长期向外排毒。

3. 易感动物

（1）自然宿主 呼肠孤病毒的宿主范围非常广泛，几乎可以从所有哺乳动物的体内检测到呼肠孤病毒抗体。一般认为除了啮齿类动物外，呼肠孤病毒通常不引起其他动物明显的疾病，特别是对成年动物的致病性较弱。啮齿类动物如鼠，对3个血清型的呼肠孤病毒都很敏感，感染后常引起较为严重的疾病，表现为肝炎、脑炎和脊髓炎。其他哺乳动物感染呼肠孤病毒后常呈无症状经过。从马、牛、绵羊、犬、猫体内能分离到3个血清型的呼肠孤病毒，牛、犬以1型为主，马、绵羊、猫以3型为主。此外，近几年从野生动物如蛇、狒狒、蝙蝠等体内也分离到了呼肠孤病毒。

（2）实验动物 呼肠孤病毒可感染以啮齿类动物为主的实验动物，呼肠孤病毒的3个血清型均可侵入呼吸道和肠道上皮细胞，在淋巴样细胞中复制，并通过血液循环达到心脏、脑部、肝脏、胰脏和肾脏。其中CNS感染具有型特异性，1型可致小鼠脑室膜炎和脑积水，2型可致乳小鼠脑炎，3型可感染神经元引发致死性脑炎，其致病机制可能是病毒诱发的细胞凋亡。1型和3型可引发小鼠严重肺炎，与病毒性肺炎的致病机制相似，即主要由T细胞介导的细胞免疫引起的炎症。3个血清型均能造成乳小鼠心肌损伤及肺水肿和肺泡出血。

（3）易感人群 人主要感染呼肠孤病毒血清1型和血清3型，多呈无症状或轻微症状经过。

4. 流行特征 该病发生具有一定的季节性，冬春季发病率和死亡率较高。不同年份的发病率也有差异，纯种犬比杂种犬易感性高。

沈咏舟（1999）对北京地区某试验动物中心的73份犬血清进行了调查，结果3月龄以上的阳性率为100%，2月龄的阳性率为0。

四、临床症状

Lou等（1963）首次从病犬分离到MRV-1病毒，证实呼肠孤病毒在自然和人工感染犬可引起发热、咳嗽、浆液性鼻漏、流涎等症状。将同一株病毒接种无菌犬和SPF犬，未能发病，但重新分离获得病毒，呈现血清抗体阳性，证实的确引起感染。Massie等（1966）报道，病初可见持续性咳嗽，24h后表现黏液脓性鼻漏，脓性结膜炎、喉气管炎和肺炎。随后50%病犬表现腹泻症状。加强护理和适当的对症治疗，多数病犬可在7～14天内康复。他们将分离到的MRV-1病毒人工感染犬，可引起相似症状，病犬发热达40℃，厌食、抑郁、脓性鼻炎、结膜炎和腹泻，呼吸道症状持续2天左右，7天后康复。人工感染7天后，血液中血凝抑制抗体效价达1∶320～1∶5 120，并可保持42天之久。

人感染呼肠孤病毒后多数呈现无症状或轻微症状经过，少数人会出现呼吸道（Bellum，1997；Majeski，2003）、胃肠道（Tyler，1998）和神经系统（Tyler，2004）疾病。

五、诊　　断

呼肠孤病毒感染诊断可用聚丙烯酰胺凝胶电泳技术检查粪便中的病毒抗原。步骤包括核酸提取、电泳和染色。也可用敏感的组织培养细胞从粪便、呼吸道分泌物或其他组织中分离病毒。为消除细菌或其他病毒的干扰，可视情况先将病料50～55℃加热或用乙醚、丙酮处理。根据特征性细胞病变——核周围包涵体的出现，人工感染乳鼠致病，可初步判定是否存在呼肠孤病毒。病毒鉴定可先以补体结合试验检查群特异性抗原，区分哺乳动物呼肠孤病毒与禽呼肠孤病毒，随后再以中和试验或血凝抑制试验检测型特异性抗原。

Rosen（1963）首次将血凝抑制试验用于呼肠孤病毒的分型，试验时应采用3个型的病毒抗原，因3个型别之间抗原有部分交叉，但以同型抗体滴度高。本方法可用于病毒鉴定和血清流行病学调查。中和试验适用于鉴定病毒，可在细胞或乳鼠上进行，较血凝试验敏感。补体结合试验操作繁琐，多不采用。ELISA的敏感性远远高于琼脂扩散和间接血凝试验，以纯化病毒为抗原，并用高岭土处理血清，以排除非特异性反应，其结果与中和试验一致。

L1基因在基因组中最为保守，是建立呼肠孤病毒分子生物学诊断方法的理想靶基因。Thomas P

(2002) 以 L1 为靶基因建立了呼肠孤病毒的 RT-PCR 诊断方法，用该方法检出了全部由不同时间分离到的不同地方的 44 株病毒。该方法几乎可以检测到单个病毒粒子。

六、防治措施

对该病目前尚无疫苗和特效的治疗方法，加强护理和对症治疗，多数病犬可在 2～14 天内康复。

七、对试验研究的影响

呼肠孤病毒可感染以啮齿类动物为主的实验动物，病毒可侵入实验动物的呼吸道和肠道上皮细胞，在淋巴样细胞中复制，并通过血液循环到达心脏、脑部、肝脏、胰脏和肾脏，引起小鼠的脑炎、肺炎及心肌损伤。

(冯向辉　孙明　肖璐　田克恭)

参考文献

周珍辉，陈万荣，向双云，等. 2008. 犬呼肠孤病毒 1 型 BJ-JB-3 株的分离鉴定 [J]. 中国兽医科学，38 (06)：479-482.
沈咏舟，田克恭，杨汉春，等. 1999. 犬呼肠孤病毒 3 型 (AMMS 株) 的分离与鉴定 [J]. 中国兽医学报，19 (5)：445-447.
沈咏舟，田克恭，杨汉春，等. 1999. 犬呼肠孤病毒 3 型感染的血清学调查 [J]. 安徽农业科学，27 (1)：86-87.
张云，刘明，欧阳岁东，等. 2004. 正呼肠孤病毒及其分类学依据研究进展 [J]. 动物医学进展，25 (6)：46-49.
左庭婷，端青. 2008. 呼肠病毒感染试验动物致病性的研究进展 [J]. 军事医学科学院院刊，32 (4)：389-391.
Bellum S C, Dove D, Harley R A, et al. 1997. Respiratory reovirus 1/L induction of intraluminal fibrosis. a model for the study of bronchiolitis obliterans organizing pneumonia [J]. American Journal of Pathology, 150 (6): 2243-2254.
Kokubu T, Takahashi T, Takamura K, et al. 1993. Isolation of MRV virus type 3 from dogs with diarrhea [J]. J Vet Med Sci, 55 (3): 453-454.
Majeski E I, Paintlia M K, Lopez A D, et al. 2003. Respiratory reovirus 1/L induction of intraluminal fibrosis. a mode of bronchiolitis obliterans organizing pneumonia, is dependent on T lymphocytes [J]. American journal of Pathology, 163 (4): 1467-1479.
Thomas P, Leary, James C, Erker, et al. 2002. Detection of Mammalian MRVvirus RNA by using reverse trans-cription-PCR: sequence diversity with the λ3-Encoding L1 gene [J]. Journal of Clinical M icrobiology, 40 : 1368-1375.
Tyler K L, Barton E S, Ibach M L, et al. 2004. Isolation and molecuar characterization of a novel type 3 reovirus from a child with meningitis [J]. Journal of infections diseases, 189 (9): 1664-1675.
Tyler K L, Sokol R J, Oberhaus S M, et al. 1998. detection of reovirus RNA in hepatobiliary tissues from patints with extrahepatin billiary atresia and choledochal cysts [J]. Hepatology, 27, (6): 1475-1482.

第四节　乳鼠流行性腹泻
(Epidemic diarrhea of infant mice)

乳鼠流行性腹泻 (Epidemic diarrhea of infant mice, EDIM) 是由小鼠轮状病毒引起的肠道传染病。主要发生于第 1 胎的哺乳小鼠，特别是 14 日龄以内的小鼠，临床表现腹泻、脱水、生长发育不良等症状。该病发病率高、死亡率低，可对实验鼠群构成严重威胁。

一、发生与分布

乳鼠流行性腹泻早在 1947 年第一次被 Chesvere 等发现和研究，但直至 1963 年 Adams 和 Kraft 用电子显微镜观察才证实其病原为病毒，发表了关于该病病因学、传播方式、带毒状况、免疫反应、发病机理和疾病控制的研究报告，并正式称为乳鼠流行性腹泻。Smith 等（1983）进一步完善了该病毒的血清学检测方法。经过进一步研究发现，乳鼠流行性腹泻病毒形态学和血清学上与轮状病毒 A 组中引起小牛、猴、马、猪、羊、兔等腹泻的轮状病毒相似，存在共同抗原，有交互血清学反应。Woode 等（1989）分别用同源和异源的轮状病毒主动免疫乳鼠，结果所有疫苗均可诱导机体产生血清抗体，但只有鼠源轮状病毒疫苗才具有保护力，因而又名小鼠轮状病毒（*Mice rotavirus*，MRV）。

乳鼠流行性腹泻呈世界性分布，我国吴小闲等（1986）报道开放饲养的 BALB/c 小鼠群中有疑似轮状病毒感染的病例。他们共检查了 4 批标本，从 16 份标本中检出阳性标本 5 份，显示特异的轮状病毒电泳带 11 条，与猴轮状病毒（SA_{11}）的泳带基本相对称，仅有微小差别。两次传代获得的标本，用电镜检查均见到典型的轮状病毒粒子。用 SA_{11} 作抗原，经酶联免疫吸附试验证实，腹泻小鼠亲代鼠存在轮状病毒抗体，而病鼠群中正常成年小鼠均未检出抗体，表明乳鼠腹泻的病原为轮状病毒。他们同期检查的其他 5 个品系的普通小鼠也有抗体存在，表明我国普通小鼠群中普遍存在轮状病毒感染，应引起人们的注意。

二、病　　原

1. 分类地位　乳鼠流行性腹泻病毒在分类上属呼肠病毒科（Reoviridae）、轮状病毒属（*Rotavirus*）。

2. 形态学基本特征与培养特性　Thouless 等（1977）用电镜观察到两种形态的病毒粒子，一种是有外衣壳的完整的病毒粒子，直径 75～80nm，一般只有在用回肠做直接印片时才能观察到；另一种是缺乏外衣壳的不完整的病毒粒子，直径约 65nm。Stannard 等（1977）对乳鼠流行性腹泻病毒进一步做电镜观察，发现其内衣壳有 180 个形态亚单位，排列成晶格状，12 个顶各为一个空隙，由 5 个壳粒围绕，另外 80 个空隙由 6 个壳粒围绕。外衣壳由蜂窝样的晶格组成，且与内衣壳的晶格排列相符。核酸型为双股 RNA，分子量 4.96×10^6u，在氯化铯中的浮密度为 1.36～1.38g/cm^3。目前分离的乳鼠流行性腹泻病毒包括 EB、EW 和 EHP 等毒株，经血清学试验证实，乳鼠流行性腹泻病毒与其他轮状病毒具有共同的抗原成分。这个抗原决定簇和病毒粒子的内衣壳有关。根据中和试验，乳鼠流行性腹泻病毒表现出型特异性，这是由于外衣壳具有区别于其他轮状病毒的一个或多个型特异性抗原。Smith 等（1979）用凝胶电泳法检查了包括小鼠在内的 6 种动物的轮状病毒的 RNA，发现不同种动物的轮状病毒 RNA 在电泳移动模式上有较明显的差异，并证实小鼠的轮状病毒产生 11 条泳带。

吴小闲等（1988）报道在北京地区小鼠群中分离的乳鼠流行性腹泻病毒粒子呈圆形或椭圆形，电镜下可见两种形态，一种为光滑型，直径约 56nm，有完整的外衣壳，多见于流行期病例；另一种为粗糙型，直径约 40nm，无完整的外衣壳，多见于散发病例。经聚丙烯酰胺凝胶电泳分析，北京株的电泳带与国外报道的 EB、EW 和 EHF 等毒株的带型有差异，即它们的第 10、11 条带靠近，而北京株的第 10、11 条带的间距较大。

该病毒无血凝素，经研究证实，不能凝集人 O 型红细胞及豚鼠、鸡、小鼠、兔、仓鼠和绵羊的红细胞。不能在体外细胞培养中传代，也不能在鸡胚中生长。1984 年日本学者报道用猴肾细胞（PMK）分离出 MRV，培养 2 天后出现细胞病变，第 7 天出现包涵体。1986 年 Greenberg 报道了 3 株不同血清型的 MRV（EW，EB，EHp）在原代非洲绿猴肾细胞（AGMK）可传 10～15 代，第 4 代时出现细胞病变。用 ELISA 法从培养上清液可查到 MRV 抗原。

3. 理化特性　乳鼠流行性腹泻病毒对热敏感，4℃ 24h 或 37℃ 1h，其感染力丧失 50%左右，70℃ 15min 感染力完全丧失。对乙醚、氯仿、脱氧胆酸盐和胰酶有抵抗力，在 pH 3～9 条件下稳定。

4. 分子生物学　小鼠轮状病毒有 11 个 RNA 节段，编码 VP1 - 8（在毒粒内）以及 NS53、NS35、NS34 和 NS28（在受染细胞内），RNA 基因组的末端序列是保守的，在所有病毒株中具有高度保守性，每个片段编码一个多肽，基因组 RNA3’端无聚（A）尾。成熟病毒的最外层衣壳包括 VP7 和 VP4 两种蛋白。VP7 为一种糖蛋白，由第 9 或 7、8 基因片段编码而成，不同毒株有所不同，是主要的型特异性中和抗原，可刺激产生保护性中和抗体。VP4 是一种非糖蛋白，由第 4 基因片段编码，对蛋白水解敏感，可被胰蛋白酶水解成两个亚单位（VP5 和 VP8），从而导致病毒感染力的增强。VP4 与病毒的毒力和血凝反应有关，也可刺激产生中和抗体，与 VP7 产生的中和抗体是相互独立的。VP6 位于中层衣壳的表面，是由第 6 基因片段编码的亚组特异性蛋白，外层一颗脱落后可激活病毒粒子相关的依赖 RNA 的 RNA 聚合酶或转录酶，从而产生核心颗粒。VP2 由第 2 基因片段编码，是核心的主要成分。VP1 和 VP3 含量不高，位于病毒粒子的核心。

三、流行病学

1. 传染来源 病鼠和隐性感染的成年小鼠是该病传染源，可不断向外排毒，污染鼠群。

2. 传播途径 乳鼠流行性腹泻是一种高度接触性传染病。主要传播途径是消化道和呼吸道，直接接触污染材料或误食污染的食物也可感染。在感染鼠群经空气散播也很重要，人或节肢动物可能成为机械携带者和传播者。能否垂直传播尚未证实。

3. 易感动物

（1）自然宿主 小鼠是乳鼠流行性腹泻病毒的唯一自然宿主。

（2）实验动物 各种年龄的小鼠都可以感染，但明显发病仅限于 10～15 日龄初次感染的小鼠，以后随年龄增长感染率下降。断乳后一般不再出现腹泻。成年小鼠呈隐性感染。不同品系小鼠对本病的易感性有差异，如 C_3H、CFW 品系极其敏感，而 C_{57}BL 品系则具有相对的抵抗力。

1986 年 Offit 用 SA11 感染 KD-1 小鼠产生腹泻和病理改变，与 MRV 感染相同。1956 年 Gouvea 用人 MET 株感染 SW55 小鼠也曾引起典型的体征和病理改变，提示小鼠是研究轮状病毒的理想动物模型。刘嘉琦等（2004）用 A 组人 Wa 和恒河猴 SA11 株轮状病毒感染成年昆明小鼠，观察小鼠的临床反应和排毒情况。结果发现成年昆明小鼠对轮状病毒感染有很高的敏感性，可作为动物模型，在轮状病毒感染药物治疗效果评价和疫苗保护性效果评价中具有重要价值。

（3）易感人群 目前未见人感染的报道。

4. 流行特征 该病多发于晚秋和冬季，青年初产母鼠感染率明显高于经产母鼠，通风不良、密度过大等不良的环境因素可提高发病率。该病一旦在某一鼠群暴发流行，则随后每年连续发生。这是因为乳鼠流行性腹泻病毒对外界环境的抵抗力较强，而已隐性感染的成年小鼠不断向外排毒的缘故。

四、临床症状

腹泻是该病的主要症状，其严重性取决于小鼠的年龄和免疫状态。主要发生于第一胎的哺乳小鼠，特别是 14 日龄以内的乳鼠；断乳小鼠也可感染，但无临床表现。乳鼠感染后早期表现腹泻、脱水、生长发育不良、皮肤皱缩等症状。肩、背部皮肤上有干燥、灰白色的痂皮；有些小鼠皮肤发绀，尤其是在两肩胛之间和颈部。通过腹壁可看到扩张的胃中充满乳汁。小鼠肛门周围、尾部甚至腹部均被淡黄色稀粪污染。后期粪便干燥，阻塞肛门，不易脱落；有的可能发生直肠嵌塞，可导致死亡。乳鼠患病期间，不影响吃奶，但因消化不良，大多积于胃中。轻型病例，2～5 天可自行康复。

五、病理变化

1. 大体解剖观察 乳鼠流行性腹泻乳鼠营养状况较差，消瘦，空回肠膨胀，肠壁菲薄，肠腔内充盈大量黄色黏液样物质，伴有不同程度的肠胀气。所有病鼠胃内均可见多少不等的奶块，结肠和直肠内未见成形粪便。心、肝、脾、肺、肾和脑组织等未见明显异常。

2. 组织病理学观察 以小肠绒毛上皮细胞大量空泡化为特征。空泡主要出现在胞浆顶端，圆形或椭圆形，胞核被挤压，空泡内偶见圆形嗜酸性包涵体。绒毛上端增粗，固有层内淋巴管扩张，黏膜下层轻度水肿。

人工感染后 1～4 天的 BALB/C 乳鼠小肠绒毛顶端变粗，表面破损，继而小肠绒毛顶端变钝，集结如“盘珠”样改变，表层部分细胞破损脱落，外观不整。大肠表面粗糙，感染后5天逐渐恢复。绒毛及顶端出现的“盘珠”样改变可能是在光镜下和电镜下所见上皮细胞高度空泡变的表象。

人工感染后24h的BALB/c乳鼠小肠上皮细胞增大，粗面内质网扩张，线粒体数量减少，胞质内出现多量大小不等、形态各异的空泡，有些空泡内充满脂类物质和病毒粒子。在胞质中亦可见到散在或成堆的病毒粒子，有完整的（直径约56nm）和不完整的（40nn）两种粒子，表明胞质是乳鼠流行性腹泻病毒的复制场所。

六、诊　　断

根据流行病学、临床症状和大体解剖观察可以做出初步诊断。临床上应与MHV引起的腹泻相区别。在发病年龄上，由MHV引起腹泻的小鼠以乳鼠为主，但其他年龄的小鼠也可发病，而该病则仅乳鼠发病。在临床症状上，由MHV引起腹泻的小鼠死亡快，一般为2～4天，有的甚至见不到临床症状，而该病病程约7天左右。在大体解剖上，由MHV引起腹泻的小鼠肝脏呈苍白色或黄白色，表面呈颗粒状，常伴有少量腹水，而该病则以肠臌气和胃扩张为主，肝脏未见异常。另外，Reo-3病毒感染引起的小鼠腹泻，由于粪便中脂肪含量高，污染被毛后使其变得光亮，即“油性被毛效应”，这是Reo-3病毒感染的一个特征，可与该病相区别。

1. 病毒分离与鉴定　可取发病小鼠肠内容物制成10%悬液，除菌后接种4～14日龄无菌或悉生小鼠，3～5天后取小鼠肠，研磨后提纯，电镜下可观察到典型的病毒粒子。也可用传代细胞做病毒分离，方法是取小鼠肠内容物或粪便用pH 7.2 PBS稀释后除菌，接种到MK_2细胞，经24～72h做免疫荧光检查，可见典型的荧光反应。但乳鼠流行性腹泻病毒不能在细胞上连续传代。有人认为用胰酶处理可提高病毒的分离率，接种时可在营养液中加入少量胰酶，可使感染细胞增多，病毒效价比未用胰酶处理的对照组高。PAGE法是根据乳鼠流行性腹泻病毒基因组由11个不同分子量的双股RNA组成的特点，可由典型的4-2-3-2带型分布做出诊断。该方法敏感简便，且可分组。Eydelloth介绍用免疫法检查肠道病毒抗原或双抗体夹心法检查抗原，能明确乳鼠流行性腹泻病毒感染。

2. 血清学试验　由于乳鼠流行性腹泻病毒还不能成功培养传代，因此一般用牛或猴的轮状病毒做抗原检测小鼠血清中的病毒抗体，效果较理想。首选ELISA方法，间接免疫荧光抗体试验敏感性较差。

3. 组织病理学诊断　小肠是唯一发生变化的部位，表现为有些绒毛间质细胞轻度增多，不见明显的炎症变化。在靠近绒毛顶端的肠细胞内可发现包涵体，尤其是在空肠，但在脱落到肠腔内的细胞中很少见到，绒毛顶端及附近的上皮细胞常见空泡化。

4. 分子生物学诊断　随着分子生物学技术的快速发展，近年来，PCR越来越多地应用于病原的快速检测。李勇（2003）成功构建了表达EW株VP7基因的重组腺病毒，为进一步研究轮状病毒的免疫保护机制打下了基础。

七、防治措施

1. 治疗　1986年offit报道用抗RV表面蛋白Vp3和Vp7单抗能被动保护由其引起的腹泻。抗鼠RRV株Vp7的两种不同抗原决定簇的单抗，可中和3种不同血清型（OSU、RRV和UK），而使动物免于患病。这种作用也给制备有效疫苗提供了免疫学依据。

实验小鼠的生产和应用是规模化的，接种疫苗和使用药物不适于实际工作，同时疫苗和药物对科研试验结果又有不可预计的影响，因此应通过严格管理来控制乳鼠流行性腹泻的发生。

2. 预防　小鼠乳鼠流行性腹泻病毒感染非常普遍，给生产和科研带来很大的损失，但目前尚未引起人们的足够重视。小鼠发生腹泻后人们习惯从细菌感染、饲料、气候等方面来考虑。另外对该病缺乏敏感的实验室诊断技术，且该病仅发生于第一胎乳鼠，有的病征很轻，很快即可自行恢复，断乳小鼠和亲代母鼠不表现症状。因此，人们往往容易忽略这种隐性感染的严重性及给生产群和种子群带来的潜在危害。这些是造成乳鼠流行性腹泻年复一年地在鼠群中流行的直接原因。

在无乳鼠流行性腹泻病毒感染的鼠群，可采用剖腹产技术和屏障系统饲养的方法，建立种子群，由此扩大生产。Kraft（1966）试验表明，在未装滤器的鼠笼内，初产乳鼠断乳率为43%，其他胎次乳鼠的断乳率为79%；而在提供滤器的笼中，断乳率分别为96%和99%。由此可见空气过滤装置可有效地减少空气传播的机会。采取严格控制饲养环境，将垫料、饲料、用具等彻底消毒，切断感染途径，完全可以控制该病的流行。

乳鼠流行性腹泻病毒传染性很强，一旦在几窝小鼠中出现腹泻症状，则群体中的全部乳鼠迟早会被感染，即使可自行恢复，但生长缓慢，对生产和动物试验都会产生严重影响，而且病愈小鼠及其亲代母鼠可长期带毒。因此，对发病鼠群，应彻底淘汰全部小鼠及其亲代母鼠，在彻底消毒的基础上，重新引种，建立新种群。

八、对试验研究的影响

该病仅发生于第一胎乳鼠，可自行恢复，成年小鼠不表现临床症状，使得饲养管理人员容易忽略这种隐性感染的严重性，给生产群和种子群带来潜在的危害。该病发病率高，一旦在某一鼠群暴发流行，则随后每年连续发生，虽然可自行恢复，但恢复后的小鼠生长缓慢，对生产和动物试验都会产生严重影响。

（巩薇　贺争鸣　田克恭）

参考文献

安红，崔保峰，余黎，等．2012. 轮状病毒基因重配株Ls（G3型）在Vero细胞上的适应性培养及免疫原性分析［J］. 中国新药杂志，21（10）：1162-1165.

陈元鼎，郭仁，戴长柏，等．1990. 轮状病毒及其胃肠炎［J］. 中华流行病学杂志（腹泻病专辑），11：279-283.

侯云德．1990. 呼肠孤病毒科［M］. 分子病毒学．北京：学苑出版社：408-426.

贾锐胜，魏强，洪瑞珍，等．1991. 大鼠乳鼠流行性腹泻的流行病学及临床观察［J］. 中国实验动物学杂志，1（3、4）：246-249.

李嘉琦，刘晓，熊新宇，等．2004. 轮状病毒感染成年小鼠的研究［J］. 中国实验动物学报，12（4）：239-241.

李勇，王健伟，屈建国，等．2003. 小鼠轮状病毒EW株VP7基因的克隆及其在重组腺病毒中的表达［J］. 山东大学学报（医学版），41（6）：595-599.

倪艳秀．1998. A组轮状病毒研究动态［J］. 江苏农业学报，14（1）：60-64.

沈蕙，邵梦篪，马良才，等．2002. 轮状病毒概况［J］. 现代预防医学，29（3）：66-68.

宋怀燕，洪瑞珍，施慧君，等．1991. 小鼠乳鼠流行性腹泻的流行病学及临床观察［J］. 中国实验动物学杂志，1（3、4）：250-253.

田克恭．1991. 实验动物病毒性疾病［M］. 北京：农业出版社：88-94.

魏强，施惠君，陈中，等．1994. B组轮状病毒引起Wistar乳鼠流行性腹泻的病原学和病理学研究［J］. 中华实验和临床病毒学杂志，8（3）：204-207.

魏强，吴小闲．1992. 乳鼠流行性腹泻研究概况［J］. 上海实验动物科学，12（1）：21-23.

魏天文，何军礼，邵青，等．2006. 地鼠乳鼠流行性腹泻病毒学研究初报［J］. 中国比较医学杂志，16（8）：479-481.

吴小闲，魏强，宋怀燕，等．1991. BALB/c等乳鼠流行性腹泻（EDIM）的初步研究［J］. 病毒学杂志，6（1）：27-32.

殷震，刘景华．1997. 呼肠孤病毒科［M］. 动物病毒学．第2版．北京：科学出版社：538-578.

张静．1999. 轮状病毒的分子流行病学研究进展［J］. 国外医学儿科分册，26（3）：120-124.

Henry L. Foster，J. David Small，James G. FOX. 1988. 实验小鼠疾病［M］. 北京农业大学实验动物研究所，译．北京：北京农业大学出版社：218-226.

El-Attar L，Dhaliwal W，Houard C R，et al. 2001. Rotavirus cross-species pathogenicity：molecular characterization of a bovine rotavirus pathogenic of pigs［J］. Virology，291：172-182.

Estes MK，Kohen J. 1989. Rotavirus Gene Structure and Faction［J］. Microbiol Rev，53（4）：410-449.

Ramachandran M，Das B K，Vij A，et al. 1996. Unusual Diversity of Human Rotavirus G and P Genotypes in India［J］.

Clin Microbiol, 34 (2): 436 - 439.
Ramig R F, Diamanit E, Giovannangeli S, et al. 1997. Genetics of the rotavirus [J]. Annu Rev Microbiol, 51: 225 - 255.
Ward R L. 2003. Possible mechanisms of protection elicited by candidate rotavirus vaccines as determined with the adult mouse model [J]. Viral Immunol, 16: 17 - 24.

第五节 大鼠轮状病毒感染
(Rat rotavirus infection)

轮状病毒（*Rotavirus*，RV）是导致许多种幼龄动物发生非细菌性腹泻的主要病原之一。如人及绵羊、山羊、小鼠、大鼠、羊、羚羊、幼驹、鹿、犊牛、兔、猴、猪、犬、鸡、火鸡、鸭、豚鼠等都有关于轮状病毒的报道。

大鼠轮状病毒感染（Rat rotavirus infection）可引起乳大鼠暴发性流行性腹泻，也可引起人的急性胃肠炎，是新近发现的一种病毒性传染病。大鼠轮状病毒也称大鼠轮状病毒样因子（RVLA）。

一、发生与分布

Vonderfecht 等（1984）在研究大鼠流行性腹泻时首次于美国发现轮状病毒，定为 B 组轮状病毒。Eiden 等（1986）认为轮状病毒可引起人的急性胃肠炎，经病毒学、血清流行病学、动物感染试验和基因杂交证明，其与在美国成人腹泻病例中分离到的轮状病毒非常相似。他们认为，B 组轮状病毒可能是一种新的人兽共患病病原。目前，我国尚未见有大鼠感染轮状病毒的报道，吴小闲等（1985）在一次乳大鼠腹泻中，通过聚丙烯酰胺凝胶电泳技术制出了轮状病毒的 RNA 电泳型，表明我国大鼠群中可能有轮状病毒存在。

二、病 原

1. 分类地位 轮状病毒（*Rotavirus*，RV）在分类上属呼肠病毒科、轮状病毒属。至今已将轮状病毒分为 7 个组（A～G）。已经发现的 B 组轮状病毒分别来自人及大鼠、牛、猪、羊。近十年来，通过对轮状病毒的研究，轮状病毒 B 组已被公认为引起人及不同动物腹泻的流行病学的重要因素。又由于 B 组轮状病毒和引起人腹泻的 A 组与 C 组轮状病毒的亲缘关系很近，对 B 组轮状病毒的研究日益受到重视。

2. 形态学基本特征与培养特性 大鼠轮状病毒为双链 RNA（dsRNA）病毒，其大小、形态与典型轮状病毒相似，直径约 65nm，由立体对称的壳微粒组成。典型轮状病毒都有相似的 RNA 电泳型，基因电泳型呈 4 - 2 - 3 - 2 分布。

3. 理化特性 轮状病毒在氯化铯中的浮密度为 1.36～1.40g/cm^3，对乙醚和酸具有一定的抵抗力，用 pH 5.0 缓冲液处理致病性不变。不耐热，56℃ 30min 即失去活性。

4. 分子生物学 经聚丙烯酰胺凝胶电泳分析，轮状病毒由 11 个双股 RNA 片段组成，共有 11 个分子量范围在（2～2.2）$\times 10^5$ Da 的片段，这 11 个片断的分子量总共为（10～14）$\times 10^6$ Da。但与典型轮状病毒的 4 - 2 - 3 - 2 电泳型不同。其 5、6、7 片段靠近，而 8、9、10、11 片段呈等距分开，形成 4 - 3 - 1 - 1 - 1 - 1 型。Eiden 等（1986）采用 RNA 分子杂交等方法将其归于 B 组。

三、流行病学

1. 传染来源及传播途径 病鼠是该病的主要传染源。病鼠的粪便中含有大量病毒粒子，污染饲料、饮水和周围环境，健康动物因接触而经消化道感染。人工感染经十二指肠接种最为易感。

2. 易感动物

（1）自然宿主 据目前所知，轮状病毒的自然宿主包括人和大鼠。大鼠感染主要引起大鼠暴发性腹泻（IDIR）。

（2）实验动物　轮状病毒是可导致许多种幼龄动物发生非菌性腹泻，如小鼠、大鼠、羊、兔、猴、猪、犬、鸡、豚鼠等都有关于该病原的报道。在猪、家鼠、大鼠、鸡、鸭中均有轮状病毒散播，猪和家鼠血清阳性率高，大鼠次于家鼠，豚鼠和小鼠只有个别呈阳性，鸡、鸭等禽类中阳性率也很低，牛、马、羊则均为阴性。

（3）易感人群　Eiden 等在 1985 年报告大鼠轮状病毒能引起人的急性胃肠炎，从病毒形态、动物接种感染试验、血清学研究以及基因杂交证明，大鼠轮状病毒和美国 Baltmore 地区流行的成人腹泻患者中分离出的轮状病毒是相同的。提示大鼠轮状病毒是引起人和大鼠急性胃肠炎的人兽共患病病原。

在我国发现引起成人流行性腹泻的副轮状病毒与轮状病毒的电泳型基本相似，用杂交方法证明两者具有基因片段的同源性，提示它们之间可能存在共同的抗原决定簇。

调查 1983—1984 年 113 份成人和儿童腹泻标本，除外 61 份 A 组 R V 引起者。用其中 19 份人粪便悬液感染动物，发现 6 个患者的标本接种动物后产生典型的轮状病毒的病变，用大鼠抗轮状病毒抗体处理标本后接种则不能感染。被查的这 6 个病人中，3 个是医务工作者，其中一患者接触过用大鼠轮状病毒感染大鼠的试验，一个小患者是医生的孩子。提示大鼠轮状病毒是人和动物共患病原。

另外，用抗大鼠轮状病毒抗体检查 Baltimore 地区正常人，发现随年龄增长，相关抗原在 20 岁以上人中高达 87.9 %，证明有普遍的大鼠轮状病毒隐性感染。

3. 流行特征　最近越来越多的研究证明，水源传播的非细菌性胃肠炎暴发流行与诺沃克病毒、类诺沃克因子以及轮状病毒有关，从而增加了人们对水质卫生的关心。

洪涛等人对成人腹泻轮状病毒的血清流行病学调查推测如同普通轮状病毒（ A 组）那样，人和动物各有自己的病毒，它们有共同的组特异性抗原。事实上，他们发现的成人腹泻轮状病毒（ADRV）不仅与美国从猪中分离的一株轮状病毒（RVLV ）呈交叉反应，而且与 Vonderfe 等在大鼠乳鼠中发现的传染性腹泻轮状病毒也呈阳性反应。此外，基因分节段的病毒，如流感病毒、呼肠弧病毒和轮状病毒等，在自然界常常发生基因重组。人和动物中这种血清学交叉反应，也可能是病毒间杂交变异的结果。已证实人及猿猴、牛、鼠的轮状病毒之间有抗原交叉。

人腹泻轮状病毒可能感染动物，或者人腹泻轮状病毒的感染是来自动物，即可能存在着成人流行性腹泻的动物源性。这种情况在病毒的历史上屡见不鲜，如狂犬病和流行性出血热就是最好的例证。

四、临床症状

轮状病毒是导致许多种幼龄动物发生非细菌性腹泻的主要病原之一。在开放式饲养小鼠中，存在隐孢子虫和轮状病毒感染但无症状的感染个体。

乳大鼠自然感染表现暴发性流行性腹泻，潜伏期 1～2 天。病初可见腹泻，排泄不成形粪便和肠臌气，病鼠肛门周围皮肤潮红、破损、出血。5～6 天后导致生长迟缓、皮肤干裂。病程至少持续 12 天，但不引起死亡。1～11 日龄的乳大鼠最为易感，大于 14 日龄的大鼠则有一定的抵抗力。

大鼠乳鼠自然发病呈暴发性流行性腹泻，引起幼鼠肛周皮肤潮红、破损以及出血，可能是由于排泄不成形粪便和肠胀气引起。感染 2～36h 后幼鼠发病，持续 5～6 天出现腹泻及上述症状，导致生长缓慢、停滞、皮肤干裂，病程至少持续 12 天，但不引起死亡。1～11 日龄之内的乳鼠经感染后发病，大于 14 日龄幼鼠则有抵抗力，不易发病。但如果接种感染前给予 7.5 %$NaHCO_3$ 1mL 或直接给十二指肠接种则发病，可能与胃酸随鼠龄增加而对轮状病毒的破坏作用加强有关。

五、病理变化

1. 大体解剖观察　可见结肠、远端小肠内有水样不成形粪便，胀气，偶尔有黏液。近端小肠内有水样褐绿色物，胃内充满奶块，为消化不良所致。其他脏器未见明显改变。

2. 组织病理学观察　光镜下可见小肠绒毛萎缩，绒毛上皮和细胞变性坏死，以上端 1/3 处最为显著。绒毛上皮形成合胞细胞，其中含有大量1～2μm的嗜酸性包涵体，而在隐秘处则无改变。自然发病乳鼠小肠上皮细胞空泡化较严重，但未见到包涵体。试验感染乳鼠的小肠绒毛短粗，24～48h后可见到圆形或椭圆形、大小与胞核相近、位于核上方、周围有一圈透亮区的嗜酸性染色物质和少量包涵体。绒毛中央淋巴管扩张，黏膜下层水肿。感染3天后仅见绒毛上皮细胞空泡化和中央淋巴管扩张，持续到6～7天。Wistar和SD品系乳鼠病理过程未见明显差异。感染过程中，未见有淋巴细胞浸润等炎症反应。

电镜下可见完整的光滑型病毒颗粒，大量病毒颗粒在合胞细胞浆中形成网状或不规则电子密度沉淀物，常出现在粗面内质网形成的囊泡中。病毒粒子呈圆形或椭圆形，直径约80nm，具有双层壳膜。此外还见到外壳破裂的粗糙型病毒颗粒，有一厚层易分清的高电子密度的外层包绕一个较薄的不透明区，内有一不规则电子密度核心，直径18nm。Wistar乳鼠感染轮状病毒24～48h后，小肠上皮细胞增大，微绒毛短粗，粗面内质网上的核糖体脱落在胞质中，线粒体数量明显减少，核增大，染色质密集分布于核周围。胞质中出现电子密度透亮区，其内可见3种形态的病毒颗粒：直径为70nm左右，大多呈圆形，为成熟的轮状病毒；直径45nm左右，为粗糙型；直径为30nm或更小，由轮状病毒核心部分构成。在该区域，还可见到一些细颗粒和网状的中高电子密度的结构，为前病毒体的成分，这些成分和细胞破损物质密集成堆出现，有时占据细胞较大位置，致使细胞严重损伤变形。这些破损细胞相邻面胞膜有时消失，形成融合现象，多个胞核堆集在一起，其内未见到病毒，表明轮状病毒复制只在小肠上皮细胞胞质中进行。

用免疫荧光方法发现远端小肠绒毛的上1/3段上皮细胞内有粗糙的荧光颗粒，有时深入到隐窝附近。这种颗粒的多少与光镜和电镜检查的损害程度以及电子致密颗粒积聚程度成正比，而在隐窝和固有层中不见荧光颗粒。免疫荧光组化抗原定位小肠空肠段在感染24h后见到上皮细胞内阳性荧光颗粒，2天后消失。阳性荧光细胞大多集中在绒毛顶端上皮细胞胞质内。大肠及其他器官未见阳性荧光细胞。

六、诊　　断

根据流行特点、临床症状和病理剖检可以做出初步诊断。目前常用的实验室诊断方法包括聚丙烯酰胺凝胶电泳、常规电镜检查和酶免疫抑制试验。

1. 病毒分离与鉴定　常规电镜检查：常规负染固相免疫电镜（SPIEM）是检测轮状病毒最为有效的方法，负染直接查粪便悬液中的轮状病毒。试验证实，人工感染后4天采用常规负染固相免疫电镜方法即可检出病毒粒子。

2. 血清学试验

（1）聚丙烯酰胺凝胶电泳检查　根据其特有的电泳型，可以做出快速诊断。

（2）酶免疫抑制试验　Vonderfecht等推荐用酶免疫抑制试验检测大鼠轮状病毒，可检测来源于动物或人肠组织匀浆或粪便中大鼠轮状病毒或抗原相关病毒，其结果证明是敏感、特异的，效果较好。大鼠轮状病毒的诊断和检查方法很多，PAGE一般认为是简单快速而又能分型的优良方法。光镜、电镜标本、常规负染固相免疫电镜（SPIEM）、免疫荧光、酶免疫抑制试验都是大鼠轮状病毒感染诊断有效的检测方法。光镜、电镜切片和常规负染电镜只能在接种1天后检查特征病变和病毒颗粒。免疫荧光法只能在感染1天后的小肠切片中才出现特征的荧光颗粒。病毒颗粒在感染4天后可通过常规负染固相免疫电镜发现，但在感染后第10天最为容易。用酶免疫方法检测大鼠轮状病毒抗原，感染7天内均可检出阳性结果。由此可见常规负染固相免疫电镜和酶免疫抑制试验是检测大鼠轮状病毒最为有效的方法，其他常规诊断方法只有在发病早期有效。

3. 分子生物学诊断　该研究以分子生物学为基础，结合PCR扩增技术，对严重影响实验动物质量的布鲁菌、弓形虫、轮状病毒、大鼠冠状病毒/涎泪腺炎病毒进行DNA扩增，以期早诊断，及时监控病原体，确保实验动物质量。PCR检验是以检测病原基因为目标，属“病因”诊断，因而针对性强，在感染性疾病诊断中，不仅可以检出正在生长的病原体，也可以检出潜伏的病原体；既能确定以往感染，也能确定现行感染；对培养条件苛刻或尚不能在体外培养的病原体，PCR 方法检验特别有效；与生化和免疫学检验相比，PCR 结果与病原体分离培养结果更为一致，直接反映病原体的存在与否。

轮状病毒基因组由 11 个分片段 dsRNA 组成，但各组轮状病毒 dsRNA 基因组不同，同组内不同株的 dsRNA 基因组也不同。按 Saif 电泳图型分组，A 组轮状病毒基因组电泳后呈典型的 4-2-3-2 带型分区；B 组轮状病毒基因组呈 4-2-2-3 带型；而 C 组轮状病毒基因组呈 4-3-2-2 带型特征。血清学组抗原检测的结果表明，Saif 的这种分型方法有一定参考意义，但最终分型需通过免疫学检测得以验证。

目前已应用 RT-PCR 对 A 组轮状病毒进行了分型，但由于 B 组轮状病毒不同于 A 组和 C 组轮状病毒，无法通过细胞培养进行增殖；电镜结果也已证实，B 组轮状病毒在粪样中结构不稳定，降解、破碎比 A 组要严重得多，大大增加了 B 组轮状病毒分子生物学研究的困难。综合这些结果，就 B 组轮状病毒而言，为了选择一对通用引物和数对型特异性引物，对各种 GBRV 株的核酸序列进行分析是必要的。

早先核酸杂交的结果证实 B 组轮状病毒 IDIR3 片段基因克隆可以检测出几个不同来源株的 B 组轮状病毒 RNA，IDIR3 片段基因的核酸序列与报道的 A 组轮状病毒基因不互补，其末端序列与 A 组轮状病毒各株中保守的末端序列也不同，说明了轮状病毒基因 3 序列的相对保守性，以此作为 PCR 检测的靶基因可靠性较好。Eiden 等在 1991 年的最初报道中采用对应于 B 组轮状病毒 IDIR 株 3 片段基因的引物进行 RT-PCR，可检测出大鼠轮状病毒。同时采用对应于 B 组轮状病毒 ADRV 株 11 片段基因的一对引物进行扩增，可检测出成人和大鼠的轮状病毒。

目前，我国韩新兵等人建立了 B 组轮状病毒 RT-PCR 来源的 cDNA 探针核酸诊断方法，灵敏度较高，稳定性较好。

传统病毒学检查中，免疫分析法是实验室诊断的主要方法。目前商业化生产的免疫检测试剂多针对 A 组轮状病毒，虽然已经发展了 B 组轮状病毒的免疫检测及免疫电镜技术，但由于 B 组轮状病毒不同与 A 组和 C 组轮状病毒，无法通过体外细胞培养进行增殖，故无法大规模制备 B 组轮状病毒的抗血清，因而免疫诊断存在困难。尚有一些其他技术用于检测 B 组轮状病毒，但仍存在局限性，如常用的聚丙烯酰胺凝胶电泳检测通常要求 10 ng 以上的病毒 RNA；核酸杂交虽行之有效，灵敏度较高，但这种方法需要特异的克隆探针。因此，建立一种快速、灵敏和准确的实验室诊断方法就极为必要。

七、防治措施

1. 治疗 大鼠轮状病毒感染是近年来新发现的病毒性疾病，随着研究工作的进一步开展，对其致病机理、病毒复制以及机体免疫反应等方面的研究会日趋深入。轮状病毒不仅可使大鼠致病，也可引起人的腹泻，故应引起足够重视。实验动物的清洁化和 SPF 化，可以消除和控制轮状病毒感染。对开放饲养的大鼠，及时有效地处理刚刚发病的仔鼠及母鼠以及所污染的垫料、饲料、饮水及笼具等，对控制该病的扩散可能有一定效果。

2. 预防 以往疫苗的研究主要针对轮状病毒的共同抗原，既然大鼠轮状病毒能引起普遍的成人和动物腹泻，那么大鼠可作为研究针对性疫苗的良好动物。

李晋涛等人做了鼠源轮状病毒抗原基因的表达载体构建及农杆菌转化的研究，以鼠源轮状病毒外壳蛋白基因 vp4 为抗原基因，将其重组到植物表达载体，以研究病原基因在植物中的表达情况，为最终以转基因植物作为新型口服疫苗奠定基础。

八、对实验研究的影响

轮状病毒不仅引起婴幼儿腹泻还可以导致肠道外感染，这个问题已受到重视。研究大鼠轮状病毒不仅能了解实验动物疾病，提高动物质量，而且由于其能引起人的腹泻，给轮状病毒的研究也提出了新课题。大鼠既经济又方便，是一种良好的实验动物，在研究相关轮状病毒和制备疫苗等方面可望成为最佳的动物模型。因此，加强动物实验室清洁化管理，控制轮状病毒感染源非常重要。

（栗景蕊　贺争鸣）

参考文献

洪涛，王长安，周德南，等．1985. 成人腹泻轮状病毒的血清流行病学［J］．病毒学报，1（3）：233-236.
黄韧，林惠莲，李菁菁，等．1997. 广东省近年来实验动物的微生物和寄生虫感染情况及监控［J］．实验动物科学与管理，14（2）：41-45.
贾锐胜，魏强，洪瑞珍，等．1991. 大鼠乳鼠流行性腹泻的流行病学及临床观察［J］．中国实验动物学杂志，12（1）：246-249.
王正党，王林卿，单文鲁，等．1989. 从绵羊羔和山羊羔腹泻粪样中检出B组轮状病毒［J］．病毒学报（5）：129-132.
魏强，施惠君，陈中，等．1994. B组轮状病毒引起Wistar乳鼠流行性腹泻的病原学和病理学研究［J］．中华实验和临床病毒学杂志，8（3）：204-207.
魏强．1989. 大鼠轮状病毒样因子［J］．中国人兽共患病杂志，5（5）：48-49.
Eiden J J，Firoozmand F，Sato S，et al．1989. Detection of group B rotaviruses infecal specimens by dot hybridization with a cloned cDNA probe［J］．J Clin Microbiol，27：422-426.
Eiden J J，Wilde J，Firoozmand F，et al．1991. Det ect ion of animal and human group B rot aviruses in fecal specimens by polymerase chain reaction［J］．J Clin Microbiol，29（3）：539-543.
Gouvea V，Glass R I，Woods P，et al. 1990. Polymerase chain reaction amplification and typing of rot aviruses nucleic acid from stool specimens［J］．J Clin Microbiol，，28（2）：276-282.
Shen S，Berke B，Desselberger U．1994. Rearrangm ent of th e up 6 gene of A group rot avirus in combinat ion with a point mutation affecting trimmrst ability［J］．J Virol，3：1682-1688.
Vonderfecht S L，Schemmer J K. 1993. Purification of the IDIR strain of group B rotavirus and identification of viral structural proteins［J］．Virology，194：277-283.

第六节 兔轮状病毒感染
（Rabbit rotavirus infection）

兔轮状病毒感染（Rabbit rotavirus infection）是由兔轮状病毒引起的、主要危害幼兔（30～70日龄）的、以腹泻为特征的传染性疾病。兔轮状病毒是呼肠病毒科、轮状病毒属中的一个成员。是引起1～2月龄幼兔腹泻的主要病原之一。世界各地均有发生，给养兔业造成严重的经济损失。自1976年Brydern等首先发现和分离LaRV以来，各国学者就兔轮状病毒的生物学特性、基因组结构、致病性、流行病学、抗原性与血清型、诊断与免疫等做了大量研究。

一、发生与分布

1976年Bryden等首次从患腹泻死亡兔的粪便中发现并分离到兔轮状病毒。其后Petric等（1978）又在野兔群中发现该病毒。徐春厚（1990）经电镜观察从腹泻兔的粪便样品中检出2株典型的兔轮状病毒。目前，加拿大、美国、日本、匈牙利、中国等许多国家和地区均有该病报道。Digiacomo等（1984）证实在兔体内，尤其在60日龄的兔体内，普遍存在高效价的轮状病毒抗体，说明该病毒在兔群中感染率相当高。Petric等以人的轮状病毒作为抗原，用补体结合试验检测新西兰兔血清中的轮状病毒抗体，91只兔有89只为阳性，阳性率为98%。徐春厚（1990）采用酶联免疫吸附试验检查了4个商品种兔场的腹泻兔粪便和死兔肠内容物61份，兔轮状病毒抗原检出率为16.39%～21.31%。

二、病　原

1. 分类地位　兔轮状病毒（*Rabbit rotavirus*，RRV）在分类上属呼肠病毒科、轮状病毒属，具有典型轮状病毒的形态特征。

2. 形态学基本特征与培养特性　经聚丙烯酸胺凝胶电泳分析，兔轮状病毒RNA表现轮状病毒的11个节段特征。Castrucci等（1985）发现兔轮状病毒与牛轮状病毒的理化特性相似，在pH 3时稳定，能完全抵抗20%的乙醚。

兔轮状病毒具有典型轮状病毒的形态学特征，呈车轮状。病毒颗粒直径为70～75nm，由双层衣壳组成，中心为芯髓。完整的病毒颗粒表面光滑，有感染性，外壳常自然脱落或经理化处理脱落后，变成直径为50～60nm的颗粒，暴露出车轮辐条状而变成粗糙型颗粒，失去感染性。后者进一步降解，“辐条”脱落而留下约40nm的病毒核心结构。兔轮状病毒为分节段的双链RNA病毒（dsRNA），PAGE可见11个节段的RNA图谱，成为电泳型，可作为鉴定人和动物兔轮状病毒的依据。经聚丙烯酰胺凝胶电泳分析，兔轮状病毒的电泳型不同于其他轮状病毒，且毒株之间电泳型也不相同。Thouless等研究表明C11株电泳型为4、3、3、1，ALA株则为4、2、4、1。徐春厚（1990）证明国内分离的2株兔轮状病毒的RNA电泳型为4、2、3、2短型。

兔轮状病毒可在MA-104细胞上良好增殖并产生细胞病变（Sato等，1982；Castrucci等，1985）。分离培养时，含毒病料先经胰酶处理，用MEM培养液，维持液中加少量胰酶，每隔5～7天传代接种一次，1～2代后可见细胞病变。接种后48～72h在细胞表面形成特征性的网状结构，为圆形细胞呈线性聚集所致；48h后细胞逐渐脱落，只剩下少数区域的细胞呈圆形颗粒状。进一步传代培养，细胞病变可早至培养24h后出现，3～5天后整个细胞单层逐渐被破坏。兔轮状病毒在MA-104细胞上培养能产生蚀斑，用不加酚红、含100μg/mL二乙氨乙基葡聚糖及5.0μg/mL胰酶的MEM培养基，与等量2.2%羧甲基纤维素混合，覆盖MA-104细胞单层，产生的蚀斑呈圆形、边缘不规则，蚀斑直径约2.0mm。

3. 理化特性 兔轮状病毒对理化因子的作用有较强的抵抗力，耐酸碱，pH 3～10时稳定，能完全抵抗20%乙醚，这是该病很难根除的一个主要因素。用10%氯仿处理部分失活，50℃ 30min可使病毒失活，在2mol/L $MgCl_2$溶液中对热不稳定。病毒复制不受5-溴-2-脱氧尿苷的抑制。EDTA可破坏病毒外壳，而Ca^{2+}却能保护外壳，胰酶能增强其感染性。

4. 分子生物学 有关兔轮状病毒的分子生物学研究尚少，但最近几年对人和其他动物A组轮状病毒的基因定位和功能进行了广泛研究，对其主要基因及其产物已有所了解。应用聚丙烯酰胺凝胶电泳（PAGE）研究发现，兔轮状病毒等A组轮状病毒共有11条分子量在（2.0～2.2）$\times 10^5$Da的片段，编码11种多肽，8条为结构多肽，4条为非结构多肽。根据在PAGE上的迁移率不同，可将这11条片段分成4组。Thouless等发现ALA株为4、2、4、1型，C11株为4、3、3、1型，而徐春厚等在1989年发现A D7和A D8为4、2、3、2型，其中第8、9条带靠得很近，属A组；而第10、11条带泳动较慢，为短型（s）。而分子流行病学研究发现同属一个血清型的轮状病毒，可以表现为不同的电泳图型，而同样的电泳图型可以分属于不同的血清型。

VP1、VP2、VP3、VP6是该病毒核心及内壳蛋白。VP2是病毒粒子中含量最大的结构蛋白，也是现知的唯一一个拥有核酸结合活性的结构蛋白。若应用McAb对VP2做进一步研究，有可能了解其在病毒粒子装配及RNA复制中的作用。VP3序列分析表明其含有很多的重复序列，与其他RNA多聚酶的同源性说明，该蛋白在RNA复制中起一定作用。VP6是病毒中最重要的结构蛋白之一，位于内壳上。RV6与多聚酶活性有关，但又不直接参与转录。VP6具有高度抗原性与高度免疫遗传性，是普通轮状病毒的共同抗原，也有亚组特异性。其在形态发生学过程中的精细作用尚需进一步研究了解。

NS34、NS28、NS26、NS35、NS53等是该病毒的非结构蛋白，它们在病毒的复制、包装、基因重组、重排等方面可能有重要作用，但其精细作用尚需详细研究。

VP4和VP7是两个重要的外膜蛋白。VP4是第四节段的蛋白产物，是非糖基化的外壳蛋白，有血凝素作用，能抑制病毒在组织培养细胞中的生长，在胰酶的作用下可裂解成VP5及VP8，从而提高病毒的感染性。更深的研究说明VP4能够介导保护性免疫，而且是遗传免疫。因此VP4在轮状病毒的毒力、复制和免疫中有重要意义，对疫苗研发是至关重要的。VP7是第二个大量的膜蛋白，这个糖基化蛋白是高度免疫遗传的，并且能够介导中和抗体，兔轮状病毒的主要中和抗原就是这个糖蛋白。生物化学分析表明 VP7 是 N-末端连有很多甘露寡糖残基的糖蛋白，镶嵌在内质网膜上，VP7 上有 Ca^{2+} 结合位点，EDTA 能够使外壳脱离与此有关，$CaCl_2$ 能够保护外膜的完整性也与此有关。VP7 是病毒与细胞吸附有关的接触蛋白，中和作用、与细胞结合及保护性决定簇均在 VP7 上。

三、流行病学

1. 传染来源　该病多呈地方性流行，病兔和隐性感染兔是主要传染源。感染后的幼兔表现临床和亚临床症状。此外，在野兔的血清中也可检出轮状病毒抗体。成年兔一般呈隐性感染。感染后病毒在小肠黏膜上皮细胞内增殖，并随粪便向外排出。

2. 传播途径　兔通过摄入带有病毒的粪便或污染的饲料和饮水而感染。Digiacomo 等（1984）对兔血清中兔轮状病毒抗体水平与年龄的关系进行了研究，小于 30 日龄仔兔和大于 60 日龄兔的抗体阳性率均较高，而 30～60 日龄的兔群抗体阳性率较低，14 只 14 日龄仔兔全为阳性，149 只大于 60 日龄的兔中 95%可检出抗体，而 36 只 30～60 日龄兔只有 25%为阳性，其中 30 日龄兔均为阴性，32～42 日龄兔 10 只中只有 1 只为阳性，14 只 44～57 日龄兔中有 7 只为阳性。可见仔兔血清中普遍存在母源抗体，母源抗体至 30 日龄时消失，大于 60 日龄的兔由于感染了兔轮状病毒，血清中的抗体水平重新提高。

3. 易感动物

（1）自然宿主　兔轮状病毒主要侵害幼兔，尤其是断乳 30～70 天的兔最易感。Petric 等用兔粪便分离到的轮状病毒人工接种 28 日龄仔兔 2 只，并且还用 SRV 及 HRV（SA-11 株）分别接种同窝仔兔，以同窝兔作为对照，只有感染兔轮状病毒的仔兔粪便在电镜下检测到轮状病毒，而感染 HRV 和 SRV 的兔及对照兔均未检测到病毒，仔兔接种兔轮状病毒后 3～5 天从粪便中排出病毒。

（2）实验动物　Castrucci 等（1984）发现新生犊牛对 1 株兔轮状病毒易感；相反，1 株 BRV 也可使 28～35 日龄的兔发病，其中有的兔发生死亡。

4. 流行特征　兔感染兔轮状病毒的严重程度，除受母源抗体和不同毒株的毒力影响外，还与季节、气候条件、环境卫生以及有无其他病原微生物混合感染有关。Peeters 等（1984）报道，在无其他病原存在时，兔轮状病毒所致疾病常较温和，但若继发感染，则会加重病情，增加死亡率。

兔轮状病毒已在国内某些地区的兔场呈地方性感染。其感染多发生于冬春两季，感染兔主要临床表现为腹泻或死亡；而夏季以隐性感染为主，表现为无症状带毒，成为一种隐性传染源。

四、临床症状

该病潜伏期为 18～96h。突然暴发，病兔昏睡，减食或绝食，排出稀薄或水样粪便。病兔的会阴部或后肢被毛粘有粪便，粪便呈淡黄色并带有黏液，体温不高，多数于下痢后 3 天左右因脱水衰竭而死亡，死亡率为 60%，有的高达 80%。有的兔场常见散发性病例，临床上表现为轻度和中度腹泻，在肠内容物中可检出兔轮状病毒，少数兔死亡。成年兔一般呈隐性感染，大多不表现症状，仅有少数表现短暂的食欲不振和排软便。

该病毒对断乳幼兔有致病性。兔轮状病毒是兼性致病性病原体，常与其他肠道致病因子（诸如某些艾美耳属球虫、隐孢子虫、肠致病性大肠埃希菌和冠状病毒等）混合感染，起到协同和互补作用，增加疾病的严重程度。

五、病理变化

1. 大体解剖观察　兔轮状病毒主要存在于病兔小肠中后部，盲肠和结肠含量少。大体病变表现为脱水；小肠充血，有的肠黏膜有大小不等的出血斑，肠内容物呈半流动或面糊状；盲肠扩张，内含大量液体内容物。其他脏器无异常。

2. 组织病理学观察　剖检可见病兔空肠和回肠部的绒毛呈多灶性融合和中度缩短或变钝，肠上皮细胞中度扁平。腺窝轻度至中度加深，但没有受侵害。某些肠段的黏膜固有层和黏膜下层轻度水肿。盲肠和结肠上皮轻度变性。

六、诊　　断

根据发病情况、临床症状和病原学检查可以做出初步诊断。确诊可取病兔粪便，离心后取上清液负染，电镜检查病毒粒子。也可进行病毒分离和鉴定，用酶联免疫吸附试验、免疫荧光试验、中和试验、补体结合试验等检测血清中的病毒抗体，也可检测粪便中的病毒抗原。诊断时要注意排除其他病因（如球虫、隐孢子虫、魏氏梭菌、大肠杆菌等）引起的兔腹泻病。

1. 病毒分离与鉴定　直接电镜检查法（DEM）是最早应用于检查粪便中轮状病毒的方法。在轮状病毒这样不易培养的病毒上显得尤为重要，急性腹泻时能排出大量病毒颗粒，DEM可用于肠道活检、尸体组织或粪便沉淀的超切片检查。该法操作简便，可直接观察到轮状病毒颗粒，结果可靠，但必须在粪便中有相当多的轮状病毒粒子（10^6～10^7 个/g 粪便以上）才易查见。而免疫电镜法（IEM）是将特异性血清与可疑粪便一起孵育，因围绕病毒颗粒形成一层抗体分子，使轮状病毒聚集，易于观察，敏感性、检出率比DEM高10倍以上，与ELISA敏感性相当，并且检出的病毒形态完整、结构清晰、易于辨认，但亦必须在粪便中有相当多的轮状病毒粒子时才能检出。用MA104、CV-1等加胰酶处理旋转培养分离病毒，分离率较低，一般仅50%左右。

2. 血清学试验

（1）酶联免疫吸附试验（ELISA）　ELISA不仅快速、敏感，而且试验条件简单，适合检查大批标本和微量标本，适合于实验动物质量监控的工作需要。故世界卫生组织腹泻控制中心1983年将Rota-ELISA列为诊断轮状病毒腹泻的常规检查方法。

（2）DoT-ELISA试验　应用生长良好的第24～43代MA104传代细胞接种兔轮状病毒，待出现90%以上细胞脱落时收获病毒液，制作纯化抗原。用混合纤维素酯微孔滤膜为固相载体，制备检测兔轮状病毒抗体的快速诊断膜，进行Dot-ELISA试验。该法特异性强、敏感性高，操作简便、快速，适于现场免疫监测及流行病学调查。

（3）荧光细胞检查法　用适量的PBS处理粪便标本，涂抹于玻片上，37℃干燥20min，以冷丙酮固定10min，然后用荧光素标记的抗血清在室温染色30min，镜检有无特异性荧光细胞。

（4）乳胶凝集试验（Ld）　在玻片上滴一滴（50μL）待检粪便标本，再加上一滴致敏乳胶，轻轻摇动玻片使其均匀混合，在3～5 min内观察结果。该法特异、敏感、稳定，而且快速简便。

由于兔轮状病毒是双壳结构，其决定型别的决定簇在外壳上，而外壳极易破坏脱落，因此McAb的制备有一定困难。崔尚金等应用SP2/0与兔轮状病毒免疫的BAL b/c小鼠脾细胞融合，制备了抗兔轮状病毒单克隆抗体杂交瘤细胞，经ELISA和Dot-ELISA筛选了6株强阳性细胞株，通过特异性试验、敏感性试验选取了两株高产高效价的杂交瘤细胞，其中1B3为IgG1，2B4为IgG2b，它们的McAb对不同轮状病毒毒株反应无显著差异。国外不少实验室已经用细胞杂交瘤技术获得了分泌抗其他动物及人轮状病毒抗原的McAb的杂交瘤细胞系。

3. 分子生物学诊断　轮状病毒的RNA在聚丙烯酰胺凝胶电泳中可出现11条区带，组成了轮状病毒特定的电泳图。RV的PAGE采取急性腹泻患者粪便标本0.5mL，直接提取RNA，然后用银染色PAGE检查有无轮状病毒的RNA电泳模式出现，已是目前广泛应用的快速诊断法，可根据区带模式诊断轮状病毒感染，还可根据电泳型长短来鉴别轮状病毒，甚至可以分析轮状病毒变异动态和发现新的轮状病毒。但Follett等曾指出，用于PAGE的腹泻标本，要求每毫升样本中不小于10^9病毒颗粒，方能检出。

七、防治措施

1. 治疗　目前，对该病尚无有效疫苗与药物治疗方法。发病时，可用抗生素或磺胺类药物预防继发感染，采取加强管理、补水补液以求耐过。由此可见发展疫苗和有效药物的紧迫性。群和亚群诱生的抗体没有抵抗感染的保护性作用，因此型抗原可产生中和抗体，在抗感染免疫中有重要作用，因此型抗原对疫苗研制至为重要。Mebus 等成功地使轮状病毒适应牛胎肾细胞培养物制成冻干苗，经口服能抵抗强毒的攻击。但疫苗制备尚有不少问题。如兔轮状病毒的分离培养率仅 50%，一些不能在培养细胞上增殖，能增殖的也缺少外层衣壳抗原，因而免疫原性不强。而且该病多发生于产后不久的幼兔，主动免疫不可能在短期内产生坚强的免疫力。目前较好的途径是被动免疫。据分析，初乳抗血清（IgG、IgA、尤其是分泌型 IgA），McAb 等有较好的效果。

2. 预防　该病主要危害刚断乳的幼兔，所以要加强这一时期的饲养管理和卫生消毒。幼兔在 30 日龄时断乳并隔离饲养，可有效控制该病。坚持严格的卫生防疫制度和消毒制度，不从该病流行的兔场引进种兔。发生该病时，及早发现，立即隔离，全面消毒，死兔及排泄物、污染物一律深埋或烧毁。有条件时，可自制灭活疫苗，给母兔免疫以保护仔兔。

八、对实验研究的影响

据统计，家兔腹泻病引起的死亡约占死亡总数的 70%以上。然而家兔腹泻病因复杂，如大肠杆菌、沙门菌、魏氏杆菌、毛样芽孢杆菌、球虫、细小病毒、腺病毒、轮状病毒等，但以兔轮状病毒、大肠杆菌、兔球虫、魏氏梭菌等为主。

通过广泛的流行病学调查研究，分离并得到主要的致病毒株进而对其生物学特性进行深入的研究，是研制有效疫苗的一个重要环节。

（栗景蕊　贺争鸣）

参考文献

崔尚金，王云峰，王翠兰，等．1997. 应用单克隆抗体进行兔轮状病毒的抗原分析［J］．中国兽医科技，27（5）：24-25.

崔尚金．1996. 兔轮状病毒研究进展［J］．中国畜禽传染病，87（2）：59-62.

李昌文，刘怀然，关云涛．2003. 应用间接 ELISA 方法检测兔轮状病毒抗体的初步研究［J］．中国比较医学杂志，13（6）：373-376.

李昌文，关云涛，刘怀然，等．2003. 兔轮状病毒的分离与检定［J］．中国比较医学杂志，13（6）：353-355.

王翠兰，王云峰，王英厚，等．1993. 应用间接 ELISA 诊断兔轮状病毒性腹泻［J］．中国畜禽传染病（5）：22-25.

王云峰，王翠兰，王英厚，等．1994. Dot-ELISA 检测兔血清中兔轮状病毒抗体方法的建立［J］．中国畜禽传染病，79（6）：39-41.

徐春厚．1992. 兔轮状病毒的流行病学调查［J］．中国兽医杂志，18（7）：6-7.

俞乃胜，韦剑珊，龙沛然，等．1994. 兔轮状病毒的分离及生物学特性的研究［J］．畜牧兽医学报，25（3）：284-288.

Gonzalez S A, Mattion N M, Bellinzoni R, et al. 1989. Structure of RearrangedGenome Segment 11 in Two Different Rotavirus Strains Generated by a Similar Mechanism［J］. J Gen Virol, 70：1329-1336.

Max Ciarlet, Mary K Estes, Christopher Barone, et al. 1998. Analysis ofHost Range Retriction Det ermination in the Rabbit Model：Comparision of Homologous and Heterologous Rotavirus Infect ions［J］. J Virol, 5：2341-2351.

Thouless M E, Digiacome R F, Neuman D S. 1986. Isolation of Two Rot avirus：Characterizat ion of Their Subgroup, Seerotype and RNA Electropherotype［J］. Arch Virol, 11：161-170.

第七节　猫轮状病毒感染
(Feline rotavirus infection)

猫轮状病毒感染（Feline rotavirus infection）是由猫轮状病毒引起猫的亚临床感染，有时可造成小猫腹泻，但较温和或呈一过性。在有其他致病性病原存在的情况下，可能引发严重的疾病。各年龄阶段的猫都可感染轮状病毒，但以幼龄猫的感染概率最高。

一、发生与分布

20世纪70年代，欧美等一些国家的学者通过血清学调查证明在猫群中存在轮状病毒感染。1979年英国分离猫轮状病毒获得成功。Snodgrass（1979）和Pearson（1980）分别在英国和美国调查发现，31%～46%的猫血清中存在轮状病毒特异性抗体。Birch（1985）等和Marshall（1987）等用电子显微镜的方法，发现5%～6%的猫含有轮状病毒。Mochizuki（1997）等用反向被动血凝抑制试验检测无症状的猫，发现有3.5%的猫存在轮状病毒。Chrystie等（1979）、Hoshino等（1981）认为猫轮状病毒分离物与人轮状病毒抗原性不同。Mochizuki等（1986）应用蚀斑减少中和试验、血凝抑制试验及反向被动血凝抑制试验分别对107份犬血清、92份猫血清及66份人血清样品进行了轮状病毒血清学调查，也发现感染猫的轮状病毒血清型与感染犬及人的有所不同。

我国尚未见有该病报道。

通过RNA-RNA杂交分析试验，发现猫轮状病毒毒株（猫轮状病毒-1、FRV317、FRV381和FRV384）与人轮状病毒株AU-1有一定的遗传相关性，说明从猫到人之间存在着潜在种间传播的可能。

二、病　　原

1. 分类地位　猫轮状病毒（*Feline rotavirus*，FRV）在分类上属呼肠病毒科（Reoviridae）、轮状病毒属（*Rotavirus*）。核酸型为双股RNA，有11个RNA基因片段。VP4和VP7蛋白构成病毒粒子的外衣壳，并各自诱导产生中和抗体。轮状病毒使用的是双重分类系统，对蛋白酶敏感的VP4定义P（protease sensitive）型，糖蛋白VP7则定义G（Glycoprotein）型。已确认的猫轮状病毒有G3P［3］型和G3P［9］型两种。近来，依据11个基因片段建立了新的轮状病毒基因分型分类系统，11个基因片段提供了有关轮状病毒遗传多样性的各种信息，并精确建立了人和动物轮状病毒之间的遗传关系。此系统为每个基因片段指定了一个字母代码，包括G（VP7）、P（VP4）、I（VP6）、R（VP1）、C（VP2）、M（VP3）、A（NSP1）、N（NSP2）、T（NSP3）、E（NSP4）和H（NSP5）。

根据轮状病毒结构蛋白VP6的抗原性不同可分为7组，以英文字母分别编号为A、B、C、D、E、F和G组。业已证实，从动物和人分离的病毒多属A群轮状病毒，而从牛、猪、绵羊及鸟分离的轮状病毒由于缺乏A群特异性抗原及病毒带有11个基因片段而暂被列为B群、C群及D群轮状病毒。目前，从猫分离的轮状病毒均属A群，且血清学证据表明，该病毒在猫群中分布较广。

2. 形态学基本特征与培养特性　猫轮状病毒粒子有三层衣壳，无囊膜，直径约70nm，因外形似“轮子”而得名。猫轮状病毒粒子以两种形式存在，一种为完整的病毒粒子（称为光滑型，即S型粒子），一种为没有外衣壳的病毒粒子（称为粗糙型，即R型粒子）。两种粒子分别产生具有较强种特异性的抗S粒子的抗体及具有较强群特异性的抗R粒子的抗体，后者可产生种间交叉反应。血清学研究证明，从不同种动物分离的轮状病毒存在有群特异性抗原。两种抗原的同时存在对探查种间交叉感染及流行病学调查造成一定困难。

猫轮状病毒可在MA-104细胞上培养增殖，并可产生细胞病变。

3. 理化特性　猫轮状病毒对环境因子和大部分常见消毒剂，如碘伏和次氯酸盐有较强的抵抗力，乙醚、氯仿和去氧胆酸钠处理后不影响其感染性。对酸和胰酶稳定，56℃ 30min使其感染力降低2个对数。猫轮状病毒对人红细胞具有较好的凝集作用，并可被相应的猫轮状病毒抗血清所抑制。血凝活性是VP4蛋白的一项功能，因此，并不是所有的猫轮状病毒都具有血凝活性，Cat2毒株则是由血凝活性株和非血凝活性株重组而成。

4. 分子生物学　Birch（1985）和Mochizuki（1992）等报道的猫轮状病毒毒株如Cat97、FRV64、FRV70、FRV72、FRV73、FRV303和FRV348均属于G3P［3］型，而Cat2株以及2005年分离的

BA222 属于 G3P［9］型。Tsugawa（2008）等对人、犬和猫 G3P［3］型轮状病毒进行基因分析后发现其具有高度保守的基因片段。与之相反，猫 G3P［9］型毒株则是由人/犬/猫 G3P［3］RVs（VP1、VP2、VP3 和 VP4）、AU-1/类 FRV1 G3P［9］型（VP4、VP6、VP7 和 NSP1）、人 G6P［14］型毒株 Hun5（NSP3）以及重组 G3P［9］HRV 毒株 PAH136/96 和 PAI58/96（NSP2 和 NSP5）混合组成。

三、流行病学

1. 传染来源　发病猫或隐性感染猫是该病的主要传染源。因轮状病毒是动物传染性疾病，所以也有可能因接触其他患病动物或人的粪便及其污染物而感染。已有报道 G3P［9］型猫轮状病毒毒株 Cat2 基因片段为人、犬和猫轮状病毒各基因片段混合重组而成。

2. 传播途径　轮状病毒传染性较强，主要传播途径是粪—口途径，即感染轮状病毒或已发病动物通过粪便排出的病毒污染周围环境及器具，幼龄动物接触这些污染物品后即可引起发病。

3. 易感动物

（1）自然宿主　轮状病毒是引起新生哺乳动物腹泻的重要病原之一。而且在多个报道中经试验证明了轮状病毒存在种间传播的可能性。

（2）实验动物　猫轮状病毒在猫群内广泛存在。Snodgrass 等试验感染仔猫获得成功。目前没有猫轮状病毒感染其他实验动物的报道，但有多项报道人、犬、猫之间轮状病毒的相互传染。因此推断，实验犬具有感染猫轮状病毒的潜在性。

（3）易感人群　婴幼儿是轮状病毒易感人群。已有多个报道证明猫与人之间存在种间传播。如 Mochizuki 等（1997）在日本从 143 份腹泻幼猫和无症状幼猫粪便中分离鉴定出 3 株轮状病毒，与人轮状病毒株 AU-1（G3P9）的 RNA 基因组相似。Nakagomi 等（2000）均研究发现，1984 年在美国费城一名健康婴儿身上分离得到的轮状病毒株 HCR3，经 RNA-RNA 杂交鉴定，与猫轮状病毒毒株 FRV64 具有高度同源性。

4. 流行特征　该病多发生在晚冬、早春的寒冷季节。

四、临床症状

1. 动物的临床表现　猫感染猫轮状病毒多表现为亚临床感染，即使出现腹泻症状，也多较温和或呈一过性，偶有水样。但在有混合感染的条件下，症状可能较为严重，可能表现脱水、食欲不振、体重下降。

2. 人的临床表现　多发于秋冬季，多见于 6～24 月龄的婴幼儿。潜伏期 36～72h。典型病儿常伴有轻度上呼吸道感染症状，发热可达 39～40℃。病初 1～2 天呕吐，可先于腹泻出现。腹泻为水样便，如蛋花汤样，无脓血，每天约 3～10 次。由于吐泻，可引起脱水、酸中毒及电解质紊乱。病儿粪便中电解质浓度显著低于细菌性肠炎，如霍乱、致病性大肠埃希菌等；且多数为急性失水，故多引起等渗或等渗偏高脱水。该病自然病程 3～8 天，平均 5 天左右。

五、病理变化

1. 大体解剖观察　病猫肺部充血，肠道黏膜上皮细胞糜烂性损伤。

2. 组织病理学观察　轮状病毒感染后 1～2 天，小肠上皮细胞内即可检出病毒。病毒的复制部位主要在肠绒毛侧面及顶端的上皮细胞内。

六、诊　　断

人及动物的轮状病毒感染较普遍，而动物的临床发病情况与血清中的抗体效价无明显的一致关系，故抗体测定在轮状病毒感染的诊断上意义不大。疑似轮状病毒感染时，可用粪便材料用电镜观察、免疫电镜观察、特异性荧光抗体染色、病毒分离等方法进行确诊。

1. 病毒分离与鉴定 可借助仪器检查小肠绒毛和肠壁细胞，观察病变，或电镜观察病毒粒子形态。多数病毒粒子缺乏感染性，经胰蛋白酶处理后可使其感染性增强。通常将病猫粪便处理后接种 MA-104 细胞培养，观察细胞病变。

2. 血清学试验 血清学检测方法包括放射免疫测定法、中和试验、补体结合试验、酶联免疫吸附试验、血凝和血凝抑制试验等，可用于病毒鉴定和流行病学调查。已有商品化反向被动血凝反应试验，鉴定是否感染猫轮状病毒。蚀斑减少中和试验和血凝抑制试验也是常用的检测猫轮状病毒的血清学方法，前者甚至可用于血清分型。

3. 组织病理学诊断 轮状病毒感染后 1～2 天，小肠上皮细胞内即可检出病毒。病毒的复制部位主要在肠绒毛侧面及顶端的上皮细胞内。

4. 分子生物学诊断 RT-PCR 常用于检测猫轮状病毒并确定分型。RNA-RNA 杂交分析试验也常用于鉴定猫轮状病毒，已有报道用此方法鉴定相关猫轮状病毒、犬轮状病毒和人轮状病毒，比较发现其基因相似性。

七、防治措施

1. 治疗 病猫应禁食，不宜喂含双糖的食物，以减轻肠道负担。一般病例不需治疗，但顽固性腹泻的病例则要经非胃肠道途径施以输液疗法，补充体液和电解质。

2. 预防 尚未有轮状病毒疫苗应用于猫的报道，幼猫最好的保护就是来自于母乳中的母源抗体。由于猫轮状病毒感染主要是粪—口途径传播，粪便可保毒 10～14 天，对感染猫群应搞好清粪消毒工作，常用消毒剂为 4%碘伏及 5%来苏儿，次氯酸效果不佳。另外，酚类消毒剂（如来苏儿）对猫有一定毒性，需慎用。

八、对实验研究的影响

因轮状病毒是动物传染性疾病，所以猫饲养员或宠物猫主人应避免让感染猫接触其他动物和人，尤其是婴幼儿。处理病猫粪便时应做好防护，如戴乳胶手套，并应对动物居住区域进行消毒。

（申屠芬琴　孙明　肖璐　田克恭）

参考文献

陈元鼎，范耀春，李传印. 2009. 轮状病毒分类命名 [J]. 国际病毒学杂质，16 (4)：115-120.

倪艳秀，林继煌，何孔旺等. 1998. A 组轮状病毒研究动态 [J]. 江苏农业学报，14 (1)：60-64.

田克恭. 1991. 实验动物病毒性疾病 [M]. 北京：农业出版社：256-259.

殷震，刘景华. 1997. 动物病毒学 [M]. 第 2 版. 北京：科学出版社：562-571.

Isegawa Y, Mochizuki M, Nakagomi T, et al. 1993. The VP4 gene sequence of a haemagglutinating strain of feline rotavirus [J]. Res. Virol., 144 (5): 371-374.

Isegawa Y, Nakagomi O, Nakagomi T, et al. 1992. A VP4 sequence highly conserved in human rotavirus strain AU-1 and feline rotavirus strain FRV-1 [J]. J Gen. Virol., 73 (8): 1934-1946.

LiB, Clark H F, Gouvea V. 1994. Amino acid sequence similarity of the VP7 protein of human rotavirus HCR3 to that of canine and feline rotaviruses [J]. J Gen. Virol., 75: 215-219.

Martella V, Potgieter A C, Lorusso E, et al. 2011. A feline rotavirus G3P [9] carries traces of multiple reassortment events and resembles rare human G3P [9] rotaviruses [J]. J Gen. Virol., 92 (5): 1214-1221.

Matthijnssens J, De Grazia S, Piessens J, et al. 2011. Multiple reassortment and interspecies transmission events contribute to the diversity of feline, canine and feline/canine-like human group A rotavirus strains [J]. Infect Genet. Evol., 11 (6): 1396-1406.

Mochizuki M, Nakagomi O, Shibata S. 1992. Hemagglutinin activity of two distinct genogroups of feline and canine rotavir-

us strains [J]. J Arch. Virol., 122: 373-381.
Mochizuki M, Nakagomi T, Nakagomi O. 1997. Isolation from diarrheal and asymptomatic kittens of three rotavirus strains that belong to the AU-1 genogroup of human rotaviruses [J]. J Clin. Microbiol., 35 (5): 1272-1275.
Mochizuki M, Nakagomi O. 1994. Two G3 feline rotavirus strains lacking cross-neutralization reactions represent distinct subtypes of serotype G3 [J]. Microbiol. Immunol., 38 (3): 229-232.
Nakagomi T, Nakagomi O. 2000. Human rotavirus HCR3 possesses a genomic RNA constellation indistinguishable from that of feline and canine rotaviruses [J]. Arch. Virol., 145 (11): 2403-2409.
Streckert H J, Kappes M, Olivo M, et al. 1993. [Cat sera neutralize rotaviruses of serotype G3] [J]. Dtsch. Tierarztl. Wochenschr., 100 (6): 223-225.
Taniguchi K, Urasawa T, Urasawa S. 1994. Species specificity and interspecies relatedness in VP4 genotypes demonstrated by VP4 sequence analysis of equine, feline, and canine rotavirus strains [J]. Virology, 200 (2): 390-400.
Tsugawa T, Hoshino Y. 2008. Whole genome sequence and phylogenetic analyses reveal human rotavirus G3P [3] strains Ro1845 and HCR3A are examples of direct virion transmission of canine/feline rotaviruses to humans [J]. Virology, 380 (2): 344-353.

第八节 犬轮状病毒感染
(Canine rotavirus infection)

犬轮状病毒感染（Canine rotavirus infection）是主要侵害新生幼犬的、以腹泻症状为特征的急性接触性传染病。成年犬多呈亚临床感染。

一、发生与分布

1943 年 Jacob Light 与 Horace Hodes 发现了造成小孩传染性腹泻的病原，后来被证明该病原为轮状病毒。1973 年，Ruth Bishop 等用电子显微镜观察到轮状病毒的形态。1974 年，Thomas Henry Flewett 建议将其命名为“轮状病毒”（*Rotavirus*），该命名 4 年后由国际病毒分类委员会（International Committee on Taxonomy of Viruses，ICTV）正式认可。在动物上，轮状病毒最早于 1968 年由 Mebus 等在犊牛腹泻病例中发现。此外，仔猪、绵羊、山羊、幼驹、鹿、兔和小鼠等均有发生轮状病毒性腹泻的报道。1979 年，Eugster 等首次从患腹泻的 84 日龄病犬粪便中发现轮状病毒，Osterhaus 等（1980）也发现腹泻病犬粪便中不仅存在 CPV、CCV，而且存在轮状病毒。1981 年 Fulton 等分离病毒获得成功。之后，世界许多国家均发现轮状病毒。我国李六金等（1984）从严重腹泻的警犬粪便中分离到 1 株轮状病毒，并对其进行了系统研究。

二、病　　原

1. 分类地位 轮状病毒（*Rotavirus*，Reo）在分类上属呼肠病毒科（Reoviridae）、轮状病毒属（*Rotavirus*）。核酸型为双股 RNA。根据轮状病毒结构蛋白 VP6 的抗原性不同可分为 7 组，以英文字母分别编号为 A、B、C、D、E、F 和 G 组。A 组为典型的轮状病毒，具有共同的抗原成分，是最常见的感染类型，犬轮状病毒即属于 A 组轮状病毒。B-G 组为副轮状病毒，每组有其特有的抗原交叉反应。经聚丙烯酸胺凝胶电泳分析，A 组轮状病毒由 11 条 RNA 片段组成。

轮状病毒有不同的病毒株，即血清变异株。轮状病毒结构蛋白 VP4 和 VP7 均可诱导产生中和抗体，因此使用的是双重分类系统。对蛋白酶敏感的 VP4 定义 P（Protease sensitive）型，糖蛋白 VP7 则定义 G（Glycoprotein）型。以 1 个数字标示出 P 血清型，并用方括号内部的一个数字来标示所对应的 P 基因型。G 血清型表示方法类似，只是基因型和血清型的数字是相同的。目前已知至少有 15 个 G 型和 28 个 P 型。因决定 G 型和 P 型的这两个基因可以被分开传送而产生后代，所以两个基因不同的组合就可以产生各种不同的病毒株。目前已报道的轮状病毒毒株有美国 3 株 CU-1、A79-10 和 K9，日本1株RS15，意大利2株RV198/95和RV52/96，韩国1株GC/KS05，均属于G3P［3］型。

2. 形态学基本特征与培养特性 细胞培养物电镜观察，轮状病毒粒子略呈圆形，直径65～75nm，存在于胞浆内，无囊膜，二十面体立体对称。病毒衣壳呈双层结构，内层衣壳放射状排列，如车轮的条辐，其外由外壳膜包围，如同车轮胎一样。轮状病毒这一名称由此而来。粪便标本负染后电镜观察，可见完全病毒（称为光滑型，即S颗粒）和缺乏核衣壳的不完全病毒（称为粗糙型，即R颗粒）。

轮状病毒可在犬肾传代细胞、MA104细胞上增殖，并可产生细胞病变。李六金等（1984）将可疑病料同步接种犬胎肺细胞，并在细胞培养液和维持液中残留微量胰酶，在国内首次成功地分离到轮状病毒。江苏省农业科学院畜牧兽医研究所（1990）研制出2株分泌轮状病毒群特异性单克隆抗体的杂交瘤细胞株，用其中一株杂交瘤分泌的单克隆抗体检测犊牛腹泻或幼儿腹泻粪便，检出率分别为97.2%和100%，可否用于犬群中轮状病毒流行情况调查还有待探讨。Kobayashi等（1993）在研究轮状病毒株K9和人轮状病毒之间的重组情况时，通过抗VP4和VP7单克隆中和抗体从感染细胞MA-104中筛选K9和HRV毒株。Ramishvili等（2001）分离的犬轮状病毒用MA104细胞培养20代后，转入MDCK（马-达二氏犬肾细胞）传代培养，用以研究犬轮状病毒的免疫学特征。

3. 理化特性 轮状病毒对环境因子和常见消毒剂如碘伏和次氯酸盐有较强的抵抗力，能耐受乙醚、氯仿和去氧胆酸钠处理而不影响感染性。对酸和胰酶稳定，56℃ 30min使其感染力降低2个对数。在4℃和37℃，轮状病毒对猪和人红细胞（O、AB型）具有较好的凝集作用，并可被相应的轮状病毒抗血清所抑制。

4. 分子生物学 轮状病毒的基因组包括了11条独特的核糖核酸双螺旋分子，这11条中共有18 555个核苷碱基对。每一条螺旋或是分段即是一个基因，并且依照分子由大到小依次编号为1～11。每一个基因都可以编码成一种蛋白质，而其中第11基因可以编码成两种蛋白质。核糖核酸外围是包围了3层二十面体的蛋白质壳体。

轮状病毒颗粒由6个结构性病毒蛋白质（viral protein，VP）构架而成，分别称为VP1、VP2、VP3、VP4、VP6和VP7。VP1蛋白质位于病毒体核心，是一种核糖核酸聚合酶。VP2蛋白质形成病毒体的核心层。VP3是病毒体内核的一部分，是鸟苷酸转移酶。VP4位于病毒体表面，突出成为一个刺突，能在蛋白酶作用下水解为VP5和VP8。VP4决定病毒毒性和病毒P型。此外，还有6个非结构性蛋白质（nonstructural protein，NSP），分别为NSP1、NSP2、NSP3、NSP4、NSP5和NSP6。

三、流行病学

1. 传染来源 该病的主要传染来源是病犬和隐性带毒犬。痊愈动物至少在3周内仍持续随粪便排毒，污染环境、垫草、饲料和饮水。含毒粪便污染的用具和周围环境间接使健康犬发生感染。轮状病毒在人和动物之间存在一定的交互感染。

2. 传播途径 该病借由粪—口途径传染。病毒存在于病犬的肠道内，感染小肠的肠黏膜细胞而产生肠毒素。

3. 易感动物

（1）自然宿主 轮状病毒自然宿主范围甚广，人及猴、牛、马、猪、羊、兔、鹿和鼠等哺乳动物及鸡、火鸡、雉鸡、鸭、鹌鹑、鸽等多种禽类都有轮状病毒感染的报道。各种动物的轮状病毒都对各自的幼龄动物呈现明显的病原性，成年动物大多呈隐性经过。研究表明，轮状病毒存在一定的交叉感染，人轮状病毒能试验感染猴、仔猪、羔羊并可引起临床症状。

（2）实验动物 轮状病毒可感染犬、兔、猴、鼠等实验动物，但目前尚没有犬轮状病毒感染其他实验动物的报道。

（3）易感人群 婴幼儿是轮状病毒的易感人群，几乎世界上每个5岁小孩都曾感染过轮状病毒至少1次。感染后人体免疫力逐渐增强，后续感染的影响减轻，成人很少受到影响。Li（1994）、Taniguchi（1994）和Nakagomi（2000）等研究发现，1984年在美国费城一名健康婴儿身上分离得到的轮状病毒株 HCR3，与轮状病毒毒株 CU-1 和 K9 具有高度同源性。De Grazia（2007）等研究表明，1997 年意大利一名患胃肠炎小孩儿感染的轮状病毒 PA260/97 株，与 1996 年在意大利分离得到的 G3P［3］型轮状病毒毒株的 VP7、VP4、VP6 和 NSP4 基因序列极其相似。Wu（2011）等报道，2005 年在台湾一名 2 岁小孩儿身上发现了东亚首例人 G3P［3］型轮状病毒株 04-94s51，经分析发现此病毒株 VP4、VP6、VP7 和 NSP4 基因与 10 年前分离得到的意大利轮状病毒毒株基因密切相关。各项研究证明轮状病毒也可以感染人，是人轮状病毒感染的一个潜在来源。

4. 流行特征　McNulty（1978）、Takahashl（1979）证实多数犬群中广泛存在轮状病毒抗体，表明犬群中轮状病毒感染相当普遍。轮状病毒可感染各种年龄的犬，但通常引起幼犬严重感染，成年犬多呈亚临床感染，缺乏明显的症状。李六金等（1984）用新分离的轮状病毒经口腔和肌肉接种未吃初乳的新生幼犬，可引起严重腹泻和死亡，摄食初乳的新生幼犬不表现腹泻等临床症状，表明母源抗体对防止该病的发生起重要作用。魏锁成等（2008）对幼犬轮状病毒感染情况进行调查，发现 2～4 月龄的幼犬占绝大多数，而 2 月龄以内及大于 4 月龄的感染病例较少。该病多发生在晚冬、早春的寒冷季节。卫生条件不良、腺病毒等合并感染，可使病情加剧，死亡率增加。

四、临床症状

1. 动物的临床表现　病犬一般先吐后泻，粪便黏液或水样，呈黄、白、灰等不同颜色，可持续 8～10 天。严重者排血便，严重脱水，体温降低，心跳加快，常以死亡告终。人工感染新生幼犬，20～24h 后发生腹泻，并可持续 6～7 天。病犬排黄绿色稀便，夹杂有中等量黏液，严重病例粪便中混有少量血液。病犬被毛粗乱，肛门周围皮肤被粪便污染，轻度脱水。与其他病毒性疾病不同的是病犬自始至终精神、食欲正常，可作为临床鉴别的参考。

2. 人的临床表现　多发于秋冬季，多见于 6～24 月龄的婴幼儿，潜伏期 36～72h。典型病儿常伴有轻度上呼吸道感染症状，发热可达 39～40℃。病初 1～2 天呕吐，可先于腹泻出现。腹泻为水样便，如蛋花汤样，无脓血，每天约 3～10 次，由于吐泻，可引起脱水、酸中毒及电解质紊乱。病儿粪便中电解质浓度显著低于细菌性肠炎，如霍乱、致病性大肠埃希菌等；且多数为急性失水，故多引起等渗或等渗偏高脱水。该病自然病程 3～8 天，平均 5 天左右。

五、病理变化

1. 大体解剖观察　人工感染后 12～18h 死亡幼犬无明显异常。病程较长的死亡犬被毛粗乱，病变主要集中在小肠。轻型病例，肠管轻度扩张，肠壁变薄，肠内容物中等量、黄绿色；严重病例，小肠黏膜脱落、坏死，有的肠段弥漫性出血，肠内容物中混有血液。其他脏器没有异常。

2. 组织病理学观察　主要表现在空肠和回肠。人工感染后 18～24h，肠绒毛上 1/3 处可见大量柱状上皮细胞，24～72h 变成立方或扁平上皮细胞，肠绒毛变短、萎缩，固有层的中央乳糜管轻度或中度肿胀。人工感染后 18～48h，空肠和回肠固有层中性粒细胞和单核细胞浸润，72～154h 仅见单核细胞浸润。

经间接免疫荧光试验证实，轮状病毒主要存在于小肠黏膜上皮细胞，在肠系膜淋巴结皮质和副皮质区的网状细胞内也可见到轮状病毒。电镜观察，轮状病毒在肠黏膜上皮细胞的胞浆中复制，通过胞浆内质网膜“出芽”成熟。与犬冠状病毒相同，轮状病毒主要侵害肠绒毛上 1/3 处的吸收细胞。由于小肠上皮细胞破坏，营养吸收不良导致腹泻。

六、诊　　断

1. 病毒分离与鉴定　轮状病毒仅有少数毒株能在体外细胞培养中生长，多数病毒粒子缺乏感染性，经胰蛋白酶处理后可使其感染性增强。病毒分离一般是将病犬粪便材料用磷酸缓冲液稀释，离心上清液经水解蛋白酶或胰蛋白酶处理，过滤后接种长成单层的 MA-104 细胞、犬肾传代细胞或犬胎肺细胞，观察细胞病变；或用磷钨酸负染后用电镜观察病毒粒子形态；也可采用间接免疫荧光试验和血凝抑制试验确认轮状病毒的存在。值得注意的是，在无症状犬体内也可分离到轮状病毒，因此病毒分离应与临床症状结合起来综合分析，同时应排除CPV、CCV、CDV感染的可能性，或可能与上述几种病毒混合感染。Poncet等（1989）运用轮状病毒cDNA探针经斑点杂交试验，检测牛和猴的轮状病毒感染情况，是值得借鉴的新的检测方法。

2. 血清学试验 血清学检测方法包括放射免疫测定法、免疫荧光试验、对流免疫电泳技术、酶联免疫吸附试验、血凝和血凝抑制试验等，可用于病毒鉴定和流行病学调查。该病动物的临床发病与其血清中的抗体效价无明显的线性关系，故抗体测定在轮状病毒感染的诊断上价值不大。进一步确诊需要结合其他实验室检查。如荧光抗体试验是取腹泻早期的犬空肠、回肠黏膜做涂片，用荧光素标记特异荧光抗体于室温下染色，冲洗后在荧光显微镜下检查。我国魏锁成等（2008）使用ELISA双抗体夹心法检测幼犬轮状病毒，对兰州地区幼犬轮状病毒感染情况进行了调查。

3. 组织病理学诊断 主要表现在空肠和回肠。人工感染后18～24h，肠绒毛上1/3处可见大量柱状上皮细胞，24～72h变成立方或扁平上皮细胞，肠绒毛变短、萎缩，固有层的中央乳糜管轻度或中度肿胀。人工感染后18～48h，空肠和回肠固有层中性粒细胞和单核细胞浸润，72～154h仅见单核细胞浸润。

4. 分子生物学诊断 核酸凝胶电泳和PCR方法是目前普遍应用的检测轮状病毒并将其定型的方法。轮状病毒RNA在聚丙烯酰胺凝胶电泳中出现11条区带，可以成为诊断轮状病毒的特定电泳图谱。Kang等（2007）使用RT-PCR和商业化轮状病毒快速检测试剂盒检测感染幼犬。目前，对VP4、VP7等进行扩增测序已是检测和鉴定轮状病毒血清型和基因型的关节环节和重要手段。魏锁成等（2009）设计VP7引物，其反转录扩增产物与犬轮状病毒VP7基因序列同源性为86.7%，从而建立了犬轮状病毒荧光定量RT-PCR方法。

七、防治措施

1. 治疗 ①病犬应立即隔离到清洁、干燥、温暖的场所，停止喂奶，改用葡萄糖甘氨酸溶液（葡萄糖45g，氯化钙8.5g，甘氨酸6g，枸橼酸0.5g，枸橼酸钾0.13g，磷酸二氢钾4.3g，水200mL）或葡萄糖氨基酸溶液给病犬自由饮用。也可注射葡萄糖盐水和5%碳酸氢钠溶液，以防脱水、脱盐。②要保证幼犬能摄食足量的初乳而使其获得免疫保护。也可试用皮下注射成年犬血清。

2. 预防 关于轮状病毒的免疫，不论是来自初乳（对幼犬而言）还是自身局部产生（对成年犬而言），都取决于小肠黏膜表面的抗体分泌情况。因此应保证幼犬能摄食足量的初乳，或喂以采自成年犬的血清，使其获得免疫保护。

目前尚无疫苗可用。有关轮状病毒的疫苗研究，倾向于弱毒活苗，目前处于研究阶段，尚未在临床上应用。

八、公共卫生影响

目前已经证明感染犬的轮状病毒也可以感染人，其途径包括病毒的直接传染以及提供感染人的病毒株一段或是数段的基因片段来进行基因重组。而犬类尤其宠物犬与人关系非常密切，因此加强犬饲养管理，对环境、用具等进行严格消毒，减少环境病原体的数量，降低发病率，以及做好人员自身防护至关重要。

（申屠芬琴 孙明 肖璐 田克恭）

参考文献

陈元鼎，范耀春，李传印.2009. 轮状病毒分类命名[J]. 国际病毒学杂质，16(4)：115-120.
刘艺枚，钟扬万.2005. 犬轮状病毒的感染和防治[J]. 中国动物保健(12)：47-48.

倪艳秀，林继煌，何孔旺等．1998. A组轮状病毒研究动态［J］．江苏农业学报，14（1）：60 - 64.
田克恭．1991. 实验动物病毒性疾病［M］．北京：农业出版社：355 - 363.
魏锁成，何丽．2008. ELISA双抗体夹心法检测幼犬轮状病毒的研究［J］．中国动物检疫，25（1）：37 - 38.
魏锁成，何丽．2009. 犬轮状病毒荧光定量RT - PCR检测方法的建立［J］．中国动物检疫，26（5）：38 - 41.
魏锁成．2005. 动物轮状病毒病的流行病学及综合防治［J］．甘肃畜牧兽医，35（3）：27 - 29.
夏咸柱，张乃生，林德贵．2009. 犬病［M］．北京：中国农业出版社：110 - 112.
De Grazia S，Martella V，Giammanco G M，et al. 2007. Canine - origin G3P［3］rotavirus strain in child with acute gastroenteritis［J］. Emerg. Infect Dis.，13（7）：1091 - 1093.
Kang B K，Song D S，Jung K I，et al. 2007. Genetic characterization of canine rotavirus isolated from a puppy in Korea and experimental reproduction of disease［J］. J. Vet. Diagn. Invest.，19（1）：78 - 83.
Kobayashi N，Taniguchi K，Urasawa T，et al. 1993. Analysis of gene selection in reassortant formation between canine rotavirus K9 and human rotaviruses with different antigenic specificities［J］. Res. Virol.，144（5）：361 - 370.
Li B，Clark H F，Gouvea V. 1994. Amino acid sequence similarity of the VP7 protein of human rotavirus HCR3 to that of canine and feline rotaviruses［J］. J Gen. Virol.，75：215 - 219.
Martella V，Pratelli A，Elia G，et al. 2001. Isolation and genetic characterization of two G3P5A［3］canine rotavirus strains in Italy［J］. J. Virol. Methods，96（1）：43 - 49.
Matthijnssens J，De Grazia S，Piessens J，et al. 2011. Multiple reassortment and interspecies transmission events contribute to the diversity of feline，canine and feline/canine - like human group A rotavirus strains［J］. Infect Genet. Evol.，11（6）：1396 - 1406.
Nakagomi O，Isegawa Y，Hoshino Y，et al. 1993. A new serotype of the outer capsid protein VP4 shared by an unusual human rotavirus strain Ro1845 and canine rotaviruses［J］. J. Gen. Virol.，74：2771 - 2774.
Nakagomi T，Nakagomi O. 2000. Human rotavirus HCR3 possesses a genomic RNA constellation indistinguishable from that of feline and canine rotaviruses［J］. Arch. Virol.，145（11）：2403 - 2409.
Ramishvili L G，Maglakelidze D A，Labadze T N. 2001. Isolation of canine rotavirus and study of its immunobiological properties［J］. Mol. Gen. Mikrobiol Virusol，2：30 - 33.
Taniguchi K，Urasawa T，Urasawa S. 1994. Species specificity and interspecies relatedness in VP4 genotypes demonstrated by VP4 sequence analysis of equine，feline，and canine rotavirus strains［J］. Virology，200（2）：390 - 400.
Tsugawa T，Hoshino Y. 2008. Whole genome sequence and phylogenetic analyses reveal human rotavirus G3P［3］strains Ro1845 and HCR3A are examples of direct virion transmission of canine/feline rotaviruses to humans［J］. Virology，380（2）：344 - 353.
Wu F T，Bányai K，Lin J S，et al. 2012. Putative Canine Origin of Rotavirus Strain Detected in a Child with Diarrhea，Taiwan［J］. Vector Borne Zoonotic Dis.，12（2）：170 - 173.

第九节　猴轮状病毒感染
(Simian rotavirus infection)

猴轮状病毒感染（Simian rotavirus infection）由猴轮状病毒所致，主要通过感染小肠上皮细胞，从而造成细胞损伤，引起腹泻。和其他动物一样，猴轮状病毒感染以幼猴多发，成年猴多呈隐性感染，一般在生活环境发生改变时才会表现出腹泻的症状。猴轮状病毒还可以通过人工感染小鼠等实验动物，使后者表现出腹泻症状。

一、发生与分布

最早于1958年，人们从南非一只健康的黑长尾猴身上分离到一株猴轮状病毒，即是后来广为应用的代表株SAⅡ。1979年，又在美国一只腹泻的恒河猴身上检测到了新的猴轮状病毒MMU18006株，随后陆续报道的还有MMU17959、猪尾猴YK - 1和恒河猴TUCH病毒株。

20世纪90年代初，吴小闲等对我国恒河猴危害较大的10种病毒进行了调查，其中位居榜首的为猴轮状病毒（SAⅡ株），感染率为96.8%（124/128）。之后在90年代末期，周亚敏等对云南省野生恒河猴进行调查，结果以消化道传播为主的SAⅡ抗体阳性率高达90%，表明SAⅡ在猴群中流行，这与众所周知的野生恒河猴在生活环境改变后易患腹泻有关。

二、病　原

1. 分类地位　猴轮状病毒（*Simian rotavirus*）在分类上属于呼肠弧病毒科（Reoviridae）、轮状病毒属（*Rotavirus*）。目前报道过的猴轮状病毒株主要有SAⅡ、MMU18006、MMU17959、YK-1和TUCH。根据血清学反应的不同，将轮状病毒分为不同的组，每个组内又可分为不同的血清型，至今为止，已报道有7个轮状病毒组（A～G组），其中A、B、C三组既能感染动物又能感染人，以A组感染最为常见，猴轮状病毒（SA11）即为A组典型代表。

2. 形态学基本特征与培养特性　猴轮状病毒的成熟颗粒直径约70nm，由3层二十面体蛋白衣壳组成，外壳表面有60个长度约为12nm的穗状物突起。病毒颗粒含有一个依赖RNA的RNA多聚酶及一些能产生帽状RNA转录子的酶，病毒基因组含11个分节段的双链RNA片段（dsRNA）。

通过低温电镜可见病毒颗粒有3层，病毒的结构蛋白VP1、VP2、VP3、VP4、VP6和VP7完全且具感染性；没有外壳的双层颗粒外缘粗糙，内壳的三体亚单位在表面突起，不含VP4和VP7，不具感染性；单层颗粒较少见，这类颗粒不具感染性。

猴轮状病毒表面有血凝素，可以抑制病毒和细胞接触，培养起来比较困难，常用胰酶破坏血凝素，在MA-104恒河猴传代细胞里培养。

3. 理化特性　猴轮状病毒对理化因素抵抗力强，在pH 3～9环境中稳定。在粪便样品中，60℃条件下可耐受30min，而18～20℃时至少可耐受7～9个月。细胞培养适应病毒对热的耐受力有较大差异。猴轮状病毒的感染性相对稳定，对温度有一定程度的耐受，可以被多种消毒剂灭活，如酚、甲醛、氯和β-丙内酯等，95%的乙醇可能是最有效的消毒剂。

4. 分子生物学　病毒的基因组含11个节段的dsRNA，位于病毒的核心衣壳内。去蛋白化的轮状病毒dsRNA无感染性，说明病毒颗粒内含有自身依赖RNA的RNA多聚酶。目前已经知道一些病毒株11个基因片段的完整核酸序列，这些毒株的核酸序列有以下共同特征：每一个RNA片段在5’末端均有一个鸟嘌呤核苷酸（G），在5’末端非编码区有一段保守序列，随后是一个开放读码框，编码一个蛋白产物，终止密码子后是一个非编码区——3’末端保守区，3’端终止于一个胞嘧啶核苷酸。轮状病毒基因序列富含腺嘌呤和胸腺嘧啶核苷酸（A+T=58%～67%），这与大多数真核细胞和其他病毒的基因不同。

迄今为止，轮状病毒是已知仅有的哺乳动物和鸟类含11个dsRNA片段的致病因子，其基因大小0.6～3.3kb。根据分子量的大小将基因片段在聚丙烯酰胺凝胶电泳（PAGE）中泳动顺序为基因1至基因11。一般来讲，A组轮状病毒基因组有其独特的电泳图谱，4个高分子量的dsRNA节段（基因片段1～4），5个中等大小节段（基因片段5～9），其中7～9往往在一起形成一个特征性的三体；2个小片段（基因10～11），如果在电泳中见到的11个片段的dsRNA不是以这样典型的方式排列，那么很可能是鸟类的A组轮状病毒、非A组轮状病毒，或者是发生了个别基因重排的A组轮状病毒。这常被用于检测该病毒暴发流行和传播途径的分子流行病学研究。

三、流行病学

1. 传染来源　血清抗体检测表明，猴轮状病毒感染相当普遍，云南省野生恒河猴轮状病毒检出率达90%。病毒经粪便排出，是感染的主要来源，急性感染期排毒量最大。

2. 传播途径　猴轮状病毒在自然环境中较稳定，不易被自行灭活，因此较易在群体间传播。轮状病毒主要由粪—口途径传染，其次为接触传播，密切接触可有30%以上的继发感染率。另外，从感染者鼻咽分泌物、气管呼出物及肺组织中可查到轮状病毒。有报道研究称有可能经由呼吸路径传染，但这不是主要传播途径。

3. 易感动物　猴轮状病毒往往会在群体间流行，调查显示猴群自然状况下轮状病毒携带率高达90%以上。感染动物的轮状病毒也可以感染人，但目前尚未有人感染猴轮状病毒的报道。实验小鼠和兔子也可以通过人工方式感染猴轮状病毒，表现出腹泻的症状。研究报道，出生3天的昆明鼠接种猴轮状病毒SAⅡ后24h均出现腹泻，在接种后4天达高峰。

4. 流行特征　轮状病毒性腹泻有明显的季节性，一般发生在较寒冷的季节，每年的10月份至次年的2月份是轮状病毒腹泻的高发季节。轮状病毒腹泻多发于幼猴，往往在生活环境或饮食改变时表现出临床症状；成年猴多为隐性感染，一般不发病。

四、临床症状

1. 动物的临床表现　动物轮状病毒感染症状以腹泻为主，并伴有精神委顿，体温升高，厌食，消瘦；呕吐，脱水；全身肌肉抽搐发抖；拉稀，粪呈水样，黄白色或黄绿色，粪便带血和黏液；患病动物最终可因虚脱而死亡。

2. 人的临床症状　轮状病毒感染在婴儿的潜伏期为24～48h，表现为突然发病，水样便、呕吐、发热和脱水。脱水的程度一般较其他肠道病原引起的肠炎严重。轮状病毒感染疾病的严重程度、疾病症状及症状持续时间往往变化很大，可以是亚临床感染、轻度腹泻至严重的伴脱水腹泻，甚至可以致死，尤其是那些未积极治疗的患儿，死亡的直接原因是脱水和电解质紊乱。

五、病理变化

1. 大体解剖观察　尸体消瘦，全身淋巴结水肿，胆囊肿大。肠黏膜呈浆液性脱落，肠壁散在性出血。肠壁变薄，肠管胀满，内容物液状、灰黄色或灰黑色。

2. 组织病理学观察　轮状病毒感染仅限于小肠，小肠绒毛变短、萎缩，黏膜固有层单核细胞浸润，内质网池肿胀，微绒毛稀少、不规则，可见到裸露的微绒毛。

乳鼠感染猴轮状病毒后小肠绒毛轻度充血、水肿，上皮细胞广泛空泡状变性，顶部大量脂滴样结构，微绒毛排列紊乱或脱落，而细胞间连结未见明显结构改变。

六、诊　　断

该病可根据流行病学资料（如秋冬季腹泻）和临床症状（如水样便、呕吐、发热等）做出初步诊断，确诊需结合实验室技术检查。

1. 病毒分离与鉴定　目前已有一些细胞成功地运用于轮状病毒的分离，如原代非洲绿猴肾细胞、传代非洲绿猴肾细胞（MA104），用胰蛋白酶处理标本（10μg/mL）并在培养基中加入胰酶（0.5～1.0μg/mL）有利于病毒的生长。电镜观察细胞培养物中的病毒形态，也可采用免疫荧光技术、免疫酶技术或现在比较通用的PCR检查细胞培养物中的病毒抗原或病毒RNA。

2. 电镜技术　电镜可观察到标本中轮状病毒独特的形态，是诊断轮状病毒感染的最准确、可靠、快速的方法。因为用轮状病毒感染细胞，电镜下可观察到不同发育阶段的病毒及其前体物质大量聚集在一起，构成成团的毒浆（包涵体）。可在收集标本后用pH 5.0以上2%磷钨酸（PTA）负染10S以上，完整双壳的A、B或C组轮状病毒便会失去最外层的蛋白壳，在电镜下直接观察，数分钟便可得到结果；用中性磷钨酸染色，B组轮状病毒会完全消失；而用1%醋酸铀（pH 4.3）染色，始终可见到完整无缺的病毒颗粒。用轮状病毒特异的免疫血清，可进行免疫电镜观察，轮状病毒颗粒可在免疫血清的作用下发生凝集，在电镜下清晰可见，据此判断轮状病毒的组和血清型。

3. 血清学检测

（1）酶联免疫吸附试验（ELISA）　许多试验技术可用来检测粪便标本中的轮状病毒，但首选ELISA，因为该方法高度敏感，并且不需要特殊设备，可用于大量标本的检测。

（2）抗体滴度测定　免疫学方法检测血清中特异性抗体，以IgM抗体价值较大，双份血清抗体滴度呈4倍以上增高时有诊断意义。

（3）其他方法　如反向间接血凝、乳胶凝集试验等。

4. 分子生物学诊断　RT-PCR、核酸杂交技术及聚丙烯酰胺凝胶电泳，已成功应用于无症状及感染猴的快速诊断。

5. 组织病理学诊断　轮状病毒感染猴后，其十二指肠、空肠、回肠和结肠肠腔内均有上皮细胞和肠绒毛脱落，有的伴有出血。黏膜充血、水肿，上皮细胞变性，有的坏死，仅留下绒毛残影，个别区域坏死累及黏膜下层。固有膜内有较多淋巴细胞、浆细胞和巨噬细胞浸润。回肠淋巴小结增生。这种坏死性炎症分布比较广泛。

七、防治措施

1. 治疗　对猴轮状病毒感染目前尚缺乏特效的抗病毒治疗药物，一般以支持疗法为主。

（1）饮食疗法　饲喂易消化、松软、高蛋白（20%）的蒸糕，补充新鲜干净的苹果。

（2）液体疗法　饮水瓶中添加维生素C、复合维生素B，必要时给予口服葡萄糖或生理盐水。对于重度轮状病毒感染所造成的腹泻、呕吐、电解质紊乱，静脉滴注电解质液。

（3）合理用药　抗生素对猴病毒性腹泻无效，在轮状病毒感染时应禁止滥用抗生素。有研究显示，胃肠黏膜保护剂联合思密达，口服补液盐辅助治疗幼猴腹泻，效果明显。

2. 预防　猴轮状病毒感染主要会导致幼猴腹泻，所以要重点加强这一特定群体的饲养管理和卫生工作，加强猴舍、笼具和饮水的清洁、消毒工作，并防止环境对人员的感染。

八、公共卫生影响

轮状病毒感染人和动物非常普遍，轮状病毒感染从无症状、轻微发病到严重发病，严重时发生致命性胃肠炎、脱水及电解质平衡失调。轮状病毒胃肠炎的症状包括发热、呕吐、腹痛以及无血色水样腹泻，症状可持续3～9天。所以应以预防为主，防治结合，预防主要是防止水源和食物被带病毒的粪便污染，早期发现和隔离患者，做好患者粪便消毒工作，加强饮食卫生和个人防护。

（王文广　代解杰　田克恭）

参考文献

高诚，王胜昌，邵伟娟．2003．猴轮状病毒（SA11）RT-PCR检测方法的建立［J］．上海交通大学学报（农业科学版），21（3）：189-193.

郭进林，吴惠莲，韩文清，等．1988．轮状病毒生物学性状研究［J］．病毒学杂志，（2）：118-123.

姜军平．1996．实用PCR基因诊断技术［M］．西安：世界图书出版社：109-110.

金奇．2001．医学分子病毒学［M］．北京：科学出版社：541-564.

刘馨，张永欣，孙茂盛．2007．猴轮状病毒的灭活、纯化及抗原性鉴定［J］．中国人兽共患病学报，23（4）：378-379.

庞其芳，万新邦，张新生，等．1983．中草药"秋泻灵"实验治疗树鼩人工感染轮状病毒肠炎的研究［J］．昆明医学院报（3）：7-12.

田克恭．1992．实验动物病毒性疾病［M］．北京：农业出版社：154-158.

吴小闲，涂新明，何伏秋．1991．恒河猴病毒学监测的研究［J］．中国实验动物学杂志（1）：16-20.

姚龙涛．2000．猪病毒病［M］．上海：上海科学技术出版社：220-224.

张丽杰，方安．2007．中国婴幼儿轮状病毒腹泻的流行病学和疾病负担研究进展［J］．中国计划免疫（2）：186-191.

赵玫，罗国祥，徐景云．1988．我国恒河猴病毒调查报告［J］．中国生物制品学杂志（4）：33-37.

周亚敏，李绍东，段幸生．1999．云南省野生恒河猴病毒血清流行病学研究［J］．云南大学学报，21（3）：226-229.

Band C. 1988. Rotaviruses by Polymerase Chain Reaction［J］. Journal of clinical microbiology., 29（3）：519-523.

Both G W, Mattick J S, Bellamy A R. 1983. Serotype-specific glycoprotein of simian 11 rotavirus：coding assignment and gene sequence [J]. Proc. Natl. Acad. Sci. USA, 80 (10): 3091-3095.

Kalter S S, Heberling R L, Rodriguez A R, et al. 1983. Infection of baboons ("Papio cynocephalus") with rotavirus (SAⅡ) [J]. Dev. Biol. Stand., 53: 257-261.

Malherbe H H, Strickland-Cholmley M. 1967. The simian virus SAⅡ and the related O-agent [J]. Arch. Gesamte Virusforsch., 22: 235-245.

McNeal M M, SestakK, Basu A H-C et al. 2005. Development of a rotavirus-shedding model in rhesus macaques, using a homologous wild-type rotavirus of a new P genotype. [J]. Virol., 79: 944-954.

Petschow B W, Litov R E, Young L J, et al. 1992. Response of colostrum-deprived cynomolgus monkeys to intragastric challenge exposure with simian rotavirus strain SAⅡ [J]. Am. J. Vet. Res., 53: 674-678.

Soike K F, Gary G W, Gibson S. 1980. Susceptibility of nonhuman primate species to infection by simian rotavirus SA-Ⅱ [J]. Am. J. Vet. Res., 41: 1098-1103.

Stuker G, Oshiro L S, Schmidt N J. 1980. Antigenic comparisons of twonew rotaviruses from rhesus monkeys. [J]. Clin. Microbiol., 11: 202-203.

Westerman L E, Xu J, Jiang B, McClure H M, Glass R I, 2005. Experimental infection of pigtailed macaques with a simian rotavirus YK-1 [J]. Med. Virol., 75: 616-625.

第十节 树鼩轮状病毒感染
(Rotavirus infection of tree shrew)

轮状病毒是引起婴幼儿腹泻的主要病原体之一，也会感染其他年幼动物并造成腹泻，各种动物的轮状病毒对各自的幼龄动物呈现明显的致病性，成年动物大多数呈隐性感染，这些感染动物的轮状病毒有与感染人的轮状病毒产生基因交换的潜在可能性。

树鼩（*Tupaia belangeri*，Tree Shrew）在自然状况下可携带人轮状病毒，而后者可在树鼩的粪便样品中被检测到。实验室中人工感染轮状病毒的相关研究发现，健康成年树鼩可以经口饲途径感染人轮状病毒，潜伏期1～3天，普遍表现出典型的腹泻症状，肠道有坏死性炎症改变，发病树鼩可因严重脱水等导致死亡。

一、发生与分布

从20世纪80年代以来，伴随着对树鼩资源研究的逐渐深入和应用的日趋广泛，人们发现树鼩可以感染或携带轮状病毒，树鼩轮状病毒感染（Rotavirus infection of tree shrew）可产生严重的腹泻直至脱水死亡，这也是造成幼龄树鼩腹泻致死的主要病因之一。对来源于云南昆明市城郊青龙峡地区的野生树鼩自然携带病毒进行筛查，结果表明，在已筛查的60只野生中缅树鼩中，粪便样品中检测到轮状病毒，抗原阳性为6.7%（4/60）。

二、病　　原

1. 分类地位　从发病树鼩体内分离出来的病毒颗粒，与人轮状病毒类似，同属于呼肠弧病毒科的一个属。成熟病毒颗粒，由3层二十面体蛋白衣壳组成，直径为70～75nm。光滑的外壳表面有60个长度为12nm的穗状物突起，最里层的衣壳包着病毒的基因。病毒基因组含11个分节段的双链RNA片段（dsRNA)，病毒颗粒含有一个依赖RNA的RNA多聚酶及一些能产生帽状RNA转录子的酶。

2. 形态学基本特征与培养特性　轮状病毒（*Rotavirus*，RV）有其特殊的形态，在电子显微镜下，可见到3种类型病毒颗粒。完整的病毒颗粒为二十面体对称，由3层二十面体蛋白衣壳组成，酷似车轮，因此得名。通过低温电镜技术证实完整的病毒颗粒具有3层，病毒的结构蛋白VP1、VP2、VP3、VP4、VP6和VP7完全且具感染性；没有外壳的双层颗粒外缘粗糙，内壳的三体亚单位在表面突起，不含VP4和VP7，不具感染性；单层颗粒较少见，这类颗粒不具感染性。

轮状病毒因表面有血凝素，抑制病毒和细胞接触，所以培养较困难，常用胰酶破坏血凝素，在MA-104恒河猴传代细胞培养。

研究显示蛋白酶处理可以促进试管内的病毒培养，这是因为蛋白酶将病毒外壳的穗状物突起多肽裂解而增强了病毒的感染性。病毒复制过程中向内质网出芽时，形成一过性的有包膜的颗粒，而成熟的病毒颗粒无包膜，通过细胞裂解从感染的细胞中释放。病毒在感染的细胞浆中复制，同一个组的病毒之间能够发生基因重配。

3. 理化特性 轮状病毒对理化因素抵抗力强，在pH 3～9的范围内感染性稳定。在粪样中可在60℃条件下耐受30min，而18～20℃时至少可耐受7～9个月。在干燥的粪便、灰尘和饲养区污水都可检出轮状病毒，病毒在已清空的动物房可存活3个月。经细胞培养得到的病毒对热的耐受力有较大差异。

不同的轮状病毒颗粒具有不同的生物学特征，病毒的感染性依赖于外层衣壳的存在，用钙螯合剂处理将外壳去除，病毒的感染性随之消失。三层和双层颗粒可通过氯化铯和蔗糖梯度离心而分开，碳氟化合物提取或暴露于乙醚、氯仿或脱氧胆酸盐不能破坏轮状病毒的感染性，这说明成熟的颗粒没有包膜。轮状病毒的感染性相对稳定，对温度较稳定，可以被多种消毒剂灭活，如酚、甲醛、氯和β丙内醇等，95%的乙醇是最有效的消毒剂。

4. 分子生物学 病毒的基因组含11个节段的dsRNA，位于病毒的核心衣壳内。去蛋白化的轮状病毒dsRNA无感染性，说明病毒颗粒内含有自身依赖RNA的RNA多聚酶。目前已经知道一些病毒株11个基因片段的完整核酸序列，这些毒株的核酸序列有以下共同特征：每一个RNA片段在5’末端均有一个鸟嘌呤核苷酸（G），在5’末端非编码区有一段保守序列，随后是一个开放读码框，编码一个蛋白产物，终止密码子后是一个非编码区——3’末端保守区，3’端终止于一个胞嘧啶核苷酸。轮状病毒基因序列富含腺嘌呤和胸腺嘧啶核苷酸（A+T=58%～67%），这与大多数真核细胞和病毒的基因不同。

迄今为止，轮状病毒是已知仅有的哺乳动物和鸟类含11个dsRNA片段的致病因子，其基因大小从0.6～3.3kb不等。根据分子量的大小将基因片段在聚丙烯酰胺凝胶电泳（PAGE）中泳动顺序为基因1～11。一般来讲，A组轮状病毒基因组有其独特的电泳图谱，4个高分子量的dsRNA节段（基因片段1～4）；5个中等大小节段（基因片段5～9），其中7～9往往在一起形成一个特征性的三体；2个小片段（基因10～11）。如果在电泳中见到的11个片段的dsRNA不是以这样典型的方式排列，那么很可能是鸟类的A组轮状病毒、非A组轮状病毒，或者是发生了个别基因重排的A组轮状病毒。这常被用于检测病毒暴发流行和传播途径的分子流行病学研究。

三、流行病学

1. 传染来源 血清抗体检测表明，轮状病毒感染相当普遍。从野生成年树鼩的粪便中可以检测到该病毒，检出率达6.7%（4/60）。幼仔较为易感，出现严重腹泻等临床症状，所以有学者将树鼩用作研究人轮状病毒感染的实验动物模型。

轮状病毒感染是幼龄树鼩发病死亡的主要原因之一，病毒经粪便排出，是感染的主要来源。排毒情况受个体被动免疫程度和轮状病毒血清群的影响，大体上急性感染期排毒量最大。

2. 传播途径 自然状况下，轮状病毒主要由粪口路径传染，发病者的粪便是主要的传染来源。其次为接触传播，密切接触者可有30%以上的继发感染率。另外，从患者鼻咽分泌物、气管呼出物及肺组织中可查到轮状病毒，因此有报道研究称有可能经由呼吸路径传染，但这不是主要的传播途径。

人和动物轮状病毒在自然环境中较稳定，不易被自行灭活，因此较易传播。轮状病毒也可以造成医院内感染。

3. 易感动物 轮状病毒会感染哺乳动物如猿猴、牛、猪、树鼩以及鸟类等。这些动物感染的轮状病毒有与感染人的轮状病毒产生基因交换的潜在可能性。目前已经证明感染动物的轮状病毒也可以感染人，感染途径包括病毒的直接传染以及提供感染人的病毒株一段或是数段的核糖核酸片段来进行基因重整。

4. 流行特征　轮状病毒性腹泻有明显的季节性，一般发生在较寒冷的季节，每年的10月份至次年的2月份是轮状病毒腹泻的高发季节。世界范围内A组轮状病毒的分子流行病学调查结果表明：不同地区相同型别的A组轮状病毒流行株VP7蛋白的氨基酸组成，存在一些规律的变异（主要涉及抗原决定簇VR3、VR4和VR6）。

四、临床症状

1. 动物的临床表现　万新邦等用人轮状病毒感染成年树鼩，感染2～4天后，动物普遍表现为呆滞蜷缩、体毛蓬松、食欲减退、体重减轻。存活动物的病程1～5天。严重者腹泻频繁、粪量多，含血液和大量未消化食物及脱落的肠黏膜，嘴唇和四肢干枯、无光泽，眼窝凹陷，肛门松弛，处于严重脱水状态，最终死亡。

2. 人的临床症状　轮状病毒感染在婴儿的潜伏期为24～48h，表现为突然发病，水样便、呕吐、发热和脱水。脱水程度一般较其他肠道病原引起的肠炎严重。轮状病毒感染疾病的严重程度、疾病症状、症状的持续时间往往变化很大，可以是亚临床感染、轻度腹泻至严重的伴脱水腹泻，甚至可以致死，尤其是那些未积极治疗的患儿，死亡的直接原因是脱水和电解质紊乱。

五、病理变化

1. 大体解剖观察　树鼩感染轮状病毒发病者，普遍表现腹泻，严重者便中带血，病程期间体重明显减轻、精神萎靡、眼窝凹陷，机体处于严重脱水状态，最终死亡。

2. 组织病理学观察　万新邦等用人轮状病毒感染成年树鼩发现，发病死亡树鼩的十二指肠、空肠、回肠和结肠肠腔内均有上皮细胞和肠绒毛脱落，有的伴有出血。黏膜充血、水肿，上皮细胞变性，有的坏死，仅留下绒毛残影，个别区域坏死累及黏膜下层。固有膜内有较多淋巴细胞、浆细胞和巨噬细胞浸润。回肠淋巴小结增生。这种坏死性炎症分布比较广泛。

3. 超微病理观察　发病动物可见肠上皮细胞界限不清，质膜消失。双层核膜结构不完整，染色质或凝聚或溶解。内质网扩大，线粒体变性，有的崩解，高尔基复合体和溶酶体少见，细胞内涵物减少。说明细胞消化吸收功能衰退或丧失。

六、诊　　断

通过流行病学、临床症状、病理变化等对该病进行初步进行诊断，确诊需要进行实验室检验。

1. 病原学检查　轮状病毒在电子显微镜下观察呈现特殊的轮状，将发生腹泻的动物粪便或小肠内容物离心，加双抗灭菌，然后用磷钨酸负染，在电镜下观察，就会看到特异的病毒粒子。

2. 血清学测定　恢复期血清制备免疫电镜标本，可观察到病毒颗粒大量聚集、颗粒平铺，外被抗体包绕，有的颗粒之间有"抗体桥"连结，显示免疫复合物征象。另外也可以采用ELISA方法，此种方法敏感易行、实用性强。

3. 免疫荧光技术　采集发病早期的树鼩空肠或内容物，刮取小肠绒毛做压片或涂片，用丙酮固定后再用轮状病毒荧光抗体染色，在荧光显微镜下观察，可以在绒毛上皮的胞浆内见到荧光。

4. 核酸电泳法　轮状病毒的核酸有11个节段，在PAGE电泳时呈现特异的电泳图谱，不仅能与其他病毒区别开，也能初步鉴定轮状病毒的群。这是研究轮状病毒分类学和流行病学最常见的方法。

5. RT-PCR　轮状病毒的核酸是RNA，通过反转录扩增，能够快速检出病毒。其灵敏性高，适合早期诊断和分子流行病学检查。

6. 核酸探针检测　刘明军等用光敏生物素标记A群轮状病毒的核酸，其敏感性接近于国内报道的非同位素探针水平，特异性好，适合于A群轮状病毒的检测。

7. 组织病理学诊断　轮状病毒感染动物后，动物的十二指肠、空肠、回肠和结肠肠腔内均有上皮细胞和肠绒毛脱落，有的伴有出血。黏膜充血、水肿，上皮细胞变性，有的坏死，仅留下绒毛残影，个别区域坏死累及黏膜下层。固有膜内有较多淋巴细胞、浆细胞和巨噬细胞浸润。回肠淋巴小结增生。这种坏死性炎症分布比较广泛。

七、防治措施

1. 治疗 目前对该病尚缺乏特效的抗病毒药物治疗，一般以支持疗法为主。

（1）饮食疗法 WHO资料表明，食物营养吸收率在轮状病毒感染急性期为62%，恢复期为86%，继续平日饮食可阻止肠黏膜双糖酶活性下降，促进肠黏膜再生修复，降低肠黏膜的渗透性，避免诱发肠黏膜萎缩，轮状病毒感染病程中饮食原则为低双糖、低脂、高蛋白低浓度饮食。

（2）液体疗法 大力提倡口服补液疗法，目前WHO仍推荐标准枸橼酸钠口服补液盐（ORS），为2/3张液体。配方为氯化钠3.5g、枸橼酸钠2.9g、氯化钾1.5g、无水葡萄糖20g，加水至1 000mL，按所需补液量，少量、多次、随意口服。对于重度轮状病毒感染所造成的腹泻、呕吐、电解质紊乱，静脉输液被证明是最有效的方法。

（3）合理用药 抗生素对病毒性腹泻无效，在轮状病毒感染时应禁止滥用抗生素。一般可选用：

①中药治疗：急性期推荐葛根芩连汤，迁延期采用桃花汤。

②思密达（Smecta）：为肠黏膜保护剂，主要成分为双八面体蒙脱石微粒，口服后不吸收，能吸附并抑制轮状病毒感染，有加强胃肠道黏液的韧性，恢复并维护黏液屏障的生理功能，对轮状病毒感染有较好的疗效。

③干扰素：高热、症状严重者可考虑应用干扰素。

④微生态制剂：以活性双歧杆菌制剂为优选，其他如乳酸杆菌、粪链球菌及芽孢杆菌等活菌制剂亦有一定疗效。

⑤其他：近期有报道，来源于免疫母鸡的抗轮状病毒鸡卵黄免疫球蛋白制剂——百贝宁，是小儿秋冬季腹泻的针对性治疗产品。针对树鼩轮状病毒模型的研究显示，乳铁蛋白能有效降低轮状病毒感染者的死亡率，提高感染者的生命延长率，同时能降低轮状病毒抗原滴度。此外，有研究报道中药“秋泻灵”对感染轮状病毒的树鼩有很好的治疗效果。

2. 预防 由于树鼩可自发感染人轮状病毒，并且幼龄树鼩有较高的发病和致死率，因此要引起高度重视。对于野生树鼩的引种要执行严格的病毒筛查，及时发现并淘汰自然携带者。实验室内，原代树鼩实行单笼饲养，定期检疫，淘汰阳性树鼩，逐步建立无轮状病毒种群。针对树鼩的轮状病毒试验研究要做好人员防护工作，保护好工作人员的同时也避免由人感染树鼩。实验动物隔离饲养，做好卫生消毒工作，避免相互交叉感染。

八、公共卫生影响

轮状病毒感染人和动物非常普遍，感染从无症状、轻微发病到严重发病，严重时发生致命性胃肠炎、脱水及电解质平衡失调。轮状病毒胃肠炎的症状包括发热、呕吐、腹痛以及无血色水样腹泻，症状可持续3～9天。所以应以预防为主，防治结合，预防主要是防止水源和食物被带病毒的粪便污染，早期发现和隔离患者，做好患者粪便消毒工作，加强饮食卫生和个人卫生。

（王文广 代解杰 田克恭）

参考文献

郭进林，吴惠莲，韩文清，等．1988. 轮状病毒生物学性状研究［J］．病毒学杂志（2）：118-123.
姜军平．1996. 实用PCR基因诊断技术［M］．西安：世界图书出版社：109-110.
金奇．2001. 医学分子病毒学［M］．北京：科学出版社：541-564.
庞其芳，万新邦，张新生，等．1983. 中草药“秋泻灵”实验治疗树鼩人工感染轮状病毒肠炎的研究［J］．昆明医学院报（3）：7-12.
田克恭．1992. 实验动物病毒性疾病［M］．北京：农业出版社：154-158.
万新邦，庞其方，丘福禧，等．1983. 人轮状病毒实验感染成年树鼩的研究［J］．中华医学杂志，96（2）：85.
王新兴，李婧潇．2011. 野生中缅鼩病毒携带情况的初步调查［J］．动物学研究，32（1）：66-69.
姚龙涛．2000. 猪病毒病［M］．上海：上海科学技术出版社：220-224.
Both G W，Mattick J S，Bellamy A R. 1983. Serotype-specific glycoprotein of simian 11 rotavirus：coding assignment and gene sequence［J］. Proc. Natl. Acad. Sci. USA，80（10）：3091-3095.
Vera Gouvea，James R Allen，Goger I Glass，et al. 1991. Detection of Group Band C Rotaviruses by Polymerase Chain Reaction［J］. Journal of clinical microbiology.，29（3）：519-523.

第十二章
弹状病毒科病毒所致疾病

狂　犬　病
(Rabies)

狂犬病（Rabies）是由狂犬病病毒引起的一种高致死性人兽共患传染病。该病可引起人和多种动物的致死性中枢神经系统感染，以恐水、畏光、吞咽困难、狂躁等临床表现为特征。犬、猫是该病重要的贮存宿主，也是人狂犬病的主要来源。该病的病死率几乎为100%。狂犬病呈全球性分布，危害严重。我国近几年每年因狂犬病死亡的人数超过3 000人，仅次于印度。世界动物卫生组织（Office International Des Epizooties，OIE）将其列为B类动物疫病，我国将其列为二类动物疫病。

一、发生与分布

狂犬病是一种古老的自然疫源性疾病。西方在古罗马、埃及、希腊时代的古籍中均有狂犬病的记载。公元前335年，Aristotle第一次注意到疯狗咬伤感染引起危险。1804年，Zinke证明唾液具有感染性。Pasteur于1885年首次将狂犬病病毒制成疫苗并成功地使被疯狗咬伤的男孩获得抵抗力。目前该病呈世界性分布，存在于除南极洲之外的几乎所有大陆，主要在亚洲、非洲，中国的狂犬病发病人数仅次于印度。非洲普遍存在狂犬病，且大面积流行，除家犬和猫外，非洲南部至少有30个种属、5个科的食肉动物被确诊患有狂犬病。欧洲实行了对狐狸口服免疫的策略，动物狂犬病已明显下降。西欧国家通过对犬的免疫和严格管理，已基本上控制或消灭了人兽狂犬病。狂犬病已成为中、南美洲长期以来严重的公共卫生问题，其中阿根廷、玻利维亚、厄瓜多尔、危地马拉、洪都拉斯等国疫情较重。北美洲以野生动物为主，呈地方性流行，自1996年以来一直呈下降的趋势，但蝙蝠作为传染源引起的人狂犬病无下降趋势。

在我国，狂犬病流行严重的省份有湖南、广西、广东、江西、江苏、贵州、安徽、湖北、山东等省，其发病死亡数占全国的80%以上。西北地区发病率较低，除陕西省外，甘肃、宁夏、新疆、西藏等省份发病极少。山西、内蒙古、东北地区介于南方和西北地区之间。这种发病率南高北低的态势可能与南方温暖潮湿、人口密度大、犬隐性带毒等因素有关。

二、病　　原

1. 分类地位　狂犬病病毒（*Rabies virus*，RABV）在分类上属单股负链RNA病毒目（Mononegavirales）、弹状病毒科（Rhabdoviridae）、狂犬病病毒属（*Lyssavirus*）。

根据狂犬病病毒不同毒株的血清学反应和单克隆抗体分析，可以将狂犬病病毒分成5个血清型。血清Ⅰ型指的是传统的狂犬病病毒（RABV），也称为古典型狂犬病病毒；血清Ⅱ、Ⅲ、Ⅳ型分别是以Lagos病毒（LBV）、Mokola病毒（MOKV）和Duvenhage病毒（DUVV）为原型的狂犬病相关病毒；血清Ⅴ型即Selimov等从乌克兰蝙蝠分离出的欧洲狂犬病病毒Ⅰ型（*European bat lyssavirus* 1，EBL1）和欧洲狂犬病病毒Ⅱ型（*European bat lyssavirus* 2，EBL2）。

经分子遗传学研究，这种血清型的分类得到证明和进一步扩展，血清Ⅰ、Ⅱ、Ⅲ、Ⅳ型分别对应1、2、3、4四个基因型，血清Ⅴ型中的EBL1和EBL2分别划为基因5型和基因6型，在澳大利亚发现的澳大利亚型蝙蝠狂犬病病毒分为基因7型。

此外，1991年在吉尔吉斯斯坦发现的Aravan小鼠耳样蝙蝠狂犬病病毒（Aravan virus，ARAV）、2001年在塔吉克斯坦发现的Khujand蝙蝠狂犬病病毒（Khujand virus，KHUV）、2002年在伊尔库茨克地区发现的Irkut蝙蝠狂犬病病毒（Irkut virus，IRKV）和同年在Krasnodar发现的（west Caucasian bat virus，WCBV），以及2009年在肯尼亚发现的Shimoni蝙蝠病毒（Shimoni bat virus，SHIBV）的基因型还有待确定。

基因1型即传统的狂犬病病毒，也称为古典型狂犬病病毒，其他基因型可以统称为狂犬病相关病毒，基因1型疫苗株对狂犬病相关病毒只具有很弱的保护作用甚至无保护作用。我国目前分离的全部毒株均属于基因1型。

根据基因构成、血清学交叉反应和对动物致病性的不同，目前的12种狂犬样病毒可划分为两个遗传谱系：除LBV、MOKV、WCBV和SHIBV属于遗传谱系2，其余均属于遗传谱系1（表12-1）。接种现有狂犬病疫苗后，针对遗传谱系2病毒的免疫效果，取决于这种病毒与狂犬病病毒在遗传上的差异。对现有狂犬病疫苗或免疫球蛋白所能提供的针对新发现的狂犬样病毒的保护水平，目前尚未进行完整的评估，其提供的保护作用可能降低甚至无效。

2. 形态学基本特征与培养特性 狂犬病病毒粒子呈典型的子弹状，直径约75nm，长100～300nm。基因组为不分节段的负链RNA（ssRNA），编码5种结构蛋白——核蛋白（nucleoprotein，N）、磷蛋白（phosphoprotein，P）、RNA聚合酶（RNA polymerase，L）、基质蛋白（matrix protein，M）和糖蛋白（glycoprotein，G）。病毒粒子由2个结构和功能单位组成：一个是由N、P、L和RNA基因组构成的核糖核蛋白复合体，即核衣壳，螺旋盘绕形成致密的圆柱状；此外在这个圆柱体上覆盖有一层M，而脂蛋白外壳是一个主源性脂质双层，形成完整的外周囊膜，其表面镶嵌有狂犬病穗状三聚体G，并向外突起。

狂犬病病毒可在鸡胚内增殖。应用5～6日龄鸡胚绒毛尿囊膜接种，病毒（特别是固定毒）可在绒毛尿囊膜和鸡胚的中枢神经系统内增殖，病毒滴度上升，直至鸡胚达12日龄，此后病毒滴度逐渐下降。狂犬病病毒可在原代鸡胚成纤维细胞以及小鼠和仓鼠肾上皮细胞培养物中增殖，但细胞培养物内的感染细胞较少、细胞病变不明显、病毒产量低，这是因为狂犬病病毒具有较高细胞结合性的缘故。狂犬病病毒可在兔内皮细胞系中长期增殖，适于作病毒增殖和装配等过程的观察，培养液中存在免疫血清，并不影响病毒在细胞间的传播，但如果免疫血清和补体同时存在，则可使感染细胞溶解。蝰蛇细胞系（VSM株）对狂犬病病毒甚为敏感，滴度可达10^7PFU/mL以上。人二倍体细胞如WI-38、MRC-5和HDCS株等，也常用于狂犬病病毒的培养。大多数常规的病毒传代方法，均可用于狂犬病病毒组织培养传代，单层固定、旋转培养和悬浮培养等均在狂犬病病毒培养增殖上获得成功应用。但是不同毒株适应的细胞系可能不同，在不同的细胞系中持续感染也可导致不同的后果。个别毒株适应鸡胚培养，如Flury株。而狂犬病病毒的街毒多采用小鼠（或犬）脑内接种培养。

3. 理化特性 狂犬病病毒能抵抗自溶和腐烂，在自溶的脑组织中可以保持活力7～10天。冷冻或冻干条件下可长期存活。狂犬病病毒可被日光、紫外线、超声波、1%～2%肥皂水、70%酒精、0.01%碘液、丙酮、乙醚、升汞和季胺类化合物（如新洁尔灭）等灭活。对强酸（pH<5）、强碱（pH>11）均敏感。狂犬病病毒不耐热，56℃ 16min或100℃ 2min即可灭活。

4. 分子生物学 狂犬病病毒的ssRNA基因组全长多为11 928nt或11 926nt，个别毒株为11 932nt。自基因组3'端到5'端依次为N、P、M、G和L 5个结构蛋白基因，其长度分别为1 424、991、805、1 675和6 475nt。在N基因前还有57～58nt的先导序列，在各基因间分别有2、5、5和423nt的间隔序列。

三、流行病学

1. 传染来源 狂犬病的主要传染源是发病动物和带毒动物。

许多种类的脊椎动物都与狂犬病的维系和传播有关，狂犬病病毒主要的贮存宿主是野生动物，在其群体内病毒持续贮藏直到溢出后传播给人和家畜。对于不同毒株的狂犬病病毒，主要的贮存宿主具有显著的地域性。在发达国家，主要是野生动物，特别是臭鼬、狐狸、浣熊、蝙蝠，而犬、猫等家畜仅占10%；而在发展中国家，99%的人狂犬病与犬有关，其次是猫、狼、狐狸和吸血蝙蝠等。我国报告的病例中 95%是由犬咬伤致病的，其次是猫。

2. 传播途径

(1) 直接接触传播　通过患病动物唾液直接接触人和动物的伤口（咬伤）或破损的皮肤、黏膜而感染，是狂犬病的主要传播途径。

(2) 经空气传播　即通过吸入含有大量狂犬病病毒的空气而经呼吸道感染。这种传播途径只在极其特殊的情况下出现，如在实验室中对狂犬病病毒感染的脑组织进行匀浆化时造成的实验人员感染；以及在蝙蝠聚居的山洞里，未感染的蝙蝠吸入带毒蝙蝠呼出的带有大量狂犬病病毒的气溶胶而感染。

(3) 经食物传播　人误食患病动物的肉或动物间相互残食可经消化道感染。该传播途径是不同种属动物间狂犬病传播的主要途径。

(4) 垂直传播　在人、猪、牛、羊、马及实验动物均可经胎盘垂直传播。

(5) 医源性传播　即通过器官移植而发生狂犬病。在法国、美国、泰国、印度和伊朗均报道过角膜移植发生狂犬病的案例。

3. 易感动物

(1) 自然宿主　目前已知的哺乳动物理论上都对狂犬病病毒易感，但其易感性明显受动物种属的影响，从实际观察来看，高度易感性动物包括犬科动物、麝猫科动物、浣熊科动物、臭鼬和蝙蝠等。中度易感动物包括猫科动物、鼬科动物、有蹄动物和灵长类动物。低敏感动物包括单孔目动物、有袋动物、食昆虫动物和啮齿类动物。

(2) 实验动物　在实验动物中，犬和猫对狂犬病病毒高度易感，而仓鼠、小鼠、豚鼠、大鼠和家兔等敏感性依次递减。周围途径和脑内接种均可引起感染。试验研究和病毒分离时较常应用幼龄小鼠和仓鼠，因其敏感性高，潜伏期短而且稳定（5～7 天）。家兔在感染后，规律地呈现麻痹症状。给 1 日龄雏鸡脑内接种狂犬病病毒，可以使其发生致死性麻痹。

(3) 易感人群　人对狂犬病病毒普遍易感。在我国主要受害者是未成年人（0～15 岁）、农村主要劳动力和留守人群（35～70 岁）。而由于工作特点易于接触到狂犬病病毒的与动物相关的从业人员，如兽医、饲养员、野生动物研究人员等，都属于狂犬病高风险人群。

4. 流行特征 该病呈现明显的地方流行性特点，且具有连锁性特征。动物狂犬病的流行没有明显的季节性，发病的犬、猫多处于青年阶段。在我国，人狂犬病的流行呈现由南向北、春季增加、夏秋季高发、男性多于女性等特点。这可能与南方特定地区四季气候温暖湿润，养犬数量较多（特别是流浪犬）、免疫率低等有关。

在发展中国家，即亚洲、非洲和南美洲地区的大部分国家，犬是狂犬病病毒的主要贮存宿主，也是人狂犬病的主要传播宿主。犬和人群的密度越高，发生狂犬病的危险就越大。

在发达国家，过去人狂犬病的发生情况与现在的发展中国家相似，现在则很少发生，主要由野生贮存宿主如各种蝙蝠、浣熊、鼬类和狐等引起。

四、临床症状

感染狂犬病病毒后，潜伏期长短不仅取决于病毒毒力、毒量和宿主的种类，而且与感染部位、深度等均有关系。狂犬病的临床表现通常可分为狂暴型、麻痹型和顿挫型。

1. 动物的临床表现　不同动物患病后的症状大致相似。而狂暴型狂犬病的病程主要分3期，即前驱期、兴奋期和麻痹期。前驱期症状多表现为急性行为改变和头面部神经症状。如野生动物往往丧失对人的警惕，可能离开栖息场所，进入人活动的区域。并出现精神沉郁、吞咽障碍、唾液增多、瞳孔散大等，但不具备示病性或种属特异性。前驱期一般为1～2天，之后转入兴奋期。兴奋期为2～4天，主要表现为狂躁不安，攻击性强，反射紊乱，喉肌麻痹，主动攻击遇到的动物、人，有的甚至出现攻击非生命物体的现象。有时患病动物出现兴奋与沉郁交替出现的症状。之后进入麻痹期。麻痹期为1～2天，消瘦，张口垂舌，后躯麻痹，行走摇晃，终因全身衰竭和呼吸麻痹而死亡。

麻痹型（即沉郁型）患病动物以麻痹症状为主，兴奋期很短，麻痹始见于头部肌肉，表现吞咽困难，随后四肢麻痹，最终全身麻痹而死亡。

在世界各狂犬病流行国家中，普遍存在无症状带毒现象，即所谓的“顿挫型感染”。这是一种非典型的临床感染，病程极短，症状迅速消退，但体内仍存在病毒。顿挫型感染见于犬、狐、鼬等野兽，也见于人工接种的大鼠等实验动物。

2. 人的临床表现　人狂犬病也称恐水病，潜伏期一般为30～60天，少数病例可长达6年（Smith JS，1993），也有报道潜伏期长达27年（安仁寿，2003）甚至30年（黄德志，2010）的病例，但该说法缺乏足够的证据支持。人患狂犬病的典型病例临床表现也分3期，即前驱期、兴奋期和麻痹期。

（1）前驱期　持续1～4天。大多数患者有发热、头痛、乏力、恶心、周身不适等症状，对痛、声、风、光等刺激敏感，并有咽喉紧缩感。50%～80%的患者伤口部位及其附近有麻木、发痒、刺痛或虫爬、蚁走感。

（2）兴奋期　持续1～3天。患者大多神志清楚，处于兴奋状态，表现极度恐惧、烦躁，对水声、风等刺激非常敏感，引起发作性咽肌痉挛、呼吸困难等。由于自主神经功能亢进，患者出现大汗、流涎，体温高达40℃以上，心率快，血压升高，瞳孔扩大，但病人神志大多清醒。随着兴奋状态加重，部分病人出现精神失常、定向力障碍、幻觉、谵妄等。病程进展很快，多在发作中死于呼吸或循环衰竭。

（3）麻痹期　为6～18小时。痉挛减少或停止，患者逐渐安静，出现迟缓性瘫痪，尤其是以肢体软瘫为多见。呼吸变慢且不整，心搏微弱，神志不清，最终因呼吸麻痹和循环衰竭而死亡。

除典型病例外，也有以瘫痪为主要特征的安静型或麻痹型，也称哑型狂犬病。该型狂犬病较为少见，其早期典型体征包括叩诊部位（通常在胸部、三角肌部位和大腿部）肌肉水肿以及毛发直立。患者以高热、头痛、呕吐和咬伤处疼痛开始，继而肢体软弱瘫痪，无明显兴奋期或恐水现象。

非典型狂犬病难以确诊可能是狂犬病漏报的一个原因。其患者（特别是与蝙蝠或其他野生动物咬伤有关的患者）的详细临床信息可以登录美国疾病控制中心的网站查阅（http：//www.cdc.gov/ncidod/dvrd/rabies/default.htm）。

五、病理变化

1. 大体解剖观察　发生狂犬病时，多数病例的中枢神经系统都会发生急性脑脊髓炎。脑组织轻微肿胀，脑膜中度瘀血，但这些并不是狂犬病的特征性变化。

2. 组织病理学观察　组织病理学变化主要表现为神经细胞退行性变化，如细胞透明变性、胞体肿胀，细胞核模糊或消失、核仁不清等，有时会出现凋亡小体。内基氏小体（Negri Bodies）主要存在于海马和大脑皮质的锥体细胞，以及小脑的蒲肯野细胞，而在丘脑、脑桥、延髓和感觉神经节细胞分布很少，且在不同的感染动物、不同的脑组织部位其检出率不同，与其他胞质包涵体间亦不易区分。因此，现在很少以内基氏小体作为病理检测的示病性特征用于狂犬病的诊断。

六、诊　　断

狂犬病的诊断对象主要是咬人动物，以为狂犬病的防控提供依据。该病可根据流行病学资料和临床症状做出初步诊断，确诊需结合实验室检查。实验室检测方法包括电镜观察、分离培养、血清学检测和分子生物学检测等。WHO和OIE共同推荐的检测方法是荧光抗体试验。

1. 病毒分离与鉴定 狂犬病病毒分离培养的方法有两种，一种是小鼠接种试验（mouse inoculate test，MIT），另一种是细胞接种试验（cell inoculate test，CIT）。

小鼠接种试验是将未灭活的待检组织悬液脑内接种小鼠（多使用乳鼠），接种后观察28天，狂犬病病毒感染小鼠多于9～11天开始发病、死亡，之后可用FAT等进一步鉴定。由于小鼠接种试验周期较长，适用于不具备组织培养条件的实验室。而细胞接种试验的检测周期为48～96h，检测敏感度与小鼠接种试验相当，是小鼠接种试验的良好替代手段。细胞接种试验即以狂犬病病毒敏感细胞替代小鼠进行接种培养，培养后再以FAT做特异性鉴定。常用的细胞系包括乳仓鼠肾细胞系21（BHK-21）、鸡胚相关细胞系（CER）和小鼠成神经细胞瘤细胞系（NA-1300）等。其中NA-1300细胞系在用于病毒分离时敏感性明显高于其他细胞系，甚至高于小鼠接种试验。

分离的病毒除了用FAT进行鉴定外，也可用反转录聚合酶链式反应（RT-PCR）、原位杂交等方法。

2. 血清学试验 病毒中和试验（VNAS）是最早用于中和抗体水平测定的方法。最初是在乳鼠中进行，后来逐渐改进成快速荧光抑制试验（RFFIT）和荧光抗体病毒中和试验（FAVN）。RFFIT被国际公认为标准的抗体滴度测定的体外试验技术。但RFFIT和FAVN都要操作强毒株CVS-11，存在生物安全危险；整个试验耗时48h，试验周期长；荧光素标记的狂犬病抗体价格昂贵，高质量的标记抗体比较短缺。因此，Pakamatz Khawplod（2005）利用反向遗传技术重组了一个携带绿色荧光蛋白GFP基因的狂犬病病毒毒株（Rhep-GFP），作为替代CVS-11攻毒株而用于RFFIT。酶联免疫吸附试验而且GFP绿色荧光蛋白的表达代替荧光素FITC标记抗体用荧光显微镜对感染细胞在观察。

3. 组织病理学诊断 FAT是以FITC标记的狂犬病病毒免疫球蛋白，直接对丙酮固定后在脑组织涂片或用单层细胞进行染色检测，通过荧光显微镜观察狂犬病病毒核衣壳的特异性荧光灶。FAT可用于新鲜样本、甘油盐水保存样品及直接冻存样品的检测。其具体过程包括脑组织涂片的制作、冷丙酮固定、荧光抗体染色、洗涤和镜检等过程，全部检测过程在2h内即可完成，准确率可达95%以上。如果样品是用福尔马林保存的，必须经酶处理后才可以用FAT检测。而且与新鲜样品相比，准确度较低、操作比较烦琐。

免疫组织化学试验（immunohistochemical test，IHT）主要用于狂犬病病毒的基础研究，对狂犬病病毒抗原进行定位和鉴定。美国疾病预防与控制中心（Centers for Disease Control and Prevention，CDC）Salome（2008）在IHT在基础上研究出一种低成本、快速的检测技术方法——直接免疫组织化学试验（direct rapid immunohistochemical test，DRIT）。其特点是只需普通的光学显微镜、成本低，但是样品的质量直接影响检测效果。在检测新鲜样品时，DRIT与FAT的相关性好；检测甘油保存样品时，两者相关性较好；而检测腐败样品时，两者相关性较差。

4. 分子生物学诊断 以核酸杂交或逆转录—聚合酶链式反应（RT-PCR）为主要手段的分子诊断技术敏感性较高，具有能检测腐败样品和液体样品（如唾液、脑脊液）的优势。在和常规诊断技术结合时有较好的应用价值。

1997年Heaton等建立通用型套式RT-PCR（能检测6种基因型的狂犬病病毒），2002年Black等建立Taqman探针两步法荧光定量多重RT-PCR方法（能进行6种基因型的分型），2005年Wakely等建立了可同时检测狂犬病基因1、5、6型病毒核酸的一步法Taqman多重荧光定量RT-PCR方法。我国许运斌等（2010）也建立了一步法Taqman荧光定量RT-PCR方法，可特异性检测我国动物RABV-1病毒。随着该技术的不断发展，可在狂犬病的诊断中发挥更大的作用。

原位杂交（in situ hybridization，ISH）：该方法采用特异性单链RNA探针对病毒基因组或者mR-NA进行检测。针对不同的基因型设计特异的RNA探针，可对狂犬病病毒进行ISH基因分型。该方法操作复杂、耗时长，实际工作中很少应用。

基因芯片（gene chip，DNA microarray）：针对狂犬病的 7 个基因型设计特异性探针，制作芯片，对狂犬病进行诊断以及基因分型。主要检测步骤包括样品核酸抽提，经标记、扩增后与芯片进行杂交，杂交信号由芯片检测仪分析进行结果判断。该方法在野生动物和蝙蝠样品的流行病学监测中具有巨大的应用潜力，有助于发现新的病毒宿主或新的 *lyssavirus* 成员。但此方法在临床应用中存在试验操作时间较长、灵敏度较差的问题。

七、防治措施

1. 治疗　狂犬病一旦发病几乎没有治愈的可能，所以，对一般动物而言，狂犬病没有治疗价值，确诊后应立即施行安乐死，以减少动物痛苦和狂犬病传播机会。目前对人狂犬病的治疗，主要有以下几种方法。

（1）药物治疗　多采用干扰素、利巴韦林、阿糖胞苷等抗病毒药物对患者进行治疗。

（2）应用被动免疫制剂　向静脉内、心室内和鞘膜内注射人型或马型免疫球蛋白，对患者进行治疗。Kohler 等（1975 年）创立的 B 淋巴细胞杂交瘤单克隆抗体（Monoclonal antibodies，McAb）技术的研究和应用，为狂犬病的治疗带来重大突破，随着对治疗性 McAb 技术的深入研究，有望取代人型或马型免疫球蛋白，从而克服其过敏反应和传播血液疾病的危险。

（3）休克疗法　Rodney Willoughby（2005 年）针对一名因蝙蝠咬伤而感染狂犬病的女孩，首次提出休克疗法。即采用苯二氮卓类药物和巴比妥类药物进行休克疗法，同时还包括利巴韦林、金刚烷胺等抗病毒药物和氯胺酮等。该患者痊愈后遗留有轻到中度神经系统损伤。该方法在延长患者生存时间上所取得的成功，是对中枢神经系统功能进行性丧失、预后较差的患者采取了不间断的积极治疗，而非姑息疗法。但尚无证据表明该方法和上述任何一种药物（或疗法）对狂犬病患者具有确定疗效。泰国、德国、意大利、巴西、荷兰和美国等地，对休克疗法在内的 Willoughby 治疗方案进行的重复应用，均告失败。

（4）选择性治疗　Jackson（2001 年）对狂犬病的治疗方案进行研究并制定了试行方案：当积极治疗初步见效时，推荐使用多途径联合治疗，如抗病毒药物治疗、免疫球蛋白注射治疗、病毒疫苗接种治疗及各种支持疗法等。

WHO（2004 年）数据统计亚洲和非洲地区每年死于犬狂犬病的病例预计达到 55 000 例（实际发病数要高于此数字）。人狂犬病患者的病死率几乎是 100%，感染后极少痊愈或转为亚临床表型。到 2010 年只有 5 名患者感染狂犬病病毒后未接种疫苗但获得不同程度的存活（Jackson，2007；Madhusudana，2002 年）。人被狂犬病病犬咬伤后及时规范处理伤口、注射疫苗和免疫球蛋白是防止暴露者发病的关键措施。

2. 预防　根据狂犬病流行的特点，理论上只要彻底切断传染来源、传播途径或易感动物中任何一个环节，就能终止该病的发生和流行。但是就目前我国的现状和技术手段而言，任何一个环节都难以彻底切断，为此只能“以犬为主，重点防控”。严格执行犬类管理、采取有效的防治措施、认真贯彻执行狂犬病防治技术规范、及时注射疫苗等，以降低狂犬病的发病率。发达国家的成功经验告诉我们：通过对家犬进行疫苗接种以及对流浪犬的严格管理，可以有效改善狂犬病犬对人的威胁。2008 年 1 月 8 日农业部和卫生部联合发布了“关于加强狂犬病疫苗免疫接种的通知”（卫疾控发［2007］4 号）。对于该通知的认真贯彻执行是我国有效控制狂犬病的关键。虽然狂犬病在临床上是可预防的，甚至可以在暴露后进行预防，但是缺乏相关知识是人们（特别是在经济落后地区）在被感染的动物咬伤后不寻求适当治疗的主要原因。

在控制野生动物狂犬病方面，口服免疫是已被证实预防野生动物狂犬病的最为可行的手段。但是野生动物狂犬病免疫是一项系统工程，一次成功的免疫行动首先要精心选定免疫地区、划定范围，分析当地的流行病学资料，全面掌握该地区靶动物、非靶动物和人狂犬病的发生情况，并根据靶动物和非靶动物的种群数量、分布与活动范围来选定疫苗和制定合理的实施方案。

八、公共卫生影响

狂犬病是重要的人兽共患传染病，在世界范围内均有流行，狂犬病在动物间的传播及向人群的传播均造成严重的公共卫生压力。犬、猫、猴、兔以及啮齿类等实验动物，一旦发病，试验研究需立即中止，并向有关部门报告疫情，扑杀发病动物，房舍和周围环境彻底消毒，避免疫情扩散。

（马永缨　孙明　肖璐　田克恭）

我国已颁布的相关标准

GB/T 14926.56—2008　实验动物　狂犬病病毒检测方法

参考文献

龚文杰 . 2008. 我国狂犬病病毒株的分离鉴定及其 G 基因系统发生分析［D］. 长春：吉林大学畜牧兽医学院 .

扈荣良 . 2008. 我国狂犬病的流行与控制［C］. 中国畜牧兽医学会兽医公共卫生学分会第一次学术研讨会论文集 .

潘铁骊，张菲，张守峰，等 . 2011. 几种理化因子对狂犬病病毒分离株感染力影响的再检测［J］. 中国生物制品学杂志（01）.

田克恭 . 1991. 狂犬病 . 实验动物病毒性疾病［M］. 北京：农业出版社：334 - 345.

王传林 . 2011. 人狂犬病暴露后处理现状及对策［C］. 全国人畜共患病学术研讨会论文集：308 - 319.

吴慧，宋淼，申辛欣，等 . 2011. 1996 - 2009 年中国狂犬病流行病学分析［J］. 疾病监测，26（6）：427 - 434.

夏咸柱，高宏伟，华育平，等，2011. 野生动物疫病学［M］. 北京：高等教育出版社：141 - 147.

夏咸柱 . 2008. 狂犬病及其防治［M］. 北京：金盾出版社 .

许运斌，邵明富，范金红，等 . 2011. 基因 1 型狂犬病病毒一步法荧光定量 RT - PCR 检测方法的建立［J］. 中国人兽共患病学报，27（4）：297 - 300.

于金宁 . 2010. 中国狂犬病毒时空动力学及其与狂犬病疫情的关系［D］. 济南 . 山东大学 .

Barrat J. 1992. Experimental diagnosis of rabies，Adaptations to field and tropical conditions［C］//Proceeding of the International Conference on Epid - emiology，Control and Prevention of rabies in Eastern and Southern Africal. Lusaka：Zambia：72 - 83.

Elizabeth M Black，J Paul Lowings，Jemma Smith，et al. 2002. A rapid RT - PCR method to differentiate six established genotypes of rabies and rabies - related viruses using TaqMan（TM）technology［J］. Virological Methods 105：25 - 35.

Hemachudha T，et al. 2006. Rabies. Curr Neurol Neurosci Rep，6（6）：460 - 468.

J Paul R Heaton，Pamela Johnstone，Lorraine M. Mcelhinney，et al. 1997. Heminested PCR Assay for Detection of six Genotypes of Rabies and Rabies - Related Viruses［J］. Clinical Microbiology，2762 - 2766.

Jackson A C，Scott C A，Owen J，et al. 2007. Therapy with minocycline aggravates experimental rabies in mice［J］. J Virol，81（12）：6248 - 6253.

Kohler G，Milstein C. 1975. Continuous cultures of fused cells secreting antibody of predefined specificity［J］. Nature. 256（5517）：495 - 497.

Kuzmin I V，Mayer A E，Niezgoda M，et al. 2010. Shimoni bat virus，a new representative of the Lyssavirus genus［J］. Virus Research，149（2）：197 - 210.

Madhusudana S N，Nagaraj D，Uday M，et al. 2002. Partial recovery from rabies in a six - year - old girl［J］. Int J Infect Dis，6（1）：85 - 86.

McDermid R C，Saxinger L，Lee B，et al. 2008. Human rabies encephalitis following bat exposure：failure of therapeutic coma［J］. CMAJ，178（5）：557 - 561.

P R Wakeley，N Johnson，L M Mcelhinney，et al. 2005. Development of a Real - Time，TaqMan Reverse Transcription - PCR Assay for Detection and Differentiation of Lyssavirus Genotypes 1，5 and 6［J］. Clinical Microbiology，2786 - 2792.

R Gurrala，A Dastjerdi，N Johnson，et al. 2009. Developement of a DNA microarray for simultaneous detetion and genotyping of lyssaviruses［J］. Virus Research；144：202 - 208.

Salome Dun，Service Naissengar，Rolande Mindekem，et al. 2008. Rabies Diagnosis for Developing Countries. PLOS NE-

GLECTED TROPICAL DISEASES，2（3）：e206.

Smith J S，Seidel H D. 1993. Rabies：a new look at an old disease［J］. Prog Med Virol，40：82 - 106.

Susan A，Nadin - Davis. 2011. Advances in Virus Research［J］. Volume 79，CHAPTER 11，363：204 - 232.

Warner C K，Whitfield D S G，Fekadu M，et al. 1997. Procedures for reproducible detection of rabies virus antigen mRNAand genome in situ in formalin - fixed tissues［J］. J. Virol. Methods，67（1）：5 - 12.

Whitfield S G，Fekadu M，Shaddock J H，et al. 2001. A comparative study of the fluorescent antibody test for rabies diagnosis in fresh and formalin fixed brain tissue specimens［J］. Virol Methods，95（1 - 2）：145 - 151.

Willoughby，R J，et al. 2005. Survival after treatment of rabies with induction of coma.［J］N Engl J Med，352（24）：2508 - 2514.

World Health Organization. 2004. WHO Technical Series［R］. WHO Expert Consultation on Rabies：First Report. Geneva，Switzerland，931.

World Health Organization. 2011. The Immunological Basis for Immunization Series：Module 17 - Rabies［J］. 08 Mar. Geneva.

第十三章 丝状病毒科病毒所致疾病

第一节 马尔堡病毒感染 (Marburg virus infection)

猴马尔堡病毒感染（Marburg virus infection）是由马尔堡病毒引起的以出血为特征的烈性传染病。该病传染性强、死亡率高，对实验猴以及饲养管理人员和实验室工作人员构成严重威胁。马尔堡病毒属“生物安全四级病原”，根据其生物学特性和致病力特点，有可能作为生物战剂使用，世界卫生组织已将其列为潜在的生物战剂之一。

马尔堡病毒又称马尔病毒、马堡病毒，是马尔堡出血热的致病病原，来自于非洲乌干达和肯尼亚一带，该病毒是由动物传染给人，但病毒终极来源不明。感染马尔堡病毒后，临床主要表现为发热、出血症状。马尔堡病毒可以通过体液，包括血液、排泄物、唾液及呕吐物传播。对于这种具高度传染能力而同时致命的疾病，目前没有任何疫苗或医治的方法。

一、发生与分布

历史上人们最早认识的丝状病毒是马尔堡病毒。马尔堡病毒的名称来自于1967年病毒首次现身的德国小镇马尔堡，当时，德国科学家从乌干达进口的非洲绿猴（*Cercopithecus aethiops*）血液中首次分离到了这种蛇形棒状的新病毒，其致死率约30%。以后，在南非、肯尼亚、津巴布韦也相继出现过马尔堡病毒感染的病例。1967年德国法兰克福和南斯拉夫贝尔格莱德的几所医学实验室的工作人员中，同时暴发了一种严重出血热，有31人发病，其中7人死亡。在1967年秋，德国马尔堡31人患病，25人是直接感染，直接染病的人多是因为接触了实验室内染有马尔堡病的猴子而致病；另外6人是二次感染，包括2名医生、1名护士、1名解剖助理及1名兽医的妻子，他们都与直接感染的病人有紧密接触，2名医生是在抽血时不慎接触病者血液染病。1975年，一名从津巴布韦回到南非的人，感染了另外3名南非人，但该次小规模暴发只引起1人死亡。之后1980年及1987年在肯尼亚亦发现马尔堡出血病，但没有大规模暴发。之后最大的暴发发生在1998—2000年的刚果民主共和国。149感染者有123人死亡，死亡率大概是25%。

二、病　　原

1. 分类地位　马尔堡病毒（*Marburg virus*，MbV）与埃博拉病毒同属于丝状病毒科（Flaviviridae)、马尔堡病毒属（*Marburgvirus*），是第一种被发现的线状病毒。它的发现早于埃博拉病毒，目前只发现一个血清型。马尔堡病毒的结构为典型的丝状病毒，形似丝线，直径通常一样，但长度介于800～14 000nm，通常感染力最强时长度约为790nm。马尔堡病毒的接触传染性强、病死率高，对人的威胁较大。

2. 形态学基本特征与培养特性　马尔堡病毒为单股负链RNA，分子量3.86×10^6u。病毒粒子呈多形性，长丝状，U形、6形或圆形，直径70～80nm，长160～3 000nm；外有囊膜，表面为长约10nm的纤突。马尔堡病毒可在绿猴肾细胞、恒河猴肾细胞、人羊膜细胞、鸡胚成纤维细胞和豚鼠成纤维细胞等原代细胞以及Vero、BHK-21、Hela和ELF等传代细胞上良好增殖，其中以Vero-E6和Vero-98细胞最为易感，并可产生细胞病变，常规染色和免疫荧光技术检查均可见典型的胞浆内包涵体。

经补体结合试验、血凝抑制试验和免疫荧光试验证实，马尔堡病毒与引起出血热的其他病毒和虫媒病毒之间均无抗原性关系。马尔堡病毒与埃博拉病毒虽在形态上极为相似，但采用免疫荧光试验和补体结合试验均未发现两者有交叉抗原关系。

3. 理化特性　马尔堡病毒对热有中度抵抗力，56℃ 30min不能完全灭活，但60℃1h感染性丧失。在室温及4℃下存放35天，其感染性基本不变，－70℃可以长期保存。一定剂量的紫外线、γ射线、脂溶剂、β-丙内酯、次氯酸和酚类等均可将其灭活。

4. 分子生物学　马尔堡病毒和埃博拉病毒同为RNA病毒，属于丝状病毒科，在电子显微镜下观察该病毒如伸长的细丝，有时出现卷曲，呈蚯蚓状、马蹄铁形或一端弯曲成手杖形，其大小为（75～80）nm×（700～1400）nm。病毒表面有一层蛋白包膜，具抗原性。包膜上的刺突长度为7～8 nm。马尔堡病毒基因组为单股负链RNA，长约19kb，编码7种病毒蛋白，包括核蛋白（NP）、病毒蛋白35（VP35）、病毒蛋白30（VP30）、病毒蛋白24（VP24）、糖蛋白4（gp4）、RNA依赖的RNA聚合酶主要成分为糖蛋白7（gp7）和次要成分病毒蛋白40（VP40）。

三、流行病学

1. 传染来源　病人和受感染动物是本病的主要传染源。马尔堡病毒可从患病的猴子传染给人，人感染后可成为重要的传染源，症状越重传染性越强，潜伏期的传染性弱。但是目前仍然未清楚该病毒在自然界的主要宿主是什么动物，因为猴子受感染后比人更易发病、死亡。因此，科学家们已对数百种动物进行了检测，企图寻找那些可长期携带马尔堡病毒的动物宿主。然而，至今尚未能确定该病毒的真正自然贮存宿主。

2. 传播途径　该病毒主要经过密切接触传播，即接触感染动物、病死动物、病人及尸体的血液、排泄物、呕吐物、唾液、汗液、精液和呼吸道分泌物等，经黏膜和破损的皮肤传播。在家庭或医院照护病人期间密切接触、实验室操作以及某些不良丧葬习俗可以造成医源性感染和实验室感染。有报道，病人在临床痊愈之后7周内，仍可在精液中检出马尔堡病毒，因此，存在性传播的可能性。病患者危急时，体内的病毒传染力最强。部分非洲地区的殓葬风俗是导致疾病传播的原因之一。

3. 易感动物　灵长类动物和豚鼠都可感染马尔堡病毒。

（1）自然宿主　马尔堡病毒的自然宿主至今尚不清楚，一般认为可能是非洲的野生灵长类动物，虽然猴类易被感染，但不被认为是可生存的有效宿主，因为几乎所有受感染的猴子也会在短时间内迅速死亡，并不能维持该病毒的生存。2007年8月美国和加蓬两国科学家共同研究的结果显示，活动范围遍布整个撒哈拉以南非洲地区常见的一种果蝠，可能是导致一些非洲国家暴发马尔堡出血热的"元凶"。

（2）实验动物　灵长类动物都可感染马尔堡病毒。豚鼠对该病毒较为易感，经腹腔、静脉、皮内、皮下或鼻内等途径人工接种后，均可引起严重的发热反应，但在最初几次传代时动物无明显的发病体征，感染后多存活下来，并在14～21天内出现特异性抗体。但若在豚鼠或猴中连续传代后再感染豚鼠，则可引起动物的一致性死亡。在其淋巴结、脾脏和肝脏中可见广泛性坏死，并常见间质性肺炎及弥散性血管内凝血。

（3）易感人群　不同年龄的人均能感染马尔堡病毒，接触被感染的动物、动物尸体、病人及病人尸体者为高危人群。

4. 流行特征　马尔堡出血热主要流行于一些非洲国家，无明显的季节性。这种疾病最容易感染儿童，在非洲有75%的病例发生在5岁以下儿童，成人感染者大多为与受感染儿童接触密切的亲属和医护人员。

目前，对马尔堡病毒的确实来源及维持其存在的自然环境尚不清楚。虽然马尔堡出血热的首次发生来源于非洲绿猴，但随后在乌干达地区捕获的猴中未检出病毒，也未查出特异性抗体。然而，以绿猴进行试验性感染，即使接种微量的病毒，所有动物均在短期内发生致死性感染。因此，自然界中猴是否可作为该病毒的贮存宿主尚难得出确切的结论。

1967 年马尔堡病毒首次在欧洲暴发，总数 31 例，地区分布是马尔堡 23 例，法兰克福 6 例，贝尔格莱德 2 例；病例的年龄分布为 19～64 岁，男 20 人、女 11 人。

马尔堡病毒的流行特征尚不清楚。据分析，非洲可能存在着本病的自然疫源地。1967 年在欧洲发生的马尔堡病毒病与来自乌干达的非洲绿猴有关。血清学调查，将近 50%来自乌干达、肯尼亚和埃塞俄比亚的猴、大猩猩和黑猩猩有抗马尔堡病毒抗体。1975 年在南非发现 2 位周游南部非洲的青年人，发生与该病类似的疾病，并分离出形态和抗原特性与马尔堡病毒相同的病原体；1976 年从苏丹和扎伊尔的出血热病人中分离出类似马尔堡病毒的病原体；1980 年在肯尼亚工作的一位法国电子工程师遭受感染，入院后 6h 死亡，并将该病传播给参加抢救的一位医生和一位护士。上述流行均发生于非洲，说明那里可能是马尔堡病毒的自然疫源地。1985—1987 年在几个中部非洲国家（加蓬、喀麦隆、中非共和国、乍得、刚果、赤道几内亚）随机抽取 50%人群的血液，进行几种非洲出血热抗体检测，发现抗马尔堡病毒抗体的阳性率为 0.39%。

到目前为止，我国及周边地区还没有发现马尔堡病毒感染的报道或血清学证据，国内也没有关于开展马尔堡病毒研究的报道。

四、临床症状

1. 动物的临床表现 在实验条件下，不同接种途径和剂量均可使非洲绿猴、恒河猴和松鼠猴感染发病，潜伏期 2～6 天，皮下接种小剂量病毒可长达 10 天。发病早期，病猴体温升高达 41℃，但精神尚好，临死前 48h 表现厌食，对外界刺激反应迟钝，体重减轻等症状，在皮肤尤其是臀部和股部皮肤上可见瘀点状丘疹。发病后期，病猴呼吸困难，触诊肝肿大，濒死期发生腹泻，直肠和阴道黏膜出血，多在发病后 6～13 天死亡。

2. 人的临床表现 感染马尔堡出血热初期的病状与其他传染病如疟疾、伤寒相似，因此有时诊断困难，特别是零星出现时。马尔堡出血热的潜伏期一般为 3～9 天，病人突然发热、畏寒、头痛、全身疲乏、大量出汗、肌肉酸痛、咽痛、咳嗽、胸痛。最初的症状很像流感，随后病人会出现恶心、呕吐、腹泻、腹痛、全身皮疹，最后出现口鼻出血、尿血、阴道出血和消化道出血，严重者可发生休克。患者复原过程十分漫长，并且经常出现阴囊收缩、复发肝炎、脊髓炎及眼睛、耳下腺感染等后遗症。

实验室检测，患者发病早期就可有蛋白尿，转氨酶升高，淋巴细胞减少，中性粒细胞增多，血小板显著减少，伴有反常的血小板凝聚现象。

五、病理变化

1. 大体解剖观察 人和猴的病理变化过程较相似。马尔堡出血热患者肝、肾、淋巴组织的损害最为严重，脑、心、脾次之。淋巴结肿大、充血。肝、脾肿大、呈黑色。肝易破碎，切开时有多量血液流出，呈浅黄色。脾明显充血，滤泡消失，髓质软，呈粥糊样。肺表现为不同程度的间质性肺炎，肺小动脉可见凝血和动脉内膜炎。普遍存在脑水肿，脑实质中可见多处出血。

2. 组织病理学观察 在显微镜下观察，脾明显充血，脾小体内淋巴细胞明显减少，在红色脾髓中，单核吞噬细胞系统组成部分增生，有大量巨噬细胞。红髓的坏死伴随淋巴组织的破坏，脾小体内的淋巴细胞大大减少。肝细胞普遍变性和坏死，其中含有大量嗜酸性包涵体，常见透明变性。库弗细胞肿胀凸出，满载细胞残渣和红细胞，窦状隙亦充满碎屑。门静脉间隙内积蓄着单核细胞，但在肝坏死达到高峰时，亦可见肝细胞再生现象。淋巴组织的单核细胞变形。坏死性损坏亦可表现在胰腺、生殖腺、肾上腺、垂体、甲状腺、肾脏和皮肤等处，肾小管上皮细胞广泛变性、坏死，细胞血管肿胀。神经系统的病变，主要散布在脑神经胶质的各种成分，包括星状细胞、小神经胶质细胞和少突胶质神经细胞都受影响。神经胶质损害可表现为增生（胶质结节和玫瑰花状形成）和变性（固缩和核破裂）。脑实质中多处可见出血。

六、诊　　断

该病的诊断依据流行病学史、临床表现和实验室检查。确诊依靠抗原检测、病毒分离和病毒核酸检测等。对来自马尔堡出血热疫区或接触过新输入的非洲非人灵长类动物的人员，急骤起病、发热，有全身肌肉疼痛、头痛、乏力等全身中毒症状及出血症状，使用抗生素和抗疟药物治疗效果不明显的患者，应高度怀疑为马尔堡出血热。如发现马尔堡病毒的N蛋白抗原阳性、病毒RNA阳性，以及从病人的标本中分离出病毒，即可诊断为马尔堡出血热。

1. 病毒分离与鉴定　病毒分离可取急性期病人（猴）的血液、尿或尸解组织器官的悬液接种Vero细胞，接种3天后采用免疫荧光试验即可检出细胞内的病毒抗原。也可将上述材料接种豚鼠、乳鼠或猴，动物发病后，可采用电镜或免疫荧光试验检查血液或组织器官中的病毒抗原。马尔堡病毒分离只能在BSL-4级实验室中进行。

2. 血清学试验　目前采用的方法包括间接免疫荧光试验、酶联免疫吸附试验和放射免疫技术。其中采用间接免疫荧光试验不仅检出抗体时间早、水平高，而且可测定IgG及IgM两类抗体。IgM抗体在发病后7天即可出现，并很快达高峰，30天后开始降低；而IgG抗体在感染后30天达高峰，并持续较长时间，可用于早期诊断。ELISA检测血清中马尔堡病毒的N蛋白抗原（敏感度为40ng/mL），可用于早期诊断。用双抗体夹心法检测病毒抗原，或用免疫荧光法特异性抗体IgM滴度在1∶8以上、IgG滴度增高4倍以上，可以确诊为马尔堡病毒病。

3. 组织病理学诊断　组织病理学诊断参见第五部分中组织病理学观察。

4. 分子生物学诊断　逆转录PCR（RT-PCR）和实时逆转录PCR检测血清中病毒RNA，如发现马尔堡病毒的N蛋白抗原阳性、病毒RNA阳性，以及从病人的标本中分离出病毒，即可诊断为马尔堡病毒病。

七、防治措施

1. 治疗　对于马尔堡出血热目前尚无特效治疗药物。发现病人一定要早期治疗，如果能为早期病人注射恢复期病人的血清及动物免疫血清球蛋白，会使病人得到较快的恢复。目前，对马尔堡出血热的治疗原则是早期发现、早期隔离、对症治疗以及积极的支持治疗。具体措施包括：①病人应卧床休息，就地隔离治疗，给予高热量、适量维生素流食或半流食。②补充足够的液体和电解质，补液应以等渗液和盐液为主，常用的有平衡盐液和葡萄糖盐水等，以保持水、电解质和酸碱平衡。③使用恢复期患者血清及动物免疫血清球蛋白治疗早期患者可能有效，但目前争议较多。④有明显出血者应输新鲜血，以提供大量正常功能的血小板和凝血因子；血小板数明显减少者，应输血小板；对合并有弥散性血管内凝血者，可用肝素等抗凝药物治疗；心功能不全者应用强心药物；肾性少尿者，可按急性肾功能衰竭处理：限制入液量，应用利尿剂，保持电解质和酸碱平衡，必要时采取透析疗法；肝功能受损者可给予保肝治疗。重症病人可酌情应用抗生素预防感染。

2. 预防　对该病目前尚无有效的疫苗。主要预防措施是切断传播途径、保护易感人群，实行早发现、早报告、早诊断、早隔离、早治疗。具体措施是：①对来自疫区的人员和动物（尤其是灵长类动物）应严格实施检疫，对有明确暴露史者应实施21天的医学观察，一旦出现发热，必须立即报告，并在专业机构进行严格的隔离治疗。对所有与患者发病后3周内有过密切接触的人，应进行密切监测。试验用动物一旦发生疑似病例，应全部捕杀和焚毁，有关房舍及用具必须彻底消毒。②疫区工作人员、实验室人员和医务人员应接受防护知识培训，配备有效的个人防护设施，在接触受感染动物或患者时，对所有的感染动物和感染者的呕吐物、排泄物、尸体以及可疑污染场所和物品等，要进行严格彻底的终末消毒，防止医源性感染和实验室感染。开展相关试验研究的实验室应达到 BSL-4 标准。

八、公共卫生影响

该病的传染性强，病情发展较快而重，病死率可高达 100%。为此，WHO 发出警报称，“马尔堡病毒是迄今为止最具有致命性的病毒之一。”到目前为止，我国及周边地区还没有发现马尔堡病毒感染的报道或血清学证据，国内也没有关于开展马尔堡病毒研究的报道，卫生部已于 2005 年 7 月推出了《马尔堡出血热诊断和治疗方案》，商务部 2006 年 7 月已将马尔堡病毒列入《生物两用品及相关设备和技术出口管制清单》中。虽然马尔堡出血热的自然流行仅发生在非洲，但我国与非洲地区之间开展的经济合作、国际人道主义援助、维和行动、旅游开发等国际活动越来越多，使马尔堡病毒侵入我国的可能性越来越大，而且该病毒存在成为生物恐怖袭击或战争手段的可能。因此，必须密切关注马尔堡病毒，防止该病毒传入我国。

（黄璋琼　代解杰）

我国已颁布的相关标准

《马尔堡出血热诊断和治疗方案》

参考文献

Fisher-Hoch S P. 2005. Lessons from nosocomial viral haemorrhagic fever outbreaks [J]. Br. Med. Bull., 73-74 (1): 123-137.

Grolla A, Lucht A, Dick D, et al. 2005. Laboratory diagnosis of Ebola and Marburg hemorrhagic fever [J]. Bull. Soc. Pathol. Exot., 98 (3): 205-209.

Jeffs B. 2006. A clinical guide to viral haemorrhagic fevers: Ebola, Marburg and Lassa [J]. Trop Doct., 36 (1): 1-4.

Leffel E K, Reed D S. 2004. Marburg and Ebola viruses as aerosol threats [J]. Biosecur. Bioterror., 2 (3): 186-191.

Mahanty S, Bray M. 2004. Pathogenesis of filoviral haemorrhagic fevers [J]. Lancet Infect. Dis., 4: 487-498.

Nakazibwe C. 2007. Marburg fever outbreak leads scientists to suspected disease reservoir [J]. Bull World Health Organ., 85 (9): 654-656.

Peterson A T, Lash R R, Carroll D S, et al. 2006. Geographic potential for outbreaks of Marburg hemorrhagic fever [J]. Am. J. Trop. Med. Hyg., 75 (1): 9-15.

Siddhartha M, Mike B. 2004. Pathogenesis of filoviral haemorrhagic fevers [J]. Lancet, 4: 487-498.

Slenczka W, Klenk H D. 2007. Forty years of marburg virus [J]. Infect. Dis., 196 (S2): 131-135.

Towner J S, Pourrut X, Albarino CG, et al. 2007. Marburg virus infection detected in a common African bat [J]. PLoS ONE, 2 (1): 764-769.

Zhai J, Palacios G, T owner J S, et al. 2007. Rapid molecular strategy for filovirus detection and character ization [J]. J. Clin. Microbiol., 45 (1): 224-226.

第二节　埃博拉病毒感染
(Ebola virus infection)

埃博拉病毒感染（Ebola virus infection）可导致埃博拉病毒出血热（Ebola hemorrhagic fever, EHF），是目前已知毒性最大的人兽共患烈性传染病之一，死亡率高达 90%。1976 年从非洲的扎伊尔埃博拉河附近村庄的 1 例患者体内首次分离出病毒，并由此被命名。埃博拉病毒主要通过患者的血液和排泄物传播，临床主要表现为急性起病、发热、肌痛、出血、皮疹、肝功能和肾功能损害，发病急、病程短、死亡率高。自 1976 年首次发现这种疾病以来，非洲地区已出现过 14 次埃博拉出血热疫情，导致数千人死亡。1989 年 10 月，由菲律宾运往美国的 100 只猕猴，突然发病，死亡 60 余只，经研究证实为埃波拉病毒感染，从而引起人们对该病的极大关注。世界卫生组织已将埃波拉病毒列为对人类危害最严重的第4级病毒，相关的试验操作要求必须在高度安全的BSL-4级实验室中进行。

一、发生与分布

1976年9—10月，埃博拉病毒出血热首次出现在前扎伊尔埃博拉河流域的村庄里，当时有380人被感染，218人死亡。几乎同时，埃博拉病毒出血热也光顾了苏丹南部地区，151人不幸死于此病。1976年10月13日，美国亚特兰大疾病控制中心的Dr. Murphy从一患者的标本中分离并拍摄了埃博拉病毒粒子的电镜照片。非洲大陆是埃博拉出血热的主要疫源地，除发生过暴发流行的地区（苏丹、扎伊尔、加蓬、乌干达、刚果）外，非洲其他部分地区如中非、肯尼亚、科特迪瓦等均有散发病例。北美、欧洲、泰国、菲律宾也曾发现过该病感染者，但仅限于实验室感染，未形成人间传播。苏丹分别在1976年和1979年各发生一次暴发，发病317例、死亡173例；扎伊尔分别在1976年和1995年各发生一次暴发流行，发病633例、死亡525例。1996年2—4月加蓬北部的偏僻村落玛雅博特村及邻近村庄发生埃博拉出血热流行，确诊37例、死亡27例；7月份该地区又发生流行，发病14例、死亡10例。2000年秋天，乌干达北部古卢地区暴发埃博拉出血热，死亡173人。刚果2002年、2003年和2005年各发生一次埃博拉出血热暴发流行，共夺走180余人的生命。1977年德国及南斯拉夫的3个研究中心同时暴发埃博拉出血热，感染者均因接触过乌干达运入的非洲长尾绿猴而发病，共发病31例、死亡7例。据WHO公布，自1976年发现埃博拉出血热以来，已有1 600多人感染，其中死亡1 000多例。从出生后3天到70岁以上的人均有发病，但以成年人多见；女性感染率略高于男性。发病无明显的季节性。最近一次在刚果暴发的埃博拉出血热发生在2002年12月底，据世界卫生组织2003年5月6日公布的官方数据，当地共有143个病例，死亡人数达128例。

目前，我国尚未见有人感染埃波拉病毒而发病的报道。而在非洲中部，它的流行不仅使原始丛林里的大猩猩和黑猩猩濒临灭绝，而且大大增加了当地居民受感染的机会。

二、病 原

1. 分类地位 埃博拉病毒（*Ebola virus*，EBOV）在分类上属丝状病毒科（Filoviridae）、埃博拉病毒属（*Ebolavirus*）。包括4种亚型：扎伊尔埃博拉病毒（*Zaire ebolavirus*，ZEBOV）、苏丹埃博拉病毒（*Sudan ebolavirus*，SEBOV）、科特迪瓦埃博拉病毒（*Ivory Coast ebolavirus*，CEBOV）和雷斯顿埃博拉病毒（*Reston ebolavirus*，REBOV）。发生在扎伊尔、苏丹和科特迪瓦的3种亚型已被证实能够使人致病。不同亚型毒力不同，ZEBOV毒力最强，人感染死亡率高达90%；SEBOV次之，致死率约为50%；CEBOV对黑猩猩有致死性，对人的毒力较弱，致病但不致死；REBOV对非人灵长类有致死性，人感染不发病。

2. 形态学基本特征与培养特性 埃波拉病毒是一种无节段的单股负链RNA病毒，分子量为4.17×10^6u。EBOV一般为一般纤维病毒的线形结构，其形态多样，有杆状、丝状、U形、6字形、缠绕、环状或分枝形，病毒粒子大小100nm×（300～1 500）nm，直径约80nm，但长度可达1 400nm，典型的埃博拉病毒粒子平均长度接近1 000nm。外有囊膜，表面为8～10nm长的纤突。纯化的病毒粒子含有5种多肽，即VP0、VP1、VP2、VP3和VP4，分子量分别为188 480u、124 000u、103 168u、39 680u和25 792u。VP1为糖蛋白，组成病毒粒子表面的纤突；VP2和VP3组成核衣壳蛋白；VP4组成膜蛋白。

病毒粒子中心结构的核壳蛋白由螺旋状缠绕的基因体RNA与核壳蛋白质以及蛋白质病毒蛋白VP35、VP30、L组成。病毒包含的糖蛋白从表面深入病毒粒子10nm长，另外10nm则向外突出在套膜表面，而这层套膜来自宿主的细胞膜。在套膜与核壳蛋白之间的区域，称为基质空间，由病毒蛋白VP40和VP24组成。每个病原体是由链状的负链核糖核酸病毒粒子构成。3’端没有多聚腺苷酸化，5’端也没有加帽。基因组编码7个结构蛋白和1个非结构蛋白。基因顺序是：3’端-NP-VP35-VP40-

GP-VP20-VP24-L-5’端，两端的非编码区含有重要的信号以调节病毒的转录、复制和新病毒颗粒的包装。因为缺少相应的蛋白，基因组本身并不具备感染性，其中一种蛋白是RNA依赖的RNA聚合酶，是病毒基因组转录成信使RNA所必需的酶，它对病毒基因组的复制有重要作用。

3. 理化特性 埃波拉病毒对热敏感，在60℃加热1 h大部分被灭活，4℃时可存活数天。在－70℃病毒十分稳定，可长期保存，冷冻干燥保存的病毒仍具有传染性。紫外线、γ射线、甲醛、次氯酸、高氯酚钠、过氧乙酸、甲基乙醇、乙醚、去氧胆酸钠等消毒剂和脂溶剂均可灭活病毒。埃波拉病毒可在人、猴、鼠等哺乳类动物细胞中增殖，其中猴肾细胞系Vero-90、猴肾细胞系Vero-98、猴肾细胞系Vero-E6、罗猴肾细胞系MA-104、宫颈癌细胞Hela-229最敏感。在感染的细胞内能形成包涵体，内含纤维蛋白原或颗粒状物并呈管状结构。

4. 分子生物学 埃波拉病毒基因组为不分节段的单股负链RNA，长约19 kb，其相对分子质量为4×10^6Da，编码7个主要的病毒蛋白和1个非结构蛋白，分别为核蛋白（NP）、磷蛋白（VP35）、基质蛋白（VP40）、糖蛋白（GP）复制—转录蛋白（VP30）、基质蛋白（VP24）、聚合酶（L）和分泌型糖蛋白（sGP），其基因排列顺序为3’-NP-VP35-VP40-GP-VP30-VP24-L-5’。每一种蛋白产物由一种单独的mRNA所编码：NP是主要的核衣壳蛋白质，NP基因大约定位于基因组的3’末端，该基因的编码区长2 217个碱基，编码737个氨基酸；V P30和V P35的功能尚不明确，但通过与马尔堡病毒的比较表明，它们可能参与基因复制和基因表达的调节；V P40是一种基质蛋白，参与膜成分和NP的相互作用；GP是由通过转录编辑连接的两个开放读码框ORF1与ORF2编码，与毒力蛋白结构密切相关，ORF1还编码一种小的糖蛋白（sGP）；VP24是一种小的膜蛋白，与毒力蛋白结构有关；L蛋白是一种RNA依赖的RNA聚合酶。埃博拉病毒与马尔堡病毒的氨基酸序列有很大的同源性，但两种病毒不存在血清学交叉反应。VP30和VP40、GP和VP30、L和V P24基因间发现有特殊的基因重叠，约有18个或20个碱基，其中存在有限的保守序列，决定转录信号。

三、流行病学

1. 传染来源 感染埃博拉病毒的人和非人灵长类动物为该病的传染源。

在非洲大陆，埃博拉病毒感染者与在雨林中死亡的黑猩猩、大猩猩、猴子等野生动物接触有关。

在三种非洲果蝠的血清中检测到埃博拉病毒IgG抗体，在肝和脾中检测到埃博拉病毒核酸。有试验证实蝙蝠感染埃博拉病毒后不会死亡。蝙蝠可能在维持埃博拉病毒在热带森林的存在中充当重要角色。

2. 传播途径

（1）接触传播 接触传播是该病最主要的传播途径，病人和带病毒的亚临床感染者通过接触（特别是血液、排泄物及其他污染物）传播。医院内传播是导致埃博拉出血热暴发流行的重要因素。主要通过直接接触患者的体液、器官和排泄物，处理发病和死亡的动物（如黑猩猩、猴子），或与患者皮肤、黏膜等接触而传染。病毒潜伏期可达2～21天，但通常只有5～10天。使用未经消毒的注射器也是一个重要的传播途径。

（2）气溶胶传播 吸入感染性的分泌物、排泄物等可遭受感染。目前可以确定，Ebola病毒4个已知的亚型中，仅雷斯顿埃博拉病毒是唯一一种可通过空气传播的丝状病毒，它在非人灵长类中有70%的致死率，但对人暂无致病能力。有证据显示埃博拉病毒可经气溶胶吸入和飞沫等途径，或黏膜皮肤的微小破损入侵。因此，埃博拉病毒是有潜在的空气传播能力的，这也充分说明了对患病人员进行隔离具有重要的意义。

3. 易感动物

（1）自然宿主 埃波拉病毒的天然宿主至今仍然不能确定。尽管非人类灵长类动物如猴类是人的传染源，但由于猴感染埃波拉病毒后有很高的致死率暂被排除，猴类和人一样是通过直接接触自然界的某种媒介或者传播链而感染的。在自然条件下，人和猴都能发生感染和死亡。在实验室条件下，豚鼠、仓鼠、乳鼠可感染发病和死亡。未发现可能将病毒传入植物或由植物传染给家养动物或节肢动物的媒介。目前认为蝙蝠、某些啮齿类动物或鸟类作为埃博拉病毒天然宿主的可能性较大，感染 Ebola 病毒的蝙蝠并不死亡，由此推测这些哺乳类动物在热带森林中可能扮演着延续病毒的角色。另有假说认为是某种植物病毒引起了脊椎动物感染。多年以来，法国国家发展研究院的研究人员一直在非洲寻找埃波拉病毒的自然宿主。他们在加蓬和刚果两国 2001—2003 年间暴发过埃博拉出血热疫情的地区捕捉了上千只不同动物，其中包括 679 只不同种类的蝙蝠、222 只鸟类和 129 只松鼠等小型哺乳动物。研究人员通过检验，在 3 种近 29 只蝙蝠的体内（包括血液、肝脏和脾脏中）发现了感染过埃波拉病毒的标记，但这些蝙蝠却都没有出现埃博拉出血热的症状。研究人员认为，蝙蝠具有成为埃博拉病毒自然宿主的条件。这是人类第一次确认蝙蝠是埃博拉病毒的潜在自然宿主。但有研究认为蝙蝠可能是病毒的原宿主。

（2）实验动物　在实验动物中，猕猴属动物对埃波拉病毒最敏感，所以食蟹猴和恒河猴被公认为是研究埃波拉病毒感染的金标准模型，其中恒河猴的优势更加明显，因其更加广泛地被用于制药行业，并且其全基因组序列已被公布。恒河猴和食蟹猴被 SEBOV 攻毒后临床症状较 ZEBOV 攻毒后出现的稍晚几天，而存活率要稍高一些，从攻毒后 6 天开始出现凝血时间延长的现象，至 10～12 天时血液失去凝集能力。此外，血浆中的钠、钾、钙离子水平均呈下降趋势，而尿素和肌酸酐水平上升，从第 5 天开始，转氨酶（AST，ALT）水平持续升高，直至动物死亡。此外，狒狒对所有亚型埃波拉病毒均存在一定程度耐受，非洲绿猴对 REBOV 耐受。与小鼠相比，豚鼠感染后可表现出相对而言更严重的凝血障碍，包括血小板数量减少、凝血时间延长等，但纤维蛋白的沉积及凝结程度仍远低于非人灵长类动物模型。仓鼠亦可感染发病。由于免疫系统的差异，尤其是啮齿类动物所特有的极强的先天免疫系统的差异，很多抗埃波拉病毒的治疗药物及疫苗在啮齿类动物模型身上表现出极好的保护性作用，而一旦进入非人灵长类动物模型试验阶段，却显示无效。除了所使用动物模型的类型差异外，攻毒使用的毒株、剂量及接种方式，均对模型最终所产生的临床症状、病情持续时间及严重程度产生不可忽视的影响。

1989 年从菲律宾运往美国的猕猴感染埃波拉病毒，经调查认为是经过空气传播。1994 年在科特迪瓦发现黑猩猩的自然感染，1996 年 2 月于加蓬发现人与黑猩猩接触传染。

（3）易感人群　人对埃博拉病毒普遍易感。临床医务人员、实验室操作人员是主要的高危人群。曾有报道，医护人员感染者占患者总数的 25%。1995 年扎伊尔基奎特市第二医院一名实验室技术人员感染该病毒后，治疗和护理人员由于缺乏相应的防护措施相继被感染，直到采取了有效的医学防护措施，疫情才得到控制。

4. 流行特征　非洲大陆是埃博拉出血热的主要疫源地，除发生过暴发流行的地区（苏丹、扎伊尔、加蓬、乌干达、刚果）外，非洲其他部分地区如中非、肯尼亚、科特迪瓦等均有散发病例。北美、欧洲、泰国、菲律宾也曾发现过该病感染者，但仅限于实验室感染，未形成人间传播。

在自然界中也存在着隐性感染人群。几内亚—刚果盆地的热带雨林地区和苏丹干燥草原地区的隐性感染人群最多，前者甚至超过 10%，这些隐性感染人群主要集中在热带雨林中的种族群体内。1995 年在扎伊尔基奎特和刚果 EBHF 暴发期间发现医院和健康中心的工作人员隐性感染率为 1.99%。

不同年龄、性别、种族的人均可感染。女人易感性略高，15～29 岁的女性最为易感，21～30 岁年龄组血清学检查阳性率最高。不同地区、不同种族人群的抗体阳性率差异显著。不同经济、健康和医疗水平的人群之间无明显差异。据 WHO 公布，自 1976 年发现埃博拉出血热以来，已有 1 600 多人感染，其中死亡 1 000 多例。从出生后 3 天到 70 岁以上的人均有发病，但以成年人多见；女性感染率略高于男性。发病无明显的季节性。

1989 年雷斯顿埃博拉病毒在美国弗吉尼亚雷斯顿的检疫实验室的恒河猴中分离。1989—1996 年雷斯顿埃博拉病毒在猴类中暴发若干次，表明来自菲律宾的病毒传入了美国（弗吉尼亚州的雷斯顿、得克萨斯州的艾丽斯及宾夕法尼亚州），并且传到了意大利。跟踪调查所有雷斯顿埃博拉病毒的来源，几乎都来自菲律宾马尼拉附近的一个输出港，但是这个简单的传染方式未能确定。若干只猴子死亡，至少 4 人被感染，然而他们中无一人出现临床症状。1994 年 11 月在科特迪瓦，1 例扎伊尔埃博拉病毒的患者和若干只病黑猩猩被确定。

四、临床症状

1. 动物的临床表现 非人灵长类动物被埃博拉病毒感染后濒死前体温会骤然下降，体重的减轻程度高于10%，推测是由于脱水而非脂肪分解引起，部分动物还会出现腹泻及间歇性黑粪症的现象。感染4天后，非人灵长类动物皮肤上通常会出现斑丘疹并持续至死亡，发病早期会出现外周淋巴结肿大，中期及晚期可见肝脏肿大并出现圆形囊状边缘和弥散性血管内凝血。食蟹猴对ZEBOV最敏感，临床症状出现最快，一般3～4天，濒死前发热持续时间短，为2～3天。而恒河猴临床症状出现时间要稍慢一些，但更接近于人，攻毒后2天可检测到病毒血症的发生，并于2～3天后达到峰值。

所有被攻毒的非人灵长类动物均出现显著的血小板减少症状，从攻毒后6天开始出现凝血时间延长的现象，至10～12天时血液失去凝集能力。值得注意的是，非人灵长类动物感染埃博拉病毒后出现的一项重要特征，淋巴细胞凋亡现象。豚鼠感染后可表现出相对更严重的凝血障碍，包括血小板数量减少、凝血时间延长等。

2. 人的临床表现 作为18种可引起人病毒性出血热综合征的病毒之一，人感染后主要临床表现为急性发热、肌肉酸痛、头痛、咽喉疼痛、时而有腹痛。发病第2～3天可出现恶心、呕吐、腹泻黏液便或血便，腹泻可持续数天。有出血趋势和偶尔的休克症状，皮肤丘疹，胃肠道、呼吸道和实质器官瘀血、出血。病人最显著的病症为低血压、休克和面部水肿。痛、肌肉关节酸痛、第4～5天进入极期，发热持续，出现神志意识变化，如谵妄、嗜睡。此期出血常见，可有呕血、孕妇出现流产和产后大出血。第6～7天，可在躯干出现麻疹样斑丘疹，并扩散至全身各部，数天后脱屑，以肩部、手心、脚掌多见。重症患者常因出血、肝功能和肾功能衰竭或严重的并发症死于病程第8～9天。非重症患者，发病后2周逐渐恢复，大多数患者出现非对称性关节痛，可呈游走性，以累及大关节为主；部分患者出现肌痛、乏力、化脓性腮腺炎、听力丧失或耳鸣、眼结膜炎、单眼失明、葡萄膜炎等迟发损害。另外，还可因病毒持续存在于精液中而引起睾丸炎、睾丸萎缩等。急性期并发症有心肌炎、肺炎等。

五、病理变化

1. 大体解剖观察 以皮肤丘疹，胃肠道、呼吸道和实质器官的瘀血、出血为特征。齿龈、口腔黏膜、结膜、睾丸、阴道可见不规则斑点状出血；肺充血、出血；肠系膜淋巴结、腹股沟淋巴结和颈淋巴结明显肿大、出血；多数病例可见腹膜炎，肝肿大、呈暗紫色，表面有纤维素附着。

2. 组织病理学观察 以肝、脾、肺、淋巴结和睾丸的急性坏死和弥散性血管内凝血为特征。肝可见大量大小不等的凝固性坏死灶，周围可见出血带，病变细胞中可见一个或多个嗜酸性胞浆包涵体。包涵体呈圆形或杆状，大小5～25μm。病变区域枯否氏细胞增生。严重病例，肝中央静脉和门区静脉形成血栓。肾小管充血、出血、坏死。肺泡水肿、出血、纤维素沉积，肺泡内皮细胞胞浆中可见包涵体。肺泡间隔广泛萎陷和坏死。所有病例中支气管和毛细支气管均未见损伤。脾小体淋巴组织呈现不同程度坏死，多数滤泡淋巴细胞消失，红髓充血。淋巴结皮质层凝固性坏死，副皮质窦和髓窦出血。胃、回肠、大肠黏膜层和黏膜下层充血、出血，肠上皮细胞、隐窝组织和固有层坏死。睾丸白膜血管高度充血和血栓形成，精小管间少量出血，鞘膜层和白膜脏层炎性细胞渗出、水肿和坏死。皮肤真皮中毛细血管和静脉充血，少量出血。心肌纤维玻璃样变性，肌纤维间少量出血。舌、气管、膀胱、胰腺、唾液腺和骨骼肌未见异常。

六、诊　断

埃博拉病毒感染的诊断依据包括三个方面，①流行病学资料：来自于疫区，或3周内有疫区旅行史，或有与病人、感染动物接触史。②临床表现：起病急、发热、牙龈出血、鼻出血、结膜充血、瘀点和紫斑、血便及其他出血症状；头疼、呕吐、恶心、腹泻、全身肌肉或关节疼痛等。③实验室检查：病毒抗原阳性；血清特异性 IgM 抗体阳性；恢复期血清特异性 IgG 抗体滴度比急性期有 4 倍以上增高；从病患人或动物标本中检出埃博拉病毒 RNA；从患者标本中分离到埃博拉病毒。

1. 病毒分离与鉴定　病毒的分离和研究工作必须在 P_4 级实验室进行。病毒广泛存在于病人（猴）的血液、肝、血清（浆）和精液中，可将上述组织接种 Vero 细胞，37℃培养 6～7 天后，采用免疫荧光试验检查病毒抗原。也可将上述材料经腹腔接种豚鼠（200～250g），豚鼠发热达 40.5℃左右，4～7 天后死亡。取其脏器进行免疫病理学检查，或用电子显微镜观察病毒的形态结构，急性期患者可用双抗夹心法检测病毒抗原或 PCR 检测病毒核酸。另外，也可经脑内接种乳鼠进行病毒的分离与鉴定。

2. 血清学试验　血清学试验多采用免疫荧光试验，另外还建立了固相间接免疫酶试验、放射免疫试验、酶联免疫吸附试验和蚀斑减少中和试验等方法。

（1）间接免疫荧光试验：方法建立最早、使用最为广泛。用埃博拉病毒接种 Vero 细胞，病变达“＋＋”时制备病毒抗原片，经 γ 射线灭活后，丙酮固定，－20℃保存备用。采用该方法检测，送检血清稀释度 1∶16 阳性则判为阳性。

（2）固相间接免疫酶试验　该方法具有敏感、特异、重复性高等特点，可以检出感染细胞培养液以及动物脏器悬液中的病毒粒子，也可检测人恢复期血清和正常献血者血液中的病毒抗体，适用于大规模检测和流行病学调查。

（3）放射免疫试验　采用 ^{132}I 标记的 SPA，血清稀释度为 1∶20 阳性判为阳性。该方法以快速、判定准确、所需血清量少，可检测大批量标本为特征。但涉及放射性同位素的预防和处理，一般实验室不能进行，限制了其进一步推广应用。

3. 组织病理学诊断　该病主要病理改变是单核吞噬细胞系统受损、血栓形成和出血。全身器官广泛性坏死，尤其以肝、脾、肾、淋巴组织为甚。具体以上述组织病理学观察为准依据。

4. 分子生物学诊断　采用 RT - PCR 等核酸扩增方法检测。一般发病后 1 周内的病人血清中可检测到病毒核酸。

七、防治措施

1. 治疗　目前对埃博拉病毒感染尚无特效治疗方法和可以利用的疫苗，主要是对症和支持治疗，注意水、电解质平衡，预防和控制出血，控制继发感染，治疗肾功能衰竭和出血、DIC 等并发症。

（1）一般支持对症治疗　首先需要隔离病患的人或动物。卧床休息，易消化半流质饮食，保证热量充分。

（2）病原学治疗　抗病毒治疗尚无定论。最新的体外试验表明，IF - α 可以抑制病情的发展。

（3）补液治疗　充分补液，维持水、电解质和酸碱平衡，使用平衡盐液，维持有效血容量，加强胶体液补充如白蛋白、低分子右旋糖酐等，预防和治疗低血压休克。

（4）保肝抗炎治疗　应用甘草酸制剂。

（5）出血的治疗　止血和输血，新鲜冰冻血浆补充凝血因子，预防 DIC。

（6）控制感染　及时发现继发感染，根据细菌培养和药敏试验结果应用抗生素。

（7）肾功能衰竭的治疗　及时进行血液透析等。

2. 预防　目前对埃博拉出血热的预防还极为困难，无有效的抗病毒药物和疫苗，发现病人或患病动物后要严格隔离治疗，病人或患病动物的分泌物和排泄物要严格消毒，病人用过的衣物进行蒸汽消毒，病人或患病动物的尸体应包裹严密就近掩埋，需转移处理时，应放在密闭容器中进行。医务人员做好自身防护工作，与病人接触需戴口罩、手套、眼镜、帽子和防护服，严密防止接触病人污染物。针管、咽管等必须保证专人专用，用后及时销毁，防止交叉传染。国际卫生检疫检测和卫生监督的加强，对于各国有效防止埃博拉出血热的流行有着重要意义。各国都必须加强对来自疫区的易感动物的检验检疫工作。

若干种候选疫苗已经通过试验，在灵长类动物已显示效力，但开发有价值的疫苗还需几年时间。美国科学家声称已研究出一种预防埃波拉病毒的DNA疫苗，在猴子身上试验效果良好，希望这一疫苗最终发展成用于人的疫苗。对埃波拉病毒生活周期的新了解可以帮助寻找治疗手段。

八、公共卫生影响

猴感染埃博拉病毒在我国几乎没有报道，尽管非人类灵长类动物是人的传染源，但并不是埃博拉病毒的最初来源。猴类和人一样是通过直接接触自然界的某种媒介或者传播链而感染的。埃波拉病毒感染症状与马尔堡出血热很相似，病死率很高，可达50%～90%。据WHO最新公布的数字表明，自首次发现埃博拉病毒以来，全世界已有1 500人感染这一病毒，其中1 000人死亡。在英国杂志排列的世界最致命的6种病毒中，埃博拉病毒居首位。世界卫生组织将埃博拉病毒列为潜在的生物战武器之一。因此，各国都必须加强对来自疫区的易感动物的检验检疫工作。

（黄璋琼　代解杰）

参考文献

陈锡骐.1995.扎伊尔埃博拉（Ebola）出血热暴发流行［J］.广东卫生防疫，21（3）：95-96.

陈炎，陈亚蓓，陶荣芳.2008.6种输入性传染病预防控制指。南和临床诊疗方案解读（一）埃博拉出血热［J］.世界感染杂志，8（6）：414-417.

龚震宇.2001.乌干达埃博拉出血热的暴发情况［J］.疾病监测，16（6）：236-237.

郭绥衡.2005.凶悍的传染病——埃博拉（Ebola）出血热［J］.实用预防医学，12（2）：465-468.

屠宇平.2004.刚果共和国埃博拉出血热暴发［J］.疾病监测，19（1）：37-38.

俞东征.2003.伊伯拉出血热研究现状［J］.地方病通报，18（1）：69-73.

Bente D，Gren J，Strong J E，et al. 2009. Disease modeling for Ebola and Marburg viruses [J]. Dis. Model. Mech.，2：12-17.

Connolly B M，Steele K E，Davis K J，et al. 1999. Pathogenesis of experimental Ebola virus infection in guinea pigs [J]. J. Infect. Dis.，179 (Suppl 1)：203-217.

Fisher-Hoch S P，Brammer T L，Trappier S G，et al. 1992. Pathogenic potential of filoviruses：role of geographic origin of primate host and virus strain [J]. J. Infect. Dis.，166：753-763.

Fisher-Hoch S P，Platt G S，Neild G H，et al. 1985. Pathophysiology of shock and hemorrhage in a fulminating viral infection (Ebola) [J]. J. Infec. t Dis.，152：887-894.

Geisbert T W，Daddario，DiCaprio K M，Williams K J，et al. 2008. Recombinant vesicular stomatitis virus vector mediates postexposure protection against Sudan Ebola hemorrhagic fever in nonhuman primates [J]. J. Virol.，82：5664-5668.

Geisbert T W，Hensley L E. 2004. Ebola virus：new insights into diseaseaetiopathology and possible therapeutic interventions [J]. Expert. Rev. Mol. Med.，6：1-24.

Geisbert T W，Pushko P，Anderson K，et al. 2002. Evaluation in nonhuman primates of vaccines against Ebola virus [J]. Emerg. Infect. Dis.，8：503-507.

Gibbs R A，Rogers J，Katze M G，et al. 2007. Evolutionary and biomedical insights from the rhesus macaque genome [J]. Science，316：222-234.

Jeffs B. 2006. A clinical guide to viral haemorrhagic fevers：Ebola，Marburg and Lassa [J]. Trop. Doct.，36 (1)：1-4.

Mir，M E，T G Ksiazek，T J Retuya，et al. 1999. Epidemiology of Ebola (Subtype Reston) virus in the Philippines [J]. J. Inf. Dis.，179：115-117.

Peters C J，LeDuc J W. 1999. An Introduction to Ebola：The Virus and the Disease [J]. The Journal of Infectious Diseases，179 (1)：10-16.

Reed D S，Mohamadzadeh M. 2007. Status and challenges of filovirus vaccines [J]. Vaccine，25：1923-1934.

Rowe AK，Bertolli J，Khan A S，et al. 1999. Clinical，virologic and immunologic follow up of convalescent Ebola Hemorrhagic Fever patients and their household contacts，Kikwit. Democratic Republic of the Congo [J]. J. Inf. Dis.，179 (Suppl 1)：28-35.

Ryabchikova E I，Kolesnikova L V，Netesov S V. 1999. Animal pathology of filoviral infections [J]. Curr. Top. Microbiol. Immunol. , 235：145 - 173.

Ryabchikova E I，Kolesnikova L V，Luchko S V. 1999. An analysis of features of pathogenesis in two animal models of Ebola virus infection [J] . J. Infect. Dis. , 179 (Suppl 1)：199 - 202.

Ryabchikova E I，Kolesnikova L V，Netesov S V. 1999. Animal pathology of filoviral infections [J] . Curr . Top. Microbiol. Immunol. , 235：145 - 173.

Sullivan，et al. 2003. Ebola Virus Pathogenesis：Implications for Vaccines and Therapies [J] . J. Virol. , 77 (18)：9733 - 9737.

Timmins J，Schoehn G，Ricard - Blum S，et al. 2003. Ebola virus matrix protein VP40 interaction with human cellular factorsTsg101 and Nedd4 [J] . J. Mol. Biol. , 326 (2)：493 - 502.

Walsh P D，Abernethy K A，Bermejo M，et al. 2003. Catastrophic ape decline in western equatorial Africa [J] . Nature, 422 (6932)：611 - 614.

第十四章 副黏病毒科病毒所致疾病

第一节 仙台病毒感染 (Sendai virus infection)

仙台病毒是人的呼吸道病原之一，也是引起啮齿类动物呼吸系统疾病的主要病原，可影响幼鼠发育成长和降低成年鼠的繁殖率，且很难从鼠群中消除。仙台病毒感染（Sendai virus infection）是小鼠群中最难控制的病毒病之一，可对试验研究产生严重干扰。大鼠、灰仓鼠、豚鼠等动物也较易感。

一、发生与分布

1952 年日本仙台市 17 名婴儿突然流行肺炎，Kuroya 等（1953）将病儿肺组织悬液经鼻内接种小鼠，首次分离到仙台病毒（Fushimi 株）。此后，其他研究人员相继报道用人的病料接种小鼠和鸡胚分离到仙台病毒，人们普遍认为仙台病毒是人呼吸道感染的病原。Fukumi 等（1954）首先对仙台病毒是人源病毒的看法提出怀疑，原因是实验小鼠经常感染这种病毒。Matsumoto 等（1954）从仓鼠体内分离到仙台病毒；Sasahara 等（1955）又从大鼠和豚鼠分离到仙台病毒。

20 世纪 50 年代，由于缺乏在实验动物中广泛流行仙台病毒，以及仙台病毒可以污染实验室所使用的动物的有关知识，使人们对仙台病毒的认识产生混乱。1958 年，当从人分离出Ⅱ型血吸附病毒（HA-2），并证实仙台病毒与人 HA-2 之间抗原性密切相关以后，人们的认识才有所改变。目前，人们普遍认为实验啮齿类动物是仙台病毒的自然宿主。

实验小鼠仙台病毒感染是鼠群传染病控制方面最常见和最严重的问题。在全世界范围内，实验小鼠仙台病毒感染非常普遍。加拿大、德国、日本、荷兰、苏联、美国、澳大利亚、丹麦、以色列、法国和瑞士等国都有报道。朱既明等（1956）在我国长春首次从小鼠分离到仙台病毒。随着我国实验动物科学的迅猛发展和实验动物质量要求的提高，人们对实验啮齿类动物仙台病毒感染日趋重视。吴惠英等（1989）检测了全国 21 个省市 52 个单位共计 3 500 只小鼠，仙台病毒抗体阳性率达 30.49%，表明我国普通小鼠群中仙台病毒感染非常严重。贾伟等（1986）建立了分泌抗仙台病毒单克隆抗体杂交瘤细胞株，为研究仙台病毒在实验小鼠体内的活动规律和抗原纯化工作提供了适宜的工具。

Sasahara 等（1955）从大鼠首次分离到仙台病毒。随后进行的血清流行病学调查表明，世界各国的普通大鼠群中普遍存在仙台病毒感染。吴小闲等（1990）报道，我国普通大鼠群中仙台病毒抗体阳性率高达 55.56%，应引起足够重视。王吉等（2008）2003—2007 年经过对我国实验小鼠连续 5 年的血清学流行病学调查结果显示，我国普通级、清洁级和 SPF 小鼠群中均普遍存在仙台病毒感染，5 年平均感染率为 4.99%。

二、病　　原

1. 分类地位　仙台病毒（*Sendai virus*，SV）在分类上属副黏病毒科、副黏病毒亚科、呼吸道病毒属。仙台病毒曾用名称包括新生儿肺炎病毒、日本血凝病毒和D型流感病毒等。仙台病毒只有1个血清型，但在世界各地已分离到不同的毒株，实验室常用的毒株有Fushimi株（Furoya等，1953）、Aritsugn株（Misao等，1954）、MN株（Fukumi等，1954）和Z株（Fukai等，1955）。所有毒株除对细胞培养的毒力、鸡胚或细胞培养上的病毒收获量有些差异外，从啮齿类动物分离到的仙台病毒致病性相同。侯云德等（1961）采用血凝抑制试验和血溶抑制试验，分析了在中国、日本、苏联等国从人和动物分离的24株仙台病毒，结果发现2个变异株，即海参崴变异株和日本变异株。其抗原性的主要差异是，海参崴变异株的大鼠免疫血清不能完全中和日本变异株。

2. 形态学基本特征与培养特性　仙台病毒粒子呈多形性，主要为球形。直径130～250nm。病毒内部由直径约18nm的螺旋状结构的核蛋白组成，外包有脂蛋白囊膜，其上有放射状排列的纤突，纤突长8～15nm、宽2～4nm。病毒的血凝、神经氨酸酶、溶血、细胞融合等活性与囊膜有关。

仙台病毒易在鸡胚羊膜腔和尿囊腔中生长，鸡胚绒毛尿囊膜大多可见1～4mm大小的局灶性灰白色病灶。

仙台病毒可在猴肾细胞、人胚肺纤维细胞、乳猪肾细胞、BHK-21细胞、Vero细胞上增殖，病毒增殖的同时伴有红细胞吸附现象、红细胞凝集现象和细胞病变。红细胞吸附现象是病毒增殖的最早标志；血细胞吸附呈弥散型；细胞病变的特征是细胞增大，胞浆收缩、呈星状，圆化，颗粒化，细胞层解离、脱落。当大量仙台病毒感染多种传代细胞时，常可引起急性细胞融合现象。其中以Hela、KB、Hep-2细胞最为敏感，这种活性可被特异性免疫血清所抑制，最适反应温度为35～37℃。

实验小鼠感染仙台病毒可使肺部正常抗菌能力减弱，从而使小鼠易继发细菌性肺炎，如感染肺支原体、嗜肺巴氏杆菌、鼠棒状杆菌等。原因可能是由于仙台病毒可抑制肺泡大吞噬细胞对细菌的吞噬作用，促使细菌附着于呼吸道上皮细胞。

3. 理化特性　仙台病毒对乙醚及热敏感，pH 3.0条件下极易灭活。仙台病毒血凝素对温度的抵抗力决定于病毒溶液的组成，纯化病毒在盐溶液中或1%柠檬酸钠溶液中，45℃ 80min即失去血凝活性；但在肉汤溶液中，在上述条件下，血凝素不被破坏。56℃ 10min可灭活病毒的血溶活性。孙凤萍等（2007）利用30mg/L有效碘的碘伏溶液对悬液内的仙台病毒作用5min，灭活率为100%；利用2 000mg/L过氧乙酸消毒液、含30mg/L有效氯的复方二氯异氰脲酸钠消毒液以及1 000mg/L苯扎溴胺溶液对仙台病毒悬液作用5min，灭活率均可达到100%。

仙台病毒在5℃或室温条件下，可凝集多种动物的红细胞，包括鸡、豚鼠、仓鼠、小鼠、大鼠、绵羊、鸽、猴、犬、兔、牛等动物和人的红细胞，但不凝集马红细胞，其中以鸡红细胞的凝集效价最高（侯云德等，1962）。

仙台病毒可溶解多种动物红细胞，如小鼠、豚鼠、鸡、大鼠、绵羊、家兔及人（O型）的红细胞，其中以小鼠和豚鼠红细胞最敏感。感染仙台病毒的鸡胚尿囊液在蒸馏水中透析后或反复冻融后，其血溶活性明显增高，血溶反应最适pH7.0～8.0。血溶反应可被Ca^{2+}所抑制，56℃ 30min可使血溶素完全灭活。根据仙台病毒的血溶活性，可以进行血溶抑制试验以分析每株的抗原性差异。

4. 分子生物学　仙台病毒核酸型为单股负链RNA，分子量4.76×10^6 u，仙台病毒RNA共由15 384个核苷酸组成，编码6个病毒结构蛋白，即核蛋白（NP，分子量59 520u）、磷蛋白（P，分子量78 368u）、大分子蛋白（L，分子量198 400u）、融合蛋白（F，分子量64 480u）、血凝素神经苷酸酶（HN，分子量71 424u）和基质蛋白（M，分子量33 728u），还有C、V、W等一些非结构蛋白。一个非结构蛋白C是病毒特有的蛋白，其基因排列次序为3’-leader-NP-P/C-M-F-HN-L-leader-5’（Powling等，1983）。其中HN、F蛋白为跨膜糖蛋白，位于病毒表面，形成刺突，又称刺突蛋白。其中HN与血凝和神经氨酸酶活性有关，F与溶血、感染性和细胞融合有关。

M蛋白排列在包膜内表面。NP蛋白与病毒基因组RNA结合，形成螺旋状的核衣壳，再结合P蛋白、L蛋白形成核蛋白（RNP）复合体，构成病毒的核心结构。P/C基因区还包含一个病毒特有的非结构蛋白C的编码区。除非结构蛋白C外，每个基因上、下游各有一个非编码序列R1、R2，对基因表达有特殊的调控功能。SeV RNA 3’端和5’端各有1个51 nt和54 nt的前导（leader）序列，它们与病毒在宿主内复制及致病有关。

在整个RNA的15 383个核苷酸中，分布着6个基因区和2个前导区。这6个基因区中存在着7个开放阅读结构。特别有趣的是gene-2（P+C）中的OP-2包含了另外一重叠的开放阅读结构OP-3，占612个核苷酸，编码204个氨基酸，OP-3的蛋氨酸密码子（UAC）定位在OP-2下游第8个核苷酸处，这种两个重叠的开放阅读结构也发生在流感病毒A和副流感病毒等，P蛋白和C蛋白来自同一个mRNA。

三、流行病学

1. 传染来源 感染鼠的粪便、鼻咽渗出液、尿液是小鼠仙台病毒的主要传染源。

2. 传播途径 直接接触和空气传播是仙台病毒主要的传播和扩散方式。实验条件下，小鼠经空气接触感染，5天即可从肺脏中检出病毒，6～9天达到高峰，并极易将病毒传给其他小鼠。研究证实，慢性或隐性感染在仙台病毒的自然发生方面不甚重要，地方性流行的持续存在取决于鼠群内不断增加新的易感动物，这些动物对保持病毒散播最为重要，多为35～49日龄的小鼠，因为年龄较小的动物有被动免疫力，而大一些的动物又有主动免疫力。实验条件下，经静脉、皮内、颅内、胸腔内等途径感染小鼠均可获得成功，大多数感染鼠组织器官中有仙台病毒复制。妊娠母鼠静脉接种后，病毒可在胎盘、脑、脉络丛及内脏器官中存在21天，胎儿发育异常。

3. 易感动物

（1）自然宿主　自然宿主是人和啮齿类动物。

（2）实验动物　实验条件下，经鼻腔感染貂，其鼻甲和肺脏中有高滴度的病毒，并可产生很强的免疫应答。经鼻腔感染罗猴无临床症状，但抗体升高；脑内感染导致体温升高。

在未感染过仙台病毒的易感鼠群，新生乳鼠和未成年小鼠最为易感，常发生严重的肺炎，3～4天死亡；在感染过仙台病毒的鼠群，母鼠血清内常有较高滴度的血凝抑制抗体，其仔鼠在哺乳期均有较高滴度的母源抗体，因此不易感。断乳后，由于母源抗体水平逐渐下降，抵抗力降低，易感性增加。

不同品系小鼠对仙台病毒的易感性明显不同。较易感的小鼠品系有NIH、SSB、129/ReJ、129/J、Swiss裸鼠、DBA/2、C_3H/Bi等；抵抗力较强的品系有SJL/J、RF/J、C_{57}BL/6、Swiss、AKR/J、BALB/c等。在有抵抗力的品系，仙台病毒的复制仅限于呼吸道中。而在易感的品系仙台病毒还可在肺II型细胞内复制，以致引起严重的肺实质性损伤。

仙台病毒也可感染灵长类动物，Flecknell等曾对狨猴感染该病毒进行过报道。石建党等（2003）报道普通棉耳狨猴群体中暴发急性呼吸道传染病，病死率高达33%，经过病毒分离鉴定为仙台病毒。另外大鼠、灰仓鼠、豚鼠、兔等对仙台病毒均易感。

（3）易感人群　12岁以下儿童较易感。

4. 流行特征 该病一年四季均可发生，但以冬春季多发，气温骤变、忽冷忽热等环境因素可加重发病和流行。

四、临床症状

1. 动物的临床表现 由于小鼠品系、年龄、群体大小、有无既往病史以及免疫状况的不同，感染仙台病毒可表现两种不同的类型。

（1）慢性型　常呈地方性流行，病毒在鼠群中长期存在。多见于断乳不久至42日龄的小鼠，通常为亚临床感染，病毒存在14天左右。

（2）急性型　常可表现临床症状，在较短时间内自愈或转变为地方性流行。病鼠常表现被毛粗乱、弓背、呼吸困难、眼角有分泌物、发育不良、消瘦等症状，妊娠母鼠妊娠期延长，新生乳鼠死亡率增高。

大鼠感染仙台病毒多呈亚临床经过，症状表现不明显。Makino 等（1972）报道，在急性流行期间，幼龄大鼠表现肺炎症状，生长发育迟缓；成年大鼠产仔数下降。经鼻内接种后 7 天，感染大鼠表现被毛粗乱、呼吸困难、厌食等症状。剖检可见广泛性肺部损伤。

Coid 等（1971）报道，妊娠 4～5 天的大鼠气溶胶感染仙台病毒后胚胎可重新吸收，感染后 7 天母鼠表现被毛粗乱、呼吸困难、食欲不振等症状，并从所有感染鼠的肺组织中分离到病毒。他们认为孕鼠胚胎重新吸收并非仙台病毒直接感染胚胎所致，而是全身性感染造成的结果。

猴感染后，发病初期均有上呼吸道症状，鼻腔浆液性分泌物增多，并有畏寒，食欲下降，嗜睡等表现。继而呼吸加快，体温升高（40～41℃），鼻腔出现脓性分泌物，呼吸极度困难。多数病猴在 5～10 天死亡。

2. 人的临床表现 引起婴幼儿下呼吸道严重疾病及较大婴儿的上呼吸道感染，以发热、咳嗽、气喘或胸闷胸痛为主，甚至造成致死性感染。但对较大儿童和成人一般只引起普通感冒症状的上呼吸道感染，很少导致死亡。

五、病理变化

1. 大体解剖观察 主要见于呼吸道和局部淋巴结。病鼠肺常呈杨梅色，切开时有泡沫状血性液体流出，病变多见于尖叶、膈叶和心叶（Appell 等，1977）。Robinson 等（1968）试验证实，人工感染昆明小鼠后 5 天、肺重增加 50%，14 天肺重增加 1 倍左右，同时心包腔和胸腔积液，胸膜发生粘连。

2. 组织病理学观察

（1）组织病理学观察 仙台病毒感染小鼠的病理变化过程分三个阶段。急性阶段特征是对病毒的炎症反应和靶细胞溶解。感染早期，肺细支气管黏膜固有层、肺泡和肺泡管中中性粒细胞浸润，肺泡隔毛细血管充血，细支气管周围和血管周围结缔组织水肿；随后细支气管上皮细胞坏死、脱落。修复阶段的特征是细支气管和肺泡内有高度嗜碱性的、较矮的立方样细胞或扁平样细胞增生，这些细胞表现高度分裂相，迅速修补损伤了的细支气管和肺泡，有时也可见立方上皮沿肺泡隔增生，围绕终末细支气管形成一种局部腺泡样或腺瘤样排列，有人称为肺泡细支气管化。恢复阶段的特征是肺实质瘢痕化，它们在体内终生存在。

（2）超微结构观察 仙台病毒可在感染细胞胞浆和胞核内复制，但主要在胞浆内复制。病毒复制最早的部位是细支气管上皮，也可在Ⅰ型、Ⅱ型肺泡上皮和肺泡隔的内皮细胞中复制；感染后 72h，病毒从细支气管上皮中出芽释放，3 天达高峰。

Burek 等（1977）研究发现自然感染大鼠主要表现多灶性间质性肺炎变化；血管周围和支气管周围可见大量淋巴细胞和浆细胞浸润；支气管上皮细胞局灶性充血、坏死，大量淋巴细胞和中性粒细胞浸润；支气管管腔中可见黏液、炎性细胞和坏死细胞碎片。小于 240 日龄大鼠的病变更为严重。

六、诊　　断

1. 病毒分离与鉴定 将病鼠鼻咽冲洗液或肺浸液接种 BHK-21 或 Vero 细胞单层上，观察有无细胞病变，5～14 天后细胞病变阳性的细胞培养物用血凝试验、补体结合试验或免疫荧光试验检查。也可将病料接种 8～12 日龄鸡胚羊膜腔或绒毛尿囊膜，35～37℃培养 2～4 天，收获尿囊液做血凝素检查。

病毒分离可将病料组织或鼻咽冲洗液接种鸡胚、原代猴肾细胞或 BHK-21 细胞等，37℃培养 7 天出现细胞病变，可用豚鼠红细胞做血细胞吸附试验检查仙台病毒抗原。

血清学试验方法较多，包括补体结合试验、血凝抑制试验、中和试验、酶联免疫吸附试验、玻片免疫酶法和免疫荧光试验等，可根据各自的实验条件选用适当的方法进行。

2. 血清学试验 目前已用于仙台病毒血清学诊断的试验包括血凝抑制试验、补体结合试验、血吸附抑制试验、免疫荧光试验、微量中和试验、琼脂扩散试验、玻片免疫酶法和酶联免疫吸附试验等。其中酶联免疫吸附试验和免疫荧光试验敏感性与特异性均较好，但需酶标仪和荧光显微镜等仪器设备，不适用于基层单位使用。玻片免疫酶法具有上述两种方法的优点，不需特殊设备，结果易于判定，适用于大批量标本的检测。

3. 组织病理学诊断 仙台病毒感染早期，肺细支气管黏膜固有层、肺泡和肺泡管中中性粒细胞浸润，肺泡隔毛细血管充血，细支气管周围和血管周围结缔组织水肿；随后细支气管上皮细胞坏死、脱落。修复阶段的特征是细支气管和肺泡内有高度嗜碱性的、较矮的立方样细胞或扁平样细胞增生，这些细胞表现高度分裂相，迅速修补损伤了的细支气管和肺泡，有时也可见立方上皮沿肺泡隔增生，围绕终末细支气管形成一种局部腺泡样或腺瘤样排列，有人称为肺泡细支气管化。恢复阶段的特征是肺实质瘢痕化，它们在体内终生存在。

4. 分子生物学诊断 PCR 和核酸杂交技术已成功应用于无症状及感染病人的快速诊断。

七、防治措施

1. 治疗 轻症者多饮水，注意休息。重症者应加强对症支持治疗，呼吸困难者给予吸氧，有哮喘者给予克仑特罗（氨哮素）气雾剂吸入或给予皮质激素治疗，有喉梗死者考虑气管切开。并可试用利巴韦林注射液滴鼻或超声雾化吸入，也可用干扰素抗病毒。

2. 预防 实验鼠群中仙台病毒感染是最难控制的病毒病之一，对无仙台病毒的鼠群，应建立封闭群体，新引入的动物必须通过无菌途径和严格检疫，合格后方能混群。定期进行血清学检测，及时发现感染鼠。

对已有仙台病毒感染的鼠群，可采取以下两种措施。一是消灭感染鼠群，用剖腹产技术重新繁殖鼠群或从一个无病种群中重新引入小鼠；二是从感染群中移去所有新生乳鼠、断乳小鼠和妊娠鼠，仅保留成年小鼠。在静止条件下保存这种非繁殖群直至感染消除（30～60 天），然后，再恢复繁殖和其他正常活动。

国内外曾用甲醛灭活疫苗来免疫小鼠，具有很好的保护力，能抵抗强毒的攻击，可用于种鼠的免疫。国外还曾用弱毒疫苗，如温度敏感变异株弱毒苗和依赖胰酶的弱毒苗，经气溶胶免疫，经济易行，对控制本病具有一定效果。

仙台病毒在种群中持续存在的最主要原因是不断引入易感动物，因此，从感染群中清除吸吮大鼠、断乳大鼠等易感动物，仅保留成年大鼠，在静止条件下保持这种非繁殖群直至感染消除，可有效地控制种群中仙台病毒的流行。

仙台病毒在小鼠和仓鼠中广泛存在，因此，应避免易感大鼠与感染小鼠或仓鼠混群饲养，防止仙台病毒在不同种类的啮齿动物间传播。

Makoto 等（1982）用仙台病毒灭活疫苗免疫大鼠，可使大鼠获得较强的保护力。他们认为，若使用幼龄大鼠进行时间较长的试验研究，可考虑在断乳后免疫接种仙台病毒灭活疫苗，以保证试验研究的顺利进行。

八、对实验研究的影响

如上所述，仙台病毒是大、小鼠群中常见的病毒之一，急性感染多见于断乳小鼠，多数情况下呈隐性感染。在饲养条件恶化、气温骤变或并发呼吸道细菌感染时，常可见急性暴发，造成呼吸道疾病的流行。仙台病毒隐性感染会给试验研究带来严重干扰。

（1）对免疫系统的干扰 可以严重地影响实验动物体液和细胞介导的免疫应答。如抑制大鼠淋巴细胞对绵羊红细胞的抗体应答；减弱大、小鼠淋巴细胞对植物血凝素和刀豆素的促有丝分裂应答；对小鼠免疫系统可产生长期的影响，包括自发性自体免疫疾病，发病率明显增高；抑制巨噬细胞的吞噬能力及在细胞内杀灭、降解被吞噬细菌的能力；对移植免疫学研究产生影响，可加速同种异系，甚至同系小鼠之间皮肤移植的排斥。

（2）对致瘤作用研究的影响 如仙台病毒感染后遗留的组织学改变酷似浸润性肺癌，易被误诊；对试验性化学致瘤作用具有较强的影响，能抑制氯基甲酸乙酯（Urethane）诱发肺腺瘤；仙台病毒感染的DBA/2系小鼠，接种MuLV（Friend株）后，MuLV不能在脾内复制，故动物也不发生白血病；仙台病毒感染可移植的肿瘤，能改变肿瘤细胞的表面抗原及其致癌性。

（3）对鼠类繁殖的影响　妊娠母鼠感染仙台病毒会严重影响胎儿的发育，增加新生乳鼠的死亡率。妊娠4～5天的大鼠感染后，会造成胚胎的吸收；妊娠11～12天的大鼠感染后，会造成妊娠期延长，并使产后24h内新生乳鼠的死亡率升高。

仙台病毒对着床前的受精卵及早期的胚胎具有亲嗜性，可造成胚胎死亡。

（王吉　贺争鸣　田克恭）

我国已颁布的相关标准

GB/T 14926.23—2001　实验动物　小鼠仙台病毒（SV）ELISA检测方法

《中华人民共和国药典》（2010版）　三部（附录Ⅻ H）　鼠源性病毒检查法

参考文献

黄祯祥．1990. 医学病毒学基础及实验技术［M］．北京：科学出版社：655-724.

李梅，石立莹，袁立军，等．2008. 新分离的副粘病毒TianJin株的全基因组序列分析［J］．病毒学报，24（1）：1-6.

刘怀然，张龄，张天聪，等．2006. 仙台病毒黑龙江省地方株的分离与鉴定［J］．中国实验动物学报，14（2）：132-134.

石建党，李晓眠，刘凤勇，等．2003. 一株引起普通棉耳狨猴死亡病毒的分离与鉴定［J］．中国病毒学，18（4）：357-361.

孙凤萍，胡建华，高骏，等．2007. 四种消毒剂对仙台病毒的灭活效果［J］．中国消毒学杂志，24（6）：254-526.

田克恭．1992. 实验动物病毒性疾病［M］．北京：农业出版社：57-64.

王吉，卫礼，巩薇，等．2008. 2003—2007年我国实验小鼠病毒抗体检测结果与分析［J］．实验动物与比较医学，28（6）：394-396.

闻玉梅，陆德源，何丽芳．1999. 现代医学微生物学［M］．上海：上海医科大学出版社：1005-1035.

袁立军，李晓眠．2006. 仙台病毒基因结构与功能的研究进展［J］．中国病原微生物学杂志，1（6）：462-464.

Flecnell P A，Parry R，Needham，et al. 1983. Respiratory disease associated with parainfluenza TypeI（Sendai）virus in a colony of marmosets（Callithrix jacchus）［J］. Lab anim，17（2）：111-113.

Fujii Y，Sakaguchi T，Kiyotani K，et al. 2002. Involvement of the leader sequence in Sendai virus pathogenesis revealed by recovery of a pathogenic field isolate from Cdna［J］. Virology，76（17）：8540-8547.

Le T V，Mironova E，Garcin D，et al. 2011. Induction of influenza-specific mucosal immunity by an attenuated recombinant Sendai virus［J］. PLoS One，6（4）：e18780.

Li Z，Yu M，Zhang H，et al. 2006. Beilong virus，a novel paramyxovirus with the largest genome of non-segmented negative-stranded RNA virus［J］. Virology，346（1）：219-228.

Luque L E，Bridges O A，Mason J N，et al. 2010. Residues in the heptad repeat a region of the fusion protein modulate the virulence of Sendai virus in micea［J］. J Virol.，84（2）：810-821.

Murakami Y，Ikeda Y，Yonemitsu Y，et al. 2008. Newly-developed Sendai virus vector for retinal gene transfer：reduction of innate immune response via deletion of all envelope-related genes［J］. J Gene Med.，10（2）：165-176.

Rehwinkel J，Tan C FP，Goubau D，et al. 2010. RIG-I detects viral genomic RNA during negative-strand RNA virus infection［J］. Cell，140（3）：397-408.

Ryan L K，Dai J，Yin Z，Megjugorac N，et al. 2011. Modulation of human beta-defensin-1（hBD-1）in plasmacytoid dendritic cells（PDC），monocytes，and epithelial cells by influenza virus，Herpes simplex virus，and Sendai virus and its possible role in innate immunity［J］. Leukoc Biol.，90（2）：343-356.

Segawa H，Inakwa A，Yamashita T，et al. 2003. Functional analysis of individual oligosaccharide chains of Sendai virus hemagglutini-neuraminidase protein［J］. Virology，67（3）：592-598.

Simon A Y，Moritoh K，Torigoe D，et al. 2009. Multigenic control of resistance to Sendai virus infection in mice［J］. Infect Genet Evol.，9（6）：1253-1259.

Simon A Y, Sasaki N, Ichii O, et al. 2011. Distinctive and critical roles for cellular immunity and immune-inflammatory response in the immunopathology of Sendai virus infection in mice [J]. Microbes Infect., 13 (8-9): 783-797.
Wang W, Nguyen N M, Agapov E, et al. 2012. Monitoring in-vivo changes in lung microstructure with 3He MRI in Sendai-virus infected mice [J]. J Appl Physiol., 112 (9): 1593-1599.

第二节 犬瘟热
(Canine distemper)

犬瘟热（Canine distemper，CD）是由犬瘟热病毒引起食肉兽中的犬科（尤其是幼犬）、鼬科及部分浣熊科动物的高度接触性、致死性传染病。以早期表现双相热、急性鼻卡他及随后的支气管炎、卡他性肺炎、严重的胃肠炎和神经症状为特征。部分病例出现鼻部和脚垫的高度角化。该病传染性强、发病率高，常引起大批犬、貂、狐等动物发病，病死率为30%～80%，雪豹高达100%。该病是对养犬业和毛皮动物养殖业危害最大的传染病，已呈世界性分布。

一、发生与分布

犬瘟热是犬的一种古老的、临床意义最大的传染性疾病。在欧洲起始于18世纪后叶，起初认为是细菌性疾病。1905年Carre′提出该病的病原是一种病毒，但之后20年仍有人认为该病是由支气管败血波氏杆菌引起。1926—1931年，Dunkin和Laidlaw利用完全隔离饲育的犬和易感性最高的雪貂进行人工感染试验，最终确定了病原的病毒本质。1951年，Dedie首次用组织培养的方法培养出犬瘟热病毒。该病几乎分布于全世界，所有养犬国家均有存在。

我国1968年首次在黑龙江一野生动物养殖场发现该病，之后逐渐在全国范围内流行，发病率达80%以上。高云等（1980）从我国一些犬瘟热流行地区的水貂和犬中分离到JMDV、HMDV和SCDV等脏器毒株。华国荫等（1984）从貉体内分离到犬瘟热病毒的貉源脏器毒株。白泉阳等（1990）从山东、河北等省区养貂场的病貂中分离到3株犬瘟热病毒，脑内接种幼犬可引起明显的临床症状并导致死亡。

二、病　　原

1. 分类地位　犬瘟热病毒（*Canine distemper virus*，CDV）在分类上属于副黏病毒科（Paramyxoviridae）、副黏病毒亚科（Paramyxovirinae）、麻疹病毒属（*Morbillivirus*）。犬瘟热病毒只有一个血清型，但不同毒株毒力有一定的差异。它与麻疹病毒（*Measles irus*，MV）、牛瘟病毒（*Rinderpestvirus*，RPV）在抗原性上密切相关，但各自具有完全不同的宿主特异性。平山纪夫等（1985）对若干株犬瘟热病毒进行了比较研究，发现不同毒株形成的鸡胚痘斑、细胞蚀斑及对乳鼠的神经毒力存在明显差异，而各毒株的结构蛋白和核酸的电泳图谱差别甚微（Norio等，1986）。

2. 形态学基本特征与培养特性　犬瘟热病毒粒子呈多形性，多数呈球形，有时呈长丝状。直径100～400nm，大小差异较大，大多数犬瘟热病毒粒子直径为150～300nm，具有双层囊膜，粒子中心含有直径15～17nm的螺旋形核衣壳，膜上排列有长约1.3nm的杯状纤突，内测分布有“小管状结构”。

犬瘟热病毒可在原代或继代犬肾细胞、雪豹和犊牛肾细胞、肺巨噬细胞、鸡胚成纤维细胞以及非洲绿猴肾（Vero）细胞等上生长，产生明显的细胞病变。犬肺巨噬细胞最为敏感，可形成葡萄串样的典型细胞病变；鸡胚成纤维细胞应用的最多，既可形成星芒状和露珠样的细胞病变，也可在覆盖的琼脂下形成微小的蚀斑。犬瘟热病毒在鸡胚绒毛尿囊膜上可形成特征性的痘斑。高富等（1988）报道犬瘟热病毒可与传染性犬肝炎病毒同时在犬肾细胞（MDCK）中复制，而不产生干扰现象。犬瘟热病毒在细胞浆中复制，并自细胞膜上以出芽方式成熟释放出病毒粒子。白泉阳等（1990）通过单层细胞吸附的方法，消除了用于组织培养的小牛血清的某些干扰因素，并以同步接毒的方式，利用鸡胚成纤维细胞成功地从自然感染水貂的病料中直接分离出犬瘟热病毒，初代分离即出现明显的细胞病变。

3. 理化特性　犬瘟热病毒对热、干燥、紫外线和有机溶剂敏感，易被阳光、酒精、乙醚、氯仿等灭活。在炎热季节犬瘟热病毒在犬群中不能长期存活，这可能是犬瘟热多流行于冬春寒冷季节的原因。2～4℃可存活数周，室温存活数天，50～60℃30min即可灭活。－10℃可存活几个月，－60℃可存活7年以上，冻干是保存犬瘟热病毒的最好方法。pH 4.5～9.0条件下均可存活，最适pH 7.0，pH 4.5以下和pH 9.0以上的酸碱环境则可使其迅速灭活。临床上常用3%的氢氧化钠作为消毒剂。

4. 分子生物学特征　犬瘟热病毒为有囊膜的单股、负链、不分节段的RNA病毒，相对分子质量为6×10^6，呈线性排列，基因组全长15 616bp，共编码6种结构蛋白，分别为核衣壳蛋白（N）、磷蛋白（P）、基质膜蛋白（M）、融合蛋白（F）、附着或血凝素蛋白（H）、大蛋白（L）。基因组RNA本身不具有感染性，它是转录和复制互补的mRNA及RNA中间体的功能性模板。核衣壳主要由N蛋白组成，L蛋白和P蛋白也是核衣壳的成分，且具有转录酶的活性；核衣壳由囊膜包裹，其内部为M蛋白，被认为是连接核衣壳和囊膜内侧的桥梁；膜表面是由H和F两种糖蛋白组成的纤突。H蛋白协助病毒吸附到细胞表面的受体上，其决定着犬瘟热病毒宿主的特异性，并协助F蛋白使犬瘟热病毒以囊膜与宿主细胞发生融合的方式进入宿主细胞。H蛋白和F蛋白都是诱导机体产生中和抗体的两种主要蛋白。6种蛋白中H蛋白的变异是最快的，这可能是近年来暴发犬瘟热的最重要原因。

犬瘟热病毒囊膜内含有血凝素，不含神经氨酸酶。高浓度的鸡胚传代病毒可能对鸡和豚鼠的红细胞产生不规则的部分凝集。国内分离的一些犬瘟热病毒毒株具有较高的血凝特性，其鸡胚细胞培养物对鸡和绵羊红细胞的凝集价高达1∶320（高云等，1983），而白泉阳等（1990）分离的3株犬瘟热病毒均无血凝性，关于犬瘟热病毒不同毒株在血凝特性上的差异有待进一步研究。

三、流行病学

1. 传染来源　病犬和带毒犬是该病最重要的传染源，病毒大量存在于鼻液、唾液中，也见于泪液、血液、脑脊髓液、淋巴结、肝、脾、心包液、胸、腹水中，并能通过尿液长期排毒，污染周围环境。至于粪便是否排毒尚未定论，犬感染犬瘟热病毒60～90天后，尿液中仍含有病毒，是非常危险的隐性传染源（Shen，1981）。

不同种属动物传播犬瘟热病毒的速度存在差异，豹源性传染传播迅速；异源性的传播，需要2～4个月的隐性经过。患病痊愈动物带毒期可长达6个月，此间仍可通过其排泄物和分泌物排出病毒，污染周围环境，造成周围动物感染。

2. 传播途径　直接接触是该病的主要传播途径，犬瘟热病毒可通过消化道、呼吸道传播以及黏膜感染。也可通过胎盘垂直传播，造成流产和死胎。此外，犬瘟热病毒也可通过鼠类、禽类、吸血昆虫以及风等媒介间接传播。饲养人员的衣服、手套、饲养用具等也可起到间接传播作用。犬瘟热病毒易感宿主谱广，该病不仅在同种动物间传播，还在不同种属的动物之间跨种传播。

3. 易感动物

（1）自然宿主　犬瘟热病毒的自然宿主包括食肉目所有8个科、偶蹄目猪科、灵长目的猕猴属和鳍足目海豹科等多种动物。具体为犬科的犬、非洲猎犬、狼、丛林狼、豺、狐、貂、非洲野狗等，鼬科的雪貂、水貂、白鼬、臭鼬、伶鼬、南美鼬鼠、黄鼠狼、貛、水獭等，浣熊科的浣熊、密熊、白鼻熊和小熊猫等，猫科的猫、狮、孟加拉虎、西伯利亚虎、豹、雪豹、北美豹和猞猁等，灵猫科的花面狸、蹼和獴，大熊猫科的大熊猫，熊科的棕熊、灰熊和黑熊，鬣狗科的非洲鬣狗和非洲土狼，海豹科的港海豹和灰海豹，偶蹄目猪科的猪和西猯科动物（猪型动物）以及灵长目的猕猴、猿猴。其中犬科、鼬科及浣熊科高度易感。此外小鲸和海牛也可能会感染。一般认为，猫和猪等动物对犬瘟热病毒呈隐性感染，犬瘟热病毒在猪的淋巴结内可进行复制，但不引起症状和病毒传播，由此可经猪鼻腔接种犬瘟热病毒而制备出高滴度抗血清。

（2）实验动物　犬瘟热病毒可试验感染雪貂、海豹、地鼠、小白鼠、豚鼠、松鼠和猕猴等动物。其中雪貂最易感，试验性感染可100%发病死亡。脑内接种乳小鼠、乳仓鼠和猫可产生神经症状，猪感染犬瘟热病毒强毒株可产生支气管肺炎（Appel等，1974），兔和大鼠对非肠道接种具有抵抗力，猴和人非肠道接种可产生不明显的感染。犬瘟热病毒对不同易感动物的致病性有所差异，这种差异的存在与病毒本身的适应性有关。随着病毒对某种动物的适应，对该动物的致病力不断增加，而对其他动物的致病力相应降低。将犬瘟热病毒接种鸡胚绒毛尿囊膜，传3～10代后产生病变，适应于鸡胚80～100代的犬瘟热病毒对犬和貂的毒力减弱，可以用作弱毒疫苗。

（3）易感人群　目前还没有人感染犬瘟热病毒的报道，但有研究在患pagets疾病的病人组织中检出了犬瘟热病毒核酸，犬瘟热有可能成为继狂犬病之后犬传播给人的第二种传染病。

4. 流行特征　该病一年四季均可发生，冬春季多发，有一定的周期性，每2～3年有一次大的流行，但有些地方是常年发生。犬瘟热病毒的变异是其流行性具有周期性的原因之一。不同年龄、性别和品种的犬均可感染，断奶前的仔犬由于母原抗体的保护，80%不受感染；断奶至1岁的幼犬最为易感，2岁以上的犬发病率逐渐降低，老龄犬和哺乳犬发病极少。犬群中犬瘟热发生的年龄与幼犬断乳后母源抗体的消失有关。纯种犬和警犬比土种犬的易感性高，且病情严重、死亡率高。

四、临床症状

犬瘟热的潜伏期随传染来源不同，存在较大差异。来源于同种动物的潜伏期3～6天，来源于异种动物，因需要经过一段时间的适应，潜伏期可长达30～90天。病程一般为2周或稍长些，并发卡他性肺炎和肠炎时病程较长，发生神经症状的病程最长。

幼犬7日龄内感染时常出现心肌炎，双目失明；幼犬在恒齿长出前感染，则有牙釉质严重损害，表现牙齿生长不规则。犬发病后常因嗅觉细胞萎缩而有嗅觉缺陷。妊娠母犬感染可发生流产、死胎和幼犬成活率下降。犬瘟热的眼睛损伤是由于犬瘟热病毒侵害眼神经和视网膜所致。眼神经炎以眼睛突然失明、胀大、瞳孔反射消失为特征。炎性渗出可导致视网膜分离。慢性非活动性基底损伤与视网膜萎缩和瘢痕形成有关。

犬瘟热的症状表现多种多样，与病毒的毒力、环境条件、宿主的年龄及免疫状态有关。50%～70%的犬瘟热病毒感染呈现亚临床症状，表现倦怠、厌食、发热和上呼吸道感染。重症犬瘟热感染多见于未接种疫苗、年龄在84～112日龄的幼犬，可能与母源抗体消失有关。自然感染早期发热常不被注意，表现结膜炎、干咳，继而转为湿咳、呼吸困难、呕吐、腹泻、里急后重、肠套叠，最终因严重脱水和衰弱导致死亡。

按病程发展，犬瘟热的典型症状表现为病初出现“双向热”症状，眼、鼻有水样分泌物；随即出现呼吸道和消化道症状；后期出现神经症抓，少数病犬可见下腹部脓性皮疹及足垫角化过度等症状。

（1）双相热型　病初体温升至39.5～41℃，持续8～18h后经1～2天的无热潜伏期或低热期，精神和食欲有所好转。之后体温再度升高，并持续数天，持续时间和体温取决于器官病变的严重程度。随病情发展，体温再度升高。病犬的眼、鼻分泌物由浆液性转化为黏液脓性，间或出现咳嗽、呕吐和血便等症状，病情进一步发展出现呼吸道和消化道症状。

（2）呼吸系统症状　鼻镜干裂，鼻汁增多，并渐变为脓性鼻汁，有时混有血液。严重时可将鼻孔堵塞。病犬张口呼吸，逐渐变为腹式呼吸并加快，随病情恶化，呼吸减弱。病犬先发生干性咳嗽，后转为湿性咳嗽。随体温升高，病犬开始食欲不振，渐变为食欲废绝，大量饮水。

（3）消化系统症状　由于消化机能紊乱，精神沉郁，常发生呕吐。初期粪便正常或便秘，不久出现恶性腹泻，粪便中带有黏液、恶臭，有时混有血液或气泡。口腔溃疡，有的舌色变白。由于饮水减少和水分丢失出现严重的脱水和消瘦，部分动物死亡。

（4）神经症状　出现在病程后期，一般发生于感染后的3～4周，全身症状好转后3～21天才出现，也有部分病例刚开始发热时即出现，或者伴随严重的全身症状出现，经胎盘感染的幼犬可在4～7周龄时发生神经症状，且成窝发作。犬瘟热的神经症状是影响预后和感染恢复的最重要因素。由于犬瘟热病毒侵害中枢神经系统的部位不同，临床症状有所差异。大脑受损表现癫痫、好动、转圈和精神异常；中脑、小脑、前庭和延髓受损表现步态及站立姿势异常；脊髓受损表现共济失调和反射异常；脑膜受损表现感觉过敏和颈部强直。咀嚼肌群反复出现阵发性抽搐是犬瘟热的常见症状。

（5）皮肤、足垫症状　发生于病程的后期，少数病犬在下腹部和股内侧出现小红点、水肿、脓性皮疹及足垫角化过度等症状。病程稍长者，足垫和鼻镜增厚、变硬甚至干裂，这是临床诊断的重要指征之一。

五、病理变化

1. 大体解剖观察　眼观可见患犬鼻、眼附近有多量脓性分泌物，鼻镜干裂，有湿疹性皮炎，口腔齿龈有溃疡和出血，有时可见脚掌肿胀。剖检可见呼吸道、肺部和消化道不同程度的卡他性炎症，重症病例肺部充血性水肿、化脓灶和坏死性支气管炎，肠系膜脱落，肠系膜淋巴结肿大。急性病例可见脾肿大，胸腺萎缩呈胶冻样，扁桃体红肿，心肌常见坏死灶。新生幼犬感染犬瘟热病毒通常表现胸腺萎缩。表现神经症状的犬通常可见鼻和脚垫的皮肤角化病。中枢神经系统的大体病变包括脑膜充血、脑室扩张和因脑水肿所致的脑脊液增加。

2. 组织病理学观察　病犬的很多组织细胞中出现嗜酸性的核内包涵体，呈圆形或椭圆形。胞浆内包涵体主要见于泌尿道、膀胱、呼吸系统、胆管、肠黏膜上皮细胞及肾上腺髓质、淋巴结、扁桃体和脾脏的某些细胞中，核内包涵体可见于被覆上皮细胞、腺上皮细胞和神经节细胞。

主要组织病理学变化有肺泡壁增厚，有大量的炎性细胞浸润，镜下广泛充血、出血，肺泡腔内充满浆液、红细胞、中性粒细胞、脱落的肺泡上皮细胞，淋巴细胞减少，支气管上皮变形、坏死、脱落，淋巴细胞浸润。心肌细胞颗粒变性并可见心肌纤维断裂。脾淋巴窦瘀血、出血，小血管内膜上有结缔组织增生，实质细胞变性、坏死。脑神经细胞核固缩，白质内海绵样病变，数个细胞核溶解。肝充血、出血，肝细胞破裂，脂肪变性、肝中央静脉周围肝细胞有散在坏死。肾出血，肾小管细胞脱落、变性、坏死，管内有炎性分泌物和炎性细胞。膀胱黏膜上皮细胞变性、坏死、黏膜下层和肌层水肿，炎性细胞浸润。胃黏膜卡他性病变，黏膜下层出血。

在表现严重全身性症状和神经症状的幼犬，血液学变化主要表现为淋巴细胞减少。试验感染新生幼犬可见血小板减少和再生性贫血（Krakowka 等，1980；Higgins，1981）。通过血常规检查，有时可在外周血循环中，尤其是淋巴细胞中见到包涵体。血沉棕黄层抹片检查则较常发现包涵体，尤其在发育早期更易见到。检查包涵体可用常规染色，但若要检测病毒抗原，则需采用免疫荧光法。

六、诊　　断

该病病型复杂多样，又常易与多杀性巴氏杆菌、支气管败血波氏杆菌、沙门菌，以及传染性犬肝炎病毒、犬细小病毒等病原混合感染或继发感染，所以诊断较为困难。根据临床症状、病理剖检和流行病学资料仅可做出初步诊断，包涵体检查是诊断犬瘟热的辅助方法，但确诊需通过下述方法进行。

1. 病毒分离与鉴定　一般于发病早期，用棉签浸生理盐水，收集眼分泌物、鼻液或者尿液。如果是血清或者血浆，可以使用滴管，样品要冷藏保存。病死动物可采脑、肺、脾、肝、骨髓等。

犬瘟热病毒对环境抵抗力较弱，因而分离成功率低。常用于分离培养犬瘟热病毒的细胞主要有原代培养细胞和传代细胞两大类。原代细胞包括犬或貂肺巨噬细胞、肾细胞、胚胎细胞、外周血淋巴细胞及T淋巴细胞，犊牛肾细胞和T淋巴细胞，牛胚胎细胞和鸡胚成纤维细胞；传代细胞系有MDCK、Vero、CRFK等。用传代细胞培养病毒时，细胞形成单层的时间不宜过长，否则影响病毒的敏感性。

分离病毒时，急性病例取血淋巴细胞，亚急性病例取内脏，慢性病例取脑组织。由于从自然感染病例分离病毒较为困难，用雪貂作为中间动物载体也是常用的分离方法。

组织培养分离犬瘟热病毒可用犬肾细胞、犬肺巨噬细胞和鸡胚成纤维细胞等。剖检时直接培养病犬肺巨噬细胞，容易分离到病毒。

另外，取肝、脾、粪便等病料，用电子显微镜可直接观察到病毒粒子，或采用免疫荧光试验从血液白细胞、结膜、瞬膜以及肝、脾涂片中检查出犬瘟热病毒抗原，也可在肺和膀胱黏膜切片或印片中检出包涵体。

2. 血清学诊断

（1）中和试验　常用于待检血清中和抗体的检测和抗体效价的测定。该方法敏感、特异、稳定，一直被国内外学者作为犬瘟热病毒抗体标准检测方法，用来评价犬瘟热疫苗的免疫效果和检测免疫犬的抗体水平。常用鸡胚绒毛尿囊膜及各种组织培养细胞作为抗原进行中和试验。

（2）补体结合试验　可用感染脏器、感染鸡胚绒毛尿囊膜乳剂或感染细胞培养物作为补体结合反应抗原进行补体结合试验。病犬感染21～28天后产生补体结合抗体，但以后只持续数周，因而补体结合试验是确诊新近感染病例的一种方法。

（3）酶联免疫吸附试验　可用于抗原和抗体的检测，是目前检查血清中IgG和IgM抗体较为敏感和特异的方法。该方法包括间接法、夹心法、双抗体法、竞争法等不同ELISA方法。金鑫等用建立的三抗体夹心Doc-ELISA检测犬瘟热病毒，经电子显微镜观察验证，准确率达到94.74%。Blixenkrone-Moller等建立了检测犬瘟热病毒IgM的ELISA，可用于犬和水貂犬瘟热病毒早期感染的检测。传统ELISA方法，用犬瘟热病毒细胞培养物作为包被抗原，犬瘟热病毒在细胞上繁殖最低，且抗原提纯难度较大，通过蔗糖密度梯度离心提纯犬瘟热病毒抗原可以增强其特异性。简中友等、姜骞等用重组N蛋白作为包被抗原，建立了检测犬瘟热病毒抗体的间接ELISA方法。

（4）琼脂免疫扩散试验　任文陟等用犬瘟热鸡胚成纤维细胞弱毒疫苗免疫绵羊的血清为抗体，用犬瘟热病貉肝脏为抗原，建立了琼脂扩散试验方法，用于检测犬瘟热病死动物肝、脾脏器中病毒抗原成分。

（5）SPA协同凝集试验　主要用于感染犬瘟热的生前血清抗体检测。刘鼎新等用SPA协同凝集试验和琼脂扩散试验对临床犬瘟热病犬样品进行检查，两种结果一致，且用粪便和尿液检查抗原不受疫苗接种的干扰。刘润珍等报道，制备了犬瘟热快速诊断试剂，并确定了制备工艺及标准操作程序，可在3～5min获得诊断结果。

3. 组织病理学诊断　泌尿道、膀胱、呼吸系统、胆管、肠黏膜上皮细胞内以及肾上腺髓质、淋巴结、扁桃体和脾脏的某些细胞中可见嗜酸性胞浆内包涵体，一个细胞内可见1～10个，呈圆形或椭圆形，边缘清晰。被覆上皮细胞、腺上皮细胞和神经节细胞有嗜酸性核内包涵体。肺、脾、肾、肝、心肌充血、出血，淋巴细胞减少，支气管上皮变形、坏死、脱落，淋巴细胞浸润。脑神经细胞核固缩，白质内海绵样病变，数个细胞核溶解。肝脂肪变性、肝中央静脉周围肝细胞有散在坏死。膀胱黏膜上皮细胞变性、坏死，黏膜下层和肌层水肿，炎性细胞浸润。胃黏膜卡他性病变，黏膜下层出血。

4. 分子生物学诊断　目前常用的犬瘟热病毒的分子生物学诊断主要包括，RT-PCR、巢氏PCR、实时荧光PCR、核酸探针、原位杂交等。分子生物学方法具有较高的敏感性和特异性，Elia G等和Saito等用实时荧光定量PCR方法证明病毒分布于全身各个组织中，以淋巴组织病毒含量最高，其次是尿液。尤其在犬瘟热的发病早期，机体尚未产生免疫应答时，PCR方法诊断更有效。

Martella V等以H基因为靶序列建立了半巢式RT-PCR，可区分犬瘟热病毒美洲Ⅰ、欧洲、亚洲Ⅰ、亚洲Ⅱ和北极等主要基因型，可用于犬瘟热病毒分子流行病学调查以及疾病诊断。Demeterz等以完整H基因为靶基因，建立了RT-PCR进行犬瘟热病毒系统发育分析，并建立了限制性片段长度多态性（RFLP）分析技术，可区分野毒株和免疫株。Cho HS等建立反转录环介导等温DNA扩增（RT-LAMP）技术，能高效快速地检测样品中犬瘟热病毒N基因。该方法可在1h内完成，并且能适合现场诊断。但其敏感性只有常规RT-PCR的1%。

5. 鉴别诊断　犬瘟热病毒病型复杂多样，易于其他传染病混合感染或继发感染，需进行鉴别诊断。尤其注意与巴氏杆菌病、副伤寒、犬传染性肝炎、犬细小病毒感染、狂犬病等做区别诊断。

与犬伤寒的区别：犬瘟热同时还出现呼吸道症状、皮疹及神经症状。

狂犬病有喉头咬肌麻痹症状和攻击性；犬瘟热的痉挛发作间歇期很短。

传染性犬肝炎：常见暂时性角膜混浊，出血后血凝时间延长，剖检可见特征性肝、胆囊病变及体腔血样渗出液；而犬瘟热无此变化。

犬细小病毒病：犬细小病毒性肠炎呕吐更频繁或剧烈，而犬瘟热病犬的血便次数和数量不如细小病毒性肠炎排出的番茄汁血便次数多、数量大，犬细小病毒病犬不具备双向热、眼鼻分泌物以及鼻和足垫过度角化。

七、防治措施

1. 治疗 动物感染犬瘟热病毒，应尽早治疗，中晚期的病例大多难以治愈。一旦发生神经症状，致死率可达80%以上，治疗意义不大。早期治疗应用特异性高免血清，特别是在出现临床症状之前的最初发热期间，给以大剂量高免血清，可使免疫状态增强到足以防止产生临床症状，这种情况仅限于已知感染后刚刚开始发热的青年犬。对病犬的治疗原则是中和机体内病毒，清热解毒，调动机体自身免疫力，抗菌消炎，控制并发症和继发感染，加强护理，提高机体抵抗力。可采用中西医结合方法，给予输液、灌服中药等治疗措施。

犬感染犬瘟热病毒后常继发细菌感染，因此，发病后配合使用抗生素或磺胺类药物，可以减少死亡，缓解病情。根据病犬的病型和病征表现采取支持和对症疗法，加强饲养管理和注意饮食，结合采用强心、补液、解毒、退热、收敛、止痛、镇痛等措施，具有一定的治疗作用。

犬瘟热的早期确诊和早期治疗非常重要，发病7天以上的病例大多数难以治愈。该病一旦发生神经症状，致死率可达80%以上，患犬即使未死亡，也往往出现严重的后遗症，治疗意义不大。病情进一步恶化者，可考虑安乐死。

2. 预防 一旦发生犬瘟热，应迅速将病犬隔离，用火碱、漂白粉或来苏儿彻底消毒，停止动物调动和无关人员来往。对无治疗价值的病兽及死兽进行无害化处理，予以深埋。对于假定健康动物和受疫情威胁的动物，可考虑用犬瘟热高免血清或小儿麻疹疫苗做紧急预防注射，待疫情稳定后，再注射犬瘟热疫苗。

患犬瘟热的康复犬能产生坚强持久的免疫力，因此，预防控制本病的合理措施是免疫接种。幼犬的母源抗体对疫苗接种影响很大，试验表明，幼犬的母源抗体13%来自胎盘、77%来自初乳，半衰期为8.4天。当血液中的中和抗体下降到1∶20以下时较易感染，1∶100以上时不感染。因此，幼犬的免疫应依据母源抗体的消失时间而定。目前国内外主要使用弱毒疫苗。市售的弱毒疫苗有鸡胚成纤维细胞弱毒株（Onderstepport）和犬细胞培养适应毒株（Rockbom）苗。通常的免疫程序是，对生后未吃初乳的幼犬，在生后14天接种疫苗；对母犬的抗体效价不明者，在生后63天进行第一次疫苗接种，105天进行第二次接种；之后要定期测定中和抗体效价，当中和抗体效价低于1∶100时，每年补注一次，以增强免疫力。

母源抗体最长可以保持到生后84天，它可对弱毒苗产生干扰，影响主动免疫力的产生。因此，有人利用犬瘟热病毒与麻疹病毒之间具有密切的抗原关系，来研究异型免疫方法。经麻疹疫苗免疫的犬可受到保护而不发生临床犬瘟热，以后无论是感染了犬瘟热强毒或是接种了弱毒，其抗犬瘟热抗体都可迅速增加。对12周龄以下的幼犬，可用麻疹疫苗进行肌内注射；对于以前接种过麻疹疫苗的84～112日龄的幼犬，仍应注射犬瘟热弱毒苗。

常用的多价弱毒疫苗有：犬瘟热、犬细小病毒、犬肝炎、犬腺病毒2型、犬副流感3型弱毒苗，以及灭活的犬钩端螺旋体、出血性黄疸钩端螺旋组成的七联苗，犬瘟热、犬细小病毒、犬肝炎和犬副流感4联苗，狂犬病、犬瘟热、犬副流感、犬细小病毒和犬传染性肝炎的五联冻干弱毒疫苗，狂犬病、犬瘟热、犬副流感、犬细小病毒、犬冠状病毒和犬传染性肝炎六联弱毒疫苗等。目前，国内外学者采用基因技术开展了新型基因工程疫苗：基因工程亚单位疫苗、重组活载体疫苗和DNA疫苗等。如Christian Griot等用由N、F和H基因组成的DNA疫苗免疫出生14天的幼犬（存在高滴度的母源抗体），在接种传统犬瘟热病毒疫苗后能产生坚强的免疫应答。

关于免疫接种途径，常采用皮下注射、肌内注射或气雾免疫。

近几年，国内经常出现犬瘟热免疫失败的报道，分析原因可能是：①病毒性肠炎野毒感染或肠炎弱毒疫苗接种。②动物饲料品质长期单一，配料比例不当，营养不良。③长期的免疫压力、宿主改变以及环境压力造成病毒基因变异。④炎热的夏季气温升高，防暑措施不完善，使动物机体抵抗力降低。⑤疫苗接种不按免疫程序进行，疫苗毒价偏低、使用过期疫苗，以及疫苗的运输和保存条件差，疫苗的滴度降低等。⑥兽群与野外强毒处于超极限接触等。为此，应采取相应措施，保证疫苗的免疫效力。

八、公共卫生影响

凡是有犬的地方就有犬瘟热存在。近年来又发现，犬瘟热病毒可引起狮、虎、豹等猫科动物和贝尔加湖海豹的大量死亡，甚至还感染大熊、灵长类的猕猴。对犬、豹、貂等养殖业造成了不容忽视的影响。

过去人们一直认为犬瘟热病毒对人没有感染性。但是，Appel 等早期的研究表明，一个志愿者感染犬瘟热病毒后发展致病。在细胞水平上，犬瘟热病毒可以在灵长类细胞系增殖，并可感染人宫颈癌细胞系。近年来大量研究显示，人的一种炎症性骨病，即 Paget’s 病可能与犬瘟热有关。使用原位杂交技术，可在 63.5%未经治疗的病人的骨组织中检出犬瘟热病毒基因序列。这使得人们不得不担忧犬瘟热对人造成的威胁。犬瘟热病毒可能是继狂犬病之后感染人的第二种犬病。因此，应加强动物饲养管理，及时进行疫苗预防，并加强饲养管理人员、临床兽医和研究人员的自身防护工作。

（刘巧荣　孙明　肖璐　田克恭）

我国已颁布的相关标准

GB/T14926.59—2001　实验动物　犬瘟热病毒检测方法

GB/T 27532—2011　犬瘟热诊断技术

参考文献

简中友，贾赟，王全凯，等. 2008. 检测犬瘟热病毒抗体的重组 N 蛋白 - ELISA 方法的建立及应用［J］. 中国预防兽医学报，30（8）：631 - 636.

姜骞，周洁，刘家森，等. 2008. 犬瘟热重组 N 蛋白抗原间接 ELISA 方法的建立及应用［J］. 中国预防兽医学报，30（3）：225 - 232.

金鑫，鲁承，吕相哲，等. 2000，Dot - ELISA 检测犬瘟热病毒抗原的研究［J］. 中国兽医科技，30（6）：21 - 23.

李元迎，李瑞影，王学彬. 2009. 犬瘟热的诊断及防治［J］. 今日畜牧兽医（6）：63 - 64.

刘鼎新，徐邦祯. 1994. 犬瘟热和犬细小病毒的特异性诊断和防治［J］. 中国畜禽传染病（4）：38 - 40.

刘润珍，李世雄. 1996. 犬瘟热快速诊断试剂的研究［J］. 黑龙江畜牧兽医（7）：6 - 8.

任文陟，陈秀芬，母连志，等. 1994. 犬瘟热琼脂扩散试验方法的建立及初步应用［J］. 中国兽医学报，14（4）：398 - 400.

田克恭. 1992. 实验动物病毒性疾病［M］. 北京：农业出版社：321 - 334.

夏咸柱，高宏伟，华育平. 2011. 野生动物疫病学［M］. 高等教育出版社：529 - 536.

殷震，刘震华. 1997，动物病毒学［M］. 第 2 版. 北京：科学出版社：756 - 762.

张振兴，姜平. 1996. 实用兽医生物制品技术［M］. 北京：中国农业科技出版社：204 - 207.

2012. Russian，US vets collaborate on distemper threat to tigers［J］. Am J Vet Res.，73（1）：9 - 10.

Blixenkrone - Moller M，Pedersen I R，Appel M J，et al. 1991. Detection of IgM antibodie against canine distemper virus in dog and mink sera employing enzyme - linked immunosorben assay（ELISA）［J］. J Vet Diagn Invest，3（1）：3 - 9.

Christian Griot，Christian Moser，Pascal Cherpillod，et al. 2004. Early DNA vaccination of puppies against canine distemper in the presence of maternally derived immunity［J］. Vaccine，22：650 - 654.

Demeter Z，Lakatos B，Palade E A，et al. 2007. Genetic diversity of Hungarian canine distemper virus strains［J］. Vet Microbiol，122（3 - 4）：258 - 269.

Gordon M T, Anderson D C, Sharpe P T. 1991, Canine distemper virus localized in bone cells of patients with paget's disease [J]. Bone, 12 (3): 393.

Marina Gallo Calderon, Patricia Remorini, et al. 2007. Detection by RT-PCR and genetic characterization of canine distemper virus from vaccinated and non-vaccinated dogs in Argentina [J]. Vet. Microbiol, 125: 341-349.

Martella V, Elia G, Lueente M S, et al. . 2007. GenotyPing canine distempervirus (CDV) by a heminested multiplex PCR Provides a rapid approach for investigation of CDV outbreaks [J]. Vet. Microbiol, 16; 122 (1-2): 32-42.

Mee A P, Dixon J A, Hoyland J A, et al. 1998. Detectior of canine distemper virus in 100% of paget's disease samples by in situ-reverse transcriptase-polymerase chain reaction [J]. Bone Vol, 23 (2): 171-175.

Mee A P, Sharpe P T. 1993. Dogs, distemper and Pagets disease [J]. Bioessays., 15 (12): 783-789.

Patel J R, Heldens J G, Bakonyi T, et al. 2012. Important mammalian veterinary viral immunodiseases and their control [J]. Vaccine, 30 (10): 1767-1781.

Quigley K S, Evermann J F, Leathers C W. et al. 2010. Morbillivirus infection in a wild siberian tiger in the Russian Far East [J]. J Wildl Dis. 46 (4): 1252-1256.

Sawatsky B, Wong X X, Hinkelmann S. 2012. Canine distemper virus epithelial cell infection is required for clinical disease but not for immunosuppression [J]. J Virol, 86 (7): 3658-3666.

Selby P L, Davies M, Mee A. 2006, Canine distemper virus induces human osteoclastogenesis through NF-kappaB and sequestosome 1/P62 activation [J]. J Bone Miner Res, 21 (11): 1750-1756.

第三节　猴麻疹
(Simian measles)

猴麻疹（Simian measles）是由麻疹病毒引起猴的一种急性呼吸道传染病。主要症状有发热、上呼吸道感染、眼结膜炎、腹泻等，以出现红色斑丘疹和颊黏膜上有麻疹黏膜斑为其特征。该病主要通过呼吸道传播，患猴咳嗽、喷嚏时，病毒随飞沫排出，直接到达易感猴的呼吸道或眼结膜而导致感染。患猴是唯一的传染源，病猴通常症状轻微，若无并发症，多数预后良好，且可终生免疫。

一、发生与分布

Enders 等（1954）首次从猴体内检出麻疹病毒抗体，并用人胚肾和猴肾细胞分离到病毒。Ruckle（1956）在食蟹猴肾细胞培养物中发现有麻疹病毒污染，并证明同人的麻疹病毒在血清学上无差异。Potkay 等（1966）报道印度恒河猴群中有麻疹流行。Rennl 等（1973）证实恒河猴子宫内膜炎、子宫颈炎及流产可能与麻疹病毒感染有关。

赵玫等（1988）报道，在我国从野外捕获的恒河猴经人工饲养后，麻疹病毒抗体阳性率达46.77%。彭婉芬等（2009）报道，单位新引进的实验恒河猴出现了麻疹病毒感染的临床症状。陈子亮等（2010）报道，2006 年底至 2007 年在中国南方部分实验猴养殖场曾出现实验恒河猴麻疹，在断奶仔猴中麻疹发病率为 5%、死亡率为 90%。目前，我国已有多处猴场有恒河猴自然发病的报道，应对猴麻疹引起足够的重视，加强相关的检测和预防工作。

二、病　　原

1. 分类地位　猴麻疹病毒（*Measles virus*）在分类上属副黏病毒科、麻疹病毒属，与同属的其他几个成员，牛瘟病毒、犬瘟热病毒及羊疫病毒等有抗原交叉，而与副黏病毒属和肺病毒属的病毒无交叉。

长期以来研究者一直认为麻疹病毒是遗传比较稳定的病毒，但是自从 20 世纪 80 年代以来国内外陆续有报道称发现了麻疹病毒的变异，即当前分离到的麻疹野毒株和 50—60 年代分离的病毒及用于疫苗研制的病毒株之间的差异，突出地表现为没有血凝和血吸附特性、细胞培养时敏感范围变小、H 蛋白相对分子质量的变化和对其核苷酸序列分析后发现的基因变异。

2. 形态学基本特征与培养特性 麻疹病毒为单股负链 RNA 病毒，病毒粒子近似球形，直径 150～180nm。内部为螺旋对称的核衣壳，直径约 77nm，螺旋结构的距离约 5nm，外沟 4～5nm。外包有脂蛋白囊膜，囊膜上有纤突，长 8～10nm，间距约 5nm，含有血凝素（HL），可凝集猴红细胞。病毒粒子的沉降系数为 500～1000S，核衣壳的沉降系数为 180～200S，在蔗糖溶液中的浮密度为 1.18～1.20 g/cm^3，而在氯化铯中浮密度为 1.20～1.24g/cm^3。

经聚丙烯酰胺凝胶电泳分析，麻疹病毒含有 6 种结构多肽。VP1 为糖蛋白（分子量 79 360u）；VP2 可能为聚合酶成分（分子量 69 440u），与核衣壳结合，功能不清楚；VP3 为核蛋白（分子量 59 520u），为病毒粒子的最重要部分。VP4 与 VP1 共同形成病毒囊膜，可能与病毒的血凝、溶血及细胞融合活性有关；VP5 是在病毒形成过程中加入的一种细胞抗原；VP6 为膜蛋白。

由于麻疹病毒不具备神经氨酸酶活性，故其细胞受体可能不同于其他副黏病毒受体。病毒粒子向细胞穿入时，细胞膜与病毒囊膜的融合起着重要作用。病毒粒子穿入细胞时，病毒囊膜被破坏，并发生核衣壳的部分脱蛋白作用，供给病毒基因组的转录。病毒粒子的核衣壳在细胞浆中形成，并大量积累。病毒粒子的形成是在细胞膜上进行的，并以芽生方式释放到细胞外。

麻疹病毒可在多种人、猴和犬的原代或传代细胞上增殖，并产生融合性病变。如原代人胚肾、猴肾、犬肾、人羊膜细胞以及 Vero、FL、MEKV、Hela、BHK-21 等传代细胞。在人胚肺二倍体细胞浆和胞核内可产生略嗜酸性包涵体。

3. 理化特性 麻疹病毒对乙醚、氯仿、紫外线和 γ 射线敏感，0.1%脱氧胆酸盐、0.01%B-丙内酯 372h 均可使之灭活。对热敏感，56℃ 30min、37℃ 5 天、室温 26 天也可使之灭活。4℃可保存数周，−70℃保存数年，冰冻干燥可长期保存。

4. 分子生物学 麻疹病毒只有一个血清型，但有多个基因型。截至 2008 年，已发现有 8 个基因组（A～H），共 23 个基因型正在或曾在世界各地的人群中流行。麻疹病毒长度为 15 893bp，有 6 个结构基因，编码 6 个结构蛋白。从 3’端开始依次为：核蛋白（N，分子量 6.0×10^3u）、磷酸蛋白（P，分子量 7.2×10^3u）、基质蛋白（M，分子量 3.7×10^3u）、融合蛋白（F，分子量 6.0×10^3u）、血凝素蛋白（H，分子量 7.8×10^3～8.0×10^3u）及依赖于 RNA 的 RNA 聚合酶（L，分子量 2.1×10^3u）。另外 P 基因还编码 V 蛋白和 C 蛋白，他们都是无结构蛋白。各蛋白在 N 蛋白的基因包装、复制和表达方面起主要作用，并使病毒的基因组壳体化。在麻疹病毒急性感染期，主要是 N 蛋白介导人体的细胞和体液免疫，然而它也同时引起体内的免疫抑制。

P 蛋白为聚合酶结合蛋白，它参与 RNA 的包膜和调控 N 蛋白的细胞定位。V 蛋白和 C 蛋白，在细胞毒素细胞上生长时不起作用，但是在病毒的致病性方面起一定的作用。M 蛋白、F 蛋白和 H 蛋白共同形成病毒的外膜。在麻疹病毒基因组中，F、M、L 基因相对比较稳定，不同麻疹野毒株之间的核苷酸变异主要发生在血凝素蛋白（HA）和 N 蛋白基因。特别是 N 基因羧基（COOH）末端 450 个核苷酸是麻疹病毒基因组中变异最大的区域。世界卫生组织（WHO）规定这 450 个核苷酸是鉴定基因型别所需的最少序列，扩增并测定此基因片段，并与 WHO 参考株的序列做比较，以鉴定基因型，有助于确定病毒的传播。

三、流行病学

1. 传染来源 Shishido（1966）报道，在自然条件下，野生猴多不感染麻疹病毒，运到人工繁育场 7 天内，经血凝抑制试验和补体结合试验检查，麻疹病毒抗体几乎全部为阴性，之后抗体阳性猴逐渐增多，有时 30～60 天内可达 100%。因此，猴麻疹主要来源于人，尤为急性期病人，在出疹的 6 天至出疹后 3 天可大量向外排毒，应严禁与猴群接触。急性期病猴在发病期也是重要的传染源，一旦发现，应采取隔离措施。

2. 传播途径 该病主要通过呼吸道传播，麻疹病毒大量存在于发病初期病猴的口、鼻、眼、咽分泌物及痰、尿、血，病猴通过打喷嚏、咳嗽等途径，将病毒随飞沫排出体外，并悬浮于空气中，形成“麻疹病毒气溶胶”，可直接到达易感猴的呼吸道或眼结膜而导致感染。患猴作为传染源，一般认为出疹前后5天均有传染性。该病传染性强，易感猴直接接触后90%以上可发病。除主要经空气飞沫直接传播外，麻疹病毒也可经接触被污染的动物饲养笼具，作为机械携带工具，在短时间、短距离起到传播作用，引起感染。

3. 易感动物

（1）自然宿主　人是麻疹病毒的唯一宿主，猴在密切接触及实验条件下可被感染。

（2）实验动物　麻疹病毒感染恒河猴，潜伏期3～22天，多为6～10天，病初体温升高、精神不振，继而表现结膜炎症状，在面部、颌下、胸膜及四肢内侧皮肤可见多量红色斑疹，随后发展为丘疹。眼睑与面部常轻度浮肿。皮疹约持续5天，随后逐渐消退。病猴多伴有浆液性或脓性卡他性鼻漏、咳嗽，甚至并发脑炎，从而使病情加重、病程延长。病猴由于皮肤出现红斑常干扰结核菌素反应。因此，猴群中有麻疹流行时，结核菌素试验应推迟到病猴痊愈后进行。

（3）易感人群　目前发病者在未接受疫苗的学龄前儿童、免疫失败的十几岁儿童和青年人中多见，甚至可形成社区内的流行。未接种疫苗和未感染过麻疹的儿童是患麻疹的高危人群，其中5岁以下小儿发病率最高，同时发生并发症（含死亡）的比例也最高。

4. 流行特征　吕龙宝等（2009）报道，幼猴较成年猴易感，幼猴年龄集中在8～15月龄，冬春季节易发，以1～3月份高发。由于猴麻疹病毒与人麻疹病毒为同一种病毒，可引起猴与猴、人与猴之间相互感染。猴麻疹依临床表现不同，分为隐性感染与显性感染。隐性感染可发生于恒河猴、食蟹猴和非洲绿猴，感染猴无临床症状，但可产生抗体。病猴痊愈后常可获得终生免疫。

四、临床症状

1. 动物的临床表现　幼猴和成年猴表现的症状有一定差异，幼猴多并发腹泻。患病的幼猴均有发热，持续1～4天，体温最高达40.3℃；发热后出疹，持续2～5天。大部分幼猴为典型红色充血皮疹，小部分表现为不典型皮疹、粟粒样皮疹及淡红色稀疏样皮疹，极少数无明显皮疹症状。幼猴均有上呼吸道感染及卡他症状，主要表现为流涕、畏光、流泪、结膜充血、眼分泌物增多，约持续4～6天。并发症以腹泻为主，恢复期有皮肤脱屑或皮肤色素沉着。成年猴麻疹发病初期表现为头部、面部及腹股沟处出现片状红斑，体温升高（40.0℃以上），厌食，精神一般或不振；继而在腹部两侧及大腿内侧等部位出现大面积红斑，病猴同时表现出感冒症状：鼻流清涕，鼻翼周围出现皮屑，有的出现结痂，有的结痂会堵塞鼻孔，导致病猴呼吸困难。也有少数病猴，在发病初期表现出腹泻症状，大多数病猴初期粪便无异常。随着病情的发展，病猴食欲极差或绝食，日渐消瘦，精神不振，头部、面部、腹部及大腿内侧大面积红斑逐渐消失，代之出现大面积的一层层皮屑时有脱落，皮屑剥离时易出血，全身皮肤粗糙，手、脚掌心以及嘴唇皮肤增厚并开裂，部分患猴出现阴囊溃烂，部分患猴口腔内伴有白斑或出现咽喉炎和结膜炎。发病后期，病猴往往出现腹泻与感冒并发的现象，体温正常或下降，如护理不够或者治疗方法不当，3～5天后病猴一般因消瘦、全身衰竭而死亡。

2. 人的临床表现　人感染麻疹病毒后，潜伏期为10～12天，前期2～4天后开始发热、卡他、颊黏膜出现柯氏斑，其特征为红色肿胀的颊黏膜上有灰白色小点。柯氏斑比皮疹早1～2天出现，具有诊断意义。皮疹为斑丘疹，始于发际、面部及颈部，然后向下向外发展至肢体，一般持续5～6天。皮疹消退顺序与出现时一致，先出者先退，约30%的麻疹病人有一种或多种合并症，特别是5岁以下幼儿及20岁以上成人。常见的合并症有肺炎、中耳炎、腹泻及脑炎。肺炎是麻疹病人致死的主要原因，死于麻疹的患者约60%为肺炎所致。

五、病理变化

1. 大体解剖观察　病猴消瘦，被毛稀疏，皮肤有针尖大红色小点或腹部皮肤可见斑丘疹，眼有分泌物，舌苔白、质软，四肢肌肉萎缩。打开体腔观察，皮下脂肪少，腹腔有橙黄色积液。脾脏萎缩、质软。肝脏质软，无明显眼观病变。胃胀充气，胃壁薄，有圆形溃疡灶。十二指肠暗红色，空肠壁薄，黏膜面有红色小点。结肠、回肠黏膜面也存在大量红色小点，有些红点融合成斑。肾脏质软，无明显眼观病变。胸腔有清亮积液。心包增厚，有清亮积液，心脏质软、发白。肺脏暗红色与白色相间，呈花斑样。

2. 组织病理学观察 显微镜下的病变主要集中在气管、肺脏、心脏、免疫系统和消化道。在支气管、细支气管等部位可见上皮性巨细胞，巨细胞内可见嗜酸性胞浆包涵体。支气管淋巴结充血并有出血灶。肺脏以间质性多核巨细胞肺炎为主，伴有细菌感染引起的小叶性肺炎。甲状腺、淋巴结中可见多核巨细胞，有些巨细胞中可见嗜伊红染色的包涵体，淋巴结中血管增生、充血有大量含铁黄素巨噬细胞，多数淋巴结出现淋巴细胞耗竭。心脏心肌断裂。肠道黏膜上皮细胞坏死、脱落，血管增生、充血。皮肤真皮层充血、水肿。免疫组织化学染色结果可见，肺脏内多核巨细胞、巨噬细胞的细胞核和细胞质都着色呈深棕色，肺上皮细胞也有着色呈阳性。

六、诊　　断

1. 病毒分离与鉴定 猴感染麻疹病毒后症状轻微，若无皮疹样病变难以做出临床诊断。可取鼻腔分泌物检查有无多核巨细胞做出初步诊断。分离麻疹病毒是诊断较为可靠的证据。分离麻疹病毒的关键在于采集标本的时间及细胞的种类和质量。应该在前期或出疹当日，即当体内尚未产生抗体时采血或咽拭子，即时接种敏感细胞，并防止污染。一种用EB病毒转化的狨猴淋巴母细胞B9-58传代细胞对分离麻疹病毒敏感，曾首选此种细胞来分离麻疹病毒。但现已不再作为麻疹病毒分离的首选细胞。Vero/SLAM是一种含有麻疹病毒细胞受体的基因工程细胞，被评估为分离麻疹病毒的敏感性等同于B9-58，而生物危害比B9-58低，并被推荐为分离麻疹病毒的细胞。

2. 血清学试验 血清学检测多采用中和试验、补体结合试验和血凝抑制试验（HI）。采集急性期和恢复期血清，若抗体滴度上升4个单位以上，表明有麻疹病毒感染。近年来，采用酶联免疫吸附试验检测急性期病猴（或人）血中有无IgM抗体，可进行早期确诊，为临床治疗提供依据。

佟巍等（1996）应用玻片免疫酶法（IEA）检测了不同地区的4个猴群的麻疹病毒抗体，并与传统的血凝抑制试验相比较，检测的120份标本两种方法的符合率达到99%，抗体滴度血凝抑制试验较玻片免疫酶法约高4～8倍。同时用间接免疫荧光抗体试验检测了部分标本，间接免疫荧光抗体试验敏感性与玻片免疫酶法相仿。

3. 组织病理学诊断 根据临床症状和颊部黏膜出现的“Koplik Spot”症和出疹顺序：口腔—颊部—腮部—颈部—胸部—全身的特征，结合病理学变化，如多核巨细胞间质性肺炎以及淋巴结、颌下腺的HE切片中有大量的多核巨细胞，配合免疫组化的结果做出诊断。

4. 分子生物学诊断 目前主要使用逆转录聚合酶链反应（RT-PCR）进行分子生物学诊断。

七、防治措施

1. 治疗 良好的护理有助于猴麻疹的恢复，并可减少并发症。患猴护理得当，可不治而愈。如果护理不当，就会发生严重的并发症，此时要及时采取其他治疗措施。实验猴麻疹的治疗原则为：轻型病例重在护理。典型及严重病例中西医结合治疗，并加强护理，防止并发症发生，对症治疗，不得滥用抗生素和糖皮质激素。具体治疗措施如下：对出现皮疹症状的病猴采用清开灵、柴胡、鱼腥草、双黄连口服液等中药制剂，增强机体非特异性抵抗力；用利巴韦林、地塞米松、头孢抗感染。辅助疗法包括加强营养，对腹泻和食欲差的进行补液，补充能量、氨基酸和脂肪乳等。同时对正常的动物继续观察，发现疑似症状立即隔离和治疗。

（1）轻型病例 一般不需要药物治疗，应加强护理，一般可自愈。

（2）典型病例 应加强护理，控制并发症，一般可选用中药制剂：清开灵注射液1～2mL，板蓝根1～2mL，联合肌内注射；或鱼腥草注射液2～4mL，青霉素80～160IU，混合肌内注射。还可以同时用复合维生素B注射液1～2mL与维生素C注射液1～2mL，混合肌注，每天1次，连用3～7天。

（3）严重病例　必须采取中西医结合的治疗方案，同时加强相应的对症治疗。

2. 预防　为了预防控制麻疹病毒的感染，对新引进猴必须首先隔离到检疫区，分笼饲养，增加营养，并减少对猴的应激。提高猴群免疫力是预防麻疹的关键，对易感猴群实施计划免疫十分重要。人应用麻疹疫苗已有效地控制了该病的流行。MacArthuf等（1982）用麻疹疫苗皮下接种30只90～780日龄的猕猴，并采用血凝抑制试验检测血清中的抗体滴度，结果小于180日龄的9只受试猴仅2只有抗体反应，14只年龄较大的受试猴中10只抗体水平增高4个滴度。间隔24～30天后再次接种，幼龄猴抗体水平明显增高，表明疫苗免疫可能有效。

对于本猴场自繁猴，从出生到断奶前的这段时间内，由于母源抗体的存在，仔猴对麻疹病毒有一定的抵抗力。但随着年龄的增长，抵抗力不断下降。因此，及时有效地进行麻疹抗体的检测和预防接种，可以预防该病的发生。具体操作程序如下：对仔猴进行麻疹减毒活疫苗预防接种，每只为1人头份（0.5 mL），首次免疫时间为5～6月龄（断奶时），第二次加强免疫时间为9～10月龄。并对易感成年猴群进行预防接种，免疫一次，剂量每只0.5mL。

八、公共卫生影响

如发现麻疹病猴，应采取综合措施防止传播和流行。本病的传染源主要是人，因此在加强饲养管理和环境卫生消毒的同时，应加强饲养管理人员的自身防护和定期检疫。若工作人员发生麻疹，应立即调离，严禁与猴群接触。

（江勤芳　代解杰　田克恭）

参考文献

陈子亮，李学家，多海刚，等.2010.实验猴麻疹预防和治疗方案初探[J].中国比较医学杂志，20（2）：71-74.
吕龙宝，严晔，常云艳，等.2009.婴猴麻疹38例临床分析[J].中国兽医杂志，45（7）：80-81.
彭婉芬，朱向星，张亮，等.2009.恒河猴麻疹病的诊断与治疗[J].中国比较医学杂志，19（10）：75-78.
任增志，许红梅.2011.麻疹病毒病原学最新研究进展及其变异对疫苗保护性的影响[J].国际检验医学杂志，32（8）：879-881.
田克恭.1991.实验动物病毒性疾病[M].北京：农业出版社：392-395.
张燕，姬奕昕，朱贞.2009.中国流行的麻疹病毒基因型和亚型趋势分析[J].中国疫苗和免疫杂志，15（2）：97-103.
赵铠，章以浩，李河民.1995.医学生物制品学[M].第2版.北京：人民卫生出版社：733-749.
周志统.2009.标本质量对麻疹病毒感染患者实验室诊断的影响[J].世界感染杂志，9（5-6）：340-342.

第四节　犬副流感病毒感染
（Canine parainfluenza virus infection）

犬副流感病毒感染（Canine parainfluenza virus infection）是由犬副流感病毒引起犬的一种接触性传染病。主要表现为发热、流涕和咳嗽，病理变化以卡他性鼻炎和支气管炎为特征。犬副流感病毒是犬传染性呼吸系统疾病（俗称犬窝咳）的主要病源之一。部分毒株还能引起急性脑脊髓炎和脑内积水，导致病犬后躯麻痹和运动失调等症状。犬副流感病毒在世界各国普遍存在，是危害养犬业的重要传染病之一。

一、发生与分布

1967年Binn等用犬肾细胞首次从患有呼吸道病的犬分离到1株与猴病毒5型（SV5）密切相关的副流感病毒，并证实它是引起犬传染性呼吸系统疾病的主要病原之一。随后Crandell等（1968）、Appel等（1970）、Cornwell等（1976）也从病犬呼吸道中分离到犬副流感病毒。犬副流感病毒感染一般仅局限于呼吸道。Evermann等（1980）从患后躯麻痹和运动失调的犬的脑脊液中分离到1株副流感病毒，命名为78-238株。经Evermann等（1981）、Baumgartner等（1981）研究证实，它与其他毒株在抗原性上密切相关。血清学调查显示，犬副流感病毒呈世界性分布，但自然条件下犬单独感染犬副流感病毒的情况很少。

我国王延钊（2001）、余春等（2001）分别报道了犬副流感病毒感染病例。金昌德等（2000）通过病毒分离和回归动物试验证实，我国也存在引起脑脊髓炎的毒株。闫喜军对东北三省部分地区犬群中的犬副流感病毒进行了血清学调查，阳性率为35%～52.83%。我国实验犬和军、警犬中也存在该病。

二、病　　原

1. 分类地位　犬副流感病毒（*Canine parainfluenza virus*，CPIV）在分类上属副黏病毒科（Paramyxoviridae）、副黏病毒亚科（Paramyxovirinae）、腮腺炎病毒属（*Rubulavirus*）。与同属的猴病毒-5型（SV5）、人的猴病毒5型分离株及人副流感病毒-2型（hPIV-2）抗原型密切相关，性质相似。其融合蛋白基因与猪副流感病毒、猴病毒5型、人副流感病毒-2型的同源性分别为99.3%、98.5%和59.5%。一般认为犬副流感病毒与猴病毒5型是宿主不同的同一种病毒，因此，兽医领域中称猴病毒5型为犬副流感病毒，有人提议统称为副流感病毒5（Parainfluenza Virus 5，PI-5）

2. 形态学基本特征与培养特性　病毒粒子呈多形性，一般呈球形，也可见长达数微米的丝状体，直径80～300nm，外有囊膜，内含螺旋对称的核衣壳。核衣壳直径12～17nm，螺距5～6nm，囊膜表面纤突长8～10nm，互相之间的间隔8～12nm。该病毒分子质量约500×10^6u，在蔗糖溶液中的密度为1.18～1.2g/cm^3，沉降系数（S20w）至少1 000s。纤突有两种，一种是HN蛋白，具有HA和NA的作用；另一种是F蛋白，具有使细胞融合及溶解红细胞的作用，它由F1和F2亚基通过两个二硫键连接而成。核衣壳由病毒RNA（vRNA）、N蛋白、P蛋白和L蛋白组成。目前从犬分离的毒株包括D-008株、Manhatten株、SV5、78-238株等。经血凝抑制试验和中和试验证实，各毒株之间抗原性基本一致，78-238株与D-008株的抗原关系比与猴病毒5型更为接近，各毒株之间致病性略有不同。

犬副流感病毒粒子表面含有血凝素和神经氨酸酶。在4℃和24℃条件下可凝集人O型及鸡、豚鼠、大鼠、兔、犬、猫和羊的红细胞。

犬副流感病毒在猫、水貂、牛、猪、猴及人的细胞中均能生长，但在原代和传代犬肾、猴肾细胞培养物上生长更好，故常用这两种细胞对犬副流感病毒进行分离培养。新分离的犬副流感病毒毒株引起的细胞病变轻微，有时甚至看不到明显的病变。用豚鼠红细胞做血细胞吸附试验或连续传代可形成明显的细胞病变。78-238株在Vero细胞上可产生明显的细胞病变，最初48～72h形成小的局灶性多核巨细胞，72h后合胞体增大，每一局灶中含20～40个核，接种6天后90%的细胞脱落。D-008株在Vero细胞上仅形成较小的合胞体，由3～4个核组成，细胞多不发生脱落。

另外，犬副流感病毒可在鸡胚羊膜腔中增殖，鸡胚不死亡。羊膜腔和尿囊液中均含有病毒，血凝效价可达1∶128。接种于尿囊腔时不增殖。

3. 理化特性　犬副流感病毒对热不稳定。在无血清的培养液中，室温或4℃经2～4h感染力丧失约90%左右；37℃经24h可以使99%的病毒灭活；50℃ 30min可使病毒的感染力和神经氨酸酶活性降低90%～99%。4℃在5%血清中病毒的感染力较稳定，且感染力可以保持数天不变。-70℃可以使病毒感染力保持数月。犬副流感病毒对酸、碱不稳定，37℃ pH3时病毒可以迅速灭活，即使是0℃下活力也易下降。中性溶液条件下病毒相对稳定。病毒对脂溶剂、非离子去污剂、甲醛、氧化因子敏感。复制时对放线杆菌素D有一定的抵抗力。病毒在4℃或25℃条件下能凝集鸡、猪、兔、犬、豚鼠、羊和人O型红细胞，但随着病毒传代次数的增加，血凝特性表现得不规律。

4. 分子生物学　犬副流感病毒是单股、不分阶段的负链RNA病毒。大小约为15 246bp，包括编码8个结构蛋白的7段基因。犬副流感病毒整个基因组由3’端引导序列（55bp）和5’末端序列（31bp）以及7段连续性的基因组成。分别是（按5’→3’的顺序）：L基因（编码聚合酶蛋白）、HN基因（编码血凝素-神经氨酸酶蛋白）、SH基因（编码小疏水性蛋白）、F基因（编码融合蛋白）、M基因（编码膜基质蛋白）、P基因（编码磷酸化蛋白）和NP基因（编码病毒核衣壳蛋白）。其中P基因3’端有一小段基因又可编码V蛋白，这一小段基因又称为V基因。V蛋白和P蛋白N末端164个氨基酸是它们的公共部分，但是C末端不同。

Randall等（1987）用HN、F、M、NP、P和L蛋白的单抗比较了8株人、猴、犬的猴病毒5型分离株，研究表明它们的抗原性质存在微小差异。

三、流行病学

1. 传染来源　急性期病犬是最主要的传染源，病犬主要通过唾液、呼吸道分泌液、咽分泌物等向外传播病原，污染的饲料、饮水和用具，可造成周围动物感染。

2. 传播途径　自然感染途径主要是呼吸道。游离的病毒感染犬的机会小，通常病毒以飞沫的方式传播。犬感染犬副流感病毒8～10天后，在其呼吸道分泌物中即可检测出大量的病毒粒子。在封闭犬群中自然暴发犬副流感后，两年内仍然可以检测到中和抗体。

3. 易感动物

（1）自然宿主　犬副流感病毒的自然宿主有宠物犬、军犬、警犬、狐、貂、豹、狼獾、豚鼠、仓鼠、小鼠等。孙贺廷等从虎群中检测出犬副流感病毒抗体的阳性率达65.79%。Dalerum等报道狼獾血清中存在犬副流感病毒抗体。闫喜军等报道狐、貂血清中存在较高阳性率的犬副流感病毒抗体。

（2）实验动物　犬副流感病毒的实验动物有犬、豚鼠、仓鼠、小鼠等，Durchfeld等报道雪貂对犬副流感病毒的气溶胶更易感。Binn等（1968）用犬副流感病毒经鼻内接种幼犬可产生轻微呼吸道症状。Appel等（1970）试验证实，肌内和皮下接种不能引起呼吸道感染。但气溶胶感染和直接接触可产生局限于呼吸道的临床症状和病理变化，经膀胱接种可产生膀胱炎。

（3）易感人群　Chatziandreou（2004）等对人源株LN、MEL、MIL、DEN，犬源株H221、7852、CPI（＋）和CPI（－），及猪SER分离株的V/P基因与猴W3A、WR和cryptovirus人源株及犬源株T1共13株猴病毒5型分离株比较分析，发现变异率非常低，氨基酸差异为1.1%～3.0%。但至今还没有从人分离犬副流感病毒的报道。

4. 流行特征　该病呈全球性分布，一年四季均可发生。犬群密度大时传播速度快。不同年龄、性别的犬均可感染犬副流感病毒，但幼龄犬病情较重。封闭犬群中自然感染犬副流感病毒后，两年内仍可查到中和抗体。自然情况下，临床上仅感染犬副流感病毒的犬并不多见，若犬副流感病毒不与其他因子混合感染，不引起致死性疾病。

四、临床症状

犬单纯感染犬副流感病毒，初期表现出与感冒相似的症状：鼻流清涕、干咳、食欲下降，感染2～3天后，体温稍升高。1968年Crandell等和Binn等分别报道临床症状为突然暴发，干咳、发热、不透明分泌物、黏液性或浆液性鼻漏，病犬精神沉郁、困乏等。当与支原体或支气管败血波氏杆菌混合感染时，病情加重。Everman（1980）发现210日龄犬感染后，可表现后躯麻痹和运动失调等症状。病犬后肢可支撑躯体，但不能行走，膝关节和腓肠肌腱反射和自体感觉不敏感。随后从病犬脑脊液中分离到犬副流感病毒，证实犬副流感病毒也可引起神经疾患。Everman（1981）等用分离的78238毒株脑内接种6日龄幼犬，病犬在感染7～10天后表现痉挛、抽搐、抑郁等神经机能障碍。

五、病理变化

1. 大体解剖观察　可见鼻孔周围有浆液性或黏液脓性鼻漏，结膜炎，扁桃体炎，气管、支气管炎，气管和支气管内有炎性渗出；有时肺部有点状出血。神经型主要表现为急性脑脊髓炎和脑内积水，整个中枢神经系统和脊髓均有病变，前叶灰质最为严重。

2. 组织病理学观察 可见上、下呼吸道和局部淋巴结的炎症反应，鼻甲骨部位可见卡他性鼻炎，黏膜和黏膜下层大量单核细胞和中性粒细胞浸润。气管腔内可见空泡化的隔细胞、中性粒细胞和黏液。支气管和毛细支气管内含有白细胞和细胞碎片，黏膜下层中性粒细胞浸润。神经型可见脑皮质坏死，血管周围大量淋巴细胞浸润，并逐渐发展为非化脓性脑膜脑炎。Baumgartner 等（1991）用一株犬副流感病毒小脑内接种感染雪貂，在雪貂脉络层、脑膜及室膜下的毛细管网有淋巴细胞、巨噬细胞和浆细胞浸润。Durchfeld 等（1991）用犬副流感病毒 78 - 238 株鼻内接种雪貂，发现病毒主要在支气管上皮细胞复制，支气管上皮细胞有空泡变性、纤毛丢失，黏膜下层有单核细胞浸润。

六、诊　　断

犬呼吸道传染病的临床表现非常相似，不易区别。确诊需结合实验室检查。

1. 病毒分离与鉴定 活犬可采集鼻腔分泌物或咽部拭子，病死犬可采集气管、肺脏、脾脏、淋巴结等组织，在 MDCK 细胞上进行病毒分离。初次分离时一般不会产生明显的细胞病变，盲传几代后可见到细胞融合或呈拉网状。收集的病毒可通过红细胞吸附试验、血凝试验和血凝抑制试验或免疫荧光试验进一步鉴定。

2. 血清学试验 分离的病毒可用标准抗血清做血凝试验、血细胞吸附抑制、血清中和试验、免疫荧光试验、补体结合试验、琼脂扩散试验、ELISA 等加以鉴定。若犬未接种犬副流感病毒疫苗，临床症状出现后采血，2～3 周再次采血，用血凝抑制试验或病毒中和试验分别测两份血清的犬副流感病毒抗体的滴度，若第二次采血的中和抗体比第一次抗体高，则可确诊。

免疫荧光试验，采集病死犬的肺、淋巴结、扁桃体等组织，有神经症状病死犬的可采取脑脊髓液，制成冰切片或组织涂片，与特异性荧光抗体反应后，直接在荧光显微镜下观察，如能在胞浆内见到亮绿色荧光者将其判为阳性。Damian 等采用免疫组织化学方法从死于亚急性或急性肺炎的犬 35 份肺脏中，检出 18 份犬副流感病毒阳性样品。

3. 组织病理学检测 鼻甲、黏膜或黏膜下层有单核或多核细胞浸润。支气管末梢有空泡状细胞、中性粒细胞，支气管和细支气管有淋巴浸润。纤毛上皮细胞纤毛萎缩、丢失。呼吸道上皮杯状细胞增生，黏膜下层和细支气管周围腺体出现中性粒细胞。

4. 分子生物学诊断 常用 RT - PCR 和 RT - nestPCR 等方法进行犬副流感病毒的检测。活犬采集鼻腔或咽部分泌物，病死犬采集肺、扁桃体、淋巴结等组织，常规提取病毒 RNA，进行 RT - PCR 扩增，如能扩增出预期特异性条带即可确诊存在犬副流感病毒。Erles 等建立了犬副流感病毒的 RT - PCR 检测方法，临床对 170 份气管样品检测有 33 份阳性（12.8%），对 106 份肺样品检测有 11 份阳性（10.4%），而与引起犬传染性呼吸系统疾病的其他病原体，如犬腺病毒、支气管败血性波氏杆菌、犬疱疹病毒、冠状病毒无交叉反应。

研究发现在部分正常犬中也能检测出犬副流感病毒，故单纯以实验室诊断技术以病犬体内检测出犬副流感病毒，还不能说明患犬所表现出的临床症状就是由该病毒引起，还要结合临床症状进行综合分析，才能做出较为准确的诊断。

七、防治措施

1. 治疗 当犬感染犬副流感病毒时，常常继发感染支气管败血波氏杆菌、支原体等。因此，应用抗生素或磺胺类药物可防止继发感染，减轻病情，促使病犬早日恢复。

治疗以化痰止咳、抗菌消炎、清热解毒为主要原则。用复方甘草合剂以化痰止咳，用双黄连清热解毒，用病毒灵加氨苄青霉素抗菌消炎，肌内注射，每日 2 次；为防止产生抗药性。在连续治疗 3 天后，停用氨苄青霉素，改用庆大霉素加口服磺胺或远征霉素加畜毒清，每天 1 次进行治疗。并对所有犬注射六联疫苗，进行紧急预防免疫。余春等用犬五联超免血清、免疫球蛋白对病犬进行肌内注射，连用数天，同时用葡萄糖氯化钠注射液、双黄连粉针剂、清开灵注射液、ATP、辅酶 A、头孢菌素 V 各适量静脉注射，连用数天；选用庆大霉素、氯霉素、病毒灵、鱼腥草注射液适量肌内注射，连用数天；对咳嗽严重的犬肌内注射氨茶碱、地塞米松，静脉注射100g/L葡萄糖酸钙，同时投予维生素C每次2～4g。

2. 预防 犬副流感病毒主要通过呼吸道方式传播。对于发病犬，应立即采取严格的隔离措施，保持良好的通风和换气可控制病毒的传播。同时对受威胁的疑似健康犬用高免血清紧急预防注射。犬副流感病毒在宿主体外很不稳定，一般的消毒剂就可使其灭活。

预防犬副流感主要采用弱毒疫苗进行接种。Emery等（1970）将犬副流感病毒D-008毒株在原代犬肾细胞上传至第9代，进一步在MDCK细胞上传20代，获得一株弱毒株。用其人工感染犬安全有效。免疫犬不产生临床症状，从血液和鼻咽部分离不到病毒。肌内和皮下接种均可产生中和抗体，但以肌内接种效果较好。使用该疫苗可减少发病率，减轻临床症状，但不能完全抵御感染。1981年Chadadek等和Kontor等研制成功一种鼻内接种的弱毒疫苗，接种14天后可抵御强毒的攻击，并可使幼犬产生免疫而不受母源抗体的干扰。

近年来，国外开发了多种含有犬副流感的联苗，如犬五联活疫苗、犬六联活疫苗、抗支气管败血性波氏杆菌和副流感病毒两联活疫苗等产品。国内夏咸柱等研发了犬狂犬病、犬瘟热、犬副流感、犬腺病毒和犬细小病毒五联活疫苗，取得了较好的效果，在我国普遍使用。李六金等也研制了犬五联活疫苗，并在生产中得到了应用。

八、公共卫生影响

犬副流感病毒很少单独致病，但其是犬传染性呼吸系统疾病的主要病因，常与冠状病毒、犬腺病毒、支气管败血性波氏杆菌、支原体、犬疱疹病毒等混合感染，引起呼吸道疾病，对犬及其他易感动物仍存在着不容忽视的危害。虽然至今没有人感染犬副流感病毒的报道，鉴于犬副流感病毒与人源副流感病毒有较高的序列同源性，仍需加强饲养管理人员的自身防护，以防患于未然。

（刘巧荣 孙明 肖璐 田克恭）

参考文献

高得仪．2004. 犬猫疾病学［M］．第2版．北京：中国农业大学出版社：27-28.

孙贺廷，夏咸柱，高玉伟，等．2004. 虎血清中犬副流感病毒的抗体流行病学调查研究［J］．畜牧与兽医，36（9）：4-6.

王延钊，刘晓明，杨兴军，等．2001. 犬副流感疑似疫情的诊疗报告［J］．新疆畜牧业（3）：34.

闫喜军，夏咸住，柴秀丽，等．2007. 犬副流感病毒血清抗体流行病学调查［J］．黑龙江畜牧兽医（5）：75-76.

余春，刘慧芬，刘国华，等．2001. 犬副流感的诊治［J］．中国兽医科技（8）：34-35.

Ellis J A，Krakowka G S. 2012．A review of canine parainfluenza virus infection in dogs［J］．J Am Vet Med Assoc.，240（3）：273-284.

Erles K，Edward J，Harriet D，et al. 2004. Longitudinal Study of Viruses Associated with CanineInfectious Respiratory Disease［J］．J Clin Microbiol，42（10）：4524-4529.

Fredrik Dalerum，Brad Shults，Kyran Kunkel. 2005. A Serologic Survey for Antibodies to Three Canine Viruses in Wolverines（Gulo gulo）from the Brooks Range，Alaska［J］．J Wild Dis.，41（4）：792-795.

Lamb RA，Kolakofsky D. 2001. Paramyxoviridae：the viruses and their replication. In Fields Virology［M］．4th edn. Edited by D. M. Knipe&P. M. Howley. Philadelphia，PA：Lippincott-Raven：1305 - 1340.

第五节 犬腮腺炎病毒感染
（Canine mumps virus infection）

犬腮腺炎病毒感染（Canine mumps virus infection）由腮腺炎病毒引起，该病可引起犬的腮腺肿大或脑膜炎。

一、发生与分布

1959年Noice等从2只腮腺肿大的犬的唾液中分离到腮腺炎病毒。Stone（1969）认为腮腺炎病毒在犬可引起脑膜脑炎，而不波及腮腺。Morris等（1956）从随机抽样的38份血清中检出腮腺炎病毒补体结合抗体。Wollstein（1916、1918）2次报道腮腺炎病毒可感染家猫，猫感染后表现腮腺炎和睾丸炎。腮腺炎病毒主要感染人，犬发病的较少见。

我国目前还没有犬腮腺炎病毒感染的报道。

二、病　　原

1. 分类地位　腮腺炎病毒（*Mumps virus*，MV）在分类上属副黏病毒科（Paramyxoviridae）、副黏病毒亚科（Paramyxovirinae）、腮腺炎病毒属（*Rubulavirus*），只有1个血清型，含有两种补体结合抗原，一种是病毒核衣壳抗原，另一种是囊膜抗原。

2. 形态学基本特征与培养特性　腮腺炎病毒呈球形，直径90～600nm，平均为140nm。病毒颗粒披有15～20nm厚的囊膜。膜分3层：外层是由病毒糖蛋白构成的刺突，含有血凝素（HA）、神经氨酸酶（NA）和血溶素；中层为类脂质；内层为膜蛋白。核心部分是一条线性单链负义核糖核酸与数种结构蛋白组成的核衣壳。腮腺炎病毒能凝集人、家禽和其他动物的红细胞，不同来源毒株凝集红细胞的种类有所不同。猴肾、鸡胚、羊膜及各种人和猴的细胞培养物可用来分离和增殖腮腺炎病毒，其中以猴肾最为易感。

3. 理化特性　腮腺炎病毒对紫外线敏感，强紫外线下仅存活半分钟。对低温有一定的抵抗力，－70～－50℃可存活1年以上，4℃时其活力可保持2个月，37℃时可保持24h。但对热极不稳定，56℃ 30min即被灭活。腮腺炎病毒还具有不耐酸、易被脂溶剂灭活的特点，1%甲酚皂溶液、70%乙醇、0.2%甲醛溶液等可在2～5 min将其灭活。

4. 分子生物学　腮腺炎病毒基因组为不分节段的单链负义核糖核酸，基因全长约15 500bp，按3’-NP-P-M-F-SH-HN-L-5’的顺序排列着编码7种病毒蛋白的基因。其中，SH基因的变异程度是最大的，因此一般选用SH基因作为分型依据。SH基因全长为316bp，编码57个氨基酸，功能尚不清楚，对于病毒的复制是一种非必需蛋白。根据对各地流行的腮腺炎病毒进行SH基因序列测定，借助计算机生物基因信息分类系统，将腮腺炎病毒分为A、B、C、D、E、F、G、H 8个基因型。不同基因型腮腺炎病毒的分布具有地域性，其中C～E、G、H基因型主要出现在西半球，而B、F、I、L基因型主要出现在亚洲，中国的腮腺炎病毒主要流行株为F基因型。

三、流行病学

1. 传染来源　腮腺炎病毒感染的犬或人是该病的主要传染源，病毒从感染者的呼吸道分泌物中排出，从而造成传染。

2. 传播途径　腮腺炎病毒主要通过接触传播，如接触患病者的唾液；飞沫传播，如患病者咳嗽或打喷嚏时，液滴雾化进入周围人的眼、鼻、口中；还可附着于接触物的表面，通过污染的食物、水和其他物品造成周围人和动物的感染，如共享食物和饮料等。

3. 易感动物

（1）自然宿主　自然感染的宿主主要是人。犬、猫也可发生自然感染。

（2）实验动物　人工感染恒河猴和其他灵长类动物可产生与人相似的疾病。小鼠和仓鼠可经脑感染，豚鼠经眼结膜感染可导致角膜混浊。

研究证明，猴神经毒力试验结果能够区分腮腺炎病毒疫苗株病毒和野毒株造成的感染，但不能将具有不同神经毒力的疫苗株加以区别。经过适应传代的Kilham株腮腺炎病毒脑内接种乳地鼠，可造成病毒持续性感染，还能引起乳地鼠脑积水。但以乳地鼠作为动物模型检查腮腺炎病毒的神经毒力仍有一定的局限性。Steven A 用对人神经毒力不同的代表毒株接种 1 日龄 Lewis 种大鼠，并借助计算机系统定量评分统计分析典型脑积水病变程度，发现该种新生大鼠能很好反映腮腺炎病毒对人的神经毒力，是很好的动物模型。

（3）易感人群　腮腺炎的易感人群为儿童和青少年。由于疫苗的广泛应用，发病年龄有向大于 15 岁后移的趋势。

4. 流行特性　腮腺炎病毒的流行和暴发无明显的季节和地域性，且不受气候等因素的影响。该病常随人群抗体的消长而呈周期性流行，通常每 2～5 年便会发生腮腺炎流行。研究表明，在同一地域的不同时期可能有不同基因型腮腺炎病毒在流行，在一个国家或地区可能同时有不同基因型的腮腺炎病毒流行。由于交通的快速发展，近来在欧洲和亚洲发生的腮腺炎疫情的基因型地域性已不是很明显。

四、临床症状

1. 动物的临床表现　患病初期通常无明显表现。急性腮腺炎病犬出现耳下局部疼痛、增温，腮腺肿胀，触之敏感，且时有流涎、食欲减退或废绝及吞咽困难。病变腮腺脓肿，若破溃，会致使脓液进入周围组织或口腔中，口中散发出恶臭气味。若经皮破溃，则可形成腮腺瘘管。但不同类型毒株可能表现出不同的临床症状。Stone（1969）认为腮腺炎病毒在犬可引起脑膜脑炎，而不波及腮腺。Wollstein（1916、1918）2 次报道腮腺炎病毒可感染家猫，病猫发热，白细胞增多，表现腮腺炎和睾丸炎。另有试验表明，猴脑内接种腮腺炎病毒会引起脑膜脑炎。

2. 人的临床表现　腮腺炎病毒在人可引起腮腺炎，常见症状是腮腺非化脓性、炎症性肿胀，发热，呕吐和疼痛。实际上该病发生的病理变化及造成的危害并非仅局限于腮腺，腮腺炎病毒能够侵犯多个脏器和中枢神经系统，由此导致多种临床症状，如可引起脑膜脑炎、睾丸炎、输卵管炎、胰腺炎和其他腺体炎症以及心肌炎等并发症状，偶尔出现暂时性耳聋，更有严重者可能致残甚至引起死亡。有证据显示，妊娠早期感染腮腺炎病毒的孕妇有 25％会自然流产，其发生率高于风疹病毒感染，但尚未发现腮腺炎病毒母体感染引起胎儿先天性畸形。此外，约有 20％的腮腺炎病毒感染者不表现症状，因此很可能在不知情的情况下传播和传染。

五、病理变化

1. 大体解剖观察　腮腺肿胀发红，有渗出物，导管有卡他性炎症。腺上皮水肿、坏死，腺泡间血管有充血现象。腮腺四周显著水肿，附近淋巴结充血、肿胀。唾液成分的改变不多，但分泌量较正常减少。睾丸曲精管的上皮显著充血，有出血斑点及淋巴细胞浸润，在间质中出现水肿。胰腺充血、水肿，胰岛有轻度退化及脂肪性坏死。

2. 组织病理学观察　腮腺有出血性病灶和白细胞浸润，导管周围及腺体间质中有浆液纤维蛋白性渗出及淋巴细胞浸润，管内充塞破碎细胞残余及少量中性粒细胞。睾丸间质中出现浆液纤维蛋白性渗出物。在中枢神经系统能引起血管周围结节样浸润，并使包绕侧脑室壁的外膜细胞激活，也可见到神经元有小范围、局灶样的破坏。

六、诊　　断

有接触史对本病的诊断很重要，可根据流行病学特点、临床症状和病理变化等做出初步诊断，确诊需要结合实验室检查。

1. 病毒分离与鉴定　病程早期，可自唾液、血液、脑脊液、尿或甲状腺等分离出腮腺炎病毒。以棉拭子取急性发病犬的唾液样本，无菌处理，初次分离可经鸡胚羊膜腔和卵黄囊接种。猴肾、鸡胚、羊膜及各种人和猴的细胞培养物，可用来分离和增殖腮腺炎病毒，其中以猴最为易感。通过血吸附试验、合胞体形成和胞浆内嗜酸性包涵体产生，可证实细胞培养物中是否有病毒复制。

2. 血清学试验 血清学检查常用的方法是补体结合试验和血凝抑制试验。腮腺炎病毒与副流感病毒1～4型有交叉反应，在补体结合试验和血凝抑制试验中均可出现。

3. 组织病理学诊断 根据该病的病理变化特点，对组织进行病理学观察做出诊断。

4. 分子生物学诊断 可用RT-PCR和实时荧光RT-PCR方法直接检测唾液等样本中的腮腺炎病毒抗原，快速且敏感性高。

七、防治措施

1. 治疗 目前对腮腺炎尚无特效治疗方法。主要采取服用退热药物或物理方法降温，服用阿司匹林以控制感染。可试用干扰素，对病毒有作用。另外，使用温盐水漱口和食用较软的食物有助于缓解症状，尽量避免酸性食物和饮料的刺激。

对于患病初期的病犬，应给予抗生素处理，防止继发感染。在形成脓肿之前可对病灶进行热敷，采用青霉素盐酸普鲁卡因封闭疗法。当形成脓肿时，成熟后应切开，排脓后应留置引流条。尽可能每天清洗处理病灶。排液以后应采用抗生素（如青霉素、磺胺类或广谱抗生素）疗法，连用4～5天。对已经形成腮腺瘘管且经久不愈的病犬，可考虑腮腺的部分或全部摘除。

2. 预防 对于人，最常见的腮腺炎预防措施是疫苗接种。全球很多国家和地区早已将腮腺炎疫苗列入国家免疫规划。而防止腮腺炎的扩大传播首先要管理好传染源，防止患病者及隐性感染者与他人和犬等接触。

八、公共卫生影响

相关证据表明，腮腺炎病毒感染是犬的一种自然感染。它作为病原体的真正意义，及其在这些宿主中的发生率和对公共卫生的影响还有待证实。

（陈曦　孙明　肖璐　田克恭）

参考文献

陈志慧．2004．流行性腮腺炎病毒及其疫苗［J］．中国计划免疫，10（2）：120-124.
崔爱利．2006．流行性腮腺炎病毒的分子流行病学研究［J］．中国计划免疫，12（6）：521-526.
黄平，林矛，陈玩绒，等．1992．流行性腮腺炎病毒分离及临床血清学调查［J］．广东卫生防疫（2）：4-7.
李瑞梅，韩世杰．1987．腮腺炎病毒的结构蛋白成分［J］．国外医学（微生物学分册）（4）：10-13.
刘松友，王淑珍．2002．腮腺炎病毒研究进展［J］．微生物学免疫学进展，30（4）：92-95.
田克恭．1991．实验动物病毒性疾病［M］．北京：农业出版社：373-380.
夏咸柱，张乃生，林德贵．2009．兽医全攻略（犬病）［M］．北京：中国农业出版社：106-107.
叶元康．1984．腮腺炎病毒对猴侵袭力的实验研究［J］．国外医学（微生物学分册）（5）：44-45.
Bedford H. 2005. Mumps：current outbreaks and vaccination recommendations［J］. Nurs Times 101（39）：53-54，56. PMID 16218124.
Kyong Min Choi，M. D.. 2010. Reemergence of mumps［J］. Korean J Pediatr 53（5）：623-628.
Rubin S A，Amexis G，Pletnikov M，et al.. 2003. Changes in mumps virus gene sequence associated with variability in neurovirulent phenotype［J］. J. Virol.，77（21）：11616-11624. PMID 14557647. PMC 229304.

第六节　猴副流感病毒5型感染
(Simian parainfluenza virus 5 infection)

猴副流感病毒5型感染（Simian parainfluenza virus 5 infection）由猴副流感病毒5型所致，该病毒在猴群中多呈隐性感染，但在组织器官尤其是肾细胞中常广泛存在，是猴源细胞培养物中的常见污染物，对使用猴源细胞进行的疫苗生产和研究可产生严重干扰，在实验动物和生物制品的质量控制中须对该病毒进行监测。

一、发生与分布

Hull 等（1956）首次从猴体内分离到猴副流感病毒 5 型，该病毒广泛存在于亚洲和非洲的猴群中，尤以恒河猴最为常见。在马来西亚和柬埔寨等国家的猴群中，猴副流感病毒 5 型分离率高达 30%～33%，抗体阳性率高达 70%～80%。目前我国尚未见有猴感染猴副流感病毒 5 型的报道。

二、病 原

1. 分类地位 猴副流感病毒 5 型（*Simian parainfluenza virus* 5，SV_5）在分类上属副黏病毒科（Paramyxoviridae）、腮腺炎病毒属（*Rubulavirus*）。

2. 形态学基本特征与培养特性 该病毒核酸型为单股 RNA，病毒粒子呈圆形，直径 150～250nm。内含呈螺旋形对称的核蛋白，直径 15～18nm，外围以脂蛋白囊膜。囊膜上含有纤突，长 10～15nm，为病毒的血凝素和神经氨酸酶部分。

猴副流感病毒 5 型在猴群中常呈隐性感染，多无临床症状，另外在豚鼠、犬、母牛、山羊和绵羊血清中也含有高滴度的病毒抗体，表明存在猴副流感病毒 5 型或相关病毒感染。该病毒可在猴、人、狒狒、牛、犬、仓鼠和豚鼠等多种动物的原代肾细胞以及 BHK - 21、Vero 细胞等传代细胞上增殖，其中以原代猴肾细胞最为易感，并可产生嗜酸性胞浆内包涵体。猴副流感病毒 5 型引起的细胞病变多为形成多个核聚集在一起的多核合胞体细胞，并呈环形空泡，有些细胞呈菱形。感染后细胞病变不明显，可采用血吸附试验检测细胞培养物中有无该病毒污染。

在细胞培养物中加入 1%牛血清白蛋白或 5%犊牛血清对该病毒有保护作用。该病毒对红细胞表面的黏蛋白有一定的亲和力，可以吸附多种动物的红细胞。在猴副流感病毒 5 型的组织培养细胞管中加入 0.4%豚鼠红细胞，4℃ 30min 即可出现红细胞吸附现象。该病毒也可凝集多种动物红细胞，其中对豚鼠和猴红细胞凝集作用最好，4℃ 4h 可明显凝集；继续放置 24h 以上，凝集现象不改变。4℃ 1h 对鸡红细胞可产生明显凝集，但时间延长则模糊不清，不易判定。其原因是病毒首先与细胞表面的黏蛋白受体结合，产生凝集现象，随后神经氨酸酶破坏了红细胞表面的黏蛋白受体，病毒又重新游离下来。

猴副流感病毒 5 型与人副流感病毒 1～4 型均有抗原交叉反应，与腮腺炎病毒、麻疹病毒也有交叉反应。病毒可存在于猴的组织器官中，尤其是肾脏，因此常常造成猴源细胞培养物的污染。用猴副流感病毒 5 型经鼻腔人工感染恒河猴，3 天后即可从咽拭子中发现病毒，7 天后从肺及气管中也可分离到病毒，但感染后无任何症状表现。实验条件下感染豚鼠不能引起明显的疾病，但可刺激机体产生抗体。经鼻内感染仓鼠非常易感，可以产生脑炎等症状。该病毒也可感染人，但未见有临床症状报道。

3. 理化特性 猴副流感病毒 5 型不耐酸，在 pH 3.0 条件下 1h 可完全失活。对乙醚敏感，可很快失活，但可提高血凝滴度。37℃以上温度下不稳定，4℃保存数周部分丧失活力。－70℃可长期保存。

4. 分子生物学

（1）病毒基因组结构及蛋白组成 猴副流感病毒 5 型是单链负义的不分节段的 RNA 病毒，其病毒基因组全长 15 246nt，由 3’端引导序列（55nt）和 5’末端序列（31nt）以及 7 段连续性的基因组成。它们分别是（按 5’→3’的顺序）：L 基因（6 804nt，编码聚合酶蛋白）、HN 基因（1 789nt，编码血凝神经氨酸酶）、SH 基因（292nt，编码小疏水性蛋白）、F 基因（1 873nt，编码融合蛋白）、M 基因（1 371nt，编码膜基质蛋白）、P 基因（1 298nt，编码磷酸化蛋白）和 NP 基因（1 725nt编码病毒核衣壳蛋白）。其中 P 基因 3’端有一小段基因又可编码 V 蛋白，这一小段基因又称为 V 基因（669nt）。V 蛋白（222 个残基）和 P 蛋白（392 个残基）N 末端 164 个氨基酸残基相同，但 C 末端不同。该病毒在基因组结构上和仙台病毒、口炎病毒等病毒有一个重要的区别，猴副流感病毒 5 型基因组各个基因间结合部是具有高度可变性的，而仙台病毒、口炎病毒等则相当保守。研究表明，猴副流感病毒 5 型各个基因间结合部在调控聚合酶功能和衰减方面是有差别的。

NP蛋白是核衣壳蛋白的主要组成部分，分两个主要区域：一是氨基酸区域，它与病毒RNA直接结合；另一个是羧基端区域，裸露于装配后的核衣壳表面，存在有对蛋白酶敏感的结合位点。P蛋白、V蛋白和L蛋白属于辅助核衣壳蛋白，是与RNA复制和转录的酶促反应过程相关的主要辅助性蛋白，这些辅助蛋白相互协同才能发挥作用。P蛋白和V蛋白能相互作用形成为病毒复制和转录的多聚酶复合物。V蛋白能在包衣壳作用前使NP蛋白保持可溶性，以防止NP蛋白水解，V蛋白还能在病毒RNA合成前阻止NP蛋白与P蛋白形成异聚体。聚合酶L蛋白对病毒复制的作用之一，就是能在一段基因转录即将结束而下一段基因转录尚未开始时中止该基因段的转录，并在该基因相应的mRNA3’端加上polyA尾并对其5’末端进行修饰。而蛋白的合成又受到转录酶通过MF基因间隔效率的精密调控，因为一旦转录酶通过MF基因间隔效率提高，则会导致下游L基因的过量表达，这将会引发病毒生长缺陷，这一点对于病毒粒子的优化生长是非常重要的。

HN蛋白、F蛋白、M蛋白和SH蛋白都属于病毒的囊膜糖蛋白，HN蛋白介导病毒与细胞的附着，具有血凝素和神经氨酸酶活性；F蛋白为融合蛋白，它能促进病毒囊膜与宿主细胞表面脂蛋白膜融合；M蛋白存在于病毒囊膜的内层，是一种相对较小的非糖基化蛋白，它于病毒粒子装配过程中参与囊膜形成，介导核衣壳与囊膜之间的识别，以维持病毒粒子结构的完整性。SH蛋白为一小疏水性蛋白质，具体功能尚不清楚，可能对双层脂膜有亲和性。

（2）病毒的遗传复制特征　在遗传学上，猴副流感病毒5型的主要特征是它的RNA本身不能作为mRNA，它不带译制病毒蛋白质的信息性的，因此必须通过病毒自己的RNA聚合酶转录一股互补链作为mRNA，然后以其为模板合成病毒蛋白。这也是副黏病毒属RNA病毒的一般复制特征。猴副流感病毒5型的感染复制过程主要有三步。

①吸附和进入：具有感染性的NP蛋白在具有转录活性的辅助性蛋白组分P、V、L蛋白的参与下，由F蛋白介导与细胞表面发生融合从而进入细胞质中。

②复制和翻译：在进入细胞后，病毒的负链RNA一方面复制成mRNA，合成相应的病毒蛋白成分，另一方面复制成其互补链，再合成病毒RNA链，参与病毒包装。

③病毒粒子的包装和释放：对于像猴副流感病毒5型这样不分节段的负义RNA病毒来说，RNA复制是与NP蛋白的包衣壳作用紧连在一起的。在胞浆内，NP蛋白结构单位与病毒基因组结合，病毒粒子囊膜形成于细胞表面，在膜蛋白M的存在下NP囊膜结合，形成完整的病毒粒子。当核衣壳到达细胞膜表面时，可能通过融合蛋白的作用在细胞表面芽生，这时如果有类似胰蛋白酶的蛋白酶存在时，细胞膜表面的融合蛋白F_0将被激活，致使细胞与细胞之间接触融合，这一过程提供了病毒基因组直接从一个细胞进入另一个细胞的机会，最大限度地逃避宿主体液中循环抗体的监视作用。

猴副流感病毒5型病毒RNA复制的功能性启动子需要三个序列独立性的元件存在才能发挥作用：一个是处于基因近3’端的19个碱基片断（保守区Ⅰ，CRⅠ）；另一个是L基因内部近5’端第72～90之间（5’～3’）的18个碱基（保守区%，CR %），该区为一个重复性的5’CGNNNN3’保守区；第三个是位于两个保守区之间L基因中第51～66之间（5’～3’）这15个碱基的非编码序列，这15个碱基是一个顺式激活信号，可为病毒RNA聚合酶提供结合位点，另外，它能在新的病毒RNA链生成时作为一个信号激活NP蛋白的包衣壳作用。

副黏病毒各基因段之间有些含U的序列段，它作为一个空间域在病毒RNA转录再起始过程中，把基因结束和开始位点隔离开来。这些U序列段可能对病毒mRNA3’端加上polyA起到模板的作用。有人应用突变分析的方法发现猴副流感病毒5型病毒NP、M和SH基因分别含7个、4个和6个U的序列段，然而这三个基因片段相应的mRNA却含有相似的250～290个碱基的polyA尾。这个结果表明，虽然U序列段长度不同，但在指导三个基因片段相应的mRNA加polyA尾过程中，这些U序列段所起的作用是基本相同的。

三、流行病学

1. 传染来源　该病是由猴副流感病毒5型感染引起，病猴是主要传染源。

2. 传播途径　该病是由猴副流感病毒5型感染引起，以呼吸道为主要传播途径。

3. 易感动物

（1）自然宿主　猴副流感病毒5型在亚洲猴和非洲猴群中广泛存在，但其来源尚不清楚。野生猕猴和非洲绿猴一般抗体水平较低，但捕获猴群饲养后抗体呈上升趋势。长途运输或与人接触后抗体阳性率也会上升。

（2）实验动物　豚鼠、犬、母牛、山羊和绵羊血清中也含有高滴度的猴副流感病毒5型病毒抗体，表明存在猴副流感病毒5型或相关病毒感染。

（3）易感人群　接触感染猴或从事研究的工作人员为易感人群。调查结果表明，人群中猴副流感病毒5型的感染状况为随年龄增长，抗体阳性率升高；抗体滴度与人口密度有关，而与气候无关。

4. 流行特征　该病流行无明显季节性，但恒河猴以冬秋季为主，非洲绿猴以早春季节带毒率最高。

四、临床症状

1. 动物的临床表现　自然条件下，猴感染猴副流感病毒5型多无临床症状，用猴副流感病毒5型经鼻腔人工感染恒河猴，3天后即可从咽拭子中发现病毒，7天后从肺及气管中也可分离到病毒，但感染猴无任何症状表现。实验条件下感染豚鼠不能引起明显的疾病，但可刺激机体产生抗体。经鼻内感染仓鼠非常易感，可以产生脑炎等症状。

2. 人的临床表现　副流感病毒是呼吸道感染的主要病原之一，广泛分布于人群，四季都有散发病例，常流行于秋季及冬季。主要引起婴儿及儿童的上呼吸道感染以及严重的下呼吸道感染，成人可因再感染而呈轻型感冒症状。

五、病理变化

1. 大体解剖观察　可见鼻孔周围有浆液性或黏液脓性鼻漏，结膜炎，扁桃体炎，气管、支气管炎，有时肺部有点状出血。神经型主要表现为急性脑脊髓炎和脑内积水，整个中枢神经系统和脊髓均有病变，前叶灰质最为严重。

2. 组织病理学观察　组织学检查可见鼻上皮细胞水泡变性，纤维消失，黏膜和黏膜下层有大量白细胞浸润，肺、气管及支气管有炎性细胞浸润。神经型可见脑皮质坏死，血管周围有大量淋巴细胞浸润及非化脓性脑膜炎。

六、诊　　断

1. 病毒分离与培养　将可疑病料接种原代猴肾细胞或Vero细胞等进行病毒分离。猴副流感病毒5型在细胞培养中的细胞病变不稳定，因此病毒鉴定主要采用血吸附和血吸附抑制试验。通常将0.2%～0.4%的新鲜豚鼠红细胞，加入细胞培养管中，室温静置20min后镜检，若红细胞吸附在细胞上而不被洗掉，则表明有病毒存在。应当注意的是红细胞在37℃1h、室温8h或4℃ 7～10天均易产生非特异性反应，出现假吸附现象，因此红细胞必须新鲜，在4℃不超过72h为宜。另外，猴肾细胞中常可自然携带猴副流感病毒5型，因此用猴肾细胞分离病毒时，应予以注意。

2. 血清学试验　实际检测中常用血凝抑制试验、中和试验或补体结合试验。接种猴副流感病毒5型的细胞培养物经吐温80及乙醚处理后，血凝效价可提高2～32倍，可作为抗原进行血凝抑制试验，检查猴群中的抗体滴度。常规检测猴副流感病毒5型病毒抗体，一般以ELISA方法较为特异灵敏，在出现阳性结果后可选用另一种方法进行验证，或者用ELISA阻断试验进行验证。

3. 组织病理学诊断　根据上述大体解剖观察及组织病理学观察可进一步确诊。

4. 分子生物学诊断　目前对于猴副流感病毒5型感染的特异性诊断方法主要还是病毒的分离和鉴定，应用RT-PCR检测病毒核酸，Real-time PCR检测血清病毒载量。

七、预防措施

1. 治疗 目前对该病尚无肯定有效的抗病毒化学药物。已证实金刚烷胺及其衍生物对人副流感病毒无效。利巴韦林、干扰素和蛋白酶抑制剂可能有一定疗效，宜在早期使用。使用利巴韦林喷雾治疗，大剂量、短时间的利巴韦林冲击疗法结合免疫球蛋白在感染早期有较好疗效。另外，冷湿空气可减轻呼吸道黏膜水肿，促进分泌物排出，缓解临床症状。

2. 预防 在国外有人将猴副流感病毒 5 型接种赤猴肾细胞培养物，再以牛肾细胞传代后制成过氧乙烯灭活的磷酸铝吸附疫苗，对赤猴进行 2 次免疫，抗体滴度达 1：900。用猴副流感病毒 5 型强毒攻击后，免疫组病毒血症期限缩短，所制备的肾细胞培养物中未检出病毒；而对照组病毒血症达 35～38 天，肾细胞培养物 100%检出病毒，表明该疫苗安全有效，免疫期可达 150 天以上，但目前尚未推广应用。

有人建议在使用猴肾细胞分离和培养病毒时，为防止猴副流感病毒 5 型污染，可在维持液中加入 0.2%猴副流感病毒 5 型高免血清以抑制该病毒的干扰。

对人工繁育的猴群应加强饲养管理，定期消毒，提高猴群的抵抗力。饲养管理人员和研究人员应加强综合性防护措施，避免与猴直接接触，防止自身感染和传播病毒。

八、对实验研究的影响

病毒可存在于猴的组织器官中，尤其是肾脏，由此常常造成猴源细胞培养物的污染，严重干扰猴源细胞的研究工作。

（匡德宣 代解杰 田克恭）

参考文献

陈马昆，王睿．2004. 人类呼吸道感染相关副黏病毒病原学特点与防治 [J]．中华医院感染学杂志，14 (2)：237 - 240.

田克恭．1992. 实验动物病毒性疾病 [M]．北京：中国农业出版社：389 - 392.

王恩秀．2002. 副黏病毒附着蛋白在病毒融合过程中的作用 [J]．微生物学通报，29 (3)：82 - 85.

殷震，刘景华．1999. 动物病毒学 [M]．第 2 版．北京：科学出版社：736 - 767.

Englund J A, Piedra P A, Whimbey E. 1997. Prevention and treatment of respiratory syncytial virus and parainfluenza viruses in immunocompromised patients [J]. Am. J. Med., 102 (3A): 61 - 76.

Grace Y L, Paterson R G, Lamb R A. 1997. The RNA Binding Region of the Paramyxovirus SV5 Vand P Proteins [J]. Virology, 238: 460 - 469.

Hall C B. 2001. Respiratory syncytial virus and parainfluenza virus [J]. N. Engl. J. Med., 344 (25): 1917 - 1928.

Hiebert S W, Paterson R G, Lamb R A. 1985. Hemagglutinin neuraminidase protein of the paramyxovirus simian virus 5: nucleotide sequence of the mRNA predicts an N - terminal membrane anchor [J]. J. Virol., 54 (1): 1 - 6.

John C R, Wilson G M, Brewer G A, et al. 2000. Spacing Constraints on Reinitiation of Paramyxovirus Transcription: The Gene End U Tract Acts as a Spacer to Serarate Gene End from Gene Start Sites [J]. Virology, 274: 438 - 449.

Michaela A K, Susan K M, Parks G D. 2001. RNA Replication from the Simian Virus 5 Antigenomic Promoter Requires Three sequence Dependent Elements Separated by Sequence Independent Spacer Regions [J]. Journal of virology, 75 (8): 3993 - 3998.

Morihiro Lto, Machiko Nishio, Hiroshi Komada, et al. 2000. An Amino Acid in the Heptad Repeat 1 Domain is Important for the Haemagglutinin Neura minidase Independent Fusing Activity of Simian Virus 5 Fusion Protein [J]. Journal of general virology, 81: 719 - 727.

Parks GD, Kimberly RW, John CR. 2001. Increased Read through Transcription across the Simian Virus 5 MF Gene J unction Leads to Growth Defects and a Global Inhibition of Viral mRNA Synthesis [J]. Journal of virology, 75 (5): 2213 - 2223.

Parks GD, Ward CD, Lamb RA, et al. 1992. Molecular cloning of the NP and L genes of simian virus 5: identification of highly conserved domains in paramyxovirus NP and L proteins [J]. Virus. Res., 22 (3): 259-279.

Paterson RG, Harris TJ, Lamb RA. 1984. Fusion protein of the paramyxovirus simian virus 5: nucleotide sequence of mRNA predicts a highly hydrophobic glycoprotein [J]. Proc. Natl. Acad. Sci. U S A, 81 (21): 6706-6710.

Precious B, Young DF, Bermingham A, et al. 1995. Inducible Expression of the P, Vand NPGenes of the Paramyxovirus Simian Virus 5 in Cell Lines and an Examination of NP-P and NP-V Interactions [J]. Journal of virology, 75 (5): 8001-8010.

Reay GP, Timothy JRH, Lamb RA. 1984. Analysis and Gene Assignment of mRNAs of a Paramyxovirus, Simian Virus 5 [J]. Virology, 138: 310-323.

Sheshberadaran H, Lamb RA. 1990. Sequence characterization of themembrane protein gene of paramyxovirus simian virus 5 [J]. Virology, 176 (1): 234-243.

Sun M, Rothermel TA, Shuman L et al. 2004. Conserved cysteine - rich domain of paramyxovirus simian virus 5 V protein plays an important role in blocking apoptosis [J]. J. Virol., 78 (10): 5068-5078.

Susan KM, Griffith DP. 1999. RNA Replication for the Paramyxovirus Simian Virus 5 Requires an Internal Repeated Sequence Motif [J]. Journal of virology, 73 (1): 805-809.

Thomas SM, Lamb RA, Paterson RG. 1988. Two mRNAs that differ by two nontemplated nucleotides encode the amino coterminal proteins P and V of the paramyxovirus SV5 [J]. Cell, 54 (6): 891-902.

第七节　小鼠肺炎病毒感染
(Infection of pneumonia virus of mice)

小鼠肺炎病毒是啮齿类动物中最常见的病毒之一，广泛存在于小鼠和大鼠群中。小鼠肺炎病毒呈严格的嗜肺性，主要经呼吸道传播。环境条件恶化导致机体抵抗力下降，可促使该病的发生。

一、发生与分布

1940 年 Horsfall 等首次从正常小鼠肺组织中分离到一种嗜肺病毒。Mill 等（1944）将其正式命名为小鼠肺炎病毒。Pearson 等（1940）、Eaton 等（1944）分别从叙利亚仓鼠和棉鼠分离到该病毒。Horsfall 等（1946）报道在兔、猴、黑猩猩体内均可检出小鼠肺炎病毒中和抗体。

小鼠肺炎病毒感染（Infection of pneumonia virus of mice）呈世界性分布，美国、日本、德国和荷兰等国的啮齿类动物群中均有感染和流行。吴惠英等（1988）报道，我国普通小鼠群中小鼠肺炎病毒抗体阳性率为 32%，并于 1992 年在 SPF 小鼠群中分离到一株小鼠肺炎病毒，表明普遍存在该病毒感染，且感染率较高。

二、病　　原

1. 分类地位　小鼠肺炎病毒（*Pneumonia virus of mice*，PVM）在分类上属副黏病毒科、肺病毒亚科、肺病毒属，核酸型为单股 RNA。其同副黏病毒科其他成员的抗原性完全不同，但无论从小鼠或仓鼠体内分离到的小鼠肺炎病毒，每株抗原性均相同。小鼠肺炎病毒经小鼠肺连续传代后毒力增强，因此不同毒株对小鼠的致病力有差异。

2. 形态学基本特征与培养特性　该病毒粒子呈多形性，通常为直径 100nm、长 3μm 的细丝状体，少数情况下为直径 80～200nm 的球状体。病毒含有一个螺旋形单股 RNA 芯髓。表面有囊膜，囊膜上的纤突长 12nm、间距 6nm。在室温和 5℃下，病毒可凝集小鼠、大鼠和仓鼠红细胞，在 0.25mol/L 葡萄糖或 pH 7.2 0.01mol/L 磷酸盐蔗糖缓冲液中可使病毒游离而不发生溶血。

小鼠肺炎病毒可在原代仓鼠肾细胞（HKCC）、胚细胞、BHK-21 细胞和 Vero 细胞中增殖。在 Vero 细胞上，细胞病变形成缓慢，11 天仍不完全，不形成合胞体。感染后 16～24h 采用间接免疫荧光试验可检出细胞中积聚的病毒抗原并可见胞浆包涵体。接种后 18h，新增殖的病毒量超过接种量，在

48h 和 96h 分别出现 104TCID50/mL 的第一次增殖峰和 107TCID50/mL 的第二次增殖峰。在 HKCC 细胞上，通常于感染后 7 天产生细胞病变，以局部细胞的破坏和再生为特征，因此，不适宜做定量测定。在 BHK-21 细胞上，感染后 48h 开始出现细胞病变，表现为散在性细胞变圆和细胞分离，但并不使细胞单层完全破坏。在 BHK-21 细胞上增殖传代后，能够分离出持续感染的细胞克隆，它含有小鼠肺炎病毒抗原并能吸附鼠类的红细胞，但不产生有感染性的病毒。鸡胚和鸭胚对小鼠肺炎病毒均不易感。小鼠肺炎病毒是严格的嗜肺病毒，可较长时间在肺脏中复制。若从自然病例或试验感染病例中分离病毒，只有取肺组织才能成功。

3. 理化特性 小鼠肺炎病毒对热、乙醚、pH 等理化因素敏感，室温下 1h 可丧失 99%的感染性，56℃ 30min 可完全灭活。−70℃可长期存活。对干燥有抵抗力，胰酶可破坏其血凝素。

4. 分子生物学 小鼠肺炎病毒基因组是单股负链 RNA，长度约 15 000 个核苷酸。（Bukreyev 等，2000；Calain 和 Roux，1993；Samal 和 Collins，1996）。基因组结构为：3’-NS1-NS2-N-P-M-SH-G-F-M2-L-5’。编码蛋白包括 3 种跨膜包膜糖蛋白（F、G 和 SH)、4 种核衣壳蛋白（N、P、L 和 M2-1)、2 种非结构蛋白（NS1 和 NS2)、1 种基质蛋白（M）和 1 种 RNA 调节因子（M2-2)。

小鼠肺炎病毒编码的 mRNA（RSV 和 PVM 10 个，APV 8 个）比其他副黏病毒（6 个或 7 个）多。病毒基因组和蛋白构成螺旋状核衣壳结构。哺乳动物小鼠肺炎病毒直接合成 3 个额外 mRNA 编码非结构蛋白 NS1、NS2 和 22K（M2）蛋白。

小鼠肺炎病毒没有其他副黏病毒的 C 蛋白和 V 蛋白，它的 P 基因直接用第二开放阅读框合成一段多肽，类似于副黏病毒的 C 蛋白的表达（Barr 等，1994)。该病毒的另一个特点是其编码的 M2 蛋白在其他任何病毒中是没有的。小鼠肺炎病毒的基因开始和结束序列是高度保守的，这一点区别于其他呼吸道合胞病毒。M2 基因包含 2 个重叠的开放阅读框（ORF)，M2 基因主要 ORF 编码一个 176 氨基酸的蛋白质，这一蛋白质小于人及牛、绵羊呼吸道病毒的相应蛋白。M2 基因次要 ORF 编码一个 98 氨基酸的多肽。

三、流行病学

1. 传染来源 病鼠和隐性带毒鼠是该病重要的传染来源，Horsfall 和 Hahn（1939，1940）通过研究证明小鼠群中普遍存在着这种病毒的隐性感染。

2. 传播途径 小鼠肺炎病毒主要经呼吸道传播，传染性较低，只引起鼠群中部分小鼠的急性感染。当饲养室内寒冷、潮湿造成动物抵抗力下降时，可诱发该病。

3. 易感动物

（1）自然宿主 小鼠肺炎病毒的自然宿主为小鼠、大鼠、仓鼠以及豚鼠等啮齿类动物。

（2）实验动物 小鼠肺炎病毒是鼠群中最常见的病毒感染之一。不同来源的小鼠对该病毒的易感程度不同，年轻鼠较老龄鼠更易感，这种差异与小鼠对小鼠肺炎病毒是否有免疫力有关，而与遗传因素无关。最易感染的是那些从未感染过小鼠肺炎病毒的鼠群中的小鼠，因此，无母源抗体小鼠的易感性较高，发病率接近 50%。大鼠和仓鼠 HAI 有研究表明兔子、猴、黑猩猩和人均有小鼠肺炎病毒中和抗体的存在，而血凝抑制抗体的存在并不普遍。雪貂在接种小鼠肺炎病毒后不产生症状，但能从其肺中找到病毒。

（3）易感人群 Horsfall 和 Hahn（1940）指出有 20%的人血清可中和 100 个小鼠 LD50，但目前尚未证实人的自然感染。

4. 流行特征 晚冬和春季抗体出现率较高，夏秋季则较低，可能与寒冷、潮湿造成动物抵抗力下降有关。

四、临床症状

目前尚未见有自然发病的报道。实验条件下，经鼻内接种小鼠肺炎病毒后 5～7 天，感染小鼠表现食欲下降、被毛粗乱、消瘦、弓背，濒死的小鼠衰弱，呼吸变慢、变深，有时出现呼吸困难，耳、尾发绀等症状。多在感染后12～13天死亡。病的严重程度与感染剂量有关。

五、病理变化

1. 大体解剖观察 由于自然感染小鼠不可能被大量的病毒感染，因此有时在肺部偶见自然发生的肉眼病变（灶性实变）。病毒显示严格的嗜肺性，但病变通常限于1个肺叶。

2. 组织病理学观察 小鼠肺炎病毒感染可引起间质性肺炎。特征性病变为肺泡严重充血、水肿，肺泡壁增厚，肺泡腔中含有混合性液体、单核细胞和巨细胞。肺泡壁、细支气管和血管周围大量单核细胞浸润。

在经小鼠肺炎病毒感染的BHK-21细胞上，可见嗜酸性胞浆包涵体，其超微结构呈细线状，为病毒的核衣壳，直径约12nm，有时与细胞膜上的出芽颗粒连在一起。芽的形态一般是纤长的，直径约100nm，长达3nm，出芽颗粒上常覆盖有长约12nm的纤突。

六、诊　　断

根据临床上出现呼吸道症状和肺脏的灶性实变可做出初步诊断。确诊需进行病毒分离鉴定和血清学诊断。

1. 病毒分离与鉴定 将可疑病料接种HKCC细胞、BHK-21细胞或Vero细胞，37℃培养4～6天后观察细胞病变，采用免疫荧光试验或血凝试验检测细胞培养物中的病毒抗原。也可取病鼠肺组织制作冷冻切片检查有无病毒抗原。贺争鸣等（1995）获得4株小鼠肺炎病毒单克隆抗体，为病毒的检测提供了试剂和较为简便、特异、灵敏的检测方法。

2. 血清学试验 最常用的是血凝抑制试验，也可采用补体结合试验及中和试验，但操作繁琐，实际应用不多。近几年，先后成功地建立了玻片免疫酶法和酶联免疫吸附试验，用于小鼠肺炎病毒血清抗体的检测，取得了良好的效果。

3. 组织病理学诊断 Franklin和Gomatos（1961）将小鼠试验性小鼠肺炎病毒感染病灶称作“典型性病毒性肺炎”，肺泡周围和细支气管壁有散在的局部水肿，单核细胞渗出，少量的多形核白细胞和坏死的上皮细胞，肺泡壁外存在嗜伊红性渗出，但未见出血。

4. 分子生物学诊断 PCR和核酸杂交技术可用于病原的快速诊断。

七、防治措施

1. 治疗 腹腔或鼻腔内接种致死量的灭活病毒可以对小鼠进行有效的免疫（Andrewes，1972）。试验表明，在病毒成熟过程中，通过鼻内接种B型Friedlander杆菌多糖可控制小鼠肺炎的发展，有治疗作用。但上述方法并没有在实际工作中应用的报道。

2. 预防 由于小鼠肺炎病毒不能经胎盘垂直传播，其他哺乳类动物（包括人）不是该病毒的自然宿主，故可采用剖腹产技术和屏障隔离措施建立无小鼠肺炎病毒感染鼠群。饲养室内寒冷、潮湿等环境因素改变，可使鼠群抵抗力下降而诱发本病。因此，加强饲养管理，保持饲养室内环境稳定是预防本病的经常性措施。

八、对实验研究的影响

动物感染小鼠肺炎病毒会对吸入毒理学、肺细胞动力学、代谢学以及免疫学等试验研究产生干扰。

（巩薇　贺争鸣　田克恭）

我国已颁布的相关标准

GB/T 14926.24—2001　实验动物　小鼠肺炎病毒检测方法

参考文献

贺争鸣，卫礼，吴惠英，等．1995. 小鼠肺炎病毒单克隆抗体的研制、鉴定和应用 [J]．单克隆抗体通讯，11 (1)：61－62.

侯云德．1990. 分子病毒学 [M]．北京：学苑出版社：286－313.

田克恭．1991. 实验动物病毒性疾病 [M]．北京：农业出版社：64－68.

吴惠英，雷文绪，王秀清，等．1992. 小鼠肺炎病毒的分离和鉴定 [J]．北京实验动物科学，9 (1)：4－6.

殷震，刘景华．1997. 动物病毒学 [M]．第2版．北京：科学出版社：736－768.

Henry L. Foster，J. David Small，James G. FOX. 1988. 实验小鼠疾病 [M]．北京农业大学实验动物研究所，译．北京：北京农业大学出版社：175－183.

Barr J，Chambers P，Harriott P，et al. 1994. Sequence of the phosphoprotein gene of pneumoniavirus of mice：expression of multiple proteins from overlapping reading frames [J]．J Virol，68：5330－5334.

Bukreyev A，Murphy B R，Collins P L. 1993. Respiratory syncytial virus can tolerate an intergenic sequence of at least 160 nucleotides with little effect on transcription or replication in vitro and in vivo [J]．J Virol，74：11017－11026.

Bukreyev A，Whitehead S S，Murphy B R. et al. 1997. Recombinant respiratory syncytial virus from which the entire SH gene has been deleted grows efficiently incell culture and exhibits site－specific attenuation in the respiratory tract of the mouse [J]．J Virol，71：8973－8982.

Calain P，Roux L. 2003. The rule of six，a basic feature for efficient replication of Sendai virus defective interfering RNA [J]．J Virol.，67：4822－4830.

Gholamreza A，Mehdi S，Andrew JE. 2005. Pneumoviruses：Molecular Genetics and Reverse Genetics [J]．Iran J Biotec.，3 (2)：78－93.

Samal S K，Collins P L. 2003. RNA replication by a respiratory syncytial virus RNA analog does not obey the rule of six and retains a nonviral trinucleotide extension at the leader end [J]．J Virol.，70：5075－5082.

第十五章
布尼亚病毒科病毒所致疾病

第一节　肾综合征出血热
(Hemorrhagic fever with renal syndrome)

肾综合征出血热又称流行性出血热（EHF）是由肾综合征出血热病毒（EHFV）引起的以发热、出血和肾脏损害为主要临床表现的烈性传染病，常见于人，属自然疫源性疾病，宿主以啮齿动物为主。大鼠多表现为隐性感染，感染鼠可长期向外排毒，从而危及人的健康。

一、发生与分布

肾综合征出血热最早发现于人，早在 20 世纪 30 年代就有报道。早期文献使用的名称很多，在朝鲜称朝鲜出血热，在我国和日本称流行性出血热。1981 年 WHO 统一命名为肾综合征出血热（Hemorrhagic fever with renal syndrome，HFRS)。1978 年，韩国学者李镐江从韩国汉坦河（Hantaan）流域捕获的黑线姬鼠肺组织中分离病毒获得成功，之后在欧洲、美洲和我国等地的啮齿动物中也相继分离到多株病毒，并证明其为人肾综合征出血热的病原体。形态学、形态发生学和分子生物学研究发现，它属于布尼病毒科的一个新属，根据其原株的分离地区，将其命名为汉坦病毒属（*Hantaan virus*）。

自 20 世纪 70 年代后期以来，由于实验人员多次感染肾综合征出血热，大鼠作为传染源的问题逐渐引起人们的重视。Umenai（1979）发现实验大鼠肾综合征出血热病毒特异性抗体增高，且与实验人员感染有关。日本学者（1983）从大鼠体内分离到病毒（SR-11 株)。在我国，李燕婷等（1986）检测了上海地区实验大鼠和接触人员的感染情况，结果 10 所实验动物室 110 只大鼠中，14 只大鼠体内存在肾综合征出血热病毒抗原或抗体；从饲养大鼠、小鼠等啮齿动物的饲养人员中也检出肾综合征出血热病毒抗体，而饲养非啮齿动物的饲养人员均为阴性。证实在我国大鼠群中有实验型肾综合征出血热存在，在动物饲养员中有隐性感染。

二、病　　原

1. 分类地位　肾综合征出血热病毒在分类上属布尼亚病毒科（Bunyaviridae)、汉坦病毒属（*Hantavirus*)。

肾综合征出血热病毒抗原决定簇有组特异性和型特异性两种，经放射免疫试验和空斑减少中和试验证实，每株病毒都有其独特的抗原性，同时毒株间存在交叉反应。抗原性差异主要取决于其分离宿主不同，而与分离地区关系不大。根据抗原性不同，可将肾综合征出血热病毒分成 6 个型（表 15-1-1)。我国流行的主要是姬鼠型和家鼠型。

表 15-1-1 HFRS 病毒分型

型别	原株	分离宿主	分布地区
姬鼠型	76-118	黑线姬鼠	亚洲
家鼠型	80-39	褐家鼠	亚洲
棕背鼠平型	Sotkamo	棕背	欧洲
田鼠型	Prospect Hill-I	田鼠	美洲
Maazi	Maazi	黑线姬鼠	欧洲
Leaky	Leaky		美洲

2. 形态学基本特征与培养特性 病毒粒子呈多形性，圆形、椭圆形或不规则状，直径 80～120nm，外表为双层脂蛋白形成的囊膜，表面有纤突。病毒粒子内可见螺旋状微管样结构。病毒成熟方式为芽生，成熟部位包括粗面内质网、高尔基体、包涵体和核膜。感染细胞胞浆中可见嗜酸性包涵体，包涵体呈颗粒状、颗粒丝状或丝状。

肾综合征出血热病毒可在 A549、Vero E6、LLC-MK2、BHK-13 和 2BS 等传代细胞，以及人血管内皮细胞、鼠巨噬细胞和人外周血白细胞等原代细胞中增殖。目前最常用的细胞是 Vero E6 细胞、A549 细胞和 LLC-MK2 细胞。以前多数学者认为病毒在细胞培养中不引起细胞病变，感染细胞在产生成熟病毒的同时，仍能像正常细胞一样增殖。但近年有人注意到病毒在 2BS 细胞和 Vero E6 细胞上可产生细胞病变，也有用 Vero E6 细胞建立空斑方法的报道。另外，有报道在低出条件下（pH 4.7～6.5），肾综合征出血热病毒能使 Vero E6 细胞发生融合，并建立了简便易行的病毒检测方法。

肾综合征出血热病毒在细胞内增殖缓慢，于感染后 8 天滴度达高峰，一般很难超过 106PFU/mL，培养上清液中病毒抗原在感染后 14 天达高峰，感染细胞阳性率与病毒滴度成正相关。

3. 理化特性 肾综合征出血热病毒对脱氧胆酸盐和脂溶剂敏感，紫外线照射可迅速灭活。病毒在 4～20℃条件下较稳定，56℃ 30min 可使 90%病毒失活，60℃/h 可完全灭活病毒。该病毒不耐酸，pH 2～3 条件下 1h 可使其失去感染性。2.6×10^4 Gy γ 射线照射可完全失活病毒。上述方法灭活病毒后仍可保持其抗原性，但病毒血凝素不稳定，56℃ 30min 可使其完全破坏，甲醛也有破坏血凝素的作用，但 β-丙内酯在灭活病毒的同时，可保持其血凝活性。

肾综合征出血热病毒具有血凝活性，在 pH 5.8 条件下可凝集鹅红细胞。

4. 分子生物学 分子生物学研究发现，肾综合征出血热病毒有 3 种结构蛋白，即 G1（分子量 71 424u）、G2（分子量 55 552u）和 NP（分子量 4 464u）。G1 和 G2 是糖蛋白，存在于病毒囊膜中，有血凝活性，能诱导产生中和抗体。NP 是病毒核衣壳蛋白，组特异性抗原决定簇主要存在于 NP 上，用它免疫动物，一般认为不能产生中和抗体。近年研究发现，NP 可能与细胞免疫有关。

肾综合征出血热病毒核酸为分节段的单股负链 RNA，分 3 个片段，即 L、M、S，分子量分别为 2.68×10^6u、1.19×10^6u 和 0.59×10^6u。其 3'末端有一相同的保守核苷酸序列 3'AUG AUG AUG UG，这一序列不同于布尼病毒科中其他属病毒。S 片断编码 NP 蛋白，其反义 RNA 只有 1 个开放阅读框架，含有翻译系统所必需的所有信息，将其 cDNA 重组于杆状病毒，得到了高表达的 NP，并成功地应用于酶联免疫吸附试验。M 片段编码病毒的 G1、G2 糖蛋白，其反义 RNA 也只有 1 个开放阅读框架。L 片段编码病毒多聚酶，对其详细特性缺乏深入研究。

三、流行病学

1. 传染来源 根据流行病学资料，其中只有少数几种鼠种证实为该病的主要宿主动物和传染给人的传染源；黑线姬鼠为姬鼠型肾综合征出血热的主要传染源；褐家鼠为家鼠型肾综合征出血热的主要传染源；大鼠为实验动物型肾综合征出血热的主要传染源。

2. 传播途径 肾综合征出血热主要为动物源性传播，人主要是由于接触带病毒的宿主动物及其排泄物而受感染。李镐江等（1981）用黑线姬鼠试验证实，不同途径接种，以肺内途径最为易感，经口及具内接种也都能使动物感染。接毒后 10 天，动物开始从尿、粪便和唾液向外排毒，从尿中排毒可长达 2 年以上，从粪便和唾液排毒可持续 30 天。病毒在感染动物体内主要分布于肺脏，感染后 150 天内能查到病毒，病毒在肾、肝、唾液腺内也可存活 30 天以上。人工感染大鼠后 60 天内均可使新放入的易感动物发生感染。流行病学观察表明，宿主动物排泄物可通过污染尘埃、食物及破损皮肤引起人的感染。污染的尘埃飞扬形成气溶胶由易感者吸入感染被认为最主要的传播途径，实验动物型肾综合征出血热暴发主要经此方式传播。

近年来，我国学者在螨媒的研究中，取得了有意义的病原学和试验证据。试验证明，厩真厉螨、茅舍血厉螨和柏氏禽刺螨人工感染肾综合征出血热病毒在体内可存活 8～15 天，且柏氏禽刺螨、厩真厉螨和鼠颚毛厉螨可通过叮刺将病毒传给健康乳小鼠。黑线姬鼠南草中的格氏血厉螨和厩真厉螨自然带毒，饲养 45 天的螨仍可分离出病毒，带毒草螨通过叮刺吸血可在乳小鼠间传播病毒，且此 2 种螨可经卵传送病毒。另有研究，从黑线姬鼠巢中捕获的格氏血厉螨、耶氏厉螨和上海真厉螨分离到肾综合征出血热病毒。

关于肾综合征出血热能否经胎盘垂直传播，报道不一。国外有的学者将家鼠型肾综合征出血热病毒 GB-B 株皮下接种妊娠大鼠，预产期前 44h 剖腹取胎并由健康母鼠带乳，结果从这些乳鼠脏器组织中均未查出病毒抗原，而从其母鼠的脏器组织及血、尿中均分离到病毒。近年国内研究发现，孕妇患者和人工感染及自然感染的妊娠鼠类均存在垂直传播现象。从孕妇患者所产死婴的肝、肾和肺中均检出肾综合征出血热病毒抗原，并分离到病毒；从人工感染的妊娠 BALB/c 小鼠的胎鼠脏器中也检出了病毒抗原，并分离到病毒；从自然界捕获的黑线姬鼠和褐家鼠的胎鼠及新生乳鼠脏器（脑、肺、肝）中也检出病毒抗原，并从其血液中检出特异性抗体。

3. 易感动物

（1）自然宿主　肾综合征出血热的自然宿主主要是小型啮齿动物，如姬鼠属、家鼠属、鼠平属、田鼠属、仓鼠属和小鼠属的动物。目前，我国已查出 40 种哺乳动物（包括大、小鼠）自然携带肾综合征出血热病毒抗原或抗体，包括啮齿目 30 种、食虫目 5 种、食肉目 3 种、兔形目 1 种及偶蹄目 1 种。

（2）实验动物　实验大鼠、小鼠。

（3）易感人群　接触鼠类较多的人群，农村主要劳动人群，动物学家、实验动物饲养管理人员、实验研究人员。

4. 流行特征　肾综合征出血热在人群中具有地区性、季节性、普遍易感性等流行特点，在大鼠中主要表现为地区性。肾综合征出血热的流行与主要宿主动物鼠的带病毒率和密度有密切关系。因此，在流行疫区必须加强对实验大鼠的严格管理，以免造成实验大鼠感染。

贯长辉报道 2005—2009 年浙江椒江区肾综合征出血热年平均发病率为 31.8/10 万；许云霞报道 2005—2009 年江苏金坛市 1 818 份血清，抗-HFRS-VIgG 阳性 132 份；王海峰报道 2006—2010 年河南省平均发病率为 0.22/10 万，死亡率 1.28%；陈忠兵报道 2004—2010 年浙江省龙游县平均发病率为 0.78/10 万。

四、临床症状

1. 动物的临床表现　肾综合征出血热是人兽共患病，在人可引起严重疾病，而大鼠感染肾综合征出血热病毒后一般无临床症状，也不发生死亡。乳鼠和成年大鼠对野鼠型肾综合征出血热的一些毒株不易感，但乳大鼠对家鼠型和野鼠型肾综合征出血热毒株均易感，且带毒时间很长，特别是家鼠型毒株在接种后 180 天，检查肺、脾、肝、肠、脑等器官仍有病毒抗原存在。大鼠人工感染后，病毒主要分布于肺、脾、胃、肠、肝、肾等器官，乳大鼠接种后呈全身播散性感染，病毒可侵袭脑、心、皮肤等软组织。目前，日本、韩国、比利时、英国均发现实验大鼠引起的研究人员肾综合征出血热感染。我国也已发生多起感染，因此，应引起重视，有关人员应加强对本病的认识，特别是对早期临床表现的了解，做到早发现、早治疗，提高治疗效果。

乳小鼠对肾综合征出血热病毒易感，病毒经脑或腹腔接种可引起乳小鼠播散性感染，病毒存在于脑膜、垂体、肺、胸腺、心、肝、脾、胰、肾、肾上腺及唾液腺等组织器官中。由于病毒侵袭大脑，引起严重脑炎，使乳鼠发病死亡。存活乳鼠带毒时间可达180天以上。长爪沙鼠对不同来源的肾综合征出血热毒株均易感，经肺内、肌肉、皮下、腹腔、口、鼻等途径接种成鼠第一代即可感染。体内检出特异性荧光最强在7天左右，同时可在其排出的粪便和尿液中分离到病毒。病毒在体内的分布以肺、脾、胃、肠较多，肝、肾、唾液腺次之。

用环磷酰胺处理的金黄仓鼠，经腹腔内、皮下或脑内接种肾综合征出血热病毒，可使动物感染发病。多在感染后7～9天死亡。病鼠表现被毛逆立、身躯蜷曲、活动减少、反应迟钝等症状，这些症状出现后24h以内死亡。病死动物的肺、肾、肝和脑组织中有抗原存在，尤以肺、肾最多。

肾综合征出血热病毒人工感染家兔后8天特异性荧光最强，感染后3～6天有明显的病毒血症，感染后10天抗体迅速增加，至14～21天达高峰。实际工作中多用兔制备高免血清。

2. 人的临床表现 人感染肾综合征出血热后，临床过程轻重不一，且较复杂。典型病例短时间发热后，相继发生休克、出血和急性肾功能衰竭等症状。野鼠型感染病例多为典型重症，而家鼠型感染病例轻症者较多。目前临床上多分5期，即发热期、低血压休克期、少尿期、多尿期和恢复期。轻症病例或早期治疗者，常有“超期”现象，可跳过低血压休克期或少尿期；重症患者，也有前2～3期交叉重叠的，不予详述。

五、病理变化

大鼠感染多无病理变化。黑线姬鼠和褐家鼠感染可见轻度的肺部炎症反应，在肺、肾等脏器中可检出病毒抗原。在乳小鼠、乳长爪沙鼠等动物模型中，可见病变组织广泛性充血、出血、渗出、变性和坏死，其中充血、出血等血液循环障碍以肺、肾最严重，变性、坏死等实质细胞病变以肾、肝、脑最严重。在家鼠型病毒感染的乳长爪沙鼠脑组织中，可见典型的炎症反应，小血管充血明显，周围炎性细胞浸润。用环磷酰胺处理的金黄仓鼠，人工接种肾综合征出血热病毒的主要病理改变是各器官的血液循环障碍和血管损害，表现为血管扩张、充血、出血和浆液渗出，其中以肾、肺最严重。实质器官可见变性、坏死，以肾、肝和脑最严重。

六、诊　　断

由于大鼠感染肾综合征出血热病毒无临床症状，因此，定期进行实验室检查对了解感染情况非常重要。实验室检查包括检查抗原和检查抗体，已建立的方法较多，常用的有以下几种。

1. 病毒分离与鉴定 可采用动物（黑线姬鼠）或传代细胞（Vero E6、A549）等方法分离病毒。新分离物必须做毒株鉴定，以便确诊。

2. 血清学试验

（1）间接免疫荧光试验　是肾综合征出血热的经典检测方法，可检出病毒特异性抗体。其方法是将感染细胞做成抗原片，加待检血清，然后加荧光素标记的羊（或兔）抗鼠抗体，暗室中用荧光显微镜观察结果。

（2）玻片免疫酶法　其用途及操作类似于免疫荧光试验，只是用酶（辣根过氧化物酶或碱性磷酸酶）代替荧光素作标记物。其优点是不需暗室和荧光显微镜，结果可长期保存。

（3）酶联免疫吸附试验　该法敏感、可靠，排除了结果观察时主观因素的影响，可用于特异性抗原或特异性抗体的检查。抗原检查可采用双抗体夹心法，抗体检查可采用特异性较高的抗体捕捉酶联免疫吸咐附验。

（4）血凝试验和血凝抑制试验　血凝试验是根据肾综合征出血热病毒的血凝特性建立的，方法简便，但稳定性和特异性较差。血凝抑制试验可用于检测血凝抑制抗体，方法简单、敏感性较好，但有时有非特异性反应。

（5）空斑减少中和试验　可用于检出中和抗体，方法简单，不需要特殊器材，易于操作，特异性很高。缺点是需时较长。

3. 组织病理学诊断　结合对人及动物组织病变观察及病毒抗原，IB，IC染色，进一步提出病理损伤有三种类型。

（1）细胞病变　是由病毒在宿主细胞内复制导致的细胞结构、功能改变引起的，存在于人及动物组织中。该病变细胞中有病毒颗粒（乳鼠），出现实性及空泡状IB，而Ig、补体阴性，所以不是IC引起的病变。细胞病变分布广，有细胞结构及IB阳性组织结构的破坏，也有细胞增生现象，但出现坏死的细胞数量少，可见病毒对细胞的致病作用是很弱的。大部分细胞病变是可逆性损伤，作者认为细胞病变的作用主要是提供病毒复制场所，产生释放病毒或病毒抗原参与IC形成。另外组织中还存在单个细胞急性凝固性坏死，属于组织细胞对病毒感染的急性反应。

（2）免疫病理损伤　由大量可溶性IC形成，激活补体直接或通过诱发细胞介质引起的血管壁及脏器实质细胞的损伤，在人肾综合征出血热表现明显。提出的主要依据是人体组织中可溶性IC广泛分布，存在IC的组织部位损伤严重，特别是肾小管上皮细胞的免疫病理损伤。IC通过已通透性增加的肾小球毛细血管进入肾小管，被肾小管上皮细胞重吸收，间接引起或IC直接作用于肾小管，引起上皮细胞变性、肿胀，阻塞管腔（特别是近曲小管）；以及上皮细胞坏死、脱落形成管型，合并其他管型阻塞管腔（特别是收集管腔），发生急性肾衰。上述部位IC阳性已充分证实。另外组织间水肿可压迫肾小管，休克等因素可加重加速肾衰发生。而自然感染大鼠IC是以沉积形式出现血管壁，特别是肾小球毛细胞血管壁，但却无明显的血管通透性和肾脏的免疫病理损伤。由此反证，可溶性IC是诱发免疫病理损伤引起肾综合征出血热发病的主要原因。此外，在肾综合征出血热人尸检肝细胞及大鼠心肌和肝细胞，呈散在或节段性IgG阳性，分布于Ig阴性细胞之间。说明Ig阳性细胞有膜的损伤，推测这种膜的损伤可能是免疫介导的损伤。在膜损伤的基础上Ig或IC被动进入细胞内，而出现本文中的染色形态。

（3）组织的大片坏死　由休克合并组织水肿、出血或瘀血引起的组织大片状坏死，坏死呈同步性，组织轮廓存在，细胞结构消失，在坏死区域有IC或IB阳性，大多呈凝固性坏死，常发生于肝、肾、垂体、肾上腺、脑或心肌，无论是死于第一次休克的病例，还是渡过第一次休克，经过较长一段时间后死于医源性休克的病例，在组织中未发现陈旧性坏死灶及坏死周围组织增生。由此可见组织坏死是伴随休克和死亡的发生而发生，而不是引起休克的原因。另外试验性肾综合征出血热感染乳鼠脑组织内也出现海马回部位的同步性凝固性坏死，从坏死的特点分析，也非局部因素引起。

在上述三种损伤中，细胞病变及实质细胞的免疫病理损伤在大鼠、小鼠及人体组织中均存在，前者是后续形成IC及引起免疫病理损伤的条件。大鼠血管壁虽有IC沉积，但未由此而引起明显的血管免疫病理损伤和通透性增加，也无继发性坏死。由此反证，可溶性IC介导的免疫病理损伤是引起肾综合征出血热发病的主要病理损伤，严重的免疫病理损伤可造成休克、组织的大片坏死和病人死亡。

七、防治措施

1. 综合性预防措施　①开展灭鼠运动，从根本上清除传染源；②对实验大、小鼠群定期进行检查，发现感染鼠及时处理；③加强实验室管理，防止饲料、垫料等被野鼠排泄物污染，杜绝外来传染源，特别是在冬春季节，野鼠繁殖活动高峰期，更应该加强管理工作；④加强防护，实验人员与鼠接触或进入动物房应戴口罩，防止被鼠咬伤。

2. 疫苗　国内外对疫苗的研制工作都很重视，我国已有几家单位报道制备了全病毒疫苗，分别从感染的乳鼠脑或原代仓鼠肾细胞中提取病毒，并在动物和人中进行了试验性应用，发现动物经免疫后可产生中和抗体和血凝抑制抗体，人经2～3次免疫后也可发生血清阳转。缺点是经灭活的死疫苗维持人或动物产生的免疫力时间短，且疫苗的成本较高，成分也相当复杂。现在已有人研究减毒的活疫苗，也有人研究基因工程疫苗。用基因工程方法表达肾综合征出血热病毒蛋白组分早有报告，美国学者已经分别在原核细胞和真核细胞中表达了病毒的S片段和M片段，并对表达产物的抗原性进行了分析，发现S片段表达产物不能诱导产生中和抗体，而M片段表达产物G1、G2糖蛋白则能够在小鼠中诱导产生中和抗体，提示其可用于疫苗的制备。但由于表达产量、纯化等因素的限制，至今未见有关应用的报道。相信随着技术方法的不断改进，将来会有高效廉价的基因工程疫苗问世。

八、公共卫生影响

流行性出血热病毒引起的自然疫源性疾病，流行广、病情危急、病死率高、危害极大。所有涉及活病毒的操作必须在BSL-4级实验室中进行。

（王吉　贺争鸣　田克恭）

我国已颁布的相关标准

GB/T 14926.19—2001 实验动物　小鼠汉坦病毒（HV）ELISA检测方法

《中华人民共和国药典》（2010版）　三部（附录Ⅻ H）　鼠源性病毒检查法

参考文献

白雪帆，王平忠. 2011. 肾综合征出血热和汉坦病毒肺综合征研究进展［J］. 中国病毒病杂志，1（4）：241-245.

焦明花. 2009. 早期诊断肾综合征出血热分析［J］. 中外医疗，4（6）：184.

刘敏环. 2011. 169例肾综合征出血热不同分期患者肾功能损害观察［J］. 中国实用医学，6（10）：22-24.

田克恭. 1992. 实验动物病毒性疾病［M］. 北京：农业出版社：145-158.

王海峰，王凯娟. 2011. 河南省2006—2010年肾综合征出血热监测分析［J］. 当代医学，17（11）：233-235.

许云霞. 2011. 2005—2009年金坛市肾综合征出血热监测分析［J］. 江苏预防医学，22（2）：31.

张昌浩，徐庆文，刘景荣. 2011. 2008—2009年周宁县肾综合征出血热监测分析［J］. 预防医学论坛，17（3）：193-195.

张海林，张云智. 2011. 中国汉坦病毒基因型分布［J］. 中国媒介生物学及控制杂志，22（5）：417-420.

邹默，邓璐，张赫男，等. 2011. 肾综合征出血热发病机制的研究现状［J］. 医学综述，17（17）：2666-2668.

Briese T，Bird B，Kapoor V，et al. 2006. Batai and Ngari viruses：M segment reaassortment and association with severe febrile disease outbreaks in East Africa［J］. J Virol，80（11）：5627-5630.

Cavrilovskaya I N，Corbunova E E，Mackow E R. 2010. Pathogenic Hantaviruses direct the adherence of quiescent platelets to infected endothelial cells［J］. Virol，84（9）：4832-4839.

Liashchenko N I，Grabarev P A，Lukin E P. 2006. Hemorrhagic fever with the renalsyndrome：modern aspects of epidemiology and prophylaxis［J］. Voen Med Zh，327（7）：49-54.

Miyamoto H，Kariwa H，Araki K，et al. 2003. Serological analysis of hemorrhagic fever with renal syndrome（HFRS）patients in Far Eastern Russia and identification of the causative hantavirus genotype［J］. Arch Virol，148（8）：1543-1556.

Niklasson B S. 1992. Haemorrhagic fever with renal syndrome，virological and epidemiological aspects［J］. Pediatr Nephrol，6（2）：201-204.

Sironen T，Vaheri A，PIyusnin A，et al. 2001. Molecular evaluation of Puumala hantavirus［J］. J Virol，75（23）：11803-11810.

World Health Organization. 1983. Haemorrhagic fever with renal syndrome：memorandum from a WHO meeting［J］. Bull World Health Organ，61（2）：269-275.

Xu Zhikai，Wang Meixian，Jiang Shaochun，et al. 1986. Detection of epidemic hemorrhagic fever virus antigen by a double monoclonal antibody ELISA indirect sandwich method［J］. Chinese Journal of Virology，04.

Zeier H M，Bahr U，Rensch B，et al. 2005. New ecological aspects of hantavirus infection：a change of a paradigm and a chllenge of prevention-a review［J］. Virus Genes，30（30）：157-180.

Zhang Hongyi，et al. 1985. Rapid early diagnosis of hemorrhagic fever with renal syndrome［J］. Journal of The Fourth Military Medical University，03.

Zhang X，Chen H Y，Zhu L Y，et al. 2011. Comparison of Hantaan and Seoul viral infections amongpatients with hemorrhagic fever with renal syndrome (HFRS) in Heilongjiang, China [J]. Scand J Infect Dis, 43 (8): 632 - 641.

第二节　汉坦病毒肺综合征
(Hantavirus pulmonary syndrome)

汉坦病毒肺综合征（Hantavirus pulmonary syndrome）主要是动物感染汉坦病毒亚型辛诺柏病毒（*Sin Nombre virus*，SNV）所致，辛诺柏病毒又称四角病毒或无名病毒。根据病毒核苷酸序列的测定，目前认为引起汉坦病毒肺综合征的病原至少有5型汉坦病毒属相关病毒，除辛诺柏病毒外，还包括纽约病毒（*New York virus*，NYV）、纽约Ⅰ型病毒（NYV-1）、长沼病毒（*Bayou virus*，BAYV）、黑港渠病毒（*Black Creek. Canal virus*，BCCV）以及安第斯山病毒（*Andes virus*，ANDV）等。该类病毒主要侵犯肺脏。该病来势凶猛，病死率高达50%～78%。

一、发生与分布

该病最早于美国出现，现呈世界性分布。1993年5月在美国新墨西哥城发现一例21岁女性与一名同居19岁男性不明原因死亡。据查两人死前5天患同样疾病，即突然发生咳嗽、发热、肌痛和头痛，迅即出现非心源性肺水肿。患者死后8天，女方兄弟也患相似症状，4天后兄弟的妻子又患同样疾病。同年6月共发现24名病人患同一奇特疾病，其中12例死亡。不到2年时间已发现近100例患者，主要表现汉坦病毒肺综合征（Hantavirus pulmonarysyndrome，HPS）。

自1993年确诊汉坦病毒肺综合征在美国西南的四角地区流行以来，美国已有30个州发现病例。除美国外，美洲的加拿大、巴西、巴拉圭、阿根廷、智利、玻利维亚以及欧洲的德国、南斯拉夫、瑞典、比利时等国均报告了发生汉坦病毒肺综合征的病例。在美国作为回顾性诊断，1959年1例符合汉坦病毒肺综合征的临床表现经治疗而痊愈的患者，1994年随访时检出抗辛诺柏病毒IgG抗体。Zaki等对1993年以前死于非心源性肺水肿的82例患者的尸检组织进行免疫组化检查，发现21例均存在汉坦病毒抗原，证明为汉坦病毒肺综合征；最早1例是1978年发病，汉坦病毒抗原广泛沉着于内皮细胞内与新近发生的汉坦病毒肺综合征相同。说明汉坦病毒肺综合征在50年代已经存在，但当时未形成流行，是人们对其并不认识而已。因而流行地区除美洲和欧洲外，很可能其他洲亦存在。尤其是我国作为流行性出血热的高发区，存在的可能性更大，需医务工作者注意观察和发现。

二、病　　原

1. 分类地位　美国CDC等单位的科研人员应用间接免疫荧光抗体试验和ELISA从汉坦病毒肺综合征患者血清中检出可以和汉坦病毒抗原起反应的IgM和IgG抗体。后应用普马拉病毒（*Puumala virus*）和汉坦病毒（*Hantavirus*）的核苷酸序列设计的引物，应用逆转录聚合酶链反应的方法（RT-PCR），从患者的肺及其他器官组织中扩增出汉坦病毒的核苷酸序列，证实该病病原是一种新的汉坦病毒。根据最早发现该病毒的地区而将病毒命名为四角病毒（*Four corners virus*），后来又重新命名为辛诺柏病毒（*Sin Nombre virus*，SNV），亦称无名病毒。

辛诺柏病毒（*Sin Nombre virus*，SNV）属汉坦病毒属。汉坦病毒归属于布尼亚病毒科，是有包膜分阶段的负链RNA病毒。早年已知的汉坦病毒引起肾病综合征出血热（Hemorrahgic fever with renalsyndrome，HFRS）。而这一新的汉坦病毒毒株是以肺部损害为特征，对人体更具破坏性，引起急性肺综合征。新汉坦病毒是单股RNA病毒，有大、中、小（L、M、S）3个基因组片断，至少在近30%核苷酸排列顺序上与其他汉坦病毒不同。M编码复制一个糖蛋白前体，糖蛋白前体再分成G1、G2两个表面糖蛋白。S编码复制核衣壳蛋白（N）。这个新型汉坦病毒在结构上与ProspectHill和Pu-umala-viruses有许多相同处。根据它的不同基因型，推测这个新型的汉坦病毒不是突变后才引起人肺部疾病的病毒，而是已存在许多年没有被人们认识。

对辛诺柏病毒的进一步研究发现基因重排非常常见，因此该病毒存在着不同亚型。应用定量 PCR 的方法测定辛诺柏病毒的 L、M、S 片段 mRNA 的转录，发现 3 个片段 mRNA 转录开始的时间不同，达到峰值和持续时间均不同。根据病毒核苷酸序列的测定，目前认为引起汉坦病毒肺综合征的病原至少有 5 型汉坦病毒属相关病毒，除辛诺柏病毒外，还包括纽约病毒、纽约Ⅰ型病毒、长沼病毒、黑港渠病毒以及安第斯山病毒等。以上 5 种汉坦病毒肺综合征相关病毒的免疫源性与引起肾综合征出血热的Ⅲ型普马拉病毒和Ⅳ型希望山病毒有弱的中和反应，但与Ⅰ型汉滩病毒（HTNV）和Ⅱ型汉城病毒（SEOV）却很少有交叉中和反应。

2. 形态学基本特征与培养特性 辛诺柏病毒电镜检查是一种粗糙的圆球形，平均直径 112 nm，有致密的包膜及细的表面突起，7 nm 长的丝状核衣壳存在于病毒颗粒内。病毒包涵体存在于感染细胞浆中，随着切面的不同而呈球形或丝状。以上特征与其他汉坦病毒相似，但与其他汉坦病毒和多数布尼亚科病毒从滑面内质网出芽不同，辛诺柏病毒从感染细胞质膜出芽，形成直径约 28nm 的管状凸起，偶尔也看见直径 47nm 的病毒样颗粒从内质膜出芽。免疫电镜显示，病毒抗原存在于病毒颗粒、包涵体和管状突起中。辛诺柏病毒可在 Vero - E6 细胞中增值。

3. 理化特性 肾综合征出血热病毒对脱氧胆酸盐和脂溶剂敏感，紫外线照射可迅速灭活。病毒在 4～20℃条件下较稳定。56℃ 30min 可使 90%病毒失活，60℃/h 可完全灭活病毒。该病毒不耐酸，pH 2～3 条件下 1h 可使其失去感染性，2.6×10^4 Gy γ 射线照射可完全失活病毒。上述方法灭活病毒后仍可保持其抗原性，但病毒血凝素不稳定，56℃ 30min 可使其完全破坏，甲醛也有破坏血凝素的作用，但 β-丙内酯在灭活病毒的同时，可保持其血凝活性。

4. 分子生物学 Li DX 等对分离自加利福尼亚鹿鼠的两株辛诺柏病毒的 M 和 S 全基因序列以及部分 L 基因序列进行的系统发生分析表明，辛诺柏病毒是一种新型汉坦病毒，与 PH 型病毒同源性很高。两株病毒的 M 基因片段均由 3 696 个核苷酸组成，仅存在一个长的开放读码框架（ORF），编码 1 140 个氨基酸，多肽分子量约为 126kDa，其中 G1 约 70kDa、G2 约 53.7 kDa。ORF 前、后分别有 51 个和 222 个核苷酸的非编码序列。与其他血清型汉坦病毒相同，M 片段富含半胱氨酸（5.4%）。半胱氨酸残基的位置在各种汉坦病毒中比较保守，表明了蛋白结构的相似性。G1 蛋白氨基酸序列中有 3 个天门冬酰胺连接的糖基化位点，G2 蛋白氨基酸序列中有 1 个，与 HTN、SEO、PUU、PH 型 HV 相同。而 HTN 和 SEO 型病毒在 G1 蛋白多含有 2 个，PH 型病毒在 G1 蛋白多含 1 个，PUU 型病毒在 G1 和 G2 各多含有 1 个糖基化位点。SN、HTN、SEO、PUU、PH 型病毒 M 基因产物的亲水图相互重叠，也表明了膜蛋白结构的保守性。同其他汉坦病毒相同，辛诺柏病毒的 G1 和 G2 蛋白氨基端有典型的亲水性信号序列，跨膜区含有一个基因间区，但确切的 C 端在所有汉坦病毒的 G1 蛋白均不确定。在所编码多肽的氨基端之前，氨基酸系列 WAASA 比较保守，A 残基可能是间区信号序列的信号酶位点。同其他汉坦病毒一样，连于 G2 C 端的氨基酸高度疏水，随后是一个亲水残基，表明膜锚定蛋白区域的存在。两株辛诺柏病毒的 S 基因片段分别由 2 083 个和 2 047 个核苷酸组成，含有 1 个由 1 287 个核苷酸组成的 ORF，起始于 cRNA5’端 43 位。辛诺柏病毒不同于其他汉坦病毒，S 片段 3’端具有长的非编码区，分别含 757 个和 721 个核苷酸，所以虽然辛诺柏病毒的 S 片段较长，但所编码的多肽却比 HTN 少 1 个氨基酸，比 PUU 和 PH 少 5 个氨基酸。S 片段还含有一个 192 个核苷酸的潜在 ORF，编码 63 个氨基酸的多肽，分子量约 7.6kDa。PUU 和 PH 病毒同样存在表达 10～11kDa 蛋白的潜在编码区，而 HNT、SEO 病毒未发现类似的基因结构，但目前各型病毒均未发现产生这一分子量的蛋白。辛诺柏病毒的 S 片段 3’端非编码区高度保守，有许多不完全的重复序列，可能是特定序列滑动聚合的结果。

Chizhikov VE 等对另一株分离自 HPS 病人的辛诺柏病毒序列分析表明，L 片段含有 6 562 个核苷酸，与其他汉坦病毒相似。具有一个长的 ORF，位于正链模板 5’端 36～6 495 位，编码 2 153 个氨基酸的 L 聚合酶，分子量约 246 408Da。L 片段的 5’和 3’端非编码区分别含有 35 个和 65 个核苷酸。系统发生分析表明，辛诺柏病毒的 L 片段序列与 SEO、HTN、PUU 病毒具有相似性，其中与 PUU 同源性最高，核苷酸水平 71%相同，氨基酸水平 78%相同；与其他布尼亚科成员也有一定的相似性。以往对分节段或不分节段的负链RNA病毒的L蛋白的研究结果表明，保守的功能区和多变区间隔存在。大部分已经确定的保守序列在辛诺柏病毒的L蛋白也可发现，并且多位于高度保守的蛋白氨基端一侧。布尼亚病毒和沙粒病毒L蛋白的两个新近确定功能未知的N端保守序列，在辛诺柏病毒的L蛋白也可发现。在L蛋白C端一侧存在汉坦病毒高保守区，包含一个富含酸性残基的区域。以上这些L蛋白高保守区域，在L聚合酶的结构组成或与细胞因子相互作用中有重要作用。

不同血清型汉坦病毒的S、M、L 3个片断末端，14个核苷酸序列高度保守。3’端为AUCAUCAUCUGAGG，5’端为UAGUAGUAU（G/A）CUCC。辛诺柏病毒的RNA各片断同样含有保守的末端，能够形成柄状结构。RNA末端某些位点的不完全互补现象，可能与聚合酶结合以及RNA的转录和复制有关。汉坦病毒的RNA3’1～14位的保守区，在包壳化起始和/或RNA聚合酶的结合中起作用；20～28位的不同序列，决定RNA片断转录或复制的不同速度。与其他布尼亚病毒RNA5’端的三磷酸结构不同，汉坦病毒的RNA5’端具有单磷酸结构，表明其使用不同的复制起始机制或经焦磷酸酶作用，三磷酸发生了降解。

三、流行病学

1. 传染来源　该病宿主动物和传染源是啮齿类动物。被感染的动物并无症状，但其排出的大小便和分泌物含有汉坦病毒，并可持续带毒数周以上。

2. 传播途径　直接接触或经皮入血，被带病毒动物咬伤，以及受感染动物的排泄物如唾液、尿、粪直接侵入破损皮肤或黏膜均可感染发病；

呼吸道传播，吸入受感染动物的排泄物，可经呼吸道黏膜侵入肺；

消化道传播，食入被污染的食物和水，可引起流行。它不同于既往已知的汉坦病毒株，这种新的病毒并不通过节肢动物作为传播媒介。

与肾综合征出血热不同的是，汉坦病毒肺综合征没有发现母婴垂直传播。新近Howard等报告5例妊娠期妇女感染辛诺柏病毒引起汉坦病毒肺综合征。此5例妇女年龄20～34岁，妊娠13～29周时发病，其中1例死亡，有2例流产。对流产的2例胎儿和3个胎盘进行免疫组化检查，均未发现汉坦病毒抗原。他们对另外3例存活的婴儿进行血清学检查，没有发现存在抗体。因而认为没有证据表明辛诺柏病毒能引起垂直传播。

3. 易感动物

（1）自然宿主　该病宿主动物和传染源是啮齿类动物。目前已发现辛诺柏病毒主要的宿主动物是广泛分布在北美的苍鼠科的鹿鼠（*Peroyscus maniculatus*）。在鹿鼠分布区域之外的病例与其他啮齿类动物宿主有关。如在佛罗里达分离的黑港渠病毒（BCCV），主要宿主动物为刺毛棉鼠（*Sigmodon hispidus*）；路易斯安那州分离的长沼病毒（BAYV），主要宿主动物为米鼠（*Oryzomys palustris*）；纽约州分离的纽约病毒（NY）和纽约Ⅰ型病毒，主要宿主动物为白足鼠（*Peromyscus leucopus*）；分离自阿根廷的安第斯山病毒（ANDV），宿主动物为长尾米鼠（*Oligoryzomys longicaudatus*）；稻田大鼠携带长沼病毒，棉鼠携带黑港渠病毒。近年来研究结果表明汉坦病毒肺综合征宿主广泛，但绝大部分是鼠类，因此，鼠的种类基本决定了所携带的病毒型别。汉坦病毒肺综合征变异株具有地理簇集性，汉坦病毒肺综合征和其宿主共进化。

（2）实验动物　苍鼠亚科动物较易感。日本的Seto等2012年首次报道，从俄罗斯远东地区黑线姬鼠体内分离的汉坦病毒AA57株，能感染2周龄ICR小鼠而导致肺部疾病。

（3）易感人群　人群对汉坦病毒肺综合征普遍易感。根据1995年美国汉坦病毒肺综合征122例报告，主要感染具有劳动能力的男性青壮年。发病年龄11～69岁，平均年龄35岁，男女比例55∶45。大部分患者居住于农村，此外动物学家和现场工作者易感染本病。

4. 流行特征　汉坦病毒肺综合征一般多发生在春季和冬季，感染率最高分别达33.5%和27.6%，全球报告死亡率达39.3%。秋季亦有病例报告。据美国MacNeil A 2011年报道美国自1993—2009年共确诊汉坦病毒肺综合征病例510例，每年发病病例从最低11例，到最高48例不等。该病主要出现在美国西部和西南部地区，到2009年在美国已有30个州发生过汉坦病毒肺综合征病例。

四、临床症状

1. 动物的临床表现 被感染的苍鼠亚科动物并无症状。日本的Seto等2012年报道，人工感染ICR小鼠，症状和汉坦病毒肺综合征相似。小鼠感染后主要表现肺水肿、出血、有炎症性渗出物，血管功能退化，在肺上皮细胞能检测到病原。

2. 人的临床表现 至于该病的潜伏期，Young等对自然感染汉坦病毒肺综合征的病例进行潜伏期的测定，他们对来自美国30个州200例患者中的11例进行细致再检查和分析，包括对接触的啮齿类动物进行病毒分离等，最后认为汉坦病毒肺综合征的潜伏期是9～33天，平均14～17天。该病病程分为三期，即前驱期、呼吸衰竭期和恢复期。患者发病多急骤，发病之初有前驱症状，如畏冷、发热、肌痛、头痛、乏力等中毒症状，亦可伴有恶心、呕吐、腹泻、腹痛等胃肠症状。发热一般为38～40℃，以上症状持续短者12h，长者数日，多数2～3天后迅速出现咳嗽、气促和呼吸窘迫而进入呼吸衰竭期，此期为非心源性肺水肿，体检可见呼吸增快，常达20～28次/min或以上，心率增快，达120次/min，肺部可闻及粗大或细小湿啰音，少数患者出现胸腔积液或心包积液。重症患者可出现低血压、休克、心力衰竭以及窦性心动过缓或窦性心动过速等心律紊乱。仅少数患者发现睑结膜充血，球结膜水肿，皮肤黏膜出血点或出血斑。由辛诺柏病毒、纽约病毒和纽约-Ⅰ型病毒所引起者一般没有肾损害。而由长沼病毒和黑港渠病毒所引起者则伴有肾损害，因而可以出现少尿。一般呼吸衰竭持续1周左右。能渡过呼吸衰竭期的患者逐渐进入恢复期，尽管辛诺柏病毒引起的感染多数具有呼吸窘迫等肺综合征，此时呼吸平稳、缺氧纠正，唯少数患者仍可见持续低热，体力尚需一段时间才能恢复。但亦有部分患者无肺综合征表现。Kitsutani等报告5例急性辛诺柏病毒感染者，有特征性前驱症状，但没有严重的肺部表现。

五、病理变化

1. 大体解剖观察 不同病毒引起的汉坦病毒肺综合征，其病理变化有差异。辛诺柏病毒引起的汉坦病毒肺综合征有严重的肺水肿和胸膜液，但没有腹膜渗出。肾脏、心脏和脑部肉眼观正常，少数病人有胃肠出血。而由长沼病毒引起的病理检查除肺水肿和肺不张外，可见严重胸膜渗液，腹膜和心包渗液以及脑水肿。肾脏病变与早期肾小管坏死相一致。

2. 组织病理学观察 辛诺柏病毒引起的汉坦病毒肺综合征，肾脏、心脏和脑部显微镜检无明显异常。少数病人脾脏轻度肿大，脾小动脉及红髓区可见异型淋巴细胞，多数患者在肺、骨髓、淋巴结、肝、脾能发现大量免疫母细胞型细胞。由长沼病毒引起的汉坦病毒肺综合征，显微镜检可见肺泡内水肿，有少至中等量的透明膜。肺间质有水肿并可见少到中等量的淋巴细胞浸润，可见间质性肺炎、肺泡内外有单核细胞和中性粒细胞浸润，肺泡内可见大量水肿液和纤维素，并可观察到肺泡Ⅱ型细胞的增生。

六、诊　　断

1. 临床诊断 主要根据有发热、肌痛、头痛、乏力等中毒症状和迅速出现咳嗽、气促、呼吸频率和心率明显增快，缺氧等呼吸窘迫症进行初步诊断。亦可根据病理组织学改变进行诊断。存在血压偏低或休克；白细胞计数升高，核左移，并可见异型淋巴细胞；血红蛋白和红细胞升高，红细胞压积容积增高，血小板减少；血气分析动脉氧分压降低，胸片示间质性肺水肿。血管渗透性增高所致的肺水肿，因此肺动脉楔状压是低的，早期胸片检查肺间质渗出为主。确诊需进行实验室检查，出现血液浓缩，血小板减少，白细胞增高、核左移，出现晚幼粒细胞和异型淋巴细胞，为肺部弥漫性病变。

2. 病毒分离与鉴定 汉坦病毒肺综合征感染动物或人相关组织，经无菌处理后接种Vero-E6细胞，2～3天后滴片，用特异性IgM和IgG进行免疫荧光试验或免疫酶试验。也可采用电镜观察细胞培养物中的病毒形态，通过病毒形态进行鉴定。

3. 血清学试验 间接免疫荧光试验、玻片免疫酶试验、酶联免疫吸附试验、血凝和血凝抑制试验、空斑减少中和试验等均可用于汉坦病毒肺综合征患者特异性抗体检查。特异性 IgA 抗体也可在急性汉坦病毒肺综合征病人的唾液中检出。抗原检查可采用双抗体夹心法进行检测。

为了解各种抗体出现的情况，新近 Bostik 对 22 例急性期 HPS 患者的血清标本进行 SNV 抗体检测，发现 SNV 特异性 IgM100％阳性，而特异性 IgA 阳性率为 67％，至于恢复期特异性 IgG，出现最高的是 IgG3（97％），继之为 IgG1（70％），IgG2 为 30％，而 IgG4 为 3％。为快速、准确诊断 HPS，Pudula 等应用阿根廷 HPS 的主要病原 Andes 病毒重组的核衣壳蛋白作抗原，采用固相酶免疫试验检测特异性 IgG 和 IgA，应用捕捉 ELISA 法检测 IgM，对 135 例 RT - PCR 认可的 HPS 病例，77 例其他呼吸道感染的病例和 957 例来自疫区和非疫区的健康居民进行检查，结果 HPS 的早期患者均有很强的特异性 IgM、IgG 和 IgA 反应，IgM 最早出现在发生症状后第 1 天，IgG 在第 7 天，IgA 在第 1 天。IgM 抗体在所有病人的第 1 次标本中均阳性。IgM 和 IgG 的特性和敏感性均为 100％。

4. 分子生物学诊断 PCR 和核酸杂交技术已成功应用于 HPS 感染病人的快速诊断。

七、防治措施

1. 治疗 由于本病在阿根廷暴发流行时，流行病学研究曾提示存在着人与人之间传播，因此患者应严密隔离。发病后应早期卧床休息，适当补充水分，可静脉滴注平衡盐溶液和葡萄糖盐水，高热患者以物理降温为主，亦可给予糖皮质激素静脉滴注。鉴于汉坦病毒Ⅰ、Ⅱ型感染的肾综合征出血热，早期应用利巴韦林（ribavirin）抗感染治疗有效，因此美国 CDC 批准本病早期亦可以试用利巴韦林。新近美国利巴韦林研究组总结了 1993 年 6 月～1994 年 9 月利巴韦林治疗 HPS 效果，30 例确诊 HPS 患者病死率为 47％（14/30），与同期未进入研究的 34 例 HPS 患者相对比，不能提示利巴韦林有明显效果。因而认为需要一种随机、安慰剂作对照的试验来评价利巴韦林治疗 HPS 的效果。

临床上出现呼吸困难或低血氧时，应及时给氧，可用鼻管或面罩吸氧。亦可用 95％酒精雾化给氧，患者烦躁时给予镇静药。若病情加重或吸氧无效，动脉血氧持续低于 8kPa（60mmHg）以下，应及时改用机械通气。应用人工呼吸机进行呼气末正压呼吸，直至临床症状好转。此外主张应用大剂量糖皮质激素，以降低肺毛细血管通透性，缓解支气管痉挛，刺激Ⅱ型肺泡细胞合成和分泌肺表面活性物质，减轻肺泡萎缩。可应用地塞米松 30～60mg/d，静脉滴注。出现低血压休克时，应及时补充血容量，可应用平衡盐液，低分子右旋醣酐、甘露醇或白蛋白。补容期间应密切观察血压变化，调整输液速度，若经补容后血压仍不能维持者，应注意纠正酸中毒，必要时应用血管活性药如多巴胺等静脉滴注。血压正常后仍需维持输液 24h 以上。

根据 1995 年美国很少或没有检出这些细胞。因而认为局部细胞因子产物可能在 HPS 发病机制中起重要作用。关于体液免疫反应是否介导病毒的清除和促进机体恢复。Bharadwa 等对 26 例 SNV 感染者的系列标本进行重组病毒核蛋白（N）及糖蛋白 G 抗原的 IgG、IgA 和 IgM 检测。同时也测定 SNV 的中和抗体。结果发现进院时重型患者较轻型患者 IgG 和中和抗体均明显降低。因而认为中和抗体是一种有效清除 SNV 的抗体。同时预示可以应用 SNV 的中和抗体进行被动免疫治疗 HPS。

2. 预防

（1）综合性预防措施 ①应用药物或机械等方法开展灭鼠运动，从根本上清除传染源；②对实验大、小鼠群定期进行检查，发现感染鼠及时处理；③加强实验室管理，防止饲料、垫料等被野鼠排泄物污染，杜绝外来传染源，特别是在冬春季节，野鼠繁殖活动高峰期，更应该加强管理工作；④加强防护，注意个人卫生，动物学家和现场生物工作者尽量不用手接触鼠类及其排泄物。实验人员与鼠接触或进入动物房应戴口罩，防止被鼠咬伤。⑤医务人员接触病人时，应注意隔离。

（2）疫苗 目前研制的汉坦病毒Ⅰ型和Ⅱ型疫苗对汉坦病毒肺综合征的各亚型病毒，没有互相交叉免疫作用，因此需继续研制有效的疫苗。

八、公共卫生影响

该病传播快、病死率高，啮齿类是该病的主要宿主和传染源，而啮齿类动物分布广泛，因此世界各地都面临着汉坦病毒肺综合征的威胁。肺水肿和休克的病理生理变化是威胁生命的重要因素。人主要通过啮齿类动物传染，多数病例是由于人接触动物或动物分泌物而感染发病，因此加强灭鼠和个人防护十分重要。

（王吉）

我国已颁布的相关标准

GB/T 14926.19—2001 实验动物 小鼠汉坦病毒（HV）ELISA 检测方法

《中华人民共和国药典》(2010 版) 三部（附录Ⅻ H） 鼠源性病毒检查法

参考文献

白雪帆，王平忠．2011. 肾综合征出血热和汉坦病毒肺综合征研究进展［J］．中国病毒病杂志，1（4）：241 - 245.

刘肇杰．1997. 一种新的疾病：汉坦病毒肺综合征［J］．国外医学儿科分册，24（1）：1 - 4.

龙宝光．1997. 汉坦病毒肺综合征的流行概况［J］．国外医学（流行病学传染病学分册），24（5）：200 - 203.

罗端德．2003. 汉坦病毒肺综合征研究若干进展［J］．内科急危重症杂志，9（3）：170 - 173.

孙黎．2005. 汉坦病毒及其所致的疾病［J］．地方病通报，20（4）：88 - 89.

Baccaro F G，Rovasio J L，Laguardia S，et al. 2010. Hantavirus pulmonary syndrome in the Atlantic Argentinean Patagonia region［J］. East Afr J Public Health，7（1）：105 - 108.

Boroja M，Barrie J R，Raymond G S. 2002. Radiographic finding in 20 patients with Hantavirus pulmonary syndrome correlated with clinical outcome［J］. Am J Roentgenol，178（1）：159 - 163.

Bostik P，Winter J，Ksiazek T G，et al. 2000. Sin nombre virus（SNV）Ig isotype antibody response during acute and convalescent phases of hantavirus pulmonary syndrome［J］. Emerg Infect Dis，6（2）：184 - 187.

Carneiro M，Koch B E，Krummenauer E C，et al. 2011. Hantaviruspulmonary syndrome：when should you consider this diagnosis?［J］. Braz J Infect Dis，15（3）：298 - 299.

Castillo C，Naranjo J，Sepulveda A，et al. 2001. Hantavirus pulmonary syndrome due to Andes Virus in Temuco，Chile，clinical experience with 16 adults［J］. Chest，120（2）：548 - 554.

Centers for Disease Control and Prevention（CDC）. 2011. Notes from the field：hantaviruspulmonary syndrome - Maine，April 2011［J］. MMWR Morb Mortal Wkly Rep，60（23）：786.

Crowley M R，Katz R W，Kessler R，et al. 1998. Successful treatment of adults with severe Hantavirus pulmonary syndrome with extracorporeal membrane oxygenation［J］. Crit Care Med，26（2）：409 - 414.

da Rosa Elkhoury M，da Silva Mendes W，Waldman E A，et al. 2012. Hantavirus pulmonary syndrome：prognostic factors for death in reported cases in Brazil［J］. Trans R Soc Trop Med Hyd，106（5）：298 - 302.

Ferreira M S，Nishioka S，Santos T L，et al. 2000. Hantavirus pulmonary syndrome in Brazil：clinical aspects of three new cases［J］. Rev Inst Med Trop Sao Paulo，42（1）：41 - 46.

Figueiredo L T，Moreli M L，Almeida V S，et al. 1999. Hantavirus pulmonary Syndrome（HPS）in Guariba，SP，Brazil. Report of 2cases［J］. Rev Inst Med Trop Sao Paulo，41（2）：131 - 137.

Gavrilovskaya I N，Brown E J，Ginsberg M H，et al. 1999. Cellular entry of Hantaviruses which cause hemorrhagic fever with renal syndrome is mediated by beta 3 integrins［J］. J Virol，73（5）：3951 - 3959.

Howard M J，Doyle T J，Koster F T，et al. 1999. Hantavirus pulmonary syndrome in pregnancy［J］. Clin Infect Dis，29（6）：1538 - 1544.

Hutchinson K L，Rollin P E，Shieh W J，et al. 2000. Transmission of Black Creek Canal virus between cotton rats［J］. J Med Virol，60（1）：70 - 76.

Kanerva M，Mustonen J，Vaheri A，et al. 1998. Pathogenesis of puumala and other hantavirus infections［J］. Rev Med Virol，8（2）：67 - 86.

Knust B，Macneil A，Rollin P E. 2012. HantavirusPulmonary Syndrome Clinical Findings：Evaluating a Surveillance Case

Definition [J] . Vector Borne Zoonotic Dis，12 (5)：393 - 399.

MacNeil A，Ksiazek T G，Rollin P E. 2011. Hantaviruspulmonary syndrome，United States，1993 - 2009 [J] . Emerg Infect Dis，17 (7)：1195 - 1201.

Macneil A，Nichol S T，Spiropoulou C F. 2011. Hantavirus pulmonary syndrome [J] . Virus Res，162 (1 - 2)：138 -147.

Seto T，Nagata N，Yoshikawa K，et al. 2012. Infection of Hantaan virus strain AA57 leading to pulmonary disease in laboratory mice [J] . Virus Res，163 (1)：284 - 290.

Terajima M，Hendershot J D，Kariwa H，et al. 1999. High levels of viremia in patients with the Hantavirus pulmonary syndrome [J] . J Infect Dis，180 (6)：2030 - 2034.

Van Epps H L，Schmaljohn C S，Ennis F A. 1999. Human memory cytotoxic T - Lymphocyte (CTL) responses to Han taan virus infection：Idedtification of virus - specific and cross - reactive CD8 (＋) CTL epitopes on nucleocapsid protein [J] . J Virol，73 (7)：5301 - 5308.

Zaki SR，Greer P W，Coffield L M，et al. 1995. Hantavirus pulmonary syndrome：Pathogenesis of an emerging infectious disease [J] . AM J Pathol，146 (3)：552 - 579.

第十六章
砂粒病毒科病毒所致疾病

第一节　淋巴细胞性脉络丛脑膜炎
(Lymphocylic choriomeningitis)

淋巴细胞性脉络丛脑膜炎（Lymphocylic choriomeningitis，LCM）是由淋巴细胞性脉络丛脑膜炎病毒引起的人和多种动物共患的病毒性疾病。小鼠感染表现大脑型、内脏型和迟发型3种病型，人感染主要表现流感样症状和脑膜炎。

一、发生与分布

Armstrong等（1934）将死于脑炎的一名病人的病料处理后经大脑接种猴首次分离到淋巴细胞性脉络丛脑膜炎病毒。之后，Rivers等（1935）又从两名无菌性脑炎患者分离到该病毒。Traub（1935）同时发现患相似疾病的小鼠也可感染淋巴细胞性脉络丛脑膜炎病毒，并确定家鼠是该病毒的自然宿主。

淋巴细胞性脉络丛脑膜炎病毒在自然条件下仅感染啮齿类动物。目前世界上啮齿类动物有1 700多种，分属34个科，淋巴细胞性脉络丛脑膜炎病毒仅感染鼠科和仓鼠科的动物。

人淋巴细胞性脉络丛脑膜炎病毒感染非常广泛，北美、南美、亚洲和欧洲均有报道。20世纪60年代初我国已多次报道人感染该病毒。目前，在我国实验鼠群中仍有该病散发性流行。吴惠英等（1989）对1982—1987年全国21个省市共2 824只送检小鼠进行了抗体检测，发现13个省市的鼠群中有淋巴细胞性脉络丛脑膜炎病毒抗体，其中以山东、河南、北京、安徽、浙江等地抗体阳性率较高。应贤平等（1995）对67份饲养在开放系统中长爪沙鼠血清进行检测，抗体阳性率为6.0%。王吉等（2008）利用ELISA方法检测全国范围148只小鼠，抗体阳性率为3.38%（5/148）；邢进等利用套式PCR检测，抗原阳性率为1.35%（2/148）。淋巴细胞性脉络丛脑膜炎是一种人兽共患病，因此，在建立无淋巴细胞性脉络丛脑膜炎病毒鼠群的同时，应注意研究人员和动物饲养人员的自身防护。

二、病　　原

1. 分类地位　淋巴细胞性脉络丛脑膜炎病毒（*Lymphocylic choriomeningitis virus*，LCMV）在分类上属砂粒病毒科、砂粒病毒属。

2. 形态学基本特征与培养特性　在淋巴细胞性脉络丛脑膜炎病毒感染细胞的超薄切片中病毒粒子具有囊膜，呈圆形、卵圆形或多形性，直径50～300nm。病毒粒子内部空虚，含有数量不等、大小20～25nm的电子致密颗粒，形似病毒内部嵌入砂粒。

LCMV可在鸡胚绒毛尿囊膜上增殖，但不产生可见的病斑。在来自人、鸡、小鼠、猴、牛等许多动物的传代细胞或原代细胞中亦可生长，但不产生细胞病变。只在适应之后，才有可能产生细胞病变。如在Vero细胞上适应之后，培养7～13天可见明显的细胞病变，感染后48～72h，胞浆内可见核蛋白体样团聚颗粒，当病毒芽生成熟时，这些粒子（1个或多个）进入病毒粒子内。感染性LCMV的复制，不论在体内或体外，都伴随着一部分无感染性的颗粒产生。这些颗粒可抑制细胞的致病作用，并使感染性病毒的产量减少，称为缺损性干扰颗粒。LCMV 的缺损性干扰颗粒具有干扰能力，但其复制不需要帮助，也没有富集现象发生。

缺氧能诱导持久性淋巴细胞性脉络丛脑膜炎病毒的基因表达和细胞外传输。

3. 理化特性 LCMV 对乙醚和去污剂敏感，极不耐热，56℃ 20min 即可将其灭活。在－70℃或冻干条件下可长期保存。在 50％甘油中稳定，偏酸或偏碱、0.1％甲醛、紫外线等均可将其灭活，但石炭酸对其影响较小。用蛋白酶、透明质酸酶和磷脂酶 C 处理纯化的该病毒，可使病毒糖蛋白和核蛋白不同程度降解，浮密度降低，但感染性却增加。用胰酶消化持续感染的 BHK－21 细胞、L 细胞等也能促进感染的传播。这可能是由于自然状态聚合的淋巴细胞性脉络丛脑膜炎病毒在酶作用下解离，从而使感染性增加。

4. 分子生物学 LCMV 为单股 RNA 病毒，基因组由两个片段组成，大片段（L）为 6.35kb，分子量 2.83×10^6u，沉降系数 31S；小片段（S）为 3.9kb，分子量 1.34×10^6u，沉降系数 23S。由于该病毒为分节段的 RNA 病毒，因此当两个不同毒株感染同一细胞时，可形成两种中间型重组病毒，利用这种重组病毒可研究 L 和 S 片段与致病性的关系。

经聚丙烯酰胺凝胶电泳分析，纯化的 LCMV 主要含有 7 种结构蛋白，其中 4 种为主要结构蛋白，P_{63}为内部核蛋白，结合于基因组 RNA，可刺激机体产生补体结合抗体。Gp_{49}和 Gp_{35}分别称为 Gp－1 和 Gp－2，位于囊膜上，Gp－1 可在感染细胞的表面表达，刺激宿主产生中和抗体；而 Gp－2 诱导中和抗体的作用很弱。P_{200}位于病毒内部，其功能尚不清楚。P_{63}、Gp－1 和 Gp－2 由 S 片段编码，P_{200}由 L 片段编码。

病毒囊膜由 Gp_{60}和脂类组成。囊膜表面有两种纤突：一种是 Gp_{35}，一种是 Gp_{44}。Gp_{85}和 Gp_{44}的底部为 Gp_{35}，插入囊膜的脂质中，并与病毒内部的一部分 Gp_{63}结合，因此 Gp_{35}在 Gp_{60}—脂质膜性结构中，连接囊膜表面的纤突和内部的核，对维持病毒粒子的形态和稳定起重要作用。

淋巴细胞性脉络丛脑膜炎病毒只有 1 个血清型。目前在试验研究中广泛应用的毒株包括 WE、Armstrong、UBC、Traub、Pasteur、CA1371 等。这些毒株对成年小鼠非脑内接种的致病性、引起小鼠体液免疫和细胞免疫反应的程度、病毒在急性感染的成年小鼠各种组织器官中的分布和增殖程度、致死豚鼠的能力、以及复制动力学和在细胞培养中的浓度等方面均有所不同，甚至从同一感染小鼠不同器官分离到的病毒的某些生物学特性也不相同。Dutko 等人用琼脂糖凝胶电泳对 6 株常用的病毒 RNA 分析发现，不同毒株的 L 和 S 片段电泳迁移率相同。用 RNase T_1 寡核苷酸指纹分析，ArmCA1371 毒株和 ArmE－350 毒株的 L 和 S 片段指纹相似，L 片段的寡核苷酸 100％相同，S 片段 96％相同；而 WE、UBC、Traub 和 Pasteur 等毒株的 L 和 S 片段指纹互不相同，也与 ArmCA 1371 毒株和 ArmE－350 毒株不同，L 片段的寡核苷酸指纹仅 13％～24％相同，S 片段仅 10％～21％相同。

三、流行病学

1. 传染来源 持续感染的小家鼠和急性感染的金黄仓鼠、豚鼠是主要传染源。在带毒小鼠的所有器官（包括肾脏和唾液腺）中，终生含有高滴度的病毒，带毒小鼠可经唾液、鼻分泌物和尿液向外排毒。

2. 传播途径 带毒小鼠可经唾液、鼻分泌物和尿液向外排毒，并可能引起呼吸道传播，随后病毒在鼠群内散播，许多小鼠成为无症状的带毒者，并通过子宫和乳传给后代，其后代可成为终生带毒者。

淋巴细胞性脉络丛脑膜炎病毒在家鼠之间存在的主要方式是通过子宫内传播。除带毒小鼠以外，能使该病毒在各动物之间传播或散发到其他物种的动物只有金黄仓鼠。仓鼠常栖息于小鼠周围，若后者有带毒者出现，就很容易发生病毒的传播。据报道，节肢动物（蚊、蜱、臭虫、虱等）可在实验条件下传播本病，但自然条件下是否如此，尚待证实。污染的尘埃可能是该病的传播媒介。

人多因接触感染了淋巴细胞性脉络丛脑膜炎病毒的动物或与有传染性的组织培养物接触而造成感染，主要经眼结膜、呼吸道、消化道或完整皮肤直接接触传播。患病动物尿液中含有病毒。该病毒也可通过器官移植进行传播。

3. 易感动物

（1）自然宿主　小家鼠、灰鼠、豚鼠、地鼠通常是淋巴细胞性脉络丛脑膜炎病毒的自然宿主。

（2）实验动物　小鼠、豚鼠、仓鼠、犬、猴、鸡、兔、棉鼠、真灰鼠、棉大鼠、狐、雪貂和马在自然条件下均有易感性。佟巍等（2010）用免疫荧光试验检测48份无级别大鼠血清，淋巴细胞性脉络丛脑膜炎病毒抗体阳性率为33.25%，说明大鼠也是该病毒的易感动物。

（3）易感人群　动物饲养人员及实验研究人员。

4. 流行特征　该病一年四季均可发生。人感LCMV主要是动物传播给人。人除妊娠期间垂直传播外，人和人之间不能直接传播。

四、临床症状

1. 动物的临床表现　小鼠感染淋巴细胞性脉络丛脑膜炎病毒依年龄、感染途径及其他因素的不同，可表现为3种病型。

（1）大脑型　成年小鼠经脑内接种淋巴细胞性脉络丛脑膜炎病毒可产生一种具有显著特征的疾病，病毒株、接种剂量或小鼠品系对其影响甚微。接种后5～6天，有的小鼠突然死亡；多数小鼠表现呆滞、嗜睡、不愿走动、被毛粗乱、眼睛半闭、弓背、消瘦，并常见结膜炎和面部水肿。特征性的表现是抓着尾巴倒提时，小鼠头部震颤，肢体阵挛性惊厥，最终表现后肢强直性伸展。小鼠多在症状出现后1～3天内死亡。

（2）内脏型　成年小鼠经神经外途径感染所呈现的临床反应很不相同，这主要受到接种途径、剂量、病毒株的毒力以及小鼠品系等因素影响。经腹腔接种ArmE-350毒株，6～7天感染小鼠表现被毛粗乱、结膜炎等症状，部分小鼠出现腹水。

（3）迟发性　此型见于出生后即刻感染淋巴细胞性脉络丛脑膜炎病毒的带毒小鼠和先天性带毒小鼠。出生后，病毒即在各组织器官中增殖，但无症状表现，270～360天时，病鼠表现被毛粗乱、弓背、体重减轻、蛋白尿、腹水、行为异常、生长缓慢、产仔减少、寿命缩短等症状。

2. 人的临床表现　人淋巴细胞性脉络丛脑膜炎病毒感染多见于15～40岁年龄组，无性别差异。Oldstone等（1978）认为主要有4种临床类型，即不显性感染、无脑膜炎症状的流感样疾病、无菌性脑膜炎和脑膜脑脊髓炎，其中以前两种病型居多。LCMV引起的流感样疾病的潜伏期为7～14天，继而出现发热、厌食、呕吐、头痛、昏睡、咽充血、易怒、畏光、反复抽搐等症状。一般无脑膜炎症状，脑脊液正常。但在恢复期，少数病例并发单侧睾丸炎。约10%的病例可发生腮腺炎和睾丸炎。在急性期，在脑脊液中有大量的单核细胞，多数病例在脑膜炎之前有流感样病史。最严重的临床类型是脑膜脑脊髓炎，出现脑积水，引起神经发育障碍、精神错乱、幻觉和四肢麻痹、癫痫发作以及失明等。

五、病理变化

1. 大体解剖观察　大体解剖观察可见肺出血、灶性实变、水肿；胸腔积液；肝质地脆弱、呈土黄色、有油腻感；脾肿大。组织病理学观察，大脑基部、脉络丛和室管膜可见大量淋巴细胞浸润。肺、肝、肾上腺和肾也可见大量淋巴细胞浸润。肝脏有时可见脂肪变性。

2. 组织病理学观察　组织病理学观察，大脑基部、脉络丛和室管膜可见大量淋巴细胞浸润。肺、肝、肾上腺和肾也可见大量淋巴细胞浸润。肝脏有时可见脂肪变性。

六、诊　　断

1. 病毒分离与鉴定　可将病鼠的脑、肝等脏器制成的乳剂或血液接种易感的成年小鼠脑内，小鼠通常在接种后4～5天发病，病鼠震颤、痉挛，随即死亡。取病死小鼠的肝组织制成冷冻切片，采用免疫荧光试验检查肝细胞中的病毒抗原。也可接种细胞培养物如BHK-21细胞、Vero细胞等，随后采用免疫荧光试验证实胞浆内特异性病毒抗原的存在，或者直接观察可能出现的轻微或明显的细胞病变，电镜观察细胞培养物中的病毒形态。

2. 血清学试验 补体结合试验检测急性感染病例的补体结合抗体。采用补体结合试验、免疫荧光试验、玻片免疫酶法、酶联免疫吸附试验和免疫粘连血凝试验 4 种方法检测 LCMV 抗体。

3. 组织病理学诊断 淋巴细胞性脉络丛脑膜炎病毒感染小鼠可表现 3 种病型，病变亦分 3 种描述。

（1）中枢神经系统 大体解剖观察可见胸腹腔中有浆液性渗出液，感染后 3 天，组织病理学观察可见软脑膜和脉络丛出现轻微的单核细胞浸润，主要是处于不同转化时期的淋巴细胞，浸润的细胞很快增殖，6～9 天达到高峰。这种细胞密集于蛛网膜池和各脑室的脉络丛中。超微结构观察可见特征性的脉络丛上皮细胞胞浆内包涵体，少见软脑膜和室管膜细胞坏死。淋巴细胞浸润常扩展至血管周围腔，但通常没有脑炎变化。

（2）内脏型 用淋巴细胞性脉络丛脑膜炎病毒强毒株经腹腔接种成年小鼠，其病理发生主要表现为免疫病理现象。感染后 6 天，肝脏可见小叶性肝炎，并散布有嗜酸性细胞坏死区。浸润细胞包括淋巴母细胞、单核细胞、活化的枯否氏细胞、来源于肝窦状隙毛细管的活化内皮细胞以及罕见的多形核细胞和巨核细胞。感染后 7 天，肝细胞中糖原消失，脂肪变性加重。用淋巴细胞性脉络丛脑膜炎病毒的 WE 毒株经腹腔感染 NMRI 小鼠，可见 3 种类型的变化，即淋巴细胞和单核巨噬细胞系统的破坏、淋巴细胞增生、网状细胞和巨噬细胞的纤维蛋白样坏死。感染后 3 天可见脾脏和淋巴结中淋巴细胞溶解，6 天胸腺皮质细胞大量坏死。

（3）迟发性疾病 此型也叫慢性免疫复合物型。肾脏的肾小球和脑的脉络丛受到的损害最为严重。也可波及滑膜、睫状体、血管壁及皮肤的真皮乳头层—表皮连接处。浸润的细胞成分包括淋巴细胞、浆细胞和单核细胞。

4. 分子生物学诊断 PCR 和核酸杂交技术已成功应用于无症状及感染病人的快速诊断。

七、防治措施

1. 治疗 淋巴细胞性脉络丛脑膜炎在犬通常呈亚临床感染，且可自行恢复，因此多不采取治疗措施。严重病例可用抗生素防止细菌继发感染。人感染后采取抗炎、降颅压、退热、高压氧、营养脑细胞等对症治疗，一般 1～3 个月恢复正常。

2. 预防 淋巴细胞性脉络丛脑膜炎通常见于野生家鼠，因此防止野生家鼠进入动物房是保持鼠群免受感染的重要措施。如果发现小鼠已被感染，最有效的措施是将所有小鼠全部淘汰，房舍彻底消毒后，重新引种，建立新种群。若为非常珍贵的品系可检测筛选无病毒血症及抗体的种鼠。淋巴细胞性脉络丛脑膜炎可经胎盘垂直传播，因此，通过剖腹产净化鼠群需要注意选择不带病毒的母鼠方能有效。饲料、饮水要来源于非疫区。犬和猴是造成其他实验动物种群和人感染的主要疫源，因此，各种实验动物应隔离饲养，加强研究人员和饲养管理人员的自身防护。

八、公共卫生影响

该病为人兽共患病。根据 2009 年发表的该病在美国发病率及致死率周报表明，孕妇感染该病毒会导致严重的疾病或导致新生儿缺陷。免疫力受到抑制的患者，感染淋巴细胞性脉络丛脑膜炎后果严重，甚至致命。该病严重干扰试验，并对实验动物饲养管理人员及利用动物进行科学研究人员的健康造成严重威胁。

（王吉 贺争鸣 田克恭）

我国已颁布的相关标准

GB/T 14926.18—2001 实验动物 小鼠淋巴细胞脉络丛脑膜炎病毒（LCMV）ELISA 检测方法

《中华人民共和国药典》（2010 版） 三部（附录Ⅻ H） 鼠源性病毒检查法

参考文献

郝茹，张涛，杨辉．2010．淋巴细胞脉络丛脑膜炎 1 例［J］．新疆医科大学学报，1（1）：3.

田克恭．1992．实验动物病毒性疾病［M］．北京：农业出版社：68－76.

佟巍，乔红伟，魏强，等．2010．淋巴细胞脉络丛脑膜炎病毒在实验大鼠中的感染状况［J］．实验动物科学，4（27）：46－48.

王吉，卫礼，巩薇，等．2008．2003—2007 年我国实验小鼠病毒抗体检测结果与分析［J］．实验动物与比较医学，28（6）：394－396.

邢进，肖镜，王吉，等．2008．套式 PCR 检测淋巴细胞脉络丛脑膜炎病毒（LCMV）方法应用［J］．实验动物科学，25（5）：53－55.

应贤平，程鹏飞，仲伟鉴，等．2001．LCMV 重组蛋白抗原应用研究［J］．中国实验动物学报，9（4）：209－212.

应贤平，钱琴，刘连生，等．1995．清洁级长爪沙鼠病毒抗体 ELISA 检测法建［J］．中国实验动物学杂志，5（1）：24－27.

应贤平，郁庆明，吴腾捷，等．2001．淋巴细胞脉络丛脑膜炎病毒核蛋白合成基因的表达及应用［J］．中国生物制品学杂志，14（4）：204－207.

Barton L L，Mets M B. 2001. Congenital lymphocytic choriomeningitis virus infection：decade of rediscovery［J］. Clin Infect Dis，33：370－374.

Cordey S，Sahli R，Moraz M L，et al. 2011. Analytical validation of a lymphocytic choriomeningitis virus real－time RT－PCR assay［J］. J Virol Methods，177（1）：118－122.

Eberlein J，Davenport B，Nguyen T T，et al. 2012. Multiple layers of CD80/86－dependent costimulatory activity regulate primary，memory，and secondary lymphocytic choriomeningitis virus－specific T cell immunity［J］. J Virol，86（4）：1955－1970.

Ethan A，Mack，Lara E，et al. 2011. Type 1 Interferon Induction of Natural Killer Cell Gamma Interferon Production for Defense during Lymphocytic Choriomeningitis Virus Infection［J］. mBio，2（4）：e00169－e00211.

Folk S，Steinbecker S，Windmeyer J，et al. 2011. Lymphocytic choriomeningitis with severe manifestations，Missouri，USA［J］. Emerg Infect Dis，17（10）：1973－1974.

Hoey J. 2005. Lymphocytic choriomeningitis virus［J］. CMAJ，173（9）：1033.

Kraft V，Meyer B. 1990. Seromonitoring in small laboratory animal colonies. A five year survey：1984－1988［J］. Z Versuchstierkd，33（1）：29－35.

Lee K J，Novella I S，Teng M N，et al. 2000. NP and L protein of lymphocytic choriomeningitis virus（LCMV）are sufficient for efficient trascription and replication of LCMV genomic RNA analogs［J］. J Virol，74（8）：3470－3477.

Ortiz－Riaño E，Cheng B Y，de la Torre J C，et al. 2011. The C－terminal region of lymphocytic choriomeningitis virus nucleoprotein contains distinct and segregable functional domains involved in NP－Z interaction and counteraction of the type I interferon response［J］. J Virol，85（24）：13038－13048.

Reiserova L，Kaluzova M，Kaluz S，et al. 1999. Identification of MaTu－MX agent as a new strain of lymphocytic choriomeningitis virus（LCMV）and serological indication of horizontal spread of LCMV in human population［J］. Virology，257：73－83.

Salvato M，Shimomaye E，Southern P，et al. 1988. Virus－lymphocyte interactions IV. Molecular characterization of LCMV Armstrong（CTL＋）［J］. Virology，164：517－522.

Sauter C，Sauter B V. 2006. LCMV Transmission by Organ Transplantation［J］. N Engl J Med，355（16）：1737－1738.

Staci A Fischer，Mary Beth Graham，Matthew J，et al. 2006. Transmission of lymphocytic choriomeningitis virus by organ transplantation［J］. N Engl J Med，354：2235－2249.

Tomaskova J，Oveckova I，Labudova M，et al. 2011. Hypoxia induces the gene expression and extracellular transmission of persistent lymphocytic choriomeningitis virus［J］. J Virol，85（24）：13069－13076.

van der Zeijst B A，Noyes B E，Mirault M E，et al. 1983. Persistent infection of some standard cell lines by lymphocytic choriomeningitis virus：transmission of infection by an intracellular agent［J］. J Virol，48（1）：249－261.

第十七章 小 RNA 病毒科病毒所致疾病

第一节 猴肠道病毒感染 (Simian enterovirus infection)

猴肠道病毒感染（Simian enterovirus infection）是猴肠道病毒（*Simian enterovirus* SEV）引起猴的消化道疾病。肠道病毒是脊椎动物肠道中原有的栖居者，一般情况下不会引起严重的临床症状，但当它们侵犯机体的其他器官，如心脏和中枢神经系统时就会引起严重的破坏性病变，威胁生命健康。

一、发生与分布

20 世纪 60—70 年代，大量的猴肾细胞被用于组织培养，在原代细胞培养过程中发现了许多的猴内源性病毒，其中包括猴肠道病毒 SV2、SV6、SV16、SV18、SV26、SV29、SV35、SV42 - 49 和 SA4 等 18 种血清型。这些肠道病毒通常不会引起严重的临床症状，但会对细胞培养带来污染进而产生潜在的安全隐患。在人工干预的情况下，猕猴属动物会感染人的某些肠道病毒如柯萨奇病毒（*Coxsackie virus*）A7 及 A14，还有时下最流行的肠道病毒 71 型即 EV71（*Human enterovirus* 71），产生亚临床感染症状，出现脑损害以及轻或中度麻痹症等。

二、病　　原

1. 分类地位　肠道病毒在分类上属于小 RNA 病毒科（Picomaviridae）、肠病毒属，目前报道猴肠道病毒有 18 个血清型，主要为 SV2、SV6、SV16、SV18、SV26、SV29、SV35、SV42 - 49 和 SA4 等。人肠道病毒包括脊髓灰质炎病毒（*Poliovirus*）、柯萨奇病毒（*Coxsackievirus*）、致肠细胞病变人孤儿病毒（*Enterocyto pathichuman orphanvirus*，ECHO，简称埃可病毒）及新型肠道病毒共 71 个血清型。

2. 基本特征与培养特性　肠道病毒颗粒为球形，直径 20～30nm，核衣壳呈二十面体立体对称，无包膜结构。病毒衣壳由 60 个相同的亚单位组成，每个亚单位壳粒又由 VP1、VP2、VP3 和 VP4 四种不同的病毒多肽组成。结构蛋白 VP1、VP2 和 VP3 均暴露在病毒衣壳的表面，带有中和抗原位点，VP1 还与病毒吸附细胞表面的特异性受体有关。VP4 位于衣壳内部，在维持病毒的空间构型上可能起重要作用。病毒核酸为单股正链 RNA，基因组由约 7 450 个核苷酸组成，长约 7.5kb。基因组两端为保守的非编码区，在肠道病毒中同源性非常显著，中间为连续开放读码框。5' 端共价结合一小分子蛋白质 Vpg（22～24 个氨基酸），与病毒 RNA 合成和基因装配有关，3'端带有 poly（A）尾巴，加强了病毒的感染性。病毒复制发生在细胞浆中，似与细胞的 DNA 机能无关，病毒感染的必要条件是细胞表面的特异性脂蛋白受体。

猴肠道病毒在细胞培养过程中出现的细胞病变，同人肠道病毒在猴肾细胞培养中产生的病变相似，有小而多形的细胞。在猴肾细胞培养瓶中猴肠道病毒也能形成空斑，这些空斑大而圆，并且有正常着色细胞的小岛。

3. 理化特性 猴肠道病毒能抵抗乙醚、乙醇等一般消毒剂，耐酸、耐低温，在 pH 3～10 环境中仍很稳定，低温－70～－20℃仍能保持活力，能抵抗胃酸、肠液。对氧化剂如游离氯、高锰酸钾等很敏感，不能耐受高温，56℃ 30min 即可将其灭活。在干燥环境和紫外线照射下极不稳定，紫外照射 0.5～1h 即死亡，也可被甲醛、酚和放射线灭活。

三、流行病学

1. 传染来源 猴肠道病毒在感染种群内部普遍，隐性感染者就是传染源，通常这些病毒寄生于猴的肠道部位，一般不发病。而病人和健康的带毒者，是人肠道病毒的主要传染源。

2. 传播途径 肠道病毒主要经由口—粪途径传播，也可经呼吸道进行感染。物种间的交叉传播鲜见报道，猴肠道病毒与人肠道病毒是否存在血清交叉反应或者两者是否存在共同的宿主，目前尚不可知。

3. 易感动物

（1）自然宿主　猿猴是猴肠道病毒的自然宿主，尚未发现对其他物种的自然感染。人是人肠道病毒的唯一自然宿主。

（2）实验动物　在人工干预下建立的恒河猴动物模型也可出现与人相似的临床症状。刘龙丁等通过呼吸道自然感染 2～3 月龄猴成功建立了 EV71 的动物模型。

（3）易感人群　人对人肠道病毒普遍易感，感染后可获得免疫力，包括肠道局部免疫，血液中产生中和抗体。婴儿可由母体获得中和抗体，出生后 5～6 个月逐渐消失。儿童随年龄的增长，一方面逐渐受到肠道病毒隐性感染而获得自然免疫，另一方面却会因为感染致病性病毒而危害生命健康。

4. 流行特征 肠道病毒的流行与季节转换、环境变异有着极大的关联性，肠道病毒只在夏季及初秋流行，每年 6～9 月份为高峰期，气温过低的地区并不利于肠道病毒生存。流行病学调查显示，肠道病毒主要经粪—口途径传染，感染肠道病毒的患者会经由粪便排出病毒，这些含有高浓度肠病毒的粪便会污染环境甚至地下水源，在公共卫生条件不佳的地区，极易经由污染的水源而散播该病毒。由于肠道病毒除了在肠道外亦可在扁桃腺增殖，因此病患的唾液或口鼻分泌物也会带有高浓度的病毒，所以不排除经由空气或接触等途径传染。因此，防治肠道病毒的流行除了重视个人卫生外，公共卫生及环境卫生亦不容忽视。

四、临床症状

1. 动物的临床表现 2004 年 Nagata 通过静脉注射方式建立了 EV71 感染食蟹猴的动物模型，静脉注射 EV71 后 4～6 天猴出现一系列与人体临床症状相近的神经系统症状，如震颤、运动失调、脊髓灰质炎样麻痹（迟缓性瘫痪）、脑水肿等症状。刘龙丁等通过鼻腔喷雾途径建立了 EV71 感染恒河猴幼猴的动物模型，试验组幼猴均在感染病毒后的 3～8 天内出现了不同程度的手足口部疱疹并在持续 3～4 天后恢复，感染组所有动物的体温在感染后的第 4～7 天出现相应的上升，而且其间感染组动物淋巴细胞较正常动物在比例上有所上升。血样病毒载量检测结果显示，在感染后第 4～5 天至 7～8 天期间内，动物出现病毒血症。感染组动物的口咽分泌物和粪便在感染后 5～10 天内，可以检出数量不等的病毒 RNA 分子，最高的病毒载量可达每毫升 10^4 拷贝。

2. 人的临床表现 肠道病毒感染临床表现复杂多变，病情轻重差别甚大。同型病毒可引起不同的临床症候群，而不同型的病毒又可引起相似的临床表现。

（1）呼吸道感染　埃可病毒及柯萨奇病毒的很多型均可引起呼吸道感染，也可引起婴儿肺炎等下呼吸道感染。肠道病毒 68 型可引起小儿毛细支气管炎和肺炎。

（2）疱疹性咽峡炎　主要由柯萨奇 A 群及 B 群病毒引起，埃可病毒引起较少。该病遍及世界各地，呈散发或流行，以夏秋季多见。传染性很强。潜伏期平均 4 天左右，表现为发热、咽痛、咽部充血，咽部有散在灰白色丘疱疹，直径 1～2mm，四周有红晕，疱疹破溃后形成黄色溃疡，多见于扁桃体、软腭和悬雍垂。一般4～6天后自愈。

(3) 出疹性疾病　又称流行性皮疹病（Epidemic ixanthemata），柯萨奇病毒及埃可病毒均可引起。多见于婴儿及儿童，成人较少见。潜伏期3～6天。出疹前多有上呼吸道症状如发热、咽痛等。皮疹于发热或热退时出现，呈多形性，有斑丘疹、斑疹、猩红热样皮疹、风疹样皮疹、疱疹及荨麻疹样等。不同形态的皮疹可同时存在或分批出现，可伴有全身或颈部及枕后淋巴结肿大。

(4) 手足口病　主要由柯萨奇病毒A5、9、10、16型引起，尤以A16多见。多发生于5岁以下儿童，传染性强，可暴发流行或散发。初起低热、厌食、口痛等。口腔黏膜出现小疱疹，后破溃形成溃疡。多分布于后舌、颊及硬腭，亦可见于齿龈、扁桃体及咽部。多同时在手足皮肤出现斑丘疹，偶见于躯干、大腿及臀部。斑丘疹很快转为小疱疹，较水痘皮疹小，2～3天内吸收，不留痂痕。预后良好，但可复发。有时可伴发无菌性脑膜炎、心肌炎等。

(5) 脑膜炎、脑炎及瘫痪性疾病　柯萨奇病毒A群、B群和埃可病毒的许多型以及EV71型均可引起此类疾病。

五、病理变化

1. 大体解剖观察　以EV71感染食蟹猴模型为例，发病动物会出现震颤、运动失调、脊髓灰质炎样麻痹（迟缓性瘫痪）、脑水肿等症状。而观察恒河猴幼猴模型，则会看到不同程度的手足口部疱疹。

2. 组织病理学观察　发病动物出现淋巴结生发中心的扩大，肺部有不同程度的炎症病理表现，心脏、肝脏、脾脏、肺、肾脏、口腔黏膜有炎症变化，脾脏、淋巴结有免疫反应，神经系统伴有脑膜炎、较重的脑炎、脊髓灰质炎，脑和脊髓均有少量神经细胞退行性变性。

六、诊　　断

1. 病毒分离与鉴定　首先要根据肠道病毒的季节流行特征和临床表现等对患者进行初步鉴定，然后尽早采集患者样本，病毒可以存在于粪、血液、脑脊液、脊髓、眼结膜分泌物以及咽部、脑、心、肝和皮肤或黏膜的病变部位。病毒的鉴定依赖于检测病原和抗体。可用组织培养法或动物接种法分离病毒，然后用相应的抗血清鉴定。检测抗原的快速和灵敏的方法有免疫荧光法、和核酸杂交法等。

2. 血清学试验　检测急性期和恢复期血清的抗体滴度，若有4倍以上升高，即可以确诊；方法有中和试验、补体结合试验和血凝抑制试验等。

3. 组织病理学诊断　组织病理学检查，可见发病动物淋巴结生发中心扩大，肺部有不同程度的炎症病理表现，心脏、肝脏、脾脏、肺、肾脏、口腔黏膜有炎症变化，脾脏、淋巴结有免疫反应，神经系统伴有脑膜炎、脑炎、脊髓灰质炎，脑和脊髓均有神经细胞退行性变性。

4. 分子生物学诊断　目前肠道病毒感染的快速诊断方法，是利用荧光标记的探针进行实时荧光定量PCR检测病毒载量。

七、防治措施

1. 治疗　对该病尚无特效的治疗药物，采用对症治疗，大部分病人可以恢复。

2. 预防　脊髓灰质炎疫苗预防效果甚佳，但是对其他肠道病毒感染尚缺少特异的控制方法，只能从保持良好的个人卫生和环境卫生方面入手。婴幼儿应避免与急性发热的病猴密切接触，注射γ-球蛋白或胎盘球蛋白也可以起到一定的预防作用。值得庆幸的是，目前我国自主研发的EV71减毒活疫苗已进入3期临床试验，不久的将来可投放市场，用于儿童手足口疾病的预防。

八、公共卫生影响

猴肠道病毒感染非常普遍，但多数不发病而呈隐性感染状态，对动物的生命健康没有直接明显的危害，一般也不会感染其他动物或人，但会造成细胞培养过程中的污染而干扰试验结果，甚至间接危害人的生命安全。

（王文广　代解杰）

参考文献

陈国清，邵荣标，王海燕．2010. 肠道病毒 EV71 病原学以及致病分子机制的研究进展［J］．现代生物医学进展，10（19）：3795 - 3797.

黄学勇，刘国华，陈豪敏．2010. 河南省肠道病毒 71 型（EV71）血清流行病学调查［J］．中国病原生物学杂志，5（10）：617 - 618.

刘伟伟，刘增甲，王旭．2011. EV71 型手足口病肺组织病理学研究［J］．济宁医学院学报，34（2）：93 - 95.

陆承平．2005. 最新动物病毒分类简介［J］．中国病毒学，20（6）：682 - 688.

毛群颖，何鹏，于祥．2010. 人肠道病毒 71 型中和抗体检测方法的实验室评价［J］．中国生物制品学杂志，23（8）：885 - 888.

孙大鹏，王显军，方立群．2011. 2009 年临沂市手足口病流行特征及重症病例危险因素分析［J］．中国病原生物学杂志（2）：108 - 110.

Jones - Engel L G，Engel M A，Schillaci，et al. 2005. Allan. Primate - to - human retroviral transmission in Asia［J］．Emerg Infect Dis，11：1028 - 1035.

Kalter S S，Heberling A W，Cooke，et al. 1997. Viral infections of nonhuman primates［J］．Lab Anim Sci，47：461 -467.

Nix W A，Oberste M S，Pallansch M A，et al. 2006. Sensitive，semi - nested PCR amplification of VP1 sequences for direct identification of all enterovirus serotypes from original clinical specimens［J］．Clin Microbiol，44：2698 - 2704.

Oberste M S，Pallansch M A. 2005. Enterovirus molecular detection and typing［J］．Rev Med Microbiol，16：163 - 171.

Shah V A，Chong C Y，ChanKP，et al. 2003. Clinical characteristicsof anoutbreak of hand，foot and mouth disease in Singapore［J］．Ann Acad Med Singapore，32（3）：381 - 387.

Tuija Poyry，Leena Kinnunen，Tapani Hovi，et al. 1999. Relationships between simian and human enteroviruses［J］．Journal of General Virology，80：635 - 638.

W Allan Nix，Baoming Jiang，Kaija Maher，et al. 2008. Identification of Enteroviruses in Naturally Infected Captive Primates［J］．Journal of Clinical Microbiology，46（9）：2874 - 2878.

第二节　小鼠脑脊髓炎病毒感染
(Mouse encephalomyelitis virus infection)

小鼠脑脊髓炎病毒感染（Mouse encephalomyelitis virus infection）可引起小鼠的脑脊髓炎，主要侵害小鼠中枢神经系统。依据小鼠品系和病毒株型不同，感染动物表现为无临床症状、慢性或急性脑脊髓炎。小鼠脑脊髓炎也称小鼠脊髓灰质炎（Mouse poliomyelitis）、Theiler 氏病和 Theiler 氏小鼠脑脊髓炎病毒病。

一、发生与分布

1933 年 Theiler 在使用小鼠研究黄热病毒的过程中首次发现了小鼠脑脊髓炎病毒，命名为 TO 株。随后又报道了另一个毒力更强的毒株 GDⅦ（Theiler 等，1940）。该病广泛流行于欧洲、美国、日本及其他一些国家和地区，严重地干扰小鼠多种病毒的分离及致病机理的研究。经血清流行病学调查，MEV 在我国普通小鼠群中广泛存在，感染率达 8%～35%（时建东等，1988）。

二、病　　原

1. 分类地位　小鼠脑脊髓炎病毒（*Theiler's murine encephalomyelitis virus*，TMEV）在分类上属

小 RNA 病毒科（Picornaviridae）、心病毒属（*Cardiovirus*）。

目前已从世界各地分离到多个病毒株，除 TO、GDⅦ外，还有 FA（Theiler 等，1940）、Yale（Melnick 等，1947）、4727（Shan 等，1950）、UIF（Gard，1944）、DA（Daniels 等，1952）、TO（BIS）（Feltz 等，1953）、Vilyuisk（Casals，1962）、MHG（Mclonnell 等，1964）、WW（Wroblewaka 等，1977），BeAn8386（Rozhon 等，1983）以及 VL761293（Rozhon 等，1984）。按照病理学、基因序列和蛋白组学特征，将上述毒株分为两个组：GDVII 组（GDVⅡ株和 FA 株等）和 DA 组（DA、Yale、WW、VL761293、BeAn、YOC 和 TO 株等）。GDVII 组病毒毒力强，在体外培养细胞上产生大的噬斑（2.5mm），在动物体内引起急性脑脊髓炎，发病后小鼠不产生抵抗力，病毒不在巨噬细胞中生长。DA 组病毒毒力较弱，在 BHK - 21 细胞上产生较小噬斑（<0.3mm），引起刚断奶小鼠慢性、进行性的神经脱髓鞘病，病毒在巨噬细胞中生长（Obuchi 等，1999）。

2. 形态学基本特征与培养特性　核酸型为单股正链 RNA。病毒粒子呈二十面体立体对称，直径 28～30nm，无囊膜，分子量 2.48×10^6u，在蔗糖中的浮密度为 $1.34g/cm^3$。

小鼠脑脊髓炎病毒可在鸡胚和鸭胚中生长，也可在原代小鼠肾细胞和 BHK - 21、L929 等传代细胞上生长，并可产生细胞病变，常用于病毒抗原的制备、分离和感染力测定（噬斑形成）。病毒组装发生在细胞质中，通过细胞死亡释放病毒。将高滴度病毒液感染 BHK - 21 细胞后，第一、二代查不出血凝滴度，传至第三代，培养 2～3 天后，细胞病变达“♯”，冻化 2～3 次后，2 000r/min 离心 20min，其上清液的血凝效价可达 1∶32～1∶128。

除 BHK - 21、L929 细胞外，小鼠脑脊髓炎病毒还能在下列细胞系中生长：C - 1300（成神经细胞瘤）、OS3（少突神经胶质细胞）、C6（神经胶质瘤）、G26 - 20（神经胶质瘤）、J774 - 1（巨噬细胞）、RAW264.7（巨噬细胞）、$P338D_1$（巨噬细胞）。其中 DA 组病毒能在上述所有细胞系中生长，GDVII 组病毒在 J774 - 1、RAW264.7、$P338D_1$ 三个巨噬细胞系中不能生长（Obuchi 等，1999）。

3. 理化特性　小鼠脑脊髓炎病毒不耐热，56～60℃ 30min 可使病毒失活。－60℃条件下可长期保存。对 pH 要求严格，在 pH8.0 或 3.3 左右比较稳定。对氯仿、乙醚、脱氧胆酸盐不敏感，但在 50%丙酮或乙醇、0.1 mol/L HCl、3%石炭酸、5%来苏儿，5%～10%过氧化氢或 0.3%甲醛中可使其灭活。暴露在空气中不影响病毒的稳定性。

小鼠脑脊髓炎病毒在 22℃条件下可凝集人 O 型红细胞，并可被特异性血清所抑制，利用此特性可进行新分离毒株的鉴定和血清流行病学调查。在成年小鼠和豚鼠肠组织中含有一种影响血凝作用的抑制剂，在小鼠、大鼠、豚鼠和兔的正常血清中具有非特异的抑制作用，这种抑制作用可部分被胰酶灭活。时建东等（1988）研究证实，GDⅦ病毒液中加入胰酶后，不须任何处理便可显著提高 GDⅦ的滴度，加入胰酶的量以最终浓度为 0.25%最佳。

4. 分子生物学　小鼠脑脊髓炎病毒属于小 RNA 病毒科，感染胃肠道和中枢神经系统。成熟的病毒粒子包括 3 个主要结构蛋白 VP1（33kd）、VP2（32kd）和 VP3（25kd），以及一个次要蛋白 VPO（38kd），分子量在 24 800～34 720u。4 个衣壳蛋白包围着单链 RNA，基因为正链，长度为 7.2～8.4kb。5’和 3’端非编码区之间有一个大开放阅读框（ORF），翻译出一个长的多聚蛋白，多聚蛋白被切割成 L、P1、P2、P3 等蛋白。其中 L 蛋白是一个小的引导蛋白，仅存在于心病毒和口蹄疫病毒中（Kong 等，1994）。

心病毒属 L 蛋白是一个多功能蛋白，能阻碍 IFN - β 基因的转录。在干扰素调节因子 3（IRF3）的诱导下，DA 组病毒 L 蛋白（DA L）和 GDVII 组病毒 L 蛋白（GDVII L）都可干扰 IFN - β 基因的转录。干扰过程在两组病毒中表现不同，二者发生在信息通路的不同点上。DA L 阻碍 IFN - β 基因的转录在线粒体抗病毒信号蛋白（MAVS）的下游，在 IRF3 激活的上游；GDVII L 阻碍 IFN - β 基因的转录在 IRF3 激活的下游。尽管在感染小鼠中，DA L 和 GDVII L 都干扰 IFN - β 基因的转录，不过，在 DA 组病毒持续性感染小鼠中枢神经系统中的 IFN - β mRNA 表达呈现低水平。被 DA L 和 IRF3 通路中其他因子调控的 IFN - β mRNA 表达的特定水平，可能在神经脱髓鞘病后期病毒存活、炎症、病毒蛋白的限制性表达中起作用（Stavrou 等，2010）。

RNA的复制包括互补RNA的合成，作为基因组RNA合成的模板，基因组RNA也作为mRNA使用，转录出的多聚蛋白被剪切形成所有的病毒蛋白，包括剪切酶蛋白。

L蛋白是位于多聚蛋白起始位置、P1衣壳蛋白之前。心病毒属的L蛋白具有不同于其他小RNA病毒科成员的序列。L蛋白的编码区位于病毒基因长开放阅读区的起始端，以保证L蛋白完全合成，即使在核糖体脱离病毒基因的情况下也能合成。在心病毒属成员间，L蛋白的序列也存在显著不同，小鼠脑脊髓炎病毒蛋白碱基序列与EMCV和门戈病毒的L蛋白碱基序列存在约42%的差别，相应氨基酸序列存在约23%的差别。而且，比较GDVII组病毒和DA组病毒蛋白，二者差异最大的是L蛋白（Ohara等.1988）。

三、流行病学

1. 传染来源 小鼠是小鼠脑脊髓炎病毒的自然宿主，该病毒在世界范围内存在，北美、欧洲、日本都有分离出该病毒的报道。

2. 传播途径 粪—口途径是小鼠脑脊髓炎病毒主要的传播方式。在开放饲养小鼠中，感染小鼠主要运过粪便向外排毒，污染饲料、垫料、用具等周围环境，经口感染健康小鼠。新生乳鼠通常在出生30天内遭受感染。Brownstein等（1989）经口人工感染28日龄小鼠，结果感染后49～154天，粪便仍向外排毒。另一方面，在脱髓鞘综合征发生期间，病毒在小鼠大脑和脊髓中至少存在1年。寄生于小鼠的昆虫可能传播病毒。尚未有垂直传播的证据。

3. 易感动物

（1）自然宿主　小鼠（*Mus musculus*）（野生小鼠和实验小鼠）是小鼠脑脊髓炎病毒的主要自然宿主，也有水鼠、堤鼠、草地田鼠血清该病毒抗体阳性的报道（Lipton等，2001；Descoteaux等，1986）。

有在实验大鼠中检测出小鼠脑脊髓炎病毒抗体阳性的报道，仅有一篇关于大鼠临床症状和损害的文献报道（MHG-strain）（McConnell等.1964）；也有学者推断存在于大鼠中的可能是一种类似小鼠脑脊髓炎病毒的病毒（Oshawa等，1998）。经脑内接种小鼠、大鼠、地鼠、棉鼠对GDVII株敏感，豚鼠对GDVII株不敏感（Downs，1982；Thompson等，1951）。Hansen等（1997）检测跛足豚鼠发现病毒抗体阳性，推断可能是一种豚鼠心病毒。

Lipton等（2001）用ELISA法调查了美国4地、俄罗斯1地共535只野生小鼠血清，成年鼠小鼠脑脊髓炎病毒抗体总阳性率为59%，不同地点成年鼠抗体阳性率为40%～100%，青年小鼠（体重低于20g）抗体阳性率略低。Lipton等还调查了北美和欧洲除小鼠外的26个啮齿类动物种共490份血清，仅发现2个动物种水鼠（*Arvicola terristris*）和堤鼠（*Cleithrionomys glareolus*）出现抗体阳性，不同地点的阳性率0～27%，其他动物种均为阴性。Descoteaux等（1986）发现小鼠脑脊髓炎病毒能感染草地田鼠（*Microtus pennsylvanicus*）。上述3个动物种均为田鼠亚科的成员。

（2）实验动物　20世纪80—90年代的报道显示，美国、加拿大、德国、法国等国家实验小鼠和实验大鼠血清TMEV抗体表现出较高的阳性率，实验小鼠11%～40%，实验大鼠5%～58%。最近，PritchetT-Corning等（2009）收集了北美实验室5年的检测数据，欧洲实验室3年的检测数据，435 772个实验小鼠血清样本，小鼠脑脊髓炎病毒GDVII血清抗体阳性率为北美0.26%、欧洲0.27%。

通过脑内接种试验性地感染不同小鼠品系，发现不同品系对小鼠脑脊髓炎病毒的敏感性不同（Lipton等，1979；Dal Canto等，1995）。SJL/J、DBA/1、DBA/2、SWR、PL/J、NZW等品系最为敏感，C3H、CBA、AKR、C57BR等品系敏感性中等，BALB/C亚系、C57BL/6、C57BL/10、C57/L、129/Jm、H-2D（b）等品系对有抵抗力。用环磷酰胺处理，可使有抵抗力的小鼠品系变得敏感（C57BL/6除外），γ射线照射也可使有抵抗力的小鼠品系变得敏感。

用小鼠脑脊髓炎病毒试验感染仓鼠、恒河猴、幼犬和兔，并不导致这些动物疾病，可使豚鼠和棉鼠产生麻痹症状。棉鼠、地鼠、实验大鼠幼仔能被实验性地感染。

（3）易感人群 TMEV 不感染人。

4. 流行特征 病毒复制发生在胃肠黏膜，自然感染情况下很少由肠道扩散到脊髓或脑，巨噬细胞（DA、TO、WW、BeAn）、少突神经胶质细胞、星形胶质细胞、小神经胶质细胞是病毒的聚集区。

DA 组病毒自然感染动物发病率低，几乎没有死亡（免疫缺陷小鼠例外）；GDVII 组病毒自然感染动物呈现高发病率和高死亡率。DA 组病毒试验性感染（脑内接种）动物呈现发病率高、死亡率低；GDVII 组病毒试验性感染（脑内接种）动物呈现高发病率（100%）和高死亡率。

Daniels 等（1952）报道，给小鼠接种 TO 毒株，数月后脊髓索状组织发生脱髓鞘病变。经过急性病程而自行康复的动物，在数月内仍可检出低滴度的病毒。耐过动物脊髓索状组织的白质中，可见伴有单核细胞浸润的初期脱髓鞘病变，灰质不受影响。这些病变与人的脱髓鞘病极为相似，可作为研究人脱髓鞘病的良好的动物模型。

四、临床症状

1. 小鼠自然感染 DA 组病毒 无临床症状的胃肠道感染（免疫缺陷小鼠除外），病毒很少扩散到中枢神经系统，出现的临床症状是后肢弛缓性麻痹和前肢麻痹（极少发生），潜伏期 7～30 天。

2. 小鼠自然感染 GDⅦ组病毒 引起小鼠脑脊髓炎，临床表现为在噪声的刺激下兴奋、转圈、打滚、震颤、抽搐，潜伏期 2～9 天，多数感染动物在出现临床症状后不久死亡。

3. 大鼠 MHG 株 报道描述了一个种群的 3 只大鼠表现出转圈、运动失调、震颤、斜颈等症状。

4. 对小鼠和大鼠的试验性感染 经脑内、鼻内、足底接种 DA、BeAn、WW、TO、Yale 等毒株，接种后 2～4 周，表现为步态不稳、痉挛性麻痹、小便失禁、阴茎持续勃起。刚离乳大鼠在出现瘫痪症状 2～3 天内死亡。经脑内、鼻内、足底接种 FA、GDVII 毒株，动物表现为兴奋、转圈、弛缓性麻痹，发病 1 周内死亡。

五、病理变化

1. 大体解剖观察 自然病例通常无眼观病变。

2. 组织病理学观察

（1）小鼠自然感染 DA 组病毒 非化脓性脑脊髓炎，伴随脊髓的腹侧角神经细胞的胶质增生和坏疽，脑后区域的神经元坏疽，神经细胞可见卫星现象，神经细胞核内可见考德里 B 型包涵体。坏疽减轻后炎症可能持续几个月，并伴随星状细胞增多和无机化过程。

（2）小鼠自然感染 GDⅦ组病毒 通常是海绵状组织的严重恶化，脊髓腹侧角神经细胞和神经胶质细胞坏疽。

（3）脑内接种试验性感染小鼠 DA 组病毒：接种 DA、BeAn、WW、TO、Yale 等毒株后，引起动物急性神经退行性改变，脊髓前角、脑干和丘脑的小胶质细胞增殖，脊髓软脑膜中血管周围出现炎症，接种 1 个月后，病毒持续感染脊髓，出现慢性进行性脱髓鞘病变和炎症，几个月后出现髓鞘再生。接种 H101 毒株（DA 组病毒）后小鼠出现脑积水和硬脑膜炎，病毒不在宿主体内持续存在，不发生脱髓鞘病变。GDⅦ组病毒：接种 GDVII 和 FA 毒株后，引起动物急性脑脊髓灰质炎，伴随神经节细胞的坏疽，海马回、大脑皮层、脊髓前角发生噬神经细胞现象，非化脓性炎症，神经细胞的高凋亡率，不发生脱髓鞘病变，病毒在宿主中枢神经系统不持续存在。

六、诊　　断

1. 病毒分离与鉴定 当小鼠群中出现麻痹症状时，可初步怀疑该病。取粪便样本或肠、脑的匀浆液进行病毒分离，样本经双抗处理后，10 000r/min 离心 10min，取上清液进行脑内接种或培养细胞接种。用试验材料接种后出现麻痹的小鼠脑组织，1∶10 加入 PBS，组织研磨器研磨，冻化 2～3 次，10 000r/min 离心 10min，取上清液，对倍加 0.5%胰酶，用人 O 型红细胞测定其血凝效价，并用已知小鼠脑脊髓炎病毒阳性血清做血凝抑制试验鉴定其特异性。

2. 血清学试验 血清学诊断包括中和试验、补体结合试验、血凝抑制试验、间接免疫荧光抗体试验ELISA和多重荧光免疫试验。可依据各自的实验室条件选用适当的方法进行。其中，ELISA和多重荧光免疫试验法是目前最常用的血清学检测方法。间接免疫荧光抗体试验常用于确证检验，该方法可靠、经济，能检测少量血清样本。

3. 组织病理学诊断 显微镜下表现为非化脓性脑炎变化，常见脊髓后角神经细胞坏死，神经细胞可见卫星现象，并有胶质细胞增生和血管周围淋巴细胞浸润形成管套。病灶还可见于黑质、网状组织、橄榄核、第5对和第8对神经节以及红核和齿状核。

4. 分子生物学诊断 RT-PCR是小鼠脑脊髓炎病毒感染的分子生物学诊断方法，核酸序列的5'端属于保守序列，对该区域的扩增可检测心病毒属的所有成员，也可通过引物设计扩增特异性序列，实现对不同毒株的检测。

七、防治措施

尚未发现小鼠脑脊髓炎病毒可经胎盘垂直传播的证据，因此，可采取剖腹产手术和屏障隔离措施，建立无该病毒感染的健康鼠群。小鼠脑脊髓炎病毒主要经粪便排毒，因此应及时更换垫料，保持环境清洁，建立和完善笼具、垫料和其他用具的定期消毒措施。

没有该病毒疫苗试验的报道。发病后小鼠并不产生抵抗力，疫苗引起的抗体可能对消除病毒感染没有价值。

八、对实验研究的影响

1. 对实验的干扰 小鼠脑脊髓炎病毒感染小鼠胃肠道和中枢神经系统，感染动物多数呈隐性感染，有时表现脑脊髓炎和后肢麻痹等症状。除可见的病理变化外，感染动物的生理机能也会发生变化，如发生直接针对多重髓鞘质抗原表位的慢性CD4+应答；在脾脏中发生T细胞增殖反应。（DA株）导致生产IFN-γ的CD4+Th1细胞数增加，（DA株）导致SJL CD4-/-小鼠INF-a和INF-b的增加，敏感小鼠品系（SJL/L）海马回白细胞介素-1受体减少。GDVII感染小鼠导致神经细胞的高凋亡率，DA株感染小鼠导致少突神经胶质细胞的高凋亡率。

小鼠脑脊髓炎病毒感染L929细胞导致α/β干扰素合成的抑制。束缚应激可导致感染（BeAn株）动物死亡率增加，也会导致病毒滴度的增加和淋巴细胞数量的减少。

所以，TMEV可对实验研究特别是涉及中枢神经系统的研究造成干扰。

2. 人多发性硬化症的动物模型 多发性硬化症是一种中枢神经系统的慢性病，病理损害特征主要为原发性脱髓鞘病变。虽然对早期损害的表现尚有争议，但广为接受的是，在急性期斑块中可见炎性单核细胞形成的血管套。现已表明，该病的脱髓鞘病变可能由中枢神经系统病毒感染所触发的免疫反应引起，但由病毒引起该病的证据仍未充分肯定。某些品系的小鼠，如SJL/J，小鼠脑内接种MEV的某些毒株，如DA株和TO株，可出现一种慢性炎症性脱髓鞘疾病，为研究病毒诱发的脱髓鞘病变的发病机理提供了一套实用的模型系统。本模型有以下特点：①在慢性感染期间，脱髓鞘是唯一的结构改变，而且小鼠的神经疾患确系此种病理损害引起；②某些小鼠经较长的潜伏期后只发生此种脱髓鞘疾病；③最为重要的是髓磷脂的崩解似由免疫反应引起。

该模型与人疾病的不同在于，MEV感染的小鼠有严重的软脑膜炎，且脱髓鞘病变主要局限于脊髓；人多发性硬化症发生软脑膜炎者少见，且脱髓鞘病灶的分布遍及整个中枢神经系统。这可能与啮齿动物大脑半球中的髓磷脂含量比灵长类动物相对贫乏有关。

（巩薇 贺争鸣 田克恭）

我国已颁布的相关标准

GB/T 14926.26—2001 实验动物 小鼠脑脊髓炎病毒检测方法

参考文献

田克恭. 1991. 实验动物病毒性疾病 [M]. 北京：农业出版社：99-104.

Dal Canto M C, Melvold R W, Kim B S. 1995. A hybrid between a resistant and a susceptible strain of mouse alters the pattern of Theiler's murine encephalomyelitis virus-induced white matter disease and favors oligodendrocyte-mediated remyelination [J]. Mult Scler, 1 (2): 95-103.

Descôteaux J P, Mihok S. 1986. Serologic study on theprevalence of murine viruses in a population of wild meadow voles (Microtus pennsylvanicus) [J]. J Wildlife Dis, 22 (3): 314-319.

Foster H L, Small J D, Fox J G. 1982. The mouse in biomedical research: Volume 2 [M]. New York: Academic Press: 341-352.

Hansen A K, Thomsen P, Jensen H J. 1997. A serological indication of the existence of aguineapig poliovirus [J]. Lab Anim, 31 (3): 212-218.

Kong W P, Ghadge G D, Roos R P. 1994. Involvement of cardiovirus leader in host cell-restricted virus expression [J]. Proc Natl Acad Sci, 91 (5): 1796-1800.

Lipton H L, Dal Canto M C. 1979. The TO strains of Theiler's viruses cause "slow viruslike" infections in mice [J]. Ann Neurol, 6 (1): 25-28.

Lipton H L, Kim BS, Yahikozawa H, et al. 2001. Serological evidence that Mus musculus is the natural host of Theiler's murine encephalomyelitis virus [J]. Virus Res, 76 (1): 79-86.

McConnell S J, Huxsoll D L, Garner F M, et al. 1964. Isolation and characterization of a neurotropic agent (MHG virus) from adult rats [J]. Proc Soc Exp Biol Med, 115: 362-267.

Obuchi M, Ohara Y. 1999. Theiler' s murine encephalomyelitis virus (TMEV): the role of a small out-of-frame protein in viral persistence and demyelination [J]. Jpn J Infect Dis, 52: 228-233.

Ohara Y, Stein S, Fu J L, et al. 1988. Molecular cloning and sequence determination of DA strain of Theiler's murine encephalomyelitis viruses [J]. Virology, 164 (1): 245-255.

Oshawa K, Watanabe Y, Miyata H, et al. 1998. Genetic analysis of TMEV-like virusisolated from rats: nucleic charcterization of 3D protein region [J]. AlAAS, 37 (4): 113.

Pritchett-Corning K R, Cosentino J, Clifford C B. 2009. Contemporary prevalence of infectious agents in laboratory mice and rats [J]. Lab Anim, 43 (2): 165-173.

Stavrou S, Feng Z, Lemon S M, et al. 2010. Different strains of Theiler's murine encephalomyelitis virus antagonize different sites in the type I interferon pathway [J]. Journal of virology, 84 (18): 9181-9189.

Thompson R, Harrison V M, Meyer F P. 1951. A spontaneaous epizootic of mouse encephalomyelitis [J]. Proc Soc Exp Biol Med, 77 (2): 262-266.

第三节 小鼠脑心肌炎病毒感染
(Mouse encephalomyocarditis virus infection)

脑心肌炎病毒感染（Mouse encephalomyocarditis virus infection）可引起人和动物，尤其是猪和非人灵长类动物的自然感染和致死性疾病。啮齿类动物可能是贮存宿主。试验接种小鼠可引起致死性感染。脑心肌炎病毒可能成为研究心肌炎、脉管炎的发病机理和病毒诱导的糖尿病的动物模型。

一、发生与分布

脑心肌炎病毒群由许多分离自不同动物种的毒株组成，如哥伦比亚-SK、MM 和 Mengo 等，所有这些毒株属于一个血清型。病毒分离和血清学研究显示该病毒广泛分布于全世界。

1940 年 Jungebult 从实验棉鼠中分离到哥伦比亚-SK 病毒，不久又从接种了患瘫痪性疾病而死的病人材料的仓鼠中分离到 MM 病毒。1945 年从美国佛罗里达州动物园 1 只患急性致死性疾病死亡的黑猩猩体内分离到脑心肌炎病毒。Dick（1948）从 1 只在乌干达捕获的恒河猴体内分离到 Mengo 病毒

(*Mengo virus*)。

1945年以来，在非人灵长类动物和几种笼养的野生动物中曾散在发生自然感染的病例，并造成死亡，已从狒狒、黑猩猩、浣熊、棉鼠、松鼠和非洲象中分离到病毒。1958年在巴拿马从暴发急性致死性疾病的猪群中分离到脑心肌炎病毒，证实家畜也可感染发病。之后在美国和澳大利亚的猪群中曾多次大规模暴发。1986年在欧洲首次观察到脑心肌炎病毒对猪的感染，在意大利、希腊、比利时和塞浦路斯有急性心肌炎暴发的文献报道。在澳大利亚和加拿大也有牛、马感染脑心肌炎病毒的血清学证据。

1948年，乌干达一名实验室工作人员在操作Mengo病毒时意外感染，证实该群病毒对人有致病性。随后用空斑减数法检查世界不同地区人群中脑心肌炎病毒的中和抗体，结果儿童中的阳性率为1%～34%，成人中为3%～51%，没有性别差异。20世纪50年代从中枢神经系统疾病的儿童体内分离到脑心肌炎病毒。抗体阳性率最高的是南大洋某些岛上的居民。美国、加拿大、英国、希腊、埃塞俄比亚、孟加拉国和我国台湾省的阳性率较低。尽管病毒对黑猩猩和其他高等灵长类动物的感染是致命的，但是还没有人感染引起死亡的病例记录。多数学者认为人群中普遍存在脑心肌炎病毒感染，但通常没有临床症状，不易被发现。

从无脊椎动物到人的许多动物种中分离到脑心肌炎病毒毒株。但是该病毒危害最大的动物是家猪和动物园动物。发生在猪和动物园动物（非洲象、犀牛、河马、树懒、美洲驼、一些羚羊种类、多种非人灵长类等）中的致死性心肌炎在世界许多国家都有报道。1995年，在南非的Kruger国家公园66头野生大象死于脑心肌炎暴发。

观察到的由脑心肌炎病毒感染引起的致死性心肌炎的动物种有：灵长类、偶蹄类、奇蹄类、大象、食肉动物和啮齿类。另外，从兔类、有袋哺乳类、鸟类、蚊、壁虱等动物体也分离到病毒。

脑心肌炎病毒不是实验小鼠的固有病毒，不会对实验鼠群构成严重威胁。但应对其有所了解，防止可能造成实验鼠群的偶然感染。

二、病　　原

1. 分类地位 脑心肌炎病毒（*Encephalomyocarditis virus*，EMCV）在分类上属小RNA病毒科、心病毒属。有许多分离株，均属于一个血清型，能够在不同动物甚至同种动物中引起表现迥异的临床症状，病毒的致病性具有毒株依赖性（Cerutis等，1989）。某些分离株能够引发仔猪急性致死性心肌炎、母猪的繁殖障碍，感染小鼠能引发急性脑炎、糖尿病和心肌炎等多系统疾病；而有些毒株，如EMC-B和G424/90感染则并不表现临床症状（Psalla等，2006）。

2. 形态学基本特征与培养特性 脑心肌炎病毒是一种无囊膜的单股正链RNA病毒。病毒粒子直径27nm，二十面体对称，外表光滑呈球形。病毒粒子的沉淀系数为156S，在氯化铯中的浮密度为1.34g/cm^3。病毒RNA分子量为2.6×10^6Da，占病毒粒子的31%。

脑心肌炎病毒可在鸡、小鼠、猴、仓鼠、猪、牛、人的胚胎细胞或其他细胞培养物中良好生长并产生细胞病变。在覆盖琼脂的细胞单层上，病毒可形成蚀斑。各株病毒的空斑大小不同，小鼠适应株常由同质的空斑形成颗粒组成。脑心肌炎病毒可凝集绵羊红细胞，并可被特异性免疫血清所抑制，据此可进行鉴定和血清学诊断。

3. 理化特性 抗乙醚，在pH 3.0条件下稳定，－70℃可长期保存。冻干或干燥常可使病毒丧失感染力。60℃ 30min可灭活。Mengo毒株对热抵抗力很强，在含血清的盐水中可抵抗94℃ 20min，对甲醛、酒精、过氧化氢和SDS等强离子去污剂也有相当强的抵抗力。

中和试验、交叉保护试验、补体结合试验不能从免疫学上将脑心肌炎病毒群的成员区别开。血凝抑制试验表明，不同病毒株之间的抗原性相似，但不完全相同。

4. 分子生物学 脑心肌炎病毒蛋白衣壳由60个衣壳粒子组成，每个衣壳粒子含有4种结构蛋白，即VP1、VP2、VP3和VP4。其中VP 1的抗原性最强，且与病毒粒子表面的拓扑结构、抗原性、受体吸附以及脱壳有关。非结构蛋白包括L、2A、2B、2C、2D、3A、3B以及蛋白酶3C和R.A依赖性聚合酶 3D（Morishima 等，1982）。

像小 RNA 病毒科其他成员一样，脑心肌炎病毒的基因组结构呈 L434 型：5’ UTR - L - VP4 -VP2 - VP3 - VP1 - 2A - 2B - 2C - 3A - 3B - 3C - 3D - 3’ UTR，全长约 7.8kb，含 5’ UTR、3′UTR 和一个大开放阅读框（ORF)。病毒 RNA 指导合成一条完整蛋白，在特定酶的作用下，分解成 L、P1、P2 和 P3 产物。P1、P2 和 P3 又进一步分别分解为 4 个（VP1、VP2、VP3、VP4)、3 个（2A、2B、2C）和 4 个（3A、3B、3C、3D）最终蛋白产物。P1 又称 1ABCD，VP1～VP4 相当于 1D、1B、1C 和 1A。小 RNA 病毒衣壳构造的基本元件为蛋白亚单位，每个亚单位分别由一个 VP1、VP2、VP3 和 VP4 分子组成。VP1、VP2 和 VP3 位于病毒粒子的表面，VP4 位于衣壳内侧，紧贴于 VP1、VP2、VP3 复合体。

由于宿主细胞不能提供小 RNA 病毒 RNA 复制所需的所有因子，所以病毒感染后首先合成自身 RNA 复制的必需因子。感染后 10～15min，病毒编码的多聚蛋白开始合成。首先由 2A 蛋白酶将多聚蛋白水解成 P1 和 P2＋P3，3C 蛋白酶再将 P2 和 P3 分别水解成单体 2A、2B 和 2C，以及 3A、3B、3C 和 3D。

非结构蛋白在病毒复制及其蛋白加工过程中发挥着重要作用。L 是一个小的引导蛋白，仅存在于心病毒属和口蹄疫病毒属中，具体功能还不清楚，可能在病毒和宿主的相互作用中起重要作用（Kong 等，1994）。3A（分子量为 10kDa）是一个核芯蛋白；3B（分子量为 2kDa）即 VPg，主要参与病毒的正链和负链 R. A 合成的启动工程，其基因序列富含基本的亲水性氨基酸（盖新娜，2005；Aminev 等，2005）。3D 为 RNA 依赖的 RNA 聚合酶，参与病毒 RNA 的复制。在无细胞体系中，用正链 RNA 为模板合成病毒负链 RNA，病毒 RNA 复制至少需要 3 种蛋白质，即病毒蛋白 3D、VPg 和分子量为 67 000Da的宿主蛋白 HP。VPg 含有 VPg-pUpU 结构，因此可以作为引物与正链 RNA 3’ 末端的 Poly（A）结合，再由病毒蛋白 3D 沿正链模板合成负链 RNA。2B 和 2C 蛋白也可能参与病毒 RNA 的复制。位于衣壳表面突出的氨基酸多与抗体结合有关，称为中和抗体结合区，又称 NIm（Neutralizing immunogen)。

赵婷等（2009）基于 EMCV 的完整 ORF 编码的氨基酸序列，用软件分析国内外 16 个 EMCV 毒株，绘制系统进化树，发现其可分为 3 个不同的亚群，Mengo - M 和 Mengo Rz - pMwt 处于一个亚群，D variant、PV2、EMC - B、EMC - D 等形成另一个亚群，GX0601、GX0602、BJC3、HB1 等我国分离株与其他一些毒株形成一个大的亚群。

三、流行病学

1. 传染来源 啮齿类动物是脑心肌炎病毒的自然宿主，啮齿动物自然感染，没有明显的病理变化，但病毒可由啮齿类动物传播给多种哺乳动物、鸟类、昆虫和人，大多呈隐性感染，但有时引起脑炎和心肌炎。自然条件下，脑心肌炎病毒感染最广泛和最严重的动物是猪，感染后可造成突然死亡和实质器官的广泛病理损伤，母猪感染还可造成繁殖障碍。已经多次发现由脑心肌炎病毒引起猪群的脑心肌炎暴发，而且均与鼠类密度增高及其严重感染有关。因此，脑心肌炎病毒的这些毒株曾被统称为鼠类病毒或鼠肠道病毒。

2. 传播途径 带毒鼠类是最主要的传染源，通过粪便不断排出病毒。病猪的粪尿虽然也含病毒，但含病毒量较低。病毒主要存在于心肌以及肝、脾中。其他动物通过接触或食用感染啮齿动物尸体和被感染啮齿动物粪尿污染的饲料、饮水感染该病毒。试验证明，猪之间的密切接触也能传播病毒。同类相食也是病毒传播的一个途径。病毒可经胎盘感染胎儿（Billinis 等，1999a；Koenen 等，1999）。

3. 易感动物

（1）自然宿主 脑心肌炎病毒是一种重要的人兽共患病病原，一般认为啮齿动物是自然贮存宿主，自然情况下病毒感染并不导致啮齿动物发病（Acland，1989）。

在已分离出的脑心肌炎病毒毒株中，多数来自猪，其次来自于小鼠和大鼠等啮齿类动物。Spyrou 等（2004）证明在实验条件下大鼠为自然贮存宿主的可能性。Psalla 等（2006）发现实验条件下脑心肌炎病毒在小鼠中可快速传播，这也提示小鼠也是潜在的自然贮存宿主。但是小鼠排毒的时间比大鼠短（Spyrou 等，2004）。脑心肌炎病毒能在啮齿动物中个体间相互传播而存在下去，这就使得啮齿动物成为病毒的自然贮存宿主。

学者们也提出这样的疑问：在家猪的脑心肌炎病毒病流行过程中，野猪是否起宿主或携带者的作用。Billinis（2009）研究中发现脑心肌炎病毒能在野猪群中传播，Maurice 等（2005）也发现野猪可能起临时宿主的作用。

Billinis 调查了希腊的 17 个动物种共 317 只动物样本，其中 42 只在 3～6 年前发生过脑心肌炎病毒流行的农场中捕获的野生大鼠（*Rattus rattus*）中，35 只血清阳性；在一个 6 年前暴发过临床疾病的猪场中检查了 7 个哺乳动物种，在大鼠、林姬鼠、田鼠、野猪中发现阳性样本，结果为：野生小鼠（*Mus musculus*，0/5）、野生大鼠（*Rattus rattus*，2/7）、林姬鼠（*Apodemus sylvaticus*，1/2）、田鼠（*Microtus arvalis*，1/2）、黄鼠（*Citelus citelus*，0/1）、野兔（*Lepus europaeus*，0/4）、野猪（*Sus scrofa*，1/1）；检查了脑心肌炎流行疫区外的 7 个科、（鼠科、鼠平科、松鼠科、兔科、猪科、犬科、鼬科）9 个哺乳动物种、217 只动物血清，发现只有 12 只野猪血清呈阳性（12/19）。

总的说来，啮齿动物和野猪作为贮存宿主在 EMCV 感染的流行病学中起关键作用。

（2）实验动物　脑心肌炎病毒可感染多种哺乳类动物、鸟类、昆虫和人；对多种实验动物宿主有高度传染性。

尚未在实验小鼠中发现由该病毒所致的自发疾病和潜伏性感染，然而，试验性接种小鼠时，脑心肌炎病毒对小鼠有高度感染力。对病毒感染敏感的实验动物患病时的表现不同，病毒很容易适应不同的感染途径，经非肠道、口、鼻等途径接种病毒，最常引起不同年龄小鼠的致死性脑炎，中枢神经系统疾病通常伴有心肌炎。大鼠自然感染脑心肌炎病毒不表现任何临床症状，经口—鼻途径试验性感染 8 周龄 Wistar 大鼠，动物同样没有任何临床症状（Spyrou 等，2004）。但是，新生大鼠的试验性感染是致命的。脑心肌炎病毒试验性感染仓鼠，表现与小鼠类似。病毒偶尔可以引起成年豚鼠的心肌炎并使其死亡。某些品系的大鼠若在新生期接毒同样也是致命的。通常情况下，病毒对兔不致病，只能引起不显性感染。

在美国、澳大利亚以及其他一些国家的动物园中的非本地外来哺乳动物因脑心肌炎病毒感染而遭受严重疾病，包括多种非人灵长类（黑猩猩、猩猩、狒狒、猕猴、狐猴等）。试验感染的恒河猴尽管其血中有高滴度的病毒但不表现任何临床症状。猫头鹰猴或夜猴高度易感，如果给它们接种低代的病毒，可引起致死性暴发性疾病。食蟹猴则发生非致死性的与心肌炎有关的感染。狨是易感的，发生暴发性心肌炎，心内病毒滴度很高，或发生弥漫性腺泡性胰腺炎和高血糖症。

病毒可在鸡胚中复制，在 72～96h 引起鸡胚死亡。

脑心肌炎病毒感染对猪群的危害最为严重，主要引起仔猪的急性心肌炎、突然死亡及母猪的繁殖障碍。许多国家猪群中都曾暴发过该病，世界各国对猪群中抗体阳性率的报道各不相同，但从报道的数据来看脑心肌炎病毒呈世界性分布（Billinis，2009；刘兰亚等，2010）。

（3）易感人群　脑心肌炎病毒可感染人，人群中血清阳性率在不同的报道中有所不同，但阳性率随年龄增加而增长，未发现存在性别差异，通常没有临床症状，不易被发现。有人感染发病的报道，但未见人感染引起死亡的病例记录。

4. 流行特征　啮齿动物是脑心肌炎病毒的自然贮存宿主，猪（家猪和野猪）对该病毒的易感性最高，家猪感染病毒有两个途径，一是摄食感染啮齿动物的尸体或粪便，二是猪之间的水平传播（Billinis 等，1999a；Koenen 等，1999）或持续感染的复发（Billinis 等，1999b）。但是，猪之间的水平传播在多数情况下是有限的（Maurice 等，2002）。动物体内的病毒滴度比在粪便中的滴度高得多，采食死于 EMCV 感染的啮齿动物尸体或内脏更易感染。

四、临床症状

1. 动物的临床表现　自然条件下，啮齿类动物多呈隐性感染；人工感染主要表现致死性脑炎和心肌炎症状，昏睡、被毛逆立、弛缓性麻痹，最终衰竭而死亡。

用脑心肌炎病毒感染的组织稀释悬液按常规途径接种小鼠，在72～96h出现昏睡、被毛竖立和弛缓性麻痹的症状，紧接着出现衰竭和死亡。用浓悬液接种后小鼠可迅速发生致死性脑炎，暴发性的神经疾患可以掩盖心肌炎的存在。有证据表明，最初分离到的病毒可能不表现在实验室适应株所观察到的嗜脑性。

病毒在实验小鼠中感染中枢神经系统和心血管系统，已确定亲脑和亲心脏的脑心肌炎病毒毒株。猪和动物园动物的急性和亚急性死亡主要由于病毒对心肌的严重损害，导致心脏功能受损、肺水肿、呼吸道出现空洞。感染动物常因呼吸道液体窒息而死亡。其他临床症状包括：发热、厌食、精神萎靡、发抖、摇摆、呼吸困难和麻痹。哺乳幼猪死亡率接近100%，随年龄增大死亡率显著降低。一些脑心肌炎病毒毒株的靶器官是胰脏，并能导致实验小鼠糖尿病，但是这一发现并未在其他哺乳动物身上确立。

脑心肌炎病毒感染猪导致两种疾病形式：急性心肌炎（通常小猪发生）或种猪失去生育能力。临床表现包括昏睡、食欲不振、发抖、摇摆、麻痹、呕吐和呼吸困难。哺乳仔猪感染后出现急性致死性心肌炎，经常没有表现出任何症状就死亡，死亡率可达100%。生殖障碍包括低妊娠率、胚胎吸收、木乃伊化、死胎、流产和新生儿死亡。其他猪多呈隐性感染状态。

脑心肌炎病毒感染某些哺乳动物和灵长类动物，可导致动物发生以脑炎、心肌炎或心肌周围炎为主要特征的急性传染病。

2. 人的临床表现 人感染脑心肌炎病毒表现发热、头痛、颈部强直、咽炎、呕吐等症状，多数病人可完全康复而不留后遗症，少数可造成单侧神经性耳聋。目前尚未见有发生脑炎和心肌炎而死亡的病例。

20世纪50年代从病人血清、脑脊液、粪便和咽喉清洗液的样本中分离出病毒，病人表现出无菌性脑膜炎、脊髓灰质炎样麻痹、脑脊髓炎、Guilláin - Barré综合征、不明来源发热，临床症状为寒战、发热、严重头痛、颈项强直、脑脊液淋巴细胞异常增多、精神狂乱、妄想、呕吐、畏光等。Oberste等（2009）从两例发热病人的血清样本中分离到脑心肌炎病毒，一例病人为59岁家庭妇女，病人临床表现为发热、脸色苍白、食欲不振、精神萎靡、恶心、头痛；另一例病人为39岁男性农民，病人临床表现为发热、头痛、精神萎靡、眼后疼痛、盗汗、体重减轻、关节痛、畏光、食欲不振、肌肉痛、寒战、脸色苍白、恶心、呕吐和腹痛等。

五、病理变化

1. 大体解剖观察 实验小鼠人工感染脑心肌炎病毒最常见的病理变化是心肌炎和脑炎。临床症状最早出现在第4天，死亡高峰出现在攻毒后第5天。剖检死亡小鼠，可见脑膜充血、出血，肺严重出血，心脏偶有白色坏死斑，其他组织无明显病变。脑组织病理学观察发现脑神经元变性，肿胀脱髓鞘（白娟等，2010）。

自然发病的猪死亡后，大体解剖观察可见胸腔积水、心包积水和腹水。心脏软而苍白，可见圆形或椭圆形黄白色病灶，直径2～10mm。病变常见于右心室和心外膜，脑膜轻度充血，肺充血、水肿，肝轻度充血。

2. 组织病理学观察 组织病理学观察可见心肌炎变化，心肌纤维变性，有时可见坏死和钙化。脑脊髓炎在其他某些感染动物较为明显，但很少发生在猪。

EMCV - B和EMCV - D感染6周龄Hartley豚鼠心脏病变为心肌焦斑性坏疽，随后由未成熟的肉芽组织替代，胰腺腺泡细胞呈空泡状退化。电子显微镜下，心肌细胞内水肿、线粒体的隆起和/或部分破坏、肌原纤维的变形和破裂。在受损害的胰腺腺泡细胞内有明显的空泡生成和粗面内质网的膨胀。在膨胀的粗面内质网经常发现池内颗粒。上述组织变化是动物感染EMCV - B和EMCV - D后的共同现象。B细胞的改变，如胰岛素颗粒的脱颗粒和退化仅发生在EMCV - D感染的动物上（Petruccelli等，1991）。小鼠和沙鼠的心脏损害的组织病理学特征与豚鼠一致，当线粒体损害不严重时，豚鼠比小鼠和沙鼠的细胞内水肿更明显（Burcli 和 Rayburn. 1977；Matsuzaki 等，1989b）。

脑心肌炎病毒的 B279/95 毒株经口鼻感染 15kg 左右的小猪后，肝脏、脾脏、肠、胰脏、肾脏和脑没有表现出特异性损伤，淋巴结有不同程度的淋巴小结增生。扁桃体有中等程度的炎症，隐窝包含脱屑上皮细胞和一些中性粒细胞碎片。心肌表现出温和水肿性变化，带有坏疽的焦斑，间隙周围不同程度的细胞浸润（浆细胞、淋巴细胞、巨噬细胞），偶尔会出现中性粒细胞。退化的心肌纤维过度增大，细胞内有更多的嗜伊红和无定形胞浆。伸长的细胞核表现出成簇的染色质和核固缩（Gelmetti 等，2006）。

六、诊　　断

1. 病毒分离与鉴定　按常规方法，用 DMEM 营养液将动物病料组织匀浆化，无菌处理后接种于 BHK－21 细胞，37℃培养 5 天，每天观察细胞病变，可观察到明显的细胞病变，表现为细胞破裂和崩解，盲传 3 代，收集出现细胞病变的培养物。采用电镜观察、特异抗体中和试验、间接免疫荧光试验、基因序列测定、RT－PCR 和动物人工感染试验可对病毒进行鉴定。动物人工感染试验一般使用小鼠，将病料组织按常规方法制成乳剂后脑内或腹腔接种小鼠，通常经 2～5 天后，小鼠出现后腿麻痹症状而死亡，剖检可见心肌炎和脑炎等病变。

2. 血清学试验　检测脑心肌炎病毒的血清学方法有血凝抑制试验、血清中和试验和 ELISA 等。对动物群进行大规模样本检测时，广泛采用 ELISA。ELISA 试剂针对的抗原有全病毒、结构蛋白，也有非结构蛋白（Augustijn 等，2006；沈芳等，2008；刘兰亚等，2010）。

刘兰亚等（2010）用脑心肌炎病毒重组非结构蛋白 2C 建立间接 ELISA 诊断方法，与血清中和试验的符合率为 96%，特异性高，与感染猪的常见病原如猪瘟病毒、猪繁殖与呼吸综合征病毒、猪圆环病毒 2 型、伪狂犬病毒等的抗体不发生交叉反应。基于非结构蛋白的 ELISA 检测方法能有效检测感染水平，同时能区别自然感染与疫苗免疫。

3. 组织病理学诊断　脑心肌炎病毒感染导致的典型病理组织学特点是心肌变性、坏死，并有淋巴细胞和单核细胞浸润。其他原因如维生素 E/硒缺乏症、心肌梗塞等也会引起心肌病变，要结合其他诊断方法做出判断。

4. 分子生物学诊断　RT－PCR 已广泛用于对 EMCV 基因序列的检测（Vanderhallen 和 Koenen，1998；Bakkali－Kassimi 等，2002；Pérezl 等，2009），可快速实时定量检测的荧光探针 PCR 也已应用于实际中。

七、防治措施

啮齿类动物是脑心肌炎病毒的主要传染源，实验动物设施要做好与野生动物的隔离措施，防止野鼠进入，防止野鼠污染实验动物使用的饲料、饮水、垫料、用具等。

养猪场同样要做好与野生动物的隔离措施，引进其他饲养场的猪时要进行检疫，发现可疑病猪及时无害化处理，做好卫生防疫工作。

感染后动物对该病毒有抵抗力，但不排除长期隐性带毒和排毒的可能性。美国猪用灭活疫苗已经正式获得批准应用。我国及其他国家或地区也正在做猪用或动物园动物用脑心肌炎病毒灭活苗的相关研究（McLelland 等，2005；冯若飞等，2011）。

八、对实验研究的影响

由于脑心肌炎病毒对多种小型实验动物具有高度感染力，因而是研究心肌炎和脉管炎的发病机理以及病毒诱发的糖尿病的适宜模型，正日益广泛地被用于生物物理调查、实验致病性的研究中。

用试验方法可使各株脑心肌炎病毒的致病性发生改变。目前已得到几株对成年小鼠的器官亲嗜性和致病力均不同的变异株。其中变异株 EMCV－E 可迅速引起致死性脑心肌炎。EMCV－M 变异株可引起广泛的心肌损害，而极少引起神经症状。EMCV－O 变异株可造成胰岛的损害，并可引起某些品系成年小鼠的糖尿病，不同品系小鼠之间发病的情况完全不同。生化方面，小鼠被病毒诱发的疾病与人青少年型糖尿病相似。Yoon 等（1980）证明 EMCV - D 是小鼠糖尿病的高度致病株，EMCV - B 不导致小鼠糖尿病。EMC - D 感染小鼠能诱发胰岛素依赖型糖尿病（insulin - dependent diabetes mellitus，IDDM）的疾病模型，研究发现，其衣壳蛋白 VP1 上第 152 位氨基酸能够通过影响病毒与胰腺 β 细胞的结合决定糖尿病的发生（Jun 等，1998）。

脑心肌炎病毒还可提供系统病毒感染的模型，用于宿主对病毒感染抵抗力改变的研究和妊娠期间心肌敏感性提高的研究。

在人健康研究方面，使人们日益感兴趣的是病毒在动脉粥样硬化上所起的作用。试验研究证明，脑心肌炎病毒能侵害小鼠的心瓣膜和冠状动脉，引起瓣膜病和脉管炎。这一发现支持了“在人冠状血管中发现斑块状的粥样硬化的动脉硬化损害，可能代表着已愈合的曾由病毒引起的损害”这种观点。

脑心肌炎病毒的内部核糖体进入位点（internalribosomal entry site，IRES）已被广泛运用于蛋白的表达中，如应用于 Clontech 公司推出的 pIRES2 质粒对增强型绿色荧光蛋白（EGFP）的表达。目前 IRES 在基因治疗和转基因试验中占据了重要地位，其中应用最为广泛的是 EMCV 的 IRES 基因，与其他 IRES 基因相比，它具有表达效率高且能在多种类型细胞中有效发挥其 IRES 活性的优点（严飞等，2007；蔡燕飞等，2011）。

（巩薇 贺争鸣 田克恭）

参考文献

白娟，蒋康富，王先炜，等．2010．一株猪源脑心肌炎病毒的分离与鉴定［J］．中国兽医科学，40（12）：1218－1222．

蔡燕飞，朱瑞宇，陈蕴，等．2011．脑心肌炎病毒（EMCV）的内部核糖体进入位点活性的研究［J］．中国生物工程杂志，31（2）：12－17．

冯若飞，樊得英，韦鹏建，等．2011．β-丙内酯对脑心肌炎病毒灭活效果的试验［J］．中国兽医杂志，47（8）：19－21．

盖新娜．2005．猪脑心肌炎病毒 VP1 基因的原核表达、血清学调查及分离毒株的鉴定［D］．北京：中国农业大学．

刘兰亚，陈春花，许玉静．2010．河北省猪场脑心肌炎病毒感染的血清学调查［J］．中国人兽共患病学报，26（3）：252－254．

沈芳，姜平，李玉峰，等．2008．猪脑心肌炎病毒非结构蛋白 3AB 的原核表达及其单克隆抗体的研制［J］．中国生物工程杂志，28（9）：27－31．

田克恭．1991．实验动物病毒性疾病［M］．北京：中国农业出版社：104－108．

严飞，赵新宇，邓洪新，等．2007．一种新的双元表达质粒 pCMV－Myc－IRES－EGFP 的构建及其表达［J］．生物工程学报，23（3）：423－428．

赵婷，张家龙，盖新娜．2009．猪源和鼠源脑心肌炎病毒分离株基因组的比较分析［J］．畜牧兽医学报，40（6）：873－878．

Acland H M. 1989. Virus infections of porcines (Virus infections of vertebrates Vol. 2) [M], Amsterdam: Elsevier Science Publishers: 259 - 263.

Aminev A G, Amineva S P, Palmenberg A C, et al. 2003. Encephalomyocarditis virus (EMCV) protein 2A and 3BCD localize to nuclei and inhibit cellular mRNA transcription but not rRNA transcription [J]. Virus Rec, 95 (1 - 2): 59 - 73.

Augustijn M, Elbers A R., Koenen F, et al. 2006. Estimation of seroprevalence of encephalomyocarditis in Dutch sow herds using the virus neutralization test [J]. Tijdschr Diergeneeskd, 131 (2): 40 - 44.

Bakkali - Kassimi L, Gonzague M, Boutrouille A, et al. 2002. Detection of Encephalomyocarditis virus in clinical samples byimmunomagnetic separation and one - step RT - PCR [J]. J Virol Methods, 101: 197 - 206.

Billinis C. 2009. Encephalomyocarditis Virus Infection in Wildlife Species in Greece [J]. J Wildl Dis, 45 (2): 522 - 526.

Billinis C E, Paschaleri - Papadopoulou, Anastasiadis G, et al. 1999. A comparative study of thepathogenic properties and transmissibility of aGreek and a Belgian Encephalomyocarditis virus (EMCV) for piglets [J]. Vet Microbiol, 70: 179 - 192.

Billinis C V, Psychas J, Vlemmas, et al. 1999. Persistence of encephalomyocarditisvirus infection in piglets [J] . Veterinary Microbiology, 70: 171 - 177.

Burch G E, Rayburn P. 1977. EMC viral infection of thecoronary vessels in newborn mice: viral vasculitis [J] . Br J Exp Pathol, 58: 565 - 571.

Cerutis D R, Bruner R H, Thomas D C, et al. 1989. Tropism and histopathology of the D, B, K, and MM variants of encephalomyocarditis virus [J] . J Med Virol, 29: 63 - 69.

Gelmetti D, Meroni A, Brocchi E, et al. 2006. Pathogenesis of encephalomyocarditis experimentalinfection in young piglets: a potential animal modelto study viral myocarditis [J] . Vet Res, 37: 15 - 23.

Jun H S, Kang Y, Yoon H S, et al. 1998. Determination of encephalomyocarditis viral diabetogenicity by a putative binding site of the viral capsidprotein [J] . Diabetes, 47 (4): 576 - 582.

Koenen F, Vanderhallen H, Castryc F, et al. 1999. Epidemiologic, pathogenic and molecularanalysis of recent encephalomyocarditis outbreaksin Belgium [J] . Journal of Veterinary Medicine B, 46: 217 - 231.

Kong W P, Ghadge G D, Roos R P. 1994. Involvement of cardiovirus leader in host cell - restricted virus expression [J] . Proc Natl Acad Sci, 91: 1796 - 1800.

Matsuzaki H, Doi K, Mitsuoka T, et al. 1989. Experimental encephalomyocarditis virus infection inMongolian gerbils (Meriones unguiculatus) [J] . Vet Pathol, 26: 11 - 17.

Maurice H, Nielen M, Brocchi E, et al. 2005. The occurrenceof encephalomyocarditis virus (EMCV) inEuropean pigs from 1990 to 2001 [J] . Epidemiology and Infection, 133: 547 - 557.

Maurice H, Stegeman J A, Vanderhallen H, et al. 2002. Transmission of Encephalomyocarditisvirus (EMCV) among pigs experimentally quantified [J] . Veterinary Microbiology, 88: 301 - 314.

McLelland D J, Kirkland P D, Rose K A, et al. 2005. Serologic responses of Barbary sheep (Ammotragus lervia), Indian antelope (Antilope cervicapra), wallaroos (Macropus robustus), and chimpanzees (Pan troglodytes) to an inactivated encephalomyocarditis virus [J] . J Zoo Wildl Med, 36 (1): 69 - 73.

Morishima T, McClintock P R, Aulakh GS, et al. 1982. Genomic and receptor attachment differences between Mengovirus and encephalomyocarditis virus [J] . Virol, 122: 461 - 465.

Oberste MS, Gotuzzo E, Blair P, et al. 2009. Human Febrile Illness Caused by Encephalomyocarditis Virus Infection, Peru [J] . Emerg Infect Dis, 15 (4): 640 - 646.

Pérezl LJ, Arce H D. 2009. A RT - PCR assayforthedetection of encephalomyocarditis virus infections in pigs [J] . Brazilian Journal of Microbiology, 40: 988 - 993.

Petruccelli M A, Hirasawa K, Takeda M, et al. 1991. Cardiac and pancreatic lesions in guinea pigs infected with encephalomyocarditis (EMC) virus [J] . Histol Histopath, 6: 167 - 170.

Psalla D, Psychas V, Spyrou V, et al. 2006. Pathogenesis of experimental encephalomyocarditis: a histopathological, immunohistochemical and virological study in mice [J] . J Comp Pathol, 135: 142 - 145.

Spyrou V, Maurice H, Billinis C, et al. 2004. Transmission and pathogenicity of encephalomyocarditis virus (EMCV) amongrats [J] . Veterinary Research, 35: 113 - 122.

Vanderhallen H, Koenen F. 1998. Identification of Encephalomyocarditis Virus in Clinical Samples by Reverse Transcription - PCR Followed by Genetic Typing Using Sequence Analysis [J] . J Clin Microbiol, 36 (12): 3463 - 3467.

Yoon J W, McClintock P R, Onodera T, et al. 1980. Virus - induced diabetes mellitus [J] . J Exp Med, 152: 878 -892.

第十八章 杯状病毒科病毒所致疾病

第一节 兔病毒性出血症
(Rabbit viral hemorrhagic disease)

兔病毒性出血症（Rabbit viral hemorrhagic disease）俗称兔瘟，是由兔出血症病毒引起兔的一种急性、热性、败血性、高度接触传染性，又称出血性肺炎或兔病毒性出血病。该病是于1984年春在我国发现的兔的一种急性、烈性、病毒性传染病。该病发病急，传染性强、死亡率高，不仅严重危害皮、毛、肉用家兔，而且对实验用兔也构成严重威胁。

一、发生与分布

1984年刘胜江等在我国江苏无锡地区首次发现该病，之后迅速蔓延。目前，除西藏和台湾两省未见公开报道外，其他省区均有该病流行。在国外，第四届世界兔科学会议上，Loliger报道，意大利、法国、德国、捷克斯和洛伐克等国均有类似该病的报道，苏联、波兰、朝鲜、西班牙、日本等国可能也有发生。我国在对该病的研究方面居世界领先地位，并于1991年8月在北京召开了兔出血症国际研讨会。

二、病　　原

1. 分类地位　关于兔出血症病毒（*Rabbit hemorrhagic disease virus*，RHDV）的分类地位，最初报道不一。沈学仁等（1986）、周熥等（1986）报道为双股DNA病毒，杜念兴等（1986）报道为双股RNA病毒。目前，更多的学者证明兔出血症病毒为单股DNA病毒。邓瑞堂等（1987）由所获得的病毒密码D/1∶2.4/L∶S/S∶V/O.R.I.分析认为应归属于细小病毒属。杨学楼等（1989）对病毒形态结构的电镜分析发现，兔出血症病毒的形态、病毒衣壳子粒数目、子粒形态和排列方式等均与细小病毒科的成员极为相似。徐为燕等（1989）根据病毒核酸4种碱基组成的百分比及病毒多肽分析等多项试验数据，也认为兔出血症病毒为细小病毒属的一个新成员。按照2009年国际病毒分类委员会第九次分类报告，兔出血症病毒属于杯状病毒科（Caliciviridae）、兔出血症病毒属（Lagovirus），为该属的代表种。

黄文林（1989）采用免疫扩散试验和酶联免疫吸附试验对我国7个地区分离的兔出血症病毒进行血清学比较研究，证实我国流行的兔出血症病毒同属一个血清型，但不同地区的分离株可能出现亚型。罗经等（1990）也证实我国不同地区分离的兔出血症病毒同属一个血清型，同时证实，兔出血症病毒与日本分离的兔细小病毒、小鼠微小病毒、犬细小病毒有一定的血清学关系，兔出血症病毒与大鼠细小病毒、猪细小病毒、猫泛白细胞减少症病毒无抗原关系，为兔出血症病毒归属于细小病毒的分类地位提供了依据。宁玉萍等（1988）、陆萍等（1988）研究成功抗兔出血症病毒单克隆抗体，从而为研究兔出血症病毒的特性、分类地位、血清学诊断和防治措施奠定了基础。

多数报道认为兔出血症病毒对人O型红细胞有较强的凝集作用，但杨汉春等（1988）指出，病毒对不同血型的人红细胞的凝集作用无差异。另据刘胜江等（1984）、邓瑞堂等（1987）报道兔出血症病毒还可凝集绵羊、鸡、鹅的红细胞。病毒的血凝特性较稳定，除能被抗兔出血症病毒血清特异性抑制外，一般在一定范围内不受温度、pH、有机溶剂及某些无机离子的影响。用氯仿、乙醚、甲醛、pH 3.0、56℃及低温冻融因素处理均不破坏其血凝性。其血凝素能抵抗神经氨酸酶的作用，但可被胰酶所破坏，因此推断血凝素的成分可能是糖蛋白。

2. 形态学基本特征与培养特性 兔出血症病毒的成熟粒子呈圆形，无囊膜，正二十面体立体对称。病毒粒子外径 25～40nm，一般为 32～34nm。芯髓直径约 20nm。核衣壳厚 4～6nm，表面有直径约 4nm 的壳粒 32～42 个。未成熟的病毒为无芯髓的空壳粒子，直径约 20nm。在氯化铯中的浮密度为 1.29～1.34g/cm^3，沉降系数 85～162S，分子量（2.38～2.58）×10^6u。

不少学者用多种细胞材料和方法，对兔出血症病毒的体外培养进行了研究。杜念兴等（1986）发现兔出血症病毒在 IBRS-2 细胞上传至第 2 代出现细胞病变，细胞变圆、脱落，贴壁细胞呈破鱼网状，传至第 9 代细胞病变消失；在乳兔肾细胞第 5 代出现细胞病变，第 8 代消失；在兔睾丸细胞，第 1 代出现细胞病变，第 4 代消失；在乳兔肝、肺原代细胞及 BHK-21、MA104、Hela 细胞上盲传 6～8 代，均未出现细胞病变。陈嘉棣等（1988）用病兔肝 1∶10 悬液，或用胰酶处理后的病毒接种牛肾、兔肺和兔肾原代细胞及猪肾、猪睾丸传代细胞（RSTF），均不引起细胞病变，但在 RSTF 细胞上可传至 11 代，特别是病毒经胰酶处理后感染 RSTF 细胞，病毒血凝价维持时间更长。用低代次（6 代以前）传代材料接种家兔仍有致病性和免疫性，但随代次增加，病毒的滴度逐渐降低以至消失。萧庆麟等（1988）指出，病毒在 Vero 细胞上可产生一定的细胞病变，细胞萎缩变形，部分融合，有的脱落，出现空斑，传至第 3 代细胞病变消失；在 MA104 细胞上连传 7 代仍出现细胞病变，第 8 代细胞病变消失。如上所述，尽管对兔出血症病毒体外培养研究取得了一些初步结果，但更多的材料表明兔出血症病毒较难适应细胞培养，笔者认为应进一步研究兔出血症病毒的生长特性，在培养条件、培养基选择和易感细胞筛选方面做进一步探索。

3. 理化特性 兔出血症病毒抵抗力很强。杜念兴等（1986）、邓瑞堂等（1987）报道兔出血症病毒耐酸、乙醚和氯仿，经 pH 3.0 处理后仍能致死易感兔。樊英远等（1987）报道，兔出血症病毒经乙醚、pH 3.0 和 56℃/h 处理后仍可引起易感兔发病死亡。蒋武成等（1983）报道，含毒病料经 1%～2%甲醛 2.5h，10%漂白粉 2～3h，2%戊二醛 1h，1%NaOH 3.5h 均可完全灭活病毒；生石灰效果较差，草木灰和过氧乙酸效果极差。含毒病料在－20～－8℃保存 560 天、室内污染环境中 135 天仍有致病性。

4. 分子生物学 兔出血症病毒的单链正义 RNA 全长 7 437 个核苷酸，第 1～9nt 为 5’－非编码区，最后 59nt 为 3’－非编码区，它有两个开放读码框（ORF），第 10～7 044nt 编码一个含有 2 344 个氨基酸的多聚蛋白，该多聚蛋白经蛋白水解酶加工成为分子量 60kDa 主要衣壳蛋白 VP60 以及包括 RNA 聚合酶和蛋白酶在内的三个非结构蛋白。第 7025～7378 为 ORF2，它与 ORF1 的 3’端有 19 个核苷酸重叠，它编码一个由 177 个氨基酸组成的分子量 12kDa 的蛋白。兔出血症病毒的这种基因组结构与杯状病毒科的猫科杯状病毒（FCV）以及人 E 型肝炎病毒不同，但与同为杯状病毒科的 EBHS 病毒相似。

当兔出血症病毒感染细胞后会产生一个 2.2～2.4kb 的亚基因组 RNA，这个亚基因组 RNA 包含了 VP60 蛋白的编码区以及 ORF2。另外，亚基因组 RNA 与基因组 RNA 的 5’端都连接着一个被称为 VPg（virion protein，genome linked）的蛋白，该蛋白的分子量为 15～16kDa。

从不同地区分离出的兔出血症病毒的基因组序列基本上相同，VP60 的氨基酸组成也相差不多。Gould AR 等将从捷克分离的病毒与从德国分离的病毒基因组进行比较，发现两者之间仅有约 1%的差别，两者之间有 78nt 发生变化，由此导致 30 个氨基酸的不同。这些差异主要出现在 ORF1 的 5’端，即 VP60 蛋白氨基酸序列的中间部分，但这些变化对 VP60 的结构和功能基本没有影响。而从法国、西班牙、埃及分离出的兔出血症病毒的基因组序列也只有 2%左右的差别。

另外兔出血症病毒与 EBHS 病毒的主要衣壳蛋白基因组序列的同源性达到 76%，这与两者的抗原性关系是相一致的。而兔出血症病毒与其他杯状病毒科成员的同源性则比较小。

三、流行病学

1. 传染来源　该病只发生于家兔，不同品种的兔均易感，毛用兔的易感性略高于皮用兔，不同性别兔的易感性无差异。不同年龄兔的易感性差异很大，主要发生于60日龄以上的青年兔和成年兔，发病急，死亡率高，断乳后育成兔死亡率稍低，哺乳期仔兔很少发病死亡。

2. 传播途径　该病的传染来源主要是病兔和带毒兔，健康兔与其直接接触而感染，也可通过排泄物、分泌物等污染的饲料、饮水、用具、注射针头、剪毛剪、兔产品等及人员来往间接传播。自然条件下，空气传播是主要的传播方式，人工感染经口服、皮下、腹腔、滴鼻等途径接种均可引起发病，但无迹象表明可通过昆虫或啮齿动物机械传播或经胎盘垂直传播。

兔出血症病毒侵入机体后首先在细胞核内复制和装配，而后再向胞质及胞外扩散。从病毒侵入细胞到子代病毒在核内完成装配需12～18h，此时感染兔不表现临床症状。随病毒大量增殖，胞核出现病损并破裂，病毒大量散入胞质，此时患兔出现病状，这一阶段约8h，至濒死期，感染细胞破裂死亡，病毒大量扩散到细胞外，病兔迅速死亡。

兔出血症病毒侵入机体后在各器官组织中出现的数量明显不同，由多至少依次为血管内皮、脾、肝、肾、肺、气管、心等，而且各组织器官中细胞损伤程度与之平行。病毒在各器官中分布的这种量的差异以及各组织器官细胞损伤的轻重之别表明兔出血症病毒可能具有嗜血管内皮及网状内皮的特性。兔出血症病毒可诱发产生弥漫性血管内凝血，出现弥漫性血管内凝血的器官比未出现的器官病变严重，同时伴有出血，提示弥漫性血管内凝血在加重急性病例发病过程中确有重要作用。综上所述，兔病毒性出血症的死因是病毒性休克，其机制是病变细胞的线粒体肿胀变性，空泡化，毛细血管管壁断裂缺失。由于血管内皮受病毒侵害发生变性、断裂，这是造成病毒性休克的始动因素，继而各实质器官内发生弥散性血管内凝血，造成实质器官缺氧，实质细胞线粒体变性，细胞内呼吸障碍，细胞变性坏死，实质器官功能丧失，最终导致动物死亡。

3. 易感动物　该病只发生于家兔，樊英远等（1987）用强毒接种除兔以外的多种动物，其中鸡、猪和大鼠未能检出抗体，而牛、鸽、鸭、羊、犬、猫、仓鼠、豚鼠、相思鸟和娇凤鸟均能检出抗体。沈菊阳等（1986）将含毒病料接种金黄地鼠、大鼠和小鼠，均无明显症状，但都有不同程度的组织病理学变化，且与家兔的病变相仿。因此推断这些动物可能为隐性带毒者。向秀成等（1987）将兔出血症病毒接种乳鼠已连传16代，病毒可在乳鼠体内生长增殖，引起乳鼠规律性发病死亡，回归兔体仍可引起发病和死亡。用乳鼠作为实验动物模型进行毒种保存，病毒特性测定及血清中和试验等均获得满意结果。

4. 流行特征　该病发病急，死亡率高，常呈暴发性流行，引起毁灭性损失。一年四季均可发生，北方以冬春季多发，可能与气候寒冷、饲料单一、兔体抵抗力下降有关。

四、临床症状

自然病例潜伏期2～3d，人工感染潜伏期38～72h。根据病程不同可分为最急性、急性和慢性型。

（1）最急性型　多见于非疫区或流行初期。无任何前兆或稍有呆滞而突然死亡。死前仅表现短暂的兴奋，而后卧地挣扎，划动四肢如游泳状，鸣叫，有时鼻腔流出血样液体。

（2）急性型　病初食欲减退，精神沉郁，被毛粗乱，结膜潮红，体温升高达41℃以上，稍稽留后急骤下降。临死前病兔在笼内瘫软，不能站立，但不时挣扎，撞击笼架，高声尖叫，抽搐，少数鼻孔流出泡沫性血液。死后呈角弓反张，孕兔可发生流产。

（3）慢性型　多见于老疫区或流行后期，病兔潜伏期和病程较长，精神不振，食欲下降，迅速消瘦、衰弱而死。有的可以耐过，但生长迟缓，发育较差。

五、病理变化

1. 大体解剖观察　以实质器官瘀血、出血为主要特征。气管、喉头弥漫性充血、出血，气管内充盈大量血染泡沫；肺水肿，肺叶上有大量出血斑点；心包积液，心包膜点状出血；肝脏肿大，呈土黄色或淡黄色，质脆，肝小叶间质增宽或界限模糊，有的肝表面有灰白色或淡黄色散在点状坏死灶；肾瘀血，呈暗紫色，少数肿大，皮质可见止血斑点；脾肿大，边缘变钝，切面外翻；十二指肠、回肠充血，有时可见点状出血；内分泌腺、性腺、输卵管和脑膜也可见充血和出血。特征性病变主要表现弥散性肾出血、脾肿、急性肝坏死、肺和气管黏膜出血。

2. 组织病理学观察 以全身微循环障碍为主，突出表现在肺、肾、心、延髓等重要器官的微血管广泛瘀血，红细胞黏滞，透明血栓形成，点状出血和间质水肿，实质器官的细胞广泛变性和坏死。脾脏充血、出血，淋巴组织萎缩和淋巴细胞排空等病毒性败血症特征。遇秀玲等（1990）采用间接BA法染色证实，在变性和灶性坏死的肝组织中残留的肝细胞核中显示较致密的棕褐色阳性反应，表明病毒抗原主要集中于肝细胞内，肝脏可能是兔出血症病毒的靶器官。鲍恩东（1990）应用免疫荧光技术对兔出血症病毒抗原在感染兔体内各脏器组织细胞中定位的研究表明，病毒抗原在肝、肾、心等组织器官中的含量逐渐增加。依病毒抗原在细胞内不同部位显示的荧光，各组织器官中阳性细胞主要呈现两种形式，一种是细密的荧光颗粒或斑点状颗粒，主要分布在阳性细胞浆中，核区阴暗，核内偶见细小的荧光亮点。另一种为全细胞出现均匀一致的弥散性荧光。病毒在各脏器中的分布不均衡，阳性细胞检出率较高的器官是肝、肾、心和脾。

3. 超微结构观察 佘锐萍（1986）认为宿主细胞超微结构的最普遍变化是线粒体肿胀、变性、空泡化，毛细血管管壁断裂消失。刘洪昌等（1988）发现病毒首先出现在细胞质中的线粒体，至细胞病变严重后累及核仁，最终使整个细胞受损。病毒在细胞核内成熟装配，因此细胞核的病变最引人注目。细胞核呈现各种畸形，核膜绝大部分已模糊不清，核膜周围的染色质除少量残留外，基本消失，核仁浓缩，与周围核质间出现明显空隙，在病变感染部位有时可看到核质浓缩现象。另外，细胞质中的其他细胞器如内质网、糖原颗粒、高尔基体、溶酶体等也有轻度病变。

4. 血液学变化 陈可毅等（1987）证实。发病期间，病兔血液中白细胞数持续下降，濒死时白细胞数明显减少，血液中白细胞数与发热期体温的升高幅度及持续时间无明显相关。在白细胞总数下降的前提下，淋巴细胞分类数值多数升高，嗜中性白细胞分类数值多数下降。仲飞等（1988）报道，病兔血清中乳酸脱氢酶总活性比正常兔明显升高，同工酶各级分的相对百分含量没有明显改变。这一结果表明，病毒引起的急性炎症不只是发生于某一器官，而是发生于多个器官，与肉眼及组织学观察所见实质脏器广泛性出血是一致的。李秀锦等（1988）指出，病兔血清中谷丙转氨酶（GPT）和谷草转氨酶（GOT）活性均明显升高。病毒之所以能提高兔血清转氨酶的活性，主要由于病毒在兔的某些组织（特别是肝、肾、肺等）中大量增殖，引起这些组织的炎症，使其细胞膜通透性增加，细胞中的GPT和GOT释放到血液中，引起血清转氨酶活性增高。

六、诊　断

根据流行特点、临床症状和病理变化，可以做出初步诊断。确诊需进行病毒的分离鉴定和血清学试验。

1. 病毒分离与鉴定 兔出血症病毒主要存在于病兔的脾、肝、肾等实质器官。因此分离时可无菌取上述器官，剪碎后，加入生理盐水（W/V）匀浆，双抗处理后，冻融1次，3 500r/min离心20min，取上清液按1ml/2～3kg体重肌肉接种未经免疫的健康兔，发病死亡后，无菌取其肝、脾、肾，将病毒提纯后进行电镜检查，观察病毒的形态结构。

提纯病毒可取病死兔肝、脾、肾，加入5～6倍（W/V）0.7mmol/L pH7.2 PBS，匀浆数分钟，加入少许氯仿去脂，置4 000r/min离心15min，取上层悬液置10 000r/min离心30min，收集上层液，经40%蔗糖、60%泛影葡胺密度梯度离心法离心后收集界面间病毒。也可用35～40%饱和硫酸铵沉淀后，40 000r/min离心90min，收集沉淀，溶于适量0.7mmol/L pH 7.2 PBS中备用。

2. 血清学试验

（1）血凝和血凝抑制试验　杜念兴等（1986）报道病兔肝悬液（1：10）经 2 000r/min 离心的上清液可以凝集人 O 型红细胞，并能被特异性抗体所抑制。金美玲等（1987）测定各脏器的血凝效价，肝、脾最高，肾、肺次之。赵继勋等（1988）报道，人工感染病死兔不同组织血凝效价由高到低依次为肝、脾、肺、肾、心肌等。林治涌等（1988）探讨了影响血凝和血凝抑制试验的因素，认为红细胞浓度越低测定抗原的血凝效价越高；96 孔 U 型板比 96 孔 V 型板试验效果好；保存于 4℃的人 O 型红细胞 7 天以内均可使用，但时间越长，血凝效价越低，灭活血清血凝抑制效价高于未灭活血清，原因可能是灭活（56℃ 30min）后可以消除一部分非特异性凝集素的影响，建议采用灭活血清。为了快速诊断，郑厚旌等（1987）介绍了瓷板血凝法，反应温度 15～20℃，1～3min 判定结果。辛盛鹏（1988）、郑厚旌等（1987）采用醛化人 O 型红细胞与新鲜人 O 型红细胞同时进行血凝和血凝抑制试验证明两者的检测效果基本相同，建议采用醛化红细胞，减少洗涤血球的繁琐过程，延长红细胞使用时间。

（2）间接血凝试验　杨汉春等（1989）应用纯化兔出血症病毒抗原，以戊二醛醛化绵羊红细胞为载体，成功地建立了间接血凝试验，用以检测兔出血症病毒抗体。其敏感性比血凝抑制试验高 32 倍，比琼脂扩散试验高 1 024 倍。间接血凝试验的条件选择，致敏用 pH3.6，最适抗原浓度 1.5μg/mL，最适致敏时间 37℃ 1h，最适反应温度 37℃ 45min，血清稀释液中加入牛血清白蛋白或马、鸡、驴血清均可。

（3）琼脂扩散试验　矫正德等（1987）、戴康等（1987）用病兔肝脏乳剂制备的冻融抗原对感染兔出血症病毒的兔血清进行琼脂免疫扩散检查，检出特异性抗体。人工感染后 7～9 天可检出沉淀抗体，抗体持续期至少可达 80d。

（4）酶联免疫吸附试验　王启明等（1988）报道该方法检测结果与血凝和血凝抑制试验具有良好的相关性。他们认为所检测的病兔肝匀浆先经 56℃ 30min 灭活，使粗制肝匀浆呈胶冻样，再低速离心，取上清液用以检测抗原，同时在稀释液中加入 10%犊牛血清，可以清除非特异性反应因素。

（5）荧光抗体法　张绍学（1987）建立了红细胞吸附病毒-荧光抗体法快速诊断兔病毒性出血症。他们用 1%人 O 型红细胞涂片固定后在冰箱保存。收到送检病料后，制成匀浆与红细胞感作一定时间，由于红细胞对病毒的选择性吸附和蓄积作用，以及荧光抗体与病毒的特异性结合，此方法具有较高的敏感性和特异性。

七、防治措施

1. 治疗　抗生素、磺胺类药物对本病无治疗作用，只能防止继发感染。吴国栋等（1987）、黄兴源（1988）介绍了兔出血症病毒高免血清制备方法。韦华姜等（1987）用高免血清治疗病兔，治愈率可达 73%～100%，高免血清的治疗剂量，成年兔 3mL，60 日龄仔兔 1.5～2mL，肌肉注射。对发病后期的病兔效果不明显。笔者认为，兔群中一旦发现本病，确诊后，不论健康兔或发病兔，均应用高免血清逐只进行紧急预防接种，待疫情稳定后，再用疫苗免疫。

2. 预防　加强饲养管理和环境卫生消毒是预防兔病毒性出血症的经常性工作。目前有效的预防措施是定期注射组织灭活疫苗。疫苗制备方法是用已知强毒株人工感染易感兔，发病死亡后无菌取其肝、脾、淋巴结等脏器组织，按 1：10 加入灭菌生理盐水制成组织悬液，无菌纱布过滤，加入 0.8%甲醛，混匀，37℃ 36h，充分振荡 3 次，用无菌生理盐水对倍稀释，而后做安全性试验、效力试验、保存期试验和免疫期试验，合格后方可使用。组织灭活菌对不同年龄、品种的兔均无不良反应。每只兔皮下注射 1mL，免疫期 180 天，成年兔预防接种可间隔 180 天，肉用仔兔间隔 90 天。疫苗在室温可保存 45 天，在 4～8℃保存 150 天，便于长途运输和基层使用。

关于母源抗体对疫苗免疫效果的影响作用，金美玲等（1987）研究表明，免疫 30～120 天的母兔所产仔兔具有极高的母源抗体，至 60 日龄时迅速下降。因此，对免疫母兔所产仔兔的初免日期应在产后 60 天为宜。雷元勋等（1987）认为母源机体水平在 1：16 以上时，才表现出免疫抑制。有母源抗体的仔兔的首免时间可选在 40～60 日龄时进行，如在疫区可提前至 30 日龄，首免与二免的时间间隔 90 天比较适宜。

关于兔出血症病毒灭活疫苗的免疫机制，王汉中等（1988）研究认为，注射灭活苗后7天，不能自血清中检出特异性抗体，而在4h后即能自血清中检出高滴度的内源性干扰素，其平均滴度为9 000IU/mL，7天后血清中仍能检出高滴度的干扰素；注射灭活苗后25～30天才能检出特异性抗体，其血凝抑制效价为1∶1280～1600。他们认为，在注射疫苗早期，体内主要诱生了内源性干扰素而防止病毒的进一步感染，而在后期，是由于特异性抗体的作用。因此兔出血症病毒灭活疫苗不仅具有很强的免疫源性，能在体内诱生高效价的特异性抗体，而且也是一种很好的干扰素诱生剂，能在体内诱生高滴度的内源性干扰素，它可在早期阻止病毒的复制。李瑾年等（1990）报道注苗后7天血凝抑制抗体滴度即达到有效保护水平，而淋巴细胞转化刺激指数17天才升高，表明本病以体液免疫为主。

为了培育兔出血症病毒细胞培养弱毒疫苗，萧庆麟等（1988）做了尝试，用在MA104细胞上传至第6代和第7代的细胞混合培养液注射家兔，经60天和105天后攻毒，1mL免疫组试验兔2/3保护，2mL免疫组试验兔3/3保护，说明病毒传代后毒力降低，但保留免疫原性，提示了通过细胞培养制备弱毒疫苗的可行性。

另外，佟承刚等（1987）研制成功兔出血症病毒-波氏杆菌二联苗，董亚芳等（1989）研制成功兔出血症病毒-巴氏杆菌二联苗。2种联苗与其各自单价苗的免疫效果一致，无干扰作用，可在生产上推广应用。

在家兔以及商业养殖中，可以通过宰杀患病兔、消毒或注射疫苗等方法来控制兔出血症的流行，但现在还没有合适的方法控制兔出血症在野兔中的流行。一旦有病情出现，就要宰杀患病兔，并用福尔马林溶液（1%～2%）或氢氧化钠溶液（10%）进行严格消毒，如有可能还应将兔隔离观察一段时期。抗生素以及磺胺类药物对兔出血症无治疗作用，但可以防止继发感染。可以用兔的高免血清对患病兔进行肌肉注射进行治疗，成年兔3mL/只，60天龄兔1.5～2mL/只。要预防该病的发生主要方法是加强饲养管理和环境卫生，定期消毒并对未发病的动物进行疫苗接种。最根本的办法是提高动物质量“屏障饲养、生物净化”。被灭活的病毒抗原是一种很有效的疫苗，现已投入商业应用。该疫苗的保护作用可持续几个月至半年。免疫后血清中抗体的水平可通过免疫斑点法或ELISA进行监测。

免疫血清也是一种快速有效的保护手段，但它的保护时间比较短。另外，在欧洲以及中国都发现，在感染病毒前，兔体内就存在阳性血清，而且存在天然的交叉反应抗体。尽管这种自然存在的交叉抗体滴度比较低，但在实验条件下，它们对兔也有一定的保护作用。但兔是如何获得这种保护作用的还不清楚，现在人们猜测曾经有类似兔出血症病毒的病毒在兔中流行，从而在兔群中保持了一定的水平的抗体。

现在，通过各种检测方法的发展以及各种疫苗的应用已经基本可以有效地检测和控制兔出血症在家兔以及商业养兔中的暴发与流行。但对野兔病情的控制仍然有待研究。虽然通过可以水平传染的减毒病毒株在小范围内实验取得了成功，但在野兔中的应用前景还不明了。另外，最近研究的热点之一是通过重组病毒的免疫作用使兔同时具有对多种病毒性疾病的抗性。

（付瑞　贺争鸣　田克恭）

我国已颁布的相关标准

GB/T 14926.21—2008　实验动物　兔出血症病毒检测方法

参考文献

高丰，贺文琦．2010．动物疾病病理诊断学［M］．北京：科学出版社，245-246．

田克恭．1991．实验动物病毒性疾病［M］．北京：农业出版社：203-214．

Barcena J，Morales M，Vázquez B，et al．2000．Horizontal transmissible protection against myxomatosis and rabbit hemorrhagic disease by using a recombinant myxoma virus［J］．J Virol，74（3）：1114-1123．

Boga J A，Martin Alonso J M，Casais R，et al．1997．A single dose immunization with rabbit haemorrhagic disease virus

major capsid protein produced in Saccharomyces cerevisiae induces protection [J]. J Gen Virol, 78 (pt9): 2315-2318.
Castañón S I, Marín M S, Martín-Alonso J M, et al. 1999. Immunization with potato plants expressing VP60 protein protects against rabbit hemorrhagic disease virus [J]. J Virol, 73 (5): 4452-4455.
Collins B J, White J R, Lenghaus C, et al. 1996. Presence of rabbit haemorrhagic disease virus antigen in rabbit tissues as revealed by a monoclonal antibody dependent capture ELISA [J]. J Virol Methods, 58 (1-2): 145-154.
Fischer L, Le Gros F X, Mason P W, et al. 1997. A recombinant canarypox virus protects rabbits against a lethal rabbit hemorrhagic disease virus (RHDV) challenge [J]. Vaccine, 15 (1): 90-96.
Gelmetti D, Grieco V, Rossi C, et al. 1998. Detection of rabbit haemorrhagic disease virus (RHDV) by in situ hybridisation with a digoxigenin labelled RNA probe [J]. J Viro Met, 72 (2): 219-226.
Gould A R, Kattenbelt J A, Lenghaus C, et al. 1997. The complete nucleotide sequence of rabbit haemorrhagic disease virus (Czech strain V351): use of the polymerase chain reaction to detect replication in Australian vertebrates and analysis of viral population sequence variation [J]. Virus Res, 47 (1): 7-17.
Heinz-Jurgen T, et al. 1999. Caliciviruses: an overview [J]. Vet Microbilo, 69 (1-2): 55-62.
Hirano M, Nakamura S, Okada M, et al. 2000. Rapid discrimination of monkey B virus from human herpes simplex viruses by PCR in the presence of betaine [J]. J Clin Microbiol, 38 (3): 1255-1257.
Haibo Huang. 1991. Vaccination against and immune response to viral haemorrhagic disease of rabbits: a review of research in the People's Republic of China [J]. Revue Scientifique et Technique de l'OIE, 10: 481-498.
Ohlinger V F, Haas B, Ahl R, et al. 1989. Rabbit haemorrhagic disease - a contagious disease caused by a calicivirus [J]. Tierarztliche Umschau, 44: 284-294.
Perelygina L, Patrusheva I, Hombaiah S, et al. 2005. Production of herpes B virus recombinant glycoproteins and evaluation of their diagnostic potential [J]. J Clin Microbiol, 43 (2): 620-628.
Perelygina L, Zurkuhlen H, Patrusheva I, et al. 2002. Identification of a herpes B virus-specific glycoprotein d immunodominant epitope recognized by natural and foreign hosts [J]. J Infect Dis., 186 (4): 453-461.
Shien J H, Shieh H K, Lee L H. 2000. Experimental infections of rabbits with rabbit haemorrhagic disease virus monitored by polymerase chain reaction [J]. Res Vet Sci, 68 (3): 255-259.
Tanabayashi K, Mukai R, Yamada A. 2001. Detection of B virus antibody in monkey sera using glycoprotein D expresssd in mammalian cells [J]. J Clin Microbiol, 39 (9): 3025-3030.
Torres J M, Sánchez C, Ramírez M A, et al. 2001. First field trial of a transmissible recombinant vaccine against myxomatosis and rabbit hemorrhagic disease [J]. Vaccine, 19 (31): 4536-4543.

第二节 猫杯状病毒感染
(Feline calicivirus infection)

猫杯状病毒感染（Feline calicivirus infection）是由猫杯状病毒引起的一种多发性口腔和上呼吸道疾病，主要表现为上呼吸道症状，双相发热，浆液性和黏液性鼻漏，结膜炎，极度沉郁。猫杯状病毒感染是猫的多发病，一岁以下的猫最易感，发病率较高，但死亡率较低。几乎所有的猫科动物对猫杯状病毒都有易感性，同时也有感染狗的报道。

一、发生与分布

Fastier（1957）首次分离到猫杯状病毒。目前，已从世界许多地区的家猫和澳大利亚的猎豹中分离到猫杯状病毒。Kadoi 等从患有溃疡的非洲狮和东北虎的舌和鼻中分离到猫杯状病毒样病毒。目前认为，猫杯状病毒呈世界性分布，并可能感染所有猫科动物。血清学调查表明，我国猫群中存在猫杯状病毒抗体。1997 年王祥生、夏咸柱等从我国发病虎体内分离到杯状病毒。2002 年高玉伟等用 F81 细胞从上海某动物园患口腔溃疡的猎豹和虎的唾液病料中分离到两株猫杯状病毒，表明我国猎豹和老虎体内也存在猫杯状病毒。

二、病　　原

1. 分类地位　猫杯状病毒（*Feline calicivirus virus*，FCV）又称猫嵌杯病毒，在分类上属杯状病毒科（Caliciviridae）、水泡病毒属（*Vesivirus*，也称为囊泡状病毒属）。杯状病毒是一组具有相同典型外观的病毒。该科曾被列为小 RNA 病毒科的一个属—杯状病毒属，1981 年国际病毒分类委员会考虑到该属成员与其他大多数小 RNA 病毒有较大的不同，将其单独提升为科。杯状病毒科现有四个属，除囊泡状病毒属外，还包括兔病毒属（*Lagovirus*）、诺瓦克病毒属（*Norovirus*）和札幌病毒属（*Sapovirus*）。

2. 形态学基本特征与培养特性　猫杯状病毒无囊膜，直径 35～39nm。衣壳由整齐排列的 32 个中央凹陷呈杯状结构的壳粒构成，杯状病毒名称即由此而来。这些杯状的表面结构由 90 个壳粒以 T=3 二十面体对称形式组成。壳粒由病毒衣壳蛋白的二聚体构成，分为三个区：上部为两叶结构，中央茎区和下部的壳状结构。衣壳在化学成分上只含有一种多肽，分子量为 73～76kDa，由 108 个这样的多肽组装成衣壳。负染电镜观察，可见病毒粒子表面具有杯状病毒典型的杯状结构，电镜下还可见到少数没有核心的病毒空衣壳。实心粒子外观呈白色，而空心粒子缺乏核酸，外观呈白环状结构。

猫杯状病毒可在猫的肾、口腔、鼻腔、呼吸道上皮和猫胎肺等原代细胞上增殖，也能在二倍体猫舌细胞系以及胸腺细胞系上生长，通常在 48h 内产生明显的病变。病变细胞呈圆缩，有时呈葡萄粒状或团状脱落。猫杯状病毒还能在来源于海豚、狗和猴的细胞上生长，病毒存在于细胞浆中，呈分散或晶格状排列，不形成包涵体，目前尚不能使其感染鸡胚或其他实验动物。也有人将其接种 Vero、MA-104、MDCK 细胞，盲传 5～6 代后，在 Vero、MA-104 细胞上也能看到轻微细胞病变，但时隐时现，较不稳定。

3. 理化特性　猫杯状病毒病毒粒子在 CsCl 中浮密度为 1.37～1.42g/cm^3。对脂溶剂（如乙醚、氯仿和脱氧胆酸盐）具有抵抗力；对 pH 的敏感性介于肠道病毒和鼻病毒之间，pH 3 时失去活力，pH 4～5 时稳定；50℃ 30min 灭活，$MgSO_4$ 和 $MgCl_2$ 不能增强病毒对热的抵抗力，2% NaOH 能有效灭活猫杯状病毒。

猫杯状病毒无血凝性。血清学研究表明，猫杯状病毒只有 1 个血清型。有人认为还存在 1 种血清变种。

猫杯状病毒的核衣壳蛋白由 1 种分子量为 59 520～69 440u 的主要蛋白成分组成。Carter 等（1989）制备了 2 种抗猫杯状病毒核衣壳蛋白的单克隆抗体，其中 1 种与病毒中和反应有关。经这 2 种单克隆抗体及猫高免血清进行免疫扩散试验以及 Western 斑点杂交试验证实，感染细胞上存在有被称作 P78、P41、P35 和 P29 的几种蛋白质成分。

4. 分子生物学　猫杯状病毒基因组为线性不分节段的单股正链 RNA，长 7 400～7 700nt。目前已完成了猫杯状病毒基因组测序。猫杯状病毒基因组 RNA 的 3’末端为 poly（A）结构，5’末端无帽结构，而与一个小分子量的蛋白（VPg）共价连接。猫杯状病毒基因组有 2～4 个开放阅读框架（ORFs），5’端 ORF 称 ORF1，长约 5.5 kb，占基因组全长 80%，编码非结构蛋白前体，中间 ORF，称 ORF2，编码衣壳蛋白，3’末端 ORF（ORF3）很短，推测其编码一个小蛋白质。

在猫杯状病毒感染细胞中，除基因组 RNA 外还存在着若干不同长度的亚基因组 RNA，病毒可能利用亚基因组 RNA 进行基因表达。亚基因组 mRNA，大小为 2.2～2.4kb，它与基因组 RNA 具有相同 3’末端，向 5’末端延伸至 ORF2，与衣壳蛋白基因相对应。

ORF1 所编码的非结构蛋白前体含有多个功能性基序。如 2C 样蛋白、3C 样蛋白和 3D 样蛋白。其中 2C 样蛋白是一种与 RNA 复制有关的螺旋酶；3C 样蛋白具有胱氨酸蛋白酶活性，与病毒的蛋白翻译后加工有关，将该蛋白前体水解成与病毒生长、复制、加工及装配有关的非结构蛋白；3D 样蛋白是一种 RNA 依赖的 RNA 聚合酶。

ORF2 从核苷酸的 5314 延伸至核苷酸 7320。ORF2 的起始密码位于 ORF1 的终止密码后，相对于

ORF1 发生-1 的框架移位但与 ORF1 的终止密码不发生重叠，编码猫杯状病毒的唯一结构蛋白—衣壳蛋白。不同杯状病毒衣壳蛋白之间的同源性很高，特别是 N 端和 C 端，并且都含有一个大约 250 个氨基酸的保守区。

ORF3 位于基因组的 3’末端，编码 106 个氨基酸，称为 VP2。这个蛋白的功能还不确定，它可能是非结构蛋白，存在于感染细胞中，但在纯化的病毒粒子中并不存在。该蛋白是由 2.4kb 的编码衣壳蛋白基因的亚基因 RNA 表达，在感染细胞中，这个蛋白的表达量占总成熟衣壳蛋白的 10%。

三、流行病学

1. 传染来源　病猫和隐性带毒猫是该病重要的传染源。病猫能从其呼吸道、口腔分泌物、粪便及尿液中排出病毒，污染周围环境，造成周围健康动物感染。

2. 传播途径　猫杯状病毒存在多种传播途径，如动物之间接触传播、食源性传播、水源性传播等。病猫在急性期可随分泌物和排泄物排出大量病毒，污染笼具、地面等物品，也可直接传给易感猫。后者一般由急性病例转变而来，虽然临床症状消失，但可长期排毒，是最重要和最危险的传染来源。宠物商店、兽医院、后备种群、实验猫群等密集聚居处，更利于猫杯状病毒的传播。

3. 易感动物

(1) 自然宿主　自然条件下，仅猫科动物对猫杯状病毒易感，1 岁以下的猫最易感染，常发于 56～84 日龄的猫，但 7～84 日龄的猫均可感染发病。所有猫科动物对猫杯状病毒都有易感性。自然条件下，猫杯状病毒也感染狗。

(2) 实验动物　人工感染兔、小鼠和豚鼠未获成功。

(3) 易感人群　迄今为止，尚无猫杯状病毒感染人的报道。

4. 流行特征　由于猫杯状病毒感染剂量低（<100 病毒颗粒）、猫科动物对猫杯状病毒普遍易感、存在多种潜在传播途径等，导致猫杯状病毒感染很容易形成暴发。在国外有调查显示，家养宠物猫与野生猫或流浪猫的猫杯状病毒感染率有很大不同，宠物猫的感染率低于 10%，而野生猫或流浪猫却高达 25%～40%。地区差异性也很显著，有的地方猫对猫杯状病毒的感染率很低，而有的地方的感染率高达 50%～90%。近来经常见有暴发强毒株感染的报道。

四、临床症状

1. 动物的临床表现　猫感染猫杯状病毒后，口腔溃疡是常见的特征性症状，有时是唯一症状，鼻腔有时也出现类似病变。病猫精神沉郁，打喷嚏、口、鼻、眼分泌物增多，有时流涎和出现角膜炎。一般猫杯状病毒感染仅局限于口腔和上呼吸道，毒力强大者也可波及肺部，造成肺水肿和间质性肺炎，表现呼吸困难等症状。有时也会出现隐性感染或肺炎症状。严重的呼吸道感染会导致死亡，这种情况很少见，通常只有幼猫发生。猫杯状病毒还可引起急性热病性多神经炎跛行综合征，该综合征在试验中能再现。这表明跛行和口腔/呼吸道疾病代表临床症状的两个极端，有些毒株倾向于其中一端，而大多数毒株能够包括两种临床症状。

2. 人的临床表现　迄今为止，尚无猫杯状病毒感染人的报道。

五、病理变化

1. 大体解剖观察　口腔溃疡是猫杯状病毒引发的上呼吸道感染最明显的病征。溃疡刚开始形成的是水疱，位于舌周围的边缘处或别的位置，随后水泡破裂。

2. 组织病理学观察　表现上呼吸道症状的猫，可见结膜炎、鼻炎、舌炎及气管炎。舌、腭部初为水疱，后期水疱破溃形成溃疡。溃疡的边缘及基底有大量中性粒细胞浸润。肺部可见纤维素性肺炎（仅表现下呼吸道症状的病猫）及间质性肺炎，后者可见肺泡内蛋白性渗出物及肺泡巨噬细胞聚积，肺泡及其间隔可见单核细胞浸润。

支气管及细支气管内常有大量蛋白性渗出物、单核细胞及脱落的上皮细胞。若继发细菌感染时，则可呈现典型的化脓性支气管肺炎的变化。表现全身症状的仔猫，其大脑和小脑的石蜡切片可见中等程度的局灶性神经胶质细胞增生及血管周围套出现。

六、诊　　断

由于多种病原均可引起猫的呼吸道疾患，且症状非常相似，因此，确切诊断较为困难，需结合实验室检查。

1. 病毒分离与鉴定　本病急性期，可取眼结膜刮取物、鼻腔分泌物和咽部及溃疡部组织，用猫源细胞进行病原分离。虽然血液中能发现病毒，但血液材料不宜用于组织培养。将病料接种猫肾细胞系（F81），吸附1h后，换成细胞维持液，培养3～5d，每天观察细胞是否出现细胞病变（细胞圆缩、脱落）。若未出现病变，在接种后3～5d进行细胞传代。连续传6代后，未出现病变者视为阴性。对出现病变的细胞，冻融3次后，于−20℃保存，进一步用PCR等方法检测病毒。

2. 血清学试验　中和试验是检查猫杯状病毒相关抗体的标准方法。但该方法复杂费时，不适用于大批量样品的检查。该方法将血清做倍比稀释后与200 $TCID_{50}$的病毒于37℃感作1h，再接种F81细胞，观察细胞病变情况，可以获得猫杯状病毒的中和抗体效价。

蒋虹等人制备了猫杯状病毒的抗原，以及免疫酶、荧光素标记兔抗猫IgG，建立2种检测猫杯状病毒抗体的血清学方法，即免疫酶染色法及间接免疫荧光试验。该方法能用于检测猫血清中的猫杯状病毒抗体。

3. 组织病理学诊断　病猫舌、腭部水泡破溃形成溃疡，溃疡的边缘及基底有大量嗜中性白细胞浸润。肺部可见纤维素性肺炎（仅表现下呼吸道症状的病猫）及间质性肺炎，后者可见肺泡内蛋白性渗出物及肺泡巨噬细胞聚积，肺泡及其间隔可见单核细胞浸润。支气管及细支气管内常有大量蛋白性渗出物、单核细胞及脱落的上皮细胞。表现全身症状的仔猫，其大脑和小脑的石蜡切片可见中等程度的局灶性神经胶质细胞增生及血管周围套出现。

4. 分子生物学诊断　随着分子生物学技术的不断发展、猫杯状病毒基因组序列的测定，RT-PCR广泛用于猫杯状病毒的检测，该方法检测猫杯状病毒最敏感，已经成为检测猫杯状病毒的最主要的方法。针对猫杯状病毒基因组的衣壳蛋白区设计引物，可以区分不同的基因型。Marsilio F等采用套式RT-PCR对87份样品进行检测，该法灵敏度和特异性均比其他方法高。

七、防治措施

1. 治疗　除了用接种疫苗来防治猫杯状病毒感染外，一般采用广谱抗菌药来治疗口腔和呼吸道症状，以降低并发症的发生。猫杯状病毒在环境中可以存活2周，能够通过污染物及直接接触传播或通过气溶胶传播。感染的猫能从其呼吸道及口腔分泌物中排出病毒。也能从其粪便及尿液中分离到猫杯状病毒。因此，保持饲养场地的清洁卫生对该病的防控很重要。

2. 预防　Povey（1976）认为，猫杯状病毒不同毒株的致病性不同，有的可能是非致病的，有的则对舌、颊部和肺的上皮细胞的亲和性及致病性较强，但不同毒株可产生较好的交叉保护作用，据此可筛选活毒疫苗。目前国外已有猫杯状病毒弱毒疫苗以及与FPV、FHV-1等组成的联苗可供使用。

（张丽　孙明　肖璐　田克恭）

我国已颁布的相关标准

无。

参考文献

本藤良．2006．猿猴疱疹B病毒感染［J］．日本医学介绍，27（9）：398.
田克恭．1991．实验动物病毒性疾病［M］．北京：农业出版社：373-380.

Chika Oya, Yoshitsugu Ochiai, Yojiro Taniuchi, et al. 2004. Specific Detection and Identification of Herpes B Virus by a PCR-Microplate Hybridization Assay [J]. J Clin Microbiol, 42 (5): 1869-1874.

Smith A L, Black D H, Eberle R. 1998. Molecular evidence for distinct genotypes of monkey B virus (Herpesvirus simiae) which are related to the macaque host species [J]. J Virol, 72: 9224-9232.

第三节 灵长类动物杯状病毒感染 (Primate calicivirus infection)

嵌杯样病毒（*Calicivirus*）又称杯样病毒、杯状病毒，是单股正链 RNA 病毒，可导致广泛的动物和人类发生疾病。可分为 4 个属，其中诺如病毒属和札幌病毒属可引起人类急性胃肠炎，称为人嵌杯状病毒（*Human calicivirus*，HuCV）。另两个属，即水疱病毒属和兔出血症属为动物嵌杯状病毒，只对动物致病。因非人灵长类动物属于人类的近亲，流行病学调查显示能够从该类动物体内分离出人类杯状病毒，感染动物具有与人类相似临床症状。人杯状病毒主要经水、食物和接触传播，可感染所有年龄段人群，常引起急性胃肠炎的暴发和流行，在全世界广泛分布。由于杯状病毒感染的病人经粪便排出病毒的时间较短，病毒量少、病毒颗粒小，病毒基因具有高度遗传多样性，因此给病毒分离、临床检测、防疫免疫都带来困难。目前，对非人灵长类动物杯状病毒的研究报道还较少。

一、发生与分布

1972 年，Kapikian 首先用免疫电镜对 1968 年美国 Norwalk 的一所学校暴发的胃肠炎病人粪便中，检出了直径为 27～32nm 的球状病毒颗粒，定名为诺瓦克病毒（*Norwalk virus*），之后这株病毒成为诺如病毒属（*Norovirus*，NV）的原型株。由于该病毒高度变异，此后在其他地方也陆续发现命名了多种类似病毒，曾称为诺沃克样病毒（*Norwalk-like virus*）。札幌病毒（*Sapovirus*）源于 1982 年在日本札幌（Sapporo）从婴幼儿腹泻粪便中分离鉴定的原型株——Sapporo 病毒（*Sapporo virus*）。人杯状病毒核心为单链 RNA，在电子显微镜下可见病毒表面呈杯状凹陷而得名为杯状病毒，但诺如病毒的杯状凹陷不如札幌病毒的明显。目前国内外研究较多的是诺如病毒属。

诺如病毒的流行地区极为广泛，20 世纪 70—80 年代世界上发生的非细菌性腹泻暴发中 19%～42% 系诺如病毒所致。在美国的流行情况比较严重，Fandhauser（2002）报道了 1976—1981 年美国成人非细菌性急性胃肠炎暴发流行中，有 42%是由诺如病毒引起的。荷兰、英国、日本、澳大利亚等国家也都得到类似结果。1995 年我国报道第 1 例诺如病毒感染，之后陆续对多个地区诺如病毒感染暴发进行调查，结果证明诺如病毒感染在我国是普遍存在的。

杯状病毒在非人灵长类动物中流行研究多集中在美国的几个灵长类中心，国内暂无相关报道。Smith 等早在 20 世纪 80 年代就分别从倭黑猩猩（*Pan paniscus*）、白臀叶猴（*Pygathrix nemaeus*）中分离出灵长类的杯状病毒，称为 Pan-1，属于水疱病毒属，一些学者建议可以作为研究人杯状病毒的灵长类动物模型。2008 年，Farkas 从美国杜兰（Tulane）国家灵长类研究中心养殖的幼龄恒河猴粪便样品中分离出一株新的嵌杯样病毒，命名为杜兰病毒（*Tulane virus*，TV）；经过对该毒株的基因组和生理生化特性分析研究，认为与人诺如病毒比较接近。

二、病　　原

1. 分类地位　杯状病毒科（Caliciviridae）分为 4 个属，即诺瓦克病毒属（*Norovirus*，NV）、札幌病毒属（*Sapovirus*，SV）、兔出血症病毒属（*Lagovirus*）和水疱性病毒属（*Vesivirus*）。Caliciviridae 的名字是源自于拉丁文 calyx，意思为“杯状”。诺如病毒属仅有诺沃克病毒 1 个种。诺如病毒是一组形态相似、抗原性略有不同的病毒颗粒。目前已分离鉴定的毒株超过 100 个，基本上以地名来命名。

2. 形态学基本特征与培养特性　典型的杯状病毒呈球形或多面状，核衣壳呈二十面体对称，无包膜，直径 30～38nm。札幌病毒属的毒株在电子显微镜下可见病毒表面有杯状凹入或内陷；而诺如病毒颗粒有一种模糊的羽毛状外缘，杯状凹陷不太明显。衣壳仅由 1 种结构蛋白组成。病毒在胞浆内合成和成熟，有时呈晶格状排列。目前还未见有人嵌杯状病毒培养成功的报道。Farkas 从恒河猴粪便中分离的杜兰病毒（*Tulane virus*）能成功地在猴肾细胞系（LLC-MK2）中培养增殖。

3. 理化特性 杯状病毒的相对分子质量大约为 15×10^6，病毒颗粒沉降系数为 170～187s。氯化铯中的浮密度为 1.33～1.39g/cm^3，在甘油、酒石酸钾中的浮密度为 1.29g/cm^3。杯状病毒不含脂类，故脂溶剂不能使之灭活，对热、乙醚、氯仿和温和性去垢剂不敏感。60℃处理 30min 或 pH 2.7 下 3h、4℃ 20%乙醚处理 18h 均不能完全消除其感染性。诺如病毒对氯耐受力强，氯离子浓度在 3.75～6.25mg/L 时可灭活人轮状病毒，但对诺如病毒无效，只有浓度达到 10mg/L 时才使诺如病毒灭活。高浓度的 Mg^{++} 能够加快热对杯状病毒的灭活。诺如病毒对戊二醛和碘制剂敏感。胰酶作用可灭活某些杯状病毒，而对另一些病毒则加速其复制。有一些杯状病毒易被冻融所灭活。

4. 分子生物学 杯状病毒核酸为单股正链线性 RNA（ssRNA），不同毒株基因组长度 7.4～8.3kb 不等，其中诺如病毒原型株基因组约 7.6kb。它既可以作为 mRNA 直接翻译病毒蛋白，又可作为负股 RNA 的模板进行复制。杯状病毒基因组 RNA 的 3’末端为 poly A 结构，5’末端无帽结构，通常与一个小分子量的蛋白（VPg）共价连接。不同杯状病毒基因组结构存在差异，包含有 2～4 个开放阅读框架（ORF）。诺如病毒原型株基因组有 3 个 ORF，5’端的 ORF1 编码 1 789 个氨基酸的蛋白多聚体，含有与小 RNA 病毒的螺旋酶（2C 区）、蛋白酶（3C 区）和 RNA 依赖的 RNA 聚合酶（3D 区）的序列同源的区域。ORF2 编码 530 个氨基酸的衣壳蛋白。3’端的 ORF3 编码 212 个氨基酸的功能未知的小碱性蛋白。札幌病毒属 Manchester 毒株的基因组结构与诺如病毒不同，有 2 个 ORF，其 ORF1 与衣壳蛋白基因融合编码一个巨大的蛋白多聚体；ORF2 的位置相对来说位于基因组的 3’端，与诺如病毒的 ORF3 相似，可能编码一个不含有半胱氨酸残基的亲水性基础蛋白。

依据 RNA 依赖的 RNA 聚合酶或衣壳蛋白基因区的核苷酸序列同源性，诺如病毒基因组分为 5 组，GI、GII、GIII、GIV 和 GV，然后还可再分为不同的基因型。依据日本 Kageyama 建立的以 ORF1 和 ORF2 连接处 N/S 结构域作为基因分型的方法，可将 GI 和 GII 基因组分别进一步划分为 14 个和 17 个基因型，这是国际上最常用的诺如病毒亚型分类方法。札幌病毒分成 SGI、SGII 和 SGIII 共 3 个基因组。

三、流行病学

1. 传染来源 患者与无症状隐性感染者是主要的传染源。患者急性期粪便中有大量病毒颗粒，病后可持续排毒 4～8 天，极少数可长达 18～42 天。被感染的食物加工者和销售员可能成为重要的传染源。

2. 传播途径 主要通过人传人，经粪—口或口—口传播，亦可能通过水源污染或呼吸道传播。另外由于导致感染所需病毒量很少（<100 病毒颗粒），因此通过空气中的细小粒子、人与人之间的直接接触及被污染的环境均有可能引起感染，家庭成员或朋友之间的互相传播亦很常见。

3. 易感动物

（1）自然宿主 Jiang（2003）等曾经对非人灵长类动物人工饲养种群中血清抗体进行大规模调查，发现白眉猴（mangabey）、平顶猴（pigtail）、恒河猴（rhesus）和黑猩猩（chimpanzee）猴群中诺如病毒抗体 IgG 呈现阳性，其中前 3 种旧大陆猴流行毒株诺如病毒 GI 和 GII 基因组分别为 53%和 58%，黑猩猩 GI 基因组流行率达 92%，说明这些动物具有既往感染。2008 年，Farkas 等从恒河猴中分离得到一株新的杯状病毒，称为 Tulane 病毒。以上所列非人灵长类动物均为人杯状病毒感染的自然宿主。

（2）实验动物 现有证据表明，能自然感染人嵌杯状病毒的宿主范围狭窄。鼠诺如病毒-1（*Murine norovirus*-1）可感染鼠类，该病毒与感染人的诺如病毒相似，并可在巨噬细胞、树突细胞中复制而用于人诺如病毒的研究。据 Cheetham（2006）报道，人 GII 组 NV 株能够在无菌仔猪中成功复制。

（3）易感人群 人杯状病毒可感染所有年龄组人群，在老年人和儿童中高发。

4. 流行特征 诺如病毒感染性极强，据估计 10～100 个病毒颗粒即可致病。可在任何季节感染人群，以寒冷冬季呈现高发，北半球以冬季和早春多发，南半球以春夏季常见。诺如病毒主要通过粪—口途径传播，健康人接触病人，或接触了污染的水源，或生吃食物，或在污染的水中游泳均可造成感染。

猴群中血清学调查结果也显示，各个年龄段动物都能感染，流行特征与人相似。

四、临床症状

1. 动物的临床症状 诺如病毒感染黑猩猩（Chimpanzees）后仅产生亚临床症状，有血清应答但无呕吐和腹泻；Rockx（2005）等通过试验得出恒河猴对诺如病毒敏感，感染后动物身体产生特异性抗体 IgM 和 IgG。Subekti（2002）报道 *Toronto virus* 感染新生平顶猴出现了腹泻、脱水、呕吐等临床症状。

2. 人的临床症状 人感染诺如病毒后潜伏期为 24～48h，最短 12h，最长 72h。主要症状为急性胃肠炎，包括恶心、呕吐、腹痛腹泻，伴有发热。儿童以呕吐为主，成人以腹泻为主，粪便为稀水样、有脓血；也可见头痛、寒战和肌肉酸痛等症状，严重者出现脱水症状。

五、诊　　断

1. 病毒分离与鉴定 因人嵌杯状病毒不能体外细胞培养，可直接用电镜或免疫电镜从患者粪便中检查病毒颗粒。取发病后 24～48h 患者粪便做免疫电子显微镜检查，可见病毒颗粒。这是早期研究的一种诊断手段，但非常不敏感，要求每毫升不少于 10 个病毒颗粒，而一般病人粪便中诺如病毒滴度较低，且粪便中可能存在其他小圆球状病毒。

2. 血清学试验 可用 ELISA 或 RIA 法检查患者粪便中病毒特异性抗原和患者血中特异性抗体。目前 ELISA 常采用的多价混合抗血清，是由纯化重组表达的病毒样颗粒（VLPs）作抗原免疫家兔和豚鼠制备，采用双抗体夹心法；也可用固相放射免疫法检测急性期患者粪便滤液中的病毒抗原。

3. 组织病理学诊断 感染者出现小肠组织学损伤，包括绒毛变宽、变平，微绒毛变短，单核细胞浸润和细胞质内空泡形成。胃和直肠黏膜未见组织学改变。

4. 分子生物学诊断 目前多采用 RT - PCR 方法检测诺如病毒。有选择从病毒 RNA 多聚酶区至 poly（A）尾之间区域建立的 RT - PCR 方法。

六、防治措施

1. 治疗 目前对人嵌杯状病毒引起的急性胃肠炎尚无特效的抗病毒药物，抗生素也无效。因脱水是诺如病毒患者腹泻的主要死因，所以治疗以对症和支持疗法为主。对重症患者给予及时输液或口服补液，纠正脱水、酸中毒及电解质紊乱，患者一般预后良好。

2. 预防 对该病目前尚无特异的方法进行预防。通常采用切断传播途径和控制传染源为主的综合预防措施，包括疫情监测系统的建立、落实处理措施、加强对饲料和水源的卫生管理等。①防止患病的饲养人员和实验重工作人员接触到非人灵长类动物；②对患急性胃肠炎的动物进行及时隔离和诊断；③对确诊杯状病毒感染的动物饲养环境，包括笼具、饮食具、排粪沟进行彻底的清洁消毒，选用氯离子消毒剂。

七、公共卫生影响

杯状病毒是引起人急性胃肠炎的最重要病原之一，它是仅次于轮状病毒引起非细菌性腹泻的重要病原，可导致严重的公共卫生问题。该病毒广泛分布于世界各地，常常引起成人和大龄儿童肠炎的暴发流行，四季均可发病，主要发生在人群密集区。杯状病毒一般是通过粪—口途径传播，也可以通过呼吸途径传播。因此建议：①切实加强对人群聚集场所聚餐的卫生监督管理。②加强食品卫生管理，养成良好的食品卫生习惯，预防病原从口而入。③加强对食品从业人员卫生知识的培训，并定期对他们进行健康检查。④各有关单位应建立健全卫生管理制度，并严格按制度执行；一旦发生类似事件，应及时报告。⑤疾病控制机构应加强监测，力争提高事件发生原因的查明率，并及时采取有效控制措施，将事件造成的影响降到最低。

（孙晓梅　代解杰）

参考文献

陈冬梅，张又，钱渊，等．2002. 北京地区婴幼儿人类杯状病毒感染状况及型别分析［J］．中华儿科杂志，40（7）：398－401.

Cheetham S，Souza M，Meulia T，et al. 2006. Pathogenesis of a genogroup Ⅱ human novovirus in gnotobiotic pigs［J］. J Virol，80：10372－10381.

Chiba S，Nakata S，Numata－Kinoshita K，et al. 2000. Sapporo virus：history and recent findings［J］. J Infect Dis，181 Suppl 2 ：S303－308.

Fandhauser R L，Monroe S S，Noel J S，et al. 2002. Epidemiologic and molecular trends of "Norwalk2like viruses" associated with out2－breaks of gastroenteritis in the United States［J］. J Infect Dis，186（1）：127.

Farkas T，Sestak K，Wei C，et al. 2008. Characterization of a Rhesus Monkey Calicivirus Representing a New Genus of Caliciviridae［J］. J Virol，82（11）：5408－5416.

Jiang B，McClure H M，Fankhauser R L，et al. 2003. Prevalence of rotavirus and norovirus antibodies in non－human primates［J］. J Med Primatol，33：30－33.

Kapikian A Z，Wyatt R G，Dollin R，et al. 1972. Visualization by immune－electron microscopy of a 27nm particle associated with acute infections non－bacterial gastroenteritis［J］. J Virol，10：1075－1081.

Rockx B H，Bogers W M，Heeney J L，et al. 2005. Experimental norovirus infections in non－human primates［J］. J Med Virol，75：313－320.

Smith A W，Skilling D E，Anderson M P，et al. 1985. Isolation of primate calicivirus pan paniscus type 1 from a douc langur（Pygathrix nemaeus l.）［J］. J Wild Dis，21：426－428.

Subekti D S，Tjaniadi P，Lesmana M，et al. 2002. Experimental infection of Macaca Nemestrina with a Toronto Norwalk－like Virus of Epidemic Viral Gastroenteritis［J］. J Med Virol，66：400－406.

第四节　诺瓦克病毒感染
(Norwalk virus infection)

诺瓦克病毒（*Norwalk virus*，NV）和诺瓦克样病毒（*Norwalk－like virus*，NLV）是一组世界范围内引起急性无菌性胃肠炎的重要病原，90％以上的非细菌性胃肠炎是由这类病毒引起。诺瓦克病毒感染（Norwalk virus infection）后，人的临床症状主要有恶心、呕吐、腹泻、腹痛、发热等。

一、发生与分布

1. 人诺瓦克病毒　人们最初所发现的诺如病毒在美国俄亥俄州诺瓦克引起人传染性胃肠炎暴发，因此，在1968年将诺如病毒的原型株命名为"诺瓦克病毒"。1972年在肠胃炎暴发期间，此病患儿的粪便滤出液为志愿者所食入，然后通过免疫电子显微镜在志愿者的粪便样本中检测出这一病毒（诺如病毒）。几乎同时，杯状病毒科得以命名。采用免疫电子显微镜技术发现了诺如病毒和轮状病毒这样的肠道病原体，并发现了其他肠道病毒，这些肠道病毒在电镜下一般描述为小而圆形的结构病毒（SRSV）。

在20世纪90年代早期，诺如病毒（FIIa株）完整基因组的克隆和序列测定，开创了这类病毒研究的新时代。所有诺如病毒都有几个共同特点，如随肠胃炎患者的粪便排毒，基因组为单链正向RNA，在氯化铯中浮力密度为1.33～1.41g/cm^3。由于20世纪90年代，分子技术在试验分析中得到了应用，所以这些SRSV被分成3种，即诺沃克样病毒（现称为诺如病毒，NLVs）、札幌样病毒又称为札幌病毒，SLVs）和星状病毒。

2. 动物诺瓦克病毒　20 世纪 90 年代，通过电子显微镜的应用，在犊牛和猪的粪便样本中发现若干具有典型杯状病毒形态的病毒。1997 年在日本，于健康猪的粪便内容物首次发现猪诺如病毒的原型株(SW918 毒株)。之后，在世界的其他地区，陆续发现了其他的猪诺如病毒毒株。到目前为止，所鉴定的牛诺如病毒的原型株是 Newbury 2 和 Jena，为 20 世纪 80 年代分别从腹泻犊牛粪便和德国黄牛分离鉴定的，1999 年有人对 Jena 毒株进行了分子生物学研究。一只死亡的意大利幼狮也被发现感染了诺如病毒。2003 年 Karst 等人从信号转导蛋白和转录激活因子 1（STAT1）以及重组体激活基因 2（RAG2）双缺陷（$RAG2^{-/-}/STAT1^{-/-}$）的小鼠中分离到一种病原，该病原可经脑传代，导致 $RAG2^{-/-}/STAT1^{-/-}$ 小鼠产生脑炎、脑膜炎、脑血管炎、肝炎和肺炎，最后死亡。后来研究该病毒的基因组特征发现，该病毒与嵌杯状病毒科中的诺瓦克病毒属病毒相似，但不同于先前已鉴定的基因型，因此将该病毒命名为鼠诺如病毒-1（*Murine norovirus*，MNV-1）。

自 2003 年第一株鼠诺如病毒分离以来，美国和加拿大研究机构的血清学调查数据就表明，鼠诺如病毒在实验小鼠中有很高的感染率，2003—2005 年的早期报告显示，20%以上的血清样本含鼠诺如病毒抗体。调查发现，在北美和欧洲小鼠中感染率分别是 32.64%和 24.03%（总 n=44876），在日本的感染率为 13.1%（n=245），Hsu 用荧光微球免疫法调查的美国和加拿大的感染率为 22.1%（n=12 639）。Charles River 实验室检测了 6 个月内采集的 42 000 份样本，发现鼠诺如病毒抗体阳性率为 32.4%。按照 Charles River 报道的数据，鼠诺如病毒已成为实验小鼠中感染率最高的病毒，是感染率排在第二位的细小病毒的 10 倍。国内仅报道广东省小鼠鼠诺如病毒的自然感染率为 37.38%（77/206）。从荷兰犊牛饲养场集粪池中采集混合粪样并分析与在乳牛场内逐头分别采集粪样并分析，结果发现与 NewburyAgent 2 毒株相关的 GIII 诺如病毒的阳性率前者为 31.6%、后者为 4.2%（van der Poel 等，2003）。英国检测发现牛的腹泻病例中有 11%为诺如病毒感染所致（Millnes 等，2007）。美国发现杯状病毒的排毒率不同州之间是不同的：就肉用小牛而言，在俄亥俄州为 72%（Smiley 等，2004），密歇根州为 80%，威斯康星州为 25%（Wise 等，2004）。在德国，9%的腹泻粪便样本为 Jena 病毒阳性，而在采集于乳牛血清的样本中有 99%为同型的 GIII 病毒阳性（Deng 等，2003）。这就证明在不同国家都存在着牛诺如病毒的高感染率。

在日本（Sugieda 等，1998）、荷兰（van der Poel 等，2000）、美国（Wang 等，2005）及匈牙利(Reuter 等，2007）均能从猪体内中检测到 GII 诺如病毒，但检出率比较低。日本猪 GII 诺如病毒的检测率为 0.35%，荷兰为 2%（van der Poel 等，2003）。在委内瑞拉，RT-PCR 检测结果证明猪诺如病毒未流行性传播（martinez 等，2006）。在美国，猪体内 GII 诺如病毒的血清阳性率为 97%，而在日本为 36%（Farkas 等，2005）。

意大利皮斯托亚动物园一只 4 周龄幼狮死于严重的出血性肠炎，检测首次发现了狮诺如病毒，但尚未做回归试验（martella 等，2007）。

人们也研究了其他家畜包括猫和犬的肠道杯状病毒（herbst 等，1987；Mochizuki 等，1993；Schafier 等，1985），但到目前为止还没有把这些病毒归为诺如病毒。

二、病　　原

1. 分类地位　诺如病毒归属杯状病毒科、诺如病毒属。杯状病毒分类最初是建立在形态学基础上的。国际病毒分类学委员会于 1998 年为杯状病毒的分类和系统命名制定了一种新的方法。这一方法已被进一步更新。人们将杯状病毒科分成 4 个属（Green 等，2000；Mayo，2002）：水泡病毒属、兔病毒属、诺如病毒属和沙波病毒属。最近有人提出了第 5 个病毒属，以前被命名为 *Nabovirus* 或 *becovirus*，以将 *Newbury Agentl* 和 *Nebraska* 病毒株归入第 5 病毒属内，因为 *Newbury Agentl* 和 *Nebraska* 病毒与杯状病毒科的目前 4 属病毒有显著性的差异。

人们根据诺如病毒衣壳基因的完整序列将其分成 5 种基因（G）。人诺如病毒株发现于 GI、GII、GIV 内（Fankhauser 等，2002；Green 等，2000；Vinje 和 Koopmans，2000）。牛诺如病毒属于 GIII

(Ando 等，2000；Oliver 等，2003；van der Poel 等，2003)，鼠类诺如病毒属于 GV（Hsu 等，2007；Karst 等，2003)，猪诺如病毒属于 GII（Sugieda 和 Nakajima，2002）。根据衣壳基因的部分序列可将狮诺如病毒归入 GIV 内（Martela 等，2007）。

对每个基因群内诺如病毒株的分类问题至今尚未达成共识。Zheng 等（2006）提出一种标准化的方法，这一方法是利用主要衣壳蛋白的氨基酸序列制定一个明确标准，对诺如病毒属以下的基因型进行系统化命名。建议将 5 种基因群分成 29 种基因型：将原来的 GI 细分成 8 种基因型（GI. 1～GI. 8）；GII 细分成 17 种基因型（GII. 1～GII. 17)，但依 wang 等（2007）采用相同的方法可细分成 19 种基因型；GIII 细分成 2 种基因型（GIII. 1 和 GIII. 2）；GIV 和 GV 中只有 1 种基因型。因为基因重组会影响诺如病毒的正确分类，所以不建议采用衣壳基因的部分序列来给诺如病毒的新株进行分类，而应采用衣壳基因的完整序列来进行（Zheng 等，2006）。

根据系统发育学的分析结果（Zheng 等，2006)，猪诺如病毒归属于 GII 内 3 个截然不同的基因型。在从人体中分离出的诺如病毒中，属 GII 基因群的最多。猪诺如病毒原先被归类于 GIl. 11，其与人诺如病毒毒株之间的关系最为接近。但最近被重新划归为 GII. 18 和 GII. 19（Hsu 等，2005；Charlie 等，2007）。

人们利用分子学技术阐明了牛诺如病毒与人诺如病毒的关系，发现牛诺如病毒在诺如病毒属内形成独特的第 3 种基因群。长期以来，这一属的最初基因群仅由动物肠道杯状病毒所组成（Oliver 等，2003）。牛诺如病毒毒株 Jena 和 Newbury Agent 2 分别是 GIIL1 基因型和 GIIL2 基因型的原型。

2. 形态学基本特征与培养特性 动物和人诺如病毒在电子显微镜下是一种表面结构模糊且呈泡沫状轮廓的无包膜球形颗粒。对人诺如病毒的研究发现，该病毒的每个衣壳蛋白是由 180 个拷贝的单蛋白首尾相连构成，两个衣壳蛋白形成一个二聚体；而整个病毒外表面为（T＝3）二十面立体对称体，由 90 个二聚体的衣壳蛋白构成。该病毒的衣壳表面显示 32 个杯状形凹陷和突出弓状体（Prasad 等，1999）。这些特征为杯状病毒科内的所有病毒所共有，但已观察到杯状病毒科内的不同病毒之间存在着结构性差异，进而对它们的功能性作用进行了研究（Chen 等，2004）。

利用 X 衍射技术已鉴定出诺瓦克病毒样颗粒的原子结构。冷冻电镜技术证实了其 VP1 上有两个主要区，外环区（S 区）和突起臂区（P 区）。S 区作为病毒外壳的内部分包裹病毒基因组，维持病毒的 T＝3二十面体对称结构；而 P 区从 S 区隆起形成二聚体化的拱形突起。VP1 亚单位的晶体结构飘带模型显示出更加细微的结构。NH2 -端臂锚定在 S 区面向外壳蛋白内部，由第 10～49 位氨基酸残基组成。S 区部分形成典型的 8 股反向 β 折叠，由第 50～225 位氨基酸残基组成。整个 S 区（1～225 个氨基酸）对应于外壳蛋白的 N 端，同时也是诺如病毒序列相对保守区域。P 区通过柔软的铰链与 S 区连接，对应于 VP1 的 C 末端，其序列相对多变。P 区又可以进一步分为包括 226～278 和 406～520 个氨基酸的 P1 亚域和由 279～405 个氨基酸组成的 P2 亚域。P2 亚域对应的序列是诺如病毒中变异最大的区域。P1 亚域在衣壳蛋白亚单位的表面形成突起，而 P2 就固定在该突起的顶端。VP1 高变区暴露在病毒粒子的外表面，可能与该区域可能为主要的抗原决定位点和受体结合位点有关。最近有证据表明，P2 在诺如病毒的特异性抗原决定和受体结合方面起着至关重要的作用。VP1 为 530 个氨基酸，形成重组病毒样颗粒所需的最少氨基酸已定位到 N 末端。表达 VP1 N 末端对应于 S 区域的序列（1～227 个氨基酸)，能形成直径为 30nm 的光滑病毒样颗粒；而表达 35 个氨基酸的下游区域和 P 区域所对应的序列不能形成病毒样颗粒。而删除 VP1 N 末端最初的 20 个氨基酸残基不会影响蛋白自我组装形成 T＝3 对称的 38nm 的病毒样颗粒。

电子冷冻显微镜和信息学研究表明，杯状病毒代表性毒株之间在衣壳蛋白结构上存在细微的差异。诺如病毒 GI 代表性毒株的病毒样颗粒呈现出直径 31nm、T＝3 的正二十面体对称结构。

鼠诺如病毒是目前第一个报道能够在细胞复制的诺如病毒，它可以在原代巨噬细胞和树突状细胞上生长，也可在传代细胞小鼠巨噬细胞系 RAW264. 7 上生长并产生细胞病变。Cox 等人分别比较了鼠源小胶质细胞系 BV - 2，鼠源巨噬细胞系 RAW264. 7、TIB 和人源小胶质细胞系 CHME - 5 四种细胞对鼠诺如病毒的易感程度，发现 BV - 2 和 RAW264. 7 两种细胞对鼠诺如病毒有较好的易感性。

3. 理化特性　诺如病毒属在氯化铯（CsCl）中的浮力密度为1.33～1.41g/cm³，鼠诺如病毒和其他杯状病毒科病毒在56℃时比较稳定，而63～72℃数秒即可使其灭活。鼠诺如病毒在4℃或室温可在粪便悬液或不锈钢片上长期存在，在湿粪便中比干粪便稳定，紫外线或伽玛射线可杀灭多种杯状病毒。最近的研究表明，在5℃条件下，400MPa处理5min足以杀灭4.05log10PFU的鼠诺如病毒。

与物理灭活不同，化学试剂对杯状病毒和鼠诺如病毒-1的灭活效果较差，很多杯状病毒在广泛的pH范围及氯仿、氟利昂等试剂中稳定存在，乙醇对杯状病毒基本无灭活作用，高浓度的次氯酸盐可杀灭该病毒。诺如病毒能够抵御3.75～6.25mg/L氯离子的处理，该浓度与饮用水供水系统的氯离子浓度一致。而10mg/L的氯离子能使病毒灭活，而该浓度为供水系统受污染后消毒用浓度。因此，杯状病毒对氯离子的抗灭活能力远高于脊髓灰质炎病毒、人轮状病毒、猿轮状病毒和F2噬菌体等。

4. 分子生物学　诺如病毒基因组为单股正链RNA，长度约为7.5kb，并含3个开放阅读框（ORF）。在RNA的5’末端预测有个基因组连接的病毒蛋白（Daughenbaugh等，2003）。实际上诺如病毒基因组RNA既无核糖体结合位点又无典型的真核mRNA的帽状结构，但与其他动物杯状病毒相同的是，其N末端（基因组末端）应该有一病毒蛋白与其相连（Burroughs和Brown，1978；Dunham，1998；Herbert，1997；Schaffer，1980）。体外试验表明，这一被预测的基因组连接的病毒蛋白，通过特有的蛋白与蛋白的相互作用方式与翻译系统的成分（真核翻译起始因子3、真核翻译起始因子4GI、真核翻译起始因子4E及S6核糖体蛋白）相互配合，进而可能在诺如病毒RNA翻译启动时发挥一定的作用（Daughenbaugh等，2003）。除鼠诺如病毒外，尚未发现其他诺如病毒的基因组RNA与这种病毒蛋白相连接（Daughenbaugh等，2006）。

在基因组RNA的5’-末端，开放阅读框I可将近195kDa的多聚蛋白质进行编码，这种多聚蛋白质被3C类病毒蛋白酶分割成至少6个结构性蛋白：蛋白p48，可能在细胞内蛋白质运输中发挥一定的作用（Ettayebi和Hard，2003）；核苷三磷酸酶；蛋白p22，据认为其参与了细胞膜运输和复合体复制；基因组连接的病毒蛋白；蛋白酶和依赖RNA的RNA聚合酶（Belliot等，2003；Hardy，2005）。开放阅读框2主要编码分子量约为60kDa的衣壳蛋白，该蛋白有以下主要功能：自动装配并形成衣壳、受体识别、宿主特异性、毒株相异性和免疫原性（Chen等，2004）。在GI和GII的诺如病毒中有一个高度保守的基因组区域，此区域还包含一个18核苷酸的一致序列，这一高度保守的基因组区域是从聚合酶基因的C端部分一直延伸到衣壳编码区域的N端部分。这一序列可能包含诺如病毒基因组的包装信号或转录起始位点（Lambden等，1995），可于基因重组的热点区域相对应（Bull等，2005；Katayama等，2002）。

由易于变异的壳域（S域）和突起域（P域）共同组成结构蛋白VP1亚单位的模块化结构域。由Pl和P2亚单位所组成的P区结构性变异尤其明显（Chen等，2004）。P2亚单位是诺如病毒衣壳蛋白的高变区，突出于衣壳蛋白表面，其特殊的位置与其作为配体的功能是相符的，这些配体能够与肠道细胞的表面的受体结合（Tan等，2004）。位于基因组3’-末端的ORF3编码分子量约为20kDa的结构蛋白VP2，而且还参与衣壳蛋白VPl的表达和稳定（Bertolotti-Ciarlet等，2003）。

人们通过研究人诺如病毒和鼠诺如病毒发现：病毒感染细胞或cDNA转染细胞内存在着亚基因组RNA的积聚和表达（Asanaka等，2005；Wobus等，2004）。其他正链RNA病毒也存在此现象，亚基因组的表达可以调控并允许结构蛋白的充分合成（Miller和Koev，2000）。

三、流行病学

1. 传染来源　人是人诺如病毒胃肠炎的传染源，包括患者、隐性感染者和健康携带者。诺如病毒可在所有年龄段、不同场所（幼儿园、学校、餐馆、夏令营、医院、护婴室、养老院、航海舰队和部队单位等）引起暴发。免疫功能正常的带毒动物虽然无明显的临床症状，但可长时间排毒，进而污染水源、饲料、笼具等，是该病的传染源。

2. 传播途径　无论对于动物诺如病毒还是人诺如病毒，粪—口是它们的主要传播途径（Graham

等，1994；Green等，2001；Hall等，1984；Hsu等，2005）。病毒也可以通过污染的水源、食物、物品、空气等传播。与病人接触可传染，隐性感染者及健康携带者均可成为传染源。经流行病学观察和试验观察表明，这两种病毒的另一自然传染途径可能是呕吐物的飞扬微粒—呼吸道（Karst等，2003；Sawyer等，1988）。在实验小鼠中鼠诺如病毒主要通过污染的水源、饲料及笼具等进行传播。

3. 易感动物

（1）自然宿主　诺如病毒的自然宿主很广泛，涉及人及其他脊椎动物，如猪、牛及小鼠等。

（2）实验动物　目前仅在实验小鼠中发现诺如病毒，在其他实验动物中还未证实诺如病毒的存在。

（3）易感人群　人群对诺如病毒普遍易感，小剂量即可感染，感染后缺乏持久的免疫力。婴幼儿和老年人发病率较高。该病感染性强，且易变异，使抵抗力稍弱者难以抵御，可再次感染。

4. 流行特征　诺如病毒感染全年均有流行，有研究显示冬季是流行高峰。感染对象主要是成人和学龄儿童，主要分布在学校、家庭、医院、军队、幼儿园、旅游区等，多在人群集中的地方以暴发形式出现。

对诺如病毒的全球性监控研究发现，诺如病毒导致的急性肠胃炎在发达国家和发展中国家同样严峻。在阿根廷、墨西哥、智利、南非、印度尼西亚等国，检出率从3%～25%不等，且住院病人的检出率高于门诊病例。在发达国家，如英国、爱尔兰、法国、日本、澳大利亚等诺如病毒的检出率为4%～30%，同样的，住院病人检出率较高。这与以前所发现的发达国家儿童的感染率较发展中国家要低的结果相矛盾。不同国家感染率的大幅变化可能是由于采用不同的检测方法所引起的。一些研究分析了少量经过选择的目标群体，检测结果均一致。此外，由于杯状病毒的高变异性，不同国家的流行毒株可能有差别。因此，对不同国家真实的杯状病毒感染率还需进一步探讨。一些调查显示了很高的感染率，同时又显示较高的诺如病毒与其他肠道病毒如腺病毒、星状病毒甚至札幌病毒的混合感染率（高达50%）。具体感染情况还有待进一步验证。

诺如病毒已成为全球导致人急性肠胃炎的重要病原体和最主要的非细菌性病原体。美国CDC对1997年7月到2000年6月的233例非细菌性肠胃炎暴发病例的分析结果显示，271例（93%）与诺如病毒相关。在20世纪90年代，美国平均每年有2 300万感染病例。另外，对1995—2000年欧洲的3 714例非细菌性肠胃炎病例的检测结果显示，85%的病例与诺如病毒相关。诺如病毒既可以导致小规模的家庭式暴发，又可以导致几百人感染的大规模群体性暴发。日本2009年的暴发事件中约500万人感染，并导致多人死亡。

诺如病毒不但能导致普通人群感染，同时也能够在各国的军营里引起暴发。南美、西非等地的美军军营中，患病军人的诺如病毒检出率为10%，仅次于肠毒性大肠杆菌（17%）。另外，诺如病毒经常在游艇甚至航空母舰上导致几百人感染的大规模暴发。

1995年方肇寅等（1995）首次在我国河南省腹泻患儿粪便标本中检测到诺如病毒。李晖等对广东省2005—2008年24起急性暴发性胃肠炎患者的粪便和肛拭子标本，使用RT-PCR技术进行诺如病毒检测，并对其核酸片段进行进化分析。结果显示，24起急性暴发性胃肠炎中19起由诺如病毒引起，时间主要集中在每年的10月份至次年2月份。2005年病毒性胃肠炎暴发疫情是由GII-3型病毒引起；2006年秋季疫情后则均为GII-4型的变异株2006b引起；且2007年疫情数比其他年份高1倍，发生地遍及广东全省。广东省诺如病毒变异株2006b在个别特殊的基因位点呈现出高度的地域一致性，比其他毒株具有更强的侵袭力。宋士利等对2006—2007年余杭区6起群发性腹泻疫情患者的粪便和肛拭子标本采用荧光定量PCR技术进行诺如病毒检测，然后对病毒的N/S区域进行序列测定。结果显示6起群发性腹泻疫情均由诺如病毒引起，基因分析显示这些毒株同属GII-4。谭冬梅等参考文献对南宁市2007—2008年某医院门诊696例成人腹泻散发病例资料进行流行病学分析，并采集粪便标本应用实时荧光定量RT-PCR方法检测诺如病毒及其基因组别。随机选择部分阳性标本进行衣壳蛋白N/S区核苷酸序列测定以确定基因型。在696份散发成人腹泻的粪便标本中，核酸检测阳性183份，总阳性率26%。其中180份（98.36%）为GII，另外3份（2%）为GI。这些调查显示，GII-4毒株是我国的主要流行毒株。

流行病学研究显示，诺如病毒不但在人群中而且在牛、猪、老鼠等动物群体内广泛存在。流行病学研究显示，诺如病毒在美国、比利时、韩国、匈牙利和中国猪群中的检出率分别为2.2%、4.7%、23.1%、5.9%和0.2%。Martella等从一窝患有腹泻和呕吐的仔犬中检测到与犬细小病毒混合感染的犬诺如病毒，能持续22天检测到病毒，表明该病毒能够在小犬体内复制。因为犬细小病毒也能导致犬腹泻，因此对犬诺如病毒的致病性还需进一步确定。最近在北美对不同的鼠群进行了研究，并从中分离出其他的鼠类诺如病毒毒株（Ⅱ型、Ⅲ型和Ⅳ型鼠类诺如病毒）（Hsu等，2006）。将这3种鼠类诺如病毒毒株（Ⅱ型、Ⅲ型和Ⅳ型）和鼠类诺如病毒Ⅰ型毒株对免疫功能正常的小鼠进行试验性攻击，结果在致病表现方面，这3个毒株与Ⅰ型毒株之间是不一样的。据观察，鼠类诺如病毒Ⅰ型毒株的感染过程短暂，新发现的3个毒株感染后排毒（通过粪便）期长（前者时间为1周，而后者为8周），而且呈现慢性组织感染。这种持续性排毒现象可能是由连续不断的体内复制所引起的，这种情况常见于猫杯状病毒（Wardley和Povey，1977）。人们由此可以认为其他的人诺如病毒毒株或动物诺如病毒毒株也会引起这些类似症状，其后果是无症状的带毒者能导致病毒传播和疾病暴发

四、临床症状

1. 动物的临床表现 动物诺如病毒很少引起严重的临床症状。事实上，严重的临床症状仅发生于免疫功能不全的动物。感染诺如病毒一般不表现临床症状。牛诺如病毒可被视为无害的病原体，但可使新生犊牛的肠胃炎症状加重或复杂化。只有鼠诺如病毒会引起宿主体内发生严重的组织病理性损伤。

据报道，牛诺如病毒Newbury Agent 2毒株感染的悉生犊牛常出现非出血性肠炎、轻度腹泻、暂时性食欲缺乏和木糖吸收不良的临床症状。犊牛在3周龄时的腹泻比刚出生时严重。据观察，相同的临床病情可一直持续到2月龄。看来这种病毒的毒力低于另一个牛肠道杯状病毒Newbury Agent Ⅰ毒株（Bridge等，1984；Hall等，1984；Woode和Bridger，1978）。

猪诺如病毒仅见于无临床症状的成年猪粪便样本中（Wang等，2005），但对此未曾进行体内试验研究。猪腹泻是否真由猪诺如病毒引起还有待于研究和证明。

野生型近交系129或远交系CD-Ⅰ小鼠受到鼠诺如病毒-Ⅰ感染后不表现临床症状。另一方面，缺乏重组激活基因II（RAG2）和STAT-1的小鼠会死于这种毒株的感染，临床表现为脑炎、大脑血管炎、肺炎和肝炎等。

2. 人的临床表现 人感染潜伏期多在24～48h，最短12h，最长72h。感染者发病突然，主要症状为恶心、呕吐、发热、腹痛和腹泻。儿童患者呕吐普遍，成人患者腹泻为多，24h内腹泻4～8次，粪便为稀水便或水样便，无黏液脓血。此外，也可见头痛、寒战和肌肉痛等症状，严重者可出现脱水症状。一些人可发生无症状感染，例如最近Garcia等对无症状的墨西哥儿童的161份粪便进行诺如病毒检测，阳性率为29.8%。诺如病毒胃肠炎病程通常为12～60h，最短为2h，最长可达6天。老年人、儿童、院内感染患者病程稍长。另外一个以前被忽视的情况是器官移植及严重的免疫抑制患者，这类人群感染诺如病毒后常出现慢性腹泻，并且会长期（数月到数年）地排出病毒。

人受到鼠诺如病毒Ⅰ型毒株传染后，往往在临床上表现为轻度的感染症状，且这种感染有自限性并持续时间很短（Rockx等，2002），不过特殊情况除外，如免疫功能不足或缺乏者、老年人或有器质性疾病的患者（Goller等，2004；Lopman等，2003；Mattner等，2006；Okada等，2006）。

五、病理变化

犊牛受到牛诺如病毒NewburyAgent 2和Jena毒株感染后，出现组织病理学损害，如近侧小肠出现绒毛萎缩、隐窝超常增生以及黏膜下层水肿（Bridger等，1984；Gunther和Otto，1987），但胃和直肠黏膜未损伤（Bridger等，1984；Gunther和Otto，1987；Woode和Bridger，1978）。

六、诊　　断

人诺如病毒的临床诊断病例主要依据流行季节、地区、发病年龄等流行病学资料、临床表现及实验室检测结果进行诊断。符合以下标准者，可初步诊断为诺如病毒临床感染：潜伏期 24～48h，50%以上患者发生呕吐，病程 12～60h，粪便、血常规检查无特殊发现，排除常见细菌、寄生虫及其他病原感染。确诊病例除应符合临床诊断病例条件外，还应在粪便标本或呕吐物中检测出诺如病毒。

1. 电镜技术　人诺如病毒原型毒株 Norwalk 毒株，人札幌病毒原型毒株 Sapporo 毒株和猪札幌病毒原型毒株 Cowden 毒株均利用电镜或免疫电镜发现。电镜的灵敏度较低，对粪便中病毒的检测下限约为每毫升 10^6 个病毒粒子。与札幌病毒相比，诺如病毒缺乏明显的杯状病毒形态，难以与肠道病毒、星状病毒和小核糖核酸病毒等肠道常见病毒区分。免疫电镜的灵敏度可以提高 10 倍以上，除了观察病毒形态外还可用于观察抗原—抗体反应。免疫电镜检测结果的特异性依赖于抗体的质量。但电镜技术比较复杂、需要昂贵的仪器、检测周期较长等，因此不适合用于大量样本的检测。

2. 病毒分离与鉴定　人诺如病毒没有合适的进行体外培养的细胞系和动物模型，而鼠诺如病毒是目前唯一能在体外细胞培养增殖并有动物模型（小鼠）的诺如病毒，研究表明两种鼠源细胞 BV-1 和 RAW264.7 对鼠诺如病毒有相同的易感性，可作为鼠诺如病毒体外分离鉴定的细胞培养系统。试验感染小鼠的粪便、盲肠内容物、十二指肠及肝、脾等组织中均可检测到鼠诺如病毒。

3. 血清学试验　对人来说，由于诺如病毒抗体普遍存在，在人群中进行诺如病毒抗体捕获试验意义不大。抗原捕获试验可以用来判断是否带毒，该试验的敏感性与病毒抗原与抗体的同质程度有关。

对啮齿类动物群体进行诺如病毒检测是为了消除病原，重要的不是动物个体是否感染，因而对病毒抗体进行检测是比较好的选择。对很多啮齿类动物病毒来说，抗体检测比 PCR 方法更有优势，因为病毒 DNA 或 RNA 在动物血清出现阳转不久会被宿主免疫系统清除，而病毒抗体会存在较长时间，鼠诺如病毒抗体会存在数月甚至多年。

4. 组织病理学诊断　口服感染诺瓦克或夏威夷毒株志愿者的空肠活组织检查，表现出组织病理学损伤。近端小肠绒毛萎缩，黏膜层仍保持完整。在接种猪札幌病毒猪的小肠上也表现出类似症状，同时可以观察到单核细胞浸润和细胞质空泡化。电镜结构显示，微绒毛完整但萎缩，在黏液层细胞质检测不到病毒。感染病毒但无症状的志愿者活组织检查结果也显示相似的空肠损伤。但在胃底、胃窦和直肠等处未发现组织学损伤。试验性感染病人会表现出短暂的脂肪、D-木糖和乳糖吸收障碍。感染病人小肠中刷状缘酶（海藻糖酶和碱性磷酸酶）的水平显著降低，但空肠中的腺苷酸环化酶活性没有提高。胃酸、胃蛋白酶等无变化。出现空肠黏膜损伤的病人表现出明显的胃排空延迟。据推测，这可能是由于胃动力异常引起的，但具体机制尚不清楚。

5. 分子生物学诊断　由于病毒以较高滴度存在于动物粪便、肠系膜淋巴结和回肠末端，PCR 可作为合适的检测技术，以粪便作为检测样本可以对动物进行活体检测，避免不带毒动物被杀。

用 PCR 法对诺如病毒进行检测有几个难题，由于杯状病毒基因组的多态性，设计检测范围广的 PCR 引物较难，对人和鼠诺如病毒及杯状病毒科家族基因组特征进行的研究，能够在最佳引物设计和布局上给我们一些启示，即非结构蛋白相比结构蛋白而言比较保守，RNA 依赖的 RNA 聚合酶基因是人诺如病毒 PCR 检测的合适靶点。

早期的 RT-PCR 试验依赖单一的鼠诺如病毒-1 基因组序列，第一个发表的 RT-PCR 靶点是 RNA 聚合酶编码基因，对目前已知的各鼠诺如病毒株基因组序列比对发现，该方法并不能检测出大部分野生鼠诺如病毒毒株。这表明随着更多病毒株的分离和基因组的测序，高度保守的序列被鉴定出来，对 PCR 方法也要不断进行改进。

七、防治措施

1. 治疗　尽管该病在世界范围广泛流行，目前尚无特效的抗病毒药物，以对症或支持治疗为主，一般不需使用抗生素。诺如病毒胃肠炎一般预后良好。脱水是造成诺如病毒胃肠炎的主要死因。对严重病例，尤其是幼儿及体弱有慢性病的老年患者，应及时输液或口服补液，以纠正脱水、酸中毒和电解质紊乱。

2. 预防 预防措施包括及时有效地对传染源进行隔离治疗，避免接触被污染的食品及水，对污染区域和被污染物品进行彻底消毒，接触感染者后要立即洗手。食品加工人员在感染症状缓解后2～3天内不应恢复工作。生的贝类产品是诺如病毒感染的一个危险因素，生食诺如病毒含量超标的贝类，会导致病毒感染，因此食用贝类前要煮熟煮透。次氯酸钠可以有效地杀灭诺如病毒，清洁剂及次氯酸钠联合使用对污染区域进行消毒十分有效。同时，应大力宣传诺如病毒胃肠炎的预防控制知识，特别是正确洗手和防止手污染的方法，提高个人卫生意识，以有效防止诺如病毒通过接触等途径传播。

对鼠诺如病毒来说，由于易感程度与年龄有关，交叉哺育可作为消除地方流行鼠中病毒的有效方法。最近一篇发表的摘要介绍了与此相关的试验，鼠诺如病毒L株经口分别感染3天和7天大的Swiss-Webster小鼠，3天大的小鼠用RT-PCR检测均为阴性，而7天大的小鼠有50%感染，并且将感染母鼠的后代在出生后立刻转移至未感染母鼠一同饲养，在产后21天RT-PCR检测未感染母鼠和转移的后代鼠，结果均为阴性。一个大规模的评估试验显示，201只经交叉哺育的幼鼠，只有1只在12周龄大的时候检测鼠诺如病毒为阳性。这些数据表明，剖腹产及胎儿转移哺育技术可能成功消除鼠群中的鼠诺如病毒。

八、对试验研究的影响

诺如病毒除了会导致免疫缺陷小鼠致死性感染外，对免疫系统正常的小鼠也产生潜在影响。已有研究者报道，在自然感染鼠诺如病毒的野生Swiss-Webster小鼠身上发现了组织病理学改变。有研究者在进行自发性肠炎小鼠模型的研究时，发现急性鼠诺如病毒感染会改变树突状细胞的抗原递呈，从而可能加重细菌诱发的肠炎；鼠诺如病毒感染也会导致BALB/c小鼠中MPV的排毒时间延长和组织中MPV的DNA含量增加。随着研究的深入，鼠诺如病毒对动物试验的影响正被越来越多地发现，国外一些机构和组织已经明确，在引进小鼠时将鼠诺如病毒作为筛查的病原之一。

（李晓波 贺争鸣）

参考文献

张贤群. 2009. 动物诺如病毒 [J]. 国外畜牧学——猪与禽，29（6）：39-42.

张贤群. 2010. 动物类诺如病毒—综述（续）[J]. 国外畜牧学—猪与禽，30（2）：57-59.

Ambroos Stals, Leen Baert, Nadine Botteldoorn. 2009. Multiplex real-time RT-PCR for simultaneous detection of GI/GII noroviruses and murine norovirus 1 [J]. Journal of Virological Methods, 161: 247-253.

Charlie C Hsu, Lela K Riley, Heather M Wills, et al. 2006. Persistent Infection with and Serologic Cross-reactivity of Three Novel Murine Noroviruses [J]. Comparative Medicine, 56 (4): 247-251.

Charlie C Hsu, Lela K Riley, Robert S Livingston. 2007. Molecular characterization of three novel murine noroviruses [J]. Virus Genes, 34: 147-155.

Christiane E Wobus, Larissa B Thackray, Herbert W Virgin I V. 2006. Murine Norovirus: a Model System To Study Norovirus Biology and Pathogenesis [J]. Journal of Virology, 80 (11): 5104-5112.

Courtney Cox, Shengbo Cao, Yuanan Lu. 2009. Enhanced detection and study of murine norovirus-1 using a more efficient microglial cell line [J]. Virology Journal, 6: 196.

Goto K, Hayashimoto N, Yasuda M, et al. 2009. Molecular detection of murine norovirus from experimentally and spontaneously infected mice [J]. Exp Anim, 58 (2): 135-140.

Hsu C C, Wobus C E, Steffen E K, et al. 2005. Development of a microsphere-based serologic multiplexed fluorescent immunoassay and a reverse transcriptase PCR assay to detect murine norovirus1 infection in mice [J]. Clin Diagn Lab Immunol, 12 (10): 1145-1151.

Jennifer A. Kelmenson, Darcy P. Pomerleau, Stephen Griffey. 2009. Kinetics of Transmission, Infectivity, and Genome Stability of Two Novel Mouse Norovirus Isolates in Breeding Mice [J]. Comparative Medicine, 59 (1): 27-36.

Jong Rhan Kim, Seung Hyeok Seok, Dong Jae Kim. 2010. Prevalence of Murine Norovirus Infection in Korean Laboratory Animal Facilities [J]. The Journal of Veterinary Medical Science, 73 (5): 687-691.

Kageyama T, Shinohara M, Uchida K, et al. 2004. Coexistence of multiple genotypes, including newly identified genotypes, in outbreak of gastroenteritis due to Norovirus in Japan [J]. J ClinMicrobiol, 42: 2988-2995.

Karst S M, Wobus C E, Lay M, et al. 2003. STAT1-dependent innate immunity to a Norwalk-like virus [J]. Science, 299: 1575-1578.

Kenneth S Henderson. 2008. Murine norovirus, a recently discovered and highly prevalent viral agent of mice [J]. Lab Animal, 37 (7): 314-320.

Kitajima M, Oka T, Tohya Y, et al. 2009. Development of a broadly reactive nested reverse transcription-PCR assay to detect murine noroviruses, and investigation of the prevalence of murine noroviruses in laboratory mice in Japan [J]. Microbiol Immunol, 53: 531-534.

Kitajimaa M, Okab T, Takagic H, et al. 2010. Development and application of a broadly reactive real-time reverse transcription-PCR assay for detection of murine noroviruses [J]. Journal of Virological Methods, 169: 269-273.

Knipe D, Howley P. Caliciviridae: The noroviruses [M]. 5th ed. Philadelphia: Lippincott Williams and Wilkins: 949-979.

Larissa B Thackray, Christiane E Wobus, Karen A Chachu. 2007. Murine Noroviruses Comprising a Single Genogroup Exhibit Biological Diversity despite Limited Sequence Divergence [J]. Journal of Virology, 81 (19): 10460-10473.

Misoon Kim, Heetae Lee, Kyeong-KO Chang, et al. 2010. Molecular characterization of murine norovirus isolates from South Korea [J]. Virus Research, 147: 1-6.

Oliver S L, Dastjerdi A M, Wong S, et al. 2003. Molecular characterization of bovine enteric caliciviruses: a distinct third genogroup of noroviruses (Norwalk-like viruses) unlikely to be ofrisk to humans [J]. J Virol, 77: 2789-2798.

Payal S Ganguli, Wilfred Chen, Marylynn V Yates. 2011. Detection of Murine Norovirus-1 using TAT peptide delivered molecular beacons [J]. Appl Environ Microbiol, 77 (15): 5517-5520.

Pritchett-Corning K R, Cosentino J, Clifford C B. 2009. Contemporary prevalence of infectious agents in laboratory mice and rats [J]. Laboratory Animals, 43: 165-173.

Susan R Compton, Frank X Paturzo, James D Macy. 2010. Effect of Murine Norovirus Infection on Mouse Parvovirus Infection [J]. Journal of the American Association for Laboratory Animal Science, 49 (1): 11-21.

Vance P Lochridge, Kathryn L Jutila, Joel W Graff, et al. 2005. Epitopes in the P2 domain of norovirus VP1recognized by monoclonal antibodies that block cell interactions [J]. Journal of General Virology, 86: 2799-2806.

Wang Q H, Han M G, Cheetham S, et al. 2005. Porcine noroviruses related to human noroviruses [J]. Emerg Infect Dis, 11: 1874-1881.

Wobus C E, Karst S M, Thackray L B, et al. 2004. Replication of Norovirus in cell culture reveals a tropism for dendritic cells and macrophages [J]. PLoS Biol, 2 (12): 432.

Xiuxu Chen, Daniel Leach, Desiré A Hunter, et al. 2011. Characterization of intestinal dendritic cells in murine norovirus infection [J]. Open Immunol J, 4: 22-30.

Yota KITAGAWA, Yukinobu TOHYA, Fumio IKE, et al. 2010. Indirect ELISA and Indirect Immunofluorescent Antibody Assay for Deterting the Antibody against Murine Norovirus S7 in Mice [J]. Exp Anim, 59 (1): 47-55.

第五节 犬杯状病毒感染
(Canine calicivirus infection)

犬杯状病毒感染（Canine calicivirus infection）是由犬杯状病毒感染犬所致。感染后可引起犬的生殖器疱疹、舌炎和肠炎等，幼龄犬可能出现呕吐、厌食、水样腹泻等，死亡率较高。杯状病毒科的病毒中，已知有几种可引起动物或人的广泛疾病，主要有猪小疱疹病毒、猫杯状病毒、兔出血症病毒、诺如病毒以及本文所叙述的犬杯状病毒，以呼吸道和消化道症状为主。其中人感染后以吐泻为主要症状。

一、发生与分布

该病毒最初于1985年在美国报道，Schaffer等人在1984年从一只患有血痢的病犬粪便中分离到，并根据其形态和理化等特征确定为新毒株，称为犬嵌杯状病毒，但是当时没有继续进行更为详细的特征鉴定。1990年在日本又从一只2月龄的腹泻家犬中再次分离到该病毒，并命名为犬嵌杯状病毒48号毒株。随后的研究证明，该分离株与其他毒株相比有其特殊性，因此可以单独定为一种新病毒，即犬嵌杯状病毒。对1976—1981年来自于田纳西犬的125份冻存血清进行了犬嵌杯状病毒抗体检测，结果显示，每年的样品中有53%～100%的血清抗体呈现阳性。对来自于英国的犬血清样品检测结果显示，25只犬中有2只表现血清阳性。此外，57%的日本犬及36.5%的韩国犬都检测到了犬嵌杯状病毒的血清抗体。说明犬嵌杯状病毒早已广泛扩散，而且根据实际情况来看，该病毒一般只引起极轻微的症状，甚至没有临床表现。

二、病　　原

1. 分类地位　犬杯状病毒（*Canine calicivirus*，CaCV）在分类学上属杯状病毒科（Caliciviridae），该科成员目前被分为4个属，包括可以造成动物感染的水疱性病毒属（*Herpesvirus*）和兔出血症病毒属（*lagovirus*），以及能够引起人感染的诺瓦克病毒属（*Norovirus*）和札幌病毒属（*Sapovirus*）。犬嵌杯状病毒属于疱疹病毒属，该属成员还包括猪水疱性疹病毒（*Vesicular exanthema of swine virus*，VESV）、猫杯状病毒（*Feline calicivirus*，FCV）、圣米歇尔海狮病毒（*San Miguel sea lion virus*）。与猫杯状病毒相似，犬杯状病毒可以引起犬的舌炎、皮肤疱疹、肠道感染、生殖器疱疹或腹泻等。

2. 形态学基本特征与培养特性　杯状病毒科病毒在电子显微镜下呈现杯状凹陷的表面，而犬杯状病毒粒子呈现杯状病毒科病毒形态学的典型外观，具有5、3和2重对称轴。也就是说该病毒有10个均匀分布的峰，6个凹陷围绕一个中央凹陷，并在凹陷之间存在间隔区，呈经典的“六芒星样”，4个凹陷形成十字交叉。利用牛过氧化氢酶结晶测定，其平均直径为（35.8±1.5）nm。

该病毒可在犬肾传代细胞上生长，早期病毒的传代要求新鲜的平板或快速分裂的细胞，而后期则可在单层细胞上进行繁殖。如果在培养基中加入1μg/mL胰蛋白酶，对病毒生长更为有利。培养基的pH是病毒生长的关键——当pH等于或大于7.4时，一般没有细胞病变；pH小于7（6.8最适宜）时，则出现大量的细胞病变。据观察，以2～10倍的病毒剂量感染细胞时，在感染后3h就可观察到细胞病变，感染7～8h后大约有75%的细胞变圆并脱落。除了犬肾传代细胞，其他犬肾细胞系，如马丁达比犬肾细胞和灰犬肾细胞，也可繁殖犬嵌杯状病毒。另外，海豚肾细胞系也可以繁殖犬嵌杯状病毒并产生典型的细胞病变，这种情况下，胰蛋白酶对犬嵌杯状病毒繁殖至关重要，但pH就不像犬肾传代细胞那样要求严格了。在猴肾细胞（Vero）、猫肾细胞（CRFK）、猪肾细胞（PK15）和猪睾丸细胞中培养，没有观察到病毒引起的细胞病变。

3. 理化特性　该科病毒不含脂类，因此脂溶剂不能使之灭活，但是56℃ 30min可以纯化病毒。犬嵌杯状病毒在氯化铯中的浮密度比其他哺乳动物杯状病毒小，为1.335～1.35g/mL，而且与猫杯状病毒共沉积时，延长沉积时间并不能增加其浮密度。但是，犬杯状病毒在甘油钾中的浮密度要高于猫杯状病毒-F9。纯化后的碘化蛋白经聚丙烯酰胺凝胶电泳检测，可检测出一种单一结构蛋白，其分子量为58kDa，小于其他的杯状病毒（60～71kD）。与该科其他病毒一样，SDS-酸酚法（SDS-phenol）不能成功提取该病毒的大分子RNA，用SDS和蛋白酶K处理后同样也不能获得大量的RNA，这是因为在中性pH下，该病毒粒子对SDS有抗性，与脊髓灰质炎病毒相同。在pH等于4的情况下用SDS处理，分离后的RNA相沉降系数大为34～36S。

4. 分子生物学　犬杯状病毒为单股正链RNA病毒，含有8 513个核苷酸，3’端有polyA尾巴，比其他杯状病毒的核苷酸序列都要长。其基因组有3个开放性阅读框（ORF1，12～5 801nt；ORF2，

5 805～7 880nt；ORF3，7 877～8 278nt）。ORF1 编码一种聚蛋白（分子量为 214 802），全长 1 929 个氨基酸，以共价键连接在正义链、反义链的基因组 RNA 5’端，和次基因组作为一种基因组链接复制的启动者。可能通过招募病毒 RNA 来促进病毒蛋白的翻译。系统进化分析显示，犬嵌杯状病毒形成了属内新的分支。ORF2 编码衣壳前体，即 VP1 蛋白，全长 691 个氨基酸，衣壳蛋白本身聚集形成一个 T＝3 的二十面体，直径大约 38nm，有 180 个衣壳蛋白。直径为 23nm 的二十面体可能是 T＝1 轴对称的。衣壳包裹着基因组 RNA 和 VP2 蛋白。将病毒粒子和靶细胞通过特定的细胞受体结合，一旦结合，病毒粒子就会进入细胞。内涵体的酸化作用可以诱导衣壳蛋白的构象变化，因此可以将基因组 RNA 注入细胞质中。ORF3 编码 VP2 蛋白，又称为小衣壳蛋白，全长 133 个氨基酸。在衣壳蛋白聚集过程中可能无作用，但是对于传染性病毒的产生有关键作用。

三、流行病学

1. 传染来源 病犬和带毒犬是该病重要的传染来源，有报道称，与试验感染犬接触的其他犬，虽然无可见临床症状，但是血清抗体呈阳性。

2. 传播途径 感染性试验结果显示，通过鼻腔和口腔感染 10^7 $TCID_{50}$ 幼犬后，可以检测到血清抗体，但是无肉眼可见的临床症状。与实验犬有接触的其他幼犬也可检测到血清抗体，证明可以通过口、鼻和接触传播。其他传播途径尚不明确。

3. 易感动物 将该病毒人工感染幼犬后，2 周内无肉眼可见症状产生，但是可检测到血清犬嵌杯状病毒抗体，同时，与这些感染犬接触的其他幼犬也检测出了血清抗体。在已知众多的杯状病毒中，犬嵌杯状病毒只与鸡的传染性发育障碍综合征病原有交叉反应性。

四、临床症状

犬杯状病毒首次是从患有痢疾的病犬中分离到的，后来又从一只患有水样腹泻的病犬中分离到。目前已知的是，犬杯状病毒可以引起犬的舌炎和肠炎，但是感染并不限于这些器官。肠炎以下痢为特征，舌炎以舌部溃疡为特征。据报道，犬杯状病毒还可以引起犬的生殖器疱疹，幼龄犬可能出现厌食、抑郁、呕吐和水样腹泻的症状，最终导致死亡。但要注意，并不是所有血清抗体呈阳性的犬都表现出临床症状。

五、诊　　断

1. 病毒分离与鉴定 用棉拭子取疑似患病犬的口腔样本或粪便样本等，无菌处理后接种马丁达比犬肾细胞，培养后分离病毒粒子，然后进行电镜观察，判断是否具有犬杯状病毒粒子的经典形态。

2. 血清学试验 采取疑似感染动物的血液，然后进行血清抗体检测，阳性结果则为感染。

3. 分子生物学诊断 PCR 已成功应用于无症状及感染病犬的快速诊断。

六、在试验研究中的应用

由于犬嵌杯状病毒可以在犬源等细胞上稳定繁殖，因此可作为杯状病毒肠胃炎等的研究模型，具有显著意义。

（白玉　卢胜明　贺争鸣）

参考文献

Crandell R A. 1988. Isolation and characterization of caliciviruses from dogs with vesicular genital disease [J]. Arch Virol, 98: 65-71.

Evermann J F, McKeirnan AJ, Smith AW. 1985. Isolation and identication of caliciviruses from dogs with enteric infections [J]. American Journal of Veterinary Research, 46: 218-220.

EvermannJ F，Bryan GM，McKeirnanAJ. 1981. Isolation of a calicivirus from a case of canine glossitis [J]. Canine Practice，8：36-39.

Humphrey T J，Crutckshank JG，Cybutt WD. 1984. An outbreak of calicivirus associated gastroenteritis in an elderly persons home. A possible zoonosis? [J]. J Hyg，92：293-299.

Jang H K，Tohya Y，Han K Y，et al. 2003. Seroprevalence of canine calicivirus and canine minute virus in the Republic of Korea [J]. Vet Rec，153：150-152.

Mandel B. 1964. The extraction of ribonucleic acid from poliovirus by treatment with sodium dodecyl sulfate [J]. Virology，22：360-367.

Matsuura Y，Tohya Y，Mochizuki M，et al. 2001. Dentification of conformational neutralizing epitopes on the capsid protein of canine calicivirus [J]. J Gen Virol，82：1695-1702.

Matsuura Y，Tohya Y，Nakamura K，et al. 2002. Complete Nucleotide Sequence，Genome Organization and Phylogenic Analysis of the Canine Calicivirus [J]. Virus Genes，25 (1)：67-73.

Matsuura Y，Tohya Y，Onuma M，et al. 2000. Expression and processing of the canine calicivirus capsid precursor [J]. J Gen Virol，81：195-199.

Mochizuki M，Hashimoto M，Roerink F，et al. 2002. Molecular and seroepidemiological evidence of canine calicivirus infections in Japan [J]. J Clin Microbiol，40 (7)：2629-2631.

Mochizuki M A，Kawanishi H，Sakamoto S，et al. 1993. A calicivirus isolated from a dog with fatal diarrhoea [J]. Vet Rec，132：221-222.

Quinn P J，Markey B K，Leonard F C，et al. 2011. Veterinary Microbiology and Microbial Disease [M]. 2nd ed. U. S.：Wiley-Blackwell：692.

Roerink F M，Hashimoto Y T，Mochizuki M，et al. 1999. Organization of the canine calicivirus genome from the RNA polymerase gene to the poly (A) tail [J]. J Gen Virol，80：929-935.

San Gabriel M C，Tohya Y，Mochizuki M. 1996. Isolation of acalicivirus antigenically related to feline caliciviruses from feces of a dog with diarrhea [J]. Journal of Veterinary Medical Science，58：1041-1043.

San Gabriel M C，Tohya Y，Sugimura T，et al. 1997. Identification of canine calicivirus capsid protein and its immunoreactivity in Western blotting [J]. J Vet Med Sci，59：97-101.

Schaffer F L，Fraenkel-Conrat H，Wagner R R. 1979. Comprehensive virology：Caliciviruses [M]. New York：Plenum：249-284.

Schaffer F L，Soergel M E，Black J W，et al. 1985. Characterization of a new calicivirus isolated from feces of a dog [J]. Arch Virol，84：181-195.

第十九章 星状病毒科病毒所致疾病

猫星状病毒感染 (Feline astrovirus infection)

猫星状病毒感染（Feline astrovirus infection）由猫感染星状病毒所致。该病毒是引起幼猫腹泻的主要病原体之一，其主要感染小肠上皮细胞，从而造成细胞损伤，引起腹泻。随着分子生物学技术的发展，逐步认识到星状病毒是仅次于轮状病毒的主要引起急性病毒性胃肠炎的病原之一，可散发或暴发流行，有明显的季节性。临床表现水样便伴呕吐、腹泻及发热等症状，一般不发生脱水等严重并发症。可以从粪便中分离出星状病毒，应用酶联免疫吸附试验和PCR等技术进行检测及分型。

一、发生与分布

Madeley和Cosgrove（1975）最早报道星状病毒，他们在英国苏格兰患胃肠炎的婴儿粪便中，用电镜观察到一种圆形的小颗粒，这些小颗粒具有病毒形态特征，但不同于已知粪便中的其他病毒，该病毒颗粒呈圆形，具有5～6个小角，使整个粒子呈星状结构。此后陆续有人在腹泻的婴儿及儿童的粪便中发现该病毒。Woode和Bridger（1976）在犊牛，Snodgrass和Gray（1977）在羔羊，Bridger（1980）在腹泻的猪群，McNully（1980）在火鸡群，Tzipori等（1981）在鹿，Gough等（1985）在英国雏鸭群，Kjeldsberg等（1985）在鼠，Harbour等（1987）在腹泻的猫等多种动物体内分离到星状病毒。随后世界各地均有该病毒的分离报道。星状病毒虽然不引起严重疾病，但为人与动物共患，且具有一定的流行性。

二、病　　原

1. 分类地位　星状病毒（*Astrovirus*）的名称来源于希腊字“astron”，意思为“星”，其特征是病毒呈“星”样的轮廓，电镜下可观察到病毒颗粒表面有5～6个星状突起，故而得名。1995年建立星状病毒科（Astroviridae），本科只有哺乳动物星状病毒属1属1种。

2. 形态学基本特征与培养特性　星状病毒呈球形，无囊膜，为单股正链RNA病毒，直径28～30nm。人星状病毒在用磷钨酸钾染色后大约有10%的病毒粒子呈五角或六角星状结构，而用钼酸铵染色后则几乎全部病毒粒子都呈典型的星状结构。人星状病毒可呈类晶格样排列，粒子间的间隔为6.5nm。Aroonprasert等（1989）报道牛星状病毒粒子的平均直径为34nm，粪便中常见成堆的病毒粒子，病毒粒子之间偶尔联成桥样物。小肠超薄切片显示，星状病毒存在于绒毛尖端上皮细胞内，偶尔见于上皮细胞下层的巨噬细胞内。病毒在被感染细胞浆内呈晶格状排列，或以包涵体的形式出现。在细胞膜或空泡内偶尔也可见到病毒。常可见到无核心的病毒粒子，其平均直径为（24.8±0.6）nm。Shimizu等（1990）观察到猪星状病毒粒子呈球形，直径约30nm，并有许多粒子呈五角或六角的星样结构。

长期以来人们试图将星状病毒在细胞培养物中进行培养，但均未获得成功。经过反复试验，人们发现只有当维持液中不含血清，并加入一定量的胰蛋白酶，星状病毒才能在细胞培养物上增殖。因而可以推测，星状病毒在细胞培养物中的增殖依赖于胰蛋白酶的存在。Harbour 等用猫肥单层细胞成功地分离到了猫星状病毒，该病毒经过在猫肧单层细胞中继代 6 次后，也可在猫肧肺细胞上培养。但这些病毒在细胞培养物中培养和传代，均不产生细胞病变。

3. 理化特性　星状病毒对有机溶剂（氯仿、乙醚）、高浓度的盐类（2mol/L NaCl，2mol/L CsCl 等）、表面活性剂（1%SDS、1%十二烷基肌氨酸钠、1%Triton×100）、胰蛋白酶及两性离子消毒剂等稳定。但不耐受 3mol/L 尿素（37℃ 30min）的处理。病毒对酸（pH3.0）稍不稳定。放线菌素 D 不能抑制病毒的复制。病毒对热处理稳定，能抵抗 50℃ 1h、60℃5min。星状病毒在氯化铯溶液中的浮密度为 1.36～1.39g/cm^3，在蔗糖梯度溶液中的沉降系数为 35S。

4. 分子生物学　星状病毒基因组全长 618kb，有三个开放阅读框架（ORFs）ORF1a、ORF1b 和 ORF2。ORF1a 和 ORF1b 为高度保守区，编码蛋白酶和 RNA 多聚酶；ORF2 编码结构蛋白（衣壳蛋白）。在星状病毒感染的细胞中还能检测到 1 个 2.7kb 的亚基因组 RNA，它仅有基因组 3’侧的 1/3，包含 ORF2。由于星状病毒的基因组结构与其他小圆结构状病毒（SRSV）不同，因此最初划归 SRSV 而成为 1 个独立的病毒家族。此外星状病毒还包括 1 个 5’非编码区、1 个 3’非编码区和 1 个大约 30 个核苷酸的多聚腺苷酸尾。5’端为保守区域，而 3’端为多变区，但同一血清型毒株其 N 端和 C 端一般高度同源或相同。通过对 ORF2 的 5’端的基因序列分析，目前已将星状病毒分为 8 个血清型，运用酶联免疫法、逆转录聚合酶链反应（RF-PCR）等方法可对星状病毒进行血清型鉴定。

三、流行病学

1. 传染源　病猫或隐性带毒猫是该病的传染源。

2. 传播途径　该病毒的传播是通过粪—口途径由消化道传播，通过被星状病毒污染的食物、水及物体表面传播。

3. 易感动物

（1）自然宿主　星状病毒既可感染人，也可感染牛、羊、猪、猫、犬、鹿、火鸡、鸭、鼠等多种动物。Shimizu 等（1990）报道星状病毒在猪群中普遍存在，而且常与冠状病毒、杯状病毒、轮状病毒及其他肠道病毒混合感染，引起猪急性胃肠炎。星状病毒在火鸡场中普遍存在，Reynolds 等（1986）报道星状病毒在美国的火鸡群中分布很广，在所检查的 6 个火群场中均有星状病毒存在。Gough（1986）报道了 1 种以鸭 2 型肝炎为特征的鸭病，用电镜检查感染鸭的肝组织及粪便样品，发现有众多的星状病毒样粒子，并用 SPF 鸡肧分离到了星状病毒，因此认为该病与星状病毒感染有关。

（2）实验动物　在实验动物中，犬、猫对星状病毒易感。Marshall（1987）检测了 166 个正常的和 62 个腹泻病猫的粪便，发现 7%的猫粪便中有星状病毒。Tierarzt 用电镜检查了 4 044 只腹泻犬的粪便，发现有 32%是由星状病毒感染所致。

（3）易感人群　星状病毒感染多发生在 2 岁以内尤其是 1 岁以内的婴幼儿，多为散发，但也可发生暴发流行。日本 1982 年 Konno 等首次报道一起发生在幼儿园内由星状病毒引起的暴发流行性胃肠炎，1989—1992 年日本又有数次与星状病毒相关的急性胃肠炎的暴发流行，发病场所有饭店、学校、餐厅等，发病者涉及成人、中学生及不同年龄段儿童。此外，星状病毒也是引起老年人、免疫功能低下或缺陷者腹泻及医源性腹泻的病因之一。

4. 流行特征　星状病毒与轮状病毒一样，其感染有明显的季节性，一般在温带地区的流行季节为冬季，在热带地区的流行季节为雨季。日本的星状病毒感染多发生于轮状病毒流行季节之后的冬末和初春。在我国北京地区星状病毒的感染主要集中在 10 月份至次年 3 月份（即秋冬季），与轮状病毒的流行季节相似。星状病毒感染常合并轮状病毒感染。

星状病毒分子流行病学研究显示，世界范围内广泛流行的星状病毒血清型主要是 1 型，同时合并其他血清型感染。对星状病毒的血清流行病学研究相对较少，Mitchell 等在美国进行血清型抗体检测显示，普遍流行的血清型1型相应抗体水平较高，较少流行的型别如3型抗体水平则较低。

四、临床症状

1. 动物的临床表现 自然条件下，猫的星状病毒感染多发生于幼猫，病猫常表现腹泻，粪便呈糊状和绿色水泻，持续4～14天，有时还伴有发热、呕吐、厌食、脱水和抑郁症。以猫星状病毒人工接种幼猫，试验猫出现的腹泻程度要比自然感染的轻。

2. 人的临床表现 感染星状病毒后，经过1～3天的潜伏期后出现腹泻症状，表现为水样便，伴有呕吐、腹痛、发热等症状。单纯星状病毒感染者症状多较轻，一般不发生脱水等严重并发症。星状病毒合并轮状病毒和（或）杯状病毒感染时症状可能较重，但此时是其中一种病毒的作用结果，还是多种病毒共同作用的结果，尚无定论。目前有关星状病毒肠道外感染的报道还很少。星状病毒感染可能与迁延性腹泻有关，在对625份急性腹泻患儿及153份迁延性腹泻患儿的粪样进行星状病毒及其他病原检测后发现，星状病毒的检出率随病程延长而显著增高。

五、病理变化

1. 大体解剖观察 接种星状病毒后，其胃肠道的变化是：盲肠膨大，含有淡黄色泡沫状内容物，肠道内含有泡沫状液体。接种星状病毒的与未接种的相比，体重明显减轻，可引起致死性出血性肝炎。

2. 组织病理学观察 在接种星状病毒后，可见病毒主要在小肠绒毛尖端的上皮细胞中增殖，偶尔亦可在上皮下层的细胞内见到。组织学病变见于小肠的中段与后段，与对照相比，小肠绒毛显得短而钝、呈钝齿状。绒毛的细胞层内可见巨噬细胞、淋巴细胞及中性粒细胞浸润，偶尔可见细胞浆内有包涵体存在。电镜检查证实包涵体是由大量的病毒颗粒组成。

六、诊　断

1. 病毒分离与鉴定 对细胞培养物中分离到的病毒，可采用电镜观察及免疫荧光试验等方法进行鉴定。但是，由于星状病毒在细胞中增殖很困难，所以常用方法是采集病猫的粪便样品，进行直接电镜观察。将粪便用蒸馏水稀释成20%悬液，离心后取上清液，用1%磷钨酸钾液（pH7.0）染色后，电镜检查。如果粪便中有星状病毒存在，根据其特有的星状结构及直径为28～30nm等特征较易检出。必要时可将粪便浓缩处理后再做电镜检查。对细胞培养物或组织切片中的星状病毒可用免疫荧光试验检查；对肠道内星状病毒，可取活体或尸体的小肠制作冰冻切片，再用免疫荧光试验检查肠上皮中的星状病毒。

2. 分子生物学诊断 从病猫腹泻的粪便中直接分离星状病毒RNA，采用RT-PCR方法扩增病毒RNA，用于不同血清型的鉴定和序列分析。

七、防治措施

目前尚无用于预防该病的有效疫苗，防治主要依靠一般的消毒和隔离措施。

八、公共卫生影响

星状病毒的分布遍及全世界，且感染率非常高，既可感染人，也可感染牛、羊、猪、猫、犬、鹿、火鸡、鸭、鼠等多种动物。病毒的传播主要是通过粪—口途径。主要感染儿童（5岁以下儿童的抗体阳性率达70%），其特征是引起胃肠炎和腹泻，并常呈暴发性流行。试验用猫感染星状病毒后会造成试验结果混乱，且污染环境，使毒物广泛传播，严重影响科研工作。

（任文陟）

参考文献

何国芳．2004．星状病毒感染的研究现状［J］．安徽医药，8（4）：297-298.

于维军. 1992. 星状病毒研究进展 [J]. 中国兽医杂志，2（18）：47-49.

Baxendale W，Mebatsion T. 2004. The isolation and characterisation of astroviruses from chickens [J]. Avian Pathol，33：364-370.

Behling-Kelly E，Schultz-Cherry S，Koci M，et al. 2002. Localization of astrovirus in experimentally infected turkeys as determined by in situ hybridization [J]. Vet Pathol，39：595-598.

Clayburgh D R，Shen L，Turner J R. 2004. A porous defense：the leaky epithelial barrier in intestinal disease [J]. Lab Invest，84：282-291.

Coppo P，Scieux C，Ferchal F，et al. 2000. Astrovirus enteritis in a chronic lymphocytic leukemia patient treated with fludarabine monophosphate [J]. Ann Hematol，79：43-45.

Cunliffe N A，Dove W，Gondwe J S，et al. 2002. Detection and characterisation of human astroviruses in children with acute gastroenteritis in Blantyre，Malawi [J]. J Med Virol，67：565-566.

Dalton R M，Roman E R，Negredo A A，et al. 2002. Astrovirus acute gastroenteritis among children in Madrid，Spain [J]. Pediatr Infect Dis J，21：1038-1041.

Dennehy P H，Nelson S M，Spangenberger S，et al. 2001. A prospective case-control study of the role of astrovirus in acute diarrhea among hospitalized young children [J]. J Infect Dis，184：10-15.

Englund L，Chriel M，Dietz HH，et al. 2002. Astrovirus epidemiologically linked to pre-weaning diarrhoea in mink [J]. Vet Microbiol，85：1-11.

Fleet G H，Heiskanen P，Reid I，et al. 2000. Foodborne viral illness-status in Australia [J]. Int J Food Microbiol，59：127-136.

Grohmann G S，Glass R I，Pereira H G，et al. 1993. Enteric viruses and diarrhea in HIV-infected patients. Enteric Opportunistic Infections Working Group [J]. N Engl J Med，329：14-20.

Guix S，Bosch A，Ribes E，et al. 2004. Apoptosis in astrovirus-infected CaCo-2 cells [J]. Virology，319：249-261.

Guy J S，Miles A M，Smith L，et al. 2004. Antigenic and genomic characterization of turkey enterovirus-like virus (North Carolina，1988 isolate)：identification of the virus as turkey astrovirus 2 [J]. Avian Dis，8：206-211.

Imada T，Yamaguchi S，Mase M，et al. 2000. Avian nephritis virus (ANV) as a new member of the family Astroviridae and construction of infectious ANV cDNA [J]. J Virol，74：8487-8493.

Koci M D，Seal B S，Schultz-Cherry S. 2000. Molecular characterization of an avian astrovirus [J]. J Virol，74：6173-6177.

Koci M D，Schultz-Cherry S. 2002. Avian Astroviruses [J]. Avian Pathol，31：213-227.

Koci M D，Moser L A，Kelley L A，et al. 2003. Astrovirus induces diarrhea in the absence of inflammation and cell death [J]. J Virol，77：11798-11808.

Laohachai K N，Bahadi R，Hardo M B，et al. 2003. The role of bacterial and non-bacterial toxins in the induction of changes in membrane transport：implications for diarrhea [J]. Toxicon，42：687-707.

Leclerc H，Schwartzbrod L，Dei-Cas E. 2002. Microbial agents associated with waterborne diseases [J]. Crit Rev Microbiol，28：371-409.

Lindsey A，Moser，Stacey Schultz-Cherry. 2005. Pathogenesis of Astrovirus Infection [J]. Viral Immnuology，(18)：4-10.

Mitchell D K，Matson D O，Cubitt W D，et al. 1999. Prevalence of antibodies to astrovirus type 1 and 3 in children and adolescents in Norfolk Virginia [J]. Pediatr Infect Dis J，18（3）：249-254.

Mitchell D K，Maston D O，Jiang X，et al. 1999. Molecular epiedmiology of childhood astrovirus infection in child care centers [J]. J Infect Dis，180（2）：514-517.

Shastri S，Doane A M，Gonzales J，et al. 1998. Prevalence of astroviruses in a choldren' s hospital [J]. J clin Microbiol，36（9）：2571-2574.

Trevion M，Prieto E，Penalver D，et al. 2001. Diarrhea caused by adenovirus and astrovirus in hospitalized immunodeficient patients [J]. Enferm Infecc Microbiol Clin，19（1）：7-10.

Unicomb L E，Banu NN，Azim T，et al. 1998. Astrovirus infection in association with acute persistent nosocomial diarrhea in banglandesh [J]. Pediatr Infect Dis，17（7）：611-614.

第二十章
动脉炎病毒科病毒所致疾病

第一节　小鼠乳酸脱氢酶增高病毒感染
(Mouse lactate dehydrogenase - elevating virus infection)

小鼠乳酸脱氢酶增高病毒感染（Mouse lactate dehydrogenase - elevating virus infection）特点是宿主专一，感染后可在动物循环系统长期存在，多呈隐性感染。感染小鼠无临床症状，但乳酸脱氢酶（LDH）水平明显增高，可对试验研究产生干扰。

一、发生与分布

Riley 等（1960）在从事肿瘤性疾病的早期诊断方法的研究过程中发现，给小鼠接种 Ehrilch 癌细胞以后，在可检出肿瘤生长之前，发现血液中乳酸脱氢酶水平升高了 5～10 倍，随着肿瘤块的生长，乳酸脱氢酶的活性进一步升高。他们研究认为，这些小鼠的血清中存在着一种能通过细菌滤器的传染因子，通过鉴定认为该因子是一种病毒，即小鼠乳酸脱氢酶增高病毒。Riley（1968）进一步研究证明，该病毒不是肿瘤系的必要成分。目前，澳大利亚、德国、美国和英国的小鼠群中均有小鼠乳酸脱氢酶增高病毒存在，我国尚未见有小鼠乳酸脱氢酶增高病毒的研究报道。

二、病　原

1. 分类地位、形态学特征　小鼠乳酸脱氢酶增高病毒（Mouse lactate dehydrogenase - elevating virus，LDV）在分类上属动脉炎病毒科、动脉炎病毒属，该属还包括猪呼吸与繁殖综合征病毒、马动脉炎病毒和猴出血热病毒，其中猪呼吸与繁殖综合征病毒和小鼠乳酸脱氢酶增高病毒两者最相近，Plagemann（2003）曾假设野猪捕食了感染小鼠乳酸脱氢酶增高病毒的野鼠，经野猪间传播增殖进化出猪呼吸与繁殖综合征病毒。

小鼠乳酸脱氢酶增高病毒粒子呈圆形或椭圆形，电镜下，其表面光滑，无明显放射状凸起，平均直径 50～55nm。有囊膜。病毒粒子中央为一定形的类核体，直径 25～33nm，外由致密的双层膜所围绕。

2. 培养特性　小鼠乳酸脱氢酶增高病毒只能在正常小鼠的原代组织培养中复制。小鼠的脾脏、骨髓和胚胎的原代培养物可使病毒增殖，但不产生细胞病变。在原代小鼠组织培养物中，病毒在培养 7 天内复制。通过放射自显影分析，即使在能产生高滴度小鼠乳酸脱氢酶增高病毒的原代腹腔渗出液细胞培养物中，也只有小部分细胞被感染（6%～20%），在感染后 6～8h 阳性细胞最多，之后阳性细胞数逐渐降低。该病毒不能在大鼠原代细胞、人腹膜巨噬细胞、乳仓鼠肾细胞、鼠肿瘤细胞系、海拉细胞和恒河猴肾细胞上复制。

3. 分子生物学特性　小鼠乳酸脱氢酶增高病毒基因组为 48S RNA 分子，分子量（5～6）$\times10^6$Da，长度为 14 000 个核酸。这段 RNA 包含 9 个开放阅读框（ORFs）。ORF1 编码两种聚合酶，1a 和 1b；ORF2a - 7 之间重叠，编码结构蛋白。Snijder 等（2003）认为该病毒粒子一般有 6 个膜蛋白。主要膜蛋白是GP5（前VP3）和M（前VP2）蛋白，分别由ORF5和ORF6编码。GP5（24～44kDa）包含病毒的主要抗原表位和单病毒中和位点。M（18kDa）蛋白为非糖基化膜整合蛋白，不具有抗原性。N（13～15kDa）蛋白由ORF7编码，为核衣壳蛋白。

4. 理化特性 小鼠乳酸脱氢酶增高病毒在未稀释的小鼠血浆中最为稳定，在提纯或稀释时，易被加热、悬浮培养基中盐成分的变化和各种化学药物的处理所灭活。小鼠血浆中的病毒在－70℃可长期保存，滴度不变；4℃32天失去感染力，室温24h含病毒的血浆或粪便的感染力不降低，58℃ 1h可完全被灭活。该病毒的最适pH为6～8，在pH3环境中迅速灭活。病毒对乙醚、丁醇、氯仿及非离子性洗涤剂敏感，对胰蛋白酶和木瓜蛋白酶的消化作用有抵抗力。

三、流行病学

小鼠乳酸脱氢酶增高病毒只感染小鼠，各品系小鼠皆易感。主要通过感染的肿瘤、细胞系及其他小鼠衍生的生物制品传播。感染小鼠终生带毒，可通过粪便、尿、乳汁或唾液向外排毒，鼠—鼠之间可通过食入感染动物的血液、组织造成感染，也可因相互打斗而通过伤口感染，或通过性接触传播。

在实验小鼠中，试验操作可能是主要的传播方式。由于感染小鼠血液中持续存在高滴度的病毒，因此在操作过程中，通过血清或组织将病毒由1只小鼠传给另1只小鼠，可导致病毒的传播。使用同一个针头给几只小鼠注射，也可能是该病毒在实验鼠群中传播的重要原因。

四、临床症状及对机体的影响

小鼠感染小鼠乳酸脱氢酶增高病毒通常不会出现明显的临床病变，但可污染生物材料和移植肿瘤，影响机体的生理生化功能。

1. 临床症状 主要临床症状为血清乳酸脱氢酶水平升高，乳酸脱氢酶主要由肝脏产生，但心肌细胞和红细胞也会少量产生。AKR和C58为易感品系，年龄、药品或免疫系统异常等因素导致免疫抑制后，动物可能会表现出麻痹综合征。这可能是上述品系小鼠体内的嗜己性（ecotropic）鼠白血病病毒与小鼠乳酸脱氢酶增高病毒相互作用的结果。

2. 对机体的影响 小鼠乳酸脱氢酶增高病毒可在网状内皮细胞系统的细胞中迅速复制。感染后12～14h，血清中的病毒滴度即可高达10^{10}～10^{11} ID_{50}/mL。72～96h病毒滴度降至10^{7} ID_{50}/mL，之后病毒滴度进一步下降，直到感染后14天左右，稳定在10^{5} ID_{50}/mL。虽然病毒感染可导致长期的病毒血症，但感染小鼠通常不表现临床症状并保持正常的生命活动。临床上可查得的指征为血浆中乳酸脱氢酶和其他几种酶的水平持续增高，由于其水平通常与病毒滴度相一致，故血浆中乳酸脱氢酶水平的增高可用来滴定小鼠乳酸脱氢酶增高病毒的感染力。

小鼠感染小鼠乳酸脱氢酶增高病毒可对免疫系统产生影响。感染后6～10天机体产生抗体，并以抗原抗体复合物的形式存在，在血流中不易测到游离的抗体。由于该病毒在巨噬细胞中繁殖，在感染的早期，可能引起免疫抑制，病鼠对抗体产生的应答反应和细胞免疫功能降低，并使网状内皮系统和胸腺发生损害。病毒感染前4天，胸腺依赖区的淋巴细胞大量坏死，感染后24h胸腺重量开始下降，感染后3～4天下降约40%。感染小鼠细胞免疫功能的短暂降低与胸腺重量的短暂降低相一致。由于病毒抗体在血流中是以抗原抗体复合物的形式存在，所以在慢性感染的小鼠肾小球内可见大量免疫复合物沉积，但其只产生轻微的亚临床损害，而不显示免疫复合物疾病的症状。

小鼠感染小鼠乳酸脱氢酶增高病毒后，各种血清酶的变化不同。其中一些血清酶升高5～10倍，一些升高2～4倍，还有一些不受病毒感染的影响（表20-1-1）。在正常情况下，血浆中组织酶水平的升高是细胞损伤的结果。然而该病毒感染时，酶水平的持续升高并不伴有组织损伤的明显证据。Mahy等认为小鼠感染病毒后，仅损害了与清除某些特定酶有关的细胞，使这些酶的清除速率下降，从而表现血浆中酶水平的持续升高。

表 20-1-1 小鼠乳酸脱氢酶增高病毒感染的小鼠血浆中酶的升高

酶	升高程度（倍）
乳酸脱氢酶	8～11
异枸橼酸脱氢酶	5～8
苹果酸脱氢酶	2～3
磷酸葡糖异构酶	2～3
谷胱甘肽还原酶	2～3
天门冬氨酸转氨酶	2～3
谷草转氨酶	2～3
丙氨酸转氨酶	轻微
酸性磷酸酶	无
碱性磷酸酶	无
醛缩酶	无
2-磷酸甘油	无
葡糖-6-磷酸脱氢酶	无
谷丙转氨酶	无
亮氨酸氨肽酶	无

五、诊　断

小鼠感染小鼠乳酸脱氢酶增高病毒无临床症状和病理变化，在细胞培养物中不产生细胞病变，也不易出现抗体，加上抗原抗体复合物的存在，常规血清抗体检测方法容易出现假阴性结果。因此，不推荐采用常规血清抗体学方法检测该病。

1. 测量酶值法 感染小鼠乳酸脱氢酶增高病毒的小鼠，其血浆中乳酸脱氢酶水平均 24h 内明显升高，在 72～96h 内达到正常值的 8～11 倍，且可维持较长时间。因此，目前该病毒的检测是采用测量血清中乳酸脱氢酶水平的方法。正常小鼠血浆中乳酸脱氢酶水平为 400～800IU/mL，而感染小鼠的水平达 1 800～16 000IU/mL。美国国立卫生研究院 1978 年采用 96 孔板酶标方法进行检测。

2. 分子生物学方法 血清中乳酸脱氢酶检测方法作为该病的初筛很合适，但因为血液中乳酸脱氢酶水平可能由于肝脏疾病、心脏疾病或红细胞破裂等因素发生改变，因此需要用 PCR 方法进行验证。

六、防治措施

1. 预防 小鼠是小鼠乳酸脱氢酶增高病毒的唯一自然宿主，因此防止野鼠进入动物房舍，保持实验鼠群的环境稳定是预防感染的最有效措施。

因为该病毒主要通过肿瘤系、细胞系和鼠衍生的生物制品传播到实验动物，因此相关产品在使用前应该进行病毒抗体产生试验或 PCR 检测，合格后方可使用。

2. 控制 对已感染小鼠乳酸脱氢酶增高病毒的鼠群，可通过剖腹产手术和屏障隔离措施净化种群。肿瘤内的病毒可通过在裸大鼠传代清除。因为该病毒可长期存在于感染动物体内，因此发现阳性后应及时淘汰感染群动物。感染后的第 1 周内或此期间怀孕，发生垂直传播的可能性最大，可以通过考虑胚胎移植和剖腹产来净化。且处理后的幼鼠应运用 PCR 方法验证其是否感染。

七、生物安全意义及作为猪繁殖与呼吸综合征病毒模型动物的可能

小鼠乳酸脱氢酶增高病毒对宿主高度专一，不具备感染人的能力。但作为与猪繁殖与呼吸综合征病毒高度同源的病毒之一，随着两者的变异，其对养猪行业的潜在危害值得进一步研究。但目前研究证

明，猪繁殖与呼吸综合征病毒也不具备感染实验鼠的能力。Hooper 等（1994）证实野生和实验鼠均不是猪繁殖与呼吸综合征病毒的宿主。Hooper 在暴发猪繁殖与呼吸综合征病毒的猪场抓获 16 只野鼠，采血并取组织进行培养，最终血清学和病毒分离结果均为阴性；另外他利用猪繁殖与呼吸综合征病毒通过鼻腔、口腔和腹腔注射方式，人工感染了 12 周龄的 F344 和 3 周龄的 Balb/c 实验用小鼠。结果病理学观察无异常，血清学和病毒分离结果阴性，体重和白细胞计数均与对照组无明显差别。我国孙泉云等（2006）从上海 9 家猪场内采集的 46 只家鼠的血清和组织样品，采用 IHA，EL ISA 和 RT-PCR 方法对猪繁殖与呼吸综合征病毒和猪瘟病毒的抗体及抗原进行了检测，结果均为阴性。

理论上，可通过小鼠乳酸脱氢酶增高病毒在实验动物的感染增殖，来寻找猪繁殖与呼吸综合征病毒的动物模型，但目前并未成功。Paul Rosenfeld 等（2009）试图证明实验鼠作为猪繁殖与呼吸综合征病毒的动物模型的可能性。他给 3 个品系的啮齿类实验动物分别腹腔接种猪繁殖与呼吸综合征病毒，Balb/c 和 SCID（Severe Combined Immuno Deficiency）系均未检测到病毒复制；猪繁殖与呼吸综合征病毒在棉鼠原代肺脏细胞上可见中等程度增殖，但经鼻腔和腹腔注射棉鼠后未检测到猪繁殖与呼吸综合征病毒在动物体内增殖，仅在气管接种棉鼠后的第 1 天检测到病毒在肺脏有所表达。

八、对实验结果的影响

感染小鼠乳酸脱氢酶增高病毒的动物虽然不出现可见临床病变，但其身体重要系统的功能已发生严重改变。因为病原体在巨噬细胞亚群中复制，可能对免疫学试验产生以下（但不限于这些）影响：细胞免疫的抑制、细胞因子活性增加、体液免疫的变化、影响肿瘤生长、高丙种球蛋白血症和自身抗体的产生。另外，一些品系也可能出现肾小球肾炎或中枢神经系统疾病。

（赵化阳　卢胜明　贺争鸣　田克恭）

参考文献

孙泉云，周锦萍，刘佩红，等. 2006. 上海地区猪场中家鼠猪呼吸繁殖综合征病毒和 CSFV 带毒情况调查 [J]. 动物医学进展，27 (4)：97-99.

田克恭. 1991. 实验动物病毒性疾病 [M]. 北京：农业出版社：94-99.

Baker D G. 2003. Natural Pathogens of Laboratory Animals：Their effects on research [M]. Washington，D. C.：ASM Press：385.

Fox J，Barthold S，Davisson M，et al. 2007. The mouse in Biomedical Research：Disease [M]. 2nd ed. New York：Academic Press：756.

Fox J G，Anderson L C. Lowe F M，et al. 2002. Laboratory Animal Medicine [M]. 2nd ed. San Diego：Academic Press：1325.

Hooper C C，Van Alstine W G，Stevenson G W，et al. 1994. Mice and rats (laboratory and feral) are not a reservoir for PRRS virus [J]. Vet Diagn Invest，6：13-15.

Mahy B W，Rowson K E，Parr C W，et al. 1965. Studies on the mechanism of action of Riley virus. I. Action of substances affecting the reticuloendothelial system on plasma enzyme levels in mice [J]. Exp Med，122 (5)：967-981.

Percy D H，Barthold S W. 2007. Pathology of Laboratory Rodents and Rabbits [M]. Ames：Iowa State University Press：325.

Plagemann P G. 2003. Porcine reproductive and respiratory syndrome virus：origin hypothesis [J]. Emerg Infect Dis，9：903-908.

Riley V，Lilly F，Huerto E，et al. 1960. Transmissible agent associated with 26 types of experimental mouse neoplasms [J]. Science，132：545-547.

Rosenfeld P，Turner P V，Janet I，et al. 2009. Evaluation of porcine reproductive and respiratory syndrome virus replication in laboratory rodents [J]. The Canadian Journal of Veterinary Research，3：313-318.

Snijder E J，Dobbe J C，Spaan W J. 2003. Heterodimerization of the two major envelope proteins is essential for arterivirus infectivity [J]. Virol，77：97-104.

第二节 猴出血热
(Simian hemorrhagic fever)

猴出血热（Simian hemorrhagic fever）是由猴出血热病毒引起猴的一种高度致死的烈性传染病。该病只传染猕猴属动物，以出血和发热为特征。其他种类的猴感染后不发病，呈慢性带毒感染。该病毒属于RNA病毒的一种，其基因由15 000个核苷酸组成。美国、英国、俄罗斯等国家的灵长类动物群中均有该病发生。传染源可能是由引进带毒的或隐性感染的猴所导致的。但是血清学结果无法证明野外的猕猴及其欧洲、亚洲、非洲猴也有该病毒感染。临床表现以广泛出血、高热和高死亡率（9.6%～100%）为特征，短尾猴可能不是该病毒的自然宿主。最近，在乌干达的野生红疣猴中同样分离得到了该病毒。因此，野生的灵长类动物可能是该病毒的自然贮藏库。

一、发生与分布

1964年8月在苏联首次发生猴出血热事件，来自于印度的62只猕猴发病后全部死亡。同年11月从印度同一地区引入到美国的猕猴发生更大规模的猴出血热流行，60天内共有233只猴发病死亡，病死率高达21%。1966—1969年英国先后3次暴发猴出血热，其中1969年的一次流行，在179只猕猴和220只食蟹猴中有239只发病死亡。1967年美国再次暴发猴出血热，并流行达120天之久，2 600只猴中有520只死亡，是死亡数量最多的一次。目前，我国尚未见有该病报道。

二、病　　原

1. 分类地位　猴出血热病毒（*Simian hemorrhagic fever virus*，SHFV）在分类上属动脉炎病毒科（Togaviridae）、动脉炎病毒属（*Arterivirus*）。

2. 形态学基本特征与培养特性　猴出血热病毒粒子呈球形，有囊膜，直径40～45nm，沉降系数为214S。核衣壳直径约25nm，沉降系数为174S，在氯化铯中的浮密度为1.33g/cm^3，内含单股正链基因组RNA。病毒RNA分子量5.5×10^6kDa，沉降系数49S，在硫酸铯中的浮密度为1.63g/cm^3，4种核苷酸的组成比例为：A占19.5%，U占33.3%，G占26.7%和C占19.7%。该病毒可在多种细胞培养物上培养增殖，但仅在MA-104细胞系上产生细胞病变，经传代后也可适应B8C-1细胞系。该病毒感染MA-104细胞后24h，感染细胞内可见电子致密物质，48h可见长丝状带，横切可见双层结构，厚50～60nm连续切片可见板状结构，72h板状结构消失，呈完整病毒粒子，大小40～50nm，其内有22～25nm的圆锥体出现。

3. 理化特性　猴出血热病毒对酸、脂溶剂和变性剂敏感，57℃可迅速灭活，对乙醚、氯仿等脂溶剂敏感，在pH 3.0或60℃条件下可迅速灭活，对胰酶的抵抗力强。动脉炎病毒在感染动物体内对细胞有很强的专一性，它们主要或只在宿主的巨噬细胞中增殖，并可建立持续性感染状态。对非洲绿猴、猕猴、大鼠、小鼠、豚鼠及人O型红细胞无吸附作用。

4. 分子生物学　猴出血热病毒基因组RNA约13～15kb，有感染性，5’末端有Ⅰ型帽结构，3’端非编码区长76nt，其后是Poly（A）尾。感染细胞内除基因组RNA外，还有6种不同大小的亚基因组mRNA，均由基因组上的6个开放阅读框架转录而来，转录的起点不同，但终点是相同的。亚基因组RNA都有相同的3’端。它们的5’端有一相同的引导序列，长150～210nt，来自于基因组的5’端。引导序列与亚基因组mRNA之间的连接区高度保守，其核心序列为5GNUNAACC3’。基因组有7个开放阅读框架，分别命名为ORF1～7，其中ORF1最大，约占整个基因组5’端的3/4，它实际包括2个稍小的阅读框架，命名为ORF1a和ORF1b，编码病毒的非结构蛋白（分别是病毒的复制酶和蛋白酶）。ORF2～7只占据整个基因组3’端的1/4，转录出6种亚基因组mRNA，主要编码病毒的结构蛋白，相邻ORF之间有一定的序列重叠。ORF7编码N蛋白，ORF6

编码M蛋白，ORF5编码GL大糖蛋白，ORF2编码Gs小糖蛋白，ORF3和4编码蛋白情况不详，可能也是囊膜蛋白。

三、流行病学

1. 传染来源　猕猴感染猴出血热病毒多为致死性的，而自然感染的病例也不多见，因此猕猴不可能是该病毒的贮存宿主。国外曾有人采用补体结合试验对猩猩、狒狒、非洲绿猴、猕猴和人的血清进行猴出血热病毒抗体检查，结果均为阴性。目前猴出血热病毒的传染来源尚不清楚。取感染猴血液或脏器悬液经脑内、静脉或腹腔途径人工接种猕猴可引起试验性感染，潜伏期3～9天，7～14天后感染猴死亡。

2. 传播途径　猴出血热的传染源主要是病猴和带毒猴，健康猴与其直接接触或接触其排泄物和分泌物污染的饲料、饮水、用具等均可发生感染，也可通过工作人员的手套、注射用针头等间接传播。实验条件下，与病猴邻近饲养的健康猴也可感染发病，表明可经气溶胶传播。另外，虱、蜱、螨、蟑螂等昆虫，也可能是猴出血热病毒的机械传播者。目前尚未发现人接触病猴或其分泌物、排泄物而感染的病例。

3. 易感动物

（1）自然宿主　非洲赤猴（*Erythrocebus patas*）是该病毒主要的自然贮存宿主，是造成该病暴发的主要原因。赤猴感染后无临床表现，成为带毒者，其带毒时间至少2年，它们的微量血液或体液就能将病毒传播到猕猴群。病毒在赤猴和猕猴间可能不存在直接接触和气溶胶传播途径，因为将带毒的赤猴与正常猕猴关在一起饲养并未造成后者发病死亡。赤猴中的病毒主要是通过机械传播而直接感染猕猴的。特别是2种猴群间不换针头的注射是最危险的。但该病在猕猴群主要是通过直接接触、间接接触（主要指通过病毒污染的笼具及其他用具传播）和气溶胶途径传播。

（2）实验动物　猕猴对猴出血热病毒最易感，一旦有猕猴感染，病毒即可传遍整个猴群。据报道除非洲赤猴外，非洲绿猴以及所有其他种类的非洲猴都可能携带该病毒，此外，狒狒也是猴出血热病毒的携带者。

（3）易感人群　目前尚未发现人接触病猴或其分泌物、排泄物而感染的病例。

4. 流行特征　猴出血热病毒并非野生猴群自然流行的疫病，该病主要在人工饲养的猕猴群中暴发流行，发病率和死亡率极高，有时可达100%，可造成巨大损失。猴出血热病毒感染谱很窄，只能使猕猴属（*Macaca*）的猴感染发病。在其他种类的猴群中，该病毒只引起无症状的慢性带毒感染，使这些猴成为病毒的贮存宿主。该病发病急，传播迅速，自然发病的潜伏期可短至1～2天，一昼夜时间疫病即可在整个猴群暴发，发病3天后就可发生病猴死亡。人工接种的潜伏期为3～9天，7～14天内大部分感染猴死亡。

四、临床症状

1. 动物的临床表现　猕猴临床表现以出血和高热为特征。病初突然高热，精神沉郁，面部水肿；48～72h后出现厌食、呕吐、腹泻等症状；高热4～6天后，皮肤、齿龈、眼眶、躯干及四肢皮肤等部位出血，排黑粪。血液凝固时间延长（正常时为2min左右，此时为12～15min）。被毛卷缩，淋巴结肿大，并且出现出血性腹泻和蛋白尿。病至中后期，动物出现呕吐、脱水、面部严重发绀、饮食废绝等症状。造血系统的变化表现在：疾病的早期外周血白细胞总数轻度下降，6～8天时增加到3万～4万/mm^3；红细胞数第2～5天为800万～1000万/mm^3，以后降至正常或更低。疾病的后期血沉率显著增加（60～70mm/h），淋巴细胞和单核细胞减少，血小板数降低，在外周血中出现网状红细胞、有核红细胞、浆细胞。随后病情进一步恶化，表现为衰竭、震颤、脱水、低血压和出血性素质如紫癜、鼻衄等症状。10～15天后病猴几乎全部死亡。

2. 人的临床表现　至今未见人感染猴出血热病毒的报道。

五、病理变化

1. 大体解剖观察 病理变化以皮肤、鼻、肺、肠道、肾、肝、肾上腺、脾和淋巴结等组织器官的广泛性出血为特征，其中十二指肠近端幽门部的出血、坏死具有诊断意义。胃肠道的出血，以十二指肠最为严重，表现为黏膜紫红色，肠壁水肿，十二指肠的出血坏死从幽门口开始，至其后5～10cm处消失；大肠也见类似变化，空肠、回肠仅有轻度出血。心内外膜均有出血。脾肿大、变硬，为正常脾的2～4倍，色灰暗，滤泡明显。淋巴结肿大、充血，滤泡中心坏死。肝肿大。脑软脑膜混浊。

2. 组织病理学观察 显微镜下十二指肠细胞呈现普遍坏死。脾索细胞减少。胸腺皮质细胞坏死。肝细胞瘀血，脂肪变性。肾上腺瘀血、坏死。肾浊肿，小叶间瘀血，肾小球内皮细胞肿大，间质水肿，近曲小管和远曲小管上皮细胞脂肪变性。脑膜少量白细胞浸润，脑组织内有软化灶。血液学检查，病猴血液中细胞和血小板数量减少，凝血时间延长，血沉加快，血细胞压积减少，血色素减少，末梢血中出现有核红细胞。由于血液瘀滞和缺氧，还引起肝、肾、脑、淋巴组织和骨髓的变化。

六、诊　　断

1. 病毒分离与鉴定 根据特征性临床症状和病理变化，结合流行特点可以做出临床诊断。急性感染期的病猴，其血液和脾、肾等组织悬液中均含有大量病毒，可接种猕猴的胚肾细胞系MA-104细胞，经培养后可分离出猴出血热病毒，并可采用免疫荧光试验鉴定细胞培养物中的病毒抗原，也可用电镜观察其中的病毒粒子。

2. 血清学试验 血清学试验目前主要采用补体结合试验，以20倍浓缩的组织培养病毒抗原，检查病猴血清中的补体结合抗体，在病猴康复60～90天后，血清中抗体滴度可达1∶512。酶联免疫吸附法因其快速、客观等优点，近来也被用于猴出血热病毒抗体的检测。也有人曾试图用恒定量病毒与不同稀释度血清进行中和试验，未获成功。

3. 组织病理学诊断 病理变化以皮肤、鼻、肺、肠道、肾、肝、肾上腺、脾和淋巴结等组织器官的广泛性出血为特征，小肠前段出血性坏死，脾肿大，血管内凝血和广泛的淋巴组织损伤。其中十二指肠近端幽门部的出血、坏死具有诊断意义。

4. 分子生物学诊断 可采用RT-PCR检测猴出血热病毒的核酸，用Real-time PCR检测猴血清中的病毒载量。

七、防治措施

1. 治疗 猴发病后采取对症治疗，结合使用干扰素等抗病毒制剂有一定疗效。发病早期，紧急注射康复猴血清也有一定效果。

2. 预防 平时应加强猴群的饲养管理以及环境消毒，防止人员、器械、鼠类、昆虫等造成机械性传播。当邻近猴群发生该病时，可采用含有多聚-L-赖氨酸与羧甲基纤维素的核酸抗性复合物进行预防，此复合物能够刺激猴群产生针对猴出血热病毒的抗体，从而增强猴群的抵抗能力。

八、公共卫生影响

该病不传染人，所以已被用作人出血性疾病的研究模型。

（马开利　代解杰）

参考文献

Sagripanti J L. 1984. The genome of simian hemorrhagic fever virus [J]. Arch Virol, 82 (1-2): 61-72.

Sagripanti J L. 1984. Studies on simian hemorrhagic fever virus nucleocapsids [J]. Arch Virol, 82 (1-2): 49-59.

Lauck M, Hyeroba D, Tumukunde A, et al. 2011. Novel, divergent simian hemorrhagic fever viruses in a wild Ugandan red colonbus monkey discovered using direct pyrosequencing [J]. PLoS One，6 (4)：e19056.

Godeny E K. 2002. Enzyme - linked immunosorbent assay for detection of antibodies against simian hemorrhagic fever virus [J]. Comp Med，52 (3)：229 - 232.

Levy H B，London W，Fuccillo D A，et al. 1976. Prophylactic control of simian hemorrhagic fever in monkeys by an interferon inducer，polyriboinosinic - polyribocytidylic acid - poly - L - lysine [J]. J Infect Dis，133 (S1)：256 - 259.

第二十一章
冠状病毒科病毒所致疾病

第一节　小鼠肝炎病毒感染
(Mouse hepatitis virus infection)

小鼠肝炎病毒感染（Mouse hepatitis virus infection）是实验小鼠最为常见和最重要的病毒病之一，临床表现为肝炎、脑炎和肠炎。多数情况下呈亚临床感染或慢性感染，但受某些应激因素的影响而使机体抵抗力下降时即可引起急性发病和死亡。

一、发生与分布

1949 年 Cheever 从 1 只自发性瘫痪小鼠的中枢神经系统中分离获得第 1 株小鼠肝炎病毒，即 MHV-JHM 株。之后，Gledhill 等（1951）、Dick 等（1956）在使人肝炎病毒适应小鼠的研究过程中分别发现 MHV-1 和 MHV-3；Nelson（1953）从患白血病的小鼠分离到 MHV-2；Manaker 等（1961）在用 BALB/c 小鼠研究 Meloney 白血病病毒时发现 MHV-A_{59}；Rowe 等（1963）从 CD-1 小鼠的新生乳鼠分离到 MHV-5；Broderson 等（1976）研究证实乳鼠致死性肠炎病毒为小鼠肝炎病毒的一个毒株；MHV-NuU、NuA 和 Nu66 均来自患肝炎和消瘦综合征的裸鼠，Suglyama 等（1980）分离到一株小鼠肝炎病毒肠道变异株，即乳鼠腹泻病毒。综上所述，小鼠肝炎病毒广泛存在于世界各国的实验小鼠群中，是对实验小鼠危害最为严重的病毒病之一。

皇甫在等（1982）、徐蓓等（1986）从我国裸鼠分离到小鼠肝炎病毒，经鉴定该分离株（MHV 沪 79 株）与国际株 MHV-1 具有共同的生物学特性。吴惠英等（1986）、徐蓓等（1989）经血清流行病学调查，证实我国普通鼠群中小鼠肝炎病毒的感染率分别为 25.5%和 22.1%，是实验小鼠标准化研究中亟待解决的问题之一。王吉等（2008 年）经过对 2003—2007 年我国实验小鼠连续 5 年的血清流行病学调查，结果显示我国普通级、清洁级和 SPF 小鼠群中均普遍存在小鼠肝炎病毒感染，5 年平均感染率为 5.66%。

二、病　　原

1. 分类地位　小鼠肝炎病毒（*Mouse hepatitis virus*，MHV）在分类上属冠状病毒科、冠状病毒属。核酸型为单股 RNA，关于小鼠肝炎病毒的结构蛋白报道不一。Sturman（1977）发现 MHV-A_{59} 毒株含有 4 种多肽，而 Wege 等（1979）在 MHV-JHM 毒株的纯化物中鉴别出 6 种多肽。

目前已从世界各地分离到多株小鼠肝炎病毒，其抗原性和致病性均有差异。其中 MHV-2、MHV-3、MHV-A_{59} 毒力较 MHV-1、MHV-Y 和 MHV-Nu 强。根据小鼠肝炎病毒嗜组织特性的不同，可将其分为呼吸株（Respiratory MHV strain）和嗜肠株（Enterotropic MHV strain）两型。呼吸株病毒在易感动物的鼻腔上皮细胞内复制后，可向多种靶器官扩散，此型病毒包括 MHV-1、MHV-2、MHV-3、MHV-JHM、MHV-S、MHV-A_{59}、Tettnagn 和 Wt-1 等。嗜肠株病毒选择性感染小肠黏膜，极少扩散到其他组织，此型病毒包括 MHV-Y、MHV-RI、DVIM 和 Wt-1 株等。

2. 形态学基本特征与培养特性　小鼠肝炎病毒粒子呈圆形或多形态，直径 80～160nm。外有囊膜，囊膜表面有特征性的花冠状突起，长 10～20nm、宽 7nm。小鼠肝炎病毒可在多种细胞培养物中生长，如大鼠吞噬细胞、小鼠巨噬细胞、鼠肝细胞系 NCTC1469、鼠成纤维细胞 L929、某些转化细胞系 DBT、AN、BALB/c 3T3 以及 $17CL_1$ 等。多数可以产生细胞病变，形成巨大的融合细胞或蚀斑。

除了在体内嗜组织特性不同外，两型病毒在体外的组织亲和性也不同，在某些细胞株上，呼吸株病毒生长良好，而嗜肠株病毒却生长极差，甚至完全不生长。

3. 理化特性 小鼠肝炎病毒对乙醚、氯仿和 β-丙内酯敏感，对脱氧胆酸盐具有中等程度的抵抗力。Hirano 等（1989）研究了 11 株小鼠肝炎病毒对不同理化因素的抵抗力，结果在 1mol/L $MgCl_2$ 中，50℃ 1h MHV-JHM 毒株迅速灭活，MHV-1 和 MHV-N 毒力下降，其余 9 个毒株毒力不受影响；所有毒株在 pH 3.0～7.0 条件下均较稳定；不同毒株对热的敏感性明显不同，对热具有一定抵抗力的毒株对易感小鼠的毒力较弱；在 pH3.0 和 0.01%脱氧胆酸盐条件下稳定的毒株与肠道感染有关，并可在粪便中长期存活。上述结果提示，低毒力和对热稳定的毒株可能是实验鼠群最严重的污染物。

多数小鼠肝炎病毒毒株不能凝集各种哺乳动物和禽类的红细胞，Talbot（1989）进一步证实了上述观点，但 Sugiyama 等（1980）分离到一株新的毒株，即新生小鼠腹泻病毒，经试验证实，该毒株含有血凝素，其血凝活性可能与病毒粒子中一种糖蛋白有关（分子量 138 880u）。

4. 分子生物学 小鼠肝炎病毒是冠状病毒科最大的病毒，基因组为线性不分段的单股正链 RNA。属于单链 32kb 的 RNA 基因组和核衣壳体共同构成螺旋形病毒颗粒 1.3kb，是目前已知基因组最大的 RNA 病毒，包含 12 个开放阅读框（ORF）。5’端有帽结构，3’端含有聚 A 尾，与真核细胞的 mRNA 结构相似，这是该病毒 RNA 自身即可作为翻译模板的结构基础。小鼠肝炎病毒有三个主要结构蛋白，分别为核心蛋白（N）、跨膜糖蛋白（M）和表面蛋白（S）或叫刺突蛋白。N 蛋白是小鼠肝炎病毒的第二大结构蛋白，与基因组 RNA 结合形成核衣壳，与 M 蛋白一同构成病毒核心。N 蛋白同基因组 RNA5’端前导序列和 3’端序列结合，可能在基因组 RNA 复制、亚基因组 RNA 转录和翻译中发挥一定的作用。

三、流行病学

1. 传染来源 感染鼠及感染鼠的粪便、鼻咽渗出液、尿液是小鼠肝炎病毒的主要传染源。

2. 传播途径 小鼠肝炎病毒主要经空气和接触传播。健康小鼠接触污染的饲料、饮水、用具和周围环境等，经口、鼻等途径发生感染。

蚊子被认为是小鼠肝炎病毒潜在的机械带毒者。多数学者认为存在垂直传播的可能性。Katami 等（1978）用 MHV-JHM 毒株人工感染妊娠母鼠，在母体胎盘和胎儿肝脏中均发现有病毒抗原。

3. 易感动物 小鼠、长爪沙鼠。

（1）自然宿主 小鼠肝炎病毒自然感染只发生于小鼠。

（2）实验动物 Cheever 等（1949）经脑内接种棉鼠、大鼠和仓鼠获得成功，但兔和豚鼠不发病。Taguchi 等（1979）用 MHV-5 毒株经鼻内接种乳大鼠，病毒可在鼻上皮细胞内增殖，但无任何临床症状。小鼠对小鼠肝炎病毒的遗传易感性有很大差异。徐蓓等（1989）报道不同品系小鼠群中病毒抗体阳性率，昆明小鼠为 42%、裸鼠为 34.7%、BALB/c 为 31.4%、C_{57}BL/6 为 20%、NIH 为 14.3%、SSB 为 11.6%。另有报道 C_{57}BL、DBA 及 Nu/Nu 小鼠感染该病毒很容易产生临床症状，而 A/J 品系抵抗力较强。许多品系小鼠感染该病毒后是否发病，与其年龄抵抗力有关。这种与年龄相关的抗病力包括很多因素，如巨噬细胞抑制病毒的复制能力、促进干扰素产生的能力以及较高效的细胞免疫能力。Barthold（1987）用 MHV-Y 毒株感染不同年龄、不同品系的小鼠，结果 7 日龄 BALB/c 和 ICR 小鼠的肠道病变较 SJL 小鼠严重，4～7 日龄 ICR 小鼠感染可造成严重的肠炎和脑炎，14～21 日龄 ICR 小鼠仅表现轻微的肠道病变。除宿主基因型和年龄外，接种途径、毒株及其传代史，都会影响各株小鼠肝炎病毒的致病性和感染情况。同一毒株，如 MHV-JHM，以不同途径接种不同品系小鼠所产生的病变、病毒复制部位以及组织中病毒滴度均有差异。给刚断乳的 BALB/c 小鼠脑内接种 MHV-JHM，死亡率很高，而同样接种随机繁育的 CF_1 小鼠，则无临床症状。

（3）易感人群　人对小鼠肝炎病毒不易感。

4. 流行特征　该病呈世界性分布，无明显的季节性。多种因素可以增强小鼠肝炎病毒感染的严重程度，如与球状附红细胞体混合感染、肿瘤移植、接种白血病病毒、新生乳鼠切除胸腺、使用免疫抑制剂和X射线照射等。另有一些因素，如三油酸、甘油酯、伤寒沙门菌内毒素等可抑制该病毒对实验小鼠的感染能力。

四、临床症状

小鼠肝炎病毒在新生乳鼠、断乳小鼠、成年小鼠的急性和慢性感染的临床表现随病毒株和其组织亲嗜性，小鼠品系、年龄，小鼠所处环境中增强或抑制因素的存在与否而变化。急性病例小鼠表现精神抑郁、被毛粗乱、营养不良、脱水和体重减轻等症状。老龄小鼠多发生腹水和消瘦，如感染嗜神经毒株（MHV-JHM），断乳小鼠和成年小鼠的主要症状是后肢弛缓性麻痹。经静脉或腹腔接种 MHV-2 或 MHV-3 等毒株，12h 后病毒在脾、肝开始增殖，血液和脑组织中病毒滴度也增加。经 24h 脾脏中病毒滴度达最高峰。

自然条件下，小鼠感染低毒力的小鼠肝炎病毒多呈隐性感染。只有在某些应激因素影响下，才能引起急性发病和死亡。但裸鼠感染低毒力的病毒则可表现亚急性或慢性肝炎。新生乳鼠感染 LIVIM 毒株，表现急性腹泻、脱水、被毛粗乱、厌食、体重减轻、生长迟缓等症状，甚至发生死亡。

裸鼠对小鼠肝炎病毒非常易感。人工感染后 14 天成年裸鼠表现衰弱、弓背、血清转氨酶升高等变化。在自然和试验性病例，亚急性和慢性过程更为常见。Yanagisawa 等（1986）用 MHV-NuU 毒株人工感染 BALB/c、C_3H/He、DDD 和 ICR 裸鼠，结果 ICR 裸鼠发生以肝炎和脑炎为特征的消瘦综合征，幸存下来的裸鼠表现严重腹水。有人认为此种病例可以作为研究由猫冠状病毒引起的猫传染性腹膜炎的动物模型。

五、病理变化

1. 大体解剖观察　在断乳和成年小鼠无论感染何种毒株，均以肝脏病变为主，肝脏表面散在出血和坏死病灶。新生乳鼠感染 LIVIM 毒株，病变为胃空虚和小肠鼓气。裸鼠无论人工感染或自然感染，肝脏均可见大量不规则坏死灶，有的可见出血灶。

2. 组织病理学观察　腹腔内接种 MHV-2 后 24h，肝脏的主要血管周围可见淋巴细胞浸润，血管内皮细胞和枯否氏细胞出现核浓缩、破碎，细胞质红染等病变。MHV-3 人工感染后 24h，肝脏可见点状坏死灶。坏死灶周围的肝细胞呈固缩状态。之后肝脏病变逐渐加重；感染后 5 天肝脏发生弥漫性坏死，病灶部位及血管周围可见少量单核细胞、淋巴细胞浸润。MHV-3 人工感染后 72h，脾脏白髓淋巴组织增生，有些淋巴小结中的淋巴细胞发生坏死，红髓的边缘区发生灶性坏死。MHV-3 人工感染后 24～72h，胸腺皮质淋巴细胞坏死，髓质无明显改变。肠系膜淋巴结在 MHV-3 人工感染后 48～72h，淋巴组织发生广泛坏死，髓质的血管腔中可见中性粒细胞和大量淋巴细胞。

新生乳鼠感染 LIVIM 毒株，主要表现为急性肠炎，绒毛和上皮细胞脱落（Biggers 等，1964）。整个肠道内可见特异性的肿大的多核细胞，称“气球细胞”，尤以小肠中多见。

经脑内、鼻腔和腹腔途径感染 MHV-JHN 毒株可引起脱髓鞘性脑脊髓炎，病毒首先侵害少突神经胶质细胞，随后表现脱髓鞘和神经麻痹症状。该毒株已广泛应用于研究人的脱髓鞘病。

裸鼠感染小鼠肝炎病毒可见肝细胞呈现多灶性变性和坏死，中性粒细胞、单核细胞浸润，结缔组织增生，变性萎缩的肝细胞呈现嗜酸性，可被巨噬细胞吞噬。

六、诊　　断

1. 病毒分离与鉴定　取可疑病鼠肝、脑等组织制成悬液，接种 DBT 细胞，37℃培养，逐日观察。小鼠肝炎病毒所致细胞病变为出现大小不一的融合细胞。常可看到融合细胞内有多少不等的细胞核聚集，胞浆透明，折光性强。病毒最终可使融合细胞膜破裂，胞浆连成一片，从培养瓶壁上脱落下来。新分离病毒的鉴定可采用免疫荧光试验进行。

2. 血清学试验 通常以小鼠肝炎病毒在DBT细胞培养中的上清液作为抗原，进行补体结合试验，但此法操作繁琐，多不采用。吴惠英等（1986）、徐蓓等（1986）分别建立了酶联免疫吸附试验和免疫粘连血凝试验等方法，检测小鼠群中的小鼠肝炎病毒抗体，其中酶联免疫吸附试验较为敏感，目前国内检测小鼠肝炎病毒抗体主要采用此法。免疫粘连血凝试验对抗原纯度要求不高，试剂制备容易，方法稳定，重复性好，操作简便，诊断快速，在一般实验室中容易推广。在实际工作中如将两种方法结合使用，可以提高诊断的可靠性。免疫酶试验和免疫荧光试验等，也是普遍应用的血清学方法。

由于小鼠肝炎病毒不同毒株之间抗原性存在一定差异，因此在实际检测中倾向于使用多价抗原。目前在检测中使用MHV-1、MHV-3、MHV-A_{59}和MHV-JHM 4种毒株制备多价抗原，可提高检出率。

3. 组织病理学诊断 小鼠人工感染MHV-3后24～48h，经ABC染色在肝内皮细胞和枯否氏细胞浆中呈阳性反应。脾脏淋巴细胞和脾窦中的内皮细胞也呈阳性反应。由此推断，用ABC法也可检查送检小鼠肝、脾等脏器中有无小鼠肝炎病毒抗原存在。另外，也可用免疫荧光试验检查小鼠急性病例，或裸鼠亚急性和慢性病例的肝脏中有无小鼠肝炎病毒抗原存在。

4. 分子生物学诊断 RT-PCR、核酸杂交及环介导等温扩增（RT-LAMP）等新型核酸体外扩增技术，不仅已成功应用于无症状及感染动物的快速诊断，而且可用于病毒早期感染和免疫缺陷小鼠的诊断。

七、防治措施

1. 治疗 对症治疗。

2. 预防 小鼠肝炎病毒是实验鼠群难以清除的病毒之一，除非采取剖腹产结合屏障隔离系统，否则要控制其感染几乎是不可能的。有的学者认为，小鼠肝炎病毒可能通过胎盘垂直传播，进一步增加了控制本病的难度。在未感染鼠群，应加强饲养管理和环境消毒，严禁病毒侵入。所有引进动物必须来自无小鼠肝炎病毒的鼠群。对健康状况不清的动物，引进前必须进行血清学检查。在已感染鼠群，严格避免将小鼠肝炎病毒敏感的小鼠品系同对小鼠肝炎病毒有抵抗力的小鼠品系养在一起。实验小鼠、特别是裸鼠感染小鼠肝炎病毒时，体液免疫应答非常弱，因此，采用血清学方法检测为阴性的鼠群不一定无小鼠肝炎病毒感染，应予以注意。

八、对实验研究的影响

（1）小鼠肝炎病毒可引起小鼠致死性肝炎、脑炎和肠炎，常在鼠群中呈潜伏性感染而无明显症状。但与某些微生物发生混合感染时，或在实验条件的刺激下常会暴发疾病。

（2）小鼠肝炎病毒可改变各种免疫应答参数。急性感染时，可增强或抑制小鼠对SRBC的抗体应答。慢性感染时，显著降低小鼠血清免疫球蛋白水平及抑制对脂多糖和SRBC的抗体应答；可影响巨噬细胞的数目、吞噬活性和杀伤肿瘤细胞活性；可诱生干扰素；可增强自然杀伤T细胞活性。

（3）小鼠肝炎病毒感染也可使大量酶系统发生改变，增高某些肝酶活性，降低另一些肝酶活性。

小鼠肝炎病毒严重影响实验小鼠的质量和试验结果，干扰动物试验的进行，影响试验结果的准确性和重复性，是对实验小鼠危害最为严重的病毒之一。

（王吉 贺争鸣 田克恭）

我国已颁布的相关标准

GB/T 14926.22—2001 实验动物 小鼠肝炎病毒（MHV）ELISA检测方法

参考文献

付红焱，徐波，宫泽辉．2004．小鼠肝炎病毒的研究近况［J］．生理科学进展，35（4）：367-370.

田克恭．1992. 实验动物病毒性疾病［M］．北京：农业出版社：76－83.
王吉，卫礼，巩薇，等．2008. 2003—2007年我国实验小鼠病毒抗体检测结果与分析［J］．实验动物与比较医学，28（6）：394－396.
徐耀先，周晓峰，刘立德．2000. 分子病毒学［M］．武汉：湖北科学技术出版社：324－330.
叶景荣，徐建国．2005. 冠状病毒的生物学特性［J］．疾病监测，20（3）：160－163.
殷震，刘景华．1997. 动物病毒学［M］．第2版．北京：科学出版社：692－694.
应贤平，钱琴，刘连生，等．1995. 清洁级长爪沙鼠病毒抗体ELISA检测法建立［J］，5（1）：24－27.
袁文，刘忠华，张钰，等．2009. 小鼠肝炎病毒逆转录环介导等温扩增检测技术的建立［J］．中国实验动物学报，17（5）：354－359.
周艳，胡建华，高诚，等．2008. 小鼠肝炎病毒N基因的原核表达和免疫活性初步分析［J］．中国实验动物学报，16（4）：265－269.
Asano A，Torigoe D，Sasaki N，et al. 2011. Identification of antigenic peptides derived from B－cell epitopes of nucleocapsid protein of mouse hepatitis virus for serological diagnosis［J］．J Virol Methods，177（1）：107－111.
Baric R S，Sims A C. 2005. Development of mouse hepatitis virus and SARS－Cov infectious Cdna construct［J］．CTMI，287：229－252.
Chen Y，Wu S，Guo G，et al. 2011. Programmed death（PD）－1－deficient mice are extremely sensitive to murine hepatitis virus strain－3（MHV－3）infection［J］．PLoS Pathog，7（7）：e1001347.
Conzales D M，Fu L，Li Y，et al. 2004. Coronavirus induced demyelination occurs in the absence of CD28 costimulatory signals［J］．J Neuroimmunol，146：140－143.
Evelena O，Lili K，Paul S M，et al. 2001. Inactivation of expression of gene 4 of mouse hepatitis virus strain JHM does not affect virulence in the murine CNS［J］．Virology，289：230－238.
Julian L Leibowitz，Rajiv Srinivasa，et al. 2010. Genetic Determinants of Mouse Hepatitis Virus Strain 1 Pneumovirulence［J］．J Virol，84（18）：9278－9291.
Kraft V，Meyer B. 1990. Seromonitoring in small laboratory animal colonies. A five year survey：1984—1988［J］．Z Versuchstierkd，33（1）：29－35.
Marten N W，Stohlman S A，Bergmann C C. 2001. MHV infection of the CNS：mechenisms of immune－mediated control［J］．Viral Immunol，14：1－18.
Nomura R，Kashiwazaki H，Kakizaki M，et al. 2011. Receptor－independent infection by mutant viruses newly isolated from the neuropathogenic mouse hepatitis virus srr7 detected through a combination of spinoculation and ultraviolet radiation［J］．Jpn J Infect Dis，64（6）：499－505.
Peiyong Huang. 2001. The interaction of host cell proteins with mouse hepatitis virus RNA［M］．UMI microform：ProQuest Information and Learning Campany：1－12.
Phillips J M，Kuo I T，Richardson C，et al. 2012. A novel full－length isoform of murine pregnancy－specific glycoprotein 16（psg16）is expressed in the brain but does not mediate murine coronavirus（MHV）entry［J］．J Neurovirol，18：138－143.
Taguchi F，Hirai－Yuki A. 2012. Mouse Hepatitis Virus Receptor as a Determinant of the Mouse Susceptibility to MHV Infection［J］．Front Microbiol，3：68.
White T C，Hogue B G. 2007. Advances in Experimental Medicine and Biology［M］．U. S.：Springer：157－160.

第二节　大鼠冠状病毒感染
（Rat coronavirus infection）

大鼠冠状病毒感染（Rat coronavirus infection）是由大鼠冠状病毒所致的一种高度接触性传染性疾病。患病鼠发生呼吸道和肺部炎症，新生大鼠最为易感，死亡率较高。大鼠冠状病毒与涎泪腺炎病毒形态和理化特性相同，抗原性一致，被认为是致病性和组织亲嗜性不同的两个毒株。它们与小鼠肝炎病毒有密切相关的抗原性。

一、发生与分布

Hartley 等（1964）发现有些大鼠血清中存在能与小鼠肝炎病毒发生反应的抗体，提出这种抗鼠肝炎病毒抗体可能是由与其抗原性相关的病毒引起的。Parker 等（1970）从无症状的感染大鼠肺组织中分离到抗原性与鼠肝炎病毒相关的冠状病毒，证明 Hartley 的推测是正确的。后续研究发现，Parker 分离的冠状病毒（RCV）的抗原性与涎泪腺炎病毒和小鼠肝炎病毒密切相关，多数学者认为大鼠冠状病毒和涎泪腺炎病毒可能是同一种大鼠冠状病毒的不同毒株。

二、病　　原

1. 分类地位　大鼠冠状病毒（*Rat coronavirus*）在分类上属冠状病毒科、冠状病毒属。

2. 形态学基本特征与培养特性　大鼠冠状病毒粒子呈球形，直径 80～160nm，被有囊膜，囊腔表面的梨状纤突规则地排列成皇冠状，内部为螺旋对称的核糖核蛋白。病毒在细胞浆内增殖，经内质网膜芽生成熟。

Bhatt 等（1972）发现大鼠冠状病毒与涎泪腺炎病毒、小鼠肝炎病毒有共同抗原，感染大鼠冠状病毒大鼠的血清可与这几种病毒发生反应。这也解释了 Hartley 等（1964）在大鼠血清中检测到小鼠肝炎病毒抗体存在的原因。

大鼠冠状病毒的培养类似于涎泪腺炎病毒，在原代大鼠肾细胞（PRKC）上可产生典型的细胞病变，表现为多核巨细胞形成及细胞溶解。培养 7 天后的大鼠肾细胞易感性最高，接种 12h 后用免疫荧光技术可在细胞浆中检出病毒抗原，23h 后出现细胞病变，之后出现细胞溶解。

3. 理化特性　大鼠冠状病毒对乙醚、氯仿等脂溶剂敏感。56℃ 30min 即可灭活。在 4℃、22℃或 37℃条件下均不能凝集鼠、鸡、豚鼠、绵羊或人红细胞。

4. 致病性　大鼠冠状病毒的致病性与大鼠品系有关。从发病率看，鼻内接种年龄小于 2 日龄的 Fischer 344 大鼠感染率达 100%，而同日龄的 Wistar 大鼠感染率只有 10%～25%；从死亡情况看，Fischer 344 乳鼠在感染 6～12 天发生死亡，而 Wistar 乳鼠通常在 12 天后才陆续死亡。此外，大鼠冠状病毒的致病性还与大鼠年龄有关。接种新生大鼠常发生致死性间质性肺炎，接种 7 日龄大鼠易发生轻度呼吸道感染，而接种大于 21 日龄的大鼠则不产生临床症状。

三、流行病学

1. 传染来源　传染来源主要是患病大鼠。

2. 传播途径　大鼠冠状病毒为高度传染性病毒，传播方式主要有接触、气溶胶和污染物等。病毒首先在鼻咽部复制，随后进入气管，感染 6 天后病毒可以扩散至肺脏。

3. 易感动物　该病仅感染大鼠，感染后的流行病学特点与感染涎泪腺炎病毒相似。

4. 流行特征　大鼠冠状病毒感染在大鼠群中广泛存在，由于有时呈亚临床感染，因此其发病率不能仅根据临床症状而判断，最好进行血清学调查，以了解感染发生的确实情况。而且，感染鼠呼吸道排毒期为 7 天，人工接种后 7 天病毒即可从组织中清除，尚未发现带毒状态存在，康复鼠可被认为具有免疫力且不带毒。因此，病毒在一个种群中的传播一般与不断引入易感鼠有关。

四、临床症状

大鼠冠状病毒感染刚断乳或老龄鼠时，容易发生无症状感染。若大鼠冠状病毒试验感染 7 日龄以下的新生大鼠，大鼠常见死亡。若感染 7～21 日龄的大鼠，一般会引起一过性的呼吸系统疾病；但如果与支原体混合感染，病程可能延长，并产生其他临床症状。

该病潜伏期一般为 4 天，5～7 天后发病死亡，死亡率视不同毒株而异，康复鼠表现生长发育不良。在持续感染鼠群中表现为隐性感染，无症状但血清抗体阳性率高达 80%。另外，有报道显示，感染大鼠冠状病毒/涎泪腺炎病毒的大鼠患垂体前叶肿瘤的概率会升高。

五、病理变化

1. 大体解剖观察 大鼠感染大鼠冠状病毒后，通常在肺脏中可见多个、散在的棕色或苍白色病灶。

2. 组织病理学观察 Parker 等（1970）发现，新生大鼠经鼻内接种大鼠冠状病毒可产生致死性间质性肺炎，接种后 4 天可见肺间质充血、单核细胞浸润、局部肺膨胀不全和肺气肿，未发现涎泪腺炎。

Bhatt 等（1977）发现，无病菌的成年大鼠经鼻内接种大鼠冠状病毒，可发生鼻气管炎和局灶性间质性肺炎，并且可在部分感染鼠的鼻咽部黏膜上皮细胞和肺泡间隔中检测到病毒抗原。上呼吸道的病理变化几乎与涎泪腺炎病毒感染完全相同。

组织病理学观察可见支气管周围淋巴结增生，肺间隔单核细胞浸润，在邻近的肺泡中充满炎性细胞。有些病例的肺泡中可见充满脱落的肺泡上皮细胞、巨噬细胞以及水肿液，唾液腺病变很少见。

六、诊　　断

大鼠冠状病毒感染可根据临床症状、病理变化和血清学试验做出诊断。同涎泪腺炎病毒一样，确诊需进行病毒分离，方法与涎泪腺炎病毒相同。

由于大鼠冠状病毒与涎泪腺炎病毒在抗原性、理化性质、细胞培养等方面很相似，因此，很难从病毒学和血清学方面区分。但是比较血清抗体滴度时，它们都对各自的抗血清滴度高些。在实验动物感染试验中，两病毒的临床表现也有所差别（表 21-2-1）。涎泪腺炎病毒感染常见鼻炎和涎泪腺炎，而大鼠冠状病毒感染通常无临床症状。大鼠冠状病毒在成年大鼠中引起轻度间质性肺炎，而涎泪腺炎病毒不引起；大鼠冠状病毒在涎泪腺中增殖很差，引起的病变更少见，涎泪腺炎病毒对这些组织有高度致病性。然而，许多临床症状很难与支原体、仙台病毒、病原性细菌等引起的症状相区别，并且考虑到这些试验数据仅从 SD 大鼠中获得的。因此在鉴别诊断时应特别小心，需充分考虑各种影响因素，如病毒株、大鼠品系和年龄等。

表 21-2-1　大鼠实验感染涎泪腺炎病毒与大鼠冠状病毒主要特征比较

特　征	涎泪腺炎病毒	大鼠冠状病毒
临床症状		
畏光	+	−
打喷嚏	+	−
颈部肿大	+	−
病毒增殖		
呼吸道	+	+
唾液腺	+	很少
泪腺	+	很少
病理变化		
急性鼻气管炎	+	+
局灶性间质性肺炎	−	+
唾液腺炎	+	很少
泪腺炎	+	−
抗体检出		
补体结合抗体	+	−
中和抗体	+	+

七、防治措施

在 37℃条件下，大鼠冠状病毒的感染性维持不超过 3h，56℃条件下不超过 30min，而且其对清洁剂或脂溶剂皆敏感。因此，大鼠冠状病毒的不稳定性，保证了其在消毒过的环境中或设备上不会存活太长时间。

鉴于大鼠冠状病毒在流行病学上与涎泪腺炎病毒的高度相似性，其预防和控制措施也基本相同——最重要的原则是防止易感的非免疫动物接触病毒，通过被动或主动免疫的方式降低它们的易感性。为了防止大鼠接触涎泪腺炎病毒/大鼠冠状病毒以及其他病毒，在设施间转运大鼠时应置于带滤膜的运输箱中。

八、对实验研究的影响

涎泪腺炎病毒/大鼠冠状病毒可能不会对所有研究项目产生重大影响，但是需各个研究人员依据自身课题特点进行评估。比较其他呼吸道病原体，急性感染涎泪腺炎病毒/大鼠冠状病毒的大鼠会更早产生上呼吸道损伤，这可能会对吸入试验产生潜在影响；涉及肺脏形态学的研究可能会被此种病毒产生的短期及长期作用所影响；大鼠也可能因疾病的急性发作而产生应激，因此影响大量的行为学试验；临床症状出现时伴随的食物消耗和饮水摄入的减少，可能会严重影响毒理学研究，尤其是那些通过饲料给药的试验；同时，涉及传染性疾病和抗体反应的研究也可能被该病毒干扰。

（白玉　卢胜明　贺争鸣　田克恭）

我国已颁布的相关标准

GB/T 14926.32—2001　实验动物　大鼠冠状病毒/涎泪腺炎病毒检测方法

参考文献

蒋虹，涂新明，吴小闲 . 1998. 大鼠冠状病毒、涎泪腺炎病毒血清学检测方法建立及应用［J］. 中国实验动物学杂志，8（1）：4 - 6.

田克恭 . 1991. 实验动物病毒性疾病［M］. 北京：农业出版社：141 - 144.

Andrews C，Pereira H G. 1972. Coronaviruses［M］. London：Bailliere Tinpall：179 - 189.

Bhatt P N，Percy D H，Jonas A M. 1972. Characterization of the virus of Sialodacryoadenitis in rats：A member of the coronavirus group［J］. Infect Dis，126：123 - 130.

Bhatt P N，Jacoby R O. 1977. Experimental infection of adult axenic rats with Parker' s rat coronavirus［J］. Arch Virol，54（4）：345 - 352.

Compton S R，Barthold S W，Smith A L. 1993. The cellular and molecularpathogenesis of coronaviruses［J］. Lab Anim Sci，43：15 - 28.

Hartley J W，Rowe W P，Bloom W P，et al. 1964. Antibodies to mouse hepatitis virus in human sera［J］. Proc. Sec. Exp Biol Med，115：414 - 418.

Jacoby R O，Bhatt P N，Jonas A M. 1979. The Laboratory Rat：Volume 1［M］. New York：Academic Press：271 - 306.

Parker J C，Cross S S，Rowe W P. 1970. Rat coronavirus：A prevalent，naturally occurring pneumotropic virus of rats［J］. Archiv Dur Die Gesamte Virusforschung，31：293 - 302.

Percy D H，Scott R A W. 1991. Coronavirusinfection in the laboratory rat：Immunizationtrials using attenuated virus replicatedin L - 2 cells［J］. Can J Vet Res，55：60 - 66.

Percy D H，Williams K L，Bond S J，et al. 1990. Characteristics of Parker's rat coronavirus（PRC）replicatedin L - 2 cells［J］. Arch Virol，112：195 - 202.

Percy D H，Williams K L，Paturzo F X. 1991. A comparison of the sensitivity andspecificity of sialodacryoadenitis virus，Parker's rat coronavirus，and mouse heptatitisvirus - infected cells as a source of antigenfor the detection of antibody to rat coronaviruses［J］. Arch Virol，1（19）：175 - 180.

Percy D H，Williams K L. 1990. ExperimentalParker's rat coronavirus infectionin Wistar rats［J］. Lab Anim Sci，40：195 - 202.

Smith A L. 1983. An immunofluorescence testfor the detection of serum antibody torodent coronaviruses［J］. Lab Anim Sci，33：157 - 160.

第三节　大鼠涎泪腺炎
(Rat sialodacryoadenitis)

大鼠涎泪腺炎（Rat sialodacryoadenitis）是由大鼠涎泪腺炎病毒引起的，是以唾液腺和泪腺炎性损害为主要临床特征的高度传染性疾病。流行范围广，发病率高。

一、发生与分布

1961年Innes报道，在刚断乳的大鼠中发生两起颈部水肿和“红泪”（red tears）病，他们对该病进行了详细的描述，并根据腮腺和泪腺发炎、肿大的特征，将其命名为涎泪腺炎，并提出该病是由传染性因子引起的。之后，Jonas等（1969）采用免疫电镜技术在感染大鼠颌下腺导管中发现病毒粒子，Bhatt等（1972）从大鼠唾液腺中分离到大鼠涎泪腺炎病毒。该病在现代实验动物设施中比较罕见，但是在开放环境中饲养的大鼠，如宠物鼠中比较流行。

二、病　　原

1. 分类地位　大鼠涎泪腺炎病毒（*Rat sialodacryoadenitis virus*）在分类上属冠状病毒科、冠状病毒属。

2. 形态学基本特征与培养特性　病毒粒子呈多形性，大小60～220nm。有囊膜，囊膜表面的纤突长12～24nm，末端呈球形，整个突起像花瓣状或梨形，突起之间有较宽的间隙。囊膜突起规则地排列成皇冠状，冠状病毒即由此而来。病毒内部为核糖核蛋白（RPN），呈螺旋形，直径11～13nm；有的核糖核蛋白呈条索状，直径约9nm。

大鼠涎泪腺炎病毒在细胞浆内复制，以出芽方式通过空泡或内质网膜释放病毒，在胞浆内常形成包涵体。

大鼠涎泪腺炎病毒为具有感染性的单股RNA病毒。病毒粒子内的蛋白质成分包括纤突糖蛋白、病毒囊膜多肽或基质多肽和核衣壳多肽，含有脂类，脂蛋白囊膜中含有宿主抗原。

大鼠涎泪腺炎病毒与大鼠冠状病毒、小鼠肝炎病毒的抗原性非常相近，已发现与1株人冠状病毒的抗原性比较相似，与其他冠状病毒的抗原相关性尚不清楚。已证明大鼠冠状病毒与痘病毒、疱疹病毒、副黏病毒、杆状病毒、肠孤病毒以及披盖病毒没有抗原交叉反应。

大鼠涎泪腺炎病毒在蔗糖中的浮密度为1.16～1.20g/cm^3，在氯化铯中的浮密度为1.20～1.23g/cm^3。

大鼠涎泪腺炎病毒在细胞浆中增殖，不受5-溴脱氧尿嘧啶影响。病毒可在原代大鼠肾细胞上产生典型的细胞病变，表现为多核巨细胞的形成和细胞裂解。原代大鼠肾细胞可用正常的或感染的大鼠肾制备（因大鼠涎泪腺炎病毒不感染大鼠肾脏），细胞在7天内对病毒最易感，培养时间延长，易感性下降，有可能不出现细胞病变。接种后12h，用间接免疫荧光试验可在细胞浆中检出病毒抗原，24h出现细胞病变之后大量病变细胞溶解。大鼠涎泪腺炎病毒只有经连续传代才能在原代大鼠肾细胞中形成空斑。

Percy（1989）报道，大鼠涎泪腺炎病毒经过适应，可在LBC细胞和L-2细胞等传代细胞中增殖，并产生细胞病变。接种后48h，0.25mL L-2细胞培养上清液中感染性病毒粒子达10^8 $TCID_{50}$；LBC细胞培养上清液中病毒滴度略低，为10^5～10^6 $TCID_{50}$。用L-2细胞培养的病毒接种大鼠，可产生典型的涎泪腺炎，并可重新分离到病毒。

大鼠涎泪腺炎病毒接种大鼠、新生乳鼠和断乳小鼠，均能产生病变。鼻内接种大鼠，可产生典型的涎泪腺炎。用930-10株病毒经脑内或鼻内接种2月龄小鼠，1～3天产生中枢神经系统症状，发病迅速，仅在脑内观察到病理性改变。不论是哪种接种途径，病变只局限于大脑皮质，且双侧对称。病变的特点为非炎性神经元变性，在变性的神经元中可见典型的病毒粒子。鼻内接种的小鼠，还可在肺组织中查到病毒。

3. 理化特性　大鼠涎泪腺炎病毒对乙醚、氯仿等脂溶剂敏感，在酸性条件下（pH 3.0）相对稳定，在3%牛血清PBS中4℃可存活7天，37℃ 3h，56℃ 5min，在−60℃可保存7年以上，但在−20℃中很快失去感染性。

大鼠涎泪腺炎病毒在4℃、25℃、37℃条件下均不能使兔、豚鼠、鹅红细胞发生凝集。

三、流行病学

1. 传染来源　大鼠是大鼠涎泪腺炎病毒的自然宿主，各种年龄的大鼠均易感。一般有两种临床发病类型，即种鼠中的流行性感染和无免疫力的断乳大鼠或成年大鼠中的暴发性流行。

2. 传播途径　大鼠涎泪腺炎病毒通过气溶胶传播，或者通过接触感染的鼻腔或唾液分泌物传播。病毒传染性很强。能否垂直传播尚未证实。

感染大鼠可从呼吸道排毒、排毒期约7天，尚未发现带毒状态。

3. 易感动物　已有试验证实，不同遗传型的大鼠对大鼠涎泪腺炎病毒易感性不同，如在一次自然暴发流行期间，WAG/Rij大鼠发生严重的临床疾病，而DA大鼠只产生亚临床症状。另外，同株病毒感染在有些种系小鼠中可产生中和抗体和补体结合抗体，而在另一些种系小鼠中只产生中和抗体；反过来，同一种系的小鼠，对某一株病毒可产生补体结合抗体和中和抗体，而对另一株病毒只能产生中和抗体。

大鼠感染大鼠涎泪腺炎病毒后，至少在1.5年内不再发生典型的涎泪腺炎，但应该注意的是，第一次感染后180天，大鼠即可重新感染同源大鼠涎泪腺炎病毒，并能传播给其他易感鼠。发病率高，致死率低。

四、临床症状

自然接触感染潜伏期约7天。大鼠涎泪腺炎病毒定向感染浆液腺或浆液黏液腺的腺性组织，感染鼠临床表现颈部肿大、鼻塞、打喷嚏、畏光、血泪症等症状，病程约7天。有的自然感染病例仅表现角膜结膜炎症状。多见于断乳大鼠，也可见于成年大鼠，病鼠畏光、流泪、角膜周边晕红、弥漫性角膜浑浊、角膜溃疡、眼前房积脓，这些症状通常在7～14天内完全恢复，但有时可产生慢性活动性角膜炎。眼睛损害的发病率在慢性感染的种鼠中较高，通常为10%～30%，损害程度与大鼠的品系有关，Lewis大鼠和WAG/Rij大鼠比CD大鼠更为易感。

在急性感染期，还可发生局灶性支气管炎、细支气管炎和肺炎，感染后2～6天可在下呼吸道中检出病毒。另外，尚可观察到血清中淀粉酶升高，这是因为唾液腺损害所致。

大鼠涎泪腺炎病毒感染也可能呈亚临床经过，David（1982）报道，一个大鼠群中86只发生感染，但只有1只颈部发生水肿，其余感染鼠均无临床症状，但在泪腺、唾液腺中可见明显的病理损伤。

五、病理变化

1. 大体解剖观察　可见一侧或双侧颌下腺、腮腺、颈部淋巴结肿大、苍白、水肿，有时可见出血点和出血斑。腺体周围组织严重水肿，眶内和眶外泪腺水肿。胸腺萎缩，肺部可见灰白色病灶。

2. 组织病理学观察　鼻咽部上皮细胞多灶性坏死，基底层炎性水肿，分泌物中可见中性粒细胞、黏液和坏死细胞碎片；基底层中分泌腺坏死，并伴有局灶性黏膜上皮坏死，同时可见轻度非脓性气管炎，以及支气管周围淋巴细胞浸润。自然感染的新生乳鼠可见间质性肺炎。

颌下腺和腮腺早期病变为导管上皮细胞坏死，很快发展为弥漫性腺泡坏死。试验感染的大鼠经电镜观察和免疫荧光试验证实，唾液腺导管上皮细胞对大鼠涎泪腺炎病毒最易感，可发生中度至重度间质性炎性水肿，腺体结构很快消失。腺体周围组织的主要病变是炎性水肿，偶尔有局灶性出血，感染后5～

7天可见导管上皮的鳞化再生。

泪腺病变与唾液腺相似，即炎症、坏死以及导管上皮细胞的鳞化再生。所有腺体的鳞状上皮化于感染后30天消失，恢复正常的细胞结构。

颈部淋巴结发生局灶性坏死和周围组织水肿，继发增生性变化，胸腺发生局灶性坏死和小叶间隔的增宽。

成年大鼠经鼻内接种大鼠涎泪腺炎病毒，病毒增殖和病灶首先出现于呼吸道，然后出现于唾液腺和眶外泪腺，最后出现于眶内泪腺。不论是自发的或试验感染的大鼠，病变分布皆不规则，如一只感染大鼠可能有典型的颌下腺炎，而腮腺仍正常；或有泪腺炎，但无唾液腺炎。病变可能是单侧的，也可能是双侧的，尚不清楚影响感染分布的因素，也不清楚病毒是如何从呼吸道传播到唾液腺的，因为至今尚未发现病毒血症或涎泪腺分泌管的逆行性感染。

在几例自然发生的大鼠涎泪腺炎病毒感染中主要表现角膜结膜炎，实验动物也可发生眼睛病变。

六、诊　　断

在感染的第1周内一般根据动物颈部肿大、打喷嚏、畏光、红色鼻眼分泌物、角膜结膜炎等临床症状可做出初步诊断。

1. 病毒分离与鉴定 取感染鼠呼吸道分泌物，按常规方法制成无菌接种物，接种培养7天的原代大鼠肾细胞，24h观察细胞病变。也可于接种后12h，经免疫荧光试验检测细胞内的病毒抗原。还可取感染严重的大鼠的唾液腺或泪腺组织，通过PCR来鉴定。

2. 血清学检查 在感染后的7～10天，通常应用ELISA，间接免疫荧光试验，流式荧光试验等检查大鼠涎泪腺炎病毒特异性抗体。由于抗大鼠涎泪腺炎病毒抗体可在感染大鼠体内存在较长时间，且大鼠涎泪腺炎病毒与其他冠状病毒有交叉反应，因此仅根据血清学试验结果不能确诊。大鼠涎泪腺炎病毒感染导致大鼠对大鼠涎泪腺炎病毒、大鼠冠状病毒和小鼠肝炎病毒的血清阳转，但Bhatt等发现，通常情况下，感染大鼠血清对同种病毒的抗体滴度比抗原性相关的其他病毒高2～4倍。据此可同时检查大鼠血清对几种病毒的反应情况，以确定其为何种病毒感染。

有人发现感染鼠补体结合抗体在发病期升高，之后迅速下降；而中和抗体在感染期上升，下降较慢。提示补体结合抗体可作为新近感染的指标，中和抗体可作为既往感染指标。在血清学检查时，最好同时检查补体结合抗体和中和抗体，以确定感染情况。

3. 鉴别诊断

（1）大鼠冠状病毒感染　特点是颈部炎性水肿和唾液腺肿大，这些症状在大鼠涎泪腺炎病毒感染中表现得最突出。

（2）鼠呼吸道支原体病　特点是可见带血丝的鼻眼分泌物。

（3）刺激性气体　氨气、特别是从被尿浸湿的垫料中发出的氨气，可引起类似于大鼠涎泪腺炎病毒感染的眼鼻急性炎症，应注意区别。

（4）巨细胞病毒感染　巨细胞病毒感染无临床症状，损害通常也较轻，其特点是唾液腺导管上皮细胞肿大，伴有核内包涵体产生。曾在患有泪腺炎的大鼠中检测到与该病毒有关的核内包涵体，但尚未在大鼠涎泪腺炎病毒感染鼠中发现包涵体。

（5）细菌感染　大鼠也可发生细菌引起的角膜结膜炎。

七、防治措施

严格控制进出动物饲养空间的动物、材料和人员，可有效控制大鼠涎泪腺炎病毒感染。建议对长居动物做常规血清学检测，对引进的新动物进行隔离观察。大鼠涎泪腺炎病毒的感染性在一般环境中持续时间短，而且对洗涤剂、消毒剂、乙醇敏感、不适合干燥环境。

大鼠涎泪腺炎病毒在易感鼠群中传播很快，所有同室饲养的大鼠在21～35天内均发生感染并产生免疫力。因此，对发生感染的实验鼠群至少要监测 28 天。在繁殖鼠群中，应停止哺乳 42 天，刚断乳的大鼠应从房间里移走。随着易感鼠暴露时间的增加，检疫时间可以缩短，如果排除了易感鼠（断乳大鼠和从其他种群中引进的大鼠），感染就会消失。然而，一旦免疫鼠被易感鼠取代，感染的机会就相应增加。可通过血清学检查了解鼠群的感染状况。

八、对实验研究的影响

大鼠涎泪腺炎病毒感染新生动物，通常表现食欲减退、体重下降，增加产前和产后的死亡率，影响动物繁殖。减少眼泪分泌量而对眼睛造成严重伤害。这些都使其不适合应用于试验性科学。

（陈立超　卢胜明　贺争鸣　田克恭）

参考文献

刘忠华，黄韧，林海珠，等．2003. 啮齿类动物携带冠状病毒的调查分析［J］. 中国流行病学杂志，24（12）.

刘忠华，黄韧，林海珠，等．2004. 实验动物大、小鼠冠状病毒的血清学调查与分析［J］. 中国比较医学杂志，14（6）.

田克恭．1991. 实验动物病毒性疾病［M］. 北京：农业出版社：135-140.

叶景荣，徐建国．2005. 冠状病毒的生物学特性［J］. 疾病监测，20（3）.

Baker D G. 2003. Natural Pathogens of Laboratory Animals: Their effects on research [M]. Washington, DC: ASM Press: 385.

Fox J G, Anderson LC, Lowe FM, et al. 2002. Laboratory Animal Medicine [M]. 2nd ed. San Diego: Academic Press: 1325.

Hooper C C, Van Alstine WG, Stevenson GW, et al. 1994. Mice and rats (laboratory and feral) are not a reservoir for PRRS virus [J]. Vet Diagn Invest, 6: 13-15.

Percy D H, Barthold SW. 2007. Pathology of Laboratory Rodents and Rabbits [J]. Ames: Iowa State University Press: 325.

Rosenfeld P, Turner P V, Maclnnes J I, et al. 2009. Evaluation of porcine reproductive and respiratory syndrome virus replication in laboratory rodents [J]. Can J Vet Res, 73 (4): 313-318.

第四节　兔冠状病毒感染
(Rabbit cornavirus infection)

兔冠状病毒感染（Rabbit cornavirus infection）是兔冠状病毒引起家兔的全身性疾病（胸腔积液或心肌病）和肠道疾病。国外血清流行病学调查显示兔冠状病毒在养兔业广泛存在。目前我国尚未有感染兔的确切报道。

一、发生与分布

兔冠状病毒最早在 1961 年由斯堪的纳维亚学者观察兔感染梅毒螺旋体的偶然死亡率时发现。1968 年感染梅毒的兔死亡率为 50%，1970 年达 75%。梅毒螺旋体污染的样本被带到美国约翰霍普金斯大学医学院，发现致病抗原为可滤性，其靶器官为心脏，电子显微镜下确认为冠状病毒，即兔冠状病毒。在存活兔的血清中可检测到抗人冠状病毒 229E 和 OC43 的中和抗体。免疫荧光染色抗 229E 抗体荧光存在于心间质细胞。Deeb 等 1993 年血清流行病学调查显示兔冠状病毒在养兔业广泛存在，并检测到冠状病毒和其他病毒（主要是轮状病毒）同时存在。病毒在自然界普遍存在和高度流行（100%的农场和 30%～40%的家兔），表明冠状病毒引起亚临床感染的可能性，并可能是机会感染病原体。Lau SK 等 2012 年新分离出兔冠状病毒 HKU14 株，属于 β 冠状病毒亚群 A 冠状病毒属，RT-PCR 检测 136 份兔粪便，11 份阳性（8.1%），病毒滴度达 10^8 拷贝。

目前我国尚未有兔感染的确切报道。

二、病　　原

1. 分类地位　兔冠状病毒（*Rabbit cornavirus*，RbCoV）属于巢状病毒目、冠状病毒科、冠状病毒属。根据冠状病毒可分为3个抗原群，兔冠状病毒与鸡传染性支气管炎病毒、猴冠状病毒、豹冠状病毒、火鸡冠状病毒、人冠状病毒OC43属于第Ⅲ群。

2. 形态学基本特征与培养特性　兔冠状病毒外形为椭圆形，直径80～160nm，有囊膜，囊膜表面覆有长12～24nm的突起（即纤突），纤突末端呈球状，故整个纤突呈花瓣状或梨状，纤突之间有较宽的间隙。由于囊膜纤突规则地排成皇冠状，冠状病毒的名称即由此而来。病毒粒子囊膜由双层脂质组成，在脂质双层中穿插有M、S和HE糖蛋白。病毒粒子内部为RNA和蛋白质组成的核蛋白核心，呈螺旋式结构，直径9～16nm。存在于病毒粒子囊膜上的糖蛋白具有不同的功能：M（20～30kDa）是一种转膜糖蛋白，它通过3个疏水α螺旋区3次插入脂质双层，故其大部分（85%）位于脂蛋白内，仅有N端糖基化的小部分暴露在双层脂质外面。M的功能类似正黏病毒、副黏病毒以及弹性病毒的非糖基化膜蛋白，在病毒装配期间将核衣壳连接到囊膜上。另外，抗M抗体在补体存在时可中和病毒感染性；S糖蛋白（180～200kDa）大部分暴露在脂质层外面，是构成囊膜突起的主要成分，它由两个同样大小的多肽组成。S能直接与宿主细胞受体结合，引起细胞融合，并具有诱导产生中和抗体和细胞介导免疫等功能。HE（120～140kDa）是具有血凝特性的冠状病毒所特有的一种糖蛋白，它能引起红细胞凝集，并具有乙酰酯酶活性。

Lau SK等2012年新分离出兔冠状病毒HKU14株，属于β冠状病毒亚群A冠状病毒属，病毒滴度达10^8拷贝。HKU14株在HRT-18G和RK3细胞上培养。

兔冠状病毒可在HRT-18细胞系生长。一般来说，冠状病毒的分离培养比较困难，特别是初代分离培养，但已经适应了在体外培养细胞上生长的病毒，可在传代细胞上良好增殖。大多数冠状病毒感染具有2～4h的隐蔽期，于感染后12～16h产生大量的自带病毒。

兔冠状病毒吸附过程与细胞表面的特异性受体和病毒的纤突有关。病毒侵入细胞的方式有二：一为细胞对病毒的吞饮，另一为病毒囊膜与细胞膜融合。兔冠状病毒可能同时存在两种侵入方式。冠状病毒在感染敏感细胞后，于胞浆内发生脱壳，随后正股基因RNA活化，呈现mRNA的作用，首先指导早期翻译病毒特异性RNA聚合酶，由此复制出互补的负股RNA。在转录酶参与下，由负股RNA转录出正股RNA和许多散在的mRNA，一般为6个，它们具有相同的3'末端和65个核苷酸的5'端先导序列，分别编码结构蛋白M、S、N和非结构蛋白（NS）。由此可见，感染细胞内可能出现4种病毒特异性RNA：①基因RNA；②双链复制中间体；③分散存在的mRNA；④不完全的RNA。病毒蛋白质的合成，发生于多聚核糖体上。核衣壳的装配发生在胞浆内，并在内质网和高尔基体的囊状膜上出芽成熟。聚集于感染细胞胞浆空泡内的病毒粒子，借助空泡与细胞膜的融合或在细胞崩解时释放到细胞外。

3. 理化特性　兔冠状病毒对酒精、乙醚、氯仿、胆盐和其他脂溶剂敏感，对温度很敏感、不耐热，一般对pH 3以下敏感。

4. 分子生物学　兔冠状病毒的基因组为不分段的正股单链RNA，分子量为（6～8）$\times 10^6$Da，基因组大小为27～32kb，包括6～12个开放阅读框（ORF），5'端有帽结构，3'端含有聚A尾，与真核细胞的mRNA结构相似，这是该病毒RNA自身即可作为翻译模板的结构基础。该RNA具有感染性，5'末端有帽结构，3'末端含有共价结合的poly（A）尾。基因组RNA 5'端含有相同的约70核苷酸前导序列，该前导序列是UCUAA五核苷酸重复序列，最末一个为UCUAAAC。亚基因组mRNA分析揭示5'-UCUAAAC-3'为转录调节序列。

三、流行病学

1. 传染来源　感染了兔冠状病毒的家兔是该病的传染源，其粪便、唾液中均含有病毒。

2. 传播途径　其传播方式主要通过直接接触病毒污染的粪便、唾液或是吸入由感染动物喷嚏时喷出的微粒而感染。

3. 易感动物

（1）自然宿主　感染宿主具高度专一性。自然宿主是家兔。

（2）实验动物　国外血清流行病学调查结果说明兔冠状病毒在养兔业广泛存在，说明兔对该病毒普遍易感。

（3）易感人群　目前尚未有兔冠状病毒感染人的确切报道。

4. 流行特征　经常可检测到兔冠状病毒和其他病毒（主要是轮状病毒）同时存在，占2002—2004年检测的80%，其可能与其他病毒和细菌性病原一起引发断奶后肠炎。因此，对冠状病毒作为肠道疾病主要致病因素还不明确，但该病毒在自然界普遍存在和高度流行（100%的农场和30%～40%的家兔），表明冠状病毒引起亚临床感染的可能性，并可能是机会感染病原体。

四、临床症状

1. 动物的临床表现　兔冠状病毒可导致家兔出现全身性疾病（胸腔积液或心肌病）和肠道疾病。全身性疾病表现发热、食欲减退、白细胞增多、淋巴细胞减少、贫血、高γ-球蛋白和虹膜睫状体炎，经常伴随着死亡，病变多位于心肌和胸膜。感染兔冠状病毒后，侵及心肌和胸膜，急性期出现心肌炎和充血性心力衰竭，有些会发展成慢性扩张性心肌病。经胃肠道感染，病毒在小肠复制，引起肠绒毛坏疽，并伴随呕吐、腹泻等胃肠道症状，可能也会与其他病毒和细菌性病原一起引发断奶后肠炎。

2. 人的临床表现　目前尚未见人感染兔冠状病毒的报道。

五、病理变化

1. 大体解剖观察　累及心脏时，右心室扩张，心内膜和心外膜有红色条纹；累及胸膜，胸膜渗液，出现胸腔积液；累及胃肠道，肠绒毛渗出增多，出现肠绒毛坏疽。

2. 组织病理学观察　心肌细胞变性、坏死，呈弥漫性多灶性；肠绒毛渗出增多，肠绒毛坏疽。

六、诊　断

1. 病毒分离与鉴定　一般来说，冠状病毒的分离培养比较困难，特别是初代分离培养。但已经适应了在体外培养细胞上生长的病毒，可在传代细胞上良好增殖。兔冠状病毒HKU14株能在HRT-18G和RK3细胞上培养。

兔冠状病毒的诊断可采用负染色电镜。以前的调查中类冠状病毒阳性率增加，说明这种病原的诊断方法需要进一步改进；然而，哪一种病原是肠道和/或全身性疾病的病原还不完全确定。

2. 血清学试验　目前，兔冠状病毒其抗原性尚不清楚。

Lavazza A等在3个兔场使用间接ELISA（使用牛冠状病毒交叉反应试剂）进行了血清学调查，表明该病毒普通流行。但是，用夹心ELISA检测了16个经电镜检测的类冠状病毒粒子阳性样品，只有6个样品呈弱阳性。

在体外分离并确定病毒的血凝性：兔冠状病毒可凝集鼠红细胞但不凝集兔红细胞，类似于牛冠状病毒。

Small JD等通过放射性免疫荧光分析显示，兔冠状病毒抗血清与猫传染性腹膜炎病毒抗血清、犬冠状病毒性腹泻病毒抗血清及猪传染性胃肠炎病毒抗血清有交叉反应。空斑中和试验显示兔冠状病毒抗血清与猪传染性胃肠炎病毒、犬冠状病毒性腹泻病毒的交叉反应略下降，但不抗FIP。犬冠状病毒性腹泻病毒、229EV、猫传染性腹膜炎病毒抗血清以及猪传染性胃肠炎病毒抗血清可部分减少临床疾病，并减少死亡率。注射犬冠状病毒性腹泻病毒、猫传染性腹膜炎病毒、猪传染性胃肠炎病毒抗血清，兔保护性效果依次下降，而注射牛腹泻病毒抗体则无保护。

Lau SK 等通过 N-蛋白 Western blot 检测 30 份兔血清中，20 份抗兔冠状病毒 HKU14 抗体阳性，在 20 份抗体阳性中检测到 1 份中和抗体阳性。

3. 组织病理学诊断 心肌细胞变性、坏死，呈弥漫性多灶性；肠绒毛渗出增多，肠绒毛坏疽。

4. 分子生物学诊断 Lau SK 等 2012 年新分离出兔冠状病毒 HKU14 株，通过 RT-PCR 检测 136 份兔粪便，11 份阳性（8.1%），病毒滴度达 10^8 拷贝。

七、防治措施

1. 治疗 目前，临床上治疗动物冠状病毒感染的药物尚未研制成功。有的使用广谱抗生素以控制并发感染，可减少死亡。

2. 预防 严格执行隔离、检疫、消毒等卫生防疫措施。注意通风换气，防止过度拥挤，注意保温，加强饲养管理，补充维生素和矿物质饲料，增强兔抗病力。同时配合疫苗进行人工免疫。

八、对实验研究的影响

动物冠状病毒的流行病学研究显示，动物体内广泛存在着相应的冠状病毒，即使在临床上无症状的动物体内分离冠状病毒的概率也较高；病愈动物能够长期携带病毒，并不定期地间歇排毒；感染主要发生于冬春季节，容易通过呼吸道飞沫、眼结膜和粪—口途径传播，作为一类传播迅速、流行范围广的急性接触性传染病，给动物养殖业造成的损失很大。因此，需进一步加强兔冠状病毒感染的控制。

（付瑞）

参考文献

Lavazza A，Capucci L，高淑霞 . 2009. 家兔的病毒感染 [J] . 中国养兔杂志（3）：37-43.

李金萍 . 2007. 冠状病毒概述 [J] . 生命科学仪器，5（1）：43-46.

魏锁成 . 2003. 动物冠状病毒病的流行病学及其防治 [J] . 兽药与饲料添加剂（8）：27-30.

吴清民，汪明 . 2003. 动物冠状病毒的研究进展 [J] . 中国农业科技导报，5（4）：17-24.

叶景荣，徐建国 . 2005. 冠状病毒的生物学特性 [J] . 疾病监测，20（3）：160-163.

殷震，刘景华 . 1997. 动物病毒学 [M] . 第 2 版 . 北京：科学出版社 .

赵卓，何维明，秦鄂德 . 2005. SARS 冠状病毒与动物冠状病毒的分子生物学研究进展 [J] . 动物医学进展，26（8）：22-25.

Alexander L K，Keene B W，Yount B L，et al. 1999. ECG changes after rabbit coronavirus infection [J] . J Electrocardiol，32（1）：21-32.

Lau S K，Woo P C，Yip C C，et al. 2012. Isolation and Characterization of a Novel Betacoronavirus Subgroup A Coronavirus Subgroup A Coronavirus，Rabbit Coronavirus HKU14，from Domestic Rabbits [J] . J Virol，86（10）：5481-5496.

Small J D，Woods R D. 1987. Relatedness of rabbit coronavirus to other coronaviruses [J] . Adv Exp Med Biol，218：521-527.

第五节 猫传染性腹膜炎
(Feline infectious peritonitis)

猫传染性腹膜炎（Feline infectious peritonitis）是由猫传染性腹膜炎病毒引起猫科动物的一种慢性进行性传染病，以腹膜炎、大量腹水聚积和致死率较高为特征。猫传染性腹膜炎病毒呈世界性分布。

一、发生与分布

1963 年 Holzworth 在美国首次报道该病，特征性症状是慢性纤维素性腹膜炎，纤维素性渗出物覆盖整个腹腔，尤其是肝脏和肾脏被一层白色的有韧性的纤维素包裹，主要病变特征为免疫介导性的脉管炎和炎性肉芽肿样变。1970 年英国也有报道，1976 年确定该病的致病因子为类似病毒的颗粒，直径 70～75nm，囊膜表面有许多齿状突起，该因子对热和乙醚敏感，室温放置 24h 可灭活。直到 1977 年才确定该病病原为冠状病毒（Horzinek 和 Osterhaus，1977）。该病被认为是引起仔猫死亡的主要致病因素，近年来由于猫白血病的出现，该病呈现逐渐增长趋势。1981 年又发现一种冠状病毒（猫肠道冠状病毒）可引起仔猫的温和性肠道疾病，并认为冠状病毒与猫传染性腹膜炎病毒有关。

二、病　　原

1. 分类地位　猫传染性腹膜炎病毒（*Feline infectious peritonitis virus*，FIPV）在分类上属于冠状病毒科、冠状病毒属，在国际病毒分类委员会（ICTV）2005 年公布的病毒和命名第 8 次报告的病毒分类系统中，冠状病毒的分类地位为套病毒目（Nidovirales）、冠状病毒科（Coronaviridae）、冠状病毒属（*Coronavirus*）。冠状病毒科有两个属，另一个属为环曲病毒（*Torovirus*）。目前已知并已定型的冠状病毒分为 3 群，其中第 1 群和第 2 群为哺乳动物病毒，第 3 群为禽类病毒。第 1 群冠状病毒包括犬冠状病毒（*Canine coronavirus*）、猫冠状病毒（*Feline coronavirus*）、人冠状病毒 229E（*Human coronavirus* 229E）、猪流行性腹泻病毒（*Porcine epidemic diarrhea virus*）、传染性胃肠炎病毒（*Transmissible gastroenteritis virus* ）；第 2 群冠状病毒包括牛冠状病毒（*Bovine coronavirus*）、人冠状病毒 OC43（*Human coronavirus* OC43）、人肠道冠状病毒（*Human enteric coronavirus*）、鼠肝炎病毒（*Murine hepatitis virus*）、猪血凝性脑脊髓炎病毒（*Porcine hemagglutinating encephalomyelitis virus*）、鸟嘴海雀病毒（*Puffinosis coronavirus*）、大鼠冠状病毒（*Ratcoronavirus*）、严重急性呼吸道综合征病毒（*Severe acute respiratory syndrome coronavirus*）；第 3 群冠状病毒包括禽传染性支气管炎病毒（*Avian infectious bronchitis virus*）、雉鸡冠状病毒（*Pheasant coronavirus*）、火鸡冠状病毒（*Turkey coronavirus*）。

猫冠状病毒（FCoV）又分为猫肠道冠状病毒（*Feline enteric coronavirus*，FECV）和猫传染性腹膜炎病毒（*Feline infectious peritonitis virus*，FIPV）。

2. 形态学基本特征与培养特性　猫冠状病毒为单股正链不分节段的 RNA 病毒，病毒粒子呈多形性，大小为 90～100nm，呈螺旋状对称。有囊膜，囊膜表面有长 15～20nm 的花瓣状纤突，突起基部较窄，顶部较宽。在电子显微镜下呈日冕或皇冠状，因此命名为冠状病毒。有 4 种主要的结构蛋白，包括刺突蛋白（S 蛋白）、膜蛋白（M 蛋白）、小包膜蛋白（E 蛋白）和核衣壳蛋白（N 蛋白）。

猫冠状病毒有两种生物型，一种为猫传染性腹膜炎病毒，另一种为猫肠道冠状病毒，不同的生物型可能与不同疾病有关。猫传染性腹膜炎病毒通常毒力较高，引起致死性的免疫介导性疾病，主要特征为严重的系统性炎症、浆膜炎和散在的肉芽肿样变，主要宿主为巨噬细胞。猫肠道冠状病毒普遍存在，主要引起仔猫的一过性肠炎，常能自愈，死亡率低，通常很少有人注意到有该病毒感染，该病毒的主要宿主是肠上皮细胞。

这两种病毒的抗原性和基因特性（除了个别位点有突变）几乎完全相同，但是其病原性有很大的不同，一种能引起致死性的疾病，而另一种几乎是不致病的，所以很多文献都采用猫冠状病毒来描述猫的所有冠状病毒感染，包括猫传染性腹膜炎。

根据猫冠状病毒在体外的生存能力、与犬冠状病毒的抗原相关性、与 S 蛋白单克隆抗体的中和反应以及 S 蛋白的基因序列，可以将猫冠状病毒分为两型：Ⅰ型和Ⅱ型。猫冠状病毒Ⅰ型在细胞培养物上不能或仅能进行少量的增殖，包括猫传染性腹膜炎 V UCD1、猫传染性腹膜炎 V UCD2、猫传染性腹膜炎 V UCD3、猫传染性腹膜炎 V TN-406、猫传染性腹膜炎 V NW1、猫传染性腹膜炎 V Yayoi、猫传染性腹膜炎 V KU-2、猫传染性腹膜炎 V Dahlberg、FECV UCD；猫冠状病毒Ⅱ型可以诱导产生细胞病变，包括猫传染性腹膜炎 V 79-1146、NOR15（DF2）、Cornell-1 和 FECV79-1683。猫冠状病毒虽然能够在细胞培养物上进行增殖，但是其毒力会发生变化，与体内自然感染的病毒毒力无相关性。猫传染性腹膜炎病毒和猫肠道冠状病毒均有Ⅰ型和Ⅱ型，Ⅱ型的S蛋白基因序列与猪传染性胃肠炎病毒和犬冠状病毒的同源性很高，分别为91%和81%；但与Ⅰ型S蛋白基因序列的同源性仅为46%。Herrewegh推测猫冠状病毒Ⅱ型是由Ⅰ型和犬冠状病毒基因进行重组造成的。氨基肽酶（feline aminopeptidase N，fAPN），是一个存在于肠道、肺脏、肾脏上皮细胞表面的金属蛋白酶，作为受体可以与犬冠状病毒、猪传染性胃肠炎病毒、人冠状病毒结合，猫冠状病毒Ⅱ型可与fAPN受体结合而发生作用，而猫冠状病毒Ⅰ型可能使用另外的受体与各脏器细胞发生作用，而猫冠状病毒Ⅱ型特异性受体在猫传染性腹膜炎的发病机理及病理的改变方面是否起着重要的作用，目前还不很清楚。从猫冠状病毒Ⅰ型和猫冠状病毒Ⅱ型在自然感染中的流行情况看，澳大利亚、日本和英国的研究调查发现，Ⅰ型在猫冠状病毒的感染中占主要地位。

猫冠状病毒Ⅰ型在细胞培养物上不能或仅能进行少量的增值，猫冠状病毒Ⅱ型能够在许多细胞上进行增殖如猫全胎细胞（fcwf-D）、猫胚肺细胞、猫胚成纤维细胞（fc0009）、猫肾传代细胞系（CRFK），但是其毒力会发生变化，与体内自然感染的病毒毒力无相关性。在组织培养物上生长的猫传染性腹膜炎病毒毒株，已丧失了引起疾病的能力，Herrewegh等对这些毒株的7b基因测序，发现此段有缺失，此段基因与病毒的毒力变化有无必然联系，目前尚在研究中。猫肠道冠状病毒和猫传染性腹膜炎病毒、猫冠状病毒Ⅰ型和猫冠状病毒Ⅱ型均不能通过ORF7a/b进行区分。

3. 理化特性 猫冠状病毒对热敏感，室温24～48h可被灭活。若环境适宜，在干燥条件下可存活数日。大部分消毒剂都能将其灭活，但对酚、低温和酸性环境抵抗力较强。

4. 分子生物学 目前大部分学者认为猫传染性腹膜炎病毒是由内源性猫肠道冠状病毒突变而来的，极少部分人认为是由于感染猫传染性腹膜炎病毒的动物分泌的病毒传染给易感动物引起的。由于致病性不同产生的猫肠道冠状病毒和猫传染性腹膜炎病毒两种病毒，其间的遗传差异仍有待确定。虽然两种病毒所引起的疾病不同，但在抗原性和形态学上不能够区分出来。一直以来的观点认为猫肠道冠状病毒有严格的组织嗜性，主要在小肠上皮细胞复制而不能在巨噬细胞中复制；而猫传染性腹膜炎病毒可快速穿过肠黏膜而在巨噬细胞内进行复制。但是近年来的研究发现，在没有猫传染性腹膜炎症状的健康猫血中也能发现猫冠状病毒，猫冠状病毒虽然可以出现在外周血单核细胞（PBMCs）中，但其能否在PBMCs中复制还不清楚，所以Simons提出一个假设，认为猫冠状病毒能否在PBMCs中复制，可能与病毒的毒力有关系。被猫冠状病毒感染之后能否发展成猫传染性腹膜炎，与所感染的毒株毒力、病毒数量、猫的年龄、自身免疫系统状况以及感染途径都有一定的关系。猫冠状病毒一旦在巨噬细胞内进行复制，并通过巨噬细胞进入全身各器官，即成为一种免疫介导性的疾病，可能的发病机制为：病毒与抗体结合，激活补体系统，引起严重的炎症反应，如血管活性胺释放，使内皮细胞收缩，增加血管的通透性，血浆蛋白渗出，形成富含蛋白的渗出液；另一方面，被病毒感染的或死亡的巨噬细胞等，可以产生各种细胞因子，促使大量巨噬细胞和中性粒细胞等炎性因子聚集到组织，加速组织损伤，发展成典型的肉芽肿样变。

猫冠状病毒基因组为单股正链不分节段的RNA病毒，猫传染性腹膜炎病毒79～1 146长度为29 355bp（GenBank accession no. AY994055），而猫传染性腹膜炎病毒WSU-79/1146（此病毒来源于ATCC VR-2202）的长度为29 147bp（GenBank accession no. DQ010921）。病毒基因组RNA具有感染性，全部mRNA亚基因组具有3'末端的polyA巢式结构，5'端有帽子结构和引导序列。基因组的5'端约占RNA全长的2/3，由两个开放阅读框（ORF）ORF1a和ORF1b组成，编码两种复制酶多聚蛋白，在ORF1a和ORF1b的重叠处有一特异性的7个核苷酸序列和一假结节结构，这对ORF1b的翻译是必需的。在ORF1a/ORF1b的下游，有4个ORFs，分别编码结构蛋白S（刺突蛋白）、E（小包膜蛋白）、M（膜蛋白）和N（核衣壳蛋白）。在猫冠状病毒的基因间隔区，还包含5种可能的非结构蛋白的ORFs，其中S和E之间有3个非结构基因，分别为3a、3b、3c；N之后，编码2个非结构基因7a和7b。

猫传染性腹膜炎病毒WSU-79/1146的5'非编码区（UTR）共有311个碱基，其中包括只有4个密码子（117～128nt）的ORF；102～140nt处存在一个假设的茎环结构，与牛冠状病毒的茎环结构Ⅲ很相似，茎环结构Ⅲ被认为可以作为一个顺式作用元件参加牛冠状病毒缺损干扰RNA的复制；在65～128nt区域内可能存在另外一个假设的二级结构，即所谓的前导转录调控序列发夹（leader - TRS hairpin，LTH），LTH结构包含基序5'-CUAAAC-3'（93～98nt），被认为是猫传染性腹膜炎病毒TRS元件的核心，对以负链RNA为模板的病毒进行"不连续转录"是必需的。此基序在基因组中出现了11次，可作为冠状病毒亚基因组mRNAs前导序列和body - derived序列的融合位点，TRS元件的数量与病毒产生的mRNA数量有关。3'非编码区也被认为包含一个顺式作用元件，与病毒RNA的复制有关，确定的两个假设结构，分散于28 842～28 964nt，突出的茎环假结节结构与MHV - A59很相似。此基因组有6个ORFs，编码病毒的结构蛋白和非结构蛋白。ORF1a（312～12 208nt）和ORF1b（12 164～20 209nt）编码非结构基因，这两个ORFs之间有46nt重叠并且有一个典型冠状病毒所特有的滑动位点，5'-UUUAAAC-3'（12 173～12 179nt）位于重叠区内。滑动位点的邻近区和下游区域是一个假设的假结节结构。在冠状病毒基因组RNA的转录过程中，滑动位点和假结节利用程序性-1核糖体移码作为翻译调节机制是必要的。

复制酶多聚蛋白pp1a和pp1ab是由ORF1a和ORF1b共同编码的，分子量分别为441.3kDa和742.7kDa。ORF S（20 206～24 564nt）、ORF E（25 722～25 970nt）、ORF M（25 981～26 769nt）和ORF N（26 782～27 915nt）编码的结构蛋白预测分子量分别为S蛋白160 kDa、E蛋白9.4 kDa、M蛋白29.8 kDa、N蛋白42.7 kDa。根据系统发生树显示猫传染性腹膜炎病毒WSU - 79/1146的结构蛋白和非结构蛋白与猪传染性胃肠炎病毒的同源性最接近，与人冠状病毒（HCoV - 229E）的同源性较近，而与鼠肝炎病毒（MHV）和禽传染性支气管炎病毒（IBV）的同源性相距较远，这些数据均显示猫冠状病毒属于1群冠状病毒。

通过比较猫传染性腹膜炎病毒和猫肠道冠状病毒的主要结构蛋白S蛋白基因序列发现，与猫肠道冠状病毒相比，猫传染性腹膜炎病毒存在缺失突变，由此可以得到一个假说，猫传染性腹膜炎病毒是由猫肠道冠状病毒突变而来的。序列比对分析，同一区域内的猫肠道冠状病毒和猫传染性腹膜炎病毒的同源性很高，不同地域的两种病毒遗传变异差距很大，这说明猫冠状病毒独立于血清型和生物型之外，表现出高度的遗传漂移。突变的发生可能有3种因素：①猫肠道冠状病毒复制水平（复制的越多，突变发生的机会就越多）；②特定的种、血统及个别个体所获得的或遗传的对突变病毒的抵抗力；③猫肠道冠状病毒毒株及对变异的易感性。

三、流行病学

1. 传染来源　该病的传染源主要为患病猫和猫冠状病毒携带者。携带病毒的猫可以几个月甚至终生持续向外界环境排毒。约1/3的抗体阳性猫能够向外界环境排毒，抗体滴度越高说明肠内病毒的含量越高。患传染性腹膜炎的猫也能够向外界分泌未突变的猫冠状病毒。

2. 传播途径　该病有直接接触、间接接触和垂直传播三种传播方式。直接接触主要发生在同群个体之间，间接接触主要通过媒介物机械性带毒造成传播，经患猫的口腔、呼吸道分泌物、食盒、粪便甚至尿液传播。母猫带毒可通过胎盘直接将病毒传给小猫。

3. 易感动物

（1）自然宿主　有5%～10%血清阳性猫发展成猫传染性腹膜炎，6月龄至5岁的猫发病率高，12月龄以内的猫更易感，纯种猫和猫传染性腹膜炎易感性血统（携带有易患病体质的基因）的猫发展成猫传染性腹膜炎的概率更高。公猫比母猫猫传染性腹膜炎的发病率要高。多猫家庭或猫舍等多猫环境的发病率较高，猫传染性腹膜炎病毒常与猫白血病或猫艾滋病混合感染。

（2）实验动物　在实验动物中，3～4月龄小猫对猫传染性腹膜炎病毒最易感，大部分试验研究使用高毒力的血清Ⅰ毒株FIPV - UCD1或血清Ⅱ毒株FIPV - 79 - 1146，但这些毒株引起猫传染性腹膜炎的感染率和死亡率远高于自然感染。因此猫传染性腹膜炎V - UCD1和FIPV - 79 - 1146属于非典型毒株。小猫通过口服感染几乎不发病，气管或鼻内接种处于中间，腹腔接种感染最有效。FIPV - UCD1接种后在24～72h出现发热，随后第二次发热在接种后10～21天或持续更长时间，同时出现抗体。所有的小猫都精神沉郁、消瘦，触诊腹部变得扩张而且柔软，腹腔出现黄色黏稠液体，通常在死前1～2天直肠温度下降。处死后进行尸体剖检，可见典型的弥漫性纤维素性腹膜炎特征，肝、脾、肾等器官表面见有纤维蛋白附着。

（3）易感人群　冠状病毒只感染脊椎动物，具有胃肠道、呼吸道或神经系统嗜性，与人及动物的许多疾病有关。冠状病毒具有严格的宿主特异性，目前所发现的各种动物冠状病毒都没有对人致病的记载，而且各种冠状病毒一般只对本宿主致病，种间传播极为罕见。

4. 流行特征　猫冠状病毒在猫群中普遍存在，而且感染率很高，有时在多猫家庭、流浪猫收容所等地区呈现地方流行性。猫肠道冠状病毒与猫传染性腹膜炎病毒的抗原性无法区分，给血清学调查结果的解释造成困难。调查研究发现，虽然没有猫传染性腹膜炎症状，但是猫冠状病毒感染为阳性：37%～85%血清阳性，37%～95%出现病毒血症，73%～81%可以通过粪便分泌病毒。在没有呈现猫冠状病毒地方流行性的非多猫家庭中，美国和欧洲至少有50%的猫病毒抗体阳性，在瑞士80%的饲养猫和50%的流浪猫可检出阳性抗体，在英国15%的单猫家庭也可检测到抗体。虽然感染猫冠状病毒的机会很高，但只有5%～10%的血清阳性猫死于猫传染性腹膜炎，认为大部分猫感染了无毒力的猫冠状病毒毒株。从猫冠状病毒Ⅰ型和Ⅱ型在自然感染中的流行情况看，澳大利亚、日本和英国的研究调查发现，Ⅰ型在猫冠状病毒的感染中占主要地位。

四、临床特征

在试验感染的情况下，该病潜伏期较短（2～4天）。在自然感染的情况下变异相当大，在感染早期所出现的临床症状可能是非特异性的，包括慢性不明原因的发热、嗜眠、食欲下降、体重减轻、下痢或便秘、精神沉郁、贫血、不孕症、仔猫不明原因的死亡率升高，随着病程的推进，会逐渐出现一些有特征的症状，通常分为渗出型（湿性）、非渗出型（干性）和混合型三种。

1. 渗出型（湿性）　约占所有病例的60%～80%，病程较短，特征为体腔、胸腔、心包内蓄积不等量的渗出液，此渗出液可引起腹膜炎、胸膜炎、心包炎。在一次调查研究中，390只患猫传染性腹膜炎的猫有62%为腹腔积液、17%为胸腔积液、21%为腹腔和胸腔都有积液，说明渗出液在胸腹腔都有发生。随着病程的延长，可发现猫的腹围越来越大，触诊水样波动，有时候网膜和内脏或肿大的肠系膜淋巴结发生粘连。胸腔积液后通常出现呼吸困难、呼吸急促，有时张嘴呼吸，严重时可见到黏膜发绀，听诊可听到心音模糊，心电图和超声心动图都能看到典型的变化，通过X-线和超声波可以看到渗出液。在疾病的后期，有的病例可看到黄疸现象。

2. 非渗出型（干性）　除了具有前面所述的早期非特征性症状外，随着病程的发展，有的可出现黄疸、呼吸困难，腹腔X线检查可以看到肠系膜淋巴结增大、不规则的肾脏和其他的内脏器官。有的可看到胃肠阻塞、慢性腹泻、呕吐、顽固性便秘等症状。主要侵害眼、中枢神经等器官，几乎不伴有腹水发生。出现眼睛的损伤，可以看到包裹的视网膜血管，即在血管两边出现模糊浅灰色的线、视网膜出血或分离、视网膜的肉芽肿样变。葡萄膜炎即眼睛的葡萄膜（虹膜、睫状体、脉络膜）发生的炎症反应，移动到眼睛中的免疫活性细胞可以定植在葡萄膜上，眼睛遭受多种类型的免疫介导的炎症反应。轻度的葡萄膜炎可以看到虹膜颜色的改变，一般变为棕色。有的出现房水闪光，即前房混浊，前房内大量炎性细胞沉积在角膜之后，引起角蛋白沉淀，易被瞬膜藏起来。前房出血。神经系统的伤害通常是属于局部多发性的及进行性的，病变包括脑部及脊髓，可出现共济失调、轻瘫或瘫痪、痉挛、行为改变及眼球震颤等。肝脏受侵害的病例可能发生黄疸。肾脏受侵害时，常能在腹壁触诊到肾脏肿大，病猫出现进行性肾功能衰竭等症状。

3. 混合型　既有渗出液，又有眼睛和神经症状。

五、病理变化

1. 大体解剖观察 湿性病例，病猫腹腔中大量积液，呈无色透明、淡黄色液体，接触空气即发生凝固。腹膜混浊，覆有纤维蛋白样渗出物，肝、脾、肾等器官表面也见有纤维蛋白附着。肠系膜淋巴结肿大。肝表面还可见直径 1～3mm 的小坏死灶。有的病例还伴有胸水增加。

对于主要侵害眼、中枢神经系统等的病例，几乎见不到腹水增加的变化。剖检可见脑水肿；肾脏表面凹凸不平，有肉芽肿样变化；肝脏也见有坏死灶。

2. 组织病理学观察

（1）渗出型 网膜及腹腔内大部分脏器的浆膜面出现纤维蛋白沉积及炎性肉芽肿，浆膜层内及其下的组织会出现围管现象，腹部淋巴结及脾脏常常可发现小囊性增生、坏死性病变及炎性肉芽肿病变。肝被膜增厚，实质中有多发局部凝固样坏死灶，脾、淋巴结被膜增厚，淋巴小节的生发中心内成熟的淋巴细胞显著减少，脾脏浆膜面增厚，附着粉色膜样的纤维素性渗出液。

（2）非渗出型 大致与渗出型相似，但其所发生的肉芽肿病变通常较大且外面包覆着更多的纤维变性，并常常于腹腔及胸腔以外的部位发现病变，特别是中枢神经系统及眼睛。

六、诊　　断

临床症状通常是非特异性的，一种快速可靠的诊断方法对判断预后情况很关键，同时也能减轻患猫的痛苦。目前确诊本病的唯一方法是病理组织学检查，其他方法只能作为一种辅助手段。

1. 病毒分离与鉴定 猫冠状病毒Ⅰ型在细胞培养物上不能或仅能进行少量的增值，Ⅱ型能在许多细胞上进行增殖如猫全胎细胞（fcwf-D）、猫胚肺细胞、猫胚成纤维细胞（fc0009）、猫肾传代细胞系（CRFK），但是其毒力会发生变化，与体内自然感染的病毒毒力无相关性。

2. 血清学试验

（1）间接免疫荧光试验 将猫传染性腹膜炎病毒感染的敏感细胞涂片固定，作为检测特异性抗体的固相抗原，以荧光素标记的抗猫抗体做二抗，可检测猫冠状病毒的特异性抗体。

（2）间接 ELISA ANTECH News（1998）用猫传染性腹膜炎病毒 7b 蛋白作为包被抗原，可以区分有毒力和无毒力的猫冠状病毒感染产生的抗体，但是需要检测大量的临床样本。

（3）竞争 ELISA 将纯化的猫传染性腹膜炎病毒作为包被的抗原，以酶标抗猫传染性腹膜炎病毒 S 蛋白、E 蛋白或 N 蛋白的单抗与被检血清中的抗体竞争结合猫传染性腹膜炎病毒抗原，若被检血清中有病毒抗体，则酶标病毒单抗与抗原的反应被阻断。

（4）血清抗体 可以检测出猫冠状病毒抗体，但不能说明此抗体是由猫传染性腹膜炎病毒诱导产生的，因为猫传染性腹膜炎病毒与猫肠道冠状病毒、犬冠状病毒、猪传染性胃肠炎病毒的抗体有交叉；同时许多健康猫及非猫传染性腹膜炎感染的病猫会出现抗体阳性反应，也有临床症状显示为猫传染性腹膜炎的病例，抗体检测结果为阴性或抗体滴度很低，而未感染猫传染性腹膜炎的健康猫却出现很高的抗体效价，因此不能将此作为诊断猫传染性腹膜炎的主要依据。

（5）渗出液中的抗体 出现抗体，推测阳性概率为 90%，阴性概率为 79%，阴阳性与抗体滴度的高低没有很大联系。

3. 组织病理学诊断 目前，死后剖检或活检所进行的组织病理学检查，是唯一确诊猫传染性腹膜炎的方法。

①渗出型：网膜及腹腔内大部分脏器的浆膜面出现纤维蛋白沉积及炎性肉芽肿，浆膜层内及其下的组织出现围管现象，腹部淋巴结及脾脏常常可发现小囊性增生、坏死性病变及炎性肉芽肿病变。肝被膜增厚，实质中有多发局部凝固样坏死灶，脾、淋巴结被膜增厚，淋巴小节的生发中心内成熟的淋巴细胞显著减少，脾脏浆膜面增厚，附着粉色膜样的纤维素性渗出液。

②非渗出型：大致与渗出型相似，但其所发生的肉芽肿病变通常较大且外面包覆着更多的纤维变

性，并常常于腹腔及胸腔以外的部位发现病变，特别是中枢神经系统及眼睛。

4. 分子生物学诊断 反转录—聚合酶链反应（RT-PCR）技术可以检测患病猫血清、渗出液、粪便中的病毒核酸，但是不能够区分猫肠道冠状病毒和猫传染性腹膜炎病毒，反可作为一个参考。最近的研究发现不仅患猫传染性腹膜炎的猫出现病毒血症，健康猫也能产生病毒血症。渗出液要比血清更具有诊断意义，Hartmann 等取 6 只猫的腹水，其中 5 只 RT-PCR 结果为阳性，1 只为阴性；5 只已确诊为猫传染性腹膜炎，另 1 只的渗出液是由其他疾病引起，阳性率 100%。但该试验数量太少，没有足够的证据说明其可以作为最后确诊的依据。粪便的检测只能说明是否携带猫冠状病毒，不知道能否发展成猫传染性腹膜炎，可以作为猫群净化的一种手段。

RT-PCR：Gunn-Moore 等针对 S 基因的 C 末端设计了一对引物，检测抗凝血中的猫冠状病毒 RNA，但在健康猫血中同样发现了猫冠状病毒 RNA。Simons 等针对 M 基因的保守序列设计了一对引物，检测外周血单核细胞中的猫冠状病毒 RNA，也在临床无猫传染性腹膜炎的健康猫血中检测到猫冠状病毒的 RNA。

套式 RT-PCR：Herrewegh 等，针对 3’ UTR 设计了一对特异性引物，检测血液、血浆、渗出液、粪便、组织等样品，可在以上所有的样品中检测到猫冠状病毒 RNA。Gamble 等建立了巢式 PCR 方法来检测渗出液和组织中的猫冠状病毒 RNA，通过此方法可以对其他疾病引起的胸膜炎和腹膜炎做出鉴别诊断，同时为临床诊断提供一个依据。

5. 血液学检查 血清总蛋白浓度若达到 120g/L，患猫传染性腹膜炎的概率可达到 90%，但也只能说明机体正处于严重的慢性感染阶段，如丝虫病、上呼吸道感染、多发性骨髓瘤、口炎等。白蛋白与 γ-球蛋白的比值对于猫传染性腹膜炎的诊断更具有意义，若其比值小于 0.8，患猫传染性腹膜炎的概率可达到 92%；也有报道其比值<0.6 更具有意义。其他的实验室指标如肝酶、胆红素、尿素、肌氨酸酐等参数通常升高，碱性磷酸酶（ALP）和碱性转氨酶（ALT）的活性通常降低，这些仅可作为一个参考。在血浆或渗出液中 α1-酸糖蛋白（AGP）水平通常高于 1 500μg/mL，也可作为判断猫传染性腹膜炎的指示。

渗出液的检测价值要优于血液的检测。若出现了腹水，可以先做腹水检测，50%出现渗出液的猫可能患有猫传染性腹膜炎。渗出液通常为明亮的稻草黄色、有黏性、蛋白含量高，遇到空气可以凝成胶冻样或振荡能够产生泡沫。若样品为血样的、脓样的、有污秽气味的、乳糜样的，则为猫传染性腹膜炎的可能性很小，但也不能排除为猫传染性腹膜炎的可能。渗出液的蛋白含量>35g/L，也可能为其他的疾病如淋巴瘤、心血管疾病、胆管肝炎、细菌性的胸膜炎或腹膜炎。猫传染性腹膜炎的病例渗出液中许多酶的活性会变得很高，如乳酸脱氢酶（LDH）活性>300IU/L，α-淀粉酶、腺苷脱氢酶（AD）活性会升高。渗出液的细胞学检查可以看到渗出液中巨噬细胞和中性粒细胞占优势。黏蛋白定性试验（Rivalta’s test）可以区分渗出液和分泌液，黏蛋白试验阳性说明为猫传染性腹膜炎的可能性为 86%，阴性说明非猫传染性腹膜炎的可能性为 97%。

七、防治措施

1. 治疗 目前对该病尚无有效的特异性治疗药物。一旦猫传染性腹膜炎出现了临床症状，常常是致死性的。对症治疗及支持疗法，应用具有免疫抑制和抗炎作用的药物、皮质类固醇和环磷酰胺，以及一些免疫调节药物如干扰素等已被试用于该病的治疗，或许可以短时间地缓解一些症状，一定程度上延长病猫生命，但之后通常病况还会持续恶化，而最终死亡。也有研究认为有 5%的治愈希望。

2. 预防 猫传染性腹膜炎常规疫苗和重组疫苗的使用效果均不佳。主要原因是猫传染性腹膜炎病毒感染具有抗体依赖性感染增强（antibodydependent enhancement，ADE）现象，亦即当猫体内存在抗猫冠状病毒抗体时，接种病毒可促进猫传染性腹膜炎的发生。ADE 的机制比较复杂，巨噬细胞吞噬猫传染性腹膜炎病毒以后，病毒可以存在于巨噬细胞的核糖体上，继而病毒在巨噬细胞内进行复制。当病毒与抗体结合，而抗原—抗体 Fc 区域与巨噬细胞的 Fc 受体（Fcγ）区域结合，从而使抗原—抗体复合物进入巨噬细胞，使病毒在巨噬细胞内增殖，最终导致感染增强。猫传染性腹膜炎病毒的中和反应和ADE反应的决定簇主要存在于S蛋白上，而且中和反应和产生ADE现象的抗原有明显的相关性，疫苗要求有中和抗原而没有ADE决定簇，这一点阻碍了猫传染性腹膜炎病毒疫苗的发展。

（1）弱毒疫苗 使用非同源性活的冠状病毒不能够诱导机体产生保护性反应。用猫的肠道冠状病毒、低毒力的猫传染性腹膜炎病毒、有毒力的非致死量的猫传染性腹膜炎病毒，通常能够产生保护性反应，但是结果不稳定而不能用于临床。缺失群特异性基因的冠状病毒弱毒苗已研制成功，该苗不会引起抗体依赖性感染增强反应，但能产生高滴度的中和抗体，包括针对S蛋白的抗体，能够抵抗猫传染性腹膜炎病毒的感染。猫传染性腹膜炎病毒的温度敏感突变株已产生，对低剂量的同源性毒株是安全有效的，由Ⅱ型DF2株制备的温度敏感突变株，通过鼻内接种，可预防该病的发生。该疫苗只在上呼吸道内增殖，能诱导很强的局部黏膜免疫（IgA）和细胞免疫，并且不诱导出现ADE现象。在实验室和田间试验均证明该疫苗安全有效，并已在世界许多地区出售。建议该疫苗应用于16周龄以上的幼猫，但是对其安全性和有效性仍存在争议，有报道称用高剂量的非同源毒株攻毒，免疫猫会出现ADE反应。

（2）亚单位疫苗 用重组的痘状病毒表达的S蛋白，可以加速疾病的发作，引起更快的死亡。用痘病毒和金丝雀痘病毒表达的M和N蛋白用于疫苗，显示只有重组金丝雀痘病毒表达的N蛋白能够抵抗猫肠道冠状病毒和低剂量的猫传染性腹膜炎病毒的感染。用杆状病毒/昆虫细胞表达的猫传染性腹膜炎病毒KU-2 N蛋白制成的疫苗能产生N蛋白的抗体，不能产生中和性抗体，细胞免疫起主要作用，可以抵抗猫传染性腹膜炎病毒的感染，但是能引起迟发型变态反应，不出现ADE反应，是否对其他毒株的猫传染性腹膜炎病毒起免疫保护作用仍然不是十分清楚。但是猫传染性腹膜炎病毒各毒株的N蛋白的保守性在90%或更高，使用这种疫苗可能对其他毒株也有保护作用。

无冠状病毒的猫群对于新进猫必须进行冠状病毒的血清学检查，仅允许抗体为阴性的猫进入猫群，并须隔离12周后再检验一次。外出参展的猫必须隔离2～3周之后，检验呈阴性时才可以再度进入猫群。冠状病毒阳性猫群的新生仔猫越早断奶越好，并将仔猫单独饲养，可以降低感染。减少猫群的应激反应，避免过度拥挤，保证空气流通，保持一定的温度和湿度，并提供良好的保健措施。猫群内所有猫冠状病毒阳性猫一律隔离淘汰，做好其他传染病的预防接种和寄生虫控制；定期以消毒剂消毒猫舍，可大幅度地降低感染率。

八、公共卫生影响

就目前所知，冠状病毒只感染脊椎动物，具有胃肠道、呼吸道或神经系统嗜性，与人及动物的许多疾病有关。冠状病毒具有严格的宿主特异性，目前所发现的各种动物冠状病毒都没有对人致病的记载，而且各种冠状病毒一般只对本宿主致病，种间传播极为罕见。猫冠状病毒在猫群中普遍存在，而且感染率很高，虽然感染猫冠状病毒的机会很高，只有5%～10%的血清阳性猫死于猫传染性腹膜炎，但猫一旦发病，致死率几乎是100%。

（乔明明 孙明 肖璐 田克恭）

参考文献

兰喜，柳纪省. 2005. 冠状病毒的分子生物学研究进展［J］. 基础医学与临床，25（12）：1095-1101.

Addie D D，Jarrett J O. 1992. Feline coronavirus antibodies in cats［J］. Vet Rec，131（9）：202-203.

Addie D D，Jarrett J O. 1992. A study of naturally occurring feline coronavirus infections in kittens［J］. Vet Rec，130（7）：133-137.

Addie D D，Schaap I A，Nicolson L，et al. 2003. Persistence and transmission of natural type I feline coronavirus infection［J］. J Gen Virol，84（Pt 10）：2735-2744.

Addie D D，Toch S，Herrewegh A A，et al. 1996. Feline coronavirus in the intestinal contents of cats with feline infectious peritonitis［J］. Vet Rec，139（21）：522-523.

Almazan F，Galan C，Enjuanes L. 2004. The nucleoprotein is required for efficient coronavirus genome replication［J］. J

Virol，78 (22)：12683 - 12688.

Andrew S E. 2000. Feline infectious peritonitis [J] . Vet Clin North Am Small Anim Pract，30 (5)：987 - 1000.

Benetka V，Kubber - Heiss A，Kolodziejek J，et al. 2004. Prevalence of feline coronavirus types I and II in cats with histopathologically verified feline infectious peritonitis [J] . Vet Microbiol，99 (1)：31 - 42.

Cavanagh D，Brian D，Brinton M A. 1994. Revision of taxonomy of the coronavirus，torovirus and arterivirus gene [J] . Arch Virol，135：227 - 237.

de Vries A A F，Horzinek M C，Rottier P J M，et al. 1997. The genome organization of the Nidovirales：similarities and differences between arteri -，toro -，and coronavirus [J] . Semin Virol，8：33 - 47.

Duthie S，Eckersall P D，Addie D D，et al. 1997. Value of alpha 1 - acid glycoprotein in the diagnosis of feline infectious peritonitis [J] . Vet Rec，141 (12)：299 - 303.

Dye C，Siddell S G. 2005. Genomic RNA sequence of feline coronavirus strain FIPV WSU - 79/1146 [J] . J Gen Virol，86：2249 - 2253.

Gamble D A，Lobbiani A，Gramegna M，et al. 1997. Development of a nested PCR assay for detection of feline infectious peritonitis virus in clinical specimens [J] . J Clin Microbiol，35 (3)：673 - 675.

Goebel S J，Taylor J，Masters P S，et al. 2004. Characterization of the RNA components of a putative molecular switch in the 3' untranslated region of the murine coronavirus genome [J] . J Virol，78 (2)：669 - 682.

Gunn Moore D A，Gruffydd Jones T J，Harbour DA，et al. 1998. Detection of feline coronaviruses by culture and reverse transcriptase - polymerase chain reaction of blood samples from healthy cats and cats with clinical feline infectious peritonitis [J] . Vet Microbiol，62 (3)：193 - 205.

Haijema B J，Volders H，Rottier P J. 2003. Switching species tropism：an effective way to manipulate the feline coronavirus genome [J] . J Virol，77 (8)：4528 - 4538.

Haijema B J，Volders H，Rottier P J. 2004. Live，attenuated coronavirus vaccines through the directed deletion of group - specific genes provide protection against feline infectious peritonitis [J] . J Virol，78 (8)：3863 - 3871.

Hartmann K，Binder C，Hirschberger J，et al. 2003. Comparison of different tests to diagnose feline infectious peritonitis [J] . J Vet Intern Med，17 (6)：781 - 790.

Hartmann K，Drmed vet，Dr med vet habil. 2005. Feline infectious peritonitis [J] . Vet Clin North Am Small Anim Pract，35 (1)：39 - 79.

Herrewegh A A，de Groot R J，Cepica A，et al. 1995. Detection of feline coronavirus RNA in feces，tissues，and body fluids of naturally infected cats by reverse transcriptase PCR [J] . J Clin Microbiol，33 (3)：684 - 689.

Herrewegh A A，Smeek I，Horzinek M C，et al. 1998. Feline coronavirus type II strains 79 - 1683 and 79 - 1146 originate from a double recombination between feline coronavirus type I and canine coronavirus [J] . J Virol，72 (5)：4508 - 4514.

Herrewegh A A，Vennema H，Horzinek M C，et al. 1995. The molecular genetics of feline coronaviruses：comparative sequence analysis of the ORF7a/7b transcription unit of different biotypes [J] . Virology，212 (2)：622 - 631.

Hirschberger J，Hartmann K，Wilhelm N，et al. 1995. Clinical symptoms and diagnosis of feline infectious peritonitis. Tierarztl Prax，23 (1)：92 - 99.

Hirschberger J，Koch S. 1995. Validation of the determination of the activity of adenosine deaminase in the body effusions 59 (3)：226 - 229.

Hohdatsu T，Izumiya Y，Yokoyama Y，et al. 1998. Differences in virus receptor for type I and type II feline infectious peritonitis virus [J] . Arch Virol，143 (5)：839 - 850.

Hohdatsu T，Okada S，Ishizuka Y，et al. 1992. The prevalence of types I and II feline coronavirus infections in cats [J] . J Vet Med Sci，54 (3)：557 - 562.

Horsburgh B C，Brierley I，Brown T D. 1992. Analysis of a 9. 6 kb sequence from the 3'end of canine coronavirus genomic RNA [J] . J Gen Virol，73 (Pt 11)：2849 - 2862.

Huang Q，Yu L，Petros A M，et al. 2004. Structure of the N - terminal RNA - binding domain of the SARS CoV nucleocapsid protein [J] . Biochemistry，43 (20)：6059 - 6063.

Hurst K R，Kuo L，Koetzner C A，et al. 2005. A major determinant for membrane protein interaction localizes to the carboxy - terminal domain of the mouse coronavirus nucleocapsid protein [J]. J Virol, 79 (21): 13285 - 13297.

Mochizuki M, Mitsutake Y, Miyanohara Y, et al. 1997. Antigenic and plaque variations of serotype II feline infectious peritonitis coronaviruses [J]. J Vet Med Sci, 59 (4): 253 - 258.

Motokawa K, Hohdatsu T, Aizawa C, et al. 1995. Molecular cloning and sequence determination of the peplomer protein gene of feline infectious peritonitis virus type I [J]. Arch Virol, 140 (3): 469 - 480.

Pedersen N C, Boyle J F, Floyd K. 1981. Infection studies in kittens, using feline infectious peritonitis virus propagated in cell culture [J]. Am J Vet Res, 42 (3): 363 - 367.

Poland A M, Vennema H, Foley J E, et al. 1996. Two related strains of feline infectious peritonitis virus isolated from immunocompromised cats infected with a feline enteric coronavirus [J]. J Clin Microbiol, 34 (12): 3180 - 3184.

Raman S, Bouma P, Williams G D, et al. 2003. Stem - loop III in the 5' untranslated region is a cis - acting element in bovine coronavirus defective interfering RNA replication [J]. J Virol, 77 (12): 6720 - 6730.

Rottier P J, Nakamura K, Schellen P, et al. 2005. Acquisition of macrophage tropism during the pathogenesis of feline infectious peritonitis is determined by mutations in the feline coronavirus spike protein [J]. J Virol, 79 (22): 14122 - 14130.

Rottier P J. 1999. The molecular dynamics of feline coronaviruses [J]. Vet Microbiol, 69 (1 - 2): 117 - 125.

Simons F A, Vennema H, Rofina J E, et al. 2005. A mRNA PCR for the diagnosis of feline infectious peritonitis [J]. J Virol Methods, 124 (1 - 2): 111 - 116.

Sparkes A H, Gruffydd Jones T J, Howard PE, et al. 1992. Coronavirus serology in healthy pedigree cats [J]. Vet Rec, 131 (2): 35 - 36.

Tung F Y, Abraham S, Sethna M, et al. 1992. The 9 - kDa hydrophobic protein encoded at the 3' end of the porcine transmissible gastroenteritis coronavirus genome is membrane - associated [J]. Virology, 186 (2): 676 - 683.

Van Den Born E, Gultyaev A P, Snijder E J. 2004. Secondary structure and function of the 5' - proximal region of the equinearteritis virus RNA genome [J]. RNA, 10 (3): 424 - 437.

Vennema H, de Groot R J, Harbour D A, et al. 1991. Primary structure of the membrane and nucleocapsid protein genes of feline infectious peritonitis virus and immunogenicity of recombinant vaccinia viruses in kittens [J]. Virology, 181 (1): 327 - 335.

Vennema H, Heijnen L, Rottier P J, et al. 1992. A novel glycoprotein of feline infectious peritonitis coronavirus contains a KDEL - like endoplasmic reticulum retention signal [J]. J Virol, 66 (8): 4951 - 4956.

Vennema H, Poland A, Foley J, et al. 1998. Feline infectious peritonitis viruses arise by mutation from endemic feline enteric coronaviruses [J]. Virology, 243 (1): 150 - 157.

Vennema H, Rossen J W, Wesseling J, et al. 1992. Genomic organization and expression of the 3' end of the canine and feline enteric coronaviruses [J]. Virology, 191 (1): 134 - 140.

Watt N J, MacIntyre N J, McOrist S. 1993. An extended outbreak of infectious peritonitis in a closed colony of European wildcats (Felis silvestris) [J]. J Comp Pathol, 108 (1): 73 - 79.

Ziebuhr J, Snijder E, Gorbalenya A E. 2000. Virus - encoded proteinases and proteolytic processing in the Nidovirales [J]. J Gen Virol, 81: 853 - 879.

Ziebuhr J. 2005. The coronavirus replicase [J]. Curr Top Microbiol Immunol, 287: 57 - 94.

第六节 猫肠道冠状病毒感染

(Feline enteric coronavirus infection)

猫肠道冠状病毒感染(Feline enteric coronavirus infection)是由猫肠道冠状病毒引起猫的一种肠道传染病,主要引起 42~84 日龄幼猫的肠炎。该病症状轻微,多数病例没有症状或出现轻微的腹泻。该病对猫的健康影响较小,但少数病例可能会发展成为死亡率非常高的传染性腹膜炎。

一、发生与分布

1980 年 Hoshine 等在猫粪便中首次发现猫肠道冠状病毒,Pettersen 等(1981)认为猫肠道冠状病毒与猫传染性腹膜炎病毒（FIPV）在形态学上和抗原性上密切相关，但致病性有所不同。猫肠道冠状病毒感染在猫群尤其是小猫中广泛存在，家庭饲养猫的猫肠道冠状病毒感染阳性率为25%～40%，而在大型猫舍或繁殖猫舍中阳性率为80%～100%。

二、病　原

1. 分类地位　猫肠道冠状病毒（*Feline enteric coronavirus*，FECV）在分类上属冠状病毒科（Coronaviridae）、冠状病毒属（*Coronavirus*）。目前公认猫有两种冠状病毒，即猫肠道冠状病毒（FECV）和猫传染性腹膜炎病毒（FIPV），二者为猫冠状病毒（猫冠状病毒）的两个生物型，具有相同的遗传性和抗原性。根据最早的血清学调查和最近的系统分析，可将冠状病毒属成员分为三个群，猫冠状病毒和同属成员猪传染性胃肠炎病毒（TGEV）及犬冠状病毒（CCV）的抗原性最为接近，同为Ⅰa亚群。

根据血清学上的差异，可将猫冠状病毒分为Ⅰ、Ⅱ两型。猫传染性腹膜炎病毒和猫肠道冠状病毒均有Ⅰ型和Ⅱ型，Ⅱ型的S蛋白基因序列与猪传染性胃肠炎病毒和犬冠状病毒的同源性很高，分别为91%和81%，但与Ⅰ型S蛋白基因序列的同源性仅为46%。Herrewegh推测猫冠状病毒Ⅱ型是由猫冠状病毒Ⅰ型和犬冠状病毒基因进行重组造成的。从流行情况看，澳大利亚、日本和英国的研究调查发现，猫冠状病毒Ⅰ型在猫冠状病毒的自然感染中占主要地位。

猫口服猫传染性腹膜炎病毒后，首先在其小肠上皮尖端出现病毒粒子（Horzinek等，1982）。猫传染性腹膜炎病毒亲嗜小肠细胞的特性表明它与猫肠道冠状病毒密切相关。FECV-79-1683/FIPV-79-1146、FECV-UCD/FIPV-UCD1是迄今认识到的猫冠状病毒的两个对偶。每对的两个病毒抗原组成、结构蛋白极其相似，前一对的细胞病变相同（Pedersen等，1984）。有趣的是FIPV/UCD3、FIPV-UCD4口服感染猫，表现为猫肠道冠状病毒引起的病状，腹腔接种猫表现为猫传染性腹膜炎；更复杂的是，从猫传染性腹膜炎患猫分离的FIPV-UCD2，口服或腹腔接种SPF猫，均表现为猫肠道冠状病毒引起的病状（Pedersen等，1987）。猫传染性腹膜炎病毒亲嗜小肠细胞的特性、猫肠道冠状病毒/猫传染性腹膜炎病毒对偶的相似性以及猫肠道冠状病毒和猫传染性腹膜炎病毒抗原转换性表明，其中一种病毒可能是另一种突变而来。猫肠道冠状病毒感染率高、毒力弱，猫传染性腹膜炎病毒感染率低、毒力强。由此推测，猫肠道冠状病毒可能为原始毒株。

尽管猫肠道冠状病毒和猫传染性腹膜炎病毒抗原性相似，但猫肠道冠状病毒抗体阳性猫抗猫传染性腹膜炎病毒感染的作用甚微，即使FECV-79-1683/FIPV-79-1146、FECV-UCD/FIPV-UCD_1这两对抗原性相似的对偶也是如此。FECV-79-1683抗体阳性猫群只有50%猫能对抗FIPV-79-1146感染。不仅如此，猫肠道冠状病毒的异源免疫常加速猫传染性腹膜炎病毒致病并增强其毒力。猫传染性腹膜炎的潜伏期多为8～14天，但腹腔接种猫传染性腹膜炎病毒于猫肠道冠状病毒抗体阳性猫，2～3天后，猫即表现渗出性腹膜炎症状。猫肠道冠状病毒增强猫传染性腹膜炎病毒感染力的现象，间接支持了它们是同种变异株的假说。有人认为猫传染性腹膜炎病毒是猫肠道冠状病毒持续感染宿主突变而来的，但猫群中猫冠状病毒感染极为普遍，而猫传染性腹膜炎病毒感染只有5%，目前还不能确定突变的位点，多数认为与S基因的突变有关。

2. 形态学基本特征与培养特性　猫冠状病毒为单股正链不分节段的RNA病毒，病毒粒子呈多形性，大小为90～100nm，呈螺旋状对称。有囊膜，囊膜表面有长15～20nm的花瓣状纤突，突起基部较窄、顶部较宽，在电子显微镜下呈日冕或皇冠状，因此命名为冠状病毒。其有4种主要的结构蛋白，包括刺突蛋白（S）、膜蛋白（M）、小包膜蛋白（E）和核衣壳蛋白（N）。

猫冠状病毒有两种血清型，根据体外中和试验，分为Ⅰ型和Ⅱ型。血清Ⅰ型病毒占主要地位，占猫冠状病毒发病率和死亡率的70%～95%。在欧洲和美国血清Ⅱ型病毒很少见。猫冠状病毒血清Ⅰ型很难在细胞培养基上生长，进行繁殖时，优先在猫全胎细胞（fcwf-4）上生长，然后是猫肾传代细胞系（CRFK），不能够被犬冠状病毒的抗血清中和。猫冠状病毒血清Ⅱ型很容易在细胞培养基上生长，包括猫肾传代细胞系（CRFK），能够被高滴度的犬冠状病毒的抗血清中和。猫肠道冠状病毒血清Ⅰ型包括猫肠道冠状病毒-UCD和猫肠道冠状病毒-RM；猫肠道冠状病毒血清Ⅱ型包括猫肠道冠状病毒-79-1683。

3. 理化特性 猫肠道冠状病毒对外界理化因素抵抗力弱，大多数消毒剂可使其灭活。

4. 分子生物学 猫冠状病毒基因组为单股正链不分节段的RNA病毒，病毒基因组RNA具有感染性，全部mRNA亚基因组具有3’末端的poly A巢式结构，5’端有帽子结构和引导序列。在基因组的5’端有一个大的开放阅读框，可编码多聚酶，由ORF1a和ORF1b组成，编码两种复制酶多聚蛋白，可合成前体蛋白，部分通过核糖体框架移位产生，部分通过溶蛋白性裂解产生功能性蛋白。在ORF1a和ORF1b的重叠处有一特异性的7个核苷酸序列和一假结节结构，这对ORF1b的翻译是必需的。在ORF1a/ORF1b的下游，有4个ORFs，分别编码结构蛋白S（刺突蛋白）、E（小包膜蛋白）、M（膜蛋白）和N（核衣壳蛋白）。在猫冠状病毒的基因间隔区，还包含5种可能的非结构蛋白的ORFs，其中S和E之间有3个非结构基因，分别为3a、3b、3c；N之后，编码2个非结构基因7a和7b。

猫肠道冠状病毒-79-1683株的M基因长度789bp，编码263个氨基酸，M蛋白分子量为29.9 kDa；N基因长度1 128bp，编码376个氨基酸，N蛋白分子量为42.4 kDa。

三、流行病学

1. 传染来源 病猫和带毒猫是该病主要的传染源，病毒随粪便排出，造成周围动物的感染。

2. 传播途径 猫肠道冠状病毒具有高度传染性，主要通过粪—口途径传播。在多猫的环境中，75%～100%的猫可以排泄病毒。

3. 易感动物 猫肠道冠状病毒的自然宿主为猫，猎豹、狮子、老虎、猞猁等猫科动物也有自然感染的报道。

迄今未见猫肠道冠状病毒感染人的报道。

4. 流行特征 猫肠道冠状病毒主要感染42～84日龄幼猫，由于母源抗体的作用，35日龄以下仔猫很少发病。42～84日龄猫感染时常表现为肠炎。成年猫则多呈隐性感染，若呈恶性发作也可出现致死性病例。患猫、健康带毒猫可经粪便途径排出大量病毒，病后康复猫体内仍可带毒，但90～120天内不会复发。

四、临床症状

该病常发生于断乳仔猫。人工接种猫肠道冠状病毒后3天，仔猫体温升高、食欲下降。而后发生呕吐，肠蠕动加快，出现中等程度腹泻，肛门肿胀。较严重病例可见脱水症状。死亡率一般较低。疾病急性期，血液中中性粒细胞降至50%以下。感染后10～14天，免疫荧光抗体滴度可达1∶32～1∶1024。

五、病理变化

1. 大体解剖观察 该病与猪传染性胃肠炎病例的病变相似。尸体剖检常无明显损伤，自然感染的青年猫可见肠系膜淋巴结肿胀，肠壁水肿，粪便中有脱落的肠黏膜。除特别严重的病例外，几乎整个肠道损伤均可恢复。

2. 组织病理学观察 可见病毒对十二指肠中段到盲肠段的成熟柱状上皮细胞具有亲嗜性，尤其是十二指肠和空肠。组织学变化多见于较严重的病例，主要是绒毛萎缩、相邻肠绒毛上皮细胞发生融合和柱状上皮脱落。除特别严重病例，肠道损伤可恢复，表现为柱状上皮增生。

六、诊　　断

猫肠道冠状病毒感染一般症状轻微，幼猫常有持续数天的轻微腹泻，少数病例出现呕吐。猫肠道冠状病毒感染引起的症状较轻，一般不需要进行明确病原体的特异性诊断。用电镜或RT-PCR可确定排泄物有无猫肠道冠状病毒，由于健康猫的粪便中也存在猫肠道冠状病毒，所以这些方法的检测价值有限。

1. 病毒分离与鉴定 组织培养和病毒分离较难取得成功。常用的细胞系有 FC0009、FCWF-4 Grandall、猪睾丸细胞和猫肾细胞系。FECV-79-1683 株病毒能在细胞上稳定生长，FECV-UCD 株只能通过猫体传代。

2. 血清学试验 测定血清中的抗体也是检测猫冠状病毒感染重要的诊断手段，但是一定比例的健康猫体内也有冠状病毒抗体。中和试验和 ELISA 可用于该病的检测，Annamaria Pratelli（2008）认为 ELISA 的敏感性高于中和试验。

3. 荧光抗体检测 荧光抗体检测冷冻切片，病毒主要存在于小肠和肠系膜淋巴结，扁桃体及胸腺中较少，肺、脾、肝和肾中则看不到病毒。组织学观察时，通常见不到小肠和其他器官的组织学损伤。感染猫肠道冠状病毒后 12～14 天，荧光抗体滴度升高到 1∶32～1∶1024，而“湿性”及“干性”猫传染性腹膜炎病毒患猫则可达 1∶100～1∶3 200，以此可作为鉴别诊断的指标。

4. 分子生物学诊断 近年来国内外一些学者建立了猫冠状病毒的 RT-PCR 检测方法，通过基因的保守区域如 PoL、7b 基因等，可以检测出绝大多数猫冠状病毒毒株，可作为筛查该病毒的有力工具。但目前还不清楚区分猫冠状病毒生物型的特异性基因，不能设计出区分猫肠道冠状病毒和猫传染性腹膜炎病毒的 PCR 引物。

七、防治措施

除非脱水严重的病例需要补液，一般情况下不需治疗。

猫肠道冠状病毒广泛分布于猫群中，许多无临床症状的猫可能为带毒者。血清学阳性的猫可通过粪便排毒，因此该病的预防较为困难。平时应加强猫舍卫生，各年龄猫分居饲养。断乳仔猫由于很快失去母源抗体的保护作用，需加强护理，以减少发病率。

八、公共卫生影响

猫肠道冠状病毒与猫传染性腹膜炎病毒之间的关系目前尚不完全清楚。有人认为前者可能在后者感染时起刺激机体产生冠状病毒抗体的作用；也有人认为，猫传染性腹膜炎病毒实际上是猫肠道冠状病毒的变种。另外，由于猫肠道冠状病毒与人及犬、犊牛、猪、火鸡等动物的肠道冠状病毒致病机制相似，以及其与人冠状病毒和犬冠状病毒、猪传染性胃肠炎病毒、猫传染性腹膜炎病毒在抗原特性的相似性，有关该病毒的研究已越来越受到重视。

（乔明明　冯向辉　孙明　田克恭）

参考文献

韩久全，宋勤叶. 2000. 猫冠状病毒在进化中基因的漂变和漂移［J］. 动物医学进展，21（3）：74-75.

李健，王巧全，陈沁，等. 2008. 7 种动物冠状病毒特异基因的克隆与序列分析［J］. 畜牧与兽医，40（2）：12-15.

李凯年，孟丹，孟昱. 2010. 猫冠状病毒感染及其诊断方法的研究进展［J］. 中国动物保健（11）：50-53.

Addie D D，Jarrett O. 2001. Use of a reverse-transcriptase polymerase chain reaction for monitoring the shedding of feline coronavirus by healthy cats［J］. Vet Rec，148：649-653.

Addie D D，Schaap I A，Nicolson L，et al. 2003. Persistence and transmission of natural type I feline coronavirus infection［J］. J Gen Virol，84：2735-2744.

Annamaria Pratelli. 2008. Comparison of serologic techniques for the detection of antibodies against feline coronaviruses［J］. Journal of Veterinary Diagnostic Investigation，20：45-50.

Dye C，Helps C R，Siddell S G. 2008. Evaluation of real-time RT-PCR for the quantification of feline coronavirus shedding in the faeces of domestic cats［J］. Feline Med Surg，10（2）：167-174.

Foley J E，Poland A，Carlson J，et al. 1997. Patterns of feline coronavirus infection and fecal shedding from cats in multi-

ple-cat environments [J]. J Am Vet Med Assoc, 210: 1307-1312.
González J M., Gomez-Puertas P, Cavanagh D, et al. 2003. A comparative sequence analysis to revise the current taxonomy of the family Coronaviridae [J]. Arch Virol, 148: 2 207-2 235.
Gorbalenya A E, Enjuanes L, Ziebuhr J, et al. 2006. Nidovirales: evolving the largest RNA virus genome [J]. Virus Res, 117: 17-37.
Hartmann K. 2005. Feline infectious peritonitis [J]. Veterinary Clinics of North America: Small Animal Practice, 35 (1): 39-79.
Herrewegh A A, de Groot R J, Cepica A, et al. 1995. Detection of feline coronavirus RNA in feces, tissues, and body uids of naturally infected cats by reverse transcriptase PCR [J]. J Clin Microbiol, 33: 684-689.
Herrewegh A A, Mahler M, Hedrich H J, et al. 1997. Persistence and evolution of felinecoronavirus in a closed cat-breeding colony [J]. Virology, 234: 349-363.
Hohdatsu T, Okada S, Ishizuka Y, et al. 1992. The prevalence of types I and Ⅱ feline coronavirus infections in cats [J]. J Vet Med Sci, 54: 557-562.
Hohdatsu T, Sasamoto T, Okada S, et al. 1991. Antigenic analysis of feline coronaviruses with monoclonal antibodies (MAbs): preparation of MAbs which discriminate between FIPV strain 79-1146 and FECV strain 79-1683 [J]. Vet Microbiol, 28: 13-24.

第七节 犬冠状病毒感染
(Canine coronavirus infection)

犬冠状病毒感染（Canine coronavirus infection）是由犬冠状病毒引起犬科动物的一种以胃肠炎为主要症状的高度接触性传染病。临床表现为频繁呕吐、腹泻、沉郁、厌食，临床症状消失后14～21天可复发。该病毒既可单独致病，也常与犬细小病毒、轮状病毒等混合感染而使病情加剧；严重时常因急性腹泻和呕吐引起的脱水导致死亡。犬冠状病毒主要感染犬，近几年的血清学调查发现，其还可以感染大熊猫、小熊猫、虎、狮、水貂等动物。该病已在世界范围内广泛流行，是当前对养犬业和毛皮养殖业危害较大的一种传染病。

一、发生与分布

1974年Binn等在美国首次从患腹泻的德国军犬体内分离到犬冠状病毒。随后美国（1975、1979）、德国（1975）、英国（1973、1980）、比利时（1978）、澳大利亚（1978）、法国（1980）、泰国（1979）等许多国家和地区都曾有该病大规模流行的报道，不同国家或地区的犬血清中，犬冠状病毒抗体阳性率从0～100％不等。

1985年，徐汉坤等首次报道了该病在我国的发生，随后刘海涛（1987）、王允海等（1990）、周向阳等（1990）分别报道了警犬、军犬的犬冠状病毒感染，1996年，解放军农牧大学在国内首次分离到犬冠状病毒。王允海（1996）等对哈尔滨地区的军、警犬的血清中犬冠状病毒抗体进行了调查，阳性率为100％，表明调查的犬场中普遍存在冠状病毒感染。蒋静等（2007）对上海、安徽、湖北的犬进行了犬冠状病毒抗体的血清学检测，阳性率分别为57％、67％和25％。

二、病　原

1. 分类地位 犬冠状病毒（*Canine coronavirus*，CCV）在分类上属冠状病毒科（Coronaviridae）、冠状病毒属（*Coronavirus*）。该属成员分为3个群，第一群包括犬冠状病毒、人冠状病毒229E（HCoV-229E）、猪传染性胃肠炎病毒（TGEV）、猫冠状病毒（FCoV）；第二群病毒包括人冠状病毒OC43（HCoV-OC43）、牛冠状病毒（BCoV）火鸡冠状病毒、鼠肝炎病毒（MHV）、猪血凝性脑脊髓炎病毒（HEV）、大鼠冠状病毒；第三群冠状病毒包括鸡传染性支气管炎病毒（IBV）、火鸡蓝冠病病毒（TcoV）。

免疫荧光试验证明，感染细胞的犬冠状病毒可与猫传染性腹膜炎病毒（FIPV）、猪传染性胃肠炎病毒的抗血清发生反应，进一步的研究认为，犬冠状病毒与猪传染性胃肠炎病毒、猫传染性腹膜炎病毒具有部分共同抗原。

犬冠状病毒只有1个血清型，但对其S、M蛋白基因序列分析结果表明，犬冠状病毒至少存在2个不同的基因型，基因Ⅰ型与猫冠状病毒有较高的同源性。目前国内外流行的主要是基因Ⅱ型。

2. 形态学特征与培养特性 犬冠状病毒核酸型为单股RNA。病毒粒子形态多样，多呈圆形（直径80～100nm）或椭圆形（长径180～200nm、宽径75～80nm）。表面有一层厚的囊膜，其上被覆有长约20nm呈花瓣样的纤突。经冻融或较长时间的存放，纤突极易脱落并失去感染性。

犬冠状病毒通过胞饮作用进入易感细胞，在细胞浆内复制，病毒粒子经过内质网膜而非细胞膜出芽成熟。它可在多种犬的原代和继代细胞上增殖并产生细胞病变，包括犬肾、胸腺、滑膜细胞和A-72细胞系。也可在CRFA猫肾细胞和猫胚成纤维细胞上生长，接毒2天后即可出现细胞病变；在A-72细胞上可产生合胞体，并可被特异性犬冠状病毒抗体所中和。初次分离犬冠状病毒不易成功，也不太稳定。犬冠状病毒没有血凝性。

3. 理化特性 犬冠状病毒浮密度为1.24～1.26g/cm^3，对乙醚、氯仿、脱氧胆酸盐敏感，对热敏感，易被甲醛、紫外线等灭活。但对酸和胰酶有较强的抵抗力，pH 3.0 、20～22℃条件下不能灭活，这是病毒经胃后仍有感染活性的原因。

4. 分子生物学 犬冠状病毒的基因组大小为27～32kb，为不分节段的正股单链RNA，5’端有帽子结构，3’端有多聚A尾。犬冠状病毒全基因组尚未测定，但已测定的CCV-Insavcl株3'端9.6 kb的基因序列，包含了除多聚酶区以外的所有编码信息。自5’端至3’端共有10个开放性阅读框架（ORF），其中3a与3x、3x与3b、3b与4sm、7a与7b ORF有交叉重叠，其余ORF之间由内含子隔开。S.5M.M和N ORF为病毒结构蛋白编码基因，其余为非结构蛋白编码基因。除未被完全测定的1b ORF外，各ORF大小分别为4362（ZS）、213（3a）、735（3b）、246（4SM）、789（5M）、1203（6N）、303（7a）和639（7b）。除。ORF 3b和7b外，每个ORF上游都有一个极为保守的核苷酸序列CUAAAC，它是每个ORF的转录起始区，该序列在猪传染性胃肠炎病毒、猫传染性胃肠炎病毒（FIPV）和猪呼吸道冠状病毒（PRCV）也是保守的，功能也类似。Horsburgh测定了ORF1b的504个核苷酸序列，其与猪传染性胃肠炎病毒、IBV和NIkIV多聚酶区基因序列的同源性分别为95%、17%和53%，说明ORF1b是犬冠状病毒多聚酶区的一部分。

由于冠状病毒基因组庞大，复制时采用独特的套式转录复制方式，错配率和重组率都很高，极易发生变异。Naylor等鉴定了分离自澳大利亚肠炎犬的变异株CCV-UWSMN-1，进化中处于猫冠状病毒和犬冠状病毒之间，认为可能是犬冠状病毒新的亚型。Pratelli（2003）等检测了腹泻犬群犬冠状病毒，证实有新的基因型（ FCV-like CCV）存在。因其与猫冠状病毒Ⅰ型相似而建议将其命名为犬冠状病毒Ⅰ型（CCV Type I），而目前已知的其他犬冠状病毒（canine-like）则归为Ⅱ型。

三、流行病学

1. 传染来源 病犬和带毒犬是该病的主要传染来源，病犬排毒时间为14天，保持接触性传染的能力为期更长。

2. 传播途径 病犬经呼吸道、消化道随口涎、鼻液和粪便向外排毒，污染饲料、饮水、笼具和周围环境，直接或间接地传给有易感性的动物。犬冠状病毒在粪便中可存活6～9天，在水中也可保持数日的感染性，因此一旦发病，则很难制止传播流行。此外，在电镜负染检查一新生仔犬的肠内容物中曾发现犬冠状病毒样粒子，提示犬冠状病毒可能存在垂直感染。

3. 易感动物 犬冠状病毒的宿主范围较广，除犬外，狼、大熊猫、貉、狐、虎、狮等均有易感性，有些毒株感染猪、猫可出现轻度腹泻。不同年龄、性别、品种的犬均可感染，幼犬的发病率和死亡率较高。哺乳或刚断乳的小鼠、豚鼠和兔接种犬冠状病毒后均不发病。

犬冠状病毒不感染人，病犬管理人员体内也未检出过犬冠状病毒抗体。

4. 流行特征 该病一年四季均可发生，冬季多发，可能与犬冠状病毒对热敏感、对低温有相对的抵抗力有关。过高的饲养密度、较差的饲养卫生条件、气温骤变、断乳、分窝、调运等饲养管理条件突然改变等，都会提高感染和临床发病的概率。肠道的其他微生物菌群，如产气荚膜杆菌、胎儿弧菌和沙门菌等可能会加剧病情，但其具体作用还不清楚。犬冠状病毒经常与犬细小病毒、轮状病毒、类星状病毒等混合感染，几种病毒往往可从一窝患肠炎的幼犬中同时检出，诊断时应予以注意。

有些因素可能增加新生幼犬对犬冠状病毒的易感性。幼犬具有吸收大分子蛋白的功能，这可能使其更易摄入病毒粒子。黏膜的免疫性对抵抗病毒感染起着重要作用，成年犬具有比幼犬更为有效的分泌免疫能力，因此抵抗病毒感染的能力强。经口感染犬冠状病毒的犬康复后能产生坚强的免疫力，可免受再次感染，但其保护期还不清楚。人工感染未食初乳的新生幼犬容易成功，常在1～3天死于出血性肠炎；新生幼犬也曾有生后1～2天感染发病的报道，而且死亡率极高。值得注意的是，病犬临床症状消失后14～21天，中和抗体虽有明显上升，但仍可再次出现犬冠状病毒感染症状，给这些犬注射犬瘟热、犬细小病毒疫苗，免疫应答反应也比较弱，提示该病的免疫不易形成且主要依靠肠道的局部免疫，犬冠状病毒感染对抗体的免疫功能是否有抑制作用有待进一步研究证实。

四、临床症状

该病传播迅速，数日内即可蔓延全群，人工感染潜伏期24～48h，自然病例潜伏期1～3天。临床症状轻重不一，有时无明显症状，有时呈现致死性胃肠炎。病犬嗜眠、衰弱、厌食，最初可见持续数天的呕吐，随后开始腹泻，粪便呈粥样或水样，黄绿色或橘红色，恶臭，混有数量不等的黏液，偶尔可在粪便中看到少量血液。临床上很难与犬细小病毒区别，只是犬冠状病毒感染时间更长，且具有间歇性，可反复发作。多数病犬不发热，白细胞数量正常，并可在7～10天内康复，但有些犬特别是幼犬在发病后24～36h死亡，成年犬几乎不死亡。国外报道死亡率较低，但国内军、警犬感染犬冠状病毒后死亡率较高，有些病例死亡较快，甚至刚出现腹泻即死亡，是否因国内流行的犬冠状病毒毒力较强，还有待研究证实。

五、病理变化

犬冠状病毒感染与人的病毒性胃肠炎极为相似，因此，已作为人病毒性胃肠炎的动物模型进行研究。

1. 大体解剖观察 表现为不同程度的胃肠炎变化。尸体严重脱水，腹部增大，腹壁松弛，胃及肠管扩张。肠壁菲薄，肠内充满白色或黄绿色液体，肠黏膜充血、出血、肠系膜淋巴结肿大。病犬易发生肠套叠。胃黏膜脱落出血，胃内有黏液。胆囊肿大。肠黏膜脱落是该病较典型的特征。

2. 组织病理学观察 可见肠绒毛萎缩变短，有时发生融合，隐窝变深，绒毛长度与隐窝深度之比发生改变，黏膜上皮细胞变性，胞浆出现空泡。黏膜固有层水肿，炎性细胞浸润，杯状细胞数量增多，黏液分泌亢进。应用荧光抗体染色，在小肠上皮细胞胞浆顶部可见特异荧光。

3. 超微结构观察 非特异性的细胞病变为微绒毛破坏，胞浆密度消失，线粒体变形，胞浆空泡扩张和出现脂质包涵体等变化。特异性细胞病变为密丝体结构和膜结合小体形成。病毒在绒毛上皮细胞胞浆小泡中复制，通过破损的肠黏膜上皮细胞排入肠腔。

六、诊　　断

该病流行特点、临床症状、病理剖检缺乏特征性变化，在血液学和生物化学方面也没有特征性指标，因此确诊必须依靠病毒分离、电镜观察和血清学检查。

1. 病毒分离与鉴定 犬冠状病毒可在多种犬和猫的细胞系中增殖，但是犬冠状病毒的分离培养、特别是初代犬冠状病毒的分离特别困难。一般仅在少数的特殊病例中使用该方法来确定犬冠状病毒感染。一般在病毒接种 2 天后细胞产生病变。用于犬冠状病毒分离的病料样品最好为新鲜样品，经抗菌素处理微孔滤膜过滤后，立即接种细胞，避免高温贮藏和反复冻融。犬冠状病毒在－20℃以下能很好存活，但在 4 ℃以上存活时间缩短。高温下犬冠状病毒以粪便形式的存在可明显降低的存活概率。因此，对粪便样品的诊断应尽早进行。

Binn 等最早采用向营养液中加入 DEAE-葡萄糖分离犬冠状病毒获得成功。胡桂学（1997）等采用分化潜能极高的犬肾原代细胞，在病毒分离过程中，采用了同步接种、带毒传代等方法，残留的胰酶使细胞表面的病毒受体暴露，易于吸附病毒。另外，加入新消化的细胞与已增殖病毒的细胞相互接触，共同增殖，使病毒更容易进入邻近的细胞，达到病毒分离的目的。实际检测中，有些犬冠状病毒毒株不产生细胞病变，或产生细胞病变也不能确定为犬冠状病毒，因此对分离的病毒需结合犬冠状病毒特异性荧光抗体或酶标抗体等染色进一步确定。病毒分离方法的检出率很低。Pratelli 等用套式 PCR（n-PCR）检测犬冠状病毒阳性的 30 份样品中，只有 3 个样品通过细胞培养分离到病毒。

2. 电镜检测 犬冠状病毒感染犬在粪便中排出病毒持续 6～9 天，有些犬粪便排毒可持续更长时间。Appel 等（1987）认为，在表现临床症状期间，粪便中病毒粒子最多，用电镜检查最为快速。但由于粪便中常存在类似犬冠状病毒的粒子，常规电镜检查不易区分。因此，需要进一步用免疫电镜方法，即用特异性抗血清或单克隆抗体与样品作用后再电镜检查。此外当粪便中病毒粒子含量少时，该方法的检出率较低。

3. 免疫学检测

（1）荧光抗体技术 应用犬冠状病毒特异荧光抗体直接对肠黏膜或刮取的肠黏膜细胞进行染色，如在胞浆中发现特异荧光，可确定为犬冠状病毒感染。William（1980）采用直接荧光抗体技术评价了犬冠状病毒弱毒疫苗免疫犬病毒在肠道的增殖情况。此外，先用特异抗体（第一抗体）作用后，再用荧光抗体标记的第二抗体作间接荧光抗体检查，可通过荧光细胞的有无而确诊。Keenan 采用间接荧光抗体技术检查了人工接种犬冠状病毒病犬，发现在接种后 2 天可在十二指肠见到荧光细胞，接种后 4 天可在回肠见到荧光细胞。胡桂学等利用 FITC 标记的兔抗犬 IgG 染色犬冠状病毒特异性抗体感作过的肠上皮细胞刮取物或分离病毒的细胞培养物，进行犬冠状病毒抗原的检查或分离病毒的鉴定，取得了满意效果。

（2）中和试验 采集犬发病前后双份血清做中和试验，既可进行临床诊断又可进行流行病学调查。这种方法费时费力，但特异性强、敏感性高。该方法首先由 Binn（1974）建立，随着犬冠状病毒不同毒株的分离和在敏感细胞上传代次数的增加，该病毒逐渐适应了某些犬源和猫源的传代细胞系。国外学者利用 A72. 猫胎传代细胞、CRFK 细胞相继建立了中和试验。范志强等用从美国引进的犬冠状病毒 NL-18 参考株，在 CRFK 细胞上建立了中和试验方法。

（3）ELISA Tuchiya（1991）从犬冠状病毒感染的 CRFK 细胞中纯化抗原，建立了检测犬冠状病毒抗体的 ELISA 方法，其结果与中和试验一致，且证明犬冠状病毒免疫犬 ELISA 抗体出现的时间晚于中和抗体。Rimelzwaan（1991）根据猫传染性腹膜炎病毒、猪传染性胃肠炎病毒与犬冠状病毒抗原关系较近的特点，建立了复合物捕捉阻断（complex trapping blocking）ELISA 法，其敏感性和特异性显著高于间接 ELISA 法，且两者呈正相关，具有大于 92%的符合率。范志强等建立了酶标 SPA 的间接 ELISA 法，其与中和试验具有很高的符合率。我国范泉水等采用纯化病毒免疫豚鼠制备犬冠状病毒特异抗体，建立了犬冠状病毒双抗体夹心 ELISA 法，其检查结果与电镜检查结果一致。

4. 分子生物学诊断 PCR 是近年来发展起来的生物技术，可准确、快速和敏感地鉴定病毒。Naylor 等建立套式 PCR 检测粪便中的犬冠状病毒，目标序列为 S 蛋白基因 514 饰片段，敏感性高达每克粪便 25 $TCID_{50}$。但是 S 蛋白的基因容易发生变异，对于一些变异株可能会漏检。Stephensen 等建立了检测冠状病毒感染的通用 PCR 引物，可以扩增 11 种冠状病毒的聚合酶基因片段，但是由于引物的特异性低，使得检测敏感度降低了。Pratelli 利用在 M 蛋白区设计的一半套式 PCR 引物，该 PCR 的第一轮可扩增所有犬冠状病毒毒株的M基因，第二轮引物有两种，可对检测到的核酸进行分型，达到检测和鉴定的目的。该方法特异性好、敏感性高，且在检测的同时还能对病毒基因型进行鉴定。经国内外许多学者证实，该套式PCR方法比常规PCR更加敏感，非常适合于病原的鉴定和临床诊断，已被很多研究者在流行病学调查中采用。

此外，胡桂学等在建立RT-PCR方法的基础上，以PCR产物制备了同位素C13做标记的核酸探针，建立了犬冠状病毒核酸探针检测方法。Dacaro等建立了检测犬冠状病毒的荧光定量PCR方法，具有高度的敏感性和特异性，可用于疫苗免疫后机体排毒的跟踪检测。

七、防治措施

1. 治疗　对发病动物主要采取对症治疗，停喂含乳糖较多的牛奶，喂给多酶片、乳酸菌片。口服补液盐，静脉滴注复方氯化钠液，以纠正脱水与电解质紊乱。肌内注射地塞米松，以改善微循环和治疗休克。

2. 预防　由于病犬粪便中含有大量的传染性病毒粒子，因此对病犬的严格隔离和保持良好的卫生条件尤为重要。一旦有该病发生，如不进行粪便处理和适当的消毒，就会在犬群中迅速传播。1∶30浓度的漂白粉水溶液和0.1%～1%的甲醛是经济有效的消毒剂。

疫苗接种是预防犬冠状病毒感染的有效手段。Edwards等首先利用犬冠状病毒强毒以FBI为灭活剂，制成了灭活苗。试验结果表明，当血清间接免疫荧光抗体效价达到1∶80或中和抗体效价达到1∶4时，免疫接种动物就获得了对口服犬冠状病毒强毒的保护。夏咸柱等使用静水压对犬冠状病毒进行灭活，并加入蜂胶佐剂制备犬冠状病毒高压灭活苗，结果表明犬冠状病毒高压灭活苗诱导犬产生中和抗体的能力明显高于福尔马林灭活苗，临床应用该苗对犬的保护率达90%。Willian等将犬冠状病毒强毒株经过猫源细胞反复传代，成功研制了犬冠状病毒弱毒苗，经皮下过肌肉免疫接种该苗的犬可抵抗犬冠状病毒强毒攻击。

八、公共卫生影响

目前，尚未见人感染犬冠状病毒的报道，密切接触感染犬的人也未检出过犬冠状病毒抗体。犬冠状病毒性肠炎的临床过程和病理变化与人其他类型的急性病毒性肠炎相似，因此，它可作为研究人急性病毒性肠炎临床表现、病毒学、免疫学、物理化学和病理形态学的动物模型。

（乔明明　冯向辉　孙明　田克恭）

参考文献

范泉水，齐桂凤，王度林，等．1995. ELISA双抗体夹心法诊断犬冠状病毒肠炎［J］．中国兽医科技（9）：8-10.

范志强，夏咸柱，胡桂学，等．1999. 应用间接ELISA检测犬冠状病毒抗体［J］．中国兽医学报（2）：129-132.

范志强，夏咸柱．1998. 检测犬冠状病毒中和抗体的方法与应用［J］．中国畜禽传染病，20（6）：357-360.

胡桂学，夏咸柱，鲍志宏，等．2003. 犬冠状病毒核酸探针的制备及其基因序列的测定与比较［J］．中国兽医学报，23（3）：228-230.

胡桂学，夏咸柱，金宁一，等．1997. 犬冠状病毒的分离鉴定及其纤突蛋白基因的克隆与序列比较［J］．中国兽医学报，17（6）：563-568.

蒋静，李健，胡永强，等．2007. 上海等4省市动物冠状病毒的流行病学调查［J］．畜牧与兽医，39（12）：50-52.

王允海，王长金，马超，等．1997. 哈尔滨地区军、警犬冠状病毒感染血清学调查［J］．中国养犬杂志，7（4）：16-17.

夏咸柱，余春，池元斌，等．2000. 犬冠状病毒压力灭活苗的制备与应用研究［J］．中国兽医科技，30（5）：5-7.

Horsburgh B C，Brierley I，Brown T D. 1992. Analysis of a 9.6 kb sequence from the 3’ end of canine coronavirus［J］. J Gen Virol，73：2849-2862.

Naylor M J，Harrison G A，Monckton R P，et al. 2001. Identification of Canine Coronavirus Strians from Feces by S Gene

Nested PCR and Molecular Characterizailon of a New Australian Isolate [J]. Journal of clinical Microbiology, 39 (3): 1 036 - 1 041.

Pratelli A, Buonavoglia D, Martella V, et al. 2000. Diagnosis of canine coronavirus infection using nested - PCR [J]. J Virol Methods, 84 (1): 91 - 94.

Pratelli A, Elia G, Decaro N, et al. 2004. Cloning and expression of two fragments of the S gene of canine coronavirus Type I [J]. J Virol Methods, 117 (1): 61 - 65.

Pratelli A, Martella V, Decaro N, et al. 2003. Genetic diversity of a canine coronavirus detected in pups with diarrhea in Italy [J]. J Virol Methods, 110 (1): 9 - 17.

第八节　兔胸水渗出病
(Rabbit pleural effusion disease)

兔胸水渗出病（Rabbit pleural effusion disease）是由胸水渗出病病毒引起兔的一种间发性疾病，可引起兔的亚临床感染或致死性感染。

一、发生与分布

该病的发生与梅毒螺旋体（*Treponema pallidum*）在兔体内传代有关。早在20世纪50年代，人们通过兔睾丸连续接种传代的方法保持梅毒螺旋体的毒力。60年代初期，人们发现兔经睾丸接种梅毒螺旋体后表现急性发热，间或死亡。60年代后期，该病的发生率和死亡率逐年升高，临床表现为胸水增多，所以称之为胸水渗出病。该病又称“兔传染性心肌病（Rabbit infectious cardiomyopathy）”。胸水渗出病病毒最早由瑞典学者Gudjosson等（1970）在接种梅毒螺旋体的睾丸组织中发现，随后，许多国家和地区均分离到该病毒。

目前我国尚未有该病报道。

二、病　原

1. 分类地位　目前，胸水渗出病病毒（*Pleural effusion disease virus*，PEDV）的分类地位尚未确定。一些学者认为可能属冠状病毒。胸水渗出病病毒是宿主特异性包膜病毒。Fennestad等（1983）经兔感染试验和保护试验对Dutch、Danish、Paris I、Minneapolis和SBL 5个病毒株进行比较，Dutch株与Danish株的致病性和免疫性相同；Paris I和Minneapolis的致病性较Dutch弱，但免疫性与Dutch相同；SBL与Dutch株关系较近，但致病性和免疫性有所不同。

2. 形态学基本特征与培养特性　Small（1979）通过电镜观察，病毒粒子呈圆形或椭圆形，直径75～100nm，表面有15～20nm的突起。经补体结合试验证明胸水渗出病病毒与人冠状病毒229E（HCV - 229E）或人冠状病毒OC43（HCV - OC43）有交叉抗原关系。Osterhaus等（1982）分别用来自荷兰和丹麦的含有胸水渗出病病毒的睾丸悬液经肌肉接种家兔，4天后取病兔血浆提纯病毒，电镜负染均可见多量带有突起的直径约70nm的病毒粒子。Fennestad（1983）用滤过法测定病毒，大小为25～50nm。

Small等（1979）将胸水渗出病病毒分别在34℃和37℃下，用不同细胞系，包括HEp - 2、Vero、BSC - 1、BHIC、WI - 38、J - 111、MA - 111、MA - 177和原代兔肾细胞盲传5代。只在第2代MA - 177和原代兔肾细胞可见细胞病变，第3代即消失。上述细胞和细胞培养液都不具传染性。

3. 理化特性　胸水渗出病病毒对乙醚敏感，对热有一定抵抗力，传染血清在56℃条件下的半数灭活时间为7.2min，4～5℃150天仍不丧失传染力。

三、流行病学

1. 传染来源及传播途径　关于胸水渗出病病毒的来源众说不一。该病毒是作为梅毒螺旋体的兔睾丸悬液中的一种伴随病毒而被发现的，在自然界胸水渗出病病毒可能是以无毒株存在的，经人为传代而产生致病性，感染疾病的前两个月具有传染性。这种致病性还取决于传代的时间间隔。一些人认为胸水渗出病病毒来源于人的冠状病毒。

2. 易感动物

（1）自然宿主 该病只限于用于梅毒螺旋体传代的实验兔，因此，可在实验室之间传播，许多实验室已分离到病毒。该病的发生都是通过人给兔接种胸水渗出病病毒或含有病毒的睾丸悬液造成的。Fennestad（1981）发现在不控制交配的情况下，胸水渗出病病毒可由病兔传给同笼的健康兔，但控制交配后未见病毒传播。

（2）实验动物 胸水渗出病病毒经皮下接种新西兰兔，可引起发病。新生乳鼠脑内接种，仓鼠、豚鼠皮下接种均不发病。

四、临床症状

胸水渗出病病毒不同毒株的毒力不同，同一毒株的毒力还与在兔体内的传代次数和传代间隔时间有关。Dutch 株随传代次数增多毒力增强。该病毒必须以较短的时间间隔（3～10 天）在兔体内连续传代才能保持其毒力不变。强毒株如在兔体内长期（30 天）不传代则逐渐失去其活力。Fennestad 等（1983）对来自不同国家和地区的 9 株胸水渗出病病毒的毒力进行了比较，根据毒力强弱将病毒分为 3 个群。第 1 群能引起 50%以上的死亡率，包括 Telaviv、Stockholm 等毒株；第 2 群死亡率小于 50%，包括 Utrecht、Paris I、Oslo、Wrodaw、Tokyo 等毒株；第 3 群只能引起亚临床症状，包括 Minneapolis 等毒株。

感染胸水渗出病病毒的病兔出现长期持续性病毒血症，感染后存活幼兔的病毒血症至少持续 180 天。病毒广泛存在于病兔的血液和组织器官中，但以血清、胸水和肺中含量最高。机体无论对强毒还是无毒的胸水渗出病病毒都能产生免疫应答，血液中有抗体形成，但其中和能力很低。感染后 30 天能抵抗强毒株的攻击。

胸水渗出病病毒的不同毒株所引起的临床表现有所不同。第 1 群和第 2 群病毒能引起兔发病，并出现明显症状，Dutch 和 Danish 株可引起 50%以上的死亡率。Dutch 株感染的潜伏期为 2～3 天，病兔表现发热、厌食等症状，3～6 天后出现眼色素层炎。第 3 群病毒只引起亚临床症状，Minneapolis 株和低毒的病毒株只有短暂的发热反应。

胸水渗出病病毒的不同毒株所引起的临床表现有所不同，重症者表现发热、厌食等，后期可见眼色素层炎。大体解剖见胸腔积有淡黄色黏稠液体，静置后液体凝固。

五、病理变化

1. 大体解剖观察 大体解剖观察可见巩膜混浊，结膜、虹膜充血，虹膜睫状体发炎，偶见眼前房充血，气管黏膜潮红，鼻流清涕。胸腔多积有淡黄色黏稠液体，静置后液体凝固。但 Danish 株不出现胸水。肺水肿。心肌表面有红色条纹。右前胸腔静脉扩张。下颌、颈、腋下、腹股沟和咽淋巴结潮红。膀胱积尿。

2. 组织病理学观察 组织病理学观察见肺灶性坏死，间质淋巴细胞积聚。淋巴组织病变，脾白髓减少，胸腺和淋巴结退行性变。轻微的肾小球增生。短暂的心肌和肝脏病变。主要表现在淋巴结、脾、肝和肺。淋巴结内血管扩张，淋巴细胞增生；脾脏淋巴细胞增生，血管内皮细胞中有含铁血黄素沉着；肝实质散在灶状坏死；心肌纤维变性并有单核细胞浸润；肺也见散在灶性坏死，肺间质淋巴细胞积聚。

六、诊　　断

胸水渗出病病毒的不同毒株所致疾病表现各异，可依据高热、眼色素层炎和胸水渗出等做出初步诊断。确诊可将可疑病料接种新西兰兔，4 天后取病兔血浆，电镜观察病毒形态。也可用酶联免疫吸附试验和补体结合试验鉴定病毒（Fennestad 等，1983）。

七、对实验研究的影响

兔无论感染胸水渗出病病毒强毒或弱毒均可产生免疫应答。感染病兔血清中 IgG 浓度比正常兔高。循环抗体中和病毒能力不强，但无毒株能诱导机体抵抗强毒株的攻击，这可能与抗体以外的细胞因素有关。

在没有人为的兔体内传代时，胸水渗出病病毒可能以无毒株形式存在于自然界中。只有在兔体内连续传代时，病毒毒力才增强和稳定。因此，在用兔作为实验动物进行医学研究时，需考虑胸水渗出病病毒的干扰作用。

（栗景蕊　贺争鸣　田克恭）

参考文献

田克恭．1991．实验动物病毒性疾病［M］．北京：农业出版社．

田克恭．1993．兔胸水渗出病［J］．上海实验动物科学，13（2）：114-115，122.

Fennestad K L，Mansa B，Christensen N，et al. 1986. Pathogenicity and Persistence of Pleural Effusion Disease Virus Isolates in Rabbits［J］．J Gen Virol，67：993-1000.

Fennestad K L，Bruun L，Wedø E. 1980. Pleural effusion disease agent as passenger of Treponema pallidum suspensions from rabbits. Survey of laboratories［J］．Br J Vener Dis，56（4）：198-203.

Fennestad K L，Mansa B，Larsen S. 1981. Pleural Effusion Disease in Rabbits［J］．Archives of Virology，70：11-19.

第二十二章 朊病毒所致疾病

朊病毒又称“蛋白质侵染因子”（一种传染源），是一类能侵染动物并在宿主细胞内复制的小分子无免疫性疏水蛋白质，一般被称为朊蛋白（Prion Protein，PrP），其实质为一种糖蛋白。由朊蛋白基因突变或其编码蛋白构象发生改变而引起的疾病统称朊蛋白病（Prion diseases，PD），也称传染性海绵状脑病（Transmissible spongiform encephalopathy，TSE），是一类累及人和多种动物的致死性神经退行性脑病（Neurodegenerative disorders）。该病潜伏期长，致死率达100%，其发生常伴随有失忆、痴呆、共济失调、瘫痪及死亡等临床症状，神经病理学检测显示中枢神经系统常出现海绵状病变、空泡化、神经细胞死亡、神经胶质细胞增生以及淀粉样蛋白沉淀等特征。由于目前相关文献中多使用传染性海绵状脑病，同时世界动物卫生组织相应部门也推荐使用传染性海绵状脑病，因此在本章中也使用传染性海绵状脑病进行该类疾病的描述。

自1730年首次报道羊瘙痒症（Scrapie）以来，目前已经在人以及20余种动物中发现有自然发生或感染的传染性海绵状脑病。这些传染性海绵状脑病具有相似的临床特征、神经病理学改变，在神经组织中可以检出有异常的致病蛋白存在；另一方面，不同的传染性海绵状脑病也具有明显的“毒株”差异，主要表现在临床特征、潜伏期、脑组织中朊蛋白的分布以及朊蛋白的分子特征等。

本章主要描述实验动物，如鼠、猫、羊、牛等传染性海绵状脑病的发生，以进一步了解朊病毒疾病的发病机制。

第一节　猫海绵状脑病
(Feline spongiform encephalopathy)

一、发生与分布

猫海绵状脑病（Feline spongiform encephalopathy，FSE）由猫科动物感染朊蛋白（Prion protein，PrP）所致，多表现精神失常、共济失调、感觉过敏等临床症状。目前普遍认为该病是由于猫科动物食用了感染朊蛋白的食物所致。

猫海绵状脑病的发生主要分布在欧洲，最早报道于英国。自1990年5月在英国发现第一例猫海绵状脑病以来，迄今为止世界上总共发现了100多例该病。1998年10月，意大利首次报道了一名患者与其宠物猫同时感染海绵状脑病的病例，该患者后来被确诊为散发的克雅氏病（Creutzfeldt - Jakob disease，CJD），而其宠物猫则是意大利首例猫海绵状脑病。2001年，瑞士联邦畜牧局宣布，在沃州发现了瑞士首例猫海绵状脑病。2002年8月澳大利亚墨尔本动物园内1只雄性亚洲金猫死于海绵状脑病。目前，除了欧洲（主要为英国，个别病例散发于爱尔兰和挪威）和澳洲外，其他各洲还未见猫海绵状脑病的报道。中国目前也未见有猫海绵状脑病的报道。

二、病　　原

1. 分类地位　海绵状脑病病原是一种无核酸的具有传染性的蛋白质颗粒——朊病毒，属于痒病类病原微生物。

朊病毒与一般的病毒、细菌、寄生虫等病原微生物不同，它不含核酸，系一种新型致病因子。病毒学分类上将朊病毒归类为亚病毒因子。

2. 形态学基本特征与培养特性 朊病毒比已知的最小的常规病毒还小得多（30～50nm），而且可直接通过蛋白质传播而不需经过DNA或任何遗传物质。

3. 理化性质 朊病毒是一类无免疫性的小分子疏水糖蛋白，它与一般病毒不同，遗传物质不是传统的核酸，因此具有和一切已知传统病原体不同的异常特性。朊蛋白对多种因素的灭活作用具有较强的抗性，对物理因素如紫外线照射、电离辐射、超声波以及80～100℃高温，均有相当的耐受能力。对化学试剂与生化试剂，如甲醛、羟胺、核酸酶类等表现出强抗性。对蛋白酶K、尿素、苯酚、氯仿等不具抗性。在生物学特性上，朊蛋白能造成慢病毒性感染而不表现出免疫原性；巨噬细胞能降低甚至灭活朊蛋白的感染性，但使用免疫学技术又不能检测出特异性抗体存在；朊蛋白不诱发干扰素的产生，也不受干扰素作用。总体来说，凡能使蛋白质消化、变性、修饰而失活的方法，均可能使朊蛋白失活；凡能作用于核酸并使之失活的方法，均不能使朊蛋白失活。

4. 分子生物学 编码朊蛋白的基因存在于所有正常哺乳动物体内，且朊蛋白有良性、恶性之分，其中恶性的为斯垣利·普鲁辛纳所发现的可传染致病的朊蛋白，又称PrP^{sc}（sc取自羊瘙痒症“Scrapie”的前两个字母）；良性的是在人体内神经元等细胞膜表面发现的一种生理性朊蛋白，其原始一级结构、相对分子质量均与PrP^{sc}完全相同，为示区别，特命名为PrP^{c}（c取Cell的首字母）。PrP^{sc}是PrP^{c}的同质异构体，是真正意义的致病物质。

PrP^{c}是朊蛋白基因表达的正常产物，大小为33～35kD，是神经元细胞表面糖蛋白，具有可溶性，对蛋白酶敏感，也称为PrP^{sen}。PrP^{c}通过糖基磷脂酰肌醇（Glycosyl phosphatidyl inositol，GPI）锚定于细胞膜，其正常功能目前还不明确，可能与GABA（γ-氨基丁酸）系统、内钙调节、小脑运动以及昼夜节律有关，也可能是铜结合蛋白。尽管PrP^{c}是机体中正常存在的蛋白，但也是朊蛋白疾病必需的物质基础，朊蛋白基因敲除鼠对羊搔痒症试验性感染表现出抗性。

PrP^{c}的羧基端结构中40%为α-螺旋结构，3%为β-片层结构；PrP^{sc}则30%为α-螺旋，43%为β-片层结构。这种从α-螺旋到β-片层化结构的变化导致了朊蛋白对蛋白酶K从敏感到抵抗的转变和致病性的产生。不论是自发、遗传还是获得性朊蛋白病，具有的共同典型表现是蛋白代谢异常以及随之产生的PrP^{sc}堆积。

三、流行病学

1. 传染来源 目前普遍认为猫感染朊病毒可能是由于吃了含有患病动物大脑组织或骨髓的食物。在国外，家养宠物猫多食用含有感染牛海绵状脑病的下水或肉骨粉所制成的宠物食品，因此食物污染是猫海绵状脑病最主要的传染来源。

2. 传播途径

（1）食物链传播　猫海绵状脑病病原主要来源于病牛和病羊的尸体。自1980年后英国准许使用牛、羊尸体作为饲料饲喂动物，同时英国的肉骨粉加工者改变了肉骨粉的加工工艺，降低了加工过程中的温度，从而使海绵状脑病病原体得以通过食物链传播。

（2）水平传播　指患病动物个体之间的传播，主要由吸血媒介昆虫引起。

（3）垂直传播　指将朊病毒从父母传染给子代的一种传播方式。最近研究发现，海绵状脑病能经母源传播，但概率较低，仅靠该方式不足以造成该病的流行。

3. 易感动物

（1）自然宿主　牛科动物（包括家牛和野牛）和猫科动物（包括家猫与野生猫科动物）。

（2）实验动物　猫海绵状脑病的主要实验动物是小鼠，但有趣的是，将鉴定为猫海绵状脑病的猫脑组织和鉴定为牛海绵状脑病的牛脑组织分别注射到鼠脑中，试验结果表明，在观察期内，无法区别猫海绵状脑病与牛海绵状脑病在鼠体内的潜伏期及对鼠脑的损伤程度。

（3）易感人群 尽管国内外的营养书籍及食物成分表，均没有关于猫肉记载，但在部分地区却有食用猫肉的习惯，由于猫是疯牛病朊病毒自然感染的宿主，因此，如果人们食用猫科动物肉，那么就有可能会感染猫海绵状脑病。

4. 流行特征 猫海绵状脑病的潜伏期为数月或数年，且发病日龄较早。有报道称，猫海绵状脑病的平均发病率大约为每百万只猫科动物中有10～15例，但近年来呈下降趋势。与其他传染性海绵状脑病一样，患病动物一旦出现症状，致死率为100%。

四、临床症状

动物患病之初通常呈渐进性、隐性感染，该病一旦出现症状常常不可治愈，致死率为100%。猫海绵状脑病的临床症状包括行为改变、精神沉郁、被毛凌乱、震颤、共济失调和感觉过敏。患病动物初期表现为攻击性强、好斗、烦躁，常常咆哮、怒吼，当跳跃时方向感极差或常常漫无目的地徘徊；后期则表现为嗜睡或抽搐、流涎，对大的声音或噪声敏感，观察可见其瞳孔放大。严重的患病动物6～8周后死亡。

五、病理变化

1. 大体解剖观察 患病动物除个别病例出现尸体肉脱和消瘦外，未发现其他大体病变。病理剖检时肉眼变化不明显，肝脏等实质器官多无异常。

2. 组织病理学观察 典型的组织病理学变化是中枢神经系统的损害，在神经元突起和神经元胞体中形成两侧对称的神经元空泡。前者形成灰质神经纤维网的小囊空泡，后者形成大的空区，并充满整个神经元核周围；神经胶质增生，胶质细胞肥大；此外，还表现为致病蛋白——朊蛋白的积累。一般情况下无炎症变化。有些猫海绵状脑病病例还可出现星形细胞增生，但有些病例不出现。与牛海绵状脑病病变不同的是，患猫脑部和前额皮质区损伤严重，可观察到大量的带尾细胞核和中间膝状弯曲的细胞核；患病动物的血管或血管周围未发现淀粉样斑沉积，且病变常常呈不对称分布。

六、诊　　断

由于猫海绵状脑病潜伏期长，临床发病后又无有效的防治措施，因此进行有效的诊断是目前研究者们面临的一个巨大挑战性课题。猫海绵状脑病的诊断方法包括以下几种。

1. 组织病理学检查 组织病理学检测方法是通过检测死亡动物脑组织羊瘙痒症相关纤维（SAF）和神经元空泡化变性，来诊断朊病毒的一种方法，也是检测朊病毒的“金标准”方法之一。

2. 免疫学试验 主要是通过免疫组织化学染色方法检查PrP^{sc}的存在。

3. 血清学试验 由于猫海绵状脑病并不产生抗体反应，因此不能通过血清学反应进行实验室诊断。

4. 分子生物学诊断 蛋白印迹技术已被用于快速检测PrP^{sc}。

七、防治措施

1. 治疗 由于目前人们对朊蛋白的本质以及海绵状脑病的致病机理缺乏足够的认识，至今仍没有有效的治疗该病的手段。但通过科学家们多年的努力，海绵状脑病的治疗研究也取得了令人瞩目的成就。海绵状脑病的发病过程伴随着PrP^{c}向PrP^{sc}的转化，因此对疾病的治疗可通过破坏PrP^{sc}的稳定性或消除PrP^{c}等手段来阻断其转化途径。然而对已经出现临床症状的患者，只能希望通过修复中枢神经系统功能达到治疗的目的。

另外，由于机体对海绵状脑病的感染不产生保护性的免疫应答反应，所以免疫接种不是预防海绵状脑病的理想方法。

2. 预防 鉴于猫海绵状脑病目前尚无有效的治疗方法，预防措施就显得尤为重要。目前，主要的预防措施就是减少猫类动物暴露于牛海绵状脑病致病因子的概率。

采取的具体措施有：①消灭传染源，主要为高温消毒，134℃60 min；化学消毒，50g/L次氯酸钙浸泡60min。另外，需要及时捕杀患病牛羊，并进行焚烧、深埋，严格管理患病病人；②切断传播途径，不食用患病牛羊肉，改变民族风俗习惯（食生肉等）；③提高易感人群免疫力。

另外，为预防海绵状脑病传入我国，农业部要求严格执行禁止使用同种动物原性蛋白饲料喂养同种动物的规定。擅自经营和使用欧盟成员国家生产的动物性饲料产品以及有疯牛病国家的反刍动物饲料或有羊搔痒症国家的羊肉骨粉者，必须立即就地销毁所持有的动物性饲料产品和肉骨粉，违反规定并依法追究当事人责任。此外，还明确规定禁止个人和非主管企业对海绵状脑病进行研究（包括病原、用病原或病料做动物试验等）以及引进相关生物性研究材料。

（1）禁止从疫区进口动物饲料　即禁止从欧盟国家进口动物性饲料产品。规定将肉骨粉等动物饲料作为法定检疫检验的产品，并凭农业部颁发的进口饲料《登记许可证》接受报检。对已办理有关进口检疫审批手续的动物性饲料，必须有出口国家官方出具的符合进境检疫证书证明其来源的动物品种。凡不符合规定的或没有办理有关进口检疫审批手续的动物性饲料产品，一律作退回处理。

（2）加强对疯牛病的监测　农业部规定全国各地必须对本地区所有进口牛（包括胚胎）及其后代，以及喂过进口反刍动物性饲料的牛进行全面的追踪调查，并把调查结果报农业部兽医局。若发现有表现类似疯牛病症状且经鉴别排除其他疾病的牛时，应立即上报监测部门予以确诊。

（3）建立完善的健康记录档案　有关单位对进口牛（包括胚胎）和后代均应建立完善的健康记录档案以备查。

八、公共卫生影响

由于猫海绵状脑病是感染牛海绵状脑病致病因子——朊病毒所引起的疾病，且可能经口感染，对人存在潜在危害性，因此需引起人们的高度关注，平时需注重定期对动物进行检疫。

（周向梅　赵德明　康静静）

参考文献

赵德明. 2012. 传染性海绵状脑病 [M]. 北京：中国农业大学出版社.

Anderson R M, Donnelly C A, Ferguson N M, et al. 1996. Transmission dynamics and epidemiology of BSE in British Cattle [J]. Nature, 382: 779-788.

Houston F, Foster J D, Chong A, et al. 2000. Transmission of BSE by blood transfusion in sheep [J]. Lancet, 356 (9234): 999-1 000.

Kurbel S, Kurnel B. 1995. Mechanisms of Prion disease described as long-lasting disorders of the blood-brain system [J]. Med Hypotheses, 45: 543-546.

Moynagh J, Schimmel H. 1999. Tests for BSE evaluated [J]. Nature, 400: 105.

Prusiner S B. 1991. Molecular biology of prion disease [J]. Science, 252: 1515-1522.

Prusiner S B. 1997. Prion disease and BSE crisis [J]. Science, 278: 245-246.

van Bekkum D W, Heidt P J. 1996. BSE and risk to humans [J]. Nature, 382: 574.

Willoughby K. 1992. Spongiform of encephalopathy in a captive puma (Felis concolor) [J]. Vet Rec, 131: 431-434.

第二节　鼠海绵状脑病
(Murine spongiform encephalopathy)

一、发生与分布

鼠海绵状脑病（Murine spongiform encephalopathy，MSE）由鼠感染朊蛋白所致，多表现共济失调、瘫痪及死亡等临床症状，鼠海绵状脑病多用于试验研究。

二、病 原

1. 分类地位 1980年，美国加利福尼亚州大学旧金山分校的一位神经学教授——斯垣利·普鲁辛纳（S. B. Prusiner），在潜心研究8年后，终于从患有羊瘙痒症的羊脑中提纯出可使接种小鼠全部发病的感染因子，并确认该因子是不含核酸却能不停复制而具传染性的奇特蛋白质粒子，他将该致病因子命名为“Prion”（取“Protein”与“Infection”两词首尾几个字母），并称这种蛋白质为“Prion protein”，简称“PrP”。因此，传染性海绵状脑病病原是一种无核酸且具有传染性的蛋白质颗粒——朊病毒，属于痒病类病原微生物。

朊病毒与一般的病毒、细菌、寄生虫等病原微生物有所不同，该病毒不含核酸，系一种新型致病因子。在病毒分类上将其归入亚病毒因子。

2. 形态学基本特征与培养特性 朊病毒比已知的最小的常规病毒还小得多，大小为30～50nm，而且可直接通过蛋白质传播而不需经过DNA或任何遗传物质。

3. 理化性质 朊病毒是一类无免疫性的小分子疏水糖蛋白，它与一般病毒不同，遗传物质不是传统的核酸，因此具有和一切已知传统病原体不同的异常特性。朊蛋白对多种因素的灭活作用具有较强的抗性，对物理因素如紫外线照射、电离辐射、超声波以及80～100℃高温，均有相当的耐受能力。对化学试剂与生化试剂，如甲醛、羟胺、核酸酶类等表现出强抗性。对蛋白酶K、尿素、苯酚、氯仿等不具抗性。在生物学特性上，朊蛋白能造成慢病毒性感染而不表现出免疫原性；巨噬细胞能降低甚至灭活朊蛋白的感染性，但使用免疫学技术又不能检测出特异性抗体存在；朊蛋白不诱发干扰素的产生，也不受干扰素作用。总体来说，凡能使蛋白质消化、变性、修饰而失活的方法，均可能使朊蛋白失活；凡能作用于核酸并使之失活的方法，均不能使朊蛋白失活。

4. 分子生物学 编码朊蛋白的基因存在于所有正常哺乳动物体内，且朊蛋白有良性、恶性之分，其中恶性的为斯垣利·普鲁辛纳所发现的可传染致病的朊蛋白，又称PrP^{sc}（sc取自羊瘙痒症Scrapie的前2个字母）；良性的是在人体内神经元等细胞膜表面发现的一种生理性朊蛋白，其原始一级结构、相对分子质量均与PrP^{sc}完全相同，为示区别，特命名为PrP^{c}（c取Cell首字母）。PrP^{sc}是PrP^{c}的同质异构体，是真正意义的致病物质。

PrP^{c}是朊蛋白基因表达的正常产物，大小为33～35kD，是神经元细胞表面糖蛋白，具有可溶性，对蛋白酶敏感，也称为PrP^{sen}。PrP^{c}通过糖基磷脂酰肌醇（Glycosyl phosphatidyl inositol，GPI）锚定于细胞膜，其正常功能目前还不明确，可能与GABA（γ-氨基丁酸）系统、内钙调节、小脑运动以及昼夜节律有关，也可能是铜结合蛋白。尽管PrP^{c}是机体中正常存在的蛋白，但也是朊蛋白疾病必需的物质基础。朊蛋白基因敲除鼠对羊搔痒症试验性感染表现出抗性。

PrP^{c}的羧基端结构中40%为α-螺旋结构，3%为β-片层结构；PrP^{sc}则30%为α-螺旋，43%为β-片层结构。这种从α-螺旋到β-片层化结构的变化导致了朊蛋白对蛋白酶K从敏感到抵抗的转变和致病性的产生。不论是自发、遗传还是获得性朊蛋白病，具有的共同典型表现是蛋白代谢异常以及随之产生的PrP^{sc}堆积。

三、流行病学

1. 传染来源 患病动物（牛、羊）的脑组织经非肠道途径注射或经口服接种小鼠、大鼠、仓鼠都能引起试验性的痒病。但亦有学者认为鼠海绵状脑病发生的原因与生活在干草中的螨虫有关，因为如果将从螨虫上提取的化学物质注射小鼠后，小鼠亦可发生海绵状脑病。因此，患病动物和饲料污染是鼠海绵状脑病主要的自然传染来源，其中饲料污染也是一种人为的传染来源。

2. 传播途径

（1）食物链传播 海绵状脑病的病原主要来源于病牛和病羊的尸体，自1980年后英国准许使用牛、羊尸体作为饲料饲喂动物，同时英国的肉骨粉加工者改变了肉骨粉的加工工艺，降低了加工过程中的温度，从而使海绵状脑病病原体得以通过食物链传播。另外，海绵状脑病流行的主要原因是消化道感染，病原体经饲料途径可使小鼠、山羊和绵羊人工感染海绵状脑病。

（2）水平传播　指患病动物个体之间的传播。英国专家将海绵状脑病患牛的排泄物直接注射给实验鼠，结果发现多数实验鼠均可感染海绵状脑病。

（3）垂直传播　指将海绵状脑病从父母传染给子代。最近研究发现，海绵状脑病能经母源传播，但概率较低，仅靠此方式不足以造成此病的流行。

（4）其他途径　血液传播。Fischer 等研究发现，人和小鼠血液中的纤溶酶原能在其赖氨酸位点上与 PrP^{sc} 特异性结合，可随血流播散，从而造成海绵状脑病的传播。

3. 易感动物

（1）自然宿主　目前对于海绵状脑病的自然宿主尚未有明确报道。

（2）实验动物　目前常用的实验动物包括小鼠、大鼠和仓鼠，但研究结果表明不同的朊蛋白毒株类型所适宜的实验动物不尽相同：如羊瘙痒症的理想实验动物是仓鼠，但也可感染小鼠、大鼠；小鼠在接种患病牛的脑匀浆后部分组织（远端回肠、背根神经节和脊髓）出现感染，但也有部分组织（如肌肉、淋巴网状内皮细胞组织）并未检测到感染的发生；水貂感染传染性脑病后，取患病水貂脑组织乳剂通过皮下或腹腔接种仓鼠，可引起感染。

但是，这些实验动物之间也存在种属屏障，因此在敏感性方面有一定的局限性，如野生型小鼠常常能够抵抗仓鼠朊病毒毒株的感染，而表达仓鼠朊蛋白的转基因小鼠却对仓鼠朊病毒毒株敏感，并产生与仓鼠类似的中枢神经系统病变。然而，通过对仓鼠、小鼠嵌合小鼠的研究却发现，仓鼠朊病毒毒株经嵌合小鼠传代后可感染小鼠，而小鼠朊病毒毒株经嵌合小鼠传代后也可感染仓鼠，说明种属屏障在某种情况下可能被破除。

（3）易感人群　如果接触实验动物的人群皮肤有开放性伤口，或食用污染患病动物的食品可导致人发生感染，该病目前是100%死亡的不治之症。

四、临床症状

鼠海绵状脑病的临床症状包括神经性症状和一般性临床表现。神经症状最常见的是精神状态的改变，如恐惧、暴怒和神经质；3%病例中患病动物出现姿势和运动异常，通常为共济失调、颤抖和倒地；90%病例中患病动物感觉系统出现异常，最明显的是触觉和听觉的减退。常见的一般性临床症状是体质下降、体重减轻。患病动物的死亡率为100%。

患病动物可表现全身症状和神经症状，神经症状常较全身症状出现的早。常见的神经症状是行为异常、共济失调和感觉过敏：①行为异常主要表现为离群独处、焦虑不安、恐惧、狂暴或沉郁、神志恍惚、不自主运动（如磨牙、肌肉抽搐、震颤和痉挛等）。②共济失调主要表现为后肢运动失调，于急转弯时尤为明显，快速行走时步态异常，同侧前后肢同时起步，而后发展为行走时后躯摇晃、步幅短缩、转弯困难、易摔倒，甚至起立困难或不能站立而终日卧地。③感觉过敏常表现为对触摸、光和声音过度敏感，用手触摸或用钝器触压患病动物的颈部、肋部时，动物会异常紧张、颤抖，轻碰其后肢，也会出现紧张的踢腿反应；听到敲击金属器械的声音，会出现震惊和颤抖反应；在黑暗环境中对突然打开的灯光，会出现惊恐和颤抖。上述症状是海绵状脑病很重要的临床诊断特征。而在安静环境中，患病动物感觉过敏症状明显减轻，其他神经症状也会有所缓解。

五、病理变化

1. 大体解剖观察　病理剖解时，患病动物肉眼病变不明显，肝脏等实质器官多无异常，脑部中枢神经系统有时可见淀粉样物质积聚。

2. 组织病理学观察　朊病毒感染后会引起患病动物脑组织神经元空泡化、神经胶质细胞增生、产生淀粉样蛋白斑块等，同时病变主要集中在大脑皮质部位、海马以及小脑等。神经元的空泡形成表现为胞质内出现单个或多个空泡，典型的空泡呈圆形或卵圆形，界限明显，表现为液化的胞质团块。海绵状疏松是神经基质的空泡化，基质纤维因分解而形成许多小孔。

六、诊 断

海绵状脑病诊断的主要依据为临床症状和病理组织学变化。但是为了进一步确诊还需进行有关的实验室诊断。

1. 组织病理学诊断 组织病理学检测方法主要是通过检测死亡动物脑组织羊瘙痒症相关纤维（SAF）和脑组织神经元空泡化变性，进行疾病诊断的方法，也是检测朊病毒的“金标准”方法之一。具体方法为将检查样本在10%福尔马林中固定3～5天，经常规HE染色，在显微镜下观察其病变的特征表现，这是判定海绵状脑病的有力依据之一。还可以通过电镜观察脑组织匀浆中的特征性相关纤维的存在来诊断疾病，但是电镜法灵敏度较低。

2. 血清学试验 由于海绵状脑病既无炎症反应，又不产生免疫应答，迄今为止还难以进行血清学诊断。

3. 免疫学试验 主要通过免疫组织化学染色方法检查PrP^{sc}的存在。

4. 分子生物学诊断 蛋白印迹技术已被用于快速检测PrP^{sc}。

七、公共卫生影响

作为常用的实验室研究动物，小鼠、大鼠、仓鼠等鼠类动物在疾病研究过程中发挥着非常重要的作用，但是由于海绵状脑病的病原体具有传染性，因此实验室工作人员的自我保护很重要。尽管实验室工作人员意外感染传染性海绵状脑病病原因子的可能性很小，但是一旦感染，无一例外会引起死亡，因此，在处理具有潜在感染性组织时应加以特别注意。

（杨利峰 赵德明 康静静）

参考文献

刘卓宝，洪琪，何华松，等．2004. Prion蛋白分子生物学机制研究进展［J］．上海预防医学杂志，16（6）：295-299.

赵德明．2012. 传染性海绵状脑病［M］．北京：中国农业大学出版社．

Aguzzi A，Heikenwalder M. 2006. Pathogenesis of prion disease：current status and future outlook［J］. Nat Rev Microbiol，4（10）：765-775.

Fischer M B，Roeckl C，Parizek P，et al. 2000. Binding of disease-associated prion protein to plasminogen［J］. Nature，408（6811）：479-483.

Houston F，Foster J D，Chong A，et al. 2000. Transmission of BSE by blood transfusion in sheep［J］. Lancet，356（9234）：999-1000.

Kurbel S，Kurnel B. 1995. Mechanisms of Prion disease described as long-lasting disorders of the blood-brain system［J］. Med Hypotheses，45：543-546.

Pan K M，Baldwin M，Nguyen J，et al. 1993. Conversion of alpha-helices into beta-sheets features in the formation of the scrapie prion proteins［J］. Proc Natl Acad Sci USA，90（23）：10 962-10 966.

Prusiner S B. 1982. Novel proteinaccous infections partides cause scrap［J］. Science，216（4542）：136-144.

Taylor J P，Hardy J，Fisehbeek K H. 2002. Toxic proteins in neumdegenerative disease［J］. Science，296（5575）：1991-1995.

第三节 其他动物海绵状脑病

(Spongiform encephalopathy)

一、发生与分布

自1730年首次报道羊瘙痒症（Scrapie）以来，目前已经在人以及20余种动物中发现有自然发生或感染所致的传染性海绵状脑病，其中在动物中发生的疾病主要包括牛海绵状脑病、传染性水貂病、杂种鹿和驼鹿的慢性消瘦病等。而在人日常生活中常见的动物主要为牛、羊，因此，本节主要介绍羊瘙痒症和牛海绵状脑病。

羊瘙痒症是最早发现的传染性海绵状脑病，也被称为羊痒病。随后陆续在很多国家和地区都有该病的报道，包括奥地利、白俄罗斯、比利时、哥伦比亚、捷克共和国、法国、德国、加纳、爱尔兰、以色列、日本、荷兰、北爱尔兰、斯洛伐克、索马里、西班牙、瑞士、阿拉伯联合酋长国、美国等国家。

牛海绵状脑病于1986年11月第一次在英国报道。20世纪80年代中期至90年代中期是疯牛病暴发流行期，主要发病国家为英国和其他欧洲国家，包括比利时、法国、丹麦、卢森堡、爱尔兰、荷兰、葡萄牙、瑞士等国家，给这些国家造成了巨大的经济损失，引起了严重的社会恐慌。2000年末和2001年初，德国、西班牙及意大利等国又出现了本土性的牛海绵状脑病。2001年中期在东欧，如波兰、捷克、匈牙利等国也发现有牛传染性海绵状脑病的病例，随后在亚洲的日本也报道了2例海绵状脑病的病例，表明牛传染性海绵状脑病感染因子已造成欧洲大陆广泛的污染，并且开始向世界其他地方蔓延。

二、病　　原

1. 分类地位　海绵状脑病病原是一种无核酸的具有传染性的蛋白质颗粒——朊病毒，属于痒病类病原微生物。

朊病毒与一般的病毒、细菌、寄生虫等病原微生物有所不同，该病毒不含核酸，系一种新型致病因子。在病毒分类上将其归入亚病毒因子。

2. 形态学基本特征与培养特性　朊病毒比已知的最小的常规病毒还小得多，大小为30～50nm，而且可直接通过蛋白质传播而不需经过DNA或任何遗传物质。

3. 理化性质　朊病毒是一类无免疫性的小分子疏水糖蛋白质，它与一般病毒不同，遗传物质不是传统的核酸，因此具有和一切已知传统病原体不同的异常特性。朊蛋白对多种因素的灭活作用具有较强的抗性，对物理因素如紫外线照射、电离辐射、超声波以及80～100℃高温，均有相当的耐受能力。对化学试剂与生化试剂，如甲醛、羟胺、核酸酶类等表现出强抗性。对蛋白酶K、尿素、苯酚、氯仿等不具抗性。在生物学特性上，朊蛋白能造成慢病毒性感染而不表现出免疫原性；巨噬细胞能降低甚至灭活朊蛋白的感染性，但使用免疫学技术又不能检测出特异性抗体存在；朊蛋白不诱发干扰素的产生，也不受干扰素作用。总体来说，凡能使蛋白质消化、变性、修饰而失活的方法，均可能使朊蛋白失活；凡能作用于核酸并使之失活的方法，均不能使朊蛋白失活。

4. 分子生物学　编码朊蛋白的基因存在于所有正常哺乳动物体内，且朊蛋白有良性、恶性之分，其中恶性的为斯垣利·普鲁辛纳所发现的可传染致病的朊蛋白，又称PrP^{sc}（sc取自羊瘙痒症Scrapie的前2个字母）；良性的是在人体内神经元等细胞膜表面发现的一种生理性朊蛋白，其原始一级结构、相对分子质量均与PrP^{sc}完全相同，为示区别，特命名为PrP^{c}（c取Cell的首字母）。PrP^{sc}是PrP^{c}的同质异构体，是真正意义的致病物质。

PrP^{c}是朊蛋白基因表达的正常产物，大小为33～35kD，是神经元细胞表面糖蛋白，具有可溶性，对蛋白酶敏感，也称为PrP^{sen}。PrP^{c}通过糖基磷脂酰肌醇（Glycosyl phosphatidyl inositol，GPI）锚定于细胞膜，其正常功能目前还不明确，可能与GABA（γ-氨基丁酸）系统、内钙调节、小脑运动以及昼夜节律有关，也可能是铜结合蛋白。尽管PrP^{c}是机体中正常存在的蛋白，但也是朊蛋白疾病必需的物质基础，朊蛋白基因敲除鼠对羊搔痒症试验性感染表现出抗性。

PrP^{c}的羧基端结构中40%为α-螺旋结构，3%为β-片层结构；PrP^{sc}则30%为α-螺旋，43%为β-片层结构。这种从α-螺旋到β-片层化结构的变化导致了朊蛋白对蛋白酶K从敏感到抵抗的转变和致病性的产生。不论是自发、遗传还是获得性朊蛋白病，具有的共同典型表现是蛋白代谢异常以及随之产生的PrP^{sc}堆积。

三、流行病学

1. 传染来源　不同性别、不同品种的羊均可发生痒病，但品种间的易感性有很大差异，其中绵羊与山羊间可以接触传播。因此，患病羊群是羊痒病发生的最主要的传染来源。患有痒病的绵羊、种牛及带毒牛是牛海绵状脑病的主要传染来源。

2. 传播途径

（1）食物链传播　动物主要是通过摄入混有痒病病羊或病牛尸体加工成的肉骨粉而经消化道感染。

（2）水平传播　指动物个体之间的传播，主要由吸血媒介昆虫引起。这种传播途径为羊痒病的主要传播方式。

（3）垂直传播　指从父母传染给子代。最近研究发现，海绵状脑病能经母源传播，但概率较低，仅靠此方式不足以造成该病的流行。而研究也证实患病母羊的胎膜和胎盘内含有痒病病毒，可从母羊垂直传染给胎羊和羔羊。

3. 易感动物

（1）自然宿主　羊痒病的自然宿主为绵羊、山羊、猴、水貂；牛海绵状脑病的自然宿主为牛、猫。

（2）实验动物　羊痒病的主要实验动物为小鼠、大鼠、仓鼠，其中仓鼠为最理想的实验动物；牛海绵状脑病的主要实验动物为山羊、绵羊、猪、小鼠。

（3）易感人群　由于绵羊、山羊是羊痒病的自然宿主，牛是牛传染性海绵状脑病病原因子（朊病毒）自然感染的宿主，因此，习惯食用牛、羊肉的人群，就有可能发生感染。此外，饲喂、养殖羊群、牛群的农场工作人员也有可能感染。

4. 流行特征　羊痒病一般多发于2～4岁的羊，潜伏期为1～5年或更长；牛海绵状脑病的平均潜伏期为5年，发病年龄为3～11岁，但多集中于4～6岁的青壮年牛，2岁以下和10岁以上的牛很少发生。

四、临床症状

羊痒病的临床症状如下：患病初期病羊表现沉郁和敏感，易惊，有癫痫症状；随着病情发展，运动时发生严重共济失调，病羊常靠着栅栏、树干和器具不断摩擦其背部、体侧、臀部和头部，一些病羊还用其后肢搔抓胸侧、腹侧和头部，并啃咬自身体侧和臀部皮肤；患病后期，病羊机体衰弱，出现昏睡或昏迷，卧地不起。整个患病期间，病羊体温并不升高，食欲虽仍保持正常，但体重有所下降。

牛海绵状脑病的临床症状如下：多数病例表现出中枢神经系统的症状。常见病牛烦躁不安，行为反常，对声音和触摸过分敏感。常由于恐惧、烦躁而表现出攻击性，攻击失调，步态不稳，常乱踢乱蹬以致摔倒；少数病牛可见头部和肩部肌肉颤抖和抽搐，后期表现强直性痉挛，泌乳减少。病牛食欲正常，粪便坚硬，体温偏高，呼吸频率增加，最后常极度消瘦而死亡。

五、病理变化

1. 大体解剖观察　患病动物尸检时，除个别病例出现因摩擦和啃咬引起的羊毛脱落和皮肤创伤和消瘦外，未发现其他大体病变。病理剖检肉眼变化不明显，肝脏等实质器官多无异常。

2. 组织病理学观察　典型的组织病理学变化是中枢神经系统的损害，羊痒病的病理组织学变化仅见于脑干和脊髓，特征性的病变包括神经元的空泡变性与皱缩、灰质的海绵状疏松、星形胶质细胞增生等，此外未发现病毒性脑炎的病变；牛海绵状脑病的主要病理变化是脑组织呈现海绵状外观（脑组织的空泡化），脑干灰质发生双侧对称性海绵状变性，在神经纤维网和神经细胞中含有数量不等的空泡，无任何炎症反应。

六、诊　　断

根据特征的临床症状和流行病学特征，可以对疾病做出初步的诊断，但是进一步确诊还需进行有效的实验室诊断，具体诊断方法如下。

1. 组织病理学检查 组织病理学检测方法主要是通过对死亡动物脑组织检测羊痒病相关纤维（SAF）和神经元空泡化变性，诊断朊病毒的一种方法，也是检测朊病毒的“金标准”方法之一。

2. 动物感染试验 至今尚无可供检测朊病毒的细胞培养系统，只能使用实验动物进行生物学测定，其中小鼠和仓鼠是最常用的实验动物。

3. 免疫学试验 主要是通过免疫组织化学染色检查 PrP^{sc}的存在。

4. 血清学试验 由于海绵状脑病并不产生抗体反应，因此不能通过血清学反应进行实验室诊断。

5. 分子生物学诊断 蛋白印迹技术已被用于快速检测 PrP^{sc}。

七、公共卫生影响

作为人们日常肉制品的主要来源动物，牛、羊的健康对人健康有着直接的影响，因此平时应加强对牛群、羊群的检疫，及时淘汰和处理疑似病例。另外，需加强对养牛及养羊人员的安全培训和管理，保证人员安全。

（赵德明 康静静）

参考文献

赵德明．2005. 动物传染性海绵状脑病［M］. 北京：中国农业出版社．

赵德明．2012. 传染性海绵状脑病［M］. 北京：中国农业大学出版社．

Buler H，Aguzzi A，Sailer A，et al. 1993. Mice devoid of PrP are resistant to scrapie［J］. Cell，337：1019 - 1022.

Collinge J. 1993. Inherited prion diseases［J］. Adv Neurol，61：155 - 165.

Houston F，Foster J D，Chong A，et al. 2000. Transmission of BSE by blood transfusion in sheep［J］. Lancet，356（9234）：999 - 1000.

Kurbel S，Kurnel B. 1995. Mechanisms of Prion disease described as long - lasting disorders of the blood - brain system［J］. Med Hypotheses，45：543 - 546.

Prusiner S B. 1984. Prions［J］. Sci Am，251：50 - 59.

Prusiner S B. 1991. Molecular biology of prion diseases［J］. Science，252：1515 - 1522.

Prusiner S B. 1994. Molecular biology and genetics of prion diseases［J］. Philos Trans R Soc Lond B Biol Sci，343：447 - 463.

实验动物细菌性疾病

第二十三章 立克次体科细菌所致疾病

恙虫病
(Tsutsugamushi disease)

恙虫病（Tsutsugamushi disease）是由恙虫病东方体原称恙虫病立克次体引起的自然疫源性人与动物共患病，亦被称为丛林斑疹伤寒、恙螨斑疹伤寒、海岛热、沙虱热等。鼠类为主要传染源，经恙螨幼虫传染给人，人临床主要表现为发热、皮疹、淋巴结肿大、肝脾肿大和被叮咬处出现焦痂等。鼠感染后多表现无症状带菌，但高毒力株可导致动物肝脾肿大、腹水及死亡。

一、发生与分布

1927 年日本学者用该病患者血液接种兔睾丸，组织涂片镜检发现立克次体样小体，1931 年定名为恙虫病立克次体，现亦称为恙虫病东方体。恙虫病有明显的地区性，主要流行于气温与湿度较高的东南亚地区。流行范围北边已扩展至西伯利亚东部、朝鲜半岛，西到中亚西亚南部和巴基斯坦西部。日本、朝鲜、斯里兰卡、越南、泰国、柬埔寨、菲律宾、马来西亚、印度、澳大利亚及新西兰等在太平洋沿岸岛屿以及西太平洋和印度洋各岛屿的地区和国家是该病的流行区，俄罗斯东南部也有该病发生。我国 1908 年在台湾，1948 年在广东，1950 年以后陆续在广西、福建、浙江、云南、四川、西藏、湖南、江苏、山东、天津、山西、河北、安徽、海南、贵州、陕西等发现该病，沿海地区和岛屿居民的发病率较高。我国恙虫疫源地按照分布地区可分为南方疫源地、北方疫源地及其间的过渡型疫源地。

二、病　　原

1. 分类地位　恙虫病东方体（*Orientia tsutsugamushi*，Ot）在分类上属于立克次体科（Rickettsiaceae）、东方体属（*Orientia*）。东方体属中只有恙虫病东方体一个种，该微生物曾被命名为恙虫病立克次体，考虑到与以往著述的衔接，本文沿用已被广泛应用的恙虫病立克次体这一名称。目前所发现的菌株根据抗原性不同可分为 12 个血清型，即 Karp、Gilliam、Kato、TA678、TA686、TA716、TA763、TH1817、Shimokoshi、Kawasaki、Kuroki 和 Broyong。恙虫病立克次体易发生基因突变，可能会陆续有新的血清型被发现，不同血清型、不同株间抗原性与致病力可出现较大差异。我国以 Gilliam 型为主，其次是 Karp 型，Kato 型很少见。近年来，通过 PCR 进行分型研究，证明江苏有 Kawasaki 型存在。

2. 形态学基本特征与培养特性　恙虫病立克次体常呈球杆状或短杆状，多成对分布，似双球菌样。大小为（0.3～0.6）μm×（0.5～1.5）μm，革兰染色阴性，Giemsa 染色呈紫红色，Gimenez 染色呈红色，Macchiavello 染色呈蓝色。恙虫病立克次体有特异性蛋白抗原和耐热多糖质抗原两种。专性细胞内寄生，在宿主细胞中以二分裂法增殖，在组织或渗出液涂片染色镜检中，菌体主要见于单核细胞和巨噬细胞的胞质内，常靠近细胞核成堆排列，呈团丛样分布。

恙虫病立克次体营专性细胞内寄生，在人工培养基上不能生长，可在原代或传代细胞如原代鼠肾细胞、原代鸡胚细胞、Vero 细胞、BSC 细胞、HeLa、L929 细胞上培养，最适培养温度为 33℃。增殖缓慢，8～9 天出现细胞变圆、肿胀、呈葡萄状病变，13～15 天细胞融合，呈灶性分布，增殖达峰值。恙虫病立克次体在鸡胚卵黄囊中生长良好，多散在细胞内，胞内增殖的菌体呈细小双球状。鸡胚培养最适温度为 35℃，濒死期为恙虫病立克次体滴度高峰期。动物接种以小鼠对该菌敏感，多采用腹腔接种。

3. 理化特性 恙虫病立克次体是致病性立克次体中抵抗力最弱的一种，有自然失活、裂解倾向，不易在常温下保存。对热及一般消毒剂均敏感，56℃ 10min 即失活，37℃ 2h 可明显降低感染力，常用的消毒剂 0.1%甲醛、0.5%石炭酸溶液可在短时间内将其灭活，70%乙醇、5%氯仿在 10min 内可将其杀灭。对氯霉素、四环素、多西环素敏感，但对青霉素类、头孢菌素类抗生素有抵抗力。

三、流行病学

1. 传染来源 鼠类是该病的主要传染源，褐家鼠、黄胸鼠、黄毛鼠、小家鼠、黑线姬鼠、东方田鼠、大林姬鼠、大仓鼠、板齿鼠、赤家鼠和社鼠分别是不同地区的传染源。鼠类多呈隐性感染，但内脏中可长期保存病原菌，是恙虫病立克次体病原体的主要贮存宿主，恙螨幼虫叮咬恙虫病立克次体携带鼠而传播该病。在某些地区，兔、猪、猫和禽鸟类也能被感染，有可能成为传染源。恙螨被感染后，可经卵传递给后代，故也能起到传染源的作用。人感染后，血液中虽有恙虫病立克次体，但被恙螨幼虫叮咬的可能性很小，因此作为传染源重要性不大。

2. 传播途径 恙螨是该病的唯一传播媒介，主要通过恙螨幼虫传播，已知世界现存恙螨有 3 000 多种，分别隶属于 300 个属和亚属，我国已知有 400 多个种和亚种，能传播该病的有数十种，主要为纤恙螨。

恙螨的生活周期可分为卵、幼虫、蛹、稚虫和成虫五期，其中只有幼虫营寄生性生活，需吸吮动物或人体的组织液。稚虫和成虫均为自营生活，在泥地及杂草丛中生长。雌、雄成虫不直接交配，而由雄虫排出精胞，雌虫与精胞接触一段时间后产卵。卵在泥土中经 1～3 周孵化成幼虫，当鼠类与其接触时，即可附着于鼠体，经 3～5 天吸饱鼠的组织液后，掉落于地上，继续发育至成虫。此阶段幼虫若感染了恙虫病立克次体，其成虫产卵孵化的第二代幼虫即带有病原体，如叮咬人，便可传播恙虫病。因恙螨幼虫一生中只叮咬一次人或动物，所以只有上一代幼虫受到感染，第二代幼虫才具有感染性。

3. 易感动物

(1) 自然宿主 该病宿主主要是鼠类，不同地区感染鼠的种类略有差异，但多为当地的优势鼠种。另外，在一些地区兔、猪、猫、禽类亦可作为该病的宿主动物。

(2) 实验动物 小鼠对恙虫病立克次体最敏感，为常用的实验动物。豚鼠、地鼠、兔、猴次之，大鼠不敏感，多呈无症状感染。实验感染沙鼠—兔要比兔—兔敏感。

(3) 易感人群 人对该病普遍易感，感染率与受恙螨叮咬的机会相关，农民、从事野外劳动的人群、林业工作者中的青壮年患者居多。

4. 流行特征 该病的传播途径与恙螨的滋生密切相关，因此自然感染具有明显的季节性和地区性，通常呈散发，与气温、雨量变化有明显关系。一般 5～11 月份为多发季节，6～8 月份为高峰，一般气温在 22～28℃，是纤恙螨的最适发育温度，雨量较大、降水量集中的季节，尤其是暴雨期，能引起地面恙螨的扩散，恙螨幼虫出现数量较多，病例亦随之增多。感染的恙虫病立克次体株、型与当地的优势鼠种和媒介螨分布有关。实验动物由于是饲养在人为控制的环境设施内，因此该菌的感染率主要与饲养环境与传播媒介的接触机会相关，在自然流行高峰季节尤其要切断实验动物与野生鼠的接触。

实验感染恙虫病立克次体：实验动物小鼠经腹腔、鼻腔、脑内接种恙虫病立克次体均敏感。经鼻腔感染，可形成肺炎使小鼠致死，病菌在肺内大量增殖；经脑内接种，可引起脑炎；腹腔接种，恙虫病立克次体在吞噬细胞内增殖，可致动物死亡，剖检见肝、脾肿大，腹膜炎、腹水，淋巴结肿大。接种豚鼠，个别株型可引起阴囊炎。兔睾丸内接种，除发热外，出现睾丸炎；眼前房接种，呈角膜炎。接种猴可引起发热，接种部位溃烂、结痂，与人感染后的病变有相似之处。

四、临床症状

1. 动物的临床表现　小鼠自然感染该病一般呈隐性感染，无明显临床症状。过去认为这是因为当地恙虫病立克次体流行株是对人的低毒力株，但在 ST Tay 等（2002）用从人分离到的 9 株对人有致病性的恙虫病立克次体毒株对小鼠进行感染发现，这 9 株毒株对小鼠的致病性可分为低毒力、中等毒力和高毒力三种情况，说明恙虫病立克次体毒株对小鼠的致病性与其对人的致病性并不一致。低毒力株感染小鼠在感染后 28 天内均无临床症状，无死亡，血清抗体滴度也不高；中等毒力株感染小鼠后 10 天开始出现食欲降低、精神沉郁、立毛蜷缩等临床症状，感染后 28 天动物死亡率小于 50%；高毒力株感染小鼠后 5 天开始出现上述表现，28 天动物死亡率大于 50%。

2. 人的临床表现　该病的潜伏期为 4～20 天，常为 10～14 天。一般无前驱症状，多数起病急，体温迅速上升，可达 39～41℃，呈持续热型、弛张热型或不规则热型，热程 1～3 周。发热的同时，多伴有寒战、剧烈头痛、全身酸痛、嗜睡、食欲不振、恶心、呕吐、颜面潮红、眼结膜充血、畏光、咳嗽等。主要体征包括焦痂与溃疡、淋巴结肿大、皮疹、肝脾肿大以及舌苔厚、眼结膜充血等。典型恙虫病具备发热、虫咬溃疡、皮疹和淋巴肿大四大特征。

五、病理变化

小鼠感染该病首先是淋巴器官发生病变，继而发展到全身其他器官。人工感染小鼠后，在无症状的感染前期 1～4 天，脾脏增大不明显；一般在出现明显症状后 6 天，脾脏明显增大，组织病理表现为脾脏淋巴小结网状细胞增生，但是淋巴细胞数量持续减少，整个感染阶段巨噬细胞主要位于白质的淋巴小结外周。肝脏血管周围淋巴细胞样浸润，肝细胞形成空泡、坏死，淋巴细胞和巨噬细胞浸润，堵塞肝细胞窦，肝脏明显增大。淋巴结细胞以小淋巴细胞为主，有少量大淋巴细胞和浆细胞，疾病后期淋巴结窦状隙充满巨噬细胞，淋巴小泡细胞衰竭。其他心、肺、肾等器官相继出现类似病变。

六、诊　　断

1. 动物的临床诊断　根据流行病学资料，病前有无恙虫滋生环境接触史，有无接触恙虫病携带动物，同时注意发病的季节、地区等。

小鼠感染该病多不表现临床症状，病鼠仅出现食欲降低、精神沉郁、立毛蜷缩等轻微的临床表现，高毒力株可导致一定的死亡率。病理剖检可见轻度的肝肿大、脾肿大、肾肿大，严重的可见腹腔增大、有腹水，腹部器官明显肿大等。确诊需要进行实验室诊断。

2. 人的临床诊断　患者有发热、皮疹、淋巴结肿大、肝脾肿大和被叮咬处出现焦痂等临床症状，发病前 4～20 天内去过恙螨病流行区或曾在野外工作，露天野营或在灌木草丛中坐、卧等，可能与媒介螨有密切接触史，排除相关疾病，可做出临床初步诊断。

3. 实验室诊断

（1）形态学染色　感染鼠取腹水或肝、脾等脏器涂片，姬姆萨染色镜检恙虫病立克次体，检查形态学特征。

（2）病原分离　无症状鼠可取肝、脾、肾脏制成 10%的组织悬液，腹腔接种 SPF 小鼠，每只 0.5mL。多在接种后 7～9 天发病，取腹水或肝、脾等脏器涂片、染色检查恙虫病立克次体。或采用免疫荧光染色检查，查出菌体即可确诊。也可应用分子生物学检测进行诊断。

（3）血清学检测　补体结合试验、间接免疫荧光试验、酶联免疫吸附试验和斑点免疫酶测定可用于血清抗体的检测。

七、防治措施

1. 综合性防治措施　该病的主要宿主动物和传播媒介是鼠类和恙螨，因此，预防措施重点是灭恙螨和灭鼠。

2. 治疗 青霉素类药物对该病无效。可使用大环内酯类抗生素，如红霉素、罗红霉素、阿奇霉素、克拉霉素等，以及四环素类抗生素如四环素、多西环素、米诺环素等，均有良好疗效。

八、对实验研究的影响

由于该病的发生与传播媒介密切相关，实验动物的发病率较低，但感染该病可能对免疫器官方面的研究影响较大。鼠是该病的主要携带宿主，感染后不表现临床症状，因此要严格控制实验动物的饲养管理，切断实验动物与野生鼠接触机会，确保动物无恙虫病感染。

（张钰　王静　遇秀玲　田克恭）

参考文献

蔡宝祥．1991. 人兽共患病学［M］．北京：农业出版社：72－74.

方美玉，林立辉，刘建伟．2005. 虫媒传染病［M］．北京：军事医学科学出版社：254－266.

马亦林．2005. 传染病学［M］．第4版．上海：上海科学技术出版社：407－415.

唐家琪．2005. 自然疫源性疾病［M］．北京：科学出版社：538－562.

闻玉梅，陆德源，何丽芳．1999. 现代医学微生物学［M］．上海：上海医科大学出版社：620－625.

徐在海．2000. 实用传染病病理学［M］．北京：军事医学科学出版社：134－138.

严廷生，王惠榕，郑兆双，等．1996. 套式PCR用于恙虫病的早期诊断及恙螨幼虫体内立克次体的检测［J］．中华传染病杂志，12（5）：12－15.

于恩庶．1997. 中国目前恙虫病流行特征分析［J］．中华流行病学杂志（18）：56－58.

于恩庶．1999. 恙虫病病原体分类学位置及我国实验诊断研究［J］．中国人兽共患病杂志（15）：89－93.

张启恩，鲁志新，韩光红．2003. 我国重要自然疫源地与自然疫源性疾病［M］．沈阳：辽宁科学技术出版社：213－222.

Tullis J L，Gersh I，Jenney E，et al. 1947. Tissue Pathology of Experimental Tsutsugamushi Disease（Scrub Typhus）in Swiss Mice and Macacus Rhesus Monkeys and the Report of one Human Case Acquired in the Laboratory［J］．Am J Trop Med Hyg，s1－27：245－269.

Ogawa M，Hagiwara T，Kishimoto T，et al. 2000. Serub typhus in Japan：epidemiology and clinical features of cases reported in 1998［J］．Am J Trop Med Hyg，67（2）：162－165.

第二十四章
无浆体科细菌所致疾病

第一节 埃立克体病
(Ehrlichiosis)

埃立克体病（Ehrlichiosis）是由无浆体科中的几种病原菌包括犬埃立克体、查菲埃立克体、嗜吞噬细胞无浆体和尤因埃立克体等引起的自然疫源性人与动物共患传染病。为了便于描述，本节将引起埃立克体病的微生物统称为埃立克体。埃立克体多经蜱传播，易感的实验动物包括犬、猫和鼠，反刍动物、马和羊也对埃立克体易感。犬感染后通常表现为贫血、消瘦、多脏器浆细胞浸润、白细胞及血小板减少等。牛、羊、马表现为发热、心包积液等。人临床特征为发热、寒战、肌痛、皮疹、咳嗽、淋巴结肿大、白细胞及血小板减少、肝肾功能损害及意识障碍等。

一、发生与分布

1925 年，Cowdry 等在非洲鉴定出牛感染反刍动物埃立克体（*Ehrlichia. ruminantium*）。1935 年，Donatien 和 Lestoquard 在阿尔及利亚的犬体内发现了犬埃立克体（*E. canis*）。1954 年，日本报道在人群中出现了一种类似单核细胞增多症的传染性疾病，病原最后被研究证实是一种新的埃立克体——腺热埃立克体（*E. sennetsu*），这是第一种被证实感染人的埃立克体。随后，又有多种感染动物和人的埃立克体病原相继被发现。埃立克体呈全球性分布，蜱为主要传播媒介，不同地区的流行优势种有一定差别。我国 1991 年在云南的血清学调查结果证实，犬及人群中均存在埃立克体抗体；张瑞林等报告了首例人埃立克体病例。

二、病　　原

1. 分类地位　埃立克体病是由无浆体科中的几种病原菌引起的。依据《伯吉氏系统细菌学手册》第二版（2005 年），无浆体科包括埃立克体属（*Ehrlichia*）、无浆体属（*Anaplasma*）、新立克次体属（*Neorickettsia*）、沃尔巴克体属（*Wolbachia*）和埃及小体属（*Aegyptianella*）。其中能引起人与动物共患的病原有 5 种，包括犬埃立克体、查菲埃立克体、嗜吞噬细胞无浆体、尤因埃立克体和腺热新立克次体。能够引起犬埃立克体病的病原有 7 种，主要有犬埃立克体、查菲埃立克体、尤因埃立克体、嗜吞噬细胞无浆体和腺热新立克次体。能够引起鼠感染的埃立克体有查菲埃立克体、鼠埃立克体和嗜吞噬细胞无浆体。

2. 形态学基本特征与培养特性　埃立克体呈多形态，一般呈球状，有时可见卵圆形、菱形或钻石形等，大小为 0.2～0.8 μm，有时也可见较大个体。在宿主细胞的胞质空泡中以二分裂法增殖，多个菌体聚集在一起形成光镜下可见的桑葚状包涵体。革兰染色阴性，Giemsa 染色呈紫红色，Gimenez 和 Macchiavello 染色呈红色。常靠近细胞膜聚集于宿主细胞胞质小泡内，构成类包涵体样小体。查菲埃立克体形成的大包涵体似桑葚状，可由十几或数十个菌体聚集而成；嗜吞噬细胞无浆体所形成的包涵体较小，菌体松散地存在于空泡内；犬埃立克体在光镜下呈典型的桑葚状结构。腺热新立克次体由宿主细胞膜紧密包裹，散在分布于胞质内，有时也可见含数个菌体的小包涵体。

埃立克体不能在人工培养基上生长，原代或传代细胞可用于培养埃立克体，查非埃立克体和犬埃立克体多用犬巨噬细胞（DH82）、嗜吞噬细胞无浆体多用人粒细胞白血病细胞（HL60）、腺热新立克次体可用鼠巨噬细胞（P388D1）。埃立克体在细胞内生长缓慢，多在7天以上方能检出小包涵体，接种后要隔日取细胞涂片，Giemsa染色检测包涵体。

3. 理化特性 埃立克体对理化因素抵抗力较弱，对热、紫外线及一般消毒剂均敏感。56℃ 30min或37℃ 5～7h可灭活，常用的消毒剂0.1%甲醛、0.5%石炭酸溶液可在短时间内将其灭活，70%乙醇、5%氯仿在30min内可将其杀灭。对脂溶剂和抗生素敏感。

4. 分子生物学 埃立克体与其他细胞内寄生菌相比，基因组较小（1～1.5 Mb）。有几种埃里克体的全基因组序列已测定完成，包括嗜吞噬细胞无浆体、查非埃立克体、腺热新立克次体和反刍动物埃立克体。这几种埃立克体具有高度基因组同线性（genomic synteny），G+C含量较低，基因组中含有大量长的非编码区和串联重复序列。

嗜吞噬细胞无浆体的基因组长度为1 471 kb，含有1 369个开放阅读框（ORF），37个tRNA基因，3个rRNA基因，2个sRNA基因，碱基G+C百分比为41.6%，基因平均长度为775bp。在747个功能基因中包括83个保守假说蛋白，485个假说蛋白，55个退化基因，83个重复基因家族，重复开放阅读框达295个，基因组重复率为12.7%。查非埃立克体的基因组大小为1 250kb。特征性基因包括16S rRNA和各种免疫蛋白基因，如VLPT、120×10^3、106×10^3、37×10^3、groESL热休克蛋白基因、quinolate合成酶A基因以及p28多基因家族。

三、流行病学

1. 传染来源 埃立克体病是一种自然疫源性疾病。自然界中许多脊椎动物是该病病原宿主和传染源，包括犬、鹿、马、牛、羊、猫、鼠等。

病原体主要在感染动物的肝、脾、骨髓和淋巴结等网状内皮系统的器官和组织内，感染动物的血液带菌，经伤口或蜱媒介叮咬传播给易感动物。

2. 传播途径 主要通过媒介蜱传播，蜱吸食患病动物的血将埃立克体保存在体内，当蜱再次叮咬易感动物时使其被感染。也有文献报道屠宰工可通过伤口感染埃立克体。

查非埃立克体的传播媒介主要是美洲钝眼蜱、变异革蜱等。嗜吞噬细胞无浆体的传播媒介主要是肩突硬蜱、太平洋硬蜱及蓖籽硬蜱等。犬埃立克体的传播媒介主要是血红扇头蜱。人可能因吃生鱼而感染腺热新立克次体。

3. 易感动物 在埃立克体所有自然感染或试验感染动物（包括人）中，犬是最为易感的动物。

（1）自然宿主 该病的自然宿主主要有犬、鼠、鹿、牛、羊、马、猫、人以及鱼类等。其中犬是最重要的宿主动物，对多种埃立克体均易感。另外犬作为人的伴侣动物和伙伴，在人埃立克体的传播中起重要作用。

（2）实验动物 犬和鼠对多种埃立克体敏感，为常用的实验动物。犬静脉注射埃立克体13天后，感染犬发热、血细胞各种成分减少，血涂片中单核细胞胞质内可检出桑葚状包涵体。鼠腹膜内注射埃立克体后10～16天，出现昏睡、斜视、弓背、被毛逆立等症状。豚鼠、猫、羊和猴分别对不同种的埃立克体敏感。

（3）易感人群 埃立克体病人几乎均通过蜱的叮咬而感染。也有报道通过接触鹿血及加工新鲜肉畜组织而发生感染的病例。多数病例为散发，与野外郊游或职业活动有关。

4. 流行特征 该病全年均可发生，但多发生在夏秋季，可能与蜱媒的活动规律相关。一般呈散发或地方流行，以热带、亚热带为主要发病地区。感染的埃立克体种与当地的媒介蜱分布有关。

四、临床症状

1. 动物的临床表现 该病的潜伏期为7～21天。临床发病主要见于犬，根据年龄、品种、免疫状态及感染的埃立克体株的不同，临床症状也不尽相同。

（1）犬

①犬单核细胞埃立克体病（Canine monocytic ehrlichiosis，CME）：是一种以泛血细胞和血小板计数减少、血象异常、出血、消瘦、多数脏器浆细胞浸润和骨髓造血干细胞减少为特征的犬败血性传染病。病犬常表现为发热、厌食、精神沉郁、体重减轻、结膜炎、淋巴结炎、肺炎、四肢及阴囊水肿等症状，由于犬埃立克体主要对白细胞和脾脏等免疫器官造成损伤，病犬表现为免疫力低下、衰弱、极度消瘦等恶病质，因此也有学者将犬埃立克体病称作犬的艾滋病。

②犬粒细胞埃立克体病（Canine granulocytic ehrlichiosis，CGE）：犬粒细胞埃立克体病的临床表现类似于犬单核细胞埃立克体病，但是多发性关节炎在犬单核细胞埃立克体病并不常见，在患犬粒细胞埃立克体病的犬很常见。另外，中度或严重贫血表现的慢性综合征常被报道。

③犬腺热埃立克体病（Sennetsu fever）：犬试验感染腺热埃立克体会出现间歇热表现，但不出现其他临床症状。可在血液中分离到病原。

（2）猫　感染后主要临床症状是发热、厌食和白细胞、血小板减少。

（3）灵长类狐猴　自然感染查非埃立克体可发生埃立克体病。出现的症状包括腹泻、发热、嗜睡和淋巴结病。猕猴和狒狒试验感染嗜吞噬无浆体可出现腹泻、发热、嗜睡和淋巴结病症状。猕猴试验感染犬埃立克体出现严重的临床表现。

（4）鼠　试验感染腺热埃立克体会出现腹泻、虚弱、淋巴结病并导致死亡。

（5）马、牛、羊　重度感染马，可表现不规则发热、急性腹泻等，温和型粒细胞埃立克体感染，出现嗜睡、厌食、肢端水肿和白细胞及血小板减少，轻者可自愈。牛、羊粒细胞埃立克体感染表现发热和一过性各类血细胞减少，奶牛产乳量下降，并伴有呼吸系统症状，一般轻微可自愈。

2. 人的临床表现　该病的潜伏期为7～21天，感染常累及全身多个系统，临床表现呈多样性。

（1）嗜单核细胞埃立克体病（HME）　多数起病急，突然发热，表现寒战、头痛、肌肉痛、关节痛等类流感样症状。多数患者同时出现恶心、呕吐、腹痛、腹泻、厌食等消化道症状。亦可见咳嗽、淋巴结肿大及肝脾肿大。约1/3患者起病5天后出现皮疹，呈斑丘疹、丘疹或瘀点，常位于胸、腿及手臂，儿童多见。重症患者有神经症状，出现剧烈头痛、神志不清、嗜睡、视力模糊、癫痫样发作、颈项强直及共济失调等。

（2）嗜粒细胞埃立克体病（HGE）　比嗜单核细胞埃立克体病症状重，主要表现为发热、寒战、头痛、肌肉痛、乏力、厌食、恶心、呕吐等，皮疹少见。免疫功能低下，常易并发机会性感染，严重者因血小板减少并发弥散性血管内凝血而导致肺部及消化道出血、急性肾衰或呼吸衰竭而死亡。

（3）腺热埃立克体病　临床表现较轻，仅见轻度或中度发热，多为弛张热，并伴有头痛、背痛、肌肉痛和关节痛等，皮疹少见，起病7天后出现耳后和颈后淋巴结肿大。严重者有寒战、眩晕、肝脾肿大及非化脓性脑膜炎等。

五、病理变化

1. 人感染埃立克体的病理变化　脾淋巴组织萎缩、肝内巨噬细胞积聚、细胞凋亡、淋巴结皮质增生、骨髓增生。脾脏经常受累，肺、肝、心、肾组织内可见感染细胞，但只有肺和肝组织有病理损伤。嗜单核细胞埃立克体病病理损伤与嗜粒细胞埃立克体病相似，肝组织内可见散在淋巴细胞聚集、浸润，Kupffer细胞增生，各种程度的肝细胞炎症和坏死，胆管上皮细胞损伤，胆汁淤积。

2. 犬感染埃立克体的病理变化　急性期死亡病犬剖检无明显病理变化，一般仅可见胆囊肿大、肠胀气、肠黏膜出血等。慢性期死亡病犬剖检，大体病理变化表现为极度消瘦，皮下脂肪很少或全部耗尽，黏膜苍白并有出血，腹水，肝肿大、质脆，脾表面粗糙并极度肿大2～3倍，肺、心、肾、淋巴结有条状或斑点状出血。多器官广泛性的实质细胞变性、坏死、血管炎、出血、浆细胞和淋巴细胞浸润，组织损伤和坏死可能伴发静脉炎和免疫抑制。

六、诊　断

1. 病原分离与鉴定 多数埃立克体可用体外细胞系分离培养，分离出埃立克体即可确诊。亦可通过实验动物鼠、犬进行分离。埃立克体生长缓慢，分离鉴定需1个月以上，因此不能进行早期诊断。

2. 血清学试验 最常用的是间接免疫荧光试验，抗体效价＞1∶80或双份血清效价上升4倍以上可诊断。

3. 组织病理学诊断 用特异性埃立克体抗体检测患者组织标本中单核—巨噬细胞或白细胞的桑葚状包涵体呈阳性，有较高的特异性，但敏感性低。

4. 分子生物学诊断 用半巢式PCR方法检测血中埃立克体DNA，特异性和敏感性均较高。PCR扩增靶区域包括：groESL操纵子序列、柠檬酸盐合成酶基因、p28抗原基因编码区。

七、防治措施

1. 治疗 人的治疗首选药物为四环素类抗生素，用药24h后，大部分患者症状明显改善。疗程根据病情而定，一般不少于7天或退热后再服用3天。此外，可采取一般支持疗法和对症治疗。

犬的首选药物为四环素类抗生素，其他药物也常被使用。早期治疗对治愈犬埃立克体病至关重要，急性期和亚临床感染期通常较易治疗。但是如果出现神经症状，则抗生素的效果不太理想。慢性感染的治疗较困难。对于严重慢性感染的病犬，抗生素治疗效果不明显，建议在进行3～4周（或更长期）的抗生素治疗后，可以尝试联合使用促红细胞生成素和粒细胞增殖促进因子等生物制剂，或长春新碱治疗，但这类病犬预后大多不良。经过治疗，血液指标表现康复的犬也还有再次感染的可能。

2. 预防 有目的地防蜱、灭鼠，控制动物特别是犬感染。应尽量避免对犬采用不合格的方式输入全血或血液制品，以防犬被感染。

人户外活动特别是在野生动物较多的林区活动，必要时可口服特效药进行预防。对腺热埃立克体最有效的措施是加强饮食卫生，在疫区不生吃水产品。

八、公共卫生影响

近年来，随着埃立克体病原种类的增加，人和动物感染和人与动物共患新病原体的发现，特别是犬在该病的流行病学中，既是很多蜱种的重要宿主，又是人的好伴侣、好助手，与人关系十分密切，使该病的公共卫生学意义日渐突现，也引起相关领域研究者的高度重视。

（韩雪　遇秀玲　田克恭）

参考文献

宝福凯，柳爱华，马海滨．2008．人类无浆体病的病原学和流行病学研究进展［J］．热带医学杂志，8（11）：1193-1195.
宝福凯，柳爱华．2009．查非埃立克体和人单核细胞埃立克体病研究进展［J］．中国病原生物学杂志，4（12）：935-942.
方美玉，林立辉，刘建伟．2005．虫媒传染病［M］．北京：军事医学科学出版社：304-318.
费恩阁，李德昌，丁壮．2004．动物疫病学［M］．北京：中国农业出版社：605-606.
顾为望，刘世忠，马玉海，等．2006．我国犬埃立克体病研究现状［J］．动物医学进展，27（9）：1-3.
赫兢，辛绍杰．2006．埃立克体病［J］．传染病信息，19（2）：58-60.
李凤，许诺．2010．人埃立克体病的临床表现与治疗［J］．医学动物防制，26（3）：221-222.
马亦林．2005．传染病学［M］．第4版．上海：上海科学技术出版社：424-428.
潘华，陈香蕊，马玉海，等．1999．我国南方蜱样本中发现犬埃立克体DNA［J］．中国人兽共患病杂志，15（3）：3-6.
潘华，顾为望．2003．犬在埃立克体病研究中的作用［J］．动物医学进展，24（6）：55-57.
潘华，马玉海，孙洋．1999．埃立克体病原与流行病学研究进展［J］．中国兽医科技，29（5）：15-18.

唐家琪．2005．自然疫源性疾病［M］．北京：科学出版社：660－672．
张建之，范明远．1995．立克次体分类学研究进展［J］．中国人兽共患病杂志，11（2）：45－46．
张建之，范明远．1997．人类埃立克体感染的发现及研究进展［J］．中国公共卫生，13（5）：316－318．
张丽娟，俞东征．2007．埃立克体和埃立克体病［J］．微生物感染，2（4）：232－236．
郑立仪，朱恩炯，刘健红．2011．犬埃立克体病的诊治和预后［J］．上海畜牧兽医通讯，2：64－66．
Bakken J S，Krueth J，Wilson－Nordskog C，et al．1996．Clinical and laboratory characteristics of human granulocytic ehrlichiosis［J］．JAMA，275：199－205．
Dunning Hotopp J C，Lin M，Madupu R，et al．2006．Comparativegenomics of emerging human ehrlichiosis agents［J］．PLoS Genetics，2（2）：e21．
Goodman J L，Nelson C，Vitale B，et al．1996．Direct cultivation of the causative agent of human granulocytic ehrlichioses［J］．New Eng J Med，334：209－215．
McBride J W，Walker D H．2011．Molecular and cellular pathobiology of Ehrlichia infection：targetsfor new therapeutics andimmunomodulation strategies［J］．Expert Reviews in Molecular Medicine，13：e3．

第二节　血巴尔通体病
(Hemobartonellosis)

血巴尔通体病（Hemobartonellosis）是由血巴尔通体引起的多种实验动物以贫血为主要特征的疾病，动物多呈隐性感染，在免疫抑制或应激状态下可导致发病。血巴尔通体主要寄生于动物红细胞表面或游离于血浆中，因而也称为血营养菌（Haemotrophic bacteria）。病原体寄生使红细胞膜结构发生变化，导致红细胞损伤，引起感染动物临床表现贫血症状。

一、发生与分布

20 世纪 20 年代 Schilling 在犬和啮齿类动物血液中均发现寄生在红细胞的病原体，由于当时发现该病原体形态类似于杆菌状巴尔通体（*Bartonella bacilliformis*），将其命名为巴尔通体（*Bartonella*）。后来发现这类病原体不能在培养基上培养，因此不同于杆菌状巴尔通体，建议将这类病原体命名为血巴尔通体或附红细胞体（*Eperythrozoon*）。1953 年，Flint JC 等首次报道了猫血巴尔通体，并证实它是引起猫发生传染性贫血的病原。该病发生以宠物用猫和犬居多，在英国、美国、瑞士、澳大利亚、南非、日本等国家都有发病报道。我国血巴尔通体感染也呈全国性分布。

二、病　　原

1. 分类地位　在以往的分类体系中，血巴尔通体（*Haemobartonella*）归属于立克次体目（Rickettsiales）、无浆体科（Anaplasmataceae）、血巴尔通体属（*Haemobartonella*）。1984 年第八版《伯杰细菌鉴定手册》的中记载的血巴尔通体属的病原有 3 种：①猫血巴尔通体（*H. felis*），寄生于猫；②犬血巴尔通体（*H. canis*），寄生于犬；③鼠血巴尔通体（*H. muris*），寄生于大鼠或仓鼠。但是近些年来通过细菌分子分类学研究，提出血巴尔通体在种系发生关系上与支原体目的病原相近，应归入支原体属，《伯杰氏系统细菌学手册》第二版（2005 年）中已经将血巴尔通体划归于支原体目（Mycoplasmatales）、支原体科（Mycoplasmataceae）、支原体属（*Mycoplasma*），是一类血营养性支原体（Hemotrophic mycoplasmas），或称之为血营养菌（Hemotrophic bacteria），并重新进行了命名。猫血巴尔通体重新命名为 *Mycoplasma haemofelis*；犬血巴尔通体重新命名为 *Mycoplasma haemocanis*；鼠血巴尔通体也被重新命名为 *Mycoplasma haemomuris*。对其他动物所报道的血巴尔通体，尚缺乏上述分子分类方面的相关研究。

2. 形态学基本特征与培养特性　血巴尔通体为革兰染色阴性、无细胞壁病原体。形态为多形性，呈球状、杆状或环状，可单个、成对或成群出现在红细胞表面上的浅的或深的凹窝内，有时在红细胞内空泡中，罕有在血浆中者。鼠血巴尔通体的血涂片在光学显微镜下观察为具有圆端的细杆菌，常呈现颗粒，或在一端或两端膨大，并且表现为哑铃形、球状或双球状细胞。杆菌大小为 0.1×(0.3～0.7) μm,球状细胞直径 0.1～0.2μm。用扫描电镜（放大 7 000 倍）观察，杆菌是由直径为 0.3～0.5μm 的球状细胞组成。猫血巴尔通体用扫描电镜（放大 5 000 倍）观察呈圆锥形或球形，直径约 0.5μm，部分呈锯齿状包埋入红细胞表面，红细胞外寄生的现象相当明显。犬血巴尔通体是目前发现的血营养菌中较大的病原体，多数呈杆状，大小为 0.2～3μm，主要寄生于红细胞表面，有双层膜，但无细胞壁结构。鼠血巴尔通体用姬姆萨染色，呈现强烈的红色或带有粉红色调的蓝色；用 Wright 氏法染色，呈现为末端具有红色异染粒的浅蓝色；用 Schilling 氏的次甲基蓝伊红染色，在着蓝色的红细胞上，病原体着亮红色。猫血巴尔通体用姬姆萨染色，着深紫色。血巴尔通体属于专性寄生病原，不能在细菌培养基和鸡胚上生长，但可以通过动物活体传代保存。

3. 理化特性 血巴尔通体对外界环境的抵抗力非常差，不能长期存活，鼠血巴尔通体在 37℃ 30min，25℃ 6～8h，4℃ 24～48h 条件下即可失活。

三、流行病学

1. 传染来源 隐性携带血巴尔通体和患病动物是主要传染源，吸血节肢动物可以携带血巴尔通体，是该病的传播媒介。

2. 传播途径 该病通过血液传播，主要传播方式为吸血节肢动物传播，带有病原的蚤、虱、蜱、蚊、蝇等节肢动物通过叮咬机械性传播，吸血节肢动物本身也可经卵将病原传给其下一代，成为新的传播媒介。鼠血巴尔通体主要由棘多板虱（*Polyplax spinulosa*）传播，血红扇头蜱（*Rhipicephalus sanguineus*）可传播犬血巴尔通体，猫栉首蚤（*Ctenocephalides felis*）可以传播猫大型血巴尔通体。此外，医源性输血以及被污染的生物材料也可以传播该病。

3. 易感动物

（1）自然宿主 自然感染的宿主包括大鼠、犬、猫、牛、羊、马等多种哺乳动物，其中犬和猫感染率较高。

（2）实验动物 实验动物中犬、大鼠感染最常见，小鼠、仓鼠少见，此外也有从猴中检出血巴尔通体的报道。小鼠不是自然宿主，一般通过大鼠间接传播。

（3）易感人群 尚无研究表明人是否易感血巴尔通体，但是有报道从巴西艾滋病患者检出血巴尔通体。

4. 流行特征 该病通常散发，动物多为隐性感染，当动物在某些诱因的作用下，机体抵抗力下降时，常导致疾病发生，甚至流行。如动物免疫功能受到抑制、处于应激状态或脾脏切除等情况下均可成为发病诱因。

四、临床症状

1. 动物的临床表现 血巴尔通体主要以隐性感染形式存在，感染动物不表现明显的临床症状。隐性感染动物在受到免疫抑制、应激或是脾切除的情况下可能发病，出现明显的临床症状，表现为贫血、体色苍白、消化不良、体重下降等，犬表现黄疸、发热、食欲不振和腹泻等临床症状。

2. 人的临床表现 单纯感染血巴尔通体的病人临床表现未见报道。

五、病理变化

隐性感染动物没有明显的病理变化，发病动物病理变化表现为贫血、网状细胞过多症、凝血时间增加、血浆蛋白减少、血清免疫球蛋白（IgG 和 IgM）增加、高磷血症。血涂片检查可观察到寄生虫血症。大体剖检观察可发现脾脏肿大和肠系膜淋巴结肿大，骨髓可见异常增生。

六、诊　　断

1. 动物的临床诊断 该病以贫血为主要临床症状，但发病动物严重程度各不相同，有些动物仅有轻度贫血和不表现临床症状，有些动物有明显的抑郁症和严重贫血。当观察到动物出现贫血和血红蛋白尿，且在动物身上发现蚤、虱、蜱等吸血节肢动物时，怀疑可能发生血巴尔通体病。

2. 实验室诊断

（1）病原分离　该病原在各种细菌培养基均不能生长，因此不能通过分离培养进行病原学鉴定。

（2）其他支持性实验室检查　外周血液镜检是常用的检测方法，采集疑似感染血巴尔通体的动物血样进行涂片和姬姆萨染色，光镜下可见蓝色的病原体单个、成对或成链状附着于红细胞表面可初步诊断，结合流行病学、临床症状及其他实验室检查方法可最后确诊。外周血液镜检往往只适合处于严重寄生虫血症期的动物，对其他时期或处于潜伏感染状态的动物，常由于病原数量少而不易检出。此外在血涂片染色观察的过程中，必须注意病原体与血涂片上的染料颗粒、嗜碱性颗粒和染色质小体（Howell Jolly）的区别，以防误诊。诊断该病的另一种方法是将疑似为血巴尔通体感染动物的血液接种到脾摘除或免疫抑制的同类动物体内，然后采用外周血液镜检，观察外周血中的病原体变化并做出诊断。PCR 检测是该病非常有效的诊断方法，16S rRNA 基因常作为血巴尔通体检测的靶基因用于 PCR 检测。

七、防治措施

血巴尔通体感染具有生物媒介传播性特征，节肢动物在该病的传播过程中起重要作用，因此在血巴尔通体的防控方面，消灭吸血节肢动物是控制该病传播的重要手段。对实验动物生产和实验设施来说，建立有效的环境控制措施可以阻隔节肢动物传播，避免野鼠和宠物进入实验动物设施。对已经感染血巴尔通体的实验动物群，胚胎移植或剖腹产净化是清除感染最有效的方法。

对出现严重贫血症状的猫和犬，可以用输血的方式对其进行治疗，但输血前应对供体血液做该病病原体的检测，以防止该病通过血液传播。四环素、土霉素、强力霉素等药物是控制该病的有效药物，在用抗生素治疗的同时，也可以配合运用糖皮质激素（如氢化可的松等药物）对抗机体自身的免疫性损伤。

八、公共卫生影响

吸血节肢动物媒介是血巴尔通体传播的主要机制，研究发现在蚤、蜱和蚊子等节肢动物体内检测出支原体属 DNA 序列，鉴于人经常与猫和犬等宠物一起生活，因此吸血节肢动物在人和动物之间的叮咬增加了血巴尔通体传播给人的危险性。虽然血巴尔通体是否为人兽共患传染病尚未完全清楚，但实验人员在处理受感染动物的血液或组织时应特别小心，应做好必要的防护。

血巴尔通体感染对试验研究的影响主要通过红细胞寄生这种特性造成的，感染可以缩短红细胞的生命周期，造成红细胞损伤；影响单核巨噬细胞系统的功能；增强肿瘤移植排异反应；同时干扰其他血液传播疾病如疟疾和锥虫病的试验研究。

（张钰　袁文）

参考文献

R. E. 布坎南，N. E. 吉本斯．1984. 伯杰细菌鉴定手册［M］．中国科学院微生物研究所《伯杰细菌鉴定手册》翻译组，译．第 8 版．北京：科学出版社：1265－1267.

Berent L M，Messick J B，Cooper S K. 1998. Detection of Haemobartonella felis in cats with experimentally induced acute and chronic infections using a PCR assay［J］. Am J Vet Rev，59：1215－1220.

Messick J B. 2003. New perspectives about Hemotrophic mycoplasma（formerly，Haemobartonella and Eperythrozoon species）infections in dogs and cats［J］. Vet Clin North Am Small Anim Pract，33（6）：1453－1465.

Messick J B. 2004. Hemotrophic mycoplasmas（hemoplasmas）：a review and new insights into pathogenic potential［J］. Vet Clin Pathol，33（1）：2－13.

Messick J B，Walker P G，Raphel W，et al. 2002. 'Candidatus M. haemodidelphis' sp. nov.，'Candidatus M. haemolamae' sp. nov. and M. haemocanis comb. nov.，haemotrophic parasites from a naturally infected opossum（Didelphis virginiana), alpaca (Lama pacos), and dog (Canis familiaris): phylogenic and secondary structural relatedness of their 16S rRNA genes to other mycoplasmas [J]. Int J Syst Evol Microbiol, 52 (Pt 3): 693 - 698.

Messick, Joanne B. 2004. Hemotrophic mycoplasmas (hemoplasmas): a review and new insights into pathogenic potential [J]. Veterinary Clinical Pathology, 33 (1): 2 - 13.

Neimark H, Johansson K E, Rikihisa Y, et al. 2001. Proposal to transfer some members of the genera Haemobartonella and Eperythrozoon to the genus Mycoplasma with descriptions of 'Candidatus Mycoplasma haemofelis', 'Candidatus Mycoplasma haemomuris', 'Candidatus Mycoplasma haemosuis' and 'Candidatus Mycoplasmawenyonii' [J]. Int J Syst Evol Microbiol, 51 (Pt 3): 891 - 899.

De Vos P, Garrity G M., Jones D, et al. 2005. Bergey's manual of systematic bacteriology [M]. 2nd ed. New York: Springer Science + Business Media.

Santos A P, Santos R P, Biondo A W, et al. 2009. Hemoplasma infection in an HIV positive patient, Brazil [J]. Emerg Infect Dis, 14: 1922 - 1924.

Stoffregen W C, Alt D P, Palmer M V, et al. 2006. Identification of a haemomycoplasma species in anemic reindeer (Rangifer tarandus) [J]. J Wildl Dis, 42 (2): 249 - 258.

Sykes J E. 2010. Feline hemotropic mycoplasmas [J]. Vet Clin North Am Small Anim Pract, 40 (6): 1157 - 1170.

Tasker S, Helps C R, Day M J. 2004. Use of a Taqman PCR to determine the response of M. haemofelis infection to antibiotic treatment [J]. J Microbiol Methods, 56: 63 - 71.

Willi B, Boretti F S, Cattori V, et al. 2005. Identification, molecular characterization, and experimental transmission of a new hemoplasma isolate from a cat with hemolytic anemia in Switzerland [J]. J Clin Microbiol, 43 (6): 2581 - 2585.

Willi B, Boretti F S, Tasker S, et al. 2007. From Haemobartonella to hemoplasma: molecular methods provide new insights [J]. Vet Microbiol, 125 (3 - 4): 197 - 209.

Willi B, Novacco M, Meli M, et al. 2010. Haemotropic mycoplasmas of cats and dogs: transmission, diagnosis, prevalence and importance in Europe [J]. Schweiz Arch Tierheilkd, 152 (5): 237 - 244.

第二十五章
巴通体科细菌所致疾病

猫抓病
(Cat - scratch disease)

猫抓病（Cat - scratch disease，CSD）是由汉赛巴通体感染引起的一种以皮肤原发病变和局部淋巴结肿大为特征的自限性传染病。该病多发于青少年，54%～80%患者小于18岁。由于机体自身免疫功能的差异，临床表现和预后有所不同，一般为良性自限性经过，少数可出现全身性严重损害。病原体主要通过猫等动物抓伤或咬伤而传播给人。

一、发生与分布

1889年Parinaud在帕里南得氏眼腺综合征描述过相似症状，但1950年Debre等才真正首次报道该病。尽管之后又出现了大量对该病的研究报道，直到1983年Wear等通过对一名猫抓病患者的淋巴结组织进行Warthin - Starry银染才首次检测到该病原体。该病呈全球性分布，以美国和欧洲报道较多，多发生于温暖湿润的地区。随着饲养宠物人数的增多，近年来该病发病率呈明显上升趋势，据报道全球每年发病人数超过4万例。

根据栗冬梅等对中国大陆地区1979—2007年207篇文献报道的病例统计有1 631例，除宁夏回族自治区、青海和内蒙古自治区外，其余省、市、自治区均有报道。近年来，随着宠物猫饲养量的迅速增加，发病人数也有上升趋势。

二、病　　原

1. 分类地位　1983年Wear等证明该病病原体为一种革兰阴性多形性杆菌，曾被称为猫抓病杆菌，1988年首次从猫抓病患者的淋巴结中成功分离和培养该菌。1991年经Brenner等鉴定将其命名为猫埃菲比体（*Afipia felis*），以纪念首先检测到该病原的美国海陆空三军病理研究所。1992年由Regenery等从典型患者组织中分离、鉴定病原体属于罗卡利马（*Rochalimaea*）的一个种，称为汉赛罗卡利马体。后罗卡利马属与巴尔通体属合并为巴尔通体属，1993年为纪念在分离鉴定该病原体中做出重要贡献的临床微生物学家Diane M. Hensel，将该病病原正式命名为汉赛巴通体（*Bartonella henselae*）。该病原属于变形菌门、α变形菌纲、根瘤菌目、巴通体科（Bartonellaceae）、巴通体属（*Bartonella*），与布鲁菌在同一目下，该属是巴通体科的唯一属。该属目前有21个种及亚种，其中9种可致人发病，即杆状巴通体（*B. bacilliformis*）、五日热巴通体（*B. quintana*）、汉赛巴通体（*B. henselae*）、伊丽莎白巴通体（*B. elizabethae*）、格拉汉姆巴通体（*B. grahamii*）、克氏巴通体（*B. clarridgeoae*）、文森巴通体阿鲁潘亚种（*B. vinsonii* subsp. *arupensis*）、文森巴通体博格霍夫亚种（*B. vinsonii* subsp. *berkhoffii*）和克勒巴尔通体（*B. koehlerae*），其中汉赛巴通体亦为人与动物共患病原体。近年来研究报道，同样感染猫的克氏巴通体也可能是猫抓病相关致病因子。

2. 形态学基本特征与培养特性　汉赛巴通体呈多形性，一般为棒状小杆菌，也可表现为细丝状，平均大小为（0.3～1.0）μm×（0.6～3.0）μm，有类似菌毛的结构，革兰染色阴性，姬姆萨染色呈紫红色，Warhin - Starry 银染为棕褐色。

汉赛巴通体为兼性细胞内寄生，对营养要求较苛刻，需在含新鲜动物或人血液的高营养培养基上生长，5%二氧化碳、35～37℃湿润环境下培养，12～14 天后在琼脂表面长出白色、圆形、半透明的菌落，菌落粗糙，黏附并深陷入培养基内，有时呈菜花状，在盐水中有自凝现象，传代后培养3～5 天即可形成光滑型菌落，且在盐水中不易凝集。在鸡胚和培养细胞中也能生长，多聚集于细胞空泡内。

3. 理化特性　汉赛巴通体对热及一般消毒剂均敏感，抵抗力不强，56℃ 30min 可灭活，常用的消毒剂 0.1%甲醛、0.5%石炭酸溶液可在短时间内将其灭活，70%乙醇在 30min 内可将其杀灭。对庆大霉素等抗生素敏感。

4. 分子生物学　汉赛巴通体主要有两种基因型，其变异主要存在于 16S rRNA 基因的可变区。Ⅰ型和Ⅱ型汉赛巴通体在可变区序列的不同可能导致产生不同致病力的菌株。尽管汉赛巴通体的分子遗传学相关进展较慢，目前也没有合适的动物模型，但已鉴定该菌有 2 种必需的致病因子：巴通体黏附素 A（BadA）和毒力基因座（Virulence locus）VirB/Vir4 IV 型选择系统。其中 BadA 负责菌体特异性黏附到细胞外基质上，而 VirB/Vir4 Ⅳ型选择系统则通过巴通体效应蛋白（Bartonella effector proteins，Beps）改变哺乳动物宿主细胞的功能，如抑制宿主细胞的自噬。

三、流行病学

1. 传染来源　猫抓病的传染源主要是带菌的猫，尤其是 1 岁以内的幼猫。病原体存在于猫的口咽部，猫受感染后，可形成菌血症。

2. 传播途径　汉赛巴通体在猫与猫之间主要通过跳蚤的叮咬进行传播。人通常在被猫抓伤、咬伤或与猫密切接触后而感染。

3. 易感动物

（1）自然宿主　猫可以长期存在巴通体菌血症而不发病，是汉赛巴通体的贮存宿主。

（2）实验动物　Karem 等观察了全身途径和黏膜途径接种汉赛巴通体后 BALB/c 小鼠的表现。他们通过腹腔给鼠接种大剂量汉赛巴通体，感染 24h 后即可在组织中培养出该病原。但接种后 6h 至 7 天内采血培养却为阴性，而同期在肝、肾、脾感染后采集的肝及肠系膜淋巴结经 PCR 检测可查到汉赛巴通体。

（3）易感人群　养宠物者尤其是免疫能力低下的人群，以及青少年和儿童易感。

4. 流行特征　猫抓病在全球每年都有流行，发病人数超过 4 万例，以青少年和儿童居多，无性别差异，温暖季节较寒冷季节多见。但近年来，由于饲养宠物的兴起，猫抓病日见增多。在美国 80%猫抓病病例为儿童，高峰年龄 2～14 岁，男性发病率较高，病例呈家庭集中分布。在我国对人群的流行病学调查较少，杨慧等对云南部分人群血清汉赛巴通体 IgG 抗体检测发现与家畜、禽接触机会较多的放牧人群感染率 17.07%，一些特殊人群如不明原因发热人群的感染率甚至高达 30.61%。Qiyong Liu 等对 1980—2008 年 30 篇猫抓病相关临床病例报道统计发现，临床病例集中在中国东部及东南部人口密集、医疗条件较好的地区，其中男性占多数，青少年及儿童易感，但也有 77 岁老人发病的报道。综上所述，与宿主动物的接触机会增多、宠物保洁不当导致节肢动物的繁殖机会增多等均是影响猫抓病感染的重要因素。

由于实验动物饲养在人为控制的环境设施内，动物饲养密度大，相互接触机会多，且饲养所需条件和基本物质均由人来提供，因此该菌的感染无明显的季节性，主要随饲养环境的改变而发生变化。饲养管理和卫生条件差、拥挤、潮湿、通风不良等均可使感染率上升。当动物在某些诱因的作用下，机体抵抗力下降时，常导致疾病发生，甚至流行。如免疫抑制剂的使用、射线照射、营养失调、潮湿、拥挤、氨浓度过高、动物试验处理或给药等一切能使动物处于应激状态的因素均可成为发病诱因。

四、临床症状

1. 动物的临床表现　过去认为猫对巴通体的耐受性较强，不易产生致病作用，但近来多次试验研究表明，猫感染后也表现出一定的临床症状。不过，各次试验研究结果并不完全一致。感染猫在临床上主要表现为发热、不爱活动及厌食等症状。

2. 人的临床表现　人感染猫抓病的临床表现多种多样，其严重程度主要取决于宿主的免疫状态。人被猫抓伤约 2 周后，在抓伤的皮肤周围可出现直径 3～ 4 mm 的红色丘疹。约 4 周后，在抓伤部位的近端出现淋巴结肿大，淋巴结肿大最常见的部位是颈前、腋窝、腹股沟、股部和关节周围，4～ 8 周后消失。当淋巴结肿大时，猫抓伤的皮肤伤口已愈合，仅在皮肤表面留有灰白色纤维性瘢痕。除皮肤病变和区域淋巴结肿大外，部分患者可出现发热、厌食和乏力等全身症状。由于该病为一自限性疾病，多数患者在 6～ 8 周内自愈，但有 5%～15% 的患者临床表现特殊且较严重，应引起重视。

五、病理变化

猫抓病的病理学变化虽具一定的特点，但不够特异，需与多种相似病变鉴别，确诊猫抓病存在一定的困难。猫抓病的临床病理表现因病变部位及个体免疫力的不同而具有广泛的多样性。

1. 大体解剖观察　典型猫抓病在皮肤受损部位可出现红斑、丘疹，2 周后，皮损同侧肢体淋巴引流区出现亚急性区域性的淋巴结肿大。常见淋巴结受累区域有颈部、腋窝、肱骨内上髁、腹股沟等。受累淋巴结的直径 1～10cm。5%～15%的猫抓病发展出淋巴结外组织器官的受累表现，并可累及全身多个器官、系统。根据病变的部位不同，可以分为眼病型猫抓病、中枢型猫抓病、肝脾猫抓病、肌肉骨骼猫抓病、乳腺猫抓病、全身性猫抓病。不同类型的猫抓病相应的器官组织会出现明显的病理变化。

2. 组织病理学观察　在病程早期，显微镜下可见淋巴结内组织细胞及淋巴细胞增生，生发中心扩大。中期可见增生的组织细胞逐渐演变为类上皮细胞，并集聚成团，形成肉芽肿结构。在疾病晚期，则形成特征性的肉芽肿型微脓肿，其中央为中性粒细胞及细胞核碎片，周围为呈栅栏状排列的类上皮细胞，其间偶见少量多核巨细胞。在肉芽肿外围常见较多淋巴细胞、浆细胞、免疫母细胞及纤维母细胞，并可见淋巴滤泡增生及小血管增生。苏木精-伊红（Hematoxylin - eosinstaining，HE）染色见不到病原体，Warhin - Starry 银染色可见到黑色、大小不一、多形性的短小棒状杆菌，位于坏死灶、微脓肿或组织细胞内。

六、诊　　断

1. 动物的临床诊断　动物无自然发病的病例报道，自然感染的症状尚不清楚。

2. 人的临床诊断　由于猫抓病临床表现复杂，无特征性临床症状，有些在就诊时已引起严重的器官损伤，应引起临床工作者的注意。另外，汉赛巴通体属难培养细菌又无显著的表型特异性，使得实验室与临床诊断较为困难，应结合流行病学史、临床表现及多项实验室指标予以诊断。

3. 实验室诊断

（1）细菌分离　血液、淋巴组织或穿刺液、皮肤或其他器官的受累病灶组织的活检标本可用于汉赛巴通体病原的分离，培养时间一般较长，需要 2～6 周。免疫血清学阳性的患者血培养和组织培养常为阴性，但从受染的猫身上采集血进行培养，则较容易发现病原体。

（2）其他支持性实验室检查　目前，PCR 技术已用于患者的早期诊断。Mousritsen 设计了一种快速而敏感的 PCR 检测方法，可以有效地检测到新鲜标本和甲醛固定、石蜡包埋标本中的汉赛巴通体的 DNA，并指出应用 PCR 诊断猫抓病具有明显的临床价值。间接免疫荧光抗体进行血清巴通体抗体检测，其敏感性为 88%，特异性为 94%。目前已有用于血清学检验的纯化抗原商品试剂盒出售。

七、防治措施

汉赛巴通体能正常存在于猫体内，形成菌血症，但不表现任何临床症状。人群的防治要特别注意宠物卫生。不要和宠物过分亲密接触，避免被动物咬伤、抓伤，尤其在春季动物发情时，尽量少刺激动物，以免造成不必要的伤害，万一不幸被咬伤、抓伤后，可局部涂抹碘酒及酒精，并及时去医院诊断治疗。

对猫的预防主要取决于跳蚤的控制。有研究显示每月定期对猫用吡虫啉和莫措克丁可有效预防汉赛巴通体通过跳蚤在猫间的传播。

八、公共卫生影响

随着我国人民生活水平的提高，饲养宠物的家庭日益增多，猫抓病的发病有增多的趋势。由于汉赛巴尔通体主要经跳蚤传播、在猫中流行，因此对公共卫生的影响日益明显。欧美一些国家生物医学界对其研究越来越多，但在我国，人们对其危害性认识不足，检测技术没能推广，流行病学资料匮乏。因此我国急需针对该病的流行病学、诊断方法、疫苗保护进行深入细致的研究，使猫抓病在我国得到合理有效的控制。

（夏应菊　遇秀玲　田克恭）

参考文献

丁洪基．2004. 猫抓病研究进展［J］．中华病理学杂志，33（5）：475－477.

黄摇娟，李甘地．2011. 猫抓病的临床病理学研究进展［J］．临床与实验病理学杂志，27（3）：293－297.

李德宪，陈小冰．2003. 猫抓病的诊治概述［J］．临床荟萃，18（2）：117－118.

文心田，于恩庶，徐建国，等．2011. 当代世界人兽共患病学［M］．成都：四川科技出版社：952－966.

孙桐，王显军．2002. 国外猫抓病研究进展［J］．中国人兽共患病杂志，18（3）：93－95.

中国人民解放军兽医大学．1993. 人兽共患病学［M］．北京：蓝天出版社：546－549.

Florin T A，Zaoutis T E，Zaoutis L B. 2008. Beyond Cat Scratch Disease：Widening Spectrum of Bartonella henselae Infection［J］．Pediatrics，121（5）：1413－1425.

Chen T C，Lin W R，Lu P L，et al. 2007. Cat Scratch Disease from a Domestic Dog［J］．J Formos Med Assoc，106（2）：S65－S68.

Liu Q，Eremeeva M E，Li D. 2012. Bartonella and Bartonella infections in China：From the clinic to thelaboratory［J］．Comp Immunol Microbiol Infect Dis，35：93－102.

Benner D J，O' Connor S P，Winkler H H，et al. 1993. Proposals to unify the Genera Bartonella and Rochalimaea，with descriptions of Bartonella quintana comb. nov.，Bartonella vinsonii comb. nov.，Bartonella henselae comb. nov.，and Bartonella elizabethae comb. nov.，and to remove the Family Bartonellaceae from the order Rickettsiales［J］．Int J Syst Bacteriol，43：777－780.

Breitschwerdt E B. 2008. Feline bartonellosis and cat scratch disease［J］．Vet Immunol Immunopathol，123（12）：167－171.

Brenner D J，Krieg N R，Staley J T. 2005. Bergey' s Manual of Systematic Bacteriology：Volume 2［M］．2nd ed. New York：Springer Science + Business Media：Part A：209 － 210；Part C：362－370.

Chomel B B，Kasten R W. 2010. Bartonellosis，an increasingly recognized zoonosis［J］．Journal of Applied Microbiology，109：743－750.

Franz B，Kempf V A. 2011. Adhesion and host cell modulation：critical pathogenicity determinants of Bartonella henselae［J］．Parasites & Vectors，4：54.

Liao H M，Huang F Y，Chi H. 2006. Systemic Cat Scratch Disease［J］．J Formos Med Assoc，105（8）：674－679.

Liu Q Y，Eremeeva M E，Li D M. 2012. Bartonella and Bartonella infections in China：From the clinic to the laboratory［J］．Microbiology and Infectious Diseases 35：93－102.

Petrogiannopoulos C，Valla K，Mikelis A. 2006. Parotid mass due to cat scratch disease [J]. Int J Clin Pract，60 (12)：1679 - 1680.

Ridder G J，Boedeker C C，Technau - Ihling K. 2005. Cat - scratch disease：Otolaryngologic manifestations and management [J]. Otolaryngol Head Neck Surg，132 (3)：353 - 358.

Salehi N，Custodio H，Rathore M H. 2010. Reneal microabscesses due to Bartonella infection [J]. Pediatr Indect Dis J，29 (5)：472 - 473.

第二十六章
布鲁菌科细菌所致疾病

布鲁菌科在微生物学上归属于变形菌门（Proteobacteria）、变形菌纲（Alphaproteobacteria）、根瘤菌目（Rhizobiales），其下分布鲁菌属（*Brucella*）、支动菌属（*Mycoplana*）、苍白杆菌属（*Ochrobactrum*），布鲁菌属为其模式属。

布鲁菌属是一类微小的球杆状革兰阴性菌，大小（0.5～0.7）μm ×（0.6～1.5）μm 不形成芽孢和荚膜，无鞭毛、不运动，需氧。

布鲁菌对多种动物具有致病性，细菌侵入生殖器官及网状内皮系统，导致全身性感染及菌血症。妊娠动物感染布鲁菌常导致流产，细菌可从乳汁中排出。几乎所有主要的产奶、产肉家畜均可感染布鲁菌，造成巨大的经济损失，同时严重危害人的健康。

布鲁菌病
(Brucellosis)

布鲁菌病（Brucellosis）是由布鲁菌引起的以家畜为主的多种动物感染的人兽共患传染病，对人体健康和畜牧业生产都有极大危害。该病主要引起家畜和野生动物的流产，在雌性动物中常导致流产、生育力下降；在雄性动物中，导致睾丸炎和附睾炎，并常发展为不育症。人可通过食用感染奶牛的生奶、奶油或直接接触感染动物而被感染，常表现为持续性感染、间歇性流感样症状，称作“波状热”，给个人、家庭和社会带来难以估量的损失，严重的可以造成死亡。

一、发生与分布

布鲁菌病呈世界性分布，自 1887 年首次证实该病病原体以来，20 世纪 30—60 年代布鲁菌病在世界范围内已有较大流行，80 年代全世界有布鲁菌病疫情的国家和地区约有 170 多个，分布相当广泛，其中报告有人间布鲁菌病的国家和地区约 130 个。部分国家已经成功根除了布鲁菌病，包括澳大利亚、塞浦路斯、丹麦、芬兰、荷兰、新西兰、挪威、瑞典以及英国等。近年来，由于卫生、社会经济、政治、国际旅行等原因，布鲁菌病疫情在世界部分地区又有回升趋势，亚洲出现了新的疫区，中东地区的情况不断恶化。

我国 1905 年首次在重庆报告该病。20 世纪 80 年代前我国布鲁菌病疫区主要集中在内蒙古、新疆、青海、宁夏和西藏五大牧区，但随着奶牛养殖业的兴起，农区的省份布鲁菌病疫情明显上升，城市布鲁菌病的发生率也呈上升趋势。

二、病　　原

1. 分类地位　布鲁菌属（*Brucella*）在分类上属于布鲁菌科（Brucellaceae），由羊种布鲁菌（*B. melitensis*）、牛种布鲁菌（*B. abortus*）、猪种布鲁菌（*B. suis*）、犬种布鲁菌（*B. canis*）、绵羊附睾种布鲁菌（*B. ovis*）及沙漠森林鼠种布鲁菌（*B. neotomae*）6 个菌种组成。20 世纪 90 年代，人们又陆续从海洋动物包括海豹、海豚、小鲸鱼、鲸鱼及水獭中分离到了特征与上述6个种不同的布鲁菌，有学者建议将之命名为海洋种（*B. maris*）或鲸种布鲁菌和鳍脚种布鲁菌（*B. cetaceae* 和 *B. pinnipediae*），目前已被普遍认可但还没有得到正式命名。各种布鲁菌对相应的动物具有最强的致病性，而对其他种类动物的致病性较弱或缺乏。其中羊种布鲁菌对绵羊、山羊、牛、鹿和人的致病性较强，牛种布鲁菌对牛、水牛、牦牛、马及人的致病性较强，猪种布鲁菌对猪、野兔及人的致病性较强。

2. 形态学基本特征与培养特性　布鲁菌为革兰阴性的球状、球杆状细菌。菌体长0.6～1.5μm，宽0.5～0.7μm，不形成芽孢，有毒力的菌株可带菲薄的荚膜，无鞭毛、不运动，需氧。对营养要求较高，其培养的最大特点是生长繁殖缓慢，尤其是刚从机体或环境中新分离的初代菌，有的需5天，甚至需20～30天才能生长。在不良环境，如抗生素的影响下，布鲁菌易发生变异。当细菌细胞壁的脂多糖（LPS）受损时，菌落可由光滑型（S型）变为粗糙型（R型）。当胞壁的肽聚糖受损时，则细菌失去胞壁或形成胞壁不完整的L型布鲁菌，这种表型变异形成的细菌可在机体内长期存在，但环境条件改善后可恢复原有特性。

3. 理化特性　该菌在自然条件下生活能力较强，但在日光直射和干燥的条件下抵抗力较弱。在腐败的尸体中很快死亡，但在不腐败病畜的分泌物、排泄物及死畜的脏器中能生存4个月左右。布鲁菌对各种物理和化学因子比较敏感。巴氏消毒法可以杀灭该菌，70℃ 10min也可将该菌杀死。对寒冷的抵抗力较强，在冰冻状态下能存活数月。对常用化学消毒药较敏感，普通消毒剂如1%～3%石炭酸溶液3 min，2%福尔马林15 min可将其杀死。使用3%有效氯的漂白粉溶液、石灰乳、苛性钠溶液等进行消毒也很有效。对四环素最敏感，其次是链霉素和土霉素，但对杆菌肽、多黏菌素B和放线菌酮有很强的抵抗力。

4. 分子生物学

（1）基因组特征　自2002年第一株布鲁菌羊种16M株的基因序列公布以来，相继完成了猪种、牛种布鲁菌基因组测序及注释工作。研究显示，布鲁菌各菌株之间的基因序列高度相似。只有33个大于100bp区域是猪种或羊种布鲁菌所特有。很多差异基因都局限于编码一些细菌表面的蛋白基因，如外膜蛋白、膜转运蛋白、假想蛋白和类似于ShdA细菌表面的配基。

（2）毒力因子　布鲁菌表面没有鞭毛和荚膜，不含质粒，不存在Ⅰ、Ⅱ型分泌系统和毒力岛、菌毛、纤毛、黏附素及毒素等典型的毒力基因，对其毒力的研究较为困难。研究显示，布鲁菌的毒力与外膜成分中的脂多糖蛋白复合物有关，S型布鲁菌的毒力明显高于R型，R型因表面缺乏脂多糖或缺乏S菌的脂多糖，故为低毒或无毒菌。外膜蛋白（OMP）也被认为是布鲁菌的毒力因子之一，但目前尚处于假说阶段。此外，布鲁菌中存在的过氧化氢酶等十几种酶也与其致病力相关。

三、流行病学

1. 传染来源　病畜和带菌动物，特别是流产母畜是最危险的传染源。病畜从乳汁、粪便和尿液中排出病原菌，污染草场、畜舍、饮水、饲料及排水沟等而使病原菌扩散。当患病母畜流产时，大量病菌随着流产胎儿、胎衣和子宫分泌物一起排出，成为最危险的传染源。至今还未有确实可靠的证据能证实布鲁菌病可以人传人，但也不能完全排除人与人之间传染的可能性。

布鲁菌病具有自然疫源性，发生过布鲁菌病的地区，可因为病原在自然界中长期存在而难以根除疫源。

2. 传播途径　布鲁菌主要经消化道感染，也可经伤口、皮肤和呼吸道、眼结膜和生殖器黏膜感染。因配种致使生殖系统黏膜感染较为常见。人可因为食用被病菌污染的食品、水或食生乳以及未熟的肉、内脏而感染；当感染的怀孕母畜分娩或流产时，人们用手帮助产仔或处理各种流产物时感染概率非常大，病菌可以经擦伤的皮肤等途径进入体内使人感染；实验室工作人员可因接触带菌病料或污染物，经皮肤伤口或眼结膜而感染，也可经气溶胶而发生呼吸道感染。一些昆虫如苍蝇、蜱等可携带布鲁菌，叮咬易感动物或污染饲料、饮水、食品也可传播该病，但概率很小。

3. 易感动物

(1) 自然宿主 目前已知有60多种家畜、家禽、野生动物是布鲁菌的宿主，可长期携带布鲁菌的易感动物有绵羊、山羊、牛、鹿、羚羊、狷羊、骆驼、犬、啮齿动物、猪、兔、马属动物、类人猿及人等。由于生产方式、传染条件等因素影响，羊、牛、猪一直是布鲁菌病的主要宿主。

(2) 实验动物 实验动物中豚鼠对布鲁菌最易感，是研究布鲁菌病的最佳实验动物模型。此外，小鼠、兔等也可感染。

(3) 易感人群 牧民、兽医为病畜接生时极易感染该菌。实验室工作人员如防护不当，也较易感染该菌。城镇易感人群多集中在职业性较密切的工厂，如肉类加工厂、乳品加工厂、毛纺厂、皮革厂、畜产品仓库等。

4. 流行特征 布鲁菌病具有自然疫源性，可在野生动物中独立传播，人和家畜是在一定条件下才传染的。该病虽然一年四季均可发病，但有明显的季节性。我国北方牧区羊群布鲁菌病发病流产高峰在2～4月份，人间发病高峰在4～5月份，在羊流产高峰后1～2个月。夏季由于剪羊毛、挤奶、吃生奶者，也可出现一个小的发病高峰。

人间布鲁菌病的牧区感染率高于农区，农区感染率高于城镇。形成这种差别的主要原因与生产、生活特点、牲畜数量以及人们的职业有关，农民、兽医、皮毛工人感染率比一般人高。

四、临床症状

1. 动物的临床表现 布鲁菌病的潜伏期长短不一，短的可以在半月内发病，长的可达半年、一年甚至几年，还可能终生潜伏体内而不发病。患病动物临床最明显的症状是流产。流产多发生在妊娠中后期，流产前病畜精神不振、食欲下降、体温升高、喜欢饮水，阴户、乳房肿大，阴道流出灰白色或灰色黏性分泌物。流产产出死胎或弱胎，流产后多数动物伴发胎衣滞留不下，阴门流出红褐色恶臭液体，引发子宫炎，有的经久不愈，屡配不孕。患病公畜常发生睾丸炎，呈一侧性或两侧性睾丸肿胀、硬固，有热痛，病程长，后期睾丸萎缩，失去配种能力。有些布鲁菌病患畜还可发生关节炎及水肿，有时表现跛行。部分可见眼结膜炎、腱鞘炎、滑液囊炎。

2. 人的临床表现 人感染布鲁菌的潜伏期长短与侵入机体布鲁菌的菌型、菌量、毒力及机体抵抗力等有关，一般为2周，最短仅3天，最长可达1年。典型病例热型呈波浪状，热程2～3周，间歇数日至2周，发热再起，反复数次，多伴寒战畏寒。多汗为该病的突出症状之一，夜间或凌晨退热时大汗淋漓。汗味酸臭。盛汗后多数感觉软弱无力，甚至可因大汗虚脱。关节痛与发热并行，主要累及大关节，如髋、肩、膝等，单个或多个，多呈游走性。泌尿生殖系统病症性患者多表现为单侧睾丸炎，女性患者可有卵巢炎、子宫内膜炎及乳房肿痛。神经系统症状表现为神经炎、神经根炎、脑脊髓膜炎等。慢性期相对稳定型患者的症状、体征较固定，功能障碍仅因气候变化、劳累过度才加重，但久病后体力衰竭、营养不良、贫血。

五、病理变化

该病病理变化广泛，受损组织不仅为肝、脾、骨髓、淋巴结，而且还累及骨、关节、血管、神经、内分泌及生殖系统；不仅损伤间质细胞，而且还损伤器官的实质细胞。

1. 大体解剖观察 布鲁菌最适宜在胎盘、胎衣组织中生长繁殖，其次是乳腺组织、淋巴结、骨髓、关节、腱鞘、滑液囊以及睾丸、附睾、精囊等。特征病变是胎膜水肿、严重充血或有出血点，子宫黏膜出现卡他性或化脓性炎症及脓肿病变，输卵管炎、卵巢炎或乳房炎。公畜精囊中常有出血和坏死病灶，睾丸和附睾肿大，出现脓肿和坏死病灶。

2. 组织病理学观察 病灶的主要病理变化包括：①渗出变性坏死改变：主要见于肝、脾、淋巴结、心、肾等处，浆液性炎性渗出，夹杂少许细胞坏死。②增生性改变：淋巴、单核—吞噬细胞增生，疾病早期尤为明显。常呈弥漫性，稍后常伴纤维细胞增殖。③肉芽肿形成：病灶里可见由上皮样细胞、巨噬细胞及淋巴细胞、浆细胞组成的肉芽肿。肉芽肿进一步发生纤维化，最后造成组织器官硬化。三种病理改变可循急性期向慢性期依次交替发生和发展。如肝脏，急性期内可见浆液性炎症，同时伴实质细胞变性、坏死；随后转变为增殖性炎症，在肝小叶内形成类上皮样肉芽肿；进而纤维组织增生，出现混合型或萎缩型肝硬化。

六、诊　　断

1. 动物的临床诊断　动物临床诊断主要根据母畜流产、胎盘滞留、公畜睾丸炎、关节炎和腱鞘炎等症状推定，但这些症状不具有确诊意义。

2. 人的临床诊断　人的临床诊断主要根据波状热或长期低热、多汗、乏力、关节痛、睾丸炎及附睾炎等症状推定，结合发病前病人与家畜或畜产品、布鲁菌培养物接触史等流行病学资料可初步诊断，确诊依靠实验室诊断。

3. 实验室诊断

（1）细菌分离　从患病动物或患者的血液、骨髓、其他体液及排泄物分离到布鲁菌可做出确诊。

（2）血清学检测　通过血清学诊断试验可做出群体或个体是否感染的判断，方法包括：血清凝集试验、补体结合试验、全乳环状试验、酶联免疫吸附试验、荧光偏振试验、变态反应试验等。平板凝集试验一般作为筛选试验；试管凝集试验因为其特异性和敏感性都比较差，在一些国家已经不采用了；补体结合试验可作为个体确诊试验；全乳环状试验主要用于乳畜的监测；变态反应适用于血清学试验不适宜使用的情况；ELISA 要经过评价后才能确定其对群体或个体的应用价值；荧光偏振试验用于检测血清中的抗体，可在实验室或田间操作；荧光抗体试验、间接血凝试验等可作为补充试验使用。

（3）分子生物学检测　16S rRNA 全菌杂交技术在布鲁菌的检测和鉴定中是非常有价值的。此外，尽管布鲁菌属各成员 DNA 同源程度很高，但 PCR 方法如 BaSS - PCR 检测方法、AMOS - PCR 检测方法等，在一定程度上仍能鉴别布鲁菌种及其生物型之间的差异。BCSP31 是布鲁菌中表达的免疫原性膜蛋白，存在于布氏菌属的 6 个种各生物型中，检测 BCSP31 基因的 PCR 方法可以在属的水平上检测和鉴定布鲁菌菌株，是 OIE 推荐鉴定布鲁菌的方法之一。脉冲凝胶电泳可鉴别某些布鲁菌种。指纹试验又称多位点可变数量串联重复序列分析，可按已有的分类系统完善常规分型方法，在流行病学研究中具有应用前景。

七、防治措施

一些国家已经成功地实现了根除布鲁菌病，如英国、澳大利亚等。这些国家的经验表明，综合性的防控措施，包括全面的监测、检测以及有效的疫苗接种对于布鲁菌病的防控是至关重要的。我国对动物布鲁菌病采取的是因地制宜、分类管理和以检疫、淘汰病畜和免疫健畜为主的综合防控措施。兽用活疫苗包括牛布鲁菌 19 号苗、猪布鲁菌 S2 菌苗、羊布鲁菌 M5 苗以及羊布鲁菌 Rev - 1 苗等，兽用灭活苗包括牛布鲁菌 45/20 疫苗和羊布鲁菌 53H38 疫苗等。

人感染布鲁菌病的传染源主要是患病动物，所以人间布鲁菌病的预防与消灭，有赖于动物布鲁菌病的预防和消灭。首先要注意职业性感染，在动物养殖场、屠宰场、畜产品加工厂工人以及兽医、实验室工作人员等，必须严守防护制度，做好消毒工作。可使用疫苗免疫进行预防，但由于多次接种可使人出现高度皮肤过敏甚至病理改变，且免疫抗体与感染抗体无法鉴别，所以免疫对象仅限于疫区内职业人群及受威胁的高危人群，接种面不宜过广，而且不宜年年复种。目前仅有极少数国家使用人用布鲁菌疫苗，常用的疫苗为 BA - 19 疫苗和 104M 疫苗。对于布鲁菌病患者应及时采用抗生素治疗，并加强对于该病防治的宣传。

八、公共卫生影响

布鲁菌病是重要的人兽共患传染病，是《中华人民共和国传染病防治法》规定的乙类传染病，

《中华人民共和国动物卫生法》规定的二类动物疫病。1992—2009 年我国报告布鲁菌病新发病人数已连续 17 年增加，2009 年发病率是 1992 年的 140 倍。近年来，人间布鲁菌病流行范围不断扩大，城镇居民患病数也在不断增加。该病不仅危害人们的身体健康，而且影响畜牧业、旅游业、国际贸易及经济发展。

布鲁菌病是最常见的实验室获得性感染之一，因此在处理培养物和严重感染样品如流产物时，必须要有严格的生物安全防护措施。处理大量的布鲁菌操作必须要在生物安全水平三级实验室进行，应注意防止气溶胶吸入感染以及含病原体的液体溅到眼睛、口鼻黏膜及破损皮肤引起接触感染。此外，虽然布鲁菌病主要感染动物，但是由于合适的人用疫苗的缺乏，并且该菌可使病患者终身带毒并丧失行动力，仍被认为是一种潜在的引起恐怖的生物武器。1954 年在美国的生物战进攻计划中，布鲁菌在新建的派因・布拉夫（Pine Bluff）兵工厂成为第一个武器化的生物战剂。

（张森洁　毛开荣　丁家波　田克恭）

我国已颁布的相关标准

GB 15988—1995　布鲁菌诊断标准及处理原则
GB 16885—1997　布鲁菌病检测标准
GB/T 14926.45—2001　实验动物　布鲁杆菌检测方法
GB/T 18646—2002　动物布鲁菌病诊断技术
WS 269—2007　布鲁菌病诊断标准
NY/T 907—2004　动物布氏杆菌病控制技术规范
NY/T 1467—2007　奶牛布鲁菌病 PCR 诊断技术
SN/T 1088—2002　布氏杆菌病平板凝集试验操作规程
SN/T 1089—2002　布氏杆菌病补体结合试验操作规程
SN/T 1090—2002　布氏杆菌病试管凝集试验操作规格
SN/T 1394—2004　布氏杆菌病全乳环状试验方法
SN/T 1525—2005　布氏杆菌病微量补体结合试验方法

参考文献

B. E. 斯特劳，S. D. 阿莱尔，W. L. 蒙加林，等 . 2000. 猪病学 [M] . 赵德明，张中秋，沈建中，译 . 第 8 版 . 北京：中国农业大学出版社：397 - 406.

高淑芬，冯静兰 . 1991. 中国布鲁菌病及其防治（1982—1991 年）[M] . 北京：中国科技出版社 .

姜顺求 . 1984. 布鲁菌病防治手册 [M] . 北京：人民卫生出版社 .

金宁一，胡仲明，冯书章 . 2007. 新编人兽共患病学 [M] . 北京：科学出版社 .

柳建新，陈创夫，王远志 . 2004. 布鲁菌致病及免疫机制研究进展 [J] . 动物医学进展，25 (3)：62 - 65.

梅建军，石慧英 . 2005. 布鲁菌表面抗原研究进展 [J] . 动物医学进展，26 (10)：13 - 18.

农业部兽医局 . 2011. 一二三类动物疫病释义 [M] . 北京：中国农业出版社：118 - 132.

尚德秋 . 1998. 布鲁菌病及其防制 [J] . 中华流行病学杂志，19 (2)：67 - 68.

尚德秋 . 2000. 中国布鲁菌病防治科研 50 年 [J] . 中华流行病学杂志，21 (1)：55 - 57.

张士义，马汉维，江森林 . 1999. 我国近年来布鲁菌病监测资料分析 [J] . 中国人兽共患病杂志，15 (1)：59.

钟志军，于爽，徐杰，等 . 2011. 布鲁菌比较基因组学研究进展 [J] . 中国人兽共患病学报，27 (4)：346 - 350.

Amato Gauci A J. 1995. The Return of Brucellosis [J] . Maltese Medical Journal：1 - 2.

Cloeckaert A，Verger J M，Grayon M，et al. 2001. Classification of Brucella spp. isolated from marine mammals by DNA polymorphism at the omp2 locus [J] . Microbes Infect，3：729 - 738.

Cutler S J，Whatmore A M，Commander N J. 2005. Brucellosis - new aspects of an old disease [J] . J Appl Microbiol，98 (6)：1270 - 1281.

Jahans K L，Foster G，Broughton E S. 1997. The characterisation of Brucella strains isolated from marine mammals [J] . Vet Microbiol，57：373 - 382.

OIE. 2004. Manual of Diagnostic Tests and Vaccines for Terrestrial Animals [M]. 5th ed. Paris：Office International Des Epizooties.

Schurig G G，Sriranganathan N，et al. 2002. Brucellosis vaccines：past，present and future [J]. Vet Microbiol，90 (1-4)：479-496.

Seleem M N，Boyle S M，Sriranganathan N. 2009. Brucellosis：a re-emerging zoonosis [J]. Vet Microbiol，140 (3-4)：392-398.

第二十七章 产碱杆菌科细菌所致疾病

支气管败血波氏菌病 (Bordetellosis bronchiseptica infection)

支气管败血波氏杆菌病（Bordetellosis bronchiseptica infection）是由支气管败血波氏杆菌引起多种实验动物的上呼吸道感染疾病。感染动物通常不表现临床症状，豚鼠和兔易感，鼻腔分泌黏性和卡他性分泌物，出现化脓性支气管肺炎症状。

一、发生与分布

支气管败血波氏杆菌1910年由Ferry首次从患有犬瘟热的犬呼吸道中分离，随后他分别在1912年和1913年先后从豚鼠、猴和人的呼吸道中分离出特征一致的病原菌。该病广泛分布于世界各地的哺乳动物，任何年龄都可感染，幼龄动物、青年动物较成年动物易感性高。当机体受到不良刺激或抵抗力下降时，可引起上呼吸道感染而发病，常与巴斯德菌病、李斯特菌病并发急性感染造成动物的死亡。由该菌引起的病例报告，大多数来源于美洲、欧洲和日本。我国已有报道实验豚鼠、兔、犬自然感染支气管败血波氏杆菌，其他实验动物尚未见感染报道。合并感染将加重疾病。

二、病　　原

1. 分类地位　支气管败血波氏菌（*Bordetella bronchiseptica*，Bb）是革兰阴性无芽孢短杆菌，分类与百日咳波氏杆菌、副百日咳波氏杆菌同为波氏菌属（*Bordetella*）细菌，它们在生化指标、抗原性分析、新陈代谢特点、IS序列的多态性、DNA杂交和噬菌体分型等方面均存在极大的相似性。

支气管败血波氏菌有O抗原、K抗原和H抗原，其中O抗原耐热，为属特异性抗原。K抗原由荚膜抗原和菌毛抗原组成，不耐热，Eldering等（1957）将K抗原划分为1～14个抗原因子，因子7为属特异性因子，每个种具有不同的特异性因子，支气管败血波氏菌的种特异性因子为因子12。

根据毒力、生长特性、抗原性，该菌可分为3个菌相。Ⅰ相菌是毒力株，具有红细胞凝集性。典型Ⅰ相菌菌体表面可形成丰富的抗原（荚膜抗原），对O抗血清呈不凝集性。Ⅰ相菌感染或其疫苗免疫猪产生的保护性抗体主要是K抗体。Ⅰ相菌在培养过程中极易发生变异，减弱或丧失上述生物活性，成为低毒或无毒的Ⅲ相菌。Ⅱ相菌是Ⅰ相菌向Ⅲ相菌变异的过渡菌型，各种生物学活性介于Ⅰ相菌和Ⅲ相菌之间，对O、K抗体都有不同程度的凝集性。典型的Ⅲ相菌表面不形成K抗原，不与K抗体发生凝集，菌体完全显露，故可与O抗体发生凝集反应。Ⅲ相菌免疫猪产生O抗体，即使产生K抗体滴度也很低。

2. 形态学基本特征与培养特性　支气管败血波氏菌为革兰阴性菌，呈细小球杆状，大小为（0.2～0.3）μm×（0.5～1.0）μm，多单个或成双存在，很少成链状。不产生芽孢，可形成荚膜，有周鞭毛，常呈两极染色。最适生长温度35～37℃，严格需氧，不发酵碳水化合物。在波—让（Bordet - Gnegou，B - G）氏培养基上菌落光滑、凸起、湿润、半透明。呼吸型代谢，不发酵任何糖类；不分解碳水化合物，MR、VP 和吲哚试验阴性，氧化酶、触酶、尿酶阳性（陆承平，2001）。

在各种普通培养基上均易生长，极易发生菌相变异，并伴随抗原变异。产生Ⅰ相菌需在波—让氏琼脂中加入绵羊血或裂解的红细胞及优质混合蛋白胨，并需将无凝集水的琼脂表面置于潮湿的空气中培养。在波—让氏琼脂上，典型菌落（Ⅰ相菌落）呈珍珠状或半圆状，直径 0.5～0.8mm，乳白色，光滑致密，围绕周边界限多为明显的β溶血环。在培养条件不适或多次传代后出现Ⅱ相或Ⅲ相菌落，Ⅲ相菌落灰白色、扁平、光滑、质地稀软、不溶血，大于Ⅰ相菌落。在蛋白胨琼脂上可形成灰白色、透明、光滑、边缘整齐、微隆起的菌落，室温放置数日菌落变大，往往出现浅棕黄色。在麦康凯琼脂上生长良好，菌落呈微红色，围绕有小红圈，直径 1～1.5mm。在 S-S 琼脂和去氧胆酸盐枸橼酸盐琼脂上生长较差。在普通肉汤或蛋白胨水中呈轻度均匀混浊生长，不形成菌膜。

3. 理化特性　支气管败血波氏菌对外界理化因素抵抗力不强，常用消毒剂均对其有效。在液体中，经 58℃15min 可将其杀灭，干燥数小时也可将其杀灭，对紫外线抵抗力弱。低温、低湿、中性 pH 等条件可延长该菌存活时间。

4. 分子生物学

（1）基因组特征　支气管败血波氏菌基因组由约 5 338kb 组成环状染色体。目前对基因编码区的功能还不完全清楚。在大多数菌株中均发现一种易变的小型质粒，认为其与抗生素抗性有关。环状染色体中 G+C 含量占 68.07%，约 5 007 个编码序列，平均基因长度约为 978bp。与其分类关系较近的百日咳波氏杆菌、副百日咳波氏杆菌约有 3 000 个基因相同，其余基因被认为与其他特性如荚膜相关。(Parkhill J，2003)。

（2）主要毒力因子及其免疫原性　支气管败血波氏菌具有多种毒力因子，主要分为黏附素和毒素两类。黏附素类主要包括丝状血凝素（FHA）、百日咳杆菌黏附素（PRN）、气管定居因子（TCF）和菌毛（fimbraiae）等；毒素类主要包括皮肤坏死毒素（DNT）、腺苷酸环化酶溶血素（AC-Hly）、气管细胞毒素（tracheal cytotoxin,）和Ⅲ型分泌系统等。

丝状血凝素（FHA）是一种介导细菌黏附宿主细胞的大分子分泌蛋白，由 fhaB 基因编码合成约 367kDa 的 FhaB 蛋白前体，经过 N 端和 C 端修饰后形成分子量约 220kDa 的 FHA 成熟蛋白，通过分泌信号肽途径分泌到细胞膜外。FHA 在支气管败血波氏菌和同属其他细菌黏附宿主细胞的过程中起着关键作用，它直接黏附宿主细胞受体—纤毛膜甘氨酸鞘脂。此外，FHA 介导的黏膜定殖功能对于细菌抵抗黏膜纤毛的自动清除、增强细菌的侵染力也有重要作用。FHA 具有良好的抗原保护性，含有 C 端的 TypeⅠ和 N 端的 TypeⅡ两个保护性抗原区域，TypeⅠ较 TypeⅡ包含了更多的抗原表位，从而具有更好的抗原保护性（Leininger 等，1997）。FHA 和其他毒力因子的表达受 BvgA/S 双因子调节系统控制。

百日咳杆菌黏附素（PRN）是由 *prn* 基因编码的一种具有抗原保护性的 Bb 外膜蛋白成分，成熟蛋白分子量约 68kDa，也是重要的黏附因子。Li 等（1992）报道支气管败血波氏菌的 PRN 蛋白与同属的百日咳波氏杆菌和副百日咳波氏杆菌存在 90%以上的同源性。PRN 包括 R1（GGXXPn）和 R1（PQPn）两个氨基酸重复序列区域。其中 R1 区可能与黏附功能相关（Leininger 等，1992），R2 区被鉴定为 PRN 的主要保护性抗原表位（Charles 等，1991）。

菌毛在细菌感染初期可以介导 Bb 特异性地黏附宿主的呼吸道上皮细胞和单核细胞组织（陆承平，2002）。另外，支气管败血波氏杆菌具有完整的Ⅳ型菌毛合成系统，由 fimN 编码。而Ⅳ型菌毛有黏附作用，能使细菌牢固附着于动物消化道、呼吸道和泌尿生殖道的黏膜上皮细胞上，是公认的毒力因子（Parkhill J，2003）。

皮肤坏死毒素（DNT）是存在于 Bb 胞浆内的重要毒素。给小鼠皮内注射 DNT 可诱导产生局部坏死，静脉注射低剂量就对小鼠致死。同属的支气管败血波氏杆百日咳波氏杆菌和副百日咳波氏杆菌 DNT 氨基酸同源性达到 99%，蛋白相对分子量约 160kDa。DNT 是支气管败血波氏杆定居于宿主上呼吸道所必需的致病因子。此外，DNT 还通过损坏呼吸道上皮细胞而间接地促进支气管败血波氏菌的附着作用。DNT 对福尔马林敏感，灭活后仍具有抗原性，可刺激机体产生抗毒素中和抗体（陆承平，

2002)。不同菌相产生的DNT不同，其中Ⅰ相菌毒力明显强于Ⅱ相和Ⅲ相菌。DNT是属于A-B型的毒素，具有典型的A-B两个亚单位。N端由54个氨基酸组成受体结合位点或中和位点，相当于B亚单位；C端300个氨基酸为催化位点或活性位点，相当于A亚单位。A、B两个亚单位单独均无毒性，A亚单位必须在B亚单位的协助下，结合受体释放到胞内，才能发挥毒性作用（陆承平，2002）。

腺苷酸环化酶溶血素（AC-Hly）是一种溶血素，同时也是一种腺苷环化酶，催化cAMP的大量产生，导致巨噬细胞和免疫效应细胞的吞噬作用受到破坏（Parkhill等，2003）。

气管细胞毒素（Tracheal cytotocin）是一种二肽—四糖单体组成的肽聚糖片段，它能破坏宿主呼吸道上皮细胞使其水肿增生、纤毛脱落，并产生黏液聚集于呼吸道，致使宿主不停地咳嗽、呼吸困难。

Ⅲ型分泌系统广泛存在于革兰阴性致病菌中，通过III型分泌系统革兰阴性致病菌可“注射”毒力因子到宿主细胞中，被注入的毒力因子干扰宿主细胞的正常生理代谢过程，支配细菌与宿主细胞的相互作用从而引发疾病（汪莉等，2004）。

三、流行病学

1. 传染来源 患病动物、感染动物或被患病动物污染的物品、用具都是该病的主要传染源。该菌主要栖息在患病和各种健康动物的呼吸道中，呈不定期带菌，当机体由于气候骤变、运输、饲料改变、感冒、寄生虫等影响抵抗力降低时，常可导致该病发生。

2. 传播途径 波氏杆菌病主要通过口、鼻飞沫及呼吸道分泌物或气溶胶传播。患病动物或感染动物咳嗽、打喷嚏时，呼吸道分泌物散布于空气中形成气溶胶，通过吸入传染给健康动物；也可通过污染的物品和用具传播；患病动物或感染动物与健康动物相互接触时，也可把病原菌传染给健康动物。

3. 易感动物

（1）自然宿主 支气管败血波氏杆菌是广泛感染家畜、野生动物和实验动物上皮呼吸道的病原菌，家畜包括猪、犬、猫、马、牛、绵羊和山羊等，野生动物包括鼠、雪貂、刺猬、浣熊、狐、臭鼬、考拉熊和栗鼠等，实验动物中豚鼠和兔较易感，有自然感染病例发生。

（2）实验动物 豚鼠、小鼠、大鼠对该菌易感，兔带菌检出率较高，但多数是隐性感染，长期携带病原，严重的引起支气管肺炎，特别是与其他呼吸道病原混合感染会出现致死病变。

（3）易感人群 人发生感染的报道很少，大多数情况下是小孩和有免疫力缺陷的人如艾滋病病人易感发病。

4. 流行特征 波氏杆菌病一年四季都可发生，但多发于气温多变的春秋两季，秋末、冬季、初春寒冷季节为该病的流行期。各种导致机体抵抗力下降的因素均能引起发病，鼻炎型常呈地方性流行，支气管肺炎型呈散发性。

自然感染下实验动物豚鼠和兔对该病较易感，但大鼠、小鼠很少发生。能从自然感染的实验动物兔、豚鼠、大鼠的呼吸器官中分离到该菌，小鼠、仓鼠、沙鼠极少能分离到（Jann Hau等，2003）。猴也有该菌引起支气管肺炎的自然发生病例。试验感染：Nakagawa等用10^6个菌涂抹接种豚鼠鼻腔，按鼻腔、气管、肺的入侵顺序1周左右出现症状，1～2周可见到肺部病变形成，血中凝集抗体10左右开始上升，症状和病变在15～20天最严重，其后病菌按肺、气管、鼻腔的顺序消失。随着症状消失，多数个体肺病变在2个月内修复（Nakagawa M等，1971）。

四、临床症状

1. 动物的临床表现

（1）豚鼠 幼龄豚鼠的发病率和病死率最高，应激情况下可引起暴发，在无特殊应激条件下，全年均可发生散发性死亡。病死或濒死的豚鼠缺乏临床症状。非急性感染的豚鼠表现食欲不振或不食、被毛蓬松、体重减轻、消瘦，常见排出水样至脓样鼻分泌物沾污鼻孔周围，呼吸困难，最后衰竭死亡。在流行期间妊娠豚鼠常死亡、流产或死产。病理剖检表现为肺炎、气道有脓性渗出物，组织学检查表现嗜异染单核细胞浸润气道和肺泡的化脓性支气管肺炎。

（2）兔　兔感染该菌多表现鼻塞、流涕、喷嚏等亚临床症状，在与多杀巴氏杆菌等同时感染时病情加剧。根据临床表现分为鼻炎型和支气管肺炎型。①鼻炎型：在家兔中经常发生，鼻腔流出少量浆液性或黏液性分泌物，一般不变为脓性；当诱因消除或经过治疗后，可在较短时间内恢复正常。②支气管肺炎型：临床特征是鼻炎长期不愈，鼻腔中流出黏液性甚至脓性分泌物，呼吸加快、食欲不振、精神委顿、逐渐消瘦，病程较长，一般经过7～60天死亡。有的患病动物虽经数月不死，剖检可见肺部病变。

（3）大、小鼠　实验动物大鼠、小鼠尚无自然感染该菌的报道，但C3H/HeJ小鼠和免疫缺陷大鼠更易感。

（4）犬　4～12周龄幼犬发病率最高，严重病例可见鼻漏和间歇性剧烈干咳，临床轻微触诊可引起气管诱咳。听诊在气管和肺区常有粗厉的呼吸音。大部分病例可以完全康复，有些病例咳嗽持续几周，严重的有时呈致死性支气管肺炎。

2. 人的临床表现　人偶有感染的报道，自1911年以来已报道65例，主要是免疫抑制患者。人感染支气管败血波氏菌病，常引起“百日咳”样综合征，有时伴发心内膜炎、腹膜炎、脑膜炎及伤口感染等。

五、诊　　断

1. 动物的临床诊断　根据流行特点、临床症状、病理变化可初步诊断，确诊必须做细菌分离和鉴定。①从脓疮或鼻腔直接分离病菌，将病料划线于血琼脂平板，制备纯培养物后镜检或进行生化鉴定，必要时进行血清型鉴定。②通过平板凝集试验确诊，即用支气管败血波氏杆菌阳性血清与被检菌在玻璃板上混匀，出现凝集者判为阳性。③以小鼠传代，将病料或初代分离细菌接种小鼠，死亡小鼠剖检取心血分离鉴定细菌，提高菌株的分离率。

2. 人的诊断要点　根据流行情况及有无接触史进行初步诊断。若患儿曾有发热，但热退后咳嗽症状反而加重，特别在夜间咳嗽剧烈，且无明显肺部阳性体征，应作为疑似诊断。若有明显痉咳，加之细菌培养阳性或血清学、免疫学、PCR检查阳性即可确诊。

六、防治措施

1. 动物的防治措施

（1）预防　首先要排除隐性感染动物。若兔、豚鼠或其他啮齿类动物在同一设施内饲养，必须保证每种动物都没有携带该菌。其次：保障设施洁净，大多数化学消毒剂及物理消毒方法都能够很好地去除设施中该菌的污染。通过剖腹产和子宫切断的SPF化能够彻底清除该病，其后的维持过程中，为防止污染，要求进行严格的卫生管理（Nakagawa M等，1974）。

（2）治疗　抗生素可缓解严重感染，但一般并不能彻底根除该病。一般应用广谱抗生素效果很好。增效磺胺和抗生素类对降低该病的感染率和带菌率、减少发病率和病变程度起着相当大的作用。但一般不能彻底清除呼吸道细菌，治疗后症状消失，停药后又复发。豚鼠在给予抗生素治疗过程中易引起肠炎而死亡，必须谨慎使用。

2. 人的防治措施

（1）预防　控制传染源，在流行季节，凡确诊患者应立即进行隔离，对接触者应密切观察至少3周，若有前驱症状应及早用抗生素治疗。

切断传播途径，波氏杆菌对外界抵抗力不强，无需消毒处理，但应保持室内通风，衣物在阳光下暴晒，对痰液及口鼻分泌物则应进行消毒处理。

（2）治疗　该菌对多种抗生素敏感，可选择抗生素进行治疗。

七、对公共卫生及实验研究的影响

该病在世界范围内广泛存在并具有高度传染性。在该病流行时，应避免与患病动物接触。当健康动物与患病动物有过接触时，可用头孢、四环素等药物进行紧急预防。当发现疑似波氏杆菌病的患者时，应立即进行隔离治疗。接触者应进行医学观察并用抗生素类药物进行紧急预防。接触过污染物品的人员也应用抗生素类药物进行预防，对污染物品进行严格消毒。

出现临床症状的动物不适合用于试验。由于该菌附着在动物的呼吸道纤毛上皮，无症状的带菌动物不适宜用于肺部或气管的相关试验，隐性带菌动物有可能成为感染源影响正常动物从而影响试验开展。

（张钰 王静 袁文 薛青红 康凯）

我国已颁布的相关标准

GB/T 14926.6—2001 实验动物 支气管鲍特杆菌检测方法

参考文献

费恩阁，丁壮．2004. 动物疫病学［M］．北京：中国农业出版社：634－637.

陆承平．2001. 兽医微生物学［M］．北京：中国农业出版社：275－278.

汪莉，王玉民，岳俊杰，等．2004. Ⅲ型分泌系统分子伴侣研究进展［J］．微生物学报，44（6）：840－844.

王季午，马亦林，翁心华．2005. 传染病学［M］．上海：上海科学技术出版社：644－649.

Bemis D A，Shek W R，Clifford C B. 2003. Bordetella bronchiseptica infection of rats and mice［J］. Comp Med，53（1）：11－20.

Brockmeier S L，Register K B，Magyar T，et al. 2002. Role of the dermonecrotic toxin of Bordetella bronchiseptica in the pathogenesis of respiratory disease in swine［J］. Infect Immun，70（2）：481－490.

Charles IG，Li J，Roberts M，et al. 1991. Identification and charaeterization of a Protective immunodominant Bcell epitope of pertactin（P. 69）from Bordetella Pertussis［J］. Eu J Immunol，21：1147－1153.

Friedman L E，de Rossi B N，Messina M T，et al. 2001. Phenotype evaluation of Bordetella bronchiseptica cultures by urease activity and Congo red affinity［J］. Lett Appl Microbiol，33（4）：285－290.

Friedman L E，Messina M T，Santoferrara L，et al. 2003. Biotyping and molecular phenotypic characterization of Bordetella bronchiseptica［J］. Rev Argent Microbiol，35（3）：117－122.

Goodnow R A. 1980. Biologyof Bordetella bronchiseptica［J］. Microbiol Rev，44（3）：722－738.

Jann Hau，Gerald L，Van Hoosier. Jr. 2003. Handbook of Laboratory Animal Science：Volume 2［M］. Florida：CRC Press LLC：243.

Leininger E，Bowen S，Renauld－Mongene G. 1997. Immunodominantdomains presentonthe Bordetella Pertussis vaccine component filamentous hemagglutinin［J］. Infect Immun，175：1423－1431.

Leininger E，Ewanowich CA，Bhargava A. 1992. Comparative roles of the Arg－Gly－Asp sequence present in the Bordetella Pertussis adhesins pertactin and filamentous hemagglutinin［J］. Infect Immun，60：2380－2385.

Li J，Fairweather N F，Novotny P，et al. 1992. Cloning，nucleotide sequence and Heterologous expression of the protective outer-membrane protein P. 68 pertactin from Bordetella bronchiseptica［J］. J Gen Microbiol，138（8）：1697－1705.

Mattoo S，Cherry J D. 2005. Molecular pathogenesis，epidemiology，and clinical manifestations of respiratory infections dueto Bordetella pertussis and other Bordetella subspecies［J］. Clin Microbiol Rev，18（4）：326－382.

Nakagawa M，Muto T，Yoda H，et al. 1971. Experimental Bordetella bronchiseptica infection in guinea pigs［J］. Jpn. J Vet Sc，33：53－60.

Nakagawa M，Yoda H，Muto T，et al. 1974. Prophylaxis of Bordetella bronchiseptica infection in guinea pigs by vaccination［J］. Jpn J Vet Sci，36：33－42.

Parkhill J，Sebaihia M，Preston A. 2003. Comparative analysis of the genome sequences of Bordetella pertussis，Bordetella parapertussis and Bordetella bronchiseptica［J］. Nature Genetics，35（1）：32－40.

Spears P A，Temple L M，Miyamoto D M，et al. 2003. Unexpected similarities between Bordetella avium and other pathogenic Bordetellae［J］. Infect Immun，71（5）：2591－2597.

Valencia M E，Enriquez A，Camino N，et al. 2004. Bordetella bronchiseptica pneumonia in patients with HIV［J］. Enferm Infecc Microbiol Clin，22（8）：502－503.

第二十八章 奈瑟菌科细菌所致疾病

犬奈瑟菌感染
(Neisseria canis infection)

犬奈瑟菌感染（Neisseria canis infection）是由犬奈瑟菌引起的以感染犬和猫为主的机会性实验动物性疾病。犬奈瑟菌是存在于犬、猫等实验动物口腔与咽喉部位的正常菌群，为一种条件致病菌，常与多种细菌混合感染。实验动物感染犬奈瑟菌后常表现为隐性感染。人被犬、猫咬伤后可能感染犬奈瑟菌，并出现慢性肺感染、化脓性炎症等症状。该病仅有少数病例，主要分布在美国、法国及澳大利亚等国家与地区。目前我国尚未有该病病例报道。

一、发生与分布

1962 年，Berger 首次从正常犬的口咽部位分离到犬奈瑟菌，并鉴定其特性。此后，1982 年在美国、1989 年在法国、1999 年在澳大利亚及 2005 年在美国分别出现 1 例人感染犬奈瑟菌的病例。由于犬奈瑟菌是犬、猫等实验动物口腔及咽喉部位的正常菌群，所以鲜有实验动物发生犬奈瑟菌感染的报道。迄今为止，仅有 Hasan Cantas 等（2011）从犬的面部深度伤口中分离到犬奈瑟菌。

目前我国尚未出现犬奈瑟菌感染的病例。

二、病　　原

1. 分类地位　根据《伯吉氏系统细菌学手册》第二版（2005 年）（Bergey's Manual of Systematic Bacteriology，2nd Edition，2005），犬奈瑟菌（*Neisseria canis*）在分类上属变形菌门（Proteobacteria）、β-变形菌纲（Betaproteobacteria）、奈瑟菌目（Neisseriales）、奈瑟菌科（Neisseriaceae）、奈瑟菌属（*Neisseria*），其代表菌株为 *D*1 和 *D*1*a*。

1962 年，Berger 首次分离到犬奈瑟菌，并对其特征进行了鉴定。1980 年，Skerman 等在细菌名称核准单（Approved Lists of Bacterial Names）中首次将该菌命名为犬奈瑟菌。1984 年，Vedros 首次将犬奈瑟菌列入奈瑟菌属。

2. 形态学基本特征与培养特性　犬奈瑟菌为革兰阴性球杆菌，常成双存在，无鞭毛，不运动。

该菌兼性厌氧，在巧克力培养基或血平板上培养时，不需要 X 或 V 生长因子；在 37℃条件下培养 48h 后，可形成扁平、黄色、不溶血的菌落。在麦康凯培养基上不生长。

3. 理化特性　犬奈瑟菌氧化酶及过氧化氢酶试验阳性，吲哚试验阳性，不水解葡萄糖、麦芽糖、果糖、蔗糖、乳糖及甘露醇，无 β-半乳糖苷酶、γ-谷氨酰转肽酶及 DNA 酶。大部分菌株能够水解硝酸盐，但不能水解亚硝酸盐。

该菌对乙酰唑胺、环丙沙星、多西环素、青霉素、阿莫西林、庆大霉素、克林霉素、红霉素、四环素、螺旋霉素、甲氧苄啶-磺胺甲基异噁唑敏感，但对万古霉素、头孢氨苄有抗性。

4. 分子生物学　目前，对犬奈瑟菌的相关研究甚少，其全基因组序列未知，已报道的仅有其 16S

rRNA 基因序列测定。

三、流行病学

1. 传染来源 携带犬奈瑟菌的犬、猫等实验动物及被其咬伤的伤口是本病的主要传染来源。

2. 传播途径 被犬、猫等带菌实验动物咬伤，通过伤口传播，为该病的主要传播途径。

3. 易感动物

（1）自然宿主 犬、猫、虎及猴等为犬奈瑟菌的自然宿主。

（2）实验动物 缺乏进一步的实验动物研究资料。目前仅有 1 例动物感染犬奈瑟菌的病例报道，是一只非实验动物用 2 岁雄性犬发病。但可据此推测，实验动物犬和猫也存在感染犬奈瑟菌的风险。

（3）易感人群 长期暴露于犬等动物的免疫力低下的人群较易感。

4. 流行特征 该病只有极少数病例报道，未曾发生流行。

四、临床症状

1. 动物的临床表现 动物犬奈瑟菌感染主要表现为隐性感染，偶尔可致感染伤口发生颏痈病变。2011 年，Hasan Cantas 等首次报道了一只 2 岁雄性犬感染犬奈瑟菌，在其面部的深度伤口中产生颏痈，但身体其他表征均正常。

2. 人的临床表现 人犬奈瑟菌感染的病例较少，截至目前仅有 4 例报道。该病主要引起人的慢性肺感染、化脓性炎症等。Hoke 等（1982）报道了第 1 例人犬奈瑟菌感染的病例，他从一个被猫咬伤的儿童的伤口中分离到该菌，但该儿童未出现其他临床症状。Guibourdenche 等（1989）报道了第 2 例猫咬伤人所致犬奈瑟菌感染的病例，是一位妇女被其健康的猫咬伤后，伤口发生炎症，表现为疼痛、发红、温度升高。从该伤口分离到犬奈瑟菌、多杀巴斯德菌及啮蚀艾肯菌（*Eikenella corrodens*）三种致病菌。Safton S 等（1999）报道了澳大利亚首例人犬奈瑟菌感染导致脚底伤口化脓的病例，第一次明确了该菌对人的致病性。Kim Allison 等（2005）报道了一个由犬奈瑟菌及达可马巴斯德菌（*Pasteurella dagmatis*）混合感染的病例，该病人表现为长期呼吸道感染，并发生慢性支气管扩张症，咳嗽严重、多痰。

五、病理变化

犬奈瑟菌感染的病理变化不具有特异性。在隐性感染时常常不发生组织病理学变化，偶尔引起感染部位的炎症反应。缺乏详细的相关病理学变化的资料，相关研究有待进一步开展。

六、诊　　断

1. 动物的临床诊断 动物发生犬奈瑟菌感染，主要表现为隐性感染，无明显临床症状。

2. 人的临床诊断 有无被犬等动物咬伤史或密切接触史，临床上是否有犬等咬伤伤口，对该病的诊断有一定意义。

3. 实验室诊断

（1）细菌分离鉴定 采集病料进行纯培养，观察菌落形态与培养特性；进行革兰染色、镜下形态观察、生化试验及抗生素敏感性试验等。其中，生化试验的结果对该病的诊断具有重要辅助诊断意义。

（2）分子生物学诊断 常用的分子生物学诊断方法有 DNA 杂交、16S rRNA 测序等。16S rRNA 测序鉴定是目前该病最确切的诊断方法，可采用引物对 5’-AGAGTTTGATCATGGCTCAGA-3’和 5’-GGTTACCTTGTTACGACTTC-3’进行 PCR 扩增。

七、防治措施

1. 动物犬奈瑟菌感染的防治

（1）预防 预防动物犬奈瑟菌感染主要是提高动物机体免疫力。

（2）治疗　动物犬奈瑟菌感染一般不需治疗，在某些情况下可选用阿莫西林、甲硝唑等抗生素治疗。

2. 人犬奈瑟菌感染的防治

（1）预防　人预防犬奈瑟菌感染主要是避免被犬、猫等动物咬伤，并尽量减少与之接触。

（2）治疗　该病常用阿莫西林与甲氧苄啶—磺胺甲基异噁唑等抗生素进行治疗。M. Guibourdenche 等（1989）报道采用阿莫西林以每天 3g 的剂量，治疗被猫咬伤导致的人犬奈瑟菌感染，1 周后痊愈。Kim Allison 等（2005）报道采用甲氧苄啶—磺胺甲基异噁唑与阿莫西林治疗犬奈瑟菌混合感染所致人的支气管扩张症，效果较好。

八、公共卫生影响

犬奈瑟菌同疫控中心 EF-4 群菌、编织奈瑟菌一样，均为犬和猫等动物口腔中的正常菌群，在其口腔中大量存在。人被犬、猫等动物咬伤后可以发病。除了实验人员与犬、猫等实验动物的长期接触容易引发感染外，随着社会的快速发展，大量的宠物用犬、猫开始进入普通人的家庭。在人与犬、猫等宠物的密切接触中，发生犬奈瑟菌感染的风险也大大增加。此外，目前对该菌的致病性研究仍不十分清楚。所以，该病具有一定的公共卫生意义。

（王立林　田克恭　肖璐）

参考文献

Allison K，Clarridge J E 3rd. 2005. Long-Term Respiratory Tract Infection with Canine-Associated Pasteurella dagmatis and Neisseria canis in a Patient with Chronic Bronchiectasis [J]. Journal of Clinical Microbiology，43 (8)：4272-4274.

Cantas H，Pekarkova M，Kippenes H S，et al. 2011. First Reported Isolation of Neisseria canis from a Deep FacialWound Infection in a Dog [J]. Journal of Clinical Microbiology，49 (5)：2043-2046.

Guibourdenche M，Lambert T，Rioui J Y. 1989. Isolation of Neisseria canis in Mixed Culture from a Patient after a Cat Bite [J]. Journal of Clinical Microbiology：1673-1674.

Safton S，Cooper G，Harrison M，et al. 1999. Neisseria canis infection：a case report [J]. Communicable diseases intelligence，23 (8)：221.

第二十九章 螺菌科细菌所致疾病

小螺菌鼠咬热
(Rat - bite fever)

鼠咬热（Rat - bite fever）是由鼠类等啮齿类动物咬伤所致的一种急性自然疫源性疾病。该病的临床表现主要以发热、皮疹等为特征，同时被咬伤的部位局部症状较突出。由于鼠咬热的病原体分为小螺菌和念珠状链杆菌（*Streptobacillus moniliformis*），所以它在临床上分为螺菌热和链杆菌热（Streptobacillary fever）两种。由念珠状链杆菌所致的是链杆菌热，与螺菌热不仅病原有别，其流行病学、临床表现、实验诊断方法也有所不同。

小螺菌鼠咬热（Spirillnm fever，日本称为 Sodoku），简称螺菌热，是由鼠类等啮齿类动物咬伤后感染小螺菌（*Spirillum minus*）所致的一种急性发热性疾病。动物螺菌热多为隐性感染。人螺菌热主要是通过被鼠类咬伤而感染发病，其临床表现主要为回归型高热、咬伤部位硬结性溃疡以及出现区域性淋巴结炎、皮疹，多数病人梅毒血清反应呈假阳性。该病世界各地均有发生，但主要分布于亚洲，我国偶有发生，北美极少报道。通常散发，迄今无暴发记载。

一、发生与分布

在 2000 多年以前，鼠咬热在印度即有记载。在我国，该病始载于隋唐年代。1913 年，Maxwell 首先报道该病。1916 年，证明该病是由革兰阴性杆菌引起。1926 年，Cadbury 首次在病人的伤口渗出液涂片中查见小螺菌。1951 年，薛庆熠等首先从病人血标本中培养出念珠状链杆菌。

该病在世界各地均有散发病例，但是主要在亚洲地区流行，北美极少发生。我国偶尔报道，所见病例主要为小螺菌所致，多在长江以南。

二、病　　原

1. 分类地位　小螺菌（*Spirillum minus*）又称鼠咬热螺旋体，根据《伯吉氏系统细菌学手册》第二版（2005 年）（Bergey's Manual of Systematic Bacteriology，2nd Edition，2005），其在分类上属螺菌科（Spirillaceae）、螺菌属（*Spirillum*）。

2. 形态学基本特征与培养特性　小螺菌形态短粗，两端尖，有 2～6 个规则的螺旋，长 3～6μm、宽 0.2～0.5μm，镀银染色可见菌体两端有一根或多根鞭毛，革兰染色阴性，可被甲基蓝和姬姆萨染色着色。在暗视野下可见其活动迅速，可循其长轴旋转、弯曲，也可借助鞭毛多方向快速穿行。

小螺菌为需氧菌。人工培养方法不能生长，必须将标本接种于动物（豚鼠或大、小鼠）腹腔内始能分离该菌。

3. 理化特性　该菌对外界环境各因素的抵抗力不强，对酸十分敏感。

4. 分子生物学　相关资料相对缺乏，有待进一步研究。

三、流行病学

1. 传染来源 鼠类是小螺菌的贮存宿主和传染源。螺菌热的主要传染源为家鼠，野生鼠中也有带菌者，咬过病鼠的猫、猪及其他食肉动物也具有感染性。鼠类感染后，多为隐性感染。

2. 传播途径 人主要通过被病鼠咬伤而感染，病原菌从皮肤破损处进入人体。小螺菌一般不存在于病鼠的唾液中，而来自牙龈血液、口腔破损处或眼分泌物中。在人与人之间不发生传播。

3. 易感动物

（1）自然宿主 鼠类最易感，犬、猫、猪、黄鼠狼、松鼠及雪貂等也可感染，感染后血清中能产生特异性抗体。

（2）实验动物 小鼠、大鼠、豚鼠均易感，其中大鼠是其天然宿主。鼠类感染率高达20%。

（3）易感人群 小螺菌鼠咬热主要发生于居住拥挤的市民和医学生物学实验室工作人员，男女老幼均易感，熟睡婴儿可为鼠咬不自觉而受染。该病的发生与社会经济状况、居住卫生条件以及周围环境中鼠的密度有关。

4. 流行特征 该病通常散发，极少暴发流行。

四、临床症状

1. 动物的临床表现 实验动物发生螺菌热多表现为隐性感染。鼠类发生螺菌热可出现结膜炎或角膜炎。

2. 人的临床表现 人发生螺菌热通常潜伏期为5～30天，一般为2～3周。主要临床表现为回归型高热、咬伤部位硬结性溃疡以及出现区域性淋巴结炎、皮疹，多数病人梅毒血清反应呈假阳性。该病起病突然，先有寒战，继之发热，伴有头痛、关节肌肉酸痛、恶心、呕吐等全身中毒症状。由于体温骤升至40℃以上，热型多为弛张热。患者神志不清，重者有谵妄、颈部强直、昏迷等神经症状。潜伏期过后，结疤的伤口再度发炎疼痛、肿胀发紫以至坏死，其上覆以黑痂，脱痂后成为硬结性下疳样溃疡，鼻出血或其他部位出血，面部、四肢及躯干等处有紫色的扁平丘疹，局部淋巴结肿大，并有压痛感，但不粘连。常伴有淋巴结炎，所以在皮肤表面可出现红线。脾常肿大，肝亦可触及。初发症状持续3～5天，约在第5天即骤退转变至正常，间隔3～9天又重新复发，体温又复上升，毒血症症状又重新出现，局部伤口及淋巴结肿大也常加剧。此种发热、退热常出现6～8次，但逐次有所减轻，共持续数周至数月、甚至达1年以上，然后逐渐痊愈。反复发作数次后，由于消耗大，机体出现贫血、消瘦、神经痛、面腿浮肿和知觉异常，对健康影响极大。被鼠咬破的伤口如无继发感染，可于数日内暂时愈合。咬伤部位以手指和腕部最为常见，偶见于眼眶和其他外露部位。

临床上有发作1～2次的顿挫型或多次发作的迁延型。后者常伴有肾炎、肝炎、心肌炎、脑膜炎和贫血等并发症。皮疹比较典型，第一次复发时开始出现，为紫色斑丘疹，呈椭圆形，边界清楚，基底较硬，也可形成结节、瘀点或瘀斑，偶呈荨麻疹样。大小不一，数目一般不多，多见于四肢或躯干部，手掌足部及面部偶尔也出现皮疹。退热后皮疹隐退，热上升后又重新出现。

五、病理变化

人被带菌鼠咬伤后，小螺菌经伤口进入淋巴系统并引起局部淋巴结炎，进入血液循环中可致菌血症、毒血症。小螺菌型鼠咬热可周期性复发，其原发灶中的病原菌周期性入血，导致临床症状周期性反复发作。被咬处有水肿、单核细胞浸润和坏死。局部淋巴结增生，皮疹内血管扩张，内皮细胞肿大，单核细胞浸润。肝脏和肾小管内有单核细胞浸润、中毒性出血性坏死，心、脾、脑膜充血和水肿。

六、诊　　断

1. 动物的临床诊断

（1）可疑　具有螺菌热临床症状和致病特点，并且有鼠咬史。

（2）疑似　临床表现符合螺菌热的特征，但无小螺菌感染的实验室证据。

（3）确诊　临床有符合螺菌热的表现，并于受影响的组织或部位检出小螺菌；或临床表现符合螺菌热，并有两种以上的实验室检查结果支持小螺菌感染。

2. 人的临床诊断

（1）流行病学有明显的鼠咬伤病史。

（2）潜伏期为5～21天，起病急骤，在已痊愈的咬伤部位出现疼痛、紫黑色肿胀水疱及坏死，逐渐形成下疳样溃疡，上复黑痂，同时伴有淋巴管炎及淋巴结炎。此时患者有寒战和高热，体温达40℃以上，并有头痛、肌肉、关节痛等全身中毒症状。

（3）皮疹和发热同时出现，呈暗紫色斑点或结节状，多见于四肢及躯干部。

（4）发热持续数天而骤退，但经数天后又再发，呈回归热型。

（5）砷剂或青霉素G、四环素、红霉素等治疗有特效，砷剂现在已经少用或不用。

3. 实验室诊断

（1）血、尿常规检查　白细胞总数正常或升高，可达30.0×10^9/L，核左移。血沉增快，尿中可出现蛋白、红细胞和白细胞。

（2）发热期取血、淋巴结抽取液或取伤口边缘的浆液，采用暗视野显微镜检查，可发现短小而活动的小螺菌。

（3）取伤口渗出液进行涂片，做赖特染色可查见染红的小螺菌。

（4）将血液标本接种于豚鼠或小鼠可分离出小螺菌。

（5）血液标本经PCR检测出小螺菌DNA。

（6）病程后期特异性抗体效价增长4倍以上。

（7）梅毒血清学反应可呈假阳性。

要做好螺菌热与其他类症的鉴别诊断。如有鼠咬史，则主要与链杆菌热做鉴别，二者鉴别要点见表29-1-1。

表29-1-1　两型鼠咬热鉴别表

项　目	小螺菌型	念珠状链杆菌型
病原体	小螺菌	念珠状链杆菌
传播途径	鼠类或其他动物咬伤	除鼠类或其他动物咬伤外，尚可经食物污染传播
潜伏期	长，通常1～4周	短，通常1～4天
关节受累	罕见	常见
内脏受累	以中枢神经系统为主	心内膜、心包炎
周期性发作	常见	少见
病程	4～8周	1～2周
梅毒血清试验	常阳性	常阴性
治疗	砷剂与青霉素有效	砷剂无效

若无明显的鼠咬史或局部病灶，鼠咬热易与回归热、疟疾、立克次体病、钩端螺旋体病、脑膜炎球菌败血症等混淆，主要依靠血涂片检查、血培养、血清免疫学检查、动物接种等予以区别。

七、防治措施

1. 动物的防治措施　消灭实验动物之外的鼠类并避免被鼠类或其他啮齿类动物咬伤是主要的预防措施，即尽可能消灭传染源并切断其传播途径。对消灭的啮齿类动物要进行无害化处理。同时提高实验动物饲养卫生条件，加强饲养管理，增强动物抵抗力，并对其活动场地进行严格的消毒和监控。

一旦发现实验动物被鼠咬伤，应迅速用硝酸银烧灼咬伤处，有可能阻止该病的发生。同时彻底清洗伤口和进行常规伤口护理，进行预防性服用抗生素，以及注射破伤风类毒素等。

2. 人的防治措施

（1）预防　防鼠、灭鼠为主要措施。居室通道门加装25～30cm的门槛或防鼠板，防止老鼠进入居室。在多鼠环境下要特别保护婴儿和久病虚弱者，防止被鼠咬伤。实验室人员在接触鼠类时要注意防护。在野外露宿时要避免被野生啮齿类动物咬伤。若被鼠咬，除消毒伤口外，可采用青霉素进行预防注射。

（2）治疗　螺菌热虽然症状严重，但是容易治疗。一般治疗和对症治疗如同其他急性传染病。用青霉素注射有特效。

局部治疗虽然不能防止该病发生，但是对防止继发性感染甚为重要。被鼠咬后应立即现场处理伤口：一是挤压排出伤口内病原体，即从伤口近心端向远心端挤压，排出伤口牙痕血液及组织液；二是冲洗消毒伤口，在野外用清水冲洗，在医院则用生理盐水、双氧水反复冲洗，然后用浓石炭酸涂伤口，再用碘酒、酒精消毒并包扎。发炎处可用0.02%呋喃西林或0.1%～0.2%新霉素等溶液湿敷。

青霉素、四环素、红霉素、氯霉素或链霉素对该病均有效，以青霉素为首选。用青霉素治疗小螺菌型螺菌热，成人量每天40万～80万U，分2次静脉注射（首次青霉素注射时应防止赫氏反应的发生，由于病菌被杀死后异体蛋白所引起的过敏反应，可用肾上腺皮质激素处理），疗程7～14天。如病原菌为L型耐药菌，则剂量应加大至成人每天600万IU以上。如有心内膜炎等并发症时，则青霉素的每天剂量可增至1 200万IU以上，疗程4～6周，并可考虑与氨基糖苷类抗生素合用。青霉素过敏者，可选用四环素，每天2g，分4次口服，连服7～10天。

小螺菌鼠咬热若未经治疗，其病死率达6%左右。由于长期发作，故常会伴发其他并发症。使用抗生素以后，迁延不愈者已不多见，病死率下降，并发症也随之减少。

八、公共卫生影响

鼠咬热是由鼠类等啮齿类动物咬伤所致的一种急性自然疫源性疾病，是一种重要的人与动物共患传染病，所以对人的危害较大，具有重要的公共卫生意义。而且动物群体中一旦发生该病，难以根除，持续威胁着人的健康。大鼠是小螺菌的天然宿主，鼠类等多种动物均易感，而且鼠类感染率高达20%。各种人群均对鼠咬热易感。小螺菌鼠咬热若未经治疗，其病死率可达6%左右。我国在云南、贵州、江西、福建、山东、安徽、台湾、上海及北京等地均有病例报道，以小螺菌鼠咬热居多。因此，对该病应引起足够重视。

近年来，随着啮齿类实验动物在生物医学中的广泛应用，人因接触实验动物而感染鼠咬热的可能性逐渐上升，希望长期接触实验动物者及医务人员等加强对该病的重视，必须定期对实验动物进行质量检测。同时有关部门应该加强对该病知识的宣传，普及有关防治知识，将其带来的影响控制到最低程度。

（王立林　田克恭　肖璐）

参考文献

李梦东，王宇明．2004．实用传染病学［M］．第3版．北京：人民卫生出版社：1008-1009．

Hinrichsen S L，Ferraz S，Romeiro M，et al. 1992. Sodoku-a case report［J］. Rev Soc Bras Med Trop，25（2）：135-138.

Humphreys F A，Campbell A G，Smith E S. 1955. Studies on Spirillum minus infection：with particular reference to the passage of the organism through filters［J］. Can Serv Med J，11（4）：267-271.

Sheldon W H，Heyman A，Evans L D. 1951. Production Herxheimer-like reactions in rabbits with Spirillum minus infections by administration of penicillin or immune serum［J］. Am J Syph Gonorrhea Vener Dis，35（5）：411-415.

Stehle P，Dubuis O，So A，et al. 2003. Rat-bite fever without fever［J］. Annals of the Rheumatic Diseases，62（9）：894-896.

第三十章
弗郎西斯菌科细菌所致疾病

弗郎西斯菌科（Francisellaceae）为一类多态杆状或者球状革兰阴性细菌，大小为（0.2～0.7）μm×（0.2～1.7）μm，需氧、不运动。细胞内寄生，对四环素、氯霉素类药物敏感。弗郎西斯菌科在微生物学上归属于变形菌门（Proteobacteria）、γ-变形菌纲（Gammaproteobacteria）、硫发菌目（Thiotrichales），弗郎西斯菌属（*Francisella*）为其唯一属。

土拉热
(Tularemia)

土拉热（Tularemia）又称野兔热、兔热病、鹿蝇热等，是由土拉弗朗西斯菌引起的一种急性、人兽共患性传染病。主要特征为体温升高，淋巴结肿大，脾、肝和肾脏脓肿、坏死。

一、发生与分布

土拉热在世界各地分布广泛，自然疫源地主要分布在北半球。中国于1957年在内蒙古通辽从黄鼠体内首次分离到土拉弗朗西斯菌后，相继在黑龙江、西藏、青海、新疆等地区发生该病。目前，其自然疫源地不仅存在于人烟稀少的边疆地区，而且有逐渐向内地扩大蔓延的趋势。

二、病　　原

1. 分类地位　土拉弗朗西斯菌（*Francisella tularensis*）在分类上属弗郎西斯菌科、弗郎西斯菌属。1911年Mccoy和Chapin从美国加利福尼亚州的土拉郡（Tularecounty）首次发现该病，并于1912年在该地区的黄鼠中分离到病原菌，命名为土拉杆菌（*Bacterium tularensis*）。1914年Wherry和Lamb从死亡的野兔见到典型的病理变化，同时分离出病原菌。1970年国际系统细菌分类委员会巴斯德菌属分会正式将其定名为土拉弗朗西斯菌。

2. 形态学基本特征与培养特性　土拉弗朗西斯杆菌为革兰阴性球杆菌，大小为（0.2～0.5）μm×（0.7～1.0）μm，无鞭毛，不能运动，不形成芽孢。该菌为胞内寄生菌，严格需氧，生长温度范围为24～39℃，最适温度为35～37℃，20℃以下停止生长，生长需要胱氨酸。过氧化物酶试验阴性，过氧化氢酶试验弱阳性。具有脂酶活性，不具有尿素酶、卵磷脂酶、透明脂酸酶和触酶活性。

3. 理化特性　土拉弗朗西斯菌对低温条件有特殊的耐受力，在0℃的水中可存活9个月。对外界环境的抵抗力强，在4℃水和潮湿土壤中能保存活力和毒力4个月以上，在蚊子体内可生存23～50天，在禽类脏器中为26～40天，在病兽毛中生存35～45天，在野兔肉内生存93天，在尸体和皮革中能存活40～133天。该菌对热和普通化学消毒剂均很敏感，60℃以上温度和各种常用消毒药都能很快将其杀死。对氯的作用较其他肠道细菌敏感，但对氯化钠有较大的耐受力。对链霉素、氯霉素、卡那霉素、新生霉素、土霉素、四环素和庆大霉素等多种抗生素敏感。

4. 分子生物学

（1）基因型　目前已完成了对该菌的基因组测序工作。对于该菌的分型，早期基于生化特性、动物流行病学和对家兔的致病性将其分为A亚种和B亚种。近年，通过对该菌核酸组成的研究，根据遗传物质和地域特征将其划分为5个亚种，各亚种在毒力、地理分布、传播方式等方面存在一定的差别。土拉亚种（*F. tularensis* subsp. *tularensis*）即A亚种，主要分布在北美，亦在欧洲发现，一般经蜱和兔传播，可引起许多哺乳动物包括人发病。该亚种致病力最强，如不及时治疗，病死率高达30%。B亚种（*F. tularensis* subsp. *holarctica*）又叫全北区亚种，主要分布于欧亚大陆，而在北美分布较少，此亚种经常由啮齿动物传播，致病力较A亚种弱，较少引起人的死亡。中亚细亚亚种（*F. tularensis* subsp. *mediasiatica*）只分布于中亚地区，致病力弱。临床中以A、B两亚种感染多见。新凶手亚种（*F. tularensis* subsp. *novicida*）和*F. philomiragia*均与水媒传播关系密切。新凶手亚种从犹他州的水中分离得到，并有数例人感染的病例，怀疑传染源为天然水。*F. philomiragia*从犹他州的沼泽地区分离得到，13个感染的病例均与溺水有关。

（2）毒力因子　土拉弗朗西斯菌脂多糖包含有特异性的O抗原，可诱导TNF-α、IL-1以及NO的产生，毒株之间的毒力差异与脂多糖密切相关。目前尚未确定有典型的毒力因子。

三、流行病学

1. 传染来源　该病是一种自然疫源性疾病，在一定的地理条件下，病原体、宿主和传播媒介可构成自然疫源地。病畜和带菌动物是主要传染源，被污染的饲料、饮水也是传染源。

2. 传播途径　在疫源地内，该病传播的主要方式是吸血昆虫（蜱、蚊、虻等）叮咬，已发现有83种节肢动物可以传播该病，尤其是蜱类，其不但能将病原体从患病动物传播给健康人和动物，而且可以长期携带病原菌。另外，该菌也可经消化道、呼吸道、损伤的皮肤和黏膜感染。健康人体内不存在土拉弗朗西斯菌，人可能因蚊虫叮咬、食用未经处理的病肉或接触污染源而感染发病。人和人之间不能相互传染。近年来因猫、犬感染人的病例时有发生。

3. 易感动物

（1）自然宿主　自然界带菌的动物很多，已发现超过250种的哺乳动物、鸟类、爬行动物以及鱼类可感染土拉弗朗西斯菌，水生动物可通过污染的水源感染该菌。在自然界中野兔及其他啮齿动物是该病菌的主要易感动物及自然宿主。蜱类和螨类等吸血昆虫亦携带该菌。鸡、鸭、鹅较少感染，但可成为传染源。猫也可感染该菌。

（2）实验动物　实验动物中小鼠和豚鼠最为敏感，最小致死量为1个菌，接种后8～15天死亡。其中小鼠感染土拉热弗朗西斯菌120h后肝脏脱色。家兔也易感，致死量为10亿～100亿菌。大鼠亦敏感，1～10亿个菌即可致死。

（3）易感人群　人对该菌普遍易感，患病与否主要取决于接触感染的机会。因此，屠宰工人、皮毛加工工人、牧民、猎民以及实验室工作人员等发病率较高。在该病流行区，存在大量的隐性感染者，感染后可获得持久的免疫力。

4. 流行特征　该病一般多发于春末夏初，但也有在冬初发病的报道，可能与各地野生啮齿动物以及吸血昆虫的繁殖有关。土拉热在野生啮齿类动物中常呈地方性流行，但不引起严重死亡，大流行见于洪水或其他自然灾害时期。家畜中以绵羊尤其是羔羊发病较严重。

四、临床症状

1. 动物的临床表现　动物临床症状通常以体温升高、衰竭、麻痹和淋巴结肿大为主，各种动物和每个病例的症状差异较大。潜伏期为1～9天，但以1～3天为多。在常用的实验动物中，兔的病程一般较长，呈高度消瘦和衰竭、淋巴结肿大、体温升高、鼻腔黏膜发炎；急性病例常不表现明显症状而呈败血症死亡。绵羊和山羊也表现出明显的症状，妊娠母羊流产、死胎或难产，羔羊表现腹泻、黏膜苍白、麻痹、兴奋或昏睡，不久死亡。猫表现为急性发热综合征，并且可能引起死亡。马表现为急性感染，精神沉郁，共济失调。牛的症状不明显。犬感染的症状类似犬瘟热，表现为体温升高、食欲废绝、精神委顿、呼吸困难、后躯失灵、行动迟缓、体表淋巴结肿大，不久卧地死亡；转换为慢性的病例表现为精神沉郁，拒食或食欲减退，粪便带黏液或带血。

2. 人的临床表现 人较易感染土拉热，不同种族、性别和年龄的人群都有同样的易感性。潜伏期1～10天，一般为3～4天。起病大多急骤，高热可达39～40℃或以上，伴寒战及毒血症症状，如头痛、肌肉酸痛、出汗、明显乏力等。热型多呈持续型，少数呈弛张型或间歇型，未治疗者热程可持续1～3周，甚至可迁延数月。可发生神经错乱和昏迷，最后死亡。由于该菌入侵途径较多，并且受侵脏器严重程度不同，故临床表现呈多样化，包括溃疡腺型、腺型、肺型、胃肠型、伤寒型、眼腺型和咽腺型等。

五、病理变化

土拉弗朗西斯菌经不同途经侵入机体后，在侵入的部位繁殖，可见局部炎症、坏死，最后形成原发的溃疡病灶，波及深部组织则发生干酪坏死。吸入后则在肺部形成支气管炎，肺部病变可见肺泡的实质性损害与胸膜下坏死灶的融合，并可发生脓肿。随后经淋巴管侵入局部淋巴结，引起炎性反应，以致淋巴结肿大，可呈局灶性坏死和化脓。该菌在淋巴结内可被吞噬细胞消灭，未被消灭的土拉弗朗西斯菌则侵入血循环，引起菌血症。该菌可随血液循环散布至各器官，肝、脾、肾上腺可能肿大，咽喉、食管、胃、结肠、回肠、阑尾、肾、肾上腺、心包、脑与脑膜以及骨髓等均可发生肉芽肿，偶可发生中心坏死或化脓，但无出血现象。

六、诊　　断

1. 动物的临床诊断 土拉热的临床症状通常以体温升高、衰竭、麻痹和淋巴结肿大为主，各种动物和每个病例的症状差异较大。确诊需进行细菌分离鉴定。

2. 人的临床诊断 对病人的诊断中，流行病学资料，尤其是与野兔的接触史以及相关职业对诊断有重要价值，昆虫叮咬史也很重要。根据流行病学资料及淋巴结、脾、肝、肾肿大，有坏死结节等病变可以初步诊断。确诊有赖于细菌的分离或特异性免疫检查的结果。

3. 实验室诊断

（1）病原鉴定　病原鉴定可采用触片染色、组织切片、组织培养和动物接种等方法，但从死亡动物及胴体上采集的病料，因有大量杂菌繁殖，不适宜采用这些方法检测，可用免疫学或免疫组织学方法检测。

染色镜检适用于病死动物尸体的检验，具有诊断意义。在动物组织高度腐败的情况下，可利用荧光抗体染色法查找抗原。

细菌分离培养适用于自毙野生动物或试验死亡实验动物的检查，因为只有含大量细菌的标本才可能获得阳性结果，对病人、患畜、饲料、水和蜱类等昆虫的检查则有时不易成功。

土拉弗朗西斯菌初次用培养基分离时往往不易成功，必须同时接种动物。给小鼠和豚鼠皮下或腹腔注射几个菌就可致动物发病死亡，故认为动物感染试验适用于任何标本的检测，且结果可靠。但动物接种试验可能会导致该病在动物中的流行，并严重威胁实验室人员的安全，故应在符合生物安全的条件下进行试验。

（2）血清学试验　血清学试验常作为人感染该病的辅助诊断手段，对动物意义不大，因为动物感染后，在产生特异性抗体前往往死去。但可用于那些对该菌有较强抵抗力的动物，如绵羊、牛、猪、犬、驼鹿或鸟类等的流行病学调查。常用的血清学试验包括试管凝集试验、间接红细胞凝集试验、免疫荧光抗体试验、抗体中和试验、酶联免疫吸附试验等。

（3）皮肤试验　皮肤试验具有较高的特异性，没有感染和免疫的人及动物对皮肤变应原完全没有反应，但人患病后于第2～5天即可出现阳性反应，且在病后可保持多年，部分能保持终身。皮肤试验不仅可用于早期诊断，也可用于追溯诊断和检查疫苗接种后的免疫性，在临床和流行病学上都很有价值。

（4）分子生物学检测 PCR能在属、种及亚种水平上对该菌进行鉴定，已建立了多种从环境和临床样品中检测抗原的PCR方法，可用作土拉热的早期诊断。可通过脉冲场凝胶电泳、rRNA指纹图谱和扩增片段多态性分析进行菌株的分析鉴定。

七、防治措施

根据我国《病原微生物生物实验室生物安全管理条例》中的有关规定，土拉弗朗西斯菌属于二类病原微生物，其大量活菌操作需要在BSL-3级实验室开展，样本检测需在BSL-2级实验室开展，动物感染试验需要在ABSL-3级实验室开展。从事饲养及该病研究的人员，应注意采取特别防护措施，包括配戴眼罩、口罩、手套等，避免被蜱、蚊或蚋叮咬，防止气溶胶感染，防止染菌器皿、培养物等沾污皮肤或黏膜。可使用疫苗进行有针对性的预防接种。

引进动物时，应进行隔离观察和血清凝集试验检查，发现患病动物要及时处理，其尸体、分泌物和排泄物要进行高压处理消毒。患病动物污染的场所及用具要彻底消毒，同群动物可用变态试验或血清凝集试验进行普查，淘汰或扑杀阳性动物。

土拉弗朗西斯菌对氨基糖苷类、四环素类、金霉素等均很敏感。临床以链霉素应用最多，疗效也较好。给药后病情于24h内即有改善，48h内可退热，很少复发。复发再治仍有效。

八、公共卫生影响

由于该菌致人感染的剂量特别低，加之患病动物从粪尿中排菌，所以人感染土拉热弗朗西斯菌的风险极高，能通过简单的接触发生感染，具有重要的公共卫生意义。此外，土拉弗朗西斯菌可通过气溶胶进行散播，具有低剂量、高致病性的特点，且易于制备，具有用作生物武器进行恐怖袭击的潜在危险。前苏联科学家Ken Alibek报道在第二次世界大战期间，东线战场曾使用土拉弗朗西斯菌作为生物武器，但未经证实。目前，我国已发现的土拉自然疫源地主要分布在新疆、西藏、内蒙古等边境地区，这里不仅存在着适合土拉热弗朗西斯菌流行的多种动物宿主和适宜的地理环境，并且是恐怖分子和分裂主义分子在中国的主要活动地带，其潜在威胁不容忽视。

（张森洁 康凯 魏财文 田克恭）

参考文献

白文彬，于震康．2002．动物传染病诊断学［M］．北京：中国农业出版社：894-897．
费庆阁，李德昌，丁壮．2004．动物疫病学［M］．北京：中国农业出版社：643-645．
金宁一，胡仲明，冯书章．2007．新编人兽共患病学［M］．北京：科学出版社．
马亦林．2005．传染病学［M］．上海：上海科学技术出版社：628-630．
农业部兽医局．2011．一二三类动物疫病释义［M］．北京：中国农业出版社：372-374．
吴清民．2001．兽医传染病学［M］．北京：中国农业大学出版社：215-218．
中国农业科学院哈尔滨兽医研究所．1984．动物传染病学［M］．北京：中国农业出版社：25-27．
中国人民解放军兽医大学．1993．人畜共患病学［M］．北京：蓝天出版社：143-151．
Oyston P C，Sjostedt A，et al. 2004. Tularaemia：bioterrorism defence renews interest in Francisella tularensis［J］. Nat Rev Microbiol，2（12）：967-978.
Peter M，Rabinowitz M P H，Lisa A. 2010. Human-Animal Medicine［M］. California：Saunders：289-292.
Sjostedt A. 2007. Tularemia：history，epidemiology，pathogen physiology，and clinical manifestations［J］. Ann N Y Acad Sci，1105：1-29.

第三十一章 柯克斯体科细菌所致疾病

Q热
(Q fever)

Q热是由伯纳特柯克斯体引起的自然疫源性全身感染性人与动物共患传染病。人、家畜、野生哺乳动物和鸟类等多种动物均可感染伯纳特柯克斯体，实验动物中猫、犬、兔和啮齿类动物也可自然感染。豚鼠和小鼠常被用来作为研究Q热的动物模型。动物多为隐性感染，症状轻微，表现发热、食欲不振等。人临床特征为发热、头痛、全身肌肉痛，有时伴间质性肺炎，少数出现慢性肝炎或致命性心内膜炎。由于伯纳特柯克斯体有高度的感染性，可用气溶胶施放，具有较大杀伤性能，1996年日内瓦“禁止生物武器公约”国际会议将其列为生物战剂和核查内容。

一、发生与分布

Q热呈全球性分布，目前全世界报道的经血清学或病原学证实的疫区已达100多个国家。自1935年Derrick在澳大利亚发现了因不明原因发热的病例，称之为“Q热”，并从患者血液中分离出病原体后，许多学者相继分离并证实了致病病原为伯纳特柯克斯体。我国1950年在北京发现该病，以后陆续在西藏、新疆等20余个省、直辖市、自治区证实有Q热发生。

二、病　　原

1. 分类地位　伯纳特柯克斯体（*Coxiella burnetii*）又称Q热柯克斯体（*Coxiella query*），过去被分类为立克次体科（Rickettsiaceae）、柯克菌属（*Coxiella*）。然而基于16S RNA序列的基因进化分析表明，伯纳特柯克斯体与原菌门、α亚门的立克次体属的亲缘关系较远。目前，伯纳特柯克斯体被分类为原菌门、γ亚门、军团菌目（Legionellales）、柯克斯体科（Coxiellaceae）、柯克体属（*Coxiella*）。

2. 形态学基本特征与培养特性　伯纳特柯克斯体较小，长0.4～1.0μm、宽0.2～0.4μm，呈杆状或球状，有时也可见较大个体，以二分裂法增殖，可通过0.1～0.45μm滤膜。伯纳特柯克斯体革兰染色常不稳定，经含碘乙醇媒染剂处理并脱色后，呈革兰阳性反应。Giemsa染色紫红色，Gimenez和Macchiavello染色呈红色，常聚集于宿主细胞胞质小泡内，构成类包涵体样小体。

伯纳特柯克斯体是一种专性细胞内寄生菌，只能在鸡胚、培养细胞或实验动物体内生长，不能在人工培养基上生长。接种7日龄鸡胚卵黄囊后，5～7天达到繁殖高峰。多种原代或传代细胞，如鸡胚和鼠胚细胞、豚鼠和乳兔肾细胞、人胚纤维母细胞等可用于培养伯纳特柯克斯体。最适培养温度为35℃，接种感染细胞病变不明显，可见胞质内出现空泡，有时个体较大，甚至于将胞核挤至细胞边缘。

3. 理化特性　伯纳特柯克斯体对外界环境抵抗力强，对热、紫外线、干燥及一些消毒剂均有抵抗力，在干粪、干血、冻肉或腌肉中分别可存活2年、6个月、5个月和1个月，56℃ 30min常不能使其灭活，121℃ 30min可将其杀死，100℃ 10min方能杀死奶类及其制品中的病原体。2%甲醛、1%来苏儿溶液、3%双氧水可在短时间内将其灭活，70%乙醇、5%氯仿在30min内可将其杀灭。对脂溶剂和抗生素敏感。

4. 分子生物学 伯纳特柯克斯体基因组为单链环状，PFGF 显示基因组大小为 1 500～2 400kb。九里株（Nine Mile）的基因组大小为 1 995 275 bp，G+C 含量为 42.6 %。基因组编码约 2 100 个开放阅读框。有的菌株还可能含有 4 种环状质粒 DNA，大小为 32～56kb，分别为 QpH1、QpRS、QpDV 和 QpDG。不含有质粒的菌株则含有整合到基因组的与上述质粒相关的序列。

三、流行病学

1. 传染来源 在自然界伯纳特柯克斯体的宿主为蜱、螨、野生动物和禽类。Q 热自然疫源地的宿主动物主要是野生哺乳动物。迄今发现自然感染 Q 热的野生动物有 90 余种，鸟类 70 余种。人 Q 热的主要传染源是受感染的动物，特别是牛、羊、马等，很少来自野生动物和蜱，伯纳特柯克斯体的致病力较强，吸入 10 个以下病原体就足以使人感染发病。

2. 传播途径 呼吸道是最主要的传播途径，通过吸入含有伯纳特柯克斯体的气溶胶或粉尘被感染，由于伯纳特柯克斯体在外界环境下能长期保持毒力，吸入污染尘埃所致感染的范围比吸入微生物气溶胶者更广泛。

与患病动物的羊水、分泌物、胎盘等感染器官密切接触，病原体可通过受损的皮肤和黏膜进入机体。被受感染的蜱、螨叮咬或蜱粪通过破损的伤口可感染该病。食用被伯纳特柯克斯体污染的奶类及奶制品也可感染，自来水污染也可导致 Q 热感染。

由于伯纳特柯克斯体可通过气溶胶传播，因此是一种可引起实验室感染的高度传染性病原体，亦可作为生物战剂使用。

3. 易感动物

（1）自然宿主 伯纳特柯克斯体宿主范围广泛，包括野生大型哺乳动物和小型啮齿动物，放牧的家畜和役畜、宠物，兼作媒介的节肢动物蜱、螨以及鸟类等。病原体在蜱和野生动物间循环，形成自然疫源地。传至家畜后，形成完全独立的、可直接危害人群的家畜间循环。其中牛、羊、马最易感，犬、猫、猪等次之，禽类再次之。

人对伯纳特柯克斯体普遍易感，人群中 Q 热感染率与畜群感染的程度及与感染动物接触的频度有密切关系。

（2）实验动物 豚鼠对伯纳特柯克斯体最为敏感。小鼠的品系不同对伯纳特柯克斯体的易感性不同。猴感染伯纳特柯克斯体与人感染的表现相近。兔一般不敏感。实验动物经不同的感染途径感染临床表现不同。

（3）易感人群 人对 Q 热普遍易感，无种族、性别、年龄的差异。

4. 流行特征 该病发生无明显的季节性，但在家畜产仔季节、屠宰旺季时发病率会上升。其他职业高危人群发病，全年均可发生。

四、临床症状

1. 动物的临床表现 该病感染后主要呈隐性过程。感染后能引起一过性菌血症，少数病例出现发热、饮食欲下降、精神不振等症状。

在反刍动物中，病原体侵入血流后可局限于乳腺，乳房上部淋巴管、胎盘和子宫中，在其后的分娩和泌乳中大量排出病原体。感染一般为一过性，数月后可自愈，但也有的成为带菌动物。野生动物自然感染的症状尚不清楚。

不同品种实验动物对伯纳特柯克斯体的易感性不同，感染后的临床症状也各不相同。豚鼠通常被作为人感染急性型 Q 热的动物模型，鼻内或腹腔内感染后表现出发热、体重减轻、呼吸困难等症状，并可导致死亡，临床表现随感染剂量的增加而加重。小鼠感染伯纳特柯克斯体常呈慢性型感染经过或不表现出临床症状，但肝和脾中含有大量菌体，且不断地经尿液和粪便排菌。各种免疫缺陷型小鼠对伯纳特柯克斯体有高度易感性。猕猴和恒河猴经气溶胶感染后表现为肺炎和发热。自然感染犬可发生支气管肺炎和脾肿大。

2. 人的临床表现 人可经动物宿主尤其是反刍动物感染该病，对人的危害极大。潜伏期为14～39天，平均为20天，其长短与感染途径和剂量有关。按临床表现可分为急性型和慢性型。急性型多数起病急，发热5～6天可能出现肺炎症状，咳嗽、胸痛。慢性型主要表现为心内膜炎或慢性肉芽肿肝炎。慢性型并发症病人若不用适当抗生素治疗可能会导致死亡。

孕妇感染后可致胎盘炎，常致早产，胎儿生长缓慢，自发性流产甚至死亡。

五、病理变化

剖检患病动物无明显可见的病理变化。

人的急性Q热可见有肺炎、肝炎、心肌炎、心包炎、脑膜炎等病变，慢性Q热可见有心肌炎、心内膜炎、心包炎、血管感染、骨关节感染、骨髓炎、慢性肝炎、慢性肺感染、慢性疲劳综合征等病变。病理检查有血管炎症反应、组织坏死和肉芽肿形成等病理改变。

豚鼠感染弱毒株（Grita M-44）后发生轻微心内膜炎、肝炎及肝肉芽肿形成和坏死。感染强毒九里株后发生心包炎并有心肌损害，肝、脾肿大。小鼠呼吸道感染时呈间质性肺炎和肉芽肿，脾脏和肝脏可检出病原体。大剂量气溶胶感染猴，可引发间质性肺炎，动物死亡后在其实质脏器和睾丸中可检测到病原体。兔眼前房接种可发生特异性虹膜睫状体炎。

六、诊　　断

动物感染该病多呈隐性感染，临床症状常无特征性，极易造成误诊或漏诊。人感染该病，病史和临床症状无特异性，仅根据临床症状易误诊为流行性感冒、伤寒、钩端螺旋体病和支气管肺炎、肝炎、风湿性心脏病等。人和动物感染的确诊均需进行实验室病原和血清抗体检测。

1. 细菌分离与鉴定 分离培养易造成实验室污染，操作培养物和感染物质时应在生物安全水平三级（BSL-3）实验室进行，从事该病原操作的人员应进行免疫预防。样品应采自流产或分娩不久的胎儿、胎盘和阴道分泌物。奶样可采自奶罐、单份奶或初乳，也可采粪便样品。

（1）染色　该病原体抵抗酸—乙醇，可用多种方法染色：Stamp染色、改良萋—尼氏染色、Gimenez染色、姬姆萨染色、改良Koster染色，检出病原菌仅为感染Q热的证据之一，应在此基础上结合血清学阳性结果确诊。

（2）病原分离　常用感染动物胎盘、乳汁等接种鸡胚或用豚鼠、仓鼠增菌后再鉴定。

2. 血清学试验 OIE推荐的血清学诊断方法为间接免疫荧光试验、ELISA和补体结合试验。用ELISA检测Q热抗体比其他方法敏感。

3. 组织病理学诊断 Q热的一个特征病变为肉芽肿的形成。小鼠感染病原后从免疫组化和原位杂交染色后的切片上，可以观察到肝脏和脾脏上有肉芽肿的形成；还可见脾脏滤泡增大，有网状细胞增生；肝窦充血，有炎性细胞浸润；肺脏呈间质性肺炎；其他脏器无明显的病理变化。

4. 分子生物学诊断 以PCR扩增为主要手段的分子生物学技术可用于Q热的快速诊断，根据16S rRNA、转位酶IS1111a以及编码27kD外膜蛋白的com1、超氧化物歧化酶基因sodB、编码两种热休克蛋白（htpA和htpB）的热休克操纵子与16S rDNA特异性基因设计引物，广泛应用于PCR检测哺乳动物、节肢动物及患者等各种标本的Q热病原体。

DNA杂交技术也被用于病原诊断。利用Q热立克次体IS1111、gltA、htpAB，IVS、23S rRNA ISR等基因片断制备探针，检测多种标本中的Q热立克次体。

七、防治措施

1. 治疗 首选药物为四环素类抗生素，青霉素、链霉素无效。急性Q热可不经治疗而自愈，但为防止其复发或转为慢性，及时应用抗生素治疗是必要的。若延误治疗，极易导致慢性Q热，其治疗周期长、易复发，且死亡率较高。

2. 预防 从事Q热研究的人员，应进行疫苗免疫接种。人与人之间传播Q热的可能性较小，故Q热患者无需隔离，但对患者的痰、排泄物及被污染的用具等应消毒处理。Q热易造成实验室感染，因此操作一般性（不培养病原体）试验可在生物安全二级实验室进行，而进行鸡胚接种、组织培养或感染动物剖检以及处理患者或感染动物组织等时，需在生物安全水平三级实验室进行。

八、公共卫生影响

Q热虽然病死率低，但其病原体的感染力和在外环境中的抵抗力都很强，极易传播；而且牛、羊等家畜感染及畜产品的污染会导致卫生学方面的问题。相关行业从业人员具有被感染的风险，是需要引起足够重视的公共卫生问题。从事伯纳特柯克斯体病原研究的实验室要建立相应的生物安全管理措施，以保证实验室工作人员的安全。Q热在军事医学上有一定意义。在历史上曾有过数次大流行，大多伴随军事战争。美国于20世纪60年代将其列为失能性战剂。1996年日内瓦“禁止生物武器公约”国际会议也将其列为生物战剂和核查内容。

（韩雪 遇秀玲 田克恭）

我国已颁布的相关标准

中华人民共和国国家质量监督检验检疫总局 SN/T 1087—2002 牛Q热微量补体结合试验操作规程

参考文献

Baca O G. 1984. Q热与Q热立克次体：宿主—寄生物相互作用的模型［J］. 俞树荣，译. 国外医学（微生物学分册）（3）：105－109.

蔡宝祥. 2001. 家畜传染病学［M］. 北京：中国农业出版社：134－136.

范明远，阎世德，张婉荷，等. 1964. 某地区斑疹伤寒、北亚蜱性斑疹伤寒、Q热及立克次体痘的血清学调查［J］. 中华卫生杂志（9）：46－48.

冯晓妍，吴敏，罗敏. 2010. 我国Q热流行病学研究进展［J］. 医学动物防制，26（3）：219－220.

李金凤，吴小红，李豫川，等. 2003. 感染小鼠组织中热立克次体的分子病理学检测［J］. 生物技术通讯，14（6）：549－550.

李豫川，李金凤，吴小红，等. 2004. Q热立克次体感染小鼠组织的超微结构观察［J］电子显微学报，23（4）：335.

刘永春. 2010. Q热的防控［J］. 畜牧与饲料科学，31（11－12）：178－179.

马亦林. 2005. 传染病学［M］. 第4版. 上海：上海科学技术出版社：421－424.

唐家琪. 2005. 自然疫源性疾病［M］. 北京：科学出版社：610－644.

魏文进. 2004. Q热疫苗研究进展［J］. 微生物学免疫学进展，32（3）：64－68.

徐在海. 2000. 实用传染病病理学［M］. 北京：军事医学科学出版社：123－126.

亚红祥，张丽娟，白丽. 2008. 贝氏柯克斯体的分子生物学进展［J］. 疾病监测，23（12）：792－795.

杨发莲，陈明华，窦慧芬. 1994. 云南部分地区呼吸道感染患者中Q热感染调查［J］. 中国人兽共患病杂志（10）：51.

俞树荣，李芹阶，余国泉，等. 1983. 应用ELISA检测Q热立克次体抗体的研究［J］. 中华微生物学和免疫学杂志（3）：315－318.

俞树荣. 1990. 我国Q热及其病原体的研究［J］. 中华传染病杂志（8）：95－98.

张孝齐. 1957. Q热［J］. 人民军医（4）：49－51.

Angelakis E，Raoult D. 2010. Q fever［J］. Veterinary Microbiology，140：297－309.

Chang N C，Zia S H，Liu F T，et al. 1951. The possible existence of Q fever in Peking with a brief review on its current knowledge［J］. Chin Med J，69：35－45.

Cheng X X，Yu S R，Yu G Q. 1989. Red plaque formation of coxiella burnetii and reduction assay by monoclonal antibodies［J］. Acta Virol，33：281－289.

Oyston P C F，Davies C. 2011. Q fever：the neglected biothreat agent [J]. Journal of Medical Microbiology，60：9 - 21.

Russell - Lodrigue K E，Zhang G Q，McMurray D N，et al. 2006. Clinical and Pathologic Changes in a Guinea Pig Aerosol Challenge Model of Acute Q Fever [J]. Infection and Immunity，74 (11)：6085 - 6091.

第三十二章
假单胞菌科细菌所致疾病

假单胞菌科细菌为一类直或稍弯的革兰阴性杆菌，严格好氧，呼吸代谢。大多数通过鞭毛运动，不形成芽孢、孢囊、鞘或突柄（固氮菌属可形成孢囊）。化能有机营养，除单碳有机物外，能以多种有机物为碳源和能源；利用有机氮或无机氮为氮源，但不能固定分子氮（氮单胞菌属和固氮菌属除外）。

假单胞菌科（Pseudomonadaceae）在微生物学分类上属于变形菌门（Proteobacteria）、γ-变形菌纲（Gammaproteobacteria）、假单胞菌目（Pseudomonadales），其下分 8 个属，包括假单胞菌属（*Pseudomonas*）、氮单胞菌属（*Azomonas*）、固氮菌属（*Azotobacter*）、纤维弧菌属（*Cellvibrio*）、中嗜杆菌属（*Mesophilobacter*）、根瘤杆菌属（*Rhizobacter*）、皱纹单胞菌属（*Rugamonas*）以及蛇形菌属（*Serpens*）。假单胞菌属为其模式属。

铜绿假单胞菌感染
(Pseudomonas aeruginosa infection)

铜绿假单胞菌感染（Pseudomonas aeruginosa infection）又称绿脓杆菌病，是由铜绿假单胞菌引起的一种人与动物共患传染病。该病原是相对的非侵袭性细菌，但当机体免疫功能受损或缺损时，可引起严重的、甚至致死性的感染。

一、发生与分布

铜绿假单胞菌最早定名于 1872 年，1882 年 Gessard 首先从临床脓汁标本中分离到该菌。由于该菌感染所致脓汁呈绿色，故被命名为铜绿假单胞菌。铜绿假单胞菌为条件致病菌，其在自然界分布广泛，存在于水、土壤、空气、人和动物的皮肤及肠道中。铜绿假单胞菌是革兰阴性菌感染中仅次于大肠杆菌、克雷伯菌的常见病原菌，且 80%是医院内感染。

二、病　　原

1. 分类地位　铜绿假单胞菌（*Pseudomonas aeruginosa*）在分类上属假单胞菌科、假单胞菌属。根据《伯吉氏系统细菌学手册》第 2 版，假单胞菌属的细菌由 53 个确定的种和 8 个未确定的种组成，铜绿假单胞菌是其代表菌种，俗称绿脓杆菌。

2. 形态学基本特征与培养特性　铜绿假单胞菌为（0.5～1.0）μm ×（1.5～3.0）μm 的直或微弯曲菌，呈单个、成对或短链状排列。单端 1～3 根鞭毛，运动活泼，不形成芽孢，革兰染色阴性。该菌为专性需氧菌，但在硝酸盐培养基中除外。适宜生长温度范围为 20～42℃。培养适宜 pH 为 7.2～7.6，在 pH 8.0 环境中有自溶现象，并呈黏液状。

该菌营养要求不严格，普通营养琼脂平板上 37℃培养 24h，可形成较大、光滑、扁平或微隆起、湿润、边缘整齐或不整齐的菌落。在伊红美蓝琼脂上呈现与沙门菌、志贺菌相似的灰色菌落。在麦康凯琼脂培养基上生长，24h 后形成微小、无光泽、半透明的菌落，48h 后菌落中心常呈现棕绿色。在克氏三糖铁培养基中，不发酵糖类，故不变色。在血琼脂平板上产生透明溶血环。普通肉汤中均匀混浊，呈黄绿色，上部细菌生长旺盛，在培养基表面形成一层厚厚的菌膜。42℃ 24h 培养生长旺盛，能产生黏液，于室温放置 1～2 天，肉汤培养物呈黏稠胶体状。分离铜绿假单胞菌的选择性培养基常用 EP 培养基和乙酰胺培养基。在固体培养基上可出现溶菌斑，并有珍珠样光泽的限制点状斑，通称“虹彩”现象，或称为自溶斑块现象。铜绿假单胞菌产生多种水溶性色素，主要有绿脓素、荧光素和脓红素。

3. 理化特性 铜绿假单胞菌对某些外界因素的抵抗力比其他无芽孢菌强，在潮湿处能长期生存，对紫外线不敏感。对干燥有抵抗力，置滤纸上于空气中可存活 3 个月。但对热抵抗力不强，56℃ 30min 可将其杀死。1%石炭酸处理 5min 即可将其杀灭，1∶2 000 的洗必泰、度米芬、1∶5 000 的消毒净 5min 内均可将其杀死，0.5%～1%醋可使其迅速死亡。

铜绿假单胞菌为一种条件致病菌，毒力不强却天然具有抵抗多种抗生素的特性，而且在某种条件下，如抗生素的使用，可增强这种多重耐药性。对青霉素 G、氨苄西林、头孢霉素、链霉素、卡那霉素、巴龙霉素、四环素、氯霉素、红霉素、万古霉素、新生霉素等均有天然抗性，对新霉素轻度敏感，对羧苄西林轻度或中度敏感，对庆大霉素和多黏菌素中度敏感。

4. 分子生物学 铜绿假单胞菌菌体 O 抗原有两种成分，一为内毒素蛋白（OPE），是一种保护性抗原；另一为脂多糖（LPS），具有群（型）特异性，根据其结构可将铜绿假单胞菌分成 12 个血清型。

外毒素 A 是该菌最主要的致病因子，另一种外毒素磷脂酶 C 是一种溶血毒素，可增强毒力，能破坏肺组织表面活性成分，造成出血、萎缩和坏死，也常引起脓肿。此外，该菌分泌的色素也是毒力因子之一，可抑制机体吞噬细胞的吞噬作用和抑菌能力。研究显示，胞外酶 S、碱性蛋白酶、菌毛、脂多糖等都是该菌主要的毒力因子。

三、流行病学

1. 传染来源 铜绿假单胞菌在自然界中的分布极广，土壤、淡水、海水、污水、动植物体表、人体皮肤黏膜以及各种含蛋白质的食品等处都有存在，尤其正常人皮肤潮湿部位如腋下、会阴部及耳道内。人畜肠道为铜绿假单胞菌繁殖的场所，是污染环境来源之一。应用抗生素后粪便带菌率增高。浅表伤口常污染铜绿假单胞菌。

铜绿假单胞菌更常见于医院内环境之中。医院内许多器皿、仪器、溶液中，以及外科医护人员的手上均常带有铜绿假单胞菌。污染的潮湿环境是医院内该菌感染流行的主要传染来源。

2. 传播途径 医院内铜绿假单胞菌分布广、传播途径多，但主要为接触传染和空气传播。对动物而言，污染的环境、病畜禽和带菌动物均可成为该菌的传染源。

3. 易感动物

（1）自然宿主 铜绿假单胞菌为条件致病菌，在自然界分布广泛，存在于水、土壤、空气、人和动物的皮肤及肠道中，可感染人及马、牛、鸡、犬、水貂等多种动物。

（2）实验动物 腹腔内接种新分离的铜绿假单胞菌培养物，可致豚鼠在 24h 内死亡。家兔不如豚鼠敏感，小鼠及鸽的敏感性也较低。

（3）易感人群 作为条件致病菌，铜绿假单胞菌感染与宿主的自身条件有很大的关系。易感人群为局部组织损伤，如烧伤病人、创伤、皮肤黏膜受损者；机体抵抗力降低，如各种癌症患者、慢性阻塞性肺部疾病以及应用广谱抗生素、肾上腺皮质激素、抗肿瘤化疗等患者；各种创伤性操作患者，如气管切开、机械通气；早产儿、先天畸形儿童、老年人也属于高度易感人群。铜绿假单胞菌是重症监护室感染的常见病原菌。除医院内获得感染外，人免疫缺陷病毒感染者很容易在社区获得该菌的感染。

4. 流行特征 铜绿假单胞菌引起肺部感染的患者年龄偏高（60 岁以上患者占 97.2%），以秋、冬季发病居多，且伴有多种基础疾病。在临床标本中，住院病人痰中的铜绿假单胞菌检出率最高，其次是其分泌物、脓液和尿液。烧伤感染患者标本中铜绿假单胞菌的平均检出率为 30%，居各种细菌分离率之首。动物感染与使用免疫抑制剂、长期使用广谱抗生素、烧伤和手术后的衰弱以及环境污染有密切关系。

铜绿假单胞菌的感染常为一些疾病如包膜炎、奶牛乳房炎等的继发感染，同时也常和其他菌混合感染，如葡萄球菌和大肠杆菌等。对于养殖兔来说，任何年龄都可发病，一般为散发，无明显季节性。对于雏鸡的感染，主要发生在6～9月，雏鸡的易感性最高，并且随着日龄的增加，易感性降低。

四、临床症状

1. 动物的临床表现 铜绿假单胞菌能侵害多种哺乳动物、禽类和爬虫类，引起多种疾病。该菌可引起马铜绿假单胞菌性流产和化脓性肺炎；引起新生雏鸡的急性、败血性传染病，严重时可导致50%以上的雏鸡死亡；引起牛的菌性下痢、乳房炎、乳牛皮肤的肉芽肿及牛散发性流产、子宫炎；引起犬的眼部感染、慢性不孕症；引起水貂出血性肠炎。

2. 人的临床表现 铜绿假单胞菌能引起人多种器官感染，临床上以烧伤后感染为多，还可引起肺炎、胸膜炎、脑膜炎、急性坏疽性脓疱、中耳炎、中耳脓肿、角膜溃疡、肠炎、腹泻等，这些疾病发展为铜绿假单胞菌败血症时可危及生命。

五、病理变化

铜绿假单胞菌的致病性是多方面的，并且具有强有力的侵袭性和毒素作用。致病过程：首先是细菌黏附和定植，其次是局部侵袭，最后引起散播，导致全身性疾病，主要表现为化脓性炎症及败血症。

铜绿假单胞菌感染引起的肺炎以出血性坏死性支气管肺炎、肺泡间隔坏死为特征。主要表现为迅速形成的肺叶实变或支气管肺炎，组织坏死引起多发性小脓肿，病变多在下叶，双肺病变超过半数，且常累及胸膜。

六、诊　　断

1. 临床诊断 根据侵袭部位的不同，动物及人的临床症状可表现为败血症、呼吸道感染、心内膜炎、尿路感染、中枢神经系统感染、骨关节感染、皮肤软组织感染、耳及鼻窦感染、乳突感染、消化道感染等。确诊需从临床表针中分离出该菌，但需排除外污染。

2. 实验室诊断

（1）直接镜检 根据患者、患畜感染类型的不同，可分别取脓液、创面渗出液、痰、尿、血液等。由于类似的革兰阴性杆菌甚多，直接涂片、镜检意义不大。但如果脓液呈绿色或脑脊液中发现革兰阴性杆菌，结合临床症状可做出初步诊断。

（2）分离培养 血液、脑脊液等无菌样本可直接分离培养或增菌后分离细菌。尿液、痰液等杂菌较多的样本，可采用选择性培养基分离。在选择性培养基上生长并有明显绿脓色素者即可判定阳性。

（3）其他支持性实验室检查 可采用间接血凝试验、协同凝集试验、琼脂扩散试验、酶联免疫吸附试验、单克隆抗体等进行检测。此外，还有针对临床分离株的DNA鉴定技术、PCR技术以及DNA片段多态分析。

七、防治措施

铜绿假单胞菌广泛存在于自然界，通过多种途径在医院内传播。医院各处设施都应力争保持清洁干净，不要人为制造潮湿环境。除了必须严格消毒器械和敷料外，医护人员还应该勤洗手，认真执行无菌操作，隔离患者；及时焚毁患者敷料，对勤杂卫生人员进行严格的卫生训练。铜绿假单胞菌对抗生素有天然广谱耐药性，目前临床上应用的抗生素有羧苄西林、替卡西林、头孢氨苄、庆大霉素等，用前应进行药敏试验，并采取联合用药的方法。免疫学防治是控制该病的有效措施，但是目前还未开发出理想的商品化铜绿假单胞菌疫苗。对大面积烧伤病人，应考虑使用高免血浆和免疫球蛋白进行被动免疫治疗。

根据我国《病原微生物生物实验室生物安全管理条例》中的有关规定，铜绿假单胞菌属于三类病原微生物，需要在BSL-2级实验室从事大量活菌操作和样本检测活动，动物感染试验需要在ABSL-2级实验室开展，实验室人员在操作时应注意个人防护。对于动物而言，保持实验室及动物饲养环境的干燥清洁、减少应激、避免长时间的高温运输或频繁转载对于降低该菌感染有重要意义。一旦发病，病畜禽要及时隔离治疗，动物舍要全面消毒，死亡动物尸体烧毁深埋。

八、公共卫生影响

铜绿假单胞菌为一种条件致病菌，广泛分布于自然界及人体皮肤、肠道和呼吸道等处，某些导致宿主免疫功能受损的因素，如应用激素免疫抑制剂、肿瘤化疗、放射化疗、创伤及烧伤均易引起铜绿假单胞菌感染。随着抗生素长期大量应用及滥用，细菌耐药菌株大量出现，细菌的耐药性成为全球普遍关心的公共卫生问题，而铜绿假单胞菌就是其中的典型代表。铜绿假单胞菌对多种抗生素具有天然耐药性，在某种条件下，如抗生素的使用可增强这种多重耐药性，给临床治疗造成很大困难。合理地使用抗生素，加强消毒、消灭环境中的病原，可以减少对人的威胁。

（张森洁　魏财文　康凯　田克恭）

我国已颁布的相关标准

GB/T 14926.17—2001　实验动物　绿脓杆菌检测方法

参考文献

金宁一，胡仲明，冯书章．2007. 新编人兽共患病学［M］．北京：科学出版社．

马亦林．2005. 传染病学［M］．上海：上海科学技术出版社：657-660.

斯崇文，贾辅忠．2004. 感染病学［M］．北京：人民卫生出版社：524-531.

王秀茹．2002. 预防医学微生物学及检验技术［M］．北京：人民卫生出版社：492-495.

翁心华．1998. 现代感染病学［M］．上海：上海医科大学出版社：412-415.

吴清民．2001. 兽医传染病学［M］．北京：中国农业大学出版社：293-295.

杨正时，房海．2002. 人与动物病原细菌学［M］．石家庄：河北科学技术出版社：662-675.

Döring G，Pier G B. 2008. Vaccines and immunotherapy against Pseudomonas aeruginosa［J］. Vaccine，26（8）：1011-1024.

第三十三章 摩拉菌科细菌所致疾病

不动杆菌病 (Acinetobacterisis)

不动杆菌病（Acinetobacterisis）是由不动杆菌引起的一种人与动物共患传染病。不动杆菌为条件致病菌，当机体抵抗力降低时易引起感染，动物感染以呼吸系统感染为主。该菌是引起医院内感染的重要机会致病菌之一，可引起人呼吸道感染、败血症、脑膜炎、心内膜炎、伤口及皮肤感染、泌尿生殖道感染等，重症者可导致死亡。

一、病　原

1. 分类地位　不动杆菌（*Acinetobacter* spp.）是一类需氧、不发酵糖类的革兰阴性杆菌，属于摩拉菌科（Moraxellaceae）、不动杆菌属（*Acinetobacter*）。过去分类比较混乱，直到1971年才确定分类的基本指标。目前常用核酸杂交和序列分析来鉴定本属细菌，可分为19个基因种，用阿拉伯数字表示，其中7个具有表型种名，它们是醋酸钙不动杆菌（*A. calcoaceticus*）、鲍曼不动杆菌（*A. baumanii*）、溶血不动杆菌（*A. haemolytius*）、琼氏不动杆菌（*A. junii*）、约翰逊不动杆菌（*A. johnsonii*）、洛菲不动杆菌（*A. lwoffii*）和抗辐射不动杆菌（*A. radioresistens*），其基因种分别为1、2、4、5、7、8及12。目前至少已有33个基因种，其中17个已得到正式命名。鲍曼不动杆菌在人临床感染病例中的出现率最高，超过70%，其他菌种引起的感染比较少见。用血清学方法可分出更多的血清型，但结果不稳定。

2. 形态学基本特征与培养特性　不动杆菌为革兰阴性短杆菌，大小（0.9～1.6）μm×（1.5～2.5）μm，形态多为球杆状，可单个存在，但常成对排列，有时形成链状，在固体培养基内以双球菌为主，液体培养基内多呈短杆状，偶呈丝状。革兰染色常不易脱色，故易造成假阳性菌。不形成芽孢、无动力、有荚膜。有菌毛，无泳动但细胞可表现为颤动。该菌为专性需氧菌，对营养无特殊要求，在普通培养基上生长良好，可在单一碳源和能源的基本培养基中生长，不需特殊的生长因子，很多有机物均可作为碳源，但只有很少菌株能利用葡萄糖。大多数菌株可以在20～37℃温度下生长，最适生长温度为33～35℃，也有报道某些菌株在37℃温度下不能生长。在血琼脂平板上37℃培养24h的菌落呈圆形突起、表面光滑、边缘整齐、灰白色至淡白色、不透明、有黏液，多数菌株不溶血。溶血性不动杆菌在血琼脂平板上可呈β溶血。一般不产生色素，少数菌株产生黄褐色色素。氧化酶阴性，触酶阳性，吲哚、硫化氢、甲基红、VP反应均为阴性，不产生苯丙氨酸脱氨酶、赖氨酸脱羧酶、鸟氨酸脱羧酶和精氨酸双水解酶。均不能还原硝酸盐。大多数菌株能利用枸橼酸盐。

3. 理化特性　该菌对外界环境抵抗力强，耐低温、湿热和紫外线，对一般消毒剂常用浓度抵抗力强。刘明德对不动杆菌分离株进行理化特性分析发现，湿热（65℃）作用20min仅可杀灭42%的菌株，紫外线照射30min仅可杀灭52%的菌株，湿热和紫外线分别需作用50min才能将试验菌株完全杀灭。常用消毒剂如25%过氧化氢、1%戊二醛、0.1%苯扎溴铵需15～20min才能起杀灭作用，75%乙醇作用20min仍无消毒作用。鲍曼不动杆菌在干燥的物体表面可存活25天以上。

荚膜多糖及菌毛等被认为是毒力因子。有的具有甘露糖抗性血凝，并对上皮细胞有侵袭力。与其他细菌混合感染时，其毒力高于单独感染。

二、流行病学

1. 传染来源 不动杆菌广泛存在于水、土壤等自然环境中，适宜在潮湿环境中生长，如自来水管、各种导管、去污剂等，在牛奶、奶制品、禽肉及冷冻食品中亦可检出该菌。该菌是人体和动物的正常菌群，可寄居在健康人体皮肤、唾液、咽部、眼、耳、呼吸道、泌尿生殖道等。该菌亦普遍存在于医院环境中，是住院病人常见的病原体，尤其是重症监护室病人和有免疫缺陷的病人。

2. 传播途径 接触传染是该菌的主要传播方式，该菌在环境中存活时间长，易形成气溶胶，由空气传播。

3. 易感动物

（1）自然宿主 不动杆菌为条件致病菌，可感染人和多种哺乳动物，包括兔、犬、猫、牛、马、大熊猫等，当机体抵抗力降低时易引起感染。

（2）实验动物 实验动物中兔、犬、猫有自然感染发病病例，小鼠和大鼠常用作不动杆菌实验感染模型。

（3）易感人群 正常人不易感，人群中以住院病人尤其是重症监护室病人和有免疫缺陷的病人易感。

4. 流行特征 该病通常散发，医院内感染可引起流行和暴发，主要发生在重症监护病房。该菌的生长繁殖受环境温度的影响，并与其适宜生存于潮湿的环境有关，不动杆菌医院感染呈季节性分布，冬季少、夏季多。

三、临床症状

1. 动物的临床表现 该菌是条件致病菌，动物携带而不发病，在动物免疫机制受到抑制和应激因子的作用时引起发病和流行，主要引起兔、犬、猫等动物的呼吸系统感染，临床表现为发热、呼吸困难、喘气、咳嗽。大鼠和小鼠自然感染发病病例未见报道，试验感染可引起大鼠和小鼠脓毒症，大量接种可导致动物死亡。

2. 人的临床表现 不动杆菌主要引起人呼吸道感染、败血症、脑膜炎、心内膜炎、伤口及皮肤感染、泌尿生殖道感染等，重症者可导致死亡。造成医院感染的原因是不动杆菌在环境中大量存在，抵抗力强。另一个原因是，其对抗生素有广泛的抗性，而且有不断增高的趋势。这些特点使之成为医院感染的机会致病菌。

四、病理变化

动物病理剖检可见呼吸系统各器官炎症变化。喉头和气管可见出血，气管内可见炎性分泌物；鼻腔内有分泌物，黏膜充血、潮红、肿胀；肺脏充血、呈暗粉色，切面温润，表面形成白色小结节；胸腔积液，并有纤维渗出。犬不动杆菌病可见脓胸及慢性增生性胸膜炎；心脏扩张，心肌绵软，心包内有积液；肾脏肿大。

五、诊　断

1. 动物的临床诊断 患病动物出现发热、呼吸困难、咳嗽、喘气、伴有湿啰音，由于不动杆菌感染没有特异的临床症状和病理变化，确切诊断需要做细菌的分离鉴定。

2. 人的临床诊断 该病临床表现和病理变化并无特征性。医院内感染、发生于有严重原发疾病患者的感染，均要考虑该菌感染的可能。确切诊断需要做细菌的分离鉴定。

3. 实验室诊断 不动杆菌感染的诊断有赖于细菌分离鉴定。临床样本往往容易被其他细菌污染，最好用选择 Herellea 培养基，内含胆盐、糖、溴甲酚紫及某些抗生素，或用添加抗生素的普通培养基。含菌量少的样本需用液体增菌培养，液体培养基碳源单一，pH 为 5.5～6.0，有利于不动杆菌生长，而不利于污染菌增殖。不动杆菌的形态可因培养基不同而异。如用 18～24h 培养的琼脂平板涂片，则常为 1.0μm×0.7μm 的双球菌；而用肉汤培养物涂片则呈典型的 2.0μm×1.2μm 的杆菌。采用 API 20NE 系统可对分离株进行鉴定。

六、防治措施

不动杆菌是条件致病菌，平时应当以预防为主，保持动物饲养环境干燥通风，做好环境的清洁卫生和预防性消毒工作，提高动物机体抵抗力。该菌感染跟其他条件致病菌金黄色葡萄球菌、绿脓杆菌类似，难以及时确诊，为防止继续传播应对患病动物及时隔离，彻底消毒环境设施。该菌对临床常用抗生素普遍耐药，用药前需要做药物敏感性试验，以便选用恰当抗菌药物。

人群的防控应以预防为主，进行动物试验或饲养工作时要戴口罩、穿防护衣，特别是接触患病动物、处理患病动物伤口或剖检病死动物时要注意自身防护。人患病或抵抗力下降时尽量不接触动物，出现感染症状如发热、咳嗽、脓肿等应及时就医治疗。

七、公共卫生影响

不动杆菌在自然界分布广泛，对外界抵抗力较强，该病主要是发生医院感染，随着耐药菌株的不断出现，更增加了防治难度。尽管临床上不断推出高效、广谱的抗菌药物，使用先进的消毒洁净技术等防治感染，但不动杆菌医院感染问题仍日益突出，对公共卫生造成较大影响。

（张钰　袁文　康凯　魏财文）

参考文献

顾天钊，陆承平，陈怀青．1999．鲍氏不动杆菌Ⅰ株的黏附特性［J］．南京农业大学学报，12（3）：65－68.

李景云，马越，陈鸿波，等．2002．1997－2001 年不动杆菌属临床分离株分布特点和耐药性分析［J］．中国临床药学杂志，18（6）：421－424.

廖延雄．1995．兽医微生物实验诊断手册［J］．北京：中国农业出版社．

刘明德．1990．三所医院内不动杆菌的分离及理化因子敏感性研究［J］．医院感染与管理杂志，5（1）：22.

马亦林．2005．传染病学［M］．上海：上海科学技术出版社：652－656.

斯崇文，贾辅忠．2004．感染病学［M］．北京：人民卫生出版社：539－541.

杨本升，刘玉斌，苟仕金，等．1995．动物微生物学［M］．长春：吉林科学技术出版社．

Gerischer U. 2008. Acinetobacter Molecular Biology［M］. Norfolk，England：Caister Academic Press.

Ohsugi T，Shimoda K，Maejima K，et al. 1993. Isolation of Acinetobacter calcoaceticus from the gastrointestinal tracts of SCID mice［J］. Lab Anim，27（3）：226－228.

第三十四章
气单胞菌科细菌所致疾病

气单胞菌感染
(Aeromonas infection)

气单胞菌感染（Aeromonas infection）是由部分气单胞菌引起的一类人、兽和水生动物共患的传染病。气单胞菌可引起鱼类、两栖类、爬行类、鸟类、软体动物及哺乳动物等多种动物全身性败血症或局部感染，并常导致动物死亡。人气单胞菌感染主要引起腹泻、胃肠炎、外伤感染或败血症等。

一、发生与分布

气单胞菌广泛分布于水体环境中，可从河水、海水、土壤及感染动物粪便分离出，通常情况下是条件性致病菌，对水生动物危害较大，能导致鱼类的出血性败血症，其致病菌株能导致人肠胃炎、败血症和腹泻等临床症状。该病 20 世纪 70 年代始发于日本，80 年代在中国台湾流行，1989 年传入中国大陆。自 1989 年以来，在我国许多地方都有该病报道。我国气单胞菌病流行的季节性分布较其他疾病更明显，近 90%疾病流行在夏秋季，这可能与我国的气候特点及气单胞菌的生长特性有关。由于饲养在严格控制的隔离环境中，实验动物与该菌接触机会大为减少，该病原对实验动物的危害较低，没有自然感染发生该病的报道。

二、病　　原

1. 分类地位　气单胞菌在分类上属气单胞菌科（Aeromonadaceae）、气单胞菌属（*Aeromonas*），目前报道有 14 种基因型。致病菌主要包括嗜水气单胞菌（*A. hydrophilia*）、温和气单胞菌（*A. sobria*）和豚鼠气单胞菌（*A. caviae*），有 H 抗原和 O 抗原。

2. 形态学基本特征与培养特性

（1）形态　气单胞菌为革兰染色阴性菌，呈杆状，两端钝圆，大小为（0.3～1.0）μm×（1.0～3.5）μm，单个、成对或短链排列，有动力，以极端单鞭毛运动。在固体培养条件下可生成周鞭毛，个别种不运动。嗜水气单胞菌、温和气单胞菌和豚鼠气单胞菌都具有运动性。无荚膜，无芽孢。

（2）培养　需氧或兼性厌氧，最适生长温度为 22～28℃，多数在 37℃生长良好。生长 pH 范围为 6～11。对营养要求不高，在普通肉汤和蛋白胨水中生长良好，呈均等混浊、有菌膜；在营养琼脂上的菌落直径可达 1～3mm，圆形、隆起、湿润、半透明或不透明、灰白色或带淡米黄色，并可有特殊的气味；在血液琼脂上形成灰白色、光滑、湿润、凸起、直径 2mm 左右的不透明菌落，多数菌株形成较宽的 β-溶血圈。

3. 理化特性　气单胞菌具有发酵和呼吸两种代谢类型，发酵葡萄糖产酸或产酸产气，分解甘露醇、蔗糖、麦芽糖，不分解木糖、肌醇、阿东醇。触酶、氧化酶、ONPG 酶和 DNA 酶阳性，还原硝酸盐为亚硝酸盐，鸟氨酸阴性，O_{129}不敏感。在 25℃运动活泼，37℃较弱。

嗜水气单胞菌、温和气单胞菌和豚鼠气单胞菌的特性基本相似。气单胞菌在矿泉水和自来水中经

100 天后均能存活。在海水中存活率极低，经 24h 后菌数即减少 90%。

4. 分子生物学

（1）基因组结构 嗜水气单胞菌基因组全长约 4.7Mbp，G+C 含量约 61.5%，有 5 195 个编码序列（Seshadri 等，2006）。主要的毒力基因有细胞毒肠毒素基因（act）、不耐热细胞兴奋性肠毒素基因（alt）、耐热细胞兴奋性肠毒素基因（ast）等，编码三个不同的毒力因子 Act、Alt 和 Ast，都为单链的多肽分子（Albert 等，2000）。

（2）致病机制 有致病菌株与非致病菌株之分，致病力与毒力因子密切相关，对于毒力因子的作用，一般认为是多功能和多因子协同致病的结果。许多研究表明嗜水气单胞菌所分泌的气溶素、溶血素、丝氨酸蛋白酶、金属蛋白酶及细胞毒性肠毒素等是重要的毒力基因，与嗜水气单胞菌有无毒力或者毒力强弱有很高的相关性。

①外毒素：气单胞菌的致病机制主要是产生肠毒素、溶血素和细胞毒素，如细胞溶解性肠毒素、细胞兴奋性肠毒素、细胞毒肠毒素、气溶素（aerolysin）、HEC 等，具有细胞毒性、溶血性和肠毒性，对实验动物有致死性。分子量为 50～52kDa，不耐热，56℃ 10～30min 失活。嗜水气单胞菌毒素基因位于菌体染色体上，命名为 AerA。在细胞质内合成无活性的前毒素原，当穿过细胞膜进入周浆区，将其 N 端的信号肽切除后成为活性很低的毒素原。当毒素原在周浆区积聚达一定量后，再释放到菌细胞外。低活性的毒素原经宿主肠液中的胰酶或培养物中的一种稳定蛋白酶将其 C 末端的 21 个氨基酸切除后，就成为高活性的嗜水气单胞菌外毒素。

②胞外酶：胞外酶是该菌胞外产物的组成部分，被认为是重要的致病因子。研究较多的是金属蛋白酶和丝氨酸蛋白酶。在致病作用中，耐热的金属蛋白酶对攻击对象具有直接致病作用；而热敏感的丝氨酸蛋白酶则无直接致病力。胞外蛋白酶的作用机制在于：破坏机体的免疫系统，促进病原菌在宿主组织中的繁殖，蛋白酶可以直接作用于宿主的组织，使其发生溶解和坏死。同时，胞外蛋白酶具有免疫原性，能够产生与菌株本身引起的败血症相同的症状。

③黏附因子：黏附是细菌致病的先决条件。气单胞菌的菌毛是重要的凝血因子和促使细菌黏附在红细胞表面、机体肠道和消化道内的主要定居因子。据其形态可分为 R 菌毛和 w 菌毛，前者多但不参与黏附，后者少却是主要的黏附素。

④Ⅲ型分泌系统：近来提出的Ⅲ型分泌系统（TTSS）机制被认为与气单胞菌的发病机理有关。通过Ⅲ型分泌系统输送毒力因子直接作用于宿主细胞，摧毁细胞功能，从而使得细菌入侵。如在嗜水气单胞菌、杀鲑气鱼单胞菌（*Aeromonas salmonicida*）等人和鱼的致病气单胞菌中，已经发现 ADP 核糖基化毒素是致病菌的效应分子，通过 TTSS 系统转运到达宿主细胞质，从而阻断 NF-κB 途径，破坏细胞骨架并导致细胞死亡。

三、流行病学

1. 传染来源 气单胞菌为水生菌，广泛存在于淡水环境中，池、塘、溪、涧、江、河、湖、泊和临海河口水，水中沉积物及污水、土壤和水生物中均有存在。近年发现，一些非水栖动物，如鸟类、哺乳类等亦能携带该菌，成为其宿主动物。人的肠道中偶尔也有该菌存在。此外，鱼类及其他海产品、牛奶、蔬菜和各种食品都可带菌。外环境（河、湖塘）水污染严重，检出率高达 70%～80%或以上，且一年四季均可检出而无季节差异（张淑萍，2001）。

2. 传播途径 主要通过污染的水或动物排泄物经食源途径而感染，还通过受伤的皮肤及伤口感染。

3. 易感动物

（1）自然宿主 与该菌的生活环境相关，鱼类和两栖类动物是易感自然宿主，在水温高的夏季可造成暴发流行。其他哺乳动物感染致病性稍低，如貂、貉、野兔、牛等可引起败血症而死亡。新近土耳其报道了一起嗜水气单胞菌引起羊流产的病例，羊场共 68 头母羊发生流产，部分羊发生腹泻，无其他明显症状。我国有嗜水气单胞菌引起小猪腹泻的报道。鸟类中也曾检出该菌，其中，陆生鸟类的检出率明显低于水鸟。

（2）实验动物 致病菌株可通过试验感染小鼠、大鼠、兔。未见自然感染的实验动物病例。

（3）易感人群 气单胞菌对人的致病性不如对鱼类和两栖类动物强，是机会致病菌，主要导致胃肠炎、腹泻，且多为自愈性的；儿童及免疫力低下人群较易感，能与其他细菌协同作用引起人的胆囊炎、腹膜炎、脑膜炎、肺炎和体外创伤感染等。气单胞菌感染导致的败血病大多发生在免疫缺陷、恶性肿瘤或肝组织损害病人中，约占80%，是高危人群，其次是体外创伤和整形手术患者等。

4. 流行特征 该病易发生于夏秋季节，致病性强。嗜水气单胞菌属条件致病菌，在不适宜的条件下，如水温较低、水质清洁，一般不会使动物致病。但如果由于拉网锻炼、感染寄生虫等使鱼体有创伤，鱼会感染嗜水气单胞菌，从而发病。另外，放养密度、水温、水质等因素也影响着该菌的感染和发病。

实验动物可通过人工感染致病：小鼠通过肌内及静脉注射嗜水气单胞菌致病株，可引起组织损伤、败血症、内毒素休克及死亡。Brenden（1986）等通过给B10. G小鼠肌内注射嗜水气单胞菌致病株，每只鼠给予细菌悬液3×10^{7}CFU，小鼠在给药36h内50%死亡，在6天内75%死亡。此外，感染模型动物死亡率因不同菌株携带不同毒力因子有所不同，如嗜水气单胞菌毒素、蛋白酶及S蛋白均有的菌株以及具有前两者而无S蛋白的菌株对小鼠的致死率均达100%；仅有蛋白酶的菌株对小鼠致死率为60%；仅有S蛋白或3种毒力因子均无的菌株对小鼠无致死性。

胡圣尧等（1996）以乳鼠和兔作为气单胞菌毒力研究的动物模型。从腹泻病人粪便中分离的温和气单胞菌中纯化出HEC毒素，粗制的HEC可使兔和乳鼠小肠积液，尾静脉或腹腔注射小鼠后死亡。

王意银等（2011）从腹泻患者粪便分离到8株豚鼠气单胞菌，分离菌培养液腹腔接种小鼠后均在24 h左右发病，表现为弓背、耸毛、运动迟缓、食欲不振、双眼半闭、呼吸急促等症状，72h内相继死亡。

人们一直在尝试用哺乳动物复制气单胞菌胃肠炎发病机制，但用大鼠作为实验动物的感染模型效果并不理想，目前比较成功的是水生动物感染模型，如水蛭模型、斑马鱼模型和其他一些观赏鱼模型。

四、临床症状

1. 动物的临床症状

（1）鱼类和两栖类动物 鱼类气单胞菌感染常见疾病有竖鳞、细菌性肠炎、溃烂病、烂尾、烂鳍病等。引起最严重的疾病是出血性败血症，该病常暴发流行，死亡率极高。病鱼的症状主要为口腔、颌、眼眶、鳃盖及各鳍条充血，体表充血呈斑点状出血。蛙类表现红腿病及致死性出血。

（2）实验动物 小鼠感染后可引起组织损伤、败血症、内毒素休克及死亡，表现蜷缩、立毛、发抖、呼吸困难、腹泻及眼有分泌物。组织病理可见注射局部皮肤肌肉坏死；肺充血、水肿，白细胞浸润；肝充血，枯否氏细胞肿大，局限性坏死；脾充血肿大，红髓与白髓的界限消失，巨核细胞增加；血管中的红细胞变形、溶解，白细胞数量减少等病理变化，毛细血管壁受损，引起出血。细菌侵入肝、肾、脾等组织器官，引起炎症。

2. 人的临床症状 气单胞菌中的温和气单胞菌可引起人肠道内和肠道外感染。肠道内感染主要表现为腹泻，多为轻症水泻，具有自限性，部分为黏液脓血样腹泻，少数引起霍乱样腹泻。肠道外感染可引起软组织炎症和败血症。软组织炎症多与外伤感染有关。败血症的病人大多患有恶性疾病或肝组织损害。该菌偶尔引起心内膜炎、脑膜炎、肺炎、骨髓炎、腹膜炎、关节炎、血栓性静脉炎等。

五、诊 断

1. 动物的临床诊断 气单胞菌哺乳类动物的感染模型主要以致死率作为毒力判断依据，携带不同毒力因子的菌株导致动物的死亡率有所不同。小鼠感染气单胞菌致病菌株或毒素后一般在24h开始发病，3～6天内相继死亡，表现为弓背、耸毛、运动迟缓、食欲不振、双眼半闭、呼吸急促等症状，确诊需要通过实验室诊断。

2. 人的临床诊断　人感染气单胞菌最主要的临床表现为腹泻，有些病例可自愈，有些则持续 1～2 周，有时会伴有恶心、腹部绞痛、发热或呕吐症状。该病与细菌性胃肠炎症状相识，仅凭临床症状很难做出判断，必须依靠实验室诊断才能确诊。

3. 实验室诊断

（1）细菌分离鉴定　无菌取心血及肠道内容物，分别接种于普通肉汤培养基、新鲜血琼脂平板和麦康凯琼脂板。经 37℃培养 24h，分别涂片，革兰染色，镜检。观察形态及培养特性，如符合该菌的基本特征，再进一步做生化鉴定。

实验室应用的临床鉴定试验主要有：糖利用试验，包括 L-阿拉伯糖、D-葡萄糖（产气）、甘油、D-甘露醇、蔗糖；枸橼酸盐利用试验为明胶液化、靛基质、VP 试验；氨苄青霉素和头孢噻吩敏感试验。参考实验室应再加用纤二糖、1 磷酸葡萄糖、6 磷酸葡萄糖、葡萄糖醛酸盐、KCN、DL-乳酸盐、弹力酶和溶葡菌素试验。

（2）其他实验室诊断技术　单克隆抗体、免疫酶（Dot-ELISA）、免疫胶体金检测、PCR 等实验室检测技术可应用于该病的诊断。

六、防治措施

1. 动物的防治措施

（1）预防　未处理的水很可能含有气单胞菌，是健康动物和健康人群感染气单胞菌病的重要传染来源。因此，应注意动物饮用水的卫生，加强对生活环境的卫生防疫和水体净化消毒。

（2）治疗　先用 $CuSO_4$ 每立方米水体 0.7mg 泼洒，以杀死水中的寄生虫，减少寄生虫感染的机会；然后用漂白粉、氯净或其他消毒药物对水体进行消毒；同时，可用庆大霉素或卡那霉素、四环素、硝基呋喃、磺胺类药物等拌饵投喂进行治疗。

2. 人的防治措施

（1）预防　为了预防和控制嗜水气单胞菌导致疾病暴发流行，要注意饮用水的卫生，尤其在夏天时应食用熟食，注意防止食物被细菌污染。

（2）治疗　该菌对抗生素的耐药较普遍，气单胞菌 3 个种的耐药率比较无明显差别。临床治疗应根据药敏试验结果选用抗菌药物。血液、腹水等气单胞菌感染，宜选用第三代、第四代头孢菌素、左氧氟沙星、阿米卡星、氨曲南和亚胺培南；而肠道感染最好选用氯霉素、磷霉素及左氧氟沙星等。

七、公共卫生影响

气单胞菌普遍存在于淡水、污水、淤泥、土壤和人的粪便中，对水产动物、畜禽和人均有致病性，可引起多种水产动物的败血症和人的腹泻。气单胞菌感染已成为新的令人瞩目的典型人—兽—鱼共患病，严重威胁公共卫生安全。并且，由于部分气单胞菌能在低温下生长，更增加了气单胞菌病通过低温保存的食品传播的可能性。

（张钰　王静　陈小云　蒋玉文）

我国已颁布的相关标准

GB/T 18652—2002　致病性嗜水气单胞菌检验方法

参考文献

胡静仪．2004. 气单胞菌属分类与鉴定方法［J］. 国外医学：临床生物化学与检验学分册，25（5）：478-479.

李明杰，王志国．2003. 泰国湾鳄嗜水气单胞菌感染［J］. 畜牧与兽医，35（4）：29-30.

凌红丽，陆承平，陈怀青，等．1999. 马向东 6 株嗜水气单胞菌的毒力因子及其对小鼠的致死性［J］. 中国兽医学报，19（3）：255-257.

王晓苹，陈拱立，高霞献，等．1990. 三种气单胞菌致病性的实验研究［J］．中国人兽共患病杂志，6（5）：7－9.
王意银，李刚山，邓波，等．2011. 云南边防部队腹泻患者中8株豚鼠气单胞菌的分离鉴定及致病性研究［J］．中国卫生检验杂志，21（10）：2439－2440.
闻玉梅，陆德源，何丽芳．1999. 现代医学微生物学［M］．上海：上海医科大学出版社：561－564.
杨守明，贺天笙．2004. 嗜水气单胞菌（Aeromonasehydrophila）引起人类腹泻的流行病学意义［J］．中国食品卫生杂志，16（5）：439－440.
张淑萍，李长青，王淑敏，等．2001. 外环境水中气单胞菌污染情况调查［J］．中国卫生，11（6）：710.
Abbott S L，Cheung W K，Janda J M. 2003. The genus Aeromonas：biochemical characteristics，atypical reactions，and phenotypic identification schemes［J］．J Clin Microbiol，41（6）：2348－2357.
Albert M，Ansaruzzaman M，Talukder K A，et. al. 2000. Prevalence of Enterotoxin Genes in Aeromonas spp. isolated from Children with Diarrhea，Healthy Controls，and the Environment［J］．Clinical Microbiology，38（10）：3785－3790.
Graevenitz A von. 2007. The Role of Aeromonas in Diarrhea：a Review［J］．Infection，2：59－64.
Ilhan Z，Gulhan T，Aksakal A，et al. 2006. Aeromonas hydrophila associated with ovine abortion［J］．Small ruminant research，61：73－78.
Janda J M，Abbott S L. 2010. The Genus Aeromonas：Taxonomy，Pathogenicity and Infection［J］．Clinical Microbiology，23（1）：35－37.
Brenden R A，Huizingat H W. 1986. Pathophysiology of experimental Aeromonashydrophila infection in mice［J］．Med Microbiol，21：311－317.
Seshadri R，Joseph S W，Chopra A K，et al. 2006. Genome sequence of Aeromonashydrophila ATCC 7966T：jack of all trades［J］．Bacteriology，188（23）：8272－8282.
Wong C Y F，Mayrhofer G，Henzenroeder M W，et al. 1996. Measurement of virulence of A eromonas using a suckling mouse model of infection［J］．FEMS Immuno&Med Microbiol，15（4）：233－241.

第三十五章
肠杆菌科细菌所致疾病

第一节　大肠杆菌病
(Colibacillosis)

大肠杆菌病（Colibacillosis）是由致病性大肠埃希菌的某些血清型引起的、以幼龄动物和新生儿为主的肠道传染病。各种动物及人均可发生，实验动物中家兔、小鼠、大鼠均易感。病型复杂多样，临床表现以腹泻、败血症、赤痢样症候群以及肠毒血症为特征。该病是SPF级实验动物应排除的一种疾病。

一、发生与分布

1885年Escherich氏发现大肠杆菌。大肠杆菌病的分布极为广泛，凡是有饲养家畜、家禽以及经济动物的国家和地区均时常发生。

在我国，由王洪媛、王增慧等分别于1958年首次报道了在杭州地区小儿腹泻及上海市婴儿腹泻中检出的病原大肠杆菌；方定一等于1963年首次报道了分离于仔猪白痢的大肠埃希菌，并证明了其相应病原性。此后，有关人、猪及实验动物大肠杆菌感染及相应病原学方面的报道逐渐增多，40余年来对其研究也不断深入，目前仍是人及动物细菌类感染研究中的热点之一。

二、病　　原

1. 分类地位　致病性大肠杆菌（EPEC）在分类上属于变形菌门（Proteobacteria）、γ-变形菌纲（Gammaproteobacteria）、肠杆菌目（Enterobacteriales）、肠杆菌科（Enterobacteriaceae）、埃希菌属（*Escherichia*）、大肠杆菌种（*E. coli*）。

2. 形态特征与培养特性　大肠杆菌为两端粗钝的短杆菌，大小为（0.5～0.8）μm×（1.0～3.0）μm，无芽孢。因环境条件不同，个别菌体近似球状，有时出现长丝状。单独或成双存在，但不形成长链状排列。大多有鞭毛，运动活泼，多数菌株生长有菌毛。大肠杆菌合成代谢能力强，在有氧条件下，于普通琼脂平板上生长迅速，菌落直径为2～3mm，最适生长温度为37℃。在含无机盐、胺盐、葡萄糖的普通培养基上生长良好。在普通营养琼脂上生长表现为三种菌落形态：光滑型、粗糙型和黏液型。该菌一般均能发酵葡萄糖、阿拉伯糖、木糖、麦芽糖和蕈糖等，不发酵肌醇，一般也不发酵侧金盏花醇，大多数菌株发酵乳糖，但有的迟缓发酵或不发酵，发酵糖类时有气体产生或不产气。

3. 理化特性　大肠埃希菌对外界因素的抵抗力不强，一般加热到60℃经15min即可被杀灭，在干燥环境中易死亡。对低温具有一定的耐受力，但快速冷冻可使其死亡（在含有葡萄糖的培养基中培养的则对快速冷冻不敏感）。因此，在实验室保存大肠埃希菌，常采用低温的方法。对于要废弃的大肠埃希菌材料，常采用高压蒸汽灭菌方法处理，在121℃条件下作用15～20min，可有效杀灭大肠埃希菌。大肠埃希菌对一般的化学消毒药品均比较敏感，如5%～10%的漂白粉、3%来苏儿、5%石炭酸等水溶液均能迅速杀死大肠埃希菌，对强酸、强碱也很敏感，常用消毒剂可以有效地杀灭环境中的大肠杆菌。对磺胺类、链霉素、氯霉素等敏感，但易产生耐药，这是由含R因子的质粒转移而获得的。

4. 抗原构造 大肠埃希菌有O、K、H、F四种抗原。O抗原为脂多糖，已有171种，其中162种与腹泻有关，是分群的基础。K抗原有103种，为荚膜脂多糖抗原。从病人新分离的大肠杆菌多有K抗原，有抗吞噬和补体杀菌作用。根据耐热性等不同，K抗原分为L、A、B三种，其中L、B不耐热，有60种。F抗原至少有5种，与大肠杆菌的黏附作用有关。表明大肠杆菌血清型的方式是按O∶K∶H排列，例如O111∶K58（B4）∶H2。

5. 致病物质

（1）定居因子（Colonization factor，CF） 也称黏附素（Adhesin），即大肠杆菌的菌毛。致病大肠杆菌须先黏附于宿主肠壁，以免被肠蠕动和肠分泌液清除。使人致泻的定居因子为CFAⅠ、CFAⅡ（Colonization factor antigenⅠ、Ⅱ），定居因子具有较强的免疫原性，能刺激机体产生特异性抗体。

（2）肠毒素 是肠产毒性大肠杆菌在生长繁殖过程中释放的外毒素，分为耐热和不耐热两种。

①不耐热肠毒素（Heat labile enterotoxin，LT）：对热不稳定，65℃经30min即失活。为蛋白质，分子量大，有免疫原性。由A、B两个亚单位组成，A又分成A1和A2，其中A1是毒素的活性部分。B亚单位与小肠黏膜上皮细胞膜表面的单唾液酸神经节苷脂（monosialoganglioside，GM1）受体结合后，A亚单位穿过细胞膜与腺苷酸环化酶作用，使胞内ATP转化为cAMP。当cAMP增加后，导致小肠液体过度分泌，超过肠道的吸收能力而出现腹泻。LT的免疫原性与霍乱弧菌肠毒素相似，两者有抗血清交叉中和作用。

②耐热肠毒素（Heat stable enterotoxin，ST）：对热稳定，100℃经20min仍不被破坏，分子量小，免疫原性弱。ST可激活小肠上皮细胞的鸟苷酸环化酶，使胞内cGMP增加，在空肠部分改变液体的运转，使肠腔积液而引起腹泻。ST与霍乱毒素无共同的抗原关系。

肠产毒性大肠杆菌的有些菌株只产生一种肠毒素，即LT或ST；有些则两种均可产生。有些致病大肠杆菌还产生vero毒素。

（3）其他 胞壁脂多糖的类脂A具有毒性，O特异多糖有抵抗宿主防御屏障的作用。大肠杆菌的K抗原有吞噬作用。

三、流行病学

1. 传染来源 带菌动物是动物感染该病的主要传染源，带菌的家兔、小鼠、大鼠的粪便，以及被粪便污染的舍、栏、圈、笼、垫草、饲料、饮水及管理人员的靴鞋、服装等均能传播该病。

2. 传播途径 该病最常见的感染途径为消化道。动物食入污染的饲料、饮水或动物舔被毛及污染的圈栏、墙壁和地面，均可引起发病。也可经子宫、产道或输卵管造成感染。许多流行病学因素在该病的发生上也起着重要作用。

3. 易感动物

（1）自然宿主 该病最常感染10～30日龄的动物，也可使生后12～18h的新生动物发病（仔猪黄痢）。幼驹在2～3日龄发生，绵羊在2～6周龄和3～8月龄多发。禽通常以胚胎及幼雏最易感。雏鸵鸟感染率可高达91%。

（2）实验动物 实验动物中家兔、小鼠、大鼠均易感，以仔兔和幼鼠最易感。

（3）易感人群 人群普遍易感，发病年龄范围较广，多见于5岁以下的儿童，导尿和长期使用多种抗生素而致菌群失调者更易感。

4. 流行特征 该病一年四季均可发生，但每种动物又各有其多发季节，如仔猪在冬季及炎热的夏季或春季气温变化大时多发。犊牛常见于冬春舍饲期间，放牧季节很少发生。幼驹4月末、5月初，禽冬末春初多发。兔则春秋两季多发，与产仔、配种和哺乳有一定关系。

实验动物主要饲养在人为控制的环境设施内，因此无明显的季节性。饲养管理和卫生条件差、拥挤、潮湿、通风不良、其他疫病的发生等均可使其感染率上升。

人大肠杆菌病常表现为病区内的婴幼儿及托儿所儿童暴发或散发流行。尤其在卫生条件较差的发展中国家和热带地区，该病常呈区域性流行，长期存在，这是其流行病学的典型特点。该病以夏季常见，近年来发达国家的发病季节由夏季转为寒冷的冬春时期。

四、临床症状

1. 动物的临床表现 多种动物均能发生大肠杆菌病，其中以猪、鸡最为常发，且危害相当严重。禽类，鸡、鸭、鹅等均易感，尤以鸡大肠杆菌病最为普遍。牛、羊的大肠杆菌病也较常发，主要表现为犊牛、羔羊的腹泻，有时伴发败血症。

（1）小鼠和大鼠大肠杆菌病 主要临床表现为被毛蓬乱，活动减少，食欲减退甚至废绝，腹泻，肛门周围沾有粪便或黏液，一般经过 7～8 天死亡，病死率高。

剖检可见小肠肿胀、充血，肠腔内充满黄绿色积液，以空肠段最为明显，回肠中充满乳白色黏稠液体，肠壁上有出血点和出血斑。镜下可见肠黏膜组织结构基本完整，十二指肠、空肠、回肠都有水肿、炎性细胞浸润和充血。

（2）兔大肠杆菌病 主要临床表现为腹泻和流涎，分最急性、急性和亚急性三种病型。最急性型常在未见任何症状下即突然死亡。急性型病程短，常在 1～2 天内死亡，很少康复。亚急性型一般经过7～8 天死亡。病兔体温正常或稍低，精神不振，食欲减退，被毛粗乱，腹部膨胀，流涎，磨牙，四肢发凉。由于严重脱水，体重迅速减轻、消瘦。最后发生中毒性休克，很快死亡。病程 7～8 天，病死率高。

剖检可见胃浆膜和黏膜充血、瘀血，并散在出血点或出血斑。小肠肠管扩张，内充满水样或半透明状液体，或带有多量泡沫样液体，呈半透明状。盲肠内容物稀薄或稠状。结肠和直肠浆膜和黏膜出血、肠管内粪便呈胶泥状或呈以粪样，且混有黏液。镜下检查胃黏膜上皮部分脱落，黏膜下层、固有层血管扩张、充血、瘀血、凝血；肠管黏膜上皮大部分脱落，绒毛缩短，固有层、黏膜下层血管充血或凝血，少量出血；实质器官主要表现充血、瘀血和出血。

2. 人的临床表现

（1）大肠杆菌肠炎 病情可从轻微腹泻直至严重的霍乱样脱水、酸中毒，甚至死亡。主要表现为分泌性水泻、腹部痉挛、恶心、呕吐、寒战、头痛和肌痛乏力。大便镜检无白细胞。致病性大肠杆菌主要侵袭结肠，侵入肠黏膜并在其中生长繁殖引起炎性反应，所以有结肠黏膜溃疡的病理变化，出现典型的痢疾样黏液血便。

（2）尿路感染 儿童、青年女性和老年人易感。急性尿路感染可表现为膀胱炎或肾盂肾炎。有尿频、尿急、尿痛、尿混浊、血尿等症状，或高热、腰痛等症状。怀孕女性发展为无症状菌尿症，对无症状菌尿症不正确的治疗可引起肾盂肾炎和胎儿死亡率的提高。

（3）新生儿脑膜炎 大肠杆菌脑膜炎可在任何年龄组发生，但是在新生儿尤其严重。感染主要发生于生产过程的母婴垂直传播，少数情况下可以由护理人员传给新生儿。表现为患儿吸吮无力、吮乳减少、拒食、精神委靡、呕吐、烦躁、尖叫、嗜睡、两眼发直和阵发性屏气及发绀。体温不稳定，早产儿体温不升高，足月儿可有发热。前囟门稍紧张，亦可出现惊厥。严重者发生颅缝增宽，前囟门突出，面色晦暗，神志不清，呼吸不规则，发绀加重。有败血症者可出现黄疸、腹胀、出血点和肝脾肿大、休克等症状。

（4）肺炎 多发生于有肺部其他疾病或者患糖尿病或心血管等疾病的老年人，当这些人使用广谱抗菌素、皮质激素、细胞毒因子、使用呼吸机后，易发生大肠杆菌性肺炎。表现为发热、咳嗽、咳脓痰、呼吸困难、发绀。可伴有胃肠道症状如恶心、呕吐、腹痛、腹泻，严重病例有意识障碍和末梢循环衰竭。

五、诊　　断

1. 动物的诊断 根据流行病学、临床表现和病理变化可做出初步诊断。确诊需做细菌分离和鉴定。

（1）细菌检查　取肠内容物或腹泻粪便作为被检材料，接种于麦康凯琼脂平板、伊红－美蓝琼脂平板或鲜血琼脂平板培养基培养后，挑取可疑菌落，接种于普通琼脂斜面，进行染色、镜检及生化、血清、溶血等试验。

（2）血清学检查　将被检菌株培养物分别与OK血清做平板凝集试验或试管凝集试验，确定血清型。此外，还必须测定肠毒素和黏附因子。如不做血清型鉴定，而能证实产生LT毒素和黏附因子也可确诊。

（3）鉴别诊断　除鉴别仔猪黄痢与仔猪白痢外，尚需鉴别仔猪红痢、猪痢疾和传染性胃肠炎。仔猪水肿应与猪瘟、非洲猪瘟、猪丹毒和炭疽等出现水肿病变的疾病相鉴别。犊牛轮状病毒、冠状病毒感染及隐孢子虫病等，羊B型产气荚膜梭菌引起的羔羊痢疾，幼驹副伤寒，鸡支原体病、传染性鼻炎、喉气管炎，鸭和鹅巴斯德菌病等，均需与相应动物的大肠杆菌病相鉴别。

2. 人的诊断　大肠杆菌感染的确诊有赖于细菌学诊断。

（1）大肠杆菌肠炎　粪便培养采用选择性培养基，同时应用平板排除其他肠道致病菌感染的可能。大肠杆菌可用标准抗血清进行血清定型，必要时做肠毒素和定居因子抗原等测定分析。

（2）肺炎　诊断需结合临床与病原检查结果综合判断。抽取胸腔积液培养阳性可确诊。

（3）尿路感染　未离心的尿液，其涂片染色后，油镜视野见一个以上细菌；或尿离心沉淀的涂片中，每高倍视野的细菌超过20个者，均可初步诊断。有尿路感染症状者，取其清洁中段尿培养，菌落计数$>10^8$/mL时，即可确诊尿路感染。

六、防治措施

1. 预防　加强饲养管理，搞好饲养环境卫生，及时清除厩床、笼具、地面及运动场等处粪便及垃圾，定期消毒，保持环境清洁、干燥。保证饲料、饮水清洁卫生，防止污染。禁止其他动物和无关人员随意进出。实行自繁自养，不从外场、外地引进动物。必须引进种畜时，应先查清该场、地疫情，不从有疫情处引进。对引进的动物，要进行隔离检疫。实行集约化管理时，应预先分好群（组）。可采取全进全出管理方式。当发生疫情时，应迅速确认，隔离病群，及时用抗菌药物治疗，以减少损失。对病死动物进行化制、焚烧、深埋，防止病菌扩大蔓延。

2. 治疗

（1）动物的治疗　大肠杆菌对多种常用抗菌类药物均敏感，但某些抗菌类药物对不同动物来源的或不同区域来源的菌株常表现出一定的敏感性差异，主要是因为对抗菌类药物的不合理使用使耐药菌株不断增加所致。因此，要获得抗菌类药物对大肠杆菌感染的确切治疗效果，最直接有效的方法是对分离菌株做药物敏感性测定，选择敏感药物，有计划地交替使用有效药物。

（2）人的治疗　治疗主要包括补充水与电解质、及时应用杀菌作用强的抗菌药控制腹泻。

治疗尿路感染的重要手段，但应强调多饮水、勤排尿等一般措施。单纯性下尿路感染者，即使不用抗菌药也有半数可获痊愈。

治疗脑膜炎选用药物时，除重点考虑细菌对药物的敏感性外，还应考虑药物透过血—脑屏障的难易程度，氨苄西林、头孢呋辛、头孢他啶、头孢噻肟、头孢曲松、氨曲南、哌拉西林等均较易透过血—脑屏障，且抗菌作用较强。

七、公共卫生影响

在公共卫生领域，由于大肠杆菌广泛分布于自然界，并不断从人及动物体内排出，以致长期以来一直被作为粪源性污染的细菌卫生学指标，也是国际上公认的卫生监测指示菌；大肠杆菌在现代遗传工程科学中屡建奇功，是最完善的载体受体系统，也是既简单又极富有成果的模式实验系统。

（亢文华　魏财文　康凯）

我国已颁布的相关标准

GB/T 14926.11—2001　实验动物　大肠埃希菌（0115a，C：KCB）检测方法

参考文献

白文彬，于震康．2002. 动物传染病诊断学［M］．北京：中国农业出版社：322 - 327，487 - 491.

房海．1997. 大肠埃希氏菌［M］．石家庄：河北科学技术出版社．

马亦林．2005. 传染病学［M］．上海：上海科学技术出版社：601 - 611.

斯崇文，贾辅忠．2004. 感染病学［M］．北京：人民卫生出版社：515 - 518.

杨正时，房海．2002. 人与动物病原细菌学［M］．石家庄：河北科学技术出版社：392 - 453.

中国农业科学院哈尔滨兽医研究所．1984. 动物传染病学［M］．北京：农业出版社：28 - 36.

中国人民解放军兽医大学．1993. 人畜共患病学［M］．北京：蓝天出版社：125 - 137.

Abduch Fabrega V L，Piantino Ferreira A J，Reis da Silva Patricio F，et al. 2002. CelldetachingEscherichia coli（CDEC）strains from children withdiarrhea：identification of a protein with toxigenic activity［J］．FEMS Microbiol Lett，217：191 - 197.

Adachi J A，Ericsson C D，Jiang Z D，et al. 2002a. Natural history of enteroaggregativeand enterotoxigenic Escherichia coli infection among US travelers to Guadalajara［J］．Mexico J Infect Dis，185：1681 - 1683.

Adachi J A，Mathewson J J，Jiang Z D，et al. 2002b. Enteric pathogens in Mexican sauces ofpopular restaurants in Guadalajara，Mexico，and Houston［J］．Texas Ann Intern Med，136：884 - 887.

Amar C F，East C，Maclure E，et al. 2004. Blinded application of microscopy，bacteriological culture，immunoassays and PCR to detect gastrointestinal pathogens from faecal samples of patients with community - acquired diarrhea［J］．Eur J Clin Microbiol Infect Dis，23：529 - 534.

Aranda K R S，Fagundes - Neto U，Scaletsky ICA. 2004. Evaluation of multiplex PCRs for diagnosis of infection withdiarrheagenic Escherichia coli and Shigella spp［J］．J Clin Microbiol，42（12）：5849 - 5853.

Basu S，Ghosh S，Ganguly N K，et al. 2004. Abiologically active lectin of enteroaggregative Escherichia coli［J］．Biochimie，86：657 - 666.

Behrens M，Sheikh J，Nataro J P. 2002. Regulation of theoverlapping pic/set locus in Shigella flexneri and enteroaggregative Escherichia coli［J］．Infect Immun，70：2915 - 2925.

Bernier C，Gounon P，Le Bouguenec C. 2002. Identification of an aggregative adhesion fimbria（AAF）type III - encoding operon inenteroaggregative Escherichia coli as a sensitive probe for detectingthe AAF - encoding operon family［J］．Infect Immun，70：4302 - 4311.

Bhatnagar S，Bhan MK，Sommerfelt H，et al. 1993. Enteroaggregative Escherichia coli may be a new pathogen causing acute and persistent diarrhea［J］．Scand J Infect Dis，25：579 - 583.

Bischoff C，Luthy J，Altwegg M，et al. 2005. Rapid detection of diarrheagenic E. coli by real - time PCR［J］．J MicrobiolMethods，61：335 - 341.

Bouckenooghe A R，Dupont H L，Jiang Z D，et al. 2000. Markers of enteric inflammation in enteroaggregative Escherichia coli diarrhea in travelers［J］．Am J Trop Med Hyg，62：711 - 713.

Bouzari S，Jafari A，Zarepour M. 2005. Distribution of virulence related genes among enteroaggregative Escherichia coliisolates：using multiplex PCR and hybridization［J］．Infect Genet Evol，5：79 - 83.

Cerna J F，Nataro J P，Estrada G T. 2003. Multiplex PCR for detection of three plasmid - borne genes of enteroaggregative Escherichia coli strains［J］．J Clin Microbiol，41：2138 - 2140.

Clarke S C. 2001. Diarrhoeagenic Escherichia coli - an emerging problem?［J］. Diagn Microbiol Infect Dis，41：93 - 98.

Cohen M B，Nataro J P，Bernstein D I，et al. 2005. Prevalence of diarrheagenic Escherichia coli inacute childhood enteritis：a prospective controlled study［J］．J Pediatr，146：54 - 61.

第二节 鼠类柠檬酸杆菌感染
(Citrobacter rodentium infection)

柠檬酸杆菌是肠道细菌中常见的非致病菌，为人和动物肠道的正常菌群，和大肠菌群一样，可视作粪便污染的卫生学指标。另外柠檬酸杆菌也是重要的条件致病菌，广泛分布于自然界，常见于动物和人的粪便、食物和尿液，也可寄生于肠道。当机体抵抗力下降时，可引起动物消瘦、腹泻、活动力差，甚至败血症。也可以引起人肠道、泌尿道、呼吸道、创伤以及严重医院内感染等。鼠类柠檬酸杆菌感染（Citrobacter rodentium infection）是一种自然的小鼠感染。

一、发生与分布

柠檬酸杆菌在环境中分布广泛并在多种生态小生境和微观世界中存在或共生。柠檬酸杆菌是许多动物粪便（包括冷血动物在内）菌群的组成部分。除作为人正常粪便菌群的组成外，从多种动物肠道均分离出柠檬酸杆菌。一项对澳大利亚数百种哺乳动物胃肠道内容物的研究估计，弗劳地柠檬酸杆菌的相对存在率为2.8%，而科泽柠檬酸杆菌分离率仅为0.1%。除了动物和海洋生物，柠檬酸杆菌属的种还分离自河水、垃圾、土壤和食物。

从261份人粪便中分离出86株柠檬酸杆菌，显示人群的柠檬酸杆菌携菌率为32.9%。应用生理生化方法分析发现粪便中柠檬酸杆菌以弗劳地柠檬酸杆菌最为常见，其他依次为吉氏、杨氏、默氏、塞氏、非丙二酸盐柠檬酸杆菌，而布氏、科氏、法氏、啮齿柠檬酸杆菌未能检测到。国外文献已有从人粪便中分离出除啮齿柠檬酸杆菌外的其他10个种的报道。另外对506份急性腹泻患者大便标本检测，呈现纯培养或优势生长的柠檬酸杆菌36株，检出率为7.2%，其中<5岁小儿共检出24株，检出率为0.1%。有文献报道鼠类柠檬酸杆菌是一个新近的演变病原，可能是随着近交系小鼠作为人的疾病模型的发展出现的。

二、病　　原

1. 分类地位　1932年Werkman和Gillen描述了一群可利用柠檬酸钠并产生三亚甲基乙二醇的革兰阴性菌，此后这些细菌一直被包含在沙门菌属和埃希菌属中；1953年才将其列为独立的菌类，后改为属，即柠檬酸杆菌属（*Citrobacter*）。该属最早只有弗劳地柠檬酸杆菌（*C. freundii*）1个种。1986年起，有了3个种，即弗劳地柠檬酸杆菌、差异柠檬酸杆菌（*C. diversus*）和非丙二酸盐阴性柠檬酸杆菌（*C. amalonaticus*）。

1993年Bernner等应用DNA杂交技术对该菌属各种代表株及CDC和巴斯德研究所检验的生化典型、不典型的弗氏柠檬酸杆菌复合体和其他种的细菌共112株进行DNA杂交，结果表明，所试菌株可分为11个DNA杂交群（基因种），其中基因种2～4为原描述的差异柠檬酸杆菌、非丙二酸盐柠檬酸杆菌和非丙二酸盐柠檬酸杆菌生物群1，基因种1和基因种5～11均来自复合体。图35-2-1显示了应用16S rRNA序列分析对柠檬酸杆菌属各种的分群情况。

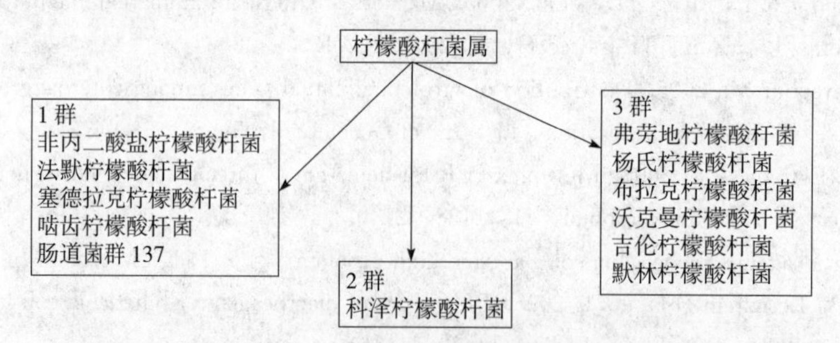

图35-2-1　应用16S rRNA序列分析对柠檬酸杆菌属各种的分群

2. 形态学基本特征与培养特性　柠檬酸杆菌为革兰染色阴性，镜下观察菌体为短杆状，有运动性，大小为（0.6～0.7）μm×（1.5～2.0）μm，单个或成对存在。电镜下观察菌体周生鞭毛，通常不产生荚膜。需氧或兼性厌氧，有呼吸和发酵两种代谢类型。在普通琼脂上，菌落一般直径1～2mm，菌落为半透明或不透明、灰色（血平板中为乳白色）、湿润、圆形略隆起、表面光滑、边缘整齐。其生理生化性状为：氧化酶阴性，接触酶阳性，能利用柠檬酸盐作为唯一碳源。葡萄糖产气阳性，葡萄糖阳性，赖氨酸脱羧酶、鸟氨酸脱羧酶、苯丙氨酸葡萄糖酸盐阴性，山梨醇、H_2S、蔗糖、棉籽糖阳性，甲基红试验、VP 试验阳性。

在亚硫酸铋培养基上生长，表现为无光泽的棕黑色菌落；在 SS 琼脂上，多数柠檬酸杆菌为乳糖阳性；CIN 琼脂板上生长非常好，有一种浓厚且特别的气味，呈现典型的牛眼状、中心为红色、边缘透明的菌落。

3. 分子生物学

（1）基因组特征　通过文献，我们知道鼠类柠檬酸杆菌的基因组是不稳定的，因为重复的、大范围的基因重组和活跃的遗传元件转座如前噬菌体。有文献报道鼠类柠檬酸杆菌的 ICC168 全基因组，在全基因组中发现许多新演变病原的特征。

（2）毒力因子

①黏附素及其受体：介导病原体进入宿主细胞，是所有的 A/E 病原共有的特征。

②LEE 致病岛：是细菌染色体上编码毒力相关基因的特殊区域，是在细菌学领域对致病性细菌致病机理的研究中出现的一个新概念，是某些致病性细菌在进化过程中适应环境的变化而获得的毒力基因。

③溶菌素：通过有丝分裂刺激啮齿类动物脾细胞，可以提高 IL-10 的分泌，抑制 IL-2 和 IL-4 的分泌。

④肠毒素：在所有的 A/E 肠道菌的感染中，肠毒素的作用都是很重要的。这与大肠杆菌的致病因子非常相似。

三、流行病学

1. 传染来源　患病动物和人的粪便、尿液、伤口是主要的传染源。另外污染的土壤、食物、河水等也可以导致动物和人感染柠檬酸杆菌。

2. 传播途径　动物、人通过接触或食用污染的食物、饮水，即通过接触或是消化道途径感染，通过环境也可以传播该菌。另外，柠檬酸杆菌属有关的感染为医源性的，并且涉及有基础医疗并发症或近期接受手术的病人，主要是水平传播，通过脐带—手或粪—手两种模式传播。

3. 易感动物

（1）自然宿主　各种动物对柠檬酸杆菌属的菌株均有不同程度的易感性。从犬、猫、马、牛、鸟、蛇、乌龟、红螯蟹、河蟹、中华鳖等动物肠道均分离出柠檬酸杆菌。

（2）实验动物　啮齿类柠檬酸杆菌是小鼠、沙鼠的自然病原。猕猴对弗劳地柠檬酸杆菌易感，易引起动物的腹泻。

4. 流行特征　大多数柠檬酸杆菌属感染是医源性的，人感染发病的季节性变化尚未有报道。有调查表明，1%～2%的医源性菌血症、肺炎、伤口感染、尿道感染由柠檬酸杆菌引起。

四、临床症状

1. 动物的临床表现　柠檬酸杆菌属菌种不仅是人的病原体，也可引起动物疾病，如犬的血源性感染、鳄鱼的多种微生物败血症病例、火腹玲蟾的全眼球炎和绿海龟的全身性疾病等。柠檬酸菌属中的柯氏柠檬酸杆菌可侵袭成年梅花鹿公鹿，使其患腹泻和肛门哆开为特征的传染病。

弗劳地柠檬酸杆菌感染蟹，病蟹体表完好、全身水肿、反应迟钝，有的浮于水面，不肯下水；不摄食，可见便血；剖检可见鳃腺发炎、充血、肝脏肿大、块状充血，肠黏膜脱落，且肠道充有大量血水，肾脏点状充血。

啮齿柠檬酸杆菌可引起小鼠结肠慢性增生，直肠脱垂。2～4 周龄小鼠感染弗劳地柠檬酸杆菌后没有特异性的症状，只是沉郁、弓背、厌食、生长缓慢、脱水、背毛粗乱、粪便软或不成形、污染会阴部等。在临床症状出现的1周之内会出现死亡，但死亡率变化不定。存活者形体矮小。成年鼠对该菌也敏感，但很少出现症状。

2. 人的临床表现 柠檬酸杆菌属的成员常从临床标本中分离并涉及多种人的感染。某些毒力很强的菌株可导致人肠炎、脑膜炎、脑脓肿、败血症等。近年来临床上发现由该菌引起的感染常常较为严重。表35-2-1列出了包括呼吸道、软组织或是皮肤感染和血液感染的患者表现。

表35-2-1 柠檬酸杆菌属感染有关的临床表现

系统或部位	临床表现	人群	危险因素
中枢神经系统	脑膜炎	婴儿（<2月）	孕龄（<37周），出生低体重
	脑脓肿	婴儿（<2月）	已有脑膜炎，败血症（少见）
	脑室炎	婴儿，成人	伴有脑膜炎，脑脓肿
心血管	败血症	成人（>60岁）	胆囊脓肿，癌，导管插入，近期用抗生素
	心内膜炎，心包炎	成人	静脉吸毒
腹内	腹膜炎	成人（>60岁）	自发的或外科手术引起的消化道紊乱
	胆管炎，胆囊炎	成人（>60岁）	无
泌尿生殖系统	尿道炎	成人（>65岁）	尿道异常，导管插入，膀胱镜检
骨和关节	骨髓炎，关节炎，椎间盘炎	成人（>65岁）	血管系统免疫缺陷，外伤
呼吸道	肺炎，肺脓肿，慢性支气管炎	成人	喉插管，慢性肺病
创伤	蜂窝织炎，脓性肌炎，脓肿	成人	手术，外伤，导管插入
消化道	肠炎	儿童（<3岁）	无

五、诊　断

1. 分离、镜检 柠檬酸杆菌能在多种常用实验室培养基上生长，包括用于革兰阴性需养菌和兼性厌氧菌的选择性或鉴别性琼脂，尤其能在CIN琼脂培养基上生长的典型特征，可用于临床标本的分离，进而染色、显微镜检查。

2. 生化方法 根据几个关键的生化反应可容易地将柠檬酸杆菌属和肠杆菌科中的其他大多数属分开。

3. 免疫诊断 目前已开发出许多不同的柠檬酸杆菌属各种的抗原分型系统。弗劳地柠檬酸杆菌具有相当大的抗原多样性：32～48种不同的O（菌体）型和87～90种H（鞭毛）型。可利用商品化的多价抗血清进行病原的检测。

4. 分型 尽管许多不同的分子技术已应用于柠檬酸杆菌属的指纹图谱，但目前没有一种单一方法有足够鉴别能力来最终对所有分离株进行分型。多数研究依赖于常规生化一血清试验和分子技术的组合来取得最大的敏感性。

作为灵敏、简便的基因分型方法之一的随机扩增多态性DNA（randomly amplified polymorphic DNA，RAPD）技术，已广泛用于细菌性医院感染源的分析与追踪，在系列优化设计的基础上，利用RAPD技术对弗劳地柠檬酸杆菌进行基因分型，可为该菌医院感染的分子流行病学分析提供参考依据。

六、防治措施

柠檬酸杆菌属的成员是条件致病菌，保持环境的清洁、定期消毒，是行之有效的措施。

1. 动物感染柠檬酸杆菌的防治措施 预防该病应加强饲养管理，消除发病诱因，保持饲料和饮水的清洁、卫生。采用添加抗生素的饲料添加剂，不仅有预防作用，还可以促进动物的生长发育。同时注意柠檬酸杆菌的耐药性，选用经药敏试验有效的抗生素，并辅以对症治疗。

2. 人感染柠檬酸杆菌的防治措施 柠檬酸杆菌不是人的常见病原菌，虽然它们是人胃肠道内的正常菌群，但并不是初始病原，而且大多数感染是医源性的。机体抵抗力低下、免疫功能不全及长期使用大量抗菌药物、免疫抑制剂和接受化学治疗、放射治疗者易发生柠檬酸杆菌感染。

注意环境和人员的卫生，合理搭配饮食，增强身体的抵抗力。如婴幼儿腹泻严重失水，应给予水和电解质的补充和调节。合理利用敏感的抗生素药物治疗，第三四代头孢菌素均可作为弗劳地柠檬酸杆菌感染的治疗药物，亚胺培南和阿米卡星可作为危重感染的首选药物，但因氨基糖苷类抗菌药物的耳、肾毒性，临床应慎用。

七、公共卫生影响

柠檬酸杆菌在环境中的分布比较广泛，在动物和人机体抵抗力低下时，均可引起发病，并成为病菌传播的传染源。因此，注意对污染源的消毒、防治，减少再感染的发生非常必要。尤其应该注意饮食方面的卫生，供人食用的动物的污染，可以直接引起人的感染，采取严密的措施对动物性食品生产的各个环节进行控制，防患于未然，确保人的健康尤为重要。了解人粪便中柠檬酸杆菌菌种分布对于认识人肠道微生态环境有一定的意义，对柠檬酸杆菌的易位感染，如泌尿道、呼吸道、伤口甚至血液感染的防控均有一定的参考价值。

（冯育芳 翟新验 田克恭）

参考文献

J M让达，S L阿博特．2008. 肠杆菌科［M］. 曾明，王斌，李凤祥，等译．第2版．北京：化学工业出版社：174-195.

褚云卓，年华，欧阳金鸣．2008. 弗劳地柠檬酸杆菌在医院的分布及其药敏结果分析［J］. 中国感染控制杂志，7（1）：51-52，56.

何晓青．2005. 柠檬酸杆菌属（Citrobacter）的分类与鉴定［J］. 中国卫生检验杂志，12（15）：1535-1536.

林启存，朱丽敏，李忠全，等．2008. 中华鳖弗氏柠檬酸杆菌败血症病原分离鉴定与药敏试验［J］. 水产科学，27（1）：42-43.

沈锦玉，顾志敏，潘晓艺．2005. 红螯螯虾弗氏柠檬酸杆菌病病原的分离与鉴定［J］. 中国水产科学，12（2）：197-200.

叶明亮，黄象艳，吕波，等．2005. 弗氏柠檬酸杆菌随机扩增多态性DNA法基因分型［J］. 中华医院感染学杂志，15（10）：1107-1109.

周勤，郭光远．2004. 弗老地柠檬酸杆菌引起的猕猴腹泻［J］. 上海实验动物科学，24（1）.

Luperchio S A，Schauer D B. 2001. Molecular pathogenesis of citrobacter rodentium and transmissible murine colonic hyperplasia［J］. Microbes and Infection，3（4）：333-340.

Mundy R，MacDonald T T，Dougan G，et al. 2005. Citrobacter rodentium of mice and man［J］. Cellular Microbiology，7（12）：1697-1706.

第三节 阴沟肠杆菌感染
(Enterobacter cloacae infection)

阴沟肠杆菌感染（Enterobacter cloacae infection）由阴沟肠杆菌所致，其容易导致泌尿道和呼吸道感染，也可发生伤口感染、中枢神经系统感染、菌血症和败血症等。在人，随着头孢菌素的广泛使用，阴沟肠杆菌已成为医院感染越来越重要的病原菌，其引起的细菌感染性疾病，常累及多个器官系统。

一、发生与分布

阴沟肠杆菌是存在于人和动物肠道内的条件致病菌，其广泛分布于环境中，土壤、水、污水、腐烂蔬菜和乳制品中均可发现，在阴沟水中含量可高达10^7/g。阴沟肠杆菌感染一般呈散发，全年均可发生，但也有在重症监护病房暴发流行的报道。由该菌引起的病例报告多见于因饲养条件较差（动物）、长期住院（人）等因素导致的机体免疫力低下而感染。抗生素的过度使用使阴沟肠杆菌在选择性压力下不断发展耐药机制，其多重耐药形式日益严峻。

二、病　原

1. 分类地位　阴沟肠杆菌（*Enterobacter cloacae*）在伯吉氏系统细菌学手册中分类属肠杆菌科（Enterobacteriaceae）、肠杆菌属（*Enterobacter*）。肠杆菌属包括产气肠杆菌（*E. aerogenes*）、阴沟肠杆菌（*E. cloacae*）、成团肠杆菌（*E. agglomerans*）、日沟维肠杆菌（*E. gergoviae*）以及阪崎肠杆菌（*E. sakasakii*）。其中，阪崎肠杆菌的生化反应特性与阴沟肠杆菌非常类似，1980年由黄色阴沟肠杆菌更名为阪崎肠杆菌。阴沟肠杆菌具有O、H和K三种抗原成分。大多数菌株的培养物煮沸（100℃）1h后能强烈地与同源O血清发生凝集。而活菌与其凝集微弱或不凝集，表明具有一个K抗原。在O血清中不凝集的活菌培养物在经100℃加热1h，菌悬液经50%乙醇或1mol/L盐酸处理，37℃10h变为可凝集；但在60℃加热1h后仍不失其O不凝集性。用煮沸加热的菌悬液制备的抗血清不含K凝集素。由阪崎肠杆菌建立的阴沟肠杆菌抗原表位由53个O抗原群、56个H抗原及79个血清型所组成。

2. 形态学基本特征与培养特性　阴沟肠杆菌为革兰阴性粗短杆菌，宽0.6～1.1μm、长1.2～3.0μm，有周身鞭毛（6～8条），动力阳性，无芽孢，无荚膜。其最适生长温度为30℃，兼性厌氧，在普通培养基上就能生长，形成大而湿润的黏液状菌落。在血琼脂上部溶血，在伊红-亚甲蓝琼脂（EMB）为粉红色且呈黏稠状，在麦康凯琼脂上为粉红色或红色、呈黏稠状，在SS琼脂上若生长则呈白色或乳白色、不透明黏稠状。

三、流行病学

1. 传染来源　患者和带菌者是该病主要传染源。阴沟肠杆菌广泛存在于自然界中，在人和动物粪便、水、泥土、植物等均可检出。另外在受污染的静脉注射液、血液制品、蒸馏水、内镜、人手、听诊器、棉花拭子、冰冻的胰岛素液体、脂肪溶液等均曾检测到该菌的存在。

2. 传播途径　可通过吸入途径传播，此外肠道内正常存在的阴沟肠杆菌在抗生素使用过度或动物免疫力低下时易侵入体内造成感染。

3. 易感动物　阴沟肠杆菌为条件致病菌，即在人和动物的肠道内，于正常条件下是不致病的共栖菌。但是当机体免疫功能下降或过度抗生素使用时则可能导致阴沟肠杆菌的感染。Shimoda K等（1981）从大鼠、小鼠等啮齿类实验动物的粪便和其他样本中分离到阴沟肠杆菌。Matsumoto，T（1980）在对SPF小鼠（C57BL品系）进行致死辐照试验时发现，部分小鼠发生了早期死亡，从这些小鼠体内分离到阴沟肠杆菌，经试验研究发现阴沟肠杆菌感染可显著干扰辐射致死量测量试验。对于经济动物，当冬季天气寒冷、饲养密度过大、饲养条件较差时易导致幼龄动物的感染。在人，长期住院（特别是在ICU）、患严重疾病、长期应用广谱抗生素、进行侵袭性操作、应用放疗或化疗及免疫抑制剂等患者易导致该病的发生；初生婴儿发生医院内感染的病例也多有报道。

4. 流行特征　阴沟肠杆菌感染一般呈散发，全年均可发生。在人以医院感染为主。西方发达国家医院内感染以革兰阳性球菌为主，而我国则以革兰阴性杆菌为主。在革兰阴性杆菌中条件致病菌占有很大比重，如阴沟肠杆菌、成团泛菌、黏质沙雷菌等。有报道称在重症监护病房因阴沟肠杆菌感染导致的死亡率高达20%～40%。在有的医院，其耐药性已超过铜绿假单胞菌和肺炎克雷伯菌。因实验动物饲养在人为控制的环境设施内，饲养密度大，接触机会多，该菌的感染主要随饲养环境的改变而变化。在饲养管理和卫生条件差的情况下可使感染率上升。此外，当动物在某些导致机体抵抗力下降的诱因作用下，如免疫抑制剂使用、射线照射、动物试验处理等因素常导致疾病的发生。

四、临床症状

阴沟肠杆菌作为革兰阴性菌，内毒素起着致病作用。此外，该菌对于消毒剂及抗生素的强烈抵抗能力，是日渐增多的医院内感染的重要原因。

1. 动物的临床表现　阴沟肠杆菌广泛存在于自然界及动物肠道内，笔者所能查阅到的动物发生阴沟肠杆菌感染的病例报道，多数是在饲养密度大、环境恶劣、动物体况较差的条件下发生，病变常见于消化系统和呼吸系统。如幼龄动物多见呼吸急促、采食量减少、腹泻、消瘦、被毛粗乱、死前出现抽出等神经症状。

2. 人的临床表现　临床表现多种多样，大体上类似于其他的兼性革兰染色阴性杆菌，可引起呼吸道感染、败血症、尿路感染、伤口感染、腹膜炎、脓肿、内眼炎，其中以呼吸道感染及败血症最常见。

下呼吸道感染患者一般均有严重基础疾病尤以慢性阻塞性肺病及支气管肺癌为多。感染可以表现为支气管炎、肺炎、肺脓肿、胸腔积液，休克和转移性病灶少见。X线表现不一，可以是叶性、支气管炎性、空隙性或混合性，可以为单叶病变、多叶病变或弥漫性双侧病变等。

败血症多发生在老人或新生儿中，有时伴有其他细菌混合感染。在成人和儿童中常伴发热，并多有寒战。患者热型不一，可为稽留热、间歇热、弛张热等。可伴低血压或休克。患者多表现为白细胞增多，也有少部分患者表现为白细胞减少。偶尔报道有血小板减少症、出血、黄疸、弥散性血管内凝血者。大多同时有皮肤症状，如紫癜、出血性水疱、脓疱疮等。

五、病理变化

阴沟肠杆菌感染的病理变化不具有特异性。在肉雏鸡阴沟肠杆菌感染的病例报道中，病死鸡肝脏颜色发黑或发黄，典型病例可见肝脏表面有一层糜烂、白色不成形的伪膜。心包混浊，心外膜水肿并附有淡黄色渗出物，心包囊内充满淡黄色纤维蛋白渗出液。肠道轻微出血，肠黏膜脱落。气管环充血、出血轻微，气囊混浊，脑膜呈弥漫性出血。其他脏器未见异常变化。

六、诊　　断

1. 临床诊断　阴沟肠杆菌通过吸入途径、直接接触或侵入性操作等途径感染患者或患病动物后，易导致机体多系统发生感染症状，如呼吸道感染、伤口感染、软组织感染、泌尿道感染、中枢神经系统感染、腹部感染、败血症等。尤其容易侵入呼吸系统造成继发感染，因此肺部感染患者更应注意阴沟肠杆菌感染的可能。

2. 实验室诊断

（1）病原学检查　无菌操作采集动物的肝、肺、心、脑等组织，采集患者的痰液、尿液、脑脊液或其他感染部位分泌物等，接种于固体培养基和血平板培养基，37℃培养24h，观察其形态、大小及染色特性；挑取单个菌落移植于普通液体培养基中，进一步进行生化特性鉴定，并结合药品试验和毒力试验最终得到细菌鉴定结果。

（2）其他检查　阴沟肠杆菌感染的血常规检测结果多为白细胞数和中性粒细胞数显著增高，可有核左移。但免疫低下等机体反应较低者或老人和小儿等白细胞也可不高。尿常规检测结果多为尿路感染时尿液混浊，白细胞＞5/HP，可伴有红细胞、尿蛋白及管型等。利用鲎细胞溶解物试验测定体液中的内毒素，有助于革兰阴性杆菌败血症的诊断。此外，利用基因诊断技术将大大提高标本的阳性率，并可确定是否有耐药基因的存在。

七、防治措施

阴沟肠杆菌广泛分布于土壤、水和空气中，动物在正常条件下不表现任何临床症状，但应激条件下易导致该病的发生。因此，保持动物圈舍干燥，通风良好，降低饲养密度，减少环境应激，改善空气品质，天气寒冷时注意保温等措施可有效预防动物阴沟肠杆菌的感染。此外，治疗动物疾病时需要合理使用抗生素，防止菌群失调。

在日常生活中，需加强劳动保护，保护皮肤及黏膜的完整与清洁，同时要避免外伤和伤口感染。由于阴沟肠杆菌感染目前多发于“医院内感染”，所以一定要做好医院各病房内的消毒隔离及防护工作，防止致病菌及条件致病菌在医院内的交叉感染。在进行各种侵入性操作时，应严密消毒，确保无菌操作。对于住院的各种病患，在积极治疗基础疾病、保护和改善患者机体免疫状态的同时，要合理使用抗生素和肾上腺皮质激素，防止菌群失调。

八、公共卫生影响

随着抗菌药物临床应用的增多，细菌耐药性日益严重，已成为全球关注的公共卫生问题。新开发的β内酰胺类抗生素的临床应用使革兰阴性杆菌感染的治疗取得了很大进展，同时，也导致革兰阴性杆菌的耐药性更加突出，给临床治疗带来了新的困难。肠杆菌属细菌是医院内感染的常见病原菌之一，其对多种抗菌药物已出现固有耐药或获得性耐药，已引起广泛重视。尤其阴沟肠杆菌最易产生 AmpC 酶，导致由其引起的感染临床治疗十分棘手。因此，及时了解阴沟肠杆菌的耐药现状，可为治疗该菌感染制定合理的用药方案、并为控制临床感染提供重要依据。

（曲萍　田克恭）

参考文献

陈晓玲．2005．阴沟肠杆菌耐药机制的研究进展［J］．中国抗感染化疗杂志，5（5）：310－313．
李智红，徐国栋，刘长辉，等．2002．肉雏鸡阴沟肠杆菌感染的治疗［J］．动物科学与动物医学，19（10）：42．
刘自贵，谭成，陈敏，等．2000．阴沟肠杆菌感染及其药物敏感性分析［J］．中华医院感染学杂志，10（6）：472－473．
马亦林．2005．传染病学［M］．上海：上海科学技术出版社：694－699．
邱云霞．2006．阴沟肠杆菌感染的临床特点及耐药性分析［J］．河北医学，12（9）：908－910．
肖建，林时作．2004．仔猪腹泻阴沟肠杆菌的分离及鉴定［J］．浙江畜牧兽医（4）：33－34．
周乐翔，彭少华，李智山，等．2008．湖北地区肠杆菌属细菌耐药性监测［J］．中国抗感染化疗杂志，8（3）：204－205．
Edwards P R，Ewing W H．1972．Identification of Enterobacteriaceae［J］．Minneapolis，Burgress Pub．Co，301－307．
Matsumoto T．1980．Early deaths after irradiation of mice contaminated by Enterobacter cloacae［J］．Lab Anim，14（3）：247－249．
Shimoda K，Maejima K，Urano T．1981．Enterobacter cloacae，Serratia marcescens and Yersinia enterocolitica in colonies of laboratory mice，rats and rabbits：an attempt of isolation［J］．Jikken Dobutsu，30（4）：503－505．
Weese J S．2008．Investigation of Enterobacter Cloacae infections at a small animal veterinary teaching hospital［J］．Veterinary Microbiology，130：426－428．

第四节　克雷伯菌病
(Klebsiellosis)

克雷伯菌病（Klebsiellosis）是由克雷伯菌引起的一种人与动物共患传染病。肺炎克雷伯菌为条件致病菌，是肺部感染的主要病原，多发生于老年人、营养不良、慢性酒精中毒、慢性支气管—肺疾病、脑血管意外及全身衰竭的患者，可引起典型的原发性肺炎。

一、发生与分布

克雷伯菌在森林环境、植被、土壤和水中普遍存在。能从多种哺乳动物、鸟类、爬行动物、昆虫中分离到。在动物中，肺炎克雷伯菌是引起马子宫炎的重要原因，而且与牛的乳腺炎有关。

克雷伯菌属细菌是支气管肺炎及泌尿道感染的常见病原菌。致病菌通常是荚膜 1～5 型。肺炎克雷伯菌是引起医院内感染的主要致病菌，仅次于铜绿假单胞菌。肺炎克雷伯菌存在于周围环境及人体呼吸道，是肠道的常居菌群。从临床标本中分离的克雷伯菌95%为肺炎克雷伯菌。当人体机体免疫力下降时，即可引起感染，临床上以呼吸道感染最多见。外科感染及尿道感染可引起败血症。很多病人感染可引起菌血症，导致部分病人死亡。接受抗生素治疗的病人呼吸道常可分离出克雷伯菌属细菌。

二、病 原

1. 分类地位 肺炎克雷伯菌（*Klebsiella pneumoniae*）在分类上属肠杆菌科（*Enterobacteriaceae*）克雷伯菌属（*Klebsiella*）。该属菌可分为五个种，即肺炎克雷伯菌、产酸克雷伯菌、解鸟氨酸克雷伯菌、植生克雷伯菌和土生克雷伯菌。其中肺炎克雷伯菌又可分为肺炎、臭鼻和鼻硬结3个亚种。肺炎亚种大多属于荚膜3及12型；臭鼻亚种有4、5、6、15等型，以4型最常见；鼻硬结亚种则多为3型。克雷伯菌具有菌体抗原O和荚膜抗原K，按荚膜抗原K的成分，肺炎克雷伯菌可分为80个型。在临床分离到的克雷伯菌属细菌中，肺炎克雷伯菌占80%以上，是该属中最为重要和常见的病原菌。

2. 形态学基本特征与培养特性 肺炎克雷伯菌为革兰染色阴性杆菌，比其他肠杆菌粗短，长1～2μm、宽0.5～0.8μm，可产生荚膜，无芽孢，无动力。大部分细菌呈散在分布，常见端对端的成对发育。荚膜为不含氯的多糖物质，较厚，革兰染色即可观察到，但以印度墨汁染色法较易观察。该菌最适生长温度为37℃。在碳水化合物丰富的培养基上荚膜较厚。不同类型荚膜的脂多糖全部是复杂的酸性脂多糖，通常含有葡萄糖醛酸和丙酮酸，它们与大肠杆菌的K抗原相似。菌落呈灰白色、极黏稠。在鉴别培养基上因发酵乳糖而显有色菌落；在固体培养基上则可因产生大量荚膜物质而呈灰白色黏胨样菌落，菌落易互相融合，以接种环挑取易拉成丝；而在肉汤中培养数日后液体明显黏稠。该菌兼性厌氧，在完全缺氧条件下生长较差。对马及羊红细胞无溶血。克雷伯菌属细菌典型的生化特征是在4天内发酵淀粉产气。

3. 理化特性 该菌室温条件下可存活数周，55℃ 30min可被杀死。在干燥条件下可存活数月。

4. 分子生物学

（1）基因组特征 肺炎克雷伯菌全基因组由一个大小约为6×10^6bp环形染色体组成，G+C含量为56.05%，包括5 488个编码基因，85个tRNA和25个rRNAs。其中4 385个编码基因（占总量的79.90%）是具有功能性的。

（2）毒力因子

1）荚膜抗原 克雷伯菌的荚膜成分主要是由复合酸性脂多糖组成，其亚单位含有4～6个糖分子，常见的糖醛酸为负电荷，能分类成77个血清型。荚膜是克雷伯菌的重要毒力因子，由荚膜形成的纤维结构的厚包裹以多层方式覆盖在菌体的表面，从而保护细菌免受多形核中性粒细胞的吞噬。荚膜作用的分子机制是抑制补体的活性，特别是补体C3b。Yokochi等报道，荚膜除了抗吞噬功能外，荚膜多糖还能抑制巨噬细胞的分化及功能。对鼠的研究表明，注入大剂量克雷伯菌荚膜脂多糖（Capsular polysaccharide，CPS），甚至可以产生免疫力的停顿，使抗特异性荚膜抗体的产生呈现剂量依赖性减少。不同的荚膜类型其毒力有很大的不同，表达有荚膜抗原K1和K2的菌株在鼠腹膜炎时毒力最强，而分离的其他血清型菌株则很少或没有毒力。在诱导鼠的皮肤损害时，克雷伯菌血清型K1、K2、K4和K5所表达的毒力比其他荚膜类型更强。

2）菌毛 在感染过程中，细菌必须尽可能与宿主黏膜表面相接近，或吸附到宿主细胞上，这一过程是由不同的纤毛来介导。纤毛长约10μm，直径为1～11nm，由聚合球蛋白亚单位（菌毛素）组成，相对分子质量为15 000～26 000。菌毛的主要功能是凝集不同动物的红细胞，该反应受D-甘露糖的抑制，因此有甘露糖敏感血凝素（Mannose - sensitive hemagglutinins，MSHA）和耐甘露糖血凝素（Mannose - resistant hemagglutinins，MRHA）之称。克雷伯菌有以下两种主要的菌毛。

3）抗血清杀菌活性和脂多糖 宿主抵抗侵入微生物的第一道防线除了多形核细胞的吞噬作用外，还包括血清的杀菌作用。血清杀菌活性主要是通过补体蛋白的介导所形成的连锁反应在菌体表面聚集成复合物，主要是由末端补体蛋白C5b、C9所组成，在革兰阴性菌的外膜中产生一个跨膜孔，导致Na^+

流入，随后使细菌渗透性溶解。补体的连锁反应由两种机理来激活：①经典补体途径，需要特异抗体激活；②选择补体途径，不需要抗体存在即可激活补体，该途径也称为天然免疫的早期防御体系，使宿主在特异抗体形成之前就与侵入的微生物发生反应。这两种途径均使 C3 激活，导致调理素 C3b 的形成，最终形成末端 C5b、C9 复合物，在防御机制中具有重要作用。

4）含铁细胞　铁在细菌的生长繁殖中具有重要作用，其功能主要是作为蛋白质的氧化还原催化剂，参与氧和电子的转运过程。组织本身为细菌提供的游离铁极低，生物所获的游离铁只有 10～18mol/L，比正常细菌生长所需的铁量低 1 000 倍。豚鼠动物试验研究表明，经非肠道给予铁后，对肺炎克雷伯菌感染的敏感性显著增加。

三、流行病学

1. 传染来源　肺炎克雷伯菌是重要的医院内感染病原菌。据报道，肺炎克雷伯菌在临床标本中分离的革兰阴性杆菌中占第二位，仅次于铜绿假单胞菌。痰标本中最多，尿中次之，正常人口咽部肺炎克雷伯菌的带菌率为 1%～5%，结肠带菌率为 5%～35%。使用抗生素的患者粪便中细菌的检出率增加，有人报道使用过抗生素的 300 份粪便标本中 43%有肺炎克雷伯菌生长。带菌者和患者是最为重要的传染源。

2. 传播途径　当人体的抵抗力下降时，正常带菌者可以发生局部或全身感染，称之为内源性感染；此外，在医院，细菌可以通过患者间、工作人员和患者间的接触、人工呼吸器等医疗用具而传播。长期住院、手术、留置导尿管以及原发疾患等，引起患者全身或局部防御免疫功能减退是重要诱因。此外，医护人员带菌的手也是造成细菌传播的重要途径。

3. 易感动物

（1）自然宿主　克雷伯菌广泛存在于自然界，主要存在于人和动物肠道、呼吸道、泌尿生殖道。

（2）实验动物　各种动物均可感染克雷伯菌而患病，其中以小鼠和 15 日龄以内雏鸡最易感。Kim 等人从鸡场和鸡肉产品中共分离到 132 株肺炎克雷伯菌，大多数菌株为多重耐药菌，直接对人的健康构成了威胁。

（3）易感人群　克雷伯菌主要感染新生儿、免疫低下宿主、有外科感染的患者及糖尿病、肿瘤患者等。

4. 流行特征　在基础性疾病中，以引起慢性呼吸系统疾病的肺炎克雷伯菌感染率最高，达 40%左右。高龄、严重基础性疾病和大量广谱抗菌药物的使用是肺炎克雷伯菌易感的主要因素。由于长期患病，蛋白质和热量摄入不足，免疫功能低下，以及大量广谱抗生素的使用，造成菌群失调，肠道内及口咽部正常菌群移向呼吸道，引起呼吸道感染。

四、临床表现

1. 动物的临床表现　肺炎克雷伯菌是动物呼吸道和肠道内寄生的条件致病菌。正常情况下很少侵害家畜，只有在免疫功能低下或长期使用抗菌药物时，肺炎亚种菌能致动物肺炎、子宫炎、乳房炎及其他化脓性炎症，偶尔可引起败血症。

克雷伯菌毒力较强，极少量的肺炎克雷伯菌（100 个细菌）注射于小鼠腹腔，即可引起小鼠死亡。

2. 人的临床表现　包括呼吸道感染、败血症、化脓性脑膜炎、尿路感染等。

（1）呼吸道感染　肺炎克雷伯菌是呼吸道感染最常见的病原菌之一。在痰标本中分离的革兰阴性杆菌中占第二位，仅次于铜绿假单胞菌。国外报告有的占首位。医院内交叉感染常导致细菌在咽部寄生繁殖，继而引起支气管炎或肺炎。长期住院、应用抗菌药物等使患者咽部肺炎杆菌细菌下行，而引起支气管及肺部感染。

肺炎克雷伯菌引起的急性肺炎与肺炎链球菌肺炎相似，起病急，常有寒战、高热、胸痛、痰液黏稠而不易咳出，痰呈砖红色或深棕色（25%～50%），也可为血丝痰和铁锈色痰。部分患者有明显咯血。

体检可发现患者呈急性面容、呼吸困难、发绀，少数患者可出现黄疸、休克。2/3 患者体温在 39～40℃，肺部有实变体征，有湿性啰音。X 线表现多变，可有大叶实变、小叶浸润和脓肿等表现。大叶实变多位于上叶，由于炎症渗出液多而黏稠，故叶间裂常呈弧形下坠。炎症浸润也比其他肺炎浓密，边界锐利，16%～50%的患者有肺脓肿形成。少数呈支气管肺炎或两侧肺外周浸润，有时也可呈两侧肺门旁浸润。该病早期即常有全身衰竭，预后较差，病死率约 50%，发生广泛肺坏疽者预后更差。

肺炎克雷伯菌肺炎可表现为慢性病程，也可由急性延续成慢性，呈肺脓肿、支气管扩张与肺纤维化的临床表现。

（2）败血症 国外报道肺炎克雷伯菌败血症，占革兰阴性杆菌引起败血症的第二位，仅次于大肠杆菌。绝大多数患者均有原发疾病和（或）使用过广谱抗菌药物、免疫抑制剂或抗代谢药物等。最常见的诱因是手术，入侵途径有呼吸道、尿路、肠道、腹腔、静脉注射及新生儿脐带等；静脉输液感染者可引起局部小流行。病情凶险，除发热、畏寒外，有时可伴发休克、黄疸。发热多呈弛张热，也可呈双峰热型。迁徙性病灶可见于肝、肾、肺、骨骼、髂窝、脑膜及脑实质等，病死率 30%～50%。

（3）化脓性脑膜炎 肺炎克雷伯菌引起化脓性脑膜炎者日见增多，占革兰阴性菌引起脑膜炎的第二位。多见于脑外伤或脑手术后，新生儿也可发生，预后甚差。起病隐匿，常有发热、头痛、颈项强直等脑膜炎症状和体征，可出现颅内高压症状。脑脊液中白细胞及中性粒细胞增多，蛋白定量增高，糖和氯化物定量下降，涂片可见有荚膜的革兰阴性杆菌，培养阳性可确诊。老年患者常合并有败血症，病死率高。

（4）尿路感染 据报道，肺炎克雷伯菌引起尿路感染者占第三位。绝大多数患者有原发疾病如膀胱癌、前列腺肥大、膀胱无力、尿道狭窄等，也可发生在恶性肿瘤或其他严重性全身疾病的患者，导尿、留置导尿管或尿路器械检查等是常见的诱因。经采用适当抗菌药物治疗后疗效较好。临床表现与其他病原所致尿路感染相同。

（5）其他感染 如手术后伤口感染或其他创面感染、皮肤软组织感染、腹腔感染、心内膜炎、骨髓炎、关节炎等，均可由克雷伯菌引起。临床表现与其他细菌所致的疾病类似，易形成脓肿。

肺炎克雷伯菌鼻硬结亚种可致慢性肉芽肿性硬结症，最常累及鼻腔、鼻窦、咽喉部、气管及支气管等部位。其组织学上可有坏死和纤维组织增生，可见具特征的含革兰阴性杆菌的泡沫状细胞（Mikulicz 细胞）。肺炎克雷伯菌臭鼻亚种（俗称臭鼻杆菌）可引起鼻黏膜和鼻甲萎缩的臭鼻症，与硬结症不同的是臭鼻症并非是原发的细菌感染，而可能是其他因素参与引发疾病。

五、病理变化

肺炎克雷伯杆菌肺炎的病理变化与肺炎链球菌肺炎的不同之处是，肺泡内含有大量黏稠渗出液，内有大量中性粒细胞、单核细胞、红细胞和少量纤维蛋白及肺炎克雷伯杆菌。肺泡壁常被破坏，形成单个或多发的薄壁脓肿。

多数败血症患者的白细胞总数明显增多，中性粒细胞增高；但血液病患者或用抗代谢药物者白细胞数可不增加，反有减少。其他如尿路感染及脑膜炎患者的尿液及脑脊液均有相应变化。应根据细菌培养结果确诊。

六、诊 断

1. 动物的临床诊断 根据动物表现食欲不振，被毛粗乱，常打喷嚏，鼻孔流出乳白色黏液（后转血性），鼻部和眼周有暗红色斑点等临床症状可初步诊断。

2. 人的临床诊断 典型的肺炎克雷伯菌肺炎常发生于中老年男性、长期饮酒的慢性支气管肺病患者，有较典型的临床表现和 X 线征象，结合痰培养结果，不难诊断。但在有严重原发疾病基础上的发病者，临床表现多不典型，诊断较为困难。凡在原有疾病过程中出现高热、白细胞和中性粒细胞增多、X 线胸片上出现新的浸润病灶，而青霉素治疗无效者应考虑该病。连续 2 次或 2 次以上痰培养阳性，或胸腔积液、血培养阳性可以确诊。

3. 实验室诊断

（1）细菌分离　肺炎克雷伯杆菌在DHL琼脂平皿上形成淡粉色、大而隆起、光滑湿润、呈黏液状的菌落相邻菌落易融合成脓汁样，接种针挑起时可拉出较长的丝。

（2）生化鉴定　V-P试验、硝酸盐还原试验、西蒙氏柠檬酸盐利用试验、丙二酸盐试验、尿素酶、赖氨酸脱羧酶阳性，M.R、鸟氨酸脱羧酶阴性，利用葡萄糖和乳糖，靛基质阴性，半固体动力试验阴性。

七、防治措施

积极有效的抗生素治疗是克雷伯菌感染治疗的关键。该属菌耐药现象严重，不同菌株之间对药物的敏感性差异甚大，故治疗药物的选用应以药敏试验结果为依据。在获得药敏试验结果前，应根据病情选用药物，可选择的药物有：第二、三、四代头孢菌素类；哌拉西林钠、氨苄西林等广谱青霉素类；其他β内酰胺类，如单环类的氨曲南，碳青霉烯类的亚胺培南—西司他丁钠、美罗培南、帕尼培南—倍他米隆；β内酰胺类抗生素与β内酰胺酶抑制剂合剂，如氨苄西林—舒巴坦、阿莫西林—克拉维酸、哌拉西林—三唑巴坦、替卡西林—克拉维酸、头孢哌酮—舒巴坦等；庆大霉素、阿米卡星、异帕米星等氨基糖苷类；环丙沙星、氧氟沙星、左氧氟沙星等氟喹诺酮类药物。

肺炎克雷伯菌多数对氨苄（羧苄）西林耐药，宜用头孢菌素类联合氨基糖苷类治疗。一般肺炎的疗程需3～4周或更长，而败血症与化脓性脑膜炎的临床治疗可能需6周以上。克雷伯菌脑膜炎常伴有脑室炎，可选用庆大霉素等药物进行脑室内给药，一次给药后24h内大部分时间脑脊液药物浓度能达到治疗量的抗菌浓度每次4～6mg，此外，保持气道通畅、氧疗、维持水和电介质平衡、补充不够的能量等支持疗法也是治疗的重要组成部分。

八、公共卫生影响

研究表明，肺炎克雷伯杆菌是最常见的多发耐药菌，对多种抗生素耐药。耐药菌株可通过耐药质粒在某些病菌中局部播散。在抗生素治疗早期，克雷伯属细菌对一些抗生素具有先天耐药性，随着时间的推移和抗生素的使用，其对一些新开发的抗生素也产生耐药性。克雷伯菌成为体质虚弱病人院内感染的重要病原菌，毫无疑问与抗生素的使用有关。

（冯育芳　魏财文）

我国已颁布的相关标准

GB/T 14926.13—2001　实验动物　肺炎克雷伯杆菌检测方法

参考文献

贾艳，孙长江，韩文瑜，等. 2006. 肺炎克雷伯菌研究进展［J］. 微生物学杂志，26（5）：75-78.

马亦林. 2005. 传染病学［M］. 上海：上海科学技术出版社：611-614.

沈定树. 2005. 克雷伯菌致病因子的研究进展［J］. 临床生物化学与检验学分册，26（1）：57-59.

斯崇文，贾辅忠. 2004. 感染病学［M］. 北京：人民卫生出版社：519-520.

翁心华. 1998. 现代感染病学［M］. 上海：上海医科大学出版社：390-392.

Cheng D L，Liu Y C，Yen M Y，et al. 1991. Septic metastatic lesions of pyogenic liver abscess. Their association with Klebsiella pneumonia bacteremia in diabetic patients［J］. Arch Intern Med，151：1557-1559.

Fang F C，Sandler N，Libby S J. 2005. Liver abscess caused by magA+ Klebsiella pneumonia in North America［J］. J Clin Microbiol，43：991-992.

Keynan Y，Karlowsky J A，Walus T，et al. 2007. Pyogenic liver abscess caused by hypermucoviscous Kp［M］. Scand J Inf Dis，39（9）：828-830.

Lederman E R，Crum N F. 2005. Pyogenic liver abscess with a focus on Kp as a primary pathogen：an emerging disease with unique clinical characteristics [J]. Am J Gastroenterol, 100 (2): 322-331.

Livermore D M, Canton R, Gniadkowski M, et al. 2007. CTX-M: changing the face of ESBLs in Europe [J]. J Antimicrob Chemother, 59 (2): 165-174.

Tang L M, Chen S T, Hsu W C, et al. 1997. Klebsiella meningitis in Taiwan: an overview [J]. Epidemiol Infect, 119: 135-142.

第五节　类志贺邻单胞菌感染
(Plesiomonas shigelloides infection)

类志贺邻单胞菌感染（Plesiomonas shigelloides infection）是由类志贺邻单胞菌引起的一种人兽共患传染病，可侵害人及多种动物。人类志贺邻单胞菌主要引起急性腹泻和食物中毒，且能引起继发性败血症和脑膜炎。该病现已成为世界部分地区尤其是发展中国家和热带国家的散发性或暴发性感染性腹泻病之一。

一、发生与分布

1947 年，Ferguson 等从美国密歇根州一患者粪便中发现类志贺邻单胞菌，但之后较长时间内对该病的研究进展不大。至 20 世纪 60 年代中期，由于日本、英国和捷克斯洛伐克等国在急性胃肠炎暴发和食物中毒事件调查中相继发现类志贺邻单胞菌，才引起人们的重新注意。类志贺邻单胞菌广泛存在于自然界，尤其是在淡水环境、河床淤泥及动物体内更为常见。犬、猫和淡水鱼等许多动物均为该菌的天然贮存宿主。腹泻病人及部分健康人可带菌。Arai 等（1980）报告从疾病流行地区的池水、河滩水和泥标本中分离出该菌，分离率高达 38.6%。也从犬、猫和淡水鱼中分离出该菌，提示犬、猫和淡水鱼为其天然贮存宿主。Vendepitte 等曾报告鱼中该菌的分离率高达 59.0%。

我国自 1986 年以来，有人报道从腹泻病人粪便中检出该菌，也有报道从食物中毒的食品中检出了该菌。宋元锟等（1988）报道从 9 种淡水鱼中的平均分离率为 44.1%，鳊鱼、鳙鱼和草鱼的分离率分别为 57.1%、56.2%和 55.6%。根据现有资料，我国自 1987 年已从腹泻病人粪便、健康人粪便、各种动物粪便、塘泥和水中分离到 1 108 株类志贺邻单胞菌。由此可见，在我国类志贺邻单胞菌也是广泛存在的，许多动物均为该菌的天然贮存宿主。

二、病　　原

1. 分类地位　类志贺邻单胞菌（*Plesiomonas shigelloides*）在分类上属肠杆菌科（Enterobacteriaceae）、邻单胞菌属（*Plesiomonas*），是该属中唯一被认识的种。目前还不清楚类志贺邻单胞菌是否会永久地保持为肠杆菌科的一员。虽然肠杆菌科细菌目前是类志贺邻单胞菌最近的邻居，但其 16S rRNA 的同源性（93%～95%）并不是很高。这提示还未发现与邻单胞菌属适宜的科或最近的邻居。

2. 形态学基本特征与培养特性　类志贺邻单胞菌为革兰染色阴性杆菌，两端钝圆，大小为（0.8～1.0）μm×3.0μm，单个、成对或短链排列。有动力，具有丛端鞭毛。在暗视野显微镜下观察运动活泼呈穿梭状。电镜下可见一端有丛毛，多数为 2～5 根鞭毛，有部分菌株有 7 根以上鞭毛。Shimada 曾报告两个无动力的菌株。

该菌兼性厌氧，在普通琼脂培养基上生长良好。最适生长温度为 37℃，最高生长温度为 44℃，最低生长温度为 8℃，4℃不能生长。在无盐胨水和 3% NaCl 胨水中生长，在 7.5% NaCl 胨水中不能生长。在普通琼脂培养基上生长不产生水溶性色素或棕色素。该菌在改良的 DC 琼脂平板（改良去氧胆酸钠柠檬酸钠琼脂 Desoxycholate citrate agar，DC，配方为：胰蛋白胨 10g，牛肉膏 3 g，乳糖 10 g，甘露醇 10 g，柠檬酸钠 20 g，柠檬酸铁铵 1 g，去氧胆酸钠 5 g，琼脂 15～20g，1%溴麝香草酚蓝液10 mL，0.5%酸性复红 15mL，蒸馏水 1 000 mL，pH7.4。除乳糖和指示剂外，将各成分溶于水中，调整 pH，分装，高压灭菌备用，临用时按量加入乳糖和指示剂）上，37℃培养 18～24 h，形成中等大小(2mm)、圆形、光滑、湿润、较为扁平的蓝色菌落，菌落周围颜色较浅，中心颜色较深，容易辨认。

3. 理化特性 淡水水源和水生生态系统是类志贺邻单胞菌的主要贮存地。类志贺邻单胞菌对盐较敏感，海水中的检出率比淡水样本中低得多。所有邻单胞菌都对氯霉素、四环素、头孢菌素、喹诺酮类、单酰胺菌素、碳青霉烯类和甲氧苄氨嘧啶—磺胺甲基异噁唑敏感。相反，几乎所有邻单胞菌都对氨苄青霉素和青霉素类似化合物有耐药性。

4. 分子生物学

（1）基因组特征 16S rRNA 测序显示沙雷菌属和变形菌属成员是邻单胞菌属系统发生的最近邻居。

（2）毒力因子

①运动能力：一些研究证实细菌的运动能力加强了菌株的致病性，邻单胞菌的大多数菌株都具有运动能力，除了极少数菌株没有运动能力。

②溶血素：一些研究者在大多数菌株中检测到一种细胞相关的溶血素。理论上这种溶血素在进入细胞过程中能令人信服地与细菌侵袭素合作，允许其从感染细胞中释放之前进行复制。

③肠毒素：一种是热稳定肠毒素（ST），另一种是热不稳定肠毒素（LT）。ST 肠毒素经过 100℃ 15min 孵育后仍能保持活性，而 LT 肠毒素经过 60℃ 10min 孵育后就失去生物活性。这些毒素与已知的霍乱弧菌和大肠杆菌产生的肠毒素和霍乱毒素没有表现出任何 DNA 同源性。一些研究结果证实，邻单胞菌产生的肠毒素相当新型，生化特性独特，可能比那些更传统的肠道致病菌相关毒素产生的浓度低得多。

④细菌限制性内切酶：细菌限制性内切酶允许病原菌逃避免疫系统的监测，避免被中性粒细胞杀死。90%以上的菌株均表现为限制性内切酶阳性。

⑤铁调节：铁调节在类志贺邻单胞菌发病机理中也起作用。许多肠外感染与具有包括铁超负荷在内的异常铁水平相关的医学合并症有关。

⑥弹性蛋白酶：一些研究表明弹性蛋白酶是类志贺邻单胞菌的重要的毒力因子，弹性蛋白酶可以帮助细菌破开细胞基质入侵组织。

三、流行病学

1. 传染来源 类志贺邻单胞菌广泛存在于自然界，尤其是在淡水鱼和水生动物中分布广泛。污染的水和食物常成为该菌的传播媒介，尤其是未煮熟的海产品。在海水中及海鱼中无该菌。人群中除腹泻病人带菌外，健康人（如饲养员）也可带菌。淡水鱼类及软体动物基本上均携带该菌；家养的马、牛、羊、猪等尚未发现带菌者；家禽中以鸭带菌率较高（10%左右），鸡较少，这可能与鸭经常生活于池塘环境中有关；犬、猫等小动物体内带菌率也较高。

2. 传播途径 通过污染的食物经消化道感染。

3. 易感动物 除人外，尚无动物感染的详细资料，现有的资料表明，动物主要为该菌的天然贮存宿主。

（1）自然宿主 类志贺邻单胞菌广泛存在于自然界中，尤其在淡水环境、河床淤泥中。近年来国外学者认为该菌与人的腹泻和食物中毒有关，国内也有不少报道从腹泻病人及动物体中检出该菌。

（2）实验动物 有报道用该菌感染小鼠、兔的试验，家兔的半数致死率高于小鼠。

（3）易感人群 大多数类志贺邻单胞菌感染的数量与环境中邻单胞菌含量升高平行，大多数感染病例与病人的饮食习惯关系密切，主要是喜食水产品，生食贝类容易发病，在一些案例中，有基础病的患者也容易发病。

4. 流行特征 该病多为散发，在世界部分地区呈流行性。近几年发现由该菌引起的集体食物中毒有增多趋势。有的国家已将其规定为食物中毒病原菌。淡水环境中类志贺邻单胞菌的检出率有明显的季节性，夏季较冬季检出率高，可能是由于该菌的最适生长温度较其他水生菌高，夏季在水中能够繁殖的缘故。

四、临床症状

1. 动物的临床表现 赤麻鸭病鸭精神萎靡，食欲减退，甚至绝食。闭眼或半闭眼，缩头。腹泻，肛门周围被粪便污染。羽毛蓬松、无光泽，两侧翅膀下垂，离群、呆立独处，不愿戏水。

水貂开始多突然发病，体温升高，鼻镜干燥有鼻液。食欲减退至废绝，有时呕吐。拉稀，粪便呈紫黑色。病程短的半天就死亡，长的可达4～5天。后期多数卧倒不起，后肢麻痹，对刺激无反应。少数死前惊叫，口吐白沫。

2. 人的临床表现 近年来，在国内外常有该菌引起急性腹泻和食物中毒及其他疾病的报告。Sakazaki等和Hori分别指出该菌是暴发性胃肠炎和食物中毒的病原菌。Cooper等（1968）证实该菌是肠炎、特别是小儿肠炎的病原菌。Tsukamoto等（1978）的研究表明，该菌可引起腹泻病的流行。Girlardi等（1983）认为该菌不仅能引起腹泻，且能引起继发性败血症和脑膜炎。黄上媛等（1985）也曾从急性脓血便者体内分离出该菌。施益民等（1987）曾自重症霍乱病人体内分离出该菌。

五、病理变化

赤麻鸭病死鸭体况中等，尸僵完全，心肌表面有少量针尖大小的出血点，肝脏轻微肿大并有深色瘀斑。有的病鸭小肠黏膜有浅黄色坏死灶，空肠、回肠肠管肿大，肠腔内充满气体，盲肠肿大。

剖检10只病死貂，全部尸僵不全。表现肺稍肿大，有的出现紫红色出血斑块，胸腔积液多，脾肿大，有一例边缘有紫黑色梗塞。肝脏肿大，多呈褐色、土黄色，表面散布细小斑点。胃肠黏膜充血和出血，有1例胃肠有血样液体。

六、诊　　断

1. 细菌分离 一般宜选择低选择性培养基，如麦康凯、SS琼脂、改良DC琼脂等。该菌在麦康凯平板上形成圆形、隆起、无色、半透明、光滑菌落，大小中等；在SS琼脂上菌落较小，似痢疾杆菌；改良DC琼脂上可形成扁平、湿润、光滑、圆整并带有同心圈蓝色菌落。

2. 生化鉴定 在进行生化鉴定时，应注意同其他亲缘菌相区别：该菌氧化酶阳性，发酵肌醇，有动力，可与志贺菌相鉴别；在TCBS上和6%NaCl胨水中不生长，不发酵甘露醇，不液化明胶，而发酵肌醇，可与弧菌相鉴别；不发酵蔗糖、甘露醇和七叶苷，发酵肌醇，赖氨酸、鸟氨酸脱羧酶阳性，可与亲水气单胞菌相鉴别；氧化酶阳性，赖氨酸、鸟氨酸脱羧酶阳性，可与假单胞菌属细菌相区别。

七、防治措施

类志贺邻单胞菌感染引起的流行性传染性腹泻及食物中毒，多由饮水及食物传播，夏季发病率高。所以要以预防为主，搞好卫生管理，以防细菌由口进入引起感染。应禁止饮用生水，不食用被污染的鱼虾和禽肉，家鸭上市旺季，农贸市场工作人员要做好鸭粪消毒处理工作，操作时最好带上一次性手套，以防遭受感染。此外，要搞好犬、猫等宠物的粪便无害化处理。

该菌引起的腹泻症状一般较轻，进行对症治疗可迅速治愈。类志贺邻单胞菌对氯霉素、先锋霉素Ⅰ、痢特灵、四环素高度敏感，可作为治疗疾病的首选药物。

八、公共卫生影响

目前已知观赏动物，尤其是犬、猫等小动物体内带菌率高，并且大多数菌株与从急性腹泻病人中分离菌株具有相同的血清型（人兽共有O群有10个，分别为O_1、O_{17}、O_{19}、O_{24}、O_{38}、O_{39}、O_{40}、O_{45}、O_{48}及O_{50}），表明它们可能在人传染性腹泻感染中起重要作用，应引起卫生防疫人员及兽医人员的足够重视，要采取积极的预防措施，防止类志贺邻单胞菌在人兽间传播。

（冯育芳　陈小云　蒋玉文）

参考文献

J M让达，S L阿博特．2008. 肠杆菌科［M］．曾明，王斌，李凤详，等，译．第2版．北京：化学工业出版社：174-195.

李槿年．1994. 类志贺邻单胞菌的研究进展［J］．肉品卫生（4）：21-23.

梁玉裕，林红，方志峰，等．1995. 108株类志贺邻单胞菌的血清学分型［J］．广西预防医学，1（6）：352.

王海燕，高和平，武日华，等．2005. 从食物中毒腹泻便中分离出类志贺邻单胞菌的报告［J］．医学动物防制，4（21）：264.

王连秀，彭智慧，左晨，等．2004. 一起类志贺邻单胞菌引起的食物中毒及分离鉴定［J］．中国食品卫生杂志，16（4）：366-379.

Billiet J，Kuypers S，Van Lierde S，et al. 1989. Plesiomonas shigelloides meningitis and septicaemia：report of a case and review of literature［J］．J Infect，19：267-271.

Devriendt J，Staroukine M，Schils E，et al. 1990. Legionellosis and "torsades de pointes"［J］．Acta Cardiol，45：329-333.

Gupta S. 1995. Migratory polyarthritis associated with Plesiomonas shigelloides infection［J］．Scand J Rheumatol，24：323-325.

Kennedy C A，Goetz M B，Mathisen G E. 1990. Postoperative pancreatic abscess due to Plesiomonas shigelloides［J］．Rev Infect Dis，12：813.

Wong T Y，Tsui H Y，So M K，et al. 2004. Plesiomonas shigelloides infection in Hong Kong：retrospective study of 167 laboratory-confirmed cases［J］．HKMJ，6：375-380.

Woo P C，Lau S K，Yuen K Y. 2005. Biliary tract disease as a risk factor for Plesiomonas shigelloides bacteraemia：a nine-year experience in a Hong Kong hospital and review of literature［J］．New Microbiol，28：45-55.

第六节 变形杆菌病
(Proteus infection)

变形杆菌病（Proteus infection）是由变形杆菌引起的一种人与动物共患传染病，病原主要为普通变形杆菌、奇异变形杆菌。人和动物变形杆菌感染多为继发，如慢性中耳炎、创伤感染等，变形杆菌也可引起尿路感染、膀胱炎、婴儿腹泻、食物中毒等。1885年Hauser最先描述变形杆菌属，是肠杆菌科中最古老的三个属之一，该属以海神波塞顿（Posedon）的随从普罗特斯（Proteus）命名的，根据希腊神话普罗特斯可以随意改变自己的形状。该特性使Hauser记起变形杆菌在培养基上表现的形态可变性方式，常群游在整个琼脂表面。

一、病　原

1. 分类地位　变形杆菌（*Proteus*）在分类上属肠杆菌科（Enterobacteriaceae）、变形杆菌属（*Proteus*）。变形杆菌有菌体（抗原O）和鞭毛（H）抗原两种。该属细菌X19、XK、X2的菌体抗原与某些立克次体的部分抗原有共同决定簇，能出现交叉凝集反应，可替代立克次体抗原与患者血清作凝集反应，称为外—斐（Weil-Felix）反应，用于某些立克次体病的辅助诊断。变形杆菌根据菌体抗原分群，再以鞭毛抗原分型。该菌属有四个种，包括普通变形杆菌（*P. vulgaris*）、奇异变形杆菌（*P. mirabilis*）、产黏变形杆菌（*P. myxofaciens*）和潘氏变形杆菌（*P. penneri*），其中普通变形杆菌又可分为两个生物群。

2. 形态学基本特征与培养特性　变形杆菌为革兰阴性杆菌，呈多形性，无芽孢，无荚膜，有周身鞭毛，运动活泼。在普通琼脂糖培养基上生长，繁殖迅速，可扩散至整个培养基表面，呈“迁徙”现象。若在培养基中加入0.1%苯酚或0.4%硼酸，可以抑制其扩散生长，形成一般的单个菌落。在血琼脂平板上有溶血现象。在含胆盐的培养基上，菌落圆形、较偏平、透明或半透明，产硫化氢的菌株有黑色中心，与沙门菌非常相似。该菌产生尿素酶，可分解尿素；发酵葡萄糖产酸产气；不能发酵乳糖；能使苯丙氨酸迅速脱氨；能产生硫化氢。因此，其生化特征是尿素酶强阳性，苯丙氨酸脱氨酶阳性，硫化氢阳性。

二、流行病学

1. 传染来源　变形杆菌广泛存在于水、土壤、腐败的有机物及脊椎动物的胃肠道中。资料显示，健康人变形杆菌的带菌率为1.3%～10.4%，腹泻病人为13.3%～52%，动物为0.9%～62.7%。也常见于浅表伤口、耳部的引流脓液和痰液中，特别容易出现在因抗生素治疗而杀灭了正常菌群的患者中，为条件致病菌。奇异变形杆菌是最容易被分离到的菌种（>75%），常分离自犬、牛及鸟类。而普通变形杆菌最常见的宿主是牛、鸟类、猪和犬。

变形杆菌也存在于鱼类，包括淡水鱼和海水鱼。因为其具有分泌L-组氨酸脱羧酶的能力，所以变形杆菌可以作为鱼类产品产生组胺的指示剂。

食品中的变形杆菌主要来自外界的污染，变形杆菌食物中毒是我国较常见的食物中毒之一，全年均可发生，夏秋季节常见。中毒食品主要以动物性食品为主，其次为豆制品、剩饭菜和凉拌菜。在新鲜产品和蔬菜中很少能分离到变形杆菌。

2. 传播途径　苍蝇、蟑螂、餐具与手可作为传播媒介。

3. 易感动物　牛、鸟类、猪和犬。实验动物中小鼠、猴易感。

4. 流行特征　该病多发生在夏季，可引起集体暴发流行。发病者以儿童、青年居多。人变形杆菌感染至少2/3是医院内感染。

三、临床症状

1. 实验动物的临床表现　普通变形杆菌可以引起猕猴的急性胃肠炎，临床上表现为精神萎靡、拒食、排稀糊状或混有血液和黏液的稀便，粪便有强烈的腐败臭。病初体温升高，后期低于正常体温，病程3～5天，多数死亡。

小鼠感染后表现为被毛蓬乱、活动减少、食欲减退甚至废绝。剖检可见脾脏肿大，肝脏有出血点，肠黏膜充血。

2. 人的临床表现　变形杆菌可引起人的食物中毒导致急性胃肠炎，面部和上身出现荨麻疹。长期插入导尿管的病人可引起的尿路感染。还可引起手术后的切口感染，导致中耳炎和乳突炎。眼部创伤后，可引起角膜溃疡，严重者可造成全眼球炎和眼球破坏。当内脏穿孔或肠系膜动脉栓塞时，细菌可进入腹膜腔引起腹膜炎。

四、诊　　断

1. 分离培养　血液标本先用肉汤增菌培养后再接种平板，各种体液和分泌物标本直接接种血琼脂平板，粪便和可疑食物（磨碎后）接种SS平板或MAC平板。35～37℃孵育18～24h后挑选可疑菌落，可疑菌落表现为在平板上迁徙生长，在肠道选择培养基上乳糖不发酵，在SS平板上有黑色中心（产硫化氢）。由于变形杆菌可以迁徙生长的特性，使得在污染样本的分离过程中，常常掩盖其他革兰阴性杆菌菌落，导致纯化非常困难。目前比较有效的方法是采用SS琼脂培养，SS琼脂培养基倾向于抑制大多数变形杆菌的迁徙生长的长度，能使其他微生物的单个菌落暴露。

2. 初步鉴定　根据氧化酶阴性、尿素酶阳性、苯丙氨酸脱氨酶阳性可初步鉴定为变形杆菌属。

3. 最终鉴定　根据生化反应做出判断。

五、防治措施

1. 预防　搞好公共卫生，注意饮食卫生管理，禁止出售变质食物。提高人群免疫力，积极治疗慢性病。加强医院环境管理，严格执行医疗无菌操作规范，有效防止医院内感染。

2. 治疗 所有培养阳性的变形杆菌株，均需进行药敏试验以正确选用抗生素。不同菌种的耐药性完全不同，奇异变形杆菌通常对氨苄西林、羧苄西林、替卡西林、哌拉西林、头孢菌素类和氨基糖苷类药物敏感。

六、公共卫生影响

变形杆菌通过不洁的餐具、容器以及炊事人员的手污染肉食品后，在适宜的温度下迅速繁殖，2～3h内即可达到导致食物中毒所需的细菌量。由于普通变形杆菌和奇异变形杆菌有不分解食物中蛋白质的特性，因此，肉类食品即使被其污染，外观上开始并没有明显的酸败现象，容易使人们失去警惕，不慎吃了这种被污染的食品会发生食物中毒。

（亢文华　魏财文　康凯）

参考文献

陆承平．2001. 兽医微生物学［M］．北京：中国农业出版社：237－238.

马亦林．2005. 传染病学［M］．上海：上海科学技术出版社：625－627.

彭文伟．2000. 现代感染性疾病和传染病学［M］．北京：科学出版社：1114－1118

斯崇文，贾辅忠．2004. 感染病学［M］．北京：人民卫生出版社：521－522.

Biesecker L G，Happle R，Mulliken J B，et al. 1999. Proteus syndrome：diagnostic criteria，differential diagnosis，and patient evaluation［J］．Am J Med Genet，84：389－395.

Biesecker L G，Peters K F，Darling T N，et al. 1998. Clinical differentiation between Proteus syndrome and hemihyperplasia：descriptionof a distinct form of hemihyperplasia［J］．Am J Med Genet，79：311－318.

Biesecker L G，Rosenberg M J，Vacha S，et al. 2001. PTEN mutations and Proteus syndrome［J］．Lancet，358：2079－2080.

Cohen Jr M M，Neri G，Weksberg R. 2002. Klippel－Treaunay syndrome，Parkes Weber Syndrome，and Sturge－Weber syndrome：Overgrowth syndromes［M］．New York：Oxford University Press：111－124.

Cohen Jr M M，Neri G，Weksberg R. 2002. Proteus syndrome：Overgrowth syndromes［M］．New York：Oxford University Press：75－110.

Cohen Jr M M. 2001. Causes of premature death in Proteus syndrome［J］．Am J Med Genet，101：1－3.

Darmstadt G L，Lane A T. 1994. Proteus syndrome［J］．Pediatr Dermatol，11：222－226.

Hotamisligil G S. 1990. Proteus syndrome and hamartoses with overgrowth［J］．Dysmorphol Clin Genet，4：87－107.

Nguyen D，Turner J T，Olsen C，et al. 2004. Cutaneous manifestations of proteus syndrome：correlations with general clinical severity［J］．Arch Dermatol，140：947－953.

Smith J M，Kirk E P，Theodosopoulos G，et al. 2002. Germline mutation of the tumour suppressor PTEN in Proteus syndrome［J］．J Med Genet，39：937－940.

Turner J T，Cohen Jr M M，Biesecker L G. 2004. Reassessment of the Proteus syndrome literature：application of diagnostic criteria to published cases［J］．Am J Med Genet，130A：111－122.

Twede J V，Turner J T，Biesecker L G，et al. 2005. Evolution of skin lesions in Proteus syndrome［J］．J Am Acad Dermatol，52：834－838.

Wiedemann H R，Burgio G R. 1986. Encephalocraniocutaneous lipomatosisand Proteus syndrome［J］．Am J Med Genet，25：403－404.

第七节　普罗威登斯菌感染
(Providencia infection)

普罗威登斯菌感染（Providencia infection）主要引起人的菌尿症和食物中毒，临床表现为尿道感染和腹泻，有时也可以引起外科手术过程和烧伤伤口的感染。在动物主要引起幼牛腹泻、犬类的肠炎和蛇类的口腔炎。

一、病　原

1. 分类地位　普罗威登斯菌在分类上属肠杆菌科（Enterobacteriaceae）、普罗威登斯菌属（*Providencia*），该属包括 5 个种：产碱普罗威登斯菌（*P. alcalifaciens*）、斯氏普罗威登斯菌（*P. stuartii*）、雷氏普罗威登斯菌（*P. rettgerella*）、拉氏普罗威登斯菌（*P. rustigianii*）和海氏普罗威登斯菌（*P. heimbaehae*）。

产碱普罗威登斯菌种名来源于 De Salles Gomes 分离并鉴定的 ATCC9886，是普罗威登斯菌群的典型菌株，并按正式法规命名和叙述，作为该菌属的模式种。根据 DNA - DNA 杂合试验结果，该菌种内包括产碱普罗威登斯菌 BG1 生物群和 BG2 生物群，其间的杂合率为 74%～100%。

斯氏普罗威登斯菌种名来源于 Buttiaux 等命名的斯氏变形菌，但该菌缺乏脲酶，其他性状符合普罗威登斯菌菌群特征。1962 年 Ewing 提出，如以菌种区分本菌群时，应命名为斯氏普罗威登斯菌，1984 年被《伯杰细菌鉴定手册》采用。根据 DNA - DNA 杂合试验，该菌种包括斯氏普罗威登斯菌 BG5 生物群和 BG6 生物群，其杂合率为 87%～100%。

雷氏普罗威登斯菌种是雷氏变形菌的典型生化反应菌株，由于该菌产生脲酶，长期被分类于变形菌属或暂编于莫根菌属中。鉴于变形菌属中有不具脲酶和普罗威登斯菌属中有具脲酶的菌株，仅根据脲酶作为分类标准并不准确。通过 DNA - DNA 杂合试验，将其转入普罗威登斯菌属，名为雷氏普罗威登斯菌，1984 年被《伯杰细菌鉴定手册》采用。

拉氏普罗威登斯菌，1983 年 Hickman 在试验产碱普罗威登斯菌 BG3 生物群的 8 个菌株之间以及其和产碱普罗威登斯菌、斯氏普罗威登斯菌、雷氏普罗威登斯菌 DNA - DNA 杂合率时发现，其分别为 81%～99%、44%～49%、26%～33%和 32%～34%，又发现其有简易生化鉴别特征，故命名为拉氏普罗威登斯菌。1983 年 Müller 由企鹅粪便中分离出和普罗威登斯菌属不同的 61 个菌株，命名为弗氏普罗威登斯菌，1986 年他们复查时认为与拉氏普罗威密菌是同一菌种。

海氏普罗威登斯菌，1986 年 Müller 报告了一个与拉氏（或弗氏）普罗威登斯菌生化反应不同的生物群。DNA - DNA 杂合试验，同菌群间杂合率为 91%～100%，与同属其他菌种、变形菌属 3 个菌种、大肠杆菌的杂合率分别为 22%～45%、10%～13%和 5%，表明该菌群是一个新菌种，命名为海氏普罗威登斯菌。

2. 形态学基本特征与培养特性　普罗威登斯菌是革兰阴性、单个散在的小球杆菌，大小为 0.8μm×0.5μm，周生鞭毛有运动性，不出现集群，兼性厌氧。

在普通琼脂上生长出直径 1mm 以内的圆形、白色、隆起、透亮、边缘整齐的小菌落，透光观察呈淡蓝色，尤以划线的痕迹外更为清晰。在鲜血琼脂上生长出 1～2mm 灰白色、圆形、隆起、边缘整齐、不溶血的菌落。在麦康凯琼脂、SS 琼脂上均长出淡黄色、圆形、透亮、直径 1～1.5mm 大小的菌落。三糖铁斜面呈红色、底部变黄，不产生硫化氢。在普通肉汤培养基中均匀混浊，在伊红美兰琼脂上呈圆形、湿润、直径 2mm 左右、中间呈蓝色、周围呈紫红色菌落。发酵葡萄糖和甘露糖产酸，吲哚阳性，利用柠檬酸盐和酒石酸盐。

3. 理化特性　普罗威登斯菌属的细菌对外界理化因素的抵抗力不强，常规消毒方法即可灭活。但普罗威登斯菌属是一群具有极高耐药性的细菌，利用常用抗生素、消毒药以及包含重金属的药物（如银磺胺嘧啶）难以治疗。表现为高度耐药的抗生素有青霉素 G、氨苄青霉素、四环素、氯霉素、萘啶酸、黏菌素、多黏菌素 B 和硝基呋喃妥因等。

二、流行病学

1. 传染来源　苍蝇几乎可以携带普罗威登斯菌属所有种的细菌。此外，犬、猫、牛、豚鼠的胃肠道，蛇类的口腔，鸟类、鱼类的排泄物都可以携带该菌。带菌人员是主要的传染源。

2. 传播途径

（1）普罗威登斯菌是典型的条件致病菌，正常携带的细菌在人和动物抵抗力下降、环境条件改变等情况下引起发病。对于特定人群，普罗威登斯菌可导致医院内感染，比如需要长期护理的、实施了外科手术、烧伤、尿导管插入术、尿道扩张、安装了泌尿系统支架、前列腺切除以及结石摘除的病人。

（2）通过接触住院病人的物品特别是病人的尿壶，住院区病人公用的尿池可以传染。

3. 易感动物

（1）自然宿主　各种动物对普罗威登斯菌均有不同程度的易感性，哺乳动物较为易感，实施了导尿术以及安装了泌尿系统支架的病人最为易感。

（2）实验动物　小鼠易感，家兔和豚鼠人工感染后可耐过。

三、临床症状

1. 动物的临床表现　普罗威登斯菌可以引起幼牛腹泻。与犬类的肠炎、蟾蜍的眼内炎有关。可以引发盐水鳄的脑膜炎和蛇类的口腔炎。

小鼠人工感染后主要临床表现为被毛蓬乱，食欲废绝，腹泻，肛门周围沾有粪便或黏液，一般3～5天死亡，病死率高。

剖检可见小肠肿胀、充血，肠腔内充满黄绿色积液，以空肠段最为明显，回肠中充满乳白色黏稠液体，肠壁上有出血点和出血斑。

2. 人的临床表现　普罗威登斯菌引起人的菌尿症和食物中毒，临床表现为尿道感染和腹泻，有时也可以引起外科手术过程和烧伤伤口的感染。普罗威登斯菌可导致医院内感染，比如需要长期护理的、实施了外科手术、烧伤、尿导管插入术、尿道扩张、安装了泌尿系统支架、前列腺切除以及结石摘除的病人。临床有时表现为发热和战栗，多数情况下没有任何症状，严重感染发展为尿脓毒血症，临床可见恶心、呕吐、发抖、心跳过速、脸色苍白、出汗和无力。

四、诊　断

由于普罗威登斯菌感染病例的临床症状不明显、不典型，多数情况下无临床症状，因此该病的诊断主要依靠细菌的分离与鉴定。

1. 细菌分离　普罗威登斯菌在大多数的肠道菌培养基上都可以生长，如麦康凯培养基、沙门和志贺培养基、伊红美兰琼脂等。在实验室多次传代后其菌落由光滑型转变为粗糙型。增菌培养时可以使用亚硒酸盐和连四硫酸盐肉汤、心浸液肉汤。

目前专门用于普罗威登斯菌分离的培养基是CI琼脂和MCP。CI琼脂是在含有溴酚蓝的营养琼脂中加入100μg/mL黏菌素E和1%肌醇，使用该培养基可以从粪便、尿液、长期使用导尿管的病人皮肤和医院环境样品中分离到普罗威登斯菌，普罗威登斯菌在CI琼脂长成很大的黄色菌落（肌醇阳性）。MCP是一种改良的麦康凯培养基，它通过将含结晶紫的麦康凯琼脂与氯喹酚酞和甲基蓝结合检测磷酸酶活性。普罗威登斯菌在MCP产生红色菌落（磷酸酶阳性及乳糖阴性），而乳糖阳性和磷酸酶阴性的细菌菌落为紫色，磷酸酶及乳糖均为阴性的细菌的菌落为无色，可以很容易地从所有其他肠道菌群中区分普罗威登斯菌。

2. 细菌鉴定　吲哚阳性，利用柠檬酸盐和酒石酸盐，并能产生苯丙氨酸脱氢酶（PDA），可以发酵一种或多种含酒精的糖，包括间肌醇。有动力，但初次分离的菌株在半固体培养基中表现为无动力或迟缓动力。在添加0.5%～1.0%色氨酸的基础培养基上产生赤褐色色素。在营养肉汤或胰蛋白酶肉汤琼脂中添加0.5%～0.5%的L-酪氨酸（不溶解），普罗威登斯菌产生一种酪氨酸酶溶解这些晶体，孵育24～48h后，培养物周围会出现亮带，显示为阳性反应。

五、防治措施

1. 环境控制　普罗威登斯菌可导致医院内感染，避免接触住院病人的物品特别是病人的尿壶，制定个人专用尿池，加强环境卫生和消毒工作，将病人、带菌者和易感者相互隔离，可以使该病得到很好的控制。

2. 药物治疗 普罗威登斯菌属是一群具有极高耐药性的细菌，用常用抗生素、消毒药以及包含重金属的药物（如银磺胺嘧啶）难以治疗。临床用于治疗普罗威登斯菌感染常用药物有头孢菌素、羟唑头孢菌素、庆大霉素和环丙沙星等。

（亢文华）

参考文献

J M让达，S L阿博特．2008．肠杆菌科［M］．曾明，王斌，李凤祥，等，译．第2版．北京：化学工业出版社．
陈艳清，贾建，邝兆威．2008．普罗威登斯菌属β-内酰胺酶的分类检测［J］．中华医院感染学杂志，12（18）：1778-1779.
路娟．1989．普罗威登斯菌属属内分类和新种［J］．哈尔滨医科大学学报，5（23）：375-377.
闫维鸿，王慎，蒋居林．1985．普罗威登斯菌的分离鉴定与致病性的初步试验［J］．家畜传染病（1）：63.
周政，张爱晖，周丽萍．2002．雷氏普罗威登斯菌青霉素G酰化酶基因在大肠杆菌中的克隆与表达［J］．工业微生物，3（32）：1-5.
Ewing W H，Davis B R，Sikes J V. 1972. Biochemical characterization of Providencia［J］．Public Health Lab，30：25-38.
Ewing W H，Tanner K E，Dennard D A，et al. 1954. The Providence group：an intermediate group of enteric bacteria［J］．J Infect Dis，94：134-140.
James R，Johnson，Jennifer J. 1996. Brown Defining Inoculation Conditions for the Mouse Model of Ascending Urinary Tract Infection That Avoid Immediate Vesicoureteral Reflux Yet Produce Renal and Bladder Infection［J］．The Journal of Infectious Diseases Vol，173：746-749.
Johnson D E，Lockatell C V，Craigs M H，et al. 1987. Uropathogenicity in rats and mice of Providencia stuartii form long-term catheterizedpatients［J］．The Journal of urology，138：632-635.
Milstoc M，Steinberg P. 1973. Fanal septicemia due to providence group bacilli［J］．J Am Geriatr Soc，21：159-163.
Stickler D J，Fawcett C. 1985. Providencia stuartii：a search for its natural habitat［J］．J Hosp，6：221-223.

第八节 沙门菌病
(Salmonellosis)

沙门菌病（Salmonellosis）是由沙门菌引起的人和动物共患传染病的总称，包括伤寒、副伤寒和其他一些以肠炎为特征的沙门菌感染。人主要通过污染的水和食物感染发病，临床主要表现为胃肠炎型、伤寒型、败血症型和局部感染型。家畜和家禽感染发病后，临床多表现为败血症和肠炎，可使怀孕母畜发生流产，严重的可影响幼畜发育。实验动物的沙门菌病主要发生于小鼠、大鼠和豚鼠，是由鼠伤寒沙门菌和肠炎沙门菌引起的以肠炎、败血症为特征，该菌经消化道或结膜感染，幼龄动物较成年动物更为敏感。该病是所有普通级实验动物应排除的一种疾病。

一、发生与分布

沙门菌病是一种世界性疾病，在世界各地均有发生。感染后发病与否与机体的抵抗力和感染的细菌数量及致病力有关。除少数有明显症状的病人和患病动物外，临床上健康的人、畜、禽的带菌现象（隐性感染）相当普遍。随着经济发展和社会卫生状况的改善，发病率呈下降趋势，但在一些发展中国家尤其是卫生条件差的热带、亚热带国家和地区发病率高，有时呈地方性流行或暴发流行。欧美一些国家多因国际旅游而引起感染。全球每年约1 300万～1 700万人发生伤寒，60万人死于伤寒。

二、病　原

1. 分类地位 沙门菌在分类上属肠杆菌科（Enterobacteriaceae）、沙门菌属（*Salmonella*）。

据新近分类研究，该属细菌包括肠道沙门菌（*S. enteria*）（又称猪霍乱沙门菌 *S. choleraesuis*）和邦戈尔沙门菌（*S. bongori*）两种。前者又分为 6 个亚种，即肠道沙门菌肠道亚种（*S. enterica* subsp. *enterica*）、肠道沙门菌萨拉姆亚种（*S. enterica* subsp. *salamae*）、肠道沙门菌亚利桑那亚种（*S. enterica* subsp. *arizonae*）、肠道沙门菌双相亚利桑那亚种（*S. enterica* subsp. *diarizonae*）、肠道沙门菌浩敦亚种（*S. enterica* subsp. *Houtenae*）和肠道沙门菌在迪卡亚种（*S. enterica* subsp. *indica*）。

沙门菌依据不同的 O 抗原、Vi 抗原和 H 抗原可分为许多血清型。迄今，沙门菌有 A～Z 和 O51～O57 共 42 个 O 群，58 种 O 抗原，63 种 H 抗原，已有 2 500 种以上的血清型，除了不到 10 个罕见的血清型属于邦戈尔沙门菌外，其余血清型都属于肠道沙门菌。

沙门菌属的细菌依据其对宿主的感染范围，可分为宿主适应血清型和非宿主适应血清型两大类。前者指对其适应的宿主有致病性，包括马流产沙门菌、羊流产沙门菌、副伤寒沙门菌（A. C）、鸡白痢沙门菌、伤寒沙门菌，后者则对多种宿主有致病性，包括鼠伤寒沙门菌、鸭沙门菌、德尔卑沙门菌、肠炎沙门菌、纽波特沙门菌、田纳西沙门菌等。至于猪霍乱沙门菌和都柏林沙门菌，原来认为分别对猪和牛有宿主适应性，近来发现对其他宿主也能致病。沙门菌的血清型虽然很多，但常见的危害人畜的非宿主适应血清型只有 20 多种，加上宿主适应血清型，也仅 30 余种。

2. 形态学基本特征与培养特性 沙门菌为革兰染色阴性杆菌，大小为（1～3）μm×（0.4～0.6）μm，不产生芽孢和荚膜，绝大多数有鞭毛，能运动。需氧或兼性厌氧，在普通琼脂培养基上生长良好，形成中等大小、无色、半透明、表面光滑、边缘整齐的菌落。能发酵多种糖类，如木糖、麦芽糖、果糖、葡萄糖、阿拉伯糖，在三糖铁琼脂上常产生 H_2S，除个别菌株外，均不发酵乳糖和蔗糖。

3. 理化特性 沙门菌对外界理化因素有一定的抵抗力，在自然环境中生活力强，耐低温，在水、牛奶、肉类和蛋类制品中可存活数周至数月，在粪便中可存活 1～10 个月，在冰冻环境中可存活数月。对热抵抗力不强，55℃作用 1h 或 60℃作用 15～30min 即被杀灭。对化学消毒剂敏感，常用消毒剂和消毒方法均能达到消毒目的。

4. 抗原构造 沙门菌有细胞壁多糖（O）抗原、鞭毛（H）抗原和荚膜上的多糖毒力（Vi）抗原。

O 抗原为脂多糖，性质稳定。能耐 100℃达数小时，不被乙醇或 0.1%石炭酸破坏。决定 O 抗原特异性的是脂多糖中的多糖侧链部分，以 1、2、3 等阿拉伯数字表示。例如乙型副伤寒杆菌有 4、5、12 三个。鼠伤寒杆菌有 1、4、5、12 四个；猪霍乱杆菌有 6、7 二个。其中有些 O 抗原是几种菌所共有，如 4、5 为乙型副伤寒杆菌和鼠伤寒杆菌共有，将具有共同 O 抗原沙门菌归为一组，这样可将沙门菌属分为 a～z、O51～O63、O65～O67 共有 42 组。我国已发现 26 个菌组、161 个血清型。O 抗原刺激机体主要产生 IgM 抗体。

H 抗原为蛋白质，对热不稳定，60℃经 15 分钟或乙醇处理被破坏。具有鞭毛的细菌经甲醇液固定后，其 O 抗原全部被 H 抗原遮盖，而不能与相应抗 O 抗体反应。H 抗原的特异性取决于多肽链上氨基酸的排列顺序和空间构型。沙门氏杆菌的 H 抗原有两种，称为第 1 相和第 2 相。第 1 相特异性高，又称特异相，用 a、b、c 等表示，第 2 相特异性低，为数种沙门氏杆菌所共有，也称非特异相，用 1、2、3 等表示。具有第 1 相和第 2 相 H 抗原的细菌称为双相菌，仅有一相者称单相菌。每一组沙门氏杆菌根据 H 抗原不同，可进一步分种或型。H 抗原刺激机体主要产生 IgG 抗体。

Vi 抗原，因与毒力有关而命名为 Vi 抗原。由聚-n-乙酰-d-半乳糖胺糖醛酸组成。不稳定，经 60℃加热、石炭酸处理或人工传代培养易破坏或丢失。新从患者标本中分离出的伤寒杆菌、丙型副伤寒杆菌等有此抗原。Vi 抗原存在于细菌表面，可阻止 O 抗原与其相应抗体的反应。Vi 抗原的抗原性弱。当体内菌存在时可产生一定量抗体；细菌被清除后，抗体也随之消失。故测定 Vi 抗体有助于对伤寒带菌者的检出。

5. 致病物质

（1）侵袭力 沙门氏杆菌侵入小肠黏膜上皮细胞，穿过上皮细胞层到达上皮下组织。细菌虽被细胞吞噬，但不被杀灭，并在其中继续生长繁殖。这可能与 Vi 抗原和 O 抗原的保护作用有关。菌毛的黏附作用也是细菌侵袭力的一个因素。

（2）内毒素　引起发热、白细胞减少。大剂量时可发生中毒性休克。内毒素可激活补体系统释放趋化因子，吸引粒细胞，导致肠道局部炎症反应。

（3）肠毒素　有些沙门氏杆菌，如鼠伤寒杆菌可产生肠毒素，性质类似肠产毒性大肠杆菌的肠毒素。

三、流行病学

1. 传染来源　主要传染源为受感染的家禽和家畜。其次是受感染的鼠类及其他野生动物。人类带菌者亦可作为传染源。这些带菌者绝大部分是暂时性无症状感染和轻型病例，可随大便长期排菌。如果带菌者从事肉类或食品加工行业，则成为重要的传染源。

小鼠、大鼠和豚鼠等常用实验动物均易感染。幼龄动物较成年动物更为敏感。野鼠是本病的主要传染源。

2. 传播途径

（1）食物传播　是感染沙门菌的主要途径。家畜、家禽屠宰前患病或隐性感染，屠宰加工的卫生条件差，屠宰过程中划破胃肠使胴体受到肠内细菌的污染，肉类在加工、贮存、运输、销售、烹饪等各个环节通过用具或直接互相污染，使畜禽肉类带有大量的沙门菌。据统计在零售市场购买的肉类有1%～58%污染了沙门菌。

蛋与蛋制品（尤其是蛋粉）和乳与乳制品的沙门菌污染也较普遍。鱼、贝类及植物性食物均可传播本病。

（2）药物传播　来源于动物的药物，如胆盐、胰酶、蛋白酶、明胶、甲状腺、肝、胃等均有引起沙门菌传播得可能。

（3）水源传播　沙门菌通过动物和人的粪便污染水源，饮用被污染的水可发生感染。供水系统若被沙门菌污染，还可引起流行。

（4）直接接触或通过污染用具传播　伤寒沙门菌、副伤寒沙门菌和仙台沙门菌几乎都单独或只对人类致病，人际间传播是重要途径。沙门菌通过人和动物的粪便等排泄物污染食物、饲料、饮水及外界环境而传播，亦可通过直接接触或污染的用具传播。

（5）苍蝇和蟑螂　可作为沙门菌的机械携带者而引起沙门菌传播。

3. 易感动物

（1）自然宿主　沙门菌存在于哺乳动物、鸟类、爬行动物、两栖动物、鱼和昆虫等生物体内，人、家畜、家禽及多种野生动物对本病均有易感性。

（2）实验动物　小鼠对绝大部分沙门菌易感，豚鼠和家兔易感性次之。幼龄动物更为敏感。

4. 流行特征　该病一年四季均可发生，但以夏秋季为多见，热带地区则不受季节影响。婴儿、老人和幼畜、雏禽发病较多。屠宰场工人、兽医和医疗单位工作者也易受到感染。本病在人往往呈食物中毒暴发。本病在畜群内发生，一般呈散发性或地方流行性，有些动物（如犊牛）在一定条件下还可引起急性流行性暴发。饲养管理较好而又无不良因素刺激的畜群，发病较少，即使发病，亦多呈散发性；反之，则疾病常呈地方性流行。禽沙门菌病常形成相当复杂的传播循环，有多种传播途径，最常见的是通过带菌卵传播，若以此带菌卵作为种蛋，可周而复始地代代相传，不易清除。

对于实验动物，感染菌株的毒力、血清型，菌的数量、感染途径，动物的年龄、品系、机体免疫功能情况，周围环境温度变化、营养改变、实验处置等因素均可影响本菌的致病性和动物的敏感性。

四、临床症状

沙门菌属细菌绝大多数血清型宿主范围广泛，如鼠伤寒沙门菌。但少数血清型有严格的宿主特异性，即所谓“宿主适应株”。如引起肠热症的伤寒沙门菌、甲型副伤寒的沙门菌、肖氏沙门菌和希氏沙门菌主要是人的病原菌，极少能从动物中分离到。另有一些沙门菌有特殊的动物宿主，如猪霍乱沙门菌为猪，都柏林沙门菌（S. dublin）为牛等。这种以家畜家禽为特殊宿主的沙门菌，也可感染人，引起人类食物中毒或败血症，但这决定于动物中沙门菌流行时可能发生的偶然事件，如污染其可以生长繁殖食物以及宿主的免疫状况，这类细菌常见的有鼠伤寒沙门菌、猪霍乱沙门菌、肠炎沙门菌、鸭沙门菌等十余种。

1. 实验动物的临床表现 感染沙门菌的小鼠和豚鼠的临床症状可以表现为急性感染型、亚急性型、隐性感染型三种类型。

急性呈暴发型，看不到任何临床症状动物就大批死亡，往往是下班时一切正常，第二天上班发现动物已有1/3死亡。

亚急性表现为病鼠食欲、饮欲减退甚至废绝，被毛蓬乱无光泽，眼结膜发炎、眼睑粘合；腹泻，粪便呈泡沫状黏液、黄绿色、味恶臭，严重时粪便中带有血丝，通常可见病鼠腹部膨大，手弹可听到明显的鼓音，一般病程二、三周。

慢性的有上述症状，但症状较轻，患鼠逐渐消瘦，二、三周后逐渐恢复。有的豚鼠出现结膜炎、孕鼠发生流产。

隐性感染型的豚鼠可表现食欲下降、体重减轻的轻微症状。

解剖可见急性感染型死亡的豚鼠肝、脾、淋巴结及肠淤血肿大并有灶性坏死，肠内多液体和气体。亚急性经过和慢性经过的病例脾脏肿大，肠、肝充血肿大，可有明显的黄色坏死灶，回肠部的肠系膜淋巴结肿大突起。镜下可见急性病例的肠黏膜上皮坏死出血，肠黏膜固有层的组织中充血及中性粒细胞浸润。亚急性经过和慢性经过的病例可见肝细胞坏死，在坏死灶和肝窦内，有淋巴细胞、浆细胞、单核细胞浸润，并有肉芽肿形成。

2. 人的临床表现 潜伏期的长短与感染沙门菌的数量、菌株致病力强弱及临床类型有关。食入被沙门菌污染的食物后，发生胃肠炎症状类似伤寒的症状，主要表现为呕吐，腹绞痛、腹泻和弛张热或稽留热。儿童和有慢性疾病的患者出现败血症。在退热后，出现一个或一个以上的局部化脓性病灶。

五、诊　　断

1. 动物的诊断 根据流行病学、临床症状和病理变化可做出初步诊断，确诊主要依靠病原学检查。

应用病原学常规检测方法，进行病料采集、细菌培养及其理化特性鉴定、血清型鉴定。近年来单克隆抗体技术和酶联免疫吸附试验（ELISA）已用来进行本病的快速诊断。

2. 人的诊断 根据流行病学资料、临床经过及免疫学检查结果可做出临床诊断，但确诊则以检出的致病菌为依据。

（1）临床诊断标准　在该病流行季节和地区有：①持续高热1～2周以上；②特殊中毒面容，相对缓脉，皮肤玫瑰疹，肝脾肿大；③周围血象白细胞总数低下，嗜酸性粒细胞消失，骨髓象中有伤寒细胞。

（2）确诊标准　诊断临床病例如有以下项目之一者即可确诊。①从血、骨髓、尿、粪便、玫瑰疹刮取物中，任一标本分离到目的菌。②血清特异性抗体阳性。肥达氏反应“O”抗体凝集效价≥1∶80，鞭毛抗体凝集效价≥1∶160，恢复期效价增高4倍以上。

3. 实验室诊断 从不同病期采集不同种类的临床标本，分离目标菌并进行菌的鉴定。

六、防治措施

1. 动物的防治措施 预防动物感染的主要措施是加强饲养管理，减少和消除发病诱因，加强消毒，保持饲料和饮水的清洁卫生。严格检疫，防止引进有病或带菌畜禽。一旦发现病畜禽应严格隔离，并通过检疫淘汰带菌畜禽。

对于实验动物，本病的主要预防措施有严格饲养管理，严防野鼠、苍蝇污染饲料和饮水，加强饲养中各个环节的消毒灭菌，加强饲料、饮水、笼具、垫料的消毒，饲养室定期消毒。

定期进行微生物检测，发现病鼠和带菌鼠及时处理。注意饲养人员的带菌状况检查，一般鼠群感染本病，很难彻底排除，需全群淘汰，重新引种。也可以利用剖腹产手术建立无本病的鼠群。

2. 人的防治措施

（1）预防

①控制传染源：患者应及早隔离治疗，患者的大小便、便器、食具、衣服、生活用品等均需消毒处理。饮食业从业人员应定期检查，及时发现带菌者。带菌者应及时调离饮食服务业工作。慢性带菌者要进行治疗、监督和管理。接触者要进行医学观察。

②切断传播途径：是预防本病的关键性措施。应大力开展爱国卫生运动，做好卫生宣传，搞好粪便、水源和饮食卫生管理，消灭苍蝇。养成良好个人卫生习惯与饮食卫生习惯。搞好食堂、饮食店的卫生，所有炊具、食具必须经常清洗、消毒，生熟食物要分开容器盛放，制作时要分刀、分板。扑灭鼠类、苍蝇、蟑螂等，以防食物被病原菌污染。注意保护水源，加强饮水管理和消毒工作。

③提高人群免疫力：对易感人群可进行预防接种。流行区居民以及流行区旅行者、清洁工人、实验室工作人员及其他医务工作者、带菌者家属等均为主动免疫对象。目前国内所用疫苗为伤寒、副伤寒甲、乙的三联混合死菌苗，皮下注射3次，间隔7日，接种后2～3周可产生免疫力，以后每年加强一次。严重心脏病、肾病、高血压、活动性结核、发热者及孕妇均属禁忌。近几年，口服菌苗的研究也有了较大发展，副作用较低，可有效预防沙门菌病。

（2）治疗　病人应注意休息。恶心、呕吐症状明显者应短期禁食。注意纠正水和电解质紊乱，酌情分次多饮开水、盐水或加盐米汤，失水严重者应静脉注射生理盐水或5%葡萄糖生理盐水。腹痛、吐泻严重者应皮下注射阿托品。0.5mg或口服复方颠茄片1～2片。应及时纠正酸中毒，治疗休克。抗菌治疗一般选用氯霉素、氨苄青霉素、复方新诺明、氟哌酸等。

七、公共卫生影响

目前，沙门菌被认为是世界范围内最重要的食源性病原之一，主要通过食用受沙门菌污染的肉、乳、蛋而发病。在过去的30年里，该病的发生率在许多国家都出现了上升，在西半球和欧洲，沙门菌肠炎占据了主导地位。肠炎沙门菌不仅能引起家禽发病死亡造成严重的经济损失，而且感染家禽的产品作为肠炎沙门菌的携带者，还严重危害人类健康。在美国、日本等发达国家发生的食物中毒事件中，40%～60%是禽沙门菌引起的，其中主要病原为肠炎沙门菌。据美国CDC统计，每年美国有近40 000例沙门菌病例，死亡约600例。1994年，在美国暴发的一起由于食用了被沙门菌污染的冰激凌所致的食源性疾病，估患病人数达224 000人。在我国，沙门菌是感染性腹泻的主要致病菌。

加强食品卫生管理，对牲畜的屠宰过程应遵守卫生操作，进行宰前检疫和宰后检验，避免肠道细菌污染肉类，对肉类应进行卫生检查，合格者才可供市场销售。当动物患病死亡时，禁止进行屠宰、销售和食用。屠宰场、肉类市场、肉类和蛋乳制品加工、贮存、运输、销售、烹饪过程要注意清洁、消毒，防止受到沙门菌污染。

（亢文华　康凯　薛青红）

我国已颁布的相关标准

GB/T 14926.1—2001　实验动物　沙门菌检测方法

参考文献

费恩阁，李德昌，丁壮．2004. 动物疫病学［M］．北京：中国农业出版社：27-35.

陆承平．2001. 兽医微生物学［M］．北京：中国农业出版社：223-231.

王季午，马亦林，翁心华．2005. 传染病学［M］．上海：上海科学技术出版社：565-590.

卫生部卫生监督中心卫生标准处．2003. 传染病诊断标准及相关法规汇编［J］．北京：中国标准出版社：201-208.

文心田．2004．动物防疫检疫手册［M］．成都：四川科学技术出版社：86－91.

Arnold J W，Holt P S. 1996. Cytotoxicity in chicken alimentary secretions as measured by a derivative of the tumor necrosisfactor assay［J］．Poult Sci，75：329－334.

Babu U，Dalloul R A，Okamura M，et al. 2004. Salmonella enteritidis clearance and immune responses in chickens following Salmonella vaccination and challenge［J］．Vet. Immunol. Immunopathol，101：251－257.

Baskerville A，Humphrey T J，Fitzgeorge R B，et al. 1992. Airborne infection of laying hens with Salmonella enteritidis phage type 4［J］．Vet Rec，130：395－398.

Bell D D. 2001. Economic implications of controversial layermanagement programs. In：Proceedings of the 50th Western Poultry Disease Conference［C］，Davis，CA：83－91.

Bell D D. 2003. Historical and current molting practices in the U. S table egg industry［J］．Poult. Sci，82：965－970.

Ben Nathan B，Drabkin N，Heller D. 1981. The effect of starvation on the immune response of chickens［J］．Avian Dis，25：214－217.

Ben Nathan B，Heller D，Perek M. 1977. The effect of starvation on antibody production in chicks［J］．Poult. Sci，56：1468－1471.

Berry W D. 2003. The physiology of induced molting［J］．Poult Sci，82：971－980.

Bichler L A，Nagaraja K V，Halvorson D A. 1996. Salmonella enteritidis in eggs，cloacal swab specimens，and internal organs of experimentally infected White Leghorn chickens［J］．Am. J. Vet. Res，57：489－495.

Bohnhoff M，Miller C P. 1962. Enhanced susceptibility to Salmonella infection in streptomycin－treated mice［J］．J. Infect. Dis，111：117－127.

Bonhnhoff M，Miller C P，Martin W R. 1964. Resistance of the mouse's intestinal tract to experimental Salmonella infection. I. Factors which interfere with the initiation of infection by oral inoculation［J］．J. Exp. Med，120：805－816.

Boyd F M，Edwards Jr H M. 1963. The effect of dietary protein on the course of various infections in the chick［J］．J. Infect. Dis，112：53－56.

Bra Tal R，Yossefi S，Pen S，et al. 2004. Hormonal changes associated with ageing and induced moulting of domestic hens［J］．Br. Poult. Sci，45：815－822.

Brake J. 1994. Feed removal remains predominant method of moltinduction［J］．Poult. Times，42：6－9.

Britton W M，Hill C H，Barber C W. 1964. A mechanism of interaction between dietary protein levels and coccidiosis in chicks［J］．J. Nutr，82：306－310.

Burton J L，Kehrli Jr M E，Kapil S，et al. 1995. Regulation of L－selectin and CD18 on bovine neutrophils by glucocorticoids：effects of cortisol and dexamethasone［J］．J. Leukoc. Biol，57：317－325.

Combs B G，Passey M，Michael A，et al. 2005. Ribotyping of Salmonella enterica serovar Typhi isolates from Papua New Guinea over the period 1977 to 1996［J］．P N G Med J，48（3－4）：158－167.

Compton M M，Caron L A，Cidlowski J A. 1987. Glucocorticoidaction on the immune system［J］．J. Steroid Biochem，27：201－208.

Figueroa O I M，Verdugo R A. 2005. Molecular mechanism for pathogenicity of Salmonella sp［J］．Rev Latinoam Microbiol，47（1－2）：25－42.

Methner U，Diller R，Reiche R，et al. 2006. Occurence of salmonellae in laying hens in different housing systems and inferences for control［J］．Berl Munch Tierarztl Wochenschr，119（11－12）：467－473.

Rahman H，Deka P J，Chakraborty A，et al. 2005. Salmonellosis in pigmy hogs（Sus salvanius）－a critically endangered species of mammal［J］．Rev Sci Tech，24（3）：959－964.

Swanson S J，Snider C，Braden C R，et al. 2006. Multidrug－resistant Salmonella enterica serotype Typhimurium associated with pet rodents［J］．N Engl J Med，356（1）：21－28.

第九节　志贺菌病
(Shigellosis)

志贺菌病（Shigellosis）是由志贺菌引起的一种常见肠道传染病，也称细菌性痢疾（Bacillary dysentery)，简称菌痢。临床表现为急起、畏寒、高热、腹痛、腹泻、排脓血便及里急后重等症。终年散发，夏秋季可引起流行。它是人及灵长类动物细菌感染性腹泻的致病菌，其他动物不易感染，以结肠黏膜的炎症及溃疡为主要病理变化。

一、发生与分布

全世界每年死于志贺菌感染的人数约为60万。据1994—1997年的监测资料表明，我国年报告病例在60万～85万，发病率居甲乙类传染病之首，病死率为0.04%～0.07%。志贺菌致病性强，10～100个细菌细胞就可使人发病，多数临床分离的菌株为多重耐药性。

研究表明，在1966—1997年的30年间，全世界菌痢的年发病人数为1.647亿，其中约1.632亿来自发展中国家。在发病人数和死亡人数中，分别有69%和61%为5岁以下的儿童。病原菌中位数分别为B型60%、D型15%、C型6%、A型6%。

志贺菌的菌群在全世界的分布随着时间的推移有较大变化。20世纪40年代以前A群痢疾志贺菌引起的痢疾占30%～40%，以后A群减少；50年代以B群弗氏志贺菌占主要地位；1965年以来以D群索氏志贺菌上升。国外自60年代后期逐渐以D群占优势，我国目前仍以B群为主（占62.8%～77.3%），D群次之，近年局部地区A群有增多趋势。

菌痢主要集中在温带或亚热带国家。我国各地区菌痢发病率差异不大，终年均可发生，一般从5月份开始上升，8～9月份达高峰，10月份以后逐渐下降。但是我国南北地区发病曲线也有所不同，如广州地区高峰出现早，持续时间长，流行曲线平坦；北方城市长春则相反。菌痢夏秋季发病率升高可能和降雨量多、苍蝇密度高及进食生冷瓜果食品的机会多有关。若在环境卫生差的地区，更易引起菌痢的大暴发流行。

二、病　　原

1. 分类地位　志贺菌是肠杆菌科志贺菌属（*Shigella*）的细菌，也称痢疾杆菌（*Bacillus dysenteriae*）。志贺菌血清型繁多（共47个血清型）。根据生化反应和O抗原的不同，将致病性志贺菌属分为4个血清群、42个血清型，即痢疾志贺菌、福氏志贺菌、鲍氏志贺菌、宋内氏志贺菌，又依次称为A、B、C、D群（A群10个、B群13个、C群18个、D群1个）。A群和C群的所有菌型及B群的2a、6型均含有K抗原。各群志贺菌均具有复杂的抗原构型，各菌群的血清学特异性有交叉反应。如福氏菌有噬菌体整合入染色体上，可出现型别转换。我国的优势血清型为福氏2a、宋内氏、痢疾Ⅰ型，其他血清型相对比较少见。在发达国家和地区，宋内氏志贺菌的分离率较高。痢疾Ⅰ型志贺菌产生志贺毒素，可引起溶血性尿毒综合征。

2. 形态学基本特征与培养特性　该属细菌的形态与其他肠道杆菌类似，无鞭毛，无动力，为革兰染色阴性的短小杆菌，在幼龄培养物中可呈球杆形，无荚膜，无芽孢。

志贺菌为兼性厌氧菌，但适于需氧生长。在普通培养基上培养24h后，长成凸起、圆形、边缘整齐、直径约2mm的透明菌落。但索氏志贺菌常出现R型菌落。液体培养基中的生长呈均匀混浊。索氏志贺菌在麦康凯或去氧胆酸钠柠檬酸钠琼脂培养基上的菌落可能呈粉红色。

该属细菌代谢具有呼吸和发酵两种类型。所有志贺菌均能分解葡萄糖产酸，除弗氏及鲍氏志贺菌外，均不产气；除索氏志贺菌外，均不分解乳糖；除痢疾志贺菌外，均可分解甘露醇。接触酶阳性，氧化酶阴性。不液化明胶，不产生硫化氢，不分解尿素。

3. 理化特性　志贺菌存在于患者和带菌者的粪便中，体外生存力较强，索氏菌的抵抗力大于弗氏菌，而痢疾志贺菌抵抗力最差。通常温度越低，志贺菌保存时间越长。60℃ 10min或直射阳光下30min可使细菌死亡。在水中37℃可存活20天，在各种物体中（室温）可存活10天，在蔬菜水果上可存活11～24天。人进食10个以上细菌即可引起发病，进食被污染的食物后，可引起食源性疾病大暴发。志贺菌对各种消毒剂敏感，如0.1%的酚液30min可将其杀灭，对氯化汞（升汞）、苯扎溴铵（新洁而灭）、过氧乙酸、石灰乳等也很敏感。

4. 志贺菌的致病因素 志贺菌的致病因素包括侵袭力、内毒素和外毒素，痢疾志贺菌产生志贺毒素。

（1）侵袭力 是志贺菌致病的主要毒力因子，志贺菌的侵袭力与分子量为 140×10^{6} 质粒编码的多种蛋白相关。此外，福氏菌的播散基因也编码了一些蛋白质，也和细菌毒力密切相关。上述志贺菌毒力基因又受染色体及质粒上多个基因多级调控，包括温度调节基因（vir R），37℃培养时有毒力表达，30℃则毒力消失。

（2）内毒素 志贺菌属各菌株均有强烈的内毒素，可破坏肠黏膜，形成炎症、溃疡，呈现典型的痢疾脓血便。痢疾志贺菌Ⅰ型产生志贺氏毒素，志贺氏毒素具有肠毒性、细胞毒性和神经毒性，感染后一部分患者可发生溶血性尿毒综合征。亦可引起发热、神志障碍、中毒性休克等。志贺菌的外毒素，将其注入家兔体内，48h 可引起动物麻痹，故又称为志贺神经毒素；将其注入家兔的游离肠段内，可引起肠毒素样反应，局部产生大量液体。也有人认为志贺毒素并非神经毒素而系血管毒素，系由于毒素作用于血管内皮而引起继发的神经症状，常为可逆性。更重要的是最近发现志贺毒素不仅见于志贺菌 A 型、B 型，还可见于福氏志贺菌 2a 型。与上述细菌分离的志贺毒素有交叉免疫性。有人采用 Hela 细胞的细胞毒中所有志贺菌属不同菌群均有可能产生志贺毒素。也有人发现福氏志贺菌 2a、3a、4b 型可以产生对酸及热稳定的肠毒素，但对其在发病机制中的作用仍不了解。

三、流行病学

1. 传染来源 传染来源包括急性、慢性菌痢患者及带菌者。急性典型菌痢患者有脓血黏液便，排菌量大。非典型患者仅有轻度腹泻，往往诊断为肠炎，在流行期间和典型菌痢的比例为 1∶1，从患者粪便中也可分离到志贺菌。非典型菌痢患者的发现和管理均比较困难，故在其流行中所起的作用不容忽视。慢性菌痢病情迁延不愈，排菌量虽少，但持续时间长，提示慢性菌痢患者有长期贮存病原体的作用，而且在春季复发较多，这个阶段对维持疾病流行过程起了重要作用。带菌者分为疾病恢复期带菌及健康带菌。恢复期病人，病后 1～2 周内带菌者占 45.7%，3～4 周内带菌占 21.9%，5～7 周内带菌占 5.7%，8 周以内带菌占 2.6%。在普通居民中，健康带菌者为 1%～2%，接触患者的健康人带菌率为 5%～7%。带菌者虽然排菌数量少、排菌时间短，但人群数量较大。近年对菌携带者在菌痢流行中所起作用的看法不一。菌痢的发病与否取决于细菌对肠黏膜的侵袭能力，以及是否为致病株，有些健康带菌者排出的细菌为无侵袭力的非致病菌株，能否引起他人发病还有待进一步研究。

猕猴菌痢来源于人，人类带菌者将病菌传染给健康猴，使猴带菌或发病，再由猴传染给其他猴。带菌的猴还可将病原传染给健康人。

2. 传播途径

（1）食物型传播 痢疾杆菌在蔬菜、瓜果、腌菜中能生存 1～2 周，并可繁殖，食用生冷食物及不洁瓜果可引起菌痢发生。带菌厨师和痢疾杆菌污染食品常可引起菌痢暴发。

（2）水型传播 痢疾杆菌污染水源可引起暴发流行。

（3）日常生活接触型传播 污染的手是非流行季节中散发病例的主要传播途径。桌椅、玩具、门把、公共汽车扶手等均可被痢疾杆菌污染，若用手接触后马上抓食品，或小孩吸吮手指均会致病。

（4）苍蝇传播 苍蝇粪、食兼食，极易造成食物污染。在人与猴、猴与猴，以及猴与人间相互传染过程中，苍蝇和蟑螂是重要的传染媒介。

3. 易感动物

（1）自然宿主 志贺菌是猕猴肠道的主要致病菌。细菌性痢疾是猕猴最常见的一种急性传染病，猕猴在过分拥挤和不卫生的情况下，发病率可高达 100%，死亡率达 60%以上。在卫生部制定的实验猕猴细菌学检测等级标准中，将其列为一级猕猴的必检项目。

（2）易感人群 人群普遍易感。年龄分布有两个高峰，第一个高峰为学龄前儿童，尤其是 3 岁以下儿童，可能和周岁以后的儿童食物种类增多、活动范围扩大、接触病原体的机会增多有关；第二个高峰为青壮年期（20～40 岁），可能和工作中接触机会增多有关。任何足以降低抵抗力的因素，如营养不良、暴饮暴食皆有利于菌痢的发生。患病后可获得一定免疫力，但不同菌群及血清型之间无交叉保护性，易于重复感染。

4. 流行特征　终年散发，夏秋季可引起流行。该病主要流行于发展中国家，但发达国家时有局部暴发。我国主要以弗氏志贺菌和索氏志贺菌痢疾流行为主，其他菌群引发也有报道，但此病仍居法定传染病的首位。

猕猴在天然情况下，可能因接触被人污染的物品而感染志贺菌，尤其在被捕获之后，带菌率不断增加，由此说明，人类带菌者是猕猴痢疾的传染源。传播途径是病原菌经口腔进入胃肠道。

新来猴群痢疾的发病率和死亡率比基本猴群高得多。在过分拥挤和不卫生情况下，发病率可高达100%，死亡率可高达60%以上。据研究，3岁以下的猴最易感，猴痢疾的发病率没有季节性差异。

四、临床症状

1. 对人的致病性　潜伏期为几小时至7天，多数为1～3天。菌痢患者潜伏期长短和临床症状的轻重取决于患者的年龄、抵抗力和感染菌的数量、毒力及菌群等因素。所以任何菌群引起的疾病均可有轻、中、重型。但从大量病例分析看，痢疾志贺菌引起的症状较重，最近国内个别地区疾病流行，临床症状为发热、腹泻、脓血便持续时间较长，但预后大多良好。索氏菌痢疾症状较轻，非典型病例多，易被漏诊或误诊，儿童发病较多。弗氏菌痢疾介于两者之间，但排菌时间较长，易转为慢性。治疗后1年随访，转为慢性者10%。慢性痢疾占菌痢总数的10%～20%或以上。

2. 对动物的致病性

猴的临床症状主要有：

（1）急性典型菌痢　发病急、高热、呕吐拒食、排脓血便。1～2天后体温和血压下降，出现明显的脱水和循环衰竭。2～3天内死亡。

（2）急性非典型菌痢　先发生水性腹泻，排泄物的黏液量逐渐增加，3～5天后排脓血便，此型及时治疗，可治愈。

（3）慢性菌痢急性发作　过去有菌痢史，发作时呈现急性典型菌痢症状。病程较短，治疗后症状消失，有的自行痊愈。

（4）慢性迟缓型　有菌痢史，经常发病，排稀糊状或水样粪便。症状消失后又排羊粪样硬质粪便。消瘦、皮毛粗乱，预后不良。

病理变化可见：盲肠和结肠出血性结肠炎或化脓性出血性结肠炎。或呈现急性卡他性肠炎的变化，有时可见到溃疡和出血。

五、诊　　断

细菌性痢疾的诊断原则为依据流行病学史、症状体征及实验室检查进行综合诊断，确诊则需依赖于病原学检查。

1. 流行病学史　病人或猴有不洁饮食或与菌痢病人接触史。

2. 症状体征　急性起病、腹泻（排除其他原因）、腹痛、里急后重，可伴发热、脓血便或黏液便，左下腹部压痛，面色苍白、四肢厥冷，脉细速、血压下降，皮肤发花、发绀等。

3. 实验室检查

（1）粪便常规检查　白细胞或脓细胞≥15/HPF（400倍），可见红细胞。

（2）病原学检查　粪便培养志贺菌属阳性为确诊依据。

六、防治措施

1. 预防措施

（1）卫生健康教育　细菌性痢疾通过粪一口途径，通过食物、水、粪便、污染的食品、玩具、用具而传播。注意水源卫生和饮食卫生。教育群众喝开水、不喝生水；在疫区用消毒过的水洗瓜果蔬菜和碗筷及漱口；饭前便后要洗手；食品做熟后再吃，慎食凉拌菜；剩饭菜要加热后吃；生熟分开；防止苍蝇叮爬食物；在疫区不要参加婚丧娶嫁等大型聚餐活动。应加强包括水源、饮食、环境卫生、消灭苍蝇、蟑螂及其滋生地在内的综合性防控措施，即做好三管一灭（管水、管粪、管饮食，消灭苍蝇），切实落实食品卫生管理措施，把好病从口入关。对重点行业人群应每年进行卫生知识或强化食品卫生知识的培训，坚持持证上岗，严格执行食品卫生法。

（2）疫情报告　对疑似病人、临床诊断和实验室确诊病人，要及时向发病地的卫生防疫机构报告，并同时报出传染病卡。

（3）流行期的管理措施　医疗防疫单位要做到早诊断，早报告。做好病人的隔离和消毒工作。医疗机构要提供及时有效的治疗。接到疫情报告后，卫生防疫部门应立即赶赴现场进行调查核实，尽快查明暴发原因，采取果断措施切断传播途径，防止疫情蔓延。

2. 治疗

（1）一般对症治疗　进易消化饮食，注意水电解质平衡，可给口服补液盐，必要时口服补液盐和静脉输液同时应用。

（2）病原治疗　细菌性痢疾可以是自限性的，一般情况下可以不使用抗生素。对症状比较严重的患者，抗生素治疗可缩短病程、减轻病情和缩短排菌期。但是，治疗痢疾志贺菌Ⅰ型感染时，应该慎用抗生素（许多抗生素可以刺激 O157：H7 大肠杆菌释放志贺毒素，诱发溶血性尿毒综合征）。由于临床分离菌株常为多重耐药性，使用抗生素应该根据当地的药敏谱来确定。

常用药物包括下列几种：

①喹诺酮类药物：具有抗菌谱广，口服易吸收等优点，近年耐药株逐渐增多，耐药性也可通过质粒介导。对志贺菌感染常用环丙沙星治疗，每天 400～600mg，分 2 次或 3 次口服，疗程 3～5 天。其他新的喹诺酮类药物，对志贺菌感染也有效。

②复方磺胺甲噁唑：剂量为每次 2 片，每天 2 次，疗程 7 天。治愈率可达 95%以上。近年来耐药性逐步增长，疗效有下降趋势。对有磺胺过敏，白细胞减少及肝肾功能不全者忌用。

③抗生素：志贺菌对常用抗生素如氯霉素、链霉素、氨苄西林大多均已耐药，部分菌株对多西环素仍然较敏感。

（3）中医中药治疗　根据中医辨证论治，慢性菌痢阴虚型应养阴清肠，可用驻车扎虚寒型应温脾补肾、收涩固脱，可用真人养脏汤等。

七、公共卫生影响

每年全球因志贺氏细菌性痢疾死亡人数为 600 000 人。世界上某些地区感染人数的增加、多重耐药菌株的出现，更有必要研制有效菌苗。在发展中国家，志贺菌属主要感染 1～4 岁的儿童，但痢疾志贺菌Ⅰ型流行期间可以感染各个年龄组。各治疗中心的调查结果显示：腹泻病例中 5%～15%与志贺菌感染有关，而 30%～50%痢疾与该菌感染有关，弗氏痢疾杆菌血清型是志贺氏痢疾地方性流行的主要致病菌。志贺氏痢疾杆菌Ⅰ型（志贺杆菌）从 20 世纪 60 年代以来一直是拉丁美洲、亚洲、非洲流行痢疾的重要致病菌。流行特征是：临床症状严重，病死亡率高，人—人传播和多重耐药。自 20 世纪 90 年代以来，痢疾志贺菌倾向于感染易感人群：例如帐篷中的难民。在非洲，15 个国家已有志贺氏痢疾暴发。志贺氏痢疾在一些发达地区是一个严重的公共卫生问题。20 世纪 40—80 年代，志贺菌先后对磺胺药物、四环素、氯霉素、氨苄青霉素、磺胺增效剂产生耐药性，因此研制痢疾菌苗是防控志贺菌性痢疾的最佳选择。

（亢文华　魏财文）

我国已颁布的相关标准

GB/T 14926.47—2008　实验动物　志贺菌检测方法

参考文献

马亦林．2005. 传染病学［M］．上海：上海科学技术出版社：554 - 564.

斯崇文，贾辅忠．2004. 感染病学［M］．北京：人民卫生出版社：560 - 564.

杨正时，房海．2002. 人与动物病原细菌学［M］．石家庄：河北科学技术出版社：486 - 496.

Anonymous. 1997. New strategies foraccelerating Shigella vaccine development［J］. Wkly Epidemiol Rec，72：73 -80.

Anonymous. 2005. Shigellosis：Diseaseburden，epidemiology and case management［J］. Wkly Epidemiol Rec，80：94 - 99.

Chompook P，Samosornsuk S，von Seidlein L，et al. 2005. Estimating the burden of shigellosis in Thailand：36 - month population - based surveillance study［J］. Bull World Health Organ，83：739 - 746.

Kosek M，Bern C，Guerrant R L. 2003. The global burden of diarrhoeal diseases，asestimated from studies published between1992 and 2000［J］. Bull World Health Organ，81：197 - 204.

Kotloff K L，Winickoff J P，Ivanoff B，et al. 1999. Global burden of Shigella infections：Implications for vaccine development and implementation of control strategies［J］. Bull World Health Organ，77：651 - 656.

Sansonetti P J. 1998. Slaying the Hydra all atonce or head by head?［J］. Nat Med，4：499 - 500.

Shears P. 1996. Shigella infection［J］. Ann TropMed Parasitol，90：105 - 114.

van den Broek J M，Roy S K，Khan W A，et al. 2005. Risk factors formortality due to shigellosis：A case - controlstudy among severely - malnourished children inBangladesh［J］. J Health Popul Nutr，23：259 - 265.

Von Seidlein L，Kim D R，Ali M，et al. 2006. A multicentre study of Shigella diarrhoea in six Asian countries：Disease burden，clinical manifestations，and microbiology［J］. PLoS Med，3 (9)：e353.

第十节　小肠结肠炎耶尔森菌病
(Yersinia enterocolitiica)

小肠结肠炎耶尔森菌病（Yersinia enterocolitiica）是 20 世纪 80 年代才受到重视、由小肠结肠炎耶尔森菌（简称耶尔森菌）引起的一种新的肠道传染病，世界各大洲均有发现，是欧洲某些国家引起腹泻的主要病原菌，不少地区由耶尔森菌引起的胃肠炎和严重腹泻比痢疾还多。除肠道症状外，临床症状还包括呼吸道、心血管系统、骨骼、结缔组织及全身疾病。出现败血症时，病死率达 30%以上。1981 年我国发现该病并引起全国重视，开展了全国性的调查和研究，分别从人群、动物和外环境中分离出病原菌，证明耶尔森菌病在我国的分布非常广泛的。

一、发生与分布

自 20 世纪 50 年代以后发现小肠结肠炎耶尔森菌的国家不断增加，现已遍及全世界。据报道（1997）美国每年有 17 000 例耶尔森菌病病例，在北欧、日本则更多。该菌所致疾病虽呈世界性分布，但似乎集中于寒冷的地区，如美国北部、加拿大、比利时、日本等国，比利时可能是全世界耶尔森菌病感染率最高的国家。疾病的流行在不同的国家有地域性、季节性、散发与暴发、混合感染等特点。

二、病　　原

1. 分类地位　小肠结肠炎耶尔森菌除感染动物外，还是人腹泻的重要病原菌，是一种食源性致病菌，其对公共卫生的影响不亚于沙门菌，越来越受到人们的重视。

小肠结肠炎耶尔森菌为肠杆菌科耶尔森菌属（*Yersinia*）细菌，耶尔森菌属在分类上属于肠杆菌科，共有 11 个种，已知其中 4 个种有致病性，即鼠疫耶尔森菌（*Y. pestis*）、小肠结肠炎耶尔森菌（*Y. enterocolitica*）、伪结核耶尔森菌（*Y. pseudotuberculosis*）和鲁克氏耶尔森菌（*Y. ruckei*）（虹鳟鱼红嘴病的病原）。

2. 形态学基本特征与培养特性　小肠结肠炎耶尔森菌为革兰染色阴性杆菌或球杆菌，大小为（1～

3.5）μm×（0.5～1.3）μm，多单个散在、有时排列成短链或成堆存在。不形成芽孢，无荚膜，有周鞭毛。但其鞭毛在30℃以下培养条件下形成，温度较高时即丧失，因此表现为30℃以下有动力，而35℃以上则无动力。

小肠结肠炎耶尔森菌生长温度为30～37℃，但在22～29℃培养才能出现某些特性。4℃时保存可繁殖。该菌世代间隔时间长，最短需40min左右。在SS或麦康凯琼脂培养基上于25℃培养24h，可获得细小菌落。培养至48h可长成直径为0.5～3.0mm的菌落。菌落圆整、光滑、湿润、扁平或稍隆起，透明或半透明。在麦康凯琼脂上菌落呈淡黄色，如若微带红色，则菌落中心的红色常稍深。在肉汤中生长呈均匀混浊，一般不形成菌膜。

3. 理化特性 耶尔森菌为兼性厌氧菌，生长温度为−1～48℃，能在反复冷冻、缓慢融化下存活。由于该菌可在4℃下冷增菌，因此保存在4～5℃冰箱中的食品具有污染的危险。其生长要求较高的水活度，最低水活度为0.95，pH接近中性，较低的耐盐性。耶尔森菌对理化因素抵抗力较弱，湿热70～80℃ 10min或100℃ 1min死亡，干热160℃ 1min死亡，5%来苏儿或石炭酸、0.2%的升汞可在20min内杀死痰液中的病菌。在自然环境的痰液中能存活36天，在蚤粪、土壤中能存活1年左右。

4. 分子生物学

（1）基因组特征 根据国际核酸序列数据库（2000）资料，目前该菌有100多个基因已被初步定位，耶尔森菌属中的DNA G+C含量为46%～50%，与肠杆菌科的各菌属相一致。本菌的DNA G+C含量为48.5%±1.5%。

（2）毒力因子

①侵袭性基因和黏附侵袭位点基因（inv）：目前已确定该菌的染色体上带有对哺乳动物细胞有侵袭性的基因inv和ail，inv基因是有侵袭素介导的，由2 505个碱基对构成，能使无侵袭性的大肠埃希菌转变成有侵袭性的。ail基因与inv基因没有同源性，ail基因区域长约650bp，对细胞侵袭表现出更强的宿主特异性。

②耐热性肠毒素基因（yst）：该菌于体外25～30℃培养时产生耐热性肠毒素。研究表明yst仅产生于致病性小肠结肠炎耶尔森菌中，受生长期、温度、渗透压、pH和宿主因子影响，当这些影响因素都接近于肠道环境时在37℃ yst基因能够转录，37℃对该基因的表达起抑制作用。

③质粒：所有致病性的小肠结肠炎耶尔森菌普遍带有40～48MDa的质粒（pYV），它们组成了一个与某些毒力特性相关的质粒群，此外还有36和82MDa质粒的报道。不同血清型的小肠结肠炎耶尔森菌所带有的质粒分子量不同，绝大多数的血清型O3菌株带有46MDa，O9菌株带有44MDa，O8菌株带有42MDa的质粒；O3与O9菌株带有的质粒较接近，与O8带有的质粒有较大的区别。

三、流行病学

1. 传染来源 人、动物受到小肠结肠炎耶尔森菌感染及水源和食品受到该菌污染均可构成人和动物耶尔森氏菌的传染源，动物中特别是猪、牛、犬、啮齿动物和苍蝇在传播疾病中起着重要的作用。食品和饮水受到该菌污染往往是暴发胃肠炎型耶尔森菌病的重要原因。

2. 传播途径 小肠结肠炎耶尔森菌的传播途径可概括为人与人、人与动物、食物和水的传播。流行病学资料证明，大多数病例是通过消化道感染的，被感染的人群和动物的咽喉、舌、痰和气管分泌物等都可带有该菌，因此不能排除通过呼吸道在人群和动物间的相互传播。

3. 易感动物

（1）自然宿主 小肠结肠炎耶尔森菌分布很广，可存在于生的蔬菜、乳和乳制品、肉类、豆制品、沙拉、牡蛎、蛤和虾，也存在于湖泊、河流、土壤和植被等环境中。已从家畜、犬、猫、山羊、灰鼠、水貂和灵长类动物的粪便中分离出该菌。在港湾周围，许多鸟类包括水禽和海鸥可能也是该菌的携带者。

（2）实验动物 可试验感染多种实验动物，目前的研究主要以小鼠、大鼠、豚鼠、家兔和沙鼠为主。

（3）易感人群　小肠结肠炎耶尔森菌在各个年龄组均有发病，从不足1岁的婴儿到85岁的老人均可感染，但以1～4岁的儿童发病率最高，特别是腹泻型病例占15.5%，在比利时可达80%，同时在该年龄组以血清型O3菌株占优势（约占分离菌株总数的65.4%）。随着年龄的增长，该型菌株随之减少，50岁以上的人群则无此型菌株。男女间的发病率大体相同，或男性略高于女性。

4. 流行特征　小肠结肠炎耶尔森菌病多为散发，季节性不明显，常见于寒冷季节。其发生与动物的抵抗力有密切关系，当外界各种因素导致动物抵抗力下降或免疫功能受抑制时，易诱发该病。人食用了被污染的蔬菜、饮水可感染发病，由动物直接感染的可能性也有。

四、临床症状

1. 动物的临床表现　该病在动物大多为隐性感染，无明显症状。曾观察到猪、犬、猫、羊、猴等感染后出现腹泻症状或于肝脏形成结节性病变，但一般较为少见。

在猪，曾有暴发流行的报道。潜伏期2～3天，病初厌食，体温40～41℃，水泻，一天数次至十余次，严重时肛门失禁。后期体温下降，不食，尿少，皮肤发绀。如未进行补液治疗，仔猪常因脱水休克而死亡。成年猪常能耐过。病程约1周，也有长达半月者。剖检病变为卡他性胃肠炎。

在绵羊，曾有以化脓性支气管肺炎和化脓性皮炎为主的暴发流行。病羊体温升高，咳嗽，呼吸困难，口、耳皮肤化脓、坏死。剖检胸腔积液，肺充血、有脓肿，肺表面有纤维素性渗出物；心包膜增厚，心肌出血。大小羊均可发生，以羔羊的发病率和病死率较高。

2. 人的临床表现　该病的临诊表现多样，常见的有6种类型。

（1）肠炎型　典型临床表现为腹泻和发热，病情轻重不一。轻型病例一般可自愈，重型病例需用抗生素治疗。腹泻常为水样便和稀便，婴幼儿常有脓血便，腹泻次数不等。某些病人常伴有腹痛和呕吐。

（2）腹痛和类阑尾炎型　临床上多表现为急性肠炎，尤以5岁以下婴幼儿更为常见，稍大一点的儿童和成人多出现右下腹疼痛，常被误诊为阑尾炎。

（3）关节炎型　是耶尔森菌病常见的病种，以成人为主，女性居多。大多数病人同时几个关节受累，关节局部主要表现疼痛、肿胀和关节囊渗出液。

（4）结节性红斑病　常见部位为小腿的前面，其次是前臂，是耶尔森菌病的一种非特异性炎症反应。

（5）败血症型　有肝硬化、糖尿病和血液病病史者，感染此菌易患败血症。

（6）其他临床型　常见的如咽喉炎、扁桃体炎、颈部淋巴结肿大，少见的有脑膜炎、心肌炎、骨髓炎、肺炎、尿道感染、肾小球肾炎、眼结膜炎和虹膜炎等，更少见的有肺部浸润性炎症和肝脾脓肿等。

五、病理变化

日本学者丸务山（1997）曾成功对猿猴经口感染进行试验，产生与人相似的症状和组织病变，认为耶尔森菌感染虽涉及空肠和大肠，但主要部位在回肠。感染经口获得，细菌首先在Peyer淋巴结繁殖，然后根据其血清型和所携带的毒力质粒，细菌留居在回肠中定位并黏附于黏液上，外膜蛋白促进此黏附和抗吞噬作用，使细菌在宿主细胞内的防御机制下存活，甚至穿过肠上皮进入淋巴组织（肠系膜炎），在单核细胞谱系的细胞中产生感染，最后进入血液循环（败血症）。

六、诊　　断

1. 动物的临床诊断　该病在动物大多为隐性感染，无明显症状。曾观察到猪、犬、猫、羊、猴等感染后出现腹泻症状或于肝脏形成结节性病变，但一般较为少见。

2. 人的临床诊断　小肠结肠炎耶尔森菌是20世纪30年代引起注意的急性胃肠炎型食物中毒的病原菌，为人兽共患病。潜伏期为摄食后3～7天，也有报道11天才发病。病程一般为1～3天，但有些病例持续5～14天或更长。主要症状为发热、腹痛、腹泻、呕吐、关节炎、败血症等。耶尔森菌病典型症状常为胃肠炎症状、发热，亦可引起阑尾炎，有的引起反应性关节炎。另一个并发症是败血症，即血液系统感染，尽管较少见，但死亡率较高。

该菌易感人群为婴幼儿，常引起发热、腹痛和带血的腹泻。

3. 实验室诊断 确诊该病有赖于病原菌的分离鉴定和血清学检查。从动物采取标本以肛拭或有病变脏器组织为宜。屠宰动物和鼠类取回盲部的黏膜，其检出率较粪便为高，猪扁桃体的检出率也较高。

腹泻患畜粪样或有病变脏器组织材料，可直接在琼脂或麦康凯琼脂平皿划线培养，无症状带菌动物粪便、饲料、水样等宜先增菌后划线培养，增菌可采用冷增菌法，置pH 7.6 PBS增菌液中，在4℃增菌14天；或用普通增菌法，置加有新霉素、多黏菌素B和结晶紫的豆胨肉汤中，在25℃或37℃增菌24～48h。划线琼脂平皿可置25℃培养48h，然后挑取可疑菌落，进一步做生化试验和血清型鉴定。

血清型鉴定可用O因子血清做凝集试验。如分离菌与两个O抗原因子血清呈阳性反应时，可进一步做吸收试验，以确定是一个O抗原还是两个O抗原。也可用血清学试验进行诊断，试管凝集反应法效果较好。动物病后1～2周出现凝集素，3～4周增高，血清凝集效价达1∶200者为阳性。抗体水平在3个月开始下降。如进行间接血凝试验，效价达1∶512以上为阳性，据报道与凝集试验相比，此法的特异性和敏感性较高。在做血清学试验时，应注意耶尔森菌与大肠杆菌、沙门菌或布鲁菌可能出现交叉反应，以免误诊。近年来，酶联免疫吸附试验（ELISA）和免疫荧光抗体试验已用于该病的诊断。

七、防控措施

由于小肠结肠炎耶尔森菌在自然界分布广泛，传染源种类繁多，流行病学方面尚有许多问题需要查明，因此彻底防制该病目前尚有一定困难，只能采取一般性的防控措施。做好环境卫生和消毒，加强肉品的卫生监督，开展灭鼠、灭蝇和灭蟑螂工作，发现病畜要及时隔离治疗，防止其排泄物污染饲料、食品和饮水。

治疗该病可选用链霉素、氯霉素、四环素或磺胺类药物。

人患该病多为自限性，轻者不用治疗即可自愈，重者除给予一般支持疗法外，还需使用抗生素（如链霉素、氯霉素、四环素）或磺胺类药物。预防该病的方法是不要使用各种类型的铁制剂，避免进食可疑污染的食物和水，不与感染动物接触，注意个人卫生。

八、公共卫生影响

小肠结肠炎耶尔森菌是自20世纪80年代以来引起国际广泛注意的一种人兽共患病原细菌，广泛分布于自然界，已从人、动物、土壤、水和多种食品中分离出来，是能在冷藏温度下生长的少数肠道致病菌之一，全球由该菌引起的食源性疾病暴发已有数十起。该菌虽早在20世纪30年代就被发现，但直至20世纪60年代才逐渐引起微生物学、临床医学和流行病学家们的广泛注意，随着其重新分类和免疫学、分子生物学技术的发展，对小肠结肠炎耶尔森菌的研究更进了一步。

（冯育芳　丁家波　毛开荣）

我国已颁布的相关标准

GB/T 14926.3—2001　实验动物　耶尔森菌检测方法

GB/T 4789.8—2003　食品卫生微生物学检验小肠结肠炎耶尔森氏菌检验

SN/T 2068—2008　出入境口岸小肠结肠炎耶尔森菌感染监测规程

参考文献

白常乐，卢曙初．1983. 国外耶尔森菌病的流行病学近况［J］. 中华流行病学杂志，4（1）：59-60.

景怀琦，徐建国，邵祝军，等．1997. 聚合酶链反应检测小肠结肠炎耶尔森菌的研究［J］. 中华检验医学杂志（20）：242-243.

李仲兴，郑家齐，李家宏，等．1986. 临床细菌学［M］. 北京：人民卫生出版社：441.
Darwin A J，Miller V L. 1999. Identification of Yersinia enterocolitica genes affecting survival in an animal host using signature - tagged transposon mutagenesis［J］. Mol. Microbiol，32：51 - 62.
Gripenberg L C，Skurnik M，oivanen P. 1995. Role of YadA - mediated collagen binding in arthritogenicity of Yersinia enterocolitica serotype O：8：Experimental studies with rats［J］. Infect. Immun，63：3222 - 3226.
Gripenberg L C，Skurnik M，Zhang L J，et al. 1994. Role of YadA in arthritogenicity of Yersinia enterocolitica serotype O：8：Experimental studies with rats［J］. Infect. Immun，62：5568 - 5575.
Gripenberg L C，Zhang L，Ahtonen P，et al. 2000. Construction of urease - negative mutants of Yersinia enterocolitica serotypes O：3 and O：8：role of urease in virulence and arthritogenicity［J］. Infect. Immun，68：942 - 947.
Tahir Y，Kuusela P，Skurnik M. 2000. Functional mapping of the Yersinia enterocolitica adhesin YadA. Identification of eight NSVAIG - S motifs on the amino - terminal half of the protein involved in collagen binding［J］. Mol. Microbiol，37：192 - 206.
Vogel U，Weinberger A，Frank R，et al. 1997. Complement factor C3 deposition and serum resistance in isogenic capsule and lipooligosaccharide sialic acid mutants of serogroup B Neisseria meningitidis［J］. Infect. Immun，65：4022 - 4029.
Yang Y，Isberg R R. 1993. Cellular internalization in the absence of invasin expression is promoted by the Yersinia pseudotuberculosis yadA product［J］. Infect. Immun，61：3907 - 3913.

第十一节 假结核耶尔森菌病 (Yersinia pseudotuberculosis)

假结核耶尔森菌是一种人兽共患的肠道病原菌，流行病学特点与小肠结肠炎耶尔森菌很相似，假结核耶尔森菌感染的动物种类更广泛，但感染率低于小肠结肠炎耶尔森菌。假结核耶尔森菌对啮齿类动物、豚鼠、家兔等有很强的致病性，因其在感染动物的脏器中可形成多发性粟粒状结核结节病灶而得名。人也可感染该病。该菌可在低温环境下生存，冰箱贮存食物是现代社会发生该菌感染的一个重要传染源。

一、发生与分布

假结核耶尔森菌是一种人兽共患的肠道病原菌，广泛分布在气候寒冷的国家，普遍认为它也是引起人胃肠道疾病散发和流行的主要原因之一。假结核耶尔森菌病是一种食源性自限性感染，人主要通过摄入被感染动物污染的食物或水源而致病。感染该菌后，一般仅引起胃肠道症状、肠系膜淋巴结炎等。

二、病　　原

1. 分类地位 假结核耶尔森菌为肠杆菌科耶尔森菌属（*Yersinia*）细菌，是一类革兰阴性小杆菌，分类上属肠杆菌科，包括 11 个菌种。其中致病性的耶尔森菌有 3 种，即假结核耶尔森菌（*Y. pseudotuberculosis*）、鼠疫耶尔森菌（*Y. pestis*）与小肠结肠炎耶尔森菌（*Y. enterocolitica*）。条件致病性或非致病性的耶尔森菌有 8 种，即费氏耶尔森菌、中间型耶尔森菌、克氏耶尔森菌、伯氏耶尔森菌、莫氏耶尔森菌、罗氏耶尔森菌、阿氏耶尔森菌、鲁氏耶尔森菌。

2. 形态学基本特征与培养特性 假结核耶尔森菌形态为球形或短杆状多形态杆菌。革兰染色阴性，无荚膜、无芽孢，需氧或兼性厌氧。生长温度较为宽泛，22～30℃生长最佳，在低温下仍然可以存活，22～30℃生长有动力，37℃则失去动力。与小肠结肠炎耶尔森菌一样，假结核耶尔森菌最好的选择性培养基为 CIN 琼脂（Cefsulondin - Irgasan - Novobiocin Agar），形成直径约 1mm“公牛眼”状特征性菌落，中心呈深红色，而菌落最外周部分为无色透明的环。生化反应较为活跃。甲基红试验阳性，VP 试验阴性。迅速分解尿素。根据 O 抗原分为 6 个血清型，对人致病的主要为 O 1 血清型。有毒菌株多数具有 V/W 抗原。

3. 理化特性 耶尔森菌为兼性厌氧菌，生长温度为－1～48℃，能在反复冷冻、缓慢融化下存活。由于该菌可在4℃下冷增菌，因此保存在4～5℃冰箱中的食品具有污染的危险。其生长要求较高的水活度，最低水活度为0.95，pH接近中性，较低的耐盐性。耶尔森菌对理化因素抵抗力较弱，湿热70～80℃ 10min或100℃ 1min死亡，干热160℃ 1min死亡，5%来苏儿或石炭酸、0.2%的升汞可在20min内杀死痰液中的病菌。在自然环境的痰液中能存活36天，在蚤粪、土壤中能存活1年左右。

4. 分子生物学

（1）基因组特征 耶尔森菌属G＋C含量约为47％。假结核耶尔森菌与鼠疫耶尔森菌在遗传学上非常相近，DNA同源性大于90％。种系发生学研究认为假结核耶尔森菌是鼠疫耶尔森菌最近的先祖，并且推断鼠疫耶尔森菌是从血清O∶1b型假结核耶尔森菌衍化而来。

（2）毒力因子

1）与质粒有关的毒力决定因子 假结核耶尔森菌、小肠结肠炎耶尔森菌、鼠疫耶尔森菌，这三种致病性的耶尔森菌都携带有一个约70kb的毒力质粒（pYV）。pYV是耶尔森菌抵抗宿主免疫、对机体致病的本质性因子之一。携带质粒的菌株具有一系列表型特征：如自凝反应阳性，具有钙依赖性（即在缺钙培养基上难以生长），能够结合结晶紫等。可通过CR2MOX平板（刚果红2草酸镁）鉴定携带质粒情况。CR2MOX阳性为小的橘红色菌落，携带pYV；CR2MOX阴性为大的无色菌落，不携带pYV。而随着近年分子生物学技术的发展，鉴定pYV主要依靠PCR及DNA杂交等技术。

2）染色体编码的毒力因子 染色体上的inv基因长约3.2kb，编码103kDa的侵袭素，也是一种细菌外膜蛋白，介导细菌进入哺乳动物细胞，是假结核耶尔森菌重要的毒力标志之一。inv基因与小肠结肠炎耶尔森菌的ail基因的作用近似，所有的从人或感染动物分离的菌株均携带有inv基因。侵袭素介导途径是假结合耶尔森菌进入宿主细胞最主要的方式。

假结核耶尔森菌衍生丝裂原（YPM）及Ⅳ型菌毛，染色体编码的假结核耶尔森菌衍生丝裂原(YPM)是一种超抗原毒素，在该菌致死性感染中起到重要作用，红疹、反应性关节炎、间质性肾炎等感染并发症都与YPM强烈激活T细胞增殖分化有关。小鼠动物模型发现，YPM在全身感染中起到重要作用，能够大大加强菌株的毒力，导致小鼠致死性休克。目前已发现y pmA、y pmB、y pmC三个等位基因，分别编码YPM的三个变体。YPMa与YPMb有83％的一致性，而与YPMc差别很大。

假结核耶尔森菌毒力岛包括耶尔森菌高致病性毒力岛（HPI）和YAPI（Yersiniaadhesion pathogenicity island）毒力岛，HPI大小为36 243kb，最初发现于鼠疫耶尔森菌、假结核耶尔森菌及小肠结肠炎耶尔森菌生物1B菌株，之后又在肠杆菌科其他菌属中发现；包括大肠杆菌、克雷伯菌、枸橼酸菌、沙门菌、沙雷菌等。HPI编码耶尔森菌铁摄取系统，对于耶尔森菌在宿主体内的生存繁殖具有重要作用。YAPI大小98kb，G+C含量为31%～60%，有95个开放读码框，主要编码：①pil操纵子；②一些可能与细菌一般代谢有关的基因簇；③一个编码限制修饰系统的基因簇；④大量其他可移动的遗传因子。

3）Tat系统 转运系统是细菌向感染细胞传递出细菌毒力蛋白的第一步。很多革兰阴性菌都利用Tat系统将折叠蛋白通过细菌内膜转运到细胞周浆。现已经发现，三种致病性耶尔森菌都具有类似大肠杆菌的Tat系统。

三、流行病学

1. 传染来源 假结核耶尔森菌分布非常广泛，从昆虫、鸟类到哺乳动物，均可成为该菌的宿主。该菌广泛分布于各种水体及土壤等环境中，在各种清洁度的水源：井水、细菌学洁净的泉水、1级和2级清洁度的表面水以及严重污染的水体都曾分离到该菌。被感染的动物有的表现出症状，甚至造成致死性损害；有的则健康携带，没有明显症状。如目前已经证实鹿是假结核耶尔森菌重要的贮存宿主之一，在鹿群中假结核耶尔森菌无症状的亚临床感染非常常见。

2. 传播途径 假结核耶尔森菌主要依靠粪—口途径传播。人感染主要是通过接触被感染动物粪便污染的食物和水，以及与动物直接接触造成的。该菌是重要的食源性病原菌，该菌污染可能发生在食物的制造、加工、运输及售卖各个过程。水源或土源传播造成的疫情多是由于水和土壤被感染牲畜的粪便污染。人通过直接接触被感染动物及其污染的水和土壤也能造成感染，由宠物传播的假结核耶尔森菌感染多是通过直接接触造成的。

3. 易感动物

（1）自然宿主　假结核耶尔森菌分布非常广泛，从昆虫、鸟类到哺乳动物，均可成为该菌的宿主。该菌广泛分布于各种水体及土壤等环境中，在各种清洁度的水源：井水、细菌学洁净的泉水、1 级和 2 级清洁度的表面水以及严重污染的水体都曾分离到该菌。哺乳动物和鸟类是重要的贮存宿主，假结核耶尔森菌在鸟类中的感染率通常大大高于小肠结肠炎耶尔森菌，尤其野鸟在传染链中的意义更为重要，候鸟的迁徙则对于假结核耶尔森菌在世界范围内不同大陆之间的广泛传播起到很大作用。

（2）实验动物　该菌能够感染多种野生或家养的鸟类及哺乳动物，如牛、羊、猪、犬、鹿、兔、猴、鼠等。被感染的动物有的表现出症状，甚至造成致死性损害；有的则健康携带，没有明显症状。

（3）易感人群　假结核耶尔森菌在动物中的感染比较普遍，但人的感染比较少见，人严重感染一般发生在有免疫抑制的或铁过载的人群中。

4. 流行特征　假结核耶尔森菌感染具有高度季节性，其传播多发生在晚冬至早春；而小肠结肠炎耶尔森菌的传播则多在冬季中期至初夏。假结核耶尔森菌广泛分布于世界各地，在除南极洲外各个大陆均有发现。在已发现该菌的大多数国家，假结核耶尔森菌的感染率一般都稍低于小肠结肠炎耶尔森。

四、临床症状

1. 动物的临床表现　兔和豚鼠常发生该病。患病动物临床表现为腹泻、迅速消瘦，经 3～4 周死亡。剖检见肠系膜淋巴结、肝、脾肿大，有干酪样坏死病灶。兔盲肠蚓突、回盲部圆囊也常有同样变化。偶尔可见败血型经过，有发热、沉郁、呼吸困难等症状，最后死亡。剖检时全身呈败血病的特征，表现为肝、脾、肾严重瘀血、肿胀，肠壁血管极度充血，肺和气管黏膜出血，肌肉呈暗红色。猫患病后表现为减食，胃肠炎和黄疸，经 2 周至 3 个月死亡。剖检见肠系膜淋巴结和肝、脾肿大。在其他动物中也见过该病的临诊病例。猪表现为胃肠炎和肝炎，常引起死亡。牛和绵羊流产，公羊有化脓性睾丸炎，病死率较高。家禽发病多呈急性，表现腹泻、眼运转困难，常可致死，剖检见十二指肠有卡他性和结节性病变。

2. 人的临床表现　假结核耶尔森菌感染临床症状多种多样，较多见的是肠道毒血症，通常情况下能够自愈，但也有可能引起较严重的症状。假结核耶尔森菌感染较典型的临床症状为：右下腹痛，类似阑尾炎，发热，仅有半数感染者会出现腹泻，部分伴有关节痛或背痛。细菌从肠系膜淋巴结播散入血，导致患者出现全身感染症状：高热、红疹、结膜充血等，严重者还会出现谵妄、意识不清 或发展成为严重败血症，引起死亡。

五、病理变化

从动物试验及患者病理组织切片可见，由于该菌的淋巴嗜性，侵犯肠道淋巴组织，出现微脓肿，造成肠系膜淋巴结炎和终末回肠炎。已经证实，部分人 Crohn’s 病是由于该菌感染造成的。

六、诊　断

1. 动物的临床诊断

（1）可视黏膜出现贫血和黄疸，血清胆红素增高。

（2）肝脏肿大，并在其表面出现结节，可以触摸到肠系膜淋巴结和脾脏肿大。

（3）穿刺肝脏做细菌培养和病理组织学检查，可见到多个含有大量革兰阴性菌的干酪化坏死病灶。

（4）试验性开腹术　对于可疑病例，可实施开腹手术，在直视下检查特征性病变的有无。

2. 人的临床诊断 确诊该病需进行病原菌的分离鉴定。肠系膜淋巴结中病原的分离率高于其他器官，从兔蚓突和圆囊取材容易获得纯培养。在该病的早期或发生败血症的病例可取血液，活体检查时还可采取粪便分离培养。该菌对培养基的要求不严格，按照小肠结肠炎耶尔森菌的分离方法，即可获得满意结果。对分离菌的血清型，可用标准血清进行鉴定，也可采用血清学试验。方法同小肠结肠炎耶尔森菌病的诊断。该病的干酪样坏死病灶与结核病类似，应注意区别。

3. 实验室诊断 假结核耶尔森菌的实验室诊断主要依赖细菌培养和生化鉴定，分型可以通过分子生物学方法进行鉴定。

七、防治措施

该病目前尚无疫苗可以利用。预防主要依靠一般性措施，重点是加强灭鼠工作，避免饲料、饮水或用具被病菌污染。发病时要做好隔离、淘汰和消毒工作。

人的预防重在加强肉品卫生监督，避免与患病动物接触。治疗可用链霉素、氯霉素、四环素或磺胺类药物。

八、公共卫生影响

假结核耶尔森菌在人群中以散发为主，但在芬兰、日本等一些该菌感染的主要国家，也陆续发生了多起不同规模暴发流行。该菌的动物宿主非常广泛，尤其迁徙鸟类的高带菌率很可能是造成该菌在不同大陆间广泛传播的重要原因。假结核耶尔森菌全身感染者病情较重，发生败血症后死亡率很高，尤其易发生于免疫缺陷的人群。目前我国尚没有该菌暴发的报道，但随着我国食品等进出口的增加，假结核耶尔森菌作为一种潜在的输入性病原菌，可能对我国人群健康产生威胁。

（冯育芳　丁家波　毛开荣）

我国已颁布的相关标准

GB/T 14926.3—2001　实验动物　耶尔森菌检测方法

参考文献

王鑫．2007．假结核耶尔森菌研究进展［J］．中国人兽共患病学报，23（10）．

Cave M H，MacAleenan F A，Hunter J，et al. 1990. Reactive arthritis following Yersinia pseudotuberculosis infection ［J］. Ulster Med J，59：87 - 89.

Fordham J N，Maitra S. 1989. Post - yersinial arthritis in Cleveland，England ［J］. Ann Rheum Dis，48：139 - 142.

Hannu T，Mattila L，Rautelin H，et al. 2002. Campylobacter - triggered reactive arthritis：a population - based study ［J］. Rheumatology（Oxford），41：312 - 318.

Lindley R I，Pattman R S，Snow M H. 1989. Yersinia pseudotuberculosis infection as a cause of reactive arthritis as seen in a genitourinary clinic：case report ［J］. Genitourin Med，65：255 - 256.

Rudwaleit M，Richter S，Braun J，et al. 2001. Low incidence of reactive arthritis in children following salmonella outbreak ［J］. Ann Rheum Dis，60：1055 - 1057.

Tertti R，Vuento R，Mikkola P，et al. 1989. Clinical manifestations of Yersinia pseudotuberculosis infection in children ［J］. Eur J Microbiol Infect Dis，8：587 - 591.

Yli Kerttula T，Tertti R，Toivanen A. 1995. Ten - year follow up study of patients from a Yersinia pseudotuberculosis III outbreak ［J］. Clin Exp Rheumatol，13（3）：333 - 337.

第十二节　鼠　　疫
(Yersinia pestis)

鼠疫（Yersinia pestis）是由鼠疫耶尔森菌引起的自然疫源性烈性传染病。临床主要表现为高热、淋巴结肿痛、出血倾向、肺部特殊炎症等。世界上曾发生三次该病大流行，第一次世界鼠疫大流行：在6世纪（527—565年），首先发生在中东、地中海附近地区。此次流行遍及全欧洲和非洲北部，中国的东部沿海也有发生。其中东罗马帝国流行最猖獗，居民一半死于鼠疫，因为开始流行于汝斯丁王朝时期，因此以汝斯丁（Justinian）瘟疫的名称记入医学史册。当时人们把鼠疫称为热病，全世界死于鼠疫的约1亿人。第二次世界鼠疫大流行：发生于14世纪，主要流行于欧洲发达国家。这次流行死亡2 500万人，由于肺鼠疫和败血型鼠疫比较多，死后皮肤有瘀血瘢，所以当时人们把鼠疫称为黑死病。第三次世界鼠疫大流行：发生于19世纪末叶，许多文献、志书记载，起源于我国云南与缅甸边境一带，鼠疫在云南经过长时间的反复流行后，经思茅、蒙自沿广西的百色、龙洲传入北海、钦州、廉州等雷州半岛沿海城镇，相继传到广州和香港。1894年香港鼠疫暴发流行后，由于香港海运业的发展，大型、快速的远洋货轮使香港的鼠疫传播到世界各地。此次流行受染国家32个，直到第二次世界大战结束后才逐渐终息。据不完全统计，世界死于这次鼠疫流行者有150万人。在本次大流行中，于1894年日本北里（Ktasato）和法国人耶尔森（Yersin）首次在香港从鼠疫病人尸体和死鼠体内分离到鼠疫杆菌。

一、发生与分布

世界上曾发生三次鼠疫大流行，造成数以亿计的人员死亡。历史上首次鼠疫大流行发生于6世纪，起源于中东，流行中心在近东地中海沿岸，542年经埃及南部塞得港沿陆海商路传至北非、欧洲，几乎殃及当时所有著名国家。第二次大流行发生于14世纪，此次流行此起彼伏持续近300年，遍及欧亚大陆和非洲北海岸。第三次大流行始于19世纪末（1894年），至20世纪30年代达最高峰，共波及亚洲、欧洲、美洲和非洲的60多个国家。

自20世纪80年代以后，世界鼠疫重新活跃起来。在一些静息了20多年的鼠疫自然疫源地，又陆续发现了新的鼠疫动物病的活动，并呈逐年上升的趋势。美国媒体报道称，已经消失了几十年的致命传染病——黑死病重新出现，不断有人间鼠疫病例发生。亚洲、非洲、美洲也不断发生人间鼠疫的流行。1992年全世界报告发生人间鼠疫的有巴西、中国、马达加斯加、蒙古、缅甸、秘鲁、美国、越南及扎伊尔等9个国家，共1 582例，病人大多集中在非洲，病死率为8.7%。离我们最近的蒙古、越南疫情连年不断。最令人震惊是1994年印度苏拉特的人间鼠疫流行，由于防治措施不力造成了数百万城市人口的大逃亡，使疫情迅速蔓延扩大，在极短的时间里给印度政治和经济上造成的损失无法估量。原因有三，一是对消灭鼠疫自然性的错误认识，认为可以消灭鼠疫自然性，不再会发生鼠疫流行；二是多年未发生鼠疫人们对鼠疫失去了警惕性；三是缺乏防治人员和防治措施。2002年，有13个国家向WHO报告的鼠疫病例数1 925例，其中177例死亡。2003年，9个国家报告了2 118例病例，182例死亡。

我国有11类鼠疫自然疫源地，除蒙古旱獭、布氏田鼠疫源地相对稳定外，其余9种处于活跃状态。鼠疫自然疫源地1990年分布于17个省、自治区202个县50多万km^2，至2002年分布于19个省、自治区278个（包括行政区划变动增加8个）县99.3万km^2。1981—2002年在河北、内蒙古、吉林、陕西、甘肃、青海、宁夏、新疆、四川、西藏、云南、贵州、广西等13个省、自治区发现动物鼠疫流行739县次。1981年以来，人间鼠疫病例大幅度增加，在云南、贵州、广西、青海、西藏、新疆、甘肃、四川、内蒙古等9个省、自治区1981—2002年发生人间鼠疫病例860例。其中1990年75例，2000年254例，分别是80年代和90年代最高发病年份。

20世纪90年代以来我国鼠疫的流行趋势为人间鼠疫病例数呈明显上升趋势，一些疫源地从静息转为活跃，染疫动物种类增多，疫源地范围不断扩大，鼠疫远距离传播的危险性增加。近年来，随着劳务输出力度的逐年加大，大批人员进入鼠疫自然疫源地从事淘金、开矿、兴修水利、采药、旅游等活动，与染疫动物接触的概率大为增加，加之交通便利，人员流动性大，一旦不慎染疫，随时有可能造成人间鼠疫的发生和流行。

我国最近一次流行是2009年7月30日发生于青海省海南藏族自治州兴海县的腺鼠疫，发病起因是家犬吃了草原上染疫旱獭死亡，主人在处理犬的尸体时，受到犬身上寄生的跳蚤的叮咬发病。此次疫情共造成12人发病，其中3人死亡。鼠疫的威胁十分严重，防治鼠疫的工作非常艰巨而繁重。预防和消灭鼠疫是人类的共同愿望，但在目前的鼠疫形势下，我们必须做好宣传教育、疫情监测、疫情报告、灭鼠灭蚤等工作，使每个社会成员掌握和了解预防鼠疫的科学知识，防止历史悲剧的重演。

二、病　原

1. 分类地位　鼠疫耶尔森菌（*Yersinia pestis*）在分类上属肠杆菌科、耶尔森菌属，为革兰染色阴性的兼性需氧菌。我国鼠疫杆菌共17个型，均以地方命名，如祁连山型、北天山东段型等。

2. 形态学基本特征与培养特性　鼠疫耶尔森菌为多形性，革兰染色阴性，兼性需氧菌，最适生长温度为28℃，普通培养基上生长缓慢，需培养72h以上。

3. 理化特性　鼠疫耶尔森菌毒性物质包括鼠毒素（外毒素或毒性蛋白质）、内毒素（脂多糖）、纤维蛋白溶酶、凝固酶、荚膜抗原及其他具有致病作用的抗原等。鼠疫耶尔森菌低温下在有机体中生存时间较长，在脓痰中可存活10～20日，尸体内可存活数周至数月，蚤粪中能存活1个月以上。对光、热、干燥及一般消毒剂均敏感，于煮沸后1～2min、55℃ 15min或100℃1min、日光照射4～5h、5%来苏儿或石炭酸20min可将该菌杀灭。

4. 抗原特性　鼠疫耶尔森菌抗原结构复杂，已证实有18种抗原，即a～k，n、o、q、r、s、t及w等，其中f1、t及w最重要，为特异抗原。f1为荚膜抗原，可用于诊断；131t抗原为鼠毒素，存在于细胞内，菌体裂解后释放，是致病及致死的物质。w抗原可使细菌在吞噬细胞内保持毒力，抗拒吞噬。t抗原具有外毒素性质，可作用于血管、淋巴内皮系统，引起炎症、坏死、出血等。

5. 致病机理　鼠疫耶尔森菌由蚤类叮咬而感染，细菌在引流的淋巴结内，被单核细胞吞噬，但不被杀灭，且能繁殖，形成含ⅰ蛋白的荚膜及其他毒性物质。淋巴结呈出血性坏死，细菌可沿血循环及淋巴管扩散，波及浅表淋巴结及纵隔、肺门淋巴结。

10%～20%的患者发生多叶性肺炎，可为大叶实变及出血性坏死、脓肿。吸入染菌尘埃时主要引起肺部病变，但也可仅累及扁桃体及颈淋巴结。如未及时治疗，各型鼠疫均可发展为败血症，并波及肝、脾等脏器及其他淋巴结。

基本病变为血管和淋巴管的急性出血和坏死，局部淋巴结有出血性炎症和凝固性坏死，内有大量病原菌，也可累及邻近淋巴结。肺充血、水肿，偶见细菌栓子所致的散在坏死结节。气管、支气管黏膜高度充血，管腔内充塞大量含菌的泡沫状血性、浆液性渗出液。各器官均充血、水肿或坏死。血多呈黑色，浆膜腔常积有血性渗出液。

三、流行病学

1. 传染来源　鼠疫为典型的自然疫源性疾病，一般先在鼠间流行，然后再波及到人，在人间流行。

鼠间鼠疫的传染源（贮存宿主）有野鼠、地鼠、狐狸、狼、猫、豹等，其中以黄鼠属和旱獭属最重要。

人间鼠疫的传染源，一是染疫动物：在家鼠中，黄胸鼠、褐家鼠和黑家鼠是人间鼠疫的重要传染源；猫、犬、兔、骆驼和山羊也与人的感染有关。二是鼠疫病人：各型患者均为传染源，以肺型鼠疫患者的传染性最强。败血性鼠疫早期的血液有传染性。肺鼠疫只有在被蚤吸血或脓肿破溃后才起传染源的作用。

2. 传播途径　鼠疫是通过疫蚤叮咬和接触染疫动物及其污染物传播的。传播途径很多，主要有以下4种。

（1）蚤媒传播　主要通过“鼠→蚤→人或动物”的方式进行传播。鼠蚤吮吸病鼠血液后，病原菌在蚤前胃大量繁殖而发生壅塞，受染蚤再附人体吸血时，除散布含病菌的粪便于皮肤外，含菌血栓常因反流而侵入人体内。蚤粪中的病菌偶尔也可进入创口而使人受染，当人将蚤打扁压碎时，蚤体内病菌也可经创口进入人体。此种“鼠—蚤—人”是人鼠疫（腺型）的主要传播方式。最近研究发现，该病有由蜱类传播的可能性。

（2）接触传播 蚤粪含有病菌，可因人搔抓皮肤进入皮内。处理受感染动物时被抓伤或咬伤，或剥食啮齿类动物的皮、肉可遭受感染。接触患者的痰液、脓液，可直接经皮肤黏膜伤口感染。

（3）呼吸道传播 患者痰中的病菌通过飞沫或气溶胶、带菌尘土等传播，即“人→人”的方式传播，造成人间肺鼠疫大流行。

（4）消化道传播 进食未煮熟的带菌野生啮齿动物肉，也可感染患病。

3. 易感动物

（1）自然宿主 啮齿动物对该菌敏感性不同，有的高度敏感，有的敏感性差。除猫科动物外，野生食肉动物感染后很少出现症状或发生菌血症，故一般很少死亡。在家畜中，骆驼常发生感染。此外，驴、骡、绵羊、山羊和一些灵长类动物也有个别病例报道。

（2）实验动物 用于鼠疫研究的动物模型有小鼠、豚鼠、大鼠、松鼠、南非多乳头鼠、雪貂及各种啮齿类动物。所有品系的小鼠对该菌均高度易感。用强毒菌皮下接种小鼠，LD_{50}在$1\sim10^4$范围内；疫病自然流行时的感染剂量通常为$10^3\sim10^4$CFU。

（3）易感人群 人群不分种族、性别、年龄对鼠疫普遍易感，没有天然的免疫力。但病后可获持久免疫力，预防接种可获一定免疫力。

4. 流行特征

（1）流行特点 流行季节与鼠类活动（黄鼠与旱獭能带菌冬眠）和鼠蚤繁殖有关，南方多始于春而终于夏，北方则多起于夏秋而延及冬季。肺鼠疫以冬季为多，这与鼠类活动和鼠蚤繁殖情况有关。世界各地存在许多自然疫源地，动物鼠疫长期持续存在。人间鼠疫多由野鼠传至家鼠，由家鼠传染于人引起。首发病例常与职业有关，可因狩猎进入疫区而被感染。

（2）自然疫源地分布 我国鼠疫自然疫源地根据疫源地景观类型、主要宿主和细菌基因遗传型的分布不同，划分为11个类型，即青藏高原山地高寒草甸草原喜马拉雅旱獭鼠疫疫源地，天山森林草原高山草原灰旱獭、长尾黄鼠疫源地，帕米尔高原高山草原长尾旱獭疫源地，呼伦贝尔高原高山草原蒙古旱獭疫源地，察哈尔丘陵松辽平原典型草原达乌尔黄鼠疫源地，黄土高原西部典型草原阿拉善黄鼠疫源地，乌兰察布鄂尔多斯高原荒漠草原长爪沙鼠疫源地，锡林郭勒高原典型草原布氏田鼠疫源地，滇西纵谷混交林大绒鼠、奇氏姬鼠疫源地和西南山地闽粤沿海居民区农田黄鼠疫源地。

（3）环境因素

①自然因素对鼠疫流行的影响：地形、植被、气候等自然因素制约着鼠疫耶尔森菌宿主动物和传播媒介蚤类的活动、生存与繁衍，因而显著影响鼠疫的流行。例如，青藏高原鼠疫只发生、流行于旱獭活动频繁的夏秋季节，到了冬季，气候寒冷，旱獭处于冬眠状态，鼠疫流行也就随之终止。

②社会因素对鼠疫流行的影响：人类的经济活动，如造林、垦荒、兴修水利、建造公路等，均可破坏鼠类借以生存的环境，使其数量显著减少，从而导致鼠疫发病率降低甚至流行终止；相反，战争、饥荒等可促进鼠疫的流行，历史上发生的第一、第二次世界性大流行，均与战争有关。此外，居民的生活习惯、生产方式、宗教活动等也与鼠疫的发病、流行有关。

四、临床症状

1. 动物的临床表现 小鼠感染后表现体温升高，精神萎靡，食量、饮水急剧减少，体躯蜷曲，不活动。病程3～5天，死亡率最高可达100%。剖检可见皮下充血，鼠蹊部淋巴结肿大，与周围组织粘连，局部有化脓灶。肝脏肿大、充血，呈紫褐色，表面有点状坏死灶。脾脏明显肿大、充血、变硬。肺脏充血、肿大，呈暗红色。

人患鼠疫的潜伏期很短，多数为2～3天，预防接种后可延至9～12天。

2. 人的临床表现 该病起病急，高热寒战，体温迅速达到39～40℃。剧烈头痛，恶心、呕吐，伴有烦躁不安，意识模糊。心律不齐，血压下降。呼吸急促。皮肤黏膜先有出血斑，继而大片出血及伴有黑便、血尿。腺鼠疫以急性淋巴结炎为特征，多发生在腹股沟淋巴结，其次为腋下、颈部。淋巴结肿大、坚硬，与周围组织粘连、不活动、剧痛。肺鼠疫死亡率极高，而且可造成人与人之间的空气飞沫传播，是引起人群暴发流行的最危险因素，它除具有全身中毒症状外，以呼吸道感染症状为主，表现咳痰、咳血，呼吸困难，四肢及全身发绀，继而迅速呼吸衰竭死亡。败血症型鼠疫呈现为重度全身中毒症状，并伴有恐惧感，如治疗不及时会迅速死亡。

五、诊　断

1. 临床诊断　依据实验动物和人的临床症状可怀疑或做出初步诊断，确诊需进行实验室诊断。

2. 实验室诊断

（1）血中白细胞总数常达（20～30）$\times 10^9$/L 以上，病初为淋巴细胞升高，以后中性粒细胞显著增高，红细胞、血红蛋白与血小板可减少。尿检可见蛋白尿及血尿，粪检可有血性或黏液血便（肠炎型），采样培养常呈阳性。

（2）采集人淋巴结穿刺液、脓、痰、血（包括死者心血）、脑脊液，实验动物采集脏器（包括骨髓）等进行涂片检查，可见革兰染色阴性两端浓染的短杆菌，对可疑菌落涂片，进行噬菌体裂解试验、血凝试验、动物接种、酶联免疫吸附试验（ELISA）、荧光抗体染色等，操作时须有严格规程和隔离设施。腺鼠疫早期血培养阳性率为70%，晚期可达90%左右，败血症时阳性率可达100%。

（3）血清学检查

①间接血凝法：检测患者或实验动物血清中 F1 抗体，急性期间隔 2 周的血清抗体滴度呈 4 倍以上增长，或一次滴度≥1∶100 时有诊断价值。

②ELISA：测定血清中 F1 抗体，灵敏性高。

③荧光抗体染色：特异性强、灵敏性高，用于快速诊断。

六、防治措施

1. 治疗　腺鼠疫的病死率为20%～70%，使用抗菌药物后，病死率可降至5%左右。肺型、败血症、脑膜型等鼠疫患者在未接受特效治疗时几乎无一幸免，如早期发现并积极处理，多数可转危为安。

（1）就地隔离病人，严格控制病人与外界接触。患者应隔离在孤立建筑物内，病区内应做到无鼠、无蚤，病人须经仔细灭蚤、淋浴后方可收入。肺鼠疫患者应独室隔离，隔离到症状消失。血液或局部分泌物每 3 天培养 1 次，检菌 3 次阴性；肺鼠疫痰每 3 天培养 1 次，菌检 6 次阴性，方可以出院。

（2）首选氨基糖苷类治疗，以早期足量投药和注射给药为益，首次剂量要大，疗程视不同病型而异，热退后继续用药 4～5 天。

（3）加用磺胺类药物作为辅助治疗或人群的预防投药。常用磺胺嘧啶，也可以选用双嘧啶或复方新诺明。

（4）用特效抗菌素的同时，加用强心和利尿剂，以缓解鼠疫菌释放的毒素对心、肾功能的影响。淋巴结肿大可用抗菌药物外敷，在淋巴结周围组织内注入链霉素 0.5g。已软化者可切开排脓，但在应用足量抗菌药物 24h 以上才可以进行。

2. 预防措施

（1）健康教育　是预防鼠疫的重要手段之一，通过宣传培训基层卫生人员，以电视等各种媒体，使广大群众了解鼠疫对人的危害，掌握预防鼠疫的知识。

（2）免疫接种　目前正在使用的鼠疫疫苗主要有死菌苗（USP 菌苗）和减毒活菌苗（EV 菌苗），全细胞鼠疫死菌苗于 1946 年首次应用于人，通常只有高危人群接受疫苗接种，主要包括从事鼠疫研究工作的人员，有潜在危险接触强毒株的人员和在疫区服役的军人。该疫苗在使用安全性、有效性和方便性等方面存在许多不足：鼠疫减毒活的 EV76 株，于 1908 年开始使用，应用于人免疫时，仅对腺鼠疫有较好的保护力，对肺鼠疫不能提供保护。目前我国选用的是 EV76 鼠疫冻干活菌苗，由卫生部兰州生物制品所生产，免疫有效期为 6 个月，在鼠疫流行期前 1～2 个月以皮上划痕法进行预防接种。

七、公共卫生影响

鼠疫是一种由鼠疫杆菌传播的流行极快的烈性传染病。鼠疫号称世界头号烈性传染病，曾在 14 世纪创下过致死 4 000 万人的可怕纪录。在我国《传染病防治法》中，被规定为甲类传染病。历史上记载过三次鼠疫大流行，延绵数百年，几乎波及全世界，死亡人数上千万。

鼠疫作为生物武器，在第二次世界大战期间，有记录证明日本进行了研究。20 世纪 50—60 年代，美国将其作为潜在性生物武器进行了研究，同时美国怀疑其他国家正在把鼠疫杆菌武器化。

（亢文华　丁家波　毛开荣）

参考文献

郭英，吴明寿，张洪英，等．2003. 3 种方法检测鼠疫现场鼠类脏器的结果分析［J］．海峡预防医学杂志，9（3）：45.

史生福，杨永海，于守鸿，等．1996. 鼠疫反向血凝在人类鼠疫诊断及追溯中的应用［J］．地方病通报，11（3）：97.

宋延富．1995. 鼠疫以非典型形式在自然界长期保存的研究进展［J］．中国地方病防治杂志，10（2）：101.

朱锦沁．1984. 青海地方病工作三十年汇编［C］．青海省地方病防治研究所，70.

Advisory Committee. 1907. Reports on plague investigations in India［J］. J Hyg，7：323 - 476.

Anisimov A P，Lindler L E，Pier G B. 2004. Intraspecific diversity of Yersiniapestis［J］. Clin Microbiol Rev，17：434 - 464.

Araujo A，Ferreira L F，Guidon N，et al. 2000. Ten thousand years of head lice infection［J］. Parasitol Today，16：269.

Audoin Rouzeau F. 1999. The black rat（Rattus rattus）and the plague inancient and medieval western Europe［J］. Bull Soc Pathol Exot，92：422 - 426（in French）.

Baltazard M. 1956. Etat actuel des connaissances sur la peste［J］. Proceedings of the Medicine Congress，Ramsar，Iran.

Baltazard M. 1959. New data in the interhuman transmission of plague［J］. Bull Acad Natl Med，143：517 - 522（in French）.

Bresolin G，Morgan J A，Ilgen D，et al. 2006. Lowtemperature - induced insecticidal activity of Yersinia enterocolitica［J］. Mol Microbiol，59：503 - 512.

Butler T，Fu Y S，Furman L，et al. 1982. Experimental Yersinia pestis infection in rodents after intragastric inoculation and ingestion of bacteria［J］. Infect Immun，36：1160 - 1167.

Domaradsky I V. 1999. Is not plague a “protonosis”?［J］. Med Parazitol（Mosk），2：10 - 13（in Russian）.

Drancourt M，Roux V，Dang L V，et al. 2004. Genotyping，Orientalis - likeYersinia pestis，and plague pandemics［J］. Emerg Infect Dis，10：1585 - 1592.

Duplantier J M，Duchemin J B，Chanteau S，et al. 2005. From therecent lessons of the Malagasy foci towards a global understanding of the factors involved in plague reemergence［J］. Vet Res，36：437 - 453.

Enselme J. 1969. Commentaries on the great plague of 1348 in Avignon［J］. Rev Lyon Med，17：697 - 710（in French）.

Fournier P E，Minnick M F，Lepidi H，et al. 2001. Experimental model of human body louse infection using greenfluorescent protein - expressing Bartonella quintana［J］. Infect Immun，69：1876 - 1879.

Gage K L，Kosoy M L. 2005. Natural history of plague：perspectives frommore than a century of research［J］. Annu Rev Entomol，50：505 - 528.

Gage K L，Ostfeld R S，Olson J G. 1995. Nonviral vector - borne zoonoses associated with mammals in the United States［J］. J Mammal，76：695 - 715.

Gilbert M T，Cuccui J，White W，et al. 2004. Absence of Yersinia pestis specific DNA in human teeth from five European excavations of putative plague victims［J］. Microbiology，150：341 - 354.

Inglesby T V，Dennis D T，Henderson D A，et al. 2000. Plague as abiological weapon：medical and public health management［J］. JAMA，283：2281 - 2290.

Inglesby T V, Henderson D A, O' Toole T, et al. 2000. Safety precautions to limit exposure from plague-infected patients [J]. JAMA, 284: 1648-1649.

La V D, Clavel B, Leptez S, et al. 2004. Molecular detection of Bartonella henselae DNA in the dental pulp of French 800-year-old cats [J]. Clin Infect Dis, 39: 1391-1394.

Mafart B, Perret J L. 1998. History of the concept of quarantine [J]. Med Trop (Mars), 58 (suppl 2): 14-20 (in French).

Massad E, Coutinho F A, Burattini M N, et al. 2004. The Eyam plaguerevisited: did the village isolation change transmission from fleastopulmonary? [J]. Med Hypotheses, 63: 911-915.

Nikul' shin S V, Onatskaia T G, Lukanina L M, et al. 1992. Associations of the soil amoeba Hartmannella rhysodes with the bacterial causative agents of plague and pseudo tuberculosis in an experiment [J]. Zh Mikrobiol Epidemiol Immunobiol, (9-10): 2-5 (in Russian).

Panagiotakopulu E. 2001. Fossil records of ectoparasites [J]. Antenna, 25: 41-42.

Poinar G O J, Thomas G, Haygood M, et al. 1980. Growth and luminescence of the symbiotic bacteria associated with the terrestrial nematode, Heterorhabditis bacteriophora [J]. Soil Biol Biochem, 12: 5-10.

Pushkareva V I. 2003. Experimental evaluation of interaction between Yersinia pestis and soil infusoria and possibility of prolonged preservation of bacteria in the protozoan oocysts [J]. Zh Mikrobiol Epidemiol Immunobiol, (4): 40-44 (in Russian).

Raoult D, Woodward T, Dumler J S. 2004. The history of epidemic typhus [J]. Infect Dis Clin North Am, 18: 127-140.

Saeed A A B, Al Hamdan N A, Fontaine R E. 2005. Plague from eatingraw camel liver [J]. Emerg Infect Dis, 11: 1456-1457.

Scott S, Duncan C J, Duncan S R. 1996. The plague in Penrith, Cumbria, 1597/8: its causes, biology and consequences [J]. Ann Hum Biol, 23: 1-21.

Simond P L. 1898. La propagation de la peste [J]. Ann Inst Pasteur, 10: 626-687.

Slack P. 1989. The black death past and present. 2. Some historical problems [J]. Trans R Soc Trop Med Hyg, 83: 461-463.

Twigg G. 1984. The black death: a biological reappraisal [M]. London: Batsford.

Weber D J, Rutala W A. 2001. Risks and prevention of nosocomial transmission of rare zoonotic diseases [J]. Clin Infect Dis, 32: 446-456.

Weiss E. 1992. Encyclopedia of microbiology [M]. San Diego, USA: San Diego Academic.

Wiechmann I, Grupe G. 2005. Detection of Yersinia pestis DNA in two early medieval skeletal finds from Aschheim (Upper Bavaria, 6th century A. D.) [J]. Am J Phys Anthropol, 126: 48-55.

Wren B W. 2003. The yersiniae-a model genus to study the rapid evolution of bacterial pathogens [J]. Nat Rev Microbiol, 1: 55-64.

Yersin A. 1894. La peste buboniqueà Hong-Kong [J]. Ann Inst Pasteur, 8: 662-667.

Yvinec J H, Ponel P, Beaucournu J C. 2000. Premiers apportsarcheoentomologiques de l' étude des puces, aspects historiques etanthropologiques (siphonaptera) [J]. Bulletin de la Société Entomologie, 105: 419-425.

第三十六章
巴斯德菌科细菌所致疾病

第一节　多杀巴斯德菌病
(Pasteurella multocida)

多杀巴斯德菌病（Pasteurella multocida）是一种人与动物共患病。多杀巴斯德菌是多种家畜、家禽、野兽、野生水禽及人的巴斯德菌病的病原体，是引起这些动物和人呼吸道疾病的一个重要原因。急性病例以败血症和炎症出血过程为主要特征；慢性病例的病变只限于局部器官。可使鸡、鸭、鹅等发生禽霍乱；使猪发生猪肺疫，使牛、羊、马、兔及多种野生动物发生出血性败血症；产毒素多杀巴斯德菌可使猪及山羊发生萎缩性鼻炎。由于从不同动物分离的多杀巴斯德菌，常常仅对该种动物呈现较强的致病力，而对其他动物致病力相对较弱或较少引起交叉感染，所以过去在实际工作中常按感染动物的名称，分为牛、羊、猪、禽、马、家兔多杀巴斯德菌等。

一、发生与分布

1878 年 Bollinger 首先描述了牛巴斯德菌病，此后发现并描述的各种疾病有：1880 年 Pasteur 描述了家禽霍乱，1881 年 Gaffky 描述了家兔败血症，1886 年 Loeffer 描述了猪肺疫，1887 年 Oreste 和 Armanni 描述了水牛疫。1886 年 Hueppe 根据对这些病的比较研究，认为可以将它们统称为出血性败血症。

巴斯德菌病分布广泛，在世界各地如美国、地中海国家和亚洲都有病例报道。

二、病　　原

1. 分类地位　该病的主要病原是多杀巴斯德菌、溶血巴斯德菌和鸡巴斯德菌，均属于巴斯德菌科、巴斯德菌属的成员。Rosenbusch 和 Merchant（1939）将导致畜禽巴斯德菌病的病菌统称为多杀巴斯德菌（*Pasteurella multocida*）。多杀巴斯德菌是巴斯德菌属的模式种。在最新的分类中，将多杀巴斯德菌分成三个亚种，即多杀巴斯德菌多杀亚种、败血亚种和杀禽亚种。多杀亚种包括引起家畜重要疾病的菌株，人主要感染多杀亚种和败血亚种。败血亚种的菌株分离自不同的动物，包括犬、猫、鸟类和人，它对人被犬和猫咬伤后引起的伤口感染起着重要的作用。杀禽亚种的菌株来源于各种禽类，有时也引起禽霍乱。鉴定这些亚种在流行病学调查中有一定作用。巴斯德菌的抗原结构复杂，主要有荚膜抗原和菌体抗原，荚膜抗原有型特异性及免疫原性。荚膜抗原的性质也不相同，A 型菌株荚膜的主要成分为透明质酸，B 型和 E 型菌株荚膜的主要成分为酸性多糖，A 型和 D 型荚膜的抗原为半抗原。根据荚膜抗原可分为 A、B、D 和 E、F 五个血清群，根据菌体抗原可分为 1～16 种血清型。巴斯德菌可能的毒力因素包括外壳、内毒素、外膜蛋白、离子结合转运系统、热休克蛋白、神经氨酸酶、抗体裂解酶和磷脂酶活性等。

2. 形态学基本特征与培养特性　多杀巴斯德菌是一种两端钝圆、中央微突的短杆菌或球杆菌，长 0.6～2.5μm、宽 0.25～0.6μm，不形成芽孢，无鞭毛、不运动，常散在，偶见成双排列。革兰染色阴性，病料涂片用瑞氏、美蓝或姬姆萨染色镜检，可见菌体多呈卵圆形、两端浓染、中央部分着色较浅，呈两极染色。该菌DNA中G+C含量为40.8%～43.2%。

多杀巴斯德菌为需氧或兼性厌氧菌，生长最适温度为37℃，pH为7.2～7.4。对营养要求较严格，在普通培养基上可以生长，但不丰盛。在有胆盐的培养基及麦康凯琼脂上不生长。加入蛋白胨、酪蛋白水解物、血液、血清或微量血红素时则可促进生长，5%牛血清或10%羊血清琼脂对分离该菌有良好效果。不同菌株在琼脂培养基上形成黏液型（M型）、光滑型（荧光）（S型）和粗糙型（蓝色）（R型）三种不同类型的菌落。在普通琼脂上形成细小透明的露滴状菌落。在血清琼脂平板上培养24h后，生长出边缘整齐、淡灰白色、表面光滑并有荧光的露珠样小菌落。血液琼脂平板上可长成湿润而黏稠的水滴样小菌落，菌落周围不溶血。不同来源的菌株，因荚膜所含物质的差异，在加血清和血红蛋白培养基上37℃培养18～24h，45°折射光线下检查，菌落呈明显的荧光反应。荧光呈蓝绿色而带金光，边缘有狭窄的红黄光带的称为Fg型，对猪、牛等家畜是强毒菌，对鸡等禽类毒力弱。荧光橘红而带金色，边缘有乳白光带的称为Fo型，菌落大，有水样的湿润感，略带乳白色，不及Fg型透明。Fo型对鸡等禽类是强毒菌，而对猪、牛、羊家畜的毒力则很弱。还有一种无荧光也无毒力的Nf型。血清肉汤或1%胰蛋白胨肉汤中培养，呈均匀混浊样，随后出现黏性沉淀，表面形成菲薄的附壁菌膜。明胶穿刺培养，沿穿刺孔呈线状生长，上粗下细。

3. 理化特性 该菌对物理和化学因素的抵抗力较弱，易被一般的消毒药、阳光、干燥或热杀死。在培养基上保存时，至少每月移种两次。在37℃保存的血液、猪肉及肝、脾中，分别于6个月、7天及15天死亡。在浅层的土壤中可存活7～8天，粪便中可存活14天。在直射阳光和自然干燥的空气中迅速死亡，60℃ 20min、75℃5～10min可被杀死，3%石炭酸和0.1%升汞溶液在1min内可杀菌，10%石灰乳、2%来苏儿、漂白粉、0.05%～1%NaOH和常用的甲醛溶液3～4min可使之死亡。在无菌蒸馏水和生理盐水中迅速死亡。该菌在干燥状态或密封在玻璃管内，可于-23℃或更低的温度保存，不发生变异或失去毒力。

多杀巴斯德菌在48h内可分解葡萄糖、果糖、蔗糖、甘露糖，产酸不产气；大多数菌株还可发酵甘露醇、山梨醇和木糖；一般不分解乳糖、鼠李糖、水杨苷、肌醇、菊糖和侧金盏花醇等。可产生硫化氢和氨，能形成靛基质。接触酶和氧化酶均为阳性，MR试验和VP试验为阴性。不液化明胶，石蕊牛乳无变化；鸟氨酸脱羧酶试验阳性，硝酸盐试验阳性，能还原美蓝。而柠檬酸盐、丙二酸盐、尿素酶、赖氨酸脱羧酶、七叶苷水解和ONPG试验均阴性。氧化酶阳性、吲哚试验阳性。

4. 分子生物学

（1）基因组特征 巴斯德菌G+C含量为42%～48%，基因组大小为2.14～5.19×10^9D。

（2）毒力因子

①荚膜：该菌侵入宿主体内并繁殖的能力同围绕菌体的荚膜有关。一个强毒菌株失去产生荚膜的能力就会导致毒力的丧失。许多禽源菌株有很大的荚膜，但毒力较低，所以侵入宿主体内并繁殖的能力明显地同与荚膜结合的某些化学物质有关，而同荚膜的有形存在无关。

②内毒素：Heddleston和Reber（1975）证明用福尔马林盐水溶液可从多杀巴斯德菌洗下一种结合较不紧密的内毒素，这种内毒素是一种含氮的磷酸脂多糖。内毒素的血清学特异性与脂多糖有关，无论是强毒还是无毒多杀巴斯德菌都可产生内毒素。有荚膜的强菌毒株和没有荚膜的无毒力的菌株之间的差异，不在于它们形成内毒素的能力，而在于强毒菌株在活体内存活和繁殖达到能够产生足够的内毒素的程度，从而引起病理学的过程。

③质粒：巴斯德菌的毒力与所含质粒的数量有一定的关系。Silver首先从禽多杀巴斯德菌中提取到质粒。以后Berman等证明这些菌株大都含有一种分子量为（2～7）×10^6Da的单一质粒。Lee等的研究表明，禽源多杀巴斯德菌中质粒的存在并不普遍，但有的菌株中含有多个质粒，质粒的数量与被感染动物的死亡率有关。

三、流行病学

1. 传染来源 病畜禽和带菌动物是巴斯德病的传染源，带菌动物包括健康带菌和病愈后带菌。多杀巴斯德菌存在于病畜禽各组织、体液、分泌物及排泄物里，少数不以败血症形式感染的病原菌，仅局限于局部病灶内。部分健康畜禽的上呼吸道和扁桃体带菌。有资料表明，猪的鼻道深处和喉头带菌率为30.9%，牛、羊和猪的扁桃体带菌率分别为45%、52%和68%，家兔鼻腔黏膜带菌率达35%～70%，家猫的口腔带菌率为90%，这些菌多属于弱毒力或无毒力。畜群中发生多杀巴斯德菌病时，往往查不出传染源。一般认为家畜在发病前已经带菌，当家畜饲养在不卫生的环境中，由于寒冷、气候剧变、潮湿、饲料突变等诱因，使其抵抗力降低，病原菌即可乘机侵入体内，经淋巴液而入血液，发生内源性感染。

人多杀巴斯德菌病传染源主要是携带病菌的犬、猫等家养宠物和患者，多杀巴斯德菌可在许多动物（猫、犬）的鼻咽部和胃肠道繁殖，猫的带菌率为70%～90%，犬的带菌率为50%～60%。

2. 传播途径 巴斯德病可以通过直接接触和间接接触而传播。水牛往往因饮用病牛饮过的水或饮用抛弃病牛尸体的河水而感染。此外，该病多由内源性感染引起，病畜禽排出毒力增强的病菌而感染健康动物。外源性感染多经消化道、呼吸道，偶尔经皮肤、黏膜的损伤部位或吸血昆虫的叮咬而传播。一般情况下，不同畜禽种间不易互相感染。但在个别情况下，发现猪多杀巴斯德菌可以传染水牛，牛和水牛之间可以互相传染，而禽与畜的相互传染则很少见。

人通常在与动物接触尤其是被犬、猫咬伤或抓伤后引起感染。也可由接触患者的分泌物或排泄物造成医院内医务人员和其他住院患者的感染。人还可由于吸入污染的分泌物而感染。

3. 易感动物

（1）自然宿主 多杀巴斯德菌对多种动物（家畜、野生动物、禽类）和人均有致病性。家养的和野生的反刍动物、猪、犬、猫、兔、鼠类及各种鸟类都能自然感染发病，尤以牛、猪、禽、兔更易感。人群中大多以老年人或免疫力低下者易感。

（2）实验动物 小鼠、家兔、鸽对该菌很敏感，强毒株接种小鼠、家兔，可于10h内使之死亡。豚鼠、大鼠对该菌有抵抗力。

（3）易感人群 当宿主的抵抗力下降时，多杀巴斯德菌是犬和猫咬所致人蜂窝织炎的常见原因。有基础疾病的人感染多杀巴斯德菌可致基础疾病加剧，如咳嗽加剧、脓痰增多、呼吸困难加重，基础疾病为支气管扩张患者可出现咯血加重甚至大咯血。除基础疾病症状加重外，患者可出现发热，甚至高热，胸膜受累时可出现胸痛等胸膜炎症状。

4. 流行特征 该病一般无明显的季节性，但以冷热交替、气候多变、高温季节多发，常见于春、秋放牧的家畜，也见于舍饲的家畜。一般为散发性，在畜群中只有少数几头先后发病。但水牛、牦牛、猪有时可呈地方流行性，绵羊有时也可能大量发病。家禽特别是鸭群发病时，多呈流行性。热带比温带地区多发。

四、临床症状

1. 动物的临床表现 动物发病后常呈急性、亚急性及慢性经过。急性型呈败血症变化，黏膜和浆膜下组织血管扩张、破裂、出血等；亚急性型以黏膜和关节部位出血和出现浆膜—纤维素性炎症等变化；慢性型表现为皮下组织、关节、各脏器的局限性化脓性炎症。猪、牛、羊、鸡的临床表现在此不予详述，在此主要介绍兔的临床表现。

统计资料表明，兔巴斯德菌病是9周龄至6月龄兔死亡的最主要原因之一。潜伏期长短不一，一般自几小时至5天或更长。临床上一般分为四型。

①鼻炎型：是常见的一种病型，其临床特征为出现浆液性或黏液脓性鼻漏。鼻部的刺激常使兔用前爪擦揉外鼻孔，使该处被毛潮湿并缠结。此外还有打喷嚏、咳嗽和鼻塞音等异常呼吸音存在。

②地方流行性肺炎型：最初的症状通常是食欲不振和精神沉郁，病兔肺实质虽发生实变，但往往没有呼吸困难的表现，也很少能看到肺炎的症状，常因败血症而迅速死亡。

③败血型：死亡迅速，通常不见临床症状。如与其他病型（常见的为鼻炎和肺炎）联合发生，则可看到相应的临床症状。

④中耳炎型：又称斜颈病，单纯的中耳炎可以不出现临床症状，在一些病例中，斜颈是主要的表现。斜颈是感染扩散到内耳或脑部的结果，而不是单纯中耳炎的症状。严重的病例进食、饮水困难，体重减轻，可能出现脱水现象。如感染扩散到脑膜和脑则可能出现运动失调和其他神经症状。

2. 人的临床表现 人感染巴斯德菌的临床表现由于细菌入侵部位不同而表现各异。常见感染部位有软组织、呼吸道、结膜、头部邻近组织。巴斯德菌是动物咬伤和搔伤引起的化脓性创伤感染的最常见病原菌。感染后的临床表现可分为特急性感染（死亡前几乎无临床症状，损伤以全身性败血症为主）、急性感染和慢性感染（有广泛分布的化脓灶，包括呼吸道、结膜和头部周围组织）。可引起人肺部感染、菌血症、脑膜炎、眼部感染、骨髓炎、化脓性关节炎、心内膜炎、胸膜炎、腹膜炎和尿路感染等。

呼吸道是第二常见的感染部位，大部分肺部感染巴斯德菌者年龄较大，有基础肺病（慢性阻塞性肺病，支气管扩张或恶性肿瘤），疾病谱包括肺炎、气管和支气管炎、肺脓肿、脓胸，临床表现与其他病原菌引起的呼吸道感染无法区别。巴斯德菌很少引起眼部感染，但一旦感染发生，则非常严重。临床上可出现眼周脓肿和眶周蜂窝织炎，伴明显疼痛和红肿。

腹膜透析患者可发生巴斯德菌感染性腹膜炎，回访患者均有与家猫的密切接触史，透析管有直接损伤，潜伏期一般为24h。有与猫接触史和肝硬化是易患多杀巴斯德菌性腹膜炎的危险因子，即使在有效的抗菌素治疗下，病死率仍很高。

巴斯德菌还可引起关节炎、类痛风样表现、鼻炎、鼻窦炎、结膜炎、泪囊炎和会厌炎等。

五、诊 断

1. 动物的诊断 从流行病学特点和临床症状及病理变化的特征可做出初步诊断。确诊应进行病原学检查。对多杀巴斯德菌的检验，主要是细菌的分离鉴定，必要时，还要对所分离的细菌进行血清学定型等。

2. 人的诊断 外周血中白细胞计数明显升高，中性粒细胞比例升高。用属特异性寡核苷酸探针pmhyb449，靶向基因为16S rRNA，可用于特异性鉴定巴斯德菌。感染伤口或中耳炎患者分泌物、胸腔积液、尿液、痰、脑脊液中均可分离培养到细菌菌株。诊断依靠病原菌的分离，对亚临床感染者的检测建议用口腔分泌物为标本，也可用PCR和在固相选择性培养基上分离细菌。

3. 实验室诊断

（1）分离培养 采集呼吸道分泌物或病灶分泌物，接种血琼脂置（36±1）℃培养24～48h，多杀巴斯德菌在血琼脂平皿上形成1mm左右、光滑露滴样或灰白色、不溶血的菌落。

（2）镜检 采取新鲜病料组织涂片，用革兰、瑞氏或碱性美蓝染色，镜检，可见革兰阴性小杆菌。美蓝染色时呈两端着色深，中央部分着色较浅的两极浓染。多杀巴斯德菌的两极染色现象在急性病例较为明显，但在慢性病例、腐败病料或培养物涂片中，两极着色则不明显，需要进行分离培养和动物试验。用碱性美蓝染色时，可见荚膜，新分离的细菌荚膜明显，经过人工培养而发生变异的弱毒株，则荚膜不完全。

（3）免疫学检验 玻片凝集试验，用每毫升含10亿～60亿菌体抗原，加上被检动物血清，在5～7min内如发生凝集反应者为阳性，不凝集者为阴性。

琼脂扩散沉淀试验，此方法主要用于菌体定型。

间接血球凝集试验，此方法主要用于荚膜定型。

（4）动物试验 动物试验常被应用于三种情况，一是病料中存在杂菌（尤其是腐败病料）且多杀巴斯德菌较少时，可先通过动物接种后再分离培养；二是用分离的菌株进行动物试验，以检查其致病性；

三是在某些试验中需要测定供试菌株的最小或半数致死量，可通过动物试验进行。常用的实验动物有小鼠、家兔或鸽等，但需根据供试菌的动物来源不同，选择合适的实验动物。一般是禽源菌株对鸽、鸡和家兔有感染性；牛源菌株对家兔、小鼠和豚鼠（仅在腹腔内感染时）有感染性；羊源菌株对家兔感染性最强，小鼠和豚鼠（腹腔感染）次之，对鸽和鸡的感染性最小；猪源菌株对家兔、小鼠有感染性，强毒株可杀死鸽和鸡。

（5）其他鉴定方法　目前 API20E、API 50CHB/E、APIZYM 等微生物鉴定系统也广泛运用于巴斯德菌实验室的检测。

针对 KMT1 基因的 PCR 多杀巴氏杆菌鉴定方法：以 KTSP61 和 KTT72 为引物扩增出血性巴斯德菌 620bp 的 PCR 检测，检测巴斯德菌毒素的 toxA 基因扩增，运用 HhaI、HpaII、BamHI 等限制性内切酶进行巴斯德菌的 DNA 指纹鉴定及分型，核糖体基因扩增，脉冲电泳等分子生物学技术也得到了广泛运用。

六、防治措施

1. 预防

（1）综合性措施　预防为主是防制疫病的基本方针，最彻底的预防是消灭病原。该菌对外界因素的抵抗力很低，对生长条件的要求较高，离体后只能存活很短的时间。因此，平时要防止健康带菌、恢复期带菌、病体带菌和其他动物带菌构成传染的锁链。加强饲养管理，消除可能降低畜禽抵抗力的各种不良因素；尽量避免猪、牛、禽、兔混群饲养。引进新的牲畜时应严格检疫，隔离观察，确认无该病后方可合群并圈。按时进行该病不同种类的灭活菌苗或弱毒菌苗的免疫接种。根据疾病传播特点，首先应增强畜禽机体的抗病力。平时注意饲养管理，避免动物拥挤和受寒，消除可能降低机体抗病力的因素，圈舍、围栏要定期消毒。人应减少和限制与动物接触。

（2）疫苗接种　每年按时进行不同种类的灭活菌苗或弱毒菌苗的免疫接种。我国目前有用于猪、牛、羊、家禽和兔的疫苗。由于多杀巴斯德菌有多种血清群，各血清群之间不能产生完全的交叉保护，因此，应针对当地常见的血清群选用来自同一畜（禽）种的相同血清群菌株制成的疫苗进行预防接种。发生疾病时，应将病畜（禽）隔离，实行封锁，严密消毒。同群的假定健康畜（禽），可用高免血清进行紧急预防注射，隔离观察 1 周后，如无新病例出现，再注射疫苗。如无高免血清，也可用疫苗进行紧急预防接种，但应做好潜伏期病畜发病的紧急抢救准备。发病禽群，可试用禽霍乱自场脏器苗，紧急预防接种，免疫 2 周后，一般不再出现新的病例。

疫苗接种是人预防巴斯德菌病的最有效方法，目前尚无安全有效的活疫苗。细菌毒素疫苗、菌苗与活疫苗相比有明显的缺点，强制有效的疫苗应具有最有效的保护性抗原。热不稳定毒素（Heat - labile-toxin，即 PMT）是巴斯德菌的重要毒力因子，用灭活的 PMT 可刺激保护性免疫反应，接种后可检测到 PMT 抗体、血清特异性 IgG 和鼻引流物中特异性 IgA。每年接种疫苗 2 次，每次免疫效果可达 4～6 个月。许多国家在疫苗中加入油佐剂，可提高疫苗的免疫效果，将免疫保护时间延长至 1 年。双重乳化液和多重乳化疫苗与油佐剂疫苗效果相似。

2. 治疗　畜禽一旦发生该病，应立即隔离，早期确诊，及时治疗。严格消毒畜舍、禽舍和场地。病死畜禽应深埋或加工工业用。未表现临床症状的同群畜禽，应仔细观察，必要时可用高免血清或磺胺类药物做紧急预防。病畜禽发病初期可用抗巴斯德菌免疫血清静脉或肌内注射，效果良好。青霉素、链霉素、四环素族抗生素或磺胺类药物也有一定疗效。如将抗生素和高免血清联用，则疗效更佳。但对晚期和严重病例则难以奏效。对急性病例，可将四环素加入葡萄糖液中静脉注射，效果良好。鸡对链霉素敏感，用药时应慎重，以免中毒。大群治疗时，可将四环素族抗生素混在饮水或饲料中，连用 3～4 天。喹乙醇对禽霍乱有治疗效果，可以选用。动物患病痊愈后，可获得较为坚强的免疫力。

人感染应积极治疗，直至症状完全消退。抗菌治疗是控制该病发生发展的最为有效的措施，最常用青霉素、氨苄西林、四环素、链霉素，第三代头孢菌素对巴斯德菌有很强的抗菌活性，平均治疗时间为

14 天。在给予强力抗菌治疗的同时，还应给予相应的对症治疗，如发生关节炎时可进行关节液抽吸和关节内注射激素治疗，眼周脓肿和眶周蜂窝织炎可切开引流等，可迅速改善临床症状，治愈率明显提高。

七、公共卫生影响

病畜禽和带菌动物是重要的传染源。人通常在与动物接触尤其是被犬、猫咬伤或抓伤后引起感染。巴斯德菌感染由于细菌入侵部位不同而临床表现各异。人的临床感染少见但在饲养宠物日益广泛的当今社会，若在临床上遇有急性发热、寒战伴呼吸道症状，又有动物密切接触史，尤其是在患有肺部基础疾病或免疫功能受损的情况时，应警惕巴斯德菌感染及败血症的可能性，并应及时进行相应的细菌学检测和抗生素治疗。

巴斯德菌是动物咬伤和搔伤引起的化脓性创伤感染的最常见病原菌，常见感染部位有软组织、呼吸道、结膜、头部邻近组织。预防需减少和限制与动物接触，有关工作人员应注意防护，更积极的防控措施是清除传染源和传染媒介。多杀巴斯德菌病通常以冷热交替、气候多变、高温季节多发，应特别注意卫生防护。

（冯育芳　魏财文　康凯）

我国已颁布的相关标准

NY/T 563—2002　禽霍乱（禽巴氏杆菌病）诊断技术

NY/T 564—2002　猪巴氏杆菌病诊断技术

GB/T14926.5—2001　实验动物　多杀巴斯德杆菌检测方法

参考文献

白文彬，于震康．2002．动物传染病诊断学［M］．北京：中国农业出版社：467－475.

马亦林．2005．传染病学［M］．上海：上海科学技术出版社：650－652.

吴清民．2001．兽医传染病学［M］．北京：中国农业大学出版社：215－218.

杨正时，房海．2002．人与动物病原细菌学［M］．石家庄：河北科学技术出版社：820－842.

中国农业科学院哈尔滨兽医研究所．1984．动物传染病学［M］．北京：农业出版社：48－55.

中国人民解放军兽医大学．1993．人畜共患病学［M］．北京：蓝天出版社：230－260.

Dziva F，Muhairwa A P，Bisgaard M，et al. 2008. Diagnostic and typing options for investigating diseases associated with Pasteurella multocida［J］. Veterinary Microbiology，128（1）：1－22.

第二节　嗜肺巴斯德菌病
(Pasteurella pneumotropica)

嗜肺巴斯德菌病（Pasteurella pneumotropica）是由嗜肺巴斯德菌引起多种实验动物、特别是啮齿类动物和兔以肺炎、中耳炎、结膜炎、眼炎、泪腺炎症、皮下溃疡以及动物呼吸道以外其他器官如尿道、生殖道的局部化脓性病变为特征的疾病。人可通过接触感染动物而发病，引起脑膜炎、腹膜炎、脓肿、淋巴结炎以及败血症等，严重者可引起死亡。

一、发生与分布

由嗜肺巴斯德菌引起的病例报告，大多数来源于美洲、欧洲和日本。该病在不同实验动物宿主中感染分布不一，以小鼠和大鼠居多。我国很多个省（自治区、直辖市）都报道有实验小鼠、大鼠嗜肺巴斯德菌病的发生，包括北京、上海和广东等地的各大实验动物生产机构和使用单位。但该病的发生以隐性感染为主，多在日常监测中发现，未见有引起中耳炎、肺炎和结膜炎等疾病的暴发流行。

二、病　原

1. 分类地位　嗜肺巴斯德菌（*Pasteurella pneumotropica*）又称嗜肺巴氏杆菌，在伯吉氏系统细菌学手册中分类属革兰染色阴性兼性厌氧杆菌中巴斯德菌科（Pasteurellaceae）、巴斯德菌属（*Pasteurella*）。有保护性抗原、荚膜抗原和菌体抗原。目前只有一个血清型，但已获确认有两个不同的生物型：Heyl 型和 Jawetz 型（基因型），在抗原谱及生化反应上有微小差异。

2. 形态学基本特征与培养特性　嗜肺巴斯德菌为革兰阴性小杆菌，两端钝圆并浓染，在生长初期也可见较细长的杆菌，大小为（0.2～0.4）μm×（0.5～2.5）μm，在培养物内呈圆形、卵圆形或杆状。病料涂片用瑞氏染色或碱性美蓝染色，可见典型的两极着染。没有鞭毛，不产生芽孢。血琼脂平皿上（36±1）℃培养 18～24h 可形成 1～4mm、光滑露滴样或灰白色、不溶血或轻微 α 溶血，带有特异奶腥味的菌落。纯培养物堆集时呈现黄色，质地似奶油。在麦康凯平板上不生长，在双糖铁高层斜面上，斜面红色、底层黄色，不产气，接种线周围黑色，MR、V-P 阴性，吲哚、接触酶、尿素酶、靛基质阳性，不液化明胶，不运动，发酵葡萄糖，不发酵甘露醇、山梨醇、乳糖和木糖。

3. 理化特性　嗜肺巴斯德菌对外界理化因素的抵抗力不强，在干燥空气中 2～3 天死亡。60℃ 20min，75℃ 5～10min 可被杀死。在血液或脓汁中保持毒力 6～10 天，冷水中能保持生活力达 2 周。该菌易自溶，在无菌蒸馏水或生理盐水中迅速死亡。纯培养物 2～8℃经常 1 周内即死亡。常规消毒方法即可灭活，3%石炭酸在 1min 可杀菌。1%新洁尔灭、3%漂白粉、0.2%过氧乙酸、10%石灰乳、2%煤酚皂以及福尔马林几分钟就可使该菌失去活力。

4. 分子生物学

（1）基因组特征　目前嗜肺巴斯德菌的全基因组序列未知，已经报道的有 DNA 回旋酶 B 亚基蛋白（DNA gyrase　subunit B protein，gyrB）基因序列；部分重复序列毒素（Repeats in toxin，RTX 毒素）基因如 PnxIA、PnxIIA 序列也已经测定。

（2）毒力因子

①脂多糖：脂多糖是革兰阴性细菌细胞壁最外层的一层较厚的类脂多糖类物质，它是革兰阴性细菌致病物质——内毒素的物质基础。由于 LPS 结构的变化决定了革兰阴性细菌细胞表面抗原决定簇的多样性。脂多糖（LPS）被认为在嗜肺巴斯德菌的致病过程中起重要作用。嗜肺巴斯德菌的脂多糖能够诱发体液免疫，因此被认为是一种保护性的抗原。研究表明用纯化的脂多糖免疫小鼠能够产生较好的抗体反应性。使用酚水法提取的脂多糖相对分子质量约为 14.4×10^3，而 Patrick 用蛋白酶 K 法的提取物为嗜肺巴斯德菌脂寡糖（LOS），相对分子质量为 4.3×10^3 左右。分子量的差异可能是由于提取方法所致。

②外膜蛋白：革兰阴性菌的外膜蛋白（OMPs）在致病菌对宿主的感染和致病过程中起着重要的作用。这些蛋白位于致病菌和宿主细胞的接触面上，这些蛋白的功能受到各种选择压力的影响。外膜蛋白能够从不同程度上展示不同菌株间的变化。研究表明嗜肺巴斯德菌的特异性外膜蛋白分别为相对分子质量 17×10^3、31×10^3 和 41×10^3。其中相对分子质量 17×10^3 的外膜蛋白为所有菌株的共同抗原，并表现出强烈的免疫反应性。

③重复序列毒素（RTX 毒素）：重复序到毒素是几种革兰阴性菌产生的重要毒力因子，属于 I 型分泌系统的孔形成毒素家族，该家族还包括溶胞素、金属蛋白酶和脂肪酶，都有共同的基因组分和显著不同于其他的结构。典型的重复序列毒素的结构组成通常是在蛋白的 C 末端附近有能与 Ca^{2+} 结合富含甘氨酸/天门冬氨酸的九肽重复序列。重复序列毒素有两种形式，一种无细胞特异性，一种具有较高的细胞特异性。嗜肺巴斯德菌的重复序列毒素属无细胞特异性毒素，对各类细胞如红细胞、成纤维细胞等均具有毒性，导致细胞溶解和溶血反应。目前已知的重复序列毒素基因包括 PnxIA、PnxIIA 序列等。

三、流行病学

1. 传染来源　嗜肺巴斯德菌以隐性携带状态存在于宿主的上呼吸道、口腔、胃肠道和子宫中。隐性携带和患病的小鼠、大鼠、豚鼠、兔、仓鼠是主要的传染源。未见报道有人与人之间的传播。

2. 传播途径 患病动物由其排泄物、分泌物不断排出有毒力的病菌，污染饲料、饮水、用具和外界环境，经消化道而传染给健康动物；或由咳嗽、喷嚏排出病菌，通过飞沫经呼吸道而传染；吸血昆虫媒介和皮肤、黏膜伤口也可发生传染，可通过呼吸道气雾、粪便、舔咬和子宫内污染等方式传染。

3. 易感动物

（1）自然宿主 自然感染的宿主主要是实验动物，啮齿类实验动物感染率较高，包括小鼠、大鼠、仓鼠、豚鼠、兔、猫和犬，在马、牛和人中很少见。

有从狐呼吸道感染及鸵鸟关节脓肿病例中分离嗜肺巴斯德菌的报道。

（2）实验动物 对大鼠的试验感染研究较多。Hayashimoto 等（2007）以嗜肺巴斯德菌标准株 ATCC 35149、CNP160 及分离株 PRZ 对 4 周龄 F344 - rnu 裸大鼠进行试验感染，用菌含量 1×10^7CFU/mL 的菌液 25uL 滴鼻，大鼠在感染后 31 天可观察到打喷嚏的症状，在感染后 60 天可以从鼻腔中分离到病菌，感染后 120 天可以从气管和肺中分离到病菌。组织学上可观察到鼻腔黏膜上皮细胞发炎和坏死。

（3）易感人群 人感染常发生在动物感染之后，发病情况与职业、受感染的机会、病人自身免疫状况，以及与病原接触的频率和剂量以及病菌的毒力有关。

4. 流行特征 由于实验动物饲养在人为控制的环境设施内，动物饲养密度大，相互之间接触机会多，且生命过程所需要的一切条件和基本物质均由人来提供，因此该菌的感染无明显的季节性，主要随饲养环境的改变而发生变化。饲养管理和卫生条件差、拥挤、潮湿、通风不良等均可使感染率上升。当动物在某些诱因的作用下，机体抵抗力下降时，常导致疾病发生甚至流行。如免疫抑制剂的使用、射线照射、营养失调、潮湿、拥挤、氨浓度过高、动物试验处理或给药等一切能使动物处于应激状态的因素均可成为发病诱因。

四、临床症状

1. 动物的临床表现 嗜肺巴斯德菌以隐性感染形式广泛存在，但仅散发性地引起临床疾病。该菌是条件致病菌，以隐性感染为主，在动物免疫机制受到抑制和应激因子的作用下引起流行，主要引起小鼠和大鼠的呼吸道感染。还常与仙台病毒、肺支原体等呼吸道病原微生物合并感染，引起大、小鼠的肺炎、中耳炎、结膜炎和皮下溃疡，并可引起动物呼吸道以外其他器官如尿道、生殖道的局部化脓性病变。

2. 人的临床表现 嗜肺巴斯德菌引起人的临床感染并不多，其中多与动物咬伤有关。症状表现为潜伏期少于 24h，在咬伤局部病损出现的同时，伴有发热、发冷、循环衰竭等全身症状。曾报道一例病人在发病后 48h 内死亡。体征包括化脓、排脓、淋巴管炎和淋巴结炎。在报告的病例中，没有发现有传染性。与动物接触或被咬伤史病例可引起腹膜炎和败血症，还有脑膜炎病例，也可引起人的呼吸道病变如肺炎等。该菌引起人泌尿系感染继发败血症属罕见病例，曾经从一例诊断为泌尿系统感染患者尿液和血液中分离到嗜肺巴斯德菌。也有报道称从骨和关节感染部位分离出该菌。

五、病理变化

嗜肺巴斯德菌感染病理变化不具有特异性，与其他病原菌在宿主同一部位产生的病变相似。在隐性感染时，肺、上呼吸道、子宫和肠道的上皮组织经常没有组织病理学变化。

1. 大体解剖观察

（1）鼻炎 可见黏膜下血管充血、浮肿。

（2）肺炎 肺实变，萎缩不张，形成灰色小结节，或者出现胸膜肺炎，胸水，肺脓肿。化脓性支气管肺炎可见出血、坏死、纤维素渗出等。

（3）中耳炎 鼓膜和鼓室充血。

（4）结膜炎　结膜充血，大量流泪，眼睑肿胀。

2. 组织病理学观察

（1）鼻炎　鼻腔内充满中性粒细胞和含细菌的黏液。

（2）肺炎　肺泡内充满巨噬细胞，支气管周围淋巴结增生。

（3）中耳炎　黏膜下有淋巴细胞浸润。

3. 超微结构观察　尚无详细资料报道。

六、诊　　断

1. 动物的临床诊断　患病动物出现打喷嚏，呼吸困难，呼吸急促，体重减轻，发出吱吱叫声。还有动物出现泪腺脓肿、全眼球炎、泪腺炎。雌性动物可见乳腺炎，脱毛，流产；雄性动物出现尿道球腺炎，感染动物的睾丸比正常动物大一至数倍。

2. 人的临床诊断　由于嗜肺巴斯德菌感染没有特异的临床症状和病理变化，确切诊断要做细菌的分离培养。了解是否有与被确诊或可疑动物或被污染环境及动物产品接触的流行病学史，最后通过细菌分离培养确诊。

3. 实验室诊断

（1）细菌分离　从病变、受影响的组织或部位以及隐性感染动物中收集的临床标本分离鉴定嗜肺巴斯德菌。

（2）其他支持性实验室检查　用受影响的组织或部位的标本经 PCR 检测出嗜肺巴斯德菌 DNA；临床标本经免疫组化染色发现嗜肺巴斯德菌；经其他公认的实验室检测方法（如血清学）证实嗜肺巴斯德菌感染；也可以用 API 20 NE 系统对细菌进行鉴定。

七、防治措施

嗜肺巴斯德菌能正常存在于啮齿类动物中，不表现任何临床症状。因此，在实验动物研究中，嗜肺巴斯德菌的作用一直存在争议。目前较一致的观点是嗜肺巴斯德菌是一种条件性致病菌，常作为次要病原，与主要病原如支原体、仙台病毒等共同感染，加重疾病的过程。嗜肺巴斯德菌是实验小鼠和大鼠最易感染、污染环境的病原，饲养群体中一旦感染，很难清除。早期检测发现阳性动物立即隔离。抗生素疗法对清除群体嗜肺巴斯德菌感染是无效的，对已经污染的实验动物群，子宫剖腹产净化是清除感染最有效的方法。

人群的防治重点是要注意与动物接触时的防护，防止被动物咬伤，进行动物试验或饲养工作时要戴口罩、穿防护衣，试验结束要洗手，防止病原体经呼吸道或消化道感染。出现疾病症状如脓肿、结膜炎等，可使用青霉素等敏感抗生素进行治疗。

八、公共卫生影响

近年来，每年报告的实验动物发生嗜肺巴斯德菌发病地区和发病数均呈缓慢上升态势，随着各种实验动物在生物医学研究中的广泛应用，人因接触实验动物而感染嗜肺巴斯德菌的可能性在逐渐上升，因嗜肺巴斯德菌病属于条件感染性疾病，饲养群体中一旦感染，很难通过有效的方法进行清除。同时由于临床症状不明显，增加了其传播给人的危险性，尤其是对那些长期接触实验动物或者有过被抓咬伤史的人员。必须定期对实验动物进行质量检测，确保动物无嗜肺巴斯德菌感染。

（范薇）

我国已颁布的相关标准

GB/T 14926.12—2001 实验动物　嗜肺巴斯德杆菌检测方法

参考文献

J.G. 福克斯，B.J. 科恩，F.M. 洛．1991. 实验动物医学［M］. 萧佩衡，刘瑞三，崔忠道，等，译．北京：农业出版社：59-60，127-128.
东秀珠，蔡妙英，等．2002. 好氧或兼性厌氧发酵型革兰氏阴性杆菌．常见细菌系统鉴定手册［M］．北京：科学出版社：66-127.
高正琴，邢进，王春玲，等．2007. 小鼠嗜肺巴氏杆菌的感染与分析［J］．实验动物与比较医学，27（3）：183-185.
贾爱迪，刘京汉，陈洪森．2003. 嗜肺巴斯德氏菌引起泌尿系感染继发败血症 1 例［J］．中华综合临床医学杂志，5（7）：63.
刘星，李红，石朝辉，等．2003. 嗜肺巴氏杆菌在实验大鼠和小鼠中的传染性研究［J］．中国实验动物学报，11（4）：246-248.
张志成，吴结革．2003. 鸵鸟嗜肺性巴氏杆菌病的诊治［J］．动物医学进展，24（5）：116-118.
Gautier A L，Dubois D，Escande F，et al. 2005. Rapid and Accurate Identification of Human Isolates of Pasteurella and Related Species by Sequencing the soda Gene［J］. Journal of Clinical Microbiology，43（5）：2307-2314.
Guillard T，Lebargy F，Champs C. 2010. Respiratory tract colonization by Pasteurellapneumotropica in a patient with an alpha1-antitrypsin deficiency unexpectedly well identified by automated system Vitek 2［J］. Diagnostic Microbiology and Infectious Disease，68：190-192.
Hayashimoto N，Yasuda M，Ueno M，et al. 2008. Experimental Infection of Pasteurellapneumotropica and V-factor Dependent Pasteurellaceae for F344-rnu Rats［J］. Exp. Animal，57（1）：57-63.
Kawamoto E，OkiyamaE，Sasaki H，et al. 2007. Ultrastructural characteristics of the external surfaces of Pasteurella pneumotropica frommice and Pasteurella multocida from rabbits［J］. Laboratory Animals，41：285-291.
Neolle B F，Gilles B，Raymond H，et al. 2002. Septicemia due to Pasteurella pneumotropica：16S rRNA sequencing for diagnosis confirmation［J］. Journal of clinical microbiology，40：687-689.
Sasaki H，Ishikawa H，Sato T，et al. 2011. Molecular and virulence characteristics of an outer membrane-associated RTX exoprotein in Pasteurella pneumotropica［J］. BMC Microbiology，11：55.
Sasaki H，Kawamoto E，Tanaka Y，et al. 2009. Identification and Characterization of Hemolysin-Like Proteins Similar to RTX Toxin in Pasteurella pneumotropica［J］. Journal of Bacteriology，191（11）：3698-3705.
Scharmann W，Heller A. 2001. Survival and transmissibility of Pasteurella pneumotropica［J］. Laboratory Animals，35：163-166.

第三节　产气巴斯德菌病
（Pasteurella aerogenes）

产气巴斯德菌病（Pasteurella aerogenes）是由产气巴斯德菌所致，该菌主要存在于猪消化道及患病器官。人多因受带菌动物咬伤、抓伤等引起伤口化脓或全身感染。

一、病　　原

1. 分类地位　根据《伯杰细菌鉴定手册》产气巴斯德菌在分类上属巴斯德菌科、巴斯德菌属。标准菌株有 ATCC 27883、M75048、ATCC 27883 和 U66491。其 DNA 中 G+C 含量为 41.8%，基因组大小为1.6～2.0GDa。

2. 形态学基本特征与培养特性　血液琼脂平板上的产气巴斯德菌细胞形态为宽 0.5～1.0μm、长 1.1～2.0μm，可见菌丝，以陈旧培养物为甚。牛血清琼脂平板培养 24h 后，呈环状、光滑、凸面、规则、灰色菌落，直径为 0.5～1.0μm，牛血清平板溶血不明显，为革兰阴性菌，22℃或 37℃培养不显运动性。过氧化物酶反应为阳性，发酵（+）-D-葡萄糖试验为阳性，共生试验（需 NAD）阴性，卟啉试验阳性，在 Simmon 氏柠檬酸盐琼脂生长不明显，不分解黏酸盐产酸，丙二酸盐肉汤没有强碱反应，H_2S_2/TS1 及 KCN 试验阴性，37℃进行的 V-P 试验阴性，分解硝酸盐但不产气，尿素酶和丙氨酸试验阳性，精氨酸双水解酶试验、赖氨酸脱羧酶培养基、苯丙氨酸脱氨酶培养基、吲哚试验、磷酸酶反应均为阴性，明胶酶反应阴性，不水解吐温 20 或吐温 80。麦康凯生长阳性。不变色，不分解以下物质产酸：内赤藓醇、核糖醇、(+)-D-阿拉伯糖醇、木糖醇、(−)-L-核糖醇、卫矛醇、(−)-D-山梨醇、(+)-D-岩藻糖、(+)-L-鼠李糖、(−)-L-山梨糖、纤维二糖、(+)-D-蜜二糖、海藻糖、(+)-D-松三糖、(+)-D-糖原、菊糖、七叶苷、苦杏仁苷、熊果苷、龙胆二糖、水扬苷、(+)-D-松二糖或 b-N-CH_3-葡萄糖氨。分解下列物质产酸：丙三醇、(−)-D-阿拉伯糖、(−)-D-核糖、内消旋肌醇、(−)-D-果糖、(−)-L-果糖、(+)-D-半乳糖、(+)-D-葡萄糖、(+)-D-甘露糖、乳糖、麦芽糖、蔗糖、糊精。ONGP 试验阳性。α-岩藻糖苷酶、α-甘露糖苷酶、α-半乳糖苷酶及 PNPG 试验均为阴性。氧化酶、甲基红、乌氨酸脱羧酶、NPG、PGUA、ONPX 反应为分离株依赖产酸，需要加入(+)-L-阿拉伯糖、(+)-D-木糖、(−)-D-甘露醇、棉籽糖，水解七叶苷，分解葡萄糖产气。该菌可从流产死猪的扁桃体、肺、小支气管、肠、胎盘、胃中分离得到，也从患有败血症、肺炎和腹泻病例的关节、肝脏、淋巴结分离得到。

产气巴斯德菌与巴斯德菌属其他菌的生化特性有所不同，见表 36-3-1。

表 36-3-1　巴斯德菌属部分菌种生化特性

菌　名	乙型溶血	麦康凯生长	靛青质	脲酶	糖类产气	乳糖产酸	甘露醇产酸
P. aerogenes	−	+	−	+	+	−	−
P. multocide	−	−	+	−	−	−	+′*
P. pneumotropica	−	−	+	+	−	V	−
P. haemolytica	+	+	−	−	−	V	+
P. ureae	−	−	−	+	−	−	+
P. gallinarum	−	−	−	−	−	−	−

注：+表示 90%以上菌株阳性，—表示 90%以上菌株阴性，V 为 11%～89%菌株阳性，* 为犬、猫感染为阴性。

3. 基因组学　Valerie（1988 年）发现了一株猪的产气巴斯德菌含有染色体编码的氨苄西林耐药基因 ROB-1 的 β-内酰胺酶，证实了该菌的内酰胺抗生素的耐药性。

Kehrenberg（2000 年）产气巴斯德菌具有四环素抗药性。研究发现呼吸道分离的巴斯德菌常携带 tet（H）基因的 5.5kb 质粒，该质粒携带缩短的 Tn5706 片段，该片段缺失 IS1596 片段，仅有 IS1597 的 84bp 片段。肠道分离的产气巴斯德菌常携带 tet（B）基因，该基因常见于肠杆科细菌的 tet 基因。Kehrenberg（2011 年）发现了该菌的抗三甲氧苄二氨嘧啶基因 dfrA1。

Kuhnert（2000 年）从猪死胎或幼仔分离 4 株产气巴斯德菌，发现了 RTX 毒素（pax 基因）。研究认为 RTX 毒素为该菌主要的毒力因子。paxA 为结构化毒力基因，其上游是激动子基因 paxC，下游为分泌蛋白基因 paxB 和 paxD。

二、流行病学

产气巴斯德菌属于肠道正常菌群，具条件致病性。可感染马、兔、猪、野猪、仓鼠、牛、猫、犬等动物。另外，人局部外伤感染产气巴斯德菌主要发生在被猪咬伤的兽医、猎人、屠宰厂工人、动物管理员，也有关于供职于养猪场妇女死胎中分离出该细菌的报道。

三、临床症状

1. 动物的临床表现　首例分离的产气巴斯德菌是猪流产的病原，从流产胎儿的多个器官中分离而得。另外有两篇关于产气巴斯德菌引起猪流产的报道。

Thigpen（1978）从流产后 4 天死亡的兔子宫和腹膜腔中培养分离得到该菌。Bercovier（1981）从母牛子宫颈部分离出该菌。Rest（1985）报道犬咬伤人病例中分离出产气巴斯德菌。Linda（1989）从马中分离到 13 株产气巴斯德菌，该菌为马呼吸系统致病菌，可能是其他疾病的继发菌。AF Freeman

(2004) 报道了仓鼠啃咬导致的产气巴斯德菌腹膜炎。

2. 人的临床表现 人产气巴斯德菌分离于猫、猪或野猪引起的损伤中，1985 年亚特兰大疾病控制中心报道 4 例猪咬伤病例所致产气巴斯德菌病例。有报道称从一位曾经在一个养猪场帮工的流产母亲的死产婴儿及其阴道穹隆中分离到该菌。1987 年法国发现一例野猪所致产气巴斯德菌引起的猎人伤口感染病例。1976—1994 年丹麦从人伤口或溃疡中分离到 7 株产气巴斯德菌，5 个病例被猪咬伤，2 个溃疡病例供职于养猪场。有一例报道产气巴斯德菌引起 62 岁男性 C6～C7 脊椎骨髓炎病例，该男性此前未有动物接触史。

四、诊　　断

主要是进行生化试验进行分析，也可以运用微生物分析系统进行确证试验。

五、防治措施

对动物巴斯德菌病主要是运用广谱抗生素治疗。

人感染产气巴斯德菌可用氨苄西林、头孢菌素类和环丙沙星进行治疗。另外大多数病例伤口位于大腿远端，常有恶臭脓液并形成脓肿，需进行开放、排液和抗生素治疗。

与动物养殖相关的人员要避免动物咬伤。

（訾占超）

参考文献

Bercovier H, P Perreau, F Escande J, et al. 1981. Characterization of Pasteurella aerogenes isolated in France: In M. Kilian, W. Frederiksen, and E. L. Biberstein (ed.), Hae - mophilus, Pasteurella, and Actinobacillus [M]. London: Academic Press AP: 175 - 183.

Ejlertsena T, Gahrn - Hansenb B, Sgaardbc P, et al. 1996. Pasteurella aerogenes Isolated from Ulcers or Wounds in Humans with Occupational Exposure to Pigs: A Report of 7 Danish Cases [J]. Scandinavian Journal of Infectious Diseases, 28 (96): 567 - 570.

Fodor L, Hajtós I, Glávits R, et al. 1991. Abortion of a sow caused by Pasteurella aerogenes [J]. Acta Vet Hung, 39 (1 - 2): 13 - 19.

Freeman A F, Zheng X T, Lane J C, et al. 2004. Pasteurella Aerogenes Hamster Bite Peritonitis [J]. Pediatric Infectious Disease Journal, 23 (4): 368 - 370.

Henrik C, Peter K, Magne B, et al. 2005. Emended description of porcine [Pasteurella] aerogenes, [Pasteurella] mairii and [Actinobacillus] rossii. International [J]. Journal of Systematic and Evolutionary Microbiology, 55: 209 - 223.

Hommez J, Devriese L A. 1976. Pasteurella aerogenes isolations from swine [J]. Zentbl. Vet. Med. B, 23: 265 - 268.

Kehrenberg C, Schwarz S. 2000. Genetic Basis of Tetracycline Resistance in Pasteurella aerogenes [J]. Abstr Intersci Conf Antimicrob Agents Chemother, 40: 130.

Kehrenberg C, Schwarz S. 2000. Identification of a truncated, but functionally active tet (H) tetracycline resistance gene in Pasteurella aerogenes and Pasteurella multocida [M]. FEMS Microbiol Lett, 188 (2): 191 - 195.

Kehrenberg C, Schwarz S. 2001. Molecular Analysis of Tetracycline Resistance in Pasteurella aerogenes [J]. Antimicrobial Agents And Chemotherapy, 45 (10): 2885 - 2890.

Kehrenberg C, Schwarz S. 2011. Trimethoprim resistance in a porcine Pasteurella aerogenes isolate is based on a dfrA1 gene cassette located in apartially truncated class 2 integron [J]. J Antimicrob Chemother, 66: 450 - 456.

Lester A, Gernersmidt P, Gahrnhansen B, et al. 1993. Phenotypical characters and ribotyping of Pasteurella aerogenes from different sources [J]. Zentbl. Bakteriol. Int. J. Med. Microbiol, 279: 75 - 82.

Livrelli V O, Darfeuille R A, et al. 1988. Genetic Determinant of the ROB - 113 - Lactamase in Bovine and Porcine Pasteurella Strains [J]. Antimicrobial Agents And Chemotherapy, 32 (8): 1282 - 1284.

M Barnhm. 1988. Pig bite injuries and infection: report of seven human cases [J]. Epidem. lnf, 101: 641 - 645.

Garrity George. 2005. Bergey’s Manual of Systematic Bacteriology：Genus Pasteurella Trevisan 1887，94AL Nom. cons. Opin. 13，Jud. Comm 1954［M］. 2nd ed. New York：Springer.

Mutters R，Ihm P，Pohl S，et al. 1985. Reclassification of the genus Pasteurella Trevisan 1887 on the basis of deoxyribonucleic acid homology，with proposals forthe new species Pasteurella dagmatis，Pasteurella canis，Pasteurella stomatis，Pasteurella anatis，and Pasteurella langaa［J］. Int J Syst Bacteriol，35：309-322.

Peter K，Benedicte H M，Jacques N，et al. 2000. Characterization of PaxA and Its Operon：a Cohemolytic RTX Toxin Determinant from Pathogenic Pasteurella aerogenes［J］. Infection And Immunity，68（1）：6-12.

Quiles I，Blázquez J C，De Teresa L，et al. 2000. Vertebral osteomyelitis due to Pasteurella aerogenes［J］. Scand J Infect Dis，32（5）：566-567.

Rest J G，Goldstein EJC. 1985. Management of human and animal bite wounds［J］. Emergency Medical Clinics of North America，3：117-126.

Scheftel J M，M B Rihn，Metzger P，et al. 1987. A case of Pasteurella aerogenes wound infection reported in a hunter injuried by a wild boar［J］. Médecine et Maladies Infectieuses，17（5）：267-268.

Schlater Linda RK. 1989. An aerogenic Pasteurella-like organism isolated from horses［J］. J Vet Diagn Invest，1：3-5.

Thigpen J E，Clements M E，Gupta B N. 1978. Isolation of Pasteurella aerogenes from the uterus of a rabbit following abortion［J］. Lab Anim Sci，28（4）：444-447.

Thorsen P，B R Moller，M Apri A B，et al. 1994. Pasteurella aerogenes isolated from stillbirth and mother［J］. Lancet，343：485-486.

Weaver R E. 1985. Gram negative fermentative bacteria an（1 Francisella. In Manual of Clinical Microbiology，4th ed（ed. E. H. Lennette，A. Balows，WV.　J. Hausler and H. J. Shadomy）［M］. Washington D. C：American Society for Microbiology：309-329.

第三十七章
弯曲菌科细菌所致疾病

弯 曲 菌 病
(Campylobacteriosis)

弯曲菌病（Campylobacteriosis）是由弯曲菌属细菌引起的人与动物共患病。弯曲菌广泛分布于自然界，可通过动物、食物、水、牛奶等传播。弯曲菌感染主要引起人和动物腹泻及动物流产。其中对人致病的有空肠弯曲菌、结肠弯曲菌和胎儿弯曲菌等。空肠弯曲菌是人腹泻的常见病原菌。

弯曲菌最早于1909年自流产的牛、羊体内分离出，称为胎儿弧菌（*Vibrio fetus*），1947年从人体首次分离到该菌。至1957年king将引起儿童肠炎的这种细菌定名为“相关弧菌”（Related vibrios）。1973年Sebald和Veron发现，其不发酵葡萄糖，DNA的组成及含量不同于弧菌属，为了区别于弧菌而创用了弯曲菌（*Campylobacter*）这一名称。到1977年Skirrow改革了培养技术，在腹泻病人粪便中分离到弯曲菌，从而确立了病菌与疾病的关系，并把由弯曲菌引起的腹泻正式命名为弯曲菌肠炎(Campylobacter enteritis)。

一、发生与分布

空肠弯曲菌是1973年butzler等自腹泻病人粪便中分离的，能引起人及动物腹泻，目前已知其为人腹泻的主要致病菌之一。人空肠弯曲菌肠炎的发病率在发达国家超过细菌性痢疾，欧美一些发达国家的感染率为50/10万～100/10万。美国CDC统计资料显示，美国每年弯曲菌感染人数240万，占总人口数的1%，死亡124人。

有资料显示，亚洲、非洲的一些发展中国家，5岁以下腹泻患儿粪便弯曲菌的分离率为12%～18%，儿童平均感染率为4%。在发展中国家，由于弯曲菌感染多数症状较轻，许多病人没有就诊，或虽就诊但未进行病原学检查，故实际感染人数可能比报告的高1～10倍。

到目前为止，在欧洲、美洲、澳洲和非洲均有胎儿弯曲菌分离和致病的报道，尤其在澳大利亚、南非、美国和俄罗斯。东南亚的印度、斯里兰卡、印度尼西亚、日本等也有报道。国内也有胎儿弯曲菌分离的报道。

二、病　　原

1. 分类地位　弯曲菌在分类上属ε-变形菌纲（Epsilonproteobacteria）、弯曲菌目（Campylobacterales）、弯曲菌科（Campylobacteraceae）、弯曲菌属（*Campylobacter*）。包括胎儿弯曲菌（*C. fetus*）、结肠弯曲菌（*C. coli*）和空肠弯曲菌（*C. jejuni*）等18个种和亚种。由于新种的不断发现，弯曲菌属处于不断变动的状态。

该属中引起人急性腹泻的主要致病菌为空肠弯曲菌，其次为结肠弯曲菌，它们是弯曲菌属的两个种，目前主要用马尿酸盐水解试验加以区别。近年来，采用DNA杂交试验证实有少数空肠弯曲菌菌株马尿酸盐水解试验阴性。因此，依据遗传结构进行细菌分类鉴定（如 DNA - DNA 杂交技术），可纠正仅根据生物表型特征鉴定细菌种属的片面性。

目前已提出三种方案进行空肠和结肠弯曲菌的生物分型。据国内外资料，来源于人和鸡的弯曲菌以空肠弯曲菌生物Ⅰ型为主，生物Ⅱ型较少。来源于猪的主要为结肠弯曲菌。中非来源于人的弯曲菌的55%为结肠弯曲菌（其他地区仅 5%～10%）。上海调查小儿腹泻主要为空肠弯曲菌生物Ⅰ、Ⅱ型，以前者多见。

目前应用最广的血清分型方法有两类：一类是 Penner 等（1980）提出的以耐热抗原为基础的被动血凝试验，将空肠弯曲菌和结肠弯曲菌分为 60 个血清型。最近（1991）Mills 等提出的以耐热抗原为基础的简化分型方法，采用玻片凝集试验，分型结果与被动血凝试验相似。另一类是 Lior 等（1981）提出的以不耐热抗原为基础的玻片凝集试验，可将弯曲菌分为 58 个血清型。后者的 20 个常见型血清，可将 80%的弯曲菌定型。

胎儿弯曲菌分为胎儿亚种（*C. fetus* subsp. *fetus*）和性病亚种（*C. fetus* subsp. *venerealis*）。胎儿亚种引起牛散发性流产和羊地方流行性流产，也可感染人，引起流产、早产、败血症及类似布鲁菌病症状。性病亚种是牛生殖道弯曲菌病的病原，主要引起不育、胚胎早期死亡及流产，给奶牛业造成严重的经济损失。

2. 形态学基本特征与培养特性 空肠弯曲菌为革兰染色阴性、微需氧杆菌，长 0.5～5μm、宽 0.2～0.9μm，呈弧形、S 形或螺旋形，3～5 个成串或单个排列。菌体两端尖，有极鞭毛，能做快速直线或螺旋状运动，无荚膜。粪便或肠拭子标本接种选择培养基（Skirrow’s Butzletp’s 或 Campy - BAP），或通过 0.65μm 滤器后接种于非选择培养基，在 5%～10%氧、3%～10%二氧化碳、42℃培养可分离该菌。在正常大气或无氧环境中均不能生长。空肠弯曲菌在普通培养基上难以生长，在凝固血清和血琼脂培养基上培养 36h，可见无色、半透明、毛玻璃样小菌落，单个菌落呈中心凸起，周边不规则，无溶血现象。最初分离时菌落很小，直径约 0.5～1mm，圆形，白色或奶油色，表面光滑或粗糙，转种后光滑型变成黏液型，有的呈玻璃断面样的折光。根据生长所需温度的不同、不发酵葡萄糖及在1%甘氨酸、3.5%盐液、1%胆汁培养基中生长的特性可鉴别其种。

胎儿弯曲菌为革兰染色阴性，无芽孢和荚膜，一端或两端有鞭毛，能运动。在感染组织中呈弧形、撇形或 S 形，偶尔呈长螺旋状。幼龄培养物中菌体大小为（0.2～0.5）μm×（1.5～2.0）μm，老龄时 8μm 以上。在血琼脂平板上呈光滑、圆形、隆起、无色、半透明、不溶血、直径约 0.5mm 的细小菌落。触酶试验阳性，有动力，氧化酶阳性，尿酶阴性，不产生 H_2S（KIA），硝酸盐还原试验阴性，马尿酸盐水解试验阴性，头孢拉啶敏感，萘啶酸耐药。

3. 理化特性 弯曲菌抵抗力不强，易被干燥、直射日光及弱消毒剂所杀灭，56℃ 5min 可被杀死。对红霉素、新霉素、庆大霉素、四环素、氯霉素、卡那霉素等抗生素敏感，近年发现不少耐药菌株。该菌在水、牛奶中存活较久，如温度在 4℃存活 3～4 周。在粪便中存活也久，鸡粪中保持活力可达 96h。人粪便中每克菌数含量若达 10^8，则保持活力可达 7 天以上。该菌对酸碱有较大耐力，故易通过胃肠道生存。对物理和化学消毒剂均敏感。

生化反应不活泼，不发酵糖类，不分解尿素，靛基质阴性，可还原硝酸盐，氧化酶和过氧化氢酶阳性，产生微量或不产生硫化氢，甲基红和 VP 试验阴性，枸橼酸盐培养基中不生长。

主要抗原有 O 抗原和 H 抗原，前者是胞壁的类脂多糖，后者为鞭毛抗原。感染后肠道产生局部免疫，血中也产生抗 O 的 IgG、IgM、IgA 抗体，对机体有一定保护力。

4. 分子生物学

（1）基因组特征 空肠弯曲菌的染色体为环状，大小为 1.7Mb。由于其基因组小，大小仅为大肠杆菌的 35%，不能发酵糖类和复杂的物质，因此对培养的要求较高。弯曲菌的 G+C 含量为 30%～46%，其 16S 和 23S rRNA 基因含有 3 个拷贝，但不在一个操纵子内，其 rDNA 位点在 650、900 和 1 300位。鞭毛蛋白的基因（fla）约在 0 位。

（2）毒力因子 该菌的毒力因子主要有以下 4 种：

①细胞紧张性肠毒素（CE）：是由三个亚单位组成的蛋白质，分别为 68kDa、43kDa 和 54kDa。可引起细胞圆缩，甚至死亡。主要通过与细胞膜上的 Gml 神经节苷酯结合，引起胞内 cAMP 浓度升高而发生水样腹泻。可引起大鼠回肠液积聚和兔肠黏膜出血。

②细胞毒素（Cyt）：为一条 68kD 的多肽，可通过细胞膜上的蛋白质或糖蛋白与细胞结合。可引起腹泻，破坏细胞完整性，致细胞和鸡胚死亡。

③内毒素：该菌内壁含有 LPS，具有毒性作用，用超声波破碎菌体后的上清液注射小鼠，没有毒性反应；而注射含有细胞碎片的沉淀，可导致 65%的小鼠死亡。

④细胞致死性膨胀毒素（CDT）：可致细胞膨胀，并迅速崩解。热和胰酶可使之失活。

⑤侵袭力：弯曲菌具有黏附因子，试验证明，其对 Hela 细胞核 INT_{407} 细胞有侵袭力。鞭毛蛋白可能含有对上皮细胞吸附的物质，100℃30min 不能灭活。

三、流行病学

1. 传染来源 空肠弯曲菌病的主要传染源是动物，弯曲菌属的细菌广泛散布在各种动物体内，其中以家禽、野禽和家畜带菌最多，其次为啮齿类动物。病菌通过动物粪便排出体外，污染环境。当人与这些动物密切接触或食用被污染的食品时，病原体进入人体。动物多是无症状的带菌者，且带菌率很高，因而是重要的传染源和贮存宿主。

家禽受弯曲菌感染后，无明显症状，且多终生带菌。在发达国家，鸡的空肠弯曲菌感染率很高（>80%），可能由成年鸡或污染的饲料或水传播给初生的小鸡。我国鸡的弯曲菌阳性检出率为 45%～58%。鸡、鸭可胆囊带菌，并呈间歇性排菌，可长达 300 余天。感染的家禽粪便可污染蛋的表面。国内外的调查研究结果表明，从海鸥到山鸟、从水栖候鸟到市区鸽子、从各种家禽到动物园饲养的野禽均发现有带菌现象，且带菌率很高。

家畜受弯曲菌感染后多无症状，少数可出现轻度腹泻或引起绵羊流产，排菌可达数月或终生。福建省调查结果表明，家禽、家畜中弯曲菌带菌率较高，尤以鸡和猪最高。国内各地报道犬和猫带菌率为 0.5%～75.8%，差别较大。一般在庭院内活动的幼龄犬、猫的带菌率高于室内活动的成年动物。其他动物如啮齿类、灵长类携带弯曲菌的现象较普遍。

病人也可作为传染源，尤其儿童患者往往因粪便处理不当，污染环境机会多，传染性大。发展中国家由于卫生条件差，重复感染机会多，可形成免疫带菌。无症状的带菌者不断排菌，排菌期长达 6～7 周，甚至 15 个月之久，所以也是传染源。

人感染弯曲菌后，在整个病程中均有传染性。多数病人 1 周内恢复，在恢复期排菌时间较短，平均为 2～3 周，不超过 2 个月，长期带菌者较少。但在呈地方性流行的地区，患者无症状带菌时间较长，可达 6～7 周。国内腹泻患儿弯曲菌检出率为 4%～17.17%，腹泻成人为 3.85%～9.61%。城市健康儿童的带菌率为 0.5%～10.4%，农村儿童带菌率为 7.1%～16.3%。在发达国家，人可能是较次要的传染源；但在发展中国家，人携带弯曲菌可能在该病传播中起重要作用。根据托幼机构暴发疾病情况及儿童存在大量带菌者，说明病人和病菌携带者成为疾病传染源的意义不可忽视。

胎儿弯曲菌病传染源为患病母牛、带菌公牛及康复母牛。病菌主要存在于公牛的精液、包皮黏膜，母牛的生殖道、胎盘及流产胎儿的组织。公牛感染后可带菌数月，有的可达 6 年甚至终身。

2. 传播途径

（1）经口感染 经食物传播，弯曲菌污染食物（主要是禽畜肉食品）曾引起多起疾病的暴发流行，因禽类食品污染率高，是主要的传播因素。英国和美国报道冷藏的鸡弯曲菌检出率为 72%～100%，猪肉为 59%。因参加军事训练、宴会和野餐进食生的或加热不足的鸡曾在荷兰、英国和美国引起该病暴发。此外有食用污染的汉堡包、冰激凌蛋糕、凉拌菜、生蛤肉、水果和蔬菜等引起本病暴发流行的报道。饮生牛奶或未经巴氏消毒的牛奶曾引起弯曲菌病的暴发，如 1979—1980 年 4 月英国因牛奶引起 13

起弯曲菌病暴发，病人总数达 4 560 人。美国也曾发生 8 起弯曲菌病暴发流行，总病例数 500 余人，有喝生牛奶习惯者居多。

人接触腹泻的幼龄犬、猫、牛的粪便易被感染。市售家禽家畜的肉、奶、蛋类多被弯曲菌污染，如进食未加工或加工不适当的食物，如吃凉拌菜等，均可引起感染。水也是重要的传播媒介，据报道，60%的弯曲菌腹泻病患者在发病前 1 周有喝生水史，而对照组只有 25%。

水是重要的感染途经。自来水受到污染，曾导致国际上 4 起弯曲菌病的大暴发流行，1978 年美国佛蒙特州 Benningten 市因大暴雨导致地面水污染了水源，未经过滤即供给了居民，2 周内引起近 3 000 人（占 19%居民）患病。1980 年 10 月瑞典发生 2 000 人的水源暴发流行，由于河水倒流入自来水系统造成污染。同年英国某小镇由于直接使用未经加氯处理的水库自来水和河湾水，引起 700 人发病。英国、美国也曾报告因饮用溪水引起该病流行。

（2）接触感染　处理怀孕羊和羔羊可增加该病传播的危险。人接触家禽、家畜、野生动物及未加热的肉食品都可能受感染。经常接触动物或屠宰动物的人往往具有抗弯曲菌的血清抗体。如英国调查肉类加工厂的工人，其弯曲菌补体结合抗体阳性率为 27%～60%，而对照人群仅 1%～2%。我国苏州调查结果表明，89.3%的弯曲菌肠炎患者有与家禽、家畜密切接触史。研究人员接触实验动物感染弯曲菌肠炎也有报道。Grados 等（1988）报道，在秘鲁进行弯曲菌腹泻配比病例对照研究，从医院选择 104 例 3 岁以下弯曲菌腹泻患儿，与同医院同年龄的非胃肠炎患儿（对照）进行比较，结果发现家庭暴露于活鸡是很重要的感染危险因素。

在卫生条件差的热带地区，人与人接触是散发病例（特别是儿童）传播的重要途径之一。在发达国家人与人接触传播同样存在，如英国某次牛奶引起弯曲菌肠炎暴发，约 20%病人可能是家庭内接触感染引起。国外报道 63 例与弯曲菌肠炎病人有接触史的儿童中，15 例发病。

（3）垂直传染　弯曲菌病除人与人密切接触可发生水平传播外，还可由患病的母亲垂直传播给胎儿或婴儿。

（4）胎儿弯曲菌的主要传播途径　自然交配是该病的主要传播途径，也可通过人工授精或消化道传播。

3. 易感动物

（1）自然宿主　空肠弯曲菌广泛存在于人和动物的肠道内。健康的成人或儿童，其他哺乳动物和鸟类、食品和饮水中均有该菌存在。胎儿弯曲菌感染的主要动物为牛，各种年龄的公牛和母牛均易感，尤以成年母牛最易感。该病多呈地方性流行。羊、犬和人等也可感染。

（2）实验动物　常用实验动物中，雏鸡、犬、猴和猪等均可发生感染，但检出率不高。

（3）易感人群　人对空肠弯曲菌病普遍易感。发展中国家中，5 岁以下儿童发病率最高，1 岁以下者更甚，发病率随年龄升高而下降。发达国家中，卫生条件较好，空肠弯曲菌分离率以 10～29 岁人群最高，说明成人对该病的免疫力并不比儿童强。发展中国家和发达国家的这种差异，与卫生条件有关，由于发展中国家的成人，平时经常少量接触病原，体内获得一定水平的免疫力，所以发病率低。

4. 流行特征　该病全年均有发病，以夏季为多。平时可以散发，也可由于食物、牛奶及水等被污染造成暴发流行。自然因素如气候、雨量，社会因素如卫生条件的优劣、人口流动（旅游）都可影响该病的发生和流行。

四、临床症状

1. 动物的临床表现

（1）空肠弯曲菌　空肠弯曲菌是多种动物如牛、羊、犬和禽类的正常寄居菌。在它们的生殖道或肠道内有大量细菌存在，故可通过分娩或排泄物污染食物和饮水。空肠弯曲菌可引起动物的格林—巴利综合征（Guillain-Barre syndrome，GBS），是最严重的弯曲菌并发症，主要引起运动神经功能障碍。

（2）胎儿弯曲菌　胎儿弯曲菌主要引起动物不育、胚胎早期死亡及流产，给畜牧业造成严重的经济损失。母牛表现流产（多发生于妊娠后的第5～6个月）、不孕、不育、死胎。公牛一般无明显症状。

胎儿弯曲菌主要感染生殖道黏膜，引起子宫内膜炎、子宫颈炎和输卵管炎。流产的胎儿皮下组织胶样浸润，胸水、腹水增量。流产后胎盘严重瘀血、出血、水肿。公牛生殖器官无异常病变。

2. 人的临床表现

（1）肠道感染　弯曲菌病的潜伏期为1～10天，平均5天。食物中毒型弯曲菌病的潜伏期仅20h。

对人的致病部位是空肠、回肠及结肠。主要症状为腹泻和腹痛，有时发热，偶有呕吐和脱水。细菌有时可通过肠黏膜进入血流，引起败血症和其他脏器感染，如脑膜炎、关节炎、肾盂肾炎等。孕妇感染可导致流产、早产，且可使新生儿感染。

腹痛、腹泻为最常见症状。表现为整个腹部或右下腹痉挛性绞痛，剧烈者似急腹症，但罕见反跳痛。腹泻占91.9%，一般初为水样稀便，继而呈黏液或脓血黏液便，有的为明显血便。腹泻次数每天多为4～5次，频者可达20余次。病变累及直肠、乙状结肠者，可有里急后重。轻症患者可呈间歇性腹泻，每天3～4次，间有血性便。重者可持续高热伴有严重血便、中毒性巨结肠炎或伪膜性结肠炎及下消化道大出血。纤维结肠镜检和钡灌肠检查，提示全结肠炎。部分较重者常有恶心呕吐、嗳气、食欲减退。多数病人1周内自愈，轻者24h即愈，不易和病毒性胃肠炎相区别。20%的患者病情迁延，间歇性腹泻可持续2～3周，或愈后复发，或呈重型。婴儿弯曲菌肠炎多不典型。

（2）肠道外感染　肠道外感染多见于35～70岁的患者或免疫功能低下者。常见症状为发热、咽痛、干咳、荨麻疹、颈淋巴结肿大或肝脾肿大、黄疸及神经症状。部分血行感染，发生败血症、血栓性静脉炎、心内膜炎、心包炎、肺炎、脓胸、肺脓肿、腹膜炎、肝脓肿、胆囊炎、关节炎及泌尿系感染。

孕妇感染者常见上呼吸道症状、肺炎及菌血症。可引起早产、死胎或新生儿败血症及新生儿脑膜炎。

空肠弯曲菌偶可引起化脓性关节炎，表现为感染的关节局部红、肿、痛，行动受限，关节积液（脓）等。

五、病理变化

1. 大体解剖观察　局部黏膜充血、水肿、溃疡、出血。免疫力低下者可引起菌血症，进而造成脑、心、肺、肝、尿道、关节等损害；肠腺退变、萎缩、黏液丧失；腺窝脓肿；黏液上皮细胞溃疡，隐形溃疡性结肠炎和克隆氏病变。

2. 组织病理学观察　黏膜固有层中性粒细胞、单核细胞和嗜酸性粒细胞浸润。

3. 超微结构观察　电镜下可见空肠弯曲菌呈弧形、S形、螺旋形、展翅形，少数为杆状、球形、椭圆形和葫芦形等多种形态。菌体两端尖，一端或两端各有一根长短不等的鞭毛，鞭毛基底部插入细胞质膜下。菌体由细胞壁、细胞质膜和细胞质构成。细胞质内有电子密度低的核样区，其内部可见高电子密度的DNA细丝。胞质内有大量核糖核蛋白颗粒。细胞壁外附着有细丝状物质。

幽门弯曲菌与空肠弯曲菌形态基本相似，菌体长2～6um，两端椭圆，一端有1～5根鞭毛，有的末端膨大形成终球。菌体表面附有厚而密集的细丝样物质。

六、诊　　断

1. 动物的临床诊断

（1）空肠弯曲菌　可引起多种动物腹泻（如雏鸡、犬、猫、猴、猪、牛、羊等）。将空肠弯曲菌人工给服免疫缺陷小鼠后，小鼠仅表现零星的轻微腹泻。雏鸡感染空肠弯曲菌后，临床症状表现为精神沉郁和腹泻。病情取决于鸡的日龄和感染菌株的毒力。牛感染空肠弯曲菌后引起腹泻，并常有血便，精神萎靡，食欲不振，虚弱不能站立，可引起乳腺炎。

（2）胎儿弯曲菌　感染可引起牛、羊流产，阴道呈卡他性炎症，黏膜红肿，分泌增加。

2. 人的临床诊断　取新鲜粪便在暗视野显微镜或相关显微镜下观察，若见急速运动的弯曲菌，即可做出快速诊断。

该病在发展中国家多见于婴幼儿，而发达国家则以青年为主，且常有不洁食物史、喝生水及旅游史。临床症状主要为发热、腹痛、腹泻。发热多为38℃左右，或无热；腹痛为脐周及全腹痉挛性疼痛，多伴有里急后重；腹泻次数一般不多，可呈间歇性血便。确诊有赖于实验室检查。

3. 实验室诊断

（1）临床镜检　大便常规检查，外观为黏液便或稀水便。镜检有较多白细胞或有较多红细胞。

（2）细菌学诊断　镜检，涂片上可见细小、单个或成串状，呈海鸥翼形、S形、C形或螺旋形两端尖的杆菌。

可取患者大便等用选择培养基在厌氧环境下培养，分离病菌。若具有典型的菌落形态及特殊的生化特性即可确诊。

（3）血清学诊断　取早期及恢复期双份血清做间接凝血试验，抗体效价呈4倍或以上增长，即可确诊。

（4）鉴别诊断

①细菌性痢疾：有高热、腹痛腹泻、泻脓血便。腹痛在下腹或左下腹，左下腹明显压痛，且有肠索，伴明显里急后重。粪检有较多脓细胞、吞噬细胞。重者常脱水。这都有利于和本病区别。

②其他细菌所致腹泻：如鼠伤寒、致病性大肠杆菌、耶尔森菌、亲水气单胞菌及其他厌氧菌等，单从临床有时很难鉴别。疑似疾病应依靠病原学和血清学来确诊。

肠道外感染者需与沙门菌病相鉴别。

在国际贸易中，胎儿弯曲菌的指定诊断方法为病原鉴定。可取流产胎膜进行直接涂片染色镜检、细菌分离培养（病料接种于血液琼脂，37℃微氧环境下培养）、免疫荧光试验。

血清学检查也是可接受的诊断方法。阴道黏液凝集试验，为普查最佳方法，但不适合个体感染动物确诊；酶联免疫吸附试验，灵敏度高，但只适于畜群普查而不适合于个体确诊。

七、防治措施

空肠弯曲菌病最重要的传染源是动物，如何控制动物的感染，以防止动物排泄物污染水、食物至关重要。因此做好“三管”即管水、管粪、管食物乃是防止弯曲菌病传播的有力措施。此外，还需及时诊断和治疗病人，以免传播。该菌对多种抗生素敏感，常用红霉素、四环素治疗。

目前正在研究减毒活菌苗及加热灭活菌苗，可望在消灭传染源、预防感染方面起重要作用。

肠炎病人病程自限，可不予治疗。但婴幼儿、年老体弱者、病情重者应予治疗。对病人进行隔离，对患者的大便应彻底消毒，隔离期从发病到大便培养转阴。发热、腹痛、腹泻重者给予对症治疗，并卧床休息。饮食给予易消化的半流食，必要时适当补液。

病原治疗，该菌对庆大霉素、红霉素、氯霉素、链霉素、卡那霉素、新霉素、四环素族、林可霉素均敏感，对青霉素和头孢菌素有耐药。临床可根据病情选用。肠炎可选用红霉素，成人每天0.8～1.2g，儿童每天每千克体重40～50mg，口服，疗程2～3天。喹诺酮类抗菌药，如氟哌酸疗效也佳，但其可影响幼儿骨骼发育。细菌性心内膜炎首选庆大霉素，脑膜炎首选氯霉素。重症感染疗程应延至3～4周，以免复发。

八、对实验研究的影响

近年来，实验动物发生弯曲菌感染和发病的情况比较稳定，危害有限。一般仅在野生动物和普通级动物中存在高水平的感染。随着各种实验动物在生物医学研究中的广泛应用，如沙鼠、小型猪等，人因接触实验动物而感染弯曲菌的可能性是存在的。虽然实验动物中的弯曲菌对人多数不致病，但是在老年病、营养学、行为学和毒性试验等研究中，弯曲菌会对试验造成干扰。因此，加强实验动物的饲养管理，有效控制弯曲菌感染，可以减少对动物试验和生产的损失。

（邢进 毛开荣 丁家波）

我国已颁布的相关标准

GB/T 14926.49—2001 实验动物 空肠弯曲菌检测方法

参考文献

陈志新，吕德生，万邵平．1995．儿童空肠弯曲菌感染的流行病学研究［J］．中华预防医学杂志，29（3）：144-146.

金宁一，胡仲明，冯书章．2007．人兽共患病学［M］．北京：科学出版社：552-564.

王远萍，唐小佳，张传彬，等．1985．空肠弯曲菌的电子显微镜观察［J］．四川医学院学报，16（2）：112-114.

王远萍，杨志梅，李健，等．1990．幽门弯曲菌和空肠弯曲菌的电子显微镜对比观察［J］．华西医科大学学报，21（4）：390-393.

杨正时，房海．2003．人及动物病原细菌学［M］．石家庄：河北科学技术出版社：849-863.

WHO. 2000. The increasing incidence of human campylobacteriosis：Report and Proceedings of a WHO Consultation of Experts［R］. Copenhagen：42-48，65-66.

Lin C W，Yin P L，Cheng K S. 1998. Incidence and clinical manifestations of campylobacterosis in central Taiwan l J J［J］. Zhong Hua Yi Xue Za Zhi（TaiPei），61（6）：339-345.

Nachamkin I，M J Blaser. 2000. Campylobacter［M］. 2nd ed. Washington，D C：ASM Press.

Rao M R，Naficy A B，Savarino S J，et a1. 200l. Pathogenicity and convalescent excretion of Campylobacter in rural Egyptian children［J］. Am J Epidemiol，154：166-173.

Nachamkin I，Blaser M J. Tompkins L S. 1992. Campylobacterjejuni：Current status and future trends［M］. Washington DC：American Society for Microbiology，9-12，20-30.

第三十八章 螺杆菌科细菌所致疾病

第一节 犬螺杆菌感染 (Helicobacter canis infection)

犬螺杆菌感染（Helicobacter canis infection）是由犬螺杆菌引起犬和人为主的一种机会性疫病。在临床上，犬发生犬螺杆菌感染主要表现为急性胃肠炎；人发生犬螺杆菌感染主要表现为胃肠炎和坏死性肝炎。犬螺杆菌是临床上较常见的螺杆菌，是肠道寄生的螺杆菌的代表菌种，一般情况下存在于动物的下肠段。该病发病很少，到目前为止，仅有几例，在法国、丹麦等地发生过。目前我国尚未有该病报道。

一、发生与分布

1993 年，Stanley 等从腹泻病人和病犬的粪便中首次分离到犬螺杆菌。1999 年，Foley 等从猫的粪便中也分离到犬螺杆菌。该菌可分离自胃肠炎患儿、菌血症病人和多病灶性肝炎的病犬，也可分离自健康或腹泻的犬、猫与人的粪便。2006 年，Corinne Leemann 等报道在法国发生 1 例人感染犬螺杆菌的病例。2007 年，Jørgen Prag 等报道在丹麦发生 1 例人的犬螺杆菌菌血症。该病很少发生，其发生与分布的规律有待进一步研究。

二、病　　原

1. 分类地位　根据《伯吉氏系统细菌学手册》第二版（2005 年）（Bergey’s Manual of Systematic Bacteriology，2nd Edition，2005），犬螺杆菌（*Helicobacter canis*）属于 ε-变形菌纲（Epsilon Proteobacteria）、弯曲菌目（Campylobacterales）、螺杆菌科（Helicobacteraceae）、螺杆菌属（*Helicobacter*）。其代表菌种是英国菌种保藏中心（NCTC）12739。

2. 形态学基本特征与培养特性　犬螺杆菌为革兰阴性杆状或螺旋状细菌，大小约为 0.25mm×4mm，无芽孢，菌体弯曲呈螺旋形、S 形，在陈旧培养物中可呈球形。末端短平，一端或两端有多根带鞘鞭毛，运动活跃。G+C 含量为 48%～49%。

犬螺杆菌生长的最适气体环境为 5%～7% O_2 和 5%～10% CO_2。5%～10% H_2 可刺激其生长。其最适生长温度为 36～37℃，但在 42℃也能生长。该菌需要较高的营养条件，在加入 5%～7%兔血或羊血的牛心脑浸液布氏琼脂、哥伦比亚血琼脂、改良 Skirrow 平板或在弯曲菌（*Karmali*）血琼脂平板中，分离到的阳性率较高，同时也可在含胆汁的培养基上生长。其生长速度较幽门螺杆菌稍快，在微需氧环境条件下孵育 3～5 天，能够形成直径约 2mm、半透明、出现 α 溶血的菌落。

3. 理化特性　触酶试验阴性是犬螺杆菌的生化特征。氧化酶试验、醋酸吲哚酚水解试验均阳性，过氧化氢酶、脲酶、碱性磷酸酶试验均阴性，不还原硝酸盐，不水解马尿酸。

该菌在 42℃条件下能够生长，对奈啶酸和头孢菌素敏感，但耐受多黏菌素 B，同时能够抵抗 1.5%胆汁和 5-氟尿嘧啶。

三、流行病学

1. 传染来源 犬螺杆菌主要寄生在人和动物（主要是犬）的下消化道，包括小肠、结肠、直肠和肝胆管等部位，可侵入黏膜下的血管中，随血流传播到宿主机体的其他部位。该菌可从人或犬的粪便和肛拭中分离到，也可随动物粪便排出体外，从而污染水源等外界环境。因此，携带犬螺杆菌的犬等实验动物及被其粪便污染的环境等是该病的主要传染来源。

2. 传播途径 犬螺杆菌可随粪便排出体外，从而污染水源等外界环境。人和犬的犬螺杆菌感染主要因误食污染犬螺杆菌的水或食物引起。因此，该病主要经粪—口途径传播。

3. 易感动物 犬螺杆菌的自然宿主是人和犬。它是寄生在宿主下消化道的正常菌群。长期暴露于犬等动物及被其粪便污染的环境的免疫力低下的人群较易感。

4. 流行特征 犬螺杆菌感染只有极少数病例报道，未曾发生流行。其具体流行特征有待进一步研究。

四、临床症状

1. 动物的临床表现 动物发生犬螺杆菌感染常表现为隐性感染，偶尔可以致病。犬螺杆菌主要引起犬急性胃肠炎，临床表现为腹泻、腹痛。犬螺杆菌还可侵入肠黏膜下的血管中，随血流传播到宿主机体的其他部位，引起菌血症、蜂窝织炎、单侧关节炎和脑膜炎等，产生相应的临床症状。

2. 人的临床表现 人发生犬螺杆菌感染可以导致胃肠炎、坏死性肝炎，其临床表现为腹泻、腹痛。到目前为止，共有两例犬螺杆菌菌血症病例报道，分别发生在一位伴 X 染色体的低丙种球蛋白血症患者和一位尚具有免疫能力的宿主身上。犬螺杆菌菌血症患者常发低热，在腿、躯干和手臂上常出现多处红斑和小紫斑。

五、病理变化

犬螺杆菌感染的病理变化不具有特异性，与其他病原在宿主同一部位产生的病变相似。在发生隐性感染时，机体常常不呈现组织病理学变化。在机会性感染情况下，主要呈现通常的胃肠炎病理变化。鉴于缺乏进一步的相关资料，故更详细的病理变化有待进一步研究。

六、诊　　断

1. 临床诊断

（1）犬螺杆菌的主要诊断指标　菌体呈螺旋形或 S 形，微需氧，能在 42℃条件下生长，触媒试验阴性，脲酶试验阴性，对奈啶酸敏感等。

（2）与幽门螺杆菌的鉴别　犬螺杆菌触媒试验和脲酶试验均阴性，醋酸吲哚酚试验阳性，可在 42℃条件下生长，对奈啶酸敏感；而幽门螺杆菌则相反。

2. 实验室诊断

（1）血液检查　发生犬螺杆菌感染时，外周血中白细胞总数和中性粒细胞数增多。

（2）染色镜检　因粪便标本中细菌种类很杂，直接涂片镜检无诊断价值。其他感染部位的临床标本中若查见革兰阴性的弯曲或螺旋状细菌，有一定的诊断意义。

（3）分离鉴定　怀疑螺杆菌性胃肠炎时可采集患者的粪便或肛拭子，接种选择性培养基，如 CVA 培养基（加入头孢哌酮、万古霉素和两性霉素 B 的含 5%羊血的哥伦比亚琼脂）。

对血液或其他感染部位的标本，一般接种含马（或羊）血的布氏琼脂或哥伦比亚琼脂。在微需氧条件下孵育后挑取可疑菌落做进一步鉴定。

七、防治措施

1. 综合性防治措施 正确处理患病动物、病变组织、粪便及其污染的水源。同时加强个人卫生，注意做好消毒工作，提高生活环境的卫生条件。

2. 治疗 犬螺杆菌感染导致急性胃肠炎或其他肠外感染时，应及时给予敏感的抗生素治疗。

犬螺杆菌对临床上常用的大多数抗生素敏感。可选用阿莫西林、甲硝唑、替硝唑、呋喃唑酮等治疗犬螺杆菌感染。引发胃肠炎时可选择口服制剂，对肠外感染则最好采用静脉给药方式。

八、公共卫生影响

犬螺杆菌是临床上较常见的螺杆菌，是肠道寄生的螺杆菌的代表菌种。它是寄生在人和动物（主要是犬）下消化道的正常菌群，可随粪便排出体外，从而污染水源等外界环境，容易经粪—口途径进行传播。随着实验动物在生物医学中的广泛应用，人因接触犬等实验动物而感染犬螺杆菌的可能性逐渐上升，同时该病是机会感染性疾病，饲养的动物群中一旦发生，则难以根除。另外，随着社会的快速发展，大量的宠物开始进入普通人的家庭。在人与犬、猫等宠物的密切接触中，发生犬螺杆菌感染的风险也大大增加。目前对该菌的致病性研究仍不十分清楚。所以，尽管该病发病较少，但是仍然具有一定的公共卫生意义。

（王立林　田克恭　肖璐）

参考文献

Foley J E，Marks S L，Munson L，et al. 1999. Isolation of Helicobacter canis from a Colony of Bengal Cats with Endemic Diarrhea [J]. Journal of Clinical Microbiology，37 (10)：3271 - 3275.

Fox J G，Drolet R，Higgins R，et al. 1996. Helicobacter canis Isolated from a Dog Liver with Multifocal Necrotizing Hepatitis [J]. Journal of Clinical Microbiology，34 (10)：2479 - 2482.

Leemann C，Gambillara E，Prod'hom G，et al. 2006. Bacteremia and Multifocal Cellulitis due to Helicobacter canis：First Case in an Immunocompetent Patient [J]. Microbiology，10：1 - 10.

Prag J，Blom J，Krogfelt K A. 2007. Helicobacter canis bacteraemia ina 7 - month - old child [J]. FEMS Immunology and Medical Microbiology，50：264 - 267.

Stanley J，Linton D，Burens A P，et al. 1993. Helicobacter canis sp. nov，a new species from dogs：an integrated study of phenotype and genotype [J]. Journal of General Microbiology，139：2495 - 2504.

Whary M T，Fox J G. 2004. Natural and experimental Helicobacter infections [J]. Comp Med，54：128 - 158.

第二节　猫螺杆菌感染
(Helicobacter felis infection)

猫螺杆菌感染（Helicobacter felis infection）是由猫螺杆菌引起猫和犬为主的一类机会性动物疫病。猫和犬发生猫螺杆菌感染时，临床上常表现为慢性胃炎、萎缩性胃炎及胃肿瘤。1988 年，Lee 首次从猫胃中分离出猫螺杆菌。猫螺杆菌感染的小鼠模型是应用最多的螺杆菌动物模型之一。该病发病很少，到目前为止，仅在欧洲偶尔报道。目前我国尚未有该病报道。

一、发生与分布

1881 年，Rappin 最先在猫中分离到螺杆菌。1893 年，Bizzozero 在犬中也分离到螺杆菌。但自 1983 年 Warren 和 Marshall 发现幽门螺杆菌使人致病之后，对螺杆菌的详细研究才真正开展。这类细菌最先被称作“胃螺杆菌状微生物”。它们微需氧、革兰染色阴性、呈螺旋状，具有多端鞭毛。脲酶活性较高，从而在酸性环境中能够存活下来。1988 年，Lee 正式从猫胃中分离出猫螺杆菌。

猫感染猫螺杆菌的频率是比较高的。根据不同文献的报道，感染率从 45%～100%不等。这也许与各自采用的检测方式、所选猫的数量以及地区不同有关。猫螺杆菌的感染率在健康猫与患有胃肠道疾病的猫之间差异，且与猫的性别、种类和年龄无关。

该病发病很少，到目前为止，仅在欧洲偶尔有报道。目前我国尚未有该病报道。

二、病　原

1. 分类地位　根据《伯吉氏系统细菌学手册》第二版（2005年）（Bergey's Manual of Systematic Bacteriology，2nd Edition，2005），猫螺杆菌（*Helicobacter Felis*）属于ε-变形菌纲（Epsilon Proteobacteria）、弯曲菌目（Campylobacterales）、螺杆菌科（Helicobacteraceae）、螺杆菌属（*Helicobacter*）。其代表菌种为ATCC 49197。

猫螺杆菌与*H. bizzozeronii*、所罗门螺杆菌（*H. salomonis*）、猪源螺杆菌（*H. suis*）和赫尔蔓螺杆菌（*H. heilmannii*）的遗传进化关系非常相近。虽然由于赫尔蔓螺杆菌和猪源螺杆菌不能在体外培养，从而未能研究其进一步的差别，但这些菌株的16S rRNA具有超过97%的相同遗传序列。区分猫螺杆菌与*H. bizzozeronii*、所罗门螺杆菌的方法，主要是通过形态学、蛋白质谱（Protein profiling）和DNA-DNA杂交分析，不能通过生化试验和23S rRNA RFLP分析。猫螺杆菌与宿主种类和来源国家无关。

2. 形态学基本特征与培养特性　猫螺杆菌革兰染色阴性，无芽孢，大小为（0.3～1.0）μm×（1.5～5.0）μm。菌体细长、弯曲，呈紧密螺旋状，通常有5～7个螺旋。在菌体的两端各有10～17根带鞘鞭毛，它们通过双极带鞘鞭毛可以快速做螺旋状运动。有的在菌体表面有一、二或四根胞质纤维，大多数菌株被胞质纤维成双、成三或成单地环绕。

该菌微需氧，可在37℃或42℃生长。在培养基上不易形成菌落，呈非溶血性薄膜生长，偶尔形成极细小的菌落。在早期分离培养中，最好先培养3～5天，即可在次代培养中能减为2天。

3. 理化特性　猫螺杆菌的过氧化氢酶、氧化酶和尿素酶试验均为阳性，能够还原硝酸盐，但不水解马尿酸、吲哚酚和醋酸盐，不水解TTC（2，3，5-三苯基氯化四氮唑）。具有γ-谷氨酰胺转肽酶、碱性磷酸酶、精氨酸氨肽酶、亮氨酸氨肽酶和组氨酸氨肽酶活性。

该菌对1%胆汁、1%甘氨酸、1.5% NaCl、甲硝唑、头孢菌素、氨苄青霉素、红霉素、灭滴灵和铋剂均敏感；耐受奈啶酸和5-氟尿嘧啶。

4. 分子生物学　猫螺杆菌基因组大小为1.6Mb，G+C含量为42.5%。大多数菌株有多种质粒，大小从2～16kb或以上不等。

三、流行病学

1. 传染来源　猫螺杆菌感染患者与带菌动物、含菌的组织与器官、从机体排出的病原体以及被其污染的环境等均可成为传染源。

2. 传播途径　猫螺杆菌主要经接触传播、口—口途径与口—粪途径传播，可以传染人。目前，对螺杆菌与周围环境（栖息地、生长与存活条件、传播途径等）之间的关系已经进行了一定的研究。

3. 易感动物　猫螺杆菌是许多动物（包括猫、犬和狒狒等）胃底腺的正常菌群，其主要宿主是猫和犬，人很少发生感染。螺杆菌通常存在于胃的黏液层，可在胃底腺的隐窝和胃腺体内观察到，可从猫的胃窦和胃底腺中进行细菌分离。而在犬中通常感染部位是胃底和胃体。

4. 流行特征　混乱的生活条件和恶劣的卫生条件是最主要的诱发感染因素。猫螺杆菌感染以青年猫为主，成年猫偶发。鉴于相关资料缺乏，该病的流行特征有待进一步研究。

四、临床症状

1. 动物的临床表现　猫和犬发生猫螺杆菌感染主要表现为慢性胃炎、萎缩性胃炎和胃肿瘤。其中，猫还可出现慢性呕吐和腹泻，同时体重减轻、食欲减退和偶尔发热。如果并发溃疡，则还可能出现吐血、黑色粪便及贫血症状。此外，沙鼠也可感染猫螺杆菌，经人工感染后，可致其胃壁窦化。

2. 人的临床表现　人发生猫螺杆菌感染可表现为胃炎。

五、病理变化

猫发生猫螺杆菌严重感染时，可见胃底腺充血、水肿，房窦皱襞肥大，房窦黏膜层充血。

猫与人感染猫螺杆菌的病变相似。主要表现为胃窦周围发生低度到中度炎症，炎症细胞以淋巴细胞和浆细胞为主，偶见中性粒细胞。在人感染病例中还可见多种淋巴滤胞，由胃内局部免疫反应和炎症反应所致。炎症区的中性粒细胞在人病例均可见，但在猫病例中不常见。

六、诊　断

1. 胃黏膜组织检查　通过胃镜夹取胃黏膜组织标本，进行染色镜检、分离培养和药敏试验，还可进行快速脲酶试验、病理检查或分子生物学检查。

2. 细菌学检查

（1）涂片镜检　取活组织表面的分泌物进行涂片，或将活体检测的胃黏膜组织研磨后进行涂片，或将胃肠炎患者的粪便标本进行涂片，革兰染色后镜检，若见典型的革兰阴性螺旋形弯曲细菌，则具有辅助诊断意义。

（2）分离培养　当怀疑螺杆菌性胃肠炎时，可采集患者的粪便或肛拭子，接种在含马血或羊血的CVA培养基上，或用孔径为0.45μm的滤膜过滤后，将滤液直接接种在非选择性（布氏琼脂或哥伦比亚琼脂）血平板上。然后在37℃、微需氧环境中，在一定湿度下培养3～7天。

（3）快速脲酶分解试验　在含有pH指示剂（酚红）的尿素肉汤中培养组织样本。猫螺杆菌具有较高的尿素酶活性，可分解尿素为铵，从而使指示剂变色。该方法敏感性为70%～90%，可用作辅助诊断。

3. 分子生物学检查

（1）DNA探针法　寻找出猫螺杆菌特异性的DNA片段，设计相应的DNA探针，并标记放射性同位素、荧光素或其他生物酶（如辣根过氧化物酶等），与分离培养出的待检细菌或直接与待检标本中的细菌进行DNA杂交。

（2）PCR法　根据猫螺杆菌特异性的核苷酸序列，设计、合成特定的引物，然后进行扩增。将扩增产物电泳，或用Alu1酶切后电泳，比较分析其扩增产物的组成，或扩增后酶切图谱的变化。也可直接测定扩增后的16S rRNA序列，与基因库中已知的16S rRNA核苷酸序列相比较；还可对扩增后的基因片段，用特异性的基因探针进行斑点杂交试验。

此外，13c-尿素呼气试验与ELISA等其他方法，在诊断猫螺杆菌感染时也有应用。

七、防治措施

1. 综合性防治措施　控制和消灭传染源是防治该病的主要措施，要尽可能从根本上解决外环境的污染问题。注意正确处理患病动物的粪便及其污染的水源。同时注意加强个人卫生，不食不洁的食物和饮水。

2. 治疗　发生猫螺杆菌感染时，应及时给予敏感的抗生素进行抗菌治疗。

猫螺杆菌对临床常用的大多数抗生素均敏感。可用阿莫西林、甲硝唑、环丙沙星、红霉素和庆大霉素等通过口服或静脉注射的给药方式进行抗菌治疗。

八、公共卫生影响

猫螺杆菌是猫和犬等实验动物胃底腺的正常菌群，可经接触、口—口途径与口—粪途径等多种途径传播，可以传染人。猫的感染率从45%～100%。随着实验动物在生物医学中的广泛应用，人因接触实验动物而感染猫螺杆菌的可能性逐渐上升，同时该病是机会感染性疾病，饲养的动物群中一旦发生，难以根除。另外，随着社会的快速发展，大量的宠物用猫、犬等开始进入普通人的家庭。在人与猫、犬等宠物的密切接触中，发生猫螺杆菌感染的风险也大大增加。目前对该菌的致病性研究仍不十分清楚。所以，尽管该病发病较少，但是仍然具有一定的公共卫生意义。

（王立林　田克恭　肖璐）

参考文献

Ge Zhongming，S David B. 2003. Genomics of Helicobacter Species [J]. Bacterial Genomes and Infectious Diseases，6：91 - 107.

Hansen T K，Hansen P S，Nφrgaard A，et al. 2001. Helicobacter felis does not stimulate human neutrophil oxidative burst in contrast to 'Gastrospirillum hominis' and Helicobacter pylori [J]. FEMS Immunology and Medical Microbiology，30：187 - 195.

Lee A，Hazell S L，O'Rourke J，et al. 1988. Isolation of a Spiral - Shaped Bacterium from the Cat Stomach [J]. Infection and Immunity，56 (11)：284 - 285.

Paster B J，Lee A，Fox J G，et al. 1991. Phylogeny of Helicobacter felis sp. nov，Helicobacter mustelae and Related Bacteria [J]. Internationl Journal of Systematic Bacteriology，41 (1)：31 - 38.

Rikke G，Erin L S，Stawatiki K，et al. 2006. Helicobacter felis Infection Causes an Acute Iron Deficiency in Nonpregnant and Pregnant Mice [J]. Helicobacter，11：529 - 532.

Solnick J V，O' Rourke J，Vandamme P，et al. 2006. The Genus Helicobacter [J]. Prokaryotes，7：139 - 177.

第三节　肝螺杆菌感染
(Helicobacter hepaticus infection)

肝螺杆菌感染（Helicobacter hepaticus infection）是由肝螺杆菌引起的人与动物共患病。肝螺杆菌（*Helicobacter hepaticus*）是一种微需氧、革兰阴性螺杆菌，定植于盲肠、结肠和肝胆系统，可引起慢性活动性肝炎、肝癌、胆囊炎、胆结石、盲肠炎、结肠炎等多种疾病。1992 年，在美国国家癌症研究所的 Frederick 癌症研究和发展中心，发现在长期毒性试验研究中作为对照组并无菌饲养的 A/J Cr 小鼠发生原因不明的肝炎和肝肿瘤。最初对小鼠生活环境、饮食和饮水进行调查未发现致癌物，以后在小鼠肝组织病理切片中发现一种呈螺旋杆状的细菌。这种细菌在患肝炎动物的肝组织和肠黏膜中分离成功。经电镜形态观察、生化性状鉴定、基因测序，证实是一种新的螺杆菌，1994 年命名为肝螺杆菌。

一、发生与分布

由肝螺杆菌引起的病例报告，大多数来源于美国、欧洲和日本。该病以实验小鼠感染居多。2008 年，我国学者高正琴等首次报道从 C57BL / 6 小鼠中分离鉴定出 1 株肝螺杆菌（命名为 HHmBJ0801 株），随后又首次报道应用 TaqMan MGB 探针法实时荧光定量 PCR 和多重 PCR 从肝硬化患者、小型猪、猴、犬、兔、金黄地鼠、大鼠、小鼠中检出肝螺杆菌，阳性样本来自北京、江苏、四川、海南和广东等地传染病医院的肝病患者及实验动物生产机构和使用单位。目前，我国实验动物国家标准（2008 版）中无肝螺杆菌的检测项目及方法。

二、病　　原

1. 分类地位　肝螺杆菌（*Helicobacter hepaticus*）在《伯吉氏系统细菌学手册》中分类属革兰染色阴性微需氧菌中的螺杆菌科（Helicobacteraceae）、螺杆菌属（*Helicobacter*）。肝螺杆菌有菌体（O）抗原和鞭毛（H）抗原。

2. 形态学基本特征与培养特性　肝螺杆菌为革兰阴性螺杆菌，大小为（1.5～5.0）μm×（0.2～0.3）μm，不产生芽孢。在暗视野—相差显微镜下呈弯曲螺旋杆状，可有 1～3 个螺旋不等，具有动力活性。电镜下可见细菌表面光滑，胞浆周围缺乏纤维，超微结构特征为菌体两端各有一根有鞘鞭毛。肝螺杆菌为微需氧菌，营养要求和培养条件较为苛刻。需要85%氮气、10%二氧化碳和5%氧气的气体培养条件。固体培养基可选用脑心浸液和哥伦比亚血琼脂，加10%脱纤维羊血。细菌菌落1～2mm，呈针尖样、透明，不溶血，不产生色素。液体培养基可选用脑心浸液或2号营养肉汤，加10%小牛血清。初次分离培养时，需在上述培养基中添加多黏菌素B、两性霉素B、甲氧苄啶和万古霉素等。肝螺杆菌生长缓慢，在微需氧条件下，常需5～7天，最适生长温度为37℃，在25℃或42℃不能生长。能在1%甘氨酸中生长。尿素酶、氧化酶、过氧化氢酶试验阳性，能还原硝酸盐及水解吲哚酸盐，对奈啶酸及头孢噻吩耐药。培养温度不适、营养条件不足或生长时间过长可使肝螺杆菌进入一种称为"非可培养状态"（Viable but non-cultureable，VNC）的休眠期，此时作革兰染色则该菌呈革兰阴性球状菌。在条件适宜时，VNC状态的肝螺杆菌可增殖生长。

3. 理化特性　肝螺杆菌对胆汁有耐受，在胆酸和胆盐存在时能生存。肝螺杆菌对外界理化因素的抵抗力不强，在干燥的空气中暴露8h即死亡。65℃ 20min，70℃ 10min可被杀死。常规消毒方法即可灭活，3%石炭酸在1min可杀菌。1%新洁尔灭、3%漂白粉、0.2%过氧乙酸、10%石灰乳、2%煤酚皂5min就可使该菌灭活。

4. 分子生物学

（1）基因组特征　肝螺杆菌基因组序列测定工作于2006年6月26日完成，为环状染色体，大小为1 799 146bps，预测编码1 875个蛋白。

（2）毒力因子　肝螺杆菌的毒力因子有鞭毛蛋白（flagellin）、尿素酶（urease）、细胞致死伸展毒素（Cytolethal distending toxin，CDT）、脂多糖（Lipopolysaccharide，LPS）等。肝螺杆菌鞭毛参与细菌的黏附、穿入、致病，并与诱导宿主的免疫应答密切相关，其中的鞭毛蛋白是肝螺杆菌主要的抗原成分。尽管目前对肝螺杆菌的致病机理还不太清楚，但细菌的动力、趋化性及侵袭力在细菌致病力中的作用不可低估。肝螺杆菌分泌大量的尿素酶，尿素酶分解尿素产生的氨，不仅可以中和胆酸有利于细菌生存，而且对许多哺乳类细胞有直接毒性作用。CDT分子量大于30kDa，对胰蛋白酶敏感，不耐热（70℃加热15min失活）的一种毒素。CDT可使多种真核细胞如成纤维细胞、角质细胞以及某些细胞系如Hela、Hep-2、Vero、CHO发生特征性的形态改变。细胞在与毒素CDT作用24h时发生延长，在随后的120h中细胞质逐渐肿胀，CDT抑制细胞分裂并将细胞周期不可逆地阻滞在G1或G2/M期，有丝分裂的受阻导致细胞在与毒素作用后的3～5天内死亡，死亡过程中出现异常的染色质浓缩和细胞核碎片。感染了肝螺杆菌的鼠，表现为增生型盲肠炎和肝炎，肝螺杆菌的CDT可能改变了机体的免疫反应，使病原得以长期存在。脂多糖是肝螺杆菌细胞壁最外层的一层较厚的类脂多糖类物质，它是肝螺杆菌致病物质—内毒素的物质基础。由于脂多糖结构的变化决定了肝螺杆菌表面抗原决定簇的多样性。脂多糖被认为在肝螺杆菌的致病过程中起重要作用。肝螺杆菌脂多糖抑制了固有的免疫反应，这样可能影响肠道对定居的微生物菌群、上皮稳态、肠道炎症状态下的反应。毒素与细菌和宿主肠道细胞、肠炎症细胞相互作用的能力有关，在肠道疾病中发挥了作用

三、流行病学

1. 传染来源　肝螺杆菌存在于宿主的肝脏、胆管和胃肠道中，隐性携带和患病的动物是主要的传染源。

2. 传播途径　患病动物由其排泄物、分泌物不断排出有毒力的病菌，污染垫料、饲料、饮水、笼具和饲养环境，经消化道而传染给健康动物。可通过粪便、舔咬和子宫内污染等方式传播。

3. 易感动物

（1）自然宿主　自然宿主主要包括人及小型猪、猴、犬、兔、金黄地鼠、大鼠和小鼠。

（2）实验动物　现已证实肝螺杆菌是鼠等啮齿类动物慢性活动性肝炎和肝癌发生的病原因子之一。给健康小鼠胃内灌注肝螺杆菌悬液，可成功复制出动物慢性肝炎和肝癌。对于肝螺杆菌，BALB/c小鼠、SCID小鼠易感且雄性更敏感，而C57BL/6小鼠、裸鼠不易感。动物感染肝螺杆菌后2～6月龄发生肝坏

死，6～10 月龄出现肝胆管增生，1 年肝癌形成。肝螺杆菌感染小鼠，选择性定位于毛细胆管中，使肝实质局灶性坏死，汇管区胆管细胞增生、炎性细胞浸润，继而发生坏死后纤维化，甚至使小鼠肝癌发病率增高。这种肝螺杆菌动物肝炎的病理变化、病程发展和转归与人肝炎—肝硬化—肝癌的发病模式相似。

Fox 等给无菌小鼠口服 ATCC51448 标准株，2 周后就发现散在性肝细胞凝固性坏死以及周围淋巴细胞和中性粒细胞浸润，在中央静脉或小叶内微静脉常有炎性病变；到 10～16 周后，肝细胞坏死加重，28 周达高峰；18 个月时，肝细胞坏死减轻，24 个月时基本消失，转氨酶在 10～33 周上升。试验小鼠不仅发生慢性肝炎，而且部分小鼠出现节段性小肠炎伴随小肠黏膜层、黏膜下肌层的多种炎症细胞的浸润、上皮增生、糜烂和溃疡形成。

（3）易感人群　人感染常发生在动物感染之后，发病情况与职业、受感染的机会、病人自身免疫状况，与病原接触的频率、剂量及病菌的毒力有关。

4. 流行特征　实验小鼠中肝螺杆菌感染率高的原因很可能是经粪—口途径传播的。密切接触增加了感染机会，使肝螺杆菌感染呈现明显的群体聚集现象，可能是由于动物与动物之间彼此传染引起，也可能是由于暴露于共同的传染源的缘故。而肝螺杆菌感染在小鼠中呈现的高感染率，提示肝螺杆菌感染的传播中环境条件与遗传背景同样重要。

四、临床症状

肝螺杆菌感染可能发生在动物的幼年，自发性和试验性感染过程缓慢而隐袭。肝螺杆菌选择性并长期定植在小鼠肝内胆管、盲肠和结肠，引起慢性活动性肝炎、肝肿瘤及炎症性肠病。感染肝螺杆菌的 1～4 月龄的小鼠肝脏出现非化脓性炎症、灶性坏死，随月龄增长病变广泛伴有肝细胞肿大、胆管增生和胆管炎。肝螺杆菌感染小鼠后，在引起肝脏病变的同时常伴有炎症性肠病，小鼠有不同程度的慢性增生性盲肠炎、结肠炎和直肠炎，甚至发生直肠脱垂。

五、病理变化

1. 大体解剖观察　感染动物肝脏见 1～3mm、呈单发或多发的黄色或灰色结节性病变，累及一个或多个肝叶。

2. 组织病理学观察　肝螺杆菌感染动物肝脏的肝细胞肿大，出现大小不等的空泡，部分胞核深染，局部坏死，肝小叶脂肪变性。直肠部分绒毛脱落，有少量炎性细胞，局部充血。脾脏淋巴细胞散在分布，小叶间隔不清晰，脾巨噬细胞增多。眼睛巩膜增厚，晶状体部可见深色物质沉着。肝实质局灶性坏死，汇管区胆管细胞增生、炎性细胞浸润，发生坏死后纤维化。数个或大量肝细胞凝固性坏死伴周围炎症细胞浸润，枯否细胞、卵圆细胞增生或肥大。肝细胞浆增多、核变大、有假包涵体形成，部分雄性小鼠见瘤样肝细胞结节。肝细胞肿瘤，良性的腺瘤及恶性的肝细胞癌都可见到，而且呈多发性。

3. 超微结构观察　电镜下观察到肝螺杆菌定位于肝实质的细胞间及毛细胆管内，也可见于肠黏膜和胆囊黏膜。肝脏超微结构检查，视野中的肝螺杆菌只有在细胞外的定位，毗邻病变部位，但不在坏死区域。

六、诊　　断

1. 动物的临床诊断　患病动物颈部、背部、大腿外侧被毛脱落，脖颈部皮肤出现不规则溃烂。眼球突出，晶体混浊，似失明。颌下淋巴结肿大并有针尖大小出血点。胃黏膜出现溃疡，伴有针尖大小出血点。肝脏肿大，有灰白色大小不等坏死灶。脾脏肿大，色素沉着，有灰白色大小不等坏死灶。直肠脱落，肠黏膜出血。肛周溃烂，排便困难，粪便干燥带血、成颗粒状。

2. 实验室诊断

（1）细菌学检查方法

①肝螺杆菌标本的形态学检查：采集新鲜病料（不超过 24h）涂片、革兰染色或银染、镜检，查见

革兰阴性的弯曲或螺旋状细菌，有一定的诊断意义。

②肝螺杆菌的分离培养及生化鉴定：采集的新鲜病料经孔径 0.45μm 滤膜过滤后再行分离培养。分离培养出的菌株根据其生化特性、生长特征和对抗生素的敏感性，即可鉴定。

（2）血清学方法 肝螺杆菌感染可诱导宿主机体产生特异性抗体，血清中 IgG 和 IgA 均可有不同程度的升高，但 IgA 升高的水平维持时间较短（仅 2～4 周）便迅速降低。可通过检测血清和粪便中特异性抗体（IgG 或 IgA），判断是否感染肝螺杆菌。ELISA 检测抗体，操作较为简便快速，但由于在感染早期，机体还未产生相关抗体或产生的抗体还未达到检测的限度，易得到阴性结果；采用肝螺杆菌全菌或细菌粗提物作为抗原检测血清中的特异性抗体，敏感性高，但由于肝螺杆菌与其他螺杆菌及弯曲菌属细菌存在共同抗原决定簇，特异性差；用肝螺杆菌特异性蛋白精制抗原，其特异性可有所提高，但敏感性却大大降低。故肝螺杆菌的血清学试验多用于流行病学调查，而不作为常规的实验室检查。

（3）分子生物学方法

①PCR 检测肝螺杆菌：根据螺杆菌属和肝螺杆菌 16S rRNA 基因序列，设计、合成特定的引物，用 PCR 直接扩增螺杆菌属和肝螺杆菌的特异性基因片段，进行酶切分析、杂交试验等，可用于标本中肝螺杆菌特异基因序列的诊断。Battles 等发展了一种 PCR，对螺杆菌具有特异性，该试验由 PCR 和随后的杂交试验组成，试验检测敏感性限度为 3 个肝螺杆菌。Shames 等发展了另一种检测肝螺杆菌的 PCR 方法，他采用不同的引物并且使用从粪便中抽提的 DNA，该试验的敏感性为 0.1～0.5ng 细菌 DNA。Riley 等和 Beckwith 等建立了一种从粪便中抽提 DNA，通过 PCR 扩增 16S rRNA 并进行限制性内切酶分析有无肝螺杆菌的特异基因序列。

②TaqManMGB 探针实时荧光定量 PCR、多重 PCR 检测肝螺杆菌：高正琴等在国内外首先针对肝螺杆菌，开展 TaqMan MGB 探针法实时荧光定量 PCR、多重 PCR 的研究，针对肝螺杆菌 16S rRNA、flaB、ureA、cdtB、cdtC 基因，筛选出 8 对上、下游引物和探针，优化反应体系和反应条件具体参数，建立多重 PCR、TaqMan MGB 探针实时荧光定量 PCR，完成标准质粒制备和标准曲线构建，最小定量检测限为 8 拷贝/μL 肝螺杆菌 DNA，重复性检测 RSD＜2%，最快检测时间仅需 40min。建立的肝螺杆菌检测新技术、快检新方法，具有快速、特异、敏感、稳定的特点，从基因水平定性定量检测肝螺杆菌，克服了传统细菌学分离培养和生化鉴定中，因基因表达差异致使酶蛋白产生不稳定而造成的漏检现象，提高了肝螺杆菌检测的准确性。

七、防治措施

肝螺杆菌能正常存在于动物中，不表现任何临床症状。早期检测，发现肝螺杆菌阳性动物应该立即隔离或淘汰，对被其污染的饲养环境、垫料、饲料、饮水进行彻底消毒。人群的防治重点是要注意与动物接触时的防护，防止被动物咬伤、抓伤，进行动物试验或饲养繁育工作时要戴口罩、穿防护衣，试验结束后要清洗双手，防止由于接触患病动物排出的粪便或污染的垫料、饲料、饮水、笼具而造成感染。

对于肝螺杆菌感染的治疗，经常采用羟氨苄青霉素加甲硝唑和铋三联疗法，四环素加甲硝唑和铋三联疗法，羟氨苄青霉素加新霉素或两药单用。一般而言，采用三联疗法肝螺杆菌的根除率明显高于单一药物治疗的肝螺杆菌根除率。

八、公共卫生影响

近几年来，美洲、欧洲、亚洲每年报告的实验动物肝螺杆菌发病地区和发病数正呈上升趋势，随着各种实验动物在生物医学研究中的广泛应用，人因接触实验动物而感染肝螺杆菌的可能性也在日益上升。由于动物感染肝螺杆菌后临床症状不明显，更增加了其传播给人的危险性，尤其是长期接触实验动物的人员。因此，必须定期对实验动物进行质量检测，确保动物无肝螺杆菌感染。

（高正琴）

参考文献

高正琴，贺争鸣，岳秉飞．2008. 肝螺杆菌及其检测方法研究进展［J］．畜牧兽医科技信息（7）：35－37.

高正琴，邢进，冯育芳，等．2011. 肝螺杆菌 TaqMan MGB 探针实时荧光定量 PCR 快速检测方法的建立及应用研究［J］．中华微生物学和免疫学杂志，31（9）：833－838.

高正琴，岳秉飞，贺争鸣．2010. 布鲁氏菌和幽门螺杆菌等 6 种病原菌 16S rRNA 和 cag A 等基因的克隆与鉴定［J］．中国人兽共患病学报，26（8）：715－719.

高正琴，岳秉飞，贺争鸣．2009. 首次从中国小鼠中分离到肝螺杆菌及其鉴定［J］．中国人兽共患病学报，25（3）：210－213.

高正琴，张强，贺争鸣，等．2008. 肝螺杆菌鞭毛蛋白 B 基因的克隆和序列测定［J］．实验动物与比较医学，28（4）：220－224.

高正琴，张强，贺争鸣，等．2008. 肝螺杆菌多重 PCR 检测方法的建立及应用研究［J］．中国人兽共患病学报，24（10）：891－895.

Battles J K，Williamson J C，Pike K M，et al. 1995. Diagnostic assay for Helicobacter hepaticus based on nucleotide sequence of its 16S rRNA gene［J］. J Clin Microbiol，33（5）：1344－1347.

Beckwith C S，Franklin C L，Hook R R，et al. 1997. Fecal PCR assay for diagnosis of Helicobacter infection in laboratory rodents［J］. J Clin Microbiol，35（6）：1620－1623.

Hamada T，Yokota K，Ayada K，et al. 2009. Detection of Helicobacter hepaticus in human bile samples of patients with biliary disease［J］. Helicobacter，4（6）：545－551.

Heid C A，Stevens J，Livak K J，et al. 1996. Real time quantitative PCR［J］. Genome Res，6（10）：985－994.

Kutyavin I V，Afonina I A，Mills A，et al. 2000. 3′－Minor groove binder－DNA probes increase sequence specificity at PCR extension temperature［J］. Nucleic Acids Res，28（2）：655－661.

Livinston R S，Riley L K，Steffen E K，et al. 1997. Serodiagnosis of Helicobacter hepaticus Infection in Mice by an enzyme－linked immunosorbent assay［J］. J Clin Microbiol，35（5）：1236－1238.

Reliy L K，Franklin C L，Hook R R，et al. 1996. Identification of murine Helicobacters by PCR and restriction enzyme analyses［J］. J Clin Microbiol，34（4）：942－946.

Shames B，Fox J G，Dewhirst F，et al. 1995. Identification of widespread Helicobacter hepaticusinfectionin feces in commercial mouse colonies by culture and PCR Assay［J］. J Clin Microbiol，33（11）：2968－2972.

Sterzenbach T，Lee S K，Brenneke B，et al. 2007. Inhibitory effect of enterohepatic Helicobacter hepaticus on innate immune responses of mouse intestinal epithelial cells［J］. Infect Immun，75（6）：2717－2728.

Suerbaum S，Josenhans C，Sterzenbach T，et al. 2003. The complete genome sequence of the carcinogenicbacterium Helicobacter hepaticus［J］. PNAS，100（13）：7901－7906.

Ward J M，Fox J G，Anver M R，et al. 1994. Chronic active hepatitis andassociated liver tumors in mice caused by a persistent bacterial infection witha novel Helicobacter species［J］. J Natl Cancer Inst，86（6）：1222－1227.

第三十九章
梭菌科细菌所致疾病

泰泽氏菌病
(Tyzzer′s disease)

一、发生与分布

泰泽氏菌病（Tyzzer′s disease）的病原是泰泽氏菌，又称毛发样梭菌（*Clostridium piliforme*），最初由 Ernest Tyzzer 在日本的 Waltzing 小鼠中发现，之后以 Tyzzer 命名此菌及引起的疾病。泰泽氏菌呈全球性分布，能够感染多种动物，能够引起动物急慢性消化系统疾病，以腹泻为典型症状，最终可导致动物死亡。目前还没有该菌感染人发病的报道。

二、病　原

1. 分类地位　对泰泽氏菌的分类一直存有争议，目前该菌被划为梭菌科（Clostridiaceae）、梭菌属（*Clostridium*）。从不同动物来源的泰泽氏菌在血清学试验中存在交叉反应。

2. 形态学基本特征与培养特性　泰泽氏菌为革兰阴性、细杆状，大小 0.5μm×（8～10）μm，周身鞭毛，常呈现多种形态，可形成芽孢。病变小鼠肝脏压印片，姬姆萨染色镜检，多呈现成簇的毛发样菌团。

泰泽氏菌不能在无细胞的培养条件下生长，因此细菌常用培养基中不能生长。只能通过人工感染实验动物、鸡胚接种和细胞培养的方式传代。

3. 理化特性　该菌在外界环境中很不稳定，容易自溶，室温下 2h 会快速失去感染能力，只有冻存在－70℃或者液氮中才能保持毒力。其芽孢形式具有较强的抵抗力，对乙醇、石炭酸和季胺类化合物有抵抗力，福尔马林、碘伏、过氧乙酸和次氯酸钠等可使其灭活。其在 60℃ 30min 内可保持毒力，但是 80℃ 15min 即可失活。

三、流行病学

1. 传染来源　一般情况下，该菌在自然条件下极易失活，因此其传染源多是通过隐性感染的动物排出含有芽孢的粪便，芽孢在粪便或垫料中可以存活 1～2 年，并保持感染性，经口传染给其他动物。

2. 传播途径　该菌水平传播，成年健康动物感染泰泽氏菌后不会发病，呈隐性感染，会排出带有芽孢的粪便，同笼或畜舍的动物吞食后会引起感染。

3. 易感动物　泰泽氏菌可以感染实验动物在内的多种动物，但是成年动物多呈隐性感染，不引起发病，通过带芽孢的粪便经口传播给其他动物。一般免疫功能不全的年幼动物，或是免疫缺陷动物感染后会引起发病。已经检测到存在有该菌的动物包括小鼠、大鼠、豚鼠、地鼠、仓鼠、沙鼠、兔、猫、犬、猴、猪等实验动物，鸡、驴、马、麝鼠、鹦鹉、浣熊、麋鹿、狐狸等动物中也有发病的报道。该菌造成动物肝脏损伤和急性肠炎而导致死亡。

（1）自然宿主　该菌的自然宿主广泛，在鸟类、哺乳类动物中均有检测出该菌的报道。但是不同宿主中的分离株对于其他动物的感染力各不相同，每种动物自身的分离菌株对其自然宿主的感染力最强，沙鼠对各种泰泽菌株都很敏感，多用于泰泽氏菌病的研究。

（2）实验动物　小鼠、大鼠、豚鼠、地鼠、仓鼠、兔、猫、犬、恒河猴、猪均可感染该菌，特别是刚离乳的幼年动物，缺乏足够的免疫保护，易感染该菌而发病。

（3）易感人群　在饲养条件较差的条件下，从事与动物密切接触的饲养人员和研究人员有被感染的可能性。虽然没有人感染发病的报道，但是约有58%的人中存在泰泽氏菌抗体。

4. 流行特征　该病无季节流行性。

四、临床症状

1. 动物的临床表现　该菌在小鼠和大鼠的临床表现比较相似，动物表现为精神萎靡，食欲不振，被毛直立、松乱，弓背，腹泻，肛周和尾根处沾有稀便，体型与正常动物相比明显瘦小。

2. 人的临床表现　目前尚未有人感染发病的报道。

五、病理变化

1. 大体解剖观察　在急性感染中，泰泽氏菌可引起不同程度的坏死和炎症反应。小鼠和大鼠解剖可见肝脏重大，表面有白色点样坏死灶；心肌病变，可见白色条纹；回盲部、小肠和肠道淋巴结不同程度的充血、水肿。在慢性感染中，不易观察到上述病变。

2. 组织病理学观察　在急性肝脏损伤中，主要是中性粒细胞浸润，慢性病变可引起矿化或纤维化。急性病变主要是肠道内的单细胞坏死，固有层和黏膜下层水肿和轻微中性粒细胞浸润。脑内接种发病的小鼠有神经细胞的变性，嗜酸性、中性粒细胞和胶质细胞浸润。在肝组织和肠道上皮可见大量菌体存在，而在心肌细胞和肠道肌肉细胞中只有少量菌体。

六、诊　　断

1. 动物的临床诊断　对泰泽氏菌病的诊断一直存在问题。因为动物感染该菌后主要有两种情况，一种是呈隐性感染，多不引起临床症状；剖检也不易发现脏器的病变和损伤；病理检查也很难发现明显病理变化。第二种情况是急性感染，以大鼠为例，临床多表现为精神萎靡、不食、眼不睁、被毛凌乱、弓背和拉稀，动物在4～5天内就会发病而导致死亡；剖检后，肝脏的白色或白色点状坏死灶是最典型的特征；组织学检查，姬姆萨染色，可在肝、肠的细胞染色中发现毛发样的芽孢杆菌，可以确诊。

2. 实验室诊断

（1）细菌分离　泰泽氏菌还不能在人工培养基上分离，不能像其他细菌一样通过分离培养进行鉴定。虽然已经有用细胞培养泰泽氏菌成功的报道，但是用于临床上泰泽菌的分离仍存在困难。通过人工注射免疫抑制剂（如可的松、地塞米松等）对可能存在感染的动物进行激发试验，可以诱发隐性感染的动物发病而进行检测，不过这种方法在实际应用中费时且效果不佳。因此，实验室诊断多采用血清学方法。

（2）其他支持性实验室检查　血清学方法是目前公认的检测方法，包括酶联免疫试验（ELISA）、间接免疫荧光试验或鸡胚感染试验。也可以对肝脏或回盲部进行泰泽氏菌16S rDNA的PCR检测，但是由于泰泽氏菌的已知基因组序列太少，16S rDNA的检测特异性有待确证。

七、防治措施

泰泽氏菌病防治措施主要是控制其污染源，降低动物的饲养密度，保持良好的饲养环境，可以减少该病的暴发。对于实验动物而言，要对动物的饮水、饲料和垫料进行灭菌、消毒。80℃ 15min，0.3%次氯酸钠5min可以有效灭活该菌。一旦实验动物种群中暴发该菌感染，需进行剖腹产净化。

使用某些抗菌药物，如四环素、青霉素等抗生素会有效减轻该菌引起的临床症状，但是不能完全治愈。

八、对实验研究的影响

泰泽氏菌病引起实验动物的急性临床疾病和死亡，必然会对试验研究产生影响。尽管没有直接影响研究的报道，但由于该菌对胃肠道和肝脏的影响，应避免使用可能受感染的动物进行试验。亚临床感染的动物会对生物医学研究存在潜在干扰。隐性感染动物可能会改变动物的生理学指标，导致试验结果的改变或异常。

（邢进）

我国已颁布的相关标准

GB/T 14926.10—2008　实验动物　泰泽病原体检测方法

参考文献

杨正时，房海．2003. 人及动物病原细菌学［M］．石家庄：河北科学技术出版社：1044－1046.

Ganaway J R，Allen A M，Moore T D. 1971. Tyzzer′s disease of rabbits：Isolation and propation ofBacillus piliformis（Tyzzer）in embryonated eggs［J］．Infect. Immun，3：429－437.

Goto K，Itoh T. 1994. Detection of Bacillus piliformis by specific amplification of Ribosomal sequences［J］．Exp Anim，43（3）：389－394.

Goto K，Itoh T. 1996. Detection of Clostridium piliforme by enzymatic assay of amplified cDNA segmen in microtitration plates［J］．Lab anim Sci，46（5）：493－496.

Ikegami T，Shirota K，Goto K，et al. 1999. Enterocolitis associated with dual infection by Clostridium piliforme and felinie Panleukopenia virus in three kittens［J］．Vet Pathol，36：613－615.

Itoh T，Ebukuro M，Kagiyama N. 1987. Inactivation of Bacillus piliformis spores by heat and certain chemical disinfectants［J］．Exp anim，36（3）：239－244.

KawamuraS，Taguchi F，Ishida T，et al. 1983. Growth of Tyzzer′s organism in primary monolayer cultures of adult mouse hepatocytes［J］．J Gen Microbiol，129：277－283.

Mainil J，Duchesnes C，Granum P E，et al. 2006. Genus Clostridium：Clostridia in medical，veterinary and food microbiology：diagnosis and typing［M］．European Commission Directorate General for Research，88－90.

Riley L K，Franklin C L，Hook R R，et al. 1994. Tyzzer′s disease：An update of current information［OL］．Charles River Laboratories.

Riley L K，Williford C B，Waggie K S. 1990. Protein and Antigenic heterogeneity among isolates of Bacillus piliformis［J］．Infect immun，58（4）：1010－1016.

Spencer T H，Ganaway J R，Waggie K S. 1990. Cultivation of Bacillus piliformis（Tyzzer）in mouse fibroblasts（3T3 cells）［J］．Vet Microbiol，22：291－297.

Tyzzer E E. 1917. A fatal disease of the Japanese waltzing mouse caused by a spore－bearing bacillus（Bacillus piliformis N. sp.）［J］．J Med Res，37：307－388.

Waggie K，Kagiyama N，Allen AM，et al. 1996. Manual of microbiologic monitoring of laboratory animals［M］．2nd ed. Washington，DC：U. S. Department of Health and Human Services：139－144.

第四十章
支原体科细菌所致疾病

支原体是一类没有细胞壁，只有细胞膜的原核细胞微生物。在微生物分类学上属于柔膜体纲（Mollicutes）、支原体目（Mycoplasmatales）、支原体科（Mycoplasmataceae），其下分支原体属（*Mycoplasma*）、附红细胞体属（*Eperythrozoon*）、血巴通体属（*Haemobartonella*）和脲原体属（*Ureaplasma*）。

支原体广泛分布于污水、土壤、植物、动物和人体中，腐生、共生或寄生，有 30 多种对人或动物有致病性。

第一节 支原体病
(Mycoplasmosis)

一、发生与分布

支原体一般泛指柔膜体纲中的任何一种微生物。本节所述支原体病（Mycoplasmosis）特指由支原体属（*Mycoplasma*）引起的人与动物疾病。支原体属细菌广泛分布于自然界，主要存在于人和动物中。在人和动物体内支原体多为非致病菌或条件致病菌，其中对人致病的主要有肺炎支原体（*M. pneumoniae*）、人型支原体（*M. hominis*）和生殖支原体（*M. genitalium*）等；对动物致病的主要有肺支原体（*M. pulmonis*）、猪肺炎支原体（*M. hyopneumoniae*）、关节炎支原体（*M. arthritis*）和鸡败血支原体（*M. gallisepticum*）等。

支原体最早由 Nocard 和 Roux 从传染性牛胸膜肺炎的病灶中分离，并成功地在含动物血清的体外培养基中培养。1923 年 Bride 等从绵羊和山羊中分离出无乳支原体（*M. agalactial*）。1934 年 Shoetensack 在犬中分离出犬支原体（*M. canis*）。1937 年 Dienes 等第一次从人体中分离出类胸膜肺炎微生物（Pleuropneumonia - like organism，PPLO），随后根据其形态特征将其命名为支原体（*Mycoplasma*）。之后，从人体内先后分离出发酵支原体（*M. fermentans*）、人型支原体，1962 年 Chanock 等人从肺炎患者的痰中分离到肺炎支原体，1981 年 Tully 在非淋菌性尿道炎患者中分离到生殖支原体，1981 年和 1990 年 Lo 先后从艾滋病患者体内分离出发酵支原体和穿透支原体（*M. penetrans*）。

二、病　　原

1. 分类地位　支原体属（*Mycoplasma* ）在伯吉氏系统细菌学手册中分类属柔膜体纲（Mollicutes）、支原体目（Mycoplasmas）、支原体科（Mycoplasmataceae），是能够在无生命培养基上生长的最小的微生物。目前已知的支原体有 160 多种，并且还有新的菌株被发现。

2. 形态学基本特征与培养特性　支原体呈多形性，球形、卵圆形和梨形，直径 0.3～0.8μm，因此能够通过 0.45μm 的滤膜。支原体能够形成直径均一的分支长丝，长度可达 150μm。支原体在电子显微镜下呈现三部分超微结构：外表结构、单位膜和胞内结构。支原体的表层结构分为三个部分，荚膜、黏附素和细胞黏附辅助蛋白。荚膜位于单位膜的外层，厚度为 10～40mm，化学成分为多糖，具有抵抗宿主细胞吞噬的作用；黏附素是一种蛋白，能够使支原体呈现不同形态；细胞黏附辅助蛋白介导对真核细胞的吸附作用。单位膜是维持支原体形态和生理功能的重要结构，分为外、中、内三层，厚度约7.5nm。胞内结构主要为核糖体、核质、胞质颗粒、质粒和转座子等。

支原体最重要的特征是没有细胞壁，取而代之的是一层原生质膜。革兰染色阴性，兼性厌氧，无动力，但某些菌株能够滑行运动。典型菌株在培养基上形成“煎蛋样”菌落。在支原体半流体培养基中，随支原体含量的不同，从低到高可形成彗星状、砂粒状和云雾状菌落。

3. 理化特性 支原体多数为兼性厌氧，少数能够在有氧条件下生长，一般在5%～10% CO_2、80%～90%湿度中生长良好。支原体具有较好的环境适应能力，但大部分对热和干燥敏感，45℃ 30～60min，55℃ 5～15min即可杀灭。大多数支原体在4℃能够存活1～2周，－20℃下保存能够存活1～3年，－70℃低温下保存能够存活10年以上。如鸡败血支原体在20℃的鸡粪中可存活1～3天，在卵黄中37℃可存活18周，20℃可存活6周。

支原体对化学试剂敏感，如重金属盐类、碳酸、来苏儿等化学消毒剂。支原体对渗透压敏感，周围环境中渗透压的突然改变能够使细胞破裂。支原体对紫外线敏感，对醋酸铊、结晶紫和亚碲酸盐等具有抵抗力。

由于没有细胞壁，支原体对干扰细胞壁合成的抗菌药物具有天然的耐药性。如青霉素、新霉素、利福平、多黏霉素、磺胺类药物对支原体没有作用。临床上抑制蛋白质合成的抗生素，如四环素类抗生素、大环内酯类抗生素和喹诺酮类抗生素常用于支原体的治疗，但是均有不同程度的耐药性出现。

4. 分子生物学

（1）基因组特征 支原体基因组较小，基因组全长600～1 359kp，为环状双股DNA，分子量为5×10^8Da。G+C%含量较低，A-T的含量较多。支原体基因组中已发现有三个控制基因表达的操纵子：P1操纵子、rRNA操纵子和F_{10}-orf405操纵子。

（2）毒力因子

①神经外毒素：是一种由支原体分泌产生的可溶性蛋白质，呈小颗粒状，能通过0.1μm的滤膜，室温下易变性，－30℃下稳定。其能够与脑组织神经细胞膜上的神经节苷酯受体特异性结合，使脑组织营养供给受阻或断绝，神经细胞坏死和脱髓鞘变性，脑部海绵状病变，可引起动物死亡。静脉注射小鼠后，在短时间内小鼠即可显现中枢神经症状，主要表现为慌乱或共济失调，并很快进展为运动麻痹，表现为沿身体纵轴旋转的旋转病，随着中枢神经系统症状的加剧和麻痹的延伸，最终导致小鼠死亡。

②溶血素：一种依赖牛血清白蛋白的膜结合溶血素，能识别宿主细胞膜上的胆固醇，引起宿主红细胞溶解。

③脂聚糖：由多糖和脂质组成的一种脂多糖，具有抗原特异性和免疫源性，能诱导宿主细胞分泌细胞因子，能够诱导细胞毒活性，是家兔的热源物质。死亡的支原体细胞或细胞膜能够产生革兰阴性细菌内毒素样作用，使胸腺退化，血清内溶解β-葡萄糖甘酸酶含量增加，进而导致动物死亡。

④过氧化氢：过氧化氢是支原体代谢的一种终末产物，高浓度的过氧化氢能够对细胞膜产生损害。

⑤氨：氨也是支原体代谢的终末产物之一。利用精氨酸的支原体在分解精氨酸脱氢、提供ATP的同时会释放氨。试验证实尿素分解所产生的氨是一种毒性因子，能够对器官造成损害。

三、流行病学

1. 传染来源 支原体可感染各种动物，长期存在于动物的呼吸道、口腔、泌尿生殖道、子宫和乳腺中，多为隐性感染，少数会引起人和动物发病。携带支原体的动物排出的唾液、粪便、尿液和乳汁等都含有支原体，会污染周围环境。隐性感染或患病动物均可作为传染源。一般动物源性支原体对人无致病性，而人源性支原体对动物（不包括灵长类）也不致病。

2. 传播途径

（1）水平传播 支原体的传播途径分为水平传播和垂直传播两类。水平传播包括经呼吸道感染，经口和消化道感染，经泌尿生殖道感染，经皮肤感染等。经呼吸道感染然是支原体感染人和动物的主要途径；某些支原体通过污染的食物和水等，经口和消化道感染人和动物；牛生殖道支原体（*M. bovigenitalium*）、马生殖道支原体（*M. equigenitalium*）等会通过交配等接触行为发生泌尿生殖道的感染；无乳支原体等可经表皮创伤感染，引发牛、羊的乳腺炎。

（2）垂直传播　垂直传播是从亲代感染宿主将支原体传染给子代的途径。禽类支原体中，如鸡败血支原体和滑液囊支原体（*M. synoviae*）可经禽卵传播至下一代，从而导致孵化率降低，弱雏率增加。

3. 易感动物

（1）自然宿主　人及猪、马、牛、羊、犬和非人灵长类动物、禽类、啮齿类等动物均是支原体的自然宿主。但一般多为条件致病菌或非致病菌，是人与动物体内正常菌群的组成菌。

（2）实验动物　在实验动物中，小鼠、大鼠、豚鼠、地鼠、仓鼠、兔、鸡、犬、猪等均可感染支原体。肺炎支原体是对实验动物危害最大的一种支原体。主要引起小鼠和大鼠发病。1986 年，Lidsey 对美国 13 个小鼠群和 7 个大鼠群的检测发现，肺支原体的检出率分别为 85%和 86%。在我国，吕国贞报道肺支原体在清洁级小鼠中的检出率为 12.5%；2009 年，邢进报道的北京实验用小型猪中，支原体的检出率为 20%。随着实验动物饲养管理条件的改善，支原体在啮齿类和兔中的感染基本得到控制。

（3）易感人群　由于支原体菌株特点各不相同，感染的途径、部位和症状也各不相同。对支原体易感的人群根据从事职业、病人的健康状况、与病原接触的机会以及支原体的毒力而不同。如哮喘患者或免疫力低下的人群，在空气流通不畅的环境中，容易感染肺炎支原体；在卫生条件差的地方或使用不洁的浴盆浴巾，容易感染人型支原体和生殖道支原体。

4. 流行特征　由于实验动物饲养在人为控制的环境设施内，动物饲养密度比较大，相互之间接触机会多，且生命过程所需要的一切条件和基本物质均由人来提供，因此该菌的感染无明显的季节性，主要随饲养环境的改变而发生变化。饲养管理和卫生条件差、拥挤、潮湿、通风不良等均可使感染率上升。当动物在某些诱因的作用下，机体抵抗力下降时常导致疾病发生，甚至流行。如免疫抑制剂的使用、射线照射、营养失调、潮湿、拥挤、氨浓度过高、动物试验处理或给药等一切能使动物处于应激状态的因素，均可成为发病诱因。

四、临床症状

1. 动物的临床表现　肺炎支原体以隐性感染形式广泛存在，但仅散发性地引起临床疾病。该菌是条件致病菌，以隐性感染为主，在动物免疫机制受到抑制和应激因子的作用时引起流行，主要引起小鼠和大鼠的呼吸道感染。还常与仙台病毒、嗜肺巴斯德菌等呼吸道病原微生物合并感染，引起大、小鼠的肺炎、中耳炎、结膜炎和皮下溃疡，并可引起动物呼吸道以外其他器官如尿道、生殖道的局部化脓性病变。

2. 人的临床表现　目前已知对人有致病作用的支原体主要有肺炎支原体、人型支原体、生殖道支原体和发酵支原体，另外脲支原体属的解脲支原体也对人致病。其中肺炎支原体主要引起呼吸系统疾病，如气管炎、支气管炎、急性咽炎及肺炎，严重时引起哮喘；人型支原体、生殖道支原体及解脲支原体主要引起泌尿生殖系统的疾病，如非淋菌性尿道炎、非细菌性前列腺炎、尿道炎、阴道炎等；发酵支原体中的某些菌株能够引起人的急性全身性感染，多脏器的功能衰竭，最终导致死亡，并且发酵支原体能够增强人免疫缺陷病毒（HIV）在细胞中的复制能力及细胞毒作用；另外穿透支原体和梨支原体同样具有较强的细胞毒作用，与发酵支原体均被称为人免疫缺陷病毒相关支原体。

五、病理变化

1. 大体解剖观察　不同支原体可引起不同部位的病理变化，如肺炎支原体感染人呼吸道后，可附着于呼吸道上皮细胞，P1 黏附素和中间受体蛋白结合，在纤毛停滞作用下，引起局部炎症，表现为气管和支气管周围单核细胞浸润。在急性感染中，支原体产生的内毒素（CARDS）会对上皮细胞造成破坏。支原体代谢终产物过氧化氢能够介导细胞毒作用，对组织造成损伤。肺炎支原体刺激 B 和 T 淋巴细胞，激发自身抗体的形成。

肺支原体感染动物后，可在呼吸道、中耳、泌尿道、输卵管和末端滑膜的上皮表面增值，引起水肿、充血，有黏液渗出，引起化脓性气管和支气管炎、肺炎、中耳炎、子宫内膜炎、卵巢周炎和输卵管炎等；另外鸡毒支原体、滑液囊支原体感染等可以引起气囊和胸膜的炎症。除呼吸道疾病外，猪和鸡的滑液囊支原体、猪鼻支原体和关节炎支原体等可引起关节炎、滑膜炎。无乳支原体感染可引起乳腺炎，使牛、羊的泌乳功能紊乱或丧失。

2. 组织病理学观察

（1）支气管炎　气管和支气管管壁和管腔内有大量的粉红色浆液，红细胞、巨噬细胞和中性粒细胞浸润，上皮细胞单核细胞浸润。

（2）肺炎　肺泡壁增厚，肺泡腔内有大量浆液，中性粒细胞、淋巴细胞和少量的酸性粒细胞。

（3）其他炎症　黏膜下有淋巴细胞和中性粒细胞浸润。

3. 超微结构观察　电镜中观察到感染组幼鼠肺组织血管腔中的炎性细胞颗粒，心肌细胞的核固缩、线粒体固缩、肌浆网扩张、核膜间隙扩大现象，脑组织部分胶质细胞水肿；肝细胞不同程度的脂肪变性。

六、诊　　断

1. 动物的临床诊断　在上呼吸道疾病中，早期迹象为打喷嚏、吸鼻、眯眼、眼睛和鼻周围铁锈色。内耳感染时会出现歪头，翻滚，脸或耳朵摩擦的迹象。随着支气管炎、支气管扩张及支气管疾病进展，会出现咳嗽和呼吸困难，肺部湿啰音，喘气和震颤。外观表现为被毛粗糙，消瘦，弓背。

2. 人的临床诊断　肺炎支原体感染患者多无明显的临床症状，严重者引起咽炎、气管和支气管炎、肺炎等呼吸道症状，表现为咳嗽，多为干咳，肺部湿啰音，伴有发热及肝、肾等功能的异常。白细胞增多，红细胞沉降率升高。唾液革兰染色无细菌可见。肺多为单侧下叶浸润，表现为节段性肺炎，严重者呈广泛双侧肺炎。肺炎胸片显示双侧广泛间质和肺泡浸润，大片状、斑点状阴影或两肺纹理增粗紊乱，偶见大叶实变。临床确诊需通过培养、分子生物学和血清学方法确证。

3. 实验室诊断

（1）细菌分离　用从病变、受影响的组织或部位以及隐性感染动物中收集的临床标本接种支原体培养基，包括液体、半流体和固体培养基，分离鉴定支原体。

（2）其他支持性实验室检查　用受影响的组织或部位的标本经 PCR 检测出支原体 DNA；经其他公认的实验室检测方法，培养、分子生物学和血清学方法证实支原体感染。

七、防治措施

有些支原体能正常存在于啮齿类动物中，不表现任何临床症状。因此，实验动物支原体的预防重点在于切断感染源，即在动物进入设施前，要确保其来源可靠，并且要经过隔离期才能进入。但是一旦支原体已经感染动物比较难清除，某些抗生素（如四环素）能够有效地减少发病率和死亡率，但是不能清除支原体，还需要通过剖腹产或者胚胎移植净化种群。同时笼器具和房间都要经过灭菌和消毒才能引进新的动物。对于经济动物，如鸡、猪、牛、羊等可以注射疫苗，预防支原体的感染。

人群的防治重点是注意与动物接触时的防护，进行动物试验或饲养工作时要戴口罩、穿防护衣，试验结束要清洗双手，防止病原体经呼吸道或消化道感染。

八、对实验研究的影响

近年来，实验动物发生支原体感染和发病的情况比较稳定，危害有限。一般仅在野生动物和普通级动物中存在高水平的感染。随着各种实验动物在生物医学研究中的广泛应用，如沙鼠、小型猪等，人因接触实验动物而感染支原体的可能性是存在的。虽然实验动物中的支原体对人多数不治病，但是在老年病、营养学、行为学和毒性试验等研究中，支原体会对试验造成干扰。因此，加强实验动物的饲养管理，有效控制支原体感染，可以减少给动物试验和生产带来的损失。

（邢进）

我国已颁布的相关标准

GB/T 14926.6—2001 实验动物 支原体检测方法

参考文献

宁宜宝．1999．动物支原体病预防与控制的研究进展［J］．中国兽药杂志，33（1）：45－48.

邢福珊，王韦华，张彦明，等．2009．猪支原体肺炎的流行病学调查及病理学诊断［J］．西北农业学报，18（5）：67－70.

邢进，高正琴，冯育芳，等．2009．实验用小型猪呼吸道支原体检测及方法比较［J］．中国比较医学杂志，19（2）：36－38.

杨正时，房海．2003．人及动物病原细菌学［M］．石家庄：河北科学技术出版社．

James Versalovic. 2011. Manual of Clinical Microbiology［J］. American Society for Microbiology，972－990.

Kannan T R，Provenzano D，Wright J R，et al. 2005. Identification and characterization of human surfactant protein A binding protein of Mycoplasma pneumoniae［J］. Infect Immun，73（5）：2828－2834.

Kuppeveld F J，vander Logt J T，Angulo A F，et al. 1992. Genus－and Species－Specific Identification of Mycoplasmas by 16S rRNA Amplification［J］. Appl Environ Microbiol，58（8）：2606－2615.

Muir M T，Cohn S M，Louden C，et al. 2011. Novel toxin assays implicate Mycoplasma pneumoniae in prolonged ventilator course and hypoxemia［J］. Chest，139（2）：305－310.

Techasaensiri C，Tagliabue C，Cagle M，et al. 2010. Variation in colonization，ADP－ribosylating and vacuolating cytotoxin，and pulmonary disease severity among mycoplasma pneumoniae strains［J］. Am J Respir Crit Care Med，182（6）：797－804.

Waggie K，Kagiyama N，Allen A M，et al. 1996. Manual of Microbiologic Monitoring of Laboratory Animals［M］. 2nd ed. Washington，DC：U. S. Department of Health and Human Services：139－144.

Waites K B. 2011. Mycoplasma Infections［OL］.

第二节 附红细胞体病 (Eperythrozoonosis)

附红细胞体病（Eperythrozoonosis）简称附红体病，是由附红细胞体简称附红体感染引起人与动物的一种共患传染病。多呈隐性感染，临床主要表现为发热、黄疸、贫血、淋巴结肿大等。

一、发生与分布

该病最早于1928年由Schilling和Dinger在啮齿类动物的血液中发现，1938年Neitz等发现绵羊的红细胞及周围存在多形态的附红细胞体。猪附红细胞体病最早在1932年被发现于美国。此后，许多学者从不同国家和地方发现了多种动物的附红体，但直到1980年Puntarie等才正式描述了人的附红体病。

附红体病分布广泛，迄今已有美国、南非、阿尔及利亚、肯尼亚、伊朗、英国、法国、挪威、芬兰、澳大利亚、俄罗斯、荷兰、尼日利亚、日本、马达加斯加、葡萄牙、西班牙、奥地利、比利时、印度、朝鲜、新西兰、以色列、埃及和中国等近30个国家先后报道发现病例。

我国对该病的报道最早在1972年发生的猪红皮病，1980年在家兔中发现附红体，其后相继在牛、羊、猪、犬等多种家畜中检出附红体。80年代初在人群中也证实了附红体病的存在。目前约有十多个省份、二十余个县报道发生过该病，有些地区发病率较高，比如内蒙古1994—1996年随机抽取的1 529人中35.5%感染，57%孕妇感染，感染者的新生儿感染率达到100%。

二、病　　原

1. 分类地位　附红细胞体（*Eperythrozoon*）是寄生于动物和人红细胞表面、血浆和骨髓中的微生物小体。对于其分类地位，目前仍有争议。最早认为是一种血液原虫，将其引起的疾病称为“类边虫病”，后发现其生物学特征与立克次体相近，1984 年《伯吉氏系统细菌学手册》第 8 版将附红细胞体归类为立克次氏体目（Rickettsiaies）、无浆体科（Anoplasmataceae）、附红细胞体属（Eperythrozoon）。1997 年 Neimark 等对附红体进行 DNA 测序、PCR 扩增和 16S rRNA 基因序列分析，结果表明其应归为支原体目、支原体科、支原体属。2005 年《伯吉氏系统细菌学手册》第二版第二册将其归类为支原体科，并独立成为附红细胞体属（*Eperythrozoon*）。

目前已发现的附红体有 14 个种，原名称基本源于寄生宿主。在新命名中为了保持延续性和避免与已存在的支原体属种名混淆，对支原体属已有的种名如 felis、muris、suis，加上前缀‘haemo’，对支原体属不存在的种名，则保留其原来的名称命名方式。主要有寄生于猪的猪附红体（*E. haemosuis*）、小附红体（*E. parvum*）寄生于绵羊、山羊及鹿类中的绵羊附红体（*E. ovis*），寄生于鼠的球状附红体（*E. coccoides*）、寄生于牛的温氏附红体（*E. wenyoni*）以及兔附红体（*E. lepus*）、犬附红体（*E. perekropori*）、猫附红体（*E. haemofelis*）和人附红体（*E. humanus*）等。

2. 形态学基本特征与培养特性　附红体呈多形性，有点状、杆状、球形等，大小不一，寄生在人、牛、羊及啮齿类动物中的较小，直径 0.3～0.8μm；在猪体中的较大，直径为 0.8～1.5μm。通常在红细胞的表面或边缘，数量不等，数量多者可在红细胞边缘形成链状，也可游离于血浆中。加压情况下可通过 0.1～0.45μm 滤膜，革兰染色阴性，Giemsa 染色呈紫红色，瑞氏染色呈蓝色。鲜血滴片直接镜检可见其呈不同形式运动。

通常认为附红体不能在无细胞培养基上生长，也不能在血液外组织培养，在红细胞上以二分裂或出芽方式增殖。但 1996 年 Nonaka 等以加入肌苷的 rEM 为基础培养液，72h 不换红细胞，培养猪附红体获得成功。国内亦有张守发培养牛附红体、律祥君用猪血厌氧培养附红体获得成功的报道。

3. 理化特性　附红体对热、干燥及常用消毒药物敏感，60℃水浴中 1min 即停止运动，100℃水浴中 1min 可灭活。对常用消毒剂均敏感，70%酒精、0.5%石炭酸、含氯消毒剂 5min 内可将其杀死，0.1%甲醛、0.05%苯酚溶液、乙醚、氯仿可迅速将其灭活。但附红体耐低温，4℃可存活 60 天，－30℃可存活 120 天，－70℃可存活数年。对四环素类药物敏感。

4. 分子生物学

（1）基因组特征　目前对附红细胞体基因组信息的报道很少。仅对 Illinois 株和 Eachary 株的 16S rRNA 序列片段进行了测序和发表。对猪附红细胞体的基因组 PFGE 研究表明，其全长为 730～770kb。Southern 杂交表明，16S rRNA 基因位于 120kb Mlu Ⅰ，128kb Nru Ⅰ，25kb Sac Ⅱ和 217kb Sal Ⅰ片段上。

（2）毒力因子　对附红细胞体的毒力因子尚不明确。

三、流行病学

1. 传染来源　在多种动物和人体内均可检出附红体，其在一些啮齿类、家畜、禽鸟类及人体内专性寄生。这些宿主一般既是被感染者，又是传染源。动物血液中的附红体可通过各种途径传播。有报道人因与家畜接触而导致感染，但目前还未得到足够的流行病学调查结果和试验数据证实。

2. 传播途径　对附红体的传播途径目前尚不明确。可能的传播途径有接触传播、血源性传播、垂直传播及经媒介传播。血源性传播可能由注射器及给动物打号器、断尾、去势等造成，传播媒介已知有虻、刺蝇、蚊、蜱、螨、虱等。卵生动物不能经卵垂直传播。

3. 易感动物

（1）自然宿主　附红体的宿主范围广，易感动物有猪、牛、羊、犬、猫、兔、马、驴、骡、骆驼、鸡和鼠等。感染率很高，但多为隐性感染，当自身抵抗力下降和环境条件恶劣时，可引起发病或流行。除羊和山羊附红细胞体（E. ovis）外，其余均具有宿主特异性。

人普遍易感，但常呈地区性分布，在畜牧业地区高发，感染率可高达87%。发病率与性别、年龄及职业无明显关系，但有慢性疾病及免疫力低下者发病率往往显著高于健康人群。

（2）实验动物　到目前为止，尚无人工感染实验动物的文献报道。自然条件下鼠、兔、犬、猫、猪、禽均为易感动物。

（3）易感人群　免疫力低下、常在野外活动易被蚊虫叮咬的，或常在卫生条件差的餐馆饮食未熟透的肉类、生料理的人群易感。

4. 流行特征　该病发生有明显的季节性，虽然一年四季均可发生，但多发于高温多雨、吸血虫媒繁殖滋生的季节，夏秋季为发病高峰。流行形式有散发性，也有地方流行性。动物一般在饲养密度较高、封闭饲养的圈舍内多发。在环境条件恶劣、饲养管理不好、应激、动物抵抗力下降及并发感染其他疾病时，可能表现暴发流行。附红体可通过胎盘，由母畜传染给胎儿，发生垂直传播，导致仔畜死亡率升高。从近年的报道看，我国人和动物附红体病发病率均呈上升趋势，这可能与造成动物和人免疫缺陷的疾病感染率增加及人们对该病的认识水平提高有关。

四、临床症状

1. 动物的临床表现　该病多呈隐性感染，只有当受染红细胞达50%以上或受染机体免疫功能低下时，才出现体征。

（1）猪　通常发生在哺乳猪、妊娠母猪以及受到高度应激的育肥猪，特别是断奶仔猪或阉割后几周的猪多发。急性感染时，其临床特征为急性黄疸性贫血和发热。体表苍白，高热达42℃，有时可见黄疸，皮肤表面有出血斑、点，四肢、尾部、特别是耳部边缘发紫，耳廓边缘甚至大部分耳廓可能会发生坏死。感染后存活猪生长缓慢。母猪发病时，表现厌食、发热，乳房及会阴部水肿1～3天；受胎率低，不发情、流产，产出死胎、弱胎。产出的仔猪往往苍白贫血，有时不足标准体重，易发病。

（2）其他动物　牛、犬、山羊被感染后一般不发病或出现轻微贫血。临床发病时均以高热、贫血、黄疸为主要症状，有时脾增大，从腹壁可触及。鸡可见冠苍白而称其为"白冠病"。羊可见病性生长缓慢、贫血、黄疸，症状较重者可能引起死亡，特别是受到应激的动物。

2. 人的临床表现　疫区中人感染率相当高，但多表现为亚临床感染，出现临床症状和体征可诊断为附红体病者，多为重度感染（60%以上红细胞有附红体）或自身免疫力低下者。

发病者主要临床表现有发热，体温可达40℃，并伴有多汗，关节酸痛；可视黏膜及皮肤黄染，乏力，嗜睡等贫血症状；淋巴结肿大，常见于颈部浅表淋巴结；肝脾肿大，皮肤瘙痒，脱发等。小儿患病时，有时腹泻。

五、病理变化

1. 大体解剖观察　死亡动物或感染动物可见全身脂肪和多脏器黏膜和浆膜黄染，弥漫性血管炎症。肝、脾肿大，有实质性炎性病变和坏死，肝脏脂肪变性，胆汁浓稠，脾被膜有结节，结构模糊。肺、心、肾等都有不同程度的炎性变化。肝、胆、脾、淋巴结肿大，心包及胸腹腔积液，血液稀薄似水样。

2. 组织病理学观察　血管周围有浆细胞、淋巴细胞和单核细胞等聚集。

3. 超微结构观察　对附红体进行电镜观察，发现其主要寄生在成熟红细胞表面或游离于血浆中，不进入细胞内。有大型的附红体上有纤丝扒嵌在红细胞膜上，红细胞膜上可能存在与纤丝相结合的受体。电镜下可见寄生附红体的红细胞膜发生改变，其上的凹陷与洞易致血浆成分进入红细胞内，使红细胞肿胀、破裂，发生溶血。可见环、球形、卵圆形、逗点状、月牙形或杆状等多形态附红体。

六、诊　　断

1. 动物的临床诊断 该病呈地方流行或散发，夏秋季常见。应激状态、有慢性基础病和自身免疫力低下者多发。对近期与动物有密切接触史或去过疫区的，临床表现主要为发热、贫血、黄疸、淋巴结肿大等可考虑该病并做出初步诊断。确诊需依据实验室病原检查结果，并排除相关疾病。

2. 人的临床诊断 血红蛋白低，网织红细胞高于正常，红细胞脆性试验及糖水试验均阳性。白细胞一般正常，但出现异常淋巴细胞。总胆红素增高，以间接胆红素为主。血糖及血镁均较低，常有肝功能异常。其他辅助检查有肝、脾超声检查异常。

3. 实验室诊断 病原体检查阳性，即可确诊。

（1）鲜血压片检查　新鲜血液加等量生理盐水置显微镜下观察，可见在血浆中转动或翻滚、遇红细胞即停止运动的菌体。

（2）涂片染色检查　新鲜血液涂片、固定，显微镜下观察，姬姆萨染色红细胞表面见紫红色小体或瑞氏染色呈淡蓝色的小体时，可判为阳性。

其他血象、血液生化结果支持贫血诊断。补体结合试验、间接血凝试验、荧光抗体试验、酶联免疫吸附试验等血清学检测呈阳性反应时，有助于诊断。

（3）分子生物学诊断　随着生物技术和基因检测水平的发展，检测附红细胞体的方法越来越多。Yasuko Rikihisa 等 1997 年首次扩增出附红细胞体的 16S rRNA，之后基于该基因序列建立各种 PCR 方法，用于病原的诊断检测和流行病学研究。另外，还可利用 DNA 探针、DNA 杂交、原位杂交等技术方法。

七、防治措施

1. 动物的防治措施 该病多为隐性感染，无诱发因素时一般不会发病或流行，目前尚无疫苗用于预防接种。

（1）综合性防治措施　加强饲养管理，注意环境卫生及定期消毒，给予动物全价饲料，增强机体抵抗力，减少不良应激等对该病的预防及控制有重要意义。加强对引进动物的检疫工作，流行季节加强灭蚊、灭蝇工作，加强对动物免疫及治疗用注射器及手术器械的消毒管理，亦可减少传播该病的机会。

（2）治疗　明确诊断后，可按体重选用四环素、土霉素、强力霉素（多西环素）等药物进行治疗。

2. 人的防治措施

（1）综合性防治措施　目前对该病的流行环节尚不明确，且感染者多不表现症状，在临床诊疗中不被重视，常造成漏诊或误诊。防治措施主要为流行季节防蚊、灭蚊，防止吸血虫媒的叮咬，加强环境卫生管理，接触感染动物后或进入疫区时可进行药物预防。目前尚无疫苗可用于预防接种。

（2）治疗　确诊患者及时选用四环素、多西环素或氨基糖苷类抗生素进行治疗。多西环素每次 0.1g、每天 2 次，四环素每次 0.5g、每天 4 次，阿米卡星每天 0.4～0.8g，口服，7 天为一个疗程。

八、公共卫生影响

从近几年来的研究报道可知，尽管附红体的传播途径尚不十分明确，但感染动物传播给人的可能性是存在的，特别是对与人密切接触的家畜和宠物可能带来的跨种间传播，需给予必要的重视。近年来随着动物免疫缺陷疾病的不断发生，附红体造成的流行也有增加的趋势，给养殖业、特别是养猪业带来了较大的经济损失。另据报道，人附红体的感染相当普遍，人感染该病原后虽然不都表现临床症状，但会增加对其他疾病的易感性；同时人感染后可通过输血和垂直传播引起其他人群和胎儿感染。因此从公共卫生的角度出发，对近年来发生的附红体病也不能掉以轻心。

（邢进　遇秀玲　田克恭）

参考文献

房春林，杨光友 . 2005. 猪和兔附红细胞体的体外培养 [J] . 中国兽医科技，35 (3)：190 - 193.

马杏宝，王龙英，魏梅雄 . 2005. 中国附红细胞体及附红细胞体病的研究近况 [J] . 上海预防医学杂志，17 (11)：516 -519.

马亦林 . 2005. 传染病学 [M] . 第 4 版 . 上海：上海科学技术出版社：443 - 446.

舍英，杜跃峰，侯金凤 . 1995. 附红细胞体病的研究现状 [J] . 中国人兽共患病杂志，11 (1)：45 - 50.

杨志彪 . 2007. 附红细胞体病流行病学及综合防治技术的研究 [D] . 上海：上海交通大学 .

张浩吉，谢明权，张健騑，等 . 2005. 猪附红细胞体 16S rRNA 基因的序列测定和系统进化分析 [J] . 畜牧兽医学报，36 (6)：596 - 601.

张守发，张国宏，宁建臣，等 . 2002. 牛附红细胞体体外培养试验 [J] . 中国兽医科技，32 (8)：27 - 29.

R. E. 布坎南，N. E. 吉本斯 . 1984. 伯杰细菌鉴定手册 [M] . 北京：科学出版社：1228 - 1270.

Brenner D J，Krieg N R，Staley J T. 2005. Bergey’ s Manual of Systematic Bacteriology [M] . 2nd Edition. New York：Springer Dordrecht Heidelberg London：215.

Hu Z，Yin J，Shen K. 2009. Outbreaks of hemotrophic mycoplasma infections in China [J] . Emerging Infectious Diseases，15 (7)：1139 - 1140.

Neimark H，Hoff B，Ganter M. 2004. Mycoplasmaovis comb. nov. (formerly Eperythrozoonovis)，an epierythrocytic agent of haemolytic anaemia in sheep and goats [J] . Int. J. Syst. Evol. Microbiol，54：365 - 371.

Neimark H，Johansson K E，Rikihisa Y，et al. 2001. Proposal to transfer some members of the genera Haemobartonella and Eperythrozoon to the genus Mycoplasma with descriptions of 'Candidatus Mycoplasma haemofelis'，'Candidatus Mycoplasma haemomuris'，'Candidatus Mycoplasma haemosuis' and 'Candidatus Mycoplasma wenyonii' [J] . Int. J. Syst. Evol. Microbiol，51：891 - 899.

Neimark H，Peters W，Robinson B L. 2005. Phylogenetic analysis and description of Eperythrozooncoccoides，proposal to transfer to the genus Mycoplasma as Mycoplasmacoccoides comb. nov. and Request for an Opinion [J] . Int. J. Syst. Evol. Microbiol，55：1385 - 1391.

Robson S. 2007. Eperythrozoonosis in sheep [J] . Primefact，466：1 - 2.

第四十一章 丹毒丝菌科细菌所致疾病

丹毒丝菌感染
(Erysipelothrix infection)

丹毒丝菌感染（Erysipelothrix infection）是由红斑丹毒丝菌引起的一种急性、热性人与动物共患传染病。丹毒丝菌广泛分布于自然界，是许多脊椎动物和无脊椎动物的共生菌或致病菌。易感动物有小鼠、猪、鱼、火鸡、鲸等，主要贮存宿主是猪。人可感染导致类丹毒症。

一、发生与分布

1876 年 Koch 从小鼠败血症培养物中首次分离到红斑丹毒丝菌，并将其命名为鼠败血症丹毒丝菌（*E. muriseptica*）。随后 1886 年 Loeffler 从死亡猪的血液中分离到该菌，发现其是猪丹毒的病原体，1909 年，Rosenbach 从一例病人皮肤伤口分离到该菌，证实该菌也是人的病原体。红斑丹毒丝菌广泛分布于世界各地，在脊椎动物及无脊椎动物中均广泛存在。猪、羊、牛等家畜、家禽及各种野生动物都能感染该菌。猪是红斑丹毒丝菌的主要贮存库，但其在啮齿类动物及禽类中也有较高的感染率。实验动物小鼠、豚鼠都有自然感染的报道。动物的带菌率和发病率与饲养条件、气候变化及动物年龄密切相关，是一种“自然性传染病”。猪丹毒广泛流行于全世界所有养猪国家，我国也广泛存在。我国流行的猪丹毒以急性型和亚急性型为主，慢性型较少。最早发生于四川，1946 年后其他各省也有相应报道，1952—1953 年江西 40 个县调查发病率 68%、死亡率 20%。

二、病　　原

1. 分类地位　红斑丹毒丝菌（*Erysipelothrix rhusiopathiae*）俗称猪丹毒杆菌（*Bacillus rhusiopathiae*），在分类上属丹毒丝菌科丹毒丝菌属。依据菌体可溶性耐热肽聚糖的抗原性进行分型，目前共有 25 个血清型和 la、lb 及 2a、2b 亚型。从急性败血症患者中分离的菌株多为 la 型，从亚急性及慢性病例分离的菌株则多为 2 型。

2. 形态学基本特征与培养特性　红斑丹毒丝菌是一种纤细的小杆菌，直形或稍弯，两端钝圆，大小（0.2～0.4）μm×（0.8～2.5）μm，在感染动物的组织触片或血片中，呈单个、成对或小丛状排列。革兰染色阳性，但易脱色，染色不匀。在陈旧的肉汤培养物中和患慢性猪丹毒的动物心内膜尤状物上，多呈长丝状，成丛排列。无鞭毛，不产生芽孢和荚膜。

该菌为微需氧菌，在普通培养基上能生长。但若在培养基中加入少许血液或血清并在 10%CO_2 中培养，则生长更佳。生长最适 pH7.4～7.8，最适温度 37℃。在固体培养基上培养 24 h 可长出光滑型（S）、粗糙型（R）或中间型（I）菌落。光滑型菌落的菌株毒力极强，来自急性病猪的分离物，菌落表面光滑、细致，边缘整齐，有微蓝色虹光，菌体短细，在鲜血琼脂上呈 α 溶血。粗糙型菌落多见于久经培养或从慢性病猪、带菌猪分离的菌株，菌落较大，表面粗糙，边缘不整齐，呈土黄色，菌体大，呈长链状，毒力极低，抗原也与光滑型有所不同。中间型菌株的菌落为金黄色，其毒力介于光滑型和粗糙型之间。

该菌明胶穿刺培养3～4天后，呈试管刷状生长。不液化明胶，糖发酵极弱，可发酵葡萄糖和乳糖。

3. 理化特性 红斑丹毒丝菌对腐败、火熏、胃酸、盐腌和干燥环境有较强抵抗力，干燥状态下可存活3周，在深埋的尸体中可存活9个月。在盐腌或熏制的肉品中，该菌能存活3～4个月，在肝、脾中4℃159天仍有毒力。对阳光和直射光较敏感，70℃ 5～15 min可完全杀死。对常用消毒剂抵抗力不强，0.5%甲醛数十分钟可将其杀死。用10%生石灰或0.1%过氧乙酸涂刷墙壁和喷洒猪圈是目前较好的消毒方法。可耐受0.2%苯酚，对青霉素敏感。

三、流行病学

1. 传染来源 被红斑丹毒丝菌感染的发病动物和带菌动物是主要传染源。发病动物的内脏（如肝、脾、肾）、各种分泌物和排泄物都含有病菌，随粪、尿和口、鼻、眼分泌物排出体外，污染饲料、饮水、环境等，导致该病传播。

人感染常因接触受感染动物或其污染的物品所致。

2. 传播途径 该病感染途径有消化道感染，带菌动物通过分泌物或排泄物，污染饮水、饲料，经过消化道传染其他动物；也可通过损伤的皮肤感染，病原菌经动物损伤皮肤而感染发病；吸血昆虫感染，如蚊、蝇、虱、蜂等叮咬，可传播本病。

3. 易感动物

（1）自然宿主 该菌自然宿主十分广泛，家畜、禽类、小鼠及野生啮齿类动物等均有易感性。现已从50多种野生哺乳动物和半数左右的啮齿动物、30多种野鸟体内分离到红斑丹毒丝菌。猪是该病流行的主要易感动物和贮存宿主。另外，该菌还能感染吸血昆虫、贝类、鱼类、两栖类、鸟和哺乳动物等。

（2）实验动物 该菌对小鼠、大鼠、豚鼠、兔均有致病性，以小鼠和鸽最易感，一般以0.2mL的2～4天培养物腹腔接种小鼠，4～5天后小鼠可因败血症而死亡，死后剖检脾肿大，肝有坏死灶。豚鼠、兔、大鼠对该菌抵抗力较强，散在发生慢性局限性感染，可长期携带病原而成为污染源。

（3）易感人群 人感染主要是职业性损伤，多因处理被感染动物及其产品、废物和捕捞、加工鱼类时经损伤的皮肤感染。感染者多为屠宰人员、兽医、渔民、水产品加工人员及肉食品加工、处理人员。

4. 流行特征 动物感染呈散发或地方性流行，有时也有暴发性流行。流行有明显的季节性，多发生在夏季；气温偏高且四季气温变化不大的地区发病无季节性。该病发生也有一定的地区性，在一些寒冷地区很少发生，环境条件改变和一些应激因素如饲料突然改变、气温变化、疲劳等也能诱发。类丹毒的季节性发生率与猪丹毒平行，以夏季和初秋最高。多为零星散发，发病与职业密切相关。

实验动物感染以小鼠症状较为严重，可导致急性败血症、心内膜炎等致死性病变；大鼠、豚鼠症状较轻，一般为慢性局限感染，但感染动物携带病菌而成为传染源。在非屏障设施中饲养的实验动物较易感染该病，如临床上有大鼠自然感染导致的慢性化脓性多关节炎、心内膜炎，豚鼠发生肝脏脓肿的病例，均是在饲养环境比较恶劣的情况下导致的动物感染。

试验感染该病常用小鼠进行病原鉴定，取经2～4天培养的肉汤培养物0.2mL注射于小鼠腹腔内，4～5天后小鼠若因败血症死亡，心血培养又可分离到红斑丹毒丝菌可确诊。实验感染兔通过静脉注射感染，兔在2～3天死亡，注射耳朵局部出现类丹毒红疹，剖检见肺出血，心包液渗出，内脏充血、出血，肝脏出现针尖状坏死点，脾脏单核细胞浸润，但组织病理检查很少发现细菌。通过眼结膜感染可导致结膜炎，随即扩散全身导致死亡。皮下注射可产生蔓延性炎症和水肿，但很少导致死亡。大鼠感染试验可发生急性炎性反应，发病机制可能与病原进入机体后诱发巨噬细胞释放IL-1和TNF-ad等有关。红斑丹毒丝菌的毒力可能与产生神经氨酸酶有关，该酶能使细菌黏附至靶细胞上。

四、临床症状

1. 动物的临床表现

（1）急性败血性型 小鼠、鸽等对该菌最为敏感，发病快，感染后4～5天出现死亡，剖检见败血症、心内膜炎等致死性病变。

（2）慢性局限性感染型 大鼠、豚鼠、兔等实验动物对该菌有一定抵抗力，表现慢性感染过程。感染动物食欲减退，消瘦，被毛凌乱，呼吸困难，黏膜发绀，皮肤有不规则溃疡形成，四肢关节肿大，病肢僵硬、跛行，表现多关节炎、心内膜炎等症状。

2. 人的临床表现 人的类丹毒根据临床症状，可分为局限型、弥漫性皮肤损害和系统性感染。局限型感染最为常见。病灶通常在手指或手，潜伏期通常 1～4 天。感染部位疼痛、肿胀。其特征是在感染部位与周围正常组织界限清楚，轻微隆起、紫红色，随后紫红色患区向外扩散而原中心部位色消退。病人可有低热、关节痛、淋巴管炎和淋巴结炎。轻型病例病程 2～4 周，也有长达数月者。类丹毒是一种自限性感染，一般 3～4 周内痊愈。但常可复发或再次感染。弥漫性皮肤损害感染极少，系统性感染罕见。

五、诊 断

1. 动物的诊断 可根据流行病学、临床症状及尸体剖检等进行综合诊断，必要时进行病原学和血清学检查。

（1）剖检 剖检见急性败血症病变及心内膜炎；慢性者剖检见关节肿胀，关节滑液囊肿大，有白色混浊渗出液，心脏瓣膜面粗糙、变形，心内膜炎等病变。

（2）病原菌检查 可采取感染小鼠心血或兔耳静脉血、刺破疹块边缘部皮肤取血等制作抹片，革兰或瑞氏染色、镜检，也可培养、分离、鉴定病原，发现该菌即可确诊。

（3）动物试验 动物试验对该菌的检出率比培养高得多，是诊断该病的重要方法。用上述原始检验样本制成生理盐水混悬液，或挑取培养后的可疑菌落接种肉汤，取 37℃ 24 h 的培养物接种动物。小鼠皮下或腹腔内接种 0.1～0.2 mL，鸽胸肌接种 0.5～1.0 mL，动物在接种后 2～4 天发病死亡，取其心血或脾、肝等进行涂片，染色镜检，并同时接种血琼脂平板证实。

（4）血清学试验 主要是对慢性猪丹毒进行诊断。常用的方法有血清或全血平板凝集试验、琼脂凝胶扩散试验、荧光抗体试验（直接法和间接法）和抗猪丹毒血清培养凝集试验。

2. 类丹毒的诊断 根据临床症状、患者的职业、接触史及外伤史、引起感染的特定环境等可做出初步诊断。确诊需从病变边缘采取皮肤活组织样本（全身性感染可采血液）进行培养、分离和鉴定病原菌。

六、防治措施

我国是猪丹毒流行比较严重的国家之一。由于多种动物都可感染发病，因此该病是一种潜在的、危害性较大的疫病。①实验动物的防治，一方面要加强饲养管理，防止病原传入，尤其是在猪丹毒感染疫区，要注意切断丹毒丝菌传入实验动物设施的途径，防治野生鼠患。②人类丹毒的防治，实验动物从业人员应加强个人防护，防止皮肤创伤，尽可能戴上手套操作，以保护手部不受感染。一旦受到损伤，应采取适当方法处理，以免受到感染。

七、公共卫生影响

红斑丹毒丝菌是土壤中的常在菌，对环境有较强的抵抗力，且带菌动物既多又广，很难消灭。发生疫情时，应尽快做出诊断，划定疫点、疫区范围，并上报疫情，进行封锁。从事屠宰、饲养、兽医等职业的人员，工作前应检查手、脚有无外伤，做好防护工作，工作后进行消毒。发现可疑感染时，应及时确诊治疗。

（张钰 王静 薛青红 康凯）

我国已颁布的相关标准

NY/T 566—2002 猪丹毒诊断技术

参考文献

费恩阁，李德昌，丁壮．2004. 动物疫病学［M］．北京：中国农业出版社：83 - 89.

陆承平．2001. 兽医微生物学［M］．北京：中国农业出版社：305 - 306.

文心田．2004. 动物防疫检疫手册［M］．成都 ：四川科学技术出版社：175 - 180.

闻玉梅，陆德源，何丽芳．1999. 现代医学微生物学［M］．上海：上海医科大学出版社：560 - 561.

张彦明．2003. 兽医公共卫生学［M］．北京：中国农业出版社：210 - 212.

Bishara J，Robenshtok E，Weinberger M，et al. 1999. Infective endocarditis in renal transplant recipients［J］．Transpl Infect Dis，1（2）：138 - 143.

C. Josephine B，Thomas V. Riley. 1999. Erysipelothrix rhusiopathiae：bacteriology，epidemiology and clinical manifestations of anoccupational pathogen［J］．Med. Microbiol，48：789 - 799.

Haesebrouck F，Pasmans F，Chiers K，et al. 2004. Efficacy of vaccines against bacterial diseases in swine：what can we expect?［J］．Vet Microbiol，100（3 - 4）：255 - 268.

Imada Y，Takase A，Kikuma R，et al. 2004. Serotyping of 800 strains of Erysipelothrix isolated from pigs affected with erysipelas and discrimination of attenuated live vaccine strain by genotyping［J］．J Clin Microbiol，42（5）：2121 -2126.

Maestre A，Ramos J M，Elia M，et al. 2001. Endocarditis caused by Erysipelothrix rhusiopathiae：a rare professional disease difficult to diagnose［J］．Enferm Infecc Microbiol Clin，19（9）：456 - 457.

R E Feinstein，K. Eld. 1989. Naturally occurring erysipelas in rats［J］．Laboratory Animals，23：256 - 260.

Sato H，Yamazaki Y，Tsuchiya K，et al. 1998. Use of the protective antigen of Erysipelothrix rhusiopathiae in the enzyme -linked immunosorbent assay and latex agglutination［J］．Zentralbl Veterinarmed B，45（7）：407 - 420.

Thomas G，White，Jerry L. 1969. Induction of Experimental Chronic Arthritis inRabbits by Cell - free Fragments of Erysipelothrix［J］．Journal of Bacteriology，98（2）403 - 406.

第四十二章
芽孢杆菌科细菌所致疾病

芽孢杆菌为能形成芽孢（内生孢子）的杆菌或球菌，是细菌的一个科。好氧或兼性厌氧，一般为革兰染色阳性，大多数有动力，无荚膜，多数溶血，通常过氧化氢酶阳性。DNA 中的 G＋C 含量为 32%～62%。在某种环境下，菌体内的结构发生变化，经过前孢子阶段，形成一个完整的芽孢。芽孢对热、放射线和化学物质等有很强的抵抗力。在自然界分布广，存在于土壤、水、空气以及动物肠道等处。少数种对脊椎动物和非脊椎动物致病。芽孢杆菌科包括芽孢杆菌属、芽孢乳杆菌属、梭菌属、脱硫肠状菌属和芽孢八叠球菌属等。

芽孢杆菌属内存在着多种多样的菌种和菌株，《伯吉氏鉴定细菌学手册》第 8 版将该属中细菌分为 2 群，第Ⅰ群包括 22 个种，芽孢杆菌属大多数与人或动物疾病的联系很小，导致人和动物致病的主要为第Ⅰ群的炭疽芽孢杆菌和蜡状芽孢杆菌。

第一节 炭　疽
(Anthrax)

炭疽（Anthrax）是由炭疽芽孢杆菌引起人与动物共患的急性传染病。食草大家畜为其主要易感动物，动物发病急、突然死亡，并伴有自然孔出血。实验动物对炭疽人工感染都相对敏感，F－344 大鼠是炭疽毒素试验的模型动物。人对炭疽杆菌中等敏感，主要通过接触患炭疽的动物及其畜产品，或空气、土壤中的炭疽芽孢而被感染。

一、发生与分布

炭疽是一个古老的疾病。Kayer 于 1850 年从濒死的病羊血中看到不运动的杆菌。1975 年 Cohn 正式将该病病原命名为炭疽芽孢杆菌。时至今日，炭疽对人的健康仍然构成严重威胁，在世界各地频繁出现家畜的暴发流行，尤以南美洲、亚洲及非洲等发展中国家牧区较多见，四季均可发生，呈地方性流行，为一种自然疫源性疾病，严重影响动物和人的健康。我国 30 多个省（市、自治区）都不同程度地有炭疽的发生和流行。近 10 年来，我国炭疽主要发生在西北、西南的 10 个高发省份，占全国总发病数的 90%以上，发病频率平均为 0.16/10 万～10.82/10 万，这些地区以农牧业为主。通过对畜间连续监测发现，我国南方以牛炭疽为主，其次是猪、犬、马和羊；北方主要是羊炭疽，其次为牛、马、驴、骡。实验动物炭疽的发生率非常低，临床上未见自然感染报道。从流行病学分析，家畜感染疫区的实验动物有感染该病的潜在风险。

二、病　　原

1. 分类地位　在《伯吉氏鉴定细菌学手册》第 8 版中，炭疽芽孢杆菌（*Bacillus anthracis*）为芽孢杆菌科、芽孢杆菌属的第Ⅰ群细菌，可引起动物和人的炭疽。炭疽杆菌的抗原组成有荚膜抗原、菌体抗原、保护性抗原及芽孢抗原 4 种。荚膜抗原是一种多肽，能抑制调理作用，与细菌的侵袭力有关，也能抗吞噬，有利于细菌的生长和扩散；菌体抗原虽无毒性，但具种特异性；保护性抗原具有很强的免疫原性；芽孢抗原有免疫原性及血清学诊断价值。

2. 形态学基本特征与培养特性 炭疽杆菌菌体较大，长4～10μm、宽1～3μm，能形成荚膜和芽孢，无鞭毛、不运动，形态呈棒状，两端截平，排列成链，似竹节状，革兰染色阳性，姬姆萨染色呈蓝色。炭疽杆菌为需氧和兼性需氧，在普通琼脂平板上长成灰白色、不透明、扁平、表面粗糙的菌落，边缘不整齐，低倍镜下呈卷发样。CO_2条件下培养，菌落光滑而黏稠，用针挑时可拉出较长细丝。炭疽芽孢杆菌呈光滑型和粗糙型两种菌落形态。炭疽杆菌在适当浓度青霉素作用下，菌体形态发生肿胀，成为均匀链状串珠，称为串珠试验，对该菌有鉴别意义。肉汤培养时因形成长链，呈絮状发育，管底有絮状、卷绕成团的沉淀，液体透明，震荡后均匀混浊，不行成菌膜或壁环。

3. 理化特性 炭疽杆菌的繁殖体对外界理化因素的抵抗力不强，其繁殖体在56℃ 2h、60℃ 15min、75℃ 1min即可杀灭。常规消毒方法即可灭活，但其芽孢抵抗力很强，干燥状态下可存活若干年。炭疽杆菌的芽孢对碘敏感，1∶2 500碘液10min即可杀死。120℃高压蒸汽灭菌10min，干热140℃ 2～3h可破坏芽孢。20%漂白粉和20%石灰乳浸泡2天，3%过氧化氢1h，0.5%过氧乙酸10min均可将炭疽芽孢杀死。

4. 分子生物学和毒力因子 炭疽毒株有3个毒力因子：荚膜和命名为ET和LT的两个蛋白毒素。分别由质粒pOX2和pOX1编码，质粒丢失则失去合成荚膜或毒素的能力成为弱毒株，如两者皆丢失，则成为无毒株（cap^-Tox^-）

（1）荚膜 荚膜基因（cap）区位于荚膜质粒pOX2HindIII酶切的2.05kb和4.2kb的相邻DNA片段上，完整的cap区包含3 244bp，由3个顺反子组成，其排列顺序为capB、capC和capA，分别编码4个蛋白产物capB（44kD）、capB′（200kD）、capA（16kD）和capA，（46kD），4个蛋白均为膜蛋白。炭疽荚膜由D-谷氨酸聚肽组成，是一组侵袭因子，能抗吞噬，有利细菌生长和扩散。动物试验表明抗荚膜血清无保护作用但有诊断价值。

（2）毒素 炭疽毒素是由水肿因子（EF）、保护性抗原（PA）和致死因子（LF）所组成的复合多聚体。

①保护性抗原（PA）：是由毒素质粒pXO1质粒上的pag基因座编码，共有735个氨基酸残基，分子量为83kDa，由4个结构域构成，N端是蛋白酶的识别位点，C端140个氨基酸是细胞受体识别区。

水肿因子EF：由pXO1质粒上的cya基因座编码，成熟EF由767个氨基酸组成，分子量为92kDa，是炭疽毒素中第一个被发现有酶活性的组分，它是一种钙离子和钙调蛋白依赖的腺苷酸环化酶，是使细胞质中环单磷酸腺苷水平显著增高的主要原因。

②致死因子（LF）：由pXO1质粒上的lef基因座编码，成熟LF由776个氨基酸组成，分子量约为90kDa，有4个结构域。N末端即结构域1或LFn。LFn与EF的N末端（EFn）具有很高的同源性，而且LF和EF都可与PA相结合，所以LFn可能是LF与PA的结合位点。LF是一种金属蛋白酶，其C末端有金属蛋白酶Zn2＋结合位点（HEXXH），催化功能与LF的致死活性相关。

炭疽毒素符合毒素A、B结构模式：PA是结合亚单位B，与靶细胞受体结合；EF、LF是效应亚单位A。EF和LF竞争结合一个PA（B）而不是协同/共同结合。细菌毒素的B亚单位（PA）不仅含有与细胞受体和A单位结合的决定簇，且有穿膜功能。炭疽毒素3个组分PA、EF、LF单独均无致病性，PA与EF结合构成ET，PA与LF结合构成LT才显致病性。LT的致病作用大于ET，如EF基因失活，炭疽杆菌毒力下降10倍，而LF基因失活则毒力下降达1 000倍。

三、流行病学

1. 传染来源 患病动物及其尸体是主要的传染源。细菌大量存在于感染动物的脏器组织中，可通过其排泄物、分泌物，特别是濒死动物天然孔流出的血液，污染饲料、饮水、牧场、土壤、用具等，如不及时消毒处理或处理不彻底，则可形成长久疫源地。炭疽病人也是传染来源，但人对人的直接接触传播极为罕见。被污染的环境形成的尘埃、气溶胶及恐怖活动分子施放的炭疽芽孢，亦可成为重要的传染来源。

2. 传播途径　炭疽属于自然疫源性人与动物共患传染病，其传播媒介包括以食草动物为主的动物和人，以及被炭疽杆菌污染的用品、交通工具、饲料、饮水和土壤等。传播途径主要有：①消化道感染，接触被炭疽芽孢污染的土壤和饮水、饲料等通过消化道感染；②吸入性感染，呼吸时吸入含有炭疽芽孢的气溶胶或尘埃通过呼吸道感染；③通过皮肤伤口感染；④由于昆虫叮咬发病的病例虽少，但确有报道。芽孢侵入动物机体后发芽成繁殖体，然后细菌繁殖产生致死性毒力因子，引起动物发病和死亡。

3. 易感动物

（1）自然宿主　各种动物对炭疽杆菌均有不同程度的易感性，羊、牛、马等食草动物最易感，鹿、驴、骡、骆驼次之，再次为猪、犬、猫等杂食动物。野生食肉动物如狮、豹、狼、貉、獾、貂、鼬亦可感染，禽类一般不感染。

人炭疽的流行常发生在动物炭疽的流行之后，人对炭疽普遍易感，发病情况与职业、受感染的机会、接触频率和剂量以及病菌的毒力有关。

（2）实验动物　小鼠、豚鼠、猴、兔均易感，大鼠有抵抗力。各种品系的小鼠对炭疽强毒菌均较敏感，皮下注射致死剂量为10～30CFU，吸入感染的致死剂量为30～50CFU。炭疽芽孢对豚鼠的致死剂量皮下注射为100～300CFU，吸入感染为300～500CFU。对非人灵长类动物，如恒河猴的致死剂量皮下注射为500～5 000CFU，吸入感染为500～10 000CFU。

（3）易感人群　人对炭疽的易感性无种族、年龄与性别的差异，各年龄人群均可感染发病，主要决定于接触机会的多少。一般成年男人为农牧业的主要劳动力，故发病主要以青壮年男性为多。

4. 流行特征　在家畜该病常呈地方性流行，不同地区发病率高低与当地的气候、土壤条件有关，或与炭疽芽孢的污染程度有关。

实验动物炭疽的发生率非常低，临床上未见自然感染报道。但在炭疽的致病机制等研究中常用到小鼠等实验动物。研究表明，不同品种、品系性别动物感染炭疽杆菌的发病率并不相同。研究发现实验动物对炭疽感染易感性分为两种情况：①对炭疽芽孢不敏感但炭疽毒素敏感，如大鼠炭疽芽孢感染 LD_{50} 剂量可达106CFU，但炭疽毒素静脉注射感染 LD_{50} 剂量8U就可对大鼠致死。②对炭疽芽孢敏感但炭疽毒素不敏感。如小鼠、猴等动物，小鼠炭疽芽孢感染5CFU就可致死，但炭疽毒素静脉注射感染 LD_{50} 剂量可达1 000U。如表1中列举了不同动物炭疽芽孢及毒素的不同致死剂量。这可能与炭疽芽孢杆菌进入动物体内后的菌体繁殖和毒素产生的机制有关。Susan L. 等（1986）用炭疽 Voilum1B 毒株对10个品系小鼠进行感染试验，发现10个近交品系小鼠对炭疽芽孢均敏感，LD_{50} 在5～30CFU。但是不同小鼠品系出现死亡的时间明显不同，其中 A/J 和 DBA/2J 品系小鼠最易感，CBA/J、BALB/cJ、和 C57BR/cdJ 品系小鼠最不易感。而 A/J 和 CBA/J 小鼠静脉接种炭疽毒素 LD_{50} 虽然相近，但 CBA/J 小鼠的死亡时间要早于 A/J 小鼠，4XLD50 炭疽毒素静脉注射，CBA/J 小鼠平均死亡时间为0.9天而 A/J 小鼠为3.7天。人工感染炭疽杆菌后实验动物濒死阶段（临死前10～14h），血中细菌数量倍增时间：小鼠、豚鼠为50min，羊为95min，大鼠为115min。在吸入性炭疽的非人灵长类及小动物感染模型研究中发现，在吸入感染后大量炭疽杆菌芽孢体能在肺泡腔内保持数天到数周，直到迁移到适于芽孢出芽繁殖的地方后开始大量增殖。无胸腺裸鼠对皮肤炭疽试验感染比较耐受，可能是中性粒细胞在细菌浸入皮肤局部的清除作用。

表 42-1-1　不同动物炭疽芽孢杆菌感染剂量和毒素致死剂量

动物模型	菌体 LD_{50} (CFU)	毒素 LD_{50} (units)	死亡时血中菌含量 (个/mL)
小鼠	5	1 000	10^7
猴	3 000	2 500	10^7
大鼠	10^6	8	10^4
豚鼠	50	50	10^8

四、临床症状

1. 动物的临床表现 炭疽芽孢杆菌能致各种家畜、野生动物的炭疽，潜伏期长短不一，一般为1～5天。国际动物卫生法典报道的潜伏期为20天，如非洲绿猴的吸入性炭疽。动物炭疽临床表现为最急性型、急性型和亚急性型或慢性型3种类型。①最急性型，常见于反刍动物，表现为无症状死亡。动物死后血液凝固不良，自然孔出血，尸僵不全。②急性型，常见于马，随感染部位不同而表现不同。③亚急性型或慢性型，常见于猪、犬和猫，表现为发热性咽炎，伴以喉部、耳下部及附近淋巴结肿胀。另外，猪对炭疽杆菌的抵抗力较强，不少病例临床症状不明显，只屠宰后发现有病变。犬常见面颊部或足部生有炭疽痈。

实验动物感染的临床症状与人工感染途径相关，常见的如小鼠吸入性炭疽模型，通过鼻腔接种感染，表现为急性病程，动物在数天内出现死亡，全身凝胶状水肿，血液和各器官有大量菌体，如脾可达到109CFU/g。炭疽杆菌芽孢皮下感染兔后，炭疽芽孢全身扩散，血、肝、脾、肺、淋巴结等组织都可找到芽孢，芽孢出芽增殖，当菌数达每毫升血或每克组织为108时，兔死亡。皮肤炭疽模型正常小鼠可在炭疽芽孢皮肤局部刮擦或皮内注射后急性死亡，而无毛的胸腺免疫缺陷裸鼠仅仅表现为皮肤浸入局部的炎性细胞浸润。

2. 人的临床表现 炭疽芽孢杆菌可引起人的炭疽，潜伏期一般为1～5天，长者可达60天，肺炭疽可短至12h，肠炭疽也可于24h发病。人感染炭疽杆菌的概率相对较低，感染的危险性大约为1/10万，目前还没有人与人直接接触感染的证据。人的感染根据感染途径可分为皮肤炭疽、肺炭疽和肠炭疽3种类型，最终均可能发展为系统性致死性感染。

（1）皮肤炭疽 最常见，约占炭疽的90%。病菌从皮肤伤口进入人体，经12～36h局部出现小疖肿，继之形成水疱、脓胞，最后中心形成炭色坏死焦痂，“炭疽”之名由此而得。病人有高热、寒战，轻症2～3周自愈，重症发展成败血症而死亡。

（2）肺炭疽 是最危险的一种，因吸入炭疽芽孢所致，也可继发于皮肤炭疽。多发生于毛皮工人。吸入的炭疽杆菌芽孢进入肺泡，被巨噬细胞吞噬并进入纵隔淋巴结，在此可存留长达60天，并芽生成繁殖体，繁殖体一旦形成，则疾病迅速发展。起病多急骤，病初呈感冒样症状，且在缓解后再突然起病。病情大多危重，若不及时诊断与抢救，常发展成严重的支气管肺炎及全身中毒症状，2～3天可死于中毒性休克。

（3）肠炭疽 因食入未煮透的病畜肉制品所致。细菌可能通过黏膜伤口侵入，并进入淋巴系统。临床表现为发热、有连续性呕吐、腹痛、便血和肠麻痹，若不及时治疗，2～3天内死于毒血症。有时，肺炭疽和肠炭疽可引起急性出血性脑膜炎导致死亡。

五、诊　　断

1. 动物的临床诊断 根据流行病学结合临床症状，可做出初步诊断。有最急性型、急性型、亚急性型或慢性型三种表现形式。实验动物自然感染概率较低，大都与人工感染途径相关，一般表现急性死亡。

2. 人的临床诊断 如果没有明确的流行病学资料，如当地是否有皮肤炭疽的病人、与病畜的接触史等，胃肠型和肺型炭疽诊断比较困难，而且这两种病型可能很快发展为系统性感染，并因治疗不及时而死亡。皮肤炭疽具一定特征性，一般不难做出诊断。

3. 实验室诊断要点 根据典型临床症状和病理变化可做出初步诊断，确诊需进一步做实验室诊断。

（1）动物炭疽病实验室诊断

①病料采集：如怀疑动物感染炭疽，不可进行尸体剖检，尤其不能在田间剖检病死动物，此时可采集动物血液送检。

②病原检查：新鲜病料可直接触片镜检或培养增菌后进行细菌学检查，或进行噬菌体敏感性试验、

串珠试验；陈旧腐败病料、处理过的材料、环境（土壤）样品可先采用选择性培养基，以解决样品污染问题，或进行 Ascoli 试验、免疫荧光试验；从受影响的组织或部位的标本经 PCR 检测出炭疽杆菌DNA 。

③血清学检查：可做琼脂扩散试验、补体结合试验、酶联免疫吸附试验。

（2）人炭疽的实验室诊断

①血常规检查：主要为白细胞计数升高，一般为 10×10^9～20×10^9/L，病情严重时高达 60×10^9～80×10^9/L。

②病原检查：皮肤损害的分泌物，痰、呕吐物、排泄物或血液、脑脊液等标本中，显微镜检查发现炭疽芽孢杆菌，并进行细菌分离培养获炭疽芽孢杆菌。另外，可直接使用临床标本进行 PCR 检测，也应对分离获得的培养物检测。检出具有毒力的（即通过 PCR 检验 pag 和 cya 基因均为阳性）的炭疽杆菌，可做出确切诊断。

③血清学检查：目前多采用酶联免疫吸附试验（ELISA），恢复期血清中针对炭疽杆菌毒素的抗体较急性期血清升高 4 倍以上，可做出确切诊断。

六、防治措施

炭疽是一种人与动物共患的急性烈性传染病，又是造成生物恐怖和达到军事目的最可能使用的重要生物战剂。在我国人的传染病疫情报告中列为乙类传染病，但发生肺炭疽时要按甲类传染病处理。在我国动物传染病名录中将其列为二类动物疫病，但若出现暴发流行，则按一类动物疫病处置。实验动物感染炭疽的概率相对较低，对实验动物的危害较低，但在发病疫区要重视避免炭疽芽孢污染实验动物设施、饮水、饲料等。污染芽孢的粪肥、饲料等均可采用焚烧处理；不宜焚烧的物品可用含 2%碱的开水煮 30min 到 1h，再用清水洗净，或用 4%甲醛溶液浸泡 4h，或用 121℃高压蒸汽消毒 30min；污染场地（住房、厩舍、周围环境）可用 5%福尔马林按 500mL/m^2 喷洒消毒三次，或用 20%的漂白粉水溶液按 200 mL/m^2 喷雾作用 1～2h；排泄物等按 5∶1 稀释污物加漂白粉，搅匀作用 12 h 后弃去。土壤（炭疽尸体停放处）消毒，应该去掉 20cm 厚的地表土，焚烧或加热 121℃ 30min，如不易做到，可用 5%的甲醛溶液 500mL/m^2 消毒 3 次，亦可用氯胺或 10%的漂白粉乳浸渍，处理 2 次。

七、公共卫生影响

近十年来，每年报告的动物炭疽发病地区和发病数均呈逐渐上升态势，因炭疽属于自然疫源性疾病，发生过的地域即成为新的疫源地。炭疽芽孢抵抗力极强，一旦被其污染，传染性可保持若干年，当环境条件适宜炭疽芽孢繁殖时，多半会发生从动物到人的流行过程。发病地区应采取措施封锁疫区，隔离病畜，消毒圈舍、用具和周围环境，对病患尸体进行无害化处理。

炭疽杆菌是重要的生物战剂。20 世纪 50—60 年代，美国就已经将其武器化。1991 年 8 月，伊拉克向联合国武器核查小组承认，该国在 1991 年海湾战争前对炭疽杆菌的进攻性使用进行了研究。1995 年，伊拉克进一步承认武器化炭疽杆菌。武器化的炭疽杆菌作为生物战剂，可经伤口感染，也可以气溶胶方式经空气传播，气溶胶传播效应大，短期内可使大批人、畜感染，同时会还可污染土壤、水源、装备、服装等，人、畜与污染物接触或吸入再生气溶胶可致感染，亦可通过染菌媒介生物感染，一旦使用，对人民生命财产危害极大，同时会造成极大的社会恐慌。如 2001 年美国“9·11”事件后炭疽被用作制造恐怖事件的工具，引起了国际社会的极度恐慌。因此，提示我们有必要加强全社会对这一疾病的认识，普及有关防治知识，以增加民众对炭疽的应急反应能力，将其带来的影响控制到最低程度。

（张钰　王静　田克恭）

我国已颁布的相关标准

GB 17015—1997　炭疽诊断标准及处理原则

WS 283—2008　炭疽诊断标准

NY/T 561—2002　动物炭疽诊断技术

SN/T 1214—2003　国境口岸处理炭疽杆菌污染可疑物品操作规程

SN/T 1700—2006　动物皮毛炭疽 Ascoli 反应操作规程

参考文献

陈宁庆．2001. 实用生物毒素学 [M]．北京：中国科学技术出版社：151 - 172.

董树林．1999. 新中国炭疽防治成果与研究进展 [J]．中华流行病学杂志，20 (3)：135 - 137.

郭立力，赵树强，臧永起．2002. 炭疽——一种人畜共患病的防治 [J]．动物科学与动物医学，19 (9)：25 - 28.

梁旭东．2001. 炭疽防治手册 [M]．北京：中国农业出版社：51 - 52.

鹿侠．2002. 世界卫生组织推荐的监测标准——人类炭疽 [J]．口岸卫生控制，7 (2)：45 - 46.

马晓冬．2003. 炭疽芽孢杆菌及炭疽疾病概述 [J]．微生物学免疫学进展，31 (3)：51 - 55.

王浴生，周黎明．2004. 生物恐怖性炭疽杆菌病与抗生素的防治 [J]．四川生理科学杂志，26 (3)：119 - 123.

闻玉梅，陆德源，何丽芳．1999. 现代医学微生物学 [M]．上海：上海医科大学出版社：441 - 448.

张致一，陈锦英．2003. 炭疽芽孢杆菌的感染与生物恐怖 [J]．环境与健康杂志，20 (5)：318 - 320.

C K Cote，J Bozue，N Twenhafel，et al. 2009. Effects of altering the germination potential of Bacillus anthracis spores by exogenous means in amouse model [J]．Journal of Medical Microbiology，58：816 - 825.

Christopher J，Watts，Beth L Hahn et al. 2009. Resistance of Athymic Nude Mice to Experimental Cutaneous Bacillus anthracis Infection [J]．The Journal of Infectious Diseases，199：673 - 679.

Christopher K Cote，Nico Van Rooijen，Susan L，et al. 2006. Roles of Macrophages and Neutrophils in the Early Host Response to Bacillus anthracis Spores in a Mouse Model of Infection [J]．Infect Immun，74 (1)：469 - 480.

Cromartie W J W L Bloom，et al. 1947. Studies on infection with Bacillus anthracis；a histopathologicalstudy of skin lesions produced by B. anthracis in susceptibleand resistant animal species [J]．Infect. Dis，80：1 - 13.

Grabenstein J D. 2008. Countering Anthrax：Vaccines and Immunoglobulins [J]．Vaccines，46：129.

Welkos S L，Keener T J，Gibbs P H. 1986. Differences in Susceptibility of Inbred Mice to Bacillus anthracis [J]．Infect Immun，51 (3)：795 - 799.

Schneemann A，Manchester M. 2009. Anti - toxin antibodies in prophylaxis and treatment of inhalation anthrax [J]．Future Microbiol，4：35 - 43.

第二节　蜡状芽孢杆菌感染
(Bacillus cereus infection)

蜡状芽孢杆菌感染（Bacillus cereus infection）是一种人与动物共患病。蜡状芽孢杆菌是一种在自然界中广泛分布的好氧、中温、产芽孢的杆菌，是动物饲料和人食品中常见的污染菌，在特定条件下对动物和人有致病性。

一、发生与分布

蜡状芽孢杆菌分布比较广泛，由 Frankland 于 1887 年发现，1906 年 Lubenau 首次报告需氧芽孢杆菌引起的食物中毒以来，其后在世界范围内陆续有关于需氧芽孢杆菌引起食物中毒的报告。1950 年，Hauge 明确指出蜡状芽孢杆菌在人食物中毒中的致病作用。我国各地都有人蜡状芽孢杆菌食物中毒的报道，在某些地区，由蜡状芽孢杆菌引起的食物中毒在细菌性食物中毒中占首位。蜡状芽孢杆菌作为食源性致病菌，引起实验动物中毒的自然病例报道很少。

二、病　　原

1. 分类地位　蜡状芽孢杆菌（*Bacillus cereus*）属于芽孢杆菌科（Bacillaceae）、芽孢杆菌属

(*Bacillus*) 成员。该菌同炭疽芽孢杆菌 (*B. anthracis*)、苏云芽孢杆菌 (*B. thuringiensis*)、蕈状芽孢杆菌 (*B. mycoides*)、假蕈状芽孢杆菌 (*B. pseudomycoides*)、韦氏芽孢杆菌 (*B. weihenstephanensis*) 组成芽孢杆菌属、蜡状芽孢杆菌族 (*Bacillus cereus* group)，它们的形态特征、生理生化特征非常相似，并有着极高的核苷酸同源性。

2. 形态学基本特征与培养特性　该菌为革兰阳性长杆菌，大小 (1.0～1.2) μm× (3.0～5.0) μm，菌体两端较平整，多数呈链状排列，但链的稳定性决定于菌落形态。在幼龄菌体内有脂类球状小体或空泡样结构，并可出现异染颗粒。芽孢呈椭圆形，位于菌体中央或稍偏一端，不突出菌体。不形成荚膜，有的有周鞭毛而能运动。

该菌为需氧菌，但可厌氧生长。可生长温度为 10～45℃，最适生长温度为 30～32℃。在 pH4.9～9.3 均能生长。营养要求不高，在普通培养基上生长良好。在普通肉汤中呈混浊生长，可形成菌膜或菌环，摇振易乳化。在普通琼脂平板上，形成圆形、灰白色、不透明、边缘不整齐往往呈扩散状、表面粗糙似毛玻璃状、直径 3～10mm 的大菌落，对光观察好似白蜡状。偶有产生黄绿色荧光色素者，有的产生淡红褐色弥散性色素，有的在含铁丰富的淀粉培养基上产生红色色素。在血琼脂平板上，形成浅灰色、不透明、似毛玻璃状的菌落，呈现α溶血，少数可为β溶血。在甘露醇卵黄多黏菌素平板上，形成灰白色或微带红色、扁平、表面粗糙、周围具有紫红色背景环绕白色环晕的菌落。

该菌可分解葡萄糖、麦芽糖、蔗糖、水杨苷、甘油和海藻糖产酸，不分解木糖、阿拉伯糖、山梨醇、卫茅醇、肌醇和乳糖，水解七叶苷。VP、硝酸盐还原、柠檬酸盐利用等试验阳性，吲哚和甲基红试验阴性。可产生触酶、卵磷脂酶、酪蛋白酶、淀粉酶、明胶酶和青霉素酶，而尿酶不定。能使紫乳迅速胨化，还原美蓝，对γ噬菌体不易感。在炭疽 Ascoli 沉淀反应中可表现阳性，但不与炭疽荧光抗体发生反应。

3. 理化特性　该菌耐热，其 37℃16h 的肉汤培养物的 D80℃值（在 80℃时使细菌数减少 90%所需的时间）为 10～15min；使肉汤中细菌 (2.4×10^{7}/mL) 转为阴性需 100℃20 min。食物中毒菌株的游离芽孢能耐受 100℃ 30min，而干热 120℃经 60 min 才能将其杀死。

三、流行病学

1. 传染来源　蜡状芽孢杆菌在自然界分布很广，污染来源主要为泥土、尘埃、空气、植物，其次为昆虫、苍蝇、不洁的用具与容器。受该菌污染的饲料、食物在通风不良及温度较高的条件下存放时，其芽孢便可发芽、繁殖并产生毒素，若食用前不加热或加热不彻底，即可引起食物中毒。

2. 传播途径　该菌主要感染途径为经口感染，饲料和食品在加工、运输、保藏及销售过程中的不卫生状况可以造成该菌大量传播，昆虫、不洁的用具和不卫生的食品从业人员也可造成该菌的传播。

3. 易感动物　人和动物均可因为食用被污染的食物而中毒，实验动物中小鼠、豚鼠、兔、猴常用作蜡状芽孢杆菌的试验感染模型。

4. 流行特征　蜡状芽孢杆菌作为一种食源性疾病的报道较多，在各种食品中的检出率也较高。蜡状芽孢杆菌食物中毒有明显的季节性，通常以夏秋季，尤其是 6～10 月份最为多见。引起中毒的食品常于食前由于保存温度不当，放置时间较长，给污染食品中的蜡状芽孢杆菌或食品经加热而残存的芽孢以生长繁殖的条件，因而导致食物中毒。中毒的发病率较高，一般为 60%～100%。中毒的发生与性别和年龄无关。潜伏期的长短与中毒症状有关，以呕吐症状为主的中毒，其潜伏期较短，通常在进食 5h 后发病；以腹泻症状为主的中毒，潜伏期较长，通常在 8h 以后发病。

四、临床症状

1. 实验动物的临床表现　蜡状芽孢杆菌作为食源性致病菌引起实验动物中毒的自然病例报道很少。实验动物常作为动物模型用于蜡状芽孢杆菌致病机理和中毒鉴别等方面的研究。蜡状芽孢杆菌可产生溶血素、卵磷脂酶、肠毒素以及对小鼠的致死毒素。该菌肠毒素可分为致腹泻肠毒素和致呕吐肠毒素，前者不耐热，致猴腹泻，家兔肠袢试验阳性，可致死小鼠，皮内注射可在豚鼠真皮产生局部坏死反应，在家兔皮肤可增进血管的通透性，对胰蛋白酶耐受，有抗原性；后者具有耐热性，致猴呕吐，家兔肠袢试验阴性，对胃蛋白酶和胰蛋白酶耐受，无抗原性，自然情况下可引起犬和猫腹泻。

2. 人的临床表现 蜡状芽孢杆菌可引起人的胃肠道感染（即食物中毒）和胃肠道外感染。该菌引起的食物中毒有两种不同的临床表现，分为呕吐型和腹泻型。除最常见的食物中毒外，蜡状芽孢杆菌可造成多种严重程度不等的胃肠道外感染，当细菌侵入人体组织时，可以引起局部或系统的感染，如眼内炎、心内膜炎、脑膜炎、新生儿上呼吸道感染和脐带炎、败血症等。

五、诊　断

1. 临床诊断 发生食物中毒时，首先采取有代表性的可疑中毒食物进行检验，最好选取剩下的残余食物。同时采取呕吐物及腹泻粪便进行微生物学检查，结合中毒的临床表现和流行病学资料，满足以下1～2项实验室诊断者，可做出蜡状芽孢杆菌食物中毒的诊断。

2. 实验室诊断 直接涂片镜检仅具参考价值，确诊主要依靠细菌分离培养鉴定和用小鼠进行感染性试验。在食物中毒检测中，必须进行该菌菌数测定。一般认为该菌的中毒菌量在食物中要达到10^6～10^8/g（mL）以上。菌数测定和分离培养可用甘露醇卵黄多黏菌素B选择性琼脂平板或卵黄琼脂平板，获得疑似菌后再做生化试验鉴定，并应与其他类似菌相区别。食物中毒诊断还应进行肠毒素试验。

近年来用分子生物学手段（PCR）检测产毒株的报道也较多，如P F Horwood等人根据NRPS基因的两个可变区的序列，针对产呕吐毒素的菌株设计了特异性引物，进行PCR以检测蜡状芽孢杆菌是否是产毒菌株，取得了良好的效果。该法灵敏度高且检测速度快。

六、防治措施

实验动物饲料运输和贮存过程中都要防止霉变，做好贮藏室隔离措施，防止野鼠、昆虫进入，做好贮藏环境的卫生消毒工作。不投喂过量饲料，喂食饲料前要把之前剩余的饲料清除干净，不喂食发霉变质或状态异常的饲料。

人食物中毒应做好预防工作，工作人员不可以在动物饲养室和实验室进食，实验结束要清洗双手，搞好环境卫生和个人卫生。

七、公共卫生影响

蜡状芽孢杆菌在自然界广泛存在，对外界环境抵抗力较强，一旦污染食品和饲料，将威胁人和动物的健康。动物食物中毒一般不受关注，而人食物中毒则事关人民身体健康，大规模的食物中毒会对公共卫生安全构成潜在威胁。

（张钰　袁文　王晓英）

我国已颁布的相关标准

GB/T4789.14—2003　食品卫生微生物学检验蜡样芽孢杆菌检验

WS/T 82—1996　蜡样芽孢杆菌食物中毒诊断标准及处理原则

SN/T 2552.11—2010　乳及乳制品卫生微生物学检验方法　第11部分：蜡样芽孢杆菌的分离与计数

参考文献

李勇．2005. 营养与食品卫生学［M］．北京：北京大学医学出版社：654－657.

孟昭赫．1990. 食品卫生检验方法注解［M］．北京：人民卫生出版社：408－412.

郁庆福．1995. 现代卫生微生物学［M］．北京：人民卫生出版社：193－202.

张红见，韩志辉，董启伟．2009. 饲料中蜡状芽孢杆菌的分离与鉴定［J］．青海大学学报（自然科学版），27（4）：

69 -70.

Hilliard N J，Schelonka R L，Waites K. 2003. Bacillus cereus bacteremia in a preterm neonate [J]. Journal of Clinical Microbiology，3441 - 3444.

Kotiranta A，Lounatmaa K，Haapasalo M. 2000. Epidemiology and pathogenesis of Bacillus cereus infections [J]. Microbes and Infection，2：189 - 198.

Lequin M H，Vermeulen J R，van Elburg R M，et al. 2005. Bacillus cereus meningoencephalitis in preterm infants：Neuroimaging Characteristics [J]. AJNR Am J Neuroradiol，26：2137 - 2143.

Lund T，De Buyser M L，Granum P E. 2000. A new cytotoxin from Bacillus cereus that may cause necrotic enteritis [J]. Mol Microbiol，38：254 - 261.

Lotte P S A，Annette F，Per E G. 2008. From soil to gut：Bacillus cereus and its food poisoning toxins [J]. FEMS Microbiol Rev，32：579 - 606.

第四十三章 李斯特菌科细菌所致疾病

李斯特菌病 (Listeriosis)

李斯特菌病（Listeriosis）也称李氏杆菌病，是一种重要的人兽共患传染病，其病原体是单核细胞增生性李斯特菌，感染后主要表现为败血症、脑膜炎、心肌炎、单核细胞增多症和中枢神经系统症状。

一、发生与分布

单核细胞增生性李斯特菌主要通过肠道感染，该菌在自然界分布广泛，具有耐盐、在低温下生长的特点，它主要以食物为传染媒介，是最致命的食源性病原体之一，造成二三成的感染者死亡。

二、病　　原

1. 分类地位　单核细胞增生性李斯特菌（*Listeria monocytogenes*，LM），在伯吉氏系统细菌学手册中分类属革兰染色阳性兼性厌氧菌中的李斯特菌科（Listeriaceae）、李斯特菌属（*Listeria*）。单核细胞增生性李斯特菌具有菌体（O）抗原和鞭毛（H）抗原。

2. 形态学基本特征与培养特性　单核细胞增生性李斯特菌为革兰阳性小杆菌，直或稍弯，两端钝圆，大小为（0.5～2.0）μm×（0.4～0.5）μm。常呈V形排列，偶有球状、双球状，兼性厌氧，无芽孢，一般不形成荚膜，但在营养丰富的环境中可形成荚膜。在陈旧培养中的菌体可呈丝状及革兰阴性。有4根周毛和1根端毛，但周毛易脱落。最适生长温度为30～37℃，生长温度的范围为1～45℃，5%～10%CO_2可促进其生长。在固体培养基上，菌落初始很小、透明、边缘整齐、呈露滴状，但随着菌落的增大，变得不透明。在5%～7%的血琼脂平板上，菌落通常也不大，灰白色，刺种血平板培养后可产生窄小的β溶血环。在0.6%酵母浸膏胰酪大豆琼脂（TSAYE）和改良Mc Bride（MMA）琼脂上，用45°角入射光照射菌落，通过解剖镜垂直观察，菌落呈蓝色、灰色或蓝灰色。单核细胞增生性李斯特菌过氧化氢酶阳性，氧化酶阴性，能发酵多种糖类，产酸不产气，如发酵葡萄糖、乳糖、水杨素、麦芽糖、鼠李糖、七叶苷、蔗糖（迟发酵）、山梨醇、海藻糖、果糖，不发酵木糖、甘露醇、肌醇、阿拉伯糖、侧金盏花醇、棉子糖、卫矛醇和纤维二糖，不利用枸橼酸盐，40%胆汁不溶解，吲哚、硫化氢、尿素、明胶液化、硝酸盐还原、赖氨酸、鸟氨酸均阴性，VP、甲基红试验和精氨酸水解阳性。

3. 理化特性　单核细胞增生性李斯特菌对理化因素抵抗力较强。耐冷但不耐热，不耐酸但耐盐、耐碱，能抵抗反复冷冻、紫外线照射。55℃ 45min可杀死该菌，75%乙醇5min，2.5%石炭酸、2.5%氢氧化钠、2.5%福尔马林20min可使其灭活。该菌对氨苄青霉素、先锋霉素、氯霉素、红霉素等敏感，对金霉素、土霉素、四环素、庆大霉素、卡那霉素、青霉素G、链霉素等敏感性较差，对多黏菌素B、磺胺等有抵抗力。

4. 分子生物学

（1）基因组特征　单核细胞增生性李斯特菌基因组序列测定工作于2001年完成，为环状染色体，有 2 944 528 bp。

（2）毒力因子

①溶血素：溶血素 O 是一种巯基激活的毒素，能被氧化抑制，加入还原剂时被激活；抗原性与链球菌溶血素 O 存在交叉反应；低浓度胆固醇可抑制其活性。溶血素 O 具有抗原性，用甲醛处理可脱毒制备类毒素，还可激活迟发型变态反应。动物试验表明，溶血素 O 对小鼠有心脏毒性和致死毒性。β 溶血素与链球菌溶血素没有交叉反应，不与溶血素 O 抗血清发生反应。β 溶血素与单核细胞增生性李斯特菌在细胞内生存和增值有关，对动物有毒性。

②磷脂酶：成熟的磷脂酶蛋白由 238 个氨基酸组成，分子量约 32kDa。磷脂酶蛋白 B 可介导吞噬泡中单核细胞增生性李斯特菌的逃逸，它能将第二个吞噬泡膜溶解，对单核细胞增生性李斯特菌细胞—细胞之间的传播起到关键的作用。在从巨噬细胞扩散到不同细胞的胞内扩散过程中，磷脂酶蛋白是必需的。磷脂酶蛋白 B 除了具有从吞噬泡逃逸出来的功能外，还有一些重要的致病作用，能破坏宿主信号通道。它可通过磷脂水解物，如二酰基甘油、神经酰胺、肌醇磷酸盐等，调节细胞的生长、分化、凋亡、细胞因子和化学因子的合成。磷脂酶蛋白 A 毒性相对较小，仅在从吞噬泡中逃逸时起到一定作用。对细胞间的扩散作用不大，对磷脂酶蛋白 B 有协同作用。

③肌动蛋白调节因子：肌动蛋白调节因子蛋白由 639 个氨基酸组成，成熟蛋白有 610 个氨基酸残基，它的 C-末端吸附到菌体细胞壁上，最主要的作用是为单核细胞增生性李斯特菌提供动力。现已研究证明，细菌在胞内运动和细胞到细胞的扩散与肌动蛋白调节因子有关。细菌的运动是由肌动蛋白形成的聚合物在菌体尾部聚集而获得的，单一的菌体蛋白就足以引起肌动蛋白聚集和形成聚合物，为菌体提供动力，这个菌体蛋白就是肌动蛋白调节因子。

④内化素：在单核细胞增生性李斯特菌中与毒性有关的基因族能产生一种使细菌内化入细胞的蛋白，叫做内化素。因为它介导菌体侵入非吞噬性上皮细胞，因此称为内化素。内化素 A 由 800 个氨基酸组成，分成两个功能区，N-端有 15 个 LRR 单位，C-端含 3 个长的重复序列和细胞受体结合区。内化素 B 蛋白由 630 个氨基酸组成，在 N-端有 7 个 LRR 单位。此外还有一个特殊区段（232 个氨基酸），负责与宿主细胞吸附。内化素 A 和内化素 B 均可介导细菌进入宿主细胞。

⑤其他毒性因子：单核细胞增生性李斯特菌在琼脂平板上能形成粗糙型变异菌落，它是由单个菌体形成的菌链构成的，但这种菌体缺乏侵袭性和毒性，这种毒性的丢失主要与 60kDa 的胞外蛋白相关，这种蛋白称为 p60。如将外源性 p60 加入，就可将菌体链打开，恢复毒性。该蛋白具有水解酶和酰胺酶活性，与细菌侵袭力有关，是细菌的主要保护性抗原。此外，单核细胞增生性李斯特菌产生的抗氧化因子、应激反应蛋白等均与其毒力有关。

三、流行病学

1. 传染来源　单核细胞增生性李斯特菌在自然界分布广泛，动物是李斯特菌病的重要贮存宿主，迄今已从多种哺乳动物、禽类、鱼类、甲壳类动物中分离出该菌；也可从污水、土壤和垃圾内分离到。传染源主要是患病动物和带菌动物，可通过粪、尿、乳汁、流产胎儿、子宫分泌物等排菌。人李斯特菌病的主要传染源可能是健康带菌动物。

2. 传播途径　动物李斯特菌病自然感染可能是通过消化道、呼吸道、眼结膜及破损的皮肤，污染的饲料和饮水可能是主要传播媒介。人李斯特菌病主要经消化道传染，孕妇感染后可通过胎盘或产道感染胎儿或新生儿；眼和皮肤与病畜直接接触也可发生局部感染。

3. 易感动物

（1）自然宿主　自然宿主主要包括人及牛（黄牛、水牛、乳牛）、山羊、绵羊、猪、鸡、犬、猫、马、驴、鼠、禽等。

（2）实验动物　在家兔或豚鼠的眼结膜上接种单核细胞增生性李斯特菌，24～36h 后可形成结膜炎，45h 后出现水肿，发展成脓性结膜炎。

（3）易感人群　人李斯特菌病中以新生儿最多见，其次是婴儿、孕妇、老人和免疫缺陷者。

4. 流行特征　该病为散发，一般只有少数发病，偶尔呈暴发流行，但病死率很高。主要发生于冬季或早春。

四、临床症状

1. 动物的临床表现　该病的潜伏期一般为2～3周，短的仅几天，长的可达2个月。

（1）猪　分为败血型、脑膜炎型和败血型与脑膜炎混合型。败血型多发生于仔猪，无特征性症状出现即死亡，病程1～3天，病死率高。混合型多发生于哺乳仔猪，常突然发病，病初体温高达41～42℃，吮乳减少或不吃，粪干尿少，中后期体温降至常温或常温以下。多数病猪表现脑膜症状，初期兴奋，共济失调，肌肉震颤，转圈跳动，或不自主后退，或以头抵地不动；有的头颈后仰，两前肢或四肢张开呈典型的观星姿势，或后肢麻痹拖地不能站立。严重的侧卧，抽搐，口吐白沫，四肢乱划。病猪反应性增强，给以轻微刺激就发生惊叫，病程1～3天，长的可达4～9天。单纯的脑膜炎型，多发生于断奶后的猪，也见于哺乳仔猪。脑炎型与混合型相似，但较缓和。病猪体温、食欲、粪、尿一般正常，病程较长，一般以死亡告终。血液学检查，白细胞总数升高，单核细胞占8%～12%。

（2）兔　主要危害幼兔和孕兔。症状可分为急性型和慢性型。急性型：幼兔常突然发病，侧卧，口吐白沫，颈背及四肢抽搐，低声嘶叫，经几小时死亡。孕兔在产前5～7天从阴道流出暗紫色污秽液体，而后流产。同时病兔食欲废绝，呼吸急促，口吐白沫，或向前冲撞，或转圈运动，有时尖叫，肌肉震颤，四肢痉挛性抽搐，最后倒地，经1～3h死亡。慢性型：幼兔表现精神沉郁，眼半闭，独居角落。体温升高，食欲废绝，有严重的脓性结膜炎，口吐白沫，鼻流黏性分泌物，常因衰竭死亡。孕兔主要表现为流产、拉稀和神经症状，最后角弓反张，抽搐、衰竭而死亡。病程2～5天。

（3）鸡　主要侵害2月龄内的雏鸡。急性发作，常无特征性症状突然死亡。慢性型表现为呼吸困难、腹泻、消瘦、乱跑、尖叫、倒地侧卧、两腿抽搐。凡出现神经症状的均愈后不良，病程1～3周，病死率可达85%以上。

2. 人的临床表现　主要表现有脑膜炎、粒样脓肿、败血症和心内膜炎等。成人脑膜炎一般起病急，90%病例的首发症状为发热，大多在39℃以上。有严重的头痛、眩晕、恶心、呕吐。脑膜刺激征明显，且常伴有意识障碍，如木僵、谵妄等，亦可发生抽搐。重症者可在24～48h内昏迷。少数起病缓慢，病程较长而有反复。如病变累及脑实质则可有脑炎和脑脓肿的表现。个别发生脑干炎而呈复视、发音和吞咽困难，面神经瘫痪和偏瘫等。个别病人有脑炎或脑脓肿症状。新生儿感染分为早发型和迟发型，早发型在产后立即发病或于出生后2～5天内发病，病儿一般为早产儿，主要表现呼吸急促、黏膜发绀、呕吐、尖叫和抽搐等，体温常低于正常，时有出血性皮疹和化脓性结膜炎。迟发型在产后1～3周发病，有拒食、多哭、易激惹、高热和很快发生抽搐、昏迷等症状。患脑膜炎的病人，多数存在败血症。心内膜炎较少见，多发生于二尖瓣或主动脉瓣。皮肤感染时，可出现散在、粟粒大的红色丘疹，以后变为小脓疱。

五、病理变化

1. 动物的病理变化　病猪可见皮肤苍白，腹下和股内侧有弥漫性瘀斑、瘀点；多处淋巴结出血、肿胀；肝脾肿大，表面有纤维素渗出物附着；肺轻度水肿；肾水肿，肾皮质和膀胱黏膜有少量出血点；喉头有黏液性渗出物。有神经症状的病猪，脑膜和脑充血、炎症或水肿，脑脊液增量混浊，含有很多细胞，脑干变软，有小化脓灶，血管周围有以单核细胞为主的细胞浸润。牛和羊可见脑和脑组织充血、水肿，脑膜和髓质的横切面上可见针尖状灰白色病灶，脑脊液增多且混浊，血管周围有以单核细胞为主的细胞浸润，并形成明显的管套状。肝肿大，表面有坏死灶。脾肿大，表面粗糙，有纤维蛋白渗出物。肾盂和心内膜有出血点。禽类心肌和肝有小坏死灶或广泛坏死，脾肿大，脑膜血管充血。兔和其他啮齿类动物，肝有坏死灶，血液和组织中单核细胞增多。流产母畜可见到子宫内膜充血及广泛坏死，胎盘子叶常见出血和坏死。败血症的动物有败血症变化，肝有坏死灶。

2. 人的病理变化 孕妇感染后常可引起流产或新生儿严重感染，病理学检查可见全身脏器有散在性针尖大小的黄色小脓肿，肝坏死，有大量中性多核细胞和单核细胞浸润，坏死区及其周围可见革兰阳性杆菌。脑膜炎患者为化脓性脑膜炎变化，并伴脾充血、肿大，肝、肾、肺有炎症和坏死灶。

六、诊　断

1. 动物的临床诊断 患病动物可出现特殊神经症状、败血症，血液中单核细胞增多。剖检可见脑及脑膜充血、水肿，肝有小坏死灶。脑组织学检查见中性粒细胞、单核细胞浸润，以及血管周围单核细胞管套等，可作为该病诊断的重要依据，但最后确诊需进行实验室检查。

2. 人的临床诊断 患者外周血中白细胞总数和中性粒细胞增多，单核细胞并不增多。脑脊液常规白细胞计数增高至数百或数千，以多核细胞为主，少数为单核细胞增多。蛋白质增高，糖降低。脑脊液涂片可发现小的革兰阳性杆菌。血和脑脊液培养阳性可确诊。血清学检查，双份血清抗体效价递升可协助诊断，但该菌与葡萄球菌、链球菌、肺炎球菌有共同抗原，可发生交叉反应，故其诊断价值有限。PCR 检测脑脊液中该菌有助于辅助诊断。

3. 实验室诊断

（1）病原学诊断

①单核细胞增生性李斯特菌的形态学检查：采集新鲜病料（不超过 24h）做涂片或触片、革兰氏染色镜检，查见革兰阳性、呈 V 形排列或并列的短小杆菌，可做出初步诊断。

②单核细胞增生性李斯特菌的分离培养及生化鉴定：将采集的新鲜病料接种相关培养基进行分离培养，分离培养出的菌株根据其生化特性、生长特征和对抗生素的敏感性，即可鉴定。

③动物试验：可用家兔、小鼠或豚鼠。将病料悬液滴于家兔或豚鼠眼内，1～5 天后发生结膜炎，不久发生败血症死亡。注入家兔静脉 3～6 天后可见单核细胞增多。注入小鼠腹腔 1～3 天后发生肝脓肿。妊娠 2 周的动物接种后常发生流产。

（2）血清学诊断 可用凝集试验、补体结合试验、间接免疫荧光试验、ELISA 等血清学试验对该病进行辅助性诊断，但由于单核细胞增生性李斯特菌与葡萄球菌、链球菌、肠球菌等有共同抗原成分，可引起交叉反应，灵敏度差；新生儿及免疫缺陷患者血清中的特异性抗体常不升高，故血清抗体检查对该病诊断价值有限，只用于流行病学研究。

（3）分子生物学诊断 通过核酸探针和 PCR 方法检测该菌的特异性基因片段，对该病进行辅助性诊断。

七、防治措施

1. 动物的防治措施 平时应加强动物检疫、防疫和饲养管理，不从疫区引进动物，驱除野鼠，消灭动物体外寄生虫。一旦发病，应立即隔离治疗或淘汰扑杀，消除诱因，严格消毒。患病动物尸体必须集中焚烧处理，严防疾病传播。

动物李斯特菌病常采用链霉素治疗，也可用广谱抗生素，病初大剂量应用，有较好疗效。对于败血型，最好以青霉素、链霉素治疗，或青霉素与庆大霉素联合应用。牛、羊李斯特菌病发病急、死亡快，确诊后可用磺胺嘧啶钠给全群注射，连用 3 天；再口服长效磺胺，每 7 天 1 次，经 3 周左右可控制疫情。

2. 人的防治措施 人在参与患病动物饲养管理或剖检尸体和接触污物时，应注意自身防护。平时应注意饮食卫生，防止通过污染的蔬菜或肉乳蛋而感染。

人李斯特菌病一般用氨苄青霉素治疗每天每千克体重 0.15～0.2g，静脉注射，同时加用庆大霉素，每天每千克体重 0.005～0.006g，分次肌内注射，疗程 2～3 周。有免疫功能缺陷者可延长几周，以免复发。

八、公共卫生影响

单核细胞增生性李斯特菌是一种人兽共患病——李斯特菌病的病原，可使人和动物患脑膜炎、败血症、流产等疾病，病死率高达20%～70%。该菌在自然界广泛存在，对多种食品均有不同程度的污染。欧美一些国家曾多次暴发流行，单核细胞增生性李斯特菌对食品的污染与危害，已引起世界各国的普遍关注和高度重视WHO将其列为20世纪90年代四大食源性致病菌之一，并在2000年建立了全球监测网，在世界范围内开展与食源性致病菌相关疾病的监测。

（高正琴 康凯 薛青红）

参考文献

金宁一，胡仲明，冯书章．2007. 人兽共患病学［M］．北京：科学技术出版社．600 - 614.

Drevets D A，Schawang J E，Mandava V K，et al. 2010. Severe Listeria monocytogenes infection induces development of monocytes with distinct phenotypic and functional features［J］. J Immunol，185（4）：2432 - 2441.

Gekara N O，Zietara N，Geffers R，et al. 2010. Listeria monocytogenes induces T cell receptor unresponsiveness through pore - forming toxin listeriolysin O［J］. J Infect Dis. 202（11）：1698 - 1707.

Grant M H，Ravreby H，Lorber B. 2010. Cure of Listeria monocyto genes meningitis after early transition to oral therapy［J］. Antimicrob Agents Chemother. 54（5）：2276 - 2277.

Indrawattana N，Nibaddhasobon T，Sookrung N，et al. 2011. Prevalence of Listeria monocytogenes in raw meats marketed in Bangkok and characterization of the isolates by phenotypic and molecular methods［J］. J Health Popul Nutr，29（1）：26 - 38.

第四十四章
葡萄球菌科细菌所致疾病

葡萄球菌感染
(Staphylococcus infection)

葡萄球菌感染（Staphylococcus infection）是由葡萄球菌属内有致病作用的细菌所致的人和动物共患的一种传染病。该属细菌广泛存在于哺乳动物、鸟类的皮肤和呼吸道、上消化道、泌尿生殖道黏膜，经伤口侵入机体后大多可引起人和动物不同部位的化脓性疾病（皮肤、乳腺、耳部、关节、内脏）和全身性败血症，最常见的如皮肤及皮下组织化脓性感染，经循环系统引起心内膜炎或败血症，以及膀胱炎、尿道炎、肺炎等。此外，葡萄球菌毒素可引起人或动物的食物中毒。

引起实验动物自然感染的葡萄球菌主要是金黄色葡萄球菌。金黄色葡萄球菌中在医院感染中占有重要地位，仅次于大肠埃希菌，居第二位（占医院全部感染的10%），其中甲氧西林耐药金黄色葡萄球菌（Methicillin resistant staphylococcus aureus，MRSA）可对多种抗生素产生耐药性，具有十分重要的公共卫生意义。

一、发生与分布

Oston 于 1880 年和 1882 年对葡萄球菌引起的疾病和其在败血症及脓肿形成中的作用研究中，第一次对金黄色葡萄球菌进行了临床观察和实验室研究。其后的 100 多年，金黄色葡萄球菌通过社区传播和医院传播的方式广泛发生于世界各地，葡萄球菌引起的食物中毒在各国也常有发生。

20 世纪 60 年代，Jevons 在英国首次发现甲氧西林耐药金黄色葡萄球菌，70 年代末甲氧西林耐药金黄色葡萄球菌急剧增多并遍及世界，且耐药范围日益扩大，耐药程度也日益严重。目前，全世界大概有 20 亿人携带金黄色葡萄球菌，其中的 5 300 万人携带甲氧西林耐药金黄色葡萄球菌。甲氧西林耐药金黄色葡萄球菌在全世界的分布具有不均一性，但在大多数国家已经成为最常见的院内感染耐药菌。最近一项全球耐药监测项目表明，目前在亚太和欧美许多地区，甲氧西林耐药金黄色葡萄球菌的发生率高达 40%～50%。在欧洲，甲氧西林耐药金黄色葡萄球菌的发生率呈现出从北到南逐渐升高的趋势。

1972 年，首次分离到了动物源甲氧西林耐药金黄色葡萄球菌，样品来源于患乳房炎奶牛的牛奶。随后，在宠物、家畜（如猪、犬、马、羊、兔、牛、鸡）也分别分离到了甲氧西林耐药金黄色葡萄球菌。从鸡中也检测到了耐甲氧西林凝固酶阴性葡萄球菌。2008 年，我国也报道了从动物体内分离的耐甲氧西林葡萄球菌。目前，甲氧西林耐药金黄色葡萄球菌在临床兽医上广泛出现，美国、韩国、日本、加拿大、丹麦、荷兰、新加坡、德国、比利时、瑞士、中国等国均有报道，感染动物以猪、牛和鸡为主，但也可从犬、马、牛奶和屠宰场环境中分离到该病菌。

二、病　　原

1. 分类地位　根据《伯吉氏系统细菌学手册》（Bergry’s Manual of Systematic Bacteriology）第二版（2004 年），葡萄球菌属（*Staphylococcus*）分类上属厚壁菌门（Firmicutes）、芽孢杆菌纲（Bacilli)、芽孢杆菌目（Bacillales）、葡萄球菌科（Staphylococcaceae），是一类革兰阳性菌。

该属细菌至少包含37个种和亚种，根据血浆凝固酶试验分为血浆凝固酶阳性葡萄球菌和血浆凝固酶阴性葡萄球菌两大类，前者包括金黄色葡萄球菌、中间葡萄球菌等，后者包括表皮葡萄球菌、腐生葡萄球菌等。

2. 形态学基本特征与培养特性 葡萄球菌属细菌革兰染色阳性，以葡萄状不规则丛集状排列为特征，直径0.5～1.5μm。无芽孢、无鞭毛、不运动，有些菌株具有荚膜或黏液层。

该菌对营养要求不高。在普通培养基上生长良好，如加入血液、血清或葡萄糖时生长更佳。在麦康凯上不生长。需氧或兼性厌氧，最适生长温度37℃，但在15～45℃也可生长，最适生长pH7.4。耐盐性强，在10%～15%氯化钠培养基中也能生长。在普通琼脂平板上培养24～48h后，形成圆形、扁平、边缘整齐、表面光滑的不透明菌落，菌落具有光泽，直径1～2mm。菌落的颜色有白色、金黄色、柠檬色等。血液琼脂上形成的菌落较大，有些菌株具有溶血性。具有溶血作用的菌株多为病原菌。

可发酵葡萄糖、麦芽糖、乳糖、蔗糖，产酸不产气，多为触酶阳性、氧化酶阴性，可水解精氨酸。

3. 理化特性 葡萄球菌对理化因子的抵抗力比无芽孢菌的抵抗力强。在尘埃、干燥的脓、血中可生存数月。对热的抵抗力也很强，80℃可生存30min，煮沸可迅速使其死亡。3%～5%石炭酸溶液3～15min即可使其灭活，70%酒精、常用浓度的高锰酸钾、过氧化氢几分钟即可将其杀死。

4. 分子生物学

（1）基因组特征 根据16S rRNA序列，葡萄球菌是一类DNA G+C含量较低（27%～41%）的革兰阳性菌，基因组长2～3Mbp。截至目前，已有7株金黄色葡萄球菌和1株表皮葡萄球菌完成全基因组序列测定。金黄色葡萄球菌基因组长2.82～2.92Mbp，有2 600个开放阅读框，占基因组的84.5%，以最早完成全基因组测定的N315株和Mu50株为例，两个菌株基因组均包括1个长约25kb的质粒和3个毒力岛。表皮葡萄球菌基因组长约2.5Mbp，有1 681个开放阅读框。

葡萄球菌的致病因子由基因组中的噬菌体、质粒、毒力岛等编码，抗生素耐药性因子由转座子（TN 1546）编码。金黄色葡萄球菌含有的毒力基因和毒素基因最多，因此致病性最强，基因组突变、重组和基因水平转移造成了金黄色葡萄球菌的多样性。甲氧西林耐药金黄色葡萄球菌耐药性的产生与mecA基因编码的青霉素结合蛋白有关。

（2）毒力因子 葡萄球菌致病力的强弱主要取决于其产生的毒素和侵袭性酶的能力，包括溶血毒素（Hemolysins）、肠毒素（Enterotoxins）、血浆凝固酶（Coagulase）、杀白细胞素（Leucocidin）、中毒休克综合征毒素-1（Toxic shock syndrome toxin-1，TSST-1）等。

①溶血毒素：致病性葡萄球菌可产生α、β、γ、δ四种溶血素。其中以α溶血素为主，在人和动物体内能破坏红细胞和血小板，能使巨噬细胞溶解死亡。注射到家兔皮下引起皮肤坏死，静脉注射可使家兔死亡。

②肠毒素：肠毒素共有A、B、C1、C2、C3、D、E、F八个型，多引发人和动物的食物中毒，主要表现为呕吐和腹泻。其中以A、D型引起食物中毒最多，各型肠毒素的共同特征都具有胱氨酸环。

③杀白细胞素：多数致病性葡萄球菌可在白细胞内生长繁殖，产生毒素，破坏人和家兔的白细胞，使其失去活力，最后膨胀破裂。此毒素有抗原性，不耐热。

④血浆凝固酶：所有产毒素的葡萄球菌均具有血浆凝固酶，因此凝固酶是鉴别葡萄球菌致病性的重要标志。凝固酶分为两种，一种分泌于菌体外，另一种结合在菌体表面，均能使含有抗凝剂的家兔或人的血浆凝固。凝固酶刺激机体产生的抗体，对葡萄球菌的再感染有一定保护作用。

⑤中毒休克综合征毒素-1：由该毒素引发的疾病称为中毒性休克综合征（Toxic shock syndrome，TSST）。

三、流行病学

1. 传染来源 葡萄球菌广泛存在于哺乳动物、鸟类的皮肤和呼吸道、上消化道、泌尿生殖道黏膜和自然界中，土壤、水、空气中许多菌株是潜在致病菌。患病动物和带菌动物是主要传染源。带菌者可能成为啮齿类动物的主要传染源。

金黄色葡萄球菌和中间葡萄球菌定居于鼻的通道远端、外部鼻孔和皮肤，尤其是近黏膜与皮肤的边缘（如会阴、外生殖器和牛乳房），也在胃肠道短暂出现；健康人的外耳道和鼻腔中金黄色葡萄球菌的带菌率为40%～44%，皮肤带菌率为85%～100%。中间葡萄球菌是健康犬的口、鼻、皮肤上的共生菌，尤其是犬齿龈的优势菌群（占39%）。

2. 传播途径　葡萄球菌通过皮肤、分泌物或动物产品直接或间接接触传播。破裂或损伤的皮肤及黏膜为主要的入侵途径，当动物机体的抵抗力降低或皮肤、黏膜破损时，致病性葡萄球菌便乘虚而入。有时也可通过汗腺、毛囊进入机体或经消化道、呼吸道感染。

3. 易感动物　不同种属间的动物对葡萄球菌易感性存在差异。同一种属的不同个体对葡萄球菌的易感性亦不同。

（1）自然宿主　葡萄球菌可感染多种动物，牛、马、猪、绵羊、山羊、鸡、鸟类、犬、猫、兔、小鼠和豚鼠等均能感染发病。马最易感染葡萄球菌，犬、牛、绵羊、猪次之。

（2）实验动物　家兔最为易感，静脉注射葡萄球菌经48h即可致死。大鼠、小鼠、豚鼠、地鼠也可感染发病。

（3）易感人群　有创口的外科患者、严重烧伤患者、新生儿、老年人、流感和麻疹伴肺部病变者、免疫缺陷者、粒细胞减少者、恶性肿瘤患者、糖尿病患者、医护人员，长期与他人生活在有限空间的囚犯、住集体宿舍的学生、士兵、运动员，从事活畜禽加工的工人等人群易感。

4. 流行特征　近30年来，金黄色葡萄球菌通过社区和医院传播方式感染逐年增多。甲氧西林耐药金黄色葡萄球菌感染在社区获得性感染中所占比例呈逐年上升趋势，可通过皮肤直接接触传播，也可通过共用运动器械、餐具等间接传播。甲氧西林耐药金黄色葡萄球菌感染不仅发生在社区家庭成员之间，还可发生于学校、幼儿园和监狱等人口集中的社区中，职业运动员之间也可传播。

金黄色葡萄球菌引起的食物中毒一般呈现季节分布，多见于春夏季。此时中毒食品种类多，如奶、肉、蛋、鱼及其制品受到污染或贮存不当均可诱发金黄色葡萄球菌引起的食物中毒。

四、临床症状

葡萄球菌所致人和动物的感染性疾病主要表现为局部和全身感染。葡萄球菌是人和动物皮肤黏膜的专性寄生菌，当机体抵抗力减弱时，常导致局部化脓性炎症病变，如皮下脓肿、疖、痈、蜂窝组织炎、化脓性结膜炎，以及外伤、烧伤时的创面感染等。当葡萄球菌通过血源感染时也可发生内部器官的化脓性感染，如呼吸道感染（脓胸、肺炎）、心内膜炎、心包炎，以及肝、脾脓肿等，严重时还可引发生脓毒症、败血症。

1. 动物的临床表现

（1）大鼠、小鼠　由金黄色葡萄球菌引起。

大鼠感染表现为溃疡性皮炎、创伤性皮炎和尾部损伤。肩部和颈部的两侧出现直径1～2cm的湿疹样病变，强烈瘙痒，同侧后肢搔抓将加重病情。有时大鼠在车轮上进行实验活动时可能造成后脚的磨损、擦伤，从而导致葡萄球菌感染引起脚部皮炎。尾部近端1/3处出现黄色脓疱，进而发展为脓肿，严重的尾巴脱落。

小鼠感染表现为溃疡性皮炎。面部、颈部、耳朵和前肢出现湿疹样病变。10%～15%的VM/Dk小鼠通常于8月龄左右在笼舍中受到感染。免疫功能正常的小鼠发生面部脓肿，包括眼眶组织、面部肌肉、牙周组织、下颌骨等面部深层组织有多发性脓肿和肉芽肿。裸鼠的眼眶、面部也会发生大小不等的脓肿。

除最常发生的皮炎外，金黄色葡萄球菌感染可引起雄鼠化脓性睾丸炎、包皮腺脓肿（C3H/HeN系小鼠发病率最高）、阴茎头包皮炎（年轻的C57BL/6N系小鼠初次交配时易发）；还可引起雌鼠子宫内膜炎，并通过胎盘垂直传递给仔鼠，严重地影响了鼠群的繁育和动物试验的进程。

(2) 兔　由金黄色葡萄球菌引起，兔极易感染发病，不同途径感染可导致上呼吸道感染、肠炎、乳房炎及转移性脓毒血症。临床上主要分为仔兔感染和成兔感染两种类型。仔兔感染，表现为脓疱性皮炎、脓毒败血症或急性肠炎，10 日龄仔兔腹部、后腿内侧出现湿疹，肛门及后肢四周的被毛潮湿并沾有粪便，多数病例于 2～5 天内呈败血症死亡。成年兔感染，表现为全身脓肿、化脓性结膜炎、乳房炎或转移性脓毒败血症。发生乳房炎的病兔体温升高，食欲减退。乳房肿胀，呈红色或蓝紫色，乳汁中混有脓液、血液甚至絮状凝块。患转移性脓毒败血症的病兔病初仅在头、颈、背、腿等部位的皮下或肌肉及内脏器官形成大小不等、豌豆至鸡蛋大小的一个或几个脓肿，脓肿在肺部会引起肺炎，一旦脓肿在体腔内破溃则会引发全身性感染，最终引起脓毒败血症。

(3) 犬、猫　由中间葡萄球菌引起。主要表现为幼犬、猫及成年犬、猫脓皮病，伴有细胞介导的迟发型变态反应，内分泌失调，抗生素使用失当所致葡萄球菌化脓性皮炎，耳炎，呼吸道、骨骼、关节、伤口、结膜、眼睑等感染。临床上，浅表性脓皮病主要特征是形成脓疱和滤泡性丘疹；深层脓皮病常局限于病犬脸部、四肢和指（趾）间，也可能呈全身性感染，病变部位常有脓性分泌物。12 周龄以内的幼犬易发生蜂窝织炎（幼犬脓皮病），主要表现为淋巴结肿大，口腔、耳和眼周围肿胀，形成脓肿和脱毛等，感染犬发热、厌食和精神沉郁。犬的慢性脓皮病或脓皮病反复发生可能是多因素综合（细胞介导的超敏性、内分泌紊乱）造成的。

此外，中间葡萄球菌所产的肠毒素可引起犬中毒性休克，患病犬的肠毒素产量较健康犬明显升高，表现为皮下组织损伤、坏死，毛细血管再充盈和弥散性血管内凝血。中间葡萄球菌还可产生白细胞毒素。

(4) 猴　由金黄色葡萄球菌引起。主要表现为急性出血性肠炎，常突然发病，以恒河猴、短尾猴和熊猴多发，主要经消化道感染。

(5) 家畜、家禽　金黄色葡萄球菌感染可引起奶牛乳房炎及绵羊传染性乳房炎，不但使其泌乳能力丧失，而且可导致死亡，是影响乳品工业经济效益的重要疾病之一；马的创伤性感染、母马的乳腺炎、阉割马的精索脓肿；幼鸡败血症、中鸡关节炎、成鸡慢性局灶性病变、腱鞘炎。

2. 人的临床表现

(1) 皮肤软组织感染　葡萄球菌性皮肤软组织感染临床较多见，如毛囊炎、疖、痈和蜂窝织炎等。大部分为原发，细菌通过皮肤创伤侵入体内，也可由其他局部化脓性感染直接扩散而来，或由淋巴道或血行性感染所致。不清洁、搔抓及机体抵抗力低下为以上几种感染的诱因。还可导致皮肤烫伤综合征。

(2) 内脏器官感染　当皮肤或者黏膜的屏障遭到破坏时，该菌可感染机体的其他组织。内脏器官的金黄色葡萄球菌感染可以导致非常严重的后果，病原的迅速扩散可能会引起心内膜炎及肺炎。幼儿、老年体弱及手术者肺炎发病率较高，临床上分为原发性和继发性两类。原发性常见于流感、麻疹及抗菌药物使用过程中，以发热、咳嗽、咳脓血痰、胸痛为主要临床症状，肺内可见单个或多个脓肿灶。继发性又称血源性，发病较慢，临床上以高热、寒战、呼吸困难等败血症状为突出表现，重者有神志障碍、呼吸衰竭及休克。肺内为多发性小脓肿出血，皮肤及其他部位可见原发性化脓灶。

(3) 肠毒素引起的食物中毒　金黄色葡萄球菌污染了含淀粉及水分较多的食品，如牛奶和奶制品、肉、蛋等，在温度条件适宜时，经数小时即可产生相当数量的肠毒素，进食了被肠毒素污染的食物可引起食物中毒。毒素刺激中枢神经系统引起中毒反应，主要以恶心、呕吐和腹泻为主。由于长期使用抗生素，使人的正常菌群受到抑制而发生菌群失调，从而耐药性葡萄球菌大量繁殖，产生毒素，引起肠黏膜病变；肠黏膜被一层伪膜覆盖，病人呕吐、腹泻不止，久治不愈，此为伪膜性肠炎。

(4) 中毒性休克综合征　金黄色葡萄球菌可产生外毒素，是中毒性休克综合征的病原，其特征为高热、呕吐、腹泻、意识模糊和皮疹，可很快进展为严重而难治的休克和多脏器功能衰竭，有时可见指尖脱皮及眼结膜充血。

此外，金黄色葡萄球菌感染还可引起脑膜炎、骨髓炎、心内膜炎、小肠结肠炎等，引发的菌血症是严重烧伤患者死亡的常见原因之一。甲氧西林耐药金黄色葡萄球菌菌株的大量出现更增加了治疗的难度。

五、病理变化

典型的病变是皮炎和脓肿。

剖检见四肢、胸部、腹部及周围的皮下组织因充满带血的渗出液而增厚。真皮和皮下组织出血、水肿，有脓疱和脓肿，有广泛炎症，最终发展成慢性炎症或肉芽肿性炎症。乳房炎可见乳房和腹部结缔组织化脓，内脏器官有大小不一的脓肿块，通常脓肿被结缔组织包裹形成囊状，触之柔软而富有弹性。真皮组织有血管炎，某些血管中有纤维蛋白血栓。镜检可见退化的炎性细胞。睾丸炎或包皮炎可见脓性渗出物充满导管和腺体，并导致耻骨区出现皮下脓肿，在腹部表面出现1～3mm的小疙瘩。

脓肿是一种细菌和炎性细胞对抗摧毁参与细胞的炎性灶，脓是宿主细胞碎片和细菌的混合物，由白细胞和纤维蛋白带包围。如脓不被引流，则将缓慢形成一种含纤维的痂。在慢性溃疡性葡萄球菌伤口感染处，纤维性成分占主导，化脓灶散在。

六、诊　断

1. 临床诊断　根据该病的流行病学特点和临床表现，可对人和动物典型的皮下脓肿、疖、痈、蜂窝组织炎、化脓性结膜炎等局部化脓性炎症病例和呼吸道感染（脓胸、肺炎）、心内膜炎、心包炎等内部器官感染、脓毒症、败血症做出初步诊断。确诊需依靠实验室方法。

2. 实验室诊断

（1）显微镜检查　取病料，化脓性病灶取脓汁、渗出液，乳腺炎取乳汁，败血症取血液，中毒症状取剩余食物、呕吐物、粪便，其他病变根据情况可取胸水、腹水或其离心沉淀物，直接涂片，革兰染色镜检。依据镜下细菌的形态、排列和染色特性，可初步诊断。

（2）分离培养　根据不同标本分别采取不同的分离培养方法。脓汁、创伤分泌物、拭子等可直接接种进行分离培养；血液、脑脊液等标本，需先增菌，再做分离培养；呕吐物、粪便以及残存食物等带有污染性标本，需用选择性培养基，如高盐甘露醇琼脂，进行分离培养。

高盐甘露醇培养基上形成1mm左右，凸起、黄色的菌落，菌落周围的培养基由红色变成黄色。再转种血琼脂平皿（36±1）℃、培养18～24h，形成白色或金黄色、凸起、圆形、不透明、表面光滑、周围有β溶血环的菌落。

（3）生化鉴定　葡萄球菌的鉴定必须在确定菌属无误的基础上进行种的鉴定。革兰阳性球菌一些菌属间的细菌在形态学上很相似，极易造成菌属间的鉴定错误，为此可借助一些要点加以区别。根据GB/T 14926.14—2001要求应进行甘露醇发酵试验和血浆凝固酶试验。

金黄色葡萄球菌的生化反应特点为：血浆凝固酶试验阳性（出现纤维素凝块），DNA酶反应阳性，甘露醇发酵试验阳性。

中间葡萄球菌的生化反应特点为：血浆凝固酶阳性、有β-D-半乳糖苷酶或焦谷氨酸芳胺酶活性，产3-羟基丁酮，多黏菌素抗性。但易与金黄色葡萄球菌、尤其是甲氧西林耐药金黄色葡萄球菌混淆。

（4）其他支持性实验室检查　可用荧光抗体试验检测金黄色葡萄球菌抗原，反向间接血凝试验检测肠毒素，以及琼脂扩散试验、对流免疫电泳、放射免疫分析等方法进行血清学检测。

用RT-PCR和定量PCR可对临床上分离到的金黄色葡萄球菌进行快速鉴定，多用于食品卫生检验中检测金黄色葡萄球菌的肠毒素，也有的通过检测耐热核酸酶鉴定金黄色葡萄球菌种属。基因探针法也可用于检测某些非均一耐药基因。

可用分离的葡萄球菌培养物进行动物接种试验。经肌肉接种于40～50日龄健康鸡的胸肌，经20h可见注射部位出现炎性肿胀，破溃后流出大量渗出液，24h开始死亡。症状与病理变化大体与自然病例相似，可做出诊断。

也可用API 20NE系统对细菌进行鉴定。

七、防治措施

1. 预防 金黄色葡萄球菌广泛分布于自然界，主要通过受损处的皮肤和黏膜感染，引起发病。环境潮湿、底网粗糙、卫生条件差是动物发病的重要诱因。因此预防该病的发生，主要是做好经常性的兽医卫生工作。

(1) 防止皮肤外伤：改进实验动物笼舍的设计和管理方法，笼舍应宽敞舒适，笼底应平整，放置干燥、柔软垫草，可在铁丝笼底版上铺垫竹底板。笼舍应经常打扫，保持清洁干燥，同时注意清除带有的锋利尖锐物品，防止划破动物皮肤。如发现动物皮肤有损伤，应及时给予处置，防止感染。

(2) 控制每笼动物的数量。雄鼠、雌鼠的比例适当，防止伤害雄鼠阴茎的现象发生。

(3) 定期或不定期进行笼舍的卫生消毒，以杜绝传染源。

(4) 加强饲养管理，增强动物的抵抗力。

(5) 发现可疑病例，应尽快确诊，并及时选用抗生素进行预防性治疗。

2. 治疗 对于脓肿和积脓需要进行排脓处理。可使用青霉素、链霉素、四环素、红霉素、新生霉素、氟喹诺酮类及磺胺类药等治疗。同时应对环境及动物群进行全面消毒。由于金黄色葡萄球菌极易产生耐药性，选用抗生素药物进行治疗时应先进行药敏试验。

八、公共卫生和对实验研究的影响

葡萄球菌感染对公共卫生和动物试验研究均有影响。

(1) 公共卫生影响 金黄色葡萄球菌可产生肠毒素而引起人的食物中毒，因此应禁止食用病死动物，同时应在屠宰、加工过程中加强兽医监督、卫生检验和消毒工作，防止该菌对人食品的污染。

金黄色葡萄球菌在医院感染中占有重要地位，仅次于大肠杆菌，居第二位（占医院全部感染的10%）。从20世纪60年代起，耐药菌株的出现给葡萄球菌所致感染的治疗和预防带来了极大困难。甲氧西林耐药金黄色葡萄球菌于1961年首先在英国发现，其后各国相继报道，感染快速遍及全球，世界各地临床分离甲氧西林耐药金黄色葡萄球菌阳性率也越来越高，耐药程度日益加重。2002年7月美国疾病预防控制中心确证并公布了世界第一例真正的万古霉素耐药金黄色葡萄球菌（VRSA）。全球约20亿金黄色葡萄球菌携带者中，甲氧西林耐药金黄色葡萄球菌的比例达到2.7%；医院的金黄色葡萄球菌感染患者中，甲氧西林耐药金黄色葡萄球菌的比例约为60%。随着甲氧西林耐药金黄色葡萄球菌社区感染比例的增加，大流行的风险和可能性正在逐渐增加。此外，甲氧西林耐药金黄色葡萄球菌不仅在人群中加速传播，在各种畜禽和宠物中感染的比例也在不断增加，有报道称动物源甲氧西林耐药金黄色葡萄球菌可能来源于人。人与畜禽及其产品的密切接触，使得甲氧西林耐药金黄色葡萄球菌的防控成为重要的公共卫生问题。

(2) 对实验研究的影响 金黄色葡萄球菌感染不仅可能导致实验动物死亡，也可能干扰试验研究，尤其是老龄实验动物。主要表现在感染引起宿主免疫反应的改变，如实验接种小鼠灭活的金黄色葡萄球菌将激活抑制B细胞，从而抑制小鼠对恶唑酮的接触敏感性。金黄色葡萄球菌引起的大鼠肾脏囊肿将导致其对皮质类固醇长期免疫抑制。

（顾小雪 刘颖昳 田克恭）

我国已颁布的相关标准

GB/T 14926.14—2001 实验动物 金黄色葡萄球菌检测方法

WS/T 80—1996 葡萄球菌食物中毒诊断标准及处理原则

参考文献

D.C. 赫什，N.J. 麦克劳克伦，R.L. 沃克. 2007. 兽医微生物学［M］. 王凤阳，范泉水，译. 北京：科学出版社：227-236.

侯加法．2002. 小动物疾病学［M］．北京：中国农业出版社：133 - 134.
李仰兴，赵建宏，杨敬芳．2000. 革兰氏阳性球菌与临床感染［M］．北京：科学出版社．
马亦林．2005. 传染病学［M］．上海：上海科学技术出版社：461 - 472.
斯崇文，贾辅忠．2004. 感染病学［M］．北京：人民卫生出版社：466 - 480.
吴清民．2001. 兽医传染病学［M］．北京：中国农业大学出版社：290 - 294，459 - 461.
吴信法．1998. 兽医细菌学［M］．北京：中国农业出版社：174 - 187.
杨正时，房海．2002. 人与动物病原细菌学［M］．石家庄：河北科学技术出版社：315 - 331.
Belkum A V，Melles D C，Peeters K J，et al. 2008. Methicillin - resistant and Suscep tible Staphylococcus aureus Sequence Type 398 in Pigs and Humans［J］. Emerg. Infect. Dis，14（3）：479 - 483.
Deurenberg R H，Vink C，Kalen IC S，et al. 2007. The molecular evolution of methicillin resistant S taphylococcus aureus［J］. Clin M icrobiol Infect，13（3）：222 - 235.
Guilarde A O，Turchi M D，Marelli C M，et al. 2006. Staphylococcus aureus bacteraemia：incidence，risk factors and predictors for death in a Brazilian teaching hospital［J］. J Hosp Infect，63（3）：330 - 336.
Committee on Infectious Diseases of Mice，Rats Institute of Laboratory Animal Resources，Commission on Life Sciences，et al. 1991. Infectious Diseases of Mice and Rats［M］. Washington，D. C：National Academy Press：182 - 185.
Leonard F C，Markey B K. 2008. Meticillin - resistant Staphylococcus aureus in animals：a review［J］. Vet J，175（1）：27 - 36.
Lewis H C，Mobak K，Reese C，et al. 2008. Pigs as Source of Methicillin-resistant S taphylococcus aureus CC398 Infections in Humans，Denmark［J］. Emerg. Infect. Dis，14（9）：1383 - 1389.
Moon J S，Lee A R，Kang H M，et al. 2007. Phenotypic and Genetic Antibiogram of Methicillin-resistant Staphylococci Isolatedfrom BovineMastitis in Korea［J］. J. Dairy Sci，90（3）：1176 - 1185.
Nemati M，Hermans K，Lipinska U，et al. 2008. Antimicrobial Resistance of Old and Recent Staphylococcus aureus Isolates fromPoultry：First Detection of Livestock-associated Methicillin - resistant Strain ST398. Antimicrob［J］. Agents Chemother，52（10）：3817 - 3819.
Paul De Vos，George Garrity，Dorothy Jones，et al. 2009. Bergey's Manual of Systematic Bacteriology［M］. 2nd Edition，Volume 3. New York：Springer：392 - 420.
Saginur R，Suh K N. 2008. "Staphylococcus aureus bacteraemia of unknown primary source：where do we stand?"［J］. Int J Antimicrob Agents，32（Suppl 1）：21 - 25.
V C G. Richardson. 2000. Rabbits Health，Husbandry and Disease［M］. Oxford：Blackwell Publishing：77.
Witte W，Strommenger B，Stanek C，et al. 2007. Methicillin-resistant S taphylococcus aureus ST398 in Humans and Animals Central Europe［J］. Emerg. Infect. Dis，2（13）：255 - 258.

第四十五章 肠球菌科细菌所致疾病

肠球菌感染
(Enterococcus infection)

肠球菌感染（Enterococcus infection）是由肠球菌属细菌引起人和动物的各种局部炎症或全身感染。临床病例主要见于人的尿路感染、败血症、心内膜炎等，鸡的骨髓炎、关节炎、败血症等。实验动物的暴发感染较为罕见。在医学领域，肠球菌通常被用于人工感染犬、猴、小鼠来制作疾病模型。

一、发生与分布

肠球菌分布极为广泛，为人、禽类及哺乳动物肠道的常驻菌，从水、土壤、白蚁、乳制品、茶叶和腊肠等也能分离到该菌。肠球菌现已成为医院内感染的重要病原菌，多重耐药菌株的不断出现，使其受到医学界的广泛关注。在美国肠球菌为医院内感染的第二致病菌，菌血症的第三致病菌。

在我国，1977 年骆成榆报道 3 例由肠球菌感染引起的人脑膜炎病例，之后陆续出现与肠球菌相关的腹膜炎、败血症、肺炎、心内膜炎的病例报告。耐药菌株检出率逐年增加，国家医院感染监测系统报道，国内肠球菌对万古霉素的耐药率由 1989 年的 0.3%，增加到 1993 年的 7.9%。1996 年中国医学科学院等单位提供 1989—1994 年北京地区肠球菌对万古霉素的耐药率为 19.4%。近年来甚至有医院发生 VRE 的流行暴发。2006 年 9 月和 2007 年 8 月北京大学第三医院重症监护病房（ICU）暴发 14 例 VRE 感染病例（发生率 3.56 例/1000 ICU 住院日）。2008 年 3 月至 2009 年 3 月北京协和医院在 ICU 和老年病房经历了一次万古霉耐药屎肠球菌（*E. faecium*）的暴发，受感染者共 32 名。

动物感染方面，1984 年美国纽约鸭场暴发多起北京鸭感染粪肠球菌（*E. faecalis*）疫情，病例表现为败血症，死亡率 0.5%～5%。1985—1995 年，有文献报道肠球菌能引起幼鸡生长受阻、鸡心内膜炎、雏鸡脑局灶性坏死、新生大鼠腹泻、仔猪腹泻、幼犬腹泻、犊牛腹泻、鹦鹉鸟败血症等疾病，病原涉及海氏肠球菌（*E. hirae*）、粪肠球菌和盲肠肠球菌（*E. cecorum*）等。肠球菌对鸡的危害正在被逐步认识，丹麦、苏格兰、荷兰、比利时和美国等都发生过鸡群肠球菌暴发疫情，主要表现为肉鸡的脊髓炎、股骨头坏死和骨髓炎等疾病。2007 年，肠球菌被认定为一种新兴的禽病原体。在国内，2000—2004 年，北京、湖北等地鸭场先后多次暴发粪肠球菌引起的败血症，死亡率均高达 40%以上。此外，国内亦有关于粪肠球菌引起羔羊脑炎、铅黄肠球菌（*E. casseliflavus*）引起公猪睾丸炎、粪肠球菌感染致死老虎的病例报道。

二、病　　原

1. 分类地位　肠球菌原归类于链球菌属，兰氏分群 D 群，但种系分类法证明粪肠球菌和屎肠球菌不同于链球菌属的细菌。Schleifer 和 Kilpper-Bälz 于 1984 年将其命名为肠球菌属（*Enterococcus*），同年 Collins 等又将链球菌属 D 群中的几个种转至肠球菌属。

2005 年版《伯杰氏系统细菌学手册》，将肠球菌属列于真细菌界（Eubacteria）、硬壁菌门（Firmicutes）、硬壁菌纲（Firmibacteria）、乳杆菌目（Lactobacillales）、肠球菌科（Enterococcaceae）。截至

2011 年，经鉴定的肠球菌种已达 41 种，其中粪肠球菌、屎肠球菌是人和动物体内最常见的肠球菌。

2. 形态学基本特征与培养特性　肠球菌为革兰阳性球菌，圆形或椭圆形，呈链状排列。大小为（0.6～2.0）μm×（0.6～2.5）μm，不形成芽孢，无鞭毛，需氧或兼性厌氧。能在 10℃和 45℃生长，并可在 0.1%美蓝、6.5%NaCl、40%胆汁、pH 9.6 的培养基上生长，还能耐受 60℃至少 30min。这些特点与 A、B、C 群链球菌截然不同。最适合的生长温度为 35℃。在 40%胆汁中能水解七叶苷。对营养要求较高，在含有血清的培养基上生长良好。在血平板上经 37℃培养 24h 后，可形成灰白色、不透明、表面光滑、直径 0.5～1mm 的圆形菌落。有些粪肠球菌在添加兔、马或人血的培养基上为 β 溶血，但在添加了羊血的培养基上则不溶血，其他菌株多为 α 溶血或不溶血。没有细胞色素酶，因此过氧化氢酶检测阴性，虽然部分菌株能产生类过氧化氢酶。能够水解 L-吡咯烷基-β-萘酰胺（PYR）是其特有的特性，A 群链球菌也有此特性，其他链球菌无此特性。

3. 理化特性　肠球菌能在 10℃和 45℃的环境中生长，60℃ 30min 不能杀灭，耐盐（6.5% NaCl）、耐碱（pH9.6）。其中鸟肠球菌（*E. avium*）在 10℃的条件下长的很差。

4. 分子生物学

（1）基因组特征　目前 Genebank 已经录入数十株肠球菌的全基因组。以粪肠球菌 V583 为例（Genbank 登录号 NC_004668），其基因组长度为 3.22Mb，G + C 含量 37.5%，包含 3 257 个基因，编码 3 112 个蛋白，其基因组有一些特殊的特征，有超过 25%的基因组是由移动和/或外源获得 DNA 构成，其中包括接合和复合转座子、致病岛、整合性质粒基因、噬菌体区域、大量的插入序列（IS）。研究人员通过全基因组分析，确定了 134 个假定的表面暴露蛋白，这些蛋白可能与定植或毒力相关。粪肠球菌 V583 基因组之外还有 3 个质粒，大小为 20kb、60kb 和 70kb，分别编码 18、62 和 72 个蛋白。

屎肠球菌（C68 株，登录号 NZ_ACJQ00000000）的基因组约 2.95 Mb，G + C 含量 37.8%，含有 2 995 个基因，编码 2 886 个蛋白。

（2）毒力因子

①溶血素（Haemolysin）：一种可以溶解人、马和兔红细胞的蛋白。肠球菌的溶血素较特殊，具有溶血活性和杀菌活性，能够溶解原核和真核细胞，能杀灭某些革兰阳性菌。已经证实，产生溶血素的肠球菌在动物模型和人感染中具有毒力，并且与感染的严重程度相关。

②明胶酶（Gelatinase）：一种 Zn 金属蛋白酶，主要作用：一是降解宿主细胞的胶原成分或组织蛋白，以利于肠球菌及其致病物质向组织周围扩散。二是破坏机体补体系统的作用，从而导致多形核白细胞介导的杀菌作用丧失。在动物模型中证实，产生明胶酶的粪肠球菌菌株是引起心内膜炎的致病因子。

③表面蛋白（Enterococcal surface protein，ESP）：属于黏附素的一种，有利于肠球菌对宿主细胞的黏附定植和逃避宿主免疫系统的清除作用。临床分离菌株 ESP 编码基因的检出频率高于共生菌株。

④胶原蛋白黏附素/胶原结合蛋白（Collagen-binding protein，ACE）：又称黏附聚集因子，可以介导肠球菌黏附胶原Ⅰ型和胶原Ⅳ型及层粘连蛋白等。

⑤聚集物质（Aggregation substance，AS）：主要是粪肠球菌表面有聚集作用的表面蛋白，属于黏附素的一种。作用包括促进供体菌与受体菌之间的聚集，使耐药基因、asa 基因和位于同一致病质粒上的细胞溶解素基因等在肠球菌间获得高效的接合转移。不依赖于调理素的介导，能吸附到中性粒细胞上，促进肠球菌在细胞内存活从而逃避免疫系统的清除作用。能增强细菌对肾小管上皮细胞、肠上皮细胞以及心内膜细胞的黏附作用，促进心脏瓣膜赘生物增大。

⑥荚膜多糖（Capsular polysaccharide）：参与细菌逃避吞噬细胞的吞噬作用。荚膜有 4 种血清型，即 A，B，C 和 D 型。

⑦信息素（Pheromone）：是潜在受体菌染色体编码的一种小型线性脂蛋白，肠球菌向环境分泌信息素，这种信息素与其相对应的质粒供体菌的表面结合蛋白结合后，能启动供体菌内质粒基因的转录，让质粒从供体菌传递到受体菌。

⑧丝氨酸蛋白酶（Serine protease）：与细菌克服高温、氧化和渗透压力有关。

⑨心内膜炎抗原（*E. faecalis*，antigen A，efaA）：最早从感染粪肠球菌心内膜炎病例血清中分离到，为 37 - kDa 抗原。肠球菌通过 efaA 结合心脏组织基质，引起心内膜感染。有报道在小鼠腹膜炎模型中，粪肠球菌 efaA 也与致病性相关。

⑩细胞外过氧化物（Extra - cellular superoxide）：从血液中分离的粪肠球菌具备特有的产生过氧化物的能力。在粪肠球菌与脆弱拟杆菌的皮下混合感染中，过氧化物的产生可以促进粪肠球菌在机体内的存活。过氧化物氧自由基可以破坏细胞膜，使肠球菌通过薄弱的上皮屏障进入血液。

三、流行病学

1. 传染来源 肠球菌广泛存在于各种环境，土壤、食品、水、植物、动物等均有肠球菌分布。主要栖生于人和其他动物的胃肠道和女性的生殖道。胆道、肛门周围、尿道、口咽部有时亦可分离出该菌。因此，正常人、家畜及家禽均可成为传染源。

2. 传播途径 最主要的途径为内源性感染，动物试验显示肠球菌具有从胃肠道移位至其他组织部位引起感染的能力。此外，亦可外源性感染，如人或动物之间的密切接触。无论是内源性还是外源性感染，肠球菌均经受损的皮肤、黏膜、组织器官的被膜等屏障系统，到达非肠道部位而引起感染。各种创伤、褥疮等亦为常见的肠球菌入侵门户。

研究显示耐药肠球菌可在医院内病人之间传播，而且这些菌株可在护士及其他医务工作者身上寄居，造成院内传播。肠球菌亦可在污染物中检出，但其在院内感染中的作用尚未定论。

3. 易感动物 在人，肠球菌多侵犯免疫功能低下的人群。患有各种严重疾病的人，如恶性肿瘤、糖尿病、肝硬化、肾功能衰竭者，以及长期应用免疫抑制剂、多种抗生素以及抗肿瘤的各种化疗药物者、各种创伤及其他手术治疗者等易感性较强。此外老年人由于免疫功能降低亦为肠球菌感染的易感对象。动物肠球菌，如海氏肠球菌、鸟肠球菌、粪肠球菌等，是动物胃肠道和生殖道的常驻菌群，当动物抵抗力下降时，可引起动物感染。医学领域常通过实验动物人工感染肠球菌制作各种医学模型，包括心内膜炎、肾盂肾炎、腹膜炎、眼内炎和易位模型等。

（1）自然宿主　肠球菌广泛存在于人、伴侣动物、鸟类、经济类动物和实验动物体内。犬猫肛门、扁桃体常可以分离到粪肠球菌和犬希氏肠球菌。美国的 Mary E. Wright 等在度假海滩对动物粪便中肠球菌的载菌量做过调查，犬粪中肠球菌的含量最高，平均达到 3.9×10^{7} CFU/g；其次是鸟粪，平均为 3.3×10^{5} CFU/g；含量最低的是虾的排泄物，为 2.0 CFU/g。

（2）实验动物　肠球菌是猫尿路感染的常见菌，亦能引起幼犬、鸡、大鼠等动物自然感染发病。人工感染小鼠能导致脓肿、败血症或一般感染。豚鼠、大鼠、兔、犬和鸽的人工感染易感性很差。有人对兔进行高浓度肠球菌接种，分别采用静脉注射、胸腔和腹腔注射，后两种模式下，接种动物很快恢复。静脉注射的 8 只兔中，只有 1 只发展为败血症。兔和犬静脉试验注射大剂量肠球菌，结合特殊手术处理，可产生典型的急性赘生物性心内膜炎。犬需要采用罗森巴赫氏操作方能产生典型心内膜炎病变。

（3）易感人群　肠球菌多侵犯患有基础疾病和免疫功能低下的人群。人的发病情况受自身免疫状况，与病原接触的频率、剂量以及病菌的毒力有关。在肠球菌导致的尿路感染中，绝大部分为院内感染，败血症的院内感染也占一定的比例。国内一项肠球菌脑膜炎的研究显示，32 名病例全为成人及 8 岁以下儿童，儿童中新生儿占很大比例。

4. 流行特征 在人，多感染有基础性疾病，或者各种原因引起的免疫功能低下者。院内感染以及重症监护病房、老人病房等的万古霉素耐药肠球菌暴发为主要的表现形式。在动物中，多感染幼龄动物，以散发病例为主，暴发性流行较为少见。

四、临床症状

1. 动物的临床表现

（1）小鼠　鸭源粪肠球菌腹腔注射人工感染小白鼠试验中，小白鼠表现为精神萎靡不振、闭目缩颈、背毛逆立、腹部抖动，有的有黄色水泻，随着病程的延长而消瘦，直到死亡。根据接种毒株和剂量的不同病程1～9天不等，死亡高峰期集中在4～7天。

（2）大鼠　1～5日龄哺乳大鼠，口服或胃内接种含有海氏肠球菌的样品，1～3日龄大鼠接种后2～6天出现腹泻，持续7～10天，粪便糊状、不成形、黄白色。体重严重下降，但不会致死。同笼动物会被传染，但未发现鼠笼之间传播。5日龄大鼠接种后不会出现腹泻。

（3）鸡　鸡的自然感染主要表现为跛行、关节肿大。2008年加拿大暴发的一起肉鸡盲肠肠球菌感染报告中，表现为跗关节肿胀、发炎，跗关节着地坐姿，关节炎造成的死亡为5%～7%，肉鸡群感染日龄为48日龄，肉种鸡群为3.5～18.5周龄，雄性鸡为最主要的感染群体。

（4）犬　Collin等描述了一起可能与坚韧肠球菌（*E. durans*）感染相关的幼龄腹泻，11日龄同窝的普罗特猎犬幼崽，10只中的8只发生腹泻，持续8h，抗生素治疗后仍然有3只死亡。

（5）鸭　在对雏鸭进行鸭源粪肠球菌人工感染的试验中，雏鸭精神沉郁、闭目嗜睡、眼睑混浊、排黄白色稀粪。有的出现跛行，趾关节明显肿大。

2. 人的临床表现　肠球菌在医学临床表现为尿路感染、败血症、心内膜炎、脑膜炎等。其中尿路感染在粪肠球菌所致的感染中最为常见，一般表现为膀胱炎、肾盂肾炎，少数为肾周围脓肿。

五、病理变化

肠球菌感染引起的系列疾病缺乏特征性病理变化。

1. 大体解剖观察

（1）小鼠　人工腹腔注射鸭源粪肠球菌感染致病的小白鼠死后剖检，表现为心、肝、脾肿大，尤以脾肿大最为严重，肝、脾等脏器表面附着大量纤维素性渗出物，心、肝、脾、肺、胃、十二指肠、脑等组织器官均见有不同程度的瘀血、出血和坏死，有的肝脏呈灰白色或暗红色坏死灶。

（2）大鼠　人工感染所致腹泻的哺乳大鼠，剖检可见小肠远端和结肠胀气，肠管内有黄色稀粪。

（3）犬　Collin等报道的自然感染幼犬病例，剖检可见中度脱水，十二指肠到空肠的肠壁严重充血，大肠中有少量水样褐色粪便。

（4）鸡　特征性表现为脊椎损伤，胸椎尾端骨髓炎，有时造成脊髓损伤和脊柱背侧塌陷。受损骨变形，质脆呈暗黄色，伴有干酪样渗出物。椎骨骨髓炎与跗关节坐姿和身体后部瘫痪有关。大多数跛行动物出现股骨骨髓炎和跗关节败血性关节炎，有时无椎骨损伤。骨骼损伤之外，部分鸡群还表现出呼吸道症状。

（5）鸭　在人工感染雏鸭的试验中，剖检感染鸭眼观病变为肝脏为土黄色坏死，分布有出血点或出血斑块，有的肝脏肿大呈黄红相间的斑驳状花纹；心包积液，心脏有出血斑块，心外膜上有黄白色纤维素性渗出；气囊浑浊，有纤维素性炎性渗出物；肺瘀血。

2. 组织病理学观察

（1）大鼠　人工感染海氏肠球菌的哺乳大鼠，显微镜检查可见革兰阳性球菌覆盖于小肠绒毛的刷状缘，细菌覆盖区域肠绒毛形态正常，盲肠和结肠未受侵染。其他脏器未见肉眼可见病变。

（2）犬　自然感染幼犬病例，显微观察可见空肠绒毛细长，定植有高密度的革兰阳性球菌，贯穿肠绒毛的顶端到底端，定植细菌区域的肠上皮细胞结构未改变，肠隐窝有序排列，仅少部分出现扩张和含有中性粒细胞，黏膜下层、肌层、浆膜层血管扩张充血，固有层静脉腔有纤维蛋白栓塞，空肠腔内有中性粒细胞和球菌、杆状菌，通常情况下炎症较为轻微。

（3）鸡　椎骨骨髓炎、肉芽肿，跗关节、膝关节、髋关节炎症，股骨头坏死，损伤处有球杆菌，有败血症状的动物会出现心包炎、气囊炎等。发生呼吸道疾病的3.5周龄种鸡有轻度到严重程度的法氏囊萎缩。

3. 超微结构观察　自然感染肠球菌发生腹泻的幼犬肠道，电镜观察可见球菌紧密结合于肠上皮细胞，细胞内球菌广泛存在于绒毛上皮细胞的溶酶体中，细菌的完整性受到破坏，多数被消化，仅剩余形态不规则嗜锇的颗粒。

六、诊　断

1. 动物的临床诊断　根据感染部位的不同会表现相应的临床症状，常见的病症包括腹泻、关节炎、尿路感染、败血症等，但缺乏诊断意义。

2. 人的临床诊断　对于有基础疾病的患者、长期应用免疫抑制剂治疗者、接受化学药物及放射治疗者、应用多种抗生素者及65岁以上老年人、长期住院者、接受器官移植者等，均为肠球菌感染的高危人群，应特别注意肠球菌感染的可能性。由于肠球菌引起的心内膜炎、尿路感染、脑膜炎、菌血症、败血症等，临床表现与其他细菌引起者无任何区别，故确定诊断以及鉴别诊断均须依赖细菌培养的结果。

3. 实验室诊断

（1）细菌分离　从病变、受影响的组织以及隐性感染动物中收集临床标本，进行细菌的分离培养，纯培养物革兰染色显微镜检为阳性球菌，分离的细菌能在10℃和45℃生长，可在0.1%美蓝、6.5% NaCl、pH 9.6的培养基上生长，能耐受60℃至少30min，在40%胆汁中能水解七叶苷，过氧化氢酶阴性，可初步鉴定为肠球菌属，如要鉴定到种还需借助系列生化试验或分子生物学方法。

（2）其他支持性实验室检查　临床感染部位涂片或组织切片染色显微镜观察到革兰染色阳性球杆菌。

采用商品化的细菌鉴定试剂盒，可以鉴定出肠球菌的部分种。

16S rRNA基因测序、DNA-DNA杂交和全细胞蛋白SDS-PAGE是目前用于鉴定肠球菌不同种的最常用技术。但是16S rRNA基因序列区分密切相关的肠球菌种能力有限；DNA-DNA杂交使用不方便，很少有实验室可以采用，并存在数据不能积累等缺点；SDS-PAGE电泳存在重复性和数据的可移动性问题。通过测定与基因组相关性较高的蛋白编码基因序列，可以作为克服这些问题的备选方法，对编码超氧化物歧化酶sodA基因、ATP酶亚基atpA基因、RNA聚合酶（rpoA）、苯丙氨酰-tRNA合成酶的A-亚基的基因（pheS）、肽聚糖合成酶基因（D-丙氨酸D-丙氨酸连接酶基因）、万古霉素抗性基因（VANC-1，VANC-2/3）等进行扩增测序，可以实现部分种的分类鉴定。

Scheidegger等报道了一种简单、快速、准确识别多种肠球菌的方法。首先采用PCR扩增16S rRNA基因的275bp片段，用3个限制性内切酶（DdeI、HaeIII、HinfI）酶切，进行限制性片段长度多态性（RFLP）分析，在此基础上分为5个群（A～E群），再结合5种生化试验（阿拉伯糖、精氨酸、甲基-β-D-葡萄糖苷、棉子糖、甘露醇）作为补充，可以精确鉴定21种肠球菌。

七、防治措施

1. 动物的防治措施　肠球菌感染在动物中的发病率较低，对动物的影响有限。由于多发于幼龄动物或条件致病，因此改善环境卫生、加强饲养管理对于预防该病的暴发有一定意义。

针对鸡群暴发疫情，有报道进行感染圈舍彻底清洁和熏蒸消毒，粪便及时清理，保证供水系统的清洁和卫生，可以减少疾病的发生。另有一起疫情报道中，间歇使用阿莫西林和/或泰乐菌素进行定期的预防性治疗，可有效防止疫情的复发。

2. 人的防治措施

（1）预防　①对已感染耐药肠球菌的患者，应进行隔离，选择有效抗生素进行治疗，以求尽快清除病原菌。②对细菌污染的物品和用具，可采用加热法（100℃ 10min）灭菌处理。③医护工作人员可穿隔离衣和戴手套，防止传染给其他病人。应特别注意各种医疗器械的消毒。④尽量缩短患者的住院时间，以降低发生感染的机会。治疗时，尽可能选择窄谱抗生素，并采取增强免疫功能的治疗措施，以减少感染耐药菌的机会。

（2）治疗　人肠球菌感染的治疗，已成为全世界医疗工作中的一大难题。不但由于感染者多为免疫功能低下且患有其他严重疾病者，而且还因为肠球菌对多种常用抗生素不敏感，耐药程度不断增高。

①药物治疗：应力求培养并鉴定感染的肠球菌的种类，及时进行抗生素的敏感性试验，依据药敏试验结果选择有效的抗菌药物。常用的药物有：青霉素每天 1 000 万～2 000 万 IU，氨苄西林每天 6～12g，分 3 次静脉滴入；万古霉素每天 1.0～1.5g，分 2 次静脉滴入；亦可试用环丙沙星或新的氟喹诺酮类药物，如左旋氧氟沙星等药。近年来，国外报道一种新的抗生素奎诺普瑞斯汀/达福普瑞斯汀，对肠球菌感染有较理想的治疗作用，但有一定的不良反应，如恶心、呕吐等。

②其他治疗：重症患者多为机体免疫功能低下者，故应给予免疫增强剂，如胸腺肽、丙种球蛋白、少量新鲜血浆等。还应积极治疗其基础性疾病。根据患者的具体情况，适当给予对症及支持治疗等，都是必不可少的综合治疗措施。

八、公共卫生影响

肠球菌是人和动物消化道内正常菌群，主要经受损的皮肤、黏膜等正常屏障系统，到达非肠道部位而引起感染，具有条件致病的特点。免疫力低下的人易感性较高，随着人口老龄化特别是细菌耐药性的增强，致使更多的人将面临肠球菌感染的威胁。目前，肠球菌已成为医院感染的重要病原菌，引起的医院内泌尿道感染仅次于大肠杆菌，在医院内菌血症的致病性中处于第三位，同时院内暴发的多为 VRE 菌株，因此控制肠球菌耐药菌株以及医院内传播具有重要的公共卫生学意义。

（赵婷　马良　吴佳俊　田克恭）

参考文献

安萍，沈志祥，朱俊勇，等．2002. 肠球菌 81 株的分离鉴定及其药敏分析 [J]．陕西医学杂志，31 (9)：785 - 786.

韩梅红，谷长勤，胡薛英，等．2007. 4 株鸭源肠球菌的鉴定和致病性 [J]．中国兽医学报，27 (6)：821 - 824.

李富祥，唐杨春，宋建领，等．2010. 1 株虎源致病性肠球菌的分离鉴定及序列分析 [J]．微生物学杂志，30 (5)：59 - 62.

李仲兴，赵建宏，敬芳．2007. 革兰阳性球菌与临床感染 [M]．北京：科学出版社：321 - 423.

骆成榆．1977. D组肠球菌性脑膜炎 [J]．国外医学参考资料—流行病学、传染病学分册，4 (5)：223 - 224.

斯崇文，贾辅忠，李家泰．2004. 感染病学 [M]．北京：人民卫生出版社：492 - 498.

苏维奇，国霞，陈华波．2002. 医院感染肠球菌的分离鉴定、临床分布及耐药性分析 [J]．中国抗感染化疗杂志，2 (3)：177 - 178.

张文东，王永贤，张应国，等．1998. 公猪睾丸炎肠球菌的分离与鉴定 [J]．云南畜牧兽医 (3)：18.

郑颖，李从容，李艳．2008. 668 株肠球菌的耐药性分析 [J]．实验与检验医学 (26)：157 - 158.

周霞，程安春，汪铭书，等．2008. 致羔羊脑炎粪肠球菌分离鉴定及毒力因子基因的 PCR 检测 [J]．中国畜牧兽医学报，28 (1)：35 - 39.

周霞，王东，王晓兰，等．2011. 肠球菌毒力因子的研究进展 [J]．中国兽医学报，31 (8)：1236 - 1240.

Alexander J W, Boyce S T, Babcock GF, et al. 1990. The process of microbial translocation [J]. Ann. Surg, 212: 496 - 512.

Aziz T, Barnes H J. 2007. Is spondylitis an emerging disease in broiler breeders? [J]. World Poultry, 23: 44 - 45.

Brash M L, Weisz A, Stalker M J, et al. 2010. Arthritis and osteomyelitis associated with Enterococcus cecoruminfection in broiler and broiler breeder chickens in Ontario [J]. J. Vet. Diagn. Invest, 22: 643 - 645.

Chadfield M S, Christensen J P, Juhl - Hansen J, et al. 2004. Characterization of streptococci and enterococci associated with septicaemia in broiler parents with a high prevalence of endocarditis [J]. Avian Pathology, 33 (6): 610 - 617.

Chow J W, Thal L A, Perri M B, et al. 1993. Plasmidassociated hemolysin and aggregation substance production contributes to virulence in experimental enterococcal endocarditis [J]. Antimicrob. Agents. Chemother, 37: 2474 - 2477.

Collins J E, Bergeland M E, Lindeman C J. et al. 1988. Enerococcus durans adherence in the small intestine of a diarrheic pup [J]. Vet Pathol, 25: 396 - 398.

De Herdt P, Defoort P, Van Steelant J, et al. 2008. Enterococcus cecorum osteomyelitis and arthritis in broiler chickens

[J]. Vlaams Diergeneeskundig Tijdschrift, 78: 44-48.

Devriese L A, Cruz Colque J I, Haesebrouck F, et al. 1992. Enterococcus hirae in septicaemia of psittacine birds [J]. Vet. Rec, 130 (25): 558-559.

Devriese L A, Ducatelle R, Uyttebroek E, et al. 1991. Enterococcus hirae infection and focal necrosis of the brain of chicks [J]. Vet. Rec, 129 (14): 316.

Devriese L A, Vancanneyt M, Descheemaeker P, et al. 2002. Differentiation and identifi cation of Enterococcus durans, E. hirae and E. villorum [J]. J Appl Microbiol, 92 (5): 821-827.

Etheridge M E, Vonderfecht S L. 1992. Diarrhea caused by a slow-growing Enterococcus-like agent in neonatal rats [J]. Lab. Anim. Sci, 42 (6): 548-550.

Farrow J A E, Collins M D. 1985. Enterococcus hirae, a new species that includes amino acid assay strain NCDO 1258 and strains causing growth depression in young chickens [J]. Int. J. Syst. Bacteriol, 35 (1): 73-75.

Giridhara Upadhyaya P M, Ravikumar K L, Umapathy B L. 2009. Review of virulence factors of enterococcus: An emerging nosocomial pathogen [J]. Indian. J. Med. Microbiol, 27 (4): 301-305.

Jett B D, Huycke M M, Gilmore M S. 1994. Virulence of enterococci [J]. Clin. Microbio. Rev, 7 (4): 462-478.

Lowe A M, Lambert P A, Smith A W. 1995. Cloning of an Enterococcus faecalis endocarditis antigen: homology with adhesins from some oral streptococci [J]. Infect. Immun, 63 (2): 703-706.

Margaret J S, Marina L B, Alexandru W, et al. 2010. Arthritis and osteomyelitis associated with Enterococcus cecorum infection in broiler and broiler breeder chickens in Ontario [J]. J. Vet. Diagn. Invest, 22 (4): 643-645.

Matlow A G, Bohnen J M A, Nohr C, et al. 1989. Pathogenicity of enterococci in a rat model of fecal peritonitis [J]. J. Infect. Dis, 160 (1): 142-145.

Murray B E. 1990. The Life and Times of the Enterococcus [J]. Clinical Microbiology Reviews, 3 (1): 46-65.

Pomba C, Couto N, Moodley A. 2010. Treatment of a lower urinary tract infection in a cat caused by a multi-drug methicillin-resistant Staphylococcus pseudintermedius and Enterococcus faecalis [J]. Journal of Feline Medicine & Surgery, 12 (10): 802-806.

Sandhu T S. 1988. Fecal streptococcal infection of commercial white pekin ducklings [J]. Avian. Dis, 32 (3): 570-573.

Tsuchimori N, Hayashi R, Shino A, et al. 1994. Enterococcus faecalis aggravates pyelonephritis caused by Pseudomonas aeruginosa in experimental ascending mixed urinary tract infection in mice [J]. Infect. Immun, 62 (10): 4534-4541.

Wells C L, Jechorek R P, Erlandsen S L. 1990. Evidence for the translocation of Enterococcus faecalis across the mouse intestinal tract [J]. J. Infect. Dis, 162 (1): 82-90.

Wright M E, Solo-Gabriele H M, Elmir S, et al. 2009. Microbial load from animal feces at a recreational beach [J]. Mar. Pollut. Bull, 58 (11): 1649-1656.

Xu H T, Tian R, Chen D K, et al. 2011. Nosocomial spread of hospital-adapted CC17 vancomycin-resistant Enterococcus faecium in a tertiary-care hospital of Beijing [J]. Chin. Med. J. (Engl), 124 (4): 498-503.

Zhu X, Zheng B, Wang S, et al. 2009. Molecular characterisation of outbreak-related strains of vancomycin-resistant Enterococcus faecium from an intensive care unit in Beijing [J]. J. Hosp. Infect, 72 (2): 147-154.

第四十六章
链球菌科细菌所致疫病

链球菌感染
(Streptococcus infection)

链球菌感染（Streptococcus infection）是由链球菌属内有致病作用的细菌所致的人和动物共患的一种多型性传染病。链球菌可引起皮肤、呼吸道、软组织感染及肺炎、扁桃体炎、丹毒、产褥热、猩红热、菌血症、心膜炎、脑膜炎、泌尿道炎症和关节炎等疾病，严重威胁人畜健康，是重要的细菌性传染病之一。

一、发生与分布

链球菌广泛分布于自然界，水、尘埃、动物体表、消化道、呼吸道、泌尿生殖道黏膜、乳汁等中都有链球菌存在。链球菌为人的重要病原菌，感染呈世界性分布，主要涉及化脓链球菌、肺炎链球菌、无乳链球菌等，其中以化脓链球菌感染最为常见，所致脓疱病、猩红热、败血症等均为儿童多发病，重症患者常可导致死亡。由于抗生素的广泛应用，生存环境和生活水平的不断改善，由该菌引起的感染基本上得到了控制。但自 20 世纪 80 年代中期以来，欧、美、澳大利亚等地区相继报道感染率又在增高，深部组织感染、菌血症、中毒性休克、败血症、多脏器损害等病例明显增多，尽管有现代化的治疗，病死率仍高达 30%。2003—2004 年，欧洲 11 个国家的化脓链球菌感染率达 3/100 000；1995 年 1 月至 1999 年 12 月，对美国 2～65 岁的 13 214 912 人进行流行病学调查发现，感染率为 3.5/100 000；据统计，全美每年有 9 600～9 700 人感染化脓链球菌，1 100～1 300 人死亡。

实验动物感染链球菌暴发疫情偶有发生，1991 年尼日利亚国家兽医研究中心暴发了一起豚鼠感染化脓链球菌事件，在一个有 800 只动物的种群中，因感染死亡的动物达 364 只，占总数的 46%，包括种鼠、哺乳鼠、断奶鼠。

2008 年美国报道一起由马链球菌兽疫亚种引发的犬的急性致死性出血性肺炎。在暴发该病的犬舍里，有超过 1 000 只不同品种的犬感染。2009 年德国灵长类动物中心暴发了一起猴感染马链球菌兽疫亚种的疫情，45 只动物中有 6 只死亡。

二、病　　原

1. 分类地位　2005 年版《伯杰氏系统细菌学手册》将链球菌属（*Streptococcus*）分类于真细菌界（Eubacteria）、硬壁菌门（Firmicutes）、硬壁菌纲（Firmibacteria）、乳杆菌目（Lactobacillales）、链球菌科（Streptococcaceae）。

人们最初根据表型划分链球菌。最早在 1903 年利用血液平板培养，区分是否为 β 溶血，之后又加入发酵和耐受性试验。到 1933 年兰氏分群法引入链球菌鉴别，该分类法可将链球菌分为 A、B、C、D、E、F、G、H、K、L、M、N、O、P、Q、R、S、T 以及 U、V 群，共 20 个血清群，当然还有某些链球菌没有兰氏分群的抗原，同一种链球菌可能有不同的抗原，拥有同种抗原的链球菌也未必为同种链球菌。利用传统的表型来确定链球菌种类，在临床诊断与治疗中有着非常重要的作用，部分链球菌运用几种简单的生化试验就能确定到种，对于病原的确定和疫情的扑灭有着重要的作用。目前亦常使用细菌的16S rRNA基因序列对链球菌进行种的分类鉴定。这种分类手段产生的种与依靠细菌表型划分出来的种不太一致，例如，有非β溶血的化脓链球菌。到2011年已经鉴定出了98种链球菌。

2. 形态学基本特征与培养特性 链球菌是不产芽孢的革兰阳性细菌，细菌形态为卵圆形，直径0.5～2.0μm，细胞成对或成链排列，一般情况下致病性链球菌形成的链较非致病性菌株形成的链长，A、B、C群等多数细菌具有荚膜。除个别的D群菌外，均无鞭毛。

大多数链球菌为兼性厌氧菌，少数为厌氧菌。化能异养，生长要求复杂，致病菌营养要求较高，普通培养基生长不良，需添加血液、血清、葡萄糖等。在血琼脂平板上培养可以形成表面光滑、圆形突起的透明或半透明的灰白色小菌落，直径为0.1～1.0 mm。发酵葡萄糖的主要产物是乳酸，但不产气。接触酶阴性，通常溶血。生长温度在25～45℃，最适温度37℃，pH7.4～7.6。DNA G+C含量为36%～46%。

3. 理化特性 链球菌都能发酵葡萄糖、蔗糖，对其他糖的利用能力存在菌种差异，利用这些差异可以进行菌种鉴定。不同的链球菌对于冷、热、消毒剂和抗菌药物的抵抗力有差异，但是总的说来，对于热的抵抗力普遍不强，传统的煮沸及巴氏灭菌法可杀死该菌，常规消毒药作用一段时间通常也能灭活或杀死该菌。

表46-1-1 部分β溶血链球菌的特性

种或群	兰氏分群	Bac	Pyr	Cam	VP	Hip	Arg	Esc	Str	Sbl	Tre	Rib
化脓链球菌	A	+	+	−	−	−	+	v	−	−	NA	−
无乳链球菌	B	−	−	+	−	+	+	−	−	−	NA	NA
停乳链球菌		−	−	−	−	−	+	v	−	v	+	+
停乳亚种	C											
似马亚种	A、C、G、L	−	−	−	−	−	+	+	−	−	+	+
马链球菌		−	−	−	−	−	+	v	+	−	−	NA
马亚种	C											
兽疫亚种	C	−	−	−	−	−	+	v	+	+	v	NA
犬链球菌	G	−	−	−	−	−	+	+	−	−	v	NA
咽峡炎链球菌	A、C、G、F、none	−	−	−	+	−	+	+	−	−	+	NA
星座链球菌咽炎亚种	C	−	−	−	+	−	+	+	−	−	+	NA
豕链球菌	E、P、U、V、none	−	+	+	+	v	+	+	−	+	+	NA
海豚链球菌	none	−	+	+	−	−	−	+	+	−	NA	NA
福卡链球菌	C、F	+	−	−	−	−	−	−	−	−	NA	NA
负鼠链球菌	none	−	−	−	−	−	+	−	−	−	+	NA

注：Bac，杆菌肽；Pyr，吡咯烷酮基芳香基酰胺酶；Cam，CAMP反应；Hip，水解马尿酸；Arg，精氨酸脱氨基；Esc，水解七叶苷；Str，水解淀粉；Sbl、Tre、Rib分别代表山梨醇、海藻糖、核糖产酸。+，95%以上为阳性；−，95%以上为阴性；v，6−94%为阳性反应；NA，未应用。停乳链球菌停乳亚种为非溶血链球菌。

表46-1-2 部分非β溶血链球菌的特性

种或群	抗原	Opt	BS	BE	Na	Pyr	Esc	Vp	Man	Mel	Sbl	Tre
肺炎链球菌	pn	+	+	−	−	−	v	−	−	+	−	v
草绿色链球菌	A，C，G，F，none	−	−	−	−	−	v	v	v	v	v	v

注：pn，肺炎球菌抗血清或全血清；字母，兰氏分群抗原；Opt，奥普多兴；BS，胆汁中的溶解度；BE，胆汁七叶苷反应；Na，在6.5%氯化钠肉汤生长；Pyr，吡咯烷酮基芳香基酰胺酶；Esc，水解七叶苷；Vp，伏-普二氏反应；ManMel Sbl Tre甘露醇、蜜二糖、山梨醇、海藻糖。

4. 分子生物学

（1）基因组特征　截至2011年gene bank上有41种链球菌的全基因序列。以化脓链球菌为例，其基因组长度为1.8～1.9Mb，G+C含量38.3%～38.7%，编码1 700～1 900个蛋白。

（2）毒力因子　致病因子主要有溶血毒素、致热外毒素、链激酶、链道酶（链球菌脱氧核糖核酸酶）、透明质酸酶等。

①溶血素：分为对氧敏感和对氧稳定两种，即溶血素O（SLO）和溶血素S（SLS）。SLO对心肌有较强的毒性作用，能破坏中性粒细胞、巨噬细胞和神经细胞。SLS是含糖的小分子肽，无抗原性，对热和酸敏感，不易保存，溶血作用比SLO慢，呈β溶血，也能破坏白细胞、血小板等。

②致热外毒素：又名红疹毒素，由A群链球菌和一些C、G群链球菌的菌株产生，具有抗原性，小剂量注射可以引起家兔的局部红疹，大剂量可以导致全身红疹。

③链激酶：为溶纤维蛋白酶，能激活血浆蛋白酶原，成为血浆蛋白酶，即可溶解血块或阻止血浆凝固，有利于细菌在组织中的扩散。

④链道酶：即链球菌脱氧核糖核酸酶，可以分解脱氧核糖核酸，主要由A、C、G族链球菌产生，有扩散感染作用。

⑤透明质酸酶：能分解细胞间质的透明质酸，有利于细菌在组织中扩散。

⑥其他毒力因子：化脓链球菌的主要毒力因子是M蛋白抗原，为菌毛的蛋白成分，又为链球菌的型特异性抗原。通过M抗原可以将A群链球菌分为80多个型，这种表面抗原可以使细菌避免细胞的吞噬作用，从而在宿主体内存活。某些菌株缺乏M抗原时，毒力较弱。

咽峡炎链球菌群的毒力因子了解得不多，唾液酸酶和玻璃酸酶被认为是其毒力因子。中间链球菌能产生两种酶，星座链球菌只能产生玻璃酸酶，而咽峡炎链球菌两种酶都不产生。

马链球菌兽疫亚种，有一种表面暴露蛋白（Szp），刺激机体产生调理素保护抗体，与化脓链球菌毒力因子M蛋白有某些结构的相似性，只是在序列分析上该蛋白与M蛋白同源性不大，但仍然扮演着抗吞噬作用。

三、流行病学

1. 传染来源　链球菌分布广泛，常以共栖菌和致病菌的方式存在于大多数健康的哺乳动物中，也可从冷血动物分离到。传染来源可以是内源性的或是环境、污染物、感染动物等。

2. 传播途径　可通过呼吸道、消化道、血液等途径水平传播，亦可发生垂直传播。与患病动物的直接接触，饮用或者食用被污染的食物和饲料都可以引起该病的传播。

临床上有些动物个体患病并非来自其他动物或物品的传染，而是由于某些诱因（饲养管理不当、抵抗力下降等）导致自身体内的共栖菌变为致病菌。

3. 易感动物

（1）自然宿主　链球菌广泛存在于人及动物的体内和体表，多为条件致病菌。不同种类链球菌的自然感染宿主有所不同，有些链球菌感染动物范围较小，如肺炎链球菌主要感染人，停乳链球菌停乳亚种主要感染牛、羊，马链球菌马亚种主要引起马腺疫，犬链球菌主要感染犬和猫；而部分链球菌可以感染多种动物，如马链球菌兽疫亚种可以感染猪、马、羊、鸡、家兔和小鼠等多种动物。

（2）实验动物　以下以实验动物种类为序，罗列报道自然感染的链球菌种类：

小鼠：马链球菌兽疫亚种、马链球菌马亚种、犬链球菌。

大鼠：犬链球菌、肺炎链球菌。

豚鼠：化脓链球菌、马链球菌兽疫亚种、肺炎链球菌。

沙鼠：马链球菌兽疫亚种、肺炎链球菌。

地鼠：无乳链球菌。

犬：马链球菌兽疫亚种、马链球菌马亚种、星座链球菌、犬链球菌、无乳链球菌、猪链球菌。

猫：马链球菌兽疫亚种、马链球菌马亚种、犬链球菌、无乳链球菌、肺炎链球菌。

猴子：马链球菌兽疫亚种、化脓链球菌、肺炎链球菌、唾液链球菌、变异链球菌。

兔：马链球菌兽疫亚种、犬链球菌。

雪貂：马链球菌兽疫亚种。

（3）易感人群　人感染常与职业、受感染的机会、病人自身免疫状况，与病原接触的频率、剂量以及病菌的毒力有关。儿童、免疫力低下人群、危重病人、皮肤黏膜有损伤者都是链球菌的易感人群。当然不同种类链球菌的易感人群有所差异，如肺炎链球菌主要感染婴儿，牛链球菌主要感染抵抗力低下患有基础性疾病的人群。

对一些人兽共患链球菌，与动物接触机会大的人群更为易感。如我国2004年暴发的一起猪链球菌感染疫情，饲养者、屠夫等与感染动物直接接触的人群感染发病率最高。

4. 流行特征　对于人工饲养的实验动物而言，链球菌感染的暴发并没有明显的季节性，暴发与饲养环境和饲养条件的改变及饲养管理水平有关。在饲养管理和卫生条件差的情况下，动物容易得病。

四、临床症状

1. 动物的临床表现　被链球菌感染的动物没有特异的临床表现，依据感染部位的不同而表现不一样的症状。以下例举一些文献报道的患病动物的症状，供读者参考。

（1）大鼠

①化脓链球菌：感染发病的SD大鼠表现精神抑郁萎靡，被毛粗乱，鼻分泌物增多且有血样分泌物，乳腺肿大、乳晕潮红或发绀，仔鼠消瘦，个别出现下痢症状，大部分在10～15日龄死亡。

②肺炎链球菌：感染一般无特异性症状，最易发的部位在鼻腔和中耳。有报道出现呼吸困难、啰音，体重下降，拱腰，并呈腹式呼吸。以青年大鼠感染较多。

（2）豚鼠

①肺炎链球菌：感染后表现被毛蓬乱，精神较差，颌下淋巴结红肿、发热。妊娠母鼠临产前出现呼吸困难，眼、鼻流出浆液性或脓性分泌物，不吃不动，并出现流产、产出畸胎或死胎，产后母豚鼠精神不振，逐渐消瘦而死亡。

②马链球菌兽疫亚种：感染常引发豚鼠颈部的淋巴结炎，特点为炎症部位化脓，部分感染还能发展为斜颈、肺炎或败血症。子宫脓肿导致生育力下降。如果引发败血症或急性肺炎会出现大批死亡的现象。

③化脓链球菌：感染主要表现为中耳炎、肺炎、淋巴结炎、尿结石等疾病症状，严重感染者出现口鼻和阴道流血。

（3）犬

①犬链球菌：可引起多发性关节炎、外耳炎、心内膜炎、纤维素性心包炎、流产、新生犬败血症、坏死性肌炎、坏死性筋膜炎以及毒素休克综合征等疾病。

②马链球菌兽疫亚种：感染可引起犬的急性出血性坏死性肺炎、败血症、犬呼吸道疾病。国外曾有犬舍暴发该病，在2周之内5栋犬舍中的2栋每天都有30只以上的犬死亡。80%～90%的犬表现严重的呼吸窘迫、精神沉郁、咳嗽和嗜睡。死亡犬大多鼻孔流血、呕血。

③无乳链球菌：感染表现为高热、鼻出血，眼流出黏液性分泌物。

④星座链球菌：有报道犬感染该菌引起的脓皮病。

（4）猫

①犬链球菌：感染引发关节炎、伤口感染、坏死性筋膜炎、肌炎、败血症、肺炎和链球菌中毒休克综合征，以及3～6月龄小猫的颈部淋巴结炎，有时还可以引起新生小猫的败血症，尤其是年轻昆斯猫所产的小猫，该病的特征是小猫出生时正常，但是体重增长缓慢并且常常在出生后7～11天死亡，同一窝出生的小猫有多只感染，但通常不会整窝发病。

②马链球菌兽疫亚种：感染可引发猫呼吸系统疾病暴发的报道中，病猫出现鼻腔分泌大量脓性鼻涕、咳嗽、渐进性的鼻窦炎、呼吸困难和肺炎的一些症状，最后死亡。病理检查发现下呼吸道出现不同程度的炎症损伤。另有报道引起猫的中耳炎后继发感染导致脑膜炎，出现神经症状。

③肺炎链球菌：有报道猫感染该菌可引发败血症和脓毒性关节炎。

（5）猴

①马链球菌兽疫亚种：德国的灵长类动物中心暴发的一起疫情，临床表现有严重的化脓性结膜炎、鼻炎、咽头炎，呼吸困难，昏睡。在一例巴厘岛的农场猪暴发该菌感染并将疫情传播给周围野生猴的报道中，显示感染动物症状包括关节炎、支气管肺炎、胸膜炎、腹泻、心外膜炎、心内膜炎和脑膜炎。大多数受影响的动物在几天内死亡。

②唾液链球菌：1993 年一家实验动物中心用作行为学研究的猴群感染该菌，猴群出现渐进性神经症状，主要症状有嗜睡、身体瘫痪、脖子左斜、动作失调、四肢瘫痪、眼球震颤、斜卧和呼吸、吞咽困难。

③化脓链球菌：有报道怀孕母猴自然感染后，除了表现出菌血症和中毒性休克，还伴有类似于人的风湿性心脏病。

④肺炎链球菌：有报道可引发猕猴的呼吸道疾病。

⑤变异链球菌：有报道该菌可引起猴子的龋齿。

2. 人的临床表现　链球菌在人能引发多种病症，包括咽炎、脓皮病、脓肿、蜂窝组织炎、心内膜炎、关节炎、肺炎和败血症。依据感染部位的不同，表现不一样的症状，所以临床表现是多样化的。

大部分的人感染都与 A 群链球菌有关，通常情况下为化脓链球菌。其他链球菌的感染只占很小比例。

链球菌性咽炎在人感染中非常常见，症状包括吞咽疼痛、扁桃体炎、高热，头痛、恶心、呕吐及全身乏力和流鼻涕。如果还伴有皮疹，这种病被称为猩红热。

链球菌中毒性休克综合征是一种严重的、往往是致命的疾病，特征为休克和多器官衰竭。早期症状包括发热、眩晕、意识混乱和在身体上大面积的红斑。在几个小时内可发生死亡。坏死性筋膜炎（“食肉菌”）是一种严重的侵入性疾病，特点为剧烈的局部疼痛，肌肉、脂肪和皮肤组织的破坏。早期症状包括发热、剧烈的疼痛、肿胀、伤口部位泛红。坏死性筋膜炎可能是致命的。

一些链球菌感染后可能会导致自身免疫疾病。化脓性链球菌可引起风湿热。化脓链球菌和马链球菌兽疫亚种感染后，患者可出现肾小球肾炎。

无乳链球菌主要引起新生儿呼吸道和妇女生殖器官感染。兰氏分群 D 组的链球菌与急性、自身限制性的胃肠道疾病有关，临床特征为腹泻、腹部绞痛、恶心、呕吐、发热、发冷和头晕。这种病症是食源性的，通常有 2～36h 的潜伏期。

五、病理变化

1. 大鼠

（1）化脓链球菌　感染哺乳期发病大鼠，剖检病变主要表现为乳腺肿大，切面外翻呈淡粉红色，有大量黄色或粉红色乳汁渗出，部分见到绿色脓性物，肺表面可见瘀血、肿大。死亡的哺乳期仔鼠，肺表面可见出血、小脓肿及坏死灶等，切面可见洋红色脓汁，肠道黏膜可见大量出血点，肠壁变薄，内容物为粉红色黏液，肠系膜淋巴结肿大，胃底部黏膜亦有出血点，肝、脾、肾稍肿大。

组织病理学观察，哺乳期发病大鼠，主要表现为乳腺的腺泡、导管和间质内有大量的炎性渗出液和炎性细胞浸润，炎性细胞聚集处有脓肿形成，部分脓肿周围形成结缔组织包裹，可见囊腔结构，在部分切片上可见乳腺腺泡萎缩病变。哺乳期仔鼠，肝、脾、肾、肺等主要脏器的组织片用 H. E 染色均可见不同程度的炎性病变：小肠组织切片上可见出血、溶血，肠上皮细胞变性、脱落、坏死。

（2）肺炎链球菌　感染常见的是化脓性鼻炎和中耳炎，随着病症的发展蔓延至气管末端形成急性气管炎和纤维素性大叶性肺炎。可以扩散从而形成纤维素性胸膜炎、纤维素性心囊炎，甚至急性纵隔炎。可能引起严重的菌血症。出现的其他病变可能还有化脓性关节炎、脑膜炎、肝炎、脾炎、腹膜炎和睾丸炎。

2. 豚鼠

(1) 肺炎链球菌 感染的病理变化常为伴随纤维素渗出的大叶性肺炎、心外膜炎、胸膜炎，心外膜与心包、肺胸膜与胸腔常粘连。肺呈肝样变，同时见到脓肿性病变。对于急性死亡的病例，有时可看到纤维素性腹膜炎。

(2) 化脓链球菌 在一篇豚鼠暴发感染的报道中，剖检显示肺炎并伴有一侧或两侧肺叶实变，血胸和心包积血。超过50%的死亡鼠膀胱内有灰黄色沉淀物。

3. 犬

(1) 无乳链球菌 感染引起心内膜炎，死后剖检肾脏、脾脏和心脏可见梗死点，肾脏表面有瘀点，胸腔内肌肉和脂肪、胸膜壁层和皮下结缔组织发红、出血，出现心内膜炎血栓及心脏瓣膜赘生物。组织病理学检查，发现在肝脏中有纤维状的微血栓、中度的肾小球肾炎和脑的微梗塞。

(2) 马链球菌兽疫亚种 感染呼吸道，尸检可见血胸、肺出血、橡皮化实变，肺表面出现点状红色暗斑，气管与支气管内充斥大量红色泡沫。组织病理学分析显示出血性支气管炎，脾脏、扁桃体和支气管淋巴结处的淋巴耗尽。在血管或在大脑、肺、肝脏脾脏和肾脏软组织中出现大量革兰阳性球菌。

4. 猫 在一例犬链球菌引发的猫致死性坏死性筋膜炎和肌炎的报道中，病猫尸体剖检变化为：左后肢有一部分区域脱毛，区域下的筋膜和股二头肌变色。在组织结构检测中，严重的坏死性筋膜和肌炎处存在大量革兰阳性球菌。

5. 猴 在一篇唾液链球菌感染引发日本猕猴的脑脊髓膜炎的文献中，对死猴进行剖检发现大脑白质切面有直径2～7mm黄色圆形病灶，上有出血点。病灶分布于颞叶、顶叶、额叶、小脑延髓。显微镜下大多数脑病变位于灰质和白质交界处，以界限分明的严重神经纤维空泡为特点，同时伴有中度至重度出血。坏死性白细胞脉管炎，以节段性纤维素样坏死为特征，坏死区域多数血管管壁有中度到重度中性粒细胞浸润。病灶周围存在血管周围淋巴套管和轻度弥漫性胶质细胞增生。

六、诊　　断

1. 动物的临床诊断 动物感染链球菌主要引起皮肤感染、上呼吸道感染、肺炎、关节炎、心内膜炎、化脓性脑炎、中毒休克综合征、败血症等相关临床症状和剖检变化，犬、猫感染还可能引起坏死性筋膜炎、肌炎。感染动物会出现发热、中性粒细胞增多。

2. 人的临床诊断 主要引起人的咽炎、皮疹、创伤感染、肺炎、脑膜炎、心内膜炎、败血症等相关临床症状，此外还可引起急性风湿热和肾小球肾炎等自身免疫疾病。急性感染者会有发热、白细胞总数和中性粒细胞增多表现。

化脓链球菌引起的儿童猩红热有典型的发热、咽峡炎、全身弥漫性针尖样大小红色皮疹等临床症状，引起的中毒性休克综合征可参考国际公认的TSLS（或STSS）诊断标准进行临床诊断。

3. 实验室诊断

(1) 细菌分离 从病变、受影响的组织或部位以及隐性感染动物中收集的临床标本，如脓肿、化脓灶、肝、脾、肾、血液、关节囊液、脑脊髓液及脑组织等，制成涂片，用碱性美蓝染色液和革兰染色液染色，显微镜检测，见到单个、成对、短链或呈长链的球菌，并且革兰染色呈紫色，即可初步诊断为该病。

初步镜检鉴定为链球菌后，确诊还需进行细菌的分离鉴定，病料划线接种血琼脂平板进行培养，结合菌落特征、溶血特性和纯培养物的生化试验结果确定到属或种。

(2) 其他支持性实验室检查 如有标准血清可进行兰氏分群，兰氏分群为B群的β溶血性链球菌可以确证为无乳链球菌，分群为A群的β溶血性链球菌也可以初步确认为化脓链球菌。再利用对杆菌肽的敏感性和吡咯烷酮基芳香基酰胺酶反应来确认化脓链球菌。

此外动物接种试验、16S rRNA序列分析等也是常用鉴别链球菌的方法，最后最好能进行回归试验，以证明该菌是主要的致病菌。市面上亦有一些链球菌鉴定试剂盒出售，能快速、便捷地鉴定某些种类的链球菌。

七、防治措施

链球菌感染通常是接触式传播，所以平时应该提高动物饲养管理水平，控制合理的饲养密度，搞好群体卫生，增强动物体质，提高抵抗力。同时要随时注意发病动物的出现，及时隔离或清除。

对于与动物接触的饲养管理人员，平时与动物接触时要注意防护，戴口罩、穿工作服，防止将病原菌传播给动物或是动物将病原体传播给人。与发病动物接触时，一是要防止被动物咬伤，二是避免直接接触动物的排泄物与分泌物。试验结束要清洗双手，防止病原体经呼吸道或消化道感染。出现疾病症状如脓肿要及时就医治疗。

八、公共卫生影响

链球菌是人和动物的常见致病菌，部分种类链球菌可同时引起人和动物的严重疾病，对于与动物或实验动物长期接触的人员有一定风险，而条件致病性链球菌对于免疫力低下的人群的危害较大。

由于致病性链球菌广泛分布于各种环境，是影响食品安全的重要有害微生物，与链球菌相关的人兽共患疫情以及院内感染事件时有发生，因此具有重要的公共卫生学意义。做好个人防护和卫生，远离污染源，加强食品卫生监测，预防性给药，提高自身抵抗力，是预防链球菌公共危害的有效手段。

（赵婷 马良 吴佳俊 田克恭）

我国已颁布的相关标准

GB/T 14926.15—2001 实验动物 肺炎链球菌检测方法

GB/T 14926.16—2001 实验动物 乙型溶血性链球菌检测方法

参考文献

崔忠道．1985．实验动物疾病Ⅰ啮齿类动物的主要呼吸道疾病［J］．上海实验动物科学，5（4）：263-267．

李秦，朱德生，杨贵忠，等．1996．SD大鼠自然感染化脓性链球菌的初报及综合防治［J］．地方病通报，11（S1）：55-56．

李仲兴，赵建宏，杨敬芳．2007．革兰氏阳性球菌与临床感染［M］．北京：科学出版社：153-163．

陆承平．2001．兽医微生物学［M］．第3版．北京：中国农业出版社：204-212．

张才军，施明，陈芳，等．2009．中缅树鼩常见病原菌的分离鉴定［J］．中国病原生物学杂志，4（12）：899-900．

张钰，韦永芳．1997．豚鼠肺炎链球菌病感染和发病观察［J］．中山大学学报论丛（1）：49-52．

中川雅郎．1987．实验动物的细菌性和霉形体性呼吸道疾病［J］．上海实验动物科学，7（2）：119-122．

Abbott Y，Acke E，Khan S，et al. 2010. Zoonotic transmission of Streptococcus equi subsp. zooepidemicus from a dog to a handler［J］. J Med Microbiol，59（Pt 1）：120-123.

Beighton D，Hayday H，Walker J. 1982. The acquisition of Streptococcus mutans by infant monkeys（Macacafascicularis）and its relationship to the initiation of dental caries［J］. J Gen Microbiol，128（8）：1881-1892.

Blum S，Elad D，Zukin N，et al. 2010. Outbreak of Streptococcus equi subsp. zooepidemicus infections in cats［J］. Vet Microbiol，144（1-2）：236-239.

Daniel M D，Fraser C E，Barahona H H，et al. 1976. Microbial agents of the owl monkey（Aotustrivirgatus）［J］. Lab Anim Sci，26（6 Pt 2）：1073-1078.

Davis D H，Ordman D. 1957. Fatal Streptococcus zooepidemicus infection in a gerbil（Taterabrantsi）in South Africa［J］. Nature，179（4565）：869.

Garcia A，Paul K，Beall B，et al. 2006. Toxic shock due to Streptococcus pyogenes in a rhesus monkey（Macaca mulatta）［J］. J Am Assoc Lab Anim Sci，45（5）：79-82.

Gourlay R N. 1960. Septicaemia in vervet monkeys caused by Streptococcus pyogenes [J] . J Comp Pathol，70：339 -345.

Iglauer F，Kunstyr I，Morstedt R，et al. 1991. Streptococcus canis arthritis in a cat breeding colony [J] . J Exp Anim Sci，34 (2)：59 - 65.

Jae W B，Soon S Y，Gye H W，et al. 2009. An outbreak of fatal hemorrhagic pneumonia caused by Streptococcus equi subsp. zooepidemicus in shelter dogs . [J] ournal of veterinary science，10 (3)：269 - 271.

Jordan H V，van Houte J，Russo J. 1985. Transmission of the oral bacterium Streptococcus mutans to young Macacafascicularis monkeys from human nursery attendants [J] . Arch Oral Biol，30 (11 - 12)：863 - 864.

Kummeneje K，Nesbakken T，Mikkelsen T. 1975. Streptococcus agalactiae infection in a hamster [J] . Acta Vet Scand，16 (4)：554 - 556.

Lair S，Chapais B，Higgins R，et al. 1996. Myeloencephalitis Associated with a viridans group Streptococcus in a Colony of Japanese Macaques (Macaca fuscata) [J] . Vet Pathol，33 (1)：99 - 103.

Martin - Vaquero P，da Costa R C，Daniels J B. 2010. Presumptive meningoencephalitis secondary to extension of otitismedia/interna caused by Streptococcus equi subspecies zooepidemicus in a cat [J] . J Feline Med Surg，13 (8)：606 - 609.

Matz R K. Winkelmann J，Becker T，et al. 2009. Outbreak of Streptococcus equi subsp. zooepidemicus infection in a group of rhesus monkeys (Macacamulatta) [J] . J Med Primatol，38 (5)：328 - 334.

Messier S，Daminet S，Lemarchand T. 1995. Streptococcus agalactiae endocarditis with embolization in a dog [J] . Can Vet J，36 (11)：703 - 704.

Okewole P A，Odeyemi P S，Oladunmade M A，et al. 1991. An outbreak of Streptococcus pyogenes infection associated with calcium oxalate urolithiasis in guineapigs (Cavia porcellus) [J] . Laboratory Animals，25：184 - 186.

Pesavento P A，Hurley K F，Bannasch M J，et al. 2008. A clonal outbreak of acute fatal hemorrhagic pneumonia in intensively housed (shelter) dogs caused by Streptococcus equi subsp. zooepidemicus [J] . Vet Pathol，45 (1)：51 - 53.

Piva S，Zanoni R G，Specchi S，et al. 2010. Chronic rhinitis due to Streptococcus equi subspecies zooepidemicus in a dog [J] . Veterinary Record，167：177 - 178.

Richard F. 2002. What Happened to the Streptococci：Overview of Taxonomic and Nomenclature Changes [J] . Clinical Microbiology Reviews，15 (4)：613 - 630.

Stallings B，Ling G V，Lagenaur L A，et al. 1987. Septicemia and septic arthritis caused by Streptococcus pneumoniae in a cat：possible transmission from a child [J] . Am Vet Med Assoc，191 (6)：703 - 704.

Soriano F，Parra A，Cenjor C. 2000. Role of Streptococcus pneumoniae and Haemophilusinfluenzae in the development of acute otitis media and otitis media with effusion in a gerbil model [J] . J Infect Dis，181 (2)：646 - 652.

Sura R，Hinckley L S，Risatti G R，et al. 2008. Fatal necrotising fasciitis and myositis in a cat associated with Streptococcus canis [J] . Vet Rec，162 (14)：450 - 453.

Takeda N，Kikuchi K，Asano R，et al. 2001. Recurrent septicemia caused by Streptococcus canis after a dog bite [J] . Scand J Infect Dis，33 (12)：927 - 928.

Zou S，Luo Q，Chen Z，et al. 2010. Isolation，identification of Streptococcus pneumoniae from infected rhesus monkeys and control efficacy [J] . J Med Primatol，39 (6)：417 - 423.

第四十七章
放线菌科细菌所致疾病

放 线 菌 病
(Actinomycosis)

放线菌病（Actinomycosis）是由放线菌引起的一类人兽共患的传染病，最早由Cohn1875年自然感染的人泪腺中分离，1877年Harz从牛颈部病灶中分离出类似的链丝菌（Streptothrix），被命名为牛型放线菌。该菌分布广泛，可引起牛、马、猪和人的慢性肉芽肿性疾病，以脓肿、多数瘘管形成、脓液中含有颗粒或革兰染色阳性的纤细菌丝组成的团块为特征。

一、发生与分布

放线菌病散发于全世界，我国也有。我国曾报道人放线菌病40多例。放线菌病可分为内源性感染、外源性感染和放线菌孢子性变态反应。一般认为多属内源性感染，发病与人种无关，任何年龄都可发病。极少数患者有明显的免疫缺陷，感染放线菌的致病性较强时，可引起严重的血型散播。动物放线菌病主要由牛型放线菌和衣氏放线菌（A. israelii）引起。牛的放线菌病常发生于低湿地带放牧的动物，在粗放管理的农业地区比集中管理的山地区更为常见。

二、病　　原

1. 分类地位　放线菌在分类上属放线菌科（Actinomycetaceae）、放线菌属（*Actinomyces*），同属的病原菌有牛放线菌（*A. bovis*）、伊氏放线菌（*A. israelii*）、黏性放线菌（*A. viscosus*）、埃里克森氏放线菌（*A. ericksonii*）、内斯兰德氏放线菌（*A. naeslundii*）、龋齿放线菌（*A. odontolyticus*）、化脓放线菌（*A. pyogenes*）、猪放线菌（*A. suis*）和丙酸放线菌（*A. propionicus*）。

其中伊氏放线菌是人放线菌病的主要病原，牛放线菌是牛和猪放线菌病的主要病原，伊氏放线菌、黏性放线菌、内斯兰德氏放线菌、龋齿放线菌、化脓放线菌和猪放线菌，亦有一定的致病性。

2. 形态学基本特征与培养特性　放线菌为革兰染色阳性，有发育良好的菌丝和孢子，菌丝多无隔，呈单细胞结构；菌丝和孢子内无形态固定的细胞核，只有核质体分散在细胞之中。细胞壁的化学组成与细菌类似，而与真菌有显著不同，对溶菌酶和抗生素如青霉素敏感。需在厌氧或微需氧条件下生长，生长缓慢，一般经3～10天培养才可见。

(1) 牛放线菌　形态随生长环境而异，在培养基上呈杆状或棒状，可形成Y、V或T形排列的无隔菌丝，直径为0.6～0.7μm。在病灶中可形成肉眼可见的帽针头大的黄白色小菌块，呈硫黄颗粒状，此颗粒放在载玻片上压平后，镜检呈菊花状，菌丝末端膨大，呈放射状排列。革兰染色菌块中央呈阳性，周围膨大部分呈阴性。初代培养时，需厌氧，pH7.2～7.4，最适温度37℃。培养基中含有甘油、血清或葡萄糖时生长良好。在血琼脂上37℃厌氧培养2天，可见半透明、乳白色、不溶血的粗糙菌落，紧贴在培养基上，呈小米粒状，无气生菌丝。该菌能分解葡萄糖、果糖、乳糖、麦芽糖、蔗糖，产酸不产气；不分解木糖、鼠李糖和甘露醇，不液化明胶，不还原硝酸盐。

（2）伊氏放线菌　为革兰染色阳性、非抗酸性丝状杆菌，断裂后的形态类似白喉杆菌。在病变组织的脓样分泌物中可形成肉眼可见的黄色小颗粒（称硫黄色颗粒），此颗粒由放线菌分泌的多糖蛋白黏合菌丝形成，有一定的特征性。厌氧培养较困难，5%CO_2可促进生长。无氧条件下，在含糖肉汤或肉渣培养基中，37℃ 3～6 天可形成灰色、球形小菌落。该菌可还原硝酸盐、分解木糖，可与牛型放线菌相鉴别。

3. 理化特性　各种放线菌对干燥、高热、低温抵抗力都很弱，80℃ 5min 即可将其杀死。对常用消毒剂抵抗力较弱，对青霉素、链霉素、四环素、头孢霉素、林可霉素及磺胺类药物敏感，对石炭酸抵抗力较强，因药物很难渗透到脓灶中，故不易达到杀菌目的。

4. 分子生物学

（1）基因组特征　放线菌都具有单一的线状染色体，大小为 8 000kb。在线状染色体的两端，有大量互相对应的反向重复序列。维持放线菌生长和繁殖所必需的基因，如涉及 DNA 复制、转录、翻译以及重要的合成和分解代谢的基因，大多远离两个末端分布。该菌的基因组具有高 G+C 含量，其密码子的第 3 个碱基的 G 或 C 出现的频率可达 90%以上。

（2）毒力因子　对放线菌的毒力因子目前尚不明确。

三、流行病学

1. 传染来源　放线菌种类很多，在自然界分布极广，空气、土壤、水源中广泛存在，少数菌株对动物和人有致病性。放线菌正常寄居在人和动物的口腔、上呼吸道、胃肠道和泌尿生殖道。可自黏膜破损处进入机体，引起发病。感染后常合并细菌感染，损害由中心逐渐通过窦道向周围蔓延，侵犯皮肤、皮下组织、肌肉、筋膜、骨骼及内脏等。可通过消化道和气管传播，极少数通过血行播散。组织损伤、炎症和混合细菌感染是放线菌致病的重要诱因。

2. 传播途径　该病既不能由动物传播给人，也不能在人际间传播。

动物患病主要经损伤的皮肤、黏膜感染，且多为内源性感染。组织的氧化还原势能是动物机体对内源性厌氧菌的主要防御机制。外科手术、创伤、慢性和反复的病毒和细菌性感染形成的组织损伤等，皆能降低局部组织的氧化还原势能，促使厌氧放线菌大量繁殖，侵犯周围组织形成感染。牛放线菌常存在于污染的饲料和饮水中，当动物的口腔黏膜被草芒、谷糠或其他粗饲料刺破时，细菌乘机由伤口侵入柔软组织，如舌、唇、齿龈、腭和附近淋巴结，有时损害到喉、食管、瘤胃、肝、肺及浆膜，导致动物发病。牛犊换牙、吃带刺的饲料均可诱发感染。

人口腔中的牙垢、蛀齿、牙周脓肿和扁桃体中都可以找到伊氏放线菌，但都以非致病性方式寄生在人体中。当机体抵抗力下降，特别是在局部损伤和组织发炎后造成局部缺氧时，可能引起内源性感染。人的颈面放线菌病，通常在口腔卫生不良而有牙齿腐蚀、牙周病或牙龈炎的情况下，由于牙科诊疗操作或其他损伤造成黏膜破损而发生；颈部放线菌的直接蔓延、腹部或腹部脏器放线菌病的传播、口腔中致病性放线菌的吸入感染，都可引起胸部型放线菌病；腹部型放线菌病病原菌主要是由口腔吞入肠道，若肠道有损伤，放线菌可致局部感染。

颈面放线菌病或吸入齿龈感染者口腔中的感染性碎屑可导致肺放线菌病；带菌的阑尾和胃肠穿孔可引起腹部放线菌病；胃肠放线菌病则与胃肠道黏膜损伤有关。

3. 易感动物

（1）自然宿主　人和多种动物对该病易感。家畜中牛和猪为主要易感动物，其中幼牛和老龄母猪发病较多。在自然感染情况下，马、绵羊、山羊及野生反刍动物较少发病。

（2）实验动物　豚鼠和家兔对牛放线菌略有敏感性，人工感染仓鼠成功，小鼠不敏感。

（3）易感人群　放线菌在农业人口中多见。如有外伤、外科手术后可继发感染。因此接受口腔治疗以及术后的患者易感染该病。

4. 流行特征　该病无明显的季节性，呈零星散发，各种年龄均可受到感染，人以 15～35 岁从事农业的劳动者多见，男女比例约为 2∶1。家畜则以年幼的发病较多，牛最常被侵害，尤其是 2～5 岁的牛。

四、临床症状

1. 动物的临床表现

（1）牛　由于发病部位不同，其临床表现也各异。

颌骨放线菌病最多见，病牛多表现为上、下颌骨肿大，界限明显，肿胀进展缓慢，一般经 6 个月以上才出现小而坚实的硬块；有时肿大发展甚快，牵连整个头骨。肿部初期疼痛，晚期无痛觉。病牛呼吸、吞咽和咀嚼困难，消瘦较快。有时皮肤化脓破溃，形成瘘管，经久不愈。头、颈、颌部组织也常发生硬结。

舌放线菌病常不被察觉。当舌肌受害较严重时，咀嚼和食团的形成常受到影响，病牛采食困难、精神迟钝、结膜苍白、痴呆，瘤胃蠕动正常或减弱，排粪量减少。检查舌部，可在舌背隆起前方的一处或数处见有圆形或横条状破损，周围被灰白色堤状边缘所包围，中间形成一小凹窝，其中常刺有植物碎片或芒刺。有的病例在舌根两侧有直径 1mm 左右的灰白色颗粒，内含豆渣样物或脓样物。严重者舌高度肿大，部分舌体垂伸于口外，舌尖部可能溃烂。病后期，由于舌部结缔组织高度增生，肿大的舌体呈木板状，即所谓“木舌”。

当病菌波及咽喉和其他脏器时，呼吸稍粗，咳嗽，口、鼻不洁，流涎，口味恶臭。吸气时有哨音或喘气狭窄音，病牛表现吐草翻胃，虽有食欲，但吞咽困难，常处于半饥饿状态，日渐消瘦，毛焦吊，经过长期慢性消耗，最后衰竭死亡。病程一般为数月至数年。

咽部和喉部周围有放线菌块时，常可摸到与皮肤粘连的肿大淋巴结。

皮肤和皮下的放线菌病，主要发生在下颌骨的后面、颊部或颈部。形成与皮肤粘连的坚韧肿块，无热无痛，逐渐增大，突出于皮肤表面。局部皮肤肥厚，被毛脱落，破溃后流出脓汁或长出蘑菇状突起的肉芽组织。

肺放线菌病主要发生于膈叶，结节较大，由肉芽组织构成的肿块内散发有多数小的化脓灶，脓汁含有砂粒状菌块，结节周围被厚层的结缔组织性包膜所包围。

乳房患病时，呈弥散性肿大或有局灶性硬结，乳汁较稠，混有脓汁。

食管患病时，表现食管狭窄的症状。瓣胃的放线菌病表现为创伤性瓣胃炎症状。

（2）猪　多见乳房肿大、畸形，其中有大小不一的脓肿，多系小猪牙齿咬伤而引起的感染，也可见颌骨肿或扁桃体肿。

（3）马　主要发生于精索，呈现硬实无痛觉的硬结，有时也可在颌骨、颈部、鬐甲部发生放线菌肿。

（4）兔　该菌可侵袭兔下颌骨、鼻骨、足、跗关节、腰椎骨。病兔表现下颌骨或其他部位骨髓的肿胀，采食困难。与此同时受害的皮下组织出现炎症，肿胀甚至形成脓肿或蒂囊肿。随着病程的延长，结缔组织内出现增生，形成致密的肿瘤样团块。病变的组织中可充满脓汁，最后由于组织破溃形成瘘管，脓汁从瘘管内排出。主要的病变多见于头、颈部。

2. 人的临床表现　放线菌病可发生于人体的任何组织，但也有一定的高发部位。据统计，颈面部占 60%～63%、腹部占 18%～28%、胸部占 10%～15%，其他部位仅占 8%左右。临床上一般将广义的放线菌病分为以下几型。

（1）颈面部放线菌病　为最常见的放线菌病。好发于颈面交接部位及下颌角、牙槽嵴。初发症状为病变部位局部轻度水肿和疼痛，或无痛性皮下肿块，随之肿块逐渐变硬、增大如木板样，并与皮肤粘连，皮肤表面呈暗红色或紫红色、高低不平。继而肿块软化形成脓肿，脓肿破溃后形成多发性排脓窦道，流出带硫黄色颗粒的脓液，愈合后留下萎缩性瘢痕。皮损外围处可不断形成新的结节、脓肿、瘘管和萎缩性瘢痕。病原菌还可沿导管进入唾液腺和泪腺，或直接蔓延至眼眶、耳，累及颅骨者可引起脑膜炎和脑脓肿。

（2）肺部放线菌病　大多由口腔或腹部直接蔓延而来，亦可见于血行播散，病变常见于肺门区和肺下叶，患者有发热、盗汗、贫血、消瘦、咳嗽、胸痛、咳脓性痰，有时带血。可扩展到心包、心肌，累及并穿破胸膜和胸壁，在体表形成多数瘘管，排出脓液。

（3）腹部放线菌病　多系口腔、胸部或血行转移而来。腹部贯通伤是重要的致病因素。患者一般有发热、畏寒、贫血、盗汗、消瘦等症状，常见于回盲部形成局部脓肿并最终形成疤痕，临床上类似阑尾炎，向上扩展可累及肝脏，穿破膈肌进入胸部，向后可侵犯腰椎引起腰肌脓肿，严重的可累及腹内几乎所有脏器，损害穿破皮肤可在体表形成多个瘘管排出脓液。

（4）皮肤和其他部位放线菌病　原发性皮肤放线菌病常由外伤引起，开始为皮下结节，后溃破成瘘管排出脓液，萎缩性瘢痕可向四周和深部组织发展，局部纤维化成硬块状。

（5）脑型放线菌病　此型少见，临床上又分为局限性脑脓肿型和弥漫型。局限性脓肿多见于大脑半球，少数发生于第三脑室和颅后窝。可为单个、多个或多发性脑脓肿及肉芽肿，外包有厚膜。主要表现为脑部占位性病变的体征，如颅内压升高、脑神经损害，头痛、恶心、呕吐、复视、视神经乳头水肿等，常无发热，白细胞总数及分类正常。脑血管造影可见占位性病变，部分病例可有颈内动脉上段及大脑中、前动脉近端狭窄。弥漫型病变为少数患者脑脓肿侵入脑室，引起脑膜炎。此时患者除有局限性脑脓肿型放线菌病的表现外，尚表现类似细菌性脑膜炎的症状、体征。部分病例出现硬膜外脓肿、颅骨骨髓炎。极少数颈面部放线菌病病灶可直接蔓延至颅骨、脑室。

（6）其他组织的放线菌病　其他感染部位有眼结膜、肾、膀胱、骨、女性生殖系统等。

五、病理变化

1. 大体解剖观察　放线菌病和病变为慢性化脓性炎症，局部组织水肿。在脓肿壁、窦道壁和脓腔内繁殖，形成菌落。有时肉眼可见脓液内有细小的黄色颗粒，称为“硫黄颗粒”，直径约 1～2mm，局部组织可呈玻璃样变性。取硫黄颗粒直接压片或在组织切片中可见颗粒由分支的菌丝交织而成。在 HE 染色的组织切片中，中央呈均质性，周围有栅栏状短棒样细胞，颗粒中央部分染蓝紫色，周围部分菌丝排列成放线状，菌丝末端常有胶样物质组成的鞘包围而膨大呈棒状，染伊红色。

2. 组织病理学观察　有大量中性粒细胞和单核细胞浸润，其间逐渐出现许多大小不等的坏死区，形成多数小脓肿，周围纤维组织增生。脓肿大小不等，常相互融合，并向邻近组织蔓延，形成许多窦道和瘘管。脓肿壁和窦道周围肉芽组织内有大量中性粒细胞、淋巴细胞和单核细胞浸润，有时并有少数多核巨细胞，部分可见大量吞噬脂类的巨噬细胞，因此肉眼观常带黄色。

3. 超微结构观察　放线菌属于原核微生物，具有发育良好的菌丝和孢子，但菌丝多无隔，呈单细胞结构。菌丝和孢子内未见到形态固定的细胞核，只有核质体分散在细胞质中。细胞质中无线粒体、叶绿体等细胞器。细胞壁的化学组成与细菌类似（主要为肽聚糖类化合物形成的网状复合体）而与真菌显著不同，核质体的主要成分为 DNA，而无真核生物染色体特有的成分——组蛋白。对溶菌酶和抗生素如青霉素敏感，而对抗真菌药物耐受。由于放线菌可产生菌丝和孢子，很像真菌，且它们所引起疾病的临床表现与真菌病难以鉴别。

六、诊　　断

1. 动物的临床诊断　放线菌病的临床症状和病理变化比较特殊，不宜与其他传染病混淆，故诊断不难。必要时取脓汁少许，用生理盐水稀释，找出硫黄色颗粒，在水内洗净，置载玻片上加 1 滴 15% 氢氧化钾，覆以盖玻片，置显微镜下观察，可见排列成放射状的菌丝。若以生理盐水替代氢氧化钾溶液，覆以盖玻片挤压后再进行革兰染色镜检，油镜可见排列不规则、V 形或 Y 形分支菌丝，无菌鞘，即可做出诊断。

2. 人的临床诊断　人放线菌病的早期诊断有利于及早治疗、改善预后。但由于该病发病部位广泛、临床表现多样，因此必须依靠病史、临床表现及辅助检查明确诊断。

3. 实验室诊断 最主要和简单的方法是寻找硫黄颗粒，可用针管吸取脓液，或用刮匙刮瘘管壁，然后仔细寻找脓液中是否有颗粒，颗粒大小为0.03～0.3mm，黄白色，质硬，压成碎片后镜下检查是否有放射状排列的菌丝，颗粒压碎后可接种于脑心浸膏血琼脂或硫乙醇钠肉汤中，37℃厌氧培养4～6天，可见有细菌生长。

如未发现颗粒但高度可疑，可取脓液、脑脊液、痰等标本涂片革兰染色后油镜检查，同时做标本厌氧培养，但生长缓慢，需2周以上。亦可取活组织做切片染色检验。

近年来应用分子生物学技术，如DNA-PCR指纹分析、快速酶试验结合数值分类（numerical classification）已成功地用于放线菌分离株的快速鉴定。

4. 鉴别诊断 临床表现有化脓性损害，瘘管和排出的脓液中有颗粒者，标本直接检查，组织病理发现颗粒或革兰阳性纤细分支菌丝，厌氧培养有放线菌生长即可确诊。

该病应与诺卡菌病相鉴别，诺卡菌有时呈中国汉字笔画样，部分抗酸染色阳性，培养时需氧，临床上放线菌病比诺卡菌病有更明显的纤维化和瘢痕形成。

放线菌病还应与梅毒、结核、鼻疽、炭疽、各种恶性肿瘤、阑尾炎、伤寒、肠结核、肝脓肿、阿米巴病、腰肌脓肿、骨膜炎、葡萄状菌病及各种深部真菌病相鉴别。

七、防治措施

1. 动物的防治措施

（1）预防 防制动物放线菌病的主要措施是去除粗糙的饲料和芒刺，将干草、谷糠浸软后再饲喂，修正幼畜锐齿，以防止口腔黏膜损伤；如有损伤，应及时处理治疗。注意饲料及饮水卫生，应避免在低湿地带放牧。

（2）治疗

1）碘剂治疗 ①静脉注射10%碘化钠溶液，并经常给病部涂抹碘酒。碘化钠的用量为20～25mL，每周1次，直到痊愈为止。由于侵害的是软组织，故静脉注射相当有效，轻型病例往往2～3次即可治愈。②内服碘化钾，每次1～1.5g，每天3次，做成水溶液服用，直到肿胀完全消失为止。③用碘化钾2g溶于1mL蒸馏水中，再与5%碘酒2mL混合，一次注射于患部。

如果应用碘剂引起碘中毒，应立即停止治疗5～6天或减少用量。中毒的主要症状是流泪、流鼻、食欲消失及皮屑增多。

2）手术治疗：对于较大的脓肿，用手术切开排脓，然后向伤口内塞入碘酒纱布，1～2天更换一次，直到伤口完全愈合为止。

有时伤口快愈合时又逐渐肿大，这是因为施行手术后没有彻底用消毒液冲洗，病菌未完全杀灭，以致又重新复发。在这种情况下，可给肿胀部分注入1～3mL复方碘溶液（用量根据肿胀大小决定）。注射后发病部位会忽然肿大，但以后会逐渐缩小，达到治愈。

3）抗生素治疗：给患部周围注射链霉素，每天1次，连续5天为一疗程。链霉素与碘化钾同时应用，效果更为显著。应用CO_2激光治疗牛放线菌病也可以获得较为理想的疗效。

2. 人的防治措施

（1）预防 ①注意口腔卫生，及早治疗病变牙齿、牙周和扁桃体疾病。②呼吸道、消化道炎症或溃疡灶应及早处理，以免形成慢性感染灶。③医务人员应加强对放线菌的认识，对可疑病人及早进行病原学和病理学检查，并做好个人防护。

（2）治疗 放线菌病的治疗常采用药物、手术及支持疗法等综合措施，尤其是对重症、多发病人。

药物治疗首选青霉素，大剂量，疗程要长，一般为200万～2 000万IU，静脉滴注，疗程6～18个月。也可选用林可霉素、红霉素、克林霉素、利福平和磺胺类。脓肿要充分切开引流，形成瘘管者需彻底切除，并尽量切除感染组织，面颈部放线菌病可用X线治疗，每次1.5Gy，每周2次，连续6～10

次。口服碘化钾有助于肉芽组织的吸收和药物的渗入。

八、公共卫生影响

该病对畜牧业有较大危害，并影响人的健康。在预防上应建立合理的饲养管理制度，遵守兽医卫生制度，防止皮肤、黏膜发生损伤，有损伤时应及时处理治疗。

放线菌病的软组织和内脏器官病灶，经治疗比较容易恢复，但如骨质发生改变，则预后不良。如出现慢性化脓性感染，应考虑该病的可能，尽早诊断，及时治疗，防止病变扩散。

（邢进　薛青红　康凯）

我国已颁布的相关标准

SB/T 10464—2008　家畜放线菌病病原体检验方法

参考文献

费恩阁，李德昌，丁壮．2004. 动物疫病学［M］．北京：中国农业出版社：135-139.

贡联兵．2003. 细菌性疾病及其防治［M］．北京：化学工业出版社：126-127.

刘志恒，姜成林．2004. 放线菌现代生物学与生物技术［M］．北京：科学出版社：119-120.

陆承平．2001. 兽医微生物学［M］．北京：中国农业出版社：339-340.

阎逊初．1992. 放线菌的分类和鉴定［M］．北京：科学出版社：33-39.

杨正时，房海主编．2003. 人及动物病原细菌学［M］．石家庄：河北科学技术出版社：1 103-1 109.

张彦明．2003. 兽医公共卫生学［M］．北京：中国农业出版社：218-220.

Bittencourt J A，Andreis E L，Lima E L，et al. 2004. Actinomycosis simulating malignant large bowel obstruction［J］. Braz J Infect Dis，8（2）：186-189.

Campeanu I，Bogdan M，Mosoia L，et al. 2004. Hepatic actinomycosis-pseudotumoral form Chirurgia（Bucur）［J］. Chirurgia（Bucur），99（2）：157-161.

Dokic M，Begovic V，Loncarevic S，et al. 2004. Actinomycosis-a multidisciplinary approach to a clinical problem［J］. Vojnosanit Pregl，61（3）：315-319.

Felekouras E，Menenakos C，Griniatsos J，et al. 2004. Liver resection in cases of isolated hepatic actinomycosis：case report and review of the literature［J］. Scand J Infect Dis，36（6-7）：535-538.

Nistal M，Gonzalez-Peramato P，Serrano A，et al. 2004. Xanthogranulomatous funiculitis and orchiepididymitis：report of 2 cases with immunohistochemical study and literature review［J］. Arch Pathol Lab Med，128（8）：911-914.

Tarner I H，Schneidewind A，Linde H J，et al. 2004. Maxillary actinomycosis in an immunocompromised patient with longstanding vasculitis treated with mycophenolate mofetil［J］. J Rheumatol，31（9）：1869-1871.

第四十八章
嗜皮菌科细菌所致疾病

嗜皮菌病
(Dermatophilosis)

嗜皮菌病（Dermatophilosis）是由刚果嗜皮菌引起的牛、马、羊、兔、犬、猫、猴、人等多种动物的一种皮肤传染病，曾属于国际动物卫生组织（OIE）法定报告疾病。主要感染皮肤，其他部位很少被病菌感染。人和动物嗜皮菌病多由表皮感染，表现为渗出性、脓疱性皮炎，以浅表的渗出性、脓疱性皮炎、局限性的痂块和脱屑性皮疹为特征。

一、发生与分布

该病最早于1915年在刚果（今扎伊尔）发现，现分布于非洲、欧洲、美洲、亚洲和大洋洲许多国家，疫情有扩大趋势。在尼日利亚、加纳、苏丹、几内亚、肯尼亚、布隆迪、乍得、南非、塞内加尔、澳大利亚、新西兰、加拿大、巴西、英国、德国、法国、爱尔兰、印度、以色列等国相继发现该病。

我国于1969年首先在甘肃牦牛中发现该病，1980年之后相继在四川、青海的牦牛、贵州的水牛、云南的水牛和山羊中发现，并分得病原菌。

二、病　　原

1. 分类地位　参照《伯吉氏系统细菌学手册》第二版（2005年）（Bergey's Manual of Systematic Bacteriology，2nd Edition，2005），刚果嗜皮菌（*Dermatophilus congolensis*）在分类上属嗜皮菌科（Dermatophilaceae）、嗜皮菌属（*Dermatophilus*），为嗜皮菌属的代表种。

2. 形态学基本特征与培养特性　刚果嗜皮菌为革兰染色阳性。形成分隔的分枝状的长菌丝，并且横向分裂成多排球杆状或卵圆状球菌，宽2～5μm。在涂片染色中，容易看到4个或4个以上横排的球状菌。成团的球状菌被胶状囊膜包裹，囊膜消失后，每个球状体就是一个有感染力的游动孢子，其鞭毛由5根以上的鞭毛组成。在涂片检查时，如果在载玻片上涂抹时用力过大，则可能破坏菌体结构。在湿润的或继发感染的结痂中只有球状菌。该菌革兰染色效果不佳，由1∶10姬姆萨染液染色30min，与浅色或粉色复染的角质细胞或中性粒细胞形成反差，更能区别厚涂片中深染的细菌。

该菌可用血液琼脂培养基分离培养。在沙氏琼脂或Czapek培养基上都不生长。微氧条件可促进其生长。最适温度为37℃（25～40℃都可生长），最适pH 7.2～7.5，需氧兼性厌氧，含10% CO_2 环境生长加速，并能形成气生菌丝。培养24h后，培养基中可见粗糙的、有β溶血的、直径约1mm的淡灰色菌落。在空气中培养24h，也产生类似的针尖大小的菌落，48h菌落长到1mm左右。粗糙型菌落是由分枝菌丝形成。如果继续在空气中培养，则能刺激黄色的球状菌生长。光滑型菌落通常为淡黄色。从早期培养物中取出的球状菌能正常运动。在普通肉汤、厌氧肝汤和0.1%葡萄糖肉汤等液体培养基中生长时，初呈轻度混浊，以后出现白色絮片状物，逐渐沉下，不易摇散，有时出现白色菌环。

3. 理化特性　刚果嗜皮菌的孢子对环境抵抗力较强。抗干燥、抗热，在干痂中可存活42个月。对青霉素、链霉素、土霉素、螺旋霉素等抗生素敏感。

4. 分子生物学

(1) 基因组特征　DNA 中 C+G 含量为 57%～59%。La rrasa J 等用 DNA 随机扩增技术（RAPD）对 38 株嗜皮菌进行了分离（根据宿主类型，没有考虑地理型），认为嗜皮菌菌株的差异性是宿主不同造成的。Stackebrandt E 等获得了 DSM 44180 株的部分 16S rRNA 基因序列。鉴于神经氨酸酶和丝氨酸蛋白酶对上皮细胞可能起到保护和调控作用，Garcia - Sanchez A 等通过 RAPD 和 PCR 扩增首次测定了嗜皮菌嗜皮菌的神经氨酸酶（74 662Da，pI 9.81）和丝氨酸蛋白酶的基因序列。Mine OM 等认为丝氨酸蛋白酶参与了绵羊感染嗜皮菌病初期，并用引物与 PCR 克隆嗜皮菌丝氨酸蛋白酶抗原。

(2) 毒力因子　引起嗜皮菌免疫的特异性抗原至今还未确定，Ambrose NC 认为，蛋白水解产物的活性与嗜皮菌的毒力有关。

三、流行病学

1. 传染来源　该病的传染源为病畜和带菌畜。刚果嗜皮菌是病畜皮肤的专性寄生菌，并能存活于落屑痂皮和干燥土壤中，直到下一个潮湿季节来临，通过接触而感染动物。痂块和培养物都可以感染人。咬蝇、家蝇、毛囊有嗜皮菌寄生的牛等都可以是带菌者。

2. 传播途径　刚果嗜皮菌主要通过直接接触、经损伤的皮肤感染或经吸血昆虫（虻、蚊、蝇、蜱）的叮咬传播，也可经污染的厩舍、饲槽、用具而间接接触传播。病畜皮肤病变中的菌丝或孢子，特别是游动孢子，易随病畜渗出物与雨水扩散。刚果嗜皮菌能产生游动孢子，孢子耐热、耐干燥。

3. 易感动物

(1) 自然宿主　该病无宿主专一性，易感动物的种类很多，且不同年龄和性别的动物都可发病。牛、羊、马、骆驼、鹿和其他食草动物为自然宿主，现已报道人及猴、两栖类动物（龟，蜥蜴）、猫、犬、豚鼠、小鼠、家兔也可感染。家禽对其有抵抗力。

(2) 实验动物　实验动物中，小鼠、豚鼠、家兔等都易感。兔对该病易感性强，最好使用白色皮肤的兔。将兔的接种部位夹住，用酒精擦洗干净，用针头轻轻将皮划破，但应防止出血。涂搽痂块磨成的碎液，每天观察，48h 后，接种部位出现红斑，还可能见到一些浆液性渗出物。72h 后有痂块形成，临床症状与自然感染病例相似。这样的病变是正常的，没有被污染，而且可以检查痂块中的刚果嗜皮菌或分离菌体。亦可用豚鼠和小鼠进行感染试验。

(3) 易感人群　该病偶尔感染人，人感染嗜皮菌病主要是接触患病动物组织或污染的动物产品。从事该菌研究的人员和屠宰厂的工作人员、猎人、挤奶工人、兽医和制革工作者感染该病的概率大些。

4. 流行特征　该病发病与雨水、昆虫有关，故呈现出一定的季节性和地区性流行。多发生于炎热、多雨、潮湿的季节。在长期雨淋、被毛潮湿的情况下，孢子可大量从感染疙瘩释放出来，牲畜的发病率有升高趋势。幼龄动物发病率较高。有资料表明，动物长期锌缺乏容易感染。

四、临床症状

1. 动物的临床表现　Morris 用刚果嗜皮菌人工感染豚鼠，豚鼠皮肤仅出现红斑，未形成其他损害。人工感染小鼠，5 周内皮肤未形成损伤。人工感染家兔，家兔皮肤毛囊部位形成脓性溃疡性皮炎，形成 2～3mm 脓包，伴随着黄色浆液性渗出。随着浆液从结痂处排出，皮肤上形成火山口状粉红色损伤。大多数情况下伤口 1 周后开始愈合，2 周后痊愈。伴随伤口愈合，皮肤上形成黄色厚痂皮牢固贴附在伤口处。经常会形成很多结痂连成一片。伤口通常出现在人工感染处，但也可以发生扩散。

2. 人的临床表现　1984 年首次报道人的嗜皮菌病。当时从事嗜皮菌研究的两名工作人员，在皮肤划破后涂其培养物引起前臂皮肤发病，2 天后出现小突起，随后形成痂块，8 天后用抗生素治疗有效。1961 年有 4 人因修整和处理鹿尸体而感染。这些人手臂侧面有疖肿，一人前臂出现小突起。病损于感染后 2～7 天发生，以多数无痛、苍白色、有浆液或由白色到黄色渗出液、5mm 大小的突起开始。每个小突起绕以充血带，而后破溃成红色火山口样的空洞，但不像动物病损那样联合或扩展。病损褐色痂块形成后又持续1周。无全身症状，也未发现传染其他人。

五、病理变化

1. 大体解剖观察　多由表皮感染，表现为渗出性、脓疱性皮炎，以浅表的渗出性、脓疱性皮炎、局限性的痂块和脱屑性皮疹为特征。

2. 组织病理学观察　初期有炎症的毛囊扩张性变和海绵样变，之后则发生不完全角质化、皮肤角化症、毛囊炎、棘皮症、上皮细胞炎症和微化脓灶。慢性型以皮肤硬化和表皮增生旺盛为特征。感染表皮下方中性粒细胞积聚，浆性渗出物蓄积并向表面渗出，最终导致痂块形成。

六、诊　　断

1. 动物的临床诊断　病变分为三个发展阶段，首先，感染部位开始出现丘疹，并伴随着渗出，由于渗出物干燥使表皮变硬，被毛不再像健康时顺滑，干燥的渗出物使病变部位的表面形成面包皮一样的痂皮，并且不容易脱落。接下来，表面硬化的痂皮随着皮肤活动而形成一定的皱裂，造成渗出情况的进一步恶化。最后，由渗出物和痂皮逐渐形成表面突起的疙瘩，疙瘩变硬，并且与邻近的疙瘩病变慢慢联合成一片，同时由于毛囊受损病变部位毛发开始脱落。在有些动物该病可呈急性发展，如果及时治疗，可以在几周内好转；体质较好的动物能自愈；另外一些病例会呈慢性发展甚至可以持续几个月，很难完全治愈。严重全身性感染，动物一般消瘦，如果脚、唇、鼻部严重感染，运动采食困难。

发病部位将出现红斑，还可能见到一些浆液性渗出物，随后有痂块形成，可以在痂块中分离刚果嗜皮菌菌体。苍蝇叮咬引发的病变主要在背部，蜱叮咬主要在头、耳、腋窝、腹股沟和阴囊。

诊断很大程度上依赖于临床患病动物的病理变化及痂皮涂片，或染色痂皮组织学切片中观察到刚果嗜皮菌。确诊需借助于细胞培养和鉴定。该病可继发感染葡萄球菌化脓性脓肿、肺炎和其他并发症等。

2. 人的临床诊断　首先应询问有无与患病动物的接触史。一般无全身症状，多于手臂皮肤上出现伴有渗出性皮炎的结节和痂块。结节直径约5mm，苍白色，周围有充血带，有黄色浆液渗出，结节破溃后形成红色凹窝，而后结痂。痊愈后痂皮脱落。

3. 实验室诊断

（1）镜检　无菌取湿痂块，加少许生理盐水研碎后制成涂片，姬姆萨染色，镜检，见到2～5μm宽的菌丝，其顶端断裂成球状，而脱离丝体的球状体多成团，似"八联球菌"，具有诊断意义。

（2）细菌分离　虽然嗜皮菌的菌体形态和引起的病变特征都很明显，多数情况下无需再做分离培养，但只有通过细菌分离才能确诊。可在血琼脂培养基37℃条件下分离培养。微氧条件可促进病菌生长。培养24h后，培养基中可见到粗糙的、有溶血的、直径约1mm的淡灰色菌落。在空气中培养24h，也产生类似的针尖大小的菌落，48h菌落长到1mm左右。粗糙型菌落是由分枝菌丝形成。如果继续在空气中培养，则能刺激黄色的球状菌生长。光滑型菌落通常为淡黄色。从早期培养物中取出的球状菌能正常运动。嗜皮菌菌落必须与诺卡菌属细菌和链霉菌属细菌相区别，后两种不能形成多排活动性球状菌的菌丝。

细菌分离培养时，可将刚取下的无污染湿润结痂湿性表面材料或无污染结痂水乳剂，直接进行划线接种。但是生长相对缓慢的刚果嗜皮菌容易被其他细菌的快速生长所掩盖。因此，对污染的样品需要特殊的分离技术。大多数的乳剂材料存在运动性或不运动的游离球状菌，乳剂通过0.45μm孔径的滤膜过滤，一般可减少或消除杂菌污染，可用滤过物做细菌分离。也可使用Haalstra's法进行分离，将小片痂块放在加1mL无菌蒸馏水的小瓶中，并在室温放置3～4h，然后将开口的小瓶置于蜡烛罐15min，用接种环取表面液体样品并培养。这种方法的分离效果取决于结痂中释放刚果嗜皮菌运动球状菌的数量，及其对蜡烛罐中二氧化碳的趋化性。还可使用每毫升含1 000U多黏菌素B的血琼脂选择性培养基，当污染菌对这种抗菌素敏感时，这种培养基是有效的。

（3）涂片和免疫组织化学染色　涂片和组织免疫荧光染色鉴定刚果嗜皮菌抗原和诊断嗜皮菌病，是最可靠、最敏感的免疫学技术。将载玻片在结痂的表面压印，制成涂片。进行姬姆萨染色或免疫荧光染色。用常规技术可从接种刚果组织胞浆菌的动物中获得多克隆抗体。但这种方法可能与诺卡菌属的某些菌株发生交叉反应，所以最好使用特异的单克隆抗体，将薄的热固定结痂乳剂涂片或压印片染色，试验应设标准阳性和阴性对照。

（4）血清学试验　上述试验技术比血清学方法更有价值，除胎儿外，所有反刍动物血清中都可检查到嗜皮菌抗体，临床感染后抗体水平升高。ELISA 是一种敏感而方便的检测技术。流行病学研究中，抗体滴度比基础值升高就可确诊动物感染该病，目前 ELISA 仅用于疾病的研究和调查，常规诊断中不大使用。

（5）分子生物学方法　国外已有用随机扩增多态性 DNA（RAPD）和脉冲场凝胶电泳技术进行嗜皮菌分子定型的研究报道。但尚未被 OIE 列为参考的诊断方法。

七、防治措施

1. 动物的防治措施

（1）预防　目前尚无用于预防该病的疫苗。主要预防措施在于严格隔离，尽量防止潮湿，消灭体外寄生虫，防止吸血昆虫寄生。

（2）治疗　①采用抗生素和药浴法：每千克体重用青霉素 7 万 IU、链霉素 70mg 在病灶周围分点肌内注射，每天 1 次，连用 2～3 天；同时，在天气晴朗时，应用 1%明矾溶液药浴一次。②患部皮肤用温肥皂水湿润清洗，除去痂皮和渗出物后，涂以 1%龙胆紫酒精；同时消灭体外寄生虫。

2. 人的防治措施

（1）预防　避免与患病动物接触。需要接触时，应做好个人防护，防止皮肤发生创伤，出入畜舍要进行消毒。同时，要尽量避免被虻、蚊、蝇、蜱等媒介昆虫叮咬。

（2）治疗

①局部疗法：先以温肥皂水湿润皮肤痂皮，除去病变部全部痂皮和渗出物，然后用 1%龙胆紫酒精溶液或水杨酸酒精溶液涂擦。也可用生石灰 454g、硫黄粉 908g、加水 9 092mL，文火煎 3h，趁温热涂患部。

②全身疗法：可用青霉素、链霉素、土霉素或螺旋霉素等抗生素治疗。

八、公共卫生影响

嗜皮菌病传染性强、发病集中、病情顽固，并可招致一定数量患病动物死亡，曾被 OIE 列为 B 类疾病。其对公共卫生的危害很大，在饲养、治疗和管理动物时，应加强防护，至少应戴手套和采取常用的卫生防疫措施，防止发生创伤。

（原霖　陈小云　蒋玉文）

参考文献

世界动物卫生组织. 2002. 哺乳动物、禽、蜜蜂 A 和 B 类疾病诊断试验和疫苗标准手册 [M]. 第 4 版. 北京：中国农业科学技术出版社.

中国人民解放军兽医大学. 1993. 人与动物共患病学（中册）[M]. 北京：蓝天出版社.

中国农业科学院哈尔滨兽医研究所. 1999. 动物传染病学 [M]. 北京：中国农业出版社.

张秀萍，剡根强. 2005. 刚果嗜皮菌的研究进展 [J]. 黑龙江畜牧兽医（12）：78-80.

王莉，郭锁链，陈宝柱，等. 2004. 奶牛嗜皮菌病的诊断与病因分析 [J]. 畜牧与饲料科学（1）：42.

Garcia-Sanchez A，Cerrato R，Larrasa J，et al. 2004. Iden tification of an alkaline cera midase gene from Dermatophilus congolensis [J]. Vet Microbio，99（1）：67-74.

Gordon M A，Perrin U. 1971. Pathogenicity of Dermatophilus and Geodermatophilus [J]. Infect Immunity，4（1）：29-

33.
José L，Alfredo G，Nicholas C A. 2004. Evaluation of randomly amplified polymorphic DNA and pulsed field gel electrophoresis techniques for molecular typing of Dermatophilus congolensis [J]. FEMS Microbiology Letters，240：87 - 97.
Larrasa J，Garcia A，Am brose N C，et al. 2002. A simple random amplified polym orphic DNA genotyping method for field isolates of Dermatophilus congolensis [J]. J VetMed B Infect DisVet Public Health，49 (3)：135 - 141.
Mine O M，Carnegie P R. 1997. Use of degenerate primers and heatsoaked polymerase chain reaction (PCR) to clone a serine protease antigen from Dermatophilus congolensis [J]. Immunol Cell Bio，75 (5)：484 - 491.

第四十九章 棒状杆菌科细菌所致疾病

第一节 鼠棒状杆菌病 (Corynebacterium kutscheri)

鼠棒状杆菌病（Corynebacterium kutscheri）是由鼠棒状杆菌引起的多种实验动物、特别是大小鼠，以脓毒败血症造成的全身多脏器脓肿，肝、肺、淋巴结干酪样坏死，肢体关节及尾部红肿等为特征的疾病。人可因机体抵抗力下降或通过接触带菌动物而感染发病，引起皮肤软组织感染以及绒毛膜羊膜炎和胎儿的脐带炎等，严重者可引起败血症死亡。

一、发生与分布

鼠棒状杆菌病呈世界性分布。鼠棒状杆菌于1894年由德国科学家Kutscher从患病小鼠中首次分离，疾病被命名为“假结核”。报道的病例大多数来源于欧洲、日本和美洲。该病在不同实验动物宿主中感染分布不一，以小鼠和大鼠居多，偶见有豚鼠和地鼠感染的报道。而我国很多个省（自治区、直辖市）都曾报道有实验小鼠、大鼠棒状杆菌病的发生，包括北京、上海和广东等地的各大实验动物生产机构和使用单位。近年来，由于实验大鼠、小鼠取消了普通级，饲养均在屏障环境中，已经鲜有鼠棒状杆菌病的报道。鼠棒状杆菌多呈隐性感染，免疫抑制剂、X射线、环境条件差、食物中缺乏维生素B_6均可导致带菌动物发病。该菌在日常监测中常规检测方法不易分离检出。

二、病　　原

1. 分类地位　鼠棒状杆菌（*Corynebacterium kutscheri*）以分离者Kutscher名字命名，也称“库彻氏棒状杆菌”，曾被称为鼠假结核杆菌、鼠假结核棒状杆菌、库彻氏杆菌等。在伯吉氏系统细菌学手册中分类属放线菌及其他细菌类群中的棒状菌群的棒状杆菌属（*Corynebacterium*），该菌与结核分支杆菌有着非常相似的菌体表层构成成分，都含有多量的脂质类物质，能够抵抗吞噬细胞的消化作用。该菌能够抵抗溶菌酶的作用。Pierce-Chase等（1964）和Fauve等（1964）认为鼠棒状杆菌存在无毒变种，可导致鼠群的无症状感染；但Hirst和Olds（1978）随后的研究证明并不存在无毒变种，所谓的无毒变种实际是链球菌。目前确认鼠棒状杆菌只有一个血清型。但来自不同宿主的分离株在抗原谱及生化反应上有微小差异。欧洲分离株与日本分离株在抗原性上也有差异。

2. 形态学基本特征与培养特性　鼠棒状杆菌为革兰染色阳性杆菌，大小（0.5～0.6）μm×（1.2～1.5）μm，呈尖形或小棒锤状，或微弯曲，排列不规则，可散在、成对、呈V形或栅栏状排列，在陈旧培养物中呈现分枝。无运动性，无鞭毛，无荚膜，不形成芽孢。生长温度范围为15～42℃，兼性厌氧。普通琼脂或5%血液琼脂平皿上（36±1)℃培养48～72h可形成1mm左右、白色或灰色、突起、无光泽、触之较硬、涂片不易乳化、不溶血的菌落。在微需氧的环境下生长较好。在污染样品中分离时可使用FCN（Furazolidone-colimycin-nalidixicacid，脑心浸液培养基加呋喃唑酮、多黏菌素、萘啶酮酸）选择性培养基，可抑制革兰阴性菌的生长，分离效果较好。在麦康凯培养基上不生长。分解葡萄糖、果糖、半乳糖、蔗糖、麦芽糖、甘露糖、菊糖和水杨苷，产酸不产气；不分解甘露醇、乳糖、阿拉伯糖和卫矛醇；尿素酶阳性；触酶阳性；硝酸盐还原试验阳性；产生硫化氢；不液化明胶；不产生吲哚。在临床组织病料中鼠棒状杆菌革兰染色特性可能发生变化，确诊必须结合纯培养菌株的染色及生理生化反应来确定。

3. 理化特性 鼠棒状杆菌在室温下可长时间存活于病灶分泌物、尿液及粪便中。存放于 PBS 的纯培养物在−20～4℃中至少能保持 8 天的活力，在血液或脓汁中保持毒力 6～10 天，冷水中能保持生活力达 2 周。该菌对热的抵抗力稍强，日光直射、加热 82℃以上 10min 可将其杀死。对常用消毒药比较敏感，各种消毒剂均能迅速将其杀死。

4. 分子生物学 目前对鼠棒状杆菌的分子生物学方面的研究比较少，未见有关全基因组的报道。JO Saltzgaber - Muller 等（1986）使用经 ^{32}P 标记的探针对该菌进行 DNA 杂交检测时，采用常规方法提取鼠棒状杆菌 DNA，用限制性内切酶 EcoRI37℃对基因组 DNA 进行酶切 3h 利用，琼脂糖凝胶电泳对酶切产物进行分析，发现基因片段根据大小可以分为以下 6 个区域：Ⅰ，0.3～1.6kb；Ⅱ，2.2～3.4kb；Ⅲ，3.5～4.8kb；Ⅳ，5.0～6.5kb；Ⅴ，7.0～7.5kb；Ⅵ，8.0～>9.5kb。其中区域Ⅲ为该菌特异的片段，与其他病原体或非致病性的棒状杆菌没有交叉反应。Khamis Atieh 等 2004 年报道了该菌的 rpoB 基因，该基因长 3 168bp，在棒状杆菌属的 56 个种的细菌中，该基因的多态性最高，可用于鉴别不同的棒状杆菌。

三、流行病学

1. 传染来源 患病鼠及隐形感染鼠为主要传染来源，普通环境中自然界带菌野鼠也可成为传染源。

2. 传播途径 目前已经确认的鼠棒状杆菌在大鼠中的传播途径是粪—口途径，在小鼠和其他动物中可通过直接或间接途径传播，如口、鼻或皮肤伤口等。该菌可在消化道、下颌淋巴结以及上呼吸道长期存在，机体抵抗力下降时进入血液形成细菌栓子而发病。可通过呼吸道气雾、粪便、舔咬和子宫内污染等传播。一些应激因素如强烈照射、手术处理、运输、营养不良等可诱发该病，使隐性带菌的鼠群出现暴发流行。患病动物由其排泄物、分泌物不断排出病原菌，污染饲料、饮水、用具和外界环境，经消化道而传染给健康动物；或由咳嗽、喷嚏排出病菌，通过飞沫经呼吸道而传染；吸血昆虫媒介和皮肤、黏膜的伤口也可发生传染。

3. 易感动物

（1）自然宿主 自然感染的宿主主要是小鼠和大鼠，也有从豚鼠和地鼠以及野鼠中分离出鼠棒状杆菌的报道。除近交系 C57BL/6/小鼠对该菌敏感性较低之外，各种年龄、性别、品系的大、小鼠都易感；小鼠中雄性带菌率比雌性高 1.5～2 倍，成年鼠比幼鼠易感。

（2）实验动物 对实验动物的感染研究主要集中于大、小鼠。Brownstein 等（1985）通过口鼻途径接种大鼠，能持续 8 周以上在口腔及下颌淋巴结中分离到鼠棒状杆菌。侯伶伶等（1987）以 6×10^7CFU/只的剂量分别给昆明小鼠皮下注射和腹腔注射鼠棒状杆菌，小鼠皮下感染鼠棒状杆菌，只在注射局部形成脓肿，以后被吸收或破溃排出，临床表现正常，不发生脓毒败血症。腹腔内接种的小鼠，在腹腔内形成广泛的脓肿，最常受累的器官为肝、肾，还有个别小鼠在胰脏发生脓肿。脾、肺、心、脑未见病变。腹腔接种小鼠的病程经过为：接种→腹腔内的浆膜面多发性小化脓灶→腹膜、系膜、肝肾等被膜下急性化脓性炎症、脓肿→肝、肾等多发性化脓灶或亚急性化脓性炎症（上皮样细胞增生）→脓毒败血症→死亡。高正琴等（2008）分别给 Wistar 大鼠皮下注射和腹腔注射 2×10^7CFU/只剂量，静脉注射 1×10^7CFU/只剂量的鼠棒状杆菌，发现皮下注射病原菌的大鼠，在接种 48h 后皮下出现脓肿结节；腹腔接种病原菌的大鼠在 72h 后接种部位局部出现化脓灶；静脉接种肉汤培养物的大鼠，于接种 48h 后死亡。病鼠剖检后，可见淋巴结、肺、肝等器官组织肿大，有坏死灶，与自然病变相似。

（3）易感人群 人感染鼠棒状杆菌常发生在动物感染之后，发病情况与职业、病人自身免疫状况、与病原接触的频率和剂量以及病菌的毒力有关。各种原因导致的免疫力低下会增加对鼠棒状杆菌的易感性。

4. 流行特征 鼠棒状杆菌病多为散发或隐性感染，常在普通环境饲养的动物种群中发生，极少在屏障环境中发生。鼠棒状杆菌的感染无明显的季节性，主要随饲养环境的改变而发生变化。当动物在某些诱因的作用下机体抵抗力下降时或者动物饲养环境发生变化时常导致疾病暴发流行。如免疫抑制剂的使用、射线照射、营养失调、潮湿、拥挤、氨浓度过高、动物试验处理或给药等一切能使动物处于应激状态的因素，均可成为发病诱因。

四、临床症状

1. 动物的临床表现 鼠棒状杆菌以隐性感染形式广泛存在。在普通级小鼠群中，鼠棒状杆菌的带菌率可高达37%。但该菌仅散发性地引起临床疾病。免疫抑制或环境应激可导致疾病暴发流行，隐性感染的大、小鼠一般不表现临床症状。疾病暴发时表现为两种类型：高致死率的急性病程和低死亡率的慢性综合征。当发病呈急性经过时，发病率、死亡率均较高。发病鼠食欲不振，消瘦，生长受阻，被毛粗乱，弓背，呼吸深快，鼻部及眼部出现分泌物，关节肿大，皮肤发生溃疡脓肿，甚至形成皮下瘘管，肢体发生病变时可发生跛行或者因坏死而脱落，常于1周内死亡。大鼠的呼吸道症状较为明显。慢性经过时，临床症状不明显。

2. 人的临床表现 鼠棒状杆菌引起人的临床感染并不多，尚未发现人与人之间的传染性。其中多与自身免疫力低下及动物咬伤有关。Fitter等（1979）在一名42岁经产孕妇早产的26周女婴的脐带及胎盘的绒毛膜中分离出了鼠棒状杆菌，由于鼠棒状杆菌的感染导致了绒毛膜羊膜炎，使羊水早破从而致使胎儿早产，早产后又导致脐带炎。江炎生等（1994）从一例植皮患者所植皮周渗出物中连续3次培养出鼠棒状杆菌。陈宗淦等（1995）从一例败血症患者的血液及骨髓中均分离到鼠棒状杆菌，患者受凉后出现高热40℃、寒战、咳嗽、脓痰、恶心、脐周隐痛，黏液状柏油样大便3周，白细胞升高，血常规及骨髓检查呈现败血症及危重贫血指征。Holmes等（2007）从一名7个月大女婴的右手中指感染伤口中分离到鼠棒状杆菌，该女婴于32周早产，在感染12天前被野鼠咬伤右手。症状表现为在咬伤局部出现红肿渗出，每天生理盐水冲洗后症状并无缓解且逐渐加重，并继发出现脓肿、伤口排脓及蜂窝织炎。

五、病理变化

1. 大体解剖观察

（1）小鼠 全身性败血症，多脏器如在肺、肾、心、肝及淋巴结形成脓肿，呈灰白色或黄色结节，凝固性或干酪样坏死；一般病例中，小鼠的病变主要集中在肾和肝。腕、掌、跗、趾关节腔中大量黏液性脓性分泌物，伴有关节坏死，软骨糜烂及溃疡；皮肤溃疡及瘘管形成，有的动物出现皮下脓肿等。

（2）大鼠 可见肠黏膜出血、溃疡，有小脓肿形成，肠系膜淋巴结肿大。在肺、肾、心、肝及淋巴结形成脓肿，呈灰白色或黄色结节，内有干酪样渗出物，与结核结节类似，病程长的病例，病灶可合并为凸起的超过1cm的病变。在一般病例中，主要病变在肺。肺呈红白相间实质化肝变，肺泡水肿；小叶间隔增厚，切面下呈液化或干酪样坏死及充血；肺与胸壁之间发生纤维素粘连，胸膜增厚，表面有纤维素性物质附着；下颌淋巴结肿大，切面呈中央坏死。还可发生皮肤溃疡、化脓性关节炎、包皮腺炎、中耳炎、腹膜炎等病变。

2. 组织病理学观察 脓肿周围有巨噬细胞和中性粒细胞浸润，实质细胞发生坏死。肺多发或愈合的凝固至液化坏死区域内有许多中性粒细胞，周围以巨噬细胞、淋巴细胞及结缔组织增生为主。还可见有巨噬细胞及中性粒细胞浸润，小支气管内可见黏液及中性粒细胞；小支气管及围血管淋巴细胞及浆细胞增生；间皮细胞肥大及少量巨噬细胞。淋巴结坏死，大量中性粒细胞浸润。在坏死灶及脓肿病灶中可见到革兰染色阳性的小杆菌菌体集落。

六、诊　　断

该病可根据流行病学资料和临床症状做出初步诊断，确诊需结合实验室检查。

1. 细菌分离与鉴定 日常监测采取动物回盲部内容物接种培养基分离细菌。发病动物可取病鼠的脓肿组织涂片，观察形态查找致病菌。同时取病鼠鼻咽气管分泌物及肾、肺的病灶组织以及隐性感染动物中收集的临床标本进行培养分离，鉴定鼠棒状杆菌，取可疑菌落做生化鉴定或用抗血清做玻片凝聚试验。结合以上结果即可确诊。在检查可疑病鼠前，可注射可的松诱发动物发病，以提高检出率。也可以用 API 20NE 系统对细菌进行鉴定。

2. 血清学试验 微量凝聚试验、免疫荧光试验以及 ELISA 是目前公认的检测鼠棒状杆菌抗体的方法。日本千叶大学使用鼠棒状杆菌标准菌株制备凝集抗原，测定待检病料血清。对 SPF 动物，凝集效价不小于 1∶5 判为阳性；普通级动物，凝集效价不小于 1∶40 判为阳性。微量凝集试验特异性较好，不易造成假阳性结果，但敏感性相对较低，对抗体滴度低的动物容易造成假阴性结果。Ackerman 等 1984 年首次建立了 ELISA 用于大鼠棒状杆菌的抗体检测，并与凝集试验的结果进行了比较。ELISA 和目前虽然可应用于该菌的检测，但多限于实验室研究，因所用菌株的不同导致敏感性和特异性的不稳定，尚未有商品化的试剂供应。

3. 临床及病理学诊断 患病动物食欲不振，消瘦，生长受阻，被毛粗乱，弓背，呼吸深快，鼻部及眼部出现分泌物，关节肿大，皮肤发生溃疡脓肿，甚至形成皮下瘘管。肢体可因坏死而脱落，常于 1 周内死亡。大鼠的呼吸道症状较为明显。病理剖检鼠棒状杆菌引起的特征性多脏器的干酪样坏死灶，可与其他病原体引起的病灶相区分。免疫组化可确定病灶中的特异性细菌栓子。

4. 分子生物学诊断 PCR 和核酸杂交技术已成功应用于无症状及感染动物的快速诊断。JO SALTZGABER-MULLER 等（1986）使用经 ^{32}P 标记的鼠棒状杆菌 3 个特异基因片段探针，对该菌进行 DNA 杂交检测，发现该方法特异性强，与 16 种非致病性棒状杆菌无交叉反应，且可直接从动物病变组织的压印片或病理切片中进行检测，最早可在动物感染 1 周后检测到该菌。

七、防治措施

鼠棒状杆菌能正常存在于啮齿类动物中，不表现任何临床症状。鼠棒状杆菌是实验小鼠和大鼠最易感染、污染环境的病原，饲养群体中一旦感染，很难清除。采取的主要预防措施有：早期检测发现阳性动物立即隔离。利用常用化学及物理消毒方法杀灭环境中的鼠棒状杆菌。不推荐使用抗生素疗法来清除群体中鼠棒状杆菌感染，但使用四环素、青霉素等抗生素可缓解鼠棒状杆菌引起的肺炎等临床症状。对已经污染的实验动物群，子宫剖腹产净化是清除感染最有效的方法。

八、对实验研究的影响

近年来，随着实验动物饲养环境的严格控制，实验动物发生鼠棒状杆菌发病地区和发病数在逐渐减少，但随着各种实验动物在生物医学研究中的广泛应用，实验动物感染鼠棒状杆菌对试验研究的影响不可忽视。Barthold 和 Brownstein（1988）报道，感染鼠棒状杆菌的大鼠，不能试验感染仙台病毒、涎泪腺炎病毒和大鼠细小病毒 RV 株。感染该菌后，所有能够造成应激、免疫抑制以及营养缺陷的研究都会导致疾病暴发，对试验研究造成严重影响。同时因其属于条件感染性疾病，临床症状不明显，饲养群体中一旦感染，很难通过有效的方法排除。且增加了其传播给人的危险性，尤其是对那些长期接触实验动物或者自身免疫力低下的科研及饲养人员。

（范薇 隋丽华）

我国已颁布的相关标准

GB/T 14926.12—2001 实验动物 鼠棒状杆菌检测方法

参考文献

陈德威，侯伶伶，靳彦华．1987．应用凝集试验检查小鼠棒状杆菌感染的试验报告［J］．实验动物科学，4（3）：99-102.

陈德威，宋万敏．1987. 鼠棒状杆菌的分离与鉴定［J］．实验动物科学，4（2）：43－45.
陈宗淦，鲁慎文，朱江，等．1995. 库特氏棒状杆菌败血症1例报告［J］．中国微生态学杂志，7（2）：59，48.
高正琴，张强，邢进，等．2008. 鼠棒状杆菌的分离与鉴定［J］．实验动物科学，25（1）：18－20.
侯伶伶，靳彦华，陈德威．1987. 实验小鼠人工感染鼠棒状杆菌的病理形态学观察［J］．实验动物科学，4（4）：125－128.
江炎生，严华．1994. 库氏棒状杆菌引起植皮后感染一例［J］．上海医学检验杂志，9（2）：123.
靳彦华，陈德威，侯伶伶．1987. 应用荧光抗体法检测人工感染小鼠体内的鼠棒状杆菌抗体［J］．实验动物科学，4（4）：122－124.
李红，贾瑞胜，黄澜，等．1992. 小鼠感染鼠棒状杆菌的调查及检查方法的比较［J］．中国实验动物学杂志，2（3，4）：170－171.
孙以方，张文慧．1997. 鼠棒状杆菌检测方法的比较［J］．中国兽医科技，27（10）：30－31.
萧佩衡，刘瑞三，崔忠道，等．1991. 实验动物医学［M］．北京：农业出版社：61－62，125－126.
钟品仁．1983. 哺乳类实验动物［M］．北京：人民卫生出版社：127－128，134.
Ackerman J，I J G Fox a，J C Murphy. 1984. An enzyme－linked immunosorbent assay for detection of antibodies to Corynebacterium kutscheri［J］. Lab. Anim. Sci，34：38－43.
Amao H，Moriguchi N，Komukai Y，et al. 2008. Detection of Corynebacterium kutscheri in thefaeces of subclinically infected mice［J］. Lab. Ani，42：376－382.
Barthold S W，Brownstein D G. 1988. The effect of selected viruses on Corynebacterium kutscheri infection in rats［J］. Lab. Anim. Sci，38：580－583.
Boot R，Thuis H，Bakker R，et al. 1995. Serological studies of Corynebacterium kutscheri and coryneform bacteria using an enzyme－linked immunosorbent assay（ELISA）［J］. Lab. Ani，29：294－299.
Brownstein D G，Barthold S W，Adams R L，et al. 1985. Experimental Corynebacterium kutscheri infection inrats：bacteriology and serology［J］. Lab. Anim. Sci，36：135－138.
Fitter W F，Desa D J，Richardson H. 1979. Chorioamnionitis and funisitis due to Corynebacterium Kutscheri［J］. Archives of Disease in Childhood，55：710－712.
Giddens W E，Keahey K K，Carter G R，et al. 1968. Pneumonia in rats due toinfection with Corynebacterium kutscheri［J］. Pathol. Vet，5：227－237.
Hirst R G，Olds R J. 1978. Corynebacterium kutscheri and its alleged avirulent variant inmice［J］. J. Hyg，80：349－356.
Hirst R G，Olds R J. 1978. Serological and biochemical relationship between the allegedavirulent variant of Corynebacterium kutscheri and streptococci of group N［J］. J. Hyg，80：356－363.
Holmes N E，Korman T M. 2007. Corynebacterium kutscheri Infection of Skin and Soft Tissue following Rat Bite［J］. J Clin Microbiol，45（10）：3468－3469.
J Saltzgaber－Muller，Stone B A. 1986. Detection of Corynebacterium kutscheri in Animal Tissues by DNA－DNA Hybridization［J］. J Clin Microbiol，24（5）：759－763.
Khamis A，Raoult D，La Scola B. 2004. rpoB Gene Sequencing for Identification of Corynebacterium Species［J］. J Clin Microbiol，42（9）：3925－3931.
Pierce－Chase C H，Fauve M，Dubos R. 1964. Corynebacterial pseudotuberculosis in mice. I. Comparative susceptibility of mouse strains to experimental infection withCorynebacterium kutscheri［J］. J. Exp. Med，120：267－281.

第二节　伪结核棒状杆菌病
（Corynebacterium pseudotuberculosis）

伪结核棒状杆菌病（Corynebacterium pseudotuberculosis）是由伪结核棒状杆菌引起多种动物和人共患的慢性传染病。表现为皮下淋巴结形成的局灶性脓肿，受害的皮下及淋巴结出现化脓性病变，呈脓性干酪样坏死，有的可侵入体内，在肝、脾、肺、子宫角、肠系膜等处发生大小不等的结节，内含黄白色的脓性干酪样物质。患病动物体温升高、食欲减退、精神差、消瘦，严重者导致死亡。

一、病　　原

1. 分类地位 伪结核棒状杆菌（*Corynebacterium pseudotuberculosis*）又称假结核棒状杆菌，在伯吉氏系统细菌学手册中分类属放线菌及其他细菌类群中的棒状菌群的棒状杆菌属（*Corynebacterium*）。伪结核棒状杆菌为兼性细胞内寄生菌，能够产生坏死性、溶血性外毒素，其主要成分为磷脂酶。该菌与结核分支杆菌有着非常相似的菌体表层构成成分，都含有多量的脂质类物质。一般认为这种物质能够抵抗吞噬细胞的消化作用。伪结核棒状杆菌能够抵抗溶菌酶的作用。

2. 形态学基本特征与培养特性 伪结核棒状杆菌大小为（0.5～0.6）μm×（1.0～3.0）μm，具多形性，呈不规则小杆状、球状或丝状，有时一端或两端膨大呈棒状。排列不规则，常呈歪斜的栅栏状，亦可成双或散在。细胞内多呈杆状或长丝状。不形成芽孢、鞭毛、荚膜。革兰染色阳性，抗酸染色阴性。美兰染色着色不均，两端着色较深，有异染颗粒。

需氧或兼性厌氧，适温37℃，最适pH7.0～7.2。普通培养基上生长贫瘠，添加血液、血清、葡萄糖等有助于伪结核棒状杆菌生长。血清琼脂板上的菌落为细小颗粒样、半透明、边缘不整齐。时间延长后变为不透明，初次分离生长缓慢，48h后形成灰白色、圆形小菌落，继续培养菌落增大，呈现干燥松脆的同心圆外观，菌落易推动和破碎，颜色因菌株的不同而呈乳白色至橙黄色。在血液琼脂板上培养24h生成黄白色、不透明、凸起、表面无光泽、直径约1mm的菌落。初代培养时可出现狭窄β溶血环，经多代培养后逐渐消失。

3. 理化特性 伪结核棒状杆菌常栖居于粪便、土壤、动物肠道和皮肤上，低温及冷冻时非常稳定，在－8～4℃时8h对其活性和毒力无任何影响；如无日光照射，在冷冻组织和粪便中可存活数月。对热的抵抗力弱，日光直射、加热65℃以上10min即可杀死。对干燥敏感性高，日光和干燥同时作用，经30min即可杀死。对一般消毒药抵抗力不强，各种消毒剂均能迅速将其杀死，1%石炭酸5min、2%石炭酸2min即可将其杀死；40%乙醇将其立即致死。

4. 分子生物学 Cerdeira LT等（2011）报道了马和羊伪结核棒状杆菌的全基因序列，其中羊伪结核棒状杆菌分离株PAT10全基因序列长2 335 323 - bp，平均G+C含量为52.19%，基因组中包括2 079个编码序列（CDS），4个rRNA操纵子，49个tRNA操纵子，61个假基因。马伪结核棒状杆菌分离株CIP 52.97全基因序列长2 320 595 - bp，平均G+C含量为52.14%，基因组中包括2 057个编码序列（CDS），4个rRNA操纵子，47个tRNA操纵子，78个假基因。Lopes T等（2012）报道了骆驼伪结核棒状杆菌分离株Cp267的全基因序列，全基因序列长2 329 026bp. 平均G+C含量为52.18%，基因组中包括2 079个编码序列（CDS），4个rRNA操纵子，49个tRNA操纵子，72个假基因。

对伪结核棒状杆菌的功能蛋白目前研究较少，研究较多的是磷脂酶D（Phospholipase D，PLD）和蛋白酶40（Protease 40，CP40）。Lipsky B. A. 等（1982）和Hodgson A. L. M. 等（1992）研究表明PLD是伪结核棒状杆菌最主要的毒力蛋白，能水解哺乳动物细胞膜中的磷脂网架，从而有利于细菌从一个细胞到另一个细胞的扩散。Wilson M. J. 等1995年发现CP40分子量约为40kDa，是伪结核棒状杆菌最主要的保护性抗原，介导B淋巴细胞产生免疫。田间试验证明纯化CP40对试验感染产生的淋巴结炎具有很好的保护性。

二、流行病学

1. 传染来源 病人和患病动物是主要传染源，恢复期和健康带菌现象也较常见。这些带菌的人和动物易被漏诊或忽略，传播该病的危险性较大。

2. 传播途径 伪结核棒状杆菌所致的脓肿破溃后，脓汁及患病动物的分泌物、排泄物及污染的饲料、饮水、环境及空气，主要经口腔黏膜和皮肤伤口感染，也可经呼吸道感染，但必须在消化道或呼吸道有创面的情况下才引起发病。生殖道也可成为传染门户，动物经过交配传染；蚊、蝇叮咬可以引起机械性传播。

人通过皮肤黏膜伤口感染，也可经呼吸道感染。

3. 易感动物

(1) 自然宿主　动物中绵羊、山羊、马、牛、骡、骆驼、犬、鹿、猴、鸡和鸽、犀牛均对伪结核棒状杆菌易感。实验动物主要自然感染犬和猴。人感染后可发生化脓性淋巴管炎，出现体表淋巴管肿胀、热痛及化脓等症状。

(2) 实验动物　小鼠、兔和豚鼠等经人工感染后可引起其皮肤、肌肉、内脏脓肿，以致死亡。大部分菌株的无细胞滤液对豚鼠、小鼠、家兔是致死的。经腹腔感染雄性豚鼠可发生睾丸炎。目前资料显示不感染实验大鼠。

三、临床症状

1. 犬和猴　实验犬和猴感染后不表现特殊症状，一般表现为食欲不振、精神萎靡、行动迟缓；慢性经过时，机体逐渐消瘦直至死亡。有的动物出现腹泻、肺炎、败血症等症状。

2. 人　人感染伪结核棒状杆菌后，可发生化脓性淋巴管炎，表现为体表淋巴管肿胀、有热痛及化脓等。经常与患病动物接触的科研人员和临床兽医等容易感染该病。机会性感染包括结膜炎、角膜炎、甲状腺脓肿、肺炎等。

四、病理变化

1. 大体解剖观察　腹腔可见大量浆液，肠管浆膜下散布较多的坏死灶，从米粒到豌豆大小或呈串状的干酪样、淡红色结节。盲肠上的病灶较为明显，肝、脾也可见多数结节，有的病例腹膜可见结节。

2. 组织病理学观察　病变肠结节早期由淋巴细胞组成，并有大量多核白细胞。肝发生组织病变，最初能看到个别变性的肝细胞失去固有形态，伴有核浓缩；随后，肝细胞在病灶内消失，单核细胞和嗜酸性粒细胞浸润，另有少量结缔组织细胞，病灶中心部位变性较严重。脾脏结节也主要是由淋巴细胞和大量多核白细胞组成。该菌引起的结节没有结核分支杆菌引起的结节钙化以及周围组织增生的现象。

五、诊　　断

1. 动物的临床诊断　伪结核棒状杆菌病无特异的临床症状可供诊断，但其病理剖检具有特征性，且与结核引起的结节有以下差异：①伪结核棒状杆菌病的结节病灶内没有血管，只有浸润细胞的崩解。②其结节没有硬化现象。③被损害的组织中坏死过程占优势。可根据以上特征做出初步诊断。确诊需要分离出病原菌。

2. 人的临床诊断　具有上述临床症状和致病特点，并且有与被确诊或可疑的动物或被污染环境及动物产品接触的流行病学史。临床有符合伪结核棒状杆菌病的表现，并从脓肿及病料中分离出伪结核棒状杆菌。

3. 实验室诊断

(1) 细菌分离培养　伪结核棒状杆菌病的症状复杂，因此流行病学资料和临床症状只能作为初步诊断的依据，欲确诊，必须进行病原菌分离鉴定，方能得出动物或人感染该菌的最终结论。检查时，可采取结节内容物等病料标本做涂片检查，并分离培养细菌，然后根据形态、染色特征、培养特性、生化反应及动物试验结果等，做出最终诊断。

(2) 血清学方法　目前比较成熟的方法是 ELISA，用于血清抗体筛查。

(3) 分子生物学方法　可采用 PCR 检测病料中的细菌 DNA 片段。

六、防治措施

1. 动物的防治措施

(1) 综合性防治措施　伪结核棒状杆菌往往污染垫草和地面，因此应定期对动物房舍彻底消毒，对动物的伤口及幼仔的脐带严格消毒处理。平时应注意保持动物皮肤和环境的清洁卫生，及时治疗皮肤损伤，消灭吸血昆虫和有害啮齿类动物。出现患病动物应及时隔离。

（2）治疗　药敏试验表明，伪结核棒状杆菌对青霉素、庆大霉素、卡那霉素以及氯霉素等高度敏感。但在实际治疗中，由于伪结核棒状杆菌病所形成的病灶表面包有一层厚而致密的纤维性肉芽肿性包囊，诸多药物都难以通过这层包囊渗入其内，这是伪结核棒状杆菌病难以治疗的最主要原因之一；而有些药物虽能由较薄或开放部位进入脓肿内，但由于其穿透性和残效期所限，加之脓汁干稠，药物难以均匀扩散于整个脓肿，因而不能彻底杀死脓肿内的病原菌。从临床应用结果来看，对体表出现化脓性干酪性淋巴结炎的患病动物，早期应用青霉素可取得较满意的效果。

2. 人的防治措施　可能接触到病人、患病动物的工作人员，需注意个人防护，防止皮肤发生外伤。当发现伪结核棒状杆菌感染病人时，应立即进行抗生素治疗。抗生素治疗首选药物是青霉素，对青霉素过敏者可选用相应的敏感抗生素。对接触者应进行医学观察并用抗生素类药物进行预防。病人周围一定范围内的人员、接触过污染物品的人员也应用抗生素类药物进行预防。对病人的分泌物、排泄物以及脓肿破溃部位都要进行相应的消毒处理。

七、公共卫生影响

近十年来，每年报告的动物伪结核棒状杆菌病发病地区和发病数均呈少量上升态势，但实验犬和猴的感染已鲜有报道。该病发展缓慢、致死性低，所以常被人们忽视。伪结核棒状杆菌病是国际上公认的难以防治的传染病之一，一旦侵入动物群则很难彻底清除。发病地区应采取措施封锁疫区，隔离患病动物，消毒圈舍、用具和周围环境，对病患动物尸体、排泄物、分泌物等进行无害化处理。

（范薇　隋丽华）

参考文献

杜瑛媛．1997. 假结核棒状杆菌致甲状腺脓肿一例［J］．上海医学检验杂志，12（2）：123.

东秀珠，蔡妙英．2002. 常见细菌系统鉴定手册［M］．北京：科学出版社：267－294.

李国瑜，苏贵军．2008. 青海省骆驼伪结核棒状杆菌病发生情况的调查［J］．青海畜牧兽医杂志，38（1）：39.

于恩庶，徐秉锟．1996. 中国人兽共患病学［M］．第2版．福州：福建科学技术出版社：285－294.

赵宏坤，范伟兴，胡敬东，等．2000. 羊伪结核病研究进展［J］．中国预防兽医学报，22（3）：236－237.

Cerdeira L T，Pinto A C，Schneider M P，et al. 2011. Whole－genome sequence of Corynebacterium pseudotuberculosis PAT10 strain isolated from sheep in Patagonia，Argentina［J］．J Bacteriol，193（22）：6420－6421.

Cerdeira L T，Schneider M P，Pinto A C，et al. 2011. Complete genome sequence of Corynebacterium pseudotuberculosis strain CIP 52. 97，isolated from a horse in Kenya［J］．J Bacteriol，193（24）：7025－7026.

Dorella F A，Pacheco L G C，Oliveira S C，et al. 2006. Corynebacterium pseudotuberculosis：microbiology，biochemical properties，pathogenesis and molecular studies of virulence［J］．Vet Res，37：201－218.

Hodgson A L M，Krywult J，Corner L A，et al. 1992. Rational attenuationof Corynebacterium pseudotuberculosis：potential cheesy gland vaccine and live deliveryvehicle［J］．Infect. Immun，60：2900－2905.

Lipsky B A，Goldberger A C，Tompkins L S，et al. 1982. Infections caused by nondiphtheriacorynebacteria［J］．Rev. Infect. Dis，4：1220－1235.

Lopes T，Silva A，Thiago R，et al. 2012. Complete Genome Sequence of Corynebacterium pseudotuberculosis Strain Cp267，Isolated from a Llama［J］．J Bacteriol，194（13）：3567－3568.

Manning E B，Cushing H F，Hietala S，et al. 2007. Impact of Corynebacterium pseudotuberculosis infection on serologic surveillance for Johne’s disease in goats［J］．J Vet Diagn Invest，19：187－190.

Venezia J，Cassiday P K，Marini R P，et al. 2012. Characterization of Corynebacterium species in macaques［J］．J Med Microbiol，61（10）：1401－1408.

Wilson M J，Brandon M R，Walker J. 1995. Molecular and biochemical characterizationof a protective 40－kDa antigen from Corynebacteriump seudotuberculosis［J］．Infect Immun，63（1995）：206－211.

第五十章
分枝杆菌科细菌所致疾病

第一节　结核分枝杆菌病
(Mycobacterium tuberculosis)

结核分枝杆菌病（Mycobacterium tuberculosis）是由结核分枝杆菌复合菌群中的结核分枝杆菌（*M. tuberculosis*）、牛分枝杆菌（*M. bovis*）和禽分枝杆菌（*M. avium*）所引起的，以多种组织器官中形成结节性肉芽肿和干酪样、钙化结节病灶为特征的一种人兽共患慢性传染病。世界动卫组织（OIE）将其列为B类动物疫病，我国将其列为二类动物疫病。

一、发生与分布

结核分枝杆菌病简称结核病曾广泛流传于世界各国。在我国，该病疫情也非常严重。不同实验动物宿主因易感性不同而感染分布不一。其中，猴和豚鼠最为易感，在人工饲养条件下很容易被向体外排菌的开放性结核病病人或动物所直接或间接感染。该病一旦在动物舍中发生，几乎所有的其他同栏动物都很难幸免，从而暴发疫情。

二、病　　原

1. 分类地位　结核分枝杆菌病病原有结核分枝杆菌（又称人型结核分枝杆菌）、牛分枝杆菌（旧称牛型结核分枝杆菌）和禽分枝杆菌（旧称禽结核分枝杆菌），分类上属放线菌目、分枝杆菌科（Mycobacteriaceae）、分枝杆菌属（*Mycobacterium*），该属是革兰阳性抗酸菌的代表，包括结核分枝杆菌复合菌群的各菌种以及80多种致病型。

2. 形态学基本特征与培养特性　结核分枝杆菌为细长略带弯曲的杆菌，呈单个或分枝状排列，无鞭毛、无芽孢。大小为（1～4）μm×0.4μm。牛分枝杆菌比较粗短。在陈旧病灶和培养物中，形态常不典型，可呈颗粒状、串球状、短棒状或长丝形等。近年发现结核分枝杆菌在细胞壁外尚有一层荚膜，一般因制片时遭受破坏而不易看到。若在制备电镜标本固定前用明胶处理，可防止荚膜脱水收缩。在电镜下可看到菌体外有一层较厚的透明区即为荚膜，其对结核分枝杆菌有一定的保护作用。

结核分枝杆菌细胞壁脂质含量较高，影响营养物质的吸收，故生长缓慢。接种后培养3～4周才出现肉眼可见的菌落。在一般培养基中每分裂一代需耗时18～24h，营养丰富时只需5h。最适pH 6.5～6.8，最适温度为37℃。在固体培养基上，菌落为干燥、坚硬、表面呈颗粒状、乳酪色或黄色，形似菜花样。在液体培养基内呈粗糙皱纹状菌膜生长，若在液体培养基内加入水溶性脂肪酸，如吐温80，可降低结核分枝杆菌表面的疏水性，使其呈均匀分散生长，有利于进行药物敏感试验等。

结核分枝杆菌初次分离需要营养丰富的培养基。常用的有罗氏固体培养基，内含蛋黄、甘油、马铃薯、无机盐和孔雀绿等。孔雀绿可抑制杂菌生长，便于分离和长期培养。蛋黄含脂质生长因子，能刺激生长。根据接种菌多少，一般2～4周可见菌落生长。在液体培养基中可能由于接触营养面大，细菌生长较为迅速，一般1～2周可见菌落生长。临床标本检查液体培养比固体培养的阳性率高数倍。

3. 理化特性 由于结核分枝杆菌富含类脂和蜡脂，因此对外界环境抵抗力较强。在干痰中能存活6～8个月，冰点下能存活4～5个月，在污水中可保持活力11～15个月，在粪便中能存活几个月，若黏附于尘埃上可保持传染性8～10天。对酸、碱、消毒剂的耐受力较强，在3% HCL或NaOH溶液中能耐受30min，因而常用酸碱中和处理严重污染的检验材料，杀死杂菌和消化黏稠物质，提高检出率。对5%石炭酸、4%氢氧化钠和3%福尔马林敏感，对湿热、紫外线、酒精的抵抗力弱，在液体中加热62～63℃ 15min、直射日光下2～3h、75%酒精内数分钟即死亡。结核分枝杆菌对链霉素、利福平、异烟肼等抗结核药物较易产生耐药性。耐药菌株常伴有活力和毒力减弱，如异烟肼耐药菌株对豚鼠的毒力消失，但对人仍有一定的致病性。

4. 分子生物学

(1) 基因组特征 已有报道结核分枝杆菌基因组全长约4 411 529bp，G+C含量较高（平均65.6%），其基因序列高度保守。所包含的3 924个可读框（ORF）中，有187个参与脂类代谢、细胞壁合成，有360个参与细胞壁代谢，有66个参与脂类合成，有287个参与能量代谢，有95个参与氨基酸合成，有38个参与毒力，有69个参与DNA合成，有约10%编码两大类不相关的富含甘氨酸的酸性蛋白。结核分枝杆菌不同菌株之间存在多个差异基因。

(2) 毒力因子 结核杆菌的毒力因子尚不十分清楚。已经报道的有：胞壁中富含的糖脂，可保护免受吞噬细胞形成的吞噬溶酶体的氧化破坏；分泌的类似李氏杆菌溶血素的物质，可使菌体从吞噬细胞的吞噬泡内逸出；胞壁中的脂阿拉伯甘露聚糖（具有抑制T细胞分化的作用）和名为85A抗原的分泌蛋白（具有影响T细胞活化的作用），可干扰对T细胞活化产生的细胞因子有依赖性的巨噬细胞活化过程；胞壁中的胞壁酰二肽可激活机体免疫应答，产生肿瘤坏死因子等细胞因子，从而造成动物肺脏的损害。

三、流行病学

1. 传染来源 结核病病人和动物是该病的传染源，其中开放性结核病患者是该病的主要传染源。结核病患者体内的病菌可随气管分泌物、粪便、尿液、乳汁、精液和阴道分泌物排出，从而污染饲料、饮水、空气等周围环境。实验动物中有许多动物对结核分枝杆菌和牛分枝杆菌易感，如猴、豚鼠、仓鼠、小鼠、兔等。人和这类动物经常接触，既可以把自身所患的病传染给动物，也可以被患病动物所传染。

2. 传播途径 该病主要通过呼吸道（如吸入含病菌的飞沫或气溶胶）和消化道（如采食被病菌污染的饲料和饮水）感染，也可以通过交配和撕咬感染。其中经呼吸道传播的威胁最大。此外，营养不良、饲养管理和卫生条件差、阴暗潮湿、通风不良、笼舍拥挤、患病动物和健康动物同舍等都可促使该病的发生。

3. 易感动物

(1) 自然宿主 奶牛对牛分枝杆菌最为易感，其次为水牛、黄牛、牦牛等。牛分枝杆菌也能感染包括人在内的多种哺乳动物，包括鹿、猪、山羊、骆驼、犬、猫等家养动物，还包括野猪、羊驼、獾、松鼠、野牛、猴、狒狒、狮子、大象等50种温血脊椎动物，还能感染20多种禽类。这些感染的野生动物，构成病原贮备库，严重影响牛分枝杆菌的防控效果。犬对结核分枝杆菌也比较易感。犬的结核病主要是由结核分枝杆菌和牛分枝杆菌所致，极少数由禽分枝杆菌引起。病犬能在整个病期随着痰、粪、尿、皮肤病灶分泌物等排出病菌，对人造成很大威胁。

(2) 实验动物 豚鼠对结核分枝杆菌、牛分枝杆菌有高度敏感性，感染结核分枝杆菌、牛分枝杆菌后的病变与人进行性结核病病变和牛分枝杆菌病病变相似，是结核分枝杆菌和牛分枝杆菌分离、鉴别、诊断和各种抗结核病药物筛选以及病理研究的最佳动物。小鼠、兔、猴也是结核分枝杆菌复合群易感实验动物，大量应用于研究工作中。

(3) 易感人群 人发病情况与年龄、自身免疫状况、职业、与病原接触的频率和剂量以及病菌的毒力有关。

4. 流行特征 该病多呈散发或地方性流行。人工饲养条件下的实验动物相互之间接触机会较多，使得该病的感染率升高。另外，在一些诱因，如使用免疫抑制剂、射线照射、营养失调、给药等一切能使动物处于应激状态的因素的作用下，实验动物机体抵抗力会大幅下降，也会促使该病的发生甚至流行。

四、临床症状

1. 动物的临床表现 结核病的潜伏期一般为3～6周，有的可长达数月或数年。

临床上通常呈慢性经过，以肺结核、乳房结核和肠结核最为常见。肺结核以长期顽固性干咳为特征，且以清晨最为明显。患畜容易疲劳，逐渐消瘦，病情严重者可见呼吸困难。

乳房结核一般先是乳房淋巴结肿大，继而后方乳腺区发生局限性或弥漫性硬结，硬结无热无痛，表面凹凸不平。泌乳量下降，乳汁变稀，严重时乳腺萎缩，泌乳停止。

肠结核主要症状为消瘦，持续下痢与便秘交替出现，粪便常带血或脓汁。

2. 人的临床表现 对人具有致病性的主要是结核分枝杆菌、牛分枝杆菌。人感染后不一定发病，潜伏期长短不一，有的可以潜伏10～20年，有的潜伏期3～5年，也有短至几个月的。

呼吸道症状有咳嗽、咳痰、痰血或咯血。可有胸痛、胸闷或呼吸困难。咳痰量不多，有空洞时较多，有时痰中有干酪样物，约1/3～1/2肺结核有痰血或咯血，多少不一，已稳定、痊愈者可因继发性支气管扩张或钙化等导致咳血。咳嗽、咳痰、痰血或咯血2周以上，是筛选80%结核传染源的重要线索指征。一般肺结核无呼吸困难，大量胸水、自发气胸或慢纤洞型肺结核及并发肺心、呼吸衰竭、心衰竭者常有呼吸困难。全身症状常有低热、盗汗、纳差、消瘦、乏力、女性月经不调等。

病灶小或位置深者多无异常体征，范围大者可见患侧呼吸运动减弱，听诊呼吸音减弱或有支气管肺泡呼吸音。大量胸水可有一侧胸中下部叩诊浊音或实音。锁骨上下及肩胛间区的啰音，尤其是湿啰音往往有助于结核的诊断。上胸内陷、肋间变窄、气管纵隔向患侧移位，均有提示诊断意义。

皮肤结核病是结核分枝杆菌感染皮肤而引起的，且大部分（70%～80%或以上）是结核分枝杆菌引起，少部分（5%～25%）由牛分枝杆菌引起。它发病的诱发因素是人体抵抗力下降，全身状况差，结核分枝杆菌通过血流和淋巴回流感染皮肤而发生。由于机体免疫力、结核分枝杆菌的毒性和入侵途径的不同，在临床上可有不同类型，分为局限型和血源型。常见的皮肤结核病有寻常狼疮、瘰疬性皮肤结核、疣状皮肤结核、丘疹坏死性皮肤结核、硬红斑等。

五、病理变化

1. 大体解剖观察 豚鼠、猴、兔的大体剖检变化与人相似，在肺脏、乳房和（或）胃肠黏膜等处可见特异性白色或黄白色结节。结节大小不一，切面干酪样坏死或钙化，有时坏死组织溶解和软化，排出后形成空洞。在胸膜和肺膜可发生密集的结核结节，形如珍珠状。小鼠病变部位的结节一般不能发展为坏死，除非肺含菌量极高，而且观察不到干酪样坏死和肺空洞。

2. 组织病理学观察 病变组织尤其是肺和淋巴结，常发生增生性和（或）渗出性炎症。增生性结核结节主要由类上皮细胞和巨噬细胞集结在结核分枝杆菌周围，构成特异性肉芽组织，典型者结节中央有干酪样坏死；渗出性炎症在组织中有纤维蛋白和淋巴细胞的弥漫性沉积，随后发生干酪样坏死、化脓或钙化。

六、诊　　断

1. 动物的临床诊断 该病临床通常呈慢性经过，以肺结核、乳房结核和肠结核最为常见。依据流行病学特点、临床特征、病理变化可做出初步诊断，确诊需进一步做病原分离鉴定或免疫学诊断。

2. 人的临床诊断 人以肺结核最为多见。临床上首先通过询问了解是否有与被确诊或可疑的动物

(人)或被污染环境及动物产品接触、以前是否感染过该病、本次发病进程等，同时结合体征检查情况做出初步诊断，最后根据实验室诊断结果确诊。

3. 实验室诊断

(1) 细菌分离 根据感染类型，从受影响组织或部位采取适量的标本分离鉴定病原菌。

(2) 其他支持性实验室检查

①痰菌检查：此法简单快速，在肺结核诊断中常用。一旦在痰中查到病原菌即可确诊为菌阳肺结核；

②结核菌素试验：临床上广泛应用，对结核病的诊断具有参考意义；

③胸部X线检查：是诊断肺结核的重要方法，可以发现早期轻微的结核病变；

④纤维支气管镜检查：常应用于支气管结核和淋巴结支气管瘘的诊断；

⑤其他特殊检查：如酶联免疫吸附试验、聚合酶链式反应、全血γ-干扰素试验等方法，检测痰、乳、精液、子宫分泌物、尿、粪便或组织器官，都有助于结核病的确诊。

七、防治措施

1. 预防 对结核病主要采取综合性防疫措施，防止传入和扩散，净化实验动物群，培育健康实验动物。常规预防措施包括以下几个方面。

(1) 严格检验检疫，防止疫病传入和疫情扩大 ①坚持自繁自养，不从疫区引进实验动物，必须从外地引进实验动物时，要按有关规定检疫、隔离，确认健康时方可混群饲养；②实验动物群应每年进行定期检查，做到早发现、早隔离、早淘汰；③发现有渐进性消瘦、顽固性咳嗽等疑似结核病症状时，要及时隔离、消毒，并尽快做出诊断；④对确诊为结核病的实验动物应立即扑杀，对病死或扑杀的结核病动物要按照《畜禽病害肉尸及其产品无害化处理规程》(GB 16548—1996) 进行无害化处理，同时要对饲养环境以及用具进行彻底消毒，以防感染其他动物和人；⑤一旦发现实验动物暴发该病，应立刻停止全群流动，多次检测先前与感染者同舍的动物，确定健康者方可继续使用。

(2) 加强卫生管理，消除病菌传递因素 ①实验动物舍、饲养管理工具、运输车辆等要保持清洁、定期消毒；②加强对饲料及饲料添加剂的卫生管理工作；③加强饲养员及兽医人员的卫生工作；④妥善处理羊水、胎盘及其他污染源。

(3) 减少应激因素，提高机体抵抗力 尽量减少一切能使实验动物处于应激状态的潜在因素，如阴暗潮湿、通风不良、笼舍拥挤、射线照射、营养失调、给药等，以提高抵抗力，有利于预防该病的发生。

(4) 注重个人防护，保障相关人员身体健康 按照国际分级，结核分枝杆菌被归为经空气传播的三级危险病原体。目前已有不少结核病诊断和研究实验室工作人员感染结核病的相关报道。针对结核病的感染特征、风险和危害，确定采用“管理、环境和呼吸保护”相结合的防护措施，最大限度地降低感染概率。①制定全面、科学合理的技术管理规范，并严格遵照执行；②必须在三级或以上生物安全实验室(或安全柜) 中开展试验活动；③在试验活动中，要正确使用口罩、隔离衣、手套等个人防护用品；④开展试验时，要注意与动物接触时的防护，防止被动物咬伤；⑤试验结束后，要清洗双手；⑥相关工作人员应接种疫苗，之后每年定期进行结核菌素试验检查，做到早发现、早治疗。

2. 治疗 对于实验动物，一般不予治疗。对于人，目前主要有抗菌治疗和化疗两种治疗方式。抗菌治疗主要是抗结核治疗，其用药原则是早期、联合、全程、规律、适量。化疗是目前治疗与控制结核病最有效的手段，目前推行的化疗是全程督导下的短程化疗，WHO将其与控制传染源并列为控制结核病的两大战略。

八、公共卫生影响

结核分枝杆菌和牛分枝杆菌，都能感染人和多种实验动物，能造成动物与动物之间、人与动物之间以及人与人之间的相互传播，且常通过患病动物或人咳嗽借含病菌的飞沫及气溶胶传播，从而造成更为严重的公共卫生问题。因此，必须对实验动物及相关工作人员进行定期检疫，及时隔离、淘汰或治疗，确保无带菌或发病动物或人。

（范运峰　毛开荣　丁家波）

我国已颁布的相关标准

WS196—2001　结核病分类

WS288—2008　肺结核诊断标准

GB15987—1995　传染性肺结核诊断标准及处理原则

GB16853—1997　结核病检测标准

GB/T18645—2002　动物结核病诊断技术

SN/T1262—2003　国境口岸结核病检验规程

SN/T1283—2003　国境口岸结核病监测规程

SN/T1310—2003　猴结核皮内变态反应操作规程

SN/T1685—2005　猴结核病旧结核菌素变态反应试验操作规程

GB/T14926.48—2001　实验动物　结核分枝杆菌检测方法

参考文献

龚真莉，陈国栋，刘光远．2007. 结核分枝杆菌的分子生物学特点［J］．畜牧兽医杂志，26（3）：19 - 21.

刘建平，乐军，王洪海．2002. 结核分枝杆菌的致病机理［J］．生命科学，14（3）：182 - 185.

陆承平．2001. 兽医微生物学［M］．第3版．北京：中国农业出版社：332 - 339.

施浩强，龚蕴贞．2002. 人用和兽用新结核病疫苗评估的协调策略［J］．国外医学：预防、诊断、治疗用生物制品分册，25（4）：159 - 162.

魏云芳，万康林．2004. 结核病的实验室诊断进展［J］．中国人兽共患病杂志，20（7）：640 - 644.

张交儿，周向梅，孙结，等．2008. 核分枝杆菌感染实验模型［J］．中国实验动物学报，16（5）：385 - 390.

中华医学会．2004. 临床技术操作规范——结核病分册［M］．北京：人民军医出版社．

朱仁义，郭常义，葛艺琳，等．2011. 结核分枝杆菌实验活动中个人防护现状调查与防护效果评价［J］．中国消毒学杂志，28（6）：699 - 706.

Al Zahrani K，Al Jahdali H，Porrier L，et al. 2000. Accuracy and utility of commercially aviailable amplication and serologic tests for the diagnosis of minimal pulmonary tuberculosis［J］．Am J Respir Crit Care Med，162：1323 - 1329.

Camus J C，Pryor M J，Médigue C，et al. 2002. Re - annotation of the genome sequence of Mycobacterium tuberculosis H37Rv［J］．Microbiology，148（10）：2967 - 2973.

Carmine J，Bozzi D R，Burwen M D，et al. 1994. Guidelines for Preventing the Transmission of Mycobacterium tuberculosis in Health - Care Settings［J］．Morbidity and Mortality Weekly Report，54（17）：1.

Cole S T，Brosch R，Parkhill J. 1998. Deciphering the biology of Mycobacterium tuberculosis from the complete genome sequence［J］．Nature，393（6685）：537 - 544.

Garg S K，Tuwari R P，Tiwari D，et al. 2003. Diagnosis of tuberculosis：available technologies，limitations，and possibilities［J］．J Clin Lab Anal，17：155 - 163.

Gupta U D，Katoch V M. 2009. Animal models of tuberculosis for vaccine development［J］．Indian J Med Res，129：11 -18.

Jeong Y J，Lee K S. 2008. Pulmonary tuberculosis：up - to - date imaging and management［J］．AJR Am J Roentgenol，191：834 - 844.

Miller C D，Songer J R，Sullivan J F. 1987. A twenty - five year review laboratory acquired human infections at the National Animal Disease Center［J］．Am Ind Hyg Assoc J，48（2）：271.

Scarparo C，Piccoli P，Rigon A，et al. 2000. Comparison of enhanced Mycobacterium tuberculosis amplified direct test with Cobas Amplicor Mycobacterium tuberculosis assay for direct detection of Mycobacterium tuberculosis complex in re-

spiratory and extrapulmonary specimens [J]. J Clin Mircobiol, 38: 1559-1562.
Smith M B, Bergmann J S, Onoroto M, et al. 1999. Evaluation of the enhanced amplified Mycobacterium tuberculosis direct test for direct detection of Mycobacterium tuberculosis complex in respiratory specimens [J]. Arch Patho Lab Med, 123: 1101-1103.

第二节 副结核
(Paratuberculosis)

副结核(Paratuberculosis)是由副结核分枝杆菌引起人与动物共患的传染病。该菌属于分枝杆菌属,又名禽分枝杆菌副结核亚种(*M. avium* subsp. *paratuberculosis*, MAP,或简称 PTB 或 MP)。人的副结核是由食用该菌污染的牛奶或奶制品而引起人的过敏性肠道症状、溃疡性结肠炎、克隆病或克罗恩病(Crohn's disease, CD)的总称。Crohn 病是人慢性炎症性肠道疾病(Inflammatory bowel disease, IBD),其特征为肠道组织发生广泛性炎症反应与肉芽肿。动物副结核又称副结核性肠炎或约内氏病(Johne's disease),其病变特征是顽固性腹泻、渐进性消瘦、慢性肉芽肿、回肠炎,肠黏膜增厚并形成皱襞。

一、发生与分布

1894 年德国的 Johne 和 Frothingham 首次报道了该病。直到 1910 年 Trowt 根据科赫法则在实验室成功培养出副结核杆菌,继而通过试验感染牛复制出疾病。由于动物感染副结核杆菌由 Johne 首先发现,以其名称命名为约内氏病。1932 年人出现相似的临床表现,由 Crohn 第一个描述为局部回肠炎,因此人疑似为副结核杆菌感染,被称为克隆病(Crohn' s disease, CD)。克罗恩病的发病率在美国、加拿大乃至全世界都在增加。副结核杆菌在环境中到处存在,包括饮用水。副结核广泛流行于世界各国,遍及五大洲。养牛发达国家如美国、英国、独联体、德国、加拿大、澳大利亚、意大利、丹麦、比利时、日本等受害最为严重。我国辽宁、黑龙江、内蒙古、贵州、陕西、河北等许多地区相继发生该病,几乎遍及东北、西北、华北等地区。近年来由于奶牛和肉牛业发展非常迅速,生产规模越来越大,集约化程度越来越高,牛流动范围越来越广,副结核也呈上升趋势。

二、病　　原

1. 分类地位　副结核分枝杆菌(*Mycobacterium paratuberculosis*)在分类上属分枝杆菌科、分枝杆菌属,近年来研究结果表明,该菌与禽分枝杆菌有较多的相似性,变态反应也与禽分枝杆菌有明显交叉,又名为禽分枝杆菌副结核亚种(*M. avium* subsp. *paratuberculosis*, MAP,或简称 PTB 或 MP)。该属菌种类颇多,属内除结核分枝杆菌复合群(包括结核分枝杆菌、牛分支杆菌、非洲分支杆菌、田鼠分支杆菌)和麻风分支杆菌外,统称为非结核分枝杆菌,其中部分是致病菌或条件致病菌。该属菌在自然界分布广泛,许多是人和多种动物的病原菌。对动物有致病性的主要是结核分枝杆菌、牛分枝杆菌、副结核分枝杆菌等。

2. 形态学基本特征与培养特性　副结核分枝杆菌为短杆菌,大小为(0.2~0.5)μm×(0.5~1.5)μm,是一种细长杆菌,有的呈短棒状,有的呈球杆状,常呈丛排列。无鞭毛,无运动力,不形成荚膜和芽孢。革兰染色阳性,抗酸染色阳性,但偶尔排列较长的类型表现染色和不染色节段相交替。该菌为需氧菌,最适生长温度 37.5℃,最适 pH6.8~7.2。生长缓慢,原代分离极为困难,需在培养基中添加草分枝杆菌素抽提物,一般需 6~8 周、长者可达 6 个月才能发现小菌落。粪便分离率较低,而病变肠段及肠淋巴结分离率较高。病料需先用 4% H_2SO_4 或 2% NaOH 处理,经中和再接种选择培养基,如 Herrald 卵黄培养基、小川氏培养基、Dubos 培养基或 Waston - Reid 培养基。少数培养可采用不加死菌的合成培养基。分枝杆菌素(Mycobactins)是由不同分枝杆菌衍生而来的一种铁螯合生长因子。

在含有热杀死草分枝杆菌的甘油琼脂板上培养 4～6 周后，出现微白色、隆起、圆形菌落。在含热杀死草分枝杆菌的甘油蛋培养基上培养 4～6 周后，形成细小、微白色、隆起、圆形、边缘薄、略不规则的菌落。老的菌落形态变得更为隆起、有放射条纹或不规则折叠，暗淡黄白色。该菌在含羊脑和热杀死草分枝杆菌的甘油蛋培养基上生长较旺盛。

3. 理化特性 该菌对自然环境抵抗力较强。在河水中可存活 163 天，在粪便和土壤中可存活 11 个月，在牛乳和甘油盐水中可存活 10 个月，用巴斯德消毒法不能杀灭副结核分枝杆菌。对热较敏感，60℃ 30min、80℃1～15min 可被杀死。在 5%草酸、4%NaOH、5%H_2SO_4 液体中 30min 仍保持活力。3%～5%石炭酸 5min、3%来苏儿 30min、3%福尔马林 20min、10%～20%漂白粉 20min 可杀灭该菌。对氯化锌四氮唑（1∶40 000）、链霉素（2mg/mL）、利福平（0.25mg/mL）敏感，对异烟肼、噻吩二羧酸酰肼、青霉素有耐药性。

4. 分子生物学 从分子生物学的角度分析，禽分枝杆菌副结核亚种（MAP）染色体 DNA 与禽分枝杆菌染色体 DNA 的相似值至少为 99.7%，所以列入禽分枝杆菌种中。1990 年以前禽分枝杆菌分为 3 个亚种，分别为禽分枝杆菌禽亚种（*M. avium* subsp. *avium*，MAA）、禽分枝杆菌副结核亚种（MAP）和禽分枝杆菌斯氏亚种（*M. avium* subsp. *silvaticum*），近年又有了第 4 个成员禽分枝杆菌人猪亚种（*M. avium* subsp. *Hominissuis*）。

研究者对 MAP K-10 株基因组分析发现，这个双股环状 DNA 包含有 4 829 781 个碱基对，G+C 含量为 69.3%，且有许多重复序列，有 4 350 个 ORFs。在 Li 等发表的对 MAP K-10 株的全基因序列进行分析的文章中，作者公布了它的 ORFs 的长度从 114bp（核糖体亚单位编码基因）到 19 155bp（肽合成酶）不等，52.5%的基因被转录。大约 1.5%（或 72.2kb）包含 DNA 重复序列，像插入序列、多基因家族和重复保守序列。分析表明，插入序列 IS900 有 17 个拷贝，IS1311 有 7 个拷贝，ISMav2 有 3 个拷贝，IS_MAP02 有 6 个拷贝，IS_MAP02 有 4 个拷贝。共有 19 个不同的插入序列，计 58 个拷贝，已有 16 个插入序列被鉴定。这些插入序列大多位于基因间区域，如 MAP0028c、MAP0029c、MAP0849c、MAP0850c、MAP2155、MAP2156 和 MAP2157。

经过初步的生物信息学分析发现，在副结核分枝杆菌的全基因组中有 185 个单、双或三核苷酸重复序列，其中有 78 个是完美重复。比较不同宿主、不同地理来源的 MAP，发现 11 个亚类的简单重复序列（SSRs）多态性，每个基因座平均有 3.2 个等位基因。在研究中，还鉴别了附加的 362 个序列，这些序列有 2～16 个重复，长度为 6～74bp，其同源性为 67%～100%。

三、流行病学

1. 传染来源 病畜和带菌畜是该病主要传染源，反刍动物对副结核分枝杆菌易感，其中奶牛最易感。牛奶或奶制品是人克罗恩病的主要感染源，其次是被副结核分枝杆菌污染的环境，水源等。人与人的直接接触传播未见报道。

2. 传播途径 主要传播途径是动物采食污染的饲料和饮水，消化道是最常见的感染途径，也可通过精液或胎盘感染。最易感时期是出生后 3 个月的哺乳期，犊牛因摄取成年牛粪便污染的奶或饮水而感染。一般感染后 3～6 年不发病（有的达 10 年以上），而成为隐性感染。人克罗恩病主要是通过食入含有副结核分枝杆菌的奶类等食品及被其污染的水源等途径感染。

3. 易感动物

（1）自然宿主 反刍动物如牛、绵羊、山羊、鹿及骆驼对该菌易感，母牛多见，尤其是处在妊娠、分娩及泌乳期的母牛最易感。马、水牛、猪等也有自然感染的报道。

（2）实验动物 家兔、豚鼠、大鼠、小鼠、鸡等小型实验动物，都可用来进行副结核感染研究。但鼠类实验动物最为易感，特别是 BALB/c、C57/B6、SCID 系鼠类。

（3）易感人群 以欧洲的白种人较为常见，而我国较欧美少见，近十余年来临床上已较前多见。男女无显著差别，任何年龄均可发病，20～30 岁和 60～70 岁是两个高峰发病年龄段，其中尤以中青年多见。该病发病有明显的家族聚集性，通常一级家属中的发病率显著高于普通人群。提示该病的发病有明显的种族差异和家族聚集性，存在着遗传易感性。

4. 流行特征　该病的发生无明显季节性，但常发生于春秋两季。潜伏期长，可达6～12个月或更长，主要呈散发，有时呈地方性流行。在青黄不接、草料供应不上、体质不良时，羊只发病率上升。转入青草期，病羊症状减轻，病情大见好转。该病公牛和阉牛比母牛少见很多，高产牛的症状较低产牛严重。

目前认为克罗恩病是一种由遗传与环境因素相互作用引起的终生性疾病，大量研究证明，吸烟可增加克罗恩病患病和复发的危险，而一些潜在的环境因素亦可激发克罗恩病的发生。

四、临床症状

1. 动物的临床表现　幼龄期动物易感染副结核，尤其在1月龄内最易感。发病时临床表现为渐进性消瘦，周期性、顽固性下痢，下痢呈喷射状、恶臭，粪便中常混有脱落的肠黏膜和血液。在发病后期动物极度消瘦，有时可见到下颌和腹下水肿，最后衰竭而死亡。

2. 人的临床表现　发病缓慢，病程迁延，反复加重和缓解。少数发病急骤，腹痛轻重不一，多位于右下腹或脐周，常为痉挛样疼痛，伴有肠鸣音增强。常见腹泻，每天3～5次，呈糊状或稀水样便，少数有典型脂肪泻，病变累及结肠则出现黏液稀便或脓血便，有时可见消化道出血。右下腹多见腹块，质中，压痛。腹痛加剧、腹胀、纳差、便秘，可出现肠梗阻。直肠肛周病变可见瘘管、肛裂、脓肿等。有发热、消瘦、贫血、低蛋白血症、营养不良、水、电解质紊乱等全身性病变。部分病人有杵状指、结节性红斑、虹膜睫状体炎、关节炎及肝、脾肿大等肠外表现。

五、病理变化

1. 大体解剖观察　约内氏病主要病变在消化道和肠系膜淋巴结。消化道的损害常限于空肠、回肠和结肠前段，特别是回肠。有时肠外表无大变化，但肠壁常增厚。浆膜下淋巴管和肠系膜淋巴管常肿大，呈索状。浆膜和肠系膜都有显著水肿。肠黏膜常增厚3～20倍，并发生硬而弯曲的皱褶；黏膜黄白色或灰黄色，皱褶突起处常呈充血状态；黏膜上面紧附有黏液，稠而混浊，但无结节和坏死，也无溃疡。肠腔内容物很少。肠系膜淋巴结肿大、变软、切面浸润，上有黄白色病灶，但无干酪样变。

2. 组织病理学观察　克罗恩病黏膜病理活检：典型病理改变包括裂隙状溃疡和阿弗他溃疡、非干酪样性肉芽肿、固有膜炎性细胞浸润，黏膜下层增宽、淋巴细胞聚集、淋巴管扩张，而隐窝结构大多正常，杯状细胞不减少。手术切除的肠段可见穿透性炎症，肠壁水肿、纤维化以及系膜脂肪包绕，局部淋巴结有肉芽肿形成。

六、诊　　断

1. 动物的临床诊断　顽固性腹泻，呈间歇性或持续性，重者粪便如水样，喷射状排出或稀粥样，恶臭，含有蛋白块、气泡和大量黏液。随腹泻症状的延续，病畜出现贫血、进行性的消瘦、极度消瘦。许多牛发病之后，高度渴感而大量饮水，下颌间隙和胸部等处出现不同程度的浮肿，肿胀面积大小不一，无热、无痛。

2. 人的临床诊断　对青壮年患者有慢性反复发作的右下腹疼痛、腹泻、腹部压痛、肿块等表现，特别在X线胃肠检查发现病变主要在回肠末段与邻近结肠，或同时有其他肠段的节段性病变者可考虑该病。纤维结肠镜检查及活检有非干酪性肉芽肿等病变时可作出诊断。

3. 实验室诊断

（1）细菌分离　患持续性下痢和进行性消瘦的病牛，可多次采其粪便或直肠刮取物，涂片、抗酸染色，如发现红色成丛的两端钝圆的中小杆菌，即可确诊。但如结果为阴性，需进行分离培养。分离培养时生前可采取粪便或直肠刮取物，死后可采取病变肠段或肠淋巴结，用酸或碱处理并中和，接种固体培养基 37℃培养 5～7 周。发现有菌落生长时，进行抗酸染色、镜检。

(2) 其他支持性实验室检查　有变态反应、琼脂免疫扩散试验、补体结合试验、ELISA、胶体金技术、细胞免疫测定法、交叉免疫电聚焦技术、核酸探针、PCR 等。

七、防治措施

因病牛往往在感染后期才出现症状，因此用药治疗似无意义。预防该病在于加强饲养管理，特别对幼牛更要注意给予足够的营养，以增强其抵抗力。不要从疫区引进牛只，如已引进则必须进行检查确认健康时方可混群。对曾有过病牛的假定健康牛群，在随时做好观察、定期进行临床检查的基础上，对所有牛只，每年隔 3 个月做一次变态反应，变态反应阴性牛方可调出，连续 3 次检查不出现阳性的牛，可视为健康牛。对变态反应阳性和临床症状明显的排菌牛，应隔离分批扑杀。被污染的牛舍、栏杆、饲槽、用具、绳索、运动场要用生石灰、来苏儿、苛性钠、漂白粉、石炭酸等消毒液进行喷雾、浸泡或冲洗，粪便应堆积高温发酵后作肥料。

欧美一些副结核严重的国家由于流行面广、感染率高，承受不了检出扑杀的巨大经济损失，通过长期试验认为，对新生犊牛进行免疫接种、配合必要的兽医卫生措施是控制该病的最有效办法。如果严格执行这一防治措施，经过 5～10 年可以消除副结核。因犊牛的接种免疫效果不佳以及接种牛对变态反应呈阳性反应等问题，未能在世界各国推广。副结核是在幼龄期感染的（1 月龄前最易感），并存在较高的垂直传播，因此仅靠主动免疫防止感染较为困难。在实际应用中，副结核菌苗只是抗临床发病，不能彻底清除排菌牛。另外，接种副结核疫苗的牛对结核菌素和副结核菌素皮内变态反应阳性，给识别结核病牛造成困难，从而影响牛结核病的检疫，因此只有几个国家使用疫苗预防方法。目前他们使用的疫苗有两种，一种是弱毒活疫苗，一种是灭活疫苗。英国及一些东欧国家采用弱毒活疫苗，而美国、挪威等国家使用灭活疫苗。

现在克罗恩病确切致病因素还不是很清楚，可能包括感染因素和自身免疫等非感染因素，但能够从病人肠道内检测到 MAP 的 IS900 PCR 扩增片段，而且有自身免疫抑制病的病人检出率极高，所以加强自身抵抗力、注意饮食等是较好的预防措施。

对症治疗，使用水杨酸偶氮磺胺吡啶（SASP）、肾上腺糖皮质激素、抗生素，手术治疗等。

八、公共卫生影响

近年来由于奶牛业和肉牛业发展迅速，生产规模逐渐增大，集约化程度越来越高，牛流动范围扩大，副结核呈上升趋势。牛群副结核的潜在危险、一些劣质奶及其乳产品的出现，加之人免疫抑制性疾病的发病率增加，使人克罗恩病的发病率增多。定期检疫、处理或隔离病牛，并采取卫生消毒措施。对具有明显临床症状的开放性病牛和细菌学检查阳性的病牛，要及时捕杀处理，防止其继续扩散。加强食品卫生的检疫力度，及时发现淘汰劣质奶，以将影响控制到最低程度，从而减少人的发病。

（乔明明　陈西钊　范运峰）

我国已颁布的相关标准

NY/T 539—2002　副结核病诊断技术

SN/T 1084—2002　副结核病皮内变态反应操作规程

SN/T 1085—2002　副结核病补体结合试验操作规程

SN/T 1472—2004　副结核病细菌学检查操作规程

SN/T 1907—2007　副结核分枝杆菌 PCR 检测技术操作规程

参考文献

曾锐，欧阳钦．2006. 克罗恩病肠组织中副结核分枝杆菌 DNA 检出率分析［J］．四川医学，27（3）：240－242.

陈灏珠．2005. 实用内科学［M］．第 12 版．北京：人民卫生出版社：1899－1903.

李三星，王敏．1994．关于副结核的研究进展［J］．辽宁畜牧兽医（4）：37－39.
陆承平．2001. 兽医微生物学［M］．北京：中国农业出版社：332－339.
陆再英，钟南山．2008. 内科学［M］．第7版．北京：人民卫生出版社：415－420.
潘其英．1997. 克隆病与副结核杆菌［J］．中华内科杂志，36（4）：223－224.
王玉梅，郑海洪，赵林山，等．2001. 牛副结核及预防［J］．黑龙江畜牧兽医（10）：28.
徐凤宇．2008. 副结核分枝杆菌 hsp65 基因的克隆、表达与免疫研究［D］．吉林农业大学，3－4.
张英，李艳琴，张连成，等．1990. 绵羊副结核自然病例病理形态学观察［J］．中国兽医杂志，16（10）：22－23.
Autschbach F，Eisold S，Hinz U，et al. 2005. High prevalence of Mycobacterium avium subspecies paratuberculosis IS900 DNA in gut tissues from individuals with Crohn's disease［J］．Gut，54：944－949.
Bernstein C N，Nayar G，Hamel A，et al. 2003. Study of animal－borne infections in the mucosas of patients with inflammatory bowel disease and population－based controls［J］．J Clin Microbiol，41：4986－4990.
Chacon O，Bermadez L E，Barletta R G. 2004. Johen' s disease，inflammatory bowel disease，and Myobacterium paratuberculosis［J］．Annu Rev Microbiol，58：329－363.
Cheng J，Bull T J，Dalton P，et al. 2005. Mycobacterium avium subspecies paratuberculosis in the inflamed gut tissues of patients with Crohn's disease in China and its potential relationship to the consumption of cow's milk：a preliminary study［J］．World Journal of Microbiology Biotechnology，21：1175－1179.
Cocito C，Gilot P，Coene M，et al. 1994. Paratuberculosis［J］．Clin Microbiol Rev，7：328－345.
Harris N B，Barletta R G. 2001. Mycobacterium avium subsp. Paratuberculosis in Veterinary Medicine［J］．Clin Microbiol Rev，14：489－512.
Li Lingling，Bannantine J P，Zhang Qing，et al. 2005. The complete genome sequence of Mycobacterium avium subspecies paratuberculosis［J］．Proc Natl Acad Sci USA，102（35）：12344－12349.
Nakase H，Nishio A，Tamaki H，et al. 2006. Specific antibodies against recombinant protein of insertion element 900 of Mycobacterium avium subspecies paratuberculosis in Japanese patients with Crohn's disease［J］．Inflamm Bowel Dis，12：62－69.
Singh S，Gopinath K. 2011. Mycobacterium avium subspecies Paratuberculosis and Crohn's Regional Ileitis：How Strong is Association［J］．J Lab Physicians，Jul，3（2）：69－74.

第五十一章 衣原体科细菌所致疾病

鹦 鹉 热
(Psittacosis)

鹦鹉热（Psittacosis）又称鸟疫（Ornithosis），是由鹦鹉热嗜衣原体（*Chlamydophila psittaci*）引起的自然疫源性人与动物共患传染病。主要在禽鸟类、人及哺乳动物中传播，通常为隐性感染。动物发病时临床表现肺炎、肠炎、流产、脑脊髓炎、多发性关节炎、结膜炎等多种病型。人发病以非典型肺炎多见，病程较长，反复发作或变为慢性型。

一、发生与分布

鹦鹉热广泛分布于世界各地，是一种古老的自然疫源性疾病，凡调查过的地方，几乎都有该病存在。19 世纪时发现人因接触鹦鹉而出现急性发热，此后发现人豢养其他鸟类亦可遭受感染，并曾发生暴发流行，范围波及苏联、美国、英国、捷克斯洛伐克、丹麦及欧洲其他国家。当时病原尚未明确，因病鹦鹉为最早的传染源而称之为"鹦鹉热"；但其后发现其他鸟类也可以引起感染，又称为"鸟疫"。最早的疑似病例记载于 1847 年，1879 年瑞士报道了人的感染病例，1929—1930 年发生过世界性大流行，说明该病在世界许多地方很早就已存在。目前世界各地许多国家都有人感染的病例报告或血清学证据，鸟类的自然感染更为广泛。在 1982 年的一个调查中，美国加利福尼亚和佛罗里达州剖检的 20%～50%宠物鸟体内分离到该病原体。

我国 20 世纪 60 年代即分别从家禽和鸽体内分离到病原体，证实有该病存在。一般呈散发，偶有小范围的暴发或流行。随着养禽业的发展，特别是集约化养殖生产方式的出现，该病的发病率也随之增高，不仅给养殖业带来经济损失，也严重地威胁相关从业人员的健康。

我国北京、天津、甘肃、内蒙古、西藏、湖北、湖南、江西、上海、福建、安徽、浙江、江苏、陕西、广西、广东、山东等省、自治区、直辖市均已证实有该病存在。

二、病 原

1. 分类地位 2005 年《伯吉氏系统细菌学手册》第二版将衣原体归于衣原体目，包括 1 个科、1 个属，其中包括沙眼衣原体、鹦鹉热嗜衣原体和肺炎衣原体。随着分子生物学技术的进步，根据 16S 和 23S rRNA 基因序列分析结果，新的分类方法中衣原体目下设 4 个科，其中衣原体科（Chlamydiaceae）分为衣原体属（*Chlamydia*）和嗜衣原体属（*Chlamydophilia*），嗜衣原体属含家畜嗜衣原体、肺炎嗜衣原体和鹦鹉热嗜衣原体 3 个新复合群。鹦鹉热嗜衣原体新复合群（*Chlamydophila psittaci*），内含流产衣原体新属新种、猫衣原体新属新种和豚鼠衣原体新属新种。鹦鹉热嗜衣原体包括多种血清型，但目前分型尚无统一的标准，一般认为包括 6 种禽类血清型（A～F）和 2 种哺乳动物血清型（代表株为 WC 和 M56）。其中 WC 和 M56 分别在牛和麝鼠中流行，而 6 种禽血清型尽管具有一定的宿主专一性，但均能感染人。对动物和人均有致病性的只有鹦鹉热嗜衣原体新复合群。

2. 形态学基本特征与培养特性 衣原体是一类具有滤过性，严格细胞内寄生，并经独特发育周期以二分裂增殖和形成包涵体的革兰阴性原核细胞型微生物。鹦鹉热嗜衣原体一般呈圆形或椭圆形，有细胞壁，姬姆萨染色呈紫色，Macchiavello 染色呈红色，Castaneda 染色呈蓝色，光学显微镜高倍镜下可见。形态与大小随发育周期的不同阶段而异，可见个体和集团两种形态。个体一种是原体（Elementarybody，EB），具有感染性，圆形，直径 200～350nm，中央有致密核心，外有双层膜组成的包膜；另一种是网状体（Reticulatebody，RB），是鹦鹉热嗜衣原体发育幼稚阶段，无传染性，圆形，直径800～1 000nm，无致密核心结构，呈纤细的网状，外被两层明显的囊膜。集团形态是其包涵体，存在于宿主细胞的胞质空泡内，结构松散，不含糖原，碘染色阴性，姬姆萨染色呈深紫色，内含无数的原体和正在分裂增殖的网状体。鹦鹉热嗜衣原体同时具有双股 DNA 和单股 RNA 两种核酸。

鹦鹉热嗜衣原体在一般细菌培养基上不能繁殖，增殖须依靠活细胞，可在鸡胚卵黄囊中生长，也能在 Hela 细胞、人滑膜细胞（McCoy 细胞）、猴肾细胞（BSC－1 细胞）、BGM（Buggalo green monkey）细胞及 Vero（African green monkey）细胞上生长。还可经接种小鼠和豚鼠增殖，但需与其自身隐性感染相区分。

3. 理化特性 鹦鹉热嗜衣原体对热、脂溶剂和去污剂均敏感，37℃ 48h 或 60℃ 10min 即可灭活，0.1%甲醛、0.5%苯酚溶液 24h，乙醚 30min 以及紫外线照射均可将其灭活。但其耐低温，－70℃贮存多年仍可保持感染性。室温下，其在灰尘、羽毛、粪便和流产的产物中很稳定，原体可在干燥的粪便中存活几个月，这是其传播的一个重要生态学因素。

三、流行病学

1. 传染来源 发病禽和病原菌携带禽是该病的重要自然贮存宿主，野生动物和感染后发生流产、早产、死胎以及肺炎的家畜也是引起感染的重要传染源。禽鸟类与哺乳动物间在流行病学上的关系至今不明，实验室试验证明，两者间可交互感染。患病期间，病禽鸟的喙和眼分泌物、粪、尿中大量排出病原体，使鸟笼周围的羽毛和灰尘被污染。如果患鸟不经治疗，约 10%感染鸟会成为慢性无症状带菌者，成为该病的危险疫源而长期存在。

来自火鸡和鹦鹉目鸟类的鹦鹉热嗜衣原体对人、畜毒力最强，也曾有报道从海鸥、白鹭分离到强毒株。人对鸽和家鸭的菌株不易感，但鸽、鸭的感染常并发沙门菌感染，病死率很高，且向外界排出大量病原体，可使处于这种污染环境中的人感染发病。

2. 传播途径 鹦鹉热主要经呼吸道传播，可通过飞沫直接传播，亦可通过排泄物污染尘埃而间接传播。禽类间可经消化道传播，饲料的严重污染可引起暴发流行。已证明在鸡、鸭、海鸥和鹦鹉类可经卵传播，但由于大多数感染蛋不易孵化，所以这种传播方式在流行病学上的意义还不明确。火鸡羽螨和鸡虱已被证实带有感染性病原体。易感禽与病禽排泄物接触是维持其感染的重要因素。鹦鹉类和其他禽鸟的交易运输，鸽的竞赛以及野禽的迁徙，都有助于病原在整个禽类群体中散播。

除上述途径外，哺乳动物亦可由交配、人工授精、流产物污染环境以及节肢动物（吸血昆虫、螨、虱等）的媒介作用传播该病。

人主要经呼吸道吸入病原污染物而感染，被鸟类啄伤或食用病鸟肉而感染者极少见，病原体也可经损伤皮肤、黏膜或眼结膜侵入人体。人与人的传播罕见，但在强毒株感染时有发生的可能。近年来，因接触患者分泌物、排泄物感染的医护人员和患者家人有增多趋势，而且由人传给人的病例比源于禽类感染的病例病情严重。

实验室人员感染较常见，尤其进行鸡胚培养更易造成感染，采用细胞培养可大大减少被感染机会。

3. 易感动物

（1）自然宿主 鹦鹉热宿主范围极广泛，主要是禽鸟类和人，猪、牛、羊等许多哺乳动物也是其自然宿主。感染者多呈隐性感染、亚临床及轻症过程，感染后缺乏免疫力，可见再感染及持续感染。

（2）实验动物 用强毒株感染小鼠可致死；兔气管内接种可引起广泛的肺炎性实变，脑内注射可引起致命的脑膜脑炎，感染兔的眼睛可产生剧烈反应；猴气管和脑内接种均可感染，引起典型肺部病变或脑膜脑炎；豚鼠腹腔接种多数毒株，只引起迁延性发热及轻度结膜炎。

4. 流行特征 该病发生没有明显的季节性，多呈地方性流行。禽鸟类发病情况与饲养方式及饲养品种相关，在自然条件下，鹦鹉、鸽、鸭、火鸡等呈显性感染，鸡、雉鸡、鹅等多数禽类呈隐性感染。猪、牛、羊发病常见于交配和产羔季节，冬季饲养环境恶劣时常与其他多种病毒和细菌混合感染或者继发感染，引起明显的呼吸道症状及肠炎。

人感染与职业和爱好密切相关。观赏鸟类宠物爱好者、宠物相关职业从业人员、禽类屠宰和加工厂工人发病率最高，发病高峰多与禽类加工季节，冬季在室内饲养并与之密切接触，产羔季节与患病流产胎儿接触等高危活动相关。年龄与性别之间无差异。该病有散发和暴发两种类型，前者发生在散养户，后者发生在从事上述职业的人群中。

四、临床症状

1. 动物的临床表现 该病潜伏期一般为1～2周或更长。

(1) 鹦鹉 成年鹦鹉症状轻微，幼龄鹦鹉感染常可见临床症状甚至死亡。发病鹦鹉精神萎靡，厌食，眼、鼻有大量脓性分泌物。腹泻，粪便呈淡黄绿色。羽毛粗乱。濒死期极度脱水和消瘦。幼龄鹦鹉病死率可达75%～90%。康复者可长期带菌成为传染源。

(2) 鸽 急性病例表现厌食、消瘦、腹泻，结膜炎、鼻炎，部分呼吸困难，多数可康复成为带菌者。年龄越小症状越明显，死亡率越高。

(3) 鸭 成年鸭多为隐性感染，雏鸭常并发沙门菌病，病死率可达30%。病鸭表现眼结膜炎、鼻炎，食欲不振。腹泻，排绿色水样稀便。后期明显消瘦、运动失调，常发生惊厥而死亡。

(4) 火鸡 潜伏期长短不一。试验感染幼雏一般5～10天发病，表现体温升高，精神、食欲不振；腹泻，排黄绿色胶冻样便；后期明显消瘦。感染株毒力高时产蛋下降或停止，毒力低时对产蛋影响不大。另外，也有发生肺炎、心肌炎、肝炎、动脉炎、睾丸炎及附睾炎的报道。

(5) 鸡 该病在鸡较少发生，人工经口试验感染强毒株也仅能使初生雏鸡发病，日龄稍大则不表现症状，呈隐性感染过程。

(6) 哺乳动物 鹦鹉热嗜衣原体可引起绵羊怀孕中后期流产、母牛流产、公牛精囊炎等为特征的绵羊和牛地方性流产；6月龄以内的犊牛肺肠炎；犊牛、羔羊多发性关节炎；以脑炎、纤维素性胸膜炎和腹膜炎为特征的牛散发性脑脊髓炎等疾病。

2. 人的临床表现 该病的潜伏期为5～21天，最短3天，最长可达45天。大多数感染者在感染后10天左右出现临床症状。疾病的严重程度由不显性感染或轻症疾病直至具有明显呼吸系统症状的致死性疾病。多数表现为非典型肺炎，缺少特异性临床表现。

发病者按临床表现可分为肺炎型和伤寒样型或中毒败血症型。

(1) 肺炎型 表现发热及流感样症状，起病急，体温于1～2天内可上升到40℃，伴有发冷寒战、乏力、头痛及全身关节肌肉痛，可有结膜炎、皮疹或鼻出血。高热持续1～2周后逐渐下降，热程3～4周，少数可达数月。

发热同时或数日后出现咳嗽，多为干咳，胸闷胸痛，严重者有呼吸困难及发绀，并可伴有心动过速、谵妄甚至昏迷。但肺部体征常较临床症状轻，有肺实变，湿性啰音，少数可有胸膜摩擦音或胸腔积液。肝、脾肿大，甚至出现黄疸。

(2) 伤寒样或中毒败血症 高热、头痛及全身疼痛，相对缓脉及肝、脾肿大等，易发生心肌炎、心内膜炎及脑膜炎等并发症，严重者发生昏迷及急性肾衰竭，可迅速死亡。

该病病程长，自然病程约3～4周，亦可长达数月。肺部阴影消失慢，如治疗不彻底，可反复发作或转为慢性。接触感染鹦鹉热嗜衣原体流产动物的孕妇可发生流产、产褥期败血病和休克，病死率高。暴露于绵羊的儿童和成人偶可发生神经系统疾病、流感样疾病、呼吸道症状和结膜炎。

五、诊　断

1. 动物的临床诊断　该病的临床表现无特征性，流行病学、临床症状及病理变化可作为参考，确诊需依赖于实验室病原和血清学检查结果。

2. 人的临床诊断　该病临床表现及实验室一般检查无显著特征，初步诊断须考虑流行病学资料。在有该病流行的地区，所有肺炎患者均应询问鸟类接触史。肺炎患者出现高热、相对脉缓、脾肿大，且青霉素治疗无效者应考虑本病。

（1）疑似病例　具有上述临床症状，排除相关疾病，并且有与被确诊或可疑动物接触的流行病学史。

（2）确诊　疑似病例且有两种以上的实验室检查结果支持鹦鹉热感染。

3. 实验室诊断　由于该病的临床表现无特征性，且有大量无症状感染者，因此实验室检查对确诊非常重要。符合以下一项或多项可进行实验室确诊。

（1）病原分离阳性　疑为鹦鹉热嗜衣原体感染的动物取肝、脾、肺等组织及肺炎病例的气管分泌物，肠炎病例的肠道黏膜或内容物及相应病变部位的渗出物、流产物等病料；人采集3～4天内未经治疗患者的血液，不加抗凝剂，血块用于病原分离，血清用于抗体检测；3天至2周内宜采集咳痰或咽拭子标本进行病原分离。所有标本宜冷藏运输，冷冻保存。常用的方法是接种敏感细胞及鸡胚卵黄囊，必要时可接种SPF小鼠或豚鼠。处理病料及分离培养的操作过程中，有可能被感染致病，须在生物安全二级实验室的生物安全柜中进行，工作人员应严格采取个人防护措施。

（2）包涵体检查阳性　用新鲜病料触片或涂片，姬姆萨染色后光学显微镜油镜下检查深紫色、圆形或卵圆形包涵体。但多数可疑病例仅靠镜检无法确诊，仍需进一步进行病原分离培养。

（3）血清学检查阳性　该病抗体出现较晚，测定一次抗体意义不大。根据效价变化可确定感染情况，双份血清抗体效价呈4倍增加可确诊。目前首选微量免疫荧光试验和补体结合试验，也可采用酶联免疫吸附试验检测。

六、防治措施

1. 动物的防治措施　该病于自然界存在大量宿主，包括多种野禽，要消灭病原体是难以想象的。该病感染后无持久免疫力，尚无有效的疫苗应用，因此目前所能采取的主要是综合性防治措施及发病后的及时治疗。

（1）综合性防治措施　禽鸟类是鹦鹉热嗜衣原体最重要的自然贮存宿主，为避免由禽类感染人和其他动物，最好能对禽鸟实施笼养，严格执行养禽场、鸟类贸易市场及运输过程的检疫制度，对进口特别是来源于南美、澳大利亚、远东及美国的鹦鹉，应严格检查及加强海关检疫。对发生感染的区域要进行严格消毒、检疫和监督。

（2）疫苗免疫接种　国外有报道应用鸡胚卵黄囊灭活油佐剂苗免疫接种预防由鹦鹉热嗜衣原体引起的流产，但若制苗株与发病地区分离株在抗原性上差异较大，则会影响免疫效果，故可用当地分离株制成灭活苗进行免疫。目前尚无对禽类有效的疫苗应用。

（3）治疗　禽类可在每吨饲料中添加400g金霉素进行饲喂治疗，但应避免添加钙制剂，以免与金霉素形成螯合物。对慢性病例，间隔一定时间后再次给药，反复几次可取得较好的效果。

牛、羊等可选用四环素、庆大霉素和磺胺类药物进行治疗。用敏感药物拌料喂服亦可取得良好的预防和治疗效果。

2. 人的防治措施

（1）预防　该病感染发病后不能产生持久免疫力，接种疫苗也达不到预防的目的。人通常采用综合预防措施，控制感染动物和阻断传染途径，尽量避免与宿主动物接触。职业需要接触时，应做好自身防护，对在饲养场、屠宰场和禽类加工厂等相关行业工作的人员要加强卫生管理、定期检疫。从事有关研究的实验室工作人员，应按要求在相应生物安全等级的实验室进行，并做好自身防护。

（2）治疗　鹦鹉热嗜衣原体对四环素类、大环内酯类及氟喹诺酮类抗菌药物敏感。美国 CDC 推荐的治疗方案，治愈率可达 90%以上。

①无并发症的成人患者：用四环素 0.5g，每 6h 1 次，或多西环素或米诺环素 0.1g，12h 1 次，疗程 7～10 天。儿童用红霉素。

②孕妇感染：可用红霉素 0.5g，每 6h 1 次，或阿莫西林或克拉霉素 0.5g，每 8h 1 次，疗程 7～10 天。

临床好转后，仍需坚持按疗程用药，否则易复发。另外，除病因治疗外，最好进行对症及支持治疗，如输液、给氧和抗休克等。预后与治疗时机相关，早期治疗预后良好。

七、公共卫生影响

鹦鹉热属于动物疫源性传染病，自然感染的禽和鸟类达 200 多种，各种家畜及人均易感。在养禽业迅猛发展的今天，该病造成的经济损失已不容忽视。人间从最初的散在发生，到职业性暴发或流行，在给相关从业人员健康带来影响的同时，也带来很大的公共卫生问题，需要给予足够的重视。家养宠物鸟类的增多，不仅给饲养者带来感染的风险，也对周围环境卫生控制提出了挑战。

另一个需要引起重视的问题就是实验室污染，1929—1930 年鹦鹉热世界大流行时，就出现了若干实验室内感染的病例，数个从事鹦鹉热病原体研究的实验室，因气溶胶感染而导致整个实验室关闭，甚至在不从事该病研究的邻近实验室内也发生了感染。实验室多见气溶胶途径感染，因此，从事相关病原研究的实验室生物安全问题必须引起足够的重视，需要在生物安全三级或四级水平实验室进行有关操作，并制定相应的管理措施。

鹦鹉热在军事医学上亦有相当重要的意义，该病经气溶胶传染性极强。部队军鸽、战马和军警犬若感染了病原体，未能及时进行检疫治疗或淘汰；战时饲养条件下降，均可造成显性发病并大量排菌，进而引起人感染发病，影响战斗力。鹦鹉热嗜衣原体亦被认为是理想的生物战剂之一，其特点是可以大量生产，感染剂量小、传染性强，少量病原体就可使密集人群发病。病程发展快，重症可致死，轻症恢复缓慢。同时鹦鹉热嗜衣原体免疫原性不强，即使感染过或进行过疫苗免疫，仍可再感染发病。美国、前苏联均对其进行过大量研究工作，日本在第二次世界大战时曾施放过有感染性的信鸽，引起前苏联军队及鸽群感染。1969 年美军将其列为致死性生物战剂。因此，在恐怖组织活动频繁的今天，我们对该病仍需给予必要的关注。

（遇秀玲　田克恭）

参考文献

蔡宝祥．2001. 家畜传染病学［M］．北京：中国农业出版社：136 - 141.
费恩阁，李德昌，丁壮．2004. 动物疫病学［M］．北京：中国农业出版社：158 - 167.
李子华．2003. 衣原体目分类的最新进展［J］．国外医学：微生物学分册（3）：29 - 32.
刘刚．1998. 衣原体及其相关疾病研究进展［J］．国外医学：儿科学分册，25（5）：251 - 255.
马亦林．2005. 传染病学［M］．第 4 版．上海：上海科学技术出版社：394 - 397.
唐家琪．2005. 自然疫源性疾病［M］．北京：科学出版社：673 - 689.
徐在海．2000. 实用传染病病理学［M］．北京：军事医学科学出版社：147 - 151.
杨正时，房海．2003. 人及动物病原细菌学［M］．石家庄：河北科学技术出版社：1262 - 1295.
朱其太．200. 衣原体分类新进展［J］．中国兽医杂志，37（4）：30 - 31.
Brenner D J，Krieg N R，Staley J T. 2005. Bergey's Manual of Systematic Bacteriology［M］. 2nd Edition，2：182，218.
Harkinezhad T，Geens T，Vanrompay D. 2009. Chlamydophila psittaci infections in birds：A review with emphasis on zoonotic consequences［J］. Vet Microbiol，135（1 - 2）：68 - 77.

Moulder J W. 1985. Comparative biology of intracellular parasitism [J]. Microbiol Rev, 49: 298 - 337.
Office International des Epizooties (OIE). 2004. Psittacosis [M]. Last Updated: Jan.
Rodolakis A, Mohamad KY. 2009. Zoonotic potential of Chlamydophila [J]. Vet. Microbiol. doi: 10.1016/j. vetmic. 03.014.

第五十二章
螺旋体科细菌所致疾病

第一节 莱姆病
(Lyme disease)

莱姆病（Lyme disease，LD）也称莱姆病螺旋体病（*Lyme borreliosis*）主要是由不同基因型的伯格多弗疏螺旋体引起的自然疫源性人与动物共患传染病。该病主要通过蜱这一传播媒介感染动物和人。动物临床表现为叮咬性皮损、发热、关节炎、脑炎、心肌炎等。人感染后可引起慢性游走性红斑（Erythema chronicum migrans，ECM）、神经系统症状、心肌炎和慢性关节炎等多系统、多脏器综合征。

一、发生与分布

莱姆病很早即在临床上有记载，1909年欧洲学者首次报道患者被山羊蜱叮咬后发生慢性游走性红斑，并出现神经系统损害，但普遍认为是由一种未知病毒引起。

1977年耶鲁大学史蒂瑞报道在美国东南部康涅狄格州一个叫莱姆（Lyme）的小镇上流行着一种青少年关节炎，并将此病称为莱姆关节炎（Lyme arthritis）。1982年伯格多弗（Burgdorfer）和他的同事首次从一种北美鹿蜱（*Ixodes scapularis*）的中肠内发现并分离到莱姆病螺旋体。很快，这种新型的螺旋体从出现游走性红斑的患者的皮肤、血液和脑脊髓液等样品中分离到。1984年Johnson通过DNA-DNA杂交结果，认为该螺旋体是一个新种，并以其首次分离者伯格多弗的名字将其命名为伯格多弗疏螺旋体。之后证实伯格多弗疏螺旋体是一种能引起人和动物共患病的病原体，将其引起的疾病按发现该病的地名命名为莱姆病。

莱姆病广泛分布在亚洲、欧洲、美洲、非洲、大洋洲五大洲30多个国家，主要疫源地在北半球的温带地区，并不断扩展。迄今已有70多个国家报道发现该病。近年来该病发病区域和发病率呈迅速上升趋势。在美国其发病数占所有虫媒病发病数的90%以上，2008年接近30 000确诊病例。在欧洲每年有至少60 000报道病例。莱姆病病原体宿主范围较广，包括鼠、兔、蜥蜴、麝、狼、鸟类等野生脊椎动物以及犬、马、牛等家畜。鼠和其他啮齿动物是伯氏疏螺旋体的自然贮存宿主，近交系实验小鼠常用作研究莱姆病的实验动物模型。犬、兔和恒河猴也可作为模型。

我国于1986年由艾承续首次在黑龙江发现分离出病原。目前通过血清学方法确定有29个省、市、自治区的人群中存在莱姆病感染，其中19个省、市、自治区通过病原学方法确定为莱姆病的自然疫源地，每年至少20 000例报告病例，已成为我国一种重要的虫媒传染病而引起重视。

二、病　　原

1. 分类地位　伯格多弗疏螺旋体（*Borrelia burgdorferi*）简称伯氏疏螺旋体，是疏螺旋体属（*Borrelia*）中引起莱姆病的病原体，该属下另一种为引起回归热的螺旋体。长期以来，认为莱姆病只有伯氏疏螺旋体一个种，近年来应用多位点序列分析以及单核苷酸多态性分析对伯氏疏螺旋体的基因型、进化关系和分子分类学有了更深入的研究。目前证明世界各地分离的莱姆病菌株可分为超过20个基因种，其中有15个已命名，2种提出命名，还有一些尚未定名，将这些不同基因种的伯氏疏螺旋体统称为不同基因型伯氏疏螺旋体（*B. burgdorferi sensu lato*），其中占优势并对人致病的有3个基因种，即分布于美国和西欧的狭义伯氏疏螺旋体（*B. burgdorferi sensu stricto*），分布于亚欧国家的伽氏疏螺旋体（*B. garinii*）和阿弗西尼疏螺旋体（*B. afzelii*）。另外4种，*B. valaisiana*，*B. lusitaniae*，*B. spielmanii* 和 *B. bissettii* 也可从小部分病患中通过分离或PCR检测到。本节中提到的伯氏疏螺旋体统指不同基因型的伯氏疏螺旋体。

2. 形态学基本特征与培养特性　伯氏疏螺旋体是一种单细胞疏松盘绕的左旋螺旋体，菌体长10～40μm，直径宽0.2～0.3μm，通常有3～7个疏松和不规则的螺旋，菌体两端稍尖，是该属中菌体最长、直径最窄的一种。有多种运动方式，如扭转、翻滚、抖动等。革兰染色阴性，姬姆萨染色良好。细胞结构包括表层、外膜、鞭毛和原生质柱4部分。其中表层主要为糖类成分。外膜由脂蛋白微粒组成，其中OspA（Outer surface protein A，分子量为31×10^3）、OspB（分子量为31×10^3）、OspC是具有抗原性的主要外膜蛋白。鞭毛位于外膜与原生质柱之间，为内鞭毛，通常7～12根，每根鞭毛又分成丝状体、钩状体、颈部和基盘4部分。

伯氏疏螺旋体属微需氧菌，目前常用液体培养基是BSKⅡ培养基，另外，其在含发酵糖、酵母及还原剂的培养基中也能生长。最适培养温度为33℃（30～35℃），需避光培养。从样品中新分离的伯氏疏螺旋体生长一般需2～5周，通常3周以上才能从显微镜中观察到。每周暗视野显微镜下检查1次，发现菌体及时传代，未发现病原体可盲传3代，1.5个月后仍为阴性可弃去。进行纯培养生长对数期的伯氏疏螺旋体密度可达10^8/mL。另外，也可在1.3%琼脂的BSKⅡ固体培养基上34℃培养2～3周，即可出现菌落。菌落可能呈两种形态，一种为大的疏散性菌落，另一种为小的圆形致密性菌落。

3. 理化特性　伯氏疏螺旋体为微嗜氧菌。对潮湿及低温有较强的抵抗力，但在热、干燥环境中很敏感。通常巴氏消毒法56℃30min可灭活。对常用消毒剂均敏感，70%酒精、0.5%石炭酸5min内可将其杀死，0.1%甲醛、0.05%苯酚溶液、乙醚、氯仿可迅速将其灭活。对青霉素类药物敏感，对氯霉素中度敏感，对甲硝唑、甲苯达唑、利福平、磺胺类、5-氟尿嘧啶等不敏感。对低温抵抗力强，经反复冻融仍可存活，在4℃可保存较长时间，−70℃以下封装保存可存活6～8年。

4. 分子生物学　伯氏疏螺旋体的基因组较为独特，是所有已知细菌中最复杂的基因组，包括一条约1Mb的线性染色体和多个长度为5～220kb不等的共计近600kb高度卷曲的环状质粒及线状质粒，这些质粒与通常的细菌质粒有所不同，包含有许多共生同源序列。至今所有分离菌株均有4～7个质粒。

49～56kb的线状质粒的基因编码了外膜表面蛋白OspA、OspB，其在疾病过程中可发生抗原性变异。DNA同源性研究证实，北美株有OspA和OspB，而欧洲株仅有OspA。26～28kb的环状质粒编码了OspC，该表面蛋白相对于OspA是高变异的，在不同基因型甚至同一基因型的不同菌株间在基因型和抗原性上存在差异。编码鞭毛蛋白的基因位于染色体上，该蛋白有较强的免疫原性，是伯氏疏螺旋体感染机体后最早诱导机体特异性免疫反应的结构蛋白，其在不同伯氏疏螺旋体中高度保守，保证其在进化中不易丢失。国内伯氏疏螺旋体间呈现非同质性，不同地区和生物来源的菌株间存在较大的遗传差异。

三、流行病学

1. 传染来源　自然情况下，伯氏疏螺旋体寄生于硬蜱为主的吸血昆虫野生脊椎动物和家畜体内，并在它们之间循环生长。人和多种动物（犬、牛、马、猫、羊、鹿、浣熊、兔和鼠类）均易感染，目前已确定30余种野生动物、49种鸟类以及多种家畜为贮存宿主。啮齿类动物由于其数量多、分布广及感染率高是该病的重要传染源。

正常情况下伯氏疏螺旋体在自然疫源地以蜱等节肢动物作为传播媒介，通过动物—蜱—动物的传播方式，长期在脊椎动物宿主间循环传播。近年的研究表明，垂直传播也是疫源地维持的重要方式之一。鸟类可起到使疫区扩大的作用，使城市人口感染莱姆病的潜在危险性增加。国内血清学调查已证实，牛、马、羊、犬、鼠等动物存在该病感染，7种野鼠及华南兔等动物体内也分离到该菌，北方林区的姬鼠属和鼠平属可能是主要贮存宿主。另外，北方林区的犬作为全沟硬蜱成虫的主要宿主，也可能是较重要的传染源。

伯氏疏螺旋体仅在人感染早期血液中存在，因此人作为传染源意义不大。但含菌体的血液经常规处理及血库4℃贮存48天仍有感染性，存在经输血感染隐患。

2. 传播途径

（1）媒介传播　莱姆病主要通过硬蜱属中蜱的叮咬进行传播。由于伯氏疏螺旋体不经卵巢传播，因此蜱幼虫通常不带菌。当幼虫叮咬处于菌血期的贮存宿主或感染动物时，感染伯氏疏螺旋体。之后，伯氏疏螺旋体在蜱体内增殖。此后，蜱再叮咬易感动物和人，将增殖后的病原体传播到被叮咬的宿主体内。

通常认为4种硬蜱属下的蜱是主要的传播媒介。其中硬蜱属的黑腿蜱（Blacklegged tick）——肩板硬蜱（*Ixodes scapularis*）和太平洋蜱（*Ixodes pacificus*）分别位于北美的东部和西部，篦子硬蜱（*Ixodes ricinus*）位于欧洲，全沟硬蜱（*Ixodes persulcatus*）位于亚洲。我国莱姆病的传播媒介主要是全沟硬蜱及其近缘硬蜱，我国万康林等在20个省的2科、8属、23种蜱中的10种蜱中分离出病原体，包括全沟硬蜱、锐跗硬蜱、粒型硬蜱、嗜群血蜱、日本血蜱、长角血蜱、二棘血蜱、台湾角血蜱、草原革蜱和森林革蜱。北方林区以全沟血蜱成虫为主要传播媒介，带菌率达到40%～45%。南方林区，二棘血蜱和粒型硬蜱为主要传播媒介，带菌率较高，分别为16%～40%和24%。

（2）非媒介传播　目前研究表明，该病非媒介传播主要有以下几种形式：①接触传播，动物间可通过尿液相互感染，甚至传给密切接触的人。②经血传播，收集处于菌血症期的鼠的血液，发现病原体可在收集的抗凝血中存在24h依然保持活性；保存在4℃的人全血中病原体可存活25天甚至更长。将感染血液注射到健康金黄地鼠体内，2～3周后可从鼠体的肾和膀胱中分离到该病原体。因此，该病可经输血或注射传播。垂直传播研究证明伯氏疏螺旋体可在人、牛、马、鼠等动物中经胎盘垂直传播。

3. 易感动物

（1）自然宿主　莱姆病的贮存宿主范围广，包括各种野生哺乳动物、鸟类、爬行类以及家畜、观赏动物和实验动物。在北美，已查明有29种哺乳动物是重要的贮存宿主，其中白足鼠和白尾鹿是美国东北部的主要贮存宿主。欧洲，以林姬鼠、黄喉姬鼠和沙洲田鼠为主的啮齿类动物及迁徙鸟类分别是阿弗西尼疏螺旋体和伽氏疏螺旋体的主要贮存宿主。

我国自1986年至今，先后从黑线姬鼠、棕背平鼠、小林姬鼠、普通田鼠、褐家鼠、小家鼠、白腹鼠、社鼠和花鼠9种啮齿动物直接检出或分离到病原体。家畜中犬、牛和马感染率较高，这些动物对维持媒介蜱的种群数量起重要作用。从多种迁徙鸟和留鸟体内也分离到病原体。

人普遍易感，呈地方性发生，感染率和发病率与蜱的分布及带菌率密切相关。发病者主要见于林业工人、林区居民及到山林地区采集山物、旅游的人。

（2）实验动物　常用的实验动物是小鼠、大鼠、金黄地鼠、兔和犬等。野生鼠如鹿鼠（*Peromhyscus* spp.）由于是自然宿主，感染后无任何可观察到的症状。但一些近交系实验小鼠感染后，会出现与人感染的相似症状。恒河猴尤其是免疫抑制的恒河猴也可被感染，并出现中枢神经嗜性，游走性红斑、多发性神经炎和关节炎。犬易感，临床表现为发热、厌食及关节炎症状。兔可于被带菌蜱叮咬后出现类似人感染的游走性红斑。鸟类中孔雀和鸡可作为伽氏疏螺旋体的实验动物模型。总体来讲，这些实验动物虽然可以感染，但症状不典型，迄今尚无较理想的实验动物模型。目前应用最广泛的动物模型是小鼠。

（3）易感人群　人群对伯氏疏螺旋体普遍易感，无种族、性别、年龄的差异。但以青壮年居多，男性多于女性，主要与户外活动有关。莱姆病与职业关系密切，林业工人、牧民等发病较多，但近年来城市居民感染风险也在增加，鼠类等啮齿动物及宠物、鸟类都可能导致城市居民的感染。

4. 流行特征　莱姆病发生有一定的季节性和地区性，不同地区由于气候差异，流行季节略有不同，主要与当地蜱类的数量及活动高峰一致，一般在4～10月份。

该病的分布范围虽广，但疫区有相对集中的特点，呈地方性流行，主要在山林地区。我国东北、西北和华北地区为主要流行疫区，每年新发病例数估计在2万～3万人。

四、临床症状

1. 动物的临床表现　莱姆病潜伏期为3～22天。

(1) 牛以关节肌肉症状为主。病初发热、跛行、肌肉强直、关节肿胀、四肢远端肿胀。趾间和乳房部位出现红斑，奶牛产奶量下降，妊娠早期母牛感染可发生流产。部分可见心肌炎、肾炎和肺炎等症状。

(2) 马低热不退，触摸蜱叮咬部位高度敏感，叮咬部位易出现脱毛，肢关节肿胀，肌肉压痛，四肢僵硬不愿走动。有些病例有脑炎症状，表现为嗜眠、头颈歪斜、麻痹、吞咽困难、无目标运动等，孕马可引起流产或死胎。

(3) 犬　犬可能感染而不表现莱姆病症状。出现症状犬通常表现为发热、厌食及急性或亚急性关节炎，病变可累及单个或多个关节，表现间歇性跛行和四肢僵硬，局部淋巴结肿胀，关节滑液中可检出病原体。偶见心炎、肾功能障碍、脑炎和结膜炎。

(4) 实验动物　野鼠通常无临床症状。实验动物中近交系小鼠可出现类似人感染的症状，如C3H、BALB/c小鼠出现踝关节炎和心炎，C57BL/6和DBA小鼠较耐受，只是心脏和关节出现轻微炎症。恒河猴尤其是免疫抑制的恒河猴也可被感染，并出现中枢神经嗜性，游走性红斑、多发性神经炎和关节炎。实验犬感染后表现为发热、厌食，可发展为关节炎和面神经麻痹。兔可出现类似人感染后的游走性红斑。孔雀和鸡感染后仅出现体温略微增高，而无其他明显症状。

2. 人的临床表现　主要临床症状包括慢性游走性红斑、关节炎、心炎、神经损害、慢性萎缩性肢端皮炎（Acrodermatitis chronica atrophicans，ACA），罕见淋巴细胞瘤和结膜炎等眼症。通常慢性游走性红斑为首发症状者潜伏期较短，而神经及关节损害为首发症状者潜伏期较长。临床上将莱姆病分为三期，但这并非统一的标准，三期的变化也无法截然分开，可互相交杂或单独发生。

(1) 早期局限期　60%～80%的患者局部皮肤出现特征性的游走性红斑。即叮咬处先出现红色斑疹或丘疹，然后向周围扩散成大的圆形或椭圆形皮损，其外缘呈鲜红色，中心部渐苍白，形似公牛眼或标靶。有些皮损中心部可见水疱或坏死，表面鳞屑不显著，局部有灼热、痒或痛感，并伴有流感样症状，常出现在大腿、腹股沟、臀部和腋下。

(2) 早期播散期　常于蜱叮咬后数周至数月后出现，伴有病原菌血症，并可出现全身性症状，如神经系统症状，疼痛呈游走性、烧灼样，夜间加重。皮肤感觉过敏，轻触即可引起剧烈疼痛。蜱叮咬或发生游走性红斑一侧常出现轻瘫，面瘫较多见，还可见心肌炎等。

(3) 持续感染期或晚期　指感染病原体1年后出现的慢性神经系统损害、慢性关节炎和慢性皮肤改变等。慢性萎缩性肢端皮炎是此期的皮肤表现，多发生在肢端的伸肌处，常在游走性红斑出现几个月或几年后，皮肤变为蓝色或紫红色，并伴有水肿，下肢肿大似象皮腿。在慢性萎缩性肢端皮炎附近的小关节可呈脱位或半脱位。有些患者症状不典型，不出现游走性红斑或流感样症状，而直接进入播散期或晚期。

五、病理变化

1. 动物的病理变化　牛和马在心和肾表面可见苍白色斑点，腕关节关节囊显著变厚，含有较多淡红色浸出液，并伴有绒毛增生性滑膜炎。个别病例胸腹腔内有大量液体和纤维素性渗出，全身淋巴结肿胀。犬的病理变化主要是心肌炎、肾小球肾炎及间质性肾炎。实验鼠感染后可出现关节滑膜肥大、心肌或结缔组织有淋巴细胞渗出，肝、肾、膀胱出现脂肪组织和结缔组织纤维化病变。

2. 人的病理变化　皮肤红斑组织切片可见上皮增生，轻度角化伴单核细胞浸润及表层水肿，无化脓性及肉芽肿反应。关节炎患者滑膜囊液中含淋巴细胞及浆细胞。心肌和心肌内层的淋巴细胞和巨细胞渗出、血管萎缩、纤维化。

六、诊　断

1. 动物的临床诊断　根据莱姆病呈地方流行或散发，有季节性，发病动物有蜱咬史及特征性皮损，关节游走性炎症，反复发作等可进行初步诊断。确诊需进行实验室诊断。

2. 人的临床诊断　早期患者若有明确的疫区接触史或蜱叮咬史，并出现典型的游走性红斑，单个红斑直径不小于5cm（平均15cm），即可做出临床诊断。但不出现游走性红斑的莱姆病临床表现复杂，无特征性症状，除需有疫区暴露史外，还需进行实验室检测。

3. 实验室诊断

（1）病原学检测

①直接检测：取感染动物或患者组织、血液或蜱中肠进行直接涂片，用显微镜暗视野或染色直接镜检菌体阳性。观察可见螺旋状快速旋转或伸屈运动的细长菌体；或经镀银染色、免疫组织化学染色后观察到伯氏疏螺旋体。该法需要有丰富的检验经验，易漏检，且无法检测混合感染情况。

②病原分离培养：可采集患者皮肤组织（病变周围皮肤阳性率较高）及感染动物血液、尿液等，接种BSK-Ⅱ培养基培养，或通过动物接种后取脾和肾脏分离培养伯氏疏螺旋体，培养物进行镜检呈阳性。本方法为莱姆病检测的金标准，但由于伯氏疏螺旋体生长缓慢，培养阳性率低，耗时长，不适合作为常规诊断。

（2）血清学检测　主要包括免疫荧光试验、酶联免疫吸附试验（ELISA）、免疫印迹和免疫酶染色。但ELISA及间接免疫荧光试验容易出现假阳性和假阴性，易误诊，最好再用免疫印迹试验确诊。

（3）分子生物学技术　目前以针对OspA，16S和5S～23S rRNA建立多种PCR及套式PCR方法。有研究显示，80%关节炎症状莱姆病患者通过PCR检测显示为阳性，而脑脊髓炎和神经症状患者检出率明显下降。通过血液、尿液等检测结果可信度较低，不推荐用于诊断。由于PCR只针对单一种的伯氏疏螺旋体，在实践应用中较为不便。

反向线点杂交技术（Reverse line blot，RLB）已建立并应用于诊断和流行病学调查，该方法可用于检测目前已知的所有伯氏疏螺旋体。

七、防治措施

1. 动物的防治措施

（1）综合性防治措施　莱姆病是自然疫源性疾病，呈地方性流行。非疫区应通过加强动物检疫防止引入带菌动物、患病动物或传入带菌蜱。疫区应根据媒介蜱的生物学特性和出没规律，采取必要的措施防止被蜱叮咬、杀灭动物体表的蜱。定期消灭饲养场所的鼠及蜱类，对放牧动物定期去除体外寄生虫。驱虫药可用苄氨菊酯或阿米曲士，还可以给动物带上含有驱虫药的项圈。患病动物应及时隔离治疗，死亡动物的尸体应进行无害化处理。

（2）疫苗免疫接种　人莱姆病菌苗尚处于研究阶段，美国已有犬用全菌体灭活苗，首次接种2～3周后加强免疫一次，保护作用可达5个月以上，以后每年强化免疫一次。但由于疫苗可能引发的自身免疫及其保护时间较短，美国兽医学校并不推荐使用，其使用备受争议。

（3）治疗　动物可按体重选用大剂量的青霉素、强力霉素、先锋霉素、四环素和红霉素等进行治疗。治疗原则是早期确诊、早期投药，晚期治疗效果不佳。

2. 人的防治措施

（1）综合性防治措施　疫区应采取综合措施，包括灭鼠、及时对感染的家畜和宠物进行治疗。要加强灭蜱工作，加强环境卫生管理，铲除杂草，改造环境。在发病季节避免在草地坐卧及晾晒衣物。如因需要进入有蜱栖息的地区，应穿防护服或扎紧裤、袖口和领口，颈部围白毛巾，经常检查衣服和体表，如发现已被蜱叮咬，立即小心拔出，切勿弄碎蜱体以免病原体进入人体内，并尽快服用抗生素以达到预防目的。

（2）疫苗免疫接种　20世纪90年代曾掀起过莱姆病疫苗的研究热，1998年美国食品药品管理局曾通过第一个商品化莱姆病重组疫苗OspA亚单位疫苗LYMErixTM，但3年后，由于疫苗需求量较小、保护力不够以及可能产生的自身免疫等原因，该疫苗退出市场。目前尚无新的人用莱姆病疫苗。我国相应的疫苗研制工作亦在进行中。

（3）治疗

①治疗原则：该病早期发现，及时应用抗菌素治疗，一般预后良好。但在发病晚期治疗，虽然症状可缓解，但可能出现皮炎、自身免疫反应等病后综合征；少数还可能留有后遗症或残疾。

②治疗方法：病原治疗，早期病变口服阿莫西林500mg，每天3次；9岁以下儿童每千克体重50mg，每天1次；多西环素（孕妇和9周岁以下儿童禁用）100mg，每天2次，服用10～30天。第二期或伴有较重神经系统病变及心脏病变者，应先用头孢曲松2g，每天1次（每天服用的最大剂量）或大剂量青霉素G每天1 800万U～2 400万U，分6次静脉给药，待症状缓解后再改为口服制剂。一般疗程为2～4周，持续感染者，必要时可用第二个疗程。脑膜炎、脑炎、周围神经炎、神经根炎选用头孢三嗪或大剂量青霉素14～21天。脑脊髓炎治疗需30天。但莱姆病病后综合征再用抗生素治疗也无意义，抗生素治疗中有10%～20%的病人可能出现赫氏反应，应加用镇静剂和肾上腺皮质激素及时处理。

此外可采取一般支持疗法和对症治疗。

③愈后注意事项：莱姆病初步治愈后，应注意以下几点：适当休息，防止过度劳累；加强营养，增强自身抵抗力；对某些后遗症，应继续给以辅助治疗；在长期服药治疗中应特别注意药物的副作用；密切观察有无复发。

八、公共卫生影响

莱姆病是一种新发现的由蜱传伯氏疏螺旋体感染引起的人与动物共患病，其病原体通过宿主动物—蜱—易感动物增殖，鼠在该病传播中起着重要作用。因此，疫区应注意防鼠、灭鼠，避免鼠类将蜱带入居住地或接触其尿液而造成感染。犬、猫等宠物比人更易接触到蜱，被叮咬后不易及时发现，可能是无症状携带者，其尿液亦可传播病原体，而可能成为重要感染源。因此家养宠物者亦应注意消毒、杀虫。

近年来，世界范围内莱姆病感染人数呈上升趋势，疫区有逐渐扩大之势。伴随着退耕还林、城市绿化、鼠类增加及鸟类迁徙携带感染蜱到异地传播病原体，城市居民感染莱姆病的风险也随之增高。

重要的是在经济开发和建立旅游区等活动前，应调查该地是否为疫源地，并采取预防措施，否则很可能造成疫病的流行。

莱姆病在军事医学上亦有一定意义。我国疆域辽阔、地形复杂，在漫长的边防线上，有大量的沼泽草地、山谷森林，适合媒介蜱活动，全国多个地区有莱姆病报告。垦荒、野营、训练、潜伏作业等活动均有造成感染的可能性，对其潜在危害要有充分认识并应做好防控工作。

（夏应菊　遇秀玲　田克恭）

参考文献

耿震，侯学霞，万康林．2010. 中国六省蜱中莱姆病螺旋体分离与鉴定［J］. 中化流行病学杂志，31（12）：1346-1348.

文心田，于恩庶，徐建国，等．2011. 当代世界人兽共患病学［M］. 成都：四川科技出版社：814-828.

李牧青，王建辉，张哲夫．1994. 中国莱姆病螺旋体流行菌株的蛋白分析［J］． 中国人兽共患病杂志，10（2）：15-16.

梁军钢，张哲夫．1996. 中国莱姆病螺旋体rRNA基因多态性分析［J］. 中华微生物和免疫杂志，16（5）：361-362.

牛庆丽，殷宏，罗建勋．2009. 国内莱姆病研究进展［J］．动物医学进展，30（10）：89－93.
孙毅，许荣满．2001. 莱姆病实验动物模型［J］．寄生虫与医学昆虫学报，8（1）：50－56.
唐家琪．2005. 自然疫源性疾病［M］．北京：科学出版社：734－751.
仝彩玲，李培英，周金林．2009. 莱姆病诊断技术研究进展［J］．中国动物传染病学报，17（3）：76－80.
万康林，张哲夫，张金声，等．1998. 我国 20 个省、市、区动物莱姆病初步调查研究［J］．中国媒介生物学及控制杂志，9（5）：366－371.
王宇明，胡仕琦．2006. 新发感染病［M］．北京：科学技术文献出版社：353－363.
徐在海．2000. 实用传染病病理学［M］．北京：军事医学科学出版社：251－255.
Centers for Disease Control and Prevention (CDC) . 1995. Recommendations for Test Performance and Interpretation from the Second National Conference on Serologic Diagnosis of Lyme Disease [J] . MMWR, 44: 590.
Bratton R L, Whiteside J W, Hovan M J. 2008. Diagnosis and Treatment of Lyme Disease [J] . Mayo Clin Proc, 83 (5): 566－571.
Fraser C M, Casjens S, Huang W M, et al. 1997. Genomic sequence of a Lyme disease spirochaete, Borrelia burgdorferi. [J] . Nature, 390 (6660): 580－586.
Hunt P W. 2011. Molecular diagnosis of infections and resistance in veterinary and human parasites [J] . Veterinary Parasitology, 180 (1－2): 12－46.
Margos G, Vollmer S A, Ogden N H, et al. 2011. Population genetics, taxonomy, phylogeny and evolution of Borrelia burgdorferi sensu lato [J] . Infect Genet Evol, 11 (7): 1545－1563.
Nardelli D T, Munson E L, Callister S M. 2009. Human Lyme disease vaccines: past and future concerns [J] . Future Microbiol, 4 (4): 457－469.
Nielssen A, Carr A, Heseltine J. 2002. Update on canine Lyme disease [J] . Veterinary Medicine, 604－610.
Nigrovic L E, Thompson K M. 2007. The Lyme vaccine: a cautionary tale [J] . Epidemiol Infect, 135 (1): 9－10.
Ogden N H, Lindsay L R, Morshed M. 2009. The emergence of Lyme disease in Canada [J] . CMAJ, 180 (12): 1221－1224.
Samuels D S, Radolf J D. 2010. Borrelia: Molecular Biology, Host Interaction, and Pathogenesis [M] . England: Caister Academic Press: 251－278.
Radolf J D, Caimano M J, Stevenson B. 2012. Of ticks, mice and men: understanding the dual－host lifestyle of Lyme disease spirochaetes [J] . Nature Reviews Microbiology, 10 (2): 87－99.
Stanek G, Wormser G P, Gray J, et al. 2012. Lyme borreliosis [J] . Lancert, 379 (9814) : 461－473.
Wadelman R B, Wormser G P. 1998. Lyme borreliosis [J] . Lancert, 352: 557－565.

第二节　兔密螺旋体病
(Rabbit treponemosis)

兔密螺旋体病（Rabbit treponemosis）又称兔梅毒病，是由兔梅毒密螺旋体引起兔的生殖器官慢性传染病。主要侵害外生殖器、颜面部的皮肤及黏膜，可见炎症、结节和溃疡为特征的临床反应。1912 年 Ross 首先报道了兔密螺旋体病，同年 Noyuchi 将病原命名为兔密螺旋体。据 Syolte 报道，兔感染该病后可发生脊髓灰质炎进而导致后躯麻痹。

一、病　　原

1. 分类地位　兔梅毒密螺旋体（*Treponema paraluis cuniculi*）为螺旋体科密螺旋体属（*Treponema*）的成员。

2. 形态学基本特征和培养特性　兔梅毒密螺旋体在形态上和人梅毒的苍白螺旋体（梅毒螺旋体）相似，很难区别。菌体宽 0～25μm、长 10～16μm，有的可长达 30μm。显微镜暗视野观察，可见到蛇样旋转运动的菌体。用姬姆萨染色为玫瑰红色；以福尔马林溶液固定后，碱性苯染料亦能着染；印度墨汁或镀银染色均能着色。对实验动物中的小鼠或豚鼠等人工接种均不感染。人和其他动物不感染，罗猴、黑猩猩对试验感染敏感。对家兔人工接种（皮肤划线感染）则可发生与自然感染相同的病变。病原体主要存在于病兔外生殖器官的病灶中。该菌目前还不能进行人工培养。

3. 理化特性　兔梅毒密螺旋体对外界理化因素的抵抗力不强，以3%来苏儿、1%～2%氢氧化钠和1%～2%甲醛溶液处理，数分钟内即可失去感染性。在厌氧条件下，于4℃可存活4～7天，－20℃可存活24天。

二、流行病学

病兔是主要传染源，交配是该病的主要传播途径，经生殖道传染。因此发病都是成年兔，极少见于幼兔。病菌随着黏膜和溃疡的分泌液排出体外，污染的垫草、饲料、用具等成为传染媒介，机体如有局部损伤可增加感染的机会。兔群中流行该病时发病率很高，但几乎没有死亡。育龄母兔的发病率（65%）比公兔（36%）高，放养兔比笼养兔发病率高。兔感染该病后，病原体通常在感染局部及其附近皮肤和黏膜定居、繁殖，引起这些部位的病变；也可经淋巴管到淋巴结，使之发炎，但一般不引起其他器官的变化，表现为外表健康而长时间带菌。野兔也可感染该病，其他野生动物均不感染。该病呈地方性流行或散发，年龄和繁殖性能是影响发病率的重要因素，即成年兔多发，无明显的季节性。

三、临床症状

该病潜伏期2～10周。病变主要发生在外生殖器、颜面部皮肤和黏膜以及腹股沟，而内脏器官无病变。病初可见外生殖器周围发红、肿胀，形成粟粒大小结节或水疱。以后肿胀部因渐有渗出物而变湿润，结成红紫色、棕色的痂皮。当把痂皮轻轻剥下时，可露出一溃疡面，创面湿润、稍凹下、边缘不整齐，易于出血。上述病灶除见于外生殖器、会阴部和肛门附近，少数亦可见于阴囊、鼻、眼睑、唇和爪等部位。病灶可长期存在，持续几个月不消失。该病对全身没有明显的影响，病兔精神、食欲、排粪、体温等均在正常范围。但间或可以见到因脊髓发炎而引发的坏死灶及麻痹病例。种公兔患病时，对性欲影响不大，患病母兔受胎率大大下降。

发病后对全身没有明显的影响，经常取良性经过，自愈性强，罕见死亡。康复后的兔不产生免疫力，在一定的条件下可再次受感染。个别病例偶见侵犯脊髓，引起局部炎症与坏死灶，导致病兔麻痹与死亡。

四、病理变化

病变部的黏膜水肿，有粟粒大的结节，在肿胀部有渗出物。慢性病例表皮糠麸样、干裂，呈鳞片状稍隆起。

组织学变化见病灶深至真皮层的表皮网，表皮棘皮症、角化症，真皮上层有淋巴细胞、浆细胞，有时还有多形核白细胞，偶见中性粒细胞；在表皮溃疡的近真皮部有多形核白细胞。用银染色切片，在真皮上层可见多量螺旋体。腹股沟淋巴结增生，含有大量未成熟的淋巴细胞，上皮样细胞点状集簇。在后肢麻痹病兔的脊髓切片中，可见非化脓性坏死液化灶。

五、诊　　断

根据临床症状、病理变化可以做出初步诊断。确诊需进行实验室的检验。

显微镜镜检：采取病变部黏液或溃疡创液做涂片，加1滴生理盐水，用显微镜暗视野观察，见到呈蛇状运动的密螺旋体可确诊。也可以将涂片干燥、固定后，用草酸铵结晶紫、姬姆萨染色检查有无螺旋体存在。

血清学诊断：免疫荧光试验、玻片沉淀试验、快速血浆反应素凝集试验等均可诊断本病。抗兔密螺旋体抗体可与苍白密螺旋体发生交叉反应。

六、防治措施

1. 预防 为了防止该病发生，应坚持自繁自养，对从外地购入的种兔要进行详细检查，饲养观察3个月，严防病兔混入。配种前应细心检查公、母兔的外生殖器，病兔和疑似病兔停止配种，隔离饲养，治疗观察，对重病者可淘汰。彻底清除污物，用1%～2%氢氧化钠或2%～3%来苏儿消毒兔笼和用具。

2. 治疗 对早期病例可用新胂凡纳明（914）以灭菌蒸馏水配成5%的溶液静脉注射，按每天每千克体重40～60mg的剂量，必要时可隔1周注射一次。对中、后期的病例，可用青霉素肌内注射，每次2万IU，每天2次，连用3~4天。局部病变，可用消毒药清洗，涂布碘甘油或青霉素软膏。治疗期间公母兔要分开饲养，停止配种。

（曲连东 刘家森）

参考文献

高丰，贺文琦．2010. 动物疾病病理诊断学［M］．北京：科学出版社：255-256.

乐汉桥，李振强，朱信德，等．2011. 动物疫病诊断与防控实用技术［M］．北京：中国农业科学技术出版社：270-271.

童光志．2008. 动物传染病学［M］．北京：中国农业出版社：691-693.

Danniel，Russell. 1981. Helical Conformation of Treponema pallidum（NicholsStrain），Treponema araluis - cuniculi，Treponema denticola，Borrelia turicatae，and Unidentified Oral Spirochetes［J］．Infection and Immunity，32（2）：937-940.

Graves. 1980. Susceptibility of rabbits venereally infected with Treponema paraluis - cuniculi to superinfections with Treponema pallidum［J］．Br J Vener Dis，56：387-389.

Graves and Downes. 1981. Experimental infection of man with rabbit - virulent treponema paraluis - cuniculi［J］．Br J Vener Dis，57：7-10.

Graves，Edmonds，Rosamond，et al. 1980. Lack of serological evidence for venereal spirochaetosis in wild Victorian rabbits and the susceptibility of laboratory rabbits to Treponema paraluis - cuniculi［J］．Br J Vener Dis，56：381-386.

Horvath，Kemenes，Molnar，et al. 1980. Experimental Syphilis and Serological Examination for Treponematosis in Hares［J］．Infection and Immunity，27（1）：231-234.

Ronald，Sheila，Charles，et al. 1985. Chronicity of infection with Treponema paraluis - cuniculi in New Zealand white rabbits［J］．Genitourin Med，61：156-164.

第五十三章
钩端螺旋体科细菌所致疾病

钩端螺旋体病
(Leptospirosis)

钩端螺旋体病（Leptospirosis）简称钩体病，是由有致病力的钩端螺旋体所致多种实验动物发病的一种自然疫源性急性传染病。其传染源主要是鼠类、家畜和蛙类，人通过接触被钩端螺旋体污染的水源可感染致病。动物临床表现呈多样性，以发热、黄疸、贫血、血红素尿、流产、皮肤黏膜坏死及马周期性眼炎等为特征。人感染后轻者为轻微的自限性发热；重者可出现急性炎症性肝损伤、肾损伤的症状如黄疸、出血、尿毒症等，也可出现脑膜的炎性症状如神志障碍和脑膜刺激征等；严重病人可出现肝、肾功能衰竭、肺大出血，甚至死亡。

一、发生与分布

钩端螺旋体病是全球面临的重大公共卫生问题，特别是东南亚国家和中、南美洲国家。东南亚所有的国家和地区都有钩端螺旋体病例报告，世界公认的18个人钩端螺旋体病高发区中有12个处于东南亚地区（印度1个，泰国6个，斯里兰卡5个），年度发病率从最高500/10万到最低200/10万。2/3的致病性钩端螺旋体血清型在亚洲被分离，在流行区，钩端螺旋体病成为引起黄疸、肾衰、心肌炎和肺炎的重要原因。

二、病　　原

1. 分类地位　钩端螺旋体（*Leptospira*）简称钩体，在分类上属于螺旋体目（Spirochaetales）、螺旋体科（Spirochaetaceae）、钩端螺旋体属（*Leptospira*），其下有两个种，问号钩体（*Leptospira interrogans*）和双曲钩体（*Leptospira biflexa*）其中问号钩体是人和动物的寄生菌，可分为23个血清群，群下有200多个血清型，其中波摩拿群（*L. pomona*）、犬群（*L. canicola*）、塔拉索夫群（*L. tarassovi*）、黄疸出血群（*L. icterohemorrhaiae*）、流感伤寒群（*L. rippotyphosa*）和七日热群（*L. hebdomadis*）是家畜的重要病原菌。到1999年，我国已从人和动物分离出致病性钩端螺旋体18个血清群、75个血清型，以黄疸出血群、波摩那群、犬群、流感伤寒群、爪哇群、秋季群、大洋洲群和七日热群为主。双曲钩体通常不致病，多来自表面水。

2. 形态学基本特征与培养特性　钩端螺旋体细长圆形，呈螺旋状，在暗视野显微镜下，菌体的一端或两端弯曲，呈问号状或C、S状，故而得名。菌体长短不一，一般长6～20μm、宽0.1～0.2μm，培养早期较短，陈旧培养者较长。电镜下钩端螺旋体为圆柱状结构，最外层是鞘膜，由脂多糖和蛋白质组成，其内为胞壁，再内为浆膜，在胞壁与浆膜之间有一根由两条轴丝扭成的中轴，位于菌体一侧。钩端螺旋体是以整个圆柱形菌体缠绕中轴而成，其胞壁成分与革兰阴性杆菌相似。

钩端螺旋体在含有8%～10%正常兔血清的液体培养基内生长良好，但在普通培养基上不生长。适宜的生长温度为28～30℃，pH7.2～7.5。钩端螺旋体生长较慢，一般经过2～5天才见生长，3～4天转入对数生长期，菌体大量繁殖，透光肉眼观察，可见培养液有轻度乳光。

3. 理化特性 钩端螺旋体对热、酸、干燥和一般消毒剂都敏感。在水或湿土中可存活数周至数月，这对该菌的传播有重要意义。50～56℃ 0.5h 或 60℃10min 均能致死。但对低温有较强的抵抗力，经反复冻融后仍能存活。钩端螺旋体对干燥非常敏感，在干燥环境下，数分钟即可死亡。常用的消毒剂如：1/20 000 来苏儿溶液，0.1%石炭酸、1%漂白粉液均能在 10～30min 内杀死钩端螺旋体，对青霉素、金霉素等抗生素敏感。

4. 分子生物学

（1）基因组特征 中国国家人类基因组南方中心、科学院上海生命科学院等单位于 2002 年 10 月完成对问号钩体黄疸出血群赖型赖株的基因组 DNA 测序，并已提交 Genebank（记录号 AE010300 和 AE010301）。问号钩体基因组（4 691 184bp）包括两部分，分别为环状大染色体 CI（4 332 241bp）和环状小染色体（358 943bp）。两个染色体之间无显著性差异。预测问号钩体共有4 769个基因，其中 37 个编码 tRNAs，4 个编码 rRNAs，问号钩体极低量的 tRNA 和 rRNA 可解释其生长困难的现象。在 4 727个蛋白质编码序列（CDs）中，有 4 360 个位于 CⅠ，其余 367 个位于 CⅡ。

（2）毒力因子

①溶血素：溶血素存在于默写致病性钩体（如波摩那型、犬型）的培养物上清液中，黄疸出血型钩体不产生溶血素。溶血素不耐热，对氧稳定，具有类似磷脂酶的作用，能使细胞膜溶解，当注入小羊体内时，可使小羊出现贫血、出血坏死、肝肿大与黄疸、血尿等。

②细胞毒因子：在试管内对哺乳动物细胞有致细胞病变作用，脑内接种小鼠 1～2h 后出现肌肉痉挛、呼吸困难，最后死亡，与钩端螺旋体接种金地鼠死前症状相似。腐生性、非致病性的钩端螺旋体不产生细胞毒因子，因此，细胞毒因子可能是致病性钩端螺旋体的一种重要致病因子。

③内毒素样物质：其性质不同于一般细菌的内毒素，这些内毒素物质作用短暂，且需大量表达才能导致动物发热，引起炎症和坏死。

④细胞致病作用物质：钩端螺旋体黄疸出血型、流感伤寒型、波摩那型、犬型、大洋洲型、七日型、巴尔维亚型、秋季型均有细胞致病作用物质，均可使鸡成纤维细胞产生变性，注入家兔体内可出现红斑和水肿。

⑤其他酶类：钩端螺旋体在宿主体内的代谢产物有毒脂类以及某些酶类：如脂酶、脱氢酶、萘酰胺酶、三油酸酯酶、脲酶等，可损害毛细血管壁，使其通透性升高，引起广泛出血；对肾也有损害，可致血尿、蛋白尿等。

三、流行病学

1. 传染来源 鼠和猪是两个重要带菌宿主，它们可通过尿液长期排菌，为该病的主要传染源。但它们的带菌率、带菌的菌群分布和传染作用等方面，各地区存在很大差别。在鼠类中，黄胸鼠、沟鼠、黑线姬鼠、罗赛鼠、鼷鼠带菌率较高，所带菌群亦多，分布较广；其他鼠类次之。在家畜中，我国以猪带菌率最高，分布亦最广，是非常重要的宿主动物；其他家畜如牛、犬、羊等带菌率次之。此外，从猫、马、梅花鹿和马鬣蜥体内也分离到钩端螺旋体，近年来我国不少地区从蛙体内分离到致病性钩端螺旋体。血清学试验表明，蛇、鸡、鸭、鹅、兔、黄鼠狼、野猫、白面兽等动物也有可能是钩端螺旋体的贮存宿主。

2. 传播途径 带菌动物可通过尿、乳汁、唾液和精液等多种途径散播钩端螺旋体，其中以经尿传播为主。人与宿主动物直接接触不是该病传播的主要方式。在多数情况下，接触染有钩端螺旋体的疫水是感染的重要方式。接触时间愈长，次数愈多，发病的机会也愈多。

3. 易感动物

（1）自然宿主 中国已从 37 种哺乳动物、6 种家养动物、2 种鸟类、2 种爬行动物、8 种蛙类、1 种鱼类、1 种节肢动物和 3 种实验动物分离出钩端螺旋体，并证明体内带毒，除鸟类、鱼类和节肢动物尚待证实外，均能向外排钩端螺旋体。

（2）实验动物　目前已在小鼠、豚鼠和家兔中分离出钩端螺旋体，其中从小鼠体内分离出2个血清型，从豚鼠和家兔各分离出1个血清型。

（3）易感人群　人接触疫水是主要的感染方式，特别是洪涝灾害以及大雨以后，家畜的排泄物、鼠类栖息地以及排泄物等被洪水淹没或冲洗，造成大范围污染，导致大规模的钩端螺旋体病暴发流行。

4. 流行特征　该病发生有明显的季节性，虽然一年四季均可发生，但以夏秋季为流行高峰，冬春季少见，时间上有从南到北逐渐推移的倾向。流行形式有散发性，也有地方流行性。实验动物中小鼠、大鼠、豚鼠和金地鼠均能带毒，鼠之间主要通过排尿传播，并可通过尿液传染人。

四、临床症状

1. 动物的临床表现　钩端螺旋体病为自然疫源性疾病，在野生动物和家畜中广泛流行。钩端螺旋体在肾小管中生长繁殖，从尿中排出。鼠和猪的肾内能长期带毒，为主要传染源。

猪钩端螺旋体病主要由波摩那群钩体引起，但犬群和黄疸出血群引起的也较常见。猪感染后出现的症状差别较大，可无明显症状，也有部分仅出现短暂的发热和结膜炎，有的则出现严重的症状，如体温高达40～41℃、厌食、精神不振、皮肤苍白、行动呆慢、寒战发抖、抽搐、结膜潮红、眼睑及下颌水肿、拉稀粪，甚至死亡。

实验动物感染主要以阴性感染为主。肖玉山通过用巴达维亚型和流感伤寒型等4株钩端螺旋体接种实验动物，发现8只豚鼠仅1只死亡，而8只金地鼠全部死亡，家兔和小鼠敏感性不及豚鼠和金地鼠。

2. 人的临床表现

（1）流感伤寒型　是早期钩端螺旋体败血症的症状，临床表现如流感，以发热、头疼、全身肌肉疼、眼结膜充血为特征。症状较轻，一般内脏损害也较轻，6～10天可自然康复。

（2）黄疸出血型　除发热、恶寒、全身痛外，还有出血、黄疸及肝肾损害症状。出血可能与毛细血管损害有关，即钩端螺旋体毒性物质损伤血管内皮细胞，使毛细血管通透性增高，导致全身器官主要是肝、脾、肾点状出血或瘀斑，表现为便血及肘细胞损伤，出现黄疸。

（3）肺出血型　有出血性肺炎症状，如胸闷、咳嗽、咯血、紫绀等，病情较重，常死于大咯血，死亡率高。

（4）脑膜脑炎型　有剧烈头疼、频繁呕吐、颈疼、颈强直、畏光症状，凯尔尼格征和巴宾斯基征阳性，预后较好。

（5）其他钩端螺旋体病　尚有肾功能衰竭型、胃肠炎型等，均表现相应器官损害的症状。部分病人还可能出现恢复期并发症，如眼葡萄膜炎、脑动脉炎、失明、瘫痪等，可能是变态反应所致。钩端螺旋体菌型与钩端螺旋体临床分型无固定关系，临床分型随病情发展也可变动。

五、病理变化

钩端螺旋体病感染毒血症期以微循环变化和细胞超微结构变化为主，病变与细胞内毒素中毒变化相似，器官损伤期可出现重要器官组织形态的变化，恢复期病变可完全恢复。

1. 大体解剖观察

（1）肺　主要病变为出血，在肺部表面可观察到有出血点或片状出血，呈暗红色，气管、支气管黏膜出血，肺切面呈现弥散性出血。

（2）肝　肝脏肿大，包膜紧张。

（3）肾　略肿大，切面可见皮质苍白而髓质瘀血。

（4）心　心脏多扩大，浆膜有少数出血点。

2. 组织病理学观察

（1）肺　支气管腔和肺泡充满红细胞。少数肺泡偶见少量浆液渗出，但未发现肺水肿。

（2）肝　肝细胞呈现不同程度变性、坏死。肝窦间质水肿，管腔肿大，可见红细胞、白细胞及细胞碎片，管型形成，阻塞管腔。

（3）肾　肾小管上皮细胞出现不同程度的变性、坏死。

（4）心　心肌纤维普遍肿胀，部分病例有局限性心肌坏死及肌纤维溶解。

3. 超微结构观察

（1）肺　大部分肺泡内可见红细胞、纤维蛋白及少量白细胞。白细胞结构清楚，有些胞浆内有变形的钩端螺旋体。

（2）肝　肝细胞浆和线粒体均肿胀，棘突消失、外膜双层结构依然可见。

（3）肾　可见近曲小管上皮细胞刷毛显著减少或完全消失，小管基膜明显增厚。

（4）心　心肌线粒体肿胀、变空、棘突消失。

六、诊　　断

1. 动物的临床诊断　根据流行病学资料、临床表现和实验室诊断结果而确定。对疑似动物，可取其肝肾组织做切片，用镀银染色或免疫荧光试验检测病原体，亦可取新鲜肝肾悬液或尿，在暗视野显微镜下检测，找到钩端螺旋体即可确诊。

2. 人的临床诊断　由于钩端螺旋体病临床表现非常复杂，所以给诊断尤其早期诊断带来困难，容易漏诊、误诊。临床确诊需要有阳性的病原学或血清学检查结果，时间较长，应结合流行病学特点、早期的临床特征、化验检查特点三个方面进行综合分析，并与其他疾病鉴别。

3. 实验室诊断

（1）细菌分离　可以采集动物的血液、尿液和脏器进行钩端螺旋体的分离培养。对疫水和土壤中钩端螺旋体的分离，采用直接镜检法、直接培养法、动物接种法和动物浸泡法。

（2）其他支持性实验室检查　改良镀银染色法、免疫酶染色法、改良 Blenden 染色法、耐热 Patoc I 抗原玻片凝集法、放射检测法、免疫金银染色法、核酸分子杂交技术、PCR 检测技术等用于钩端螺旋体的检测也有报道。

七、防治措施

钩端螺旋体病正常存在于啮齿类动物中，不表现任何临床症状。鼠和猪是钩端螺旋体病最重要的自然贮存宿主，加强灭鼠工作是消灭自然疫源地钩端螺旋体病的根本措施。加强对猪的饲养管理也是控制钩端螺旋体病流行的有效措施，一方面，猪应由放养改圈养，因为放养猪的带菌率明显高于圈养猪；另外，对猪排泄物实行无害化处理，防止其污染水源、稻田、池塘、河流；最后，对感染钩端螺旋体的病猪要严格隔离治疗。

八、公共卫生影响

钩端螺旋体病是一种曾被忽视的动物源性传染病，主要感染卫生条件较差地区的人群，自然灾害后常呈暴发性流行，并造成高死亡率。钩端螺旋体病发病率受到社会文化、职业、行为以及环境等多因素影响。该病对资源缺乏地区、热带和亚热带的居民影响最大，对动物饲养密度较高的农村地区，和需要从事农业或畜牧业的人群危险性较大。近几年来，水上活动，如乘坐轻便小艇或参加其他水上运动，都可增加人接触并感染钩端螺旋体的风险。

（夏应菊　遇秀玲　田克恭）

我国已颁布的相关标准

GB/T 14926.46—2001　实验动物　钩端螺旋体检测方法

参考文献

李优良．1992．钩端螺旋体病流行因素的聚类和逐步回归分析［J］．中华流行病学杂志，13（3）：151-153.

梁中兴，时曼华，聂一新，等．1995．黄河以北首次分离出黄疸出血群赖型钩端螺旋体［J］．中华流行病学杂志，16（5）：273．

秦进才．1999．中国钩端螺旋体参考毒株的建立和应用［J］．微生物学免疫进展，27（3）：78－82．

徐在海．2000．实用传染病病理学［M］．北京：军事医学科学出版社：247－251．

严杰，戴保民，于恩庶．2006．钩端螺旋体病学［M］．第3版．北京：人民卫生出版社．

于恩庶，秦进才，时曼华，等．1995．中国致病性钩端螺旋体血清群型及其地区分布［J］．中国人兽共患病杂志，11（4）：38－40．

Arokianathan D，Trower K，Poobon S，et al. 2005. Leptospirosis：a case report of a patient with pulmonary haemorrhage successfully managed with extra corporeal membrane oxygenation ［J］．J Infect，50（2）：158－162．

Cerqueira G M，Picardeau M. 2009. A century of Leptospira strain typing ［J］．Infect Genet Evol，9（5）：760－768．

Garrity George. 2005. Bergey's Manual of Systematic Bacteriology ［M］．2nd Edition. New York：Springer：182－183，218－219．

Pappas G，Cascio A. 2006. Optimal treatment of leptospirosis：queries and projections ［J］．Int J Antimicrob Agents，28（6）：491－496．

Vijayachari P，Sugunan A P，Shriraml A N. Leptospirosis：an emerging global public health problem ［J］．J Biosci，33（4）：557－569．

World Health Organization（WHO）．2008. Human leptospirosis：guidance for diagnosis，surveillance and control［M］．59－60．

Zuerner R，Haade D，Adler B. 2002. Technological advances in the molecular violgy of Leptospira ［J］．Mol. Microbiol Biotechonl，2（4）：455－462．

第五十四章
黄杆菌科细菌所致疾病

CAR 杆 菌 病
(Cilia-associated respiratory bacillus infection)

CAR 杆菌病（Cilia-associated respiratory bacillus infection）是由 CAR 杆菌（Cilia-associated respiratory bacillus）引起多种动物的典型的呼吸系统疾病。1980 年首次于感染肺炎的大鼠肺中分离。啮齿类以体重减轻、被毛凌乱、咬牙或喷气声为特征，几乎所有动物都有黏液性的支气管炎和慢性支气管扩张的一类疾病。尚未见人感染的报道。

一、发生与分布

目前分离出该菌的国家主要有美国、日本、意大利、澳大利亚。我国未曾分离出该菌。该病的发生以长期感染为主，不同的动物宿主发病情况有所不同，但均未见大规模暴发流行。

二、病　　原

1. 分类地位　该菌尚未分类，但小鼠和大鼠的分离株从遗传学角度来讲与屈绕杆菌属和梭杆菌属相关。

2. 形态学基本特征与培养特性　CAR 杆菌为革兰阴性，纤维状菌，有动力，通过一种“滑翔”的方式运动，运动时依附于固体表面，采用弯曲的方式进行运动。细菌长 4～6μm，没有孢子。CAR 杆菌可以在含血清的细胞培养基和鸡胚尿囊液中培养，需要 7%的 CO_2。

3. 理化特性　CAR 杆菌经 56℃ 30min 可以灭活，在尿囊液中 23℃ 1 周仍然有感染性。经得起反复冻融，贮存在－70℃。

4. 分子生物学　目前有研究者做过不同来源 CAR 杆菌的 16S rRNA 的同源性分析，发现大鼠和小鼠源的相似性非常高，而兔源的则区别很大。大鼠的 16S rRNA 与锈色黄杆菌的相似性为 83%，与松嗜几丁质菌的相似性为 83%，与神圣屈绕杆菌的相似性为 81%，这可以指导 CAR 杆菌的分类。

三、流行病学

1. 传染来源　CAR 杆菌以隐性携带状态存在于宿主的呼吸道。隐性携带和患病的小鼠、大鼠、豚鼠、兔、仓鼠是主要传染源。未见报道有人感染。

2. 传播途径　主要传播途径是直接接触。如果母体带菌，动物可能在出生后 1 周感染。因该菌是通过直接接触传染的，所以哨兵动物并不能有效检测该菌，尚不能解决在种群内传染的可能性。

3. 易感动物

（1）自然宿主　大鼠、小鼠、兔、牛、羊和猪；还可感染成年的马鹿、羚羊和獐。考虑到这些动物的分类范围，一些其他的啮齿类，如仓鼠、豚鼠和沙鼠也是易感的。

（2）实验动物　可试验感染多种实验动物。主要集中在对啮齿类的研究，以对大小鼠的试验感染研究较多。也有对兔、豚鼠感染的试验研究，用血清学方法，4 周后均可检出抗体，说明可通过试验感染这些动物。

4. 流行特征　主要通过接触传播，未见呼吸道直接感染的报道。

四、临床症状

在所有的易感动物中，主要是隐性感染。如果出现临床症状，主要是长期感染和典型的呼吸系统疾病，体重减轻、被毛凌乱、咬牙或喷气声，大鼠还有血泪症。大鼠比小鼠的临床表现更严重，大鼠感染 CAR 杆菌后的症状与感染支原体的呼吸系统症状相似。所有动物都有黏液性的支气管炎和慢性支气管扩张，扩张的支气管内经常充满了黏液和中性粒细胞，偶尔有化脓性炎症。

五、病理变化

在一般的 CAR 杆菌感染中，支气管上皮通常是正常的。细支气管周经常有淋巴细胞和浆细胞组成套。套状物在呼吸上皮纤毛中或者上面，如果用银染法通过胃镜经常可以观察到。在小鼠中的器官损害相似。在大小鼠中，CAR 杆菌感染通常伴随支原体肺炎。在兔子中，CAR 杆菌的病原意义未知，因为还没有哪种器官损害可以直接归因于该菌感染。

六、诊　　断

1. 动物的临床诊断　表现为典型的呼吸系统疾病，体重减轻、被毛凌乱、咬牙或喷气声，大鼠还有血泪症。大鼠比小鼠的临床表现更严重，大鼠感染 CAR 杆菌后的症状与感染支原体的呼吸系统症状相似。

2. 实验室诊断　CAR 杆菌可以培养，但不推荐用培养法作为常规诊断方法。与许多细菌相比，这种菌对培养有特殊的要求，更喜欢含血清的细胞培养基或鸡胚。Healthy - appearing populations of laboratory rodents 主要通过血清学方法（ELISA 、MFIA 或 IFA）监测 CAR 杆菌，用 PCR 和/或组织病理学方法监测发病动物，证明在特征性发病部位细菌的存在。血清学方法的诊断试剂主要是细菌裂解物，与病毒相比，CAR 杆菌的血清学方法有更高的假阳性率。对于 CAR 杆菌的阳性血清，推荐用 PCR 方法验证，而且对于鼻咽或气管拭子或灌胃样本易于操作。也可用组织学方法进行确诊，气管上皮的银染法可以显示纤毛中的 CAR 杆菌。组织学方法是高特异性的，但 PCR 方法可以排除小鼠（纤毛中的细菌）中别的细菌如禽博特氏杆菌感染，所以仍推荐 PCR 方法。另外，与 PCR 方法比较组织学筛查的敏感性无法确定。

七、防治措施

CAR 杆菌主要通过直接接触传染，没有证据证明可以通过污染物、带菌动物或气溶胶传染。主要的预防措施是避免感染动物与未感染动物的直接接触。动物群应定期筛查 CAR 杆菌，对引入的动物应进行检疫，排除该菌的感染。这种细菌在先前无感染的群体中出现表明引进了感染动物，可能是野生的。应仔细评估病菌控制计划。

在感染群体中，CAR 杆菌传染很慢。限制动物的移动和用 PCR 和血清学方法可以追踪感染动物。尽管如此，还是推荐重新引种或无病原处理。无病原处理可以通过剖腹产或胚胎移植。有一篇文献描述了试验性 CAR 杆菌感染小鼠后，用 500mg/L 的氨苄西林或磺胺甲基嘧啶的治疗情况。虽然没有该细菌垂直传染的报道，仍应该选择在无病原体处理之前对动物进行治疗。考虑到 CAR 杆菌挑剔的培养要求和呼吸道趋向性，环境中残存的 CAR 杆菌不可能是重要的传染源。因为无孢子形成，应执行严格的动物房环境卫生和消毒程序，以保证清除环境中的 CAR 杆菌。丢弃污染物和无关紧要的材料，使用合适的消毒剂、必要时进行高压灭菌。

八、对实验研究的影响

带有慢性呼吸道疾病的动物一般不能用于试验。有报道说 CAR 杆菌感染的动物出现黏膜间隙损伤，可能与观察到的组织学损害有关，但没有被证实。隐性感染在健康群体中没有明显影响。研究用的动物应排除 CAR 杆菌。

（冯育芳）

参考文献

Bergottini R, Mattiello S, Crippa L, et al. 2005. Cilia - associated respiratory (CAR) bacillus infection in adult red deer, chamois, and roe deer [J]. J Wildl Dis, 41 (2): 459 - 462.

Brogden K A, Cutlip R C, Lehmkuhl H D. 1993. Cilia - associated respiratory bacillus in wild rats in central Iowa [J]. J Wildl Dis, 29: 123 - 126.

Charles river laboratories. 2009. Cilia - Associated Respiratory Bacillus, technical sheet [OL]. http://www.criver.com/files/pdfs/infectious - agents/rm_ld_r_carb.aspx.

Cundiff D D, Besch - Williford C L, Hook R R Jr, et al. 1994. Characterization of cilia - associated respiratory bacillus isolates from rats and rabbits [J]. Lab Anim Sci, 44: 305 - 312.

Cundiff D D, Besch - Williford C L, Hook R R Jr, et al. 1994. Detection of cilia - associated respiratory bacillus by PCR [J]. J Clin Microbiol, 32: 1930 - 1934.

Cundiff D D, Besch - Williford C L, Hook R R, et al. 1995. Characterization of cilia - associated respiratory bacillus in rabbits and analysis of the 16S rRNA gene sequence [J]. Lab Anim Sci, 45: 22 - 26.

Cundiff D D, Riley L K, Franklin C L, et al. 1995. Failure of a soiled bedding sentinel system to detect cilia - associated respiratory bacillus infection in rats [J]. Lab Anim Sci, 45: 219 - 221.

Fernάndez A, Orós J, Rodríguez J L, et al. 1996. Morphological evidence of a filamentous cilia - associated respiratory (CAR) bacillus in goats [J]. Vet Pathol, 33: 445 - 447.

Franklin C L, Pletz J D, Riley L K, et al. 1999. Detection of cilia - associated respiratory (CAR) bacillus in nasal - swab specimens from infected rats by use of polymerase chain reaction [J]. Laboratory Animal Science, 49 (1): 114 - 117.

Ganaway J R, Spencer T H, Moore T D, et al. 1985. Isolation, propagation, and characterization of a newly recognized pathogen, cilia - associated respiratory bacillus of rats, an etiological agent of chronic respiratory disease [J]. Infect Immun, 47: 472 - 479.

Griffith J W, White W J, Danneman P J, et al. 1988. Cilia - associated respiratory (CAR) bacillus infection of obese mice [J]. Vet Pathol, 25: 72 - 76.

Hastie A T, Evans L P, Allen A M. 1993. Two types of bacteria adherent to bovine respiratory tract ciliated epithelium [J]. Vet Pathol, 30: 12 - 19.

Kendall L V, Riley L K, Hook R R Jr, et al. 2002. Characterization of lymphocyte subsets in the bronchiolar lymph nodes of BALB/c mice infected with cilia - associated respiratory bacillus [J]. Comparative Medicine, 52 (4): 322 - 327.

Kurisu K, Kyo S, Shiomoto Y, et al. 1990. Cilia - associated respiratory bacillus infection in rabbits [J]. Lab Anim Sci, 40: 413 - 415.

Matsushita S, Joshima H, Matsumoto T, et al. 1989. Transmission experiments of cilia - associated respiratory bacillu in mice, rabbits and guinea pigs [J]. Lab Anim, 23: 96 - 102.

Matsushita S, Joshima H. 1989. Pathology of rats intranasal inoculated with the cilia - associated respiratory bacillus [J]. La Anim, 23: 89 - 95.

Nietfeld J C, Franklin C L, Riley L K, et al. 1995. Colonizatio of the tracheal epithelium of pigs by filamentous bacteria resembling cilia - associated respiratory bacillus [J]. J Vet Diagn Invest, 7: 338 - 342.

Ramos - vara J A, Franklin C, Miller M A. 2002. Bronchitis and Bronchiolitis in a Cat with Cilia - associated Respiratory Bacillus - like Organisms [J]. Vet Pathol, 39: 501 - 504.

Schoeb T R, Davidson M K, Davis J K. 1997. Pathogenicity of cilia - associated respiratory (CAR) bacillus isolates for

F344，LEW，and SD rats [J]. Vet Pathol，34：263-270.

Schoeb T R，Dybvig K，Davidson M K，et al. 1993. Cultivation of cilia-associated respiratory bacillus in artificial medium and determination of the 16S rRNA gene sequence [J]. J Clin Microbiol，31：2751-2757.

Shoji-Darkye Y，Itoh T，Kagiyama N. 1991. Pathogenesis of CAR bacillus in rabbits，guinea pigs，Syrian hamsters，and mice [J]. Lab Anim Sci，41：567-571.

第五十五章
梭杆菌科细菌所致疾病

第一节 坏死杆菌病
(Necrobacillosis)

坏死杆菌病（Necrobacillosis）是由坏死梭杆菌引起的以实质脏器脓肿、趾部和皮肤坏死性病变及败血症为主要特征的急性或慢性的人和动物共患传染病。坏死梭杆菌常见于人和动物的口腔、肠道、生殖道及坏死性病变组织中，可引起动物的腐蹄病、肝脓肿和人的急性咽炎综合征（Lemierre 氏综合征）。

一、发生与分布

坏死梭杆菌广泛分布于世界各地。动物坏死杆菌病在世界各地都有发生。Jensen（1974）在检查1 535头屠宰牛时，发现37%的牛有坏死杆菌感染引起炎症的痕迹。Cygan（1975）检查了 2 267 头牛，其中有 77 头发现有肝脓肿，并从 90%的牛病料中分离到坏死梭杆菌。坏死梭杆菌引起的牛、羊腐蹄病，在我国也十分常见。实验动物中自然感染发病病例少见。在人，1936 年 Lemierre 最早描述了一种坏死梭杆菌引起的以口腔感染、脓毒败血症、静脉炎症为特征的综合征，因当时抗生素还未广泛应用，病情发展迅速，死亡率达 90%。后来，将这一坏死梭杆菌感染人所引起的疾病称为 Lemierre 氏综合征。目前，该病发病率较低，但即使经抗生素治疗，病死率也在 8%～15%。据不完全统计，美国在 1950—1995 年至少发生 40 例以上。Danish 研究表明，每百万人中有 0.8 例发生 Lemerre 氏综合征。

二、病　　原

1. 分类地位 坏死梭杆菌（*Fusobacterium necrophorum*）曾归于拟杆菌科（Bacteroidaceae），现属梭杆菌科（Fusobacteriaceae）、梭杆菌属（*Fusobacterium*）。本属包括 13 个种，其中坏死梭杆菌和具核梭杆菌（*Fusobacterium nucleatum*）是临床上最常分离到的两种菌。

根据 DNA - DNA 杂交分析，坏死梭杆菌被分为两个生物亚型：*F. necrophorum* subsp. *necrophorum*（简称 *Necrophorum* 亚种）和 *F. necrophorum* subsp. *funduliforne*（简称 *Funduliforne* 亚种），前者主要感染牛、羊等动物；后者主要引起人发病。按 Fievez 生物学分型系统，坏死梭杆菌又被分为 4 个生物型或变种：A 型、B 型、AB 型和 C 型，A 型菌即 *Necrophorum* 亚种，B 型菌即 *Funduliforme* 亚种。AB 型菌是从羊或鹿体内分离的，目前其分类地尚未完全确定。C 型为非致病型，原名为伪坏死梭杆菌（*Fusobacterium pseudonecrophorum*），后来根据 DNA 杂交分析和 16S rRNA 和 23S rRNA 基因间的沉默区序列分析，C 型为变形梭杆菌（*Fusobacterium varium*）。A、B 型在细胞形态、菌落特征、培养特性、毒力因子、对小鼠的毒力以及发生频率等方面存在差异。

2. 形态学基本特征与培养特性 坏死梭杆菌是一种多形态的革兰阴性菌，根据该菌的生长条件、培养时间和菌株的差异，该菌可呈现球形、短杆状、长杆状以至长丝状。病变组织中和新分离的菌株多呈平直的长丝状，菌宽 0.5～1.75μm、长可达 100～300μm，经过液体培养基多次传代后，菌体的长度逐渐缩短，一直到长杆状才基本不变。在固体培养基和老龄培养物中短杆状和球状菌较常见。培养物在24h以内菌体着色均匀，24 h以上的培养物菌体内常形成空泡，使用革兰染色方法效果不佳；用石炭酸—复红加温染色，菌体呈浓淡相间的串珠状的不均匀着色；用碱性复红—美蓝染色，菌体更为明显。坏死梭杆菌无鞭毛，无运动性，不形成芽孢和荚膜。

该菌为严格厌氧菌，但在无氧环境中培养形成菌落后，转入有氧环境中继续培养时，菌落仍可继续增大。最适培养温度为37℃，在30～40℃之间也能生长。最适pH为7.0，在6.0～8.4之间也可以生长。普通培养基如营养琼脂、肉汤等均不适于该菌生长，但是加入血清、血液、葡萄糖、肝块或脑块后可助其发育。该菌在肝片肉汤中培养时，起初在管底或肝块周围出现云絮状生长，渐向上生长，浊度增加，在凡士林或石蜡油下有气泡，后渐变清，8～10天后，生长物全部沉淀。在血琼脂上培养48～72h后，可形成圆形、直径1～2mm的菌落，中央凸起、扇样或蚀状边缘、表面皱褶不平、半透明或不透明，透光可见有镶嵌图案样的内部结构，在兔血琼脂上多数菌株可产生α或β溶血。

该菌不发酵乳糖、麦芽糖、甘露糖、蜜二糖、棉籽糖、蔗糖、海藻糖、木糖、纤维二糖、淀粉、七叶苷和水杨苷，不发酵或弱发酵果糖和葡萄糖，不水解七叶苷和葡聚糖，液化明胶不定，产生吲哚，DNA酶阳性，硝酸盐还原试验阴性，触酶、卵磷脂酶、超氧化歧化酶、赖氨酸脱羧酶和磷酸酶阴性。

3. 理化特性 坏死梭杆菌的抵抗力较弱，在有氧的情况下，于24 h内即死亡，而在粪便内中则于48 h内死亡。在4℃下可存活7～10天，59℃可存活15～20 min，100℃ 1min内死亡。1%煤酚皂溶液1%福尔马林溶液、于20 min内可将其杀灭。在潮湿的牧场上，坏死梭杆菌能存活3周。在肝、脓肿中于－10℃可存活5年。

4. 毒力因子 坏死梭杆菌能够产生多种毒力因子，如白细胞毒素、细胞壁溶胶原成分、内毒素、溶血素、血凝素、荚膜、菌毛或细胞壁表面配基、血小板凝集因子、皮肤坏死毒素以及几种分泌的胞外酶，包括朊酶类和脱氧核糖核酸酶类，这些毒力因子能够使细菌进入机体、定居和增殖，从而引起各种损伤。其中，白细胞毒素被认为是坏死梭杆菌感染动物并发生坏死性病变的最主要毒力因子。

三、流行病学

1. 传染来源 坏死杆菌病的主要传染源是患病动物，但健康动物在很大程度上也起着散播传染的作用，其中食草动物是最重要的传染源。坏死梭杆菌广泛分布于自然界和哺乳动物饲养环境中，它是动物消化道特别是扁桃体的一种常在菌，并不断地随动物的唾液和粪便排出体外。尽管在有空气的情况下其抵抗力很弱，但只要有适当的易感动物，就能引起感染。

2. 传播途径 坏死梭杆菌主要经损伤的皮肤、黏膜而侵入动物机体；或被蚊虫叮咬而传染；也可经血液而散播，特别是在局部坏死灶中，该菌易随血流散布至全身其他组织或器官，形成继发性坏死灶；在初生动物，该菌可由脐静脉进入肝脏。人坏死杆菌病多经外伤感染引起。

3. 易感动物 坏死梭杆菌为人和动物的机会致病菌。存在于多种动物消化道内，可感染牛、羊、马、猪等多种哺乳动物、家禽和人。实验动物中以兔最易感，小鼠次之，豚鼠不易感。

4. 流行特征 该病呈散发或地方性流行，多发生于阴雨连绵、潮湿及炎热季节。舍内卫生条件不好、营养不良等因素可诱发该病发生。在人，多感染儿童，且健康儿童在感染EB病毒后，也能继发感染该菌。A型菌比B型菌毒力强，在临床上分离率更高。

四、临床症状

1. 动物的临床表现

（1）实验动物的临床表现 坏死梭杆菌能使兔、犬、小鼠和豚鼠等实验动物致病，但是自然感染病例很少。兔、小鼠和豚鼠多作为感染动物模型用于坏死梭杆菌致病机理、免疫机理等方面的研究。兔特别易感，皮下和肌内注射培养物可引起大面积的渐进性水肿和坏死，动物通常在4～70天死亡。静脉注射可致兔广泛感染，涉及肝脏、肺脏、关节和腱鞘等多个器官或组织。皮内接种兔产生局部脓肿，倾向破溃和治愈。小鼠皮下接种产生脓肿，腹腔接种常见肝脏坏死。豚鼠易感性较兔或小鼠相差很多，皮下注射通常产生脓肿，有时扩散到相邻的皮下组织和肌肉组织。

（2）其他动物的临床表现 坏死梭杆菌可引起动物的腐蹄病、肝脓肿。腐蹄病是由坏死梭杆菌和节瘤拟杆菌（*Bacteroides nodosus*）共同感染引起的，多见于牛、羊等反刍动物，有时可见于马、鹿等。该病主要侵害指（趾）间皮肤及皮肤更深层软组织，引起急性或亚急性炎症，临床主要表现为蹄变形、跛行、运动困难，并有全身性症候如发热、食欲减退、泌乳量下降、繁殖能力降低等。

肝脓肿多见于牛、羊、兔等，动物主要表现为严重的肝脏坏死性病变。各个年龄、所有品种的牛均易患该病，特别是育肥牛一旦发生，会严重影响经济效益。肝脓肿主要发现于牛宰杀或者尸体剖检时，脓肿外包有厚的纤维层，坏死中心通常被炎性区域包围。

此外，坏死梭杆菌感染也可引起牛发生坏死性喉炎及猪坏死性皮炎、坏死性肠炎和坏死性鼻炎。

2. 人的临床表现 人对该菌的易感性较低，人最常见的坏死杆菌病被称为Lemierre氏综合征。该病是一种急性的口咽部感染，同时继发败血症、血栓性静脉炎和转移性脓肿，具有潜在致命性。临床上主要表现为感染性栓塞性颈内静脉炎及局部或血行播散的化脓性感染。该病以咽喉痛为前驱症状，接着出现高热，在第4～5天出现寒战，发病期间经常伴随下颌淋巴结疼痛以及单侧颈静脉血栓性静脉炎。该病经常出现器官的转移性脓肿，主要转移到肺部，常导致胸膜炎性疼痛，并伴随剧烈的咳嗽、生痰以及脓气胸等症状。

五、诊　　断

1. 动物的临床诊断 动物坏死杆菌病临床症状明显，一般根据发病季节（湿、热天气）、发病年龄及饲养管理情况，发病部位、坏死组织的特殊变化和臭味，以及引起的机能障碍等症状，进行综合分析，做出初诊。确诊需进行实验室检查。

2. 人的临床诊断 人坏死杆菌病主要表现为手部皮肤、口腔、肺形成脓肿。坏死梭杆菌也是牙周炎、口腔感染、妇女生殖道感染（特别是伴有腐败性流产的生殖道感染）以及肠穿孔、创伤引起的感染的重要致病菌。此外，该菌的感染还可引起髋、膝、踝关节的脓毒性关节炎，以及蜂窝织炎，肝脏功能紊乱。一般根据病史、发病部位、临床表现、臭味和组织病变，可做出初步诊断。如能及时取病料进行细菌分离，可进一步确诊。

3. 实验室诊断

（1）直接镜检 直接从坏死病灶组织采取病料制作涂片，用石炭酸复红—美蓝液染色后，镜检可见着色不均、串珠状的长丝状菌体，即为坏死梭杆菌。

（2）分离培养 从病、健组织分界处（体表或内脏病灶）采取病变组织。如标本已被污染，最好先将标本用肉汤或生理盐水制成乳剂，通过动物试验，从接种动物的坏死组织中分离该菌。将标本接种于肝片肉汤或疱肉培养基和高层血清琼脂及血液葡萄糖琼脂平板，进行厌氧分离培养。若病料已被杂菌污染，直接分离比较困难，可在培养基中加入1∶5 000～1∶10 000的亮绿或1∶12 000结晶紫，或在培养基中加入卡那霉素、新霉素及万古霉素，再加入能降低电位差的物质（如半胱氨酸、血红蛋白等物质），抑制杂菌生长，或加入硫乙醇酸盐，制成还原性培养基，进行分离培养。获得纯培养物后，通过生化试验进一步鉴定。

（3）动物试验 将被检病料人工感染实验动物，再从其转移病灶中分离纯培养物。该试验对污染病料尤其有效。病料用生理盐水制成5～10倍悬液，分别给兔、小鼠皮下注射。若接种动物逐日消瘦，接种局部坏死，经8～12天死亡，取内脏转移性坏死灶内的脓汁，进行镜检或分离培养，即可进一步确诊。

（4）PCR检测 通过对坏死梭杆菌的16S rRNA基因、白细胞毒素编码基因、*gyrB*亚单位基因、*rpoB*基因进行PCR检测，可以对坏死杆菌病进行及时、快速的诊断。

六、防治措施

预防坏死杆菌病的关键是防止皮肤、黏膜发生外伤，同时应保持笼舍、环境、饲养管理用具的清洁与干燥。避免动物过度拥挤，防止互相咬斗。发生外伤及时用碘酊或结晶紫涂擦处理。对轻症动物一般采用局部治疗，先清除化脓灶中的脓汁及坏死组织，再用1%高锰酸钾或3%过氧化氢清洗患部，然后涂擦或包扎消毒抗感染药物如碘酊、硫酸铜粉、高锰酸钾粉、磺胺等。对重症病例，除局部治疗之外，还应全身应用抗生素或磺胺药物治疗。

人群也应以预防为主，发生外伤应及时消毒处理，必要时就医治疗；接触坏死杆菌病动物及处理感染创伤时，要注意自身防护和污染物的无害化处理。治疗人坏死杆菌病以前多用青霉素，但近年来不断分离出青霉素耐药性菌株，故在药敏试验结果出来之前，多改用氯林可霉素、甲硝哒唑、β-内酰胺类抗生素，同时使用β-内酰胺酶抑制剂。

七、公共卫生影响

坏死梭杆菌虽然抵抗力较弱，但仍广泛分布于自然界，是动物消化道特别是扁桃体的一种常在菌，不断地随动物的唾液和粪便排至外界。因此，尽管其在有空气的情况下抵抗力很弱，但只要有适宜的易感动物存在，就可能引发感染，直接影响人和动物的健康。随着耐药菌株的不断出现，更增加了防治该病的难度，对公共卫生安全造成更大影响。

（张钰　袁文　陈小云　蒋玉文）

参考文献

佟亚双．2003. 犬急性坏死杆菌病的诊断［J］．黑龙江畜牧兽医（2）：28.

常顺兰，刘炳琪．2003. 绵羊腐蹄病的诊治［J］．畜牧兽医杂志，22（6）：43.

张艳秋，刘恒良．2004. 梅花鹿坏死杆菌病的治疗和预防［J］．特种经济动植物（8）：42.

Anne P，Paivi L，Merja R，et al. 2004. Orbital abscesss caused by fusobacterium necrophorum［J］. Internation pediatric otorhinolaryngology，68：585 - 587.

Milan D，Nadkarni M D，Julie V. 2005. Lemierre syndrome［J］. The Journal of Emergency Medicine，28（3）：297 - 299.

Nagaraja T G，Narayanan S K，Stewart M M，et al. 2005. Fusobacterium necrophorum infections in animals：pathogensis and pathogenic mechanicsms［J］. Anaerobe，11：239 - 246.

Tadepalli S，Narayanana S K，Stewart G C，et al. 2009. Fusobacterium necrophorum：A ruminal bacterium that invades liver to cause abscesses in cattle［J］. Anaerobe，15：36 - 43.

第二节　念珠状链杆菌鼠咬热
(Streptobacillus moniliformis rat - bit fever)

念珠状链杆菌鼠咬热（Streptobacillus moniliformis rat - bit fever）简称鼠咬热（Rat - bit fever），又名哈佛希尔热（Haverhill fever），是由念珠状链杆菌引起的一种以急性发热为特征的人兽共患传染病，宿主为啮齿类动物，大鼠多为隐性感染，小鼠通常发病，人因鼠咬或误食被该菌污染的食物而发病，引起发热、头痛、呕吐、皮疹、关节炎及多种炎症并发症等，严重的可引起死亡。

一、发生与分布

鼠咬热呈世界性分布，主要流行于北美洲。该病早在1839年在美国就有记载。1914年Schottmüller首次从鼠咬热患者分离到念珠状链杆菌，当时命名为鼠咬热链丝菌（*Streptothrix murisratti*）。1916年Blake等由患者血液中发现该菌。1925年Levaditi等正式将该菌命名为念珠状链杆菌。1926年由 Place 和 Sutton 等报道在美国马萨诸塞州的 Haverhill 地区由于牛奶污染而发生一次流行病的暴发，被称之为哈佛希尔热（Haverhill fever）。1983 年在美国发生的类似哈佛希尔热的暴发流行中，是发病人数最多的一次流行，且多数是实验室工作人员。他们在试验操作中接触动物，被大鼠咬伤而感染，另外也有相当多的儿童被感染。哈佛希尔热在欧洲、澳大利亚均有类似报道，亚洲较少，非洲尚无相关报道。

二、病　　原

1. 分类地位　念珠状链杆菌（*Streptobacillus moniliformis*）为兼性厌氧革兰染色阴性杆菌，在分类上属梭杆菌科（Fusobacteriaceae）、链杆菌属（*Streptobacillus*）。

2. 形态学基本特征与培养特性　念珠状链杆菌是一种高度多形性、无动力、无芽孢、无荚膜、不耐热、革兰染色阴性菌。形态学特征与其所处的环境有密切关系。在适宜的培养基中生长的典型特征是短杆状，可以排列成链状或长丝状，大小为（0.1～0.7）μm×（1.0～5.0）μm，长丝体呈念珠状膨胀，长短不一，有时弯曲成团。念株状链杆菌为需氧或兼性厌氧菌，在普通培养基中不易生长，需在含有 10%～20%血、血清或腹水的培养基中才能生长，且生长迟缓，其生长期需要 2～7 天，含 5%～10%二氧化碳 37℃环境可以促进生长。菌落为白色，不溶血，形态多形性，呈绒毛球状，直径 1～2mm。该菌在巯基乙酸培养基中呈尘菌样生长，过氧化氢酶、氧化酶、硝酸还原、吲哚试验阴性。

3. 理化特性　该菌具有自动形成和保持 L 型变异的能力，在不适宜的环境中可自发地转变成 L 型，在适宜环境下能自动恢复其固有形态。这种 L 型菌可以侵犯机体组织，但无致病力。由于 L 型菌缺乏细胞壁，对青霉素及作用于细胞壁的抗生素不敏感，给治疗上带来一些困难，难以及时控制病情。该菌对常用化学消毒剂如 70%医用酒精、1%次氯酸钠、2%戊二醛等敏感。该菌在 121℃ 15min 即可灭活。在 4℃环境下最多可存活 10 天，血清肉汤培养液中 37℃可保存 1 周。

4. 分子生物学　目前有关念珠状链杆菌的分子生物学研究报道很少，已报道的仅有对分离于鼠咬热患者的念珠状链杆菌模式菌株 9901^T（ATCC 14647）全基因组进行序列测定和分析，该菌株基因组全长 1 673 280bp，由一个环形的染色体（1 662 578bp）和质粒（10 702bp）组成，G+C 含量为 26.3%。整个基因组预测有 1 566 个基因，其中 1 511 个为蛋白编码基因，55 个为 RNA 基因，另外有 69 个假基因。大部分蛋白编码基因（67.3%）功能已推测确定。

三、流行病学

1. 传染来源　鼠类是该病传播的主要传染源，从野鼠、宠物鼠和实验大鼠都曾分离出念珠状链杆菌，国外报道野鼠和实验大鼠带菌率可达 50 %～100 %。该菌被认为是大鼠鼻咽部的正常菌群，可以从健康大鼠的鼻咽部、咽部、上部气管和中耳分离到细菌。其他啮齿类动物沙鼠、豚鼠及食肉动物如猫、犬、雪貂、鼬等与鼠类接触后也可作为传染源。人被鼠咬伤后，伤口在短期内愈合，无分泌物渗出，故几乎无人传人的可能性，无需隔离。

2. 传播途径　该菌主要通过直接接触感染。通过大鼠咬伤由唾液传播，也可以通过大鼠眼睛和鼻腔分泌物传播。此外，含菌的气溶胶或被污染的饲料、垫料、饮水等途径均可引起该病的传播。

念珠状链杆菌感染人的方式有两种途径。一是经口食入被念珠状链杆菌污染的食物和饮水，引起哈佛希尔（Haverhill）热。另一种途径是鼠咬感染，近年也有因亲近宠物而感染的报道。尽管认为鼠咬热主要由鼠咬伤传播，但也可通过鼠抓伤或在处理死鼠时引起感染，亦可与其他啮齿动物接触而感染。

3. 易感动物

（1）自然宿主　大鼠是念珠状链杆菌的自然宿主，在传播感染方面起着决定性作用。

（2）实验动物　实验动物中大鼠、小鼠、沙鼠和豚鼠均易感。对大鼠而言，念珠状链杆菌是低致病性的，但由于其他病原菌如侵肺巴斯德菌、肺支原体或引起中耳炎、结膜炎、支气管肺炎和慢性肺炎的类胸膜肺炎微生物（PPLO）的存在，它可成为继发入侵菌。念珠状链杆菌病可在群居小鼠中暴发流行，其易感性与小鼠品系有关，C57BL/6、昆明小鼠和封闭群 Swiss 小鼠非常易感，DBA/2 和 NIH 小鼠中度易感，BALB/c、C3H/He 和 ICR 小鼠有抵抗力。

（3）易感人群　人群普遍易感。在过去的报告中该病与儿童关系密切，美国病例中的 55%是小于 12 岁的儿童。但哈佛希尔热流行时可以发生于任何年龄。

4. 流行特征　该病通常散发，偶然呈现暴发流行。世界各地均有散发病例，主要分布于北美洲和欧洲。

四、临床症状

1. 动物的临床表现　大鼠感染念珠状链杆菌是低致病性的，细菌定殖仅限于鼻咽部，不表现临床症状，偶尔见肺部感染和脓肿。

小鼠急性感染期的典型临床症状包括颈部淋巴结炎、腹泻、结膜炎、紫绀、血红蛋白尿、体重下降。如果感染急性期没有死于败血症可转变为慢性感染，慢性感染阶段表现为四肢和尾巴红肿，进而发展为化脓性关节炎、关节畸形和关节强直。也可能发生脊髓炎，脊柱损伤、身体下半截瘫痪、驼背等。偶见脓肿发生。母鼠感染可发生流产或死胎。

念珠状链杆菌可引起豚鼠肉芽肿肺炎及颌下腺脓肿。沙鼠为可能的带菌动物，将鼠咬热传播给人，尚未发现该菌对沙鼠有致病性。

2. 人的临床表现　该病潜伏期一般为 1～7 天。动物咬伤处很易愈合，无硬结性溃疡形成，局部淋巴结亦无肿大。经 1～22 天潜伏期后突然出现寒战、高热、头痛、背痛、呕吐。热型不规则或呈间歇性，于 1～3 天后缓解，以后热度可再度上升，但不如小螺菌鼠咬热规律。50%以上患者在病后第 2 周出现多发性游走性关节痛或关节炎，以腕、肘等关节多见。受累关节有红、肿、痛或见关节腔积液。75%的患者发热后 1～8 天内出现充血性皮疹，一般为斑丘疹，呈离心分布，常累及手掌足趾，亦可为麻疹样，有时有瘀点、瘀斑或融合成片，皮疹可持续 1～3 周，大约 20%退疹后出现脱屑。急性期可并发支气管肺炎、肺脓肿形成、睾丸炎、心包炎及脾、肾梗死。最常见而严重的合并症为细菌性心内膜炎，尤其是有心脏瓣膜病变者更易发病。若无并发症，则病程持续 2 周，可自动消退。少数未经治疗者可持续或反复出现发热和关节炎，偶有迁延数年者，极少有后遗关节运动障碍。皮疹一般不复发。病死率为 10%左右。哈佛希尔热起病急，突然发作，表现寒战、高热，类似呼吸道感染和急性胃肠炎症状。95%以上有形态及大小不规则的皮疹和关节炎症状。该病预后良好，复发非常少见。

五、病理变化

患病动物病理剖检可见脾肿大和淋巴结肿大；肝脏和脾脏发生广泛的局灶性坏死，浆膜表面有瘀点和瘀斑；肾脏可见间质性肾炎，镜检可见细菌；有多发性微细脓肿、肝和卵巢脓肿。

六、诊　　断

1. 动物的临床诊断　小鼠急性感染早期临床症状有结膜炎、畏光、紫绀、腹泻、贫血、血红蛋白尿、消瘦，死亡率高。慢性感染阶段动物表现为四肢和尾巴红肿，进而可发展为关节炎、关节畸形和关节强直，也可能发生脊柱损伤、身体下半截瘫痪、驼背等。临床症状不能确诊，确诊要做细菌的分离培养鉴定。

2. 人的临床诊断　不论是食入被污染的食物还是被鼠咬，其感染的临床症状相似。主要表现为急性突然发冷、呕吐、全身不适、头痛、不规则的反复发热、四肢有红斑、关节痛，未及时治疗经常引发严重的化脓性多发性关节炎和淋巴结病变，如不治疗病死率约 13%。念珠状链杆菌鼠咬热的并发症有心内膜炎、脑脓肿、羊膜炎、败血症、间质性肺炎、前列腺炎和胰腺炎。确诊有待病原菌培养或动物接种。鉴别诊断首先要与小螺菌鼠咬热相区别，此外还要与其他病原引起的皮疹相鉴别，如风疹、败血症、流行性脑炎及药物性皮疹等。哈佛希尔热还应与其他原因引起的腹泻、呼吸道感染相鉴别。

3. 实验室诊断

（1）细菌分离鉴定　从血液、脓液、关节腔液和其他病变部位培养可分离到病原菌，隐性感染动物可以接种气管分泌物进行培养分离。常用肉汤或胰蛋白酶琼脂，但需加入20%马或兔血清，也可以直接用血琼脂平板，置37℃培养，10%二氧化碳环境中有利于生长。细菌生长后，可根据其典型的形态学特征及生化特性进行鉴定。确诊念珠状链杆菌病的经典试验是，将分离的可疑菌悬液接种于小鼠足掌，在几天内产生局部的化脓性关节炎，再分离菌株，获得纯培养。以气相色谱进行脂肪酸谱分析，血清肉汤中的纯培养产生特殊图谱，可快速诊断。鼠咬热的诊断还要与鼠棒状杆菌、肠炎沙门氏菌和鼠痘病毒引起的败血症进行鉴别。

（2）血清学试验　最初采用凝集试验测定血清中的特异性凝集素，后来发展为补体结合试验，现在可以采用间接免疫荧光试验和酶联免疫吸附试验检测特异性抗体，检查动物带菌情况。

（3）PCR检测　近年来采用PCR对急性期患者血、脓液、关节腔液检测念珠状链杆菌DNA，准确率高，有早期诊断价值。

七、防治措施

由于念珠状链杆菌感染主要通过直接接触感染动物进行传播，预防传播的关键措施是防止带菌动物进入动物设施，动物实验室必须严防野鼠和宠物鼠进入设施；来源不明的动物必须经过检疫，确认不携带念珠状链杆菌才能进入动物实验室。饲养人员和研究人员不可以喂养宠物大鼠，并避免接触野鼠。饲养动物的密度要适宜，经常通风换气，保持室内空气新鲜，防止动物咽喉部细菌呼出形成气溶胶。对已经感染念珠状链杆菌的实验动物群，胚胎移植或剖腹产净化是清除感染最有效的办法。该菌对外界因素抵抗力不强，在外界存活时间短，常规的消毒杀菌程序即可将其从环境中消灭。

人群的防治重点要注意与动物接触时的防护，应防止被鼠或其他动物咬伤。与鼠有接触的实验室工作人员应注意防护，戴手套，谨防动物咬伤。一旦被咬，特别是被大鼠咬伤更应注意，必须向有关主管部门报告，密切注意健康状况。定时检测体温，每天2～3次。如有不适，如发热、局部伤口发炎和淋巴结肿大，必须到医院诊治，除局部治疗外，应立即注射青霉素。念珠状链杆菌对青霉素极其敏感，每天剂量不少于40万～60万IU，疗程不少于7天，如果在治疗后14天内没有不良反应，每天剂量增加到120万IU。用于治疗人念珠状链杆菌鼠咬热的抗生素，还有氨苄青霉素、链霉素、四环素、庆大霉素、头孢呋辛和万古霉素，通常联合用药。念珠状链杆菌容易变异为L型，为了应对耐青霉素的L型，可给予四环素或其他抗菌药物。

八、对实验研究的影响

该菌对试验研究的干扰尚不清楚，但是对小鼠的致死率高，应引起研究人员的重视。虽然鼠咬热的发生率较低，如美国2004年仅有200个病例。但是，随着各种实验动物在生物医学研究中的广泛应用，人因接触实验动物而感染念珠状链杆菌的可能性在逐渐上升；此外，随着越来越多的鼠类作为宠物被人们饲养，该病的发病率也将呈上升趋势，可能对公共卫生安全构成潜在威胁。

（张钰　袁文　康凯　魏财文）

我国已颁布的相关标准

GB/T 14926.44—2001　实验动物　念珠状链杆菌检测方法

参考文献

李红，许虎峰，陈卫兰，等．1997．不同品系动物对实验感染念珠状链杆菌敏感性的观察［J］．中国实验动物学报，5（1）：9-14.

马亦林．2005．传染病学［M］．上海：上海科学技术出版社：692-694.

斯崇文，贾辅忠．2004．感染病学［M］．北京：人民卫生出版社：691-692.

杨正时，房海．2002. 人与动物病原细菌学［M］．石家庄：河北科学技术出版社：1035－1044.

Elliott Sean P. 2007. Rat Bite Fever and Streptobacillus moniliformis［J］. Clinical Microbiology Reviews，20：13－22.

Fox J，Barthold S，Davisson M，et al. 2007. The Mouse in Biomedical Research：Diseases［M］. 2nd ed. NewYork：Academic Press：756.

Gaastra Wim，Boot Ron，Ho Hoa T K. 2009. Rat bite fever［J］. Veterinary Microbiology，133：211－228.

Wouters E G，Ho H T，Lipman L J. 2008. Dogs as vectors of Streptobacillus moniliformis infection?［J］. Veterinary Microbiology，128：419－425.

第四篇

实验动物真菌性疾病

第五十六章
发菌科真菌所致疾病

曲霉菌病
(Aspergillosis)

曲霉菌病（Aspergillosis）是由曲霉菌属真菌引起的多种禽类、哺乳动物和人共患的真菌病。该病可在全身的各个部位引起病变，主要有全身性曲霉菌病、呼吸器官曲霉菌病、皮肤曲霉菌病、耳曲霉菌病、角膜曲霉菌病等，在实验动物中主要为呼吸道感染。

一、病　原

1. 分类地位　曲霉菌病于1927年由Micheli提出。按照《真菌字典》第10版（2008）（Ainsworth & Bisby's Dictionary of the Fungi，10th Edition，2008），曲霉属（*Aspergillus*）在分类上属子囊菌门（Ascomycota）、盘菌亚门（Pezizomycotina）、散囊菌纲（Eurotiomycetes）、散囊菌亚纲（Eurotiomycetidae）、散囊菌目（Eurotiales）、发菌科（Trichocomaceae）。曲霉属中一些种可以产生子囊孢子，营有性生殖；某些种不产生子囊孢子，营无性生殖。在Ainsworth（1973）分类系统中，前者属于子囊菌亚门、不整子囊菌纲、散囊菌目、散囊菌科中的一个属；后者属于半知菌亚门（Deuteromycotina）、丝孢纲（Hyphomycetes）、丝孢目（Hyphomycet ales）、丛梗孢科（Moniliaceae）。本属在分类上用过的属名和种名相当庞杂，继Thom或chuzch（1926）、Thom和Rapen（1945）之后，Raper和Femell在《曲霉属》一书中进一步澄清了近30个属名、700多个种名，除了确定的许多异名之外，不能确定者分别列为"可能异名"和"大概异名"，将曲霉属分为18个群、132个种和18个变种。到目前为止，曲霉菌属已被承认的种已近200个。曲霉菌的致病种有10余种，即烟曲霉（*A. fumigatus*）、黄曲霉（*A. flavue*）、黑曲霉（*A. niger*）、棒曲霉（*A. claratus*）、杂色曲霉（*A. versicalor*）、米曲霉（*A. oryzae*）、灰绿曲霉（*A. glaucus*）、构巢曲霉（*A. nidulans*）、聚多曲霉（*A. sydowii*）、土曲菌霉（*A. terreus*）等。最常见且致病性最强的为烟曲霉，可侵犯肺、鼻窦等处，引起曲霉球、侵袭性曲霉菌病等；其次是黄曲霉，第三为黑曲霉，第四为土曲霉。

2. 形态学基本特征与培养特性

（1）属的特征　曲霉属的颜色多样，而且比较稳定。营养菌丝体由具横隔的分枝菌丝构成，无色或有明亮的颜色，一部分为埋伏型，一部分为气生型。分生孢子梗大部分无横隔、光滑、粗糙或有麻点。梗的顶端膨大形成棍棒状、椭圆形、半球形的顶囊，在顶囊上生出一层或两层小梗，双层时下面一层为梗基，每个梗基上着生2个或几个小梗。从每个小梗的顶端相继生出一串分生孢子。由顶囊小梗以及分生孢子链构成一个头状体的结构，称为分生孢子头。分生孢子头有各种不同的颜色和形状，如球形、放射形、棍棒形或直柱形等。曲霉属仅少数种形成有性阶段，产生封闭式的闭囊壳；某些种产生菌核或类菌核的结构；少数种可产生不同形状的壳细胞。

（2）种的特征

①烟曲霉（*Aspergillus fumigatus*）：在察氏（Czapek）琼脂培养基上，室温培养生长迅速，菌落

光滑，初期白色丝绒状或呈现茸毛状、束状、有的呈现絮状；气生菌丝暗烟绿色，老后近黑色。培养基无色或黄褐色，少数呈红色。有的菌丝呈短羊毛状，深蓝绿色；背面一般无色，有时溶出黄色至黄绿色的色素。

分生孢子头短柱状，长短不一，长的可达 400μm、宽 50μm；分生孢子梗短，光滑，长 200～500μm、直径 2～8μm，常带绿色；顶囊烧瓶形，直径 18～35μm，与分生孢子梗一样带绿色；小梗单层，顶囊上半部的 2/3 部分生小梗，密集，大小为（5.6～6）μm×（8～3.2）μm；分生孢子球形或近球形，数量较多，粗糙，带细刺，直径 2～3.5μm。

该菌无菌核和闭囊壳，培养基的颜色在菌落下面略带黄色，有的同种菌呈淡紫色。

有性阶段未发现，但属于烟曲霉群的已有数个种发现子囊壳，属于新萨托属（*Neassartorya*）。

②黄曲霉（*Aspergillus flarus*）：在察氏琼脂培养基上，于 24～26℃培养 10～14 天，生长迅速的菌落直径 6～7cm，生长缓慢的直径 3～5cm。一般呈扁平状，也有的呈放射状皱纹、羊毛状或曲花样。菌落颜色初期带黄色，渐变成黄绿色，老后变暗，呈葡萄绿色至玉绿色；反面无色或略带褐色，在大量产生菌核的菌株中呈现暗红色至褐色。渗出液除大量产生菌核的菌株外，其他不显著，颜色为褐红色，无臭，但有时很难闻。

分生孢子头大小变化极大，最初为疏松放射状，继而变为疏松柱状，直径很少超过 600μm，大部分菌株为 300～400μm，小型分生孢子头的圆柱状穗为 300μm×50μm。分生孢子梗直立，由基质的营养菌丝中分出，壁厚，无色，极粗糙，在梗壁上可见明显的突起，长度一般小于 1mm、直径 10～20μm，偶尔有的菌株（特别是实验室长期保存的培养物）可达 2.0～2.5mm。顶囊早期稍长，为烧瓶形，晚期变成近球形，直径 10～65μm，一般为 25～45μm，顶囊全部可育。小梗双层和单层都有，正常的顶囊不是单层就是双层，在一个顶囊上很少发生单、双并存的情况。梗基通常为（6.0～10.0）μm×（4.0～5.5）μm，但有时长达 15～16μm，偶见直径膨胀到 8.0～9.0μm；小梗（6.5～10.0）μm×（3.0～5.0）μm；单层小梗大小不一，为（6.5～14.0）μm×（3.0～5.5）μm，单层小梗只在小型顶囊上产生，其顶囊多为瓶形。分生孢子在小梗上呈现链状着生，孢子呈球形、近球形或梨形，粗糙，其周围有显著的小刺，直径变化不定，一般 3～6μm，但大部分为 3.5～4.5μm；初形成时为圆形，偶见发展为椭圆形，此时直径约为（4.5～5.5）μm×（3.5～4.5）μm。

3. 理化特性 曲霉菌属中的有些可产生囊孢子，为有性生殖，其孢子抵抗力很强，煮沸后 5min 才能杀死，在一般消毒液中需经 1～3h 才能灭活。有些不产生囊孢子，为无性生殖，

曲霉菌对许多化学药物有较强的抵抗力。0.1%氯胺、0.1%碘化钾、0.1%氯化碘、0.1%甲醛、0.1%碳酸抑菌；1%氯胺 30min、5%氯胺 10min、2%碘化钾 100min、1%甲醛 240min、2%甲醛 60min、5%甲醛 5min、5%碳酸 10min 杀菌。

该菌生长最适温度为 37～40℃。

二、流行病学

曲霉菌呈全球性分布，为自然环境中最常见的腐生菌，在腐败的植物中可产生大量曲霉孢子，这种孢子可在各种环境中生存，到处分布，最常见于食品、空气、灰尘、垃圾、土壤及腐烂的有机物中。曲霉孢子极易脱落，飞散于空中，从南极的雪盖到撒哈拉沙漠，均可发现曲霉孢子。该病的发生没有地方性疫区。潮湿、阴暗、污浊的环境及梅雨季节能使曲霉菌增殖，引起该病的发生。一些国家对曲霉菌病的认识较早，1855 年 G. Fresenius 把在野雁的肺和气囊中分离到的真菌定名为烟曲霉，把该菌引起的疾病称之为曲霉菌病。人曲霉菌病最早是由 Virchow（1856）通过尸体剖检发现并报道。此后多位学者相继报道了牛、马、羊、猪、兔、犬、猫、鹿、猴等哺乳动物的曲霉菌病。迄今为止，南美洲、北美洲、英国、法国、德国、新西兰、印度、日本、意大利、澳大利亚和前苏联等国家和地区都有过该病发生的报告。

曲霉菌病并非由人到人或由动物到人的疾病，而是易感宿主在环境中接触了腐生生长的曲霉后遭受感染。该病主要经呼吸道、消化道感染，亦可经皮肤伤口感染。由于曲霉菌孢子直径均在 10μm 以下，

尤其是烟曲霉孢子更小（2～3μm），很容易吸入气道深部导致该病发生，故传播方式以个体间的直接接触为主。兽类可因瘙痒、摩擦、蚊虫叮咬而感染。曲霉菌病是动物最常见的一种霉菌病，禽类比兽类多见，幼禽或幼畜较成年多见，实验动物主要通过接触被污染的垫料、饲料和经呼吸道、消化道而感染。

易感动物包括禽类：迄今屡见鸡、火鸡、珍珠鸡、七彩山鸡、乌骨鸡、棒鸡，鸭、鹅、鹌鹑、鸽、鸵鸟、蜡嘴鸟、鹧鸪、环颈雉、鹦鹉、鹰、企鹅、丹顶鹤、野生灰鹤等多种禽类感染曲霉菌病的报道。几乎所有禽类潜在感染该病。在自然情况下，健壮的禽类对曲霉菌分生孢子具有相当的抵抗力，但当垫料和饲料严重污染曲霉菌时，吸入大量的分生孢子可导致发病。如雏火鸡暴露于烟曲霉分生孢子气雾中 10min，就能导致每克肺组织有 5×10^5 个菌落形成单位，而引起约 50%的雏火鸡死亡。哺乳动物：牛、马、绵羊、山羊、猪、野牛、鹿、水貂等有易感性。实验动物：犬、猫、豚鼠、兔、猴等有易感性。

三、临床症状和病理变化

一般感染初期大多数无症状。各种动物的感染表现略有差异，犬感染时可在犬的前额窦和副鼻窦见有病灶，间或不间断地排出浆液和一些脓性分泌物，有时可见咳嗽、支气管炎、肺炎等。兔感染时一般无症状，可自然痊愈。在禽类的感染中往往与沙门氏菌等混合感染，其发病率和死亡率极高，常在气囊内感染繁殖，可涉及肺、肾、脾、肝等，且出现充血、坏死、胸腹积水等症状。

四、实验室诊断

1. 直接镜检 取鼻液、脓液等分泌物用 10%氢氧化钾处理后，在显微镜下可看到有分隔的菌丝。

2. 培养 用添加抗生素的培养剂在 37℃培养，在培养过程中伴有与病灶无关的污染菌，因此要多次分离或在纯培养过程中反复检查其生长情况后进行分离、鉴别。

3. 细菌接种试验 选取健康动物若干，根据感染的种类和途径，用菌液进行皮内、皮下、嘴、鼻、尿道等部位接种，然后观察，2～3 周后检查症状。

4. 组织学检查 用 PAS 染色或革兰染色，确认坏死的病变多为中心坏死的肉芽肿，有树枝状分枝菌丝，有时可看见呈放射状的菌落特征。

5. 免疫学检测 取被感染动物的血清进行血球凝集试验、ELISA 等血清学诊断。

五、防治措施

1. 预防 ①建立饲养室的清洁卫生制度，防止笼内潮湿，做好保温通风工作。②可先用 0.5%过氧乙酸对育雏室空间、墙壁进行喷洒消毒，然后用 3%碱水进行地面消毒。③经常更换垫料，防止发霉；合理贮存饲料，避免温度过高、湿度过大。④每天清扫和消毒饮水器有助于消除传染，如果不经常更换喂食地点，可在容器周围的地面喷洒药液。

2. 治疗 可服用一些化学药物和抗生素，如 $CuSO_4$、KI、克霉唑、氟康唑、制霉菌素、两性霉素 B5-FC、氯苯咪等。但是一般在病情初期、病症轻微时才有作用，而在病情发展到中期，甚至病菌侵入到脏器引起病变时，治疗无效。对在标准饲养环境下饲养的实验动物需隔离、淘汰发病动物。

六、公共卫生影响

曲霉菌在自然界中的分布极其广泛，几乎所有类型的基质都有它的存在，健康动物和人通常也是带菌者。因此，曲霉菌病属于一种自然疫源性疾病，给人的健康造成很大的威胁。Frasers 等的报告中指出：曲霉菌感染已成为美国第三种最常见的全身性真菌病，且其发病率增长最为迅速。这反映了人口的老化及人们免疫抑制状态的增多，特别是在一些免疫受损者的住院患者中易发生曲霉菌感染，应引起有关方面的关注。

（周洁 胡建华 汪昭贤）

我国已颁布的相关标准

NY/T559—2002 禽曲霉菌病诊断技术

SN/T 1764—2006 出入境口岸霉菌感染监测规程

参考文献

蔡宝祥．1993．动物传染病诊断学［M］．南京：江苏科学技术出版社：302.

陈世平．2003．医院真菌感染及研究进展［J］．中国感染控制杂志，2（4）：241-245.

狄梅．2000．深部真菌感染组织病理学方法研究进展［J］．国外医学皮肤性病学分册，26（5）：293-297.

廖万清，吴绍熙．1998．真菌病研究进展［M］．上海：第二军医大学出版社：1-14，95-104.

卢耀增．1995．实验动物学［M］．北京：北京医科大学和中国医科大学联合出版社：781.

孙鹤龄．1987．医学真菌鉴定初编［M］．北京：科学出版社：142-169.

汪昭贤．2005．兽医真菌学［M］．杨凌：西北农林科技大学出版社：49-138，513-530.

G.J福克斯，B.J科思，F.M洛．1992．实验动物医学［M］．北京：农业出版社：158.

Mengoli C，Cruciani M，Barnes R A，et al. 2009. Use of PCR for diagnosis of invasive aspergillosis：systematic review and meta-analysis［J］．Lancet Infect Dis，9（2）：89-96.

Segal B H. 2009. Aspergillosis［J］．N Engl J Med，360（18）：1870-1884.

Thomas L，Baggen L，Chisholm J，et al. 2009. Diagnosis and treatment of aspergillosis in children［J］．Expert Rev Anti Infect Ther，7（4）：461-472.

第五十七章 爪甲团囊菌科真菌所致疾病

球孢子菌病
(Coccidioidomycosis)

球孢子菌病(Coccidioidomycosis)系由粗球孢子菌引起人与动物共患的一种全身感染性疾病。临床多表现为良性、自限性的急性呼吸道和皮肤感染,少数可发展为进行性球孢子菌病,呈慢性播散性,累及脑、肺、内脏和骨骼,严重者可危及生命。

一、病　原

球孢子菌属(*Coccidioides*)按照《真菌字典》第 10 版(2008)(Ainsworth & Bisby's Dictionary of the Fungi, 10th Edition, 2008)在分类上属子囊菌门(Ascomycota)、盘菌亚门(Pezizomycotina)、散囊菌纲(Eurotiomycetes)、散囊菌亚纲(Eurotiomycetidae)、爪甲团囊菌目(Onygenales)、爪甲团囊菌科(Onygenaceae);而按 Kondrick W B. 和 J. W. Carmichacl(1973)分类系统属于半知菌亚门(Deuteromycotina)、丝孢纲(Hyphomycetes)、丝孢目(Hyphomycetales);如按 G. C. Ainsworth(1971)分类系统则属于接合菌亚门、接合菌纲,故其分类意见不一,属的特征亦难以描述。已知该属仅粗球孢子菌(*C. immitis*)为人与动物共患性致病真菌。

粗球孢子菌为双相型真菌,在 25℃和人工培养基上生长为霉菌相,37℃和人体组织表面表现为酵母相。

该菌感染宿主后呈双壁球形,称球囊。球囊成熟时含有圆形或不规则内生孢子,数目由数个到数百个不等,内生孢子呈周边形向内排列,或充满球囊;1 周后球囊成熟破裂,释放出内生孢子,每个内生孢子在感染组织内又发育为成熟的球囊。球囊感染后又释放出内生孢子,如此循环往复地生长繁殖。球囊直径为 20～80μm,内孢子直径为 2～4μm。菌体排出体外,在腐物上火培养基上生长发芽,延长分支成为菌丝体,称为关节菌丝。

粗球孢子菌的生存能力极强。试验证明,在自然界任何 pH 的土壤或自然界的任何温度条件下,粗球孢子菌都能生长,尤其是在流行区半沙漠的土壤中大量存在,霉菌相的关节孢子会随风飘浮,感染力极强。该菌在 37℃保存,相对湿度控制在 10%,可保存 2 个月;但相对湿度提高到 50%,只能存活 2 周。60℃加热 4min 即可将其杀死,在 1～15℃时不易保存。

2.5%～10%氯胺、2.5%～5%石炭酸、0.1%升汞、1%～10%甲醛对粗球孢子菌显示杀菌作用,卢戈碘溶液和酒精也有杀菌作用。

二、流行病学

球孢子菌病为区域性流行病,流行于北美洲西部、墨西哥、中美洲和南美的阿根廷等某些干燥地区。生活在流行区的人,大多易感,易患因素包括高龄、在流行区居住或旅行、免疫抑制状态(包括艾滋病)、妊娠和能接触到球孢子菌污染物的职业。发病多见于中年人,男多于女。在流行区,有报道粗球孢子菌生长在离土表几厘米深的土层中，风吹或建筑机器使真菌颗粒升至空中，患者由呼吸道吸入关节孢子而感染。球孢子菌病可发生于家畜和多种野生动物，家畜中见于牛、绵羊、马、驴和猪，其中牛最易感。野生动物见于野鹿、袋鼠、地松鼠、大猩猩、猴等。犬、猫、兔、豚鼠和小鼠均有易感性。

三、临床症状

球孢子菌病主要侵犯肺、皮肤、皮下组织、淋巴结、骨、关节、内脏及脑等器官。根据病原菌的侵入途径、发病部位和转归，该病临床上分为原发性球孢子菌病和进行性球孢子菌病。前者包括原发性肺部感染和皮肤感染，由呼吸道吸入菌体，引起肺部感染或接触污染物感染皮肤，仅有轻微症状，短期内可自愈并产生很强的免疫力；后者包括继发性肺部感染和播散性感染。感染者中约40%为原发性感染，0.5%为播散性感染，其中约25%表现为脑膜炎。粗球孢子菌一般在感染后2～6周内出现皮肤球孢子菌素试验阳性，但进行性球孢子菌病可由阳性转为阴性。

四、病理变化

大多数情况下，粗球孢子菌感染是由于土壤中的关节孢子被风刮起，被人和动物吸入而引起，少数可发生于皮肤直接接种该菌。在肺细支气管和肺泡内，粗球孢子菌的增殖可引起嗜酸细胞的浸润，伴有球囊破裂和肉芽肿形成，并伴有非生殖球菌的成熟。组织损害由炎症引起，而不是特异性的真菌毒素的产物。

五、实验室诊断

1. 病原菌检查

(1) 直接检查　取痰、脓液、渗出液、脑脊髓液及活体组织等标本加10%氢氧化钾溶液处理后直接镜检，可见圆形、厚壁球囊，大小为20～80μm，囊内充满直径2～6μm的内生孢子；若在涂片上加1滴生理盐水后放置24h，球体厚壁破裂，可见内生孢子游离在外，少数可长出芽管。

(2) 培养　粗球孢子菌为双向菌。标本接种于葡萄糖蛋白胨琼脂培养基上，室温培养为霉菌相，3～4天即有湿润白色膜状菌落生长，继之在菌落边缘生长出菌丝，迅速变为棉花样菌落，并逐渐变为浅黄褐色的细球状菌落，日久为粉末状。镜检有大量关节孢子和厚壁孢子，若用乳酸酚棉蓝染色，关节孢子着色较深，孢子间有清晰的间隔。关节孢子感染力极强，故一切操作都必须在保护罩中进行，菌落要杀死后才能挑取检查。标本于37℃培养时为酵母相，镜下所见与直接检查相同。

(3) 动物接种　取标本活菌落悬液接种于小鼠腹腔或豚鼠睾丸内，7～10天后可从小鼠腹腔、肝、脾、肺等器官内检出不同发展阶段的孢子球囊；豚鼠7天后出现睾丸肿胀，取睾丸组织也可检出孢子球囊，有的球囊充满内生孢子，而有的仅环边少量排列。

2. 血清检查

(1) 沉淀试验　感染3个月内阳性率达90%，4个月后降至10%，适用于早期诊断。

(2) 补体结合试验　感染3个月后开始呈阳性，6～8个月后消失。效价不断升高表示病情恶化。

(3) 琼脂凝胶双扩散和乳胶凝集试验　两者联合应用比单独应用诊断价值高，阳性率达93%，用于早期诊断。

(4) 荧光抗体染色　对病理标本和培养的菌落具有诊断和鉴别价值。

六、防治措施

(1) 粗球孢子菌喜栖于高温少雨的砂土地带，动物经吸入由土壤传播的孢子而发生感染，所以在流行区牧场控制尘土是预防该病传播的关键。

(2) 加强经常性的兽医卫生监督，特别是肉联厂的屠宰检验，一旦发现有肉芽肿病变的畜产品，应仔细检验，如发现球孢子菌病，应立即查明疫源，采取紧急措施对疫区实行封锁、隔离、消毒。

（3）对患有球孢子菌病的牛、犬及其他动物一律进行不放血扑杀及无害化处理。

大多数原发性球孢子菌是自限性的，通常可自愈，并可获得终身免疫力，再感染的情况少见。进行性球孢子菌病不治疗可导致衰竭死亡。

七、公共卫生影响

粗球孢子菌的栖息地处在高温少雨的干旱沙土地，造成自然疫源地，生活在流行区的人和动物大多会被感染，表现为原发性球孢子菌病。如 1892 年美国加利福尼亚州发现百余例人的球孢子菌病。因此，人发病是自然疫源地一个重要的公共卫生问题。另外，随着艾滋病的流行及免疫抑制药使用频率的增加，该病的机会性感染也在增加，即使在非流行区也应警惕发生该病。

实验室感染是该病的传播途径之一，从事相关病原研究的实验室曾有过人员感染的报道，因此实验室生物安全问题必须引起足够的重视。病原分离和动物感染需要在生物安全三级水平实验室进行操作，实验室要制定相应的管理措施。

（周洁　胡建华　汪昭贤）

参考文献

贾杰．2001．现代真菌病学［M］．郑州：河南医科大学出版社：122－129.

廖万清，吴绍熙，王高松．1989．真菌病学［M］．上海：复旦大学出版社：370－374.

孙鹤龄．1987．医学真菌鉴定初编［M］．北京：科学出版社：50－53.

汪昭贤．2005．兽医真菌学［M］．杨凌：西北农林科技大学出版社：71－72，492－493.

王高松．1986．临床真菌病学［M］．上海：复旦大学出版社：138－145.

Kirkland T N，Finley F，Orsborn K L，et al. 1998. Evaluation of the praline rich antigen of Coccidioides immitsas a vaccine candidate in mice［J］. Infect Immunol，66（8）：3519－3522.

Parish J M，Blair J E. 2008. Coccidioidomycosis［J］. Mayo Clin Proc，83（3）：343－348.

Patel R G，Patel B，Petrini M F，et al. 1999. Clinical presentation，radiographic findiographic findings，and diagnostic methods of pulmonary blastomycosis：a review of 100 consecutive cases［J］. South Med J.，92（3）：289－295.

第五十八章
裸囊菌科真菌所致疾病

第一节 石膏样毛癣菌病
(Trichophyton mentagrophytes infection)

石膏样毛癣菌病（Trichophyton mentagrophytes infection）为人与动物共患真菌病。石膏样毛癣菌又称为须癣毛癣菌，是最易从人和动物分离出的皮肤癣菌之一，主要侵犯皮肤、毛发和指（趾）甲等部位，寄生或腐生于皮肤表皮角质、毛发和甲板的角蛋白组织中，从而引起皮肤癣菌病。

一、发生与分布

石膏样毛癣菌在世界各国分布比较均匀，我国动物性毛癣菌病至少有13个省份发生，是人和动物主要的致病癣菌之一。猴类毛癣菌主要分布在亚洲和非洲，其他地区较少见。

二、病　　原

1. 分类地位　在微生物分类学上，石膏样毛癣菌（*Trichophyton gypseum*）和猴类毛癣菌（*Trichophyton simii*）按照《真菌字典》第10版（2008）均属于子囊菌门（Ascomycota）、盘菌亚门（Pezizomycotina）、散囊菌纲（Eurotiomycetes）、散囊菌亚纲（Eurotiomycetidae）、爪甲团囊菌目（Onygenales）、裸囊菌科（Arthrodermataceae）、毛癣菌属（*Trichopyton*）。

2. 形态学基本特征与培养特性　石膏样毛癣菌分为亲动物性毛癣菌（粉末型）和亲人性毛癣菌（绒毛型），在沙氏培养基中生长迅速，呈白色、黄色或淡红色，可呈现羊毛或绒毛状、粉末状或颗粒状、扁平或圆盘状6种类型菌落。羊毛或绒毛状毛癣菌菌落特征为白色羊毛状菌丝充满斜面，绒毛状菌丝短而整齐，培养基背面颜色为白色或淡黄色。粉末状和颗粒状毛癣菌菌落表面为粉末状，黄色充满斜面，培养基背面为棕黄色或棕红色。该菌在含1%葡萄糖米饭琼脂上，不产生色素，体外毛发穿孔试验阳性，1周内能使尿素分解，使尿素琼脂由黄变红（菌丝型菌落较慢或阴性）。从沙氏培养基转种至皮肤癣菌鉴别琼脂（DTM）后可使DTM培养基由黄变红。

镜下形态：取皮屑或甲屑经氢氧化钾处理后直接镜检，可见分隔菌丝或成串孢子。毛发上为发外孢子，孢子较大，排列成串，包围发干。取培养物镜检可见棒状或腊肠状大分生孢子，有2～8个分隔，分隔处变窄；细胞壁薄，多见小分生孢子，有时呈葡萄串状。可见螺旋状菌丝、结节状器官、破梳状菌丝。羊毛状或绒毛状毛癣菌镜检可见细的分隔菌丝和卵圆形小分生孢子，小孢子有时聚集成葡萄状，偶见球拍菌丝和结节菌丝，无螺旋菌丝和大分生孢子。粉末状和颗粒状毛癣菌菌落镜检可见螺旋菌丝、球拍菌丝、结节菌丝等多种菌丝。小分生孢子呈葡萄状，可见大分生孢子。大分生孢子在粉末状菌株中较多见，在绒毛状菌落中较少见或无。总之，亲动物性石膏样毛癣菌典型特征为葡萄串状分生孢子，特征性螺旋菌丝；亲人性石膏样毛癣菌多表现为茸毛状至棉毛状，前者的结构与亲动物性相同，但孢子和螺旋菌丝结构较为少见，后者则为较细小的球棒状小分生孢子和螺旋菌丝。

3. 理化特性　毛癣菌的孢子对物理、化学因素具有极强的抵抗力，皮肤和毛发上的孢子可耐受

100℃ 1h，110℃ 1h 才能将其杀死；孢子对干燥的抵抗力强，在水中 8 天内即失去芽生能力。2%福尔马林 30min、1%醋酸 1h 和 1%苛性钠数小时内可将其杀死。对普通浓度的石炭酸、升汞、克辽林及石灰乳等均具有抵抗力，因此上述几种物质不适用于毛癣菌的消毒。

4. 分子生物学 对石膏样毛癣菌的线粒体 DNA Hind III 酶切后某个长度约为 850bp 的片段进行测序研究发现，该片段 5’至 3’端依次包括 8 个完整的 tRNA 基因，分别为苏氨酸、谷氨酸、缬氨酸、蛋氨酸 1、蛋氨酸 3、亮氨酸、丙氨酸、苯丙氨酸，该基因簇位于 LSU rRNA 基因下游。通过对石膏样毛癣菌已知序列的比对，可认识石膏样毛癣菌及其同一属或相近属中某些种的其他结构基因的位置。

三、流行病学

1. 传染来源 患病动物、人是重要的传染源。患病动物用过的笼盒、垫料、马鞍、头套等，病人接触过的场所和用具均可成为传染源。毛癣菌孢子在皮肤上存在但未引起损害的“带菌动物”可能是重要的传染源。土壤是毛癣菌最适宜的栖息地，所以除上述传染源外，被污染的土壤、尘埃也是毛癣菌传播的主要因素。

2. 传播途径 健康动物与患病动物之间的相互接触、饲养用具的间接接触等均可引起该病传染。因此，圈舍里的饲养用具、垫料等为该病的传播媒介。

人与人的接触也可引起感染，因此病人接触过的场所和生活用具也为该病的传播媒介，动物同样也可因与人接触而被感染。

3. 易感动物 啮齿动物被认为是石膏样毛癣菌生态学的最早宿主，易感动物主要有小鼠、大鼠、豚鼠、地鼠、兔、犬、灵长类等实验动物，其中兔对毛癣菌最易感。

过去，石膏样毛癣菌被分成亲人性和亲动物性两种。由于宿主的转变只发生一次，因而 Summerbell 等人提出鉴定石膏样毛癣菌为亲动物性或是亲人性，可准确到种的水平。

4. 流行特征 该病多呈散发流行，主要通过健康与患病动物之间彼此直接接触或通过污染物间接传播，一年四季均可发生，秋冬季发病率较高。患病动物通常于春季自愈，在夏季常见暴发。动物饲养密集、相对湿度高、营养缺乏特别是维生素供给不足、阳光等其他环境因素，会加速该病的传播速度。

四、临床症状

1. 动物的临床表现 石膏样毛癣菌的致病力与病原菌的毒力及宿主的抵抗力相关。动物病变主要出现在头颈部、背部、耳廓、趾爪、肛门，全身其他各个部位也可发生。动物瘙痒，皮肤角质层可引起红肿、变色、破溃。较少见的情况下可引起深部组织感染。

2. 人的临床表现 石膏样毛癣菌原变种为亲动物性，主要来自于动物。一些动物性变种可引起动物的轻微或亚临床症状，但人一旦感染可导致严重的炎症反应。因此，种内变种的鉴定有助于感染来源及预防控制的判断。指（趾）间变种为亲人性，人和动物均可感染。人感染后发病初期显示针头大到小米粒大的丘疹或水疱，色鲜暗红或红，后向四周扩展，中心愈合。因此，皮肤损害常成环形或多环形，尤以边缘明显，常由鲜红色针头大小的丘疹或水疱连接而成，上覆以鳞屑或痂皮，其间亦有散在丘疹或湿疹样变。

五、病理变化

动物皮肤真菌病病变部位主要位于头颈部、背部、耳廓，全身其他各个部位也可发生。病灶为不规则形的被毛脱落和缺损、红斑、丘疹、鳞屑，动物毛囊被破坏后可造成细菌侵入皮下，引起第二次感染。早期痂块下是湿润的，而陈旧损害的痂块脱落，在病变周围有癣垢和死亡的毛，形成堆积的痂壳。局部皮肤分布大小不等、圆形或不规则红斑，边缘隆起，脱毛后形成圆形的秃毛斑，并向周围扩展，皮损覆盖大量鳞屑。引起深部组织感染时可表现为蜂窝织炎、毛囊炎、脓癣、皮下组织脓肿、淋巴结脓肿。

六、诊　断

1. 临床诊断　动物毛癣菌的临床诊断应将其与其他真菌性皮炎、渗出性皮炎及粉螨侵袭所致的皮炎、皮疹相区别。可检查皮肤刮取物进行鉴别。

2. 实验室诊断

（1）镜检　最主要的方法是直接刮取病变部毛屑或结痂，置于显微镜下检查，证实毛癣的存在。但检查为阴性者仍不能完全排除，应做进一步人工分离培养，予以确诊。

（2）其他实验室检查

①细菌分离：对细菌进行人工分离培养、菌落形态以及孢子、菌丝等特殊结构的镜检、理化特性分析等。对不同种毛癣菌的菌种进行鉴定，可采用滤过紫外线检查（午氏光）和毛发穿孔试验等方法。上述方法周期长、阳性率低、易受培养条件及人为判定因素的制约，尤其是菌落发生变异时，因此给临床诊断带来一定困难。

②其他支持性实验室检查：除上述传统的鉴定方法外，近年来分子生物学技术已广泛应用于毛癣菌的鉴定和分析。通常是利用真菌通用引物扩增出真菌 DNA 的几丁质合成酶 CHS 基因，18S、25S 和 28S rRNA 和 rRNA 的内转录间隔区 ITS 段，再对扩增产物进行直接测序，或使用限制性内切酶做 RFLP 进行菌种的鉴定。也可以采用随机引物扩增 DNA 进行多态性分析，直接进行真菌菌种的鉴定。

七、防治措施

1. 治疗　带菌动物应用药物洗澡。采用抗真菌药物进行治疗，局部治疗可先用 0.1%高锰酸钾溶液涂洗患处，后用外科刀刮掉皮屑，再用 1%克霉唑酒精溶液每天涂擦 2～3 次；也可用 10%碘甘油涂擦患处。家兔毛癣菌病可将克霉唑用食醋或稀醋酸稀释后涂擦；也可用苯甲酸、水杨酸合剂治疗，一般 10 余天即有新毛生长。

2. 预防　保持动物饲养场所的清洁，及时清洗、更换饲养工具，饲养室、所用器具应定期消毒。一旦发现感染动物，应立即隔离，消灭传染源。同时饲养人员应做好个人防护，避免饲养人员和动物的交叉感染。

八、公共卫生影响

毛癣菌遍布于全世界，在我国也很常见，可感染人和动物，主要通过接触感染。因此要定期对动物饲养场所进行消毒、检查，对患病动物必须隔离治疗，动物尸体进行无害化处理，对饲养笼盒、垫料等应进行严格消毒，以减少传染源，保障动物以及饲养人员、实验室人员的健康。

（冯洁　胡建华）

我国已颁布的相关标准

GB/T 14926.4—2001 实验动物　皮肤病原真菌检测方法

参考文献

陈柏叡，李若瑜．2011. 须癣毛癣菌分类进展［J］．中国真菌学杂志．6（1）：51-56.

龚巧玲．2006. 实验动物皮肤病原真菌分子生物学检测方法的建立及应用［D］．石家庄：河北医科大学．

胡建华．姚明．崔淑芳．实验动物学教程［M］．上海：上海科技出版社：300-301.

李庆祥．2005. 须癣毛癣菌表型、核糖体基因分型的研究［D］．大连：大连医科大学．

汪昭贤．2005. 兽医真菌学［M］．杨凌：西北农林科技大学出版社：31-48，458-463.

邢进，王春玲，贺争鸣，等．2005. AP-PCR 检测实验动物病原真菌试验方法研究［J］．实验动物科学与管理，22（3）：21-23.

张明莉．2007. 半巢式 PCR-RFLP 法快速鉴定皮肤癣菌病病原菌的研究［D］．大连：大连医科大学．

郑龙．2004. 实验动物皮肤病原真菌核酸检测方法的建立［D］．石家庄：河北医科大学．

L Ajello，Cheng S L. 1967. The perfect state of Trichophyton mentagrophytes [J]. Sabouraudia，5：230 - 234.
Samuel Baron. 1992. Medical Mycology [M]. PA：Lea and FebigeL：105 - 161.

第二节　猴类毛癣菌病 (Trichophyton simii infection)

一、发生与分布

猴类毛癣菌病（Trichophyton simii infection）主要分布在亚洲和非洲，其他地区较少见。1965 年 Stockdale 等人首次从印第安 31 个地方感染癣菌的猴、家禽、犬和人身上分离到该菌。

二、病　　原

1. 分类地位　在微生物分类学上猴类毛癣菌（*Trichophyton simii*）按照《真菌字典》第 10 版（2008）均属于子囊菌门（Ascomycota）、盘菌亚门（Pezizomycotina）、散囊菌纲（Eurotiomycetes）、散囊菌亚纲（Eurotiomycetidae）、爪甲团囊菌目（Onygenales）、裸囊菌科（Arthrodermataceae）、毛癣菌属（*Trichopyton*）。

2. 形态学基本特征与培养特性　猴类毛癣菌在沙氏斜面培养基上生长速度较快，菌落表面平或稍有皱褶，呈粉末状，边缘不整齐，正面为白色、淡黄色或粉红色，背面为黄色或红棕色。显微镜下观察可见较多的大分生孢子，呈棒状，壁薄而光滑，5～10 隔，间隔处收缩明显，后期可形成厚壁孢子。游离的厚壁孢子呈凸透镜状，常见有破裂细胞的残留物。小分生孢子侧生或顶生，棒状，螺旋菌丝间或存在。

从沙氏培养基转种至皮肤癣菌鉴别琼脂（DTM）后，猴类毛癣菌可使 DTM 培养基由黄色变为红色。

3. 理化特性　猴类毛癣菌的孢子对物理、化学因素具有极强的抵抗力，皮肤和毛发上的孢子可耐受 100℃ 1h，110℃ 1h 才能将其杀死；孢子对干燥的抵抗力强，在水中 8 天内即失去芽生能力。2%福尔马林 30min、1%醋酸 1h 和 1%苛性钠数小时内可将其杀死。对普通浓度的石炭酸、升汞、克辽林及石灰乳等均具有抵抗力，因此上述几种物质不适用于毛癣菌的消毒。

4. 分子生物学　近年来国内外学者陆续报道利用分子生物学方法对毛癣菌进行鉴定和种型分析，例如，针对皮肤真菌 DNA 的保守基因的 PCR 鉴定、随机引物 PCR、随机扩增多态性 DNA 分析和 mtDNA 的限制酶切分析等。

三、流行病学

1. 传染来源　患病动物使用过的笼具、垫料等，病人接触过的场所和用具均可成为传染源。带菌动物的皮肤上往往会潜伏有孢子，虽未见引起损害，但很可能是重要的传染源。土壤是癣菌最适宜的栖息地，因此被污染的土壤、尘埃也是该菌传播的主要因素。

2. 传播途径　动物之间以及饲养人员和动物之间的相互接触、饲养用具的间接接触等均可引起该病传染。因此，饲养用具、垫料等可成为该病的传播媒介。

人与人的接触也可引起感染，因此病人接触过的场所和生活用具也可以成为该病的传播媒介。动物同样也可因与人接触而间接被感染。

3. 易感动物　猴类毛癣菌的易感动物主要有各种鼠类、鸡、犬、猴类和人。

4. 流行特征　该病主要通过健康与患病动物的直接接触或通过污染物间接接触而传播，一年四季均可发生，秋冬季发病率较高。动物饲养密集、营养缺乏、免疫力低下，相对湿度高，环境相对恶劣，会加速该病的传播速度。

四、临床症状

动物感染猴类毛癣菌后背部、头颈部以及四肢部位可出现白色圆形损伤，有硬痂。常伴有炎症发生。犬可发生毛内癣菌感染。人感染该菌后四肢、指甲可出现鳞屑、破溃、硬痂等，伴有炎性损伤可长达20年。

五、病理变化

病灶为不规则形的被毛脱落和缺损、红斑、丘疹、鳞屑，动物毛囊被进一步破坏后可导致细菌侵入皮下，引起第二次感染。引起深部组织感染时可表现为蜂窝织炎、毛囊炎、脓癣、皮下组织脓肿、淋巴结脓肿等。

六、诊　　断

我国国家标准《实验动物皮肤病原真菌检测方法》（GB/T 14926.4—2001）中对实验动物皮肤病原真菌的检测方法采用的是直接检查、分离培养后镜检。

1. 临床诊断　动物毛癣菌的临床诊断应将其与其他真菌性皮炎、渗出性皮炎及粉螨侵袭所致的皮炎、皮疹相区别。可检查皮肤刮取物进行鉴别。

2. 实验室诊断

（1）镜检　通常直接刮取病变部毛屑或结痂置于显微镜下检查或者染色检查，证实病原真菌的存在。但检查为阴性者仍不能完全排除，应进一步人工分离培养，予以确诊。

（2）其他实验室检查

1）细菌分离　传统鉴定方法主要依靠细菌分离培养后的菌落形态以及镜下孢子、菌丝等特殊结构和理化试验分析，KOH染色镜检可见菌丝和孢子。

2）其他支持性实验室检查　近年来分子生物学方法在真菌研究上得到了广泛应用，例如PCR、RAPD、基因测序、分子杂交等技术。开展的主要方法有以下几种。

①PCR技术：通常以真菌基因组DNA、mtDNA和rDNA中的重复片段为引物进行PCR扩增，根据产物显示的DNA片段多态性进行鉴定，此方法称为PCR指纹法；任意引物PCR（AP-PCR）方法始建于1990年，对于采用常规方法不能区分的真菌，该方法能够快捷、准确地作出判断，目前已在真菌分类鉴定及流行病学调查研究中呈现出巨大潜力。

②限制性内切酶分析（RFLP）：由于不同的生物个体的酶切位点不同，采用限制性内切酶将DNA在特定的核苷酸序列上进行切割，可产生不同的DNA片段，呈现多态性。近年来新发展出来的PCR与RFLP相结合的方法在真菌的鉴定和分类中已得到广泛应用。例如，根据真菌通用引物扩增出真菌DNA的几丁质合成酶CHS基因，18S、25S和28S rRNA和rRNA的内转录间隔区ITS段，再对扩增产物进行测序或使用限制性内切酶做RFLP进行菌种的鉴别（PCR-RFLP）。

③使用随机扩增DNA多态性（RAPD）直接进行种水平的鉴别，可用于真菌分类鉴定及分子流行病学研究和群体生物学研究。随着短链随机引物的逐步应用，具有扩增量大、带型清晰等优势，得以开展DNA序列尚不清楚菌种的研究，进而可以采用Southern杂交寻找RAPD标记，同时与测序技术相结合，可以使菌种的遗传背景更加清晰，具有更高的实用价值。

④DNA序列测定：皮肤病原真菌的鉴定和分类研究中，主要采用的是针对rDNA和几丁质合成酶I基因（CHS I）进行直接测序。

上述方法具有快速、简便、特异的特点。

七、防治措施

1. 治疗　采用抗真菌药物对患处进行局部治疗，同时应用药物定期给带菌动物药浴。

2. 预防　日常饲养管理过程中工作人员应做到严格按照操作规程进行饲养繁育，保持动物饲养场所的清洁卫生，及时清洗、更换饲养工具，饲养室、所用器具定期消毒。一旦发现感染动物，应立即隔离，消灭传染源。同时饲养人员应做好自我防护，避免人和动物之间的交叉感染。

八、公共卫生影响

皮肤病原真菌遍布于全世界，在我国也很常见，可感染人和动物，主要通过接触感染。因此要定期对动物饲养场所进行消毒、检查，对感染动物必须进行隔离治疗，对饲养笼盒、垫料等进行严格消毒，动物尸体做无害化处理，以减少传染源，保障动物以及饲养人员、实验室人员的健康。

（冯洁　胡建华）

我国已颁布的相关标准

GB/T 14926.4—2001 实验动物　皮肤病原真菌检测方法

参考文献

蔡宝祥．2006. 人兽共患深部真菌病的流行病学及防控措施［J］．畜牧与兽医，38（1）：1-3.

胡建华，姚明，崔淑芳．实验动物学教程［M］．上海：上海科技出版社：300-301.

汪昭贤．2005. 兽医真菌学［M］．杨凌：西北农林科技大学出版社：31-48，458-463.

张明莉．2007. 半巢式 PCR-RFLP 法快速鉴定皮肤癣菌病病原菌的研究［D］．大连：大连医科大学研究生院．

郑龙．2004. 实验动物皮肤病原真菌核酸检测方法的建立［D］．石家庄：河北医科大学研究生院．

Gugnani HC，Mulay DN，Murty DK. 1967. Fungus flora of dermatophy tosisand Trichophyton simii infection in North India［J］．Indian Journal of Dermotology，Venereology&Leprology，33：73-82.

Mohapatra LN，Mahajan VM. 1970. Trichophyton Simii Infection in Man and Animals［J］．Mycopathologia et Mycologia applicata，41：357-362.

Tewari RP. 1968. Trighophyton simii infections in chickens，dogs and man in India［J］．Mycopathologia，39（3）：293-298.

第三节　石膏样小孢子菌病
(Microsporum gypseum infection)

石膏样小孢子菌病（Microsporum gypseum infection）是由石膏样小孢子菌引起啮齿类、犬、猫、兔和非人灵长类等多种实验动物的皮肤、毛发等感染的浅部真菌性疾病。人可通过接触感染动物而发病，引起头白癣、脓癣、体癣和癣菌疹等。

一、发生与分布

石膏样小孢子菌由 Bodin 于 1907 年首先发现，1928 年由 Guiat 及 Grigorakis 正式命名。该菌为亲土性和亲动物性皮肤癣菌，常从土壤及小啮齿类动物皮毛中分离到。石膏样小孢子菌的感染病例分布广泛，呈世界性分布，并多以散发为主，偶有暴发流行。但随着生态环境的改变，石膏样小孢子菌的分布也会随之改变。石膏样小孢子菌通常易在温暖潮湿的季节感染，幼年实验动物由于抵抗力低下较易感染。张兆霞（2009）在北京地区致犬皮肤病的主要病原调查中发现，真菌培养结果为阳性的 69 例患犬中，感染石膏样小孢子菌的只有 1 例。李明勇等（2011）从青岛某大型发病兔场的病料中分离到的皮肤真菌病病原，经鉴定为石膏样小孢子菌。欧阳素贞等（2004）从河南安阳某暴发兔皮癣的兔场采集的病料中分离病原菌，经鉴定发现石膏样小孢子菌为两种致病真菌之一，发病率达 11%。Andrino 等（2003）在西班牙马德里发现了一例由石膏样小孢子菌引起的犬甲真菌病。

二、病　　原

1. 分类地位　按照《真菌字典》第 10 版（2008）（Ainsworth & Bisby's Dictionary of the Fungi，

10th Edition，2008），石膏样小孢子菌（*Microsporum gypseum*）在分类上属子囊菌门（Ascomycota）、盘菌亚门（Pezizomycotina）、散囊菌纲（Eurotiomycetes）、散囊菌亚纲（Eurotiomycetidae）、爪甲团囊菌目（Onygenales）、裸囊菌科（Arthrodermataceae）、节皮菌属（*Arthroderma*）；而在 Ainsworth（1973）分类系统中，它属于半知菌亚门（Deuteromycotina）、丝孢纲（Hyphomycetes）、丝孢目（Hyphomycet ales）、丛梗孢科（Moniliaceae）、小孢子菌属（*Microsporum*）。

2. 形态学基本特征与培养特性 石膏样小孢子菌在沙氏琼脂培养基上室温培养，菌株生长迅速，3～5 天可见菌落，开始为白色菌丝，随后颜色渐变成淡黄色至棕黄色，表面呈颗粒状、粉末状、凝结成片，形似石膏。菌落中心有隆起，外围有少数极短沟纹，边缘不整齐，背面呈红褐色。镜检可见很多壁薄的大分生孢子，壁有刺或光滑，呈纺锤形，4～6 隔，大小为（12～13）μm×（40～60）μm。菌丝较少。可见小分生孢子，球拍菌丝、破梳状菌丝及结节菌丝，厚壁孢子。可见少数小分生孢子，单细胞，棍棒形，大小为（3～5）μm×（2.5～3.5）μm，沿菌丝侧壁发生。亦可见球拍状菌丝、破镜状菌丝、结节状菌丝及厚壁孢子。该菌在病毛上属毛外型，孢子较大、较少量时呈链状排列，或可密集成群、形成“发套”，皮屑内可见菌丝或成串孢子。

3. 理化特性 石膏样小孢子菌对各种物理、化学因素具有极强的抵抗力，2%戊二醛作用 1min 对其杀灭率达 95%以上。0.01%过氧乙酸溶液作用 0.5～3min 或 0.005%过氧乙酸溶液作用 0.1～5min、1 000mg/kg氧氯灵作用 5min 可杀灭该菌。毛发、皮垢中的石膏样小孢子菌在室温下可以生存 3～4 年，在 110℃的干热下作用 30min 或 80℃加热 2h 才能杀死。

4. 分子生物学 目前石膏样小孢子菌的全基因组序列未知，已经报道的有 β 管蛋白（beta - tubulin）基因的部分序列以及 18S rRNA 和 28S rRNA 基因的部分序列；5.8S rRNA 基因和转录间隔区 1（ITS1）、转录间隔区 2（ITS2）的序列也已经完成。

三、流行病学

1. 传染来源 患病动物和无症状的带菌动物是主要的传染源。由于石膏样小孢子菌是亲土性皮肤癣菌，除上述传染源外，被污染的土壤也是其传播因素之一。

2. 传播途径 直接或间接接触隐性感染或患病动物是石膏样小孢子菌主要的传播方式。健康动物常因与患病动物的啃咬，与被污染的动物垫料等接触而感染。饲养人员和实验室人员等常因接触带菌动物而感染。

3. 易感动物

（1）自然宿主 石膏样小孢子菌的自然宿主有啮齿类、犬、猫、兔、非人灵长类、牛、马、羚羊、中国虎和人等，幼龄动物较易感。

（2）实验动物 可试验感染多种实验动物。欧阳素贞等（2004）以兔场分离到的石膏样小孢子菌菌株，通过皮肤涂擦法感染 40 日龄的健康家兔，接种后 4 天开始出现症状，1 周后与自然病例症状相同，并从病变部回收到相同病原菌。古力娜等（2007）将石膏样小孢子菌标准菌株用划痕法接种于豚鼠背部皮肤，5～7 天后接种部位出现类似人体体癣症状，如局部红肿、渗出、皮肤出现鳞片样等。龚巧玲（2006）将石膏样小孢子菌标准菌株（CCCCM ID M. 2a）接种于 SD 大鼠、BALB/c 小鼠和豚鼠背部皮肤，所有接种动物均发病，但发病情况有所区别，其中小鼠最为明显，其次为大鼠和豚鼠。

（3）易感人群 儿童、老人等抵抗力低下的人群、免疫功能不全的人群、经常接触犬猫等带菌动物的人群以及居住环境潮湿的人群较易感染该菌。

4. 流行特征 石膏样小孢子菌多发于炎热潮湿的季节。患病动物无性别差异，饲养管理和卫生条件差、拥挤、潮湿、通风不良等均可使其感染率上升。当动物在某些诱因的作用下机体抵抗力下降时，常导致疾病发生，甚至流行。如动物营养状态不良，患有免疫系统疾病，自身免疫缺陷，严重的细菌感染，长期应用抗生素和糖皮质激素等，都能诱发该病。

四、临床症状

1. 动物的临床表现 动物感染后在皮肤上可引起强烈的炎症反应，有不同程度的脱毛、脱屑，表现为圆形、椭圆形或地图形的毛发折断和缺失区，上面覆盖银白色或灰白色的鳞屑，皮损增厚、发红，多伴发水疱、结痂。揭开痂皮，痂下创面呈蜂窝状，周围毛成缕粘连，具有特殊的鼠尿臭味。由该菌引起的体癣，与羊毛状小孢子菌感染引起的体癣类似，鳞片较少，通常只有1～3片。自然感染病例多为2种或2种以上的病原真菌混合感染。

2. 人的临床表现 石膏样小孢子菌可引起人的头白癣、脓癣、体癣，也可引起癣菌病。感染可以产生明显的炎性反应，包括红斑、肿胀、脓液形成等，其中也有部分损害不典型，容易被误诊或漏诊。石膏样小孢子菌引起的脓癣，皮损多呈暗红色、半球形肿块或大块状痈样隆起，炎症反应剧烈（红、肿、疼痛，拒按），边界清楚，质地柔软，有轻度波动感，毛囊化脓，可挤出脓液。病变部位毛发易折断脱落，残留毛发极为松动、易拔。石膏样小孢子菌导致的体癣有明显瘙痒，皮损以红色丘疹、红斑为主，多数皮损边界清楚。有的皮损部位皮肤增厚、隆起，外观似慢性单纯性苔藓，有的呈湿疹样。

五、诊　断

石膏样小孢子菌的临床症状与毛癣菌属和小孢子菌属的其他真菌比较相近，而且混合感染居多，因此该病仅可根据流行病学资料（与被确诊或可疑动物的接触史）和临床症状做出初步诊断，确诊需要做细菌的分离培养鉴定。

1. 真菌的分离培养与鉴定 取皮损处的毛发、皮屑、鳞屑或痂皮接种于沙氏琼脂培养基，28℃培养7～14天，观察菌落形态并将培养物涂片镜检。根据菌落特征和镜下形态进行菌种鉴定。

2. 其他支持性实验室检查 采用皮肤病原真菌通用引物PCR与随机引物PCR（AP-PCR）相结合的方法，可以较好地对石膏样小孢子菌进行菌种鉴定。分子生物学方法目前还处于研究阶段，尚不能作为常规方法使用，但其具有广阔的发展前途。也有学者用Biolog微生物自动分析系统构建了6种皮肤癣菌的鉴定数据库，可以对常见的包括石膏样小孢子菌在内的6种皮肤癣菌进行鉴定。

六、防治措施

1. 治疗 石膏样小孢子菌病是一种人兽共患的接触性皮肤病，在实验动物中以犬、猫、兔患病居多。如为局限性病灶，于其周围广泛剪毛，洗去鳞屑和结痂及污染物后，再局部使用抗真菌药，每天2次，直至病变消退。外用治疗的有效药物包括1%洗必泰软膏，10%克霉唑乳膏、洗剂或溶液，2%酮康唑乳剂，1%～2%咪康唑乳剂、喷剂或洗剂，4%噻苯达唑乳液，1%特比萘芬乳剂等。如果局部用药疗效不佳，用抗真菌药物全身治疗，剪除全身被毛，局部使用抗真菌药或每周2次（至少4～6周）药浴全身，直至真菌培养阴性。应用的抗真菌药液包括0.05%洗必泰溶液、0.2%恩康唑溶液、2%石硫合剂、0.4%聚维酮碘溶液等。对全身性皮肤患病及局部治疗疗效不佳的动物，应给予（悬液）特比萘酚每千克体重10～20mg，每天1次。

体癣患者使用特比萘芬软膏和5%阿斯匹林擦剂疗效显著。脓癣患者加用伊曲康唑胶囊或特比萘芬片口服并清洁消毒患处，联用夫西地酸乳膏、硝酸舍他康唑软膏等。所有患者皮损消退后应再外用特比萘芬软膏等治疗1～2周。

2. 预防 所有受感染的动物，包括无症状的携菌者，均应确认并隔离治疗，防止扩散和传染给其他动物或人。注意环境消毒，对动物用具和笼舍可采用0.5%硫化石灰溶液、0.5%洗必泰溶液擦洗浸泡。对动物加强营养，搞好管理，饲料中要含有足够的蛋白，并注意补充各种维生素、矿物质和微量元素，以增强机体抵抗力。注意清整被毛，保持清洁，预防擦伤。人应避免与带菌动物接触，要注意与动物接触时的防护，防止被动物咬伤，进行动物试验或饲养工作时要戴口罩、穿防护衣，试验结束要清洗双手。

七、公共卫生影响

石膏样小孢子菌病是一种侵袭力较强的真菌性皮肤病，许多动物被感染或携带该菌，能感染人引起脓癣、体癣等疾病，其病因多由外伤或与动物密切接触后引起。为使实验动物杜绝此病从而避免人员受染，应尽可能搞好环境卫生，动物房和笼架应定期消毒。新引进的动物需进行皮肤病原真菌的严格检测，确认健康合格后再入群；同时定期对动物进行监测，淘汰或隔离阳性动物并做好环境消毒。饲养宠物者，要定期到医院检查、治疗，以减少传染源。

（倪丽菊　胡建华）

我国已颁布的相关标准

GB/T 14926.4—2001　实验动物　皮肤病原真菌检测方法

参考文献

陈昭斌，张朝武．2002. 消毒剂对真菌的杀灭作用［J］．中国感染控制杂志（3）：60－63.

范薇．2001. 几种实验动物皮肤病原真菌及疾病［J］．实验动物科学与管理，18（1）：32－35.

龚巧玲，郑龙，张焕铃，等．2007. PCR方法检测实验动物皮肤病原真菌［J］．中国比较医学杂志，17（3）：131-135.

龚巧玲．2006. 实验动物皮肤病原真菌分子生物学检测方法的建立及应用［D］．石家庄：河北医科大学．

古力娜，达吾提，尤丽吐孜，等．2007. 维药地锦草软膏的体外抗真菌及其对豚鼠皮肤真菌感染的治疗作用研究［J］．中药药理与临床，23（5）：178－180.

郭艳阳，齐显龙．2011. 被误诊为环状肉芽肿的石膏样小孢子菌引起体癣1例［J］．中国真菌学杂志，6（1）：46－47.

韩子强，王春傲．2002. 犬真菌病的研究进展［J］．山东畜牧兽医（5）：42－43.

李明勇，刘敬博，牟特，等．2011. 兔皮肤病原真菌的分离及其ITS序列的分析［J］．动物医学进展，32（4）：118－121.

刘育京，盛淳颖，姚文莉，等．1992. 消毒剂氧氯灵的研究［J］．中国消毒学杂志，9（1）：1－7.

欧阳素贞，蔡敏．2004. 家兔皮癣病原菌的分离鉴定及致病性研究［J］．中国养兔杂志（5）：17－19.

帅丽华，徐炜，张英，等．2010. 石膏样小孢子菌致脓癣、体癣103例临床分析［J］．中国真菌学杂志，5（1）：22－23，39.

吴立成．1994. 消毒剂杀灭真菌效果比较［C］．1993年度中日医学交流会消毒学专题讨论会论文汇编：5.

萧伊伦，陈驰宇，章强强．2010. Biolog微生物自动分析系统建立六种皮肤癣菌的鉴定数据库［J］．中华皮肤科杂志，43（5）：350－353.

张婉．2003. 北京地区宠物犬皮肤真菌病的调查与研究［D］．北京：中国农业大学．

张兆霞．2009. 北京地区致犬皮肤病主要病原调查与鉴定试验［D］．新疆：石河子大学．

Andrino M，Blanco J L，Durán C，et al. 2003. Canine onychomycosis produced by Microsporum gypseum. A case report［J］．Rev Iberoam Micol，20（4）：169－171.

Terleckyj B，Axler D A. 1993. Efficacy of disinfectants against fungi isolated from skin and nail infections［J］．J Am Pod Med Assoc，83（7）：386－393.

第四节　犬小孢子菌病
(Microsporum canis infection)

犬小孢子菌病（Microsporum canis infection）是由犬小孢子菌所致的一种人兽共患的真菌性皮肤病。犬小孢子菌是一种亲动物性真菌，能引起啮齿类、犬、猫、猴、兔、猪等多种实验动物的皮肤、毛发等感染。猫和犬是犬小孢子菌最主要的携带者。该菌侵犯人体主要表现为头癣，也可导致体癣、甲癣及脓癣。

一、发生与分布

犬小孢子菌于1902年被首次发现，一直被认为是较常见的致病性真菌。该菌作为一种亲动物性浅部真菌，在动物身上可以长期存在而不致病（尤其在猫、犬身上），而犬小孢子菌一旦感染人便造成皮肤或毛发的损害，危及人的健康。犬小孢子菌病广泛分布于世界各地，发病率基本在浅部真菌病的前四位，且总体发病率有上升的趋势。我国各地区均有分布，其中以西北、华北和东北地区较多见，南方及沿海地区较少见。犬小孢子菌传染性强，在一定条件下还可在特定人群中出现暴发。

二、病 原

1. 分类地位 犬小孢子菌（*Microsporum canis*）又名羊毛状小孢子菌（*Microsporum lanosum*），按照《真菌字典》第10版（2008）（Ainsworth & Bisby's Dictionary of the Fungi，10th Edition，2008），犬小孢子菌（*Microsporum canis*）属于子囊菌门（Ascomycota）、盘菌亚门（Pezizomycotina）、散囊菌纲（Eurotiomycetes）、散囊菌亚纲（Eurotiomycetidae）、爪甲团囊菌目（Onygenales）、裸囊菌科（Arthrodermataceae）、节皮菌属（*Arthroderma*）；而在 Ainsworth（1973）分类系统中，它属于半知菌亚门（Deuteromycotina）、丝孢纲（Hyphomycetes）、丝孢目（Hyphomycetales）、丛梗孢科（Moniliaceae）、小孢子菌属（*Microsporum*）。

2. 形态学基本特征与培养特性 犬小孢子菌在沙氏琼脂培养基上室温培养，菌落生长较快。开始为白色至黄色绒毛状生长，2周后菌丝较多，呈羊毛状，可充满大部分斜面，中央粉末状。正面橘黄色，背面红棕色。平皿培养的菌落表面中央有少数同心圆，边缘部浅，中央显著，无放射状沟纹。镜检可见大量纺锤形、厚壁的大分生孢子，大小为（15～20）μm×（60～125）μm，开始时顶端出现刺，逐渐遍及全壁。6隔以上的大分生孢子，其末端呈"帽子"样肥大，偶见有12隔者。小分生孢子较少，单细胞，呈棍棒形，大小为（2.5～3.5）μm×（4～7）μm，无柄侧生。此外，可见球拍状菌丝、破梳状菌丝、结节状菌丝和厚壁孢子，罕见螺旋状菌丝。生长4～5周后发生绒毛变异，菌丝增多，大分生孢子减少或消失，菌落颜色也渐消失。感染犬小孢子菌的毛发和病灶在午氏灯照射下有亮绿色的荧光。

3. 理化特性 犬小孢子菌对干燥、阳光、紫外线及一般消毒剂有较强的抵抗力。75%乙醇作用1min，对犬小孢子菌的杀灭率达90%以上。1%戊二醛与碘伏（含有效碘250 mg/L）溶液作用1min，对犬小孢子菌的杀灭率达99%以上。含0.5%（W/V）有效氯的次氯酸溶液亦能有效杀灭犬小孢子菌。另外，犬小孢子菌对2%～3%氢氧化钠溶液、5%～10%漂白粉溶液、1%过氧乙酸、0.5%洗必泰（氯己定）溶液等也较敏感。

4. 分子生物学 目前犬小孢子菌CBS 113480标准株的全基因组序列和ATCC 36299标准株的线粒体基因组序列已公布，大小分别为23Mb和23kb左右。已经报道的有β微管蛋白（beta-tubulin）基因的部分序列、翻译延长因子1α（translation elongation factor 1 alpha）基因的序列以及18S rRNA和28S rRNA基因的部分序列；5.8S rRNA基因和转录间隔区1（ITS1）、转录间隔区2（ITS2）的序列也已经测定，并被用于其基因型鉴定。有研究发现犬小孢子菌所产生的角蛋白酶的活性与其致病力呈正相关。

三、流行病学

1. 传染来源 患病的动物和人以及无症状的带菌动物是主要的传染源，猫和犬的带菌率较高。

2. 传播途径 直接或间接接触隐性感染或患病动物是犬小孢子菌的主要传播方式。健康动物通常因与患病动物的带菌皮毛接触而感染。人可通过污染的理发工具、梳子等日常用具或与病患者、带菌动物直接接触而感染。

3. 易感动物

（1）自然宿主 犬小孢子菌的自然宿主有牛、马、驴、羊、猪、犬、猫、豚鼠及各种野生动物等，主要寄生于犬和猫。

（2）实验动物 可试验感染多种实验动物。李杰（2006）将犬小孢子菌临床菌株（编号为25726）用砂纸打磨皮肤的方法对豚鼠进行试验感染，大分生孢子浓度为10^5个/mL的菌悬液每平方厘米皮肤接种0.04mL，接种后3天动物模型建立成功。龚巧玲（2006）将犬小孢子菌标准菌株（CCCCM IDM.3d）用“划痕法”接种于SD大鼠、BALB/c小鼠和豚鼠背部皮肤，所有接种动物均发病，但发病情况有所区别，其中小鼠最为明显，其次为大鼠和豚鼠。

（3）易感人群　易感人群是儿童等免疫力低下的人群，以2～10岁儿童发病率较高。饲养宠物犬猫的人也较易感染该病。

4. 流行特征　犬小孢子菌病是人兽共患病，能够在人和动物之间互相传播，在世界范围流行。人多引起散发，动物既有散发也有暴发性流行。犬小孢子菌病的发生与年龄和体质有一定关系，如幼龄动物比成年动物易感，营养不良体弱者较营养良好体质壮的易感。该病一年四季均可发生，但以天气炎热、潮湿季节发病率高。抗生素和糖皮质激素的大量使用也能诱发该病。近年来，由于饲养宠物之风的盛行，人犬小孢子菌病呈逐年增多的趋势。

四、临床症状

1. 动物的临床表现　主要表现为皮肤呈现环形的鳞屑斑，病灶内残留被破坏的毛根，或在环形斑内完全脱毛。严重感染时，病犬皮肤大面积脱毛、红斑或形成痂皮。当癣斑中央开始痊愈而生毛时，其周边的脱毛仍在进行。有的表现在颈、肩、胸、背、腹等处出现钱币、手掌大小的圆形脱斑，可蔓延全身，但在足端少见，即俗称的“钱癣”。患部瘙痒，个别如抓挠致继发细菌感染时，渗出严重，可见皮肤患处红肿糜烂，重者可化脓。

2. 人的临床表现　犬小孢子菌感染可引起人的头癣、体癣、脓癣和甲癣（较少）等。

（1）头癣　头皮见多发红色丘疹、斑丘疹，呈簇排列，片状分布。皮损处头发距头皮2～5mm处折断，断发外包绕灰白色发鞘，断发干燥、无光泽、松动，容易拔。部分丘疹上见针帽大的脓疱或结痂，有少许鳞屑。

（2）体癣　以面部、颈部、胸部为主，皮损多呈卫星状分布，炎症明显，边界清楚。边缘可见鲜红色水肿性红斑，上有丘疱疹、脓疱、结痂和少许鳞屑。皮损向外扩展而中央消退不明显，可相互融合形成脓癣，附近淋巴结增大，有疼痛。

（3）甲癣　甲增厚、变色污浊、表面不平，部分甲板破坏，出现甲分离、脱落，甲半月及甲根粗糙不平，甲廓皮肤增生粗糙。

五、病理变化

犬小孢子菌引起的典型的皮肤组织病理学变化是局限的轻度角化过度或轻度角化不全，棘皮层轻度增厚和中度水肿。真皮内血管轻度扩张，少量淋巴细胞渗出，伴随毛囊向更深层伸入。当这些炎症浸润广泛时，除淋巴细胞以外，还有白细胞、浆细胞、巨噬细胞、异物巨噬细胞，有时还有毛囊内脓疱产生。用PAS染色，可见毛发角层内的菌丝成分和发鞘的孢子。

六、诊　断

犬小孢子菌病的临床症状与毛癣菌属和小孢子菌属的其他真菌比较相近，因此根据流行病学资料（与被确诊或可疑动物的接触史）和临床症状仅可做出初步诊断，确诊需要做细菌的分离培养鉴定。

1. 真菌的分离培养与鉴定　取皮损处的毛发、皮屑、鳞屑或痂皮接种于沙氏琼脂培养基，28℃培养7～14天，观察菌落形态并将培养物涂片镜检。根据菌落特征和镜下形态进行菌种鉴定。

2. 其他支持性实验室检查　采用皮肤病原真菌通用引物PCR与随机引物PCR（AP-PCR）相结合的方法，可进行犬小孢子菌的检测，可以达到快速、准确检测的目的。RAPD和RFLP技术可以对犬小孢子菌进行种内基因分型。也有学者用Biolog微生物自动分析系统构建了包括犬小孢子菌在内的6种皮肤癣菌的表型鉴定数据库，可以根据其生长反应谱进行菌种鉴定。

七、防治措施

1. 治疗　早期治疗只进行局部外用药即可，但慢性严重的犬小孢予菌病必须同时内服治疗药物。

（1）外敷抗真菌药　用药治疗前先洗去皮屑和痂皮，清整脱落和断裂的被毛，然后再用药治疗。长毛犬、猫建议将全身毛剃除，短毛的应将病灶直径 6cm 内的毛发剃光，剃毛时应特别小心不要剃伤皮肤，以避免病灶的扩散。用肤康宁外用搽剂涂于患处，涂药面积应大于患区，有剧痒的可与醋酸可的松软膏交替使用。不建议使用达克宁霜（药效不明显，拖延治疗，造成扩大）和克霉唑（动物舔食后容易造成药物中毒性失明）。液体药物可用 0.5%硫化石灰溶液、0.5%洗必泰溶液或 1∶300 的克霉丹溶液，每周 2 次。为防止复发，要巩固用药 2～4 周。

（2）全身给药　对于全身感染和慢性严重病例可以用灰黄霉素片每千克体重 25～50mg 内服（拌油腻食物），每天 2～3 次，连服 3～5 周。灰黄霉素具致畸胎性，应避免喂给怀孕动物。另外，服用灰黄霉素的犬、猫应避免阳光直接曝晒，可能会引起感光过敏症。也可配合使用抗真菌 1 号注射液，犬、猫按每千克体重 0.1～0.2mL 皮下或肌内注射，5～7 天 1 次，连用 4～5 次，为提高治愈率在临床症状消失后再追加用药一次。在用全身疗法的同时，患部剪毛，涂制霉菌素或多聚醛制霉菌素钠软膏，一般 2～4 周内痊愈。

头癣患者剃头后用二硫化硒洗头，口服特比萘芬，常规用量为体重 10～20kg 者，每天 62.5mg；体重 20～40kg 者，每天 125mg；体重>40kg 者，每天 250mg。外用联苯苄唑软膏和莫匹罗星软膏。伊曲康唑由于疗效显著、毒副作用小、安全性高，常应用于治疗犬小孢子菌感染儿童头癣，剂量为每天每千克体重 5mg，连续服药或间歇冲击治疗。体癣患者口服特比萘芬，用量同头癣。外用 10%硫黄软膏和外用特比奈芬乳膏，每天 2 次连续治疗 4 周左右。

2. 预防　所有患病动物，包括无症状的携菌者，均应确认并隔离处理，防止病菌扩散和传染给其他动物或人。对动物笼舍、日常用具及饲养环境等可选用 5%～10%漂白粉溶液、1%过氧乙酸、0.5%洗必泰溶液等进行消毒。动物营养要均衡，要喂给富有维生素、微量元素的食物以增强机体抵抗力。注意保持动物清洁，预防擦伤。人应避免与带菌动物接触，要注意与动物接触时的防护，进行动物试验或饲养工作时要注意个人防护。

八、公共卫生影响

犬小孢子菌病主要通过接触感染，犬猫是犬小孢子菌的主要携带者。近年来随着宠物犬猫数量的大幅增加，在给人带来欢乐的同时，也带来了威胁。犬小孢子菌是头癣的主要致病菌，对头癣感染及传染起着重要的作用。饲养宠物者需定期到医院检查、治疗，以减少传染源。应加强实验动物管理，改善环境卫生条件，补充饲料添加剂，在日常饲养过程中注意观察动物皮肤和被毛，一旦发现可疑，要及时处理，同时定期对动物进行质量检测。新引进动物需经严格检测，确认合格后方可入群。

（倪丽菊　胡建华）

我国已颁布的相关标准

GB/T 14296.1—2001　实验动物　皮肤病原真菌检测方法

参考文献

戴瑞良. 1991. 皮癣菌和皮癣菌病 [J]. 中国兽医科技，21 (12)：23 - 25.

范薇. 2001. 几种实验动物皮肤病原真菌及疾病 [J]. 实验动物科学与管理，18 (1)：32 - 35.

龚巧玲. 2006. 实验动物皮肤病原真菌分子生物学检测方法的建立及应用 [D]. 石家庄：河北医科大学.

胡沙沙. 2004. 犬小孢子菌的临床与实验室研究 [D]. 石家庄：河北医科大学.

李德文，徐永伟，周正旭，等. 2011. 人畜共患的犬小孢子菌病 [C]. 中国畜牧兽医学会小动物医学分会第六次学术研讨会暨中国畜牧兽医学会兽医外科学分会第十八次学术研讨会，14 - 17.

李杰．2006. 豚鼠感染犬小孢子菌动物模型的建立及其应用［D］．北京：中国农业大学．
钱靖．2008. 犬小孢子菌生物学性状及基因分型研究［D］．兰州：兰州大学．
乔志军，史振国，金艺鹏，等．2010. 狐狸、人、犬、猫皮肤真菌病犬小孢子菌毒的研究［C］．中国畜牧兽医学会2010学术年会暨第二届中国兽医临床大会论文集．长春，286－287.
王恩文，骆志成，吴先伟．2009. 60株临床分离犬小孢子菌的聚合酶链反应-限制性片段长度多态性鉴定［J］．兰州大学学报（医学版），35（3）：1－3.
王芳，李莉，窦侠，等．2009. 犬小孢子菌致成人头癣、体癣和急性角结膜炎［J］．临床皮肤科杂志，28（3）：175－177.
王竞杰，章强强．2006. 犬小孢子菌病67例临床观察［J］．中国真菌学杂志，1（3）：156－157，164.
吴立成．1995. 消毒剂杀灭真菌效果比较［J］．中国消毒学杂志，12（2）：118.
吴绍熙，廖万清，郭宁如，等．1999. 中国致病真菌10年动态流行病学研究［J］．临床皮肤科杂志，28（1）：1－5.
萧伊伦，陈驰宇，章强强．2010. Biolog微生物自动分析系统建立六种皮肤癣菌的鉴定数据库［J］．中华皮肤科杂志，43（5）：350－353.
余进，万哲，陈伟，等．2003. 头癣暴发的分子流行病学调查研究［J］．中华皮肤科杂志，36（8）：427－429.
喻楠，王琪．2007. 犬小孢子菌同时引起体癣和甲真菌病的观察［J］．宁夏医学院学报，29（3）：315－316.
张婉．2003. 北京地区宠物犬皮肤真菌病的调查与研究［D］．北京：中国农业大学．
张兆霞．2009. 北京地区致犬皮肤病主要病原调查与鉴定试验［D］．新疆：石河子大学．
Ballereau F，Merville C，Lafleuriel M T，et al. 1997. Stability and antimicrobial effectiveness of Javel water in a tropical hospital environment［J］．Bull Soc Pathol Exot，90（3）：192－195.
Brasch J，Zaldua M. 1994. Enzyme patterns of dermatophytes［J］．Med Mycology，37：11－16.
Dobrowolska A，Debska J，Kozlowska M，et al. 2011. Strains differentiation of Microsporum canis by RAPD analysis using（GACA）4and（ACA）5primers［J］．Pol JMicrobiol. 60（2）：145－148.
Papini R，Gazzano A，Mancianti F. 1997. Survey of dermatophy tesisolated from the coats of laboratory animals in Italy［J］．LabAnim Sci，47（1）：75－77.
Viani F C，Dos－Santos J I，Paula C R，et al. 2001. Production of extracellular enzymes by Microsporum canis and their role in its virulence［J］．Med－Mycol，39（5）：463－468.

第五节　组织胞浆菌病
（Histoplasmosis）

组织胞浆菌病（Histoplasmosis）是由荚膜组织胞浆菌引起的传染性比较强的深部真菌病。该病多经呼吸道传染，先侵犯肺，后波及其他单核巨噬细胞系统如肝、脾、淋巴结等，也可侵犯肾、中枢神经系统及其他脏器。组织胞浆菌能引起犬、猫和人常发的高度接触性传染性组织胞浆菌病，马、羊、猪及啮齿类动物也可自然感染，小鼠易感。通常呈地方性、良性无症状的原发性感染，有时也呈急性、亚急性经过，愈后肺脏往往留有钙化灶。

一、病　　原

组织胞浆菌（*Histoplasma capsulatum*）病为典型的双相型真菌，在37℃和感染宿主体内（组织内）呈酵母样细胞，在25℃的实验室和土壤中形成菌丝体。菌丝体可产生两种类型的感染性孢子，大分生孢子和小分生孢子，两者都很容易经空气传播。较小的小分生孢子（直径2.5～3μm）在吸气时更易到达细支气管和肺泡，随后可产生圆形或椭圆形大分生孢子，称棘状厚壁大孢子（直径8～15μm），表面光滑、均匀间隔像手指一样凸起，是该菌的特征性形态。

在高湿、高浓度的二氧化碳中37℃培养时，在营养丰富的血液培养基上，可形成湿润、有光泽、表面有皱褶的细小酵母样菌落，有肉汤中呈絮团状生长，镜检可见分隔的菌丝和少量孢子。

酵母菌型细胞是无囊状物包被的，存活于活组织中的巨噬细胞内。

二、流行病学

组织胞浆菌于1905年Darling在巴拿马运河区检查黑热病时发现，1934年正式命名。目前已知组织胞浆菌病遍及全球，主要流行于温带地区。由于AIDS病人对其易感，感染率与发病人数剧增，每年新增感染者约50万。我国1955年报道首例病人，其后有零星病理报道，近年来明显增加。

组织胞浆菌很容易从土壤中被分离到，尤其是鸟类和蝙蝠的粪便污染的土壤。在鸟与蝙蝠出入区，如洞穴、空树、老楼中烟尘化了的小分生孢子污染空气，是主要传染源。

人任何年龄都可发病，实验室工作人员亦可被感染。

三、发病机理

组织胞浆菌孢子及小菌丝体片段被人和动物吸入后，由于中性粒细胞和肺泡巨噬细胞能很好地与菌丝体结合，并被迅速吞噬，在其内转化为酵母型，产生致病力。这种转化一般在几小时至数天内完成。

正常机体感染组织胞浆菌病的病变多局限于肺，7～18天后免疫反应可抑制巨噬细胞内的菌体生长并产生特异性细胞介导的免疫反应，即迟发型超敏反应（DTH）。免疫缺陷宿主感染组织胞浆菌后，该菌可通过肺门淋巴结进入血循环，播散至全身多个脏器，如肝、脾等，形成2组织胞浆菌病，如未及时治疗，几乎全部导致死亡。

机体对组织胞浆菌的防御反应中，中性粒细胞在早期炎性反应中起重要作用，并可限制感染，中性粒细胞可抵抗组织胞浆菌酵母型的活性。体外试验证明由其嗜苯胺蓝颗粒中抗菌素蛋白介导，巨噬细胞因无此颗粒故杀伤活力明显低下。

$CD4^+$ T淋巴细胞在宿主对抗组织胞浆菌中起决定性作用。试验证明，$CD4^+$ T淋巴细胞减少的大鼠感染该菌后致病率升高，脾脏中菌落形成明显高于对照组。相反如果正常大鼠静脉输注$CD4^+$ T淋巴细胞，可保护机体免受组织胞浆菌酵母型的攻击。

$CD8^+$ T淋巴细胞同样具有保护作用，为机体清除组织胞浆菌所必须。近年来一些研究显示NK细胞在防御组织胞浆菌感染中也起相当作用。

四、诊　　断

1. 病原菌检查　组织胞浆菌属半知菌亚门、丝孢菌纲、丛梗孢目、丛梗孢科，为双相型真菌。组织胞浆菌病确诊有赖于病原菌的检查。

（1）直接涂片或切片　镜检如发现特征性的棘厚壁大孢子，可做出诊断。标本可取血、骨髓、胃液、皮肤及黏膜损害处渗出物或脓液，也可取脾脏或淋巴结以及组织或尸体剖检标本，用瑞氏、姬姆萨或碘酸染色，油镜检查。在单核细胞或多形核细胞中如有小的、呈洋葱切面样卵圆形孢子，亦可做出诊断。

形态学观察有时难以与卡氏肺孢子虫包囊、利什曼小体、弓形虫滋养体相鉴别，需进行免疫组化检查，方能确诊。

（2）培养　取标本在无菌条件下接种于培养基。最适宜培养基为加抗生素的含羊血的脑心浸液葡萄糖琼脂，30℃培养4～6周。培养阳性者，取菌落涂片镜检。

2. 动物接种　所有实验动物对组织胞浆菌的菌丝体型和酵母型均敏感。病料接种小鼠可引起发病死亡，并可检出该菌。补体结合反应一般在发病后2～3天呈阳性。皮内变态反应试验可用于犬感染的流行病学调查。亦可采用PCR和核酸探针技术鉴定病原菌。

五、防治措施

组织胞浆菌以温带和热带地区多见，我国少见。两性霉素B是治疗组织胞浆菌病的经典药物，多用于致命性深部真菌感染，可在很大程度上降低该病的发病率。对该病的疫苗免疫接种正处于研制阶段。

（陶凌云　胡建华　汪昭贤）

参考文献

陆承平．2007. 兽医微生物学［M］. 中国农业出版社：270.

汪昭贤．2005. 兽医真菌学［M］. 杨凌：西北农林科技大学出版社：64－68，489－491.

Allendoerfer H，Magee D M，Eeepe G S，et al. 1993. Transfer of protective immunity in murine histoplasmosis by a $CD4^+$ T－cell clone［J］. InfectImmun，61（2）：714－718.

Koffi N，Boka J B，Anzouan－Kacou JB，et al. 1997. African histoplasmosis with ganglionic localisation［J］. Bull Soc Pathol Exot. 90（3）：182－183.

Newman S L，Butcher C，Rhodes J，et al. 1990. Phagocytosis of Histoplasma capsulatum yeasts and microconidia by human cultured macrophages and alveolar macrophages［J］. J Clin Invest，85（1）：223－230.

Wheat，Joseph M D. 1997. Histoplasmosis：Experience During Outbreaks in Indianapolis and Review of the Literature［J］. Medicine，76（5）：339－354.

第五十九章 银耳科真菌所致疾病

隐球菌病
(Cryptococcosis)

隐球菌病(Cryptococcosis)主要是由新生隐球菌感染引起人或动物的亚急性或慢性深部真菌病。对人而言，以侵犯中枢神经系统最常见，约占隐球菌感染的80%；亦可侵犯皮肤、肺部、骨骼等其他脏器，呈急性、亚急性和慢性经过。该病好发于免疫功能低下人群，病死率可高达50%以上。近年来由于艾滋病的出现和蔓延，隐球菌感染的发生呈明显上升的趋势。对动物而言，主要引起慢性肉芽肿性病变，少数动物表现亚临床感染，有时是致命的。

一、病　　原

1. 分类地位　隐球菌属(*Cryptococcus*)又称隐球酵母属，在分类上属担子菌门(Basidiomycota)、伞菌亚门(Agaricomycotina)、银耳纲(Tremellomycetes)、银耳目(Tremellales)、银耳科(*Tremellaceae*)(《真菌字典》第10版)。隐球菌属包括37个种和8个变种，但仅新生隐球菌(*C. neoforman*，又名新型隐球菌)及其变种有致病性。

2. 形态学基本特征与培养特征

(1) 属的特征　隐球菌为酵母样，菌体球形、较大(菌体直径5～20μm)，周围有一强透光的肥厚荚膜(厚度5～7μm)。隐球菌属真菌在固体培养基上形成白色、奶油色、微带黄色、红色等不同颜色的细菌样菌落。孢子呈圆形或卵圆形，出芽或不出芽，孢子的外围可有荚膜；不产生子囊、无真菌丝，有的可形成假菌丝。荚膜为致病性隐球菌的标志之一，含有胶样物质的黏多糖，是一种特异的可溶性抗原，分为A、B、C、D 4个血清型，临床上分离的多为A型或D型。革兰染色阳性，过碘酸雪夫(Periodic acid - schiff，PAS)染色菌体呈红色。

(2) 种的特征　隐球菌属中对人致病的最主要的病原菌是新生隐球菌，墨汁染色直接涂片镜可见圆形或卵圆形菌体，周围有一较宽的空白带(荚膜)，但无菌丝和假菌丝。新生隐球菌在沙氏琼脂培养基(SDA)上25℃或37℃均可生长，发育很快，其中30～31℃生长良好，2～5天即可长出乳白色、细菌样、不透明、黏液性菌落，呈不规则圆形，表面有蜡样光泽，以后菌落增厚，颜色由乳白色或奶白色转为橘黄色，少数菌落日久液化；对40～42℃极为敏感。在米粉吐温80培养基上培养3天后涂片镜检，可见圆形、厚壁孢子，外围厚荚膜，但荚膜开始甚狭，日久则渐增厚。非致病性隐球菌在37℃不生长。新生隐球菌兼具无性生殖和有性生殖的繁殖方式。

新型隐球菌有3个变种，即新生变种、格特变种和上海变种，临床分离株主要为新生变种。李秀丽等(2007)证实了新生隐球菌生物膜的存在，并证实其生长活性随着培养时间延长而明显增强，达到一定成熟度后逐渐稳定；B型新生隐球菌形成生物膜的能力低于A型新生隐球菌；也证实了A型生成的生物膜明显厚于B型，说明不同血清型的新生隐球菌，形成生物膜的能力不同。

3. 理化特性　新生隐球菌的荚膜对外界有一定的抵抗力，水洗不能除去荚膜，酸仅能部分水解。

新生隐球菌咖啡酸试验3天内可产生棕色色素，尿素酶试验阳性，尿素试验阳性；同化肌酐，不同化乳糖和硝酸钾；产生淀粉样化合物；不发酵葡萄糖、麦芽糖、蔗糖、乳糖，但能同化葡萄糖、半乳糖等。

4. 鉴别要点

（1）隐球菌墨汁负染可见较大球形菌体及厚荚膜，不形成假菌丝，不发酵糖类，尿素酶试验阳性。这些特征可与其他酵母（如念珠菌、球拟酵母、丝孢酵母和酵母菌等）相鉴别。

（2）隐球菌能同化肌醇，可与红酵母相鉴别。

（3）新生隐球菌能同化蔗糖、麦芽糖、半乳糖醇，但不能同化乳糖，可与其他硝酸盐还原试验阴性的隐球菌鉴别。

二、流行病学

1. 传染来源 新生隐球菌的分布广泛，其传染来源可分为内生性及外袭性。内生性新生隐球菌在人和动物口腔、咽部和胃肠道内系常在菌，当机体抵抗力低下时可致病。该菌存在于土壤与鸟粪中，最适于在含有氮素的鸽等鸟类粪便中进行芽生方式的无性生殖，因而鸽子是重要传染源。人和动物对隐球菌病均易感，但至今少有动物与动物、动物与人或人与人之间传播的报告。

2. 传播途径 新生隐球菌主要通过呼吸道吸入空气中被病原菌污染的尘土等传染源而发病，同时病菌也能通过口腔、粪便接触侵入消化道而感染。新生隐球菌经呼吸道侵入体内，亦可再经血液传播至脑及脑膜，引起慢性脑膜炎，也可侵犯皮肤、骨、心脏等部位。人和动物皮肤及黏膜上时常带菌，因此也可因皮肤、鼻咽黏膜等损伤而感染。

3. 易感动物

（1）自然宿主 隐球菌病可在多种动物中发生，自然发病见于马、驴、牛、绵羊、山羊、猫、犬和猪，其中马和猫最易感。虽然临床感染禽类非常罕见，但是动物园的鸟类有散发的报道。

（2）实验动物 实验动物中小鼠、大鼠、兔、豚鼠及灵长类动物均可感染，其中小鼠最易感。

（3）易感人群 人对新生隐球菌普遍易感，发病率与受感染机会及机体免疫力相关。

4. 流行特征 隐球菌病流行特点以散发为主，世界各地均有发生。隐球菌存在于土壤与鸽粪中，鸽子是重要传染源，但主要是A型和D型，热带及亚热带的土壤中无B型和C型。该病可发生于任何年龄的人，男性患者多于女性，临床症状通常为痛痉、腹痛、下痢、厌食、体重减轻、不适，持续时间长。皮试调查证明，大多数人感染过隐球菌。恶性肿瘤、白血病、淋巴瘤患者易发生隐球菌感染，但仍有一半患者并无基础疾病，其原因不明。

新生隐球菌为条件致病真菌，除外袭性感染外，其内生性感染尤其是当机体患有基础疾病或长期应用抗生素或皮质类固醇激素、免疫抑制剂等造成不同程度的免疫功能低下时易患该病。二重感染是该病流行的一个重要特点。近年来，由于艾滋病的出现和蔓延，隐球菌感染的发生呈明显上升的趋势，新生隱球菌已居艾滋病患者死因首位，脑膜炎病因的5%，引起了医疗界的重视。

5. 发生与分布 为1833年Kuetzing提出隐球菌。1861年Zenke和Freeman首次描述了人的隐球菌病。1894年Busse和Buschke报道从德国一例死于全身性芽生菌病患者身上分离出隐球菌，当时命名为酵母菌（*Saccharomyces*），并将其定义为一种人类病原菌。1895年Canfeli在患牛的淋巴结中分离到新生隐球菌，首次报道了动物隐球菌病。目前，动物隐球菌病在德国、荷兰、英国、澳大利亚及美洲等都有报道。至20世纪中叶文献报道的隐球菌病极少，70年代后期隐球菌感染的发病率明显上升，近年来世界各地都有报道。我国动物隐球菌病的报道不多，但鸽子带菌的报道不少。

自1981年起，随着艾滋病的流行，隐球菌感染的发病率呈动态逐年上升趋势。在艾滋病流行早期人们就已经注意到人免疫缺陷病毒（HIV）感染与播散性隐球菌感染易感性上升之间的联系。在国外，至20世纪晚期有症状的新生隐球菌感染绝大多数发现于人免疫缺陷病毒感染人群，播散性隐球菌感染的诊断可以说是对人免疫缺陷病毒感染的一种评估。大多数国家人免疫缺陷病毒感染者中隐球菌病的发生率较一致，为5%～10%。澳洲的新生隐球菌感染率比世界其他地区高，亚洲国家或地区的隐球菌病状况较为相似。南美洲隐球菌病流行病学方面的研究结果与热带及亚热带国家的情况相似。在欧洲，新生隐球菌血清D型的感染比在世界其他地区更多见。在我国临床分离的菌株约80%属于A型，B型和D型分别约占15%和5%，缺乏C型。在亚洲，新生隐球菌的感染以A型为主。

三、临床症状

隐球菌是条件致病性深部真菌病，其病原体为新生隐球菌，主要侵犯中枢神经系统和肺，以中枢神经系统感染最为常见。该病无明显的年龄、性别倾向性。

1. 动物的临床表现

（1）啮齿类动物　研究表明，新生隐球菌对于动物的自然感染症状与实验室条件下的感染症状相同。因为，人与动物的大部分新生隐球菌感染症状如肺炎、脑膜炎也基本相似，故多种动物是被作为模型用于新生隐球菌致病机理和治疗的研究而发病，常用啮齿类动物作模型，如豚鼠、小鼠、大鼠。

豚鼠是第一个用于建立新生隐球菌动物模型的哺乳动物，对多种致病真菌都较为敏感，因此其应用也较为广泛。小鼠是对新生隐球菌最为敏感的动物，一些近交系小鼠对新生隐球菌尤其敏感，而远交系小鼠也会发生自然感染。大鼠对新生隐球菌肺部感染的抵抗力比小鼠强，能够产生比小鼠更长时间的慢性肺炎炎症反应，是研究新生隐球菌亚急性免疫应答的良好模型。新生隐球菌的48h培养物（浓度为$1\times10^4\sim5\times10^6$）静脉接种小鼠可使其致死；采用腹腔接种新生隐球菌感染豚鼠，豚鼠脑内病变可形成囊肿性结构和结节状肉芽肿肿块。

（2）兔　兔是对新生隐球菌具有强抵抗能力的物种，一般正常饲养情况下，兔不会发生隐球菌病。兔在免疫系统受到抑制后才可发生隐球菌感染，在实验动物中与人最为接近。由于兔的体型较大，便于进行连续的脑脊液采集，常需给予免疫抑制剂来诱发慢性感染，因此兔经常被用于慢性隐球菌感染模型。

（3）猫　隐球菌病是猫常见的系统性真菌病，没有明显的年龄和性别差异，常引起呼吸道、中枢神经系统、皮肤和眼睛受侵害。80%以上的病例为鼻腔感染，主要侵害鼻、鼻甲骨和副鼻窦及其周围组织。上呼吸道症状表现为溃疡，脓肿，咳嗽，打喷嚏，鼻塞，黏液化脓性、浆液性或出血性单侧或双侧慢性流涕。猫感染隐球菌病引起皮肤损伤较常见，肺脏感染和继发性支气管肺炎罕见。侵害中枢神经系统，病变显示脑膜炎和脑脊髓炎，病变以巨噬细胞增生为主，其内可见酵母样菌体。

（4）犬　新生隐球菌对犬的侵害没有性别差异，但以青年犬多发，品种间存在差异，以澳大利亚的杜宾犬和大丹犬及北美的可卡犬易感。新生隐球菌主要侵害犬的中枢神经系统和眼睛，常表现为体重减轻和倦怠，神经症状包括头部倾斜、眼球震颤、面神经麻痹、局部麻痹、截瘫或四肢麻痹、共济失调、圆圈运动和颈部感觉过敏；眼睛损伤包括肉芽肿性脉络膜视网膜炎、视网膜出血，表现羞明、流泪，有时眼前房出血，甚至失明。

2. 人的临床表现　一些慢性病的患者，如艾滋病、糖尿血病、器官移植及晚期肿瘤患者常伴发该病。长期使用广谱抗生素、糖皮质激素、免疫抑制剂和抗肿瘤药物治疗的患者，因其免疫功能低下也易发病。

新生隐球菌主要侵犯人的中枢神经系统和肺，可引起人的肺炎、慢性脑炎，也有报道新生隐球菌可侵犯皮肤、黏膜、淋巴结、骨骼、喉及其他内脏器官。根据传染途径及发病部位不同，可以分为肺部隐球菌病、中枢神经系统隐球菌病、皮肤隐球菌病、骨关节隐球菌病和血行播散性隐球菌病，以前两者多发。

（1）原发性肺部感染　可无临床表现，常有自愈倾向。初发常有上呼吸道感染的症状，表现为支气管炎和支气管肺炎，有咳嗽、咳痰（痰为黏液性或胶质样）、咳血及胸痛，有时伴有高热及呼吸困难。

（2）隐球菌脑膜炎　新生隐球菌受毒性因子降解酶、尿素酶等因素的影响，侵袭血管内皮细胞，穿过血脑屏障，侵蚀中枢神经系统，诱发脑膜炎。隐球菌脑膜炎（简称隐脑）是由隐球菌所致的中枢神经系统感染，约占隐球菌感染的80%，死亡率高。隐脑以头痛为突出表现，呈渐进性加重，并伴有发热，同时出现各种神经体征，如颈部强直、提腿、眼肌麻痹、偏瘫、共济失调等。脑脊液压力明显升高、糖含量降低，脑脊液清亮或混浊成乳白色，可检出新生隐球菌。该病好发于细胞免疫功能低下患者，欧美一些国家以艾滋病相关隐球菌病为多见，我国隐脑仍以非艾滋病患者为主。艾滋病患者合并隐脑具有如下特点：呈急性或亚急性起病，常合并隐球菌血症和其他机会感染，病情重。最新研究表明，甘露糖结合凝集素（MBL）基因型缺陷是隐球菌脑膜炎的遗传易感因素，MBL 缺陷的隐球菌病患者中枢神经系统更易受累。

（3）皮肤隐球菌感染　新生隐球菌可直接感染人体皮肤，皮肤隐球菌感染占隐球菌感染的10%～15%，可分为原发与继发两型。原发性皮肤隐球菌感染应该作为一种独立的疾病，由皮肤损伤而致；继发为血行扩散而来。皮肤隐球菌病在四肢或躯干主要表现为丘疹、脓疱、结节、脓肿、溃疡、坏死、瘘管或蜂窝织炎。动物试验研究表明，原发性皮肤隐球菌感染可能会导致免疫抑制的 BALB/c 小鼠血行播散。免疫状态严重受损的患者，皮肤局部创伤后大剂量接种隐球菌可能引起播散性的隐球菌感染。因此，皮肤可能是新生隐球菌侵入机体的“通道”之一。

（4）骨关节隐球菌病　多由血行播散而受染。病变多发生在骨的突出部，颅骨、脊椎骨比较多见。被侵犯骨局部隆起、肿胀疼痛，慢性病程，局部形成化脓性病灶，并可查到菌体，X 射线检查骨膜有反应，骨质有破坏，呈现溶骨样变。

（5）血行播散性隐球菌病　由于隐球菌经血行播散到全身，包括中枢神经系统、淋巴结、肝、脾、胰、心、骨髓、前列腺、肾上腺、睾丸和眼等引发。该病病情凶险，症状变化多端，可在短期内死亡。

四、诊　断

隐球菌病的诊断依据主要有以下三点：①临床症状及体征；②实验室检查，直接镜检寻找菌体；③活组织检查，仅适用于皮肤、口腔、鼻和咽部损害，在组织中找到菌体。隐球菌主要引起中枢神经系统或肺隐球菌病，少见皮肤黏膜隐球菌病，多数为继发性损害。组织液直接检出或培养出菌体是诊断该病的主要依据。

1. 病原学检查

（1）直接镜检　由于隐球菌为真菌，可用相差显微法寻找病原体。收集病变组织（脑、肺、乳汁及脊髓液、脓汁等）的临床标本直接镜检证实新生隐球菌。

（2）细胞学染色　采集患病或死亡动物病料直接涂片、染色或制作病理切片，在显微镜下可见到新生隐球菌具有鉴别意义的荚膜和出芽生殖的菌细胞。染色方法有墨汁染色、阿辛蓝染色、银染、PAS 染色、革兰染色、新美蓝和赖特染色等。墨汁染色是迅速、简便、可靠的方法，根据受损部位不同取所需检查的新鲜标本，如脑脊液、痰液、病灶组织或渗液等，置于玻片上，加墨汁 1 滴，覆以盖玻片，在显微镜暗视野下查找隐球菌，可见圆形菌体，外轴有一圈透明的肥厚荚膜，内有反光孢子，但无菌丝。最新研究报道，用万氏染液取代墨汁染色对隐球菌直接镜检计数，隐球菌细胞膜可被万氏染液染为深蓝色，菌体呈淡蓝色，细胞内结构清晰，其他酵母样真菌、白细胞等均不着色，特异性高，有利于提高阳性检出率。

（3）真菌培养　取标本少许置于沙氏培养基中，在室温或 37℃培养 3～4 天可见菌落长出。真菌培养阳性并鉴定为新生隐球菌一直为隐球菌病诊断的“金标准”。用病料接种实验动物，获得纯培养菌可证实新生隐球菌的存在。

（4）免疫学检测　隐球菌病的免疫学检测是针对隐球菌荚膜多糖抗原及其抗体的检测方法。此项技术更为敏感，可大大提高检出率，并可对隐球菌感染进行定量分析及动态观察。由于患者血清中可测到的抗体不多，因此检测抗体阳性率不高，特异性不强，仅作为辅助诊断。通常检测新生隐球菌荚膜多糖抗原，乳胶凝集试验或者酶联免疫吸附试验（ELISA）可以检测血液、脑脊髓液和尿液中新生隐球菌的荚膜抗原。肺隐球菌病临床表现无特异性，很难和细菌性肺炎、肺结核和肺部肿瘤等疾病相鉴别，容易误诊。乳胶凝集试验具有准确率高、简便快速的特点，可作为隐球菌性脑膜炎和隐球菌性肺炎的早期诊断方法，具有很高的诊断价值，效果明显优于传统的培养法和镜检法，并有估计预后和疗效的作用。检测隐球菌病所使用的血清学试验主要有补体结合试验、免疫扩散试验、间接免疫荧光试验和试管凝集试验等。间接免疫荧光试验可以鉴定组织中的新生隐球菌。

2. 支持性实验室检查　以新生隐球菌的菌素进行皮肤过敏试验，可以发生迟发过敏阳性反应。隐球菌病患者体内有一种隐球菌性多糖类特异性抗原，在全身性及中枢神经性隐球菌病，可取患者的血清或脑脊液做乳胶颗粒凝集试验，其阳性率可达90%，比墨汁涂片检查菌体阳性率高。

3. 基因诊断　分子生物学方法常用于流行病学调查，鉴定血清型或个别种。PCR技术已发展成为一种较为成熟而又快速敏感的临床诊断方法。根据新型隐球菌保守序列，用Real-time PCR或PCR方法检测隐球菌病的敏感性和特异性都很高，尤其在发病早期其阳性检出率明显优于直接涂片墨汁染色和真菌培养。采用脉冲场凝胶电泳或箝位匀场电泳区分染色体可以鉴定隐球菌菌株，对新生隐球菌的电泳核型也可进行鉴别。使用基因组或线粒体DNA的限制片段长度多态性（RFLP）分析也可以鉴定隐球菌菌株。但由于对PCR反应系统要求非常严格，扩增产物间的错配及各成分的使用量、比例偏差都可导致假阳性结果的出现。

4. 毒性因子的检测　近年来，对隐球菌毒性因子的研究为隐球菌病的临床诊断提供了新的思路。黑素是隐球菌产生的一种重要的毒性因子，在现有的致病酵母菌中，只有隐球菌才能利用其酚氧化酶催化儿茶酚胺类物质合成黑素。利用这一特性，应用多巴和咖啡酸培养基可快速鉴定隐球菌，具有较好的稳定性和特异性，两种培养基联合应用可以降低假阴性率，而且这种方法对荚膜缺陷株的诊断意义尤为突出。

5. 鉴别诊断　隐脑和肺肉芽肿性病变应与其他病原体引起的病变如结核杆菌、其他真菌、病毒等相鉴别。凡未经确诊病因的脑膜炎、蛛网膜炎等中枢神经症状，均应考虑隐脑的可能性。

五、防治措施

1. 动物的防治措施

（1）综合性防治措施　隐球菌病的预防措施主要是注意环境卫生和保健，防止吸入被鸟粪污染的含隐球菌的尘埃，尤其是带有鸽粪的尘埃。病畜和可疑病畜必须隔离，动物圈舍应仔细清扫和消毒，对患隐球菌病奶牛的乳汁必须进行高温消毒。尽量避免长期使用皮质类固醇激素和免疫抑制剂，减少诱发因素。

（2）治疗　隐球菌病发病率及死亡率逐年升高，治疗极为困难，尚无特效药，一般进行对症处理。体外药敏试验表明隐球菌对两性霉素B及康唑类抗真菌药物很敏感，但临床上随着治疗时间的延长，许多菌株对抗真菌药物耐药性明显增加。因此，应避免长时间使用皮质类固醇和免疫抑制剂。发病时，目前常用两性霉素B和5-氟胞嘧啶治疗隐球菌病。应用苯甲酸治疗牛隐球菌性乳房炎有一定疗效。此外，香草素、多黏菌素B、新霉素、放线菌酮及氨苯磺胺等，均可用于治疗动物隐球菌病。酮康唑和伊曲康唑联合使用对治疗试验感染猫有一定功效。

2. 人的防治措施

（1）综合性防治措施　家鸽的粪便及腐烂瓜果是新生隐球菌的主要来源，因此不吃腐烂瓜果，除非必要一般家庭不宜养鸽。在长期患消耗性疾病，长期用广谱抗生素、皮质类固醇激素、抗癌药及免疫抑制剂等治疗过程中，应提高警惕，预防和早期发现该菌感染。

（2）治疗　隐脑的治疗主要包括抗真菌治疗、对症治疗以及全身支持疗法。特别强调早期治疗，多途径、联合用药、足量、足够疗程的治疗是提高治愈率、降低伤残率和死亡率的关键。2000年，美国真菌治疗协作组制定的隐球菌病诊治指南中将隐球菌脑膜炎治疗分为3个阶段：①急性期：首选两性霉素B联合氟胞嘧啶诱导治疗2周；②巩固期：改用氟康唑巩固治疗10周以上；③慢性期：氟康唑长期维持治疗。目前，临床上还有氟康唑、5-氟胞嘧啶、伊曲康唑及泊沙康唑等药物常用于隐球菌脑膜炎的治疗。隐脑治疗后虽然脑脊液中还存在菌体，但是菌体活力降低或死亡，菌体的超微结构已经发生了重大变化。故电镜检查可以作为隐球菌活力判定的一种有效手段，可提高隐脑疗效判定的准确性。

肺隐球菌病的危险不在肺部病变本身，而是有可能发生全身播散，特别是引起脑膜炎。因此，对肺隐球菌病患者，必须首先根据机体的免疫状态和有无全身播散进行评估，然后再根据呼吸系统症状的轻重程度进行分级治疗。目前，并不推荐手术治疗，以药物治疗为主。

1）对于免疫功能正常的肺隐球菌病患者 ①无症状，但肺组织隐球菌培养阳性，可以不用药，密切观察，或使用氟康唑3～6个月。②症状轻至中度，培养阳性，使用氟康唑6～12个月或伊曲康唑6～12个月，若不能口服，可给予两性霉素B。两性霉素B是目前治疗隐球菌病的有效药物，其疗效达55%～80%。③重症患者按照中枢神经系统隐球菌感染方案治疗。

2）对于免疫功能异常的肺隐球菌病患者 ①人免疫缺陷病毒阴性的肺隐球菌病患者，推荐治疗方案同免疫功能正常的肺隐球菌病患者。②人免疫缺陷病毒阳性的肺隐球菌病患者，呼吸道症状属于轻到中度，终身使用氟康唑、伊曲康唑或氟康唑加氟胞嘧啶；对重症患者则按照中枢神经系统隐球菌感染方案治疗。

此外，酮康唑、庐山霉素、克霉唑、球红霉素和大蒜注射液等也可用于治疗人的隐球菌病。

六、公共卫生影响

新生隐球菌广泛分布于自然界中，是土壤、鸽粪、蜂巢、牛奶、水果中的腐生菌，可侵及人和动物。鸟类（尤其是鸽）是该菌的自然宿主，虽为带菌者，但一般不致病。环境被新生隐球菌污染的可能性很大，因此具有极其重要的公共卫生意义。随着免疫抑制性疾病的增多和激素类药品的广泛应用，该病的发生呈逐年上升的态势，需给予高度关注并加强对民众的普及教育。

（林金杏　胡建华　汪昭贤）

参考文献

李秀丽，仲学龙，廖万清，等．2003. 隐球菌生物膜的构建、结构及影响因素的研究［J］．中国麻风皮肤病杂志，23（2）：122－125.

陆承平．2007. 兽医微生物学［M］．北京：中国农业出版社：270－273.

吕佩源，尹昱．2009. 隐球菌脑膜炎临床诊治研究进展［J］．临床内科杂志，26（12）：808－811.

牟向东，李若瑜，万吾吉，等．2008. 血清乳胶凝集试验诊断肺隐球菌病的临床对照研究［J］．中华结核和呼吸杂志，31（5）：360－363.

区雪婷，吴吉芹，朱利平，等．2011. 甘露糖结合凝集素基因多态性与隐球菌病易感性的遗传关联研究［J］．中华传染病杂志，29（5）：270－275.

沈银忠，齐唐凯，张仁芳，等．2009. 艾滋病合并隐球菌脑膜炎的临床特点及预后［J］．中华传染病杂志，27（1）：48－50.

宋明辉，崔征，刘齐歌，等．2003. 新型隐球菌对氟康唑和两性霉素B的耐药性［J］．医学研究生学报（16）：880.

万汝根，王茂峰，赵升，等．2011. 一种快速鉴定隐球菌的新染色技术［J］．中华检验医学杂志，34（1）：81－82.

王露霞，石凌波，陈万山，等．2003. 乳胶凝集法检测隐球菌荚膜多糖抗原在隐球菌性脑膜炎和隐球菌肺炎中的早期诊断价值［J］．检验医学，23（1）：55－57.

翁心华，朱利平．2007. 隐球菌脑膜炎治疗的若干问题［J］．中国感染与化疗杂志，7（1）：4－6.

徐作军．2006. 肺隐球菌感染的诊断和治疗［J］．中华结核和呼吸杂志，29（5）：295－296.

张俊勇，温海．2010. 新生隐球菌通过血脑屏障的研究进展［J］．中国真菌学杂志，5（1）：61－64.

周庭银，赵虎．2001. 临床微生物学［M］．第4版．上海：上海科学技术出版社：217－218.

周文江，陶林琳．2010. 新生隐球菌感染动物模型应用进展［J］．实验动物与比较医学，30（3）：220－224.

朱元杰，顾菊林，温海．2008. 隐球菌脑膜炎患者治疗后隐球菌超微结构观察［J］．中国真菌学杂志，3（4）：204－206.

朱元杰，温海，徐红黄，等．2007. 小鼠皮肤原发性隐球菌感染后的血行播散［J］．中华传染病杂志，25（4）：195－198.

Christianson J C，Engber W，Andes D. 2003. Primary cutaneous cryptococcosis in immunocompetent and immunocompromised hosts [J]. Med Mycol，41：177 - 188.

Khodakaram - Tafti A，Dehghani S. 2006. Cutaneous cryptococcosis in a donkey [J]. Comp Clin Pathol，15：271 - 273.

Lui G，Lee N，Ip M，et al. 2006. Cryptococcosis in apparently immunocompetent patients [J]. QJM，99 (3)：143 -151.

Neuville S，Dromer F，Morin O，et al. 2003. Primary cutaneous cryptococcosis：a distinct clinical entity [J]. Clin Infect Dis，36：337 - 347.

Saag M S，Graybill R J，Larsen R A，et al. 2000. Practice guidelines for the management cryptococcal disease [J]. Clin Infect Dis，30 (4)：710 - 718.

Saha D C，Xess I，Biswas A，et al. 2009. Detection of Cryptococcus by conventional，serological and molecular methods [J]. J Med Microbiol，58：1098 - 1105.

第六十章 肺孢子菌科真菌所致疾病

卡氏肺孢子菌病 (Pneumocystosis)

卡氏肺孢子菌病（Pneumocystosis）是由卡氏肺孢子菌引起的呼吸系统疾病，是一种人兽共患的机会性感染性疾病。过去对卡氏肺孢子菌的分类地位一直存在争议，长期以来被认为属原虫孢子菌纲，被称为卡氏肺孢子虫，但新研究已明确将其归为真菌，故现将其归为真菌性疾病。卡氏肺孢子菌菌体通常寄生在肺泡内，在健康宿主体内并不引起症状，但对于免疫功能低下者（如艾滋病、器官移植、白血病等）易致病，可引起间质性肺炎，即卡氏肺孢子菌肺炎（Pneumocystis carinii pneumonia，PCP）。

一、发生与分布

1900 年，科学家们在啮齿类动物的肺组织中发现肺孢子虫的包囊，当时误认为是能引起动物感染的锥虫裂体增殖期的包囊。1910 年，Carinii 夫妇在鼠的病理切片中发现相同的包囊，认为是一种新的种属，为纪念将其命名为卡氏肺孢子虫（*Pneurnocystis carinii*）。1942 年，首次报告了由肺孢子菌引起的人体感染。1952 年，捷克学者 Vanek 等首次从人间质性肺炎死亡病儿肺渗出液中分离到该病原体。1960 年，Seifert 和 Pliess 观察到卡氏肺孢子虫和真菌的超微结构有某些相似性。1976 年，Frenkel 等报道感染人与鼠的肺孢子虫在形态学、免疫原性等方面均有所不同，提议将感染人的肺孢子虫命名为伊氏肺孢子虫。我国 1959 年有过婴幼儿卡氏肺孢子菌病的病理报告，1979 年第一次发现成人病例。

1988 年，Edman 等在《Nature》杂志上首次发表了在基因水平上的研究成果，发现卡氏肺孢子虫线粒体的 NADH 脱氢酶亚基以及细胞色素氧酶 DNA 碱基序列与真菌的同源性（60%）超过与原虫的同源性（20%），从囊壁的超微结构、基因序列的同源性及蛋白质的功能特点，进一步认为卡氏肺孢子虫是一种不典型的真菌，从分子水平提出应将肺孢子虫归属于真菌的学说。直到 2001 年，在美国俄亥俄州召开的关于机会性原生生物国际研讨会上，科学家们一致通过重新修改命名，由肺孢子菌代替卡氏肺孢子虫成为属。按照国际生物学命名法规，将感染人的肺孢子虫命名为伊氏肺孢子菌（*P. jiraveci*），感染大鼠的肺孢子虫定义为卡氏肺孢子菌（*P. carinii*），使肺孢子命名更为专一。同时，肺孢子虫肺炎的英文缩写仍旧为 PCP（Pneumocystis pneumonia）。

二、病　　原

1. 分类地位　对卡氏肺孢子菌（*Pneumocysis carinii*）的分类一直存有争议。既往把它列为原生动物门、单孢子虫纲、弓形虫目，称为卡氏肺孢子虫（简称肺孢子虫）。卡氏肺孢子虫是由于 Carinii（1910 年）首次对寄生于鼠组织中的虫体作了基本表述而定名。1988 年以前，按其形态、超微结构、生物学某些特性及对抗菌药的敏感性等，将其归属于一种致病力较弱的孢子虫纲原虫。近年来，发现其细胞膜富含 β-1，3-葡聚糖、几丁质等真菌中存在的特异物质，某些超微结构与真菌相似，认为它是一种非典型的真菌，故名为肺孢子菌。

根据基因序列、基因表达产物等分子遗传分析证实，肺孢子菌属于真菌子囊菌门（Ascomycota）、外囊菌亚门（Taphrinomycotina）、肺孢子菌纲（Pneumocystidomycetes）、肺孢子菌目（Pneumocystidales）、肺孢子菌科（Pneumocystidaceae）、肺孢子菌属（*Pneumocystis*）。肺孢子菌纲只有一目、一科、一属，是外囊菌亚门中一类比较原始的真菌，直到20世纪初才被发现，是一种类酵母菌，寄生在人和哺乳动物的肺中。感染人的肺孢子菌已经独立成为一个新种，命名为伊氏肺孢子菌（*P. jiroveci*），感染动物的肺孢子菌种名仍为卡氏肺孢子菌（*P. carinii*）。

2. 形态学基本特征与培养特征 卡氏肺孢子菌为真核微生物，在自然界广泛寄生于人和许多哺乳动物的肺组织内，整个生活史可在同一宿主内完成，主要有三种形态，即包囊、滋养体和包囊前期。包囊是重要的确诊依据。包囊呈圆形或椭圆形，直径5～8 μm，囊壁厚100～160 nm，表面光滑。银染色时，包囊呈棕黑色或黑蓝色，囊壁明显，囊内小体不着色；甲苯胺蓝染成紫蓝色。未成熟时，包囊内含有2～6个形似滋养体的囊内小体。成熟后，繁殖期包囊内胞质被吸收，内含8个囊内小体，直径1.0～1.5 μm，多形性，膜薄，单核。包囊破裂后，囊内小体释出发育为滋养体。滋养体呈多态形，可分为大滋养体和小滋养体。小滋养体是由包囊内的囊内小体逸出而成，圆形或卵圆形，常聚集成簇，小滋养体逐渐增生成大滋养体，形态多样。大滋养体可通过类似二分裂法或像酵母菌出芽一样进行无性增殖，也可能通过两个大滋养体细胞交配，其核由单倍体成为二倍体进行有性生殖，二倍体而后成为包囊前期。电镜下，滋养体表面有许多微细的管形突起或称丝状伪足，胞浆中含有1～2个线粒体、游离的核糖体、内质网、空泡和糖原等细胞器。包囊前期为包囊与滋养体两者之间的中间形体，其形态学特征不清，直径3～5 μm，进行孢子增殖。在严重感染者肺内常有大量滋养体，而包囊较少。

3. 理化特性 肺孢子菌由于其滋养体具有类似原虫的伪足结构，在真菌培养基中不能生长，而且对抗原虫药物敏感。肺孢子菌可用添加S-腺苷甲硫氨酸的MEM基础营养液进行体外培养，但增殖的倍数不高，成为人们深入研究的制约因素。

三、流行病学

1. 传染来源 肺孢子菌呈世界性分布，大鼠、小鼠和兔等都是传染媒介动物，病人及健康带菌者均可为传染源。虽然肺孢子菌广泛存在于啮齿类动物和其他哺乳类动物，但是尚无证据表明感染动物为人疾病的传染源。健康成人呼吸道常有虫体存在，人体带菌状态可持续多年而无组织学改变及临床症状，当机体的免疫功能降低时，即可使虫体激活而发病。

2. 传播途径 通常认为卡氏肺孢子菌病的传播是通过空气飞沫经呼吸道吸入，而不是通过食物及水传播，母体可经胎盘感染胎儿。目前认为肺孢子菌还可经血液、淋巴液播散至淋巴结、肝、脾、骨髓、视网膜、皮肤等，但发生率较低（约3%）。体内潜伏状态卡氏肺孢子菌的激活也是主要的感染途径，应引起重视。随着艾滋病的流行与扩散，肺孢子菌病发病人数急剧上升，但对其来源、流行病学和传播方式尚不十分清楚，因而很难控制传染源和切断传播途径。

3. 易感动物

（1）自然宿主 肺孢子菌有宿主特异性，在多种哺乳动物如啮齿类、兔、马、羊、猪、猫、犬、灵长类和人组织中均发现过卡氏肺孢子菌。

（2）实验动物 大鼠、小鼠和兔均可感染，其中大鼠最易感，表现出发热、咳嗽、呼吸困难等症状，最终导致窒息。

（3）易感人群 人对肺孢子菌的发病率与受感染机会及机体免疫力相关。肺孢子菌病在艾滋病流行之前，一直是一种罕见病。健康人感染后多无病理损伤，且多呈隐性感染，只有在机体免疫功能缺陷或低下的病人，才可能发生显性感染。

4. 流行特征 卡氏肺孢子菌在外界环境中广泛存在，所引起的疾病以散发为主。卡氏肺孢子菌是一种机会致病性病原体，在免疫感受态宿主体内可被有效清除，但可造成免疫功能低下宿主严重的肺部感染，并常导致死亡，死亡率约40%。20世纪80年代以来，随着艾滋病的出现、抗癌化疗及器官移植的广泛开展等，该病的发病率呈明显上升趋势。肺孢子菌病是艾滋病患者最重要的机会性感染之一，1981年美国首次报告艾滋病并发肺孢子菌病。美国疾病控制中心（CDC）统计资料表明，60%的艾滋病以肺孢子菌病为首发，肺孢子菌病成为诊断艾滋病指征的主要疾病。虽然肺孢子菌在外界环境中广泛存在，可能有许多亚型，但会因宿主不同其基因有所不同。目前，肺孢子菌的环境宿主及其在人或动物体外是如何生存的还不明确，尚无人群暴发流行肺孢子菌病的报道。

四、临床症状

1. 动物的临床表现

（1）大鼠、小鼠　普通级实验大鼠和小鼠的肺孢子菌感染率为20%和2%左右，通常认为初次感染卡氏肺孢子菌是经空气传播感染。大鼠距气管较近的肺叶可能感染较高，肺孢子菌在大鼠右肺副叶、左肺叶、右肺前叶、右肺中叶较多，而在右肺后叶最少。大鼠是肺孢子菌病模型常用的实验动物，用地塞米松和四环素免疫抑制大鼠可致其免疫功能低下，引起肺孢子菌病。病死鼠肺脏切面较干，表面呈散在米粒大小灰白色结节状病灶，肺泡壁充血，挤压有少许粉红色泡沫状物溢出，肺泡腔内的泡沫状渗出物内含大量肺孢子虫滋养体和包囊及其崩溃物，肺印片可查见肺孢子菌，以包囊为主。

（2）兔　兔的急性肺部隐球菌病主要表现为多发、散在的实变灶，分布于肺野外周多见，病理改变以渗出和炎细胞浸润为主。

（3）猴　猴感染卡氏肺孢子菌的临床表现主要为精神沉郁、被毛粗乱、消瘦，濒死期表情痛苦，口吐白色泡沫样物质。死后立即剖检可见病变主要集中在肺脏，表现为肺脏水肿、出血、肉样变、间质增宽、肺不张，切面流出红色泡沫样液体。

（4）其他动物　其他动物（如马、牛、猪、羊、犬等）感染的报道较少。马感染肺孢子菌病以后，组织学上表现为慢性和亚急性间质性肺炎，肺部弥散性泡性气肿，肺泡腔内的泡沫状渗出物中含巨噬细胞、单核巨细胞、嗜酸性类纤维物质等。猪感染以后病理变化为肺部水肿、变厚，肺表面固化，表面呈散在的白色结节状病灶。

2. 人的临床表现　肺孢子虫病潜伏期一般为2周，发病无性别和季节差异，临床特点为进行性呼吸困难、发热、干咳、呼吸困难，根据宿主的具体临床情况分为两种类型。

（1）流行型　又称经典型，多发于早产儿、营养不良体质虚弱或先天免疫缺陷的婴幼儿，年龄多在2～6个月之间，尤其易在孤儿院、育婴机构或居住环境拥挤的地方流行。起病常常隐匿，进展缓慢，初期大多有食欲下降、全身不适、腹泻、低热、体重减轻，逐渐出现干咳、气急，并呈进行性呼吸困难，常伴有心动过速、鼻翼扇动和发绀等症状。患儿症状虽重，但肺部体征相对轻微。整个病程2～8周，如不及时治疗，患儿多死于呼吸衰竭，病死率为20%～50%。

（2）散发型　又称现代型，多见于有免疫缺陷（先天或后天获得）的儿童或成人，偶见于健康者，潜伏期视原有的基础疾病而异。近年来，最常见于艾滋病患者。起病急，病人体温可正常或低热，有发热、干咳、气促、心动过速，可有胸痛，最终导致呼吸衰竭，数日内死亡。外周血白细胞计数与原发病有关，正常或稍高，嗜酸粒细胞计数增高。肺总气量、肺活量均减少，肺弥散功能减退。艾滋病患者肺功能损害更明显。未及时发现和治疗的患者70%～100%死于呼吸衰竭或其他感染性并发症。

五、诊　　断

1. 动物的诊断　动物生前可以取少许肺组织活检，或取支气管肺泡洗脱液离心，收集沉淀物检查；死后可取肺组织制备涂片，Giemsa染色检查滋养体和包囊。取支气管肺泡灌洗样品直接做荧光抗体检查或制备组织切片再做免疫组化试验可检测出抗原。银染色标本中，囊壁明显，囊内小体不着色，囊内可见圆形的“核状物”和特征性的括弧状结构。

2. 人的诊断　凡免疫功能低下或缺陷的病人（如艾滋病患者、未成熟儿、营养不良和衰弱婴儿等）以及恶性肿瘤接受抗癌治疗或器官移植后接受免疫抑制剂治疗的病人，如病程中出现原发疾病无明显原因的发热、干咳、呼吸急促、进行性呼吸困难而肺部检查符合间质性肺炎改变时，应高度怀疑该病，尤其病人呼吸困难症状明显而体征甚少应高度警惕该病。目前，确诊依靠病原学检查如痰液或肺组织活检等发现肺孢子菌的包囊或滋养体。对于临床高度怀疑该病而未找到病原学证据时可以进行试验性治疗。

3. 实验室诊断

（1）病原体检查　由于肺孢子菌病无特异的临床症状和体征，加之尚无肺孢子菌的体外培养技术，其诊断比较困难。目前主要依靠病原学检查来确诊。通常以肺组织或下呼吸道分泌物标本发现肺孢子菌的包囊和滋养体为确诊的“金标准”。

1）取样　①取痰液或支气管肺泡灌洗液（BALF），离心后取沉渣涂片染色镜检，或同时结合经支气管镜取肺组织标本检查。②经皮肤肺穿刺活检或开胸肺组织活检，获取标本的阳性较高，由于有较大的创伤，一般不采用。

2）染色方法　①六胺银染色法（GMS）为检查包囊的最好方法，包囊壁染成灰黑色或深褐色，呈特征性括弧样结构，包囊内容物不着色，染色的病原体和背景反差大，易于观察，但不易与其他真菌鉴别。② Giemsa 染色后包囊不着色，胞浆呈淡蓝色，染色包内有 4～8 个染成深红色的子孢子，易于与真菌鉴别。该方法简单，但是由于黏液等成分也着色，与背景对比度差，读片困难，敏感性也较低。③免疫荧光法：从免疫动物或患者体内获得抗体，以荧光素标记抗体，用直接或间接免疫荧光技术检测肺孢子菌，这种方法简单快捷，易辨认包囊，可提高检测痰液的敏感性，缺点是存在假阳性。

（2）血清学检查　随着人们对肺孢子菌病重视程度的不断加深，越来越多的先进方法用于检测并诊断该病，血清学和分子生物学技术正在临床发展中。血清学检查可以分为抗体检测和抗原检测两大类。

①抗体检测：常用的方法有酶联免疫吸附试验（ELISA）、间接荧光抗体试验和免疫印迹试验，检测血清特异性抗体。由于肺孢子菌的广泛存在，人群中阳性率很高，而且抗体出现于肺孢子菌肺炎的早期，发热期达高峰，因此，抗体的检测对肺孢子菌病的早期诊断无应用价值，可用于流行病学调查。

②抗原检测：用荧光素标记单克隆抗体进行直接免疫荧光试验或酶标记单克隆抗体进行免疫组织化学染色法检测痰液、BALF 肺活检组织中的肺孢子菌滋养体或包囊，阳性率高、特异性强。

（3）分子生物学诊断　分子生物学方法常用于流行病学调查，目前检测肺孢子菌的 PCR 方法可分为单一 PCR 和巢式 PCR。由于所用引物扩增肺孢子菌的核苷酸序列不同，所得到的结果也有所不同。

六、防治措施

1. 动物的防治措施

（1）综合性防治措施　目前没有预防该病的疫苗，预防的主要措施是注意环境卫生和加强保健。

（2）治疗　常用的抗真菌药物治疗无效，戊烷脒和磺胺甲基异噁唑/甲氧磺胺嘧啶（T/S）效果和氨苯砜良好。但要注意不良反应以及防止产生抗药性。这类药物虽有较好的疗效，但会发生如体位性低血压、药物热、皮疹、肾功能损害、肝毒性、低血糖、造血系统损害、胰腺炎、低血钙、胃肠反应及心律失常等药物不良反应，也可产生耐药性，戊烷脒雾化吸入还可增加肺孢子菌肺外感染的机会。

目前大量的报道探讨中医药治疗肺孢子菌病的作用机制，可为临床提供研究一种治疗该病的替代或辅助药物。如目前已研究的治疗大鼠肺孢子菌病的中药有：鸦胆子及补骨脂复合剂、苦参合剂、保元汤、加味补中益气汤、黄芪注射液、白果内酯、香菇多糖、大蒜素、瑞香素和青蒿素衍生物等。随着近年来分子技术的发展，基因治疗已经取得良好的疗效。如依据主要表面糖蛋白（MSG）是肺孢子菌细胞壁的主要糖蛋白，具有高度的免疫原性，其基因的转录翻译等重要环节受其上游保守序列（UCS）调控的机理研究的靶向肺孢子菌 MSG - UCS 基因的 siRNA，对肺孢子菌病有治疗作用。

2. 人的防治措施

（1）综合性防治措施　由于肺孢子菌的宿主尚不明确，同时由于这种病原体在自然界普遍存在，并且关于肺孢子菌肺炎是否存在人传人的可能尚有争论，因此通过与病原菌隔离的方式预防感染是不实际的。对于肺孢子菌病的预防治疗分为一级预防和二级预防。一级预防是指对无肺孢子菌病发作史的病人预防用药，预防其首次发作。二级预防是指既往有肺孢子菌病发作史，用药预防其复发。对易感者可预防应用喷他脒、氨苯砜或双氢叶酸脱氢酶抑制剂。肺孢子菌病预防治疗后，艾滋病病人并发初发该病的生存期延长。治疗可降低其复发率，延长人类免疫缺陷病毒感染者进展到艾滋病的时间。预后决定于基础疾病，如艾滋病病人一旦发生，常进行性恶化，未经治疗病人的死亡率为50%以上，即使治疗也常复发。一般人群若能早期诊断、早期抗病原治疗，大多可恢复。

（2）治疗　该病如得不到及时治疗，病死率很高，及早治疗有60%～80%可望治愈。同时，该病应与细菌性支气管肺炎、病毒性肺炎、衣原体性肺炎、肺部真菌病、肺结核等相鉴别。

①一般治疗：肺孢子菌病病人多免疫功能低下，因此应加强支持治疗和恢复病人的免疫功能，减少或停用免疫抑制剂；对合并细菌感染者应选用合适的抗生素抗感染。对于并发肺孢子菌病的艾滋病病人，在治疗的同时可加用肾上腺皮质激素类药物减轻呼吸衰竭的发生，提高生存率。

②病原治疗：病原治疗是肺孢子菌病的主要治疗方法，可选择复方新诺明（TMP-SMZ）、氨苯砜、喷他脒、戊烷脒及三甲曲沙等。TMP-SMZ通过干扰叶酸的代谢对肺孢子菌起到杀灭的作用，具有高效、抗菌、价廉等优点，临床应用广泛，是目前治疗艾滋病病人合并肺孢子菌病首选的药物，对于高度怀疑而未明确者也是首选的试验性治疗药物。氨苯砜具有很强的抗肺孢子菌活性，可用于肺孢子菌病的预防和治疗，对于不能用TMP-SMZ的患者可作为替代药物。喷他脒是最早用于治疗肺孢子菌病的药物，其治疗机理尚不清楚，可能抑制二氢叶酸还原酶，与染色体外的DNA结合并抑制其复制，以及抑制RNA聚合酶等。戊烷脒治疗肺孢子菌病的机制尚不清楚，常常作为二线治疗方案，其临床发生副作用的比例高达80%，常见的副作用有低血压、心律失常、低血糖和肾损害。三甲曲沙为甲氨蝶呤的脂溶性衍生物，对肺孢子菌的双氢叶酸脱氢酶具有强抑制作用，主要的不良反应有骨髓抑制、中性粒细胞减少、肝功能损害、发热、皮疹和癫痫。棘球白素类抗真菌药如卡泊芬净等对肺孢子菌病也有良好的疗效。

激素类药物在卡氏肺孢子菌病上使用也逐渐广泛。1990年美国国立健康协会用肾上腺皮质激素辅助治疗艾滋病病人并发肺孢子菌病。糖皮质激素目前已经作为治疗重度肺孢子菌病的标准药物之一，糖皮质激素可以加速氧饱和度的恢复、降低乳酸脱氢酶、改善生命体征和增加运动耐力，还可以改善生存率，降低呼吸衰竭的发生比例。将卡氏肺孢子虫重新进行病原归类有利于新药的开发，如echinocandins与papulocandins能在体外感染模型中抑制其包囊壁β-葡聚糖的合成，同时对其滋养体亦有活性，而传统的抗真菌药物只能对滋养体有抑制作用。

七、公共卫生影响

卡氏肺孢子菌广泛分布于自然界中，如土壤、水等，可寄生于多种动物，如鼠、犬、猫、兔、羊、猪、马、猴等体内，也可寄生于健康人体。肺孢子菌病是免疫功能低下患者最常见、最严重的机会感染性疾病，但肺孢子菌的具体致病机理尚不明确。近年由于器官移植和免疫抑制药物的广泛应用，使该病的发病率有所上升，需给予高度关注。肺孢子菌可通过空气飞沫传播，因此对于肺孢子菌病的高危患者应予呼吸道隔离，避免与免疫缺陷或低下者接触。

（林金杏　胡建华）

我国已颁布的相关标准

GB/T 18448.4—2001　实验动物　卡氏肺孢子虫检测方法

参考文献

安亦军，刘江，黄敏君，等. 2007. 瑞香素治疗大鼠肺孢子虫肺炎的实验研究［J］. 首都医科大学学报，28（1）：85-88.

陈殿学，李建春，孙宏伟. 2003. 保元汤加减对卡氏肺孢子虫肺炎模型大鼠的免疫调节作用初探［J］. 中国寄生虫病防治杂志，16（5）：293-294.

陈艳，吴家红，郎书源，等．2000. 实验动物机会致病性原虫感染调查［J］．贵州医药，24（2）：73－74.
陈友三，刘士远，谢丽璇，等．2009. 兔肺隐球菌病的 CT 表现和病理对照［J］．中国医学影像技术，25（5）：738－740.
崔昱，秦元华，张晓琳，等．2006. 鸦胆子与补骨脂对大鼠肺孢子虫肺炎防治作用［J］．中国公共卫生，22（6）：684－686.
董涛，王睿．2005. 卡氏肺孢子虫肺炎与药物选择研究进展［J］．国外医学：呼吸系统（11）：278－284.
杜娈英，赵蕾，纪正春，等．2008. 黄芪注射液治疗大鼠卡氏肺孢子虫肺炎的实验研究［J］．辽宁中医，35（6）：947－949.
李华军，王雪莲，王禄增，等．2005. 实验动物肺孢子菌隐性感染状况调查［J］．中国人兽共患病杂志，21（11）：981－984.
李小丽，阴赪宏．2009. 大鼠肺孢子菌肺炎的中药治疗研究进展［J］．北京中医药，28（5）：394－396.
陆承平．2007. 兽医微生物学［M］．北京：中国农业出版社：270－273.
罗敏意，秦先文，于博，等．2009. 松鼠猴卡氏肺孢子肺炎的病理组织学观察［J］．中国兽医杂志，45（5）：67－68.
骆晓练，姚云清，谭燕，等．2011. siRNA 治疗大鼠卡氏肺孢子菌肺炎的实验研究［J］．重庆医科大学学报，36（6）：681－685.
苏晓平，安春丽，郭福生，等．2002. 我国卡氏肺孢子虫肺炎 100 例综合分析［J］．中国人兽共患病学报，18（6）：91－93.
唐小葵，倪小毅，陈雅棠，等．2003. 白果内酯抗大鼠卡氏肺孢子虫肺炎的实验研究［J］．第三军医大学学报，25（10）：851－853.
王雪莲，安春丽．2003. 免疫感受态小鼠感染卡氏肺孢子虫的研究［J］．中国人兽共患病杂志，19（1）：82－96.
谢霖崇，金立群，许世锷，等．2005. 卡氏肺孢子虫肺炎动物模型的实验观察［J］．汕头大学医学院学报，18（1）：8－9.
杨国刚，马爱新．2007. 苦参合剂对卡氏肺孢子虫肺炎大鼠细胞免疫应答影响的研究［J］．吉林医药学院学报，28（2）：83－85.
张卫东，谢立新，张志刚，等．2004. 大鼠卡氏肺孢子肺炎的实验病理学研究［J］．中国人兽共患病杂志，20（9）：786－789.
周永华，高琪，胡玉红，等．2006. 大鼠肺孢子虫肺炎动物模型的实验研究［J］．中国血吸虫病防治杂志，18（5）：374－377.
Edman J C，Kovacs J A，Masur H，et al. 1988. Ribosomal RNA sequence shows Pneumocystis carinii to be a member of the fungi［J］．Nature，334：519－522.
Jensen T K，Boye M，Bille－Hansen V. 2001. Application of fluorescent in situ hybridization for specific diagnosis of Pneumocystis carinii pneumonia in foals and pigs［J］．Vet Pathol，38：269－274.
Keely S P，Linke M J，Cushion M T，et al. 2007. Pneumocystis murina MSG gene family and the structure of the locus associated with its transcription［J］．Fungal Genet Biol，44（9）：905－919.
Lee S A. 2006. A Review of Pneumocystis Pneumonia［J］．J Pharmacy Practice，19（1）：5－9.
Stringer J R，Beard C B，Miller R F，et al. 2002. A new name（Pneumocystis jiroveci）for Pneumocystis from humans［J］．Emerg Infect Dis，8：891－896.
Wazir J F，Ansari N A. 2004. Pneumocystis carinii infection. Update and review［J］．Arch Pathol Lab Med，128（9）：1023－1027.

第六十一章
Trichosporonaceae 真菌所致疾病

毛孢子菌病
(Trichosporosis)

毛孢子菌病（Trichosporosis）是由酵母样真菌——毛孢子菌属真菌所致的侵入性感染性疾病。临床较常见的有白毛结节（White piedra）和系统性毛孢子菌病（Systemic trichosporosis）。该病不仅可导致浅部感染，还可导致免疫低下或免疫功能抑制患者的深部感染，主要表现为真菌血症及皮肤、脏器的播散性感染。近年来，随着免疫缺陷患者的增多，毛孢子菌病的发病率和病死率有所上升。因此，有关该病的治疗研究受到越来越多的关注。

一、发生与分布

1970 年，Watson 和 Kallichurum 报道首例播散性毛孢子菌感染，此后又有数十例报道。近年来，随着免疫缺陷患者的增多，细胞毒性化疗药物和临床皮质类固醇激素的广泛应用等原因，该病的发病呈逐年上升的趋势。至 2001 年，全球已报道由阿萨希毛孢子菌所致的各种感染多达 10 例以上，仅日本近 5 年来就发现有 27 例之多，且陆续有发生于免疫功能正常的病例报告，甚至导致脓毒性休克。我国对该病的报道甚少，2000 年前，仅有毛孢子菌引起皮肤或毛发感染的零星报道；2001 年报道了首例系统播散性毛孢子菌病，并从患者体内分离出我国第一株阿萨希毛孢子菌，其后在国内另一家医院也发现了肺部阿萨希毛孢子菌感染的病例。2007 年，Fuentefria 从巴拿马昆虫的消化道中分离出一种新的毛孢子菌，被列为卵形毛孢子菌的分支。2009 年，Karnik 等报道猫也可感染毛孢子菌病。

二、病　　原

1. 分类地位　毛孢子菌属（*Trichosporon*）按照《真菌字典》第 10 版（2008）（Ainsworth & Bisby's Dictionary of the Fungi，10th Edition，2008）在分类上属于担子菌门（Basidiomycota）、伞菌亚门（Agaricomycotina）、银耳纲（Tremellomycetes）、银耳目（Tremellales）、Trichosporonaceae（科）；在 Ainsworth（1973）分类系统中，它属于半知菌亚门（Deuteromycotina）、芽生菌纲（Blastomycetes）、隐球酵母目（Cryptococcales）、隐球酵母科（Cryptococcaceae）。最近通过形态、在细胞壁中存在木糖以及超微结构、免疫学特性、生理生化、辅酶 Q 系统、DNA - DNA 杂交和部分 26S rRNA 序列分析，将该菌属重新划分为 17 个菌种和 5 个变种。其中有 6 种致病性菌种，包括卵形毛孢子菌（*T. ovoides*）、皮瘤毛孢子菌（*T. inkin*）、阿萨希毛孢子菌（*T. asahii*）、星形毛孢子菌（*T. asteroids*）、皮肤毛孢子菌（*T. cutaneum*）及黏质毛孢子菌（*T. mucoides*）。引起毛孢子菌病深部感染的主要病原为阿萨希毛孢子菌，其次为黏质毛孢子菌。阿萨希毛孢子菌是一种机会致病菌，广泛存在于自然界中，在一定条件下致病。

2. 形态学基本特征与培养特性　毛孢子菌属真菌突出的形态学特征是分节孢子、芽生孢子、菌丝和假菌丝的形成。菌丝粗细不等，分枝、分隔，形成长方形关节孢子，呈桶状，数目不等，长短不一，无附着孢；少数芽生孢子，出芽多在矩形分节孢子的一角或侧向出芽，形成芽管，长短不一。酵母细胞圆形或椭圆形，大小为（2～4）μm×（4～7）μm，菌丝宽度为1.5～2.5μm。

毛孢子菌在麦芽浸膏琼脂培养基（MEA）25℃培养8天长出菌落，初为颗粒状，渐呈灰白色薄层菌落；2周时直径约达1.4cm，色变暗淡，菌落较前增厚，表面无明显皱褶，外围为短绒样，中心为粗颗粒状。在沙保弱培养基（SDA）37℃培养生长快，菌落呈奶油色，表面湿润、平坦、光滑；27℃生长呈乳白色至淡黄色，色黯淡，表面有皱褶，边缘有菌丝长出。在玉米粉琼脂培养基（CMA）上25℃培养，菌落生长时间、生长形态基本同麦芽浸膏琼脂培养基，但菌落较平坦。在察氏培养基（CDA）上25℃培养，10天长出肉眼可见菌落，2周时仅见0.4cm大小薄层云雾状菌落。

3. 理化特性　毛孢子菌37℃生长，42℃不生长。尿素酶试验阳性，同化硝酸盐试验阴性。碳源同化试验表明，葡萄糖、半乳糖、麦芽糖、乳糖、蜜二糖、纤维二糖、核糖、D-葡萄糖、D-阿拉伯糖、L-阿拉伯糖、L-鼠李糖、N-乙酰-D-葡萄糖苷、水杨苷、琥珀酸、柠檬酸、可溶性淀粉均为阳性；半乳糖醇、菊糖、甲醇均为阴性。

三、流行病学

毛孢子菌是一种机会致病菌，广泛存在于自然环境中，既可见于土壤、腐物、水和植物等环境中，也可分离于人的消化道、呼吸道、泌尿道和皮肤，亦可分离于哺乳动物（如猴）和鸟类，在一定条件下致病。

侵袭性毛孢子菌病主要见于免疫缺陷患者，约90%的患者见中性粒细胞减少，通常为恶性血液系统肿瘤；亦多见于多发性骨髓瘤、淋巴瘤、再生障碍性贫血、器官移植及艾滋病患者；还可见于白内障摘除者、人工心脏瓣膜、长期腹膜透析、静脉药物依赖的患者。

四、临床症状

1. 动物的临床表现　毛孢子菌病可以引起猫真菌性鼻炎或鼻窦炎。

2. 人的临床表现　毛孢子菌可引起毛发、指甲、皮肤以及系统感染，临床较常见的有白毛结节和系统性毛孢子菌病。近年来发现，阿萨希毛孢子菌是皮肤、呼吸道和胃肠道的免疫受损病人和新生儿的条件致病菌。

五、病理变化

1. 大体解剖观察

（1）毛结节菌病　多发生于毛发，毛干上附有白色或灰白色针尖大至小米粒大的结节，中等硬度，易于从毛干上刮下。此外，胡须、腋毛、阴毛等处也可发生结节。

（2）系统性毛孢子菌病　多发生于原有基础疾病，如恶性肿瘤尤其是血液病，各种原因导致的白细胞减少症等。持续性发热，侵犯最多的部位是血液循环和肾，其次是肺、胃肠道、皮肤、肝、脾等，导致相关器官损伤。皮损多发生于头面部、躯干部、前臂等，常对称分布，多为紫癜性丘疹、结节，中心坏死、溃疡、结痂。肺感染多表现为夏季超敏性肺炎，发热，咳嗽，进行性呼吸困难。

2. 组织病理变化　毛孢子菌感染的皮肤及脏器组织病理改变主要表现为感染性肉芽肿。真皮内可见炎性细胞、上皮样细胞及多核巨细胞浸润，易见嗜酸性粒细胞，可见明显的血管改变，有时见真菌菌丝侵入血管，形成栓塞。心肌可充血、水肿，点状或灶状炎性细胞浸润，偶见灶状坏死。肝小叶结构存在，部分肝窦扩张，炎细胞浸润，肝细胞增生、变性或增生不明显，可见点状或灶状急性化脓性炎症。肺组织充血、水肿，周围肺组织代偿性肺泡扩张，严重时可见局部出血。肾组织内可见小灶状化脓性炎症病灶。

六、诊　　断

对毛孢子菌引起的深部感染常常难以做出及时正确的诊断，尤其在发展中国家，故导致很高的死亡率。对病原菌快速准确的鉴定，无疑对临床诊断和患者的及时治疗具有重要意义。酵母菌常规鉴定所依赖的形态和生理生化性状，有时会因试验条件的不同而改变，不易把握。而且，有些致病性酵母菌，如阿萨希毛孢子菌和星形毛孢子菌，几乎具有相同的表型特征，因此常规鉴定难以将二者区分开。

1. 临床诊断 毛干上附有白色或灰白色针尖大至小米粒大的结节，易于从毛干上刮下。持续性发热，皮损多发生于头面部、躯干部、前臂等，常对称分布，多为紫癜性丘疹、结节，中心坏死、溃疡、结痂。

2. 病毒分离与鉴定

（1）直接镜检 发现分隔菌丝、关节孢子、芽生孢子。

（2）培养特性 毛孢子菌需与隐球菌属、念珠菌属、球拟酵母菌属等病原菌鉴别。在属内需与其他5种毛孢子菌鉴别。属间鉴别，沙氏培养基上有真菌丝生长，且无荚膜，可与隐球菌属、酵母属、球拟酵母菌属、红酵母菌属相鉴别。

（3）组织病理学检查 毛孢子菌在组织切片中表现为长方形关节孢子、菌丝、假菌丝和芽生孢子。当关节孢子少见时，毛孢子菌类似白念珠菌，但比白念珠菌产生更多的菌丝，且假菌丝很少。与地霉的区别在于后者有分节孢子，无芽孢。

（4）生化试验 应用法国梅里埃公司API 20C AUX试剂盒进行生化试验鉴定。API 20C AUX系统对于阿萨希毛孢子以及皮瘤毛孢子以外的毛孢子菌均无法准确鉴定。对于临床上最常见的阿萨希毛孢子菌，该系统可以鉴定到种，但其他毛孢子菌与此存在交叉。

3. 分子生物学技术 毛孢子菌属真菌结构复杂，形态、生理、生化特点均较接近，单靠表型特征不易区别，常需借助分子生物学技术进行核苷酸序列分析。PCR扩增、随机扩增DNA片断多态性分析是较常用的方法，其中巢式PCR检测法有较高的灵敏性。在长度只有500～600bp的26S rDNA D1/D2区域和rRNA区（ITS），绝大多数的酵母菌种间具有明显的序列差异，而同一种内不同菌株间的碱基差异却不大于1%。因此，用这两段序列，可对绝大多数酵母菌作出准确的鉴定。目前，毛孢子菌属内所有种模式菌株的ITS序列，已测定并公布。这些DNA序列数据为酵母菌的鉴定提供了非常便利的条件。

七、防治措施

1. 抗真菌药物治疗 单用某一种抗真菌药物，往往疗效不好，多主张联合应用2～3种抗真菌药物，如两性霉素B和5-氟胞嘧啶，或两性霉素B和氟康唑。

2. 免疫因子治疗 患者的免疫功能直接影响着毛孢子菌病的发生、发展及转归，因此有人力图通过免疫调节手段，恢复患者受损的免疫功能来提高该病的疗效。免疫因子的疗效仅在动物试验中得到证实，尚无临床应用的报道。

（韩伟 遇秀玲）

参考文献

李厚敏，刘伟，万哲，等. 2005. 临床相关毛孢子菌生物学特性的研究［J］. 中华检验医学杂志，28（6）：613-616.

王端礼. 2005. 医学真菌学一实验室检验指南［M］. 北京：人民卫生出版社.

夏志宽，杨蓉娅. 2010. 毛孢子菌病［J］. 实用皮肤病学杂志，3（4）：215-217.

杨蓉娅，敖俊红，王文岭，等. 2001. 阿萨希毛孢子菌引起播散性毛孢子菌病国内首例报告［J］. 中华皮肤科杂志，34（5）：329-332.

Chagas-Neto T C，Chaves G M，Colombo AL. 2008. Update on the Genus Trichosporon［J］. Mycopathologia，166（3）：121-32.

Chowdhary A，Ahmad S，Khan Z U，et al. 2004. Trichosporon asahii as an emerging etiologic agent of disseminated trichosporonosis：A case report and an update［J］. Indian J Med Microbiol，22（1）：16-22.

Karnik K，Reichle J K，Fischetti A J，et al. 2009. Computed tomographic findings of fungal rhinitis and sinusitis in cats

[J]．Vet Radiol Ultrasound.，50（1）：65－68.

Sugita T，Nishikawa A，Ikeda R，et al. 1999. Identification of medically relevant Trichosporon species based on sequences of intenal transcribed spacer regions and construction of a database for Trichosporon ideintfication [J]．J Clin Microbiol，37：1985－1993.

第六十二章
未分科真菌所致疾病

第一节　念珠菌病
(Candidiasis)

念珠菌病（Candidiasis）是指由念珠菌感染皮肤、黏膜及系统而引起的疾病，另外还包括由念珠菌引起的变态反应性疾病。念珠菌以往常存在于人和动物消化道、呼吸道和泌尿生殖道的黏膜，是机会致病菌。患念珠菌病的动物多在消化道黏膜形成乳白色伪膜斑坏死物，主要侵害家禽，特别是雏鸡。啮齿类动物、犬、猪和牛也可能感染。就人而言，近几年来，随着广谱抗生素、皮质类固醇和免疫抑制剂的广泛应用，由念珠菌引起的各种感染越来越多见，各种浅部感染和系统感染都有明显增多的趋势，几乎在每一个组织和器官中的念珠菌感染均有报道。

念珠菌属（*Candida*）种类繁多，与临床有关的念珠菌主要有白念珠菌（*C. albicans*）、热带念珠菌（*C. tropicalis*）、克柔念珠菌（*C. krusei*）和光滑念珠菌（*C. glabrata*）等。其中仅白色念珠菌是常见病原，导致人和动物念珠菌病。

一、病　　原

念珠菌为双相真菌，有酵母相和菌丝相，在寄生时为酵母相，一般无致病性，但在条件改变时可转变为有致病性的菌丝相。

念珠菌为假丝酵母菌，在病变组织渗出物和普通培养基上产生芽生孢子和假菌丝，不形成有性孢子。菌体圆形或卵圆形（2μm×4μm），革兰染色阳性。在普通琼脂、血琼脂与沙堡培养基上均可良好生长。需氧，室温或37℃培养1～3天可长出菌落。菌落呈灰白色或奶油色，表面光滑，有浓厚的酵母气味，培养稍久，菌落增大。菌落无气生菌丝，但有向下生长的营养假菌丝，其假菌丝可作为鉴定依据。

1. 白念珠菌　25℃或37℃时均可生长。在SDA培养基上37℃培养，形成奶油色、表面光滑的菌落，带有酵母气味；在血琼脂平板上24～48h呈乳白色、凸起、表面光滑、边缘整齐的菌落；在克玛嘉显色培养基上呈绿色菌落。

白色念珠菌能发酵葡萄糖、麦芽糖和半乳糖，产酸产气，不发酵蔗糖和乳糖；同化葡萄糖、麦芽糖、蔗糖、半乳糖、木糖和海藻糖，不同化乳糖、蜜二糖、纤维二糖。

（1）与其他菌属的鉴别　只有假菌丝和芽孢，为念珠菌；有假菌丝、芽孢和关节孢子，为丝孢酵母属；只有假菌丝和关节孢子，为地霉属。

（2）与其他念珠菌的鉴别　①与热带念珠菌的鉴别：热带念珠菌能发酵蔗糖，同化纤维二糖。②与克柔念珠菌的鉴别：克柔念珠菌不发酵麦芽糖和半乳糖，不同化麦芽糖、蔗糖和半乳糖。③与类星形念珠菌的鉴别：类星形念珠菌不能同化蔗糖。

2. 热带念珠菌　在SDA培养基上，35℃培养1～2天，菌落呈白色到奶油色，无光泽或稍有光泽；在克玛嘉显色培养基上菌落呈蓝色。

鉴别要点：应注意与伪热带念珠菌鉴别。伪热带念珠菌同化乳糖和蜜三糖，不同化海藻糖，芽管试验阴性。

3. 克柔念珠菌　在SDA培养基上，室温培养1周，呈灰黄色、扁平、干燥菌落；在血琼脂平板上，菌落较小、不规则、呈灰白色；在克玛嘉显色培养基上菌落呈粉红色。

仅发酵和同化葡萄糖，不发酵、不同化其他糖类，可与其他念珠菌相鉴别。

4. 光滑念珠菌　只有在酸性（pH<6.5）条件下生长，在SDA培养基上，25℃或37℃培养2～3天，形成白色和奶油色乳酪样菌落；在血琼脂平板上形成较小、白色菌落，日久变为棕灰色，表面光滑，稍有光泽。

鉴别要点：无真假菌丝，在酸性条件下生长，可与其他念珠菌和酵母菌相鉴别。

二、诊　　断

1. 直接镜检　在标本（皮屑、尿、粪、血液、脑脊液、腹水及各种分泌物）中加入10%～20%氢氧化钾溶液，或经革兰染色，直接镜检可见卵圆形芽生孢子、菌丝或假菌丝，可做出初步诊断。在镜检的同时，用血液琼脂进行分离培养，在初代分离培养时有大量菌落生长对确诊有重要意义。

2. 培养　用于进一步确诊念珠菌感染及鉴定念珠菌的菌种，或鉴别其他酵母菌的感染。其缺点是培养及鉴定需要较长时间，常常需要1周以上。

3. 组织病理　可在受累组织切片中查到孢子、菌丝或假菌丝。

4. 其他检查　如聚合酶链反应（PCR）、血清抗体检查等。

三、防治措施

无特异性防控措施。加强管理，提高机体免疫能力，正确使用抗生素，可减少该病的发生。治疗上，饮水中添加硫酸铜或饲料中加入制霉菌素有一定效果。

（陶凌云　胡建华　汪昭贤）

参考文献

陆承平．2007. 兽医微生物学［M］．北京：中国农业出版社：271-272.

汪昭贤．2005. 兽医真菌学［M］．杨凌：西北农林科技大学出版社：64-68，489-491.

周庭银，赵虎．2001. 临床微生物学［M］．上海：上海科学技术出版社：214-217.

Roderick J. Hay D M，FRCP，et al. 1999. The management of superficial candidiasis［J］. American Academy of Dermatology，40（6），S35-S42

Lewis R E，Klepser M E. 1999. The changing face of nosocomial candidemia：epidemiology，resistance，and drug therapy.［J］. American Journal of Health-System Pharmacy，56（6）：525-533.

第二节　马拉色菌病
（Malassezia）

马拉色菌为一种嗜脂性酵母样菌，是人及温血动物皮肤表面的正常菌群之一。在易感因素的影响下，它与马拉色菌毛囊炎、脂溢性皮炎、花斑癣、特应性皮炎及某些银屑病等疾病的发生密切相关，常侵袭皮肤角质层引起浅部真菌病。免疫低下患者和新生儿肠外营养导致的菌血症和脓毒病等深部真菌感染也与该菌有关。

一、发生与分布

早在1846年花斑癣的病原体就被认识到了，但直到1889年Baillon才首次提出了马拉色菌的概念。

花斑癣的发病是多种因素综合的结果，如高温、高湿、多汗症、油性皮肤、遗传因素、免疫抑制剂治疗及应用糖皮质激素等。花斑癣呈世界性分布，在热带地区近50%人发病，在北欧患病率仅0.3%～0.5%。马拉色菌属真菌作为正常的微生物菌群寄居在多数哺乳动物和鸟类的皮肤，厚皮马拉色菌可导致动物脂溢性皮炎、外耳炎等。

二、病　原

1. 分类地位　马拉色菌按照《真菌字典》第10版（2008）（Ainsworth & Bisby's Dictionary of the Fungi，10th Edition，2008）在分类上属担子菌门（Basidiomycota）、黑粉菌亚门（Ustilaginomycotina）、马拉色菌目（Malasseziales）、马拉色菌属（*Malassezia*）；按照Ainsworth（1973）分类系统属于半知菌亚门（Deuteromycotina）、丝孢纲（Hyphomycetes）、丝孢目（Hyphomycet ales）、从梗孢科（Moniliaceae）、马拉色菌属（*Malassezia*）。随着对马拉色菌属各菌种形态学和生理生化学特性的研究，以及脉冲凝胶电泳和随机扩增多态性分析的应用，该菌属最终被分为7个种：糠秕马拉色菌（*M. furfur*）、厚皮马拉色菌（*M. pachydermatis*）、合轴马拉色菌（*M. sympodialis*）、球形马拉色菌（*M. globosa*）、钝形马拉色菌（*M. obtusa*）、限制性马拉色菌（*M. restricta*）和斯洛菲马拉色菌（*M. sloofiae*）。这7种不同的马拉色病原菌中，在临床上对人有重要意义的是糠秕马拉色菌，它被公认为是花斑癣（俗称汗斑）和系统性感染的主要致病菌，而厚皮马拉色菌则是引起猫和犬的外耳炎以及脂溢性皮炎的主要病原菌。近年，Sugita等人通过分子生物学技术又发现了6个新的种，分别命名为*M. dermatis*、*M. japonica*、*M. nana*、*M. yamatoensis*、*M. caprae*和*M. equine*。

2. 形态学基本特征与培养特性　马拉色菌革兰染色后，光镜下可见直径2～10μm的圆形、椭圆形出芽孢子，粗短、两头钝圆的条状菌丝。糠秕马拉色菌氢氧化钾或墨水涂片镜检，可见成群、厚壁、圆形或芽生孢子和弯曲似S形的菌丝。菌丝粗短、弯曲或弧形，一端较钝；孢子圆形或椭圆形，单极出芽，芽颈较宽。扫描电镜下可见圆形孢子，一端有乳头状突起（即出芽），在突起的周围有一环状的颈圈样结构包绕，突起扩大后形成小孢子，与母孢子颈圈样结构相连的部位形成缩窄的柄（芽颈），无菌丝。透射电镜下菌体椭圆形、瓶状，其周围可见一圈透明间隙，一端有电子密度高的颈圈结构，细胞壁内侧呈螺旋状及锯齿状突起。另外，马拉色菌的细胞壁具有显著特征，超微结构显示马拉色菌的细胞壁相对较厚（可以达到0.25μm），并且呈现多层，占整个细胞体积的26%～37%。

除厚皮马拉色菌外，其余种均有嗜脂性特征，均在含脂质培养基上才能生长。马拉色菌在37℃生长良好，25℃生长不良或不生长。糠秕马拉色菌在Dixon培养基上32℃生长7天，菌落直径平均约5mm，菌落表面光滑，边缘有隆起的皱褶，质地柔软或松脆。将菌种接种于沙堡弱培养基，32℃培养7～14天，只有厚皮马拉色菌能生长，其他马拉色菌均不生长。

3. 理化特性　马拉色菌发酵葡萄糖、麦芽糖、乳糖，无产酸产气；不利用葡萄糖、麦芽糖、乳糖；可以产生脲酶；在无菌兔血清中培养可见许多芽管。限制性马拉色菌过氧化氢酶试验阴性，其他为阳性，用于鉴定限制性马拉色菌。合轴马拉色菌、*M. japonica*和*M. caprae*在吐温20周围无生长，糠秕马拉色菌在吐温20、吐温40、吐温60、吐温80周围有同样的生长圈，斯洛菲马拉色菌在吐温20周围生长圈明显大于其他吐温的生长圈，球形、钝形和限制马拉色菌在4种吐温周围均无生长环。球形马拉色菌、糠秕马拉色菌、厚皮马拉色菌、合轴马拉色菌4种菌种脂酶试验呈阳性。七叶苷分解试验表明，合轴马拉色菌和钝形马拉色菌能使七叶苷琼脂培养基变黑或至少1/3变黑；糠秕马拉色菌只能使培养基的顶端变黑或不变色；球形马拉色菌、斯洛菲马拉色菌、限制马拉色菌和*M. nana*都为阴性。

4. 分子生物学　近年来，一些马拉色菌分子的基因分型已有所突破，能用基因分型方法来对其基因组进行测序，其中最重要的是球形马拉色菌整个基因组以及限制性马拉色菌部分基因组的测序，并已应用于致病因子的研究。2007年启动的球形马色拉菌属基因测序计划，发现该菌属有4 285个基因，显示其遗传结构的复杂性，为菌种分类、致病机制、临床治疗等提供了研究依据。另一项研究显示了球形马色拉菌属存在交配型基因，表明该菌属具有有性繁殖的能力，为研究该属繁殖及其相关皮肤疾病的治疗提供了思路。

三、流行病学

马拉色菌属真菌是人或温血动物皮肤表面的正常菌群之一，虽然97%正常人的皮肤上能培养到该菌，但还不清楚该菌在自然界中的来源。马拉色菌属真菌作为正常的微生物菌群寄居在多数哺乳动物和鸟类的皮肤。对北京地区犬马拉色菌耳炎流行病学进行调查，12个月均有发病，但有一定的季节性，6～7月份为发病高峰；患犬性别差异不大；不同品种易感性不一样，可卡犬和北京杂品种犬发病率最高，其次是松狮犬；发病年龄主要集中在5岁以下。

人青春期后出现，20～45岁易感，男女比例为2～7.45：1，无传染性，18.8%有阳性家族史。马拉色菌毛囊炎常见于青年，主要侵犯25～35岁的妇女。

四、临床症状

1. 动物的临床表现　厚皮马拉色菌是引起猫、犬、山羊、马、犀牛、黑熊和加利福尼亚海狮等的外耳炎和皮炎的主要病原菌。

2. 人的临床表现　除厚皮马拉色菌外，其他6个种与正常皮肤菌丛和花斑癣损害有关；马拉色菌毛囊炎主要由球形马拉色菌和糠秕马拉色菌感染所致；有报道马拉色菌与脂溢性皮炎、异位皮炎、银屑病等有关。Crespo等及Nakabayashi等从花斑癣患者皮损区分离出的以球形马拉色菌为主。但Gupta等从花斑癣患者分离出的以合轴马拉色菌为主，其次为球形马拉色菌，从上半身（头皮和前额）分离出限制性马拉色菌和斯洛菲马拉色菌要比从下半身分离出常见。李志瑜等从花斑癣患者分离出的也以合轴马拉色菌为主，其次为糠秕马拉色菌、球形马拉色菌、钝形马拉色菌、限制性马拉色菌。Rhie等从心脏移植接受免疫抑制剂治疗后发生的马拉色菌毛囊炎患者分离出的菌种为糠秕和厚皮马拉色菌，而熊琳等从马拉色菌毛囊炎患者皮损内分离出的全为球形马拉色菌。

五、病理变化

动物感染后，引起皮肤红斑、瘙痒和大面积皮肤脱毛，结痂，苔藓样变。

人感染花斑癣后，常发生于胸背部，也可累及颈、面、肩、腋、上臂及腹等处。病初损害为围绕毛孔的点状圆形斑疹，后渐增至指甲盖大小，边缘清楚。表面附有少量易剥离的糠秕样鳞屑，灰色、褐色至黄棕色不等，有时多种颜色共存，状如花斑。皮损无炎性反应，偶有轻度瘙痒感。

马拉色菌毛囊炎以搔痒、脓疱、毛囊性丘疹为特征，典型皮损为圆顶形的红色毛囊性小丘疹，个别丘疹上有细小鳞屑，毛囊性小脓疱散在，轻微炎症反应，常伴有搔痒、灼热和刺痛。

六、诊　　断

马拉色菌属的鉴定，主要依靠在培养中的嗜脂性及其菌落、细胞的形态学、生物学特性来确定。尤其是该菌特殊的生物学特性可以用来做初步的分离鉴定。

1. 病毒分离与鉴定

（1）直接镜检

①花斑癣：镜检可见弯曲似S形的菌丝和成群、厚壁、圆形芽生孢子。

②马拉色菌毛囊炎：可见毛囊内有大量的孢子，芽生孢子，菌丝很少。

（2）培养特性　马拉色菌培养困难，该菌具有嗜脂性，只在含有长链脂肪酸的培养基上生长。

（3）生物学特性检查

①芽管试验：将生长的菌落接种于无菌兔血清中，置37℃孵育3h，3h内花斑癣菌无出芽现象也无生长。2天后，糠秕马拉色菌在血清培养中出现较多芽管，但芽管短。

②碳水化合物同化试验：制备含菌平板，干燥后加葡萄糖、麦芽糖、乳糖各一小块，30℃孵育24～

48h，观察局部有无透明改变或生长现象。马拉色菌对以上三种糖均无利用现象。

③碳水化合物发酵试验：取菌落接种于含葡萄糖、麦芽糖、蔗糖发酵管内，置37℃孵育，48h观察有无产酸产气。以上各试验可使马拉色菌与其他酵母菌相区别，为菌属鉴定提供可靠依据。

④脲酶试验：脲酶试验可检验酵母产生脲酶的能力。在适宜的底物条件下，脲酶可分解尿素产生氨，使pH上升，酚红指示剂从琥珀色变为粉红色，马拉色菌均可以产生脲酶。

⑤重氮基蓝B试验：将菌落32℃培养7天，取出后置55℃ 3 h，然后滴加4℃的重氮基蓝B试剂，室温下，马拉色菌菌落在2 min内变成暗红色。

2. 分子生物学诊断 应用核型分析、核酸杂交分析、PCR技术（单链构象多态性和异源双链体迁移分析、变性梯度凝胶电泳法、扩增片段长度多态性分析、随机扩增多态性DNA分析等），对马拉色菌进行分子生物学鉴定。

七、防治措施

1. 治疗 花斑癣可采用局部治疗和全身治疗。局部治疗外用抗真菌药物和角质剥脱剂治疗均有效，常用药物有咪唑类药物，如克霉唑、益康唑、咪康唑、酮康唑、舍他康唑、联苯苄唑；丙烯胺类药物，如萘替芬、特比萘酚、布替萘酚；吗啉类药物，如阿莫罗芬；其他如5%水杨酸酒精。外用，每天1～2次，连用2～4周。对顽固性病例采取全身治疗，口服酮康唑每天400mg，分2次服用，每周1天，连续2～4周；氟康唑每周150mg，连用4周；伊曲康唑每天200mg，连续7天。口服特比萘酚对花斑癣无效。

马拉色菌毛囊炎治疗可口服酮康唑每天200mg，疗程为28天；氟康唑每周150mg，连用4～6周；伊曲康唑每天200mg，连续7天。一项疗效4周的研究显示：口服酮康唑每天200mg，同时用2%酮康唑香波清洗，每天1次，治愈率100%。

2. 预防 马拉色菌是人和温血动物皮肤的常驻菌之一，在正常人体表以酵母相存在，在花斑癣患者皮损中则以菌丝相致病。在各种内外因素相互作用下，马拉色菌由酵母相转变成菌丝相才引起临床所见的花斑癣。近年来，马拉色菌作为一种嗜脂性的条件致病菌引起人和动物的感染逐渐增多。提高人和动物的免疫功能，均衡局部皮肤正常菌群生长的pH可从内、外因素预防该病的发生。

（韩伟 遇秀玲）

参考文献

李志鹏，金艺鹏，孙瑶，等．2010. 北京地区犬马拉色菌耳炎的流行病学调查［J］. 中国畜牧兽医，37（10）：187-189.

拓江，路永红．2011. 马拉色菌属的研究进展［J］. 中国皮肤性病学杂志，25（1）：66-68.

王端礼．2005. 医学真菌学一实验室检验指南［M］. 北京：人民卫生出版社.

王韵茹，章强强．2010. 马拉色菌的免疫学与分子生物学研究新进展［J］. 中国真菌学杂志，5（4）：252-256.

吴绍熙，廖万清．1999. 临床真菌病学彩色图谱［M］. 广州：广东科技出版社.

吴曰铭，徐崎，许晏．2004. 马拉色菌属生物学特性及分子生物学研究概况［J］. 地方病通报，19（1）：81-83.

赵颖，章强强．2008. 马拉色菌表型及分子生物学鉴定的研究进展［J］. 中国真菌学杂志，3（2）：106-111.

Gueho E，Midgey G，Guillot J. 1996. The genus Malassezia with description of four new species［J］. Antonie van Leeuwenhoek，69（4）：337-355.

Hirai A，Kano R，Makimura K. 2002. A unique isolate of Malassezia from a cat［J］. J Vet Med Sci，64（10）：957-959.

Pin D. 2004. Seborrhoeic dermatitis in a goat due to Malassezia pachydermatis［J］. Vet Dermatol，15（1）：53-56.

Uzal F A，Paulson D，Eigenheer A L，et al. 2007. Malassezia slooffiae-associated dermatitis in a goat［J］. Vet Dermatol，18（5）：348-352.

第三节　鼻孢子菌病
(Rhinosporidiosis)

鼻孢子菌病（Rhinosporidiosis）是由希伯氏鼻孢子菌引起动物和人均可感染的一类真菌病，属于慢性非致死性真菌病。在人主要侵犯鼻、眼、耳和喉黏膜。动物主要表现鼻黏膜肉芽肿，在犬、马和牛均有感染的报道。在实验动物如大、小鼠中未有相关报道。

一、发生与分布

Malbran 于 1892 年首次报道了人的鼻孢子菌病。Taylor 于 1906 年首次报告了马的鼻孢子菌病，此后动物的鼻孢子菌病在多个国家均有报道。人鼻孢子菌病在印度和斯里兰卡呈地方性流行，在世界其他国家人和动物均有散发病例报道。

我国于 1979 年由李新章在广州首先发现一例人的鼻孢子菌病，随后 1987 年、1994 年、1995 年、1998 年相继有该病的报道，近年来有增多的趋势。我国尚未见动物包括实验动物鼻孢子菌病的报道。

二、病　　原

1. 分类地位　按照《真菌字典》第 10 版（2008）（Ainsworth & Bisby’s Dictionary of the Fungi，10th Edition，2008），希伯氏鼻孢子菌（*Rhinosporidium seeberi*）在分类上属原生动物亚界(Protozoa)、领鞭毛虫门（Choanozoa）、藻菌纲（Phycomycetes）、油壶菌目（Chytridiales）、油壶菌科(Olpidiaceae)、鼻孢子菌属（*Rhinosporidium*）。

2. 形态学基本特征与培养特性　鼻孢子菌目前无法在体外培养，动物接种亦未获得成功。其发育过程较为独特而复杂：内孢子在前期为无丝分裂，中期为有丝分裂，发育成熟后不再分裂，从大孢子囊放出后又变成幼孢子开始新的生命周期。

显微镜下可见鼻孢子菌呈大小不等的球形孢子，较大的孢子扩大呈囊状，囊壁较薄、透明，囊内有数目不等的内生孢子。每个内孢子经过细胞核分裂，扩大再形成孢子囊。嗜伊红染色。其他理化特性暂不清楚。

三、流行病学

1. 传染来源　鼻孢子菌存在于湖水、池塘和土壤中，人和动物都可能是该菌的贮存宿主。有学者认为鼻孢子菌病源于鱼类，带菌的污水或不流动的污水、池塘可能是该病的传染来源。

2. 传播途径　一般认为人和动物通过呼吸吸入带菌的尘埃或直接接触污水而感染鼻孢子菌病。对试验动物来说，一般均饲养在屏障环境或清洁环境中，感染鼻孢子菌病的概率很小。

3. 易感动物

（1）自然宿主　鼻孢子菌病在马、牛、犬等动物中均有自然感染的病例报道。而人发生该病的报道更多，经流行病学分析，多可能由于职业性感染。

（2）实验动物　自然感染仅在犬有报道，且是接触野外水田的泥泞环境而引起。未见有实验用犬和其他实验动物感染的报道。

4. 流行特征　该病呈散发性流行，在人多好发于男性，尤以儿童和青年为多见。在动物犬感染的报道较多。

四、临床症状和病理变化

鼻孢子菌病是一类非致死性真菌病，最常见的是鼻黏膜受损，鼻腔流出大量脓性黏液，有时带血，鼻黏膜肿胀，形成鼻息肉状肉芽肿。如发生于眼结膜上则表现为眼结膜肿胀、充血、羞明和流泪，有时可造成泪管阻塞。

组织病理学可见肿物表面有灰白色斑点，即为孢子囊，表皮部可见大小不等、发育程度不一的孢子囊。成熟的孢子囊内充满无数内生孢子。当孢子囊破裂，内生孢子进入机体组织时，可引起周围组织中多核巨细胞浸润、组织坏死、脓肿以及以浆细胞和淋巴细胞为主的慢性炎性反应，在空孢子囊周围有巨细胞和富有血管的肉芽肿生成并形成疤痕。

五、诊　断

1. 临床诊断　根据临床症状和病理变化，结合菌体检查可以做出初步诊断。确诊必须在病灶中检出鼻孢子菌，并需与纤维血管瘤、鼻硬结病、鳞状乳头瘤、急性感染性息肉、肉芽肿性疾病、结核及尖锐湿疣相鉴别。病原菌亦应与粗球孢子菌区别，后者较小，成熟的内孢子亦较小，且培养可鉴定。

2. 实验室诊断　取息肉样物活检，其表面灰白斑点为大的孢子囊，其上可覆有表皮，HE 染色可见这种直径达 300μm 的孢子囊中充满着无数内生孢子，有时见破裂或不成熟的各阶段孢子囊。当内生孢子脱离孢子囊进入组织，可引起周围组织中性粒细胞浸润，并有组织坏死而形成脓肿；亦可见浆细胞和淋巴细胞浸润，在空的孢子囊周围有巨细胞和血管丰富的肉芽肿及瘢痕。

六、防治措施

该病主要通过带菌的污水或不流动的污水而感染。因此，避免接触带菌污水是预防的重要措施。对实验动物来说，做好环境消毒工作和饮水卫生即可。

（魏晓峰　胡建华　汪昭贤）

参考文献

胡维维，陈光华，陈凤兰，等．2000．鼻孢子菌病一例［J］．中华病理学杂志，29（2）：106.

李德忠，成沛霖．1996．鼻孢子菌病［J］．第一军医大学学报，16（3）：259－260.

孙鹤龄．1987．医学真菌鉴定初编［M］．北京：科学出版社：78－95.

汪昭贤．2005．兽医真菌学［M］．杨凌：西北农林科技大学出版社：51－52，475－476.

王高松．1986．临床真菌病学［M］．上海：复旦大学出版社：172－175.

王志．1991．犬猫真菌病［J］．中国兽医杂志，17（2）：50.

Arseculeratne S N，Dip. Bact.，D. Phil，et al. 2009. Chemotherapy of Rhinosporidiosis：a Review［J］．J infect dis antimicrob agents，26（1）：21－27.

Bonnie M B，Geoffrey K S. 2010. Concurrent nasal adenocarcinoma and rhinosporidiosis in a cat［J］．J Vet Diagn Invest 22：155－157.

Fredricks D N，Jolley J A，Lepp P W，et al. 2000. Rhinosporidium seeberi：a human pathogen from a novel group of aquatic protistan parasites［J］．Emerg Infect Dis，6（3）：273－282.

第五篇

实验动物寄生虫病

第六十三章
锥体科原虫所致疾病

第一节　鼠锥虫病
(Trypanosomasis in mice and rats)

锥虫（*Trypanosoma*）是一类具有广泛宿主的寄生原虫，最早在鳟鱼血液中发现，之后在几乎所有的脊椎动物体内都有发现。锥虫有多个种和亚种，其中有些虫种是多种动物共患病原，有些却具有严格的宿主特异性。布氏锥虫（*T. brucei*）和枯氏锥虫（*T. cruzi*）能够感染人并引起严重疾病，前者引起非洲锥虫病（睡眠病），后者引起美洲锥虫病（查加斯病，Chagas' disease）。我国尚无人锥虫病的报道。我国最常见的锥虫是伊氏锥虫（*T. ewansi*）和马媾疫锥虫（*T. equiperdum*），前者可感染马、牛等多种动物，后者主要感染马属动物。鼠类可感染多种锥虫，但专性寄生于鼠类的锥虫主要是鼠锥虫（*T. musculi*）、路氏锥虫（*T. lewisi*）和 *T. conihini*，鼠锥虫主要感染小鼠，后两种主要感染大鼠，导致鼠锥虫病（Trypanosomasis in mice and rats）。

一、发生与分布

1918 年 Dore 在新西兰首次报道路氏锥虫，是在奥克兰地区的大鼠体内发现的。路氏锥虫主要感染大鼠，实验大鼠可自然感染，但并不常见。感染时呈短期经过，一般无致病性，即使重度感染也没有明显症状。实验室小鼠、沙鼠（*Mongolian gerbis*）和豚鼠试验感染后可短期寄生，亚洲猴也可试验感染。*T. conohini* 是在野生的挪威大鼠和黑鼠（Norway and Black rat）中发现的，一般无致病性，感染 4～5 周龄大鼠可能发展为关节炎。实验室鼠已经成功感染，包括小鼠（*Mus musculus*）、豚鼠（*Cavia porcellus*），兔也可试验感染。鼠锥虫只感染小家鼠，最早的描述见于 1909 年，早期文献中将其称为 *T. duttoni*，是在地中海沿岸、西非和中美洲野生动物体内的无致病性血液锥虫。近期调查报道，阿拉伯半岛约 3.8%的野生家鼠感染鼠锥虫，还未见实验室小鼠自然感染的报道。

大鼠可作为路氏锥虫感染的实验动物模型，广泛用于研究人和反刍动物的锥虫病。豚鼠常被用作枯氏锥虫的实验动物模型。英国兽医 Griffith Evans（1880）首次在印度 Punjab 发现患有苏拉病的马、骡和骆驼血液内含有锥虫，并将之命名为伊氏锥虫（*T. evansi*）。伊氏锥虫可感染猪、羊、鹿、象、虎、兔、豚鼠和大鼠等多种动物，实验动物中以小鼠和犬的易感性较强。

二、病　　原

1. 分类地位　锥虫在分类上属原生动物门（Protozoa）、肉鞭毛虫亚门（Sarcomastigophora）、鞭毛虫纲（Mastigophorea）、动基体目（Kinetoplastida）、锥体亚目（Trypanosomatina）、锥虫科（Trypanosomatidae）、锥虫属（*Trypanosoma*）。锥虫有多个种和亚种，它们在病原形态、地理分布、宿主和致病性等方面均有不同。

2. 形态特征

（1）路氏锥虫　细长形，长为 25～36 μm，虫体末端逐渐缩窄，有一个中等大小的动基体。动基体无明显端点，一侧有界限清晰的波动膜，前段有自由活动的鞭毛。近期，在印度的褐家鼠（*Rattus norvegicus*）体内发现另一种形态的虫体，长 35～39μm。该型虫体后端极度延长，使虫体后端距动基体的距离达 11.9～15.0μm。电镜下观察，路氏锥虫的动基体是一团含 DNA 的纤维，直径 25nm，占据较大空间。

（2）*T. conihini* 虫体（包含鞭毛）长为 27～54μm，有一个长且尖的尾端和明显的波动膜。动基体中等大小，离后端有一定距离，其前方有一壶形结构。鼠锥虫的形态与路氏锥虫非常相似。长 23～30μm，平均长 26.5μm，宽约 3～5μm。还没有对其动基体 DNA 的研究报道。

可通过动基体的位置来区别这两种锥虫的不同发育阶段。上鞭毛体阶段虫体的动基体在核前方，锥鞭毛体阶段的动基体在核后方。上鞭毛体阶段虫体可分裂，呈香肠形，是虫体的幼年阶段；而锥鞭毛体则为树叶形的成年阶段。在虫体从上鞭毛体到锥鞭毛体转换阶段，动基体也会发生变化。上鞭毛体的细胞色素氧化酶系统需要铁，当上鞭毛体变为锥鞭毛体后，虫体可以利用宿主的铁元素。

3. 生活史 *T. conohini* 和 *T. lewisi* 的传播媒介都是昆虫，前者为红带锥鼻虫（*Triatoma rubrofasciata*），后者是北方鼠蚤（*Nosopsyllus fusciatus*）和东方鼠蚤（*Xenopsylla cheopis*）。昆虫吸食血液时吸入虫体，锥鞭毛体侵入昆虫胃上皮细胞，以复分裂的方式增殖。经过几代胞内繁殖后，内皮细胞被破坏，虫体释放并移行到直肠，上鞭毛体在直肠处开始发育，黏附到直肠壁上，可在昆虫体内不断增殖。在蚤感染后约 5 天，路氏锥虫的上鞭毛体发育为后循环锥鞭毛体（具有感染性），此时不能继续在蚤体内增殖，锥鞭毛体随粪便排出。路氏锥虫属于粪源性锥虫，其他动物通过食入感染蚤的粪便遭受感染。大鼠吞食蚤或湿润的蚤粪被感染，被感染蚤叮咬则不会感染。大鼠感染后 5～7 天，可在血液中观察到锥虫，约经过 1 周的增殖，即在血液中消失。鼠鳞虱（*Polyplax spinulosa*）可能是一种机械性传播媒介。

鼠锥虫的传播媒介是北方鼠蚤（*Nosopsyllus fasciatus*），也是一种粪源性锥虫，生活史与路氏锥虫类似。小鼠的寄生虫血症可持续 2～3 周，之后很难在血液中检出虫体。感染小鼠耐过后对再次感染具有较强的免疫力。尽管如此，Viens 等发现有少量虫体能持续存在于小鼠肾脏的直小血管内并进行增殖，说明小鼠可能终生带虫。

三、流行病学

路氏锥虫（*T. lewisi*）和 *T. conihini* 均寄生于多种野生大鼠内。分布较为广泛。关于流行病学的研究报道不多，有报道称在埃及和巴西的野生挪威鼠（*R. norvegicus*）和黑鼠（*R. rattus*）体内检出路氏锥虫。若实验动物饲养环境中存在传播媒介，大鼠可能自然感染上述两种锥虫。埃及沙鼠（*Gerbilus pyramidous*）可自然感染路氏锥虫。没有小鼠自然感染路氏锥虫的报道，但小鼠、蒙古沙鼠和豚鼠可一过性试验感染路氏锥虫。

鼠锥虫分布于世界各地。野生小鼠感染鼠锥虫后通常不致病。不同品系的实验小鼠对 *T. musculi* 的易感性也不同。比较而言，C3H/He/J、CBA/J 和 A/J 品系小鼠较易感，而 BALB/c、DBA/2、C57BL/6 等品系小鼠的易感性较低。不同品种的野生小鼠对 *T. musculi* 的易感性也不尽相同，杂交小鼠易感性较高。大鼠一般不感染鼠锥虫。

四、致病性与临床表现

1. 路氏锥虫和 *T. conihini* 二者一般均不具有明显致病性。有报道称大鼠妊娠早期感染，可能导致流产。Lincicome 等研究表明，感染大鼠比未感染对照鼠多增重 31%。幼年大鼠感染导致的增重提高更加明显，机制不明。4～5 周龄大鼠自然感染可能出现自发型关节炎，以化脓性关节炎为主要特征，伴发邻近皮肤和肌肉组织的炎症反应，四肢远端的红斑和水肿，后肢更为常见，对胫跗关节的影响最严重。感染关节的渗出液中含有锥鞭毛体。试验感染免疫抑制大鼠则会导致贫血；接受辐照、脾脏切除或肾上腺切除的大鼠试验感染也会使其发病。大鼠感染路氏锥虫可能与多种病理学变化相关，但难以识别。可能出现的病理变化包括免疫调节、脂多糖高敏性、自体免疫性溶血性贫血伴脾肿大和肾小球肾炎、对其他病原如弓形虫和沙门氏菌的易感性增加、总铁结合力降低以及肝脏酶活性改变等。

2. 鼠锥虫 *T. musculi* 被广泛用作研究人锥虫病的模式生物，所以关于小鼠锥虫病已经有大量出版物可供查阅。尽管在寄生虫血症阶段可观察到不同的组织学变化，包括一过性的胸腺退化及脾、淋巴结、肾小球和肝细胞增生，但一般认为 *T. musculi* 不具致病性。

五、诊 断

外周血涂片检查可对锥虫感染做出初步诊断。在脾、肝和肾脏的组织切片中可能观察到锥鞭毛体。曾有报道将疑似感染的动物血液接种到幼龄未感染鼠，用以确诊。PCR扩增病原的特异性基因是有效的辅助诊断方法。

六、防治措施

1. 治疗 可用利福平治疗感染鼠，剂量为每千克体重54mg，连用30天，虫体可能被清除。当然，更为简便有效的方法是淘汰感染鼠。

2. 预防 在严格的实验动物饲养条件下，一般不会发生锥虫感染。预防措施主要是避免蚤、虱和野生啮齿动物进入饲养环境。如果野生鼠用作研究，应先检测鼠是否遭受感染，并需隔离和清除环境中的节肢动物。

七、公共卫生影响

已有营养不良儿童和成人疑似感染路氏锥虫的报道，所有感染者均自愈。目前还没有人感染鼠锥虫的报道。

（郝攀 刘群）

参考文献

顾泽茂，龚小宁，汪建国. 2005. 锥虫系统发育的研究进展［J］. 动物学研究，26（2）：214-219.

莫秀玲，张鸿满，江河，等. 2008. 广西部分地区褐家鼠自然感染路氏锥虫情况调查及形态观察［J］. 热带医学杂志，8（6）：621-623.

Ashraf M，Nesbitt R A，Humphrey P A，et al. 2002. Comparative positions of kinetoplasts in Trypanosoma musculi and Trypanosoma lewisi during development in vitro［J］. Cell proliferation，35（5）：269-273.

Baker D G. Parasites of rats and mice［J］. 2007. Flynn’s Parasites of Laboratory Animals，2nd ed. 303-397.

Baker G，David. 2007. Flynn’s Parasites of Laboratory Animal［M］. 2nd ed. Oxford：Blackwell Pulishing：304-306.

Fox J G，Barthold S，Davisson M，et al. 2006. The Mouse in Biomedical Research：Normative biology，husbandry，and models［M］. Waltham，Massachusetts：Academic Press.

Lee C M，Armstrong E，et al. 2005. Rodent Trypanosomiasis：A Comparison Between Trypanosoma lewisiand Trypanosoma musculi. Encyclopedia of Entomology［M］. Netherlands：Springer：1918-1919.

Monroy F P，Dusanic D G. 1997. Survival of Trypanosoma musculi in the kidneys of chronically infected mice：kidney form reproduction and immunological reactions［J］. The Journal of parasitology，83（5）：848-851.

Viens P，Targett G A T，Wilson V C L C，et al. 1972. The persistence of Trypanosoma（Herpetosoma）musculi in the kidneys of immune CBA mice［J］. Transactions of the Royal Society of Tropical Medicine and Hygiene，66（4）：669-670.

第二节 犬利什曼原虫病
（Canine leishmaniasis）

利什曼原虫病（Leishmaniasis）是由利什曼属（*Leishmania*）原虫经白蛉传播的寄生于人和其他哺

乳动物引起的一系列疾病的总称。利什曼原虫感染人后所引起的临床表现极其复杂多样，取决于所感染利什曼原虫的种类、毒力、嗜性、致病力及宿主遗传因素所决定的细胞介导免疫反应等多种因素的复杂相互作用。传统上，根据临床损害组织的不同，利什曼病可分为内脏型（Visceral leishmaniasis，VL）、皮肤型（Cutaneous leishmaniasis，CL）和黏膜型（Cutaneous leishmaniasis，ML；也称黏膜皮肤型，Mucocutaneous leishmaniasis，MCL）。犬是人内脏型利什曼原虫的保虫宿主，亦可感染发病，称为犬利什曼原虫病（Canine leishmaniosis，CanL），犬感染后可能出现多种临床症状，严重程度有差异，主要表现为内脏型，90%的感染犬还可出现皮肤或皮肤黏膜症状。

一、发生与分布

利什曼病流行于除澳大利亚和南极洲以外的其他各大洲，是 WHO/TDR 列入对人危害严重的六种热带病之一。但利什曼病的发生率在各流行地区相差极大，约 90%的皮肤型利什曼病例发生于阿富汗、阿尔及利亚、巴西、伊朗、秘鲁、沙特阿拉伯和叙利亚 7 个国家，而内脏型利什曼病例的 90%分布于孟加拉、印度、尼泊尔、苏丹和巴西 5 个国家的乡村和城郊地区。

利什曼病是一种重要的自然疫源性的人与动物共患病，在已深入研究的可引起人利什曼病的 15 种利什曼原虫中，有 13 种是人与动物共患的。即使是另外两种认为专性或主要在人群中传播的利什曼原虫——杜氏利什曼原虫（*L. donovani*，包括 *L. archibaldi*）和热带利什曼原虫（*L. tropica*，包括 *L. killicki*）在某些流行地区，如苏丹东部（*L. donovani*）和摩洛哥、以色列北部及伊朗（*L. tropica*）也发现有多个动物保虫宿主。此外，也报道了一些仅自然存在于动物群体中的利什曼原虫，如从旧大陆啮齿个动物中发现的 *L. gerbilli*，*L. turanica* 和 *L. arabica*；从厄瓜多尔的树栖哺乳动物分离到的 *L. equatoriensis* 及从红袋鼠（*Macropus rufus*）分离到的未定种利什曼原虫（*Leishmania* sp.）。

利什曼原虫的发现至今已有数百年，目前仍是一种危害严重的地方性流行病，公共卫生意义十分重要，被 WHO/TDR 称为一种被忽略的传染病。近年来，在全球范围内，利什曼病的流行率明显回升。同时，利什曼病的流行地区也在扩大。

1903 年，犬的利什曼原虫病在欧洲被首次确认。1940 年，罗马的一项调查显示 40%的犬感染利什曼原虫。长期以来，研究者认为欧洲的犬利什曼原虫病只存在于地中海区域，2008 年的一项研究显示犬利什曼原虫病已经从地中海沿岸扩展到意大利西北部大陆性季风气候区。在地中海流行区，犬的阳性率为 5%～15%，其中 20%～40%感染犬为无症状携带者。目前，仅在欧洲西南部约有 250 万只犬被感染，且正在往北向阿尔卑斯和比利牛斯山麓蔓延。西班牙是利什曼原虫病的高发区，Solano - Gallego 等（2001）报道检测西班牙马略卡岛（Mallorca）的 100 只犬中抗体阳性犬 26 只、患病犬 13 只，说明在流行区内犬的感染率远高于发病率。Zerpa 等（2000）报道检测 541 只犬的杜氏利什曼原虫，抗体阳性率分别是 33.1%；8～10 个月后，再次检测结果显示，犬只阳性率上升到 40%。说明犬利什曼原虫的易感性和传播率均较高。南美洲犬的感染率亦较高。

利什曼病是我国《传染病防治法》中规定的乙类传染病，曾流行于长江以北的 15 个省、市、区，近年来主要发生于新疆、甘肃、四川、陕西、内蒙古及山西 6 省份，部分地区的疫情近年有所回升，如山丘型疫区的陇西、川北地区等。所流行的主要是杜氏利什曼群所引起的黑热病（Kala - azar），新近在新疆地区也发现由该群利什曼原虫所引起的皮肤型利什曼病。这些地区的人利什曼原虫病主要为犬源型。吴远祥等（1994）报道 1976 — 1991 年在四川省共监测家犬 1 496 只，阳性犬 140 只，阳性率 9.36%；在某些地区，犬的感染率与人的利什曼原虫病数量成正比。屈金辉等（2011）对四川省黑水县 105 份家犬检测，20 份为阳性，阳性率高达 19.05%。

二、病　　原

1. 分类地位　利什曼原虫是一个复杂而庞大的种群。分类上属于原生动物亚界（Protozoa）、肉足鞭毛门（Sarcomastigophora）、鞭毛亚门（Mastigophora）、动鞭毛纲（Zoomastigophorasida）、动基体目（Kinetoplastorida）、锥虫亚目（Trypanosomatina）、锥虫科（Trypanosomatidae）、利什曼属（*Leishmania*）。利什曼原虫的虫种繁多，传统上主要根据其在人体的寄生行为、流行区域、贮藏宿主种类、媒介种类等因素区分虫种。

根据利什曼原虫在白蛉肠道中的发育情况，利什曼属可分为 *Viannia* 和 *Leishmania* 两个亚属。根据分子生物学、生物化学和免疫学特点分为不同的种和亚种。一般情况下，犬利什曼原虫病在旧大陆由 *Leishmania infantum*（婴儿利什曼原虫）引起，在新大陆的病原是 *Leishmania chagasi*（恰氏利什曼原虫），在欧洲、非洲、亚洲和美洲的一些地区这两种病原是主要的人兽共患虫种。目前，普遍认为 *L. chagasi* 是 *L. infantum* 的同种异名，但拉美国家的学者仍认为是两个不同虫种。两种病原感染都能引起犬的内脏和皮肤病变。此外，犬还可感染 *L. tropica*、*L. mexicana* 或 *L. braziliensis* 等多种利什曼原虫，但一般不致病或仅发生轻微的皮肤黏膜症状。

2. 形态特征　利什曼原虫的生活史较简单，只经过两个阶段，即在哺乳动物体内的无鞭毛体（amastigote）和在媒介昆虫体内的前鞭毛体（promastigote）。虽然各种利什曼原虫在超微结构上有一定差异，但仅根据无鞭毛体和前鞭毛体的形态特征难以区分或鉴定虫种。

（1）无鞭毛体　见于人和哺乳动物的单核—巨噬细胞内。通常称为利—杜氏体（Leishman - Donovan body，LD body）。在染色涂片上，常因单核—巨噬细胞的破裂，可在细胞外发现利—杜氏体。虫体圆形或椭圆形，大小为（2.9～5.7）μm×（1.8～4）μm，姬姆萨染色片上胞质呈蓝色并常伴有空泡，单个核，呈红色圆形团块。动基体呈细小杆状、深紫色，位于核旁。基体为红色颗粒，位于虫体前端，由此发出鞭毛根。在高倍显微镜下，可见虫体前端从颗粒状的基体发出一根丝体（rhizoplast）。基体与根丝在普通显微镜下难以区分。

在电镜下观察，虫体表膜（pellicle）为双层，内层表膜下为排列整齐的膜下微管，总数 77～81 条，微管数目、直径、间距等在虫种和株的鉴定上有一定意义。虫体前端表膜向内凹陷形成鞭毛袋（flagellar pocket），内有一很短的鞭毛，鞭毛表面有由表膜延续而形成的鞭毛鞘（flagellar cheath）所覆盖。鞭毛横切面为典型的“9+2”结构。基体为中空圆形，动基体大小 1μm×0.25μm，腊肠样，具双层膜，内部有大环和小环。核卵圆形，内有 1～2 个核仁，核膜双层，有核膜孔。胞质内还含内质网、类脂体、高尔基体和核糖体等亚细胞器。

（2）前鞭毛体　见于白蛉胃内或在 22～26℃体外培养。成熟的前鞭毛体为菱形或柳叶形，前端有一根伸出体外的游离鞭毛，大小为（14.3～20）μm×（1.5～1.8）μm。核位于虫体中部，动基体在前部，基体在动基体之前，鞭毛即由此发出。在电镜下，前鞭毛体的细胞核、基体、高尔基体、溶酶体、内质网及膜下微管等超微结构与无鞭毛体相似。前鞭毛体的动基体大而长，常生出较长分支（但内部无 DNA 纤丝）形成新的线粒体，且线粒体内膜的嵴数量较多。

3. 生活史　利什曼原虫的发育过程包括在脊椎动物宿主体内和传播媒介白蛉体内两个发育阶段。两阶段虫体均以二分裂法增殖。

当被感染的雌白蛉叮咬脊椎动物或人时，前鞭毛体进入宿主体内。宿主的巨噬细胞将前鞭毛体吞噬，被吞噬的前鞭毛体在其内存活并变为不活动的无鞭毛体。巨噬细胞内的无鞭毛体进行二分裂增殖直到细胞裂解，释放的无鞭毛体入侵邻近的吞噬细胞。

感染的巨噬细胞或游离的无鞭毛体随循环系统到达机体各内脏器官引起疾病。一旦无鞭毛体进入循环系统，即可在雌白蛉叮咬吸血时进入白蛉体内，在其肠内转变为前鞭毛体并以二分裂方式增殖。随后，成熟的前鞭毛体向白蛉前胃、食管和咽部移动，最后到达并聚集于垂唇，当白蛉叮咬脊椎动物或人时随白蛉分泌液进入机体开始新一轮分裂繁殖。

三、流行病学

1. 传染来源　犬是人利什曼原虫的保虫宿主，故感染犬不仅是其他犬的感染来源还是人利什曼原虫的传播来源，包括家犬和野生犬科动物。大量研究表明，人内脏型利什曼原虫病原是在野生犬科动物

（可能还包括啮齿动物）间自然传播和循环的动物源性疾病。犬的利什曼原虫感染主要通过犬之间的传播，未见人传播给犬的报道。

2. 传播途径 利什曼原虫的传播必须有白蛉的参与，白蛉是已知唯一能传播利什曼原虫的昆虫，作为媒介的白蛉主要有两个属，即旧大陆的白蛉属（*Phlebotomus*）和新大陆的罗蛉属（*Lutzomyia*）。罕有通过血液和体液交换或直接接触传播的报道，应用PCR检测发现血清学阳性犬的精液中含有利什曼原虫，且雄犬的输精管、前列腺、龟头、包皮等组织中也可检测到病原基因，提示在犬群中存在性传播的可能（Dinz等，2005）。

3. 宿主 *L. infantum*和*L. chagasi*是犬利什曼原虫病的主要病原，也是地中海沿岸、中东、拉美地区和我国西部人内脏型利什曼原虫病的致病虫种。

4. 流行特征 在流行区内，并非所有感染都发展为疾病。早期应用免疫学和血清学检测显示，在流行区无症状犬对利什曼原虫感染能产生不同程度的免疫反应。应用PCR检测也确认犬的感染率要远高于发病率。对希腊73只临床健康的猎犬调查发现，12.3%犬血清抗体阳性，63%PCR检测阳性。另外，如果具备合适的传播条件（如白蛉和犬的密度高），利什曼原虫能在犬群中快速传播。在意大利那不勒斯，一个清洁犬群在经过连续暴露三个传播季节后，对骨髓组织进行巢式PCR检测，阳性率为97.3%，血清抗体的阳性率75.7%。因此，流行区内临床型犬利什曼病的比例不高，但大部分犬都处于感染状态，只是没有表现临床症状或没产生足够的特异性抗体。

在非流行区，犬利什曼原虫病也时有发生，可能因为流行区与非流行区的犬只流动越来越频繁。荷兰的一项研究发现，每年有58 000只犬在假期被主人带到欧洲南部，感染利什曼原虫的概率是0.027%～0.23%。如果当地没有传播媒介白蛉存在，通过流动犬只传播的可能性较小，不过已有报道称没有流动史的犬与输入犬、感染犬幼崽或接受感染犬血液的犬共饲后获得感染。在2000年以前，美国犬内脏型利什曼原虫病报道较少，但当年纽约州一猎狐犬场发生因利什曼原虫病引起的死亡。血清学调查显示，包括美国的18个州和加拿大的两个省都存在犬利什曼原虫的感染。

四、致病性与临床表现

利什曼原虫能侵入机体多个脏器，除中枢神经系统外，可在机体各部位发现虫体。所以，犬利什曼原虫感染可能会引发若干不同的临床特征。

犬利什曼原虫病的主要症状是虚弱、活动减少、皮肤病变和体重减轻。病犬可因肌肉萎缩显得苍老，可因肾衰出现厌食症。虚弱和活动减少可能是贫血、肌萎缩、多关节病或慢性肾衰造成的。可发生免疫介导的多关节炎、多发性肌炎，骨骼损伤会导致运动障碍，如跛行等，但并不常见。虫体在肝脏巨噬细胞中繁殖，会造成慢性活动性肝炎，有时引起肝肿大、呕吐、多饮多尿、厌食和体重减轻。也有报道称慢性溃疡性大肠炎引起的大肠腹泻和黑粪症及急性出血性肠炎都与利什曼原虫病有关。

感染犬常出现中度或严重的肾功能障碍，如果出现蛋白尿就可能导致肾病综合征和尿毒症，这是感染犬死亡的主要原因。有时也可能在没有其他任何利什曼原虫病特征的情况下，发生急性致死性的肾功能障碍。心脏病和血栓形成不常见，单侧鼻衄常见，这是血球蛋白过多症和血小板减少症引起鼻黏膜溃疡的结果。皮肤损伤在病犬中发生频率很高，有可能出现对称性脱毛、银屑病、皮肤溃疡、皮肤结节或躯干部广泛的无菌包皮炎。眼部病变主要发生在眼外侧，眼周皮炎和眼睑炎是最主要的临床表现之一，还可见顽固性肉芽肿性结膜炎、角膜炎、角膜水肿、青光眼、巩膜炎或视网膜出血等。经过治疗的病犬还可能出现虹膜睫状体炎，可能是过敏反应的表现。

五、病理变化

犬内脏型利什曼原虫病是一个多系统疾病，组织病理学变化无特征性，与其他感染或免疫介导性疾病相似。典型的组织病理学变化是肉芽肿性炎性反应，可在巨噬细胞中见到利什曼原虫（无鞭毛体）。出现皮肤症状的病犬的Ⅰ型胶原纤维减少、Ⅲ型胶原纤维增多，皮肤病变和组织损伤越严重，这两型胶原纤维偏离正常值越多。淋巴结肿大，是淋巴滤泡数量增加、体积增大以及脾索和脾窦中巨噬细胞肥大和增生的结果。增大的淋巴结中荷虫量与其他器官的损伤类型和严重程度不相关。

肾脏病变较为常见。巴西的一项报道，55 只（其中 13 只无临床症状）血清抗体阳性犬都有肾小球肾炎病变，78%的犬出现间质性肾炎，91%犬的肾小球存在虫体抗原沉积。肾脏疾病表现可以从无症状的蛋白尿发展到肾病综合征或由肾小球肾炎、肾小管间质性肾炎、淀粉样变性引起的慢性肾衰竭。肾小球肾炎常常与免疫复合物在肾脏的沉积有关。尽管犬利什曼原虫感染普遍引致肾脏的病理变化，但血清肌酐、尿素升高这样的典型肾衰症状及氮质血症均在肾的大部分功能障碍后才会出现，此时常常已至病程晚期。

患犬也常出现关节和骨骼病变。一项对 58 只患犬的骨骼损伤调查发现，45%犬出现步态异常。可观察到腐蚀性和非腐蚀性多关节炎，滑液镜检可见利什曼原虫无鞭毛体。受影响骨的典型病变是骨膜和髓内增生性损伤，通常是皮质和髓质溶解。还可出现进行性肌萎缩和慢性多肌炎，其特征是出现利什曼原虫无鞭毛体、中性粒细胞性脉管炎和 IgG 免疫复合物沉着引起的单核细胞浸润。

犬利什曼原虫病还可引起凝血功能紊乱，出现血小板聚集异常，导致血小板功能障碍、血小板减少及凝血因子和纤维蛋白溶解活性降低。鼻衄可能是病犬出现的唯一症状，可能因无法止血造成死亡。鼻衄的机制是脓性肉芽肿或淋巴浆细胞鼻炎、血小板病和血球蛋白过多症。大部分患犬出现程度不一的贫血。

六、诊　断

基于以下三个原因，犬内脏型利什曼原虫病的诊断较困难：临床症状多样并且与其他疾病相似；病理组织学变化没有特异性，与其他感染或免疫介导性疾病相似；还没有 100%敏感且特异的诊断方法。

患犬的临床症状可以帮助诊断，以下三种方法可帮助进一步确诊：病原（寄生虫）学检测技术，可以直接观察到虫体的存在；血清学检验，以检测利什曼原虫的循环抗体；分子检测手段（PCR），通过从宿主组织中扩增虫体特异性基因片段确认虫体存在。

1. 病原学检测 从活体动物的淋巴结和骨髓抽吸液中鉴定利什曼原虫是快速而简便的方法。将细胞涂片用姬姆萨染色，可见 2～5μm 长的卵圆形虫体，其内有一个深色核和一个小动基体。骨髓涂片中的虫体一般存在于巨噬细胞内，而在淋巴结穿刺液涂片中虫体通常在细胞外，可能由于抽吸过程导致细胞破裂造成。一般情况下，涂片的检出率很低，感染动物骨髓涂片的检出率 50%～70%，淋巴穿刺液涂片只有 30%。HE 染色或姬姆萨染色的组织切片也可用于虫体检测，皮肤切片中虫体数量存在较多；采用免疫组织化学和免疫细胞化学技术可有效提高检出率。

2. 血清学或免疫学检测 用于检测循环抗体，已有多种方法（包括免疫荧光抗体试验、ELISA、直接凝集试验、western blot 和快速免疫层析等）用于循环抗体的检测。这些方法的敏感性较高，但特异性不高，不能作为唯一的检测方法。利什曼原虫的粗提抗原可能与其他病原产生的抗体产生交叉反应，如枯氏锥虫。目前已经发展一些包含特异性表位的重组多肽作为诊断抗原提高检测的特异性，如重组 K39（rK39）。以 rK39 作为诊断抗原构建的 ELISA 试剂盒，其检测特异性高达 96%～100%，但对无症状患犬检测的敏感性较低，只有 29%～65%。已经有商品化试剂盒。

3. 分子检测 PCR 技术的应用大大提高了检测利什曼原虫的敏感性。新鲜组织和固定组织（血液、淋巴结、骨髓和脾等），都可用作 PCR 检测的材料。PCR 检测的敏感性与目的基因片段在虫体中的拷贝数呈正相关。为了检测血清抗体阳性犬的脾脏和淋巴结抽吸液或结膜试纸中 *L. infantum* 的特异性基因片段，将目的片段定位于基因组 DNA 中编码核糖体 RNA（rRNA）的间隔转录区 1（internal transcribed spacer 1，ITS1），检测的敏感性较高。利什曼原虫中 rRNA 基因的拷贝数 40～200，动基体 DNA（kinetoplast DNA，kDNA）在每个虫体中拷贝数可达 10 000 个，故基于 kDNA 的 PCR 检测犬血液的敏感性更高。实时定量 PCR（Quantitative real - time PCR，qPCR or Real - time PCR）的敏感性更高，可检测极低含量的目的基因片段，传统 PCR 可从骨髓中检测到每毫升 30 个以上虫体，而每毫升低至 1 个虫体可用 real - time PCR 检出。

七、防治措施

1. 治疗 临床上一般使用五价锑剂治疗犬的利氏曼原虫病。但鉴于在公共卫生上的重要意义，利什曼原虫感染犬应着眼于扑杀、淘汰。

2. 预防 目前，防控利氏曼原虫感染主要做好以下几个环节：

（1）管理传染源 包括对人和动物感染者的积极治疗控制。在人与动物共患型疫区，犬是主要的保虫宿主和传染源，在治疗患者的同时，应加强对感染犬的血清学检查和治疗，实行捕杀、淘汰阳性犬或禁止养犬的方案。对以森林型或半家居型循环为主的利什曼原虫，其保虫宿主多为啮齿动物和/或野生动物，应从切断传播途径入手控制。宜在白蛉生长繁殖季节到来前普查普治患者，力求根治，消灭传染源。

（2）切断传播途径 在白蛉的繁殖期，应用药物对其栖息场所喷洒滞留型杀虫剂，目前多使用溴氰菊酯（deltamethrin）和有机磷类（如马拉硫磷）。对森林型或野栖白蛉，喷洒药物控制的方法较难实施，主要是防止被白蛉叮咬。对于犬只（尤其是猎犬）可佩戴溴氰菊酯颈圈驱杀白蛉。

（3）免疫预防 医学临床研究和动物试验均证明开发利什曼原虫病疫苗是完全可能的。目前对皮肤型利什曼原虫病已在部分国家如以色列和俄罗斯军队开始使用灭活或活的 *L. major* 前鞭毛体通过臀部注射进行预防，但这种方法几乎完全取决于所用虫株的毒力，有时所致伤口较大且愈合较慢，故以色列目前已停止使用。近年来，利什曼原虫病疫苗的研究已几乎完全转向重组抗原疫苗，主要集中在 gp63（63kDa 糖蛋白）、gp46（46kDa 膜糖蛋白或称 M - 2）、p36 或 LACK（蛋白激酶 C 激活受体的利什曼同源物）、CP B/A（半胱氨酸蛋白酶 A 和 B）、LD1 抗原 PsA2（前鞭毛体抗原 2）等特异性保护性抗原分子，研制成重组疫苗和裸 DNA 疫苗，用 BCG、IL - 12 或 CpG 等为佐剂，在实验动物均取得较好效果。此外，以基因敲除的 *L. maxicana* 疫苗株在小鼠试验已获得成功。随着利什曼原虫原虫基因组计划的完成，其抗原组学、蛋白质组学研究正在不断深入，将为利什曼原虫病分子疫苗的研究提供良好基础。

八、公共卫生影响

犬是人的多种利氏曼原虫的保虫宿主，其中 *L. infantum* 是重要的人兽共患病，在公共卫生上具有重要意义。在流行区，有效控制犬利什曼原虫感染是阻止人感染的有效措施之一。实验动物从业人员和犬主人以及野外工作人员应时刻警惕利什曼原虫病的威胁，建立跨学科的信息共享系统以便及时全面地掌握犬利什曼原虫病流行状况。

（郝攀 刘群）

参考文献

屈金辉．2011．利什曼原虫的流行病学调查及基因分型研究［D］．济南：济南大学．

田克恭，刘群，遇秀玲，等．2013．人与动物共患病［M］．北京：中国农业出版社：1331 - 1345．

王雅静，刘佩娜．2000．犬利什曼病的流行、诊断和防治［J］．实用寄生虫杂志，8（2）：72 - 74．

谢辉，帖超男，王雅静．2005．犬利什曼病的流行与诊断研究进展［J］．寄生虫与医学昆虫学报，12（1）：48 - 51．

张建国，张富南，陈建平．2011．四川省犬源性黑热病流行概况与防治［J］．预防医学情报杂志，27（11）：869 - 874．

Baneth G，Koutinas A F，Solano - Gallego L，et al．2008．Canine leishmaniosis - new concepts and insights on an expanding zoonosis：part one［J］．Trends in parasitology，24（7）：324 - 330．

Miró G，Cardoso L，Pennisi M G，et al．2008．Canine leishmaniosis-new concepts and insights on an expanding zoonosis：part two［J］．Trends in parasitology，24（8）：371 - 377．

Noli C．1999．Canine leishmaniasis［J］．Waltham Focus，9（2）：16 - 24．

Wang J Y，Ha Y，Gao C H，et al．2011．The prevalence of canine Leishmania infantum infection in western China detected by PCR and serological tests［J］．Parasit Vectors，4（69）：1 - 8．

第六十四章
旋滴科原虫所致疾病

迈氏唇鞭毛虫病
(Chilomastigiasis)

迈氏唇鞭毛虫能够感染动物和人，寄生于宿主的肠道，一般不引起临床症状。

一、发生与分布

迈氏唇鞭毛虫是一种寄生于肠道内的寄生虫，广泛分布于世界各地，主要寄生于人、灵长类和其他动物的回盲部，一般无致病性。近年来，偶见迈氏唇鞭毛虫感染人引起临床症状的报道。迈氏唇鞭毛虫虽是常见鞭毛虫，但一般的医学寄生虫学书籍中较少介绍，国内报道也较少，常被忽视。

二、病　　原

1. 分类地位　迈氏唇鞭毛虫（*Chilomastix mesnili*）在分类上属原生动物门（Protozoa）、鞭毛纲（Mastigophora）、旋滴目（Retortamonadida）、旋滴科（Retortamonadidae）、唇鞭毛属（*Chilomastix*）。

2. 形态特征　包括滋养体和包囊两种形态。

滋养体呈梨形，前端钝圆，末端尖锐，大小为（3～10）μm ×（6～24）μm。胞口位于体前端，左右两缘较厚，呈口唇状，向后延伸约占虫体一半。核呈圆形或卵圆形，位于虫体前端。前排有3根鞭毛（1长2短），游离于虫体前端，后排1根较短的鞭毛，向后伸入胞口，另外2个各发出纤丝一条。从虫前端的背面开始，转入体后端的腹面，为体表的螺旋状凹陷，称为螺旋沟。

包囊呈柠檬形或卵圆形，大小为（7～10）μm ×（4～6）μm。囊壁薄，但前端厚。含有滋养体阶段的器官，1～2个核。有胞口，内有鞭毛及纤丝等。

3. 生活史　包囊经口摄入通过食管、胃和十二指肠，在小肠碱性环境中，由于囊内虫体运动及肠内酶的作用，囊内虫体脱囊而出。滋养体多寄生于小肠，以纵二分裂法进行繁殖，当条件不利时，从回肠部开始形成包囊，随着肠内容物下移，肠内环境的变化，如水分逐渐被吸收等，包囊逐渐增多，滋养体逐渐减少，至直肠一般仅见包囊，经粪便排出体外。包囊的抵抗力很强，加热至72℃才能杀死，在水里可以生存很长时间。

三、流行病学

1. 传染来源与传播途径　粪口传播，即宿主粪便中排出的包囊或滋养体，污染了食物、饮水或饲料，当人和动物再次食入时遭受感染。

2. 宿主　人、多种灵长类动物以及实验小鼠。

3. 分布与流行　世界性分布，感染率一般1%～10%。当人体抵抗力下降或免疫功能不全时，例如艾滋病患者、长期接受免疫抑制剂治疗或晚期肿瘤患者，易患该病。

没有关于动物自然发病的报道。实验动物小鼠可以成功地感染，寄生于宿主肠道，主要是回盲部。并引起盲肠黏膜水肿、腺体增生、黏液大量分泌等炎性反应。

四、致病性与病理变化

迈氏唇鞭毛虫一般无致病性。近 10 多年来因迈氏唇鞭毛虫感染而产生临床症状者偶有报道，曾经在 2 例肿瘤患者的粪便中发现其包囊。

迈氏唇鞭毛虫病多在夏秋季节发生，儿童多见，可能与其胃肠道功能发育不完善和卫生习惯不好而吞食包囊机会较多有关。当人体抵抗力下降或免疫功能不全时，例如艾滋病患者、长期接受免疫抑制剂治疗或晚期肿瘤患者，临床出现慢性腹泻、呈糊状或稀水便伴腹痛、上腹不适、厌食、腹胀等胃肠道症状，不能用其他疾病解释时，应考虑该病的可能性。

尚无动物自然感染迈氏唇鞭毛虫的临床病例报道。人工感染动物试验提示，在宿主免疫机能降低时，可引起实验动物肠黏膜的损害。因此，宿主免疫机能低下是迈氏唇鞭毛虫致病的重要条件。迈氏唇鞭毛虫可引起小鼠肠黏膜损害，感染后出现的损害程度与宿主敏感性有关，而与感染包囊数量无明显关系。在使用免疫抑制剂的条件下，即使感染少量虫体，肠黏膜亦可发生明显损害或严重损害。小鼠盲肠黏膜充血、水肿，腺体增生，黏液分泌增强；部分肠黏膜层有炎性细胞浸润，早期以中性粒细胞为主，晚期多为单核细胞，呈散在或灶状分布；部分肠黏膜层坏死；部分可见黏膜下淋巴滤泡增生。

五、诊　　断

粪便检查为确诊该病的可靠方法，粪检应取新鲜粪便作生理盐水直接涂片或碘液染色，在高倍镜和油镜下观察，以提高查找滋养体或包囊的机会。对未检出的个别标本可考虑用隔日复检的方法以提高检出率。

粪便检查迈氏唇鞭毛虫滋养体和（或）包囊，可用特异性的铁苏木精（Iron - hemotoxylin）染色法，能够观察到包囊和滋养体。

如果观察不到，还可用粪便进行培养，培养后的滋养体更易于观察。

六、防治措施

1. 治疗　关于迈氏唇鞭毛虫病各方面的报道都较少，治疗鞭毛虫感染的常用药物有甲硝唑，为广谱抗厌氧菌和抗原虫药物。

2. 预防　积极治疗病人和无症状带囊者，加强粪便管理，防止水源污染，搞好环境、饮食和个人卫生，是防控该病的主要措施。

七、公共卫生影响

迈氏唇鞭毛虫感染受经济状况、居住环境、饮用水源和生产类型等因素影响，尽管被认为是不致病的疾病但是也有出现临床症状患者的报道，特别免疫低下人群可能继发感染该病原，因此仍是应当关注的重要公共卫生问题，对其预防控制工作不可松懈。

（刘晶　刘群）

参考文献

凡龙，郭鄂平，王燕，等. 2003. 迈氏唇鞭毛虫的培养观察 [J]. 医学动物防制，19 (5)：263 - 264.
郭鄂平，张光玉，宋明华. 2002. 迈氏唇鞭毛虫致病性的研究 [J]. 中国寄生虫病防治杂志，15 (3)：146 - 147.
郭鄂平，郭冀萍，宋明华. 2003. 28 例迈氏唇鞭毛虫病临床分析 [J]. 临床荟萃，18 (10)：570.
万玲，陈致怀，李小平. 2001. 南昌迈氏唇鞭毛虫包囊首次报告 [J]. 江西医学检验，19 (2)：109.
Levecke B, Dorny P, Geurden T, et al. 2007. Gastrointestinal protozoa in non - human primates of four zoological gardens in Belgium [J]. Veterinary Parasitology, 148 (3): 236 - 246.

第六十五章 六鞭毛虫科原虫所致疾病

第一节　六鞭毛虫病 (Hexamitiasis)

六鞭毛虫病（Hexamitiasis）是由各种六鞭毛虫（*Hexamita*）寄生于不同种动物（如鱼类、两栖类、鸟类和啮齿类）肠道所引起的一种以腹泻为主要临床表现的原虫病，分布广泛，具有重要的经济意义。

一、发生与分布

六鞭毛虫病呈世界性分布，对家禽和鱼类生产有较大危害。*Hexamita inflata* 和 *H. salmonis* 两种六鞭毛虫作为引起鱼“空头病”（Hole-in-the-head disease，即 Head and lateral line erosion，头和侧线糜烂症，是鱼的一种神经退行性疾病）的重要病原体，每年给全世界水产养殖业造成巨大经济损失；鸽六鞭毛虫（*H. columbae*）和火鸡六鞭毛虫（*H. meleagridis*）则分别在鸽和鸡、火鸡群中流行，偶有暴发，对养禽业危害较大。豚鼠六鞭毛虫（*H. caviae*）和猿六鞭毛虫（*H. pitheci*）在试验豚鼠和恒河猴等灵长类实验动物中呈地方性流行，偶可致临床疾病。

二、病　　原

六鞭毛虫在传统分类上属于肉足鞭毛门（Sarcomastigophora）、鞭毛亚门（Mastigophora）、动鞭毛虫纲（Zoomastigophorea）、双滴虫目（Diplomonadida）、六鞭毛虫科（Hexamitidae）、六鞭毛虫属（*Hexamata*），但根据国际原生生物学家联合会 2012 年发布的原生生物分类修订标准，根据分子分类的研究进展，已取消了的上述门、纲和亚纲的分类阶元，但保留目之后的分类阶元。按照这一新的分类系统，六鞭毛虫的分类地位更新为真核界（Eukaryota）、古虫（Excavata，阶元位置待定）、后滴虫门（Metanonada）、Fornicata 纲、双滴虫目（Diplomonadida）、六鞭毛虫科（Hexamitida）、六鞭毛虫属（*Hexamita*）。该属现已知的主要致病虫种有蟾六鞭毛虫（*H. batrachorum*）、粗壮六鞭毛虫（*H. robustus*）、鸽六鞭毛虫（*H. columbae*）、豚鼠六鞭毛虫（*H. caviae*）、膨胀六鞭毛虫（*H. inflata*）、肠六鞭毛虫（*H. intestinalis*）、火鸡六鞭毛虫（*H. meleagridis*）、小鼠六鞭毛虫（*H. muris*）、三文鱼六鞭毛虫（*H. salmonis*）、猿六鞭毛虫（*H. pitheci*）等。

三、形态、生活史与致病作用

1. 蟾六鞭毛虫（*H. batrachorum*）**和肠六鞭毛虫**（*H. intestinalis*）　二者均为蛙类、蟾、蝾螈、蜥蜴等的肠道寄生虫。虫体呈梨子形，两侧对称，有 2 个细胞核和 2 个轴杆（axostyle）、6 根前鞭毛和 2 根后鞭毛，滋养体长径为 10～16μm（图 65-1-1），偶可形成包囊，以二分裂方式繁殖。蟾六鞭毛虫是美国生物医学研究中常用的上述两栖、爬行类动物肠道中最常发现的六鞭毛虫，据报道灰蝾螈的感染率可达 42%；肠六鞭毛虫则常从美西螈（axolotl）和暗斑钝口螈（*Marbled salamander*）大肠发现，感染率达 38%。具有一定的致病力，严重感染时可引起炎症性肠病（Inflammatory bowel disease），导致腹泻。诊断方法是采集腹泻动物粪便进行饱和盐水漂浮集虫检查，尚无明确可用的治疗方法。对捕获的拟用作实验动物的蜥蜴、蝾螈等应进行严格的隔离观察，或用甲硝唑每千克体重 50～100mg（不能大于每千克体重 100mg，否则会导致肝脏损伤）灌服，以净化或治疗。

2. 鸽六鞭毛虫（*H. columbae*） 呈梨形，大小为（5～9）μm×（2.5～7）μm，2 个核位于滋养体前端，有 6 根前鞭毛和 2 根后鞭毛。迄今为止这种六鞭毛虫仅发现于鸽，可寄生于鸽的十二指肠、空肠、回肠和大肠，引起卡他性肠炎或伴有十二指肠肿胀。主要侵害雏鸽，尤以 7～10 周龄鸽感染率为高，临床表现消瘦、失重/增重降低、腹泻，在赛鸽则可表现衰弱、飞行性能下降、姿势改变、嗉囊排空减缓。以湿涂片法检查疑似感染鸽的粪便，如发现视野下有运动快速的梨形物并具鞭毛者，可做出诊断。治疗可用硫胺硝唑（Carnidazole，卡硝唑、卡咪唑）每千克体重 20mg 饮水。预防措施主要是加强卫生管理、定期消毒料槽、水槽和鸽笼，淘汰带虫鸽。

3. 火鸡六鞭毛虫（*H. meleagridis*） 是广泛影响家禽和经济禽类的一种鞭毛原虫，可自然感染火鸡、鸡、鹌鹑、鹧鸪和孔雀等鸟类。滋养体呈梨形，左右对称，大小为（6～12）μm×（2～5）μm，有 2 个大的核内体，前位；轴杆 2 根，分列并行；有前鞭毛 4 根、前侧鞭毛 2 根和 2 根后鞭毛，4 根前鞭毛沿虫体向后弯曲（图 65-1-2）。增殖方式为纵二分裂法。主要经饲料和/或饮水传播，康复禽多呈带虫状态，是主要传染源。

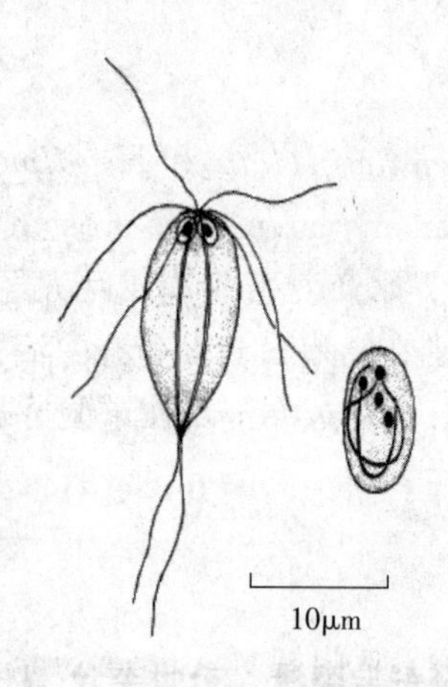

图 65-1-1 *H. intestinalis* 的滋养体（左）和包囊（右）模式图

（仿 Cheng TC，1986）

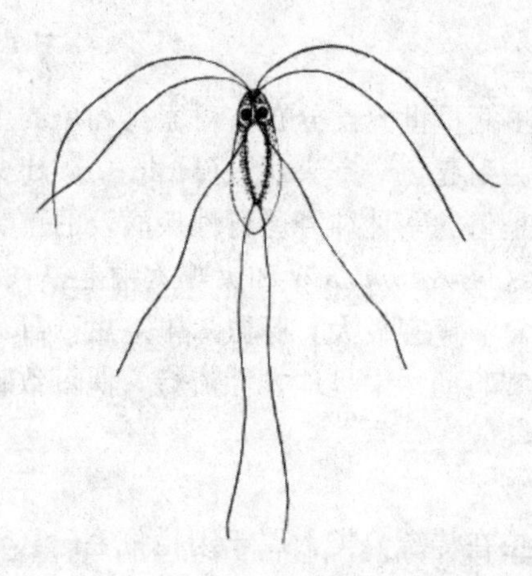

图 65-1-2 *H. meleagridis* 滋养体形态模式图

主要侵犯 4～14 周龄的雏鸡和雏火鸡。病鸡消瘦、神情委顿、畏寒、两翅下垂；特征性表现是水样腹泻并伴有多量气泡，病程后期粪便呈黄色水样。致死率可达 10%或更高。病理变化主要为小肠的卡他性炎、肠鼓胀、肠壁褪色、苍白，肠内容物呈水样并混杂有大量气体，十二指肠浆膜面可见斑点状出血；盲肠内容物亦然，盲肠扁桃体充血。显微镜检查发现有黏膜组织显著淋巴细胞和浆细胞浸润，可见大量有鞭毛的滋养体。

诊断可根据症状并结合肠黏膜组织碎片压片的显微镜检查，以发现多量快速直线运动的滋养体为示病依据。尽管该病症状颇类似于沙门氏菌病，但借助寄生虫学检查能明确鉴别。

对发生该病的禽只，可用硫胺咪唑、地美硝唑（迪美唑）、罗硝唑和甲硝唑等，剂量为每千克体重 20mg。预防措施同鸽六鞭毛虫感染。

4. 豚鼠六鞭毛虫（*H. caviae*） 滋养体呈梨形，左右对称，大小为（3.8～10）μm×（3.3～4.7）μm（长径的度量包括凸出的轴杆）；前鞭毛长度变化不一，但基本等长于或稍长于滋养体长径，而回折向后的鞭毛则长于前鞭毛，均发自位于核稍前的生毛体（Blepharoplast）。核 1 个，角形，可见一明显的核仁（图65-1-3）。在新鲜制备的涂片上，滋养体非常活泼，前鞭毛前后拍动像鞭子样抽动，引导虫体快速运动。目前认为该种六鞭毛虫仅寄生于豚鼠，感染率随卫生管理状况不同而有差异，有报道指出在所检测的98只豚鼠中9只感染（11%）。试验感染大鼠未获成功。

粗壮六鞭毛虫（*H. ribustus*）：亦为豚鼠的肠道寄生虫，形态明显大于豚鼠六鞭毛虫。滋养体大小为（6.6～13.5）μm×（3.5～7.5）μm（长径的度量包括凸出的轴杆）。与 *H. caviae* 的主要形态差异为其核呈圆形或长椭圆形，副基粒模糊不清。同样也不能成功试验感染大鼠。据报道豚鼠的感染率为14%（12/84）。

5. 猿六鞭毛虫（*H. pitheci*）　是非人灵长类的一种肠道寄生原虫，在实验动物主要报道于南美地区的恒河猴，但无感染率/流行率的具体数据。滋养体大小为（2.5～3）μm×（1.5～2）μm。此外，在北美的黑猩猩粪便中也曾发现过一种滋养体为（4～6）μm×（2～4）μm大小的六鞭毛虫，据认为是同一种，但无具体资料。

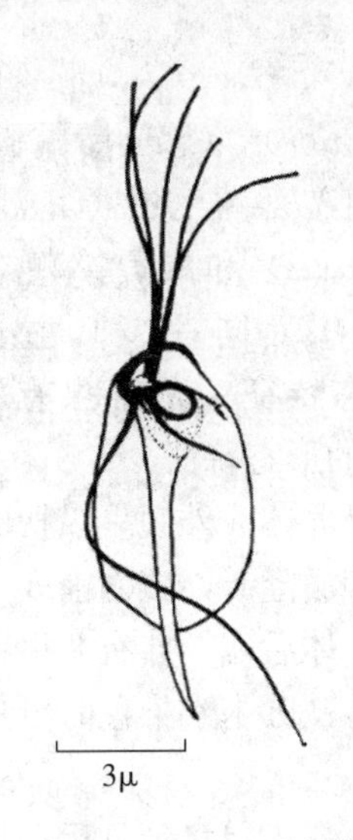

图65-1-3　*H. caviae* 滋养体模式图
（引自Ballweber，2007）

（蔡建平）

参考文献

Baker D G. 2007. Flynn's Parasites of Laboratory Animals [M]. 2nd ed. Oxford: Blackwell Publishing Group: 120-121, 220-221, 425-426, 696-697.

Cheng T C. 1986. Gneral Parasitology [M]. 2nd ed. New York: Academic Press College Division: 97-151.

第二节　犬贾第鞭毛虫病
（Giardiasis canis）

贾第鞭毛虫病（Giardiasis canis）是一种世界性的人兽共患寄生虫病。早在17世纪，列文虎克在自己制作的显微镜中观察本人的腹泻样本时即观察到贾第鞭毛虫（简称贾第虫）。过去曾经认为贾第虫是人肠道的不致病原虫。近来研究发现贾第虫可寄生于多种脊椎动物，包括哺乳动物、鸟类、爬行类、两栖类和啮齿类，是多种动物（尤其是犬）和人的重要的腹泻病原。尽管感染后很少出现临床症状，但在世界范围内犬和猫贾第虫感染均较为常见。

一、发生与分布

犬的贾第虫感染较为普遍，但一般出现临床症状也较少。何宏轩等（2001）对吉林省犬贾第虫感染情况进行调查，发现犬贾第虫的感染率为25.20%；且不同品种犬的感染率有差异，土种犬15.38%，杂交犬17.18%，纯种犬35.39%。北美洲的人群贾第虫感染较为普遍。我国的初步调查显示，人口感染率为7%左右，估计感染者至少在1亿以上。

二、病　　原

1. 分类地位　贾第虫在分类上属原生动物亚界（Protozoa）、肉足鞭毛门（Sarcomastigophora）、鞭毛亚门（Mastigophora）、动鞭毛虫纲（Zoomastigophorea）、双滴虫目（Diplomonadida）、六鞭虫科（Hexamitidae）、贾第虫属（*Giardia*）。有多种贾第虫，其中最重要的虫种是蓝氏贾第鞭毛虫（*G. lambila*），是人与多种动物共患的病原，且在感染人群中只发现该种，说明其他虫种不感染人。对各种贾第虫的鉴别和命名至今仍存在争议，根据其形态差异命名为6个种：蓝氏贾第鞭毛虫

(*G. lamblia*)、*G. agilis*（感染两栖动物）、*G. muris*（感染啮齿动物）、*G. ardeae*、*G. psittaci*（感染鸟类）和*G. microti*（感染麝鼠和田鼠）。也有人根据首次发现病原的宿主，将贾第虫以宿主命名，共有41种，如牛贾第鞭毛虫（*G. bovis*）、山羊贾第鞭毛虫（*G. caprea*）、猫贾第鞭毛虫（*G. cati*）、犬贾第鞭毛虫（*G. canis*）和鼠贾第鞭毛虫（*G. muris*）等。现在分类研究认为*G. lamblia*、*G. intestinalis* 和*G. duodenalis*为同一个种。感染犬的贾第鞭毛虫有两种，即*G. canis*和*G. lambia*。

2. 形态特征 贾第虫有滋养体和包囊两种形态。各种贾第虫的形态差异不大，下面仅描述*G. lambia* 的形态特征。

（1）滋养体 外观呈纵切的梨形，大小为（9.5～21）μm×（5～15）μm。前端宽而钝圆，后端窄而尖细，背面隆起，腹面前3/4处有向内凹陷的卵圆形吸盘。左右对称，自虫体前端中央有一对轴柱，一直延伸至体后端。共有8根鞭毛，包括1对尾鞭毛、2对侧鞭毛和1对腹鞭毛。虫体运动迅速，活动似金鱼状。铁苏木素染色时可见1对卵圆形的泡状细胞核，并列于吸盘底部，各有一大核仁。核外无染色质。

（2）包囊 包囊不具运动性，椭圆形，大小为（10～14）μm×（7～10）μm。包囊壁厚，光滑无色，有折光性。碘液染色时，包囊呈黄绿色，含2～4个核，多偏于一端，并有由鞭毛和轴柱组成的丝状物。铁苏木素染色时，囊壁不着色，可见核内核仁，丝状物被染成黑色。

超微结构：扫描电镜下，可见滋养体背部隆起，表面呈橘皮样凹凸不平。吸盘位于虫体前端的腹面，由单层微管组成，呈不对称的螺旋形。虫体周围的外质向外突出并向腹面卷曲，形成伪足样周翼，与吸盘侧嵴形成较深的腹侧边缘沟，背面细胞质边缘间有较浅的背侧边缘沟。伪足样周翼在吸盘后缘向腹面包绕形成腹沟。前侧鞭毛和后侧鞭毛从背侧边缘沟伸出体外，腹鞭毛从腹沟伸出，尾鞭毛经腹沟处向后延伸至体外。透射电镜下，可见吸盘位于腹面2/3处，分为2叶，间有腹沟。2个核位于2叶吸盘的背侧。虫体表面的表膜下有许多空泡，基体为8个，分成2组，每组形成1个动基体，位于2个核间总轴的两侧。鞭毛源自基体，由9对周围微管和2根中央微管组成（9+2结构），外被鞘膜。

3. 生活史 贾第虫的生活史为包囊和滋养体两种形式的转化，二者都可在粪中出现。包囊更常见于无腹泻症状的宿主粪便中，此阶段的包囊具有感染性。包囊在湿冷环境中能存活几个月。当宿主摄入被包囊污染的食物、饮水等即被感染。在胃的酸性环境中，包囊脱囊释放出滋养体。每个四核包囊可产生两个二核滋养体。滋养体在小肠中以二分裂方式进行无性生殖，有些虫体在肠腔中游离，还有些虫体黏附于小肠上皮细胞。滋养体是虫体的致病阶段，通过腹吸盘黏附于小肠黏膜。滋养体不侵入细胞，也不侵染其他器官，但有时会误入胆囊或胆管。滋养体移行到大肠后成囊，转化为包囊。胆盐和小肠黏液有助于滋养体增殖和成囊。滋养体对外界环境的抵抗力较差，所以随粪便排出的滋养体一般不具有感染性。而随粪便排出的包囊具有感染性，当被宿主吞食后即开始下一轮生活史。贾第虫的繁殖力很强，有报道称一个病人一昼夜可排出9亿包囊。

三、流行病学

1. 传染来源 患犬及带虫犬是主要传染来源，包囊是主要的感染型虫体。人和动物之间可交叉传播，尚不清楚其他动物排出的贾第虫包囊能否感染犬。

2. 传播途径 犬主要是通过吞食被包囊污染的食物和饮水而被感染。滋养体有一定的感染性，但其对外界抵抗力弱，推测由滋养体导致的感染较少见。苍蝇、蟑螂等昆虫也可机械性携带、传播贾第鞭毛虫。

3. 流行特征 贾第鞭毛虫病流行很广，呈世界性分布。1979年世界卫生组织将其列为人与动物共患病。

美国、巴西、欧洲和亚洲一些国家都有关于犬贾第虫感染的调查报道。一般来讲，幼年动物和群居动物的感染率较成年动物和独居动物高。出现症状的感染犬多为幼年犬。集中饲养犬的感染率要高于城市和乡村中的散养犬，而城市和乡村犬的感染率无显著差异。

迄今为止，已经报道了犬、猫、牛、马、猪、兔、獭、猿猴、大鼠、小鼠以及多种野生动物都可感染贾鞭毛虫。

四、致病性与临床表现

犬、猫的感染非常常见，常与其他肠道寄生虫混合感染。对幼年动物的危害较大。轻度感染时无明显临床症状，严重感染或机体抵抗力降低时可出现临床症状，幼年动物症状更加明显。主要表现消化不良，营养吸收障碍，腹痛，腹泻，主要是脂肪性腹泻；动物体重下降，生长发育不良，被毛粗糙、易脱落，皮肤干燥；粪便恶臭，带有黏液或血液。

五、诊　　断

对犬贾第鞭毛虫感染的初步诊断可通过制作涂片观察滋养体和富集后的包囊，最常用的富集方法是硫酸锌或蔗糖溶液离心粪便悬液，包囊漂浮于液体表面。除直接镜检外，还可进行免疫荧光显色后观察。第二种方法是通过酶联免疫吸附试验（ELISA）检测抗原。第三种方法是通过聚合酶链式反应（PCR）扩增贾第鞭毛虫特异基因。可将 3 种诊断方法单一和联合使用。粪便样本中的滋养体、包囊和 DNA 可以检测是否感染，但不一定是引起腹泻的直接原因，所以对腹泻病人或病犬病因的诊断应结合临床症状综合分析。

1. 粪便检查　感染犬的粪便中含有大量包囊，幼年犬感染后的粪便包囊可达每克 2 000 个。包囊排出高峰没有明确、规律的周期，两次高峰的间隔时间 2～7 天不等，所以单次阴性检测结果并不能排除贾第鞭毛虫感染。将硫酸锌和蔗糖的粪便悬液离心检测的敏感性高于自然漂浮法，但是由于蔗糖溶液的高渗性，会使包囊变形，可能导致包囊看起来像半月形或新月形，所以一般更倾向于选择硫酸锌漂浮。具体方法是取约 2g 粪便与 10mL 溶液混合，加到 15mL 离心管中，小心加满溶液后盖上盖玻片，1 500～2 000r/min 离心 5min，取下盖玻片置显微镜下观察。

2. 抗原检测　现在已经有可用的商品化 ELISA 试剂盒检测犬、猫粪便中的贾第鞭毛虫抗原（SNAP Giardia Test，IDEXX）。抗原检测是一种补充检测方法，不应替代对粪便虫体的检测。应用荧光标记的单克隆抗体可以和贾第鞭毛虫包囊反应，该产品也已经商品化（Merifluor Cryptosporidium/Giardia direct immunofluorescence assay，Meridian Laboratories），可用于实验室诊断。制造商报道，对人粪样检测的敏感性和特异性分别是 100%和 99.8%。该方法也被视为检测犬、猫粪便中贾第鞭毛虫的参考方法，其优点是特异性高，还可以根据虫体的形态进行辨别，但需要荧光显微镜和其他相关技术的支持。

3. PCR 检测　用 PCR 扩增粪便中贾第鞭毛虫 DNA。与其他诊断方法相比，PCR 检测阳性样品中的约 20%经其他方法检测为阴性，原因可能是因为粪便中存在影响 PCR 反应的物质。因此，PCR 一般被推荐用于对贾第鞭毛虫进行基因分型，而非临床检验。

六、防治措施

1. 治疗　贾第鞭毛虫病的治疗原则首先是止泻，其次是清除感染。可用以下药物。①甲硝唑：犬每千克体重 30mg，口服，每天 2 次，连服 3～5 天。②丙硫咪唑：犬每千克体重 25mg，每天 2 次，连用 2 天。

2. 预防　预防贾第鞭毛虫感染最有效的途径就是避免食入包囊。近年来发现，水源污染是导致人和动物感染的主要方式，对公共饮水的消毒措施不能有效杀死贾第鞭毛虫，煮沸或过滤饮水是清除饮水中虫体的有效方法。

避免贾第鞭毛虫感染应从源头抓起，首先应及时清理感染动物粪便并进行无害化处理，防止污染环境。对于笼具、圈舍内的虫体可通过蒸汽灭活或季铵盐复合物进行消毒。

控制转续宿主，对同一环境中的所有动物进行治疗性预防和清洁。之前美国动物医院联合会和美国猫科动物医师疫苗指导委员会分别取得了各自的犬猫疫苗许可证，但现在两种疫苗都不被推荐使用并已经停止生产。

七、公共卫生影响

目前认为，犬、猫和人共感染的贾第鞭毛虫主要是蓝氏贾第鞭毛虫，临床表现健康的犬、猫可能携带蓝氏贾第鞭毛虫，成为人的感染来源。犬、猫排出的包囊是人的潜在传染来源，在贾第鞭毛虫的传播上起着非常重要的作用，是公共卫生不可忽视的问题。因此，无论犬、猫作为宠物还是实验动物，都应检测和防控贾第鞭毛虫感染。

（郝攀　刘群）

参考文献

何宏轩，张西臣，哈建军，等 . 2001. 吉林省犬贾第虫感染情况的调查［J］. 黑龙江畜牧兽医（11）：19.

刘成武，刘军 . 2011. 犬贾第虫病的诊疗体会［J］. 中国工作犬业（7）：16 - 17.

田克恭，刘群，遇秀玲，等 . 2013. 人与动物共患病［M］. 北京：中国农业出版社：1346 - 1351.

Barr S C，Bowman D D. 1994. Giardiasis in dogs and cats［J］. The Compendium on continuing education for the practicing veterinarian（USA），16（5）：603 - 614.

Mekaru S R，Marks S L，Felley A J，et al. 2007. Comparison of direct immunofluorescence，immunoassays，and fecal flotation for detection of Cryptosporidium spp. and Giardia spp. in naturally exposed cats in 4 Northern California animal shelters［J］. Journal of veterinary internal medicine，21（5）：959 - 965.

Meyer E K. 1998. Adverse events associated with albendazole and other products used for treatment of giardiasis in dogs［J］. Journal of the American Veterinary Medical Association，213（1）：44 - 46.

Monis P T，Caccio S M，Thompson RC. 2009. Variation in Giardia：towards a taxonomic revision of the genus［J］. Trends in parasitology，25（2）：93 - 100.

Olson M E，Hannigan C J，Gaviller P F，et al. 2001. The use of a Giardia vaccine as an immunotherapeutic agent in dogs［J］. The Canadian veterinary journal，42（11）：865 - 868.

Rossignol J F. 2010. Cryptosporidium and Giardia：Treatment options and prospects for new drugs［J］. Experimental parasitology，124（1）：45 - 53.

Tangtrongsup S，Scorza V. 2010. Update on the Diagnosis and Management of Giardia spp Infections in Dogs and Cats［J］. Topics in companion animal medicine，25（3）：155 - 162.

第六十六章 内阿米巴科原虫所致疾病

阿米巴病 (Amebiasis)

阿米巴病（Amebiasis）是多种阿米巴原虫寄生于人和动物的肠道、皮肤、脏器等多种器官引起的人与动物共患原虫病，广泛分布于世界各地。阿米巴原虫种类多，多数与宿主共生，对宿主不造成危害；有些种则有一定的致病性，在兽医学上具有重要意义，常寄生于实验动物的阿米巴原虫包括棘阿米巴属（*Acanthamoeba*）、内阿米巴属（*Entamoeba*）和纳氏属（*Naegleria*）原虫。其中致病性最强、最常见的是内阿米巴属（*Entamoeba*）的溶组织内阿米巴（*E. histolytica*），腹泻为主要临床症状，其严重程度取决于虫株的致病力和宿主的抵抗力。阿米巴病可对动物和人健康造成严重危害，引起重大经济损失。

一、发生与分布

Feder Losch 于 1875 年首次在人体发现阿米巴感染以来，已有 9 个不同种属的阿米巴被先后发现。该类原虫多寄生于人和动物的肠道和肝脏，以滋养体形式侵袭机体，引发阿米巴痢疾或肝脓肿，给人和动物健康带来了严重的影响。该病分布范围广，易感宿主多，在世界范围内广泛流行。

据 1986 年美国疾病控制中心预测，全世界人口中至少 10%感染溶组织内阿米巴，其中有 4 万～11 万人死于该病。感染者中 90%不出现临床症状，10%可能发生侵袭性病变，其中以热带和亚热带的发展中国家为高发区（如印度、菲律宾、墨西哥、埃塞俄比亚、老挝、越南、缅甸、朝鲜、中国等国家）。发病人群多是新生儿、儿童、孕妇、哺乳期妇女、低能儿、免疫力低下的病人、同性恋者、营养不良或长期使用肾上腺皮质激素的病人。

在动物中，猪和猴一般为无症状的自然感染，犬和鼠一般为有症状感染。人和猴表现为交叉感染。多数家畜和野生动物都可大量感染溶组织内阿米巴，如猪、牛、羊、犬和猫、幼驹、野兔、水貂、灵长类动物、两栖爬行动物以及鱼类的鲑鱼等，作为实验动物的大鼠、小鼠、豚鼠、沙鼠、仓鼠甚至家鼠都可作为其保虫宿主。

二、病　原

1. 分类地位　阿米巴原虫在分类上属于原生动物界（Protozoa）、变形虫门（Amoebozoa）、肉足虫纲（Sarcodina）、变形虫目（Tublinida）、内阿米巴科（Amoebidae），包括内阿米巴属（*Entamoeba*）、棘阿米巴属（*Acanthamoeba*）、纳氏虫属（*Naegleria*）和内蜒属（*Endolimax*）等。

2. 形态特征　阿米巴原虫生活史的不同阶段虫体出现几种不同的形态，主要包括滋养体和包囊两个发育阶段，不同种阿米巴原虫的速殖子和包囊的大小差别较大。

致病性最强的溶组织内阿米巴的滋养体，又分为大滋养体和小滋养体两种。大滋养体为致病体，小滋养体为无害寄生期。大滋养体大小为 10～60μm，主要存在于肠道和新鲜稀粪中，活动性强，形成短且钝的伪足，形态多变。难以区分活虫的核，但铁苏木素染色后，可见清晰的泡状核，核直径约为虫体直径的1/6～1/5。在粪样内的虫体胞质中常可见含有红细胞的食物泡。对外界环境的抵抗力较弱，室温下数小时即可死亡，在稀盐酸和胃酸中均很快死亡。

小滋养体又称肠腔滋养体，直径为7～20μm，运动缓慢。食物泡中不含红细胞，只含细菌。一般在无临床症状的宿主正常粪便中可以见到。

包囊呈圆形或椭圆形，多为圆形，直径5～20μm。具有保护性的外壁，未染色时呈具折光性的圆形。刚形成的包囊仅有1个核，很快分裂成2个或4个核，经碘液染色后呈黄色，外包围一层透明壁。未成熟包囊有1～2个核，成熟包囊常为4个核，每核都有1个核仁位于中央。铁苏木素染色，可见核的构造与滋养体阶段相同，拟染色体呈黑色，呈两端钝圆的杆状。包囊对低温有很强的抵抗力，室温下可在粪便中存活2周，冰箱中可存活5周，水中可存活30天，在干燥环境中迅速死亡。

3. 生活史 绝大多数阿米巴原虫是经粪—口途径感染。粪便中的溶组织内阿米巴四核包囊是感染期虫体。宿主吞食后，在小肠消化液的作用下，囊壁破裂，虫体逸出，分裂为4个小的滋养体，移居至回盲部，定居于结肠黏膜皱折处或肠腺窝间，以二分裂法繁殖。正常条件下，滋养体以肠道中的食物碎片及细菌为食，并不危及宿主健康。当有其他病原感染或中毒等因素存在时，肠壁出现损伤或肠道功能紊乱，一部分滋养体可能侵入肠壁，吞食血液中的红细胞和组织细胞并大量分裂繁殖，破坏肠壁组织。侵入的虫体在肠壁上形成溃疡，然后到达黏膜下，可进一步侵入血管，随血流转移至身体其他部位，如肝、肺、脑和皮肤等造成局部感染，有可能引起严重后果。

滋养体可在大肠黏膜的隐窝中存活和繁殖，消耗淀粉和黏膜分泌物，并与肠道细菌一起干扰代谢过程。在肠腔内繁殖的滋养体，一部分随宿主肠内容物向下移动，随着下移过程中肠道内环境的改变，滋养体停止活动，排出未消化的食物，虫体团缩，分泌一层较厚的外壁形成包囊。未成熟的包囊只有1～2个细胞核，成熟包囊含有4个核，随宿主粪便排到外界，具有感染新宿主的能力。

其他种类的阿米巴原虫，如纳氏阿米巴属（*Naegleria*）原虫、棘阿米巴属（*Acanthamoeba*）原虫和巴拉姆希阿米巴（*Balamuthia mandrillaris*）进入宿主并以滋养体形式增殖的现象非常罕见，基本不会再继续进行传播。其中棘阿米巴属原虫和巴拉姆希阿米巴可以在宿主组织内形成包囊，纳氏阿米巴属原虫则不会形成包囊。

三、流行病学

1. 传播途径 阿米巴原虫侵袭性很强，可在人和动物间传播，凡是带有包囊的动物和人都是重要传染来源。人和动物都是经口感染包囊，人与动物之间可以互相传播。阿米巴原虫可以在某些昆虫的肠道内生存，并随粪便排出体外，污染食物和饮水。在一些经济不发达、卫生条件差、饮水被污染和粪便管理不严的地区，水和食物是重要的传播源，加上大量灵长类动物、鼠类和一些昆虫等带囊者的媒介作用，阿米巴原虫很容易在密切接触的动物或人群间互相传播。

2. 分布 阿米巴原虫病呈世界性分布，在临床上以热带地区的阿米巴病更为流行。流行情况变化很大，与卫生状况、年龄因素、气候等条件有密切关系。

3. 易感宿主 犬、猫、猪、牛、羊等动物和人都是溶组织内阿米巴的自然宿主，实验动物大鼠、小鼠、豚鼠等都可以作为其贮藏宿主。从蝇类和蟑螂的粪便中也可检出虫体。

动物的溶组织内阿米巴病很普遍。临床上常见家畜、宠物的阿米巴病，多为并发感染。我国犬、猫、牛等多种动物都有阿米巴病的临床病例报道。野生动物也感染阿米巴原虫，如野兔、水貂、灵长类动物、两栖爬行动物以及某些鱼类等。我国黑猩猩的带虫现象较为普遍。我国台湾地区的哺乳动物、灵长类和爬行类等多种动物体内都可检测到阿米巴原虫。曾有报道，猴的急性感染可达55.4%，家鼠的隐性感染可达55.7%，可见灵长类动物和鼠类是该原虫的重要贮藏宿主，也是重要的传染源。一般情况下，猪和猴可表现为无症状的自然感染。但Nozaki曾报道日本某猪场暴发阿米巴病，澳大利亚也有报道小袋鼠死于阿米巴痢疾。检测我国台湾某地11所小学的蟑螂，发现35.7%的蟑螂消化道和表皮上携带致病性阿米巴。有调查发现接触猴的40名饲养员和研究人员中，14人排出感染性包囊，4人排出溶组织内阿米巴的单核包囊。

除了致病性较强的溶组织内阿米巴原虫外，还有其他种阿米巴原虫，广泛寄生于多种实验动物体内，大部分不致病，具有一定的宿主特异性，不感染人。

（1）两栖动物　蛙内阿米巴（*Entamoeba ranarum*），滋养体直径10～15μm，包囊常为4核，有时也可形成16核包囊。主要寄生在美国、欧洲、印度和菲律宾群岛的两栖动物（如豹青蛙、青蛙、牛蛙、草青蛙、蟾蜍、红斑蝾螈等）肠道内，也发现在肝脏和肾脏内。成年及幼年的两栖动物均可被感染。通常认为其对两栖动物是不致病的，但是大量感染可导致黏膜损伤，引起两栖动物厌食、体重减轻、脱水和腹泻，粪便中带血。当肾脏发生感染时引发腹水或全身水肿。

（2）爬行动物　侵袭内阿米巴（*Entamoeba invadens*），与溶组织阿米巴非常相似。滋养体直径16μm，细胞质较致密，内含一个核和一个食物泡，装满宿主细胞碎片、白细胞或细菌。包囊直径11～20μm，内含1～4个核。蛇和蜥蜴是易感动物，主要侵袭肠道，胃和肝脏也偶见感染。包囊是感染阶段。临床症状主要出现在胃肠道，感染动物表现为厌食、体重减轻、脱水以及出现血便，感染后2～10周出现死亡。耐过的动物表现为严重的脱水和营养不良。

（3）鸟类　主要有4种阿米巴原虫，均是与宿主共生，对宿主没有致病性，也不感染人。

①簇虫型内蜒阿米巴（*Endolimax gregariniformis*）：滋养体直径4～13μm，包囊直径7～10μm。寄生于鸡、火鸡、珍珠鸡、野鸡、鸭、鹅和其他野生鸟类，包括苍鹭和猫头鹰。通过吞食感染性包囊而传播。

②阿纳特内阿米巴（*Entamoeba anatis*）：滋养体直径20～30μm，内可见红细胞。包囊呈圆形，直径13～14μm，含有1～4个核。在鸭的大肠内被发现。

③加琳娜内阿米巴（*Entamoeba gallinarum*）：滋养体直径16～18μm，包囊直径12～15μm，含有8个核。从鸡、火鸡、珍珠鸡、鸭和鹅的盲肠中分离。

④鸵鸟内阿米巴（*Entamoeba struthionis*）：寄生于鸵鸟和美洲鸵。滋养体直径8～35μm。包囊直径11～16μm，含1个直径2～7μm的核。

（4）啮齿类

①大鼠内蜒阿米巴（*Endolimax ratti*，也称*E. nana*）：寄生于多种脊椎动物的盲肠和结肠部位，包括人及非人类灵长类动物，但对大鼠不致病。滋养体直径6～15μm。包囊卵圆形、直径5～14μm，成熟时包含4个核。实验室大鼠的感染情况尚不清楚。

②鼠内阿米巴（*Entamoeba muris*）：滋养体直径25～20μm。包囊直径9～23μm，成熟后含8个核。不致病，常位于盲肠，偶见于野鼠的结肠，实验室动物也常被感染，但是实验室啮齿动物的流行情况尚不清楚。

③豚鼠内蜒阿米巴（*Endolimax caviae*）：滋养体直径5.5～6.6μm，核呈圆形。没有在体内发现包囊，仅见于豚鼠盲肠。美国实验豚鼠的感染率为18%（15/84），亚洲也有报道。与大鼠不能发生交叉感染。

④豚鼠内阿米巴（*Entamoeba caviae*，也称*Entamoeba cobayae*）：滋养体直径14.4μm，细胞内质与外质没有明显区别。核呈环状，直径2.8～5μm。包囊直径11～17μm，成熟时含8个核。美国豚鼠的感染率为14%（12/84），德国为46%（6/13），法国、英国和委内瑞拉也有报道。不能感染大鼠。

（5）兔　兔内阿米巴（*Entamoeba cuniculi*），寄生于兔盲肠和回肠，为共生不致病的寄生虫。形态与鼠内阿米巴相似。

（6）绵羊和山羊　巴拉姆希阿米巴（*Balamuthia mandrillaris*），从圣地亚哥动物园一个死于脑炎的狒狒脑组织中发现，与其他阿米巴原虫感染有血清学交叉反应。主要引起致死性的肉芽肿性脑炎。感染羊出现皮肤损伤，在怀孕时感染会增加对其他疾病的易感性。

（7）非人类灵长动物　感染阿米巴原虫很普遍，大部分不致病，能感染人。

①脆弱双核阿米巴（*Dientamoeba fragilis*）：寄生于恒河猴盲肠和结肠内，野生狒狒没有发现感染，但是在美国的实验用狒狒有8%发病。人感染常引发黏液状腹泻。

②微小阿米巴（*Endolimax nana*）：是恒河猴、猕猴、长尾猴、白眉猴、狒狒、卷尾猴、黑猩猩、大猩猩等的常见寄生虫。寄生于盲肠和结肠。滋养体直径6～15μm，包囊直径5～14μm。实验灵长类动物感染很普遍。微小阿米巴感染不致病。

③查托尼内阿米巴（*Entamoeba chattoni*，也称*Entamoeba polecki*）：寄生于多种灵长类动物的结肠和盲肠内。实验猴感染查托尼内阿米巴比溶组织内阿米巴更普遍。滋养体直径9～20μm，包囊直径9μm。感染会引起人的腹泻，但是对实验灵长类动物的致病性还未见报道。

④大肠杆菌内阿米巴（*Entamoeba coli*）：在人及其他灵长类动物中很常见，寄生于结肠和盲肠。滋养体直径15～50μm，包囊直径10～33μm。

⑤不对称内阿米巴（*Entamoeba dispar*）：形态学上与溶组织内阿米巴相似，但是没有致病性，比溶组织内阿米巴感染更普遍，可用PCR方法鉴别。

⑥齿龈内阿米巴（*Entamoeba gingivalis*）：寄生于恒河猴、猕猴、狒狒、黑猩猩和人的口腔。滋养体直径10～20μm，多位于病变的牙龈中以及牙石上，曾被认为是导致人牙龈脓漏的原因。滋养体吞食白细胞、上皮细胞、细菌及少量红细胞。没有包囊形成，通过口腔接触传播。该种阿米巴在灵长类动物中很普遍，通常与牙龈疾病有关，但是其本身并没有致病性。

⑦哈氏内阿米巴（*Entamoeba hartmanni*）：与溶组织内阿米巴很相似，不致病，较溶组织内阿米巴略小。见于恒河猴和人的盲肠和结肠。因为之前一直与溶组织内阿米巴混淆，实验动物该种阿米巴病的发病和分布情况尚不清楚。

四、临床症状

动物阿米巴病可表现为隐性带虫、急性型、慢性型等不同类型。多数情况下不显症状，处于隐性感染。但有时会出现轻微甚至严重的症状。这可能与虫株的毒力、肠内细菌的情况、宿主种类、年龄、免疫状况及其他环境因素变化有关。

（1）急性病例　潜伏期3～4天，虫体寄生破坏肠道的完整性，一般发生在盲肠、结肠，可见溃疡、黏膜坏死等不同程度的损伤。严重时会波及整个肠道。表现为腹痛、腹胀、呕吐和发热。粪便带量中等，有黏液和血液，有腐败腥臭，有时仅表现为单纯性腹泻。若同时并发其他肠道细菌感染则症状加剧，严重时可导致肠壁破溃，造成腹膜炎。

（2）慢性病例　常由急性病例持续存在或反复发作转变而来，患畜表现消化机能紊乱的症状，腹痛、腹胀，腹泻与便秘交替出现。但腹痛、腹胀程度减轻，出现程度不一的溃疡、肠炎等。长期肠功能紊乱，导致患畜消瘦、贫血、营养不良或神经衰弱。

当侵入肠壁深部的阿米巴进一步侵入肠系膜静脉，随血液侵入身体其他部位时，出现与人肠外阿米巴病的类似症状。阿米巴顺血流入肝脏，破坏肝组织，形成阿米巴肝脓肿。临床主要表现为肝区疼痛、腹胀和消化不良等。若虫体随血液进入身体其他部位，同样会引发相应部位的炎症、溃疡、脓肿等一系列病变。常见易侵入的部位包括肺、脑、胃、腹腔、泌尿生殖系统以及皮肤等。

犬感染阿米巴后多呈急性经过，表现急性腹泻、腹痛，粪便含有黏液及血液，色暗红并有特殊腥臭味，排粪频繁，并呈里急后重现象。急性感染犬的粪便中只排出滋养体，一般不排出包囊。猫感染较少，且多为隐性带虫。其他多种动物，如猪、牛、鼠等都有阿米巴病临床病例和人工感染的报道。

大鼠试验感染肠阿米巴的动物模型显示，感染大鼠运动减少、弓背、耸毛，粪便多不成形、带有黏液，镜检见大量伸出伪足的滋养体和脱落上皮细胞。感染动物的盲肠病变早期为弥漫性、非特异性炎症及溃疡形成，中晚期则出现与人慢性肠阿米巴病类似的黏膜溃疡修复愈合与新鲜溃疡交替存在的组织学病变。在盲肠中可见黏膜表面有轻度糜烂和溶解性坏死。肝脏中散在多发小的阿米巴脓肿，脓肿内肝细胞呈溶解坏死。小脓肿周边偶见阿米巴滋养体。脾脏的淋巴小结增生活跃，体积增大，数目增加。

五、诊　　断

1. 病原体检查　粪便中检出阿米巴滋养体和包囊是最可靠的诊断依据。实验室常用方法有直接涂片法、直接沉淀法、离心沉淀法、碘液染色法和苏木素染色法，这些方法各有其优缺点。采用直接涂片法和直接沉淀法检查同一批猕猴的感染情况，结果直接沉淀法的检出率为30.65%，显著高于直接涂片法的6.45%。具体方法：取新鲜粪便加1滴生理盐水，置显微镜下镜检，可观察到活动的大滋养体；或进行粪便涂片后，用碘染色法检查包囊。滋养体直径为20～40μm，有1个细胞核；包囊直径为10～16μm，成熟包囊内可见4个核，不成熟包囊一般1个核，并有糖原泡，常含拟染色体。细胞核呈液性球状，被一层衬有染色质粒的膜包裹，其中心含有一个小而圆的核仁。活组织中的滋养体以及新鲜粪便和其他样品中发现的内吞红细胞的滋养体与侵袭性阿米巴感染高度相关。但宿主具有间歇排出包囊的特点，且光镜检查的敏感性不足，容易造成漏诊，对检测为阴性的疑似动物或人应进行重复检查。

2. 病理组织学检查　通过直肠直接获取病变组织，或从剖检动物肠道采集溃疡病变，涂片后染色镜检，观察黏膜组织内和肠道内容物中的滋养体和包囊。

3. 血清学诊断　选用纯培养的虫体或收集纯化的虫体做抗原，进行间接血凝试验、补体结合试验和免疫电泳试验等血清学方法，检出率较高。

（1）检测抗原　抗原的检测具有早期诊断价值。血清中存在凝集素抗原是侵袭性阿米巴病的重要标志。近年来的研究发现测定唾液中Gal/GalNAc（半乳糖胺/N-乙酰半乳糖胺）凝集素抗原比测定血清中相应抗体诊断阿米巴结肠炎更敏感、特异性更强。用于测定抗原的方法还有协同凝集试验和胶体金试验。

（2）检测抗体　溶组织阿米巴的特异性抗体主要是IgM、IgA和IgG。血清IgM出现最早，具有早期诊断价值。诊断阿米巴的早期感染主要是利用间接血凝试验、免疫荧光试验、免疫电泳试验以及ELISA等测定血清中抗体。

4. 动物接种试验　对于难以确认的病例，可以采集病料接种实验动物。小鼠、豚鼠、仓鼠等均可作为阿米巴病的感染模型。幼龄大鼠适于复制肠阿米巴病，而幼龄仓鼠适于建立肝阿米巴病。长爪沙鼠（42～57日龄）适合做肝阿米巴病的动物模型。经盲肠内接种溶组织内阿米巴滋养体，先发生肠病变，继而虫体随血液至肝脏，形成肝脓肿。长爪沙鼠出现的症状和病理变化与人感染相似，肠道内溶组织阿米巴感染的成功率为100%，肝脏阿米巴病病变的出现率为86.7%。

5. DNA检测　通过扩增核酸片段对其进行鉴别诊断，也常用于鉴别与其形态结构相似的不对称内阿米巴（*Entamoeba dispar*）。诊断中常用的目的片段主要有：rDNA非编码区的高度重复序列，染色体外的环状rRNA基因；半胱氨酸蛋白酶基因和表面抗原基因。这些片段的特异性较强，在合适的引物作用下（目前世界公认的具有良好特异性和敏感性的引物，是根据阿米巴编码29ku/30ku多半胱氨酸抗原基因设计的），从人和动物体得到的病料（主要是粪样、脓汁、肠组织和分泌物）不需预处理即可直接用于PCR。已发现3对引物在扩增该模板链时无需处理样品，用于DNA检测的病料应以新鲜为宜，因病料中的某些物质可能会降解DNA，影响其敏感性。

六、防治措施

1. 治疗　治疗阿米巴痢疾有三个基本原则。一是治愈肠内外的侵入性病变，二是清除肠腔中的包囊和滋养体，三是防止继发感染。临床上多采用抗阿米巴药物同抗生素联合治疗的方法。也有采用中西医结合的方法进行治疗，用白头翁加甲硝唑和庆大霉素的方法治愈多例阿米巴病人。对动物的治疗类似于医学上的治疗原则，有大量文献报道采用该种方法治愈犬、牛、猪、猕猴、黑猩猩等动物的阿米巴痢疾。

（1）甲硝唑（灭滴灵）　疗效好、毒副作用小、廉价安全、使用方便、且具抗厌氧菌作用，是治疗动物和人阿米巴病的首选药物，口服吸收良好。

两栖动物，每天每千克体重口服10mg，疗程5～10天；口服每千克体重50mg，疗程3～5天；或每千克体重100～150mg一次口服，2～3周重复一次。

猪急性阿米巴病使用甲硝唑片剂，每次每头6片，拌料投喂，每天3次，连续用药2个月，同时用0.5%甲硝唑溶液，每次每头20mL，肌内注射，连注20天，取得良好的治疗效果。

犬首次每千克体重44mg，内服，以后减半，每8h 1次，连用5天。

(2) 磷酸氯喹 犬首次每天0.5～1g、猫首次每天0.25～0.5g，分两次内服，以后每天用量减半。

此外，四环素、巴龙霉素可用作辅助治疗。

在治疗阿米巴病时还应注意该病的复发，特别要重视复发的诱因处理，应避免使用免疫抑制剂或激素等药物，在给予适当抗阿米巴药物时，进行对症治疗，如补充营养和调节机体酸碱平衡等。可适量加用免疫增强剂，对体质较差的应注意补充营养，加强支持疗法。

2. 预防措施 消灭阿米巴病的传染源和切断其传播途径是预防该病的关键。

①加强粪便管理，加强动物舍、圈的卫生管理，因地制宜做好粪便无害化处理，改善环境卫生。在阿米巴病流行区用加热或过滤的方法处理用水比化学方法更有意义。②宣传教育通过有广泛影响的宣传工具教育群众，讲究饮食卫生、个人卫生及文明的生活方式，不喝生水，不吃不洁瓜果蔬菜，养成餐前便后或制作食品前洗手等卫生习惯。③保护公共水源，严防粪便污染。饮用水应煮沸消毒。④大力扑灭苍蝇、蟑螂，采用防蝇罩或其他措施，避免食物、饲料被污染。

3. 管理措施 发现患病动物和人均应迅速治疗，按传染病管理办法实行疫情报告、消毒、隔离等。对家庭成员或接触者应进行检查。

在同批动物中出现暴发感染时，要迅速进行实验室检查以确诊，并进行流行病学调查及采取相应措施。

七、公共卫生影响

阿米巴病是重要的人兽共患病，受感染的人和动物互为传染源，所以动物阿米巴病在公共卫生上意义重大。近年来的流行病学研究发现，该病是重要的水源性传播疾病，也是人的重要腹泻病。影响该病流行的重要因素是环境卫生、居民的卫生习惯和经济文化水平。由于溶组织内阿米巴病在灵长类动物感染率很高，人可以从实验灵长类动物接触到病原体并被感染，因此参与灵长类动物试验工作的技术人员和管理者具有很高的潜在感染风险，尤应引起注意。

（刘晶 刘群）

我国已颁布的相关标准

GB/T 18448.9—2001 实验动物 肠道溶组织内阿米巴检测方法

参考文献

安亦军，郭增柱，谢云秋. 1999. 应用ELISA检测阿米巴脓抗原和循环抗原诊断［J］. 中国人与动物共患病杂志，15（3）：62-64.

陈洪友，姜庆柱，李勤学等. 2005. 阿米巴活体微培养法［J］. 中国寄生虫学与寄生虫病杂志，23（6）：453-454.

黄道超，杨光友，王强，等. 2006. 人和动物的阿米巴病研究进展［J］. 动物医学进展，27（5）：51-55.

蒋金书. 2002. 动物原虫病学［M］. 北京：中国农业大学出版社：315-322.

夏梦岩，高飞，李小静. 2002. 阿米巴病的实验诊断研究进展［J］. 国外医学临床生物化学与检验学分册，23（2）：91-92.

周惠民. 1989. 实验性大鼠肠阿米巴病的病理学研究［J］. 青岛大学医学院学报，25（2）：91-96.

Clark C G. 2006. Methods for the Investigation of Diversity in Entamoeba histolytica［J］. Archives of Medical Research，37：259-262.

Fernando Ramos，Patricia Morán，Enrique González，et al. 2005. *Entamoeba histolytica* and *Entamoeba dispar*：Prevalence infection in a rural mexican community［J］. Experimental Parasitology，110：327-330.

Naceed Ahmed Khan. 2007. Acanthamoeba invasion of the central nervous system［J］. International Journal for Parasitology，37：131-138.

第六十七章 微粒子虫科原虫所致疾病

兔脑原虫病
(Encephalitozoonosis)

一、发生与分布

兔脑原虫病（Encephalitozoonosis）是由兔脑原虫感染兔及猴、犬、大鼠、豚鼠等哺乳动物和人引起的原虫病。兔、豚鼠和小鼠是兔脑原虫的主要保虫宿主。野兔和啮齿动物的感染率可因地域不同而不同。一项欧洲的调查显示，无症状宠物兔的感染率为7%～42%，出现神经症状宠物兔则达40%～85%。一般情况下无症状，但当宿主免疫力低下时，则可能成为致命病因。

二、病　　原

1. 分类地位　兔脑原虫（*Encephalitozoon cuniculi*）于1922年在患有前庭疾病的实验兔中被发现。1923年Levadit等将其定名为兔脑原虫。近年来，对其ssRNA分析显示，其分类应属于真菌。

传统认为其在分类上属于原生动物门（Protozoa）、微孢子虫纲（Microsporea）、微孢子虫目（Microsporida）、微粒子虫科（Nosematidae）、脑原虫属（*Encephalitozoon*）。

2. 形态特征　兔脑原虫的孢子大小为（1.5～2）μm×（2.5～4）μm，一端扁平，一端稍尖，壁厚，缺乏线粒体，以纺锤体代替。缺乏鞭毛一类的运动结构，可形成对外界环境有高度抵抗力的孢子，能够在环境中保持数年的活力。不同种孢子的形态有所不同，多为卵圆形或梨形，偶尔可见杆状或椭圆形。孢子壁由三层组成，外层电子致密，中层为几丁质组成疏松结构，内层为薄的质膜。

一般情况可见两个相连的核，形成双二倍体核，有时只见一个核。前端的另一边孢子内还带有一个长极丝的鱼叉样结构，该极丝在孢子后半部卷曲起来。极丝前部有极质体围绕，形成膜质板，其后有一小泡。

增殖阶段虫体呈棒状，两端钝圆，大体呈椭圆形，大小为（2.0～4.0）μm×（1.0～2.0）μm，细胞壁厚，核致密呈卵圆形，稍偏离于虫体中央。增殖体以二分裂或多分裂在巨噬细胞等寄主细胞内繁殖，形成虫体群或假包囊，假包囊内可含有100以上增殖体。增殖体与孢子在普通光学显微镜下很难区别。成熟孢子直径为1.5～2.5μm，内有一核及少数空泡，呈椭圆形或杆形。囊壁厚，两端或中间有少量空泡；一端有极体，由此发出极丝，沿内壁盘绕。用苏木素、曙红等普通染色剂不易着色，用姬姆萨染液染成蓝色，过氧化物染成深红色，革兰染色阳性，PAS反应小颗粒阳性。虫体标本须在相差显微镜下观察。尽管微孢子虫是真核生物，但细胞内没有线粒体和高尔基体。

3. 生活史　目前，兔脑原虫的生活史尚未完全阐明。初步认为，传染性单位孢子原浆（sporoplasm）从孢子中释出的部分是极丝末端，孢子原浆进入宿主细胞后在带虫空泡内进行生长繁殖，裂殖体分化为孢子体，进而形成成熟的孢子，当细胞破裂时孢子释放，侵入邻近细胞或经血管系统扩散，开始新的生活周期。新宿主主要经口感染，也可能经吸入感染，食肉动物也可经扑食其他动物感染。感染性孢子在肾脏和肺脏细胞中形成，并通过泌尿和生殖系统排出体外。

尽管孢子在体外不进行生长发育，但对体外环境有一定的抵抗力。

三、流行病学

1. 传染来源 感染兔或其他受感染动物均是传染来源。已有报道兔脑原虫可从人传播给兔，人感染的兔脑原虫与从兔体内分离到的属于同一品系，但还没有找到兔脑原虫在人与兔间传播的直接证据，还不能证实感染兔脑原虫的人通过污染水源形成传染源。

2. 传播途径 已经经口和其他途径成功感染兔。尚不清楚孢子能否在最初进入的肠道上皮细胞内繁殖，但感染后短时间内即可在多种组织中检出病原。感染后前 30 天，主要在肾脏、肝脏和肺脏，其后主要出现在肾脏、脑和心脏。一般感染后 3 周内出现抗体，持续 60 天后下降。经胎盘传播也已经在兔、小鼠、犬、猴等多种动物中得到了证实。自然情况下，胎盘传播的发生率尚不清楚。

3. 宿主 兔脑原虫被认为是唯一能够感染多种动物的微孢子虫，除感染兔和啮齿动物外，人及小鼠、大鼠、豚鼠、各种野生啮齿类、猫、犬、狐、猴、猪、羊、鸽等动物也可发病。另外，处于免疫功能低下状态的人群，如艾滋病患者对兔脑原虫更易感，不过这些人感染其他微孢子虫科寄生虫更为普遍。Deplazes 等推测在美国有 8%～10%的艾滋病患者为临床型感染肠脑炎微孢子虫（*E. intestinalis*）和比氏微孢子虫（*Enterocytozoon bieneusi*）。兔发病多在秋冬季节，与兔品种、年龄、性别等关系不大。虫体在宿主存活的时间相当长，有的甚至终生。

四、致病性与临床表现

大部分感染兔脑原虫的动物，如大鼠、小鼠和豚鼠都不表现临床症状。成年犬感染兔脑原虫后无症状，但先天感染的幼年犬可能死亡。感染兔脑原虫的犬最常见的是神经症状，包括精神沉郁、共济失调、失明和癫痫等。大部分感染兔无临床症状出现，除偶尔有兔出现上述神经症状外，多数表现为轻度或慢性感染或隐性感染，可能出现一些非特异性症状，如嗜睡、体重较轻、食欲减退等。兔脑原虫及其代谢产物可引起远曲小管、特别是集合管上皮细胞发生退行性变化，最终导致细胞凋亡。随着远曲小管和集合管上皮细胞凋亡数量不断增多，其重吸收水和 Na^+ 的功能会明显降低，于是大量的 Na^+ 和水就会作为尿液排出体外，出现多尿、多饮、尿失禁及会阴部尿液灼伤的情况。病情严重者，还可能出现大量蛋白尿。兔感染后的表现不一，目前没有研究报道出现临床症状的兔占所有感染兔的比例。

五、病理变化

眼观病变可见肾脏肿大，被膜有豆粒大出血点，出血处有大量不规则的灰白色凹陷，深入皮质部 2～4mm，呈慢性间质性炎症反应。典型组织病理学变化是肉芽肿。感染兔脑原虫 1 个月后，即可见肉芽肿病变，主要出现在肺、肝和肾脏。在感染的第 1 个月，虫体主要集中在肾脏，显微镜下可见肉芽肿型肾炎或伴有纤维素附着与肾小管变性、扩张、淋巴细胞与浆细胞不同程度的间质性浸润，瘢痕从皮质表面扩伸到髓质。脑部病变出现在感染 1 个月以后，出现的变化为局灶性非化脓性肉芽肿脑膜脑炎。肉芽肿性脑炎是兔脑原虫病的特征性病变，脑内能看到不规则分布的局限性肉芽肿，其特征是中心部坏死，见有淋巴细胞、浆细胞、上皮细胞及巨噬细胞等。有些病例神经胶质细胞密集，神经细胞变性，淋巴细胞和浆细胞在血管周围形成血管套。眼部病变包括葡萄膜炎和白内障。

六、诊　断

1. 寄生虫学技术 早期依靠病理组织学方法将被检兔脑、肾病料用 10%福尔马林固定，石蜡包埋，制成切片进行 HE 染色，或将体液、组织混悬液直接涂片，镜检虫体。目前，用被检组织混悬液与体液给敏感小鼠腹腔内接种，每周皮下或肌内注射免疫抑制剂（醋酸可的松），2～3 周后，取腹水涂片固定，进行姬姆萨染色，可有效检出兔脑原虫。疑似感染动物的组织和体液也可匀浆后接种在的兔的脉络丛单层细胞上生长，经 4～21 天，可在感染细胞内检出虫体。

2. 免疫学试验　初次感染兔脑原虫后，特异性抗体在感染后3～4周开始出现，早于出现病理组织学变化或虫体在尿液中出现的时间。脑部病理变化一般出现在抗体可检出以后8周。新生动物可获得来自感染母体的抗体，可一直持续到4周龄。英国以后可用于检测兔脑原虫感染的抗体（IgG）ELISA检测方法。新鲜的兔脑原虫孢子可用于免疫荧光抗体试验（IFAT），也可进行墨汁免疫试验。其原理是把阳性血清球蛋白吸附到墨汁的碳微粒上，标记的抗体黏附在兔脑原虫（即孢子的表面）进行显微镜观察。阳性者，孢子周围有抗体黏附黑色的碳微粒围绕；阴性者，孢子周围无碳微粒围绕，背景透明。用裂解的兔脑原虫抗原进行皮内变态反应，也能收到满意效果。

3. 分子技术　可应用PCR技术检测兔尿液和脑脊髓液中兔脑原虫的DNA。但在出现临床症状的动物中，PCR检测仍有可能得到阴性结果，因此目前PCR技术不适用于常规检测。因为在感染兔发生血清阳转3～5周后，尿液中才会出现孢子，因而尿液中有无虫体并不能作为诊断兔脑原虫的标准。不过如果以出现葡萄膜炎的病兔眼为病料，PCR的敏感性较高，可能是因为葡萄膜中孢子的密度较高。

七、防治措施

1. 治疗　治疗原则是抗炎和抑制孢子形成。在兔脑原虫的急性期可应用甾类抗炎药物减少肉芽肿的形成，但此时需要防止副作用的产生。非甾类抗炎药物，如美洛昔康也可谨慎使用。苯并咪唑和阿苯达唑可用于治疗。目前，芬苯达唑被证明可以在感染后有效减少临床症状的发生，用药剂量为每天每千克体重20mg，连用28天，注意做好环境消毒。同时，有必要应用广谱抗生素降低二次感染的风险。

2. 预防　兔脑原虫孢子对外界环境有一定的抵抗力。干燥孢子可在22℃条件下至少存活4周，在湿冷条件下存活数月。高压灭菌、氧化消毒和杀菌剂都能杀死兔脑原虫孢子。避免家兔与鼠混养，而且应该对动物做兔脑原虫感染的日常检查。尽管一些药物可以控制感染，但目前没有应对兔脑原虫的特效药。由于兔脑原虫孢子在感染后3个月几乎不会排出，所以建议选择年龄稍大的动物进行繁育。血清转换发生在肾脏排出孢子之前，因而对于免疫功能正常的动物定期检测和淘汰是一种有效的预防方法。需要注意的是，兔脑原虫可能通过气溶胶传播，淘汰动物的尿液应严格与健康动物隔离。兔脑原虫有进行垂直传播的可能，将胚胎移植到健康动物子宫中发育可杜绝感染。

八、公共卫生影响

兔脑原虫是人兽共患病原，由于其孢子对环境具有一定的抵抗力，容易被人摄入，所以在免疫抑制的病人体内通常可以检测到感染的存在。

兔脑原虫对研究有一定影响，因为其寄生部位是毒理学及相关研究的重要器官。感染动物可能表现正常，但其免疫机能处于低下状态，此时不宜用于试验。兔脑原虫感染形成的肉芽肿病变会干扰治疗效果的评估而导致试验失败。严重的感染可能会导致出现肾衰竭或神经症状，无论何种情况，这些动物都不适宜进行试验研究。

（郝攀　刘群）

我国已颁布的相关标准

GB/T 18448.3—2001　实验动物　兔脑原虫检测方法

参考文献

陈会良.2012.兔脑原虫病的研究进展［J］.中国畜牧种业（3）：114-115.

顾有方，沈永林，汪志楷.1997.兔脑原虫病［J］.畜牧与兽医，29（1）：35-37.

娇征德，王西川.1990.兔脑原虫病［J］.中国畜禽传染病（1）：62-63.

孔繁瑶.2010.家畜寄生虫学［M］.第2版修订版.北京：中国农业出版社：383-384.

潘耀谦，苏维萍，刘纯杰，等.1994.兔脑炎原虫的病理形态观察［J］.中国兽医科技，24（8）：24-25.

Baker G，David. 2007. Flynn’s Parasites of Laboratory Animal［M］. 2nd ed. Blackwell Pulishing：461-463.

Didier E S，Vossbrinck C R，Baker M D，et al. 1995. Identification and characterization of three Encephalitozoon cuniculi strains [J] . Parasitology，111 (Pt4)：411 - 421.

Jordan C N. 2005. Encephalitozoon cuniculi：diagnostic test and methods of inactivation [M] . Virginia：Virginia State University.

Keeble E. 2001. Encephalitozoon cuniculi in rabbits [J] . Vet Rec，149 (22)：688.

Kunzel F，Joachim A. 2010. Encephalitozoonosis in rabbits [J] . Parasitol Res，106 (2)：299 - 309.

第六十八章
小袋虫科原虫所致疾病

小袋虫病
(Balantidiasis)

小袋虫病（Balantidiasis）是由结肠小袋虫（*Balantidium coli*）引起的以溃疡性结肠炎为主要临床症状的原虫病。结肠小袋虫是一种机会性人兽共患病原，可以感染猪、牛、鼠、犬、猫、猩猩等多种动物和人。主要寄生于人和动物的结肠和盲肠，在免疫力正常的机体一般呈隐性感染，严重时导致肠道炎症。

结肠小袋虫在分类上属原生动物门（Protzoztoa）、纤毛虫纲（Ciliata）、毛口目（Trichostomatina）、小袋虫科（Balantidiidae）、小袋虫属（*Balantidium*）。1857 年，Malmsten 从瑞典的两个痢疾病人粪便样品中首次观察到结肠小袋虫，最初将其纳入草履虫属（*Paramecium*），命名为结肠草履虫（*Paramecium coli*）。1862 年，Stein 经过比较研究将其重新归类，纳入小袋虫属，并命名为结肠小袋虫。

结肠小袋虫在发育过程中有滋养体和包囊两种形态。滋养体大小为（30～180）μm×（25～120）μm。虫体前端略尖，其腹面有一个胞口，后端略钝圆，有一个不甚明显的胞肛，体表有表膜。包囊不能运动，呈球形或卵圆形，直径为 40～60μm，生活时呈淡黄色或浅绿色。囊壁厚而透明，有 2 层囊膜，一般每个囊内有 1 个虫体，有时有 2 个处于接合过程中的虫体。刚形成时，包囊中的虫体仍能缓慢运动，但不久即变成一团颗粒状的细胞质，细胞质中有 1 个细胞核，有伸缩泡，有时还可见到食物泡。

结肠小袋虫的生活史简单，以横二分裂法进行繁殖。在不利条件下滋养体形成包囊。包囊或滋养体随宿主的粪便排出，宿主由于吞食了环境中的包囊遭受感染。

小袋虫病呈世界性分布，主要流行于热带和亚热带地区。目前已知 33 种动物和人可以感染小袋虫，其中猪的感染最为普遍，发病最为严重，各地报道的感染率可达 20%～100%。免疫力正常的人群对小袋虫有一定的抵抗力，所以人的感染率很低，为 0.02%～1%，感染者多为与猪接触较多的饲养员。非人灵长类动物宿主包括猕猴（rhesus monkey）、食蟹猴（cynomolgus monkey）、蜘蛛猿（spider monkey）、吼猴（howler monkey）、僧帽猴（capuchin）、狒狒（baboon）、猩猩（orangutan）、黑猩猩（chimpanzee）和大猩猩（gorillas）等。有报道显示，用作实验动物的猕猴和黑猩猩感染率分别为 14% 和 84%。一般情况下，不认为小袋虫是灵长类动物的主要腹泻病原，而是细菌和病毒感染引起的腹泻中的继发感染病原。有时，也可作为主要感染病原引起溃疡性结肠炎，溃疡可深入至黏膜肌层，伴随着淋巴细胞增生，偶见坏死和出血。在局部淋巴组织、淋巴管和周围组织中常可见小袋虫。

结肠小袋虫感染的诊断较为容易。一般在特征性肠道溃疡病变中观察到小袋虫即可确诊。一般经口服用甲硝唑和氧四环素可有效治疗小袋虫感染。小袋虫病的预防与其他肠道寄生虫病相似，采取有效管理粪便、控制环境卫生、全价营养等综合措施可有效防控小袋虫感染。由于人是结肠小袋虫的易感宿主，所以实验动物从业人员和动物饲养者应做好自身防护，防止小袋虫从动物传播给人。

（雷涛　刘群）

参考文献

蒋金书 . 2000. 动物原虫病学［M］. 北京：中国农业出版社：258 - 272.

Baker G，David. 2007. Flynn’s Parasites of Laboratory Animal［M］. 2nd ed. Oxford：Blackwell Pulishing：701 - 702.

Levecke B，Dorny P，Geurden T，et al. 2007. Gastrointestinal protozoa in non-human primates of four zoological gardens in Belgium［J］. Vet Parasitol，148 (3 - 4)：236 - 246.

Nilles-Bije M L，Rivera W L. 2010. Ultrastructural and molecular characterization of Balantidium coli isolated in the Philippines［J］. Parasitol Res，106 (2)：387 - 394.

Schuster F L，Ramirez - Avila L. 2008. Current world status of Balantidium coli［J］. Clin Microbiol Rev，21 (4)：626 - 638.

第六十九章
弓形虫科原虫所致疾病

弓形虫病
(Toxoplasmosis)

弓形虫病（Toxoplasmosis）是由龚地弓形虫引起的重要人兽共患原虫病。弓形虫是一种专性细胞内寄生原虫，可寄生于多种有核细胞，猫和其他猫科动物为其终末宿主，寄生于肠道上皮细胞，进行球虫型发育；人和多种温血动物（包括猫科动物）为其中间宿主，几乎所有的实验动物也可感染。弓形虫是机会性寄生虫，对动物和人的危害取决于虫株致病力、宿主抵抗力以及宿主品种等多种因素。在动物中，猪的易感性较强，猪感染后可引起急性热性全身性疾病，牛、羊、马、犬、猪和实验动物等感染后也会引起不同程度的临床症状和危害。弓形虫对人的危害较大，可导致免疫力低下患者死亡，还可引起妊娠妇女的流产、死胎以及产下先天感染的婴儿等生殖障碍。

一、发生与分布

1908 年，法国学者 Nicolle 和 Manceaux 在北非突尼斯的梳趾鼠（*Ctenodactylus gondii*）体内首次发现这种原虫，因其外形呈弓状，故命名为龚地弓形虫（*Toxoplasma gondii*，又称岗地弓形虫）。随后的二十几年，世界各国学者先后从鼹鼠、鼷鼠、松鼠、豚鼠、鸡貂、鸽、犬和鸡等多种动物体内发现了弓形虫。1922 年，Janku 报道了首例人弓形虫病；1937 年，Wolf 和 Cowen 报道了首例人的先天性弓形虫病。Dubey（1970）、Hutchison 等（1969、1970）和 Frenkel 等（1970）的研究报道，逐渐阐明了弓形虫在中间宿主和终末宿主体内的发育过程，明确了其分类地位。

弓形虫病在世界范围内流行，人和动物均普遍感染。弓形虫宿主范围广泛，多种家养动物、野生动物和实验动物均能感染，呈现不同程度的临床表现。不同品种实验动物对弓形虫的易感性不同，感染所引起的临床症状和危害不尽相同，小鼠的易感性较强，是最常用于弓形虫病诊断和研究的实验动物。

二、病　　原

1. 分类地位　龚地弓形虫（*Toxoplasma gondii*）在分类上属原生动物门（Protozoa）、复顶亚门（Apicomplexa）、孢子虫纲（Sporozoa）、真球虫目（Eucoccida）、艾美耳亚目（Eimeriina）、弓形虫科（Toxoplasmatidae）、弓形虫属（*Toxoplasma*）。目前多数学者认为全世界只有一个种，根据不同流行区域及不同宿主来源的差异，将其分为不同的分离株。不同分离株的致病性可能存在较大差异，因此弓形虫分离株有明显的强毒株和弱毒株之分。根据从不同宿主体内分离的弓形虫基因型频率的差异，将弓形虫分为 3 种基因型：Ⅰ型常与人体先天性弓形虫病有关，为强毒株；Ⅱ型主要引起慢性感染，也是艾滋病患者感染的主要虫株，为弱毒株；Ⅲ型主要感染动物，也是弱毒株。此外，还有一些分离株不属于上述 3 个基因型，归为非典型基因型。

2. 形态特征　在发育过程的不同阶段，弓形虫虫体形态差异较大，主要包括 5 种不同的虫体形态：速殖子、包囊、卵囊、裂殖体和配子体，前两种出现在中间宿主体内，后 3 种在终末宿主体内，在粪便中可见卵囊。

(1) 速殖子　亦称滋养体（trophozoite），呈香蕉形或半月形，大小为（4～7）μm×（2～4）μm，平均为1.5μm×5.0μm。经姬姆萨或瑞氏染色后胞浆呈蓝色，胞核呈紫红色。细胞内速殖子以内二芽殖、二分裂及裂殖生殖等方式进行无性繁殖，一般含数个至十多个虫体，所形成的虫体集合体称假包囊。游离的速殖子主要出现于疾病的急性期，常散在于腹水、血液、脑脊液及各种病理渗出液中。

(2) 包囊　亦称组织囊（tissue cyst），多见于慢性病例的脑、骨骼肌、心肌和视网膜等处。包囊呈卵圆形或椭圆形，直径5～100μm，具有一层富有弹性的坚韧囊壁，囊壁厚0.2～0.3μm，一般不超过1μm。包囊内含数个至数千个虫体，称为缓殖子（bradyzoite）。缓殖子的形态与速殖子相似，但二者也有一些明显的区别，如缓殖子的细胞核靠近虫体末端，速殖子的细胞核更靠近虫体中间；缓殖子内棒状体数目较速殖子少，但支链淀粉颗粒明显增多。包囊可长期存在于宿主组织内，在某些条件下破裂释出缓殖子侵入新细胞内增殖，转化为滋养体或再度形成新的包囊。

(3) 卵囊　在终末宿主猫科动物的肠上皮细胞内形成，释出后随粪便排出，新鲜卵囊尚未孢子化，呈圆形或椭圆形，大小为（11～14）μm×（7～11）μm。孢子化卵囊含2个孢子囊，大小为3～7μm，每个孢子囊内含4个新月形子孢子。

3. 生活史　1969年，Hutchison等在猫的粪便中发现了弓形虫卵囊，至此弓形虫的整个生活史被基本阐明。弓形虫的全部发育过程需要两个宿主，在终末宿主的肠内进行球虫型发育，在中间宿主的有核细胞内进行无性繁殖。猫及其他猫科动物既是弓形虫的终末宿主又是中间宿主弓形虫的中间宿主极其广泛，包括各种哺乳类动物、禽类和人等，其可寄生于中间宿主的几乎所有有核细胞中（图69-1-1）。

(1) 在终末宿主猫体内的发育　猫或猫科动物吞食卵囊、包囊或假包囊后，其内的子孢子、缓殖子或速殖子从猫的小肠内逸出，进入小肠上皮细胞内分裂繁殖，形成裂殖体。成熟裂殖体释出的裂殖子重新侵入新的上皮细胞进行分裂繁殖，形成第二代裂殖体，经数代裂殖生殖后，最后一代裂殖子侵入上皮细胞分别发育为大配子体和小配子体，进而发育为大配子和小配子。大配子和小配子结合形成合子，最后形成卵囊，随粪便排出体外，此过程需3～7天。卵囊在适宜的环境条件下经2～4天即发育为具有感染性的孢子化卵囊。

(2) 在中间宿主体内的发育　动物食入被孢子化卵囊污染的食物和水，或食入含有包囊的动物组织，卵囊内的子孢子和包囊内的缓殖子在胃肠消化液的作用下释放出来，进入淋巴和血液循环，被带到

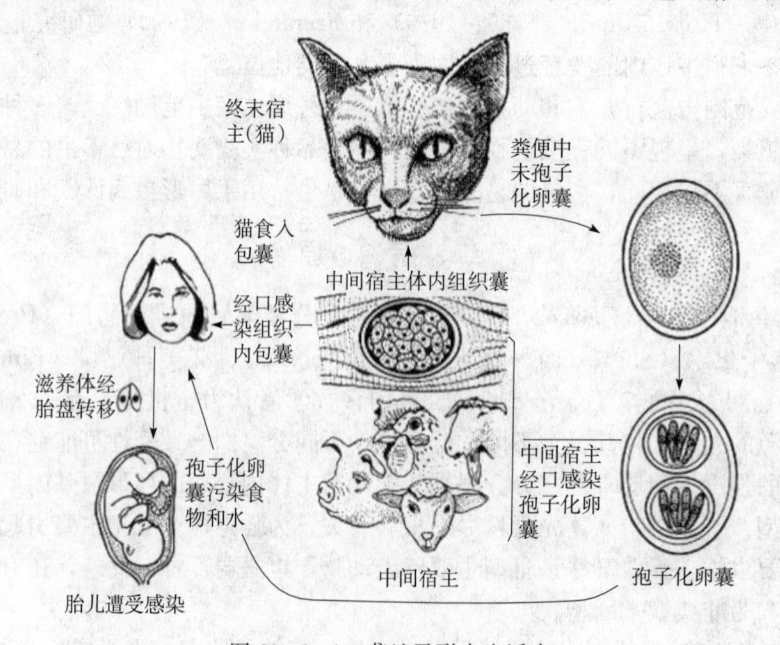

图69-1-1　粪地弓形虫生活史

（仿Dubey）

全身各组织器官，如脑、淋巴结、肝、心、肺、肌肉等部位的有核细胞内进行发育增殖，生成大量滋养体（速殖子），形成假包囊。假包囊破裂释放出的速殖子侵入新细胞分裂繁殖。有报道称滋养体可通过口、鼻、咽、呼吸道黏膜、眼结膜和皮肤侵入中间宿主，但较为少见。

三、流行病学

1. 传染来源 患弓形虫病的动物及隐性感染的带虫者是该病的主要传染源。猫科动物粪便中排出的卵囊是弓形虫感染的重要来源，各种感染动物的组织包囊是弓形虫感染的另一重要来源。此外，在动物和人的流产胎儿体内、胎盘和羊水中均有大量弓形虫存在，如果外界条件有利于其存在和传播，也可能成为传染源。

2. 传播途径 弓形虫的传播途径分为水平传播和垂直传播，前者指个体间的传播，后者指胎儿在母体子宫内获得感染

（1）水平传播 经口感染是弓形虫水平传播的主要方式，人或动物摄入被猫科动物排出的卵囊污染的食物或水源，或者食用未煮熟的含有包囊的动物组织均可感染弓形虫。动物和人经受损的皮肤及黏膜感染弓形虫速殖子也是水平传播方式之一。国外已有输血或器官移植传播弓形虫病的报道。此外，昆虫（如苍蝇、蟑螂等）携带卵囊也有一定的传播意义，曾有报道蟑螂吞食卵囊后2～4天其粪便仍具传染性。

（2）垂直传播 人和动物妊娠后，包囊内的缓殖子释放，随血液循环进入胎盘和胎儿，导致孕妇或妊娠动物发生流产、死胎，或产下先天感染新生儿，这种先天性感染途径即为垂直传播。

3. 宿主 弓形虫宿主范围极其广泛，人及畜、禽和多种野生动物均可感染弓形虫，已知包括200多种哺乳动物、70种鸟类、5种变温动物和一些节肢动物。

实验动物中，以小鼠和仓鼠最为敏感，豚鼠和家兔较为易感，大鼠的易感性较低。

4. 流行特征 弓形虫是机会性病原，其感染与发病取决于多种因素。虽然弓形虫只有单一虫种，但呈现不同基因型，不同基因型的毒力差异较大，同一虫株对不同宿主的致病性亦存在较大差异。多根据对小鼠的致病性鉴定弓形虫的毒力，弓形虫大致分为3种基因型，对小鼠的致死量分别为：Ⅰ型的$LD_{100}=1$，为强毒株，常与人体先天性弓形虫病有关；Ⅱ型的$LD_{100}\geqslant10^3$，为弱毒株，主要引起慢性感染，也是艾滋病患者感染的主要虫株；Ⅲ型的$LD_{100}\geqslant10^3$，也是弱毒株，主要感染动物。还有一些分离株的基因型与上述3种基因型不符，统称为非典型株。

人和动物的感染率均很高。国外报道人群的平均感染率为25%～50%，而欧洲大陆和拉丁美洲调查的成人感染率为50%～80%，法国局部地区人感染率高达90%。推算全世界约5亿人感染弓形虫；在美国，Walsh（1986）报道弓形虫慢性无症状感染者约占全部人口的1/3，每年至少有3 000名婴儿先天感染。我国人群弓形虫感染率低于世界平均水平，大部分地区在10%以下，但呈现逐年上升趋势。中国人口标准化阳性率6.02%，推算全国弓形虫感染人数为7 000多万（Daniel Ajzenberg，2009）。多种动物（猪、牛、羊、马、犬、猫、鸡等）均有较高感染率，当猪场发生急性弓形虫病时，发病率可达100%，死亡率高达60%以上。

5. 自然疫源性 目前已从多种动物体内成功分离弓形虫，多种野生动物也是其自然宿主，但多呈隐性感染。动物间的相互厮杀、捕食，导致它们之间互为感染源，使弓形虫在野生动物中长期存在。弓形虫病是自然疫源性疾病。

四、致病性与临床表现

弓形虫病的临床表现与病理变化取决于宿主和寄生虫之间的相互作用。二者之间的相互作用十分复杂，人们对其认识尚不够深入。

已知弓形虫的致病作用与所感染虫株的毒力以及宿主的免疫状态密切相关。动物感染后的临床表现与虫株的致病力、繁殖速度、包囊形成与否及宿主种类、年龄、机体抵抗力等多方面因素密切相关。仅就感染虫株毒力来说，强毒株侵入机体后迅速繁殖，可引起急性感染和死亡；弱毒株侵入机体后增殖缓

慢，在脑或其他组织形成包囊。

1. 猪弓形虫病 我国猪弓形虫病流行十分广泛，全国各地均有报道。发病率可高达60%以上。10～50kg的仔猪发病尤为严重，多呈急性发病经过，表现为急性热性疾病的症状。

2. 绵羊弓形虫病 成年羊多呈隐性感染，临床主要表现妊娠绵羊流产，其他症状不明显。流产常出现于正常分娩前4～6周。羊也可能发生急性弓形虫病。

山羊、牛、马、兔、犬、猫、禽类等多种动物都可发生弓形虫病，多呈慢性或隐性经过；当机体抵抗力较低时可出现临床症状，但一般不像猪弓形虫病临床表现明显。

3. 实验动物弓形虫病 迄今未见实验动物自然感染弓形虫导致发病的报道，但可在多种实验动物体内检测到抗体，所以并非实验动物不能自然感染，而是自然感染状态下临床表现不明显，常被人们忽视。因此，几乎所有描述的实验动物弓形虫感染均为试验感染。不同品种的实验动物对弓形虫的易感性差异很大，感染弓形虫后的临床症状也各不相同，感染后的临床症状不仅取决于实验动物种类，同样取决于感染剂量、感染虫株的毒力以及机体状态等多方面因素。当动物易感性强、强毒力虫株感染、感染量大时亦可出现类似于家畜弓形虫病的症状。大鼠对弓形虫不易感，所以一般不选择大鼠作为试验感染动物。小鼠对弓形虫的易感性最强，常用于弓形虫的传代和试验研究。根据虫株的毒力、感染虫体的数量及机体抵抗力的不同，小鼠试验感染弓形虫后，可表现为严重程度不一的弓形虫病。小鼠大剂量接种弓形虫可引发急性弓形虫病，强毒株（如RH株）于感染后72h内大量增殖，小鼠腹围明显增大、弓背、被毛蓬乱，腹水中含有大量弓形虫速殖子，很快发生死亡。如果用弱毒虫株接种小鼠，一般于感染后3～6天开始出现被毛蓬乱、精神沉郁、弓背、闭眼、腹围增大、活动性下降等临床症状，腹水中也含有大量速殖子，一般在感染后10天内死亡；小鼠经口服感染弓形虫包囊，引发慢性弓形虫病，一般于感染后6～14天，小鼠被毛蓬乱、精神沉郁、闭眼、逐渐消瘦，此后小鼠精神状态逐渐回复正常。

4. 人弓形虫病 人感染弓形虫后的表现主要取决于虫株毒力和机体抵抗力。流产、死胎或产弱胎是孕妇感染后最主要的临床症状，弓形虫病脑炎和眼炎也是人感染弓形虫的主要症状。但多数情况下，弓形虫感染人群处于隐性状态，全球约1/3的人感染弓形虫，但发病人数相对较少。但隐性感染者体内的弓形虫像定时炸弹一样，当机体抵抗力下降时，可随时转化为显性弓形虫病。艾滋病人感染弓形虫后可发生严重的临床型弓形虫病，有时是导致艾滋病人死亡的重要原因之一。

五、病理变化

弓形虫感染机体后，经淋巴系统或直接进入血液循环，然后再散播到全身其他组织和器官。弓形虫侵入宿主后迅速分裂增殖，直至宿主细胞破裂。从破裂细胞内逸出的速殖子再侵入新细胞，如此反复，形成局部组织的坏死病灶，同时伴有以单核细胞浸润为主的急性炎症反应，这是弓形虫病最基本的病理变化。病变的程度取决于虫体增殖速度以及机体的免疫状态。一般而言，弓形虫的病理变化可分为三种类型。①速殖子在宿主细胞内增殖引起的病变为坏死病灶，可被新的细胞取代，也可被纤维瘢痕取代，在瘢痕组织周围常有包囊。②包囊破裂后释出的缓殖子多数被机体免疫系统杀灭，但会引起宿主产生迟发型变态反应，导致邻近组织坏死，形成肉芽肿病变。病变中央为局灶性坏死，周围有淋巴细胞、浆细胞、组织细胞、中性粒细胞，偶见嗜酸性细胞浸润。在脑组织内有不同程度的胶质细胞反应，小胶质细胞增生。③弓形虫所致的局灶性损害可引起继发性病变，导致血管发炎，造成血管栓塞，引起组织梗死，这种情况多见于脑部。重症弓形虫患者常见到血管阻塞性坏死。

病理剖检的主要特征为：急性病例出现全身性病变，淋巴结、肝、肺和心脏等器官肿大，并有许多出血点和坏死灶。肠道重度充血，肠黏膜上常可见扁豆大小的坏死灶。肠腔和腹腔内有多量渗出液。病理组织学变化为网状内皮细胞和血管结缔组织细胞坏死，有时有肿胀细胞浸润；弓形虫的速殖子位于细胞内或细胞外。慢性病例可见各脏器的水肿，并有散在的坏死灶；病理组织学变化为明显的网状内皮细胞的增生，淋巴结、肾、肝和中枢神经系统等处更为显著，但不易见到虫体。隐性感染的病理变化主要在中枢神经系统（特别是脑组织）内见有包囊，有时可见有神经胶质增生症和肉芽肿性脑炎。

六、诊 断

1. 病原学检查 生前检查可采取急性病人和动物的血液、脑脊液、眼房水、尿、唾液以及淋巴结穿刺液作为检查材料；死后采取心血、心、肝、脾、肺、脑、淋巴结及胸水、腹水等进行检查。对于猫，还应收集其粪便检查卵囊。

（1）直接涂片或组织切片检查法 在体液涂片中发现弓形虫速殖子，一般可确立急性期感染的诊断。常规 HE 染色组织切片内，确诊速殖子比较困难，为提高准确性，应用特异性标记识别如免疫荧光法或免疫酶法加以鉴定。

（2）集虫检查法 如脏器涂片未发现虫体，可取肝、肺及肺门淋巴结等组织 3～5g，研碎后加 10 倍生理盐水混匀，过滤、离心 3min，取其沉渣做压滴标本或涂片染色检查。

（3）实验动物接种 将被检材料接种幼龄小鼠观察其发病情况，并从腹腔液检查速殖子。选用的接种小鼠必须是无自然感染者，若虫株毒力低，往往小鼠不发病，可用该小鼠的肝、脾、淋巴结做成悬液再接种健康小鼠，如此盲传 3～4 代，可提高检出率，并检查脑内有无弓形虫包囊存在。

（4）细胞接种 取无菌处理的组织悬液，接种于单层细胞，接种后逐日观察细胞病变以及培养物中的虫体。如未发现虫体，可盲传 3 代后检查。

（5）卵囊检查 取猫粪便 5g，用饱和盐水漂浮法收集卵囊镜检。

2. 血清学试验 由于弓形虫病病原学检查较为困难且检出率不高，所以血清学检测是广泛应用的重要诊断依据。从血清或脑脊液内检测弓形虫特异性抗体或抗原，是弓形虫感染和弓形虫病诊断的重要辅助手段。

（1）抗体检测方法

①间接血凝试验（IHA）：结果易于判断，敏感性较高，试剂易于商品化，适于大规模流行病学调查时使用，目前已有试剂盒出售。

②间接免疫荧光抗体试验（IFA）：是最为准确的抗体检测方法，但需荧光标记二抗和荧光显微镜，故难以在基层推广。

③ELISA：是较为方便、快捷的方法，适宜大面积推广应用。目前已应用于临床检测的有多种 ELISA 试剂盒，如 SPA - ELISA、Dot - ELISA 和 ABC - ELISA 等。

（2）抗原检测

①检测循环抗原（CAg）：常用的为 ELISA 法。

②检测抗弓形虫 McAbMcAb -微量反向间接血凝试验（RIHA）：检测弓形虫病 CAg，可用于早期弓形虫病的诊断。

③PCR 检测：检测病料中弓形虫的特异性基因来诊断弓形虫感染，已经有多个弓形虫特异性基因及相应的引物发表，如用敏感性比较高的巢式 PCR 扩增的基因 B1（126bp）、SAG1（521bp）；普通 PCR 扩增基因组中含有多个重复序列的基因 ITS1（305bp）、TOXO - 529bp（529bp）和 B1（194bp）。上述基因和引物见表 69 - 1 - 1。

表 69 - 1 - 1 常用于检测弓形虫的特异性基因及其 PCR 引物

基因名称	上游引物（5’ - 3’）	下游引物（5’ - 3’）	片段长度（bp）
B1（巢式）	ATGTGCCACCTCGCC TCTTGG	GCAATGCTTCTGCACAAAGTG	797
	TGCATAGGTTGCAGTCACTG	TAAAGCGTTCGTGGTCAACT	126
SAG1（巢式）	TTGCCGCGCCCACAC TGATG	CGCGACACAAGCTGCGATAG	913
	CGACAGCCGCGGTCATTCTC	GCAACCAGTCAGCGTCGTCC	521
ITS1	GATTTGCATTCAAGAAGCGTGATAGTAT	AGTTTAGGAAGCAATCTGAAAGCACATC	305

（续）

基因名称	上游引物（5'-3'）	下游引物（5'-3'）	片段长度（bp）
TOXO-529bp	CGCTGCAGGGAGGAAGACGAAAGTTG	CGCTGCAGACACAGTGCATCTGGATT	529
B1	GGAACTGCATCCGTTCATGAG	TCTTTAAAGCGTTCGTGGTC	194

七、防治措施

1. 治疗 除螺旋霉素、林可霉素有一定的疗效外，其余绝大多数抗生素对弓形虫病无效。磺胺类药物对急性弓形虫病有很好的治疗效果，和抗菌增效剂联用的疗效更佳。但需在发病初期及时用药，如用药较晚，虽可使临床症状消失，但不能抑制虫体进入组织内形成包囊，也不能杀死包囊内的缓殖子，而使病人或病畜成为带虫者。使用磺胺类药物首次剂量应加倍，一般需连用3～4天。常用于治疗动物弓形虫病的磺胺类药物如下。

磺胺甲氧吡嗪（SMPZ）＋甲氧苄胺嘧啶（TMP）前者按每千克体重30mg，后者按每千克体重10mg，每天口服1次，连用3次。

磺胺甲氧吡嗪（SMPZ）＋甲氧苄胺嘧啶（TMP）按SMPZ∶TMP＝5∶1的比例制成12%复方磺胺甲氧吡嗪注射液，按每千克体重50～60mg，每天肌内注射1次，连用4次。

磺胺六甲氧嘧啶（SMM）按每千克体重60～100mg单独口服。每天1次，连用4次。

磺胺嘧啶（SD）＋甲氧苄胺嘧啶（TMP） 前者按每千克体重70mg，后者按每千克体重14mg，每天口服2次，连用3～4次。

人弓形虫病可用磺胺嘧啶和乙胺嘧啶作为首选药物，但乙胺嘧啶可透过胎盘屏障，干扰胎儿叶酸代谢，导致胎儿畸形，因此孕妇需严格遵照医嘱用药。

2. 预防 人和动物弓形虫病的预防均重于治疗。尤其是对免疫缺陷者及免疫抑制剂使用者，更要注意预防。应考虑动物所处环境、饲养管理等多方面因素综合制订切实可行的防控措施。动物弓形虫病的预防措施主要包括：不用动物生肉喂食实验动物和家畜、家禽；动物舍内应严禁养猫，防止猫进入圈舍；严禁鼠类进入圈舍。人弓形虫病的预防措施主要包括：防止猫粪污染人和动物餐具、水源和食物。密切接触动物的人群、兽医工作者、免疫功能低下和免疫功能缺陷者，应注意个人防护，并定期进行血清学监测与防护。有生食或半生食习俗的地区，要进行科普教育，改变生食肉食的习惯。孕妇、儿童应避免与猫科动物接触。

八、公共卫生影响

弓形虫是一种重要的食源性人兽共患病，食入生的或未煮熟的肉类食品是弓形虫感染人的主要原因。免疫功能低下者和孕妇是高危人群，易患弓形虫病，且病情严重。人弓形虫病还是优生优育的一大威胁，孕妇感染后可导致流产、早产、死产，或者新生儿弓形虫病，胎儿出生后有眼、脑或肝脏的病变或畸形。猫粪便内排出的弓形虫卵囊是感染人的另一重要来源，养猫者尤其需要监测主人和猫的弓形虫感染。

多种实验动物都是弓形虫的易感宿主，用感染弓形虫的动物作为实验动物时会不同程度地影响试验结果，所以在实验动物的饲养、管理和使用过程中需密切关注弓形虫的感染，定期进行检测，及时淘汰感染动物。

（雷涛 刘群）

我国已颁布的相关标准

GB/T 18448.2—2008 实验动物 弓形虫检测方法

参考文献

郝永新，李雪莲，刘群．2009．鼠巨噬细胞Ana21培养弓形虫RH株速殖子的特性研究［J］．中国兽医科学，39（3）：

196 - 203.

蒋金书. 2000. 动物原虫病学［M］. 北京：中国农业大学出版社：258 - 272.

Boothroyd J C. 2009. Toxoplasma gondii：25 years and 25 major advances for the field［J］. International Journal for Parasitology，39（8）：935 - 946.

Dubey J P. 2010. Toxoplasmosis of animals and humans［M］. 2nd ed. Florida，Boca raton：CRC press.

Homan W L，Vercammen M，De Braekeleer J，et al. 2000. Identification of a 200 - 300 fold repetitive 529bp DNA fragment in Toxoplasma gondii，and its use for diagnosis and quantitive PCR［J］. International Journal for Parasitology，30（1）：69 - 75.

Jinhai Yu，Jun Ding，Zhaofei Xia，et al. 2008. Seroepidemiology of Toxoplasma gondiiin pet dogs and cats in Beijing，China［J］. Acta Parasitologica，3（3）：317 - 319.

Su C，Shwab E K，Zhou P，et al. 2010. Moving towards an integrated approach to molecular detection and identification of Toxoplasma gondii［J］. Parasitology，137（1）：1 - 11.

Weiss LM，Kami Kim. 2007. Toxoplasma gondii—Bradyzoite Development［J］. Elsevier Ltd：342 - 360.

第七十章
隐孢子虫科原虫所致疾病

隐孢子虫病
(Cryptosporidiosis)

隐孢子虫病（Cryptosporidiosis）是由隐孢子虫引起的人兽共患原虫病，以人与动物消化吸收功能障碍、腹泻为主要症状。隐孢子虫可寄生于哺乳动物、禽类、两栖类、鱼类及人的消化道及其他器官，广泛分布于世界各地。

一、发生与分布

隐孢子虫是Tyzzer于1907年最早在小鼠体内发现并命名。在1955年有报道隐孢子虫引起雏火鸡腹泻，1970年报道其引起犊牛腹泻之外，罕见其他病例报道。1976年，Nime和Meisel分别报道1例人隐孢子虫病，首次证实隐孢子虫可以感染人。1982年美国疾病控制和预防中心（CDC）报道了来自6个城市的21位艾滋病男性患者，由于寄生隐孢子虫引起了严重的腹泻，由此而引起世界范围的关注。近几年，国外报道数起因隐孢子虫污染水源引起的流行性感染，而且常规的自来水处理方法不能清除隐孢子虫卵囊，因而隐孢子虫对水源的污染引起有关方面的高度重视。目前，美国已把隐孢子虫病作为六大腹泻病之一，1993年美国CDC又把该病列入美国三大主要暴发疾病之一。

二、病　　原

1. 分类地位　隐孢子虫在分类上属原生动物门（Protozoa）、复顶亚门（Apicomplexa）、孢子虫纲（Sporozoa）、真球虫目（Eucoccida）、艾美耳亚目（Eimeriina）、隐孢子虫科（Cryptosporidiidae）、隐孢子虫属（*Crytosporidium*）。已经确认的隐孢子虫虫种见表，其中多种隐孢子虫能够感染多种动物。

表70-1-1　隐孢子虫现确定虫种

种　类	主要宿主	次要宿主
小鼠隐孢子虫（*C. muris*）	啮齿动物、双峰驼	人、蹄兔、野生白山羊
安氏隐孢子虫（*C. andersoni*）	牛、双峰驼	绵羊
小球隐孢子虫（*C. parvum*）	牛、绵羊、山羊、人	鹿、鼠、猪
人隐孢子虫（*C. hominis*）	人、猴	儒艮、绵羊
魏氏隐孢子虫（*C. wrairi*）	豚鼠	
猫隐孢子虫（*C. felis*）	猫	人、牛
犬隐孢子虫（*C. canis*）	犬	人
鸡隐孢子虫（*C. meleagridis*）	火鸡、人	鹦鹉
贝氏隐孢子虫（*C. baileyi*）	鸡、火鸡	澳洲鹦鹉、鹌鹑、鸵鸟、鸭
鸡隐孢子虫（*C. galli*）	鸣雀，鸡，capercalle，松雀	

（续）

种　类	主要宿主	次要宿主
蛇隐孢子虫（*C. serpentis*）	蛇、蜥蜴	
蛇隐孢子虫（*C. saurophilum*）	蜥蜴	蛇
摩氏隐孢子虫（*C. molnari*）	鱼	
猪隐孢子虫（*C. suis*）	猪	
牛隐孢子虫（*C. bovis*）	牛	

2. 形态特征　隐孢子虫与球虫发育过程相似，也存在着与球虫相似的各发育阶段虫体。各种隐孢子虫的卵囊形态相似，大小不同。小鼠隐孢子虫的卵囊最大，大小为（6.6～7.7）μm×（5.4～6.4）μm。小隐孢子虫大小为（4.6～5.4）μm×（4.2～4.8）μm。

卵囊呈圆形或椭圆形，在宿主体内孢子化，内含4个裸露子孢子和1个大残体，残体由无数个颗粒和膜包围的小球形体组成。成熟卵囊有厚壁和薄壁两种类型：①厚壁卵囊的囊壁分为明显内外两层，内层细致，外层粗糙，形成具有抵抗力的囊壁。这种卵囊排出体外后可感染其他动物。②薄壁卵囊仅有一层膜，其在体内脱囊后仅有少数发育成感染性卵囊从而造成宿主自体循环感染，其和再循环型裂殖体被认为是无须再接触外源卵囊而持续感染的根本原因。

隐孢子虫的子孢子和裂殖子均呈香蕉形，具有复顶门寄生虫的典型细胞器，如表膜、棒状体、微线体、电子致密颗粒、核、核糖体、膜下微管和顶环。但缺乏极环、线粒体、微孔和类锥体等细胞器。

子孢子或裂殖子与黏膜上皮细胞接触后，逐步过渡为球形滋养体。在核分裂之后，同步发育裂殖子围绕着裂殖体的边缘。成熟后的裂殖子从残体分离，逸出细胞外。不成熟的小配子体类似裂殖体但含小的紧密的核。当核在配子体表面隆起时，小配子开始形成。成熟小配子从配子体表面分离，小配子呈棒形，前端较平截，缺乏在其他球虫小配子体中见到的典型的鞭毛和线粒体。浓集的核组成大多数小配子体。虫体完全被质膜包裹。大、小配子结合形成合子，合子发育成薄壁或厚壁卵囊。两种类型的卵囊在宿主体内孢子化，含4个子孢子。薄壁卵囊仅包裹一层单位膜，厚壁卵囊被多层抗环境因素的壁包裹。

排出体外的隐孢子虫卵囊具有厚壁，对各种抗微生物、抗寄生虫药物和消毒剂均有很强的抵抗力。在0℃以下和60℃以上能存活30min，在4℃时能存活2～6个月，在密闭容器中能存活8～9个月。

3. 生活史　各种隐孢子虫与球虫的发育过程基本相似，全部生活史包括三个发育阶段（图70-1-1）。

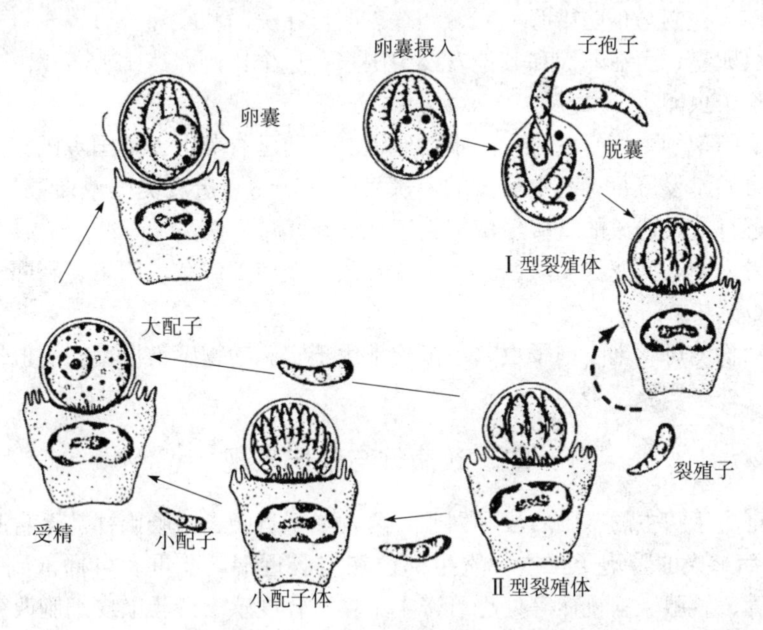

图70-1-1　小球隐孢子虫生活史图解

（1）裂殖生殖　孢子化的卵囊被动物食入，在胃肠消化液作用下卵囊壁破裂，子孢子释出，子孢子的头部与黏膜上皮细胞表面相接触，逐步发育为球形的滋养体；滋养体经2～3次核分裂后发育为成熟的裂殖体，成熟裂殖体释出裂殖子后重复上一代裂殖生殖。一般经3代裂殖生殖，其中第1、3代裂殖体内含8个裂殖子，第2代裂殖体内含4个裂殖子。

（2）配子生殖　最后一代裂殖子进一步发育为雄性配子体和雌性配子体，进而发育为成熟的大（雌性）、小（雄性）配子。小配子与大配子受精结合，受精后的大配子进一步发育为合子，合子外层形成囊壁后即发育为卵囊。

（3）孢子生殖　隐孢子虫的孢子生殖与球虫不同，它是在宿主黏膜上皮细胞表面的带虫空泡内进行。在宿主体内可以产生薄壁卵囊（Thin - walled oocyst）和厚壁卵囊（Thick - walled oocyst），薄壁卵囊占20%，在宿主肠道内可进行自行脱囊，从而使宿主发生自身循环感染；厚壁卵囊占80%，卵囊随着粪便或者是痰液排到外界去，污染周围的环境，成为其他宿主的感染来源。

三、流行病学

1. 传染源与传播途径　人和畜禽的主要感染方式是经口感染。食入了被卵囊污染的食物和饮水遭受感染。家禽的贝氏隐孢子虫也可以经呼吸道感染。给仔猪经气管注射及结膜接种试验感染隐孢子虫获得成功。人隐孢子虫病的主要感染源是牛排出的卵囊，人与人之间也可以水平传播。

由于隐孢子虫发育过程中产生薄壁卵囊，因而感染隐孢子虫的动物可发生自身感染。

2. 易感动物　隐孢子虫的宿主范围很广，可寄生于150多种哺乳类、30多种鸟类、淡水鱼类和海鱼、57种爬行动物，其中包括人，尤其是幼龄儿童和免疫抑制病人。目前已报道可感染黄牛、水牛、奶牛、马、绵羊、猪、犬、猫、鹿、猴、兔、大鼠、小鼠、豚鼠、鸡、鸭、鹅、火鸡、鹌鹑、鸽、珍珠鸡等动物。在野生动物和野生禽类也均有较多报道。

除个别虫种外，大多数虫种无严格的宿主特异性。各种动物都易感染，特别是幼龄动物，但各种动物的易感性不同。

3. 流行情况　隐孢子虫呈全球分布。人隐孢子虫病已在欧洲、南美洲、北美洲、亚洲、非洲和大洋洲60多个国家有报道。一般认为，在营养状况和卫生条件较差的地区，儿童隐孢子虫感染率较高。隐孢子虫感染也呈现一定的季节性，潮湿、温暖的季节发病较多。

隐孢子虫是一种机会性肠道病原体，是艾滋病病人、癌症病人及其他免疫力低下者最常见的继发感染病原。根据美国疾病控制与预防中心的一份调查表明，在美国和欧洲，11%～21%的艾滋病病人腹泻便中可发现隐孢子虫卵囊；而在非洲和其他发展中国家，这个比例高达12%～48%，在2%～10%感染者的粪便中检出隐孢子虫卵囊。

水源污染是造成隐孢子虫病暴发流行的重要原因。目前已有美国、英国等国家报告，因饮用水被污染造成居民隐孢子虫病暴发流行。其中最大的一次发生（1993）造成美国威斯康星州Milwaukee市40多万人感染，死亡近百人，造成的直接经济损失近亿美元。

我国的调查结果表明，黑龙江、陕西、北京、安徽、湖南、广东、四川、新疆、上海、天津等地都报道了畜禽隐孢子虫感染。

绝大部分实验动物均可感染隐孢子虫，小鼠最常用于实验动物感染模型。一般情况下，严格的试验饲养条件下不会遭受外来病原感染。

四、致病性与临床表现

隐孢子虫主要寄生于宿主的空肠后段和回肠，可发展至盲肠、结肠旋袢甚至直肠。

1. 人隐孢子虫病　人的隐孢子虫主要寄生部位在空肠近端，严重者可播散到整个消化道。此外，呼吸道、胆囊和胆管、胰腺、扁桃体等处也可寄生虫体。轻度感染者肠上皮细胞改变不明显。中度和重度感染的病人虫体寄生处可见肠黏膜表面出现凹陷，部分绒毛萎缩变短，甚至脱落消失；隐窝上皮细胞增大，隐窝变深，黏膜表面的立方上皮细胞变低平；上皮细胞层和黏膜固有层内有淋巴细胞、中性粒细胞、浆细胞和巨噬细胞浸润。电镜观察可见虫体寄生处微绒毛萎缩低平，而附近的微绒毛则变长；虫体寄生的上皮细胞胞浆内可见空泡，内质网和高尔基体有退化现象。CD_4^+细胞对于机体清除隐孢子虫至关重要。隐孢子虫感染者T细胞亚群异常则局部黏膜免疫功能低下，导致肠黏膜大量虫体附着，破坏微绒毛的形态和正常功能，而使患表现消化不良、肠黏膜吸收障碍。

机体的免疫反应状态影响感染的严重程度和持续时间。绝大多数免疫功能正常者表现出温和到中度的急性肠炎。绝大多数无免疫应答病人表现出中度到严重的慢性肠炎，持续时间与免疫损伤时间一样长，有时炎症消退，上皮细胞再生，否则肠炎持续发生并对生命造成威胁。

感染并不总是局限于小肠，尤其是免疫功能低下的病人，内生发育阶段虫体曾发生于肺、食管、胃、肝脏、胰腺、胆囊、蚓突、结肠，肠道外感染的病人表现出的临床症状与感染器官相关。呼吸道感染有严重的咳嗽、气喘、哮吼、声音嘶哑和气短。其他部位感染导致肝炎、胰腺炎、胆管炎、胆囊炎和结膜炎。

2. 动物隐孢子虫病 临床上以1～4周龄的犊牛感染症状最为明显，可呈暴发流行，轻度至重度的腹泻，严重时厌食、脱水、死亡。高致病力虫株单一感染免疫缺陷宿主或误诊可导致长时间、顽固性腹泻或高死亡率。

实验动物自然感染病例鲜有报道。试验感染病例的发病情况依感染剂量及机体免疫力状况不同而异，与哺乳动物发病状态相似。

各种宿主的隐孢子虫感染多呈隐性经过，感染者一般只向外界排出卵囊，而不表现任何临床症状。对一些发病动物，即使有明显的症状，也常常是非特异性的，故不能用以确诊。另外，动物在发病时常伴有许多条件性病原体的感染，确切诊断只能依靠实验室手段观察隐孢子虫的各期虫体，或采用免疫学技术检测抗原或抗体的方法。

五、诊　　断

1. 生前诊断 病原诊断主要依靠从患者粪便、呕吐物或痰液中查找卵囊。采用粪便（或呼吸道排出的黏液）集卵法。用饱和蔗糖溶液法或甲醛—醋酸乙酯沉淀法收集粪便中的卵囊，再用显微镜检查。因隐孢子虫卵囊很小，往往容易被忽略，需要放大至1 000倍进行观察。在显微镜下可见圆形或椭圆形的卵囊，内含4个裸露的、香蕉形的子孢子和1个较大的残体，隐孢子虫卵囊在饱和蔗糖溶液中往往呈玫瑰红色。

2. 死后诊断 尸体剖检时刮取消化道（特别是禽的法氏囊和泄殖腔）或呼吸道黏膜，做成涂片，用姬姆萨液染色，虫体的胞浆呈蓝色，内含数个致密的红色颗粒。最佳的染色方法是齐—尼氏染色法，在绿色的背景上可观察到多量的圆形或椭圆形红色虫体，直径为2～5μm。

其他一些实验室诊断方法也可以用于生前和死后诊断。

（1）金胺—酚染色法　新鲜粪便或经甲醛保存的粪便均可采用该法。染色后的卵囊在荧光显微镜下为一圆形小亮点，高倍时发出乳白色或略带绿色的荧光。多数卵囊周围深染，中央色淡，呈厚环状，或深色结构偏位，有些卵囊全部深染。个别标本可出现非特异性的荧光颗粒，应注意鉴别。

（2）沙黄—美蓝染色法　染色后的卵囊为橘红色，其形态与改良抗酸染色基本相似，但非特异的红色颗粒特别多，卵囊少时难发现。

（3）金胺—酚—改良抗酸复染法　金胺—酚染色法染色后的标本存在许多非特异颗粒，易与卵囊混淆，初学者难以区分。复染法处理最大的优点是使这些非特异颗粒染成蓝黑色，便于与隐孢子虫卵囊鉴别。染色所用的金胺—酚和高锰酸钾溶液配制后不宜超过1个月，否则影响染色效果。

3. 免疫学和分子生物学技术 在诊断隐孢子虫病和临床评价中有一定的作用。如免疫荧光试验、抗原捕获ELISA，现在已作为实验室诊断的常用技术。聚合酶链反应（PCR）已作为研究性实验室常规技术。血清学检测技术有一定的参考价值，因为许多健康动物有抗隐孢子虫抗体。临床兽医师应当意识到“卵囊＋寄生虫”检查不适于隐孢子虫病的诊断。

对可疑病例也可接种实验动物，进一步观察后加以确诊。

六、防治措施

1. 治疗 目前，尚无可靠药物用于治疗隐孢子虫病，只能从加强卫生措施和提高机体免疫力来控制该病的发生。

2. 预防 隐孢子虫感染是因为宿主摄入卵囊，因此有效控制措施必须针对减少或预防卵囊的传播。卵囊对很多环境因素及绝大多数消毒剂和防腐剂有显著的抵抗力。卵囊在恶劣的环境中散播并存活较长时间。所以，常规的水处理方法不能有效除去或杀死所有卵囊。应防止感染动物和人的粪便污染食物和饮水，控制传染源并注意个人卫生。

隐孢子虫病的预防应从以下两方面入手。一是管理好感染动物和人的粪便，严防饮水、饲料和食物被污染。二是注意个体和个人卫生，严格防止群养动物和集体生活的人群之间的相互传播。三是加强饲养管理，保证动物健康；须重点保护免疫力低下人群和畜群免受感染。

七、公共卫生影响

隐孢子虫病在世界范围内流行。多种动物和人都是自然宿主。

已在畜禽、野生动物以及实验动物感染隐孢子虫，证实了隐孢子虫在我国的普遍存在，是人隐孢子虫的潜在感染来源。隐孢子虫的一个重要传播途径是水源传播，我国新出台的生活饮用水卫生标准（GB 5749—1985）中已将隐孢子虫检测列入检验项目之中。

（张龙现　刘群）

参考文献

孔繁瑶 . 2010. 家畜寄生虫学［M］. 第 2 版 . 北京：中国农业出版社：366 - 371.

吴观陵 . 2005. 人体寄生虫学［M］. 第 3 版 . 北京：人民卫生出版社：269 - 275.

蒋金书，赵亚荣，胡景辉 . 1994. 隐孢子虫病的研究进展［J］. 中国兽医杂志，20（10）：38 - 42.

牛小迎 . 2008. 隐孢子虫的综述［J］. 青海畜牧兽医杂志，4（38）：51 - 52.

孙铭飞，张龙现，宁长申，等 . 2005. 禽类隐孢子虫研究进展［J］. 中国人与动物共患病杂志，21（6）：521 - 525.

裴速建，张绍清 . 1999. 隐孢子虫病的防治进展［J］. 中国寄生虫病防治杂志，12（2）：145 - 146.

Abe N，Iseki M. 2004. Identification of *Cryptosporidium* isolates from cockatiels by direct sequencing of the PCR - amplified small subunit ribosomal RNA gene［J］. Parasitology research，92（6）：523 - 526.

Current W L，Garcia L S. 1991. Cryptosporidiosis［J］. Clinical Microbiology Reviews，4（3）：325.

Laxer M A，Timblin B K，Patel R J. 1991. DNA sequences for the specific detection of *Cryptosporidium parvum* by the polymerase chain reaction［J］. The American journal of tropical medicine and hygiene，45（6）：688 - 694.

Mitchell S A. 2004. WaterBorne Illness：Geneme Sequence reveals leaner，mesner intestinal parasite［J］. BioterrorismWeek，4（19）：7.

Tyzzer E E. 1907. Proceedingofthe society for Experimental Biology and Medicine［J］. Williams & Wilkins（5）：12.

第七十一章 疟原虫科原虫所致疾病

疟原虫病
(Plasmodiosis)

疟原虫病（Plasmodiosis）俗称疟疾（Malaria），是由寄生于细胞内的疟原虫引起的寄生原虫病。目前已知的疟原虫达156种，其中哺乳动物的疟原虫50种、鸟类的41种、爬行动物的65种、类人猿（黑猩猩、大猩猩和猩猩）的4种、长臂猿的4种、亚洲猴类的7种、非洲猴类的1种、美洲猴类的2种、狐猴的2种。许多重要的关于人疟疾的生理、生化和药物治疗试验常常由灵长类动物作为研究模型，因此灵长类动物疟原虫的感染具有重要意义。

一、发生与分布

疟原虫广泛寄生于世界各地的爬行类、鸟类和哺乳类动物。在我国除寒冷的西藏高原、西北及内蒙古的干燥沙漠地区以及东北的山区和西北的黄土高原，均有该病的流行。我国卫生部1980年颁布了“国境口岸传染病检测试行办法”，将疟疾定为检测传染病之一。

实验动物中，灵长类动物是多种疟原虫的天然宿主。而且野生的灵长类动物是人感染性疾病的潜在来源。能够感染灵长类动物的疟原虫已超过26种，其中一些种类与人关系密切，如吼猴疟原虫（*Plasmodium simium*）、巴西疟原虫（*P. brasilianum*）、食蟹猴疟原虫（*P. cynomolgi*）、猪尾猴疟原虫（*P. inui*）以及诺氏疟原虫（*P. knowlesi*）。其中有几种能感染人引起发病，而许多重要的关于人疟疾的试验研究常常由灵长类动物作为模型，因此了解灵长类动物的疟原虫具有重要意义。

国外已报道10例实验室人员意外获得食蟹猴疟原虫感染，55人自愿感染食蟹猴疟原虫成功，人自然感染诺氏疟原虫也有多例报道。

二、病　　原

1. 分类地位　疟原虫属于原生动物门（Protozoa）、复顶亚门（Apicomplexa）、孢子虫纲（Sporozoa）、球虫亚纲（Coccidia）、真球虫目（Eucoccidia）、血孢子虫亚目（Haemosporina）、疟原虫科（Plasmodiidae）、疟原虫属（*Plasmodium*）。有多种疟原虫可感染灵长类动物，见表71-1-1。

表71-1-1　感染人与灵长类动物的疟原虫

种　类	宿主	地理范围	周期性	是否复发
巴西疟原虫（*P. brasilianum*）	新大陆猴	中南美洲	三日疟	不确定
柯氏疟原虫（*P. coatneyi*）	旧大陆猴	马来西亚	间日疟	否
食蟹猴疟原虫（*P. cynomolgi*）	旧大陆猴	东南亚	间日疟	是
艾氏疟原虫（*P. eylesi*）	长臂猿	马来西亚	间日疟	不确定
恶性疟原虫（*P. falciparum*）	人类	热带地区	间日疟	否

（续）

种 类	宿主	地理范围	周期性	是否复发
费氏疟原虫（*P. fieldi*）	旧大陆猴	马来西亚	间日疟	是
滕壁虎疟原虫（*P. gonderi*）	旧大陆猴	中非	间日疟	否
长臂猿疟原虫（*P. hylobati*）	长臂猿	马来西亚	间日疟	否
猪尾猴疟原虫（*P. inui*）	旧大陆猴	印度和东南亚	三日疟	否
诺氏疟原虫（*P. knowlesi*）	旧大陆猴	马来西亚	每日疟	否
三日疟原虫（*P. malariae*）	人类	热带和亚热带	三日疟	否
卵形疟原虫（*P. ovale*）	人类	亚洲和非洲	间日疟	是
赖氏疟原虫（*P. reichenowi*）	黑猩猩	中非	间日疟	否
施氏疟原虫（*P. schwetzi*）	大猩猩和黑猩猩	热带非洲	间日疟	是
半卵形疟原虫（*P. simiovale*）	旧大陆猴	斯里兰卡	间日疟	是
吼吼疟原虫（*P. simium*）	新大陆猴	巴西	间日疟	不确定
间日疟原虫（*P. vivax*）	人类	热带和亚热带	间日疟	是

2. 形态特征 疟原虫的基本结构包括核、胞质和胞膜，环状体以后各期尚有消化分解血红蛋白后的最终产物——疟色素。血片经姬姆萨或瑞氏染液染色后，核呈紫红色，胞质为天蓝色至深蓝色，疟色素呈棕黄色、棕褐色或黑褐色。4 种人体疟原虫的基本结构相同，但发育各期的形态各有不同，形态特点是鉴别疟原虫的种类依据。除了疟原虫本身的形态特征不同之外，被寄生的红细胞的形态也可发生变化。所以，被寄生红细胞的形态有无变化以及变化特点，也是鉴别疟原虫种类的依据。

疟原虫在红细胞内生长、发育、繁殖，各阶段的形态变化很大。一般分为三个主要发育期。

滋养体：疟原虫在红细胞内最早出现摄食和生长的阶段。早期滋养体胞核小、胞质少，中间有空泡，虫体多呈环状，故又称之为环状体。以后虫体长大，胞核亦增大，胞质增多，有时伸出伪足，胞质中开始出现疟色素。此时受染的红细胞胀大，称为晚期滋养体，亦称大滋养体，其内出现淡红色的小点，称薛氏小点。

裂殖体：晚期滋养体发育成熟，核开始分裂后即称为裂殖体。核反复分裂，最后胞质随之分裂，每一个核被部分胞质包裹，成为裂殖子，早期的裂殖体称为未成熟裂殖体，晚期裂殖体含有裂殖子，疟色素集中成团的裂殖体为成熟裂殖体。

配子体：疟原虫经过数次裂殖生殖后，部分裂殖子侵入红细胞中发育长大，核增大且不再分裂，胞质增多且无伪足，最后发育成为圆形、卵圆形或新月形的个体，称为配子体。配子体有雌雄（或大小）之分，虫体较大，胞质致密，疟色素多且粗大。核致密且偏于虫体一侧或居中的为雌（大）配子体；虫体较小、胞质稀薄、疟色素少而细小、核疏松且位于虫体中央者为雄（小）配子体。

感染灵长类动物的疟原虫种的形态特点及其基本特征如下：

（1）诺氏疟原虫 红细胞内期裂殖子的分裂周期为 24h。环状体常见两个染色体质点，营养体不甚活动，疟色素呈金黄色，量较多。被寄生的红细胞褪色，不胀大。裂殖子 8～16 个。可试验感染环斑按蚊和撕氏按蚊。自然感染诺氏疟原虫的猴类症状轻微，但是人工感染猕猴常可致死。诺氏疟原虫主要感染食蟹猴、豚尾猴、黑脊叶猴和人，其导致的病理变化与人恶性疟疾相似，脾脏肿大，被感染的红细胞可集中于小血管且引起该病的严重发作。该原虫对氯喹敏感。

（2）三日疟原虫 发现于非洲的黑猩猩，也是人的重要疟原虫，可以在人和黑猩猩间进行交叉感染，因此许多学者认为人和黑猩猩的三日疟原虫是同一种，但是人感染源于黑猩猩的虫株时发病轻微。目前还没有该虫种通过蚊类传播给人的报道。

（3）食蟹猴疟原虫 滋养体运动活跃，有明显的空泡和末足，疟色素棕黄色。裂殖子 8～24 个，平均 16 个，被寄生的红细胞胀大、色淡，并出现薛氏点，与人的间日疟原虫很相似。食蟹猴疟原虫主要感染猕猴和叶猴。人可感染，人感染后未发现复发现象，但猴感染后复发现象很普遍。主要分布于印度和印度尼西亚等南亚和东南亚国家。

（4）巴西疟原虫　与三日疟原虫的形态相似，对猴的致病性较强，可以引起大量的红细胞破裂，使患者体温急剧上升。主要感染吼猴、蛛猴、卷尾猴、秃猴、绒毛猴和鼠猴。分布于中美洲和南美洲。

（5）猪尾猴疟原虫　为广泛分布于亚洲猴类中的三日疟原虫种，不易通过蚊类传播。其裂殖生殖需3天，故每隔两天病猴发作一次，出现高热和寒战。主要宿主为黑顶猿、猕猴和叶猴。广泛分布于中国台湾、印度南部和东南亚各地。

3. 生活史　疟原虫的发育需要在两个宿主体内进行。各类疟原虫的生活史基本相同，包括无性生殖阶段和有性生殖阶段。在中间宿主灵长类动物体内进行无性繁殖及有性繁殖的开始阶段，在蚊子体内完成有性生殖。蚊为终末宿主。

（1）无性生殖阶段　疟原虫在灵长类的肝细胞内和红细胞内发育繁殖。在肝细胞内发育称为红细胞外期，在红细胞内的发育为红细胞内期，是有性生殖的开始，形成配子体。

1）红细胞外期（exoerythrocytic stage）　当含有成熟疟原虫子孢子（sporozoite）的按蚊叮咬动物时，子孢子即随着唾液进入动物血液，约经30min，子孢子随血流侵入肝细胞，在肝细胞内增值，形成红外期裂殖体（exoerythrocytic schizont），裂殖体进一步发育形成裂殖子（merozoite）。当裂殖子数量达到一定程度，肝细胞破裂，裂殖子大量释放，侵入血液中的红细胞内寄生。

2）红细胞内期（erythrocytic stage）　红细胞内的裂殖子发育称为环状体（ring form），即为小滋养体。小滋养体胞质内出现少量棕黄色、烟丝状的疟色素。被寄生的红细胞略为膨大，并且颜色变淡，期间出现一些能染成淡红色的小点，称为薛氏点，即为大滋养体。滋养体继续发育为裂殖体（schizont），裂殖体破裂释放出裂殖子再一次侵入新的红细胞，重复上述过程，最后形成配子体。

3）配子体（gametocyte）　配子体有两种，一种为大配子体（macrogametocyte），即为雌性配子体，核较致密，深红色，多位于虫体一端，细胞质呈蓝色，虫体较大，占满并胀大整个红细胞。另一种为小配子体（microgametocyte），即为雄性配子体，其核较大，淡红色，多位于虫体的中央，胞质色蓝略带红色，小配子体稍大于正常的红细胞。成熟配子体被适宜的雌性按蚊吸入后，在按蚊体内进行有性生殖。

（2）有性生殖阶段　当蚊叮咬感染动物时，动物血液中的各期疟原虫进入蚊胃内，血细胞被消化。其中的雌、雄配子不能被消化，雌配子体继续发育为雌配子；雄性配子体进行核分裂，发育为雄性配子，当雄性配子游近雌配子时，便钻入其体内，两核结合在一起，即受精形成合子（zygote）。合子延长，一端较尖、另一端钝圆，形成能蠕动的动合子（ookinete）。动合子穿过胃壁，在胃壁强性纤维膜下形成圆形的卵囊（oocyst）。卵囊逐渐增大，当其发育成熟时，子孢子可从卵囊的微孔逸出，随蚊子的血液流动，最后集中于唾液腺中。当受感染的蚊子叮咬灵长类动物，子孢子即随分泌的唾液进入灵长类动物体内，造成动物感染。

三、流行病学

1. 传染来源　疟原虫的宿主谱比较窄，除人外仅为某些灵长类动物，食蟹猴、猪尾猴、猕猴、中华猕猴、帽猴、台湾猴和银叶猴等多种猴子可以感染。所以，所有的感染动物和人均为其他动物和人疟原虫的感染来源。实验动物中猕猴较为易感。禽类也有几种疟原虫感染，但一般不感染哺乳动物。

2. 传播途径　疟原虫为需要媒介传播的寄生原虫，传播媒介为雌性按蚊。自然传播媒介的重要蚊种为克氏按蚊（*Anopheles hackeri*）和巴拉巴按蚊（*A. balabacensis*）。国内外证明有20多种按蚊具有易感性，其中以斯氏按蚊（*A. stephensi*）最为敏感，我国试验证实其感染率可达50%，胃腺感染率高达100%。

3. 易感动物　人对疟原虫普遍易感。多次发作或重复感染后，再发症状轻微或无症状，表明感染后可产生一定的免疫力。高疟区新生儿可从母体获得保护性IgG。但疟疾的免疫不但具有种和株的特异性，而且还有各发育期的特异性；其抗原性还可连续变异，致宿主不能将疟原虫完全清除。疟原虫持续存在，免疫反应也不断发生，这种情况称带虫免疫（premunition）或伴随免疫。

自然宿主已发现有食蟹猴、猪尾猴、猕猴、中华猕猴、帽猴、台湾猴和银叶猴等。实验动物主要为猕猴。

4. 流行特征 由于灵长类动物自然感染疟原虫后引发的症状轻微，因此鲜有灵长类动物疟疾流行特征的报道。

对人疟疾的报道较多。该病的发生有明显的地区性和季节性。分布比较广泛，从南纬 30°到北纬 60°之间，从海拔 2 771m 至海平面以下 396m 广大区域均有疟疾发生。疟疾的流行受温度、湿度、雨量以及按蚊生长繁殖情况的影响。温度高于 30℃、低于 16℃不利于疟原虫在蚊体内发育，在适宜的温度、湿度和雨量条件下，利于按蚊滋生，疟疾广为流行。我国北方疟疾有明显的季节性，而南方常年流行。疟疾通常呈地区性流行，但战争、灾荒、易感人群介入或新虫株导入，可造成大流行。我国大部分地区均有 1～2 个月的传播休止期，但是由于该病能复发，因此休止期内亦可能有零星的发生。

我国除青藏高原外，遍及全国。一般北纬 32°以北（长江以北）的山西、山东、河南、江苏北部、安徽北部地区属于亚热带的低疟区，其中间日疟主要流行在长江以北，且多发生于 4～10 月份，以 8～9 月份为高峰期；北纬 25°～32°间（长江以南，台北、桂林，昆明连线以北）为中疟区；北纬 25°以南为高疟区，间日疟分布最广，恶性疟次之，以云南、贵州、广东、广西及海南为主；三日疟散发。

四、致病性与临床表现

一般情况下，灵长类动物感染疟原虫表现温和，自然感染宿主可以自行恢复。然而，有些种类的疟原虫感染宿主时可能引发疾病，如诺氏疟原虫感染恒河猴和狒狒可引起明显症状；巴西疟原虫可引起美洲猴急性疟疾，对蜘蛛猴、吼猴和卷尾猴可能是致死性的疾病。

灵长类疟原虫病的主要症状为有规律的发热。间日疟隔日发作一次，三日疟隔两日发作一次。这种规律和疟原虫红细胞内期裂殖子释出红细胞的时间有关，因为裂殖体成熟后裂解红细胞，由于裂殖子和疟原虫摄食了红细胞的血红蛋白后的代谢产物以及红细胞碎片等一并进入血液，刺激机体，特别是刺激神经中枢，引起发热。疟疾的典型发作过程可分为前驱期、发冷期、发热期和出汗期四个阶段。目前认为发热的原因是异种蛋白引起的。

一般患病动物表现为嗜睡、食欲不振和寒战，严重时皮肤苍白、全身无力，有时还会出现腹泻，通常情况幼年动物的症状较老年患病动物明显严重。

疟疾还可以引发各种各样的并发症，如颅内出血、脑小动脉堵塞、颅内压升高、脑炎、一过性肌无力、癫痫和高热惊厥等。

不同种灵长类动物感染某些疟原虫后的症状不同，艾氏疟原虫可引起大狒狒的高虫血症，膝壁虎疟原虫能引起慢性疟疾，*P. georgesi* 引起易复发的疟疾，*P. petersi*（彼氏疟原虫）引起白脸猴一过性感染，这些动物均是上述疟原虫的自然宿主。柯氏疟原虫和 *P. fragile* 引起类似于恶性疟原虫感染人出现的神经症状。食蟹猴疟原虫引起恒河猴胎盘炎。松鼠猴感染卵形疟原虫之后，虫体出现于肝脏但不出现红细胞内期。

五、病理变化

疟疾最明显的病理变化是脾脏肿大，可比正常脾脏大 4 倍，且呈黑色。脾、肝、骨髓发生淋巴细胞和巨噬细胞增生，骨髓的髓样细胞增生可伴有红细胞生成，反复感染者可发生肝硬化，以致肝萎缩。

红细胞的数量明显减少，被感染红细胞肿大、变形或表面形成结节。血小板数量大大下降。红细胞内疟色素为疟疾感染者所特有，它是疟原虫消化血红蛋白后形成的代谢产物，呈杆状、颗粒状或团块状，疟色素积累在脾红髓的巨噬细胞、肝 keffer 细胞以及骨髓内的巨噬细胞内。感染终止后数月，疟色素即行消失。血红蛋白含量明显减少，反复发作者的减少程度甚至比红细胞数的减少还要显著，故患者可呈低色素性贫血。

六、诊　断

根据临床症状和病理变化可以初步诊断，确诊需要进行病原检查。

1. 病原学检查　取外周血制作厚、薄血膜，经姬姆萨或瑞氏染剂染色后镜检查找疟原虫。薄血膜中疟原虫形态完整，被感染红细胞未被破坏，容易识别和鉴别虫种。但原虫密度低时，容易漏检。厚血膜由于原虫集中易检获，其检出率是薄血膜的15～25倍，但制片过程中红细胞溶解，原虫形态有所改变，虫种鉴别较困难。因此，最好一张玻片上同时制作厚、薄两种血膜。选择适宜的采血时间：恶性疟在发作开始时，间日疟在发作后数小时至10余小时采血。一次血片检查阴性不能否定疟疾，应在发作过程中反复涂片检查。激发试验：成人皮下注射肾上腺素0.5mg，每隔15min做血片检查一次，共2～3次，可提高疟原虫的检出率。血片阴性时可进行骨髓涂片检查。

2. 血清学诊断　近年来，血清学方法得到广泛的应用，一般采用人工培养的食蟹猴疟原虫为抗原进行间接血凝试验、间接免疫抗体试验、乳胶凝集试验、琼脂扩散沉淀、ELISA等检测血清抗体。其中灵敏度、特异性较高的为间接免疫抗体试验，制备的抗原片可在低温（－70℃）下长期贮存，且重复性好，但判定结果常带有一定的主观性。通常在初次感染后2周或更长时间出现阳性，与血片符合率高达80%～100%。

一些诊断试剂盒在国外已商品化并小规模现场应用，如ParaSightTM（Becton Dickinson）、ICT Malaria PfTest（ICT Diagnostics Sydney）和OptiMALR（Flow Inc Portland，OR）。

3. 分子生物学技术　近年来发展的新方法，如用DNA探针检测疟原虫的核酸，或用PCR扩增少量疟原虫的DNA以提高检出率等均取得一定的成绩。DNA探针用于恶性疟原虫的检测，敏感性可达感染红细胞内0.000 1%的原虫密度。PCR的敏感性更高，且操作较简便。

七、防治措施

预防为主、防治结合为防控疟疾的总原则。

1. 治疗　应该采用不同的药物对疟原虫红细胞内期虫体和肝内期虫体进行治疗。治疗原则：迅速抑制虫体增殖和控制症状，防止发展为重症疟疾，采取合理的、有针对性的治疗方案，可选用治愈率高的药物，防止复发和复燃。

抗疟药按其对疟原虫生活史期作用的不同，分为作用于红细胞外期休眠子的根治药，如伯氨喹啉；作用于红细胞内裂殖生殖期的控制临床发作药，如氯喹、奎宁、咯萘啶、甲氟喹、青蒿酯、蒿甲醚等；作用于配子体阶段的阻断传播药，如伯氨喹啉和乙胺嘧啶，作用于红细胞外裂殖生殖期的病因性预防药，如乙胺嘧啶和伯氨喹。

2. 预防

（1）健康教育　加强科普宣传，教育民众了解疟疾的相关知识，自觉做好预防工作。

（2）消灭传染源，切断传播途径　采取各种措施切断疟原虫的生活史，如对患病的人员和动物进行彻底治疗；在疫区做好灭蚊工作，搞好环境卫生，减少蚊子滋生；药物灭蚊。

（3）免疫接种　对于疟疾疫苗的研究报道很多，但是迄今为止，依然没有高效、安全的疟疾疫苗可供临床使用。

八、公共卫生影响

疟疾属于人兽共患病，为自然疫源性疾病。已有人感染食蟹猴疟原虫的报道，因此人若到达猴类生长繁殖的地区会增加感染疟疾的机会。同样，灵长类动物饲养者、研究人员等也存在着从动物来源疟原虫的感染机会，应加强自身的防护。

（张龙现　刘群）

我国已颁布的相关标准

GB/T 18448.7—2001 实验动物 疟原虫检测方法

参考文献

陈兴保，吴观陵，孙新，等 . 2002. 现代寄生虫病学［M］. 北京：人民军医出版社：267 - 304.

吴观陵 . 2005. 人体寄生虫学［M］. 北京：人民卫生出版社：175 - 244.

赵辉元 . 1998. 人与动物共患寄生虫病学［M］. 延边：东北民族教育出版社：615 - 621.

左仰贤 . 1997. 人与动物共患寄生虫学［M］. 北京：科学出版社：45 - 48.

Bannister L H，Hopkins J M，Fowler R E，et al. 2000. A brief illustrated guide to the ultrastructure of Plasmodium falciparum asexual blood stages［J］. Parasitol Today，16：427 - 430.

David GBaker. 2007. Flynn’s Parasites of Laboratory Animals［M］. 2nd ed. Oxford：Blackwell Pulishing：700 - 701.

第七十二章
住肉孢子虫科原虫所致疾病

第一节　新孢子虫病
(Neosporosis)

新孢子虫病（Neosporosis）是指由（犬）新孢子虫（*Neospora canium*）和洪氏新孢子虫（*N. hughesi*）寄生于不同动物引起的原虫病。新孢子虫是世界范围内分布的专性细胞内寄生原虫。两种原虫的宿主范围有所不同，前者宿主范围广泛，后者主要寄生于马属动物。本节仅阐述由犬新孢子虫（*Neospora caninum*）感染动物引起的疾病，其的宿主范围十分广泛，多种动物都可以作为其中间宿主。牛感染新孢子虫后的危害较为严重，被认为是世界范围牛流产、弱胎、死胎等繁殖障碍以及新生儿运动障碍和神经系统疾病的主要病因之一。新孢子虫感染犬可引起肌肉神经系统功能障碍，对犬的危害仅次于牛。其他多种实验动物可以成功地进行人工感染，迄今未见实验动物自然感染新孢子虫的报道。

一、发生与分布

1984 年，Bjerkas 等在患脑膜炎和肌炎的幼犬体内发现了一种外被包囊的原虫，形态与龚地弓形虫（*Toxoplasma gondii*）相似。Dubey 等在 1988 年对诊断为弓形虫病的 23 只患犬的器官标本进行了回顾性诊断，也发现了这种与龚地弓形虫相似但形态结构不同的原虫，并将其命名为犬新孢子虫（*Neospora caninum*）。1989 年，Dubey 从美国墨西哥州一个持续发生流产牛场的胎牛脑组织中分离到类似龚地弓形虫的组织包囊，这种组织包囊与抗新孢子虫的抗体发生反应，而在流产母牛体内未检出龚地弓形虫抗体，认为新孢子虫为导致此次牛流产的病原。此后，世界多地报道了新孢子虫在不同动物上的感染和发病。

新孢子虫病呈世界性分布，澳大利亚、新西兰、比利时、丹麦、法国、德国、芬兰、西班牙、匈牙利、瑞士、瑞典、挪威、荷兰、英国、爱尔兰、美国、加拿大、墨西哥、哥斯达黎加、日本、以色列、南非、津巴布韦等国家均见报道。我国刘群等（2003）对北京和山西 5 个奶牛场的 40 份血清进行了检测，新孢子虫抗体阳性率为 26.7%，这是首次报道我国奶牛感染新孢子虫。其后，有多篇研究报道我国牛、犬、猫、羊等多种动物均不同程度地感染新孢子虫，并在奶牛体内分离到新孢子虫，确认其为牛流产的重要原因。

二、病　　原

1. 分类地位　犬新孢子虫（*Neospora caninum*）在分类上属原生动物门（Protozoa）、顶复亚门（Apicomplexa）、孢子虫纲（Sporozoa）、球虫亚纲（Coccidia）、真球虫目（Eucoccida）、住肉孢子虫科（Sarcocystide）、新孢子虫属（*Neospora*）。

2. 形态特征　速殖子、组织包囊和卵囊是目前已知的新孢子虫发育过程中 3 个重要阶段。

（1）速殖子（tachyzoite）　具有顶复门原虫的基本特征，具有顶复合器、锥体、微管、微线体、棒状体和致密颗粒等器官。速殖子寄生于带虫空泡（parasitophorous vacuole）内，呈卵圆形、圆形或新月形，大小为（4.8～5.3）μm×（1.8～2.3）μm，可以感染多种细胞，一个细胞可以同时感染多个速殖子。速殖子在带虫空泡内反复增殖，被侵害的细胞膨胀，形成大小45μm×35μm的虫体集落，内含上百个虫体形成的假囊，挤压宿主细胞，最终虫体释放，重新侵入新细胞。

（2）包囊（cyst） 又称组织包囊（tissue cyst），能寄生于多种有核细胞，主要寄生于神经系统中。包囊呈圆形或卵圆形，大小不一，一般为（15～35）μm×（10～27）μm，最长可达107μm。在牛脑组织内的成熟包囊壁约4μm；在肌肉组织和自然感染犬体内发现的包囊壁较薄，为0.3～1.0μm。用过碘酸雪夫氏（PAS）染色，呈嗜银染色，颜色变化较大。包囊内含大量缓殖子，缓殖子大小约为7μm，缓殖子和速殖子在形态结构上很相似，但是缓殖子的核较靠中间，且缓殖子内棒状体少于速殖子，支链淀粉颗粒较多。

（3）卵囊（oocyst） 目前仅在犬科动物的粪便中有发现，其直径为10～11μm。新鲜卵囊未孢子化，卵囊在外界合适条件下孢子化，孢子化卵囊含2个孢子囊，每个孢子囊内含有4个子孢子。

3. 生活史 人们对犬新孢子虫的生活史逐渐认识，但未完全阐明。其全部发育过程需要两个宿主，犬和其他犬科动物是犬新孢子虫的终末宿主；中间宿主种类多，主要为牛、绵羊、马、山羊、鹿、犬（包括野犬）、狼、狐等多种哺乳动物，近年来发现禽类以及海洋哺乳动物也是其自然宿主（图72-1-1）。

犬食入含有新孢子虫包囊的动物组织，在胃蛋白酶的作用下，包囊壁破裂，缓殖子释放出来，进入犬肠道，在肠上皮细胞内进行球虫型发育，卵囊随粪便排出，刚刚排出的卵囊没有感染性。卵囊在适宜的温度、湿度及有氧条件下，完成孢子化过程，发育为感染性卵囊。中间宿主（包括犬）吞食外界的孢子化卵囊时遭受感染。孢子化卵囊进入中间宿主体内，子孢子在中间宿主消化道内释出，随血液到达全身多种有核细胞内寄生，形成带虫空泡，当带虫空泡内虫体数量达到临界值时宿主细胞破裂，速殖子释放，入侵邻近细胞。在宿主免疫应答正常时，能够将虫体部分清除，部分转化为缓殖子，形成包囊。包囊可以在宿主体内长期存在，当宿主抵抗力低下时再转化为速殖子，从而使宿主发病。

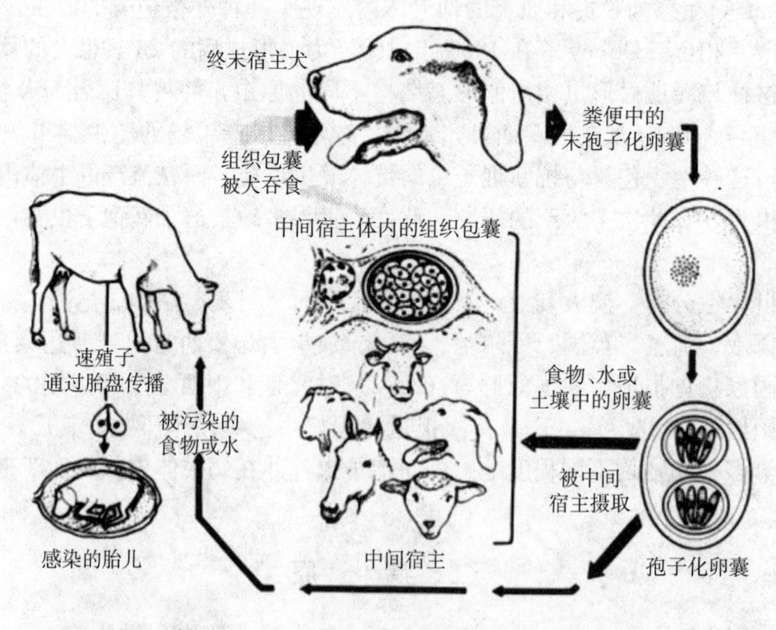

图72-1-1 新孢子虫的生活史（仿Dubey）

三、流行病学

1. 传染来源 从终末宿主粪便中排出的卵囊和中间宿主组织内的包囊及速殖子均可感染动物。犬科动物随粪排出卵囊，是中间宿主感染新孢子虫的重要来源；各种感染动物的组织内包囊即可感染终末宿主也可感染中间宿主，是导致宿主新孢子虫感染的另一重要来源。在因新孢子虫感染导致流产的胎儿、胎盘和羊水中均有大量新孢子虫存在，也是犬或其他动物感染的重要来源。

2. 传播途径　新孢子虫病主要有两种传播方式：水平传播和垂直传播。其中垂直传播在同种宿主群内为其主要的传播方式，水平传播主要发生在中间宿主和终末宿主之间，即中间宿主食入了速殖子或组织包囊以及终末宿主排出的卵囊。中间宿主之间同样存在水平传播，即动物食入了另一宿主体内的包囊或速殖子遭受感染；同种宿主群内也可能存在水平传播，具体方式尚不清楚，但水平传播被视为造成新一轮感染的主要原因。

3. 宿主　已经证实，犬和狐狸等犬科动物是新孢子虫的终末宿主；其他多种动物如牛、绵羊、山羊、马、鹿、猪、兔等均是其中间宿主，犬也可作为中间宿主。虫体在中间宿主的体内主要寄生于中枢神经系统、肌肉细胞、肝、脑以及多种有核细胞，在终末宿主体内寄生于肠上皮细胞。可人工感染小鼠、大鼠、猫、狐狸、山狗、猪、内蒙沙鼠（gerbil）。多种野生动物也是犬新孢子虫的天然宿主，如美国的白尾鹿、红狐狸，最新研究发现一些鸟类也可作为犬新孢子虫的中间宿主，如鸡、鸽子、红尾鹰、兀鹰等。

新孢子虫能够进行细胞培养，牛单核细胞、牛心肺动脉上皮细胞、牛肾细胞、人包皮成纤维细胞、Vero 细胞等多种传代细胞系均可用于新孢子虫的培养。

4. 流行特征　新孢子虫感染没有明显的季节性，动物一年四季均可感染发病。动物感染后体内可长期带虫，当机体处于应激状态或其他原因导致免疫力低下时，虫体又可从包囊内释出，进入快速增殖，导致宿主发病。临床上最常见的是牛流产，以春末至秋初引发的牛流产最多。牛流产可反复发生，从妊娠 3 个月到妊娠期结束这一段时间均可发生流产，但是多发生在妊娠后 5～6 个月。

近些年对犬感染引发新孢子虫病的报道较少。各种年龄的犬均易感，但幼犬感染更为严重。

四、致病性与临床表现

一般情况下，动物自然感染新孢子虫后无明显临床症状，若感染剂量大、动物应激状态或免疫力低下时会出现临床表现。幼龄动物较吃奶动物敏感。

1. 犬的新孢子虫病　犬（尤其是幼犬）感染后表现为厌食，吞咽困难，四肢软弱无力，共济失调，瞳孔反射迟钝，感觉反应降低。感染母犬可发生死胎或产出弱胎。先天感染的幼犬发生新孢子虫病时，临床上出现共济失调、后肢持续麻痹、僵直、肌无力、萎缩、吞咽困难等症状；严重者心力衰竭。某些病例可出现脑炎、肌炎、肝炎和持续性肺炎等症状。Barber 等（1996）报道，在英国和欧洲的 27 例 2 日龄至 7 周龄新孢子虫病犬中，21 例表现出步态不稳，14 例肌肉萎缩，10 例出现四肢僵直，11 例瘫痪，另有 4 例头歪斜、4 例吞咽困难和 1 例抽搐。

2. 猫的新孢子虫病　猫可自然感染新孢子虫，但尚无有关猫感染新孢子虫的病例报道。

3. 牛的新孢子虫病　新孢子虫对牛的危害最为严重，成年牛感染后一般不出现临床症状，但当母牛怀孕时会造成流产、死胎、弱胎以及新生牛的运动神经系统疾病。新生牛表现四肢无力，弯曲，关节拘谨，肢麻痹，运动失调，头部震颤明显，头盖骨变形，眼睑反射迟钝，角膜轻度混浊等症状。一般情况下，母牛流产前无可见症状。新孢子虫性流产常呈局部、散发性或地方性流行，一年四季都有发生，以春夏季节发生较多。现已确定，新孢子虫病是牛流产的主要原因之一。

山羊、绵羊、鹿等动物感染新孢子虫后的临床症状与牛相似，主要表现为繁殖障碍。

常用实验动物中，小鼠、兔等均易感，远交系小鼠常用于新孢子虫感染、免疫、治疗等多方面的试验研究。

五、病理变化

犬新孢子虫病的常见病理变化特征为全身性炎症反应。病理变化包括多灶性心肌炎和多灶性心内膜炎，其特征为由 1 个中心坏死灶和大量浆细胞、巨噬细胞、淋巴细胞和少量中性粒细胞浸润的黄色炎症区带。中枢神经的病变从大脑一直延伸至腰部脊髓区，主要以坏死、严重血管炎、血管套、多灶性胶样变性为特征的脑脊髓炎。多发性肌炎可见于骨骼肌、颞肌、咬肌、喉肌和食管肌等；此外，还可见到以各种炎性细胞浸润为特征的坏死性肝炎、化脓性胰腺炎、肉芽肿性肺炎、肾盂肾炎、皮炎及眼部病变。在上述病变部位中可检出新孢子虫或新孢子虫速殖子集落。

孕畜流产后，流产胎儿的主要病变也是全身性出血和炎症反应。表现为各器官组织出血、细胞浸润和炎性细胞浸润，以中枢神经系统、心脏和肝脏的病变为主。

六、诊　　断

由于犬感染新孢子虫后，多无典型症状，临床诊断较为困难，须借助实验室检测确诊。对于牛等其他动物感染导致的流产，需要根据流行病学、病原学检查、临床症状、病理变化进行综合诊断。

1. 病原分离鉴定　病原分离是最为有力的感染证据，但新孢子虫与弓形虫不同，它的初次分离非常困难。各实验室所报道的分离新孢子虫的方法有一定差异，所以还没有成熟的可推荐的病原分离操作方法。但通过各种方法富集具有感染性的虫体是最为重要的步骤，将富集后的组织匀浆直接接种培养细胞，如牛肾细胞、Vero 细胞、HFF 细胞等传代细胞系，进行传代接种，也可接种免疫抑制的实验动物[如 BALB/c 鼠及 IFN-γ 敲除鼠（GKO）等]，连续传几代后做进一步的判断。还可再将实验动物组织接种单层细胞以获得能够传代的速殖子。

2. 血清学诊断　血清学检测是较为方便、快捷的检测方法，尤其适用于大规模的流行病学研究。新孢子虫特异性抗体会长期存在，但不同时期会有所波动，有时会低于检测标准，因而为获得最准确的检测数据，须结合其他检测手段。目前已经建立了多种用于新孢子虫血清学诊断的方法。

（1）间接免疫荧光试验（IFAT）　是最早应用于检测新孢子虫抗体的血清学技术，也是目前新孢子虫血清学检测方法的“金标准”。以固定在玻片上的完整速殖子为反应载体，通过与待检血清共孵育，利用荧光标记的二抗显色，在荧光显微镜下观察判定结果。阳性结果的判定是以虫体周围出现明亮的、不间断的外周荧光为准。但间接免疫荧光试验临界值受多种因素的影响，如结合物的特性、显微镜本身的影响等。不同实验室所采用的临界值各不相同，通常犬为 1∶50、牛为 1∶160～1∶640。间接免疫荧光试验检测结果的判定需要训练有素的技术人员，且该试验需要的试剂和仪器较为复杂，不适于基层的检测。

（2）直接凝集试验（DAT）　直接凝集试验的原理是经福尔马林固定的完整的速殖子在特异性抗体的作用下发生凝集。新孢子虫的直接凝集试验是实验室常规血清学检测手段。由于具有简单、易用且多功能性，对于多种属动物血清学的分析具有相对的优势，在某些方面取代了间接免疫荧光试验成为第一手试验方法。但该法检测需要大量的速殖子，所以其应用受到一定的限制。

（3）酶联免疫吸附试验（ELISA）　已有多种商品化的检测新孢子虫抗体的 ELISA 试剂盒。不同实验室、不同公司所建立的 ELISA 方法采用的包被抗原有所不同，如用某种重组抗原、全虫抗原或某阶段的特异性抗原等，所建立的 ELISA 方法包括间接 ELISA、竞争 ELISA、Dot-ELISA 和 SPA-ELISA 等。相对于速殖子全虫粗提物为检测抗原的 ELISA 方法，应用重组表面抗原作为血清学诊断抗原则具有更好的种属特异性。

（4）胶体金免疫层析法（ICT）　胶体金免疫层析方法简单快捷，检测结果易于判定，无须仪器设备，故适用于基层、田间检测或者是个人使用。

3. 分子生物学诊断技术　分子生物学技术在诊断新孢子虫感染中也起到了十分重要的作用。目前主要应用的是 PCR 检测流产胎牛或其他中间宿主组织内的新孢子虫特异性 DNA。但也有从血液、初乳、羊水、脑脊液以及终末宿主的粪便中检测 DNA 的报道。所检测的特异性基因片段包括 Nc-5、18S rDNA、28S rDNA、rRNA 基因的内部转录间隔区 1（ITS1）以及 14-3-3 基因等。与此同时，不同 PCR 技术得到了应用，从传统的 PCR 到巢式 PCR，再到实时定量 PCR，检测的敏感性得到了逐步提高。

七、防治措施

1. 治疗　目前，关于治疗新孢子虫病的报道还较少，但是已经筛选出几种有效的化学药物，如复方新诺明、羟基乙磺胺戊烷脒、四环素类（强力霉素等）、磷酸克林霉素以及抗鸡球虫的离子载体抗生素类（拉沙里菌素、马杜拉霉素、莫能菌素、盐霉素、放线菌素）等，其杀虫效果已在细胞培养的虫体做过试验，但体内试验报道较少。

有人报道，使用磺胺嘧啶和甲氧苄胺嘧啶合剂，以每千克体重 15mg 剂量每天给药 2 次，同时用乙胺嘧啶以每千克体重 1mg 剂量治疗 1 次，4 周后犬的麻痹症状消失。也有报道用磷酸克林霉素，以每千克体重 150mg 剂量连续肌内注射 24 天，可以治疗新孢子虫引起的心肌炎等病症，但其疗效常因病的发展程度以及用药时间而有差异。

2. 预防　已经有预防牛新孢子虫病的商业化灭活疫苗 NeoGuard™，在美国以及新西兰等少数国家使用，但是由于其应用范围比较窄、效果不佳，未进一步获得推广使用。在我国，还没有有效的疫苗使用。因此，新孢子虫的有效预防须根据目标动物的具体情况进行综合防控。

对于犬的预防主要是防止犬食入被感染的动物组织，如流产胎牛、胎盘等带虫组织，禁止犬进入牛舍；减少犬接触牛等动物，禁止将流产胎牛、胎盘及其他病料污染组织饲喂犬。

八、公共卫生影响

常用的实验动物小鼠、沙鼠、兔等均对新孢子虫易感，所以在实验动物的饲养、管理和使用过程中需密切关注新孢子虫的感染；用小鼠进行弓形虫传代、分离和诊断时，需选用新孢子虫阴性动物。虽然目前未确认新孢子虫为人兽共患病原，但已经有多篇报道在人的血清中检出新孢子虫抗体。而且灵长类动物自然感染和成功地进行人工接种新孢子虫，也提示人新孢子虫感染的更大可能性。所以，需进一步关注新孢子虫对人体的感染和危害，防止新孢子虫感染人。

（刘群　山丹）

参考文献

孔繁瑶 . 2010. 家畜寄生虫学［M］. 第 2 版 . 北京：中国农业大学出版社 ：374 - 377.

刘群 . 2013. 新孢子虫病［M］. 北京：中国农业大学出版社：119 - 133.

Anderson M L，Andrianarivo A G，Conrad P A. 2000. Neosporosis in cattle［J］. Animal Reproduction Science，60：417 - 431.

Antony A，Williamson N B. 2001. Recent advances in understanding the epidemiology of Neospora caninum in cattle［J］. New Zealand ：Veterinary Journal，49（2）：42 - 47.

Cole R A，Lindsay D S，Blagburn B L，et al. 1995. Vertical transmission of Neospora caninum in mice［J］. The Journal of parasitology：730 - 732.

Dubey J P，Lindsay D S，Anderson M L，et al. 1992 . Induced transplacental transmission of Neospora caninum in cattle［J］. Journal of the American Veterinary Medical Association，201（5）：709 - 713.

Dubey J P，Schares G. 2011. Neosporosis in animals—The last five years［J］. Veterinary parasitology，180（1）：90 - 108.

Lindsay D S，Dubey J P，Duncan R B. 1999. Confirmation that the dog is a definitive host for Neospora caninum［J］. Veterinary Parasitology，82（4）：327 - 333.

第二节　住肉孢子虫病
(Sarcocystosis)

住肉孢子虫病（Sarcocystosis）是由多种肉孢子虫寄生于哺乳动物、鸟类、爬行类、鱼类等多种动物和人引起的寄生虫病。其分布广泛、感染率高，对人畜的危害较大。文献记载的住肉孢子虫虫种已达120种之多，其中已知生活史的至少有56种，2种以人为终末宿主，寄生于畜禽的有20余种。寄生于人体的肉孢子虫有3种。近年来不断有新种报道。各种住肉孢子虫均为异宿主寄生，终末宿主是犬、狐和狼等食肉动物，寄生于小肠上皮细胞内；中间宿主是食草动物、禽类、啮齿类和爬虫类等，住肉孢子虫寄生于中间宿主的肌肉内。人可作为某些住肉孢子虫的中间宿主或终末宿主，因此有些种住肉孢子虫是人与动物共患寄生虫。20世纪70年代以后人们逐渐了解了其中一些虫种的生活史，随之对该类原虫引起的人、畜住肉孢子虫病予以重视。

一、病　　原

1. 分类地位　Levine（1986）等，根据光镜和电镜观察，结合住肉孢子虫的生活史，作了命名系统和分类。住肉孢子虫在分类学上属原生动物门（Protozoa）、顶复亚门（Apicomplexa）、孢子虫纲（Sporozoa）、球虫亚纲（Coccidiasina）、真球虫目（Eucoccidiorida）、艾美耳球虫亚目（Eimeriorina）、住肉孢子虫科（Sarcocystidae）、住肉孢子虫属（*Sarcocystis*）。早在1843年Miescher第一次在鼠的横纹肌中发现了住肉孢子虫白色线状的包囊，称为米氏管。Kuha（1865）在猪的肌肉中发现了类似的结构，直到1899年才将其命名为米氏住肉孢子虫（*Sarcocystis meicheriana*）。20世纪70年代，通过细胞培养和动物感染试验揭示了其生活史。

目前已有多个虫种被发现和命名，终末宿主主要是犬、猫，有些虫种还可以人作为终末宿主，食草动物、猪、禽类以及人都可以作为中间宿主。表列出以犬、猫以及人为终末宿主且对人畜有一定危害的重要虫种。

表72-2-1　犬、猫和人作为终末宿主的住肉孢子虫种类

终末宿主（虫种）	主要中间宿主
犬枯氏住肉孢子虫（*S. cruzi*）	黄牛
莱氏住肉孢子虫（*S. levinei*）	水牛
柔嫩住肉孢子虫（*S. tenella*）	绵羊
褐犬住肉孢子虫（*S. arieticanis*）	绵羊
家山羊住肉孢子虫（*S. hircicanis*）	山羊
米氏住肉孢子虫（*S. miescheriana*）	猪
菲氏住肉孢子虫（*S. fayeri*）	马
马犬住肉孢子虫（*S. equicanis*）	马
骆驼住肉孢子虫（*S. cameli*）	骆驼
猫毛形住肉孢子虫（*S. hirsuta*）	黄牛
梭形住肉孢子虫（*S. fusiformis*）	水牛
巨型住肉孢子虫（*S. gigantea*）	绵羊
水母住肉孢子虫（*S. medusiformis*）	绵羊
牟氏住肉孢子虫（*S. moulei*）	山羊
野猪住肉孢子虫（*S. porcifelis*）	猪
人、狒狒人住肉孢子虫（*S. hominis*）	黄牛
猩猩猪人住肉孢子虫（*S. suihomini*）	猪

2. 形态特征

（1）在中间宿主体内的形态　住肉孢子虫寄生于中间宿主的肌肉组织内，形成包囊；包囊的纵轴与肌肉纤维平行，多呈纺锤形、椭圆形或卵圆形，色灰白至乳白；大小在0.001～1cm或以上，包囊外被囊壁，包囊内壁向囊内延伸形成很多隔，将囊腔分成若干个小室。发育成熟的包囊的小室中含有许多肾形或香蕉形的慢殖子，又称为南雷氏小体（Rainey' s corpuscle）或囊孢子，囊孢子长 10～12μm、宽 4～9μm。囊壁的厚度、突起的形态和构造因种而异。小室数量是虫种鉴别的重要依据。

（2）在终末宿主体内的形态 在终末宿主体内进行球虫形态的发育，不同的发育阶段结构不同，已知的结构包括由慢殖子侵入上皮细胞后形成的大、小配子体，由大小配子结合形成合子，合子进一步形成卵囊，卵囊在体内孢子化后形成孢子化卵囊，孢子化卵囊内含 2 个孢子囊，每个孢子囊内含 4 个子孢子。住肉孢子虫卵囊壁薄，在排出过程中卵囊壁即被破坏，释放出孢子囊，所以终末宿主粪便中含的是孢子化卵囊释放出的孢子囊。

3. 生活史 迄今为止，已经证实所有的住肉孢子虫生活史过程中均需两个宿主参与才能完成，发育过程中必须更换宿主（图 72-2-1）。中间宿主是食草动物、禽类、啮齿类、爬虫类和人等，终末宿主是犬、猫和人以及其他灵长类动物，但是每个虫种的生活史尚未完全搞清楚。基本发育过程是终末宿主吞食了中间宿主体内的包囊，囊壁被胃内蛋白水解酶消化，释放出慢殖子；多数慢殖子侵入小肠黏膜杯状细胞，形成圆形或卵圆形配子体；其中一部分慢殖子侵入小肠黏膜固有层，在上皮细胞内发育为大配子体和小配子体；大配子体发育为成熟的大配子，小配子体分裂成多个小配子。大、小配子结合形成合子，移入黏膜固有层内进行孢子生殖，产生的卵囊经 8～10 天发育成熟，随粪便排出。卵囊壁极易破，粪便中常可见并列在一起的无卵囊壁的 2 个并列的孢子囊。孢子囊或卵囊被中间宿主吞食后，在其小肠内孢子囊中的子孢子逸出，穿破肠壁血管进入血液，进入多数器官的血管内皮细胞，以内二芽殖法进行两次裂殖生殖，产生裂殖子，也称速殖子。第二代裂殖子经血液扩散进入肌细胞，发育为包囊。包囊内滋养体增殖生成缓殖子。包囊多见于心肌和横纹肌。全部发育期为 2～4 个月，裂殖生殖代数随虫种而异，包囊约经 1 个月发育成熟，具备感染终末宿主的能力。

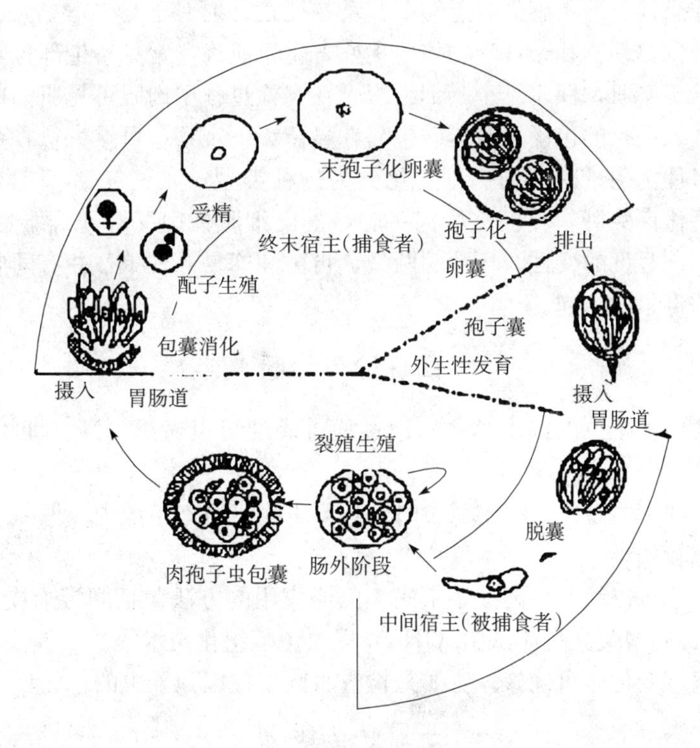

图 72-2-1 住肉孢子虫生活史

二、流行病学

1. 传染来源与传播途径 中间宿主吞食了终末宿主粪便中的卵囊和孢子囊引起感染。孢子囊和卵囊的抵抗力很强，4℃下可存活 1 年，与球虫卵囊相似。包囊中的慢殖子也有较强的抵抗力，室温下能存活较长时间，但对高温、冷冻敏感。终末宿主犬、猫以及人均是由于吞食了生的或未煮熟的含有慢殖子的包囊而遭受感染。肉孢子虫包囊破裂时缓殖子可循血流到达肠壁并进入肠管随粪便排出体外，亦可见于鼻涕或其他分泌物中。因此，住肉孢子虫还可能由缓殖子通过粪便污染而传播。在我国的某些地区，吃凉拌生牛肉被看作佳肴，经调查发现，人住肉孢子虫病已在当地流行，但无生食牛肉习惯的人也查到有住肉孢子虫感染。

2. 宿主与寄生部位 不同种住肉孢子虫的宿主不同。大多数种住肉孢子虫以犬、猫为终末宿主，有些虫种以人作为终末宿主，在终末宿主体内均寄生于小肠。食草动物、猪、禽类以及人都可以作为中间宿主，在中间宿主体内寄生于心肌和骨骼肌细胞内。

3. 分布与流行 住肉孢子虫广泛分布于世界各地，主要发生于热带和亚热带地区，卫生条件差以及喜食生肉的地区更为多见。世界各地都有动物住肉孢子虫感染的报道，不同地区、不同动物的感染率各不相同，牛、绵羊、山羊的感染率为60%～100%，猪为0.2%～96%，马、骆驼为45%～90%。我国家畜感染情况各地报道不尽相同，猪的感染率为7.76%～80%，绵羊为60%～90%，青海牦牛的感染率为92.66%，延边黄牛的感染率为55.9%～94%。感染率的差别主要由于人们生活方式的不同以及人们对动物饲养管理方式的不同；同一地区同种动物感染率随年龄不同呈上升趋势。亚洲地区除我国外，该病也流行于泰国。

由于人住肉孢子虫病的临床症状不明显，所以报道较少。

三、致病性与临床表现

20世纪70年代以前，人们对住肉孢子虫的致病性认识不足。直至发现犬粪便中的枯氏住肉孢子虫的孢子囊感染犊牛，引起急性发病和妊娠母牛流产、死产和死亡后才被证实。目前已经证实，有些种住肉孢子虫具有较强的致病性，严重感染时能够引起动物死亡。但对于终末宿主犬、猫则无明显致病性。

住肉孢子虫在多种食草动物和杂食动物体内主要寄生于肌肉，常见寄生部位是食管壁、舌、胸腹部和四肢肌肉，有时也见于心肌，偶尔见于脑部组织。在肉检过程中肉眼可见肌肉中有大小不一的、黄白色或灰白色线状与肌纤维平行的包囊，若压破包囊在显微镜下观察，可见大量香蕉形缓殖子。李普霖等经大量研究后提出，将住肉孢子虫病的病理变化分为7种类型：完整包囊，嗜酸性脓肿，坏死性肉芽肿、坏死、钙化性或钙化肉芽肿，类上皮性肉芽肿，淋巴细胞性肉芽肿和纤维性肉芽肿。除肉芽肿之外，患部肌纤维常呈不同程度的变性、坏死、断裂、再生和修复等现象，并有间质增生。这种病变可能是包囊破坏时释放出的毒素所引起。

四、诊　　断

犬、猫主要作为住肉孢子虫的终末宿主，通过检查粪便可以做出诊断。即检出粪便中的卵囊或孢子囊。

当人或动物作为中间宿主感染住肉孢子虫时，包囊寄生于肌肉组织内。但一般不出现典型的特异性症状，因此生前诊断比较困难。

目前应用血清学方法可以诊断住肉孢子虫病。已经应用的方法包括间接血凝试验（IHA）、酶联免疫吸附试验（ELISA）、间接荧光抗体试验（IFA）以及免疫组化技术等。

动物死后，根据病理变化即可确诊。主要是检查肌肉中住肉孢子虫的包囊。

五、防治措施

1. 治疗 对该病目前尚无特效的治疗药物。

有人试用常山酮、土霉素治疗绵羊急性住肉孢子虫病取得了较好的效果。用其他抗球虫药氨丙啉、莫能霉素、拉沙里菌素以及磺胺类药物等也取得了一定的效果，但均不能完全控制住肉孢子虫病。

人住肉孢子虫病也无有效治疗药物，已知氨丙啉可以减轻人作为中间宿主时的急性感染症状；有人试用磺胺嘧啶、复方新诺明、吡喹酮和螺旋霉素治疗人住肉孢子虫病，取得一定的疗效。

2. 预防 切断传播途径是预防动物和人住肉孢子虫病的关键措施。①严禁犬、猫等终末宿主接近家畜、家禽，避免其粪便污染饲料和饮水。②人粪必须发酵处理后才能施肥用，严防人粪中的卵囊或包囊污染蔬菜、水果以及水源等。③寄生有住肉孢子虫的动物肌肉、内脏和组织应按肉品检验的规定处理，不要用其饲喂犬、猫或其他动物。④防止从住肉孢子虫病疫区引进家畜、家禽，对于引进动物应进行检疫，防止在引进动物时引入住肉孢子虫病。

六、公共卫生影响

住肉孢子虫的生活史需要两个宿主，它在食草动物（中间宿主）肌肉中进行裂殖生殖、在犬猫等动物的肠道中进行孢子生殖。因为人是某些住肉孢子虫的终末宿主或是中间宿主，所以，住肉孢子虫病是人与动物共患的寄生虫病之一。人肠住肉孢子虫在我国目前已知分布于云南、广西和西藏，人体自然感染率为4.2%～21.8%。猪人住肉孢子虫在我国主要流行于云南大理、洱源、下关等地区，该地区的居民有生吃猪肉和吃半生不熟的猪肉的习惯，改变不良生活习惯可避免住肉孢子虫的传播。

预防人肠道住肉孢子虫病应加强猪、牛、羊等动物的饲养管理，加强肉品卫生检疫，不食未熟肉品，切生、熟肉的砧板要分开。对患者可试用磺胺嘧啶、复方新诺明、吡喹酮等治疗，有一定疗效。预防人肌肉住肉孢子虫病，需加强终末宿主的调查，防止其粪便污染食物和水源。

住肉孢子虫病的终末宿主是猫、犬等食肉动物，随着社会上宠物热的出现，养犬、养猫户逐渐增多，给该病的传播增加了机会。建议各级动物防疫部门加大寄生虫病对人体危害的宣传力度，采取适当措施防止犬、猫等宠物对人的传染。

（刘群　张龙现）

参考文献

吴观陵．2005. 人体寄生虫学［M］. 第3版．北京：人民卫生出版社：266－269.

田克恭．2013. 人与动物共患病［M］. 北京：中国农业出版社：1388－1392.

汪明，孔繁瑶，肖兵南．1999. 家畜住肉孢子虫研究进展［J］. 中国兽医杂志，7（25）：38－40.

汪明，马俊华．1999. 家畜住肉孢子虫感染情况调查［J］. 中国兽医杂志，25（12）：11－12.

Mullaney T，Murphy A J，Kiupel M，et al. 2005. Evidence to support horses as natural intermediate hosts for Sarcocystis neurona［J］. Veterinary parasitology，133（1）：27－36.

第三节　犬、猫囊等孢子虫病
(Cystoisosporosis of dog and cat)

犬、猫囊等孢子虫病（Cystoisosporosis of dog and cat）是由囊等孢子属的原虫寄生于犬、猫肠道黏膜上皮细胞引起的一种原虫病。该病呈世界性分布，具有较强的宿主特异性，一般情况下致病性较弱，严重感染可引起肠炎，尤其是对于幼龄动物危害较大，造成幼龄动物腹泻，严重者可致出血性肠炎。

一、发生与分布

囊等孢子虫呈世界性分布。成年犬、猫一般无临床症状，仅为带虫者。带虫成年犬、猫是囊等孢子虫病的重要传染源，通常春季开始流行，特别是高温、高湿季节多发。幼犬、幼猫的发病率较高。

二、病　原

1. 分类地位 犬和猫囊等孢子虫在分类上属原生动物门（Protozoa）、顶复亚门（Apicomplexa）、孢子虫纲（Sporozoea）、球虫亚纲（Coccidia）、真球虫目（Eucoccidiorida）、住肉孢子虫科（Sarcocystidae）、囊等孢子属（*Cystoisospora*）。这类寄生虫过去一直被划分在艾美耳科、等孢属（*Isospora*），Samarasinghe（2008）发表文章，根据ITS1序列对弓形虫、新孢子虫、艾美耳球虫等进行系统发生分析，建议将该属病原归类为囊球虫类的住肉孢子虫科，所以在分类上做了修改，将感染犬、猫、猪、灵长类动物和人等哺乳动物的等孢属（*Isopora*），归类为住肉孢子虫科（Sarcocystidae），更名为囊等孢子属（*Cystoisospora*）。

2. 形态特征 囊等孢子虫的孢子化卵囊有2个孢子囊，每个孢子囊含有4个子孢子，子孢子呈腊肠型。孢子囊内无斯氏体，能在中间宿主或转续宿主组织内形成单孢子的组织包囊。因其具有很强的宿主特异性，寄生于不同宿主的不同种的孢子化卵囊的大小也有差异。

（1）犬囊等孢子虫（*C. canis*） 寄生于犬的小肠和大肠，具有轻度至中度致病力。卵囊呈椭圆形至卵圆形，大小为（32～42）μm×（27～33）μm，囊壁光滑，无卵膜孔。孢子发育时间为4天。

（2）俄亥俄囊等孢子虫（*C. ohioensis*） 寄生于犬小肠，通常无致病性。卵囊呈椭圆形至卵圆形，大小为（20～27）μm×（15～24）μm，囊壁光滑，无卵膜孔。

（3）猫囊等孢子虫（*C. felis*） 寄生于猫的小肠，有时在盲肠，主要在回肠的绒毛上皮细胞内，具有轻微的致病力。卵囊呈卵圆形，大小为（38～51）μm×（27～39）μm，囊壁光滑，无卵膜孔。孢子发育时间为72h。潜隐期为7～8天。

（4）芮氏囊等孢子虫（*C. riuolta*） 寄生于猫的小肠和大肠，具有轻微的致病力。卵囊呈椭圆形至卵圆形，大小为（21～28）μm×（18～23）μm，囊壁光滑，无卵膜孔。孢子发育时间为4天。潜隐期为6天。

3. 生活史 犬、猫囊等孢子虫的生活史与其他动物的球虫相似，可分为三个阶段：孢子生殖、裂殖生殖、配子生殖（有性生殖）。裂殖生殖和配子生殖阶段是在宿主体内完成的，称为内生发育阶段。宿主由于食入感染性卵囊污染的食物和饮水而感染，卵囊进入消化道后，子孢子从小肠逸出并侵入肠上皮细胞发育为滋养体，经裂殖生殖发育为裂殖体，其中的裂殖子释放侵入新上皮细胞。裂殖生殖进行几个世代，最后一代裂殖子侵入附近的上皮细胞进行配子生殖，分别形成雌、雄配子体。雌、雄配子结合形成合子，继续发育为卵囊，卵囊释放入肠腔随粪便排出。

囊等孢子虫不是严格的单宿主寄生，它能够以单孢子组织包囊的形式寄生在被捕食宿主组织里，通过食物链回到终末宿主体内。例如，猫囊等孢子虫的孢子化卵囊经口感染小鼠、鸟和仓鼠后，可以在它们体内形成单孢子组织包囊。猫通过捕食这种老鼠或鸟进而获得感染。因此，鼠类和鸟类可以作为猫囊等孢子虫的中间宿主或转续宿主。

三、流行病学

1. 传染来源 感染犬、猫是该病的传染源。通常春季开始流行，高温、高湿季节多发。

2. 传播途径 经口传播是其唯一传播途径。受感染的犬和猫，不断排出卵囊，卵囊在外界发育为孢子化的感染性卵囊，污染饲料、饮水，再被其他犬和猫食入后即遭受感染。此外，囊等孢子虫以单孢子组织包囊的形式寄生在中间宿主或转续宿主组织里，终末宿主捕食中间宿主或转续宿主而被感染。

3. 宿主 犬、猫的囊等孢子虫具有宿主特异性，中间宿主或转续宿主包括啮齿类动物和鸟类等。

四、致病性与临床表现

病犬主要表现血便、贫血、衰弱和食欲减退等症状。严重感染时，幼犬和幼猫于感染后3～6天出现水泻或排出泥状粪便，有时排带黏液的血便。轻度发热，精神沉郁，食欲不振，消化不良，消瘦，贫血。抵抗力较强的成年犬，平时无明显异常，偶见便秘和拉稀症状交替出现，常呈慢性经过。感染3周后临床症状逐步消失，一段时间后可自然康复，但数月内仍有卵囊排出。严重感染的急性病例可排带有鲜红血液和黏液的稀软粪便，混有脱落的肠黏膜上皮。继发细菌感染时，体温升高、呕吐，患病幼犬与幼猫多因极度衰竭而死亡。

整个小肠出现卡他性肠炎或出血性肠炎，但多见于回肠段尤以回肠下段最为严重，肠黏膜增厚，黏膜上皮脱落，肠腔充满气体或暗红色黏液。十二指肠扩张，黏膜充血或出血。

五、诊　　断

因犬、猫感染较为普遍，确诊需在粪便检查的同时，根据发病特点、临诊症状进行综合诊断。

六、防治措施

1. 治疗　对于犬、猫囊等孢子虫病的治疗，须在抗囊等孢子虫药治疗的同时进行对症治疗。常用药物为氨丙啉、磺胺二甲氧嘧啶和磺胺嘧啶。氨丙啉按每千克体重 110～220mg 混入饲料，连用7～12天。磺胺二甲氧嘧啶，口服，用量为每千克体重 50mg，每天 2 次，连用 1～2 周。磺胺嘧啶每千克体重 55mg，口服，加甲氧苄氨嘧啶每千克体重 10mg，每天 2 次，连用 5 天。一些非犬猫专用的药物如三嗪类药物也可用于治疗，如美国应用帕托珠利（ponazuril）治疗犬猫囊等孢子虫病，按每天每千克体重 20mg 服用，连用 1～3 天，效果也很好。

同时，应根据机体状况，进行止血、消炎、补液，调节机体电解质等对症治疗。

2. 预防　主要是搞好犬、猫的环境卫生，及时清理粪便，防止卵囊污染饲料、饮水。也可进行药物预防，可用 1～2 大汤匙 9.6%的氨丙啉溶液混于 4.5L 水中，作为唯一的饮水，在母犬产子前 10 天内饮用。

七、公共卫生影响

动物的囊等孢子虫不感染人，不具有公共卫生意义。

（刘晶　刘群）

第四节　灵长类动物囊等孢子虫病
（Primate cystoisosporosis）

囊等孢子虫病（Primate cystoisosporosis）是由囊等孢子属（*Cystoisospora*）的各种球虫寄生于人、犬、猫、猪等哺乳类、灵长类和其他动物肠道而引起的一种原虫病。其中感染人的囊等孢子虫包括贝氏囊等孢子虫（*C. belli*）和纳塔尔囊等孢子虫（*C. natalensis*）两个种。感染非人类灵长类动物的囊等孢子虫有 5 个有效种，分别为 *C. arctopithecii*、*C. callimico*、*C. saimirae*、*C. endocallimici*、*C. cebi* 和 1 个未定种。

一、发生与分布

贝氏囊等孢子虫呈世界性分布，热带地区人的感染率比温带地区高。在热带和亚热带地区，特别是海地、墨西哥、巴西、萨尔瓦多、热带非洲、中东和东南亚地区是常见种，寄生于人小肠。纳塔尔囊等孢子虫的卵囊于 1953 年在南非纳塔尔人的粪便中发现。

I. arctopithece 是能感染新大陆灵长类的一类囊等孢子虫，宿主范围相对广泛。

I. callimico 从巴尔的摩的一个实验动物中心的葛氏狨猴（*Callimicogoeldi*）粪便中分离。

I. endocallimiciwas 从路易斯安那州杜兰大学三角洲地区灵长类动物研究中心的 5 只葛氏狨猴粪便中分离。其中 2 只是该中心自繁自养，另外 3 只由秘鲁引进。

I. scorzai 分离自伦敦动物园的一只赤秃猴（*Cacajao rubicundus*）的粪便。

I. cebiwas 分离自哥伦比亚马格达莱纳地区白额卷尾猴（*Cebusalbi frons*）的粪便。该种的孢子囊具有斯氏体，表明其可能是起源于鸟类的寄生虫。还有一个类似于该种的囊等孢子虫，分离自印度德里动

物园戴帽猴（*Macacaradiata*）的粪便，由于缺乏充足的材料，这个囊等孢子虫未被命名定种。

二、病　原

1. 分类　囊等孢子虫在分类上属于顶复门（Apicomplexa）、孢子虫纲（Sporozoea）、球虫亚纲（Coccidia）、真球虫目（Eucoccidiorida）、艾美耳亚目（Eimeriorina）、住肉孢子虫科（Sarcocystidae）、囊等孢属（*Cystoisospora*）。与其他属如哈蒙属、弓形虫属、贝诺孢子虫属和住肉孢子虫属一样，有类似的孢子化卵囊，以食肉动物或杂食动物为终末宿主。不同之处在于弓形虫属、哈蒙属、贝诺孢子虫属和住肉孢子虫属的组织包囊包括多个感染性阶段（即含有大量缓殖子），而囊等孢子虫的组织包囊只有一个感染性阶段（即只含有一个孢子），这种组织包囊称为单孢子组织包囊（Monozoic tissue cyst，MZTC）。

2. 形态特征　通过卵囊壁层数、卵囊大小、孢子囊大小和斯氏体的有无等特征，对囊等孢子虫进行鉴别。

贝氏囊等孢子虫卵囊呈椭圆形，平均 29μm×13μm。壁光滑、薄、无色。有时可见一个很小的胚孔。极粒开始时可见到，很快便消失，无卵囊残体。孢子囊近球形至椭圆形，大小为（9～14）μm×（7～12）μm，无斯氏体，有孢子囊残体。室温下，孢子形成需 2～3 天，在热带孢子形成仅需 24h。卵囊发育常不规则，仅发育产生一个孢子囊，在这个孢子囊里含有 2 个子孢子。

纳塔尔囊等孢子虫的卵囊近球形，大小为（25～30）μm×（21～24）μm，壁光滑、薄。无胚孔、极粒和卵囊残体。孢子囊椭圆形，大小为 17μm×12μm，无斯氏体，有孢子囊残体。孢子形成需 24h。

3. 生活史　贝氏囊等孢子虫的生活史，包括裂体生殖、配子生殖和孢子生殖，前两者在宿主体内进行。人误食被成熟卵囊污染的食物或饮水后，卵囊在小肠内受消化液作用破裂，子孢子逸出并进入小肠黏膜上皮细胞内发育为滋养体。滋养体经数次裂体生殖后产生大量裂殖子。裂殖体破裂释放出裂殖子并侵入邻近的上皮细胞内继续其裂体生殖过程。裂体生殖代数不明。大约 1 周后，部分裂殖子在上皮细胞内或肠腔中发育为雌、雄配子母细胞与雌、雄配子，经交配后形成合子并分泌囊壁发育为卵囊，在体内或随粪便排出并继续发育。贝氏囊等孢子虫裂体生殖和配子生殖寄生在小肠上段的上皮细胞，从隐窝至绒毛顶端。裂殖体偶尔也出现在固有层。粪便中无卵囊的患者可见肠内期虫体，卵囊可能在肠内孢子化，在十二指肠脱囊，进行连续的裂体生殖和配子生殖，这就是贝氏囊等孢子虫出现慢性病程的原因。

在艾滋病或免疫抑制患者体内还散布有囊等孢子虫的单孢子组织包囊。里面只有一个孢子虫，周围包围着组织囊壁。在艾滋病和免疫抑制病患者体内非常容易复发，激活的组织包囊内的孢子虫会重新迁移到肠道，引发临床症状。

C. arctopithece 在小肠绒毛末梢 2/3 处进行内生性发育，空肠部位虫体密度最大。有性繁殖为专一的孢内生殖，大配子体内含嗜酸性小体，潜伏期 7 天，卵囊孢子化需要 2 天。

其他灵长类动物囊等孢子虫的生活史尚不十分明确。

三、流行病学

灵长类动物感染囊等孢子虫主要是由于吞食了含有孢子化卵囊的食物和饮水所致。人是贝氏囊等孢子虫的宿主，猕猴不是其合适的宿主，但在一项研究中，给 3 只长臂猿人工接种贝氏囊等孢子虫，2 只被成功感染，故而非人灵长类动物可认为是贝氏囊等孢子虫的贮存宿主。现已从免疫正常、免疫力受损及艾滋病人检测报告中证实有贝氏囊等孢子虫感染，其中美国的艾滋病人中，贝氏囊等孢子虫的发病率为 15%。此外，囊等孢子虫病在同性恋人群的感染率更高，提示通过口—肛性交方式是另外一种重要的传播途径。

C. arctopithece 是能感染新大陆灵长类的囊等孢子虫，卵囊可传播给非常广泛的宿主，包括灵长类、有袋类及食肉类。灵长类包括巴拿马本地的 6 个属，如卷尾猴科（Cebidae）及绢毛猴科（Callithricidae）动物；食肉类包括犬、猫以及巴拿马的浣熊科（Procyonidae）及鼬科（Mustelidae）的野

生哺乳类动物，双子宫有袋类、普通袋鼠也可以感染。虽然宿主类型广泛，但终末宿主是灵长类动物，能产生卵囊，其他动物可作为贮存宿主。

国外实验动物中心和动物园的灵长类动物也有囊等孢子虫感染的报道。我国在对野生太行猕猴寄生虫感染的调查中发现，其囊等孢子虫与 Bhatia 等 1972 年报道的印度德里动物园戴帽猴感染的囊等孢子虫最相似，二者可能是同一种类，若要对太行猕猴囊等孢子虫定种，尚需做进一步的调查研究。

四、临床表现与病理变化

等孢属球虫感染人会表现出一定的症状，即使无其他症状的患者，也有嗜伊红细胞增多的现象，但感染非人灵长类动物却很少出现临床症状。

贝氏囊等孢子虫是艾滋病患者的机会性感染病原体。侵入肠黏膜上皮细胞反复分裂，使肠黏膜损伤、糜烂，黏膜绒毛萎缩，导致消化、吸收功能障碍。空肠绒毛萎缩，普遍伴有吸收障碍综合征，出现慢性腹泻、腹痛、厌食等。有时可以引起严重的临床症状，起病急，发热、持续性或脂肪性腹泻、体重减轻等，甚至可引起死亡。恢复期患者粪便中可持续排出卵囊达 120 天。

其他囊等孢子虫感染非人灵长类动物常表现为无症状和自限性，也可出现轻微的胃肠道症状至严重的下痢以致死亡。其中 *C. arctopithece* 具有致病性，试验感染 13 只狨猴（*Saguinusgeoffroyi*），经口接种 1×10^5～2×10^5 个卵囊后，4 只狨猴在接种后 3～5 天死亡。死亡狨猴未见明显临床症状，存活的 9 只也表现正常，但肠道内均出现小肠绒毛损伤和固有层暴露等病理变化。

五、诊　　断

在粪便中发现该虫卵囊即可确诊，因卵囊小，常规粪检不易发现。取新鲜粪便并经硫酸锌漂浮浓集后镜检，可以提高卵囊检出率。囊等孢子虫卵囊透明度较高，在直接涂片中很容易漏检，可将显微镜光圈缩小直至涂片中其他原虫或细菌轮廓清晰。除大便检查以外，小肠黏膜活检和肠内容物检查，也可能发现囊等孢子虫发育的各期形态。必要时可做十二指肠活组织检查。鉴别主要根据卵囊大小、子孢子数目、子孢子周围是否存在孢子囊等特征判定。

六、防治措施

乙胺嘧啶和磺胺嘧啶对治疗人的贝氏囊等孢子虫病有一定疗效。复方新诺明（每片含甲氧苄氨嘧啶 80mg、新诺明 400mg）对治疗免疫抑制患者的慢性感染有效。剂量为每 6 小时服 2 片，连服 10 天，之后每天 2 次，每次 2 片连服 3 周。也可每天服用乙胺嘧啶 75mg 和磺胺嘧啶 4g，连服 3 周，然后剂量减半继续服用 4 周。对磺胺类药物过敏的患者单独使用乙胺嘧啶也同样有效。预防性使用复方新诺明对防止艾滋病患者贝氏囊等孢子虫感染有效。

由于非人灵长类动物的囊等孢子虫感染常为亚临床症状，目前没有关于非人灵长类动物治疗的报道。用于人或兽用的治疗囊等孢子虫感染的药物也可以用作非人灵长类动物治疗的参考。

七、公共卫生影响

动物和人的囊等孢子虫均具有强宿主特异性，所以不具有公共卫生意义。

（刘晶　刘群）

参考文献

吕超超，王岩，宁长申，等．2009. 野生太行猕猴肠道寄生虫感染的初步调查［J］．动物学杂志（1）：74－79.

Christian R Abee，Keith Mansfield，Suzette D Tardif，et al. 2012. Nonhuman primates in biomedical research［M］. 2nd ed. Oxford：Academic Press：197－297.

David S Lindsay，Alice E Houk，Sheila M Mitchell，et al. 2014. Developmental biology of cystoisospora（apicomplexa：sarcocystidae）monozoic tissue cysts［J］. Journal of Parasitology（invited review 100 anniversary）（unpublished）.

David Slindsay，Dubey J P，and Byron L. 1997. BLAGBURN. Biology of Isospora spp. from humans，nonhuman primates，and domestic animals［J］. CLINICAL MICROBIOLOGY REVIEWS，10（1）：19-34.

Donald W Duszynski，Wade D Wilson，Steve J，et al. 1999. Coccidia（Apicomplexa：Eimeriidae）in the Primates and the Scandentia［J］. International Journal of Primatology，20（5）：761-797.

Dwighet D Bowman. 2014. Georgis' s parasitology for vetrinarians［M］. 10th ed. ISBN：978-1-4557-4006-2.

Samarasinghe Bimba，Johanna Johnson，Una Ryan. 2008. Phylogenetic analysis of Cystoisospora species at the rRNA ITS1 locus and development of a PCR-RFLP assay［J］. Experimental Parasitology，118（4）：592-595.

第七十三章 艾美耳科原虫所致疾病

艾美耳球虫在分类上属顶复门（Apicomplexa）、类锥体纲（Conoidasida）、真球虫目（Eucoccidiida）、艾美耳科（Emeriidae）、艾美耳属（*Eimeria*），全部为细胞内寄生原虫，现已知共有 1 900 多种，宿主广泛，包括鱼类、两栖类、爬行类、鸟类、哺乳类动物甚至某些昆虫。艾美耳球虫是人类最早发现和认识的真核微生物之一，早在 1647 年荷兰科学家列文虎克就发现了兔的斯氏艾美耳球虫（*Eimeria stiedai*）；19 世纪末、20 世纪初目前已知的大多数艾美耳球虫从各种动物，尤其是从食用动物、经济动物发现，人们逐渐深入认识到这类寄生原虫与人食物链、经济发展的密切关系，对这类寄生虫的生物学特点、致病性和预防控制技术进行了众多深入研究，尤其是严重危害农畜和食用动物生产的鸡、牛、羊、猪、兔、鸭球虫。就目前的基本认识来看，艾美耳球虫多具有宿主特异性，且绝大多数仅寄生于肠黏膜上皮组织（目前已知寄生于肠外组织的只有兔的斯氏艾美耳球虫、鹅的截形艾美耳球虫、鹤的 *Eimeria gruis* 和 *E. reichenowi* 等有限几种）。球虫学和球虫病是寄生虫学和兽医学研究的一个主要领域，但迄今为止，对除兔外的常用实验动物的球虫仍较少科学资料。本章主要介绍兔、小鼠、大鼠和豚鼠的球虫病/感染，对沙鼠、仓鼠、棉鼠等其他啮齿动物，尽管有一些文献记载了它们可能感染的艾美耳球虫种类，如文献记载沙鼠类有 *Eimeria achburunica* 等 41 种艾美耳球虫，棉鼠有 *Eimeiera sigmodontis* 等 4 种艾美耳球虫（Dyszynski 等，2002），但因基本无关于所致疾病的详细资料，故未列入本章内容。

第一节 兔球虫病
(Coccidiosis of rabbit)

兔球虫病（Coccidiosis of rabbit）是由艾美耳属（*Eimeria*）的一种或数种球虫寄生于兔体内引起的一种以腹泻为主要临床表现的寄生虫病。该病呈世界性分布，是试验兔和家兔养殖生产中最常见的、危害巨大的一种疾病，我国将其列为二类动物疫病，也是我国《实验动物　寄生虫学等级及监测》国家标准中规定的应排除的寄生原虫。

一、发生与分布

艾美耳球虫是分布最广、影响最巨的兔病原体之一，几乎很难发现无感染的兔场，其不仅影响家兔（tame rabbit，*Oryctolagus cuniculus*），在野兔中也广泛流行。艾美耳球虫是典型的一宿主型寄生原虫，仅依靠单纯的粪—口途径传播，在兔群中一旦引入或传入球虫，很难完全清除。大量的调查数据表明，无论野生还是家养环境中，艾美耳球虫几乎无处不在。各种野兔的感染率可高达 64%～99.4%（粪便检查和/或尸体检查），其中多数个体都寄生有 4 种以上的球虫；对捷克的一个调查发现，在 350 只野兔中有 337 只（95%）感染，且呈 9 种球虫的不同组合的混合感染（Pankdl，1990）。波兰 6 个兔场的调查表明，246 只家养兔中有 234 只（95%）感染了 9 种球虫中的一种或数种，甚至全部 9 种球虫（Polozowski，1993），各种球虫的流行率从 21%～84%不等；1～3 月龄的幼兔有 5～9 种球虫混合感染，但大于 24 月龄的兔只有 1～3 种球虫感染（Polozowski，1993）。在中亚地区的另一个调查则发现，来自 4 个兔场的 75 只家兔中 58 只（73%）感染，发现的虫种有10种之多，感染兔中合并感染者最多可同时寄生7种球虫（Darwish和Golemansky，1991）。混合感染几乎是兔球虫感染或兔球虫病的一个基本“规则”！我国的流行病学调查也证明，球虫是家养兔中流行率最高的病原体之一，42～60日龄幼兔的感染率高达100%，60～72日龄兔为97.5%，4～6月龄兔为96.3%，1～2岁的种兔93.8%，3～4岁的种兔为66.6%（将金书，1981）。尽管试验兔饲养在严格隔离的环境中，但也不能完全排除艾美尔球虫的感染，我国外许多实验室都曾发现过商品兔血清中检出球虫抗体的事例。

二、病　　原

1. 分类地位　感染兔的艾美耳球虫在分类上属艾美耳科（Emeriidae）、艾美耳属（*Eimeria*）。1647年荷兰科学家列文虎克在应用其研制的显微镜观察兔肝脏时，无意中发现了寄生于兔肝脏的斯氏艾美耳球虫（*Eimeria stiedai*）；1879年Leuckart根据观察结果进一步将兔球虫区分为肝球虫和肠球虫，并分别命名为*Coccidium oviforme*（即*E. stiedai*）和*Coccidium perforans*（穿孔艾美耳球虫）。19世纪后期和20世纪许多杰出的球虫学家对兔球虫进行了比较深入的研究，尽管*E. perforans*这一种名一直沿用至今，但已从中鉴别区分出另外9个虫种。迄今为止，曾先后报道过的兔球虫有近100种，但目前确认的兔球虫有74种，分别可感染5个属的兔形目动物，另外还有2种囊等孢球虫（*Cystoisospora*，但迄今未在兔属动物）及尚未最终得到公认的艾美耳球虫10种（Dyszynski和Couch，2013）。其中感染兔属（*Lepus*）的有43种（另有可疑种7种），但这仅仅只是在兔属32种动物中10个种的研究发现，其他22种兔是否有球虫寄生尚无任何报道。感染家兔（包括试验兔）的艾美耳球虫在我国以往的教材和专著中一般记载有14种，即*E. stiedai*（Lindemann，1865）Kisskalt和Hartmann，1907），*E. perforans*（Leuchart，1879）Sluiter et Swellengrabel，1912，*E. coecicola* Cheissin，1947（盲肠艾美耳球虫），*E. exigua* Yagkimoff，1934（小型艾美耳球虫），*E. flavescens* Marotel et Guilhon，1941（黄艾美耳球虫），*E. intestinalis* Cheissin，1948（肠艾美耳球虫），*E. irresidua* Kessel et Jankiewicz，1931（无残体艾美耳球虫），*E. magna*Pérard，1925（大型艾美耳球虫），*E. media* Kessel，1929（中型艾美耳球虫），*E. piriformis* Kotlán et Pospesch，1934（梨形艾美耳球虫）和*E. vejdovsky*（Pakandl，1988）Pakandl et Coudert，1999（卫氏艾美耳球虫）（Coudert等，1995）；*E. neoleporis* Carvalho，1942（新兔艾美耳球虫），*E. matsubayashii* Tsunoda1952（松林艾美耳球虫），*E. nagpursnsis* Gill et Ray，1961（纳格浦尔艾美耳球虫），*E. aryctolagi* Ray et Banik，1965（家兔艾美耳球虫）和*E. elongate* Marotel et Guithon，1941（长形艾美耳球虫）。但Coudert等（1995）认为上述14种球虫中只有前11种是家兔的有效种。Duszynski和Couch（2013）甚至认为仅*E. stiedai*一种是真正经过分子生物学和交叉感染试验研究确认的寄生于家兔的种，且也是目前已知的兔球虫中唯一经过交叉感染试验证明可在不同属兔间传播者。

*E. vejdovsky*由Pakandl于1988年首次描述，但曾错误地与*E. media*相混淆。迄今为止，除报道于欧洲家兔（*Orycutolagus cuniculus*）外，尚无其他兔种感染的报道。Pakandl当时发现了两种形态相似的卵囊，一种较大，并具有9～10天的潜隐期；另一种卵囊形态较小，但潜隐期只有5～6天，他认为前者类同于Kessel（1929）命名的*E. media*，而后者是一个新种，定名为*E. vejdovskyi*。随后，Pakandl和Coudert（1999）发现世界各国的文献都将卵囊形态较小、潜隐期5～6天的球虫称为*E. media*，故而将原先定名的*E. vejdovskyi*用于形态较大和潜隐期更长者的命名。*E. vejdovskyi*的卵囊大小为32.9μm×19.2μm（30～37）μm×（18～21）μm，卵囊指数1.7；而*E. media*的大小为29.1μm×18.2μm [（24～33）μm×（15～20）μm]，卵囊指数1.6。同工酶电泳分析证明了这种分类结果。

*E. neoleporis*的典型宿主是棉尾兔（*Sylvilagus floridanus*），主要分布于亚洲、北美地区，是由Carvalho于1942年首次报道的，当时发现这个种与*E. leporis*在肠道寄生部位及其孢子化卵囊形态上有明显差异，他将具有微孔（micropyle）的卵囊群体命名为*E. neoleoporis*；其后匈牙利球虫学家Pellerdy（1965，1974）声称其从家兔鉴定的 *E. neoleporis* 与 *E. coecicola* 是同种异名，但受到 Cheissin（1968）的明确质疑，后者根据卵囊长径差异、卵囊残体有无、裂殖体在肠道的分布、内生发育阶段的时间及潜隐期差异明确指出，*E. neoleporis* 和 *E. coecicola* 是两个不同的种，并得到 Levine（1972）的认同。Duszynski 等（2013）将 *E. neoleporis* 归为棉尾兔的球虫。

E. matsubayashii 由 Matsubayashii（1934）首先报道，但被认为是 *E. media* 的变种。Tsunoda（1952）从卵囊形态、大小及卵囊残体的存在等特征出发，认为是不同于 *E. media* 的一个新种，并定名。其是感染欧洲家兔（*Oryctolagus cuniculus*）的一种球虫。Mandal（1976）从印度的兔属动物（*Lepus* sp.）发现的卵囊呈椭圆形或卵圆形，大小为（23.5～29.5）μm×（14.5～19.3）μm，具有卵囊残体和孢子囊残体，孢子囊呈卵圆形，大小为 7μm × 6μm；其后，Cheissin（1967）发现 *E. matsubayashii*的卵囊形态非常类似于 *E. intestinalis*，极可能是一个无效种。Duszynski 等（2013）认为 *E. matsubayashii* 不太可能是兔属动物的有效种，而将其归为棉尾兔属的球虫，并指出仍有待于交叉感染试验和分子生物学技术的验证。

E. nagpursnsis 由 Gill 等首先报道于欧洲家兔，但未说明检查的兔只数量和流行率；Fernandez 等（1969）认为其与 *E. perforans* 的卵囊形态完全一致，然而 Duszynski 等（2013）认为 *E. nagpursnsis* 的卵囊形态尤其是孢子囊形态足以将之与其他兔球虫相区别，但有效性仍有待进一步鉴别。

至于 *E. aryctolagi* 和 *E. elongate* 这两个原先就争议很大的虫种，在 Duszynski 和 Couch 的新著 *The Biology and Identification of the Coccida（Apicompelxa）of Rabbits of the World* 中未再作为独立的种名出现。

总体上，兔艾美耳球虫的种类和命名仍有较大争议，因为兔形目动物的球虫种类虽然报道很多，但主要数据都来自野兔的调查，且只有少数几种进行过交叉感染试验和分子生物学技术鉴定、验证。我国以往寄生虫学书籍中多描述记载 *E. coecicola*，*E. exigua*，*E. flavescens*，*E. intestinalis*，*E. irresidua*，*E. Magana*，*E. media*，*E. neoleporis*，*E. perforans*，*E. piriformis*，*E. stiedai* 等 11 个有效种，但如前述修正资料，*E. neoleporis* 已被认为主要是棉尾兔的球虫，本书在此不再叙述这一虫种。对于*E. coecicola*，尽管 Levine（1973）和 Duszynski 等（2013）均将其主要归于棉尾兔等野兔的球虫，但国际上多数学者仍认为这是在家兔群体中流行率较高的一种球虫，因此本书采取 Coudert 等（1995）和 Pankandl（2009）的分类，归为家兔球虫的种类，并列入 *E. vejdovskyi* 这一新种。

分子分类的研究结果也充分佐证了 Coudert 等（1995）的分类体系。对自然寄生于家兔的上述 11 种艾美耳球虫，过去曾根据有无微孔和卵囊/孢子囊残体分为三个群体，即有微孔的 *E. exigua*（无卵囊残体）、*E. perforans*（有卵囊残体），无微孔、无卵囊残体的 *E. piriformis*、*E. flavescens* 和 *E. irresidua*，及无微孔而有卵囊残体的 *E. intestinalis*、*E. media*、*E. vejdovskyi*、*E. stiedai*，*E. coecicola*和 *E. magana*。Kvicerova 等（2008）对已知具有宿主特异性的各种动物的 65 种球虫进行 18S rDNA 序列的系统分析，发现上述感染家兔的 11 种球虫可以分为两个谱系，二者间主要差异就在于卵囊残体的存在与否，而与卵囊形态、大小、微孔、潜隐期、致病性、孢子化时间、感染部位等传统的分类特征无关。在系统发生关系上，寄生于大肠部位的 *E. coecicola* 与 *E. flavescens* 最为近缘，二者的 18S rDNA 序列相似性高达 99.7%，而寄生于肝脏的 *E. stiedai* 在所有兔球虫中最为特殊，与兔的其他球虫的序列相似性仅为 91.7%～92.9%（Kvicerova 等，2008），这也可能是其寄生部位特殊性的一种反映。

2. 形态特征 家兔 11 种艾美耳球虫的孢子化卵囊形态见图 73-1-1。其形态鉴别特征列于表 73-1-1。

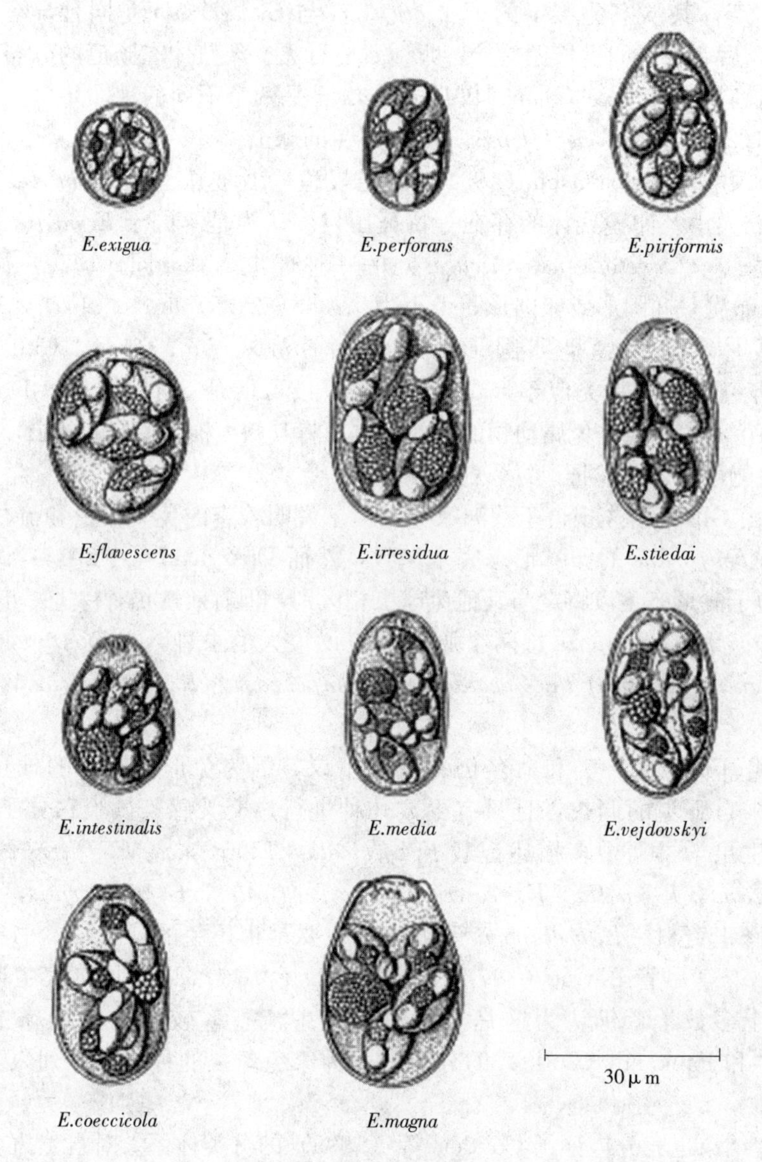

图 73-1-1 兔艾美尔球虫孢子化卵囊的形态特征
（引自 Coudert P.，LicoisD.，Drouet-Viard F. 1995）

表 73-1-1 兔艾美耳球虫的卵囊形态和生物学性状比较

种 别	卵囊形状	卵囊大小（μm）	微孔	卵囊残体	孢子囊残体	寄生部位	裂殖世代	潜隐期（天）	显露期（卵囊排出持续时间，天）	孢子化时间（h）	致病性
E. intestinalis	梨形	22～30×16～21（26.7×18.9）	+	++	+	空肠-回肠	4	8.5	最长可达10天	105/70/60	强
E. vejdovskyi	长卵圆形	25～38×16～22（31.5×19.1）	+	+	+	回肠	5	10	未知	未知/50/35	轻微
E. coecicola	长卵圆形	27～40×15～22（34.5×19.7）	+	+	+	肠相关淋巴组织	4	9	8-9	120/85/60	无
E. stiedai	椭圆形	30～41×15～24（36.9×19.9）	+	+	+	胆管	可能有6代之多	14	21-37	110/63/57	中度-强
E. media	椭圆形/卵圆形	25～35×15～20（31.1×17.0）	++	+	+	空肠-回肠	3	4.5	6-8	60/41/30	中度

（续）

种 别	卵囊形状	卵囊大小（μm）	微孔	卵囊残体	孢子囊残体	寄生部位	裂殖世代	潜隐期（天）	显露期（卵囊排出持续时间，天）	孢子化时间（h）	致病性
E. perforans	椭圆形/近似长方形	15～27×11～17（22.2×13.9）	－	＋	＋	十二指肠-近端空肠	2	5	5-6	50/30/22	轻微
E. magna	卵圆形	31～42×20～28（36.3×24.1）	＋＋	＋＋	＋	空肠-回肠	4	6.5	15-19	115/80/46	中度
E. exigua	球形/亚球形	10～18×11～16（15.1×14.0）	－	－	＋	回肠	不详	7	未知	未知/23/17	轻微
E. irresidua	卵圆形/桶形	31～44×20～27（39.2×23.1）	＋＋	－	＋	空肠-回肠	4	9	10-13	105/85/50	中度
E. piriformis	梨形	25～33×16～21（29.5×18.1）	＋＋	－	＋	结肠	4	9	10	150/90/70	中度
E. flavescens	卵圆形	25～35×18～24（30.0×21.0）	＋＋	－	＋	盲肠-近端结肠	5	9	未知	120/80/48	强

注：根据Pellerdy（1974）、Coudert等（1995）、Kvicerova等（2008）及Duszyns和Couch（2013）资料整理。孢子化时间为分别在18℃/22℃/26℃时；“＋”和“－”分别表示“有”或“无”

从发育形态来看，兔球虫的一个重要形态特点是所有兔球虫除 *E. irresidua*（但需注意，这个结论仅仅只是迄今无电镜研究资料）外，在内生发育无性世代都具有两种类型的裂殖体和裂殖子（多核裂殖子，polynucleate merozoites 和单核裂殖子，uninuclerate merozoites），这是有别于其他动物尤其是禽类艾美耳球虫的一个重要特征（牛球虫研究中也有类似发现）。多核裂殖子与单核裂殖子的区别除具有多个核外，在形态特征上还具有新生裂殖子的一些特殊结构，如内膜复合体（inner membranous complex）、棒状体原基（rhoptry anlage），某些情况下可能还有类锥体（conoid）。在 *E. magana*、*E. media*、*E. vejdovskyi* 和 *E. flavescens*，多核裂殖子类似于“子孢子样裂殖体”（sporozoite-like schizonts），从单一子孢子开始发育，且子孢子的特征结构如“三层表皮”（three-layered pellicle）和顶端复合体仍保留，但核分裂及裂殖子的初始形成已经开始。一般认为这两类裂殖体和裂殖子的存在可能反映了“性二态性”（sexual dimorphism），即形成多核裂殖子的裂殖体分化形成小配子体和小（雄）配子，而单核裂殖子则分化为大配子体和大（雌）配子。Streun 等（1979）曾将这二者分别命名为 A 型和 B 型裂殖体和裂殖子。

3. 生活史 迄今除 *E. exigua* 外，其他兔球虫的生活史均有较详细的研究。所有兔球虫的内生性发育均始于子孢子对十二指肠上皮细胞的入侵，这是与鸡球虫入侵的一个重要差别（就目前所知，鸡球虫的入侵一般均发生于各自的特定寄生部位）；其后经不同的移行方式和途径到达寄生部位建立寄生生活。如接种 *E. intestinalis* 卵囊 10min 后就可在十二指肠黏膜上皮发现子孢子，4h 后即可寄居在其特异寄生部位——回肠上皮细胞。而 *E. coecicola* 的第一代无性生殖发生于肠相关淋巴组织，其他无性阶段则在阑尾上皮、派伊尔氏结和圆小囊。*E. coecicola* 的子孢子可见于肠外组织如肠系膜淋巴结、脾脏，而*E. intestinalis* 则仅局限于肠上皮组织。这种移行过程可能并不仅仅发生于子孢子，如 *E. flavescens* 的第一代裂殖体寄生于小肠，而内生发育的其他阶段则在盲肠，提示裂殖子可能也发生了长距离的移行。对 *E. stiedai*，目前仍未完全清楚是如何从肠上皮细胞移行到胆管上皮的，尽管认为有可能经由门脉循环途径进入肝脏，但试验数据未能证实，经由淋巴途径移行的过程则仅仅只是在肠系膜淋巴结的淋巴细胞中观察到虫体，其余过程尚无报道（图 73-1-2）。总体来说，对兔球虫的移行过程仍有众多未解之谜。

粪—口循环是兔球虫感染的唯一途径。以 *E. stiedai* 为例，其孢子化卵囊被兔吞食后约 24h 可于肠系膜淋巴结发现虫体，正常情况下，人工感染后 5～6 天于肝脏发现虫体，大量感染时 72h 后即可见到虫体。第一代裂殖体最早出现于感染后第 3 天，第二代裂殖体见于感染后的 5 天，并出现了 A 和 B 二型裂殖体，第三代、第四代和第五代裂殖体也均有这两个类型的虫体。最早发现配子体的时间是感染后

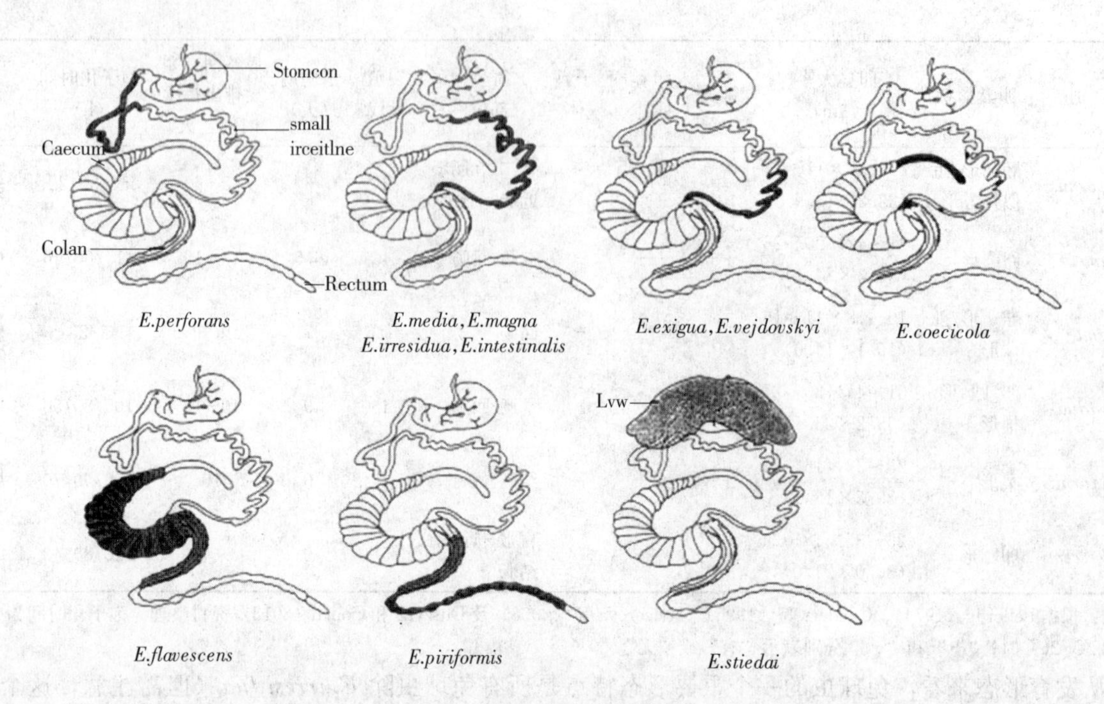

图 73-1-2 不同种兔球虫的寄生部位

第 11 天。配子生殖开始后，可同时见到配子生殖和裂殖生殖阶段的虫体。感染后 14 天时开始排出卵囊，可持续排出卵囊 21～37 天。

不同种球虫具有不同的生殖潜力。据试验研究结果，获得最大卵囊产量的最小接种量分别是：*E. magana* 80 个卵囊，*E. flavescens* 和 *E. irresidua* 均为 100 个卵囊，*E. perforans* 和 *E. media* 各为 200 个卵囊，*E. coecicola* 为 500 个卵囊，*E. exigua*、*E. intestinalis* 和 *E. vejdovskyi* 各为 10^3 个卵囊，而*E. piriformis*则需要 10^4 个卵囊（Coudert 等，1995）。大多数球虫种试验感染后每只兔可产生约 1～5×10^8 个卵囊，而 *E. vejdovskyi* 和 *E. intestinalis* 则可分别产生 10～15×10^8 和 30～35×10^8 个卵囊，然而，唯 *E. stiedai* 的生殖潜力难于评价。一般地，配子生殖阶段寄生于后段小肠绒毛上皮的虫种可产生更多的卵囊。但卵囊产量的大小与疾病或临床症状的严重程度无必然联系。

三、流行病学

所有品种或品系的家兔对艾美耳球虫均有易感性，尤其是断奶后至 3 月龄的幼兔的感染最为严重，常导致较高的死亡率，死亡率大小与感染虫种或优势虫种密切相关；成年兔感染后多呈带虫状态，是幼兔感染和发病的传染源。粪—口感染和同居感染是兔球虫传播流行和疾病暴发的几乎唯一途径。饲养环境卫生不良是兔球虫病发生的主要诱因，饲料、饮水、笼具、工具污染均可成为场间感染和传播的媒体，蝇类等节肢动物也是重要的传播媒介。对严格隔离的实验动物，卵囊的机械引入如污染的饲料、饮水、运输工具等是重要方式，尤其重要的是一旦引进了带虫兔，将快速导致整个养殖环境的迅速污染，并难以彻底净化。尽管较少有关于试验兔球虫感染或暴发球虫病的报道，但编者实验室对购买的商品血清进行 ELISA 检测时，约有 10%批次血清（包括进口血清）呈阳性结果，提示实验兔的感染仍是比较严重的。流行时间受温湿度影响较大，温暖、潮湿季节比较多发，一般当环境温度经常高于 10℃以上时，有可能随时发生兔球虫病。

四、致病性与临床症状

因球虫寄生所致的上皮细胞破坏、有毒物质产生以及因球虫寄生而致过量生长繁殖的肠道细菌（产气荚膜梭菌、沙门氏菌和巴氏杆菌等）的综合作用是致病的主要因素。不同兔球虫的致病性有明显差异，根据试验研究结果，可将 11 种兔球虫依据致病力大小分为 5 个组别：无致病性（*E. coecicola*）、轻度致病性（*E. perforans*、*E. exigua* 和 *E. vejdovskyi*）、中度致病性（*E. media*、*E. managa*、*E. piriformis*和*E. irrsidua*）、高致病性（*E. intestinalis* 和 *E. flavescens*）以及"依赖感染剂量致病"的 *E. stiedai*。就目前的认识来看，致病力大小部分地与寄生部位相关。强致病性的 *E. intestinalis* 和 *E. flavescens*都分别寄生于后段小肠和/或盲肠的隐窝，可大量破坏位于此处的干细胞，加剧病变的严重性；上述具有致病性的虫种，除 *E. perforans* 可同时寄生于隐窝和微绒毛外，其内生发育阶段几乎都位于隐窝，而非致病的虫种或轻微致病力虫种则主要寄生于绒毛部位。但需注意，组织病理学检查的发现有时并不与以死亡率、增重和临床症状为评价指标的致病性完全一致，如 *E. coecicola* 可引起阑尾的严重损伤，但从其对个体兔的影响来看，这个种却是非致病性的。

E. stiedai 的致病作用乃由于球虫内生发育阶段虫体增殖对胆管上皮细胞的破坏。肝脏表面可见大小和数量不等的圆凸于表面的黄色至灰色结节，沿小胆管呈索状分布，最大者直径可达 2cm；显微镜检查可见结节中有裂殖子、裂殖体、配子体和卵囊等不同发育阶段的虫体。陈旧病灶中的内容物变稠，形成淀粉样的钙化物质。在慢性病例，胆管周围和肝小叶间部分结缔组织增生，肝实质细胞萎缩，肝脏体积缩小（间质性肝炎）。胆囊和胆管有卡他性炎，胆汁浓稠，内含许多崩解的上皮细胞。

兔球虫病的临床症状可分为三种类型：即肠型、肝型和混合型。日常多见混合型，乃因为兔球虫感染多为多虫种混合感染所致。其典型病症是食欲减退或废绝，神态抑郁，行动迟缓，卧伏不动，腹泻或腹泻—便秘交替出现，病兔后肢及肛门周围被粪便所污染；眼鼻分泌物增多，可视黏膜苍白、黄染。病兔因肠臌气、肝肿大及膀胱积尿而腹围膨大，肝区有明显触痛，病程后期，幼兔常有四肢麻痹等神经症状。死亡率 40%～70%甚至 80%以上。实验室生化检查可见丙氨酸转氨酶、谷氨酸转氨酶、山梨醇脱氢酶、谷氨酸脱氢酶、γ-谷氨酰转移酶等活性升高，胆红素血症、脂血症等。单纯的肝型球虫病较为少见，与混合型症状相似。

肠球虫可引起症状轻重不一的临床表现，主要取决于虫种、感染剂量、免疫状态和年龄的差异。肠型球虫病的主要症状是腹泻并可伴有血便、体重下降，摄食量和排便量均降低，间有死亡。一般不会有机体水平的明显脱水，但因腹泻导致大量 K^+ 流失而有电解质紊乱，表现低钾血症。症状的出现对应于配子生殖阶段（这有别于鸡球虫病的裂殖生殖阶段），一般可持续数天时间，多会伴发大肠杆菌、产气荚膜梭菌和轮状病毒感染。病理学变化主要表现肠黏膜出血，组织检查可见肠绒毛萎缩、上皮脱落。

兔感染球虫后可获得坚强的对同种球虫再感染的免疫力，但对有关免疫机理仍知之甚少。已知兔各种球虫的免疫原性强弱不等，据报道，*E. intestinalis* 的免疫原性最强，口服接种 6 个卵囊即可使攻虫感染的卵囊产量降低 60%，以 600 个卵囊接种免疫可完全阻断攻虫感染的卵囊排出；然而，根据卵囊产量和增重评价结果，*E. flavescens* 和 *E. piriformis* 的免疫原性却很弱，*E. irresidua*、*E. media* 和 *E. magana*的免疫原性中等；流行病学调查发现老龄兔中 *E. flavescens* 和 *E. priformis* 较为普遍，也可能正是这二者免疫原性较弱的结果。一般认为肠相关淋巴组织（gut-associated lymphoid tissue，GALT）在兔的抗球虫免疫反应中发挥主要作用。兔的 GALT 主要由阑尾、圆小囊（sacculus rotundus）、派伊尔氏结（PP）、上皮间淋巴细胞（IELs）和固有层白细胞（lamina propria leukocytes，LPL）组成，其中阑尾在兔 GALT 免疫反应中具有类似于法氏囊的重要作用，圆小囊功能和结构与之类似。值得注意的是，兔 GALT 正是 *E. coecicola* 内生发育过程的特异寄生部位。试验发现，兔感染 *E. intestinalis*后 14 天，肠上皮 IELs 中的 $CD4^+$ 和肠系膜淋巴结（MLN）中的 $CD8^+$ 比例一过性升高，此后 $CD8^+$ IELs 显著升高的同时，伴随有固有层 $CD8^+$ 细胞的广泛浸润。体外试验表明，*E. intestinalis* 抗原可刺激 MLN 的淋巴细胞增殖，却不能刺激脾淋巴细胞。对免疫原性有明显差异的 *E. intestinalis* 和 *E. flavescens* 比较研究发现，二者所激发免疫反应的差异仅仅表现在前者可刺激寄生部位——回肠上皮中 $CD8^+$ 细胞百分比显著升高，而后者却不能刺激其寄生部位盲肠上皮中的相似变化，由此可见局部免疫反应抗球虫感染的重要作用。对免疫接种 *E. intestinalis* 和 *E. coeciocola* 兔的回肠隐窝和 MLN

检查揭示，攻虫后这些组织中的子孢子显著少于对照组，表明子孢子移行过程的阻断是免疫保护的一种重要机理。相似地以这两种球虫感染哺乳仔兔，以 MLN 白细胞总数、淋巴细胞增殖试验、寄生肠段上皮组织中 $CD4^+$ 和 $CD8^+$ 细胞比例动态变化等细胞免疫指标评价发现，只有 25 日龄后才表现显著改变。提示兔抗球虫免疫的年龄依赖性，且提示兔的免疫预防可以此为参照进行接种。

五、诊　断

无论肝型、肠型还是混合型球虫病，其诊断都需以球虫学检查的结果为基本依据。以粪便直接涂片、饱和盐水漂浮和/或离心淘洗法进行球虫卵囊检查；或活体采样、剖检取肝脏结节、肠黏膜刮取物等进行显微镜检查，发现裂殖体、裂殖子、配子体、配子、卵囊等各阶段虫体，并结合肝脏和/或肠道特定部位的病理变化，即可诊断为球虫病。从卵囊形态特征来看，兔的 11 种球虫可按有无微孔分为两群，其中仅 *E. perforans* 和 *E. exigua* 两种无微孔，但前者具卵囊残体，后者却缺如，据此可将二者鉴别开来。其他 9 种球虫虽无微孔，但可从卵囊残体有无再分为两群，无卵囊残体的 *E. irresidua*、*E. flavescens* 和 *E. piriformis* 三种球虫其卵囊各具特点，尤其是 *E. irresidua* 卵囊大型、桶状，可方便地与另两种相区分；其他无微孔、具卵囊和孢子囊残体的球虫可再根据卵囊形态大小、囊壁色泽等进一步区分。目前，兔的 11 种球虫 18S rDNA 序列均已有报道，可参照文献用 PCR 技术扩增 18S rDNA 或 ITS1 与 ITS2 序列进行分子鉴定。

六、防治措施

兔球虫病的防治目前主要是使用各种抗球虫药物。鸡用抗球虫药物多可用于兔球虫病的防治，但试验证明氨丙啉、丁氧喹酯、氯羟吡啶、呋喃唑酮、苄氧喹甲酯、尼卡巴嗪等的效果很弱或基本无效；而马杜霉素对兔有较大毒性，不能用于兔球虫病的防治；其他抗球虫药如氯苯胍、地克珠利、地考喹酯、甲基盐霉素、莫能霉素、盐霉素、妥曲珠利等均可应用。常用的药物主要有：

(1) 氯苯胍　对 *E. stiedai* 引起的肝球虫病，治疗剂量为每千克饲料 100mg，添加于饲料中喂服，或专门制成同样含量的“压制饲料饼”。预防剂量为每千克饲料 50～66mg，添加于饲料中长期使用。但氯苯胍对 E. stiedai 的效果弱于其肠球虫。

(2) 磺胺类药物　常用的有磺胺甲基嘧啶、磺胺间二甲氧嘧啶和磺胺喹恶啉、乙胺嘧啶等。以 0.02%磺胺嘧啶溶于饮水或将磺胺二甲醚定与乙胺嘧啶以 10∶3 的比例混合、按 0.02%～0.05%量添加于饲料，连用 7 天；或按 0.025%～0.03%剂量添加磺胺喹噁啉于饲料中、或 0.05%添加于饮水中，连用 7 天，对兔的肝型、肠型和混合型球虫病都有良好效果。

(3) 妥曲珠利　为三嗪类抗球虫药，在饮水中按 10～15mg/L 浓度使用，对兔球虫病有很好治疗效果，可使用鸡用（2.5%）或猪用（5%）制剂进行调配；据报道，妥曲珠利与伊维菌素的复方制剂对降低卵囊产量、保护肝脏不受损伤具有高效作用。

(4) 地克珠利　同氯苯胍一样，既可作治疗药又可作为预防药使用，预防剂量为每千克体重 0.5mg、1mg 和 2mg，治疗时的剂量为每千克体重 4mg。

莫能霉素：主要用作预防，剂量为每千克饲料 20mg，添加于饲料中可连续使用。

(5) 拉沙菌素　也是一种离子载体抗生素类抗球虫药，以每千克饲料 90～125mg 添加于饲料中，供预防用，可连续使用。

(6) 甲基盐霉素　为离子载体类抗球虫药，剂量为每千克饲料 12～24mg，添加于饲料中使用。

养殖过程的卫生管理对兔球虫病的防治具有极其重要的意义。使用具有网孔的铁丝网笼具并保证能完全不羁留粪便的笼具，保持笼舍清洁、干燥，保证饮水和饲料洁净，无球虫污染等日常管理措施，可有效预防球虫病的发生；笼具应经常性冲洗，并以火烧、暴晒或水烫等方法消毒处理。

免疫预防已获得试验性成功。根据 Jeffers 的早熟选育理论和技术，已对多数种兔球虫进行了早熟选育研究（表 73-1-2）。目前正在进一步开发商品疫苗。

表 73-1-2　已选育成功的早熟兔球虫

球虫种别	潜隐期缩短时间	传代次数	内生发育过程变化	资料来源
E. coecicola	3.5 天	*	*	Coudert 等，1995
E. flavescens	67h	19	第 2/3 代和第四代无性世代缺失	Pakandl，2005
E. intestinalis	≤71h	6	可能是第三代无性世代缺失	Licois 等，1990
E. magana	46h	8	第四代无性世代缺失	Licois 等，1995；Pakandl 等，1996
E. media	36h	12	第三代无性世代缺失	Licois 等，1994；Pakandl 等，1996
E. piriformis	24h	12	第四代无性世代缺失	Pakandl 和 Jelinkova，2006

*：资料不详

作为一种以粪—口感染、且几乎完全依赖于同居感染的寄生原虫，兔群中一旦引入艾美耳球虫，就很难完全清除，因此建立无球虫群体至关重要。可以通过剖腹产方式、并在严格隔离的条件下人工哺乳培育仔兔，再进一步选种和自繁，助以连续的球虫学监测，可实现无球虫群的建立；也可以在连续使用抗球虫药物的条件下净化体内外环境，经过 3～5 代自繁扩群，达到建立无球虫兔群的目的。

（蔡建平）

我国已颁布的相关标准

GB/T 18448.5—2001　实验动物　艾美耳球虫检测方法

参考文献

蒋金书．2000．动物原虫病学［M］．北京：中国农业大学出版社．

David G Baker. 2007. Flynn’s Parasites of Laboratory Animals［M］. 2nd ed. American College of Laboratory Animal Medicine：451 - 499.

Duszynski D W，Couch L. 2013. The biology and identification of the coccidian（Apicomplex）of rabbits of the world［M］. New York：Academic Press.

Duszynski D W，Upton S J. 2001. Parasitic Diseases of Wild Mammals［M］. 2nd ed. Ames Iowa：Iowa State University Press：416 - 459.

Eckert J，Braun R，Shirley M W，et al. 1995. Biotechnology：Guidelines on techniques in coccidiosis research［M］. Belgium，Brussels：Office for official Publications of the European Communities：52 - 73.

Kvicerova J，Pakandl M，Hypsa V. 2008. Phylogenetic relationships among Eimeria spp.（Apicomplexa，Eimeriidae）infecting rabbits：evoluationary significance of biological and morphological features［J］. Parasitology，135：443 - 452.

Pakandl M. 2009. Coccidia of rabbit：a review［J］. Folia Parasitol，56：153 - 166.

Pritt S，Cohen K，and Sedlacek H. 2012. Parasitic diseases：The Laboratory Rabbit，Guinea Pig，Hamster，and Other Rodents［DB］. New York：Elsiever：415 - 442.

第二节　小鼠球虫病
(Coccidiosis in laboratory mice)

小鼠球虫病（Coccidiosis in laboratory mice）除指由艾美耳属球虫寄生所致者外，还包括由小鼠克洛斯球虫（*Klossiella muris*）寄生于肾脏所引起的克氏肾球虫病，均是我国实验动物国家标准中规定必须排除的寄生虫。鼠克洛斯球虫是寄生于小鼠肾脏的一种阿德莱球虫，在实验小鼠和野生小鼠中均有较高的流行率。鉴于本章题目已限制于“艾美耳球虫”，故主体上仅叙述小鼠的艾美耳球虫感染，而将小鼠克洛斯球虫病作为本节的附录列于节后叙述。

一、发生与分布

实验小鼠的艾美耳球虫感染甚为普遍，世界各国均有报道，但大多数文献缺少具体的感染率、流行率数据。据Haberkorn等（1982）报道，1979年4—8月间，德国Bayer公司研究中心5 000只C57B1/6J近交系小鼠暴发由2种和/或3种球虫混合感染的球虫病，感染率高达60%。我国尽管已将球虫列为各个级别小鼠需排除的病原体，但艾美耳球虫感染实际上仍比较常见。据作者所在实验室使用小鼠制备抗体及购买商品鼠源二抗进行鸡球虫病研究时发现，以鸡球虫（*E. tenella*）虫体裂解抗原为基础对所购小鼠及血清进行ELISA检测，曾多次发现交叉反应的存在，并先后从购自广州某实验动物场和兰州某实验动物场的昆明系、Bab/c小鼠粪便中检出球虫卵囊。2012年购自兰州某实验动物场的60只Bab/c小鼠血清抗体阳性率100%（种间交叉反应），粪便卵囊检查至少可发现4种形态各异的卵囊。故而，在以小鼠进行球虫类（艾美耳球虫、弓形虫、隐孢子虫）研究时，应注意检测并排除小鼠的艾美耳球虫感染。

二、病　原

1. 分类地位　感染实验小鼠的艾美耳球虫在分类上属艾美耳科（Emeriidae）、艾美耳属（Eimeria），种类较为复杂。据Duszynski和Upton的统计，迄今为止发现于小鼠（指*Mus musculus*，包括用于培育实验小鼠的、来自于东欧的*M. musculus musculus*、西欧的*M. m. domesticus*、泰国的*M. m. castaneus*、日本的*M. m. molossinus*和*M. spretus*）的球虫多达37种。但据Pellery（1975）记载，小鼠的球虫只有15种，即*Eimeria arasinaensis*、*E. falciformis*、*E. vermiformis*、*E. ferris*、*E . hansonorum*、*E. hindlei*、*E. keilini*、*E. krijgsmanni*、*E. musculi*、*E. musculoidei*、*E. papillat*、*E. paragachaica*、*E. pragesis*、*E. schueffneri*及一个未定种（*Eimeria* sp.）（Musaev & Veisov, 1965），其中*E. falciformis*是流行最广、致病力较强的主要虫种，也是艾美耳属的典型种之一；*E. vermiformis*是另一种研究较多的艾美耳球虫，这二者也常作为球虫病研究的重要模型。著名球虫分类学家Duszynski和Upton对全世界球虫进行分类甄别统计时，认为小鼠的球虫有15个种，即*E. arasinaensis* Musaev & Veisov 1965、*E. baghdadensis* Mirza 1975、*E. falciformis*（Eimer 1870）Schneider 1875、*E. ferrisi* Levine & Ivens 1965、*E. hansonorum* Levine & Ivens 1965、*E. hindlei* Yakimoff & Gousseff 1938、*E. keilini* Yakimoff & Gousseff 1938、*E. krijgsmanni* Yakimoff & Gousseff 1938、*E. musculi* Yakimoff & Gousseff 1938、*E. musculoidei* Levine, Bray, Ivens & Gunders 1959、*E. papillata* Ernst, Chobotar & Hammond 1971、*E. paragachaica* Musaev & Veisov 1965、*E. schueffneri* Yakimoff & Gousseff 1938、*E. tenella*（Railliet & Lucet 1891）Fantham 1909、*E. vermiformis* Ernst, Chobotar & Hammond 1971。其他在文献中见诸报道的23种球虫分别是*E. falciformis*、*E. schueffneri*、*E. krijgsmanni*和*E. tenella*的同种异名。在这个分类体系中，除未定种外，与Pellerdy（1975）的差异就在于*E. baghdadensis*、*E. pragesis*和*E. tenella*三个种，尤其是*E. tenella*这个种名与鸡球虫*E. tenella*完全一致。文献报道的*E. pragesis*曾长时间被认为是*E. falciformis*的亚种，卵囊大小为21.2μm×18.3μm，小鼠是其唯一宿主，潜隐期7～8天，显露期4～10天，有一定致病性，表现为抑郁、废食、腹泻、脱水，严重时可死亡。但Duszynski和Upton并未指出该分类体系与Pellerdy氏体系的对应关系或校勘理由。本书在小鼠艾美耳球虫的分类体系上，参照绝大多数文献的处理方式，仍沿用Pellerdy（1975）的分类体系。

2. 形态特征与生活史　小鼠常见艾美耳球虫的卵囊形态模式图见图73-2-1。据记载，14种小鼠艾美耳球虫中只有*E. arasinaensis*和*E. paragachaica*具有微孔和极帽。其他种均无微孔，须进一步依据卵囊残体、孢子囊残体及卵囊形状、颜色、大小和卵囊指数进行鉴定、区分。

（1）阿拉希艾美耳球虫（*E. arasinaensis*）　卵囊为宽卵圆形，大小为18.8μm×16.3μm［（12～24）μm×（10～20）μm］，囊壁单层，表面平滑具有微孔，并有一小的极帽覆盖。孢子化卵囊无卵囊残体，多数有极粒存在；具孢子囊残体，斯氏体明显，子孢子逗点状或梨形，在子孢子的粗端可见有明显的折光颗粒。卵囊孢子化时间2～3天。内生性发育过程不详。

（2）镰形艾美耳球虫（*E. falciformis*）图73-2-1A）　是最常见的小鼠艾美耳球虫，分布广、致

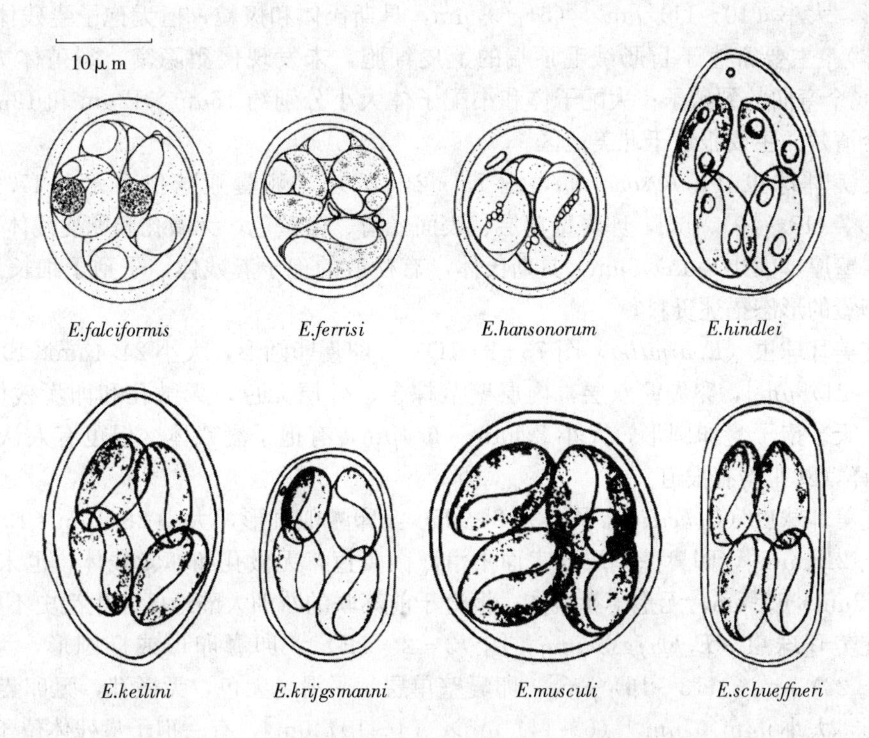

图 73-2-1　小鼠部分种艾美耳球虫的孢子化卵囊形态模式图
（引自：Baker，DG. Ed. Flynn' s Parasitology of Laboratory Animals，2nd ed，2007）

病力强，也是最早发现的艾美耳球虫和抗球虫免疫研究的主要模型之一，生活史过程比较明了。虽然在其他鼠属也常报道有 *E. falciformis*，但基本认为是可疑的，需进行交叉感染试验进一步验证。卵囊卵圆形或亚球形，大小为（16～21）μm×（11～17）μm，但文献报道的差异较大，如 Levine 等（1965）认为是 16.7μm×14.6μm [（15～18）μm×（13～16）μm]；Cordero 等报道为 21.1μm×18μm [（15～25）μm×（13～24）μm]；Musaev 等则为 225.6μm×21.1μm [（20～28）μm×（16～24）μm]。卵囊壁单层、无色、表面光滑，无极孔。卵囊孢子化时间 1～6 天。卵囊残体并不总可见，但折光颗粒明显可见。孢子囊卵形，大小（10.5～12）μm×（6.7～7.5）μm，具有斯氏体和孢子囊残体。子孢子豆荚形，有明显可见的折光颗粒。内生发育过程研究表明，子孢子可入侵小鼠胃上皮和/或表皮下组织，大多数裂殖体含有 7～9 个裂殖子，多出现于盲肠和直肠近端的绒毛顶端上皮细胞，后段回肠有时也可见，第二代裂殖体则多见于隐窝部位。感染后 6 天，Pellerdy 等（1971）以电镜观察到第二代和第三代裂殖体，均寄生于近端盲肠和直肠上皮细胞，首先形成充满无定型颗粒物质的纳虫空泡；其后出现 9～20 个（多为 10 个）核样结构，沿核向周边生长分化，逐渐形成类锥体、棒状体，并以此为中心形成完整的顶端复合体结构，裂殖体膜内陷，形成裂殖子。成熟的裂殖子呈细长梨形，大小 15μm×（1.5～3）μm。配子生殖过程多发生于第二或第三代裂殖生殖后，但也可以只有第一代或还有第四代裂殖生殖。Haberkon（1969）发现内生发育过程与感染剂量密切相关，大剂量试验感染时，裂殖世代减少，潜隐期变短。潜隐期 4～7 天，显露期 3～4 天。

交叉感染试验证明，*E. falciformis* 具有严格的宿主特异性。Haberkon（1970）曾试验感染 48 只幼龄大鼠，结果在盲肠和近端直肠上皮细胞中发育至第二代裂殖生殖阶段，但其后仅约半数裂殖体能发育成熟，且在配子生殖阶段发育终止。同时以 *E. falciformis* 感染雏鸡，尽管能在感染后 2 天于肠绒毛上皮细胞中发现裂殖体，但均未能进一步发育成熟。这些结果提示 *E. falciformis* 是特异寄生于小鼠的艾美耳球虫。

（3）费氏艾美耳球虫（*E. ferris*，图 73-2-1B）　卵囊椭圆形或亚球形，大小 17.8μm×15.4μm [（17～20）μm×（14～16）μm]。卵囊壁单层、无色或微黄色，无微孔和卵囊残体，有 1～3 个极粒。

孢子囊长卵圆形，大小（10～11）μm×（5～6）μm，具斯氏体和极粒，但无孢子囊残体（也有报道认为有孢子囊残体）。主要寄生于盲肠绒毛顶端的上皮细胞，未发现侵犯隐窝。裂殖体大小约 12μm×9μm，含 10～16 个弯曲的裂殖子；大配子体和小配子体大小分别约 16μm×12μm 和 12μm×10μm。具体过程尚未完全清楚。主要报道于北美地区。

（4）汉萨艾美耳球虫（*E. hasonorum*，图 73-2-1C） 卵囊亚球形，大小 17.9μm×15.8μm [（15～22）μm×（13～19）μm]，卵囊壁单层、表面光滑、微黄色，无微孔和卵囊残体，但有一极粒。孢子囊卵圆形，壁厚，大小 9μm×6μm，具斯氏体，有松散的孢子囊残体，子孢子细长。报道于北美，迄今只有关于卵囊的形态描述资料。

（5）亨氏艾美耳球虫（*E. hindlei*，图 73-2-1D） 卵囊卵圆形，大小 24.4μm×19.5μm [（22～27）μm×（18～21）μm]，卵囊壁双层，内层壁黄棕色、外层无色，无微孔和卵囊残体，有一极粒。孢子化时间约 3 天。孢子囊卵圆形，大小 8.6μm×6.4μm，有孢子囊残体（但也有人认为无孢子囊残体）。生活史不详，欧亚均有报道。

（6）凯氏艾美耳球虫（*E. keilini*，图 73-2-1E） 卵囊似锥形，大小 28.4μm×19.4μm [（24～32）μm×（18～21）μm]，卵囊壁单层、表面平滑、微黄色，无微孔和卵囊残体，也未见有极粒。孢子囊大小为 12.2μm×6.1μm，无孢子囊残体。报道于前苏联的欧洲大陆地区。生活史不详。

（7）克氏艾美耳球虫（*E. krijgsmanni*，图 73-2-1F） 卵囊卵形或椭圆形，大小 21.9μm×14.8μm [（18～23）μm×（13～16）μm]，卵囊壁单层、平滑、无色，无微孔，无卵囊残体，但有极粒。孢子囊卵形，大小 9μm×7μm [（6～14）μm×（4～10）μm]，有一孢子囊残体位于两个逗点状或柠檬样子孢子间。孢子化过程 2～3 天。生活史不详。欧亚大陆各国均有报道，但 Cerna（1962）曾认为是*E. schueffneri*的同种异名。

（8）小鼠艾美耳球虫（*E. musculi*，图 73-2-1G） 卵囊圆柱形，直径为 21～26μm，无微孔。孢子化卵囊无残体和极粒，孢子囊大小 10μm×9μm，无孢子囊残体。生活史不详。

（9）类小鼠艾美耳球虫（*E. musculoidei*） 卵囊亚球形或椭圆形，大小 19.7μm×16.9μm [（17～22）μm×（15～19）μm]，卵囊壁微黄色或浅黄色，单层平滑，无微孔。无卵囊残体，但有一个或多个极粒。孢子囊柠檬形，大小 10.3μm×6.9μm [（10～12）μm×7μm]，具孢子囊残体。寄生于近端回肠上皮细胞，成熟裂殖体大小约 10μm×8μm，内含 28～36 个裂殖子。详细的生活史过程不明。

（10）乳头状艾美耳球虫（*E. papillata*） 卵囊球形、亚球形或椭圆形，大小 22.4μm×19.2μm [（18～26）μm×（16～24）μm]，卵囊壁单层、微黄棕色、表面粗糙，密布短小乳头样发散状突起，无微孔。孢子化卵囊无卵囊残体，极粒哑铃形，1～3 个，有时或呈颗粒状片块。孢子囊卵圆形，大小 11.2μm×8μm [（10～13）μm×（6～9）μm]，尖端具斯氏体；并有一豆状亚斯氏体（substiedal body）位于其下，大小约 2μm×1.5μm；孢子囊残体呈无定型团块状，常覆盖子孢子，故显微镜下有时只能观察到子孢子的折光颗粒体。具体的孢子化时间不详，但一般室温下培养 1 周基本都孢子化完全。生活史过程不详。

（11）*E. paragachaica* 卵囊亚球形或宽卵圆形，大小 25μm×20μm [（17～27）μm×（15～22）μm]，卵囊壁双层、表面平滑，无微孔。孢子化卵囊无卵囊残体，但有数个极粒。孢子囊长椭圆形，大小（10～15）μm×（7～10）μm，具斯氏体和孢子囊残体；孢子囊残体粗大，呈柱形（直径约 5.5μm）或卵圆形（6.5μm×5.5μm）。孢子化时间约 3 天。内生发育阶段寄生于大肠，第一代裂殖体见于感染后 3 天的大肠上皮细胞，大小为（17～19）μm×（11～13）μm，内有裂殖子 8～12 个，第一代裂殖子大小约 16μm×2μm。第二代裂殖体出现于感染后第 4 天，大小（11～12）μm×（9.5～10）μm，含8～10 裂殖子。第三代裂殖体大约于感染后第 5 天时成熟，大小约 17μm×9.5μm；释放 12 个细长的裂殖子，大小为（15～16）μm×（1.5～2）μm。配子体出现于感染后第 7 天，小配子体大小为（12～17）μm×（7～11）μm，大配子体成熟时大小为（12～16）μm×（11～14）μm。感染后第 8 天粪便中可检出卵囊。

(12) 席氏艾美耳球虫 (*E. schueffneri*，图 73-2-1H) 卵囊圆柱形，大小为 (18～26) μm×(15～15) μm，囊壁无色、单层光滑，无微孔。孢子囊卵圆形，未见度量数据报道，孢子囊内无孢子囊残体和极粒。最早报道于前苏联的欧洲大陆地区。

(13) 蠕形艾美耳球虫 (*E. vermiformis*) 这是小鼠球虫中又一种研究较多、常作为球虫病研究模型的艾美耳球虫，但基本无致病性。卵囊宽卵圆形或球形，大小 23.1μm×18.4μm [(18～26) μm×(15～21) μm]。卵囊壁双层、微棕色至黄色，无微孔。室温下培养 1 周可全部孢子化，无卵囊残体，有 1～3 个极粒。孢子囊卵圆形，大小 12.8μm×7.9μm [(11～14) μm× (6～10) μm]，有斯氏体，孢子囊残体位于中央部位，由包裹于单层膜内的小颗粒组成，子孢子细长弯曲。寄生于小肠的后 2/3 段，第一代裂殖体见于感染后 4 天时，沿宿主细胞的核周边生长并挤压胞核变形，裂殖体大小为 19.8μm×12μm [(16～25) μm× (9～16) μm]，内含 28～50 个、(15～18) μm×2μm 的细长的裂殖子；第二代裂殖体见于感染后 5 天，大小为 13.1μm×11.2μm [(8～18) μm× (7～14) μm]，含约 20 个粗短的裂殖子，大小为 (5～7) μm×2μm，无规则排列。早期配子体约于感染后 5 天见于后段小肠上皮细胞内，6 天时可见成熟的小配子体，大小为 23.5μm×18.6μm [(17～32) μm× (12～25) μm]，小配子沿周边排列，大小为 (2～3) μm×0.5μm；大配子体有一核仁明显的胞核，胞质碱性着色；大配子大小为 15.7μm×13.1μm [(12～19) μm× (11～16) μm]，胞浆中具有嗜酸性着色的颗粒。最短潜隐期 7 天，卵囊排出的高峰期出现于感染 10 天后。

三、流行病学、致病性与临床症状

文献中很少见到有关小鼠球虫病的流行病学数据资料。除少数几种球虫 (*E. falciformis*、*E. vermiformis*) 在少数群体比较常见且明确认为具有一定致病性外，一般认为其他种球虫对小鼠无致病力。据资料，带虫现象可能甚为普遍，但临床病例或群体性暴发却甚为偶见。“地方流行样暴发”或封闭群场内不同笼舍间同时/先后暴发主要是由于偶然性交换使用垫料所致；饲养在层叠的“板条箱”中的小鼠因粪便易泄漏、交叉污染，而较易发生群体性暴发 (Pellerdy，1975；Haberkon，1970)。

作为球虫病研究的两种最常用模型种之一 (另一种是大鼠的 *E. nieschulzi*)，*E. falciformis* 的致病作用相对比较清楚。在免疫功能正常的小鼠，C3H/He 系和 CBA/H 系小鼠对之高度易感，C57BBL/10 系小鼠呈中度敏感，而 BALB/c 系小鼠较老龄小鼠还具抵抗力。免疫缺陷的裸鼠对 *E. falciformis* 极为易感，不仅表现在卵囊产量和致死率增高，且对重复感染无免疫力。*E. falciformis* 感染可诱导产生高度的特异性免疫力，可完全抵抗再次感染，且可非特异性地增强细胞免疫作用，从而提高对弓形虫、沙门菌等感染的免疫反应。

迄今文献中记载的临床型小鼠球虫病均由大剂量的 *E. falciformis* 感染所致，主要表现为腹泻、废食、精神萎靡，偶有死亡，病理学检查可见卡他性肠炎、出血、肠上皮细胞脱落。临床表现的严重程度与 MHC 功能状态密切相关，故而不同品系小鼠感染 *E. falciformis* 的临床表现差异较大。

四、诊　断

小鼠艾美耳球虫病或感染的诊断主要依赖于粪便中卵囊的检查。卵囊检查时应至少采集 1g 以上粪便，以少许饱和盐水浸泡、磨碎粪球后，按 1∶10 的重量—体积比加入饱和盐水混匀后静置漂浮，取表层液体进行显微镜检查，也可以 2 000r/min 离心 10min 取漂浮物检查。鉴定卵囊时，应根据主要形态特征 (微孔、卵囊残体、孢子囊残体、斯氏体等) 进行初步分类 (如 *E. falciformis* 和 *E. vermiformis* 为最常见的两种球虫，虽均无微孔，除卵囊形体度量差异外，主要差别就是前者有卵囊残体、孢子囊残体，而后者只有孢子囊残体)，必要时可进行单卵囊分离和生活史研究。对那些形态特征不明显的球虫 (如 *E. musculi*、*E. schueffneni*) 可暂记录为待定种 (*Eimeria* sp.)。基于 18S rDNA 的 PCR 方法可用于辅助诊断和虫种鉴定，但迄今为止仅 *E. falciformis* 和 *E. vermiformis* 等少数几种小鼠球虫的 18S rDNA 序列已有报道，使该技术的应用受到限制。

五、防治措施

对小鼠球虫病或球虫感染的药物治疗或预防，至今尚无报道。Haberkon（1983）曾以 C57bl/6J 系小鼠进行试验评价，结果表明已有的抗球虫药物对 E. falciformis 均无明显效果，只有 2 种三嗪类衍生物（Bay g 7183 和 Bay I 9142）以每千克饲料 15mg 添加于饲料中有一定的预防治疗效果。一般认为，对小鼠球虫病或球虫感染的药物治疗意义不大，而应该通过清除感染的封闭群、彻底净化养殖环境、引进无球虫小鼠重新建立封闭群，使用隔离笼具饲养，这些防止舍内群发、笼间交叉传播的最重要措施。

（蔡建平）

我国已颁布的相关标准

GB/T 18448.5—2001 实验动物　艾美耳球虫检测方法

参考文献

Baker D G. 2007. Parasites of Rats and Mice [M]. In: Baker DG. Ed. Flynn's Parasites of Laboratory Animals, 2nd ed. Blackwell Publishing Group., 303-397.

Duszynski D W, Upton S J, and Couch L. Coccidia (Eimeriidae) of Rodentia: Muridae (rats, mice, hamsters, voles, lemmings, gerbils) [DB]. In: Coccidia of the World database, http://biology.unm.edu/biology/coccidia/rodents.html.

Haberkon AF, Friis CW, Schulz HP, et al. 1983. Control of an outbreak of mouse cocciosis in a closed colony [J]. Lab Anim, 17: 59-64.

Jacoby R O, Fox J G, Davisson M. 2002. Biology and diseases of mice [M]. In JG Fox, LC Anderson, FM Loew, and FW Quimby, ed. Laboratory Animal Medicine (2nd ed), Ameircan College of Laboratory.

Mesfin G M. and Bellamy J E. 1978. The life cycle of *Eimeria falciformis* var. *pragensis* (Sporozoa: Coccidia) in the mouse, *Mus musculus* [J]. J. Parasitol. 64: 696-705.

Mesfin G M, Bellamy J E, and Stockdale P H. 1978. The pathological changes caused by *Eimeria falciformisvarpragensis* in mice [J]. Can. J. Comp. Med. 42: 496-510.

Mahrt J L. and Shi Y F. 1988. Murine major histocompatibility complex and immune response to *Eimeria falciformis* [J]. Infect. Immun. 56: 270-271.

Pellerdy L P. 1975. Coccidia and Coccidiosis [M]. 2nd ed. Parey Publisher.

Stiff M I, and Vasilakos J P. 1990. Effect of in vivo T-cell depletion on the effector T-cell function of immunity to *Eimeria falciformis* [J]. Infect. Immun. 58: 1496-1499.

附：小鼠克洛斯球虫病

(Infecion of *Klossiella muris* in mice)

小鼠克洛斯球虫（*Klossiella muris*）是由 Smith 和 Johnson 于 1889 年首先发现于小鼠肾脏的一种原虫，在分类上属于顶复门（Apicomplexa）、类锥体纲（Conoidasida）、真球虫目（Eucoccidiorida）、阿德莱球虫亚目（Adeleorina）、克洛斯球虫科（Klossiellidae）、克洛斯球虫属（*Klosiella* Smith 和 Johnson，1902）。该属球虫现已知有 17 种，除蟒蛇克洛斯球虫（*K. boa*）还可寄生于蛇肠上皮细胞外，其余均寄生于哺乳动物的肾小球血管内皮细胞和肾小管上皮细胞，且均为一宿主型寄生原虫。其主要形态特征是卵囊中具有多个孢子囊，但卵囊壁极其脆弱易碎，除在切片中偶可见外，一般均以含有数十个子孢子的孢子囊形式经尿液排出体外。肾组织切片中所见的 *K. muris* 孢子囊大小约 16μm×13μm，内有 30～35 个香蕉形子孢子。

曾认为 *K. muris* 是一种主要流行于野生小鼠的寄生原虫，在实验小鼠中较为罕见。但许多调查发现，该原虫在实验小鼠实际上有较高的感染率和流行率，并可感染大鼠。早期 Stevenson（1915）的调查发现实验小鼠的感染率高达 40%，Bogovsky（1955）对两群小鼠进行肾脏切片检查，发现感染率分别为7.5%（15/200）和30%（9/30）。近期埃及的一个报道指出，110只2～12月龄的雌性和雄性实验小鼠（Swiss albino mice）的感染率为28.18%，而175只被调查的野生小鼠（*Mus musculus*，雌雄均有）感染率为37.14%（Elmadawy和Radwan，2011）。在常用作肾肿瘤模型的瑞士白鼠（Swiss albino mice）中，*K. muris*感染在病理学检查中可能会被误诊为肿瘤，需注意鉴别（Yang和Grice，1964）。

小鼠感染*K. muris*多因吞食孢子囊而感染的。被吞食的孢子囊于小肠释放出子孢子，随即侵入血管系统并随血液循环到达肾小球微血管的内皮细胞进行裂殖生殖，成熟的裂殖体破裂释出裂殖子于肾小球囊中并进入肾小管腔，进一步侵入肾曲小管上皮细胞，于此完成配子生殖过程。形成于此的孢子囊（卵囊）撑破肾小管上皮细胞后逸出于尿液中，随尿排出。其完成生活史过程所需时间迄今未见具体报道。

*K. muris*致病力较弱，严重感染时除见精神憔悴、对冷应激敏感外，缺少明显临床表现，多在病理学检查时发现。眼观病理变化主要是肾脏色泽苍白，肾表面可有因坏死、肉芽肿性炎症、灶状增生等病理过程所致的灰白色斑点状结节，呈间质性肾炎表现。但在轻度感染时这些病变很不明显或肉眼不可见。显微镜下可见在肾小球血管内皮细胞、肾曲小管上皮细胞中有不同发育阶段的虫体。肾小球血管内皮细胞中的裂殖体呈圆团块状，最大直径18～24μm，内有20～60个直径小于0.5μm、由晕环所包围的微型核，须在油镜才能观察。肾曲小管上皮细胞中可见孢子生殖阶段的虫体，如母孢子、孢子化母细胞、孢子囊和子孢子；母孢子和孢子化母细胞呈圆形，直径10～12μm，苦味酸染色呈明亮的柠檬黄色，单个或多至5个成组分布。其他变化还有淋巴组织细胞、浆细胞的弥漫性或聚集性渗出性浸润、肾小管局灶性萎缩和淀粉样变。有时也可见间质性肺炎、肺瘀血和脾肿大。

诊断该病很难用尿液检查孢子囊的方法实现，几乎完全依赖于病理组织学检查，H.E常规染色切片上发现有可疑虫体时，可进一步进行苦味酸、Mallory氏磷钨酸苏木素（Mallory’s phosphotungstic acid haematoxylin，PTAH）、苏木素-焰红-藏红花（haematoxylin - phloxine - scaffron，HPS）染色，其中PTAH尤适于裂殖体的检查。

小鼠克洛斯球虫病的防治主要依靠严格的卫生管理和监测，建立无*K. muris*感染的封闭群至关重要。迄今未报道有任何有效的治疗药物。

*K. muris*无显著公共卫生意义。

（蔡建平）

参考文献

David G Baker. 2007. Flynn’s Parasites of Laboratory Animals［M］. 2nd ed. Oxford: Blackwell Publishing Group: 303-397.

Elmadawy R S, and Radwan M E I. 2011. *Klossiella muris* infecting laboratory and wild mice in Egypt［J］. Global Vet, 6: 281-285.

Yang Y H, and Grice H C. 1964. *Klossiella muris* parasitism in laboratory mice［J］. Can J Comp Med Vet Sci, 28: 63-66.

第三节　大鼠球虫病
(Coccidiosis in laboratory rat)

大鼠球虫病（Coccidiosis in laboratory rat）是指由各种艾美耳球虫寄生于大鼠所引起的一种原虫病。在由致病力较强的*Eimeria nieschulzi*感染所致的典型病例，以增重迟缓、瘦弱、腹泻、偶有死亡为特征，呈世界性流行。是我国国家标准规定任一级别大鼠须排除的寄生虫。

一、病　　原

1. 分类地位　感染大鼠的艾美耳球虫在分类上属艾美耳科（Emeriidae）、艾美耳属（*Eimeria*），种类较多，据 Pellerdy（1975）记载有 17 种，分别是 *Eimeria alischerica* Musaev & Veisov 1965，*E. bychowskyi*（*Musaev* & *Veisov* 1965）Pellérdy 1974，*E. contorta* Haberkorn，1971，*E. edwardsi* Colley and Mullin，1971，*E. hasci* Yakimoff & Gousseff 1936，E. mastomyis De Vos & Dobson 1970，*E. miyairii* Ohira，1912，*E. nieschulzi* Dieben 1924，*E. nochti* Yakimoff & Gousseff 1936，*E. praomysis* Levine，Bray，Ivens and Gunders，195，*E. ratti* Yakimoff & Gousseff 1936，*E. sabani* Colley & Mullin 1971，*E. separata* Becker & Hall 1931，*E. surifer* Colley & Mullin 1971，*E. theileri* De Vos & Dobson 1970，*E. tikusi* Colley & Mullin 1971 和 *E. turkestanica* Veisov 1964。但 Pellerdy 的这个记载是针对鼠属多种鼠类宿主的，包括挪威鼠（褐家鼠）、黑鼠（家鼠）、乳鼠、爱德华鼠（白腹巨鼠）、南非柔毛鼠、长尾鼠、红刺鼠和土耳其斯坦鼠。实验大鼠主要是以挪威鼠培育而成的，而黑鼠与挪威鼠是鼠属 130 多种鼠类中最近缘的两种，多种艾美耳球虫均可寄生于这两种鼠。因此，按挪威鼠和黑鼠进行分类统计，实验大鼠的球虫种类有 *E. alischerica*，*E. bychowskyi*，*E. contorta*，*E. hasei*，*E. miyairii*，*E. nieschulzi*，*E. nochti*，*E. ratti* 和 *E. separata* 九种，其中仅对 *E. miyairii*，*E. nieschulzi* 和 *E. separata* 三种球虫有较详细的研究。据 Duszynski 等（2002）对世界各国所报道大鼠球虫种类的统计和校甄，只认可上述 9 种中除 *E. contorta* 外的其余 8 种，他们认为 *E. contorta* 是一个无效种，至少部分地是 *E. nieschulzi* 的同种异名。同时，他们认为报道于 1984 年的 *E. elerybeckeri* Levine 1984 是黑鼠的一个有效种。因资料缺少，本书仅对上述 9 种除 *E. elerybeckeri* 外的 8 种球虫，以及寄生于乳鼠及其作为乳鼠培育源的南非柔毛鼠的 2 种艾美耳球虫 *E. mastomyis* 和 *E. theileri* 进行介绍。

2. 形态特征和生活史

（1）*Eimeria alischerica*　卵囊卵圆形或椭圆形，大小为 33.7μm×22.6μm [（28～36）μm×（16～26）μm]，卵囊壁单层，厚约 2.5μm，表面粗糙，具对角线样分布的斑纹，无微孔。有一直径7～10μm 的卵囊残体，无极粒。孢子囊梨形或卵圆形，具明显的斯氏体，于豆荚形的两个子孢子间有一颗粒型孢子囊残体。孢子化时间 4～5 天。报道于阿塞拜疆地区的挪威鼠。

（2）*Eimeria bychowskyi*　卵囊呈卵圆形或椭圆形，大小为 24.8μm×17.9μm [（20～28）μm×（14～20）μm]，卵囊壁双层，内层较厚（约 2μm）、外层较薄（约 1μm），表面光滑，无微孔；具卵囊残体，类圆形，直径约 4μm，并有一极粒。孢子囊呈卵圆形，大小为 9.1μm×5.1μm [（6～12）μm×（4～8）μm]，子孢子呈逗点状，有一由细小颗粒组成的孢子囊残体。由 Musaev 和 Veisov 于 1965 年报道于阿塞拜疆地区的挪威鼠并命名为 *E. bychowshy*，其后由 Pellerdy（1975）修订为现名。

（3）*Eimeria hasei*　卵囊圆形，直径 12～24μm；或呈卵圆形，据 Pellerdy 报道（1975）大小为（16～20）μm×（12～17）μm；而据 Musaev 和 Veisov（1965）大小为 6.1μm×13.8μm [（15～18）μm×（10～15）μm]。孢子化卵囊具有极粒，但无卵囊残体和孢子囊残体。孢子囊大小为 8.5μm×5μm。寄生于挪威鼠和黑鼠。尽管 Duszynski 等（2002）仍认为是黑鼠的一个有效种且仅寄生于黑鼠，但 Musaev 和 Veisov（1965）认为其很难与分散艾美耳球虫（*E. separata*）的卵囊相鉴别，可能是同一个种。

（4）乳鼠艾美耳球虫（*Eimeria mastomyis*）　卵囊呈宽椭圆形，大小为 27μm×21μm [（24～32）μm×（20～23）μm]，卵囊壁双层，厚约 1.5μm，外层亮棕色、有放射状条纹；内壁无色，无微孔。孢子化卵囊无卵囊残体，但有一极粒。椭圆形的孢子囊大小为 14μm×8μm [（13～15）μm×（7～9）μm]，具斯氏体。孢子囊残体呈层列的颗粒状，几乎完全覆盖子孢子。孢子化时间约 72h。寄生于南非柔毛鼠和乳鼠。

（5）宫人艾美耳球虫（*Eimeria miyairii*）　同种异名 *E. carinii* Pinto，1928，且历史上至少曾部分地与尼氏艾美耳球虫（*E. nieschulzi*）相混淆。是研究相对较多的一种大鼠球虫。卵囊圆形或亚球形，大小为 24μm×22μm [（17～29）μm×（16～26）μm]，无微孔，壁双层，厚 1.5～2μm，外层微棕色至黄色、表面粗糙，内层壁有放射状条纹。卵囊孢子化过程 4～5 天，无卵囊残体和极粒。孢子囊卵圆形，大小为（16～18）μm×（9～10）μm（Pinto，1928）；而据 Musaev 和 Veisov（1965）孢子囊大小为（8～13）μm×（4～9）μm，平均为 12μm×8μm。孢子囊残体由小颗粒组成，分布于子孢子间或覆盖子孢子。寄生于大鼠和黑鼠（图 73-3-1）。

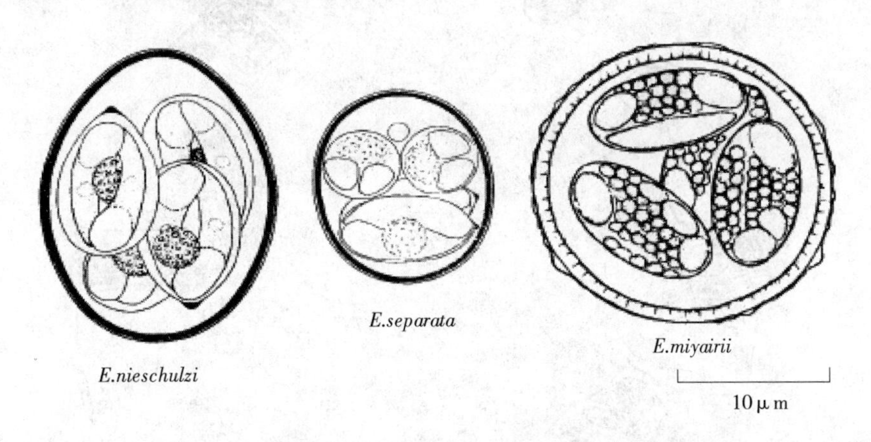

图 73-3-1　大鼠三种常见艾美耳球虫孢子化卵囊形态图。
（引自 Baker，DG. Ed. Flynn's Parasitology of Laboratory Animals，2nd ed，2007）

尚无证据表明 *E. miyairii* 对大鼠有致病性。试验研究发现，该种球虫侵犯大鼠的小肠绒毛上皮细胞，成组集聚并将黏膜固有层与寄居细胞挤压在一起（据认为，这是可与其他大鼠球虫相鉴别的重要特征）。感染后 12h 子孢子已完全侵入上皮细胞，24h 可见第一代裂殖体，内含 12～24 个裂殖子，裂殖子长 5.6～7.2μm，核中位有明显可见的核粒。电镜观察发现裂殖子由细胞质膜所包裹，具有两层内膜，26 个微管沿长径方向向后端分布于内膜之下，具前极环和后极环（但并非总可见），前者环绕类锥体；核稍后位，胞浆中可见卵圆形或棒形颗粒和自前极环向核部位延伸分布的棒状体。成熟的第二代裂殖体见于感染后第 3 天，其中有环绕着中心残体的 8～16 个裂殖子，裂殖子中几乎总可见 1～2 个较大的颗粒。第三代裂殖体见于感染后第 4 天，内有 20～24 个（3.6～5）μm×（1～1.6）μm 大小的裂殖子。小配子体经数次分裂后释放出有 2 根鞭毛的小配子，大小为 3μm×0.75μm，中部有一较大的残体颗粒；大配子体内含苏木素—伊红深染的颗粒。潜隐期 6 天。

（6）尼氏艾美耳球虫（*Eimeria nieschulzi*）　同种异名：*E. halli* Yakmoff 1935。是大鼠球虫中致病力最强、研究最多的一种，也是目前研究抗球虫免疫机理的主要模型之一。卵囊呈椭圆形或卵圆形，形态大小据 Becker 等（1932）为 22.5μm×17.8μm［（16～26）μm×（13～21）μm］，而据 Levine 等（1965）为 20.7μm×16.5μm［（18～24）μm×（15～17）μm］，卵囊壁无色至微黄色，表面光滑，无微孔。孢子化过程 65～72h，无卵囊残体，有一极粒。孢子囊长卵圆形，大小为（11～12）μm×7μm，斯氏体小但明显可见，孢子囊残体位于沿孢子囊长径延展并列的两个子孢子间。游离的子孢子大小为 15μm×5μm，核位于其宽（后）端，直径约 1.8μm，中央有一核粒，胞质中有两个嗜铁的副核体（siderophilic paranuclear body）。

一般认为 *E. nieschulzi* 主要是野生挪威鼠和黑鼠的寄生虫，在封闭的实验大鼠群中较为少见（Owen，1976）。交叉感染试验表明小鼠、豚鼠、兔、黄鼠（地松鼠）对之均无易感性，在挪威鼠和黑鼠间可相互交叉感染，但未见鼠属其他动物间交叉感染报道。

E. nieschulzi 寄生于大鼠小肠绒毛的上皮细胞，并可穿过上皮细胞而进入中央乳糜管并进一步入侵隐窝细胞，在此发育成为裂殖体。经肌肉注射人工感染也能成功，且发现卵囊可在腹腔、血液和肌肉中进行脱囊。目前绝大多数研究结果均认为 *E. nieschulzi* 具有四代裂殖生殖（图 73-3-2）。第一代裂殖体见于感染后 31～36h，内有 20～36 个第一代裂殖子，并有一残体存在；感染后 48h 可见第二代裂殖体，有 10～14 个第二代裂殖子，大小为（12.6～16.2）μm×（0.9～1.4）μm；至 72h 有成熟的第三

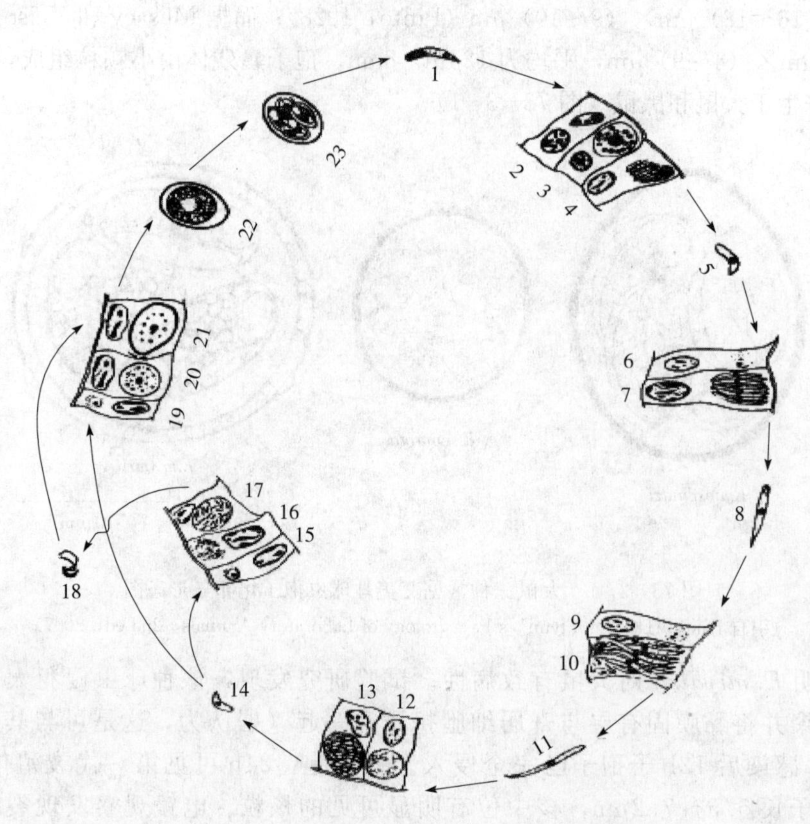

图 73-3-2 *E. nieschulzi* 的生活史模式图

1. 子孢子 2. 侵入宿主细胞的子孢子 3. 第一代裂殖体 4. 宿主细胞中的第一代裂殖子
5. 释放的第一代裂殖子 6. 第二代裂殖体 7. 宿主细胞中的成熟的第二代裂殖体中的裂殖子
8. 释放的第二代裂殖子 9. 第三代裂殖体 10. 宿主细胞中的成熟的第三代裂殖体中的裂殖子
11. 释放的第三代裂殖子 12. 第四代裂殖体 13. 宿主细胞中的成熟的第四代裂殖体中的裂殖子
14. 释放的第四代裂殖子 15. 初始发育阶段的小配子体 16. 发育中的小配子体 17. 成熟的小配子体
18. 释放的小配子 19. 初始发育的大配子体 20. 发育中的大配子体 21. 宿主细胞中的合子（受精的大配子）
22. 粪便中的未孢子化卵囊 23. 孢子化卵囊

（Levine，1957。引自 Baker，DG. Ed. Flynn's Parasitology of Laboratory Animals，2nd ed，2007）

代裂殖体产生，其中包含有 8～20 个大小为（17.1～21.6）μm×（1～1.3）μm 的裂殖子；约感染后第 4 天，可见第四代裂殖体，内有 36～60 个裂殖子，大小为（4.5～6.7）μm×（1～1.8）μm（平均为 5.5μm×1.3μm）。电镜观察发现，裂殖体的核分裂始于核膜的许多内陷，继之发生表皮和细胞器的分化，使裂殖子相互分隔，裂殖子前端的表皮增厚形成极环，并由此向后在表皮下排列 25 根微管。第一代裂殖子具有 2 个副核体，第二代裂殖子在其前端有 1 个或 2 个颗粒，第三代裂殖子在副核体部位有 6 个以上的颗粒，核染色质呈弥漫状。配子生殖始于感染后第 4 天，第四代裂殖子侵入隐窝上皮细胞，分别分化为大、小配子体。小配子体核经数次分裂形成的子代核伸展延长并向周边迁徙形成小配子，在中心部位形成一残体；成熟的小配子大小约 4.4μm×1μm，并有一长约达小配子体长 2 倍的鞭毛。大配子中含有较大的嗜伊红块状颗粒和较小的嗜碱性颗粒，趋向周边分布以形成卵囊壁。完成整个内生性发育过程需 7～8 天，最短潜隐期 7 天。最近以转染有绿色荧光蛋白的 *E. nieschulzi* 于挪威鼠胚胎细胞上进行的体外培养研究结果表明，在多数细胞上只能发育至第二代裂殖体阶段，唯有在源于胎内器官的混合细胞培养物所形成的隐窝样器官结构上，才能完成所有四代裂殖生殖并最终产生卵囊，进一步证明 *E. nieschulzi* 是在大鼠小肠隐窝细胞中进行内生发育的（Chen 等，2013）。

（7）*Eimeria nochti* 卵囊卵圆形，大小为 17.2μm×14.2μm［（15～24）μm×（12～22）μm］，

卵囊壁单层、表面光滑，无微孔，无卵囊残体和孢子囊残体，也无极粒。发现于挪威鼠和黑鼠指名亚种（*R. r. rattus*，即家鼠）。

（8）黑鼠艾美耳球虫（*Eimeria ratti*） 卵囊卵圆形或圆柱形，大小为22.8μm×14.7μm［（16～28）μm×（15～16）μm］，卵囊壁单层、光滑，无微孔；无卵囊残体，但有一极粒。孢子囊残体明显可见。首次报道发现于家鼠肠道内容物中。

（9）分散艾美耳球虫（*Eimeria separate*） 大鼠球虫中研究较多的一个种，是抗球虫免疫机理研究的重要模型。该种球虫卵囊形态和大小变异较大，据报道，大多数卵囊呈椭圆形，但也有部分呈卵圆形或亚球形，卵囊大小随宿主种类和潜隐期不同而有差异。据Pellerdy（1975），孢子化卵囊大小为16.1 μm×13.8μm［（13～19）μm×（11～17）μm］，而据Levine等（1965）描述其大小为13.4μm×11.6μm［（10～16）μm×（10～14）μm］；Duszynski（1971）的观察发现，在早期排出的卵囊较小，大小为11.7μm×10.1μm［(9.9～14.3）μm×（8.8～12.1）μm］；而在后期排出的卵囊形态有所增大，大小为16.3μm×14.2μm［（14.3～17.6）μm×（13.2～15.4）μm］。卵囊壁光滑、无色或微黄色，无微孔。孢子化时间约36h，有1～3个极粒，但无卵囊残体。孢子囊椭圆形或圆形，于沿孢子囊长径伸展排列的两个子孢子间有一团块状孢子囊残体，具斯氏体。

早期的调查发现，在野生挪威鼠、家鼠、夏威夷鼠（*Rattus hawaiiensis*）结肠和盲肠中寄生极为普遍，但在实验大鼠群中较为少见，尚缺少系统的调查数据。人工感染试验表明可交叉感染小鼠，但无自然感染的报道。

生活史过程类似于*E. nieschulzi*。*E. separata*的裂殖体和配子体主要寄生于结肠和盲肠的黏膜上皮细胞及腺上皮细胞，但在腺上皮细胞中并不总能发现。试验感染后6h即可在盲肠中看见游离的子孢子，侵入上皮细胞后即开始第一代裂殖生殖，24h左右第一代裂殖体发育成熟，可见6～12个成熟的第一代裂殖子，但无残体。裂殖子大小为（10.8～13）μm×（1.8～2.7）μm，核内有一包围于白色空洞中的核粒，胞质颗粒状。第二代裂殖体出现于感染后48h，内有4～6个裂殖子；72h后第三代裂殖体发育成熟，内有2～6个大小（12.6～15.3）μm×（2～3.1）μm的裂殖子，但无残体。裂殖子后端更趋锥形，且显著嗜伊红染色，这是有别于其他世代裂殖子的一个重要特征。第三代裂殖子侵入新的上皮细胞后开始配子生殖，小配子具有两根鞭毛。潜隐期5～6天。

（10）泰勒艾美耳球虫（*Eimeria theileri*） 迄今只记载发现于乳鼠。卵囊亚球形或椭圆形，大小为20μm×17μm［（16～25）μm×（14～20）μm］，卵囊壁单层、光滑、无色，无微孔。孢子化时间约48h，无卵囊残体，少数卵囊可见极粒。孢子囊椭圆形，具斯氏体和亚斯氏体，孢子囊残体呈松散的、粗糙颗粒状。子孢子沿孢子囊长径伸展排列，宽（后）端有一清晰的折光体。

二、流行特点、致病性和临床症状

文献中极少有关大鼠球虫病和/或球虫感染的流行病学资料。总体来说，在封闭的实验鼠群，球虫感染较为少见，偶见的实验鼠带虫或暴发性感染几乎完全因管理不良、垫料交叉重复使用、饮水和饲料污染及引进的种子群带虫而发生。

上述艾美耳球虫中，除*E. nieschulzi*和*E. separata*外，绝大数种无明显致病性。对研究相对较多的*E. miyairii*来说，即使大剂量接种也未观察到任何致病作用。给挪威鼠大剂量接种*E. separata*，可引起盲肠和结肠黏膜充血，IELs浸润集聚，肠壁增厚，离子吸收障碍和局部炎性细胞因子水平升高。*E. nieschulzi*是大鼠球虫中致病作用最强的，主要表现在对肠绒毛的破坏，致绒毛萎缩、寡糖酶活性降低、营养物质吸收减少，导致卡他性—出血性炎症，尤其是小肠的远端1/3处。在免疫功能正常的大鼠，可致黏膜组织肥大细胞集聚，并释放蛋白酶（Huntley等，1985）。在*E. nieschulzi*的抗原刺激下，循环中性粒细胞增多，并干扰对其他肠道寄生虫的免疫反应。

*E. separata*感染的临床表现除增重降低外，几乎不见其他异常。*E. nieschulzi*感染则可见严重腹泻、虚弱消瘦，尤其是幼龄鼠，常可导致死亡，但自然感染所致病例少见。症状的严重程度主要取决于

感染剂量和免疫状况，康复鼠对再感染有较强的免疫力。

三、诊　断

大鼠球虫病或球虫感染的诊断几乎完全依赖于粪便球虫卵囊检查，但球虫种的鉴定较为困难，需结合对肠道黏膜图片或切片中裂殖体、裂殖子、配子体的检查。*E. nieschulzi*、*E. separata* 和 *E. miyairii* 的 18S rDNA 序列已有报道，可借助 PCR 技术进行辅助诊断和虫种鉴定。

四、防治措施

球虫感染无论对个体还是封闭群大鼠都是自限性的，但群体中一旦发生感染就很难完全消除球虫的存在。目前尚未报道任何对大鼠球虫有确切效果的抗球虫药，一旦发现球虫感染或暴发 *E. nieschulzi* 感染所致疾病，应立刻扑杀染病个体，并实行群体淘汰，彻底清洗、消毒笼具、鼠舍，从经反复检查无球虫的实验动物场引种，在严格的卫生管理和监测条件下重建种群，或采用剖腹产、胚胎移植的方法自繁种群。必须确保无野生家鼠等窜入实验大鼠饲养场所。

（蔡建平）

我国已颁布的相关标准

GB/T 18448.5—2001　实验动物　艾美耳球虫检测方法

参考文献

Baker D G. 2007. Parasites of Rats and Mice. In：Baker D G. Ed. Flynn's Parasites of Laboratory Animals，2nd ed. Blackwell Publishing Group.，：303 - 397.

Chen H，Wiedmer S，Hanig S，et al. 2013. Development of Eimeria nieschulzi（Coccidia，Apicomplexa）gamonts and oocysts in primary fetal rat cells［J］. Parasitol Res，doi：10.1155/2013/591520.

David GBaker. 2007. Flynn' s Parasites of Laboratory Animals［M］. 2nd ed. Oxford：Blackwell Publishing Group：303 -397.

Duszynski D W，Upton SJ，and Couch L. 2002. Coccidia（Eimeriidae）of Rodentia：Muridae（rats，mice，hamsters，voles，lemmings，gerbils）［DB］. In：Coccidia of the World database，http：//biology. unm. edu/biology/coccidia/rodents. html.

Duszynski D W. 1971. Increase in size of Eimeria separata oocystsduring patency［J］. J. Parasitol，57（5）：948 - 952.

Huntley J F，Newlands G F，Miller H R，et al. 1985. Systemic release of mucosal mast cellprotease during infection with the intestinal protozoal parasite，Eimerianieschulzi. Studies in normal and nude rats［J］. Parasite Immunol，7（5）：489 -501.

Levine N D and Ivens V. 1988. Cross-transmission of Eimeria spp.（Protozoa，Apicomplexa）of rodents-a review［J］. J. Protozool，35：434 - 437.

Marquardt W C，Pafume B A，and Bush D. 1987. Immunity to Eimeria separata（Apicomplexa：Eimeriina）：Expose-and - challenge studies in rats［J］. J. Parasitol，73：342 - 344.

Marquardt W C. 1966. Attempted transmission of the rat coccidium Eimeria nieschulzi to mice［J］. J. Parasitol，52：691 -694.

Owen D. 1976. Some parasites and other organisms of wild rodents in the vicinity of an SPF unit［J］. Lab. Anim，10：271 - 278.

Pellerdy L P. 1974. Coccidia and Coccidiosis［M］. 2nd ed. Berlin Hamburg：Parey Publisher.

第四节　豚鼠球虫病
(Coccidiosis in guinea pig)

豚鼠球虫病（Coccidiosis in guinea pig）是由豚鼠艾美耳球虫寄生于豚鼠结肠黏膜上皮细胞引起的

以食欲废绝、精神沉郁、腹泻为主要临床表现的一种寄生原虫病，世界各国家养豚鼠群均有发生。尽管在现代养殖条件下较少发生，我国国家标准仍将其列为应排除的寄生虫。广义上，与小鼠球虫病相似，豚鼠球虫病也包括由豚鼠克洛斯球虫（*Klossiella caviae*）所引起的肾球虫病，本节同小鼠球虫病一样处理，将豚鼠克洛斯球虫病作为附录列于节后。

一、发生与分布

豚鼠艾美耳球虫（*Eimeria caviae* Sheather，1924）最早由 Labbé（1899）于豚鼠（*Cavia porcellus*）肠内容物中发现，但被误认为是兔的某种球虫。其后 Strada 和 Traina（1900）描述了一种在意大利豚鼠群中发现的球虫，并命名为 *Coccodium oviforme*（卵形球虫），可引起豚鼠严重腹泻。Bugge 和 Heinke（1921）对德国 180 只豚鼠调查发现，感染率高达 73%，首次试验证实该种球虫的卵囊在硼酸或百里香酚中培养 2～3 天开始孢子化，5～8 天完成孢子化过程，并对孢子化卵囊和子孢子的结构进行了首次描述。Sheather（1924）对之进行了详细的生活史研究，观察到内生发育过程仅发生于豚鼠结肠的黏膜上皮细胞，潜隐期为 7～13 天，并定名为 *E. caviae*。随后，Henry（1932）和 LaPage（1937）进一步对 *E. caviae* 的内生发育过程及其流行情况进行了较深入的研究，Henry 首次明确 *E. caviae* 的内生发育过程主要发生于结肠利氏肠腺窝（crypts of Lieberkuhn）上皮细胞，LaPage 则注意到豚鼠群感染 *E. caviae* 很普遍，在不同群中感染率 40%～91%不等。从已报道的资料看，目前认为豚鼠球虫感染呈全球性分布，与毛滴虫（*Trichomonas* sp.）、内阿米巴原虫（*Entoamoeba caviae*）相似，是家养豚鼠最常见的一种肠道寄生原虫，并可与豚鼠结肠小袋虫（*Balantidium caviae*）、杯形虫（*Cyathodinium* sp.）、隐孢子虫（*Cryptosporodium* sp.）、小鼠贾第虫（*Giardia muris*）和有钩副盾皮线虫（*Paraspidodera uncinata*）同时或先后混合感染。

二、病　　原

豚鼠艾美耳球虫在卵囊形态、生活史方面具有艾美耳属球虫的典型特征。卵囊呈椭圆形或亚球形，囊壁双层、表面光滑、无色或微棕色，无微孔，大小为 19.3μm×16.5μm [（17.6～24.2）μm×（12.1～19.8）μm]，具卵囊残体，但无极粒（图 73-4-1）。孢子化时间 5～11 天（18～22℃条件下）。孢子囊卵圆形，大小为（11～13）μm×（6.4～7）μm，有一很明显的锥状斯氏体，中央部位有一孢子囊残体；子孢子月牙形，在前端和后端各有一个折光体，核位于二者之间，在染色片上核染色质呈周边分布。

据 Pellerdy 转引 Henry（1932）和 LaPage（1940）的研究结果，豚鼠艾美耳球虫的内生性发育过程 11～13 天。豚鼠吞食孢子化卵囊后，于十二指肠释放出子孢子。裂殖体见于口服感染后 7～8 天的豚鼠结肠腺窝上皮细胞，大剂量感染时几乎可见于结肠尤其是近端结肠黏膜几乎所有上皮细胞中；裂殖体大小为 10μm×6μm，内含 12～32 个呈镰刀形的裂殖子，时可见残体；裂殖子大小为 6～16μm，核中位。尚不清楚裂殖生殖的世代数。小配子体圆形，直径 13～18μm，最大者可达 25μm；组化染色观察发现，发育过程中的小配子体核呈碎片状，随分化进程，核碎片形体变长而向周边迁移，呈鸟巢状分布；小配子长径约 3μm，具两根长 6～9μm 的鞭毛。大配子大小约 13.7μm×11.5μm，多位于利氏肠腺窝的深部上皮细胞中。粪便中排出的卵囊最早见于感染后 11 天，开放期约 7 天。

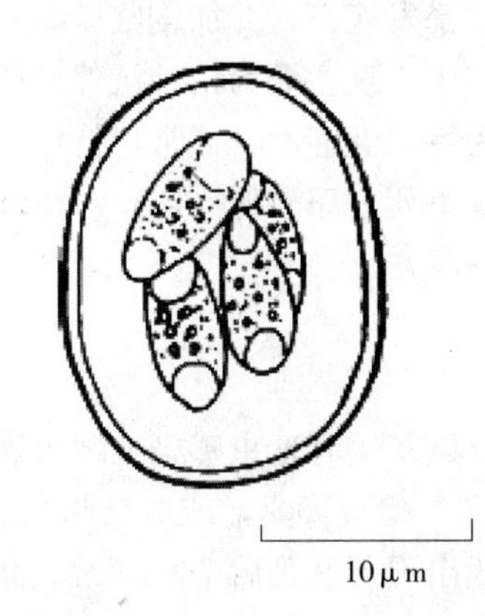

图 73-4-1　*E. caviae* 的孢子化卵囊形态模式图

（Resavy，1954；引自 Baker，DG. Ed. Flynn's Parasitology of Laboratory Animals，2nd ed，2007）

豚鼠艾美耳球虫对豚鼠有较强的致病性，且是目前所确认的唯一一种豚鼠艾美耳球虫。尽管 19 世纪末 20 世纪初曾记载过多种艾美耳球虫，但现多认为是兔球虫的误认。迄今仍认为，在豚鼠与兔混养的情况下可感染兔的某些种球虫，但均未经试验感染所证实，是否为“假寄生”，有待进一步的交叉感染试验和分子生物学鉴定。

三、流行病学

豚鼠球虫病可呈地方性流行，粪—口途径是豚鼠艾美耳球虫感染的唯一方式。污染的饲料、饮水、笼具及其他工具和工作人员均可成为传播来源。同居感染是最主要的感染源。各种年龄的豚鼠均可感染，以允乳期仔鼠和刚断奶的幼鼠最为易感。至今对豚鼠艾美耳球虫病的流行病学仍缺乏系统数据，有限的调查结果表明，家养豚鼠感染豚鼠艾美耳球虫比较普遍，即使是在卫生管理较为严格的试验豚鼠场和育种场，这可能与豚鼠的食性特点有关。几乎很难找到无球虫的豚鼠场（Pellerdy，1975），在种鼠群相对更为普遍（Percy 和 Barthoold，2007）。甚至曾有100%感染的报道（Ballweber 等，2007）。Muto 等（1985）对于1964—1982年购买的7 162只商品试验豚鼠进行粪便检查，发现卵囊阳性率达53.8%；在1 461只于隔离期（1周）发生死亡或因腹泻等表现而不符合试验要求淘汰的豚鼠中，球虫病发生率为39%；春秋季检出率明显高于冬夏季，尤以春季为高，多见于刚断奶的幼龄豚鼠，而成年豚鼠则很少见。近期 Alves 等（2007）对巴西的一个调查表明，以肠黏膜刮取物直接涂片镜检的结果为 *E. caviae* 阳性率38%，同时发现的混合感染有豚鼠结肠小袋虫（*Balantidium caviae*，78%）、杯形虫（*Cyathodinium* sp.，68%）、小鼠贾第虫（24%）和有钩副盾皮线虫（34%）；以粪便集虫法检查的结果在种鼠群为 *E. caviae*（74%）、*Balantidium caviae*（68%），*Cryptosopridium* sp.（5%）和 *Cyathodinium* sp.（68%），而在商品群则为 *E. caviae*（58%）、*Ballantidium caviae*（42%）、*Cyathodinium* sp.（25%）和 *Giardia muris*（8%）。

四、致病性和临床症状

豚鼠艾美耳球虫对豚鼠的致病作用与其他艾美耳球虫一样，主要是因内生性发育各阶段寄生于结肠黏膜上皮细胞所造成的破坏作用。在严重感染的情况下，病理检查可见结肠（尤其是近端结肠）壁增厚，黏膜充血、水肿、瘀斑状出血，可随严重程度不同而伴有白色或黄色坏死斑块；结肠内容物水样或可伴有血液。显微检查在上皮细胞内和肠腔可见裂殖体、裂殖子、配子体等不同发育阶段虫体，肠细胞塌陷，利氏肠腺窝膨大呈囊状，有多形核细胞和单核细胞浸润。饲料变更、长途运输等应激可刺激带虫鼠突然暴发疾病，并加剧临床症状（Percy 和 Baarthoold，2007）。

临床表现主要为精神沉郁、厌食甚或食欲废绝、弓腰呆伏，并以排泄苍白色、恶臭、可伴有血液的稀粪为特征性症状，通常可持续4～7天，严重时可致死。死亡率随宿主年龄、感染剂量而有差异，多数情况下死亡率较低（Percy 和 Barthoold，2007；Brabb 等，2012），但严重时可达30%或更高（Muto 等，1985）。

五、诊　　断

豚鼠艾美耳球虫感染或球虫病的诊断主要依靠球虫学检查，可以粪便漂浮集虫法（控制漂浮液比重为1.33）检查卵囊，或取结肠黏膜、内容物涂片检查内生发育阶段虫体。需要注意的是腹泻等临床表现一般出现于感染后7～10天，此时尚无卵囊产生，故诊断时更应注意对肠黏膜和内容物的检查。相对兔、小鼠、大鼠等的球虫病而言，豚鼠仅一种艾美耳球虫，诊断较为容易。如果与兔混养或怀疑可能受兔球虫污染，应根据兔球虫的18S rDNA的PCR检测进行甄别。

六、防治措施

该病的治疗可用磺胺间甲氧嘧啶（磺胺二甲氧嗪）或磺胺二甲嘧啶饮水或灌服，剂量为每天每千克体重 25～50mg，连用 10～14 天，并辅以维生素 C 口服。预防主要着眼于严格的卫生管理、使用优质饲料、减少应激等措施，严格引种和隔离观察。可以剖腹产术加隔离饲养（如 IC 系统）建立种鼠群。

（蔡建平）

我国已颁布的相关标准

GB/T 18448.5—2001 实验动物 艾美耳球虫检测方法

参考文献

Alves L C, Borges C C A, da Silva S, et al. 2007. Endoparasites in guinea pigs (*Cavia porcellus*) (Mammalia, Rodentia, Caviidae) from breeding and experimentation animal housing of the municipality of Rio de Janeiro, Braizil [J]. Cienc Rural, 37: 1380-1386.

Ballweber L R. 2007. Parasites of Guinea Pigs [M]. In: Baker, DG. Ed. Flynn's Parasitology of Laboratory Animals, 2nd ed. Blackwell Publishing Group, 421-449.

Brabb T, Newsome D, Burich A, et al. Infectious diseases [M]. In: Suchow MA, Stevens KA, Wilson RP, ed. 2012. The Laboratory Rabbits, Guinea Pig, Hamster, and Other Rodents. Academic Press, 637-683.

Muto T, Sugisaki M, Yusa T, et al. 1985a. Studies on coccidiosis in guinea pigs: 1. Clinic-pathological observation [J]. Exp Anim. 34: 23-30.

Muto T, Sugisaki M, Yusa T, et al. 1985b. Studies on coccidiosis in guinea pigs: 2. epizootiological survey [J]. Exp Anim. 34: 31-39.

Pellerdy L P. 1975. Coccidia and Coccidiosis [M]. 2nd ed. Parey Publisher. 616-618.

Percy D H, Barthoold S W. 2007. Pathology of Laboratory Rodents and Rabbits [M]. 3rd ed. Blackwell Publishing Group. 236-229.

Richardson V C G. 2000. Diseases of Domestic Guinea Pigs [M]. 2nd ed. Blackwell Publishing Group. 56-58.

附：豚鼠克洛斯球虫病
(Infection by Klossiella cobayae in guinea pigs)

豚鼠克洛斯球虫病由豚鼠克洛斯球虫（*Klossiella cobayae*，又名 *Klossiella caviae*，是由 Pearce 和 Sangiori 二人分别同时报道和命名的）引起的，20 世纪中叶曾广泛流行，但在现代家养豚鼠中，由于环境、饲料、饮水、卫生管理等的极大改善，已甚为少见（Percy 和 Barthoold，2007；Brabb 等，2012）。*K. cobayae* 最早发现于尼日利亚的 20 只豚鼠中的 4 只感染鼠（Taylor 等，1979）。据记载，1920—1940 年美国实验豚鼠中的感染率 20%～27%，此后，欧洲国家的调查表明在不同地区感染率可达 29%～60.5%，也曾经在巴西的野生豚鼠中发现（Taylor 等，1979），但对晚近和目前的流行情况无明确数据。

与 *K. muris* 一样，*K. cobayae* 也是一种偏嗜肾组织的阿德莱球虫，主要寄生于肾小管上皮细胞和肾小球微血管内皮细胞，严重感染时也可在肺和脾脏毛细血管内皮细胞中发现（Percy 和 Barthoold，2007）。与 *K. muris* 相似，孢子囊经尿液排出，豚鼠因吞食垫料或被尿液污染的饲料、饮水而感染。吞食的孢子囊在小肠脱囊，子孢子侵入微血管或淋巴系统并随之分布全身，侵入血管内皮细胞，且主要在肾小球血管内皮细胞和肾小管上皮细胞中行裂殖生殖和配子生殖。第一代裂殖体见于肾小球血管内皮细胞，直径 2～7μm，有 8～12 个裂殖子（Ballweber，2007）；释放的第一代裂殖子侵入近端肾小管上皮细胞发育为第二代裂殖体，为内含数十至 100 个裂殖子的大型裂殖体，使寄居细胞显著撑大。配子生殖和孢子生殖主要发生于细尿管袢（即亨氏袢，loop of Henle）处的上皮细胞（Harkness 等，2002），大小配子结合形成合子并进一步发生孢子生殖，形成生孢体（sporont），每个生孢体可进一步发育形成 30 个或更多的孢子母细胞（sporoblast），每个孢子母细胞将发育成熟为一个内含 30 个以上子孢子的孢子囊（Ballweber，2007）。

该病的临床表现不易发现或不明显。在严重感染的情况下，因肾小球血管内皮细胞和肾小管上皮细胞的大量破坏，有血尿、蛋白尿等肾小球肾炎和/或间质性肾炎的表现。迄今所报道的自然感染主要发现于病理学检查，其特点是除可在肾小管、肾小球发现各阶段虫体外，还可见肾间质和血管周围淋巴细胞和组织细胞大量浸润和纤维母细胞增生（Percy 和 Barthoold，2007）。眼观变化仅在严重感染时可见，肾表面凹凸不平，有不规则的白色、灰白色斑块。

诊断主要依赖于肾组织切片的病理学检查，发现有洋葱瓣或石榴样的裂殖体、配子体或生孢体，即可做出诊断。虽也可在肺和脾脏血管内皮细胞偶可发现似 *K. cobayae* 的上述虫体，但多数情况下很可能是弓形虫，需注意进一步区分。

（蔡建平）

参考文献

Baker D G. 2007. Flynn's Parasitology of Laboratory Animals [M]. 2nd ed. Oxford: Blackwell Publishing Group: 421-449.

James G Fox, Lynn CAnderson, Franklin M Loew, et al. 2002. Laboratory Animal Medicine [M]. 2nd ed. New York: Academic Press: 203-246.

Mark A Suckow, Karla A Stevens, Ronald P Wilson. 2012. The Laboratory Rabbits Guinea Pig, Hamster, and Other Rodents [M]. New York: Academic Press: 637-683.

Percy D H, Barthoold S W. 2007. Pathology of Laboratory Rodents and Rabbits [M]. 3rd ed. Oxford: Blackwell Publishing Group: 236-239.

Taylor J L, Wagner J E, Kusewitt D F, et al. 1979. *Klossiella* parasites of animals: a literature review [J]. Vet Parasitol, 5: 137-144.

第五节 环孢子虫病 (Cyclosporasis)

环孢子虫病（Cyclósporasis）是由环孢子虫引起的人兽共患病。几乎所有脊椎动物都可感染环孢子虫，主要通过卵囊污染水源和食物传播给易感宿主。病原寄生在宿主小肠上皮细胞内，引起胃肠炎，感染严重时可引起腹泻、腹胀、恶心呕吐、关节肌肉酸痛等症状。

一、发生与分布

1870 年，Elimer 从鼹鼠的肠道中首次分离到环孢子虫；1881 年，Schneider 确立了环孢子虫属(Cyclospora)；1902 年，Schaudinn 首次阐述了 C. caryolitica 的生活史：1979 年，Ashfords 首次在人体内观察到环孢子虫样虫体；1986 年，Soave 等在 4 例旅游者的腹泻粪便中发现了环孢子虫样虫体；1994 年，Ortega 命名该病原为 *Cyclospora cayetanensis*。

目前，环孢子虫病在世界范围内流行。美洲大陆、加勒比海地区、英国、东欧、非洲、南亚次大陆、东南亚和澳大利亚均有环孢子虫病例报告。在我国，1995 年，苏庆平等报告了首例人体环孢子虫感染病例，其后在云南、安徽、浙江等地均有病例发现。

二、病　原

1. 分类地位　环孢子虫在分类上属顶复门（Apicomplexa）、孢子虫纲（Sporozea）、球虫亚纲(Coccidiasina)、真球虫目（Eucoccida）、艾美耳科（Eimeriidae）、环孢子虫属（*Cyclospora*）。目前，分别从蛇、食虫动物和啮齿类动物体中陆续分离到多株环孢子虫，目前多无中文译名，详见表 73-5-1。

表 73-5-1　环孢子虫及主要宿主

环孢子虫种	卵囊大小（μm）	宿　主
C. glomericola	(25～36) × (9～10)	*Glomeris* spp.
C. caryolytica	(16～19) × (13～16)	*Talpa europaea*
C. babaulti		*Vipera berus*
C. tropidonoti		*Tropidonotus natrix*
C. viperae	16.8×12.6	*Vipera aspic*
C. ashtabulensis	(14～23) × (11～19)	*Parascalops breweri*
C. megacephali	(14～21) × (12～18)	*Scalopus aquaticus*
C. talpae	(12～19) × (6～13)	*Talpa europaer*
C. parascalopi	(13～20) × (11～20)	*Parascalops breweri*
C. angiomurinensis	(19～24) × (16～22)	*Chaetocipus hispidus*
C. cayetanensis	7.7×9.9	*Homo sapiens*

2. 形态特征　环孢子虫卵囊呈圆形，新鲜卵囊未孢子化，在重铬酸钾液中 25～32℃下卵囊发育至孢子化的时间为 7～13 天，暴露在干燥环境 15min 卵囊壁可能破裂。在光学显微镜下观察，卵囊直径 8～10μm，结构清晰，有内外两层囊壁，外壁厚约 63nm，较粗糙；内壁厚约 50nm，较平滑。内含有包膜的成团能发光的小球体（桑葚体），直径为 6～7μm，为孢子体。桑葚体内有 3～9 个直径 2～3μm 的折光颗粒，呈中空簇状排列，平面呈玫瑰花状排列。孢子化卵囊内有两个孢子囊（大小为 4.0μm×6.3μm），每个孢子囊内有两个新月形子孢子（大小为 1.2μm×9μm）。环孢子虫的细胞中含有细胞核、微线和棒状体，也可见到粗面内质网，其顶复合体包含有极环、类锥体和小管状细胞器。

环孢子虫易与隐孢子虫混淆。二者有几点不同：前者约为后者的 2 倍大；经抗酸染色后，前者卵囊色调多变，呈暗淡的浅粉红色或深红色，有的不着色，内部结构不清晰；环孢子虫卵囊能产生自体荧光，在紫外显微镜 365nm 双色滤波片下呈特有的自发蓝色荧光，在 450～490nm 滤波片下则呈薄荷绿荧光，为环孢子虫所特有，是与隐孢子虫鉴别的重要标志。

3. 生活史　环孢子虫生活史简单，是一种典型的球虫生活史。当饮用含环孢子虫卵囊的水或吞入环孢子虫卵囊污染的食物，孢子化卵囊进入体内，侵入肠上皮细胞，香蕉形子孢子便释放出来，侵入肠黏膜上皮细胞。在肠黏膜上皮细胞内的发育包括裂殖生殖阶段和配子生殖阶段。裂殖生殖阶段在黏膜上皮细胞形成两型裂殖体（Ⅰ和Ⅱ型），Ⅰ型裂殖体产生 8～12 个裂殖子，Ⅱ型裂殖体在后期形成，生成的裂殖子再侵入邻近的上皮细胞，通过无性繁殖产生大量的后代。有些裂殖体形成大配子母细胞，有些经过多次分裂，形成小配子母细胞，内含有鞭毛的小配子。大配子和小配子形成合子，即包囊。当感染的细胞死亡后，卵囊即从细胞内释出，进入肠腔，随粪便排出体外。未孢子化的卵囊不具有感染力，在适宜的外界环境中形成具有感染性的孢子化卵囊，人和动物食（饮）用了被孢子化卵囊污染的食物或水后，便会感染环孢子虫。

三、流行病学

1. 传染来源　环孢子虫病卵囊污染的水源、水果和蔬菜等食物是重要的传染源。在巴西 HIV 阴性者痰液里曾发现未孢子化的环孢子虫卵囊，提示环孢子虫卵囊也可经气溶胶传播。

2. 传播途径　环孢子虫病传播的主要途径是水平传播。经口感染是主要传播方式。

环孢子虫被认为是水源性传播疾病。因环孢子虫污染水源导致人和动物感染是环孢子虫病传播的主要方式。也有报道，被环孢子虫污染的食物如木莓、草莓、莴苣和色拉等引起环孢子虫病暴发。

3. 宿主　几乎所有脊椎动物对环孢子虫均具有易感性，目前已经分别从爬行动物、食虫动物、啮齿动物等 17 种动物以及人的粪便中分离到环孢子虫。人可能是 *C. cayetanensis* 完整生活史的唯一宿主，也可能还有其他尚未发现的宿主。用其他环孢子虫进行动物模型试验尚未见报道。环孢子虫是否具有贮藏宿主或中间宿主尚未明确，也有待于进一步研究确定。

4. 流行特征 宿主的环孢子虫感染与发病取决于多种因素。环孢子虫感染多发生在热带或亚热带地区，目前报道的环孢子虫病例大多为发展中国家，其感染情况随季节而改变。环孢子虫病的暴发多发生在温暖、潮湿的季节。

该病的发生与宿主的性别有一定关系。Omar（1998）收集了来自美国、加拿大等 5 个国家的 5 250 个样本，女性感染率是男性的 25 倍。此外，与宿主的免疫力具有明显相关性，免疫力低下或缺陷者感染率较高。

环孢子虫病发现初期，仅在一些发展中国家发现地方性流行，是这些国家旅游者腹泻的重要病因之一。现已证实环孢子虫病在世界各地广泛存在。迄今为止，美洲大陆、加勒比海地区、英国、东欧、非洲、南亚次大陆、东南亚和澳大利亚均有病例报告。环孢子虫为一种食源性和水源性疾病。我国安徽淮南、云南罗平、浙江温州等地均有病例报道。

四、致病性与临床表现

动物感染后一般无明显症状。研究者进行了许多试验感染研究。Eberhard 等试图建立 *C. cayetanensis* 的实验动物模型，从环孢子虫病患者腹泻物中收集卵囊，孢子化后接种多种实验动物，包括 9 个品系的小鼠（免疫功能正常的成年鼠、幼鼠和免疫功能缺陷的近交品系与远交品系）、大鼠、沙鼠、鸡、鸭、兔、白鼬、猪、犬、鹰面猴、恒河猴、猕猴等，所有实验动物经口感染 *C. cayetaensis* 卵囊，感染后 4～6 周检查粪便，结果受试动物都没有表现出明显的感染征兆。Arrowood 从埃塞俄比亚猴和狒狒分离鉴定出 3 种环孢子虫，但用 *C. cayetanensis* 人工感染猴和狒狒未成功。戈建军等采用氢化可的松与环磷酰胺注射大鼠，分别于第 6 天和第 28 天接种人源性环孢子虫卵囊，建立了鼠环孢子虫感染模型，平均在感染后第 5 天和第 7 天粪便中卵囊达到高峰，受试鼠均出现症状。

环孢子虫感染人的平均潜伏期是 7 天，绝大多数患者可出现典型症状的水样腹泻，平均每天腹泻6～7 次，一般持续 3 天以上。未经治疗的病例可持续若干天到 1 个月或更长时间，并可出现反复。除腹泻症状外，还可伴有其他不同程度的感染症状，如厌食、食欲下降、恶心、呕吐、乏力、体重减轻、发热、寒战和肌肉关节酸痛等。免疫力正常的患者，临床腹泻表现为自限性，而在接受免疫抑制剂治疗、HIV 血清学阳性或 AIDS 患者多表现有较严重的慢性迁延性腹泻。有资料显示，在环孢子虫病呈地方流行性的国家，由于频繁感染，儿童可表现为轻微症状或隐性感染，成人则可免于感染。

人食入孢子化的环孢子虫卵囊污染的食物和饮水后，虫体侵入和破坏宿主的小肠上皮细胞，破坏小肠的营养吸收功能。消化道内窥镜检查，发现环孢子虫病患者的十二指肠末端有明显的红斑，从十二指肠吸出物中查到了环孢子虫，病人的十二指肠活组织中有轻度到中度的慢性炎症表现，还伴有小肠黏膜绒毛萎缩和隐窝增生，绒毛结构的异常可导致患者营养吸收障碍和渗透性腹泻。

五、诊 断

1. 病原学检查 人的环孢子虫病可根据患者出现的临床症状，结合当地流行病学资料进行初步诊断。环孢子虫病的确诊主要依据粪便检获环孢子虫卵囊。感染人体后约 7 天，卵囊出现在粪便中，持续 50～70 天（平均 22.4 天）。经醛－醚浓集的卵囊直径为8～10μm，其大小是与隐孢子虫鉴别的重要依据。

标本采集：粪便样品可使用福尔马林、乙酸钠或聚乙烯醇保存。检查饮用水和低浊度水中的卵囊时，可使用空心纤维超滤等方法过滤大量水样以收集卵囊，高浊度水（如地表水）则用絮状沉淀法收集卵囊。有文献报道用血凝素包被磁珠，卵囊壁中的β链多聚-N-乙酰氨基多聚糖和血凝素亲和，卵囊吸附在磁珠上，可增加检出率。

（1）直接涂片法 依靠显微镜检查粪便中环孢子虫卵囊，多采用新鲜粪便直接涂片镜检。通常间隔2～3天留3个以上标本进行检验。在湿固定的未经防腐处理的粪便中，可见直径8～10μm的卵囊，内含一直径6～7μm的浅绿色球形物，并具有折射性的空泡，内含类脂样物质。在防腐处理的粪便中，卵囊内容物以形状不规则、大小不等的颗粒形式出现。

（2）浓集法 用蔗糖漂浮法或福尔马林—乙醚沉淀法均可提高检出率。

（3）染色法 目前最常用、效果较好的是改良抗酸染色法，经该方法染色后，卵囊多呈深红色、带有斑点，根据染色程度的不同，卵囊颜色从亮粉红色到深紫红色不等。病原查找时应注意与隐孢子虫的区别：①环孢子虫直径8～10μm，隐孢子虫直径4～6μm。②在紫外荧光显微镜下，环孢子虫卵囊能产生自体荧光。③环孢子虫抗酸染色时着色不一，在同一区域可以是无色或从淡粉色到深红色，卵囊壁可出现变形或皱折；而隐孢子虫卵囊染色后着色恒定，多为玫瑰红色或深红色。④新鲜粪便中的环孢子虫未孢子化，内部结构不易观察；隐孢子虫在新鲜粪便中已孢子化，镜下卵囊内部结构清晰，常可见4个新月形子孢子。⑤环孢子虫经金胺—O荧光素染色后只能见到极微弱的荧光，与隐孢子虫的强而持久的荧光明显不同，可用以鉴别。

2. 基因检测 Relman等利用*C. cayetanensis*的18S rDNA基因序列设计引物，建立巢式PCR，随后研究证明这些引物可成功地检测*C. cayetanensis*。Manju Varma等采用*C. cayetanensis*的rDNA的ITS特异基因序列，设计种特异性引物和荧光标记探针，用实时定量PCR检测环孢子虫卵囊，5μL反应体积可特异地检测出至少1个卵囊。

六、防治措施

1. 治疗 目前尚无特效药治疗环孢子虫病。1993年，首次应用三甲氧苄氨嘧啶—磺胺甲基异噁唑（TMP-SMX）治疗环孢子虫病。对于免疫机能正常的患者，每次服用160mg甲氧苄胺嘧啶和800mg磺胺甲基异噁唑。儿童按每千克体重500mg，每天2次，连用7天。对于免疫机能缺陷的病人，须加大用药剂量和延长治疗时间。对磺胺类过敏的患者，可单用三甲氧苄胺嘧啶或环丙沙星，临床症状显著减轻，效果良好。我国有用大蒜素胶囊治疗婴幼儿环孢子虫病的报道，1岁者每天80mg，1～2岁者每天90mg，2～3岁者每天160mg，分4次口服，7天为一个疗程，所有患者均在两个疗程内止泻，均无不良反应。

动物感染环孢子虫后无明显临床症状，所以无相关治疗报道。

2. 预防 控制传染源和切断传播途径是预防人和动物环孢子虫感染的关键措施。

加强水源的卫生监控，减少环境污染非常重要。动物和人粪便的无害化处理是有效减少环孢子虫感染的主要措施。由于环孢子虫主要经水源和食物传播，因此良好的卫生习惯对于预防该病的发生非常重要，可减少感染的机会。研究显示，其卵囊的抵抗力较强，常用于蔬菜、水果的消毒剂不能将其杀灭，在−20℃ 24h或在60℃ 1h即失去活力。

七、公共卫生影响

环孢子虫主要通过食物和水源传播，因此其对人的致病性日益受到重视。我国人群环孢子虫感染率为2.13%～7.37%，其中超过60岁的老年腹泻人群、低龄幼儿感染率更高，农村环孢子虫感染率明显高于城市，提示环孢子虫感染可能与卫生条件、卫生习惯、营养状况有密切关系。绝大多数免疫功能正常的患者由环孢子虫引起的腹泻呈自限性，因此其致病性常常被忽视。

动物感染后一般无可见临床症状，但其排出的卵囊对食物和饮水的污染是导致人感染的重要来源。防控动物环孢子虫感染可有效减少人的传染来源。

（张龙现 刘群）

参考文献

王红斌，甘绍伯．2003. 人类环孢子虫病的研究进展［J］．中国寄生虫病防治杂志，16（2）：119－121.

吴观陵．2005. 人体寄生虫学［M］．第3版．人民卫生出版社：276－277.

夏艳勋，李国清．2004. 环孢子虫病的研究进展［J］．中国人兽共患病杂志，20（11）：1 001－1 003.

徐兰，郭增柱．2006. 圆孢球虫病——一种新型腹泻病的研究进展［J］．寄生虫与医学昆虫学报，12（3）：180－184.

张炳翔，曹志宽．2002. 云南省腹泻患者圆孢子虫和隐孢子虫感染情况调查分析［J］．中国寄生虫学与寄生虫病杂志，20（2）：106－108.

Daniel W，Fitzgerald M D，Pape J W. 2001. Cyclosporiasis［J］. Current Treatment Options in Infectious Disease，3：345－349.

Dawson D. 2005. Foodborne protozoan parasites［J］. International journal of food microbiology，103（2）：207－227.

Lainson R. 2005. The Genus Cyclospora（Apicomplexa：Eimeriidae），with a description of Cyclospora schneiderin. sp. in the snake Anilius scytale scytale（Aniliidae）from Amazonian Brazil：a review［J］. Memórias do Instituto Oswaldo Cruz，100（2）：103－110.

Yu J R，Sohn W M. 2003. A case of human cyclosporiasis causing traveler's diarrhea after visiting Indonesia［J］. Journal of Korean medical science，18（5）：738－741.

第七十四章
巴贝斯科原虫所致疾病

犬巴贝斯虫病
(Babesiasis in dog)

犬巴贝斯虫病（Babesiasis in dog）是经蜱传播、由巴贝斯虫属原虫引起的犬血液原虫病。动物巴贝斯虫病以寒战、发热、贫血、黄疸、血红蛋白尿、脾脏肿大、肌肉和关节疼痛为主要特征。主要发生于蜱虫活动的季节，一般只在有蜱滋生的地区呈地方性流行。该病在我国广泛分布，春、夏、秋季均可发病，近年有流行和暴发的趋势。

一、发生与分布

1973 年，Piana 和 Galli-Valerio 首次描述了犬巴贝斯虫。Kakoma 和 Mehlhorn（1994）发现狼、豺和狐狸等多种野生犬科动物可感染该虫。1910 年，Patton 首次在印度的豺体内发现吉氏巴贝斯虫。1988 年，Kuttler 报道吉氏巴贝斯虫可感染多种犬科动物，其中包括犬、豺、狼、印第安野犬、狐狸等。

犬巴贝斯虫分布于欧洲、美洲和印度，韦氏巴贝斯虫分布于南美洲，吉氏巴贝斯虫分布于亚洲。我国已报道的为吉氏巴贝斯虫，在江苏和河南的部分地区呈地性流行，对犬特别是警犬危害严重。

二、病　　原

1. 分类地位　巴贝斯虫在分类上属原生动物门（Protozoa）、复顶亚门（Apicomplexa）、梨形虫纲（Piroplasmea）、梨形虫目（Piroplasmida）、巴贝斯科（Babesiidae）、巴贝斯虫属（*Babesia*）。感染犬的巴贝斯虫主要包括犬巴贝斯虫（*B. canis*）、吉氏巴贝斯虫（*B. gibsoni*）和韦氏巴贝斯虫（*B. vitalli*）三种。

2. 形态特征

（1）吉氏巴贝斯虫　虫体很小，大小为 1～3.3μm，多位于细胞边缘或偏中央，呈环形、椭圆形、圆点形、小杆形，偶尔可见十字架形的四分裂虫体或成对的小梨籽形虫体，其中以圆点形、环形及小杆形最为多见。圆点形虫体为一团染色质，姬姆萨染色呈深紫色，多见于感染的初期；环形的虫体为浅蓝色的细胞质包围一个空泡，有一团或两团染色质，位于细胞质的一端；小杆形虫体的染色质位于两端，染色较深，中间细胞质着色较浅，呈巴氏杆菌样。在一个红细胞内可寄生 1～13 个虫体，以寄生 1～2 个虫体者多见。

（2）犬巴贝斯虫　虫体较大，一般长 4～5μm，最长的可达 7μm，典型虫体呈梨籽形，一端尖、一端钝，梨籽形虫体之间可以形成一定的角度。还有变形虫样、环形等其他多种形状的虫体。一个红细胞内可以感染多个虫体，多的可达到 16 个。虫体主要由原生质和染色质组成，血片用姬姆萨液染色，原生质染成淡蓝色，染色质呈紫红色。

（3）韦氏巴贝斯虫　比犬巴贝斯虫小，直径 2～4μm，多呈圆形、卵圆形和梨籽形。一个红细胞内的有时有2个以上虫体。

3. 生活史 巴贝斯虫需要通过两个宿主的转换才能完成生活史，硬蜱是巴贝斯虫的传播媒介。

虫体在犬体内进行无性繁殖。巴贝斯虫的子孢子随蜱的唾液注入犬体内后，直接进入红细胞中，以二分裂或出芽进行裂殖生殖，产生裂殖子，当红细胞破裂后，虫体逸出再侵入新的红细胞，反复分裂最后形成配子体。

蜱吸血时虫体进入其消化道，虫体在蜱肠管内进行有性生殖。首先进行配子生殖，巴贝斯虫随蜱叮咬吸血进入蜱肠管内，大部分虫体死亡，部分虫体发育成配子，由两个形态相似而电子密度不同的配子融合形成合子。球形的合子转变为长形能动的动合子。然后在唾液腺内和其他器官内进行孢子生殖，动合子侵入蜱的肠上皮、血淋巴、马氏管、肌纤维等各种组织内反复分裂。动合子侵入蜱卵母细胞后保持休眠状态，当子蜱发育成熟和采食时，才开始出现与母蜱体内相似的孢子生殖过程。在子蜱叮咬吸血24h内，动合子进入蜱的唾液腺细胞转为多形态的孢子体，反复进行孢子生殖，形成具有感染性的子孢子。子代蜱吸血的同时将巴贝斯虫子孢子注入犬体内。

三、流行病学

1. 传染来源 患病动物、带虫动物均是感染来源。硬蜱是传播巴贝斯虫的关键性因素，不同种巴贝斯虫由不同种类的蜱作为传播媒介。吉氏巴贝斯虫的传播媒介为长角血蜱（*Haemaphysalis longicornis*）、镰形扇头蜱（*Rhipicephalus haemaphysaloides*）和血红扇头蜱（*R. sanguineus*）。犬巴贝斯虫的传播者为李氏血蜱（*H. leachi*）、血红扇头蜱（*Rhipicephalus sanguineus*）、安氏革蜱（*Dermacentor andersoni*）等。未见关于韦氏巴贝斯虫的传播媒介的报道。

2. 传播途径 硬蜱传播巴贝斯虫的方式主要有以下两种：一是经卵传递，即巴贝斯虫随雌蜱吸血进入蜱体内发育繁殖后，转入蜱的卵巢经过蜱卵传给蜱的后代，尔后由蜱的幼虫、若虫或成虫进行传播；另一个是期间传递，即幼蜱或者若蜱吸食了含有巴贝斯虫的血液，可传播给它的下一个发育阶段——若蜱或成蜱进行传播，即在蜱的一个世代内进行传播。除蜱叮咬传播外，犬巴贝斯虫病也可以通过机械性传播发生。犬科动物扑打撕咬或输血也可造成犬巴贝斯虫病的传播。犬巴贝斯虫病还可通过胎盘垂直传播。

3. 宿主 犬以及多种犬科动物都是上述几种巴贝斯虫的宿主，包括狼、豺和狐狸等野生犬科动物。

4. 流行特征 巴贝斯虫是永久性寄生虫，不能离开宿主而独立生存于自然界，它的寄居处不是蜱体就是易感动物体，而且可长期寄生在动物体内使其处于带虫状态。在蜱体内，巴贝斯虫可长期存活并经卵传递。

蜱是巴贝斯虫的传播者，所以该病的分布和发病季节往往与蜱的分布和活动季节有密切关系，具有明显的地区性和季节性。每年春、夏、秋季均可发病，但高峰期在5～9月份，冬季消失。幼犬和成犬对巴贝斯虫病均敏感。纯种犬和引进犬更易感染发病，但地方土犬和杂种犬对该病有较强的抵抗力。

四、致病性与临床表现

高热、黄疸、呼吸困难是该病的主要症状。有些病犬脾脏肿大，触之敏感；尿中含蛋白质，间或含血红蛋白。

1. 吉氏巴贝斯虫病 常呈慢性经过。病初犬精神沉郁，不愿活动，运动时四肢无力，身躯摇晃。体温升高至40～41℃，持续3～5天后，有5～10天体温正常期，呈不规则间歇热型。食欲减少或废绝，营养不良，明显消瘦。出现渐进性贫血，结膜苍白。触诊脾脏肿大，肾（单侧或双侧）肿大且疼痛。尿呈黄色至暗紫色，少数病犬有血尿。轻度黄疸。部分病犬呈现呕吐症状，鼻漏清液，眼有分泌物等。

2. 犬巴贝斯虫病 急性病例潜伏期2～10天，体温升高，在2～3天内可达40～43℃。可视黏膜淡红，后发绀；有半数病例发生黄疸。呼吸和脉搏加快，呼吸明显困难。病犬食欲废绝，但饮水增加，有时腹泻。活动困难，最后几乎不能站立。尿中含蛋白质，一部分病例尿中含有血红蛋白，有时还有胆色素和尿糖。血液中红细胞数下降至正常值的1/3～1/2，白细胞数增高。有的病犬脾脏肿大。

慢性病例，只在病初几天发热，或者完全不发热，少数病例可呈现间歇热。由于高度贫血，病犬精神不振、虚弱，通常无黄疸。极度消瘦，尿中含蛋白。血液中的红细胞数可减至正常值的1/ 4～1/ 5，白细胞大量增多。个别犬可能出现神经症状。如病犬能耐过，则贫血可在3～6周后逐渐消失，犬体康复；耐过的病犬呈现带虫免疫现象，最长者可达2.5年。

3. 韦氏巴贝斯虫病　主要表现高热、贫血、黄疸、消瘦和衰弱等。常引起耳、背和其他部位皮肤广泛性出血。除驽巴贝斯虫病外，都有血红蛋白尿。幼犬或外地新输入犬常出现剧重症状，如果诊治不及时患犬的死亡率很高。治愈或耐过后恢复也较缓慢。当犬由非疫区进入疫区时常出现最急性型的病例，无明显临床症状，多在1～2天内死亡。急性病例表现为病初体温高达40℃以上，精神沉郁，食欲不振，心悸，呼吸困难，可视黏膜苍白或黄疸，化脓性结膜炎，呕吐，腹泻带血，排酱油色血红蛋白尿。慢性型病例病初犬精神沉郁、倦怠，活动时身躯摇晃，常出现发热、黄疸、贫血和血红蛋白尿等症状。其他症状还有消瘦、腹水、支气管炎、出血性紫斑和肌肉疼痛等。

五、诊　断

根据症状、以往流行情况、血涂片检查发现虫体和体表检查见蜱即可确诊。

1. 病原学检查

（1）显微镜检查　仍然是巴贝斯虫急性感染最好、最经济、最快速的诊断方法，是实验室必不可少的诊断方法。准确的诊断结果依赖于检查人员的专业技术水平。

（2）薄血膜涂片　制作薄血膜涂片，姬姆萨染色观察。该方法的优点是能观察到虫体的具体形态特征，可以作出初步的种属鉴定，但需要检查人员具有丰富的经验。

（3）厚血膜涂片　制作厚血膜涂片，干燥后100℃固定15min，然后姬姆萨染色观察。如果采用吖啶橙染色，可提高灵敏度，检测时间缩短为6～15min。

2. 血清学诊断

（1）荧光抗体标记技术　用标准抗吉氏巴贝斯虫血清进行间接免疫荧光鉴定，结合虫体形态特点进行诊断。

（2）酶标记抗体技术　利用重组抗原作为包被抗原建立ELISA检测抗体。

3. 分子生物学诊断

（1）核酸探针　利用以光敏生物素标记制备光敏生物素探针，进行杂交试验检测吉氏巴贝斯虫，可对发病犬进行临床诊断，还用于隐性带虫犬的检查，敏感性、特异性均较高。

（2）PCR方法　利用PCR扩增特异性基因片段并进行产物序列分析，可鉴定虫种。

六、防治措施

1. 治疗　以下药物对处于发热和贫血重症期的病犬治疗效果较佳。

（1）硫酸喹啉脲　剂量为每千克体重0.5mg，皮下或肌内注射，有时需隔日重复注射一次。对早期急性病例疗效显著。用药后，病犬可能出现兴奋、流涎、呕吐等副作用，可持续1～2h，此后精神沉郁，个别病犬可保持数天。可以将剂量减为每千克体重0.3mg多次低剂量给药。

（2）三氮脒　剂量为每千克体重11mg，配成1%溶液皮下注射或肌内注射，间隔5天再用药一次。

（3）咪唑苯脲　剂量为每千克体重5mg，配成10%溶液皮下或肌内注射，间隔24h重复一次。

（4）氧二苯脒　剂量为每千克体重15mg，配成5%溶液皮下注射，连用2天。

2. 预防　犬巴贝斯虫病的预防需要在流行病学调查的基础上，进行环境控制、杀蜱以及限制动物活动（流动）等。

（1）环境灭蜱　采取多种灭蜱及防蜱的措施，切断虫媒传播链。对圈舍、蜱栖息的环境用杀蜱药进行喷洒。

(2) 犬体防护　用7.5%溴氰菊酯2 000倍稀释，给犬全身药浴，每2个月药浴一次。给犬带上驱蜱项圈，可控制蜱、蚊等吸血昆虫对犬体的叮咬。发现病例后，及时治疗，对其他犬进行药物预防。

(3) 限制犬活动　限制犬到有蜱的场所活动。引进犬的时候要在非流行季节引进，尽可能不从流行地区引进犬。

七、公共卫生影响

多种巴贝斯虫都是人与动物共患的，如微小巴贝斯虫、牛巴贝斯虫、马巴贝斯虫、犬巴贝斯虫等。而且能够传播巴贝斯虫病的蜱种类很多，生活范围广泛。因此，在流行地，采取灭蜱和防蜱措施非常重要，特别对于从非流行区到流行区的旅行者和动物，要特别注意防蜱叮咬。

控制该病的发生，除了注重消灭传播媒介外，还应注意切断该病的传播途径。多数时候，病原只引起健康人轻微的类似感冒的症状，如疼痛和持续1周的发热。有资料表明25%的病人没有症状，这些带虫者在不知情的情况下很可能成为传染源。在美国已发现30多例经血传播的巴贝斯虫病。此外，母体感染经胎盘传播也可造成该病的流行，因此怀孕妇女应该进行相应检查，以避免垂直感染。

（山丹　刘群）

参考文献

董君艳，王力光．2001. 犬吉氏巴贝斯虫病的胎盘传播及综合防制［J］．畜牧与兽医，33（1）：26-27.
谷钧相，于庆祥，王录来，等．2001. 犬巴贝斯虫病［J］．中国兽医杂志，37（3）：42.
何英，叶俊华．2003. 宠物医生手册［M］．沈阳：辽宁科学技术出版社：188.
蒋金书．2000. 动物原虫病学［M］．北京：中国农业大学出版社：108.
刘跃生．2002. 宠物犬巴贝斯虫病的调查与防制［J］．畜牧与兽医，34（1）：35-36.
王绍琛，钱存忠．2004. 犬巴贝斯虫病的诊治［J］．畜牧与兽医，36（9）：29-30.

第七十五章
泰勒科原虫所致疾病

犬泰勒虫病
(Theileriasis in dog)

犬泰勒虫病（Theileriasis in dog）是由犬泰勒虫寄生于犬的巨噬细胞、淋巴细胞和红细胞引起的疾病。泰勒虫病患犬临床以神情冷漠、发热和贫血为特征。犬泰勒虫的持续感染可导致犬严重的再生障碍性贫血和血小板减少症。此外环形泰勒虫（*T. annulata*）和马泰勒虫（*T. equi*）也可感染犬，但不引起犬只明显临床症状。

一、发生与分布

Zahler（2000）首次在西班牙的犬体内观察到犬泰勒虫。2004 年，在南非彼得马里茨堡首次从犬体内分离到泰勒虫。Matjila（2008）应用分子生物学技术鉴定犬溶血性疾病的病因是犬泰勒虫。

二、病　　原

1. 分类地位　犬泰勒虫（*Theileria annae*）在分类上属原生动物门（Protozoa）、顶复亚门（Apicomplexa）、梨形虫纲（Piroplasmea）、梨形虫目（Piroplasmida）、泰勒科（Theileriidae）、泰勒虫属（*Theileria*）。传播媒介为硬蜱。犬泰勒虫曾疑似田鼠巴贝斯虫（*Babesia microti*），后命名为犬泰勒虫（*Theileria annae*）。

2. 形态特征　泰勒虫的裂殖子呈小的圆形、亚圆形、不规则形或杆状，经电镜观察，其顶器构造已经退化，没有极环和类锥体；仅在某些发育阶段中可见微线和膜下微管；红细胞期的虫体小，形态多样，以二分裂或分裂成 4 个虫体的方式进行繁殖。六角硬蜱（*Ixodes hexagonus*）为其主要传播媒介。

寄生于巨噬细胞和淋巴细胞内进行裂体增殖所形成的多核虫体为裂殖体，或称石榴体、科赫氏蓝体，与其他种泰勒虫形态相似。裂殖体呈圆形、椭圆形或肾形，位于淋巴细胞或巨噬细胞的胞浆内，有时也可见散在于细胞外的。用姬姆萨染色，细胞浆呈淡蓝色，其中包括许多红紫色颗粒状的核。

3. 生活史　泰勒虫的生活史需要更换宿主。感染泰勒虫的蜱在犬体吸血时，子孢子随蜱的唾液进入犬体，首先侵入局部淋巴结的巨噬细胞和淋巴细胞内进行裂体增殖，形成大裂殖体。大裂殖体发育成熟后，破裂为许多大裂殖子，又侵入其他巨噬细胞和淋巴细胞内。伴随虫体在局部淋巴结反复进行裂体增殖的同时，部分大裂殖子可沿循环淋巴和血液向全身散播。裂体增殖反复进行到一定时期后，有的可形成小裂殖体。小裂殖体发育成熟后破裂，其中许多小裂殖子进入红细胞内变为配子体。

幼蜱或若蜱在患犬身上吸血时，把带有配子体的红细胞吸入胃内，配子体由红细胞溢出并变为大、小配子，两者结合形成合子，进而发育为棍棒形能动的动合子。动合子穿入蜱的肠管及体腔等各处。当蜱完成其蜕化时，动合子进入蜱唾液腺的腺泡细胞内变为合孢体，开始孢子增殖，分裂产生许多子孢子。在蜱吸血时，子孢子被接种到犬体内，重新开始其在犬体内的发育和繁殖。

三、流行病学

1. 传染来源 感染犬和患犬是其传播来源。已经发现六角硬蜱是犬泰勒虫的传播媒介，携带泰勒虫的蜱叮咬犬时引起感染。

2. 传播途径 蜱吸血时将其体内的虫体注入犬体内，使犬遭受感染。

3. 宿主 犬是犬泰勒虫的主要宿主；犬还可以感染马泰勒虫和环形泰勒虫。

4. 流行特征 犬泰勒虫病在热带和亚热带地区流行。有报道称某些地区犬的感染率高达50%以上，已有在一些无症状的犬体内检测到环形泰勒虫和马泰勒虫的报道。

泰勒虫病的传播依赖于环境中的媒介蜱，硬蜱在自然界的广泛存在使得泰勒虫广泛散播。所以泰勒虫病是自然疫源性疾病。

四、致病性与临床表现

患泰勒虫病的犬以神情冷漠、发热和贫血为特征。犬泰勒虫的持续感染可导致犬严重的再生障碍性贫血和血小板减少症。虫血症程度通常较低，与贫血和肾衰竭程度不相关。去脾犬的超急性泰勒虫病和血细胞内高荷虫量很可能与切除脾后犬的免疫力下降相关。贫血患犬并未减少网织红细胞的百分比和多形性而具有再生能力。

冷漠、厌食、发热、贫血和血红蛋白尿是主要临床表现，神经肌肉功能障碍可在许多病例中观察到，有时可见消化系统和呼吸系统出现临床症状。另一个常见现象是血小板减少，75%的感染犬血小板百分数小于 75×10^3/mL 和 50%感染犬血小板百分数小于 23×10^3/mL。96%的犬持续出现巨大血小板。犬泰勒虫感染可能是地方流行性犬肾衰竭的主要病因之一。

五、病理变化

尽管无犬感染泰勒虫的病理生理学方面的研究，但贫血、脾肿大和免疫机能下降等相关症状，可能是其主要病理特征。

六、诊　　断

根据流行病学资料、临诊症状、典型的病理变化和病原学检查镜检血片中的虫体和淋巴结中的石榴体等进行综合诊断。

1. 病原学检查 血片检查，观察有无血液型虫体。淋巴穿刺，抽取淋巴液进行涂片检查，或在尸体剖检时取淋巴结、肝、脾、肺、肾和心肌等器官组织进行压片或抹片检查，观察是否有石榴体。

(1) 血涂片检查法　目前仍是泰勒虫感染最常用的诊断方法，但检出率不高，需与其他诊断方法结合使用。

(2) 淋巴结穿刺检查法　可以对患犬进行早期诊断，但裂殖体检查呈阳性的时间很短，只能作为辅助性诊断方法。

(3) 动物接种法　可应用于疑似患犬确诊。该方法的成本较高，诊断周期较长。

2. 血清学试验 由于泰勒虫病病原学检查较为困难且检出率不高，所以血清学检测是广泛应用的重要诊断依据，从血清内检测泰勒虫特异性抗体或抗原，是泰勒虫感染和泰勒虫病诊断的重要辅助手段。常用方法有补体结合试验、凝集试验、间接荧光抗体试验和酶联免疫吸附试验等，已经用于多种泰勒虫病的诊断。

3. 基因检测 DNA探针和PCR是目前常用的检测方法。

七、防治措施

1. 治疗 如能及早有效地使用药物杀虫，再配合对症治疗，特别是输血疗法并加强饲养管理，可以大大降低病死率。对犬泰勒虫有效的药物尚无报道，可应用对环形泰勒虫较有效的治疗药物磷酸伯氨喹啉（primaquine，PMQ），使用剂量为每千克体重 0.75～1.5mg，每天 1 次口服，连用 3 次。

2. 预防　预防的关键是消灭犬舍内和犬体上的蜱。

（1）消灭犬舍内的幼蜱　在 9～10 月份，当雌蜱全部落地并爬进墙缝准备产卵时，用泥土将离地面 1m 的墙缝或墙洞堵死，如在泥土中加入少量杀虫剂则杀虫效果更好。

（2）消灭犬舍内的若蜱和饥饿的成蜱　在 4 月份，大批成蜱落地并爬入墙缝，准备蜕化为成蜱时，用泥土勾抹墙缝一次，将饥饿的成蜱闭死在墙洞或墙缝中。

（3）消灭犬体上的蜱　使用溴氢菊酯等杀虫剂喷洒犬体。

八、公共卫生影响

目前尚无犬泰勒虫感染人的报道。

（山丹　刘群）

参考文献

党志胜，罗建勋，殷宏，等．2004．环形泰勒虫病疫苗防制的研究进展［J］．四川畜牧兽医，31（3）：32－33.

蒋金书．2000．动物原虫病学［M］．北京：中国农业大学出版社：120－131.

刘光远，周俊英．1994．瑟氏泰勒虫与环形泰勒虫某些特性的比较研究［J］．中国兽医科技，24（4）：9－11.

罗金．2011．马泰勒虫分类学定位佐证及 PCR，ELISA 检测方法的建立［D］．兰州：甘肃农业大学：3－5.

王振宝．2009．小亚璃眼蜱的生活史和抗菌多肽活性的研究及牛环形泰勒虫病二温式 PCR 检测方法的建立［D］．乌鲁木齐：新疆农业大学：12－17.

García A T C. 2006. Piroplasma infection in dogs in northern Spain［J］. Veterinary parasitology，138（1）：97－102.

Matjila P T，Leisewitz A L，Oosthuizen M C，et al. 2008. Detection of a *Theileria* species in dogs in South Africa［J］. Veterinary parasitology，157（1）：34－40.

Zahler M，Rinder H，Schein E，et al. 2000. Detection of a new pathogenic *Babesia* microti-like species in dogs［J］. Veterinary Parasitology，89（3）：241－248.

第七十六章
芽囊原虫科原虫所致疾病

芽囊原虫病
(Blastocystisasis)

人芽囊原虫病（Blastocystisasis）是由人芽囊原虫引起的人与动物共患寄生原虫病。呈世界性分布，人芽囊原虫寄生于人、灵长类以及其他多种动物的肠道内。一般无明显临床症状，严重者出现腹泻、腹胀、厌食、恶心、呕吐等消化道症状。

一、发生与分布

人芽囊原虫的首次报道见于20世纪早期，曾被误认为是鞭毛虫的包囊、植物孢子、酵母或真菌。Perroncito（1899）等详细描述了其形态学特征，Brumpt（1912）正式将其命名为 *Blastocystis hominis*，但仍将其归属于酵母菌。人们对其分类地位一直存有争议，直到1967年Zierdt等根据其形态学和生理学的标准描述了它的原虫特征，确定了其分类地位。

人芽囊原虫呈世界性分布，人群普遍易感。长期以来，人芽囊原虫被误认为是一种对人体无害的肠道酵母。大量研究证据表明：人芽囊原虫是一种寄生在高等灵长类和人肠道可致病的寄生原虫。近年来关于该病的报道较多，尤其在发展中国家感染率较高，在某些特殊人群中更高。各地报道的人群感染率多在0～18%。我国对该原虫的研究起步较晚，据1988—1992年全国人体寄生虫学分布调查结果，全国平均感染率约为1.28%。人芽囊原虫对动物的危害不明显，研究报道也较少。

二、病　　原

1. 分类地位　人芽囊原虫（*Blastocystis hominis*）在分类上属原生动物门（Protozoa）、肉鞭毛虫亚门（Sarcomastigophora）、根足虫总纲（Rhizopoda）、叶足纲（Lobosea）、裸变亚纲（Gymnamoeba）、阿米巴目（Amoebida）、芽囊虫新亚目（Blastocystina）。Dunn认为人芽囊原虫结构上与其他生物，包括孢子虫和肉足虫具有极大程度的相似性，故很难将人芽囊原虫归入任何一个纲目中。江静波和何建国（1993）提出人芽囊原虫阿米巴型虫体并不完全包含人芽囊原虫的所有特征，且缺乏顶复合器，认为人芽囊原虫隶属于肉鞭毛虫门（Sarcomastigophora）、芽囊原虫新亚门（Blastocysta）、芽囊原虫纲（Blastocysystidea）、芽囊原虫目（Blastocystida）、芽囊原虫科（Blastocystidae）、芽囊原虫属（*Blastocystis*）。但迄今为止对人芽囊原虫的分类学、生活史、致病性以及生物化学和分子生物学方面都缺乏了解。

从灵长类动物、啮齿动物、鸟类、爬行动物、两栖动物以及昆虫体内分离到类似于人芽囊原虫的病原分离物，根据形态特征和核型的特点命名分离株。Teow等（1991）从海蛇体内分离到 *B. lapemi* 分离株，Chen等（1997）和Singh等（1996）分别从鼠和爬行动物体内分离到B. ratti分离株。但是有些学者认为仅凭形态和核型不足以给芽囊原虫定种。总之，人芽囊原虫是一种普遍存在的寄生原虫，分类地位尚存争议。

2. 形态特征　人芽囊原虫是一种多型性原虫，其大小、形态差异较大，形态结构复杂。油镜下观察，虫体内充满细胞质，含有数目不清、大小不等、折光性较强的亮绿色颗粒，有的虫体直径 4～63μm，多数为 6～15μm。文献中常见的是空泡型、颗粒型、阿米巴型和包囊型 4 种类型的虫体。体外培养人芽囊原虫主要为空泡型、颗粒型、阿米巴型虫体和复分裂型虫体 4 种类型。粪便中常见虫体为空泡型。

（1）空泡型虫体　多呈球形或卵圆形，无色、透明，虫体内空泡（中心体）很大，可以占据 90%的细胞体积，常与细胞质间形成 1～2 个“月牙”状间隙。细胞核呈月牙状或块状，核数不等。有些空泡型虫体直径可达 25～29.1μm，称为巨圆形空泡虫体。

（2）颗粒型虫体　虫体圆形或卵圆形，无色、半透明，是由很多种因素诱导空泡型虫体产生的。油镜下观察，虫体内充满细胞质，含有数目不清、大小不等、折光性较强的亮绿色颗粒，有的虫体颗粒呈空泡状，当空泡不断增大充满整个虫体时导致细胞膜破裂而逸出，形成新虫体。虫体充满颗粒状物质，颗粒可分为 3 种：代谢颗粒 、脂肪颗粒和繁殖颗粒。这些颗粒有的在虫体表面，有的在虫体内。颗粒型虫体还可进行多分裂，多个虫体首尾相接，还可再生成空泡型虫体。

（3）阿米巴型虫体　偶见，有不太明显的伪足，伪足处的小泡状突起可脱离母体，形成子代虫体。虫体形似溶组织内阿米巴，形态多变，体内有许多明显的小颗粒物质，伪足伸缩过程中虫体无移动。后两型虫体在培养基中常见。有报道提示阿米巴型是空泡型和包囊型虫体的中间阶段。

（4）包囊型虫体　包囊型虫体很容易与粪便中的内容物相混淆。包囊为球形或卵圆形，且由多层囊壁保护。内部细胞内容物包括 1～4 个核，含多个空泡和糖原及脂类沉淀。

（5）其他类型虫体　除上述四种类型虫体外，还可在肠道和新鲜粪便中分离得到其他类型虫体。这类虫体缺乏空泡，而被命名为无空泡型。还有报道新鲜粪便内存在多泡型虫体，该类虫体为相对较小的细胞，直径为 5～8μm，含有多个内容物和体积不等的小空泡并具有厚的表被。此外，还有报道认为存在复分裂型虫体，此型虫体体积较大，虫体内可出现 3～4 个气泡样物质，一个虫体可分裂成 3 个、4 个或更多。

电镜下观察，虫体没有细胞壁，最外层为厚度不均的纤维层。何建国认为纤维层具有增强虫体表面强度、维持虫体形状的作用，同时具有非特异性识别和黏着细菌的功能。空泡型虫体外为细胞外膜所包，细胞外膜上有形状各异的陷窝，细胞质和细胞核位于细胞内膜和细胞外膜间的狭小区域内，其余部分为中心体。细胞核呈圆形或椭圆形，核膜双层，部分虫体可见 2～5 个核；核仁月牙状，电子致密度高，位于核的一端。细胞核附近的细胞质中，可见具双层膜结构的线粒体，呈圆形或长方形，并有管状、囊状的线粒体嵴。细胞质中还可见高尔基体、内质网、溶酶体、微小体和核糖体。中心体有的无结构，有的可见絮状物或有细菌。颗粒型虫体纤丝层与空泡型虫体相同，虫体内含圆形颗粒，为线粒体、微 小体等结构。电镜观察颗粒型虫体表面呈长条形内陷，虫体表面的颗粒由细胞外膜破裂后露于体表，脱离表面后，表面留下半球形凹陷。阿米巴型虫体超微结构，国内外报告差异很大。虫体明显比空泡型及颗粒型小，形状不规则，可见伪足伸出。

3. 生活史　人芽囊原虫生活史尚不完全清楚。阿米巴型是致病型虫体，在体外培养状态下，发现其生殖方式包括二分裂生殖、裂殖生殖及内出芽生殖等多种形式。发育过程中可出现空泡型、颗粒型、阿米巴型和复分裂型等多种形态。苏庆平（1993）通过观察研究，认为其生活史过程为空泡型—阿米巴型—空泡型之间的转换。空泡型还可转变为颗粒型和复分裂型。江静波（1993）认为阿米巴型、颗粒型和复分裂型只能来源于空泡型虫体。在进化过程中，空泡型虫体可能早于阿米巴型虫体。

三、流行病学

1. 传染来源　芽囊原虫病人和患病动物、带虫者或保虫宿主的粪便排出的包囊都可作为传染源。人芽囊原虫广泛寄生于人和其他灵长类动物，也寄生于犬、猫、猪、家禽、小鼠、大鼠、豚鼠、家兔、蛙、蛇、蚯蚓、蟑螂等多种动物，这些动物在传播该病中的作用尚不明确。

2. 传播途径 人芽囊原虫包囊随粪便排出，粪便管理不当，使人芽囊原虫污染水源、食物、节肢动物以及用具，人或动物经口感染。常在患者粪便中同时发现人芽囊原虫与溶组织内阿米巴，说明这两种原虫具有相同的宿主、共同的传染来源和类似的传播途径。

黄肖等（1993）报道在52例患者中与猪或禽类密切接触者约半数以上，故怀疑人与动物接触传播的可能性。苏庆平、王继云（1994）在福建霞浦县沙塘里村捕捉的32只蟑螂，其中8只检出人芽囊原虫的空泡型虫体，人芽囊原虫的感染阶段是空泡型虫体。说明蟑螂是该虫的重要传播媒介。在蜚蠊、家蝇等的体内也检测出人芽囊原虫，而且有较高的感染率，但是未见到繁殖型虫体。因此认为它们可能只是机械性传播人芽囊原虫。

3. 宿主 人及灵长类动物、犬、猫、小鼠、大鼠、家兔、豚鼠、蛙、蛇、蚯蚓和家禽等为人芽囊原虫的主要宿主。常见的寄生部位是回肠和盲肠。

4. 流行特征 该病呈世界性分布，人芽囊原虫寄生于人、灵长类以及其他多种动物的肠道内。

（1）人的感染与流行 人群普遍易感，性别、年龄、种族等在感染率上通常无显著差异，也无明显的季节性。发展中国家的人群感染率高于发达国家，乡村高于城镇，某些特殊人群更高。部分病人有旅游史、动物接触史，从热带国家旅行归来者更易感染；部分病人为移民，主要来自拉丁美洲和亚洲。

自Zierdt证实了人芽囊原虫为具有致病性的肠道寄生原虫后，美国、英国、澳大利亚、意大利、德国、阿根廷及法国等国家陆续报告人芽囊原虫引起人的肠道疾病。但各地发病率不尽相同，检出率从0～18%不等，加拿大感染率为13%，瑞典为4.7%，日本为0.5%。Gasemore在英国威尔士检查2 000例腹泻病人，仅1例检出人芽囊原虫；Dwight在尼泊尔调查1 831例腹泻患者，315例检出人芽囊原虫；Qadri在沙特阿拉伯检查，检出率为17.5%；而Pikula在南斯拉夫检查的检出率为14.1%。

我国自1991年起，先后开展了全国性人体寄生虫流行情况的普查。我国人群人芽囊原虫病感染率多在10%以下，但局部地区感染率较高。据1988—1992年全国人体寄生虫学分布调查结果，全国平均感染率约为1.28%，估计全国感染人数为1 666万，查到人芽囊原虫感染和病例的地区包括广东、福建、江苏、河南、河北、湖北、吉林、黑龙江、山西、四川、云南、贵州、西藏、青海、新疆、甘肃、宁夏等22个省（市、区），其中8个省（区）感染率在1%以上，四川最高为8.01%，其次是福建为4.85%。云南怒州傈傈族人群感染率高达30.4%，河北固安腹泻患者中的检出率为27.54%。金群馨等（2005）报道，2004年2月至2005年2月对广西医科大学第一附属医院的1 354名腹泻患者人芽囊原虫的调查发现，共251人感染，感染率为18.54%；单纯人芽囊原虫感染者为171例，占总感染数的68.13%；合并其他寄生虫感染的为80例，占总感染数的31.87%。我国人群易感年龄为30～39岁，平均37岁。我国婴幼儿发病率高。Qadri报告515例人芽囊原虫病患者中8.9%为儿童，19.3%为50岁以上的老人。已有发生局部暴发流行的报道。

（2）动物的感染与流行 人芽囊原虫对动物的危害不明显，相关研究报道也较少。早在1980年，Mc Clure观察到两例猕猴长期感染人芽囊原虫，腹泻期间抗菌药物治疗无效。1994年，何建国检测了广州市动物园21只灵长类动物粪便，感染率最高者达78.9%，最低者也达16.7%，低龄组和高龄组猕猴的感染率明显高于中龄组猕猴。

Niichiro等于2002年对日本的牛、猪、犬和动物园的灵长类动物、食肉动物、食草动物、野鸡和鸭等进行粪便中芽囊原虫的显微镜检查，感染率分别为猪95%、牛71%、灵长类85%、野鸡80%、鸭56%，犬、食草动物和食肉动物感染率均为0。Duda等（1997）检查澳大利亚布里斯斑的犬和猫，发现犬的人芽囊原虫感染率为70.8%，猫的感染率为67.3%。并且发现从犬和猫粪便中分离到的人芽囊原虫虫体一般比从人粪便中分离的虫体小。Mengistu Legesse和Berhanu Erko（2003）也在动物园的狒狒和一种小猴粪便检查到人芽囊原虫，前者感染率是3.3%，后者为34.2%。

5. 自然疫源性 目前已从多种动物体内检测到人芽囊原虫。人芽囊原虫在多种动物体内寄生和繁殖，多呈隐性感染。感染动物可污染水源和食物，节肢动物可作为传播媒介，使芽囊原虫在野生动物中长期存在。所以芽囊原虫病是自然疫源性疾病。

四、致病性与临床表现

人芽囊原虫病发病机制尚不明了，对试验感染动物的病理检查显示，人芽囊原虫可侵入肠黏膜上皮。死亡病人和动物尸检中也观察到虫体侵入黏膜，肠道中含大量虫体。

1. 对动物的致病性 何建国等（1990）观察中山大学4只猕猴在检查期间持续感染人芽囊原虫。其中2只厌食，腹泻为非水样，带脓血，1周后死亡。病理剖检，胃和小肠未发现肉眼可见病变，但在大肠、尤其是结肠内外有大片块状出血斑，在肠系膜上有许多圆形和椭圆形直径0.2～0.5的淋巴瘤。

苏云普等（1997）用源于人的人芽囊原虫人工感染小鼠，接种量为10^4时黏膜上无虫体和黏膜病变；剂量为15^4和20^4时出现少量虫体和病变；接种量为25^4和30^4时黏膜上发现大量虫体，肠黏膜被破坏，呈网状和蜂窝状，并有成片的肠黏膜脱落，每组各有1只小鼠死亡（1/5）。

2. 对人的致病性 人芽囊原虫病发病机制尚不明确。试验感染发现，多数动物大体病理变化不明显，仅少数动物发现肠黏膜充血，显微镜下可见虫体侵入肠黏膜上皮，但未见局部黏膜的炎症反应。尸体剖检发现：人芽囊原虫可侵入肠上皮细胞，肠腔中含大量虫体。张红卫（2006年）从腹泻患者粪便中分离培养人芽囊原虫，经口感染昆明鼠人芽囊原虫1.6×10^5个/鼠，观察小鼠肠黏膜的病理变化。虫体主要寄生在小鼠回盲部肠腔和肠黏膜表面，个别虫体侵入肠黏膜上皮，部分肠黏膜充血、水肿，腺体增生，黏液分泌增强，可见有炎症细胞浸润，偶见局灶性肠黏膜坏死。病变程度免疫抑制剂处理组比未接种免疫抑制剂处理组重。

人芽囊原虫病的临床表现轻重不一，可分为无症状带虫者、急性型和慢性型。轻者无临床症状，无症状带虫者最为常见，Qadri报告可高达55%。重者出现消化道症状，如腹泻 、腹痛、便秘、便秘与腹泻交替、暖气、恶心 、呕吐、发热、倦怠及头痛等，而儿童患者多以腹泻为主要症状。每天大便次数为1～25次不等，多数为水样便或糊状便，可含有黏液，个别病例排血便。粪便常规可检出白细胞和黏液，血常规检查嗜酸性粒细胞可升高。另外，个案报告人芽囊原虫可引起末端回肠炎，症状可持续或反复出现，可持续数天至数月不等，慢性、迁延性病程多于急性病程。

关于人芽囊原虫致病性的报道并不一致，多数学者认为人芽囊原虫致病力弱，发病常与机体免疫力和抵抗力下降有关。Qadri报告515例人芽囊原虫病中，71例并发其他疾病，如十二指肠溃疡、白血病、溃疡性结肠炎等。同样，Garcia报告50%人芽囊原虫病患者可致免疫力低下。艾滋病患者容易感染人芽囊原虫，而且症状严重，治疗十分困难。而免疫功能正常的患者多数为自限性疾病。

五、病理变化

Zierdt对试验感染动物的病理检查发现：大多数动物病理改变不明显，仅少数动物发现肠黏膜充血，显微镜检查发现人芽囊原虫侵入肠黏膜上皮，但未见局部黏膜的炎症反应。Mc Clure（1980）剖检两例持续感染人芽囊原虫的猕猴，猕猴死于大肠内外块状出血及肠系膜淋巴瘤。

对死亡病人和动物尸体剖检发现人芽囊原虫可侵入肠黏膜上皮，肠腔中含大量虫体。Zierdt用该虫提纯物注射到实验动物回肠段中，可引起动物剧烈的体液免疫反应。但有人对5例人芽囊原虫病患者进行内窥镜检查没有发现病变。Kain内窥镜检查14例患者，仅1例表现为黏膜轻度炎症。试验研究表明：该病患者肠道中大肠杆菌过度繁殖，肠道念珠菌增多，粪便pH升高，乳酸杆菌数量却减少。总之，人芽囊原虫的致病机制尚需进一步研究阐明。

六、诊　　断

1. 病原学检查 根据临床症状和病原学检查结果即可确诊。常用的病原学检查是从粪便中检获虫体，常用方法有生理盐水直接涂片、碘液染色、固定染色法（如姬姆萨或瑞氏染色法）以及培养法。

（1）直接涂片法　一般将粪便与生理盐水混合涂片，光学显微镜下检查。加一滴生理盐水于载玻片上，用竹签挑取少量粪便在生理盐水中涂成薄膜，加盖玻片后在显微镜下查找虫体。低倍镜下易忽略，高倍镜下可见空泡，其他结构难以辨认。油镜下常可见空泡型和颗粒型虫体，阿米巴型虫体偶见。

（2）碘染色法　生理盐水涂片后加一滴2%卢戈氏碘液于载玻片上，搅匀后加盖玻片在显微镜下查找虫体。可见空泡型、颗粒型和包囊型虫体。空泡型虫体呈球形或椭圆形，单独或成堆出现，中心粒被染成褐色，边缘有不规则闪亮的月牙形结构。

（3）固定染色法　通常是制片干燥后，进行姬姆萨染色、瑞氏染色、改良抗酸染色。一般中心粒呈透明空泡；细胞核呈月牙状或块状，位于边缘。有时可见虫体的细胞质和细胞核向中央空泡处延伸，将空泡分割成网状。

（4）改良水洗沉淀法　取粪便5g加于离心管内，加水搅拌成混悬液，用竹签挑去较大粪渣，再加水到离心管口，静置30min，缓缓倒去上清液，重新加水至管口后静置20min，倒去上清液。加一滴2%卢戈氏碘液于载玻片上，取沉渣涂片，搅匀后加盖玻片在显微镜下查找虫体。

（5）培养法　用前述的Locke氏—鸡蛋双相培养基和羊血水培养法进行，培养24～48h后观察即可得出结论。

何爱娟（2008）对比研究了诊断人芽囊原虫病的不同检测方法，在进行临床检验时，应推广使用改良酸醚沉淀法或改良水洗沉淀法进行检测，二者均可提高检出率，降低漏诊率，尤其适用于感染程度较低的病例。如为获得快速简便的诊断或在条件有限的情况下，临床上亦可采用生理盐水直接涂片法和碘染色法检测。临床工作者可根据实际情况选择适当的检测方法，从而更好地为临床诊疗及研究工作服务。

人芽囊原虫病的诊断要注意与溶组织内阿米巴、哈门氏内阿米巴、微小内蜒阿米巴的包囊及隐孢子虫卵囊甚至真菌相鉴别。

目前尚无成熟的血清学检测用于诊断人芽囊原虫的感染。

七、防治措施

1. 治疗

（1）人的治疗　症状轻微者无需治疗，当大量寄生或出现严重症状时，则需进行药物治疗。Zierdt在体外无菌条件下通过药敏试验筛选出几种对人芽囊原虫生长有抑制作用的抗原虫药物，其药敏依次为：吐根碱＞灭滴灵＞痢特灵＞氧节氨嘧啶＞肠用氯碘羚喹＞戊院眯。有效治疗药物包括灭滴灵（甲硝唑）、甲氟喹、复方新诺明以及喹碘仿等多种药物。最常用灭滴灵治疗，人的剂量为每次200～250mg，最大剂量达每次750mg，每天3次，连用7～10天。患者症状可完全消失，粪便转为正常，而且未发现任何毒副作用，故临床上广为应用。但在治疗慢性腹泻病人时，应注意适当增加用药剂量或延长用药时间，配合使用抗生素治疗效果更佳。

（2）动物的治疗　目前没有进行动物治疗的报道。

2. 预防　①应加强卫生宣传教育，注意个人卫生和饮食卫生。饭前应洗手，生食的蔬菜、瓜果务必洗净，引用清洁水，防止病从口入。②进行粪便无害化处理，保护水源，消灭传播媒介。尤其是对病人和病畜的粪便进行无害化处理。③对饮食行业人员要定期检查并及时治疗。尽早发现带虫者和慢性患者，对慢性带虫者进行治疗，以免成为感染源。

八、公共卫生影响

人芽囊原虫是一种寄生于人和灵长类动物等多种动物的人与动物共患病，食入生食的蔬菜、瓜果或饮入污染水源是芽囊原虫感染人的主要来源。免疫功能低下者、老人和儿童是高危人群，易患芽囊原虫病。感染人群或动物排出粪便中的虫体是重要污染源，应对粪便做无害化处理，防止污染水源。多种节肢动物如蟑螂等可能是人芽囊原虫的媒介昆虫。

（刘群）

参考文献

何爱娟，钱程，刘莹，等．2008. 不同检测方法诊断人芽囊原虫病的对比研究［J］．应用预防医学，14（5）：309－310.

蒋金书．2000. 动物原虫病学［M］．北京：中国农业大学出版社：324－328.

金群馨，俞开敏，唐连凤，等．2005. 1354 例门诊腹泻病人人芽囊原虫感染情况调查［J］．中国热带医学，5（7）：1469－1471.

苏云普，李文．1997. 人芽囊原虫对小鼠肠粘膜致病性的扫描电镜观察［J］．中国人兽共患病杂志，13（4）：50.

吴斌．1994. 人芽囊原虫的研究进展［J］．国外医学：寄生虫病分册，21（2）：59－62.

徐凤全，林玲，李军，等．2004. 人芽囊原虫感染致慢性腹泻 18 例临床分析［J］．中国热带医学，4（4）：559－560.

Abe N，Nagoshi M，Takami K，et al. 2002. A survey of Blastocystis sp. in livestock，pets，and zoo animals in Japan［J］．Veterinary parasitology，106（3）：203－212.

Duda A，Stenzel D J，Boreham P F L. 1998. Detection of Blastocystis sp. in domestic dogs and cats［J］．Veterinary parasitology，76（1）：9－17.

Legesse M，Erko B. 2004．Zoonotic intestinal parasites in Papio Anubis（baboon）and Cercopithecus aethiops（vervet）from four localities in Ethiopia［J］．Acta Tropica，90（3）：231－236.

Sohail M R，Fischer P R. 2005. Blastocystis hominis and travelers［J］．Travel medicine and infectious disease，3（1）：33－38.

Tan K S W，Singh M，Yap E H. 2002. Recent advances in Blastocystis hominis research：hot spots in terra incognita［J］．International journal for parasitology，32（7）：789－804.

第七十七章
并殖科吸虫所致疾病

卫氏并殖吸虫病
(Paragonimiasis westermani)

并殖吸虫病（Paragonimiasis）又称肺吸虫病，是由并殖科的卫氏并殖吸虫寄生在犬、猫、多种野生动物及人的肺脏引起的人兽共患寄生虫病。并殖吸虫病呈世界性分布，东亚及东南亚为主要流行区域。

一、发生与分布

卫氏并殖吸虫最早于1877年由Westermani在汉堡和阿姆斯特丹动物园的两只老虎肺部发现，次年由Kerbert定名为卫氏双口吸虫（*Distoma westermani*），1899年由*Braun*定名为现名。1879年，Ringers在我国台湾葡萄牙籍人的尸体中发现肺吸虫，此为首次在人体发现肺吸虫。应元岳于1930年首次报道了我国大陆的第一例并殖吸虫病人。

卫氏并殖吸虫呈世界性分布，广泛存在于东南亚、非洲与拉丁美洲的许多国家。在我国的东北、华北、华南、中南及西南等地区的23个省、市与自治区流行。其中以日本、韩国、中国大陆、东南亚及新几内亚为主要盛行区，印度、非洲有零星案例发生，这可能与当地的饮食文化习惯有关，例如，日本料理生食的刺身或中华料理未完全熟食的醉虾、醉蟹，其制作过程未能完全杀死寄生虫所致。其他动物不慎食入这些受感染动物，也可能被感染。

二、病　　原

1. 分类地位　卫氏并殖吸虫（*Paragonimus westermani*）在分类上属扁形动物门（Platyhelminthes）、吸虫纲（Trematoda）、复殖目（Digenea）、并殖科（Paragonimidae）、并殖属（*Paragonimus*）。

2. 形态特征　成虫雌雄同体，虫体常成对寄生于肺组织形成的虫囊内。虫体肥厚，卵圆形、棕红色，背侧稍隆起，腹面扁平，直径约1cm，体表具有小棘，与咖啡豆极为相似。睾丸分支4～6个，左右并列于虫体后1/3处，因此归类于并殖科。卵巢分叶5～6个，指状，位于腹吸盘右侧。口吸盘与腹吸盘大小略同，分别位于虫体前端和腹部中央。卵黄腺发达，由许多密集的卵黄滤泡构成，分布于虫体两侧。子宫内充满虫卵，与卵巢左右相对。卵呈黄褐色、椭圆形，大小为（68～118）μm×（39～67）μm，壁厚，因一端较平使得外观不对称，较大的一端有清楚可见的卵盖，卵盖大且常略倾斜，卵内含卵黄细胞数十个。卵细胞位于虫卵中央，从虫体排出的虫卵尚未孵化。

3. 生活史　卫氏并殖吸虫的终末宿主为犬、猫等多种哺乳动物和人。第一中间宿主为类蜷科（Thiaridae）和黑贝科（Pleuroceridae）中的某些淡水螺，第二中间宿主为甲壳纲的淡水蟹或蝲蛄（又名螯虾）。

成虫寄生于肺，因所形成的虫囊与支气管相通，虫卵可经气管排出或被吞咽后随粪便排出。卵进入水中在适宜的温度下约经3周孵出毛蚴，毛蚴在水中游动，遇到合适的淡水螺便主动侵入，在其中发育成胞蚴、母雷蚴、子雷蚴、尾蚴。成熟的尾蚴具短尾，在水中主动侵入或被溪蟹、蝲蛄吞食，在第二中间宿主的肌肉、内脏或腮部形成囊蚴。囊蚴呈球形，具两层囊壁，外层直径300～400μm。犬、猫及人因食入含有活囊蚴的溪蟹、蝲蛄而感染。囊蚴进入终末宿主消化道后，在消化液作用下，童虫脱囊而出。游离童虫的活动力极强，可穿过肠壁进入腹腔，徘徊于各内脏之间或侵入组织，经1～3周可由肝脏表面或直接从腹腔穿过膈肌进入胸腔而入肺，最后在肺中结囊产卵。有些童虫可终生穿行于组织间直至死亡。自囊蚴进入终末宿主到成熟产卵，需2个多月。成虫在宿主体内一般可活5～6年，长者可达20年。

因并殖吸虫可在宿主体内移行，除在肺部寄生外，还常侵入皮下、肌肉、肝脏、眼眶、肠系膜、脑及脊髓等处。这是由于童虫或成虫均具有游走窜扰的特性。当虫体异位寄生时，虫体成熟所需时间更长或不能发育成熟。

三、流行病学

卫氏并殖吸虫分布于世界各地。在我国，除西藏、新疆、内蒙古、青海、宁夏未报道外，其他23个省、直辖市、自治区均有报道，尤以辽宁、吉林、黑龙江、浙江、安徽、福建、河南及四川的流行较为严重。疫区类型可分为两种：溪蟹型流行区及只存在于东北三省的蝲蛄型流行区。

能排出虫卵的犬、猫、猪和人等都是该病的传染源。该病原的保虫宿主种类多，如虎、豹、狼、狐、豹猫、大灵猫、果子狸等多种野生动物皆可感染该虫。感染的野生动物是自然疫源地的主要传染源。野猪、猪、兔、鼠、蛙、鸡、鸟等多种动物可作为转续宿主。大型食肉类动物如虎、豹等因捕食这些转续宿主而感染。第一中间宿主和第二中间宿主种类多，且它们共同栖息于同一自然环境中，有利于其完成生活史。

犬、猫由于生食溪蟹和蝲蛄遭受感染。人常因生吃或半生吃溪蟹、蝲蛄感染，多因喜食生蟹和蝲蛄的习惯所致，因此该病流行有一定区域性。中间宿主死后，囊蚴脱落于水中，漂浮在水面或沉于水底，饮之也可导致感染。若生饮含尾蚴的水，这些尾蚴在终宿主体内也有可能发育。犬、猫和人还可能通过生吃或半生吃转续宿主后被感染。

卫氏并殖吸虫病没有季节性，宿主的易感性与年龄、性别无关，只要有吞食活囊蚴的机会，均有可能获得感染。

四、致 病 性

卫氏并殖吸虫的童虫、成虫在组织器官中移行、窜扰及寄生均可致病。病变过程一般分为急性期和慢性期。

1. 急性期　主要由童虫移行所致。脱囊后的尾蚴穿过肠壁黏膜形成出血性或脓性窦道。虫体进入腹腔可引起混浊或血性积液，进入腹壁可致出血性或化脓性肌炎。当侵入肝脏时，肝脏表面呈“虫蚀”样；若虫体从肝脏穿过，则表面呈针点状小孔。肝脏局部有时出现硬变。若虫体在横膈、脾等处穿刺，该处也可形成点状出血、炎症。急性期表现轻重不一，轻者仅表现为食欲不振、乏力、腹痛、腹泻、低热等非特异性症状。重者可有全身过敏反应、高热、腹痛、胸痛、咳嗽、气促、肝肿大并伴有荨麻疹。

2. 慢性期　虫体进入肺后引起的病变，其过程大致可分为脓肿期、囊肿期及纤维疤痕期。脓肿期主要为虫体移行引起组织破坏、出血及继发感染，病灶四周产生肉芽组织而形成薄膜状囊肿壁。囊肿期内容物镜下检查可见坏死组织、夏科雷登结晶和大量虫卵。囊壁因肉芽组织增生而肥厚，肉眼可见边界清楚的结节状虫囊。由于虫体死亡或转移至其他地方，囊肿内容物通过支气管排出或吸收，囊内由肉芽组织充填，纤维化，最后形成疤痕，此为纤维疤痕期。

由于并殖吸虫在动物体内的寄生部位不甚固定，且随着病程的推移病变差异很大。有时在同一器官又可同时存在两种或三种病变，故临床表现多种多样，往往缺乏特异性。

五、临床症状

卫氏并殖吸虫病是一种发病温和的慢性非致死性吸虫病，很少导致死亡。

患病犬、猫表现为精神不振和阵发性咳嗽。因气胸而呼吸困难。窜扰于腹壁的虫体可引起腹泻与腹痛；寄生于脑部及脊椎时可导致神经症状。

将卫氏并殖吸虫的后期囊幼虫饲喂猫，80～100 天后剖检发现成虫。

恒河猴、食蟹猴可作为卫氏并殖吸虫的转续宿主，其体内的童虫是传染源之一。

六、诊　　断

根据临床症状，了解是否有食用溪蟹或蝲蛄史，结合实验室检查等做出诊断。

（1）在患病动物的唾液、痰液及粪便中检出虫卵即可确诊。痰液多为铁锈色，内含金黄色虫卵。

（2）虫体可在皮下、肌肉形成包块或结节，可用外科手术摘除，进行活组织检查，观察有无虫卵或虫体及相应的特征性病理变化。

（3）可用 X 线检查和血清学方法进行辅助诊断，如间接血凝试验及 ELASA 等。

（4）囊蚴感染犬，感染后 10～56 天检测血液中循环抗原对早期诊断有一定意义，随着感染时间的推移，56 天以后感染犬血清中的循环抗原逐渐下降。

七、防治措施

1. 治疗　硫双二氯酚、硝氯酚、丙硫咪唑以及吡喹酮等药物，均有良好的驱虫效果。

2. 预防　预防该病的关键是禁止生食或半生食溪蟹、蝲蛄；不喝生水；感染的猫、犬须彻底治疗，不以生的或半生不熟的蟹类作为犬猫食物；捕杀环境中的保虫宿主。

（杨道玉　陈汉忠　刘群）

参考文献

陈韶红，周晓农，张永年，等 . 2007. 卫氏并殖吸虫感染犬循环抗原和特异性抗体的动态观察 [J] . 中国兽医寄生虫病，15 (5)：11 - 14.

陈心陶 . 1960. 并殖吸虫分类上的特点，包括斯氏并殖 (P. skrjabini) 的补充报导 [J] . 动物学报，12 (1)：27 - 36.

刘芸，郑小蔚，郭琪琼，等 . 2005. 并殖吸虫病诊断研究进展 [J] . 江西医学检验，23 (6)：585 - 586.

卢思奇 . 2003. 医学寄生虫学 [M] . 北京：北京大学医学出版社 .

钱英红 . 2011. 并殖吸虫病的防控 [J] . 畜牧与饲料科学，31 (11)：198.

Palic J，Hostetter S J，Riedesel E，et al. 2011. What is your diagnosis? Aspirate of a lung nodule in a dog [J] . Veterinary Clinical Pathology，40 (1)：99 - 100.

Pechman R D. 1980. Pulmonary paragonimiasis in dogs and cats：a review [J] . Journal of Small Animal Practice，21 (2)：87 - 95.

Sohn W M，Chai J Y. 2005. Infection status with helminthes in feral cats purchased from a market in Busan，Republic of Korea [J] . The Korean journal of parasitology，43 (3)：93 - 100.

Xiao S，Xue J，Li-li X，et al. 2010. Effectiveness of mefloquine against Clonorchis sinensis in rats and Paragonimus westermani in dogs [J] . Parasitology research，107 (6)：1391 - 1397.

第七十八章 后睾科吸虫所致疾病

华支睾吸虫病 (Clonorchiasis sinensis)

华支睾吸虫病（Clonorchiasis sinensis）是由华支睾吸虫寄生在人及犬、猫、猪和其他一些野生动物的胆管和胆囊内引起的以肝胆病变为主的人兽共患寄生虫病。犬、猫及人等因食入未经煮熟的带有华支睾吸虫囊蚴的淡水鱼、虾而感染。其临床特征为肝肿大、上腹隐痛、疲乏及精神不振等。严重感染可导致胆管炎、胆结石以至肝硬化等并发症，甚至诱发原发性的胆管癌和肝癌。在我国和东南亚国家，华支睾吸虫病都是最严重的食源性寄生虫病之一。

一、发生与分布

1874年，首次在印度加尔各答的人胆管内发现华支睾吸虫，此后的调查发现东南亚国家为华支睾吸虫的主要流行区。1875年，我国广东省潮州和广州地区发现有肝吸虫病患者；1956年，考古学家又在广东省郊区的一个明朝古尸中发现了华支睾吸虫虫卵；1975年，在我国湖北江陵西汉古尸中也发现虫卵，此后又在该县战国楚墓古尸粪便中发现虫卵，从而证明华支睾吸虫在我国流行至少已有2 300年以上的历史。

该病主要分布于东亚和东南亚地区，在中国、日本、韩国、越南和菲律宾等国家广泛流行。在欧洲，主要是俄罗斯感染人数较多，其他国家只有散在病例报道。全世界将近3 500万人感染。我国目前感染人数为1 000万，已在24个省、自治区、直辖市有不同程度的感染和流行。华支睾吸虫在我国的分布以东南沿海、长江流域、松花江流域及五大淡水湖泊为主，广西、山东、江西、四川、河南和东北感染较重，总体感染率南方较北方高。

二、病　　原

1. 分类地位　华支睾吸虫在分类上属扁形动物门（Platyhelminthes）、吸虫纲（Trematoda）、复殖亚纲（Digenea）、后睾科（Opisthorchiidae）、支睾吸虫属（*Clonorchis*）。

2. 形态特征　成虫体形狭长，背腹扁平，前尖后钝，体表无棘，大小为（10～25）mm×（3～5）mm。口吸盘略大于腹吸盘，前者位于体前端，后者位于虫体前1/5处。消化道简单，口位于口吸盘的中央，咽呈球形，食道短，其后为肠支。肠分为两支，沿虫体两侧直达后端，末端为盲端。排泄囊为一略带弯曲的长袋，前端到达受精囊水平处，并向前端发出左右两支集合管，排泄孔开口于虫体末端。雄性生殖器官有睾丸1对，呈分支状，前后排列于虫体后1/3。雌性生殖器官有卵巢1个，浅分叶状，位于睾丸之前，输卵管发自卵巢，其远端为卵模，卵模周围为梅氏腺。卵模之前为子宫，盘绕向前开口于生殖腔。受精囊呈椭圆形，在睾丸与卵巢之间，与输卵管相通。劳氏管位于受精囊旁，也与输卵管相通，为短管，开口于虫体背面。卵黄腺呈滤泡状，分布于虫体的两侧，两条卵黄腺管汇合后，与输卵管相通。

虫卵淡黄褐色，一端较窄且有盖，卵盖周围的卵壳增厚形成肩峰，另一端有小瘤，大小为（27～35）μm×（12～20）μm。随粪便排出时，卵内已含有毛蚴。

3. 生活史 华支睾吸虫生活史包括成虫、虫卵、毛蚴、胞蚴、雷蚴、尾蚴、囊蚴等阶段。终宿主为犬、猫等动物和人，第一中间宿主为淡水螺类，如赤豆螺、纹沼螺、长角涵螺等，第二中间宿主为淡水鱼、虾。成虫寄生于哺乳动物和人的胆管内，寄生量多时可移居至大胆管、胆总管或胆囊内，偶见于胰腺管内。

寄生于犬、猫和人胆管内成虫排出虫卵，卵随胆汁进入消化道混于粪便排出，在水中被第一中间宿主淡水螺吞食后，在螺消化道内孵出毛蚴，在螺体内依次发育为胞蚴、雷蚴和尾蚴。成熟尾蚴从螺体逸出，侵入第二中间宿主淡水鱼类的肌肉等组织发育为囊蚴。终宿主因食入含有囊蚴的鱼而被感染。囊蚴在十二指肠内脱囊。一般认为脱囊后沿胆汁流动的逆方向移行，经胆总管至肝胆管，也可经血管或穿过肠壁经腹腔进入肝胆管内，通常在感染后1个月左右发育为成虫。

三、流行病学

1. 传染来源 华支睾吸虫的传染源包括能排出虫卵的犬、猫、其他感染动物及人。华支睾吸虫的虫卵随终末宿主的粪便排出体外，通过各种途径进入水中，感染螺蛳，启动华支睾吸虫新一轮发育过程。犬、猫、猪、牛、狐狸、鼠类等多种动物均为华支睾吸虫的重要传染源。

2. 传播途径 动物和人感染华支睾吸虫均因食入活的华支睾吸虫囊蚴，主要有以下几种感染方式。食生或半生淡水鱼虾，人在加工鱼的过程中遭受感染，动物捕食鱼虾遭受感染，或渔民捕鱼及其他途径引起的感染。

3. 易感宿主 华支睾吸虫对宿主的要求特异性不高，因此种群分布的生物限制因素较小。在华支睾吸虫流行区域居住的居民和动物对华支睾吸虫普遍易感。而且华支睾吸虫的保虫宿主很多，国内已报道自然感染华支睾吸虫的宿主有33种。华支睾吸虫病也是人畜共患寄生虫病，凡是人群感染率高的地方，动物的感染率也很高。

蔡连顺等在我国松花江下游及黑龙江、乌苏里江部分流域调查发现猫的感染率高达93.75%，犬的感染率为33.33%（7/21）；此外，在2只自然感染的长毛兔肝胆管中，获得大量华支睾吸虫成虫和虫卵。Sohn等在韩国釜山的动物批发市场收购了438只野猫内脏，华支睾吸虫的感染率为11.6%，该流行区的居民习惯用淡水鱼内脏喂食动物，或动物自己捕食野生淡水鱼。

四、致病性与临床表现

成虫寄生于肝胆管内，由于机械性刺激和虫体分泌及代谢产物的影响，造成胆管病变，使管壁增厚，胆管呈腺瘤样病变，增加胆结石发生率。虫体的阻塞，引起胆汁排出障碍，进而累及肝实质，使肝脏功能受损，导致肝细胞变性、坏死，严重的导致肝硬化。导致消化机能下降，出现食欲不振；肝硬化导致肝腹水；出现胆囊炎、胆管炎和黄疸；有记录显示，犬、猫体内的华支睾吸虫可存活最长时间分别为12年3个月和3年6个月。

轻度感染华支睾吸虫者常无症状。较重或慢性重复感染者，可出现疲乏、上腹不适、消化不良、腹痛、腹泻、肝区隐痛、头晕、体重减轻、肝肿大和脾肿大等。严重感染者在晚期可造成肝硬化腹水，甚至死亡。重度感染并经过相当长时间后，可以引起胆管阻塞、胆汁淤滞，还可引起胆管炎、胆囊炎和胆结石。

猫、犬、几内亚鸽、家兔、豚鼠、大鼠、仓鼠、小鼠、海狸鼠、长爪沙鼠等实验动物都曾应用于试验感染。

1. 犬华支睾吸虫病 散养犬由于经常到鱼塘、河水等处活动，捕食青蛙、蝗虫等而感染。患犬精神不振，食欲减退，消瘦，呕吐，排棕黑色水样稀粪；腹部明显增大，触摸时有胀满感，结膜及口腔黏膜苍白，体温升高等症状。

病死犬肝脏肿大至正常的2～3倍，肝脏表面凹凸不平，布满土黄色、大小不一的囊肿，胆囊肿大、胆汁浓稠、胆管变粗，在囊肿、胆管、胆囊内可见大量活的虫体和虫卵；十二指肠内可见少量虫体，小肠黏膜出血，肠壁水肿；胃内积有大量液体，内含黑褐色絮片状物；腹腔内有数量不等的淡黄色积液。

2. 猫华支睾吸虫病　患病动物表现精神委顿，食欲减退或厌食，消瘦，被毛蓬乱、无光泽。慢性消化不良。腹泻或粪便干湿不定，腥臭，混有黏液。可视黏膜苍白、黄染，贫血。部分病例胸腹下水肿，个别病例腹围增大、内有积水，振荡有波动感，病猫哀鸣。

感染猫胆管扩张成圆柱状，胆囊肿大、胆汁滞积，发生胆管炎症；肝脏表面常见有明显的黄豆粒大小的肿瘤，肝脏质地变硬，结缔组织增生，剪切有脆感，肝管手摸有硬感；肝脓肿，肝色较黄，小叶结构模糊。胆管内上皮细胞增生，有胆管腺瘤样病变，淋巴细胞浸润，管腔扩大，内壁稍增厚等；虫卵沉积于胆管、胆囊内，胆囊肿胀，胆汁浓稠；脾呈青砖色，包膜较粗糙，脾小体萎缩；部分肠段壁增厚，粪便内混有脱落的黏膜，部分病例肠道出血；其他脏器也多呈贫血症状。感染猫血液红细胞数量和丙氨酸氨基转移酶活性比正常猫明显升高。

患病猫、犬临床上多呈慢性经过，临床上可见到动物精神沉郁，病初食欲逐渐减少甚至厌食，继之呕吐、腹泻、脱水，可视黏膜及皮肤发黄，尿液呈橘黄色，肝区触诊疼痛。严重感染时长期顽固性下痢，最后出现贫血、消瘦、腹水，多并发其他疾病而死亡。

五、诊　　断

华支睾吸虫病的诊断主要依据流行病学调查、临床表现和实验室检查进行综合判断。是否有进食生的或半生不熟的淡水鱼、虾史具有重要的诊断意义。在我国的鲩、鲮、鲤、大头鱼、生鱼、福寿鱼、鲫、鳊、麦穗鱼、桂花鱼和淡水虾体内均有检出华支睾吸虫囊蚴的报道。确诊需要进行实验室诊断。

（1）镜检虫卵　用普通光学显微镜检查大便或胆汁中华支睾吸虫卵仍是最常用、最简单、最可靠的方法。或剖检死亡的病犬、猫肝脏，发现虫体以可确诊。

（2）免疫学检测　以华支睾吸虫成虫作为抗原，用ELISA检测患者血清中抗华支睾吸虫的抗体。

（3）分子生物学检查　应用PCR检测特异性基因，可判定虫种。

（4）影像学检查　B型超声、CT和MRI检查显示肝内弥漫性中小胆管不同程度扩张、管壁粗糙、增厚等胆管炎声像或影像图可作为辅助诊断方法。

六、防治措施

1. 治疗　治疗华支睾吸虫病的首选药物是吡喹酮，阿苯达唑和氟苯达唑也有一定疗效。

2. 预防　禁止犬、猫生吃或半生吃淡水鱼、虾，勿以生的鱼、虾或鱼的内脏喂犬、猫；对疫区犬、猫要定期检查和驱虫，可使用吡喹酮、六氯对二甲苯、丙硫苯眯唑等药物；对犬、猫的粪便进行堆积发酵，防止其污染水塘。

由于该病后期造成肝硬化和腹水，病情重，治愈难，故该病应早期诊断，及早治疗，驱虫的同时须注意对症治疗。

七、公共卫生影响

华支睾吸虫病是一种较常见的食源性寄生虫病。随着人民生活水平的提高，饮食来源和方式的多样化，我国由食源性寄生虫病造成的食品安全问题日益突出。据估计，全球约有3 500万人感染华支睾吸虫；我国目前华支睾吸虫感染者约为1 500多万人，已经成为严重的公共卫生问题。

常吃鱼类食物的犬猫感染情况相当严重，可能是人感染的重要来源。在流行地区，应对犬、猫进行全面检查和治疗。

华支睾吸虫宿主广泛，多种实验动物均可作为其终末宿主或保虫宿主，买进的实验动物在使用前应进行数次粪检，粪检华支睾吸虫虫卵均为阴性者方可作为实验动物。

（杨道玉　刘群）

参考文献

方悦怡，陈颖丹，黎学铭，等. 2008. 我国华支睾吸虫病流行区感染现状调查［J］. 中国寄生虫学与寄生虫病杂志，26（2）：99-103.

蒋国喜，蒋国成，刘焕凤. 2011. 华支睾吸虫病的防控［J］. 畜牧与饲料科学，31（11）：187-189.

梁沛杨，陈守义，胡旭初，等. 2005. 华支睾吸虫对自然感染动物模型猫肝脏/胆管及生理生化指标的影响［J］. 热带医学杂志，5（5）：637-638.

王丽虹，赵成信，王凤英，等. 2004. 华支睾吸虫病的超声诊断研究［J］. 中国医学影像学杂志，11（5）：374-376.

吴德. 2002. 华支睾吸虫病的流行概况［J］. 热带医学杂志，2（3）：277-279.

杨绍基. 2006. 华支睾吸虫病的临床表现及诊治［J］. 临床内科杂志，23（5）：299-301.

赵宁. 2006. 华支睾吸虫病［J］. 中国实用乡村医生杂志，13（11）：5-6.

Xiao S，Xue J，Li-li X，et al. 2010. Effectiveness of mefloquine against Clonorchis sinensis in rats and Paragonimus westermani in dogs［J］. Parasitology research，107（6）：1391-1397.

Zhang H，Chung B S，Li S，et al. 2008. Factors in the resistance of rats to re-infection and super-infection by Clonorchis sinensis［J］. Parasitology research，102（6）：1111-1117.

第七十九章
片形科吸虫所致疾病

肝片吸虫病
(Fascioliasis)

肝片吸虫病（Fascioliasis）是由肝片吸虫寄生于多种动物的胆管中引起的寄生虫病。肝片吸虫主要寄生于牛、羊和骆驼等反刍动物，也可寄生于猪、马、猫、兔及一些野生动物，亦有人感染的报道。实验动物以大鼠最为易感，猕猴也可经试验感染肝片吸虫。动物感染肝片吸虫后出现肝炎、胆管炎，并伴有全身中毒和营养障碍。在慢性病例中，病畜出现消瘦、发育障碍、生产力下降等症状。该病呈世界性分布，是我国分布最广泛、危害最严重的动物寄生虫病之一。

一、发生与分布

肝片吸虫分布于世界各地，尤以中南美、欧洲、非洲等地比较常见。在我国各地广泛存在。

二、病　　原

1. 分类地位　肝片吸虫（*Fascioliasis hepatica*）在分类上属于扁形动物门（Platyhelminthes）、吸虫纲（Trematoda）、复殖亚目（Digenea）、片形科（Fasciolidae）、片形属（*Fasciola*）。

2. 形态特征　成虫呈扁平叶状，新鲜虫体棕红色，固定后变为灰白色，大小为（21～41）mm×（9～14）mm，体表被有小棘。头锥明显，其下有一对“肩”，肩部以后逐渐变窄。在椎体前端有一直径1mm的口吸盘，口孔位于口吸盘中央，下接咽、食道和两侧高度分支的肠管。腹吸盘较口吸盘稍大，位于其稍后方。雄性生殖器包括两个多分枝的睾丸，前后排列与虫体的中后部，每个睾丸各有一根输出管，两条输出管上行汇合成一条输精管进入雄茎囊，囊内有贮精囊和射精管，其末端为雄茎，通过生殖孔伸出体外，在贮精囊和雄茎之间有前列腺。雌性生殖器有一个鹿角状分枝的卵巢，位于睾丸前的次中央位置，腹吸盘的右侧。曲折的子宫分布在卵巢至腹吸盘之间，内充满虫卵，通过输卵管与生殖孔相连。颗粒状的卵黄腺呈细分枝状，布满从头锥基部到体末端的体两侧，与肠管重叠。无受精囊，体后端中央处有纵行的排泄管。

虫卵椭圆形，大小为（133～157）μm×（74～91）μm，前端较窄，后端较钝，呈黄色或黄褐色；一端具卵盖，但不明显。卵壳薄而光滑，半透明，分两层。卵内充满卵黄细胞和一个胚细胞。

3. 生活史　肝片吸虫的终末宿主为哺乳动物，中间宿主为椎实螺科（Lymnaeidae）的淡水螺，我国最最常见的为小土蜗螺（*Galba pervia*），还有截口土窝螺（*G. truncatula*）、斯氏萝卜螺（*Radix swinhoei*）、耳萝卜螺（*R. auricularia*）和青海萝卜螺（*R. cucunorica*）。

成虫寄生在终末宿主的胆管内，排出的虫卵随胆汁排入肠道内，再随粪便排出体外。虫卵在适宜的温度、氧气、水分和光线条件下，经10～25天孵出毛蚴。遇到适宜的中间宿主淡水螺，迅速钻入螺体，经无性繁殖发育为胞蚴、雷蚴、子雷蚴和尾蚴。毛蚴在螺体内脱去纤毛变成囊状的胞蚴，继续发育为雷蚴。雷蚴为长圆形，有口、咽和肠。如条件不适宜，则发育成二代雷蚴。每个雷蚴再产生子雷蚴，最终形成尾蚴，尾蚴有口吸盘和腹吸盘以及尾巴。其发育期的长短与外界因素有关，温度在 22～28℃时 35～38 天即可逸出尾蚴；若条件不合适，在螺体内发育时间延长。

在螺体内，一个入侵的毛蚴可以产生数百个尾蚴。尾蚴从螺体内逸出，游于水中，3～5min 后脱掉尾部，形成囊蚴，附着在水草上和其他物体上，或者游离于水中。新鲜囊蚴为白色，后变为灰褐色。动物饮水或吃草时吞进囊蚴即可感染。囊蚴在终末宿主的十二指肠中脱囊，一部分童虫穿过肠壁到达腹腔，由肝包膜钻入肝脏。另一部分童虫钻入肠黏膜，经肠系膜静脉进入肝脏。在肝实质中的童虫，经移行后到达胆管，发育为成虫。潜隐期需 2～3 个月，成虫可在动物体内存活 3～5 年。

三、流行病学

1. 传染来源 患病动物和隐性带虫者是该病的重要传染来源，其不断地向外界排出大量虫卵，污染环境，造成其他动物及人的感染。

2. 传播途径 肝片吸虫经口感染，动物饮水或吃草时吞进囊蚴即可经口感染。

3. 易感动物 肝片吸虫可广泛寄生于多种动物，其自然宿主主要为牛、羊、骆驼等反刍动物，偶见猪、马、驴、兔及野生动物感染，亦有人感染的报道。实验动物以大鼠最易感，猕猴也可成功感染肝片吸虫。

4. 流行特征 肝片吸虫病呈地方性流行，多发生在低洼、潮湿和多沼泽的放牧地区。

温度、水和淡水螺是该病流行的重要影响因素。虫卵的发育、毛蚴和尾蚴的游动以及淡水螺的存活和繁殖都与温度和水有直接的关系。

四、致病作用、病理变化和临床症状

肝片吸虫对各种动物和人的致病作用是一致的，童虫和成虫均可致病。

童虫经小肠、腹腔和肝内膜移行均造成机械性损害和化学性刺激。当一次感染大量囊蚴时，童虫向肝实质内移行过程中可机械性地损伤和破坏肠壁，肠壁可见出血灶；亦可损伤肝包膜和肝实质及微血管，引起损伤性肝炎和出血；童虫损伤血管可致肝实质梗塞。随着童虫的发育，损害更加明显而广泛，可出现纤维蛋白性腹膜炎。此时肝脏肿大，肝包膜上有纤维素沉积，出血，肝实质内有暗红色虫道，虫道内有凝血块和幼小的虫体，导致急性肝炎和内出血，腹腔内有红色的液体和腹膜炎变化，是该病急性死亡的原因。

成虫寄生期的主要病变是胆管上皮增生。虫体的吸盘和皮棘等的长期机械性刺激以及代谢产物等毒性物质的作用，可引起慢性胆管炎、慢性肝炎和贫血，易并发细菌感染。肝片吸虫感染较轻时胆管呈局限性增大，而重度感染者胆管的各分支均有管壁增厚。早期肝脏肿大，逐渐萎缩硬化，小叶间结缔组织增生。寄生多条成虫时，胆管扩张、增厚、变粗甚至堵塞，胆汁停滞引起黄疸。胆管内壁有盐类沉积，内膜粗糙，胆囊肿大。

肝片吸虫以宿主红细胞为养料，可造成宿主动物营养障碍、贫血和消瘦。

牛、羊肝片吸虫病的临床表现取决于虫体的数量、毒素作用的强弱以及动物机体的状况。家畜中以绵羊对肝片吸虫最敏感，山羊、牛和骆驼次之，对幼畜的危害特别严重，可以引起大批死亡。

实验动物中，猕猴自然感染肝片吸虫可诱发胆管结石的形成。在一只 9 岁雌性猕猴的肝总胆管内发现 4 条肝片吸虫，胆汁中含有大量肝片吸虫虫卵。肝片吸虫造成胆管阻塞或胆汁回流不畅是诱发胆结石的重要因素。左侧胆管腺体重度增生，上皮细胞胞质内含有中性与酸性混合型黏多糖物质，上皮间有大量杯状细胞。胆汁中的糖蛋白含量增高，可能与胆结石的形成有关。胆石切面呈环状，环层间含有黏多糖物质。

五、诊　断

肝片吸虫病的诊断要根据临床症状、流行病学资料、粪便检查及死后剖检等进行综合判定。

1. 常规诊断方法　根据临床症状和流行病学资料进行诊断，根据动物的发病情况及临床表现，结合养殖周边流行病学资料的调查了解，可以对该病做出初步诊断。

（1）粪检法

①直接涂片法：采取动物新鲜粪便进行直接涂片镜检，以见到虫卵或幼虫为阳性。这种方法简便，但检出率低，只能作为辅助方法，一般每次应检 8～10 片。

②集卵法：主要包括临床多用的漂浮法、沉淀法、网筛淘洗法等多种方法聚集虫卵后进行涂片镜检。也以见到虫卵或幼虫为阳性。

（2）死后剖检　动物死后剖检以肝脏病理变化、脏胆管内找到虫体或胆汁中查出虫卵等即可做出诊断。

2. 免疫学诊断方法　已经有多种免疫学方法可用于肝片吸虫病的诊断。如间接血凝试验、血凝试验、琼脂扩散试验以及对流免疫电泳试验等，ELISA 可能更为常用。还可应用斑点酶联免疫吸附试验（Dot-ELISA）、亲和素-生物素酶联免疫吸附试验（BA-ELISA）及斑点免疫金渗滤试验（DlGFA）等多种免疫学方法进行诊断。

3. 分子生物学诊断　大量资料证实核糖体 DNA 的内转录间隔区（ITS-1、ITS-2）是区分种群和研究种系之间关系的最适宜进化速率的基因，因此被广泛应用。肝片吸虫的 ITS-1 序列全长为 245 bp，ITS-2 序列全长为 362 bp，用于扩增的引物见表 79-1-1。

表 79-1-1　引物序列

基因名称	引物	
ITS-1	上游 5’-3’	CTCATTGAGGTCACAGCAT
	下游 5’-3’	CAATGGCAAAGAATGGCAAG
ITS-2	上游 5’-3’	ATATTGcGGcCATGGGTTAG
	下游 5’-3’	CCAATGACAAAGTGACAGCG

六、防治措施

1. 治疗　大部分驱杀吸虫的药物都可以用于肝片吸虫病的防治，如硝氯酚、丙硫咪唑等。

2. 预防　实验动物肝片吸虫的感染相对较少见，防控主要是控制经口摄入带有囊蚴的物质。防控家畜感染，主要应用药物进行定期驱虫，可借鉴用于实验动物感染的防控。

（杨道玉　王庄　刘群）

参考文献

何博．2010．牛，羊肝片吸虫病诊断方法概述［J］．畜禽业（2）：74-76.

廖国阳，卢明义．2000．猕猴自然感染肝片吸虫诱发胆管结石的形成［J］．动物学杂志，35（4）：19-22.

孔繁瑶．2010．家畜寄生虫学［M］．第 2 版．北京：中国农业大学出版社：43-57.

罗洪林，钟晓艳，汤忠进，等．2007．肝片形吸虫种类鉴定 PCR 方法的建立［J］．西南师范大学学报：自然科学版，32（5）：86-90.

于保疆．2011．浅谈羊肝片吸虫病的防治对策［J］．畜牧兽医科技信息（5）：49.

第八十章 异形科吸虫所致疾病

异形吸虫病
(Heterophyiasis)

异形吸虫病（Heterophyiasis）是由异形吸虫寄生于鸟类、哺乳动物和人的小肠中或异位寄生于其他器官引起的。动物感染异形吸虫主要是通过生食或食未煮熟的淡水鱼引起。成虫可钻入肠壁，虫卵进入肠壁血管，并随血流到达脑、脊髓、肝、脾、肺等组织器官，引起严重疾病。该病主要分布于东亚各国，我国虽有报道，但感染者并不太多。

一、发生与分布

1851 年，Bilharz 报道了最早的人体异形吸虫感染，他从一名埃及儿童的小肠中检获了异形吸虫。异形科吸虫为世界性分布，东南亚和中东地区较普遍，在埃及、以色列、巴尔干半岛、西班牙、檀香山、原苏联的亚洲地区、朝鲜、日本、菲律宾、印度和我国北京、吉林、台湾亦有关于该病的报道。

二、病　　原

1. 分类地位　异形吸虫（*Heterophyes heterophyes*）在分类上属于扁形动物门（Platyhelminthes）、吸虫纲（Trematoda）、复殖目（Digenea）、异形科（Heterophyidae）、异形属（*heterophyes*）

2. 形态特征　异形吸虫成虫灰白色，呈长梨形，体表有小刺，虫体大小为（1～1.7）mm×（0.3～0.7）mm。口吸盘在前端，腹吸盘厚而较大，位于虫体腹面中 1/3 的前部。睾丸两个，呈卵圆形，斜列于虫体后部；卵巢小，位于睾丸前方，卵黄腺位于体后部两侧，每侧各有 14 个。子宫很长，曲折盘旋，向前通入生殖吸盘。生殖吸盘位于腹吸盘后面偏左，上有 70～80 个小棘。

虫卵棕黄色，椭圆形，有卵盖，大小为（28～30）μm×（15～17）μm，内含毛蚴。

3. 生活史　异形吸虫病是食源性人兽共患寄生虫病。我国台湾报告的病例数较多，在大陆人体感染的病例较少。其生活史类似华支睾吸虫。

异形吸虫成虫寄生在鸟类与哺乳动物的肠管，虫卵随宿主粪便排出体外。在异形吸虫的生活史循环中需要两个中间宿主，第一中间宿主为淡水螺，第二中间宿主为淡水鱼，包括鲤科与非鲤科鱼类，偶见于蛙类，终末宿主为哺乳动物、鸟类和人。成虫寄生于宿主肠黏膜，虫卵随粪便排出，被淡水螺吞食，在螺体内发育成毛蚴、胞蚴、雷蚴、尾蚴。尾蚴从螺体逸出，侵入淡水鱼或蛙体内发育形成囊蚴，囊蚴主要寄生于鱼的鳞下皮肤，也可寄生于鳍、鳃盖、鳃丝、肌肉、心、肝、肺、肾、脾及肠系膜等部位，鱼体上通常形成“黑斑”，终宿主食入未煮熟的含有囊蚴的淡水鱼而感染，囊蚴发育为成虫在小肠寄生。

三、流行病学

1. 传染来源　异形吸虫的宿主范围广泛，生的或未煮熟含囊蚴的淡水鱼肉或蛙肉是主要的传染来源。囊蚴的抵抗力强，在新鲜鱼品或其干、腌、烟熏制品内都可长期存活。

2. 宿主

(1) 中间宿主　第一中间宿主为淡水螺类。囊蚴寄生于第二中间宿主淡水鱼，偶见蛙类感染。

(2) 终末宿主　哺乳动物、鸟类及人都可作为终末宿主。

3. 传播途径　经口感染。在地方性流行区（特别是淡水渔民）卫生条件差，粪便污染水源是该病广泛传播的主要原因。动物和人因生食鱼或蛙肉遭受感染。

四、致病性与临床表现

成虫很小，在肠管寄生时可钻入肠壁，寄生于小肠壁黏膜上的绒毛之间，且可钻入黏膜深层，并分泌毒素，引起局部黏膜充血、出血，严重时导致小肠黏膜坏死。虫体和虫卵有可能通过肠绒毛的乳糜管和小静脉进入体循环，随血流到达脑、肝、脾、心和肺等组织器官，造成小血管多发性出血、局部栓塞、损伤器官等，从而让产生严重的并发症。虫卵沉积于组织中可引起慢性或急性损伤，若虫卵在脑组织沉积，则后果严重。重度的消化道感染者可导致出血性腹泻，出现消瘦和消化道症状。

犬感染异形吸虫后，肠黏膜遭受不同程度的破坏，寄生虫在夺取犬体营养同时排出大量的毒素，致使病犬腹泻与便秘交替发生，日渐消瘦，被毛粗乱，发育受阻，观赏价值、使用能力丧失，皮、肉质量和繁殖能力下降，犬的抗病能力的下降，常常导致并发或继发其他疾病。病犬粪便四周常有芝麻大至高粱粒大的白色虫体。

五、诊　　断

常规的病原学检查方法是粪便涂片及沉渣镜检虫卵，一般感染者虫卵量不多，且多深埋于组织内，不易从粪便中检出虫卵。即使检到虫卵，因异形吸虫虫卵与华支睾吸虫卵形态近似，难于鉴别，主要以成虫鉴定虫种。因此，可以结合当地流行病学情况、患者病史及临床表现，或是通过投服驱虫药后检测粪便中的成虫进行诊断。

六、防治措施

最有效的预防措施禁止给动物吃未煮熟的鱼肉和蛙肉。在疫区，定期给犬、猫驱虫，加强粪便管理。

可用吡喹酮、硝氯酚进行治疗，但犬、猫如果感染严重，驱虫后须对症治疗。

八、公共卫生影响

异形吸虫为人兽共患病原，该病为食源性寄生虫病。多种动物可以感染，对于人来说，这些动物均是人异形吸虫的保虫宿主，粪便污染了水源。人食入含有囊蚴的第二中间宿主遭受感染。因此，有效防控人感染异形吸虫的主要措施首先是控制动物的感染，其次是禁止食入生的鱼虾。

（杨道玉　陈汉忠　刘群）

参考文献

李早荣，武国玲，仇锦波．2002．鸡蛋内的异形异形吸虫［J］．中国寄生虫学与寄生虫病杂志，20 (4)：225．

徐永泉，李刚，肖景峰．2004．犬异形吸虫病的防治［J］．中国兽医寄生虫病，12 (2)：27.

Simões S B E，Barbosa H S，Santos C P. 2010. The life cycle of Ascocotyle (Phagicola) longa (Digenea：Heterophyidae)，a causative agent of fish - borne trematodosis ［J］．Acta tropica，113 (3)：226 - 233.

第八十一章
前后盘科吸虫所致疾病

第一节 猴瓦生吸虫病
(Watsoniusosis of monkey)

猴瓦生吸虫病（Watsoniusosis of monkey）由瓦氏瓦生吸虫（*Watsonius watsoni*）寄生于动物和人引起的。人体感染病例最先由 Watson 发现，并由 Pick 和 Deschiens 加以描述。虫体寄生于回肠、盲肠、结肠和直肠。自然宿主还有猴类、司芬克斯狒狒和亚洲象，曾在狒狒中发现多达 2 万条成虫。动物和人可能是因为吞食含有囊蚴的蔬菜和植物遭受感染。

对该病所知甚少，迄今尚未阐明该吸虫的生活史。成虫寄居于肠腔中，以肠内食物渣滓为食。虫体附着于肠壁上，由于机械刺激和创伤性的作用引起肠壁损伤。通过检查宿主粪便中的虫卵可进行初步诊断，在动物肠道内检出成虫可确诊。在非洲西部、中非有关于该病的报告。

（陈汉忠　杨道玉　刘群）

第二节 猴拟腹盘吸虫病
(Gastrodiscoidiasis of monkey)

拟腹盘吸虫病（Gastrodiscoidiasis）是由人拟腹盘吸虫吸虫寄生于动物或人的结肠、盲肠等部位引起的一种人兽共患吸虫病。该病可造成感染动物寄生部位的黏膜发炎，引起黏膜出血、慢性肠炎、腹泻等症状，严重时可导致死亡。

人拟腹盘吸虫（*Castrodiscoides hmninis*）在分类上属于扁形动物门（Platyhelminthes）、吸虫纲（Trematoda）、复殖目（Digenea）、前后盘科（Paramphistomatidae）、拟腹盘吸虫属（*Gastrodiscoides*）。人拟腹盘吸虫为常见的人体寄生虫。虫体红色，梨形，长 5～14mm、宽 4～6mm，虫体可收缩。口吸盘呈球形，长约 0.42mm、宽约 0.135mm，腹吸盘位于虫体后端，直径约 2mm，腹吸盘边缘有一个深的凹槽，与周围组织隔开。两个睾丸略呈分叶状，位于两条肠的分叉点。卵巢位于虫体中部，在睾丸之后，偏向腹侧面，输卵管开口于卵巢与卵壳腺的间隙。位于背侧面的子宫盘旋曲折，充满虫卵，体表光滑，虫卵大小为 152μm×68μm，有一小的黄色卵盖。

人拟腹盘吸虫的终末宿主有猪、牛、绵羊、大鼷鹿、田鼠、恒河猴、猕猴及人等，流行于美国、印度、尼日利亚等地。1976 年，Lewis 和 McConnell 最早在人的盲肠中发现该吸虫，从粪便中查获虫卵。Bran 和 Bruyart 首次报道了猪感染的病例。人体感染的报道见于多个国家和地区，如印度、巴基斯坦、越南、菲律宾、缅甸、泰国、中国、哈萨克斯坦和圭亚那等。在印度的阿萨姆邦曾经报道人的感染率高达 41.2%。

目前尚不清楚拟腹盘吸虫的生活史，可能与其他前后盘科吸虫类似。第一中间宿主为淡水螺类，如扁卷螺、膀胱螺等，第二中间宿主为青蛙、蝌蚪及小龙虾等，宿主吞食了有囊蚴的水生植物、青蛙、蝌蚪和小龙虾遭受感染。虫体寄生于宿主的结肠和盲肠。

拟腹盘吸虫的人体感染一般属偶发，并且往往与猪发病有关。宿主可感染大量虫体，有报道可达900条以上。常因河水泛滥导致终末宿主与中间宿主的接触机会大为增加，以致感染范围进一步扩大。

人体感染后，虫体附着于盲肠和结肠，常引起黏液性腹泻。盲肠和升结肠黏膜发生炎症，并伴有黏液性腹泻。猪感染时病变可能更加严重，但需进一步做症状学和病理学检查。

未见有大鼷鹿、田鼠、恒河猴、猕猴等宿主感染发病的报道。

主要通过粪便检查虫卵进行诊断，虫卵大小为（150～170）μm×（60～70）μm。虫卵与布氏姜片吸虫虫卵相似，但比布氏姜片吸虫的虫卵稍窄并略带绿色。

有报道百里香酚可有效驱除该虫，亦可试用其他驱吸虫药。

（陈汉忠　杨道玉　刘群）

参考文献

陈心陶．1960. 并殖吸虫分类上的特点，包括斯氏并殖（P. skrjabini）的补充报导［J］．动物学报，12（1）：27-36.

廖咏梅，韦毅．2006. 食蟹猴人拟腹盘吸虫的检查及药物驱治［J］．四川动物，24（4）：630-632.

Goswami L M，Prasad P K，Tandon V，et al. 2009．Molecular characterization of Gastrodiscoides hominis（Platyhelminthes：Trematoda：Digenea）inferred from ITS rDNA sequence analysis［J］．Parasitology research，104（6）：1485-1490.

Khalil M. 1923. A Description of Gastrodiscoides hominis，from the Napu mouse deer［J］．Proceedings of the Royal Society of Medicine，16（Sect Trop Dis Parasitol）：8-14.

第八十二章 双穴科吸虫所致疾病

重翼吸虫病 (Alariosis)

重翼吸虫病（Alariosis）是由有翼翼形吸虫寄生于动物或人的小肠中引起的人兽共患寄生虫病。有翼翼形吸虫的宿主广泛，可寄生于犬科动物、猫科动物及家养动物等。有翼翼形吸虫也可寄生于人，威胁人体健康。该病在亚欧大陆、南美、北美等地区均有分布，在我国亦有报道。

一、发生与分布

Goeze 于 1782 年首次发现有翼翼形吸虫成虫，Gestaldi 于 1854 年首次在青蛙体内发现其幼虫，随后有学者在猪肌肉中观察到未发育成熟的虫体。人类用近 50 年时间才把青蛙体内的囊蚴与猪肌肉中的囊蚴联系起来，逐渐阐明有翼翼形吸虫的生活史。

有翼翼形吸虫分布在亚欧大陆、南美、北美等地区，在阿根廷、巴西、乌拉圭、西班牙、乌克兰、白俄罗斯、俄罗斯及加拿大等国家均发现有翼翼形吸虫的存在。在我国的黑龙江、吉林、北京、江西和内蒙古等地均有报道。

二、病　　原

1. 分类地位　有翼翼形吸虫（*Alaria alata*）在分类上属于扁形动物门（Platyhelminthes）、吸虫纲（Trematoda）、复殖目（Digenea）、双穴科（Diplostomatidae）、翼形属（*Alaria*）。

2. 形态特征　新鲜成虫呈黄褐色，大小为（3～6）mm×（1～2）mm。虫体明显地分为前、后两部分，前、后部交接处向内凹陷。虫体前部扁平而长，前端有一翼形结构，含有四个棒状细胞，有颗粒状的细胞质和球形的细胞核。前部体表被有小棘，口吸盘位于体前端，口吸盘两侧有一对耳状“触角”，腹吸盘比口吸盘小，位于前体的前 1/5 处。虫体从宿主小肠吸收黏液及组织获得营养。后体较短呈圆柱状。睾丸 2 个，形似哑铃，前后纵列于后体中部。卵巢呈球形，位于前、后体结合处的中央，子宫先上后下，盘曲，再经两睾丸间，开口于体后端的生殖腔内。卵黄腺由细小颗粒组成，分布于前体两侧。

虫卵金黄色，卵圆形，大小为（110～140）μm×（70～80）μm，内含受精卵及卵黄细胞。从虫卵发育到成虫需要 92～114 天。

3. 生活史　有翼翼形吸虫的生活史在 19 世纪中期既已阐明。成虫寄生于终末宿主小肠，虫卵随粪便排出，在适宜环境中孵化，释放出毛蚴，游于水中，主动侵入第一中间宿主淡水螺（扁卷螺、椎实螺等），依次发育为胞蚴和尾蚴。尾蚴在水中侵入第二中间宿主蝌蚪、青蛙或其他两栖类动物的肌肉中，发育为中尾蚴，终末宿主吞食了含中尾蚴的蛙类而遭受感染。童虫或经过腹腔进入胸腔长期寄生，或经血液循环到达肺部，再经气管、咽到达小肠内发育为成虫。该吸虫还存在多种转续宿主，大鼠、小鼠、蛇和鸟类等多种动物都可作为其转续宿主，它们可因吞食青蛙和蟾蜍感染中尾蚴。终末宿主再吞食含中尾蚴的转续宿主遭受感染。

三、流行病学

1. 传染来源与传播途径　犬、狐狸、猫等食入含囊蚴的第二中间宿主蝌蚪、青蛙、蟾蜍等遭受感染。大鼠、小鼠、蛇和鸟类等多种转续宿主被犬、猫及人食入后也可造成感染。

2. 宿主

（1）终末宿主　犬科动物、猫科动物、鼬属动物等多种动物和人均为其终末宿主。猪、牛、蛇、猫科动物、大鼠、小鼠、鸟类、白鼬、熊、貂属动物及鼹属动物和人还可作为有翼翼形吸虫的转续宿主。鱼是否为其转续宿主，至今尚有争议。

（2）中间宿主　第一中间宿主为淡水螺类，包括扁卷螺、椎实螺等；第二中间宿主为蝌蚪、青蛙、蟾蜍等两栖动物。

3. 流行现状　欧洲及南美的均有动物感染有翼翼形吸虫的报道。在欧洲，约有30%的野生犬科动物携带该虫。不同地区和不同动物的感染率差别很大，红狐的感染率为0.1%～88%，浣熊的感染率为10%～70%。感染动物的荷虫量差异很大，从1条到1 533条不等。虽然只有终末宿主才能排出感染性虫卵，但由于中尾蚴在转续宿主中的过渡寄生很常见，以致感染来源复杂。杂食动物的感染率高，生活在高感染区的野猪摄入含中尾蚴的转续宿主遭受感染。一般情况下，在水源充足的地区，若螺类、两栖类及终末宿主同时存在，则该病的感染率偏高。

四、致病性

严重感染时可引起十二指肠的卡他性炎，一般无太大危害。可引起全身过敏性炎症，表现为嗜酸性粒细胞增多、IgE水平升高、过敏性休克的症状等，临床上轻则心率过快、血压降低，重则导致昏迷。

人亦可成为有翼翼形吸虫的转续宿主，当人吃了未熟的青蛙时，在脑、心、肝、肾、肺、淋巴结、脊髓和胃内可能有大量的中尾蚴，并出现多个病灶。在肺部寄生可致大面积出血，可出现严重的呼吸困难，最终因窒息而死亡。

五、诊　　断

有翼翼形吸虫中尾蚴经常寄生在宿主的脂肪组织，通过粪便检查发现虫卵或尸体剖检发现虫体即可做出诊断。

六、防治措施

1. 治疗　吡喹酮和丙硫咪唑可用于驱虫，也可试用硫双二氯酚进行防治。

2. 预防　最有效的预防措施是勿给动物喂食生鱼及其他转续宿主，勿用生的或半生的鱼类作为动物饲料。

七、公共卫生影响

人或动物通过食入生的或未煮熟的野猪肉遭受感染是局部地区流行的主要因素。由于有翼翼形吸虫中尾蚴的高致病性及在野生动物间的流行，应进一步研究中尾蚴在转续宿主内的分布情况、在野生动物及食物链中的流行率。

此外，中尾蚴在转续宿主体内生命力顽强，在肉类加工过程中应当特别注意。

有翼翼形吸虫宿主广泛，可以寄生于猫科动物、犬科动物、大鼠及小鼠等，在选择实验动物时，应检测其是否感染了有翼翼形吸虫。为避免对试验造成不可预知的影响，需选用有翼翼形吸虫阴性动物。

（杨道玉　刘群）

参考文献

Castro O，Venzal J M，Félix M L. 2009. Two new records of helminth parasites of domestic cat from Uruguay：Alaria alata（Goeze，1782）（Digenea，Diplostomidae）and Lagochilascaris major Leiper，1910（Nematoda，Ascarididae）[J]. Veterinary parasitology，160（3）：344－347.

Möhl K，Große K，Hamedy A，et al. 2009. Biology of Alaria spp. and human exposition risk to Alaria mesocercariae—a review [J]. Parasitology research，，105（1）：1－15.

第八十三章
带科绦虫所致疾病

第一节　犬、猫豆状带绦虫病
(Taeniasis pisiformis of dog and cat)

犬猫豆状带绦虫病（Taeniasis pisiformis of dog and cat）是由寄生于犬和其他犬科动物或猫小肠的豆状带绦虫引起的疾病。豆状绦虫的中绦期——豆状囊尾蚴（*Cysticercus pisiformis*）寄生于兔或一些啮齿动物的肝脏、肠系膜和腹腔，引起兔的豆状囊尾蚴病。

一、发生与分布

豆状囊尾蚴分布极广，在我国各地均有发生。兔大量感染时可因急性肝炎而突然死亡，轻度感染则表现为消化紊乱，幼兔生长迟缓，成年兔消瘦，且易继发其他疾病，给养兔业造成极大经济损失。

二、病　　原

1. 分类地位　豆状带绦虫（*Taenia pisiformis*）在分类上属于扁形动物门（Platyhelminthes）、绦虫纲（Cestoidea）、圆叶目（Cyclophyllidea）、带科（Taeniidae）、带属（*Taenia*）。

2. 形态特征　豆状带绦虫成虫长达 60～200cm，虫体呈乳白色，头节上有吸盘和顶突及小钩 36～48 个。因其生殖孔不规则的在节片一侧交互开口，并稍突出于边缘，使其体节边缘呈锯齿状，故又称锯齿带绦虫（*Taenia serrata*）。成熟体节大小为（10～15）mm×（4～7）mm。子宫位于孕节内两侧，每侧有 8～14 个侧枝，虫卵大小为（36～40）μm×（32～37）μm。

豆状囊尾蚴为豆状带绦虫的中绦期，呈球形，似豌豆或黄豆样囊泡，囊内充满半透明液体，囊壁上有一米粒大的乳白色小头节，头节上有 4 个吸盘，顶突大，有小钩，小钩排列成两圈。

3. 生活史　豆状囊尾蚴的终末宿主是犬科类动物和极少量的猫科动物，中间宿主是兔及其他啮齿类动物。犬吞食含豆状囊尾蚴的兔内脏而感染，在犬小肠内经 35 天、在狐狸小肠内经 70 天发育为成虫，孕卵节片随粪便排出体外，节片破裂，虫卵逸出，污染兔的食物、饮水及环境。兔采食或饮水时，吞食虫卵，卵壳被消化道内蛋白水解酶消化，六钩蚴孵出并钻入肠壁血管，随血流到达肝实质，逐渐移行到肝表面，最后到达大网膜、肠系膜及其他部位的浆膜，发育为豆状囊尾蚴。

三、流行特点

豆状带绦虫的终末宿主是犬科动物，猫科动物偶感；囊尾蚴寄生于中间宿主兔及其他啮齿类动物。

近年来，随着养犬的增多和养兔业的发展，该病在我国的流行十分广泛。在全国各地均有发生，在辽宁、吉林、黑龙江、贵州、青海、福建、新疆、重庆、浙江、山东、广西及河南 12 个省、自治区已有报道。该病一年四季均可发生，严重威胁养兔业发展。由于农村犬多为散养，犬接触到病兔内脏的机会较多，增加了该病的传播力，这也是豆状囊尾蚴病广泛传播的原因之一。兔豆状囊尾蚴病虽然病死率低，但感染率高、传播速度快，很难彻底根治。

四、临床症状

1. 犬、猫 豆状带绦虫寄生于犬的小肠，偶见于猫。犬作为豆状带绦虫的终末宿主，极容易通过吞食含豆状囊尾蚴的兔内脏而感染。但成虫寄生一般无明显症状，如果大量寄生，可表现消化系统功能障碍为主的临床症状。

2. 兔 兔感染少量囊尾蚴时，症状较轻，一般生长稍微缓慢；大量感染时症状明显，出现被毛粗乱、贫血、消化不良、食欲减退、消瘦、腹胀等症状，严重者精神不振、嗜睡少动、黄疸，随着病程的发展，有的后期发生腹泻、后肢瘫痪甚至急性死亡。豆状囊尾蚴病虽然不会导致兔的大批死亡，但是豆状囊尾蚴在其体内的寄生及移行都对肝脏有损害作用，导致肝脏肿大，腹腔积液，在肝表面、肠道、腹壁及胃壁等处的浆膜上可见有数量不等的水疱样豆状囊尾蚴。肝表面及切面有黄白、黑红色条纹状病灶，甚至发展为肝硬化。另外，虫体的代谢产物或渗出的囊液会引起兔自体中毒，抵抗力下降，继发其他病原菌感染。

3. 金仓鼠 有报道金仓鼠能够试验感染豆状囊尾蚴，在感染后的仓鼠的粪便中能够检查到泡状带绦虫虫卵，剖检可见成虫，说明金仓鼠可以感染泡状带绦虫。因此，金仓鼠可以取代犬作为研究泡状带绦虫的实验动物模型。

五、诊　　断

应根据流行病学、临床症状、剖检病变及实验室检查等方法进行综合诊断。生前诊断可采用间接血凝试验、乳胶凝集试验、碳素凝集试验等，死后剖检进行虫体和病变检查，可根据在肝脏或腹腔中发现虫体而确诊。我国报道的兔豆状囊尾蚴病均是采用剖检确诊的。

六、防治措施

1. 治疗 比硅酮、甲苯咪唑、丙硫咪唑、氟苯达唑、硫双二氯酚、槟榔、南瓜子等对该病都有较好的疗效。

2. 预防 豆状囊尾蚴病的流行主要是管理不当引起的，应以预防为主。传染源主要是兔场周围的猫、犬对兔场的饲料、饮水等环境的污染所造成的，首先要避免家犬进入兔场，兔场也不宜饲喂猫、犬等肉食性动物，严防猫、犬进入兔场、兔舍；其次，严禁将病兔内脏生喂犬、猫；最后，要对兔场定期驱虫

该病不寄生于人，无公共卫生影响。

（杨道玉　刘群）

参考文献

孙晓林，骆学农，王晓霞，等．2008. 兔豆状囊尾蚴和豆状带绦虫头节的组织结构观察［J］．中国兽医科学，38（9）：796-800.

汪明．2006. 兽医寄生虫学［M］．第3版．北京：中国农业出版社．

许伟．2009. 家兔豆状囊尾蚴病的诊断与治疗［J］．北方牧业（12）：24.

于咏兰，孙艳争，高海，等．2010. 犬豆状带绦虫和弓首蛔虫混合感染［J］．中国兽医杂志（1）：77-78.

赵恒章，刘保国．2005. 肉兔豆状囊尾蚴病的诊治［J］．中国草食动物，25（1）：40-41.

周永学，杜爱芳，张雪娟，等．2006. 我国兔豆状囊尾蚴病的研究进展［J］．中国养兔（1）：25-28.

Toral-Bastida E，Garza-Rodriguez A，Jimenez-Gonzalez D E，et al. 2011. Development of Taenia pisiformis in golden hamster (Mesocricetus auratus)［J］．Parasite & Vectors，4：147.

第二节　犬、猫泡状带绦虫病

(Taeniasis hydatigena of dog and cat)

犬、猫泡状带绦虫（Taeniasis hydatigena of dog and cat）成虫寄生于犬、狼和狐狸等食肉动物的

小肠内，引起泡状绦虫病。其中绦期——细颈囊尾蚴（*Cysticercus tenuicollis*，俗称“水铃铛”）寄生于绵羊、山羊、猪、牛等多种家畜及其他野生动物的肝脏浆膜、大网膜、肠系膜等器官中引起的绦虫蚴病。该病对幼年动物有一定危害，可引起羔羊、仔猪和犊牛的生长发育受阻、体重减轻，当大量感染时可导致肝脏受损而死亡。该病分布广泛，在全国各地均有不同程度的发生。

一、发生与分布

泡状带绦虫呈世界性分布，我国各地犬及野生犬科动物感染较为普遍。多种动物（羊、猪、牛等）为其中间宿主，能够感染细颈囊尾蚴，以牧区绵羊感染严重。

二、病　　原

1. 分类地位　泡状带绦虫（*Taenia hydatigena*）在分类上属于扁形动物门（Platyhelminthes）、绦虫纲（Cestoidea）、圆叶目（Cyclophyllidea）、带科（Taeniidae）、带属（*Taenia*）。

2. 形态特征　泡状带绦虫是一种大型虫体，成虫呈乳白色或微黄色，体长150～200cm，有的可长达500cm，宽8～10cm。头节稍宽于颈节，头节上有4个圆形吸盘和一个顶突，顶突上有26～46个角质小沟，排列成两圈。前部节片短而宽，向后节片逐渐加长。每个节片均有一套生殖器官，生殖孔不规则地交互开口于节片侧面。成熟节片有359～566枚睾丸，卵巢左右分成两叶，位于生殖孔的叶较小。子宫有5～10对大侧枝，侧枝上有小分枝。孕节内充满虫卵，卵呈卵圆形，内含六钩蚴。

细颈囊尾蚴是泡状带绦虫的中绦期幼虫，俗称“水铃铛”，呈乳白色、囊泡状，囊内充满无色透明的液体，无任何颗粒状物质。大小由黄豆至鸡蛋大，直径约8cm。囊壁分两层，外层较厚而坚韧，是由宿主结缔组织形成的厚膜包围，不透明；内层囊壁薄而透明，是虫体的外膜，在其内层囊壁上有一个向内生长并具有细长颈部的乳白色头节。头节上有两排小沟，颈细而长，故称作细颈囊尾蚴。

3. 生活史　泡状带绦虫成虫寄生于终末宿主犬、狼、狐狸等食肉动物的小肠内，孕节随粪便排出体外，孕节破裂后逸出虫卵，污染牧草、饲料及饮水。中间宿主猪、牛、羊在采食过程中吞食虫卵而感染，六钩蚴在宿主消化道内逸出，钻入肠壁血管，随着血液循环到达肝脏，并由肝实质逐渐移行至肝表面，或进入腹腔内发育，有的甚至可进入胸腔寄生于肺脏。幼虫生长发育3个月左右时具有感染能力。犬、狼等吞食含有细颈囊尾蚴的脏器而受感染，潜隐期为51天，在犬体内泡状带绦虫可存活1年左右。

三、流行特点

1. 传染来源　受到泡状带绦虫感染的犬及其他犬科动物是主要传染来源。

2. 传播途径　中间宿主和终末宿主均是经口感染。泡状带绦虫在中间宿主和终末宿主之间传播，终末宿主由于食入感染了细颈囊尾蚴的中间宿主组织遭受感染，中间宿主通过食入被犬等动物粪便中排出的孕节和虫卵感染。

3. 流行现状　该病呈世界性分布，我国各地普遍流行。多种动物能够感染细颈囊尾蚴，牧区绵羊感染严重，牛的感染较少；猪的感染感染率较高，可达50%，个别地区高达70%。该病广泛流行的主要原因是感染泡状带绦虫的犬、狼等动物通过粪便排出节片或虫卵，并随着终末宿主的活动污染牧场、饲料和饮水而使猪、羊等中间宿主遭受感染。农村宰猪或是牧区宰羊时，犬多守立于旁，凡废弃的内脏丢弃之后任犬吞食，这是犬泡状带绦虫感染率高的主要原因。

四、临床症状及病理变化

成虫寄生于犬时，一般无明显临床症状。当感染剂量较高时，犬出现以消化系统功能障碍为主的临床症状。

细颈囊尾蚴寄生于中间宿主，其临床表现依据感染量而不同。轻度感染无明显临床症状，重度感染动物可出现相关临床症状。

急性感染时大量幼虫在肝脏中移行，破坏肝实质和微血管，穿梭形成孔道，肝脏肿大，表面有出血点，导致出血性肝炎。有时出现腹水并混有渗出的血液，在病变部位可发现正在移行发育中的幼虫。幼虫到达腹腔、胸腔可引起腹膜炎和胸膜炎。

羔羊及仔猪大量感染细颈囊尾蚴后可引发严重症状，感染动物会出现不安、精神沉郁、流涎、食欲减退、体温升高、腹泻、腹痛及消瘦等营养不良症状，进而导致发育受阻，严重者甚至死亡。

成年动物感染后症状不明显。成年羊主要为慢性感染，可见肝脏包膜、肠系膜、大网膜上分布有数量不等、大小不一的虫体囊泡，肉眼观察可见有一个相当细长的颈部和游离头节，形似一个水铃铛。感染严重者在肺部和胸腔处亦可发现虫体。

五、犬、猫的泡状带绦虫病

1. 犬 犬大剂量感染泡状带绦虫可引起消化不良、消瘦、贫血甚至死亡。

2. 猫 临床上猫感染泡状带绦虫并不多见。感染严重时导致慢性肠炎、腹泻及体重下降。2001 年文献报道贵州省某县发现一只土杂猫难产，剖检发现 6 个鸡蛋大小的充满透明液的囊体，囊壁呈乳白色，且有一个不透明的乳白色结节，因此确诊为细颈囊尾蚴重度感染而导致的难产。

六、诊　　断

可根据粪便检查初步诊断犬的泡状带绦虫感染，粪便中的节片较易鉴定，如果孕节破裂释放出虫卵，则需要进一步检查。可通过驱虫试验后收集粪便，检查其中的节片，做出诊断。

细颈囊尾蚴病的诊断须根据流行病学、临床症状以及尸体剖检进行综合判断。在肝脏中发现细颈囊尾蚴时，应与细粒棘球蚴相区别，细颈囊尾蚴只有一个头节，囊壁薄而透明；细粒棘球蚴内壁上有多个头节，囊壁厚而不透明。血清学方法可用于细颈囊尾蚴病的生前诊断。

七、防治措施

1. 治疗 吡喹酮、氯硝柳胺、丙硫咪唑等可有效驱除犬肠道的成虫。吡喹酮对中间宿主体内的细颈囊尾蚴有一定疗效，可试用。

2. 预防 对犬、猫、啮齿动物等实验动物的有效管理可有效切断传播途径，是防治本病的关键。勿用猪、羊屠宰后废弃的内脏喂犬。新买进的犬，应先进行粪便检查，若有感染，应及时予以驱虫治疗。防止犬粪便污染猪、羊舍而散布虫卵、污染饲料和饮水是防止中间宿主感染的关键。

八、公共卫生影响

未见泡状带绦虫及其细颈囊尾蚴感染人的报道。

（杨道玉　刘群）

参考文献

何贤友，程庆华．2003. 鸡细颈囊尾蚴病的调查 [J]．青海畜牧兽医杂志，33 (6)：30.

贾志江．2003. 细颈囊尾蚴与棘球蚴的鉴别 [J]．中国兽医杂志，39 (7)：53.

孔繁瑶．2010. 家畜寄生虫学 [M]．第 2 版修订版．北京：中国农业大学出版社：95-113.

刘琴，曾广厅．2008. 一例鸡细颈囊尾蚴的检疫与处理 [J]．中国动物检疫，25 (5)：37.

王连平，卢少达，张启祥，等．2005. 左旋咪唑与槟榔粉合用驱除犬弓首蛔虫和泡状带绦虫效果观察 [J]．中兽医医药杂志，24 (3)：58-59.

熊文康，邹孔桃．2002. 细颈囊尾蚴病致猫难产 [J]．畜牧与兽医，34 (4)：10.

第三节 鼠巨颈带绦虫病
(Taeniasis taeniaeformis of mice)

巨颈带绦虫即带状带绦虫，带状泡尾绦虫（*Hydatigera taeniaeformis*）为其同物异名，其中绦期是链尾蚴（*Strobilocercus*），也称叶状囊尾蚴（*Cysticercus fasciolaris*）。成虫寄生于犬、猫的小肠中，链尾蚴寄生于啮齿类动物的肝脏，也有感染人的报道，属于人兽共患寄生虫。该病原主要是猫与鼠之间循环传播，分布广泛。

一、病　　原

1. 分类地位 巨颈带绦虫（*Taenia taeniaeformis*）在分类上属于扁形动物门（Platyhelminthes）、绦虫纲（Cestoidea）、圆叶目（Cyclophyllidea）、带科（Taeniidae）、带属（*Taenia*）。

2. 形态特征 成虫乳白色，体长为15～60cm，头节粗壮，肥大的顶突上带有小钩，4个吸盘向外侧突出，颈节不明显。孕节子宫内充满虫卵，子宫每侧有16～18对分枝。虫卵直径为31～36μm。

链尾蚴形似长链，约20cm长，分为头节、链体和尾部。头节裸露，后接一个假分节的链状体结构，后端有一个小尾囊。

3. 生活史 成虫寄生于终末宿主犬、猫以及禽类的小肠中，链尾蚴主要寄生于各种脊椎动物的肝脏中，鼠类是其主要宿主，亦有人感染链尾蚴的报道。

孕节随终末宿主的粪便排出体外，排出后段时间内可自行蠕动，释出虫卵，当鼠类等吞食含有感染性虫卵的饲料或饮水后，六钩蚴在胃肠内逸出，钻入小肠壁，随血液流动移行至肝脏，经60天发育成链尾蚴。猫等终末宿主吞食含有链尾蚴的鼠类而感染，链尾蚴在猫体内经36～41天发育为成虫。成虫在猫体内可存活2年。

二、流行特点

鼠类是巨颈带绦虫的主要中间宿主，终末宿主通过捕食鼠类遭受感染。人接触感染巨颈带绦虫的犬或猫而感染链尾蚴。有报道显示，我国湛江市区鼠类链尾蚴的感染率达到37.1%，湖北某地鼠类带状链尾蚴感染率为1.99%。

三、临床症状及病理变化

成虫寄生于犬、猫等终末宿主的肠道中，可造成肠机械性损伤及宿主的营养不良等疾病，甚至造成宿主死亡。

链尾蚴寄生于中间宿主导致肝脏组织损伤，影响肝功能，荷虫量大时可对肝脏造成严重损害。链尾蚴主要寄生于鼠类的肝脏，周围被有纤维包囊，感染量大的个体肝表面布满虫囊。处于生长状态的虫囊嵌入肝实质中，仅有部分囊体裸露；发育成熟的囊体逐渐从肝实质中移出，囊体突出于肝表面，并有脱落的趋势，部分成熟囊体脱落后，囊内蚴体脱囊。

1. 猫 一般情况下，猫感染后症状不明显。也有严重感染的报道，如2009年，国外首次报道了一例猫巨颈带绦虫病感染，一只成年短毛猫出现了急性呕吐、食欲不振、嗜睡及呼吸困难等症状，24h后病情加重，剖腹手术发现病因是巨颈带绦虫感染后寄生于小肠导致的急性肠梗阻。

2. 鹿鼠 链尾蚴寄生于其肝脏，曾有报道在25只雄鼠体内共发现了187条带状囊尾蚴，在20只雌鼠体内发现了117条囊尾蚴。

3. 大鼠 带状链尾蚴的感染可导致胃肠黏膜的增生性病变，虫体大量聚集于肝脏引起肝脏严重病变，形成结节状物；寄生于胃肠道致使大量上皮细胞增生，黏膜增厚，结肠轻微肿大。

4. 小鼠 感染链尾蚴导致小鼠轻度或中度的胃黏膜增生，甚至形成肉瘤状肿瘤。2010年伊诺努大学报道，6～8 周龄的小鼠体内存在带状囊尾蚴。

四、防治措施

对巨颈带绦虫及其链尾蚴病的预防，应从防止虫卵感染中间宿主和链尾蚴感染终末宿主两方面着手。一方面，对猫等终末宿主进行定期驱虫，驱虫后粪便无害化处理，控制传染源。另一方面，保持环境卫生，积极灭鼠和处理好猫的粪便，避免食用未熟野味，切断传播途径。

五、公共卫生影响

带状囊尾蚴能够感染人，与犬和猫密切接触人群须注意个人卫生，严防对人的感染，并避免与野猫、野犬的接触。

（杨道玉　刘群）

参考文献

孔繁瑶. 2010. 家畜寄生虫学［M］. 第2版. 北京：中国农业大学出版社：95-113.

张超威，张仪，吕山，等. 2009. 云南河口县褐家鼠肝脏感染链尾蚴囊的组织形态学观察［J］. 中国动物传染病学报，17（1）：61-63.

张世炎，梁练，李玉莲，等. 2004. 湛江市区鼠类带状链尾蚴感染调查［J］. 中国人兽共患病杂志，20（2）：165-166.

Aydin N E，Miman O，Gül M，et al. 2009. Histopathology of strobilocercosis found in the livers of white mouse［J］. Turkiye parazitolojii dergisi/Turkiye Parazitoloji Dernegi Acta parasitologica Turcica/Turkish Society for Parasitology，34（1）：32-34.

Dvorakova L，Prokopic J. 1984. Hydatigera taeniaeformis as the cause of mass deaths of muskrats［cats，Ondatra zibethica，Czechoslovakia］［J］. Folia Parasitologica，31（2）：127-131.

Lagapa J T，Oku Y，Kamiya M. 2008. Taenia taeniaeformis：Colonic hyperplasia in heavily infected rats［J］. Experimental parasitology，120（4）：417-420.

Lagapa J T G，Oku Y，Nonaka N，et al. 2002. Taenia taeniaeformis larval product induces gastric mucosal hyperplasia in SCID mice［J］. Japanese Journal of Veterinary Research，49（4）：273-285.

Stěrba J，Barus V. 1975. First record of Strobilocercus fasciolaris（Taenidae-larvae）in man［J］. Folia parasitologica，23（3）：221-226.

Theis J H，Schwab R G. 1992. Seasonal prevalence of Taenia taeniaeformis：relationship to age，sex，reproduction and abundance of an intermediate host（Peromyscus maniculatus）［J］. Journal of wildlife diseases，28（1）：42-50.

Wilcox R S，Bowman D D，Barr S C，et al. 2009. Intestinal obstruction caused by Taenia taeniaeformis infection in a cat［J］. Journal of the American Animal Hospital Association，45（2）：93-96.

第四节　犬棘球绦虫病
(Canine echinococcosis)

犬棘球蚴病（Canine echinococcosis）又名包虫病（Hydatidosis），是由寄生于犬、狼、狐狸等动物小肠的棘球绦虫中绦期——棘球蚴感染中间宿主而引起的一种严重的人与动物共患寄生虫病。棘球蚴寄生于牛、羊、猪、马、骆驼等家畜及多种野生动物和人的肝、肺及其他器官内。该病呈世界性分布，由于其重要的公共卫生意义和经济问题，受到普遍关注。

一、发生与分布

棘球绦虫的种类较多。目前，世界上公认的有 4 种：细粒棘球绦虫、多房棘球绦虫、少节棘球绦虫和福氏棘球绦虫。后两种绦虫主要分布于南美洲；我国只有前两种，以细粒棘球绦虫为多见。

二、病　　原

1. 分类地位　棘球绦虫在分类上属于圆叶目（Cyclophyllidea）、带科（Taeniidae）、棘球属（*Echinococcus*）。目前，世界上公认的棘球绦虫有4种：①细粒棘球绦虫（*E. granulosus*）；②多房棘球绦虫（*E. multilocularis*）；③少节棘球绦虫（*E. oligathrus*）；④富氏棘球绦虫（*E. vogeli*）。在我国以细粒棘球绦虫较为多见，本节以细粒棘球绦虫为主介绍犬的棘球绦虫感染。

2. 形态特征

（1）细粒棘球绦虫　细粒棘球绦虫成虫为小型绦虫，长仅2～7mm，由头节和3～4个节片组成。头节上有4个吸盘顶突上有36～40个小钩。成节内含有一套雌雄同体的生殖器官，有睾丸35～55个，生殖孔位于节片侧缘的后半部。孕节的长度远大于宽度，约占虫体长度的一半，子宫侧枝12～15对，内充满虫卵，约有500～800个或更多，虫卵大小为（32～36）μm×（25～30）μm。

细粒棘球绦虫的中绦期虫体为细粒棘球蚴，为包囊状构造，内含液体。棘球蚴的形状常因寄生部位不同而有变化，一般近似球形，直径为5～10cm。棘球蚴的囊壁分两层：外层为乳白色的角质层，内为胚层，又称生发层，前者是由后者分泌而成。胚层向囊腔芽生出成群的细胞，这些细胞空腔化后形成一个小囊，并长出一个小蒂与胚层相连；在囊内壁上生成数量不等的原头蚴，此小囊称为育囊或生发囊（图83-4-1）。育囊可生长在胚层上或者脱落下来漂浮在囊腔的囊液中。母囊内还可生成与母囊结构相同的子囊，子囊内也可生长出孙囊，与母囊一样亦可生长出育囊和原头蚴。有的棘球蚴还能向外衍生子囊。游离于囊液中的育囊、原头蚴统称为棘球砂（Hydatid sand）。原头蚴上有小钩和吸盘及微细的石灰颗粒，具有感染性。但有的胚层不能长出原头蚴，称为不育囊。

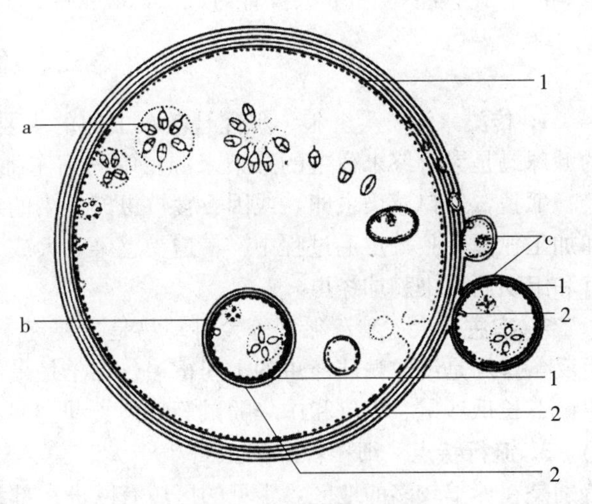

图83-4-1　棘球蚴模式图

a. 生发囊　b. 内生性子囊　c. 外生性子囊　1. 角皮层　2. 胚层

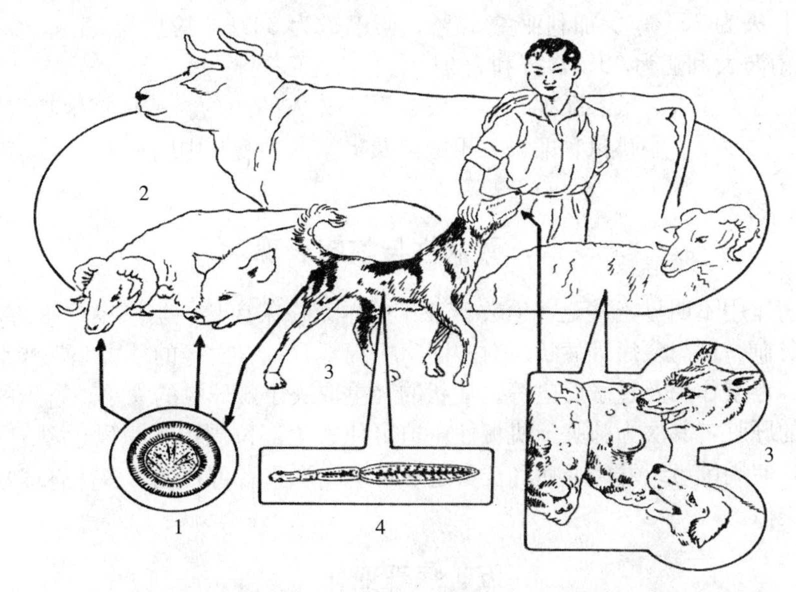

图83-4-2　细粒棘球绦虫生活史图解

1. 生发囊　2. 内生性子囊　3. 外生性子囊　4. 成虫

（2）多房棘球绦虫成虫　虫体很小，与细粒棘球绦虫相似，仅1.2～4.5mm长，由2～6个节片组成。头节上有吸盘，顶突上有小钩14～34个。倒数第二节为成节，睾丸14～35个，生殖孔开口与侧缘的前半部。孕节内子宫呈带状，无侧枝。虫卵大小为（30～38）μm×（29～34）μm。

多房棘球绦虫的中绦期为多房棘球蚴，又称泡球蚴（Alveococcus），为圆形的小囊泡，大小由豌豆到核桃大，被膜薄、半透明，由角质层和生发层组成，呈灰白色，囊内有原头蚴，含胶状物。实际上泡球蚴是由无数个小的囊泡聚集而成的。

3. 生活史　以细粒棘球绦虫为例，牛、羊、人等中间宿主摄入被含有细粒棘球绦虫节片或虫卵的犬只粪便污染的食物和饮水，六钩蚴在中间宿主的十二指肠内释出，侵入肠壁血管，随血流或淋巴散布到体内各处，发育成棘球蚴，以肝、肺最常见。经6～12个月的生长可成为具有感染性的棘球蚴。犬等终末宿主吞食了含有棘球蚴的脏器而感染，经40～50天发育为细粒棘球绦虫。成虫在犬等体内的寿命为5～6个月。多房棘球蚴寄生于啮齿类动物的肝脏，在肝脏中发育快而凶猛。狐狸、犬等吞食含有棘球蚴的肝脏后经30～33天发育为成虫，成虫的寿命为3～3.5个月（图83-4-2）。

三、流行病学

1. 传染来源　犬、狼、狐狸是散布虫卵的主要来源，尤其是牧区的牧羊犬。绵羊等中间宿主体内的棘球蚴是犬等终末宿主的感染来源。中间宿主绵羊、山羊、牛等多种动物和人的感染多因直接接触犬、狐狸，经口感染虫卵，或因吞食被虫卵污染的水、饲草、饲料、食物、蔬菜等而感染；猎人在处理和加工狐狸、狼等皮毛过程中，易遭受感染。犬或犬科其他动物主要是食入了带有棘球蚴的动物内脏器官和组织而感染棘球绦虫。

2. 宿主　犬、狼、狐狸等犬科动物是主要终末宿主。绵羊、山羊、牛、马、猪、骆驼以及多种野生反刍兽均是细粒棘球绦虫的中间宿主，绵羊是最适宜中间宿主。多房棘球绦虫的中间宿主主要是布氏田鼠、长爪沙鼠、黄鼠和中华鼢鼠等啮齿类动物。人可作为两种棘球绦虫的中间宿主。

3. 流行特点　细粒棘球绦虫寄生于犬、狼、豺、狐和北极狐等犬科动物的小肠内，世界性分布，特别是在养羊较多的地区，常见的区域有欧洲东部和南部、近东、南美南部、南非、澳大利亚南部、新西兰和中亚。在我国同样分布广泛，特别是西北地区的牧区。细粒棘球蚴是细粒棘球绦虫的中绦期，寄生于羊、牛、猪、骆驼和马等家畜及多种野生动物和人的肝脏、肺脏和其他的器官内。

未见关于细粒棘球绦虫感染实验用犬只的报道。主要是实验用犬只一般不会喂给带有棘球蚴的动物脏器。流行区内犬的感染率一般较高。流浪犬棘球绦虫感染的调查报道显示：法国南部为26%，撒丁岛为42%，前南斯拉夫为25%，保加利亚为40%，黎巴嫩为33%，约旦为25%，伊朗为34%，印度为29%，新西兰和南澳大利亚为50%，智利为27%。

多房棘球绦虫也寄生于犬、狼、狐狸、猫（较少见）和人的小肠。多种野生啮齿动物，如红背府、鼷鼠、仓鼠、旅鼠、大沙鼠、小跳鼠、廉鼠、田姬鼠及褐家鼠等为其中间宿主，也是犬等终末宿主的主要感染来源。

四、致病性与临床表现

成虫对犬的致病作用不明显，甚至寄生数千条绦虫亦无临床症状。当感染严重时，病犬表现腹泻、消化不良、消瘦、贫血、肛门瘙痒等症状。对中间宿主绵羊、牛、人等的危害非常严重，棘球蚴的致病作用为机械性压迫、毒素作用及过敏反应等。症状的轻重取决于棘球蚴的大小、寄生的部位及数量。棘球蚴多寄生于动物的肝脏，其次为肺脏，机械性压迫可使寄生部位周围组织发生萎缩和功能严重障碍，代谢产物被吸收后，使周围组织发生炎症和全身过敏反应，严重者可致死。多房棘球蚴对啮齿类动物的致病作用与棘球蚴类似。

五、病理变化

犬科动物少量感染时无明显变化，大量感染会出现肠道损伤，出现黏膜溃疡、出血等一系列肠道病变。

对中间宿主的危害在于棘球蚴机械性压迫、被寄生器官的功能障碍（主要是肝和肺）、吸收代谢产物以及周围组织发生炎症和全身过敏反应，严重者可致死。

各种动物都可因囊泡破裂而产生严重的过敏反应，突然死亡。剖检可见受感染的肝、肺等器官有粟粒大到足球大，甚至更大的棘球蚴寄生。

六、诊　　断

犬棘球绦虫感染的确诊依赖于肠道或粪便中成虫、特异性抗原或者特异性基因片段的检查。目前在临床上广为使用的方法仍然为WHO和OIE推荐的作为检测标准的方法——常规的氢溴酸槟榔碱（或槟榔素乙酰肼胺）泻下法和剖检法。近来，关于犬科动物棘球绦虫感染诊断和检测的一些新方法如粪抗原ELISA法、粪DNA检测法等正在研究和开发中，并已取得初步成功。

七、防治措施

作为实验动物的犬感染棘球绦虫的机会较小。一般情况下，实验室新购入犬只应该进行粪便检查，如果感染棘球绦虫的犬作为实验动物，不仅影响试验结果，而且对人的危害更为严重。

对于犬场饲养犬，应定期检查、及时驱虫，可用吡喹酮每千克体重5mg、甲苯咪唑每千克体重8mg或氢溴酸槟榔碱每千克体重2mg，一次口服，以根除感染源。驱虫后的犬粪，要进行无害化处理，杀灭其中的虫卵。保持圈舍、饲草、料和饮水卫生，防止犬粪污染。人与犬等动物接触或加工狼、狐狸等毛皮时，应严格注意个人防护，严防感染。

八、公共卫生影响

人是棘球蚴的自然宿主，且该寄生虫对人的危害巨大。因此，在人与犬及犬科动物接触过程中，须注意个人卫生，严格防护，防止误食犬排出的孕节和虫卵污染的食物。该病极具公共卫生意义。

（李波　邢明　刘群）

参考文献

高得仪．1991. 犬猫疾病学［M］. 北京：北京农业大学出版社．
孔繁瑶．1997. 家畜寄生虫学［M］. 第2版．北京：中国农业大学出版社．
吴献洪，何多龙．2001. 青海省共和县包虫病流行病学调查［J］. 地方病通报，16（1）：29－31.
余森海．2008. 棘球蚴病防治研究的国际现状和对我们的启示［J］. 中国寄生虫学与寄生虫病杂志，26（4）：241－244.
Christine B M，Qiu J，Craig P S，et al. 2005. Modeling the transmission of Echinococcus grantlosus and Echinococcus multilocularis in dogs for a high endemic region of the Tibetan plateau［J］. Int J Parasitol，35（20）：163－170.
Robert J Flynn. 1973. Parasites of laboratory animals［M］. Ames，Iowa：The Iowa State University Press.

第五节　犬多头绦虫病
(Multicepsosis in canine)

犬多头绦虫病（Multicepsosis in canine）是由多头绦虫寄生于犬及狐狸、狼等犬科动物肠道引起的，该病对犬科动物自身的危害不明显，主要危害为其中绦期幼虫——多头蚴（*Coenurus*）寄生于中间宿主造成的，常见于绵羊、山羊、黄牛等多种动物，人偶感。脑多头蚴的危害更为显著，在我国多地流行，是危害羔羊和犊牛的重要寄生虫病。

一、发生与分布

该病分布于世界各地，尤其是牧区犬及其野生犬科动物感染较常见，羔羊和牛犊最易患该病。

二、病　　原

1. 分类地位　多头绦虫在分类上属于扁形动物门（Platyhelminthes）、绦虫纲（Cestoidea）、圆叶目（Cyclophyllidea）、带科（Taeniidae）、多头属（*Multiceps*）。寄生在犬科动物小肠内的多头绦虫有三种：多头多头绦虫（*M. multiceps*）、连续多头绦虫（*M. serialis*）和斯氏多头绦虫（*M. skrjabini*）。

2. 形态特征　①多头多头绦虫，成虫长 40～100 cm，由 200～250 个节片组成，最大宽度为 5 mm，头节呈梨形。头节的顶突发育不完全，顶突上有 22～32 个小钩，排列成两行。孕节子宫侧枝为 14～26 对，孕节的子宫内充满着虫，虫卵直径为 29～37μm。②连续多头绦虫，虫体长 10～70cm，顶突上有 26～32 小钩，排成两行，孕节侧枝 20～25 对。③斯氏多头绦虫，虫体长 20cm，顶突上有 32 小钩，孕节侧枝 20～30 对（图 83-5-1）。

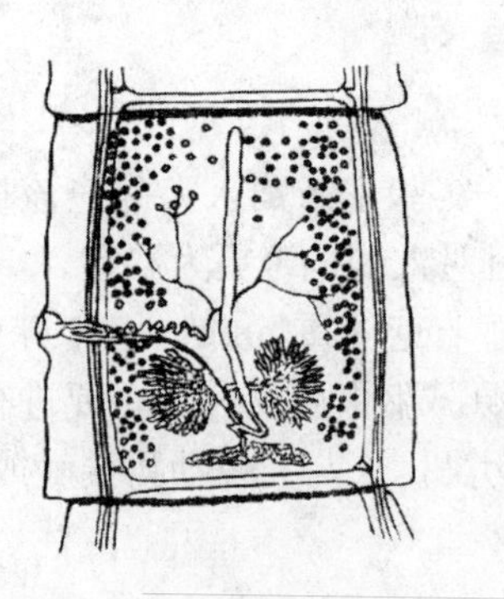

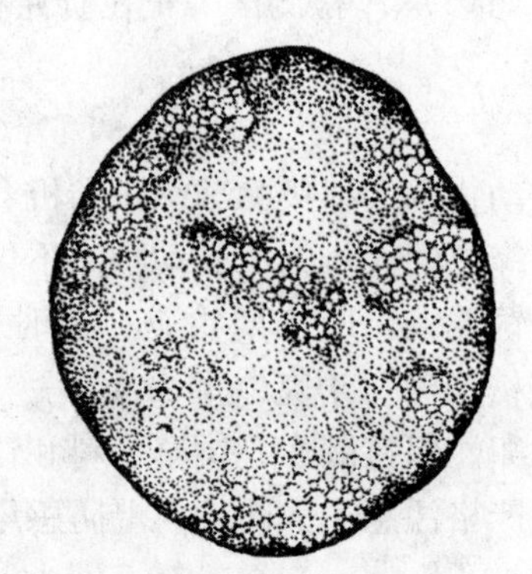

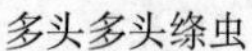

多头多头绦虫　　连续多头绦虫　　斯氏多头绦虫

图 83-5-1　多头绦虫（Hall）

中绦期为多头蚴，为乳白色、半透明的囊泡，呈圆形或卵圆形，大小不等，其大小取决于寄生的部位，发育的程度及动物的种类。囊壁由两层膜组成，外膜为角质层，内膜为生发层。生发层上有许多原头蚴（protoscolex），不均匀分布，数目一般在 100～250 个，多则 600 多个。成虫寄生于犬、狼、狐狸的小肠内，多头蚴寄生于牛、羊等反刍兽的大脑内，有时也能在延脑或脊髓中发现，人也能偶尔感染。

3. 生活史　成虫寄生于终末宿主犬、狼等小肠，其孕节和虫卵随宿主粪便排出体外，污染饲草、料和水，被中间宿主牛、羊、鼠等吞食后，六钩蚴在消化道逸出，并钻入肠黏膜血管内，随着血流流入脑脊髓中，经 2～3 个月发育为大小不等的脑多头蚴。终末宿主吞食了含有脑多头蚴的病畜脑脊髓时，原头蚴即附着在肠黏膜上，经 40～73 天发育为成虫。终末宿主犬和狼等食入了含多头蚴的脑脊髓而受感染，经过 40～50 天的潜隐期原头蚴吸附于肠壁上发育为成熟的绦虫，成熟的绦虫在犬体内可以存活 6～8 个月。

三、流行病学

1. 传染来源和传播途径　终末宿肠道内的多头绦虫不断地向外排出孕节和虫卵，污染草场、饲料和饮水，当中间宿主牛、羊、鼠等动物在采食和饮水过程中食入了孕节或虫卵而被感染。人同样也可以由于勿食入虫卵而感染，成为中间宿主。终末宿主犬和狼由于食入带有多头蚴的组织和器官感染多头绦虫，从而传播此种疾病。

2. 宿主　终末宿主近 20 种，成虫主要寄生于终末宿主犬以及其他犬科动物的肠道。中间宿主 40 余种，主要有绵羊、山羊、羚羊、黄牛、牦牛、水牛，偶见于骆驼、猪、马以及其他野生反刍动物，人也可以作为中间宿主。

3. 流行特征　多头蚴的主要感染源是牧羊犬，狼和豹等动物在流行病学上影响不大，有人报道从狐狸体内获得的六钩蚴对羊不具感染性。实验犬一般情况下的感染机会不多。

虫卵对外界因素的抵抗力很强，在自然界中可长时间保持生命力，但是在日晒的条件下很快死亡。

该病的流行与家犬和各类中间宿主密切相关，犬粪便将病原扩散于牧区环境，其中间宿主通过采食食入被污染的虫卵而感染。当地居民常把宰杀牛、羊、猪过程中的感染脏器随便抛弃，使终末宿主有机会食入病原，如此循环往复在动物群中形成恶性循环。而人感染多头蚴病，也是由于经常接触家犬而被感染。

四、致病性与临床表现

多头绦虫对终末宿主影响较小，但是多头蚴寄生于中间宿主的危害较大，脑多头蚴在中间宿主的脑、脊髓内移行及定居后的生长发育过程造成机械性刺激与损伤，从而引起脑及中枢神经系统功能障碍。对于中间宿主，多头蚴侵袭部位不同，其临床表现也不同。

在脑多头蚴感染的初期，六钩蚴的移行机械性刺激和损伤宿主的脑膜和脑实质组织，引起脑炎和脑膜炎；经过 2～3 个月的发育，虫体的体积增大，压迫脑脊髓，引起脑脊髓局部组织贫血、萎缩、眼底充血、嗜酸性粒细胞增多，脑脊液黏度和表面张力增高和蛋白质含量增加；随着脑多头蚴的不断发育，对脑脊髓的压力不断增加，最终导致中枢神经系统功能障碍；时间越长，对脑的影响越大，波及的病变部位越多，并且最终引起宿主严重的贫血，最终由于恶病质而死亡。

寄生的部位不同，其表现形式也不同，当寄生于大脑额骨区时，头下垂，向前直线奔跑或呆立不动，常把头抵在任何物体上；寄生在大脑颞骨区时，常向患侧做转圈运动，也叫回旋病；寄生在枕骨区，头高举，后腿可能倒地不起，颈部肌肉强直性痉挛或角弓反张，对侧眼睛失明；寄生在小脑，表现知觉过敏，容易悸恐，行走时进行性后躯及盆腔脏器麻痹，最终死于高度消瘦或因重要的神经中枢受害而死；如果寄生在多个部位，则表现出多种症状。

五、病理变化

病理变化见于中间宿主体内，与虫体寄生部位密切相关，会引起局部组织贫血、萎缩、眼底充血、嗜酸性粒细胞增多，脑脊液黏度和表面张力增高和蛋白质含量增加。犬大量寄生可导致肠卡他。

六、诊　　断

犬科动物根据粪便检查虫卵和孕节即可做出诊断，必要时用驱绦虫药驱虫，检查驱虫后的粪便。

对于中间宿主的诊断可根据本病特异的症状、病史、头部触诊等做出初步诊断。如果条件允许，可用脑 CT、X 线或超声波以及手术检查等进行诊断，尸体剖检时发现虫体即可确诊。近年来有人采用间接 ELISA 和变态反应（眼睑内注射多头蚴囊液）进行诊断。

七、防治措施

防治措施参考犬棘球绦虫病。

八、公共卫生影响

多头蚴能够感染人，因此该病具有公共卫生意义。实验犬一般不感染，但当前我国实验犬来源不确定，因此购入前后应检查、驱虫。人的防护主要是流行区内人员，应注意个人卫生，避免遭受感染。

（李波　刘群）

参考文献

孔繁瑶．1997．家畜寄生虫学［M］．第 2 版．北京：中国农业大学出版社．

汪明．2003．兽医寄生虫学［M］．第 3 版．北京：中国农业大学出版社．

赵辉元．1998．人兽共患寄生虫病学［M］．长春：东北朝鲜民族教育出版社．

Robert J Flynn. 1973. Parasites of laboratory animals［M］. Ames，Iowa：The Iowa State University Press.

第八十四章 戴文科绦虫所致疾病

第一节 鼠西里伯赖利绦虫病
(Raillietiniasis in mice)

西里伯赖利绦虫病（Raillietiniasis）是由西里伯赖利绦虫引起的人与动物共患寄生虫病。西里伯赖利绦虫主要寄生于哺乳动物和鸟类的小肠中，偶见于人体。

一、发生与分布

赖利绦虫最早由 Grenet 于 1867 年在非洲的 Comores 岛发现。此后发现西里伯赖利绦虫广泛分布于热带和亚热带，包括非洲、中美洲、南美洲和东南亚，我国台湾、福建和广东地均有报道。日本人 Akashi 氏首先在我国台湾人体中检出该虫。我国台湾和澳大利亚都曾经报道黑鼠感染西里伯赖利绦虫。

二、病　　原

1. 分类地位 西里伯赖利绦虫（*Raillietina celebensis*）在分类上属于扁形动物门（Platyhelminthes）、绦虫纲（Cestoidea）、圆叶目（Cyclophyllidea）、戴文科（Davaineidae）、赖利属（*Raillietina*）。全世界有 200 多种赖利绦虫，西里伯赖利绦虫是唯一发现能够寄生于人体内的赖利属绦虫。

2. 形态特征 西里伯赖利绦虫的成虫长约 320mm、宽 2mm，约有 185 个节片。颈节在距体前端 0.25～0.35mm 开始区分。成熟节片似四方形。孕卵节片呈长椭圆形，在虫体后段彼此连接呈念珠状。两侧纵排泄管明显。生殖孔位于节片的同一侧，开口于每个节片侧缘的前 1/4 处。头节钝圆，横径为 0.46mm，两侧略为膨大，前端隆起。顶突缩在顶部微凸的浅窝内，其上有两排长短相间的斧形小钩，约 72 个。吸盘 4 个，上有小刺。成节近方形，成熟节片含椭圆形睾丸 48～67 个，位于两侧排泄管之间的中央区，分散在卵巢的两旁。一侧有生殖孔、阴茎囊、排泄管，阴茎囊呈长瓢状，颈部很小，阴茎由此伸出。卵巢分两叶，呈蝶翅状，位于节片中央。卵黄腺位于卵巢后方，略呈三角形。孕卵节片中的卵巢、睾丸等生殖器官已经消失，其中充满圆形或椭圆形含卵的卵囊 300～400 个，每个卵囊中含虫卵 1～4 个，大多数只含 2 个。虫卵呈橄榄形，大小为 45μm×27μm，具有两层薄壳，内含圆形六钩蚴。

3. 生活史 成虫寄生于鼠类或人的肠道内，终宿主有黑家鼠（*Rattus rattus*）、褐家鼠（*R. norvegicus*）及小板齿鼠（*Bandicota bengalensis*）等。主要中间宿主为蚂蚁。孕卵节片随鼠或人的粪便排出体外，被蚂蚁吞食后，六钩蚴在蚂蚁体内发育为似囊尾蚴。终末宿主吞食了带有似囊尾蚴的蚂蚁后，似囊尾蚴用吸盘和小钩吸附于终末宿主的小肠壁上，最后发育为成虫。唐仲璋等（1964）试验证明其卵内的六钩蚴能在 *Cardiocondyla* 属蚂蚁体内发育为似囊尾蚴，认为该属蚂蚁是其中间宿主和传播媒介。蚂蚁从食入产卵到似囊尾蚴发育成熟需 22～38 天。

三、流行病学

寄生于鸟类和哺乳类动物的成虫孕节脱落后随粪便排到外界，污染环境。被蚂蚁等中间宿主吞食，在其体内发育为似囊尾蚴，中间宿主的种类还不清楚，已有试验证明 *Cardiocondyla* 属蚂蚁可作为中间宿主。终末宿主在采食和饮水过程中食入了带有似囊尾蚴被感染。成虫寄生于鼠类或人的肠道。人偶感。

西里伯赖利绦虫分布广泛，国外分布于越南、缅甸、泰国、菲律宾、日本、马达加斯加和澳大利亚，我国见于台湾、福建、广东、广西、浙江等地。人体感染病例在我国至今发现有 20 余例，病人多为 2～5 岁的幼儿。*Cardiocondyla* 属蚂蚁的窝巢常在人居住附近的疏松土内，它们也常在厨房或居室内营巢和活动，与家鼠接触机会较多。幼儿喜于地上嬉戏、爬走或吃东西，容易误食感染有似囊尾蚴的蚂蚁而导致感染。

四、对动物与人的致病性

该病原的致病力轻微，未见其对鼠类致病作用的报道。人感染后可能有腹痛、腹泻、食欲不振、流涎、夜磨牙、俯卧睡觉、肛门痒、荨麻疹、日渐消瘦等。也可出现贫血、白细胞增多、嗜酸性粒细胞增多。每天排稀便约 2～3 次或时稀时硬，大便常排出白色米粒状物。

五、诊　　断

粪检虫卵或节片。孕节白色、呈米粒状，常随粪便排出，因此检查粪便即可做出诊断。

六、防治措施

实验鼠预防该病在于杀灭环境中野鼠，杀灭养殖环境和圈舍中的蚂蚁。人的预防主要是防止鼠类和蚂蚁污染人的餐具和食物，注意个人卫生和饮食卫生。对人的治疗：槟榔南瓜子煎剂 300mL，空腹顿服或每天 2 次，空腹口服，隔 1h 后服 50%硫酸镁 5mL，连服 2 天，驱虫效果良好。吡喹酮按每千克体重 25mg，空腹顿服，1h 后服硫酸镁 5g 或 10%硫酸镁 30mL，效果亦佳。

七、公共卫生影响

该病可以感染人，且人与中间宿主蚂蚁的接触机会很多，应引起关注。

（李波　李安兴　刘群）

参考文献

孔繁瑶．1997. 家畜寄生虫学［M］．第 2 版．北京：中国农业大学出版社．

赵辉元．1998. 人与动物共患寄生虫病学［M］．长春：东北朝鲜民族教育出版社．

周宗安，翟春生．1985. 人畜共患病［M］．福州：福建科学技术出版社．

Hasegawa H，Kobayashi J，Otsuru M. 1994. Helminth parasites collected from Rattus rattus on Lanyu，Taiwan［J］. Journal of the Helminthological Society of Washington，61（1）：95-102.

Robert J Flynn. 1973. Parasites of laboratory animals［M］. Ames，Iowa：The Iowa State University Press.

第二节　德墨拉赖利绦虫病
（Raillietiniasis）

德墨拉赖利绦虫病（Raillietiniasis）是由德墨拉赖利绦虫寄生于人、野生啮齿类和猴类（主要是吕宋鼠和吼猴）所引起的人与动物共患寄生虫病。主要分布于西半球，包括南美北部、西印度群岛、圭亚那、厄瓜多尔、古巴和巴西，委内瑞拉也有过地棘鼠感染德墨拉赖利绦虫的报道。

德墨拉赖利绦虫（*Raillietina demerariensis*）在分类上属于扁形动物门（Platyhelminthes）、绦虫纲（Cestoidea）、圆叶目（Cyclophyllidea）、戴文科（Davaineidae）、赖利属（*Raillietina*）。成虫虫体长约 100 mm，体最大宽度 2.72 mm。成节的节片宽度大于长度。头节略呈圆形，有顶突，顶突前方有两圈小钩，约 175 个。头节上有 4 个吸盘，每个吸盘上有 8～10 排小钩。孕节节片的长稍大于宽。生殖孔位于体一侧，开口于每个节片侧缘的前 1/3～1/2 处。该病原的发育过程和致病性尚不清楚，成虫寄生于人、吕宋鼠和吼猴。

（李波　刘群）

参考文献

赵辉元．1998. 人与动物共患寄生虫病学［M］. 长春：东北朝鲜民族教育出版社．

Robert J Flynn. 1973. Flynn's Parasites of laboratory animals［M］. The first edition. Ames：The Iowa State University Press.

Stunkard H W. 1953. Raillietina demerariensis（Cestoda），from Proechimys cayennensis trinitatus of Venezuela［J］. J Parasit，J Parasit，39：172－178.

Stunkard H W. 1953. The Journal of Parasitology［J］. J Parasit，39 (3)：272－279.

第八十五章
双壳科绦虫所致疾病

复孔绦虫病
(Dipylidiasis)

复孔绦虫病（Dipylidiasis）的病原是犬复孔绦虫主要寄生于犬、猫、狼、獾和狐的小肠，是犬和猫的常见寄生虫，人体偶尔感染。

一、发生与分布

犬复孔绦虫广泛分布于世界各地，是各类犬最常见的寄生虫，除犬外还可寄生于猫及一些野生食肉动物，人偶感。

二、病　　原

1. 分类地位　犬复孔绦虫（*Dipylidium caninum*）在分类上属于扁形动物门（Platyhelminthes）、绦虫纲（Cestoidea）、圆叶目（Cyclophyllidea）、双壳科（Diploposthidae）、复孔属（*Dipylidium*）。

2. 形态特征　成虫中等大小，长10～15cm，最长可达20cm或更长，宽0.3～0.4cm，有170～200个节片。头节近似菱形，横径约0.4mm，具有4个吸盘和1个发达的、呈棒状且可伸缩的顶突，其上有约60个玫瑰刺状的小钩，常排成4圈（1～7圈）。颈部细而短，近颈部的幼节较小，外形短而宽，往后节片渐大并接近方形，成节和孕节为长方形。每个节片都具有雌、雄生殖器官各两套，呈两侧对称排列。两个生殖腔孔也对称地分列于节片两侧缘的近中部。成节有睾丸100～200个，各经输出管、输精管通入左右两个贮精囊，开口于生殖腔。卵巢两个，位于两侧生殖腔后内侧，靠近排泄管，每个卵巢后方各有一个呈分叶状的卵黄腺。孕节子宫呈网状，内含若干个储卵囊，每个储卵囊内含2～40个虫卵。虫卵圆球形，卵壳透明较薄，直径35～50μm，具两层薄的卵壳，内层为透明的外胚膜，很薄，卵壳与外胚膜间有许多卵黄细胞，内胚膜内含有长度12～15μm的六个钩，六钩蚴直径为38～42μm。

3. 生活史　犬复孔绦虫的终末宿主为犬、猫等，但偶尔可寄生于爬行类动物或人。成虫寄生于犬、猫的小肠内，其孕节单独或数节相连地脱落，常自动逸出宿主肛门或随粪便排出，并沿地面蠕动。节片破裂后虫卵散出，如被中间宿主蚤类的幼虫食入，则在其肠内孵出六钩蚴，然后钻过肠壁，进入血腔内发育，约在感染后30天，当蚤幼虫经蛹羽化为成虫时发育成似囊尾蚴。随着成蚤到终宿主犬、猫体表活动，体表处31～35℃温度有利于似囊尾蚴进一步成熟。一个蚤体内的似囊尾蚴可多达56个，受感染的蚤活动迟缓，甚至很快死亡。当终宿主犬、猫舔毛时，病蚤中的似囊尾蚴得以进入，然后在其小肠内释出，经2～3周发育为成虫。人感染常因与猫、犬接触时误食病蚤引起。犬栉首蚤、猫栉首蚤和致痒蚤是重要的中间宿主。

三、流行病学

1. 传染来源与传播途径　该病属于动物疫源性的虫媒性人与动物共患病。从蚤幼虫的食性特性来分析，它常摄食栖息环境中的谷粉、草屑、宿主脱落的皮屑、蚤成虫的粪便以及宿主的粪渣，这些是致使蚤幼虫感染复孔绦虫的生态因素，而犬、猫与蚤关系密切，从而使犬复孔绦虫生活史得以维持。

2. 宿主 终末宿主是犬、猫、狐狸和其他野生食肉动物，寄生于终末宿主的小肠中；人偶感。中间宿主为蚤和虱，包括犬栉首蚤（*Ctenocephalides canis*）、猫栉首蚤（*C. felis*）、致痒蚤（*Pulix irritans*）和犬毛虱（*Trichodectes canis*）。

3. 流行特征 犬复孔绦虫广泛分布于世界各地，犬和猫的感染率很高，狐和狼等也有感染。圈养的动物通常较易感染。美国学者对犬只做的流行病学调查显示：犬复孔绦虫的感染率夏威夷州为85.4%（Ash，1962a），伊利诺伊州为39%（Cross 和 Allen，1948），密歇根州为9.7%（Worley，1964），肯尼亚的犬只感染率为30%（Murray，1968），哥伦比亚的犬只感染率为20%（Marinkelle，1966）。在美国纽约，来源于东部和东南不同地区的实验用犬只的感染率为11%（Mann 和 Bjotvedt，1965）。美国夏威夷州猫的感染率为81.3%（Ash，1962a），中部地区猫的感染率为39.2%（Cross 和 Allen，1948）。英国猫的感染率为44.5%（Dubey，1966）。尽管该虫在圈养动物体内常见，但是在拥有寄生虫防治措施以及良好卫生条件下所饲养的实验动体内感染率较低（Bantin 和 Maber，1967；Johnson，Andersen 和 Gee，1963；Morris，1963；Sheffy，Baker 和 Gillespie，1961）。

四、致病性与临床表现

犬复孔绦虫病与犬、猫的其他绦虫病相似，很少出现临床症状，孕节片通过肛门移行时，能引起局部瘙痒，重度感染时可发生不同程度的肠道障碍，如呕吐、下痢、暴食、痉挛、肠炎、消瘦、衰弱等。

五、诊　断

犬复孔绦虫病的诊断以发现孕节和虫卵作为依据，肉眼观察孕节像黄瓜籽，每个节片的两侧各有一个生殖孔，通常检查肛门周围比检查粪便更有助于诊断。

检出粪便中特征性虫卵或孕节即可做出诊断。

六、防治措施

1. 治疗 驱杀绦虫的一般药物均可用于犬复孔绦虫病的治疗。可采用氢溴槟榔素患犬禁食16～20h，按每千克体重1.0mg剂量口服；吡喹酮，按每千克体重5～10mg剂量口服；氯硝柳胺（灭绦灵），按每千克体重100～125mg剂量口服。

2. 预防 复殖绦虫病在犬、猫中广泛流行，对犬、猫应定期选用适宜的驱虫药驱虫；给犬、猫和圈舍灭蚤。对人的预防主要是注意个人卫生，严防儿童与犬、猫密切接触过程中发生感染。

七、公共卫生影响

犬复孔绦虫可感染人，具有公共卫生意义。如果实验犬带有病原，不仅影响试验研究，而且有可能感染从业人员。

（李波　刘群）

参考文献

刘桂荣，韩宇，王艳如．2000. 犬复孔绦虫病调查与研究［J］．经济动物学报，4（2）：37-39.

尚炜，薛飞群，王权，等．2005. Nitazoxanide（NTZ）干混悬剂驱除犬复孔绦虫作用研究［J］．中国兽医寄生虫病（2）：15-16.

殷国荣．2004. 医学寄生虫病学［M］．北京：科学出版社：160-161.

张信，李德昌．1993. 人与动物共患病学（下册）[M]．北京：蓝天出版社：115－116.

Boreham R E，Boreham P F L. 1990. Dipylidium caninum：life cycle，epizootiology，and control [J]．Compendium on Continuing Education for the Practicing Veterinarian. 12（5）：667－671，674－675.

Guzman R F. 1984. A survey of cats and dogs for fleas：with particular reference to their role as intermediate hosts of Dipylidium caninum [J]．New Zealand Veterinary Journal，32（5）：71－73.

Robert J Flynn. 1973. Flynn. Parasites of laboratory animals [M]．Ames，Iowa：The Iowa State University Press.

第八十六章 膜壳科绦虫所致疾病

第一节 微小膜壳绦虫病 (Hymenolepiasis nana)

微小膜壳绦虫病（Hymenolepiasis nana）是由微小膜壳绦虫寄生于鼠类和人的小肠引起的寄生虫病。感染普遍。

一、发生与分布

微小膜壳绦虫又称短膜壳绦虫。1845 年 Dujardin 在鼠肠内首次检得该虫。Grassi（1887）和 Rovelli（1892）以虫卵直接感染鼠类获得各个发育期的虫体，证明该虫的发育无需中间宿主。直至 Bacigalupo（1928，1931，1932）在阿根廷进行一系列的昆虫感染试验后，才证实该病原亦可通过昆虫（鼠蚤和面粉甲虫）作为中间宿主。该虫寄生于灵长类或鼠类的小肠，引起微小膜壳绦虫病。世界性分布。

二、病　　原

1. 分类地位　微小膜壳绦虫（*Hymenolepis nana*）在分类上属于扁形动物门（Platyhelminthes）、绦虫纲（Cestoidea）、绦虫纲（Cestoidea）、圆叶目（Cyclophyllidea）、膜壳科（Hymenolipididae）、膜壳属（*Hymenolepis*）。

2. 形态特征　微小膜壳绦虫为小型绦虫，大小为（5～80）mm×（0.5～1）mm，头节呈球形，直径 0.13～0.4mm，具有 4 个吸盘和 1 个可自由伸缩的顶突，顶突上有 20～30 个小钩，排成一圈。颈节细长，链体由 100～200 个节片组成，最多可达1 000个节片。所有节片的宽度均大于长度，并由前向后逐渐增大，孕节最大；各节片生殖孔都位于虫体同一侧。成节有 3 个较大的椭圆形睾丸，横线排列，贮精囊较发达，在阴茎囊内的部分称内贮精囊，在阴茎囊外的部分称外贮精囊。卵巢呈分叶状，位于节片中央；卵黄呈腺球形，在卵巢后方的腹面。孕节子宫呈袋状，充满虫卵并占据整个节片（图 86-1-1）。

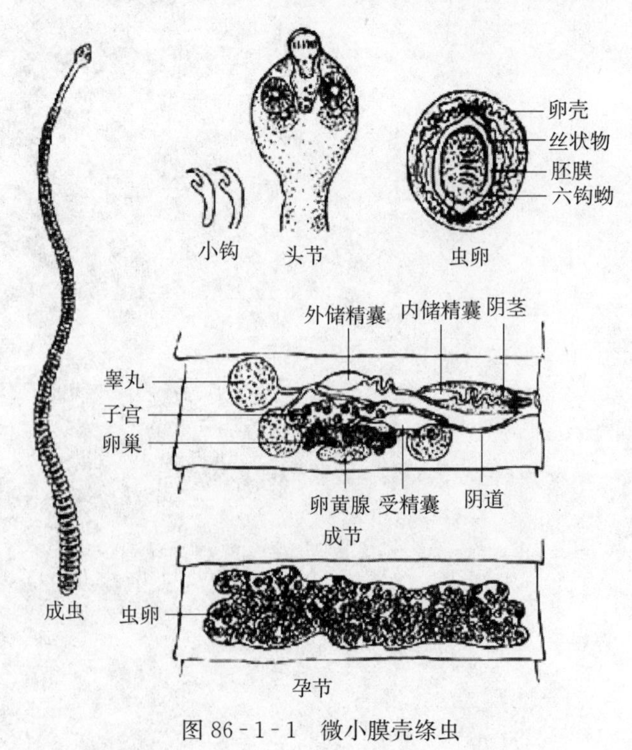

图 86-1-1　微小膜壳绦虫

虫卵呈椭圆形或圆形，大小为（48～60）μm×（36～48）μm，无色、透明，卵壳很薄，胚膜较厚。胚膜两端略凸起，由该处各发出 4～8 根丝状物（亦称极丝），弯曲地延伸在卵壳和胚膜之间，胚膜内含有一个六钩蚴。

3. 生活史　微小膜壳绦虫的发育既可以不经过中间宿主，也可以经过中间宿主而完成生活史（图 86-1-2）。

（1）直接发育　成虫寄生在鼠类或人的小肠内，脱落的孕节或虫卵随宿主粪便排出体外，这些虫卵即具有感染性；若被另一宿主吞食，虫卵在其小肠内经消化液的作用孵出六钩蚴，然后钻入肠绒毛，约经 4 天发育为似囊尾蚴。6 天后似囊尾蚴突破肠绒毛回到肠腔，以头节吸盘固着在肠壁上，逐渐发育为成虫，成虫寿命仅数周。完成生活史在鼠体内 11～16 天。若虫卵在宿主肠道内停留时间较长，亦可孵出六钩蚴，然后钻入肠绒毛经似囊尾蚴发育为成虫，即在同一宿主肠道内完成其整个生活史，称自体感染，并且可在该宿主肠道内不断繁殖，造成自体内重复感染。

（2）间接发育　印鼠客蚤、犬蚤、猫蚤和致痒蚤等多种蚤类幼虫、面粉甲虫和拟谷盗等可作为微小膜壳绦虫的中间宿主，虫卵可在昆虫血腔内发育为似囊尾蚴，鼠和人若食入带有似囊尾蚴的昆虫即可感染。

成虫除寄生于鼠和灵长类动物，还可试验感染其他啮齿动物如旱獭、松鼠等。曾有报告在犬粪便中发现过微小膜壳绦虫虫卵。

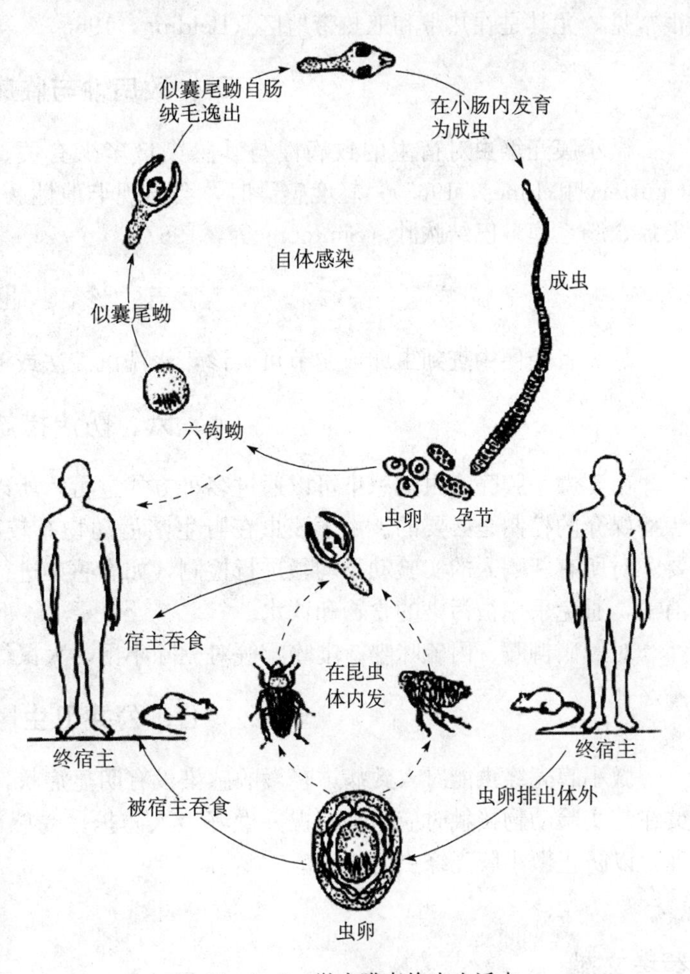

图 86-1-2　微小膜壳绦虫生活史

三、流行病学

1. 传染来源与传播途径　带有微小膜壳绦虫的鼠和灵长类动物不断向外界排出孕节和虫卵，是该病的传染来源。由于其生活史可以不需中间宿主，由虫卵直接感染宿主，因此宿主的感染主要与摄入虫卵有关。新鲜虫卵即具有感染性，在粪尿中能存活较长时间，但虫卵对干燥抵抗力较弱，在外环境中不久即丧失感染性。偶然摄入了含有似囊尾蚴的昆虫也是流行的原因之一。另外，印鼠客蚤、犬蚤、猫蚤和致痒蚤等多种蚤类幼虫以及面粉甲虫、拟谷盗等常见昆虫，均可作为该病原的中间宿主和传播媒介，终末宿主也可通过摄入带有似囊尾蚴的昆虫遭受感染。

2. 宿主　灵长类动物和鼠是微小膜壳绦虫的适宜终末宿主，寄生于小肠中。多种蚤类昆虫可作为中间宿主，如印鼠客蚤、犬蚤、猫蚤和致痒蚤等多种蚤类幼虫以及面粉甲虫、拟谷盗等。

3. 流行特征　微小膜壳绦虫呈世界性分布，常寄生的宿主有野生家鼠（Sasa 等，1962）、挪威大鼠和黑鼠（Ash，1962b）、实验小鼠（Heston，1941；Owen，1968；Sasa 等，1962）、大鼠（Ratcliffe，1949；Sasa 等，1962）和仓鼠（Sheffield 和 Beveridge，1962；Soave，1963）。不同学者对实验小鼠检测的结果显示该虫的感染率较高，分别达到 64%（Heyneman，1961a）、87%（King 和 Cosgrove，1963）和 100%（Simmons，Williams 和 Wright，1964）；感染鼠只平均荷虫量高达 2 000 个（Heyneman，1961a）。

微小膜壳绦虫也有感染恒河猴、松鼠猴和黑猩猩的报道，但灵长类动物感染的病例不常见

(Beson，Fremming 和 Young，1954；Middleton，Clarkson 和 Garner，1964；Ruch，1959)。人的感染很常见，尤其是在热带和亚热带地区（Belding，1965)。

四、致病性与临床表现

微小膜壳绦虫对宿主的致病性与其感染量多少有关。重度感染能造成大鼠生长迟缓和体重减轻（Tuffery 和 Innes，1963)；轻度感染时，会出现卡他性肠炎（Habermann 和 Williams，1958）和慢性炎症、肠系膜淋巴结脓肿（Simmons 等，1967)。

五、诊　　断

从患者粪便中查到虫卵或孕节可确诊，水洗沉淀法或浮聚浓集法均可提高检出率。

六、防治措施

由于微小膜壳绦虫的感染可以通过多种方式进行，所以对该病的防控很困难。良好的卫生条件及对传播媒介的控制是必要的。由于该虫在野生啮齿动物有较高的感染率，所以对啮齿动物的控制也很重要。对所有新购入的实验动物均须进行检测，如有感染进行治疗或者弃用。实验动物笼舍应经常清理和消毒，避免采用被污染的食物和饮水。

对氯硝柳胺、丙硫咪唑、吡喹酮等对驱除小鼠、大鼠等实验动物消化道绦虫有效，应慎重选用。

七、公共卫生影响

微小膜壳绦虫能对人致病，轻微的感染没有明显症状，重度感染可引起各种症状。实验动物从业人员在与实验动物接触时应引起重视并做好个人防护。受感染动物的粪便及其垫料要经过焚烧等方式处理，以防止微小膜壳绦虫的传播。

（李波　刘群）

参考文献

栾希英，刘同慎．2000．阿苯达唑体外对微小膜壳绦虫损伤作用的组织学变化［J］．滨州医学院学报，23（5）：433-435.

余森海，许隆祺，蒋则孝，等．1994．首次全国人体寄生虫分布调查的报告Ⅰ：虫种的地区分布［J］．中国寄生虫学与寄生虫病杂志，12（4)：241-247.

张信，李德昌．1993．人与动物共患病学：下册［M］．北京：蓝天出版社：120-124.

Hughes H C Jr，Barthel C H，Lang C M. 1973. Niclosamide as a treatment for Hymenolepis nana and Hymenolepis diminuta in rats［J］. Lab Anim Sci，23（1)：72-73.

Robert J Flynn. 1973. Parasites of laboratory animals［M］. Ames，Iowa：The Iowa State University Press.

Soffar S A，Mokhtar G M. 1991. Evaluation of the antiparasitic effect of aqueous garlic（Allium sativum）extract in hymenolepiasis nana and giardiasis［J］. Journal of the Egyptian Society of Parasitology，21（2)：497-502.

第二节　缩小膜壳绦虫病
(Hymenolepiasis diminuta)

缩小膜壳绦虫病（Hymenolepiasis diminuta）是缩小膜壳绦虫感染鼠类和人引起的人兽共患寄生虫病。缩小膜壳绦虫与微小膜壳绦虫相似，常与后者共同寄生于鼠的小肠中。呈世界性分布。

一、发生与分布

缩小膜壳绦虫是一种致病性相对较弱的绦虫，主要寄生于小鼠、大鼠、黑鼠等啮齿动物以及猴和人。缩小膜壳绦虫常为自限性感染，重度感染可引起肠炎症状，轻度感染也可增加肠道渗透性。

二、病　　原

1. 分类地位　缩小膜壳绦虫（*Hymenolepis diminuta*）在分类上属于扁形动物门（Platyhelminthes）、绦虫纲（Cestoidea）、绦虫纲（Cestoidea）、圆叶目（Cyclophyllidea）、膜壳科（Hymenolipididae）、膜壳属（*Hymenolepis*）。

2. 形态特征　缩小膜壳绦虫成虫与微小膜壳绦虫基本相似，但虫体更长，虫体全长为200～600mm，节片宽3.5～4.0mm，共有800～1 000个节片，所有节片的宽度均大于长度。头节呈球形，直径0.2～0.5mm，顶突凹入，不易伸缩，无小钩。吸盘4个，较小。生殖孔开口于链体一侧边缘的中央，大多位于同侧。成熟节片有睾丸3个，偶有2个或多至4～5个者。孕节内的子宫呈袋状，边缘不整齐，充满虫卵。虫卵圆形或类圆形，黄褐色，大小为（60～79）μm×（72～86）μm，卵壳较厚，胚膜两端无极丝，胚膜与卵壳之间充满透明的胶状物。内含一个六钩蚴。

3. 生活史　缩小膜壳绦虫生活史与微小膜壳绦虫相似，但发育过程必须有昆虫作为中间宿主。中间宿主包括蚤类（如具带病蚤、印鼠客蚤）、甲虫、蟑螂、倍足类和鳞翅目昆虫等20余种，以大黄粉虫、谷蛾多见。孕节或虫卵随终宿主粪便排出体外，被中间宿主吞食，在其消化道内孵出六钩蚴，然后穿过肠壁进入血腔，7～10天后发育为似囊尾蚴。鼠类或人吞食了含有似囊尾蚴的中间宿主，似囊尾蚴在其肠腔内经过12～13天，发育为成虫（图86-2-1）。

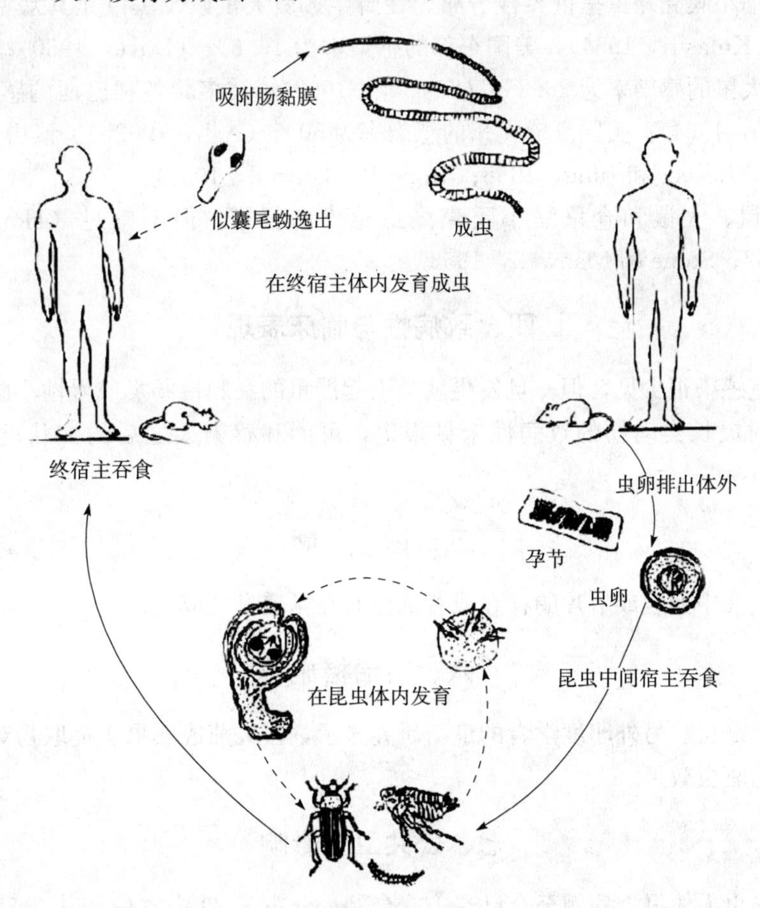

图86-2-1　缩小膜壳绦虫的生活史

成虫的孕卵节片和虫卵随宿主粪便排出体外，中间宿主吞食这些虫卵，并在消化道内孵化。孵出的六钩蚴穿过肠壁，进入中间宿主的体腔内发育。在30℃条件下，赤拟谷盗感染虫卵1天后，六钩蚴进入血腔。感染后第10天，似囊尾蚴发育成熟，全长597～832μm、宽208～240μm。人或鼠食入带有成熟拟囊尾蚴的中间宿主遭受感染，在终末宿主的小肠内发育为成虫。宿主从感染似囊尾蚴至孕卵节片排出，需12～13天。

三、流行病学

1. 传染来源与传播途径 带虫动物和人不断向外界排出的孕节和虫卵是该病的主要传染来源。其流行与其具有广泛的中间宿主有重要关系，人主要是因误食了混在粮食中的昆虫而遭受感染。据目前资料统计，约有60余种节肢动物可作为其中间宿主，包括倍足类和多种昆虫（甲虫31种、革翅目2种、纺足目2种、鳞翅目11种、直翅目9种、蚤目11种），其中以鳞翅目蛾类和面粉甲虫等为最适宜的中间宿主。

缩小膜壳绦虫能引起宿主一定的免疫力，试验证明，用缩小膜壳绦虫感染小鼠后9～14天绦虫受到排斥，第二次感染时只发现少量虫体，如果用免疫抑制剂处理小鼠，这类作用则不出现或延缓出现。用外科手术将虫体移植到未曾感染过该虫的鼠体内，则虫体存活期明显延长。

2. 宿主 缩小膜壳绦虫主要寄生于鼠类肠道，迄今全世界共发现该虫的终末宿主99种，包括啮齿目（家鼠、仓鼠、田鼠、沙鼠等）、食肉目（犬）、食虫目（鼩鼱）、灵长目。人偶尔感染。中间宿主包括蚤类（如具带病蚤、印鼠客蚤）、甲虫、蟑螂、倍足类和鳞翅目昆虫等20余种，以大黄粉虫、谷蛾多见。

3. 流行特征 缩小膜壳绦虫呈世界性分布。在野生挪威大鼠以及黑鼠尤其常见，据报道斯里兰卡的感染率为6.6%（Kulasiri，1954），美国东部的感染率为16.6%（Dove，1950）；在日本黑鼠的感染率为18.4%，挪威大鼠的感染率为26.2%（Sasa等，1962）；波多黎各和巴西的感染率为28%（Heston，1941；de Leon，1964）；美国夏威夷州的感染率为50%（Ash，1962b）。该虫不易感染猴（Ruch，1959）和人（Faust，Beaver和Jung，1968；Stone和Manwell，1966）。

虽有过实验小鼠、大鼠和仓鼠缩小膜壳绦虫感染的报道，但不常见（Handler，1965；Read，1951；Sasa等，1962；Stone和Manwell，1966）。

四、致病性与临床表现

啮齿动物的严重感染很少见，但一旦发生就会引起严重的黏膜性肠炎或慢性小肠结肠炎伴随淋巴增生。缩小膜壳绦虫对灵长类动物的致病性未见报道，可能和感染人之后的症状类似，较温和或者不明显。

五、诊　　断

诊断基于证实粪便中卵囊或节片的存在或者剖检时在肠道发现成虫。

六、防治措施

治疗同微小膜壳绦虫。另外印度学者的最新研究显示，苦天茄成熟果实提取物对试验感染缩小膜壳绦虫的小鼠有较好的驱虫效果。

七、公共卫生影响

我国缩小膜壳绦虫人体报告病例至今已有100余例，分布于20个省份，其中85%的病例和一半的分布区是在20世纪60年代以后报道的。很明显该病在人群中有扩大的趋势，究其原因，可能与鼠类密度增大有关，特别是在农村，具有缩小膜壳绦虫循环感染的适宜条件（鼠→媒介昆虫→人），如不注意防控，人感染率势必会上升。在实验室条件下，实验室人员应做好个人防护，以避免感染。

（李波　刘群）

参考文献

刘影，沈一平．1999. 缩小膜壳绦虫病综合防治的效果观察［J］．中国人与动物共患病杂志，15（2）：100－101.

杨维平，沈一平，邵靖鸥，等．1998. 缩小膜壳绦虫动物模型的建立及其似囊尾蚴的形态观察［J］．中国寄生虫学与寄生虫病杂志，16（1）：16－20.

杨维平，项晓人．1994，寄生人体缩小膜壳绦虫成虫及虫卵的扫描电镜观察［J］．中国人与动物共患病杂志，10（1）：25－26.

Hughes HC Jr，Barthel CH，Lang CM. 1973. Niclosamide as a treatment for Hymenolepis nana and Hymenolepis diminuta in rats［J］. Lab Anim Sci，23（1）：72－73.

Robert J Flynn. 1973. Parasites of laboratory animals［M］. Ames，Iowa：The Iowa State University Press.

Yadav AK，Tangpu V. 2012. Anthelmintic activity of ripe fruit extract of Solanum myriacanthum Dunal（Solanaceae）against experimentally induced Hymenolepis diminuta（Cestoda）infections in rats［J］. Parasitol Res，110（2）：1047－1053.

第三节　矛形剑带绦虫病
（Dreporanidotaeniosis lanceolata）

矛形剑带绦虫病（Dreporanidotaeniosis lanceolata）是由矛形剑带绦虫（*Drepanidotaenia lanceolata*）又名枪形绦虫。

矛形剑带绦虫在分类上属于扁形动物门（Platyhelminthes）、绦虫纲（Cestoidea）、圆叶目（Cyclophyllidea）、膜壳科（Hymenolipididae）、剑带属（*Drepanidotaenia*）。终末宿主是野鸭、鹅、鸭、雁鸭、鹳鹭、鹭、猪、灵长类，寄生于小肠。中间宿主是蚤类。有报道说该绦虫见于亚洲，也有相关资料表明是世界分布。在中间宿主体内发育似囊尾蚴，终末宿主经口感染。人的症状尚不明了，可能轻微。动物主要表现为消化障碍、肝肿大，有时肝硬变。

（李波　刘群）

第八十七章
双叶槽科绦虫所致疾病

第一节 阔节裂头绦虫病
(Diphyllobothriasis latum)

阔节裂头绦虫病（Diphyllobothriasis latum）是阔节裂头绦虫成虫寄生于人及犬、猫的小肠，引起的以消化系统和贫血等症状为主的人兽共患病，分布较广。裂头蚴寄生于各种鱼类。

一、发生与分布

阔节裂头绦虫（*Diphyllobothrium latum*）成虫主要寄生于犬、猫、野生食肉动物以及生活在一些淡水鱼（如梭子鱼、鲈鱼和鲑鱼）存在区域的人群的小肠。北美、北欧、中欧以及智利、日本等国家和地区都有报道。

二、病　　原

1. 分类地位　阔节裂头绦虫（*Diphyllobothrium latum*）在分类上属于扁形动物门（Platyhelminthes）、绦虫纲（Cestoda）、假叶目（Pseudophyllidea）、双叶槽科（Diphyllobothriidae）、双叶槽属（*Diphyllobothrium*）。

2. 形态特征　阔节裂头绦虫成虫虫体较大，长可达 10m，最宽处达 20mm，具有 3 000～4 000 个节片。头节细小，呈匙形，长 2～3mm、宽 0.7～1.0mm，其背腹侧各有一条较窄而深凹的吸槽，颈部细长。成节的宽度显著大于长度，为宽扁的矩形。睾丸数较多，为 750～800 个，雄生殖孔和阴道外口共同开口于节片前部腹面的生殖腔。子宫盘曲呈玫瑰花状，开口于生殖腔之后，孕节的结构与成节基本相同。

虫卵近卵圆形，长 58～76μm、宽 40～51μm，呈浅灰褐色，卵壳较厚，一端有明显的卵盖，另一端有一小棘，虫卵内含有一个卵细胞和若干卵黄细胞。排出体外时，卵内胚胎已开始发育。

3. 生活史　阔节裂头绦虫的发育需要两个中间宿主。第一中间宿主是剑水蚤或镖水蚤，第二中间宿主是鱼类，犬、猫、熊、狐、猪等食肉动物和人是其终末宿主。成虫寄生于终末宿主的小肠内，虫卵随宿主粪便排出后，在 15～25℃的水中经过 7～15 天的发育，孵出钩球蚴。钩球蚴能在水中生存数日并能耐受一定的低温。当钩球蚴被剑水蚤吞食后，即在其血腔内经过 2～3 周的发育成为原尾蚴。当感染性剑水蚤被鱼吞食后，原尾蚴即可在鱼的肌肉、性腺、卵及肝等内脏发育为裂头蚴。终末宿主食入带有裂头蚴的鱼时，在其肠内经 5～6 周发育为成虫。成虫在终宿主体内可存活 5～13 年。

三、流行病学

阔节裂头绦虫病主要流行于北美五大湖区、北欧波罗的海区域、中欧湖区、智利南部和日本。地方性流行区内犬、猫易感；不采用生鱼饲喂的实验用犬、猫则不易感。

四、致病性与临床表现

阔节裂头绦虫成虫在肠内寄生，一般不引起特殊的病理变化，多数感染者无明显症状。但因虫体长大有时可扭结成团，导致肠道、胆道阻塞甚至出现肠穿孔等。阔节裂头绦虫感染宿主造成绦虫性贫血，这可能是由于与造血功能有关的维生素 B_{12} 被绦虫大量吸收的原因，如果食物中维生素 B_{12} 供给不足，则可引起维生素 B_{12} 缺乏。

五、诊　　断

实验诊断在于从感染者粪便中检获虫卵或节片。

六、防治措施

防治关键在于不饲喂生鱼或未煮熟的鱼。加强对犬、猫等动物的管理，避免粪便污染河湖水。驱虫方法同其他绦虫病。

七、公共卫生影响

人是易感宿主。虽然感染阔节裂头绦虫的犬和猫不能把病原直接传播给人，但在流行区内，如果犬猫感染率较高，环境中虫卵散播，中间宿主的感染机会较多，因此感染犬猫等动物可能成为人阔节裂头绦虫的感染来源。

（刘群）

参考文献

田克恭 . 2013. 人与动物共患病［M］. 北京：中国农业出版社：1516－1518.

殷国荣 . 2004. 医学寄生虫学［M］. 北京：科学出版社：157－158.

张信，李德昌 . 1993. 人与动物共患病学（下册）［M］. 北京：蓝天出版社：126－127.

Chou H F，Yen C M，Liang W C，et al. 2006. Diphyllobothriasis latum：the first child case report in Taiwan［J］. Kaohsiung J Med Sci. 22（7）：346－351.

Park J K，Kim K H，Kang S，et al. 2007. Characterization of the mitochondrial genome of Diphyllobothrium latum（Cestoda：Pseudophyllidea）－implications for the phylogeny of eucestodes［J］. Parasitology，11：1－11.

Robert J Flynn. 1973. Parasites of laboratory animals［M］. Ames：The Iowa State University Press.

第二节　孟氏迭宫绦虫病与孟氏裂头蚴病 (Spirometriosis and sparganosis)

孟氏迭宫绦虫（*Spirometra mansoni*）又称孟氏裂头绦虫，成虫主要寄生犬、猫、虎、豹、狐狸等食肉动物小肠内，偶然寄生在人体小肠，引起孟氏迭宫绦虫病。人的裂头蚴病（Sparganosis）是由曼氏迭宫绦虫和其他裂头绦虫的中绦期——裂头蚴寄生于人体所致。孟氏迭宫绦虫病与孟氏裂头蚴病均属自然疫源性的人与动物共患寄生虫病。

一、发生与分布

孟氏迭宫绦虫（*Spirometra mansoni*）又称孟氏裂头绦虫，成虫主要寄生于犬、猫、虎、豹、狐狸等食肉动物小肠内，偶尔寄生于人体小肠，引起孟氏迭宫绦虫病。裂头蚴病（Sparganosis）是由孟氏裂头绦虫和其他裂头绦虫的中绦期——裂头蚴寄生于宿主所致，导致孟氏裂头蚴病。孟氏迭宫绦虫的成虫和裂头蚴均广泛寄生于多种动物，孟氏迭宫绦虫病与孟氏裂头蚴病均属自然疫源性的人与动物共患寄生虫病。

二、病　原

1. 分类地位　孟氏裂头绦虫在分类上属于扁形动物门（Platyhelminthes）、绦虫纲（Cestoda）、假叶目（Pseudophyllidea）、双叶槽科（Diphyllobothriidae）、迭宫属（*Spirometra*）。

2. 形态特征　成虫长60～100cm、宽0.5～0.6cm。头节细小，呈指状，其背腹面各有一条纵行的吸槽。颈部细长，链体有节片约1 000个，节片一般宽度均大于长度，但远端的节片长宽几近相等。成节和孕节均具有发育成熟的雌雄生殖器官一套，结构基本相似。肉眼即可见到节片中部凸起的子宫，在孕节中更为明显。睾丸呈小泡状，有数百个，散布在节片中部，由睾丸发出的输出管在节片中央汇合成输精管，然后弯曲向前并膨大成贮精囊和阴茎，再通入节片前部中央腹面的圆形雄生殖孔。卵巢分两叶，位于节片后部，自卵巢中央伸出短的输卵管，其末端膨大为卵模后连接子宫。卵膜外有梅氏腺包绕。阴道为纵行的小管，其月牙形的外口位于雄性生殖孔之后。卵黄腺散布在实质的表层。子宫位于节片中部，螺旋状盘曲，紧密重叠，基部宽大而顶端窄小，略呈发髻状，子宫孔开口于阴道口之后。

卵呈椭圆形，两端稍尖，长52～76μm、宽31～44μm，呈浅灰褐色，卵壳较薄，一端有盖，内有一个卵细胞和若干个卵黄细胞。

裂头蚴呈长带形，白色，大小为300mm×0.7mm，头部膨大，末端钝圆，体前端无吸槽，中央有一明显凹陷，是与成虫相似的头节。体不分节但具横皱褶。

3. 生活史　孟氏迭宫绦虫的发育过程需要多个宿主参与。终末宿主主要是猫和犬，此外还有虎、豹、狐等食肉动物。第一中间宿主是剑水蚤，第二中间宿主主要是蛙。蛇、鸟类和猪等多种脊椎动物可作为转续宿主。人可作为它的第二中间宿主、转续宿主甚至终末宿主。

成虫寄生在终末宿主的小肠内。虫卵自虫体的子宫孔产出，随宿主粪便排出体外，在水中适宜的温度下，经过2～5周发育，孵出钩球蚴。钩球蚴椭圆形或圆形，周身被有纤毛，直径80～90μm，常在水中做无定向螺旋式游动，当其主动碰击到剑水蚤时即被吞食，随后脱去纤毛，穿过肠壁入血腔，经3～11天发育成原尾蚴。一个剑水蚤血腔里的原尾蚴数可达20～25个。原尾蚴椭圆形，前端略凹，后端有小尾球，内含6个小钩。带有原尾蚴的剑水蚤被蝌蚪吞食后失去小尾球，随着蝌蚪逐渐发育成蛙，原尾蚴也发育成为裂头蚴。裂头蚴具有很强的收缩和移动能力，常移行到蛙的肌肉、腹腔、皮下或其他组织内，特别好在大腿或小腿的肌肉中寄居。当受染的蛙被蛇、鸟类或猪等非正常宿主吞食后，裂头蚴不能在其肠中发育为成虫，而是穿出肠壁，移居到腹腔、肌肉或皮下等处继续生存，蛇、鸟、猪即成为其转续宿主。猫、犬等终宿主吞食了染有裂头蚴的第二中间宿主蛙或转续宿主后，裂头蚴渐在其肠内发育为成虫。一般在感染约3周后，终宿主粪便中开始出现虫卵。成虫在猫体内寿命约3.5年（图87-2-1）。

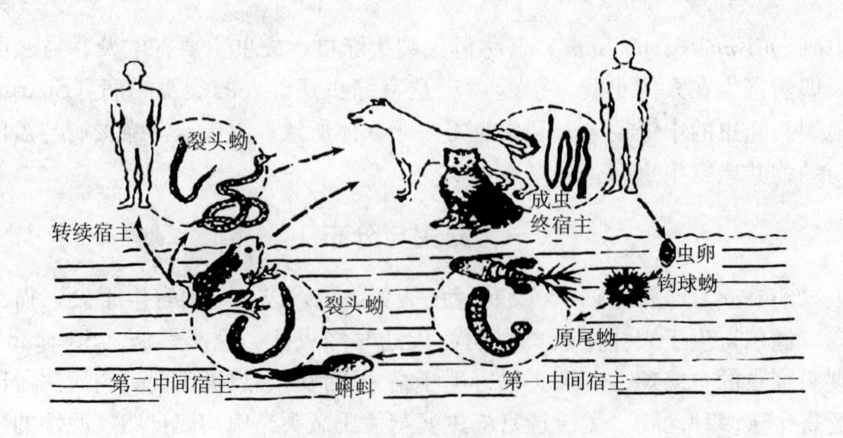

图87-2-1　孟氏迭宫绦虫的生活史

三、流行病学

曼氏迭宫绦虫分布很广，多见于东亚和东南亚各国，欧洲、美洲、非洲和澳洲也有记录。在对韩国京畿道 Ejungbu 市的 102 只流浪犬进行的寄生虫感染调查时发现，其中 2%的犬只感染了曼氏迭宫绦虫（Seung-Yull Cho 等，1981）；一项来自马来西亚怡宝的调查显示，200 只超过 8 岁的流浪猫中有 6%感染曼氏迭宫绦虫（Shanta C. S. 等，1980）。曼氏迭宫绦虫的成虫和裂头蚴均广泛地寄生于多种动物之中，但成虫寄生于人体的报道较少，且致病力弱，一般无明显症状。国外仅见于日本、俄罗斯等少数国家有报道。在我国，成虫感染病例报道仅 10 多例，分布在上海、广东、台湾、四川和福建等地。裂头蚴寄生于人体较多见，其危害远较成虫为大。目前我国各地还常有新病例报道。

四、致病性与临床表现

孟氏迭宫绦虫成虫寄生于动物和人小肠内，通过体壁吸收肠道内的营养物，致病力较弱，一般不引起肠壁的明显病理变化。裂头蚴经皮肤或黏膜进入机体后，可移行至各组织内寄生，通常为 1～2 条，但多者可达几十条。感染早期一般症状不明显，局部可有水肿或触痛。肉眼观察一般肿块无包膜，切面呈灰白色或灰红色，内有渗出液或豆渣样物，其中可有出血区，有时有不规则的裂隙、腔穴，穴与穴之间有隧道相通。裂头蚴寄生于穴道内，虫体乳白色，体表多皱褶，头节被包于一端。寄生后期病灶的组织学观察：虫体均无包膜，有出血点或出血区，病灶为炎性肉芽肿，其中为嗜酸性坏死组织所形成的腔穴和不规则的隧道，其间有中性粒细胞、淋巴细胞、单核细胞和浆细胞等浸润；在坏死区还可见少量的夏科一雷登氏晶体；腔道壁为增生的组织细胞和上皮样细胞，呈栅状排列；裂头蚴断面除散在的细胞核外，尚可见到圆形或卵圆形的石灰小体。

五、诊　　断

由于该病临床表现缺乏特异性，常被忽视或误诊。孟氏迭宫绦虫成虫感染可在粪便中检出虫体节片或虫卵而确诊。

六、防治措施

成虫感染可用吡喹酮、阿苯哒唑等多种驱绦虫药驱除。

裂头蚴寄生后主要靠手术摘除，术中注意务将虫体尤其是头部取尽，方能根治，也可用 40%酒精和 2%普鲁卡因 2～4mL 进行局部封闭杀虫。

预防主要是禁止犬猫食入中间宿主蛙以及转续宿主蛇、鸟类肉；同时禁止犬猫粪便污染水体。对人的预防主要是禁用蛙肉外贴伤口，不食生的或未煮熟的肉类，不饮生水以防感染。

七、公共卫生影响

该病对人的危害较大，虽然犬猫等动物不能直接传播病原给人，但感染源于犬猫排出的虫卵；另外，第一、第二中间宿主和多种转续宿主体内的虫体均可造成人的感染，应引起高度重视。

（李波　刘群）

参考文献

田克恭 . 2013. 人与动物共患病［M］. 北京：中国农业出版社：1580 - 1521.

田增民 . 1990. 脑内孟氏裂头蚴病［J］. 国外医学：神经病学神经外科学分册（2）：88 - 90.

王宏，郭俊成 . 1994. 孟氏裂头蚴的感染与防制［J］. 辽宁畜牧兽医（4）：21 - 22.

Cho S Y，Yong S，Ryang Y S. 1981. Helminthes infections in the small intestine of stray dogs in Ejungbu City，Kyunggi

Do, Kerea [J] . Korean J Parasitol, 19 (1): 55 - 59.
Shanta C S, Wan S P, Kwong K H. 1980. A survey of the endo - and ectoparasites of cats in and aroundIpoh, West Malaysia [J] . Malaysian Veterinary Journal, 7 (1): 17 - 27.

第八十八章
裸头科绦虫所致疾病

第一节　伯特绦虫病
(Bertielliasis)

伯特绦虫（*Bertiella* spp.）是猴和其他灵长类动物常见的寄生虫，寄生于肠道。

一、分布与流行

曾在菲律宾犬体内发现伯特绦虫，人体偶见感染，至今仅见50余病例，见于毛里求斯、菲律宾、东非、印度尼西亚、印度和新加坡等地。

二、病　原

1. 分类地位　伯特绦虫病（Bertielliasis）的病原有两种，即司氏伯特绦虫（*Bertiella studeri* Blanchard，1891）和尖伯特绦虫（*Bertiella mucronata* Meyner，1895），在分类上属于绦虫纲扁形动物门（Platyhelminthes）、（Cestoda）、圆叶目（Cyclophyllidean）、裸头科（Anoplocephalidae）、伯特属（*Bertiella*）。

2. 形态特征　成虫体长10～30cm、宽1cm。妊娠节宽度大于长度，有20节之多，并可随灵长动物的粪便排出体外。

成熟节片大小为（9.80～11.30）mm×（1.43～2.55）mm，未成熟节片大小为（11.25～13.92）mm×（2.72～2.86）mm。纵排泄管成对，背管小于腹管。每个节片后缘与一个宽的横管相连。生殖孔不规则地交替开口于节片两侧，生殖腔位于节片侧缘中部，在孕前节中可达0.051mm×0.037mm。阴茎囊大小为(0.28～0.48) mm×(0.08～0.10) mm，囊壁厚，具有内输精囊。睾丸呈泡状，每个节片约280个，占据节片的背前方，分布于背腹和前后层，睾丸直径为(0.068～0.094) mm×(0.057～0.080) mm。阴道开口于雄性生殖孔后方，周围环绕一层腺体细胞，腺体层为（0.60～0.63）mm×(0.08～0.15) mm，延伸至排泄管。阴道无腺体部分的大小为（0.54～1.11）mm×(0.07～0.09) mm。卵巢大小为（1.24～1.54）mm×（0.37～0.46）mm，位于节片中央的后端，棒状分叶。卵黄腺呈肾性，大小为(0.23～0.36) mm×(0.15～0.22) mm。单一子宫，横向。当卵形成时，子宫向前后膨

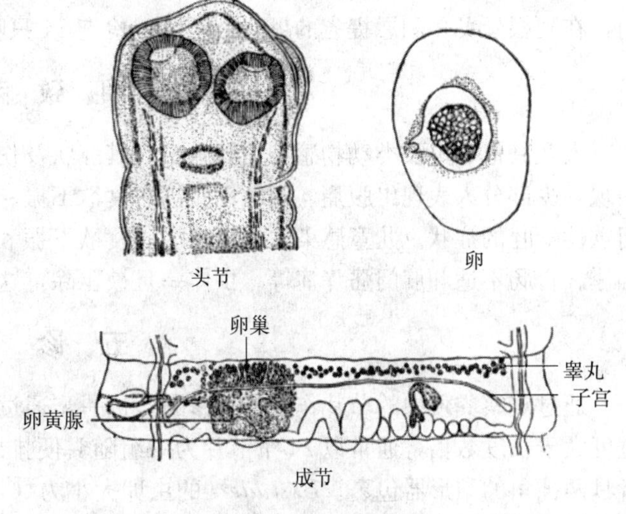

图88-1-1　司氏伯特绦虫的头节、卵和成节

大，在孕卵节片中呈囊状膨大，超越排泄管。卵呈球形，大小为（0.037～0.051）mm×（0.037～0.046）mm（图 88-1-1）。

区分这两种虫体的主要依据是阴道腺、卵、梨形器的大小和睾丸的数量。有专家认为上述分类依据不足以区分此两种，而只承认司氏伯特绦虫一种。也有人将地理和宿主隔离视为附加的鉴定依据。

3. 生活史 司氏伯特绦虫主要寄生于亚洲和非洲猴的肠道。孕节随粪便排出到外界环境中。中间宿主为5个属的螨类，即 *Dometorina*、*Achipteria*、*Galumna*，*Scheloribates* 和 *Scutovertex*，这些螨虫体长约 0.5mm，生活在土壤环境或寄生于人体，它们以有机质为生，故而也可以食取猴粪便中的绦虫卵。虫体胚胎穿透螨虫体腔随即发育为似囊尾蚴。当猴食入含有似囊尾蚴的螨虫时，经消化后释放的拟囊尾蚴最终在猴的肠道内发育为成虫。

Stunkard（1940）首次在恒河猴发现并描述了该虫，地螨是其中间宿主，携带拟囊尾蚴。宿主猴有抓食地螨的习惯，故而容易感染。

三、流行病学

1. 传染来源与传播途径 非人灵长类动物是伯特绦虫的自然宿主，它们经口摄入带有绦虫幼虫的螨虫（中间宿主）而被感染。人偶然接触存在该类螨虫的土壤，也可经口感染。这种情况多发生于人与猴有密切接触的地方，如动物园。家中饲养有猴子或者附近经常有猴群出入也可被感染。

2. 易感动物与寄生部位 非人灵长类动物是自然终末宿主，伯特绦虫寄生于肠道。人偶可感染。

3. 分布与流行 在印度、远东和非洲地区，该虫可感染人。在前苏联、英国、西班牙和美国也有人感染的病例报道。在 *Bertiella* 属的29个种中，只有2种即 *B. studeri* 和 *B. mucronata* 能感染人，特别是儿童。截至1999年，共有56例人感染伯特绦虫的报道，其中45例感染 *B. studeri*，7例感染 *B. mucronate*，另外有4例未能确切定种。感染 *B. studeri* 的主要区域为东洲、加蓬、印度、印度尼西亚、毛里求斯岛、菲律宾、俄罗斯、小安德列斯群岛的圣基茨、新加坡、西班牙、泰国、美国的名尼苏达州、也门。在 *B. studeri* 感染的新世界猴中至少2/3与旧世界猴之间有着一定的渊源，例如，圣基茨的猴有着非洲起源，西班牙发现的病例很明显是源于肯尼亚。感染 *B. mucronate* 的病例，有3例来自阿根廷，2例源于巴西，1例见于古巴，还有1例报道于巴拉圭。感染未定种伯特绦虫的报道则分别来自刚果民主共和国、大不列颠、印度和沙特阿拉伯。*B. studeri* 的自然宿主为 *Simya*、*Anthropithecus*、*Hylobates*、*Cercopithecus*、*Troglodytes*、*Macaca*、*Pan* 和 *Papio* 属。而 *B. mucronate* 的自然宿主为 *Allouata*、*Callicebus*、*Cebus* 和 *Callithrix* 属。猴感染伯特绦虫很普遍，各类群猴之间也存在一定差别，如恒河猴的感染率为3.6%～14%，短尾猴为1.4%～5.3%，日本猕猴为7.1%，狒狒为7.7%。Santa cruz 等（1995）报道：阿根廷灵长类中心的74只吼猿中，29.4%感染 *B. mucronata*。而在30年前，在阿根廷戈尔利恩提省的贝亚维斯塔，检查84只吼猿，7%被 *B. mucronata* 感染。

四、致病性

人及其他非灵长类动物感染伯特绦虫，其症状及伤害程度与猴丝毫不同。绝大部分人感染并无症状表现，少部分人表现出腹痛、间歇性腹泻、食欲不振、便秘和体重下降。也有极少数病人表现腹痛伴随间歇性呕吐的症状。儿童感染常出现腹痛、食欲不振和间歇性腹泻。个别病例出现神经症状、高血压、心悸、胃肠不适和肛门瘙痒症等。虫体一旦被驱除，这些症状即消失。

五、诊断

通过观察粪便中的节片作为初步诊断，进一步通过显微镜检验节片和虫卵的形态进行确诊。孕节的宽度大于长度数倍，通常以24个节片为一组随粪便排出体外。卵近似椭圆形，薄壳。胚胎被一层膜或者具两钝角的梨形器包裹。*B. studeri* 的虫卵大小为（49～60）μm×（40～46）μm；*B. mucronate* 大小为（40～46）μm×（36～40）μm。*Bertiella* 的虫卵内有明显的梨形器，大小 *B. mucronata* 为（22～

24）μm×（16～18）μm，*B. studeri* 为（25～30）μm×（18～28）μm。

六、防治措施

1. 治疗　有几种抗蠕虫药物对伯特绦虫有效。喹纳克林能驱除包括头节的整个虫体。其他用于驱除伯特绦虫的药物还有氯硝柳胺、吡喹酮和丙硫咪唑。

2. 预防　由于伯特绦虫的中间宿主地螨的分布很广，且人遭遇感染的概率和频率较低，故而预防工作较为困难。通常，在猴出入频繁之地，人们应当注意其食物卫生，防止误食中间宿主地螨。

七、公共卫生影响

伯特绦虫能够感染人，因摄入自由生活的螨类遭受感染，虽然受感染的实验动物不能直接传播给人，但其排出的虫卵依然是人感染的主要来源，相关工作人员应注意预防。

（李安兴　刘群）

参考文献

Adams A. 1935. A fourth case of human infestation with B. studeri (Cestoda) in Mauritius [J]. Ann trop Med Parasit，29：361 - 362.

Adams A，Webb L. 1933. Two further cases of human infestation with Bertiellastuderi (Blanchard，1891) Stiles & Hassall，1902，with some observation on the probable synonymy of specimens previously recorded from man [J]. Ann trop Med Parasit，27：471 - 475.

Africa C，Garcia E. 1935. The occurrence of Bertiella in man，monkey and dog in the Philippines [J]. Philipp J Sc，56：1 - 11.

Bacigalupo J. 1949. Primer caso humano de Bertiella sp. en Sud América [J]. Rev Soc mex Hist nat，10：177 - 183.

Baer J. 1940. The origin of human tapeworm [J]. J Parasit，10：127 - 134.

Bandyopadhyay A，Manna B. 1987. The pathogenic and zoonotic potentiality of Bertiellastuderi [J]. Ann trop Med Parasit，81：465 - 466.

Robert J Flynn. 1973. Parasites of laboratory animals [M]. Ames，Iowa：The Iowa State University Press.

第二节　马达加斯加绦虫病
(Inermicapsiferiosis madagascariensis)

马达加斯加绦虫病（Inermicapsiferiosis madagascariensis）是由马达加斯加绦虫（*Inermicapsifer madagascariensis*）寄生于啮齿动物和人的肠道引起的疾病。马达加斯加绦虫（*Inermicapsifer madagascariensis*）（同物异名 *I. cubensis*，*I. arvicanthidis*）在分类上属于多节绦虫亚纲（Cestoda）、圆叶目（Cyclophyllidea）、林斯窦科（裸头科，Linstowiidae）、无头虫属（*Znermicapsifer*）。

马达加斯加绦虫虫体长 27～42cm，最宽处为 2.3mm，全虫共有 350 节片。寄生于啮齿类和人的肠道。无头虫属（*Inermicapsifer*）绦虫与瑞列属（*Raillierina*）绦虫的主要区别在于前者的头节和吸盘处无小钩。妊娠节与其他节片的长宽比例刚好相反，表现为长度大于宽度。每个妊娠节含有 150～175 个直径为 49～53μm 的卵包囊，每个卵包囊中至少含有 6 个卵。对该类寄生虫的生活史尚不清楚。根据对其近源属的研究，我们可以推测该类绦虫以某类节肢动物作为其中间宿主。

对该绦虫的发育过程还不清楚。中间宿主未知，但依据与此相近属的情况，推断其中间宿主可能是节肢动物类。节肢动物食入终末宿主（啮齿类或人）粪便中的绦虫卵，幼虫阶段在节肢动物体内发育。终末宿主通过食入带有其幼虫的节肢动物遭受感染。

在东非，马达加斯加绦虫是一类寄生在啮齿动物的绦虫，也可感染人，但发生率非常小。终末宿主是啮齿动物和人，寄生于宿主的肠道。寄生于啮齿类动物肠道中的成虫不断随粪便向环境中排出孕节和虫卵是该病的主要传染来源。在非洲，可能的传播模式为：啮齿类→节肢动物→啮齿类；而在非洲以外的其他地区，传播模式可能为：人→节肢动物→人。

感染往往不表现临床症状。对病原的确切诊断主要是借助显微镜观察其节片。为了区分 *Inermicapsifer* 属与 *Raillierina* 属，必须检查头节。头节可以自行排出体外或在驱虫后排出体外。

由于该绦虫的生活史和传播模式尚未研究清楚，唯一可以推荐的预防措施就是控制啮齿动物的饲养环境。

（李安兴　刘群）

参考文献

Guillermo M. 1997. Denegri，Jorge Perez - Serrano Bertiellosis in Man：a Review of Cases［J］. Rev Inst Med trop S Paulo：39.

Robert J Flynn. 1973. Flynn' s Parasites of laboratory animals［M］. Ames，Iowa：The Iowa State University Press.

Santacrta A，Gomez L，Rott M，et al. 1995. El parasitismo en Alouatta carayáy Saimiri boliviensis ingresados al "Centro Argentino de Primates"［J］. Rev Med vet (B. Aires)，76：150 - 152.

第八十九章
中殖孔科绦虫所致疾病

犬中殖孔绦虫病
(Mesocestoideosis in canine)

中殖孔绦虫的成虫主要寄生于食肉类哺乳动物及鸟类体内。人体感染的报道有20余例，在丹麦、非洲、美国、日本、韩国、中国、前苏联、印度和巴基斯坦等国家有报道。

一、病　原

1. 分类地位　引发中殖孔绦虫病（Mesocestoideosis）的病原生物为分类上属于扁形动物门（Platyhelminthes）、绦虫纲（Cestoda）、圆叶目（Cyclophyllidean）、中殖孔科（Mesocestoidae）、中殖孔属（*Mesocestoides*）的线中殖孔绦虫（*Mesocestoides lineatus*）和 *Mesocestoides variabilis*。

2. 形态特征　成虫长30～250cm，体宽超过2mm，节片形如瓜子，头节大，顶端平而稍凹陷，具有4个长圆形的吸盘，无顶突和小钩，颈节很短。成节近方形，与 *Dipylidium caninum* 不同的是每个节片拥有一套生殖器官，睾丸54～58个，分布于排泄管两侧。子宫为盲管，位于节片的中央，卵巢与卵黄腺均分两叶，位于节片后部，生殖孔位于腹面正中。孕节似桶状，其内有子宫和一卵圆形的副子宫器，副子宫器内有成熟的卵。卵长圆形大小为（40～45）μm×（35～60）μm，有两层薄膜，内含六钩蚴（图89-1-1）。

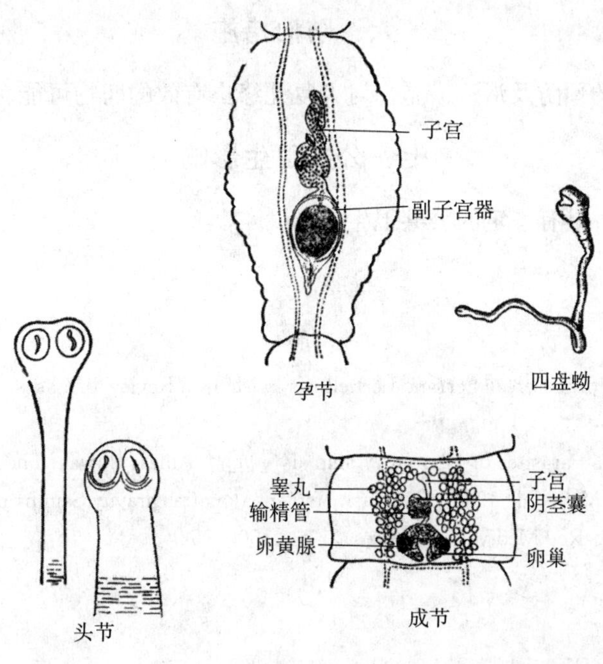

图89-1-1　线中殖孔绦虫的头节、成节、孕节和四盘蚴

二、生 活 史

生活史尚不完全清楚。该属的命名也尚未确定，因为属内的变异度较大，形态学特征也难以界定。终末宿主有狐狸、犬、鼠及其他种类的食肉动物。第一中间宿主很可能是食粪类节肢动物，它们摄食终末宿主粪便中妊娠节中的卵。试验证明节肢动物可以被感染，而且虫卵发育为拟囊尾蚴。第二中间宿主是蛙、蛇等，所携带的四盘蚴，主要位于胸腔、腹腔、肝脏和肺。四盘蚴与节片类似，较薄且长短不一，但有所不同的是，四盘蚴的头节处有四个吸盘或内陷的吸入器（位于较厚端末），而节片则是两块吸槽。四盘蚴可以通过纵向分裂而行无性生殖。中间宿主是啮齿动物，也包括犬、猫、鸟类、两栖动物和爬行类。某些哺乳动物如猫、狗，除了能携带绦虫成虫，也能保藏四盘蚴。终末宿主摄食了携带绦虫幼体的动物后，其幼体将在2～4周内于宿主肠道内发育为成虫。

三、流行病学

Mesocestoides variabilis 流行于中美及北美地区，而 *Mesocestoides lineatus* 则被发现于非洲、亚洲和欧洲。线中殖孔绦虫病在人很少见报道，共有20余病例报道，见于欧洲、非洲、北美、朝鲜和日本等地，其中日本7例、美国2例、卢旺达和布隆迪各2例、格陵兰和朝鲜各1例。而1989年以前只有2例报道，分别来自朝鲜和美国。我国共发现4例感染者，黑龙江1例为20个月女婴；吉林省有3例，1例为8岁儿童，另2例均为女性成人。4例中前3例分别驱出虫体5条、8条和1条，另1例从患者粪便中检出孕节。

四、临床症状

感染该虫的病人表现腹痛、腹泻、轻微腹胀和脾肿，有的病人有厌食、体重减轻和贫血等症状和体征。检查粪便中有无节片可以确诊。由于在非洲猴体内曾发现四盘蚴，因此认为人体内也可能有四盘蚴寄生而误定为裂头蚴。故在诊断裂头蚴病时需注意与该病的四盘蚴鉴别。后者头节上有吸盘可资鉴别。

五、诊 断

在宿主的腹膜或胸膜腔发现幼虫或在其粪便中发现孕节即可确诊。

六、防治措施

目前对该病没有特别的预防及治疗措施。对犬复孔绦虫有效的药物可能对该虫的感染也有效果。

七、公共卫生影响

因为该病原可感染人，具有一定的公共卫生意义。

（李安兴　刘群）

参考文献

Guillermo M. 1997. Denegri，Jorge Perez-Serrano Bertiellosis in Man：a Review of Cases［J］. Rev Inst Med trop S Paulo：39.

Robert J Flynn. 1973. Flynn's Parasites of laboratory animals［M］. Ames，Iowa：The Iowa State University Press.

Santa Cruz A，Gomez L，Rott M，et al. 1995. El parasitismo en Alouatta carayáy Saimiri boliviensis ingresados al "Centro Argentino de Primates"［J］. Rev Med vet (B. Aires)，76：150-152.

第九十章
毛形科线虫所致疾病

旋毛虫病
(Trichinelliasis)

旋毛虫病（Trichinelliasis）是由毛形属线虫所引起的一种食源性人兽共患寄生虫病。呈世界性分布，猪、犬、鼠等多种哺乳动物和人均可感染，其中猪和犬的感染率最高，但动物感染后不出现临床症状。人感染旋毛虫可出现严重症状，对人体健康具有严重威胁。该病是肉品卫生检验的重要项目之一，在公共卫生上具有十分重要的意义。

一、发生与分布

1828年，英国学者Peacock首次在进行人尸体发现了肌肉中的旋毛虫包囊。1835年，伦敦的一年级医科生James Paget第一次发现旋毛虫；同年，Richard Owen正式报道该种寄生虫。1846年，美国科学家Joseph Leidy首次在猪肉中发现旋毛虫。1859年，德国的Zenker报道了首例因旋毛虫病死亡的患者。我国于1881年、1934年、1937年分别在猪、犬、猫体内检获到旋毛虫。1964年，西藏自治区报道了我国首例人旋毛虫病。迄今，已报道150余种动物可感染旋毛虫，常见的实验动物大鼠、小鼠、犬、猫及灵长类动物均可自然感染，也是常用于进行旋毛虫病研究的模型动物。

旋毛虫病呈世界性分布，亚洲和欧洲某些国家的感染率较高。世界卫生组织的调查表明，在东欧国家的个别地方，猪感染旋毛虫的比例超过50%。尽管在防控旋毛虫病方面开展了大量工作，但由于旋毛虫存在众多宿主，是自然医源性疾病，所以动物和人的感染依然普遍存在。鉴于旋毛虫病对人体健康构成的严重威胁，欧盟已将其列入再度肆虐疾病（re-emerging disease）。

二、病　　原

1. 分类地位　旋毛形线虫（*Trichinella spiralis*）在分类上属于线形动物门线形动物门（Nematoda）、无尾感器纲（Aphasmidia）、毛尾目（Trichurata）、毛形科（Trichinellidae）、毛形属（*Trichinella*）。目前认为毛形属共有8个种及4个尚未确定分类地位的基因型（*Trichinella* T6，T8，T9，T12）。8个种分别是旋毛形线虫（*T. spiralis*，T1）、本地旋毛虫（*T. nativa*，T2）、布氏旋毛虫（*T. britovi*，T3）、伪旋毛虫（*T. pseudospiralis*，T4）、穆氏旋毛虫（*T. murrelli*，T5）、纳氏旋毛虫（*T. nelsoni*，T7）、巴布亚旋毛虫（*T. papuae*，T10）和津巴布韦旋毛虫（*T. zimbabwensis*，T11）。迄今为止，我国只发现旋毛形线虫和本地旋毛虫，以旋毛形线虫分布范围最广。

2. 形态特征

(1) 成虫　细小，呈毛发状，前段较细，后端粗；无色，表皮光滑。虫体前端为食道部，食道前端无食道腺围绕，后端由一列相叠置的食道腺细胞所包裹；虫体后部内含肠管和生殖器官。雄虫长1.4～1.6mm，食道总长度约占整个体长的1/3～1/2；尾端有泄殖孔，其外侧有两个呈耳状悬垂的交配叶，内侧有两对小乳突，无交合刺及刺鞘。雌虫长3～4mm，生殖器官为单管型；卵巢位于虫体后部，输卵管短而窄，位于卵巢之后；子宫较长，在其内可观察到胚胎发生的全过程；阴门位于中部，肛门位于尾端。

（2）幼虫　新生幼虫系刚产出的幼虫，甚微小，大小为124μm×6μm。成熟幼虫具有感染性，长约1mm，卷曲于横纹肌内的菱形囊包中。囊包大小为（0.25～0.5）mm×（0.21～0.42）mm，其长轴与横纹肌纤维平行排列。一个囊包内通常含有1～2条幼虫，有时可多达6～7条。幼虫的咽管结构和成虫的相似。

3. 生活史　旋毛虫属胎生，发育过程较为特殊。成虫与幼虫寄生于同一个宿主，宿主感染时先为终末宿主，后转变为中间宿主。成虫寄生于十二指肠和空肠前段的绒毛间，称之为肠旋毛虫；幼虫寄生于横纹肌内，称之为肌旋毛虫。

当宿主摄食了含有感染性幼虫包囊的动物肌肉后，包囊在胃内消化，幼虫释放，到达十二指肠和空肠前段，约经48h发育为性成熟的肠旋毛虫。雌、雄虫在肠黏膜内交配，雄虫在交配不久后死亡，雌虫深入肠黏膜中继续发育。感染7～10天后，雌虫开始将幼虫产于黏膜中，幼虫继而进入淋巴管，再经血液循环被血流带到全身各处，但只有进入横纹肌的幼虫才能继续发育。每条雌虫可产1 000～10 000条幼虫，其寿命约为1个月。幼虫在侵入肌肉后的17～20天开始卷曲盘绕，其包囊于21天左右开始形成，7～8周后形成完整的包囊。包囊呈菱形，由两层壁构成，其内一般含1～7条幼虫；感染性幼虫常形成2.5个盘旋，有雌雄之别。在包囊形成半年后，包囊壁两端逐渐增厚，开始钙化，但此时幼虫仍具有感染能力。随着包囊进一步钙化，幼虫会逐渐丧失感染能力并随之死亡、钙化。包囊幼虫的存活时间因宿主不同可能由数年至25年。当包囊被另一宿主摄食后，肌旋毛虫又可在新宿主体内发育为肠旋毛虫，开始新一轮寄生发育过程。

三、流行病学

1. 传染来源　旋毛虫的宿主范围非常广泛，人和动物通过摄食含有旋毛虫包囊动物肌肉后遭受感染；有些动物粪便中含有未被彻底消化的旋毛虫包囊，也能成为其他易感动物的感染来源。包囊幼虫对外界环境有很强的抵抗力，当动物死亡后，包囊幼虫可在腐败尸体中保持相当长时间的感染力，这种腐肉被易感动物食入后也能造成感染。野生动物间的相互捕杀也可导致旋毛虫感染。因此，动物感染旋毛虫的来源广泛。

一般认为鼠是猪旋毛虫病的主要传染来源。当旋毛虫侵入鼠群后，就会在鼠群中长期持续感染。其他动物可因吞食旋毛虫感染鼠遭受感染。此外，用废肉水、生肉屑以及含有其他动物尸体的垃圾喂猪也是重要传染来源。

在我国，人旋毛虫的主要感染来源是猪；某些地区有摄食犬肉和野生动物肉的习俗，也是人感染旋毛虫的来源。

农村犬及流浪犬的活动范围远远大于猪，更易摄食动物尸体，因此犬旋毛虫的感染率远高于猪。

2. 传播途径　旋毛虫的主要传播途径是水平传播，健康动物和人均因摄食未煮熟的含有包囊幼虫的动物食品后遭受感染。动物试验表明，旋毛虫也可垂直传播。Cosoroaba等以感染了旋毛虫的大鼠为模型，待怀孕18～20天时剖检发现，雌鼠的子宫及胎鼠体内均含有旋毛虫，乳腺组织中也有旋毛虫幼虫，表明旋毛虫可经胎盘传播，但未明确母乳能否传播旋毛虫。Nunez等报道，对受孕17天、感染有旋毛虫的小鼠剖检后发现，胎鼠体内含有旋毛虫。王中全等试验证实，小鼠可经胎盘垂直传播旋毛虫。

3. 宿主　旋毛虫的宿主范围广泛，许多哺乳动物、爬行动物、鸟类均可感染，目前为止，全世界已报道了至少150种动物可感染旋毛虫。不同种类的动物对旋毛虫的易感性存在差异，人、猪、犬、鼠对旋毛虫有较高的易感性。

4. 流行特征　旋毛虫病一年四季均可发生，无明显季节性。欧美一些发达国家，如德国、瑞士、美国等，人和家畜的旋毛虫感染率都很低，近年来很少暴发旋毛虫病。但野生动物的旋毛虫感染率却较高，如意大利的狐感染率是17%，挪威的北极熊感染率高达31.4%。波兰的猪感染旋毛虫十分普遍。

在世界各地，尤其是发展中国家和地区，人旋毛虫病仍然是一个严重的医学问题。在中国、泰国、老挝等国家的部分地区，人和猪的旋毛虫病严重流行。2004—2009年，我国共暴发了15起人旋毛虫病，造成1 387人感染，4人死亡，其中13起发生在西南地区（云南9起、西藏4起、四川2起），均是由于当地人生食或食入加工不彻底的感染旋毛虫的猪肉引起。Cui等的血清学调查结果显示，中国东北部和西部地区的人体旋毛虫的抗体阳性率是3.19%。我国目前感染旋毛虫的人数约为2 000万。

四、临床症状

旋毛虫对动物的致病力较弱，动物感染后几乎没有任何可见的临床症状。

1. 猪旋毛虫感染　猪对旋毛虫有很大的耐受性，轻微感染时，肠型期影响极小，肌型期也无明显的临床症状。人工感染时或严重的自然感染可发病并出现多种临床症状。在感染3～7天后，主要表现为肠旋毛虫病症状，病猪因成虫侵入肠黏膜而引起食欲减退、呕吐、腹泻、便中带血、迅速消瘦、体温升高、头尾下垂、腹部紧收等症状。感染2周后，此时大量幼虫侵入肌肉，引起急性肌炎，主要表现为肌旋毛虫病症状，病猪肌肉疼痛或麻痹、咀嚼困难、运动障碍、声音嘶哑、食欲不振、喜躺卧，有时眼睑和四肢水肿。该病在猪群中发生后，极少引起死亡，多数于感染4～6周后症状消失，成为长期带虫者。

2. 犬旋毛虫感染　旋毛虫对犬的危害较小，自然感染的病犬临床症状不明显，较难发现。肠旋毛虫的主要症状与猪相似，病程持续1～2周后表现为肌型期症状，患犬肌肉疼痛、咀嚼困难、吞咽障碍等，1个月后临床症状消失，患病犬长期带虫。

3. 人旋毛虫病　人对旋毛虫的敏感性远大于猪、犬等动物。旋毛虫对人的致病程度与食入幼虫数量及其活力、幼虫侵袭部位、宿主的机能状态、特别是人对旋毛虫的免疫力等因素有密切关系。轻度感染者无明显症状，重度感染者临床表现复杂多样。在肠型期，由于幼虫和成虫钻入肠黏膜，患者可表现为腹痛、腹泻、恶心、呕吐等胃肠道症状。感染15天后，幼虫进入患者的肌肉，出现肌型期症状，主要表现为持续性高热，全身性的肌肉疼痛，咀嚼、吞咽、行走及呼吸困难，对称性的眼睑、眼眶周围及面部水肿。重症患者若不及时诊治，可在发病的3～7周内因呼吸肌麻痹、毒素刺激、心肌及其他脏器病变、中枢神经系统严重受损等而导致死亡。

未见有鼠自然感染旋毛虫的报道，人工大剂量感染旋毛虫的小鼠会出现与猪旋毛虫病类似的症状。

五、病理变化

旋毛虫感染宿主后先侵入肠道，产生的幼虫随后经血液循环到达全身各处，最后定居在横纹肌内。在整个寄生过程中，旋毛虫均要引起一定的病理变化。

1. 成虫引起的病理变化　成虫主要寄生在十二指肠和空肠前段，寄生部位的肠黏膜发生急性卡他性炎症，有单核细胞、中性粒细胞和嗜酸性粒细胞等炎性细胞浸润；肠黏膜增厚、充血、水肿、黏液增多并见灶状出血。

2. 幼虫引起的病理变化　幼虫进入血管后，由于虫体及其代谢产物的刺激，可导致小血管及间质发生急性炎症，表现为小动脉及毛细血管扩张、充血、内皮细胞增生，血管壁及周围有白细胞浸润；间质水肿，有数量不等的中性粒细胞、单核细胞浸润，血管附近聚集少量的嗜酸性粒细胞和浆细胞。幼虫随血流到达肌组织后，穿过肌膜进入肌浆内。虫体两端的肌浆表现为嗜碱性变性，呈不均匀的蓝紫色，横纹结构消失，变成不规则的细丝状或颗粒状，并出现大小不等的空泡。随着病程的发展，可出现以下几种病理变化。

（1）肉芽肿　幼虫钻入肌纤维的部位，肌膜被严重破坏，肌浆完全溶解消失，附近残存的肌核明显增生，有的形成上皮样细胞；幼虫周围有大量白细胞、淋巴细胞、单核细胞等浸润。渗出和增生的各种细胞将幼虫包围起来，形成卵圆形的肉芽肿。肉芽肿内的幼虫因组织周围强烈的炎症反应很快死亡。

（2）包囊　若幼虫钻入肌浆后肌膜的破坏较轻，随着肌核的增生则逐渐形成薄壁包囊。囊壁外有数量不等的各种炎性细胞浸润，囊壁与囊内幼虫之间的肌浆中可见数个增生脱落的肌核，呈圆形或椭圆形；核周围看不到肌浆，呈颗粒状；染色质疏松，有一个核仁。随着时间的延长，囊壁逐渐增厚，发展成为厚壁包囊。囊的外面只有少数纤维细胞和淋巴细胞围绕，无明显的炎症现象；囊内幼虫周围可见少量嗜酸性或嗜碱性的无结构物质。包囊的最终结果是钙化，在镜下为一黑色团块。

六、诊　断

1. 生前诊断　动物感染旋毛虫后临床症状不明显，人旋毛虫病一般缺乏特征性的临床症状，因此动物和人旋毛虫病的生前诊断较为困难，须通过病原学、血清学方法检查后进行确诊。

（1）病原学检查　当患者发病 10 天后，从腓肠肌、肱二头肌或三角肌取米粒大小的肌肉压片镜检是否含有旋毛虫幼虫或包囊，即能确诊该病。但因受摘取肌组织部位局限性的影响，发病早期和轻度感染的患者，其肌肉活检的阳性率不高。

（2）血清学检查　有多种血清学方法可用于诊断人和动物的旋毛虫感染，包括 ELISA、间接血凝试验、间接荧光抗体试验、乳胶凝集试验、斑点免疫金渗滤法等。其中，ELISA 被世界动物卫生组织（OIE）唯一推荐用于家猪旋毛虫病的血清学检查方法，也是国际旋毛虫病委员会（ICT）推荐应用的方法。

2. 死后检验　旋毛虫病我国动物肉品卫生检验的法定检测项目之一，常用方法包括目检法、肌肉压片法和消化法。

（1）目检法　取新鲜膈肌角并撕去肌膜，将肌肉纵向拉平后在光线良好的地方，仔细观察肌纤维表面。目检时，若动物感染时间较长，幼虫已钙化，则肌纤维表面有灰白色、呈条索状或连成片状的钙化点；若动物感染时间较短，幼虫未钙化，则肌纤维表面有灰白色、呈卵圆形、针尖大小的膨胀物。该方法漏检率较高。

（2）肌肉压片法　肉眼和镜检相结合检查膈肌，若发现肌纤维间有细小白点时，撕去肌膜，剪取 24 块麦粒大小的肉样，放于两玻片之间压薄，低倍显微镜下观察有无包囊。该方法在感染早期及轻度感染时检出率较低。

（3）消化法　用搅拌机将肉样搅碎，每克加入 60mL 水、0.5g 胃蛋白酶、0.7mL 浓盐酸，混匀，37℃消化 0.5～1h 后，分离沉渣中的幼虫镜检。

七、防治措施

1. 治疗　因为动物感染旋毛虫多无临床症状，所以有关治疗药物和治疗方法的报道很少见。

常用抗蠕虫类药的治疗效果与用药时间密切相关，在感染早期治疗效果较好。但大部分感染动物都是在感染后几周、甚至很久才确诊，此时幼虫已进入肌肉了，而抗蠕虫类药在小肠吸收不良，一般不能到达肌肉，因此，随着感染时间的延长，抗蠕虫类药的剂量也要相应增加，并需长期用药。阿苯达唑、甲苯达唑可用于治疗旋毛虫病。

上述两种药物也可用于人旋毛虫病的治疗，但二者均可能有致畸性，故孕妇及 2 岁以下儿童禁用。

2. 预防　对人和动物的旋毛虫病预防重于治疗。预防本病可采取以下几方面的措施。

（1）普及卫生知识、加强宣传教育　不吃生的及未煮熟的猪肉及其他哺乳动物的肉或肉制品，避免人体感染旋毛虫病；广泛宣传关于旋毛虫病的知识，使人们充分意识到该病对人畜的危害性。

（2）加强饲养管理　改善饲养条件，禁止用未经处理的碎肉垃圾和残肉汤以及有旋毛虫的猪肉和洗肉水喂猪，如用该类物质作为饲料，必须煮熟后才能喂猪；加强灭鼠；饲养场内不养犬、猫等小动物，防止交叉感染；屠宰场、肉联厂的屠宰废水、污物及肉渣废料等需进行无害化处理。

（3）加强肉品卫生检验　禁止将有旋毛虫病的猪肉、犬肉及其他被污染动物的肉食品上市。

（4）实验动物饲养须严格遵守饲养规程。新购入的实验动物应进行旋毛虫的检验检疫。

八、公共卫生影响

旋毛虫病是重要的人兽共患寄生虫病，多种实验动物亦可感染，但临床症状不明显。近年来，我国人和动物旋毛虫病的发生率有逐渐上升的趋势。该病对人的危害程度远远高于对动物的，病死率 0～30%，一般为 5%～6%。加强动物的饲养管理、做好肉品卫生检验对防止旋毛虫病的流行与扩散至关重要。

在试验过程中要严格管理感染动物，丢弃实验动物尸体前必须进行无害化处理，防止其成为新的传染源，导致该病传播与扩散。

（李文生　刘群）

参考文献

孔繁瑶 . 2010. 家畜寄生虫学［M］. 第 2 版 . 北京：中国农业大学出版社：206 - 208.

徐冬梅，崔晶，王中全 . 2011. 亚洲国家旋毛虫病的流行历史与现状［J］. 国际医学寄生虫病杂志，38（1）：50 - 56.

张玲，郑国清，李云雁，等 . 2001. 旋毛虫病的研究现状［J］. 中国动物检疫，18（9）：44 - 45.

Cosoroaba I，Narcisa O. 1998. Congenital trichinellosis in the rat［J］. Vet Parasitol，77：147 - 151.

Cui J，Wang Z Q，Xu B L. 2011. The epidemiology of human trichinellosis in China during 2004 - 2009［J］. Acta Tropica，118：1 - 5.

Dubinsky P，Boor A，Kincekova J，et al. 2001. Congenital trichinellosis? Case report［J］. Parasite，8（2）：180 -182.

Gamble H R，Pozio E，Bruschi F，et al. 2004. International commission on trichinellosis：reconmmendations on the use of serological tests for the detection of Trichinella infection in animals and man［J］. Parasite，11：3 - 13.

Gottstein B，Poizo E，Nockler K. 2009. Epidemiology，diagnosis，treatment，and control of trichinellosis［J］. Clinical Microbiology Reviews，1：127 - 145.

Krivokapich S J，Prois C L，Gatti G M，et al. 2008. Molecular evidence for a novel encapsulated genotype of Trichinella from Patagonia，Argentina［J］. Vet Parasitol，156（3）：234 - 240.

Nunez G G，Gentile T，Calcagno M L，et al. 2002. Increased parasiticide activity against trichinella spiralis newborn larvae during pregnancy［J］. Parasitol Res，88（7）：661 - 667.

Pozio E. 2007. World distribution of Trichinella spp. Infection in animals and humans［J］. Vet Parasitol，149（1 - 2）：3 -21.

第九十一章 毛尾科线虫所致疾病

犬毛尾线虫病
(Trichuriasis canis)

犬毛尾线虫病（Trichuriasis canis）是由狐毛尾线虫寄生在犬、狐等动物的大肠（主要是盲肠）内引起的肠道线虫病。该病在世界范围内流行，临床上以消化吸收障碍、贫血为主要特征，对犬有一定的危害。偶尔有人感染狐毛尾线虫的报道。

一、发生与分布

犬毛尾线虫呈世界性分布，我国多个省份都有报道。

二、病　　原

1. 分类地位　狐毛尾线虫（*Trichuris vulpis*）在分类上属于线形动物门（Nematoda）、无尾感器纲（Aphasmidia）、毛尾目（Trichurata）、毛尾科（Trichuridae）、毛尾属（*Trichuris*）。

2. 形态特征　成虫乳白色，明显分为两部分，前部细长呈毛发状，为食道部，像鞭梢，约占体长的2/3，其内部是一串单细胞环绕的食道；后部短粗，像鞭杆，内含肠管和生殖器官。雄虫长50～52mm，后部卷曲；泄殖腔在尾端，有1根交合刺，其外被有小刺的交合刺鞘。雌虫长39～52mm，后部不弯曲，末端顿圆；阴门开口于虫体粗细交界处；肛门位于虫体末端。虫卵具有特征性，呈腰鼓状，棕黄色；卵壳厚，两端具有塞状结构，内含1个胚细胞；大小为（72～90）μm×（32～40）μm。

3. 生活史　生活史为直接发育，不需要中间宿主。虫卵随粪便排出体外，在外界适宜的温度和湿度条件下，经20天左右发育为感染性虫卵。犬、狐等终末宿主吞食了被感染性虫卵污染的食物后感染。感染后幼虫在十二指肠或空肠内孵出，而后钻入前段小肠的黏膜中发育2～10天，再重新返回盲肠继续发育为成虫。从感染到发育为成虫需要74～87天。成虫的寿命约为16个月。

三、流行病学

1. 传染来源　感染了狐毛尾线虫的犬、狐等动物是该病的传染源。

2. 传播途径　经口感染是该病唯一的感染途径。

3. 宿主　终末宿主是犬和狐等犬科动物，极少发生于猫。人不是狐毛尾线虫的终末宿主，但有人感染该线虫的病例报道。

4. 流行特征　犬毛尾线虫病分布于世界各地，但更容易在气候温暖、潮湿的地区流行。在干燥、特别炎热和寒冷的地区则很少发生该病。成犬感染狐毛尾线虫后一般为慢性病例，死亡率低；而2月龄的幼犬一般为急性病例，死亡率可达80%以上。由于虫卵的卵壳厚、抵抗性强，感染性虫卵在土壤中可存活5年之久。

四、临床症状

犬感染后的临床症状与虫体的寄生数量有关。轻度感染时，一般无症状或者临床症状不明显；中度感染时，患犬会间歇性排出软便或带有少量黏液的血便；重度感染时，患犬的体温升高、下痢，粪便中混有大量鲜红色血液或黏膜，有时呈褐色，并伴有恶臭气味。随着病程的发展，会逐渐出现食欲不振、贫血、消瘦、脱水等全身症状。偶尔也可出现肠套叠，甚至死亡的情况。

五、病理变化

狐毛尾线虫引起的病理变化局限在盲肠和结肠。虫体的头部深埋于黏膜下，造成组织创伤，引起盲肠和结肠的慢性卡他性炎症，黏膜出血。严重感染时，虫体充满了盲肠，肠黏膜会增厚，出现出血性坏死、水肿、溃疡，出血性和黏液性分泌物增加。

六、诊　断

因狐毛尾线虫的虫卵具有特征性，因此在粪便中检出虫卵即可确认感染。漂浮法可用于检测粪便中虫卵。离心沉淀法（1 200～1 500r/min）也可检查粪中虫卵，其检出率高于漂浮法。另外，若剖检时在大肠内发现大量虫体和相应病变可确诊。

七、防治措施

1. 治疗　治疗犬毛尾线虫病，常用以下几种药物。

（1）羟嘧啶　每千克体重 2mg，一次口服。

（2）甲苯咪唑　每千克体重 100mg，每天口服 1 次，连用 3～5 天。

（3）丙硫咪唑　每千克体重 5～10mg，每天口服 1 次，连用 3 天。

（4）丁苯咪唑　每千克体重 50mg，每天口服 1 次，连用 2～4 天。不仅可杀死成虫，对虫卵也有效。

（5）左旋咪唑　每千克体重 10～15mg，一次口服。

（6）1%伊维菌素　每千克体重 0.05～0.1mg，一次皮下注射。

2. 预防　犬的卫生饲养管理在该病的防控中有重要作用。

要搞好环境卫生，保持犬舍、场地干燥洁净；若犬感染了狐毛尾线虫后，要立即隔离、治疗；及时清理粪便，并进行发酵处理，防止污染食物和水源。要定期对犬群进行寄生虫普查，可用左旋咪唑进行预防性驱虫，防止犬反复感染。适时给犬补饲营养物质，增强其抵抗力。

（李文生　刘群）

参考文献

李德印，杨自军.2009. 犬、猫病快速诊治指南［M］. 郑州：河南科学技术出版社：4.

Adrian M N，Gudelio G B，Blanca E，et al. 2012. Trichuris vulpis Infection in a Child：A Case Report［J］. Korean J Parasitol，50 (1)：69 - 71.

Hall J E，Sonnenberg B. 1956. An apparent case of human infection with the whipworm of dogs，Trichuris vulpis［J］. Journal of Parasitology Archives，42：197 - 199.

Zajac A，Johnson J，King S E. 2002. Evaluation of the importance of centrifugation as a component of zinc sulfate flotation examinations［J］. J Am Anim Hosp Assoc，38：221 - 224.

第九十二章 毛细科线虫所致疾病

第一节 肝毛细线虫病 (Hepatic capillariasis)

毛细线虫病是由毛细属线虫引起的一类疾病，其中，寄生于啮齿动物、多种野生动物（包括猿、猴等灵长类动物）肝脏的肝毛细线虫危害较大，引起肝毛细线虫病（Hepatic capillariasis）偶尔感染人。

一、发生与分布

1893 年，科研人员首次在褐家鼠体内发现了肝毛细线虫，而后世界各地陆续报道了该寄生虫。该病呈世界性分布，啮齿动物的感染率较高。目前全世界确诊了 37 例人感染肝毛细线虫的病例，中国有 3 例。

二、病　　原

1. 分类 肝毛细线虫（*Capillaris hepatica*）在分类上属于线形动物门（Nematoda）、无尾感器纲（Aphasmidia）、毛尾目（Trichurata）、毛细科（Capillariidae）、毛细属（*Capillaria*）。

2. 形态特征 成虫纤细，呈毛发状，食道由稍短肌质部和较长的腺体部组成。雄虫大小为（17～32）mm×（40～80）μm，食道约占体长的 1/2；尾端有一根突出的交合刺，长 425～500μm，被一个呈漏斗状膨胀的交合刺鞘所包裹；尾端腹面有乳突和两片尾翼。雌虫大小为（53～78）mm×（110～200）μm，尾端钝锥形；食道约占体长的 1/3，食道稍后方是膜状隆起的生殖孔。虫卵与鞭虫卵相似，两端各有一个塞，大小为（40～60）μm×（25～35）μm；卵壳厚，分为两层，层与层之间有放射状纹；外层有许多凹陷的小孔，形成节状条纹外观；对外界有很强的抵抗力。

3. 生活史 成虫产出的虫卵大多沉积在肝脏中，不能溢出。含有虫卵的动物肝脏被其他宿主食入后，在消化液的作用下虫卵释出并随宿主粪便排出体外；或是患此病的动物死亡腐败后，虫卵从体内释放出来，污染环境。在适宜的外界环境中，虫卵经 4～7 周发育为含有幼虫的感染性虫卵，宿主多因食入虫卵污染的食物或水遭受感染。感染后 24h，卵内的幼虫逸出，随后钻入肠黏膜，经肠系膜静脉、门静脉，约在感染后 52h 到达肝脏，并在肝脏中继续发育，于感染后 3 周左右发育成熟。雄虫寿命一般为 40 天左右，雌虫为 59 天左右。

三、流行病学

肝毛细线虫病是一种人兽共患寄生虫病，广泛流行于世界各地，目前已知鼠类、犬、猴、猩猩等 70 多种动物可发生自然感染。在我国，鼠类的感染率为 7.14%～54.95%。造成该病在动物种群中具有较高感染率的主要原因是动物间相互捕食，虫卵在动物间相互传播，以及感染动物死亡后虫卵逸出污染环境，形成自然疫源地。患病动物是人的主要感染来源。

动物和人群均有假阳性的报道。这种假阳性是由于虫卵在动物肝脏内未发育，动物或人吞食了感染动物的肝脏后，这些未发育的虫卵又被排出体外。在这种情况下，虽说粪便中可检出虫卵，但动物或人并未被感染。而真性感染者的粪便中无虫卵排出。

四、临床症状

该病对啮齿动物的影响不大，但在灵长类动物中可引起致死性肝炎。轻度感染者临床症状不明显。中度、重度感染者起病较急，可表现为发热、腹痛、肝脏肿大、白细胞和嗜酸性粒细胞显著增多，高丙种球蛋白血症及低血红蛋白性贫血。更严重者可表现为嗜睡、脱水，甚至死亡。

五、病理变化

寄生在动物肝脏内的肝毛细线虫将虫卵产于肝实质中，导致肝内形成许多虫卵肉芽肿并产生脓肿样病变。患病动物的肝脏呈灶性坏死，表面有许多点状、珍珠样的白色或灰色小颗粒，直径为 0.1～0.2cm。脓肿中心由成虫、虫卵和坏死细胞组成。虫体完整或崩解，周围有大量的嗜酸性物质、嗜碱性粒细胞、浆细胞、巨噬细胞浸润；虫卵完好或部分溶解，被巨噬细胞包围。肝脏的小静脉扩张、充血，管腔内含有纤维块。

六、诊　断

生前诊断较为困难，大多系尸体剖检时发现，肝组织活检病原体是该病最可靠的诊断方法。另外，患病动物嗜酸性粒细胞的显著增高对该病的诊断也有重要参考意义。

七、防治措施

饲养管理严格的动物一般不会感染此虫。试验治疗鼠肝毛细线虫病以甲苯咪唑、阿苯达唑、苯硫胍和奥芬达唑效果为好，可使肝脏中虫卵数量减少 99%。在人医临床中，有报道使用葡萄糖酸锑钠治疗，患者病情明显缓解；也有报道应用泼尼松、双碘硝酚和酒石酸噻嘧啶可取得很好的疗效。

八、公共卫生影响

鉴于该病在野生动物特别是鼠群中有较高的感染率，且易于传播，因此要严格控制实验动物，防止其在实验动物间传播。及时淘汰感染动物并进行无害化处理。

（李文生　刘群）

参考文献

Cheetham R F, Markus M B. 1983. Effects of drugs on experimental hepatic capillariasis [J]. South African J Science, 79 (11): 470.

Fan P C, Chung W C, Chen E R. 2000. Capillaria hepatica: a spurious case with a brief review [J]. The Kaohsiung journal of medical sciences, 16 (7): 360 - 367.

Ferreira L A, Andrade Z A. 1993. Capillaria hepatica: a cause of septal fibrosis of the liver [J]. Mem Inst Oswaldo Cruz, (88): 441 - 447.

Govil H, Desai M. 1996. Capillaria hepatica parasitism [J]. The Indian Journal of Pediatrics, 63 (5): 698 - 700.

Jeong W I, Do S H, Hong I H, et al. 2008. Macrophages, myofibroblasts and mast cells in a rat liver infected with Capillaria hepatica [J]. Journal of veterinary science, 9 (2): 211 - 213.

Nabi F, Palaha H K, Sekhsaria D, et al. 2007. Capillaria hepatica infestation [J]. Indian pediatrics, 44 (10): 781 - 782.

Santos C C S, Onofre - Nunes Z, Andrade Z A. 2007. Role of partial hepatectomy on Capillaria hepatica - induced hepatic fibrosis in rats [J]. Revista da Sociedade Brasileira de Medicina Tropical, 40 (5): 495 - 498.

第二节　肺毛细线虫病
(Pulmonary capillariasis)

肺毛细线虫病（Pulmonary capillariasis）是由肺毛细线虫寄生于犬、猫、狐、狼等动物的气管和支气管内所引起的一种寄生虫病。

一、发生与分布

1839年，Creplin在狼的气管中首次发现并描述了这种寄生虫，将其命名为 *Trichosoma aerophila*。1845年将该虫归至真鞘属（*Eucoleus*），直至1911年才正式定名为肺毛细线虫。

肺毛细线虫呈世界性分布，犬、猫和多种野生哺乳动物均可感染，人偶尔遭受感染。

二、病　　原

1. 分类地位　肺毛细线虫（*Capillaria aerophila*）在分类上属于线形动物门（Nematoda）、无尾感器纲（Aphasmidia）、毛尾目（Trichurata）、毛细科（Capillariidae）、毛细属（*Capillaria*）。

2. 形态特征　成虫细长，毛发状；前部稍细，为食道部；表皮有横纹，呈黄白色。雄虫体长15～25mm，虫体最宽处可达到62μm；尾部有2个尾翼，无交合伞，但有1根交合刺，细长有刺鞘。雌虫体长20～40mm，虫体最宽处可达到105μm；阴门位于虫体前后交界处，接近食道的末端。虫卵呈腰鼓形，两端具塞，大小为（59～80）μm×（30～40）μm，卵壳较厚，表面有纹，色淡。

3. 生活史　肺毛细线虫属于土源性线虫，其发育过程不需要中间宿主，但蚯蚓可作为贮藏宿主。雌虫将卵产至犬、猫等终末宿主的肺部，卵因宿主咳嗽或随痰液到达咽部，而后进入消化道并随粪便排到体外。在适宜的土壤环境中，虫卵经5～7周发育为感染性虫卵。感染性虫卵对外界环境有较强的抵抗力，其感染性可保持1年之久。当终末宿主吞食了感染性虫卵后，在小肠内孵出幼虫。幼虫进入肠黏膜，随血液或淋巴液移行到肺部。肺毛细线虫在动物体内潜隐期约40天。

三、流行病学

犬、猫和多种野生哺乳动物均可感染，人偶尔可遭受感染。在欧洲和北美洲，宠物犬、猫的肺毛细线虫病的感染率均低于10%；但在自然环境中，狐的感染率可高达88%。

四、临床症状

临床上主要以呼吸系统症状为主。当感染量较少时，一般不表现症状，偶见患病犬、猫发生轻微咳嗽；犬、猫严重感染时，常引起鼻炎、慢性支气管炎、气管炎等，患病犬、猫常出现咳嗽、流涕、呼吸困难等症状，继而表现贫血、消瘦、被毛粗乱等。

五、病理变化

患病动物的病理变化主要发生在气管、支气管，表现为腺体增生、肥大，杯状细胞明显增生，气管、支气管壁有各种炎性细胞浸润、充血、水肿、纤维增生等。

六、诊　　断

根据患病犬、猫的临床症状并在其鼻液或粪便中检查到特征性的虫卵即可确诊。

七、防治措施

目前常使用以下两种药物进行治疗：①左旋咪唑：按每千克体重5mg，口服，每天1次，连用5

天，停药9天，再重复两个疗程；也可皮下注射每千克体重5mg，每天1次，连用2天，15天后加倍剂量重复1次。②甲苯咪唑：按每千克体重6mg，口服，每天2次，连用5天。

鉴于肺毛细线虫病在犬、猫体内较为常见，应采取有效的措施防止该病的发生与蔓延。①及时治疗患病的及带虫的犬、猫，饲喂不被粪便污染的熟食；②管好犬、猫的粪便，经常清洁犬、猫被毛，保持畜舍及环境卫生；③定时对犬、猫进行检查并及时驱虫；④污染比较严重的场地应保持干燥，充分日晒，以杀死环境中的虫卵。

（李文生　刘群）

参考文献

Davidson R K，Gjerde B，Vikøren T，et al. 2006. Prevalence of Trichinella larvae and extra - intestinal nematodes in Norwegian red foxes [J]. Veterinary parasitology，136 (3)：307 - 316.

Traversa D，Di Cesare A，Conboy G. 2010. Canine and feline cardiopulmonary parasitic nematodes in Europe：emerging and underestimated [J]. Parasites & vectors，3 (1)：62.

Traversa D，Di Cesare A，Lia R P，et al. 2011. New insights into morphological and biological features of Capillaria aerophila [J]. Parasitology research，109 (1)：97 - 104.

第九十三章
膨结科线虫所致疾病

犬肾膨结线虫病
(Dioctophymiasis renale in canine)

犬肾膨结线虫病（Dioctophymiasis renale in canine）是由肾膨结线虫寄生于犬的肾脏或腹腔引起的寄生虫病，危害较大。偶尔可感染人。

一、发生与分布

1583 年，首次发现了这种线虫。1684 年，Redi 在意大利的水貂体内发现该病原。1782 年，Johann Goeze 剖检犬时在肾脏中检获病原，并定名为肾膨结线虫。1854 年，Hanjconi 首次报道人的肾膨结线虫病例。2003 年，科研人员在人的粪便化石中发现虫卵。1981 年，张森康等首次报道我国人的肾膨结线虫病例。

该病呈世界性分布，其中以欧洲、美洲和亚洲居多。在我国，吉林、云南、黑龙江、江苏、浙江、贵州、四川等省均有报道。

二、病　　原

1. 分类地位　肾膨结线虫（*Dioctophyma renale*）在分类上属于线形动物门（Nematoda）、无尾感器纲（Aphasmidia）、膨结目（Dioctophymata）、膨结科（Dioctophymatidae）、膨结属（*Dioctophyma*），膨结属目前只有一个种。

2. 形态特征　成虫新鲜时呈红白色、圆柱状，前端略细，后端钝圆；体表有不等距的细横纹，沿每条侧线各有一列乳突排列，略突出于体表；体前段有一圆形口，无唇，口孔周围有两圈乳突，每圈 6 个，呈半球形隆起。雄虫大小为（140～450）mm×（3～4）mm，虫体后端有一个呈钟状而无肋的交合伞，其边缘及肉壁有许多细小乳突；交合刺 1 根，呈刚毛状，长 5～6mm。雌虫大小为（200～1 000）mm×（5～12）mm，阴门开口于食道后端，肛门呈半月形，在其附近有数个小乳突。虫卵呈椭圆形或橄榄形，淡黄色，大小为（60～80）μm×（39～47）μm，表面有许多凹凸不平的波状花纹结构；卵的两端略突出，有明显易见的透明栓样结构；卵内含 1～2 个球状卵细胞，在两极卵壳与卵细胞之间有半月形空隙。卵对外界环境有很强的抵抗力，可存活 5 年左右。

3. 生活史　肾膨结线虫的发育需要两个中间宿主，其中环节动物（蛭蚓类）为第一中间宿主，淡水鱼或蛙类为第二中间宿主。成虫将虫卵排到终末宿主的肾盂中，随着尿液被排出体外，在水中缓慢发育成第一期幼虫，但仍停留在虫卵内。虫卵被第一中间宿主吞食后，在其体内发育为第二期幼虫。当第二中间宿主吞食了含有幼虫的环节动物后，幼虫移行至淡水鱼的肠系膜形成包囊，并发育为具有感染性的第三期幼虫。终末宿主多因食入含有第三期幼虫的生的或未煮熟的淡水鱼、蛙类而遭受感染。幼虫进入终末宿主消化道后穿出十二指肠，随血流移行至肾盂发育为成虫。感染期幼虫自进入终末宿主体内到开始产卵，需要 4.5～5 个月。

三、流行病学

犬常因食入带有第三期幼虫包囊的生的或未煮熟的淡水鱼、蛙类而遭受感染。肾膨结线虫除了可以感染犬以外，还可感染水貂、狐、狼、猫等多种动物，猪、牛、马、猴及人也可遭受感染。犬和野生动物感染后，通过尿液向外界排出虫卵污染环境，成为其他动物的感染来源。犬和野生动物的感染在该病的流行上具有重要意义。

四、临床症状

肾膨结线虫主要寄生在犬的肾脏，临床上右侧肾受侵害的比例高于左侧肾。在犬的体腔、肝脏、卵巢、乳腺等器官内亦偶见寄生。由于肾脏有很强的代偿功能，大多数感染犬无明显的临床症状。在感染早期，患犬主要表现为脓尿、蛋白尿、尾段尿带血，排尿困难，晚期出现明显的肾功能损害，同时可能伴有体重减轻、贫血、腹痛、呕吐、脱水、便秘、腹泻等症状。如果输尿管被虫体阻塞，则发生肾盂积水而引起肾肿大，亦可导致尿毒症的发生。

五、病理变化

病变主要在肾脏，受侵袭的肾实质被破坏，只留下一个含有一至数条盘卷的虫体和脓性物质、呈膀胱状的肾囊，其背中线表面可产生一个骨质板。未感染的肾脏常呈代偿性肥大。寄生于腹腔内的虫体，有的游离，有的形成包囊，可引起慢性腹膜炎，腹壁多处发生粘连。如成虫窜入肝小叶，可损伤肝细胞出现肝炎症状，在肝和网膜处可见到含虫卵的小结节。

六、诊　　断

尿液中检出虫卵即可确诊该病，也可借助B型超声波检查到寄生在患犬肾脏内的虫体。

七、防治措施

由于该病在感染早期时难以发现，当患犬表现出某些临床症状时已处于感染晚期，常用抗蠕虫类药物亦不能彻底治愈，因此最有效的治疗方法是通过外科手术摘除虫体和被破坏的肾脏。

鉴于肾彭结线虫最常感染犬，应采取必要的预防措施防止犬只感染。须对犬粪的进行无害化处理，防止污染饲料、饮水；不给犬饲喂生鱼、龙虾或其下脚料；避免犬类饮用可能存在环节动物的水。

八、公共卫生影响

已经发现肾彭结线虫可感染人，人通过食入被感染的第二中间宿主内的第三期幼虫遭受感染，所以应严格防控该病原的散播，防止对人体健康造成危害。

（李文生　刘群）

参考文献

张森康，朱世华.1981. 肾膨结线虫病［J］. 中华医学杂志（61）：167-168.

Ferreira V L, Medeiros F P, July J R, et al. 2010. Dioctophyma renale in a dog: Clinical diagnosis and surgical treatment [J]. Veterinary parasitology, 168 (1): 151-155.

Ishizaki M N, Imbeloni A A, Muniz J A P C, et al. 2010. Dioctophyma renale in the abdominal cavity of a capuchin monkey [J]. Veterinary parasitology, 173 (3): 340-343.

Measures L N, Anderson R C. 1985. Centrarchid fish as paratenic hosts of the giant kidney worm, Dioctophyma renale, in Ontario [J]. Journal of Wildlife Diseases, 21 (1): 11-19.

Tokiwa T, Harunari T, Tanikawa T, et al. 2011. Dioctophyme renale in the abdominal cavity of Rattus norvegicus [J]. Parasitology international, 60 (3): 324-326.

第九十四章 尖尾科线虫所致疾病

第一节　鼠隐匿管状线虫病 (Syphaciosis obvelata)

鼠隐匿管状线虫病（Syphaciosis obvelata）是由隐匿管状线虫和鼠管状线虫分别寄生于小鼠和大鼠大肠内的一种寄生虫病。感染该线虫的实验动物的某些免疫指标的检测结果会受影响。因此，该线虫对用于研究与免疫疾病相关的实验动物具有重要意义。

一、发生与分布

隐匿管状线虫是实验室小鼠常见的两种蛲虫之一，呈世界性分布。该虫主要寄生于小鼠、大鼠、仓鼠等鼠类的盲肠，其次为结肠。在我国，小鼠的感染率可达97%～100%。2008年，张靖伟等的调查结果显示，哈尔滨市某实验中心普通级昆明小鼠的隐匿管状线虫的感染率和感染强度分别是100%和24～308条/只。

二、病　原

1. 分类地位　该病病原为属于线形动物门（Nematoda）、有尾感器纲（Phasmidia）、尖尾目（Oxyutata）、尖尾科（Oxyuridae）、管状属（*Syphacia*）的隐匿管状线虫（*S. obvelata*）和鼠管状线虫（*S. muris*），前者主要寄生于小鼠，后者主要寄生于大鼠。

2. 形态特征

（1）隐匿管状线虫　成虫白色，口孔简单，无口囊，食道球为圆形，颈翼膜窄而平缓。雄虫体型极小，长1.25～1.65mm，眼观如同鼠毛；腹面有3个乳突，中间的1个位于体中部附近；尾端向腹面弯曲，泄殖孔后虫体急剧变细，有1根细长的交合刺，有引器。雌虫长3.45～5.95mm，尾部尖而长；阴门距头端较近，位于虫体前1/6处。虫卵为典型的左右不对称型，一面较平直，两端尖细，大小为（118～153）μm×（33～35）μm。

（2）鼠管状线虫　与隐匿管状线虫相似，不易鉴别。成虫前端钝圆，后端长而尖，具有3片明显的唇。雄虫大小为（1.2～1.3）mm×0.1mm；雌虫大小为2.8mm×4.0mm，阴门在虫体的前1/4处。

3. 生活史　两种病原的生活史相似。虫体发育过程不需要中间宿主。成熟雌虫从鼠盲肠移行至肛门，在肛门周围产卵后离开宿主。卵经数小时发育至感染期，宿主吞食了感染性虫卵后，在小肠中释放出幼虫，24h内移行至盲肠，发育成熟，交配。整个生活史需11～15天。

三、流行病学

隐匿管状线虫在小鼠体内的感染情况非常普遍，常与四翼无刺线虫同时发生。4周龄的大鼠的感染率最高，随后逐渐降低。虫卵在外界环境中可长期存活。

感染途径有3种：①直接吞食了动物肛门周围的感染性虫卵；②摄入被感染性虫卵污染的食物或饮

水；③虫卵在肛门周围孵育成幼虫后直接上行进入宿主体内。

四、临床症状

管状线虫的对鼠类本身的致病性轻微。小鼠轻微感染隐匿管状线虫时的临床症状不明显；严重感染时可导致小鼠生长发育减缓，影响增重，偶尔可产生肠道损害，包括直肠脱出、肠套叠等。

五、病理变化

感染后无明显的病理变化，严重感染时可导致肠炎，镜下观察可见肠壁增厚、水肿、纤维化、黏膜表面有各种炎性细胞浸润。

近期研究表明，隐匿管状线虫的感染能增强小鼠的体液免疫，加快宿主肝脏的单加氧酶体系的发育，也能诱导 Th2 型免疫反应。在无胸腺小鼠体内，感染该寄生虫可导致淋巴细胞增殖紊乱，最终形成淋巴瘤。而在大鼠体内，感染隐匿管状线虫会降低由佐剂诱发关节炎的比例，以及对结肠内水分和电解质的吸收。

六、诊　　断

通过检查虫卵或发现大肠中的成虫即可确诊该病。

检查虫卵时可将透明胶带按压在宿主肛门处片刻，然后置于载玻片上低倍镜检查。由于大部分虫卵排在肠道外，偶尔情况下才附着于粪便上，因此粪便检查效果较差。检查成虫时先将宿主盲肠或结肠的内容物稀释，通过肉眼或放大镜很容易观察到。

七、防治措施

多种驱杀线虫的药物对鼠体内的管状线虫均有一定效果，但难以彻底清除。最有效的药物是芬苯达唑，以每千克体重 150mg 的剂量经口给药，连续给药 2 周。该药不仅对管状线虫的幼虫和成虫有效，对虫卵也有较好效果。也有报道称，可在饮水或混饲中加入哌嗪柠檬酸盐进行驱虫，具体用法：按照每千克体重 200～400mg 的剂量连续给药 1 周，停药 1 周后再重复给药 1 周，驱虫效果良好。1987 年，白广星等报道，在感染小鼠的耳根部皮肤涂布驱虫精可 100％驱除体内的隐匿管状线虫。

虽然有数种药物可用于驱虫，而且剖腹取胎术也能有效的控制管状线虫，但实验鼠很容易发生重复感染。因此，在饲养实验动物过程中，应采取严格的饲养管理措施，注意防止饲料、饮水及垫料受到污染，定期驱虫，经常给笼具消毒。

八、公共卫生影响

由于隐匿管状线虫是一种实验室饲养鼠常见的寄生虫病，感染后可不同程度的影响试验结果，特别是对免疫学方面的影响更为显著。因此，加强对小鼠的饲养管理，及时淘汰感染动物，是科研结果正确可靠的前提保障。

（李文生　刘群）

参考文献

白广星，魏华德 . 1987. 透皮涂布剂驱虫精驱除小鼠隐匿管状线虫和四翼无刺线虫试验［J］. 实验动物科学，4（4）：129－131.

王守育，韩彩霞，张靖伟，等 . 2009. 隐匿管状线虫，四翼无刺线虫及短膜壳绦虫的形态学研究［J］. 东北农业大学学报，39（11）：83－85.

Baker G David. 2007. Flynn’s Parasites of Laboratory Animals［M］. 2th ed. Americn：Blackell，339－310.

Perec－Matysiak A，Okulewicz A，Hildebrand J，et al. 2005. Helminth parasites of laboratory mice and rats［J］.

Wiadomosci parazytologiczne，52 (2)：99 - 102.
Sato Y，Ooi H K，Nonaka N，et al. 1995. Antibody production in Syphacia obvelata infected mice [J] . The Journal of parasitology，81 (4)：559 - 562.

第二节 鼠四翼无刺线虫病 (Aspiculariasis tetraptern)

四翼无刺线虫病（Aspiculariasis tetraptern）是由四翼无刺线虫引起的鼠类肠道寄生虫病。成虫主要寄生在小鼠的结肠，其次为盲肠。该线虫是实验室小鼠常见的两种蛲虫之一，常与隐匿管状线虫混合感染。大鼠也可感染。

一、发生与分布

1821 年，在欧洲，Nitzsch 首次在鼠体内发现四翼无刺线虫，当时将其归于蛔科并命名为四翼蛔虫。此后，美国、俄罗斯等地区也陆续发现并报道该线虫。1939 年，我国的金大雄在贵阳的褐家鼠和黑家鼠体内发现该线虫。

该病在世界范围内流行，多个国家和地区的实验小鼠、野生鼠类体内均有感染四翼无刺线虫的报道。该线虫是实验室小鼠肠道寄生虫的优势虫种之一。

二、病　　原

1. 分类地位　四翼无刺线虫（*Aspiculuris tetraptera*）在分类上属于线形动物门（Nematoda）、有尾感器纲（Phasmidia）、尖尾目（Oxyutata）、尖尾科（Oxyuridae）、无刺属（*Aspiculuris*）。

2. 形态特征　成虫白色，圆柱状，前端突起，角皮有细横纹；口由 3 片侧唇围绕而成，无口腔，食道球为椭圆形，口孔两旁有明显的半椭圆形头泡；颈翼膜发达，呈箭状，长度约占虫体的 1/10。雄虫长 2～4mm，体表无乳突，尾部向腹面弯曲，有个很宽的尾翼，无交合刺和引器。雌虫长 3～4mm，阴门位于虫体前 1/3 处，尾部平缓呈圆锥状。虫卵呈椭圆形、纺锤状，左右对称；卵壳较薄，大小为 (89～93) μm× (36～42) μm，新排出的卵内含有一个处于桑葚期的胚细胞。

3. 生活史　生活史属于直接型。成熟雌虫常在夜间排卵，虫卵随宿主粪便排出体外，在外界环境中经 7 天左右发育为感染性虫卵。被易感动物吞食的感染性虫卵在消化道内孵化出幼虫，进而移行至结肠并钻入肠腺隐窝。易感动物感染 3 周后，幼虫移行至结肠并发育成熟。整个生活史需 23～25 天完成。

三、流行病学

四翼无刺线虫是小鼠常见的寄生虫，常与隐匿管状线虫共同感染，大鼠也可感染。由于生活史较隐匿管状线虫长 10～20 天，该线虫更容易感染年龄稍大一些的小鼠。严重感染病例通常发生在 5～6 周龄的小鼠。

四、临床症状

轻微或中等程度的感染不产生明显的临床症状，重度感染时的临床症状与感染隐匿管状线虫小鼠所产生的相似。受感染小鼠表现为贪食，发育迟缓，被毛杂乱、无光泽，繁殖力下降，甚至出现吃仔现象。更严重时可引起肠套叠，直肠脱出等。

五、病理变化

严重感染的小鼠主要病变部位是结肠，临床症状表现为肠炎。病理变化与隐匿管状线虫引起的相似。

六、诊 断

在感染鼠的粪便中检查出虫卵即可确诊本病，也可通过在大肠中找到成虫为诊断依据。由于四翼无刺线虫的虫卵随粪便一起排出，并不产在感染动物的会阴部，因此透明胶带技术不适于该病的诊断。

七、防治措施

防治措施与隐匿管状线虫病相似。Gargili 等报道，按照每千克体重 0.2mg 的剂量，给自然感染的小鼠皮下注射莫西菌素，驱虫效果良好。另外还可用驱蛔灵、甲苯达唑、硝唑尼特等药物进行驱虫。由于四翼无刺线虫的生活史较长，且虫卵直接随粪便排出体外，因此加强饲养管理、经常更换垫料、保持饲养环境清洁，可防止其在实验室中的传播与扩散。

（李文生 刘群）

参考文献

王泽东，马月，李文超，等.2011. 硝唑尼特对四翼无刺线虫的驱虫效果［J］. 中国畜牧兽医，38（7）：187-189.

Behnke J M. 1975. Immune expulsion of the nematode Aspicular1s tetraptera from mice given primary and challenge infections ［J］. International journal for parasitology，5（5）：511-515.

Gargili A，Tuzer E，Gulanber A，et al. 2009. Efficacy of Moxidectin Against Aspiculuris tetrapteraand Syphacia murisin Naturally Infected Rats ［J］. Turkish Journal of Veterinary and Animal Sciences，22（2）：151-152.

第三节 兔栓尾线虫病
(Passalurosis ambiguous)

兔栓尾线虫病（Passalurosis ambiguous）是由兔栓尾线虫寄生于兔盲肠和大肠内引起的寄生虫病，家兔和野兔均易感。该病呈世界性分布，对养兔业危害较大。

一、发生与分布

兔栓尾线虫广泛分布于世界各地，在我国主要分布在山东、山西、江苏、湖南、福建等地区。

二、病 原

1. 分类地位 兔栓尾线虫（*Passalurus ambiguus*）又称疑似钉尾线虫，在分类上属于线形动物门（Nematoda）、有尾感器纲（Phasmidia）、尖尾目（Oxyutata）、尖尾科（Oxyuridae）、栓尾属（*Passalurus*）。

2. 形态特征 成虫为细长针状、半透明；头端缺唇，有 2 对亚中乳突和 1 对侧乳突；头部有狭小的侧翼膜；口孔简单，底部有 3 个齿；食道前部呈柱状，后面连着发达的食道球；排泄孔位于食道基部。雄虫大小为（3.81～5.00）mm×（0.232～0.275）mm；尾端尖细似鞭状，有由乳突支撑着的尾翼；交合刺 1 根，长 90～134μm，无导刺带；泄殖孔周围有 5 个乳突。雌虫大小为（7.75～12.00）mm×（0.463～0.590）mm；尾端纤细似针状；阴门位于体前部，距头端 1.54～1.89mm，不易察觉。虫卵灰褐色，呈半月形，一端平直，一端圆凸，大小为（90～110）μm×（38～45）μm；卵壳薄，排出时已发育至桑葚期。

3. 生活史 发育史属于直接型。雌虫产出的卵聚集在直肠内，随粪便排出体外。虫卵在外界环境中迅速发育，经 18～24h 发育为第一期幼虫（幼虫在卵中），此时的虫卵为感染性虫卵。感染性虫卵被兔吞食后在胃内孵出，随即侵入盲肠黏膜隐窝中经 60 天左右发育成熟。

三、流行病学

该病在世界范围内流行，家兔和野兔均易感，没有明显的季节性变化。

四、临床症状

轻微或中度感染时临床症状不明显。重度感染时患兔表现为精神沉郁，食欲减退，甚至废绝；眼、鼻分泌物增多；被毛杂乱、无光泽，有时会出现尾部脱毛；全身消瘦，贫血，腹泻与便秘交替出现，甚至引起死亡。

五、病理变化

一般感染时无明显病理变化。严重感染并导致患兔死亡的病例，其病理变化发生在肠。主要表现为小肠黏膜充血，在大肠的圆小囊、盲肠和蚓突处有大量针状的兔栓尾线虫寄生，虫体均匀的黏附在肠道内容物中。

六、诊　　断

在粪便中检出虫卵或剖检时在盲肠或大肠中发现兔栓尾线虫即可确诊该病。

七、防治措施

临床上可用广谱类驱虫药丙硫咪唑，按照每千克体重 20mg 的剂量给患兔内服，停药 1 周后重复用药一次，驱虫效果良好；也可使用哌嗪化合物进行驱虫。

该病的防治较为困难。实验室的兔群一旦感染，应立即驱虫并对环境进行消毒，及时清理兔群的排泄物，防止污染饲草和饮水。由于兔栓尾线虫的发育史是直接型，排到外界的虫卵发育到感染性虫卵后被其他兔吞食后即可感染，因此，有条件的实验室要尽量减少同一笼中兔的饲养只数，防止该病的传播与扩散。

（李文生　刘群）

参考文献

何宏轩，孙景荣，李瑞莹，等. 1996. 兔栓尾线虫在家兔体内的发现［J］. 河南畜牧兽医，17（1）：47－48.

Rinaldi L，Russo T，Schioppi M，et al. 2007. Passalurus ambiguus：new insights into copromicroscopic diagnosis and circadian rhythm of egg excretion［J］. Parasitology research，101（3）：557－561.

第四节　蛲形住肠蛲虫病
(Enterobiasis vermicularis)

蛲形住肠蛲虫病（Enterobiasis vermicularis）是由蛲形住肠蛲虫寄生在灵长类动物和人的大肠内引起的。该病在世界范围内流行，儿童的感染率较高，以肛门周围及会阴部瘙痒及睡眠不安为特征，偶尔可引起异位并发症。

一、发生与分布

蛲形住肠蛲虫简称蛲虫，在很早以前就有记载。公元前 430 年，希腊名医 Hippocrates 在他的著作中便记载了这种线虫。我国古代也对蛲虫有一定的认识，古医籍中也有记载。1758 年，Linnaeus 对蛲形住肠蛲虫进行了较为细致的观察，但当时将其命名为 *Oxyuris vermicularis*。此后，世界各地陆续有人和灵长类动物感染了这种线虫的报道。

该病在世界各地流行极广，在我国各地普遍存在。

二、病　　原

1. 分类地位　蠕形住肠蛲虫（*Enterobius vermicularis*）在分类上属于线形动物门（Nematoda）、有尾感器纲（Phasmidia）、尖尾目（Oxyutata）、尖尾科（Oxyuridae）、住肠属（*Enterobius*）。

2. 形态特征　成虫细小，乳白色，角皮有横纹；头端角皮膨大，形成头翼；体两侧角皮突出如嵴，形成侧翼；口囊不明显，口孔周围有三片唇瓣；咽末端膨大成球形。

雄虫微小，大小为（2～5）mm×（0.1～0.2）mm；尾部向腹面卷曲，有尾翼和数对乳突；生殖系统为单管型，泄殖孔开口于虫体尾端，有1根交合刺。雌虫大小为（8～13）mm×（0.3～0.5）mm；虫体中部膨大，尾端尖而直细，其尖细部分占虫体的1/3；生殖系统为双管型，阴门位于体前、中1/3交界处的腹面正中线上；肛门位于体中、后1/3交界处的腹面。虫卵无色透明、长椭圆形，一端扁平，另一端稍凸，两端不等宽，大小为（50～60）μm×（20～30）μm；卵壳较厚，分为三层，由外到内分别是蛋白质膜、壳质层和脂层，但光镜下仅能见到内外两层；虫卵自虫体排出时，卵内的细胞多已发育至蝌蚪期胚。

3. 生活史　生活史简单，无外界土壤发育阶段。成虫寄生在终末宿主的盲肠、结肠和回肠下段。雌、雄虫交配后，雄虫很快死亡并被排出体外，雌虫在肠腔内向下段移行，但一般不排卵或仅排少量卵。当宿主熟睡后，肛门括约肌逐渐松弛，雌虫从肛门中爬出，在受到温度、湿度的改变和空气的刺激后，将卵产于肛门周围和会阴皮肤的褶皱处。

肛门周围的虫卵，约经6h，卵内幼虫发育成熟并蜕皮一次，此时的卵即为感染性虫卵。终末宿主用手抓挠肛门时，感染性虫卵污染手指，再经口食入而造成自身感染。感染性虫卵也可散落在周围环境中污染食物，易感动物吞食后导致感染。被吞食的感染性虫卵在十二指肠内孵出幼虫，幼虫沿小肠下行至结肠发育为成虫。从食入感染性虫卵至发育为成虫需2～4周。雌虫的寿命一般为1个月，很少超过2个月。

三、流行病学

1. 传染来源　感染了蠕形住肠蛲虫的动物和人是该病的传染来源。

2. 传播途径

（1）自身感染　蠕形住肠蛲虫的生活史不需要中间宿主，虫卵多经手从感染动物的肛门至口进入消化道而造成感染。

（2）间接感染　患者的衣物、被褥、玩具等被虫卵污染后，其他人再接触这些物品时被感染。

（3）吸入感染　由于虫卵的密度较小，可漂浮于空气的尘埃中。人在呼吸过程中可将虫卵吸进体内，造成感染。

（4）逆行感染　在肛门及会阴周围孵出的幼虫有时可再钻入肛门到达肠内并发育为成虫，造成感染。

传播途径以前两种多见，后两种传播途径较少。

3. 宿主　蠕形住肠蛲虫最主要宿主是人。黑猩猩、长臂猿、绒猴等灵长类动物也可感染。

4. 流行特征　蠕形住肠蛲虫病在发展中国家的流行率高于经济发达的国家，温带、寒带地区的感染率高于热带，更容易发生在居住拥挤、卫生条件差的地区，儿童的感染率明显高于成年人。调查表明，印度、英格兰、泰国、瑞典、丹麦的儿童体内的感染率分别是61%、50%、39%、37%和29%。美国疾病控制中心的调查结果显示，该病在美国的感染率是11.4%。

四、临床症状

灵长类动物感染蠕形住肠蛲虫后无明显的临床症状。

儿童中的感染率要高于成年人。儿童感染后，大多数无明显症状。当成虫爬至肛门周围产卵时，由于机械性刺激，引起肛门及会阴周围瘙痒，患儿可出现睡眠不安、失眠、夜惊、夜间磨牙、遗尿等症状。长期的睡眠不足可导致白天精神不振、萎靡，好咬指甲，性情怪异等，有时会出现异食症状。当成虫钻入肠黏膜，或者是在胃肠道内的机械性、化学性刺激，可引起患者腹痛、腹泻、食欲减退、恶心、呕吐等。由于蠕形住肠蛲虫有时可进入阴道、子宫、输卵管、尿道、腹腔、盆腔、阑尾等部位，可导致异位寄生，引起相应部位出现炎症反应。女性患者可出现尿频、尿急、尿痛等症状。

五、病理变化

蠕形住肠蛲虫在终末宿主肠内的不同发育阶段，可刺激肠壁及神经末梢，造成胃肠功能紊乱。成虫头部钻入肠黏膜，可引起局部炎症反。当成虫钻入肠黏膜深层寄生时，会造成溃疡、出血、黏膜下脓肿。成虫偶尔也可侵入肠壁及肠外组织，形成肉眼可见、外层为白色，中心微黄色的肉芽肿。组织切片显示，肉芽肿可分为两层，外层是由胶原纤维组成的被膜，内层是一个由肉芽组织包绕着的中心坏死区，坏死区内为虫体或幼虫。

有少数患者感染了蠕形住肠蛲虫后会出现异位寄生的现象，且以女性更为多见。最常发生的异位寄生部位是生殖系统、盆腔、腹腔脏器，也有发生在肝、肺、前列腺，甚至是寄生于眼睛的报道。成虫侵入这些器官或部位后，可引起不同程度的炎症反应，有时也可产生肉芽肿，易误诊为肿瘤。

六、诊　　断

当患儿肛门及会阴周围经常奇痒，夜间烦躁不安时，应考虑是否感染了蠕形住肠蛲虫，若能检查到成虫或虫卵即可确诊。

1. 成虫检查　患者在入睡 1～3h 后，检视肛门，有时可在肛门、会阴周围及内衣等处发现成虫。但蠕形住肠蛲虫并不是每晚都爬出产卵，因此需连续数日检查以提高检出率。

2. 虫卵检查　蠕形住肠蛲虫一般不在肠道内产卵，粪便中虫卵的检出率只在 5%以下。一般通过肛门外虫卵检查法确诊。

(1) 擦拭法　用消过毒的棉拭子擦拭肛门周围，在滴有 50%甘油溶液的洁净载玻片上混匀后镜检。也可以用牙签的扁头插入有 50%甘油或 1%氢氧化钠溶液中浸泡，然后用其刮拭肛门周围褶皱处，再用盖玻片将刮拭物刮在滴有 50%甘油或 1%氢氧化钾溶液的载玻片上镜检。

(2) 漂浮法　将浸泡在生理盐水中的棉拭子取出后挤干，擦拭肛门周围褶皱处，然后将其放入盛有饱和食盐水的试管中，充分振荡，使虫卵洗入盐水中后，再用漂浮法检查虫卵。

(3) 透明胶纸沾拭法　用透明胶纸在患者早晨排便前沾拭肛门周围皮肤后，置于显微镜下检查。连续进行 3 次，阳性率可达 79.4%。该方法操作简单，适于流行病学调查时使用。

七、防治措施

1. 治疗　儿童极易自身感染，且有儿童聚集性和家庭聚集性的特点，因此治疗时应集体服药，且应隔 2～3 周后再集体服药一次，以达到彻底治愈的目的。常用以下几种药物治疗：

(1) 恩波吡维铵（扑蛲灵）　儿童可按照每千克体重 5mg 剂量，睡前一次顿服。为防止复发，可在服用 2～3 周后重复用药一次。用药后可能会出现恶心、呕吐、腹泻等副作用，停药后即自行消失。本品为深红色，可将粪便染成红色。

(2) 阿苯达唑　1～2 岁儿童服 1 片（200mg），2 岁以上儿童及成人顿服 2 片，几乎可全部治愈。1 岁以下儿童及孕妇不宜服用。

(3) 甲苯达唑　每次口服 1 片（100mg），每天 1 次或 2 次，连服 3 天，治愈率可达 90%以上。此药的副作用小，偶尔可引起头晕、乏力、腹部不适等，停药后可自行消失。孕妇尽量避免使用。

(4) 噻嘧啶　按照每千克体重 5～10mg 剂量睡前顿服，连服 1 周，效果良好。

外用药也可使用，如将蛲虫膏、2%白降汞软膏、10%氧化锌油膏涂于肛门周围，具有杀虫、止痒的功效。

2. 预防 预防不能仅仅依靠药物，要根据流行特点，采取综合性的防治措施。首先，要控制传染源。若发现家庭中有人感染了蠕形住肠蛲虫，需及时治疗，家庭内其他未感染者，尤其是儿童需服药进行预防。1～2周后要重复检查，仍为阳性者需重复治疗一次。其次，要切断传播途径。这也是预防该病的基本环节之一，要加强个人的卫生防护，对污染物品及时消毒处理。教育儿童养成良好的卫生习惯，如饭前便后洗手，常剪指甲，不吃不清洁的食物，纠正咬指甲、吸手指的不良习惯等。

八、公共卫生影响

近几年的调查表明，我国12岁以下儿童蛲虫的平均感染率为9.82%，较早些年相比，我国儿童蛲虫的平均感染率下降了10%左右，但其在公共卫生上的重要性依然不可忽视。应加强卫生宣传工作，普及蛲虫病的知识，尽量降低感染机会。在幼儿园等儿童机构中，若发现有蛲虫病患儿，要及时普查普治，防止反复交叉感染。

（李文生　刘群）

参考文献

陈凤义，孙丽，梅丹，等. 2008. 大连郊区儿童蛲虫感染调查分析［J］. 中国病原生物学杂志，3（10）：3.

蒿红梅，李绪臣. 2007. 阿苯达唑和复方甲苯咪唑控制蛲虫感染效果观察［J］. 中国病原生物学杂志，2（6）：456-459.

栗绍刚，吴赵永，冯曼玲. 2005. 北京地区学龄前儿童蛲虫感染调查［J］. 中国寄生虫病防治杂志，17（5）：294.

Arkoulis N，Zerbinis H，Simatos G，et al. 2012. Enterobius vermicularis (pinworm) infection of the liver mimicking malignancy：Presentation of a new case and review of current literature［J］. International journal of surgery case reports，3（1）：6-9.

Babady N E，Awender E，Geller R，et al. 2011. Enterobius vermicularis in a 14-Year-Old Girl's Eye［J］. Journal of clinical microbiology，49（12）：4369-4370.

第九十五章 异刺科线虫所致疾病

豚鼠副盾皮线虫病 (Paraspidoderasis uncinata)

豚鼠副盾皮线虫病（Paraspidoderasis uncinata）是由有钩副盾皮线虫寄生于豚鼠盲肠和结肠引起的一种线虫病。该病是豚鼠最重要的蠕虫病。

一、发生与分布

有钩副盾皮线虫呈世界性分布，常见于南美的野生豚鼠和实验室豚鼠体内。

二、病　原

1. 分类地位　有钩副盾皮线虫（*Paraspidodera uncinata*）在分类上属于线形动物门（Nematoda）、有尾感器纲（Phasmidia）、尖尾目（Oxyutata）、异刺科（Heterakidae）、副盾皮属（*Paraspidodera*）。

2. 形态特征　成虫较小。雄虫大小为（16.3～17.6）mm×（190～230）μm；食道长 910～980μm，肛门距头端 200～300μm，其前方有 1 个吸盘；泄殖孔距尾端 260～294μm，有 1 个引器和 2 根等长的交合刺。雌虫大小为（18.4～20.9）mm×（378～402）μm；食道长 1 050～1 220μm，阴门距头端 680～800μm。虫卵呈椭圆形、灰褐色，大小为（40～50）μm×（30～36）μm；卵壳较厚，内含有单个胚细胞。

3. 生活史　生活史为直接型，无复杂的移行路径。雌虫在豚鼠盲肠和结肠内产卵，虫卵随粪便排出体外，在外界环境中经 3～5 天发育至感染性虫卵。健康豚鼠吞食了感染性虫卵或被其污染的饲料、饮水而被感染，幼虫孵化后移行至盲肠和结肠，约需 45 天发育至成虫。

三、流行病学

该病在世界范围内流行，是实验室豚鼠常见的蠕虫病，至今尚未发现其感染其他动物的报道。

四、临床症状

轻微或中度感染豚鼠无明显的临床症状；重度感染豚鼠，特别是幼龄豚鼠可发生较严重的腹泻，其他临床症状可表现为消瘦、虚弱、被毛松乱、精神不佳、行动迟缓等。

五、病理变化

有钩副盾皮线虫引起的病理变化主要是肠炎，镜检可观察到肠黏膜增厚、炎性细胞浸润等。

六、诊　断

利用饱和盐水漂浮法在豚鼠粪便中检查到虫卵，也可剖检肠道检查虫体并鉴定后即可确诊该病。

七、防治措施

可按照每千克体重 25mg 的剂量皮下注射左旋咪唑，驱虫效果良好。实验室饲养的豚鼠一旦感染了有钩副盾皮线虫，要尽快隔离感染动物，同时做好消毒工作，及时清除粪便，防止污染用具、饲料和垫料。

（李文生　刘群）

参考文献

Eliazian M，Shahlapour A，Tamiji Y. 1975. Control of Paraspidodera uncinata in guinea - pigs with levamisole [J]. Laboratory animals，9 (4)：381 - 382.

第九十六章
弓首科线虫所致疾病

第一节　弓首蛔虫病
(Toxocarasis)

犬和猫弓首蛔虫病（Toxocarasis）分别是由犬弓首蛔虫和猫弓首蛔虫分别寄生在犬、猫肠道内引起的，常引起幼犬和幼猫发育不良，严重时可导致死亡，危害十分严重。其幼虫可感染人，在公共卫生学上具有重要意义。

一、发生与分布

1824 年，首次报道了猫感染弓首蛔虫。1950 年，Wilder 和 Mercer 分别在人的肝脏和视网膜中发现弓首蛔虫。1958 年，Sprent 阐明了犬弓首蛔虫的生活史和传播机制。此后，许多国家和地区陆续报道了弓首蛔虫病。

除南极洲外，弓首蛔虫病在世界范围内均有报道，多数病例发生在美国、欧洲、澳大利亚等饲养伴侣动物数量较多的国家。在我国，犬、猫的弓首蛔虫感染非常普遍。

二、病　　原

1. 分类地位　犬弓首蛔虫（*Toxocara canis*）和猫弓首蛔虫（*Toxocara cati*）在分类上属于线形动物门（Nematoda）、有尾感器纲（Phasmidia）、蛔目（Ascaridida）、弓首科（Toxocaridae）、弓首属（*Toxocara*）。

2. 形态特征

（1）犬弓首蛔虫　是一种大型线虫。成虫虫体呈圆柱状、白色或淡黄白色，两端较细，体表有横纹和侧翼；头端有三片唇，其中一个为背唇，两个是侧唇；虫体前端两侧有向后延伸的颈翼膜；食道圆柱形，后部稍大；食道与肠管连接处有小胃。雄虫体大小为（5～11）cm×（1.13～1.90）mm；尾端弯曲，有 2 根不等长的交合刺，具鞘膜；肛门前后有数对短柄乳突和无柄乳突。雌虫大小为（9～18）cm×（1.52～2.60）mm；食道长 3.40～4.34mm；阴门开口位于虫体前半部；尾尖而直，肛门距尾端 0.56～1.21mm。虫卵呈黑褐色、近似圆形，大小为（65～85）μm×（64～72）μm；卵壳厚，表面有许多凹痕。

（2）猫弓首蛔虫　是一种大型线虫，具有蛔虫的典型特征，外形与犬弓首蛔虫很相似。成虫虫体呈圆柱状，黄白色，体表有横纹；颈翼膜前窄后宽，使虫体前端如箭头状；口孔由 3 片唇围绕而成，背唇较大，两个亚腹侧唇较小。雄虫体大小为（3～6）cm×（1.05～1.14）mm；尾部有 1 个指状突起，无尾翼，交合刺不等长；泄殖孔距尾端 0.16～0.21mm；肛前乳突约 20 对，肛后乳突 6 对。雌虫大小为（4～10）cm×（1.42～2.05）mm；阴门位于体前中 1/4 水平附近。虫卵几乎无色，呈亚球形，大小为 65μm×70μm，有厚的凹凸不平的卵壳。

3. 生活史

（1）犬弓首蛔虫　生活史是所有蛔目线虫中最复杂的。虫卵随粪便排出体外后，在外界适宜的条件下，经2周左右发育为感染性虫卵。感染性虫卵被3月龄以内的幼犬摄食后，在小肠中孵化；幼虫通过血液循环经肝到达肺部，蜕皮一次后又经气管返回小肠发育为成虫。从感染性虫卵被摄食到发育为成虫共需4～5周。3月龄以上的犬感染后，幼虫随血液循环到达多种组织器官后并不发育，但形成包囊，保持着对其他食肉动物的感染性。成年母犬体内的幼虫可经胎盘感染胎儿，也可通过母乳造成幼犬感染。此外，多种哺乳类、鸟类动物可成为犬弓首蛔虫的贮藏宿主，这些动物吞食了感染性虫卵后，体内第二期幼虫并不能发育为成虫，而是移行到体内各种组织器官中潜伏下来，但一直保持着对终末宿主犬的感染力。犬摄食了这些贮藏宿主后也可发生感染，感染后幼虫经4～5周发育为成虫。

（2）猫弓首蛔虫　生活史与猪蛔虫相似。猫从摄食感染性虫卵到虫体发育成熟大约需要8周。与犬弓首蛔虫不同的是，猫弓首蛔虫不能经胎盘发生胎儿的出生前感染，鼠类可作为它的贮藏宿主。

三、流行病学

1. 犬弓首蛔虫　可寄生在犬、狼、狐等动物体内。据调查，世界各地犬的弓首蛔虫感染率为5.5%～80%。一项调查显示，我国辽宁省盘山县幼犬的弓首蛔虫感染率高达96%，死亡率高达60%；江苏省泰安市1～3月龄犬的弓首蛔虫感染率为25.86%，4～6月龄犬的感染率达15.27%，7月龄以上犬体内无成虫存在。弓首蛔虫病主要发生在6月龄以下的幼犬。

2. 猫弓首蛔虫　主要宿主是猫，也可寄生在野猫、狮、豹等动物，人偶感。世界各地猫弓首蛔虫病的感染率可达25.2%～66.2%。在我国黑龙江流域，猫弓首蛔虫的感染率高达90.63%。猫弓首蛔虫病的流行主要是由于贮存在组织器官中的感染期幼虫，在母猫怀孕后期开始活动起来，然后在泌乳期随乳汁排出，幼猫可因摄入乳汁中的幼虫而感染。

四、临床症状

犬和猫感染弓首蛔虫后的临床表现与感染强度、机体状态密切相关。一般表现为以消化功能障碍为主的全身性症状。

犬轻度或中度感染弓首蛔虫时，表现为发育迟缓、渐进性消瘦、黏膜苍白、被毛粗乱、精神沉郁等；严重感染时，患犬可出现咳嗽、呼吸频率加快、鼻孔有泡沫状分泌物排出、腹部膨大等症状。

猫感染弓首蛔虫时，表现为贫血、食欲不振、异嗜、呕吐、腹泻和便秘交替出现等症状，偶见癫痫性痉挛。

五、病理变化

犬弓首蛔虫的生活史复杂，导致的病理变化多样。幼虫在犬体内移行时可引起肺炎、腹膜炎、败血症、肝脏损害等；寄生在肠道的成虫可造成黏膜卡他性炎症、出血、肠梗阻等，偶尔可出现肠穿孔及胆管阻塞、破裂等病理变化。

猫弓首蛔虫病的病理变化主要集中在小肠，表现为卡他性炎症、肠黏膜出血等；成虫可导致肠穿孔并产生腹膜炎。

六、诊　　断

由于犬和猫的弓首蛔虫少有交叉感染，因此利用漂浮法，在犬、猫的粪便中检查到特征性虫卵即可确诊，也可在剖检小肠时见到大量虫体做出诊断。

七、防治措施

给患病犬、猫使用常用的驱线虫药物均可驱除弓首蛔虫，具体药物及用法如下。

（1）丙硫咪唑　按照每只幼犬 50mg 的剂量一次口服，1 周后再用一次。

（2）左咪唑　按照每千克体重 10mg 的剂量一次口服。

（3）芬苯达唑　按照每千克体重 50mg 的剂量连续服用 3 天。少数病例在用药后可能出现呕吐。

虫卵是弓首蛔虫病感染的主要来源，为防止该病在实验室犬、猫间的传播与扩散，应及时处理感染动物及其排出的粪便，并进行无害化处理；保持饲料、饮水及环境卫生，定时对犬、猫进行监测、驱虫。

八、公共卫生影响

由于弓首蛔虫的幼虫对人具有感染性，能够引起人的内脏幼虫移行症，对人体健康造成危害，因此该病具有重要的公共卫生学意义。犬猫饲养者日常饲养过程中及工作人员在实验操作、清理感染动物环境卫生的过程中，应注意做好个人防护工作，避免感染。

（李文生　刘群）

第二节　弓蛔虫病
(Toxocariasis)

弓蛔虫病（Toxocariasis）是由狮弓蛔虫寄生在犬、猫小肠内引起的一种寄生虫病。狮弓蛔虫是犬、猫体内常见的蛔虫病病原之一，但由于其幼虫的发育不需要移行，因此其危害性没有弓首蛔虫感染严重。

一、发生与分布

1809 年，Rudolphi 在狮的肠道内首次发现并叙述了狮弓蛔虫；此后，世界各地陆续发现并报道了这种线虫。

弓蛔虫病呈世界性分布，在我国十分普遍。

二、病　　原

1. 分类地位　狮弓蛔虫（*Toxascaris leonina*）在分类上属于线形动物门（Nematoda）、有尾感器纲（Phasmidia）、蛔目（Ascaridida）、弓首科（Toxocaridae）、弓蛔属（*Toxascaris*）。

2. 形态特征　成虫虫体呈圆柱状，淡黄色，表面有致密的横纹；头端通常向背侧弯曲，有 3 片唇，颈翼膜呈柳叶刀状；食道简单，无食道球和小胃。雄虫长 35～75mm，尾部逐渐变细，无突起和尾翼膜，有 1 对等长的交合刺，长 0.7～1.5mm。雌虫长 30～100mm，尾部直而尖细，阴门开口于虫体前 1/3 与中 1/3 交接处。虫卵近似圆形、灰褐色，卵壳较厚，表面光滑而无小泡状结构，大小为（49～61）μm×（74～86）μm。

3. 生活史　狮弓蛔虫生活史较简单，幼虫不在宿主体内移行。虫卵随粪便排出体外后，在外界适宜条件下发育为含有感染期幼虫的虫卵，犬、猫等动物摄食了感染性虫卵后，幼虫在小肠壁发育，然后返回肠腔并发育成熟。感染后 3～4 周即发育为成虫。

鼠等啮齿动物可作为狮弓蛔虫的贮藏宿主。当感染性虫卵被啮齿动物摄食后，在其体内可形成组织包囊，犬、猫等终末宿主捕食了受感染的啮齿动物后，幼虫从包囊中释放并进入肠壁发育，最后返回肠腔发育成熟。

三、流行病学

狮弓蛔虫宿主范围广泛，包括犬、猫、狮、虎、美洲狮等多种野生的犬科动物和猫科动物，而啮齿动物（特别是鼠）、食虫目动物以及小的食肉兽可作为贮藏宿主传播该病。

四、临床症状

狮弓蛔虫感染犬、猫所产生的临床症状与弓首蛔虫病的相似。轻度或中度感染时无明显的临床症状，犬、猫表现为渐进性消瘦、被毛粗乱、贫血等；重度感染时，受感染动物可出现呕吐、腹泻、神经症状等，有时可在呕吐物或粪便中看到整条虫体。

五、病理变化

狮弓蛔虫引起的病理变化主要发生在小肠部位，当有大量虫体寄生时，可引起宿主发生肠阻塞，进而引起肠破裂、腹膜炎等。

六、诊　　断

根据临床症状，以及在犬、猫粪便中发现卵圆形、壳厚而光滑的虫卵即可确诊。也可经过剖检终末宿主的小肠并发现该种线虫确诊。

七、防治措施

驱虫药物和方法与弓首蛔虫相同。

由于狮弓蛔虫是犬、猫常见的一种寄生虫，其感染的主要来源是被虫卵污染的食物、饮水及啮齿动物。因此，为了避免其在实验室的传播与扩散，预防的重点需着重注意实验室的卫生条件。一旦发现实验动物遭受感染，应及时隔离感染动物并对其粪便进行无害化处理，同时对饲养笼具进行消毒。

（李文生　刘群）

参考文献

李明伟，林瑞庆，朱兴全. 2005. 弓首蛔虫病研究进展 [J]. 中国人兽共患病杂志，21 (11)：1007-1010.

高春峰. 2007. 犬蛔虫病的诊断和防治 [J]. 农村实用科技信息 (9)：33.

肖建锋. 2005. 猫弓首蛔虫病的诊治 [J]. 中国兽医寄生虫病，12 (3)：61.

张玲，郑国清，郑娟. 2007. 宠物犬蛔虫病的流行现状及防治措施 [J]. 当代畜牧 (6)：46-47.

Habluetzel A, Traldi G, Ruggieri S, et al. 2003. An estimation of Toxocara canis prevalence in dogs, environmental egg contamination and risk of human infection in the Marche region of Italy [J]. Veterinary Parasitology, 113 (3): 243-252.

Minnaar W N, Krecek R C, Fourie L J. 2002. Helminths in dogs from a peri-urban resource-limited community in Free State Province [J]. Veterinary Parasitology, 107 (4): 343-349.

Rubel D, Zunino G, Santillan G, et al. 2003. Epidemiology of Toxocara canis in the dog population from two areas of different socioeconomic status, Greater Buenos Aires [J]. Veterinary parasitology, 115 (3): 275-286.

第九十七章
类圆科线虫所致疾病

粪类圆线虫病
(Strongyloidiasis stercoralis)

粪类圆线虫病（Strongyloidiasis stercoralis）是由粪类圆线虫寄生于犬、猫小肠内的常见寄生虫病。粪类圆线虫生殖方式特殊，包括自生世代和寄生世代，对宿主危害严重。粪类圆线虫还可感染人，引起人的粪类圆线虫病。目前，该病已被 WHO 列为重要的人肠道寄生虫病之一，在公共卫生学上具有重要意义。

一、发生与分布

1876 年，Normand 在越南境内一个患腹泻的法国军人的粪便中首次发现了粪类圆线虫，随后在尸检时又在其肠道、胆管、胰管等部位发现了虫体。后经众多学者不断研究，阐明了粪类圆线虫的生活史及其在不同发育阶段的虫体形态。

粪类圆线虫是一种分布广泛的肠道寄生虫，主要分布在非洲、东南亚、美洲中南部等热带和亚热带地区，温带和寒带地区则呈散发感染。在我国华东、华南、东北、华北等地均有类圆线虫感染动物及人的报道。

二、病　　原

1. 分类地位　粪类圆线虫（*Strongyloides stercoralis*）在分类上属于线形动物门（Nematoda）、有尾感器纲（Phasmidia）、小杆科（Rhabditidae）、类圆属（*Strongyloides*）。

2. 形态特征

（1）寄生世代　虫体细长，体表薄，有细横纹。雌虫大小为（1.0～1.7）mm×（0.05～0.075）mm，尾端尖细；生殖器官为双管型，子宫前后排列，成熟雌虫的子宫内含有呈单行排列的各发育期的虫卵；阴门位于虫体腹面 1/2 略后处。

（2）自生世代　雄虫短小，大小为（0.7～1.0）mm×（0.04～0.05）mm，尾端腹面弯曲；有 2 根交合刺。雌虫呈半透明，体表有细横纹，大小为 2.2mm×（0.03～0.074）mm；尾尖细，末端略成锥形；口腔短，咽管细长，为体长的 1/3～2/5；生殖器官为双管型，子宫前后排列，各含 8～12 个虫卵；阴门位于距尾端 1/3 处的腹面，肛门位于近末端处的腹面。虫卵为椭圆形，无色透明，卵壳薄，大小为（50～70）μm×（30～40）μm，与钩虫卵相似，部分虫卵内含有幼胚。

3. 生活史　粪类圆线虫生活史特殊，包括在外界环境中进行的自生世代和在动物体内进行的寄生世代。

（1）自生世代　虫卵在温暖、潮湿的土壤中可孵化出杆状蚴，经 4 次蜕皮后发育为营自由生活的成虫，雌虫在交配后产卵。当外界环境条件适宜时，自生世代可连续进行，此过程为间接发育。随着雄虫数量的逐渐减少并消失，雌虫则进行孤雌生殖，但持续不久并最终死亡。当外界环境条件不良时，杆状蚴蜕皮 2 次发育为具有感染性的丝状蚴。易感动物接触到丝状蚴后，可经皮肤或黏膜导致感染。

（2）寄生世代　丝状蚴侵入动物体内后，通过小血管或淋巴管进入血液循环，随血流经右心到达肺部后，穿破毛细血管壁进入肺泡，然后沿着支气管、气管逆行至咽部后被吞咽至消化道，钻入小肠黏膜后蜕皮 2 次发育为成虫，此过程为直接发育。雌虫在肠黏膜内产卵。虫卵经数小时即可孵化出杆状蚴，而后从肠黏膜逸出进入肠道并随粪便排出体外。自宿主感染丝状蚴至排出虫卵至少需要 17 天。除肠道外，粪类圆线虫还可寄生于宿主的肺和泌尿生殖系统中。

三、流行病学

粪类圆线虫宿主范围广泛，可感染多种动物，犬、猫、黑猩猩、浣熊等多种动物和人都是其宿主。感染动物和人、无症状的带虫者均是粪类圆线虫病最主要的感染来源。易感动物接触了被粪类圆线虫污染的食物、水源、土壤等都可造成感染，感染性幼虫可经皮肤或经口腔黏膜侵入动物体内。虽然目前还没有关于粪类圆线虫病垂直传播的报道，但有试验表明，粪类圆线虫可经乳汁传播给子代。

粪类圆线虫病主要分布在热带和亚热带地区，其中以非洲和美洲分布较多，一些国家的人群感染率在 30%左右。我国海南、广西、广东、福建等 26 个省、市、自治区都有动物和人感染的报道。1996 年的调查结果显示，我国人粪类圆线虫病的平均感染率是 0.122%，其中海南省的感染率最高、达 1.7%，个别地区的人群感染率则高达 88.2%。

四、临床症状

在感染初期，患病犬、猫活动正常，体温正常或稍高，不表现出明显的临床症状。随着病情的发展，患病动物出现较为明显的临床症状，表现为呼吸浅表，有时伴有干性罗音、湿性罗音或捻发音，体温升高，腹痛，腹泻，排出的粪便呈黏液样并带有血丝，严重病例可因脱水而死亡。

人在感染粪类圆线虫后可出现三类病型：①轻度感染，患者自身有效的免疫应答可清除体内的虫体，不会出现临床症状；②慢性感染，持续期可长达数十年甚至更久，可间歇出现胃肠症状；③播散性超度感染，见于长期进行激素治疗、使用免疫抑制类药物或艾滋病病人等，幼虫可进入患者的脑、肝、肺等器官，导致弥漫性组织损伤，甚至因严重衰竭而死亡。人感染粪类圆线虫后常出现的临床症状主要有以下几个方面。

（1）皮肤　丝状蚴侵入皮肤后，能引起患者皮肤刺痛或有痒感，搔破后可致继发性感染。有报道称，人感染粪类圆线虫后还可在双下肢出现大小不等的紫癜。

（2）呼吸道　一般表现为较轻微，可出现过敏性肺炎或哮喘。患者出现咳嗽、多痰、哮喘等症状，个别患者可出现呼吸困难、紫绀等。若虫体定居于肺、支气管并继续产卵、孵出幼虫时，则肺部症状更加严重，持续时间更长。

（3）消化道　患者可出现灼烧样腹痛、恶心、呕吐、腹泻等；重症感染者可出现全腹痛、麻痹性肠梗阻、腹胀、脱水、循环衰竭等，同时可伴有发热、贫血、周身不适等。若寄生于胆管或肝内，则可引起肝肿大、右上腹痛、发热等类似胆管感染的表现。国内曾有报道重症粪类圆线虫并发消化道大出血和死于以慢性肠梗阻为主要表现的粪类圆线虫病例。

五、病理变化

患病犬、猫在尸体剖检时可观察到蠕虫性肺炎，肺部可出现大的实质区。肠道有出血点、黏膜脱落并有大量黏液分泌。研究人员在研究先天性免疫和获得性免疫机制的过程中发现，当小鼠感染粪类圆线虫幼虫后，体内的中性粒细胞和嗜酸性粒细胞会聚集在虫体表面，通过释放颗粒产物杀死幼虫；同时，嗜酸性粒细胞也发挥类似于抗原递呈细胞的作用诱导机体产生 Th2 型免疫反应，而 B 细胞产生的 IgG 和 IgM 与中性粒细胞共同作用杀死小鼠体内的幼虫。

人感染类圆线虫后主要出现以下几方面的病理变化。

（1）皮肤　由于自身感染的原因，病变常现于肛门周围、腹股沟、臀部等处皮肤，可见皮肤表面有小出血点、皮疹、斑丘疹、水肿等。丝状蚴的移行还可导致患者出现移行性、蔓延速度快的线状或带状荨麻疹，并可持续数周。荨麻疹出现的部位及快速蔓延的特点是粪类圆线虫幼虫在皮肤移行的重要诊断依据。

（2）呼吸道　丝状蚴在肺部移行过程中可穿破毛细血管，导致肺泡出血、细支气管炎性细胞浸润、嗜酸性粒细胞增多等。X线呈局限性或弥散性阴影。

（3）消化道　病变分为轻度、中度、重度三期。轻度表现以肠黏膜充血为主的卡他性肠炎，有时有小的出血点和溃疡，单核细胞浸润，腺窝中可见粪类圆线虫。中度表现水肿性肠炎，肠壁增厚、水肿、黏膜皱襞减少，镜下可见肠黏膜萎缩，黏膜下水肿，肠绒毛扩大，肠壁各层都有虫体分布。重度表现溃疡性肠炎，镜检可见肠壁增厚、变硬、水肿、纤维化；肠黏膜萎缩并有多发性溃疡，溃疡直径2～20mm；肌层萎缩，整个增厚的肠壁内都可发现虫体。

（4）其他　对于长期使用免疫抑制剂、细胞毒药物或患各种消耗性疾病（如恶性肿瘤、白血病、结核病等）以及先天性免疫缺陷和艾滋病患者，在感染粪类圆线虫后可导致弥漫性类圆线虫病的发生。丝状蚴在这些感染者体内可移行扩散到心、脑、肺、胰、卵巢、肾、淋巴结、甲状腺等处引起广泛性的损伤，形成肉芽肿病变。组织学研究证实，重度感染病例淋巴结和脾脏的胸腺依赖区均缺乏淋巴细胞，宿主对幼虫缺少炎症反应和免疫应答。由于大量幼虫在体内移行，可将肠道细菌带入血流引起败血症；造成各种器官的严重损害；出现强烈的超敏反应，如过敏性肺炎、过敏性关节炎、化脓性脑膜炎等。

六、诊　断

该病无特征性临床症状，在诊断过程中易引起误诊。在新鲜粪便、痰液、尿液中查见幼虫或培养出丝状蚴可作为确诊的依据。常用的方法包括直接涂片法、沉淀法、醛醚离心法、贝尔曼法、粪便直接培养法、活性炭平皿培养法、改良琼脂板法等。但这些方法的检出率不同，在做诊断时需要注意，另外还要注意与钩虫卵及丝状蚴的鉴定。由于粪类圆线虫在患者体内间断性及无规律的排卵，往往使病原学检查比较困难，近年来，该病的免疫诊断方面有了长足进步，利用ELISA方法检查患者血清中的抗体，阳性率可达94%以上，诊断效果良好。

七、防治措施

治疗粪类圆线虫病的首选药物是噻苯达唑，按照每千克体重25mg的剂量口服，每天2次，连续服用3天，驱虫效果良好，治愈率达95%以上。但该药的副作用较大，肝肾功能不全者慎用，且在服用前不宜使用免疫抑制剂，以防自身感染。丙硫咪唑也可用于该病的治疗，治愈率也可达90%以上。此外，甲苯达唑、噻嘧啶、左旋咪唑等也有较好疗效。

该病的预防原则与钩虫病基本相同。对犬、猫等实验动物加强管理，发现犬、猫腹泻后应立刻将其隔离，及时清理粪便，保持饲养环境干净卫生；定期对实验动物进行检查和治疗，保证其不被感染，防止其对人的传播。与犬、猫接触的实验室人员须做好个人防护。需要注意的是，临床中在使用激素类和免疫抑制类药物前，应先做粪类圆线虫常规检查，如发现感染了本虫，需及时治疗。

八、公共卫生影响

人感染后可持续终身带虫，并且随时都有发生自体感染的可能。动物和人在发生类圆线虫感染后，寄生虫与宿主之间有可能持续对抗达到动态平衡，当有其他消耗性疾病发生、营养不良或使用免疫抑制剂时，寄生虫就会占上风。在卫生状况不佳、公共卫生标准不高的地区应特别注意防止该病的发生。

（李文生　刘群）

参考文献

李雍龙．2004. 人体寄生虫学［M］．第7版．北京：人民卫生出版社：184-188.

田克恭．2012. 人与动物共患病［M］．北京：中国农业出版社：1561-1565.

张川秀．2005. 粪类圆线虫病40例临床报告［J］．中国血吸虫病防治杂志，17（3）：165.

Becker S L，Sieto B，Silue K D，et al. 2011. Diagnosis，clinical features，and self-reported morbidity of Strongyloides stercoralis and hookworm infection in a co-endemic setting［J］．PLoS neglected tropical diseases，5（8）：1-8.

Bonne-Annee S，Hess J A，Abraham D. 2011. Innate and adaptive immunity to the nematode Strongyloides stercoralis in a mouse model［J］．Immunologic research，51（2）：205-214.

Huruy K，Kassu A，Mulu A，et al. 2011. Intestinal parasitosis and shigellosis among diarrheal patients in Gondar teaching hospital［J］．BMC research notes，4（1）：472.

第九十八章
钩口科线虫所致疾病

钩虫病
(Ancylostostomiasis)

钩虫病（Ancylostostomiasis）是由钩口科多个属的线虫寄生于犬、猫等动物的小肠，主要是十二指肠所引起的疾病，临床上以贫血、营养不良、胃肠功能失调为主要表现。钩虫病是犬、尤其是特种犬最严重的寄生虫病之一，呈世界性分布。某些钩虫还可造成感染人，对人体健康造成严重威胁，是许多国家和地区重要的公共卫生问题，越来越引起人们的关注。

一、发生与分布

有关钩虫病临床征象的记载最早见于公元前3世纪，史记扁鹊仓公列传中将其记载为“蛲瘕病”，公元前1553年埃及草纸书中也有类似钩虫病的记载。1838年，意大利外科医生Dubini在剖检一具尸体时发现了钩虫，5年后对其进行了详细描述并命名为十二指肠钩口线虫（*Ancylostoma duodenale*）。1897年，科学家发现钩虫主要是从皮肤侵入机体，并且阐明了其完整的生活史。1908年，Maxwell在我国台湾进行粪检时找到了钩虫卵，首次证实我国有钩虫病的流行。1919年，颜福庆在我国江西萍乡的钩虫病调查中，证实了我国大陆也有钩虫病流行。

钩虫病是分布范围极广的寄生虫病之一，除南极洲外世界各地均有分布，尤其以热带和亚热带的国家和地区更为普遍。在我国各地都有钩虫病发生，主要流行于长江流域及华南等气候温暖的地区，特别是四川、广东、广西、海南、福建等地较为严重。

二、病　　原

1. 分类地位　钩虫是钩口科（Ancylostomatidae）线虫的统称，因虫体头端稍向背侧弯曲而得名。钩口科（Ancylostomatidae）在分类上属于线形动物门（Nematoda）、有尾感器纲（Phasmidia）、圆线目（Strongylata）。钩口科至少包括17个属、100个种的线虫，能够引起犬、猫、人等疾病的钩虫主要包括钩口属（*Ancylostoma*）的犬钩口线虫（*A. caninum*）和巴西钩口线虫（*A. brazilliense*），弯口属（*Uncinaria*）的狭头弯口线虫（*U. stenocephala*）以及板口属（*Necator*）的美州板口线虫（*N. americanus*）等。

2. 形态特征

（1）犬钩口线虫　成虫寄生于犬、猫等动物，偶尔可感染人。虫体淡黄白色，前端向背面弯曲；口囊前缘腹面两侧各有3个向内呈钩状弯曲的大齿，口囊深处有2个圆锥状的背齿和1个中侧齿，排列于背沟两侧。雄虫体长10～16mm；口囊大，其前缘腹面的两侧各有3个齿，口囊深部有1对背齿和1个侧腹齿；交合伞由2个侧叶和1个背叶组成，有1对等长的交合刺。雌虫体长14～16mm，阴门开口于虫体后1/3前部。虫卵浅褐色，大小为（55～76）μm×（33～45）μm，排出的卵内含有8个胚细胞。

（2）巴西钩口线虫　成虫寄生于犬、猫、狐小肠的前段。虫体头端腹侧口缘上有 2 个大齿、2 个小齿，在口囊背侧具有短背锥，底部有 2 个三角形齿板，很容易与犬钩口线虫分开。虫体长 6～10mm。虫卵较小，大小为 80μm×40μm。

（3）狭头钩口线虫　主要寄生在犬小肠，猫偶感。虫体较犬钩口线虫小，呈淡黄色，两端稍细；口囊发达，其腹面前缘有 1 对半月形切板，是区别于犬钩口线虫的主要特征之一；接近口囊底部有 2 个亚腹侧齿。雄虫体长 6～11mm，交合伞发达，有 2 根等长的交合刺。雌虫体长 7～12mm，尾端尖细。虫卵与犬钩口线虫相似，但稍大，大小为（65～80）μm×（40～50）μm。

（4）美洲板口线虫　寄生于人、犬的小肠。口孔腹缘上有 1 对半月形切板，口囊呈亚球形，底部有 1 对亚腹侧齿和 1 对亚背侧齿。雄虫体长 5～9mm，雌虫体长 9～11mm。虫卵大小为（60～76）μm×（30～40）μm。

3. 生活史　各种钩虫的发育过程基本一致。寄生于动物小肠内的雌虫一天可产卵约 16 000 枚，卵随粪便排至外界，在适宜的温度和湿度条件下发育，经 2 次蜕皮，发育为第三期幼虫，即丝状蚴，为感染性蚴。感染性蚴可经两种途径感染动物和人。

（1）经皮肤感染　幼虫与宿主皮肤接触后，经毛囊、汗腺或皮肤破损处主动钻入宿主体内，在 24h 内离开皮肤，经淋巴管、静脉进入心脏后到达肺脏，移行至肺泡和小支气管、支气管、气管，由喉、咽部经食管咽下至胃最终到达小肠内寄生。

（2）经口感染　如果感染性幼虫经口腔黏膜侵入血管，则与皮肤感染的移行路径一致；若经口吞食进入消化道，则钻入胃壁或肠壁发育，经一段的时间返回小肠腔发育为成虫。

三、流行病学

1. 传染来源　感染了钩虫的动物和人是主要传染来源。动物试验证明病原可经转续宿主感染。

2. 传播途径　钩虫病的感染途径主要有 4 种。

（1）经皮肤感染　感染期蚴可经健康动物的皮肤进入宿主体内并造成感染。此种感染途径较为常见。

（2）经口感染　感染期蚴可通过污染食物、饮水等直接进入宿主体内而造成感染。

（3）经胎盘感染　国内外已有多例在出生 2～15 天的幼犬体内发现钩虫寄生的报道，因此认为该病可经胎盘感染。

（4）经乳汁感染　幼虫进入母乳后，幼犬可因吸吮乳汁而被感染。

3. 宿主　能够感染钩虫的动物包括犬、猫、猪、狮、牛、羊、猩猩及人等，但不同钩虫的终末宿主不尽相同，其中可引起犬感染的钩虫主要是犬钩口线虫、巴西钩口线虫、狭头钩口线虫和美洲板口线虫。

4. 流行特征　温度和湿度对犬的钩虫感染和钩虫病流行影响较大。钩虫卵需要在 20℃以上的环境温度中才能进行较好的发育，而感染期蚴在土壤中生存的时间与温度呈负相关。最适宜虫卵发育的相对湿度为 60%～80%，相对湿度太低或过高，都不利于虫卵的发育。土壤中的含水量、有机物含量、pH 等都能影响虫卵发育和幼虫生长。

钩虫病分布极为广泛，从北纬 36°到南纬 30°都有钩虫感染存在，在欧洲、美洲、非洲、亚洲均有流行。各种动物和人钩虫病的流行范围基本一致。人和牛羊等家畜的钩虫病报道较多，犬钩虫病的发生较为多见。

四、临床症状

钩虫的致病性较强，多发生于夏季，特别易发生在狭小而潮湿的犬窝。钩虫病的临床症状因感染强度而有所差异。幼虫钻入宿主皮肤后，可引起瘙痒、皮炎、脱毛、皮肤角质化等，也可继发细菌感染，其病变主要发生在四肢和腹下被毛较少处。移行幼虫过程中一般不出现临床症状，当有大量幼虫移行至肺部时可引起肺炎，临床上出现咳嗽。

犬、猫严重感染时，大量虫体吸血，肠黏膜损伤；虫体吸血时分泌的抗凝素延长凝血时间，以致流血更多；另外，由于长期失血，宿主体内的铁和蛋白质不断消耗，导致宿主出现缺铁性贫血。临床上可见黏膜苍白，机体消瘦，倦怠，呼吸困难，食欲减退，异嗜，消化障碍，被毛粗乱无光泽、易脱落；下痢和便秘交替出现，有时粪便呈柏油状且带有腐臭气味。若不及时治疗，感染动物最终会因极度衰竭而死亡。

五、病理变化

当幼虫通过皮肤侵入宿主体内后，可引起皮肤发生过敏性皮炎，病变部位一般仅限于幼虫侵入的部位，局部淋巴细胞、嗜酸性粒细胞、巨噬细胞等炎性细胞浸润。幼虫在移行过程中可对肺组织造成明显的破坏，引起局部出血及炎性反应，严重感染的动物可发生小叶性肺炎。

成虫引起的病理变化主要集中在小肠。剖检动物可发现，宿主的肠黏膜可出现卡他性炎症、肠壁增厚等。由于钩虫吸血损伤肠壁，小肠黏膜出现粟粒大小的出血灶，有时融合成大片出血斑，肠内出血，肠内容物呈暗红色。往往继发细菌，引起更严重的肠炎。大量失血能引起宿主骨髓造血机能增强，并伴发骨髓异常增生。

六、诊　　断

因新排出的钩虫卵形态较为特殊，一般检查粪便虫卵即可做出初步诊断。常用方法包括：

（1）直接涂片法　取少量粪便均匀涂布在洁净的载玻片上，直接在显微镜下检查即可。该方法操作简单，但对于轻度感染的动物漏检率偏高。

（2）饱和盐水漂浮法　将少量粪便置于青霉素瓶中，加饱和食盐水混匀使液面略高于瓶口，静置30min后，用载玻片轻轻蘸取瓶口液体并迅速翻转，盖上盖玻片，置于显微镜下观察，若检查到特征性钩虫卵即可确诊。在粪便检查基础上，结合临床症状（贫血、柏油状粪便等）、免疫学诊断方法（常用皮内试验、间接免疫荧光试验等）及X线胸片等即可确诊。

七、防治措施

1. 治疗　可直接给感染较轻的动物进行药物驱虫；若动物感染情况严重，且伴有严重的贫血，则应先纠正贫血，再进行驱虫治疗，方可取得较好效果。甲苯达唑、阿苯达唑及伊维菌素等驱虫药物均可有效驱杀钩虫。目前临床中常用的驱虫药包括：

（1）二碘硝基酚　此药不需要动物停食，也不会引起应急反应，是治疗该病的首选药物。按照每千克体重0.2～0.23mg的剂量，一次皮下注射。驱虫效果接近100%。

（2）盐酸丁咪唑　按照每千克体重0.2mL的剂量，一次皮下注射。此药不宜与盐酸丁萘脒合用，感染了犬恶丝虫的犬、8周龄以下的犬禁用此药。

（3）左旋咪唑　按照每千克体重10mg的剂量，一次口服。其他驱虫药还可选用甲苯唑、碘化噻唑青胺、伊维菌素等。需要补液的感染动物，常按照每次2mL，每天2次的剂量肌内注射安络血，同时口服维生素、铁制剂等。

2. 预防　主要从以下几方面着手：①做好圈舍环境卫生，及时清理粪便并进行无害化处理。②对犬、猫等实验动物进行定期检查，发现感染动物应及时治疗，对它们排出的粪便应及时清除并进行无害化处理。③给动物全价的营养。④犬钩虫病常发生在夏季，特别是狭小、潮湿的犬舍内。因此，必须保持犬舍干燥、通风，定期将笼舍移到阳光下暴晒，或用化学消毒剂进行消毒。⑤有研究表明，鼠类经口或皮肤感染钩虫后，钩虫可随血流进入鼠脑部并可存活18个月之久。因此，实验室工作人员应做好灭鼠工作，防止犬、猫等实验动物因捕食老鼠而发生感染。

八、公共卫生影响

犬钩虫线虫和美洲板口线虫亦可寄生于人，是人兽共患寄生虫病。因此，动物饲养人员和实验室操作人员应密切注意个人防护，防止自身感染。

（李文生　刘群）

参考文献

耿贯一.1996. 流行病学［M］. 第2版. 北京：人民卫生出版社：291－308.

郭湘荣.2002. 钩虫的感染和免疫［J］. 国外医学：寄生虫病分册，29（5）：202－207.

许隆祺，余森海，徐淑惠.2000. 中国寄生虫分布与危害［M］. 北京：人民卫生出版社：740.

詹斌，肖树华，李铁华，等.2000. 钩虫流行现状及疫苗研制进展［J］. 中国寄生虫学与寄生虫病杂志，18（3）：182－185.

第九十九章 管圆科线虫所致疾病

第一节 猫圆线虫病 (Aelurostrongylosis)

猫圆线虫病（Aelurostrongylosis）是由深奥猫圆线虫寄生在猫的细支气管和肺泡内而引起的呼吸道线虫病。呈世界性分布，临床上以呼吸道症状为主，对猫的危害较大。

一、发生与分布

1890年，Mueller首次发现了深奥猫圆线虫，当时将其命名为*Strongylus pusillus*。1898年，Railliet将该线虫重新命名为*Strongylus abstrusus*。1907年，Railliet和Henry认定一新属（*Sythetocaulus*），并将其列入其中。1909年，Braun与Luhe较为详细的描述猫圆线虫，并命名为*Strongylus nanus*。1927年，Cameron发现随猫粪便排出的猫圆线虫幼虫可感染小鼠，并建立了一个新属，即猫圆属（*Aelurostrongylus*）。

深奥猫圆线虫呈世界性分布，其中以北美、欧洲报道的病例较多。Robben等（2004）对22个动物收容所305只猫检查，发现猫圆线虫的感染率为2.6%。

二、病　　原

1. 分类地位　深奥猫圆线虫（*Aelurostrongylus abstrusus*，也称为莫名猫圆线虫）在分类上属于线形动物门（Nematoda）、有尾感器纲（Phasmidia）、圆线目（Strongylata）、管圆科（Angiostrongylidae）、猫圆属（*Aelurostrongylus*）。

2. 形态特征　深奥猫圆线虫较小，纤细，乳白色。口孔周围有两圈乳突，其中内圈的6个较大，外圈的6对呈一大一小排列。雄虫较小，长4～5mm；交合伞的肋条短，分叶不清楚，腹肋完整，背肋有3个强壮的分支；有2根粗而短的交合刺，不等；导刺带小，呈马蹄形。雌虫长9～10mm，雌虫阴门开口于虫体末端。虫卵大小为（60～85）μm×（55～80）μm，内含单个胚细胞。

组织内的深奥猫圆线虫呈褐色或黑色，由于虫体细小，不宜从组织中完整分离出来。从感染猫的肺切面可分离到虫体片段、虫卵和特征性第一期幼虫。

3. 生活史　间接发育。蜗牛或蛞蝓等为其中间宿主，猫为终末宿主。成虫寄生在猫肺动脉血管内，产出的卵堆积在肺部微血管，随后进入临近肺泡，形成小结节。卵在结节边缘孵出第一期幼虫，幼虫移行入支气管并随气管分泌物上升，经喉、咽而被咽下进入消化道，然后随粪便排到体外。此时幼虫长360～390μm，虫体两端稍细，尾部呈波浪状弯曲，其背侧有一小刺；食道长度约为体长的一半，肠管较窄，肛门距尾端约30μm；尾端有缺刻。幼虫在外界可存活2周左右。幼虫被蜗牛或蛞蝓等中间宿主吞食后，在其体内经两次蜕皮发育至感染期幼虫；幼虫也可进入两栖动物、啮齿动物等贮藏宿主体内。猫食入含有感染期幼虫的中间宿主或贮藏宿主而被感染。感染期幼虫进入胃后，穿过腹膜和胸腔，经约1天时间便可出现在肺中，直到发育成熟。从感染到发育为成虫需5～6周。成虫的寿命为4～9个月。

三、流行病学

1. 传染来源　感染深奥猫圆线虫的猫是唯一传染来源。

2. 传播途径　经口感染。含有感染期幼虫的中间宿主或贮藏宿主被猫吞食后，感染期幼虫在其消化道内释放，造成感染。

3. 宿主　除了猫以外，目前尚无其他动物可作为深奥猫圆线虫终末宿主的报道。蜗牛和蛞蝓是其中间宿主，而蛇、蜥蜴、鸟类、两栖动物和啮齿动物可因吞食中间宿主而成为贮藏宿主。

四、临床症状

尽管该病的感染率较高，但通常缺少明显的临床特征。轻度感染时，一般只引起呼吸道黏液增多，体质较弱的幼猫易出现继发感染而导致肺炎；中度感染时，患猫可出现咳嗽、打喷嚏、呼吸急促、厌食等症状；重度感染时，表现为咳嗽剧烈、呼吸困难、体温升高，多数可发生腹泻，身体逐渐消瘦而趋于死亡。

五、病理变化

深奥猫圆线虫对幼猫的致病性强于成年猫。聚集在肺部微血管内的虫卵可形成栓塞，引起周围的肺泡发生萎缩或出现卡他性炎症，当幼虫孵出后创伤可能会消失；肺表面有直径 1～10mm 的灰白色结节，内部含有虫卵或幼虫；肺动脉内膜组织增生，胸腔内有灰白色液体，其中包含虫卵或幼虫。

六、诊　　断

根据临床症状，取疑似病例的粪便，用贝尔曼法分离出幼虫即可初步诊断。

七、防治措施

多种抗线虫药可用于治疗。

（1）芬苯达唑　按照每千克体重 55mg 的剂量连用 3 周，或者以每千克体重 20mg 的剂量连用 5 天，间隔 5 天后再用 5 天，驱虫效果较好。

（2）左旋咪唑　按照每千克体重 100mg 的剂量，口服，隔天 1 次，共给药 5～6 次。

（3）苯硫咪唑　按照每千克体重 20mg 的剂量，口服，每天 1 次，5 天为一个疗程，间隔 5 天后再重复一个疗程。

因此，防控猫感染深奥猫圆线虫应注意以下几点：①保持饲养环境干净卫生，及时清理粪便。②因啮齿动物可作为贮藏宿主，避免猫与啮齿动物直接接触。③严禁给猫喂食蜗牛、蛙等动物。④对实验用猫定期驱虫，并定期检查，发现感染猫及时驱虫，或者淘汰阳性实验动物。

该病无公共卫生影响。

（李文生　刘群）

参考文献

Payo - Puente P，Botelho - Dinis M，Uruena A M C，et al. 2008. Prevalence study of the lungworm Aelurostrongylus abstrusus in stray cats of Portugal [J] . Journal of feline medicine and surgery，10 (3)：242 - 246.

Robben S R，Le Nobel W E，Dopfer D，et al. 2004. Infections with helminths and/or protozoa in cats in animal shelters in the Netherlands [J] . Tijdschrift voor diergeneeskunde，129 (1)：2 - 6.

Traversa D，Di Cesare A，Milillo P，et al. 2008. Aelurostrongylus abstrusus in a feline colony from central Italy：clinical features，diagnostic procedures and molecular characterization [J] . Parasitology research，103 (5)：1191 - 1196.

Traversa D，Milillo P，Di Cesare A，et al. 2009. Efficacy and safety of emodepside 2.1% praziquantel 8.6% spot - on formulation in the treatment of feline aelurostrongylosis [J] . Parasitology research，105 (1)：83 - 90.

Yildiz K, Duru S Y, Gokpinar S. 2011. Alteration in blood gases in cats naturally infected with Aelurostrongylus abstrusus [J]. Journal of Small Animal Practice, 52 (7): 376 - 379.

第二节 鼠管圆线虫病
(Angiostrongyliasis)

鼠管圆线虫病(Angiostrongyliasis)是由广州管圆线虫寄生在啮齿动物(特别是鼠类)肺动脉引起的。幼虫可侵入人的中枢神经系统,引起嗜酸性粒细胞增多性脑膜炎或脑膜脑炎,是一种重要的人兽共患寄生虫病,在公共卫生上具有重要意义。

一、发生与分布

1935 年,我国学者陈心淘在广州捕获的家鼠及褐家鼠体内首次发现了广州管圆线虫,当时将其命名为广州肺线虫(*Pulmonema cantonensis*)。1937 年,Matsumoto 在我国台湾报道了该种线虫。1946 年,Dougherty 将其重新定名为广州管圆线虫。1944 年,Nomura 和 Lim 在我国台湾发现并报道了世界上首例人感染广州管圆线虫的病例。1984 年,广东省报道了中国大陆第一例广州管圆线虫病。

该病主要分布在东南亚和太平洋岛屿,约从南纬 23°到北纬 23°。泰国、马来西亚、中国、夏威夷、日本等国家均有确诊病例的报道;英国、德国、美国、澳大利亚等国家也有广州管圆线虫病散发的报道。在我国,广东、海南、浙江、福建及广西等南部省、市、自治区均有该病流行。近年来,由于经济文化交流不断深入,南货北运,使得南北饮食差异缩小,在我国北方的部分省市也有该病出现。2006 年,北京地区发生的“福寿螺事件”即是人感染广州管圆线虫引起的疾病,引起了全社会的广泛关注。

二、病　　原

1. 分类地位 广州管圆线虫(*Angiostrongylus cantonensis*)在分类上属于线形动物门(Nematoda)、有尾感器纲(Phasmidia)、圆线目(Strongylata)、管圆科(Angiostrongylidae)、管圆属(*Angiostrongylus*)。

2. 形态特征 成虫虫体细长,两端略细,白色,体表有细微的环状横纹;头端顿圆,头顶中央有一个小圆口,口周围有环状唇,缺口囊;口孔周围有 2 圈小乳突,每圈 6 个,其中内圈 2 个侧乳突外缘各有一个头感器开口;食道呈棍棒状,肛门位于虫体末端。雄虫大小为(11～26)mm×(0.21～0.53)mm,尾端略向腹面弯曲;交合伞对称,外观呈肾形,内有辐肋支撑,背肋为一短干,顶端有两缺刻;泄殖腔开口于交合伞内面中央,有 2 根等长的交合刺。雌虫大小为(17～45)mm×(0.3～0.66)mm,尾端呈斜锥形;子宫为双管型,白色,与充满血液的肠管缠绕成红、白相间的螺旋纹,十分醒目;阴门位于虫体尾端,开口于肛孔之前。

第三期幼虫为感染期幼虫,外形呈细杆状,无色透明,大小为(0.462～0.525)mm×(0.022～0.027)mm;体表有两层外鞘,尾端尖细;头端稍圆,尾端顶部骤然变细;食道比虫体长度 1/2 略短,可见排泄孔、肛孔及生殖原基。

虫卵呈椭圆形,卵壳薄而透明,大小为(64.2～84.1)μm×(33.8～48.3)μm。新产出的卵多为单细胞期,偶见双细胞期。鼠肺中的虫卵内可见单细胞至幼虫的各个发育阶段。

3. 生活史 成虫寄生在鼠的肺动脉,并在肺动脉内产卵。虫卵随血流进入肺毛细血管并发育成熟,孵出第一期幼虫。幼虫穿破肺毛细血管进入肺泡,沿呼吸道上行至咽,再被吞入至消化道,随宿主粪便排至体外。第一期幼虫在潮湿的环境中可存活 3 周左右,但不耐干燥。当它被吞入或主动侵入中间宿主淡水螺或蛞蝓体内后,在其肺及其他内脏、肌肉等处,约经 1 周蜕皮为第二期幼虫,2 周后经第 2 次蜕皮,发育为第三期幼虫(感染期幼虫)。鼠等终末宿主因吞食了含感染期幼虫的中间宿主、转续宿主或被第三期幼虫污染的食物、水而遭受感染。第三期幼虫在宿主消化道内蜕鞘，然后穿过肠壁进入血液循环，经肝或淋巴结管、胸导管被带至右心，再经肺部血管至左心，由此遍布身体各器官，但多数幼虫沿颈总动脉到达脑部，经过 2 次蜕皮成为第五期幼虫。最后再通过静脉系统到达肺动脉，发育成熟。人因摄食带有感染期幼虫的螺而遭受感染，幼虫的移行路径与在鼠体内时的相同，但在人体内，幼虫多停留在中枢神经系统，很少在肺内发育。

从第三期幼虫感染终末宿主至其粪便中出现第一期幼虫需 6～7 周。一条雌虫平均每天可产卵约 15 000枚。

三、流行病学

1. 传染来源　感染了广州管圆线虫的鼠类是该病的传染来源。

2. 传播途径　主要传播途径是经口感染。鼠类等终末宿主吞食了含有广州管圆线虫的中间宿主后，幼虫在其体内释放而遭受感染。动物试验提示，第三期幼虫可经皮肤主动侵入宿主体内，但这种感染途径的机制尚不清楚。

人多由于生食或半生食含有广州管圆线虫幼虫的淡水螺肉而感染，也可通过食入转续宿主如鱼、虾、蛙等而感染。

3. 宿主　广州管圆线虫的终末宿主以褐家鼠和黑家鼠较为常见，此外还有黄胸鼠、黄毛鼠、白腹巨鼠、屋顶鼠等。目前，世界上已知有 78 种软体动物可作为广州管圆线虫的中间宿主，隶属于 21 科、44 属和亚属，其中陆生软体动物计 37 种，其余为淡水螺类。常见的中间宿主包括褐云玛瑙螺、福寿螺、蛞蝓等，此外还有皱疤坚螺、短梨巴蜗牛、中国圆田螺和方形环棱螺等。转续宿主有黑眶蟾蜍、虎皮蛙、金线蛙、蜗牛、鱼、虾和蟹等。

4. 流行特征　自 1944 年报道了第一例广州管圆线虫病人以来，全世界报道的病例已超过 2 800 例。但是，仍有许多病例没有被报道或发现。在疫源地，广州管圆线虫病频繁暴发，并且每次都有数十或数百个病例。在泰国，有超过 1 337 例广州管圆线虫病例被报道，这主要与泰国年轻人喝酒时喜欢吃生螺肉的饮食习惯有关。流行病学调查结果发现，大多数的患者在发病前都吃过生的或未煮熟的福寿螺螺肉。目前，在全世界感染过广州管圆线虫的病例中，约 75％的患者为年轻的成年人，70％的患者介于 20～40 岁。但在我国台湾报道的 125 例病例中，62％的患者是小于 10 岁的儿童。

四、临床症状

鼠轻度感染时无明显的临床症状。中度和重度感染时，可出现咳嗽、打喷嚏、呼吸急促、下肢瘫痪或做回旋运动；当肺部大面积受损并伴有肺动脉阻塞时，可导致死亡。

由于人不是广州管圆线虫适宜的终末宿主，广州管圆线虫对人的致病性主要发生在幼虫迁移并侵入中枢神经系统时。患者最明显的症状是急性剧烈头痛，在受到任何震动，如走路、坐下、翻身时头痛都会加剧；其次为颈项强直，可伴有颈部运动疼痛、恶心、呕吐、低度或中度发热、下肢肌无力、尿潴留、排便困难等；多数患者可在身体的不同部位出现感觉异常，如麻木、疼痛、灼烧感、针刺感等，表现为痛觉过敏、温度觉异常等；部分患者还可出现视觉损害、坏死性视网膜炎、视力障碍和眼外肌瘫痪等眼部异常。严重感染时患者可出现昏迷、意识障碍、痴呆，甚至死亡。该病的潜伏期为 3～36 天，平均为 2 周。绝大多数病人预后良好，少数患者可出现记忆力下降、失明、痴呆、瘫痪等不同程度的后遗症。

五、病理变化

小鼠感染广州管圆线虫后，剖检小鼠可见小肠黏膜血管破裂、出血，肠内虫体周围有嗜酸性粒细胞、中性粒细胞、巨噬细胞浸润；肺部毛细血管破裂出血，部分肺泡内可见血液、渗出液、嗜酸性粒细胞及脱落的上皮细胞；肺泡血管内的幼虫被嗜酸性粒细胞和中性粒细胞包围，粒细胞可浸润至血管周围组织；在感染约30天时，小鼠脑内的幼虫与周围组织有明显的间隙，有的脑细胞被幼虫压扁，感染第48天时，可见小鼠的大脑脑膜、脑实质及小脑等部位大量出血。

人感染广州管圆线虫后，病变主要是由于幼虫在人的脑或脊髓内移行造成组织损伤，以及死亡后由于虫体崩解而引起的炎症反应，可导致嗜酸性粒细胞增多性脑膜炎或脑膜脑炎，以脑脊液中嗜酸性粒细胞显著升高为主要特征。病变主要集中在脑组织，除大脑及脑膜外，还可波及小脑、脑干及脊髓等处。主要病理变化是由虫体异性和死亡虫体刺激引起的脑部血管扩张或形成栓塞，导致脑组织充血、出血、损伤及引起巨噬细胞、淋巴细胞、浆细胞和嗜酸性粒细胞所组成的肉芽肿性炎症反应。

六、诊　　断

对于广州管圆线虫病的诊断，主要根据以下几个方面进行。

（1）流行病学调查　患者是否在近2个月内进食了生的或半生的螺肉，转续宿主（鱼、虾等）的肉和未洗干净的蔬菜。

（2）临床表现　起病较急，头痛剧烈，检查时还可发现颈部强直，或者身体不同部位的皮肤有感染异常。

（3）病原学检查　取脑脊液镜检，观察是否含有幼虫、发育期雌虫或雄虫，但检出率较低，仅为10%左右。

（4）血液检查　感染后，白细胞总数明显增多，其中嗜酸性粒细胞数超过10%（正常为1%～2%）。

（5）免疫学诊断　常用ELISA、间接免疫荧光试验和金标法检查血清及脑脊液中特异性抗体或抗原。目前以ELISA方法最为常用。

（6）影像学检查　利用CT或核磁共振（MRI），可见患者的脑、脊髓内出现结节状强化病灶和软脑膜强化。

七、防治措施

1. 治疗　目前，该病的治疗尚无特效药，黄晓红等人进行的药物筛选试验表面，阿苯哒唑和甲苯咪唑是治疗广州管圆线虫病的较好药物。当患者被确诊为广州管圆线虫病后，通常采用对症和支持疗法：患者应卧床休息，给予清淡、易消化、高维生素饮食，并多饮水；在治疗过程中，按病情需要适当给予输液，以补充电解质和葡萄糖。

2. 预防　预防广州管圆线虫病，首先要控制好传染源，做好灭鼠工作。不要吃生的或半生的螺肉及蛙、鱼、虾等，不吃生菜，不喝生水。实验人员在做广州管圆线虫的相关研究时，注意做好防护措施，以防经皮肤感染；实验过后及时清理实验台及相关器械，防止该病的传播与扩散。要保持实验动物的饲养环境干净卫生，发现实验动物感染了广州管圆线虫后，要及时淘汰患病动物，对其粪便做无害化处理，用过的笼子也需要消毒。

八、公共卫生影响

广州管圆线虫是一种重要的人兽共患寄生虫病，近年来许多国家和地区都有人感染该病的报道，发病率也有逐年升高的趋势。流行病学调查结果显示：在中国大陆，至少10个省份发现有广州管圆线虫，6.5亿人存在着感染该病的危险。2004年，卫生部正式将该病列为我国新发传染病。

人感染广州管圆线虫后，会出现急性剧烈头痛，实验室检查以脑脊液中嗜酸性粒细胞显著升高为主要特征。由于对该病的研究十分有限，因此预防工作显得尤为重要。相关卫生机构应该在该病的高发区加大宣传力度，加强对螺类食品的监测和管理，增强群众的自我保护意识，防止病从口入。

（李文生　刘群）

参考文献

陈晓光，李华 . 2007. 广州管圆线虫病 [J] . 中华传染病杂志，25 (10)：637 - 640.

黄晓红，杨发柱，屠昭平，等 . 2000. 广州管圆线虫病治疗药物筛选报告 [J] . 海峡预防医学杂志，6 (1)：15 - 17.

潘长旺，易维平 . 2000. 广州管圆线虫感染小鼠后在其体内分布及小鼠组织病理 [J] . 中国寄生虫病防治杂志，13 (1)：31 - 33.

王书霞 . 2011. 广州管圆线虫病的防控 [J] . 畜牧与饲料科学，31 (11)：191 - 192.

Kliks M M，Palumbo N E. 1992. Eosinophilic meningitis beyond the Pacific Basin：the global dispersal of a peridomestic zoonosis caused by Angiostrongylus cantonensis，the nematode lungworm of rats [J] . Social science & medicine，34 (2)：199 - 212.

第一百章 食道口科线虫所致疾病

食道口线虫病 (Oesophagostomiasis)

食道口线虫病（Oesophagostomiasis）是由食道口线虫寄生在多种动物大肠内引起的寄生线虫病。食道口线虫的某些虫种幼虫寄生于肠壁时形成结节，因此，又称其为结节虫。食道口线虫种类繁多，呈世界性分布，宿主范围较广泛，可寄生在牛、羊、猪等家畜。其中，某些虫种可感染猩猩、猴等灵长目动物，人也可偶尔被寄生。

一、发生与分布

1905年，Railliet 和 Henry 在一名来自埃塞俄比亚南部奥莫河附近的男性盲肠和结肠结节内发现食道口线虫，这是人感染食道口线虫的首例报道。1910年，Thomas 报道第二例人感染食道口线虫病例，并描述了可感染人的食道口线虫。在随后的几十年，多个国家都有灵长目动物和人感染食道口线虫病例的报道。

食道口线虫呈世界性分布。

二、病　　原

1. 分类地位　食道口线虫在分类上属于线形动物门（Nematoda）、有尾感器纲（Phasmidia）、圆线目（Strongylata）、食道口科（Oesophagostomatidae）、食道口属（*Oesophagostomum*）。食道口属有多个种，其中可感染灵长目动物和人的有4个种，分别是冠口食道口线虫（*O. stephanostomum*）、双叉食道口线虫（*O. bifurcum*）、梨口食道口线虫（*O. apiostomum*）和有刺食道口线虫（*O. aculeatumm*）。

2. 形态特征

（1）冠口食道口线虫　又称为猩猩结节虫，主要寄生于黑猩猩和大猩猩体内。虫体呈圆柱形，两端狭窄，角皮具有横纹；头部宽大，长0.32～0.50mm，上面有4个亚中乳突和2个侧乳突；头泡发达，外叶冠30～38枚；内叶冠小，数量是外叶冠的2～3倍；口囊呈圆柱形，长22μm，中部宽80μm；食道棒状，长1.1～1.3mm，具有4个齿突。神经环距头端0.32～0.42mm。雄虫长18.0～24.0mm，具有宽的侧翼；交合伞近三角形，背叶小，两侧叶宽大；交合刺长1.3～1.4mm，引带呈长梭形。雌虫长18.0～30.0mm；尾部呈圆锥形，长0.28～0.30mm；阴门距尾端0.62～0.65mm。

（2）双叉食道口线虫　又称为二叉结节虫，主要寄生在猴、猿、狒狒等体内。成虫虫体细长，呈乳白色，有头泡和颈沟；口孔呈圆形，有角质环，角质叶冠10个；颈乳突位于食道口两侧，距头端0.30～0.44mm；食道长0.44～0.58mm，最宽处8～14μm；神经环距头端0.12～0.14mm；排泄孔距头端0.16～0.22mm，与颈沟在同一水平。雄虫大小为（8.0～13）mm×（0.31～0.41）mm；交合伞的背叶小，上面有2个小突起，两侧叶发达；腹肋一对并行，末端达伞缘；三肋起于共同的主干；前侧肋自主干中部分出，弯向前方；中、后肋并行向后伸至伞缘；外背肋自背肋基部分出，深入侧叶；背肋的后部分为2支，各分支的基部外侧又各分出一小支；交合刺2根，细长，长为0.843～1.140mm，具有横纹；引带呈掌状，角质弱；生殖锥的腹叶呈近三角形。雌虫大小为（11.5～14）mm×（0.38～0.54）mm；尾部长0.15～0.28mm，尾端尖；阴门位于虫体后部，略微突起，距尾端的距离为0.38～0.61mm；虫卵大小为（51～72）μm×（29～30）μm。

（3）梨口食道口线虫　又称为猴结节虫，主要寄生在猴、猩猩、狒狒等动物的体内。成虫虫体呈圆锥形，两端狭小；头端顿圆，有4个亚中乳突和2个侧乳突；口孔圆形，围有10～12个外叶冠和10对极小的内叶冠；口囊浅，长15μm，前宽35μm，后端宽45μm；食道长0.47～0.50mm，前端漏斗处有3个齿板，后端有食道肠瓣；颈乳突距头端0.32～0.37mm。雄虫大小为（8～13）mm×（0.3～0.35）mm；交合伞呈钟形，分为3叶，具有典型的伞形；交合刺长0.08～1.00mm，末端略弯曲。雌虫大小为（8.5～15）mm×（0.29～0.33）mm；尾部长0.17～0.20mm，末端圆锥形；阴门紧靠近肛门，距尾端0.350～0.475mm；虫卵大小为（45～57）μm×（39～43）μm。

（4）有刺食道口线虫　又叫尖形结节虫，主要寄生于猴、黑猩猩及其他哺乳动物体内。

3. 生活史　所有食道口线虫均为直接发育。成虫在宿主的大肠中产卵，虫卵随宿主粪便排出体外。在外界适宜的温度（20～30℃）下，经1天孵出第一期幼虫，再经约1周时间，蜕皮2次后发育为第二期幼虫，即感染性幼虫。感染性幼虫被宿主吞食后，约12h到达胃中并脱鞘。在感染后36h，大部分幼虫已钻入肠黏膜并形成结节。感染4天后，幼虫弯曲成囊状，进行第3次蜕皮，发育为第四期幼虫。随后，第四期幼虫返回肠腔，在肠腔寄生，发育为成虫。从感染到成虫产卵需30～40天，成虫寿命约1年。

三、流行病学

1. 传染来源　感染食道口线虫的动物和人是唯一传染来源。

2. 传播途径　唯一感染途径是经口感染第三期感染性幼虫。

3. 宿主　食道口线虫宿主范围广泛，牛、羊、猪等家畜是多种食道口线虫的宿主；上述4种食道口线虫可感染猴、猿、猩猩等多种灵长目动物。不同种食道口线虫具有宿主特异性。人偶尔可遭受感染。

4. 流行特征　已有35个国家报道了人和灵长类动物感染食道口线虫，全世界有近25万人感染该病，超过100万人存在被感染的风险。人体感染病例报道最多的国家是加纳、多哥、乌干达等。在尼日利亚北部监狱内的非洲犯人中，曾报道食道口线虫的感染率达4%。

四、临床症状

灵长类动物和人感染后，一般无明显的临床症状，大部分患者只会出现腹痛。严重感染的病例，会出现消瘦、腹泻、体温增高等症状，也可出现肠梗阻、肠扭转及腹膜炎等。有报道称，猴类重度感染时可发生下痢，圈养动物更为常见；冠口食道口线虫是笼养大猩猩发生死亡的常见原因。

五、病理变化

食道口线虫进入宿主体内后，主要是侵入大肠，其代谢产物、分泌的毒素会引起炎症反应。寄生部位可形成结节，进而钙化，使宿主的肠壁肿胀、变硬。成虫的机械性刺激可导致肠黏膜出血、炎症、溃疡，肠壁的完整性遭到破坏。严重感染的动物或人可出现心肌肥大、心包积液、肝脾肥大、阑尾增大等。

六、诊　　断

在粪便中查到虫卵，即可初步诊断，进一步鉴别则需要进行幼虫培养或基因扩增。对于死亡动物，也可剖检肠壁上的结节进行诊断。

七、防治措施

1. 治疗 可用左旋咪唑、噻嘧啶、阿维菌素、伊维菌素等药物均可有效治疗食道口线虫病。灵长类动物可用噻苯唑治疗，按照每千克体重 50～100mg 的剂量，连服 5 天，隔 10～14 天再重新投服一次。

2. 预防 主要是注意饲养动物的环境卫生，及时清理粪便，并进行无害化处理；保持圈舍、笼具干净清洁，定期消毒；定期驱虫。

八、公共卫生影响

灵长类动物的食道口线虫能够感染人，饲养人员及实验室工作人员应在日常工作中做好自身防护，免遭感染。

（李文生 刘群）

参考文献

Gasser R B，de Gruijter J M，Polderman A M. 2006. Insights into the epidemiology and genetic make - up of Oesophagostomum bifurcum from human and non - human primates using molecular tools [J]. Parasitology，132 (4)：453 - 460.

Krepel H P，Polderman A M. 1992. Egg production of Oesophagostomum bifurcum，a locally common parasite of humans in Togo [J]. The American journal of tropical medicine and hygiene，46 (4)：469 - 472.

第一百零一章 泡翼科线虫所致疾病

猴泡翼线虫病
(Physalopteriasis)

猴泡翼线虫病（Physalopteriasis）是由高加索泡翼线虫寄生在非洲猴类消化道内引起的线虫病，多种猴类均可感染，偶尔有人感染的报道。

一、发生与分布

猴泡翼线虫病主要分布在前苏联的高加索地区、非洲热带地区、以色列、印度、哥伦比亚以及部分阿拉伯国家。1965 年，Apt 等在智利首次报道了人感染高加索泡翼线虫的病例。

二、病　　原

1. 分类地位　高加索泡翼线虫（*Physaloptera caucasica*）在分类上属于线形动物门（Nematoda）、有尾感器纲（Phasmidia）、旋尾目（Spirurata）、泡翼科（Physalopterridae）、泡翼属（*Physaloptera*）。

2. 形态特征　成虫与蛔虫非常相似，虫体中等大小，体表有横纹；头部角皮向前端突出，形成大的头泡，头端有 3 对乳突和 2 个侧感器；口孔周围有 2 个大的近三角形侧唇，每个侧唇内缘有 3 对小齿；口腔短，食管分为肌质部和腺质部。神经环位于食道肌质部的基部。

雄虫大小为（14～50）mm×（0.7～1.0）mm；尾部向腹面弯曲，尾翼发达，不对称，长 1.6mm，两翼在肛前汇合；肛门前后两侧有 4 对有柄乳突，呈单行排列，另有无柄小乳突 6 对，肛前 1 对、肛后 5 对；交合伞不对称；交合刺 2 根，不等长，左刺长于右刺。雌虫大小为（24～100）mm×（1.14～2.8）mm；神经环距头端 0.45mm，尾部短；阴门位于体前部，有 4 条管状子宫汇集于阴道。虫卵呈椭圆形，卵壳厚，表面光滑，大小为（44～65）μm×（32～45）μm。

3. 生活史　高加索泡翼线虫的生活史尚不清楚，但同属的袖泡翼线虫（*P. praeputialis*）的生活史已经阐明，或可借鉴。

袖泡翼线虫的生活史属于间接型。虫卵随着粪便排出体外，此时已含有胚胎。虫卵被粪蜣螂、蟑螂等中间宿主吞食后，在其肠内孵出第一期幼虫。第一期幼虫穿过肠壁，在肠的外层成囊。幼虫在囊内经过两次蜕皮，发育为第三期幼虫，具有感染性。终末宿主吞食了含有感染性幼虫的中间宿主后受到感染，幼虫在其体内进一步发育至成虫。

三、流行病学

1. 传染来源　感染高加索泡翼线虫的猴和人是该病的传染源。

2. 传播途径　目前已经确认该病原经口感染，是否存在其他传播途径尚不清楚。

3. 宿主　高加索泡翼线虫的终末宿主是人和灵长类动物，包括独猴、鼯猴、狒狒等。中间宿主可能是某些昆虫。

4. 流行特征 泡翼线虫病在不同地区、不同动物间的流行率不同。2005 年 Katherine 等在墨西哥的调查显示，浣熊的感染率是 4%。在中国太行山，野生猕猴的泡翼线虫感染率高达 39.2%，且常与鞭虫、圆线虫混合感染。

四、临床症状

猴和人感染高加索泡翼线虫后，可出现恶心、呕吐、上腹部疼痛等症状，有时血中嗜酸性粒细胞增多。严重感染时，感染动物的消化系统功能紊乱，表现出食欲减退、消瘦、贫血等症状，甚至出现柏油样粪便。

五、病理变化

成虫会将头端牢固地附着在宿主消化道黏膜上吸血，常变换吸血部位，在消化道的黏膜上留下小伤口并持续出血，导致肠壁损失，形成溃疡。若继发细菌感染，可引起严重的炎症反应。

六、诊　断

在粪便或胃、肠内容物中检查到虫卵或虫体即可初步诊断，确诊需要进行虫体鉴定。

七、防治措施

治疗可用苯并咪唑、伊维菌素或二胺嗪衍化物等多种抗线虫药。

预防首先要加强对猴类的检验检疫，做好环境卫生以及饲养场所的清洁、消毒工作，及时治疗或淘汰感染动物，对其排泄物进行无害化处理。由于粪蜣螂、蟑螂等昆虫很有可能是高加索泡翼线虫的中间宿主，因此要定时对饲养场所内的昆虫进行杀灭，防止病原的传播与扩散。

八、公共卫生影响

该病原可感染人，具有一定的公共卫生意义。与灵长类动物密切接触的实验室人员须注意自身防护，同时应防止儿童玩耍时食入中间宿主。

（李文生　刘群）

参考文献

吕超超，王岩，宁长申，等 . 2009. 野生太行猕猴肠道寄生虫感染的初步调查 [J] . 动物学杂志，44 (1)：74 - 79.

McFadden K W，Wade S E，Dubovi E J，et al. 2005. A serological and fecal parasitologic survey of the critically endangered pygmy raccoon [J] . Journal of wildlife diseases，41 (3)：615 - 617.

第一百零二章 丝虫科线虫所致疾病

第一节　犬恶丝虫病 (Dirofilariasis)

犬恶丝虫病（Dirofilariasis）是由犬恶丝虫寄生于犬的右心室及肺动脉（有时可见于胸腔、支气管）引起循环障碍、呼吸困难及贫血等一系列症状的丝虫病。成虫可寄生于其他动物，猫可感染，人也可被感染。在某些国家，随着淋巴丝虫病的下降和消除，犬恶丝虫病被作为人兽共患寄生虫病正逐渐受到重视。

一、发生与分布

1847 年，美国东南部沿海地区的许多宠物犬发生了一种未被认识的寄生虫病，Osborne 在犬的心脏和血管中发现了这种丝虫，并将发现的丝虫和临床症状进行报道。1856 年，Leidy 正式将其定名为犬恶丝虫（*Dirofilaria immitis*）。1887 年，Magalhaes 报道了世界上首例人感染犬恶丝虫。1921 年，Travassos 在巴西首次发现并报道猫的感染。

犬恶丝虫病呈世界性分布，动物感染病例出现在除南极洲以外的各大洲。许多国家和地区如美国、加拿大、墨西哥、英国、法国、意大利、澳大利亚、日本、东南亚各国、非洲西部和南部等都有过该病感染的报道，但不同地区的感染率差别很大。在我国，该病分布甚广，北京、上海、重庆、广东、福建、浙江、内蒙古等 27 个省、市、自治区均有犬恶丝虫感染动物的报道。美国、加拿大、巴西、意大利、法国、中国、朝鲜等国已报到了人感染犬恶丝虫的病例。

二、病　　原

1. 分类地位　犬恶丝虫（*Dirofilaria immitis*）在分类上属于线形动物门（Nematoda）、有尾感器纲（Phasmidia）、丝虫目（Filariata）、丝虫科（Filariidae）、恶丝虫属（*Dirofilaria*）。也有分类学家将其归为双瓣科（Dipetalonematidae）。

2. 形态特征　成虫虫体细长，呈灰白色线状；头部圆形，口部无唇状结构，周围有 6 个不显著的小乳突；食道短，分为前段肌质部和后段腺质部，但分界线不明显。雄虫大小为（12～20）cm×（700～900）μm；后端卷曲，尾钝圆，有窄的尾翼和 5 对肛前带柄乳突及 6 对肛后乳突；2 根交合刺不等长，无导刺带。雌虫大小为（25～31）cm×（1 000～1 300）μm；阴门开口于食道后缘，距体前端约 2.7cm。

微丝蚴体细长，前端尖而后端钝，大小为（218～329）μm×（5～7）μm；体内含有体核，还具有神经环、排泄细胞、生殖细胞、肛孔及尾核等结构，在血液中不具鞘。

3. 生活史　犬恶丝虫的发育过程包括微丝蚴（第一期至第五期幼虫）和成虫。

雌虫在寄生部位产出微丝蚴直接进入宿主血液，被带到全身各处。当中间宿主蚊子叮咬含微丝蚴的犬等动物时，微丝蚴随血液进入蚊的胃，再移行至马氏管（Malpighian tubules），经过数周，在其内发育为感染性微丝蚴，后移行至蚊的头部并继续发育。当中间宿主再次叮咬犬等动物时，感染性微丝蚴经由喙逸出进入至终末宿主体内，终末宿主即被感染。幼虫在终末宿主体内移行，先后经皮下组织、浆膜、脂肪组织及肌肉组织，最后进入静脉血管，经血液循环到达右心室和肺动脉。犬恶丝虫的整个发育过程需 6～7 个月的时间，成虫在宿主体内可存活 5～7 年。

三、流行病学

1. 传染来源 遭受犬恶丝虫感染的动物是其传染来源。被感染的犬可经蚊传播给人。

2. 传播途径 带有感染性犬恶丝虫幼虫的雌蚊吸血是动物和人犬恶丝虫感染的主要途径。此外，带有感染性微丝蚴的犬栉首蚤、猫栉首蚤及人致痒蚤在吸血时也可传播。

3. 宿主 犬恶丝虫的最适宜宿主是犬，其他动物如猫、狐、狼、虎、狮、熊、海狮、水獭等也可被感染，偶尔寄生于马、海狸、猩猩和人；中间宿主为雌性蚊虫，包括中华按蚊、埃及伊蚊、朝鲜骚扰伊蚊、常型曼蚊、淡色库蚊等。另外，犬栉首蚤、猫栉首蚤和人致痒蚤也是其中间宿主。

4. 流行特征 犬是最适宜宿主，一般感染 1 岁以上犬，还可能发生子宫内感染。犬恶丝虫病的传播取决于宿主和传播媒介两个方面，该病在犬体内的显露期可长达 5 年，在此期间缺乏有效的免疫反应，微丝蚴在末梢血液中昼伏夜出的特点有利于蚊子吸血传播。蚊子普遍存在感染，在适宜温度下其体内的微丝蚴很快发育为感染性第三期幼虫。

该病在热带和亚热带地区广泛流行，流行时间比温带和寒带时间长，特别是在热带地区，几乎全年都有发生。由于蚊等吸血昆虫是犬恶丝虫的中间宿主，因此每年蚊子最活跃的 6～10 月份也是病原传播的主要季节，7～9 月份是动物发生感染最多的时间。动物的感染率在不同国家和地区也有明显差异，美国华盛顿地区犬的感染率为 5%；韩国德国牧羊犬的感染率为 23%。我国台湾地区犬的感染率是 30%～60%，其他地区感染率一般为 20%～30%，某些地区可高达 50%以上。

犬的感染率与年龄、性别、被毛长短等有一定关系。2005 年，侯洪烈等对辽宁丹东地区犬的感染情况调查显示，犬恶丝虫的感染率随着年龄增长逐年上升。1998 年，Monyota 对西班牙 Canary 岛上 2 034只 36 月龄以上犬的调查结果表明，雄性犬的感染率明显高于雌性犬。2001 年，Almeida 等对巴西 613 只犬的研究显示，短毛犬的感染率（17.3%）明显高于犬的平均感染率（10.4%）。户外犬的感染率明显高于室内饲养犬。

四、临床症状

临床表现与成虫寄生的数量、部位、时间长短以及犬的状态有关。一般呈慢性进行性经过。感染初期，多无明显临床症状，患犬仅表现为精神不振、食欲下降、被毛杂乱且无光泽，偶尔出现轻咳，运动时加剧，易疲劳。随着病情的进一步发展，患犬可出现四肢浮肿、心悸亢进、脉细而弱、心有杂音；肝脏肿大，肝区触诊疼痛；有的患犬还可能出现后肢跛行、麻痹、瘫痪等；伴发急性大静脉症候群的患犬可突然出现血红蛋白尿、黄疸、尿毒症及虚脱等症候。病程发展到后期，由于右心功能衰竭，患犬腹腔积水，腹围增大；呼吸困难，咳嗽剧烈，甚至咯血；心区听诊可闻三尖瓣闭锁不全的收缩期杂音；最终因窒息、虚脱和衰竭而死亡。由于微丝蚴在末梢血管活动，患犬常伴发以瘙痒和多发性灶状结节为特征的皮肤病，临床上需与疥螨病进行鉴别诊断。偶见由于微丝蚴堵塞肾毛细血管引发肾小球肾炎，也可能与免疫复合物沉着有关。

感染猫主要表现咳嗽、呼吸急促和呼吸困难，重度感染可引起死亡。

五、病理变化

主要是成虫寄生阶段致病。轻度感染不显症状，重度慢性感染时，由于血流不畅可出现慢性充血性右心衰竭。大量活虫体寄生产生的代谢分泌产物，可引起心瓣膜处内膜炎和肺动脉炎。此外，死亡或濒死的虫体可引起肺动脉栓塞。大约 9 个月后，持续性的肺动脉高压导致代偿性右心室肥大，进一步发展成充血性心力衰竭，并伴发腹水和水肿。犬表现虚弱和精神不佳。

若有大量虫体寄生于后腔静脉，可导致急性甚至致死性综合征，表现为溶血、血红蛋白尿、胆红素血、黄疸、呼吸困难、食欲减退或虚脱等一系列症状。死亡可发生于 2～3 天内。偶见由于微丝蚴堵塞肾毛细血管引发肾小球肾炎，也可能与免疫复合物沉着有关。

猫很少见肺动脉高压、右心衰竭以及腔静脉综合征。常见虫体存在于肺动脉末梢而至的弥散性肺炎。异位寄生也多见于猫，见有寄生于眼、中枢神经和皮下组织的报道。

犬恶丝虫病主要是以动脉内膜炎为特征的肺血管病，伴随着白细胞浸润，以嗜酸性粒细胞为主；随之肌内膜细胞增生。血栓形成的原因包括活虫或死虫、血栓栓塞以及驱虫药导致的肺动脉梗塞。肺的变化包括含铁血黄素沉着、弥散性肺泡间纤维变性和肺泡上皮增生。死亡虫体沉积在肺部形成结节。此外，还可能出现右心衰竭、肝慢性充血和腹水。由于肾小球免疫复合物沉着导致肾小球性肾炎，可出现轻度至中度的蛋白尿。腔静脉综合征引起肝瘀血，导致伴随静脉硬化以及肝静脉和强腔静脉血栓形成引起的肝静脉扩张。

六、诊　断

主要基于心血管系统功能异常以及血中微丝蚴的检查。但低于 1 岁的犬往往不能检出微丝蚴，2 岁以上犬可检出微丝蚴。如果疑似病例血液中不能检出微丝蚴，可做胸部放射线摄影，显示肺动脉壁增厚、扭曲以及右心室肥大。血管造影可清晰地显示血管壁的变化。尸体剖检可见大量虫体聚集在右心室和邻近大血管中。

国外已经有商品化的诊断试剂盒用于检测宿主体内的抗原或抗体，尤其对于未能检出微丝蚴的病例。

微丝蚴的检查最好在晚上采血，涂片用美蓝或姬姆萨染色。微丝蚴需与寄生于犬皮下组织的隐现棘唇线虫（*Dipetalonema reconditum*）的微丝蚴进行鉴别，犬恶丝虫的微丝蚴一般超过 300μm，前端逐渐变细，尾端直；后者一般不足 300μm，虫体前端钝圆，尾端呈钩状。还可用基于 PCR 技术检测二者的特异性基因进行鉴别。

七、防治措施

1. 治疗　成虫和微丝蚴对驱虫药的敏感性不同，药物治疗较为复杂。治疗前需先检查犬的心、肺、肝和肾的功能。如果心脏功能显著异常，应先进行相关治疗。应先杀死成虫，经 6～8 周后再杀灭微丝蚴。

通常推荐的方法是：先静脉内注射硫乙胂胺 2 天，或肌肉注射美拉索明清除成虫；由于虫体死亡裂解导致的栓塞，有时用药后出现毒性反应；用药犬需限制行动 2～6 周，6 周以后再给予其他药物进行清除微丝蚴的治疗。有几种药物可用于驱除微丝蚴，如碘二噻宁连用 7 天以上或左旋咪唑连用 10～14 天。阿维菌素是高效抗微丝蚴药，但有明显副作用，因此选用此类药的剂量要准确，用药后需特别注意犬的反应。

所有药物均存在一定的危险，有些严重病例，心脏手术取虫可能比用药更可靠。

没有合适的药物用于猫心丝虫病。

2. 预防　因为控制媒介蚊子相当困难，所以心丝虫病的预防还是基于药物控制。流行区常用的预防药物是乙胺嗪，幼犬 2～3 月龄开始每天经口给药能够杀死微丝蚴；热带地区需全年给药，在温带地区蚊子出现前 1 个月至蚊子消失后 2 个月给犬用药。成年犬和感染犬治疗后也需进行预防。对用药物预防的犬每 6 个月进行一次微丝蚴检查。

八、公共卫生影响

犬恶丝虫是重要的人兽共患病。近年来，欧美一些发达国家人的病例数呈逐年上升趋势。而且，犬恶丝虫病是依赖媒介传播的寄生虫病，在全球气候变暖的大环境下，其传播媒介蚊虫的活动范围和时间将变宽变长，为该病的大规模流行提供了有利的条件。因此，对该病给予高度重视，采取有效的防治措施，防止由于疾病的逐渐蔓延引发一系列严重的公共卫生问题。

（李文生　刘群）

我国已颁布的相关标准

GB/T 18448.8—2001　实验动物　犬恶丝虫检测方法。

参考文献

侯洪烈，张西臣．2006. 丹东地区犬恶丝虫病的血清流行病学调查［J］．莱阳农学院学报，22（3）：210－212.

Hayasaki M. 2001. Immunological analysis of agglutination in Dirofilaria immitis microfilariae［J］. Journal of Veterinary Medical Science，63（8）：903－907.

Montoya J A，Morales M，Ferrer O，et al. 1998. The prevalence of Dirofilaria immitis in Gran Canaria，Canary Islands［J］. Veterinary parasitology，75（2）：221－226.

Savic－Jevdenic S，Vidic B，Grgic Z，et al. 2004. Fast diagnostic method for canine dirofilarosis in region of Novi Sad［J］. Veterinarski glasnik，58（5－6）：693－698.

Wu C C，Fan P C. 2003. Prevalence of canine dirofilariasis in Taiwan［J］. Journal of helminthology，77（1）：83－88.

第二节　犬类丝虫病
(Filaroidosis)

犬类丝虫病（Filaroidosis）是由类丝虫属的几种丝虫寄生于犬肺脏引起的疾病，是犬的常见寄生虫病，呈世界性分布。

一、发生与分布

1877 年，有学者在加拿大的五只猎狐犬体内首次发现类丝虫，随后许多地方都有犬类丝虫病例的报道。1956 年，又有学者从犬体内发现了不同种类的类丝虫。

迄今为止，该病在各大洲均有报道，以美国报道的病例居多。

二、病　原

1. 分类地位　该病病原在分类上属于线形动物门（Nematoda）、有尾感器纲（Phasmidia）、丝虫目（Filariata）、类丝虫科（Filaroididae）、类丝虫属（*Filaroides*）。可引起犬类丝虫病的有三种病原，分别是欧氏类丝虫（*Filaroides osleri*）、褐氏类丝虫（*F. hirthi*）和乳类丝虫（*F. milksi*）。

2. 病原形态　欧氏类丝虫雄虫长 5.6～7.0mm，尾端钝圆，交合伞退化，只有几个乳突；交合刺 2 根，不等长。雌虫粗壮，长 9～15mm，阴门开口于肛门附近。虫卵呈椭圆形，大小为 80μm×50μm，卵壳薄，内含幼虫。幼虫食道不太清晰，长度约为体长的 1/4；尾部长 232～266μm，呈 S 形弯曲。褐氏类丝虫和乳类丝虫的形态构造与欧式类丝虫相似。

3. 生活史　不同种的类丝虫的寄生部位各不相同。欧式类丝虫主要寄生于气管和支气管，褐氏类丝虫寄生于肺实质，乳类丝虫寄生于肺实质和细支气管。但三种类丝虫的生活史相似，均属于直接发育型。成年雌虫在寄生部位排出的虫卵随唾液或粪便排出体外，此时虫卵内的第一期幼虫即具有感染性。犬等易感动物吞食幼虫后，幼虫通过淋巴系统、门静脉系统移行至心脏和肺部，再到气管、实质等寄生部位。幼虫可长期寄生在肠系膜淋巴结，成为潜在的自体感染源。在犬体内，从感染到发育为成虫仅需 32～35 天。

三、流行病学

1. 传染来源　感染类丝虫的各种动物均是该病的传染来源。

2. 宿主 犬、狼、狐等多种动物都是类丝虫的易感宿主。

3. 感染途径 经口感染，易感动物吞食感染性幼虫遭受感染。通常母犬在舔舐幼犬时可遭受感染；易感动物也可因带有幼虫的粪便污染的食物而造成感染。

4. 流行特征 各种年龄犬均可感染，6 月龄以下的幼犬较成年犬易感。

四、临床症状

由于类丝虫主要寄生在肺部，因此犬在感染类丝虫后主要表现出慢性呼吸系统症状，患犬出现经常的突发性的干咳。犬感染后最明显的症状是顽固性咳嗽、呼吸困难、食欲减退、消瘦。严重感染时可引起死亡，某些犬群感染的死亡率高达 75%。有些犬可发生长达一年的持续咳嗽。

五、病理变化

虫体寄生部位可出现灰白色或粉红色的结节，直径小于 1cm，可造成气管和支气管的堵塞。严重感染时，可见到气管分叉处有许多出血性病变覆盖。胸部 X 线检查可见肺部有弥漫不透明的空隙。对人工感染的实验犬进行胸部 X 线检查，在感染 5 周以后，可见到肺叶有线状和粟粒状浸润。

六、诊　断

根据临床症状结合贝尔曼法在粪便中分离到幼虫即可做出诊断。也可用支气管窥镜（仅适用于欧式类丝虫），或清洗气管检查洗液中的幼虫（仅适用于欧式类丝虫）进行诊断，但如果幼虫数量不多，可能出现假阴性结果。

七、防治措施

1. 治疗 常用以下两种药物治疗。

（1）丙硫咪唑 按照每千克体重 9.5mg 的剂量，每天口服 1 次，连用 55 天；或者以每千克体重 25mg 的剂量，每天口服 1 次，连用 5 天后，停药 2 周，再重复用药 1 天。

（2）芬苯达唑 按照每千克体重 50mg 的剂量，每天口服 1 次，连用 14 天。其他常用驱线虫药均有较好效果。

2. 预防 加强犬舍的饲养管理，保持环境卫生，及时清理畜舍内的排泄物并进行无害化处理。定期驱虫，淘汰患病犬。母犬应在分娩前驱虫，防止幼犬感染。对即将引入的新犬，要先隔离观察、检查，确定健康后再并群饲养。

八、公共卫生影响

目前尚无该病原感染人的报道。

（李文生 刘群）

参考文献

Pinckney R D, Studer A D, Genta R M. 1988. Filaroides hirthi infection in two related dogs [J]. Journal of the American Veterinary Medical Association, 193 (10): 1287 - 1288.

Traversa D, Di Cesare A, Conboy G. 2010. Canine and feline cardiopulmonary parasitic nematodes in Europe: emerging and underestimated [J]. Parasites & Vectors, 3 (1): 62.

Yao C, O' Toole D, Driscoll M, et al. 2011. Filaroides osleri (Oslerus osleri): Two case reports and a review of canid infections in North America [J]. Veterinary parasitology, 179 (1): 123 - 129.

第三节 马来丝虫病
(Filariasis malayi)

马来丝虫病（Filariasis malayi）是由马来布鲁丝虫寄生在脊椎动物和人体内引起的人兽共患线虫病。该病对人危害严重，被世界卫生组织（WHO）列为全球第二位致残性疾病。

一、发生与分布

1927 年，Brug 最先在印度尼西亚苏门答腊岛的人体内发现马来布鲁丝虫的微丝蚴。1942 年，Rao 和 Maplestone 在印度一个丝虫病患者的右肾淋巴囊肿的活组织中检查到成虫。此后，亚洲多个国家和地区陆续报道。1935 年，冯兰洲和姚克方首次在我国浙江湖州的患者体内发现微丝蚴。

马来丝虫病的分布仅局限在亚洲，主要分布在印度尼西亚、马来西亚、斯里兰卡、印度、泰国、越南、孟加拉国、韩国等。在我国，马来丝虫病曾在山东、河南、安徽、浙江、江苏、江西、福建、湖南、湖北、广东、广西、贵州、四川、上海 14 个省、自治区、直辖市均有报道。

二、病　　原

1. 分类地位 马来布鲁丝虫（*Brugia malayi*，简称马来丝虫）在分类上属于线形动物门（Nematoda）、有尾感器纲（Phasmidia）、丝虫目（Filariata）、丝虫科（Filariidae）、布鲁丝虫属（*Brugia*）。

2. 形态特征 成虫细长丝状，乳白色，半透明。体表角皮层有纤细环状横纹。两端渐细，头端钝圆。颈部稍细。口孔近三角形，口唇薄而扁平。口周围有内外两圈乳突，内圈 6 个，背侧、腹侧和两侧各 1 对；外圈 4 个，背侧、腹侧各 2 个。口腔短浅，食道长，壁厚，前 1/3 为肌质部，后 2/3 为腺质部，与肠管交界处有瓣膜。虫体尾部向腹面弯曲。肛门开口于腹面。

（1）雄虫　显著小于雌虫，长 13.5～28.1mm、宽 70～110μm。泄殖腔内具交合刺一对，呈淡黄褐色，分为角质的基部和膜质的末梢部。左右交合刺的长度与形状各异，左交合刺较长，长 268～401μm，外被鞘膜，基部棕色，呈圆锥形，末端形似一支裂开的管；右交合刺较短，长 104～136μm，全形为向腹面弯曲的槽状物，其基质部呈半透明的药瓶状，末端稍长与基质部等长或稍短，呈长片形，两缘向腹面折叠成槽，近末端 1/3 处具粗大的锯齿状螺旋，末端截形，有小刺。引带新月形，位于泄殖腔后壁。雄虫后部在尾长的 1/2～1/3 处开始向腹面做螺旋状卷曲。泄殖孔前腹侧面角皮形成众多有规则排列的棒状小体。泄殖孔呈新月形，背侧面有一圈环状的唇环绕，腹面有一个舌状的唇，周围通常有 11 个肛周乳突。

（2）雌虫　长 40～69mm，宽 120～220μm。阴门位于虫体腹面，距头端 0.53～1.04mm。尾长 138～280μm，尾宽平均为 31μm，尾略弯向腹面。雌虫角皮层表面有无数的小突起，自尾端向前分布至食道附近，以尾端前 3～4mm 处最为密集，食道处向前逐渐稀疏并消失。

（3）微丝蚴　活动能力强，做蛇形运动。虫体细长，长 177～230μm、宽 5～6μm，外被鞘膜。虫体头端钝圆，头部顶端有 8 个头乳突，背腹各 4 个。虫体尾部自肛门后突然变细，在两尾核处角皮略膨大。体内有圆形或椭圆形的体核，排列较整齐疏松，大小一致且清晰可见。

3. 生活史 马来丝虫的生活史，包括在中间宿主（蚊）体内和终末宿主体内两个发育阶段。终末宿主体内的成虫产下微丝蚴，进入外周血液，被蚊虫叮吸进入蚊体内发育至感染期。当蚊虫再次叮吸时，感染期幼虫便进入人或动物体内逐渐发育为成虫。

微丝幼在蚊体内发育为感染期幼虫所需的时间受环境温度、湿度等条件的影响。一般以气温 25～30℃、相对湿度 80%以上最为适宜，在这种条件下，微丝蚴在最适宜的蚊体内可于 1 周内发育成熟。

马来丝虫微丝蚴在终末宿主外周血液出现的昼夜周期性有 4 种类型：夜现周期型、夜现亚周期型、昼现亚周期型和无周期型。宿主外周血液中微丝蚴密度在夜间达到高峰，而在白昼几乎消失，这种规律性称为夜现周期型，夜现型马来丝虫微丝蚴出现的时间多在晚上 8 点至次晨 4 点。Turner Edeson (1975) 提出马来丝虫有另一种周期型，即夜现亚周期型。Donder 等（1971）发现高峰期在白昼的昼现亚周期型马来丝虫。Kanda 等（1979）对印度尼西亚患者血液中的微丝蚴密度作统计学分析后，除发现昼现亚周期型马来丝虫外，还发现一些患者体内微丝蚴的周期性指数很低，将这后一类型称作无周期型马来丝虫。

三、流行病学

1. 传染来源　马来丝虫病的传染来源是带有微丝蚴的人或其他动物。有症状或体征的病人并非都是传染来源，病人一般只占感染人数中的一小部分（约 10%），而且，病人往往由于淋巴管阻塞，血液中微丝蚴数量很少。尤其是慢性期病人，其血液中几乎查不到微丝蚴，因此此期病人不是主要的传染来源；而没有症状或体征的马来丝虫微丝蚴血症者的血液里不仅都带有微丝蚴，而且一些人的微丝蚴密度相当高，是重要的传染来源。宿主血液中微丝蚴的密度决定了宿主在流行病学上作为传染来源所起的作用。在一定范围内，血液内微丝蚴密度越高，蚊虫感染率与感染强度也越高，人群受到感染的可能性越大。一般认为，血中微丝蚴密度为 2～3 条/μL，作为传染来源作用最强。

马来丝虫病的传染来源除人外，还有数十种兽类可以成为马来丝虫的传染来源，包括灵长目、食肉目、啮齿目和鳞甲目的 10 多个科，其中猴类最为重要。在马来西亚沼泽地区，叶猴的感染率高达 70%，是主要的传染来源之一，也是当地马来丝虫病防治的主要障碍。

2. 传播途径　主要经蚊虫吸血传播，微丝蚴在蚊子吸血时经伤口入侵终末宿主体内是主要的传播途径。此外，终末宿主可经皮肤接种而被感染；动物模型研究证实，经口接种同样也能成功。

3. 宿主与寄生部位　马来丝虫的终末宿主非常广泛，除人外，自然感染的动物有灵长目的长尾猕猴（食蟹猴）、暗色叶猴、黑脊叶猴、银叶猴，食肉目的豹猫、山猫、家猫、麝猫、棕猫（椰子猫）和鳞甲目的马来穿山甲等；人工感染成功的动物有恒河猴（猕猴）、绢毛猴、蜂猴、家犬、灵猫、欧洲艾鼬（雪豹）、大白鼠、小白鼠、纳塔尔多乳鼠、长爪沙鼠、棉鼠、金黄地鼠等。马来丝虫成虫多寄生于终末宿主（包括人和动物）的上下肢浅部淋巴系统。

马来丝虫的中间宿主为蚊类，主要有按蚊属的中华按蚊、雷氏按蚊嗜人亚种，曼蚊属的常型曼蚊、波氏曼蚊等。

4. 分布与流行　马来丝虫的分布局限于亚洲，主要流行于东南亚，如马来西亚、印度尼西亚、泰国、越南、印度、孟加拉国、韩国等。马来丝虫在我国分布很广，主要流行于南方农村山区，海拔多在 400m 以上，气候较为温和、空气湿润、有较充沛的降水量、水源丰富、水体流动、水质清澈的地区，多为水稻耕作区。在 1956 年大规模丝虫病防治工作开始以前，流行区遍及中部及南部的 13 个省（市、区）的 403 个县（市），如山东、河南、上海、湖南、广西、贵州、四川、台湾等。当时全国估计有马来丝虫微丝蚴血症者达 819.6 万，有症状体征人数为 83.6 万。

四、临床症状

动物感染马来丝虫后，一般不表现明显的临床症状，常呈隐性感染，但会出现微丝蚴血症，也是该病重要的传染源。

人感染丝虫后会引起较为复杂的疾病过程，其发病过程可分为四个阶段：潜隐期、微丝蚴血症期、急性过敏性炎症反应期和慢性阻塞性病变期。

五、病理变化

动物感染无相关病理变化的报道。人感染后会引起较明显病变。马来丝虫病的病理变化主要是由成虫引起，感染期幼虫也起一定作用，与血液中的微丝蚴关系不大。病变的发生与发展取决于感染频率、虫体的寄生部位及数量、是否发生继发感染等。在感染期幼虫进入人体并发育为成虫的过程中，幼虫的代谢产物、死亡虫体的崩解产物等均可引起局部淋巴组织发生炎症反应，表现为周期性发作的淋巴管炎。随着病程的进一步发展，体内成虫数量增多，寄生部位不断扩大，患者的淋巴组织也会发生显著的病理变化：在早期，淋巴结充血、扩张，扩张与曲张的淋巴管的瓣膜关闭不全；淋巴管壁水肿，管腔内充满粉红色蛋白质样液体和嗜酸性粒细胞。当成虫死亡后，会出现以巨噬细胞为主的肉芽肿，肉芽肿中心为变性的成虫和巨噬细胞，周围还有上皮样细胞、浆细胞、嗜酸性粒细胞等。病程发展到后期，淋巴管内皮细胞增生、增厚、管腔变窄，形成纤维索状物，逐渐导致淋巴管栓塞与堵塞。

六、诊　断

以下介绍人感染后的诊断方法，动物马来丝虫病的诊断可借鉴之。

1. 临床诊断 根据患者的病史、典型临床症状可做出初步判断。如患者经常发生淋巴管炎、多次出现间歇性乳糜尿等，经鉴别诊断，则可基本确诊。

2. 病原学诊断 从患者的血液、乳糜尿液、淋巴抽出液或活检物中查出微丝蚴或成虫是诊断该病最可靠的方法。常用的方法主要有以下几种。

（1）厚血膜法　在晚 9 时至次日凌晨 2 时，从患者耳垂采血 6 滴，分别置于 2 张洁净载玻片上，涂布成薄厚均匀、边缘整齐、大小为 3.5cm×1.5cm 的血膜，待自然干燥后，可用姬姆萨、瑞氏或德氏苏木精染色后镜检。本方法操作简单且经济，是丝虫病诊断中最常用的方法，但其漏检率偏高，需增加血检次数以提高检出率。

（2）新鲜血滴法　取耳垂血 1 滴，置于洁净载玻片上的生理盐水滴中，加盖玻片后显微镜下观察微丝蚴的活动。此法检出率低，仅适于教学、卫生宣传时使用，不宜用作大面积的普查工作。

（3）浓集法　从静脉采血 1～3mL，用溶血剂溶血后，离心，吸取沉淀，染色镜检。本法的检出率高，但操作复杂，需采取静脉血，不适于普查。

（4）乳糜尿浓集检查法　在患者的尿液中加入等体积乙醚，取部分混合物置于试管内充分震荡混匀，使脂肪溶于乙醚内，再取上层乙醚液，加水稀释后离心，镜下检查沉淀中有无微丝蚴。

（5）病理切片查虫法　对于出现淋巴结节的患者，可通过手术取出结节，按常规方法制作成病理切片，镜检。若是丝虫性结节，则可在结节中心发现成虫，其周围是典型的丝虫性病变。

3. 免疫学诊断 对于处在潜隐期、慢性阻塞期的患者，有时候病原学诊断效果不佳，因此免疫学诊断是一种很好的辅助诊断方法。

（1）间接荧光抗体试验　以马来丝虫或异种丝虫（牛丝虫）成虫的冷冻切片为抗原，检测患者血清中的抗体。此法具有高度特异性和敏感性，操作简单，适用于流行病学调查。

（2）ELISA　用微丝蚴或成虫作可溶性抗原，检测患者血清中的抗体。该方法敏感性高、特异性强，既可用于流行病学调查，又可用于考核防治效果。

4. 其他 近年来，国内外有许多研究人员利用 PCR、DNA 探针等分子生物学技术诊断马来丝虫病，也取得了很好的效果。

七、防治措施

1. 治疗 对人的马来丝虫病须根据病情进行杀灭体内虫体及对症治疗。

动物体内的马来丝虫也可被海群生杀灭。家猫经口或肠外每天、每周或每月间歇给药至总剂量达每千克体重 100mg 以上时，体内丝虫成虫均死亡。还可将海群生擦剂涂抹于动物皮肤表面。

2. 预防 动物马来丝虫病多见于野生动物，除可采取消灭中间宿主的措施外，其他预防措施难以实施。

人马来丝虫病的预防主要从消除传染来源、药物预防和消灭（规避）中间宿主三个方面入手。

八、公共卫生影响

马来丝虫病是重要的人与动物共患寄生虫病，对人的危害尤其严重。由于马来丝虫存在众多的保虫宿主，给防治工作带来更多挑战。

（李文生　刘群）

参考文献

邓定华，刘作臣，郭分．1993. 人与动物共患病学［J］．北京：蓝天出版社：179－180.

史宗俊，孙德建．1999. 我国丝虫病防治研究五十年［J］．中国寄生虫学与寄生虫病杂志，17（5）：267－270.

詹希美．2002. 人体寄生虫学［M］．第5版．北京：人民卫生出版社：220－225.

Rao R U，Weil G J，Fischer K，et al. 2006. Detection of Brugia parasite DNA in human blood by real－time PCR［J］. Journal of clinical microbiology，44（11）：3887－3893.

Sabesan S，Vanamail P，Raju K H K，et al. 2010. Lymphatic filariasis in India：Epidemiology and control measures［J］. Journal of postgraduate medicine，56（3）：232－238.

第四节　罗阿丝虫病
(Loaiasis)

罗阿丝虫病（Loaiasis）是由罗阿罗阿丝虫引起的人与动物共患寄生虫病。主要流行于非洲热带雨林地区，我国尚未报道，但非洲援外人员和留学生屡见有该病发生。成虫常见于病人的眼球内，故也被称为“眼虫症”（Eye worm）。未见有关灵长类动物自然感染后发病的报道。

一、发生与分布

1770年，外科医生Mongin在加勒比海地区的一名妇女眼中首次发现了罗阿丝虫，但未能成功分离。1778年，外科医生Guyot在一艘法国开往美洲的客轮上，成功地从一位男性的眼中分离出了罗阿罗阿丝虫，并记录了该病原。1890年，眼科医生McKenzie对罗阿罗阿丝虫微丝蚴进行了鉴定。

该病流行于非洲的热带雨林地区，从北纬8°至南纬5°。从几内亚至中非大湖的狭长地区内，分布在喀麦隆、尼日利亚、扎伊尔、安哥拉、刚果、乌干达、苏丹、赞比亚等国家。

二、病　　原

1. 分类地位　罗阿罗阿丝虫简称罗阿丝虫（*Loa loa*）在分类上属线形动物门（Nematoda）、尾感器纲（Phasmidia）、丝虫目（Filariata）、丝虫科（Filariidae）、罗阿属（*Loa*）。

2. 形态特征　成虫为白色线状，头端略细。口孔周围光滑，无唇瓣。体前端有1对侧乳突和2对亚中线乳突，均小而无蒂。表皮角质膜较厚，无横纹。除了雌、雄虫的头端和雄虫尾端外，角质膜表面均布有小而圆形突起。食道短，可分为前端肌质部和后端腺质部。

雄虫大小为（25～30）mm×（0.30～0.40）mm；尾端向腹面弯曲，有狭长的尾翼；尾感器显著，位于亚端部；有2根不等长的交合刺，形状各异。雌虫大小为（45～55）mm×（0.45～0.55）mm；尾端钝圆，近尾端处有一对乳突；阴门开口于食道后方，尾长约265μm。微丝蚴大小为（250～300）μm×（6～8.5）μm，具鞘膜；尾端钝圆，略平；体核分布至尾端，在尾尖处有一个较大的核；白天出现在外周血液中。

3. 生活史　成虫寄生在人和动物的皮下组织，包括背、胸、四肢腋下、腹股沟、头皮及眼等部位。雌、雄虫交配后，雌虫在皮下深部结缔组织内移行过程中，间歇性地产出微丝蚴。微丝蚴到达血液后，被在白天吸血的中间宿主斑虻吸入体内，在其中肠脱鞘后移行至脂肪体。在28～30℃条件下于7天内蜕皮2次，发育成感染期幼虫，然后移行至虻的头部。当虻再次叮人吸血时，感染期幼虫从虻的喙中逸出，经伤口进入人和动物的体内造成感染。感染期幼虫在终末宿主体内发育为成虫需约1年时间，而成虫可存活17年以上。

三、流行病学

1. 传染来源 感染了罗阿罗阿丝虫的人和动物是该病唯一的传染源。

2. 传播途径 虻叮咬动物时将感染期幼虫经伤口传入终末宿主体内。

3. 宿主 罗阿罗阿丝虫的终末宿主是人和多种灵长类动物，中间宿主是班虻（*Chryops dimidiata*）和静班虻（*Chryops silacea*）

4. 流行特征 在罗阿罗阿丝虫病的流行区，其感染率在9%～70%。对该病人群普遍易感，其中成年人较儿童的感染率高，男性高于女性。灵长类动物一般为保虫宿主。

四、临床症状

1. 皮肤 主要是由于虫体移行及其代谢产物引起皮下结缔组织炎症反应。患者的手腕、脚踝、膝关节等部位常出现游走性肿块或肿胀（又称卡拉巴肿块），并伴有疼痛、皮肤瘙痒、运动困难等症状。肿块可达鸡蛋样大小，柔软且有红晕，持续数小时或3～5天，当虫体离去后逐渐消失。

2. 眼部 罗阿罗阿丝虫也常常侵犯患者的眼部。由于虫体刺激，患者眼部有持续数日的痒感和异物感，也可引起充血、水肿、畏光、流泪等症状。

3. 其他症状 当成虫侵入患者的肾、膀胱等器官时，可引起蛋白尿，还可出现高度嗜酸性粒细胞增多症。

五、病理变化

人和动物感染后，在虫体移行过程中感染者的皮肤出现游走性肿块或肿胀。在眼睑、结膜、乳房、舌系带、等部位的疏松的皮下组织或黏膜下，常可触摸到成虫。代谢产物刺激机体产生炎症反应。虫体寄生部位的结缔组织及血管周围组织内可见有淋巴细胞浸润。当成虫侵入眼球前房时，可引起结膜炎，也可导致眼睑水肿、结膜肉芽肿。当侵犯心脏时，可造成心包炎、心肌炎、心内膜炎。当虫体侵入精索附近组织，则可引起淋巴管炎和鞘膜积液。

六、诊　断

该病应根据流行病学资料、临床症状结合实验室检查进行综合诊断。病原学诊断是确诊的依据，如在患者眼结膜下见到成虫，或在外周血、尿液、脑脊液、阴道宫颈分泌物中查找到微丝蚴即可确诊。近年来，分子生物学方法（如巢式PCR）和免疫学方法（如ELISA）已经用于该病的诊断中。

七、防治措施

1. 治疗 人感染后常用以下几种药物。

（1）海群生　按照每千克体重2mg的剂量口服，每天3次，连服10～14天，间隔1～2周后再服用1～2个疗程。

（2）伊维菌素　可清除体内的微丝蚴，对成虫无效。按照每千克体重3～4mg的剂量一次口服。若几周后外周血的微丝蚴数量再次上升，可重复用药。

未见动物的治疗报道。

2. 预防 主要预防措施包括：消灭中间宿主斑虻，防止斑虻叮咬，一旦发现斑虻追人时，应及时避开或驱逐，或皮肤上涂驱避药物（如邻苯二甲酸二甲酯）；在流行地区避免到森林周围或河、湖、沼泽等斑虻滋生的地区活动以防叮咬。据报道，口服海群生0.1mg，每天3次，连用8天，可在1个月内有效预防罗阿丝虫病。

八、公共卫生影响

我国尚未发现，但在赴非的援外人员和留学生中屡有感染者。随着我国与非洲国家和地区的交往日益密切，输入性病例可能会增加。因此，去往非洲地区的相关人员应引起高度重视，加强自我防护，以免感染罗阿丝虫病。

（李文生 刘群）

参考文献

许翔，姚立农，章金阳，等.2008. 输入性罗阿丝虫病1例报告 [J]. 中国病原生物学杂志，3 (12)：926.

Touré F S，Mavoungou E，Deloron P，et al. 1999. [Comparative analysis of 2 diagnostic methods of human loiasis：IgG4 serology and nested PCR] [J]. Bulletin de la Societe de pathologie exotique，92 (3)：167 - 170.

Touré F S，Mavoungou E，Kassambara L，et al. 1998. Human occult loiasis：field evaluation of a nested polymerase chain reaction assay for the detection of occult infection [J]. Tropical Medicine & International Health，3 (6)：505 - 511.

第一百零三章
吸吮科线虫所致疾病

吸吮线虫病
(Thelaziasis)

吸吮线虫病（Thelaziasis）是由结膜吸吮线虫寄生在犬、猫、兔、狐、狼等多种动物和人眼部的人兽共患寄生虫病。该病常发生在亚洲，故也称为东方眼虫，其引起的疾病称为东方眼虫病。在我国，每年都有人体感染结膜吸吮线虫的报道，因此在公共卫生上具有重要意义。

一、发生与分布

1910年，Railliet和Henry首次在印度旁遮普地区犬的眼结膜囊内发现结膜吸吮线虫。1917年，Fischer在我国重庆第一次发现该线虫；同年，Stuckey和Trimble分别在北京和福州发现人体感染病例。1928年，Faust对结膜吸吮线虫雄虫进行形态学观察。此后，国内外陆续有人和犬、猫等动物感染病例，尤其是犬的感染更为严重。1989年，王增贤等经过大量的流行病学调查和试验证实，在我国，冈田绕眼果蝇（*Amiota okadai*）是吸吮线虫中间宿主和传播媒介。

该病主要发生于亚洲各国，印度、泰国、缅甸、菲律宾、印度尼西亚、日本、朝鲜、俄罗斯远东地区及中国。近年来，法国、意大利、德国、瑞士、西班牙等国家也有犬、猫感染结膜吸吮线虫病的报道。我国的多个省份均有动物感染报道，以山东、湖北、江苏、河南、安徽等省报道的病例较多。

二、病　　原

1. 分类地位　结膜吸吮线虫（*Thelazia callipaeda*）在分类上属于线形动物门（Nematoda）、尾感器纲（Phasmidia）、旋尾目（Spirurata）、吸吮科（Thelaziidae）、吸吮属（*Thelazia*）。吸吮属线虫具有较多个种，苏联学者斯克里亚宾于1949年描述了33种，此后陆续有新种发现。我国报道的有13个种，分别寄生于不同动物。

2. 形态特征　成虫虫体细长，半透明，乳白色，在人或动物的眼结膜囊内寄生时呈淡红色；除头、尾两端外，体表均具有由角皮形成的褶皱横纹，边缘锐利；头端钝圆，无唇，具有圆形的角质口囊，口囊外周有两圈乳突；食道呈圆柱状，神经环位于食道部。

雄虫大小为（4.5～15）mm×（0.25～0.75）mm，尾端向腹面弯曲。肛门周围有12～14对乳突，其中肛前乳突8～10对，排列在左、右亚腹侧；肛后乳突4对是恒定的，具有鉴定虫种意义。交合刺2根，不等长，形态各异。长交合刺细长、呈杆状；短交合刺粗短而宽，其腹面有一个呈长勺状的纵行凹槽，长交合刺由此伸出。雌虫大小为（6.2～23）mm×（0.3～0.85）mm，肛门距尾端很近，前后无乳突。在尾端腹面两侧有1对尾感器，较大。生殖器官为双管型，阴门位于食管与肠连接处之前的腹面。试验已证实，结膜吸吮线虫属于卵胎生。30日龄的雌虫子宫内的虫卵呈椭圆形，卵壳薄而透明，大小为（44～60）μm×（30～40）μm。虫卵在产出之前，卵壳已演变成为包被幼虫的鞘膜，雌虫直接产出幼虫，称为初产蚴（New - bron larve）。幼虫大小为（350～414）μm×（13～19）μm，呈盘曲状，尾部连着一个较大的鞘膜囊。

3. 生活史 发育过程属于间接型。成虫寄生在终末宿主的结膜囊或泪管内，雌虫将幼虫产于眼眶内。当中间宿主冈田绕眼果蝇舔舐终末宿主眼部的分泌物时，幼虫随之进入其消化道，穿过中肠，移行至雄蝇的睾丸表面组织内或雌蝇的血腔壁形成半球形虫泡囊。虫体经14～17天、蜕皮2次发育为感染期幼虫，随后进入冈其头部。当冈田绕眼果蝇再次舔舐终末宿主眼部的分泌物时，感染期幼虫经其口器侵入宿主眼部并逐渐发育成熟。幼虫从感染终末宿主到成虫产卵需约50天，成虫寿命可达2年以上。

三、流行病学

1. 传染来源 遭受结膜吸吮线虫感染的动物是该病的传染源。

2. 传播途径 冈田绕眼果蝇在人和动物的眼部飞行并吸食泪液及眼部的分泌物，在其体内发育至感染性幼虫，再次采食时即把幼虫注入动物眼部。

3. 宿主 结膜吸吮线虫的终末宿主包括人和犬、猫、兔、狐、貂、豚鼠、猕猴等多种动物，在我国中间宿主和传播媒介主要是冈田绕眼果蝇。

4. 流行特征 该病的流行与中间宿主蝇类的活动季节密切相关，主要感染季节为温暖、湿度的夏季。在温暖的地区可整年流行，在寒冷地区主要在夏秋季节流行。

已报道的人体病例中，最小者为3个月，最大者88岁。农村人口感染率高于城市，年幼者感染率高于成年人。

动物的感染特征与人基本一致。

四、临床症状

犬、猫等动物感染结膜吸吮线虫后，虫体在眼眶中活动时的机械损伤以及虫体分泌的代谢产物等刺激，常导致感染动物的眼部会出现异物感、痒感、怕光、流泪、眼睑肿胀、眼部疼痛等。患病动物可表现出极度不安，摇头，常用舌舔抹内眼角下方的泪痕，用前肢抓眼，或在墙壁、木桩等物体上摩擦颜面。甚至角膜穿孔导致失明。

五、病理变化

感染初期，动物的主要病理变化是急性结膜炎、眼睑水肿、结膜充血等。随着病程的发展，逐渐转为慢性结膜炎，眼部出现黏稠的脓性眼屎，结膜和瞬膜下有粟粒大小的滤泡，揉擦即可出血。严重感染病例主要表现为眼睑炎、角膜炎，角膜混浊、糜烂和溃疡。动物中已有致盲报告，应引起人们的高度重视。

六、诊　断

可在感染动物的眼内发现虫体。将手按压动物的眼部，用眼科镊将虫体取出，置于盛有生理盐水的平皿中，镜检观察虫体即可确诊。

七、防治措施

1. 治疗 翻开感染动物和人的眼睑，充分暴露结膜囊和线虫，用消毒的眼科镊取出虫体即可治愈。可向眼内滴入2%可卡因或1%地卡因药水2～3滴，虫体麻醉后可随药液溢出而外露，再用眼科镊取出虫体。取出虫体后，可用3%硼酸水冲洗结膜囊并用点滴抗生素，防止细菌感染。如果虫体寄生在眼房前，则需外科手术取出，术后作抗炎处理。

2. 预防 加强犬、猫的管理。在高发区，蝇类的出没与繁殖季节，采取措施规避蝇类，搞好环境卫生，做好防蝇灭蝇工作，清除蝇类滋生地。定期检查、及时治疗。每年开春时，进行预防性驱虫。

八、公共卫生影响

结膜吸吮线虫宿主范围较广，犬、家、兔、鼠类均有较高感染率。吸吮线虫同样也威胁着人的健康，具有公共卫生意义。

（李文生　刘群）

参考文献

王增贤，陈群，江宝玲，等．2002. 中国结膜吸吮线虫及结膜吸吮线虫病流行病学［J］. 疾病控制杂志，6（4）：335-337.

王增贤，杨兆莘．1990. 变色纵眼果蝇作为结膜吸吮线虫中间宿主在我国的发现［J］. 动物学杂志，25（2）：55.

姚超群，黎远旭．1989. 湖北神农架林区结膜吸吮线虫宿主初步调查［J］. 四川动物（1）：45.

Miro G，Montoya A，Hernandez L，et al. 2011. Thelazia callipaeda：infection in dogs：a new parasite for Spain［J］. Parasit Vectors，（4）：148.

第一百零四章 颚口科线虫所致疾病

颚口线虫病
(Gnathostomiasis)

犬、猫颚口线虫病（Gnathostomiasis）是由棘颚口线虫寄生在终末宿主的胃壁或其他组织器官引起的人兽共患寄生虫病。该病主要分布在东南亚，其幼虫可感染人，引起人的内脏和皮肤幼虫移行症，在公共卫生上具有重要意义。

一、发生与分布

1836年，Owen在伦敦动物园的一只幼虎的胃壁肿瘤内首次发现了棘颚口线虫并给予命名。1889年，Deuntzer在泰国一名妇女的胸部肿瘤内发现这种寄生虫，这是首例人感染棘颚口线虫病的报道。

棘颚口线虫主要分布在东亚和南亚等20多国家和地区，包括泰国、缅甸、老挝、巴基斯坦、印度、孟加拉国、菲律宾、日本、朝鲜、中国等，美洲的墨西哥、秘鲁、厄瓜多尔也有该种线虫分布。

二、病　　原

1. 分类地位　棘颚口线虫（*Gnathostoma spinigerum*）在分类上属于线形动物门（Nematoda）、尾感器纲（Phasmidia）、旋尾目（Spirurata）、颚口科（Gnathostomatiidae）、颚口属（*Gnathostoma*）。

2. 形态特征　成虫粗大，圆柱状，新鲜时呈红色，略透明，后半部稍向腹面弯曲；头部膨大为球形，其前端有2个大的侧唇，唇上各有2个大乳突，周围有8～11圈小钩；虫体前半部与尾部长有角质小棘，体前端的棘短而宽，排列密集，其中食道中部体表的棘较细，食道后方棘细长；体中前部的棘短而小，呈三角形排列，稀疏；体亚末端的棘小而尖；食道约为体长的1/5，可分为肌质部和腺质部；神经环位于食道前部。

雄虫大小为（11～25）mm×（1.0～1.9）mm，末端膨大成假交合伞，有4对带柄乳突和4对小乳突；交合刺2根，不等长，左刺长0.9～2.1mm、右刺长0.4～0.5mm；泄殖孔周围有一个Y形的无棘区。雌虫大小为（25～54）mm×（1.2～2.0）mm，生殖孔位于虫体后部，距尾端约4mm。虫卵呈椭圆形，无色透明，大小为（60～79）μm×（35～42）μm，内含1～2个卵细胞；卵的一端有帽状透明塞，犹如卵盖；卵壳表面粗糙不平，有颗粒和小棘。

3. 生活史　棘颚口线虫的生活史属于间接型。成虫寄生于动物胃壁中，在胃壁形成肿瘤，肿瘤破溃后卵随粪便排出体外，落入水中孵出第一期幼虫，被中间宿主剑水蚤吞食后，在其血腔中发育为第二期幼虫。含有第二期幼虫的剑水蚤被第二中间宿主淡水鱼等吞食后，发育成第三期幼虫，在鱼的肝脏、肌肉内继续发育形成直径约1mm的虫囊。当终末宿主吞食了含有虫囊的第二中间宿主后，第三期幼虫在其肠道内释出，穿过肠壁进入腹腔，移行至肝脏、胸肌、膈肌或结缔组织间继续发育。当发育接近成熟时，又移行回到胃部，在胃部形成肿瘤并发育为成虫。肿瘤内常有一至数条虫体寄生。成虫的寿命可达10年以上。

三、流行病学

1. 传染来源 感染棘颚口线虫的动物是该病的传染来源。

2. 传播途径 主要传播途径是经口食入带有感染性幼虫的第二中间宿主，也有从皮肤侵入或经胎盘传播的病例报告。

3. 宿主 犬科和猫科等多种动物是棘颚口线虫的终末宿主。第一中间宿主是剑水蚤，包括广布剑水蚤（*Mesocyclops leuckarti*）、锯缘真剑水蚤（*Eucyclops serrulatus*）和英勇剑水蚤（*Cyclops stenuus*）等，而鱼类、两栖类、爬行类、鸟类、哺乳类等100多种动物均可作为棘颚口线虫的第二中间宿主和转续宿主。人是该线虫的非适宜宿主，大多数感染病例是由于患者生食或半生食鱼肉引起。

4. 流行特征 猫作为棘颚口线虫的终末宿主，在该病的传播上具有重要意义。前期的调查结果表明，我国不同地区猫的感染率为1.5%～40%。中间宿主的感染也较为普遍，2004年陈代雄等报道，广东省五华县剑水蚤体内第二期幼虫的感染率为1.6%。江苏洪泽湖地区食用鱼的感染率高达37.5%～68.4%。

四、临床症状

犬、猫等动物轻微感染时不表现任何临床症状。当严重感染或因其他因素而导致犬、猫的抵抗力下降时，患病犬、猫出现胃炎症状，表现为食欲不振、营养障碍、渴欲增加，严重时可出现呕吐、胃穿孔，局部会有肿瘤样结节，生长发育受阻，消瘦甚至死亡。

人并非棘颚口线虫的适宜宿主，因此该线虫的致病作用主要是幼虫在移行中产生的机械损伤及其分泌的毒素（类乙酰胆碱、含透明质酸酶的扩散因子、蛋白水解酶等）引起皮肤及内脏幼虫移行症，临床表现多样，依据移行部位有所不同。

五、病理变化

成虫寄生在犬、猫的胃部时，其头部深入于胃壁中，形成空腔，腔内含有淡红色液体。寄生部位亚黏膜增生，血管增粗，黏膜和结节表面呈现干酪样坏死。周围组织红肿，充满黏液，近胃腺开口处出现压迫性萎缩，黏膜肌层由于结缔组织纤维化增生而变厚。

人感染了棘颚口线虫后，损害部位会出现急性或慢性炎症，有大量嗜酸性粒细胞、中性粒细胞、浆细胞和淋巴细胞聚集，也常有出血、组织坏死和纤维化形成。

六、诊　断

犬、猫感染颚口线虫，根据临床症状和粪便检查虫卵或剖检时在胃中发现虫体即可确诊。人的颚口线虫病，常采用综合性诊断方法进行确诊。

（1）病原学检查　颚口线虫病皮肤型可通过外科手术取得虫体而确诊。有的病例也可在眼睛、尿液或痰液中发现虫体。

（2）免疫学诊断　由于并不是所有皮肤型患者都能通过外科手术取出虫体，且很多患者在感染颚口线虫后属于内脏型，因此该病可用免疫学方法进行诊断。常用的方法有皮内试验、沉淀试验、ELISA等。1960年，Miyazaki提出利用幼虫或成虫抗原作皮内试验，若15min后出现丘疹，且直径大于10mm，则可判为阳性。1960年，Omeno发表报告称血清试验和尿沉淀试验的诊断效果优于皮内试验。1991年，Nopparatana等人利用从第三期幼虫体内纯化出的24kDa蛋白进行ELISA，结果表明本方法的敏感性和特异性均为100%。

（3）血液检查　感染颚口线虫的病人血液中的嗜酸性粒细胞会显著增高，范围在10%～96%，部分患者的白细胞也会轻度或中度增多。另外，与正常人相比，患者的IgE含量也会增高近10倍。

七、防治措施

1. 治疗 对于棘颚口线虫病，应以预防为主，无论对动物还是人，目前尚无特效药可用于该病的治疗。1971年，Daengsvang等给试验或自然感染棘颚口线虫的猫注射2，6-双碘-4-硝基酚，3天后发现，消化道内的成虫几乎全部死亡；若以小剂量每隔10天注射1次，共12次，则对移行期的幼虫也有很好的治疗效果。Kraivichian等用阿苯达唑给28位皮肤型颚口线虫病患者服用后，取得了不错的疗效，但也会产生较强的副作用。与阿苯达唑相比，伊维菌素更加安全有效。2005年，Nontasut等给15位患者按照每天每千克体重0.2mg的剂量，口服2天，治愈率可达100%。但对于5岁以下或体重不足15kg的儿童，用药前需考虑其安全问题。

2. 预防 应加强对犬、猫等动物的普查和管理，对患病动物要积极治疗或及时淘汰，并及时处理其粪便，防止该病的传播与扩散。人通常是因为生食鱼、虾、鸡、鸭的肉而感染棘颚口线虫，因此预防该病的首要措施就是使人们意识到生吃肉类的危害。对于经常与鱼、虾等海产品接触的人员，在产品的制作、加工过程中要采取防护措施，防止经皮肤感染；同时，要经常对使用的刀具、砧板、餐具等进行消毒，避免交叉污染。另外，要注意个人卫生，不喝生水，以防摄入含有棘颚口线虫幼虫的剑水蚤而感染。

八、公共卫生影响

棘颚口线虫作为一种人兽共患寄生虫，在我国分布广泛。我国已报道了30多例感染病例。感染该病的一个重要原因是有些人有生食鱼、虾的习惯。因此，为了控制及消除人棘颚口线虫病，卫生部门要加强科普教育宣传工作，改变人们的不良卫生和饮食习惯，防止因生食鱼、虾及其他海产品及肉类而造成感染。

（李文生 刘群）

参考文献

Camacho S P D，Willms K，Ramos M，et al. 2002. Morphology of Gnathostoma spp. isolated from natural hosts in Sinaloa [J]. Parasitology research，88 (7)：639-645.

Del Mar Saez-de-Ocariz M，McKinster C D，Orozco-Covarrubias L，et al. 2002. Treatment of 18 children with scabies or cutaneous larva migrans using ivermectin [J]. Clinical and experimental dermatology，27 (4)：264-267.

Kraivichian K，Nuchprayoon S，Siriyasatien P，et al. 2005. Resolution of eosinophilia after treatment of cutaneous gnathostomiasis [J]. Journal-medicial association of thailand，88 (4)：163-166.

Moore D A，McCroddan J，Dekumyoy P，et al. 2003. Gnathostomiasis：an emerging imported disease [J]. Emerg Infect Dis，9 (6)：647-650.

Nontasut P，Claesson B A，Dekumyoy P，et al. 2005. Double-dose ivermectin vs albendazole for the treatment of gnathostomiasis [J]. 36 (3)：650-652.

第一百零五章 旋尾科线虫所致疾病

犬旋尾线虫病
(Spirurosis)

犬旋尾线虫病（Spirurosis）是由狼旋尾线虫寄生于犬、狐等食肉动物的食道壁、胃壁、主动脉壁及其他组织，形成肿瘤状的结节，引起患病动物吞咽障碍、呼吸困难等症状的一种线虫病。该病对犬的危害较大，在我国广泛分布。

一、发生与分布

该病广泛分布于热带、亚热带和温带地区，南非、以色列、肯尼亚、巴西、美国、伊朗、印度等多个国家都有狼尾旋线虫病的报道。在我国，北京、辽宁、河北、上海、四川、福建等多个省份有该病的报道。

二、病　　原

1. 分类地位　狼旋尾线虫（*Spirocerca lupi*）在分类上属于线形动物门（Nemathelminthes）、线虫纲（Nematoda）、旋尾目（Spirurida）、旋尾科（Spirocercidae）、旋尾属（*Spirocerca*）。

2. 形态特征　成虫虫体粗壮，卷曲呈螺旋形，新鲜时为粉红色；口周围有2个唇片，每个唇片又分为3叶；食道短。雄虫大小为（30～54）mm×0.76mm；尾部有尾翼和许多乳突；交合刺2根，不等长，其中左交合刺长2.45～2.80mm、右交合刺长0.475～0.750mm。雌虫大小为（54～80）mm×1.15mm；生殖孔开口于食道的后端；尾长0.40～0.045mm，稍向背侧弯曲。虫卵呈长椭圆形，大小为（30～37）μm×（11～15）μm，卵壳厚，刚产出的卵内已经含有幼虫。

3. 生活史　狼尾旋线虫的生活史属于间接发育型。成虫在终末宿主的食道内产卵，虫卵随粪便或痰液排出体外。虫卵被中间宿主吞食后，幼虫从卵中孵出第一期幼虫。幼虫钻过肠壁，进入体腔和气管内形成包囊，再经2次蜕皮发育为第三期幼虫，形成了具有感染能力的包囊。犬、狐等终末宿主吞食了含有感染期幼虫的甲虫而被感染。若甲虫被不适宜的贮藏宿主吞食后，则感染期幼虫钻过肠壁，在这些动物的食道、肠系膜动脉及其他脏器形成包囊。终末宿主在食入贮藏宿主后也可造成感染。感染期幼虫在终末宿主的胃内释放后，钻入胃动脉壁和肠壁中，再移行至主动脉壁，随血液循环到达食道壁并发育为成虫。从感染到粪便中查出虫卵需5个月。

三、流行病学

1. 传染来源　被狼尾旋线虫感染的动物是该病的传染来源。

2. 传播途径　经口感染是该病唯一的传播途径。

3. 宿主　该病的终末宿主主要是犬、狐狸，其他动物如狼、豹、豺、山猫等也可遭受感染。中间宿主是某些食粪类甲虫、蟑螂、蟋蟀等。贮藏宿主包括鸟类、两栖类、爬行类动物和某些哺乳动物（如鼠、蝙蝠、豪猪等）。

4. 流行特征　在热带、亚热带地区，犬旋尾线虫病的流行、传播与中间宿主和贮藏宿主的种类以及感染动物的分布、种群密度密切相关，但无明显的季节性。另外，狼尾旋线虫对宿主的性别、年龄无明显偏向性。

四、临床症状

在感染初期，大多数犬不表现临床症状。随着病程的发展，由于虫体寄生部位形成的肉芽肿压迫食管，患犬会出现吞咽障碍、呼吸困难、呕吐、流涎等症状。感染后期，患犬食欲减退、消瘦，有时还伴发肥大性骨关节病。个别患犬会因动脉壁结节破裂发生大出血，突然倒地而急性死亡。Mazaki-Tovi 等人的研究结果表明，犬感染了狼尾旋线虫后，最可能出现的临床症状依次是：呕吐（60%）、发热（24%）、虚弱（22%）、呼吸异常（20%）、食欲减退（18%）、黑粪症（18%）和下肢瘫痪（14%）。

五、病理变化

由于狼尾旋线虫的幼虫在侵入胃动脉后可到达腹主动脉和胸主动脉的管壁中，并在其寄生部位形成肉芽肿。因此，该病的特征性病理变化是胸主动脉会出现动脉瘤，也有患犬会在食道壁、胃壁形成蚕豆甚至鸡蛋大小的肿瘤。肿瘤结节中的虫体与脓样液体混合在一起，其顶端有一个小孔通向外部。有时，患犬会出现脊柱炎、胸膜炎、腹膜炎等病理变化。

六、诊　　断

根据临床症状，同时利用饱和硝酸钠漂浮法或沉淀法，在疑似患病动物的粪便或呕吐物中发现虫卵，即可确诊。但由于虫卵是周期性排出的，因此需做多次检查。另外，也可用食道镜或 X 射线检查诊断该病。食道镜检查时可见食道壁有肿瘤样结节；胸部 X 线检查时，在食管上 1/3 处可见肿瘤样阴影；食管钡餐造影可见食管前部发生扩张。

七、防治措施

1. 治疗　犬旋尾线虫病的治疗常用以下几种药物。

（1）丙硫咪唑　按照每千克体重 10mg 的剂量，一次口服。

（2）左旋咪唑　按照每千克体重 6～8mg 的剂量，一次口服。

（3）海群生（乙胺嗪）　按照每千克体重 20mg 的剂量，连续口服 10 天。

（4）伊维菌素　按照每千克体重 0.2～0.3mg 的剂量，一次皮下注射。

（5）二碘硝基酚　按照每千克体重 10mg 的剂量，一次口服。

2. 预防　该病的预防主要采取综合性的预防措施。一旦发现动物感染狼旋尾线虫，应及时消灭其体内的病原，对粪便进行无害化处理。同时，要对环境卫生进行消毒，尽量杀灭中间宿主和贮藏宿主，切断该病的传播途径。在该病高发区，要加强饲养管理，禁止给犬饲喂蛙、蜥蜴、鸡内脏等，另外还可给易感动物进行药物预防，以提高它们的抗病能力。

八、公共卫生影响

无该病感染人的报道，无公共卫生意义。

（李文生　刘群）

参考文献

Mazaki-Tovi M, Baneth G, Aroch I, et al. 2002. Canine spirocercosis: clinical, diagnostic, pathologic, and epidemiologic characteristics [J]. Veterinary Parasitology, 107 (3): 235-250.

Naem S. 2004. Scanning electron microscopic observations on adult Spirocerca lupi [J] . Parasitology research, 92 (4): 265-269.

Ranen E, Lavy E, Aizenberg I, et al. 2004. Spirocercosis-associated esophageal sarcomas in dogs: A retrospective study of 17 cases [J] . Veterinary parasitology, 119 (2): 209-221.

Van der Merwe L L, Kirberger R M, Clift S, et al. 2008. Spirocerca lupi infection in the dog: A review [J] . The Veterinary Journal, 176 (3): 294-309.

第一百零六章
龙线科线虫所致疾病

麦地那龙线虫病
(Dracunculiasis)

麦地那龙线虫又称几内亚线虫（*Guinea worm*），寄生于犬、猫、马等家畜和狼、狐、猴、水貂等野生动物体内和人的皮下结缔组织内。麦地那龙线虫病被 WHO 确定为限期消灭的疾病，在公共卫生上具有重要意义。

一、发生与分布

早在公元前 15 世纪，埃及就有了麦地那龙线虫病的记载。在古罗马和古希腊时代，牧师们就发现该线虫可对人体健康造成严重损害。红海区域的犹太人曾将该线虫想象为“火样的巨蛇”给人类带来瘟疫。直到 18 世纪，瑞典的自然学家 Linnaeus 首次明确了给中东国家和地区带来瘟疫的“火样的巨蛇”是由麦地那龙线虫引起。1870 年，俄国科学家 Fedschenko 对麦地那龙线虫进行了细致的研究，第一次完整地描述了其生活史，并发现了它的中间宿主——剑水蚤（*Cyclops*）。

麦地那龙线虫病曾广泛分布于印度、巴基斯坦、西南亚、非洲等热带、亚热带的 17 个国家和地区，现在仅在非洲的某些国家和地区流行。在东亚，日本和朝鲜曾有人感染麦地那龙线虫的报道。1933 年，我国学者第一次在北京的犬体内发现了麦地那龙线虫，此后，也有猫感染该线虫的报道。1995 年，王增贤在安徽阜阳的一名 12 岁男童体内发现了麦地那龙线虫，这是我国人感染麦地那龙线虫病的首例报道。

二、病　　原

1. 分类地位　麦地那龙线虫（*Dracunculus medinensis*）在分类上属于线形动物门（Nemathelminthes）、线虫纲（Nematoda）、旋尾目（Spirurida）、龙线虫科（Dracunculidae）、龙线虫属（*Dracunculus*）。

2. 形态特征　麦地那龙线虫为最大的线虫之一，成虫细长，乳白色；体表光滑，镜下可见体表有细的横纹；头端被有角皮层板构成的盾状物，盾状物外侧有 6 个乳突；食道较长，可分为两部分，前端的肌质部较短，后端的腺质部粗而长。雄虫大小为（12～40）mm×0.4mm，尾端向腹面卷曲一至数圈；交合刺 2 根，几乎等长，长 490～730μm；生殖乳突 10 对、其中肛前生殖乳突 4 对、肛后 6 对；另在肛后两侧有 1 对尾感器。雄虫在宿主体内不宜找到，可能是由于交配后即死亡。雌虫大小为（70～120）cm×（0.7～1.7）mm，尾端向腹面呈鱼钩状弯曲；生殖系统为双管型，阴门位于虫体中部；雌虫发育成熟后，阴门萎缩，卵巢退化，假体腔被子宫所充满，子宫内含有大量的第一期幼虫。

第一期幼虫（杆状蚴）在雌虫子宫内发育成熟，产出时即为可活动的幼虫，大小为（550～760）μm×（15～30）μm，头端钝圆，体表有明显的纤细环纹；消化道具口和肛孔，但尚不具消化功能；尾尖细，约为体长的 1/3；肛门后方的体尾交界处两侧有 1 对尾感器。第一期幼虫在水中较为活跃，可存活4～7天，但3天后其感染力下降。若被剑水蚤吞食，在适宜温度下即可发育为第三期幼虫。第三期幼虫（感染期蚴）大小为（240～608）μm×（12～23）μm；尾端有2～4个由小突起而形成的分叉。

3. 生活史 雌雄虫交配后，雄虫逐渐死亡，雌虫在终末宿主的腹股沟或腋窝等处继续发育，接着移行至四肢、背部、腹部等皮下组织，头端伸向皮肤。此时子宫内由于含有大量幼虫，虫体内压增高，加上虫体成熟后其头端的体壁退化，发生自溶，导致雌虫体壁和子宫破裂，释放出大量的第一期幼虫。这些幼虫引起宿主强烈的免疫反应，围绕虫体周围形成水疱和溃疡。当宿主与水接触后，虫体因受刺激，自宿主皮肤破溃处脱出并破裂，而子宫也从虫体前段破口处脱垂，将大量幼虫产于水中。当幼虫全部排出后，这部分虫体和子宫崩解，剩余的部分虫体从伤口缩回。当宿主再次接触冷水时，又重复上述过程，直到虫体内的幼虫全部排完，伤口也随之愈合。

在水中的杆状蚴不断运动，被中间宿主剑水蚤吞食后，在25℃时，经12～14天且经2次蜕皮发育为感染期幼虫。当含有感染期幼虫的剑水蚤被终末宿主饮水食入后，幼虫在其十二指肠逸出，并在13h后钻入肠壁，10～12天到达肠系膜，15天到达胸腹肌肉，21天移行至皮下结缔组织。第三次和最后一次蜕皮发生在约感染后的第20天和第43天。雌、雄虫在感染后的3.5个月之内到达终末宿主的腋窝和腹股沟等部位，此时的雌虫已受精。成熟的孕虫在感染后的8～10个月移行至终末宿主肢端的皮肤，在子宫内的有的已发育成熟。根据流行病学调查结果显示，人感染后第10～14个月，皮肤上会出现水疱，接着破溃。雌虫即从宿主皮肤溃破处暴露，遇水产出幼虫。

三、流行病学

1. 传染来源 目前认为人是该病唯一的传染源。虽然有脊椎动物自然感染的报道，但没有证据表明动物也可成为该病的传染源。

2. 传播途径 经口感染是该病的主要传播途径，人或其他终末宿主吞食了含有感染期幼虫的剑水蚤而导致感染。有学者认为，含有感染期幼虫的剑水蚤也能侵入阴道。由于阴道的酸性环境可破坏剑水蚤，使其释放出的幼虫钻入邻近组织，造成感染。

3. 宿主 人是麦地那龙线虫的终末宿主，犬、猫、马、牛、狼、豹、猴、狒狒等多种动物均可作为其贮藏宿主。

剑水蚤是麦地那龙线虫的中间宿主。到目前为止，已有十多种剑水蚤被认定为该线虫的中间宿主，其分布范围广泛，可在各种类型的水域中生活。常见的有刘氏剑水蚤（*Cyclops leuckarli*）和广布中剑水蚤（*Mesocyclops leuckarti*）。

4. 流行特征 该病在干旱地区流行较为严重，而在雨水充沛的地区流行较轻。这是由于在干旱地区，蓄水潭内的生活用水不流动，浮游生物和剑水蚤大量繁殖，人们在取水后进行饮用、洗衣、洗澡等活动时，造成了感染。

该病的在农村的感染率高于城市，尤其是经济欠发达地区。感染者的年龄多在14～40岁，发病季节以5～9月份为高。人体感染虫数多为1～2条，少数超过6条。大多数患者每年只感染1次。

四、临床症状

该病的潜伏期为8～12个月。当雌虫移行至皮肤时，患者会出现发热、荨麻疹、皮疹、红斑、局部水肿等症状。虫体在皮下停留约1个月后，常在腿下端和足部皮肤表面出现1个微红色丘疹，继而发展为水疱，且常伴有局部瘙痒和剧烈疼痛。水疱一旦破裂，会形成脓肿。若没有继发细菌感染，则脓肿逐渐缩小，留下一个雌虫伸出缩回的小孔。在发病期，农民可因此病丧失劳动力50～100天。

该病并发症因成虫所在部位不同，临床表现也多种多样。当虫体移行至膝关节、踝关节及其附近时，可引起急性膝关节炎、踝关节炎，并可造成一定数量的患者留下永久性跛足残疾；当虫体移行至心包中，可发生缩窄性心包炎；当虫体移行至椎管中，可导致患者四肢麻痹，以及椎管内的异位虫体所致硬膜外脓肿；当虫体寄生在子宫胎盘时，则可引起大出血。

五、病理变化

人感染麦地那龙线虫后，主要的病理变化是炎症反应。感染期幼虫在终末宿主体内移行时，可引起周围组织发生明显的炎症反应。若虫体破裂，则可造成严重的蜂窝织炎或局部脓肿，患者的脓肿壁有嗜酸性粒细胞和巨噬细胞浸润。当虫体在膝关节时，可见膝关节内有浆细胞浸润，也含有巨噬细胞，滑液中有时还可检查到胚蚴；当虫体死亡钙化后，滑膜也可发生纤维化，造成患者纤维性关节炎强直。

六、诊　　断

该病的潜伏期长达8～12个月，在发病前较难确诊。有学者曾利用免疫学实验确诊该病，但还处于摸索阶段：给疑似患者进行皮内试验，注射0.1～0.25mg抗原，阳性患者其皮肤会在24h内出现红晕，直径达3cm左右，且有伪足。这种内皮试验的反应阳性率可达85%，但对感染有盘尾丝虫、罗阿丝虫的患者亦有交叉反应，准确率较差。

确诊该病主要是进行病原学检查。若疑似患者的皮肤上有典型水疱，结合流行病学史的调查，则要考虑该病。待水疱破裂后，从伤口中检查出第一期幼虫即可确诊。若在皮肤破裂处见到雌虫，也可确诊该病。对深部脓肿，可用空针吸引法吸取少量无菌脓液，在镜下检查幼虫即可。在该病潜伏期的最后阶段，可在某些患者的皮肤下触摸到细绳样的虫体或见到条索状虫体，但要注意与皮下寄生的裂头蚴加以区别。

就动物而言，当在其背部、腹部、四肢等处发现有小至蚕豆、大到核桃样大小的圆形、椭圆形肿瘤样结节时，触摸有弹性，指推可滑动，小的结节较硬，大的结节较软并时大时小变动，亦可在皮下缓慢蠕动或转移部位，可怀疑该病。

七、防治措施

1. 治疗　对该病可采用物理或化学方法进行治疗。

(1) 物理方法

①小棒卷虫法：让伤口每天与冷水接触，当雌虫伸出时，用一根小棒将虫体慢慢地卷出，每天1次，约3周可将全虫卷出。在操作过程中，不要卷动太快，以免拉断虫体，造成严重的组织反应。

②线拉虫法：用一根长40～50cm的细线的一端拴住虫体头部，牵引另一端顺势慢拉。需逐日进行，直至虫体全部拉出为止。

(2) 化学方法　近年来，利用化学药物治疗该病有了进一步的发展。常用的药物有以下几种。

①噻苯咪唑：按照每千克体重50mg的剂量，口服2～3天，虫体可溶解消失。

②甲硝唑：每次口服400mg，每天3次，10～20天为一个疗程，可减轻症状、治疗伤口，也不会出现严重的副作用。

③甲苯咪唑：每次口服200mg，每天4次，6天为一个疗程。用药后不需牵引，虫体溶为碎片可自行排出。待完全排出后，破溃处即可在数日内愈合。有多条成虫的患者，可酌情增加几个疗程。

2. 预防　预防感染，是防治该病的最重要环节。要增强人们对麦地那龙线虫病的认识，提高群众的控制和消灭意识。对于农村等偏远地区，更需要大力开展卫生宣传工作，定期了解健康教育覆盖率。尽量避免群众饮用沟、池、井中的生水，克服不良的生活习惯。若发现人、畜可疑病例，医务人员、兽医工作者要及时向上级主管部门报告，要认真、准确做好该病的感染流行状况记录，深入开展流行病学调查，探索感染来源。同时，要建立以乡村为基本单位的监测点，结合其他卫生疾病控制和监测项目主动开展龙线虫病监测，保证龙线虫病控制措施的实施。

八、公共卫生影响

在20世纪90年代前，据估计全世界每年有500万～1 000万人感染麦地那龙线虫，约有1.2亿人受到威胁。由于该病在一些国家和地区流行严重，危害人体健康，引起了 WHO 的高度重视。1986 年，WHO 提出要在全球消灭麦地那龙线虫病。1995 年，已经有 189 个国家被认证为无麦地那龙线虫病国家。2007 年 3 月，WHO 宣布当月又有 12 个国家获得消除麦地那龙线虫病的国际认证。但目前为止尚未在全球范围内消灭该病。

（李文生 刘群）

参考文献

王增贤，马守香．1995. 麦地那龙线虫病在我国首次发现［J］. 中国人兽共患病杂志，11（1）：16－17.

Anosike J C，Azoro V A，Nwoke B E B，et al. 2003. Dracunculiasis in the north eastern border of Ebonyi State［J］. International journal of hygiene and environmental health，206（1）：45－51.

Bloch P，Simonsen P E，Weiss N，et al. 1998. The significance of guinea worm infection in the immunological diagnosis of onchocerciasis and bancroftian filariasis［J］. Transactions of the Royal Society of Tropical Medicine and Hygiene，92（5）：518－521.

Cairncross S，Muller R，Zagaria N. 2002. Dracunculiasis（Guinea worm disease）and the eradication initiative［J］. Clinical Microbiology Reviews，15（2）：223－246.

Saint George J. 1975. Bleeding in pregnancy due to retroplacental situtation of guinea worms［J］. Annals of tropical medicine and parasitology，69（3）：383－386.

第一百零七章
棘头虫所致疾病

念珠棘头虫病
(Moniliformis moniliformis infection)

念珠棘头虫病（Moniliformis moniliformis infection）是由念珠念珠棘头虫寄生于鼠和人的肠道引起的。自 Redi 于 1684 年首次在鳝鱼体内发现棘头虫以来，已报告棘头动物门（Acanthocephala）的棘头虫有 1 000 多个种。棘头虫虫体呈椭圆形、纺锤形或圆柱形等不同形态。其发育至少需要 2 个宿主，其成虫寄生于鱼类、两栖类、爬行类、鸟类和哺乳类动物的肠道，幼虫一般寄生在昆虫、甲壳动物或多足类动物体内。在我国已报道 10 个种棘头虫可寄生于家畜、家禽、犬等动物。我国尚无实验动物自然感染的报道。

一、发生与分布

棘头虫能够感染多种动物和人，分布广泛，寄生于小肠，危害严重，世界性分布。念珠棘头虫病在欧洲、亚洲、非洲和美洲都有报道。

二、病　　原

1. 分类地位　念珠棘头虫在分类上属于棘头动物门（Acanthocephala）、原棘头虫目（Archiacanthocephala）、念珠棘头虫科（Moniliformidae）、念珠棘头虫属（*Moniliformis*），主要虫种有念珠念珠棘头虫（*M. moniliformis*）和犹疑念珠棘头虫（*M. dubius*）。念珠棘头虫主要感染鼠类动物，其次感染人。

2. 形态特征　念珠念珠棘头虫（*Moniliformis moniliformis*）虫体呈圆柱形，乳白色，分为细短的前体和较大的躯干两部分。前端和后端的体表光滑，中间部分体表呈念珠状伪节，有 88～100 个伪节。虫体前端有一个吻突，呈球形、卵圆形或圆柱形等，吻突上有 12 列吻钩，每列 9～11 个，是用于附着宿主肠壁的工具。其后为颈，较短，无钩与棘。

（1）雄虫　体长 60～80mm，体中部宽 1.0～1.5mm；吻突长 0.36～0.56mm，宽 0.15～0.19mm。睾丸 2 个，呈椭圆形，前后排列于虫体的亚末端，大小为（2.1～2.8）mm×（0.75～0.79）mm。黏液腺 8 个，位于睾丸后端，伸出体外的交合伞呈钟罩状。

（2）雌虫　体长 98～183mm，体中部宽 1.4～2.1mm，吻突长 0.49～0.61mm，虫体内充满不同发育期的虫卵。

（3）虫卵　大小为（114～128）μm×（56～67）μm，有四层卵膜，卵内有棘头蚴，卵内肛体大小为 58.07μm×23.0μm，胚体顶钩 6～8 个。

虫体结构见图 107-1-1。

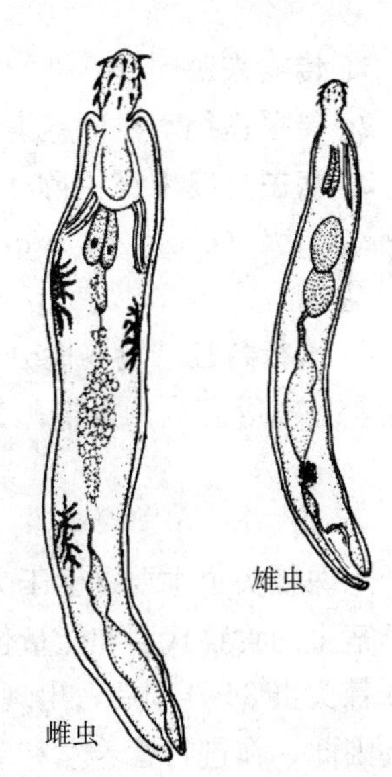

图 107-1-1　念珠念珠棘头虫

棘头虫躯干的前部比较宽，后部比较细长。体表光滑，有皱纹，体表常由于吸收宿主营养，特别是脂类物质，而呈现红、橙、褐、黄或乳白色。躯干部系一个中空的构造，其内包含着生殖器官、排泄系统、神经以及假体腔液等。

3. 生活史 棘头虫为雌雄异体，雌雄虫交配受精。成虫寄生于鼠的小肠，虫体以吻突固着于鼠的小肠壁上。虫卵随鼠的粪便排出体外。成熟的卵中含有幼虫，称棘头蚴（acanthor），其中一端有一圈小钩，体表有小刺，中央部为有小核的团块。棘头虫的发育需要中间宿主，中间宿主为甲壳类动物和昆虫。排到自然界的虫卵被中间宿主甲虫或蜚蠊食入后，在小肠内卵壳破裂，棘头蚴逸出，在其体内先变发育为棘头体（acanthella），继续发育为感染性幼虫——棘头囊（cystacanth）。终末宿主鼠因摄入含有棘头囊的中间宿主而遭受感染。棘头体以其吻突固着于鼠小肠壁上，约经 6 周发育为成虫。虫体还可能感染搬运宿主或贮藏宿主青蛙、蛇或蜥蜴等脊椎动物（图 107-1-2）。

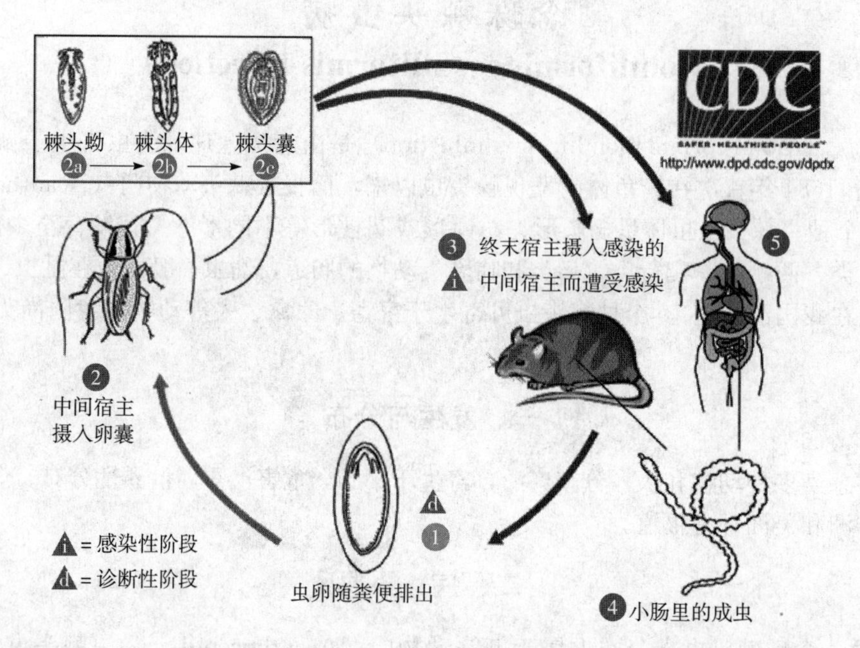

图 107-1-2 念珠棘头虫生活史（http://www.dpd.cdc.gov/dpdx. CDC 2009）

三、流行病学

1. 传染来源 受感染的鼠类是主要传播来源。

2. 传播途径 经口感染，终末宿主因食入含有感染性棘头囊的甲虫遭受感染。

3. 宿主 终末宿主除了各种鼠类（大鼠和小鼠）外，还有树鼩（*Tupaila glis*）、赤狐（*Vulpes vulpes*）、犬（*Canis familaris*）、刺猬（*Erinaceus algiris*）、猫等多种动物和人。中间宿主为甲壳类动物和昆虫。

4. 流行特征 世界性分布。在欧洲、亚洲、非洲、美洲都有流行，在意大利、英国、苏丹、洪都拉斯、日本等有病例报告；在我国的福建、新疆、海南、广东、贵州等地有该病的报道。

四、致病性与临床表现

念珠棘头虫主要寄生于大鼠的肠道。吸附于宿主体壁吸取氨基酸、糖类和核酸等营养物质，完全依赖于宿主的食物代谢和能量供给，因此常造成宿主营养缺乏、消化不良、消瘦、生长速度减慢。人感染念珠棘头虫 3～6 周后，出现腹泻、腹痛、乏力等症状，感染严重者可能表现出嗜睡、头痛、耳鸣等症状。因此，在进行营养学和动物生长试验时须排除该虫体对实验动物的影响。

大鼠试验感染念珠棘头虫后，在 10～24 天内血清里最先出现 IgE 抗体，1 个月左右时出现反应最高峰，如果虫体持续寄生则可维持其高抗体水平。在进行其他蠕虫的免疫学研究时，若实验动物感染棘头虫，可能影响研究结果。

五、诊　断

念珠棘头虫病无特征症状，确诊需要检查到病原。在粪便中检出虫体或虫卵，即可确诊。对人或动物的棘头虫病免疫学和分子检测技术的研究报告罕见，也没有成熟的方法用于临床诊断。针对念珠棘头虫特异的检测方法尚未见报道，可借鉴猪蛭形巨吻棘头虫病的虫卵检测方法。

一般采用水洗沉淀法检测粪便中的棘头虫虫卵。

六、防治措施

尚无治疗念珠棘头虫病的特效药，因此预防实验动物食入含有感染性棘头囊的甲虫或蜚蠊是防控该病的关键。在实验动物生产、运输和饲养过程中防止接触中间宿主；要防止饲料仓库、饮水源等被中间宿主闯入或死亡宿主尸体的污染。

在做营养学、免疫学等试验研究时，需对实验动物念珠棘头虫感染进行淘汰检疫，以免影响试验数据的科学性。

七、公共卫生影响

我国报告人的棘头虫病主要是蛭形巨吻棘头虫病，已报告 300 余例，主要分布在东北、中原和华南地区。念珠棘头虫也能感染人，国内外报告病例均较少，我国仅见新疆的 2 例报告。人感染念珠棘头虫后常引起腹痛、腹泻、呕吐、疲软和嗜睡症状，但是应用一般的抗蠕虫药可有效控制念珠棘头虫感染。自然感染念珠棘头虫的甲虫（蟑螂等）可能发生行为上的改变，爬行速度明显减缓，有利于终末宿主将其捕食而完成棘头虫发育过程，大多数棘头囊因为中间宿主未及时被终末宿主摄入而丧失了进一步发育的机会。棘头虫对中间宿主行为的改变是寄生虫与宿主之间相互选择的结果，长期的选择适应增加终末宿主感染的机会，利于寄生虫寄生生活的延续。

（王辉　刘群）

参考文献

廖党金．2005. 诊断畜禽寄生虫病的一种新技术［J］．中国兽医寄生虫病，13（1）：8－9.

汪明．2002. 兽医寄生虫学［M］．第 3 版．北京：中国农业出版社：207－209.

Allely Z，Moore J，Gotelli N J. 1992. Moniliformis moniliformis infection has no effect on some behaviors of the cockroach Diploptera punctata［J］．The Journal of parasitology：524－526.

Counselman K，Field C，Lea G，et al. 1989. Moniliformis moniliformis from a child in Florida［J］．The American journal of tropical medicine and hygiene，41（1）：88－90.

Freehling M，Moore J. 1993. Susceptibility of 13 cockroach species to Moniliformis moniliformis［J］．The Journal of parasitology：442－444.

Ikeh E I，Anosike J C，Okon E. 1992. Acanthocephalan infection in man in northern Nigeria［J］．Journal of Helminthology，66（3）：241－242.

Lawlor B J，Read A F，Keymer A E，et al. 1990. Non-random mating in a parasitic worm：mate choice by males［J］．Animal behaviour，40（5）：870－876.

Libersat F，Moore J. 2000. The parasite Moniliformis moniliformis alters the escape response of its cockroach host Periplaneta americana［J］．Journal of insect behavior，13（1）：103－110.

Myers P，Espinosa R，Parr C S，et al. 2008. The animal diversity web［J］．Accessed．Accessed at http：//animaldiversity. org.

Schmidt G D，Roberts L S. 1981. Foundations of parasitology［M］．CV Mosby，St Louis：542－560.

第一百零八章 疥螨科虫体所致疾病

疥　螨　病
(Sarcoptidosis)

疥螨病（Sarcoptidosis）指由疥螨寄生于人和动物皮肤表皮层内，引起的顽固性、接触性、传染性的慢性寄生性皮肤病。剧痒、结痂、湿疹性皮炎、脱毛、皮肤增厚以及患部逐渐向周围扩展和具有高度传染性为该病主要特征。1698 年，意大利的两位学者首次描述疥螨病，但直到 200 年后疥螨病的危害才逐渐被人们所认识。该病广泛分布于世界各地，潮湿及卫生条件较差的地区多发。人和 40 多种哺乳动物都有疥螨病的报道。实验动物犬、猫、兔、小鼠等均有疥螨寄生，临床特征与家畜疥螨病类似。

一、发生与分布

疥螨病呈世界性分布，流行于卫生条件较差的地区。人和动物普遍感染。

近年来对其病原的研究倾向于单种说，因为尽管寄生于不同宿主所感染疥螨的大小、形态均有变异，但在不同宿主疥螨交互感染时，寄生时间较短暂，危害较轻。但是寄生于各种动物体的疥螨可相互杂交，并未达到生殖隔离水平，而且在转移宿主时所发生的短暂的生理上的差异也是可以驯化的。根据进化研究，认为疥螨的原始宿主是人，由古猿体的疥螨演化而来，随家畜驯化而从人先传给犬，随后从家畜传至野生动物。因此，各种动物疥螨均被认为是人疥螨亚种。

二、病　　原

1. 分类地位　各种疥螨在分类上属于节肢动物门（Arthropoda）、蛛形纲（Arachnida）、蜱螨目（Acarina）、疥螨亚目（无气门亚目，Sarcoptiformes）、疥螨科（Sarcoptidae）。引起兔、犬、猫和鼠疥螨病的病原主要为疥螨属（*Sarcoptes*）、背肛螨属（*Notoedres*）、膝螨属（*Knemidocoptes*，*Cnemidocoptes*）等属疥螨。感染犬的疥螨是人疥螨（*Sarcoptes scabiei*）在犬的变种（犬疥螨，*Sarcoptes scabiei* var. *canis*），感染猫的疥螨为猫背肛螨（*Notoedres cati*）。感染兔的疥螨包括疥螨的兔变种（兔疥螨，*Sarcoptes scabiei* var. *cuniculi*）和兔背肛螨（*N. cati* var. *cuniculi*），兔背肛螨为猫背肛螨的亚种。感染鼠的疥螨主要为鼠背肛螨（*N. muris*）。

2. 形态特征　犬疥螨和兔疥螨与其他动物和人的疥螨形态基本一致。成虫卵圆形，呈乳白色或浅黄色，龟形，背面隆起，腹面扁平。体形很小，雄虫大小为（0.2～0.23）mm×（0.14～0.19）mm，雌虫大小为（0.33～0.45）mm×（0.25～0.35）mm。虫体背面有细横纹、锥突、鳞片和刚毛，腹面有四对粗短的足。无眼和气门。颚体短小，位于前端。螯肢如钳状，尖端有小齿，适于啮食宿主皮肤的角质层组织。须肢分三节。足较短而粗，分 5 节，呈圆锥形。前两对足与后两对足之间的距离较大，足的基部有角质内突。雌、雄螨的前 2 对足末端均有具长柄的爪垫，称吸盘；雌螨和雄螨的后 2 对足末端不同，雌虫均为长刚毛，雄虫的第 4 对足末端具吸垫。雌螨的产卵孔位于后 2 对足之前的中央，呈横裂缝状形成一横沟，横沟上方有一颜色较深的生殖吸盘。雄螨的外生殖器位于第 4 对足之间略后处。两者的肛门都位于躯体后缘正中。幼螨仅有 3 对足；若螨具有 4 对足，但无生殖孔。虫卵呈椭圆形，大小为 150 μm×100μm。

猫背肛螨较小，仅有犬疥螨的一半左右，肛门位于虫体背面，背面的锥突和棘突都比较小。猫背肛螨雌螨大小为（0.2～0.45）mm×（0.16～0.4）mm，雄螨大小为 0.12～0.15 mm，雌螨第 1、2 对足，雄螨第 1、2、4 对足末端有吸盘，肛门位于背面，离体后缘较远，肛门四周有环形角质皱纹。兔背肛螨、鼠背肛螨与猫背肛螨的形态基本一致。

3. 生活史　疥螨和背肛螨的发育过程均属于不完全变态，发育过程需经过卵、幼虫、若虫和成虫四个阶段；雄螨有 1 个若虫期，雌螨有 2 个若虫期。雌、雄疥螨在皮肤表面交配后，雄螨死亡，雌螨钻入表皮挖凿隧道，经 2～3 天后在隧道内产卵，每天产卵 1～2 粒。卵经 3～4 天孵化为幼虫，幼虫移行至皮肤表面活动，在毛间和皮肤上开凿小穴，在小穴内经 3～4 天蜕皮发育为若虫。若虫有大小两型，小型若虫是雄性若虫，在穴内蜕皮变为雄螨；大型若虫是第一期雌性若虫，经蜕皮发育为第二期雌性若虫。雌螨又钻入皮肤挖凿永久性隧道，并在其中产卵。雄螨和雌螨交配后很快死亡。雌螨在隧道内发育为成虫。雌螨寿命为 4～5 周。疥螨的整个生命周期都在犬、猫体进行，需 8～22 天，平均 15 天。

犬、猫的疥螨可寄生于全身皮肤内，头部、四肢、体侧都是常见寄生部位。猫和兔背肛螨主要寄生于耳部、头面部、颈部等，少见于腿部、腹侧部等。鼠背肛螨主要寄生于耳部。

螨离开宿主后，在适宜的温湿度下，在畜舍内、墙壁上或各种用具上能存活 3 周左右；在 18～20℃、空气湿度 65 %时，可存活 2～3 天；在 7～8℃条件下，经 15～18 天死亡。虫卵离开宿主后 10～30 天，仍保持继续发育的能力。

三、流行病学

1. 传染来源与传播途径　感染疥螨和背肛螨的动物和人是螨病的主要传染源。健康动物或人与患畜或被疥螨污染的物体直接接触而感染。

2. 宿主　7 目 17 科 40 多种哺乳动物和人都有疥螨寄生。多种野生动物有疥螨病病例报道，如郊狼、红狐、狼、野犬、鼠、野猪、貘、羚羊、骆驼、小熊猫、苏门羚、猬、豚鼠等都有疥螨感染的报道。实验动物犬、猫、兔均是疥螨的易感宿主。疥螨具有相对宿主特异性，各种动物的疥螨均为人疥螨的变种。

3. 流行特征　疥螨为世界性分布，疥螨病流行于卫生条件较差的地区。人和动物感染普遍。疥螨病的春冬季发病率明显高于夏秋季节，且具有周期性。

疥螨发育的最适宜条件是阳光不足和潮湿，冬季和秋末春初时最适合螨的发育繁殖。症状开始于动物的头、颈、背部、四肢及尾根等背毛较短部位，严重时可波及全身。夏季家畜绒毛大量脱落，皮肤表面常受阳光照射，皮温增高，经常保持干燥状态，大部分虫体死亡，仅有少数螨潜伏在耳廓、系凹、蹄踵、腹股沟部以及被毛深处，这种带虫动物没有明显症状，到秋季后，螨又重新活跃起来，引发疾病。

疥螨能感知宿主的体温、气味，成螨尤为显著。其活动范围与可见光和紫外光也有直接联系，当光线有一定倾斜度时，疥螨就寻找皮肤最暴露的部位寄生。疥螨与宿主间的距离在疥螨感染过程中起重要作用，随着距离的增加其对宿主的体温和气味敏感性降低。

四、致病性与临床症状

疥螨寄生于牛、马、羊、猪、犬、猫、兔和骆驼等 40 多种家畜和野生动物。

疥螨感染后有一定的潜伏期。犬人工感染的潜伏期为 6～12 天，但当临床症状消失后 2 个月进行第二次人工感染，其潜伏期仅为 3 天。人疥螨的潜伏期为 9～10 天，最长可达 4～6 周。

疥螨病的最常见症状是瘙痒。各种动物疥螨病症状相似，犬和猫多发于四肢末端，然后至面部、耳部、腹侧和腹下部，逐渐蔓延至全身。感染初期局部皮肤出现小红点和小结节，继而出现小水疱，因剧烈瘙痒，患病犬、猫不断啃咬和摩擦患部，局部出血、渗出、结痂，表面形成黄色痂皮，进而皮肤增厚、被毛脱落。增厚的皮肤尤其是面部、颈部和胸部皮肤常形成皱褶、龟裂，向四周蔓延。后期出现红斑、皮肤损伤，进而出现结痂、脱毛和皮肤增厚，甚至出现出血、坏死等临床症状。轻微感染时通常不表现明显的症状，慢性或严重感染时由于整个感染期都伴有剧烈的瘙痒，患病犬、猫烦躁不安，不断地搔抓、啃咬和摩擦患部，影响休息和正常进食，气温上升或运动后症状加剧。病程延长则出现食欲下降、消化吸收功能紊乱、逐渐消瘦、贫血，继而出现恶病质，严重影响生长发育。如继发感染，则发展成为深在性脓皮病，最终导致死亡。

1. 兔疥螨病 先由口、鼻孔周围和脚爪部发病，病兔不停地啃咬爪部或用爪搔抓嘴、鼻等处解痒，严重发痒时呈现前、后爪抓地等异常动作。病爪上出现灰白色痂皮，嘴唇肿胀，影响采食。

2. 犬疥螨病 先发生于头部，后扩散至全身，幼犬尤为严重。患部皮肤发红，有红色或脓性疱疹，上覆黄色痂皮；奇痒，脱毛，皮肤变厚且出现皱纹。

3. 猫和兔的背肛螨病 多发于面、鼻、耳及胫部的皮肤。严重感染时常使皮肤增厚、龟裂，出现黄棕色痂皮，可导致死亡。

五、病理变化

受损皮肤表皮内棘细胞水泡变性，皮肤海绵层水肿，炎性细胞浸润，真皮层水肿、胶原纤维增粗结构模糊，有的可见脓肿和严重坏死的组织。其他脏器如肝脏、肾小球、脾脏红髓、肠、舌主要是淀粉样变性。此外，骨骼肌细胞和心肌细胞颗粒变性，骨骼肌和心肌水肿，淋巴小结增大，淋巴细胞增多，髓质淋巴窦扩张充满淋巴液。也可引起血液病理学变化，但不同种属的宿主表现有所不同。

皮肤的病理性损伤是由于疥螨在皮肤内挖掘隧道不断移行造成的。疥螨发育的各阶段均在皮肤隧道内进行，寄生发育过程导致皮肤的直接损伤和出血；其采食过程中的分泌物和代谢产物等化学物质可导致周围血管充血、渗出，机体过敏，皮肤上出现红斑、结痂；刺激皮肤导致皮下组织增生，棘细胞层水泡变性，皮肤增厚形成皱褶；同时由于真皮乳头层嗜酸性粒细胞、肥大细胞和淋巴细胞等浸润进出现过敏性炎症反应。

六、诊　　断

1. 临床诊断 疥螨病的诊断主要依靠病原学诊断，即结合临床症状并从病变部位刮取皮屑或痂皮，将皮屑或痂皮置于显微镜下观察寻找虫体或虫卵来确诊。对有明显症状的螨病，根据发病季节、接触史及临床症状可做出初步诊断；但症状不够明显时，则需要采取健康与病患交界部的病变皮肤组织，检查发现虫体或虫卵可确诊。

2. 螨虫检查 动物疥螨病一般是在病变皮肤与健康皮肤交界处刮取皮肤组织或结痂（猪疥螨的检查一般取耳廓内侧病理痂皮或耳垢）进行检查，查到螨虫或螨卵即可确诊。

检查方法：用刀片刮取病变部与正常皮肤交界处皮屑（须刮至见出血为好），将病料置于玻璃片上，滴加50 %甘油溶液，加盖玻片后置于低倍显微镜下观察，检查皮屑中活虫和虫卵。或置40～45 ℃温水中孵育1～2 h后再检查。如果皮屑较厚，直接检查不易观察，易漏检。可采用浓缩法，即刮取较多的皮屑，放入试管中，加入10%～20%氢氧化钠溶液，混合，室温过夜或加热至沸腾，然后2 000r/min离心5 min，检查沉淀中的螨虫、螨卵，或在沉淀中加入60%硫代硫酸钠进行漂浮，取液体表面进行检查。

为了防止漏检，需多次刮取多部位的病料，反复检查。

七、防治措施

1. 治疗 螨病的治疗药物包括外用药和全身用药。

（1）外用药 常用于局部涂抹，如10 %硫黄软膏、10 %苯甲酸苄酯搽剂和伊维菌素浇泼剂、菊酯类药物等。使用前须做好病患部位的清理，然后涂抹药物。

（2）全身性药物 伊维菌素注射液，每千克体重 0.2mg，皮下注射，间隔 7～10 天重复使用。也可用其他同类药物，如多拉菌素等。

（3）对症治疗 对继发感染的病例，应配合抗生素治疗，同时要加强营养，补充蛋白质、微量元素和多种维生素。

由于疥螨的生活周期为 3 周，所以 3 周后再重复治疗一次，连续治疗 2～3 个疥螨生活周期，以确保疗效。

2. 预防 由于疥螨特殊的生活习性，采取全身周期性给药和严格的环境灭螨，对疥螨病的防治更好。尚无疫苗可用于疥螨病的防治。

预防措施包括：保持圈舍干燥、透光、通风良好；动物群饲养密度合理；定期检查、定期驱虫；隔离受感染的动物，避免传染源的扩大；保持圈舍的清洁，定期消毒；引进动物前应检查动物感染情况，确认无螨虫感染，再行并群。

若在试验前若发现动物感染螨，须坚决淘汰，以免影响试验结果。

八、公共卫生影响

人和动物的疥螨病一般不交互感染，各种动物和人都有自己的疥螨病原。但是演化研究认为，疥螨的原始宿主是人，不同动物疥螨并未进化到生殖隔离水平，且不同动物疥螨交互感染时可发生短暂寄生，但危害较轻。因此密切接触动物的人员应做好自身防护。

（王辉 刘群）

参考文献

何国声，朱顺海．1999. 规模化猪场寄生虫病的控制［J］．中国兽医寄生虫病，7（2）：27－32.

刘欣．2010. 感染人类的宠物螨病［J］．中国比较医学杂志（11）：153－155.

汪 明．2002. 兽医寄生虫学［M］．第 3 版．北京：中国农业出版社：223－224.

吴观陵．2005. 人体寄生虫学［M］．第 3 版．北京：人民卫生出版社：1028－1034.

杨光友，杨学成．1997. 九寨沟自然保护区苏门羚群发性疥螨病的调查［J］．四川动物，16（2）：86.

杨光友，王成东．2000. 小熊猫寄生虫与寄生虫病研究进展［J］．中国兽医杂志，26（3）：36－38.

左仰贤．1997. 人与动物共患寄生虫学［M］．北京：科学出版社：198－200.

赵辉元．1998. 人与动物共患寄生虫病学［M］．延边：东北朝鲜民族教育出版社：625－626.

曾智勇，杨光友，梁海英．2013. 疥螨与疥螨病研究进展［J］．中国畜牧兽医文摘（3）：53－54.

Arlian L G. 1989. Biology，host relations，and epidemiology of Sarcoptes scabiei［J］．Annual Review of Entomology，34（1）：139－159.

Arlian L G，Bruner R H，Stuhlman R A，et al. 1990. Histopathology in hosts parasitized by Sarcoptes scabiei［J］．The Journal of parasitology：889－894.

Baker G. 2007. David，Flynn’s Parasites of Laboratory Animals［M］．2th ed. Americn：Blackwell Publising：548.

Fain A. 1991. Origin，variability and adapt ability of S. scabiei［A］．In：Dus babek F，Bukva V，editors. Modern Acarology［C］．The Hague：SPB Acad Publ：261－265.

Mattsson J G，Ljunggren E L，Bergström K. 2001. Paramyosin from the parasitic mite Sarcoptes scabiei：cDNA cloning and heterologous expression［J］．Parasitology，122（5）：555－562.

Zahler M，Essig A，Gothe R，et al. 1999. Molecular analyses suggest monospecificity of the genus Sarcoptes［J］．International journal for parasitology，29（5）：759－766.

第一百零九章 痒螨科虫体所致疾病

第一节　耳痒螨病 (Otodectic mange)

犬、猫耳痒螨病（Otodectic mange）是由耳痒螨属的犬耳痒螨（*Otodectes canis*）和猫耳痒螨（*Otodectes cati*）引起的高度接触性传染病。主要寄生于动物外耳道，引起大量的耳脂分泌和淋巴液外溢。耳道内常见棕黑色的分泌物和表皮增殖症状。若有细菌继发感染，病变深入中耳、内耳及脑膜，可造成化脓性外耳炎和中耳炎，深部侵害时还可引起脑炎，出现神经症状。耳痒螨是危害实验犬、猫等的重要外寄生虫病。

一、发生与分布

耳痒螨分布于世界各地，犬、猫感染较为普遍，也有雪貂和红狐感染的报道。

二、病　　原

1. 分类地位　犬、猫耳痒螨在分类上属于节肢动物门（Arthropoda）、蛛形纲（Arachnida）、蜱螨目（Acarina）、疥螨亚目（无气门亚目，Sarcoptiformes）、痒螨科（Psoroptidae）、耳痒螨属（*Otodectes*），分别为犬耳痒螨（*O. canis*）和猫耳痒螨（*O. cati*）。

2. 形态特征　犬耳痒螨和猫耳痒螨的形态基本一致。口器呈短圆锥形，腹面有 4 对较长的足。雄虫体长 0.35～0.38mm，其第 3 对足的端部有两根细长的毛，每对足末端和雌螨 1、2 对足末端均有带柄的吸盘，柄短不分节，雄性生殖器居第 4 足之间。雌螨体长 0.46～0.53mm，第 4 对足不发达，不能伸出体边缘，第 3、4 对足无吸盘；雌虫腹面前部正中有产卵孔，后端有纵裂的阴道，阴道背侧有肛孔，雌性第二若虫的末端有两个突起供接合用，成虫无此构造。

3. 生活史　耳痒螨全部发育过程包括卵、幼虫、若虫和成虫 4 个阶段，其中雄螨为 1 个若虫期，雌螨为 2 个若虫期。犬耳痒螨寄生于犬的外耳道内，具有坚韧的角质表皮，靠刺破皮肤吸吮淋巴液、渗出液为生，抵抗力超过疥螨，在 6～8℃、空气湿度 85%～100% 的条件下可存活 2 个月以上。

雌螨多在皮肤上产卵，约经 3 天孵化为幼螨，采食 24～ 36h 进入静止期，后蜕皮成为第一若螨；再采食 24 h，经过静止期蜕皮成为雄螨或第二若螨。雄螨通常以其肛吸盘与第二若螨躯体后部的一对瘤状突起相接，抓住第二若螨，这一接触约需 2 天。第二若螨蜕皮变为雌螨，雌雄螨在宿主表皮上交配，雌螨受精后采食 1～ 2 天即开始产卵。在犬体表完成从卵至成虫的整个发育过程需 10～ 12 天。耳痒螨一生约产卵 100 个，条件适宜时，整个发育期一般为 2～3 周；条件不利时可转入 5～6 个月的休眠期，以增加对外界的抵抗力。

三、流行病学

1. 传染来源　患病犬猫和感染犬猫是感染来源。

2. 传播途径　健康动物与患病动物直接接触是主要传播方式。通过被耳痒螨及其卵污染的圈舍、用具等间接接触也可引起感染；管理人员或兽医人员的衣服和手携带病原也可传播给其他动物。

3. 宿主　犬和猫的耳痒螨有一定的宿主特异性，分别感染犬科和猫科动物，也有人感染的报道。

4. 流行特征　耳痒螨病与疥螨病的流行特征相似，冬季或秋末多发，环境温度、湿度对该病的发生影响明显。光照不足、潮湿且饲养密度过大容易诱发该病的发生。

四、致病性与临床症状

耳痒螨寄生于犬、猫外耳道内，采食时分泌有毒物质，刺激表皮的神经末梢，引起大量的耳脂分泌物和淋巴液外溢，易继发化脓；由于局部受到剧烈刺激而致皮肤增厚，形成红褐色痂皮。耳部奇痒。

患病犬、猫剧烈瘙痒，常用前爪挠耳，造成耳部淋巴外渗或出血，常见耳血肿和淋巴液积聚于耳部皮肤下；病犬经常甩头和摩擦患耳，有时造成耳根部脱毛、破损或发炎，甚至外耳道出血；耳道内可见棕黑色痂皮样渗出物，时间长或严重者耳廓变形。继发细菌感染时，病变可深入到中耳、内耳及脑膜处，出现脑炎及神经症状，病犬和病猫可表现癫狂症状。

五、诊　　断

根据病史和临床症状可建立初步诊断，肉眼或检耳镜观察耳道内有大量耳垢，患犬经常出现摇头、搔抓或摩擦耳部，可疑似为该病。

用放大镜或低倍显微镜检查渗出物或耳廓脱毛边缘搔刮物，检出虫体，即可确诊。也可通过检查耳道分泌物，检出虫体和虫卵即可确诊。

六、防治措施

1. 治疗

（1）首先清除耳道内渗出物，把刺激性小的油如矿物油或耳垢溶解剂（油酸三乙基对苯烯基苯酚多肽冷凝物10%、氯乙醇0.5%、丙二醇89.5%，混匀）注入耳道内，软化溶解痂皮，轻轻按摩以助清洁，再用棉签轻轻除去耳垢和痂皮，尽量减少刺激，否则易使病情加重甚至引发细菌感染。

（2）耳内滴注杀螨药，可选用外用杀螨药注入或滴入耳内，或涂抹于耳部，如伊维菌素浇泼剂。

（3）全身用药，一般用伊维菌素类注射液，按每千克体重皮下注射0.2 mg，共注射2次，间隔7天。

2. 预防　①隔离患病犬、猫，防止传播。②加强环境卫生，保持动物房清洁、干燥、透光和通风良好，定期消毒圈舍和用具。③加强新购入犬、猫的检疫制度，防止引进感染动物。

七、公共卫生影响

犬耳痒螨和猫耳痒螨主要侵害犬科和猫科动物。犬耳痒螨有感染人的报道，引起人耳部的病变，所以犬和猫的耳痒螨具有一定的公共卫生意义，与犬、猫密切接触人员应注意自身防护。

（王辉　刘群）

参考文献

贾世玉．2003. 犬螨病的病原，诊断与防制研究现状［J］．中国动物保健（8）：27－28.

孔繁瑶．2010. 家畜寄生虫学［M］．第2版．北京：中国农业大学出版社：264－2271．

吕咸亮．2008. 犬猫常见皮肤病的鉴别及诊治［J］．现代农业科技（12）：255－256.

刘伟荣，于怀敏．2008. 犬螨虫病的治疗与预防［J］．兽医导刊（5）：47－48.

王长琼．2010. 犬耳痒螨病防治措施［J］．四川畜牧兽医（10）：43.

徐学前，肖啸，李志敏，等．2006. 犬耳痒螨病的诊治及多拉菌素的疗效试验［J］．中国兽药杂志，40（5）：55－57.

第二节 鼠痒螨病
(Psoroptosis muris)

痒螨病（Psoroptosis muris）是由痒螨科（psoroptidae）的痒螨属（*Psoroptes*）、耳痒螨属（*Otodectes*）和足螨属（*Chorioptes*）的螨虫寄生在动物体表引起的一种慢性皮肤病。剧痒、湿疹性皮炎、脱毛、患部逐渐向周围扩展和具有高度的传染性为该病的特征。不仅马、牛、羊、兔、猪等家畜可感染，犬、猫和鼠等实验动物和熊猫、鹿、骆驼、狐、貂等野生动物也可感染痒螨。世界各国均有痒螨病的报道。

一、发生与分布

痒螨病呈世界性分布，流行范围很广，欧美许多国家、印度、澳大利亚、新西兰和中国都有过该病的报道。寄生于马、水牛、黄牛、奶牛、绵羊、山羊、兔、鼠等动物的痒螨为不同的痒螨亚种，形态上很相似，但宿主特异性强，彼此不易交互感染。

二、病　原

1. 分类地位　各种动物的痒螨在分类上均属于节肢动物门（Arthropoda）、蛛形纲（Arachnida）、蜱螨亚纲（Acari）、真螨目（Acariformes）、粉螨亚目（Acaridida），痒螨科（Psoroptidae），包括痒螨属（*Psoroptes*）、耳痒螨属（*Otodectes*）和足螨属（*Chorioptes*）。如鼠痒螨（*Psoroptes muris*）等。

2. 形态特征　有关鼠痒螨虫体形态特征的描述极少，可参看羊痒螨特征，在此不做进一步描述。

3. 生活史　痒螨的全部发育过程都在动物皮肤表面进行。整个发育过程包括卵、幼螨、若螨和成螨 4 个时期，其中雄螨有 1 个若螨期，雌螨有 2 个若螨期。卵约经 3 天孵化为幼螨，采食 2～3 天经过静止期后，蜕皮成第一期若螨，采食 1 天又经过静止期蜕皮，成为雄螨或第二期若螨。雄螨通常以其肛吸盘与第二期若螨躯体后部的一对瘤状突起相接，抓住若二螨，约需 2 天的接触。第二期若螨蜕皮变为雌螨，雌雄螨交配后，雌螨采食 1～2 天后开始产卵。其整个发育过程需 10～12 天。

三、流行病学

1. 传染源和传播途径　感染动物是该病的传染来源。以接触性传播为主，如同笼小鼠相互传播、感染母鼠传给仔鼠等。引进动物未经检查即与本地动物接触极易导致该病的发生与传播。

2. 流行特征　该病季节性很强，多发于寒冷的冬季和初春季节，夏季和温暖的春初及秋季发病率较低，即使发病症状也较轻。

痒螨的抵抗力较强，在 4～20℃时能够存活较长时间。离开宿主后的痒螨，环境温度为 6～8℃和相对湿度 85 %～100 %时，平均存活期为 2 个月；4℃、15～20 ℃和－25 ℃下的时存活时间分别为 20 天、12 天和 6 h。

四、致病性与临床表现

痒螨发病初期多寄生在动物体表温度较高的部位，自背部和臀部等密毛部位开始发病，严重时波及全身。

主要病理变化为感染部位脱毛、皮屑形成，严重时出现痂皮或出现继发感染。

五、诊　断

鼠螨可寄生于全身各部位，但以被毛密集部位较多。透明胶带沾取法可观察到较多虫卵，成虫常以头部嵌入皮肤和毛囊，采取病变部位被毛及毛囊可查到较多成虫和螨卵。

六、防治措施

鼠痒螨病的防重于治。保持鼠群净化，一旦感染必须尽快采取措施，及时淘汰感染鼠；如果感染率高，全群药浴可收到较好效果，药浴对种鼠繁殖力有一定影响，不能反复使用。

野鼠在痒螨传播上起重要作用，所以应严防野鼠进入实验动物饲养圈舍。

七、公共卫生影响

痒螨与其他螨虫一样，没有严格的宿主特异性，所以可能暂时性感染密切接触人员，实验动物从业人员和科研人员应做好自身防护。

（王辉　刘群）

参考文献

马坤绵，周淑佩．1995. 实验动物鼠螨的防治［J］．中国兽医杂志，21（3）：37－38.
徐玉辉，杨光友，赖松家．2004. 动物痒螨病的研究进展［J］．中国畜牧兽医，31（10）：42－45.

第一百一十章
蠕形螨科虫体所致疾病

第一节　犬、猫蠕形螨病
(Demodicidosis of dog and cat)

犬、猫蠕形螨病（Demodicidosis of dog and cat）是由蠕形螨寄生于犬、猫等多种哺乳动物和人的毛囊、皮脂腺内及与毛囊相关的皮肤附器内所引起的皮肤寄生虫病，还可能寄生在腔道和组织内。蠕形螨病呈世界性分布，对动物和人造成不同程度的危害。

一、发生与分布

正常动物犬和猫的皮肤常寄生有少量蠕形螨，但不表现临床症状。当动物营养状况差、激素、应激、其他外寄生虫或免疫抑制性疾病感染、肿瘤、衰竭性疾病等可诱发蠕形螨大量繁殖，导致蠕形螨病。

犬蠕形螨病比猫蠕形螨病更为常见，蠕形螨病的发生与犬的品种和年龄有关。一般来说，蠕形螨病常发生于被毛较短的犬。但一些长毛犬，如阿富汗猎犬、德国牧羊犬和柯利牧羊犬对蠕形螨亦较易感。3～6 月龄的幼年犬最易发生该病。

二、病　　原

1. 分类地位　蠕形螨属于节肢动物门（Arthropoda）、蛛形纲（Arachnida）、蜱螨目（Acarina）、恙螨亚目（Trombiculidae）、蠕形螨科（Demodicidae）、蠕形螨属（*Demodex*），是一类永久性寄生螨，寄生于多种哺乳动物的毛囊、皮脂腺或内脏中，宿主特异性较强，已知约有 140 余种（亚种）分别寄生于不同宿主。犬蠕形螨（*D. canis*）和猫蠕形螨（*D. cati*）分别感染犬和猫。各种品种和年龄的犬、猫均可感染，幼龄犬和短毛犬更易发病。

2. 形态特征　成虫细长呈蠕虫状，乳白色，半透明，体长 0.15～0.30mm，雌螨略大于雄螨。颚体宽短、呈梯形，位于躯体前端，螯肢针状。须肢分 3 节，端节有倒生的须爪。足粗短呈芽突状，足基节与躯体愈合成基节板，其余各节均很短，呈套筒状。跗节上有 1 对锚叉形爪，每爪分 3 叉。雄螨的生殖孔位于足体背面前半部第 1、2 对背毛之间。雌螨的生殖孔位于腹面第 4 对足基节板之间的后方。末体细长如指状，体表有环形皮纹。

3. 生活史　雌虫在其寄生的毛囊或皮脂腺内产卵，约经 60h 孵出幼虫，幼虫约经 36h 蜕皮为前若虫。幼虫和前若虫有足 3 对，经 72h 发育为若虫。若虫形似成虫，但生殖器官尚未发育成熟，经 2～3 天发育蜕化为成虫。成虫约经 5 天左右发育成熟，于毛囊口处交配，雌螨即进入毛囊或皮脂腺内产卵，雄螨在交配后即死亡。犬蠕形螨在产卵后第六天孵出幼螨，整个发育周期约需要 24 天。雌螨寿命可达 4 个月以上。猫蠕形螨与其类似。

三、流行病学

1. 传染来源与传播途径　发病和受感染的动物及人都是传染来源。传播方式还不是很清楚，但通过与带虫的人和动物直接接触遭受感染是一种传播方式。蠕形螨是条件性病原，动物和人正常状态下一般都带有少量蠕形螨，但不出现临床症状，当机体抵抗力下降或处于应激状态时，可发生严重的蠕形螨病。

2. 宿主 各种动物和人都有蠕形螨寄生，但大部分蠕形螨具有较强的宿主特异性，如犬、猫和鼠等动物均具有自身的蠕形螨虫种。

3. 流行特征 蠕形螨病的危害程度取决于感染强度、宿主品种、年龄及机体状态等。比格犬的幼犬发病明显，出现局部皮肤脱毛、红肿，严重感染时可出现全身大部分皮肤红肿；因搔抓导致感染化脓，病犬发热，甚至死亡。检查病变皮肤可较容易地查见大量的蠕形螨。犬蠕形螨病多发于3～10月龄的幼犬，成年犬多见于发情期和产后母犬。应激状态和免疫功能低下是引发蠕形螨病的诱因。

蠕形螨对温度较敏感，发育最适宜的温度为37℃。当宿主体温升高或降低时，蠕形螨爬出到体表。蠕形螨生存能力较强，对温度、湿度、pH和某些药物均有一定的抵抗力。5℃时可活1周左右，在干燥空气中可活1～2天，对酸性环境的耐受力强于碱性环境。75%酒精和3%来苏儿液15min可杀死蠕形螨。

猫蠕形螨病与犬蠕形螨病相似。

四、临床表现与病理变化

感染少量蠕形螨的犬（常无临床症状），当发生免疫抑制时，寄生于毛囊根部、皮脂腺内的蠕形螨会大量增殖，由此产生的机械性刺激以及分泌物和排泄物的化学性刺激，可使毛囊周围组织出现炎性反应。根据患病犬所表现出的临床特征，可将蠕形螨病分为局部、轻症和重症蠕形螨病。

1. 轻症 多见于眼眶、口鼻周围、额部、下颌部、肘部及趾间等处。患部脱毛，皮肤轻度潮红，并有银白色具有黏液的皮屑，皮肤略显粗糙而龟裂，有的出现小结节，后期皮肤呈蓝灰白色或红铜色，痒觉不明显或不痒，可能长时间保持不变。

2. 重症 多发于颈部、胸部、股内侧及其他部位，后期可蔓延至全身。体表大片脱毛，出现红斑，皮肤增厚、皱襞，出现弥漫性小米粒至麦粒大脓疱疹，挤压时有脓汁排出，镜检脓汁可发现大量蠕形螨和螨卵，脓疱破溃后形成溃疡、结痂、恶臭，几乎无痒感。最终死于衰竭、中毒或脓毒血症。重症蠕形螨病常伴发化脓性葡萄球菌感染，表现出皮肤脱毛、红斑、形成脓疱和结痂。

猫蠕形螨病与犬蠕形螨病类似，但临床表现和病理变化均较犬轻。

五、诊　断

切破或刮取皮肤结节、脓包，将内容物置于载玻片上，加50%甘油水，经显微镜检查，发现蠕形螨或螨卵即可确诊。

六、防治措施

1. 治疗 治疗时先彻底清洗患部，用双氧水清洗。然后用杀螨药物治疗。

双甲脒是国内外都推荐使用的药物，以每千克体重250mg药液涂擦患部，每隔7～10天重复用药，连用3～5次。伊维菌素类药物（柯利犬禁用）皮下注射，每千克体重200～300μm，间隔7～10天重复注射一次。继发细菌感染的病例，应使用高效抗菌药物。对体质虚弱病例应补充营养。

2. 预防 加强饲养管理和定期消毒，给犬、猫全价营养，增强机体的抵抗力，保持犬舍、猫舍、食具及一切用具的清洁卫生，经常给犬、猫洗澡和梳理被毛，可减少蠕形螨病的发生；新购犬和猫检疫后方可并群。为防止新生幼犬的感染，对发生全身性蠕形螨病的母犬不宜继续留作种用。

七、公共卫生影响

蠕形螨具有较强的宿主特异性，但与犬猫密切接触的人可能受到犬猫蠕形螨的暂时性侵害，出现短暂皮炎的症状，因此实验动物从业人员和犬猫饲养者应注意自身防护。

（王辉　刘群）

参考文献

吴观陵．2005. 人体寄生虫学［M］. 第3版．北京：人民卫生出版社：1034－1039.

赵辉元．1996. 畜禽寄生虫与防制学［M］. 长春：吉林科学技术出版社：920－921.

Baker G David. 2007. Flynn's Parasites of Laboratory Animal［M］. 2nd ed. Americn：Blackwell Pulishing：553－555.

第二节　鼠蠕形螨病
(Demodicidosis of mouse)

鼠蠕形螨（*Demodex musculi*）在分类上属于节肢动物门（Arthropoda）、蛛形纲（Arachnida）、真螨目（Acariformes）、前气门亚目（Prostigmata）、食肉螨总科（Cheyletoidea）、蠕形螨科（Demodicidae）、蠕形螨属（*Demodex*），目前已知有140多个种和亚种。常见寄生于实验鼠类的有姬鼠蠕形螨（*D. apodemi*）、田鼠蠕形螨（*D. arvicolae*）、金黄地鼠蠕形螨（*D. aurati*）、仓鼠蠕形螨（*D. criceti*）、野鼠蠕形螨（*D. gapperi*）、睡鼠蠕形螨（*D. gliricolens*）、榛睡鼠蠕形螨（*D. muscardini*），鼠蠕形螨（*D. ratti*）、小鼠蠕形螨（*D. muris*）、小家鼠蠕形螨（*D. musculi*）和褐鼠蠕形螨（*D. nanus*）。

鼠蠕形螨病（Demodicidosis of mouse）与犬和猫的蠕形螨病类似。有关资料参考犬和猫的蠕形螨病。

（王辉　刘群）

第一百一十一章 肉螨科虫体所致疾病

鼠肉螨病
(Myobiosis in mouse)

肉螨科的几种螨是鼠螨虫的常见种类之一，分布广泛。

一、发生与分布

鼠的肉螨呈世界性分布。法国实验动物研究与发展中心在1988—1997年对72个小鼠品系和38个大鼠品系进行细菌、病毒和寄生虫感染状况调查时，发现47.8％的小鼠品系呈肉螨阳性，全部小鼠个体肉螨阳性率为15.0％；11.4％的大鼠品系感染肉螨，大鼠个体肉螨阳性率1.6％。国内许多学者报告鼠螨的感染率为80％～100％，感染率随鼠的日龄而升高，老龄鼠和潮湿环境条件下的小鼠感染率较高。

二、病　原

1. 分类地位　实验小鼠和大鼠中已经发现三 种不在皮肤挖隧道的寄生肉螨。

感染鼠的肉螨属于节肢动物门（Arthropoda）、蛛形纲（Arachnida）、真螨目（Acariformes）、前气门亚目（Prostigmata）、肉螨科（Myobiidae）、肉螨属（Myobia）的鼠肉螨（*M. musculi*）、癣螨属（*Myocoptes*）的鼠癣螨（*M. musculinus* ）和雷螨属（*Radfordia*）的亲近雷螨（*R. affinis*）。前两种主要寄生于小鼠，后一种寄生于大鼠。

表111-1-1　鼠肉螨和鼠癣螨的主要特征

项目	鼠癣螨	鼠肉螨
成虫大小：雌	0.3mm×0.17mm	长0.40～0.50mm
雄	0.2mm×0.14mm	长0.28～0.32mm
卵长	0.2～0.3mm	0.20mm
主要形态特征	雌虫一、二对足简单，三、四对足呈黑棕色，强几丁质化、呈钩夹样 雄虫前三对足与雌虫相同，第四对足粗壮，向后包绕成抱握器，体后两对长钢毛，而雌虫一对	第一对足短小，向前伸，各足间呈叶状突起，第二对足末端无爪，仅一爪间垫样结构，体后端两根长钢毛，雄虫两毛基距较雌虫近

2. 形态特征　肉螨产卵于细绒毛近基部，卵呈宽椭圆形；发育至胚胎期后卵壳端部前突，前突部卵壳变薄；卵内幼虫成熟后环裂卵壳孵出，卵壳环裂部分边缘不整，非似卵盖样构造。鼠肉螨的卵大小为（192.5～213.5）μm×（84～108.5）μm。

3. 生活史　鼠的肉螨以皮肤的分泌物为食。生活史均为直接型，且生活史各期（卵、若虫和成虫）

都寄生于宿主被毛上。

鼠肉螨完成整个生活史周期需2～3周，通过直接接触传播。螨卵附着在毛干基部，7～8天内孵化。幼螨阶段持续10天，卵孵化后第11天时出现若螨，孵化后第15天时出现成螨，成螨出现后24 h内即可产卵。整个发育过程约需23天。

鼠癣螨的发育过程包括卵、幼螨、两期若螨和成螨。

三、流行病学

1. 传染来源与传播途径 感染鼠为传播来源。直接接触为其主要传播途径。在开放饲养条件下，鼠接触受肉螨污染的空气、垫料及饲料等均可造成感染。

2. 宿主 多种野生鼠可感染上述三种螨。鼠肉螨和鼠癣螨主要感染小鼠，亲近雷螨主要寄生于大鼠。

3. 流行特征 新发感染病例，螨的数量在8～10周内先有所增加，随后又减少以达到均衡。均衡的螨群体可在鼠体生存很长时间，可达数年。螨具有向温性，宿主死后它们爬到毛尖部，仍能存活4天。

四、致病性与临床表现

鼠感染螨的严重程度取决于宿主状态和螨的种属。C57BL及其相关品系的小鼠对螨较易感，可能由于发生严重的Ⅰ型过敏反应而出现临床疾病。上述3种肉螨中，鼠癣螨的致病性最强，因为它是以宿主皮肤的分泌物和组织液为食，鼠肉螨和亲近雷螨则以更浅层的皮肤为食。螨的侵扰一般无明显临床体征，但也可引起消瘦、被毛粗乱、瘙痒、斑块脱毛（可发生广泛性脱毛），皮肤上积聚有细小麸糠样的皮屑（主要发生在螨寄生的部位），自体抓伤或断肢以及继发性的皮肤化脓，颈背部的损伤最为常见。

五、病理变化

实验小鼠和大鼠常混合感染鼠肉螨、鼠癣螨和亲近雷螨以及其他螨类。受感染鼠的皮肤表层细胞明显增厚，真皮有少量的炎性细胞浸润。严重感染小鼠的表皮角质层及生发层均明显增厚，上皮角质增生，真皮有较多淋巴细胞浸润，并伴有少量的中性粒细胞、单核细胞和极少量的浆细胞。该处成纤维细胞亦增生，并和炎性细胞一起聚集成结节状。毛囊显示出退化现象。表皮和表皮下层组织可见散在出血，肌层一般无异常。病理学总体变化包括表皮角化过度、红斑、肥大细胞浸润、溃疡性皮炎、脾淋巴样组织和淋巴结增生，以及最终的淀粉样变性。血清免疫球蛋白IgG1、IgE和IgA水平的选择性升高以及IgM和IgG3的耗竭，淋巴细胞减少，粒细胞增多，IL-4分泌量增加以及IL-2分泌量减少。这些免疫学特征的改变与Th 2型免疫应答一致。

六、诊　　断

与其他螨虫感染的诊断一样，确诊需进行病原检测，根据所描述的螨虫形态进行虫种鉴别。

七、防治措施

1. 治疗 发现螨虫感染的鼠群应选用药物药浴，进行全身杀螨。药浴时，可使鼠在盛有药液［水温为（30±2）℃或室温］的容器中游泳1min，药浴后放入消毒鼠盒内。阿维菌素类药物是现在常用杀螨药。需根据治疗效果进行，可通过多次药浴以根除螨虫感染。但杀螨剂对螨卵无效，所以第二次用药应在第一次用药后8天，这时残留的卵已经孵化。但有时在16天前，新发育的成虫可能已经产卵。所以比较理想的两次治疗间隔应选在第10天至第12天。

2. 预防 加强饲养管理，应用干烤消毒垫料是降低鼠肉螨感染的关键因素。新引进鼠群，需进行螨虫检查，对检出阳性者，可淘汰或药浴灭螨后应用。

（王辉　刘群）

参考文献

郭光，张洁宏．1997. 广西南宁片实验小鼠体表寄生虫的调查报告［J］．广西畜牧兽医，13（3）：22.

卢笑丛，雷德勇，唐利军，等．1991. 药浴法驱除不同品系小鼠体表寄生螨后再发状况的调查分析［J］．北京实验动物科学（4）：9.

雷培琪，尹才渊，薛米伦．1992. 小鼠体外寄生螨的防治［J］．实验动物与比较医学（1）：34.

刘兆铭，王才，王彦平．1994. 大小鼠体表肉螨科（Myobiidae）及耗螨科（Listropholidae）五种蜗卵的光镜下比较［J］. 中国实验动物学杂志，2（4）：107－111.

福斯特．1988. 实验小鼠疾病［M］．北京农业大学实验动物研究所，译．北京：北京农业大学出版社：560.

王惠川，白广星，刘文军．1998. 实验小鼠疾病［M］．北京：北京农业大学出版社：567－568.

王健民，胡岩松，王立．1993. 小鼠体外寄生螨虫的杀灭［J］．经济动物（1）：35－36.

Baker G David. 2007. Flynn’s Parasites of Laboratory Animal［M］. 2nd ed. Americn：Blackwell Pulishing：359－364.

Zenner L，Regnault J P. 2000. A retrospective study of the microbiological and parasitological status of laboratory rodents in France［J］. Journal of experimental animal science，40（4）：211－222.

第一百一十二章
姬螯螨科虫体所致疾病

姬螯螨病
(Cheyletiellosis)

姬螯螨病（Cheyletiellosis）是由姬螯螨属（*Cheyletiella*）的多种螨虫寄生于动物皮肤表面，引起轻度非化脓性皮炎。

一、发生与分布

姬螯螨病在世界范围内流行，但动物的感染率和发病率鲜见报道，主要病原有三种姬螯螨，症状多样，感染动物的姬螯螨也能暂居人体，引起一过性感染。

二、病　　原

1. 分类地位　姬螯螨在分类上属于节肢动物门（Arthropoda）、蛛形纲（Arachnida）、蜱螨目（Acarina）、蜱螨亚目（Sarcoptiformes）、姬螯螨科（Cheletidae）的姬螯螨属（*Cheyletiella*）。引起姬螯螨病的主要病原有寄生于犬的牙氏姬螯螨（*C. yasguri*）、寄生于猫的布氏姬螯螨（*C. blakei*）和寄生于兔的寄食姬螯螨（C. *parasitivorax*）。上述三种姬螯螨分别寄生于犬、猫和兔，但并无严格的宿主特异性，且三种姬螯螨都能一过性感染人。

2. 形态特征　姬螯螨虫体较大，各种姬螯螨形态相似。以牙氏姬螯螨为例：虫体卵圆形，雌螨大小为 500 μm×350 μm，雄螨稍小。雌雄螨均具有半圆形背板和一个大口器，须肢具有弯爪，像钩子，称为螯针，这是与其他螨虫鉴别的重要标志。跗肢伏缺。4 对腿的末端呈梳子状。

3. 生活史　姬螯螨发育过程包括卵、幼螨、第一期若螨、第二期若螨和成螨。寄居于皮肤表面的表皮角质层，在皮屑形成的假隧道内快速移动，定期用螯针刺入表皮，将自己牢牢固定在皮肤上，吸取体液。姬螯螨是专性寄生虫，雌虫离开宿主后存活时间不超过 10 天。

三、流行病学

姬螯螨与其他种类螨虫一样，是高度接触传染的寄生虫，其虫卵很易随毛发脱落到环境中成为感染源。尤其在幼年动物之间更易传播。

四、致病性与临床表现

犬和猫的姬螯螨病症状变化很大，从完全不痒到严重瘙痒都有可能。任何品种的犬和猫都易感。螨虫在皮肤表面采食引起炎症，动物感染初期表现为背部过多的干性皮屑，无痒感或轻度瘙痒。随着病情发展，皮屑会遍布全身，脱毛和瘙痒逐渐加重。有时可发生超敏反应，表现为虫体量很少而瘙痒很重，出现表皮脱落性红斑。猫有天生梳理毛发的本性，会将皮屑、螨虫和虫卵舔掉，因而有可能在猫的粪便中发现虫体和虫卵。猫的早期症状很难被发现，病程发展缓慢。有些猫可能出现粟粒性皮炎，或者不伴有其他病变的背部自舔性脱毛。Stein（1982）报道姬螯螨藏匿在猫鼻腔内。

五、诊　断

刮取皮肤病变、被毛或皮屑检出姬螯螨成虫、幼虫或虫卵即能确诊。检查方法为浅刮毛发和皮屑或醋酸胶带沾取样品，将样品与石蜡油混合放入培养皿，用立体显微镜检查；还可将样品与10%氢氧化钾混合，温水孵育30 min，然后加入粪便漂浮液，1 500r/min 离心 10 min，取表层液体低倍镜寻找虫体和虫卵。对于未检出螨或卵的疑似病例，可进行治疗性诊断，排除或确诊此病。

主要根据临床症状和病原检查与犬猫其他皮肤病进行鉴别诊断。

六、防治措施

参见疥螨病和蠕形螨病。

七、公共卫生影响

姬螯螨能暂时性感染人，人发病的严重程度不定，在直接接触患病动物后，手臂、躯干和臀部出现多个集中的红色斑点。丘疹会变为水泡，随后是脓疱，最后破溃形成黄色结痂，由于严重瘙痒病变频繁被抓伤。虽然病变处炎症反应严重，但是与正常皮肤边界清楚。旧病变中心的坏死灶极具诊断意义。一旦离开感染源，人的病变在3周内消退。

实验动物从业人员及犬猫饲养者应注意个人防护。

（王辉　刘群）

参考文献

刘欣．2010．感染人类的宠物螨病［J］．中国比较医学杂志（11）：153－155.

刘燕明，田光佩，刘迪．1987. 兔皮姬螯螨初报［J］．四川动物，6（3）：23.

Baker G David. 2007. Flynn’s Parasites of Laboratory Animal［M］. 2nd ed. Americn：Blackwell Pulishing：353－354.

第一百一十三章
硬蜱科虫体所致疾病

犬扇头蜱感染
Rhipicephalus infestation of dog

蜱既是动物体表常见的外寄生虫，又是人和动物多种重要病原的传播媒介。大量的蜱叮咬宿主可直接导致宿主消瘦、贫血，动物的皮革质量降低。蜱还可传播原虫、立克次体、支原体、衣原体、螺旋体和病毒等多种病原，阻碍畜牧业发展，危害人体健康。

一、发生与分布

犬的蜱感染发生于世界各地，我国也有关于警犬、实验犬及宠物犬的蜱感染报道。

感染犬的硬蜱种类很多，已报到的有血红扇头蜱、镰形扇头蜱（*R. haemaphysaloides*）、微小牛蜱（*Boophilus microplus*）、长角血蜱（*Haemaphysalis formosensis*）、台湾血蜱（*H. formosensi*）和豪猪血蜱（*H. hystricis*）等多种。各种硬蜱感染后的直接危害相似，本节以扇头蜱为主阐述犬的硬蜱感染。

二、病　原

1. 分类地位　硬蜱为不完全变态节肢动物，在分类上属于节肢动物门（Arthropoda）、蛛形纲（Acarian）、硬蜱科（Ixodidae），血红扇头蜱（*R. sanguineus*）属于扇头蜱属（Rhipicephalus），微小牛蜱、长角血蜱、台湾血蜱和豪猪血蜱等分别属于硬蜱科的不同属。

2. 形态特征　血红扇头蜱呈长椭圆形，背腹扁平，头、胸、腹融合在一起，可分为假头和躯体两部分。成年雄虫大小为（2.7～3.3）mm×（1.6～1.9）mm，雌虫大小为（5～6）mm×（3～5）mm。假头基宽短，六角形，雄虫基角明显，雌虫基突钝圆。体表有坚韧的角质膜，称为盾板。雄虫的盾板覆盖于整个背面，呈长卵圆形，前部稍宽，后端钝圆，赤褐色，有明显尾突。雌虫灰褐色，盾板覆盖于体前1/3处，略呈长圆形，后缘钝圆，有缘垛。体表其他部分则被以较软的角质膜，并有许多皱褶。虫体有四对肢，每肢分六节。肛门位于腹面后1/3处，肛门后有肛沟，在第二肢的平行线中间有生殖孔。气门板呈逗点形，背突较长。雄蜱腹面有肛侧沟。虫体吸血后变化很大，可胀大几倍到几十倍，尤其雌虫吸血后体积可增大至200倍。

3. 生活史　血红扇头蜱主要寄生于犬，为三宿主蜱。发育过程包括卵、幼虫、若虫和成虫四个阶段。成虫在动物体上进行交配，交配后吸饱血的雌蜱离开宿主落地，爬到隐蔽的地方，经过4～8天待血液消化及卵发育后，开始产卵。雌蜱产卵后1～2周死亡。虫卵小，呈卵圆形，黄褐色。卵期随硬蜱的种类和外界气温而定。通常2～3周，卵孵出六肢幼虫，幼虫无呼吸孔和生殖孔，它爬到宿主体上吸血，经过2～7天吸饱血后蜕变为若虫。若虫有四对肢，有呼吸孔，但无生殖孔。若虫再侵袭宿主吸血，蜕皮变为成虫。雄蜱交配后一般能活1个月左右。血红扇头蜱的活动有明显季节性，在春季开始活动，活动季节4～9月份，整个生活周期约50天，一年可发生3代。以饥饿的成虫在自然界越冬。

三、流行病学

血红扇头蜱、微小牛蜱和铃头血蜱等多种硬蜱都可寄生于犬。但报道的犬硬蜱感染多为的血红扇头蜱引起，少数为微小牛蜱引起。血红扇头蜱也是我国华南地区军犬和家犬寄生蜱中的优势蜱种。世界范围内广泛分布和流行，较多发于春、秋时节。血红扇头蜱还可感染鼠。

四、致病性与临床表现

非特异免疫和特异性免疫经常协同作用共同维持宿主的抗蜱免疫。蜱通过自身的绕行、偏离或者抑制等手段来逃避宿主的免疫防御系统。蜱的唾液中包含抗凝血分子和免疫抑制蛋白等生物活性物质，保证其能够从宿主体吸血。

血红扇头蜱常附着在犬的头、耳及脚趾上吸血，附着部位痛痒，使犬坐卧不安、摩擦或啃咬身体。虫体固着处出现伤口，继而引起皮肤发炎和毛囊炎。大量虫体寄生时，病犬贫血、消瘦、发育不良。如果后肢寄生虫体过多，还可能由于毒素的产生引起后肢麻痹。

五、诊　　断

根据临床症状可作初步鉴定，从皮肤上分离虫体，根据虫体形态特征可确诊。

六、防治措施

1. 治疗　多种菊酯类药物、阿维菌素类药物均可用于硬蜱防控。

（1）如果寄生的虫体数量不多，可用手剥下虫体，或用氯仿、乙醚使蜱麻醉后，用镊子慢慢拨下虫体，也可用煤油、凡士林、液体石蜡等油类涂于蜱体，使其窒息后拔除。

（2）如果有大量蜱寄生时，可选择合适的药物施行药浴。在气温低时，用干粉杀蜱。气温高时，可施行药浴，每半月一次。

（3）将发病犬的圈舍用杀虫药喷洒，定期清理。

（4）为了减少感染机会，禁止犬自由出入圈舍，尤其禁止犬到户外杂草丛生的地方活动。

（5）新购入犬应先进行检查，杀灭体内、体表寄生虫，然后并群饲养。

2. 预防

（1）破坏环境中蜱的滋生条件，彻底清除环境中的丛生杂草，禁止鼠类进入犬舍。

（2）消灭犬舍内的蜱。堵塞犬舍墙壁、地面所有洞孔和缝隙，重新装修粉刷，造成不利于蜱生活和繁殖的条件，蜱害严重犬舍应停止使用半年以上。

（3）消灭犬体寄生蜱

①药物灭蜱：可采用药浴或体表涂擦，平时每月1次，蜱活动高峰季节每周1次；还可选用伊维菌素及其他外用和内用药物。

②人工摘除：在蜱活动高峰季节，饲养员可每天检查犬体表，尤其是犬耳内、趾间，发现后及时用手摘除。

七、公共卫生影响

蜱对宿主的危害不仅在于吸血，更重要的是它们还传播很多疾病。感染犬的有些蜱分别是巴贝斯虫、螺旋体等病原的传播媒介，有研究报道发现饲养犬的居住区居民感染蜱传疾病风险明显高于未养犬区域居民。感染犬的蜱对实验动物从业人员和犬猫饲养者的健康存在威胁，具有一定的公共卫生意义。

（王辉　刘群）

参考文献

韩瑞玲．2004. 一例犬血红扇头蜱的诊治［J］．北方牧业（9）：92.
马玉海，潘华，杜卫东，等．2001. 华南犬体寄生蜱调查及防制［J］．医学动物防制（11）：590－592.
全炳昭，罗杰松，黄爱兰．1994. 犬体寄生蜱的调查［J］．中国兽医杂志，20（1）：28－29.
邹亚学，刘朋朋，王秋悦，等．2011. 蜱的免疫学研究进展［J］．中国人兽共患病学报，27（8）：754－756.
张人民，王新京，黄德武．1991. 实验用犬体外血红扇头蜱的防治试验［J］．实验室研究与探索（3）：93－94.
Uspensky I，Ioffe－Uspensky I. 2002. The dog factor in brown dog tick Rhipicephalus sanguineus infestations in and near human dwellings ［J］．International journal of medical microbiology，(291)：156－163.

第一百一十四章
头走舌虫科和雷哈舌虫科虫体所致疾病

舌形虫病
(Linguatuliasis)

舌形虫病（Linguatuliasis）又称五口虫病（pentastomiasis），是由舌形虫科（Linguatulidae）的舌形虫（*Linguatula*）（又称五口虫，Pentastomids）成虫寄生于终末宿主的呼吸器官，幼虫、若虫寄生于中间宿主内脏所引起的一种人与动物共患寄生虫病。舌形虫为专性体内寄生虫，犬、猫、灵长类动物和人都可感染，动物感染后一般很少或没有症状，严重的可出现咳嗽、喷嚏、呼吸困难、坐立不安及流鼻涕。人感染舌形虫，可表现一系列的临床症状，如鼻塞、头晕、头痛发热、咳嗽剧烈及咳嗽痰中带血丝等。

一、发生与分布

舌形虫病分布于世界各地，以非洲、亚洲和欧洲较多。我国广东、山东、广西和浙江等地都曾有病例报道。

全球已确认的舌形虫为118种。种的鉴定一般根据外形、钩的形态和大小量度、腹环数、雄虫交合刺形状、雌虫生殖孔位置、宿主种类和地理分布、生活史以及基因和生化技术。其成虫主要寄生于犬、猫、狼、狐等食肉动物和爬行动物的鼻道和上呼吸道中，偶尔也寄生于绵羊；幼虫和若虫可见于多种脊椎动物的内脏器官。

人舌形虫病可分为内脏舌形虫病或内脏幼虫移行症和鼻咽舌形虫病两类。人体舌形虫病99％以上是由锯齿状舌形虫和腕带蛇舌形虫引起的。我国已报道病例中的虫种有锯齿状舌形虫、尖吻蝮蛇舌形虫和串珠蛇形虫。裘明华等（2005）发现一个新致病种，即台湾孔头舌虫（*Porocephalus taiwana* sp. *nov*）。

二、病　　原

1. 分类地位　目前已经发现100余种舌形虫，分类地位尚有争议。通常认为舌形虫隶属于节肢动物门（Arthropoda）、五口虫纲（Pentastomida）、舌形虫科（Linguatulidae）。有研究者应用形态学、生殖生物学和分子生物学等分类方法，将舌形虫与节肢动物和甲壳动物进行深入的比较研究，主张舌形虫应归于节肢动物门的甲壳纲。分成2个目：①头走舌形虫目（Cephalobaenida）的头走舌虫科（Cephalobaenidae）和雷哈舌虫科（Reighardiidae）的头走舌虫属（*Cephalobaena*）、赖利舌虫属（*Reillietiella*）和雷哈舌虫属（*Reighardia*）；②孔头舌虫目（Porocephalida）的瑟皮舌虫科（Sebekidae）、亚三舌虫科（Subtriquetridae）、萨姆舌虫科（Sambonidae）、孔头舌虫科（Porocephalidae）、蛇舌状虫科（Armilliferidae）和舌形虫科（Linguatulidae）的瑟皮舌虫属（*Sebekia*）、爱洛舌虫属（*Alofia*）、莱佩舌虫属（*Leiperia*）、达辛舌虫属（*Diesingia*）、塞尔舌虫属（*Selfia*）、泽林舌虫属（*Agema*）、亚三舌虫属（*Subtriquetra*）、萨姆舌虫属（*Sambonia*）、埃里舌虫属（*Elenia*）、瓦头舌虫属

(*Waddycephalus*)、拟萨姆舌虫属(*Parasambonia*)、孔头舌虫属(*Porocephalus*)、吉头舌虫属(*Kiriceohalus*)、蛇舌状虫属(*Armillifer*)、柯比舌虫属(*Cubirea*)、吉利舌虫属(*Gigliolella*)和舌形虫属(*Linguatula*)。

寄生于人体的舌形虫有8种:为大蛇舌形虫(*Armilliferiasis grandis*)、串珠蛇舌形虫(*Armilliferiasis moniliformis*)、腕带蛇舌形虫(*Armilliferiasis armillatus*)、尖吻腹蛇舌形虫(*Armilliferiasisagkistrodontis*)、蜥虎赖利舌虫(*Raillietiella hemidactyli*)、响尾蛇孔头舌虫(*Porocephalus crotali*)、锯齿状舌形虫(*Linguatula serrata*)和辛辛那体莱佩舌虫(*Leiperia cincinnali*)。

2. 形态特征 舌形虫的成虫类似舌形或圆柱形,体表具有很厚的角质层,形成环状,一般腹部生7~105个腹环,头胸部腹面有口,背侧面稍隆起,腹面扁平,前端口孔周围有两对能收缩的钩。虫体存活时呈乳白色、透明、柔软。一般雄虫白色,长约1.8~2cm;雌虫灰黄色,长8~13cm。虫卵呈椭圆形、棕褐色,卵壳厚,有两层卵膜,内含一四足幼虫,大小为138.1μm×98.8μm。幼虫卵圆形,有尾和2对足,体表光滑。若虫形状与成虫相似,体长4~50mm,有钩两对,腹部环数较少。

两目成虫的主要特征区别:①头走舌虫目的口几乎位于头胸部的顶端,在钩的前方,呈梯形。腹部末端分叉。肛门位于分叉的尾叶之间。两性生殖孔均位于腹部前端与头胸部相接处。②孔头舌虫目的口位于头胸部的亚顶端,在成对的内钩之间。腹部末端呈尖形、圆形或扁平。雌性生殖孔位于腹部末端。

3. 生活史 舌形虫的生活史较为复杂(图114-1-1)。卵被终末宿主从呼吸道分泌液、唾液排出体外,或被咽下后随粪便排至体外,被中间宿主吞食,在胃肠道内孵出幼虫(长约75μm),幼虫穿过肠壁移行至肝、脾、肾和淋巴结等处,被包囊围绕,经6~9次蜕化后,发育成感染性若虫。终末宿主

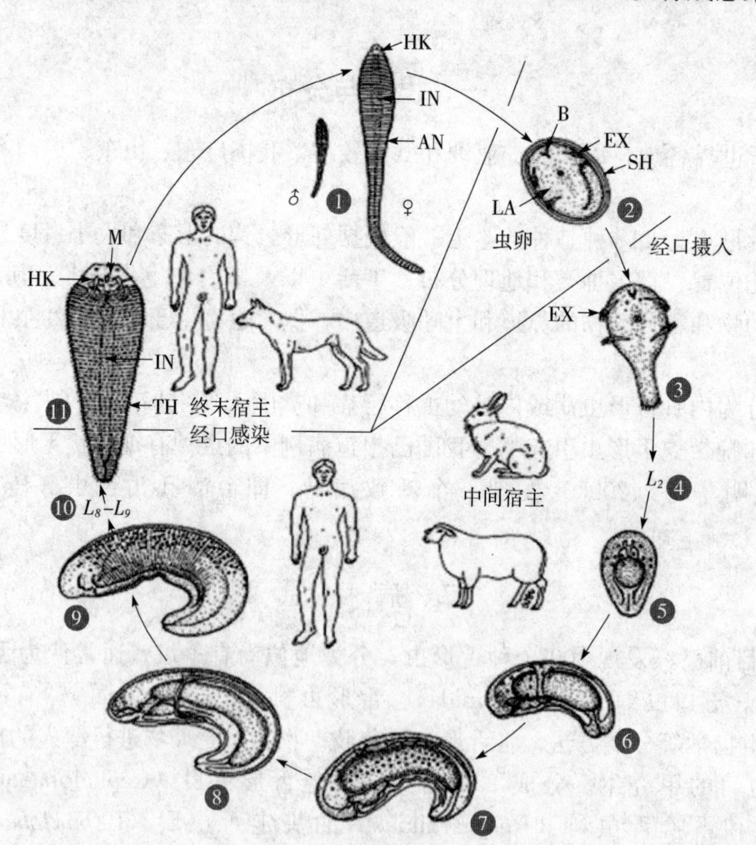

图114-1-1 锯齿状舌形虫生活史

1. 成虫寄生在犬的呼吸系统(罕见于人) 2. 胚胎化虫卵随鼻液或粪便排出 3. 如果中间宿主吞入虫卵,孵化出四足幼虫并随血流到内脏器官。人也可能成为偶然中间宿主 4-11. 幼虫期 2-11. 包裹在起源于宿主的囊中,蜕皮生长。终末宿主吞入生的(或加工不当的)中间宿主的肉,成虫期在鼻道中发育。AN. 轮状腹环;B. 孔器;EX. 有爪末端;MK. 口钩;IN. 肠;LA. 初级幼虫;M. 口;SH. 卵壳内层;TH. 刺

嗅触或吞食含有感染性若虫的内脏而被感染。若虫通过何种途径到达鼻腔还不清楚，一般认为若虫可直接通过鼻孔进入鼻道，也可从咽和胃进入鼻道。若虫在鼻腔内经一次蜕皮变为成虫，成虫在终宿主体内可存活两年之久。舌形虫的中间宿主包括爬行动物蛇、蜥蜴或犬、猫、虎等，终末宿主主要是犬科动物，如犬、狼、狐狸等，偶见于马、羊及人等。

三、流行病学

1. 传染来源　感染舌形虫的终末宿主如爬行类动物和一些食肉动物均可作为该病的传染源，如蛇、犬和狐等是人舌形虫的贮藏宿主，也是主要传染源。蛇舌形虫在蛇鼠间、蛇与其他哺乳动物间循环传播。

2. 传播途径　中间宿主主要通过吞食虫卵污染的水源和食物而感染，终宿主嗅触或吞食含有感染性若虫的内脏而被感染。人主要通过饮用虫体污染的生水或食入感染若虫的动物内脏等感染。

3. 易感宿主　犬、猫、虎和蛇、蜥蜴等爬行动物和人可作为终末宿主，成虫寄生于终末宿主的呼吸器官。犬、猫、虎和蛇、蜥蜴可作为中间宿主，幼虫、若虫寄生于中间宿主的内脏。

4. 分布与流行　舌形虫是多宿主寄生虫，现已知 100 余虫种，大多数舌形虫的成虫寄生于爬行动物如蛇、蜥蜴等，也可寄生于食肉动物如犬、猫、狐和狼等，人偶见感染。锯齿舌形虫在城市的犬鼠间和农牧区的牧羊犬与绵羊、山羊、牛及野生狐啮齿动物间循环传播。蛇舌形虫在蛇与鼠间、蛇与猴间循环传播。西藏自治区犬的锯齿舌形虫感染率高达 33.3%～72.7%。

四、致病性和临床表现

犬感染后一般很少或没有症状，重度感染可出现坐立不安、咳嗽、喷嚏、呼吸困难及流鼻涕。

人吞食含有成虫或若虫的动物内脏或污染食物遭受感染，表现一系列的临床症状。患者鼻塞、头晕、头痛发热、咳嗽剧烈及咳嗽痰中带血丝。邱持平等（2004）报道一例念珠舌形虫病，引起广泛的腹腔内淋巴结炎，最终引起肝的占位性病变。

五、病理变化

给动物试验感染舌形虫，在嗜酸性肉芽肿形成和发展过程中，表现为由纤维性囊演化成钙化结节。舌形虫若虫在病变组织内，表现从活虫至死亡、坏死、变性至早期钙化、钙化至在囊内留存虫体残迹的病理过程。

中间宿主（哺乳动物）自然感染舌形虫后，一般不引起或只引发极轻度的炎症反应，即使大量感染也无明显伤害。

六、诊　　断

犬和猫感染后一般无临床症状，须根据实验室诊断确认。

1. 虫体检查　检查鼻分泌物、咳出物或粪便中虫卵。由于虫卵外囊有黏着性，易附着于其他物体上，致使浮集法检出率不高。因此，检查前可在待检物加入适量 5%左右的氢氧化钠溶液，静置，过滤，检查。发现虫体或虫卵即可确诊。

2. 免疫学诊断　已有报道从响尾蛇孔头舌虫额腺分离到 48kDa 的额腺金属蛋白酶（FGMP），作为包被抗原构建 ELISA 检测宿主体内抗体检测。

七、防治措施

1. 治疗　目前尚无特效的治疗药物。医学上，一般采用驱虫、杀虫药局部灌注，杀灭成虫。如穿刺鼻腔或额窦，或进行外科手术摘除虫体，清除创伤部位，局部用生理盐水及 1%双氧水冲洗处理。对于后期合并感染患者，须同时进行抗感染治疗。

2. 预防 ①舌形虫的中间宿主广泛，在其体内（主要是肺、肝脏、肠系膜淋巴结和肾等）发育成有感染能力的若虫，终末宿主吞食含有若虫的脏器后感染。因此，预防的关键是要禁止饲喂未经熟制的动物内脏。②人应注意饮食卫生，不饮生水，不要生食蔬菜及各种动物肉和内脏。③在有特殊饮食习惯的地区，如烹食蛇类的地区，要避免喝污染虫卵的新鲜蛇血酒、蛇血饮料或生水；减少生食、未煮熟、未将充满虫卵的肺去除或未清洗体腔的蛇肉。

八、公共卫生影响

舌形虫是一种多宿主寄生虫，终末宿主主要是食肉动物，常见于犬、狼、狐狸等，绵羊、猫一般为其中间宿主，因此禁止以肝、肺、淋巴结等羊内脏生喂犬、猫、狐等，对于控制该病在牧区的流行非常必要。

我国是近 20 年来全球报告病例最多的国家之一。人主要通过饮用虫体污染的生水，或食入感染若虫的动物内脏等感染。尤其在具有食蛇习俗的地区感染率更高。因此，该病具有重要的公共卫生意义。

（王辉　张龙现）

参考文献

潘存娒，汤宏峰，裘明华，等．2005. 重度感染串珠蛇舌状虫病一例［J］．中华儿科杂志，43（1）：73－74.

裘明华，马国钧，范秉真，等．2005. 中国台湾孔头舌虫新种的发现及其致病特征［J］．中国寄生虫学与寄生虫病杂志，23（2）：69－72.

裘明华，陈兴保．2002. 现代寄生虫病学［M］．北京：人民军医出版社：943－957.

田克恭．2013. 人与动物共患寄生虫学［M］．北京：中国农业出版社：1659－1664.

吴观陵．2005. 人体寄生虫学［M］．第 3 版．北京：人民卫生出版社：1058－1064.

中国人民解放军兽医大学．1993. 人与动物共患病学［M］．北京：蓝天出版社：343－344.

赵辉元．1998. 人与动物共患寄生虫病学［M］．延边：东北朝鲜民族教育出版社：438－440.

Drabick J J. 1987. Pentastomiasis［J］. Review of Infectious Diseases，9（6）：1087－1094.

第一百一十五章
蚤科和蠕形蚤科虫体所致疾病

犬、猫栉首蚤感染
(Ctenocephalus infestation of dog and cat)

蚤是哺乳动物、鸟类以及人的常见体外寄生虫。全世界共记录蚤 2 600 多种，我国已知近 600 种。犬、猫跳蚤病是由犬栉首蚤和猫栉首蚤感染，引起犬、猫的皮炎。通过接触传播，世界范围内分布。

一、发生与分布

蚤目昆虫广泛分布于世界各地。蚤的宿主范围很广，包括兽类和鸟类、啮齿目（鼠）多种动物。蚤一般均具有很强的跳跃能力，但不同种的蚤生态习性不同，是决定蚤类分布的主要原因。

蚤的危害主要是骚扰吸血、传播疾病。有些蚤还是多宿主蚤，可寄生于家犬、猪、鸡等家畜（禽）、鼠类以及人。

二、病　　原

1. 分类地位　蚤在分类上属于节肢动物门（Arthropoda）、昆虫纲（Insecta）、蚤目（Siphonaptera）的蚤科（Pulicidae）和蠕形蚤科（Vermipsylla）。本节主要阐述蚤科栉首叉属（*Ctenocephalus*）的犬栉首蚤（*Ctenocephalus canis*）和猫栉首蚤（*C. felis*）分别寄生于犬和猫引发感染。

2. 形态特征　各种蚤的形态基本相似。蚤为小型无翅昆虫，虫体左右扁平，体表覆盖有较厚的几丁质，体呈棕黄色至深褐色。头部三角形，侧方有 1 对单眼，触角 3 节，收于触角沟内，口器为刺吸式；胸部小，3 节，有 3 对粗大的肢；腹部有 10 节，前 7 节称正常腹节，每节背板两侧各有气门 1 对，雄蚤 8～9 腹节、雌蚤 7～9 腹节变形为外生殖器，第 10 腹节为肛节。

3. 生活史　蚤的生活史为完全变态，包括卵、幼虫、蛹和成虫 4 个时期（图 115-1-1）。

成虫羽化后可立即交配，然后开始吸血，并在 1～2 天后产卵。雌蚤一生可产卵数百个。蚤的寿命 1～2 年。

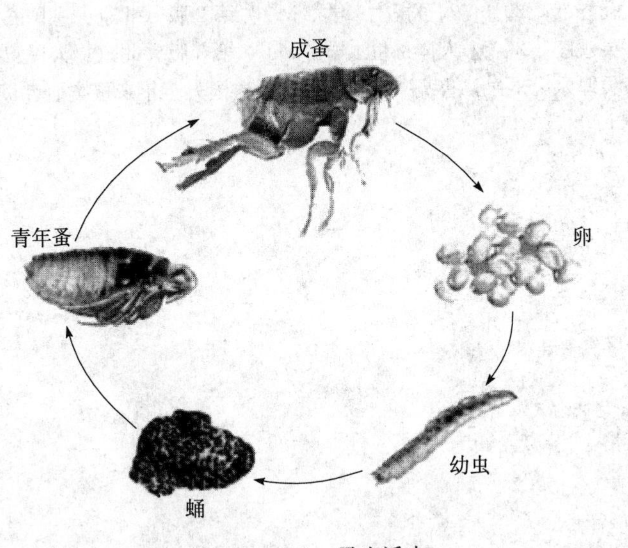

图 115-1-1　蚤生活史

大多数蚤类的雌蚤将卵产在宿主动物的栖息和活动场所，主要在鸟兽的洞穴（巢穴）。成虫吸血时，边吸边排，也为后代贮藏了大量的营养，卵孵化后，幼虫食物丰富。幼虫通常为 3 龄，营自由生活。幼虫和蛹发育时间的长短主要与小环境中温湿度有关。蚤类每年发生的代数即世代，北方的种类通常每年 1～2 个世代，南方种类的世代明显多于北方。

三、流行特征

蚤通常在宿主皮毛上和窝巢中产卵，由于卵壳缺乏黏性，宿主身上的卵最终都散落到动物窝巢及活动场所，这些地方成为传染源，也就是幼虫的滋生地，如鼠洞、畜禽舍、屋角、墙缝、床下以及土坑等。幼虫以尘土中宿主脱落的皮屑、成虫排出的粪便及未消化的血块等有机物为食。阴暗、温湿的周围环境很适合幼虫和蛹发育。蚤善跳跃，可在宿主体表和窝巢内外自由活动，健康动物可通过直接接触患病动物及其周边环境而感染，鼠类在其传播中起着重要的媒介作用。

四、致病性与临床表现

蚤类对动物的危害主要有寄生、吸血骚扰和传播疾病，引起宿主消瘦、贫血、水肿，甚至死亡。

犬、猫栉首蚤是传播鼠型斑疹伤寒、犬复孔绦虫、缩小膜壳绦虫和微小膜壳绦虫的重要媒介或中间宿主。

五、防治措施

1. 清除滋生地 灭鼠、防鼠，清除鼠窝、堵塞鼠洞，清扫禽畜棚圈、室内暗角等，并用各种杀虫剂杀灭残留的成蚤及其幼虫。

2. 灭蚤防蚤 目前多用低毒高效速杀的拟除虫菊酯类，如溴氰菊酯和氯氰菊酯等，杀灭环境中的成蚤及卵。对动物多用伊维菌素和阿维菌素注射或拌料，杀灭动物体表蚤类和其他外寄生虫。加强对犬、猫的管理，如定期用杀虫药药液给犬、猫进行药浴。

六、公共卫生影响

蚤类既是人与动物共患病，更是传播疾病的重要媒介，具有重要公共卫生意义。

（王辉 刘群）

参考文献

郭天宇．2002．蚤类生物学与鼠疫［J］．生物学通报，37（1）：26－27.

孔繁瑶．2010．家畜寄生虫学［M］．第2版．北京：中国农业大学出版社：297－299.

吴观陵．2005．人体寄生虫学［M］．第3版．北京：人民卫生出版社：936－956.

吴厚永，刘泉，鲁亮．1999．新中国建国五十年来蚤类研究概况［J］．寄生虫与医学昆虫学报，6（3）：129－141.

第一百一十六章
毛虱科虫体所致疾病

犬毛虱感染
(Ctenocephalus infestation of dog and cat)

犬毛虱寄生于犬和野生犬科动物体表引起瘙痒、精神不安、食欲衰退等症状。毛虱以啮食毛及皮屑为生。世界性分布。

一、发生与分布

犬毛虱病（Trichodectes infestations of dog）见于世界各地，在我国，犬毛虱感染呈散发或群体流行性。

二、病　　原

1. 分类地位　毛虱均具很强的宿主特异性，为体表的永久性寄生虫。犬毛虱（*Trichodectes canis*）在分类上属于节肢动物门（Arthropoda）、昆虫纲（Insecta）、食毛目（Mallophaga）、毛虱科（Trichodectidae）、毛虱属（*Trichodectes*）。

2. 形态特征　犬毛虱虫体大小为（1.0～1.5）mm×（2.0～3.0）mm，体扁平，呈灰白色，形如芝麻粒。无羽，头、胸、腹分界明显，头部宽大于长，略呈五角形，宽度大于胸部，两侧各有一根3～5节的触角，口器为咀嚼式。胸部分为3节，每节对应着一对足，足粗短，爪弯曲形成夹子状。腹部短椭圆形，遍布绒毛，由11节组成，但最后数节常变成生殖器。

3. 生活史　雌虱交配后产卵于犬被毛基部，1～2周后孵化成幼虱，再经2～3周的反复多次蜕皮，最后发育为成虱。成虱每天产卵，寿命30天左右。犬毛虱还可作为犬复孔绦虫的中间宿主。

三、流行病学

毛虱传染性极强，健康犬通过与感染犬直接接触而遭受感染。

四、致病性与临床表现

毛虱主要以啮食犬毛及皮屑为生，轻度感染时，一般不表现临床症状，当感染严重时，可引起犬的皮肤瘙痒，被毛蓬乱并覆有大量皮屑，毛根处可见糠麸样物。病犬坐立不安，因摩擦局部掉毛，或因犬啃咬瘙痒处自我损伤而引起皮肤炎症，久之继发湿疹、脓皮症等，严重时影响犬的睡眠及食欲，导致犬营养不良、抵抗力下降。特别幼犬感染后，毛虱大量繁殖，其分泌的内毒素可造成自体中毒而危及生命。

五、诊　　断

根据临床症状可初步诊断，确诊需检出虫体。收集犬体毛根处活虫体，置于载玻片上，滴加适量甘油，置显微镜下观察。发现毛虱虫体可确诊。

六、防治措施

1. 治疗 成年犬可选用1∶1 500～1∶2 000的贝特液药浴，每隔15天1次；仔犬用菊酯类药物喷雾。严重感染犬可皮下注射伊维菌素，每千克体重0.2mg，每周1次，连用2～3次。并发湿疹或继发感染时，需进行对症治疗。

2. 预防 ①保持犬体清洁卫生。定期洗澡，及时梳开缠绕的被毛。②定期消毒犬舍，保持通风干燥，及时清理犬舍污物。③严禁感染犬与健康犬接触；新购入犬须检查、隔离，保证无寄生虫再并群饲养。

七、公共卫生影响

犬毛虱不感染人，不具有公共卫生意义。

（王辉　刘群）

参考文献

孔繁瑶．1997. 家畜寄生虫学［M］．第2版．北京：北京农业大学出版社：291-292.
刘世茂．1985. 四川省畜禽食毛目虱类的分类研究［J］．四川畜牧兽医（2）：7-10.
谢伟东，娄红军．2004. 犬食毛虱感染［J］．警犬（4）：30.
Baker G David. 2007. Flynn’s Parasites of Laboratory Animal［M］. 2nd ed. Americn：Blackwell Pulishing：549.

第一百一十七章
颚虱科虫体所致疾病

犬鄂虱感染
(Trichodectes infestation of dog)

棘颚虱可感染犬、狼、狐等多种动物，是犬科动物吸血虱之一。分布于世界各地，我国四川、贵州等地有报道。

一、发生与分布

棘颚虱为大型血虱，以血液、淋巴为食。主要寄生于长毛犬，常见寄生部位为肩颈部。还可感染兔和鸡。

二、病　　原

1. 分类地位　棘颚虱（*Linognathus setosus*）在分类上属于节肢动物门（Arthropoda）、昆虫纲（Insecta）、虱目（Anoplura）、颚虱科（Linognathidae）、颚虱属（*Linognathus*）。

2. 形态特征　棘颚虱呈淡黄色，头钝，刺吸式口器，短头圆锥形而狭于胸部，腹大于胸，触角短，足3对，较粗短。雄虱长约1.75 mm，雌虱长约2.02 mm，中央硬化片略呈卵圆形，生殖足末端钝圆。成虱饱血后呈淡蓝色。

3. 生活史　棘颚虱为不完全变态。其发育过程包括卵、三个若虫期和成虫。成虫雌雄交配后雄虱即死亡，雌虱于2～3天后开始产卵，每虱一昼夜产卵1～4枚。卵黄白色，大小为（0.8～1）mm×0.3mm，长椭圆形，黏附于家畜被毛上。卵经5～12天孵化出若虫，若虫分3龄，每隔4～6天蜕化一次，三次蜕化后变为成虫。雌虱产卵期2～3周，共产卵50～80枚，卵产完后即死亡。

三、流行病学

棘颚虱主要是动物间的直接接触传播，亦可通过混用的管理用具和褥草等进行传播。正常犬通过接触患病动物或被虱污染的房舍、用具、垫草等被感染。圈舍拥挤、卫生条件差、营养不良及身体衰弱的犬易患虱病。冬春季节，犬的绒毛增厚，体表湿度增加，造成有利于虱生存的条件，更有利于虱的生存繁殖而易于流行该病。

四、致病性与临床表现

棘颚虱栖身活动于动物体表被毛之间，刺激皮肤神经末梢；颚虱吸血时还分泌含毒素的唾液，从而使犬被吸血部发生痒感，动物蹭痒，引起不安；犬常啃咬搔抓痒处而出现脱毛或创伤，常继发湿疹、丘疹、水疱及化脓性皮炎，严重时食欲不振、睡眠不安、消瘦衰竭，导致幼年动物发育不良。

五、诊　　断

虱多见于动物的颈部、耳翼及胸部等避光部位，仔细检查发现虱或虱卵即可做出诊断。

六、防治措施

保持犬舍干燥及清洁卫生，定期消毒；常给动物梳刷洗澡；发现有虱者及时隔离治疗；做好检疫工作，购入犬检查无虱后方可混群。

治疗药物可选用菊酯类（溴氰菊酯）药物喷洒于畜体或进行药浴，2 周左右重复用药一次。伊维菌素类药物皮下注射也有很好的效果。

七、公共卫生影响

棘颚虱不感染人，不具有公共卫生意义。

（王辉　刘群）

参考文献

金大雄. 1999. 中国吸虱的分类和检索 [M]. 北京：科学出版社：1-132.
金大雄. 1980. 我国吸虱研究—Ⅰ血虱科和颚虱科 [J]. 畜牧兽医学报，11 (1)：27-32.
孔繁瑶. 1997. 家畜寄生虫学 [M]. 第 2 版. 北京：北京农业大学出版社：291-292.
裘学丽，郭宪国. 2006. 中国吸虱昆虫研究现状 [J]. 中国媒介生物学及控制杂志，16 (5)：405-407.
Baker G David. 2007. Flynn's Parasites of Laboratory Animal [M]. 2nd ed. Americn：Blackwell Pulishing：548.

第一百一十八章
甲胁虱科所致疾病

鼠鳞虱感染
(Linognathus infestation in rat and mouse)

鼠鳞虱感染（Polyplax infestation in rat and mouse）是由鳞虱属的病原寄生于大鼠和小鼠引起的以皮肤瘙痒为主的疾患。主要虫种有棘鳞虱和锯齿鳞虱。前者主要感染大鼠和野生大鼠，后者主要感染小鼠和多种野生小鼠。均寄生于鼠被毛上，引起鼠不停地抓挠、贫血和虚弱。

一、发生与分布

甲胁虱科（Hoplopleuridae）的虱种类众多，主要寄生于小型啮齿动物，分布于世界各地。

二、病　　原

1. 分类地位　该病病原在分类上属于节肢动物门（Arthropoda）、昆虫纲（Insecta）、虱目（Anoplura）、甲胁虱科（Hoplopleuridae）、鳞虱属（*Polyplax*）。棘鳞虱（*Polyplax spinulosa*）主要寄生于实验大鼠和野生大鼠，锯齿鳞虱（*P. serrate*）常感染各种小鼠。

2. 形态特征

（1）棘鳞虱　雌虱细长，大小为0.6～1.5 mm。黄褐色，头圆形，带有两个分为5节的触角。无眼，身体厚实。腹部胸板呈五边形，腹部每侧有7块侧板，7～13块背板。雄虫触角第3节有尖的突起。卵长形，卵产出后牢固附着于靠近皮肤的毛上。卵有圆锥样的盖，上面有一排孔。幼虫像成虫，但小而色淡。

（2）锯齿鳞虱　成虱肉眼可见。雌虱细长，长约1.5mm；雄虱短粗，长约1mm。头部与棘鳞虱相似，腹侧胸板为近三角形，腹部两侧各有7个侧板，背板7～13个。第一侧板分开；第四侧板的刚毛不等长，背侧比腹侧更长。卵长椭圆形，附着于被毛根部。

3. 生活史　两种鳞虱的发育史类似，均为不完全变态发育。卵经5～6天孵化，发育为第一阶段幼虫；蜕皮3次变为成虫。每一阶段的幼虫都与成虫相似，但色淡，缺少生殖器官。整个发育过程全在宿主被毛上，棘鳞虱约需26天，锯齿鳞虱约需13天。成虫可存活28～35天，行动缓慢，通常不离开宿主。

三、流行病学

各种鳞虱均是经过直接接触在动物间传播。两种鳞虱分别主要感染大鼠和小鼠，也有锯齿鳞虱感染大鼠的报道。

四、致病性与临床表现

虱吸血使皮肤瘙痒，宿主不安，影响休息和食欲，导致宿主消瘦、贫血而虚弱，生产性能下降。它们的粪便污染皮毛，可降低皮毛的质量。

鼠轻度感染鳞虱时无明显症状；中度感染可影响发育，繁殖率下降，皮毛失去经济价值；重者可导致死亡，且多呈群体性发病。

此外，棘鳞虱是 *Brucella brucei*、*Borrelia duttoni*、*Mycoplasma haemomuris*、*Rickettsia typhi* 和 *Trypanosoma lewisi* 的传播媒介；锯齿鳞虱是 *Eperythrozoon coccoides* 和 *Francisella tularensis* 的传播媒介。

五、诊　　断

从动物被毛上找到鳞虱成虫、幼虫或卵可确诊，一般用放大镜或解剖镜能够观察到。

鼠类被处死后，置于黑纸上（纸边缘用胶带分隔），过夜后取走死鼠，检查纸上虫体，鼠体上的虱会转至纸上。

六、防治措施

与螨感染的治疗和控制方案相似。实验动物须无鼠虱感染。

七、公共卫生影响

鳞虱不感染人，但可传播多种疾病，多种野鼠都可以感染，存在着对公共卫生安全的威胁。

（刘群　王辉）

参考文献

陈德威．1993．啮齿类实验动物疾病学［M］．北京：北京农业大学出版社：192.

Baker G David. 2007. Flynn’s Parasites of Laboratory Animal［M］. 2nd ed. Americn：Blackwell Pulishing：350－353.

Tamura Y. 2010. Current approach to rodents as patients［J］. Journal of Exotic Pet Medicine，19（1）：36－55.

图书在版编目（CIP）数据

实验动物疫病学 / 田克恭等主编 .—北京：中国农业出版社，2014.12

ISBN 978-7-109-19562-2

Ⅰ.①实… Ⅱ.①田… Ⅲ.①实验动物—兽疫—研究 Ⅳ.①S855

中国版本图书馆 CIP 数据核字（2014）第 215277 号

中国农业出版社出版

（北京市朝阳区麦子店街 18 号楼）

（邮政编码 100125）

责任编辑 郭永立

北京通州皇家印刷厂印刷 新华书店北京发行所发行

2015 年 1 月第 1 版 2015 年 1 月第 1 版北京第 1 次印刷

开本：889mm×1194mm 1/16 印张：68

字数：2 060 千字

定价：350.00 元